W9-ADE-718

Beilsteins Handbuch der Organischen Chemie

Beilsteins Handbuch der Organischen Chemie

Vierte Auflage

Drittes und Viertes Ergänzungswerk

Die Literatur von 1930 bis 1959 umfassend

Herausgegeben vom
Beilstein-Institut für Literatur der Organischen Chemie
Frankfurt am Main

Bearbeitet von

Reiner Luckenbach

Unter Mitwirkung von

Oskar Weissbach

Erich Bayer · Adolf Fahrmeir · Friedo Giese · Volker Guth · Irmgard Hagel
Franz-Josef Heinen · Günter Imsieke · Ursula Jacobshagen · Rotraud Kayser
Klaus Koulen · Bruno Langhammer · Dieter Liebegott · Lothar Mähler
Annerose Naumann · Wilma Nickel · Burkhard Polenski · Peter Raig
Helmut Rockelmann · Jürgen Schunck · Eberhard Schwarz · Josef Sunkel
Achim Trede · Paul Vincke

Fünfundzwanzigster Band

Fünfter Teil

Springer-Verlag Berlin Heidelberg New York 1982

ISBN 3-540-11263-4 Springer-Verlag Berlin Heidelberg New York
ISBN 0-387-11263-4 Springer-Verlag New York Heidelberg Berlin

Library of Congress Catalog Card Number: 22–79
Printed in Germany

Satz, Druck und Bindearbeiten: Universitätsdruckerei H. Stürtz AG, 8700 Würzburg
2151/3120-543210

Mitarbeiter der Redaktion

Helmut Appelt
Gerhard Aulmich
Gerhard Bambach
Klaus Baumberger
Elise Blazek
Kurt Bohg
Reinhard Bollwan
Jörg Bräutigam
Ruth Brandt
Eberhard Breither
Werner Brich
Stephanie Corsepius
Edelgard Dauster
Edgar Deuring
Ingeborg Deuring
Reinhard Ecker
Irene Eigen
Hellmut Fiedler
Franz Heinz Flock
Manfred Frodl
Ingeborg Geibler
Libuse Goebels
Gertraud Griepke
Gerhard Grimm
Karl Grimm
Friedhelm Gundlach
Hans Härter
Alfred Haltmeier
Erika Henseleit
Karl-Heinz Herbst
Ruth Hintz-Kowalski
Guido Höffer
Eva Hoffmann
Horst Hoffmann
Werner Hoffmann
Gerhard Hofmann
Gerhard Jooss
Klaus Kinsky
Heinz Klute
Ernst Heinrich Koetter
Irene Kowol
Olav Lahnstein
Alfred Lang
Gisela Lange
Sok Hun Lim
Gerhard Maleck
Edith Meyer
Kurt Michels
Ingeborg Mischon
Klaus-Diether Möhle
Gerhard Mühle
Heinz-Harald Müller
Ulrich Müller
Peter Otto
Rainer Pietschmann
Helga Pradella
Hella Rabien
Walter Reinhard
Gerhard Richter
Lutz Rogge
Günter Roth
Liselotte Sauer
Siegfried Schenk
Max Schick
Joachim Schmidt
Gerhard Schmitt
Thilo Schmitt
Peter Schomann
Cornelia Schreier
Wolfgang Schütt
Wolfgang Schurek
Bernd-Peter Schwendt
Wolfgang Staehle
Wolfgang Stender
Karl-Heinz Störr
Gundula Tarrach
Hans Tarrach
Elisabeth Tauchert
Mathilde Urban
Rüdiger Walentowski
Hartmut Wehrt
Hedi Weissmann
Frank Wente
Ulrich Winckler
Renate Wittrock

Hinweis für Benutzer

Falls Sie Probleme beim Arbeiten mit dem Beilstein-Handbuch haben, ziehen Sie bitte den vom Beilstein-Institut entwickelten „Leitfaden" zu Rate. Er steht Ihnen – ebenso wie weiteres Informationsmaterial über das Beilstein-Handbuch – auf Anforderung kostenlos zur Verfügung.

Beilstein-Institut
für Literatur der Organischen Chemie
Varrentrappstrasse 40–42
D-6000 Frankfurt/M. 90

Springer-Verlag KG
Abt. 4005
Heidelberger Platz 3
D-1000 Berlin 33

Note for Users

Should you encounter difficulties in using the Beilstein Handbook please refer to the guideline „How to Use Beilstein", developed for users by the Beilstein Institute. This guideline (also available in Japanese), together with other informational material on the Beilstein Handbook, can be obtained free of charge by writing to

Beilstein-Institut
für Literatur der Organischen Chemie
Varrentrappstrasse 40–42
D-6000 Frankfurt/M. 90

Springer-Verlag KG
Abt. 4005
Heidelberger Platz 3
D-1000 Berlin 33

For those users of the Beilstein Handbook who are unfamiliar with the German language, a pocket-format "Beilstein Dictionary" (German/English) has been compiled by the Beilstein editorial staff and is also available free of charge. The contents of this dictionary are also to be found in volume 22/7 on pages XXIX to LV.

Inhalt – Contents

Dritte Abteilung

Heterocyclische Verbindungen

16. Verbindungen mit zwei Stickstoff-Ringatomen

VII. Amine

(Fortsetzung)

E. Hydroxyamine

F. Oxoamine

Abkürzungen und Symbole[1]		Abbreviations and Symbols[2]
A.	Äthanol	ethanol
Acn.	Aceton	acetone
Ae.	Diäthyläther	diethyl ether
äthanol.	äthanolisch	solution in ethanol
alkal.	alkalisch	alkaline
Anm.	Anmerkung	footnote
at	technische Atmosphäre (98066,5 $N \cdot m^{-2}$ = 0,980665 bar = 735,559 Torr)	technical atmosphere
atm	physikalische Atmosphäre	physical (standard) atmosphere
Aufl.	Auflage	edition
B.	Bildungsweise(n), Bildung	formation
Bd.	Band	volume
Bzl.	Benzol	benzene
bzw.	beziehungsweise	or, respectively
c	Konzentration einer optisch aktiven Verbindung in g/100 ml Lösung	concentration of an optically active compound in g/100 ml solution
D	1) Debye (Dimension des Dipolmoments)	1) Debye (dimension of dipole moment)
	2) Dichte (z.B. D_4^{20}: Dichte bei 20° bezogen auf Wasser von 4°)	2) density (e.g. D_4^{20}: density at 20° related to water at 4°)
d	Tag	day
D(R–X)	Dissoziationsenergie der Verbindung RX in die freien Radikale $R^\bullet$ und $X^\bullet$	dissociation energy of the compound RX to form the free radicals $R^\bullet$ and $X^\bullet$
Diss.	Dissertation	dissertation, thesis
DMF	Dimethylformamid	dimethylformamide
DMSO	Dimethylsulfoxid	dimethylsulfoxide
E	1) Erstarrungspunkt	1) freezing (solidification) point
	2) Ergänzungswerk des Beilstein-Handbuchs	2) Beilstein supplementary series
E.	Äthylacetat	ethyl acetate
Eg.	Essigsäure (Eisessig)	acetic acid
engl. Ausg.	englische Ausgabe	english edition
EPR	Elektronen-paramagnetische Resonanz (=ESR)	electron paramagnetic resonance (=ESR)
F	Schmelzpunkt (-bereich)	melting point (range)
Gew.-%	Gewichtsprozent	percent by weight
grad	Grad	degree
H	Hauptwerk des Beilstein-Handbuchs	Beilstein basic series
h	Stunde	hour
Hz	Hertz ($=s^{-1}$)	cycles per second ($=s^{-1}$)
K	Grad Kelvin	degree Kelvin
konz.	konzentriert	concentrated
korr.	korrigiert	corrected

[1] Bezüglich weiterer, hier nicht aufgeführter Symbole und Abkürzungen für physikalisch-chemische Grössen und Einheiten siehe

[2] For other symbols and abbreviations for physicochemical quantities and units not listed here see

International Union of Pure and Applied Chemistry Manual of Symbols and Terminology for Physicochemical Quantities and Units (1969) [London 1970].

Kp	Siedepunkt (-bereich)	boiling point (range)
l	1) Liter 2) Rohrlänge in dm	1) litre 2) length of cell in dm
$[M]_\lambda^t$	molares optisches Drehungsvermögen für Licht der Wellenlänge λ bei der Temperatur t	molecular rotation for the wavelength λ and the temperature t
m	1) Meter 2) Molarität einer Lösung	1) metre 2) molarity of solution
Me.	Methanol	methanol
n	1) Normalität einer Lösung 2) nano ($=10^{-9}$) 3) Brechungsindex (z.B. $n_{656,1}^{15}$: Brechungsindex für Licht der Wellenlänge 656,1 nm bei 15°)	1) normality of solution 2) nano ($=10^{-9}$) 3) refractive index (e.g. $n_{656,1}^{15}$: refractive index for the wavelength 656.1 nm and 15°)
opt.-inakt.	optisch inaktiv	optically inactive
p	Konzentration einer optisch aktiven Verbindung in g/100 g Lösung	concentration of an optically active compound in g/100 g solution
PAe.	Petroläther, Benzin, Ligroin	petroleum ether, ligroin
Py.	Pyridin	pyridine
S.	Seite	page
s	Sekunde	second
s.	siehe	see
s. a.	siehe auch	see also
s. o.	siehe oben	see above
sog.	sogenannt	so called
Spl.	Supplement	supplement
... stdg.	... stündig (z.B. 3-stündig)	for ... hours (e.g. for 3 hours)
s. u.	siehe unten	see below
Syst.-Nr.	System-Nummer	system number
THF	Tetrahydrofuran	tetrahydrofuran
Tl.	Teil	part
Torr	Torr (=mm Quecksilber)	torr (=millimetre of mercury)
unkorr.	unkorrigiert	uncorrected
unverd.	unverdünnt	undiluted
verd.	verdünnt	diluted
vgl.	vergleiche	compare (cf.)
wss.	wässrig	aqueous
z. B.	zum Beispiel	for example (e.g.)
Zers.	Zersetzung	decomposition
zit. bei	zitiert bei	cited in
α_λ^t	optisches Drehungsvermögen (Erläuterung s. bei $[M]_\lambda^t$)	angle of rotation (for explanation see $[M]_\lambda^t$)
$[\alpha]_\lambda^t$	spezifisches optisches Drehungsvermögen (Erläuterung s. bei $[M]_\lambda^t$)	specific rotation (for explanation see $[M]_\lambda^t$)
ε	1) Dielektrizitätskonstante 2) Molarer dekadischer Extinktionskoeffizient	1) dielectric constant, relative permittivity 2) molar extinction coefficient
$\lambda_{(max)}$	Wellenlänge (eines Absorptionsmaximums)	wavelength (of an absorption maximum)
μ	Mikron ($=10^{-6}$ m)	micron ($=10^{-6}$ m)
°	Grad Celsius oder Grad (Drehungswinkel)	degree Celsius or degree (angle of rotation)

Transliteration von russischen Autorennamen
Key to the Russian Alphabet for Authors' Names

Russisches Schrift- zeichen		Deutsches Äquivalent (BEILSTEIN)	Englisches Äquivalent (Chemical Abstracts)	Russisches Schrift- zeichen		Deutsches Äquivalent (BEILSTEIN)	Englisches Äquivalent (Chemical Abstracts)
А	а	a	a	Р	р	r	r
Б	б	b	b	С	с	s̄	s
В	в	w	v	Т	т	t	t
Г	г	g	g	У	у	u	u
Д	д	d	d	Ф	ф	f	f
Е	е	e	e	Х	х	ch	kh
Ж	ж	sh	zh	Ц	ц	z	ts
З	з	s	z	Ч	ч	tsch	ch
И	и	i	i	Ш	ш	sch	sh
Й	й	ĭ	ĭ	Щ	щ	schtsch	shch
К	к	k	k	Ы	ы	y	y
Л	л	l	l		ь	’	’
М	м	m	m	Э	э	ė	e
Н	н	n	n	Ю	ю	ju	yu
О	о	o	o	Я	я	ja	ya
П	п	p	p				

Dritte Abteilung

Heterocyclische Verbindungen

Verbindungen mit zwei cyclisch gebundenen Stickstoff-Atomen

E. Hydroxyamine

Amino-Derivate der Monohydroxy-Verbindungen $C_nH_{2n+2}N_2O$

[5-Amino-1,3-diisopropyl-hexahydro-pyrimidin-5-yl]-methanol $C_{11}H_{25}N_3O$, Formel I.
B. Bei der Hydrierung von [1,3-Diisopropyl-5-nitro-hexahydro-pyrimidin-5-yl]-methanol an Raney-Nickel in Methanol (*Senkus,* Am. Soc. **68** [1946] 1611).
$Kp_{0,4}$: 111°. D_{20}^{20}: 1,0136. n_D^{20}: 1,4845.

(±)-*N*-[1-(1,3-Diphenyl-imidazolidin-2-yl)-2-methoxy-äthyl]-phthalimid $C_{26}H_{25}N_3O_3$, Formel II.
B. Aus *O*-Methyl-*N*,*N*-phthaloyl-DL-serylchlorid bei der Hydrierung an Palladium/$BaSO_4$ in Xylol und anschliessenden Umsetzung mit *N*,*N'*-Diphenyl-äthylendiamin (*Balenović et al.,* J. org. Chem. **21** [1956] 115, 116).
Gelbe Kristalle (aus A.); F: 154,5° [unkorr.].

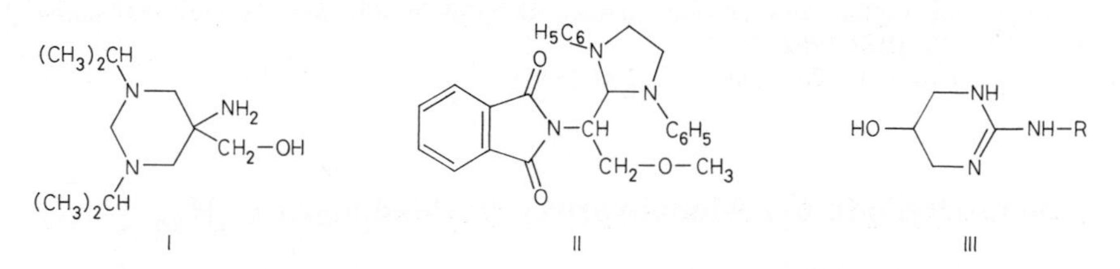

Amino-Derivate der Monohydroxy-Verbindungen $C_nH_{2n}N_2O$

Amino-Derivate der Hydroxy-Verbindungen $C_4H_8N_2O$

2-Amino-1,4,5,6-tetrahydro-pyrimidin-5-ol $C_4H_9N_3O$, Formel III (R = H) und Taut.
B. Aus 1,3-Diamino-propan-2-ol und *S*-Methyl-thiouronium-nitrat in H_2O (*Hafner, Evans,* J. org. Chem. **24** [1959] 1157). Aus [3-Amino-2-hydroxy-propyl]-guanidin-dihydrochlorid mit Hilfe von wss. NaOH (*Ha., Ev.*). Beim Erwärmen von 2-Nitroamino-1,4,5,6-tetrahydro-pyrimidin-5-ol mit flüssigem NH_3 (*Stefanye, Howard,* Am. Soc. **77** [1955] 761).
Carbonat $2C_4H_9N_3O \cdot H_2CO_3$. Kristalle; F: 186,5–187,5° (*St., Ho.*).
Picrat $C_4H_9N_3O \cdot C_6H_3N_3O_7$. Kristalle (aus A.); F: 184–186° (*Ha., Ev.*).

2-Phenäthylamino-1,4,5,6-tetrahydro-pyrimidin-5-ol $C_{12}H_{17}N_3O$, Formel III (R = CH_2-CH_2-C_6H_5) und Taut.
B. Beim Erhitzen von 2-Nitroamino-1,4,5,6-tetrahydro-pyrimidin-5-ol mit Phenäthylamin (*Stefanye, Howard,* Am. Soc. **77** [1955] 761).
Kristalle (aus wss. A.); F: 179,3–182° [korr.].

Amino-Derivate der Hydroxy-Verbindungen $C_5H_{10}N_2O$

***Opt.-inakt. 5-Anilino-6-hydroxy-2,3-diaza-norbornan-2,3-dicarbonsäure-diäthylester** $C_{17}H_{23}N_3O_5$, Formel IV (R = H).
B. Aus opt.-inakt. 1-Phenyl-3a,4,7,7a-tetrahydro-1*H*-4,7-methano-[1,2,3]triazolo[4,5-*d*]pyridazin-5,6-dicarbonsäure-diäthylester (F: 126°) beim Behandeln mit wss. H_2SO_4 (*I.G. Farbenind.,* D.R.P. 557814 [1931]; Frdl. **19** 1408, 1411).
Kristalle (aus E. und PAe.); F: ca. 159°.

***Opt.-inakt. 5-Anilino-6-picryloxy-2,3-diaza-norbornan-2,3-dicarbonsäure-diäthylester(?)** $C_{23}H_{24}N_6O_{11}$, vermutlich Formel IV (R = $C_6H_2(NO_2)_3$).

B. Aus opt.-inakt. 1-Phenyl-3a,4,7,7a-tetrahydro-1*H*-4,7-methano-[1,2,3]triazolo[4,5-*d*]pyridazin-5,6-dicarbonsäure-diäthylester beim Behandeln mit Picrinsäure in Benzol (*I.G. Farbenind.*, D.R.P. 557814 [1931]; Frdl. **19** 1408, 1412).

Kristalle (aus Bzl. und PAe.); F: 191°.

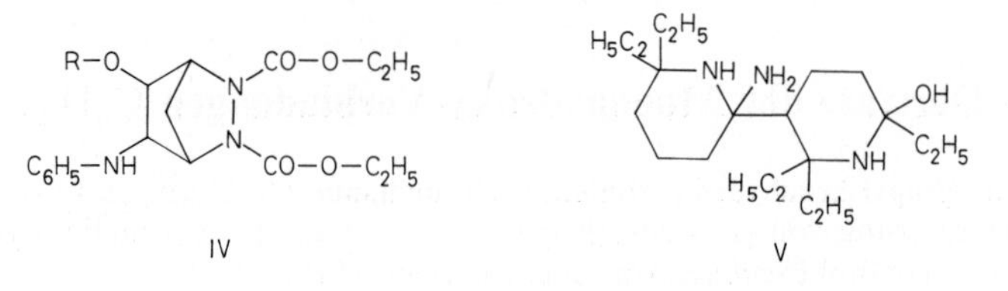

Amino-Derivate der Hydroxy-Verbindungen $C_{20}H_{40}N_2O$

***Opt.-inakt. 6,6,2′,2′,6′-Pentaäthyl-2-amino-dodecahydro-[2,3′]bipyridyl-6′-ol(?)** $C_{20}H_{41}N_3O$, vermutlich Formel V.

Konstitution: *Décombe*, C. r. **237** [1953] 269; Bl. **1958** 1062.

B. Neben anderen Verbindungen beim Erwärmen von Glutaronitril mit Äthylmagnesiumbromid in Äther und Toluol und anschliessenden Behandeln mit wss. H_2SO_4 (*Décombe*, C. r. **234** [1952] 2542; Bl. **1958** 1062).

Kristalle (aus PAe.); F: 70° (*Dé.*, C. r. **234** 2542).

Amino-Derivate der Monohydroxy-Verbindungen $C_nH_{2n-2}N_2O$

Amino-Derivate der Hydroxy-Verbindungen $C_3H_4N_2O$

5-Benzoyloxy-2-phenyl-2*H*-pyrazol-3-ylamin, Benzoesäure-[5-amino-1-phenyl-1*H*-pyrazol-3-ylester] $C_{16}H_{13}N_3O_2$, Formel VI (R = C_6H_5, R′ = H, R″ = CO-C_6H_5).

B. Als Hauptprodukt neben 5-Benzoylamino-3-benzoyloxy-1-phenyl-1*H*-pyrazol beim Erwärmen von 5-Amino-1-phenyl-1,2-dihydro-pyrazol-3-on mit Benzoylchlorid in Pyridin und Dioxan (*Weissberger, Porter*, Am. Soc. **65** [1943] 2180).

Kristalle (aus Me.); F: 105–106°.

3-Anilino-5-benzoyloxy-1(2)*H*-pyrazol, Benzoesäure-[5-anilino-1(2)*H*-pyrazol-3-ylester] $C_{16}H_{13}N_3O_2$, Formel VII (R = H, R′ = C_6H_5, R″ = CO-C_6H_5) und Taut.

B. Aus 5-Anilino-1,2-dihydro-pyrazol-3-on und Benzoylchlorid in wasserhaltigem Pyridin (*Weissberger, Porter*, Am. Soc. **65** [1943] 1495, 1501).

Kristalle (aus A.); F: 148–150°.

5-Acetoxy-3-acetylamino-1-phenyl-1*H*-pyrazol $C_{13}H_{13}N_3O_3$, Formel VII (R = C_6H_5, R′ = R″ = CO-CH_3).

B. Aus 5-Amino-2-phenyl-1,2-dihydro-pyrazol-3-on und Acetanhydrid (*Weissberger, Porter*, Am. Soc. **64** [1942] 2133, 2136).

Kristalle (aus Toluol); F: 144–145°.

3-Acetoxy-1-acetyl-5-anilino-1*H*-pyrazol, Essigsäure-[1-acetyl-5-anilino-1*H*-pyrazol-3-ylester] $C_{13}H_{13}N_3O_3$, Formel VI (R = R″ = CO-CH_3, R′ = C_6H_5).

B. Aus 5-Anilino-1,2-dihydro-pyrazol-3-on beim Erhitzen [2 h] mit Acetanhydrid (*Weissberger, Porter*, Am. Soc. **65** [1943] 1495, 1501).

Kristalle (aus PAe.); F: 108–109°.

5-Acetoxy-1-acetyl-3-anilino-1*H*-pyrazol, Essigsäure-[2-acetyl-5-anilino-2*H*-pyrazol-3-ylester] $C_{13}H_{13}N_3O_3$, Formel VII (R = R″ = CO-CH_3, R′ = C_6H_5).

B. Aus 5-Anilino-1,2-dihydro-pyrazol-3-on und Acetanhydrid (*Weissberger, Porter,* Am. Soc. **65** [1943] 1495, 1501).

Kristalle (aus A.); F: 131–132°.

Partielle Isomerisierung zu 3-Acetoxy-1-acetyl-5-anilino-1*H*-pyrazol beim Erhitzen in Essigsäure: *We., Po.* Überführung in 2-Acetyl-5-anilino-1,2-dihydro-pyrazol-3-on durch Erwärmen mit Piperidin in Äthanol: *We., Po.*

3-Acetoxy-1-acetyl-5-acetylamino-1*H*-pyrazol $C_9H_{11}N_3O_4$, Formel VI (R = R′ = R″ = CO-CH_3).

Diese Verbindung hat auch in dem von *Hepner, Fajersztejn* (Bl. [5] **4** [1937] 854, 856) als 1,4,4(oder 2,4,4)-Triacetyl-5-imino-pyrazolidin-3-on beschriebenen Präparat vom F: 130° vorgelegen (*Graham et al.,* Am. Soc. **71** [1949] 983, 985).

B. s. im folgenden Artikel.

Kristalle (aus Bzl. + Cyclohexan); F: 131–132° (*Gr. et al.,* l. c. S. 988).

Beim Behandeln mit wss. NaOH oder mit Piperidin in Dioxan und Isopropylalkohol ist *N*-[5-Oxo-2,5-dihydro-1*H*-pyrazol-3-yl]-acetamid erhalten worden (*Gr. et al.*).

5-Acetoxy-1-acetyl-3-acetylamino-1*H*-pyrazol $C_9H_{11}N_3O_4$, Formel VII (R = R′ = R″ = CO-CH_3).

Diese Verbindung hat auch in dem von *Hepner, Fajersztejn* (Bl. [5] **4** [1937] 854, 856) als 1,4,4(oder 2,4,4)-Triacetyl-5-imino-pyrazolidin-3-on beschriebenen Präparat vom F: 190–192° (vgl. den vorangehenden Artikel) vorgelegen (*Graham et al.,* Am. Soc. **71** [1949] 983, 985).

B. Als Hauptprodukt neben 3-Acetoxy-1-acetyl-5-acetylamino-1*H*-pyrazol beim Erwärmen von 5-Amino-1,2-dihydro-pyrazol-3-on mit Acetanhydrid (*Gr. et al.,* l. c. S. 988; vgl. *He., Fa.*).

Kristalle (aus Propan-1-ol); F: 202–203° (*Gr. et al.*).

Beim Behandeln mit Piperidin in Dioxan und Isopropylalkohol ist *N*-[1-Acetyl-5-oxo-2,5-dihydro-1*H*-pyrazol-3-yl]-acetamid, beim Behandeln mit wss. NaOH ist dagegen *N*-[5-Oxo-2,5-dihydro-1*H*-pyrazol-3-yl]-acetamid erhalten worden (*Gr. et al.*).

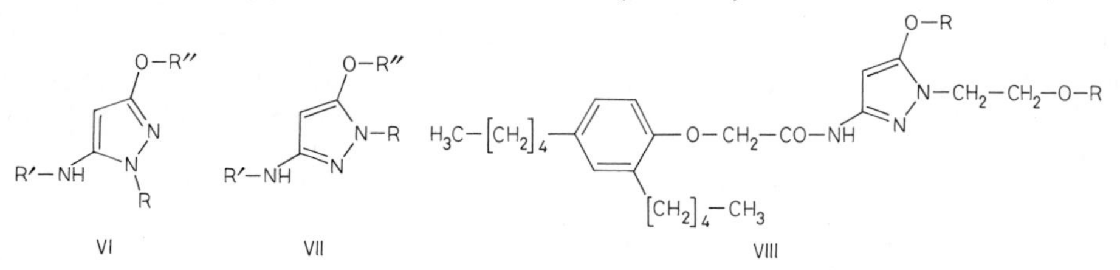

VI VII VIII

5-Benzoylamino-3-benzoyloxy-1-methyl-1*H*-pyrazol $C_{18}H_{15}N_3O_3$, Formel VI (R = CH_3, R′ = R″ = CO-C_6H_5).

B. Aus 5-Amino-1-methyl-1,2-dihydro-pyrazol-3-on und Benzoylchlorid in Pyridin (*Graham et al.,* Am. Soc. **71** [1949] 983, 987).

Kristalle (aus A.); F: 150–153°.

3-Benzoylamino-5-benzoyloxy-1-methyl-1*H*-pyrazol $C_{18}H_{15}N_3O_3$, Formel VII (R = CH_3, R′ = R″ = CO-C_6H_5).

B. Aus 5-Amino-2-methyl-1,2-dihydro-pyrazol-3-on und Benzoylchlorid in Pyridin (*Graham et al.,* Am. Soc. **71** [1949] 983, 987).

Kristalle (aus A.); F: 146–148°.

3-Anilino-1-benzoyl-5-benzoyloxy-1*H*-pyrazol, Benzoesäure-[5-anilino-2-benzoyl-2*H*-pyrazol-3-ylester] $C_{23}H_{17}N_3O_3$, Formel VII (R = R″ = CO-C_6H_5, R′ = C_6H_5).

B. Aus 5-Anilino-1,2-dihydro-pyrazol-3-on beim Erwärmen mit Benzoylchlorid in Dioxan sowie (neben 3-Anilino-5-benzoyloxy-1(2)*H*-pyrazol) beim Erhitzen mit Benzoesäure-anhydrid

in Pyridin (*Weissberger, Porter,* Am. Soc. **65** [1943] 1495, 1501, 1502).
Kristalle (aus Dioxan); F: 132–134°.

5-Benzoylamino-3-benzoyloxy-1-phenyl-1*H*-pyrazol $C_{23}H_{17}N_3O_3$, Formel VI (R = C_6H_5, R′ = R″ = CO-C_6H_5).
B. Aus 5-Amino-1-phenyl-1,2-dihydro-pyrazol-3-on und Benzoylchlorid in Pyridin und Di= oxan (*Weissberger, Porter,* Am. Soc. **65** [1943] 2180, 2183).
Kristalle (aus A.); F: 193–194°.

1-Benzoyl-5-benzoylamino-3-benzoyloxy-1*H*-pyrazol $C_{24}H_{17}N_3O_4$, Formel VI (R = R′ = R″ = CO-C_6H_5).
Diese Konstitution kommt auch der von *Hepner, Fajersztejn* (Bl. [5] **4** [1937] 854, 857) als 2,4,4-Tribenzoyl-5-imino-pyrazolidin-3-on beschriebenen Verbindung zu (*Graham et al.,* Am. Soc. **71** [1949] 983, 985).
B. Aus 5-Amino-1,2-dihydro-pyrazol-3-on und Benzoylchlorid mit Hilfe von wss. NaOH (*Gr. et al.,* l. c. S. 988; *He., Fa.*).
Kristalle; F: 185–186° [aus Isopropylalkohol] (*Gr. et al.*), 185° [aus Amylalkohol] (*He., Fa.*).

1-Benzoyl-3-benzoylamino-5-benzoyloxy-1*H*-pyrazol $C_{24}H_{17}N_3O_4$, Formel VII (R = R′ = R″ = CO-C_6H_5).
B. Aus 5-Amino-1,2-dihydro-pyrazol-3-on und Benzoylchlorid in Pyridin (*Graham et al.,* Am. Soc. **71** [1949] 983, 988).
Kristalle (aus Isopropylalkohol); F: 161–163°.

3-[2-(2,4-Dipentyl-phenoxy)-acetylamino]-5-octanoyloxy-1-[2-octanoyloxy-äthyl]-1*H*-pyrazol, [2,4-Dipentyl-phenoxy]-essigsäure-[5-octanoyloxy-1-(2-octanoyloxy-äthyl)-1*H*-pyrazol-3-ylamid] $C_{39}H_{63}N_3O_6$, Formel VIII (R = CO-$[CH_2]_6$-CH_3).
B. Aus [2,4-Dipentyl-phenoxy]-essigsäure-[1-(2-hydroxy-äthyl)-5-oxo-2,5-dihydro-1*H*-pyrazol-3-ylamid] und Octanoylchlorid mit Hilfe von *N,N*-Dimethyl-anilin in Acetonitril (*Eastman Kodak Co.,* U.S.P. 2865748 [1956]).
Kristalle (aus Me.); F: 50–52°.

3-[2-(2,4-Dipentyl-phenoxy)-acetylamino]-5-phenylacetoxy-1-[2-phenylacetoxy-äthyl]-1*H*-pyrazol, [2,4-Dipentyl-phenoxy]-essigsäure-[5-phenylacetoxy-1-(2-phenylacetoxy-äthyl)-1*H*-pyrazol-3-yl= amid] $C_{39}H_{47}N_3O_6$, Formel VIII (R = CO-CH_2-C_6H_5).
B. Analog der vorangehenden Verbindung (*Eastman Kodak Co.,* U.S.P. 2865748 [1956]).
F: 72–73°.

3-[2-(2,4-Dipentyl-phenoxy)-acetylamino]-5-phenoxyacetoxy-1-[2-phenoxyacetoxy-äthyl]-1*H*-pyrazol, [2,4-Dipentyl-phenoxy]-essigsäure-[5-phenoxyacetoxy-1-(2-phenoxyacetoxy-äthyl)-1*H*-pyrazol-3-ylamid] $C_{39}H_{47}N_3O_8$, Formel VIII (R = CO-CH_2-O-C_6H_5).
B. Analog den vorangehenden Verbindungen (*Eastman Kodak Co.,* U.S.P. 2865748 [1956]).
F: 89,5–91°.

5-[(2,4-Dipentyl-phenoxy)-acetoxy]-1-{2-[(2,4-dipentyl-phenoxy)-acetoxy]-äthyl}-3-[2-(2,4-di= pentyl-phenoxy)-acetylamino]-1*H*-pyrazol $C_{59}H_{87}N_3O_8$, Formel IX (R = $[CH_2]_4$-CH_3).
B. Beim Erwärmen von 5-Amino-2-[2-hydroxy-äthyl]-1,2-dihydro-pyrazol-3-on mit [2,4-Di= pentyl-phenoxy]-acetylchlorid und *N,N*-Dimethyl-anilin in Acetonitril (*Eastman Kodak Co.,* U.S.P. 2865748 [1956]).
Kristalle (aus A.); F: 61–63°.

5-[(2,4-Di-*tert*-pentyl-phenoxy)-acetoxy]-1-{2-[(2,4-di-*tert*-pentyl-phenoxy)-acetoxy]-äthyl}-3-[2-(2,4-di-*tert*-pentyl-phenoxy)-acetylamino]-1*H*-pyrazol $C_{59}H_{87}N_3O_8$, Formel IX (R = $C(CH_3)_2$-C_2H_5).
B. Analog der vorangehenden Verbindung (*Eastman Kodak Co.,* U.S.P. 2865748 [1956]).

F: 113–116°.

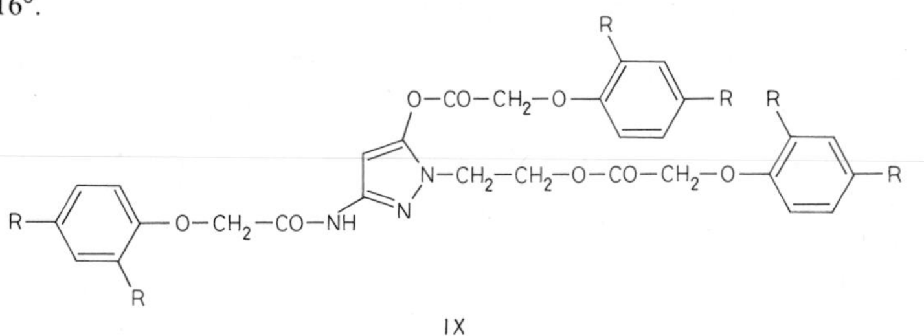

IX

4-[3-Benzoylamino-5-benzoyloxy-pyrazol-1-yl]-benzonitril $C_{24}H_{16}N_4O_3$, Formel X ($R = R' = CO\text{-}C_6H_5$, $X = CN$).

B. Aus 4-[3-Amino-5-oxo-2,5-dihydro-pyrazol-1-yl]-benzonitril und Benzoylchlorid in Pyridin (*Eastman Kodak Co.*, U.S.P. 2511231 [1949], 2694703 [1952]).

F: 185–188° bzw. 184–187° (*Eastman Kodak Co.*, U.S.P. 2511231, 2694703).

4-[3-Octadecylamino-5-sulfooxy-pyrazol-1-yl]-benzolsulfonsäure $C_{27}H_{45}N_3O_7S_2$, Formel X ($R = [CH_2]_{17}\text{-}CH_3$, $R' = X = SO_2\text{-}OH$).

B. Aus 5-Octadecylamino-2-phenyl-1,2-dihydro-pyrazol-3-on und H_2SO_4 [20% SO_3 enthaltend] (*ICI*, U.S.P. 2803544 [1954]).

Dinatrium-Salz $Na_2C_{27}H_{43}N_3O_7S_2 \cdot H_2O$. F: 270–280° [Zers.].

5-Acetoxy-3-acetylamino-1-[4-acetylsulfamoyl-phenyl]-1*H*-pyrazol, 4-[5-Acetoxy-3-acetylamino-pyrazol-1-yl]-benzolsulfonsäure-acetylamid $C_{15}H_{16}N_4O_6S$, Formel X ($R = R' = CO\text{-}CH_3$, $X = SO_2\text{-}NH\text{-}CO\text{-}CH_3$).

B. Aus 4-[3-Amino-5-oxo-2,5-dihydro-pyrazol-1-yl]-benzolsulfonsäure-amid und Acetanhydrid (*Itano*, J. pharm. Soc. Japan **77** [1957] 895, 902; C. A. **1958** 3781).

Kristalle (aus wss. Eg.); F: 220° [Zers.].

3-[3-Chlorsulfonyl-benzoylamino]-5-[3-chlorsulfonyl-benzoyloxy]-1-phenyl-1*H*-pyrazol, 3-Chlorsulfonyl-benzoesäure-[5-(3-chlorsulfonyl-benzoylamino)-2-phenyl-2*H*-pyrazol-3-ylester] $C_{23}H_{15}Cl_2N_3O_7S_2$, Formel X ($R = R' = CO\text{-}C_6H_4\text{-}SO_2\text{-}Cl$, $X = H$).

B. Aus 5-Amino-2-phenyl-2,4-dihydro-pyrazol-3-on und 3-Chlorsulfonyl-benzoylchlorid in Oxalsäure-diäthylester (*Eastman Kodak Co.*, U.S.P. 2710803 [1953]).

F: 184–186° [Rohprodukt].

2-[3-Benzoylamino-5-benzoyloxy-pyrazol-1-yl]-chinolin $C_{26}H_{18}N_4O_3$, Formel XI.

B. Aus 5-Amino-2-[2]chinolyl-1,2-dihydro-pyrazol-3-on und Benzoylchlorid in Pyridin (*Weissberger et al.*, Am. Soc. **66** [1944] 1851, 1854).

Kristalle (aus A.+Py.); F: 203–204°.

5-Acetoxy-1-[4-acetylsulfamoyl-phenyl]-3-benzolsulfonylamino-1*H*-pyrazol, 4-[5-Acetoxy-3-benzolsulfonylamino-pyrazol-1-yl]-benzolsulfonsäure-acetylamid $C_{19}H_{18}N_4O_7S_2$, Formel X ($R = SO_2\text{-}C_6H_5$, $R' = CO\text{-}CH_3$, $X = SO_2\text{-}NH\text{-}CO\text{-}CH_3$).

B. Aus 4-[3-Benzolsulfonylamino-5-oxo-2,5-dihydro-pyrazol-1-yl]-benzolsulfonamid beim Erhitzen mit Acetanhydrid (*Itano*, J. pharm. Soc. Japan **77** [1957] 895, 902; C. A. **1958** 3781).

Kristalle (aus wss. Eg.); F: 245–246° [Zers.].

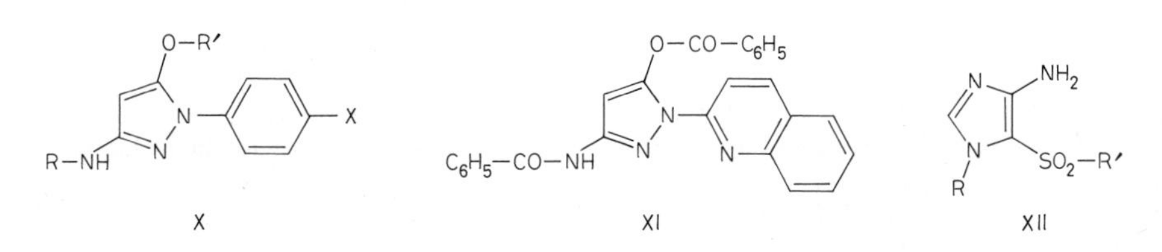

X XI XII

5-Methansulfonyl-1(3)*H*-imidazol-4-ylamin $C_4H_7N_3O_2S$, Formel XII (R = H, R′ = CH_3) und Taut.

B. Aus 4-Methansulfonyl-5-nitro-1(3)*H*-imidazol bei der Hydrierung an Raney-Nickel in Äthanol (*Bennett, Baker,* Am. Soc. **79** [1957] 2188, 2190, 2191).

Hydrochlorid $C_4H_7N_3O_2S \cdot HCl$. F: 193–195° [unkorr.].

5-Phenylmethansulfonyl-1(3)*H*-imidazol-4-ylamin $C_{10}H_{11}N_3O_2S$, Formel XII (R = H, R′ = CH_2-C_6H_5) und Taut.

B. Analog der vorangehenden Verbindung (*Bennett, Baker,* Am. Soc. **79** [1957] 2188, 2190).

Hydrochlorid $C_{10}H_{11}N_3O_2S \cdot HCl$. F: 208–210° [unkorr.].

5-Methansulfonyl-1-methyl-1*H*-imidazol-4-ylamin $C_5H_9N_3O_2S$, Formel XII (R = R′ = CH_3).

B. Analog den vorangehenden Verbindungen (*Bennett, Baker,* Am. Soc. **79** [1957] 2188, 2190).

Hydrochlorid $C_5H_9N_3O_2S \cdot HCl \cdot H_2O$. F: 207–208° [unkorr.].

5-[Butan-1-sulfonyl]-1-methyl-1*H*-imidazol-4-ylamin $C_8H_{15}N_3O_2S$, Formel XII (R = CH_3, R′ = $[CH_2]_3$-CH_3).

B. Analog den vorangehenden Verbindungen (*Bennett, Baker,* Am. Soc. **79** [1957] 2188, 2190).

Hydrochlorid $C_8H_{15}N_3O_2S \cdot HCl \cdot H_2O$. F: 165–167° [unkorr.].

1-Methyl-5-phenylmercapto-1*H*-imidazol-4-ylamin $C_{10}H_{11}N_3S$, Formel XIII (R = C_6H_5).

B. Aus 1-Methyl-4-nitro-5-phenylmercapto-1*H*-imidazol analog den vorangehenden Verbindungen (*Bennett, Baker,* Am. Soc. **79** [1957] 2188, 2189, 2191).

Hydrochlorid $C_{10}H_{11}N_3S \cdot HCl$. F: 210–211° [unkorr.].

5-Benzylmercapto-1-methyl-1*H*-imidazol-4-ylamin $C_{11}H_{13}N_3S$, Formel XIII (R = CH_2-C_6H_5).

B. Analog den vorangehenden Verbindungen (*Bennett, Baker,* Am. Soc. **79** [1957] 2188, 2189, 2191).

Hydrochlorid $C_{11}H_{13}N_3S \cdot HCl$. F: 181–182° [unkorr.].

1-Methyl-5-phenylmethansulfonyl-1*H*-imidazol-4-ylamin $C_{11}H_{13}N_3O_2S$, Formel XII (R = CH_3, R′ = CH_2-C_6H_5).

B. Aus 1-Methyl-4-nitro-5-phenylmethansulfonyl-1*H*-imidazol analog den vorangehenden Verbindungen (*Bennett, Baker,* Am. Soc. **79** [1957] 2188, 2190, 2191).

Hydrochlorid $C_{11}H_{13}N_3O_2S \cdot HCl$. F: 221–222° [unkorr.].

5-[*N*-Acetyl-sulfanilyl]-1-methyl-1*H*-imidazol-4-ylamin, Essigsäure-[4-(5-amino-3-methyl-3*H*-pyrazol-4-sulfonyl)-anilid] $C_{12}H_{14}N_4O_3S$, Formel XII (R = CH_3, R′ = C_6H_4-NH-CO-CH_3).

B. Analog den vorangehenden Verbindungen (*Bennett, Baker,* Am. Soc. **79** [1957] 2188, 2190, 2191).

F: 220–222° [unkorr.].

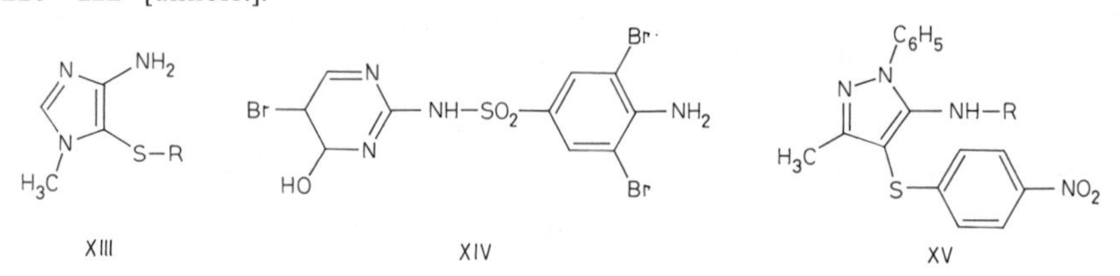

Amino-Derivate der Hydroxy-Verbindungen $C_4H_6N_2O$

4-Amino-3,5-dibrom-benzolsulfonsäure-[5-brom-4-hydroxy-4,5-dihydro-pyrimidin-2-ylamid] $C_{10}H_9Br_3N_4O_3S$, Formel XIV und Taut.

In dem von *Wojahn* (Ar. **288** [1955] 321, 329) als Monohydrat dieser Verbindung formulierten opt.-inakt. Präparat (F: 163–170°) hat ein 4-Amino-3,5-dibrom-benzolsulfonsäure-[5-brom-4,6-dihydroxy-tetrahydro-pyrimidin-2-ylidenamid] (S. 3479) vorgelegen (*Barbieri et al.*, Farmaco Ed. scient. **24** [1969] 561, 565); die von *Wojahn, Wittker* (Pharmazie **3** [1948] 488, 490) als tautomeres 4-Amino-3,5-dibrom-benzolsulfonsäure-[5-brom-6-hydroxy-5,6-dihydro-1*H*-pyrimidin-2-ylidenamid] angesehene Verbindung (F: 283°) ist dagegen als [4-Amino-3,5-dibrom-benzolsulfonyl]-guanidin zu formulieren (*Wo.*, l. c. S. 330).

5-Methyl-4-[4-nitro-phenylmercapto]-2-phenyl-2*H*-pyrazol-3-ylamin $C_{16}H_{14}N_4O_2S$, Formel XV (R = H).

B. Aus 5-Methyl-2-phenyl-2*H*-pyrazol-3-ylamin und 4-Nitro-benzolsulfenylchlorid in $CHCl_3$ (*Crippa, Guarneri,* G. **85** [1955] 199, 204).

Gelbe Kristalle (aus A.); F: 170°.

5-Acetylamino-3-methyl-4-[4-nitro-phenylmercapto]-1-phenyl-1*H*-pyrazol, *N*-[5-Methyl-4-(4-nitro-phenylmercapto)-2-phenyl-2*H*-pyrazol-3-yl]-acetamid $C_{18}H_{16}N_4O_3S$, Formel XV (R = CO-CH_3).

B. Aus *N*-[5-Methyl-2-phenyl-2*H*-pyrazol-3-yl]-acetamid und 4-Nitro-benzolsulfenylchlorid in $CHCl_3$ (*Crippa, Guarneri,* G. **85** [1955] 199, 205). Aus 5-Methyl-4-[4-nitro-phenylmercapto]-2-phenyl-2*H*-pyrazol-3-ylamin und Acetanhydrid (*Cr., Gu.*, l. c. S. 204).

Kristalle (aus A.); F: 201°.

***N*-[5-Methyl-4-(4-nitro-phenylmercapto)-2-phenyl-2*H*-pyrazol-3-yl]-phthalimid** $C_{24}H_{16}N_4O_4S$, Formel I.

B. Aus 5-Methyl-4-[4-nitro-phenylmercapto]-2-phenyl-2*H*-pyrazol-3-ylamin und Phthalsäure-anhydrid bei 200° (*Crippa, Guarneri,* G. **85** [1955] 199, 206).

Kristalle (aus A.); F: 207°.

4-Dimethylamino-1,5-dimethyl-3-octyloxy-1*H*-pyrazol, [1,5-Dimethyl-3-octyloxy-1*H*-pyrazol-4-yl]-dimethyl-amin $C_{15}H_{29}N_3O$, Formel II (R = $[CH_2]_7$-CH_3).

B. Als Hauptprodukt neben 4-Dimethylamino-1,5-dimethyl-2-octyl-1,2-dihydro-pyrazol-3-on beim Erhitzen von 4-Dimethylamino-1,5-dimethyl-1,2-dihydro-pyrazol-3-on mit $NaNH_2$ in Xylol und anschliessend mit Octylbromid auf 200° (*Krohs,* B. **88** [1955] 866, 874).

Hellgelbes Öl; Kp_2: 138–140°.

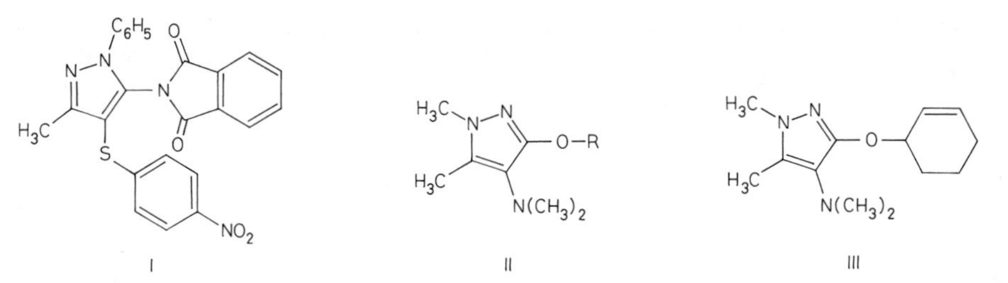

I II III

(±)-3-Cyclohex-2-enyloxy-4-dimethylamino-1,5-dimethyl-1*H*-pyrazol, (±)-[3-Cyclohex-2-enyl-oxy-1,5-dimethyl-1*H*-pyrazol-4-yl]-dimethyl-amin $C_{13}H_{21}N_3O$, Formel III.

B. Beim Erhitzen von 4-Dimethylamino-1,5-dimethyl-1,2-dihydro-pyrazol-3-on mit $NaNH_2$ in Pseudocumol und anschliessend mit (±)-3-Brom-cyclohexen (*Krohs,* B. **88** [1955] 866, 874).

Kristalle (aus PAe.); F: 55–56°.

3-Benzyloxy-4-dimethylamino-1,5-dimethyl-1*H*-pyrazol, [3-Benzyloxy-1,5-dimethyl-1*H*-pyrazol-4-yl]-dimethyl-amin $C_{14}H_{19}N_3O$, Formel II (R = CH_2-C_6H_5).

B. Neben 2-Benzyl-4-dimethylamino-1,5-dimethyl-1,2-dihydro-pyrazol-3-on beim Erhitzen von 4-Dimethylamino-1,5-dimethyl-1,2-dihydro-pyrazol-3-on mit $NaNH_2$ in Xylol oder Pseudocumol und anschliessend mit Benzylchlorid (*Krohs,* B. **88** [1955] 866, 873).

Kristalle (aus E.); F: 64–65°. IR-Spektrum (KBr; 2–15 μ): *Kr.*, l. c. S. 869.

2-[4-Dimethylamino-1,5-dimethyl-1*H*-pyrazol-3-yloxy]-pyridin, [1,5-Dimethyl-3-[2]pyridyloxy-1*H*-pyrazol-4-yl]-dimethyl-amin $C_{12}H_{16}N_4O$, Formel IV.

B. Aus 4-Dimethylamino-1,5-dimethyl-1,2-dihydro-pyrazol-3-on beim aufeinanderfolgenden Erhitzen mit $NaNH_2$ in Xylol und mit 2-Brom-pyridin (*Krohs,* B. **88** [1955] 866, 872).

Kristalle (aus Cyclohexan); F: 79°.

2-[4-Dimethylamino-1,5-dimethyl-1*H*-pyrazol-3-yloxy]-4,6-dimethyl-pyrimidin, [3-(4,6-Dimethyl-pyrimidin-2-yloxy)-1,5-dimethyl-1*H*-pyrazol-4-yl]-dimethyl-amin $C_{13}H_{19}N_5O$, Formel V.

B. Aus 4-Dimethylamino-1,5-dimethyl-1,2-dihydro-pyrazol-3-on in Xylol beim aufeinanderfolgenden Erhitzen mit $NaNH_2$ und mit 2-Chlor-4,6-dimethyl-pyrimidin (*Krohs,* B. **88** [1955] 866, 872).

Kristalle (aus E.); F: 100°. IR-Spektrum (KBr; 2–15 μ): *Kr.,* l. c. S. 870.

2-[2-Isopropyl-5-methyl-phenoxymethyl]-1(3)*H*-imidazol-4-ylamin $C_{14}H_{19}N_3O$, Formel VI und Taut.

B. Beim Erwärmen von 2-[2-Isopropyl-5-methyl-phenoxy]-thioacetimidsäure-benzylester-hydrochlorid mit Glycin-nitril und Pyridin in $CHCl_3$ (*Bader, Downer,* Soc. **1953** 1636, 1638).

Hydrochlorid $C_{14}H_{19}N_3O \cdot HCl$. Kristalle (aus Me.); F: 170° [Zers.].

(±)-4-Methyl-2-sulfanilylamino-4*H*-imidazol-4-ol(?), (±)-Sulfanilsäure-[4-hydroxy-4-methyl-4*H*-imidazol-2-ylamid](?) $C_{10}H_{12}N_4O_3S$, vermutlich Formel VII ($R = CH_3$, $R' = H$) und Taut.

B. Aus Sulfanilylguanidin und Pyruvaldehyd in wss. Essigsäure (*Du Pont de Nemours & Co.,* U.S.P. 2523528 [1949]).

Kristalle; F: 245° [Zers.].

Amino-Derivate der Hydroxy-Verbindungen $C_5H_8N_2O$

5,5-Dimethyl-2-methylmercapto-5*H*-imidazol-4-ylamin $C_6H_{11}N_3S$, Formel VIII.

B. Aus 4-Amino-5,5-dimethyl-1,5-dihydro-imidazol-2-thion und CH_3I in wss. NaOH (*Hazard et al.,* Bl. **1949** 228, 234).

F: 217°.

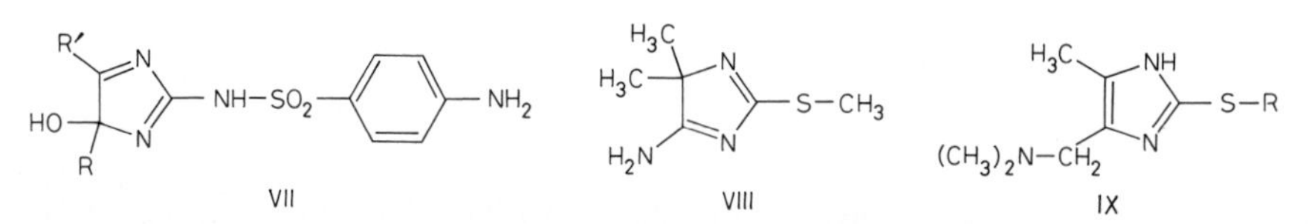

4-Dimethylaminomethyl-5-methyl-2-methylmercapto-1(3)*H*-imidazol, Dimethyl-[5-methyl-2-methylmercapto-1(3)*H*-imidazol-4-ylmethyl]-amin $C_8H_{15}N_3S$, Formel IX ($R = CH_3$) und Taut.

B. Aus 4-Dimethylaminomethyl-5-methyl-1,3-dihydro-imidazol-2-thion und CH_3I in Äthanol (*Heath et al.,* Soc. **1951** 2220).

Dipicrat $C_8H_{15}N_3S \cdot 2C_6H_3N_3O_7$. Kristalle; F: 201°.

2-Benzylmercapto-4-dimethylaminomethyl-5-methyl-1(3)*H*-imidazol, [2-Benzylmercapto-5-methyl-1(3)*H*-imidazol-4-ylmethyl]-dimethyl-amin $C_{14}H_{19}N_3S$, Formel IX ($R = CH_2\text{-}C_6H_5$) und Taut.

B. In mässiger Ausbeute beim Behandeln von 2-Benzylmercapto-4-methyl-1(3)*H*-imidazol

mit wss. Dimethylamin, wss. Formaldehyd und Essigsäure (*Heath et al.*, Soc. **1951** 2217, 2219).
Kristalle (aus PAe.); F: 91°.
Dipicrat $C_{14}H_{19}N_3S \cdot 2C_6H_3N_3O_7$. Kristalle (aus H_2O); F: 204°.

(±)-4,5-Dimethyl-2-sulfanilylamino-4*H*-imidazol-4-ol, (±)-Sulfanilsäure-[4-hydroxy-4,5-dimethyl-4*H*-imidazol-2-ylamid] $C_{11}H_{14}N_4O_3S$, Formel VII (R = R′ = CH_3) und Taut.
B. Aus Sulfanilylguanidin und Butandion in Essigsäure (*Du Pont de Nemours & Co.*, U.S.P. 2523528 [1949]).
Kristalle; F: 260–265°.

Amino-Derivate der Hydroxy-Verbindungen $C_6H_{10}N_2O$

2-Amino-3-[1(3)*H*-imidazol-4-yl]-propan-1-ol $C_6H_{11}N_3O$.

a) **(*R*)-2-Amino-3-[1(3)*H*-imidazol-4-yl]-propan-1-ol,** Formel X und Taut.; **D-Histidinol.**
B. Aus D-Histidin analog dem unter b) beschriebenen Antipoden (*Bauer et al.*, Biochem. Prepar. **4** [1955] 46, 50).
Dihydrochlorid. $[\alpha]_D^{18}$: +3,4° [H_2O; c = 10].

b) **(*S*)-2-Amino-3-[1(3)*H*-imidazol-4-yl]-propan-1-ol,** Formel XI (R = H) und Taut.; **L-Histidinol.**
Isolierung aus Mutanten von Escherichia coli: *Vogel et al.*, Am. Soc. **73** [1951] 1897; von Neurospora: *Ames et al.*, Am. Soc. **75** [1953] 1015, 1017.
B. Beim Erhitzen von *N*-[(*S*)-1-Hydroxymethyl-2-(1(3)*H*-imidazol-4-yl)-äthyl]-benzamid mit wss. HCl (*Bauer et al.*, Biochem. Prepar. **4** [1955] 46, 49; *Karrer, Saemann*, Helv. **36** [1953] 570).
Dihydrochlorid $C_6H_{11}N_3O \cdot 2HCl$. Kristalle (aus A.); F: 197–199,5° [Sintern bei 193°] (*Vo. et al.*), 198–199° (*Ba. et al.*), 195° (*Ka., Sa.*). $[\alpha]_D^{18}$: –3,7° [H_2O; c = 10] (*Ba. et al.*); $[\alpha]_D^{20}$: –3,0° [H_2O; c = 5] (*Vo. et al.*).
Dipicrat $C_6H_{11}N_3O \cdot 2C_6H_3N_3O_7$. Kristalle (aus H_2O); F: 194–197° (*Vo. et al.*).

c) **(±)-2-Amino-3-[1(3)*H*-imidazol-4-yl]-propan-1-ol,** Formel X + Spiegelbild und Taut.; **DL-Histidinol.**
B. Aus DL-Histidin-methylester mit Hilfe von Natrium und Äthanol (*Enz, Leuenberger*, Helv. **29** [1946] 1048, 1050).
Dihydrochlorid. F: 192,5–195,5° [korr.; Zers.].
Dipicrat. F: 207–208° [korr.; Zers.].

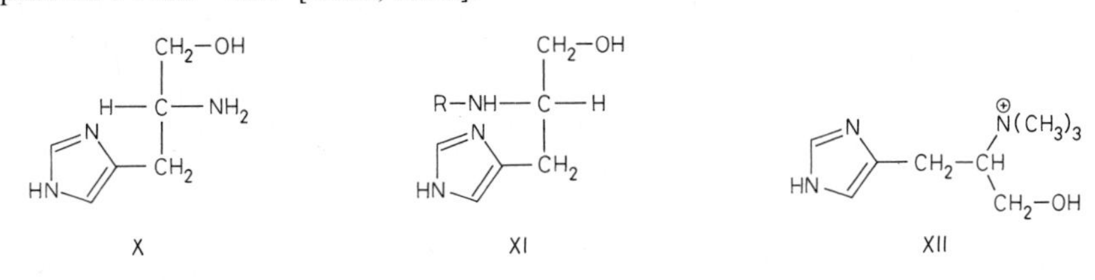

(*S*)-3-[1(3)*H*-Imidazol-4-yl]-2-methylamino-propan-1-ol $C_7H_{13}N_3O$, Formel XI (R = CH_3) und Taut.; N^{α}-Methyl-L-histidinol.
B. Aus (7*S*)-5-Oxo-5,6,7,8-tetrahydro-imidazo[1,5-*c*]pyrimidin-7-carbonsäure-methylester beim Erwärmen mit $LiAlH_4$ in Äther (*Schlögl, Woidich*, M. **87** [1956] 679, 690).
Dipicrat $C_7H_{13}N_3O \cdot 2C_6H_3N_3O_7$. Kristalle (aus Me.); F: 185–187°.

(±)-[1-Hydroxymethyl-2-(1(3)*H*-imidazol-4-yl)-äthyl]-trimethyl-ammonium $[C_9H_{18}N_3O]^+$, Formel XII und Taut.
Chlorid $[C_9H_{18}N_3O]Cl$. F: 183–183,4° [korr.; Monohydrat; nach Trocknen im Hoch≈vakuum bei 80°]; beim Trocknen im Vakuum bei 100° wird das H_2O vollständig abgegeben (*Enz, Leuenberger*, Helv. **29** [1946] 1048, 1059).
Jodid $[C_9H_{18}N_3O]I$. *B.* Aus DL-Histidinol und CH_3I in Methanol unter Zusatz von Na_2CO_3

(*Enz, Le.*). — F: 196,8—197,1° [korr.; aus Me. + E.].

(±)-4-[3-Hydroxy-2-trimethylammonio-propyl]-1,3-dimethyl-imidazolium $[C_{11}H_{23}N_3O]^{2+}$, Formel XIII (R = H).

Dichlorid $[C_{11}H_{23}N_3O]Cl_2$. Hygroskopische Kristalle (aus A. + E.); F: 204° [korr.; Zers.; geschlossene Kapillare; nach Trocknen im Hochvakuum bei 60—70°] (*Enz, Leuenberger,* Helv. **29** [1946] 1048, 1052, 1058).

Dijodid $[C_{11}H_{23}N_3O]I_2$. *B.* Beim Erwärmen von DL-Histidinol mit CH_3I und Na_2CO_3 in Methanol (*Enz, Le.,* l. c. S. 1057). — Kristalle (aus Me. + E.); F: 212,5—213,5° [korr.; Zers.].

Dipicrat $[C_{11}H_{23}N_3O](C_6H_2N_3O_7)_2$. Gelbe Kristalle (aus H_2O); F: 183,1—184,1° [korr.; nach Sintern] (*Enz, Le.,* l. c. S. 1058).

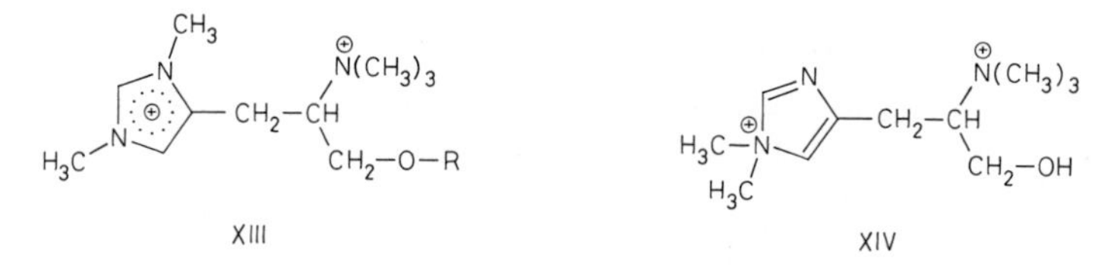

(±)-4-[3-Acetoxy-2-trimethylammonio-propyl]-1,3-dimethyl-imidazolium $[C_{13}H_{25}N_3O_2]^{2+}$, Formel XIII (R = CO-$CH_3$).

Dichlorid $[C_{13}H_{25}N_3O_2]Cl_2$. *B.* Beim Erwärmen des vorangehenden Dichlorids mit Acetanhydrid und Pyridin (*Enz, Leuenberger,* Helv. **29** [1946] 1048, 1058). — Kristalle (aus A. + E.) mit 2 Mol H_2O; F: 111—113,5° [korr.].

(±)-4-[3-Hydroxy-2-trimethylammonio-propyl]-1,1(?)-dimethyl-imidazolium $[C_{11}H_{23}N_3O]^{2+}$, vermutlich Formel XIV.

Dichlorid $[C_{11}H_{23}N_3O]Cl_2$. Hygroskopische Kristalle (aus A. + E.); F: 177,3—178° [korr.; nach Trocknen im Hochvakuum bei 70—80°] (*Enz, Leuenberger,* Helv. **29** [1946] 1048, 1052, 1058).

Dijodid $[C_{11}H_{23}N_3O]I_2$. *B.* Neben 4-[3-Hydroxy-2-trimethylammonio-propyl]-1,3-dimethyl-imidazolium-dijodid beim Erwärmen von DL-Histidinol mit CH_3I und Na_2CO_3 in Methanol (*Enz, Le.,* l. c. S. 1057). — Kristalle (aus Me. + Acn. + Ae.); F: 190—191° [korr.; Zers.].

Dipicrat $[C_{11}H_{23}N_3O](C_6H_2N_3O_7)_2$. F: 171,5—173° [korr.] (*Enz, Le.,* l. c. S. 1058).

(*S*)-2-Benzoylamino-3-[1(3)*H*-imidazol-4-yl]-propan-1-ol, *N*-[(*S*)-1-Hydroxymethyl-2-(1(3)*H*-imidazol-4-yl)-äthyl]-benzamid $C_{13}H_{15}N_3O_2$, Formel XI (R = CO-C_6H_5) und Taut.; N^{α}-Benzoyl-L-histidinol.

B. Aus N^{α}-Benzoyl-L-histidin-methylester beim Erwärmen mit $LiAlH_4$ in THF und Äther (*Bauer et al.,* Biochem. Prepar. **4** [1955] 46, 48; s. a. *Karrer, Saemann,* Helv. **36** [1953] 570).

Kristalle (aus H_2O); F: 210° (*Ba. et al.*), 207—208° (*Karrer et al.,* Helv. **32** [1949] 1936). $[\alpha]_D^{19}$: —47,6° [A.; c = 1] (*Ka. et al.*).

Hydrochlorid. F: 178° (*Ka. et al.*).

Hydrogenoxalat $C_{13}H_{15}N_3O_2 \cdot 2C_2H_2O_4$. Kristalle (aus A.); F: 172—173° (*Ka. et al.*).

(±)-4-Äthyl-5-methyl-2-sulfanilylamino-4*H*-imidazol-4-ol(?), (±)-Sulfanilsäure-[4-äthyl-4-hydroxy-5-methyl-4*H*-imidazol-2-ylamid](?) $C_{12}H_{16}N_4O_3S$, vermutlich Formel VII (R = C_2H_5, R′ = CH_3).

B. Aus Sulfanilylguanidin und Pentan-2,3-dion in wenig H_2SO_4 enthaltendem Äthanol (*Du Pont de Nemours & Co.,* U.S.P. 2523528 [1949]).

Kristalle; F: 222—225°.

(±)-2-Amino-1-[5-methyl-1(3)*H*-imidazol-4-yl]-äthanol $C_6H_{11}N_3O$, Formel I und Taut.

B. Aus 2-Amino-1-[5-methyl-1(3)*H*-imidazol-4-yl]-äthanon mit Hilfe von Natrium-Amalgam und H_2O unter Zusatz von Essigsäure (*Tamamushi,* J. pharm. Soc. Japan **60** [1940] 189; dtsch. Ref. S. 96; C. A. **1940** 5446).

Dihydrochlorid $C_6H_{11}N_3O \cdot 2HCl$. Kristalle (aus H_2O); Zers. bei 210°.
Dipicrat $C_6H_{11}N_3O \cdot 2C_6H_3N_3O_7$. Gelbe Kristalle (aus H_2O) mit 1 Mol H_2O; F: 157°.

Amino-Derivate der Hydroxy-Verbindungen $C_7H_{12}N_2O$

5-Acetoxy-4,4-diäthyl-4*H*-pyrazol-3-ylamin, Essigsäure-[4,4-diäthyl-5-amino-4*H*-pyrazol-3-yl=ester] $C_9H_{15}N_3O_2$, Formel II (R = H) und Taut.

B. Aus 4,4-Diäthyl-5-amino-2,4-dihydro-pyrazol-3-on und Acetylchlorid in Pyridin (*Druey, Schmidt,* Helv. **37** [1954] 1828, 1836).

Kristalle (aus Acn); F: 183–185° [unkorr.].

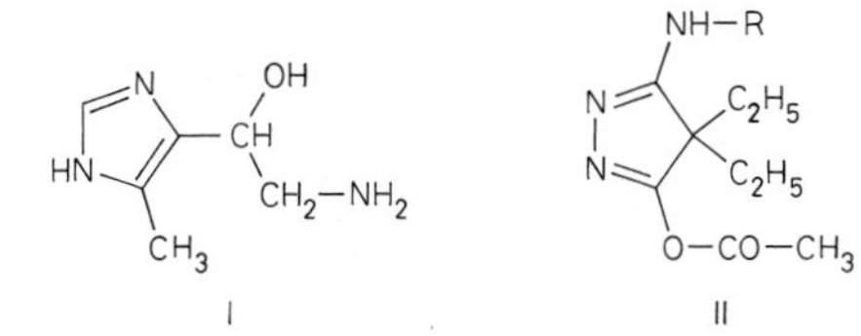

I II

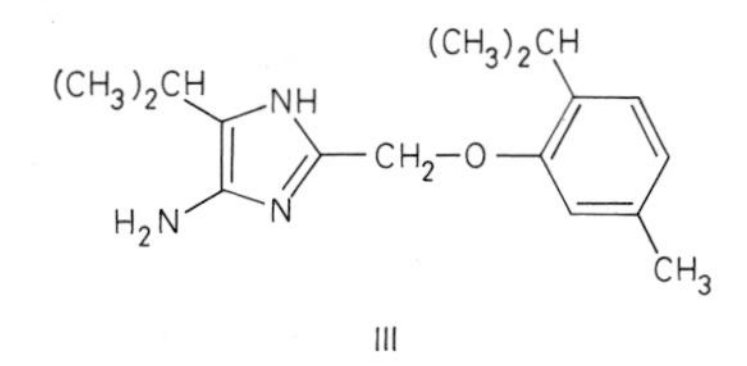

III

3-Acetoxy-5-acetylamino-4,4-diäthyl-4*H*-pyrazol $C_{11}H_{17}N_3O_3$, Formel II (R = CO-CH_3) und Taut.

B. Aus 4,4-Diäthyl-5-amino-2,4-dihydro-pyrazol-3-on beim Erhitzen mit Acetanhydrid (*Druey, Schmidt,* Helv. **37** [1954] 1828, 1837).

Kristalle (aus wss. A.); F: 202–203° [unkorr.].

5-Isopropyl-2-[2-isopropyl-5-methyl-phenoxymethyl]-1(3)*H*-imidazol-4-ylamin $C_{17}H_{25}N_3O$, Formel III und Taut.

B. Aus 2-[2-Isopropyl-5-methyl-phenoxy]-thioacetimidsäure-benzylester-hydrochlorid und Valin-nitril in $CHCl_3$ (*Bader, Downer,* Soc. **1953** 1636, 1638).

Hydrochlorid $C_{17}H_{25}N_3O \cdot HCl$. Kristalle (aus A.+E.); F: 157°. λ_{max} (A.): 271 nm.

Methylcarbamoyl-Derivat $C_{19}H_{28}N_4O_2$; *N*-[5-Isopropyl-2-(2-isopropyl-5-methyl-phenoxymethyl)-1(3)*H*-imidazol-4-yl]-*N'*-methyl-harnstoff. Kristalle (aus wss. A.); F: 156°.

Amino-Derivate der Hydroxy-Verbindungen $C_8H_{14}N_2O$

(±)-4-Isobutyl-5-methyl-2-sulfanilylamino-4*H*-imidazol-4-ol(?), (±)-Sulfanilsäure-[4-hydroxy-4-isobutyl-5-methyl-4*H*-imidazol-2-ylamid](?) $C_{14}H_{20}N_4O_3S$, vermutlich Formel IV.

B. Beim Erwärmen von Sulfanilylguanidin mit 5-Methyl-hexan-2,3-dion in wenig H_2SO_4 enthaltender Essigsäure (*Du Pont de Nemours & Co.,* U.S.P. 2523528 [1949]).

Kristalle; F: 272–275° [Zers.].

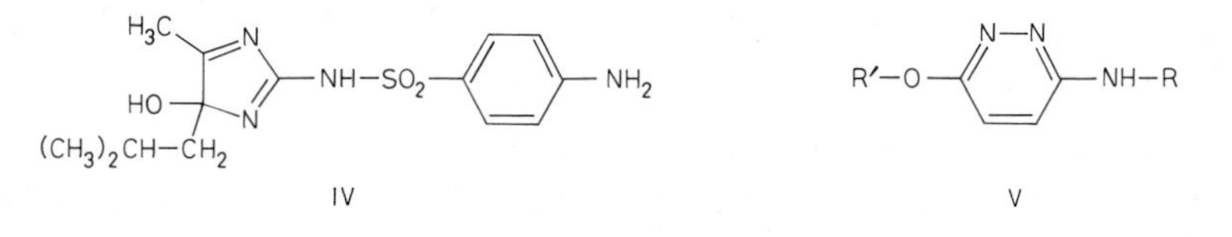

IV V

Amino-Derivate der Monohydroxy-Verbindungen $C_nH_{2n-4}N_2O$

Amino-Derivate der Hydroxy-Verbindungen $C_4H_4N_2O$

6-Methoxy-pyridazin-3-ylamin $C_5H_7N_3O$, Formel V (R = H, R′ = CH_3).

B. Aus 6-Chlor-pyridazin-3-ylamin und methanol. Natriummethylat (*Clark et al.,* Am. Soc. **80** [1958] 980).

Kristalle (aus Pentylchlorid); F: 103–105°.

***N,N*-Diäthyl-*N'*-[6-(3-diäthylamino-propoxy)-pyridazin-3-yl]-propandiyldiamin** $C_{18}H_{35}N_5O$, Formel V (R = R' = $[CH_2]_3$-$N(C_2H_5)_2$).

B. Aus *N,N*-Diäthyl-*N'*-[6-chlor-pyridazin-3-yl]-propandiyldiamin und der Natrium-Verbindung des 3-Diäthylamino-propan-1-ols in Xylol (*Steck et al.*, Am. Soc. **76** [1954] 4454, 4457).

Gelbes Öl; $Kp_{0,003}$: ca. 175°. n_D^{25}: 1,5118.

3-Methoxy-6-sulfanilylamino-pyridazin, Sulfanilsäure-[6-methoxy-pyridazin-3-ylamid] $C_{11}H_{12}N_4O_3S$, Formel VI (R = R'' = H, R' = CH_3).

B. Aus Sulfanilsäure-[6-chlor-pyridazin-3-ylamid] und Natriummethylat (*Clark et al.*, Am. Soc. **80** [1958] 980, 982). Aus *N*-Acetyl-sulfanilsäure-[6-methoxy-pyridazin-3-ylamid] (s. u.) beim Erhitzen mit wss. NaOH (*Cl. et al.*).

Kristalle (aus Me.); F: 182–183° (*Cl. et al.*). IR-Spektrum (Nujol; 2–15 μ): *Bellomonte et al.*, Rend. Ist. super. Sanità **22** [1959] 959, 966. UV-Spektrum (A., wss. HCl sowie wss. NaOH; 220–320 nm): *Be. et al.*, l. c. S. 961. Löslichkeit in wss. Lösungen vom pH 4,5–7 bzw. pH 5–6,5 bei 37°: *Bandelin, Malesh*, J. Am. pharm. Assoc. **48** [1959] 177; *Cl. et al.*

***N*-Acetyl-sulfanilsäure-[6-methoxy-pyridazin-3-ylamid], Essigsäure-[4-(6-methoxy-pyridazin-3-ylsulfamoyl)-anilid]** $C_{13}H_{14}N_4O_4S$, Formel VI (R = H, R' = CH_3, R'' = CO-CH_3).

B. Aus 6-Methoxy-pyridazin-3-ylamin und *N*-Acetyl-sulfanilylchlorid in Pyridin (*Clark et al.*, Am. Soc. **80** [1958] 980, 982). Aus Sulfanilsäure-[6-methoxy-pyridazin-3-ylamid] und Acetanhydrid in wss. Essigsäure (*Cl. et al.*).

Kristalle (aus wss. A.); F: 226–227° (*Cl. et al.*). Löslichkeit in wss. Lösungen vom pH 4,5–7 bzw. pH 5–7 bei 37°: *Bandelin, Malesh*, J. Am. pharm. Assoc. **48** [1959] 177; *Cl. et al.*

***N*-Benzyloxycarbonyl-sulfanilsäure-[6-methoxy-pyridazin-3-ylamid], [4-(6-Methoxy-pyridazin-3-ylsulfamoyl)-phenyl]-carbamidsäure-benzylester** $C_{19}H_{18}N_4O_5S$, Formel VI (R = H, R' = CH_3, R'' = CO-O-CH_2-C_6H_5).

B. Aus Sulfanilsäure-[6-methoxy-pyridazin-3-ylamid] und Chlorokohlensäure-benzylester in wss. NaOH (*Am. Cyanamid Co.*, U.S.P. 2833761 [1957]).

F: 186–187° [korr.; Zers.].

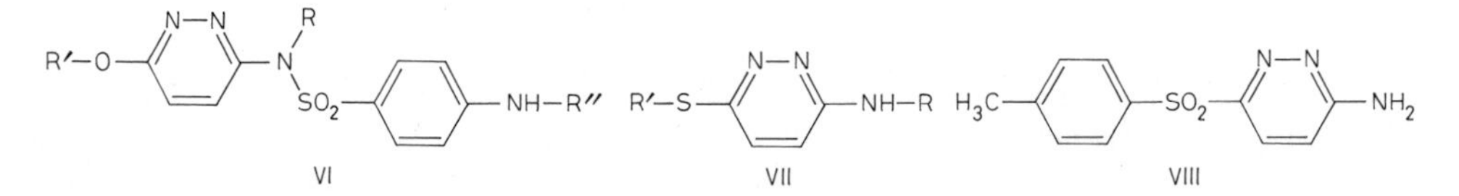

3-Äthoxy-6-sulfanilylamino-pyridazin, Sulfanilsäure-[6-äthoxy-pyridazin-3-ylamid] $C_{12}H_{14}N_4O_3S$, Formel VI (R = R'' = H, R' = C_2H_5).

B. Aus Sulfanilsäure-[6-chlor-pyridazin-3-ylamid] und Natriumäthylat (*Clark et al.*, Am. Soc. **80** [1958] 980, 981).

F: 183–184°. Löslichkeit in wss. Lösungen vom pH 5–7 bei 37°: *Cl. et al.*

Die folgenden Verbindungen sind in analoger Weise hergestellt worden:

3-Propoxy-6-sulfanilylamino-pyridazin, Sulfanilsäure-[6-propoxy-pyridazin-3-ylamid] $C_{13}H_{16}N_4O_3S$, Formel VI (R = R'' = H, R' = CH_2-C_2H_5). F: 184–185°.

3-Isopropoxy-6-sulfanilylamino-pyridazin, Sulfanilsäure-[6-isopropoxy-pyridazin-3-ylamid] $C_{13}H_{16}N_4O_3S$, Formel VI (R = R'' = H, R' = $CH(CH_3)_2$). F: 187–188°.

3-Hexyloxy-6-sulfanilylamino-pyridazin, Sulfanilsäure-[6-hexyloxy-pyridazin-3-ylamid] $C_{16}H_{22}N_4O_3S$, Formel VI (R = R'' = H, R' = $[CH_2]_5$-CH_3). F: 140–141°.

3-Phenoxy-6-sulfanilylamino-pyridazin, Sulfanilsäure-[6-phenoxy-pyridazin-3-ylamid] $C_{16}H_{14}N_4O_3S$, Formel VI (R = R'' = H, R' = C_6H_5). F: 139–141° und (nach Wiedererstarren) F: 160–161°.

3-Benzyloxy-6-sulfanilylamino-pyridazin, Sulfanilsäure-[6-benzyloxy-pyridazin-3-ylamid] $C_{17}H_{16}N_4O_3S$, Formel VI (R = R″ = H, R′ = CH_2-C_6H_5). F: 200–201°.

3-Phenäthyloxy-6-sulfanilylamino-pyridazin, Sulfanilsäure-[6-phenäthyloxy-pyridazin-3-ylamid] $C_{18}H_{18}N_4O_3S$, Formel VI (R = R″ = H, R′ = CH_2-CH_2-C_6H_5). F: 173–174°.

Acetyl-[6-methoxy-pyridazin-3-yl]-sulfanilyl-amin, *N*-[6-Methoxy-pyridazin-3-yl]-*N*-sulfanilyl-acetamid $C_{13}H_{14}N_4O_4S$, Formel VI (R = CO-CH_3, R′ = CH_3, R″ = H).

B. Aus Sulfanilsäure-[6-methoxy-pyridazin-3-ylamid] und Acetanhydrid in Pyridin (*Am. Cyanamid Co.*, U.S.P. 2833761 [1957]). Aus der folgenden Verbindung bei der Hydrierung an Palladium/Kohle in Dioxan (*Am. Cyanamid Co.*).

Kristalle; F: 178–179° [Zers.; abhängig von der Geschwindigkeit des Erhitzens].

***N*-Benzyloxycarbonyl-sulfanilsäure-[acetyl-(6-methoxy-pyridazin-3-yl)-amid], {4-[Acetyl-(6-methoxy-pyridazin-3-yl)-sulfamoyl]-phenyl}-carbamidsäure-benzylester** $C_{21}H_{20}N_4O_6S$, Formel VI (R = CO-CH_3, R′ = CH_3, R″ = CO-O-CH_2-C_6H_5).

B. Beim Erwärmen von [4-(6-Methoxy-pyridazin-3-ylsulfamoyl)-phenyl]-carbamidsäure-benzylester mit Acetanhydrid in Pyridin (*Am. Cyanamid Co.*, U.S.P. 2833761 [1957]).

Kristalle (aus Me.); F: 195–196° [korr.].

6-Methylmercapto-pyridazin-3-ylamin $C_5H_7N_3S$, Formel VII (R = H, R′ = CH_3).

B. Aus 6-[Toluol-4-sulfonyl]-pyridazin-3-ylamin und dem Natrium-Salz des Methanthiols in Methanol (*Morren*, Belg. P. 579291 [1959]). Aus 6-Amino-2*H*-pyridazin-3-thion und Dimethylsulfat mit Hilfe von wss. KOH (*Mo.*).

Kristalle (aus Bzl.); F: 117–118°.

6-Äthylmercapto-pyridazin-3-ylamin $C_6H_9N_3S$, Formel VII (R = H, R′ = C_2H_5).

B. Analog der vorangehenden Verbindung (*Morren*, Belg. P. 579291 [1959]).

F: 53–54°.

6-Butylmercapto-pyridazin-3-ylamin $C_8H_{13}N_3S$, Formel VII (R = H, R′ = $[CH_2]_3$-CH_3).

B. Aus dem Kalium-Salz des 6-Amino-2*H*-pyridazin-3-thions und Butylbromid in Butan-1-ol (*Morren*, Belg. P. 579291 [1959]).

Kristalle (aus H_2O); F: 84–85°.

6-Phenylmercapto-pyridazin-3-ylamin $C_{10}H_9N_3S$, Formel VII (R = H, R′ = C_6H_5).

B. Aus 6-[Toluol-4-sulfonyl]-pyridazin-3-ylamin und Natrium-thiophenolat in Methanol (*Morren*, Belg. P. 579291 [1959]).

F: 136°.

6-[Toluol-4-sulfonyl]-pyridazin-3-ylamin $C_{11}H_{11}N_3O_2S$, Formel VIII.

B. Beim Erhitzen von 3-Chlor-6-[toluol-4-sulfonyl]-pyridazin in DMF mit wss. NH_3 (*Morren*, Belg. P. 574204 [1958]). Aus 3,6-Bis-[toluol-4-sulfonyl]-pyridazin und äthanol. NH_3 (*Mo.*, Belg. P. 574204). Aus 6-Chlor-pyridazin-3-ylamin und Natrium-[toluol-4-sulfinat] in Propan-1-ol (*Mo.*, Belg. P. 574204).

Kristalle (aus Acn.); F: 213–214°.

6-Benzylmercapto-pyridazin-3-ylamin $C_{11}H_{11}N_3S$, Formel VII (R = H, R′ = CH_2-C_6H_5).

B. Aus der vorangehenden Verbindung und Phenylmethanthiol mit Hilfe von methanol. Natriummethylat (*Morren*, Belg. P. 579291 [1959]).

Kristalle (aus Bzl.); F: 105°.

4-Nitro-benzolsulfonsäure-[6-methylmercapto-pyridazin-3-ylamid] $C_{11}H_{10}N_4O_4S_2$, Formel VII (R = SO_2-C_6H_4-NO_2, R′ = CH_3).

B. Beim Erwärmen von 6-Methylmercapto-pyridazin-3-ylamin mit 4-Nitro-benzolsulfonylchlorid in Pyridin (*Morren*, Belg. P. 579291 [1959]).

F: 174–175°.

Die folgenden Verbindungen sind in analoger Weise hergestellt worden:

4-Nitro-benzolsulfonsäure-[6-äthylmercapto-pyridazin-3-ylamid] $C_{12}H_{12}N_4O_4S_2$, Formel VII (R = SO_2-C_6H_4-NO_2, R′ = C_2H_5). F: 161–162°.

4-Nitro-benzolsulfonsäure-[6-butylmercapto-pyridazin-3-ylamid] $C_{14}H_{16}N_4O_4S_2$, Formel VII (R = SO_2-C_6H_4-NO_2, R′ = $[CH_2]_3$-CH_3). Kristalle (aus Me.); F: 145°.

4-Nitro-benzolsulfonsäure-[6-phenylmercapto-pyridazin-3-ylamid] $C_{16}H_{12}N_4O_4S_2$, Formel VII (R = SO_2-C_6H_4-NO_2, R′ = C_6H_5). Kristalle (aus Me.); F: 198°.

4-Nitro-benzolsulfonsäure-[6-benzylmercapto-pyridazin-3-ylamid] $C_{17}H_{14}N_4O_4S_2$, Formel VII (R = SO_2-C_6H_4-NO_2, R′ = CH_2-C_6H_5). F: 178°.

2-Methoxy-pyrimidin-4-ylamin $C_5H_7N_3O$, Formel IX (R = X = H, R′ = CH_3).

B. Neben 4-Methoxy-pyrimidin-2-ylamin beim Behandeln von 2,4-Dichlor-pyrimidin mit wss. NH_3 und Erwärmen des Reaktionsprodukts mit methanol. Natriummethylat (*Karlinškaja, Chromow-Borišow,* Ž. obšč. Chim. **27** [1957] 2113; engl. Ausg. S. 2170; s. a. *Hilbert,* Am. Soc. **56** [1934] 190, 192; *Hilbert, Johnson,* Am. Soc. **52** [1930] 1152, 1156).

Kristalle; F: 174° [nach Sintern bei 169°; aus H_2O] (*Hi., Jo.*), 167–170° (*Ka., Ch.-Bo.*). UV-Spektrum (wss. Lösungen vom pH 1 und pH 7,2; 205–295 nm): *Shugar, Fox,* Biochim. biophys. Acta **9** [1952] 199, 207, 217. Scheinbarer Dissoziationsexponent pK'_a (spektrophotometrisch ermittelt): 5,3 (*Sh., Fox,* l. c. S. 203, 217).

4-Amino-2-methoxy-1-methyl-pyrimidinium $[C_6H_{10}N_3O]^+$, Formel X.

Jodid $[C_6H_{10}N_3O]I$. *B.* Aus 2-Methoxy-pyrimidin-4-ylamin und CH_3I in Methanol (*Hilbert,* Am. Soc. **56** [1934] 190, 192). – Kristalle; F: 128° [Zers.]. – Pyrolyse bei 130–135° und 140°: *Hi.,* l. c. S. 193. Beim Erwärmen mit Äthanol, mit konz. wss. HCl oder mit wss. Ag_2SO_4 ist 4-Amino-1-methyl-1*H*-pyrimidin-2-on erhalten worden.

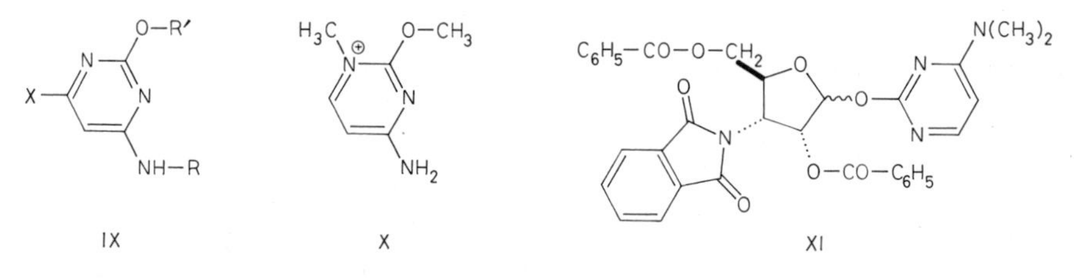

[4-Dimethylamino-pyrimidin-2-yl]-[di-*O*-benzoyl-3-phthalimido-3-desoxy-ξ-D-ribofuranosid], *N*-[(1Ξ)-O^2,O^5-Dibenzoyl-1-(4-dimethylamino-pyrimidin-2-yloxy)-D-1,4-anhydro-ribit-3-yl]-phthalimid $C_{33}H_{28}N_4O_8$, Formel XI.

B. Aus Di-*O*-benzoyl-3-phthalimido-3-desoxy-β-D-ribofuranosylchlorid und der Quecksilber(II)-Verbindung $Hg(C_6H_8N_3O)_2$ des 4-Dimethylamino-1*H*-pyrimidin-2-ons in Xylol (*Kissman, Weiss,* Am. Soc. **80** [1958] 2575, 2580).

Kristalle (aus A.); F: 165–166° [korr.]. $[\alpha]_D^{25}$: +39,0° [$CHCl_3$; c = 1,8]. λ_{max} (Me.): 282 nm.

[2(?)-Benzyloxy-6-chlor-pyrimidin-4(?)-yl]-guanidin $C_{12}H_{12}ClN_5O$, vermutlich Formel IX (R = $C(NH_2)$=NH, R′ = CH_2-C_6H_5, X = Cl) und Taut.

B. Aus [2(?),6-Dichlor-pyrimidin-4(?)-yl]-guanidin (S. 2135) und Natriumbenzylat in Toluol (*King, King,* Soc. **1947** 726, 733).

Kristalle (aus A.); F: 170°.

Picrat $C_{12}H_{12}ClN_5O \cdot C_6H_3N_3O_7$. Gelbe Kristalle (aus Isoamylalkohol); F: 250° [Zers.].

5-Brom-2-methoxy-pyrimidin-4-ylamin $C_5H_6BrN_3O$, Formel XII (R = H, X = Br).

B. Aus 5-Brom-2,4-dimethoxy-pyrimidin und methanol. NH_3 (*Hilbert, Jansen,* Am. Soc. **56** [1934] 134, 138).

Kristalle (aus H_2O); F: 134–136° [korr.].

2-Methoxy-5-nitro-pyrimidin-4-ylamin $C_5H_6N_4O_3$, Formel XII (R = H, X = NO_2).

B. Aus 2-Chlor-5-nitro-pyrimidin-4-ylamin und methanol. Natriummethylat (*Albert et al.*, Soc. **1952** 4219, 4228).

Kristalle (aus Isoamylalkohol); F: 203–204° [unkorr.].

2-Methoxy-4-methylamino-5-nitro-pyrimidin, [2-Methoxy-5-nitro-pyrimidin-4-yl]-methyl-amin $C_6H_8N_4O_3$, Formel XII (R = CH_3, X = NO_2).

B. Aus 2,4-Dichlor-5-nitro-pyrimidin und methanol. Methylamin (*Brown*, J. appl. Chem. **4** [1954] 72, 74). Aus [2-Chlor-5-nitro-pyrimidin-4-yl]-methyl-amin und methanol. Natriummeth≈ylat (*Brown*, J. appl. Chem. **7** [1957] 109, 111).

Kristalle (aus A. oder H_2O); F: 135–137°.

[2-Methoxy-5-nitro-pyrimidin-4-yl]-[2]pyridyl-amin $C_{10}H_9N_5O_3$, Formel XIII (R = CH_3, R′ = R″ = H).

B. Aus [2-Chlor-5-nitro-pyrimidin-4-yl]-[2]pyridyl-amin und methanol. Natriummethylat (*Spickett, Timmis*, Soc. **1955** 4354, 4356). Beim Erwärmen von 2,4-Dichlor-5-nitro-pyrimidin mit [2]Pyridylamin und Methanol (*Sp., Ti.*).

Gelbe Kristalle (aus A.); F: 148°.

[2-Äthoxy-5-nitro-pyrimidin-4-yl]-[2]pyridyl-amin $C_{11}H_{11}N_5O_3$, Formel XIII (R = C_2H_5, R′ = R″ = H).

B. Aus [2-Chlor-5-nitro-pyrimidin-4-yl]-[2]pyridyl-amin und äthanol. Natriumäthylat (*Spickett, Timmis*, Soc. **1955** 4354, 4356).

Gelbe Kristalle (aus A.); F: 131°.

[2-Methoxy-5-nitro-pyrimidin-4-yl]-[3-methyl-[2]pyridyl]-amin $C_{11}H_{11}N_5O_3$, Formel XIII (R = R′ = CH_3, R″ = H).

B. Beim Erwärmen von 2,4-Dichlor-5-nitro-pyrimidin mit 3-Methyl-[2]pyridylamin und Methanol (*Spickett, Timmis*, Soc. **1955** 4354, 4358).

Gelbe Kristalle (aus PAe.); F: 110°.

[2-Methoxy-5-nitro-pyrimidin-4-yl]-[4-methyl-[2]pyridyl]-amin $C_{11}H_{11}N_5O_3$, Formel XIII (R = R″ = CH_3, R′ = H).

B. Analog der vorangehenden Verbindung (*Spickett, Timmis*, Soc. **1955** 4354, 4358).

Gelbe Kristalle (aus Butan-1-ol); F: 180°.

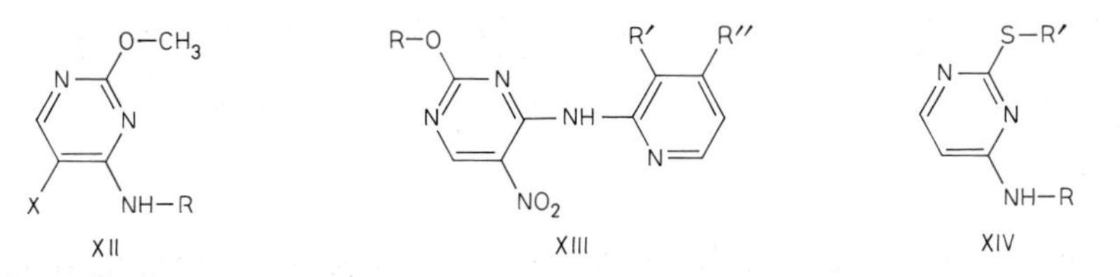

2-Methylmercapto-pyrimidin-4-ylamin $C_5H_7N_3S$, Formel XIV (R = H, R′ = CH_3) (H 9).

λ_{max}: 223,5 nm und 286,5 nm [A.], 224 nm und 285 nm [wss. Lösung vom pH 7] bzw. 241 nm [wss. Lösung vom pH 0] (*Boarland, McOmie*, Soc. **1952** 3722, 3723, 3725).

Methojodid [$C_6H_{10}N_3S$]I; 4-Amino-1-methyl-2-methylmercapto-pyrimidi≈nium-jodid. Kristalle; F: 226–227° [Zers.; aus H_2O] (*ICI*, D.B.P. 823452 [1949]; D.R.B.P. Org. Chem. 1950–1951 **6** 2436), 224–225° [aus A.] (*Brown, Jacobsen*, Soc. **1962** 3172, 3177). λ_{max} (wss. Lösung vom pH 7): 242 nm (*Br., Ja.*, l. c. S. 3175). Elektrolytische Dissoziation in H_2O bei 20°: *Br., Ja.*

[4-Amino-pyrimidin-2-ylmercapto]-essigsäure $C_6H_7N_3O_2S$, Formel XIV (R = H, R′ = CH_2-CO-OH).

B. Aus 4-Amino-1*H*-pyrimidin-2-thion und Chloressigsäure in H_2O (*Hitchings et al.*, J. biol.

Chem. **177** [1949] 357, 358).
Kristalle (aus A. + Ae.); F: 220° [Zers.].

[4-Tetradecylamino-pyrimidin-2-ylmercapto]-essigsäure $C_{20}H_{35}N_3O_2S$, Formel XIV (R = $[CH_2]_{13}$-CH_3, R' = CH_2-CO-OH).
B. Analog der vorangehenden Verbindung (*Hitchings, Russell,* Soc. **1949** 2454).
Kristalle (aus wss. A.); F: 118–119°.

2-Äthylmercapto-4-anilino-pyrimidin, [2-Äthylmercapto-pyrimidin-4-yl]-phenyl-amin $C_{12}H_{13}N_3S$, Formel XIV (R = C_6H_5, R' = C_2H_5) (H 9).
B. Beim Erwärmen von 4-Anilino-1*H*-pyrimidin-2-thion mit Äthyljodid und wss.-äthanol. NaOH (*Russell et al.,* Am. Soc. **71** [1949] 2279).
Hydrochlorid. Kristalle (aus äthanol. HCl); F: 196–197° [Zers.].

[4-Anilino-pyrimidin-2-ylmercapto]-essigsäure $C_{12}H_{11}N_3O_2S$, Formel XIV (R = C_6H_5, R' = CH_2-CO-OH).
B. Aus 4-Anilino-1*H*-pyrimidin-2-thion und Chloressigsäure in H_2O (*Hitchings, Russell,* Soc. **1949** 2454; *Russell et al.,* Am. Soc. **71** [1949] 2279, 2281).
Kristalle (aus H_2O bzw. aus A.); F: 197° [Zers.] (*Hi., Ru.; Ru. et al.*).
Hydrochlorid $C_{12}H_{11}N_3O_2S \cdot HCl$. Kristalle (aus wss. HCl); F: >250° (*Hi., Ru.*).

Die folgenden Verbindungen sind in analoger Weise hergestellt worden:

[4-Benzylamino-pyrimidin-2-ylmercapto]-essigsäure $C_{13}H_{13}N_3O_2S$, Formel XIV (R = CH_2-C_6H_5, R' = CH_2-CO-OH). Kristalle (aus Me.); F: 109–111° (*Hi., Ru.*).

[4-(2-Hydroxy-äthylamino)-pyrimidin-2-ylmercapto]-essigsäure $C_8H_{11}N_3O_3S$, Formel XIV (R = CH_2-CH_2-OH, R' = CH_2-C_6H_5). F: 169–170° (*Martin, Mathieu,* Tetrahedron **1** [1957] 75, 84).

[4-Piperidino-pyrimidin-2-ylmercapto]-essigsäure $C_{11}H_{15}N_3O_2S$, Formel I (X = CH_2). Hydrochlorid $C_{11}H_{15}N_3O_2S \cdot HCl$. Kristalle (aus wss. Acn.); F: 199° [Zers.] (*Hi., Ru.,* l. c. S. 2455).

[4-*p*-Anisidino-pyrimidin-2-ylmercapto]-essigsäure $C_{13}H_{13}N_3O_3S$, Formel XIV (R = C_6H_4-O-CH_3, R' = CH_2-CO-OH). Kristalle (aus H_2O); F: 118–119° (*Hi., Ru.*).

[4-(4-Methyl-piperazino)-pyrimidin-2-ylmercapto]-essigsäure $C_{11}H_{16}N_4O_2S$, Formel I (X = N-CH_3). Hydrochlorid $C_{11}H_{16}N_4O_2S \cdot HCl$. Kristalle (aus wss. Acn.); F: 203–204° [Zers.] (*Hi., Ru.*).

2-Äthylmercapto-4-sulfanilylamino-pyrimidin, Sulfanilsäure-[2-äthylmercapto-pyrimidin-4-ylamid] $C_{12}H_{14}N_4O_2S_2$, Formel II (R = SO_2-C_6H_4-NH_2, R' = C_2H_5, X = H).
B. Aus der folgenden Verbindung beim Erwärmen mit wss. NaOH (*Sharp & Dohme Inc.,* U.S.P. 2540356 [1949]).
Kristalle; F: 132–133,5°.

***N*-Acetyl-sulfanilsäure-[2-äthylmercapto-pyrimidin-4-ylamid], Essigsäure-[4-(2-äthylmercapto-pyrimidin-4-ylsulfamoyl)-anilid]** $C_{14}H_{16}N_4O_3S_2$, Formel II (R = SO_2-C_6H_4-NH-CO-CH_3, R' = C_2H_5, X = H).
B. Aus 2-Äthylmercapto-pyrimidin-4-ylamin (H **25** 9) und *N*-Acetyl-sulfanilylchlorid in Pyridin (*Sharp & Dohme Inc.,* U.S.P. 2540356 [1949]).
Kristalle (aus A. + H_2O); F: 211–212°.

2-Äthylmercapto-5-fluor-pyrimidin-4-ylamin $C_6H_8FN_3S$, Formel II (R = H, R' = C_2H_5, X = F).
B. Aus 2-Äthylmercapto-5-fluor-3*H*-pyrimidin-4-on beim Erwärmen mit PCl_5 und anschliessend mit flüssigem NH_3 (*Heidelberger, Duschinsky,* U.S.P. 2802005 [1956]; s. a. *Duschinsky et al.,* Am. Soc. **79** [1957] 4559).
Kristalle (aus PAe.); F: 94–95° (*He., Du.*).

6-Chlor-2-methylmercapto-pyrimidin-4-ylamin $C_5H_6ClN_3S$, Formel III (R = H, R′ = CH_3) (H 11).

B. Aus 6-Amino-2-methylmercapto-3*H*-pyrimidin-4-on beim Erhitzen mit $POCl_3$ und *N,N*-Dimethyl-anilin (*Baddiley, Topham,* Soc. **1944** 678; *Baker et al.,* J. org. Chem. **19** [1954] 631, 633; vgl. H 11).

^{35}Cl-NQR-Absorption bei 77 K: *Bray et al.,* J. chem. Physics **28** [1958] 99; *Hooper et al.,* J. chem. Physics **30** [1959] 957, 958.

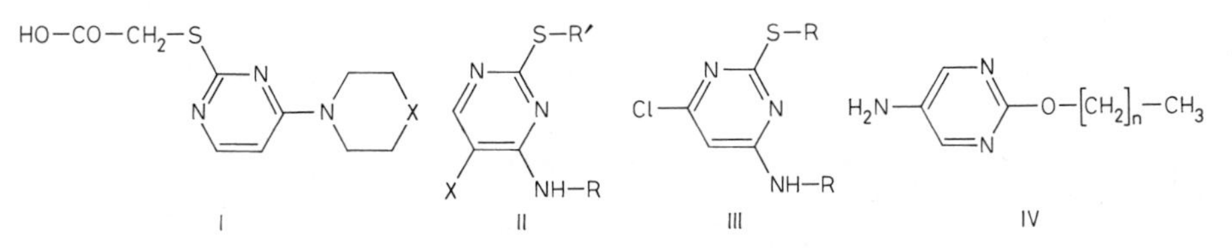

2-Benzylmercapto-6-chlor-pyrimidin-4-ylamin $C_{11}H_{10}ClN_3S$, Formel III (R = H, R′ = CH_2-C_6H_5).

B. Analog der vorangehenden Verbindung (*Baker et al.,* J. org. Chem. **19** [1954] 1793, 1795).

Kristalle (aus Heptan); F: 103–104°.

4-Chlor-6-methylamino-2-methylmercapto-pyrimidin, [6-Chlor-2-methylmercapto-pyrimidin-4-yl]-methyl-amin $C_6H_8ClN_3S$, Formel III (R = R′ = CH_3).

B. Aus 4,6-Dichlor-2-methylmercapto-pyrimidin und äthanol. Methylamin (*ICI,* D.B.P. 839640 [1949]; D.R.B.P. Org. Chem. 1950–1951 **6** 2439, 2441; U.S.P. 2585906 [1949]).

Kristalle (aus wss. A.); F: 130–131°.

2-Methylmercapto-5-nitro-pyrimidin-4-ylamin $C_5H_6N_4O_2S$, Formel II (R = H, R′ = CH_3, X = NO_2).

B. Aus 2-Chlor-5-nitro-pyrimidin-4-ylamin und Methanthiol mit Hilfe von äthanol. NaOH (*Albert, Brown,* Soc. **1954** 2060, 2069).

Kristalle (aus A.); F: 181–183°.

2-Butoxy-pyrimidin-5-ylamin $C_8H_{13}N_3O$, Formel IV (n = 3).

B. Beim Erwärmen von 2-Butoxy-5-nitro-pyrimidin mit Eisen-Pulver und wss.-methanol. Essigsäure (*Braitberg et al.,* Am. Soc. **69** [1947] 2005).

Kristalle (aus Bzl.+PAe.); F: 72–72,5°.

2-Hexyloxy-pyrimidin-5-ylamin $C_{10}H_{17}N_3O$, Formel IV (n = 5).

B. Beim Behandeln von 2-Chlor-5-nitro-pyrimidin mit Natriumhexylat in Hexan-1-ol und Erwärmen des Reaktionsprodukts mit Eisen-Pulver und wss.-methanol. Essigsäure (*Braitberg et al.,* Am. Soc. **69** [1947] 2005) oder mit $SnCl_2$ und wss.-methanol. HCl (*Nepera Chem. Co.,* U.S.P. 2517650 [1946]).

Kristalle (aus PAe.); F: 81–82°; Kp_2: 168° (*Nepera Chem. Co.*).

4(oder 2)-Chlor-2(oder 4)-[2-methoxy-pyrimidin-5-ylamino]-benzoesäure $C_{12}H_{10}ClN_3O_3$, Formel V (R = CO-OH, R′ = H oder R = H, R′ = CO-OH).

B. Beim Erhitzen von 2-Methoxy-pyrimidin-5-ylamin (s. im folgenden Artikel) mit 2,4-Dichlor-benzoesäure und K_2CO_3 in Gegenwart eines Kupfer-Kupferoxid-Katalysators in Amylalkohol (*Besly, Goldberg,* Soc. **1957** 4997, 5001).

Kristalle (aus E.); F: 236°.

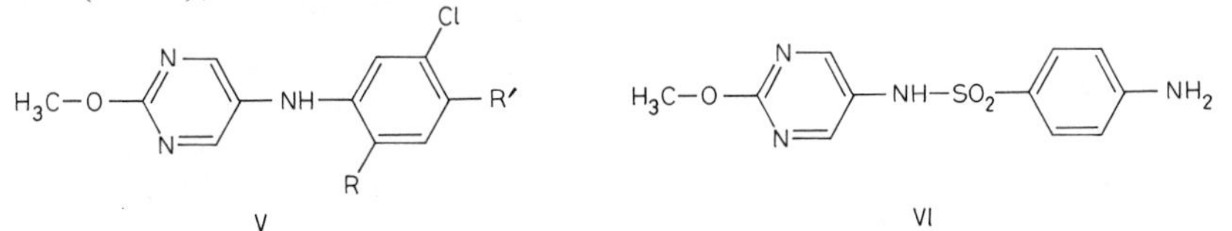

2-Methoxy-5-sulfanilylamino-pyrimidin, Sulfanilsäure-[2-methoxy-pyrimidin-5-ylamid] $C_{11}H_{12}N_4O_3S$, Formel VI.

B. Aus 2-Methoxy-pyrimidin-5-ylamin ($C_5H_7N_3O$; aus 2-Chlor-5-nitro-pyrimidin durch Erwärmen mit methanol. Natriummethylat und Hydrieren des Reaktionsprodukts an Palladium/Kohle in Methanol hergestellt) bei der Umsetzung mit *N*-Acetyl-sulfanilylchlorid in Pyridin und anschliessenden Hydrolyse mit wss. NaOH (*Roblin et al.*, Am. Soc. **64** [1942] 567, 569, 570) sowie bei der Umsetzung mit 4-Nitro-benzolsulfonylchlorid in Pyridin und anschliessenden Reduktion mit Eisen-Pulver und wss.-äthanol. HCl (*Am. Cyanamid Co.*, U.S.P. 2430439 [1940]).

F: 232–234° [korr.]; in 100 ml H_2O lösen sich bei 37° 9,2 mg (*Ro. et al.*, l. c. S. 568).

[5-Amino-pyrimidin-2-ylmercapto]-essigsäure-methylester $C_7H_9N_3O_2S$, Formel VII.

B. Bei der Hydrierung der Natrium-Verbindung des 5-Phenylazo-1*H*-pyrimidin-2-thions an Raney-Nickel in H_2O und Umsetzung des Reaktionsprodukts mit Chloressigsäure-methylester (*BASF*, F.P. 1148205 [1956]).

Kristalle; F: 142°.

4,5-Bis-formylamino-2-methoxy-pyrimidin, *N,N'*-[2-Methoxy-pyrimidin-4,5-diyl]-bis-formamid $C_7H_8N_4O_3$, Formel VIII.

B. Neben 2-Methoxy-7(9)*H*-purin beim Erwärmen von 2-Methoxy-pyrimidin-4,5-diyl=diamin ($C_5H_8N_4O$; aus 2-Methoxy-5-nitro-pyrimidin-4-ylamin durch Hydrierung an Raney-Nickel in Methanol hergestellt) mit Ameisensäure-essigsäure-anhydrid (*Albert, Brown*, Soc. **1954** 2060, 2068).

Kristalle (aus A.); F: 180–181° [Zers.].

2-Methylmercapto-pyrimidin-4,5-diyldiamin $C_5H_8N_4S$, Formel IX (R = H).

B. Aus 2-Methylmercapto-5-nitro-pyrimidin-4-ylamin bei der Hydrierung an Palladium/ $SrCO_3$ in Äthanol (*Albert, Brown*, Soc. **1954** 2060, 2069). Aus 4,5-Diamino-1*H*-pyrimidin-2-thion und CH_3I in wss. KOH (*Al., Br.*).

Kristalle (aus E.); F: 157–159°.

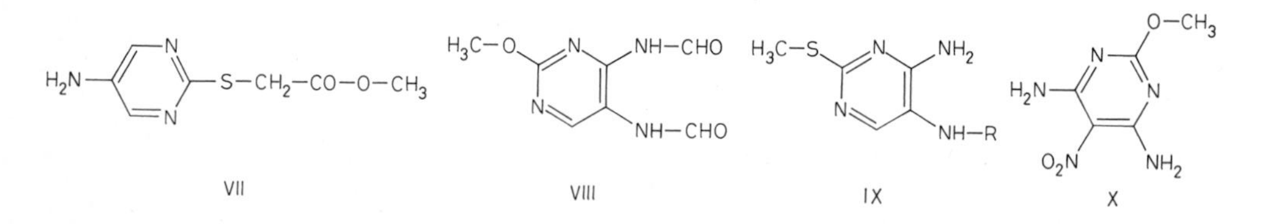

***N*[5]-Methyl-2-methylmercapto-pyrimidin-4,5-diyldiamin** $C_6H_{10}N_4S$, Formel IX (R = CH_3).

B. Aus der folgenden Verbindung mit Hilfe von $LiAlH_4$ in Äther und Pyridin (*Brown*, J. appl. Chem. **5** [1955] 358, 360).

Kristalle (aus A. oder 4-Methyl-pentan-2-on); F: 202–204°.

***N*-[4-Amino-2-methylmercapto-pyrimidin-5-yl]-formamid** $C_6H_8N_4OS$, Formel IX (R = CHO).

B. Aus 2-Methylmercapto-pyrimidin-4,5-diyldiamin und Ameisensäure (*Albert, Brown*, Soc. **1954** 2060, 2069).

Kristalle (aus H_2O); F: 180–190° [unter Cyclisierung zu 2-Methylmercapto-7(9)*H*-purin].

2-Methoxy-5-nitro-pyrimidin-4,6-diyldiamin $C_5H_7N_5O_3$, Formel X.

B. Aus 2-Chlor-5-nitro-pyrimidin-4,6-diyldiamin und methanol. KOH (*Evans et al.*, Soc. **1956** 4106, 4111).

Kristalle; F: 263°.

2-Methylmercapto-pyrimidin-4,6-diyldiamin $C_5H_8N_4S$, Formel XI (R = CH_3) (H 63).

B. Aus 4,6-Diamino-1*H*-pyrimidin-2-thion und CH_3I in Äthanol (*Taylor, Cain,* Am. Soc. **74** [1952] 1644, 1646; vgl. H 63).

Kristalle (aus H_2O); F: 188–189° [korr.] (*Ta., Cain*). IR-Spektrum (Nujol; 3600–3000 cm^{-1} und 1700–700 cm^{-1}): *Brownlie,* Soc. **1950** 3062, 3064, 3068.

Dihydrochlorid $C_5H_8N_4S \cdot 2HCl$. F: 210° (*Barclay et al.,* Soc. **1956** 476, 479).

Picrat $C_5H_8N_4S \cdot C_6H_3N_3O_7$. Kristalle; F: 212° [Zers.] (*Baddiley et al.,* Soc. **1943** 571, 573).

2-Methansulfonyl-pyrimidin-4,6-diyldiamin $C_5H_8N_4O_2S$, Formel XII.

B. Aus der vorangehenden Verbindung mit Hilfe von wss. NaClO und wss. HCl (*Andrews et al.,* Soc. **1949** 2490, 2495).

Kristalle (aus H_2O oder wss. A.); F: 197–198°.

2-Äthylmercapto-pyrimidin-4,6-diyldiamin $C_6H_{10}N_4S$, Formel XI (R = C_2H_5).

B. Aus 4,6-Diamino-1*H*-pyrimidin-2-thion beim Erwärmen mit Diäthylsulfat und wss. NaOH (*Pesson,* Bl. **1948** 963, 967).

Kristalle (aus wss. A.); F: 146,5°.

[4,6-Diamino-pyrimidin-2-ylmercapto]-essigsäure $C_6H_8N_4O_2S$, Formel XI (R = CH_2-CO-OH).

B. Aus 4,6-Diamino-1*H*-pyrimidin-2-thion und Chloressigsäure (*Bendich et al.,* Am. Soc. **70** [1948] 3109, 3112) oder deren Natrium-Salz (*Eastman Kodak Co.,* U.S.P. 2819965 [1956]) in H_2O.

Kristalle [aus H_2O] (*Be. et al.*); F: 270–273° (*Eastman Kodak Co.*).

Sulfat $2C_6H_8N_4O_2S \cdot H_2SO_4$. Kristalle (aus wss. H_2SO_4) mit 1 Mol H_2O (*Be. et al.*).

[(4,6-Diamino-pyrimidin-2-ylmercapto)-acetyl]-harnstoff $C_7H_{10}N_6O_2S$, Formel XI (R = CH_2-CO-NH-CO-NH_2).

B. Aus 4,6-Diamino-1*H*-pyrimidin-2-thion und Chloracetyl-harnstoff mit Hilfe von wss. NaOH (*Gen. Electric Co.,* U.S.P. 2324287 [1942]).

F: 213–215° [Zers.].

4-[2-(4,6-Diamino-pyrimidin-2-ylmercapto)-acetylamino]-benzoesäure-äthylester $C_{15}H_{17}N_5O_3S$, Formel XI (R = CH_2-CO-NH-C_6H_4-CO-O-C_2H_5).

B. Analog der vorangehenden Verbindung (*Gen. Electric Co.,* U.S.P. 2315940 [1942]).

F: 196–198° [Zers. ab 185°].

***N*-[(4,6-Diamino-pyrimidin-2-ylmercapto)-acetyl]-sulfanilsäure-amid, [4,6-Diamino-pyrimidin-2-ylmercapto]-essigsäure-[4-sulfamoyl-anilid]** $C_{12}H_{14}N_6O_3S_2$, Formel XI (R = CH_2-CO-NH-C_6H_4-SO_2-NH_2).

B. Analog den vorangehenden Verbindungen (*Gen. Electric Co.,* U.S.P. 2312691 [1941]).

F: 207–210°.

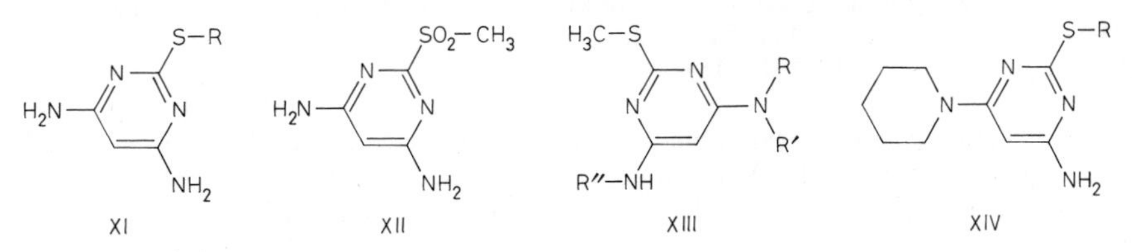

***N*[4]-Methyl-2-methylmercapto-pyrimidin-4,6-diyldiamin** $C_6H_{10}N_4S$, Formel XIII (R = CH_3, R′ = R″ = H).

B. Aus 6-Chlor-2-methylmercapto-pyrimidin-4-ylamin und wss. Methylamin (*Baddiley et al.,* Soc. **1943** 383, 385).

Kristalle (aus H_2O); F: 143–144°.

N^4,N^6-Dimethyl-2-methylmercapto-pyrimidin-4,6-diyldiamin $C_7H_{12}N_4S$, Formel XIII (R = R″ = CH_3, R′ = H).

B. Aus [6-Chlor-2-methylmercapto-pyrimidin-4-yl]-methyl-amin und äthanol. Methylamin (*ICI,* D.B.P. 839640 [1949]; D.R.B.P. Org. Chem. 1950–1951 **6** 2439, 2441; U.S.P. 2585906 [1949]).

Kristalle (aus A.); F: 152–153°.

Methojodid [$C_8H_{15}N_4S$]I; 1-Methyl-4,6-bis-methylamino-2-methylmercapto-pyrimidinium-jodid. Kristalle (aus H_2O); F: 222–223° [Zers.].

N^4,N^4-Dimethyl-2-methylmercapto-pyrimidin-4,6-diyldiamin $C_7H_{12}N_4S$, Formel XIII (R = R′ = CH_3, R″ = H).

B. Aus 6-Chlor-2-methylmercapto-pyrimidin-4-ylamin und wss. Dimethylamin (*Baker et al.,* J. org. Chem. **19** [1954] 631, 634).

Kristalle (aus H_2O); F: 162–164°.

Hydrochlorid $C_7H_{12}N_4S \cdot HCl$. Kristalle (aus A.); F: 282° [Zers.].

N^6-Äthyl-N^4,N^4-dimethyl-2-methylmercapto-pyrimidin-4,6-diyldiamin $C_9H_{16}N_4S$, Formel XIII (R = R′ = CH_3, R″ = C_2H_5).

B. Aus *N*-[6-Dimethylamino-2-methylmercapto-pyrimidin-4-yl]-acetamid mit Hilfe von $LiAlH_4$ in Äther und Pyridin (*Baker et al.,* J. org. Chem. **19** [1954] 638, 641).

Kristalle (aus Me. oder Heptan); F: 126–127°.

N^4,N^4-Diäthyl-2-methylmercapto-pyrimidin-4,6-diyldiamin $C_9H_{16}N_4S$, Formel XIII (R = R′ = C_2H_5, R″ = H).

B. Aus 6-Chlor-2-methylmercapto-pyrimidin-4-ylamin und Diäthylamin in 2-Methoxy-äthanol (*Baker et al.,* J. org. Chem. **19** [1954] 1793, 1795).

Picrat $C_9H_{16}N_4S \cdot C_6H_3N_3O_7$. Kristalle (aus A.); F: 210–212° [Zers.].

N^4-Methyl-2-methylmercapto-N^4-phenyl-pyrimidin-4,6-diyldiamin $C_{12}H_{14}N_4S$, Formel XIII (R = C_6H_5, R′ = CH_3, R″ = H).

B. Aus 6-Chlor-2-methylmercapto-pyrimidin-4-ylamin und *N*-Methyl-anilin (*Baker et al.,* J. org. Chem. **19** [1954] 1793, 1796).

Kristalle (aus wss. A.); F: 122–124°.

Hydrochlorid $C_{12}H_{14}N_4S \cdot HCl$. Kristalle (aus wss. A.); F: 253–254° [Zers.].

N^4-Benzyl-N^4-butyl-2-methylmercapto-pyrimidin-4,6-diyldiamin $C_{16}H_{22}N_4S$, Formel XIII (R = CH_2-C_6H_5, R′ = [CH_2]$_3$-CH_3, R″ = H).

B. Analog der vorangehenden Verbindung (*Baker et al.,* J. org. Chem. **19** [1954] 1793, 1796).

Hydrochlorid $C_{16}H_{22}N_4S \cdot HCl$. Kristalle (aus $CHCl_3$+äthanol. HCl+Ae.); F: 149–150°.

2-Methylmercapto-6-piperidino-pyrimidin-4-ylamin $C_{10}H_{16}N_4S$, Formel XIV (R = CH_3).

B. Aus 6-Chlor-2-methylmercapto-pyrimidin-4-ylamin und Piperidin in 2-Methoxy-äthanol (*Baker et al.,* J. org. Chem. **19** [1954] 1793, 1795).

Kristalle (aus wss. A.); F: 151–153°.

2-Benzylmercapto-6-piperidino-pyrimidin-4-ylamin $C_{16}H_{20}N_4S$, Formel XIV (R = CH_2-C_6H_5).

B. Analog der vorangehenden Verbindung (*Baker et al.,* J. org. Chem. **19** [1954] 1793, 1795).

Picrat $C_{16}H_{20}N_4S \cdot C_6H_3N_3O_7$. Kristalle (aus wss. A.); F: 194–195°.

2,3,4,5-Tetrahydroxy-valeraldehyd-[6-amino-2-methylmercapto-pyrimidin-4-ylimin] $C_{10}H_{16}N_4O_4S$.

a) **D-Ribose-[6-amino-2-methylmercapto-pyrimidin-4-ylimin],** Formel I und cycl. Taut. (z. B. *N*-[6-Amino-2-methylmercapto-pyrimidin-4-yl]-D-ribopyranosylamine).

B. Beim Erwärmen von D-Ribose mit 2-Methylmercapto-pyrimidin-4,6-diyldiamin und wenig

NH_4Cl in Äthanol und Benzol (*Kenner et al.*, Soc. **1949** 1613, 1617).

Kristalle (aus H_2O) mit 1 Mol H_2O; F: 138–140°. $[\alpha]_D^{18}$: +22° [H_2O; c = 0,3].

b) **D-Xylose-[6-amino-2-methylmercapto-pyrimidin-4-ylimin],** Formel II (R = R' = X = H) und cycl. Taut.

Die nachstehend beschriebene Verbindung ist wahrscheinlich als *N*-[6-Amino-2-methylmercapto-pyrimidin-4-yl]-β-D-xylopyranosylamin (Formel IX [R = R' = X' = H] auf S. 3342) zu formulieren (*Howard et al.*, Soc. **1946** 855, 861, 863).

B. Analog dem unter a) beschriebenen Stereoisomeren (*Howard et al.*, Soc. **1945** 556, 559; *Baddiley et al.*, Soc. **1943** 571, 572).

Kristalle (aus A.+E.); F: 190–192° [Zers.] (*Ba. et al.*). $[\alpha]_D^{17,5}$: –20° [H_2O; c = 0,2] (*Ho. et al.*, Soc. **1945** 559). IR-Spektrum (Nujol; 3600–2600 cm^{-1} und 1700–700 cm^{-1}): *Brownlie*, Soc. **1950** 3062, 3064, 3069.

Penta-*O*-acetyl-1,1-bis-[6-amino-2-methylmercapto-pyrimidin-4-ylamino]-D-1-desoxy-galactit $C_{26}H_{36}N_8O_{10}S_2$, Formel III.

B. Aus (1Ξ)-D-O^2,O^3,O^4,O^5,O^6-Pentaacetyl-1-äthoxy-galactit vom F: 135° (E IV **2** 354) und 2-Methylmercapto-pyrimidin-4,6-diyldiamin-dihydrochlorid mit Hilfe von Natriumacetat in H_2O (*Barclay et al.*, Soc. **1956** 476, 479).

F: 125–130° [nach Sintern bei 118–119°]. $[\alpha]_D^{18}$: ca. –50° [A.; c = 1,4].

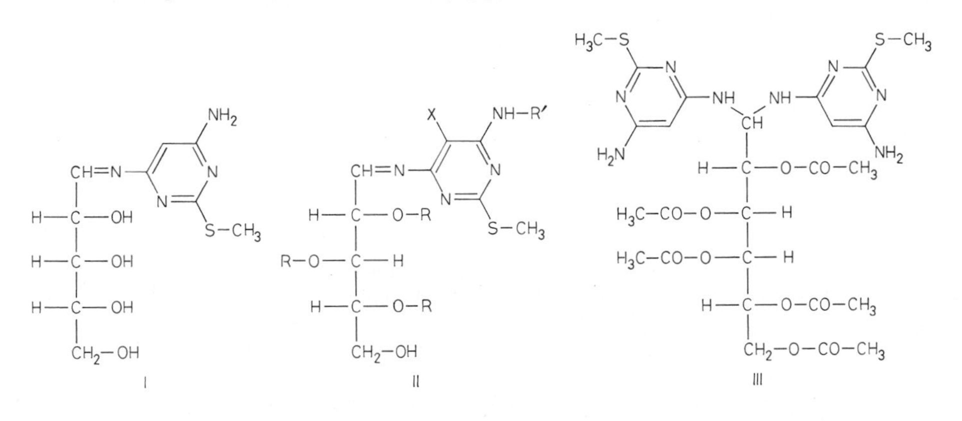

2,3,4,5,6-Pentahydroxy-hexanal-[6-amino-2-methylmercapto-pyrimidin-4-ylimin] $C_{11}H_{18}N_4O_5S$.

a) **D-Glucose-[6-amino-2-methylmercapto-pyrimidin-4-ylimin],** Formel IV (R = R' = X = H) und cycl. Taut. (z. B. *N*-[6-Amino-2-methylmercapto-pyrimidin-4-yl]-D-glucopyranosylamine).

B. Beim Erwärmen von D-Glucose mit 2-Methylmercapto-pyrimidin-4,6-diyldiamin und wenig NH_4Cl in Äthanol und Benzol (*Holland et al.*, Soc. **1948** 965).

Kristalle (aus H_2O) mit 0,5 Mol H_2O, die bei 145° erweichen. $[\alpha]_D^{20}$: –122° [H_2O; c = 4,6].

b) **D-Mannose-[6-amino-2-methylmercapto-pyrimidin-4-ylimin],** Formel V (R = R' = X = H) und cycl. Taut. (z. B. *N*-[6-Amino-2-methylmercapto-pyrimidin-4-yl]-D-mannopyranosylamine).

B. Analog dem vorangehenden Stereoisomeren (*Baddiley et al.*, Soc. **1943** 571, 573).

Wasserhaltige Kristalle (aus H_2O); F: 213–214° [Zers.].

c) **D-Galactose-[6-amino-2-methylmercapto-pyrimidin-4-ylimin],** Formel VI (R = H) und cycl. Taut. (z. B. *N*-[6-Amino-2-methylmercapto-pyrimidin-4-yl]-D-galactopyranosylamine).

B. Analog dem unter a) beschriebenen Stereoisomeren (*Kenner et al.*, Soc. **1948** 957, 962).

Wasserhaltige Kristalle (nach Chromatographieren an Al_2O_3 mit H_2O); F: ca. 176° [Zers.; nach H_2O-Abgabe bei 95–96°]. $[\alpha]_D^{20}$: –58° [H_2O; c = 0,4].

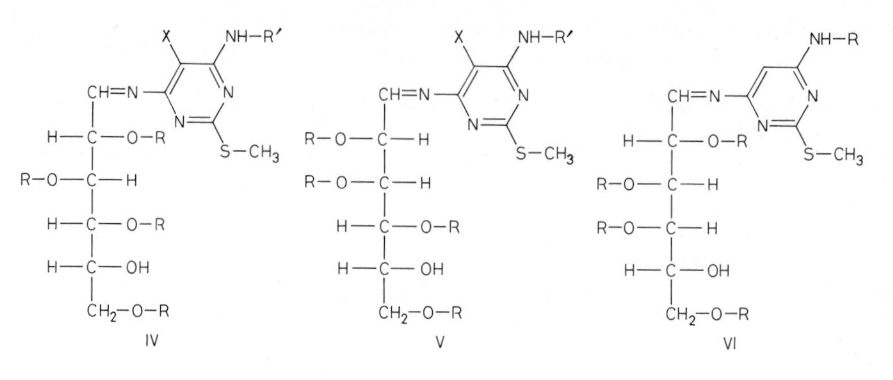

***N*-[6-Amino-2-methylmercapto-pyrimidin-4-yl]-acetamid** $C_7H_{10}N_4OS$, Formel VII (R = H).

B. Aus 2-Methylmercapto-pyrimidin-4,6-diyldiamin beim Erwärmen mit Acetylchlorid in Äthylacetat oder beim Behandeln mit Acetanhydrid und Pyridin (*Baddiley et al.*, Soc. **1943** 571, 573).

Kristalle (aus H_2O); F: 225–226° (*Ba. et al.*). IR-Spektrum (Nujol; 3600–3000 cm^{-1} und 1750–700 cm^{-1}): *Brownlie*, Soc. **1950** 3062, 3064, 3069.

Hydrochlorid $C_7H_{10}N_4OS \cdot HCl$. Kristalle (aus A.) mit 1 Mol H_2O; F: 213–214° (*Ba. et al.*).

***N*-[6-Dimethylamino-2-methylmercapto-pyrimidin-4-yl]-acetamid** $C_9H_{14}N_4OS$, Formel VII (R = CH_3).

B. Aus N^4,N^4-Dimethyl-2-methylmercapto-pyrimidin-4,6-diyldiamin und Acetanhydrid in Pyridin (*Baker et al.*, J. org. Chem. **19** [1954] 638, 641).

Kristalle (aus A.); F: 219–220°.

D-Xylose-[6-acetylamino-2-methylmercapto-pyrimidin-4-ylimin], *N*-[2-Methylmercapto-6-D-xylit-1-ylidenamino-pyrimidin-4-yl]-acetamid $C_{12}H_{18}N_4O_5S$ und cycl. Taut.

Bezüglich der Grösse des Glykosid-Ringes und der Konfiguration der beiden folgenden Isomeren vgl. *Howard et al.*, Soc. **1946** 855, 861, 863.

a) ***N*-[6-Acetylamino-2-methylmercapto-pyrimidin-4-yl]-α-D-xylopyranosylamin(?), *N*-[2-Methylmercapto-6-α-D-xylopyranosylamino-pyrimidin-4-yl]-acetamid(?),** vermutlich Formel VIII (R = H).

B. Aus Tri-*O*-acetyl-*N*-[6-acetylamino-2-methylmercapto-pyrimidin-4-yl]-α-D-xylopyranosyl≈amin (?; s. u.) mit Hilfe von Natriummethylat in Methanol und $CHCl_3$ (*Baddiley et al.*, Soc. **1943** 571, 573).

Wasserhaltige Kristalle (aus A.), F: 192–193°; wasserhaltige Kristalle (aus H_2O), F: 95–100°. $[\alpha]_D^{20}$: +23° [Py.; c = 2] [wasserfreies Präparat].

b) ***N*-[6-Acetylamino-2-methylmercapto-pyrimidin-4-yl]-β-D-xylopyranosylamin(?), *N*-[2-Methylmercapto-6-β-D-xylopyranosylamino-pyrimidin-4-yl]-acetamid(?),** vermutlich Formel IX (R = X = H, R′ = CO-CH_3).

B. Aus Tri-*O*-acetyl-*N*-[6-acetylamino-2-methylmercapto-pyrimidin-4-yl]-β-D-xylopyranosyl≈amin (?; s. u.) mit Hilfe von methanol. NH_3 (*Howard et al.*, Soc. **1945** 556, 559).

Kristalle (aus A.); F: 175–180°.

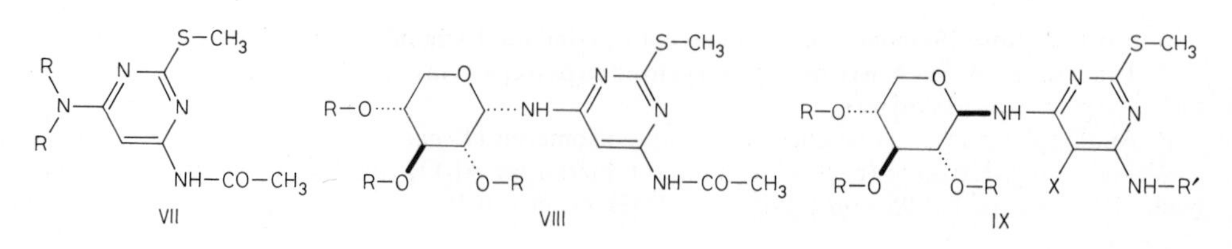

***O*²,*O*³,*O*⁴(?)-Triacetyl-D-xylose-[6-acetylamino-2-methylmercapto-pyrimidin-4-ylimin]** $C_{18}H_{24}N_4O_8S$ und cycl. Taut.

Bezüglich der Konstitution und Konfiguration der beiden folgenden Isomeren vgl. *Howard et al.*, Soc. **1946** 855, 861, 863.

a) **Tri-*O*-acetyl-*N*-[6-acetylamino-2-methylmercapto-pyrimidin-4-yl]-α-D-xylopyranosyl-amin(?)**, vermutlich Formel VIII (R = CO-CH_3).

B. Als Hauptprodukt neben dem unter b) beschriebenen Isomeren beim Erwärmen von D-Xylose mit 2-Methylmercapto-pyrimidin-4,6-diyldiamin und wenig NH_4Cl in Äthanol und Benzol und Erhitzen des Reaktionsprodukts mit Acetanhydrid und wenig Acetylchlorid in Pyridin (*Howard et al.*, Soc. **1945** 556, 559; vgl. *Baddiley et al.*, Soc. **1943** 571, 573).

Kristalle (aus A.); F: 226° [Zers.]; $[\alpha]_D^{18}$: +57° [Py.; c = 5] (*Ba. et al.*).

b) **Tri-*O*-acetyl-*N*-[6-acetylamino-2-methylmercapto-pyrimidin-4-yl]-β-D-xylopyranosyl-amin(?)**, vermutlich Formel IX (R = R′ = CO-CH_3, X = H).

B. s. unter a).

Kristalle (aus A.+E.); F: 217–218°; $[\alpha]_D^{18}$: +48,4° [$CHCl_3$; c = 2,4] (*Howard et al.*, Soc. **1945** 556, 559).

D-Mannose-[6-acetylamino-2-methylmercapto-pyrimidin-4-ylimin], *N*-[6-D-Mannit-1-ylidenamino-2-methylmercapto-pyrimidin-4-yl]-acetamid $C_{13}H_{20}N_4O_6S$, Formel V (R = X = H, R′ = CO-CH_3) und cycl. Taut. (z. B. *N*-[6-Acetylamino-2-methylmercapto-pyrimidin-4-yl]-D-mannopyranosylamine).

B. Aus *O*²,*O*³,*O*⁴(?),*O*⁶-Tetraacetyl-D-mannose-[6-acetylamino-2-methylmercapto-pyrimidin-4-ylimin] (?; s. u.) mit Hilfe von Natriummethylat in Methanol und $CHCl_3$ (*Baddiley et al.*, Soc. **1943** 571, 573).

Kristalle (aus H_2O); F: 242–243° [Zers.]. $[\alpha]_D^{20}$: −55° [Py.; c = 0,7].

2,3,4(?),6-Tetraacetoxy-5(?)-hydroxy-hexanal-[6-acetylamino-2-methylmercapto-pyrimidin-4-ylimin] $C_{21}H_{28}N_4O_{10}S$.

a) ***O*²,*O*³,*O*⁴(?),*O*⁶-Tetraacetyl-D-glucose-[6-acetylamino-2-methylmercapto-pyrimidin-4-ylimin]**, vermutlich Formel IV (R = R′ = CO-CH_3, X = H) und cycl. Taut. (Tetra-*O*-acetyl-*N*-[6-acetylamino-2-methylmercapto-pyrimidin-4-yl]-D-glucopyranosylamine).

B. Beim Erhitzen von D-Glucose-[6-amino-2-methylmercapto-pyrimidin-4-ylimin] (S. 3341) mit Acetanhydrid und wenig Acetylchlorid in Pyridin (*Holland et al.*, Soc. **1948** 965).

Kristalle (aus A.); F: 194°. $[\alpha]_D^{17}$: −33° [Py.; c = 1,1].

b) ***O*²,*O*³,*O*⁴(?),*O*⁶-Tetraacetyl-D-mannose-[6-acetylamino-2-methylmercapto-pyrimidin-4-ylimin]**, vermutlich Formel V (R = R′ = CO-CH_3, X = H) und cycl. Taut. (Tetra-*O*-acetyl-*N*-[6-acetylamino-2-methylmercapto-pyrimidin-4-yl]-D-mannopyranosylamine).

B. Analog dem unter a) beschriebenen Isomeren (*Baddiley et al.*, Soc. **1943** 571, 573).

Kristalle (aus A., Bzl. oder Acn.+$CHCl_3$+PAe.) mit 3 Mol H_2O; F: ca. 140–150°. $[\alpha]_D^{20}$: −100° [Py.; c = 16] [wasserfreies Präparat].

c) ***O*²,*O*³,*O*⁴(?),*O*⁶-Tetraacetyl-D-galactose-[6-acetylamino-2-methylmercapto-pyrimidin-4-ylimin]**, Formel VI (R = CO-CH_3) und cycl. Taut. (Tetra-*O*-acetyl-*N*-[6-acetylamino-2-methylmercapto-pyrimidin-4-yl]-D-galactopyranosylamine).

B. Aus Penta-*O*-acetyl-1,1-bis-[6-amino-2-methylmercapto-pyrimidin-4-ylamino]-D-1-desoxy-galactit (S. 3341) beim Behandeln mit methanol. NH_3 und Behandeln des Reaktionsprodukts mit Acetanhydrid und Pyridin (*Barclay et al.*, Soc. **1956** 476, 478, 480).

Feststoff (aus A.+H_2O); Sintern bei 140°. $[\alpha]_D^{18}$: −76° [$CHCl_3$; c = 1].

2-Methylmercapto-5-nitroso-pyrimidin-4,6-diyldiamin $C_5H_7N_5OS$, Formel X (R = R′ = R″ = H).

B. Beim Erhitzen der Verbindung von Hydroxyimino-malononitril (E IV **3** 1806) mit *S*-

Methyl-isothioharnstoff in Pyridin (*Taylor et al.*, Am. Soc. **81** [1959] 2442, 2444, 2447). Beim Behandeln von 2-Methylmercapto-pyrimidin-4,6-diyldiamin mit $NaNO_2$ und wss. Essigsäure (*Baddiley et al.*, Soc. **1943** 383, 385).

Blaugrüne Kristalle; F: 261–262° [korr.] (*Ta. et al.*).

Beim Erwärmen mit 2-Cyanmethyl-benzoesäure-methylester und Natriumäthylat in Äthanol ist 11-Amino-9-methylmercapto-6*H*-isochino[4,3-*g*]pteridin-5-on erhalten worden (*Osdene, Timmis*, Soc. **1955** 2214, 2218).

***N*^{4}-Methyl-2-methylmercapto-5-nitroso-pyrimidin-4,6-diyldiamin** $C_6H_9N_5OS$, Formel X (R = CH_3, R′ = R″ = H).

B. Aus *N*^{4}-Methyl-2-methylmercapto-pyrimidin-4,6-diyldiamin mit Hilfe von wss. $NaNO_2$ und wss. Essigsäure (*Baddiley et al.*, Soc. **1943** 383, 385).

Blaue Kristalle; F: 236° (*Ba. et al.*). IR-Spektrum (Nujol; 3600–3000 cm^{-1} und 1700–750 cm^{-1}): *Brownlie*, Soc. **1950** 3062, 3065, 3071.

Die folgenden Verbindungen sind in analoger Weise hergestellt worden:

N^4,*N*^{4}-Dimethyl-2-methylmercapto-5-nitroso-pyrimidin-4,6-diyldiamin $C_7H_{11}N_5OS$, Formel X (R = R′ = CH_3, R″ = H). Blaue Kristalle (aus A.); F: 219–220° [Zers.] (*Baker et al.*, J. org. Chem. **19** [1954] 631, 634).

N^6-Äthyl-*N*^{4},*N*^{4}-dimethyl-2-methylmercapto-5-nitroso-pyrimidin-4,6-diyldiamin $C_9H_{15}N_5OS$, Formel X (R = R′ = CH_3, R″ = C_2H_5). Blaue Kristalle (aus Heptan); F: 119–120° (*Baker et al.*, J. org. Chem. **19** [1954] 638, 641).

N^4,*N*^{4}-Diäthyl-2-methylmercapto-5-nitroso-pyrimidin-4,6-diyldiamin $C_9H_{15}N_5OS$, Formel X (R = R′ = C_2H_5, R″ = H). Blaue Kristalle (aus A.); F: 133–134° [Zers.] (*Baker et al.*, J. org. Chem. **19** [1954] 1793, 1796).

N^4-Methyl-2-methylmercapto-5-nitroso-*N*^{4}-phenyl-pyrimidin-4,6-diyldiamin $C_{12}H_{13}N_5OS$, Formel X (R = C_6H_5, R′ = CH_3, R″ = H). Grüne Kristalle (aus A.); F: 197–197,5° (*Bak. et al.*, l. c. S. 1797).

N^4-Benzyl-*N*^{4}-butyl-2-methylmercapto-5-nitroso-pyrimidin-4,6-diyldiamin $C_{16}H_{21}N_5OS$, Formel X (R = CH_2-C_6H_5, R′ = $[CH_2]_3$-CH_3, R″ = H). Blaue Kristalle (aus Heptan); F: 118–119° (*Bak. et al.*, l. c. S. 1797).

2-Methylmercapto-5-nitroso-6-piperidino-pyrimidin-4-ylamin $C_{10}H_{15}N_5OS$, Formel XI (R = CH_3). Blaue Kristalle (aus A.); F: 169–170° [Zers.] (*Bak. et al.*, l. c. S. 1796).

2-Benzylmercapto-5-nitroso-6-piperidino-pyrimidin-4-ylamin $C_{16}H_{19}N_5OS$, Formel XI (R = CH_2-C_6H_5). Grüne Kristalle (aus Heptan); F: 152–153° [Zers.] (*Bak. et al.*, l. c. S. 1796).

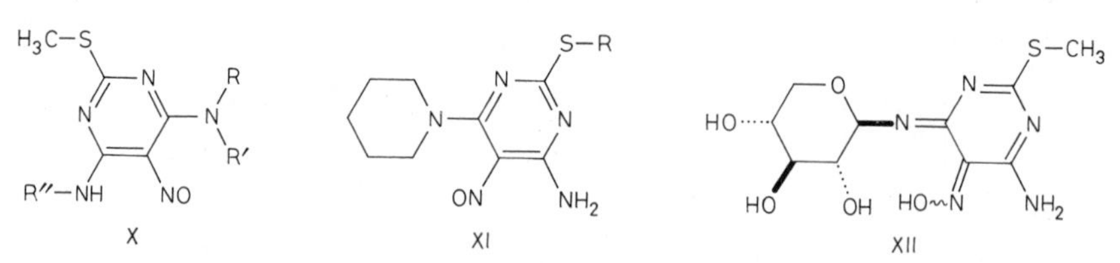

D-Xylose-[6-amino-2-methylmercapto-5-nitroso-pyrimidin-4-ylimin] $C_{10}H_{15}N_5O_5S$, Formel II (R = R′ = H, X = NO) auf S. 3341 und Taut.

a) Tautomeres vom F: 237°; vermutlich 6-Amino-2-methylmercapto-4-*β*-D-xylopyranosylimino-4*H*-pyrimidin-5-on-oxim, vermutlich Formel XII.

B. Aus *N*-[6-Amino-2-methylmercapto-pyrimidin-4-yl]-*β*-D-xylopyranosylamin (?; S. 3341) und $NaNO_2$ in wss. Essigsäure (*Howard et al.*, Soc. **1945** 556, 559).

Rote Kristalle (aus H_2O); F: 237°.

b) Tautomeres vom F: 197°; vermutlich *N*-[6-Amino-2-methylmercapto-5-nitroso-pyrimidin-4-yl]-*β*-D-xylopyranosylamin, vermutlich Formel IX (R = R′ = H, X = NO).

B. Beim Erwärmen von D-Xylose mit 2-Methylmercapto-pyrimidin-4,6-diyldiamin und wenig NH_4Cl in Äthanol und Behandeln des Reaktionsprodukts mit $NaNO_2$ und wss. Essigsäure

(*Ho. et al.*). – Blauer Feststoff (aus H_2O); F: 197° [Zers.].

O^2,O^3,O^4(?)-Triacetyl-D-xylose-[6-amino-2-methylmercapto-5-nitroso-pyrimidin-4-ylimin] $C_{16}H_{21}N_5O_8S$, vermutlich Formel II (R = CO-CH$_3$, R′ = H, X = NO) auf S. 3341 und cycl. Taut. (Tri-*O*-acetyl-*N*-[6-amino-2-methylmercapto-5-nitroso-pyrimidin-4-yl]-*β*(?)-D-xylopyranosylamin, Formel IX [R = CO-CH$_3$, R′ = H, X = NO]) auf S. 3342.

B. Aus den beiden vorangehenden Verbindungen (F: 237° bzw. F: 197°) und Acetanhydrid in Pyridin (*Howard et al.*, Soc. **1945** 556, 559).

Grüne Kristalle (aus A. + E.); F: 192 – 193° (*Ho. et al.*). IR-Spektrum (Nujol; 3500 – 3100 cm^{-1} und 1800 – 750 cm^{-1}): *Brownlie*, Soc. **1950** 3062, 3065, 3071; s. a. *Brownlie et al.*, Soc. **1948** 2265, 2267.

D-Mannose-[6-amino-2-methylmercapto-5-nitroso-pyrimidin-4-ylimin] $C_{11}H_{17}N_5O_6S$, Formel V (R = R′ = H, X = NO) auf S. 3342 und Taut. (z. B. 6-Amino-4-D-mannopyranosyl-imino-2-methylmercapto-4*H*-pyrimidin-5-on-oxime).

B. Beim Behandeln von D-Mannose-[6-amino-2-methylmercapto-pyrimidin-4-ylimin] (S. 3341) mit $NaNO_2$ und wss. Essigsäure (*Lythgoe et al.*, Soc. **1947** 355).

Rote Kristalle (aus H_2O); F: 230 – 231° [Zers.].

O^2,O^3,O^4(?),O^6-Tetraacetyl-D-glucose-[6-amino-2-methylmercapto-5-nitroso-pyrimidin-4-ylimin] $C_{19}H_{25}N_5O_{10}S$, vermutlich Formel IV (R = CO-CH$_3$, R′ = H, X = NO) auf S. 3342 und cycl. Taut. (Tetra-*O*-acetyl-*N*-[6-amino-2-methylmercapto-5-nitroso-pyrimidin-4-yl]-D-glucopyranosylamine).

B. Aus D-Glucose-[6-amino-2-methylmercapto-pyrimidin-4-ylimin] (S. 3341) beim Behandeln mit $NaNO_2$ und wss. Essigsäure und anschliessend mit Acetanhydrid und Pyridin (*Forrest et al.*, Soc. **1951** 3, 7).

Blaue Kristalle (nach Chromatographieren an Al_2O_3 mit E.); F: 154°.

2-Methylmercapto-pyrimidin-4,5,6-triyltriamin $C_5H_9N_5S$, Formel XIII (R = R′ = H, R″ = CH$_3$).

B. Aus 2-Methylmercapto-5-nitroso-pyrimidin-4,6-diyldiamin beim Erhitzen mit wss. $Na_2S_2O_4$ (*Taylor, Cain*, Am. Soc. **74** [1952] 1644, 1646) oder beim Behandeln mit wss. NH_4HS (*Baddiley et al.*, Soc. **1943** 383, 385).

Kristalle (aus H_2O); F: 182° (*Ba. et al.*).

Bildung von 5-Chlor-[1,2,5]thiadiazolo[3,4-*d*]pyrimidin-7-ylamin beim Erhitzen mit SO_2Cl_2 oder mit Chlor in CCl_4: *Schrage, Hitchings*, J. org. Chem. **16** [1951] 207, 208, 212, 213; vgl. *Timmis*, Soc. **1958** 804, 805; *Shealy et al.*, J. org. Chem. **27** [1962] 2154, 2155.

2-Äthylmercapto-pyrimidin-4,5,6-triyltriamin $C_6H_{11}N_5S$, Formel XIII (R = R′ = H, R″ = C$_2$H$_5$).

B. Aus 2-Äthylmercapto-pyrimidin-4,6-diyldiamin beim Behandeln mit wss. $NaNO_2$ und Essigsäure und Erwärmen des Reaktionsprodukts mit wss. NH_4HS (*Pesson*, Bl. **1948** 963, 967).

Kristalle (aus H_2O); F: 129°.

[4,5,6-Triamino-pyrimidin-2-ylmercapto]-essigsäure $C_6H_9N_5O_2S$, Formel XIII (R = R′ = H, R″ = CH$_2$-CO-OH).

B. Aus [4,6-Diamino-pyrimidin-2-ylmercapto]-essigsäure beim Behandeln mit $NaNO_2$ und wss. Essigsäure und Erhitzen des Reaktionsprodukts mit $Na_2S_2O_4$ in H_2O (*Bendich et al.*, Am. Soc. **70** [1948] 3109, 3112).

Orangegelbe Kristalle. λ_{max} (wss. Lösung vom pH 6,5): 217 nm und 273 nm.

N^4,N^4-Dimethyl-2-methylmercapto-pyrimidin-4,5,6-triyltriamin $C_7H_{13}N_5S$, Formel XIII (R = R′ = R″ = CH$_3$).

B. Aus N^4,N^4-Dimethyl-2-methylmercapto-5-nitroso-pyrimidin-4,6-diyldiamin mit Hilfe von wss. $Na_2S_2O_4$ (*Baker et al.*, J. org. Chem. **19** [1954] 631, 634).

Kristalle (aus A.); F: 154–155° (*Ba. et al.*, l. c. S. 634).

Hydrochlorid $C_7H_{13}N_5S \cdot HCl$. F: 266° [Zers.] (*Baker et al.*, J. org. Chem. **19** [1954] 638, 642).

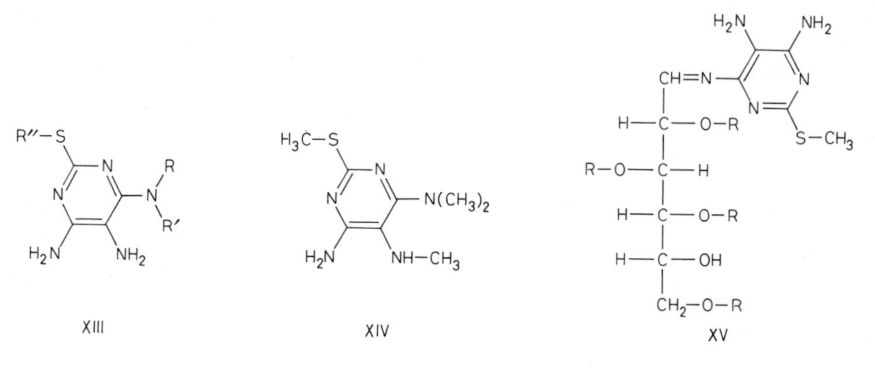

N^4,N^4,N^5-Trimethyl-2-methylmercapto-pyrimidin-4,5,6-triyltriamin $C_8H_{15}N_5S$, Formel XIV.

B. Aus *N*-[4-Amino-6-dimethylamino-2-methylmercapto-pyrimidin-5-yl]-formamid mit Hilfe von $LiAlH_4$ in Äther und Pyridin (*Baker et al.*, J. org. Chem. **19** [1954] 638, 642).

Kristalle (aus A.); F: 166–167°.

N^4-Benzyl-N^4-butyl-2-methylmercapto-pyrimidin-4,5,6-triyltriamin $C_{16}H_{23}N_5S$, Formel XIII ($R = CH_2$-C_6H_5, $R' = [CH_2]_3$-CH_3, $R'' = CH_3$).

B. Aus N^4-Benzyl-N^4-butyl-2-methylmercapto-5-nitroso-pyrimidin-4,6-diyldiamin mit Hilfe von $Na_2S_2O_4$ in wss. Aceton (*Baker et al.*, J. org. Chem. **19** [1954] 1793, 1797).

Picrat $C_{16}H_{23}N_5S \cdot C_6H_3N_3O_7$. Braune Kristalle (aus wss. A.); F: 159–160°.

O^2,O^3,O^4(?),O^6-Tetraacetyl-D-glucose-[5,6-diamino-2-methylmercapto-pyrimidin-4-ylimin] $C_{19}H_{27}N_5O_9S$, vermutlich Formel XV und cycl. Taut. (Tetra-*O*-acetyl-*N*-[5,6-diamino-2-methylmercapto-pyrimidin-4-yl]-D-glucopyranosylamine).

B. Aus O^2,O^3,O^4(?),O^6-Tetraacetyl-D-glucose-[6-amino-2-methylmercapto-5-nitroso-pyrimidin-4-ylimin] (S. 3345) mit Hilfe von Zink und äthanol. Essigsäure (*Forrest et al.*, Soc. **1951** 3, 7).

Kristalle (aus A.); F: 214°.

***N*-[4,6-Diamino-2-methylmercapto-pyrimidin-5-yl]-formamid** $C_6H_9N_5OS$, Formel XVI ($R = R' = R'' = H$).

B. Aus 2-Methylmercapto-pyrimidin-4,5,6-triyltriamin und Ameisensäure (*Howard et al.*, Soc. **1945** 556, 561).

Kristalle (aus H_2O); F: ca. 254° [unter Cyclisierung zu 2-Methylmercapto-7(9)*H*-purin-6-ylamin].

***N*-[4,6-Diamino-2-methylmercapto-pyrimidin-5-yl]-thioformamid** $C_6H_9N_5S_2$, Formel XVII ($R = H$).

B. Aus 2-Methylmercapto-pyrimidin-4,5,6-triyltriamin und Natrium-dithioformiat in H_2O (*Baddiley et al.*, Soc. **1943** 383, 385).

Kristalle (aus H_2O); F: 235° [Zers.; bei schnellem Erhitzen].

***N*-[4-Amino-6-methylamino-2-methylmercapto-pyrimidin-5-yl]-thioformamid** $C_7H_{11}N_5S_2$, Formel XVII ($R = CH_3$).

B. Aus N^4-Methyl-2-methylmercapto-5-nitroso-pyrimidin-4,6-diyldiamin bei der Reduktion mit wss. NH_4HS und anschliessenden Umsetzung mit Natrium-dithioformiat in H_2O (*Baddiley et al.*, Soc. **1943** 383, 385).

Kristalle (aus H_2O); F: 185–186° [Zers.].

Überführung in 9-Methyl-2-methylmercapto-9*H*-purin-6-ylamin durch Erhitzen in H_2O, Pyridin oder Chinolin: *Ba. et al.*

***N*-[4-Amino-6-dimethylamino-2-methylmercapto-pyrimidin-5-yl]-formamid** $C_8H_{13}N_5OS$, Formel XVI (R = H, R′ = R″ = CH_3).

B. Aus N^4,N^4-Dimethyl-2-methylmercapto-5-nitroso-pyrimidin-4,6-diyldiamin beim Erhitzen mit Ameisensäure und Zink-Pulver (*Baker et al.*, J. org. Chem. **19** [1954] 631, 634). Aus N^4,N^4-Dimethyl-2-methylmercapto-pyrimidin-4,5,6-triyltriamin und Ameisensäure (*Ba. et al.*).

Kristalle (aus A.); F: 225–226° [Zers. unter Bildung von 6-Dimethylamino-2-methylmercapto-7(9)*H*-purin].

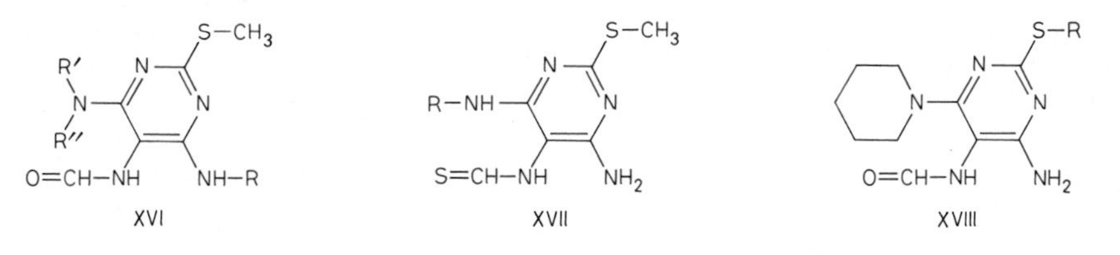

***N*-[4-Äthylamino-6-dimethylamino-2-methylmercapto-pyrimidin-5-yl]-formamid** $C_{10}H_{17}N_5OS$, Formel XVI (R = C_2H_5, R′ = R″ = CH_3).

B. Aus N^6-Äthyl-N^4,N^4-dimethyl-2-methylmercapto-5-nitroso-pyrimidin-4,6-diyldiamin beim Erwärmen mit $Na_2S_2O_4$ in wss. Aceton und Erhitzen des Reaktionsprodukts mit Ameisensäure (*Baker et al.*, J. org. Chem. **19** [1954] 1780, 1783).

Kristalle (aus $CHCl_3$ + Heptan); F: 137–138°.

***N*-[4-Amino-6-diäthylamino-2-methylmercapto-pyrimidin-5-yl]-formamid** $C_{10}H_{17}N_5OS$, Formel XVI (R = H, R′ = R″ = C_2H_5).

B. Aus N^4,N^4-Diäthyl-2-methylmercapto-5-nitroso-pyrimidin-4,6-diyldiamin beim Erwärmen mit $Na_2S_2O_4$ in wss. Aceton und Erhitzen des Reaktionsprodukts mit Ameisensäure (*Baker et al.*, J. org. Chem. **19** [1954] 1793, 1797).

Kristalle (aus H_2O); F: 154–155°.

***N*-[4-Amino-6-(*N*-methyl-anilino)-2-methylmercapto-pyrimidin-5-yl]-formamid** $C_{13}H_{15}N_5OS$, Formel XVI (R = H, R′ = C_6H_5, R″ = CH_3).

B. Analog der vorangehenden Verbindung (*Baker et al.*, J. org. Chem. **19** [1954] 1793, 1797).

Kristalle (aus A.); F: 212–213°.

***N*-[4-Amino-6-(benzyl-butyl-amino)-2-methylmercapto-pyrimidin-5-yl]-formamid** $C_{17}H_{23}N_5OS$, Formel XVI (R = H, R′ = CH_2-C_6H_5, R″ = $[CH_2]_3$-CH_3).

B. Aus N^4-Benzyl-N^4-butyl-2-methylmercapto-pyrimidin-4,5,6-triyltriamin und Ameisensäure (*Baker et al.*, J. org. Chem. **19** [1954] 1793, 1798).

Kristalle (aus $CHCl_3$ + Heptan); F: 150–151°.

***N*-[4-Amino-2-methylmercapto-6-piperidino-pyrimidin-5-yl]-formamid** $C_{11}H_{17}N_5OS$, Formel XVIII (R = CH_3).

B. Aus 2-Methylmercapto-5-nitroso-6-piperidino-pyrimidin-4-ylamin beim Erwärmen mit $Na_2S_2O_4$ in wss. Aceton und Erhitzen des nicht rein erhaltenen 2-Methylmercapto-6-piperidino-pyrimidin-4,5-diyldiamins ($C_{10}H_{17}N_5S$; Kristalle, F: 162–165° [Zers.]) mit Ameisensäure (*Baker et al.*, J. org. Chem. **19** [1954] 1793, 1797).

Kristalle (aus $CHCl_3$ + Heptan); F: 185–187°.

***N*-[4-Amino-2-benzylmercapto-6-piperidino-pyrimidin-5-yl]-formamid** $C_{17}H_{21}N_5OS$, Formel XVIII (R = CH_2-C_6H_5).

B. Analog der vorangehenden Verbindung (*Baker et al.*, J. org. Chem. **19** [1954] 1793, 1798).

Kristalle (aus wss. A.); F: 153–154°.

D-Xylose-[6-amino-5-formylamino-2-methylmercapto-pyrimidin-4-ylimin], *N*-[4-Amino-2-methylmercapto-6-D-xylit-1-ylidenamino-pyrimidin-5-yl]-formamid $C_{11}H_{17}N_5O_5S$, Formel I (R = H, X = O) und cycl. Taut. (vermutlich *N*-[6-Amino-5-formylamino-2-methyl=mercapto-pyrimidin-4-yl]-*β*-D-xylopyranosylamin, vermutlich Formel IX [R = R′ = H, X = NH-CHO] auf S. 3342).

B. Aus 6-Amino-2-methylmercapto-4-*β*-D-xylopyranosylimino-4*H*-pyrimidin-5-on-oxim (?; S. 3344) beim Behandeln mit wss. NH_4HS und anschliessenden Erwärmen mit wss. Natrium-dithioformiat (*Howard et al.*, Soc. **1945** 556, 561).

Kristalle (aus H_2O) mit 1 Mol H_2O; F: 232°.

***O*²,*O*³,*O*⁴(?)-Triacetyl-D-xylose-[6-amino-5-formylamino-2-methylmercapto-pyrimidin-4-ylimin]** $C_{17}H_{23}N_5O_8S$, vermutlich Formel I (R = CO-CH_3, X = O) und cycl. Taut. (vermutlich Tri-*O*-acetyl-*N*-[6-amino-5-formylamino-2-methylmercapto-pyrimidin-4-yl]-*β*-D-xylopyranosylamin, vermutlich Formel IX [R = CO-CH_3, R′ = H, X = NH-CHO] auf S. 3342).

B. Aus der vorangehenden Verbindung und Acetanhydrid in Pyridin (*Howard et al.*, Soc. **1945** 556, 561).

F: 190–191° [nach Sintern bei 188°].

D-Xylose-[6-amino-2-methylmercapto-5-thioformylamino-pyrimidin-4-ylimin], *N*-[4-Amino-2-methylmercapto-6-D-xylit-1-ylidenamino-pyrimidin-5-yl]-thioformamid $C_{11}H_{17}N_5O_4S_2$, Formel I (R = H, X = S) und cycl. Taut. (vermutlich *N*-[6-Amino-2-methylmercapto-5-thioformylamino-pyrimidin-4-yl]-*β*-D-xylopyranosylamin, vermutlich Formel IX [R = R′ = H, X = NH-CHS] auf S. 3342).

B. Aus *N*-[6-Amino-2-methylmercapto-5-nitroso-pyrimidin-4-yl]-*β*-D-xylopyranosylamin (?; S. 3344) beim aufeinanderfolgenden Behandeln mit wss. NH_4HS und mit wss. Natrium-dithio=formiat (*Howard et al.*, Soc. **1945** 556, 560).

Wasserhaltige Kristalle (aus H_2O); F: 208° [Zers.], die beim Trocknen bei 140°/1 Torr in das Monohydrat übergehen.

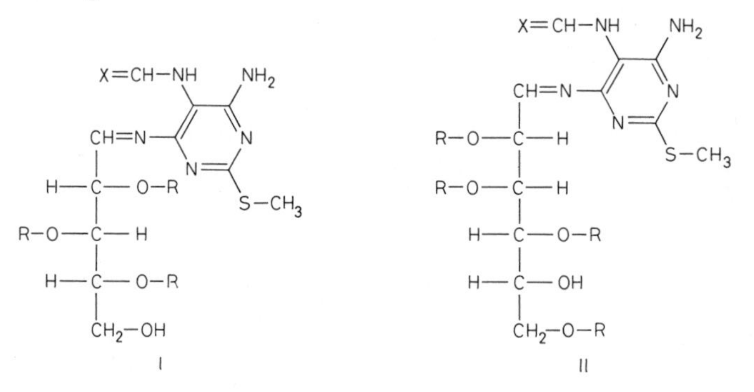

***O*²,*O*³,*O*⁴(?)-Triacetyl-D-xylose-[6-amino-2-methylmercapto-5-thioformylamino-pyrimidin-4-ylimin]** $C_{17}H_{23}N_5O_7S_2$, vermutlich Formel I (R = CO-CH_3, X = S) und cycl. Taut. (vermutlich Tri-*O*-acetyl-*N*-[6-amino-2-methylmercapto-5-thioformylamino-pyrimidin-4-yl]-*β*-D-xylopyranosylamin, vermutlich Formel IX [R = CO-CH_3, R′ = H, X = NH-CHS] auf S. 3342).

B. Aus der vorangehenden Verbindung und Acetanhydrid in Pyridin (*Howard et al.*, Soc. **1945** 556, 560).

Kristalle (aus A.); F: 209°.

D-Mannose-[6-amino-5-formylamino-2-methylmercapto-pyrimidin-4-ylimin](?), *N*-[4-Amino-6-D-mannit-1-ylidenamino-2-methylmercapto-pyrimidin-5-yl]-formamid(?) $C_{12}H_{19}N_5O_6S$, vermutlich Formel II (R = H, X = O) und cycl. Taut. (z. B. *N*-[6-Amino-5-formyl=amino-2-methylmercapto-pyrimidin-4-yl]-D-mannopyranosylamine).

B. In geringer Menge neben dem entsprechenden Thioformyl-Derivat (s. u.) beim Behandeln von 6-Amino-4-D-mannopyranosylimino-2-methylmercapto-4*H*-pyrimidin-5-on-oxim (?; S. 3345) mit wss. NH_4HS und Erwärmen des Reaktionsprodukts mit wss. Natrium-dithioformiat (*Lythgoe et al.*, Soc. **1947** 355).

Feststoff mit 1 Mol H_2O; F: 231–232° [Zers.].

N-[4-Amino-2-methylmercapto-6-(2,3,4,5,6-pentahydroxy-hexylidenamino)-pyrimidin-5-yl]-thioformamid $C_{12}H_{19}N_5O_5S_2$.

a) **D-Glucose-[6-amino-2-methylmercapto-5-thioformylamino-pyrimidin-4-ylimin], N-[4-Amino-6-D-glucit-1-ylidenamino-2-methylmercapto-pyrimidin-5-yl]-thioformamid,** Formel III (R = H, R′ = CHS) und cycl. Taut. (z. B. *N*-[6-Amino-2-methylmercapto-5-thioformylamino-pyrimidin-4-yl]-D-glucopyranosylamine).

B. Aus D-Glucose-[6-amino-2-methylmercapto-pyrimidin-4-ylimin] (S. 3341) beim Behandeln mit $NaNO_2$ und wss. Essigsäure, Reduzieren des erhaltenen Nitroso-Derivats mit wss. NH_4HS und Umsetzen des Reaktionsprodukts mit wss. Natrium-dithioformiat (*Holland et al.*, Soc. **1948** 965).

Kristalle (aus H_2O) mit 1 Mol H_2O; F: 204–205°.

b) **D-Mannose-[6-amino-2-methylmercapto-5-thioformylamino-pyrimidin-4-ylimin], N-[4-Amino-6-D-mannit-1-ylidenamino-2-methylmercapto-pyrimidin-5-yl]-thioformamid,** Formel II (R = H, X = S) und cycl. Taut. (z. B. *N*-[6-Amino-2-methylmercapto-5-thioformylamino-pyrimidin-4-yl]-D-mannopyranosylamine).

B. Aus 6-Amino-4-D-mannopyranosylimino-2-methylmercapto-4*H*-pyrimidin-5-on-oxim (?; S. 3345) bei der Reduktion mit wss. NH_4HS und anschliessenden Umsetzung mit wss. Natrium-dithioformiat (*Lythgoe et al.*, Soc. **1947** 355).

Kristalle (aus H_2O) mit 1 Mol H_2O; F: 217–219° [Zers.].

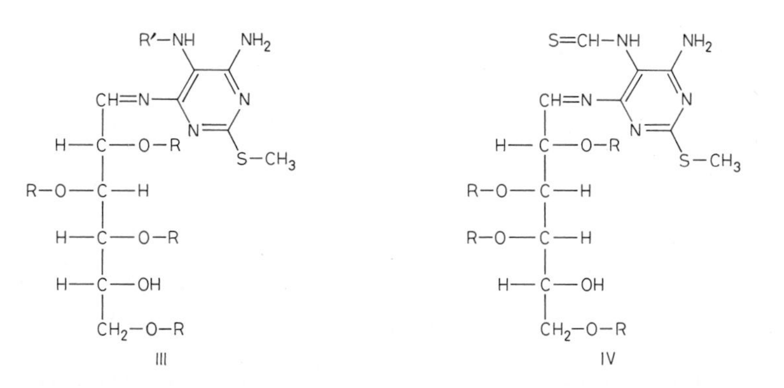

2,3,4,6-Tetraacetoxy-5-hydroxy-hexanal-[6-amino-2-methylmercapto-5-thioformylamino-pyrimidin-4-ylimin] $C_{20}H_{27}N_5O_9S_2$.

a) ***O*²,*O*³,*O*⁴(?),*O*⁶-Tetraacetyl-D-glucose-[6-amino-2-methylmercapto-5-thioformylamino-pyrimidin-4-ylimin],** vermutlich Formel III (R = CO-CH_3, R′ = CHS) und cycl. Taut. (Tetra-*O*-acetyl-*N*-[6-amino-2-methylmercapto-5-thioformylamino-pyrimidin-4-yl]-D-glucopyranosylamine).

B. Aus D-Glucose-[6-amino-2-methylmercapto-5-thioformylamino-pyrimidin-4-ylimin] (s. o.) und Acetanhydrid in Pyridin (*Holland et al.*, Soc. **1948** 965).

Kristalle (aus A.+$CHCl_3$); F: 218–219°.

b) ***O*²,*O*³,*O*⁴,*O*⁶-Tetraacetyl-D-galactose-[6-amino-2-methylmercapto-5-thioformylamino-pyrimidin-4-ylimin],** Formel IV (R = CO-CH_3) und cycl. Taut. (Tetra-*O*-acetyl-*N*-[6-amino-2-methylmercapto-5-thioformylamino-pyrimidin-4-yl]-D-galactopyranosylamine).

B. Beim Erwärmen von *O*²,*O*³,*O*⁴,*O*⁶-Tetraacetyl-D-galactose-[6-amino-5-(2,5-dichlorphenylazo)-2-methylmercapto-pyrimidin-4-ylimin] (F: 242–243°) in Äthylacetat mit Zink-Pul⸗

ver und Essigsäure und Behandeln des Reaktionsprodukts mit Natrium-dithioformiat und Essigsäure in Methanol (*Andrews et al.*, Soc. **1949** 2302, 2305).

Kristalle (aus A.); F: 145–148°. $[\alpha]_D^{15}$: +38° [$CHCl_3$; c = 1,1].

***O*²,*O*³,*O*⁴(?),*O*⁶-Tetraacetyl-D-glucose-[6-amino-5-(2-chlor-acetylamino)-2-methylmercapto-pyrimidin-4-ylimin]** $C_{21}H_{28}ClN_5O_{10}S$, vermutlich Formel III (R = CO-CH_3, R′ = CO-CH_2Cl) und cycl. Taut. (Tetra-*O*-acetyl-*N*-[6-amino-5-(2-chlor-acetylamino)-2-methylmercapto-pyrimidin-4-yl]-D-glucopyranosylamine).

B. Aus O^2,O^3,O^4(?),O^6-Tetraacetyl-D-glucose-[5,6-diamino-2-methylmercapto-pyrimidin-4-ylimin (S. 3346) und Chloracetylchlorid in $CHCl_3$ (*Forrest et al.*, Soc. **1951** 3, 7).

Kristalle; F: 138–139°.

Hydrochlorid $C_{21}H_{28}ClN_5O_{10}S \cdot HCl$. Kristalle (aus E.); F: 163–164° [Zers.].

***N*-[4,6-Diamino-2-methylmercapto-pyrimidin-5-yl]-D-ribonamid(?)** $C_{10}H_{17}N_5O_5S$, vermutlich Formel V.

B. Aus D-Ribonsäure-4-lacton (E III/IV **18** 2259) und 2-Methylmercapto-pyrimidin-4,5,6-triyltriamin (*Hull*, Soc. **1958** 4069, 4073).

Kristalle (aus H_2O) mit 1 Mol H_2O; F: 224–225°. $[\alpha]_D^{21}$: +28° [wss. Citronensäure (5%ig); c = 4].

***N*-[4,6-Diamino-2-methylmercapto-pyrimidin-5-yl]-D-gluconamid(?)** $C_{11}H_{19}N_5O_6S$, vermutlich Formel VI.

B. Aus D-Gluconsäure-5-lacton (E III/IV **18** 3018) und 2-Methylmercapto-pyrimidin-4,5,6-triyltriamin (*Hull*, Soc. **1958** 4069, 4073).

Kristalle (aus H_2O); F: 184–185°. $[\alpha]_D^{22}$: +58° [wss. Citronensäure (5%ig); c = 3].

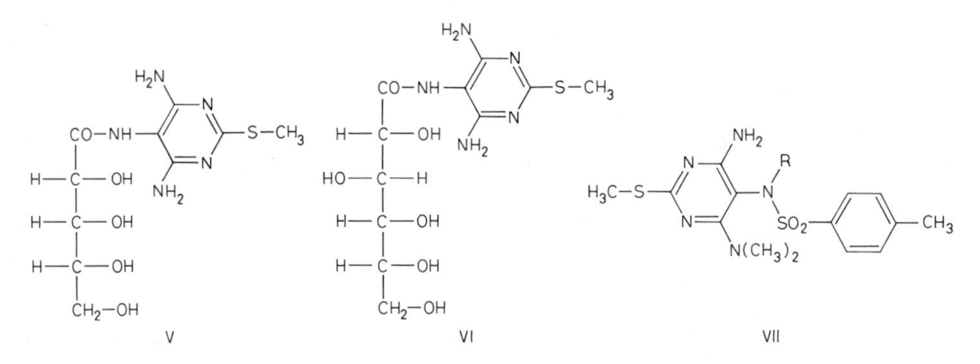

***N*-[4-Amino-6-dimethylamino-2-methylmercapto-pyrimidin-5-yl]-toluol-4-sulfonamid** $C_{14}H_{19}N_5O_2S_2$, Formel VII (R = H).

B. Aus N^4,N^4-Dimethyl-2-methylmercapto-pyrimidin-4,5,6-triyltriamin und Toluol-4-sulfonylchlorid mit Hilfe von Triäthylamin in Pyridin (*Baker et al.*, J. org. Chem. **19** [1954] 638, 642).

Kristalle (aus A.); F: 208–209°.

***N*-[4-Amino-6-dimethylamino-2-methylmercapto-pyrimidin-5-yl]-*N*-methyl-toluol-4-sulfonamid** $C_{15}H_{21}N_5O_2S_2$, Formel VII (R = CH_3).

B. Aus der vorangehenden Verbindung und CH_3I oder Dimethylsulfat in wss.-äthanol. NaOH (*Baker et al.*, J. org. Chem. **19** [1954] 638, 642).

Kristalle (aus 2-Methoxy-äthanol); F: 233° [Zers.]. [*Schomann*]

4-Methoxy-pyrimidin-2-ylamin $C_5H_7N_3O$, Formel VIII (R = CH_3) (H 7).

B. Aus 4-Chlor-pyrimidin-2-ylamin und methanol. Natriummethylat (*Adams, Whitmore*, Am. Soc. **67** [1945] 735, 736; s. a. *Hilbert, Johnson*, Am. Soc. **52** [1930] 1152, 1156, 1157). Bei der Hydrierung von 4-Chlor-6-methoxy-pyrimidin-2-ylamin an Palladium/$CaCO_3$ in methanol.

KOH (*Kitani, Sodeoka,* J. chem. Soc. Japan Pure Chem. Sect. **74** [1953] 624; C. A. **1954** 13693; vgl. H 7).

Kristalle; F: 125–126° [nach Sublimation] (*Hi., Jo.*), 120–121° [aus H_2O] (*Ki., So.*), 119–120° [aus Toluol] (*Ad., Wh.*). Polarographisches Halbstufenpotential (wss. Lösungen vom pH 1,2–6,8): *Cavalieri, Lowy,* Arch. Biochem. **35** [1952] 83, 85.

Beim Erhitzen mit methanol. NH_3 auf 200° ist Pyrimidin-2,4-diyldiamin erhalten worden (*Clark et al.,* Am. Soc. **68** [1946] 96, 98).

4-Äthoxy-pyrimidin-2-ylamin $C_6H_9N_3O$, Formel VIII (R = C_2H_5).

Diese Konstitution kommt der von *Sprague et al.* (Am. Soc. **63** [1941] 3028) als 2-Äthoxy-pyrimidin-4-ylamin $C_6H_9N_3O$ formulierten Verbindung zu (*Klötzer, Schantl,* M. **94** [1963] 1178, 1182).

B. Beim Erwärmen von 4-Chlor-pyrimidin-2-ylamin mit äthanol. Natriumäthylat (*Roblin et al.,* Am. Soc. **64** [1942] 567, 569, 570; s. a. *Sp. et al.; Kl., Sch.*).

Kristalle; F: 154–156° [korr.] (*Ro. et al.*), 151–152° [unkorr.; aus E.] (*Sp. et al.*).

4-Butoxy-pyrimidin-2-ylamin $C_8H_{13}N_3O$, Formel VIII (R = $[CH_2]_3$-CH_3).

B. Aus 4-Chlor-pyrimidin-2-ylamin und Natriumbutylat in Butan-1-ol (*Braitberg et al.,* Am. Soc. **69** [1947] 2005).

Kristalle (aus PAe.); F: 57–57,5°. $Kp_{3,5}$: 123–125°.

4-[2-Methoxy-äthoxy]-pyrimidin-2-ylamin $C_7H_{11}N_3O_2$, Formel VIII (R = CH_2-CH_2-O-CH_3).

B. Bei der Hydrierung von 4-Chlor-6-[2-methoxy-äthoxy]-pyrimidin-2-ylamin an Palladium/Kohle in Äthanol (*Braker et al.,* Am. Soc. **69** [1947] 3072, 3075, 3077).

F: 104–105° [unkorr.].

4-[2-Dimethylamino-äthoxy]-pyrimidin-2-ylamin $C_8H_{14}N_4O$, Formel VIII (R = CH_2-CH_2-$N(CH_3)_2$).

B. Aus 4-Chlor-pyrimidin-2-ylamin und Natrium-[2-dimethylamino-äthylat] in 2-Dimethyl=amino-äthanol (*Sutherland et al.,* J. org. Chem. **14** [1949] 235, 236).

Braune Kristalle (aus E.); F: 110–111° [korr.].

4-[2-Dibutylamino-äthoxy]-pyrimidin-2-ylamin $C_{14}H_{26}N_4O$, Formel VIII (R = CH_2-CH_2-$N([CH_2]_3$-$CH_3)_2$).

B. Aus 4-Chlor-pyrimidin-2-ylamin und Natrium-[2-dibutylamino-äthylat] in Xylol und Benzol (*Ortho Pharm. Corp.,* U.S.P. 2610184 [1950]).

$Kp_{0,02}$: 150–156°.

Picrat. F: 149–149,5°.

Succinat $(C_{14}H_{26}N_4O)_2(C_4H_6O_4)_3$. Kristalle (aus A. + Acn.); F: 111–112°.

4-[2-Diisobutylamino-äthoxy]-pyrimidin-2-ylamin $C_{14}H_{26}N_4O$, Formel VIII (R = CH_2-CH_2-$N[CH_2$-$CH(CH_3)_2]_2$).

B. Analog der vorangehenden Verbindung (*Ortho Pharm. Corp.,* U.S.P. 2610186 [1950]).

$Kp_{0,001}$: 108–112°.

Succinat $C_{14}H_{26}N_4O \cdot C_4H_6O_4$. Kristalle (aus Acn.); F: 98–99°.

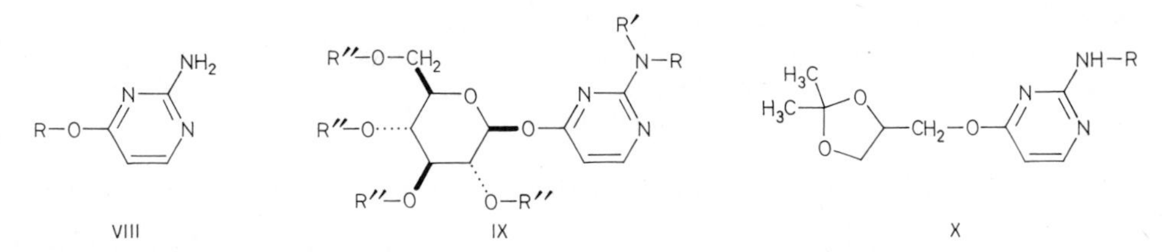

4-[3-Diäthylamino-propoxy]-pyrimidin-2-ylamin $C_{11}H_{20}N_4O$, Formel VIII (R = $[CH_2]_3$-$N(C_2H_5)_2$).

B. Analog den vorangehenden Verbindungen (*Ortho Pharm. Corp.,* U.S.P. 2610188 [1950]).

F: 50–52°.
Succinat $(C_{11}H_{20}N_4O)_2(C_4H_6O_4)_3$. Kristalle (aus A.+Acn.); F: 103–104°.

4-[3-Dipropylamino-propoxy]-pyrimidin-2-ylamin $C_{13}H_{24}N_4O$, Formel VIII (R = $[CH_2]_3$-$N(CH_2$-$C_2H_5)_2$).
B. Analog den vorangehenden Verbindungen (*Ortho Pharm. Corp.*, U.S.P. 2610185 [1950]).
$Kp_{0,002}$: 120–125°.

[4-(2-Amino-pyrimidin-4-yloxy)-phenyl]-arsonsäure $C_{10}H_{10}AsN_3O_4$, Formel VIII (R = C_6H_4-$As(O)(OH)_2$).
B. Beim Erhitzen von 4-Chlor-pyrimidin-2-ylamin mit [4-Hydroxy-phenyl]-arsonsäure und K_2CO_3 in 2-Äthoxy-äthanol (*Banks, Controulis*, Am. Soc. **68** [1946] 944).
Kristalle (aus H_2O); F: 227–228°.

[2-Amino-pyrimidin-4-yl]-β-D-glucopyranosid, Isocytosin-D-glucosid $C_{10}H_{15}N_3O_6$, Formel IX (R = R′ = R″ = H).
B. Aus der folgenden Verbindung mit Hilfe von methanol. NH_3 (*Hahn et al.*, Z. Biol. **84** [1926] 411, 414).
Kristalle (aus wss. A.); F: 166° [Zers.]. $[\alpha]_D^{24}$: −72,6° [H_2O; c = 2].

[2-Amino-pyrimidin-4-yl]-[tetra-*O*-acetyl-β-D-glucopyranosid] $C_{18}H_{23}N_3O_{10}$, Formel IX (R = R′ = H, R″ = CO-CH_3).
B. Beim Erhitzen des Silber-Salzes des 2-Amino-3*H*-pyrimidin-4-ons mit Tetra-*O*-acetyl-α-D-glucopyranosylbromid in Xylol (*Hahn et al.*, Z. Biol. **84** [1926] 411, 412).
Kristalle (aus $CHCl_3$+PAe.); F: 131–132° [nach Sintern bei 129°]; $[\alpha]_D^{13}$: −17,7° [Me.; c = 1,7] (*Hahn et al.*, l. c. S. 413).
Picrat $C_{18}H_{23}N_3O_{10}\cdot C_6H_3N_3O_7$. Kristalle (aus $CHCl_3$); Zers. bei 190–200° [nach Sintern bei 165°].

(±)-4-[2,2-Dimethyl-[1,3]dioxolan-4-ylmethoxy]-pyrimidin-2-ylamin $C_{10}H_{15}N_3O_3$, Formel X (R = H).
B. Aus der Natrium-Verbindung des (±)-[2,2-Dimethyl-[1,3]dioxolan-4-yl]-methanols und 4-Chlor-pyrimidin-2-ylamin in Dioxan (*Clark et al.*, Am. Soc. **68** [1946] 96, 98).
Kristalle (aus Hexan); F: 105° [korr.].

[2-(*N*-Methyl-anilino)-pyrimidin-4-yl]-β-D-glucopyranosid $C_{17}H_{21}N_3O_6$, Formel IX (R = CH_3, R′ = C_6H_5, R″ = H).
B. Aus der folgenden Verbindung mit Hilfe von methanol. NH_3 (*Hahn, Laves*, Z. Biol. **85** [1926] 280, 283).
Kristalle (aus A.+Bzl.); F: 116–118° [nach Sintern bei 112°; trübe Schmelze]; $[\alpha]_D^{18}$: −66,4° [A.; c = 1,4] (*Hahn, La.*, l. c. S. 284).

[2-(*N*-Methyl-anilino)-pyrimidin-4-yl]-[tetra-*O*-acetyl-β-D-glucopyranosid] $C_{25}H_{29}N_3O_{10}$, Formel IX (R = CH_3, R′ = C_6H_5, R″ = CO-CH_3).
B. Beim Erhitzen des Silber-Salzes des 2-[*N*-Methyl-anilino]-3*H*-pyrimidin-4-ons mit Tetra-*O*-acetyl-α-D-glucopyranosylbromid in Xylol (*Hahn, Laves*, Z. Biol. **85** [1926] 280, 283).
Kristalle (aus A.); F: 145° [nach Sintern bei 142°]. $[\alpha]_D^{20}$: −56,7° [Toluol; c = 3,3] (aus dem angegebenen Messwert berechnet; im Original ist −45,04° angegeben).

2-Benzylamino-4-methoxy-pyrimidin, Benzyl-[4-methoxy-pyrimidin-2-yl]-amin $C_{12}H_{13}N_3O$, Formel XI (R = CH_2-C_6H_5).
B. Beim Erhitzen von 4-Methoxy-pyrimidin-2-ylamin mit $LiNH_2$ (*Biel*, Am. Soc. **71** [1949] 1306, 1307) oder $NaNH_2$ (*Naito et al.*, J. pharm. Soc. Japan **72** [1952] 348; C. A. **1953** 6408) in Toluol und anschliessend mit Benzylchlorid. Beim Erwärmen von Benzyl-[4-chlor-pyrimidin-2-yl]-amin mit methanol. KOH (*Matsukawa, Sirakawa*, J. pharm. Soc. Japan **71** [1951] 1210;

C. A. **1952** 8122) oder methanol. Natriummethylat (*Na. et al.*).

Kristalle; F: 85–87° [aus Isopropylalkohol + PAe. bzw. aus PAe.] (*Biel; Ma., Si.*), 83–85° [aus wss. Acn.] (*Na. et al.*).

***N,N*-Diäthyl-*N'*-[4-methoxy-pyrimidin-2-yl]-äthylendiamin** $C_{11}H_{20}N_4O$, Formel XI (R = CH_2-CH_2-N(C_2H_5)$_2$).

B. Aus der Natrium-Verbindung des 4-Methoxy-pyrimidin-2-ylamins und Diäthyl-[2-chlor-äthyl]-amin in Toluol (*Adams, Whitmore,* Am. Soc. **67** [1945] 735, 737).

Kp_3: 118–127°.

Dihydrochlorid $C_{11}H_{20}N_4O \cdot 2HCl$. F: 129–131°.

Picrat. F: 189–192°.

***N,N*-Dibutyl-*N'*-[4-methoxy-pyrimidin-2-yl]-äthylendiamin** $C_{15}H_{28}N_4O$, Formel XI (R = CH_2-CH_2-N([CH_2]$_3$-CH_3)$_2$).

B. Analog der vorangehenden Verbindung (*Adams, Whitmore,* Am. Soc. **67** [1945] 735, 737).

Kp_3: 156–160°.

Dihydrochlorid $C_{15}H_{28}N_4O \cdot 2HCl$. F: 61–64°.

Picrat. F: 165–167°.

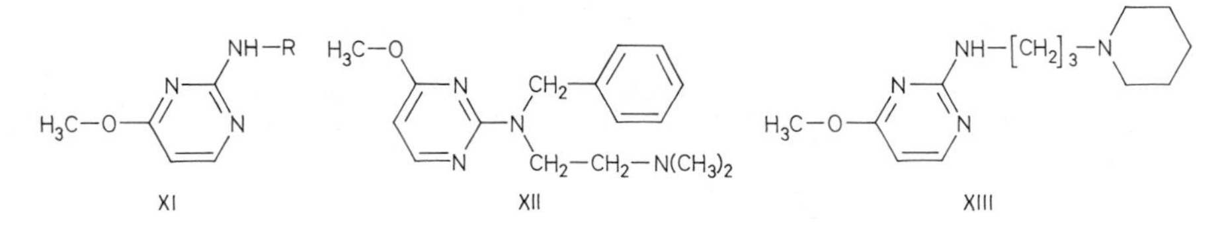

***N*-Benzyl-*N*-[4-methoxy-pyrimidin-2-yl]-*N',N'*-dimethyl-äthylendiamin** $C_{16}H_{22}N_4O$, Formel XII.

B. Aus Benzyl-[4-methoxy-pyrimidin-2-yl]-amin und [2-Chlor-äthyl]-dimethyl-amin mit Hilfe von $LiNH_2$ in Toluol (*Biel,* Am. Soc. **71** [1949] 1306, 1307).

$Kp_{0,04}$: 141–143°.

Hydrochlorid $C_{16}H_{22}N_4O \cdot HCl$. F: 164–166°.

***N,N*-Diäthyl-*N'*-[4-methoxy-pyrimidin-2-yl]-propandiyldiamin** $C_{12}H_{22}N_4O$, Formel XI (R = CH_2-CH_2-CH_2-N(C_2H_5)$_2$).

B. Analog *N,N*-Diäthyl-*N'*-[4-methoxy-pyrimidin-2-yl]-äthylendiamin [s. o.] (*Adams, Whitmore,* Am. Soc. **67** [1945] 735, 737).

Kp_3: 130–133°.

Dihydrochlorid $C_{12}H_{22}N_4O \cdot 2HCl$. F: 119–121°.

Picrat. F: 148–149,5°.

[4-Methoxy-pyrimidin-2-yl]-[3-piperidino-propyl]-amin $C_{13}H_{22}N_4O$, Formel XIII.

B. Analog *N,N*-Diäthyl-*N'*-[4-methoxy-pyrimidin-2-yl]-äthylendiamin [s. o.] (*Adams, Whitmore,* Am. Soc. **67** [1945] 735, 737).

Kp_3: 160–163°.

Picrat. F: 200°.

4-Chlor-benzolsulfonsäure-[4-methoxy-pyrimidin-2-ylamid] $C_{11}H_{10}ClN_3O_3S$, Formel I (R = CH_3, X = Cl, X' = H).

B. Aus 4-Methoxy-pyrimidin-2-ylamin und 4-Chlor-benzolsulfonylchlorid in Pyridin (*Shepherd, English,* J. org. Chem. **12** [1947] 446, 450, 451).

Kristalle (aus Eg.); F: 244–245° [korr.; abhängig von der Geschwindigkeit des Erhitzens].

Mengenverhältnis der Reaktionsprodukte (4-Chlor-benzolsulfonsäure-[4-methoxy-1-methyl-1*H*-pyrimidin-2-ylidenamid] [S. 3355] und 4-Chlor-benzolsulfonsäure-[(4-methoxy-pyrimidin-2-yl)-methyl-amid]) beim Behandeln mit Dimethylsulfat, wss. KOH und wss. NH_3 bzw. mit Diazomethan in Äthanol und Äther: *Sh., En.,* l. c. S. 452. Beim Erhitzen mit *N,N*-Diäthyl-propandiyldiamin auf 115° ist 4-Chlor-benzolsulfonsäure-[4-(3-diäthylamino-propylamino)-pyr= imidin-2-ylamid] erhalten worden (*Sh., En.*, l. c. S. 450, 454).

3-Nitro-benzolsulfonsäure-[4-methoxy-pyrimidin-2-ylamid] $C_{11}H_{10}N_4O_5S$, Formel I (R = CH_3, X = H, X′ = NO_2).

B. Analog der vorangehenden Verbindung (*Shepherd, English,* J. org. Chem. **12** [1947] 446, 451; s. a. *English et al.*, Am. Soc. **68** [1946] 1039, 1044, 1045).

Kristalle (aus Eg.); F: 241–242° [korr.] (*En. et al.*).

Mengenverhältnis der Reaktionsprodukte (3-Nitro-benzolsulfonsäure-[4-methoxy-1-methyl-1*H*-pyrimidin-2-ylidenamid] [S. 3356] und 3-Nitro-benzolsulfonsäure-[(4-methoxy-pyrimidin-2-yl)-methyl-amid]) beim Behandeln mit Dimethylsulfat und wss. NaOH bzw. mit Diazomethan in Äthanol und Äther: *Sh., En.*, l. c. S. 451, 453.

4-Nitro-benzolsulfonsäure-[4-methoxy-pyrimidin-2-ylamid] $C_{11}H_{10}N_4O_5S$, Formel I (R = CH_3, X = NO_2, X′ = H).

B. Aus 4-Methoxy-pyrimidin-2-ylamin und 4-Nitro-benzolsulfonylchlorid in Pyridin (*Am. Cyanamid Co.*, U.S.P. 2430439 [1940]; *Backer, Grevenstuk,* R. **64** [1945] 115, 119).

Kristalle (aus A.); F: 177° [Zers.] (*Ba., Gr.*).

4-Hydroxy-benzolsulfonsäure-[4-methoxy-pyrimidin-2-ylamid] $C_{11}H_{11}N_3O_4S$, Formel I (R = CH_3, X = OH, X′ = H).

B. Beim Erwärmen von 4-Methoxy-pyrimidin-2-ylamin mit 4-Äthoxycarbonyloxy-benzolsulf= onylchlorid in Pyridin und anschliessend mit wss. NaOH (*Hultquist et al.*, Am. Soc. **73** [1951] 2558, 2560, 2562).

Kristalle (aus wss. A.); F: 243,9–244,5°.

4-Methoxy-benzolsulfonsäure-[4-methoxy-pyrimidin-2-ylamid] $C_{12}H_{13}N_3O_4S$, Formel I (R = CH_3, X = O-CH_3, X′ = H).

B. Aus 4-Methoxy-pyrimidin-2-ylamin und 4-Methoxy-benzolsulfonylchlorid in Pyridin (*Hultquist et al.*, Am. Soc. **73** [1951] 2558, 2560, 2563).

Kristalle; F: 198,6–199,2°.

3-Amino-benzolsulfonsäure-[4-methoxy-pyrimidin-2-ylamid] $C_{11}H_{12}N_4O_3S$, Formel I (R = CH_3, X = H, X′ = NH_2).

B. Aus 3-Nitro-benzolsulfonsäure-[4-methoxy-pyrimidin-2-ylamid] mit Hilfe von $[NH_4]_2S$ und wss. NH_3 (*Shepherd, English,* J. org. Chem. **12** [1947] 446, 451; s. a. *English et al.*, Am. Soc. **68** [1946] 1039, 1044).

F: 228–230° [korr.] (*En. et al.*, l. c. S. 1040).

4-Methoxy-2-sulfanilylamino-pyrimidin, Sulfanilsäure-[4-methoxy-pyrimidin-2-ylamid] $C_{11}H_{12}N_4O_3S$, Formel I (R = CH_3, X = NH_2, X′ = H).

B. Beim Erwärmen von 4-Methoxy-pyrimidin-2-ylamin mit *N*-Acetyl-sulfanilylchlorid und Pyridin und anschliessenden Erhitzen mit wss. NaOH (*Roblin et al.*, Am. Soc. **64** [1942] 567, 568, 570). Aus 4-Nitro-benzolsulfonsäure-[4-methoxy-pyrimidin-2-ylamid] mit Hilfe von Eisen-Pulver und wss. HCl (*Backer, Grevenstuk*, R. **64** [1945] 115, 119).

Kristalle; F: 241–242° [korr.] (*Ro. et al.*), 230,5–231,5° [aus H_2O] (*Ba., Gr.*). In 100 ml H_2O lösen sich bei 37° 18,2 mg (*Ro. et al.*).

4-Nitro-benzolsulfonsäure-[4-äthoxy-pyrimidin-2-ylamid] $C_{12}H_{12}N_4O_5S$, Formel I (R = C_2H_5, X = NO_2, X′ = H).

B. Aus 4-Äthoxy-pyrimidin-2-ylamin (S. 3351) und 4-Nitro-benzolsulfonylchlorid in Pyridin (*Sprague et al.*, Am. Soc. **63** [1941] 3028).

Kristalle; F: 202° [unkorr.].

4-Äthoxy-2-sulfanilylamino-pyrimidin, Sulfanilsäure-[4-äthoxy-pyrimidin-2-ylamid] $C_{12}H_{14}N_4O_3S$, Formel I (R = C_2H_5, X = NH_2, X′ = H).

Diese Konstitution kommt der von *Sprague et al.* (Am. Soc. **63** [1941] 3028) als Sulfanil=

säure-[2-äthoxy-pyrimidin-4-ylamid] $C_{12}H_{14}N_4O_3S$ formulierten Verbindung zu (*Klötzer, Schantl,* M. **94** [1963] 1178, 1184).

B. Beim Erhitzen von 4-Äthoxy-2-methylmercapto-pyrimidin mit der Natrium-Verbindung des Sulfanilamids und Natriumacetat in Phenol (*Ward, Blenkinsop & Co.,* U.S.P. 2471772 [1945]). Bei der Hydrierung der vorangehenden Verbindung an Platin (*Sp. et al.*). Aus dem folgenden *N*-Acetyl-Derivat mit Hilfe von wss. NaOH (*Sp. et al.;* s. a. *Roblin et al.,* Am. Soc. **64** [1942] 567, 568, 570).

F: 256–257° [unkorr.] (*Sp. et al.*), 255–256° [korr.] (*Ro. et al.*). In 100 ml H_2O lösen sich bei 37° 5,3 mg (*Ro. et al.*).

N-Acetyl-sulfanilsäure-[4-äthoxy-pyrimidin-2-ylamid], Essigsäure-[4-(4-äthoxy-pyrimidin-2-ylsulfamoyl)-anilid] $C_{14}H_{16}N_4O_4S$, Formel I (R = C_2H_5, X = NH-CO-CH_3, X′ = H).

B. Aus 4-Äthoxy-pyrimidin-2-ylamin (S. 3351) und *N*-Acetyl-sulfanilylchlorid in Pyridin (*Sprague et al.,* Am. Soc. **63** [1941] 3028).

Kristalle; F: 278–279° [unkorr.].

4-[2-Methoxy-äthoxy]-2-sulfanilylamino-pyrimidin, Sulfanilsäure-[4-(2-methoxy-äthoxy)-pyrimidin-2-ylamid] $C_{13}H_{16}N_4O_4S$, Formel I (R = CH_2-CH_2-O-CH_3, X = NH_2, X′ = H).

B. Aus der folgenden Verbindung mit Hilfe von wss. NaOH (*Braker et al.,* Am. Soc. **69** [1947] 3072, 3076, 3078).

F: 234–235° [unkorr.].

N-Acetyl-sulfanilsäure-[4-(2-methoxy-äthoxy)-pyrimidin-2-ylamid] $C_{15}H_{18}N_4O_5S$, Formel I (R = CH_2-CH_2-O-CH_3, X = NH-CO-CH_3, X′ = H).

B. Aus 4-[2-Methoxy-äthoxy]-pyrimidin-2-ylamin und *N*-Acetyl-sulfanilylchlorid in Pyridin (*Braker et al.,* Am. Soc. **69** [1947] 3072, 3077).

F: 242–243° [unkorr.].

(±)-4-[2,2-Dimethyl-[1,3]dioxolan-4-ylmethoxy]-2-sulfanilylamino-pyrimidin, (±)-Sulfanilsäure-[4-(2,2-dimethyl-[1,3]dioxolan-4-ylmethoxy)-pyrimidin-2-ylamid] $C_{16}H_{20}N_4O_5S$, Formel X (R = SO_2-C_6H_4-NH_2) auf S. 3351.

B. Aus der folgenden Verbindung mit Hilfe von wss. Alkalilauge (*Clark et al.,* Am. Soc. **68** [1946] 96, 98).

F: 228–230° [korr.].

(±)-N-Acetyl-sulfanilsäure-[4-(2,2-dimethyl-[1,3]dioxolan-4-ylmethoxy)-pyrimidin-2-ylamid] $C_{18}H_{22}N_4O_6S$, Formel X (R = SO_2-C_6H_4-NH-CO-CH_3) auf S. 3351.

B. Aus (±)-4-[2,2-Dimethyl-[1,3]dioxolan-4-ylmethoxy]-pyrimidin-2-ylamin und *N*-Acetyl-sulfanilylchlorid in Pyridin (*Clark et al.,* Am. Soc. **68** [1946] 96, 98).

F: 249–251° [korr.].

2-[4-Chlor-benzolsulfonylamino]-4-methoxy-1-methyl-pyrimidinium-betain, 4-Chlor-benzolsulfonsäure-[4-methoxy-1-methyl-1*H*-pyrimidin-2-ylidenamid] $C_{12}H_{12}ClN_3O_3S$, Formel II (X = Cl, X′ = H) und Mesomeres.

B. Als Hauptprodukt neben 4-Chlor-benzolsulfonsäure-[(4-methoxy-pyrimidin-2-yl)-methyl-amid] beim Behandeln von 4-Chlor-benzolsulfonsäure-[4-methoxy-pyrimidin-2-ylamid] mit Dimethylsulfat, wss. KOH und wss. NH_3 (*Shepherd, English,* J. org. Chem. **12** [1947] 446, 450, 452).

Kristalle (aus Eg.); F: 211–212° [korr.].

4-Methoxy-1-methyl-2-[3-nitro-benzolsulfonylamino]-pyrimidinium-betain, 3-Nitro-benzolsulfonsäure-[4-methoxy-1-methyl-1*H*-pyrimidin-2-ylidenamid] $C_{12}H_{12}N_4O_5S$, Formel II (X = H, X' = NO_2) und Mesomeres.

B. Analog der vorangehenden Verbindung (*Shepherd, English,* J. org. Chem. **12** [1947] 446, 450, 453).

Kristalle (aus wss. A.); F: 216 – 217° [korr.].

4-Chlor-benzolsulfonsäure-[(4-methoxy-pyrimidin-2-yl)-methyl-amid] $C_{12}H_{12}ClN_3O_3S$, Formel III (X = Cl, X' = H).

B. Als Hauptprodukt neben 4-Chlor-benzolsulfonsäure-[4-methoxy-1-methyl-1*H*-pyrimidin-2-ylidenamid] (s. o.) beim Behandeln von 4-Chlor-benzolsulfonsäure-[4-methoxy-pyrimidin-2-ylamid] in Äthanol mit äther. Diazomethan (*Shepherd, English,* J. org. Chem. **12** [1947] 446, 450, 452).

Kristalle (aus wss. Eg.); F: 85 – 86°.

3-Nitro-benzolsulfonsäure-[(4-methoxy-pyrimidin-2-yl)-methyl-amid] $C_{12}H_{12}N_4O_5S$, Formel III (X = H, X' = NO_2).

B. Analog der vorangehenden Verbindung (*Shepherd, English,* J. org. Chem. **12** [1947] 446, 450, 451).

Kristalle (aus Me.); F: 115 – 116° [korr.].

3-Amino-benzolsulfonsäure-[(4-methoxy-pyrimidin-2-yl)-methyl-amid] $C_{12}H_{14}N_4O_3S$, Formel III (X = H, X' = NH_2).

B. Beim Hydrieren der vorangehenden Verbindung an Raney-Nickel in Äthanol (*Shepherd, English,* J. org. Chem. **12** [1947] 446, 450, 454).

Kristalle (aus Me.); F: 150 – 151° [korr.].

4-Chlor-6-methoxy-pyrimidin-2-ylamin $C_5H_6ClN_3O$, Formel IV (R = CH_3, R' = R'' = H) (H 7).

B. Aus 4,6-Dichlor-pyrimidin-2-ylamin und methanol. KOH (*Kitani, Sodeoka,* J. chem. Soc. Japan Pure Chem. Sect. **74** [1953] 624; C. A. **1954** 13693) oder methanol. Natriummethylat (*Rose, Tuey,* Soc. **1946** 81, 84; vgl. H 7). Aus 2-Amino-6-methoxy-3*H*-pyrimidin-4-on und $POCl_3$ (*Braker et al.,* Am. Soc. **69** [1947] 3072, 3074, 3076).

Kristalle; F: 170 – 171° [aus wss. A.] (*Ki., So.*), 165 – 166° [unkorr.] (*Br. et al.*), 164 – 166° [aus Toluol] (*Rose, Tuey*).

4-Äthoxy-6-chlor-pyrimidin-2-ylamin $C_6H_8ClN_3O$, Formel IV (R = C_2H_5, R' = R'' = H).

B. Aus 4,6-Dichlor-pyrimidin-2-ylamin und äthanol. KOH (*Kitani, Sodeoka,* J. chem. Soc. Japan Pure Chem. Sect. **74** [1953] 624; C. A. **1954** 13693) oder äthanol. Natriumäthylat (*Rose, Tuey,* Soc. **1946** 81, 84).

Kristalle; F: 88 – 90° (*Ki., So.*), 87° [aus PAe.] (*Rose, Tuey*).

4-Chlor-6-methoxy-2-methylamino-pyrimidin, [4-Chlor-6-methoxy-pyrimidin-2-yl]-methyl-amin $C_6H_8ClN_3O$, Formel IV (R = R' = CH_3, R'' = H).

B. Aus [4,6-Dichlor-pyrimidin-2-yl]-methyl-amin und methanol. Natriummethylat (*Boon,* Soc. **1957** 2146, 2150).

Kristalle (aus Me.); F: 153°.

4-Benzyloxy-6-chlor-2-methylamino-pyrimidin, [4-Benzyloxy-6-chlor-pyrimidin-2-yl]-methyl-amin $C_{12}H_{12}ClN_3O$, Formel IV (R = CH_2-C_6H_5, R' = CH_3, R'' = H).

B. Aus [4,6-Dichlor-pyrimidin-2-yl]-methyl-amin und Natriumbenzylat in Toluol (*King, King,* Soc. **1947** 726, 732).

Kristalle (aus A.); F: 120°.

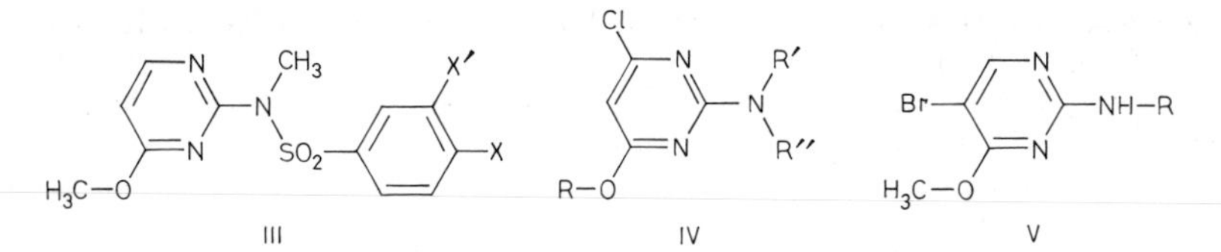

4-Chlor-2-dimethylamino-6-methoxy-pyrimidin, [4-Chlor-6-methoxy-pyrimidin-2-yl]-dimethyl-amin $C_7H_{10}ClN_3O$, Formel IV (R = R' = R'' = CH_3).

B. Beim Erwärmen von [4,6-Dichlor-pyrimidin-2-yl]-dimethyl-amin mit methanol. Natrium= methylat (*Boon,* Soc. **1957** 2146, 2150).

F: 62° [nach Sublimation bei 55°/0,1 Torr].

4-Benzyloxy-6-chlor-2-dimethylamino-pyrimidin, [4-Benzyloxy-6-chlor-pyrimidin-2-yl]-dimethyl-amin $C_{13}H_{14}ClN_3O$, Formel IV (R = CH_2-C_6H_5, R' = R'' = CH_3).

Für die nachstehend beschriebene Verbindung ist auch die Formulierung als [2(oder 6)-Benzyloxy-6(oder 2)-chlor-pyrimidin-4-yl]-dimethyl-amin in Betracht zu ziehen.

B. Beim Erhitzen eines Gemisches (F: 102–103°) von [4,6-Dichlor-pyrimidin-2-yl]-dimethyl-amin (S. 2124) und [2,6-Dichlor-pyrimidin-4-yl]-dimethyl-amin mit Natriumbenzylat in Toluol (*King, King,* Soc. **1947** 726, 732).

Kristalle (aus A.); F: 84°.

5-Brom-4-methoxy-pyrimidin-2-ylamin $C_5H_6BrN_3O$, Formel V (R = H).

B. Aus 4-Methoxy-pyrimidin-2-ylamin und Brom in H_2O (*English et al.,* Am. Soc. **68** [1946] 1039, 1049).

Kristalle (aus Bzl.); F: 125–126° [korr.].

3-Nitro-benzolsulfonsäure-[5-brom-4-methoxy-pyrimidin-2-ylamid] $C_{11}H_9BrN_4O_5S$, Formel V (R = SO_2-C_6H_4-NO_2).

B. Aus 5-Brom-4-methoxy-pyrimidin-2-ylamin und 3-Nitro-benzolsulfonylchlorid in Pyridin (*English et al.,* Am. Soc. **68** [1946] 1039, 1044, 1045).

Kristalle (aus Eg.); F: 272–273° [korr.].

3-Amino-benzolsulfonsäure-[5-brom-4-methoxy-pyrimidin-2-ylamid] $C_{11}H_{11}BrN_4O_3S$, Formel V (R=SO_2-C_6H_4-NH_2).

B. Aus der vorangehenden Verbindung mit Hilfe von wss. $[NH_4]_2S$ (*English et al.,* Am. Soc. **68** [1946] 1039, 1040, 1044).

Kristalle (aus A. oder wss. Eg.); F: 240–241° [korr.].

4-Methoxy-5-nitro-pyrimidin-2-ylamin $C_5H_6N_4O_3$, Formel VI (R = CH_3, R' = R'' = H).

B. Aus 5-Nitro-4-thiocyanato-pyrimidin-2-ylamin und methanol. Natriummethylat (*Naito, Inoue,* Chem. pharm. Bl. **6** [1958] 338, 341).

Kristalle (aus A.); F: 227° [unkorr.].

4-Äthoxy-5-nitro-pyrimidin-2-ylamin $C_6H_8N_4O_3$, Formel VI (R = C_2H_5, R' = R'' = H).

B. Neben 2-Amino-5-nitro-3*H*-pyrimidin-4-thion beim Behandeln von 5-Nitro-4-thiocyanato-pyrimidin-2-ylamin mit äthanol. Natriumäthylat (*Naito, Inoue,* Chem. pharm. Bl. **6** [1958] 338, 341).

Kristalle (aus A.); F: 227° [unkorr.].

2-Dimethylamino-4-methoxy-5-nitro-pyrimidin, [4-Methoxy-5-nitro-pyrimidin-2-yl]-dimethyl-amin $C_7H_{10}N_4O_3$, Formel VI (R = R' = R'' = CH_3).

B. Aus [4-Chlor-5-nitro-pyrimidin-2-yl]-dimethyl-amin und methanol. Natriummethylat (*Saunders,* Soc. **1956** 3232).

Gelbe Kristalle (aus Acn.); F: 178–179°.

2-Anilino-4-methoxy-5-nitro-pyrimidin, [4-Methoxy-5-nitro-pyrimidin-2-yl]-phenyl-amin $C_{11}H_{10}N_4O_3$, Formel VI (R = CH_3, R′ = C_6H_5, R″ = H).

B. Aus [5-Nitro-4-thiocyanato-pyrimidin-2-yl]-phenyl-amin und methanol. Natriummethylat (*Naito, Inoue,* Chem. pharm. Bl. **6** [1958] 338, 341).

Hellgelbe Kristalle (aus Me.); F: 183° [unkorr.].

4-Äthoxy-2-anilino-5-nitro-pyrimidin, [4-Äthoxy-5-nitro-pyrimidin-2-yl]-phenyl-amin $C_{12}H_{12}N_4O_3$, Formel VI (R = C_2H_5, R′ = C_6H_5, R″ = H).

B. Analog 4-Äthoxy-5-nitro-pyrimidin-2-ylamin (s. o.) aus [5-Nitro-4-thiocyanato-pyrimidin-2-yl]-phenyl-amin (*Naito, Inoue,* Chem. pharm. Bl. **6** [1958] 338, 341).

Gelbe Kristalle (aus A.); F: 150° [unkorr.].

4-Äthylmercapto-pyrimidin-2-ylamin $C_6H_9N_3S$, Formel VII (R = C_2H_5, R′ = H).

B. Aus 4-Chlor-pyrimidin-2-ylamin und Natrium-äthanthiolat (*Braker et al.,* Am. Soc. **69** [1947] 3072, 3075).

F: 156–157° [unkorr.].

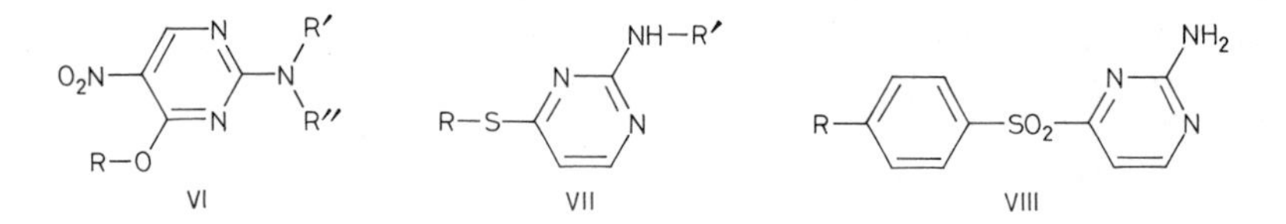

4-[Toluol-4-sulfonyl]-pyrimidin-2-ylamin $C_{11}H_{11}N_3O_2S$, Formel VIII (R = CH_3).

B. Aus 4-Chlor-pyrimidin-2-ylamin und Natrium-[toluol-4-sulfinat] in Äthanol (*Ohta, Sudo,* J. pharm. Soc. Japan **71** [1951] 514; C. A. **1952** 4549).

Kristalle; F: 217° [Zers.].

4-[*N*-Acetyl-sulfanilyl]-pyrimidin-2-ylamin, Essigsäure-[4-(2-amino-pyrimidin-4-sulfonyl)-anilid] $C_{12}H_{12}N_4O_3S$, Formel VIII (R = NH-CO-CH_3).

B. Aus 4-Chlor-pyrimidin-2-ylamin und Natrium-[4-acetylamino-benzolsulfinat] in Äthanol (*Ohta, Sudo,* J. pharm. Soc. Japan **71** [1951] 514; C. A. **1952** 4549).

Kristalle (aus A.); F: 192–193°.

[4-(2-Amino-pyrimidin-4-ylmercapto)-phenyl]-arsonsäure $C_{10}H_{10}AsN_3O_3S$, Formel VII (R = C_6H_4-As(O)$(OH)_2$, R′ = H).

B. Beim Erhitzen von [4-Thiocyanato-phenyl]-arsonsäure mit wss. NaOH und Erwärmen des Reaktionsprodukts mit 4-Chlor-pyrimidin-2-ylamin und wss.-äthanol. NaOH (*Morgan, Hamilton,* Am. Soc. **66** [1944] 874).

Kristalle (aus H_2O); F: 131,5–132° [vorgeheizter App.].

2-Methylamino-4-methylmercapto-pyrimidin, Methyl-[4-methylmercapto-pyrimidin-2-yl]-amin $C_6H_9N_3S$, Formel VII (R = R′ = CH_3).

B. Aus 2-Chlor-4-methylmercapto-pyrimidin und äthanol. Methylamin (*ICI,* D.B.P. 839640 [1949]; D.R.B.P. Org. Chem. 1950–1951 **6** 2439, 2443; U.S.P. 2585906 [1949]).

Kristalle (aus PAe.); F: 80°.

Beim Erwärmen mit Dimethylsulfat in Nitrobenzol und Behandeln des Reaktionsprodukts mit NaI in H_2O ist eine als 1-Methyl-2-methylamino-4-methylmercapto-pyrimidinium-jodid ([$C_7H_{12}N_3S$]I) formulierte Verbindung (Kristalle [aus A.+PAe.]; F: 174–176°) erhalten worden.

4-Äthylmercapto-2-sulfanilylamino-pyrimidin, Sulfanilsäure-[4-äthylmercapto-pyrimidin-2-ylamid] $C_{12}H_{14}N_4O_2S_2$, Formel VII (R = C_2H_5, R′ = SO_2-C_6H_4-NH_2).

B. Aus der folgenden Verbindung mit Hilfe von wss. NaOH (*Braker et al.,* Am. Soc. **69** [1947] 3072, 3076).

F: 263–264° [unkorr.].

***N*-Acetyl-sulfanilsäure-[4-äthylmercapto-pyrimidin-2-ylamid], Essigsäure-[4-(4-äthylmercapto-pyrimidin-2-ylsulfamoyl)-anilid]** $C_{14}H_{16}N_4O_3S_2$, Formel VII (R = C_2H_5, R′ = SO_2-C_6H_4-NH-CO-CH_3).

B. Aus 4-Äthylmercapto-pyrimidin-2-ylamin, *N*-Acetyl-sulfanilylchlorid und Pyridin (*Braker et al.*, Am. Soc. **69** [1947] 3072, 3076).

F: 268–269° [unkorr.].

5-Nitro-4-thiocyanato-pyrimidin-2-ylamin $C_5H_3N_5O_2S$, Formel IX (R = H).

B. Aus 2-Chlor-5-nitro-pyrimidin-4-ylthiocyanat in Benzol und äthanol. NH_3 (*Naito, Inoue,* Chem. pharm. Bl. **6** [1958] 338, 340).

Grüngelbe Kristalle (aus A.); F: 209–210° [unkorr.; Zers.].

Beim Behandeln mit Natriumäthylat in Äthanol sind 4-Äthoxy-5-nitro-pyrimidin-2-ylamin und 2-Amino-5-nitro-3*H*-pyrimidin-4-thion erhalten worden (*Na., In.*, l. c. S. 341).

2-Anilino-5-nitro-4-thiocyanato-pyrimidin, [5-Nitro-4-thiocyanato-pyrimidin-2-yl]-phenyl-amin $C_{11}H_7N_5O_2S$, Formel IX (R = C_6H_5).

B. Aus 2-Chlor-5-nitro-pyrimidin-4-ylthiocyanat und Anilin in Benzol und Äthanol (*Naito, Inoue,* Chem. pharm. Bl. **6** [1958] 338, 341).

Gelbe Kristalle (aus Bzl.); F: 199–200°.

4-Äthylmercapto-2-chlor-pyrimidin-5-ylamin $C_6H_8ClN_3S$, Formel X (R = C_2H_5, R′ = H).

B. Aus 2,4-Dichlor-pyrimidin-5-ylamin und Natrium-äthanthiolat in Äthanol (*Inoue,* Chem. pharm. Bl. **6** [1958] 343, 345).

Kristalle (aus PAe.); F: 94°.

2-Chlor-4-thiocyanato-pyrimidin-5-ylamin $C_5H_3ClN_4S$, Formel X (R = CN, R′ = H).

B. Beim Erwärmen von 2-Chlor-5-nitro-pyrimidin-4-ylthiocyanat mit Eisen-Pulver und Essigsäure (*Inoue,* Chem. pharm. Bl. **6** [1958] 343, 345).

Kristalle (aus A.), die unterhalb 300° nicht schmelzen.

5-Acetylamino-4-carbamoylmercapto-2-chlor-pyrimidin, Thiocarbamidsäure-*S*-[5-acetylamino-2-chlor-pyrimidin-4-ylester] $C_7H_7ClN_4O_2S$, Formel X (R = CO-NH_2, R′ = CO-CH_3).

B. Beim Erhitzen von 2-Chlor-4-thiocyanato-pyrimidin-5-ylamin mit Acetanhydrid (*Inoue,* Chem. pharm. Bl. **6** [1958] 343, 345).

Kristalle (aus A.); F: 224° [unkorr.].

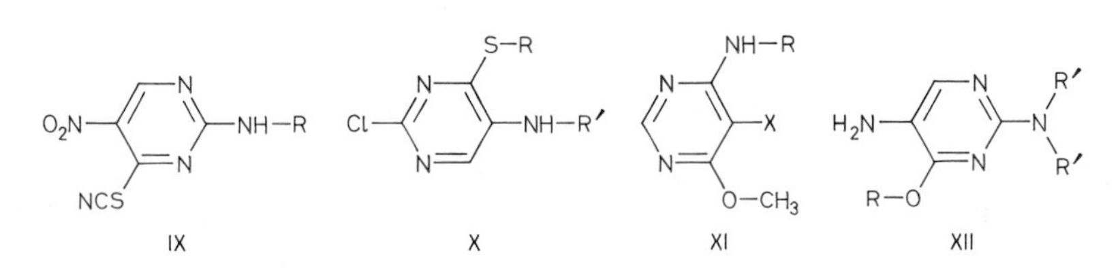

6-Methoxy-pyrimidin-4-ylamin $C_5H_7N_3O$, Formel XI (R = X = H).

Die von *Yanai* (J. pharm. Soc. Japan **62** [1942] 315, 330, 331; dtsch. Ref. S. 95, 100, 105; C. A. **1951** 5150) unter dieser Konstitution beschriebene Verbindung (F: 116–117,5°) ist aufgrund ihres Schmelzpunkts wahrscheinlich als 5-Methoxy-pyrimidin-4-ylamin (S. 3366) zu formulieren.

B. Beim Erhitzen von 6-Methoxy-2-methylmercapto-pyrimidin-4-ylamin mit Raney-Nickel in H_2O (*Pfleiderer, Liedek,* A. **612** [1958] 163, 172).

Kristalle (aus Xylol); F: 156–157° (*Pf., Li.*). λ_{max} (Me.): 236 nm (*Pf., Li.*, l. c. S. 166).

4-Methoxy-6-methylamino-pyrimidin, [6-Methoxy-pyrimidin-4-yl]-methyl-amin $C_6H_9N_3O$, Formel XI (R = CH_3, X = H).

B. Aus [6-Chlor-pyrimidin-4-yl]-methyl-amin und methanol. Natriummethylat (*Brown,* J. appl.

Chem. **5** [1955] 358, 361).
Kristalle; F: 84–86° [nach Sublimation bei 60°/0,01 Torr].

4-Acetylamino-6-methoxy-pyrimidin, *N*-[6-Methoxy-pyrimidin-4-yl]-acetamid $C_7H_9N_3O_2$, Formel XI (R = CO-CH_3, X = H).

B. Aus 6-Methoxy-pyrimidin-4-ylamin und Acetanhydrid (*Pfleiderer, Liedek,* A. **612** [1958] 163, 172). Beim Erhitzen von *N*-[6-Methoxy-2-methylmercapto-pyrimidin-4-yl]-acetamid mit Raney-Nickel in H_2O (*Pf., Li.*).

Kristalle (aus Cyclohexan); F: 139–140°. λ_{max} (Me.): 215 nm, 230 nm und 256 nm (*Pf., Li.,* l. c. S. 167).

Acetat $C_7H_9N_3O_2 \cdot C_2H_4O_2$. Kristalle (aus Cyclohexan); F: 91°, die sich beim mehrtägigen Trocknen bei 100° oder über KOH im Vakuum bei 50° in die freie Base umwandeln (*Pf., Li.,* l. c. S. 172).

6-Methoxy-5-nitro-pyrimidin-4-ylamin $C_5H_6N_4O_3$, Formel XI (R = H, X = NO_2).

B. Aus 6-Chlor-5-nitro-pyrimidin-4-ylamin und methanol. Natriummethylat (*Albert et al.,* Soc. **1952** 4219, 4228).

Kristalle (aus 4-Methyl-pentan-2-on); F: 238–240° [unkorr.].

4-Methoxy-6-methylamino-5-nitro-pyrimidin, [6-Methoxy-5-nitro-pyrimidin-4-yl]-methyl-amin $C_6H_8N_4O_3$, Formel XI (R = CH_3, X = NO_2).

B. Aus [6-Chlor-5-nitro-pyrimidin-4-yl]-methyl-amin und methanol. Natriummethylat (*Brown,* J. appl. Chem. **7** [1957] 109, 111).

Kristalle (aus H_2O); F: 148–150°.

4-Äthoxy-pyrimidin-2,5-diyldiamin $C_6H_{10}N_4O$, Formel XII (R = C_2H_5, R′ = H).

B. Beim Erwärmen von 4-Äthoxy-5-nitro-pyrimidin-2-ylamin mit Eisen-Pulver und Essigsäure (*Naito, Inoue,* Chem. pharm. Bl. **6** [1958] 338, 341).

Kristalle (aus Bzl.); F: 128–129° [unkorr.].

4-Methoxy-*N*²,*N*²-dimethyl-pyrimidin-2,5-diyldiamin $C_7H_{12}N_4O$, Formel XII (R = R′ = CH_3).

B. Bei der Hydrierung von [4-Methoxy-5-nitro-pyrimidin-2-yl]-dimethyl-amin an Raney-Nickel in Äthanol (*Saunders,* Soc. **1956** 3232).

Dihydrochlorid $C_7H_{12}N_4O \cdot 2HCl$. Hellorangefarbenes Pulver mit 2 Mol H_2O; F: > 300°.

4-Äthylmercapto-pyrimidin-2,5-diyldiamin $C_6H_{10}N_4S$, Formel I (R = H).

B. Aus dem Kalium-Salz des 2,5-Diamino-3*H*-pyrimidin-4-thions und Äthylbromid in Äthanol (*Naito, Inoue,* Chem. pharm. Bl. **6** [1958] 338, 342).

Kristalle (aus Bzl.); F: 87°.

[4-Äthylmercapto-2-amino-pyrimidin-5-yl]-harnstoff $C_7H_{11}N_5OS$, Formel I (R = CO-NH_2).

B. Aus dem Kalium-Salz des [2-Amino-6-thioxo-1,6-dihydro-pyrimidin-5-yl]-harnstoffs und Äthylbromid in Äthanol (*Naito, Inoue,* Chem. pharm. Bl. **6** [1958] 338, 342).

Kristalle (aus A.); F: 223–224° [unkorr.; Zers.].

6-Methoxy-pyrimidin-2,4-diyldiamin $C_5H_8N_4O$, Formel II (R = R′ = H, R″ = CH_3).

B. Aus 6-Chlor-pyrimidin-2,4-diyldiamin und methanol. Natriummethylat (*Roth et al.,* Am. Soc. **73** [1951] 2869; s. a. *Merck & Co. Inc.,* U.S.P. 2584024 [1948]).

Kristalle (aus A.); F: 161–162° (*Roth et al.*).

6-Äthoxy-pyrimidin-2,4-diyldiamin $C_6H_{10}N_4O$, Formel II (R = R′ = H, R″ = C_2H_5).

B. Beim Erwärmen von 6-Chlor-pyrimidin-2,4-diyldiamin mit äthanol. KOH (*Roth et al.,*

Am. Soc. **73** [1951] 2869) oder äthanol. Natriumäthylat (*Merck & Co. Inc.*, U.S.P. 2584024 [1948]).

Kristalle; F: 167–169° [aus A.] (*Roth et al.*), 165–168° [unkorr.; aus A.] (*Ulbricht, Price*, J. org. Chem. **21** [1956] 567, 568), 160° [aus H_2O] (*Merck & Co. Inc.*).

6-Butoxy-pyrimidin-2,4-diyldiamin $C_8H_{14}N_4O$, Formel II (R = R′ = H, R″ = $[CH_2]_3$-CH_3).

B. Aus 6-Chlor-pyrimidin-2,4-diyldiamin und Natriumbutylat in Butan-1-ol (*Roth et al.*, Am. Soc. **73** [1951] 2869).

Kristalle (aus PAe.); F: 73–74°.

[2,6-Diamino-pyrimidin-4-yloxy]-essigsäure-äthylester $C_8H_{12}N_4O_3$, Formel II (R = R′ = H, R″ = CH_2-CO-O-C_2H_5).

B. Aus 6-Chlor-pyrimidin-2,4-diyldiamin und der Natrium-Verbindung des Glykolsäure-äthylesters (*Elion, Hitchings*, Am. Soc. **74** [1952] 3877, 3881).

λ_{max}: 276 nm [wss. Lösung vom pH 1] bzw. 275 nm [wss. Lösung vom pH 11].

6-Äthoxy-*N*⁴-methyl-pyrimidin-2,4-diyldiamin $C_7H_{12}N_4O$, Formel III (R = C_2H_5, R′ = CH_3, R″ = H).

B. Aus 6-Chlor-N^4-methyl-pyrimidin-2,4-diyldiamin und äthanol. Natriumäthylat (*Fidler, Wood*, Soc. **1957** 4157, 4161).

Kristalle (aus H_2O); F: 123–126°.

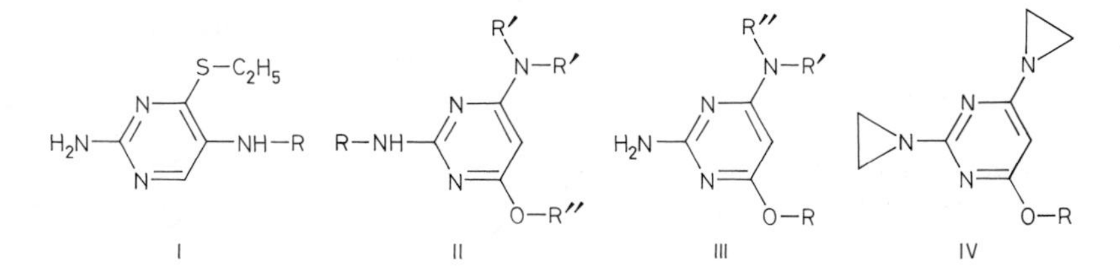

6-Äthoxy-N^4,N^4-dimethyl-pyrimidin-2,4-diyldiamin $C_8H_{14}N_4O$, Formel III (R = C_2H_5, R′ = R″ = CH_3).

B. Aus 6-Chlor-N^4,N^4-dimethyl-pyrimidin-2,4-diyldiamin und äthanol. Natriumäthylat (*Langerman, Banks*, Am. Soc. **73** [1951] 3011).

Kristalle (aus H_2O oder wss. A.); F: 145–147°.

6-Butoxy-N^4,N^4-dimethyl-pyrimidin-2,4-diyldiamin $C_{10}H_{18}N_4O$, Formel III (R = $[CH_2]_3$-CH_3, R′ = R″ = CH_3).

B. Aus 6-Chlor-N^4,N^4-dimethyl-pyrimidin-2,4-diyldiamin und Natriumbutylat in Butan-1-ol (*Langerman, Banks*, Am. Soc. **73** [1951] 3011).

Kristalle (aus H_2O oder wss. A.); F: 90–92°.

N^4-Äthyl-6-methoxy-pyrimidin-2,4-diyldiamin $C_7H_{12}N_4O$, Formel III (R = CH_3, R′ = C_2H_5, R″ = H).

B. Aus N^4-Äthyl-6-chlor-pyrimidin-2,4-diyldiamin und methanol. Natriummethylat (*Forrest et al.*, Soc. **1951** 3, 6).

Kristalle (aus Bzl.); F: 137–138°.

Beim Erwärmen mit äthanol. HCl ist 2-Amino-6-äthylamino-3*H*-pyrimidin-4-on erhalten worden.

N^4,N^4-Diäthyl-6-methoxy-pyrimidin-2,4-diyldiamin $C_9H_{16}N_4O$, Formel III (R = CH_3, R′ = R″ = C_2H_5).

B. Aus 4-Chlor-6-methoxy-pyrimidin-2-ylamin und Diäthylamin (*Braker et al.*, Am. Soc. **69** [1947] 3072, 3075, 3077).

Kristalle (aus Hexan); F: 84–85°.

2,4-Bis-aziridin-1-yl-6-methoxy-pyrimidin $C_9H_{12}N_4O$, Formel IV (R = CH_3).
B. Aus 2,4-Bis-aziridin-1-yl-6-chlor-pyrimidin und methanol. Natriummethylat (*Hendry, Homer,* Soc. **1952** 328, 330).
Kristalle (aus PAe.); F: 86°. $Kp_{0,2}$: 110–120°.

4-Äthoxy-2,6-bis-aziridin-1-yl-pyrimidin $C_{10}H_{14}N_4O$, Formel IV (R = C_2H_5).
B. Analog der vorangehenden Verbindung (*Hendry, Homer,* Soc. **1952** 328, 331).
$Kp_{0,1}$: 107°.

2,4-Bis-aziridin-1-yl-6-isopropoxy-pyrimidin $C_{11}H_{16}N_4O$, Formel IV (R = $CH(CH_3)_2$).
B. Analog den vorangehenden Verbindungen (*Hendry, Homer,* Soc. **1952** 328, 331).
$Kp_{0,2}$: 114° (*ICI,* U.S.P. 2675386 [1951]); $Kp_{0,05}$: 114° (*He., Ho.*).

Sulfanilsäure-[4-diäthylamino-6-methoxy-pyrimidin-2-ylamid] $C_{15}H_{21}N_5O_3S$, Formel II (R = SO_2-C_6H_4-NH_2, R′ = C_2H_5, R″ = CH_3).
B. Aus der folgenden Verbindung mit Hilfe von wss. NaOH (*Braker et al.,* Am. Soc. **69** [1947] 3072, 3076, 3078).
F: 150–151° [unkorr.].

***N*-Acetyl-sulfanilsäure-[4-diäthylamino-6-methoxy-pyrimidin-2-ylamid], Essigsäure-[4-(4-diäthylamino-6-methoxy-pyrimidin-2-ylsulfamoyl)-anilid]** $C_{17}H_{23}N_5O_4S$, Formel II (R = SO_2-C_6H_4-NH-CO-CH_3, R′ = C_2H_5, R″ = CH_3).
B. Aus N^4,N^4-Diäthyl-6-methoxy-pyrimidin-2,4-diyldiamin und *N*-Acetyl-sulfanilylchlorid in Pyridin (*Braker et al.,* Am. Soc. **69** [1947] 3072, 3076, 3077).
F: 168–169° [unkorr.].

6-Methoxy-5-nitroso-pyrimidin-2,4-diyldiamin $C_5H_7N_5O_2$, Formel V (R = CH_3).
B. Aus 6-Methoxy-pyrimidin-2,4-diyldiamin und HNO_2 (*Roth et al.,* Am. Soc. **73** [1951] 2869).
Dunkelroter Feststoff.

6-Äthoxy-5-nitroso-pyrimidin-2,4-diyldiamin $C_6H_9N_5O_2$, Formel V (R = C_2H_5).
B. Aus 6-Äthoxy-pyrimidin-2,4-diyldiamin und HNO_2 (*Ulbricht, Price,* J. org. Chem. **21** [1956] 567, 571; *Roth et al.,* Am. Soc. **73** [1951] 2869; *Merck & Co. Inc.,* U.S.P. 2584024 [1948]).
Rote Kristalle (*Roth et al.*); F: 225° [unkorr.; Zers.; aus A.] (*Ul., Pr.*).

6-Butoxy-5-nitroso-pyrimidin-2,4-diyldiamin $C_8H_{13}N_5O_2$, Formel V (R = $[CH_2]_3$-CH_3).
B. Aus 6-Butoxy-pyrimidin-2,4-diyldiamin und HNO_2 (*Roth et al.,* Am. Soc. **73** [1951] 2869).
Violett; F: 216–217° [Zers.].

6-Benzyloxy-5-nitroso-pyrimidin-2,4-diyldiamin $C_{11}H_{11}N_5O_2$, Formel V (R = CH_2-C_6H_5).
B. Beim Erhitzen von 6-Chlor-pyrimidin-2,4-diyldiamin mit Natriumbenzylat in Benzylalkohol und Erwärmen des Reaktionsprodukts mit $NaNO_2$ und wss. Essigsäure (*Roth et al.,* Am. Soc. **73** [1951] 2869).
Purpurfarbene Kristalle (aus Acn.). Lösungen in Aceton sind blaugrün.

6-Methylmercapto-pyrimidin-4,5-diyldiamin $C_5H_8N_4S$, Formel VI (R = CH_3, R′ = R″ = H).
B. Aus 5,6-Diamino-3*H*-pyrimidin-4-thion und CH_3I mit Hilfe von wss. KOH (*Albert et al.,* Soc. **1954** 3832, 3838).
Kristalle (aus H_2O); F: 155–157°.

6-Benzylmercapto-pyrimidin-4,5-diyldiamin $C_{11}H_{12}N_4S$, Formel VI (R = CH_2-C_6H_5, R′ = R″ = H).
B. Aus 5,6-Diamino-3*H*-pyrimidin-4-thion und Benzylchlorid mit Hilfe von wss. NaOH (*Elion et al.,* Am. Soc. **78** [1956] 2858, 2861).

Kristalle (aus H_2O) mit 1 Mol H_2O; F: 104–106°. λ_{max}: 322 nm [wss. Lösung vom pH 1] bzw. 305 nm [wss. Lösung vom pH 11] (*El. et al.*, l. c. S. 2860).

N^4-Methyl-6-methylmercapto-pyrimidin-4,5-diyldiamin $C_6H_{10}N_4S$, Formel VI (R = R′ = CH_3, R″ = H).

B. Aus 5-Amino-6-methylamino-3*H*-pyrimidin-4-thion und CH_3I mit Hilfe von wss. KOH (*Brown*, J. appl. Chem. **7** [1957] 109, 111).

Hygroskopische Kristalle (aus H_2O) mit 1 Mol H_2O; F: 116°.

***N*-[4-Amino-6-benzylmercapto-pyrimidin-5-yl]-formamid** $C_{12}H_{12}N_4OS$, Formel VI (R = CH_2-C_6H_5, R′ = H, R″ = CHO).

B. Aus 6-Benzylmercapto-pyrimidin-4,5-diyldiamin und Ameisensäure (*Elion et al.*, Am. Soc. **78** [1956] 2858, 2861).

F: 214–215° (*Burroughs Wellcome & Co.*, U.S.P. 2724711 [1954]), 202–203° [Zers.] (*El. et al.*). λ_{max}: 245 nm und 300 nm [wss. Lösung vom pH 1] bzw. 282 nm [wss. Lösung vom pH 11] (*El. et al.*, l. c. S. 2860).

***N*-[4-Methylamino-6-methylmercapto-pyrimidin-5-yl]-formamid** $C_7H_{10}N_4OS$, Formel VI (R = R′ = CH_3, R″ = CHO).

B. Aus N^4-Methyl-6-methylmercapto-pyrimidin-4,5-diyldiamin und Ameisensäure (*Brown, Mason*, Soc. **1957** 682, 688).

Kristalle (aus H_2O); F: 204–205° [Zers.].

Beim Erhitzen auf 210° ist 6-Methylmercapto-9-methyl-9*H*-purin erhalten worden.

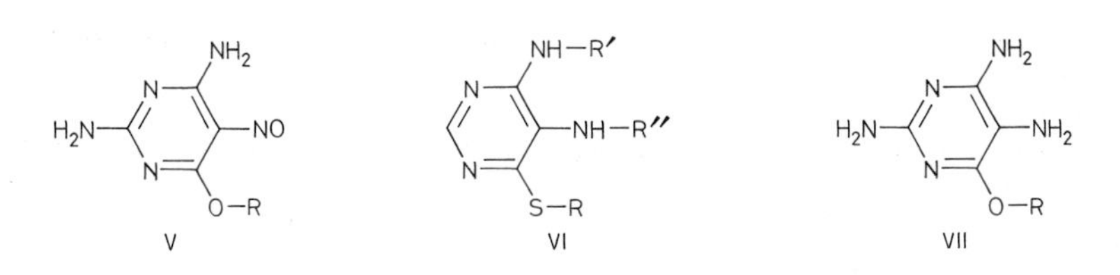

6-Methoxy-pyrimidin-2,4,5-triyltriamin $C_5H_9N_5O$, Formel VII (R = CH_3).

B. Beim Erwärmen von 6-Methoxy-5-nitroso-pyrimidin-2,4-diyldiamin mit $Na_2S_2O_4$ in H_2O (*Roth et al.*, Am. Soc. **73** [1951] 2869).

Beim Erwärmen mit Butandion ist 4-Methoxy-6,7-dimethyl-pteridin-2-ylamin erhalten worden.

Sulfat $C_5H_9N_5O \cdot H_2SO_4$. Feststoff mit 1 Mol H_2O.

6-Äthoxy-pyrimidin-2,4,5-triyltriamin $C_6H_{11}N_5O$, Formel VII (R = C_2H_5).

B. Aus 6-Äthoxy-5-nitroso-pyrimidin-2,4-diyldiamin bei der Hydrierung an Palladium/Kohle in Methanol oder Äthanol (*Merck & Co. Inc.*, U.S.P. 2584024 [1948]) sowie beim Erwärmen mit $Na_2S_2O_4$ in H_2O (*Roth et al.*, Am. Soc. **73** [1951] 2869).

F: 130–133° (*Merck & Co. Inc.*).

Dihydrochlorid $C_6H_{11}N_5O \cdot 2HCl$. Kristalle (aus Me.+A.); F: 160° [Zers.] (*Merck & Co. Inc.*).

Sulfit $C_6H_{11}N_5O \cdot H_2SO_3$. Kristalle [aus H_2O] (*Roth et al.*).

[2,5,6-Triamino-pyrimidin-4-yloxy]-essigsäure $C_6H_9N_5O_3$, Formel VII (R = CH_2-CO-OH).

Konstitution: *Elion, Hitchings*, Am. Soc. **74** [1952] 3877, 3881.

B. Aus 2,4-Diamino-5*H*-pyrimido[4,5-*b*][1,4]oxazin-6-on mit Hilfe von wss. $Ba(OH)_2$ (*Hitchings, Elion*, Am. Soc. **71** [1949] 467, 472) oder wss. NH_3 (*El., Hi.*).

Kristalle mit 1,5 Mol H_2O, die bei 120° das Kristallwasser abgeben und unterhalb 350° nicht schmelzen (*Hi., El.*). UV-Spektrum (wss. Lösungen vom pH 1 und pH 11; 230–330 nm): *Hi., El.*

Beim Erhitzen mit wss. HCl [0,2 n] ist 2,4-Diamino-5*H*-pyrimido[4,5-*b*][1,4]oxazin-6-on zu= rückerhalten worden (*Hi.*, *El.*). Reaktion mit Glyoxal in wss. Lösung bei pH 6 (Bildung von [2-Amino-pteridin-4-yloxy]-essigsäure): *El.*, *Hi.*

[2,5,6-Triamino-pyrimidin-4-yloxy]-essigsäure-methylester $C_7H_{11}N_5O_3$, Formel VII (R = CH_2-CO-O-CH_3).

Dihydrochlorid $C_7H_{11}N_5O_3 \cdot 2HCl$. *B.* Aus der vorangehenden Verbindung und meth= anol. HCl (*Hitchings, Elion*, Am. Soc. **71** [1949] 467, 472). – Gelber Feststoff [aus Me.+Ae.]. – Bildung von 2,4-Diamino-5*H*-pyrimido[4,5-*b*][1,4]oxazin-6-on beim Erhitzen auf ca. 200°, beim Aufbewahren in H_2O sowie beim Behandeln mit wss. Alkalilaugen: *Hi.*, *El.*

6-[5-Hydroxy-pyrimidin-2-ylamino]-hexansäure $C_{10}H_{15}N_3O_3$, Formel VIII (R = $[CH_2]_5$-CO-OH).

B. Beim Erhitzen von diazotierter 6-[5-Amino-pyrimidin-2-ylamino]-hexansäure mit wss. H_2SO_4 (*Yoshikawa*, J. pharm. Soc. Japan **76** [1956] 776; C. A. **1957** 1197).

Kristalle; F: 307–308° [Zers.].

Sulfat $2C_{10}H_{15}N_3O_3 \cdot H_2SO_4$. Kristalle (aus A.); F: 153°.

5-Äthoxy-4-chlor-pyrimidin-2-ylamin $C_6H_8ClN_3O$, Formel IX (R = H, R′ = C_2H_5, X = H).

B. Aus 5-Äthoxy-2-amino-3*H*-pyrimidin-4-on und $POCl_3$ (*Braker et al.*, Am. Soc. **69** [1947] 3072, 3074, 3076).

F: 166–167° [unkorr.; Zers.].

4-Chlor-5-phenoxy-pyrimidin-2-ylamin $C_{10}H_8ClN_3O$, Formel IX (R = H, R′ = C_6H_5, X = H).

B. Aus 2-Amino-5-phenoxy-3*H*-pyrimidin-4-on und $POCl_3$ (*Hull et al.*, Soc. **1947** 41, 46).

Kristalle (aus A.); F: 157,5°.

[4-Chlor-5-phenoxy-pyrimidin-2-yl]-[4-chlor-phenyl]-amin $C_{16}H_{11}Cl_2N_3O$, Formel IX (R = C_6H_4Cl, R′ = C_6H_5, X = H).

B. Aus 2-[4-Chlor-anilino]-5-phenoxy-3*H*-pyrimidin-4-on und $POCl_3$ (*Curd et al.*, Soc. **1946** 378, 384).

Kristalle (aus wss. A.); F: 112–113°.

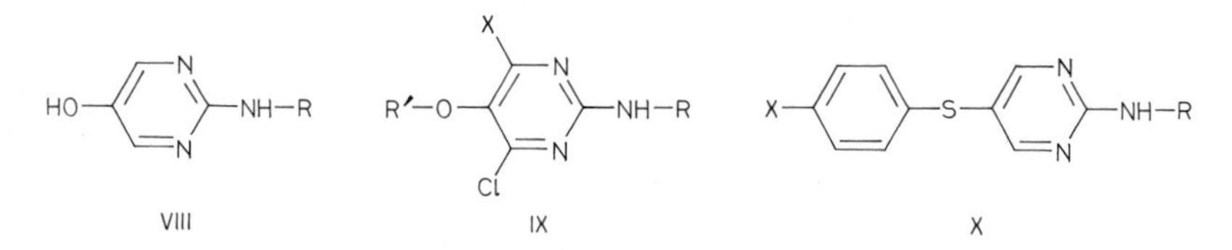

2-Acetylamino-4-chlor-5-phenoxy-pyrimidin, *N*-[4-Chlor-5-phenoxy-pyrimidin-2-yl]-acetamid $C_{12}H_{10}ClN_3O_2$, Formel IX (R = CO-CH_3, R′ = C_6H_5, X = H).

B. Beim Erhitzen von 2-Amino-5-phenoxy-3*H*-pyrimidin-4-on mit Acetanhydrid und Pyridin und Erhitzen der erhaltenen Verbindung $C_{24}H_{20}N_6O_5$ (F: 239–240°) mit $POCl_3$ (*Hull et al.*, Soc. **1947** 41, 46).

Kristalle (aus A.); F: 163°.

5-Äthoxy-4,6-dichlor-pyrimidin-2-ylamin $C_6H_7Cl_2N_3O$, Formel IX (R = H, R′ = C_2H_5, X = Cl).

B. Aus 5-Äthoxy-2-amino-1*H*-pyrimidin-4,6-dion und $POCl_3$ (*Braker et al.*, Am. Soc. **69** [1947] 3072, 3074, 3077).

Kristalle (aus Ae.+Hexan); F: 181–182° [unkorr.].

5-Phenylmercapto-pyrimidin-2-ylamin $C_{10}H_9N_3S$, Formel X (R = X = H).

B. Aus 5-Jod-pyrimidin-2-ylamin und Kupfer(II)-thiophenolat in Chinolin (*Caldwell, Sayin,*

Am. Soc. **74** [1952] 4314, 4316).
Kristalle (aus A.); F: 154–155° [unkorr.].

5-[4-Nitro-phenylmercapto]-pyrimidin-2-ylamin $C_{10}H_8N_4O_2S$, Formel X (R = H, X = NO_2).
B. Aus [4-Nitro-phenylmercapto]-malonaldehyd und Guanidin-sulfat mit Hilfe von konz. H_2SO_4 und $ClSO_3H$ (*Yanagita, Futaki,* J. pharm. Soc. Japan **72** [1952] 236). Beim Erhitzen von 5-Jod-pyrimidin-2-ylamin mit Kalium-[4-nitro-thiophenolat] und Kupfer-Pulver in Chinolin (*Caldwell, Sayin,* Am. Soc. **74** [1952] 4314, 4316).
Kristalle; F: 204–205° [unkorr.; aus Acn. oder wss. Eg.] (*Ca., Sa.*), 201–202° [aus wss. Eg.] (*Ya., Fu.*).

(±)-5-[4-Nitro-benzolsulfinyl]-pyrimidin-2-ylamin $C_{10}H_8N_4O_3S$, Formel XI.
B. Aus 5-[4-Nitro-phenylmercapto]-pyrimidin-2-ylamin mit Hilfe von wss. H_2O_2 und Essigsäure (*Yanagita, Futaki,* J. pharm. Soc. Japan **72** [1952] 236).
Kristalle (aus wss. Eg.); F: 232°.

5-[4-Nitro-benzolsulfonyl]-pyrimidin-2-ylamin $C_{10}H_8N_4O_4S$, Formel XII (X = NO_2).
B. Aus 5-[4-Nitro-phenylmercapto]-pyrimidin-2-ylamin mit Hilfe von wss. H_2O_2 und Acetanhydrid (*Yanagita, Futaki,* J. pharm. Soc. Japan **72** [1952] 236). Neben einer gelben Substanz (Kristalle [aus A.]; F: 284–285° [unkorr.]) beim Erwärmen von *N*-[5-(4-Nitro-phenylmercapto)-pyrimidin-2-yl]-acetamid mit CrO_3 und Essigsäure (*Caldwell, Sayin,* Am. Soc. **74** [1952] 4314, 4316).
Kristalle; F: 273° [aus Eg.] (*Ya., Fu.*), 267–270° [unkorr.; Zers.; aus wss. Eg.] (*Ca., Sa.*).

5-[4-Amino-phenylmercapto]-pyrimidin-2-ylamin $C_{10}H_{10}N_4S$, Formel X (R = H, X = NH_2).
B. Aus 5-[4-Nitro-phenylmercapto]-pyrimidin-2-ylamin bei der Hydrierung an Raney-Nickel in Dioxan (*Caldwell, Sayin,* Am. Soc. **74** [1952] 4314, 4316) sowie beim Erwärmen mit Eisen-Pulver, NH_4Cl und H_2O (*Yanagita, Futaki,* J. pharm. Soc. Japan **72** [1952] 236).
Kristalle; F: 172–173° [unkorr.; aus wss. A.] (*Ca., Sa.*), 170,5° [aus H_2O] (*Ya., Fu.*).

5-[4-Acetylamino-phenylmercapto]-pyrimidin-2-ylamin, Essigsäure-[4-(2-amino-pyrimidin-5-ylmercapto)-anilid] $C_{12}H_{12}N_4OS$, Formel X (R = H, X = NH-CO-CH_3).
B. Beim Erwärmen der vorangehenden Verbindung mit Acetanhydrid und Essigsäure (*Yanagita, Futaki,* J. pharm. Soc. Japan **72** [1952] 236).
Kristalle (aus wss. Eg.); F: 253°.

5-Sulfanilyl-pyrimidin-2-ylamin $C_{10}H_{10}N_4O_2S$, Formel XII (X = NH_2).
B. Aus 5-[4-Nitro-benzolsulfonyl]-pyrimidin-2-ylamin bei der Hydrierung an Raney-Nickel in Dioxan (*Caldwell, Sayin,* Am. Soc. **74** [1952] 4314, 4316) sowie beim Erwärmen mit Eisen-Pulver, NH_4Cl und H_2O (*Yanagita, Futaki,* J. pharm. Soc. Japan **72** [1952] 236).
Kristalle (aus H_2O); F: 214° (*Ya., Fu.*), 207–208° [unkorr.] (*Ca., Sa.*).

5-[*N*-Acetyl-sulfanilyl]-pyrimidin-2-ylamin, Essigsäure-[4-(2-amino-pyrimidin-5-sulfonyl)-anilid] $C_{12}H_{12}N_4O_3S$, Formel XII (X = NH-CO-CH_3).
B. Beim Erwärmen von 5-[4-Amino-phenylmercapto]-pyrimidin-2-ylamin mit Acetanhydrid, Essigsäure und wss. H_2O_2 (*Yanagita, Futaki,* J. pharm. Soc. Japan **72** [1952] 236).
Kristalle (aus wss. Eg.); F: 258°.

2-Acetylamino-5-[4-nitro-phenylmercapto]-pyrimidin, *N*-[5-(4-Nitro-phenylmercapto)-pyrimidin-2-yl]-acetamid $C_{12}H_{10}N_4O_3S$, Formel X (R = CO-CH_3, X = NO_2).
B. Beim Erhitzen von 5-[4-Nitro-phenylmercapto]-pyrimidin-2-ylamin mit Acetanhydrid und

Natriumacetat (*Caldwell, Sayin,* Am. Soc. **74** [1952] 4314, 4316).
Kristalle (aus Acn.); F: 220–222° [unkorr.].

6-[5-Carbamimidoylmercapto-pyrimidin-2-ylamino]-hexansäure $C_{11}H_{17}N_5O_2S$, Formel XIII.
B. Aus 6-[5-Brom-pyrimidin-2-ylamino]-hexansäure und Thioharnstoff in H_2O (*Yoshikawa,* J. pharm. Soc. Japan **76** [1956] 776; C. A. **1957** 1197).
Gelbbraune Kristalle; F: 278–281° [Zers.].
Hydrobromid. Kristalle (aus A.); F: 162°.

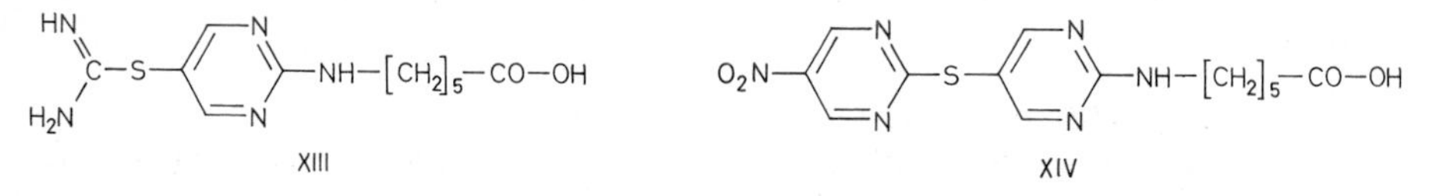

6-[5-(5-Nitro-pyrimidin-2-ylmercapto)-pyrimidin-2-ylamino]-hexansäure $C_{14}H_{16}N_6O_4S$, Formel XIV.
B. Aus dem Hydrobromid der vorangehenden Verbindung und der Natrium-Verbindung des Nitromalonaldehyds unter Zusatz von Piperidin in H_2O (*Yoshikawa,* J. pharm. Soc. Japan **76** [1956] 776; C. A. **1957** 1197).
Kristalle; F: 145–145,5° [Zers.].

6-[5-(5-Nitro-pyrimidin-2-sulfonyl)-pyrimidin-2-ylamino]-hexansäure $C_{14}H_{16}N_6O_6S$, Formel XV ($X = NO_2$).
B. Aus der vorangehenden Verbindung mit Hilfe von $KMnO_4$ in wss. Essigsäure (*Yoshikawa,* J. pharm. Soc. Japan **76** [1956] 776; C. A. **1957** 1197).
Gelbe Kristalle; F: 284–285° [Zers.].

6-[5-(5-Amino-pyrimidin-2-sulfonyl)-pyrimidin-2-ylamino]-hexansäure $C_{14}H_{18}N_6O_4S$, Formel XV ($X = NH_2$).
Hydrochlorid $C_{14}H_{18}N_6O_4S \cdot HCl$. *B.* Aus der vorangehenden Verbindung mit Hilfe von $SnCl_2$ und wss. HCl (*Yoshikawa,* J. pharm. Soc. Japan **76** [1956] 776; C. A. **1957** 1197). – Kristalle; F: 162–163°.

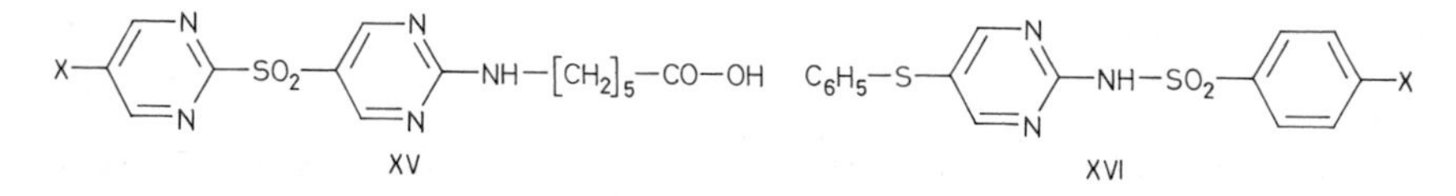

4-Nitro-benzolsulfonsäure-[5-phenylmercapto-pyrimidin-2-ylamid] $C_{16}H_{12}N_4O_4S_2$, Formel XVI ($X = NO_2$).
B. Aus 4-Nitro-benzolsulfonsäure-[5-jod-pyrimidin-2-ylamid] und Kupfer(II)-thiophenolat in Chinolin (*Caldwell, Sayin,* Am. Soc. **74** [1952] 4314, 4317).
Hellgelbe Kristalle (aus A.); F: 223–224° [unkorr.].

5-Phenylmercapto-2-sulfanilylamino-pyrimidin, Sulfanilsäure-[5-phenylmercapto-pyrimidin-2-yl=amid] $C_{16}H_{14}N_4O_2S_2$, Formel XVI ($X = NH_2$).
B. Aus der vorangehenden Verbindung mit Hilfe von wss. $[NH_4]_2S$ (*Caldwell, Sayin,* Am. Soc. **74** [1952] 4314, 4317).
Kristalle (aus A.); F: 217–218° [unkorr.].

5-Methoxy-pyrimidin-4-ylamin $C_5H_7N_3O$, Formel I.
Über diese Verbindung (Kristalle [nach Sublimation]; F: 118°) s. *McOmie, Turner,* Soc. **1963** 5590, 5593.
Diese Konstitution kommt wahrscheinlich auch der von *Yanai* (J. pharm. Soc. Japan **62** [1942] 315, 330, 331; dtsch. Ref. S. 95, 100, 105; C. A. **1951** 5150) als 6-Methoxy-pyrimidin-4-ylamin (S. 3359) formulierten, bei der Hydrierung von 5-Brom-2,6-dichlor-pyrimidin-4-ylamin an Palladium/Kohle in methanol. KOH erhaltenen Verbindung (F: 116–117,5°) zu.

2,4-Diamino-pyrimidin-5-ol $C_4H_6N_4O$, Formel II (R = H).

B. Aus Schwefelsäure-mono-[2,4-diamino-pyrimidin-5-ylester] mit Hilfe von wss. HCl (*Hull,* Soc. **1956** 2033).

Hydrochlorid $C_4H_6N_4O \cdot HCl$. Kristalle (aus wss. A.); F: >300°.

Picrat $C_4H_6N_4O \cdot C_6H_3N_3O_7$. Gelbe Kristalle (aus wss. A.); F: 250° [Zers.].

5-Methoxy-pyrimidin-2,4-diyldiamin $C_5H_8N_4O$, Formel II (R = CH_3).

B. Beim Erhitzen von 2-Amino-5-methoxy-3*H*-pyrimidin-4-on mit $POCl_3$ und anschliessend mit äthanol. NH_3 (*Falco et al.,* Am. Soc. **73** [1951] 3753, 3756, 3757).

Kristalle (aus A.); F: 138–140° [unkorr.].

5-Äthoxy-pyrimidin-2,4-diyldiamin $C_6H_{10}N_4O$, Formel II (R = C_2H_5).

B. Aus 5-Äthoxy-4-chlor-pyrimidin-2-ylamin und äthanol. NH_3 (*Falco et al.,* Am. Soc. **73** [1951] 3753, 3756, 3757).

Kristalle (aus A.); F: 148–149° [unkorr.].

5-Butoxy-pyrimidin-2,4-diyldiamin $C_8H_{14}N_4O$, Formel II (R = $[CH_2]_3$-CH_3).

B. Analog 5-Methoxy-pyrimidin-2,4-diyldiamin [s. o.] (*Falco et al.,* Am. Soc. **73** [1951] 3753, 3756, 3757).

Sulfat $C_8H_{14}N_4O \cdot H_2SO_4$. Feststoff mit 1 Mol H_2O; F: 234–236° [unkorr.; Zers.].

5-Octyloxy-pyrimidin-2,4-diyldiamin $C_{12}H_{22}N_4O$, Formel II (R = $[CH_2]_7$-CH_3).

B. Analog 5-Methoxy-pyrimidin-2,4-diyldiamin [s. o.] (*Falco et al.,* Am. Soc. **73** [1951] 3753, 3756, 3757).

Kristalle (aus A.); F: 76–78°.

5-Undecyloxy-pyrimidin-2,4-diyldiamin $C_{15}H_{28}N_4O$, Formel II (R = $[CH_2]_{10}$-CH_3).

B. Aus der Natrium-Verbindung des Undecan-1-ols und Natrium-chloracetat über 3-Oxo-2-undecyloxy-propionsäure-alkylester und 2-Amino-5-undecyloxy-3*H*-pyrimidin-4-on (*Falco et al.,* Am. Soc. **73** [1951] 3753, 3756, 3757).

Hydrochlorid $C_{15}H_{28}N_4O \cdot HCl$. F: 205–208° [unkorr.].

5-Phenoxy-pyrimidin-2,4-diyldiamin $C_{10}H_{10}N_4O$, Formel III (X = X′ = X″ = H).

B. Aus 4-Chlor-5-phenoxy-pyrimidin-2-ylamin und äthanol. NH_3 (*Falco et al.,* Am. Soc. **73** [1951] 3753, 3756, 3757).

Kristalle (aus A.); F: 162–165° [unkorr.].

5-[2-Chlor-phenoxy]-pyrimidin-2,4-diyldiamin $C_{10}H_9ClN_4O$, Formel III (X = Cl, X′ = X″ = H).

B. Analog 5-Methoxy-pyrimidin-2,4-diyldiamin [s. o.] (*Falco et al.,* Am. Soc. **73** [1951] 3753, 3756, 3757).

Kristalle (aus A.); F: 142–145° [unkorr.].

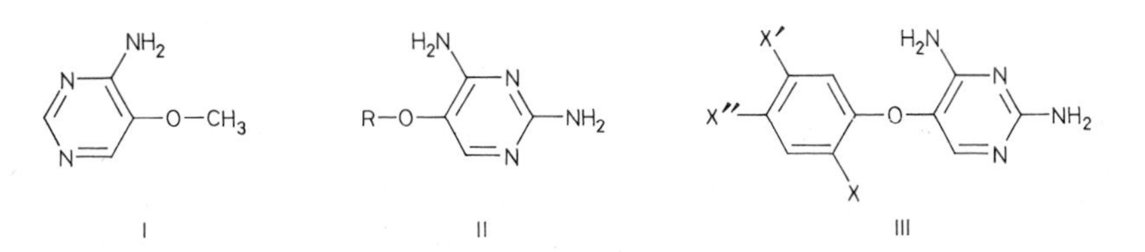

5-[3-Chlor-phenoxy]-pyrimidin-2,4-diyldiamin $C_{10}H_9ClN_4O$, Formel III (X = X″ = H, X′ = Cl).

B. Aus dem Natrium-Salz des 3-Chlor-phenols bei aufeinanderfolgender Umsetzung mit Bromessigsäure-äthylester, mit Äthylformiat unter Zusatz von Natrium, mit Guanidin, mit

$POCl_3$ und mit äthanol. NH_3 (*Falco et al.*, Am. Soc. **73** [1951] 3753, 3756, 3757).
Kristalle (aus A.); F: 180–181° [unkorr.].

5-[4-Chlor-phenoxy]-pyrimidin-2,4-diyldiamin $C_{10}H_9ClN_4O$, Formel III (X = X′ = H, X″ = Cl).
B. Analog 5-Methoxy-pyrimidin-2,4-diyldiamin [S. 3367] (*Falco et al.*, Am. Soc. **73** [1951] 3753, 3756, 3757). Aus 2-Amino-5-[4-chlor-phenoxy]-3*H*-pyrimidin-4-thion und konz. wss. NH_3 (*Fa. et al.*, l. c. S. 3758).
Kristalle (aus A.); F: 173–175° [unkorr.].

5-[2,4-Dichlor-phenoxy]-pyrimidin-2,4-diyldiamin $C_{10}H_8Cl_2N_4O$, Formel III (X = X″ = Cl, X′ = H).
B. Analog 5-Methoxy-pyrimidin-2,4-diyldiamin [S. 3367] (*Falco et al.*, Am. Soc. **73** [1951] 3753, 3756, 3757).
Kristalle (aus A.); F: 160–162° [unkorr.].

5-[2,4,5-Trichlor-phenoxy]-pyrimidin-2,4-diyldiamin $C_{10}H_7Cl_3N_4O$, Formel III (X = X′ = X″ = Cl).
B. Analog 5-[3-Chlor-phenoxy]-pyrimidin-2,4-diyldiamin [S. 3367] (*Falco et al.*, Am. Soc. **73** [1951] 3753, 3756, 3757).
Kristalle (aus A.); F: 228–230° [unkorr.].

5-[4-Brom-phenoxy]-pyrimidin-2,4-diyldiamin $C_{10}H_9BrN_4O$, Formel III (X = X′ = H, X″ = Br).
B. Analog 5-Methoxy-pyrimidin-2,4-diyldiamin [S. 3367] (*Falco et al.*, Am. Soc. **73** [1951] 3753, 3756, 3757).
Kristalle (aus A.); F: 202–204° [unkorr.]. λ_{max}: 275 nm [wss. Lösung vom pH 1] bzw. 233 nm und 287 nm [wss. Lösung vom pH 11] (*Fa. et al.*, l. c. S. 3758).

5-[2,4-Dibrom-phenoxy]-pyrimidin-2,4-diyldiamin $C_{10}H_8Br_2N_4O$, Formel III (X = X″ = Br, X′ = H).
B. Analog 5-Methoxy-pyrimidin-2,4-diyldiamin [S. 3367] (*Falco et al.*, Am. Soc. **73** [1951] 3753, 3756, 3757).
Kristalle (aus A.); F: 168–169° [unkorr.].

5-[4-Chlor-3-methyl-phenoxy]-pyrimidin-2,4-diyldiamin $C_{11}H_{11}ClN_4O$, Formel III (X = H, X′ = CH_3, X″ = Cl).
B. Analog 5-Methoxy-pyrimidin-2,4-diyldiamin [S. 3367] (*Falco et al.*, Am. Soc. **73** [1951] 3753, 3756, 3757).
Kristalle (aus A.); F: 173–175° [unkorr.].

5-*p*-Tolyloxy-pyrimidin-2,4-diyldiamin $C_{11}H_{12}N_4O$, Formel III (X = X′ = H, X″ = CH_3).
B. Aus *p*-Tolyloxyessigsäure-äthylester bei aufeinanderfolgender Umsetzung mit Äthylformiat unter Zusatz von Natrium, mit Guanidin, mit $POCl_3$ und mit äthanol. NH_3 (*Falco et al.*, Am. Soc. **73** [1951] 3753, 3756, 3757).
Hydrochlorid $C_{11}H_{12}N_4O \cdot HCl$. F: 272–273° [unkorr.].

5-Benzyloxy-pyrimidin-2,4-diyldiamin $C_{11}H_{12}N_4O$, Formel II (R = CH_2-C_6H_5).
B. Analog 5-Methoxy-pyrimidin-2,4-diyldiamin [S. 3367] (*Falco et al.*, Am. Soc. **73** [1951] 3753, 3756, 3757).
Kristalle (aus A.) mit 1 Mol H_2O; F: 142–145° [unkorr.].

5-[3,4-Dimethyl-phenoxy]-pyrimidin-2,4-diyldiamin $C_{12}H_{14}N_4O$, Formel III (X = H, X′ = X″ = CH_3).
B. Analog 5-[3-Chlor-phenoxy]-pyrimidin-2,4-diyldiamin [S. 3367] (*Falco et al.*, Am. Soc. **73** [1951] 3753, 3756, 3757).

Kristalle (aus A.) mit 1 Mol H_2O; F: 155–156° [unkorr.].

5-[4-*tert*-Butyl-phenoxy]-pyrimidin-2,4-diyldiamin $C_{14}H_{18}N_4O$, Formel IV (R = X = H).
B. Analog 5-Methoxy-pyrimidin-2,4-diyldiamin [S. 3367] (*Falco et al.*, Am. Soc. **73** [1951] 3753, 3756, 3757).
Kristalle (aus A.); F: 157–160° [unkorr.].

5-[4-*tert*-Butyl-2-chlor-phenoxy]-pyrimidin-2,4-diyldiamin $C_{14}H_{17}ClN_4O$, Formel IV (R = H, X = Cl).
B. Analog 5-Methoxy-pyrimidin-2,4-diyldiamin [S. 3367] (*Falco et al.*, Am. Soc. **73** [1951] 3753, 3756, 3757).
Sulfat $2C_{14}H_{17}ClN_4O \cdot H_2SO_4$. Feststoff mit 2 Mol H_2O; F: 238–240° [unkorr.].

5-[2-Isopropyl-5-methyl-phenoxy]-pyrimidin-2,4-diyldiamin $C_{14}H_{18}N_4O$, Formel V (X = H).
B. Analog 5-Methoxy-pyrimidin-2,4-diyldiamin [S. 3367] (*Falco et al.*, Am. Soc. **73** [1951] 3753, 3756, 3757).
Kristalle (aus A.); F: 163–165° [unkorr.].

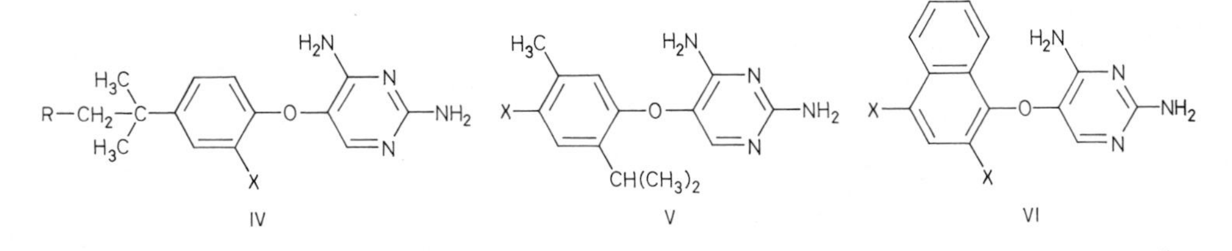

5-[4-Chlor-2-isopropyl-5-methyl-phenoxy]-pyrimidin-2,4-diyldiamin $C_{14}H_{17}ClN_4O$, Formel V (X = Cl).
B. Analog 5-Methoxy-pyrimidin-2,4-diyldiamin [S. 3367] (*Falco et al.*, Am. Soc. **73** [1951] 3753, 3756, 3757).
Kristalle (aus A.); F: 205–208° [unkorr.].

5-[4-(1,1,3,3-Tetramethyl-butyl)-phenoxy]-pyrimidin-2,4-diyldiamin $C_{18}H_{26}N_4O$, Formel IV (R = $C(CH_3)_3$, X = H).
B. Analog 5-Methoxy-pyrimidin-2,4-diyldiamin [S. 3367] (*Falco et al.*, Am. Soc. **73** [1951] 3753, 3756, 3757).
Hydrochlorid $C_{18}H_{26}N_4O \cdot HCl$. F: 274–275° [unkorr.].

5-[1]Naphthyloxy-pyrimidin-2,4-diyldiamin $C_{14}H_{12}N_4O$, Formel VI (X = H).
B. Analog 5-Methoxy-pyrimidin-2,4-diyldiamin [S. 3367] (*Falco et al.*, Am. Soc. **73** [1951] 3753, 3756, 3757).
Kristalle (aus A.); F: 195° [unkorr.].

5-[2,4-Dichlor-[1]naphthyloxy]-pyrimidin-2,4-diyldiamin $C_{14}H_{10}Cl_2N_4O$, Formel VI (X = Cl).
B. Analog 5-Methoxy-pyrimidin-2,4-diyldiamin [S. 3367] (*Falco et al.*, Am. Soc. **73** [1951] 3753, 3756, 3757).
Kristalle (aus A.); F: 244° [unkorr.].

5-[2]Naphthyloxy-pyrimidin-2,4-diyldiamin $C_{14}H_{12}N_4O$, Formel VII (X = H).
B. Analog 5-Methoxy-pyrimidin-2,4-diyldiamin [S. 3367] (*Falco et al.*, Am. Soc. **73** [1951] 3753, 3756, 3757).
Kristalle (aus A.); F: 204–206° [unkorr.].

5-[6-Brom-[2]naphthyloxy]-pyrimidin-2,4-diyldiamin $C_{14}H_{11}BrN_4O$, Formel VII (X = Br).
Position des Brom-Atoms: *Burroughs Wellcome & Co.*, U.S.P. 2657206 [1951].
B. Aus 2-Amino-5-[6-brom-[2]naphthyloxy]-3*H*-pyrimidin-4-on analog 5-Methoxy-pyrimidin-

2,4-diyldiamin [S. 3367] (*Falco et al.*, Am. Soc. **73** [1951] 3753, 3756, 3757; s. a. *Burroughs Wellcome & Co.*).

Kristalle (aus A. bzw. aus Me.); F: 186–187° [unkorr.] (*Fa. et al.; Burroughs Wellcome & Co.*).

5-[5-Chlor-biphenyl-2-yloxy]-pyrimidin-2,4-diyldiamin $C_{16}H_{13}ClN_4O$, Formel VIII (R = C_6H_5, R′ = Cl, R″ = H).

B. Analog 5-*p*-Tolyloxy-pyrimidin-2,4-diyldiamin [S. 3367] (*Burroughs Wellcome & Co.*, U.S.P. 2657206 [1951]).

F: 208–211°.

5-Biphenyl-4-yloxy-pyrimidin-2,4-diyldiamin $C_{16}H_{14}N_4O$, Formel VIII (R = R″ = H, R′ = C_6H_5).

B. Analog 5-Methoxy-pyrimidin-2,4-diyldiamin [S. 3367] (*Falco et al.*, Am. Soc. **73** [1951] 3753, 3756, 3757).

Kristalle (aus A.); F: 246–248° [unkorr.].

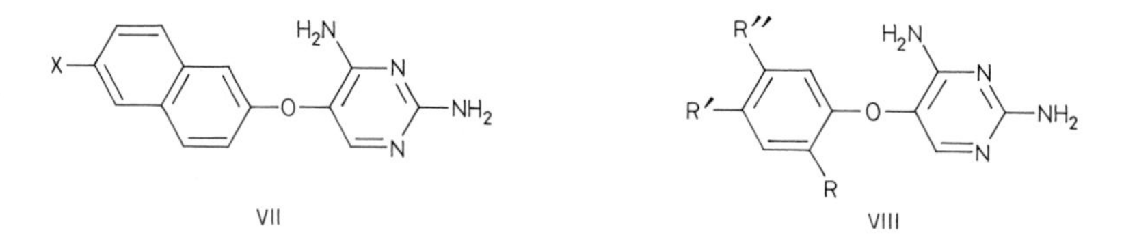

5-[4-Benzyl-phenoxy]-pyrimidin-2,4-diyldiamin $C_{17}H_{16}N_4O$, Formel VIII (R = R″ = H, R′ = CH_2-C_6H_5).

B. Analog 5-Methoxy-pyrimidin-2,4-diyldiamin [S. 3367] (*Falco et al.*, Am. Soc. **73** [1951] 3753, 3756, 3757).

Kristalle (aus A.); F: 186–187° [unkorr.].

5-[4-Indan-2-yl-phenoxy]-pyrimidin-2,4-diyldiamin $C_{19}H_{18}N_4O$, Formel IX.

B. Analog 5-Methoxy-pyrimidin-2,4-diyldiamin [S. 3367] (*Falco et al.*, Am. Soc. **73** [1951] 3753, 3756, 3757).

Kristalle (aus A.); F: 190–200° [unkorr.] (Einheitlichkeit fraglich).

5-[3-Methoxy-phenoxy]-pyrimidin-2,4-diyldiamin $C_{11}H_{12}N_4O_2$, Formel VIII (R = R′ = H, R″ = O-CH_3).

B. Analog 5-Methoxy-pyrimidin-2,4-diyldiamin [S. 3367] (*Falco et al.*, Am. Soc. **73** [1951] 3753, 3756, 3757).

Kristalle (aus A.); F: 174–176° [unkorr.].

4-[2,4-Diamino-pyrimidin-5-yloxy]-phenol $C_{10}H_{10}N_4O_2$, Formel VIII (R = R″ = H, R′ = OH).

B. Beim Hydrieren von 5-[4-Benzyloxy-phenoxy]-pyrimidin-2,4-diyldiamin an Palladium/Kohle in Essigsäure (*Falco et al.*, Am. Soc. **73** [1951] 3753, 3756; *Burroughs Wellcome & Co.*, U.S.P. 2657206 [1951]).

Kristalle (aus Me.); F: 227–230° (*Burroughs Wellcome & Co.*).

Hydrochlorid $C_{10}H_{10}N_4O_2 \cdot HCl$. Kristalle (aus Me.); F: 273–275° [unkorr.] (*Fa. et al.*).

5-[4-Methoxy-phenoxy]-pyrimidin-2,4-diyldiamin $C_{11}H_{12}N_4O_2$, Formel VIII (R = R″ = H, R′ = OCH_3).

B. Analog 5-Methoxy-pyrimidin-2,4-diyldiamin [S. 3367] (*Falco et al.*, Am. Soc. **73** [1951] 3753, 3756, 3757).

Kristalle (aus A.); F: 147–150° [unkorr.].

5-[4-Benzyloxy-phenoxy-pyrimidin-2,4-diyldiamin $C_{17}H_{16}N_4O_2$, Formel VIII (R = R'' = H, R' = O-CH_2-C_6H_5).

B. Analog 5-Methoxy-pyrimidin-2,4-diyldiamin [S. 3367] (*Falco et al.*, Am. Soc. **73** [1951] 3753, 3756, 3757).

Kristalle (aus A.); F: 185–189° [unkorr.].

Hydrochlorid $C_{17}H_{16}N_4O_2 \cdot HCl$. Kristalle (aus A.) mit 1 Mol Äthanol; F: 269° [unkorr.].

5-[2,6-Dimethoxy-phenoxy]-pyrimidin-2,4-diyldiamin $C_{12}H_{14}N_4O_3$, Formel X (R = R' = H, X = O-CH_3).

B. Analog 5-[3-Chlor-phenoxy]-pyrimidin-2,4-diyldiamin [S. 3367] (*Falco et al.*, Am. Soc. **73** [1951] 3753, 3756, 3757).

Kristalle (aus A.); F: 200–203° [unkorr.].

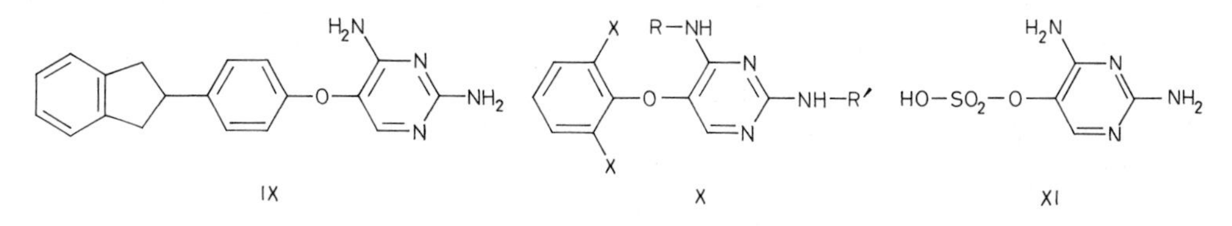

4-[2,4-Diamino-pyrimidin-5-yloxy]-benzoesäure $C_{11}H_{10}N_4O_3$, Formel VIII (R = R'' = H, R' = CO-OH).

B. Aus dem folgenden Äthylester mit Hilfe von wss. NaOH (*Burroughs Wellcome & Co.*, U.S.P. 2657206 [1951]).

Kristalle (aus A.); Zers. bei 260–288° (*Falco et al.*, Am. Soc. **73** [1951] 3753, 3757).

4-[2,4-Diamino-pyrimidin-5-yloxy]-benzoesäure-äthylester $C_{13}H_{14}N_4O_3$, Formel VIII (R = R'' = H, R' = CO-O-C_2H_5).

B. Analog 5-Methoxy-pyrimidin-2,4-diyldiamin [S. 3367] (*Falco et al.*, Am. Soc. **73** [1951] 3753, 3756, 3757).

Kristalle (aus A.); F: 175–179° [unkorr.].

Schwefelsäure-mono-[2,4-diamino-pyrimidin-5-ylester] $C_4H_6N_4O_4S$, Formel XI.

B. Aus Pyrimidin-2,4-diyldiamin-sulfat mit Hilfe von wss. $[NH_4]_2S_2O_8$ und wss. NaOH (*Hull*, Soc. **1956** 2033).

Kristalle (aus H_2O); F: 276° [Zers.].

***N*⁴-[2-Diäthylamino-äthyl]-5-phenoxy-pyrimidin-2,4-diyldiamin** $C_{16}H_{23}N_5O$, Formel X (R = CH_2-CH_2-N(C_2H_5)$_2$, R' = X = H).

B. Beim Erhitzen von *N*-[4-Chlor-5-phenoxy-pyrimidin-2-yl]-acetamid mit *N,N*-Diäthyl-äth= ylendiamin und anschliessend mit wss. HCl (*Hull et al.*, Soc. **1947** 41, 46).

Kristalle (aus Bzl.+PAe.); F: 114–115°. $Kp_{0,0001}$: 200° [Badtemperatur].

***N*²-[4-Chlor-phenyl]-*N*⁴-[2-diäthylamino-äthyl]-5-phenoxy-pyrimidin-2,4-diyldiamin** $C_{22}H_{26}ClN_5O$, Formel X (R = CH_2-CH_2-N(C_2H_5)$_2$, R' = C_6H_4Cl, X = H).

B. Beim Erhitzen von [4-Chlor-5-phenoxy-pyrimidin-2-yl]-[4-chlor-phenyl]-amin mit *N,N*-Diäthyl-äthylendiamin (*Curd et al.*, Soc. **1946** 378, 383, 384).

Kristalle (aus PAe.); F: 84–85°.

***N*⁴-[3-Diäthylamino-propyl]-5-phenoxy-pyrimidin-2,4-diyldiamin** $C_{17}H_{25}N_5O$, Formel X (R = $[CH_2]_3$-N(C_2H_5)$_2$, R' = X = H).

B. Analog *N*⁴-[2-Diäthylamino-äthyl]-5-phenoxy-pyrimidin-2,4-diyldiamin [s. o.] (*Hull et al.*, Soc. **1947** 41, 46).

Kristalle (aus Bzl.+PAe.); F: 130,5–131°. $Kp_{0,0001}$: 250° [Badtemperatur]. [*Gundlach*]

Amino-Derivate der Hydroxy-Verbindungen $C_5H_6N_2O$

3-Methoxy-4-methyl-6-sulfanilylamino-pyridazin, Sulfanilsäure-[6-methoxy-5-methyl-pyridazin-3-ylamid] $C_{12}H_{14}N_4O_3S$, Formel XII (R = R'' = CH_3, R' = H).

B. Beim Erhitzen von Sulfanilsäure-[6-chlor-5-methyl-pyridazin-3-ylamid] mit methanol. Na≈triummethylat auf 140° (*Shiho et al.*, Chem. pharm. Bl. **6** [1958] 721).

F: 196–197° (*Satoda et al.*, J. pharm. Soc. Japan **82** [1962] 233, 236; C. A. **58** [1963] 3247). Gelbe Kristalle (aus Me.); F: 182° (*Sh. et al.*).

Zwei Präparate (F: 199–202° [korr.] bzw. F: 197–198,5° [korr.]), in denen diese Verbindung bzw. Sulfanilsäure-[6-methoxy-4-methyl-pyridazin-3-ylamid] ($C_{12}H_{14}N_4O_3S$, For≈mel XII [R = H, R' = R'' = CH_3]) vorgelegen hat, sind aus Sulfanilsäure-[6-chlor-4(oder 5)-methyl-pyridazin-3-ylamid] (F: 234,5–235,5° bzw. F: 224–225° [S. 2148]) erhalten worden (*Clark et al.*, Am. Soc. **80** [1958] 980).

3-Äthoxy-4-methyl-6-sulfanilylamino-pyridazin, Sulfanilsäure-[6-äthoxy-5-methyl-pyridazin-3-ylamid] $C_{13}H_{16}N_4O_3S$, Formel XII (R = CH_3, R' = H, R'' = C_2H_5).

B. Beim Erhitzen von Sulfanilsäure-[6-chlor-5-methyl-pyridazin-3-ylamid] mit äthanol. Na≈triumäthylat auf 150° (*Shiho et al.*, Chem. pharm. Bl. **6** [1958] 721).

Kristalle; F: 174°.

Die folgenden Verbindungen sind in analoger Weise hergestellt worden:

4-Methyl-3-propoxy-6-sulfanilylamino-pyridazin, Sulfanilsäure-[5-methyl-6-propoxy-pyridazin-3-ylamid] $C_{14}H_{18}N_4O_3S$, Formel XII (R = CH_3, R' = H, R'' = CH_2-C_2H_5). Gelbliche Kristalle; F: 155,5°.

3-Isopropoxy-4-methyl-6-sulfanilylamino-pyridazin, Sulfanilsäure-[6-iso≈propoxy-5-methyl-pyridazin-3-ylamid] $C_{14}H_{18}N_4O_3S$, Formel XII (R = CH_3, R' = H, R'' = $CH(CH_3)_2$). Gelbliche Kristalle; F: 205°.

3-Butoxy-4-methyl-6-sulfanilylamino-pyridazin, Sulfanilsäure-[6-butoxy-5-methyl-pyridazin-3-ylamid] $C_{15}H_{20}N_4O_3S$, Formel XII (R = CH_3, R' = H, R'' = $[CH_2]_3$-CH_3). Gelbliche Kristalle; F: 145°.

(±)-3-*sec*-Butoxy-4-methyl-6-sulfanilylamino-pyridazin, (±)-Sulfanilsäure-[6-*sec*-butoxy-5-methyl-pyridazin-3-ylamid] $C_{15}H_{20}N_4O_3S$, Formel XII (R = CH_3, R' = H, R'' = $CH(CH_3)$-C_2H_5). Gelbliche Kristalle; F: 184,5°.

3-Isobutoxy-4-methyl-6-sulfanilylamino-pyridazin, Sulfanilsäure-[6-isobut≈oxy-5-methyl-pyridazin-3-ylamid] $C_{15}H_{20}N_4O_3S$, Formel XII (R = CH_3, R' = H, R'' = CH_2-$CH(CH_3)_2$). Kristalle; F: 174,5°.

3-Benzyloxy-4-methyl-6-sulfanilylamino-pyridazin, Sulfanilsäure-[6-benzyl≈oxy-5-methyl-pyridazin-3-ylamid] $C_{18}H_{18}N_4O_3S$, Formel XII (R = CH_3, R' = H, R'' = CH_2-C_6H_5). Gelbliche Kristalle; F: 217°.

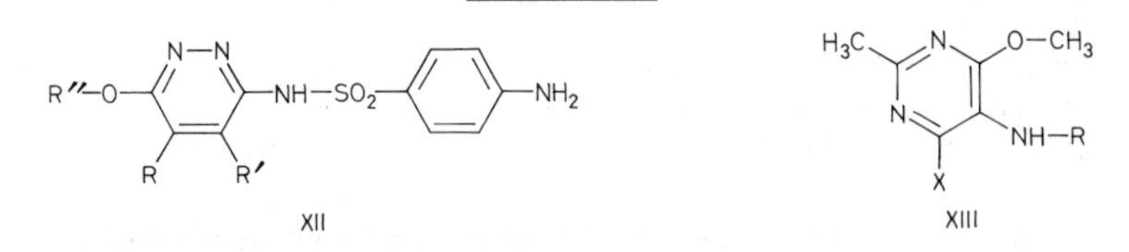

4-Methoxy-2-methyl-pyrimidin-5-ylamin $C_6H_9N_3O$, Formel XIII (R = X = H).

B. Bei der Hydrierung von 4-Chlor-6-methoxy-2-methyl-pyrimidin-5-ylamin an Palladium/Kohle in wss. Äthanol unter Zusatz von MgO (*Urban, Schnider*, Helv. **41** [1958] 1806, 1813).

Kristalle; F: 55–57° [nach Sublimation im Hochvakuum bei 40°].

4-Methoxy-2-methyl-5-sulfanilylamino-pyrimidin, Sulfanilsäure-[4-methoxy-2-methyl-pyrimidin-5-ylamid] $C_{12}H_{14}N_4O_3S$, Formel XIII (R = SO_2-C_6H_4-NH_2, X = H).

B. Beim Erhitzen der folgenden Verbindung mit wss. NaOH (*Urban, Schnider*, Helv. **41** [1958] 1806, 1810, 1816).

Kristalle; F: 186–187° [unkorr.].

***N*-Acetyl-sulfanilsäure-[4-methoxy-2-methyl-pyrimidin-5-ylamid], Essigsäure-[4-(4-methoxy-2-methyl-pyrimidin-5-ylsulfamoyl)-anilid]** $C_{14}H_{16}N_4O_4S$, Formel XII ($R = SO_2$-C_6H_4-NH-CO-CH_3, X = H).

B. Beim Behandeln von 4-Methoxy-2-methyl-pyrimidin-5-ylamin mit *N*-Acetyl-sulfanilylchlorid in Pyridin (*Urban, Schnider,* Helv. **41** [1958] 1806, 1809, 1815).

Kristalle; F: 206–207° [unkorr.].

4-Chlor-6-methoxy-2-methyl-pyrimidin-5-ylamin $C_6H_8ClN_3O$, Formel XII (R = H, X = Cl).

B. Beim Erhitzen von 4-Chlor-6-methoxy-2-methyl-5-nitro-pyrimidin mit Zink-Pulver und H_2O (*Urban, Schnider,* Helv. **41** [1958] 1806, 1812).

Kristalle (aus H_2O); F: 60–61°.

6-Methoxy-2-methyl-pyrimidin-4-ylamin $C_6H_9N_3O$, Formel I (R = H, R′ = CH_3).

B. Beim Erwärmen von 6-Chlor-2-methyl-pyrimidin-4-ylamin mit methanol. Natriummethylat (*Hirano, Yonemoto,* J. pharm. Soc. Japan **76** [1956] 234, 239; C. A. **1956** 13043).

Kristalle (aus Bzl.); F: 164–165° (*Hi., Yo.*). IR-Spektrum (CCl_4; 3600–2800 cm^{-1}): *Hirano et al.,* J. pharm. Soc. Japan **76** [1956] 239, 240; C. A. **1956** 13044. UV-Spektrum (210–280 nm): *Hi., Yo.,* l. c. S. 237.

6-Äthoxy-2-methyl-pyrimidin-4-ylamin $C_7H_{11}N_3O$, Formel I (R = H, R′ = C_2H_5).

B. Analog der vorangehenden Verbindung (*Craveri, Zoni,* Boll. scient. Fac. Chim. ind. Univ. Bologna **16** [1958] 132, 135).

Kristalle (aus A.); F: 122°. UV-Spektrum (A.; 210–270 nm): *Cr., Zoni,* l. c. S. 134, 135.

Picrat $C_7H_{11}N_3O \cdot C_6H_3N_3O_7$. Kristalle (aus A.); F: 177°.

Chloressigsäure-[6-äthoxy-2-methyl-pyrimidin-4-ylamid] $C_9H_{12}ClN_3O_2$, Formel I (R = CO-CH_2Cl, R′ = C_2H_5).

B. Aus der vorangehenden Verbindung und Chloressigsäure-anhydrid in Benzol (*Craveri, Zoni,* Boll. scient. Fac. Chim. ind. Univ. Bologna **16** [1958] 132, 135).

Kristalle (aus A.); F: 139°. UV-Spektrum (A.; 210–270 nm): *Cr., Zoni,* l. c. S. 133, 134.

***N*-Methyl-glycin-[6-äthoxy-2-methyl-pyrimidin-4-ylamid],** Sarkosin-[6-äthoxy-2-methyl-pyrimidin-4-ylamid] $C_{10}H_{16}N_4O_2$, Formel I (R = CO-CH_2-NH-CH_3, R′ = C_2H_5).

B. Beim Erwärmen der vorangehenden Verbindung mit Methylamin in Äthanol (*Craveri, Zoni,* Boll. scient. Fac. Chim. ind. Univ. Bologna **16** [1958] 132, 133, 135).

Kristalle; F: 35° [nach Destillation bei 130°/0,05 Torr]. λ_{max} (A.): 259 nm.

Die folgenden Verbindungen sind in analoger Weise hergestellt worden:

N,N-Dimethyl-glycin-[6-äthoxy-2-methyl-pyrimidin-4-ylamid] $C_{11}H_{18}N_4O_2$, Formel I (R = CO-CH_2-$N(CH_3)_2$, R′ = C_2H_5). Kristalle; F: 39° [nach Destillation bei 140–143°/0,1 Torr] (*Cr., Zoni,* l. c. S. 136). UV-Spektrum (A.; 210–270 nm): *Cr., Zoni,* l. c. S. 133, 134.

N-Äthyl-glycin-[6-äthoxy-2-methyl-pyrimidin-4-ylamid] $C_{11}H_{18}N_4O_2$, Formel I (R = CO-CH_2-NH-C_2H_5, R′ = C_2H_5). Kristalle; F: 42° [nach Destillation bei 145–150°/0,1 Torr]. λ_{max} (A.): 259 nm.

N,N-Diäthyl-glycin-[6-äthoxy-2-methyl-pyrimidin-4-ylamid] $C_{13}H_{22}N_4O_2$, Formel I (R = CO-CH_2-$N(C_2H_5)_2$, R′ = C_2H_5). Kristalle; F: 39° [nach Destillation bei 140°/0,1 Torr]. λ_{max} (A.): 259 nm.

N-Propyl-glycin-[6-äthoxy-2-methyl-pyrimidin-4-ylamid] $C_{12}H_{20}N_4O_2$, Formel I (R = CO-CH_2-NH-CH_2-C_2H_5, R′ = C_2H_5). $Kp_{0,1}$: 135–140°. λ_{max} (A.): 259 nm.

N,N-Dipropyl-glycin-[6-äthoxy-2-methyl-pyrimidin-4-ylamid] $C_{15}H_{26}N_4O_2$, Formel I (R = CO-CH_2-$N(CH_2$-$C_2H_5)_2$, R′ = C_2H_5). Kristalle; F: 41° [nach Destillation bei 125–130°/0,1 Torr]. λ_{max} (A.): 259 nm.

N-Cyclohexyl-glycin-[6-äthoxy-2-methyl-pyrimidin-4-ylamid] $C_{15}H_{24}N_4O_2$, Formel I (R = CO-CH_2-NH-C_6H_{11}, R′ = C_2H_5). $Kp_{0,1}$: 175–180° (*Cr., Zoni,* l. c. S. 137). λ_{max} (A.): 259 nm. – Picrat $C_{15}H_{24}N_4O_2 \cdot C_6H_3N_3O_7$. Kristalle (aus A.); F: 185°.

Piperidinoessigsäure-[6-äthoxy-2-methyl-pyrimidin-4-ylamid] $C_{14}H_{22}N_4O_2$, Formel II. Kristalle; F: 50° [nach Destillation bei 144–146°/0,1 Torr]. λ_{max} (A.): 259 nm.

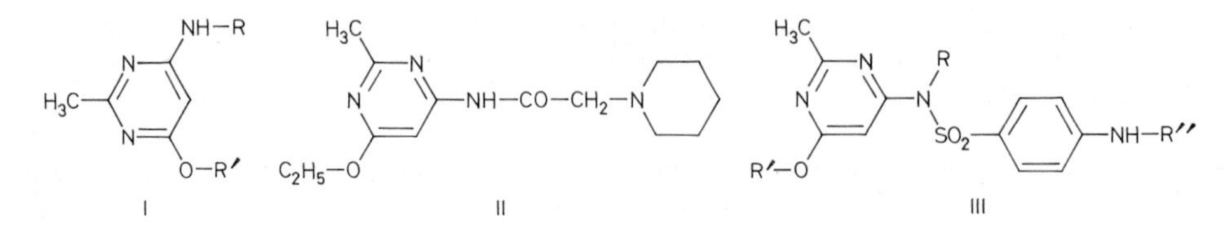

4-Methoxy-2-methyl-6-sulfanilylamino-pyrimidin, Sulfanilsäure-[6-methoxy-2-methyl-pyrimidin-4-ylamid], Sulfametomidin $C_{12}H_{14}N_4O_3S$, Formel III (R = R″ = H, R′ = CH_3).

B. Beim Erhitzen der folgenden Verbindung oder von Bis-[*N*-acetyl-sulfanilyl]-[6-methoxy-2-methyl-pyrimidin-4-yl]-amin mit wss. NaOH (*Nordmark-Werke,* D.B.P. 926131 [1951]; s. a. *Loop, Lührs,* A. **580** [1953] 225, 233). Beim Erhitzen von 4,6-Dichlor-2-methyl-pyrimidin mit *N*-Acetyl-sulfanilsäure-amid, K_2CO_3 und Kupfer-Pulver und Erwärmen des Reaktionsprodukts mit methanol. Natriummethylat (*Nordmark-Werke*).

Kristalle; F: 146°.

***N*-Acetyl-sulfanilsäure-[6-methoxy-2-methyl-pyrimidin-4-ylamid], Essigsäure-[4-(6-methoxy-2-methyl-pyrimidin-4-ylsulfamoyl)-anilid]** $C_{14}H_{16}N_4O_4S$, Formel III (R = H, R′ = CH_3, R″ = CO-CH_3).

B. Beim Behandeln von 6-Methoxy-2-methyl-pyrimidin-4-ylamin mit *N*-Acetyl-sulfanilylchlorid und Pyridin in Benzol (*Nordmark-Werke,* D.B.P. 926131 [1951]).

Kristalle (aus A.); F: 210°.

4-Äthoxy-2-methyl-6-sulfanilylamino-pyrimidin, Sulfanilsäure-[6-äthoxy-2-methyl-pyrimidin-4-ylamid] $C_{13}H_{16}N_4O_3S$, Formel III (R = R″ = H, R′ = C_2H_5).

B. Aus 6-Äthoxy-2-methyl-pyrimidin-4-ylamin und *N*-Acetyl-sulfanilylchlorid über Bis-[*N*-acetyl-sulfanilyl]-[6-äthoxy-2-methyl-pyrimidin-4-yl]-amin (*Loop, Lührs,* A. **580** [1953] 225, 233; *Nordmark-Werke,* D.B.P. 926131 [1951]).

Kristalle; F: 188° (*Loop, Lü.*), 166° (*Nordmark-Werke*).

2-Methyl-4-propoxy-6-sulfanilylamino-pyrimidin, Sulfanilsäure-[2-methyl-6-propoxy-pyrimidin-4-ylamid] $C_{14}H_{18}N_4O_3S$, Formel III (R = R″ = H, R′ = CH_2-C_2H_5).

B. Analog der vorangehenden Verbindung (*Loop, Lührs,* A. **580** [1953] 225, 233; *Nordmark-Werke,* D.B.P. 926131 [1951]).

Kristalle; F: 168°.

Bis-[*N*-acetyl-sulfanilyl]-[6-methoxy-2-methyl-pyrimidin-4-yl]-amin $C_{22}H_{23}N_5O_7S_2$, Formel III (R = SO_2-C_6H_4-NH-CO-CH_3, R′ = CH_3, R″ = CO-CH_3).

B. Beim Behandeln von 6-Methoxy-2-methyl-pyrimidin-4-ylamin mit *N*-Acetyl-sulfanilylchlorid und Trimethylamin in Benzol und CH_2Cl_2 (*Nordmark-Werke,* D.B.P. 926131 [1951]; s. a. *Loop, Lührs,* A. **580** [1953] 225, 233).

Kristalle (aus wss. A.); Zers. >200° (*Nordmark-Werke*).

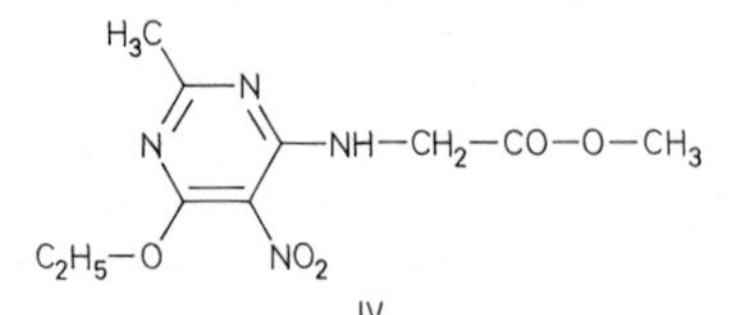

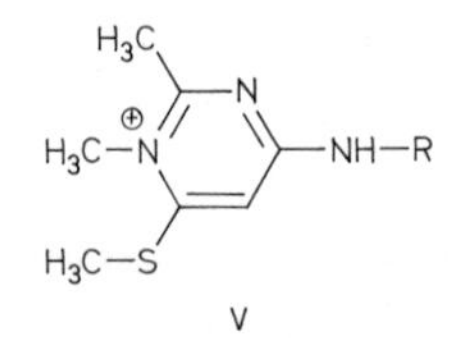

***N*-[6-Äthoxy-2-methyl-5-nitro-pyrimidin-4-yl]-glycin-methylester** $C_{10}H_{14}N_4O_5$, Formel IV.

B. Aus 4-Äthoxy-6-chlor-2-methyl-5-nitro-pyrimidin und Glycin-methylester in Methanol

(*Boon, Jones,* Soc. **1951** 591, 593).
Kristalle (aus wss. Me.); F: 81°.

4-Amino-1,2-dimethyl-6-methylmercapto-pyrimidinium $[C_7H_{12}N_3S]^+$, Formel V (R = H).
Jodid $[C_7H_{12}N_3S]I$. *B.* Beim Behandeln von 4-Chlor-1,2-dimethyl-6-methylmercapto-pyrimidinium-jodid mit wss. NH_3 (*Carrington et al.,* Soc. **1955** 1858, 1860). Beim Behandeln von 4-Amino-6-chlor-1,2-dimethyl-pyrimidinium-jodid in H_2O mit Natrium-methanthiolat und Methanthiol in Äthanol (*Ca. et al.*). – Kristalle (aus H_2O); F: 260° [Zers.].

4-Anilino-1,2-dimethyl-6-methylmercapto-pyrimidinium $[C_{13}H_{16}N_3S]^+$, Formel V (R = C_6H_5).
Jodid $[C_{13}H_{16}N_3S]I$. *B.* Beim Erhitzen von 4-Chlor-1,2-dimethyl-6-methylmercapto-pyrimidinium-jodid mit Anilin in H_2O (*Carrington et al.,* Soc. **1955** 1858, 1860). Beim Behandeln von 4-Anilino-6-chlor-1,2-dimethyl-pyrimidinium-jodid in H_2O mit Natrium-methanthiolat in Äthanol (*Ca. et al.*). – Kristalle (aus wss. A.); F: 244–246° [Zers.].

6-Anilino-1,2-dimethyl-4-methylmercapto-pyrimidinium $[C_{13}H_{16}N_3S]^+$, Formel VI.
Jodid $[C_{13}H_{16}N_3S]I$. *B.* Beim Erhitzen von 6-Chlor-1,2-dimethyl-4-methylmercapto-pyrimidinium-jodid mit Anilin in H_2O (*Carrington et al.,* Soc. **1955** 1858, 1860). – Kristalle (aus H_2O); F: 180–181°.

***N,N*-Diäthyl-*N'*-[6-(4-chlor-phenylmercapto)-2-methyl-pyrimidin-4-yl]-propandiyldiamin** $C_{18}H_{25}ClN_4S$, Formel VII (R = $[CH_2]_3$-$N(C_2H_5)_2$).
B. Beim Erwärmen von *N,N*-Diäthyl-*N'*-[6-chlor-2-methyl-pyrimidin-4-yl]-propandiyldiamin mit 4-Chlor-thiophenol und äthanol. Natriumäthylat (*Curd et al.,* Soc. **1947** 783, 789).
Kristalle (aus PAe.); F: 75°.

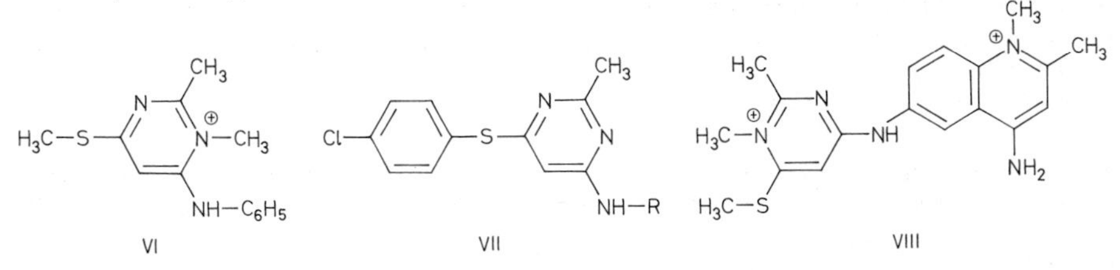

(±)-N^4,N^4-Diäthyl-N^1-[6-(4-chlor-phenylmercapto)-2-methyl-pyrimidin-4-yl]-1-methyl-butandiyldiamin $C_{20}H_{29}ClN_4S$, Formel VII (R = $CH(CH_3)$-$[CH_2]_3$-$N(C_2H_5)_2$).
B. Beim Erhitzen von (±)-N^4,N^4-Diäthyl-N^1-[6-chlor-2-methyl-pyrimidin-4-yl]-1-methyl-butandiyldiamin mit 4-Chlor-thiophenol auf 120° (*Curd et al.,* Soc. **1947** 783, 789).
$Kp_{0,1}$: 220–222°.

4-Amino-6-[1,2-dimethyl-6-methylmercapto-pyrimidinium-4-ylamino]-1,2-dimethyl-chinolinium $[C_{18}H_{23}N_5S]^{2+}$, Formel VIII.
Dijodid $[C_{18}H_{23}N_5S]I_2$. *B.* Beim Erhitzen von 4-Chlor-1,2-dimethyl-6-methylmercapto-pyrimidinium-jodid mit 4,6-Diamino-1,2-dimethyl-chinolinium-jodid in H_2O (*Carrington et al.,* Soc. **1955** 1858, 1862). – Kristalle (aus H_2O); F: 300–302° [Zers.].

4-Nitro-benzolsulfonsäure-[2-methoxy-4-methyl-pyrimidin-5-ylamid] $C_{12}H_{12}N_4O_5S$, Formel IX (X = NO_2).
B. Aus 2-Methoxy-4-methyl-pyrimidin-5-ylamin und 4-Nitro-benzolsulfonylchlorid in Pyridin (*Backer, Grevenstuk,* R. **61** [1942] 291, 296).
Kristalle (aus A.); F: 222,5–224,5°.

2-Methoxy-4-methyl-5-sulfanilylamino-pyrimidin, Sulfanilsäure-[2-methoxy-4-methyl-pyrimidin-5-ylamid] $C_{12}H_{14}N_4O_3S$, Formel IX (X = NH_2).
B. Beim Erwärmen der vorangehenden Verbindung in Äthanol mit Eisen und wss. HCl

(*Backer, Grevenstuk,* R. **61** [1942] 291, 297).
Kristalle (aus H_2O); F: 191–192°.

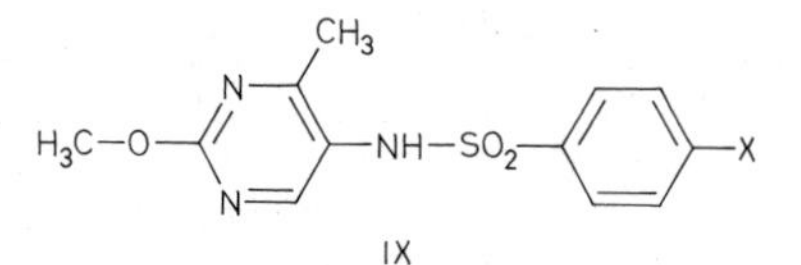

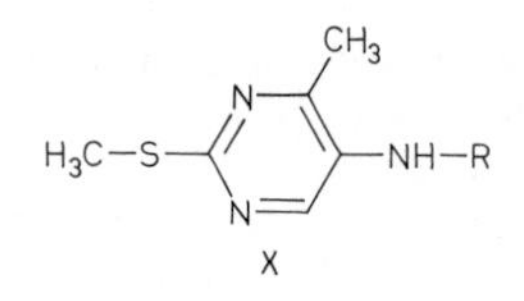

4-Methyl-2-methylmercapto-pyrimidin-5-ylamin $C_6H_9N_3S$, Formel X (R = H).
B. Aus 2-Chlor-4-methyl-pyrimidin-5-ylamin, Natrium-methanthiolat und Methanthiol in Methanol (*Backer, Grevenstuk,* R. **64** [1945] 115, 120).
Kristalle (aus H_2O); F: 141,5–142,5°.

4-Nitro-benzolsulfonsäure-[4-methyl-2-methylmercapto-pyrimidin-5-ylamid] $C_{12}H_{12}N_4O_4S_2$, Formel X (R = SO_2-C_6H_4-NO_2).
B. Aus der vorangehenden Verbindung und 4-Nitro-benzolsulfonylchlorid in Pyridin (*Backer, Grevenstuk,* R. **64** [1945] 115, 120).
Kristalle (aus wss. Eg.); F: 138–139°.

4-Methyl-2-methylmercapto-5-sulfanilylamino-pyrimidin, Sulfanilsäure-[4-methyl-2-methyl=mercapto-pyrimidin-5-ylamid] $C_{12}H_{14}N_4O_2S_2$, Formel X (R = SO_2-C_6H_4-NH_2).
B. Aus der vorangehenden Verbindung in Äthanol mit Hilfe von Eisen und wss. HCl (*Backer, Grevenstuk,* R. **64** [1945] 115, 120).
Kristalle (aus wss. A.); F: 240,5–241°.

2-Methoxy-6-methyl-pyrimidin-4-ylamin $C_6H_9N_3O$, Formel XI (R = X = H, R′ = CH_3).
B. Aus 2-Chlor-6-methyl-pyrimidin-4-ylamin und Natriummethylat (*Backer, Grevenstuk,* R. **61** [1942] 291, 294).
Kristalle (aus H_2O); F: 144,7–145,5°.

2-Äthoxy-6-methyl-pyrimidin-4-ylamin $C_7H_{11}N_3O$, Formel XI (R = X = H, R′ = C_2H_5).
B. Beim Erwärmen von 2-Chlor-6-methyl-pyrimidin-4-ylamin mit äthanol. Natriumäthylat (*Sprague et al.,* Am. Soc. **63** [1941] 3028).
Kristalle; F: 109–110° [unkorr.].

***O*-Benzyl-*N*-[2-benzyloxy-6-methyl-pyrimidin-4-yl]-isoharnstoff(?)** $C_{20}H_{20}N_4O_2$, vermutlich Formel XI (R = C(=NH)-O-CH_2-C_6H_5, R′ = CH_2-C_6H_5, X = H) und Taut.
B. Beim Behandeln von *O*-Benzyl-isoharnstoff mit Acetessigsäure-äthylester (*Basterfield et al.,* Canad. J. Res. [B] **17** [1939] 390, 394).
Kristalle (aus A.); F: 153° [unkorr.; Zers.].

(±)-*N*^{4},*N*^{4}-Diäthyl-*N*^{1}-[2-(4-chlor-phenoxy)-6-methyl-pyrimidin-4-yl]-1-methyl-butandiyldiamin $C_{20}H_{29}ClN_4O$, Formel XI (R = CH(CH_3)-[CH_2]$_3$-N(C_2H_5)$_2$, R′ = C_6H_4-Cl, X = H).
B. Aus (±)-*N*^{4},*N*^{4}-Diäthyl-*N*^{1}-[2-chlor-6-methyl-pyrimidin-4-yl]-1-methyl-butandiyldiamin und 4-Chlor-phenol (*Curd et al.,* Soc. **1947** 783, 788).
$Kp_{0,1}$: 225–228°.

4-Nitro-benzolsulfonsäure-[2-methoxy-6-methyl-pyrimidin-4-ylamid] $C_{12}H_{12}N_4O_5S$, Formel XII (R = CH_3, X = NO_2).
B. Aus 2-Methoxy-6-methyl-pyrimidin-4-ylamin und 4-Nitro-benzolsulfonylchlorid in Pyridin (*Backer, Grevenstuk,* R. **61** [1942] 291, 297).
Kristalle (aus Eg.) mit 1 Mol Essigsäure; F: 199–200°.

2-Methoxy-4-methyl-6-sulfanilylamino-pyrimidin, Sulfanilsäure-[2-methoxy-6-methyl-pyrimidin-4-ylamid] $C_{12}H_{14}N_4O_3S$, Formel XII (R = CH_3, X = NH_2).
B. Aus der vorangehenden Verbindung mit Hilfe von Eisen und wss. HCl (*Backer, Grevenstuk,*

R. **61** [1942] 291, 297).

Kristalle (aus H_2O); F: 188,5–189,5°.

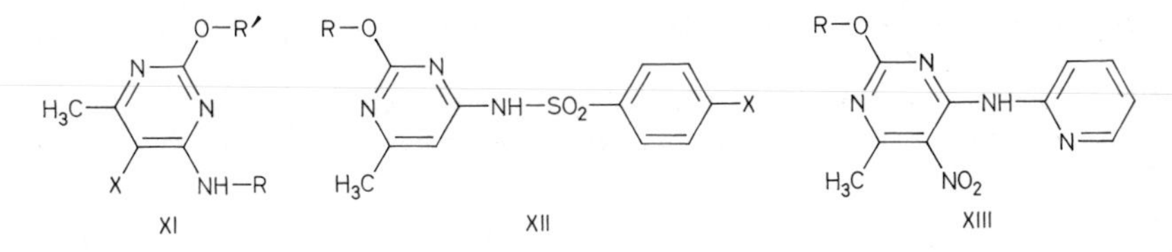

2-Äthoxy-4-methyl-6-sulfanilylamino-pyrimidin, Sulfanilsäure-[2-äthoxy-6-methyl-pyrimidin-4-ylamid] $C_{13}H_{16}N_4O_3S$, Formel XII (R = C_2H_5, X = NH_2).

B. Beim Erwärmen der folgenden Verbindung mit wss. NaOH (*Sprague et al.*, Am. Soc. **63** [1941] 3028).

F: 186–187° [unkorr.].

***N*-Acetyl-sulfanilsäure-[2-äthoxy-6-methyl-pyrimidin-4-ylamid], Essigsäure-[4-(2-äthoxy-6-methyl-pyrimidin-4-ylsulfamoyl)-anilid]** $C_{15}H_{18}N_4O_4S$, Formel XII (R = C_2H_5, X = NH-CO-CH_3).

B. Beim Erwärmen von 2-Äthoxy-6-methyl-pyrimidin-4-ylamin mit *N*-Acetyl-sulfanilylchlorid in Pyridin (*Sprague et al.*, Am. Soc. **63** [1941] 3028).

Feststoff mit 1 Mol H_2O, F: 161–162° [unkorr.; Zers.]; die wasserfreie Verbindung schmilzt bei 200–201° [unkorr.].

5-Brom-2-methoxy-6-methyl-pyrimidin-4-ylamin $C_6H_8BrN_3O$, Formel XI (R = H, R' = CH_3, X = Br).

B. Beim Erwärmen von 5-Brom-2-chlor-6-methyl-pyrimidin-4-ylamin mit methanol. Natrium=methylat (*Ochiai et al.*, J. pharm. Soc. Japan **63** [1943] 25, 28; C. A. **1951** 609).

Kristalle (aus Acn.); F: 170–171°.

2-Äthoxy-6-methyl-5-nitro-pyrimidin-4-ylamin $C_7H_{10}N_4O_3$, Formel XI (R = H, R' = C_2H_5, X = NO_2).

B. Beim Erwärmen von 2-Chlor-6-methyl-5-nitro-pyrimidin-4-ylamin mit äthanol. Natrium=äthylat (*Polonovski et al.*, Bl. **1951** 521, 522; *Prasad et al.*, Am. Soc. **81** [1959] 193, 195).

Kristalle; F: 168° [unkorr.; nach Sublimation] (*Pr. et al.*), 165–166° [aus Me.] (*Po. et al.*).

[2-Methoxy-6-methyl-5-nitro-pyrimidin-4-yl]-[2]pyridyl-amin $C_{11}H_{11}N_5O_3$, Formel XIII (R = CH_3).

B. Beim Erwärmen von 2,4-Dichlor-6-methyl-5-nitro-pyrimidin mit [2]Pyridylamin in Methanol (*Spickett, Timmis*, Soc. **1955** 4354, 4357).

Gelbe Kristalle (aus A.); F: 137°.

[2-Äthoxy-6-methyl-5-nitro-pyrimidin-4-yl]-[2]pyridyl-amin $C_{12}H_{13}N_5O_3$, Formel XIII (R = C_2H_5).

B. Analog der vorangehenden Verbindung (*Spickett, Timmis*, Soc. **1955** 4354, 4357).

Gelbe Kristalle (aus A.); F: 113–114°.

6-Methyl-2-methylmercapto-pyrimidin-4-ylamin $C_6H_9N_3S$, Formel I (R = H, R' = CH_3).

B. Beim Erhitzen von 4-Chlor-6-methyl-2-methylmercapto-pyrimidin mit äthanol. NH_3 (*Hull et al.*, Soc. **1947** 41, 49). Beim Behandeln von 4-Amino-6-methyl-1*H*-pyrimidin-2-thion mit Dimethylsulfat in wss. NaOH (*Polonovski et al.*, Bl. **1948** 392, 394). Beim Behandeln von 2-Chlor-6-methyl-pyrimidin-4-ylamin mit Methanthiol und methanol. Natriummethylat (*Ba=cker, Grevenstuk*, R. **64** [1945] 115, 120).

Kristalle (aus H_2O) mit 0,5 Mol H_2O; F: 136–137° (*Ba., Gr.*). Kristalle; F: 133,5–135° [aus H_2O] (*Hull et al.*), 131° [aus wss. A.] (*Po. et al.*). λ_{max}: 225 nm, 248 nm und 282 nm [A.], 241 nm [wss. Lösung vom pH 0] bzw. 225 nm, 248 nm und 280 nm [wss. Lösung vom

pH 7] (*Boarland, McOmie,* Soc. **1952** 3722, 3723, 3725).
Hydrochlorid $C_6H_9N_3S \cdot HCl$. Kristalle (*Ba., Gr.*).

2-Äthylmercapto-6-methyl-pyrimidin-4-ylamin $C_7H_{11}N_3S$, Formel I (R = H, R′ = C_2H_5) (H 16).
B. Beim Erwärmen von 4-Amino-6-methyl-1*H*-pyrimidin-2-thion mit Diäthylsulfat und wss. NaOH oder mit Äthyljodid und äthanol. Natriumäthylat (*Polonovski et al.,* Bl. **1948** 392, 394).
Kristalle (aus wss. A.); F: 104°.

6-Methyl-2-[4-nitro-phenylmercapto]-pyrimidin-4-ylamin $C_{11}H_{10}N_4O_2S$, Formel I (R = H, R′ = C_6H_4-NO_2).
B. Beim Erwärmen von 2-Chlor-6-methyl-pyrimidin-4-ylamin mit Natrium-[4-nitro-thio=phenolat] in Äthanol (*Ohta, Sudo,* J. pharm. Soc. Japan **71** [1951] 45, 47; C. A. **1951** 7576).
Kristalle (aus A.); F: 170°.

6-Methyl-2-[4-nitro-benzolsulfonyl]-pyrimidin-4-ylamin $C_{11}H_{10}N_4O_4S$, Formel II (X = NO_2).
B. Aus der vorangehenden Verbindung mit Hilfe von $KMnO_4$ in wss. Essigsäure (*Ohta, Sudo,* J. pharm. Soc. Japan **71** [1951] 45, 47; C. A. **1951** 7576).
Kristalle (aus A.); F: 243°.

6-Methyl-2-[toluol-4-sulfonyl]-pyrimidin-4-ylamin $C_{12}H_{13}N_3O_2S$, Formel II (X = CH_3).
B. Beim Erhitzen von 4-Chlor-6-methyl-2-[toluol-4-sulfonyl]-pyrimidin mit wss.-äthanol. NH_3 (*Ohta, Sudo,* J. pharm. Soc. Japan **71** [1951] 514; C. A. **1952** 4549).
Kristalle (aus A.); F: 210° [Zers.].

2-Benzylmercapto-6-methyl-pyrimidin-4-ylamin $C_{12}H_{13}N_3S$, Formel I (R = H, R′ = CH_2-C_6H_5).
B. Beim Erwärmen von 4-Amino-6-methyl-1*H*-pyrimidin-2-thion mit Benzylchlorid und äth=anol. Natriumäthylat (*Polonovski et al.,* Bl. **1948** 392, 394).
Kristalle (aus PAe. + Bzl.); F: 113°.

[4-Amino-6-methyl-pyrimidin-2-ylmercapto]-essigsäure $C_7H_9N_3O_2S$, Formel I (R = H, R′ = CH_2-CO-OH).
B. Beim Erhitzen von 4-Amino-6-methyl-1*H*-pyrimidin-2-thion mit Chloressigsäure in H_2O (*Hitchings, Russell,* Soc. **1949** 2454, 2455).
Kristalle (aus H_2O); F: 256° [Zers.].

2-[4-Amino-phenylmercapto]-6-methyl-pyrimidin-4-ylamin $C_{11}H_{12}N_4S$, Formel I (R = H, R′ = C_6H_4-NH_2).
B. Beim Erwärmen von 6-Methyl-2-[4-nitro-phenylmercapto]-pyrimidin-4-ylamin mit Eisen-Pulver und wss. NH_4Cl (*Ohta, Sudo,* J. pharm. Soc. Japan **71** [1951] 45, 47; C. A. **1951** 7576).
Kristalle (aus wss. A.); F: 179°.
Acetyl-Derivat $C_{13}H_{14}N_4OS$; Essigsäure-[4-(4-amino-6-methyl-pyrimidin-2-ylmercapto)-anilid]. Kristalle (aus A.); F: 210°.

6-Methyl-2-sulfanilyl-pyrimidin-4-ylamin $C_{11}H_{12}N_4O_2S$, Formel II (X = NH_2).
B. Beim Erwärmen von 6-Methyl-2-[4-nitro-benzolsulfonyl]-pyrimidin-4-ylamin mit Eisen-Pulver und wss. NH_4Cl (*Ohta, Sudo,* J. pharm. Soc. Japan **71** [1951] 45, 47; C. A. **1951** 7576).
Kristalle (aus A.); F: 246° [Zers.].

2-[*N*-Acetyl-sulfanilyl]-6-methyl-pyrimidin-4-ylamin, Essigsäure-[4-(4-amino-6-methyl-pyrimidin-2-sulfonyl)-anilid] $C_{13}H_{14}N_4O_3S$, Formel II (X = NH-CO-CH_3).
B. Beim Erwärmen von 2-Chlor-6-methyl-pyrimidin-4-ylamin mit Natrium-[4-acetylamino-

benzolsulfinat] in Äthanol (*Ohta, Sudo,* J. pharm. Soc. Japan **71** [1951] 514; C. A. **1952** 4549). Aus 6-Methyl-2-sulfanilyl-pyrimidin-4-ylamin (*Ohta, Sudo,* J. pharm. Soc. Japan **71** [1951] 45, 47; C. A. **1951** 7576). Aus Essigsäure-[4-(4-amino-6-methyl-pyrimidin-2-ylmercapto)-anilid] mit Hilfe von $KMnO_4$ (*Ohta, Sudo,* l. c. S. 47).

Kristalle; F: 260° [Zers.] (*Ohta, Sudo,* l. c. S. 515), 250° [Zers.] (*Ohta, Sudo,* l. c. S. 47).

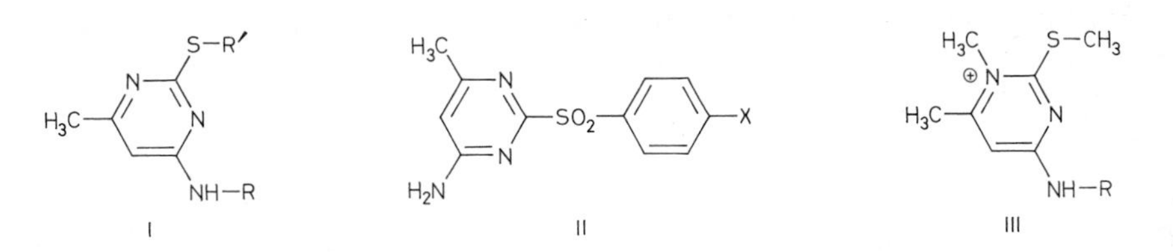

4-Amino-1,6-dimethyl-2-methylmercapto-pyrimidinium $[C_7H_{12}N_3S]^+$, Formel III (R = H).

Jodid $[C_7H_{12}N_3S]I$. *B.* Beim Erwärmen von 6-Methyl-2-methylmercapto-pyrimidin-4-ylamin mit CH_3I in Methanol (*Curd, Richardson,* Soc. **1955** 1850, 1851). – Kristalle (aus H_2O); F: 258° [Zers.].

4-Methyl-6-methylamino-2-methylmercapto-pyrimidin, Methyl-[6-methyl-2-methylmercapto-pyrimidin-4-yl]-amin $C_7H_{11}N_3S$, Formel I (R = R′ = CH_3).

B. Beim Erhitzen von 4-Chlor-6-methyl-2-methylmercapto-pyrimidin mit Di(?)methylamin in H_2O (*Polonovski, Pesson,* Bl. **1948** 688, 691).

Kristalle (aus A.); F: 112–113° (*Po., Pe.*). IR-Spektrum (Nujol; 3500–3000 cm^{-1} und 1800–700 cm^{-1}): *Brownlie,* Soc. **1950** 3062, 3064, 3065, 3069.

4-Butylamino-1,6-dimethyl-2-methylmercapto-pyrimidinium $[C_{11}H_{20}N_3S]^+$, Formel III (R = $[CH_2]_3$-CH_3).

Jodid. *B.* Aus Butyl-[6-methyl-2-methylmercapto-pyrimidin-4-yl]-amin (aus 4-Chlor-6-methyl-2-methylmercapto-pyrimidin und Butylamin erhalten) beim Erwärmen mit CH_3I in Methanol oder beim Erwärmen mit Dimethylsulfat in Nitrobenzol und anschliessenden Behandeln mit NaI (*ICI,* U.S.P. 2585906 [1949]; D.B.P. 839640 [1949]; D.R.B.P. Org. Chem. 1950–1951 **6** 2439). – Kristalle (aus H_2O); F: 164°.

4-Anilino-6-methyl-2-methylmercapto-pyrimidin, [6-Methyl-2-methylmercapto-pyrimidin-4-yl]-phenyl-amin $C_{12}H_{13}N_3S$, Formel I (R = C_6H_5, R′ = CH_3).

B. Beim Erwärmen von 4-Chlor-6-methyl-2-methylmercapto-pyrimidin mit Anilin in HCl enthaltender Essigsäure (*Ainley et al.,* Soc. **1953** 59, 64; s. a. *Polonovski, Schmitt,* C. r. **232** [1951] 2108).

Kristalle (aus A.); F: 129–131° (*Ai. et al.*), 114° (*Po., Sch.*).

Hydrochlorid $C_{12}H_{13}N_3S \cdot HCl$. F: 225° (*Po., Sch.*).

Methojodid $[C_{13}H_{16}N_3S]I$; 4-Anilino-1,6-dimethyl-2-methylmercapto-pyrimidinium-jodid. Kristalle (aus A.); F: 240° [Zers.] (*Ai. et al.*).

[4-Chlor-phenyl]-[6-methyl-2-methylmercapto-pyrimidin-4-yl]-amin $C_{12}H_{12}ClN_3S$, Formel I (R = C_6H_4-Cl, R′ = CH_3).

B. Analog der vorangehenden Verbindung (*Curd et al.,* Soc. **1946** 370, 373).

Kristalle (aus A.); F: 171–172°.

Picrat $C_{12}H_{12}ClN_3S \cdot C_6H_3N_3O_7$. Kristalle (aus 2-Äthoxy-äthanol); F: 226°.

[4-Anilino-6-methyl-pyrimidin-2-ylmercapto]-essigsäure $C_{13}H_{13}N_3O_2S$, Formel I (R = C_6H_5, R′ = CH_2-CO-OH).

B. Beim Erhitzen von 4-Anilino-6-methyl-1*H*-pyrimidin-2-thion mit Chloressigsäure in H_2O (*Hitchings, Russell,* Soc. **1949** 2454, 2455).

Kristalle (aus H_2O); F: 188–189°.

4-Benzylamino-6-methyl-2-methylmercapto-pyrimidin, Benzyl-[6-methyl-2-methylmercapto-pyrimidin-4-yl]-amin $C_{13}H_{15}N_3S$, Formel I (R = CH_2-C_6H_5, R′ = CH_3).

B. Aus 4-Chlor-6-methyl-2-methylmercapto-pyrimidin und Benzylamin [170°] (*Matsukawa, Sirakawa,* J. pharm. Soc. Japan **71** [1951] 943; C. A. **1952** 8122).

Kristalle (aus Bzl. + PAe.); F: 89–91°.

4-Methyl-2-methylmercapto-6-piperidino-pyrimidin $C_{11}H_{17}N_3S$, Formel IV.

B. Aus 4-Chlor-6-methyl-2-methylmercapto-pyrimidin und Piperidin (*Polonovski, Schmitt,* C. r. **232** [1951] 2108).

Oxalat $C_{11}H_{17}N_3S \cdot C_2H_2O_4$. F: 149°.

[2-Äthylmercapto-6-methyl-pyrimidin-4-yl]-thiocarbamidsäure-*O*-methylester $C_9H_{13}N_3OS_2$, Formel V (X = O-CH_3).

B. Aus 2-Äthylmercapto-6-methyl-pyrimidin-4-ylisothiocyanat und Methanol (*Chi, Chen,* Am. Soc. **54** [1932] 2056, 2058).

Kristalle (aus A.); F: 84–86°.

[2-Äthylmercapto-6-methyl-pyrimidin-4-yl]-thiocarbamidsäure-*O*-äthylester $C_{10}H_{15}N_3OS_2$, Formel V (X = O-C_2H_5).

B. Aus 2-Äthylmercapto-6-methyl-pyrimidin-4-ylisothiocyanat und Äthanol (*Chi, Chen,* Am. Soc. **54** [1932] 2056, 2058).

Kristalle (aus A.); F: 97–98°.

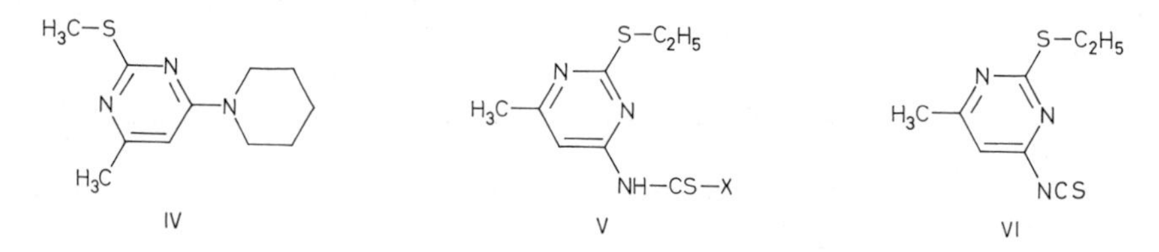

[2-Äthylmercapto-6-methyl-pyrimidin-4-yl]-thioharnstoff $C_8H_{12}N_4S_2$, Formel V (X = NH_2).

B. Beim Behandeln von 2-Äthylmercapto-6-methyl-pyrimidin-4-ylisothiocyanat in Äther mit wss. NH_3 (*Chi, Chen,* Am. Soc. **54** [1932] 2056, 2058; vgl. *Maggiolo, Hitchings,* Am. Soc. **73** [1951] 4226).

Kristalle; F: 235–236° (*Ma., Hi.*), 229–231° [aus A.] (*Chi, Chen*).

***N*-[2-Äthylmercapto-6-methyl-pyrimidin-4-yl]-*N′*-phenyl-thioharnstoff** $C_{14}H_{16}N_4S_2$, Formel V (X = NH-C_6H_5).

B. Analog der vorangehenden Verbindung (*Chi, Chen,* Am. Soc. **54** [1932] 2056, 2058).

Kristalle (aus A.); F: 209–210°.

2-Äthylmercapto-6-methyl-pyrimidin-4-ylisothiocyanat $C_8H_9N_3S_2$, Formel VI.

B. Beim Erhitzen von 2-Äthylmercapto-6-methyl-pyrimidin-4-ylthiocyanat in Xylol (*Chi, Chen,* Am. Soc. **54** [1932] 2056, 2058).

Kp_{1-3}: 146–158° [nicht rein erhalten].

Beim Erhitzen auf 150–180°/4–10 Torr ist eine Verbindung $(C_8H_9N_3S_2)_x$ (Kristalle [aus Bzl.]; F: 108–109°) erhalten worden.

***N,N*-Diäthyl-*N′*-[6-methyl-2-methylmercapto-pyrimidin-4-yl]-äthylendiamin** $C_{12}H_{22}N_4S$, Formel VII (R = CH_3, R′ = H, n = 1).

B. Beim Erhitzen von 4-Chlor-6-methyl-2-methylmercapto-pyrimidin mit *N,N*-Diäthyl-äthylendiamin (*Curd et al.,* Soc. **1947** 783, 786).

Kristalle (aus PAe.) mit 1 Mol H_2O. $Kp_{1,2}$: 150–151,5°.

Dipicrat $C_{12}H_{22}N_4S \cdot 2C_6H_3N_3O_7$. Gelbe Kristalle (aus A.); F: 155–157°.

***N,N*-Diäthyl-*N'*-[2-(4-chlor-phenylmercapto)-6-methyl-pyrimidin-4-yl]-äthylendiamin** $C_{17}H_{23}ClN_4S$, Formel VII (R = C_6H_4-Cl, R' = H, n = 1).

B. Beim Erhitzen von *N,N*-Diäthyl-*N'*-[2-chlor-6-methyl-pyrimidin-4-yl]-äthylendiamin mit 4-Chlor-thiophenol (*Curd et al.*, Soc. **1947** 783, 788).

Kristalle (aus PAe.) mit 1 Mol H_2O; F: 70°. $Kp_{0,5}$: 202–204°.

***N,N*-Diäthyl-*N'*-[2-(4-methoxy-phenylmercapto)-6-methyl-pyrimidin-4-yl]-äthylendiamin** $C_{18}H_{26}N_4OS$, Formel VII (R = C_6H_4-O-CH_3, R' = H, n = 1).

B. Analog der vorangehenden Verbindung (*Curd et al.*, Soc. **1947** 783, 788).

Kristalle (aus PAe.) mit 1 Mol H_2O; F: 83°. Kp_1: 206–208°.

***N,N*-Diäthyl-*N'*-[6-methyl-2-methylmercapto-pyrimidin-4-yl]-propandiyldiamin** $C_{13}H_{24}N_4S$, Formel VII (R = CH_3, R' = H, n = 2).

B. Beim Erhitzen von 4-Chlor-6-methyl-2-methylmercapto-pyrimidin mit *N,N*-Diäthyl-propandiyldiamin (*Curd et al.*, Soc. **1947** 783, 787).

Kp_1: 168–170°.

Dipicrat $C_{13}H_{24}N_4S \cdot 2C_6H_3N_3O_7$. Gelbe Kristalle (aus A.); F: 125–127°.

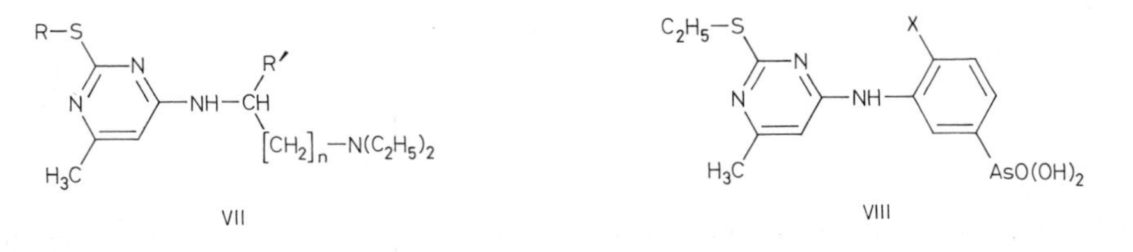

***N,N*-Diäthyl-*N'*-[2-(4-chlor-phenylmercapto)-6-methyl-pyrimidin-4-yl]-propandiyldiamin** $C_{18}H_{25}ClN_4S$, Formel VII (R = C_6H_4-Cl, R' = H, n = 2).

B. Beim Erhitzen von *N,N*-Diäthyl-*N'*-[2-chlor-6-methyl-pyrimidin-4-yl]-propandiyldiamin mit 4-Chlor-thiophenol (*Curd et al.*, Soc. **1947** 783, 788).

Kp_2: 228–230°.

***N,N*-Diäthyl-*N'*-[2-(4-methoxy-phenylmercapto)-6-methyl-pyrimidin-4-yl]-propandiyldiamin** $C_{19}H_{28}N_4OS$, Formel VII (R = C_6H_4-O-CH_3, R' = H, n = 2).

B. Analog der vorangehenden Verbindung (*Curd et al.*, Soc. **1947** 783, 788).

Kp_2: 228–229°.

(±)-*N*⁴,*N*⁴-Diäthyl-1-methyl-*N*¹-[6-methyl-2-methylmercapto-pyrimidin-4-yl]-butandiyldiamin $C_{15}H_{28}N_4S$, Formel VII (R = R' = CH_3, n = 3).

B. Beim Erhitzen von 4-Chlor-6-methyl-2-methylmercapto-pyrimidin mit (±)-N^4,N^4-Diäthyl-1-methyl-butandiyldiamin (*Curd et al.*, Soc. **1947** 783, 787).

$Kp_{0,9}$: 176–178°.

(±)-N^4,N^4-Diäthyl-N^1-[2-(4-chlor-phenylmercapto)-6-methyl-pyrimidin-4-yl]-1-methyl-butandiyldiamin $C_{20}H_{29}ClN_4S$, Formel VII (R = C_6H_4-Cl, R' = CH_3, n = 3).

B. Beim Erhitzen von (±)-N^4,N^4-Diäthyl-N^1-[2-chlor-6-methyl-pyrimidin-4-yl]-1-methyl-butandiyldiamin mit 4-Chlor-thiophenol (*Curd et al.*, Soc. **1947** 783, 788).

$Kp_{0,9}$: 208–210°.

[3-(2-Äthylmercapto-6-methyl-pyrimidin-4-ylamino)-phenyl]-arsonsäure $C_{13}H_{16}AsN_3O_3S$, Formel VIII (X = H).

B. Aus [3-Amino-phenyl]-arsonsäure und 2-Äthylmercapto-4-chlor-6-methyl-pyrimidin in wss.-äthanol. HCl (*Andres, Hamilton*, Am. Soc. **67** [1945] 946).

F: 249,5–250,5° [korr.].

[4-(2-Äthylmercapto-6-methyl-pyrimidin-4-ylamino)-phenyl]-arsonsäure $C_{13}H_{16}AsN_3O_3S$, Formel IX (X = H).

B. Analog der vorangehenden Verbindung (*Andres, Hamilton,* Am. Soc. **67** [1945] 946).

F: >250°.

[3-(2-Äthylmercapto-6-methyl-pyrimidin-4-ylamino)-4-hydroxy-phenyl]-arsonsäure $C_{13}H_{16}AsN_3O_4S$, Formel VIII (X = OH).

B. Analog den vorangehenden Verbindungen (*Andres, Hamilton,* Am. Soc. **67** [1945] 946).

F: >250°.

[4-(2-Äthylmercapto-6-methyl-pyrimidin-4-ylamino)-2-hydroxy-phenyl]-arsonsäure $C_{13}H_{16}AsN_3O_4S$, Formel IX (X = OH).

B. Analog den vorangehenden Verbindungen (*Andres, Hamilton,* Am. Soc. **67** [1945] 946).

Feststoff mit 0,5 Mol H_2O; F: >250°.

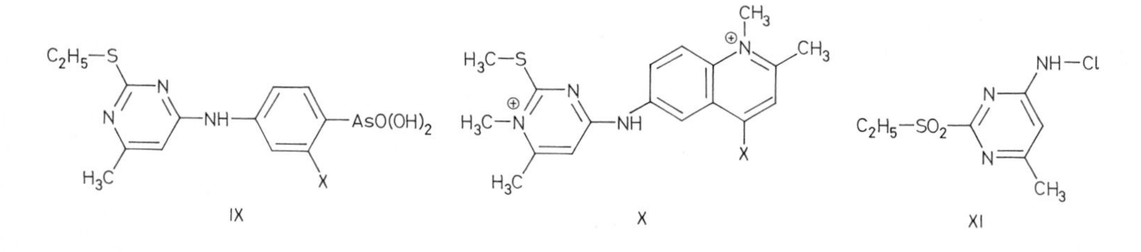

6-[1,6-Dimethyl-2-methylmercapto-pyrimidinium-4-ylamino]-4-methoxy-1,2-dimethyl-chinolinium $[C_{19}H_{24}N_4OS]^{2+}$, Formel X (X = O-CH_3).

Dijodid. *B.* Beim Behandeln des aus 4-Chlor-1,6-dimethyl-2-methylmercapto-pyrimidinium-jodid und 6-Amino-4-methoxy-1,2-dimethyl-chinolinium-chlorid erhaltenen Reaktionsprodukts mit NaI in H_2O (*ICI,* U.S.P. 2585972 [1949]; D.B.P. 823294 [1949]; D.R.B.P. Org. Chem. 1950–1951 **3** 1110). – Kristalle (aus H_2O) mit 1 Mol H_2O; F: 213° [Zers.].

4-Amino-6-[1,6-dimethyl-2-methylmercapto-pyrimidinium-4-ylamino]-1,2-dimethyl-chinolinium $[C_{18}H_{23}N_5S]^{2+}$, Formel X (X = NH_2).

Dijodid. *B.* Analog der vorangehenden Verbindung (*ICI,* U.S.P. 2585972 [1949]; D.B.P. 823294 [1949]; D.R.B.P. Org. Chem. 1950–1951 **3** 1110). – Kristalle (aus H_2O); F: 253–255° [Zers.].

2-Äthansulfonyl-4-chloramino-6-methyl-pyrimidin, [2-Äthansulfonyl-6-methyl-pyrimidin-4-yl]-chlor-amin $C_7H_{10}ClN_3O_2S$, Formel XI.

B. Beim Behandeln von 2-Äthylmercapto-6-methyl-pyrimidin-4-ylamin in wss. HCl mit Chlor (*Johnson, Sprague,* Am. Soc. **60** [1938] 1622, 1623).

Kristalle (aus Bzl.); F: 133–134°.

4-Nitro-benzolsulfonsäure-[6-methyl-2-methylmercapto-pyrimidin-4-ylamid] $C_{12}H_{12}N_4O_4S_2$, Formel XII (R = CH_3, X = NO_2).

B. Aus 6-Methyl-2-methylmercapto-pyrimidin-4-ylamin und 4-Nitro-benzolsulfonylchlorid in Pyridin (*Backer, Grevenstuk,* R. **64** [1945] 115, 121).

Kristalle (aus wss. A.); F: 184,5–186°.

4-Methyl-2-methylmercapto-6-sulfanilylamino-pyrimidin, Sulfanilsäure-[6-methyl-2-methylmercapto-pyrimidin-4-ylamid] $C_{12}H_{14}N_4O_2S_2$, Formel XII (R = CH_3, X = NH_2).

B. Aus der vorangehenden Verbindung in Äthanol mit Hilfe von Eisen-Pulver und wss. HCl (*Backer, Grevenstuk,* R. **64** [1945] 115, 121).

Kristalle (aus A.); F: 213–214,5°.

2-Äthylmercapto-4-methyl-6-sulfanilylamino-pyrimidin, Sulfanilsäure-[2-äthylmercapto-6-methyl-pyrimidin-4-ylamid] $C_{13}H_{16}N_4O_2S_2$, Formel XII (R = C_2H_5, X = NH_2).

B. Beim Erwärmen der folgenden Verbindung mit wss. NaOH (*Sprague et al.,* Am. Soc. **63** [1941] 3028).

F: 188 – 189° [unkorr.].

***N*-Acetyl-sulfanilsäure-[2-äthylmercapto-6-methyl-pyrimidin-4-ylamid], Essigsäure-[4-(2-äthyl=mercapto-6-methyl-pyrimidin-4-ylsulfamoyl)-anilid]** $C_{15}H_{18}N_4O_3S_2$, Formel XII (R = C_2H_5, X = NH-CO-CH_3).

B. Beim Erhitzen von 2-Äthylmercapto-4-chlor-6-methyl-pyrimidin mit *N*-Acetyl-sulfanil=säure-amid, Na_2CO_3 und Kupfer-Pulver in Pyridin (*Sprague et al.,* Am. Soc. **63** [1941] 3028). Beim Erwärmen von 2-Äthylmercapto-6-methyl-pyrimidin-4-ylamin mit *N*-Acetyl-sulfanilyl=chlorid in Pyridin (*Sp. et al.*).

F: 208 – 209° [unkorr.].

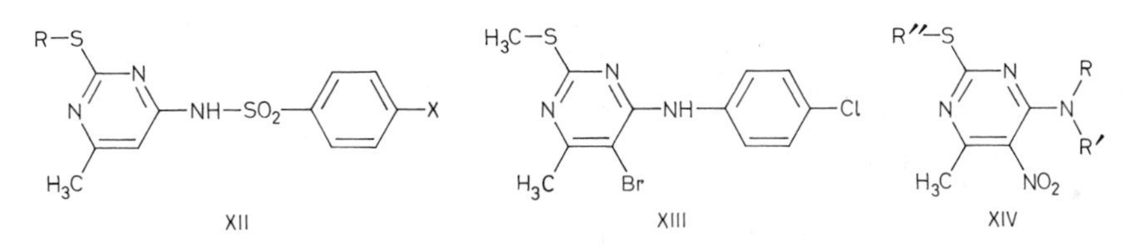

[5-Brom-6-methyl-2-methylmercapto-pyrimidin-4-yl]-[4-chlor-phenyl]-amin $C_{12}H_{11}BrClN_3S$, Formel XIII.

B. Aus 5-Brom-4-chlor-6-methyl-2-methylmercapto-pyrimidin und 4-Chlor-anilin in HCl ent=haltendem wss. Aceton (*Curd et al.,* Soc. **1946** 720, 728).

Kristalle (aus wss. Me.); F: 116 – 117°.

6-Methyl-2-methylmercapto-5-nitro-pyrimidin-4-ylamin $C_6H_8N_4O_2S$, Formel XIV (R = R′ = H, R″ = CH_3).

B. Aus 4-Amino-6-methyl-5-nitro-1*H*-pyrimidin-2-thion und CH_3I unter Zusatz von Na_2CO_3 (*Prasad et al.,* Am. Soc. **81** [1959] 193, 195).

Gelbe Kristalle (aus wss. A.); F: 155,5° [unkorr.].

***S*-[4-Amino-6-methyl-5-nitro-pyrimidin-2-yl]-isothioharnstoff** $C_6H_8N_6O_2S$, Formel XIV (R = R′ = H, R″ = C(NH_2)=NH).

Hydrochlorid $C_6H_8N_6O_2S \cdot HCl$; *S*-[4-Amino-6-methyl-5-nitro-pyrimidin-2-yl]-thiouronium-chlorid. *B.* Beim Erwärmen von 2-Chlor-6-methyl-5-nitro-pyrimidin-4-ylamin in Äthanol mit Thioharnstoff (*Polonovski, Schmitt,* Bl. **1950** 616, 619). – Gelbliche Kristalle (aus H_2O) mit 1 Mol H_2O; Zers. bei ca. 260°.

4-Dimethylamino-6-methyl-2-methylmercapto-5-nitro-pyrimidin, Dimethyl-[6-methyl-2-methyl=mercapto-5-nitro-pyrimidin-4-yl]-amin $C_8H_{12}N_4O_2S$, Formel XIV (R = R′ = R″ = CH_3).

B. Aus 4-Dimethylamino-6-methyl-5-nitro-1*H*-pyrimidin-2-thion und Dimethylsulfat in wss. NaOH (*Rose,* Soc. **1952** 3448, 3462).

Gelbe Kristalle (aus PAe.); F: 78°.

Benzyl-methyl-[6-methyl-2-methylmercapto-5-nitro-pyrimidin-4-yl]-amin $C_{14}H_{16}N_4O_2S$, Formel XIV (R = CH_2-C_6H_5, R′ = R″ = CH_3).

B. Analog der vorangehenden Verbindung (*Rose,* Soc. **1954** 4116, 4126).

Gelbe Kristalle (aus PAe.); F: 90°.

2-Äthoxy-6-methyl-pyrimidin-4,5-diyldiamin $C_7H_{12}N_4O$, Formel I.

B. Beim Behandeln von 2-Äthoxy-6-methyl-5-nitro-pyrimidin-4-ylamin mit $SnCl_2$ und konz. wss. HCl (*Polonovski et al.,* Bl. **1951** 521, 523).

Kristalle (aus Toluol); F: 136,5 – 137°.

6-Methyl-2-methylmercapto-pyrimidin-4,5-diyldiamin $C_6H_{10}N_4S$, Formel II (R = R′ = H).

B. Bei der Hydrierung von 6-Methyl-2-methylmercapto-5-nitro-pyrimidin-4-ylamin an Raney-Nickel in Äthanol (*Prasad et al.*, Am. Soc. **81** [1959] 193, 195).

Bräunliche Kristalle (aus wss. A.); F: 194–195° [unkorr.].

6,N^4,N^4-Trimethyl-2-methylmercapto-pyrimidin-4,5-diyldiamin $C_8H_{14}N_4S$, Formel II (R = R′ = CH_3).

B. Analog der vorangehenden Verbindung (*Rose*, Soc. **1952** 3448, 3462).

Kristalle (aus PAe.); F: 70°.

N^4-Benzyl-6,N^4-dimethyl-2-methylmercapto-pyrimidin-4,5-diyldiamin $C_{14}H_{18}N_4S$, Formel II (R = CH_2-C_6H_5, R′ = CH_3).

B. Analog den vorangehenden Verbindungen (*Rose*, Soc. **1954** 4116, 4126).

Acetyl-Derivat $C_{16}H_{20}N_4OS$; *N*-[4-(Benzyl-methyl-amino)-6-methyl-2-methyl-mercapto-pyrimidin-5-yl]-acetamid. Kristalle (aus H_2O) mit 1 Mol H_2O; F: 102°.

2,4-Diamino-6-methyl-pyrimidin-5-ol $C_5H_8N_4O$, Formel III (R = H).

B. Beim Erhitzen von Schwefelsäure-mono-[2,4-diamino-6-methyl-pyrimidin-5-ylester] mit wss. HCl (*Hull*, Soc. **1956** 2033).

Hydrochlorid $C_5H_8N_4O \cdot HCl$. Kristalle (aus H_2O); F: >300°.

Dihydrochlorid. F: 278° [Zers.].

Picrat $C_5H_8N_4O \cdot C_6H_3N_3O_7$. Gelbe Kristalle (aus wss. A.); F: >300°.

6-Methyl-5-phenoxy-pyrimidin-2,4-diyldiamin $C_{11}H_{12}N_4O$, Formel III (R = C_6H_5).

B. Beim Erhitzen von 2-Amino-6-methyl-5-phenoxy-3*H*-pyrimidin-4-on mit $POCl_3$ und Erhitzen des Reaktionsprodukts mit äthanol. NH_3 auf 150–160° (*Falco et al.*, Am. Soc. **73** [1951] 3753, 3756, 3757).

F: 180° [unkorr.].

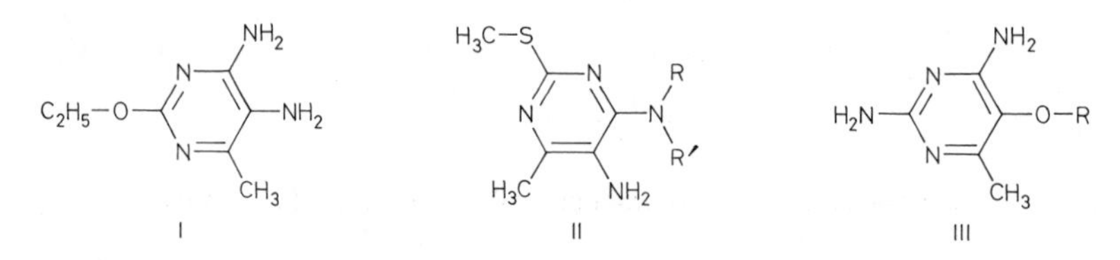

5-[3-Chlor-phenoxy]-6-methyl-pyrimidin-2,4-diyldiamin $C_{11}H_{11}ClN_4O$, Formel III (R = C_6H_4-Cl).

B. Analog der vorangehenden Verbindung (*Falco et al.*, Am. Soc. **73** [1951] 3753, 3756, 3757).

Sulfat $2C_{11}H_{11}ClN_4O \cdot H_2SO_4$. F: 270–273° [unkorr.].

5-[4-Chlor-phenoxy]-6-methyl-pyrimidin-2,4-diyldiamin $C_{11}H_{11}ClN_4O$, Formel III (R = C_6H_4-Cl).

B. Analog den vorangehenden Verbindungen (*Falco et al.*, Am. Soc. **73** [1951] 3753, 3756, 3757).

F: 205–207° [unkorr.]. λ_{max}: 277 nm [wss. Lösung vom pH 1] bzw. 233 nm und 286 nm [wss. Lösung vom pH 11] (*Fa. et al.*, l. c. S. 3758).

6-Methyl-5-[4-nitro-phenoxy]-pyrimidin-2,4-diyldiamin $C_{11}H_{11}N_5O_3$, Formel III (R = C_6H_4-NO_2).

B. Analog den vorangehenden Verbindungen (*Falco et al.*, Am. Soc. **73** [1951] 3753, 3756, 3757). Beim Behandeln von 6-Methyl-5-phenoxy-pyrimidin-2,4-diyldiamin in konz. H_2SO_4 mit KNO_3 (*Fa. et al.*).

Gelbe Kristalle (aus A.); F: 237–239° [unkorr.; Zers.].

5-[3,4-Dimethyl-phenoxy]-6-methyl-pyrimidin-2,4-diyldiamin $C_{13}H_{16}N_4O$, Formel III (R = $C_6H_3(CH_3)_2$).

B. Aus 2-Chlor-acetessigsäure-äthylester, 3,4-Dimethyl-phenol und Guanidin über 2-Amino-5-[3,4-dimethyl-phenoxy]-6-methyl-3*H*-pyrimidin-4-on und 4-Chlor-5-[3,4-dimethyl-phenoxy]-6-methyl-pyrimidin-2-ylamin (*Falco et al.*, Am. Soc. **73** [1951] 3753, 3756, 3757).

F: 220–223° [unkorr.].

Die folgenden Verbindungen sind in analoger Weise hergestellt worden:

6-Methyl-5-[2]naphthyloxy-pyrimidin-2,4-diyldiamin $C_{15}H_{14}N_4O$, Formel III (R = $C_{10}H_7$). F: 194–198° [unkorr.].

5-Biphenyl-4-yloxy-6-methyl-pyrimidin-2,4-diyldiamin $C_{17}H_{16}N_4O$, Formel III (R = C_6H_4-C_6H_5). Hydrochlorid $C_{17}H_{16}N_4O \cdot HCl$. F: 328° [unkorr.].

5-[4-Methoxy-phenoxy]-6-methyl-pyrimidin-2,4-diyldiamin $C_{12}H_{14}N_4O_2$, Formel IV (R = H, X = O-CH_3). F: 211–213° [unkorr.].

5-[4-(4-Chlor-benzyloxy)-phenoxy]-6-methyl-pyrimidin-2,4-diyldiamin $C_{18}H_{17}ClN_4O_2$, Formel IV (R = H, X = O-CH_2-C_6H_4-Cl). F: 179–183° [unkorr.].

5-[4-Benzolsulfonyl-phenoxy]-6-methyl-pyrimidin-2,4-diyldiamin $C_{17}H_{16}N_4O_3S$, Formel IV (R = H, X = SO_2-C_6H_5). Hydrochlorid $C_{17}H_{16}N_4O_3S \cdot HCl$. F: 274–276° [unkorr.].

1-[4-(2,4-Diamino-6-methyl-pyrimidin-5-yloxy)-phenyl]-propan-1-on $C_{14}H_{16}N_4O_2$, Formel IV (R = H, X = CO-C_2H_5). F: 216–217° [unkorr.].

5-[4-Amino-phenoxy]-6-methyl-pyrimidin-2,4-diyldiamin $C_{11}H_{13}N_5O$, Formel IV (R = H, X = NH_2).

B. Bei der Hydrierung von 6-Methyl-5-[4-nitro-phenoxy]-pyrimidin-2,4-diyldiamin an Platin in äthanol. HCl (*Falco et al.*, Am. Soc. **73** [1951] 3753, 3756, 3757).

F: 195–196° [unkorr.].

Essigsäure-[4-(2,4-diamino-6-methyl-pyrimidin-5-yloxy)-anilid] $C_{13}H_{15}N_5O_2$, Formel IV (R = H, X = NH-CO-CH_3).

B. Beim Behandeln der vorangehenden Verbindung in H_2O mit Acetanhydrid und wenig wss. NH_3 und Erhitzen des Reaktionsprodukts mit wss. NaOH (*Falco et al.*, Am. Soc. **73** [1951] 3753, 3756, 3757).

Kristalle; F: 260° [unkorr.].

Schwefelsäure-mono-[2,4-diamino-6-methyl-pyrimidin-5-ylester] $C_5H_8N_4O_4S$, Formel III (R = SO_2-OH).

B. Beim Behandeln von 6-Methyl-pyrimidin-2,4-diyldiamin in wss. NaOH mit wss. $[NH_4]_2S_2O_8$ (*Hull*, Soc. **1956** 2033).

Kristalle (aus H_2O); F: >300°.

5-[4-Chlor-phenoxy]-6,*N*⁴-dimethyl-pyrimidin-2,4-diyldiamin $C_{12}H_{13}ClN_4O$, Formel IV (R = CH_3, X = Cl).

B. Beim Erhitzen von 2-Amino-5-[4-chlor-phenoxy]-6-methyl-3*H*-pyrimidin-4-on mit $POCl_3$ und Erhitzen des Reaktionsprodukts mit Methylamin in Äthanol auf 150–160° (*Falco et al.*, Am. Soc. **73** [1951] 3753, 3756).

Hydrochlorid $C_{12}H_{13}ClN_4O \cdot HCl$.

4-Methoxy-6-methyl-pyrimidin-2-ylamin $C_6H_9N_3O$, Formel V (R = CH_3).

B. Beim Erwärmen von 4-Chlor-6-methyl-pyrimidin-2-ylamin mit methanol. Natriummethylat (*Backer, Grevenstuk*, R. **61** [1942] 291, 294; *Braker et al.*, Am. Soc. **69** [1947] 3072, 3075; vgl. *Sirakawa et al.*, J. pharm. Soc. Japan **73** [1953] 598; C. A. **1954** 9362).

Kristalle; F: 158–160° (*Sugino, Shirai*, J. chem. Soc. Japan Pure Chem. Sect. **70** [1949] 111, 113; C. A. **1951** 6641), 158–158,5° [aus H_2O] (*Ba., Gr.*), 155,5–157° [aus H_2O] (*Si. et al.*), 153–154° [unkorr.] (*Br. et al.*).

Nitrat. F: 175° [Zers.] (*Su.*, *Sh.*).
Picrat. Kristalle; F: 220–221° [Zers.] (*Su.*, *Sh.*).
Picrolonat. Kristalle; F: 230° [Zers.] (*Su.*, *Sh.*).

Die folgenden Verbindungen sind in analoger Weise hergestellt worden:

4-Äthoxy-6-methyl-pyrimidin-2-ylamin $C_7H_{11}N_3O$, Formel V (R = C_2H_5). Kristalle; F: 93° (*Su.*, *Sh.*), 89–90° (*Sprague et al.*, Am. Soc. **63** [1941] 3028; *Br. et al.*). IR-Spektrum (Paraffin oder Perfluorkerosin; 3500–2800 cm^{-1} und 1800–400 cm^{-1}): *Short, Thompson,* Soc. **1952** 168, 170, 175, 178. IR-Spektrum der deuterierten Verbindung (Paraffin oder Perfluorkerosin; 1800–700 cm^{-1}): *Sh.*, *Th.*

4-Methyl-6-propoxy-pyrimidin-2-ylamin $C_8H_{13}N_3O$, Formel V (R = CH_2-C_2H_5). F: 59–61° (*Br. et al.*).

4-Methyl-6-pentyloxy-pyrimidin-2-ylamin $C_{10}H_{17}N_3O$, Formel V (R = $[CH_2]_4$-CH_3). F: 51–52° (*Br. et al.*).

4-Methyl-6-phenoxy-pyrimidin-2-ylamin $C_{11}H_{11}N_3O$, Formel V (R = C_6H_5). Kristalle mit 0,5 Mol H_2O, F: 195–196° (*Ganapathi, Shah,* Pr. Indian Acad. [A] **34** [1951] 178, 182); Kristalle, F: 194–195° [unkorr.] (*Br. et al.*), 194–195° [aus Me.] (*Phillips,* J. org. Chem. **17** [1952] 1456).

4-[2-Methoxy-äthoxy]-6-methyl-pyrimidin-2-ylamin $C_8H_{13}N_3O_2$, Formel V (R = CH_2-CH_2-O-CH_3). F: 82–83° (*Br. et al.*).

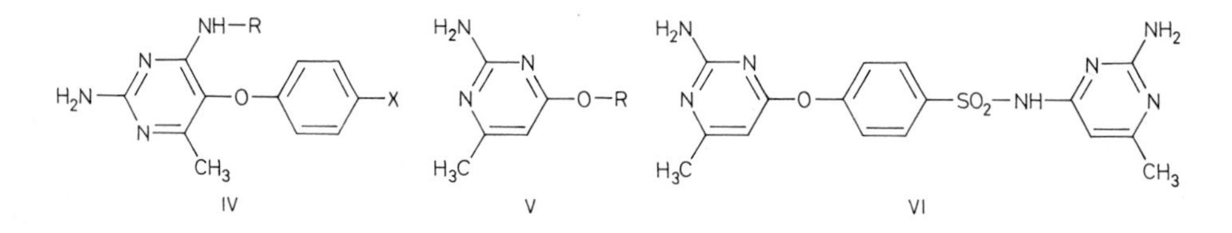

4-[2-Amino-6-methyl-pyrimidin-4-yloxy]-benzolsulfonsäure-amid $C_{11}H_{12}N_4O_3S$, Formel V (R = C_6H_4-SO_2-NH_2).

B. Beim Erhitzen von 4-Chlor-6-methyl-pyrimidin-2-ylamin mit 4-Hydroxy-benzolsulfon=säure-amid und K_2CO_3 auf 160–170° (*Ohta,* J. pharm. Soc. Japan **71** [1951] 319, 321; C. A. **1952** 6653).

Kristalle (aus Acn.+H_2O); F: 224–225°.

Beim Erhitzen mit K_2CO_3 auf 270° ist 4-Hydroxy-benzolsulfonsäure-[2-amino-6-methyl-pyr=imidin-4-ylamid] erhalten worden.

4-[2-Amino-6-methyl-pyrimidin-4-yloxy]-benzolsulfonsäure-[2-amino-6-methyl-pyrimidin-4-yl=amid] $C_{16}H_{17}N_7O_3S$, Formel VI.

B. Beim Erhitzen von 4-Hydroxy-benzolsulfonsäure-amid mit 4-Chlor-6-methyl-pyrimidin-2-ylamin und K_2CO_3 auf 210° (*Ohta,* J. pharm. Soc. Japan **71** [1951] 319, 321; C. A. **1952** 6653).

Kristalle mit 1,5 Mol H_2O; F: 188° [Zers.; nach Sintern bei 184°; klare Schmelze bei 195°].

4-[2-Diäthylamino-äthoxy]-6-methyl-pyrimidin-2-ylamin $C_{11}H_{20}N_4O$, Formel V (R = CH_2-CH_2-$N(C_2H_5)_2$).

B. Aus 4-Chlor-6-methyl-pyrimidin-2-ylamin und Natrium-[2-diäthylamino-äthylat] (*Braker et al.*, Am. Soc. **69** [1947] 3072, 3075).

F: 42–43°.

4-[2-Dibutylamino-äthoxy]-6-methyl-pyrimidin-2-ylamin $C_{15}H_{28}N_4O$, Formel V (R = CH_2-CH_2-$N([CH_2]_3$-$CH_3)_2$).

B. Analog der vorangehenden Verbindung (*Ortho Pharm. Corp.*, U.S.P. 2610187 [1950]).

Kristalle (aus Ae.); F: 51–52°.

Succinat $2C_{15}H_{28}N_4O \cdot 3C_4H_6O_4$. Kristalle (aus Acn.); F: 127–128°.

4-[2-Diisobutylamino-äthoxy]-6-methyl-pyrimidin-2-ylamin $C_{15}H_{28}N_4O$, Formel V ($R = CH_2$-CH_2-$N(CH_2$-$CH(CH_3)_2)_2$).

B. Analog den vorangehenden Verbindungen (*Ortho Pharm. Corp.*, U.S.P. 2610186 [1950]).

$Kp_{0,001}$: 100–110°.

Succinat $C_{15}H_{28}N_4O \cdot C_4H_6O_4$. Kristalle (aus Acn.); F: 99–100°.

[2-Amino-6-methyl-pyrimidin-4-yl]-β-D-glucopyranosid $C_{11}H_{17}N_3O_6$, Formel VII (R = H).

B. Beim Behandeln der folgenden Verbindung mit NH_3 in Methanol (*Hahn et al.*, Z. Biol. **84** [1926] 35, 39).

Kristalle (aus A.); F: 190° [Zers.]. $[\alpha]_D^{24}$: −66,9° [H_2O; c = 1,4].

[2-Amino-6-methyl-pyrimidin-4-yl]-[tetra-*O*-acetyl-β-D-glucopyranosid] $C_{19}H_{25}N_3O_{10}$, Formel VII ($R = CO$-CH_3).

B. Beim Erhitzen des Silber-Salzes des 2-Amino-6-methyl-3*H*-pyrimidin-4-ons mit Tetra-*O*-acetyl-α-D-glucopyranosylbromid in Xylol (*Hahn et al.*, Z. Biol. **84** [1926] 35, 37).

Kristalle; F: 142–145°. $[\alpha]_D^{21}$: −19,1° [Me.; c = 2].

Picrat $C_{19}H_{25}N_3O_{10} \cdot C_6H_3N_3O_7$. Kristalle (aus A.); Zers. bei 170–180° [nach Sintern ab 150°].

***N*-Acetyl-sulfanilsäure-[2-amino-6-methyl-pyrimidin-4-ylester]** $C_{13}H_{14}N_4O_4S$, Formel V ($R = SO_2$-C_6H_4-NH-CO-CH_3).

B. Beim Behandeln von 2-Amino-6-methyl-3*H*-pyrimidin-4-on in wss. NaOH mit *N*-Acetyl-sulfanilylchlorid, $NaHCO_3$ und Aceton (*Ganapathi et al.*, Pr. Indian Acad. [A] **16** [1942] 115, 123).

Kristalle (aus H_2O); F: 193–194°.

Phosphorsäure-diäthylester-[2-amino-6-methyl-pyrimidin-4-ylester] $C_9H_{16}N_3O_4P$, Formel V ($R = PO(O$-$C_2H_5)_2$).

B. Beim Erhitzen des Silber-Salzes des 2-Amino-6-methyl-3*H*-pyrimidin-4-ons mit Chlorophosphorsäure-diäthylester in Xylol (*Arbusow, Soroaštrowa*, Izv. Akad. S.S.S.R. Otd. chim. **1958** 1331, 1337; engl. Ausg. S. 1284, 1289).

Kristalle (aus Bzl.+PAe.); F: 110–111°.

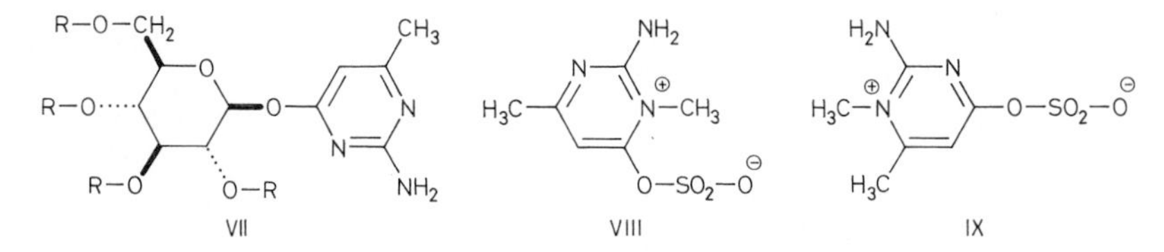

VII VIII IX

Phosphorsäure-[2-amino-6-methyl-pyrimidin-4-ylester]-butylester $C_9H_{16}N_3O_4P$, Formel V ($R = PO(OH)$-O-$[CH_2]_3$-CH_3).

B. Beim Erhitzen des Kalium-Salzes des 2-Amino-6-methyl-3*H*-pyrimidin-4-ons mit Chlorophosphorsäure-dibutylester in Toluol (*Arbusow, Soroaštrowa*, Izv. Akad. S.S.S.R. Otd. chim. **1958** 1331, 1338; engl. Ausg. S. 1284, 1290).

$Kp_{0,02}$: 84–85°. D_0^{20}: 0,9837. n_D^{20}: 1,4290.

Phosphorsäure-[2-amino-6-methyl-pyrimidin-4-ylester]-dibutylester $C_{13}H_{24}N_3O_4P$, Formel V ($R = PO(O$-$[CH_2]_3$-$CH_3)_2$).

B. Aus dem Silber-Salz des 2-Amino-6-methyl-3*H*-pyrimidin-4-ons mit Chlorophosphorsäure-dibutylester (*Arbusow, Soroaštrowa*, Izv. Akad. S.S.S.R. Otd. chim. **1958** 1331, 1338; engl. Ausg. S. 1284, 1289).

Kristalle (aus Bzl.+PAe.); F: 106–107°.

Phosphorsäure-[2-amino-6-methyl-pyrimidin-4-ylester]-diisobutylester $C_{13}H_{24}N_3O_4P$, Formel V ($R = PO(O$-CH_2-$CH(CH_3)_2)_2$).

B. Analog der vorangehenden Verbindung (*Arbusow, Soroaštrowa*, Izv. Akad. S.S.S.R. Otd.

chim. **1958** 1331, 1338; engl. Ausg. S. 1284, 1290).
Kristalle (aus PAe.); F: 114–116°.

Thiophosphorsäure-*O,O'*-diäthylester-*O''*-[2-amino-6-methyl-pyrimidin-4-ylester] $C_9H_{16}N_3O_3PS$, Formel V (R = $PS(O\text{-}C_2H_5)_2$).
B. Analog den vorangehenden Verbindungen (*Arbusow, Soroaštrowa,* Izv. Akad. S.S.S.R. Otd. chim. **1958** 1331, 1339; engl. Ausg. S. 1284, 1290).
Kristalle (aus PAe.); F: 107–108°.

2-Amino-1,4-dimethyl-6-sulfooxy-pyrimidinium-betain $C_6H_9N_3O_4S$, Formel VIII.
B. Neben 2-Amino-4-chlor-1,6-dimethyl-pyrimidinium-methylsulfat beim Erhitzen von 4-Chlor-6-methyl-pyrimidin-2-ylamin mit Dimethylsulfat in Nitrobenzol (*Ainley et al.,* Soc. **1953** 59, 65).
Kristalle (aus H_2O); F: 339–340°.

2-Amino-1,6-dimethyl-4-sulfooxy-pyrimidinium-betain $C_6H_9N_3O_4S$, Formel IX.
B. Beim Erhitzen von 2-Amino-4-chlor-1,6-dimethyl-pyrimidinium-methylsulfat (*Ainley et al.,* Soc. **1953** 59, 66).
Kristalle (aus H_2O) mit 1 Mol H_2O; F: 334–336° [Zers.].

[4-Äthoxy-6-methyl-pyrimidin-2-yl]-[4-chlor-phenyl]-amin $C_{13}H_{14}ClN_3O$, Formel X (R = C_6H_4-Cl, R' = C_2H_5).
B. Aus [4-Chlor-6-methyl-pyrimidin-2-yl]-[4-chlor-phenyl]-amin und Äthanol (*ICI,* D.B.P. 833651 [1951]; D.R.B.P. Org. Chem. 1950–1951 **3** 1017, 1025).
F: 87–88°.

[4-Chlor-phenyl]-[4-methyl-6-phenoxy-pyrimidin-2-yl]-amin $C_{17}H_{14}ClN_3O$, Formel X (R = C_6H_4-Cl, R' = C_6H_5).
B. Beim Erhitzen von [4-Chlor-6-methyl-pyrimidin-2-yl]-[4-chlor-phenyl]-amin mit Phenol und KOH (*Curd et al.,* Soc. **1947** 783, 790).
Kristalle (aus A.); F: 126°.

2-Benzylamino-4-methoxy-6-methyl-pyrimidin, Benzyl-[4-methoxy-6-methyl-pyrimidin-2-yl]-amin $C_{13}H_{15}N_3O$, Formel X (R = CH_2-C_6H_5, R' = CH_3).
B. Beim Erwärmen von Benzyl-[4-chlor-6-methyl-pyrimidin-2-yl]-amin mit wss.-methanol. KOH (*Matsukawa, Sirakawa,* J. pharm. Soc. Japan **71** [1951] 1210; C. A. **1952** 8122). Beim Erhitzen von 2-Chlor-4-methoxy-6-methyl-pyrimidin mit Benzylamin (*Sirakawa et al.,* J. pharm. Soc. **73** [1953] 598, 599; C. A. **1954** 9362).
Kristalle (aus PAe.); F: 71–72,5° (*Si. et al.*), 70,5–72,5° (*Ma., Si.*).

4-Äthoxy-2-benzylamino-6-methyl-pyrimidin, [4-Äthoxy-6-methyl-pyrimidin-2-yl]-benzyl-amin $C_{14}H_{17}N_3O$, Formel X (R = CH_2-C_6H_5, R' = C_2H_5).
B. Beim Erwärmen von Benzyl-[4-chlor-6-methyl-pyrimidin-2-yl]-amin mit wss.-äthanol. KOH (*Matsukawa, Sirakawa,* J. pharm. Soc. Japan **71** [1951] 1210; C. A. **1952** 8122).
Kristalle (aus PAe.); F: 72–73°.

4-Acetoxy-2-[4-acetoxy-benzylamino]-6-methyl-pyrimidin $C_{16}H_{17}N_3O_4$, Formel X (R = CH_2-C_6H_4-O-CO-CH_3, R' = CO-CH_3).
B. Beim Erhitzen von 2-[4-Hydroxy-benzylamino]-6-methyl-3*H*-pyrimidin-4-on mit Acet= anhydrid (*Matsukawa, Sirakawa,* J. pharm. Soc. Japan **71** [1951] 1210; C. A. **1952** 8122).
Kristalle (aus A.); F: 144,5–145,5°.

***N*-[4-Äthoxy-6-methyl-pyrimidin-2-yl]-*N'*-[4-chlor-phenyl]-guanidin** $C_{14}H_{16}ClN_5O$, Formel X (R = C(=NH)-NH-C_6H_4-Cl, R' = C_2H_5) und Taut.
B. Beim Erwärmen von *N*-[4-Chlor-6-methyl-pyrimidin-2-yl]-*N'*-[4-chlor-phenyl]-guanidin mit

äthanol. Natriumäthylat (*ICI*, U.S.P. 2422887 [1944]; D.B.P. 826136 [1949]; D.R.B.P. Org. Chem. 1950–1951 **3** 1030).

Kristalle (aus A.); F: 149–150°.

***N*-[4-Chlor-phenyl]-*N'*-[4-methyl-6-phenoxy-pyrimidin-2-yl]-guanidin** $C_{18}H_{16}ClN_5O$, Formel X (R = C(=NH)-NH-C_6H_4-Cl, R' = C_6H_5) und Taut.

B. Analog der vorangehenden Verbindung (*ICI*, U.S.P. 2422887 [1944]; D.B.P. 826136 [1949]; D.R.B.P. Org. Chem. 1950–1951 **3** 1030).

Kristalle (aus Butan-1-ol); F: 187–188° [unkorr.].

***N,N*-Diäthyl-*N'*-[4-methyl-6-phenoxy-pyrimidin-2-yl]-äthylendiamin** $C_{17}H_{24}N_4O$, Formel X (R = CH_2-CH_2-N(C_2H_5)$_2$, R' = C_6H_5).

B. Aus *N,N*-Diäthyl-*N'*-[4-chlor-6-methyl-pyrimidin-2-yl]-äthylendiamin und Phenol (*Crowther et al.*, Soc. **1948** 586, 590).

Dipicrat $C_{17}H_{24}N_4O \cdot 2C_6H_3N_3O_7$. Gelbe Kristalle (aus 2-Äthoxy-äthanol); F: 194–195°.

***N,N*-Diäthyl-*N'*-[4-(4-methoxy-phenoxy)-6-methyl-pyrimidin-2-yl]-äthylendiamin** $C_{18}H_{26}N_4O_2$, Formel X (R = CH_2-CH_2-N(C_2H_5)$_2$, R' = C_6H_4-O-CH_3).

B. Beim Erhitzen von *N,N*-Diäthyl-*N'*-[4-chlor-6-methyl-pyrimidin-2-yl]-äthylendiamin mit Natrium-[4-methoxy-phenolat] (*Curd et al.*, Soc. **1947** 783, 789).

Kristalle (aus PAe.); F: 61°.

***N,N*-Diäthyl-*N'*-[4-(4-methoxy-phenoxy)-6-methyl-pyrimidin-2-yl]-propandiyldiamin** $C_{19}H_{28}N_4O_2$, Formel X (R = [CH_2]$_3$-N(C_2H_5)$_2$, R' = C_6H_4-O-CH_3).

B. Analog der vorangehenden Verbindung (*Curd et al.*, Soc. **1947** 783, 789).

$Kp_{0,5}$: 194–195°.

Dipicrat $C_{19}H_{28}N_4O_2 \cdot 2C_6H_3N_3O_7$. Gelbe Kristalle (aus 2-Äthoxy-äthanol); F: 155–156°.

(±)-N^4,N^4-Diäthyl-N^1-[4-(4-chlor-phenoxy)-6-methyl-pyrimidin-2-yl]-1-methyl-butandiyldiamin $C_{20}H_{29}ClN_4O$, Formel X (R = CH(CH_3)-[CH_2]$_3$-N(C_2H_5)$_2$, R' = C_6H_4-Cl).

B. Analog den vorangehenden Verbindungen (*Curd et al.*, Soc. **1947** 783, 789).

Kristalle; F: 42° [nach Destillation bei 190–193°/0,1 Torr].

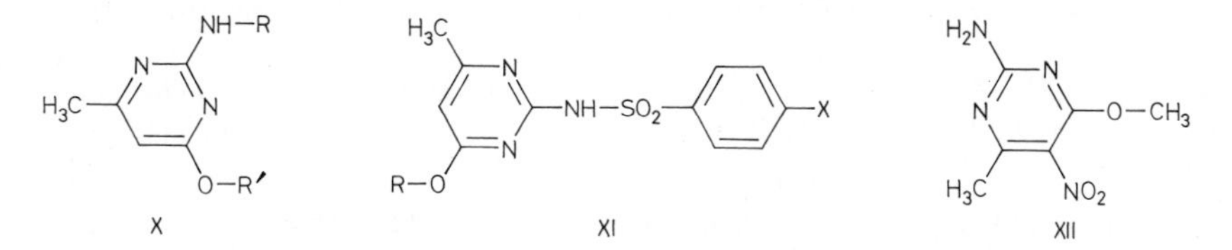

4-Nitro-benzolsulfonsäure-[4-methoxy-6-methyl-pyrimidin-2-ylamid] $C_{12}H_{12}N_4O_5S$, Formel XI (R = CH_3, X = NO_2).

B. Aus 4-Methoxy-6-methyl-pyrimidin-2-ylamin und 4-Nitro-benzolsulfonylchlorid in Gegenwart von Pyridin (*Backer, Grevenstuk*, R. **61** [1942] 291, 296).

F: 256° (*Rose, Tuey*, Soc. **1946** 81, 85). Kristalle (aus wss. A.); F: 215,5–216,5° [Zers.] (*Ba., Gr.*).

4-Methoxy-6-methyl-2-sulfanilylamino-pyrimidin, Sulfanilsäure-[4-methoxy-6-methyl-pyrimidin-2-ylamid] $C_{12}H_{14}N_4O_3S$, Formel XI (R = CH_3, X = NH_2).

B. Beim Erhitzen der vorangehenden Verbindung mit Eisen in 2-Äthoxy-äthanol und wss. HCl (*Rose, Tuey*, Soc. **1946** 81, 85; vgl. *Backer, Grevenstuk*, R. **61** [1942] 291, 296). Beim Erhitzen von *N*-Acetyl-sulfanilsäure-[4-methoxy-6-methyl-pyrimidin-2-ylamid] mit wss. NaOH (*Ba., Gr.; Braker et al.*, Am. Soc. **69** [1947] 3072, 3076, 3078).

Kristalle; F: 203,5–204,5° [aus A.] (*Ba., Gr.*), 201–202° [unkorr.] (*Br. et al.*), 195° [aus Me.] (*Rose, Tuey*).

4-Äthoxy-6-methyl-2-sulfanilylamino-pyrimidin, Sulfanilsäure-[4-äthoxy-6-methyl-pyrimidin-2-ylamid] $C_{13}H_{16}N_4O_3S$, Formel XI (R = C_2H_5, X = NH_2).

B. Beim Erhitzen von *N*-Acetyl-sulfanilsäure-[4-äthoxy-6-methyl-pyrimidin-2-ylamid] mit wss. NaOH (*Sprague et al.*, Am. Soc. **63** [1941] 3028; *Braker et al.*, Am. Soc. **69** [1947] 3072, 3076, 3078).

Wasserhaltige Kristalle, F: 104–105° [unkorr.; aus wss. A.] (*Sp. et al.*), 103–104° [unkorr.] (*Br. et al.*); die wasserfreie Verbindung schmilzt bei 151–152° [unkorr.] (*Sp. et al.*).

Die folgenden Verbindungen sind in analoger Weise hergestellt worden:

4-Methyl-6-propoxy-2-sulfanilylamino-pyrimidin, Sulfanilsäure-[4-methyl-6-propoxy-pyrimidin-2-ylamid] $C_{14}H_{18}N_4O_3S$, Formel XI (R = CH_2-C_2H_5, X = NH_2). F: 153–154° [unkorr.] (*Br. et al.*).

4-Methyl-6-pentyloxy-2-sulfanilylamino-pyrimidin, Sulfanilsäure-[4-methyl-6-pentyloxy-pyrimidin-2-ylamid] $C_{16}H_{22}N_4O_3S$, Formel XI (R = $[CH_2]_4$-CH_3, X = NH_2). F: 146–147° [unkorr.] (*Br. et al.*).

4-Methyl-6-phenoxy-2-sulfanilylamino-pyrimidin, Sulfanilsäure-[4-methyl-6-phenoxy-pyrimidin-2-ylamid] $C_{17}H_{16}N_4O_3S$, Formel XI (R = C_6H_5, X = NH_2). F: 181–182° [unkorr.] (*Br. et al.*).

4-[2-Methoxy-äthoxy]-6-methyl-2-sulfanilylamino-pyrimidin, Sulfanilsäure-[4-(2-methoxy-äthoxy)-6-methyl-pyrimidin-2-ylamid] $C_{14}H_{18}N_4O_4S$, Formel XI (R = CH_2-CH_2-O-CH_3, X = NH_2). F: 184–185° [unkorr.] (*Br. et al.*).

4-[2-Diäthylamino-äthoxy]-6-methyl-2-sulfanilylamino-pyrimidin, Sulfanilsäure-[4-(2-diäthylamino-äthoxy)-6-methyl-pyrimidin-2-ylamid] $C_{17}H_{25}N_5O_3S$, Formel XI (R = CH_2-CH_2-$N(C_2H_5)_2$, X = NH_2).

B. Beim Behandeln von 4-[2-Diäthylamino-äthoxy]-6-methyl-pyrimidin-2-ylamin mit *N*-Acetyl-sulfanilylchlorid in Pyridin und Erhitzen des Reaktionsprodukts mit wss. NaOH (*Braker et al.*, Am. Soc. **69** [1947] 3072, 3076, 3077).

F: 197–198° [unkorr.].

***N*-Acetyl-sulfanilsäure-[4-methoxy-6-methyl-pyrimidin-2-ylamid], Essigsäure-[4-(4-methoxy-6-methyl-pyrimidin-2-ylsulfamoyl)-anilid]** $C_{14}H_{16}N_4O_4S$, Formel XI (R = CH_3, X = NH-CO-CH_3).

B. Aus 4-Methoxy-6-methyl-pyrimidin-2-ylamin und *N*-Acetyl-sulfanilylchlorid in Pyridin (*Backer, Grevenstuk*, R. **61** [1942] 291, 296; *Braker et al.*, Am. Soc. **69** [1947] 3072, 3076, 3077).

Kristalle; F: 263–265° [aus wss. A.] (*Ba., Gr.*), 253–254° [unkorr.; Zers.] (*Br. et al.*), 248–249° (*Sugino, Shirai*, J. chem. Soc. Japan Pure Chem. Sect. **70** [1949] 111, 113; C. A. **1951** 6641).

Die folgenden Verbindungen sind in analoger Weise hergestellt worden:

N-Acetyl-sulfanilsäure-[4-äthoxy-6-methyl-pyrimidin-2-ylamid], Essigsäure-[4-(4-äthoxy-6-methyl-pyrimidin-2-ylsulfamoyl)-anilid] $C_{15}H_{18}N_4O_4S$, Formel XI (R = C_2H_5, X = NH-CO-CH_3). F: 244,5–245,5° [unkorr.] (*Sprague et al.*, Am. Soc. **63** [1941] 3028; *Br. et al.*).

N-Acetyl-sulfanilsäure-[4-methyl-6-propoxy-pyrimidin-2-ylamid], Essigsäure-[4-(4-methyl-6-propoxy-pyrimidin-2-ylsulfamoyl)-anilid] $C_{16}H_{20}N_4O_4S$, Formel XI (R = CH_2-C_2H_5, X = NH-CO-CH_3). F: 211–212° [unkorr.] (*Br. et al.*).

N-Acetyl-sulfanilsäure-[4-methyl-6-pentyloxy-pyrimidin-2-ylamid], Essigsäure-[4-(4-methyl-6-pentyloxy-pyrimidin-2-ylsulfamoyl)-anilid] $C_{18}H_{24}N_4O_4S$, Formel XI (R = $[CH_2]_4$-CH_3, X = NH-CO-CH_3). F: 167–168° [unkorr.] (*Br. et al.*).

N-Acetyl-sulfanilsäure-[4-methyl-6-phenoxy-pyrimidin-2-ylamid], Essigsäure-[4-(4-methyl-6-phenoxy-pyrimidin-2-ylsulfamoyl)-anilid] $C_{19}H_{18}N_4O_4S$, Formel XI (R = C_6H_5, X = NH-CO-CH_3). F: 212–213° [unkorr.] (*Br. et al.*).

N-Acetyl-sulfanilsäure-[4-(2-methoxy-äthoxy)-6-methyl-pyrimidin-2-ylamid] $C_{16}H_{20}N_4O_5S$, Formel XI (R = CH_2-CH_2-O-CH_3, X = NH-CO-CH_3). F: 189–190° [unkorr.] (*Br. et al.*).

4-Methoxy-6-methyl-5-nitro-pyrimidin-2-ylamin $C_6H_8N_4O_3$, Formel XII.

B. Beim Erwärmen von 4-Chlor-6-methyl-5-nitro-pyrimidin-2-ylamin mit methanol. Natrium⸗methylat (*Rose,* Soc. **1952** 3448, 3462).

Gelbe Kristalle (aus 2-Äthoxy-äthanol); F: 199°.

4-Methyl-6-methylmercapto-pyrimidin-2-ylamin $C_6H_9N_3S$, Formel XIII (R = CH_3).

B. Beim Erwärmen von 4-Chlor-6-methyl-pyrimidin-2-ylamin mit Methanthiol und methanol. Natriummethylat (*Backer, Grevenstuk,* R. **61** [1942] 291, 294).

Kristalle; F: 155° [aus Me.] (*Hull,* Soc. **1957** 4845, 4850), 154–154,5° [aus H_2O] (*Ba., Gr.*).

4-Methyl-6-phenylmercapto-pyrimidin-2-ylamin $C_{11}H_{11}N_3S$, Formel XIII (R = C_6H_5).

B. Aus 4-Chlor-6-methyl-pyrimidin-2-ylamin und Natrium-thiophenolat in Äthanol (*Backer, Grevenstuk,* R. **64** [1945] 115, 117).

Kristalle (aus A.); F: 190–190,5°.

4-Methyl-6-[4-nitro-phenylmercapto]-pyrimidin-2-ylamin $C_{11}H_{10}N_4O_2S$, Formel XIII (R = C_6H_4-NO_2).

B. Analog der vorangehenden Verbindung (*Fel'dman et al.,* Ž. obšč. Chim. **19** [1949] 1683, 1685; engl. Ausg. S. a113, a115; *Ohta, Sudo,* J. pharm. Soc. Japan **71** [1951] 45, 46; C. A. **1951** 7576).

Gelbe Kristalle; F: 216–217° [aus Bzl. oder Eg.] (*Fe. et al.*), 214° [aus A.] (*Ohta, Sudo*).

Hydrochlorid $C_{11}H_{10}N_4O_2S \cdot HCl$ (*Ohta, Sudo*).

4-Methyl-6-[4-nitro-benzolsulfonyl]-pyrimidin-2-ylamin $C_{11}H_{10}N_4O_4S$, Formel XIV (X = NO_2).

B. Aus der vorangehenden Verbindung mit Hilfe von $KMnO_4$ in wss. Essigsäure (*Ohta, Sudo,* J. pharm. Soc. Japan **71** [1951] 45, 46; C. A. **1951** 7576).

Kristalle (aus E.); F: 206°.

4-Methyl-6-[toluol-4-sulfonyl]-pyrimidin-2-ylamin $C_{12}H_{13}N_3O_2S$, Formel XIV (X = CH_3).

B. Aus 4-Chlor-6-methyl-pyrimidin-2-ylamin und Natrium-[toluol-4-sulfinat] in Äthanol (*Ohta, Sudo,* J. pharm. Soc. Japan **71** [1951] 514; C. A. **1952** 4549).

Kristalle (aus A.); F: 154–155°.

Picrat. F: 160°.

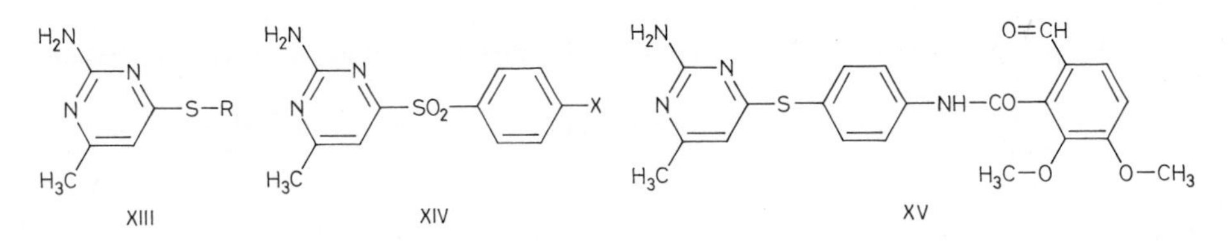

4-[4-Amino-phenylmercapto]-6-methyl-pyrimidin-2-ylamin $C_{11}H_{12}N_4S$, Formel XIII (R = C_6H_4-NH_2).

B. Aus 4-Methyl-6-[4-nitro-phenylmercapto]-pyrimidin-2-ylamin beim Hydrieren an Raney-Nickel in Äthanol (*Fel'dman et al.,* Ž. obšč. Chim. **19** [1949] 1683, 1685; engl. Ausg. S. a113, a115) oder beim Erwärmen mit Eisen-Pulver und wss. NH_4Cl (*Fe. et al.*; *Ohta, Sudo,* J. pharm. Soc. Japan **71** [1951] 45, 47; C. A. **1951** 7576).

Kristalle (aus A.); F: 204° (*Ohta, Sudo*), 200–202° (*Fe. et al.*).

Acetyl-Derivat $C_{13}H_{14}N_4OS$; Essigsäure-[4-(2-amino-6-methyl-pyrimidin-4-ylmercapto)-anilid]. Kristalle; F: 224° (*Ohta, Sudo*).

4-Methyl-6-sulfanilyl-pyrimidin-2-ylamin $C_{11}H_{12}N_4O_2S$, Formel XIV (X = NH_2).

B. Beim Erwärmen von 4-Chlor-6-methyl-pyrimidin-2-ylamin mit Kalium-[4-amino-benzol⸗

sulfinat], Kupfer-Pulver und Jod in Äthanol (*Semonský, Černý,* Chem. Listy **45** [1951] 156; C. A. **1952** 1556). Beim Erwärmen von 4-Methyl-6-[4-nitro-benzolsulfonyl]-pyrimidin-2-ylamin mit Eisen-Pulver und wss. NH_4Cl (*Ohta, Sudo,* J. pharm. Soc. Japan **71** [1951] 45, 47; C. A. **1951** 7576).

Kristalle; F: 238° [Zers.; aus A.] (*Ohta, Sudo*), 225–226° [unkorr.; aus Me.] (*Se., Če.*).

4-[*N*-Acetyl-sulfanilyl]-6-methyl-pyrimidin-2-ylamin, Essigsäure-[4-(2-amino-6-methyl-pyrimidin-4-sulfonyl)-anilid] $C_{13}H_{14}N_4O_3S$, Formel XIV (X = NH-CO-CH$_3$).

B. Beim Erwärmen von 4-Chlor-6-methyl-pyrimidin-2-ylamin mit Kalium-[4-acetylamino-benzolsulfinat] und Kupfer-Pulver in Äthanol (*Semonský, Černý,* Chem. Listy **45** [1951] 156; C. A. **1952** 1556; vgl. *Ohta, Sudo,* J. pharm. Soc. Japan **71** [1951] 514; C. A. **1952** 4549). Aus der vorangehenden Verbindung (*Ohta, Sudo,* J. pharm. Soc. Japan **71** [1951] 45, 47; C. A. **1951** 7576). Aus Essigsäure-[4-(2-amino-6-methyl-pyrimidin-4-ylmercapto)-anilid] mit Hilfe von $KMnO_4$ in wss. Essigsäure (*Ohta, Sudo,* l. c. S. 47).

Kristalle; F: 234–235° [unkorr.; aus wss. A.] (*Se., Če.*), 230° [Zers.] (*Ohta, Sudo,* l. c. S. 515), 228° [Zers.; aus A.] (*Ohta, Sudo,* l. c. S. 47).

6-Formyl-2,3-dimethoxy-benzoesäure-[4-(2-amino-6-methyl-pyrimidin-4-ylmercapto)-anilid] $C_{21}H_{20}N_4O_4S$, Formel XV.

B. Aus 4-[4-Amino-phenylmercapto]-6-methyl-pyrimidin-2-ylamin und Opiansäure (E III **10** 4511) in Äthylacetat (*Fel'dman et al.,* Ž. obšč. Chim. **19** [1949] 1683, 1688; engl. Ausg. S. a113, a118).

Kristalle; F: 173–175°.

Bis-[2-amino-6-methyl-pyrimidin-4-yl]-sulfid, 6,6'-Dimethyl-4,4'-sulfandiyl-bis-pyrimidin-2-yl=amin $C_{10}H_{12}N_6S$, Formel I.

B. Beim Erwärmen von 4-Chlor-6-methyl-pyrimidin-2-ylamin mit Thioharnstoff in Äthanol (*Polonovski, Schmitt,* Bl. **1950** 616, 620).

Kristalle (aus wss. A.) mit 1 Mol H_2O; F: 224°.

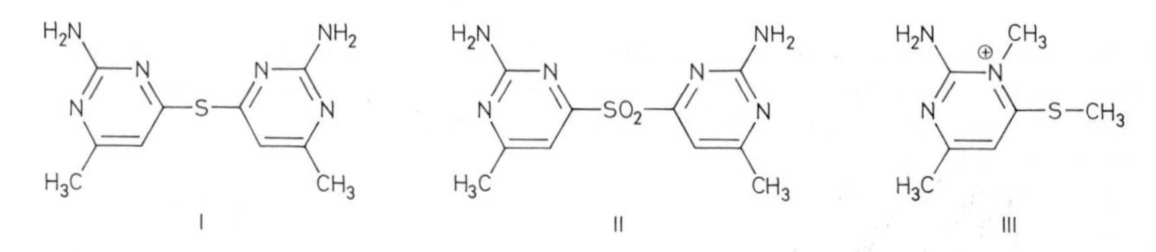

Bis-[2-amino-6-methyl-pyrimidin-4-yl]-sulfon, 6,6'-Dimethyl-4,4'-sulfonyl-bis-pyrimidin-2-ylamin $C_{10}H_{12}N_6O_2S$, Formel II.

B. Beim Behandeln der vorangehenden Verbindung mit $KMnO_4$ in wss. H_2SO_4 (*Polonovski, Schmitt,* Bl. **1950** 616, 620).

Kristalle (aus H_2O) mit 1 Mol H_2O; F: 220°.

2-Amino-1,4-dimethyl-6-methylmercapto-pyrimidinium $[C_7H_{12}N_3S]^+$, Formel III.

Jodid. *B.* Neben der folgenden Verbindung beim Erwärmen von 4-Methyl-6-methylmercapto-pyrimidin-2-ylamin mit CH_3I in Methanol oder in 2-Äthoxy-äthanol (*ICI,* D.B.P. 823452 [1949]; D.R.B.P. Org. Chem. 1950–1951 **6** 2436). – Gelbliche Kristalle (aus H_2O); F: 261–262° [Zers.].

2-Amino-1,6-dimethyl-4-methylmercapto-pyrimidinium $[C_7H_{12}N_3S]^+$, Formel IV.

Jodid. *B.* s. im vorangehenden Artikel. – Kristalle (aus H_2O); F: 225–227° [Zers.] (*ICI,* D.B.P. 823452 [1949]; D.R.B.P. Org. Chem. 1950–1951 **6** 2436).

2-Äthylamino-4-methyl-6-methylmercapto-pyrimidin, Äthyl-[4-methyl-6-methylmercapto-pyrimidin-2-yl]-amin $C_8H_{13}N_3S$, Formel V (R = C_2H_5, R' = CH_3).

B. Beim Erhitzen von 2-Chlor-4-methyl-6-methylmercapto-pyrimidin mit wss. Äthylamin (*ICI,*

U.S.P. 2585906 [1949]; D.B.P. 839640 [1949]; D.R.B.P. Org. Chem. 1950–1951 **6** 2439).

Kristalle (aus PAe.); F: 62°.

Methojodid $[C_9H_{16}N_3S]I$; 2-Äthylamino-1,6-dimethyl-4-methylmercapto-pyr≈imidinium-jodid. Kristalle (aus H_2O); F: 226° [Zers.].

4-Benzylmercapto-2-butylamino-6-methyl-pyrimidin, [4-Benzylmercapto-6-methyl-pyrimidin-2-yl]-butyl-amin $C_{16}H_{21}N_3S$, Formel V (R = $[CH_2]_3$-CH_3, R′ = CH_2-C_6H_5).

B. Beim Erwärmen von Butyl-[4-chlor-6-methyl-pyrimidin-2-yl]-amin mit Phenylmethanthiol und methanol. Natriummethylat (*ICI,* U.S.P. 2585906 [1949]; D.B.P. 839640 [1949]; D.R.B.P. Org. Chem. 1950–1951 **6** 2439).

Kristalle (aus PAe.); F: 59–60°.

Methojodid $[C_{17}H_{24}N_3S]I$; 4-Benzylmercapto-2-butylamino-1,6-dimethyl-pyr≈imidinium-jodid. Kristalle (aus H_2O); F: 154°.

(±)-2,2,2-Trichlor-1-[4-methyl-6-methylmercapto-pyrimidin-2-ylamino]-äthanol (?) $C_8H_{10}Cl_3N_3OS$, vermutlich Formel V (R = CH(OH)-CCl_3, R′ = CH_3).

B. Beim Erwärmen von 4-Methyl-6-methylmercapto-pyrimidin-2-ylamin mit Chloral (*Hull,* Soc. **1957** 4845, 4850).

Kristalle (aus wss. Me.); F: 150–152°.

2-Acetylamino-4-methyl-6-[4-nitro-phenylmercapto]-pyrimidin, *N*-[4-Methyl-6-(4-nitro-phenyl≈mercapto)-pyrimidin-2-yl]-acetamid $C_{13}H_{12}N_4O_3S$, Formel V (R = CO-CH_3, R′ = C_6H_4-NO_2).

B. Beim Erwärmen von 4-Methyl-6-[4-nitro-phenylmercapto]-pyrimidin-2-ylamin mit Acet≈anhydrid (*Fel'dman et al.,* Ž. obšč. Chim. **19** [1949] 1683, 1686; engl. Ausg. S. a113, a116).

Kristalle (aus Me.); F: 177–179°.

2-Acetylamino-4-methyl-6-[4-nitro-benzolsulfonyl]-pyrimidin, *N*-[4-Methyl-6-(4-nitro-benzol≈sulfonyl)-pyrimidin-2-yl]-acetamid $C_{13}H_{12}N_4O_5S$, Formel VI (X = NO_2).

B. Beim Erwärmen der vorangehenden Verbindung mit wss. H_2O_2 in Essigsäure und Acet≈anhydrid (*Fel'dman et al.,* Ž. obšč. Chim. **19** [1949] 1683, 1687; engl. Ausg. S. a113, a117).

Kristalle (aus Me.); F: 239–241°.

2-Acetylamino-4-[4-amino-phenylmercapto]-6-methyl-pyrimidin, *N*-[4-(4-Amino-phenylmercapto)-6-methyl-pyrimidin-2-yl]-acetamid $C_{13}H_{14}N_4OS$, Formel V (R = CO-CH_3, R′ = C_6H_4-NH_2).

B. Beim Erwärmen von *N*-[4-Methyl-6-(4-nitro-phenylmercapto)-pyrimidin-2-yl]-acetamid mit Eisen-Pulver und wss. NH_4Cl (*Fel'dman et al.,* Ž. obšč. Chim. **19** [1949] 1683, 1686; engl. Ausg. S. a113, a116).

Kristalle (aus A.); F: 164–166°.

2-Acetylamino-4-methyl-6-sulfanilyl-pyrimidin, *N*-[4-Methyl-6-sulfanilyl-pyrimidin-2-yl]-acetamid $C_{13}H_{14}N_4O_3S$, Formel VI (X = NH_2).

B. Bei der Hydrierung von *N*-[4-Methyl-6-(4-nitro-benzolsulfonyl)-pyrimidin-2-yl]-acetamid an Platin in Äthanol (*Fel'dman et al.,* Ž. obšč. Chim. **19** [1949] 1683, 1688; engl. Ausg. S. a113, a118).

Gelbliche Kristalle (aus wss. A.); F: 182–185°.

2-Acetylamino-4-[4-acetylamino-phenylmercapto]-6-methyl-pyrimidin, *N*-[4-(4-Acetylamino-phenylmercapto)-6-methyl-pyrimidin-2-yl]-acetamid $C_{15}H_{16}N_4O_2S$, Formel V (R = CO-CH_3, R′ = C_6H_4-NH-CO-CH_3).

B. Beim Erwärmen von 4-[4-Amino-phenylmercapto]-6-methyl-pyrimidin-2-ylamin mit Acet≈anhydrid (*Fel'dman et al.,* Ž. obšč. Chim. **19** [1949] 1683, 1686; engl. Ausg. S. a113, a116).

Kristalle (aus Me.); F: 229–231°.

***N*-[4-Chlor-phenyl]-*N′*-[4-methyl-6-methylmercapto-pyrimidin-2-yl]-guanidin** $C_{13}H_{14}ClN_5S$, Formel V (R = C(=NH)-NH-C_6H_4-Cl, R′ = CH_3) und Taut.

B. Beim Erwärmen von *N*-[4-Chlor-6-methyl-pyrimidin-2-yl]-*N′*-[4-chlor-phenyl]-guanidin mit

Natrium-methanthiolat in Methanol (*ICI*, U.S.P. 2422887 [1944]; D.B.P. 826136 [1951]; D.R.B.P. Org. Chem. 1950–1951 **3** 1030).
Kristalle (aus wss. Me.); F: 147–149°.

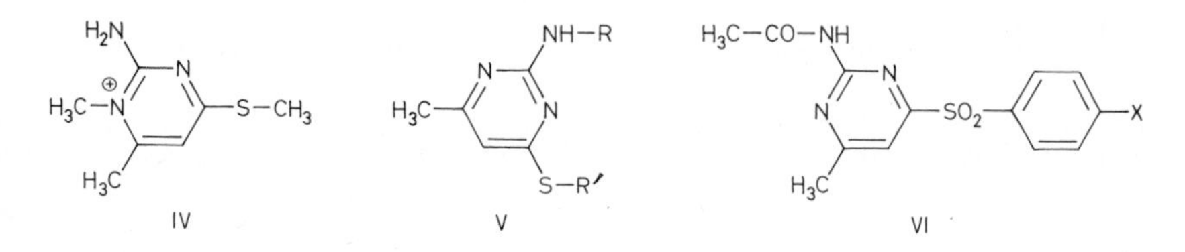

***N,N*-Diäthyl-*N'*-[4-äthylmercapto-6-methyl-pyrimidin-2-yl]-äthylendiamin** $C_{13}H_{24}N_4S$, Formel V (R = CH_2-CH_2-N(C_2H_5)$_2$, R' = C_2H_5).

B. Beim Erwärmen von *N,N*-Diäthyl-*N'*-[4-chlor-6-methyl-pyrimidin-2-yl]-äthylendiamin mit Äthanthiol und äthanol. Natriumäthylat (*Gulland, Macey,* Soc. **1949** 1257).

Kristalle; F: 24° [nach Destillation bei 105–115°/0,04 Torr].

Dipicrat $C_{13}H_{24}N_4S \cdot 2C_6H_3N_3O_7$. Gelbe Kristalle (aus A.); F: 158°.

***N,N*-Diäthyl-*N'*-[4-(4-chlor-phenylmercapto)-6-methyl-pyrimidin-2-yl]-äthylendiamin** $C_{17}H_{23}ClN_4S$, Formel V (R = CH_2-CH_2-N(C_2H_5)$_2$, R' = C_6H_4-Cl).

B. Aus *N,N*-Diäthyl-*N'*-[4-chlor-6-methyl-pyrimidin-2-yl]-äthylendiamin und 4-Chlor-thio= phenol (*Curd et al.*, Soc. **1947** 783, 788).

Kristalle (aus PAe.); F: 83°.

Die folgenden Verbindungen sind in analoger Weise hergestellt worden:

N,N-Diäthyl-*N'*-[4-(4-methoxy-phenylmercapto)-6-methyl-pyrimidin-2-yl]-äthylendiamin $C_{18}H_{26}N_4OS$, Formel V (R = CH_2-CH_2-N(C_2H_5)$_2$, R' = C_6H_4-O-CH_3). Kristalle (aus PAe.); F: 68–69°. $Kp_{0,8}$: 212–214°.

N,N-Diäthyl-*N'*-[4-(4-chlor-phenylmercapto)-6-methyl-pyrimidin-2-yl]-pro= pandiyldiamin $C_{18}H_{25}ClN_4S$, Formel V (R = [CH_2]$_3$-N(C_2H_5)$_2$, R' = C_6H_4-Cl). Kristalle (aus PAe.); F: 83°. $Kp_{0,7}$: 228–230°.

N,N-Dibutyl-*N'*-[4-(4-chlor-phenylmercapto)-6-methyl-pyrimidin-2-yl]-pro= pandiyldiamin $C_{22}H_{33}ClN_4S$, Formel V (R = [CH_2]$_3$-N([CH_2]$_3$-CH_3)$_2$, R' = C_6H_4-Cl). F: 59–60°. $Kp_{0,08}$: 192–194°. – Picrat. $C_{22}H_{33}ClN_4S \cdot 2C_6H_3N_3O_7$. Gelbe Kristalle (aus 2-Äthoxy-äthanol); F: 151–152°.

N,N-Diäthyl-*N'*-[4-(4-methoxy-phenylmercapto)-6-methyl-pyrimidin-2-yl]-propandiyldiamin $C_{19}H_{28}N_4OS$, Formel V (R = [CH_2]$_3$-N(C_2H_5)$_2$, R' = C_6H_4-O-CH_3). Kristalle (aus PAe.); F: 69–70°. Kp_2: 228–230°.

N,N-Dibutyl-*N'*-[4-(4-methoxy-phenylmercapto)-6-methyl-pyrimidin-2-yl]-propandiyldiamin $C_{23}H_{36}N_4OS$, Formel V (R = [CH_2]$_3$-N([CH_2]$_3$-CH_3)$_2$, R' = C_6H_4-O-CH_3). $Kp_{0,09}$: 202–204°. – Dipicrat $C_{23}H_{36}N_4OS \cdot 2C_6H_3N_3O_7$. Gelbe Kristalle (aus 2-Äthoxy-äthanol); F: 154–156°.

(±)-N^4,N^4-Diäthyl-N^1-[4-(4-chlor-phenylmercapto)-6-methyl-pyrimidin-2-yl]-1-methyl-butandiyldiamin $C_{20}H_{29}ClN_4S$, Formel V (R = CH(CH_3)-[CH_2]$_3$-N(C_2H_5)$_2$, R = C_6H_4-Cl). Kp_3: 224–226°.

(±)-N^4,N^4-Diäthyl-N^1-[4-(4-methoxy-phenylmercapto)-6-methyl-pyrimidin-2-yl]-1-methyl-butandiyldiamin $C_{21}H_{32}N_4OS$, Formel V (R = CH(CH_3)-[CH_2]$_3$-N(C_2H_5)$_2$, R' = C_6H_4-O-CH_3). $Kp_{1,5}$: 210–212°.

4-Nitro-benzolsulfonsäure-[4-methyl-6-methylmercapto-pyrimidin-2-ylamid] $C_{12}H_{12}N_4O_4S_2$, Formel V (R = SO_2-C_6H_4-NO_2, R' = CH_3).

B. Aus 4-Methyl-6-methylmercapto-pyrimidin-2-ylamin und 4-Nitro-benzolsulfonylchlorid in Pyridin (*Backer, Grevenstuk,* R. **61** [1942] 291, 297).

Kristalle (aus A.); F: 217–222° [Zers.].

4-Methyl-6-methylmercapto-2-sulfanilylamino-pyrimidin, Sulfanilsäure-[4-methyl-6-methyl=mercapto-pyrimidin-2-ylamid] $C_{12}H_{14}N_4O_2S_2$, Formel V (R = SO_2-C_6H_4-NH_2, R′ = CH_3).
B. Aus der vorangehenden Verbindung mit Hilfe von Eisen und wss. HCl (*Backer, Grevenstuk,* R. **61** [1942] 291, 298).
Kristalle (aus A.); F: 197,5–198,5°.

4-Nitro-benzolsulfonsäure-[4-methyl-6-phenylmercapto-pyrimidin-2-ylamid] $C_{17}H_{14}N_4O_4S_2$, Formel V (R = SO_2-C_6H_4-NO_2, R′ = C_6H_5).
B. Aus 4-Methyl-6-phenylmercapto-pyrimidin-2-ylamin und 4-Nitro-benzolsulfonylchlorid in Pyridin (*Backer, Grevenstuk,* R. **64** [1945] 115, 117).
F: 223–227° [Zers.].
Natrium-Verbindung. Kristalle.

4-Methyl-6-phenylmercapto-2-sulfanilylamino-pyrimidin, Sulfanilsäure-[4-methyl-6-phenyl=mercapto-pyrimidin-2-ylamid] $C_{17}H_{16}N_4O_2S_2$, Formel V (R = SO_2-C_6H_4-NH_2, R′ = C_6H_5).
B. Aus der vorangehenden Verbindung mit Hilfe von Eisen und wss. HCl (*Backer, Grevenstuk,* R. **64** [1945] 115, 117). Aus der folgenden Verbindung mit Hilfe von wss. NaOH (*Ba., Gr.*).
Trimorph; gelbe Kristalle, F: 139,5–141° und (nach Wiedererstarren) F: 189,5–190° [aus der Nitro-Verbindung erhaltenes Präparat]; Kristalle, F: 151,5–153,5° und (nach Wiedererstar=ren) F: 189,5–190° [aus dem Acetyl-Derivat erhaltenes Präparat].
Natrium-Verbindung $NaC_{17}H_{15}N_4O_2S_2$. Kristalle (aus A.).

***N*-Acetyl-sulfanilsäure-[4-methyl-6-phenylmercapto-pyrimidin-2-ylamid], Essigsäure-[4-(4-methyl-6-phenylmercapto-pyrimidin-2-ylsulfamoyl)-anilid]** $C_{19}H_{18}N_4O_3S_2$, Formel V (R = SO_2-C_6H_4-NH-CO-CH_3, R′ = C_6H_5).
B. Aus 4-Methyl-6-phenylmercapto-pyrimidin-2-ylamin und *N*-Acetyl-sulfanilylchlorid in Pyridin (*Backer, Grevenstuk,* R. **64** [1945] 115, 117).
F: 220–221,5°.

4-Methyl-6-methylmercapto-5-nitro-pyrimidin-2-ylamin $C_6H_8N_4O_2S$, Formel VII (R = CH_3).
B. Beim Erwärmen von 4-Chlor-6-methyl-5-nitro-pyrimidin-2-ylamin mit *S*-Methyl-thiouron=ium-sulfat, wss. NaOH und wss. Dioxan (*Rose,* Soc. **1952** 3448, 3461).
Gelbe Kristalle (aus Butan-1-ol); F: 219°.

4-Benzylmercapto-6-methyl-5-nitro-pyrimidin-2-ylamin $C_{12}H_{12}N_4O_2S$, Formel VII (R = CH_2-C_6H_5).
B. Analog der vorangehenden Verbindung (*Rose,* Soc. **1952** 3448, 3461).
Gelbe Kristalle (aus Bzl.); F: 155°.

2-Chlor-4-methyl-6-methylmercapto-pyrimidin-5-ylamin $C_6H_8ClN_3S$, Formel VIII.
B. Bei der Hydrierung von 2-Chlor-4-methyl-6-methylmercapto-5-nitro-pyrimidin an Raney-Nickel in Methanol (*Rose,* Soc. **1954** 4116, 4125).
Kristalle (aus PAe.); F: 110°.

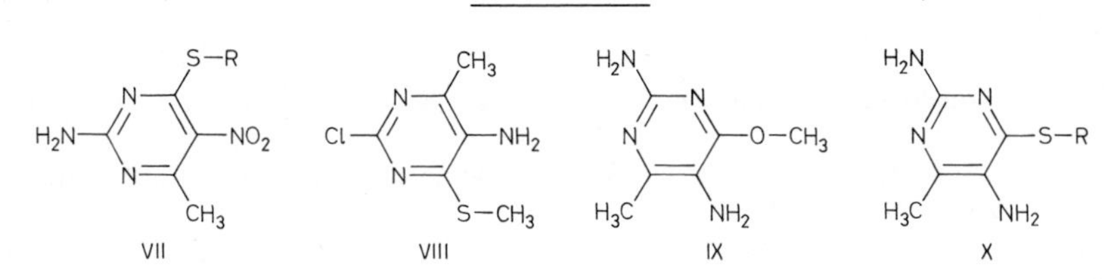

4-Methoxy-6-methyl-pyrimidin-2,5-diyldiamin $C_6H_{10}N_4O$, Formel IX.
B. Bei der Hydrierung von 4-Methoxy-6-methyl-5-nitro-pyrimidin-2-ylamin an Raney-Nickel in Methanol (*Rose,* Soc. **1952** 3448, 3462).

Sulfat $C_6H_{10}N_4O \cdot H_2SO_4$. Kristalle (aus wss. A.); F: 167–169°.

4-Methyl-6-methylmercapto-pyrimidin-2,5-diyldiamin $C_6H_{10}N_4S$, Formel X (R = CH_3).
B. Bei der Hydrierung von 4-Methyl-6-methylmercapto-5-nitro-pyrimidin-2-ylamin an Palladium/Kohle (*Rose,* Soc. **1952** 3448, 3461).
Kristalle (aus H_2O); F: 141–142°.

4-Benzylmercapto-6-methyl-pyrimidin-2,5-diyldiamin $C_{12}H_{14}N_4S$, Formel X (R = CH_2-C_6H_5).
B. Analog der vorangehenden Verbindung (*Rose,* Soc. **1952** 3448, 3461).
F: 160°.

[2,5-Diamino-6-methyl-pyrimidin-4-ylmercapto]-essigsäure $C_7H_{10}N_4O_2S$, Formel X (R = CH_2-CO-OH).
B. Beim Erwärmen von 2,5-Diamino-6-methyl-3*H*-pyrimidin-4-thion mit Chloressigsäure in wss. NaOH (*Rose,* Soc. **1952** 3448, 3461).
Gelbliche Kristalle mit 1 Mol H_2O; Zers. bei ca. 230°.

4-Methoxymethyl-pyrimidin-2-ylamin $C_6H_9N_3O$, Formel XI (R = X = H).
B. Bei der Hydrierung von 4-Chlor-6-methoxymethyl-pyrimidin-2-ylamin an Palladium/Kohle in Äthanol (*Braker et al.,* Am. Soc. **69** [1947] 3072, 3075, 3077).
F: 123–124° [unkorr.].

4-Phthalimidomethyl-benzolsulfonsäure-[4-hydroxymethyl-pyrimidin-2-ylamid], *N*-[4-(4-Hydroxymethyl-pyrimidin-2-ylsulfamoyl)-benzyl]-phthalimid $C_{20}H_{16}N_4O_5S$, Formel XII.
B. Beim Erwärmen von [2-Amino-pyrimidin-4-yl]-methanol in wss. NaOH mit 4-Phthalimidomethyl-benzolsulfonylchlorid in Benzol (*Kominato,* Kumamoto Med. J. **6** [1954] 139, 141).
F: 238°.

4-Methoxymethyl-2-sulfanilylamino-pyrimidin, Sulfanilsäure-[4-methoxymethyl-pyrimidin-2-ylamid] $C_{12}H_{14}N_4O_3S$, Formel XI (R = SO_2-C_6H_4-NH_2, X = H).
B. Beim Erhitzen der folgenden Verbindung mit wss. NaOH (*Braker et al.,* Am. Soc. **69** [1947] 3072, 3076, 3078).
F: 196–197° [unkorr.].

***N*-Acetyl-sulfanilsäure-[4-methoxymethyl-pyrimidin-2-ylamid], Essigsäure-[4-(4-methoxymethyl-pyrimidin-2-ylsulfamoyl)-anilid]** $C_{14}H_{16}N_4O_4S$, Formel XI (R = SO_2-C_6H_4-NH-CO-CH_3, X = H).
B. Aus 4-Methoxymethyl-pyrimidin-2-ylamin und *N*-Acetyl-sulfanilylchlorid in Pyridin (*Braker et al.,* Am. Soc. **69** [1947] 3072, 3076, 3077).
F: 220–221° [unkorr.].

4-Chlor-6-methoxymethyl-pyrimidin-2-ylamin $C_6H_8ClN_3O$, Formel XI (R = H, X = Cl).
B. Aus 2-Amino-6-methoxymethyl-3*H*-pyrimidin-4-on und $POCl_3$ (*Braker et al.,* Am. Soc. **69** [1947] 3072, 3074, 3076).
F: 131–132° [unkorr.].

5-Methyl-2-methylmercapto-pyrimidin-4-ylamin $C_6H_9N_3S$, Formel XIII (R = R′ = H, R″ = CH_3).
B. Beim Erhitzen von 4-Chlor-5-methyl-2-methylmercapto-pyrimidin mit äthanol. NH_3 (*Brooks et al.,* Soc. **1950** 452, 456, 459).
Kristalle (aus H_2O); F: 130–131°.

2-Äthylmercapto-5-methyl-pyrimidin-4-ylamin $C_7H_{11}N_3S$, Formel XIII (R = R′ = H, R″ = C_2H_5) (H 17).
Mengenverhältnis der Reaktionsprodukte (2-Äthansulfonyl-5-methyl-pyrimidin-4-ylamin und

4-Amino-5-methyl-1*H*-pyrimidin-2-on) beim Erwärmen mit wss. H_2O_2 [3–36%ig] und Äthanol: *Chi* [*Tschi*], *Chen* [*Tschên*], Scientia sinica **6** [1957] 477, 488; Ž. obšč. Chim. **28** [1958] 1483, 1489, 1491; engl. Ausg. S. 1533, 1538, 1540). Beim Behandeln einer Lösung in wss.-methanol. HCl mit Chlor ist [2-Äthansulfonyl-5-methyl-pyrimidin-4-yl]-chlor-amin erhalten worden (*Johnson, Sprague,* Am. Soc. **60** [1938] 1622).

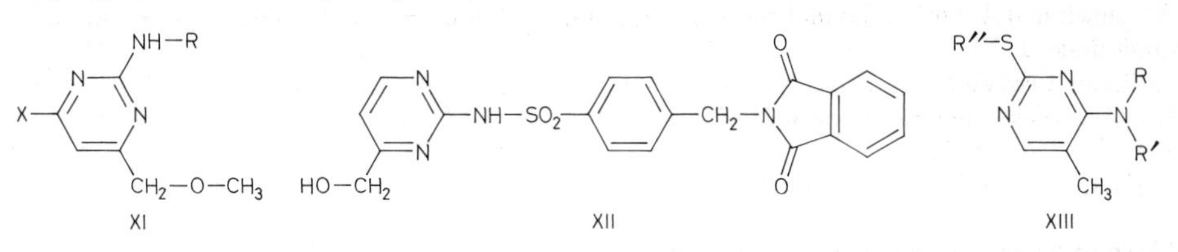

2-Äthansulfonyl-5-methyl-pyrimidin-4-ylamin $C_7H_{11}N_3O_2S$, Formel XIV (R = R' = H, R'' = C_2H_5).

B. Beim Erwärmen der vorangehenden Verbindung in Äthanol mit wss. H_2O_2 (*Chi* [*Tschi*], *Chen* [*Tschên*], Scientia sinica **6** [1957] 477, 488; Ž. obšč. Chim. **28** [1958] 1483, 1489; engl. Ausg. S. 1533, 1538). Beim Erhitzen von 2-Äthansulfonyl-4-chlor-5-methyl-pyrimidin mit äthanol. NH_3 (*Sprague, Johnson,* Am. Soc. **58** [1936] 423, 426). Beim Behandeln von [2-Äthansulfonyl-5-methyl-pyrimidin-4-yl]-chlor-amin mit wss. $NaHSO_3$ (*Johnson, Sprague,* Am. Soc. **60** [1938] 1622).

Kristalle (aus E.); F: 136–137° (*Jo., Sp.*), 135,5–136,5° (*Sp., Jo.*), 135–136,5° (*Chi, Chen*).

2-Butylmercapto-5-methyl-pyrimidin-4-ylamin $C_9H_{15}N_3S$, Formel XIII (R = R' = H, R'' = $[CH_2]_3$-CH_3).

B. Beim Erhitzen von 2-Butylmercapto-4-chlor-5-methyl-pyrimidin mit äthanol. NH_3 (*Brooks et al.,* Soc. **1950** 452, 456, 459).

Kristalle (aus Bzl.); F: 85–86°.

5-Methyl-2-octylmercapto-pyrimidin-4-ylamin $C_{13}H_{23}N_3S$, Formel XIII (R = R' = H, R'' = $[CH_2]_7$-CH_3).

B. Analog der vorangehenden Verbindung (*Brooks et al.,* Soc. **1950** 452, 456, 459).

Kristalle (aus PAe.); F: 85–86°.

[4-Amino-5-methyl-pyrimidin-2-ylmercapto]-essigsäure $C_7H_9N_3O_2S$, Formel XIII (R = R' = H, R'' = CH_2-CO-OH).

B. Beim Erhitzen von 4-Amino-5-methyl-1*H*-pyrimidin-2-thion mit Chloressigsäure in H_2O (*Hitchings et al.,* J. biol. Chem. **177** [1949] 357, 359).

Kristalle (aus A. + Ae.); F: 193–194°.

2-Äthylmercapto-5-methyl-4-methylamino-pyrimidin, [2-Äthylmercapto-5-methyl-pyrimidin-4-yl]-methyl-amin $C_8H_{13}N_3S$, Formel XIII (R = CH_3, R' = H, R'' = C_2H_5).

B. Beim Erhitzen von 2-Äthylmercapto-4-chlor-5-methyl-pyrimidin mit Methylamin und H_2O (*Chi* [*Tschi*], *Chen* [*Tschên*], Scientia sinica **6** [1957] 477, 484; Ž. obšč. Chim. **28** [1958] 1483, 1487; engl. Ausg. S. 1533, 1537).

Kristalle (aus Ae.); F: 58,5–60°.

Hydrochlorid $C_8H_{13}N_3S \cdot HCl$. Kristalle (aus A.); F: 228–229°.

2-Äthansulfonyl-5-methyl-4-methylamino-pyrimidin, [2-Äthansulfonyl-5-methyl-pyrimidin-4-yl]-methyl-amin $C_8H_{13}N_3O_2S$, Formel XIV (R = CH_3, R' = H, R'' = C_2H_5).

B. Beim Erwärmen der vorangehenden Verbindung in Äthanol mit wss. H_2O_2 (*Chi* [*Tschi*], *Chen* [*Tschên*], Scientia sinica **6** [1957] 477, 489; Ž. obšč. Chim. **28** [1958] 1483, 1490; engl. Ausg. S. 1533, 1539).

Kristalle (aus E.); F: 138–140°.

2-Äthylmercapto-4-diäthylamino-5-methyl-pyrimidin, Diäthyl-[2-äthylmercapto-5-methyl-pyrimidin-4-yl]-amin $C_{11}H_{19}N_3S$, Formel XIII (R = R' = R'' = C_2H_5).

B. Beim Erhitzen von 2-Äthylmercapto-4-chlor-5-methyl-pyrimidin mit Diäthylamin auf 100°

(*Chi* [*Tschi*], *Chen* [*Tschên*], Scientia sinica **6** [1957] 477, 485; Ž. obšč. Chim. **28** [1958] 1483, 1488; engl. Ausg. S. 1533, 1537).
Kristalle (aus A.); F: 75–76°.
Hydrochlorid $C_{11}H_{19}N_3S \cdot HCl$. Kristalle (aus A.); F: 223–224°.

2-Äthansulfonyl-4-diäthylamino-5-methyl-pyrimidin, [2-Äthansulfonyl-5-methyl-pyrimidin-4-yl]-diäthyl-amin $C_{11}H_{19}N_3O_2S$, Formel XIV (R = R′ = R″ = C_2H_5).
B. Beim Erwärmen der vorangehenden Verbindung in Äthanol mit wss. H_2O_2 (*Chi* [*Tschi*], *Chen* [*Tschên*], Scientia sinica **6** [1957] 477, 489; Ž. obšč. Chim. **28** [1958] 1483, 1490; engl. Ausg. S. 1533, 1539).
Kristalle (aus E.); F: 139–140°.

[4-Anilino-5-methyl-pyrimidin-2-ylmercapto]-essigsäure $C_{13}H_{13}N_3O_2S$, Formel XIII (R = C_6H_5, R′ = H, R″ = CH_2-CO-OH).
B. Aus 4-Anilino-5-methyl-1*H*-pyrimidin-2-thion und Chloressigsäure in H_2O (*Hitchings, Russell,* Soc. **1949** 2454, 2455).
Hydrochlorid $C_{13}H_{13}N_3O_2S \cdot HCl$. Kristalle (aus wss. HCl); F: 210° [Zers.].

2-Äthansulfonyl-4-chloramino-5-methyl-pyrimidin, [2-Äthansulfonyl-5-methyl-pyrimidin-4-yl]-chlor-amin $C_7H_{10}ClN_3O_2S$, Formel XIV (R = Cl, R′ = H, R″ = C_2H_5).
B. Beim Behandeln von 2-Äthylmercapto-5-methyl-pyrimidin-4-ylamin in wss.-methanol. HCl mit Chlor (*Johnson, Sprague,* Am. Soc. **60** [1938] 1622).
Kristalle (aus E.); F: 125–126°.

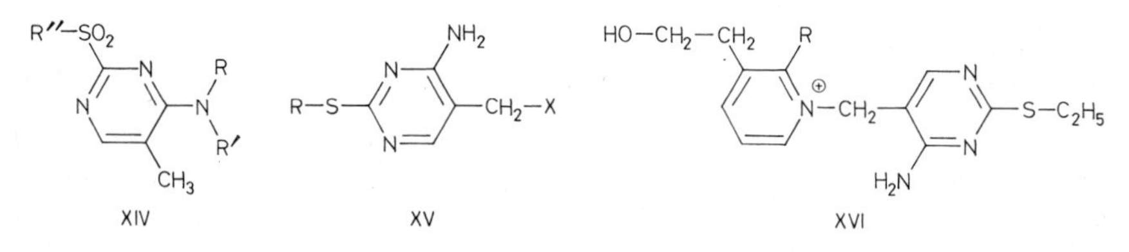

5-Chlormethyl-2-methylmercapto-pyrimidin-4-ylamin $C_6H_8ClN_3S$, Formel XV (R = CH_3, X = Cl).
Hydrochlorid $C_6H_8ClN_3S \cdot HCl$. *B.* Beim Erwärmen von [4-Amino-2-methylmercapto-pyrimidin-5-yl]-methanol in $CHCl_3$ mit $SOCl_2$ (*Okuda, Price,* J. org. Chem. **24** [1959] 14). – Kristalle (aus Eg.) mit 2 Mol H_2O, die unterhalb 300° nicht schmelzen.

2-Äthylmercapto-5-chlormethyl-pyrimidin-4-ylamin $C_7H_{10}ClN_3S$, Formel XV (R = C_2H_5, X = Cl).
Hydrochlorid $C_7H_{10}ClN_3S \cdot HCl$. *B.* Analog der vorangehenden Verbindung (*Dornow, Petsch,* A. **588** [1954] 45, 56). – Kristalle (aus Isopropylalkohol, Me.+Ae. oder Me.+Acn.); F: 202–204° [Zers.].

5-Brommethyl-2-methylmercapto-pyrimidin-4-ylamin $C_6H_8BrN_3S$, Formel XV (R = CH_3, X = Br).
Hydrobromid $C_6H_8BrN_3S \cdot HBr$. *B.* Beim Erwärmen von [4-Amino-2-methylmercapto-pyrimidin-5-yl]-methanol mit HBr in Essigsäure (*Okuda, Price,* J. org. Chem. **23** [1958] 1738, 1740; *Blank, Caldwell,* J. org. Chem. **24** [1959] 1137). – Kristalle (aus Me.+Ae.); F: ca. 300° [Zers.] (*Bl., Ca.*). Kristalle (aus Eg.); Zers. > 280° (*Ok., Pr.*).

2-Äthylmercapto-5-brommethyl-pyrimidin-4-ylamin $C_7H_{10}BrN_3S$, Formel XV (R = C_2H_5, X = Br).
Hydrobromid $C_7H_{10}BrN_3S \cdot HBr$. *B.* Analog der vorangehenden Verbindung (*Dornow, Petsch,* A. **588** [1954] 45, 56). – Kristalle (aus HBr enthaltender Eg. oder Me.+Ae.); F: 283–285° [Zers.]. – In der beim Erwärmen mit 2-[4-Methyl-thiazol-5-yl]-äthanol und Isopropylalkohol erhaltenen, von *Dornow, Petsch* (l. c.) als 3-[2-Äthylmercapto-4-amino-pyrimidin-

5-ylmethyl]-5-[2-hydroxy-äthyl]-4-methyl-thiazolium-bromid formulierten Verbindung (F: 172–174° [Zers.]) hat 2-Äthylmercapto-5-isopropoxymethyl-pyrimidin-4-ylamin-hydrobromid vorgelegen (*Okuda, Price,* J. org. Chem. **24** [1959] 14). Die Identität der von *Dornow, Petsch* (l. c. S. 61) in analoger Weise erhaltenen, als 1-[2-Äthylmercapto-4-amino-pyrimidin-5-ylmethyl]-3-[2-hydroxy-äthyl]-pyridinium-bromid ([$C_{14}H_{19}N_4OS$]Br; vgl. Formel XVI (R = H)) bzw. 1-[2-Äthylmercapto-4-amino-pyrimidin-5-ylmethyl]-3-[2-hydroxy-äthyl]-2-methyl-pyridinium-bromid ([$C_{15}H_{21}N_4OS$]Br; vgl. Formel XVI (R = CH_3)) formulierten Präparate (Kristalle [aus Isopropylalkohol + Ae.]; F: 177° [Zers.] bzw. Kristalle [aus Me. + Acn.]; F: 165°) ist demzufolge ungewiss.

2-Äthylmercapto-5-aminomethyl-4-chlor-pyrimidin, *C*-[2-Äthylmercapto-4-chlor-pyrimidin-5-yl]-methylamin $C_7H_{10}ClN_3S$, Formel I.

B. Beim Behandeln von 2-Äthylmercapto-4-chlor-pyrimidin-5-carbonitril mit $LiAlH_4$ in Äther (*Dornow, Petsch,* A. **588** [1954] 45, 57).

Kristalle (aus wss. A.); F: 112°.

Hydrochlorid $C_7H_{10}ClN_3S \cdot HCl$. F: 182–184° [Zers.].

2-Äthylmercapto-5-aminomethyl-pyrimidin-4-ylamin $C_7H_{12}N_4S$, Formel II (R = C_2H_5).

B. Beim Behandeln der vorangehenden Verbindung mit NH_3 in Methanol (*Dornow, Petsch,* A. **588** [1954] 45, 58). Beim Behandeln von 2-Äthylmercapto-4-amino-pyrimidin-5-carbonitril mit $LiAlH_4$ in Äther (*Do., Pe.*).

Kristalle (aus wss. A.); F: 148°.

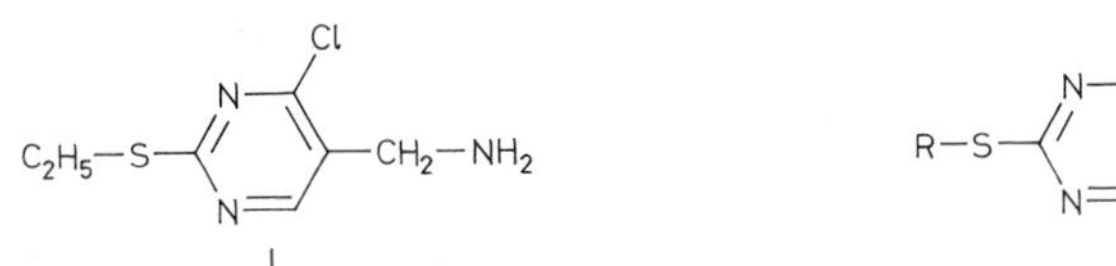

5-Aminomethyl-2-benzylmercapto-pyrimidin-4-ylamin $C_{12}H_{14}N_4S$, Formel II (R = CH_2-C_6H_5).

B. Beim Behandeln von 4-Amino-2-benzylmercapto-pyrimidin-5-carbonitril mit $LiAlH_4$ in THF (*Cilag Ltd.,* U.S.P. 2698326 [1953]).

Kristalle; F: 116–117°.

5-Aminomethyl-2-[1]naphthylmethylmercapto-pyrimidin-4-ylamin $C_{16}H_{16}N_4S$, Formel II (R = CH_2-$C_{10}H_7$).

B. Analog der vorangehenden Verbindung (*Cilag Ltd.,* U.S.P. 2698326 [1953]).

Kristalle (aus Bzl. + PAe.); F: 118–120°.

4-Äthoxy-2-anilino-5-methyl-pyrimidin, [4-Äthoxy-5-methyl-pyrimidin-2-yl]-phenyl-amin $C_{13}H_{15}N_3O$, Formel III.

B. Beim Erhitzen von 2-Äthansulfonyl-4-äthoxy-5-methyl-pyrimidin mit Anilin (*Sprague, Johnson,* Am. Soc. **58** [1936] 423, 425).

Kristalle (aus wss. A.); F: 120,5–121°.

[5-Methyl-2-(*N*-methyl-anilino)-pyrimidin-4-yl]-β-D-glucopyranosid $C_{18}H_{23}N_3O_6$, Formel IV (R = H).

B. Beim Behandeln der folgenden Verbindung mit NH_3 in Methanol (*Hahn, Laves,* Z. Biol. **85** [1926] 280, 286).

Kristalle (aus H_2O); F: 135–136°. $[\alpha]_D^{22}$: –57,5° [A.; c = 4].

[5-Methyl-2-(*N*-methyl-anilino)-pyrimidin-4-yl]-[tetra-*O*-acetyl-β-D-glucopyranosid] $C_{26}H_{31}N_3O_{10}$, Formel IV (R = CO-CH_3).

B. Beim Erhitzen des Silber-Salzes des 5-Methyl-2-[*N*-methyl-anilino]-3*H*-pyrimidin-4-ons mit

Tetra-*O*-acetyl-α-D-glucopyranosylbromid in Xylol (*Hahn, Laves,* Z. Biol. **85** [1926] 280, 285).
Kristalle (aus A.); F: 143–145°. $[\alpha]_D^{20}$: –63,9° [Bzl.; c = 4].

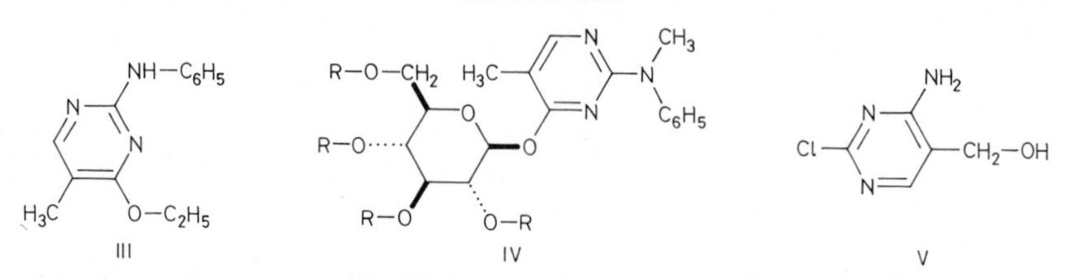

[4-Amino-2-chlor-pyrimidin-5-yl]-methanol $C_5H_6ClN_3O$, Formel V.

B. Beim Behandeln von 4-Amino-2-chlor-pyrimidin-5-carbonsäure-äthylester mit $LiAlH_4$ in Äther (*Dornow, Petsch,* A. **588** [1954] 45, 60).

Kristalle (aus wss. A.); F: 206° [Zers.].

Amino-Derivate der Hydroxy-Verbindungen $C_6H_8N_2O$

2-Äthyl-4-methoxy-6-sulfanilylamino-pyrimidin, Sulfanilsäure-[2-äthyl-6-methoxy-pyrimidin-4-ylamid] $C_{13}H_{16}N_4O_3S$, Formel VI.

B. Aus 2-Äthyl-6-methoxy-pyrimidin-4-ylamin und *N*-Acetyl-sulfanilylchlorid über Bis-[*N*-acetyl-sulfanilyl]-[2-äthyl-6-methoxy-pyrimidin-4-yl]-amin (*Loop, Lührs,* A. **580** [1953] 225, 233).

F: 161°.

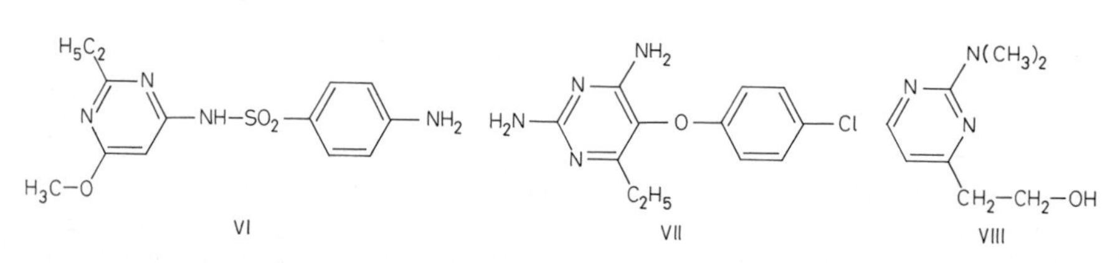

6-Äthyl-5-[4-chlor-phenoxy]-pyrimidin-2,4-diyldiamin $C_{12}H_{13}ClN_4O$, Formel VII.

B. Aus 2-Chlor-3-oxo-valeriansäure-äthylester, 4-Chlor-phenol und Guanidin über 6-Äthyl-2-amino-5-[4-chlor-phenoxy]-3*H*-pyrimidin-4-on und 4-Äthyl-6-chlor-5-[4-chlor-phenoxy]-pyrimidin-2-ylamin (*Falco et al.,* Am. Soc. **73** [1951] 3753, 3756, 3757; *Burroughs Wellcome & Co.,* U.S.P. 2657206 [1951]).

F: 198–200° [unkorr.] (*Fa. et al.*), 170–174° (*Burroughs*).

2-[2-Dimethylamino-pyrimidin-4-yl]-äthanol $C_8H_{13}N_3O$, Formel VIII.

B. Beim Erhitzen von Dimethyl-[4-methyl-pyrimidin-2-yl]-amin mit Paraformaldehyd auf 150° (*Overberger, Kogon,* Am. Soc. **76** [1954] 1879, 1881).

$Kp_{1,5}$: 123–125°. D_4^{25}: 1,1150. n_D^{25}: 1,5539.

[5-Äthyl-2-äthylmercapto-pyrimidin-4-yl]-thiocarbamidsäure-*O*-äthylester $C_{11}H_{17}N_3OS_2$, Formel IX (X = O-C_2H_5).

B. Aus 5-Äthyl-2-äthylmercapto-pyrimidin-4-ylisothiocyanat und Äthanol (*Chi, T'ien,* Am. Soc. **57** [1935] 215).

Kristalle (aus A.); F: 77–78°.

[5-Äthyl-2-äthylmercapto-pyrimidin-4-yl]-thioharnstoff $C_9H_{14}N_4S_2$, Formel IX (X = NH_2).

B. Aus 5-Äthyl-2-äthylmercapto-pyrimidin-4-ylisothiocyanat und NH_3 (*Chi, T'ien,* Am. Soc. **57** [1935] 215).

Kristalle (aus A.); F: 143–144°.

N-[5-Äthyl-2-äthylmercapto-pyrimidin-4-yl]-N′-phenyl-thioharnstoff $C_{15}H_{18}N_4S_2$, Formel IX (X = NH-C_6H_5).

B. Analog der vorangehenden Verbindung (*Chi, T'ien,* Am. Soc. **57** [1935] 215).

Kristalle (aus A.); F: 108–109°.

5-Äthyl-2-äthylmercapto-pyrimidin-4-ylisothiocyanat $C_9H_{11}N_3S_2$, Formel X.

B. Beim Erhitzen von 5-Äthyl-2-äthylmercapto-pyrimidin-4-ylthiocyanat in Toluol (*Chi, T'ien,* Am. Soc. **57** [1935] 215).

Rotes Öl; Kp_8: 146–149°.

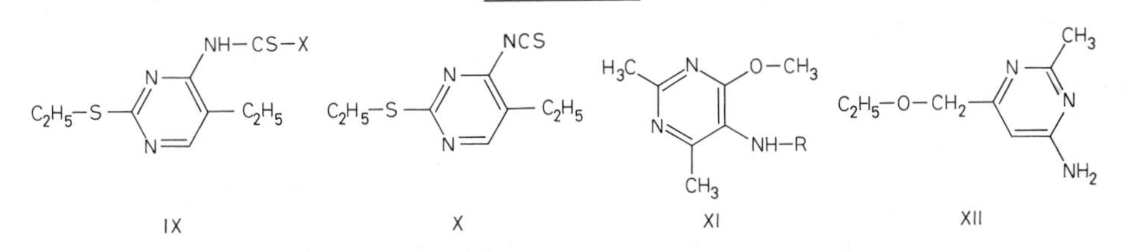

4-Methoxy-2,6-dimethyl-pyrimidin-5-ylamin $C_7H_{11}N_3O$, Formel XI (R = H).

B. Bei der Hydrierung von 4-Methoxy-2,6-dimethyl-5-nitro-pyrimidin an Palladium/Kohle in Methanol (*Urban, Schnider,* Helv. **41** [1958] 1806, 1813).

Kristalle; F: 86–87°. Bei 50°/0,1 Torr sublimierbar. Kp_{12}: 123–124°.

4-Methoxy-2,6-dimethyl-5-sulfanilylamino-pyrimidin, Sulfanilsäure-[4-methoxy-2,6-dimethyl-pyrimidin-5-ylamid] $C_{13}H_{16}N_4O_3S$, Formel XI (R = SO_2-C_6H_4-NH_2).

B. Beim Erhitzen der folgenden Verbindung mit wss. NaOH (*Urban, Schnider,* Helv. **41** [1958] 1806, 1810, 1816).

F: 201–202°.

N-Acetyl-sulfanilsäure-[4-methoxy-2,6-dimethyl-pyrimidin-5-ylamid], Essigsäure-[4-(4-methoxy-2,6-dimethyl-pyrimidin-5-ylsulfamoyl)-anilid] $C_{15}H_{18}N_4O_4S$, Formel XI (R = SO_2-C_6H_4-NH-CO-CH_3).

B. Aus 4-Methoxy-2,6-dimethyl-pyrimidin-5-ylamin und *N*-Acetyl-sulfanilylchlorid in Pyridin (*Urban, Schnider,* Helv. **41** [1958] 1806, 1809, 1815).

F: 227–228°.

6-Äthoxymethyl-2-methyl-pyrimidin-4-ylamin $C_8H_{13}N_3O$, Formel XII.

B. Beim Erwärmen von 6-Äthoxymethyl-2-methyl-3*H*-pyrimidin-4-on mit $POCl_3$ und Erhitzen des Reaktionsprodukts mit methanol. NH_3 auf 125° (*Stein et al.,* Am. Soc. **63** [1941] 2059, 2062).

Kristalle (aus PAe.); F: 95,5–96°.

5-Aminomethyl-4-methoxy-2-methyl-pyrimidin, C-[4-Methoxy-2-methyl-pyrimidin-5-yl]-methylamin $C_7H_{11}N_3O$, Formel XIII.

B. Aus [4-Methoxy-2-methyl-pyrimidin-5-yl]-essigsäure-amid mit Hilfe von KBrO (*Andersag, Westphal,* B. **70** [1937] 2035, 2047).

Kp: 110–116°.

Dihydrochlorid $C_7H_{11}N_3O \cdot 2HCl$. Kristalle; F: 150–151°.

Picrat. F: 188°.

6-Methoxy-2-methyl-5-piperidinomethyl-pyrimidin-4-ylamin $C_{12}H_{20}N_4O$, Formel XIV.

B. Aus 6-Chlor-2-methyl-5-piperidinomethyl-pyrimidin-4-ylamin und methanol. Natrium≠methylat (*Hirano, Yonemoto,* J. pharm. Soc. Japan **76** [1956] 234, 238; C. A. **1956** 13043).

Kristalle (aus wss. A.); F: 120° (*Hi., Yo.,* l. c. S. 238). IR-Spektrum (CCl_4; 3600–2700 cm^{-1}): *Hirano et al.,* J. pharm. Soc. Japan **76** [1956] 239, 240; C. A. **1956** 13044). UV-Spektrum

(A. sowie wss. Lösungen vom pH 0,3 und pH 6,3; 215–305 nm): *Hi.*, *Yo.*, l. c. S. 236.

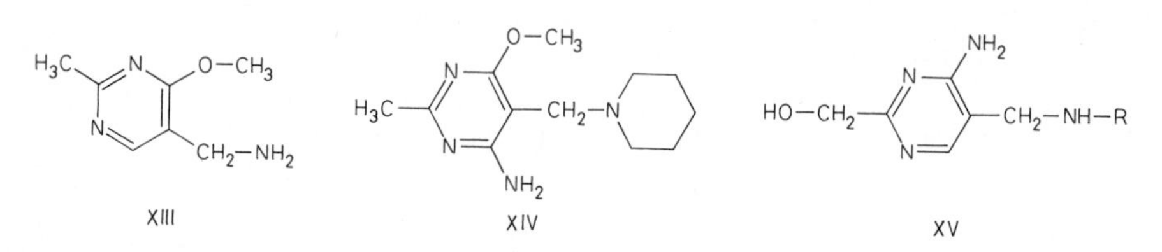

[4-Amino-5-aminomethyl-pyrimidin-2-yl]-methanol $C_6H_{10}N_4O$, Formel XV (R = H).

B. Bei der Reduktion von 4-Amino-2-hydroxymethyl-pyrimidin-5-carbonitril an einer Palladium-Kathode in wss. HCl (*Matukawa*, J. pharm. Soc. Japan **62** [1942] 417, 437; dtsch. Ref. S. 122, 124; C. A. **1951** 4724).

Dihydrochlorid $C_6H_{10}N_4O \cdot 2HCl$. Kristalle (aus H_2O+A.); Zers. bei 246°.

Dipicrat $C_6H_{10}N_4O \cdot 2C_6H_3N_3O_7$. Gelbe Kristalle (aus A.); Zers. bei 207°.

***N*-[4-Amino-2-hydroxymethyl-pyrimidin-5-ylmethyl]-thioformamid** $C_7H_{10}N_4OS$, Formel XV (R = CHS).

B. Beim Behandeln der vorangehenden Verbindung mit Kalium-dithioformiat und $KHCO_3$ in H_2O (*Matukawa*, J. pharm. Soc. Japan **62** [1942] 417, 442; dtsch. Ref. S. 122, 125; C. A. **1951** 4724).

Kristalle (aus A.); Zers. bei 157°.

[4-Amino-2-methyl-pyrimidin-5-yl]-methanol, Toxopyrimidin $C_6H_9N_3O$, Formel I (R = H).

B. Aus Acetamidin und 2-Acetoxymethyl-3-äthoxy-acrylonitril in Äthanol (*Tokuyama*, J. pharm. Soc. Japan **79** [1959] 819, 824; C. A. **1959** 21977). Aus Acetimidsäure-methylester und 3-Amino-2-hydroxymethyl-acrylonitril (*To.*, l. c. S. 823). Bei der Hydrierung von 4-Amino-2-methyl-pyrimidin-5-carbaldehyd an Platin in Äthanol (*Price et al.*, Am. Soc. **62** [1940] 2818), an Nickel-Katalysatoren in H_2O und in Äthanol (*Sekiya*, J. pharm. Soc. Japan **70** [1950] 62, 65; C. A. **1950** 5368) oder an Palladium (*Se.*). Beim Behandeln von 4-Amino-2-methyl-pyrimidin-5-carbonsäure-äthylester mit $LiAlH_4$ in Äther (*Rubzow et al.*, Trudy vitamin. Inst. **4** [1953] 20, 22; C. A. **1956** 4156; *Dornow, Petsch*, B. **86** [1953] 1404, 1406). Bei der Hydrierung von 4-Amino-2-methyl-pyrimidin-5-carbonitril an Palladium in HCl enthaltender Essigsäure (*Miyatake, Tsunoo*, J. pharm. Soc. Japan **72** [1952] 630; C. A. **1953** 2177). Beim Erwärmen von 5-Aminomethyl-2-methyl-pyrimidin-4-ylamin-dihydrochlorid mit $NaNO_2$ in H_2O (*Andersag, Westphal*, B. **70** [1937] 2035, 2048; *Imai, Makino*, Z. physiol. Chem. **252** [1938] 76; *Matukawa*, J. pharm. Soc. Japan **62** [1942] 417, 443; dtsch. Ref. S. 122, 125; C. A. **1951** 4724).

Kristalle; F: 198–200° [korr.; aus Me.+Ae.] (*Raffauf*, Helv. **33** [1950] 102, 106), 195° [aus H_2O] (*Ma.*), 194° [aus H_2O] (*An.*, *We.*). Bei 155–170°/0,01 Torr sublimierbar (*Ra.*). IR-Spektrum in Nujol (3500–2500 cm^{-1} und 1700–600 cm^{-1}): *Narisada et al.*, Ann. Rep. Shionogi Res. Labor. Nr. 8 [1958] 915, 916, 918; C. **1963** 19172; in D_2O vom pD 4 und pD 8 (1670–1420 cm^{-1}): *Lenormant, Lozé*, Bl. **1954** 375. UV-Spektrum in H_2O (220–280 nm): *Ogawa, Nishimura*, Vitamins Japan **14** [1958] 426, 428; C. A. **1961** 3020; in wss. Lösung vom pH 3 (230–290 nm): *Watanabe et al.*, J. pharm. Soc. Japan **74** [1954] 294; C. A. **1954** 7848; in D_2O vom pD 3 und pD 7 (220–270 nm): *Le.*, *Lozé*. Polarographisches Halbstufenpotential (wss. Lösung vom pH 3,3): *Tachi, Koide*, J. agric. chem. Soc. Japan **26** [1952] 243, 248; C. A. **1953** 11035.

Geschwindigkeit der Reaktion mit HNO_2: *Uchida, Fujiki*, J. Japan. biochem. Soc. **25** [1953] 105; C. A. **1954** 10027. Beim Behandeln mit 1-Fluor-2,4-dinitro-benzol und Triäthylamin in H_2O und Äther ist 5-[2,4-Dinitro-phenoxymethyl]-2-methyl-pyrimidin-4-ylamin erhalten worden (*Kawasaki et al.*, Vitamins Japan **10** [1956] 99, 101; C. A. **1956** 15541).

Hydrochlorid $C_6H_9N_3O \cdot HCl$. Kristalle; F: 222° [aus wss. HCl+A.] (*Se.*), 220–222° (*Huber*, Am. Soc. **66** [1944] 876, 878), 219° [Zers.; aus A.] (*Watanabe*, J. pharm. Soc. Japan **59** [1939] 500; dtsch. Ref. S. 133; C. **1939** II 4269).

Picrat $C_6H_9N_3O \cdot C_6H_3N_3O_7$. Gelbe Kristalle; F: 196° [aus A.] (*Tokuyama*, J. pharm.

Soc. Japan **79** [1959] 819, 824; C. A. **1959** 21977), 194–195° (*Hu.*).

5-Methoxymethyl-2-methyl-pyrimidin-4-ylamin $C_7H_{11}N_3O$, Formel I (R = CH_3).

B. Beim Erwärmen von 3-Methoxy-2-methoxymethyl-acrylonitril mit Acetamidin in Äthanol (*Takamizawa, Maeda,* J. pharm. Soc. Japan **74** [1954] 746; C. A. **1955** 11662).

Kristalle; F: 116° (*Ta., Ma.*).

Picrat $C_7H_{11}N_3O \cdot C_6H_3N_3O_7$. Kristalle; F: 208–209° (*Takamizawa et al.*, J. pharm. Soc. Japan **78** [1958] 1166, 1170; C. A. **1959** 5276), 208° (*Ta., Ma.*).

5-Äthoxymethyl-2-methyl-pyrimidin-4-ylamin $C_8H_{13}N_3O$, Formel I (R = C_2H_5).

B. Beim Behandeln von 2-Äthoxymethyl-3-methoxy-acrylonitril oder von 3-Äthoxy-2-äthoxy=methyl-acrylonitril mit Acetamidin in Äthanol (*Takamizawa et al.*, J. pharm. Soc. Japan **78** [1958] 647, 650; C. A. **1958** 18411; s. a. *Fodor et al.*, Ž. obšč. Chim. **21** [1951] 1897, 1901; engl. Ausg. S. 2109, 2112). Beim Behandeln von 3-Acetoxy-2-äthoxymethyl-acrylonitril in Benzol mit Acetamidin in Äthanol (*Tschelinzew, Benewolenskaja,* Ž. obšč. Chim. **14** [1944] 1142, 1145; C. A. **1946** 4069). Beim Erhitzen von 5-Äthoxymethyl-4-chlor-2-methyl-pyrimidin mit äthanol. NH_3 auf 140° (*Cline et al.*, Am. Soc. **59** [1937] 1052). Beim Erwärmen von 5-Aminomethyl-2-methyl-pyrimidin-4-ylamin-dihydrochlorid mit Äthylnitrit und Äthanol auf 90–100° (*Hoff=mann-La Roche,* U.S.P. 2480326 [1946]).

Kristalle; F: 89,5–90,5° [nach Sublimation im Hochvakuum bei 60–80°] (*Cl. et al.*), 90° [aus Bzl.] (*Ta. et al.*, J. pharm. Soc. Japan **78** 650), 89–90° [aus Ae.] (*Tsch., Be.*). IR-Spektrum in Nujol (3500–2500 cm^{-1} und 1700–600 cm^{-1}) sowie in $CHCl_3$ (3600–2800 cm^{-1} und 1700–1550 cm^{-1}): *Narisada et al.*, Ann. Rep. Shionogi Res. Labor. Nr. 8 [1958] 915–918; C. **1963** 19172. UV-Spektrum in wss. Lösungen vom pH 1,5–13 (220–300 nm): *Uber, Verbrugge,* J. biol. Chem. **134** [1940] 273, 274; in Äthanol (210–290 nm): *Setkina,* Ž. prikl. Chim. **18** [1945] 653, 654; C. A. **1946** 6324.

Änderung des UV-Spektrums (wss. Lösung vom pH 4,8) unter der Einwirkung von UV-Licht (λ: 253,7 nm) in Abhängigkeit von der Bestrahlungsdauer: *Uber, Ve.*, l. c. S. 275, 276.

Hydrochlorid $C_8H_{13}N_3O \cdot HCl$. Kristalle (aus Butan-1-ol); F: 209° (*Fo. et al.*).

Picrat $C_8H_{13}N_3O \cdot C_6H_3N_3O_7$. Kristalle; F: 189–190° (*Takamizawa et al.*, Bl. chem. Soc. Japan **32** [1959] 188, 193), 187° [aus A.] (*Takamizawa et al.*, J. pharm. Soc. Japan **78** [1958] 1166, 1170; C. A. **1959** 5276), 181–183° [aus wss. A.] (*Fo. et al.*).

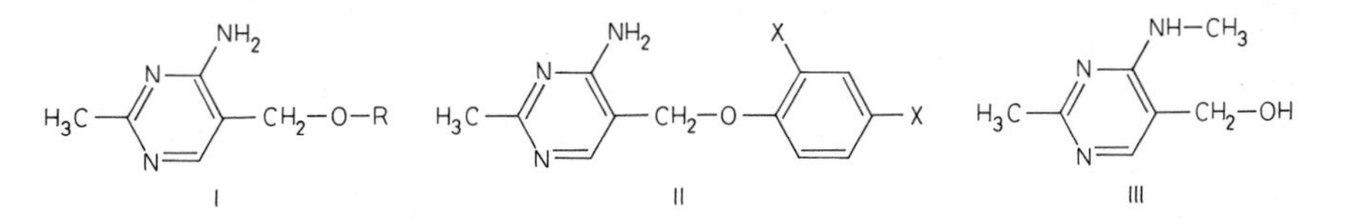

2-Methyl-5-propoxymethyl-pyrimidin-4-ylamin $C_9H_{15}N_3O$, Formel I (R = CH_2-C_2H_5).

B. Aus 3-Methoxy-2-propoxymethyl-acrylonitril und Acetamidin in Äthanol (*Takamizawa, Maeda,* J. pharm. Soc. Japan **74** [1954] 746; C. A. **1955** 11662).

Kristalle (aus Ae.); F: 87°.

Picrat. Kristalle; F: 147–148°.

5-Butoxymethyl-2-methyl-pyrimidin-4-ylamin $C_{10}H_{17}N_3O$, Formel I (R = $[CH_2]_3$-CH_3).

B. Analog der vorangehenden Verbindung (*Takamizawa, Maeda,* J. pharm. Soc. Japan **74** [1954] 746; C. A. **1955** 11662). Beim Erhitzen von 5-Brommethyl-2-methyl-pyrimidin-4-ylamin mit Butan-1-ol (*Williams, Ronzio,* Am. Soc. **74** [1952] 2408; s. a. *Sykes, Todd,* Soc. **1951** 534, 541).

Kristalle (aus Hexan bzw. aus Ae.); F: 84° (*Wi., Ro.*; *Ta., Ma.*).

Hydrobromid $C_{10}H_{17}N_3O \cdot HBr$. Kristalle; F: 138° [aus Butan-1-ol] (*Sy., Todd*), 135–136° (*Wi., Ro.*). Hygroskopisch (*Sy., Todd*).

Picrat. Kristalle; F: 147–148° (*Ta., Ma.*).

5-Isopentyloxymethyl-2-methyl-pyrimidin-4-ylamin(?) $C_{11}H_{19}N_3O$, vermutlich Formel I ($R = CH_2$-CH_2-$CH(CH_3)_2$).

B. Aus 5-Aminomethyl-2-methyl-pyrimidin-4-ylamin-dihydrochlorid, Amylnitrit und Amylalkohol (*Hoffmann-La Roche,* U.S.P. 2480326 [1946]).

Kristalle; F: 69° [nach Sublimation im Vakuum].

2-Methyl-5-phenoxymethyl-pyrimidin-4-ylamin $C_{12}H_{13}N_3O$, Formel II (X = H).

B. Aus 3-Äthoxy-2-phenoxymethyl-acrylonitril und Acetamidin (*Tokuyama,* J. pharm. Soc. Japan **79** [1959] 814; C. A. **1959** 21977). Aus 5-Chlormethyl-2-methyl-pyrimidin-4-ylamin und Phenol (*To.*).

Kristalle (aus H_2O); F: 153° (*To.*). IR-Spektrum (Nujol sowie $CHCl_3$; 3600–2700 cm^{-1} und 1750–1550 cm^{-1}): *Narisada et al.,* Ann. Rep. Shionogi Res. Labor. Nr. 8 [1958] 916, 917; C. **1963** 19172.

5-[2,4-Dinitro-phenoxymethyl]-2-methyl-pyrimidin-4-ylamin $C_{12}H_{11}N_5O_5$, Formel II ($X = NO_2$).

B. Aus [4-Amino-2-methyl-pyrimidin-5-yl]-methanol und 1-Fluor-2,4-dinitro-benzol unter Zusatz von Triäthylamin (*Kawasaki et al.,* Vitamins Japan **10** [1956] 99, 101; C. A. **1956** 15541).

Orangerote Kristalle (aus wss. A.) mit 1 Mol H_2O; F: 142–143°. Absorptionsspektrum (wss. Lösung vom pH 3,6; 230–460 nm): *Ka. et al.*

5-Benzyloxymethyl-2-methyl-pyrimidin-4-ylamin $C_{13}H_{15}N_3O$, Formel I ($R = CH_2$-C_6H_5).

B. Aus 5-Aminomethyl-2-methyl-pyrimidin-4-ylamin-dihydrochlorid, Benzylnitrit und Benzylalkohol (*Hoffmann-La Roche,* U.S.P. 2480326 [1946]).

Kristalle; F: 217° [nach Destillation bei 160–162°/0,1 Torr].

Phosphorsäure-[4-amino-2-methyl-pyrimidin-5-ylmethylester] $C_6H_{10}N_3O_4P$, Formel I ($R = PO(OH)_2$).

B. Aus [4-Amino-2-methyl-pyrimidin-5-yl]-methanol und $POCl_3$ (*Makino, Koike,* Nature **174** [1954] 1056).

Feststoff [aus A.].

Calcium-Salz. λ_{max} (wss. Lösung vom pH 1,2 bzw. pH 12): 245,5 nm bzw. 233 nm und 271,5 nm.

[2-Methyl-4-methylamino-pyrimidin-5-yl]-methanol $C_7H_{11}N_3O$, Formel III.

B. Beim Erwärmen von 4-Chlor-5-jodmethyl-2-methyl-pyrimidin mit Silberacetat in $CHCl_3$, Erwärmen des erhaltenen Öls mit Methylamin in Äthanol und Erwärmen des Reaktionsprodukts mit wss. HCl (*Matukawa,* J. pharm. Soc. Japan **62** [1942] 417, 443; dtsch. Ref. S. 122, 125; C. A. **1951** 4724).

Hydrochlorid $C_7H_{11}N_3O \cdot HCl$. Kristalle (aus A.); Zers. bei 240°.

[4-Amino-2-trifluormethyl-pyrimidin-5-yl]-methanol $C_6H_6F_3N_3O$, Formel IV.

B. Beim Erwärmen von 4-Amino-2-trifluormethyl-pyrimidin-5-carbonsäure-äthylester mit $LiAlH_4$ in Äther (*Barone et al.,* J. org. Chem. **24** [1959] 198).

Kristalle (aus A. + Bzl.); F: 180,5–181,5°.

[4-Amino-2-methyl-pyrimidin-5-yl]-methanthiol $C_6H_9N_3S$, Formel V (R = H).

B. Aus 5-Chlormethyl-2-methyl-pyrimidin-4-ylamin und Thioformamid in H_2O (*Sawa et al.,* J. pharm. Soc. Japan **76** [1956] 1103, 1106; C. A. **1957** 3607). Aus 5-Brommethyl-2-methyl-pyrimidin-4-ylamin und Thioessigsäure in Pyridin (*Okuda, Price,* J. org. Chem. **23** [1958] 1738, 1739).

Kristalle (aus Acn.); F: 161–163° [unkorr.; evakuierte Kapillare] (*Ok., Pr.*).

Hydrochlorid $C_6H_9N_3S \cdot HCl$. Kristalle mit 0,25 Mol H_2O; F: 212° [Zers.; aus A.] (*Horiuchi, Sawa,* J. pharm. Soc. Japan **78** [1958] 137, 141; C. A. **1958** 11072), 211–212° [aus H_2O] (*Sawa et al.*).

Picrat $C_6H_9N_3S \cdot C_6H_3N_3O_7$. Kristalle; F: 210° [Zers.; aus A.] (*Ho., Sawa*), 203,5° [Zers.; Schwarzfärbung ab 175°] (*Sawa et al.*).

Diacetyl-Derivat $C_{10}H_{13}N_3O_2S$; 4-Acetylamino-5-[acetylmercapto-methyl]-2-methyl-pyrimidin, *N*-[5-(Acetylmercapto-methyl)-2-methyl-pyrimidin-4-yl]-acetamid. Kristalle (aus A.); F: 116°; λ_{max} (A.): 232 nm und 267 nm (*Ho., Sawa*).

2-Methyl-5-[methylmercapto-methyl]-pyrimidin-4-ylamin $C_7H_{11}N_3S$, Formel V (R = CH_3).
B. Aus 5-Brommethyl-2-methyl-pyrimidin-4-ylamin und Natrium-methanthiolat in Äthanol (*Okuda, Price,* J. org. Chem. **23** [1958] 1738, 1739).
Kristalle (aus wss. A.); F: 176–178° [unkorr.].

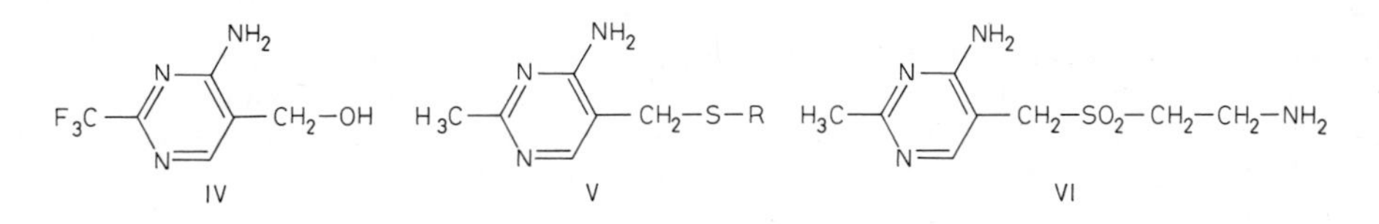

2-Methyl-5-[(4-nitro-phenylmercapto)-methyl]-pyrimidin-4-ylamin $C_{12}H_{12}N_4O_2S$, Formel V (R = C_6H_4-NO_2).
B. Aus [4-Amino-2-methyl-pyrimidin-5-yl]-methanthiol und 1-Chlor-4-nitro-benzol in wss.-äthanol. NaOH (*Sawa et al.,* J. pharm. Soc. Japan **76** [1956] 1103, 1106; C. A. **1957** 3607).
Gelbe Kristalle (aus A.); F: 213–213,5°.

2-Methyl-5-thiocyanatomethyl-pyrimidin-4-ylamin $C_7H_8N_4S$, Formel V (R = CN).
B. Aus 5-Brommethyl-2-methyl-pyrimidin-4-ylamin und Kalium-thiocyanat in THF (*Okuda, Price,* J. org. Chem. **23** [1958] 1738, 1739).
Kristalle (aus Bzl.); Zers. >150°. IR-Banden (KBr; 2,9–14,5 μ): *Ok., Pr.,* l. c. S. 1741.

***S*-[4-Amino-2-methyl-pyrimidin-5-ylmethyl]-isothioharnstoff** $C_7H_{11}N_5S$, Formel V (R = $C(NH_2)$=NH).
B. Aus 5-Chlormethyl-2-methyl-pyrimidin-4-ylamin und Thioharnstoff in H_2O (*Sawa et al.,* J. pharm. Soc. Japan **76** [1956] 1103, 1105; C. A. **1957** 3607).
Dihydrochlorid $C_7H_{11}N_5S \cdot 2HCl$; *S*-[4-Amino-2-methyl-pyrimidin-5-ylmethyl]-thiouronium-chlorid-hydrochlorid. Kristalle (aus H_2O) mit 1 Mol H_2O; F: 192–193° [Zers.] (*Sawa et al.*).
Hydrogencarbonat $C_7H_{11}N_5S \cdot H_2CO_3$. Kristalle; F: 220° [Zers.] (*Horiuchi, Sawa,* J. pharm. Soc. Japan **78** [1958] 137, 140; C. A. **1958** 11072).
Dipicrat $C_7H_{11}N_5S \cdot 2C_6H_3N_3O_7$. Kristalle (aus A.); F: 223–224° [Zers.] (*Sawa et al.*).

[4-Amino-2-methyl-pyrimidin-5-ylmethylmercapto]-essigsäure $C_8H_{11}N_3O_2S$, Formel V (R = CH_2-CO-OH).
B. Aus 5-Brommethyl-2-methyl-pyrimidin-4-ylamin und Mercaptoessigsäure in wss. Äthanol (*Bonvicino, Hennessy,* J. org. Chem. **24** [1959] 451, 453).
Kristalle (aus H_2O); F: 291° [unkorr.; Zers.].

5-[2-Amino-äthansulfonylmethyl]-2-methyl-pyrimidin-4-ylamin, 2-Methyl-5-taurylmethyl-pyrimidin-4-ylamin, Icthiamin $C_8H_{14}N_4O_2S$, Formel VI.
Konstitution: *Kupstas, Hennessy,* Am. Soc. **79** [1957] 5217.
B. Aus der folgenden Verbindung und N_2H_4 in Isobutylalkohol (*Kupstas, Hennessy,* Am. Soc. **79** [1957] 5220).
Dihydrochlorid $C_8H_{14}N_4O_2S \cdot 2HCl$. Kristalle (aus H_2O+A.) mit 1 Mol H_2O; F: 237–240° [Zers.] (*Barnhurst, Hennessy,* Am. Soc. **74** [1952] 353), 235–238° (*Ku., He.,* l. c. S. 5222).
Dihydrobromid $C_8H_{14}N_4O_2S \cdot 2HBr$. Kristalle (aus H_2O+A.) mit 1 Mol H_2O; F: 245–248° [Zers.] (*Ba., He.*).
Dipicrat $C_8H_{14}N_4O_2S \cdot 2C_6H_3N_3O_7$. Gelbe Kristalle mit 1 Mol H_2O; F: 176–178° (*Ba., He.*), 175–177° (*Ku., He.,* l. c. S. 5222).

N-{2-[(4-Amino-2-methyl-pyrimidin-5-yl)-methansulfonyl]-äthyl}-phthalimid $C_{16}H_{16}N_4O_4S$, Formel VII (in der Literatur als Phthalylicthiamin bezeichnet).

B. Beim Erhitzen von 2-Phthalimido-äthansulfinsäure mit 5-Brommethyl-2-methyl-pyrimidin-4-ylamin, Natriumacetat und wenig Hydrochinon in Essigsäure (*Kupstas, Hennessy,* Am. Soc. **79** [1957] 5220).

F: 293–295° [Zers.].

Hydrobromid $C_{16}H_{16}N_4O_4S \cdot HBr$. Kristalle (aus Eg.); F: 286–288° [Zers.].

Picrat. F: 237–239°.

Picrolonat. F: 255–257° [Zers.].

Bis-[4-amino-2-methyl-pyrimidin-5-ylmethyl]-sulfid $C_{12}H_{16}N_6S$, Formel VIII (n = 1).

B. Beim Erhitzen von *S*-[4-Amino-2-methyl-pyrimidin-5-ylmethyl]-thiouroniumchlorid-hydrochlorid mit wss. $NaHCO_3$ (*Horiuchi, Sawa,* J. pharm. Soc. Japan **78** [1958] 137, 140; C. A. **1958** 11072; s.a. *Okuda, Price,* J. org. Chem. **23** [1958] 1738, 1739).

Kristalle [aus A.] (*Ok., Pr.; Ho., Sawa*); F: 284–286° [Zers.] (*Ok., Pr.*). IR-Spektrum (5000–640 cm^{-1}): *Sawa et al.,* J. pharm. Soc. Japan **76** [1956] 1103, 1105; C. A. **1957** 3607. IR-Spektrum (Nujol; 3600–2600 cm^{-1} und 1700–600 cm^{-1}): *Narisada et al.,* Ann. Rep. Shionogi Res. Labor. Nr. 8 [1958] 915, 916, 918; C. **1963** 19172. IR-Banden (KBr; 3400–770 cm^{-1}): *Ok., Pr.,* l. c. S. 1741.

Dihydrochlorid $C_{12}H_{16}N_6S \cdot 2HCl$. Kristalle (aus A.) mit 2 Mol H_2O; F: 275–277° [nach Verfärbung bei 220°] (*Sawa et al.,* l. c. S. 1106).

Dipicrat $C_{12}H_{16}N_6S \cdot 2C_6H_3N_3O_7$. Kristalle; Zers. bei ca. 240° (*Sawa et al.,* l. c. S. 1106).

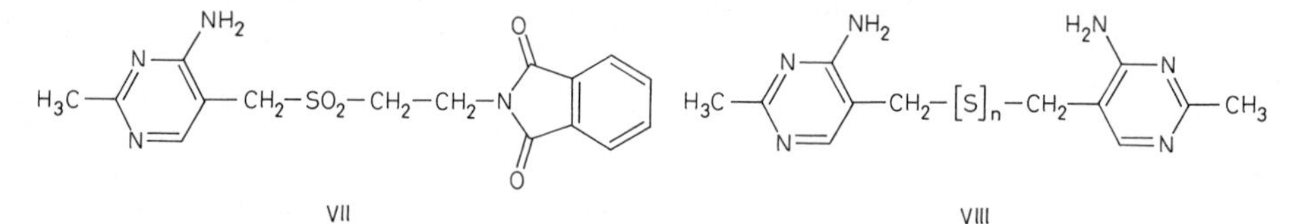

VII VIII

Bis-[4-amino-2-methyl-pyrimidin-5-ylmethyl]-sulfon $C_{12}H_{16}N_6O_2S$, Formel IX.

B. Aus der vorangehenden Verbindung mit Hilfe von wss. H_2O_2 in Essigsäure (*Horiuchi, Sawa,* J. pharm. Soc. Japan **78** [1958] 137, 140; C. A. **1958** 11072).

Kristalle (aus H_2O) mit 2 Mol H_2O; F: >310° (*Ho., Sawa*). IR-Spektrum (Nujol; 3600–2700 cm^{-1} und 1750–600 cm^{-1}): *Narisada et al.,* Ann. Rep. Shionogi Res. Labor. Nr. 8 [1958] 915, 916, 918; C. **1963** 19172.

Bis-[4-amino-2-methyl-pyrimidin-5-ylmethyl]-disulfid $C_{12}H_{16}N_6S_2$, Formel VIII (n = 2).

B. Beim Behandeln von [4-Amino-2-methyl-pyrimidin-5-yl]-methanthiol oder von *S*-[4-Amino-2-methyl-pyrimidin-5-ylmethyl]-isothioharnstoff mit H_2O_2 in wss. NaOH (*Sawa et al.,* J. pharm. Soc. Japan **76** [1956] 1103, 1106; C. A. **1957** 3607).

Kristalle (aus A.); F: 248–252° [unkorr.; Zers.] (*Okuda, Price,* J. org. Chem. **23** [1958] 1738, 1740), 249–250° [Zers.] (*Sawa et al.*). IR-Spektrum (Nujol; 3600–2600 cm^{-1} und 1750–600 cm^{-1}): *Narisada et al.,* Ann. Rep. Shionogi Res. Labor. Nr. 8 [1958] 915, 916, 918; C. **1963** 19172.

Dihydrochlorid $C_{12}H_{16}N_6S_2 \cdot 2HCl$. F: >300° [aus H_2O] (*Sawa et al.*).

Dipicrat $C_{12}H_{16}N_6S_2 \cdot 2C_6H_3N_3O_7$. Kristalle; F: 218–219° [Zers.] (*Sawa et al.*).

5,6-Dimethyl-2-methylmercapto-pyrimidin-4-ylamin $C_7H_{11}N_3S$, Formel X (R = H, R′ = CH_3).

B. Beim Erhitzen von 4-Chlor-5,6-dimethyl-2-methylmercapto-pyrimidin mit äthanol. NH_3 (*Hull et al.,* Soc. **1947** 41, 48).

Kristalle (aus H_2O); F: 158–159,5°.

2-Äthylmercapto-5,6-dimethyl-pyrimidin-4-ylamin $C_8H_{13}N_3S$, Formel X (R = H, R′ = C_2H_5).

B. Analog der vorangehenden Verbindung (*Chi, Kao,* Am. Soc. **58** [1936] 772).

Kristalle (aus PAe.+Bzl.); F: 92–93°.

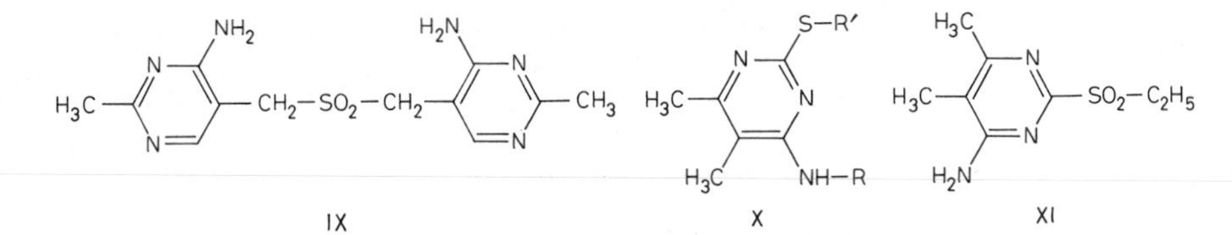

2-Äthansulfonyl-5,6-dimethyl-pyrimidin-4-ylamin $C_8H_{13}N_3O_2S$, Formel XI.

B. Aus 2-Äthansulfonyl-4-chlor-5,6-dimethyl-pyrimidin und äthanol. NH_3 (*Chi, Ling,* Scientia sinica **6** [1957] 643, 657).

Kristalle (aus Bzl. + PAe.); F: 134 – 135°.

[2-Äthylmercapto-5,6-dimethyl-pyrimidin-4-yl]-[4-chlor-phenyl]-amin $C_{14}H_{16}ClN_3S$, Formel X ($R = C_6H_4$-Cl, $R' = C_2H_5$).

B. Beim Erwärmen von 2-Äthylmercapto-4-chlor-5,6-dimethyl-pyrimidin mit 4-Chlor-anilin und wenig wss. HCl in wss. Aceton (*Curd et al.,* Soc. **1946** 720, 726).

Kristalle (aus A.); F: 165 – 166°.

[2-Äthylmercapto-5,6-dimethyl-pyrimidin-4-yl]-thiocarbamidsäure-*O*-methylester $C_{10}H_{15}N_3OS_2$, Formel X (R = CS-O-CH_3, $R' = C_2H_5$).

B. Aus 2-Äthylmercapto-5,6-dimethyl-pyrimidin-4-ylisothiocyanat und Methanol (*Chi, Kao,* Am. Soc. **58** [1936] 769).

Kristalle (aus PAe.); F: 75 – 76°.

[2-Äthylmercapto-5,6-dimethyl-pyrimidin-4-yl]-thiocarbamidsäure-*O*-äthylester $C_{11}H_{17}N_3OS_2$, Formel X (R = CS-O-C_2H_5, $R' = C_2H_5$).

B. Analog der vorangehenden Verbindung (*Chi, Kao,* Am. Soc. **58** [1936] 769).

Kristalle (aus A.); F: 129 – 130°.

[2-Äthylmercapto-5,6-dimethyl-pyrimidin-4-yl]-thiocarbamidsäure-*O*-propylester $C_{12}H_{19}N_3OS_2$, Formel X (R = CS-O-CH_2-C_2H_5, $R' = C_2H_5$).

B. Analog den vorangehenden Verbindungen (*Chi, Kao,* Am. Soc. **58** [1936] 769).

Kristalle (aus PAe.); F: 61 – 63°.

[2-Äthylmercapto-5,6-dimethyl-pyrimidin-4-yl]-thioharnstoff $C_9H_{14}N_4S_2$, Formel X (R = CS-NH_2, $R' = C_2H_5$).

B. Aus 2-Äthylmercapto-5,6-dimethyl-pyrimidin-4-ylisothiocyanat und konz. wss. NH_3 (*Chi, Kao,* Am. Soc. **58** [1936] 769).

Kristalle (aus E.); F: 209 – 210°.

***N*-[2-Äthylmercapto-5,6-dimethyl-pyrimidin-4-yl]-*N'*-phenyl-thioharnstoff** $C_{15}H_{18}N_4S_2$, Formel X (R = CS-NH-C_6H_5, $R' = C_2H_5$).

B. Analog der vorangehenden Verbindung (*Chi, Kao,* Am. Soc. **58** [1936] 769).

Kristalle (aus A.); F: 139 – 141°.

2-Äthylmercapto-5,6-dimethyl-pyrimidin-4-ylisothiocyanat $C_9H_{11}N_3S_2$, Formel XII.

B. Beim Erhitzen von 2-Äthylmercapto-5,6-dimethyl-pyrimidin-4-ylthiocyanat in Xylol (*Chi, Kao,* Am. Soc. **58** [1936] 769).

Kristalle (aus PAe.); F: 29,5 – 30°. $Kp_{1,5}$: 150 – 152°.

5-Aminomethyl-2-benzylmercapto-6-methyl-pyrimidin-4-ylamin $C_{13}H_{16}N_4S$, Formel XIII.

B. Beim Behandeln von 4-Amino-2-benzylmercapto-6-methyl-pyrimidin-5-carbonitril mit $LiAlH_4$ in THF (*Cilag,* U.S.P. 2698326 [1953]).

F: 123 – 123,5°.

4-Methoxy-5,6-dimethyl-pyrimidin-2-ylamin $C_7H_{11}N_3O$, Formel XIV (R = H, R′ = CH_3).

B. Beim Erwärmen von 4-Chlor-5,6-dimethyl-pyrimidin-2-ylamin mit methanol. Natriummethylat (*Backer, Grevenstuk,* R. **64** [1945] 115, 119; *Braker et al.,* Am. Soc. **69** [1947] 3072, 3075, 3077).

F: 154–155° [unkorr.] (*Br. et al.*), 151,5–152,5° (*Ba., Gr.*).

4-[2-Methoxy-äthoxy]-5,6-dimethyl-pyrimidin-2-ylamin $C_9H_{15}N_3O_2$, Formel XIV (R = H, R′ = CH_2-CH_2-O-CH_3).

B. Analog der vorangehenden Verbindung (*Braker et al.,* Am. Soc. **69** [1947] 3072, 3075).

F: 108–109° [unkorr.].

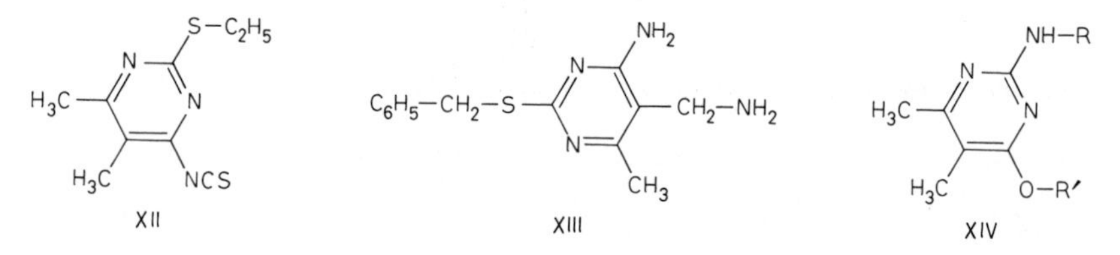

4-Nitro-benzolsulfonsäure-[4-methoxy-5,6-dimethyl-pyrimidin-2-ylamid] $C_{13}H_{14}N_4O_5S$, Formel XIV (R = SO_2-C_6H_4-NO_2, R′ = CH_3).

B. Aus 4-Methoxy-5,6-dimethyl-pyrimidin-2-ylamin und 4-Nitro-benzolsulfonylchlorid in Pyridin (*Backer, Grevenstuk,* R. **64** [1945] 115, 119).

F: 223,5–227° [Zers.].

4-Methoxy-5,6-dimethyl-2-sulfanilylamino-pyrimidin, Sulfanilsäure-[4-methoxy-5,6-dimethyl-pyrimidin-2-ylamid] $C_{13}H_{16}N_4O_3S$, Formel XIV (R = SO_2-C_6H_4-NH_2, R′ = CH_3).

B. Aus der vorangehenden Verbindung mit Hilfe von Eisen und HCl (*Backer, Grevenstuk,* R. **64** [1945] 115, 119). Beim Erhitzen der folgenden Verbindung mit wss. NaOH (*Braker et al.,* Am. Soc. **69** [1947] 3072, 3076, 3078).

F: 249–250° [unkorr.] (*Br. et al.*), 241–244° (*Ba., Gr.*).

***N*-Acetyl-sulfanilsäure-[4-methoxy-5,6-dimethyl-pyrimidin-2-ylamid], Essigsäure-[4-(4-methoxy-5,6-dimethyl-pyrimidin-2-ylsulfamoyl)-anilid]** $C_{15}H_{18}N_4O_4S$, Formel XIV (R = SO_2-C_6H_4-NH-CO-CH_3, R′ = CH_3).

B. Aus *N*-Acetyl-sulfanilylchlorid und 4-Methoxy-5,6-dimethyl-pyrimidin-2-ylamin in Pyridin (*Braker et al.,* Am. Soc. **69** [1947] 3072, 3076, 3077).

F: 253–254° [unkorr.].

4-[2-Methoxy-äthoxy]-5,6-dimethyl-2-sulfanilylamino-pyrimidin, Sulfanilsäure-[4-(2-methoxy-äthoxy)-5,6-dimethyl-pyrimidin-2-ylamid] $C_{15}H_{20}N_4O_4S$, Formel XIV (R = SO_2-C_6H_4-NH_2, R′ = CH_2-CH_2-O-CH_3).

B. Beim Erhitzen der folgenden Verbindung mit wss. NaOH (*Braker et al.,* Am. Soc. **69** [1947] 3072, 3076, 3078).

F: 122–123° [unkorr.].

***N*-Acetyl-sulfanilsäure-[4-(2-methoxy-äthoxy)-5,6-dimethyl-pyrimidin-2-ylamid]** $C_{17}H_{22}N_4O_5S$, Formel XIV (R = SO_2-C_6H_4-NH-CO-CH_3, R′ = CH_2-CH_2-O-CH_3).

B. Aus 4-[2-Methoxy-äthoxy]-5,6-dimethyl-pyrimidin-2-ylamin und *N*-Acetyl-sulfanilylchlorid in Pyridin (*Braker et al.,* Am. Soc. **69** [1947] 3072, 3076).

F: 202–203° [unkorr.].

6-Äthoxymethyl-5-methyl-pyrimidin-4-ylamin $C_8H_{13}N_3O$, Formel XV.

B. Beim Erhitzen von 6-Äthoxymethyl-5-methyl-3*H*-pyrimidin-4-on mit $POCl_3$ und Erhitzen des erhaltenen 4-Äthoxymethyl-6-chlor-5-methyl-pyrimidins ($C_8H_{11}ClN_2O$; im Vakuum bei 90° destillierbar) mit äthanol. NH_3 auf 125° (*Stein et al.,* Am. Soc. **63** [1941] 2059, 2062).

Kristalle (aus Ae.); F: 137–138°.

[4-Amino-6-methyl-pyrimidin-5-yl]-methanol $C_6H_9N_3O$, Formel XVI (X = H).

B. Beim Erwärmen von 5-Aminomethyl-6-methyl-pyrimidin-4-ylamin mit $NaNO_2$ in H_2O (*Andersag, Westphal*, B. **70** [1937] 2035, 2053). Beim Erhitzen der folgenden Verbindung mit Zink in H_2O (*An., We.*, l. c. S. 2051).

Kristalle (aus A.); F: 166°.

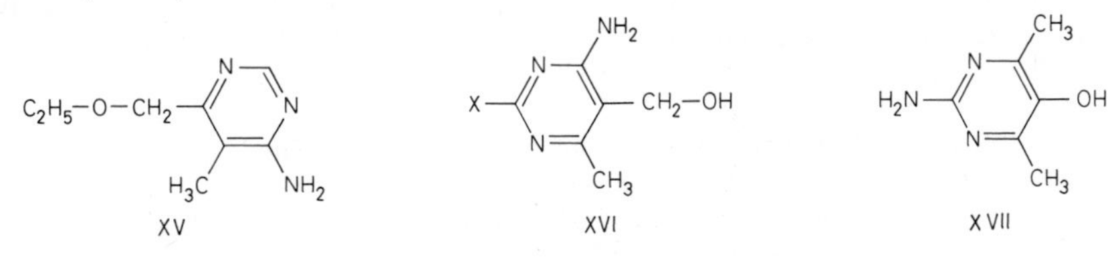

[4-Amino-2-chlor-6-methyl-pyrimidin-5-yl]-methanol $C_6H_8ClN_3O$, Formel XVI (X = Cl).

B. Aus 5-Acetoxymethyl-2,4-dichlor-6-methyl-pyrimidin und NH_3 in Äthanol [100°] (*Andersag, Westphal*, B. **70** [1937] 2035, 2050).

Kristalle (aus H_2O); F: 179°.

2-Amino-4,6-dimethyl-pyrimidin-5-ol $C_6H_9N_3O$, Formel XVII.

B. Beim Erhitzen von 5-Brom-4,6-dimethyl-pyrimidin-2-ylamin mit wss. $Ba(OH)_2$ und Kupfer-Pulver auf 180–200° (*Bray et al.*, Biochem. J. **48** [1951] 400, 401).

Kristalle (aus Acn.); F: 222° [unkorr.].

Hydrochlorid $C_6H_9N_3O \cdot HCl$. Kristalle (aus A.+Acn. oder A.+Ae.); F: 187° [unkorr.] (*Bray et al.*, l. c. S. 404).

4,6-Dimethyl-5-[4-nitro-phenylmercapto]-pyrimidin-2-ylamin $C_{12}H_{12}N_4O_2S$, Formel I (X = S).

B. Beim Erwärmen von 3-[4-Nitro-phenylmercapto]-pentan-2,4-dion mit Guanidin-nitrat und äthanol. Natriumäthylat (*Hu*, Sci. Rep. Tsing Hua Univ. [A] **5** [1948] 260, 264).

Gelbe Kristalle (aus wss. A.); F: 196°.

4,6-Dimethyl-5-[4-nitro-benzolsulfonyl]-pyrimidin-2-ylamin $C_{12}H_{12}N_4O_4S$, Formel I ($X = SO_2$).

B. Beim Erwärmen der vorangehenden Verbindung in Essigsäure mit wss. H_2O_2 (*Hu*, Sci. Rep. Tsing Hua Univ. [A] **5** [1948] 260, 264).

Gelbliche Kristalle (aus wss. A.); F: 268°.

4-Methoxymethyl-6-methyl-pyrimidin-2-ylamin $C_7H_{11}N_3O$, Formel II (R = X = H, R′ = CH_3).

B. Aus 1-Methoxy-pentan-2,4-dion und Guanidin-carbonat (*Price et al.*, J. org. Chem. **10** [1945] 318, 321).

Kristalle; F: 114–116° [unkorr.] (*Braker et al.*, Am. Soc. **69** [1947] 3072, 3075), 114–115° [korr.; aus H_2O] (*Pr. et al.*). UV-Spektrum (A.; 240–350 nm): *Pr. et al.*, l. c. S. 320.

Picrat $C_7H_{11}N_3O \cdot C_6H_3N_3O_7$. Kristalle (aus A.); F: 158–159,5° [korr.; Zers.] (*Pr. et al.*).

4-Äthoxymethyl-6-methyl-pyrimidin-2-ylamin $C_8H_{13}N_3O$, Formel II (R = X = H, R′ = C_2H_5).

B. Analog der vorangehenden Verbindung (*Clark et al.*, Am. Soc. **68** [1946] 96, 98).

Kristalle; F: 106–108° [korr.; aus CCl_4] (*Cl. et al.*), 106–107° (*Braker et al.*, Am. Soc. **69** [1947] 3072, 3075).

(±)-N^4,N^4-Diäthyl-N^1-[4-methoxymethyl-6-methyl-pyrimidin-2-yl]-1-methyl-butandiyldiamin $C_{16}H_{30}N_4O$, Formel II (R = $CH(CH_3)$-$[CH_2]_3$-$N(C_2H_5)_2$, R′ = CH_3, X = H).

B. Aus 2-Chlor-4-methoxymethyl-6-methyl-pyrimidin und (±)-N^4,N^4-Diäthyl-1-methyl-

butandiyldiamin (*Price et al.*, J. org. Chem. **12** [1947] 497, 499).
$Kp_{0,15}$: 128°. n_D^{20}: 1,5063.
Dipicrat $C_{16}H_{30}N_4O \cdot 2C_6H_3N_3O_7$. Kristalle (aus A.); F: 127–129°.

2-Benzolsulfonylamino-4-methoxymethyl-6-methyl-pyrimidin, *N*-[4-Methoxymethyl-6-methyl-pyrimidin-2-yl]-benzolsulfonamid $C_{13}H_{15}N_3O_3S$, Formel II (R = SO_2-C_6H_5, R′ = CH_3, X = H).
B. Aus 4-Methoxymethyl-6-methyl-pyrimidin-2-ylamin und Benzolsulfonylchlorid in Pyridin (*Price et al.*, J. org. Chem. **10** [1945] 318, 322).
Kristalle (aus wss. A.); F: 130–131° [korr.].

4-Nitro-benzolsulfonsäure-[4-methoxymethyl-6-methyl-pyrimidin-2-ylamid] $C_{13}H_{14}N_4O_5S$, Formel II (R = SO_2-C_6H_4-NO_2, R′ = CH_3, X = H).
B. Analog der vorangehenden Verbindung (*Price et al.*, J. org. Chem. **10** [1945] 318, 322).
Kristalle (aus H_2O); F: 118–119,5° [korr.].

4-Methoxymethyl-6-methyl-2-sulfanilylamino-pyrimidin, Sulfanilsäure-[4-methoxymethyl-6-methyl-pyrimidin-2-ylamid] $C_{13}H_{16}N_4O_3S$, Formel II (R = SO_2-C_6H_4-NH_2, R′ = CH_3, X = H).
B. Beim Erhitzen von Sulfanilylguanidin mit 1-Methoxy-pentan-2,4-dion, Amylalkohol und Essigsäure (*Rose, Tuey,* Soc. **1946** 81, 85). Aus der vorangehenden Verbindung mit Hilfe von Eisen und HCl in Äthanol (*Price et al.*, J. org. Chem. **10** [1945] 318, 321). Beim Erhitzen der folgenden Verbindung mit wss. NaOH (*Pr. et al.; Braker et al.*, Am. Soc. **69** [1947] 3072, 3076, 3078).
Kristalle; F: 170–171° [korr.; aus A.] (*Pr. et al.*), 169–170° [unkorr.] (*Br. et al.*), 167–170° [aus Me.] (*Rose, Tuey*).

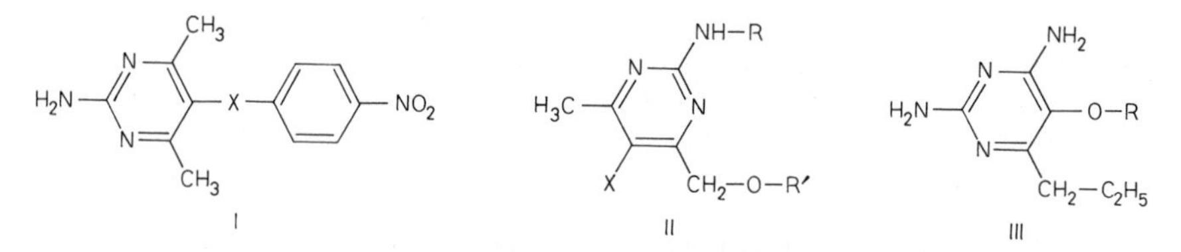

***N*-Acetyl-sulfanilsäure-[4-methoxymethyl-6-methyl-pyrimidin-2-ylamid], Essigsäure-[4-(4-methoxymethyl-6-methyl-pyrimidin-2-ylsulfamoyl)-anilid]** $C_{15}H_{18}N_4O_4S$, Formel II (R = SO_2-C_6H_4-NH-CO-CH_3, R′ = CH_3, X = H).
B. Aus 4-Methoxymethyl-6-methyl-pyrimidin-2-ylamin und *N*-Acetyl-sulfanilylchlorid in Pyridin (*Price et al.*, J. org. Chem. **10** [1945] 318, 321; *Braker et al.*, Am. Soc. **69** [1947] 3072, 3076, 3077).
Kristalle; F: 193,5–194,5° [unkorr.] (*Br. et al.*), 191,5–193,5° [korr.; aus wss. A.] (*Pr. et al.*).

4-Äthoxymethyl-6-methyl-2-sulfanilylamino-pyrimidin, Sulfanilsäure-[4-äthoxymethyl-6-methyl-pyrimidin-2-ylamid] $C_{14}H_{18}N_4O_3S$, Formel II (R = SO_2-C_6H_4-NH_2, R′ = C_2H_5, X = H).
B. Beim Erhitzen der folgenden Verbindung mit wss. NaOH (*Braker et al.*, Am. Soc. **69** [1947] 3072, 3076, 3078).
Kristalle; F: 158–160° [korr.; aus A.] (*Clark et al.*, Am. Soc. **68** [1946] 96, 97, 98), 153–154° [unkorr.] (*Br. et al.*).

***N*-Acetyl-sulfanilsäure-[4-äthoxymethyl-6-methyl-pyrimidin-2-ylamid], Essigsäure-[4-(4-äthoxymethyl-6-methyl-pyrimidin-2-ylsulfamoyl)-anilid]** $C_{16}H_{20}N_4O_4S$, Formel II (R = SO_2-C_6H_4-NH-CO-CH_3, R′ = C_2H_5, X = H).
B. Aus 4-Äthoxymethyl-6-methyl-pyrimidin-2-ylamin und *N*-Acetyl-sulfanilylchlorid in Pyridin (*Squibb & Sons,* U.S.P. 2484629 [1943]; *Braker et al.*, Am. Soc. **69** [1947] 3072, 3076, 3077).

Kristalle; F: 215–216° [unkorr.] (*Br. et al.*), 163–165° [nicht völlig reines Präparat] (*Clark et al.*, Am. Soc. **68** [1946] 96, 98), 151° [aus wss. Me.] (*Squibb & Sons*).

5-Brom-4-methoxymethyl-6-methyl-pyrimidin-2-ylamin $C_7H_{10}BrN_3O$, Formel II (R = H, R′ = CH_3, X = Br).

B. Aus 4-Methoxymethyl-6-methyl-pyrimidin-2-ylamin und Brom in Äthanol (*Price et al.*, J. org. Chem. **10** [1945] 318, 322).

Kristalle (aus A.); F: 114,5–115,5° [korr.].

Picrat $C_7H_{10}BrN_3O \cdot C_6H_3N_3O_7$. Gelbe Kristalle (aus A.); F: 132–133° [korr.].

5-Brom-4-methoxymethyl-6-methyl-2-sulfanilylamino-pyrimidin, Sulfanilsäure-[5-brom-4-methoxymethyl-6-methyl-pyrimidin-2-ylamid] $C_{13}H_{15}BrN_4O_3S$, Formel II (R = SO_2-C_6H_4-NH_2, R′ = CH_3, X = Br).

B. Beim Erhitzen der folgenden Verbindung mit wss.-äthanol. KOH (*Price et al.*, J. org. Chem. **10** [1945] 318, 322).

Kristalle (aus wss. A.); F: 168–171° [korr.].

***N*-Acetyl-sulfanilsäure-[5-brom-4-methoxymethyl-6-methyl-pyrimidin-2-ylamid], Essigsäure-[4-(5-brom-4-methoxymethyl-6-methyl-pyrimidin-2-ylsulfamoyl)-anilid]** $C_{15}H_{17}BrN_4O_4S$, Formel II (R = SO_2-C_6H_4-NH-CO-CH_3, R′ = CH_3, X = Br).

B. Beim Behandeln von *N*-Acetyl-sulfanilsäure-[4-methoxymethyl-6-methyl-pyrimidin-2-yl=amid] in wss. NaOH mit Brom und KBr in H_2O (*Price et al.*, J. org. Chem. **10** [1945] 318, 322).

Kristalle (aus A.); F: 192,5–193,5° [korr.].

Amino-Derivate der Hydroxy-Verbindungen $C_7H_{10}N_2O$

5-[4-Chlor-phenoxy]-6-propyl-pyrimidin-2,4-diyldiamin $C_{13}H_{15}ClN_4O$, Formel III (R = C_6H_4-Cl).

B. Aus 2-Chlor-3-oxo-hexansäure-äthylester, 4-Chlor-phenol und Guanidin über 2-Amino-5-[4-chlor-phenoxy]-6-propyl-3*H*-pyrimidin-4-on und 4-Chlor-5-[4-chlor-phenoxy]-6-propyl-pyr=imidin-2-ylamin (*Falco et al.*, Am. Soc. **73** [1951] 3753, 3756, 3757).

Hydrochlorid $C_{13}H_{15}ClN_4O \cdot HCl$. F: 270–273° [unkorr.].

5-[2]Naphthyloxy-6-propyl-pyrimidin-2,4-diyldiamin $C_{17}H_{18}N_4O$, Formel III (R = $C_{10}H_7$).

B. Analog der vorangehenden Verbindung (*Falco et al.*, Am. Soc. **73** [1951] 3753, 3756, 3757).

Sulfat $2C_{17}H_{18}N_4O \cdot H_2SO_4$.

5-Äthoxymethyl-2-äthyl-pyrimidin-4-ylamin $C_9H_{15}N_3O$, Formel IV.

B. Beim Erhitzen von 5-Äthoxymethyl-2-äthyl-3*H*-pyrimidin-4-on mit $POCl_3$ und Erhitzen des Reaktionsprodukts mit äthanol. NH_3 auf 120° (*Stein et al.*, Am. Soc. **63** [1941] 2059, 2061).

Kristalle; F: 64,5–65,5°.

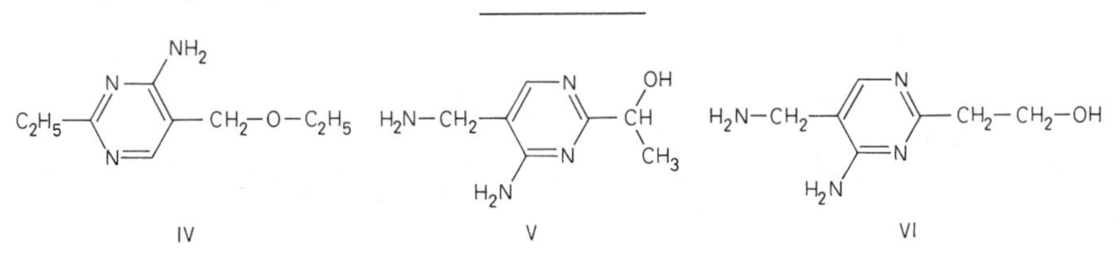

(±)-1-[4-Amino-5-aminomethyl-pyrimidin-2-yl]-äthanol $C_7H_{12}N_4O$, Formel V.

B. Bei der Reduktion von (±)-4-Amino-2-[1-hydroxy-äthyl]-pyrimidin-5-carbonitril an einer Palladium-Kathode in wss. HCl (*Matukawa*, J. pharm. Soc. Japan **62** [1942] 417, 437; dtsch.

Ref. S. 122, 124; C. A. **1951** 4724).

Dihydrochlorid $C_7H_{12}N_4O \cdot 2HCl$. Kristalle (aus H_2O+A.); Zers. bei 255°.

Dipicrat $C_7H_{12}N_4O \cdot 2C_6H_3N_3O_7$. Gelbe Kristalle (aus A.); Zers. bei 201°.

2-[4-Amino-5-aminomethyl-pyrimidin-2-yl]-äthanol $C_7H_{12}N_4O$, Formel VI.

B. Analog der vorangehenden Verbindung (*Matsukawa, Yurugi,* J. pharm. Soc. Japan **72** [1952] 1585, 1587; C. A. **1953** 9330).

Dihydrochlorid $C_7H_{12}N_4O \cdot 2HCl$. Kristalle (aus wss. A.), die sich bei ca. 220° gelb, bei ca. 270° braun und bei ca. 330° schwarz färben.

Dipicrat $C_7H_{12}N_4O \cdot 2C_6H_3N_3O_7$. Gelbe Kristalle (aus H_2O); F: 216–217° [Zers.].

2-Äthansulfonyl-5-äthyl-6-methyl-pyrimidin-4-ylamin $C_9H_{15}N_3O_2S$, Formel VII.

B. Aus 2-Äthansulfonyl-5-äthyl-4-chlor-6-methyl-pyrimidin und äthanol. NH_3 [100°] (*Chi, Ling,* Scientia sinica **6** [1957] 633, 639).

Kristalle (aus Bzl.+PAe.); F: 108–109°.

2-[2-Amino-4-methyl-pyrimidin-5-yl]-äthanol $C_7H_{11}N_3O$, Formel VIII (R = R′ = X = H).

B. Beim Erhitzen von 5-[2-Brom-äthyl]-4-methyl-pyrimidin-2-ylamin mit wss. K_2CO_3 (*Braker et al.,* Am. Soc. **69** [1947] 3072, 3075, 3078).

Kristalle (aus A.); F: 159–160° [unkorr.].

5-[2-Äthoxy-äthyl]-4-methyl-pyrimidin-2-ylamin $C_9H_{15}N_3O$, Formel VIII (R = X = H, R′ = C_2H_5).

B. Bei der Hydrierung von 5-[2-Äthoxy-äthyl]-4-chlor-6-methyl-pyrimidin-2-ylamin an Palladium/Kohle in Äthanol (*Braker et al.,* Am. Soc. **69** [1947] 3072, 3075, 3077).

Kristalle (aus H_2O); F: 138–139° [unkorr.].

2-[4-Methyl-2-sulfanilylamino-pyrimidin-5-yl]-äthanol, Sulfanilsäure-[5-(2-hydroxy-äthyl)-4-methyl-pyrimidin-2-ylamid] $C_{13}H_{16}N_4O_3S$, Formel VIII (R = SO_2-C_6H_4-NH_2, R′ = X = H).

B. Beim Erhitzen der folgenden Verbindung mit wss. NaOH (*Braker et al.,* Am. Soc. **69** [1947] 3072, 3075, 3078).

Kristalle (aus wss. A.); F: 160–162° [unkorr.].

***N*-Acetyl-sulfanilsäure-[5-(2-hydroxy-äthyl)-4-methyl-pyrimidin-2-ylamid]** $C_{15}H_{18}N_4O_4S$, Formel VIII (R = SO_2-C_6H_4-NH-CO-CH_3, R′ = X = H).

B. Beim Erwärmen von *N*-Acetyl-sulfanilsäure-[5-(2-brom-äthyl)-4-methyl-pyrimidin-2-ylamid] mit wss. Na_2CO_3 (*Braker et al.,* Am. Soc. **69** [1947] 3072, 3075, 3078).

Kristalle (aus wss. A.); F: 181–182° [unkorr.].

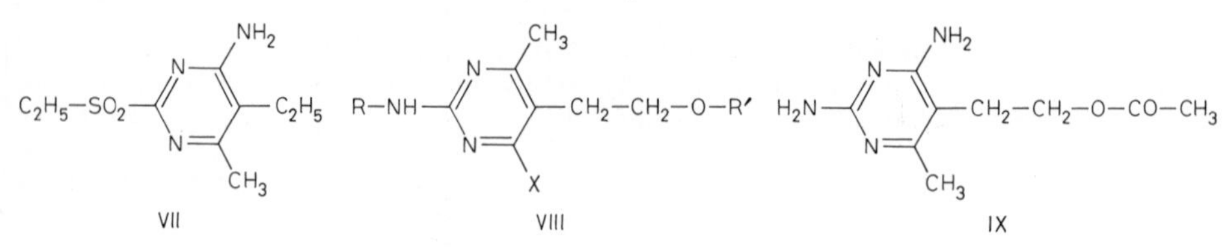

5-[2-Äthoxy-äthyl]-4-methyl-2-sulfanilylamino-pyrimidin, Sulfanilsäure-[5-(2-äthoxy-äthyl)-4-methyl-pyrimidin-2-ylamid] $C_{15}H_{20}N_4O_3S$, Formel VIII (R = SO_2-C_6H_4-NH_2, R′ = C_2H_5, X = H).

B. Beim Erhitzen der folgenden Verbindung mit wss. NaOH (*Braker et al.,* Am. Soc. **69** [1947] 3072, 3076, 3078).

F: 194–195° [unkorr.].

***N*-Acetyl-sulfanilsäure-[5-(2-äthoxy-äthyl)-4-methyl-pyrimidin-2-ylamid]** $C_{17}H_{22}N_4O_4S$, Formel VIII (R = SO_2-C_6H_4-NH-CO-CH_3, R′ = C_2H_5, X = H).

B. Aus 5-[2-Äthoxy-äthyl]-4-methyl-pyrimidin-2-ylamin und *N*-Acetyl-sulfanilylchlorid in

Pyridin (*Braker et al.*, Am. Soc. **69** [1947] 3072, 3076, 3077).
F: 200–201° [unkorr.].

4-Chlor-5-[2-methoxy-äthyl]-6-methyl-pyrimidin-2-ylamin $C_8H_{12}ClN_3O$, Formel VIII (R = H, R′ = CH_3, X = Cl).
B. Aus 2-Amino-5-[2-methoxy-äthyl]-6-methyl-3*H*-pyrimidin-4-on mit Hilfe von $POCl_3$ (*Bra≈ker et al.*, Am. Soc. **69** [1947] 3072, 3074).
F: 134–135° [unkorr.].

5-[2-Äthoxy-äthyl]-4-chlor-6-methyl-pyrimidin-2-ylamin $C_9H_{14}ClN_3O$, Formel VIII (R = H, R′ = C_2H_5, X = Cl).
B. Analog der vorangehenden Verbindung (*Braker et al.*, Am. Soc. **69** [1947] 3072, 3074).
F: 147–148° [unkorr.].

1-Acetoxy-2-[2,4-diamino-6-methyl-pyrimidin-5-yl]-äthan $C_9H_{14}N_4O_2$, Formel IX.
B. Beim Behandeln von 5-[2-Amino-äthyl]-6-methyl-pyrimidin-2,4-diyldiamin mit wss. $NaNO_2$ und wss. Essigsäure (*I.G. Farbenind.*, D.R.P. 671662 [1936]; Frdl. **25** 441).
Zers. >200°.

[4-Amino-2,6-dimethyl-pyrimidin-5-yl]-methanol $C_7H_{11}N_3O$, Formel X.
B. Beim Erhitzen von 5-Aminomethyl-2,6-dimethyl-pyrimidin-4-ylamin mit $NaNO_2$ in wss. HCl (*Horiuchi*, J. pharm. Soc. Japan **78** [1958] 1224, 1228; C. A. **1959** 5272).
Kristalle (aus H_2O) mit 0,5 Mol H_2O; F: 185°.
Picrat $C_7H_{11}N_3O \cdot C_6H_3N_3O_7$.

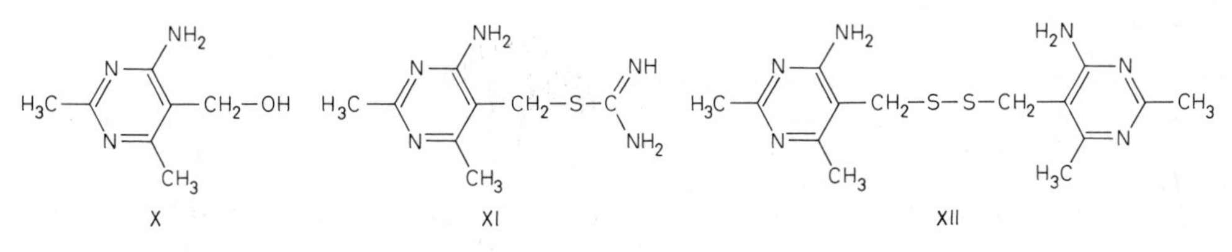

S-[4-Amino-2,6-dimethyl-pyrimidin-5-ylmethyl]-isothioharnstoff $C_8H_{13}N_5S$, Formel XI.
B. Aus 5-Chlormethyl-2,6-dimethyl-pyrimidin-4-ylamin-hydrochlorid und Thioharnstoff in Äthanol (*Horiuchi*, J. pharm. Soc. Japan **78** [1958] 1224, 1228; C. A. **1959** 5272).
Dihydrochlorid $C_8H_{13}N_5S \cdot 2HCl$; *S*-[4-Amino-2,6-dimethyl-pyrimidin-5-yl≈methyl]-thiouronium-chlorid-hydrochlorid. Kristalle; F: 225° [Zers.].
Dipicrat $C_8H_{13}N_5S \cdot 2C_6H_3N_3O_7$. F: 185° [Zers.; aus A.].

Bis-[4-amino-2,6-dimethyl-pyrimidin-5-ylmethyl]-disulfid $C_{14}H_{20}N_6S_2$, Formel XII.
B. Beim Erwärmen der vorangehenden Verbindung mit wss. NaOH (*Horiuchi*, J. pharm. Soc. Japan **78** [1958] 1224, 1228; C. A. **1959** 5272).
Kristalle (aus A.) mit 5 Mol H_2O; F: 238° [Zers.] (*Ho.*). IR-Spektrum (Nujol; 3600–2700 cm^{-1} und 1750–600 cm^{-1}): *Narisada et al.*, Ann. Rep. Shionogi Res. Labor. Nr. 8 [1958] 915, 916, 918; C. **1963** 19172.
Dipicrat $C_{14}H_{20}N_6S_2 \cdot 2C_6H_3N_3O_7$. F: 232° [Zers.; aus A.] (*Ho.*).

Amino-Derivate der Hydroxy-Verbindungen $C_8H_{12}N_2O$

2-Äthylmercapto-6-methyl-5-propyl-pyrimidin-4-ylamin $C_{10}H_{17}N_3S$, Formel XIII (X = S).
B. Aus 2-Äthylmercapto-4-chlor-6-methyl-5-propyl-pyrimidin und äthanol. NH_3 [170°] (*Chi, Chang*, Am. Soc. **60** [1938] 1721).
Kristalle (aus PAe.); F: 86–87°.

2-Äthansulfonyl-6-methyl-5-propyl-pyrimidin-4-ylamin $C_{10}H_{17}N_3O_2S$, Formel XIII (X = SO_2).
B. Analog der vorangehenden Verbindung (*Chi, Ling*, Acta chim. sinica **22** [1956] 3, 9;

Scientia sinica **5** [1956] 205, 214).

Kristalle (aus Bzl. + PAe.); F: 101 – 102°.

(±)-1-[2-Amino-4-methyl-pyrimidin-5-yl]-3-dimethylamino-propan-1-ol $C_{10}H_{18}N_4O$, Formel XIV.

B. Bei der Hydrierung von 1-[2-Amino-4-methyl-pyrimidin-5-yl]-3-dimethylamino-propan-1-on an Platin in Methanol (*Graham et al.*, Am. Soc. **67** [1945] 1294).

Hydrochlorid $C_{10}H_{18}N_4O \cdot HCl$. Kristalle (aus A.); F: 204 – 206° [nach Änderung der Kristallform bei ca. 185°].

Picrat. Gelbe Kristalle (aus A.); F: 162 – 164°.

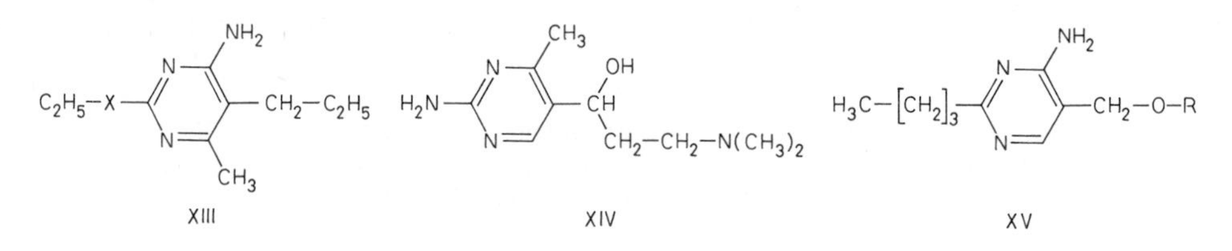

Amino-Derivate der Hydroxy-Verbindungen $C_9H_{14}N_2O$

[4-Amino-2-butyl-pyrimidin-5-yl]-methanol $C_9H_{15}N_3O$, Formel XV (R = H).

B. Beim Behandeln von 4-Amino-2-butyl-pyrimidin-5-carbonsäure-äthylester mit $LiAlH_4$ in Äther (*Dornow, Hargesheimer*, B. **88** [1955] 1478, 1483).

Kristalle (aus PAe.); F: 132°.

5-Äthoxymethyl-2-butyl-pyrimidin-4-ylamin $C_{11}H_{19}N_3O$, Formel XV (R = C_2H_5).

B. Aus 5-Äthoxymethyl-2-butyl-3*H*-pyrimidin-4-on über 5-Äthoxymethyl-2-butyl-4-chlor-pyrimidin (*Merck & Co.*, U.S.P. 2478049 [1946]).

Kristalle; F: 48 – 51° [nach Sublimation unter 0,5 Torr].

Hydrochlorid $C_{11}H_{19}N_3O \cdot HCl$. Kristalle (aus Acn. + Ae.); F: 136,5 – 137,5°.

2-Äthylmercapto-5-butyl-6-methyl-pyrimidin-4-ylamin $C_{11}H_{19}N_3S$, Formel I.

B. Beim Erhitzen von 2-Äthylmercapto-5-butyl-4-chlor-6-methyl-pyrimidin mit äthanol. NH_3 (*Chi*, Am. Soc. **58** [1936] 1150).

Kristalle (aus Bzl. + PAe.); F: 104 – 105°.

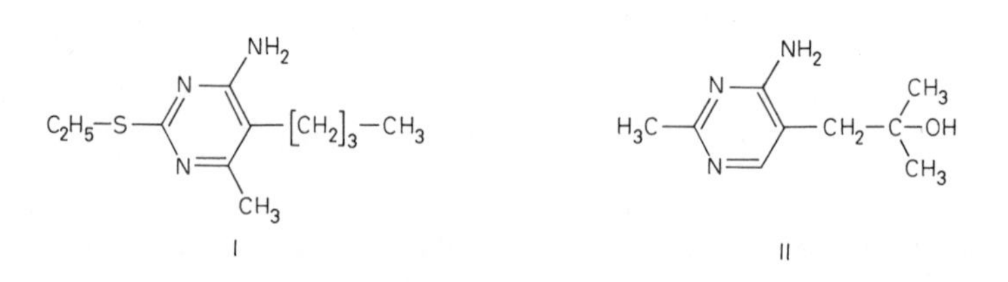

3-[4-Amino-2-methyl-pyrimidin-5-yl]-2-methyl-propan-2-ol $C_9H_{15}N_3O$, Formel II.

B. Analog der vorangehenden Verbindung (*Ochiai, Itikawa*, J. pharm. Soc. Japan **58** [1938] 632, 635; dtsch. Ref. S. 168; C. **1938** II 3397).

Kristalle (aus Acn.); F: 160 – 162°.

(±)-3-Dimethylamino-1-[2,4-dimethyl-pyrimidin-5-yl]-propan-1-ol $C_{11}H_{19}N_3O$, Formel III.

B. Bei der Hydrierung von 3-Dimethylamino-1-[2,4-dimethyl-pyrimidin-5-yl]-propan-1-on-hydrochlorid an Platin in Äthanol (*Graham et al.*, Am. Soc. **67** [1945] 1294).

Gelbliche Kristalle (aus PAe.); F: 60°.

Picrat. Kristalle (aus A.); F: 130 – 133°.

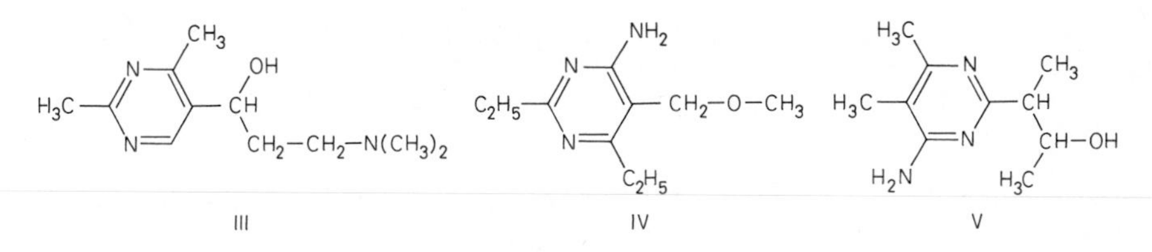

2,6-Diäthyl-5-methoxymethyl-pyrimidin-4-ylamin $C_{10}H_{17}N_3O$, Formel IV.

Die früher (H **25** 20) unter dieser Konstitution beschriebene Verbindung ist wahrscheinlich als 6(oder 2)-Äthyl-2(oder 6)-[1-methoxy-äthyl]-5-methyl-pyrimidin-4-ylamin $C_{10}H_{17}N_3O$ zu formulieren (s. diesbezüglich *Ochiai et al.*, J. pharm. Soc. Japan **57** [1937] 1047; dtsch. Ref. S. 305; C. A. **1938** 3397). Entsprechend ist die früher als 5-Äthoxymethyl-2,6-diäthyl-pyrimidin-4-ylamin ($C_{11}H_{19}N_3O$; H **25** 20) beschriebene Verbindung wahrscheinlich als 2(oder 6)-[1-Äthoxy-äthyl]-6(oder 2)-äthyl-5-methyl-pyrimidin-4-ylamin $C_{11}H_{19}N_3O$ zu formulieren.

Amino-Derivate der Hydroxy-Verbindungen $C_{10}H_{16}N_2O$

***Opt.-inakt. 3-[4-Amino-5,6-dimethyl-pyrimidin-2-yl]-butan-2-ol** $C_{10}H_{17}N_3O$, Formel V.

B. Bei der Hydrierung von (±)-3-[4-Amino-5,6-dimethyl-pyrimidin-2-yl]-butan-2-on an Raney-Nickel in Äthanol [130°/50 at] (*Taniguchi*, J. pharm. Soc. Japan **78** [1958] 329, 333; C. A. **1958** 14593).

Kristalle (aus Toluol); F: 143–144° [unkorr.]. IR-Banden (Nujol; 3–6,5 μ): *Ta.*, l. c. S. 331. λ_{max}: 234,4 nm und 271 nm [Me.] bzw. 259,5 nm [wss. HCl (0,001 n)]. [*H.-H. Müller*]

Amino-Derivate der Monohydroxy-Verbindungen $C_nH_{2n-6}N_2O$

2-Methylmercapto-6,7-dihydro-5*H*-cyclopentapyrimidin-4-ylamin $C_8H_{11}N_3S$, Formel VI.

B. Beim Erwärmen von 4-Amino-1,5,6,7-tetrahydro-cyclopentapyrimidin-2-thion mit CH_3I und wss.-methanol. KOH (*deStevens et al.*, Arch. Biochem. **83** [1959] 141, 149).

Kristalle; F: 159–160° [unkorr.].

4-Methoxy-6,7-dihydro-5*H*-cyclopentapyrimidin-2-ylamin $C_8H_{11}N_3O$, Formel VII (R = H, R′ = CH_3).

B. Aus 4-Chlor-6,7-dihydro-5*H*-cyclopentapyrimidin-2-ylamin und Natriummethylat in Methanol und Xylol (*Ross et al.*, Am. Soc. **81** [1959] 3108, 3112; s. a. *Braker et al.*, Am. Soc. **69** [1947] 3072, 3075).

Kristalle; F: 120–121° [unkorr.; aus H_2O] (*Ross et al.*), 119–120° [unkorr.] (*Br. et al.*). IR-Banden (KBr; 3–8,4 μ): *Ross et al.* λ_{max}: 281 nm [wss. Lösung vom pH 13] bzw. 282 nm [wss. Lösungen vom pH 7 sowie pH 1] (*Ross et al.*, l. c. S. 3111).

4-[4-Chlor-phenoxy]-6,7-dihydro-5*H*-cyclopentapyrimidin-2-ylamin $C_{13}H_{12}ClN_3O$, Formel VII (R = H, R′ = C_6H_4-Cl).

B. Als Hauptprodukt neben 4-Methoxy-6,7-dihydro-5*H*-cyclopentapyrimidin-2-ylamin beim Erhitzen von 4-Chlor-6,7-dihydro-5*H*-cyclopentapyrimidin-2-ylamin mit Natrium-[4-chlor-phenolat] in Methanol und *O,O′*-Dimethyl-diäthylenglykol (*Ross et al.*, Am. Soc. **81** [1959] 3108, 3111, 3112).

Kristalle (aus wss. A.); F: 185–187° [unkorr.]. IR-Banden (KBr; 2,9–12 μ): *Ross et al.* λ_{max}: 226 nm und 287 nm [wss. Lösung vom pH 13], 225 nm und 287 nm [wss. Lösung vom pH 7] bzw. 291 nm [wss. Lösung vom pH 1].

4-Benzyloxy-6,7-dihydro-5*H*-cyclopentapyrimidin-2-ylamin $C_{14}H_{15}N_3O$, Formel VII (R = H, R′ = CH_2-C_6H_5).

B. Aus 4-Chlor-6,7-dihydro-5*H*-cyclopentapyrimidin-2-ylamin und Natriumbenzylat in *O,O′*-

Dimethyl-diäthylenglykol (*Ross et al.*, Am. Soc. **81** [1959] 3108, 3111, 3112).

Kristalle (aus wss. A.); F: 118–119° [unkorr.]. IR-Banden (KBr; 3–14,4 μ): *Ross et al.* λ_{max}: 233 nm und 282 nm [wss. Lösungen vom pH 13 sowie pH 7] bzw. 284 nm [wss. Lösung vom pH 1].

2-Benzylamino-4-benzyloxy-6,7-dihydro-5*H*-cyclopentapyrimidin, Benzyl-[4-benzyloxy-6,7-dihydro-5*H*-cyclopentapyrimidin-2-yl]-amin $C_{21}H_{21}N_3O$, Formel VII (R = R′ = CH_2-C_6H_5).

B. Aus 4-Chlor-6,7-dihydro-5*H*-cyclopentapyrimidin-2-ylamin und Natriumbenzylat in Xylol (*Ross et al.*, Am. Soc. **81** [1959] 3108, 3112).

Kristalle (aus A.); F: 137–139° [unkorr.]. IR-Banden (KBr; 2,9–14,4 μ): *Ross et al.*

4-Methoxy-2-sulfanilylamino-6,7-dihydro-5*H*-cyclopentapyrimidin, Sulfanilsäure-[4-methoxy-6,7-dihydro-5*H*-cyclopentapyrimidin-2-ylamid] $C_{14}H_{16}N_4O_3S$, Formel VII (R = SO_2-C_6H_4-NH_2, R′ = CH_3).

B. Beim Erhitzen der folgenden Verbindung mit wss. NaOH (*Braker et al.*, Am. Soc. **69** [1947] 3072, 3076).

F: 228–229° [unkorr.].

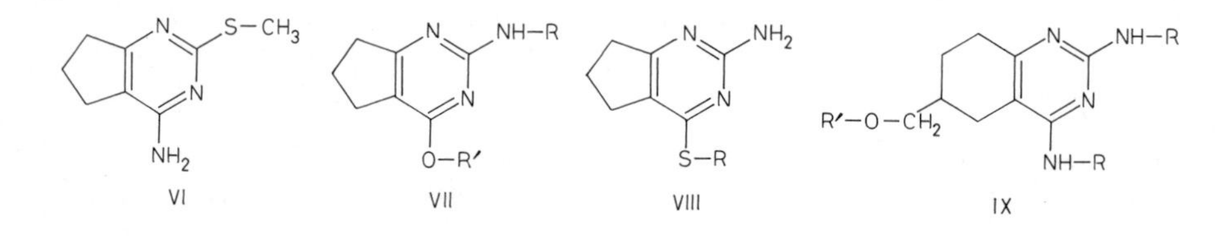

***N*-Acetyl-sulfanilsäure-[4-methoxy-6,7-dihydro-5*H*-cyclopentapyrimidin-2-ylamid], Essigsäure-[4-(4-methoxy-6,7-dihydro-5*H*-cyclopentapyrimidin-2-ylsulfamoyl)-anilid]** $C_{16}H_{18}N_4O_4S$, Formel VII (R = SO_2-C_6H_4-NH-CO-CH_3, R′ = CH_3).

B. Aus 4-Methoxy-6,7-dihydro-5*H*-cyclopentapyrimidin-2-ylamin und *N*-Acetyl-sulfanilylchlorid mit Hilfe von Pyridin (*Braker et al.*, Am. Soc. **69** [1947] 3072, 3076).

F: 249–250° [unkorr.].

4-Methylmercapto-6,7-dihydro-5*H*-cyclopentapyrimidin-2-ylamin $C_8H_{11}N_3S$, Formel VIII (R = CH_3).

B. Aus 2-Amino-3,5,6,7-tetrahydro-cyclopentapyrimidin-4-thion und Dimethylsulfat mit Hilfe von wss.-methanol. NaOH (*Ross et al.*, Am. Soc. **81** [1959] 3108, 3111, 3112).

Kristalle (aus Bzl.+PAe.); F: 140–141° [unkorr.]. IR-Banden (KBr; 2,9–6,5 μ): *Ross et al.* λ_{max}: 234 nm und 308 nm [wss. Lösungen vom pH 13 sowie pH 7] bzw. 236 nm, 271 nm und 315 nm [wss. Lösung vom pH 1].

4-[4-Chlor-phenylmercapto]-6,7-dihydro-5*H*-cyclopentapyrimidin-2-ylamin $C_{13}H_{12}ClN_3S$, Formel VIII (R = C_6H_4-Cl).

B. Aus 4-Chlor-6,7-dihydro-5*H*-cyclopentapyrimidin-2-ylamin und Natrium-[4-chlor-thiophenolat] in Propan-1-ol (*Ross et al.*, Am. Soc. **81** [1959] 3108, 3111, 3112).

Kristalle (aus Bzl.+PAe.); F: 135–137° [unkorr.]. IR-Banden (KBr; 2,9–12,3 μ): *Ross et al.* λ_{max}: 312 nm [wss. Lösungen vom pH 13 sowie pH 7] bzw. 260 nm und 310 nm [wss. Lösung vom pH 1].

(±)-[2,4-Diamino-5,6,7,8-tetrahydro-chinazolin-6-yl]-methanol $C_9H_{14}N_4O$, Formel IX (R = R′ = H).

B. Beim Behandeln von (±)-2,4-Diamino-5,6,7,8-tetrahydro-chinazolin-6-carbonsäure-butylester mit $NaBH_4$ und $AlCl_3$ in *O,O′*-Dimethyl-diäthylenglykol (*DeGraw et al.*, J. org. Chem. **24** [1959] 1632, 1637).

Kristalle (aus H_2O); F: 260–270° [unkorr.; Zers.]. IR-Banden (KBr; 2,9–9,6 μ): *DeG. et al.* λ_{max}: 285 nm [wss. Lösung vom pH 13] bzw. 274 nm [wss. Lösung vom pH 1].

(±)-Toluol-4-sulfonsäure-[2,4-diamino-5,6,7,8-tetrahydro-chinazolin-6-ylmethylester] $C_{16}H_{20}N_4O_3S$, Formel IX (R = H, R' = SO_2-C_6H_4-CH_3).

B. Aus der vorangehenden Verbindung und Toluol-4-sulfonylchlorid mit Hilfe von Pyridin (*DeGraw et al.*, J. org. Chem. **24** [1959] 1632, 1638).

Kristalle (aus A.); F: 188–193° [unkorr.]. IR-Banden (KBr; 2,9–12,3 μ): *DeG. et al.*

(±)-[2,4-Bis-benzylamino-5,6,7,8-tetrahydro-chinazolin-6-yl]-methanol $C_{23}H_{26}N_4O$, Formel IX (R = CH_2-C_6H_5, R' = H).

B. Beim Erhitzen von (±)-[2,4-Dichlor-5,6,7,8-tetrahydro-chinazolin-6-yl]-methanol mit Benz⸗ylamin in Äthanol (*DeGraw et al.*, J. org. Chem. **24** [1959] 1632, 1639).

Kristalle (aus Bzl.+Hexan); F: 130–131° [unkorr.]. IR-Banden (KBr; 2,9–14,3 μ): *DeG. et al.*

Amino-Derivate der Monohydroxy-Verbindungen $C_nH_{2n-8}N_2O$

Amino-Derivate der Hydroxy-Verbindungen $C_7H_6N_2O$

5(oder 7)-Thiocyanato-1(2)*H*-indazol-6-ylamin $C_8H_6N_4S$, Formel X (X = S-CN, X' = H oder X = H, X' = S-CN) und Taut.

B. Beim Behandeln von 1(2)*H*-Indazol-6-ylamin mit Ammonium-thiocyanat und Brom in Methanol (*Gen. Aniline Works*, U.S.P. 1876930 [1929]).

Kristalle, die unterhalb 300° nicht schmelzen.

2-Methyl-5(oder 7)-thiocyanato-2*H*-indazol-6-ylamin $C_9H_8N_4S$, Formel XI (X = S-CN, X' = H oder X = H, X' = S-CN).

B. Beim Behandeln von 2-Methyl-2*H*-indazol-6-ylamin mit Ammonium-thiocyanat und Brom in Methanol (*Gen. Aniline Works*, U.S.P. 1876930 [1929]).

Gelbe Kristalle (aus A.); F: 280–285°.

6-Methoxy-1(2)*H*-indazol-5-ylamin $C_8H_9N_3O$, Formel XII und Taut.

B. Aus 6-Methoxy-5-nitro-1(2)*H*-indazol mit Hilfe von Eisen und Äthanol (*Davies*, Soc. **1955** 2412, 2417, 2418).

Kristalle; F: 165°.

[3-Hydroxy-[2]naphthoyl]-Derivat $C_{19}H_{15}N_3O_3$; 3-Hydroxy-[2]naphthoesäure-[6-methoxy-1(2)*H*-indazol-5-ylamid]. Kristalle; F: 263°.

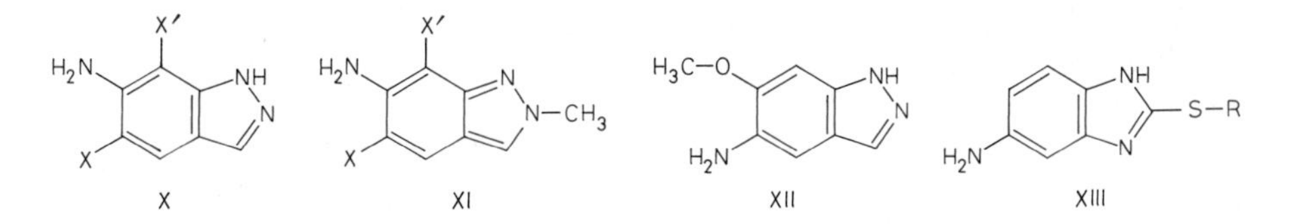

2-Methylmercapto-1(3)*H*-benzimidazol-5-ylamin $C_8H_9N_3S$, Formel XIII (R = CH_3) und Taut.

B. Aus 2-Methylmercapto-5-nitro-1(3)*H*-benzimidazol bei der katalytischen Hydrierung (*Na⸗kajima et al.*, J. pharm. Soc. Japan **78** [1958] 1378, 1380; C. A. **1959** 8124).

Dihydrochlorid-dihydrat(?) $C_8H_9N_3S \cdot 2HCl \cdot 2H_2O$ (Diese Zusammensetzung steht im Einklang mit der Elementaranalyse [nur Stickstoff-Bestimmung], aufgrund derer dieses Salz von den Autoren als Trihydrochlorid [$C_8H_9N_3S \cdot 3HCl$] formuliert worden ist). Kristalle (aus A.+PAe.); F: 255° [unkorr.; Zers.].

2-Butylmercapto-1(3)*H*-benzimidazol-5-ylamin $C_{11}H_{15}N_3S$, Formel XIII (R = $[CH_2]_3$-CH_3) und Taut.

B. Aus 2-Butylmercapto-5-nitro-1(3)*H*-benzimidazol mit Hilfe von Eisen und wss.-äthanol.

Essigsäure (*Semonský et al.*, Chem. Listy **47** [1953] 1633, 1634; C. A. **1955** 233).
Kristalle (aus wss. A.); F: 130–131°.
Dihydrochlorid $C_{11}H_{15}N_3S \cdot 2HCl$. Kristalle (aus A. + Ae.), die unterhalb 300° nicht schmelzen.

2-Benzylmercapto-1(3)*H*-benzimidazol-5-ylamin $C_{14}H_{13}N_3S$, Formel XIII (R = CH_2-C_6H_5) und Taut.
B. Analog der vorangehenden Verbindung (*Semonský et al.*, Chem. Listy **47** [1953] 1633, 1634; C. A. **1955** 233).
Kristalle (aus A.); F: 158–159° [unkorr.].

1,4-Bis-[5-amino-1(3)*H*-benzimidazol-2-ylmercapto]-butan, 1(3)*H*,1′(3′)*H*-2,2′-Butandiyl=dimercapto-bis-benzimidazol-5-ylamin $C_{18}H_{20}N_6S_2$, Formel XIV (R = H, n = 4) und Taut.
B. Beim Erhitzen von 1,4-Bis-[5-acetylamino-1(3)*H*-benzimidazol-2-ylmercapto]-butan mit wss. HCl (*Hu et al.*, Acta pharm. sinica **7** [1959] 222, 224, 225; C. A. **1960** 11004).
Tetrahydrochlorid $C_{18}H_{20}N_6S_2 \cdot 4HCl$. F: 250° [Zers.].

1,6-Bis-[5-amino-1(3)*H*-benzimidazol-2-ylmercapto]-hexan, 1(3)*H*,1′(3′)*H*-2,2′-Hexandiyl=dimercapto-bis-benzimidazol-5-ylamin $C_{20}H_{24}N_6S_2$, Formel XIV (R = H, n = 6) und Taut.
B. Beim Erhitzen von 1,6-Bis-[5-acetylamino-1(3)*H*-benzimidazol-2-ylmercapto]-hexan mit wss. HCl (*Hu et al.*, Acta pharm. sinica **7** [1959] 222, 224; C. A. **1960** 11004).
Tetrahydrochlorid $C_{20}H_{24}N_6S_2 \cdot 4HCl$. F: 242°.

2-[2-Dimethylamino-äthylmercapto]-1(3)*H*-benzimidazol-5-ylamin $C_{11}H_{16}N_4S$, Formel XIII (R = CH_2-CH_2-$N(CH_3)_2$) und Taut.
B. Bei der Hydrierung von Dimethyl-[2-(5-nitro-1(3)*H*-benzimidazol-2-ylmercapto)-äthyl]-amin an Raney-Nickel in Äthanol (*Nakajima et al.*, J. pharm. Soc. Japan **78** [1958] 1378, 1382; C. A. **1959** 8124).
Kristalle (aus Bzl.); F: 85–86°.

1,4-Bis-[5-acetylamino-1(3)*H*-benzimidazol-2-ylmercapto]-butan $C_{22}H_{24}N_6O_2S_2$, Formel XIV (R = CO-CH_3, n = 4) und Taut.
B. Aus 5-Acetylamino-1,3-dihydro-benzimidazol-2-thion und 1,4-Dibrom-butan mit Hilfe von äthanol. Natriumäthylat (*Hu et al.*, Acta pharm. sinica **7** [1959] 222, 225; C. A. **1960** 11004).
F: 301–305°.

1,6-Bis-[5-acetylamino-1(3)*H*-benzimidazol-2-ylmercapto]-hexan $C_{24}H_{28}N_6O_2S_2$, Formel XIV (R = CO-CH_3, n = 6) und Taut.
B. Analog der vorangehenden Verbindung (*Hu et al.*, Acta pharm. sinica **7** [1959] 222, 225; C. A. **1960** 11004).
F: 277–283°.

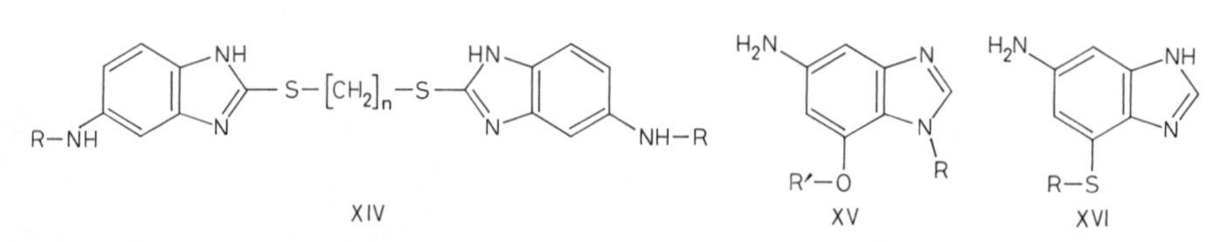

6-Amino-1(3)*H*-benzimidazol-4-ol $C_7H_7N_3O$, Formel XV (R = R′ = H) und Taut.
B. Bei der Hydrierung von 6-Nitro-1(3)*H*-benzimidazol-4-ol an Palladium in Äthanol (*Gilles=pie et al.*, Am. Soc. **76** [1954] 3531).
Scheinbarer Dissoziationsexponent pK'_a (wss. A. [28,5%ig]; potentiometrisch ermittelt) bei 25–30°: 5,9 (*Bruice, Schmir*, Am. Soc. **80** [1958] 148, 151).
Geschwindigkeitskonstante der Reaktion mit Essigsäure-[4-nitro-phenylester] in wss. Äthanol bei 30°: *Br., Sch.*

Sulfat $C_7H_7N_3O \cdot H_2SO_4$. Feststoff mit 1 Mol H_2O; F: 248–252° [korr.] (*Gi. et al.*).

7-Methoxy-1(3)*H*-benzimidazol-5-ylamin $C_8H_9N_3O$, Formel XV (R = H, R′ = CH_3) und Taut.

B. Bei der Hydrierung von 4-Methoxy-6-nitro-1(3)*H*-benzimidazol an Palladium in Äthanol (*Gillespie et al.*, Am. Soc. **76** [1954] 3531).

Kristalle (aus H_2O); F: 216–218° [korr.].

7-Methoxy-1-methyl-1*H*-benzimidazol-5-ylamin $C_9H_{11}N_3O$, Formel XV (R = R′ = CH_3).

B. Aus 2-Methoxy-*N*-methyl-4,6-dinitro-anilin und Ameisensäure mit Hilfe von Zinn und wss. HCl (*Horner, Schwenk*, A. **579** [1953] 204, 210).

Kristalle (aus Nitrobenzol); F: 178°.

6-Amino-1(3)*H*-benzimidazol-4-thiol $C_7H_7N_3S$, Formel XVI (R = H) und Taut.

B. Aus 6-Nitro-1(3)*H*-benzimidazol-4-thiol mit Hilfe von $SnCl_2$ und wss. HCl (*Hoover, Day*, Am. Soc. **77** [1955] 5652, 5654).

Dihydrochlorid $C_7H_7N_3S \cdot 2HCl$. Kristalle (aus wss. HCl + A. + Ae.); Zers. bei 287–289°.

Picrat $C_7H_7N_3S \cdot C_6H_3N_3O_7$. Hellorangefarbene Kristalle (aus H_2O); F: 225–227° [Zers.].

7-Methylmercapto-1(3)*H*-benzimidazol-5-ylamin $C_8H_9N_3S$, Formel XVI (R = CH_3) und Taut.

B. Aus 4-Methylmercapto-6-nitro-1(3)*H*-benzimidazol mit Hilfe von $SnCl_2$ und wss. HCl (*Hoover, Day*, Am. Soc. **77** [1955] 5652, 5654).

Dihydrochlorid $C_8H_9N_3S \cdot 2HCl$. Kristalle (aus A. + Bzl.) mit 0,5 Mol Benzol; F: 287–290°.

Picrat $C_8H_9N_3S \cdot C_6H_3N_3O_7$. Gelbe Kristalle (aus H_2O); F: 251–252°.

5-Methoxy-1(3)*H*-benzimidazol-2-ylamin $C_8H_9N_3O$, Formel XVII (R = H, R′ = CH_3) und Taut.

B. Aus 4-Methoxy-*o*-phenylendiamin und Bromcyan (*I.G. Farbenind.*, D.R.P. 641598 [1935]; Frdl. **23** 270).

F: 202°.

5-Äthoxy-1(3)*H*-benzimidazol-2-ylamin $C_9H_{11}N_3O$, Formel XVII (R = H, R′ = C_2H_5) und Taut.

B. Aus 4-Äthoxy-*o*-phenylendiamin und Bromcyan (*I.G. Farbenind.*, D.R.P. 641598 [1935]; Frdl. **23** 270).

F: 211–212°.

5-Methoxy-1-methyl-1*H*-benzimidazol-2-ylamin $C_9H_{11}N_3O$, Formel XVII (R = R′ = CH_3).

B. Beim Erhitzen von 5-Methoxy-1-methyl-1*H*-benzimidazol mit $NaNH_2$ in Xylol (*Šimonow, Uglow*, Ž. obšč. Chim. **21** [1951] 884, 887; engl. Ausg. S. 971, 973).

Kristalle (aus Bzl.); F: 222–222,5° [Zers.].

Picrat $C_9H_{11}N_3O \cdot C_6H_3N_3O_7$. Gelbe Kristalle (aus Eg.); Zers. bei 299°.

1-Äthyl-5-methoxy-1*H*-benzimidazol-2-ylamin $C_{10}H_{13}N_3O$, Formel XVII (R = C_2H_5, R′ = CH_3).

B. Beim Erhitzen von 1-Äthyl-5-methoxy-1*H*-benzimidazol mit $NaNH_2$ in *N,N*-Dimethyl-anilin (*Witkewitsch, Šimonow*, Ž. obšč. Chim. **29** [1959] 2614, 2615; engl. Ausg. S. 2578, 2579).

Kristalle (aus Bzl.); F: 170–171°.

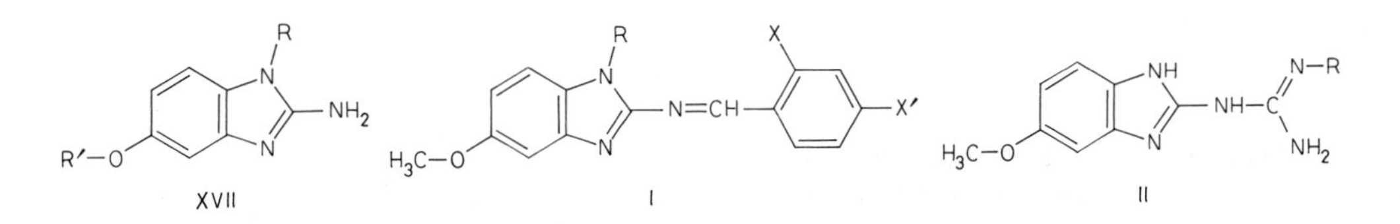

***[5-Methoxy-1-methyl-1*H*-benzimidazol-2-yl]-[2-nitro-benzyliden]-amin, 2-Nitro-benzaldehyd-[5-methoxy-1-methyl-1*H*-benzimidazol-2-ylimin]** $C_{16}H_{14}N_4O_3$, Formel I (R = CH_3, X = NO_2, X' = H).

B. Beim Erwärmen von 5-Methoxy-1-methyl-1*H*-benzimidazol-2-ylamin mit 2-Nitro-benzaldehyd in Äthanol (*Simonow, Uglow,* Ž. obšč. Chim. **21** [1951] 884, 887; engl. Ausg. S. 971, 974).

Orangerote Kristalle (aus A.); F: 172–172,5°.

***[1-Äthyl-5-methoxy-1*H*-benzimidazol-2-yl]-[4-nitro-benzyliden]-amin, 4-Nitro-benzaldehyd-[1-äthyl-5-methoxy-1*H*-benzimidazol-2-ylimin]** $C_{17}H_{16}N_4O_3$, Formel I (R = C_2H_5, X = H, X' = NO_2).

B. Beim Erwärmen von 1-Äthyl-5-methoxy-1*H*-benzimidazol-2-ylamin mit 4-Nitro-benzaldehyd in Äthanol (*Witkewitsch, Simonow,* Ž. obšč. Chim. **29** [1959] 2614, 2615; engl. Ausg. S. 2578, 2579).

Orangerote Kristalle (aus A.); F: 178,5–179,5°.

[5-Methoxy-1(3)*H*-benzimidazol-2-yl]-guanidin $C_9H_{11}N_5O$, Formel II (R = H) und Taut.

B. Beim Erhitzen von 4-Methoxy-*o*-phenylendiamin-dihydrochlorid mit Cyanguanidin in H_2O (*King et al.,* Soc. **1948** 1366, 1368).

Kristalle (aus H_2O); F: 203° [Zers.].

Dihydrochlorid $C_9H_{11}N_5O \cdot 2HCl$. Kristalle (aus HCl enthaltendem Propan-1-ol); F: 219–220° [Zers.].

Picrat $C_9H_{11}N_5O \cdot C_6H_3N_3O_7$. Orangegelbe Kristalle (aus H_2O); F: 258–259° [Zers.; nach Sintern bei 254°].

***N*-Isopropyl-*N'*-[5-methoxy-1(3)*H*-benzimidazol-2-yl]-guanidin** $C_{12}H_{17}N_5O$, Formel II (R = $CH(CH_3)_2$) und Taut.

B. Aus 4-Methoxy-2-nitro-anilin bei der Hydrierung und anschliessenden Umsetzung mit *N*-Cyan-*N'*-isopropyl-guanidin (*King et al.,* Soc. **1948** 1366, 1370).

Kristalle (aus wss. A.) mit 1 Mol H_2O, F: 117–122° [Zers.]; die wasserfreie Verbindung schmilzt bei 97°.

Dihydrochlorid $C_{12}H_{17}N_5O \cdot 2HCl$. F: 207° [Zers.; aus methanol. HCl+Ae.].

Picrat $C_{12}H_{17}N_5O \cdot C_6H_3N_3O_7$. Orangefarbene Kristalle (aus A.); F: 224–225° [Zers.].

***N*⁴-[3-Diäthylamino-propyl]-*N*²-[5-methoxy-1(3)*H*-benzimidazol-2-yl]-6-methyl-pyrimidin-2,4-diyldiamin** $C_{20}H_{29}N_7O$, Formel III (R = C_2H_5) und Taut.

B. Aus [4-Chlor-6-methyl-pyrimidin-2-yl]-[5-methoxy-1(3)*H*-benzimidazol-2-yl]-amin und *N,N*-Diäthyl-propandiyldiamin mit Hilfe von KI (*ICI,* U.S.P. 2460409 [1946]).

F: 164–166°.

***N*⁴-[3-Dibutylamino-propyl]-*N*²-[5-methoxy-1(3)*H*-benzimidazol-2-yl]-6-methyl-pyrimidin-2,4-diyldiamin** $C_{24}H_{37}N_7O$, Formel III (R = $[CH_2]_3$-CH_3) und Taut.

B. Analog der vorangehenden Verbindung (*ICI,* U.S.P. 2460409 [1946]).

F: 158–159°.

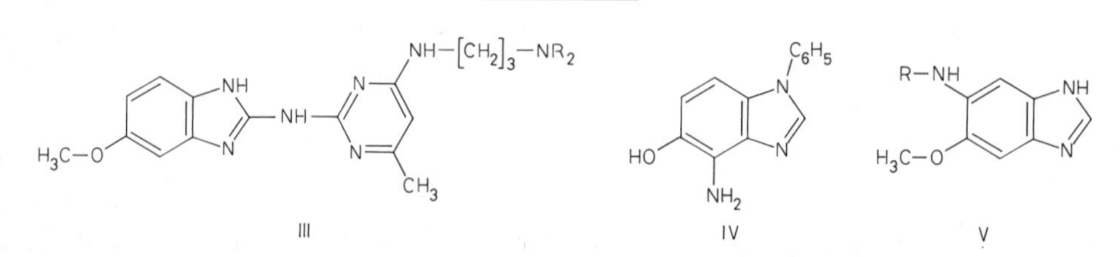

III IV V

4-Amino-1-phenyl-1*H*-benzimidazol-5-ol $C_{13}H_{11}N_3O$, Formel IV.

B. Beim Erwärmen von 4-[5-Hydroxy-1-phenyl-1*H*-benzimidazol-4-ylazo]-benzolsulfonsäure

mit $Na_2S_2O_4$ und wss. NaOH (*Süs*, A. **579** [1953] 133, 151).
Kristalle (aus A.); F: 211–212° [Zers.].

5(?)-Acetylamino-6-methoxy-1(3)*H*-benzimidazol, *N*-[6-Methoxy-1(3)*H*-benzimidazol-5(?)-yl]-acetamid $C_{10}H_{11}N_3O_2$, vermutlich Formel V (R = CO-CH_3) und Taut.

B. Beim Hydrieren von 5-Methoxy-6(?)-nitro-1(3)*H*-benzimidazol (E III/IV **23** 2535) an Palladium/Kohle in Äthylacetat oder in wss.-methanol. HCl und Erwärmen des Reaktionsprodukts mit Acetanhydrid und Natriumacetat (*Ochiai, Katada*, J. pharm. Soc. Japan **60** [1940] 543, 549; dtsch. Ref. S. 211, 216; C. A. **1941** 1785).

Kristalle (aus Acn.); F: 210°.

***N*,*N*-Diäthyl-*N'*-[6-methoxy-1(3)*H*-benzimidazol-5(?)-yl]-propandiyldiamin** $C_{15}H_{24}N_4O$, vermutlich Formel V (R = $[CH_2]_3$-$N(C_2H_5)_2$) und Taut.

B. Aus der vorangehenden Verbindung bei der Umsetzung mit Diäthyl-[3-brom-propyl]-amin unter Zusatz von äthanol. Natriumäthylat und Hydrolyse des Reaktionsprodukts durch wss. HCl (*Ochiai, Katada*, J. pharm. Soc. Japan **60** [1940] 543, 550; dtsch. Ref. S. 211, 216; C. A. **1941** 1785).

$Kp_{0,06}$: 135–140° [Badtemperatur].

Dipicrat $C_{15}H_{24}N_4O \cdot 2C_6H_3N_3O_7$. Kristalle (aus Acn. + E.); Zers. bei 206°.

7-Amino-1(3)*H*-benzimidazol-5-ol $C_7H_7N_3O$, Formel VI (R = H) und Taut.

B. Bei der Hydrierung von 7-Nitro-1(3)*H*-benzimidazol-5-ol an Palladium/Kohle in Äthanol (*Gillespie et al.*, Am. Soc. **78** [1956] 2445).

Kristalle (aus H_2O); F: 250° [korr.; Zers.].

6-Methoxy-1(3)*H*-benzimidazol-4-ylamin $C_8H_9N_3O$, Formel VI (R = CH_3) und Taut.

B. Bei der Hydrierung von 6-Methoxy-4-nitro-1(3)*H*-benzimidazol an Raney-Nickel in Methanol (*King et al.*, Soc. **1946** 92, 94).

Picrat $C_8H_9N_3O \cdot C_6H_3N_3O_7$. Orangefarbene Kristalle (aus A.); F: ca. 240° [Zers.].

6-Äthoxy-1(3)*H*-benzimidazol-4-ylamin $C_9H_{11}N_3O$, Formel VI (R = C_2H_5) und Taut.

B. Bei der Hydrierung von 6-Äthoxy-4-nitro-1(3)*H*-benzimidazol an Palladium/Kohle in Äthanol (*Gillespie et al.*, Am. Soc. **79** [1957] 2245, 2247).

Kristalle (aus H_2O); F: 144–145° [korr.].

***N*-[6-Methoxy-1(3)*H*-benzimidazol-4-yl]-toluol-4-sulfonamid** $C_{15}H_{15}N_3O_3S$, Formel VII (R = H) und Taut.

B. Beim Erhitzen von 6-Methoxy-1(3)*H*-benzimidazol-4-ylamin mit Toluol-4-sulfonylchlorid und Pyridin (*King et al.*, Soc. **1946** 92, 94).

Kristalle (aus A.); F: 248° [Zers.].

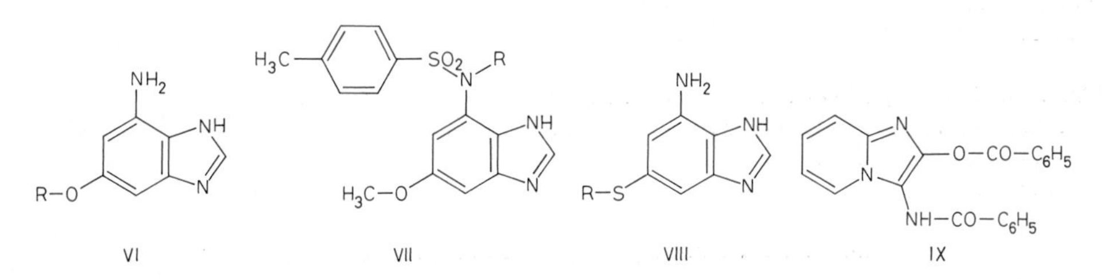

***N*-[2-Diäthylamino-äthyl]-*N*-[6-methoxy-1(3)*H*-benzimidazol-4-yl]-toluol-4-sulfonamid** $C_{21}H_{28}N_4O_3S$, Formel VII (R = CH_2-CH_2-$N(C_2H_5)_2$) und Taut.

B. Neben *N*-[2-Diäthylamino-äthyl]-*N*-[1(oder 3)-(2-diäthylamino-äthyl)-

6-methoxy-1(oder 3)*H*-benzimidazol-4-yl]-toluol-4-sulfonamid ($C_{27}H_{41}N_5O_3S$; Kristalle [aus PAe.], F: 120°) beim Erwärmen der vorangehenden Verbindung mit Diäthyl-[2-chlor-äthyl]-amin-hydrochlorid und äthanol. Natriumäthylat (*King et al.*, Soc. **1946** 92, 94).

Kristalle (aus A.+PAe.); F: 179–181°.

7-Amino-1(3)*H*-benzimidazol-5-thiol $C_7H_7N_3S$, Formel VIII (R = H) und Taut.

B. Beim Erwärmen von 3,4,5-Triamino-thiophenol-dihydrochlorid mit Ameisensäure und wss. HCl (*Hoover, Day*, Am. Soc. **77** [1955] 5652, 5654).

Dihydrochlorid $C_7H_7N_3S \cdot 2HCl$. Kristalle (aus wss. HCl); F: 293° [Zers.].

Picrat $C_7H_7N_3S \cdot C_6H_3N_3O_7$. Gelbe Kristalle (aus H_2O), die sich bei ca. 280° explosionsartig zersetzen.

6-Methylmercapto-1(3)*H*-benzimidazol-4-ylamin $C_8H_9N_3S$, Formel VIII (R = CH_3) und Taut.

B. Beim Erwärmen von 5-Methylmercapto-benzen-1,2,3-triyltriamin mit Ameisensäure und wss. HCl (*Hoover, Day*, Am. Soc. **77** [1955] 5652, 5654).

Dihydrochlorid $C_8H_9N_3S \cdot 2HCl$. Kristalle (aus A.+Ae.); F: 248–250°.

Picrat $C_8H_9N_3S \cdot C_6H_3N_3O_7$. F: 248–249° [Zers.; aus 2-Äthoxy-äthanol+H_2O].

3-Benzoylamino-2-benzoyloxy-imidazo[1,2-*a*]pyridin $C_{21}H_{15}N_3O_3$, Formel IX.

B. Aus 3-Benzoylamino-3*H*-imidazo[1,2-*a*]pyridin-2-on und Benzoylchlorid mit Hilfe von Pyridin (*Chemiakine et al.*, Bl. **1959** 530, 533).

F: 177–179° [Zers.; aus A.].

Amino-Derivate der Hydroxy-Verbindungen $C_8H_8N_2O$

5-Methyl-7-thiocyanato-1(2)*H*-indazol-6-ylamin, 6-Amino-5-methyl-1(2)*H*-indazol-7-ylthiocyanat $C_9H_8N_4S$, Formel X und Taut.

B. Beim Behandeln von 5-Methyl-1(2)*H*-indazol-6-ylamin mit Ammonium-thiocyanat und Brom in Essigsäure (*Gen. Aniline Works*, U.S.P. 1876930 [1929]).

Kristalle (aus Butan-1-ol); F: >300°.

6-Amino-2-methyl-1(3)*H*-benzimidazol-4-ol $C_8H_9N_3O$, Formel XI (R = H) und Taut.

B. Bei der Hydrierung von 2-Methyl-6-nitro-1(3)*H*-benzimidazol-4-ol an Palladium/Kohle in Äthanol (*Gillespie et al.*, Am. Soc. **78** [1956] 2445).

Scheinbarer Dissoziationsexponent pK'_a (wss. A. [28,5%ig]; potentiometrisch ermittelt) bei 25–30°: 6,65 (*Bruice, Schmir*, Am. Soc. **80** [1958] 148, 151).

Geschwindigkeitskonstante der Reaktion mit Essigsäure-[4-nitro-phenylester] in wss. Äthanol bei 30°: *Br., Sch.*

Sulfat $C_8H_9N_3O \cdot H_2SO_4$. Feststoff mit 0,5 Mol H_2O; Zers. bei ca. 270° (*Gi. et al.*).

7-Methoxy-2-methyl-1(3)*H*-benzimidazol-5-ylamin $C_9H_{11}N_3O$, Formel XI (R = CH_3) und Taut.

B. Bei der Hydrierung von 4-Methoxy-2-methyl-6-nitro-1(3)*H*-benzimidazol an Palladium/Kohle in Äthanol (*Gillespie et al.*, Am. Soc. **78** [1956] 2445).

Kristalle (aus H_2O); F: 121–127° [korr.].

[4-Amino-6-chlor-1(3)*H*-benzimidazol-2-yl]-methanol $C_8H_8ClN_3O$, Formel XII und Taut.

B. Beim Erhitzen von 5-Chlor-benzen-1,2,3-triyltriamin mit Glykolsäure in wss. HCl (*Siegart, Day*, Am. Soc. **79** [1957] 4391, 4392).

Kristalle (aus wss. A.); F: 224–225°.

Amino-Derivate der Hydroxy-Verbindungen $C_9H_{10}N_2O$

3-[2-Amino-äthyl]-1(2)*H*-indazol-5-ol $C_9H_{11}N_3O$, Formel XIII (R = R′ = R″ = H) und Taut.

B. Bei der Hydrierung der folgenden Verbindung an Palladium/Kohle in Äthanol (*Ainsworth,*

Am. Soc. **79** [1957] 5245).

Scheinbare Dissoziationsexponenten pK'_{a1}, pK'_{a2} und pK'_{a3} (wss. DMF [66%ig]): 2,0 bzw. 9,6 bzw. 13,2.

Dihydrochlorid $C_9H_{11}N_3O \cdot 2HCl$. Kristalle (aus A. + Ae.); F: 235° [unkorr.]. IR-Banden (Nujol; 2,9–12,4 μ): *Ai.* λ_{max} (Me.): 254 nm und 313 nm.

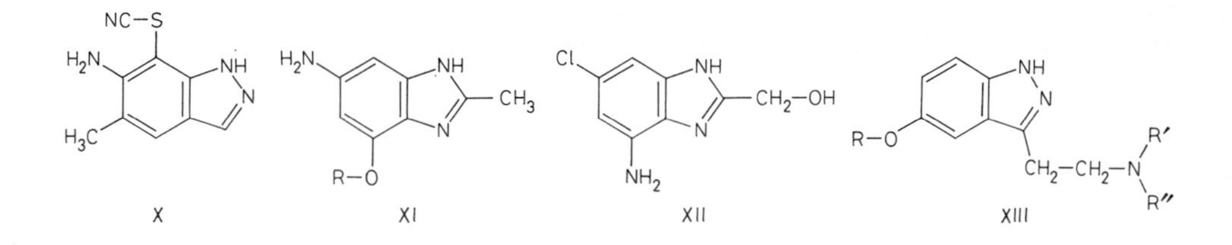

2-[5-Benzyloxy-1(2)*H*-indazol-3-yl]-äthylamin $C_{16}H_{17}N_3O$, Formel XIII (R = CH_2-C_6H_5, R′ = R″ = H) und Taut.

B. Beim Erhitzen von [5-Benzyloxy-1-(toluol-4-sulfonyl)-1*H*-indazol-3-yl]-acetonitril mit $LiAlH_4$ in THF (*Ainsworth,* Am. Soc. **79** [1957] 5245).

Kristalle (aus E. + PAe.); F: 125–126° [unkorr.]. λ_{max} (Me.): 254 nm und 308 nm. Scheinbare Dissoziationsexponenten pK'_{a1} und pK'_{a2} (wss. DMF [66%ig]): 2,0 bzw. 9,8.

Dihydrochlorid $C_{16}H_{17}N_3O \cdot 2HCl$. Kristalle (aus A.); F: 265° [unkorr.]. λ_{max} (Me.): 254 nm und 308 nm.

3-[2-Dimethylamino-äthyl]-1(2)*H*-indazol-5-ol $C_{11}H_{15}N_3O$, Formel XIII (R = H, R′ = R″ = CH_3) und Taut.

B. Bei der Hydrierung der folgenden Verbindung an Palladium/Kohle in wss. Äthanol (*Ains= worth,* Am. Soc. **80** [1958] 965).

Dihydrochlorid $C_{11}H_{15}N_3O \cdot 2HCl$. Kristalle (aus A. + Ae.); F: 218° [unkorr.; Zers.]. λ_{max} (A.): 254 nm und 314 nm.

5-Benzyloxy-3-[2-dimethylamino-äthyl]-1(2)*H*-indazol, [2-(5-Benzyloxy-1(2)*H*-indazol-3-yl)-äthyl]-dimethyl-amin $C_{18}H_{21}N_3O$, Formel XIII (R = CH_2-C_6H_5, R′ = R″ = CH_3) und Taut.

B. Aus 5-Benzyloxy-3-[2-chlor-äthyl]-1(2)*H*-indazol und Dimethylamin (*Ainsworth,* Am. Soc. **80** [1958] 965). Beim Erhitzen von [5-Benzyloxy-1(2)*H*-indazol-3-yl]-essigsäure-dimethylamid mit $LiAlH_4$ in THF (*Ai.*).

Scheinbarer Dissoziationsexponent pK'_a (wss. DMF [66%ig]): 8,4.

Dihydrochlorid $C_{18}H_{21}N_3O \cdot 2HCl$. Kristalle (aus A. + Ae.); F: 185° [unkorr.]. λ_{max} (A.): 253 nm und 306 nm.

3-[2-Isopropylamino-äthyl]-1(2)*H*-indazol-5-ol $C_{12}H_{17}N_3O$, Formel XIII (R = R″ = H, R′ = $CH(CH_3)_2$) und Taut.

B. Bei der Hydrierung der folgenden Verbindung an Palladium/Kohle in Äthylacetat (*Ains= worth,* Am. Soc. **80** [1958] 965).

Dihydrochlorid $C_{12}H_{17}N_3O \cdot 2HCl$. Feststoff mit 1 Mol H_2O; F: 225° [unkorr.]. λ_{max} (A.): 253 nm und 313 nm.

5-Benzyloxy-3-[2-isopropylamino-äthyl]-1(2)*H*-indazol, [2-(5-Benzyloxy-1(2)*H*-indazol-3-yl)-äthyl]-isopropyl-amin $C_{19}H_{23}N_3O$, Formel XIII (R = CH_2-C_6H_5, R′ = $CH(CH_3)_2$, R″ = H) und Taut.

B. Bei der Hydrierung von 2-[5-Benzyloxy-1(2)*H*-indazol-3-yl]-äthylamin und Aceton an Platin in Äthanol (*Ainsworth,* Am. Soc. **80** [1958] 965).

Kristalle (aus E. + PAe.); F: 115° [unkorr.].

Dihydrochlorid $C_{19}H_{23}N_3O \cdot 2HCl$. F: 233° [unkorr.]. λ_{max} (A.): 253 nm und 307 nm.

Amino-Derivate der Hydroxy-Verbindungen $C_{10}H_{12}N_2O$

2-[3-Diäthylamino-propyl]-5-phenoxy-1(3)*H*-benzimidazol, Diäthyl-[3-(5-phenoxy-1(3)*H*-benzimidazol-2-yl)-propyl]-amin $C_{20}H_{25}N_3O$, Formel XIV und Taut.

B. Aus 4-Phenoxy-*o*-phenylendiamin und 4-Diäthylamino-buttersäure-äthylester bei 170–180° (*I.G. Farbenind.*, D.R.P. 550327 [1930]; Frdl. **19** 1414).

Kp_1: 249°.

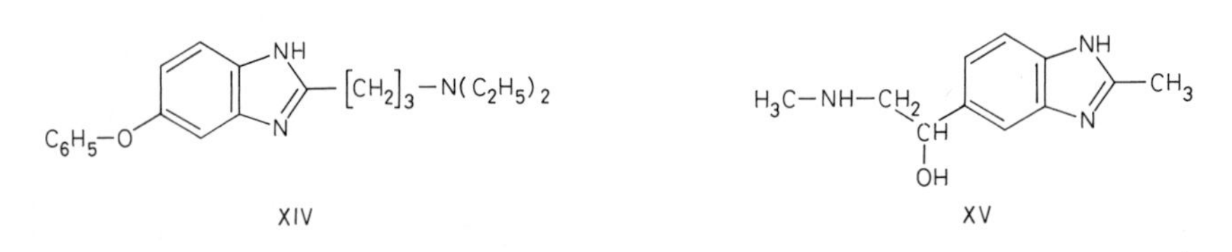

(±)-2-Methylamino-1-[2-methyl-1(3)*H*-benzimidazol-5-yl]-äthanol $C_{11}H_{15}N_3O$, Formel XV und Taut.

Dihydrochlorid $C_{11}H_{15}N_3O \cdot 2HCl$. *B.* Neben 2-Methylamino-1-[2-methyl-1(3)*H*-benzimidazol-5-yl]-äthanon-dihydrochlorid (Hauptprodukt) bei der Hydrierung von 2-[Benzyl-methyl-amino]-1-[2-methyl-1(3)*H*-benzimidazol-5-yl]-äthanon-dihydrochlorid an Palladium/Kohle in H_2O (*Vaughan, Blodinger*, Am. Soc. **77** [1955] 5757, 5760). – Kristalle (aus A.); Zers. >275°.

Amino-Derivate der Hydroxy-Verbindungen $C_{11}H_{14}N_2O$

(±)-5-[2-Methoxy-phenyl]-1-phenyl-3-[2-piperidino-äthyl]-4,5-dihydro-1*H*-pyrazol, (±)-1-{2-[5-(2-Methoxy-phenyl)-1-phenyl-4,5-dihydro-1*H*-pyrazol-3-yl]-äthyl}-piperidin $C_{23}H_{29}N_3O$, Formel I (R = CH_3).

B. Beim Erwärmen von 1*t*(?)-[2-Methoxy-phenyl]-5-piperidino-pent-1-en-3-on-phenylhydrazon-hydrochlorid (E III/IV **20** 943) mit wss. HCl (*Levvy, Nisbet*, Soc. **1938** 1572).

Hydrochlorid $C_{23}H_{29}N_3O \cdot HCl$. Kristalle (aus H_2O); F: 74–75° (*Levvy, Ni.*).

Die folgenden Verbindungen sind in analoger Weise hergestellt worden:

(±)-5-[2-Äthoxy-phenyl]-1-phenyl-3-[2-piperidino-äthyl]-4,5-dihydro-1*H*-pyrazol, (±)-1-{2-[5-(2-Äthoxy-phenyl)-1-phenyl-4,5-dihydro-1*H*-pyrazol-3-yl]-äthyl}-piperidin $C_{24}H_{31}N_3O$, Formel I (R = C_2H_5). Hydrochlorid $C_{24}H_{31}N_3O \cdot HCl$. Kristalle (aus H_2O); F: 166° (*Levvy, Ni.*).

(±)-1-Phenyl-3-[2-piperidino-äthyl]-5-[2-propoxy-phenyl]-4,5-dihydro-1*H*-pyrazol, (±)-1-{2-[1-Phenyl-5-(2-propoxy-phenyl)-4,5-dihydro-1*H*-pyrazol-3-yl]-äthyl}-piperidin $C_{25}H_{33}N_3O$, Formel I (R = CH_2-C_2H_5). Hydrochlorid $C_{25}H_{33}N_3O \cdot HCl$. Kristalle (aus H_2O); F: 193,5° (*Levvy, Ni.*).

(±)-5-[2-Butoxy-phenyl]-1-phenyl-3-[2-piperidino-äthyl]-4,5-dihydro-1*H*-pyrazol, (±)-1-{2-[5-(2-Butoxy-phenyl)-1-phenyl-4,5-dihydro-1*H*-pyrazol-3-yl]-äthyl}-piperidin $C_{26}H_{35}N_3O$, Formel I (R = $[CH_2]_3$-CH_3). UV-Spektrum (äthanol. Natriumäthylat; 210–380 nm): *Waljaschko, Depeschko*, Ž. obšč. Chim. **23** [1953] 320, 327; engl. Ausg. S. 335, 339. – Hydrochlorid $C_{26}H_{35}N_3O \cdot HCl$. Kristalle (aus H_2O); F: 191° (*Levvy, Ni.*; s. a. *Wa., De.*, l. c. S. 321). UV-Spektrum (H_2O, A., äthanol. HCl, Dichloräthan sowie Hexan; 210–380 nm): *Wa., De.*, l. c. S. 325, 326, 327.

(±)-3-[2-Dimethylamino-äthyl]-5-[4-methoxy-phenyl]-1-phenyl-4,5-dihydro-1*H*-pyrazol, (±)-{2-[5-(4-Methoxy-phenyl)-1-phenyl-4,5-dihydro-1*H*-pyrazol-3-yl]-äthyl}-dimethyl-amin $C_{20}H_{25}N_3O$, Formel II (R = CH_3, R′ = H).

B. Beim Erhitzen von 5-Dimethylamino-1*t*-[4-methoxy-phenyl]-pent-1-en-3-on-phenylhydr=

azon-hydrochlorid mit wss. Essigsäure (*Nisbet*, Soc. **1938** 1237, 1239).
Hydrochlorid $C_{20}H_{25}N_3O \cdot HCl$. Kristalle (aus A.); F: 173°.

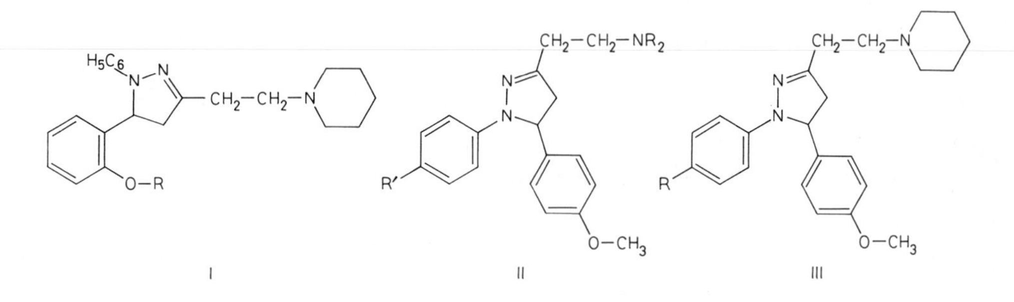

Die folgenden Verbindungen sind in analoger Weise hergestellt worden:

(±)-3-[2-Dimethylamino-äthyl]-5-[4-methoxy-phenyl]-1-*p*-tolyl-4,5-dihydro-1*H*-pyrazol, (±)-{2-[5-(4-Methoxy-phenyl)-1-*p*-tolyl-4,5-dihydro-1*H*-pyrazol-3-yl]-äthyl}-dimethyl-amin $C_{21}H_{27}N_3O$, Formel II (R = R′ = CH_3). Hydrochlorid $C_{21}H_{27}N_3O \cdot HCl$. Kristalle; F: 184°.

(±)-3-[2-Diäthylamino-äthyl]-5-[4-methoxy-phenyl]-1-phenyl-4,5-dihydro-1*H*-pyrazol, (±)-Diäthyl-{2-[5-(4-methoxy-phenyl)-1-phenyl-4,5-dihydro-1*H*-pyrazol-3-yl]-äthyl}-amin $C_{22}H_{29}N_3O$, Formel II (R = C_2H_5, R′ = H). Kristalle (aus PAe.); F: 27°; unter 2 Torr destillierbar. – L_g-Tartrat $2C_{22}H_{29}N_3O \cdot C_4H_6O_6$. Kristalle (aus Acn.); F: 80°.

(±)-3-[2-Dipropylamino-äthyl]-5-[4-methoxy-phenyl]-1-phenyl-4,5-dihydro-1*H*-pyrazol, (±)-{2-[5-(4-Methoxy-phenyl)-1-phenyl-4,5-dihydro-1*H*-pyrazol-3-yl]-äthyl}-dipropyl-amin $C_{24}H_{33}N_3O$, Formel II (R = CH_2-C_2H_5, R′ = H). Kristalle (aus PAe.); F: 63°.

(±)-3-[2-Dibutylamino-äthyl]-5-[4-methoxy-phenyl]-1-phenyl-4,5-dihydro-1*H*-pyrazol, (±)-Dibutyl-{2-[5-(4-methoxy-phenyl)-1-phenyl-4,5-dihydro-1*H*-pyrazol-3-yl]-äthyl}-amin $C_{26}H_{37}N_3O$, Formel II (R = $[CH_2]_3$-CH_3, R′ = H). Wachsartige Kristalle; F: 26–27° [nach Destillation bei 265–267°/1 Torr] (*Ni.*, l. c. S. 1240).

(±)-5-[4-Methoxy-phenyl]-1-phenyl-3-[2-piperidino-äthyl]-4,5-dihydro-1*H*-pyrazol, (±)-1-{2-[5-(4-Methoxy-phenyl)-1-phenyl-4,5-dihydro-1*H*-pyrazol-3-yl]-äthyl}-piperidin $C_{23}H_{29}N_3O$, Formel III (R = H). Kristalle (aus PAe.); F: 88°. – Hydrochlorid $C_{23}H_{29}N_3O \cdot HCl$. Kristalle (aus H_2O); F: 215°. – Hydrogensulfat $C_{23}H_{29}N_3O \cdot H_2SO_4$. Kristalle (aus Acn.); F: 172° [Zers.]. – L_g-Tartrat $2C_{23}H_{29}N_3O \cdot C_4H_6O_6$. Kristalle (aus Acn.); F: 115° [Zers.].

(±)-5-[4-Methoxy-phenyl]-3-[2-piperidino-äthyl]-1-*p*-tolyl-4,5-dihydro-1*H*-pyrazol, (±)-1-{2-[5-(4-Methoxy-phenyl)-1-*p*-tolyl-4,5-dihydro-1*H*-pyrazol-3-yl]-äthyl}-piperidin $C_{24}H_{31}N_3O$, Formel III (R = CH_3). Hydrochlorid $C_{24}H_{31}N_3O \cdot HCl$. Kristalle (aus H_2O); F: 204°.

Amino-Derivate der Hydroxy-Verbindungen $C_{12}H_{16}N_2O$

(5*S*)-4-Äthoxy-8,9,9-trimethyl-5,6,7,8-tetrahydro-5,8-methano-chinazolin-2-ylamin $C_{14}H_{21}N_3O$, Formel IV.

Die Konfiguration ergibt sich aus der genetischen Beziehung zu (1*R*)-3-Oxo-4,7,7-trimethyl-norbornan-2-carbonsäure (E III **10** 2925).

B. Aus (5*S*)-4-Chlor-8,9,9-trimethyl-5,6,7,8-tetrahydro-5,8-methano-chinazolin-2-ylamin und äthanol. Natriumäthylat (*Mayer*, Ann. scient. Univ. Jassy **23** [1937] 279, 281).

Picrat. Gelbe Kristalle; F: 182–183°.

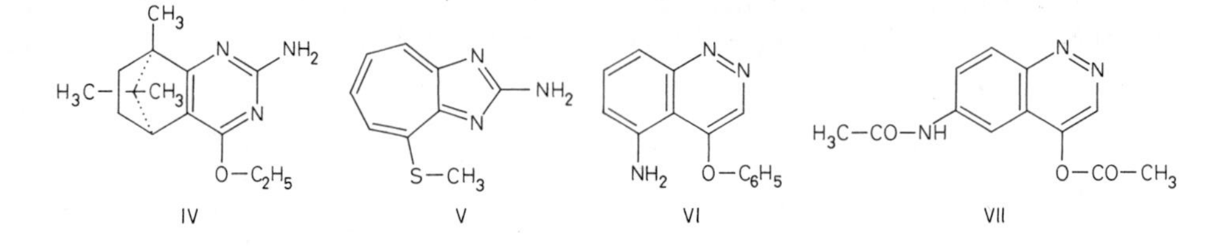

Amino-Derivate der Monohydroxy-Verbindungen $C_nH_{2n-10}N_2O$

Amino-Derivate der Hydroxy-Verbindungen $C_8H_6N_2O$

4-Methylmercapto-cycloheptimidazol-2-ylamin $C_9H_9N_3S$, Formel V und Taut.

B. Aus 2-Methoxy-7-methylmercapto-cycloheptatrienon und Guanidin-hydrochlorid mit Hilfe von äthanol. NaOH (*Muroi,* J. chem. Soc. Japan Pure Chem. Sect. **80** [1959] 185, 188; engl. Ref. S. 14A; C. A. **1961** 5378).

Kristalle (aus A.); F: 244–245°.

4-Phenoxy-cinnolin-5-ylamin $C_{14}H_{11}N_3O$, Formel VI.

B. Aus 5-Nitro-4-phenoxy-cinnolin mit Hilfe von $SnCl_2$ und Acetanhydrid in Essigsäure (*Atkinson et al.,* Soc. **1954** 1381, 1384).

Gelbe Kristalle (aus Bzl.); F: 199–200° [korr.; Zers.].

4-Acetoxy-6-acetylamino-cinnolin $C_{12}H_{11}N_3O_3$, Formel VII.

Bezüglich der Konstitution vgl. das analog hergestellte 4-Acetoxy-7-acetylamino-cinnolin (s. u.).

B. Aus 6-Amino-1*H*-cinnolin-4-on und Acetanhydrid (*Schofield, Simpson,* Soc. **1945** 512, 518).

Kristalle (aus Eg.); F: 328–329°.

4-Phenoxy-cinnolin-7-ylamin $C_{14}H_{11}N_3O$, Formel VIII (R = H, R′ = C_6H_5).

B. Aus 7-Nitro-4-phenoxy-cinnolin mit Hilfe von $SnCl_2$ und Acetanhydrid in Essigsäure (*Atkinson et al.,* Soc. **1954** 1381, 1382).

Grünlichgelbe Kristalle (aus Bzl.); F: 179–180° [korr.].

4-Acetoxy-7-acetylamino-cinnolin $C_{12}H_{11}N_3O_3$, Formel VIII (R = R′ = CO-CH_3).

B. Aus 7-Amino-1*H*-cinnolin-4-on und Acetanhydrid (*Schofield, Theobald,* Soc. **1949** 2404, 2406).

Kristalle (aus wss. A.); F: >330°.

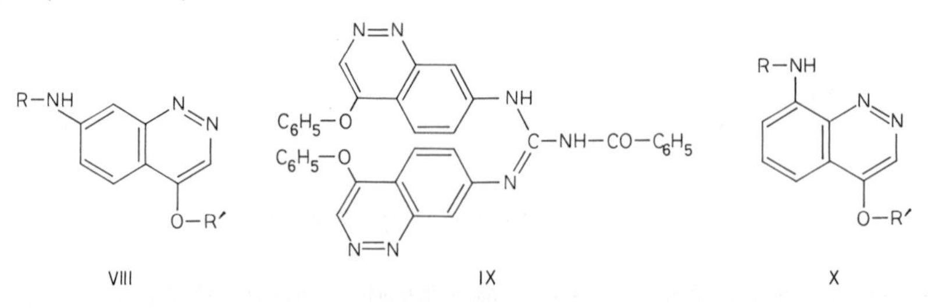

***N*-Benzoyl-*N′*,*N″*-bis-[4-phenoxy-cinnolin-7-yl]-guanidin** $C_{36}H_{25}N_7O_3$, Formel IX und Taut.

B. Aus 4-Phenoxy-cinnolin-7-ylamin und *N*-Dichlormethylen-benzamid in Nitromethan (*Atkinson et al.,* Soc. **1954** 1381, 1384).

Kristalle (aus 2-Äthoxy-äthanol); F: 244–245° [korr.].

Trihydrochlorid $C_{36}H_{25}N_7O_3 \cdot 3HCl$. Kristalle (aus Nitromethan); F: >350°.

4-Phenoxy-cinnolin-8-ylamin $C_{14}H_{11}N_3O$, Formel X (R = H, R' = C_6H_5).
B. Aus 8-Nitro-4-phenoxy-cinnolin mit Hilfe von $SnCl_2$ und Acetanhydrid in Essigsäure (*Atkinson et al.*, Soc. **1954** 1381, 1384).
Kristalle (aus Bzl. + PAe.); F: 130° [korr.].

4-Acetoxy-8-acetylamino-cinnolin $C_{12}H_{11}N_3O_3$, Formel X (R = R' = CO-CH_3).
B. Aus 8-Amino-1*H*-cinnolin-4-on und Acetanhydrid (*Schofield, Theobald*, Soc. **1949** 2404, 2406).
Kristalle (aus wss. A.); F: 282 – 283° [unkorr.].

4-Anilino-6-methoxy-cinnolin, [6-Methoxy-cinnolin-4-yl]-phenyl-amin $C_{15}H_{13}N_3O$, Formel XI.
B. Beim Erwärmen von 4-Chlor-6-methoxy-cinnolin mit Anilin (*Keneford, Simpson*, Soc. **1947** 917, 920).
Hellgelbe Kristalle; F: 235,5 – 236° [unkorr.].

2-Methoxy-chinazolin-4-ylamin $C_9H_9N_3O$, Formel XII (R = H, R' = CH_3).
B. Aus 2-Chlor-chinazolin-4-ylamin und methanol. Natriummethylat (*Claesen, Vanderhaeghe*, Bl. Soc. chim. Belg. **68** [1959] 220, 222).
Kristalle (aus wss. A.); F: 203 – 205°.

2-Äthoxy-chinazolin-4-ylamin $C_{10}H_{11}N_3O$, Formel XII (R = H, R' = C_2H_5).
B. Aus 2-Chlor-chinazolin-4-ylamin und äthanol. Natriumäthylat (*Claesen, Vanderhaeghe*, Bl. Soc. chim. Belg. **68** [1959] 220, 222).
Kristalle (aus wss. A.); F: 136 – 137°.

2-Propoxy-chinazolin-4-ylamin $C_{11}H_{13}N_3O$, Formel XII (R = H, R' = CH_2-C_2H_5).
B. Aus 2-Chlor-chinazolin-4-ylamin und Natriumpropylat in Propan-1-ol (*Claesen, Vanderhaeghe*, Bl. Soc. chim. Belg. **68** [1959] 220, 222).
Kristalle (aus wss. A.); F: 154 – 156°.

2-Butoxy-chinazolin-4-ylamin $C_{12}H_{15}N_3O$, Formel XII (R = H, R' = $[CH_2]_3$-CH_3).
B. Aus 2-Chlor-chinazolin-4-ylamin und Natriumbutylat in Butan-1-ol (*Claesen, Vanderhaeghe*, Bl. Soc. chim. Belg. **68** [1959] 220, 222).
Kristalle (aus wss. A.); F: 129 – 131°.

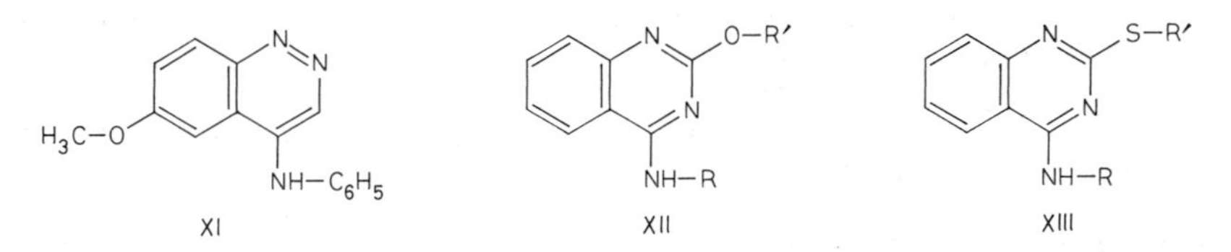

4-Anilino-2-methoxy-chinazolin, [2-Methoxy-chinazolin-4-yl]-phenyl-amin $C_{15}H_{13}N_3O$, Formel XII (R = C_6H_5, R' = CH_3).
B. Aus 4-Anilino-1*H*-chinazolin-2-on und Dimethylsulfat mit Hilfe von wss. KOH (*Dymek et al.*, Ann. Univ. Lublin [AA] **9** [1954] 35, 41; C. A. **1957** 5095).
Kristalle (aus A.); F: 198 – 200°.

2-Methylmercapto-chinazolin-4-ylamin $C_9H_9N_3S$, Formel XIII (R = H, R' = CH_3).
B. Beim Erhitzen von 2,4-Bis-methylmercapto-chinazolin mit äthanol. NH_3 auf 150° (*Meerwein et al.*, B. **89** [1956] 224, 236).
F: 233 – 234°.

4-Anilino-2-methylmercapto-chinazolin, [2-Methylmercapto-chinazolin-4-yl]-phenyl-amin $C_{15}H_{13}N_3S$, Formel XIII (R = C_6H_5, R' = CH_3).
B. Beim Erwärmen von 2,4-Bis-methylmercapto-chinazolin mit Anilin in Äthanol (*Meerwein*

et al., B. **89** [1956] 224, 236).
F: 179°.

***N,N*-Diäthyl-*N'*-[2-(4-chlor-phenylmercapto)-chinazolin-4-yl]-äthylendiamin** $C_{20}H_{23}ClN_4S$, Formel XIII (R = CH_2-CH_2-$N(C_2H_5)_2$, R' = C_6H_4Cl).

B. Beim Erhitzen von *N,N*-Diäthyl-*N'*-[2-chlor-chinazolin-4-yl]-äthylendiamin mit 4-Chlor-thiophenol (*Curd et al.*, Soc. **1948** 1766, 1771). Beim Erwärmen von 4-Chlor-2-[4-chlor-phenylmercapto]-chinazolin mit *N,N*-Diäthyl-äthylendiamin in Äthanol (*Curd et al.*, l. c. S. 1772).

Kristalle (aus PAe.); F: 123°.

***N,N*-Diäthyl-*N'*-[2-(4-chlor-phenylmercapto)-chinazolin-4-yl]-propandiyldiamin** $C_{21}H_{25}ClN_4S$, Formel XIII (R = $[CH_2]_3$-$N(C_2H_5)_2$, R' = C_6H_4-Cl).

B. Beim Erhitzen von *N,N*-Diäthyl-*N'*-[2-chlor-chinazolin-4-yl]-propandiyldiamin mit 4-Chlor-thiophenol (*Curd et al.*, Soc. **1948** 1766, 1771).

Kristalle (aus Bzl.+PAe.); F: 96°.

***N,N*-Diäthyl-*N'*-[2-*p*-tolylmercapto-chinazolin-4-yl]-propandiyldiamin** $C_{22}H_{28}N_4S$, Formel XIII (R = $[CH_2]_3$-$N(C_2H_5)_2$, R' = C_6H_4-CH_3).

B. Beim Erhitzen von *N,N*-Diäthyl-*N'*-[2-chlor-chinazolin-4-yl]-propandiyldiamin mit Thio-*p*-kresol (*Curd et al.*, Soc. **1948** 1766, 1771).

Kristalle (aus PAe. oder Ae.).

2-Anilino-4-methoxy-chinazolin, [4-Methoxy-chinazolin-2-yl]-phenyl-amin $C_{15}H_{13}N_3O$, Formel XIV (R = CH_3, X = H).

B. Beim Erhitzen von 2-Chlor-4-methoxy-chinazolin mit Anilin in Äthanol oder Methanol (*Lange, Sheibley*, Am. Soc. **54** [1932] 1994, 1995).

Kristalle (aus Me. oder wss. Me.); F: 113° (*La., Sh.*, l. c. S. 1997).

Hydrochlorid $C_{15}H_{13}N_3O \cdot HCl$. Kristalle (aus Me.+konz. wss. HCl oder A.); F: ca. 160° [Zers.] (*La., Sh.*, l. c. S. 1995).

Hexachloroplatinat(IV) $2C_{15}H_{13}N_3O \cdot H_2PtCl_6$. Orangefarbene Kristalle mit 1 Mol H_2O; Zers. bei 225–230° (*La., Sh.*, l. c. S. 1996).

Picrat. Hellgelbe Kristalle (aus A.); F: 210° (*La., Sh.*, l. c. S. 1998).

4-Äthoxy-2-anilino-chinazolin, [4-Äthoxy-chinazolin-2-yl]-phenyl-amin $C_{16}H_{15}N_3O$, Formel XIV (R = C_2H_5, X = H).

B. Beim Erhitzen von 4-Äthoxy-2-chlor-chinazolin mit Anilin in Äthanol (*Lange, Sheibley*, Am. Soc. **54** [1932] 1994, 1996, 1998).

Kristalle (aus wss. A.); F: 110–111°.

Hydrochlorid $C_{16}H_{15}N_3O \cdot HCl$. Kristalle (aus A.+konz. wss. HCl); F: ca. 170° [Zers.].

Picrat. Gelbe Kristalle (aus A.); F: 183°.

[4-Äthoxy-chinazolin-2-yl]-[4-chlor-phenyl]-amin $C_{16}H_{14}ClN_3O$, Formel XIV (R = C_2H_5, X = Cl).

B. Beim Erwärmen von 4-Äthoxy-2-chlor-chinazolin mit 4-Chlor-anilin in Äthanol (*Curd et al.*, Soc. **1947** 775, 780).

Kristalle (aus A.); F: 122°.

Hydrochlorid. Gelbliche Kristalle; F: 175°.

[4-Chlor-phenyl]-[4-phenoxy-chinazolin-2-yl]-amin $C_{20}H_{14}ClN_3O$, Formel XIV (R = C_6H_5, X = Cl).

B. Beim Erwärmen von 2-Chlor-4-phenoxy-chinazolin mit 4-Chlor-anilin in Äthanol (*Curd et al.*, Soc. **1947** 775, 780).

Kristalle (aus A.); F: 186–187°.

***N*-[4-Methoxy-chinazolin-2-yl]-anthranilsäure** $C_{16}H_{13}N_3O_3$, Formel XV (R = H, R' = CH_3, X = OH).

B. Aus 5-Chlor-chinazolino[3,2-*a*]chinazolin-12-on und methanol. Natriummethylat (*Butler*,

Partridge, Soc. **1959** 1512, 1520).

Kristalle (aus Me.); F: 120–121°. λ_{max} (A.): 248 nm, 282 nm, 291 nm und 341 nm.

Beim Erhitzen auf 250° ist 7-Methyl-7*H*-chinazolino[3,2-*a*]chinazolin-5,12-dion, beim Erhitzen mit wss. HBr [48%ig] sind 6*H*-Chinazolino[3,2-*a*]chinazolin-5,12-dion und 2-[2-Amino-4-oxo-4*H*-chinazolin-3-yl]-benzoesäure erhalten worden (*Bu., Pa.*, l. c. S. 1518, 1520).

***N*-[4-Methoxy-chinazolin-2-yl]-anthranilsäure-methylester** $C_{17}H_{15}N_3O_3$, Formel XV (R = H, R' = CH_3, X = O-CH_3).

B. Beim Erwärmen von 2-Chlor-4-methoxy-chinazolin mit Anthranilsäure-methylester in Äth= anol (*Butler, Partridge*, Soc. **1959** 1512, 1513, 1518). Aus der vorangehenden Verbindung und Diazomethan in Äthanol (*Bu., Pa.*, l. c. S. 1520).

Kristalle (aus A.); F: 128–129°. λ_{max} (A.): 232 nm, 250 nm, 262 nm, 282 nm, 290 nm und 342 nm.

Picrat $C_{17}H_{15}N_3O_3 \cdot C_6H_3N_3O_7$. Kristalle (aus A.); F: 176–178°.

***N*-[4-Äthoxy-chinazolin-2-yl]-anthranilsäure** $C_{17}H_{15}N_3O_3$, Formel XV (R = H, R' = C_2H_5, X = OH).

B. Aus 4-Äthoxy-2-chlor-chinazolin und Anthranilsäure in Äthanol (*Butler, Partridge*, Soc. **1959** 1512, 1517). Neben *N*-[4-Oxo-3,4-dihydro-chinazolin-2-yl]-anthranilsäure-methylester beim Erwärmen der folgenden Verbindung mit äthanol. KOH (*Bu., Pa.*, l. c. S. 1516).

Gelbe Kristalle (aus wss. A.); F: 200–201°.

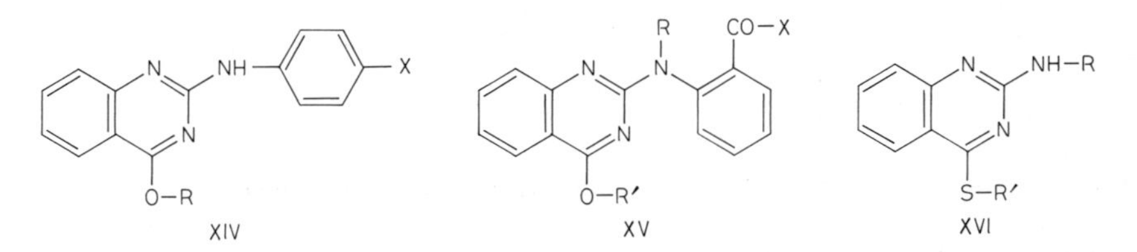

***N*-[4-Äthoxy-chinazolin-2-yl]-anthranilsäure-methylester** $C_{18}H_{17}N_3O_3$, Formel XV (R = H, R' = C_2H_5, X = O-CH_3).

B. Beim Erwärmen von 4-Äthoxy-2-chlor-chinazolin mit Anthranilsäure-methylester in Äth= anol (*Butler, Partridge*, Soc. **1959** 1512, 1513, 1516).

Kristalle (aus A.); F: 118–119°. λ_{max} (A.): 282 nm, 291 nm und 342 nm.

Beim Erhitzen mit wss. HCl [5n] ist 2-[2-Amino-4-oxo-4*H*-chinazolin-3-yl]-benzoesäure, beim Erhitzen mit wss. HCl [2n] sowie beim Erhitzen mit wss. KOH [2n] und anschliessenden Ansäuern ist daneben noch 6*H*-Chinazolino[3,2-*a*]chinazolin-5,12-dion erhalten worden.

Hydrochlorid $C_{18}H_{17}N_3O_3 \cdot HCl$. Kristalle (aus A.); F: 172–173°.

Picrat $C_{18}H_{17}N_3O_3 \cdot C_6H_3N_3O_7$. Kristalle (aus Bzl.); F: 198° [Zers.].

***N*-[4-Äthoxy-chinazolin-2-yl]-anthranilsäure-äthylester** $C_{19}H_{19}N_3O_3$, Formel XV (R = H, R' = C_2H_5, X = O-C_2H_5).

B. Aus 5-Chlor-chinazolino[3,2-*a*]chinazolin-12-on und äthanol. Natriumäthylat (*Butler, Par= tridge*, Soc. **1959** 1512, 1513, 1520).

Kristalle (aus Me.); F: 104–105°. λ_{max} (A.): 251 nm, 282 nm, 291 nm und 342 nm.

***N*-[4-Isopropoxy-chinazolin-2-yl]-anthranilsäure-methylester** $C_{19}H_{19}N_3O_3$, Formel XV (R = H, R' = $CH(CH_3)_2$, X = O-CH_3).

B. Aus 2-Chlor-4-isopropoxy-chinazolin und Anthranilsäure-methylester in Äthanol (*Butler, Partridge*, Soc. **1959** 1512, 1518).

Kristalle (aus wss. A.); F: 91–92°.

Beim Erhitzen auf 250° sind 5-Isopropoxy-chinazolino[3,2-*a*]chinazolin-12-on und 6*H*-Chin= azolino[3,2-*a*]chinazolin-5,12-dion erhalten worden.

Picrat $C_{19}H_{19}N_3O_3 \cdot C_6H_3N_3O_7$. Kristalle (aus Bzl.); F: 196–197° [Zers.].

N-[4-(2-Amino-äthoxy)-chinazolin-2-yl]-anthranilsäure-[2-hydroxy-äthylamid] $C_{19}H_{21}N_5O_3$, Formel XV (R = H, R′ = CH_2-CH_2-NH_2, X = NH-CH_2-CH_2-OH).

B. Aus 5-Chlor-chinazolino[3,2-*a*]chinazolin-12-on und 2-Amino-äthanol mit Hilfe von Na= trium (*Butler, Partridge,* Soc. **1959** 1512, 1520).

Gelbe Kristalle (aus A.); F: 207–208°.

Picrat $C_{19}H_{21}N_5O_3 \cdot C_6H_3N_3O_7$. Kristalle (aus A.); F: 184–185°.

N-[4-Äthoxy-chinazolin-2-yl]-N-methyl-anthranilsäure $C_{18}H_{17}N_3O_3$, Formel XV (R = CH_3, R′ = C_2H_5, X = OH).

B. Aus 4-Äthoxy-2-chlor-chinazolin und *N*-Methyl-anthranilsäure in Äthanol (*Butler, Par= tridge,* Soc. **1959** 1512, 1519).

F: 66–68°. λ_{max} (A.): 235 nm und 277 nm.

Hydrochlorid $C_{18}H_{17}N_3O_3 \cdot HCl$. Kristalle (aus wss. HCl); F: 143–144°.

[4-Chlor-phenyl]-[4-methylmercapto-chinazolin-2-yl]-amin $C_{15}H_{12}ClN_3S$, Formel XVI (R = C_6H_4-Cl, R′ = CH_3).

B. Aus 2-Chlor-4-methylmercapto-chinazolin und 4-Chlor-anilin in Äthanol (*Curd et al.,* Soc. **1947** 775, 780).

Kristalle (aus A.); F: 176°.

N,N-Diäthyl-N′-[4-(4-chlor-phenylmercapto)-chinazolin-2-yl]-äthylendiamin $C_{20}H_{23}ClN_4S$, Formel XVI (R = CH_2-CH_2-N(C_2H_5)$_2$, R′ = C_6H_4-Cl).

B. Aus *N,N*-Diäthyl-*N′*-[4-chlor-chinazolin-2-yl]-äthylendiamin und 4-Chlor-thiophenol (*Curd et al.,* Soc. **1948** 1766, 1771).

Gelbe Kristalle (aus PAe.); F: 92°.

N,N-Diäthyl-N′-[4-(4-chlor-phenylmercapto)-chinazolin-2-yl]-propandiyldiamin $C_{21}H_{25}ClN_4S$, Formel XVI (R = [CH_2]$_3$-N(C_2H_5)$_2$, R′ = C_6H_4-Cl).

B. Aus *N,N*-Diäthyl-*N′*-[4-chlor-chinazolin-2-yl]-propandiyldiamin und 4-Chlor-thiophenol (*Curd et al.,* Soc. **1948** 1766, 1771).

Hellgelbe Kristalle (aus PAe.); F: 100°.

4-Methoxy-chinazolin-6-ylamin $C_9H_9N_3O$, Formel I (R = H).

B. Bei der Hydrierung von 4-Methoxy-6-nitro-chinazolin an Raney-Nickel in Methanol (*Tsuda et al.,* J. pharm. Soc. Japan **62** [1942] 335, 339; dtsch. Ref. S. 87; C. A. **1951** 2935).

Kristalle (aus Acn.); F: 179°.

N,N-Diäthyl-N′-[4-methoxy-chinazolin-6-yl]-äthylendiamin $C_{15}H_{22}N_4O$, Formel I (R = CH_2-CH_2-N(C_2H_5)$_2$).

B. Beim Erhitzen von 4-Methoxy-chinazolin-6-ylamin mit Diäthyl-[2-chlor-äthyl]-amin-hydrochlorid (*Tsuda et al.,* J. pharm. Soc. Japan **62** [1942] 335, 339; dtsch. Ref. S. 87; C. A. **1951** 2935).

$Kp_{0,02}$: 210–220° [Badtemperatur].

4-Methoxy-chinazolin-7-ylamin $C_9H_9N_3O$, Formel II (R = H).

B. Bei der Hydrierung von 4-Methoxy-7-nitro-chinazolin an Raney-Nickel in Methanol (*Tsuda et al.,* J. pharm. Soc. Japan **62** [1942] 335, 339; dtsch. Ref. S. 87; C. A. **1951** 2935).

Kristalle (aus A.); F: 173°.

N,N-Diäthyl-N′-[4-methoxy-chinazolin-7-yl]-äthylendiamin $C_{15}H_{22}N_4O$, Formel II (R = CH_2-CH_2-N(C_2H_5)$_2$).

B. Aus 4-Methoxy-chinazolin-7-ylamin und Diäthyl-[2-chlor-äthyl]-amin-hydrochlorid (*Tsuda et al.,* J. pharm. Soc. Japan **62** [1942] 335, 339; dtsch. Ref. S. 87; C. A. **1951** 2935).

$Kp_{0,01}$: 200–220° [Badtemperatur].

***N,N*-Diäthyl-*N'*-[4-methoxy-chinazolin-7-yl]-propandiyldiamin** $C_{16}H_{24}N_4O$, Formel II (R = $[CH_2]_3$-$N(C_2H_5)_2$).

B. Aus 4-Methoxy-chinazolin-7-ylamin und Diäthyl-[3-brom-propyl]-amin (*Tsuda et al.*, J. pharm. Soc. Japan **62** [1942] 335, 339; dtsch. Ref. S. 87; C. A. **1951** 2935).

$Kp_{0,05}$: 230–240° [Badtemperatur].

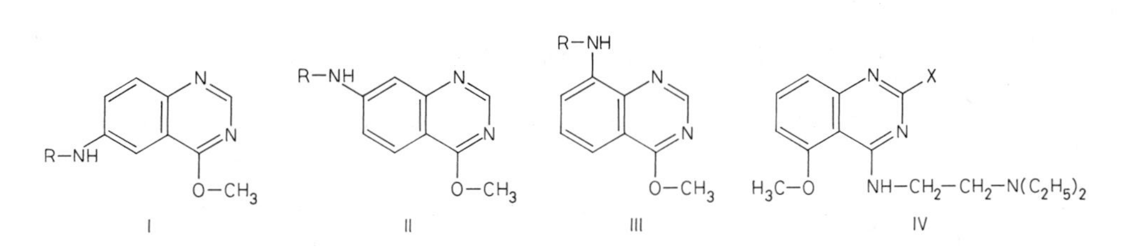

4-Methoxy-chinazolin-8-ylamin $C_9H_9N_3O$, Formel III (R = H).

B. Bei der Hydrierung von 4-Methoxy-8-nitro-chinazolin an Raney-Nickel (*Tsuda et al.*, J. pharm. Soc. Japan **62** [1942] 335, 339; dtsch. Ref. S. 87; C. A. **1951** 2935) oder an Palladium/ $CaCO_3$ (*Elderfield et al.*, J. org. Chem. **12** [1947] 405, 414) in Methanol.

Kristalle; F: 153,5–154° [korr.; aus H_2O oder wss. Me.] (*El. et al.*, l. c. S. 415), 152° [aus Me.] (*Ts. et al.*). Scheinbare Dissoziationskonstante K_b' (wss. A. [50%ig]; potentiometrisch ermittelt) bei 27°: $2 \cdot 10^{-12}$ (*El. et al.*, l. c. S. 410).

***N,N*-Diäthyl-*N'*-[4-methoxy-chinazolin-8-yl]-äthylendiamin** $C_{15}H_{22}N_4O$, Formel III (R = CH_2-CH_2-$N(C_2H_5)_2$).

B. Aus 4-Methoxy-chinazolin-8-ylamin und Diäthyl-[2-chlor-äthyl]-amin-hydrochlorid (*Tsuda et al.*, J. pharm. Soc. Japan **62** [1942] 335, 339; dtsch. Ref. S. 87; C. A. **1951** 2935).

$Kp_{0,01}$: 210–220° [Badtemperatur].

***N,N*-Diäthyl-*N'*-[2-chlor-5-methoxy-chinazolin-4-yl]-äthylendiamin** $C_{15}H_{21}ClN_4O$, Formel IV (X = Cl).

B. Aus 2,4-Dichlor-5-methoxy-chinazolin und *N,N*-Diäthyl-äthylendiamin mit Hilfe von wss. NaOH (*Curd et al.*, Soc. **1948** 1759, 1765).

Kristalle mit 3 Mol H_2O; F: 100–102°.

***N*²-[4-Chlor-phenyl]-*N*⁴-[2-diäthylamino-äthyl]-5-methoxy-chinazolin-2,4-diyldiamin** $C_{21}H_{26}ClN_5O$, Formel IV (X = NH-C_6H_4-Cl).

B. Beim Erhitzen der vorangehenden Verbindung mit 4-Chlor-anilin-hydrochlorid und wss. HCl (*Curd et al.*, Soc. **1948** 1759, 1766).

Dihydrochlorid $C_{21}H_{26}ClN_5O \cdot 2HCl$. Kristalle (aus wss. HCl) mit 2 Mol H_2O; F: 187–189°.

***N,N*-Diäthyl-*N'*-[6-methoxy-chinazolin-4-yl]-äthylendiamin** $C_{15}H_{22}N_4O$, Formel V (R = CH_2-CH_2-$N(C_2H_5)_2$, X = H).

B. Aus 4-Chlor-6-methoxy-chinazolin und *N,N*-Diäthyl-äthylendiamin in Äthanol (*Chapman*, Soc. **1947** 890, 897).

Kristalle (aus PAe.+$CHCl_3$); F: 119–120°.

Hydrochlorid $C_{15}H_{22}N_4O \cdot HCl$. Kristalle (aus A.+Acn.); F: 213–214°.

Disulfat $C_{15}H_{22}N_4O \cdot 2H_2SO_4$. Kristalle (aus wss. A.); F: 162–164°.

***N'*-[6-Methoxy-chinazolin-4-yl]-*N,N*-dimethyl-propandiyldiamin** $C_{14}H_{20}N_4O$, Formel V (R = $[CH_2]_3$-$N(CH_3)_2$, X = H).

B. Aus 4-Chlor-6-methoxy-chinazolin und *N,N*-Dimethyl-propandiyldiamin in Äthanol (*Chapman et al.*, Soc. **1947** 890, 897).

Kristalle (aus Bzl.+PAe.); F: 132–133°.

N,N-Diäthyl-N'-[6-methoxy-chinazolin-4-yl]-propandiyldiamin $C_{16}H_{24}N_4O$, Formel V (R = $[CH_2]_3$-$N(C_2H_5)_2$, X = H).

B. Aus 4-Chlor-6-methoxy-chinazolin und *N,N*-Diäthyl-propandiyldiamin in Äthanol (*Chapman et al.*, Soc. **1947** 890, 897).

Kristalle (aus PAe.); F: 96–97°.

Disulfat $C_{16}H_{24}N_4O \cdot 2H_2SO_4$. Kristalle (aus A.); F: 187–190°.

N,N-Dibutyl-N'-[6-methoxy-chinazolin-4-yl]-propandiyldiamin $C_{20}H_{32}N_4O$, Formel V (R = $[CH_2]_3$-$N([CH_2]_3$-$CH_3)_2$).

B. Aus 4-Chlor-6-methoxy-chinazolin und *N,N*-Dibutyl-propandiyldiamin in Äthanol (*Chapman et al.*, Soc. **1947** 890, 897).

Kristalle (aus PAe.); F: 78,5–79,5°.

Disulfat $C_{20}H_{32}N_4O \cdot 2H_2SO_4$. Kristalle (aus äthanol. H_2SO_4 + Ae.); F: 170–171°.

[6-Methoxy-chinazolin-4-yl]-[3-piperidino-propyl]-amin $C_{17}H_{24}N_4O$, Formel VI.

B. Aus 4-Chlor-6-methoxy-chinazolin und 3-Piperidino-propylamin in Äthanol (*Chapman et al.*, Soc. **1947** 890, 897).

Kristalle (aus PAe. + $CHCl_3$); F: 110–111°.

Disulfat $C_{17}H_{24}N_4O \cdot 2H_2SO_4$. Kristalle (aus wss.-äthanol. H_2SO_4); F: 214–217°.

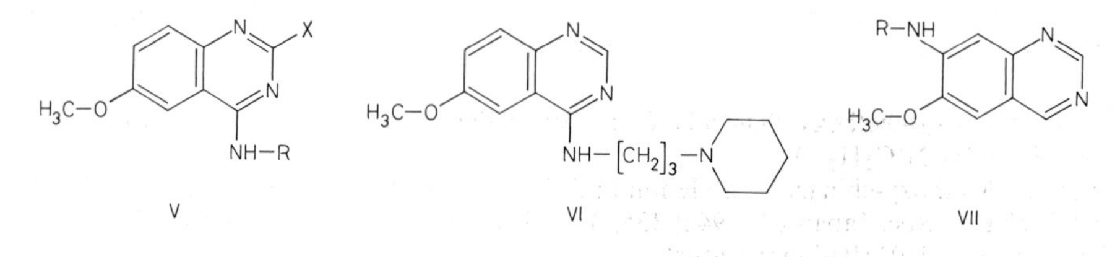

(±)-N³,N³-Diäthyl-N¹-[6-methoxy-chinazolin-4-yl]-1-methyl-propandiyldiamin $C_{17}H_{26}N_4O$, Formel V (R = $CH(CH_3)$-CH_2-CH_2-$N(C_2H_5)_2$, X = H).

B. Aus 6-Methoxy-3*H*-chinazolin-4-on beim Erhitzen mit PCl_5 und $POCl_3$ und Erwärmen des Reaktionsprodukts mit (±)-N^3,N^3-Diäthyl-1-methyl-propandiyldiamin (*Tsuda et al.*, J. pharm. Soc. Japan **63** [1943] 445, 448; C. A. **1951** 5156).

$Kp_{0,1}$: 230–240° [Badtemperatur].

(±)-N⁴,N⁴-Diäthyl-N¹-[6-methoxy-chinazolin-4-yl]-1-methyl-butandiyldiamin $C_{18}H_{28}N_4O$, Formel V (R = $CH(CH_3)$-$[CH_2]_3$-$N(C_2H_5)_2$, X = H).

B. Aus 4-Chlor-6-methoxy-chinazolin und (±)-N^4,N^4-Diäthyl-1-methyl-butandiyldiamin (*Smith et al.*, Am. Soc. **68** [1946] 1301; *Chapman et al.*, Soc. **1947** 890, 897).

Kristalle (aus PAe.); F: 151,5–152° [korr.] (*Sm. et al.*). Kristalle (aus Bzl. + PAe.) mit 1 Mol H_2O; F: 144–147° (*Ch. et al.*).

Diphosphat $C_{18}H_{28}N_4O \cdot 2H_3PO_4$. Kristalle (aus wss. A.) mit 1 Mol H_2O; F: 219–220° [korr.; Zers.] (*Sm. et al.*).

Picrat $C_{18}H_{28}N_4O \cdot C_6H_3N_3O_7$. Gelbe Kristalle (aus A.); F: 138,5–140° [korr.; Zers.] (*Sm. et al.*).

N,N-Diäthyl-N'-[2-chlor-6-methoxy-chinazolin-4-yl]-äthylendiamin $C_{15}H_{21}ClN_4O$, Formel V (R = CH_2-CH_2-$N(C_2H_5)_2$, X = Cl).

B. Aus 2,4-Dichlor-6-methoxy-chinazolin und *N,N*-Diäthyl-äthylendiamin mit Hilfe von wss. NaOH (*Curd et al.*, Soc. **1948** 1759, 1765).

Kristalle mit 4 Mol H_2O; F: 65–66°.

6-Methoxy-chinazolin-7-ylamin $C_9H_9N_3O$, Formel VII (R = H).

Diese Konstitution kommt der von *Elderfield et al.* (J. org. Chem. **12** [1947] 405, 417) als 6-Methoxy-chinazolin-8-ylamin ($C_9H_9N_3O$) formulierten Verbindung zu (*MacMillan*,

Soc. **1952** 4019, 4021).

B. Beim Hydrieren von 4-Chlor-6-methoxy-7-nitro-chinazolin (E III/IV **23** 2595) an Palladium/$CaCO_3$ in Methanol und Behandeln des Reaktionsprodukts mit $K_3[Fe(CN)_6]$ in wss. KOH (*El. et al.*, l. c. S. 417).

Kristalle (aus $CHCl_3$); F: 156–156,5° [korr.] (*El. et al.*, l. c. S. 418). UV-Spektrum (A.; 220–400 nm): *El. et al.*, l. c. S. 409. Scheinbare Dissoziationskonstante K_b' (wss. A. [50%ig]; potentiometrisch ermittelt) bei 27°: $2 \cdot 10^{-10}$ (*El. et al.*, l. c. S. 410).

7-Acetylamino-6-methoxy-chinazolin, *N*-[6-Methoxy-chinazolin-7-yl]-acetamid $C_{11}H_{11}N_3O_2$, Formel VII (R = $CO\text{-}CH_3$).

Diese Konstitution kommt der von *Elderfield et al.* (J. org. Chem. **12** [1947] 405, 418) als *N*-[6-Methoxy-chinazolin-8-yl]-acetamid ($C_{11}H_{11}N_3O_2$) formulierten Verbindung zu (*MacMillan*, Soc. **1952** 4019, 4021).

B. Aus der vorangehenden Verbindung und Acetanhydrid in Benzol (*El. et al.*).

Kristalle (aus Bzl. + A.); F: 215–216° [korr.; Zers.; nach Sintern bei 205–206°] (*El. et al.*).

***N,N*-Diäthyl-*N'*-[6-methoxy-chinazolin-7-yl]-hexandiyldiamin** $C_{19}H_{30}N_4O$, Formel VII (R = $[CH_2]_6\text{-}N(C_2H_5)_2$).

Diese Konstitution kommt der von *Elderfield et al.* (J. org. Chem. **12** [1947] 405, 418) als *N,N*-Diäthyl-*N'*-[6-methoxy-chinazolin-8-yl]-hexandiyldiamin ($C_{19}H_{30}N_4O$) formulierten Verbindung zu (*MacMillan*, Soc. **1952** 4019, 4021).

B. Aus 6-Methoxy-chinazolin-7-ylamin (s. o.) und Diäthyl-[6-brom-hexyl]-amin mit Hilfe von Natriumacetat (*El. et al.*).

Hellgelbes Öl; $Kp_{0,06}$: 178–180° (*El. et al.*).

Oxalat $C_{19}H_{30}N_4O \cdot H_2C_2O_4$. Hellgelb; F: 101–103° (*El. et al.*).

***N*²-[4-Chlor-phenyl]-*N*⁴-[2-diäthylamino-äthyl]-6-methoxy-chinazolin-2,4-diyldiamin** $C_{21}H_{26}ClN_5O$, Formel V (R = $CH_2\text{-}CH_2\text{-}N(C_2H_5)_2$, X = $NH\text{-}C_6H_4\text{-}Cl$).

B. Aus *N,N*-Diäthyl-*N'*-[2-chlor-6-methoxy-chinazolin-4-yl]-äthylendiamin und 4-Chlor-anilin (*Curd et al.*, Soc. **1948** 1759, 1766).

Dihydrochlorid $C_{21}H_{26}ClN_5O \cdot 2HCl$. Kristalle (aus H_2O) mit 2 Mol H_2O; F: 248–249°.

[3-(2-Diäthylamino-äthoxy)-propyl]-[7-methoxy-chinazolin-4-yl]-amin $C_{18}H_{28}N_4O_2$, Formel VIII (R = $[CH_2]_3\text{-}O\text{-}CH_2\text{-}CH_2\text{-}N(C_2H_5)_2$, X = H).

B. Aus 4-Chlor-7-methoxy-chinazolin und 3-[2-Diäthylamino-äthoxy]-propylamin in Äthanol (*Chapman et al.*, Soc. **1947** 890, 897).

Kristalle (aus Ae. + PAe.) mit 1 Mol H_2O, F: 65–67°; die wasserfreie Verbindung schmilzt bei 63–65°.

***N,N*-Diäthyl-*N'*-[7-methoxy-chinazolin-4-yl]-äthylendiamin** $C_{15}H_{22}N_4O$, Formel VIII (R = $CH_2\text{-}CH_2\text{-}N(C_2H_5)_2$, X = H).

B. Aus 4-Chlor-7-methoxy-chinazolin und *N,N*-Diäthyl-äthylendiamin in Äthanol (*Chapman et al.*, Soc. **1947** 890, 897).

Kristalle (aus PAe. + Bzl.); F: 109–110°.

***N'*-[7-Methoxy-chinazolin-4-yl]-*N,N*-dimethyl-propandiyldiamin** $C_{14}H_{20}N_4O$, Formel VIII (R = $[CH_2]_3\text{-}N(CH_3)_2$, X = H).

B. Aus 4-Chlor-7-methoxy-chinazolin und *N,N*-Dimethyl-propandiyldiamin in Äthanol (*Chapman et al.*, Soc. **1947** 890, 897).

Kristalle (aus Ae. + Bzl.); F: 126–127°.

***N,N*-Diäthyl-*N'*-[7-methoxy-chinazolin-4-yl]-propandiyldiamin** $C_{16}H_{24}N_4O$, Formel VIII (R = $[CH_2]_3\text{-}N(C_2H_5)_2$, X = H).

B. Aus 4-Chlor-7-methoxy-chinazolin und *N,N*-Diäthyl-propandiyldiamin in Äthanol (*Chapman et al.*, Soc. **1947** 890, 897).

Kristalle (aus Ae. + PAe.); F: 65 – 66°.

Disulfat $C_{16}H_{24}N_4O \cdot 2H_2SO_4$. Kristalle (aus wss. A.); F: 186 – 188°.

***N,N*-Dibutyl-*N'*-[7-methoxy-chinazolin-4-yl]-propandiyldiamin** $C_{20}H_{32}N_4O$, Formel VIII (R = $[CH_2]_3$-N($[CH_2]_3$-CH_3)$_2$, X = H).

B. Aus 4-Chlor-7-methoxy-chinazolin und *N,N*-Dibutyl-propandiyldiamin in Äthanol (*Chapman et al.*, Soc. **1947** 890, 897).

F: 54 – 57°.

Disulfat $C_{20}H_{32}N_4O \cdot 2H_2SO_4$. Kristalle (aus A.); F: 160 – 162°.

[7-Methoxy-chinazolin-4-yl]-[3-piperidino-propyl]-amin $C_{17}H_{24}N_4O$, Formel IX.

B. Aus 4-Chlor-7-methoxy-chinazolin und 3-Piperidino-propylamin (*Chapman et al.*, Soc. **1947** 890, 897).

Kristalle (aus Bzl. + PAe.); F: 121 – 122°.

(±)-*N*^{3},*N*^{3}-Diäthyl-*N*^{1}-[7-methoxy-chinazolin-4-yl]-1-methyl-propandiyldiamin $C_{17}H_{26}N_4O$, Formel VIII (R = CH(CH_3)-CH_2-CH_2-N(C_2H_5)$_2$, X = H).

B. Aus 7-Methoxy-3*H*-chinazolin-4-on beim Erhitzen mit PCl_5 und $POCl_3$ und Erwärmen des Reaktionsprodukts mit (±)-*N*^{3},*N*^{3}-Diäthyl-1-methyl-propandiyldiamin (*Tsuda et al.*, J. pharm. Soc. Japan **63** [1943] 445, 448; C. A. **1951** 5156).

$Kp_{0,05}$: 230° [Badtemperatur].

(±)-*N*^{4},*N*^{4}-Diäthyl-*N*^{1}-[7-methoxy-chinazolin-4-yl]-1-methyl-butandiyldiamin $C_{18}H_{28}N_4O$, Formel VIII (R = CH(CH_3)-$[CH_2]_3$-N(C_2H_5)$_2$, X = H).

B. Aus 4-Chlor-7-methoxy-chinazolin und (±)-*N*^{4},*N*^{4}-Diäthyl-1-methyl-butandiyldiamin in Äthanol (*Chapman et al.*, Soc. **1947** 890, 897).

F: 92 – 93°.

***N,N*-Diäthyl-*N'*-[2-chlor-7-methoxy-chinazolin-4-yl]-äthylendiamin** $C_{15}H_{21}ClN_4O$, Formel VIII (R = CH_2-CH_2-N(C_2H_5)$_2$, X = Cl).

B. Aus 2,4-Dichlor-7-methoxy-chinazolin und *N,N*-Diäthyl-äthylendiamin (*Chapman et al.*, Soc. **1947** 890, 899; *Curd et al.*, Soc. **1948** 1759, 1765).

Kristalle (aus PAe.); F: 110 – 111° (*Curd et al.*), 108 – 109° (*Ch. et al.*).

***N*^{2}-[4-Chlor-phenyl]-*N*^{4}-[2-diäthylamino-äthyl]-7-methoxy-chinazolin-2,4-diyldiamin** $C_{21}H_{26}ClN_5O$, Formel VIII (R = CH_2-CH_2-N(C_2H_5)$_2$, X = NH-C_6H_4-Cl).

B. Aus der vorangehenden Verbindung und 4-Chlor-anilin (*Curd et al.*, Soc. **1948** 1759, 1766).

Dihydrochlorid $C_{21}H_{26}ClN_5O \cdot 2HCl$. Kristalle (aus H_2O); F: 230 – 232°.

4-Butylamino-chinazolin-8-ol $C_{12}H_{15}N_3O$, Formel X (R = $[CH_2]_3$-CH_3, R' = H).

B. Aus der folgenden Verbindung beim Erwärmen mit $AlCl_3$ in Benzol sowie beim Erhitzen mit Pyridin-hydrochlorid (*Iyer et al.*, J. scient. ind. Res. India **15**C [1956] 1, 4).

Kristalle (aus wss. A.); F: 127°.

Sulfat. Kristalle (aus H_2O); F: 170°.

4-Butylamino-8-methoxy-chinazolin, Butyl-[8-methoxy-chinazolin-4-yl]-amin $C_{13}H_{17}N_3O$, Formel X (R = $[CH_2]_3$-CH_3, R' = CH_3).

B. Aus 8-Methoxy-3*H*-chinazolin-4-on beim Erhitzen mit PCl_5 und $POCl_3$ und Erwärmen des Reaktionsprodukts mit Butylamin in Benzol (*Iyer et al.*, J. scient. ind. Res. India **15**C [1956] 1, 3).

Kristalle (aus wss. A.); F: 190°.

4-Pentylamino-chinazolin-8-ol $C_{13}H_{17}N_3O$, Formel X (R = $[CH_2]_4$-CH_3, R' = H).

B. Analog 4-Butylamino-chinazolin-8-ol [s. o.] (*Iyer et al.*, J. scient. ind. Res. India **15**C [1956] 1, 4).

Kristalle (aus wss. A.); F: 112°.

8-Methoxy-4-pentylamino-chinazolin, [8-Methoxy-chinazolin-4-yl]-pentyl-amin $C_{14}H_{19}N_3O$, Formel X (R = $[CH_2]_4$-CH_3, R′ = CH_3).

B. Analog Butyl-[8-methoxy-chinazolin-4-yl]-amin [s. o.] (*Iyer et al.*, J. scient. ind. Res. India **15**C [1956] 1, 3).

Kristalle (aus wss. A.); F: 162°.

4-Isopentylamino-chinazolin-8-ol $C_{13}H_{17}N_3O$, Formel X (R = CH_2-CH_2-$CH(CH_3)_2$, R′ = H).

B. Analog 4-Butylamino-chinazolin-8-ol [s. o.] (*Iyer et al.*, J. scient. ind. Res. India **15**C [1956] 1, 4).

Kristalle (aus wss. A.); F: 112°.

4-Isopentylamino-8-methoxy-chinazolin, Isopentyl-[8-methoxy-chinazolin-4-yl]-amin $C_{14}H_{19}N_3O$, Formel X (R = CH_2-CH_2-$CH(CH_3)_2$, R′ = CH_3).

B. Analog Butyl-[8-methoxy-chinazolin-4-yl]-amin [s. o.] (*Iyer et al.*, J. scient. ind. Res. India **15**C [1956] 1, 3).

Kristalle (aus wss. A.); F: 178°.

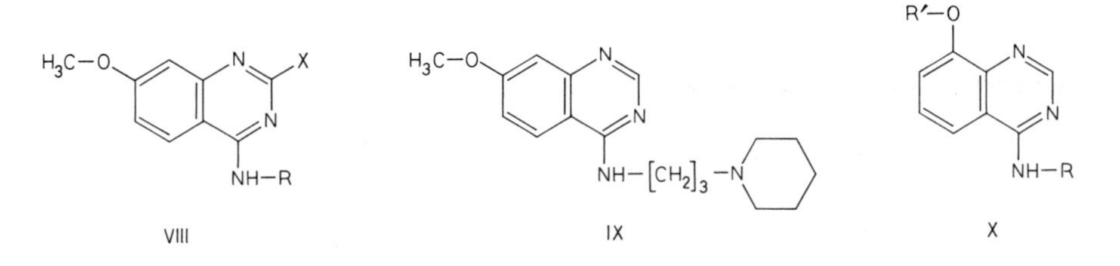

4-Hexylamino-chinazolin-8-ol $C_{14}H_{19}N_3O$, Formel X (R = $[CH_2]_5$-CH_3, R′ = H).

B. Analog 4-Butylamino-chinazolin-8-ol [s. o.] (*Iyer et al.*, J. scient. ind. Res. India **15**C [1956] 1, 4).

Kristalle (aus wss. A.); F: 142°.

4-Hexylamino-8-methoxy-chinazolin, Hexyl-[8-methoxy-chinazolin-4-yl]-amin $C_{15}H_{21}N_3O$, Formel X (R = $[CH_2]_5$-CH_3, R′ = CH_3).

B. Analog Butyl-[8-methoxy-chinazolin-4-yl]-amin [s. o.] (*Iyer et al.*, J. scient. ind. Res. India **15**C [1956] 1, 3).

Kristalle (aus wss. A.); F: 148°.

4-Heptylamino-chinazolin-8-ol $C_{15}H_{21}N_3O$, Formel X (R = $[CH_2]_6$-CH_3, R′ = H).

B. Analog 4-Butylamino-chinazolin-8-ol [s. o.] (*Iyer et al.*, J. scient. ind. Res. India **15**C [1956] 1, 4).

Kristalle (aus wss. A.); F: 137°.

4-Heptylamino-8-methoxy-chinazolin, Heptyl-[8-methoxy-chinazolin-4-yl]-amin $C_{16}H_{23}N_3O$, Formel X (R = $[CH_2]_6$-CH_3, R′ = CH_3).

B. Analog Butyl-[8-methoxy-chinazolin-4-yl]-amin [s. o.] (*Iyer et al.*, J. scient. ind. Res. India **15**C [1956] 1, 3).

Kristalle (aus wss. A.); F: 135°.

4-Octylamino-chinazolin-8-ol $C_{16}H_{23}N_3O$, Formel X (R = $[CH_2]_7$-CH_3, R′ = H).

B. Analog 4-Butylamino-chinazolin-8-ol [s. o.] (*Iyer et al.*, J. scient. ind. Res. India **15**C [1956] 1, 4).

Kristalle (aus wss. A.); F: 119°.

8-Methoxy-4-octylamino-chinazolin, [8-Methoxy-chinazolin-4-yl]-octyl-amin $C_{17}H_{25}N_3O$, Formel X (R = $[CH_2]_7$-CH_3, R′ = CH_3).
B. Analog Butyl-[8-methoxy-chinazolin-4-yl]-amin [s. o.] (*Iyer et al.*, J. scient. ind. Res. India **15**C [1956] 1, 3).
Kristalle (aus wss. A.); F: 144°.

4-Dodecylamino-chinazolin-8-ol $C_{20}H_{31}N_3O$, Formel X (R = $[CH_2]_{11}$-CH_3, R′ = H).
B. Analog 4-Butylamino-chinazolin-8-ol [s. o.] (*Iyer et al.*, J. scient. ind. Res. India **15**C [1956] 1, 4).
Kristalle (aus wss. A.); F: 78°.

4-Dodecylamino-8-methoxy-chinazolin, Dodecyl-[8-methoxy-chinazolin-4-yl]-amin $C_{21}H_{33}N_3O$, Formel X (R = $[CH_2]_{11}$-CH_3, R′ = CH_3).
B. Analog Butyl-[8-methoxy-chinazolin-4-yl]-amin [s. o.] (*Iyer et al.*, J. scient. ind. Res. India **15**C [1956] 1, 3).
Kristalle (aus wss. A.); F: 93°.

4-[4-Chlor-anilino]-chinazolin-8-ol $C_{14}H_{10}ClN_3O$, Formel X (R = C_6H_4-Cl, R′ = H).
B. Analog 4-Butylamino-chinazolin-8-ol [s. o.] (*Iyer et al.*, J. scient. ind. Res. India **15**C [1956] 1, 4).
Kristalle (aus wss. A.); F: 220°.

[4-Chlor-phenyl]-[8-methoxy-chinazolin-4-yl]-amin $C_{15}H_{12}ClN_3O$, Formel X (R = C_6H_4-Cl, R′ = CH_3).
B. Analog Butyl-[8-methoxy-chinazolin-4-yl]-amin [s. o.] (*Iyer et al.*, J. scient. ind. Res. India **15**C [1956] 1, 3).
Kristalle (aus Bzl.); F: 227°.

4-Benzylamino-chinazolin-8-ol $C_{15}H_{13}N_3O$, Formel X (R = CH_2-C_6H_5, R′ = H).
B. Analog 4-Butylamino-chinazolin-8-ol [s. o.] (*Iyer et al.*, J. scient. ind. Res. India **15**C [1956] 1, 4).
Kristalle (aus wss. A.); F: 155°.

4-Benzylamino-8-methoxy-chinazolin, Benzyl-[8-methoxy-chinazolin-4-yl]-amin $C_{16}H_{15}N_3O$, Formel X (R = CH_2-C_6H_5, R′ = CH_3).
B. Analog Butyl-[8-methoxy-chinazolin-4-yl]-amin [s. o.] (*Iyer et al.*, J. scient. ind. Res. India **15**C [1956] 1, 3).
Kristalle (aus A.); F: 206°.

4-Piperidino-chinazolin-8-ol $C_{13}H_{15}N_3O$, Formel XI (R = H).
B. Analog 4-Butylamino-chinazolin-8-ol [s. o.] (*Iyer et al.*, J. scient. ind. Res. India **15**C [1956] 1, 4).
Kristalle (aus wss. A.); F: 141°.

8-Methoxy-4-piperidino-chinazolin $C_{14}H_{17}N_3O$, Formel XI (R = CH_3).
B. Analog Butyl-[8-methoxy-chinazolin-4-yl]-amin [s. o.] (*Iyer et al.*, J. scient. ind. Res. India **15**C [1956] 1, 3).
Kp_4: 227°.

4-*p*-Anisidino-chinazolin-8-ol $C_{15}H_{13}N_3O_2$, Formel X (R = C_6H_4-O-CH_3, R′ = H).
B. Analog 4-Butylamino-chinazolin-8-ol [s. o.] (*Iyer et al.*, J. scient. ind. Res. India **15**C [1956] 1, 4).
Kristalle (aus wss. A.); F: 162°.

4-*p*-Anisidino-8-methoxy-chinazolin, [8-Methoxy-chinazolin-4-yl]-[4-methoxy-phenyl]-amin $C_{16}H_{15}N_3O_2$, Formel X (R = C_6H_4-O-CH_3, R′ = CH_3).
B. Analog Butyl-[8-methoxy-chinazolin-4-yl]-amin [s. o.] (*Iyer et al.*, J. scient. ind. Res. India

15C [1956] 1, 3).
Kristalle (aus A.); F: 246°.

(±)-4-[4-Diäthylamino-1-methyl-butylamino]-chinazolin-8-ol $C_{17}H_{26}N_4O$, Formel X (R = $CH(CH_3)$-$[CH_2]_3$-$N(C_2H_5)_2$, R′ = H).
B. Analog 4-Butylamino-chinazolin-8-ol [s. o.] (*Iyer et al.*, J. scient. ind. Res. India **15**C [1956] 1, 4).
Picrat $C_{17}H_{26}N_4O \cdot C_6H_3N_3O_7$. Kristalle (aus A.); F: 127°.

(±)-*N*⁴,*N*⁴-Diäthyl-*N*¹-[8-methoxy-chinazolin-4-yl]-1-methyl-butandiyldiamin $C_{18}H_{28}N_4O$, Formel X (R = $CH(CH_3)$-$[CH_2]_3$-$N(C_2H_5)_2$, R′ = CH_3).
B. Analog Butyl-[8-methoxy-chinazolin-4-yl]-amin [s. o.] (*Iyer et al.*, J. scient. ind. Res. India **15**C [1956] 1, 3).
Kristalle (aus Bzl. + PAe.); F: 158°.

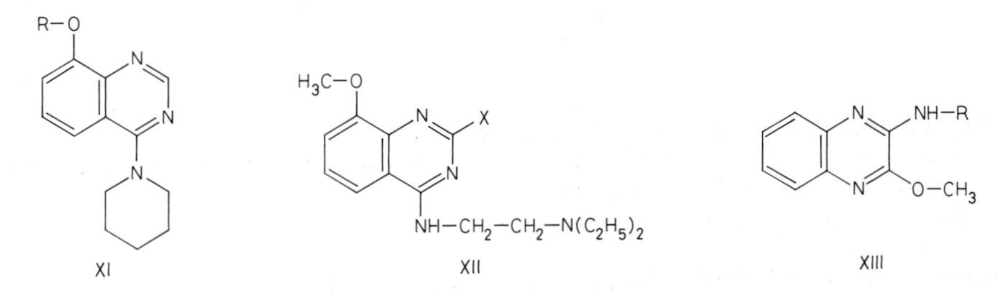

***N*,*N*-Diäthyl-*N*′-[2-chlor-8-methoxy-chinazolin-4-yl]-äthylendiamin** $C_{15}H_{21}ClN_4O$, Formel XII (X = Cl).
B. Aus 2,4-Dichlor-8-methoxy-chinazolin und *N*,*N*-Diäthyl-äthylendiamin mit Hilfe von wss. NaOH (*Curd et al.*, Soc. **1948** 1759, 1765).
Kristalle; F: 134–135°.

***N*²-[4-Chlor-phenyl]-*N*⁴-[2-diäthylamino-äthyl]-8-methoxy-chinazolin-2,4-diyldiamin** $C_{21}H_{26}ClN_5O$, Formel XII (X = NH-C_6H_4-Cl).
B. Aus der vorangehenden Verbindung und 4-Chlor-anilin (*Curd et al.*, Soc. **1948** 1759, 1766).
Dihydrochlorid $C_{21}H_{26}ClN_5O \cdot 2HCl$. Kristalle (aus H_2O); F: 274–275°.

3-Methoxy-chinoxalin-2-ylamin $C_9H_9N_3O$, Formel XIII (R = H).
In dem von *Stevens et al.* (Am. Soc. **68** [1946] 1035, 1038) unter dieser Konstitution beschriebenen Präparat (F: 264–270°) hat 3-Amino-1-methyl-1*H*-chinoxalin-2-on vorgelegen (*Cheeseman*, Soc. **1955** 1804, 1805).
B. Aus 3-Chlor-chinoxalin-2-ylamin und methanol. Natriummethylat (*Ch.*, l. c. S. 1809). Neben 3-Amino-1-methyl-1*H*-chinoxalin-2-on (Hauptprodukt) beim Behandeln von 3-Amino-1*H*-chinoxalin-2-on mit Diazomethan in Äther (*Ch.*).
Gelbe Kristalle (aus Bzl.); F: 151–152° (*Ch.*).

2-Methoxy-3-sulfanilylamino-chinoxalin, Sulfanilsäure-[3-methoxy-chinoxalin-2-ylamid] $C_{15}H_{14}N_4O_3S$, Formel XIII (R = SO_2-C_6H_4-NH_2).
Über diese Verbindung (F: 229–230°) s. *Buděšínský et al.*, Collect **37** [1972] 887, 893.
In dem von *Stevens et al.* (Am. Soc. **68** [1946] 1035, 1038) unter dieser Konstitution beschriebenen Präparat (F: 263–264°) hat wahrscheinlich überwiegend Sulfanilsäure-[3-oxo-3,4-dihydro-chinoxalin-2-ylamid] vorgelegen (*Bu. et al.*, l. c. S. 889).

[3-Äthoxy-7-chlor-chinoxalin-2-yl]-[3-piperidino-propyl]-amin $C_{18}H_{25}ClN_4O$, Formel I.
B. Beim Erwärmen von [3,7-Dichlor-chinoxalin-2-yl]-[3-piperidino-propyl]-amin mit äthanol. Natriumäthylat (*Crowther et al.*, Soc. **1949** 1260, 1266).

Kristalle (aus Me.); F: 88°.
Dipicrat $C_{18}H_{25}ClN_4O \cdot 2C_6H_3N_3O_7$. Gelbe Kristalle (aus 2-Äthoxy-äthanol); F: 178°.

3-Phenoxy-chinoxalin-6-ylamin $C_{14}H_{11}N_3O$, Formel II.
B. Aus 3-Chlor-chinoxalin-6-ylamin und Kaliumphenolat in Phenol (*Atkinson et al.*, Soc. **1956** 26, 29). Bei der Hydrierung von 7-Nitro-2-phenoxy-chinoxalin an Platin in Äthanol (*At. et al.*).
Gelbe Kristalle (aus $CHCl_3$ + PAe.); F: 128–129°.

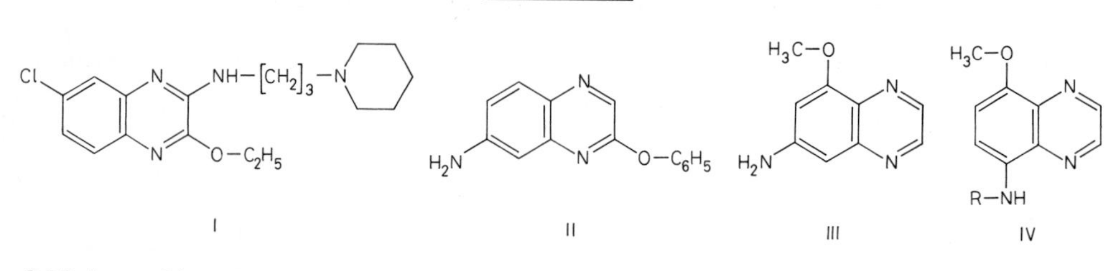

8-Methoxy-chinoxalin-6-ylamin $C_9H_9N_3O$, Formel III.
B. Bei der Hydrierung von 5-Methoxy-7-nitro-chinoxalin an Palladium/Kohle in Äthanol (*Gillespie et al.*, Am. Soc. **78** [1956] 2445).
Kristalle (aus H_2O); F: 199–201° [korr.].

8-Methoxy-chinoxalin-5-ylamin $C_9H_9N_3O$, Formel IV (R = H).
B. Aus der folgenden Verbindung mit Hilfe von wss. NaOH (*Otomasu, Nakajima,* Chem. pharm. Bl. **6** [1958] 566, 569).
Orangerote Kristalle (aus Bzl.); F: 125° [unkorr.].

5-Acetylamino-8-methoxy-chinoxalin, *N*-[8-Methoxy-chinoxalin-5-yl]-acetamid $C_{11}H_{11}N_3O_2$, Formel IV (R = $CO\text{-}CH_3$).
B. Beim Hydrieren von Essigsäure-[4-methoxy-2,3-dinitro-anilid] an Palladium in Methanol und Erwärmen des Reaktionsprodukts mit dem Dinatrium(?)-Salz der 1,2-Dihydroxy-äthan-1,2-disulfonsäure in Methanol (*Otomasu, Nakajima,* Chem. pharm. Bl. **6** [1958] 566, 569).
Gelbe Kristalle (aus PAe.); F: 149°.

6-Methoxy-chinoxalin-2-ylamin $C_9H_9N_3O$, Formel V (R = H).
B. Beim Erhitzen von 2-Chlor-6-methoxy-chinoxalin (E III/IV **23** 2602) mit methanol. oder äthanol. NH_3 (*Wolf et al.*, Am. Soc. **71** [1949] 6, 8, 9).
F: 193–195°.

6-Methoxy-2-sulfanilylamino-chinoxalin, Sulfanilsäure-[6-methoxy-chinoxalin-2-ylamid] $C_{15}H_{14}N_4O_3S$, Formel V (R = $SO_2\text{-}C_6H_4\text{-}NH_2$).
B. Beim Erwärmen der folgenden Verbindung mit wss. NaOH (*Wolf et al.*, Am. Soc. **71** [1949] 6, 9, 10).
F: 235–237°.

***N*-Acetyl-sulfanilsäure-[6-methoxy-chinoxalin-2-ylamid], Essigsäure-[4-(6-methoxy-chinoxalin-2-ylsulfamoyl)-anilid]** $C_{17}H_{16}N_4O_4S$, Formel V (R = $SO_2\text{-}C_6H_4\text{-}NH\text{-}CO\text{-}CH_3$).
B. Beim Erwärmen von 6-Methoxy-chinoxalin-2-ylamin (s.o.) mit *N*-Acetyl-sulfanilylchlorid und Pyridin (*Wolf et al.*, Am. Soc. **71** [1949] 6, 8, 10).
F: 183°.

[3-Chlor-6-methoxy-chinoxalin-2-yl]-[3-piperidino-propyl]-amin $C_{17}H_{23}ClN_4O$, Formel VI.
B. s. S. 3440 im Artikel [3-Chlor-7-methoxy-chinoxalin-2-yl]-[3-piperidino-propyl]-amin.
Kristalle (aus PAe.); F: 130–131° (*Curd et al.*, Soc. **1949** 1271, 1274).

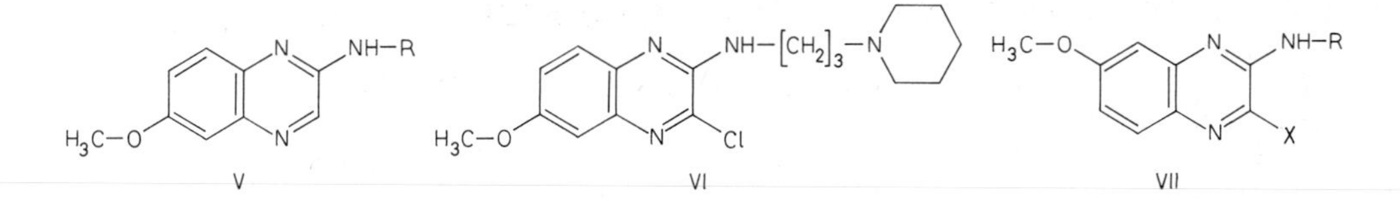

7-Methoxy-chinoxalin-2-ylamin $C_9H_9N_3O$, Formel VII (R = X = H).
B. Aus 2-Chlor-7-methoxy-chinoxalin (E III/IV **23** 2602) und methanol. oder äthanol. NH_3 (*Wolf et al.*, Am. Soc. **71** [1949] 6, 8, 9).
F: 192–193°.

7-Methoxy-2-piperidino-chinoxalin $C_{14}H_{17}N_3O$, Formel VIII.
B. Aus 2-Chlor-7-methoxy-chinoxalin und Piperidin (*Wear, Hamilton*, Am. Soc. **72** [1950] 2893).
Kristalle (aus A.); F: 66–68°.

***N,N*-Diäthyl-*N'*-[7-methoxy-chinoxalin-2-yl]-propandiyldiamin** $C_{16}H_{24}N_4O$, Formel VII (R = $[CH_2]_3$-$N(C_2H_5)_2$, X = H).
B. Aus 2-Chlor-7-methoxy-chinoxalin und *N,N*-Diäthyl-propandiyldiamin (*Wear, Hamilton*, Am. Soc. **72** [1950] 2893).
Methojodid $[C_{17}H_{27}N_4O]I$. Kristalle (aus A.); F: 177–178° [unkorr.].

[7-Methoxy-chinoxalin-2-yl]-[3-piperidino-propyl]-amin $C_{17}H_{24}N_4O$, Formel IX (X = H).
B. Aus 2-Chlor-7-methoxy-chinoxalin und 3-Piperidino-propylamin (*Curd et al.*, Soc. **1949** 1271, 1275).
Kristalle (aus wss. Me.) mit 2 Mol H_2O; F: 80–81°.
Dipicrat $C_{17}H_{24}N_4O \cdot 2C_6H_3N_3O_7$. Gelbe Kristalle (aus 2-Äthoxy-äthanol); F: 219–220° [Zers.].

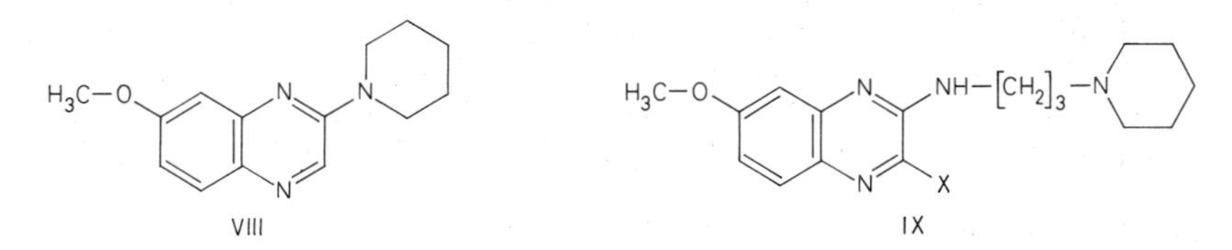

7-Methoxy-2-sulfanilylamino-chinoxalin, Sulfanilsäure-[7-methoxy-chinoxalin-2-ylamid] $C_{15}H_{14}N_4O_3S$, Formel VII (R = SO_2-C_6H_4-NH_2, X = H).
B. Beim Erwärmen der folgenden Verbindung mit wss. NaOH (*Wolf et al.*, Am. Soc. **71** [1949] 6, 9, 10).
F: 239–240°.

***N*-Acetyl-sulfanilsäure-[7-methoxy-chinoxalin-2-ylamid], Essigsäure-[4-(7-methoxy-chinoxalin-2-ylsulfamoyl)-anilid]** $C_{17}H_{16}N_4O_4S$, Formel VII (R = SO_2-C_6H_4-NH-CO-CH_3, X = H).
B. Beim Erwärmen von 7-Methoxy-chinoxalin-2-ylamin (s. o.) mit *N*-Acetyl-sulfanilylchlorid und Pyridin (*Wolf et al.*, Am. Soc. **71** [1949] 6, 8, 10).
F: 230–231°.

***N,N*-Diäthyl-*N'*-[3-chlor-7-methoxy-chinoxalin-2-yl]-äthylendiamin** $C_{15}H_{21}ClN_4O$, Formel VII (R = CH_2-CH_2-$N(C_2H_5)_2$, X = Cl).
B. Aus 2,3-Dichlor-6-methoxy-chinoxalin und *N,N*-Diäthyl-äthylendiamin in Äthanol (*Curd et al.*, Soc. **1949** 1271, 1274).
Kristalle (aus PAe.); F: 73–74°.
Picrat $C_{15}H_{21}ClN_4O \cdot C_6H_3N_3O_7$. Hellgelbe Kristalle (aus 2-Äthoxy-äthanol); F: 158°.

N,N-Diäthyl-N′-[3-chlor-7-methoxy-chinoxalin-2-yl]-propandiyldiamin $C_{16}H_{23}ClN_4O$, Formel VII (R = $[CH_2]_3$-$N(C_2H_5)_2$, X = Cl).

B. Analog der vorangehenden Verbindung (*Curd et al.*, Soc. **1949** 1271, 1274).

Kristalle (aus PAe.); F: 66°.

Picrat $C_{16}H_{23}ClN_4O \cdot C_6H_3N_3O_7$. Gelbe Kristalle (aus 2-Äthoxy-äthanol); F: 170°.

[3-Chlor-7-methoxy-chinoxalin-2-yl]-[3-piperidino-propyl]-amin $C_{17}H_{23}ClN_4O$, Formel IX (X = Cl).

B. Aus Hauptprodukt neben [3-Chlor-6-methoxy-chinoxalin-2-yl]-[3-piperidino-propyl]-amin beim Erwärmen von 2,3-Dichlor-6-methoxy-chinoxalin mit 3-Piperidino-propylamin in Äthanol (*Curd et al.*, Soc. **1949** 1271, 1274).

Kristalle (aus PAe.); F: 118–119°.

Picrat $C_{17}H_{23}ClN_4O \cdot C_6H_3N_3O_7$. Gelbe Kristalle (aus 2-Äthoxy-äthanol); F: 206–208° [Zers.].

N,N-Diäthyl-N′-[3,x-dichlor-7(oder 6)-methoxy-chinoxalin-2-yl]-äthylendiamin $C_{15}H_{20}Cl_2N_4O$, Formel X oder XI.

B. Beim Erwärmen von 2,3,x-Trichlor-6-methoxy-chinoxalin (E III/IV **23** 2602) mit *N,N*-Diäthyl-äthylendiamin in Äthanol (*Curd et al.*, Soc. **1949** 1271, 1274).

Hellgelbe Kristalle (aus PAe.); F: 70°.

Picrat $C_{15}H_{20}Cl_2N_4O \cdot C_6H_3N_3O_7$. Gelbe Kristalle (aus 2-Äthoxy-äthanol); F: 150°.

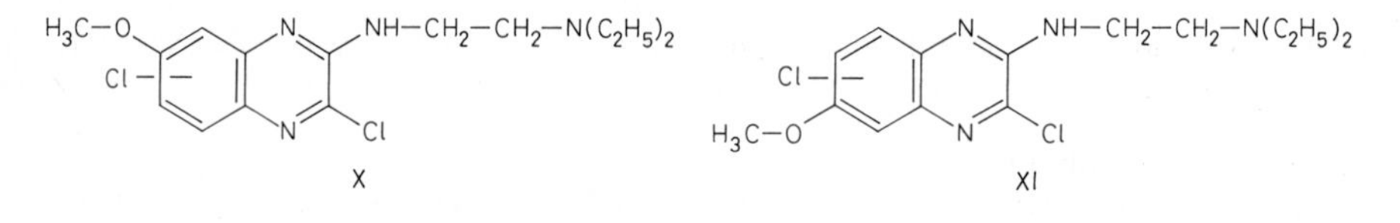

6-Methoxy-chinoxalin-5-ylamin $C_9H_9N_3O$, Formel XII.

B. Beim Hydrieren von 4-Methoxy-2,3-dinitro-anilin an Palladium/Kohle in Methanol und Erwärmen des Reaktionsprodukts mit dem Dinatrium(?)-Salz der 1,2-Dihydroxy-äthan-1,2-disulfonsäure in wss. Methanol (*Otomasu, Nakajima*, Chem. pharm. Bl. **6** [1958] 566, 569). Bei der Hydrierung von 6-Methoxy-5-nitro-chinoxalin an Palladium/Kohle in Methanol (*Ot., Na.*).

Orangefarbene Kristalle (aus PAe.); F: 96°.

7-Methoxy-chinoxalin-5-ylamin $C_9H_9N_3O$, Formel XIII (R = R′ = H, R″ = CH_3).

B. Aus 5-Methoxy-benzen-1,2,3-triyltriamin-dihydrochlorid und dem Natrium(?)-Salz der 1,2-Dihydroxy-äthan-1,2-disulfonsäure mit Hilfe von wss. NaOH (*Gawron, Spoerri*, Am. Soc. **67** [1945] 514) oder von wss. Na_2CO_3 (*King, Beer*, Soc. **1945** 791, 792). Beim Erwärmen von 7-Methoxy-5-nitro-chinoxalin mit $Na_2S_2O_4$ in wss. Äthanol (*Mizzoni, Spoerri*, Am. Soc. **67** [1945] 1652).

Gelbe Kristalle; F: 96,5–96,7° [Zers.; nach Sublimation bei 80–90°/0,005–0,02 Torr] (*Mi., Sp.*), 94–96° [aus wss. Me.] (*King, Beer*), 95° [aus H_2O] (*Ga., Sp.*).

Dihydrochlorid $C_9H_9N_3O \cdot 2HCl$. Braune Kristalle, F: 210,5–211° [korr.]; Kristalle (aus methanol. HCl) mit 1 Mol Methanol, F: 205–208° [korr.] (*Mi., Sp.*).

5-Acetylamino-7-methoxy-chinoxalin, N-[7-Methoxy-chinoxalin-5-yl]-acetamid $C_{11}H_{11}N_3O_2$, Formel XIII (R = CO-CH_3, R′ = H, R″ = CH_3).

B. Aus der vorangehenden Verbindung und Acetanhydrid (*Gawron, Spoerri*, Am. Soc. **67** [1945] 514; *Mizzoni, Spoerri*, Am. Soc. **67** [1945] 1652; *King, Beer*, Soc. **1945** 791, 792).

Kristalle; F: 175–176° [korr.; aus H_2O] (*Ga., Sp.*), 173,7–174,5° [korr.; aus wss. A.] (*Mi., Sp.*), 174° [aus wss. Eg.] (*King, Beer*).

5-Acetylamino-7-äthoxy-chinoxalin, *N*-[7-Äthoxy-chinoxalin-5-yl]-acetamid $C_{12}H_{13}N_3O_2$, Formel XIII (R = CO-CH_3, R′ = H, R″ = C_2H_5).

B. Beim Hydrieren von 7-Äthoxy-5-nitro-chinoxalin an Palladium/Kohle in Äthanol und Erhitzen des Reaktionsprodukts mit Acetanhydrid (*Gillespie et al.*, Am. Soc. **79** [1957] 2245, 2247).

Kristalle (aus wss. A.); F: 190–191° [korr.].

***N,N*-Diäthyl-*N′*-[7-methoxy-chinoxalin-5-yl]-äthylendiamin** $C_{15}H_{22}N_4O$, Formel XIII (R = CH_2-CH_2-N(C_2H_5)$_2$, R′ = H, R″ = CH_3).

B. Beim Erwärmen von 7-Methoxy-chinoxalin-5-ylamin mit Diäthyl-[2-chlor-äthyl]-amin-hy= drochlorid und Natriumacetat in Äthanol (*King, Beer*, Soc. **1945** 791, 792). Aus *N*-[2-Diäthyl= amino-äthyl]-*N*-[7-methoxy-chinoxalin-5-yl]-toluol-4-sulfonamid mit Hilfe von konz. H_2SO_4 (*Gawron, Spoerri*, Am. Soc. **67** [1945] 514).

Gelbes Öl; Kp_1: 165–168° (*Ga., Sp.*); $Kp_{0,01}$: 130–140° (*King, Beer*).

Hydrochlorid $C_{15}H_{22}N_4O \cdot HCl$. Kristalle (aus A.+Ae.); F: 169–171° (*King, Beer*).

Picrat $C_{15}H_{22}N_4O \cdot C_6H_3N_3O_7$. Orangegelbe Kristalle (aus A.); F: 139° (*King, Beer*).

Dipicrat $C_{15}H_{22}N_4O \cdot 2C_6H_3N_3O_7$. Rote Kristalle (aus Acn.+Ae.); F: 184–185° [korr.] (*Ga., Sp.*).

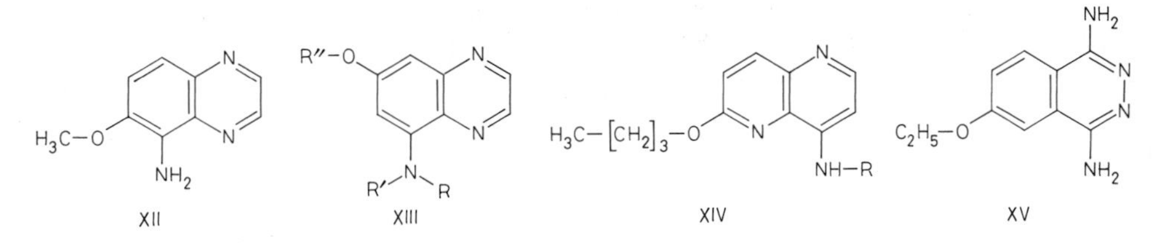

***N,N*-Diäthyl-*N′*-[7-methoxy-chinoxalin-5-yl]-propandiyldiamin** $C_{16}H_{24}N_4O$, Formel XIII (R = [CH_2]$_3$-N(C_2H_5)$_2$, R′ = H, R″ = CH_3).

B. Aus *N*-[3-Diäthylamino-propyl]-*N*-[7-methoxy-chinoxalin-5-yl]-toluol-4-sulfonamid mit Hilfe von konz. H_2SO_4 (*Gawron, Spoerri*, Am. Soc. **67** [1945] 514).

Gelbes Öl; Kp_5: 185–186°.

Dipicrat $C_{16}H_{24}N_4O \cdot 2C_6H_3N_3O_7$. Braunrote Kristalle (aus Acn.+Ae.); F: 174° [korr.].

***N*-[7-Methoxy-chinoxalin-5-yl]-toluol-4-sulfonamid** $C_{16}H_{15}N_3O_3S$, Formel XIII (R = SO_2-C_6H_4-CH_3, R′ = H, R″ = CH_3).

B. Aus 7-Methoxy-chinoxalin-5-ylamin und Toluol-4-sulfonylchlorid mit Hilfe von Pyridin (*Gawron, Spoerri*, Am. Soc. **67** [1945] 514).

Kristalle (aus PAe.); F: 140° [korr.].

***N*-[2-Diäthylamino-äthyl]-*N*-[7-methoxy-chinoxalin-5-yl]-toluol-4-sulfonamid** $C_{22}H_{28}N_4O_3S$, Formel XIII (R = SO_2-C_6H_4-CH_3, R′ = CH_2-CH_2-N(C_2H_5)$_2$, R″ = CH_3).

B. Aus dem Kalium-Salz der vorangehenden Verbindung und Diäthyl-[2-chlor-äthyl]-amin (*Gawron, Spoerri*, Am. Soc. **67** [1945] 514).

Kristalle (aus Ae.+PAe.); F: 87°.

***N*-[3-Diäthylamino-propyl]-*N*-[7-methoxy-chinoxalin-5-yl]-toluol-4-sulfonamid** $C_{23}H_{30}N_4O_3S$, Formel XIII (R = SO_2-C_6H_4-CH_3, R′ = [CH_2]$_3$-N(C_2H_5)$_2$, R″ = CH_3).

B. Aus dem Kalium-Salz des *N*-[7-Methoxy-chinoxalin-5-yl]-toluol-4-sulfonamids und Di= äthyl-[3-chlor-propyl]-amin (*Gawron, Spoerri*, Am. Soc. **67** [1945] 514).

Kristalle (aus Acn.+H_2O); F: 67°.

6-Butoxy-[1,5]naphthyridin-4-ylamin $C_{12}H_{15}N_3O$, Formel XIV (R = H).

B. Beim Erhitzen von 2-Butoxy-8-chlor-[1,5]naphthyridin mit Phenol und KOH und Erhitzen des erhaltenen 2-Butoxy-8-phenoxy-[1,5]naphthyridins mit NH_3 und Ammoniumacetat (*Gold= berg et al.*, Soc. **1954** 2357, 2359).

Kristalle (aus PAe.); F: 96–98°.

(±)-N^4,N^4-Diäthyl-N^1-[6-butoxy-[1,5]naphthyridin-4-yl]-1-methyl-butandiyldiamin $C_{21}H_{34}N_4O$, Formel XIV (R = $CH(CH_3)$-$[CH_2]_3$-$N(C_2H_5)_2$).

B. Beim Erhitzen von 2-Butoxy-8-chlor-[1,5]naphthyridin mit (±)-N^4,N^4-Diäthyl-1-methyl-butandiyldiamin und Kupfer-Pulver (*Goldberg et al.*, Soc. **1954** 2357, 2359).

Kp_2: 230–234° [Zers.].

Dipicrat $C_{21}H_{34}N_4O \cdot 2C_6H_3N_3O_7$. Gelbe Kristalle; F: 170–172°.

6-Äthoxy-phthalazin-1,4-diyldiamin $C_{10}H_{12}N_4O$, Formel XV.

B. Aus 5-Äthoxy-1,3-diimino-isoindolin (E III/IV **21** 6462) und wss. $N_2H_4 \cdot H_2O$ (*Farbenfabr. Bayer*, D.R.P. 941845 [1953]).

Kristalle mit 1 Mol H_2O; F: 231°.

Amino-Derivate der Hydroxy-Verbindungen $C_9H_8N_2O$

5-[4-Methoxy-phenyl]-2-phenyl-2*H*-pyrazol-3-ylamin $C_{16}H_{15}N_3O$, Formel I (E II 11; dort als 1-Phenyl-3-[4-methoxy-phenyl]-pyrazolon-(5)-imid bezeichnet).

B. Beim Erhitzen von 5-[4-Methoxy-phenyl]-[1,2]dithiol-3-thion (E III/IV **19** 2538) mit Phenylhydrazin (*Böttcher, Bauer*, A. **568** [1950] 227, 238).

Kristalle (aus A. oder wss. HCl); F: 190°.

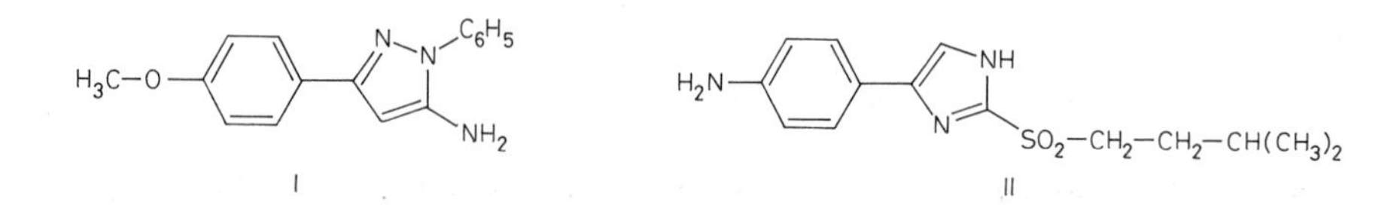

4-[4-Amino-phenyl]-2-[3-methyl-butan-1-sulfonyl]-1(3)*H*-imidazol, 4-[2-(3-Methyl-butan-1-sulfonyl)-1(3)*H*-imidazol-4-yl]-anilin $C_{14}H_{19}N_3O_2S$, Formel II und Taut.

B. Bei der Hydrierung von 2-[3-Methyl-butan-1-sulfonyl]-4-[4-nitro-phenyl]-1(3)*H*-imidazol an Raney-Nickel in Äthanol (*Kotschergin, Schtschukina*, Ž. obšč. Chim. **25** [1955] 2318, 2322; engl. Ausg. S. 2289, 2293).

Kristalle (aus A.); F: 164–165°.

Hydrochlorid $C_{14}H_{19}N_3O_2S \cdot HCl$. Kristalle (aus A.); F: 242–246° [Zers.; geschlossene Kapillare].

6-Methoxy-2-methyl-[1,5]naphthyridin-4-ylamin $C_{10}H_{11}N_3O$, Formel III (R = H, R′ = CH_3).

B. Beim Erhitzen von 6-Methoxy-2-methyl-4-phenoxy-[1,5]naphthyridin mit NH_3 und Ammoniumacetat (*Goldberg et al.*, Soc. **1954** 2357, 2360).

Kristalle (aus Ae. + PAe.); F: 172°.

6-Butoxy-2-methyl-[1,5]naphthyridin-4-ylamin $C_{13}H_{17}N_3O$, Formel III (R = H, R′ = $[CH_2]_3$-CH_3).

B. Beim Erhitzen von 6-Butoxy-2-methyl-4-phenoxy-[1,5]naphthyridin mit NH_3 und Ammoniumacetat (*Goldberg et al.*, Soc. **1954** 2357, 2360).

Kristalle (aus wss. A.); F: 142°.

(±)-N^4,N^4-Diäthyl-N^1-[6-methoxy-2-methyl-[1,5]naphthyridin-4-yl]-1-methyl-butandiyldiamin $C_{19}H_{30}N_4O$, Formel III (R = $CH(CH_3)$-$[CH_2]_3$-$N(C_2H_5)_2$, R′ = CH_3).

B. Beim Erhitzen von 4-Chlor-6-methoxy-2-methyl-[1,5]naphthyridin mit (±)-N^4,N^4-Diäthyl-1-methyl-butandiyldiamin und Kupfer-Pulver (*Goldberg et al.*, Soc. **1954** 2357, 2360).

Gelbes Öl; Kp_1: 220–224°.

Dipicrat $C_{19}H_{30}N_4O \cdot 2\,C_6H_3N_3O_7$. Gelbe Kristalle (aus Acn.); F: 148° [Zers.].

(±)-N^4,N^4-Diäthyl-N^1-[6-butoxy-2-methyl-[1,5]naphthyridin-4-yl]-1-methyl-butandiyldiamin $C_{22}H_{36}N_4O$, Formel III (R = $CH(CH_3)$-$[CH_2]_3$-$N(C_2H_5)_2$, R′ = $[CH_2]_3$-CH_3).

B. Analog der vorangehenden Verbindung (*Goldberg et al.*, Soc. **1954** 2357, 2360).

Orangefarbenes Öl; Kp_1: 230 – 234°.

Oxalat $C_{22}H_{36}N_4O \cdot 2C_2H_2O_4$. Kristalle (aus A.); F: 166°.

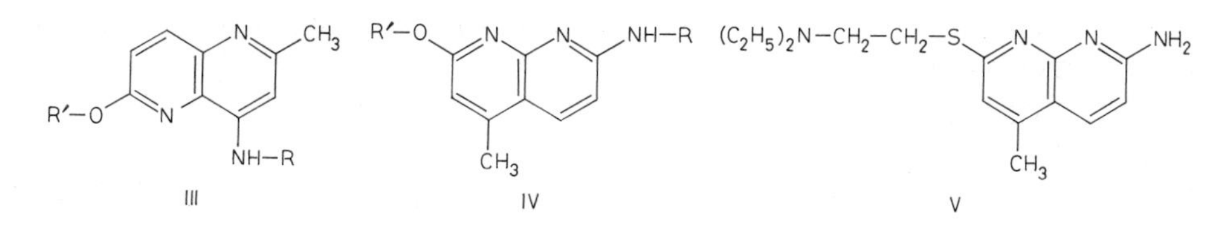

7-Butoxy-5-methyl-[1,8]naphthyridin-2-ylamin $C_{13}H_{17}N_3O$, Formel IV (R = H, R′ = $[CH_2]_3$-CH_3).

B. Aus 7-Chlor-5-methyl-[1,8]naphthyridin-2-ylamin und Natriumbutylat in Butan-1-ol (*Cilag*, D.B.P. 803297 [1949]; D.R.B.P. Org. Chem. 1950 – 1951 **3** 1198; U.S.P. 2517929 [1949]).

Kristalle (aus E.); F: 159 – 161°.

5-Methyl-7-phenoxy-[1,8]naphthyridin-2-ylamin $C_{15}H_{13}N_3O$, Formel IV (R = H, R′ = C_6H_5).

B. Aus *N*-[5-Methyl-7-phenoxy-[1,8]naphthyridin-2-yl]-acetamid mit Hilfe von äthanol. HCl (*Petrow et al.*, Soc. **1947** 1407, 1409).

Kristalle (aus Bzl.); F: 216 – 217° [korr.].

7-[2-Diäthylamino-äthoxy]-5-methyl-[1,8]naphthyridin-2-ylamin $C_{15}H_{22}N_4O$, Formel IV (R = H, R′ = CH_2-CH_2-$N(C_2H_5)_2$).

B. Aus 7-Chlor-5-methyl-[1,8]naphthyridin-2-ylamin und 2-Diäthylamino-äthanol mit Hilfe von Natrium in Toluol (*Cilag*, D.B.P. 803297 [1949]; D.R.B.P. Org. Chem. 1950 – 1951 **3** 1189; U.S.P. 2517929 [1949]).

Kristalle (aus Bzl. + PAe.); F: 123 – 124°.

7-Acetylamino-4-methyl-2-phenoxy-[1,8]naphthyridin, *N*-[5-Methyl-7-phenoxy-[1,8]naphthyridin-2-yl]-acetamid $C_{17}H_{15}N_3O_2$, Formel IV (R = CO-CH_3, R′ = C_6H_5).

B. Beim Erhitzen von *N*-[7-Chlor-5-methyl-[1,8]naphthyridin-2-yl]-acetamid mit Phenol (*Pe*⸗*trow et al.*, Soc. **1947** 1407, 1409).

Kristalle (aus wss. A.); F: 205° [korr.].

7-[2-Diäthylamino-äthylmercapto]-5-methyl-[1,8]naphthyridin-2-ylamin $C_{15}H_{22}N_4S$, Formel V.

B. Aus 7-Chlor-5-methyl-[1,8]naphthyridin-2-ylamin und 2-Diäthylamino-äthanthiol mit Hilfe von äthanol. Natriumäthylat (*Cilag*, D.B.P. 803297 [1949]; D.R.B.P. Org. Chem. 1950 – 1951 **3** 1198; U.S.P. 2517929 [1949]).

Kristalle (aus Me.); F: 182 – 184°.

Amino-Derivate der Hydroxy-Verbindungen $C_{10}H_{10}N_2O$

4-Methoxy-2-[5-methyl-1(2)*H*-pyrazol-3-yl]-anilin $C_{11}H_{13}N_3O$, Formel VI (R = CH_3) und Taut.

Diese Konstitution kommt wahrscheinlich der nachstehend beschriebenen Verbindung zu (*Koenigs, Freund*, B. **80** [1947] 143).

B. Beim Erhitzen von 4-Chlor-6-methoxy-2-methyl-chinolin mit $N_2H_4 \cdot H_2O$ (*Koenigs, v. Loesch*, J. pr. [2] **143** [1935] 59, 67).

Kristalle (aus H_2O); F: 100 – 103° (*Ko., v. Lo.*).

Die von *Koenigs, v. Loesch* (l. c. S. 68) beim Behandeln mit $NaNO_2$ in wss. Essigsäure erhaltene Verbindung (F: 186°) ist wahrscheinlich als 9-Methoxy-2-methyl-benzo[*e*]pyrazolo⸗

[1,5-*c*][1,2,3]triazin zu formulieren (vgl. *Ko., Fr.*, l. c. S. 144).

Hydrochlorid. Kristalle (aus wss. HCl); Zers. bei 270° (*Ko., v. Lo.*, l. c. S. 68).

Picrat. Gelbe Kristalle (aus A.); F: 202° [Zers.] (*Ko., v. Lo.*).

4-Äthoxy-2-[5-methyl-1(2)*H*-pyrazol-3-yl]-anilin $C_{12}H_{15}N_3O$, Formel VI (R = C_2H_5) und Taut.

Diese Konstitution kommt wahrscheinlich der nachstehend beschriebenen Verbindung zu (*Koenigs, Freund,* B. **80** [1947] 143).

B. Beim Erhitzen von 6-Äthoxy-4-chlor-2-methyl-chinolin mit $N_2H_4 \cdot H_2O$ (*Koenigs, v. Loesch,* J. pr. [2] **143** [1935] 56, 68).

Kristalle (aus H_2O); F: 116–117° (*Ko., v. Lo.*, l. c. S. 69).

Die von *Koenigs, v. Loesch* beim Behandeln mit $NaNO_2$ in wss. Essigsäure erhaltene Verbindung ist wahrscheinlich als 9-Äthoxy-2-methyl-benzo[*e*]pyrazolo[1,5-*c*][1,2,3]triazin zu formulieren (vgl. *Ko., Fr.*, l. c. S. 144).

Picrat. Gelbe Kristalle (aus A.); F: 200° [Zers.] (*Ko., v. Lo.*).

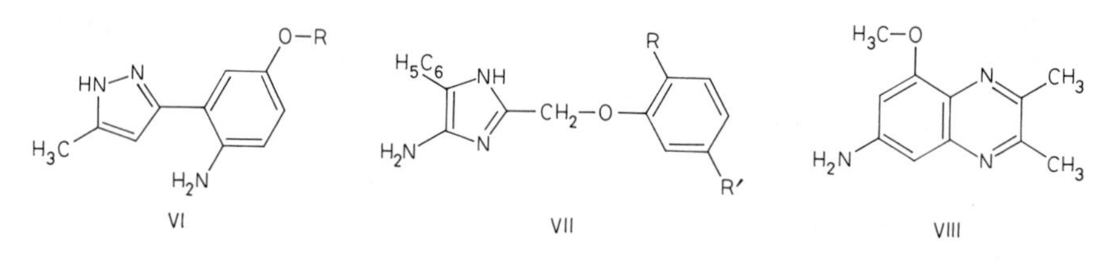

2-Phenoxymethyl-5-phenyl-1(3)*H*-imidazol-4-ylamin $C_{16}H_{15}N_3O$, Formel VII (R = R′ = H) und Taut.

B. Aus 2-Phenoxy-thioacetimidsäure-benzylester-hydrochlorid und Amino-phenyl-acetonitril in $CHCl_3$ (*Bader, Downer,* Soc. **1953** 1636, 1638).

Hydrochlorid $C_{16}H_{15}N_3O \cdot HCl$. Kristalle (aus A.); F: 167°.

2-[2-Isopropyl-5-methyl-phenoxymethyl]-5-phenyl-1(3)*H*-imidazol-4-ylamin $C_{20}H_{23}N_3O$, Formel VII (R = $CH(CH_3)_2$, R′ = CH_3) und Taut.

B. Aus 2-[2-Isopropyl-5-methyl-phenoxy]-thioacetimidsäure-benzylester und Amino-phenyl-acetonitril in $CHCl_3$ (*Bader, Downer,* Soc. **1953** 1636, 1638).

Hydrochlorid $C_{20}H_{23}N_3O \cdot HCl$. Kristalle (aus Me.); F: 183° [Zers.].

8-Methoxy-2,3-dimethyl-chinoxalin-6-ylamin $C_{11}H_{13}N_3O$, Formel VIII.

B. Bei der Hydrierung von 5-Methoxy-2,3-dimethyl-7-nitro-chinoxalin an Palladium/Kohle in Äthanol (*Gillespie et al.*, Am. Soc. **78** [1956] 2445).

Kristalle (aus wss. A.); F: 226–229° [korr.].

6-Methoxy-2,3-dimethyl-chinoxalin-5-ylamin $C_{11}H_{13}N_3O$, Formel IX.

B. Bei der Hydrierung von 6-Methoxy-2,3-dimethyl-5-nitro-chinoxalin an Palladium/Kohle in Äthanol (*Gillespie et al.*, Am. Soc. **79** [1957] 2245, 2248).

Gelbe Kristalle (aus H_2O); F: 135–136° [korr.].

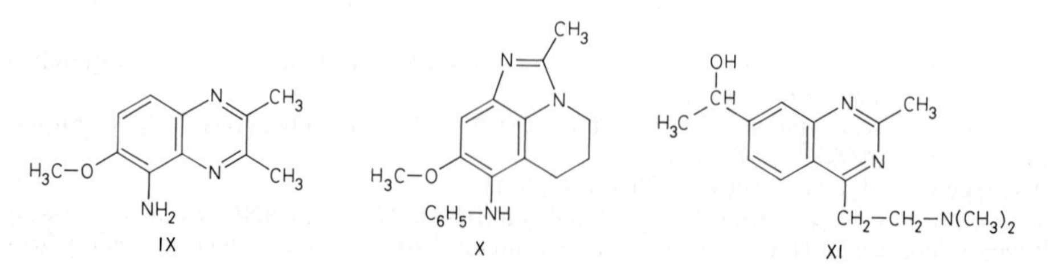

Amino-Derivate der Hydroxy-Verbindungen $C_{11}H_{12}N_2O$

7-Anilino-8-methoxy-2-methyl-5,6-dihydro-4*H*-imidazo[4,5,1-*ij*]chinolin, [8-Methoxy-2-methyl-5,6-dihydro-4*H*-imidazo[4,5,1-*ij*]chinolin-7-yl]-phenyl-amin $C_{18}H_{19}N_3O$, Formel X.

B. Bei der Hydrierung von *N*-[5-Anilino-6-methoxy-[8]chinolyl]-acetamid an Platin in Essigsäure (*Snyder, Easton,* Am. Soc. **68** [1946] 2641).

Kristalle (aus A.); F: 222–224°.

Amino-Derivate der Hydroxy-Verbindungen $C_{13}H_{16}N_2O$

(±)-1-[4-(2-Dimethylamino-äthyl)-2-methyl-chinazolin-7-yl]-äthanol $C_{15}H_{21}N_3O$, Formel XI, oder **(±)-3-Dimethylamino-1-[2,4-dimethyl-chinazolin-7-yl]-propan-1-ol** $C_{15}H_{21}N_3O$, Formel XII.

Bezüglich der Konstitution vgl. *Siegle, Christensen,* Am. Soc. **73** [1951] 5777.

B. Bei der Hydrierung einer als 1-[4-(2-Dimethylamino-äthyl)-2-methyl-chinazolin-7-yl]-äthanon-dihydrochlorid oder 3-Dimethylamino-1-[2,4-dimethyl-chinazolin-7-yl]-propan-1-on-dihydrochlorid zu formulierenden Verbindung (S. 3823) an Platin in Methanol (*Christensen et al.,* Am. Soc. **67** [1945] 2001).

Dihydrochlorid $C_{15}H_{21}N_3O \cdot 2HCl$. Hygroskopisch (*Ch. et al.*).

Dipicrat $C_{15}H_{21}N_3O \cdot 2C_6H_3N_3O_7$. F: 78–80° (*Ch. et al.*).

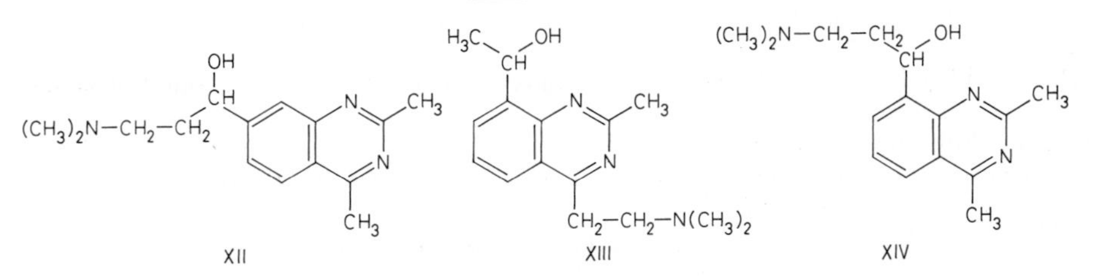

(±)-1-[4-(2-Dimethylamino-äthyl)-2-methyl-chinazolin-8-yl]-äthanol $C_{15}H_{21}N_3O$, Formel XIII, oder **(±)-3-Dimethylamino-1-[2,4-dimethyl-chinazolin-8-yl]-propan-1-ol** $C_{15}H_{21}N_3O$, Formel XIV.

Bezüglich der Konstitution vgl. *Siegle, Christensen,* Am. Soc. **73** [1951] 5777.

B. Bei der Hydrierung einer als 1-[4-(2-Dimethylamino-äthyl)-2-methyl-chinazolin-8-yl]-äthanon-monohydrochlorid oder 3-Dimethylamino-1-[2,4-dimethyl-chinazolin-8-yl]-propan-1-on-monohydrochlorid zu formulierenden Verbindung (S. 3823) an Palladium/Kohle in Methanol (*Isensee, Christensen,* Am. Soc. **70** [1948] 4061).

Dipicrat $C_{15}H_{21}N_3O \cdot 2C_6H_3N_3O_7$. F: 92–94° (*Is., Ch.*).

Amino-Derivate der Monohydroxy-Verbindungen $C_nH_{2n-12}N_2O$

Amino-Derivate der Hydroxy-Verbindungen $C_{10}H_8N_2O$

5-[4-Methoxy-3(?)-nitro-phenyl]-pyridazin-4-ylamin $C_{11}H_{10}N_4O_3$, vermutlich Formel I (R = H, X = NO_2).

B. Aus 5-[4-Methoxy-3(?)-nitro-phenyl]-pyridazin-4-carbonsäure-amid (F: 233–234°) mit Hilfe von wss. KBrO (*Atkinson, Rodway,* Soc. **1959** 1, 5).

Kristalle (aus Acn.); F: 199–201° [Zers.].

4-Benzoylamino-5-[4-methoxy-3(?)-nitro-phenyl]-pyridazin, *N*-[5-(4-Methoxy-3(?)-nitro-phenyl)-pyridazin-4-yl]-benzamid $C_{18}H_{14}N_4O_4$, vermutlich Formel I (R = CO-C_6H_5, X = NO_2).

B. Aus der vorangehenden Verbindung und Benzoylchlorid mit Hilfe von Pyridin (*Atkinson, Rodway,* Soc. **1959** 1, 5).

Hellgelbe Kristalle (aus A.); F: 220–221°.

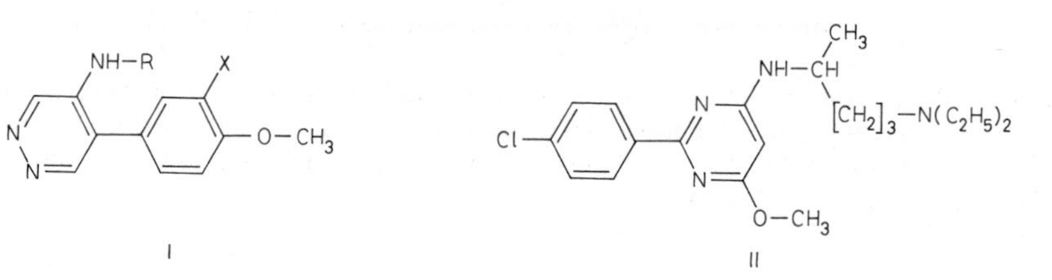

5-[3(?)-Amino-4-methoxy-phenyl]-4-benzoylamino-pyridazin, *N*-[5-(3(?)-Amino-4-methoxyphenyl)-pyridazin-4-yl]-benzamid $C_{18}H_{16}N_4O_2$, vermutlich Formel I (R = CO-C_6H_5, X = NH_2).

B. Aus der vorangehenden Verbindung bei der Hydrierung an Palladium/Kohle in Methanol oder beim Behandeln mit $SnCl_2$ in einem HCl enthaltenden Acetanhydrid-Essigsäure-Gemisch (*Atkinson, Rodway,* Soc. **1959** 1, 5).

Kristalle (aus Me.); F: 185–186°.

5-[3(?)-Acetylamino-4-methoxy-phenyl]-4-benzoylamino-pyridazin, *N*-[5-(3(?)-Acetylamino-4-methoxy-phenyl)-pyridazin-4-yl]-benzamid $C_{20}H_{18}N_4O_3$, vermutlich Formel I (R = CO-C_6H_5, X = NH-CO-CH_3).

B. Beim Erhitzen der vorangehenden Verbindung mit Acetanhydrid (*Atkinson, Rodway,* Soc. **1959** 1, 5).

Kristalle (aus Acn.); F: 189–190°.

(±)-N^4,N^4-Diäthyl-N^1-[2-(4-chlor-phenyl)-6-methoxy-pyrimidin-4-yl]-1-methyl-butandiyldiamin $C_{20}H_{29}ClN_4O$, Formel II.

B. Beim Erhitzen von 4-Chlor-2-[4-chlor-phenyl]-6-methoxy-pyrimidin mit (±)-N^4,N^4-Diäthyl-1-methyl-butandiyldiamin in Methanol (*Moffatt,* Soc. **1950** 1603, 1605).

$Kp_{0,05}$: 175–185° [Badtemperatur].

Dipicrat $C_{20}H_{29}ClN_4O \cdot 2C_6H_3N_3O_7$. Gelbe Kristalle (aus A.); F: 146–147°.

4-Aziridin-1-yl-6-chlor-2-[4-methoxy-phenyl]-pyrimidin $C_{13}H_{12}ClN_3O$, Formel III (R = CH_3).

B. Beim Erwärmen von 4,6-Dichlor-2-[4-methoxy-phenyl]-pyrimidin mit Aziridin und Triäthylamin in Benzol (*Hendry, Homer,* Soc. **1952** 328, 332).

Kristalle (aus E.+Bzl.), F: 132–134° [bei schnellem Erhitzen]; bei langsamem Erhitzen entstehen unschmelzbare Polymere.

2-[4-Äthoxy-phenyl]-4-aziridin-1-yl-6-chlor-pyrimidin $C_{14}H_{14}ClN_3O$, Formel III (R = C_2H_5).

B. Beim Erwärmen von 2-[4-Äthoxy-phenyl]-4,6-dichlor-pyrimidin mit Aziridin und Triäthylamin in Benzol (*Hendry, Homer,* Soc. **1952** 328, 332).

Kristalle (aus PAe.), F: 103–104° [bei schnellem Erhitzen]; bei langsamem Erhitzen entstehen unschmelzbare Polymere.

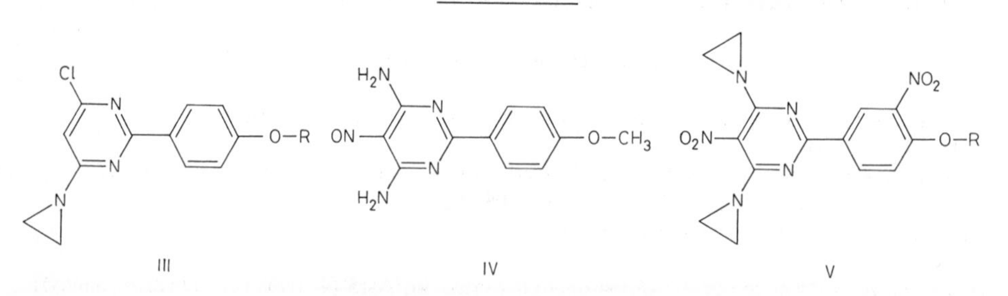

2-[4-Methoxy-phenyl]-5-nitroso-pyrimidin-4,6-diyldiamin $C_{11}H_{11}N_5O_2$, Formel IV.

B. Beim Erhitzen der Verbindung von 4-Methoxy-benzamidin mit Hydroxyimino-malononitril in 5-Äthyl-2-methyl-pyridin (*Taylor et al.,* Am. Soc. **81** [1959] 2442, 2444).

Grüne Kristalle; F: 284–286° [korr.].

Beim Erhitzen mit Formamid, Ameisensäure und $Na_2S_2O_4$ ist 2-[4-Methoxy-phenyl]-7(9)*H*-purin-6-ylamin erhalten worden.

4,6-Bis-aziridin-1-yl-2-[4-methoxy-3-nitro-phenyl]-5-nitro-pyrimidin $C_{15}H_{14}N_6O_5$, Formel V (R = CH_3).

B. Beim Erwärmen von 4,6-Dichlor-2-[4-methoxy-3-nitro-phenyl]-5-nitro-pyrimidin mit Aziridin und Triäthylamin in Benzol (*Hendry, Homer,* Soc. **1952** 328, 332).

Kristalle (aus E.), F: 190° [Zers.; bei schnellem Erhitzen]; bei langsamem Erhitzen entstehen unschmelzbare Polymere.

2-[4-Äthoxy-3-nitro-phenyl]-4,6-bis-aziridin-1-yl-5-nitro-pyrimidin $C_{16}H_{16}N_6O_5$, Formel V (R = C_2H_5).

B. Beim Erwärmen von 2-[4-Äthoxy-3-nitro-phenyl]-4,6-dichlor-5-nitro-pyrimidin mit Aziridin und Triäthylamin in Benzol (*Hendry, Homer,* Soc. **1952** 328, 332).

Kristalle (aus E.), F: 190° [Zers.; bei schnellem Erhitzen]; bei langsamem Erhitzen entstehen unschmelzbare Polymere.

[2-Äthylmercapto-6-phenyl-pyrimidin-4-yl]-thiocarbamidsäure-*O*-methylester $C_{14}H_{15}N_3OS_2$, Formel VI (X = O-CH_3).

B. Beim Erwärmen von 2-Äthylmercapto-6-phenyl-pyrimidin-4-ylisothiocyanat mit Methanol (*Chi et al.,* Am. Soc. **58** [1936] 773).

Kristalle (aus Bzl.+PAe.); F: 130–131°.

[2-Äthylmercapto-6-phenyl-pyrimidin-4-yl]-thiocarbamidsäure-*O*-äthylester $C_{15}H_{17}N_3OS_2$, Formel VI (X = O-C_2H_5).

B. Analog der vorangehenden Verbindung (*Chi et al.,* Am. Soc. **58** [1936] 773).

Kristalle (aus Bzl.+PAe.); F: 115–116°.

[2-Äthylmercapto-6-phenyl-pyrimidin-4-yl]-thiocarbamidsäure-*O*-propylester $C_{16}H_{19}N_3OS_2$, Formel VI (X = O-CH_2-C_2H_5).

B. Analog den vorangehenden Verbindungen (*Chi et al.,* Am. Soc. **58** [1936] 773).

Kristalle (aus A.); F: 97–98°.

[2-Äthylmercapto-6-phenyl-pyrimidin-4-yl]-thiocarbamidsäure-*O*-butylester $C_{17}H_{21}N_3OS_2$, Formel VI (X = O-$[CH_2]_3$-CH_3).

B. Analog den vorangehenden Verbindungen (*Chi et al.,* Am. Soc. **58** [1936] 773).

Kristalle (aus A. oder Me.); F: 89–90°.

[2-Äthylmercapto-6-phenyl-pyrimidin-4-yl]-thioharnstoff $C_{13}H_{14}N_4S_2$, Formel VI (X = NH_2).

B. Aus 2-Äthylmercapto-6-phenyl-pyrimidin-4-ylisothiocyanat und konz. wss. NH_3 (*Chi et al.,* Am. Soc. **58** [1936] 773).

Kristalle (aus A.); F: 212–213°.

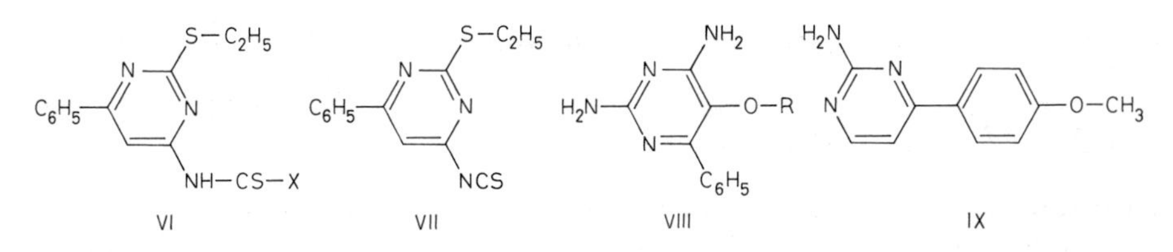

***N*-[2-Äthylmercapto-6-phenyl-pyrimidin-4-yl]-*N'*-phenyl-thioharnstoff** $C_{19}H_{18}N_4S_2$, Formel VI (X = NH-C_6H_5).

B. Aus 2-Äthylmercapto-6-phenyl-pyrimidin-4-ylisothiocyanat und Anilin (*Chi et al.,* Am. Soc. **58** [1936] 773).

Kristalle (aus E.); F: 215–216°.

2-Äthylmercapto-6-phenyl-pyrimidin-4-ylisothiocyanat $C_{13}H_{11}N_3S_2$, Formel VII.
B. Beim Erhitzen von 2-Äthylmercapto-6-phenyl-pyrimidin-4-ylthiocyanat in Toluol (*Chi et al.*, Am. Soc. **58** [1936] 773).
Kp_2: 215–218°.

5-[4-Chlor-phenoxy]-6-phenyl-pyrimidin-2,4-diyldiamin $C_{16}H_{13}ClN_4O$, Formel VIII (R = C_6H_4-Cl).
B. Aus 2-Chlor-3-oxo-3-phenyl-propionsäure-äthylester bei der aufeinanderfolgenden Umsetzung mit Natrium-[4-chlor-phenolat], Guanidin-carbonat, $POCl_3$ und NH_3 (*Falco et al.*, Am. Soc. **73** [1951] 3753, 3757).
Kristalle (aus A.); F: 187–188° [unkorr.].

5-[2]Naphthyloxy-6-phenyl-pyrimidin-2,4-diyldiamin $C_{20}H_{16}N_4O$, Formel VIII (R = $C_{10}H_7$).
B. Analog der vorangehenden Verbindung (*Falco et al.*, Am. Soc. **73** [1951] 3753, 3757).
Kristalle (aus A.); F: 164–166° [unkorr.].

4-[4-Methoxy-phenyl]-pyrimidin-2-ylamin $C_{11}H_{11}N_3O$, Formel IX.
B. Aus dem Natrium-Salz des 3-[4-Methoxy-phenyl]-3-oxo-propionaldehyds und Guanidin-nitrat (*Benary*, B. **63** [1930] 2601, 2605).
Kristalle (aus A.); F: 185–187°.

2-Äthylmercapto-5-phenyl-pyrimidin-4-ylamin $C_{12}H_{13}N_3S$, Formel X (R = H).
B. Aus 2-Äthylmercapto-4-chlor-5-phenyl-pyrimidin und äthanol. NH_3 (*Chi, Tien*, Am. Soc. **55** [1933] 4185).
Kristalle (aus Bzl.+PAe.); F: 87–88°.

[2-Äthylmercapto-5-phenyl-pyrimidin-4-yl]-thiocarbamidsäure-*O*-methylester $C_{14}H_{15}N_3OS_2$, Formel X (R = CS-O-CH_3).
B. Beim Erwärmen von 2-Äthylmercapto-5-phenyl-pyrimidin-4-ylisothiocyanat mit Methanol (*Chi, Tien*, Am. Soc. **55** [1933] 4181, 4183).
Kristalle (aus Me.); F: 79–80°.

[2-Äthylmercapto-5-phenyl-pyrimidin-4-yl]-thiocarbamidsäure-*O*-äthylester $C_{15}H_{17}N_3OS_2$, Formel X (R = CS-O-C_2H_5).
B. Analog der vorangehenden Verbindung (*Chi, Tien*, Am. Soc. **55** [1933] 4181, 4183).
Kristalle (aus A.); F: 85–85,5°.

[2-Äthylmercapto-5-phenyl-pyrimidin-4-yl]-thioharnstoff $C_{13}H_{14}N_4S_2$, Formel X (R = CS-NH_2).
B. Aus 2-Äthylmercapto-5-phenyl-pyrimidin-4-ylisothiocyanat und konz. wss. NH_3 (*Chi, Tien*, Am. Soc. **55** [1933] 4181, 4183).
Kristalle (aus E.); F: 204°.

***N*-[2-Äthylmercapto-5-phenyl-pyrimidin-4-yl]-*N'*-phenyl-thioharnstoff** $C_{19}H_{18}N_4S_2$, Formel X (R = CS-NH-C_6H_5).
B. Aus der folgenden Verbindung und Anilin (*Chi, Tien*, Am. Soc. **55** [1933] 4181, 4183).
Gelbe Kristalle (aus Bzl.+PAe.); F: 149°.

2-Äthylmercapto-5-phenyl-pyrimidin-4-ylisothiocyanat $C_{13}H_{11}N_3S_2$, Formel XI.
B. Beim Erhitzen von 2-Äthylmercapto-5-phenyl-pyrimidin-4-ylthiocyanat in Xylol (*Chi, Tien*, Am. Soc. **55** [1933] 4181, 4183).
Kristalle (aus PAe.); F: 84–85°.

5-[2-Methoxy-phenyl]-pyrimidin-4-ylamin $C_{11}H_{11}N_3O$, Formel XII.
B. Beim Erhitzen von [2-Methoxy-phenyl]-acetonitril mit Formamid und NH_3 (*Davies et al.*, Soc. **1945** 352).

Kristalle (aus Me.); F: 176–177°.

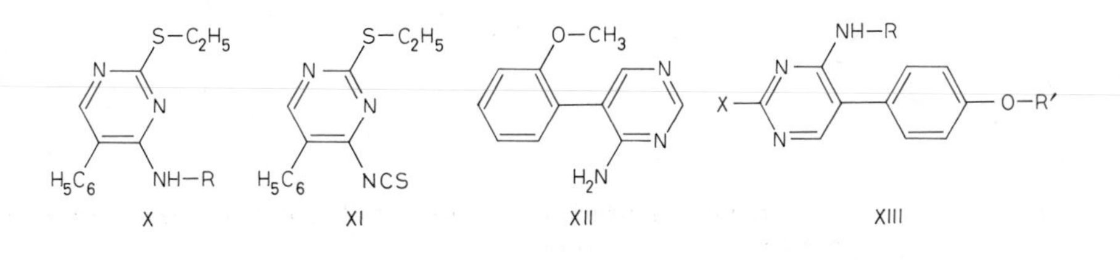

4-[4-Amino-pyrimidin-5-yl]-phenol $C_{10}H_9N_3O$, Formel XIII (R = R′ = X = H).
B. Analog der vorangehenden Verbindung (*Davies et al.*, Soc. **1945** 352).
Kristalle (aus Me.); F: 289–291°.
Hydrochlorid $C_{10}H_9N_3O \cdot HCl$. Kristalle (aus wss. HCl); F: 300–301°.

5-[4-Methoxy-phenyl]-pyrimidin-4-ylamin $C_{11}H_{11}N_3O$, Formel XIII (R = X = H, R′ = CH_3).
B. Analog den vorangehenden Verbindungen (*Davies et al.*, Soc. **1945** 352; *Meseri*, Rev. Fac. Cienc. quim. Univ. La Plata **23** [1948] 99, 100).
Kristalle; F: 166° [aus A.] (*Me.*), 164–165° [aus Me.] (*Da. et al.*).
Hydrochlorid $C_{11}H_{11}N_3O \cdot HCl$. Kristalle; F: 275° (*Me.*), 268–270° [aus wss. HCl] (*Da. et al.*).
Verbindung mit Quecksilber(II)-chlorid. F: 195–196° (*Me.*).
Picrat. F: 213° (*Me.*).

5-[4-Methoxy-phenyl]-4-sulfanilylamino-pyrimidin, Sulfanilsäure-[5-(4-methoxy-phenyl)-pyrimidin-4-ylamid] $C_{17}H_{16}N_4O_3S$, Formel XIII (R = SO_2-C_6H_4-NH_2, R′ = CH_3, X = H).
B. Beim Erwärmen von 5-[4-Methoxy-phenyl]-pyrimidin-4-ylamin mit 4-Nitro-benzolsulf⸗onylchlorid in Pyridin und Erhitzen des Reaktionsprodukts mit Eisen und wss. HCl (*Rose, Tuey*, Soc. **1946** 81, 85).
Kristalle (aus wss. 2-Äthoxy-äthanol); F: 269°.

5-[4-Methoxy-phenyl]-pyrimidin-2,4-diyldiamin $C_{11}H_{12}N_4O$, Formel XIII (R = H, R′ = CH_3, X = NH_2).
B. Beim Behandeln von 2-[4-Methoxy-phenyl]-3-oxo-propionitril mit Diazomethan in Äther und Erwärmen des Reaktionsprodukts mit Guanidin in Äthanol (*Russell, Hitchings*, Am. Soc. **73** [1951] 3763, 3768).
Kristalle (aus A.); F: 202–203° [unkorr.] (*Ru., Hi.*). λ_{max} (A.): 259 nm (*Russell*, Soc. **1954** 2951, 2953).

Amino-Derivate der Hydroxy-Verbindungen $C_{11}H_{10}N_2O$

2-Äthoxy-5-benzyl-pyrimidin-4-ylamin $C_{13}H_{15}N_3O$, Formel XIV (R = H, R′ = C_2H_5).
B. Aus 5-Benzyl-2-chlor-pyrimidin-4-ylamin und Natriumäthylat (*Goldberg*, Bl. **1951** 895, 896).
Kristalle (aus wss. A.); F: 127°.

5-Benzyl-4-cyclohexylamino-2-[3-diäthylamino-propoxy]-pyrimidin, [5-Benzyl-2-(3-diäthylamino-propoxy)-pyrimidin-4-yl]-cyclohexyl-amin $C_{24}H_{36}N_4O$, Formel XIV (R = C_6H_{11}, R′ = $[CH_2]_3$-$N(C_2H_5)_2$).
B. Aus [5-Benzyl-2-chlor-pyrimidin-4-yl]-cyclohexyl-amin und 3-Diäthylamino-propan-1-ol mit Hilfe von Natrium (*Leonard et al.*, J. Am. pharm. Assoc. **44** [1955] 249).
$Kp_{0,05}$: 185–190°.

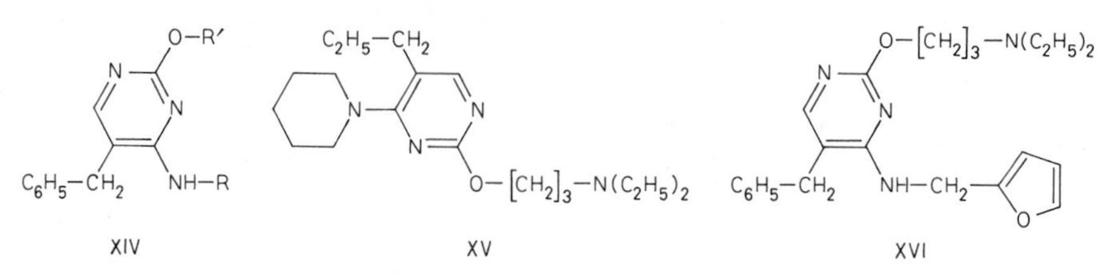

5-Benzyl-2-[3-diäthylamino-propoxy]-4-piperidino-pyrimidin, Diäthyl-[3-(5-benzyl-4-piperidino-pyrimidin-2-yloxy)-propyl]-amin $C_{23}H_{34}N_4O$, Formel XV.

B. Aus 5-Benzyl-2-chlor-4-piperidino-pyrimidin und 3-Diäthylamino-propan-1-ol mit Hilfe von Natrium (*Leonard et al.*, J. Am. pharm. Assoc. **44** [1955] 249).

$Kp_{0,05}$: 175–181°.

5-Benzyl-2-[3-diäthylamino-propoxy]-5-furfurylamino-pyrimidin, [5-Benzyl-2-(3-diäthylamino-propoxy)-pyrimidin-4-yl]-furfuryl-amin $C_{23}H_{30}N_4O_2$, Formel XVI.

B. Aus [5-Benzyl-2-chlor-pyrimidin-4-yl]-furfuryl-amin und 3-Diäthylamino-propan-1-ol mit Hilfe von Natrium (*Leonard et al.*, J. Am. pharm. Assoc. **44** [1955] 249).

$Kp_{0,05}$: 184–186°.

5-[5-Chlor-2-methoxy-benzyl]-pyrimidin-2,4-diyldiamin $C_{12}H_{13}ClN_4O$, Formel I.

B. Aus 2-Amino-5-[5-chlor-2-methoxy-benzyl]-3*H*-pyrimidin-4-on bei der aufeinanderfolgenden Umsetzung mit $POCl_3$ und mit äthanol. NH_3 (*Wellcome Found.*, D.B.P. 943706 [1953]; *Burroughs Wellcome & Co.*, U.S.P. 2658897 [1951]).

Kristalle (aus A.); F: 169–171°.

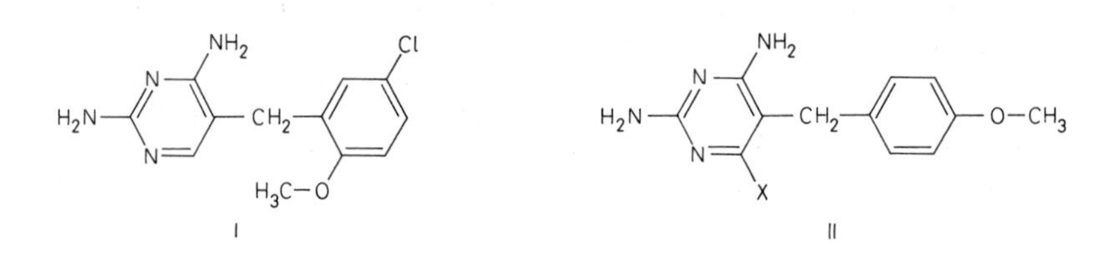

5-[4-Methoxy-benzyl]-pyrimidin-2,4-diyldiamin $C_{12}H_{14}N_4O$, Formel II (X = H).

B. Aus 2-Amino-5-[4-methoxy-benzyl]-3*H*-pyrimidin-4-on bei der aufeinanderfolgenden Umsetzung mit $POCl_3$ und mit äthanol. NH_3 (*Falco et al.*, Am. Soc. **73** [1951] 3758, 3761).

Kristalle (aus Me. oder A.); F: 198–202° [unkorr.; Zers.].

5-[4-Methoxy-benzyl]-pyrimidin-2,4,6-triyltriamin $C_{12}H_{15}N_5O$, Formel II (X = NH_2).

B. Aus [4-Methoxy-benzyl]-malononitril und Guanidin (*Russell, Hitchings*, Am. Soc. **74** [1952] 3443).

F: 218–219°.

***N,N*-Diäthyl-*N'*-[2-(3-methoxy-phenyl)-6-methyl-pyrimidin-4-yl]-äthylendiamin** $C_{18}H_{26}N_4O$, Formel III.

B. Aus 4-Chlor-2-[3-methoxy-phenyl]-6-methyl-pyrimidin und *N,N*-Diäthyl-äthylendiamin (*Curd, Rose*, Soc. **1946** 343, 349).

$Kp_{0,16}$: 193–198°.

Dihydrochlorid $C_{18}H_{26}N_4O \cdot 2HCl$. Kristalle (aus A.) mit 2 Mol H_2O; F: 234–236° [Zers.].

Dipicrat $C_{18}H_{26}N_4O \cdot 2C_6H_3N_3O_7$. Gelbe Kristalle (aus 2-Äthoxy-äthanol + A.); F: 165–167°.

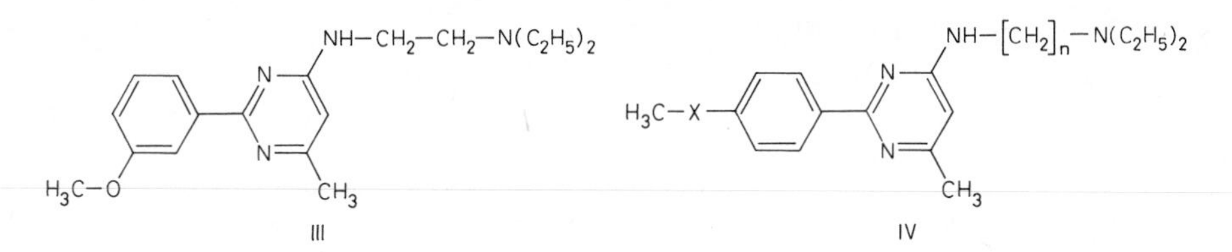

***N,N*-Diäthyl-*N'*-[2-(4-methoxy-phenyl)-6-methyl-pyrimidin-4-yl]-äthylendiamin** $C_{18}H_{26}N_4O$, Formel IV (X = O, n = 2).

B. Aus 4-Chlor-2-[4-methoxy-phenyl]-6-methyl-pyrimidin und *N,N*-Diäthyl-äthylendiamin (*Curd, Rose,* Soc. **1946** 343, 349).

Dihydrochlorid $C_{18}H_{26}N_4O \cdot 2HCl$. Kristalle (aus A.+E.) mit 2 Mol H_2O; F: 244° [Zers.].

Dipicrat $C_{18}H_{26}N_4O \cdot 2C_6H_3N_3O_7$. Gelbe Kristalle (aus 2-Äthoxy-äthanol+A.); F: 184–185°.

***N,N*-Diäthyl-*N'*-[2-(4-methansulfonyl-phenyl)-6-methyl-pyrimidin-4-yl]-propandiyldiamin** $C_{19}H_{28}N_4O_2S$, Formel IV (X = SO_2, n = 3).

B. Aus 4-Chlor-2-[4-methansulfonyl-phenyl]-6-methyl-pyrimidin und *N,N*-Diäthyl-propandiyldiamin (*Forrest, Walker,* Soc. **1948** 1506).

Dihydrochlorid $C_{19}H_{28}N_4O_2S \cdot 2HCl$. Kristalle (aus A.+E.); F: 247°.

[4-Amino-2-phenyl-pyrimidin-5-yl]-methanol $C_{11}H_{11}N_3O$, Formel V.

B. Aus 5-Aminomethyl-2-phenyl-pyrimidin-4-ylamin-dihydrochlorid mit Hilfe von $NaNO_2$ (*I.G. Farbenind.,* D.R.P. 671662 [1936]; Frdl. **25** 441; *Winthrop Chem. Co.,* U.S.P. 2377395 [1936]).

Hydrochlorid. F: 199°.

Picrat. F: 177°.

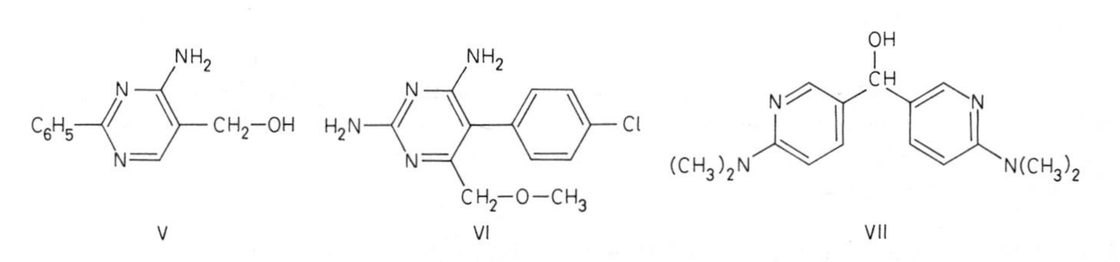

5-[4-Chlor-phenyl]-6-methoxymethyl-pyrimidin-2,4-diyldiamin $C_{12}H_{13}ClN_4O$, Formel VI.

B. Beim Behandeln von 2-[4-Chlor-phenyl]-4-methoxy-acetoacetonitril mit Diazomethan in Äther und Erwärmen des Reaktionsprodukts mit Guanidin in Äthanol (*Russell, Hitchings,* Am. Soc. **73** [1951] 3763, 3768).

Kristalle (aus A.); F: 218–219° [unkorr.].

Bis-[6-dimethylamino-[3]pyridyl]-methanol $C_{15}H_{20}N_4O$, Formel VII (E II 355).

Kristalle (aus A.+Ae.); F: 154° (*Knunjanz, Beresowškiĭ,* Ž. obšč. Chim. **18** [1948] 775, 779; C. A. **1949** 410).

Beim Erwärmen mit Anilin und wss. H_2SO_4 ist [4-Amino-phenyl]-bis-[6-dimethylamino-[3]pyridyl]-methan erhalten worden (*Kahn, Petrow,* Soc. **1945** 858, 861).

Picrat. Gelbe Kristalle (aus A.); F: 175–176° [Zers.] (*Kn., Be.*).

Amino-Derivate der Hydroxy-Verbindungen $C_{12}H_{12}N_2O$

4-[2-Methoxy-phenäthyl]-pyrimidin-2-ylamin $C_{13}H_{15}N_3O$, Formel VIII.

B. Bei der Hydrierung von 4-[2-Methoxy-styryl]-pyrimidin-2-ylamin an Palladium/Kohle in Äthanol (*Matsukawa, Sirakawa,* J. pharm. Soc. Japan **72** [1952] 913, 915; C. A. **1953** 6425).

Kristalle (aus A.); F: 149 – 150°.

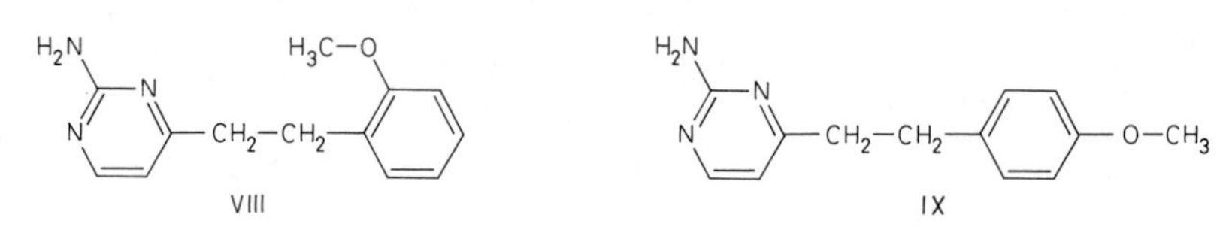

4-[4-Methoxy-phenäthyl]-pyrimidin-2-ylamin $C_{13}H_{15}N_3O$, Formel IX.

B. Bei der Hydrierung von 4-[4-Methoxy-styryl]-pyrimidin-2-ylamin an Palladium/Kohle in Äthanol (*Matsukawa, Sirakawa,* J. pharm. Soc. Japan **72** [1952] 913, 915; C. A. **1953** 6425).

Kristalle (aus A.); F: 183 – 185°.

5-[4-Methoxy-benzyl]-6-methyl-pyrimidin-2,4-diyldiamin $C_{13}H_{16}N_4O$, Formel X.

B. Aus 2-Amino-5-[4-methoxy-benzyl]-6-methyl-3*H*-pyrimidin-4-on bei der aufeinanderfol⸗genden Umsetzung mit $POCl_3$ und mit äthanol. NH_3 (*Falco et al.,* Am. Soc. **73** [1951] 3758, 3761).

Kristalle (aus Me. oder A.); F: 231 – 234° [unkorr.; Zers.].

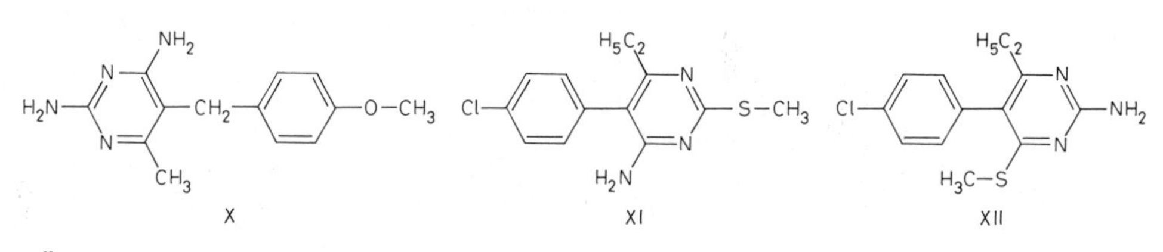

6-Äthyl-5-[4-chlor-phenyl]-2-methylmercapto-pyrimidin-4-ylamin $C_{13}H_{14}ClN_3S$, Formel XI.

B. Aus 6-Äthyl-4-amino-5-[4-chlor-phenyl]-1*H*-pyrimidin-2-thion und CH_3I mit Hilfe von wss.-methanol. NaOH (*Hitchings et al.,* Soc. **1956** 1019, 1028).

Kristalle (aus Bzl. + PAe.); F: 156°.

4-Äthyl-5-[4-chlor-phenyl]-6-methylmercapto-pyrimidin-2-ylamin $C_{13}H_{14}ClN_3S$, Formel XII.

B. Aus 6-Äthyl-2-amino-5-[4-chlor-phenyl]-3*H*-pyrimidin-4-thion und CH_3I mit Hilfe von wss.-methanol. NaOH (*Hitchings et al.,* Soc. **1956** 1019, 1028).

Kristalle (aus Me.); F: 196°.

***Opt.-inakt. 2-Amino-1,2-di-[2]pyridyl-äthanol** $C_{12}H_{13}N_3O$, Formel XIII (R = H).

B. Bei der Hydrierung von Di-[2]pyridyl-äthandion-monooxim (E III / IV **24** 1729) an Platin in Äthanol (*Dornow, Bruncken,* B. **83** [1950] 189, 191).

Dibenzoyl-Derivat $C_{26}H_{21}N_3O_3$. Kristalle (aus A.); F: 181°.

***Opt.-inakt. 2-Isopropylamino-1,2-di-[2]pyridyl-äthanol** $C_{15}H_{19}N_3O$, Formel XIII (R = $CH(CH_3)_2$).

B. Bei der Hydrierung der vorangehenden Verbindung und Aceton an Platin in Äthanol (*Dornow, Bruncken,* B. **83** [1950] 189, 193).

Kristalle (aus PAe.); F: 89°.

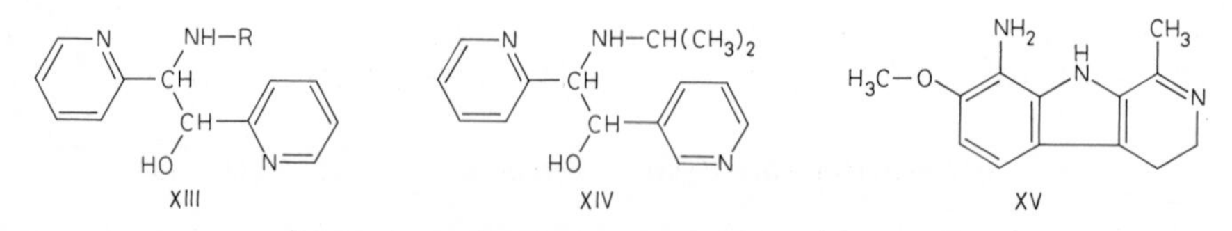

***Opt.-inakt. 2-Isopropylamino-2-[2]pyridyl-1-[3]pyridyl-äthanol** $C_{15}H_{19}N_3O$, Formel XIV.

B. Bei der Hydrierung von [2]Pyridyl-[3]pyridyl-äthandion-1-oxim (E III / IV **24** 1729) an

Platin in Äthanol und Hydrierung des Reaktionsprodukts mit Aceton an Platin (*Dornow et al.*, B. **84** [1951] 147, 150).

7-Methoxy-1-methyl-4,9-dihydro-3*H*-β-carbolin-8-ylamin, Aminoharmalin $C_{13}H_{15}N_3O$, Formel XV.

B. Beim Erwärmen von 7-Methoxy-1-methyl-8-nitro-4,9-dihydro-3*H*-β-carbolin (E III / IV **23** 2667) mit Eisen-Pulver und wss. HCl (*Konowalowa et al.*, Ar. **273** [1935] 156, 162; Ž. obšč. Chim. **6** [1936] 1256, 1261; C. **1937** I 4104).

Hellgelbe Kristalle (aus A.) mit 1 Mol H_2O; F: 209–210°.

Hydrochlorid $C_{13}H_{15}N_3O \cdot HCl$. Orangegelbe Kristalle (aus H_2O) mit 1 Mol H_2O.

Dihydrochlorid $C_{13}H_{15}N_3O \cdot 2HCl$. Hellgelbe Kristalle (aus wss. HCl) mit 1,5 Mol H_2O.

Amino-Derivate der Hydroxy-Verbindungen $C_{13}H_{14}N_2O$

(±)-1-[4-Dimethylaminomethyl-2-phenyl-pyrimidin-5-yl]-äthanol $C_{15}H_{19}N_3O$, Formel I ($R = CH_3$).

B. Bei der Hydrierung von 1-[4-Dimethylaminomethyl-2-phenyl-pyrimidin-5-yl]-äthanon-hydrochlorid an Platin in Methanol (*Clarke et al.*, Am. Soc. **70** [1948] 1088).

Hydrochlorid $C_{15}H_{19}N_3O \cdot HCl$. Kristalle (aus A.+Ae.); F: 236–237°.

(±)-1-[4-Diäthylaminomethyl-2-phenyl-pyrimidin-5-yl]-äthanol $C_{17}H_{23}N_3O$, Formel I ($R = C_2H_5$).

B. Analog der vorangehenden Verbindung (*Clarke et al.*, Am. Soc. **70** [1948] 1088).

Hydrochlorid $C_{17}H_{23}N_3O \cdot HCl$. Kristalle (aus A.+Ae.); F: 185–187°.

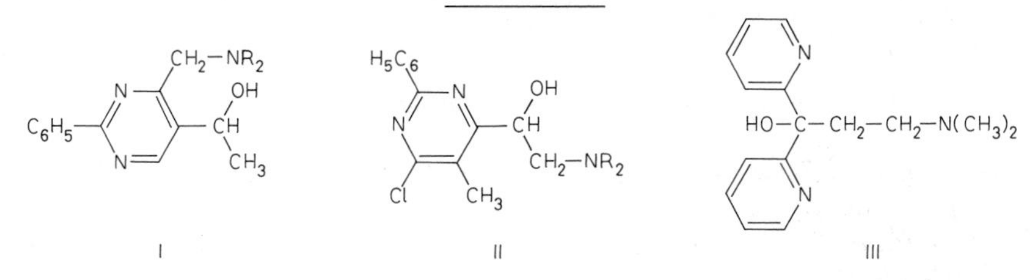

(±)-1-[6-Chlor-5-methyl-2-phenyl-pyrimidin-4-yl]-2-diäthylamino-äthanol $C_{17}H_{22}ClN_3O$, Formel II ($R = C_2H_5$).

B. Bei der Hydrierung von 1-[6-Chlor-5-methyl-2-phenyl-pyrimidin-4-yl]-2-diäthylamino-äth≈anon-hydrochlorid an Platin in Methanol (*Clarke, Christensen,* Am. Soc. **70** [1948] 1818).

Hydrochlorid $C_{17}H_{22}ClN_3O \cdot HCl$. Kristalle (aus Isopropylalkohol); F: 170–172° [nach teilweisem Schmelzen bei 160° und Wiedererstarren].

(±)-1-[6-Chlor-5-methyl-2-phenyl-pyrimidin-4-yl]-2-dipropylamino-äthanol $C_{19}H_{26}ClN_3O$, Formel II ($R = CH_2\text{-}C_2H_5$).

B. Analog der vorangehenden Verbindung (*Clarke, Christensen,* Am. Soc. **70** [1948] 1818).

Hydrochlorid $C_{19}H_{26}ClN_3O \cdot HCl$. Kristalle (aus Isopropylalkohol); F: 180–181°.

3-Dimethylamino-1,1-di-[2]pyridyl-propan-1-ol $C_{15}H_{19}N_3O$, Formel III.

B. Aus *N,N*-Dimethyl-β-alanin-äthylester und [2]Pyridyllithium (*Wellcome Found.*, Brit. P. 765874 [1954]).

Kristalle (aus PAe.); F: 102° (*Wellcome Found.*).

Beim Erhitzen mit Acetanhydrid ist 1-[1-[2]Pyridyl-indolizin-3-yl]-äthanon erhalten worden (*Barrett,* Soc. **1958** 325, 337).

Amino-Derivate der Hydroxy-Verbindungen $C_{14}H_{16}N_2O$

***Opt.-inakt. 2-Amino-2-[4,6-dimethyl-pyrimidin-2-yl]-1-phenyl-äthanol** $C_{14}H_{17}N_3O$, Formel IV.

B. Bei der Hydrierung von [4,6-Dimethyl-pyrimidin-2-yl]-phenyl-äthandion-1-oxim (E III / IV

24 1734) an Platin in Äthanol (*Dornow, Neuse,* B. **84** [1951] 296, 303).
Picrat $C_{14}H_{17}N_3O \cdot C_6H_3N_3O_7$. Kristalle (aus A.); F: 175 – 180° [Zers.; nach Braunfärbung bei 130 – 140°].

(±)-3-Dimethylamino-1-[4-methyl-2-phenyl-pyrimidin-5-yl]-propan-1-ol $C_{16}H_{21}N_3O$, Formel V (R = CH_3).
B. Bei der Hydrierung von 3-Dimethylamino-1-[4-methyl-2-phenyl-pyrimidin-5-yl]-propan-1-on-hydrochlorid an Platin in Methanol (*Graham et al.,* Am. Soc. **67** [1945] 1294).
Hydrochlorid $C_{16}H_{21}N_3O \cdot HCl$. Kristalle (aus A.); F: 176°.
Picrat. Kristalle (aus A.); F: 135 – 137°.

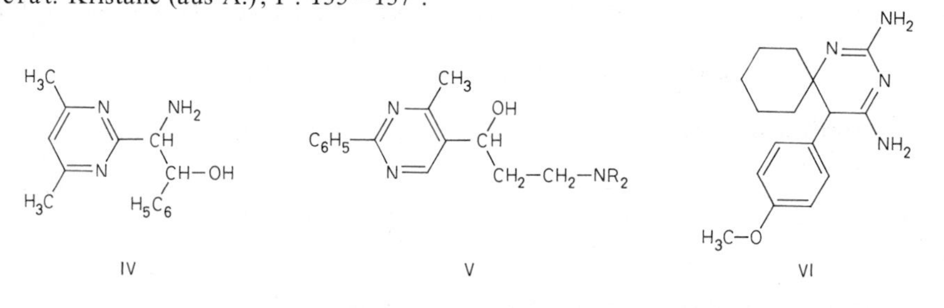

IV V VI

(±)-3-Diäthylamino-1-[4-methyl-2-phenyl-pyrimidin-5-yl]-propan-1-ol $C_{18}H_{25}N_3O$, Formel V (R = C_2H_5).
B. Analog der vorangehenden Verbindung (*Graham et al.,* Am. Soc. **67** [1945] 1294).
Hydrochlorid $C_{18}H_{25}N_3O \cdot HCl$. Kristalle (aus A.); F: 150°.

Amino-Derivate der Hydroxy-Verbindungen $C_{15}H_{18}N_2O$

5-[4-Methoxy-phenyl]-1,3-diaza-spiro[5.5]undeca-1,3-dien-2,4-diyldiamin $C_{16}H_{22}N_4O$, Formel VI und Taut.
B. Aus Cyclohexyliden-[4-methoxy-phenyl]-acetonitril und Guanidin (*Hitchings et al.,* Soc. **1956** 1019, 1024).
Kristalle (aus wss. Me.); F: 164 – 165°.

***Opt.-inakt. [2-Dibutylamino-[4]chinolyl]-[2]piperidyl-methanol** $C_{23}H_{35}N_3O$, Formel VII.
B. Aus 2-Dibutylamino-chinolin-4-carbonsäure-äthylester und 6-Benzoylamino-hexansäure-äthylester über mehrere Stufen (*Winstein et al.,* Am. Soc. **68** [1946] 2714, 2716).
Phosphat $C_{23}H_{35}N_3O \cdot H_3PO_4$. Kristalle (aus Dioxan + A.); F: 150 – 151,5° [korr.].
Benzoyl-Derivat $C_{30}H_{39}N_3O_2$. F: 149 – 150° [korr.].

***Opt.-inakt. [2-Piperidino-[4]chinolyl]-[2]piperidyl-methanol** $C_{20}H_{27}N_3O$, Formel VIII.
B. Analog der vorangehenden Verbindung (*Winstein et al.,* Am. Soc. **68** [1946] 2714, 2716).
Hydrobromid $C_{20}H_{27}N_3O \cdot HBr$. Kristalle (aus A.); F: 226 – 226,5° [korr.].

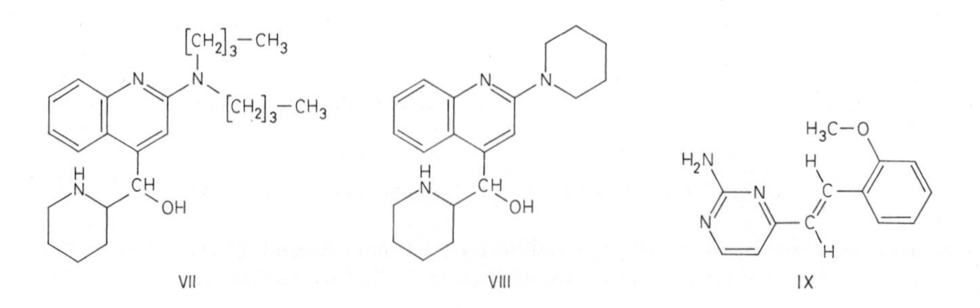

VII VIII IX

Amino-Derivate der Monohydroxy-Verbindungen $C_nH_{2n-14}N_2O$

Amino-Derivate der Hydroxy-Verbindungen $C_{12}H_{10}N_2O$

4-[2-Methoxy-*trans*(?)-styryl]-pyrimidin-2-ylamin $C_{13}H_{13}N_3O$, vermutlich Formel IX.
B. Aus 4-Methyl-pyrimidin-2-ylamin und 2-Methoxy-benzaldehyd (*Matsukawa, Sirakawa,* J. pharm. Soc. Japan **72** [1952] 913; C. A. **1953** 6425).
Kristalle (aus A.); F: 187–190°.

4-[4-Methoxy-*trans*(?)-styryl]-pyrimidin-2-ylamin $C_{13}H_{13}N_3O$, vermutlich Formel X (R = H).
Diese Konstitution kommt der von *Pyridium Corp.* (U.S.P. 2500283 [1946]) als [4-Methoxy-benzyl]-[4-methyl-pyrimidin-2-yl]-amin formulierten Verbindung zu (*Matsukawa, Sirakawa,* J. pharm. Soc. Japan **72** [1952] 913; C. A. **1953** 6425).
B. Aus 4-Methyl-pyrimidin-2-ylamin und 4-Methoxy-benzaldehyd beim Erhitzen in Essigsäure sowie (neben kleinen Mengen der folgenden Verbindung) beim Erhitzen mit Ameisensäure (*Ma., Si.;* s. a. *Pyridium Corp.*).
Kristalle; F: 194–195° (*Pyridium Corp.*), 189–190° [aus wss. A.] (*Ma., Si.*).

2-[4-Methoxy-benzylamino]-4-[4-methoxy-*trans*(?)-styryl]-pyrimidin, [4-Methoxy-benzyl]-[4-(4-methoxy-*trans*(?)-styryl)-pyrimidin-2-yl]-amin $C_{21}H_{21}N_3O_2$, vermutlich Formel X (R = CH_2-C_6H_4-O-CH_3).
B. s. bei der vorangehenden Verbindung.
Kristalle (aus A.); F: 136–138° (*Matsukawa, Sirakawa,* J. pharm. Soc. Japan **72** [1952] 913; C. A. **1953** 6425).

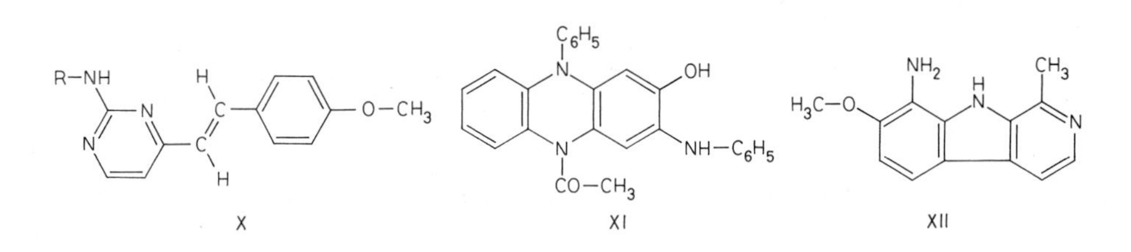

5-Acetyl-3-anilino-10-phenyl-5,10-dihydro-phenazin-2-ol $C_{26}H_{21}N_3O_2$, Formel XI.
B. Bei der Hydrierung von 2-Anilino-3-hydroxy-5-phenyl-phenazinium-betain an Platin in Acetanhydrid (*Barry et al.,* Soc. **1958** 4495, 4496).
Kristalle (aus $CHCl_3$+PAe.); F: 210–212°.
O-Acetyl-Derivat $C_{28}H_{23}N_3O_3$; 2-Acetoxy-5-acetyl-3-anilino-10-phenyl-5,10-dihydro-phenazin. Kristalle (aus Bzl.+PAe.); F: 158–160°.

7-Methoxy-1-methyl-9*H*-β-carbolin-8-ylamin, Aminoharmin $C_{13}H_{13}N_3O$, Formel XII.
B. Beim Erwärmen von 7-Methoxy-1-methyl-8-nitro-9*H*-β-carbolin-hydrochlorid (E III / IV **23** 2709) mit Eisen-Pulver und wss. HCl (*Konowalowa et al.,* Ar. **273** [1935] 156, 163; Ž. obšč. Chim. **6** [1936] 1256, 1261; C. **1937** I 4104).
Gelbliche Kristalle (aus A.); F: 231–232° [Zers.; nach Verfärbung ab 209°].
Hydrochlorid. Gelbliche Kristalle (aus A.).

Amino-Derivate der Hydroxy-Verbindungen $C_{13}H_{12}N_2O$

2-Äthoxy-4-[4-dimethylamino-*trans*(?)-styryl]-6-methyl-pyrimidin, 4-[*trans*(?)-2-(2-Äthoxy-6-methyl-pyrimidin-4-yl)-vinyl]-*N*,*N*-dimethyl-anilin $C_{17}H_{21}N_3O$, vermutlich Formel XIII.
B. Beim Erwärmen von 4-[*trans*(?)-2-(2-Chlor-6-methyl-pyrimidin-4-yl)-vinyl]-*N*,*N*-dimethyl-

anilin (F: 176–177°) mit äthanol. Natriumäthylat in Benzol (*Brown, Kon,* Soc. **1948** 2147, 2151).
Orangefarbene Kristalle (aus PAe.); F: 120° [unkorr.].

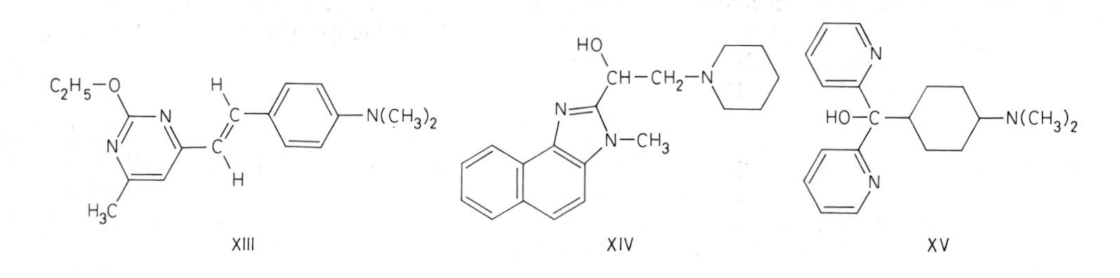

XIII XIV XV

(±)-1-[3-Methyl-3*H*-naphth[1,2-*d*]imidazol-2-yl]-2-piperidino-äthanol $C_{19}H_{23}N_3O$, Formel XIV.
B. Aus (±)-2-Chlor-1-[3-methyl-3*H*-naphth[1,2-*d*]imidazol-2-yl]-äthanol und Piperidin (*Malmberg, Hamilton,* Am. Soc. **70** [1948] 2415).
Kristalle (aus Bzl. + PAe.); F: 149,2–149,6° [korr.].

Amino-Derivate der Hydroxy-Verbindungen $C_{17}H_{20}N_2O$

***[4-Dimethylamino-cyclohexyl]-di-[2]pyridyl-methanol** $C_{19}H_{25}N_3O$, Formel XV.
B. Aus 4-Dimethylamino-cyclohexancarbonsäure-diäthylester (Kp_{10}: 122–125°) und [2]Pyri= dyllithium (*Schering Corp.,* D.B.P. 1016705 [1954]).
Kp_5: 190–208°.
Maleat. Kristalle (aus A. + Ae.); F: 163–164°.
Methobromid $[C_{20}H_{28}N_3O]Br$. Kristalle (aus A. + Ae.); F: 260–262°.
Methojodid $[C_{20}H_{28}N_3O]I$. Kristalle (aus A. + Ae.); F: 272–274°.

Amino-Derivate der Hydroxy-Verbindungen $C_{19}H_{24}N_2O$

(8*S*)-6′-Methoxy-10,11-dihydro-cinchonan-5′-ylamin, 5′-Amino-desoxydihydrochinin $C_{20}H_{27}N_3O$, Formel I.
B. Aus (8*S*)-6′-Methoxy-5′-nitro-10,11-dihydro-cinchonan (E III/IV **23** 2728) mit Hilfe von $N_2H_4 \cdot H_2O$ und wenig Raney-Nickel (*Zymalkowski,* Ar. **288** [1955] 303, 306).
Dihydrochlorid $C_{20}H_{27}N_3O \cdot 2HCl$. Orangerote Kristalle (aus äthanol. HCl + Ae.) mit 2 Mol H_2O; Erweichen ab 175°.

[5-Äthyl-chinuclidin-2-yl]-[6-amino-[4]chinolyl]-methanol $C_{19}H_{25}N_3O$.

a) **(9*S*)-6′-Amino-10,11-dihydro-cinchonan-9-ol,** 6′-Amino-dihydrocinchonin, Formel II.
B. Beim Erhitzen von (9*S*)-10,11-Dihydro-cinchonan-9,6′-diol (E III/IV **23** 3190) mit $[NH_4]_2SO_3$ und NH_3 in wss. Äthanol (*C.F. Boehringer & Söhne,* D.R.P. 720160 [1938]; D.R.P. Org. Chem. **3** 1038) oder wss. Methanol (*Ochiai et al.,* J. pharm. Soc. Japan **66** [1946] Ausg. B, S. 78, 81; C. A. **1951** 6647).
Kristalle (aus Acn.); F: 234–235° (*C.F. Boehringer & Söhne*).
Thiocyanat $C_{19}H_{25}N_3O \cdot CHNS$. Kristalle; Zers. bei 244–245° (*Och. et al.*).
Dithiocyanat $C_{19}H_{25}N_3O \cdot 2CHNS$. Gelbe Kristalle (aus H_2O) mit 1 Mol H_2O; F: 172–175° [Zers.] (*Och. et al.*).
Bis-methojodid $[C_{21}H_{31}N_3O]I_2$; (9*S*)-6′-Amino-9-hydroxy-1,1′-dimethyl-10,11-dihydro-cinchonandiium-dijodid. Gelbe Kristalle; Zers. bei 254–255° (*Och. et al.*).

b) **(8*S*,9*R*)-6′-Amino-10,11-dihydro-cinchonan-9-ol,** 6′-Amino-dihydrocinchonidin, Formel III (R = X = H).

B. Beim Erhitzen von (8*S*,9*R*)-10,11-Dihydro-cinchonan-9,6′-diol (E III/IV **23** 3191) mit $[NH_4]_2SO_3$ und NH_3 in wss. Äthanol (*C.F. Boehringer & Söhne,* D.R.P. 720160 [1938]; D.R.P. Org. Chem. **3** 1038) oder wss. Methanol (*Ochiai et al.,* J. pharm. Soc. Japan **66** [1946] Ausg. B, S. 78, 80; C. A. **1951** 6647).

Kristalle (aus Acn.) mit 0,25 Mol H_2O; F: 218–219,5°; $[\alpha]_D^{14}$: −189,4° [Me.; c = 1,8] (*Och. et al.*). Kristalle mit 1 Mol H_2O; F: 137° (*C.F. Boehringer & Söhne*).

Dihydrobromid $C_{19}H_{25}N_3O \cdot 2HBr$. Orangegelbe Kristalle mit 0,5 Mol H_2O; Zers. bei 282–284° [nach Dunkelfärbung ab 170°] (*Och. et al.*).

Sulfat $C_{19}H_{25}N_3O \cdot H_2SO_4$. Kristalle mit 5 Mol H_2O (*C.F. Boehringer & Söhne*).

Acetat $C_{19}H_{25}N_3O \cdot C_2H_4O_2$. Kristalle mit 1,5 Mol H_2O; F: 128–130° (*Och. et al.*).

Thiocyanat $C_{19}H_{25}N_3O \cdot CHNS$. Kristalle (aus A.); Zers. bei 240–243° (*Och. et al.*).

Dithiocyanat $C_{19}H_{25}N_3O \cdot 2CHNS$. Orangegelbe Kristalle mit 1 Mol H_2O; Zers. bei 192–194° (*Och. et al.*).

Bis-methojodid $[C_{21}H_{31}N_3O]I_2$; (8*S*,9*R*)-6′-Amino-9-hydroxy-1,1′-dimethyl-10,11-dihydro-cinchonandiium-dijodid. Gelbe Kristalle; Zers. bei 280–282° (*Och. et al.*).

(8*S*,9*R*)-6′-Methylamino-10,11-dihydro-cinchonan-9-ol, 6′-Methylamino-dihydro=cinchonidin $C_{20}H_{27}N_3O$, Formel III (R = CH_3, X = H).

B. Aus (8*S*,9*R*)-10,11-Dihydro-cinchonan-9,6′-diol (E III/IV **23** 3191) und Methylamin-sulfit in Methanol (*Ochiai, Hayashi,* J. pharm. Soc. Japan **66** [1946] Ausg. B, S. 84; C. A. **1951** 6647).

Dithiocyanat $C_{20}H_{27}N_3O \cdot 2CHNS$. Orangefarbene Kristalle; Zers. bei 226° [nach teilwei=sem Schmelzen bei 206° unter Rotfärbung und Dunkelfärbung ab ca. 212°].

(8*S*,9*R*)-6′-Acetylamino-10,11-dihydro-cinchonan-9-ol, *N*-[(8*S*,9*R*)-9-Hydroxy-10,11-dihydro-cinchonan-6′-yl]-acetamid, 6′-Acetylamino-dihydrocinchonidin $C_{21}H_{27}N_3O_2$, Formel III (R = CO-CH_3, X = H).

B. Aus (8*S*,9*R*)-6′-Amino-10,11-dihydro-cinchonan-9-ol (s. o.) und Acetanhydrid (*Ochiai et al.,* J. pharm. Soc. Japan **66** [1946] Ausg. B, S. 82; C. A. **1951** 6647).

Acetat $C_{21}H_{27}N_3O_2 \cdot C_2H_4O_2$. Kristalle (aus Acn.) mit 2 Mol H_2O; F: 188–190°.

Methojodid $[C_{22}H_{30}N_3O_2]I$. Gelbe Kristalle (aus E.) mit 1 Mol H_2O; Zers. bei 206–208° [nach Rotfärbung bei 190°].

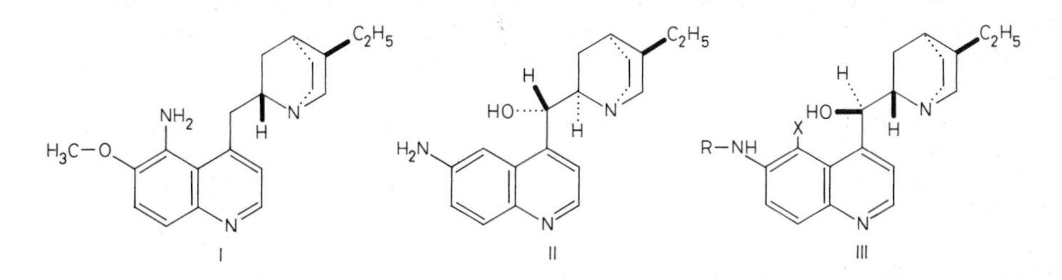

(8*S*,9*R*)-6′-Benzoylamino-10,11-dihydro-cinchonan-9-ol, *N*-[(8*S*,9*R*)-9-Hydroxy-10,11-dihydro-cinchonan-6′-yl]-benzamid, 6′-Benzoylamino-dihydrocinchonidin $C_{26}H_{29}N_3O_2$, Formel III (R = CO-C_6H_5, X = H).

B. Aus (8*S*,9*R*)-6′-Amino-10,11-dihydro-cinchonan-9-ol (s. o.) und Benzoylchlorid in Äthyl=acetat (*Ochiai et al.,* J. pharm. Soc. Japan **66** [1946] Ausg. B, S. 82; C. A. **1951** 6647).

Dihydrochlorid $C_{26}H_{29}N_3O_2 \cdot 2HCl$. Kristalle (aus Acn. + Me.); Zers. bei 244–246°.

Dihydrobromid $C_{26}H_{29}N_3O_2 \cdot 2HBr$. Kristalle (aus E.); Zers. bei 260–262°.

Acetat $C_{26}H_{29}N_3O_2 \cdot C_2H_4O_2$. Kristalle (aus Me. + Acn.) mit 0,5 Mol H_2O; Zers. bei 218–221°.

4-Nitro-benzoesäure-[(8*S*,9*R*)-9-hydroxy-10,11-dihydro-cinchonan-6′-ylamid], 6′-[4-Nitro-benzoylamino]-dihydrocinchonidin $C_{26}H_{28}N_4O_4$, Formel III (R = CO-C_6H_4-NO_2, X = H).

B. Analog der vorangehenden Verbindung (*Ochiai et al.*, J. pharm. Soc. Japan **66** [1946] Ausg. B, S. 82; C. A. **1951** 6647).

Dihydrochlorid $C_{26}H_{28}N_4O_4 \cdot 2HCl$. Kristalle mit 1,5 Mol H_2O; Zers. bei 212–214°.

Dihydrobromid $C_{26}H_{28}N_4O_4 \cdot 2HBr$. Kristalle (aus Me.+E.) mit 1 Mol H_2O; Zers. bei 224–226° [nach Rotfärbung bei 190°].

4-Amino-benzoesäure-[(8*S*,9*R*)-9-hydroxy-10,11-dihydro-cinchonan-6′-ylamid], 6′-[4-Amino-benzoylamino]-dihydrocinchonidin $C_{26}H_{30}N_4O_2$, Formel III (R = CO-C_6H_4-NH_2, X = H).

B. Aus der vorangehenden Verbindung bei der Hydrierung an Palladium/Kohle in wss.-methanol. HCl (*Ochiai et al.*, J. pharm. Soc. Japan **66** [1946] Ausg. B, S. 82; C. A. **1951** 6647).

Thiocyanat $C_{26}H_{30}N_4O_2 \cdot CHNS$. Kristalle (aus wss. Me.); Zers. bei 238–240°.

Dithiocyanat $C_{26}H_{30}N_4O_2 \cdot 2CHNS$. Gelbe Kristalle (aus Me.); Zers. bei 230–232°.

4-Nitro-benzolsulfonsäure-[(8*S*,9*R*)-9-hydroxy-10,11-dihydro-cinchonan-6′-ylamid], 6′-[4-Nitro-benzolsulfonylamino-dihydrocinchonidin $C_{25}H_{28}N_4O_5S$, Formel III (R = SO_2-C_6H_4-NO_2, X = H).

B. Beim Behandeln von (8*S*,9*R*)-6′-Amino-10,11-dihydro-cinchonan-9-ol (S. 3457) mit 4-Nitro-benzolsulfonylchlorid in Pyridin (*C.F. Boehringer & Söhne*, D.B.P. 857054 [1942]).

F: 253°.

(8*S*,9*R*)-6′-Sulfanilylamino-10,11-dihydro-cinchonan-9-ol, Sulfanilsäure-[(8*S*,9*R*)-9-hydroxy-10,11-dihydro-cinchonan-6′-ylamid], 6′-Sulfanilylamino-dihydrocinchonidin $C_{25}H_{30}N_4O_3S$, Formel III (R = SO_2-C_6H_4-NH_2, X = H).

B. Bei der Hydrierung der vorangehenden Verbindung an Platin in äthanol. HCl unter Zusatz von Essigsäure (*C.F. Boehringer & Söhne*, D.B.P. 857054 [1942]). Aus der folgenden Verbindung mit Hilfe von wss.-methanol. HCl (*Ochiai et al.*, J. pharm. Soc. Japan **66** [1946] Ausg. B, S. 82; C. A. **1951** 6647).

Kristalle (aus wss. NH_3); F: 227–229° (*C.F. Boehringer & Söhne*).

Dihydrochlorid $C_{25}H_{30}N_4O_3S \cdot 2HCl$. Gelbe Kristalle (aus A.) mit 2 Mol H_2O; F: 192,5–193° (*Och. et al.*).

***N*-Acetyl-sulfanilsäure-[(8*S*,9*R*)-9-hydroxy-10,11-dihydro-cinchonan-6′-ylamid], Essigsäure-[4-((8*S*,9*R*)-9-hydroxy-10,11-dihydro-cinchonan-6′-ylsulfamoyl)-anilid]**, 6′-[(*N*-Acetyl-sulfanilyl)-amino]-dihydrocinchonidin $C_{27}H_{32}N_4O_4S$, Formel III (R = SO_2-C_6H_4-NH-CO-CH_3, X = H).

B. Aus (8*S*,9*R*)-6′-Amino-10,11-dihydro-cinchonan-9-ol (S. 3457) und *N*-Acetyl-sulfanilylchlorid (*Ochiai et al.*, J. pharm. Soc. Japan **66** [1946] Ausg. B, S. 82; C. A. **1951** 6647).

Hydrochlorid $C_{27}H_{32}N_4O_4S \cdot HCl$. Kristalle (aus Me.+E.) mit 1 Mol H_2O; Zers. bei 229–231°.

(8*S*,9*R*)-6′-Amino-5′-brom-10,11-dihydro-cinchonan-9-ol, 6′-Amino-5′-brom-dihydrocinchonidin $C_{19}H_{24}BrN_3O$, Formel III (R = H, X = Br).

B. Aus (8*S*,9*R*)-6′-Amino-10,11-dihydro-cinchonan-9-ol (S. 3457) mit Hilfe von wss. HBr, KBr und wss. H_2O_2 oder von Brom in Essigsäure (*Ochiai et al.*, J. pharm. Soc. Japan **66** [1946] Ausg. B, S. 123; C. A. **1951** 6648).

Kristalle (aus Acn.); Zers. bei 190–191°.

Dihydrobromid $C_{19}H_{24}BrN_3O \cdot 2HBr$. Gelbe Kristalle (aus Acn.+Me.) mit 1 Mol H_2O; Zers. bei 228–230°.

Dithiocyanat $C_{19}H_{24}BrN_3O \cdot 2CHNS$. Gelbe Kristalle (aus H_2O) mit 1 Mol H_2O; Zers. bei 138–140°.

(9S)-8'-Amino-10,11-dihydro-cinchonan-9-ol, 8'-Amino-dihydrocinchonin $C_{19}H_{25}N_3O$, Formel IV.

B. Beim Erwärmen von (9*S*)-8'-Nitro-10,11-dihydro-cinchonan-9-ol (E III/IV **23** 2734) mit $SnCl_2$ und konz. wss. HCl (*Altman, van der Bie,* Ind. eng. Chem. **40** [1948] 897, 900).

Kristalle (aus wss. A.); F: 245°.

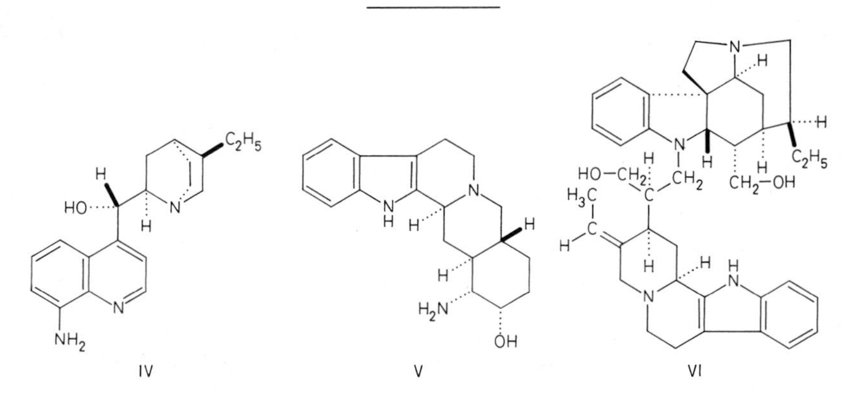

16α-Amino-yohimban-17α-ol, Yohimbylamin $C_{19}H_{25}N_3O$, Formel V.

B. Aus (+)-Yohimbin (S. 1237) beim Curtius'schen Abbau (*Majima, Murahasi,* Pr. Acad. Tokyo **10** [1934] 341, 343).

Kristalle (aus Me. oder A.); Zers. bei 177–178°.

Dihydrochlorid $C_{19}H_{25}N_3O \cdot 2HCl$. Kristalle mit 3,5 Mol H_2O; Zers. bei 293°.

Sulfat $C_{19}H_{25}N_3O \cdot H_2SO_4$. Kristalle mit 1,5 Mol H_2O; Zers. bei 314°.

Amino-Derivate der Hydroxy-Verbindungen $C_{20}H_{26}N_2O$

(16R,19E)-16-[17-Hydroxy-16βH-curan-1-ylmethyl]-coryn-19-en-17-ol, Geissospermol $C_{39}H_{50}N_4O_2$, Formel VI.

Konstitution und Konfiguration: *Puisieux, Le Hir,* C. r. **252** [1961] 902; *Janot,* Tetrahedron **14** [1961] 113, 124. Bezüglich der Konfiguration an den C-Atomen 16 und 19 (Corynan-Bezifferung) s. *Chiaroni, Riche,* Acta cryst. [B] **35** [1979] 1820.

B. Aus Geissospermin (Syst.-Nr. 4699) mit Hilfe von $LiAlH_4$ (*Janot et al.,* C. r. **248** [1959] 108, 110).

F: 180–182°; $[\alpha]_D^{20}$: −82° [A.; c = 1] (*Ja. et al.*).

[17α-Hydroxy-yohimban-16α-ylmethyl]-trimethyl-ammonium $[C_{23}H_{34}N_3O]^+$, Formel VII.

Toluol-4-sulfonat $[C_{23}H_{34}N_3O]C_7H_7O_3S$. *B.* Aus 16α-[Toluol-4-sulfonyloxymethyl]-yohimban-17α-ol (E III/IV **23** 3221) und Trimethylamin in Benzol (*Elderfield, Gray,* J. org. Chem. **16** [1951] 506, 522). – Kristalle (aus A.+E.); Zers. bei 190–193°.

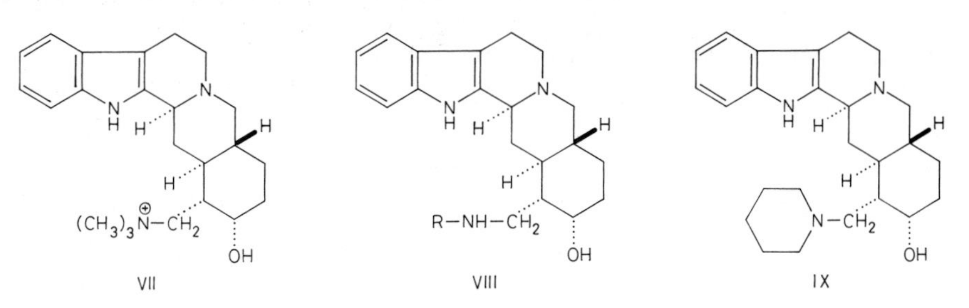

16α-Butylaminomethyl-yohimban-17α-ol $C_{24}H_{35}N_3O$, Formel VIII (R = $[CH_2]_3$-CH_3).

B. Aus 16α-[Toluol-4-sulfonyloxymethyl]-yohimban-17α-ol (E III/IV **23** 3221) und Butylamin

(*Elderfield et al.*, J. org. Chem. **24** [1959] 1296, 1299, 1300).
Kristalle (aus A.+Acn.) mit 1 Mol H_2O; F: 160–162° [unkorr.; Zers.]. $[\alpha]_D^{25}$: +42,8° [Py.].

16α-Cyclohexylaminomethyl-yohimban-17α-ol $C_{26}H_{37}N_3O$, Formel VIII (R = C_6H_{11}).
B. Analog der vorangehenden Verbindung (*Elderfield et al.*, J. org. Chem. **24** [1959] 1296, 1300).
Kristalle (aus Acn.) mit 1 Mol H_2O; F: 161–163° [unkorr.; Zers.]. $[\alpha]_D^{25}$: +9,9° [Py.].

16α-Benzylaminomethyl-yohimban-17α-ol $C_{27}H_{33}N_3O$, Formel VIII (R = CH_2-C_6H_5).
B. Analog den vorangehenden Verbindungen (*Elderfield et al.*, J. org. Chem. **24** [1959] 1296, 1300).
Kristalle (aus Bzl.+$CHCl_3$) mit 1 Mol H_2O; F: 186–187° [unkorr.; Zers.]. $[\alpha]_D^{25}$: +25,0° [Py.].

16α-Piperidinomethyl-yohimban-17α-ol $C_{25}H_{35}N_3O$, Formel IX.
B. Analog den vorangehenden Verbindungen (*Elderfield et al.*, J. org. Chem. **24** [1959] 1296, 1299, 1300).
Beim Erhitzen des Diperchlorats mit Palladium und Maleinsäure in wss. Essigsäure ist 17α-Hydroxy-16α-piperidinomethyl-yohimba-3,5-dienium-diperchlorat erhalten worden (*El. et al.*, l. c. S. 1298, 1299).
Diperchlorat $C_{25}H_{35}N_3O \cdot 2HClO_4$. Kristalle (aus Nitrobenzol) mit 2,5 Mol H_2O; F: 320–324° [Zers.]. $[\alpha]_D^{25}$: +14,6° [Py.].

16α-[((Ξ)-4-Diäthylamino-1-methyl-butylamino)-methyl]-yohimban-17α-ol $C_{29}H_{46}N_4O$, Formel VIII (R = $CH(CH_3)$-$[CH_2]_3$-$N(C_2H_5)_2$).
B. Aus 16α-[Toluol-4-sulfonyloxymethyl]-yohimban-17α-ol (E III/IV **23** 3221) und (±)-N^4,N^4-Diäthyl-1-methyl-butandiyldiamin (*Elderfield et al.*, J. org. Chem. **24** [1959] 1296, 1300).
Kristalle (aus wss. A.); F: 126–127° [unkorr.; Zers.]. $[\alpha]_D^{25}$: +69,0° [Py.].

Amino-Derivate der Monohydroxy-Verbindungen $C_nH_{2n-16}N_2O$

Amino-Derivate der Hydroxy-Verbindungen $C_{12}H_8N_2O$

4-Methoxy-phenazin-1-ylamin $C_{13}H_{11}N_3O$, Formel X.
B. Aus 1-Methoxy-4-nitro-phenazin bei der Hydrierung an Palladium in Methanol (*Otomasu*, Pharm. Bl. **2** [1954] 283, 286) sowie beim Erwärmen mit Eisen-Pulver und wss. HCl (*S̄erebrjanyĭ*, Ukr. chim. Ž. **22** [1956] 504, 510; C. A. **1957** 4383).
Violette Kristalle (aus Bzl.); F: 215–216° (*S̄e.*), 214° (*Ot.*).
Acetyl-Derivat $C_{15}H_{13}N_3O_2$; 1-Acetylamino-4-methoxy-phenazin, *N*-[4-Methoxy-phenazin-1-yl]-acetamid. Orangerote Kristalle; F: 237–238° (*S̄e.*), 231° [aus A.] (*Ot.*).

6-Methoxy-phenazin-2-ylamin $C_{13}H_{11}N_3O$, Formel XI.
B. Beim Erhitzen von [2-Amino-6-methoxy-phenyl]-[4-amino-phenyl]-amin mit Nitrobenzol (*Gray et al.*, Tetrahedron Letters **1959** Nr. 7, S. 25).
F: 278–281°.

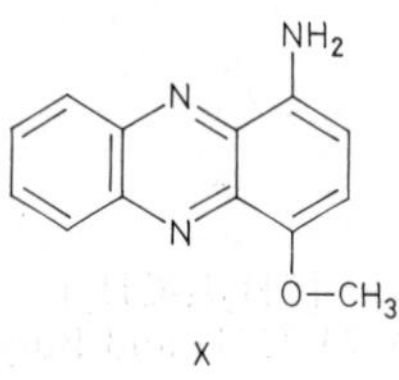

X

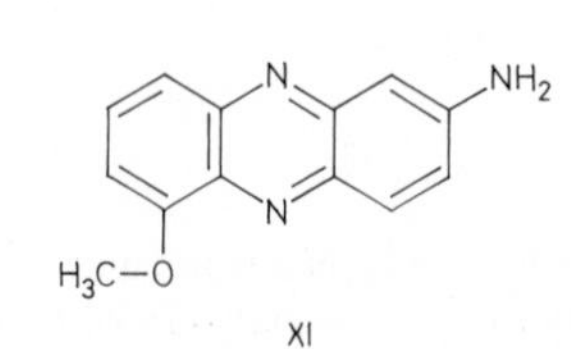

XI

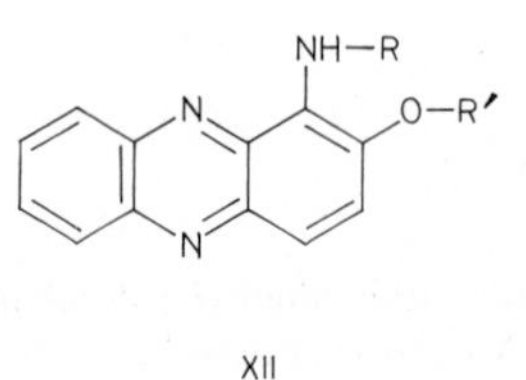

XII

1-Amino-phenazin-2-ol $C_{12}H_9N_3O$, Formel XII (R = R′ = H).

B. Aus 1-Nitro-phenazin-2-ol beim Hydrieren an Platin in wss. NaOH und Behandeln der Reaktionslösung mit Luft (*Hegedüs,* Festschr. E. Barell [Basel 1946] S. 388, 395).

Rotviolette Kristalle nach Trocknen bei 100°.

2-Methoxy-phenazin-1-ylamin $C_{13}H_{11}N_3O$, Formel XII (R = H, R′ = CH_3).

B. Aus 2-Methoxy-1-nitro-phenazin bei der Hydrierung an Platin in Essigsäure (*Hegedüs,* Festschr. E. Barell [Basel 1946] S. 388, 397) oder beim Erwärmen mit $SnCl_2$ in konz. wss. HCl (*S̄erebrjanyĭ,* Ukr. chim. Ž. **22** [1956] 504, 509; C. A. **1957** 4383).

Violette Kristalle (aus PAe.); F: 117–119° (*S̄e.*), 102° (*He.*).

1-Acetylamino-phenazin-2-ol, *N*-[2-Hydroxy-phenazin-1-yl]-acetamid $C_{14}H_{11}N_3O_2$, Formel XII (R = CO-CH_3, R′ = H).

B. Aus 1-Amino-phenazin-2-ol und Acetanhydrid (*Hegedüs,* Festschr. E. Barell [Basel 1946] S. 388, 395).

Dunkelgelbe Kristalle (aus Bzl. oder E.); F: 229°.

1-Acetylamino-2-methoxy-phenazin, *N*-[2-Methoxy-phenazin-1-yl]-acetamid $C_{15}H_{13}N_3O_2$, Formel XII (R = CO-CH_3, R′ = CH_3).

B. Aus 2-Methoxy-phenazin-2-ylamin und Acetanhydrid (*Hegedüs,* Festschr. E. Barell [Basel 1946] S. 388, 397).

Gelbe Kristalle (aus Toluol); F: 202°.

2-Anilino-3-hydroxy-5-phenyl-phenazinium-betain, 3-Anilino-10-phenyl-10*H*-phenazin-2-on $C_{24}H_{17}N_3O$, Formel XIII (X = X′ = X″ = H) und Mesomeres; A n i l i n o a p o s a f r a n o n (H **25** 431).

B. Neben 2,3-Dihydroxy-5-phenyl-phenazinium-betain beim Erhitzen von 2-Amino-3-anilino-5-phenyl-phenazinium-betain oder 3-Amino-2-anilino-5-phenyl-phenazinium-betain mit wss.-äthanol. H_2SO_4 auf 180° (*Barry et al.,* Soc. **1956** 888, 892). Aus 2-Brom-3-hydroxy-5-phenyl-phenazinium-betain und Anilin (*Barry et al.,* Soc. **1959** 3217, 3223).

Dunkelrote Kristalle (aus Bzl.); F: 258–260° [Zers.] (*Ba. et al.,* Soc. **1956** 892).

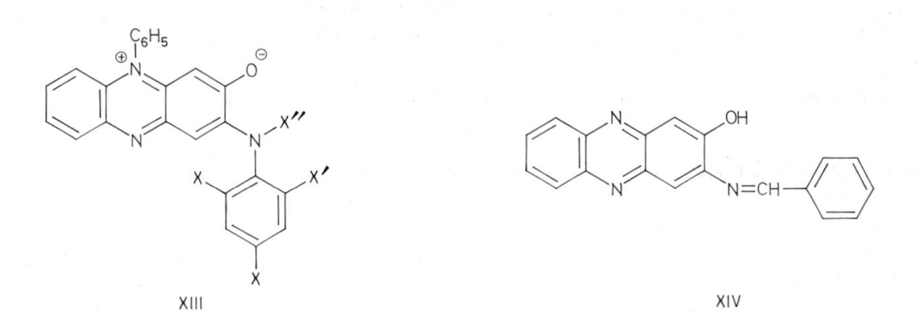

2-[2,4-Dibrom-anilino]-3-hydroxy-5-phenyl-phenazinium-betain, 3-[2,4-Dibrom-anilino]-10-phenyl-10*H*-phenazin-2-on $C_{24}H_{15}Br_2N_3O$, Formel XIII (X = Br, X′ = X″ = H) und Mesomeres.

B. Beim Erhitzen von 3-Hydroxy-5-phenyl-phenazinium-betain (E III/IV **23** 2765) mit 2,4-Dibrom-anilin und 2,4-Dibrom-anilin-hydrochlorid (*Barry et al.,* Soc. **1959** 3217, 3223). Neben 2,3-Dihydroxy-5-phenyl-phenazinium-betain beim Erhitzen von 3-Bromamino-5-phenyl-2-[2,4,*N*-tribrom-anilino]-phenazinium-betain (S. 3047) mit wss.-äthanol. H_2SO_4 (*Ba. et al.,* l. c. S. 3221).

Rotbraune Kristalle (aus Bzl.+PAe.) mit 0,33 Mol Benzol; F: 257–259°.

3-Hydroxy-5-phenyl-2-[2,4,6-tribrom-anilino]-phenazinium-betain, 10-Phenyl-3-[2,4,6-tribrom-anilino]-10*H*-phenazin-2-on $C_{24}H_{14}Br_3N_3O$, Formel XIII (X = X′ = Br, X″ = H) und Mesomeres.

B. Beim Erhitzen von 3-Hydroxy-5-phenyl-2-[2,4,6,*N*-tetrabrom-anilino]-phenazinium-betain (s. u.) mit Cyclohexylamin (*Barry et al.*, Soc. **1959** 3217, 3223).

Rotbraune Kristalle (aus Bzl. + Me.); F: 236 – 237°.

***3-Benzylidenamino-phenazin-2-ol** $C_{19}H_{13}N_3O$, Formel XIV.

B. Aus 3-Amino-phenazin-2-ol und Benzaldehyd (*Sircar, Sen*, J. Indian chem. Soc. **11** [1934] 363, 369).

Orangerote Kristalle, die unterhalb 300° nicht schmelzen.

Über weitere analog hergestellte 3-Arylidenamino-phenazin-2-ole s. *Si., Sen*, l. c. S. 369 – 371.

Chloressigsäure-[3-hydroxy-phenazin-2-ylamid] $C_{14}H_{10}ClN_3O_2$, Formel I (R = CH_2Cl).

B. Beim Erhitzen von 3-Amino-phenazin-2-ol mit Chloracetylchlorid (*Sircar, Sen*, J. Indian chem. Soc. **11** [1934] 363, 368).

Schwarzer Feststoff (aus A.), der unterhalb 300° nicht schmilzt. An der Luft tritt Rotfärbung ein.

3-Phthalimido-phenazin-2-ol, *N*-[3-Hydroxy-phenazin-2-yl]-phthalimid $C_{20}H_{11}N_3O_3$, Formel II.

B. Beim Erhitzen von 3-Amino-phenazin-2-ol mit Phthalsäure-anhydrid (*Sircar, Sen*, J. Indian chem. Soc. **11** [1934] 363, 368).

Schwarzer Feststoff, der unterhalb 300° nicht schmilzt.

[3-Hydroxy-phenazin-2-yl]-carbamidsäure-äthylester $C_{15}H_{13}N_3O_3$, Formel I (R = O-C_2H_5).

B. Beim Erwärmen von 3-Amino-phenazin-2-ol mit Chlorokohlensäure-äthylester (*Sircar, Sen*, J. Indian chem. Soc. **11** [1934] 363, 368).

Hellbraune Kristalle (aus Eg.); F: 231 – 232°.

3-Hydroxy-5-phenyl-2-[2,4,6,*N*-tetrabrom-anilino]-phenazinium-betain, 10-Phenyl-3-[2,4,6,*N*-tetrabrom-anilino]-10*H*-phenazin-2-on $C_{24}H_{13}Br_4N_3O$, Formel XIII (X = X′ = X″ = Br) und Mesomeres.

B. Beim Behandeln von 2-Anilino-3-hydroxy-5-phenyl-phenazinium-betain oder 2-[2,4-Di-brom-anilino]-3-hydroxy-5-phenyl-phenazinium-betain mit Brom in $CHCl_3$ (*Barry et al.*, Soc. **1959** 3217, 3223).

Roter Feststoff (aus Bzl. + PAe.) mit 0,33 Mol Benzol; F: 205 – 206°.

3-Methoxy-phenazin-1-ylamin $C_{13}H_{11}N_3O$, Formel III (R = R′ = X = H).

B. Beim Behandeln von N^2-[2-Amino-phenyl]-5-methoxy-benzen-1,2,3-triyltriamin mit $FeCl_3$ und wss. HCl (*Elderfield et al.*, J. org. Chem. **11** [1946] 812, 817).

Rötliche Kristalle (aus Heptan oder nach Sublimation bei 150°/1 Torr); F: 174 – 175° [korr.].

Hydrochlorid $C_{13}H_{11}N_3O \cdot HCl$. Kristalle (aus H_2O); F: 220 – 223° [korr.].

Acetyl-Derivat $C_{15}H_{13}N_3O_2$; 1-Acetylamino-3-methoxy-phenazin, *N*-[3-Meth-oxy-phenazin-1-yl]-acetamid. Gelbe Kristalle (aus Heptan); F: 190 – 191° [korr.].

***N,N*-Diäthyl-*N′*-[3-methoxy-phenazin-1-yl]-propandiyldiamin** $C_{20}H_{26}N_4O$, Formel III (R = $[CH_2]_3$-$N(C_2H_5)_2$, R′ = X = H).

B. Beim Erwärmen von *N*-[3-Diäthylamino-propyl]-*N*-[3-methoxy-phenazin-1-yl]-toluol-4-sulfonamid mit konz. H_2SO_4 (*Elderfield et al.*, J. org. Chem. **11** [1946] 812, 818).

Rote Kristalle; F: 41 – 43°.

Dihydrochlorid $C_{20}H_{26}N_4O \cdot 2HCl$. Blaue Kristalle (aus Acn. + Ae.); F: 193,5 – 194° [korr.].

N-[3-Methoxy-phenazin-1-yl]-toluol-4-sulfonamid $C_{20}H_{17}N_3O_3S$, Formel III ($R = SO_2$-C_6H_4-CH_3, $R' = X = H$).

B. Beim Behandeln von 3-Methoxy-phenazin-1-ylamin-hydrochlorid mit Toluol-4-sulfonyl-chlorid in Pyridin (*Elderfield et al.*, J. org. Chem. **11** [1946] 812, 818).

Gelbe Kristalle (aus Dioxan); F: 201–202° [korr.].

Kalium-Salz. Orangerote Kristalle, die unterhalb 330° nicht schmelzen.

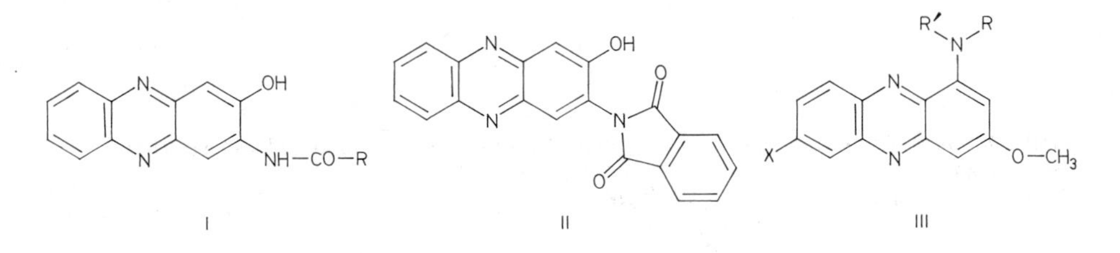

N-[3-Diäthylamino-propyl]-N-[3-methoxy-phenazin-1-yl]-toluol-4-sulfonamid $C_{27}H_{32}N_4O_3S$, Formel III ($R = SO_2$-C_6H_4-CH_3, $R' = [CH_2]_3$-$N(C_2H_5)_2$, $X = H$).

B. Aus dem Kalium-Salz der vorangehenden Verbindung und Diäthyl-[3-chlor-propyl]-amin (*Elderfield et al.*, J. org. Chem. **11** [1946] 812, 818).

Hellgelbe Kristalle (aus Heptan); F: 112–114° [korr.].

7-Chlor-3-methoxy-phenazin-1-ylamin $C_{13}H_{10}ClN_3O$, Formel III ($R = R' = H$, $X = Cl$).

B. Beim Behandeln von N^2-[2-Amino-4-chlor-phenyl]-5-methoxy-benzen-1,2,3-triyltriamin mit $FeCl_3$ in wss.-äthanol. HCl (*Elderfield et al.*, J. org. Chem. **11** [1946] 812, 819).

Rote Kristalle (aus A.); F: 204–205° [unkorr.] (*Elderfield et al.*, Croat. chem. Acta **35** [1963] 85, 90; s. a. *El. et al.*, J. org. Chem. **11** 819).

Hydrochlorid. Blau; F: 203–205° [korr.] [Rohprodukt] (*El. et al.*, J. org. Chem. **11** 819).

Acetyl-Derivat $C_{15}H_{12}ClN_3O_2$; 1-Acetylamino-7-chlor-3-methoxy-phenazin, N-[7-Chlor-3-methoxy-phenazin-1-yl]-acetamid. Gelbe Kristalle (aus Heptan); F: 199–202° [korr.] (*El. et al.*, J. org. Chem. **11** 819).

N,N-Diäthyl-N'-[7-chlor-3-methoxy-phenazin-1-yl]-propandiyldiamin $C_{20}H_{25}ClN_4O$, Formel III ($R = [CH_2]_3$-$N(C_2H_5)_2$, $R' = H$, $X = Cl$).

B. Beim Erwärmen von N-[7-Chlor-3-methoxy-phenazin-1-yl]-N-[3-diäthylamino-propyl]-benzolsulfonamid mit konz. H_2SO_4 (*Elderfield et al.*, J. org. Chem. **11** [1946] 812, 820).

Rotes Öl.

Dihydrochlorid $C_{20}H_{25}ClN_4O \cdot 2HCl$. Kristalle (aus Bzl.+A.) mit 2 Mol H_2O; F: 158–160° [korr.].

1-Benzolsulfonylamino-7-chlor-3-methoxy-phenazin, N-[7-Chlor-3-methoxy-phenazin-1-yl]-benzolsulfonamid $C_{19}H_{14}ClN_3O_3S$, Formel III ($R = SO_2$-C_6H_5, $R' = H$, $X = Cl$).

B. Aus 7-Chlor-3-methoxy-phenazin-1-ylamin und Benzolsulfonylchlorid mit Hilfe von Pyridin (*Elderfield et al.*, J. org. Chem. **11** [1946] 812, 819).

Gelbe Kristalle (aus Dioxan); F: 247–250° [korr.].

N-[7-Chlor-3-methoxy-phenazin-1-yl]-N-[3-diäthylamino-propyl]-benzolsulfonamid $C_{26}H_{29}ClN_4O_3S$, Formel III ($R = SO_2$-C_6H_5, $R' = [CH_2]_3$-$N(C_2H_5)_2$, $X = Cl$).

B. Aus dem Kalium-Salz der vorangehenden Verbindung und Diäthyl-[3-chlor-propyl]-amin (*Elderfield et al.*, J. org. Chem. **11** [1946] 812, 819).

Kristalle (aus Heptan); F: 148–149° [korr.].

8-Methoxy-phenazin-2-ylamin $C_{13}H_{11}N_3O$, Formel IV (H 432).

B. Aus N^1-[4-Methoxy-phenyl]-benzen-1,2,4-triyltriamin beim Erhitzen mit Nitrobenzol (*Gray*

et al., Tetrahedron Letters **1959** Nr. 7, S. 24).
F: 217–220°.

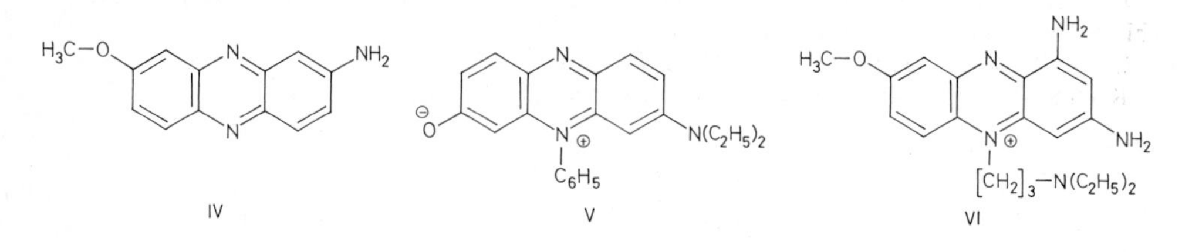

3-Diäthylamino-7-hydroxy-5-phenyl-phenazinium-betain, 8-Diäthylamino-10-phenyl-10*H*-phenazin-2-on $C_{22}H_{21}N_3O$, Formel V und Mesomeres.

B. Beim Erwärmen von *N,N*-Diäthyl-4-nitroso-anilin mit 3-Anilino-phenol in wss. Essigsäure (*Clapp et al.*, Am. Soc. **74** [1952] 1989, 1993).

Kristalle (aus Bzl.); F: 261–264°.

1,3-Diamino-5-[3-diäthylamino-propyl]-8-methoxy-phenazinium $[C_{20}H_{28}N_5O]^+$, Formel VI.

Betain $C_{20}H_{27}N_5O$. *B.* Aus N^1-[3-Diäthylamino-propyl]-4-methoxy-*o*-phenylendiamin und 3,5-Diamino-[1,2]benzochinon (*Jones, Shonle,* Am. Soc. **68** [1946] 2246). – Rote Kristalle (aus Ae.) mit 1 Mol H_2O; F: 133–135°.

2-Methoxy-benzo[*b*][1,5]naphthyridin-10-ylamin $C_{13}H_{11}N_3O$, Formel VII (R = X = H, R′ = CH_3).

B. Beim Erhitzen von 10-Chlor-2-methoxy-benzo[*b*][1,5]naphthyridin mit Phenol und $[NH_4]_2CO_3$ (*Besly, Goldberg,* Soc. **1957** 5085).

Hydrochlorid $C_{13}H_{11}N_3O \cdot HCl$. Hellgelbe Kristalle (aus wss. NH_4Cl); F: 288°.

2-[2-(2-Methoxy-benzo[*b*][1,5]naphthyridin-10-ylamino)-äthylamino]-äthanol $C_{17}H_{20}N_4O_2$, Formel VII (R = CH_2-CH_2-NH-CH_2-CH_2-OH, R′ = CH_3, X = H).

B. Beim Erhitzen von 10-Chlor-2-methoxy-benzo[*b*][1,5]naphthyridin mit Phenol und 2-[2-Amino-äthylamino]-äthanol (*Ward, Blenkinsop & Co.*, D.B.P. 1000387 [1955]).

Dihydrochlorid. Hellgelbe Kristalle; F: 232°.

7-Chlor-2-methoxy-benzo[*b*][1,5]naphthyridin-10-ylamin $C_{13}H_{10}ClN_3O$, Formel VII (R = H, R′ = CH_3, X = Cl).

B. Beim Erhitzen von 7,10-Dichlor-2-methoxy-benzo[*b*][1,5]naphthyridin mit Phenol und $[NH_4]_2CO_3$ (*Besly, Goldberg,* Soc. **1954** 2448, 2454).

Hellgelbe Kristalle (aus wss. Py.); F: 294–296°.

Hydrochlorid $C_{13}H_{10}ClN_3O \cdot HCl$. Gelbe Kristalle; F: 282–284°.

2-Butoxy-7-chlor-benzo[*b*][1,5]naphthyridin-10-ylamin $C_{16}H_{16}ClN_3O$, Formel VII (R = H, R′ = $[CH_2]_3$-CH_3, X = Cl).

B. Analog der vorangehenden Verbindung (*Besly, Goldberg,* Soc. **1954** 2448, 2454).

Hydrochlorid $C_{16}H_{16}ClN_3O \cdot HCl$. Gelbe Kristalle (aus methanol. HCl); F: 254–256° [Zers.].

7-Chlor-2-phenoxy-benzo[*b*][1,5]naphthyridin-10-ylamin $C_{18}H_{12}ClN_3O$, Formel VII (R = H, R′ = C_6H_5, X = Cl).

B. Analog den vorangehenden Verbindungen (*Besly, Goldberg,* Soc. **1954** 2448, 2454).

Hydrochlorid $C_{18}H_{12}ClN_3O \cdot HCl$. Gelbe Kristalle (aus A.); F: 278–280° [Zers.].

10-Benzylamino-7-chlor-2-methoxy-benzo[*b*][1,5]naphthyridin, Benzyl-[7-chlor-2-methoxy-benzo[*b*][1,5]naphthyridin-10-yl]-amin $C_{20}H_{16}ClN_3O$, Formel VII (R = CH_2-C_6H_5, R′ = CH_3, X = Cl).

B. Beim Erhitzen von 7,10-Dichlor-2-methoxy-benzo[*b*][1,5]naphthyridin mit Benzylamin

(*Besly, Goldberg,* Soc. **1954** 2448, 2454).

Hydrochlorid $C_{20}H_{16}ClN_3O \cdot HCl$. Gelbe Kristalle (aus A.); F: 274–276°.

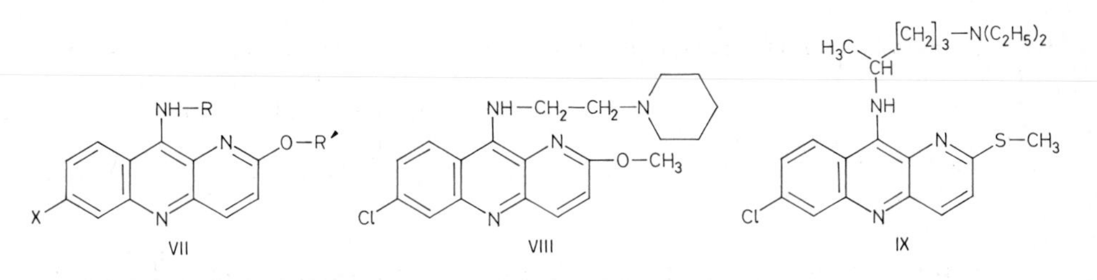

2-[2-(7-Chlor-2-methoxy-benzo[*b*][1,5]naphthyridin-10-ylamino)-äthylamino]-äthanol $C_{17}H_{19}ClN_4O_2$, Formel VII (R = CH_2-CH_2-NH-CH_2-CH_2-OH, R′ = CH_3, X = Cl).

B. Beim Erhitzen von 7,10-Dichlor-2-methoxy-benzo[*b*][1,5]naphthyridin mit Phenol und 2-[2-Amino-äthylamino]-äthanol (*Ward, Blenkinsop & Co.,* D.B.P. 1000387 [1955]; U.S.P. 2775595 [1955]).

Hellgelbe Kristalle (aus wss. Py.); F: 172° (*Ward, Blenkinsop & Co.,* D.B.P. 1000387; U.S.P. 2775595).

Dihydrochlorid $C_{17}H_{19}ClN_4O_2 \cdot 2HCl$. Gelbe Kristalle (aus wss. NH_4Cl) mit 2 Mol H_2O; F: 280° (*Ward, Blenkinsop & Co.,* D.B.P. 1000387; U.S.P. 2775595).

Die folgenden Verbindungen sind in analoger Weise hergestellt worden:

(±)-1-[2-(7-Chlor-2-methoxy-benzo[*b*][1,5]naphthyridin-10-ylamino)-äthyl= amino]-propan-2-ol $C_{18}H_{21}ClN_4O_2$, Formel VII (R = CH_2-CH_2-NH-CH_2-CH(OH)-CH_3, R′ = CH_3, X = Cl). Dihydrochlorid $C_{18}H_{21}ClN_4O_2 \cdot 2HCl$. Gelbe Kristalle (aus wss. HCl) mit 1 Mol H_2O; F: 266–268° (*Ward, Blenkinsop & Co.,* D.B.P. 1000387; U.S.P. 2775595).

[7-Chlor-2-methoxy-benzo[*b*][1,5]naphthyridin-10-yl]-[2-piperidino-äthyl]-amin $C_{20}H_{23}ClN_4O$, Formel VIII. Dihydrochlorid $C_{20}H_{23}ClN_4O \cdot 2HCl$. Gelbe Kristalle (aus wss. HCl); F: 248–250° (*Besly, Goldberg,* Soc. **1954** 2448, 2455).

(±)-3-[2-(7-Chlor-2-methoxy-benzo[*b*][1,5]naphthyridin-10-ylamino)-äthyl= amino]-propan-1,2-diol $C_{18}H_{21}ClN_4O_3$, Formel VII (R = CH_2-CH_2-NH-CH_2-CH(OH)-CH_2-OH, R′ = CH_3, X = Cl). Dihydrochlorid $C_{18}H_{21}ClN_4O_3 \cdot 2HCl$. Gelbe Kristalle (aus wss. HCl); F: 264–268° (*Ward, Blenkinsop & Co.,* D.B.P. 1000387; U.S.P. 2775595).

N,N-Diäthyl-*N′*-[2-butoxy-7-chlor-benzo[*b*][1,5]naphthyridin-10-yl]-äthylen= diamin $C_{22}H_{29}ClN_4O$, Formel VII (R = CH_2-CH_2-N(C_2H_5)$_2$, R′ = [CH_2]$_3$-CH_3, X = Cl). Dihydrochlorid $C_{22}H_{29}ClN_4O \cdot 2HCl$. Kristalle (aus wss.-äthanol. HCl); F: 228–230° [Zers.] (*Be., Go.*).

(±)-1-[2-(2-Butoxy-7-chlor-benzo[*b*][1,5]naphthyridin-10-ylamino)-äthyl= amino]-propan-2-ol $C_{21}H_{27}ClN_4O_2$, Formel VII (R = CH_2-CH_2-NH-CH_2-CH(OH)-CH_3, R′ = [CH_2]$_3$-CH_3, X = Cl). Dihydrochlorid. Hellgelbe Kristalle (aus wss. HCl); F: 220° (*Ward, Blenkinsop & Co.,* D.B.P. 1000387).

(±)-3-[3-(7-Chlor-2-methoxy-benzo[*b*][1,5]naphthyridin-10-ylamino)-propyl= amino]-propan-1,2-diol $C_{19}H_{23}ClN_4O_3$, Formel VII (R = [CH_2]$_3$-NH-CH_2-CH(OH)-CH_2-OH, R′ = CH_3, X = Cl). Dihydrochlorid. Gelbe Kristalle (aus wss. NH_4Cl); F: 220° (*Ward, Blenkinsop & Co.,* D.B.P. 1000387; U.S.P. 2775595).

(±)-N^4,N^4-Diäthyl-N^1-[7-chlor-2-methoxy-benzo[*b*][1,5]naphthyridin-10-yl]-1-methyl-butandiyldiamin $C_{22}H_{29}ClN_4O$, Formel VII (R = CH(CH_3)-[CH_2]$_3$-N(C_2H_5)$_2$, R′ = CH_3, X = Cl). Dihydrochlorid $C_{22}H_{29}ClN_4O \cdot 2HCl$. Gelbe Kristalle (aus H_2O + Acn.) mit 3 Mol H_2O, F: 172–174° [Zers.; nach Sintern bei 165°]; das wasserfreie Salz schmilzt bei 224–226° (*Be., Go.,* l. c. S. 2454).

(±)-N^4,N^4-Diäthyl-N^1-[2-butoxy-7-chlor-benzo[*b*][1,5]naphthyridin-10-yl]-1-methyl-butandiyldiamin $C_{25}H_{35}ClN_4O$, Formel VII (R = CH(CH_3)-[CH_2]$_3$-N(C_2H_5)$_2$, R′ = [CH_2]$_3$-CH_3, X = Cl). Dihydrochlorid $C_{25}H_{35}ClN_4O \cdot 2HCl$. Gelbe Kristalle (aus

A. + Acn.); F: 174–178° [nach Sintern bei 165°] (*Be., Go.*). – Bis-[4-nitro-benzoat] $C_{25}H_{35}ClN_4O \cdot 2C_7H_5NO_4$. Gelbe Kristalle (aus wss. A.); F: 154–156° (*Be., Go.*).

2-Methoxy-7-nitro-benzo[*b*][1,5]naphthyridin-10-ylamin $C_{13}H_{10}N_4O_3$, Formel VII (R = H, R' = CH_3, X = NO_2).

B. Beim Erhitzen von 10-Chlor-2-methoxy-7-nitro-benzo[*b*][1,5]naphthyridin mit Phenol und $[NH_4]_2CO_3$ (*Besly, Goldberg,* Soc. **1957** 5085).

Hydrochlorid $C_{13}H_{10}N_4O_3 \cdot HCl$. Orangefarbene Kristalle (aus Dioxan + wss. Acn.) mit 1 Mol H_2O; F: 300°.

(±)-N^4,N^4-Diäthyl-N^1-[7-chlor-2-methylmercapto-benzo[*b*][1,5]naphthyridin-10-yl]-1-methyl-butandiyldiamin $C_{22}H_{29}ClN_4S$, Formel IX.

B. Beim Erhitzen von 7,10-Dichlor-2-methylmercapto-benzo[*b*][1,5]naphthyridin mit Phenol und (±)-N^4,N^4-Diäthyl-1-methyl-butandiyldiamin (*Takahashi, Hayase,* J. pharm. Soc. Japan **65** [1945] Ausg. B, S. 532; C. A. **1952** 110).

Trihydrochlorid $C_{22}H_{29}ClN_4S \cdot 3HCl$. Hellgelbe Kristalle (aus A. + Acn.); F: 233° [Zers.].

2-Methoxy-benzo[*b*][1,5]naphthyridin-7,10-diyldiamin $C_{13}H_{12}N_4O$, Formel VII (R = H, R' = CH_3, X = NH_2).

B. Aus 2-Methoxy-7-nitro-benzo[*b*][1,5]naphthyridin-10-ylamin mit Hilfe von $SnCl_2$ und wss. HCl (*Besly, Goldberg,* Soc. **1957** 5085).

Orangefarben; F: 296°.

---

x-Chlor-7-methoxy-benzo[*b*][1,7]naphthyridin-5-ylamin $C_{13}H_{10}ClN_3O$, Formel X.

B. Aus 3-*p*-Anisidino-isonicotinsäure bei der aufeinanderfolgenden Umsetzung mit $POCl_3$ und NH_3 (*Bachman, Barker,* J. org. Chem. **14** [1949] 97, 103).

Gelbe Kristalle (aus $CHCl_3$); F: 261–262° [Zers.].

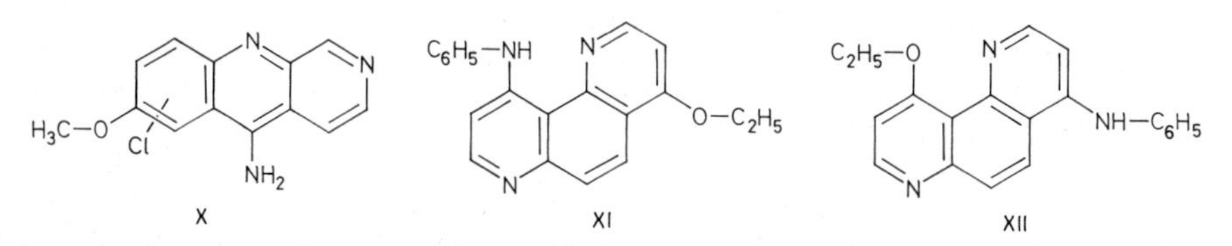

4-Äthoxy-10-anilino-[1,7]phenanthrolin, [4-Äthoxy-[1,7]phenanthrolin-10-yl]-phenyl-amin $C_{20}H_{17}N_3O$, Formel XI.

B. Aus 4-Äthoxy-10-chlor-[1,7]phenanthrolin und Anilin (*Cutler, Surrey,* Am. Soc. **77** [1955] 2441, 2443). Aus [4-Chlor-[1,7]phenanthrolin-10-yl]-phenyl-amin und Natriumäthylat (*Cu., Su.*).

Kristalle (aus Heptan); F: 124–125° [unkorr.].

10-Äthoxy-4-anilino-[1,7]phenanthrolin, [10-Äthoxy-[1,7]phenanthrolin-4-yl]-phenyl-amin $C_{20}H_{17}N_3O$, Formel XII.

B. Aus [10-Chlor-[1,7]phenanthrolin-4-yl]-phenyl-amin und Natriumäthylat (*Cutler, Surrey,* Am. Soc. **77** [1955] 2441, 2443).

Kristalle (aus Bzl.); F: 219,5–220,5° [unkorr.].

(±)-N^4,N^4-Diäthyl-N^1-[5-methoxy-[1,10]phenanthrolin-4-yl]-1-methyl-butandiyldiamin $C_{22}H_{30}N_4O$, Formel XIII.

B. Aus 4-Chlor-5-methoxy-[1,10]phenanthrolin und (±)-N^4,N^4-Diäthyl-1-methyl-butandiyldi= amin (*Snyder, Freier,* Am. Soc. **68** [1946] 1320).

Dipicrat $C_{22}H_{30}N_4O \cdot 2C_6H_3N_3O_7$. Kristalle (aus Nitromethan); F: 196–200°.

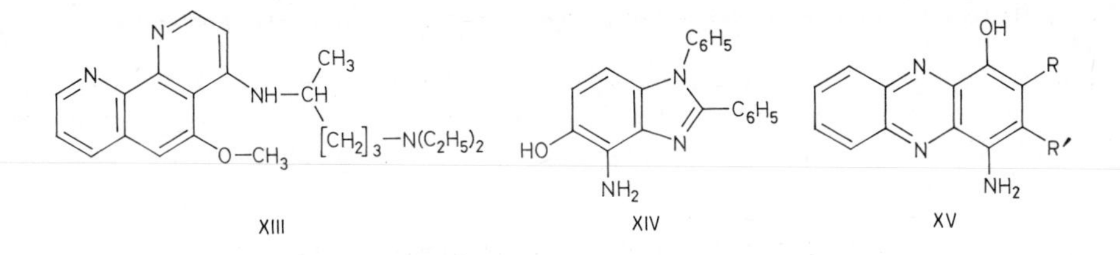

Amino-Derivate der Hydroxy-Verbindungen $C_{13}H_{10}N_2O$

4-Amino-1,2-diphenyl-1*H*-benzimidazol-5-ol $C_{19}H_{15}N_3O$, Formel XIV.

B. Beim Erwärmen von 4-[5-Hydroxy-1,2-diphenyl-1*H*-benzimidazol-4-ylazo]-benzolsulfon= säure mit $Na_2S_2O_4$ in wss. NaOH (*Süs*, A. **579** [1953] 133, 153).

F: 206–209°.

Acetat $C_{19}H_{15}N_3O \cdot C_2H_4O_2$. Gelbliche Kristalle (aus Bzl.); F: 211–212°.

4-Amino-2(oder 3)-methyl-phenazin-1-ol $C_{13}H_{11}N_3O$, Formel XV (R = CH_3, R' = H oder R = H, R' = CH_3) und Taut.

Ausser dieser Konstitution ist auch die Formulierung als 4-Amino-2(oder 3)-methyl-5,10-dihydro-phenazin-1-ol ($C_{13}H_{13}N_3O$) in Betracht gezogen worden (*Lora Tamayo et al.*, An. Soc. españ. [B] **50** [1954] 865, 869, 873; *Sanz Burata*, Rev. Acad. Cienc. exact. fis. nat. Madrid **49** [1955] 23, 81, 91).

B. Aus 2-Methyl-5(oder 6)-[2-nitro-anilino]-[1,4]benzochinon (F: 163–164°) mit Hilfe von äthanol. $[NH_4]HS$ (*Lora Ta. et al.; Sanz Bu.*).

Braun; F: ca. 230°. Lösungen in Essigsäure sind violettrot. Farbumschlag violettrot/gelb in äthanol. Lösung bei pH 5–6: *Lora Ta. et al.*, l. c. S. 869; *Sanz Bu.*, l. c. S. 81.

Beim Behandeln mit Benzoylchlorid und wss. NaOH ist ein als 1-Amino-4-benzoyloxy-2(oder 3)-methyl-phenazin ($C_{20}H_{15}N_3O_2$) oder 1-Amino-4-benzoyloxy-2(oder 3)-methyl-5,10-dihydro-phenazin ($C_{20}H_{17}N_3O_2$) angesehenes Benzoyl-Derivat (gelbe Kristalle [aus A.]; F: 139–143° [Verharzung bei 130°]) erhalten worden (*Sanz Bu.*, l. c. S. 80, 92; s. a. *Lora Ta. et al.*, l. c. S. 869, 874).

Amino-Derivate der Hydroxy-Verbindungen $C_{15}H_{14}N_2O$

(±)-4-Acetylamino-2-[1,5-diphenyl-4,5-dihydro-1*H*-pyrazol-3-yl]-phenol, (±)-Essigsäure-[3-(1,5-diphenyl-4,5-dihydro-1*H*-pyrazol-3-yl)-4-hydroxy-anilid] $C_{23}H_{21}N_3O_2$, Formel I.

B. Aus 5'-Acetylamino-2'-hydroxy-chalkon (F: 190°) und Phenylhydrazin (*Raval, Shah*, J. org. Chem. **21** [1956] 1408, 1409).

Hellgelbe Kristalle (aus A.); F: 225°.

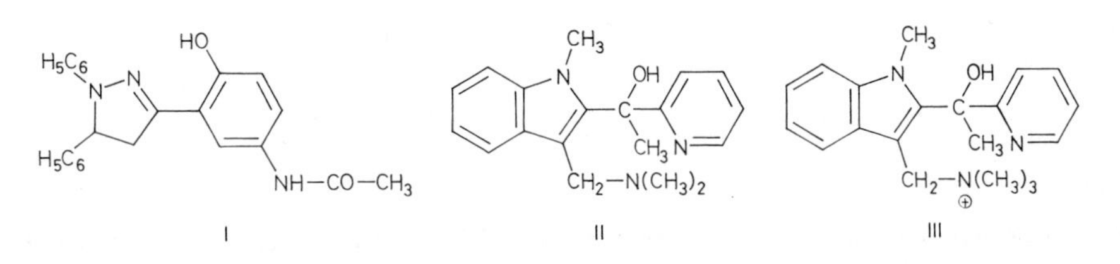

Amino-Derivate der Hydroxy-Verbindungen $C_{16}H_{16}N_2O$

(±)-1-[3-Dimethylaminomethyl-1-methyl-indol-2-yl]-1-[2]pyridyl-äthanol $C_{19}H_{23}N_3O$, Formel II.

B. Bei der Umsetzung von (±)-1-[1-Methyl-indol-2-yl]-1-[2]pyridyl-äthanol mit Dimethylamin und Formaldehyd in wss. Essigsäure (*Kebrle et al.*, Helv. **42** [1959] 907, 917).

Kristalle (aus E.+PAe.); F: 119–121°.

(±)-[2-(1-Hydroxy-1-[2]pyridyl-äthyl)-1-methyl-indol-3-ylmethyl]-trimethyl-ammonium $[C_{20}H_{26}N_3O]^+$, Formel III.

Jodid $[C_{20}H_{26}N_3O]I$. *B.* Aus der vorangehenden Verbindung und CH_3I (*Kebrle et al.*, Helv. **42** [1959] 907, 917). – Gelbliche Kristalle (aus A. + Ae.), die bei 100–140° Trimethylamin abspalten. – Beim Erhitzen in 1,2-Diäthoxy-äthan ist 5,6-Dimethyl-5*H*-indolo[2,3-*b*]chinolizinium-jodid erhalten worden.

Amino-Derivate der Hydroxy-Verbindungen $C_{19}H_{22}N_2O$

(3Ξ,8S,9R)-6′-Amino-10,11-dihydro-cinchon-3(10)-en-9-ol, 6′-Amino-apocinchonidin $C_{19}H_{23}N_3O$, Formel IV.

B. Beim Erhitzen eines konfigurativ nicht einheitlichen Apochinins (F: 180–190°, $[\alpha]_D$: –213° [A.; c = 1]; Oxalat, Zers. bei 230–232°; vgl. auch E III/IV **23** 3250) mit $[NH_4]_2SO_3$ und NH_3 in wss. Methanol (*Kobayashi et al.*, J. pharm. Soc. Japan **67** [1947] 146; C. A. **1951** 9553).

Kristalle; F: 141–150°. $[\alpha]_D^{20}$: –286° [A.; c = 1].

Überführung in ein Benzoyl-Derivat (Dihydrobromid $C_{26}H_{27}N_3O_2 \cdot 2HBr$. Kristalle [aus Me. + E.]; F: 268–271° [Zers.; nach Schwarzfärbung ab 225°]) durch Erhitzen mit Benzoylchlorid in Äthylacetat: *Ko. et al.*

Thiocyanat. Kristalle (aus Me.); Zers. bei 250–252°.

(3Z,8S,9R)-6′-[2-Hydroxy-äthylamino]-10,11-dihydro-cinchon-3(10)-en-9-ol $C_{21}H_{27}N_3O_2$, Formel V (R = CH_2-CH_2-OH).

B. Beim Erhitzen von Apochinin (E III/IV **23** 3250) mit 2-Amino-äthanol und wss. $NaHSO_3$ (*Renfrew et al.*, Am. Soc. **65** [1943] 2309).

$[\alpha]_D$: –291° [A.; c = 0,6].

Dihydrochlorid $C_{21}H_{27}N_3O_2 \cdot 2HCl$. Orangefarbene Kristalle (aus A.).

(3Z,8S,9R)-6′-[2-Diäthylamino-äthylamino]-10,11-dihydro-cinchon-3(10)-en-9-ol $C_{25}H_{36}N_4O$, Formel V (R = CH_2-CH_2-$N(C_2H_5)_2$).

B. Beim Erhitzen von Apochinin (E III/IV **23** 3250) mit *N,N*-Diäthyl-äthylendiamin und wss. $NaHSO_3$ (*Renfrew et al.*, Am. Soc. **65** [1943] 2309).

$[\alpha]_D$: –231° [A.; c = 1,1].

Salz der (1*R*)-*cis*-Camphersäure [E III **9** 3876] $C_{25}H_{36}N_4O \cdot C_{10}H_{16}O_4$. Kristalle (aus A.). $[\alpha]_D$: –113° [H_2O; c = 0,4].

L_g-Tartrat $C_{25}H_{36}N_4O \cdot C_4H_6O_6$. Kristalle (aus A.). $[\alpha]_D$: –150° [H_2O; c = 0,5].

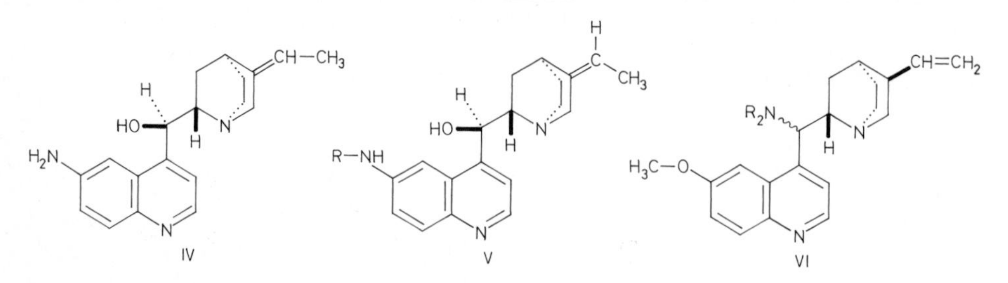

(8S,9Ξ)-9-Dimethylamino-6′-methoxy-cinchonan, [(8S,9Ξ)-6′-Methoxy-cinchonan-9-yl]-dimethyl-amin $C_{22}H_{29}N_3O$, Formel VI (R = CH_3).

B. Aus (8*S*,9*S*)-9-Chlor-6′-methoxy-cinchonan-hydrochlorid (E III/IV **23** 2818) und wss. Dimethylamin (*Altman*, R. **57** [1938] 941, 958).

Picrolonat $C_{22}H_{29}N_3O \cdot C_{10}H_8N_4O_5$. Kristalle (aus Acn.); F: 170° [Zers.].

(8S,9Ξ)-9-Diäthylamino-6′-methoxy-cinchonan, Diäthyl-[(8S,9Ξ)-6′-methoxy-cinchonan-9-yl]-amin $C_{24}H_{33}N_3O$, Formel VI (R = C_2H_5).

B. Aus (8*S*,9*S*)-9-Chlor-6-methoxy-cinchonan-hydrochlorid (E III/IV **23** 2818) und wss. Di=

äthylamin (*Altman,* R. **57** [1938] 941, 959).

Picrolonat $C_{24}H_{33}N_3O \cdot C_{10}H_8N_4O_5$. Kristalle (aus Acn.); F: ca. 155° [Zers.].

Amino-Derivate der Monohydroxy-Verbindungen $C_nH_{2n-18}N_2O$

4-[4-Methoxy-phenyl]-cycloheptimidazol-2-ylamin $C_{15}H_{13}N_3O$, Formel VII und Taut.

B. Beim Erhitzen von 2-Methoxy-7-[4-methoxy-phenyl]-cycloheptatrienon mit Guanidin-hydrochlorid und äthanol. NaOH (*Kikuchi, Muroi,* J. chem. Soc. Japan Pure Chem. Sect. **77** [1956] 1081, 1084; C. A. **1959** 5249).

Kristalle (aus A.); F: 235–236° (*Muroi,* J. chem. Soc. Japan Pure Chem. Sect. **77** [1956] 1084; C. A. **1959** 5249). Absorptionsspektrum (220–430 nm): *Ki., Mu.,* l. c. S. 1082.

(±)-N^4,N^4-Diäthyl-N^1-[2-(4-chlor-phenyl)-7-methoxy-chinazolin-4-yl]-1-methyl-butandiyldiamin $C_{24}H_{31}ClN_4O$, Formel VIII.

B. Aus 2-[4-Chlor-phenyl]-7-methoxy-3*H*-chinazolin-4-on bei der Umsetzung mit PCl_5 und $POCl_3$ und anschliessend mit (±)-N^4,N^4-Diäthyl-1-methyl-butandiyldiamin (*McKee et al.,* Am. Soc. **68** [1946] 1902).

Dihydrochlorid $C_{24}H_{31}ClN_4O \cdot 2HCl$. Kristalle (aus Me. + Acn.); F: 235–236° [Gasentwicklung].

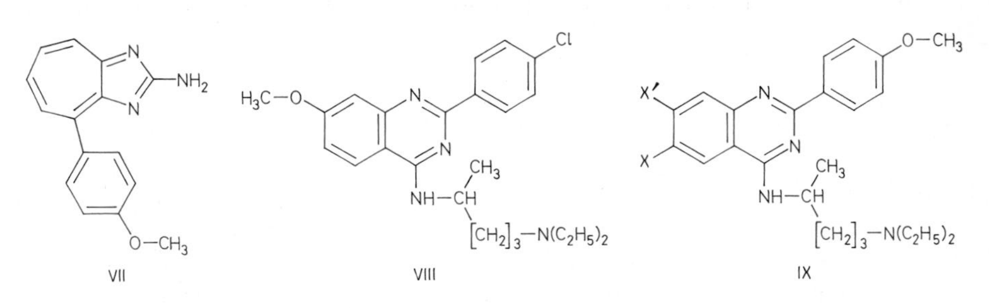

VII VIII IX

(±)-N^4,N^4-Diäthyl-N^1-[6-chlor-2-(4-methoxy-phenyl)-chinazolin-4-yl]-1-methyl-butandiyldiamin $C_{24}H_{31}ClN_4O$, Formel IX (X = Cl, X' = H).

B. Analog der vorangehenden Verbindung (*McKee et al.,* Am. Soc. **69** [1947] 940).

Dihydrochlorid $C_{24}H_{31}ClN_4O \cdot 2HCl$. Kristalle (aus Me. + Acn.); F: 261–263° [Gasentwicklung].

(±)-N^4,N^4-Diäthyl-N^1-[7-chlor-2-(4-methoxy-phenyl)-chinazolin-4-yl]-1-methyl-butandiyldiamin $C_{24}H_{31}ClN_4O$, Formel IX (X = H, X' = Cl).

B. Analog den vorangehenden Verbindungen (*McKee et al.,* Am. Soc. **69** [1947] 940).

Dihydrochlorid $C_{24}H_{31}ClN_4O \cdot 2HCl$. Kristalle (aus A. + Ae.); F: 233–235° [Gasentwicklung].

1-Isobutylamino-4-[4-methoxy-phenyl]-phthalazin, Isobutyl-[4-(4-methoxy-phenyl)-phthalazin-1-yl]-amin $C_{19}H_{21}N_3O$, Formel X.

B. Aus 4-[4-Methoxy-phenyl]-2*H*-phthalazin-1-on bei der aufeinanderfolgenden Umsetzung mit $POCl_3$ und mit Isobutylamin (*CIBA,* D.B.P. 1006423 [1953]).

F: 203°.

6-Methoxy-8-[2]pyridyl-[5]chinolylamin $C_{15}H_{13}N_3O$, Formel XI.

B. Beim Erwärmen von 6-Methoxy-5-nitro-8-[2]pyridyl-chinolin mit Eisen-Pulver und wss. HCl (*Coates et al.,* Soc. **1943** 406, 411).

Orangegelbe Kristalle (aus Bzl. + PAe.); F: 124–125°.

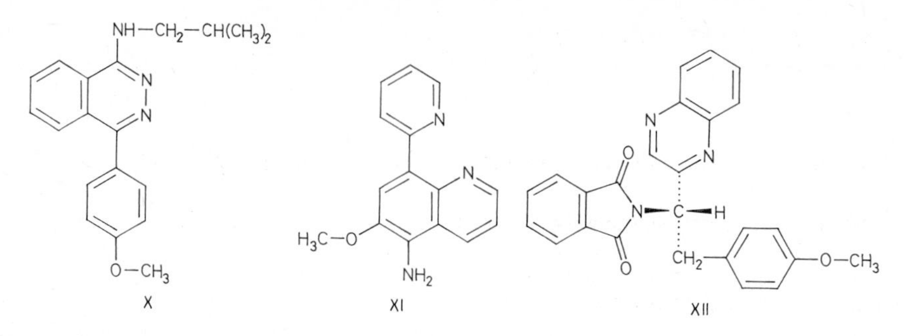

2-[(*S*)-4-Methoxy-α-phthalimido-phenäthyl]-chinoxalin, *N*-[(*S*)-1-Chinoxalin-2-yl-2-(4-methoxy-phenyl)-äthyl]-phthalimid $C_{25}H_{19}N_3O_3$, Formel XII.

B. Aus *N*-[(*S*)-1-(4-Methoxy-benzyl)-2,3-dioxo-propyl]-phthalimid und *o*-Phenylendiamin in Essigsäure (*Balenović et al.*, J. org. Chem. **18** [1953] 868, 871).

Kristalle (aus A.); F: 126° [nach Sublimation bei 165°/0,02 Torr]. $[\alpha]_D^{15}$: −42,4° [A.; c = 0,1].

(±)-2-Dibutylamino-1-[6,8-dichlor-2-[2]pyridyl-[4]chinolyl]-äthanol $C_{24}H_{29}Cl_2N_3O$, Formel XIII.

B. Aus (±)-2-Brom-1-[6,8-dichlor-2-[2]pyridyl-[4]chinolyl]-äthanol und Dibutylamin (*Gilman et al.*, Am. Soc. **68** [1946] 2399).

Hydrochlorid $C_{24}H_{29}Cl_2N_3O \cdot HCl$. Kristalle (aus A. + E.); F: 188 – 190° [auf 170° vorgeheiztes Bad].

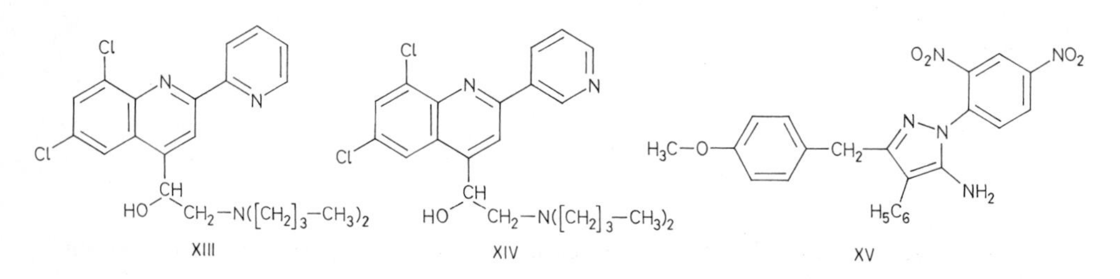

(±)-2-Dibutylamino-1-[6,8-dichlor-2-[3]pyridyl-[4]chinolyl]-äthanol $C_{24}H_{29}Cl_2N_3O$, Formel XIV.

B. Aus 2-Brom-1-[6,8-dichlor-2-[3]pyridyl-[4]chinolyl]-äthanon (aus 1-[6,8-Dichlor-2-[3]pyridyl-[4]chinolyl]-äthanon hergestellt) bei der Reduktion mit Aluminiumisopropylat und Umsetzung des Reaktionsprodukts mit Dibutylamin (*Winstein et al.*, Am. Soc. **68** [1946] 1831, 1836).

Kristalle (aus A.); F: 137 – 139° [korr.].

2-[2,4-Dinitro-phenyl]-5-[4-methoxy-benzyl]-4-phenyl-2*H*-pyrazol-3-ylamin $C_{23}H_{19}N_5O_5$, Formel XV.

B. Aus 4-[4-Methoxy-phenyl]-3-oxo-2-phenyl-butyronitril und [2,4-Dinitro-phenyl]-hydrazin (*Coan, Becker*, Am. Soc. **76** [1954] 501).

F: 113,8 – 114,5°.

3-[4-Amino-5-phenyl-1(3)*H*-imidazol-2-ylmethyl]-phenol $C_{16}H_{15}N_3O$, Formel I und Taut.

B. Aus 2-[3-Hydroxy-phenyl]-thioacetimidsäure-äthylester-hydrochlorid und Amino-phenyl-acetonitril (*Bader et al.*, Soc. **1950** 2775, 2778, 2783).

Hydrochlorid $C_{16}H_{15}N_3O \cdot HCl$. Kristalle (aus A.); F: 245° [unkorr.; Zers.]. λ_{max} (A.): 281 nm.

4-[4-Amino-5-phenyl-1(3)*H*-imidazol-2-ylmethyl]-phenol $C_{16}H_{15}N_3O$, Formel II und Taut.

B. Aus 2-[4-Hydroxy-phenyl]-thioacetimidsäure-äthylester-hydrochlorid und Amino-phenyl-acetonitril (*Bader et al.*, Soc. **1950** 2775, 2778, 2782).

Hydrochlorid $C_{16}H_{15}N_3O \cdot HCl$. Kristalle (aus H_2O); F: 255° [unkorr.; Zers.]. λ_{max} (A.): 283,5 nm.

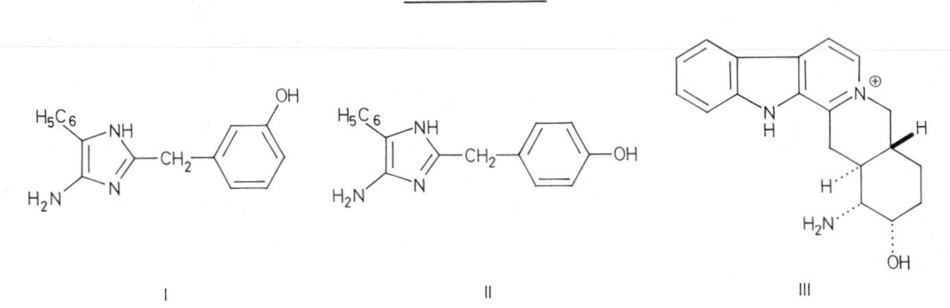

16α-Amino-17α-hydroxy-yohimba-3,5-dienium, Tetradehydroyohimbylamin $[C_{19}H_{22}N_3O]^+$, Formel III.

Bezüglich der Position der Doppelbindungen vgl. das analog hergestellte Tetradehydroyohimban (E III/IV **23** 1859).

B. Beim Erhitzen von sog. Yohimbylamin (S. 3459) mit Palladium und wss. Maleinsäure (*Majima, Murahasi,* Pr. Acad. Tokyo **10** [1934] 341, 343).

Chlorid-hydrochlorid $[C_{19}H_{22}N_3O]Cl \cdot HCl$. Kristalle (aus H_2O+A.) mit 0,5 Mol H_2O; Zers. bei 342°.

Di(?)-perchlorat. Kristalle; Zers. bei 278° [nach Schwarzfärbung bei 260°] (*Ma., Mu.,* l. c. S. 344).

Sulfat $[C_{19}H_{22}N_3O]HSO_4$. Kristalle (aus H_2O) mit 3 Mol H_2O; Zers. bei 345°.

Tetrachlorozincat. Kristalle (aus wss. HCl); Zers. bei 330–332°.

17α-Hydroxy-16α-piperidinomethyl-yohimba-3,5-dienium $[C_{25}H_{32}N_3O]^+$, Formel IV (in der Literatur als 16-Piperidinomethyl-tetradehydroyohimbol bezeichnet).

Diperchlorat $[C_{25}H_{32}N_3O]ClO_4 \cdot HClO_4$. *B.* Beim Erhitzen von 16α-Piperidinomethyl-yohimban-17α-ol-diperchlorat mit Palladium und Maleinsäure in wss. Essigsäure (*Elderfield,* J. org. Chem. **24** [1959] 1296, 1299). – Kristalle (aus wss. Me.) mit 1 Mol H_2O; F: 308° [unkorr.; Zers.]. $[\alpha]_D^{27}$: +114° [Py.].

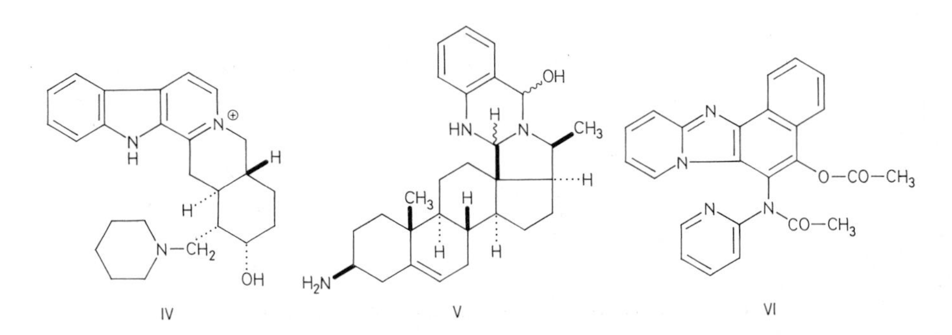

3β-Amino-(18ξH)-1′,4′-dihydro-18H-23-nor-cona-5,18(22)-dieno[18,22-b]chinazolin-4′ξ-ol $C_{28}H_{39}N_3O$, Formel V.

B. Aus Conkurchin-hydrochlorid (E III/IV **22** 4880) und 2-Amino-benzaldehyd (*Bertho,* A. **573** [1951] 210, 219).

Überführung in 3β-Amino-(18ξH)-18,1′-dihydro-23-nor-cona-5,18(22)-dieno[18,22-b]chinazolinium-diperchlorat $[C_{28}H_{38}N_3]ClO_4 \cdot HClO_4$ (orangegelbe Kristalle [aus H_2O] mit 1 Mol H_2O; F: 238–248° [Zers.]) bzw. -dipicrat $[C_{28}H_{38}N_3]C_6H_2N_3O_7 \cdot C_6H_3N_3O_7$ (gelbe Kristalle [aus Acn.+PAe.] mit 1 Mol H_2O; F: 177° [Zers.]): *Be.*

Amino-Derivate der Monohydroxy-Verbindungen $C_nH_{2n-20}N_2O$

5-Acetoxy-6-[acetyl-[2]pyridyl-amino]-naphth[1′,2′:4,5]imidazo[1,2-*a*]pyridin $C_{24}H_{18}N_4O_3$, Formel VI.

B. Aus 6-[2]Pyridylimino-6*H*-naphth[1′,2′:4,5]imidazo[1,2-*a*]pyridin-5-on durch reduktive Acetylierung (*Mosby, Boyle,* J. org. Chem. **24** [1959] 374, 379).

Kristalle (aus Bzl.); F: 280° [Zers.; vorgeheiztes Bad]. λ_{max} (A.; 240–370 nm): *Mo., Bo.*

6-Amino-1*H*-benzo[*e*]perimidin-7-ol $C_{15}H_{11}N_3O$, Formel VII (R = H) und Taut.

B. Beim Erwärmen von 6-Hydroxy-benzo[*e*]perimidin-7-on oder 6-Amino-benzo[*e*]perimidin-7-on mit $Na_2S_2O_4$ und NH_3 in wss. Methanol (*I.G. Farbenind.,* D.R.P. 651431 [1935]; Frdl. **24** 849; *Gen. Aniline Works,* U.S.P. 2138381 [1936]).

Hellgelbe Kristalle; F: ca. 300° [Zers.].

6-Äthylamino-1*H*-benzo[*e*]perimidin-7-ol $C_{17}H_{15}N_3O$, Formel VII (R = C_2H_5) und Taut.

F: 148° (*Jones et al.,* Brit. J. Pharmacol. Chemotherapy **7** [1952] 486, 488).

6-[4-Hydroxy-anilino]-1*H*-benzo[*e*]perimidin-7-ol $C_{21}H_{15}N_3O_2$, Formel VII (R = C_6H_4-OH) und Taut.

F: 294° (*Jones et al.,* Brit. J. Pharmacol. Chemotherapy **7** [1952] 486, 488).

6-[2-Piperidino-äthylamino]-1*H*-benzo[*e*]perimidin-7-ol $C_{22}H_{24}N_4O$, Formel VIII (n = 2) und Taut.

F: 127° (*Jones et al.,* Brit. J. Pharmacol. Chemotherapy **7** [1952] 486, 489).

6-[4-Piperidino-butylamino]-1*H*-benzo[*e*]perimidin-7-ol $C_{24}H_{28}N_4O$, Formel VIII (n = 4) und Taut.

Feststoff mit 1 Mol H_2O; F: 109° (*Jones et al.,* Brit. J. Pharmacol. Chemotherapy **7** [1952] 486, 489).

6-[5-Piperidino-pentylamino]-1*H*-benzo[*e*]perimidin-7-ol $C_{25}H_{30}N_4O$, Formel VIII (n = 5) und Taut.

Feststoff mit 1 Mol H_2O; F: 111–112° (*Jones et al.,* Brit. J. Pharmacol. Chemotherapy **7** [1952] 486, 489).

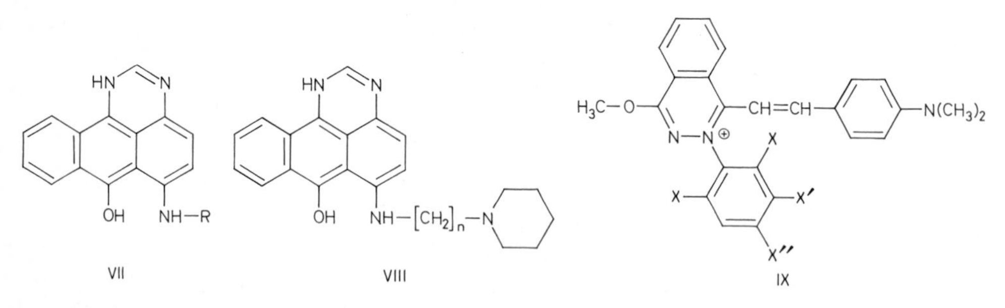

VII VIII IX

1-[4-Dimethylamino-styryl]-4-methoxy-2-[3-nitro-phenyl]-phthalazinium $[C_{25}H_{23}N_4O_3]^+$, Formel IX (X = X″ = H, X′ = NO_2) und Mesomere.

Perchlorat $[C_{25}H_{33}N_4O_3]ClO_4$. *B.* Beim Erhitzen von 4-Methoxy-1-methyl-2-[3-nitro-phenyl]-phthalazinium-perchlorat mit 4-Dimethylamino-benzaldehyd in Acetanhydrid und Essigsäure (*Rowe, Twitchett,* Soc. **1936** 1704, 1710). – Schwarz; F: 198°. Lösungen in Acetanhydrid sind intensiv rot.

1-[4-Dimethylamino-styryl]-4-methoxy-2-[4-nitro-phenyl]-phthalazinium $[C_{25}H_{23}N_4O_3]^+$, Formel IX (X = X′ = H, X″ = NO_2) und Mesomere.

Perchlorat $[C_{25}H_{23}N_4O_3]ClO_4$. *B.* Analog der vorangehenden Verbindung (*Rowe, Twitchett,*

Soc. **1936** 1704, 1710). – Dunkelgrüne Kristalle (aus Acetanhydrid); F: 238°. Lösungen in Acetanhydrid sind intensiv rot.

2-[2,6-Dichlor-4-nitro-phenyl]-1-[4-dimethylamino-styryl]-4-methoxy-phthalazinium $[C_{25}H_{21}Cl_2N_4O_3]^+$, Formel IX (X = Cl, X' = H, X'' = NO_2) und Mesomere.

Perchlorat $[C_{25}H_{21}Cl_2N_4O_3]ClO_4$. *B.* Analog den vorangehenden Verbindungen (*Rowe, Twitchett,* Soc. **1936** 1704, 1710). – Dunkelgrüne, gelb schillernde Kristalle (aus Acetanhydrid + Eg.); F: 254° [Zers.]. Lösungen in Acetanhydrid sind intensiv blau.

Bis-[6-dimethylamino-[3]pyridyl]-phenyl-methanol $C_{21}H_{24}N_4O$, Formel X (X = H).

B. Aus Dimethyl-[2]pyridyl-amin und Trichlormethyl-benzol mit Hilfe von $ZnCl_2$ (*Knunjanz, Beresowškiĭ,* Ž. obšč. Chim. **18** [1948] 775, 783; C. A. **1949** 410). Beim Erhitzen von Bis-[6-dimethylamino-[3]pyridyl]-keton mit Chlorbenzol und Natrium in Toluol (*Kn., Be.*). Beim Behandeln von Bis-[6-dimethylamino-[3]pyridyl]-phenyl-methan mit PbO_2 und wss. HCl (*Kn., Be.,* l. c. S. 782; s. a. *Tschitschibabin, Knunjanz,* B. **64** [1931] 2839, 2842).

Kristalle (aus Ae.); F: 171–172° (*Kn., Be.*).

[4-Dimethylamino-phenyl]-bis-[6-dimethylamino-[3]pyridyl]-methanol $C_{23}H_{29}N_5O$, Formel X (X = $N(CH_3)_2$).

B. Aus Bis-[6-dimethylamino-[3]pyridyl]-keton und *N,N*-Dimethyl-anilin mit Hilfe von $POCl_3$ (*Knunjanz, Beresowškiĭ,* Ž. obšč. Chim. **18** [1948] 767, 771; C. A. **1949** 409). Beim Behandeln von [4-Dimethylamino-phenyl]-bis-[6-dimethylamino-[3]pyridyl]-methan mit PbO_2 und wss. HCl (*Kn., Be.,* l. c. S. 773).

Gelbe Kristalle (aus Ae.) mit 2 Mol H_2O; F: 100° und (nach Wiedererstarren) F: 154–155°.

Bildung von [4-Dimethylamino-phenyl]-bis-[6-dimethylamino-[3]pyridyl]-methylium-chlorid ($[C_{23}H_{28}N_5]Cl$; Absorptionsspektrum [450–700 nm] in wss. Lösung): *Kn., Be.,* l. c. S. 769.

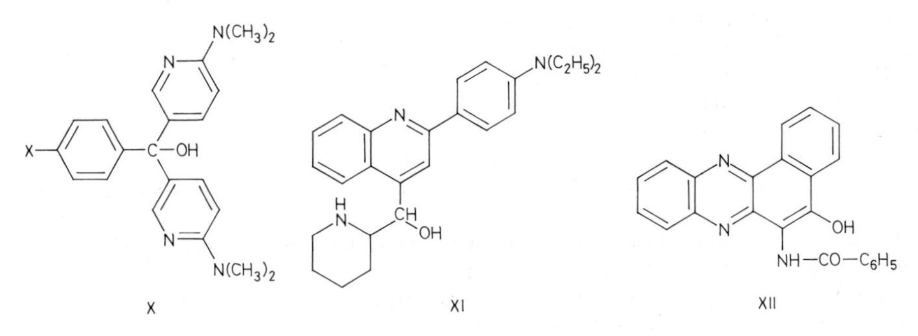

X XI XII

(±)-[2-(4-Diäthylamino-phenyl)-[4]chinolyl]-[2]piperidyl-methanol $C_{25}H_{31}N_3O$, Formel XI.

B. Aus 2-[4-Diäthylamino-phenyl]-chinolin-4-carbonsäure-äthylester und 6-Benzoylamino-hexansäure-äthylester über mehrere Stufen (*Brown et al.,* Am. Soc. **68** [1946] 2705, 2706, 2708).

Kristalle (aus A.) mit 1 Mol Äthanol; F: 99–100°. Kristalle (aus Isopropylalkohol) mit 1 Mol Isopropylalkohol; F: 99–100°.

Hydrochlorid $C_{25}H_{31}N_3O \cdot HCl$. Kristalle mit 1 Mol Aceton; F: 175–175,5° [korr.].

Amino-Derivate der Monohydroxy-Verbindungen $C_nH_{2n-22}N_2O$

6-Benzoylamino-benzo[*a*]phenazin-5-ol, *N*-[5-Hydroxy-benzo[*a*]phenazin-6-yl]-benzamid $C_{23}H_{15}N_3O_2$, Formel XII.

B. Aus 2-Benzoylamino-3-hydroxy-[1,4]naphthochinon und *o*-Phenylendiamin in Äthanol (*Witkowškiĭ, Schemjakin,* Ž. obšč. Chim. **21** [1951] 1033, 1040; engl. Ausg. S. 1131, 1137).

Gelbe Kristalle (aus Eg.); F: 237–239°.

9-Diäthylamino-5-hydroxy-7-[4-methyl-3(?)-sulfo-phenyl]-benzo[*a*]phenazinium-betain, 9-Diäthylamino-7-[4-methyl-3(?)-sulfo-phenyl]-7*H*-benzo[*a*]phenazin-5-on $C_{27}H_{25}N_3O_4S$, vermutlich Formel XIII und Mesomeres (in der Literatur als „sulfoniertes Rosindon" bezeichnet).

Kristalle (aus wss. Lösung) mit 1 Mol H_2O (*Stiehler, Clark,* Am. Soc. **55** [1933] 4097, 4101). λ_{max} (A. sowie Amylalkohol): 518 nm und 554 nm. λ_{max} von Lösungen ($10^{-2}-10^{-6}$ Mol·l^{-1}) in wss. Borat-KCl-Puffer: *St., Cl.* Redoxpotential (wss. Lösungen vom pH 6–10,7) bei 30°: *St., Cl.,* l. c. S. 4105. Verteilung zwischen Isoamylalkohol und H_2O bei ca. 22°: *St., Cl.,* l. c. S. 4102.

(*E*?)-1-Anilino-3′-methylmercapto-[1,1′]biisoindolyliden, [(*E*?)-3′-Methylmercapto-[1,1′]biisoindolyliden-3-yl]-phenyl-amin $C_{23}H_{17}N_3S$, vermutlich Formel XIV.

B. Aus (*E*?)-3′-Anilino-[1,1′]biisoindolyliden-3-thion [F: 265°] (*Drew, Kelly,* Soc. **1941** 630, 635).

Braune Kristalle (aus Amylalkohol); F: 212°.

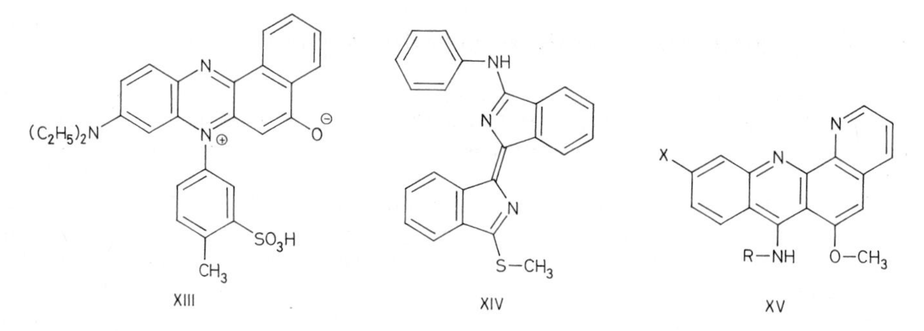

6-Methoxy-benzo[*b*][1,10]phenanthrolin-7-ylamin $C_{17}H_{13}N_3O$, Formel XV (R = X = H).

B. Beim Erwärmen von 6,7-Dimethoxy-benzo[*b*][1,10]phenanthrolin mit NH_4Cl in wss. Äthanol (*Wilkinson, Finar,* Soc. **1948** 288, 291).

Gelblichbraune Kristalle (aus wss. A.) mit 1 Mol H_2O; F: 220° [korr.].

Monohydrochlorid $C_{17}H_{13}N_3O \cdot HCl$. Orangefarbene Kristalle; F: ca. 360° [korr.].

Dihydrochlorid. Orangegelbe Kristalle (aus H_2O).

Diacetyl-Derivat $C_{21}H_{17}N_3O_3$. Hellgelbe Kristalle (aus A.); F: 255–256° [korr.; Zers.].

***N,N*-Diäthyl-*N′*-[6-methoxy-benzo[*b*][1,10]phenanthrolin-7-yl]-äthylendiamin** $C_{23}H_{26}N_4O$, Formel XV (R = CH_2-CH_2-$N(C_2H_5)_2$, X = H).

B. Aus 7-Chlor-6-methoxy-benzo[*b*][1,10]phenanthrolin und *N,N*-Diäthyl-äthylendiamin in Phenol (*Dobson, Kermack,* Soc. **1946** 150, 155).

Dipicrat $C_{23}H_{26}N_4O \cdot 2C_6H_3N_3O_7$. Kristalle (aus A.) mit 3 Mol H_2O; F: 118°.

Die folgenden Verbindungen sind in analoger Weise hergestellt worden:

(±)-N^4,N^4-Diäthyl-N^1-[6-methoxy-benzo[*b*][1,10]phenanthrolin-7-yl]-1-methyl-butandiyldiamin $C_{26}H_{32}N_4O$, Formel XV (R = $CH(CH_3)$-$[CH_2]_3$-$N(C_2H_5)_2$, X = H). Dipicrat $C_{26}H_{32}N_4O \cdot 2C_6H_3N_3O_7$. Hellgelbe Kristalle (aus A.); F: 201°.

N,N-Diäthyl-*N′*-[10-chlor-6-methoxy-benzo[*b*][1,10]phenanthrolin-7-yl]-äthylendiamin $C_{23}H_{25}ClN_4O$, Formel XV (R = CH_2-CH_2-$N(C_2H_5)_2$, X = Cl). Hellgelbe Kristalle (aus PAe.); F: 152°.

(±)-N^4,N^4-Diäthyl-N^1-[10-chlor-6-methoxy-benzo[*b*][1,10]phenanthrolin-7-yl]-1-methyl-butandiyldiamin $C_{26}H_{31}ClN_4O$, Formel XV (R = $CH(CH_3)$-$[CH_2]_3$-$N(C_2H_5)_2$, X = Cl). Dipicrat $C_{26}H_{31}ClN_4O \cdot 2C_6H_3N_3O_7$. Orangegelbe Kristalle (aus A.); F: 158–159°.

(±)-N^4,N^4-Diäthyl-N^1-[2-methoxy-dibenzo[*b,h*][1,6]naphthyridin-7-yl]-1-methyl-butandiyldiamin $C_{26}H_{32}N_4O$, Formel I.

B. Aus 7-Chlor-2-methoxy-dibenzo[*b,h*][1,6]naphthyridin und (±)-N^4,N^4-Diäthyl-1-methyl-

butandiyldiamin (*Kermack, Storey,* Soc. **1951** 1389, 1392).
Gelbe Kristalle (aus PAe.); F: 98–100°.

(±)-4-Amino-6-methyl-5-phenyl-5,6-dihydro-benzo[*h*][1,6]naphthyridin-5-ol $C_{19}H_{17}N_3O$, Formel II.

B. Beim Behandeln von 4-Amino-6-methyl-5-phenyl-benzo[*h*][1,6]naphthyridinium-jodid mit wss. NH_3 (*Davis,* Soc. **1958** 828, 835).

Zers. >90° [aus Bzl.+PAe.].

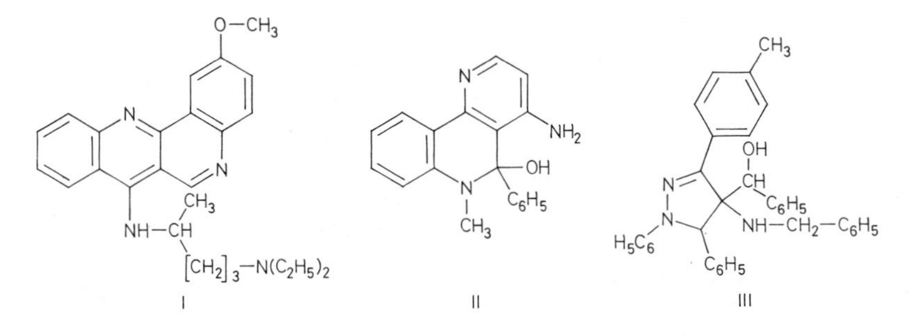

Amino-Derivate der Monohydroxy-Verbindungen $C_nH_{2n-24}N_2O$

***Opt.-inakt. [4-Benzylamino-1,5-diphenyl-3-*p*-tolyl-4,5-dihydro-1*H*-pyrazol-4-yl]-phenyl-methanol** $C_{36}H_{33}N_3O$, Formel III.

B. Beim Erwärmen von (±)-Benzyl-[1,5*t*(?)-diphenyl-3-*p*-tolyl-4,5-dihydro-1*H*-pyrazol-4*r*-yl]-amin (S. 2713) mit Benzaldehyd in äthanol. Essigsäure (*Cromwell, Hoeksema,* Am. Soc. **71** [1949] 716, 719).

Hellgelbe Kristalle (aus Bzl.+A.); F: 165–170°. λ_{max} (A.): 245 nm, 308 nm und 365 nm.

Amino-Derivate der Monohydroxy-Verbindungen $C_nH_{2n-26}N_2O$

8-Methoxy-2,3-diphenyl-chinoxalin-5-ylamin $C_{21}H_{17}N_3O$, Formel IV (R = R′ = R″ = H).

B. Beim Erwärmen von *N*-[8-Methoxy-2,3-diphenyl-chinoxalin-5-yl]-acetamid mit wss.-äthan= ol. HCl (*Gillespie et al.,* Am. Soc. **79** [1957] 2245, 2248).

Orangefarbene Kristalle (aus A.); F: 214–215° [korr.].

5-Dimethylamino-8-methoxy-2,3-diphenyl-chinoxalin, [8-Methoxy-2,3-diphenyl-chinoxalin-5-yl]-dimethyl-amin $C_{23}H_{21}N_3O$, Formel IV (R = R′ = CH_3, R″ = H).

B. Aus 4-Methoxy-*N*,*N*-dimethyl-2,3-dinitro-anilin beim aufeinanderfolgenden Erhitzen mit Essigsäure, Zink und konz. wss. HCl sowie mit Benzil (*Hodgson, Crook,* Soc. **1933** 825).

Hellgelbe Kristalle (aus wss. A.); F: 233° [Zers.].

5-Acetylamino-8-methoxy-2,3-diphenyl-chinoxalin, *N*-[8-Methoxy-2,3-diphenyl-chinoxalin-5-yl]-acetamid $C_{23}H_{19}N_3O_2$, Formel IV (R = CO-CH_3, R′ = R″ = H).

B. Bei der Hydrierung von Essigsäure-[4-methoxy-2,3-dinitro-anilid] an Palladium/Kohle in Äthanol und Umsetzung des Reaktionsprodukts mit Benzil (*Gillespie et al.,* Am. Soc. **79** [1957] 2245, 2248).

Hellgelbe Kristalle (aus A.); F: 236–237° [korr.].

6-Methoxy-2,3-diphenyl-chinoxalin-5-ylamin $C_{21}H_{17}N_3O$, Formel V.

B. Bei der Hydrierung von 6-Methoxy-5-nitro-2,3-diphenyl-chinoxalin an Palladium/Kohle in Äthanol (*Gillespie et al.,* Am. Soc. **79** [1957] 2245, 2248).

Kristalle (aus A.); F: 156–157° [korr.].

7-Methoxy-2,3-diphenyl-chinoxalin-6-ylamin $C_{21}H_{17}N_3O$, Formel VI.

B. Bei der Hydrierung von 2-Methoxy-5-nitro-*p*-phenylendiamin an Palladium/Kohle in wss.-äthanol. HCl und Umsetzung des Reaktionsprodukts mit Benzil (*Gillespie et al.,* Am. Soc. **78** [1956] 1651).

Kristalle (aus wss. A.); F: 196–197° [korr.].

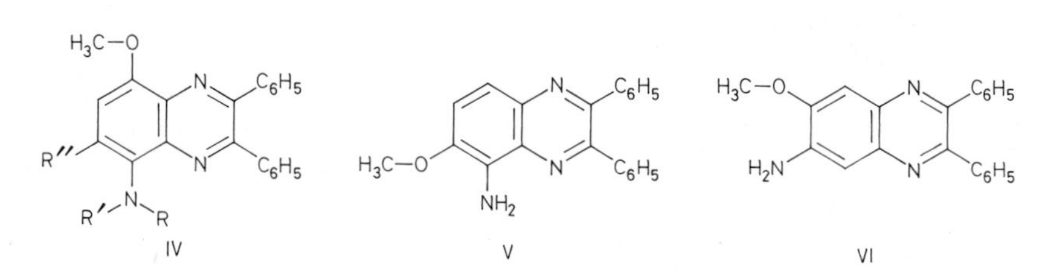

7-Methoxy-2,3-diphenyl-chinoxalin-5-ylamin $C_{21}H_{17}N_3O$, Formel VII.

B. Beim Erwärmen von 5-Methoxy-benzen-1,2,3-triyltriamin-dihydrochlorid mit Benzil und Natriumacetat in Äthanol (*King, Beer,* Soc. **1945** 791, 792).

Bräunlichgelbe Kristalle (aus Me.); F: 174°.

2-[4-Acetylamino-phenyl]-3-[2-methoxy-phenyl]-chinoxalin, Essigsäure-{4-[3-(2-methoxy-phenyl)-chinoxalin-2-yl]-anilid} $C_{23}H_{19}N_3O_2$, Formel VIII.

B. Aus 4'-Acetylamino-2-methoxy-benzil und *o*-Phenylendiamin (*Merz, Plauth,* B. **90** [1957] 1744, 1756).

Kristalle (aus A.); F: 135°.

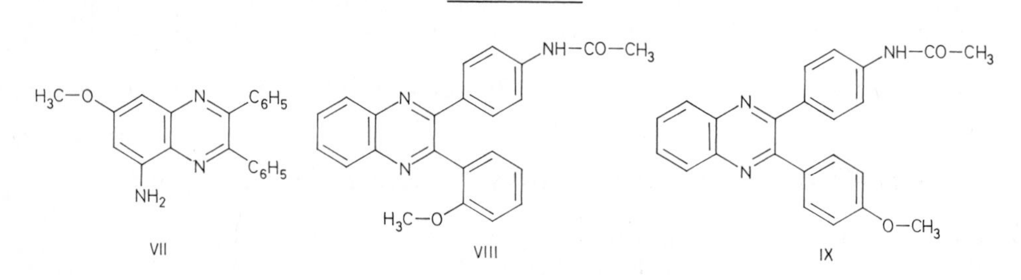

2-[4-Acetylamino-phenyl]-3-[4-methoxy-phenyl]-chinoxalin, Essigsäure-{4-[3-(4-methoxy-phenyl)-chinoxalin-2-yl]-anilid} $C_{23}H_{19}N_3O_2$, Formel IX.

B. Aus 4-Acetylamino-4'-methoxy-benzil und *o*-Phenylendiamin (*Merz, Plauth,* B. **90** [1957] 1744, 1756).

Kristalle (aus Dioxan); F: 246°.

5-Acetylamino-8-methoxy-6-methyl-2,3-diphenyl-chinoxalin, *N*-[8-Methoxy-6-methyl-2,3-diphenyl-chinoxalin-5-yl]-acetamid $C_{24}H_{21}N_3O_2$, Formel IV (R = CO-CH_3, R' = H, R'' = CH_3).

B. Aus Essigsäure-[4-methoxy-6-methyl-2,3-dinitro-anilid] bei der Hydrierung an Raney-Nickel und Umsetzung des Reaktionsprodukts mit Benzil (*MacMillan,* Soc. **1952** 4019, 4021).

Gelbe Kristalle (aus Me.); F: 229–230° [unkorr.].

***Opt.-inakt. 6-Äthoxy-7-anilino-5-methyl-6-phenyl-5,6,7,12-tetrahydro-dibenzo[*b,h*][1,6]naph=thyridin, [6-Äthoxy-5-methyl-6-phenyl-5,6,7,12-tetrahydro-dibenzo[*b,h*][1,6]naphthyridin-7-yl]-phenyl-amin** $C_{31}H_{29}N_3O$, Formel X.

B. Beim Erwärmen von (±)-7-Anilino-5-methyl-6-phenyl-7,12-dihydro-dibenzo[*b,h*][1,6]naph=thyridinium-jodid mit äthanol. KOH (*Moszew,* Bl. Acad. polon. [A] **1938** 98, 112).

Rote Kristalle (aus A.); F: 105–106° [Zers.].

Picrat $C_{31}H_{29}N_3O \cdot C_6H_3N_3O_7$. Grünlichgelbe Kristalle (aus A.); F: 278–279° [Zers.].

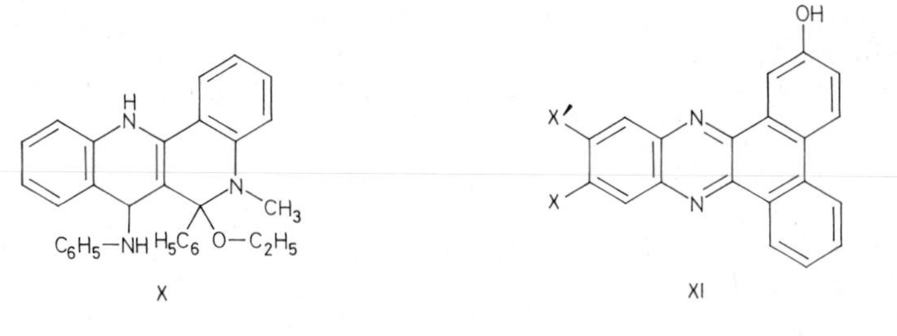

Amino-Derivate der Monohydroxy-Verbindungen $C_nH_{2n-28}N_2O$

11(oder 12)-Anilino-12(oder 11)-methyl-dibenzo[*a,c*]phenazin-2-ol $C_{27}H_{19}N_3O$, Formel XI ($X = NH\text{-}C_6H_5$, $X' = CH_3$ oder $X = CH_3$, $X' = NH\text{-}C_6H_5$).

B. Aus 11(oder 12)-Chlor-12(oder 11)-methyl-dibenzo[*a,c*]phenazin-2-ol (E III/IV **23** 2918) und Anilin mit Hilfe von Kupfer-Pulver (*Prasad et al.,* B. **70** [1937] 2363).

F: 202° [aus Py.].

Amino-Derivate der Monohydroxy-Verbindungen $C_nH_{2n-30}N_2O$

12-Anilino-8-methoxy-6-phenyl-dibenzo[*b,f*][1,7]naphthyridin, [8-Methoxy-6-phenyl-dibenzo[*b,f*][1,7]naphthyridin-12-yl]-phenyl-amin $C_{29}H_{21}N_3O$, Formel XII.

B. Aus 12-Chlor-8-methoxy-6-phenyl-dibenzo[*b,f*][1,7]naphthyridin und Anilin (*Montanari, Passerini,* Boll. scient. Fac. Chim. ind. Univ. Bologna **12** [1954] 141, 142, 144).

Kristalle; F: 248°. Absorptionsspektrum (Dioxan; 350–475 nm): *Mo., Pa.,* l. c. S. 144, 146.

10-Methoxy-6-phenyl-dibenzo[*b,f*][1,7]naphthyridin-12-ylamin $C_{23}H_{17}N_3O$, Formel XIII ($R = H$, $R' = CH_3$).

B. Beim Erhitzen von 12-Chlor-10-methoxy-6-phenyl-dibenzo[*b,f*][1,7]naphthyridin mit Phenol, Acetamid und NH_3 (*Colonna,* G. **78** [1948] 502, 510).

Gelbe Kristalle; F: 190° (*Montanari, Passerini,* Boll. scient. Fac. Chim. ind. Univ. Bologna **12** [1954] 141, 144), 188° [aus A.] (*Co.*). Absorptionsspektrum (Dioxan; 350–450 nm): *Mo., Pa.,* l. c. S. 144, 146.

10-Äthoxy-6-phenyl-dibenzo[*b,f*][1,7]naphthyridin-12-ylamin $C_{24}H_{19}N_3O$, Formel XIII ($R = H$, $R' = C_2H_5$).

B. Analog der vorangehenden Verbindung (*Colonna, Passerini,* G. **78** [1948] 797, 800).

Gelbe Kristalle (aus A.); F: 177°.

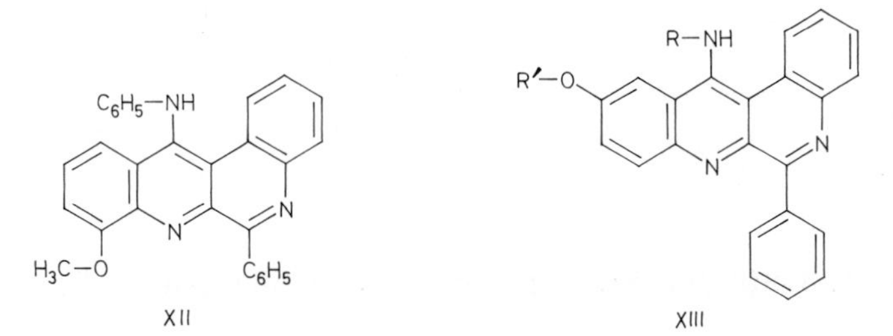

12-Anilino-10-methoxy-6-phenyl-dibenzo[*b,f*][1,7]naphthyridin, [10-Methoxy-6-phenyl-dibenzo[*b,f*][1,7]naphthyridin-12-yl]-phenyl-amin $C_{29}H_{21}N_3O$, Formel XIII ($R = C_6H_5$, $R' = CH_3$).

B. Beim Erhitzen von 12-Chlor-10-methoxy-6-phenyl-dibenzo[*b,f*][1,7]naphthyridin mit Anilin

(*Colonna, Passerini,* G. **78** [1948] 797, 799, 800; *Montanari, Passerini,* Boll. scient. Fac. Chim. ind. Univ. Bologna **12** [1954] 141, 142, 144).

Gelbe Kristalle; F: 227–228° (*Mo., Pa.*), 212–213° [aus Toluol] (*Co., Pa.*). λ_{max} (Dioxan): 354 nm, 372 nm und 391 nm (*Mo., Pa.*).

Die folgenden Verbindungen sind in analoger Weise hergestellt worden:

10-Methoxy-6-phenyl-12-*p*-toluidino-dibenzo[*b,f*][1,7]naphthyridin, [10-Methoxy-6-phenyl-dibenzo[*b,f*][1,7]naphthyridin-12-yl]-*p*-tolyl-amin $C_{30}H_{23}N_3O$, Formel XIII (R = C_6H_4-CH_3, R′ = CH_3). Gelbe Kristalle (aus Toluol); F: 213–214° (*Co., Pa.*).

12-*p*-Anisidino-10-methoxy-6-phenyl-dibenzo[*b,f*][1,7]naphthyridin, [4-Methoxy-phenyl]-[10-methoxy-6-phenyl-dibenzo[*b,f*][1,7]naphthyridin-12-yl]-amin $C_{30}H_{23}N_3O_2$, Formel XIII (R = C_6H_4-O-CH_3, R′ = CH_3). Orangegelbe Kristalle (aus Toluol); F: 198° (*Co., Pa.*).

10-Methoxy-12-*p*-phenetidino-6-phenyl-dibenzo[*b,f*][1,7]naphthyridin, [4-Äthoxy-phenyl]-[10-methoxy-6-phenyl-dibenzo[*b,f*][1,7]naphthyridin-12-yl]-amin $C_{31}H_{25}N_3O_2$, Formel XIII (R = C_6H_4-O-C_2H_5, R′ = CH_3). Orangefarbene Kristalle (aus Toluol); F: 234–235° (*Co., Pa.*).

10-Äthoxy-12-*p*-anisidino-6-phenyl-dibenzo[*b,f*][1,7]naphthyridin, [10-Äthoxy-6-phenyl-dibenzo[*b,f*][1,7]naphthyridin-12-yl]-[4-methoxy-phenyl]-amin $C_{31}H_{25}N_3O_2$, Formel XIII (R = C_6H_4-O-CH_3, R′ = C_2H_5). Orangegelbe Kristalle (aus Toluol); F: 205° (*Co., Pa.*).

6-[4-Methoxy-phenyl]-dibenzo[*b,f*][1,7]naphthyridin-12-ylamin $C_{23}H_{17}N_3O$, Formel XIV (R = H).

B. Analog 10-Methoxy-6-phenyl-dibenzo[*b,f*][1,7]naphthyridin-12-ylamin [s. o.] (*Montanari, Passerini,* Boll. scient. Fac. Chim. ind. Univ. Bologna **12** [1954] 141, 142, 144).

Kristalle; F: 236°. λ_{max} (Dioxan): 357–358 nm, 377–378 nm und 398–400 nm.

12-Anilino-6-[4-methoxy-phenyl]-dibenzo[*b,f*][1,7]naphthyridin, [6-(4-Methoxy-phenyl)-dibenzo[*b,f*][1,7]naphthyridin-12-yl]-phenyl-amin $C_{29}H_{21}N_3O$, Formel XIV (R = C_6H_5).

B. Analog [10-Methoxy-6-phenyl-dibenzo[*b,f*][1,7]naphthyridin-12-yl]-phenyl-amin [s. o.] (*Montanari, Passerini,* Boll. scient. Fac. Chim. ind. Univ. Bologna **12** [1954] 141, 142, 144).

Kristalle; F: 213°. Absorptionsspektrum (Dioxan; 350–465 nm): *Mo., Pa.,* l. c. S. 144, 146.

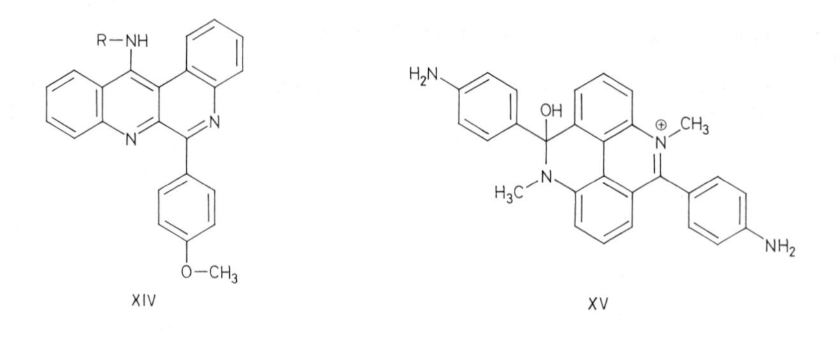

Amino-Derivate der Monohydroxy-Verbindungen $C_nH_{2n-34}N_2O$

(±)-5,10-Bis-[4-amino-phenyl]-10-hydroxy-4,9-dimethyl-9,10-dihydro-pyrido[2,3,4,5-*lmn*]phenanthridinium(?) $[C_{28}H_{25}N_4O]^+$, vermutlich Formel XV.

Bromid $[C_{28}H_{25}N_4O]Br$. *B.* Aus 5,10-Bis-[4-amino-phenyl]-4,9-dimethyl-pyrido[2,3,4,5-*lmn*]phenanthridindiium-dibromid-hydrobromid in wss. Lösung vom pH 6,6 (*Fairfull et al.,* Soc. **1952** 4700, 4704). – Rot; F: 212–213°.

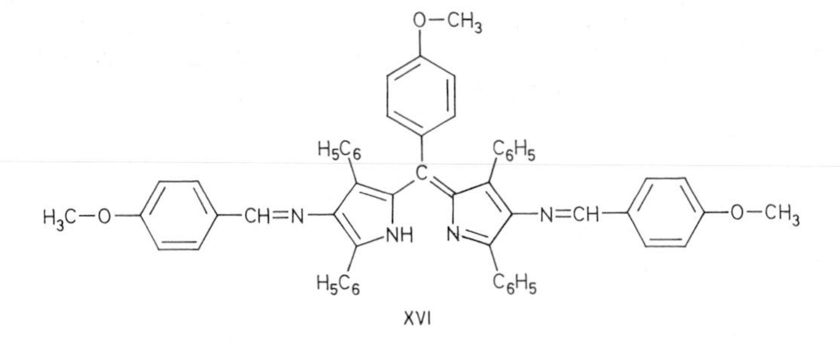

Amino-Derivate der Monohydroxy-Verbindungen $C_nH_{2n-50}N_2O$

[4-(4-Methoxy-benzylidenamino)-3,5-diphenyl-pyrrol-2-yl]-[4-(4-methoxy-benzylidenamino)-3,5-diphenyl-pyrrol-2-yliden]-[4-methoxy-phenyl]-methan $C_{56}H_{44}N_4O_3$, Formel XVI.

B. Beim Erwärmen von 2,4-Diphenyl-pyrrol-3-ylamin mit 4-Methoxy-benzaldehyd im Luft= strom (*Rogers*, Soc. **1943** 598).

Dunkle Kristalle (aus Nitrobenzol). [*Möhle*]

Amino-Derivate der Dihydroxy-Verbindungen $C_nH_{2n}N_2O_2$

***Opt.-inakt. *N*-[5-Brom-4,6-dihydroxy-1,4,5,6-tetrahydro-pyrimidin-2-yl]-toluol-4-sulfonamid** $C_{11}H_{14}BrN_3O_4S$, Formel I (R = CH_3, X = H) und Taut. (*N*-[5-Brom-4,6-dihydroxy-tetrahydro-pyrimidin-2-yliden]-toluol-4-sulfonamid)[1]).

B. Beim Behandeln von *N*-Pyrimidin-2-yl-toluol-4-sulfonamid in Essigsäure mit wss. HCl, KBr und wss. $KBrO_3$ (*Wojahn*, Ar. **288** [1955] 321, 328).

Kristalle (aus A.); F: 215–218° [Zers.].

Beim Erhitzen mit Essigsäure und wenig Acetanhydrid ist *N*-[5-Brom-pyrimidin-2-yl]-toluol-4-sulfonamid, beim Erhitzen mit KI, wss. HCl und Essigsäure auf 100° ist *N*-Pyrimidin-2-yl-toluol-4-sulfonamid erhalten worden (*Wo.*, l. c. S. 324, 329).

***Opt.-inakt. 4-Amino-3,5-dibrom-benzolsulfonsäure-[5-brom-4,6-dihydroxy-1,4,5,6-tetrahydro-pyrimidin-2-ylamid]** $C_{10}H_{11}Br_3N_4O_4S$, Formel I (R = NH_2, X = Br) und Taut.

Eine nach Ausweis des ^{1}H-NMR-Spektrums in Lösungen in DMSO-d_6 als 4-Amino-3,5-dibrom-benzolsulfonsäure-[5-brom-4,6-dihydroxy-tetrahydro-pyrimidin-2-yli= denamid] vorliegende Verbindung dieser Konstitution hat in den nachstehend beschriebenen, von *Wojahn, Wittker* (Pharmazie **3** [1948] 488, 490) als Dibrom-Addukt des 4-Amino-3,5-dibrom-benzolsulfonsäure-pyrimidin-2-ylamids, von *Wojahn* (Ar. **288** [1955] 321, 329) als 4-Amino-3,5-dibrom-benzolsulfonsäure-[5-brom-4-hydroxy-4,5-dihydro-pyrimidin-2-ylamid]-monohydrat formulierten Präparaten vorgelegen (*Barbieri et al.*, Farmaco Ed. scient. **24** [1969] 561, 565).

B. Beim Behandeln von Sulfanilsäure-pyrimidin-2-ylamid in Essigsäure mit wss. HCl, KBr und wss. $KBrO_3$ (*Wo.*, *Wi.*; *Wo.*).

Kristalle; F: 178° [aus Me.+H_2O] (*Wo.*, *Wi.*), 163–170° [aus Me.] (*Wo.*). ^{1}H-NMR-Spektrum (DMSO-d_6): *Ba. et al.*

Bildung von 4-Amino-3,5-dibrom-benzolsulfonsäure-pyrimidin-2-ylamid beim Erwärmen mit KI, wss. HCl und Essigsäure: *Wo.*, l. c. S. 330. Die von *Wojahn, Wittker* beim Behandeln mit wss. NaOH [3 Mol] erhaltene, als 4-Amino-3,5-dibrom-benzolsulfonsäure-[5-brom-6-hydr= oxy-5,6-dihydro-1*H*-pyrimidin-2-ylidenamid] angesehene Verbindung (F: 283°) ist als [4-Amino-3,5-dibrom-benzolsulfonyl]-guanidin zu formulieren (*Wo.*, l. c. S. 330); die Identität des von

[1]) Bezüglich der Konstitution und der Tautomerie vgl. das analog hergestellte 4-Amino-3,5-dibrom-benzolsulfonsäure-[5-brom-4,6-dihydroxy-1,4,5,6-tetrahydro-pyrimidin-2-ylamid] (s. o.).

Wojahn, Wittker (l. c. S. 491) beim Erhitzen mit wss. NaOH (Überschuss) daneben noch erhaltenen, als 4-Amino-3,5-dibrom-benzolsulfonsäure-pyrimidin-2-ylamid formulierten Präparats (F: 215°) ist ungewiss (vgl. *Ba. et al.*, l. c. S. 564, 566, 567).

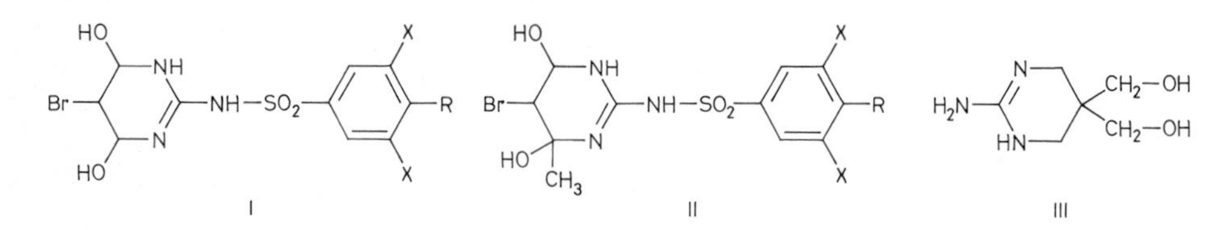

***Opt.-inakt. *N*-[5-Brom-4,6-dihydroxy-4-methyl-1,4,5,6-tetrahydro-pyrimidin-2-yl]-toluol-4-sulfonamid** $C_{12}H_{16}BrN_3O_4S$, Formel II (R = CH_3, X = H) und Taut. (z.B. *N*-[5-Brom-4,6-dihydroxy-4-methyl-tetrahydro-pyrimidin-2-yliden]-toluol-4-sulfonamid)[1]).

B. Beim Behandeln von *N*-[4-Methyl-pyrimidin-2-yl]-toluol-4-sulfonamid in Essigsäure mit wss. HCl, KBr und wss. $KBrO_3$ (*Wojahn*, Ar. **288** [1955] 321, 330).

F: 110–125° [Zers.] [Rohprodukt].

Unbeständig. Beim Behandeln mit wss. NaOH ist [Toluol-4-sulfonyl]-guanidin erhalten worden (*Wo.*, l. c. S. 331).

***Opt.-inakt. 4-Amino-3,5-dibrom-benzolsulfonsäure-[5-brom-4,6-dihydroxy-4-methyl-1,4,5,6-tetrahydro-pyrimidin-2-ylamid]** $C_{11}H_{13}Br_3N_4O_4S$, Formel II (R = NH_2, X = Br) und Taut. (z.B. 4-Amino-3,5-dibrom-benzolsulfonsäure-[5-brom-4,6-dihydroxy-4-methyl-tetrahydro-pyrimidin-2-ylidenamid])[1]).

B. Beim Behandeln von Sulfanilsäure-[4-methyl-pyrimidin-2-ylamid] in Essigsäure mit wss. HCl, KBr und wss. $KBrO_3$ (*Wojahn*, Ar. **288** [1955] 321, 331; vgl. *Wojahn, Wittker*, Pharmazie **3** [1948] 488, 491).

Kristalle (aus THF + E. + PAe.); F: 120–130° [Zers.] (*Wo.*).

Überführung in 4-Amino-3,5-dibrom-benzolsulfonsäure-[5-brom-4-methyl-pyrimidin-2-ylamid] durch Behandeln mit Essigsäure und wenig konz. H_2SO_4: *Wo.*, l. c. S. 332.

2-Amino-5,5-bis-hydroxymethyl-1,4,5,6-tetrahydro-pyrimidin, 5,5-Bis-hydroxymethyl-1,4,5,6-tetrahydro-pyrimidin-2-ylamin $C_6H_{13}N_3O_2$, Formel III und Taut.

B. Als Hauptprodukt neben [5,5-Bis-hydroxymethyl-1,4,5,6-tetrahydro-pyrimidin-2-yl]-nitro-amin beim Behandeln von 2,2-Bis-aminomethyl-propan-1,3-diol mit *S*-Methyl-*N*-nitro-isothioharnstoff (*Hafner, Evans*, Am. Soc. **79** [1957] 3783, 3785). Bei der Hydrierung von [5,5-Bis-hydroxymethyl-1,4,5,6-tetrahydro-pyrimidin-2-yl]-nitro-amin an Palladium in wss. Essigsäure (*Ha., Ev.*). Aus [3-Amino-2,2-bis-hydroxymethyl-propyl]-guanidin in Methanol (*Ha., Ev.*, l. c. S. 3786).

Nitrat $C_6H_{13}N_3O_2 \cdot HNO_3$. Kristalle (aus A.); F: 114–115°.

Picrat $C_6H_{13}N_3O_2 \cdot C_6H_3N_3O_7$. Kristalle (aus H_2O, Me. oder A.); F: 179–180°.

Amino-Derivate der Dihydroxy-Verbindungen $C_nH_{2n-4}N_2O_2$

Amino-Derivate der Dihydroxy-Verbindungen $C_4H_4N_2O_2$

3,6-Dimethoxy-pyridazin-4-ylamin $C_6H_9N_3O_2$, Formel IV (R = H).

B. Aus *N*-[3,6-Dimethoxy-pyridazin-4-yl]-acetamid mit Hilfe von wss. HCl (*Itai, Igeta*, J. pharm. Soc. Japan **75** [1955] 966; C. A. **1956** 4970).

Kristalle (aus H_2O); F: 175°.

Picrat $C_6H_9N_3O_2 \cdot C_6H_3N_3O_7$. Gelbe Kristalle; F: 177°.

[1]) Siehe Anm. S. 3479.

4-Amino-3,6-dimethoxy-pyridazin-1-oxid, 3,6-Dimethoxy-1-oxy-pyridazin-4-ylamin $C_6H_9N_3O_3$, Formel V.

B. Bei der Hydrierung von 3,6-Dimethoxy-4-nitro-pyridazin-1-oxid an Palladium/Kohle in Äthanol oder wss. HCl (*Itai, Igeta,* J. pharm. Soc. Japan **75** [1955] 966; C. A. **1956** 4970).

Hygroskopische Kristalle.

Picrat $C_6H_9N_3O_3 \cdot C_6H_3N_3O_7$. Gelbe Kristalle; F: 171°.

4-Acetylamino-3,6-dimethoxy-pyridazin, *N*-[3,6-Dimethoxy-pyridazin-4-yl]-acetamid $C_8H_{11}N_3O_3$, Formel IV (R = CO-CH_3).

B. Bei der Hydrierung von 3,6-Dimethoxy-1-oxy-pyridazin-4-ylamin oder von 3,6-Dimethoxy-4-nitro-pyridazin-1-oxid an Palladium/Kohle in Acetanhydrid (*Itai, Igeta,* J. pharm. Soc. Japan **75** [1955] 966; C. A. **1956** 4970).

Kristalle (aus Bzl.); F: 143°.

2,4-Dimethoxy-pyrimidin-5-ylamin $C_6H_9N_3O_2$, Formel VI (R = CH_3, R' = H).

B. Beim Erwärmen von 2,4-Dichlor-pyrimidin-5-ylamin mit methanol. Natriummethylat (*Urban, Schnider,* Helv. **41** [1958] 1806, 1811). Aus 2,4-Dimethoxy-5-nitro-pyrimidin mit Hilfe von Eisen-Pulver und wss.-äthanol. Essigsäure (*Besly, Goldberg,* Soc. **1957** 4997, 4999; s. a. *Takahashi et al.,* Chem. pharm. Bl. **6** [1958] 334, 337) sowie bei der Hydrierung an Palladium/Kohle in Methanol (*Be., Go.*).

Kristalle; F: 89° [aus PAe.] (*Ta. et al.*), 88–89° [aus Bzl.+PAe.] (*Ur., Sch.*), 86–88° [aus PAe.] (*Be., Go.*). Kp_{12}: 148–149° (*Ur., Sch.*).

2,4-Diäthoxy-pyrimidin-5-ylamin $C_8H_{13}N_3O_2$, Formel VI (R = C_2H_5, R' = H).

B. Beim Erwärmen von 2,4-Dichlor-pyrimidin-5-ylamin mit äthanol. Natriumäthylat (*Urban, Schnider,* Helv. **41** [1958] 1806, 1812). Aus 2,4-Diäthoxy-5-nitro-pyrimidin mit Hilfe von Eisen-Pulver und Essigsäure (*Takahashi et al.,* Chem. pharm. Bl. **6** [1958] 334, 337) sowie bei der Hydrierung an Palladium/Kohle in Äthanol (*Ur., Sch.*).

Kristalle; F: 64–66° [nach Sublimation bei 60°/0,01 Torr] (*Ur., Sch.*), 64° [aus PAe.] (*Ta. et al.*). Kp_{12}: 160–161° (*Ur., Sch.*).

Acetyl-Derivat $C_{10}H_{15}N_3O_3$; 5-Acetylamino-2,4-diäthoxy-pyrimidin, *N*-[2,4-Diäthoxy-pyrimidin-5-yl]-acetamid. Kristalle (aus H_2O); F: 136° [unkorr.] (*Inoue,* Chem. pharm. Bl. **6** [1958] 343, 345).

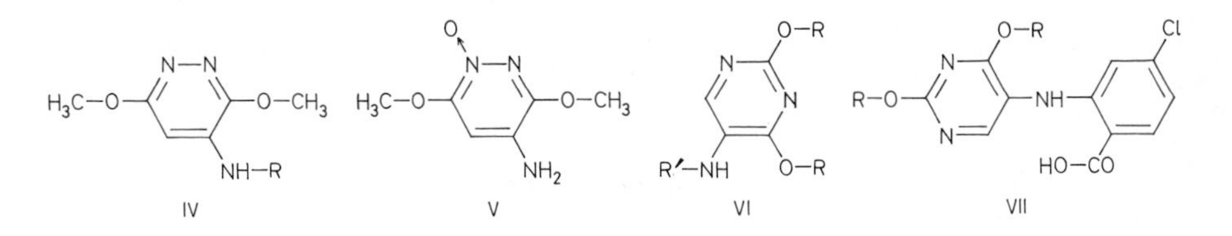

2,4-Diphenoxy-pyrimidin-5-ylamin $C_{16}H_{13}N_3O_2$, Formel VI (R = C_6H_5, R' = H).

B. Aus 5-Nitro-2,4-diphenoxy-pyrimidin mit Hilfe von Eisen-Pulver und wss.-äthanol. Essigsäure (*Besly, Goldberg,* Soc. **1957** 4997, 4999).

F: 130–132° [aus Bzl.+PAe.].

4-Chlor-2-[2,4-dimethoxy-pyrimidin-5-ylamino]-benzoesäure $C_{13}H_{12}ClN_3O_4$, Formel VII (R = CH_3).

B. Beim Erhitzen von 2,4-Dichlor-benzoesäure mit 2,4-Dimethoxy-pyrimidin-5-ylamin, K_2CO_3 und wenig CuO in Pentan-1-ol (*Besly, Goldberg,* Soc. **1957** 4997, 4999, 5000).

F: 208–210° [aus Butylacetat].

4-Chlor-2-[2,4-diphenoxy-pyrimidin-5-ylamino]-benzoesäure $C_{23}H_{16}ClN_3O_4$, Formel VII (R = C_6H_5).

B. Analog der vorangehenden Verbindung (*Besly, Goldberg,* Soc. **1957** 4997, 5000).

Kristalle (aus Me.); F: 196–198°.

2,4-Dimethoxy-5-sulfanilylamino-pyrimidin, Sulfanilsäure-[2,4-dimethoxy-pyrimidin-5-ylamid] $C_{12}H_{14}N_4O_4S$, Formel VI (R = CH_3, R′ = SO_2-C_6H_4-NH_2).

B. Aus der folgenden Verbindung mit Hilfe von wss. NaOH oder wss. HCl (*Urban, Schnider,* Helv. **41** [1958] 1806, 1810, 1816).

Kristalle (aus Me. oder A.); F: 166–167° [unkorr.].

***N*-Acetyl-sulfanilsäure-[2,4-dimethoxy-pyrimidin-5-ylamid], Essigsäure-[4-(2,4-dimethoxy-pyrimidin-5-ylsulfamoyl)-anilid]** $C_{14}H_{16}N_4O_5S$, Formel VI (R = CH_3, R′ = SO_2-C_6H_4-NH-CO-CH_3).

B. Aus 2,4-Dimethoxy-pyrimidin-5-ylamin und *N*-Acetyl-sulfanilylchlorid mit Hilfe von Pyridin (*Urban, Schnider,* Helv. **41** [1958] 1806, 1809, 1815).

Kristalle (aus Me. oder A.); F: 234–236° [unkorr.].

2,4-Diäthoxy-5-sulfanilylamino-pyrimidin, Sulfanilsäure-[2,4-diäthoxy-pyrimidin-5-ylamid] $C_{14}H_{18}N_4O_4S$, Formel VI (R = C_2H_5, R′ = SO_2-C_6H_4-NH_2).

B. Aus der folgenden Verbindung mit Hilfe von wss. NaOH oder wss. HCl (*Urban, Schnider,* Helv. **41** [1958] 1806, 1810, 1816).

Kristalle (aus Me. oder A.); F: 142–143°.

***N*-Acetyl-sulfanilsäure-[2,4-diäthoxy-pyrimidin-5-ylamid], Essigsäure-[4-(2,4-diäthoxy-pyrimidin-5-ylsulfamoyl)-anilid]** $C_{16}H_{20}N_4O_5S$, Formel VI (R = C_2H_5, R′ = SO_2-C_6H_4-NH-CO-CH_3).

B. Analog *N*-Acetyl-sulfanilsäure-[2,4-dimethoxy-pyrimidin-5-ylamid] [s. o.] (*Urban, Schnider,* Helv. **41** [1958] 1806, 1809, 1815).

Kristalle (aus Me. oder A.); F: 242–244°.

2-Äthylmercapto-4-thiocyanato-pyrimidin-5-ylamin, 2-Äthylmercapto-5-amino-pyrimidin-4-ylthiocyanat $C_7H_8N_4S_2$, Formel VIII (R = H, R′ = C_2H_5, R″ = CN).

B. Aus 2-Chlor-4-thiocyanato-pyrimidin-5-ylamin und äthanol. Natrium-äthanthiolat (*Inoue,* Chem. pharm. Bl. **6** [1958] 343, 345).

Kristalle (aus A.); F: 234° [unkorr.].

Acetyl-Derivat $C_9H_{10}N_4OS_2$; *N*-[2-Äthylmercapto-4-thiocyanato-pyrimidin-5-yl]-acetamid. Kristalle (aus wss. A.); F: 185–186° [unkorr.].

5-Acetylamino-2,4-bis-acetylmercapto-pyrimidin, *N*-[2,4-Bis-acetylmercapto-pyrimidin-5-yl]-acetamid $C_{10}H_{11}N_3O_3S_2$, Formel VIII (R = R′ = R″ = CO-CH_3).

B. Aus 5-Amino-1*H*-pyrimidin-2,4-dithion und Acetanhydrid (*Inoue,* Chem. pharm. Bl. **6** [1958] 346, 348).

Gelbe Kristalle (aus H_2O), die unterhalb 300° nicht schmelzen.

2,6-Dimethoxy-pyrimidin-4-ylamin $C_6H_9N_3O_2$, Formel IX (R = CH_3, R′ = R″ = H).

B. Aus 2,6-Dichlor-pyrimidin-4-ylamin und methanol. Natriummethylat (*Yanai,* J. pharm. Soc. Japan **62** [1942] 315, 331; dtsch. Ref. S. 95, 105; C. A. **1951** 5150).

Kristalle (aus Me. + E.); F: 146°.

2,4-Dimethoxy-6-methylamino-pyrimidin, [2,6-Dimethoxy-pyrimidin-4-yl]-methyl-amin $C_7H_{11}N_3O_2$, Formel IX (R = R′ = CH_3, R″ = H).

B. Aus 4-Chlor-2,6-dimethoxy-pyrimidin und wss. Methylamin (*Bredereck et al.,* B. **92** [1959] 583, 594).

Kristalle (aus A. + H_2O); F: 136–138°.

2,4-Bis-benzyloxy-6-methylamino-pyrimidin, [2,6-Bis-benzyloxy-pyrimidin-4-yl]-methyl-amin $C_{19}H_{19}N_3O_2$, Formel IX (R = CH_2-C_6H_5, R′ = CH_3, R″ = H).

B. Aus [2,6-Dichlor-pyrimidin-4-yl]-methyl-amin und Natriumbenzylat in Toluol (*King, King,* Soc. **1947** 726, 732).

Kristalle (aus A.); F: 118°.

2,4-Bis-benzyloxy-6-dimethylamino-pyrimidin, [2,6-Bis-benzyloxy-pyrimidin-4-yl]-dimethyl-amin $C_{20}H_{21}N_3O_2$, Formel IX (R = CH_2-C_6H_5, R' = R'' = CH_3).

B. Analog dem vorangehenden Amin (*King, King*, Soc. **1947** 726, 732).

Kristalle (aus A.); F: 79°.

Ein Gemisch dieser Verbindung mit [4,6-Bis-benzyloxy-pyrimidin-2-yl]-dimethyl-amin ($C_{20}H_{21}N_3O_2$) hat vermutlich in dem von *King, King* unter der zuletzt genannten Konstitution beschriebenen Präparat (Picrat $C_{20}H_{21}N_3O_2 \cdot C_6H_3N_3O_7$; gelbe Kristalle [aus A.], F: 176°), das analog aus einem Gemisch (F: 102–103°) von [2,6-Dichlor-pyrimidin-4-yl]-dimethyl-amin und [4,6-Dichlor-pyrimidin-2-yl]-dimethyl-amin (S. 2124) erhalten worden ist, vorgelegen.

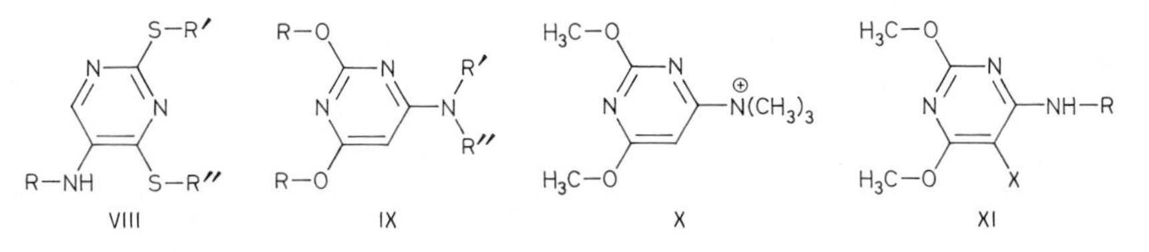

[2,6-Dimethoxy-pyrimidin-4-yl]-trimethyl-ammonium $[C_9H_{16}N_3O_2]^+$, Formel X.

Chlorid $[C_9H_{16}N_3]Cl$. *B.* Aus 4-Chlor-2,6-dimethoxy-pyrimidin und Trimethylamin in Benzol (*Klötzer*, M. **87** [1956] 131, 134). – Kristalle (aus A.+Ae.); Zers. bei ca. 200° [korr.].

[2(?),6-Bis-benzyloxy-pyrimidin-4(?)-yl]-guanidin $C_{19}H_{19}N_5O_2$, vermutlich Formel IX (R = CH_2-C_6H_5, R' = $C(NH_2)$=NH, R'' = H) und Taut.

B. Aus [2(?),6-Dichlor-pyrimidin-4(?)-yl]-guanidin (S. 2135) und Natriumbenzylat in Toluol (*King, King*, Soc. **1947** 726, 733).

Picrat $C_{19}H_{19}N_5O_2 \cdot C_6H_3N_3O_7$. Kristalle (aus Isoamylalkohol); F: 200°.

***N,N*-Diäthyl-*N'*-[2,6-bis-benzyloxy-pyrimidin-4-yl]-propandiyldiamin** $C_{25}H_{32}N_4O_2$, Formel IX (R = CH_2-C_6H_5, R' = $[CH_2]_3$-$N(C_2H_5)_2$, R'' = H).

B. Analog der vorangehenden Verbindung (*King, King*, Soc. **1947** 726, 731).

Kristalle (aus PAe.); F: 68°.

Dipicrat $C_{25}H_{32}N_4O_2 \cdot 2C_6H_3N_3O_7$. Kristalle (aus A.); F: 156°.

2,4-Dimethoxy-6-sulfanilylamino-pyrimidin, Sulfanilsäure-[2,6-dimethoxy-pyrimidin-4-ylamid], Sulfadimethoxin $C_{12}H_{14}N_4O_4S$, Formel IX (R = CH_3, R' = SO_2-C_6H_4-NH_2, R'' = H).

B. Aus dem Natrium-Salz des Sulfanilamids und [2,6-Dimethoxy-pyrimidin-4-yl]-trimethyl-ammonium-chlorid in Acetamid (*Klötzer, Bretschneider*, M. **87** [1956] 136, 142). Aus dem folgenden Acetyl-Derivat mit Hilfe von wss. NaOH (*Kl., Br.*).

Kristalle (aus wss. A.); F: 201–203° [korr.] (*Kl., Br.*). IR-Spektrum (Nujol; 2–15,5 μ): *Bellomonte et al.*, Rend. Ist. super. Sanità **22** [1959] 959, 967. UV-Spektrum (220–320 nm) in Äthanol, in wss. HCl [2 n] und in wss. NaOH [0,1 n]: *Be. et al.*, l. c. S. 964.

***N*-Acetyl-sulfanilsäure-[2,6-dimethoxy-pyrimidin-4-ylamid], Essigsäure-[4-(2,6-dimethoxy-pyrimidin-4-ylsulfamoyl)-anilid]** $C_{14}H_{16}N_4O_5S$, Formel IX (R = CH_3, R' = SO_2-C_6H_4-NH-CO-CH_3, R'' = H).

B. Aus 2,6-Dimethoxy-pyrimidin-4-ylamin und *N*-Acetyl-sulfanilylchlorid mit Hilfe von Pyridin (*Klötzer, Bretschneider*, M. **87** [1956] 136, 143). Aus der vorangehenden Verbindung (*Kl., Br.*, l. c. S. 142).

Kristalle (aus wss. A.); F: 220–223° [korr.].

5-Brom-2,4-dimethoxy-6-methylamino-pyrimidin, [5-Brom-2,6-dimethoxy-pyrimidin-4-yl]-methyl-amin $C_7H_{10}BrN_3O_2$, Formel XI (R = CH_3, X = Br).

B. Aus [2,6-Dimethoxy-pyrimidin-4-yl]-methyl-amin und *N*-Brom-succinimid in Essigsäure

und Acetanhydrid (*Bredereck et al.*, B. **92** [1959] 583, 584). Aus 5-Brom-4-chlor-2,6-dimethoxy-pyrimidin und wss. Methylamin (*Br. et al.*).
Kristalle (aus wss. A.); F: 104–106°.

2,6-Dimethoxy-5-nitro-pyrimidin-4-ylamin $C_6H_8N_4O_4$, Formel XI (R = H, X = NO_2).
B. Aus 2,6-Dichlor-5-nitro-pyrimidin-4-ylamin und methanol. Natriummethylat (*Dille, Christensen,* Am. Soc. **76** [1954] 5087).
Kristalle (aus wss. Me.); F: 180–181°.

4-Acetylamino-6-methoxy-2-methylmercapto-pyrimidin, *N*-[6-Methoxy-2-methylmercapto-pyrimidin-4-yl]-acetamid $C_8H_{11}N_3O_2S$, Formel XII (R = CO-CH_3, X = H).
B. Aus 6-Methoxy-2-methylmercapto-pyrimidin-4-ylamin (E I **25** 486) und Acetanhydrid (*Pfleiderer, Liedek,* A. **612** [1958] 163, 172).
Kristalle (aus wss. A.); F: 164–165°.

5-Brom-6-methoxy-2-methylmercapto-pyrimidin-4-ylamin $C_6H_8BrN_3OS$, Formel XII (R = H, X = Br).
B. Aus 6-Methoxy-2-methylmercapto-pyrimidin-4-ylamin (E I **25** 486) und Brom mit Hilfe von Natriumacetat in Essigsäure (*Ulbricht, Price,* J. org. Chem. **21** [1956] 567, 571).
Kristalle (aus Me.); F: 135–136° [unkorr.].

2,6-Bis-methylmercapto-5-nitro-pyrimidin-4-ylamin $C_6H_8N_4O_2S_2$, Formel XIII (X = S, X′ = NO_2).
B. Aus 2,6-Dichlor-5-nitro-pyrimidin-4-ylamin und methanol. Natrium-methanthiolat (*Dille, Christensen,* Am. Soc. **76** [1954] 5087).
Gelbe Kristalle (aus wss. Me.); F: 220–221°.

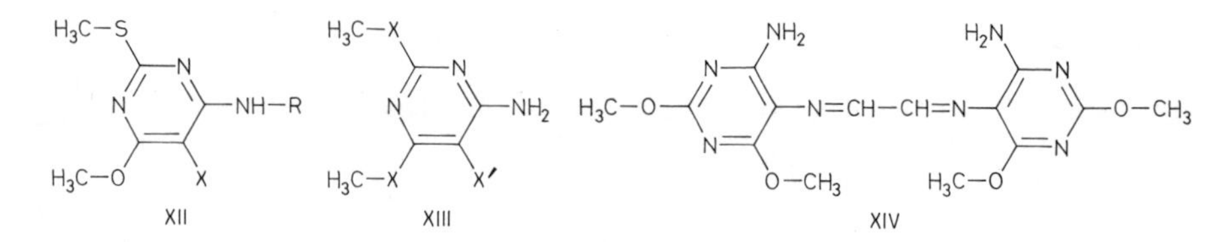

2,6-Dimethoxy-pyrimidin-4,5-diyldiamin $C_6H_{10}N_4O_2$, Formel XIII (X = O, X′ = NH_2).
B. Bei der Hydrierung von 2,6-Dimethoxy-5-nitro-pyrimidin-4-ylamin an Raney-Nickel in Methanol (*Dille, Christensen,* Am. Soc. **76** [1954] 5087).
Kristalle (aus H_2O); F: 178–179°.

***1,2-Bis-[4-amino-2,6-dimethoxy-pyrimidin-5-ylimino]-äthan, Glyoxal-bis-[4-amino-2,6-dimethoxy-pyrimidin-5-ylimin]** $C_{14}H_{18}N_8O_4$, Formel XIV.
B. Als Hauptprodukt neben 2,4-Dimethoxy-pteridin beim Behandeln des vorangehenden Diamins mit Glyoxal in Methanol (*Pfleiderer,* B. **90** [1957] 2582, 2583, 2587).
Gelbe Kristalle (aus A.); F: 229° [Zers.].

2,6-Bis-methylmercapto-pyrimidin-4,5-diyldiamin $C_6H_{10}N_4S_2$, Formel XIII (X = S, X′ = NH_2).
B. Bei der Hydrierung von 2,6-Bis-methylmercapto-5-nitro-pyrimidin-4-ylamin an Raney-Nickel in Methanol (*Dille, Christensen,* Am. Soc. **76** [1954] 5087).
Kristalle (aus Me.); F: 192–193°.

4,5-Diäthoxy-pyrimidin-2-ylamin $C_8H_{13}N_3O_2$, Formel I (R = H).
B. Aus 5-Äthoxy-4-chlor-pyrimidin-2-ylamin und äthanol. Natriumäthylat (*Braker et al.,* Am. Soc. **69** [1947] 3072, 3075).
F: 94–95°.

4,5-Diäthoxy-2-sulfanilylamino-pyrimidin, Sulfanilsäure-[4,5-diäthoxy-pyrimidin-2-ylamid] $C_{14}H_{18}N_4O_4S$, Formel I (R = SO_2-C_6H_4-NH_2).

B. Aus dem folgenden Acetyl-Derivat mit Hilfe von wss. NaOH (*Braker et al.*, Am. Soc. **69** [1947] 3072, 3076, 3078).

Kristalle (aus A.); F: 203,5–204,5° [unkorr.].

***N*-Acetyl-sulfanilsäure-[4,5-diäthoxy-pyrimidin-2-ylamid], Essigsäure-[4-(4,5-diäthoxy-pyrimidin-2-ylsulfamoyl)-anilid]** $C_{16}H_{20}N_4O_5S$, Formel I (R = SO_2-C_6H_4-NH-CO-CH_3).

B. Aus *N*-Acetyl-sulfanilylchlorid und 4,5-Diäthoxy-pyrimidin-4-ylamin mit Hilfe von Pyridin (*Braker et al.*, Am. Soc. **69** [1947] 3072, 3076, 3077).

F: 196–197° [unkorr.].

4,6-Dimethoxy-pyrimidin-2-ylamin $C_6H_9N_3O_2$, Formel II (R = H, R′ = R″ = CH_3).

B. Aus 4,6-Dichlor-pyrimidin-2-ylamin und Natriummethylat in Methanol (*Fisher, Johnson*, Am. Soc. **54** [1932] 727, 732; *Yanai*, J. pharm. Soc. Japan **62** [1942] 315, 331; dtsch. Ref. S. 95, 105; C. A. **1951** 5150; *Braker et al.*, Am. Soc. **69** [1947] 3072, 3075) oder in Methanol und Xylol (*Rose, Tuey*, Soc. **1946** 81, 83).

Kristalle; F: 97° [aus Ae.+PAe.] (*Ya.*), 95° [aus PAe.] (*Fi., Jo.*), 94–95° [unkorr.] (*Br. et al.*), 92–93° [nach Destillation bei 252°/760 Torr] (*Rose, Tuey*). IR-Spektrum (Paraffin oder Perfluorkerosin; 3500–2800 cm^{-1} und 1800–400 cm^{-1}): *Short, Thompson*, Soc. **1952** 168, 170, 175, 178, 182.

Picrat $C_6H_9N_3O_2 \cdot C_6H_3N_3O_7$. Gelbe Kristalle (aus Me.+2-Äthoxy-äthanol); F: 208° (*Rose, Tuey*).

4-Äthoxy-6-methoxy-pyrimidin-2-ylamin $C_7H_{11}N_3O_2$, Formel II (R = H, R′ = C_2H_5, R″ = CH_3).

B. Aus 4-Chlor-6-methoxy-pyrimidin-2-ylamin und Natriumäthylat in Xylol (*Rose, Tuey*, Soc. **1946** 81, 84).

Kristalle (aus H_2O); F: 98°. Kp_{736}: 226–228°.

Picrat $C_7H_{11}N_3O_2 \cdot C_6H_3N_3O_7$. Gelbe Kristalle (aus H_2O); F: 185–186°.

4,6-Diäthoxy-pyrimidin-2-ylamin $C_8H_{13}N_3O_2$, Formel II (R = H, R′ = R″ = C_2H_5).

B. Aus 4,6-Dichlor-pyrimidin-2-ylamin und Natriumäthylat in Äthanol (*Braker et al.*, Am. Soc. **69** [1947] 3072, 3075) oder in Äthanol und Xylol (*Rose, Tuey*, Soc. **1946** 81, 83).

Kristalle; F: 101° [aus Bzl.] (*Rose, Tuey*), 99,5–100° [unkorr.] (*Br. et al.*). Kp_{760}: 265–266° (*Rose, Tuey*).

Picrat $C_8H_{13}N_3O_2 \cdot C_6H_3N_3O_7$. Gelbe Kristalle (aus A.); F: 162° (*Rose, Tuey*).

4,6-Dipropoxy-pyrimidin-2-ylamin $C_{10}H_{17}N_3O_2$, Formel II (R = H, R′ = R″ = CH_2-C_2H_5).

B. Aus 4,6-Dichlor-pyrimidin-2-ylamin und Natriumpropylat in Propan-1-ol und Xylol (*Rose, Tuey*, Soc. **1946** 81, 83).

Kristalle (aus PAe.); F: 72°. Kp_{42}: 184°.

Picrat $C_{10}H_{17}N_3O_2 \cdot C_6H_3N_3O_7$. Gelbe Kristalle (aus 2-Äthoxy-äthanol); F: 188°.

4,6-Diisopropoxy-pyrimidin-2-ylamin $C_{10}H_{17}N_3O_2$, Formel II (R = H, R′ = R″ = $CH(CH_3)_2$).

B. Analog der vorangehenden Verbindung (*Rose, Tuey*, Soc. **1946** 81, 83).

Kristalle (aus PAe.); F: 90°. Kp_{30}: 160°.

Picrat $C_{10}H_{17}N_3O_2 \cdot C_6H_3N_3O_7$. Gelbe Kristalle (aus Me.); F: 108°.

4,6-Dibutoxy-pyrimidin-2-ylamin $C_{12}H_{21}N_3O_2$, Formel II (R = H, R′ = R″ = $[CH_2]_3$-CH_3).

B. Analog den vorangehenden Verbindungen (*Rose, Tuey*, Soc. **1946** 81, 83).

Kristalle (aus PAe.); F: 58°. Kp_{17}: 192°.

Picrat $C_{12}H_{21}N_3O_2 \cdot C_6H_3N_3O_7$. Gelbe Kristalle (aus Me.); F: 182–183°.

4,6-Bis-[2-methoxy-äthoxy]-pyrimidin-2-ylamin $C_{10}H_{17}N_3O_4$, Formel II (R = H, R′ = R″ = CH_2-CH_2-O-CH_3).

B. Aus 4,6-Dichlor-pyrimidin-2-ylamin und der Natrium-Verbindung des 2-Methoxy-äthanols in 2-Methoxy-äthanol (*Braker et al.*, Am. Soc. **69** [1947] 3072, 3075).

F: 85–86°.

4,6-Bis-[2-äthoxy-äthoxy]-pyrimidin-2-ylamin $C_{12}H_{21}N_3O_4$, Formel II (R = H, R′ = R″ = CH_2-CH_2-O-C_2H_5).

B. Analog der vorangehenden Verbindung (*Rose, Tuey*, Soc. **1946** 81, 83).

Kp_{12}: 228–230°.

Picrat $C_{12}H_{21}N_3O_4 \cdot C_6H_3N_3O_7$. Gelbe Kristalle (aus wss. Me.); F: 121°.

4,6-Bis-benzyloxy-2-methylamino-pyrimidin, [4,6-Bis-benzyloxy-pyrimidin-2-yl]-methyl-amin $C_{19}H_{19}N_3O_2$, Formel II (R = CH_3, R′ = R″ = CH_2-C_6H_5).

B. Aus [4,6-Dichlor-pyrimidin-2-yl]-methyl-amin und Natriumbenzylat in Toluol (*King, King*, Soc. **1947** 726, 732).

Kristalle (aus A.); F: 101°.

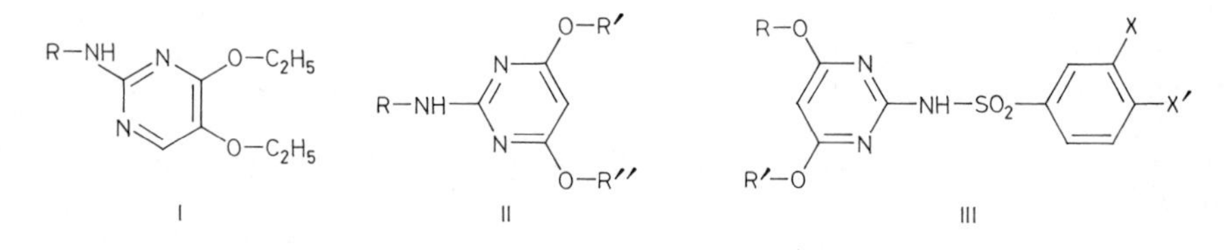

***N*-[4-Chlor-phenyl]-*N*′-[4,6-dimethoxy-pyrimidin-2-yl]-formamidin** $C_{13}H_{13}ClN_4O_2$, Formel II (R = CH=N-C_6H_4-Cl, R′ = R″ = CH_3) und Taut.

B. Aus *N*-[4-Chlor-phenyl]-*N*′-[4,6-dimethoxy-pyrimidin-2-yl]-thioharnstoff beim Behandeln mit Raney-Nickel in Äthanol enthaltendem Äthylacetat (*Ashworth*, Soc. **1948** 1716).

Kristalle (aus A.); F: 178–179,5°.

4-Amino-benzoesäure-[4,6-dimethoxy-pyrimidin-2-ylamid] $C_{13}H_{14}N_4O_3$, Formel II (R = CO-C_6H_4-NH_2, R′ = R″ = CH_3).

B. Beim Behandeln von 4,6-Dimethoxy-pyrimidin-2-ylamin mit 4-Nitro-benzoylchlorid und Pyridin und Behandeln des Reaktionsprodukts mit Eisen und wss.-äthanol. HCl (*Rose, Tuey*, Soc. **1946** 81, 85).

Kristalle (aus wss. 2-Äthoxy-äthanol); F: 191°.

4-Chlor-benzolsulfonsäure-[4,6-dimethoxy-pyrimidin-2-ylamid] $C_{12}H_{12}ClN_3O_4S$, Formel III (R = R′ = CH_3, X = H, X′ = Cl).

B. Aus 4-Chlor-benzolsulfonylchlorid und 4,6-Dimethoxy-pyrimidin-2-ylamin mit Hilfe von Pyridin (*Hultquist et al.*, Am. Soc. **73** [1951] 2558, 2560).

Kristalle (aus CCl_4); F: 152,6–153,9°.

3-Nitro-benzolsulfonsäure-[4,6-dimethoxy-pyrimidin-2-ylamid] $C_{12}H_{12}N_4O_6S$, Formel III (R = R′ = CH_3, X = NO_2, X′ = H).

B. Analog der vorangehenden Verbindung (*Rose, Tuey*, Soc. **1946** 81, 85).

Kristalle (aus wss. 2-Äthoxy-äthanol); F: 149–151°.

4-Hydroxy-benzolsulfonsäure-[4,6-dimethoxy-pyrimidin-2-ylamid] $C_{12}H_{13}N_3O_5S$, Formel III (R = R′ = CH_3, X = H, X′ = OH).

B. Beim Behandeln von 4,6-Dimethoxy-pyrimidin-2-ylamin mit 4-[Toluol-4-sulfonyloxy]-benzolsulfonylchlorid und Pyridin und Erhitzen des Reaktionsprodukts mit wss. NaOH (*Hultquist et al.*, Am. Soc. **73** [1951] 2558, 2560).

Kristalle (aus wss. A.); F: 190,1–190,9°. Scheinbare Dissoziationsexponenten pK'_{a1} und pK'_{a2} (H_2O?; spektrophotometrisch ermittelt): 7,29 bzw. 9,05.

3-Amino-benzolsulfonsäure-[4,6-dimethoxy-pyrimidin-2-ylamid] $C_{12}H_{14}N_4O_4S$, Formel III ($R = R' = CH_3$, $X = NH_2$, $X' = H$).

B. Bei der Hydrierung von 3-Nitro-benzolsulfonsäure-[4,6-dimethoxy-pyrimidin-2-ylamid] an Nickel in Methanol (*Rose, Tuey*, Soc. **1946** 81, 85).

Kristalle (aus Butan-1-ol); F: 134°.

4,6-Dimethoxy-2-sulfanilylamino-pyrimidin, Sulfanilsäure-[4,6-dimethoxy-pyrimidin-2-ylamid] $C_{12}H_{14}N_4O_4S$, Formel III ($R = R' = CH_3$, $X = H$, $X' = NH_2$).

B. Beim Behandeln von 4,6-Dimethoxy-pyrimidin-2-ylamin mit 4-Nitro-benzolsulfonylchlorid und Pyridin und Erhitzen des Reaktionsprodukts mit Eisen, konz. wss. HCl und 2-Äthoxy-äthanol (*Rose, Tuey*, Soc. **1946** 81, 84). Aus dem folgenden Acetyl-Derivat mit Hilfe von wss. NaOH (*Rose, Tuey; Leitch et al.*, Canad. J. Res. [B] **25** [1947] 14, 17; *Braker et al.*, Am. Soc. **69** [1947] 3072, 3076).

Kristalle; F: 177–178° [unkorr.] (*Br. et al.*), 175,5° [aus Me.] (*Rose, Tuey*), 170–172° [unkorr.; aus A.] (*Le. et al.*). Scheinbarer Dissoziationsexponent pK'_a (H_2O?; spektrophotometrisch ermittelt): 7,12 (*Hultquist et al.*, Am. Soc. **73** [1951] 2558).

***N*-Acetyl-sulfanilsäure-[4,6-dimethoxy-pyrimidin-2-ylamid], Essigsäure-[4-(4,6-dimethoxy-pyrimidin-2-ylsulfamoyl)-anilid]** $C_{14}H_{16}N_4O_5S$, Formel III ($R = R' = CH_3$, $X = H$, $X' = NH\text{-}CO\text{-}CH_3$).

B. Aus 4,6-Dimethoxy-pyrimidin-2-ylamin und *N*-Acetyl-sulfanilylchlorid mit Hilfe von Pyridin (*Rose, Tuey*, Soc. **1946** 81, 84; *Braker et al.*, Am. Soc. **69** [1947] 3072, 3076; s. a. *Leitch et al.*, Canad. J. Res. [B] **25** [1947] 14, 17).

Kristalle; F: 240–241° [unkorr.] (*Br. et al.*), 235–236° [unkorr.; aus A.] (*Le. et al.*), 235° [aus wss. 2-Äthoxy-äthanol] (*Rose, Tuey*).

4-Äthoxy-6-methoxy-2-sulfanilylamino-pyrimidin, Sulfanilsäure-[4-äthoxy-6-methoxy-pyrimidin-2-ylamid] $C_{13}H_{16}N_4O_4S$, Formel III ($R = C_2H_5$, $R' = CH_3$, $X = H$, $X' = NH_2$).

B. Aus 4-Äthoxy-6-methoxy-pyrimidin-2-ylamin bei der Umsetzung mit *N*-Acetyl-sulfanilylchlorid und anschliessenden Hydrolyse mit wss. NaOH (*Rose, Tuey*, Soc. **1946** 81, 84).

Kristalle (aus Bzl.); F: 127–128°.

4-Nitro-benzolsulfonsäure-[4,6-diäthoxy-pyrimidin-2-ylamid] $C_{14}H_{16}N_4O_6S$, Formel III ($R = R' = C_2H_5$, $X = H$, $X' = NO_2$).

B. Analog *N*-Acetyl-sulfanilsäure-[4,6-dimethoxy-pyrimidin-2-ylamid] [s. o.] (*Rose, Tuey*, Soc. **1946** 81, 84).

Kristalle (aus A.); F: 156°.

4,6-Diäthoxy-2-sulfanilylamino-pyrimidin, Sulfanilsäure-[4,6-diäthoxy-pyrimidin-2-ylamid] $C_{14}H_{18}N_4O_4S$, Formel III ($R = R' = C_2H_5$, $X = H$, $X' = NH_2$).

B. Aus der vorangehenden Verbindung mit Hilfe von Eisen und wss.-äthanol. HCl (*Rose, Tuey*, Soc. **1946** 81, 84). Aus dem folgenden Acetyl-Derivat mit Hilfe von wss. NaOH (*Braker et al.*, Am. Soc. **69** [1947] 3072, 3076).

F: 158–159° [unkorr.] (*Br. et al.*). Kristalle (aus wss. 2-Äthoxy-äthanol) mit 2 Mol H_2O; F: 140° (*Rose, Tuey*).

***N*-Acetyl-sulfanilsäure-[4,6-diäthoxy-pyrimidin-2-ylamid], Essigsäure-[4-(4,6-diäthoxy-pyrimidin-2-ylsulfamoyl)-anilid]** $C_{16}H_{20}N_4O_5S$, Formel III ($R = R' = C_2H_5$, $X = H$, $X' = NH\text{-}CO\text{-}CH_3$).

B. Aus 4,6-Diäthoxy-pyrimidin-2-ylamin und *N*-Acetyl-sulfanilylchlorid mit Hilfe von Pyridin (*Braker et al.*, Am. Soc. **69** [1947] 3072, 3076).

F: 222–223° [unkorr.].

4,6-Dipropoxy-2-sulfanilylamino-pyrimidin, Sulfanilsäure-[4,6-dipropoxy-pyrimidin-2-ylamid] $C_{16}H_{22}N_4O_4S$, Formel III ($R = R' = CH_2\text{-}C_2H_5$, $X = H$, $X' = NH_2$).

B. Beim Behandeln von 4,6-Dipropoxy-pyrimidin-2-ylamin mit 4-Nitro-benzolsulfonylchlorid

und Pyridin und Erhitzen des Reaktionsprodukts mit Eisen, konz. wss. HCl und Propan-1-ol (*Rose, Tuey,* Soc. **1946** 81, 84).
Kristalle (aus Me.); F: 128–129°.

4,6-Diisopropoxy-2-sulfanilylamino-pyrimidin, Sulfanilsäure-[4,6-diisopropoxy-pyrimidin-2-yl=amid] $C_{16}H_{22}N_4O_4S$, Formel III (R = R′ = $CH(CH_3)_2$, X = H, X′ = NH_2).
B. Analog der vorangehenden Verbindung (*Rose, Tuey,* Soc. **1946** 81, 84).
Kristalle (aus Me.); F: 159–160° [nach Trocknen unter vermindertem Druck bei 80°].

4-Nitro-benzolsulfonsäure-[4,6-dibutoxy-pyrimidin-2-ylamid] $C_{18}H_{24}N_4O_6S$, Formel III (R = R′ = $[CH_2]_3$-CH_3, X = H, X′ = NO_2).
B. Aus 4,6-Dibutoxy-pyrimidin-2-ylamin und 4-Nitro-benzolsulfonylchlorid mit Hilfe von Pyridin (*Rose, Tuey,* Soc. **1946** 81, 82).
Natrium-Salz $NaC_{18}H_{23}N_4O_6S$. Gelbe Kristalle (aus wss. Me.) mit 1 Mol H_2O; F: 140°.

4,6-Dibutoxy-2-sulfanilylamino-pyrimidin, Sulfanilsäure-[4,6-dibutoxy-pyrimidin-2-ylamid] $C_{18}H_{26}N_4O_4S$, Formel III (R = R′ = $[CH_2]_3$-CH_3, X = H, X′ = NH_2).
B. Aus der vorangehenden Verbindung mit Hilfe von Eisen, konz. wss. HCl und Butan-1-ol (*Rose, Tuey,* Soc. **1946** 81, 84).
Natrium-Salz $NaC_{18}H_{25}N_4O_4S$. Kristalle (aus Butan-1-ol) mit 1,5 Mol H_2O; F: 275° [nach Trocknen bei 110°].

4,6-Bis-[2-methoxy-äthoxy]-2-sulfanilylamino-pyrimidin, Sulfanilsäure-[4,6-bis-(2-methoxy-äthoxy)-pyrimidin-2-ylamid] $C_{16}H_{22}N_4O_6S$, Formel III (R = R′ = CH_2-CH_2-O-CH_3, X = H, X′ = NH_2).
B. Aus dem folgenden Acetyl-Derivat mit Hilfe von wss. NaOH (*Braker et al.,* Am. Soc. **69** [1947] 3072, 3076).
F: 104–105° [unkorr.].

***N*-Acetyl-sulfanilsäure-[4,6-bis-(2-methoxy-äthoxy)-pyrimidin-2-ylamid]** $C_{18}H_{24}N_4O_7S$, Formel III (R = R′ = CH_2-CH_2-O-CH_3, X = H, X′ = NH-CO-CH_3).
B. Aus 4,6-Bis-[2-methoxy-äthoxy]-pyrimidin-2-ylamin und *N*-Acetyl-sulfanilylchlorid mit Hilfe von Pyridin (*Braker et al.,* Am. Soc. **69** [1947] 3072, 3076).
F: 156–157° [unkorr.].

4,6-Bis-äthylmercapto-pyrimidin-2-ylamin $C_8H_{13}N_3S_2$, Formel IV (R = C_2H_5, R′ = H).
B. Aus 4,6-Dichlor-pyrimidin-2-ylamin und Natrium-äthanthiolat (*Braker et al.,* Am. Soc. **69** [1947] 3072, 3075).
F: 52–53°.

4,6-Bis-carbamimidoylmercapto-pyrimidin-2-ylamin, *S,S′*-[2-Amino-pyrimidin-4,6-diyl]-bis-isothioharnstoff $C_6H_9N_7S_2$, Formel IV (R = $C(NH_2)$=NH, R′ = H).
Dihydrochlorid $C_6H_9N_7S_2 \cdot 2HCl$; *S,S′*-[2-Amino-pyrimidin-4,6-diyl]-bis-thio=uronium-dichlorid. *B.* Aus 4,6-Dichlor-pyrimidin-2-ylamin und Thioharnstoff in Äthanol (*Polonovski, Schmitt,* Bl. **1950** 616, 620). – Gelbe Kristalle mit 2 Mol H_2O; Zers. bei ca. 250° [aus wss. A.+Ae.] (*Po., Sch.,* Bl. **1950** 620), bei ca. 200° [aus wss. A.] (*Polonovski, Schmitt,* C. r. **230** [1950] 754).

4,6-Bis-äthylmercapto-2-sulfanilylamino-pyrimidin, Sulfanilsäure-[4,6-bis-äthylmercapto-pyrimidin-2-ylamid] $C_{14}H_{18}N_4O_2S_3$, Formel IV (R = C_2H_5, R′ = SO_2-C_6H_4-NH_2).
B. Aus dem folgenden Acetyl-Derivat mit Hilfe von wss. NaOH (*Braker et al.,* Am. Soc. **69** [1947] 3072, 3075).
F: 161–162° [unkorr.].

N-Acetyl-sulfanilsäure-[4,6-bis-äthylmercapto-pyrimidin-2-ylamid], Essigsäure-[4-(4,6-bis-äthylmercapto-pyrimidin-2-ylsulfamoyl)-anilid] $C_{16}H_{20}N_4O_3S_3$, Formel IV (R = C_2H_5, R′ = SO_2-C_6H_4-NH-CO-CH_3).

B. Aus 4,6-Bis-äthylmercapto-pyrimidin-2-ylamin und N-Acetyl-sulfanilylchlorid mit Hilfe von Pyridin (*Braker et al.*, Am. Soc. **69** [1947] 3072, 3076).

F: 191–192° [unkorr.].

Amino-Derivate der Dihydroxy-Verbindungen $C_5H_6N_2O_2$

4,6-Dimethoxy-2-methyl-pyrimidin-5-ylamin $C_7H_{11}N_3O_2$, Formel V (R = H).

B. Bei der Hydrierung von 4,6-Dimethoxy-2-methyl-5-nitro-pyrimidin an Palladium/Kohle in Methanol (*Urban, Schnider,* Helv. **41** [1958] 1806, 1812).

Gelbe Kristalle (aus H_2O); F: 97–98°; bei 50°/0,02 Torr sublimierbar (*Ur., Sch.*). IR-Spektrum (Paraffin oder Perfluorkerosin; 3500–2800 cm^{-1} und 1800–650 cm^{-1}): *Short, Thompson,* Soc. **1952** 168, 171, 176, 182.

4,6-Dimethoxy-2-methyl-5-sulfanilylamino-pyrimidin, Sulfanilsäure-[4,6-dimethoxy-2-methyl-pyrimidin-5-ylamid] $C_{13}H_{16}N_4O_4S$, Formel V (R = SO_2-C_6H_4-NH_2).

B. Aus dem folgenden Acetyl-Derivat mit Hilfe von wss. NaOH (*Urban, Schnider,* Helv. **41** [1958] 1806, 1810, 1816).

Kristalle (aus Me. oder A.); F: 228–229° [unkorr.].

N-Acetyl-sulfanilsäure-[4,6-dimethoxy-2-methyl-pyrimidin-5-ylamid], Essigsäure-[4-(4,6-dimethoxy-2-methyl-pyrimidin-5-ylsulfamoyl)-anilid] $C_{15}H_{18}N_4O_5S$, Formel V (R = SO_2-C_6H_4-NH-CO-CH_3).

B. Aus 4,6-Dimethoxy-2-methyl-pyrimidin-5-ylamin und N-Acetyl-sulfanilylchlorid mit Hilfe von Pyridin (*Urban, Schnider,* Helv. **41** [1958] 1806, 1809, 1815).

Kristalle (aus Me. oder A.); F: 247–248° [unkorr.].

2,4-Dimethoxy-6-methyl-pyrimidin-5-ylamin $C_7H_{11}N_3O_2$, Formel VI (R = H, X = O).

B. Beim Behandeln von 2,4-Dichlor-6-methyl-5-nitro-pyrimidin mit methanol. KOH und anschliessenden Hydrieren an Palladium/Kohle (*Yanai,* J. pharm. Soc. Japan **62** [1942] 315, 320; dtsch. Ref. S. 95, 102; C. A. **1951** 5150). Aus 2,4-Dimethoxy-6-methyl-5-nitro-pyrimidin mit Hilfe von $Na_2S_2O_4$ und wss. NH_3 (*Backer, Grevenstuk,* R. **64** [1945] 115, 120).

Kristalle; F: 73,5° [nach Destillation bei 160° (Badtemperatur)/3 Torr] (*Ya.*), 70,5–72° [nach Destillation bei 128°/2 Torr] (*Ba., Gr.*).

Picrat $C_7H_{11}N_3O_2 \cdot C_6H_3N_3O_7$. Kristalle (aus Bzl.); F: 146° (*Ya.*).

[2-Nitro-benzyliden]-Derivat $C_{14}H_{14}N_4O_4$; [2,4-Dimethoxy-6-methyl-pyrimidin-5-yl]-[2-nitro-benzyliden]-amin, 2-Nitro-benzaldehyd-[2,4-dimethoxy-6-methyl-pyrimidin-5-ylimin]. Gelbe Kristalle (aus A.); F: 130–132° (*Pfleiderer, Mosthaf,* B. **90** [1957] 738, 742).

[4-Nitro-benzyliden]-Derivat $C_{14}H_{14}N_4O_4$; [2,4-Dimethoxy-6-methyl-pyrimidin-5-yl]-[4-nitro-benzyliden]-amin, 4-Nitro-benzaldehyd-[2,4-dimethoxy-6-methyl-pyrimidin-5-ylimin]. Gelbe Kristalle (aus A.); F: 165–166° (*Pf., Mo.*).

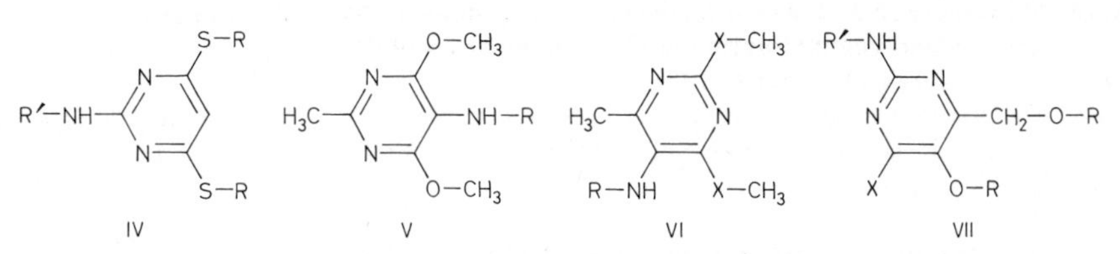

4-Nitro-benzolsulfonsäure-[2,4-dimethoxy-6-methyl-pyrimidin-5-ylamid] $C_{13}H_{14}N_4O_6S$, Formel VI (R = SO_2-C_6H_4-NO_2, X = O).

B. Aus 2,4-Dimethoxy-6-methyl-pyrimidin-5-ylamin und 4-Nitro-benzolsulfonylchlorid mit

Hilfe von Pyridin (*Backer, Grevenstuk*, R. **64** [1945] 115, 120).
Kristalle (aus A.); F: 178–178,5°.

2,4-Dimethoxy-6-methyl-5-sulfanilylamino-pyrimidin, Sulfanilsäure-[2,4-dimethoxy-6-methyl-pyrimidin-5-ylamid] $C_{13}H_{16}N_4O_4S$, Formel VI (R = SO_2-C_6H_4-NH_2, X = O).
B. Aus der vorangehenden Verbindung mit Hilfe von Eisen und wss.-äthanol. HCl (*Backer, Grevenstuk*, R. **64** [1945] 115, 120). Aus dem folgenden Acetyl-Derivat mit Hilfe von wss. HCl (*Yanai*, J. pharm. Soc. Japan **62** [1942] 315, 321; dtsch. Ref. S. 95, 103; C. A. **1951** 5150).
Kristalle; F: 195,5–196° [aus A.] (*Ba., Gr.*), 190,5° [aus wss. Me.] (*Ya.*).

***N*-Acetyl-sulfanilsäure-[2,4-dimethoxy-6-methyl-pyrimidin-5-ylamid], Essigsäure-[4-(2,4-dimethoxy-6-methyl-pyrimidin-5-ylsulfamoyl)-anilid]** $C_{15}H_{18}N_4O_5S$, Formel VI (R = SO_2-C_6H_4-NH-CO-CH_3, X = O).
B. Aus 2,4-Dimethoxy-6-methyl-pyrimidin-5-ylamin und *N*-Acetyl-sulfanilylchlorid mit Hilfe von $NaHCO_3$ in Aceton (*Yanai*, J. pharm. Soc. Japan **62** [1942] 315, 321; dtsch. Ref. S. 95, 103; C. A. **1951** 5150).
Kristalle (aus Acn.); F: 206°.

6-Methyl-2,4-bis-methylmercapto-pyrimidin-5-ylamin $C_7H_{11}N_3S_2$, Formel VI (R = H, X = S).
B. Beim Erhitzen von 2,4-Dichlor-6-methyl-5-nitro-pyrimidin mit wss. Na_2S und Behandeln des Reaktionsprodukts mit Dimethylsulfat und wss. NaOH (*Rose*, Soc. **1954** 4116, 4125).
Kristalle (aus PAe.); F: 75°.
Beim Behandeln mit $NaNO_2$ und wss. HCl und anschliessend mit wss. NaOH ist 5,7-Bis-methylmercapto-1*H*-pyrazolo[4,3-*d*]pyrimidin erhalten worden (*Rose*, l. c. S. 4120).

5-Methoxy-4-methoxymethyl-pyrimidin-2-ylamin $C_7H_{11}N_3O_2$, Formel VII (R = CH_3, R′ = X = H).
B. Bei der Hydrierung von 4-Chlor-5-methoxy-6-methoxymethyl-pyrimidin-2-ylamin an Palladium/Kohle in wss. HCl (*Braker et al.*, Am. Soc. **69** [1947] 3072, 3077).
Kristalle (aus Bzl.); F: 137–138° [unkorr.].

5-Äthoxy-4-äthoxymethyl-pyrimidin-2-ylamin $C_9H_{15}N_3O_2$, Formel VII (R = C_2H_5, R′ = X = H).
B. Bei der Hydrierung von 5-Äthoxy-4-äthoxymethyl-6-chlor-pyrimidin-2-ylamin an Palladium/Kohle in wss. HCl (*Braker et al.*, Am. Soc. **69** [1947] 3072, 3075).
F: 106–107° [unkorr.].

5-Methoxy-4-methoxymethyl-2-sulfanilylamino-pyrimidin, Sulfanilsäure-[5-methoxy-4-methoxymethyl-pyrimidin-2-ylamid] $C_{13}H_{16}N_4O_4S$, Formel VII (R = CH_3, R′ = SO_2-C_6H_4-NH_2, X = H).
B. Aus dem folgenden Acetyl-Derivat mit Hilfe von wss. NaOH (*Braker et al.*, Am. Soc. **69** [1947] 3072, 3076).
F: 158–159° [unkorr.].

***N*-Acetyl-sulfanilsäure-[5-methoxy-4-methoxymethyl-pyrimidin-2-ylamid], Essigsäure-[4-(5-methoxy-4-methoxymethyl-pyrimidin-2-ylsulfamoyl)-anilid]** $C_{15}H_{18}N_4O_5S$, Formel VII (R = CH_3, R′ = SO_2-C_6H_4-NH-CO-CH_3, X = H).
B. Aus 5-Methoxy-4-methoxymethyl-pyrimidin-2-ylamin und *N*-Acetyl-sulfanilylchlorid mit Hilfe von Pyridin (*Braker et al.*, Am. Soc. **69** [1947] 3072, 3076).
F: 211–212° [unkorr.].

5-Äthoxy-4-äthoxymethyl-2-sulfanilylamino-pyrimidin, Sulfanilsäure-[5-äthoxy-4-äthoxymethyl-pyrimidin-2-ylamid] $C_{15}H_{20}N_4O_4S$, Formel VII (R = C_2H_5, R′ = SO_2-C_6H_4-NH_2, X = H).
B. Aus dem folgenden Acetyl-Derivat mit Hilfe von wss. NaOH (*Braker et al.*, Am. Soc. **69** [1947] 3072, 3076).

F: 167–169° [unkorr.].

***N*-Acetyl-sulfanilsäure-[5-äthoxy-4-äthoxymethyl-pyrimidin-2-ylamid], Essigsäure-[4-(5-äthoxy-4-äthoxymethyl-pyrimidin-2-ylsulfamoyl)-anilid]** $C_{17}H_{22}N_4O_5S$, Formel VII (R = C_2H_5, R′ = SO_2-C_6H_4-NH-CO-CH_3, X = H).

B. Aus 5-Äthoxy-4-äthoxymethyl-pyrimidin-2-ylamin und *N*-Acetyl-sulfanilylchlorid mit Hilfe von Pyridin (*Braker et al.*, Am. Soc. **69** [1947] 3072, 3076).

F: 170–171° [unkorr.].

4-Chlor-5-methoxy-6-methoxymethyl-pyrimidin-2-ylamin $C_7H_{10}ClN_3O_2$, Formel VII (R = CH_3, R′ = H, X = Cl).

B. Beim Erhitzen von 2-Amino-5-methoxy-6-methoxymethyl-3*H*-pyrimidin-4-on mit $POCl_3$ (*Braker et al.*, Am. Soc. **69** [1947] 3072, 3077).

Kristalle (aus Hexan); F: 99–100° [unkorr.].

5-Äthoxy-4-äthoxymethyl-6-chlor-pyrimidin-2-ylamin $C_9H_{14}ClN_3O_2$, Formel VII (R = C_2H_5, R′ = H, X = Cl).

B. Analog der vorangehenden Verbindung (*Braker et al.*, Am. Soc. **69** [1947] 3072, 3074).

F: 79–80°.

4-Methoxy-6-methoxymethyl-pyrimidin-2-ylamin $C_7H_{11}N_3O_2$, Formel VIII (R = H, R′ = R″ = CH_3).

B. Aus 4-Chlor-6-methoxymethyl-pyrimidin-2-ylamin und methanol. Natriummethylat (*Bra⸗ker et al.*, Am. Soc. **69** [1947] 3072, 3075).

F: 116–117° [unkorr.].

4-Äthoxy-6-methoxymethyl-pyrimidin-2-ylamin $C_8H_{13}N_3O_2$, Formel VIII (R = H, R′ = C_2H_5, R″ = CH_3).

B. Analog der vorangehenden Verbindung (*Braker et al.*, Am. Soc. **69** [1947] 3072, 3075).

F: 90–91°.

4-Methoxy-6-methoxymethyl-2-sulfanilylamino-pyrimidin, Sulfanilsäure-[4-methoxy-6-methoxymethyl-pyrimidin-2-ylamid] $C_{13}H_{16}N_4O_4S$, Formel VIII (R = SO_2-C_6H_4-NH_2, R′ = R″ = CH_3).

B. Aus dem folgenden Acetyl-Derivat mit Hilfe von wss. NaOH (*Braker et al.*, Am. Soc. **69** [1947] 3072, 3076).

F: 162–163° [unkorr.].

***N*-Acetyl-sulfanilsäure-[4-methoxy-6-methoxymethyl-pyrimidin-2-ylamid], Essigsäure-[4-(4-methoxy-6-methoxymethyl-pyrimidin-2-ylsulfamoyl)-anilid]** $C_{15}H_{18}N_4O_5S$, Formel VIII (R = SO_2-C_6H_4-NH-CO-CH_3, R′ = R″ = CH_3).

B. Aus 4-Methoxy-6-methoxymethyl-pyrimidin-2-ylamin und *N*-Acetyl-sulfanilylchlorid mit Hilfe von Pyridin (*Braker et al.*, Am. Soc. **69** [1947] 3072, 3076).

F: 160–161° [unkorr.].

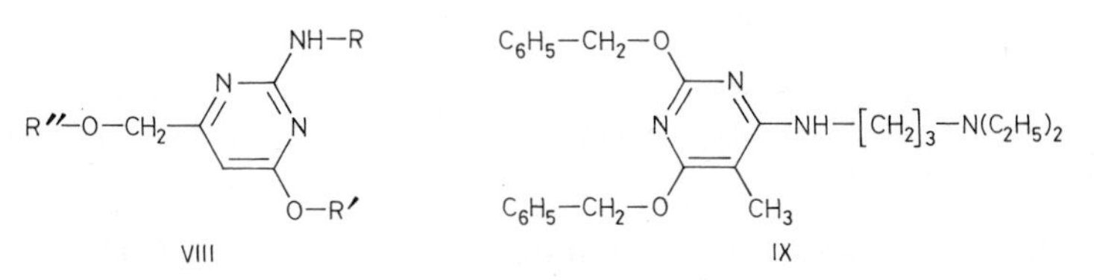

4-Äthoxy-6-methoxymethyl-2-sulfanilylamino-pyrimidin, Sulfanilsäure-[4-äthoxy-6-methoxy⸗methyl-pyrimidin-2-ylamid] $C_{14}H_{18}N_4O_4S$, Formel VIII (R = SO_2-C_6H_4-NH_2, R′ = C_2H_5, R″ = CH_3).

B. Aus dem folgenden Acetyl-Derivat mit Hilfe von wss. NaOH (*Braker et al.*, Am. Soc.

69 [1947] 3072, 3076).
F: 144—145° [unkorr.].

***N*-Acetyl-sulfanilsäure-[4-äthoxy-6-methoxymethyl-pyrimidin-2-ylamid], Essigsäure-[4-(4-äthoxy-6-methoxymethyl-pyrimidin-2-ylsulfamoyl)-anilid]** $C_{16}H_{20}N_4O_5S$, Formel VIII ($R = SO_2$-C_6H_4-NH-CO-CH_3, $R' = C_2H_5$, $R'' = CH_3$).
B. Aus 4-Äthoxy-6-methoxymethyl-pyrimidin-2-ylamin und *N*-Acetyl-sulfanilylchlorid mit Hilfe von Pyridin (*Braker et al.*, Am. Soc. **69** [1947] 3072, 3076).
F: 164—165° [unkorr.].

***N,N*-Diäthyl-*N'*-[2,6-bis-benzyloxy-5-methyl-pyrimidin-4-yl]-propandiyldiamin** $C_{26}H_{34}N_4O_2$, Formel IX.
B. Aus *N,N*-Diäthyl-*N'*-[2,6-dichlor-5-methyl-pyrimidin-4-yl]-propandiyldiamin-mono≠hydrochlorid und Natriumbenzylat in Toluol (*King, King,* Soc. **1947** 726, 731).
Tripicrat $C_{26}H_{34}N_4O_2 \cdot 3C_6H_3N_3O_7$. Kristalle (aus Isoamylalkohol); F: 141—142°.

4,6-Dimethoxy-5-methyl-pyrimidin-2-ylamin $C_7H_{11}N_3O_2$, Formel X (R = H).
B. Aus 4,6-Dichlor-5-methyl-pyrimidin-2-ylamin und Natriummethylat in Methanol und Xylol (*Rose, Tuey,* Soc. **1946** 81, 84).
Kristalle (aus PAe.); F: 112—114°.

4,6-Dimethoxy-5-methyl-2-sulfanilylamino-pyrimidin, Sulfanilsäure-[4,6-dimethoxy-5-methyl-pyrimidin-2-ylamid] $C_{13}H_{16}N_4O_4S$, Formel X ($R = SO_2$-C_6H_4-NH_2).
B. Beim Behandeln des vorangehenden Amins mit *N*-Acetyl-sulfanilylchlorid und Pyridin und Erhitzen des Reaktionsprodukts mit wss. NaOH (*Rose, Tuey,* Soc. **1946** 81, 84).
Kristalle (aus wss. Dioxan); F: 227—228°.

[4-Amino-2-methylmercapto-pyrimidin-5-yl]-methanol $C_6H_9N_3OS$, Formel XI ($R = CH_3$, $R' = H$).
B. Aus 4-Amino-2-methylmercapto-pyrimidin-5-carbonsäure-äthylester mit Hilfe von $LiAlH_4$ in Äther (*Ulbricht, Price,* J. org. Chem. **21** [1956] 567, 570; *Blank, Caldwell,* J. org. Chem. **24** [1959] 1137).
Trimorph; Kristalle (aus $CHCl_3$), F: 127—129° bzw. Kristalle (aus Bzl.), F: 126,5—128° bzw. Kristalle (aus Bzl.), F: 124—126° (*Okuda, Price,* J. org. Chem. **22** [1957] 1719). Herstel≠lungsbedingungen, Netzebenenabstände und IR-Spektrum (KBr; 2—15 μ) der drei Modifikatio≠nen: *Ok., Pr.,* J. org. Chem. **22** 1719. λ_{max} (A.): 227 nm, 251 nm und 286 nm (*Ok., Pr.,* J. org. Chem. **22** 1719).
Beim Erhitzen mit wss. HCl ist 4-Amino-5-hydroxymethyl-1*H*-pyrimidin-2-on (*Ul., Pr.*), beim Behandeln mit $Na_2Cr_2O_7 \cdot 2H_2O$ in Essigsäure ist 4-Amino-2-methylmercapto-pyrimidin-5-carbaldehyd (*Okuda, Price,* J. org. Chem. **23** [1958] 1738, 1740) erhalten worden.

5-Methoxymethyl-2-methylmercapto-pyrimidin-4-ylamin $C_7H_{11}N_3OS$, Formel XI ($R = R' = CH_3$).
B. Aus 5-Brommethyl-2-methylmercapto-pyrimidin-4-ylamin-hydrobromid und Methanol (*Okuda, Price,* J. org. Chem. **23** [1958] 1738, 1740; s. a. *Okuda, Price,* J. org. Chem. **24** [1959] 14).
Kristalle (aus Bzl.+PAe.); F: 104—106° [unkorr.] (*Ok., Pr.,* J. org. Chem. **23** 1740).
Hydrobromid $C_7H_{11}N_3OS \cdot HBr$. Kristalle (aus Me.+Ae.); F: 167—168° [unkorr.; Zers.] (*Ok., Pr.,* J. org. Chem. **24** 16).

[2-Äthylmercapto-4-amino-pyrimidin-5-yl]-methanol $C_7H_{11}N_3OS$, Formel XI ($R = C_2H_5$, $R' = H$).
B. Aus 2-Äthylmercapto-4-amino-pyrimidin-5-carbonsäure-äthylester mit Hilfe von $LiAlH_4$ in Äther (*Dornow, Petsch,* A. **588** [1954] 45, 55; *Miller,* Am. Soc. **77** [1955] 752; *Sakuragi,* Arch. Biochem. **74** [1958] 362, 363; *Okuda, Price,* J. org. Chem. **23** [1958] 1738, 1741).
Kristalle; F: 170° [aus wss. A.] (*Do., Pe.,* A. **588** 55), 156—157° [aus Isopropylalkohol]

(*Sa.*), 156° [aus H_2O] (*Dornow, Petsch,* D.B.P. 870260 [1953]), 154 – 155,5° [unkorr.; aus A.] (*Ok., Pr.*), 151 – 152° [aus A. oder Isopropylalkohol] (*Mi.*).

Hydrochlorid $C_7H_{11}N_3OS \cdot HCl$. F: 162° (*Do., Pe.,* A. **588** 56).

5-Äthoxymethyl-2-methylmercapto-pyrimidin-4-ylamin $C_8H_{13}N_3OS$, Formel XI (R = CH_3, R′ = C_2H_5).

B. Aus 5-Brommethyl-2-methylmercapto-pyrimidin-4-ylamin-hydrobromid und äthanol. Na≠triumäthylat (*Ulbricht, Price,* J. org. Chem. **21** [1956] 567, 570).

Kristalle (aus PAe.); F: 101 – 105° [unkorr.].

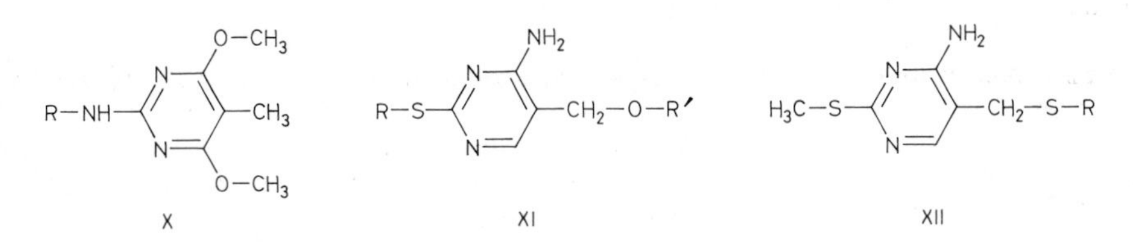

[4-Amino-2-propylmercapto-pyrimidin-5-yl]-methanol $C_8H_{13}N_3OS$, Formel XI (R = CH_2-C_2H_5, R′ = H).

B. Aus 4-Amino-2-propylmercapto-pyrimidin-5-carbonsäure-äthylester mit Hilfe von $LiAlH_4$ in Äther (*Sakuragi,* Arch. Biochem. **74** [1958] 362, 363).

Kristalle (aus Bzl.); F: 138,5 – 139,5°.

5-Isopropoxymethyl-2-methylmercapto-pyrimidin-4-ylamin $C_9H_{15}N_3OS$, Formel XI (R = CH_3, R′ = $CH(CH_3)_2$).

B. Aus 5-Chlormethyl-2-methylmercapto-pyrimidin-4-ylamin-hydrochlorid oder 5-Brom≠methyl-2-methylmercapto-pyrimidin-4-ylamin-hydrobromid und Isopropylalkohol (*Okuda, Price,* J. org. Chem. **24** [1959] 14).

Kristalle (aus Bzl. + PAe.); F: 105 – 108° [unkorr.].

Hydrochlorid $C_9H_{15}N_3OS \cdot HCl$. Kristalle, die unterhalb 300° nicht schmelzen. IR-Banden (KBr; 3 – 14,6 μ): *Ok., Pr.*

Hydrobromid $C_9H_{15}N_3OS \cdot HBr$. Kristalle, die unterhalb 300° nicht schmelzen.

2-Äthylmercapto-5-isopropoxymethyl-pyrimidin-4-ylamin $C_{10}H_{17}N_3OS$, Formel XI (R = C_2H_5, R′ = $CH(CH_3)_2$).

B. Aus 2-Äthylmercapto-5-brommethyl-pyrimidin-4-ylamin-hydrobromid und Isopropylalko≠hol (*Okuda, Price,* J. org. Chem. **24** [1959] 14).

Kristalle (aus Bzl. + PAe.); F: 72 – 74° (*Ok., Pr.*).

Hydrobromid $C_{10}H_{17}N_3OS \cdot HBr$. Dieses Salz hat auch in der von *Dornow, Petsch* (A. **588** [1954] 45, 56) als 3-[2-Äthylmercapto-4-amino-pyrimidin-5-ylmethyl]-5-[2-hydroxy-äthyl]-4-methyl-thiazolium-bromid beschriebenen Verbindung vorgelegen (*Ok., Pr.*). – Kristalle; F: 172 – 174° [Zers. ab 175°; aus Me. + Ae. oder Isopropylalkohol] (*Do., Pe.*), 171 – 173° [unkorr.; Zers.] (*Ok., Pr.*).

[2-Allylmercapto-4-amino-pyrimidin-5-yl]-methanol $C_8H_{11}N_3OS$, Formel XI (R = CH_2-CH=CH_2, R′ = H).

B. Aus 2-Allylmercapto-4-amino-pyrimidin-5-carbonsäure-äthylester mit Hilfe von $LiAlH_4$ in Äther (*Sakuragi,* Arch. Biochem. **74** [1958] 362, 363, 364).

Kristalle (aus Bzl.); F: 98 – 98,5°.

[4-Amino-2-methylmercapto-pyrimidin-5-yl]-methanthiol $C_6H_9N_3S_2$, Formel XII (R = H).

B. Aus dem *S*-Acetyl-Derivat (s. u.) beim Erhitzen mit wss. HCl (*Okuda, Price,* J. org. Chem. **23** [1958] 1738, 1740).

Kristalle (aus Bzl.); F: 138 – 139° [unkorr.; im Vakuum].

2-Methylmercapto-5-[methylmercapto-methyl]-pyrimidin-4-ylamin $C_7H_{11}N_3S_2$, Formel XII ($R = CH_3$).

B. Aus 5-Brommethyl-2-methylmercapto-pyrimidin-4-ylamin-hydrobromid und Natrium= methanthiolat in Äthanol (*Okuda, Price,* J. org. Chem. **23** [1958] 1738, 1740).

Kristalle (aus wss. A.); F: 139–140° [unkorr.].

Thioessigsäure-*S*-[4-amino-2-methylmercapto-pyrimidin-5-ylmethylester] $C_8H_{11}N_3OS_2$, Formel XII ($R = CO\text{-}CH_3$).

B. Beim Erhitzen von 5-Brommethyl-2-methylmercapto-pyrimidin-4-ylamin-hydrobromid mit Pyridin und Thioessigsäure (*Okuda, Price,* J. org. Chem. **23** [1958] 1738, 1740).

Kristalle (aus Bzl.+PAe.); F: 161–163° [unkorr.].

***S*-[4-Amino-2-methylmercapto-pyrimidin-5-ylmethyl]-isothioharnstoff** $C_7H_{11}N_5S_2$, Formel XII ($R = C(NH_2){=}NH$).

Dihydrobromid $C_7H_{11}N_5S_2 \cdot 2HBr$. *B.* Aus 5-Brommethyl-2-methylmercapto-pyrimidin-4-ylamin-hydrobromid und Thioharnstoff in Aceton (*Okuda, Price,* J. org. Chem. **23** [1958] 1738, 1740). – Kristalle (aus A.); F: 240–241° [unkorr.].

Bis-[4-amino-2-methylmercapto-pyrimidin-5-ylmethyl]-disulfid $C_{12}H_{16}N_6S_4$, Formel XIII.

B. Beim Behandeln des vorangehenden Dihydrobromids in H_2O mit wss. NH_3 und Erwärmen des Reaktionsprodukts in Äthanol (*Okuda, Price,* J. org. Chem. **23** [1958] 1738, 1740).

Kristalle (aus A.); F: 213–215° [unkorr.].

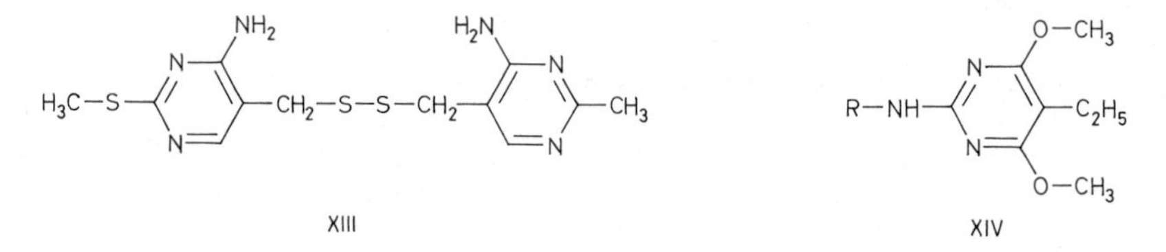

XIII XIV

Amino-Derivate der Dihydroxy-Verbindungen $C_6H_8N_2O_2$

5-Äthyl-4,6-dimethoxy-pyrimidin-2-ylamin $C_8H_{13}N_3O_2$, Formel XIV ($R = H$).

B. Aus 5-Äthyl-4,6-dichlor-pyrimidin-2-ylamin und Natriummethylat in Methanol (*Braker et al.,* Am. Soc. **69** [1947] 3072, 3075, 3077) oder in Methanol und Xylol (*Rose, Tuey,* Soc. **1946** 81, 84).

Kristalle; F: 92–94° [aus PAe.] (*Rose, Tuey*), 90–91° [aus Hexan] (*Br. et al.*).

5-Äthyl-4,6-dimethoxy-2-sulfanilylamino-pyrimidin, Sulfanilsäure-[5-äthyl-4,6-dimethoxy-pyrimidin-2-ylamid] $C_{14}H_{18}N_4O_4S$, Formel XIV ($R = SO_2\text{-}C_6H_4\text{-}NH_2$).

B. Aus dem folgenden Acetyl-Derivat mit Hilfe von wss. NaOH (*Braker et al.,* Am. Soc. **69** [1947] 3072, 3076; s. a. *Rose, Tuey,* Soc. **1946** 81, 84).

Kristalle; F: 234–236° [aus 1,2-Dichlor-benzol oder wss. Dioxan] (*Rose, Tuey*), 229–230° [unkorr.] (*Br. et al.*).

***N*-Acetyl-sulfanilsäure-[5-äthyl-4,6-dimethoxy-pyrimidin-2-ylamid], Essigsäure-[4-(5-äthyl-4,6-dimethoxy-pyrimidin-2-ylsulfamoyl)-anilid]** $C_{16}H_{20}N_4O_5S$, Formel XIV ($R = SO_2\text{-}C_6H_4\text{-}NH\text{-}CO\text{-}CH_3$).

B. Aus 5-Äthyl-4,6-dimethoxy-pyrimidin-2-ylamin und *N*-Acetyl-sulfanilylchlorid mit Hilfe von Pyridin (*Braker et al.,* Am. Soc. **69** [1947] 3072, 3076).

F: 198–199° [unkorr.].

4,6-Bis-methoxymethyl-pyrimidin-2-ylamin $C_8H_{13}N_3O_2$, Formel XV ($R = H$).

B. Aus 1,5-Dimethoxy-pentan-2,4-dion und Diguanidinium-carbonat (*Braker et al.,* Am. Soc. **69** [1947] 3072, 3075).

F: 133–134° [unkorr.].

4,6-Bis-methoxymethyl-2-sulfanilylamino-pyrimidin, Sulfanilsäure-[4,6-bis-methoxymethyl-pyrimidin-2-ylamid] $C_{14}H_{18}N_4O_4S$, Formel XV (R = SO_2-C_6H_4-NH_2).

B. Aus dem folgenden Acetyl-Derivat mit Hilfe von wss. NaOH (*Braker et al.*, Am. Soc. **69** [1947] 3072, 3076).

F: 160–161° [unkorr.].

***N*-Acetyl-sulfanilsäure-[4,6-bis-methoxymethyl-pyrimidin-2-ylamid], Essigsäure-[4-(4,6-bis-methoxymethyl-pyrimidin-2-ylsulfamoyl)-anilid]** $C_{16}H_{20}N_4O_5S$, Formel XV (R = SO_2-C_6H_4-NH-CO-CH_3).

B. Aus 4,6-Bis-methoxymethyl-pyrimidin-2-ylamin und *N*-Acetyl-sulfanilylchlorid mit Hilfe von Pyridin (*Braker et al.*, Am. Soc. **69** [1947] 3072, 3076).

F: 166–168° [unkorr.].

Amino-Derivate der Dihydroxy-Verbindungen $C_7H_{10}N_2O_2$

4-Methoxy-5-[2-methoxy-äthyl]-6-methyl-pyrimidin-2-ylamin $C_9H_{15}N_3O_2$, Formel XVI (R = H, R′ = CH_3).

B. Aus 4-Chlor-5-[2-methoxy-äthyl]-6-methyl-pyrimidin-2-ylamin und Natriummethylat in Methanol (*Braker et al.*, Am. Soc. **69** [1947] 3072, 3075).

F: 82–83°.

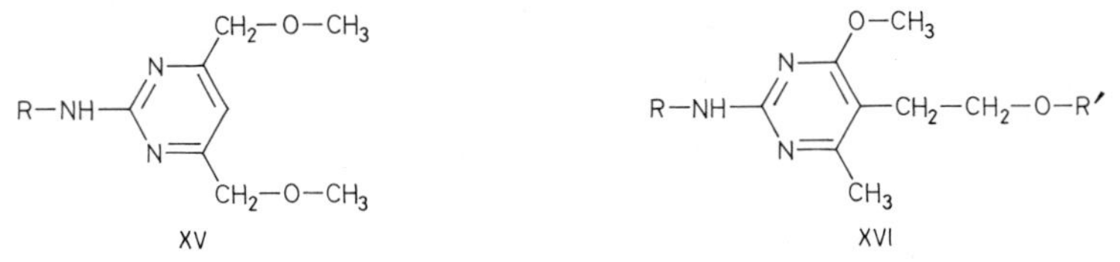

5-[2-Äthoxy-äthyl]-4-methoxy-6-methyl-pyrimidin-2-ylamin $C_{10}H_{17}N_3O_2$, Formel XVI (R = H, R′ = C_2H_5).

B. Analog der vorangehenden Verbindung (*Braker et al.*, Am. Soc. **69** [1947] 3072, 3075).

F: 94–95°.

4-Methoxy-5-[2-methoxy-äthyl]-6-methyl-2-sulfanilylamino-pyrimidin, Sulfanilsäure-[4-methoxy-5-(2-methoxy-äthyl)-6-methyl-pyrimidin-2-ylamid] $C_{15}H_{20}N_4O_4S$, Formel XVI (R = SO_2-C_6H_4-NH_2, R′ = CH_3).

B. Aus dem folgenden Acetyl-Derivat mit Hilfe von wss. NaOH (*Braker et al.*, Am. Soc. **69** [1947] 3072, 3076, 3078).

F: 189–190° [unkorr.].

***N*-Acetyl-sulfanilsäure-[4-methoxy-5-(2-methoxy-äthyl)-6-methyl-pyrimidin-2-ylamid]** $C_{17}H_{22}N_4O_5S$, Formel XVI (R = SO_2-C_6H_4-NH-CO-CH_3, R′ = CH_3).

B. Aus 4-Methoxy-5-[2-methoxy-äthyl]-6-methyl-pyrimidin-2-ylamin und *N*-Acetyl-sulfanilylchlorid mit Hilfe von Pyridin (*Braker et al.*, Am. Soc. **69** [1947] 3072, 3077).

Kristalle (aus A.); F: 213–214° [unkorr.].

5-[2-Äthoxy-äthyl]-4-methoxy-6-methyl-2-sulfanilylamino-pyrimidin, Sulfanilsäure-[5-(2-äthoxy-äthyl)-4-methoxy-6-methyl-pyrimidin-2-ylamid] $C_{16}H_{22}N_4O_4S$, Formel XVI (R = SO_2-C_6H_4-NH_2, R′ = C_2H_5).

B. Aus dem folgenden Acetyl-Derivat mit Hilfe von wss. NaOH (*Braker et al.*, Am. Soc. **69** [1947] 3072, 3076).

F: 150–151° [unkorr.].

***N*-Acetyl-sulfanilsäure-[5-(2-äthoxy-äthyl)-4-methoxy-6-methyl-pyrimidin-2-ylamid]** $C_{18}H_{24}N_4O_5S$, Formel XVI (R = SO_2-C_6H_4-NH-CO-CH_3, R′ = C_2H_5).

B. Aus 5-[2-Äthoxy-äthyl]-4-methoxy-6-methyl-pyrimidin-2-ylamin und *N*-Acetyl-sulfanilylchlorid mit Hilfe von Pyridin (*Braker et al.*, Am. Soc. **69** [1947] 3072, 3076).

F: 204–205° [unkorr.].

Amino-Derivate der Dihydroxy-Verbindungen $C_nH_{2n-8}N_2O_2$

4,7-Dimethoxy-1(3)*H*-benzimidazol-5-ylamin $C_9H_{11}N_3O_2$, Formel I und Taut.

B. Bei der Hydrierung von 4,7-Dimethoxy-5-nitro-1(3)*H*-benzimidazol an Palladium/Kohle in Äthanol (*Weinberger, Day,* J. org. Chem. **24** [1959] 1451, 1454).

Dihydrochlorid $C_9H_{11}N_3O_2 \cdot 2HCl$. Kristalle (aus wss. A.); F: 230–231°.

[5,6-Dimethoxy-1*H*-benzimidazol-2-yl]-guanidin $C_{10}H_{13}N_5O_2$, Formel II (R = H) und Taut.

B. Aus 4,5-Dimethoxy-*o*-phenylendiamin-dihydrochlorid und Cyanguanidin in H_2O (*King et al.,* Soc. **1948** 1366, 1368).

Wasserhaltige Kristalle (aus H_2O), F: 163° [Zers.], die nach Trocknen über P_2O_5 bei Raumtemperatur als Hemihydrat vorliegen und beim Trocknen im Vakuum bei 120° das gesamte Kristallwasser abgeben.

Hydrochlorid $C_{10}H_{13}N_5O_2 \cdot HCl$. Kristalle (aus H_2O) mit 1 Mol H_2O, F: 285° [Zers.], die nach Trocknen bei 120° im Vakuum als Hemihydrat vorliegen.

Picrat $C_{10}H_{13}N_5O_2 \cdot C_6H_3N_3O_7$. Wasserhaltige orangefarbene Kristalle (aus wss. A.), F: 280° [Zers.], die nach Trocknen bei 100° im Vakuum als Monohydrat, bei 120° im Vakuum als Hemihydrat vorliegen.

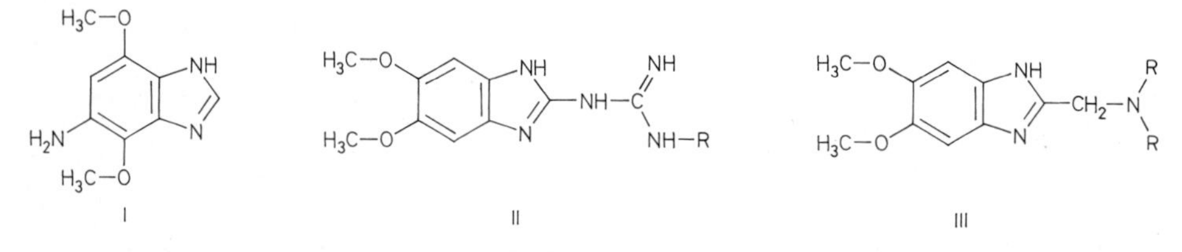

***N*-[5,6-Dimethoxy-1*H*-benzimidazol-2-yl]-*N'*-isopropyl-guanidin** $C_{13}H_{19}N_5O_2$, Formel II (R = $CH(CH_3)_2$) und Taut.

B. Analog der vorangehenden Verbindung (*King et al.,* Soc. **1948** 1366, 1370).

Kristalle (aus wss. A.); F: 215° [Zers.].

Dihydrochlorid $C_{13}H_{19}N_5O_2 \cdot 2HCl$. Kristalle (aus HCl enthaltendem Propan-1-ol); F: 244–246° [Zers.].

Kupfer(II)-Salz $Cu(C_{13}H_{18}N_5O_2)_2$. Rote Kristalle (aus wss. A.) mit 0,5 Mol H_2O; F: 227–228° [Zers.].

Picrat $C_{13}H_{19}N_5O_2 \cdot C_6H_3N_3O_7$. Orangebraune Kristalle (aus wss. Propan-1-ol); F: 278° [Zers.].

***N*-Butyl-*N'*-[5,6-dimethoxy-1*H*-benzimidazol-2-yl]-guanidin** $C_{14}H_{21}N_5O_2$, Formel II (R = $[CH_2]_3$-CH_3) und Taut.

B. Analog den vorangehenden Verbindungen (*King et al.,* Soc. **1948** 1366, 1370).

Kristalle (aus wss. A.) mit 1,5 Mol H_2O, F: 115–120° [Zers.], die 1 Mol H_2O bei 110° im Vakuum abgeben.

Dihydrochlorid $C_{14}H_{21}N_5O_2 \cdot 2HCl$. Kristalle (aus äthanol. HCl); F: 232° [Zers.].

Picrat $C_{14}H_{21}N_5O_2 \cdot C_6H_3N_3O_7$. Rote Kristalle (aus wss. Propan-1-ol); F: 256° [Zers.].

Bis-[2-chlor-äthyl]-[5,6-dimethoxy-1*H*-benzimidazol-2-ylmethyl]-amin $C_{14}H_{19}Cl_2N_3O_2$, Formel III (R = CH_2-CH_2Cl).

Hydrochlorid $C_{14}H_{19}Cl_2N_3O_2 \cdot HCl$. *B.* Aus 2-Chlormethyl-5,6-dimethoxy-1*H*-benzimidazol bei aufeinanderfolgender Umsetzung mit Bis-[2-hydroxy-äthyl]-amin und mit $SOCl_2$ (*Weinberger, Day,* J. org. Chem. **24** [1959] 1451, 1453, 1455). – Kristalle (aus A.); F: 182° [Zers.].

2-Dibutylaminomethyl-5,6-dimethoxy-1*H*-benzimidazol, Dibutyl-[5,6-dimethoxy-1*H*-benzimidazol-2-ylmethyl]-amin $C_{18}H_{29}N_3O_2$, Formel III (R = $[CH_2]_3$-CH_3).

B. Aus 2-Chlormethyl-5,6-dimethoxy-1*H*-benzimidazol-hydrochlorid und Dibutylamin in

Äthanol (*Weinberger, Day,* J. org. Chem. **24** [1959] 1451, 1453, 1455).
Kristalle (aus CCl_4 + PAe.); F: 95–97° [Zers.].

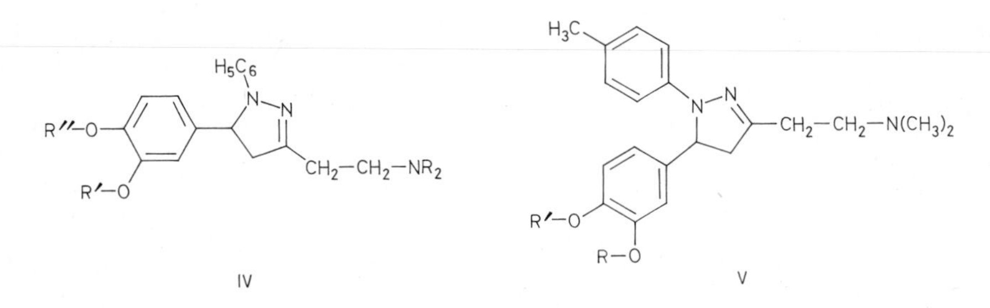

(±)-5-[3-Äthoxy-4-methoxy-phenyl]-3-[2-dimethylamino-äthyl]-1-phenyl-4,5-dihydro-1*H*-pyrazol, (±)-{2-[5-(3-Äthoxy-4-methoxy-phenyl)-1-phenyl-4,5-dihydro-1*H*-pyrazol-3-yl]-äthyl}-dimethyl-amin $C_{22}H_{29}N_3O_2$, Formel IV (R = R″ = CH_3, R′ = C_2H_5).

Hydrochlorid $C_{22}H_{29}N_3O_2 \cdot HCl$. *B.* Beim Erwärmen von 1-[3-Äthoxy-4-methoxy-phenyl]-5-dimethylamino-pent-1-en-3-on-phenylhydrazon-hydrochlorid in wss. Essigsäure (*Nisbet,* Soc. **1938** 1568, 1569, 1570). – Kristalle (aus H_2O) mit 1 Mol H_2O; F: 72–78°.

Die folgenden Verbindungen sind in analoger Weise hergestellt worden:

(±)-5-[4-Äthoxy-3-methoxy-phenyl]-3-[2-dimethylamino-äthyl]-1-phenyl-4,5-dihydro-1*H*-pyrazol, (±)-{2-[5-(4-Äthoxy-3-methoxy-phenyl)-1-phenyl-4,5-dihydro-1*H*-pyrazol-3-yl]-äthyl}-dimethyl-amin $C_{22}H_{29}N_3O_2$, Formel IV (R = R′ = CH_3, R″ = C_2H_5). Versuche zur Spaltung der racemischen Base in die optischen Antipoden mit Hilfe von L_g(?)-Weinsäure (Isolierung eines kristallinen L_g(?)-Hydrogentartrats $C_{22}H_{29}N_3O_2 \cdot C_4H_6O_6$ vom F: 134°, $[\alpha]_D^{20}$: –36,7° [Lösungsmittel nicht angegeben]): *Ni.,* l. c. S. 1571. – Hydrochlorid $C_{22}H_{29}N_3O_2 \cdot HCl$. Kristalle (aus H_2O) mit 1 Mol H_2O; F: 123° [nach Erweichen bei 114°].

(±)-3-[2-Diäthylamino-äthyl]-5-[3,4-dimethoxy-phenyl]-1-phenyl-4,5-dihydro-1*H*-pyrazol, (±)-Diäthyl-{2-[5-(3,4-dimethoxy-phenyl)-1-phenyl-4,5-dihydro-1*H*-pyrazol-3-yl]-äthyl}-amin $C_{23}H_{31}N_3O_2$, Formel IV (R = C_2H_5, R′ = R″ = CH_3). Kristalle (aus PAe.); F: 93–96° (*Ni.,* l. c. S. 1569). – Hydrochlorid. Kristalle (aus Acn.); F: 139–140°. – Hydrogensuccinat $C_{23}H_{31}N_3O_2 \cdot C_4H_6O_4$. Kristalle (aus wss. Acn.); F: 94–95°.

(±)-5-[3-Äthoxy-4-methoxy-phenyl]-3-[2-diäthylamino-äthyl]-1-phenyl-4,5-dihydro-1*H*-pyrazol, (±)-{2-[5-(3-Äthoxy-4-methoxy-phenyl)-1-phenyl-4,5-dihydro-1*H*-pyrazol-3-yl]-äthyl}-diäthyl-amin $C_{24}H_{33}N_3O_2$, Formel IV (R = R′ = C_2H_5, R″ = CH_3). Kristalle (aus PAe.); F: 50–51° (*Ni.,* l. c. S. 1570).

(±)-5-[3-Äthoxy-4-methoxy-phenyl]-3-[2-dimethylamino-äthyl]-1-*p*-tolyl-4,5-dihydro-1*H*-pyrazol, (±)-{2-[5-(3-Äthoxy-4-methoxy-phenyl)-1-*p*-tolyl-4,5-dihydro-1*H*-pyrazol-3-yl]-äthyl}-dimethyl-amin $C_{23}H_{31}N_3O_2$, Formel V (R = C_2H_5, R′ = CH_3). Hydrochlorid $C_{23}H_{31}N_3O_2 \cdot HCl$. Kristalle (aus A.) mit 1 Mol H_2O; F: 152° [getrocknetes Präparat] (*Ni.,* l. c. S. 1570).

(±)-5-[4-Äthoxy-3-methoxy-phenyl]-3-[2-dimethylamino-äthyl]-1-*p*-tolyl-4,5-dihydro-1*H*-pyrazol, (±)-{2-[5-(4-Äthoxy-3-methoxy-phenyl)-1-*p*-tolyl-4,5-dihydro-1*H*-pyrazol-3-yl]-äthyl}-dimethyl-amin $C_{23}H_{31}N_3O_2$, Formel V (R = CH_3, R′ = C_2H_5). Hydrochlorid $C_{23}H_{31}N_3O_2 \cdot HCl$. Kristalle (aus A.) mit 1,5 Mol H_2O; F: 181° (*Ni.,* l. c. S. 1571).

(±)-2-Methoxy-4-[2-phenyl-5-(2-piperidino-äthyl)-3,4-dihydro-2*H*-pyrazol-3-yl]-phenol $C_{23}H_{29}N_3O_2$, Formel VI (R = CH_3, R′ = R″ = H). Kristalle (aus Bzl.); F: 174° (*Ni.,* l. c. S. 1571).

(±)-1-{2-[5-(3,4-Dimethoxy-phenyl)-1-phenyl-4,5-dihydro-1*H*-pyrazol-3-yl]-äthyl}-piperidin $C_{24}H_{31}N_3O_2$, Formel VI (R = R′ = CH_3, R″ = H). Kristalle (aus PAe.); F: 79–84° (*Ni.,* l. c. S. 1569). – Hydrochlorid. F: 196–200°. – Hydrogensulfat

$C_{24}H_{31}N_3O_2 \cdot H_2SO_4$. F: 157–160°.

(±)-1-{2-[5-(3-Äthoxy-4-methoxy-phenyl)-1-phenyl-4,5-dihydro-1*H*-pyrazol-3-yl]-äthyl}-piperidin $C_{25}H_{33}N_3O_2$, Formel VI (R = C_2H_5, R' = CH_3, R'' = H). Hydrochlorid $C_{25}H_{33}N_3O_2 \cdot HCl$. Kristalle (aus H_2O); F: 192° (*Ni.*, l. c. S. 1570).

(±)-1-{2-[5-(4-Äthoxy-3-methoxy-phenyl)-1-phenyl-4,5-dihydro-1*H*-pyrazol-3-yl]-äthyl}-piperidin $C_{25}H_{33}N_3O_2$, Formel VI (R = CH_3, R' = C_2H_5, R'' = H). Hydrochlorid $C_{25}H_{33}N_3O_2 \cdot HCl$. Kristalle (aus A.); F: 172–173° (*Ni.*, l. c. S. 1571).

(±)-1-{2-[5-(3-Äthoxy-4-methoxy-phenyl)-1-*p*-tolyl-4,5-dihydro-1*H*-pyrazol-3-yl]-äthyl}-piperidin $C_{26}H_{35}N_3O_2$, Formel VI (R = C_2H_5, R' = R'' = CH_3). Hydrochlorid $C_{26}H_{35}N_3O_2 \cdot HCl$. Kristalle (aus H_2O) mit 1 Mol H_2O; F: 178° (*Ni.*, l. c. S. 1570, 1571).

(±)-1-{2-[5-(4-Äthoxy-3-methoxy-phenyl)-1-*p*-tolyl-4,5-dihydro-1*H*-pyrazol-3-yl]-äthyl}-piperidin $C_{26}H_{35}N_3O_2$, Formel VI (R = R'' = CH_3, R' = C_2H_5). Hydrochlorid $C_{26}H_{35}N_3O_2 \cdot HCl$. Kristalle (aus wss. Eg.); F: 183° [nach Sintern bei 100°] (*Ni.*, l. c. S. 1571).

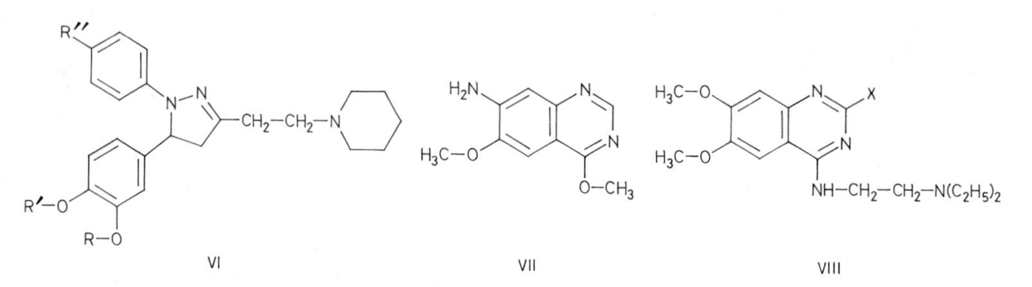

Amino-Derivate der Dihydroxy-Verbindungen $C_nH_{2n-10}N_2O_2$

4,6-Dimethoxy-chinazolin-7-ylamin $C_{10}H_{11}N_3O_2$, Formel VII.

Diese Konstitution kommt der von *Elderfield et al.* (J. org. Chem. **12** [1947] 405, 417) als 4,6-Dimethoxy-chinazolin-8-ylamin formulierten Verbindung aufgrund ihrer Bildungsweise zu.

B. Bei der Hydrierung von 4,6-Dimethoxy-7-nitro-chinazolin (E III/IV **23** 3140) an Palladium/$CaCO_3$ in Methanol (*El. et al.*).

Gelbe Kristalle; F: 149–151° [korr.].

***N,N*-Diäthyl-*N'*-[2-chlor-6,7-dimethoxy-chinazolin-4-yl]-äthylendiamin** $C_{16}H_{23}ClN_4O_2$, Formel VIII (X = Cl).

B. Aus 2,4-Dichlor-6,7-dimethoxy-chinazolin und *N,N*-Diäthyl-äthylendiamin in H_2O mit Hilfe von wss. NaOH (*Curd et al.*, Soc. **1948** 1759, 1765).

Wasserhaltiger Feststoff; F: 116–117°.

***N*²-[4-Chlor-phenyl]-*N*⁴-[2-diäthylamino-äthyl]-6,7-dimethoxy-chinazolin-2,4-diyldiamin** $C_{22}H_{28}ClN_5O_2$, Formel VIII (X = NH-C_6H_4-Cl).

B. Aus der vorangehenden Verbindung und 4-Chlor-anilin in Essigsäure (*Curd et al.*, Soc. **1948** 1759, 1766).

Dihydrochlorid $C_{22}H_{28}ClN_5O_2 \cdot 2HCl$. Wasserhaltige Kristalle (aus H_2O); F: 255–256°.

2,3-Dimethoxy-chinoxalin-5-ylamin $C_{10}H_{11}N_3O_2$, Formel IX.

B. Beim Erwärmen von 2,3-Dimethoxy-5-nitro-chinoxalin in Äthanol mit $Fe(OH)_2$ oder mit $N_2H_4 \cdot H_2O$ und Palladium/Kohle (*Mager, Berends*, R. **78** [1959] 5, 18).

Kristalle (aus PAe.); F: 97–97,5°.

2,3-Dimethoxy-chinoxalin-6-ylamin $C_{10}H_{11}N_3O_2$, Formel X.

B. Analog der vorangehenden Verbindung (*Mager, Berends*, R. **78** [1959] 5, 18, 19).

Hellgelbe Kristalle (aus PAe.); F: 130–130,5°.

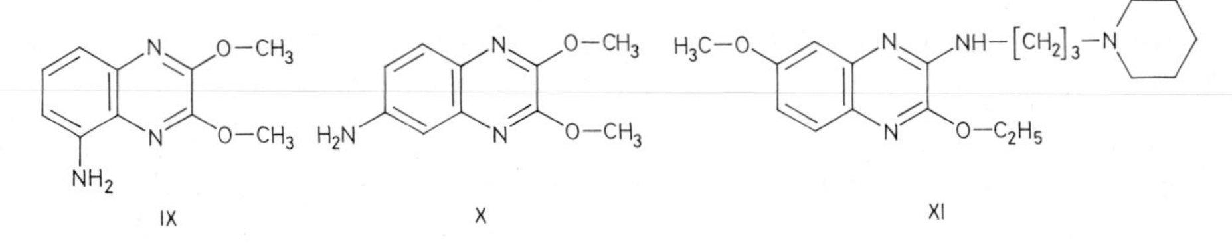

[3-Äthoxy-7-methoxy-chinoxalin-2-yl]-[3-piperidino-propyl]-amin $C_{19}H_{28}N_4O_2$, Formel XI.

B. Aus [3-Chlor-7-methoxy-chinoxalin-2-yl]-[3-piperidino-propyl]-amin und äthanol. Na⸗triumäthylat (*Curd et al.*, Soc. **1949** 1271, 1275).

Kristalle (aus PAe.); F: 93–94°.

Dipicrat $C_{19}H_{28}N_4O_2 \cdot 2C_6H_3N_3O_7$. Hellgelbe Kristalle (aus 2-Äthoxy-äthanol); F: 164–168°.

5,8-Dibutoxy-3-chlor-chinoxalin-2-ylamin $C_{16}H_{22}ClN_3O_2$, Formel XII (R = $[CH_2]_3$-CH_3, X = Cl).

B. Aus 5,8-Dibutoxy-2,3-dichlor-chinoxalin und äthanol. NH_3 (*Kawai et al.*, J. chem. Soc. Japan Pure Chem. Sect. **80** [1959] 551, 554; C. A. **1961** 3598).

Gelbe Kristalle (aus Acn.); F: 172° [unkorr.].

5,8-Dimethoxy-chinoxalin-2,3-diyldiamin $C_{10}H_{12}N_4O_2$, Formel XII (R = CH_3, X = NH_2).

B. Aus 3,6-Dimethoxy-*o*-phenylendiamin und Dicyan in Methanol (*Kawai et al.*, J. chem. Soc. Japan Pure Chem. Sect. **80** [1959] 551, 553; C. A. **1961** 3598).

Orangegelbe Kristalle (aus Acn.); F: 288° [unkorr.].

5,8-Dibutoxy-chinoxalin-2,3-diyldiamin $C_{16}H_{24}N_4O_2$, Formel XII (R = $[CH_2]_3$-CH_3, X = NH_2).

B. Analog der vorangehenden Verbindung (*Kawai et al.*, J. chem. Soc. Japan Pure Chem. Sect. **80** [1959] 551, 554; C. A. **1961** 3598). Aus 5,8-Dibutoxy-2,3-dichlor-chinoxalin und NH_3 in Äthanol (*Ka. et al.*).

Hellgelbe Kristalle (aus A.); F: 208–208,5° [unkorr.]. λ_{max} (A.): 276 nm und 342 nm (*Ka. et al.*, l. c. S. 552).

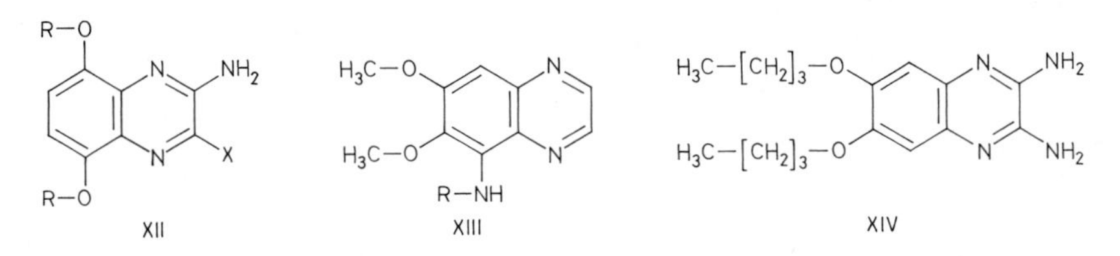

6,7-Dimethoxy-chinoxalin-5-ylamin $C_{10}H_{11}N_3O_2$, Formel XIII (R = H).

B. Aus 4,5-Dimethoxy-benzen-1,2,3-triyltriamin und dem Dinatrium-Salz der 1,2-Dihydroxy-äthan-1,2-disulfonsäure (*Ehrlich, Bogert*, J. org. Chem. **12** [1947] 522, 530). Aus 6,7-Dimethoxy-5-nitro-chinoxalin mit Hilfe von Eisen und wss. Essigsäure (*Eh., Bo.*, l. c. S. 529).

Gelbe Kristalle; F: 107,5–108,5° [korr.; aus Isopropylalkohol] bzw. 106,5–107,5° [korr.; aus H_2O]. In 100 ml H_2O lösen sich bei 22° ca. 0,4 g, bei 90° ca. 3,6 g.

Über die Bildung von 7-Methoxy-chinoxalin-6-ol bei der Diazotierung und weiteren Umset⸗zung unter verschiedenen Bedingungen s. *Eh., Bo.*, l. c. S. 532, 533.

***N,N*-Diäthyl-*N'*-[6,7-dimethoxy-chinoxalin-5-yl]-äthylendiamin** $C_{16}H_{24}N_4O_2$, Formel XIII (R = CH_2-CH_2-$N(C_2H_5)_2$).

B. Aus 6,7-Dimethoxy-chinoxalin-5-ylamin und Diäthyl-[2-chlor-äthyl]-amin-hydrochlorid

(*Ehrlich, Bogert,* J. org. Chem. **12** [1947] 522, 531, 532).
$Kp_{0,5}$: 175°.

6,7-Dimethoxy-5-sulfanilylamino-chinoxalin, Sulfanilsäure-[6,7-dimethoxy-chinoxalin-5-ylamid] $C_{16}H_{16}N_4O_4S$, Formel XIII (R = SO_2-C_6H_4-NH_2).
B. Aus dem folgenden Acetyl-Derivat mit Hilfe von wss. HCl (*Ehrlich, Bogert,* J. org. Chem. **12** [1947] 522, 531).
Hellgelbe Kristalle (aus 1-Nitro-propan); F: 217,5–218,5° [korr.; teilweise Zers.].

***N*-Acetyl-sulfanilsäure-[6,7-dimethoxy-chinoxalin-5-ylamid], Essigsäure-[4-(6,7-dimethoxy-chinoxalin-5-ylsulfamoyl)-anilid]** $C_{18}H_{18}N_4O_5S$, Formel XIII (R = SO_2-C_6H_4-NH-CO-CH_3).
B. Aus 6,7-Dimethoxy-chinoxalin-5-ylamin und *N*-Acetyl-sulfanilylchlorid mit Hilfe von Pyridin (*Ehrlich, Bogert,* J. org. Chem. **12** [1947] 522, 530, 531).
Hellgelbe Kristalle (aus wss. Eg.); F: 238,5–239° [korr.; Zers.].

6,7-Dibutoxy-chinoxalin-2,3-diyldiamin $C_{16}H_{24}N_4O_2$, Formel XIV.
B. Aus 6,7-Dibutoxy-2,3-dichlor-chinoxalin und äthanol. NH_3 (*Kawai, Ikegami,* J. chem. Soc. Japan Pure Chem. Sect. **80** [1959] 555; C. A. **1961** 3599).
Gelbe Kristalle (aus Toluol); F: 197–198°.

1,4-Dimethoxy-phthalazin-5-ylamin(?) $C_{10}H_{11}N_3O_2$, vermutlich Formel I.
B. Aus 1,4-Dimethoxy-5-nitro-phthalazin(?) (E III/IV **23** 3146) mit Hilfe von Zinn und wss. HCl (*Drew, Garwood,* Soc. **1937** 1841, 1846).
Gelbliche Kristalle (aus wss. A.); F: 172–174°.

Amino-Derivate der Dihydroxy-Verbindungen $C_nH_{2n-12}N_2O_2$

5-[3,4-Dimethoxy-phenyl]-pyrimidin-4-ylamin $C_{12}H_{13}N_3O_2$, Formel II (R = CH_3).
B. Aus [3,4-Dimethoxy-phenyl]-acetonitril und Formamid (*Meseri,* Rev. Fac. Cienc. quim. Univ. La Plata **23** [1948] 99, 101).
Kristalle (aus A.); F: 168°.
Hydrochlorid $C_{12}H_{13}N_3O_2 \cdot HCl$. F: 254°.
Verbindung mit Quecksilber(II)-chlorid. Kristalle (aus H_2O); F: 197–198°.
Picrat $C_{12}H_{13}N_3O_2 \cdot C_6H_3N_3O_7$. Kristalle (aus A.); F: 16° (?).

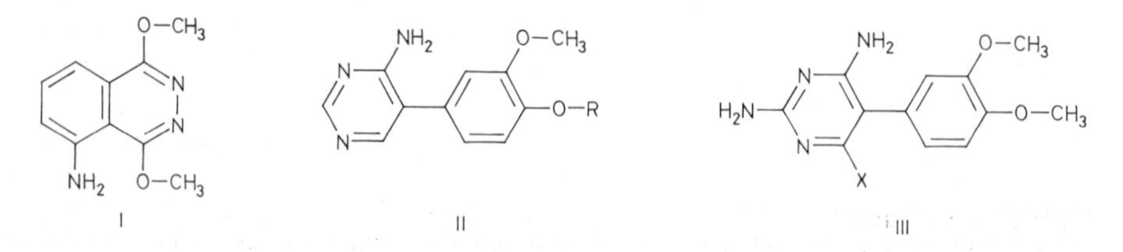

1-Acetoxy-4-[4-amino-pyrimidin-5-yl]-2-methoxy-benzol, 5-[4-Acetoxy-3-methoxy-phenyl]-pyrimidin-4-ylamin $C_{13}H_{13}N_3O_3$, Formel II (R = CO-CH_3).
Die Konstitution ist aufgrund der Bildungsweise und des Stickstoff-Gehaltes zweifelhaft.
B. Analog dem vorangehenden Amin (*Meseri,* Rev. Fac. Cienc. quim. Univ. La Plata **23** [1948] 99, 101).
Kristalle (aus A.); F: 230–231°.
Hydrochlorid $C_{13}H_{13}N_3O_3 \cdot HCl$. F: 260–261°.
Verbindung mit Quecksilber(II)-chlorid. Kristalle (aus H_2O); F: 212–213°.
Picrat $C_{13}H_{13}N_3O_3 \cdot C_6H_3N_3O_7$. F: 230–232° (*Me.,* l. c. S. 102).

6-Chlor-5-[3,4-dimethoxy-phenyl]-pyrimidin-2,4-diyldiamin $C_{12}H_{13}ClN_4O_2$, Formel III (X = Cl).

B. Aus 2,4,6-Trichlor-5-[3,4-dimethoxy-phenyl]-pyrimidin und äthanol. NH_3 (*Soc. Usines Chim. Rhône-Poulenc,* D.B.P. 951991 [1952]).

F: 365–367°.

5-[2,3-Dimethoxy-benzyl]-pyrimidin-2,4-diyldiamin $C_{13}H_{16}N_4O_2$, Formel IV.

B. Aus 3-[2,3-Dimethoxy-phenyl]-propionsäure-äthylester bei aufeinanderfolgender Umsetzung mit Äthylformiat, Guanidin, $POCl_3$ und mit äthanol. NH_3 (*Burroughs Wellcome & Co.,* U.S.P. 2658897 [1951]).

Kristalle (aus A.); F: 193–197°.

5-Veratryl-pyrimidin-2,4-diyldiamin, Diaveridin $C_{13}H_{16}N_4O_2$, Formel V (R = R' = CH_3, X = X' = H).

B. Aus 2-Amino-5-veratryl-3*H*-pyrimidin-4-on bei aufeinanderfolgender Umsetzung mit $POCl_3$ und äthanol. NH_3 (*Falco et al.,* Am. Soc. **73** [1951] 3758, 3760, 3761; *Burroughs Wellcome & Co.,* U.S.P. 2624732 [1950]).

Kristalle; F: 228–233° [unkorr.; Zers.] (*Fa. et al.*), 224–229° [aus wss. Eg. + wss. Alkalilauge] (*Burroughs*).

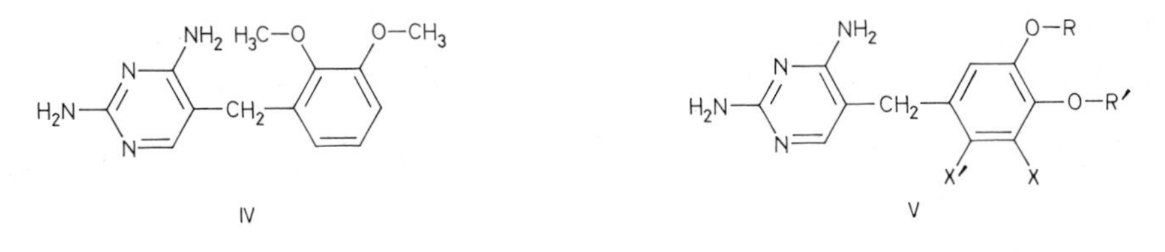

5-[3-Äthoxy-4-methoxy-benzyl]-pyrimidin-2,4-diyldiamin $C_{14}H_{18}N_4O_2$, Formel V (R = C_2H_5, R' = CH_3, X = X' = H).

B. Aus 3-[3-Äthoxy-4-methoxy-phenyl]-propionsäure-äthylester bei aufeinanderfolgender Umsetzung mit Äthylformiat, Guanidin, $POCl_3$ und mit äthanol. NH_3 (*Burroughs Wellcome & Co.,* U.S.P. 2658897 [1951]; *Wellcome Found.,* D.B.P. 943706 [1953]).

Kristalle; F: 197–198° [aus A.] (*Wellcome Found.*), 197–198° (*Burroughs*).

Die folgenden Verbindungen sind in analoger Weise hergestellt worden:

5-[3,4-Diäthoxy-benzyl]-pyrimidin-2,4-diyldiamin $C_{15}H_{20}N_4O_2$, Formel V (R = R' = C_2H_5, X = X' = H). Kristalle; F: 185–188° (*Burroughs*).

5-[3-Methoxy-4-propoxy-benzyl]-pyrimidin-2,4-diyldiamin $C_{15}H_{20}N_4O_2$, Formel V (R = CH_3, R' = CH_2-C_2H_5, X = X' = H). Kristalle; F: 178–179° (*Burroughs*).

5-[3-Chlor-4,5-dimethoxy-benzyl]-pyrimidin-2,4-diyldiamin $C_{13}H_{15}ClN_4O_2$, Formel V (R = R' = CH_3, X = Cl, X' = H). Kristalle (aus Me.); F: 188–189° (*Wellcome Found.*).

5-[3-Brom-4,5-dimethoxy-benzyl]-pyrimidin-2,4-diyldiamin $C_{13}H_{15}BrN_4O_2$, Formel V (R = R' = CH_3, X = Br, X' = H).

B. Aus 2-Amino-5-[3-brom-4,5-dimethoxy-benzyl]-3*H*-pyrimidin-4-on bei aufeinanderfolgender Umsetzung mit PCl_5 enthaltendem $POCl_3$ und mit äthanol. NH_3 (*Burroughs Wellcome & Co.,* U.S.P. 2658897 [1951]; *Wellcome Found.,* D.B.P. 943706 [1953]).

Kristalle; F: 201–202° [aus A.] (*Wellcome Found.*), 198–201° (*Burroughs*).

5-[4,5-Dimethoxy-2(?)-nitro-benzyl]-pyrimidin-2,4-diyldiamin $C_{13}H_{15}N_5O_4$, vermutlich Formel V (R = R' = CH_3, X = H, X' = NO_2).

B. Aus 5-Veratryl-pyrimidin-2,4-diyldiamin und wss. HNO_3 in Essigsäure (*Roth et al.,* J. med. pharm. Chem. **5** [1962] 1103, 1113, 1114, 1115; s. a. *Burroughs Wellcome & Co.,* U.S.P. 2658897 [1951]).

Gelbe Kristalle (aus wss. A.); F: 217° [unkorr.] (*Roth et al.*). Löslichkeit in wss. Äthanol [80%ig] bei Siedetemperatur: *Roth et al.*

5-[3,4-Dimethoxy-phenyl]-6-methyl-pyrimidin-2,4-diyldiamin $C_{13}H_{16}N_4O_2$, Formel III (X = CH_3).

B. Beim Behandeln von 2-[3,4-Dimethoxy-phenyl]-acetoacetonitril mit Diazomethan in Äther und Erwärmen des Reaktionsprodukts mit Guanidin in Äthanol (*Russell, Hitchings,* Am. Soc. **73** [1951] 3763, 3766, 3768).

Kristalle (aus A.); F: ca. 300° [unkorr.].

6-Methyl-5-vanillyl-pyrimidin-2,4-diyldiamin, 4-[2,4-Diamino-6-methyl-pyrimidin-5-ylmethyl]-2-methoxy-phenol $C_{13}H_{16}N_4O_2$, Formel VI (R = CH_3, R' = H).

B. Aus 2-Amino-6-methyl-5-vanillyl-3*H*-pyrimidin-4-on bei aufeinanderfolgender Umsetzung mit $POCl_3$ und mit äthanol. NH_3 (*Falco et al.*, Am. Soc. **73** [1951] 3758, 3760, 3761).

Kristalle; F: 285–287° [Zers.] (*Burroughs Wellcome & Co.*, U.S.P. 2628236 [1949]), 254–258° [unkorr.; Zers.] (*Fa. et al.*).

6-Methyl-5-veratryl-pyrimidin-2,4-diyldiamin $C_{14}H_{18}N_4O_2$, Formel VI (R = R' = CH_3).

B. Analog der vorangehenden Verbindung (*Falco et al.*, Am. Soc. **73** [1951] 3758, 3761, 3762).

Kristalle; F: 259–261° [unkorr.; Zers.].

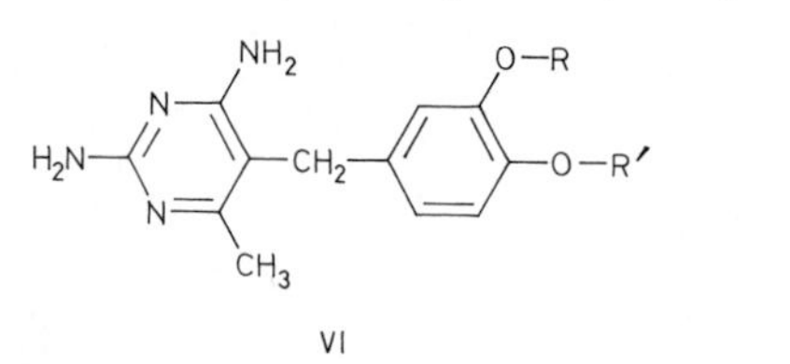

VI

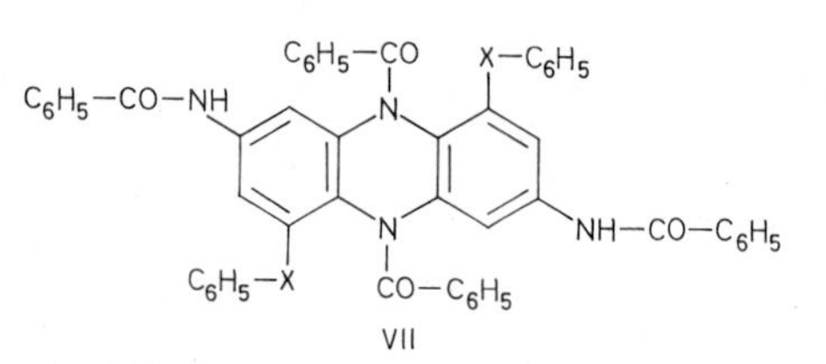

VII

Amino-Derivate der Dihydroxy-Verbindungen $C_nH_{2n-14}N_2O_2$

5,10-Dibenzoyl-3,8-bis-benzoylamino-1,6-bis-phenylmercapto-5,10-dihydro-phenazin $C_{52}H_{36}N_4O_4S_2$, Formel VII (X = S).

B. Neben 1,4-Bis-benzoylamino-2,6-bis-phenylmercapto-benzol beim Erhitzen von 1,4-Bis-benzoylamino-2,6-dichlor-benzol mit Kupfer(I)-thiophenolat, Chinolin und Pyridin auf 200–210° (*Adams et al.*, Croat. chem. Acta **29** [1957] 277, 282).

Kristalle (aus A.); F: 184–185°.

1,6-Bis-benzolsulfonyl-5,10-dibenzoyl-3,8-bis-benzoylamino-5,10-dihydro-phenazin $C_{52}H_{36}N_4O_8S_2$, Formel VII (X = SO_2).

B. Aus der vorangehenden Verbindung und H_2O_2 in wss. Essigsäure (*Adams et al.*, Croat. chem. Acta **29** [1957] 277, 283, 284).

Kristalle (aus A. oder Eg.); F: 276°.

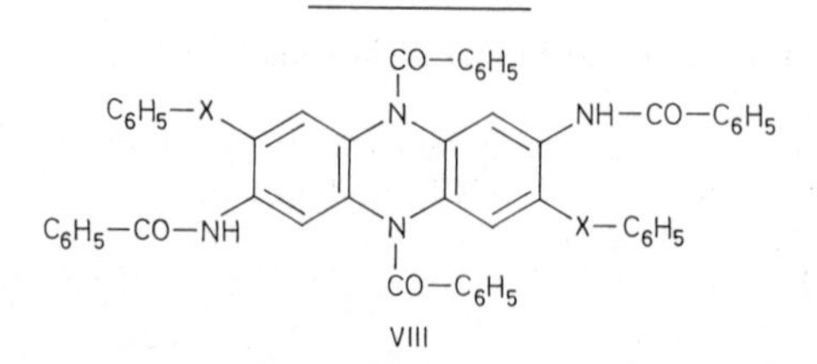

VIII

5,10-Dibenzoyl-2,7-bis-benzoylamino-3,8-bis-phenylmercapto-5,10-dihydro-phenazin $C_{52}H_{36}N_4O_4S_2$, Formel VIII (X = S).

B. Neben 1,4-Bis-benzoylamino-2,5-bis-phenylmercapto-benzol beim Erhitzen von 1,4-Bis-benzoylamino-2,5-dichlor-benzol mit Kupfer(I)-thiophenolat, Chinolin und Pyridin auf 200–

210° (*Adams et al.*, Croat. chem. Acta **29** [1957] 277, 282).
Kristalle (aus A.); F: 176–177°.

2,7-Bis-benzolsulfonyl-5,10-dibenzoyl-3,8-bis-benzoylamino-5,10-dihydro-phenazin $C_{52}H_{36}N_4O_8S_2$, Formel VIII (X = SO_2).

B. Aus der vorangehenden Verbindung und H_2O_2 in wss. Essigsäure (*Adams et al.*, Croat. chem. Acta **29** [1957] 277, 283, 284).

Kristalle (aus A. oder Eg.); F: 266–268°.

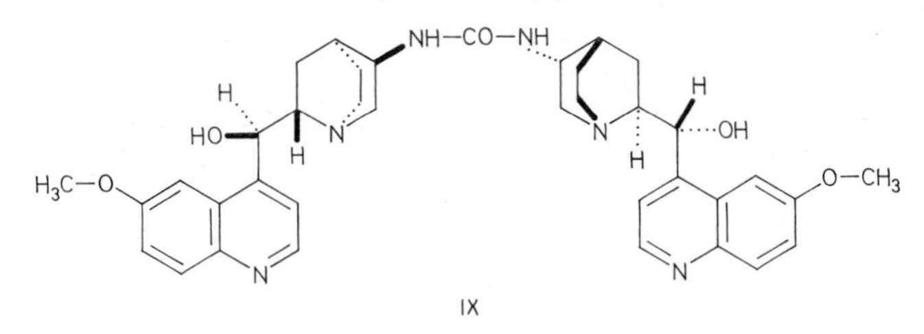

IX

***N,N'*-Bis-[(3*R*,8*S*,9*R*)-9-hydroxy-6'-methoxy-10,11-dinor-cinchonan-3-yl]-harnstoff,** *N,N'*-Bis-chitenyl-harnstoff $C_{37}H_{44}N_6O_5$, Formel IX.

B. Aus sog. Chitenin-hydrazid (S. 1277) und HNO_2 (*John*, J. pr. [2] **128** [1930] 223, 227, 228).

Kristalle (aus A.); F: 154° [Zers.; über das Picrat gereinigt].

Picrat. Gelbe Kristalle (aus A.); F: 185° [Zers.].

(8*S*,9*R*)-6'-Methoxy-2'-piperidino-10,11-dihydro-cinchonan-9-ol, 2'-Piperidino-dihydrochinin $C_{25}H_{35}N_3O_2$, Formel X (R = C_2H_5, R' = H).

B. Aus 2'-Chlor-dihydrochinin (E III/IV **23** 3203) und Piperidin mit Hilfe von Kupfer-Pulver (*Hamana, Uzu*, J. pharm. Soc. Japan **74** [1954] 1315; C. A. **1955** 15922).

Kristalle (aus Acn.); F: 158–160°.

(8*S*,9*R*)-9-Benzoyloxy-6'-methoxy-2'-piperidino-10,11-dihydro-cinchonan, *O*-Benzoyl-2'-piperidino-dihydrochinin $C_{32}H_{39}N_3O_3$, Formel X (R = C_2H_5, R' = CO-C_6H_5).

B. Aus sog. 2'-Hydroxy-dihydrochinin (S. 367) bei aufeinanderfolgender Umsetzung mit Benzoylchlorid, mit $POCl_3$ und mit Piperidin unter Zusatz von Kupfer-Pulver (*Ochiai, Kobayashi*, J. pharm. Soc. Japan **70** [1950] 391). Aus der vorangehenden Verbindung und Benzoylchlorid (*Hamana, Uzu*, J. pharm. Soc. Japan **74** [1954] 1315; C. A. **1955** 15922).

Kristalle (aus Me.); F: 168°.

(8*S*,9*R*)-5'-Amino-6'-methoxy-10,11-dihydro-cinchonan-9-ol, 5'-Amino-dihydrochinin $C_{20}H_{27}N_3O_2$, Formel XI (R = C_2H_5, R' = H, R'' = CH_3) (E I 668; E II 360).

B. Aus (8*S*,9*R*)-6'-Methoxy-5'-nitro-10,11-dihydro-cinchonan-9-ol („5'-Nitro-dihydrochinin" [E I **23** 161; E II **23** 407]) mit Hilfe von $SnCl_2 \cdot 2H_2O$ und wss. HCl (*Altman, van der Bie*, Ind. eng. Chem. **40** [1948] 897, 899; vgl. E I 668).

Gelbe Kristalle (aus wss. A.); F: 223° (*Al., v. d. Bie*).

Beim Behandeln mit CS_2 in Benzol ist ein wahrscheinlich als 5'-Amino-dihydrochinin-Salz der (8*S*,9*R*)-[9-Hydroxy-6'-methoxy-10,11-dihydro-cinchonan-5'-yl]-dithiocarbamidsäure ($C_{21}H_{27}N_3O_2S_2$; Formel XI [R = C_2H_5, R' = CS-SH, R'' = CH_3]) zu formulierendes Addukt (Kristalle, Zers. bei 115°) erhalten worden (*Al., v.d. Bie*). Bildung von (8*S*,9*R*)-5'-Isothiocyanato-6'-methoxy-10,11-dihydro-cinchonan-9-ol (oder dessen cycl. Taut.; s. u.) beim Erwärmen mit CS_2 in Benzol sowie (neben *N,N'*-Diphenyl-thioharnstoff) beim Erwärmen mit Phenylisothiocyanat in Benzol: *Zetzsche, Fredrich*, B. **73** [1940] 1420, 1421.

(8*S*,9*R*)-5'-Isothiocyanato-6'-methoxy-10,11-dihydro-cinchonan-9-ol $C_{21}H_{25}N_3O_2S$, Formel XII (R = CH_3) und cycl. Taut. ((*R*)-4-[(1*S*)-5*endo*-Äthyl-chinuclidin-2*exo*-yl]-10-methoxy-1*H*,4*H*-[1,3]oxazepino[6,5,4-*de*]chinolin-2-thion, Formel XIII (R = CH_3).

Ein Gemisch dieser Verbindung mit 5'-Amino-dihydrochinin (s. o.) hat vermutlich auch in dem von *Altman, van der Bie* (Ind. eng. Chem. **40** [1948] 897, 899) als *N,N'*-Bis-[(8*S*,9*R*)-9-hydroxy-6'-methoxy-10,11-dihydro-cinchonan-5'-yl]-thioharnstoff ($C_{41}H_{52}N_6O_4S$) beschriebenen Präparat (F: 192°) aufgrund seiner Elementaranalyse und seiner Bildungsweise aus dem im vorangehenden Artikel beschriebenen CS_2-Addukt vorgelegen.

B. s. im vorangehenden Artikel.

Hellgelbe Kristalle (aus Bzl. oder Me.); F: 198–200° [Zers.]; $[\alpha]_D$: +145,5° [$CHCl_3$; c = 2] (*Zetzsche, Fredrich,* B. **73** [1940] 1420, 1421).

Picrat. Gelbe Kristalle (aus $CHCl_3$); Zers. bei 147–149° (*Ze., Fr.,* l. c. S. 1421).

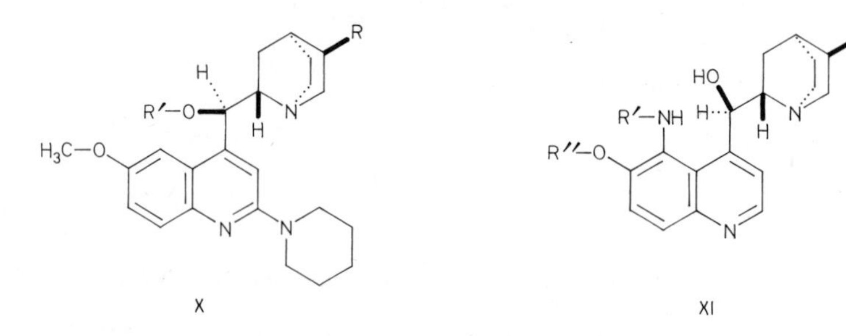

(8*S*,9*R*)-6'-Äthoxy-5'-isothiocyanato-10,11-dihydro-cinchonan-9-ol $C_{22}H_{27}N_3O_2S$, Formel XII (R = C_2H_5) und cycl. Taut. ((*R*)-10-Äthoxy-4-[(1*S*)-5*endo*-äthyl-chinuclidin-2*exo*-yl]-1*H*,4*H*-[1,3]oxazepino[6,5,4-*de*]chinolin-2-thion, Formel XIII [R = C_2H_5]).

B. Aus (8*S*,9*R*)-6'-Äthoxy-5'-amino-cinchonan-9-ol („5-Amino-optochin" [E II **25** 361]) und CS_2 in Benzol (*Zetzsche, Fredrich,* B. **73** [1940] 1420, 1422).

Hellgelbe Kristalle (aus Bzl.); F: 196–198° [Zers.]. $[\alpha]_D$: +156,3° [$CHCl_3$; c = 2].

Picrat. Gelbe Kristalle (aus $CHCl_3$); Zers. bei 150–152°.

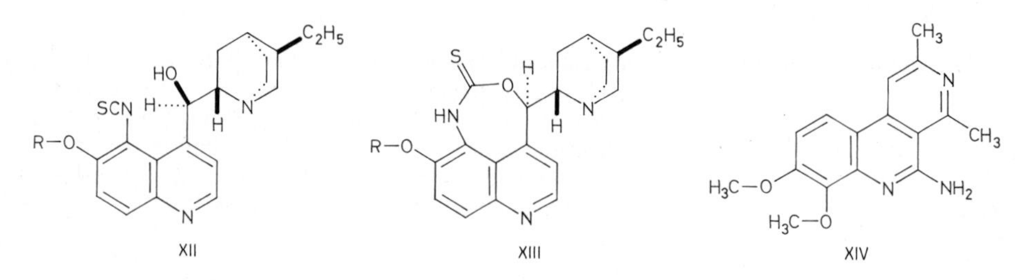

Amino-Derivate der Dihydroxy-Verbindungen $C_nH_{2n-16}N_2O_2$

7,8-Dimethoxy-2,4-dimethyl-benzo[*c*][2,7]naphthyridin-5-ylamin $C_{16}H_{17}N_3O_2$, Formel XIV.

B. Aus 4-[3,4-Dimethoxy-2-nitro-phenyl]-2,6-dimethyl-nicotinonitril mit Hilfe von Eisen-Pulver und wss.-äthanol. HCl (*Petrow,* Soc. **1946** 884, 888).

Kristalle (aus Bzl.+PAe.); F: 183–184° [korr.].

***Opt.-inakt. 4-[9,10-Dimethoxy-1,3,4,6,7,11b-hexahydro-2*H*-pyrimido[6,1-*a*]isochinolin-4-yl]-anilin** $C_{20}H_{25}N_3O_2$, Formel XV.

B. Bei der Hydrierung von 9,10-Dimethoxy-4-[4-nitro-phenyl]-1,2,6,7-tetrahydro-pyrimido[6,1-*a*]isochinolinylium-chlorid an Platin in wss.-methanol. HCl (*Kametani, Katagi,* J. pharm. Soc. Japan **75** [1955] 709, 712; C. A. **1956** 3460).

Wasserhaltige Kristalle (aus Bzl.); F: 124–126° (*Ka., Ka.,* J. pharm. Soc. Japan **75** 712). IR-Spektrum (2–15 μ): *Kametani, Katagi,* Pharm. Bl. **3** [1955] 259, 260; J. pharm. Soc. Japan **75** 710.

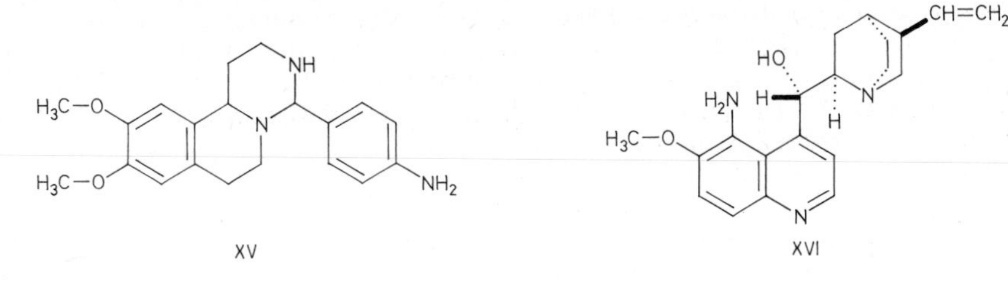

(8S,9R)-6′-Methoxy-2′-piperidino-cinchonan-9-ol, 2′-Piperidino-chinin $C_{25}H_{33}N_3O_2$, Formel X (R = CH=CH$_2$, R′ = H).

B. Aus 2′-Chlor-chinin (E III/IV **23** 3287) und Piperidin mit Hilfe von Kupfer-Pulver (*Hamana, Uzu,* J. pharm. Soc. Japan **74** [1954] 1315; C. A. **1955** 15922).

Kristalle (aus Acn.) mit 1 Mol H_2O; F: 131–134°.

[5-Amino-6-methoxy-[4]chinolyl]-[5-vinyl-chinuclidin-2-yl]-methanol $C_{20}H_{25}N_3O_2$.

a) **(9S)-5′-Amino-6′-methoxy-cinchonan-9-ol,** 5′-Amino-chinidin, Formel XVI.

B. Aus 5′-Nitro-chinidin (E III/IV **23** 3288) mit Hilfe von $SnCl_2 \cdot 2H_2O$ und konz. wss. HCl (*Suszko, Domagalina,* Roczniki Chem. **33** [1959] 93, 98, 99; C. A. **1959** 16179).

Gelbe Kristalle (aus Ae.); F: 236–237° [Zers.]. $[\alpha]_D^{20}$: +104° [A.; c = 0,5].

Beim Diazotieren in wss. H_2SO_4 und anschliessenden Behandeln mit wss. Alkalilauge ist (9S)-9,6′-Dihydroxy-cinchonan-5′-diazonium-betain erhalten worden.

b) **(8S,9R)-5′-Amino-6′-methoxy-cinchonan-9-ol,** 5′-Amino-chinin, Formel XI (R = CH=CH$_2$, R′ = H, R″ = CH$_3$) (E I 669; E II 362).

B. Aus 5′-Nitro-chinin (E III/IV **23** 3288) mit Hilfe von $SnCl_2 \cdot 2H_2O$ und konz. wss. HCl (*Suszko, Domagalina,* Roczniki Chem. **33** [1959] 93, 100; C. A. **1959** 16179).

Gelbe Kristalle (aus wss. A.); F: 213–215° [Zers.]. $[\alpha]_D^{20}$: −23,5° [A.; c = 0,5].

Amino-Derivate der Dihydroxy-Verbindungen $C_nH_{2n-18}N_2O_2$

(±)-N^4,N^4-Diäthyl-N^1-[2-(4-chlor-phenyl)-6,7-dimethoxy-chinazolin-4-yl]-1-methyl-butandiyldiamin $C_{25}H_{33}ClN_4O_2$, Formel I.

B. Aus 2-[4-Chlor-phenyl]-6,7-dimethoxy-3*H*-chinazolin-4-on bei der Umsetzung mit PCl_5 und $POCl_3$ und anschliessend mit (±)-N^4,N^4-Diäthyl-1-methyl-butandiyldiamin (*McKee et al.,* Am. Soc. **68** [1946] 1902).

Dihydrochlorid $C_{25}H_{33}ClN_4O_2 \cdot 2HCl$. Kristalle (aus A.+Acn.); F: 227–229° [Zers.].

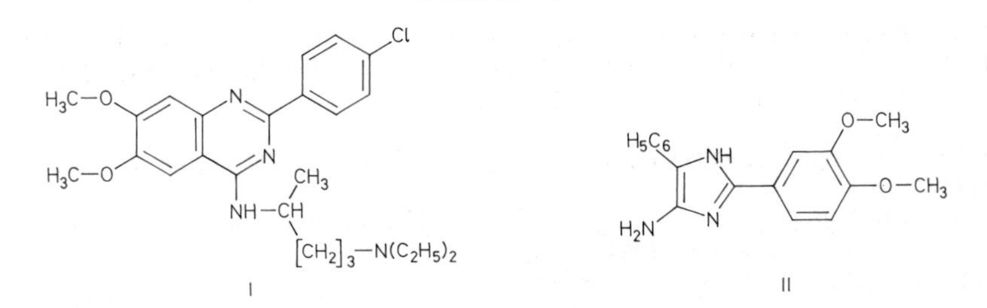

2-[3,4-Dimethoxy-phenyl]-5-phenyl-1(3)*H*-imidazol-4-ylamin $C_{17}H_{17}N_3O_2$, Formel II und Taut.

Hydrochlorid $C_{17}H_{17}N_3O_2 \cdot HCl$. *B.* Beim Erwärmen von 3,4-Dimethoxy-thiobenzimidsäure-äthylester (oder -benzylester)-hydrochlorid mit Amino-phenyl-acetonitril in $CHCl_3$ (*Bader et al.,* Soc. **1950** 2775, 2778, 2780, 2782). – Hellgelbe Kristalle (aus Me.); F: 253–254° [unkorr.; Zers.]. λ_{max} (A.): 336 nm.

4-[6,7-Dimethoxy-cinnolin-4-ylmethyl]-anilin(?) $C_{17}H_{17}N_3O_2$, vermutlich Formel III.
B. Aus [4-Amino-phenyl]-[6,7-dimethoxy-cinnolin-4-yl]-acetonitril (?; F: 206–207°) mit Hilfe von wss. H_2SO_4 (*Castle, Cox,* J. org. Chem. **19** [1954] 1117, 1123).
Hellgelbe Kristalle (aus Bzl.); F: 175,8–177° (*Ca., Cox*). IR-Banden (Nujol; 6,3–12,9 μ): *Castle et al.,* J. Am. pharm. Assoc. **48** [1959] 135, 138.

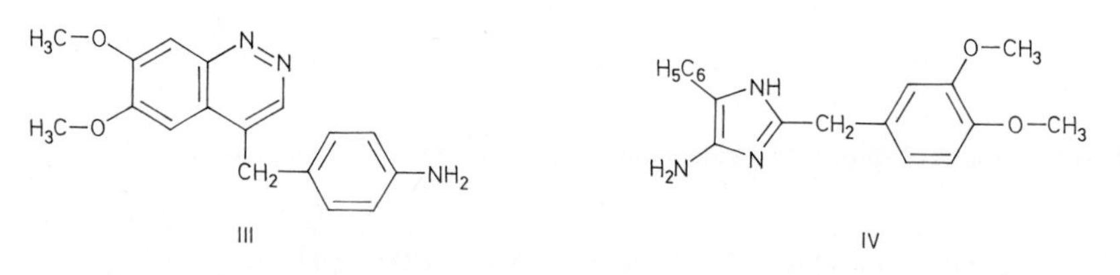

5-Phenyl-2-veratryl-1(3)*H*-imidazol-4-ylamin $C_{18}H_{19}N_3O_2$, Formel IV und Taut.
Hydrochlorid $C_{18}H_{19}N_3O_2 \cdot HCl$. *B.* Beim Erwärmen von [3,4-Dimethoxy-phenyl]-thioacetimidsäure-äthylester-hydrochlorid mit Amino-phenyl-acetonitril in $CHCl_3$ (*Bader et al.,* Soc. **1950** 2775, 2780, 2783). – Kristalle (aus A.); F: 208–209° [unkorr.]. λ_{max} (A.): 283 nm.

Amino-Derivate der Dihydroxy-Verbindungen $C_nH_{2n-20}N_2O_2$

4-[8,9-Dimethoxy-5,6-dihydro-imidazo[5,1-*a*]isochinolin-3-yl]-anilin $C_{19}H_{19}N_3O_2$, Formel V.
B. Bei der Hydrierung von 8,9-Dimethoxy-3-[4-nitro-phenyl]-5,6-dihydro-imidazo[5,1-*a*]isochinolin an Platin in wss.-methanol. HCl (*Kametani, Iida,* J. pharm. Soc. Japan **70** [1950] 258; C. A. **1951** 6205).
Hygroskopisches Pulver; Zers. bei 105° [nach Sintern bei 60°].
Dihydrochlorid $C_{19}H_{19}N_3O_2 \cdot 2HCl$. Gelbe Kristalle (aus A. oder Ae.) mit 1 Mol H_2O; Zers. bei 275°.
Picrat $C_{19}H_{19}N_3O_2 \cdot C_6H_3N_3O_7$. Gelbbraune Kristalle (aus A.) mit 0,5 Mol H_2O; Zers. bei 147°.

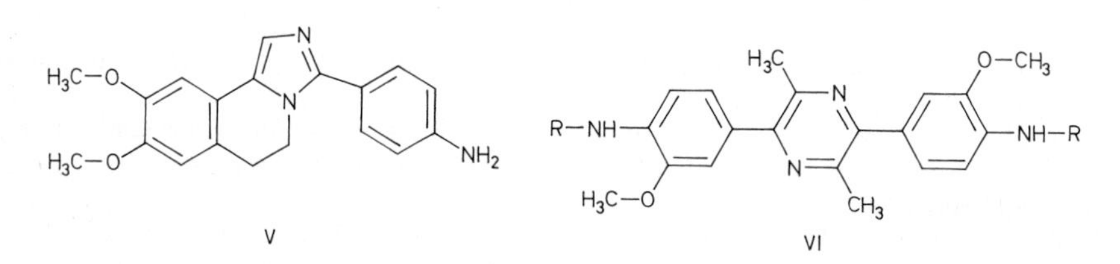

2,5-Bis-[4-amino-3-methoxy-phenyl]-3,6-dimethyl-pyrazin $C_{20}H_{22}N_4O_2$, Formel VI (R = H).
B. Aus der folgenden Verbindung mit Hilfe von wss. HCl (*Beech,* Soc. **1955** 3094, 3097).
Kristalle (aus 2-Äthoxy-äthanol); F: 221–223°.

2,5-Bis-[4-acetylamino-3-methoxy-phenyl]-3,6-dimethyl-pyrazin $C_{24}H_{26}N_4O_4$, Formel VI (R = CO-CH_3).
B. Aus Essigsäure-[4-(1-hydroxyimino-2-oxo-propyl)-2-methoxy-anilid] mit Hilfe von Zink und wss. Essigsäure (*Beech,* Soc. **1955** 3094, 3097).
Kristalle (aus Eg.); F: 322°.

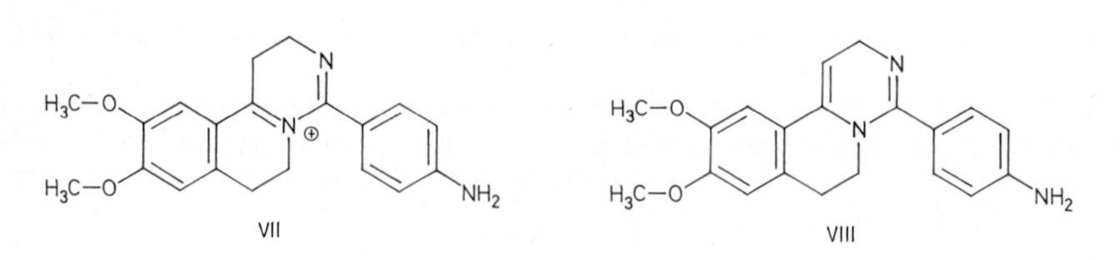

4-[4-Amino-phenyl]-9,10-dimethoxy-1,2,6,7-tetrahydro-pyrimido[6,1-*a*]isochinolinylium $[C_{20}H_{22}N_3O_2]^+$, Formel VII.

Chlorid $[C_{20}H_{22}N_3O_2]Cl$. *B.* Bei der Hydrierung von 9,10-Dimethoxy-4-[4-nitro-phenyl]-1,2,6,7-tetrahydro-pyrimidino[6,1-*a*]isochinolinylium-chlorid an Platin in Methanol und wenig konz. wss. HCl (*Kametani, Katagi,* Pharm. Bl. **3** [1955] 259, 261). – F: 203° [Zers.; nach Sintern bei 197°; aus A. + Ae.]. – Überführung in eine vermutlich als 4-[9,10-Dimethoxy-6,7-dihydro-2*H*-pyrimido[6,1-*a*]isochinolin-4-yl]-anilin (Formel VIII) zu formulierende Base $C_{20}H_{21}N_3O_2$ (gelblichbraune hygroskopische Kristalle [aus wss. A.] mit 3,5 Mol H_2O; F: 94° oder F: 64°): *Ka., Ka.,* l. c. S. 259, 261.

Amino-Derivate der Dihydroxy-Verbindungen $C_nH_{2n-22}N_2O_2$

1-[3-Diäthylaminomethyl-indol-2-yl]-6,7-dimethoxy-isochinolin, Diäthyl-[2-(6,7-dimethoxy-[1]isochinolyl)-indol-3-ylmethyl]-amin $C_{24}H_{27}N_3O_2$, Formel IX.

B. Aus 1-Indol-2-yl-6,7-dimethoxy-isochinolin, Diäthylamin und Formaldehyd (*Sugasawa, Deguchi,* Chem. pharm. Bl. **8** [1960] 879, 882; *Deguchi,* Ann. Rep. med. Resources Res. Inst. **1956** 11, 15; vgl. C. A. **1960** 2336).

Monopicrat $C_{24}H_{27}N_3O_2 \cdot C_6H_3N_3O_7$. Gelbe Kristalle (aus A. + Acn.); F: 218° [Zers.] (*Su., De.; De.*).

Dipicrat $C_{24}H_{27}N_3O_2 \cdot 2C_6H_3N_3O_7$ (von *Deguchi* vermutlich irrtümlich als Dipicrolonat beschrieben). Gelbe Kristalle (aus A. + Acn.); F: 181° [Zers.] (*Su., De.; De.*).

Methojodid $[C_{25}H_{30}N_3O_2]I$; Diäthyl-[2-(6,7-dimethoxy-[1]isochinolyl)-indol-3-ylmethyl]-methyl-ammonium-jodid. Gelbe Kristalle (aus Me.); F: 250° [Zers.] (*Su., De.; De.*).

Amino-Derivate der Dihydroxy-Verbindungen $C_nH_{2n-24}N_2O_2$

6,6'-Dimethoxy-[5,5']bichinolyl-8,8'-diyldiamin $C_{20}H_{18}N_4O_2$, Formel X.

B. Aus 6-Methoxy-[8]chinolylamin mit Hilfe von $FeCl_3$ und wss. HCl (*Farrar,* Soc. **1954** 3252).

Gelbbraune Kristalle (aus Acn.) mit 2 Mol Aceton; die lösungsmittelfreie gelbe Verbindung schmilzt bei 252° [Zers.].

Diacetyl-Derivat $C_{24}H_{22}N_4O_4$; 8,8'-Bis-acetylamino-6,6'-dimethoxy-[5,5']bichinolyl. Kristalle (aus Acn.); F: 289 – 290°.

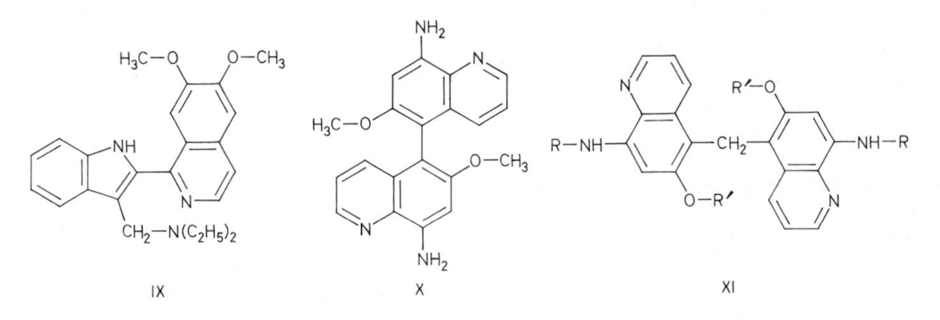

Bis-[8-amino-6-methoxy-[5?]chinolyl]-methan, 6,6'-Dimethoxy-5(?),5'(?)-methandiyl-bis-[8]chinolylamin $C_{21}H_{20}N_4O_2$, vermutlich Formel XI (R = H, R' = CH_3).

B. Beim Erhitzen von 6-Methoxy-[8]chinolylamin mit dem Natrium-Salz der Hydroxymethansulfonsäure und wss. Formaldehyd und Behandeln des Reaktionsprodukts mit wss. HCl (*King, Beer,* Soc. **1945** 791, 793).

Orangefarben; F: >250°.

Dihydrochlorid $C_{21}H_{20}N_4O_2 \cdot 2HCl$. Rote Kristalle (aus wss. HCl) mit 1 Mol H_2O; F: 250° [Zers.].

Bis-[8-acetylamino-6-hydroxy-[5]chinolyl]-methan $C_{23}H_{20}N_4O_4$, Formel XI (R = CO-CH_3, R′ = H).

B. Aus *N*-[6-Hydroxy-5-piperidinomethyl-[8]chinolyl]-acetamid in Äthanol (*Burckhalter et al.*, Am. Soc. **76** [1954] 6089, 6092).

F: >300°.

Bis-[8-acetylamino-6-methoxy-[5]chinolyl]-methan $C_{25}H_{24}N_4O_4$, Formel XI (R = CO-CH_3, R′ = CH_3).

B. Aus *N*-[6-Methoxy-[8]chinolyl]-acetamid und wss. Formaldehyd mit Hilfe von konz. H_2SO_4 (*Kaslow, Raymond,* Am. Soc. **70** [1948] 3912).

Kristalle (aus Xylol); F: 298–299°.

Bis-[5-acetylamino-8-hydroxy-[7]chinolyl]-methan $C_{23}H_{20}N_4O_4$, Formel XII.

B. Aus *N*-[8-Hydroxy-[5]chinolyl]-acetamid und Paraformaldehyd in Essigsäure (*Burckhalter et al.*, Am. Soc. **76** [1954] 6089, 6091).

Kristalle (aus Chinolin); F: ca. 375°.

Amino-Derivate der Dihydroxy-Verbindungen $C_nH_{2n-26}N_2O_2$

2,3-Bis-[5-amino-2-hydroxy-phenyl]-chinoxalin $C_{20}H_{16}N_4O_2$, Formel XIII (X = OH, X′ = H).

B. Aus 5,5′-Diamino-2,2′-dihydroxy-benzil und *o*-Phenylendiamin in wss.(?) Essigsäure (*Moureu et al.*, Bl. **1959** 952, 954).

Orangefarbene Kristalle (aus A.) mit 1 Mol Äthanol; F: 190°.

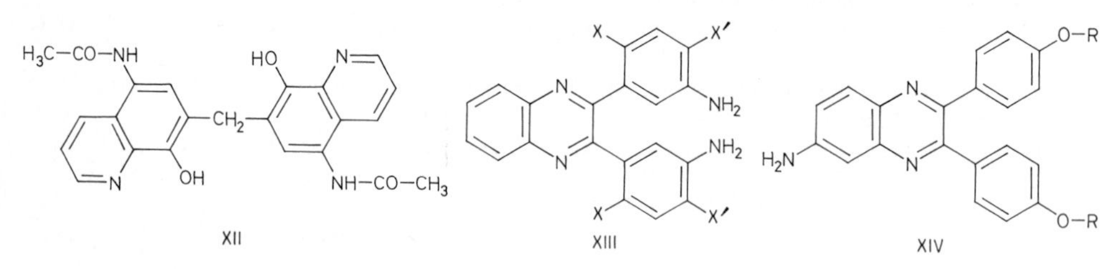

2,3-Bis-[4-hydroxy-phenyl]-chinoxalin-6-ylamin $C_{20}H_{15}N_3O_2$, Formel XIV (R = H).

B. Aus 4,4′-Dihydroxy-benzil und Benzen-1,2,4-triyltriamin-dihydrochlorid in wss. Äthanol (*Gilman, Broadbent,* Am. Soc. **70** [1948] 2619).

Kristalle (aus wss. A.); F: 338–340° [unkorr.].

2,3-Bis-[4-methoxy-phenyl]-chinoxalin-6-ylamin $C_{22}H_{19}N_3O_2$, Formel XIV (R = CH_3).

B. Analog der vorangehenden Verbindung (*Gilman, Broadbent,* Am. Soc. **70** [1948] 2619).

Hellbraune Kristalle (aus Bzl.); F: 194–196° [unkorr.].

6-[2,5-Dimethyl-pyrrol-1-yl]-2,3-bis-[4-methoxy-phenyl]-chinoxalin $C_{28}H_{25}N_3O_2$, Formel XV.

B. Aus dem vorangehenden Amin und Hexan-2,5-dion mit Hilfe von äthanol. Essigsäure (*Gilman, Broadbent,* Am. Soc. **70** [1948] 2619).

Kristalle (aus Bzl.+A.); F: 189–190° [unkorr.].

2,3-Bis-[3-amino-4-hydroxy-phenyl]-chinoxalin $C_{20}H_{16}N_4O_2$, Formel XIII (X = H, X′ = OH).

B. Aus 3,3′-Diamino-4,4′-dihydroxy-benzil und *o*-Phenylendiamin in wss. Essigsäure (*Moureu*

et al., Bl. **1959** 952, 954).
F: 313° [korr.].

4,5-Bis-[5-chlor-2-methoxy-phenyl]-2-[4-dimethylamino-phenyl]-1*H*-imidazol, 4-[4,5-Bis-(5-chlor-2-methoxy-phenyl)-1*H*-imidazol-2-yl]-*N*,*N*-dimethyl-anilin $C_{25}H_{23}Cl_2N_3O_2$, Formel XVI.

B. Beim Erhitzen von 5,5′-Dichlor-2,2′-dimethoxy-benzil mit 4-Dimethylamino-benzaldehyd und Ammoniumacetat in Essigsäure (*Deliwala, Rajagopalan*, Pr. Indian Acad. [A] **31** [1950] 107, 110, 114).
F: 256–257°.

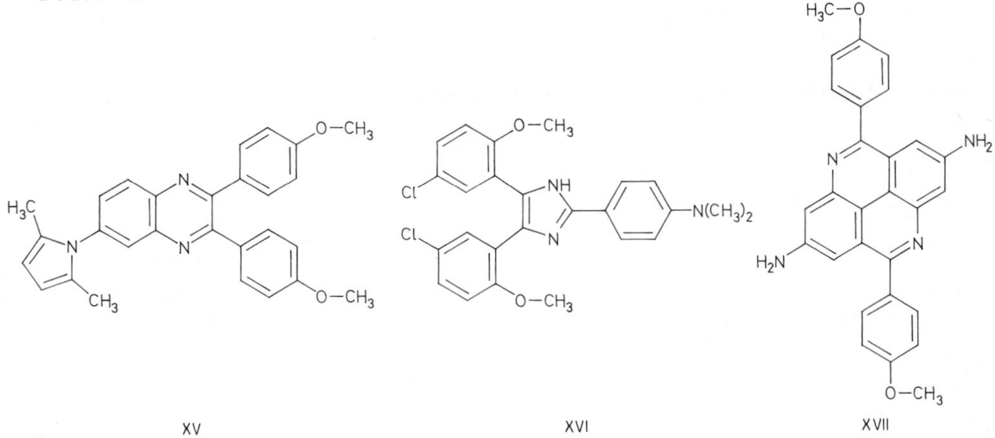

Amino-Derivate der Dihydroxy-Verbindungen $C_nH_{2n-36}N_2O_2$

5,10-Bis-[4-methoxy-phenyl]-pyrido[2,3,4,5-*lmn*]phenanthridin-2,7-diyldiamin $C_{28}H_{22}N_4O_2$, Formel XVII.

B. Aus 2,2′-Bis-[4-methoxy-benzoyl]-4,6,4′,6′-tetranitro-biphenyl in Äthanol mit Hilfe von $SnCl_2$ und konz. wss. HCl (*Fairfull et al.*, Soc. **1952** 4700, 4706).

Rote Kristalle (aus Nitrobenzol oder wss. Py.).

Bis-methochlorid $[C_{30}H_{28}N_4O_2]Cl_2$; 2,7-Diamino-5,10-bis-[4-methoxy-phenyl]-4,9-dimethyl-pyrido[2,3,4,5-*lmn*]phenanthridindiium-dichlorid. *B.* Aus dem folgenden Diacetyl-Derivat bei aufeinanderfolgender Umsetzung mit Dimethylsulfat und NH_4Cl und anschliessender Hydrolyse mit konz. wss. HCl (*Fa. et al.*, l. c. S. 4707). – Kristalle (aus H_2O); F: 321–322°.

Diacetyl-Derivat $C_{32}H_{26}N_4O_4$; 2,7-Bis-acetylamino-5,10-bis-[4-methoxy-phenyl]-pyrido[2,3,4,5-*lmn*]phenanthridin. Gelbe Kristalle (aus Nitrobenzol); F: 393–394° (*Fa. et al.*, l. c. S. 4706).

Amino-Derivate der Trihydroxy-Verbindungen $C_nH_{2n-4}N_2O_3$

4,5,6-Triäthoxy-pyrimidin-2-ylamin $C_{10}H_{17}N_3O_3$, Formel I (R = H).

B. Aus 5-Äthoxy-4,6-dichlor-pyrimidin-2-ylamin und äthanol. Natriumäthylat (*Braker et al.*, Am. Soc. **69** [1947] 3072, 3075).
F: 76–78°.

4,5,6-Triäthoxy-2-sulfanilylamino-pyrimidin, Sulfanilsäure-[4,5,6-triäthoxy-pyrimidin-2-ylamid] $C_{16}H_{22}N_4O_5S$, Formel I (R = SO_2-C_6H_4-NH_2).

B. Aus dem folgenden Acetyl-Derivat mit Hilfe von wss. NaOH (*Braker et al.*, Am. Soc. **69** [1947] 3072, 3076, 3078).
F: 117–118° [unkorr.].

N-Acetyl-sulfanilsäure-[4,5,6-triäthoxy-pyrimidin-2-ylamid], Essigsäure-[4-(4,5,6-triäthoxy-pyrimidin-2-ylsulfamoyl)-anilid] $C_{18}H_{24}N_4O_6S$, Formel I (R = SO_2-C_6H_4-NH-CO-CH_3).

B. Aus 4,5,6-Triäthoxy-pyrimidin-2-ylamin und *N*-Acetyl-sulfanilylchlorid mit Hilfe von Pyridin (*Braker et al.*, Am. Soc. **69** [1947] 3072, 3076, 3077).

F: 188–189° [unkorr.].

4,5-Dimethoxy-6-methoxymethyl-pyrimidin-2-ylamin $C_8H_{13}N_3O_3$, Formel II (R = H, R' = CH_3).

B. Aus 4-Chlor-5-methoxy-6-methoxymethyl-pyrimidin-2-ylamin und methanol. Natriummethylat (*Braker et al.*, Am. Soc. **69** [1947] 3072, 3075).

F: 132–133° [unkorr.].

4-Äthoxy-5-methoxy-6-methoxymethyl-pyrimidin-2-ylamin $C_9H_{15}N_3O_3$, Formel II (R = H, R' = C_2H_5).

B. Aus 4-Chlor-5-methoxy-6-methoxymethyl-pyrimidin-2-ylamin und äthanol. Natriumäthylat (*Braker et al.*, Am. Soc. **69** [1947] 3072, 3075).

F: 113–114° [unkorr.].

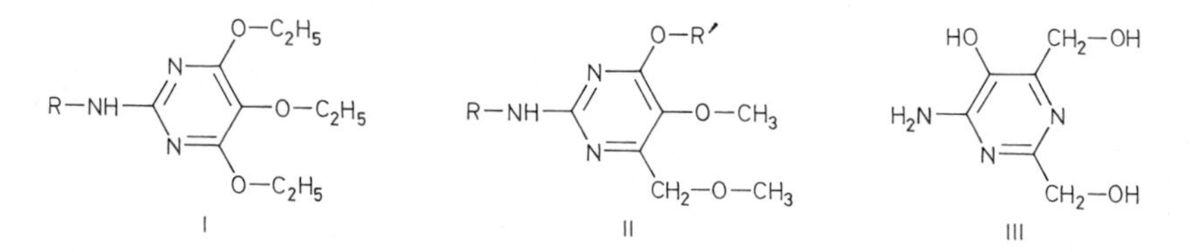

4,5-Dimethoxy-6-methoxymethyl-2-sulfanilylamino-pyrimidin, Sulfanilsäure-[4,5-dimethoxy-6-methoxymethyl-pyrimidin-2-ylamid] $C_{14}H_{18}N_4O_5S$, Formel II (R = SO_2-C_6H_4-NH_2, R' = CH_3).

B. Aus dem folgenden Acetyl-Derivat mit Hilfe von wss. NaOH (*Braker et al.*, Am. Soc. **69** [1947] 3072, 3076, 3078).

F: 167–168° [unkorr.].

N-Acetyl-sulfanilsäure-[4,5-dimethoxy-6-methoxymethyl-pyrimidin-2-ylamid], Essigsäure-[4-(4,5-dimethoxy-6-methoxymethyl-pyrimidin-2-ylsulfamoyl)-anilid] $C_{16}H_{20}N_4O_6S$, Formel II (R = SO_2-C_6H_4-NH-CO-CH_3, R' = CH_3).

B. Aus 4,5-Dimethoxy-6-methoxymethyl-pyrimidin-2-ylamin und *N*-Acetyl-sulfanilylchlorid mit Hilfe von Pyridin (*Braker et al.*, Am. Soc. **69** [1947] 3072, 3076, 3077).

F: 174–175° [unkorr.].

4-Äthoxy-5-methoxy-6-methoxymethyl-2-sulfanilylamino-pyrimidin, Sulfanilsäure-[4-äthoxy-5-methoxy-6-methoxymethyl-pyrimidin-2-ylamid] $C_{15}H_{20}N_4O_5S$, Formel II (R = SO_2-C_6H_4-NH_2, R' = C_2H_5).

B. Aus dem folgenden Acetyl-Derivat mit Hilfe von wss. NaOH (*Braker et al.*, Am. Soc. **69** [1947] 3072, 3076, 3078).

F: 111–112° [unkorr.].

N-Acetyl-sulfanilsäure-[4-äthoxy-5-methoxy-6-methoxymethyl-pyrimidin-2-ylamid], Essigsäure-[4-(4-äthoxy-5-methoxy-6-methoxymethyl-pyrimidin-2-ylsulfamoyl)-anilid] $C_{17}H_{22}N_4O_6S$, Formel II (R = SO_2-C_6H_4-NH-CO-CH_3, R' = C_2H_5).

B. Aus 4-Äthoxy-5-methoxy-6-methoxymethyl-pyrimidin-2-ylamin und *N*-Acetyl-sulfanilylchlorid mit Hilfe von Pyridin (*Braker et al.*, Am. Soc. **69** [1947] 3072, 3076, 3077).

F: 153–153,5° [unkorr.].

4-Amino-2,6-bis-hydroxymethyl-pyrimidin-5-ol $C_6H_9N_3O_3$, Formel III.

B. Aus Glykolonitril mit Hilfe von wss. NaOH (*Lake, Londergan*, J. org. Chem. **19** [1954]

2004, 2006).

Kristalle; F: 90–95°.

Triacetyl-Derivat $C_{12}H_{15}N_3O_6$; 2,4-Bis-acetoxymethyl-6-acetylamino-pyrimidin-5-ol, *N*-[2,6-Bis-acetoxymethyl-5-hydroxy-pyrimidin-4-yl]-acetamid. Kristalle (aus Bzl.); F: 115–117°.

Amino-Derivate der Trihydroxy-Verbindungen $C_nH_{2n-16}N_2O_3$

2-Anilino-1,3,4-trihydroxy-5-phenyl-phenazinium-betain, 3-Anilino-1,4-dihydroxy-10-phenyl-10*H*-phenazin-2-on $C_{24}H_{17}N_3O_3$, Formel IV und Mesomeres (in der Literatur auch als Anilino-dihydroxy-aposafranon bezeichnet).

Die früher (*Barry et al.*, Soc. **1956** 888, 890, 892) unter dieser Konstitution beschriebene Verbindung ist als 3-Hydroxy-10-phenyl-10*H*-phenazin-2-on (Hydroxyaposafranon $C_{18}H_{12}N_2O_2$; E III/IV **23** 3233) zu formulieren (*Barry et al.*, Soc. **1959** 3217, 3218); die Identität des früher mit Vorbehalt als 4-Acetoxy-3-anilino-1-hydroxy-10-phenyl-10*H*-phenazin-2-on formulierten vermeintlichen Monoacetyl-Derivats $C_{26}H_{19}N_3O_4$ (F: 230°) ist daher ungewiss.

Amino-Derivate der Trihydroxy-Verbindungen $C_nH_{2n-18}N_2O_3$

5-Phenyl-2-[3,4,5-trimethoxy-benzyl]-1(3)*H*-imidazol-4-ylamin $C_{19}H_{21}N_3O_3$, Formel V und Taut.

Hydrochlorid $C_{19}H_{21}N_3O_3 \cdot HCl$. *B.* Beim Erwärmen von 2-[3,4,5-Trimethoxy-phenyl]-thioacetimidsäure-benzylester-hydrochlorid mit Amino-phenyl-acetonitril in $CHCl_3$ (*Bader et al.*, Soc. **1950** 2775, 2780, 2783). – Kristalle (aus A.); F: 218° [unkorr.; Zers.]. λ_{max} (A.): 281 nm (*Ba. et al.*, l. c. S. 2778).

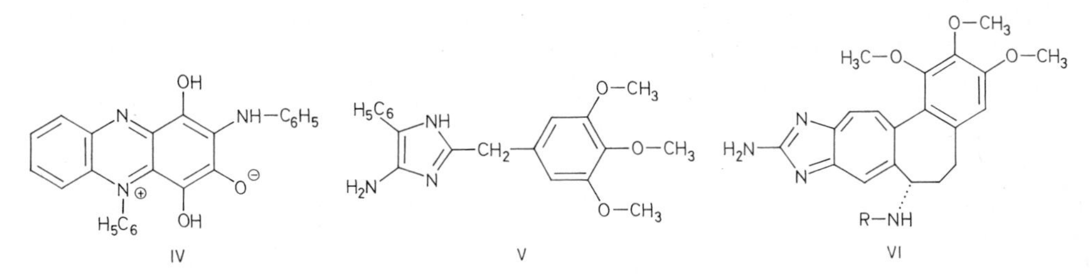

Amino-Derivate der Trihydroxy-Verbindungen $C_nH_{2n-20}N_2O_3$

(*S*)-1,2,3-Trimethoxy-6,7-dihydro-5*H*-benzo[6,7]heptaleno[2,3-*d*]imidazol-7,10-diyldiamin $C_{20}H_{22}N_4O_3$, Formel VI (R = H) und Taut.

B. Aus Desacetyl-colchicein (E III **14** 691) bei der aufeinanderfolgenden Umsetzung mit Diazomethan und mit Guanidin (*Nozoe et al.*, Sci. Rep. Tohoku Univ. [I] **38** [1954] 117, 118). Aus dem folgenden *N*-Acetyl-Derivat mit Hilfe von wss. HCl (*No. et al.*).

Hellgelbe Kristalle (aus A.); F: >300°. Absorptionsspektrum (Me.; 215–430 nm): *No. et al.*, l. c. S. 128.

Picrat $C_{20}H_{22}N_4O_3 \cdot C_6H_3N_3O_7$. Hellorangefarbene Kristalle (aus wss. A.); F: 171–173° [unkorr.; Zers.].

***N*-[(*S*)-10-Amino-1,2,3-trimethoxy-6,7-dihydro-5*H*-benzo[6,7]heptaleno[2,3-*d*]imidazol-7-yl]-acetamid** $C_{22}H_{24}N_4O_4$, Formel VI (R = CO-CH_3) und Taut.

B. Aus (–)-Colchicin (E III **14** 693) und Guanidin in Äthanol (*Nozoe et al.*, Sci. Rep. Tohoku Univ. [I] **38** [1954] 117, 125) oder in Äthanol und Toluol (*Fourneau, Grundland,* Bl. **1955** 1571). Aus der vorangehenden Verbindung und Acetanhydrid (*No. et al.*, l. c. S. 129).

Kristalle (aus H_2O) mit 3 Mol H_2O, F: 230° [unkorr.; vorgeheizter App.] (*Fo., Gr.*); hellgelbe Kristalle (aus E.) mit 2 Mol H_2O, F: 213–215° [unkorr.; Zers.] (*No. et al.*). $[\alpha]_D^{13}$: –339° [$CHCl_3$] (*No. et al.* [im Original irrtümlich –33,9° angegeben; s. dazu *Fo., Gr.*, l. c. S. 1572 Anm. **]); $[\alpha]_D^{24}$: –310° [$CHCl_3$; c = 1] (*Fo., Gr.*). Absorptionsspektrum (Me.; 215–425 nm): *No. et al.*, l. c. S. 121, 126.

Picrat $C_{22}H_{24}N_4O_4 \cdot C_6H_3N_3O_7$. Gelbe Kristalle; F: 255° [unkorr.; Zers.; aus Me. oder Acn.] (*Fo., Gr.*), 251–252° [unkorr.; Zers.; aus $CHCl_3$] (*No. et al.*, l. c. S. 126).

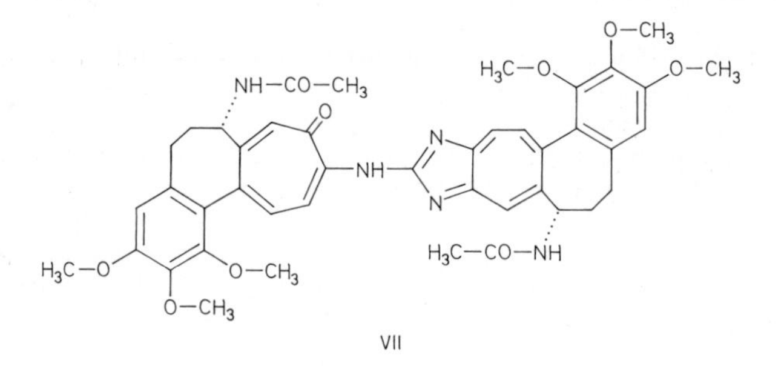

(*S*)-7-Acetylamino-10-[(*S*)-7-acetylamino-1,2,3-trimethoxy-6,7-dihydro-5*H*-benzo[6,7]heptaleno[2,3-*d*]imidazol-10-ylamino]-1,2,3-trimethoxy-6,7-dihydro-5*H*-benzo[*a*]heptalen-9-on $C_{43}H_{45}N_5O_9$, Formel VII,
oder **(*S*)-5-Acetylamino-9,10,11-trimethoxy-6,7-dihydro-5*H*-dibenzo[*a,c*]cyclohepten-3-carbonsäure-[(*S*)-7-acetylamino-1,2,3-trimethoxy-6,7-dihydro-5*H*-benzo[6,7]heptaleno[2,3-*d*]imidazol-10-ylamid]** $C_{43}H_{45}N_5O_9$, Formel VIII.

B. Beim Erwärmen von (–)-Colchicin (E III **14** 693) mit Guanidin und Natriummethylat in Methanol und Toluol (*Fourneau, Grundland*, Bl. **1955** 1571).

Oxalat $C_{43}H_{45}N_5O_9 \cdot C_2H_2O_4$. Orangerote Kristalle (aus wss. Butanon) mit 3 Mol H_2O; Zers. bei 285° [nach Verfärbung und Sintern bei 270°].

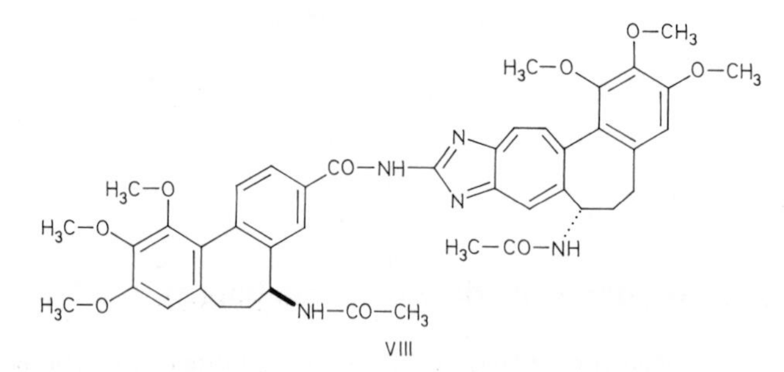

Amino-Derivate der Tetrahydroxy-Verbindungen $C_nH_{2n-2}N_2O_4$

1-[2-Amino-1(3)*H*-imidazol-4-yl]-butan-1,2,3,4-tetraol $C_7H_{13}N_3O_4$ und Taut.

a) **Dr-1*cat*F-[2-Amino-1(3)*H*-imidazol-4-yl]-butan-1*t*F,2*c*F,3*r*F,4-tetraol, D-(1*R*)-1-[2-Amino-1(3)*H*-imidazol-4-yl]-erythrit,** Formel IX und Taut. (Dr-1*cat*F-[2-Imino-2,3-dihydro-1*H*-imidazol-4-yl]-butan-1*t*F,2*c*F,3*r*F,4-tetraol).

Diese Konstitution und Konfiguration kommt der von *Odo, Kawano* (J. chem. Soc. Japan Pure Chem. Sect. **78** [1957] 17, 18; C. A. **1959** 5191) und von *Odo et al.* (J. org. Chem. **23** [1958] 1319) als α-D-Glucopyranose-2-yl-guanidin ($C_7H_{15}N_3O_5$) formulierten Verbindung zu (*Yoshimura et al.*, Bl. chem. Soc. Japan **45** [1972] 1227, 1228).

B. Neben (*R*)-1-[(3a*S*)-2-Amino-6*c*-hydroxy-(3a*r*,6a*c*)-3a,5,6,6a-tetrahydro-1(3)*H*-furo[2,3-*d*]imidazol-5*c*-yl]-äthan-1,2-diol beim Erwärmen von D-Glucosamin (E IV **4** 2017) mit Cyanamid in wss. Lösung vom pH 7 (*Yo. et al.*, l. c. S. 1229; s. a. *Odo, Ka.; Odo et al.*). Aus dem zuvor genannten Nebenprodukt in wss. Lösung vom pH 11,8 (*Yo. et al.*; s. a. *Odo, Ka.; Odo et al.*).

λ_{max} (wss. Lösung vom pH 11,8): 208 nm (*Yo. et al.*).

Hydrochlorid $C_7H_{13}N_3O_4 \cdot HCl$. Kristalle; F: 171° [unkorr.]; $[\alpha]_D^{23}$: −11,7° [H_2O; c = 1] (*Yo. et al.*). ^{1}H-NMR-Absorption (D_2O): *Yo. et al.* λ_{max} (wss. Lösung vom pH 4,8): 212 nm (*Yo. et al.*).

Picrat $C_7H_{13}N_3O_4 \cdot C_6H_3N_3O_7$. Kristalle (aus H_2O); F: 178° [unkorr.] (*Yo. et al.*).

b) **D_r-1*cat*$_F$-[(*S*)-2-Amino-4*H*-imidazol-4-yl]-butan-1*t*$_F$,2*c*$_F$,3*r*$_F$,4-tetraol, D-(1*R*)-1-[(*S*)-2-Amino-4*H*-imidazol-4-yl]-erythrit,** Formel X.

Die von *Odo, Kawano* (J. chem. Soc. Japan Pure Chem. Sect. **78** [1957] 17; C. A. **1959** 5191) und von *Odo et al.* (J. org. Chem. **23** [1958] 1319) als Hydrochlorid, Nitrat und Picrat dieser Base beschriebenen Salze sind als die entsprechenden (*R*)-1-[(3a*S*)-2-Amino-6*c*-hydroxy-(3a*r*,6a*c*)-3a,5,6,6a-tetrahydro-1(3)*H*-furo[2,3-*d*]imidazol-5*c*-yl]-äthan-1,2-diol-Salze (Syst.-Nr. 4609) zu formulieren (*Yoshimura et al.*, Bl. chem. Soc. Japan **45** [1972] 1227).

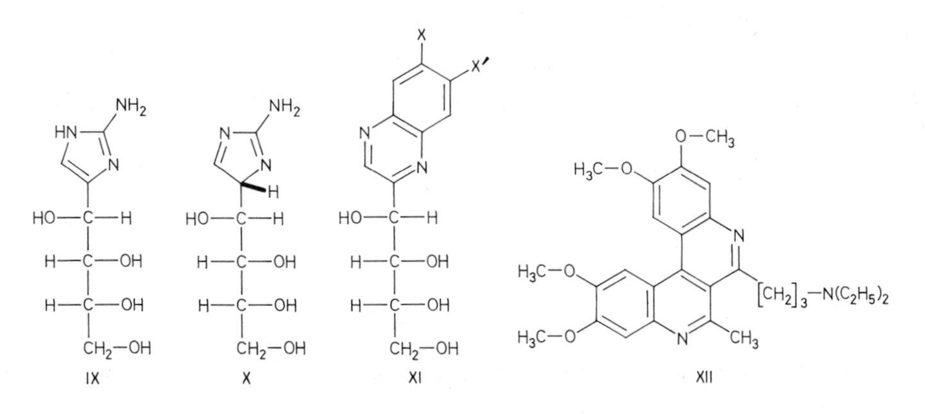

Amino-Derivate der Tetrahydroxy-Verbindungen $C_nH_{2n-10}N_2O_4$

D_r-1*cat*$_F$-[6(oder 7)-Amino-chinoxalin-2-yl]-butan-1*t*$_F$,2*c*$_F$,3*r*$_F$,4-tetraol, D-(1*R*)-1-[6(oder 7)-Amino-chinoxalin-2-yl]-erythrit $C_{12}H_{15}N_3O_4$, Formel XI (X = NH_2, X′ = H oder X = H, X′ = NH_2).

B. Beim Erhitzen von D-*arabino*-[2]Hexosulose-1-phenylhydrazon (oder -1-[methyl-phenyl-hydrazon]) mit Benzen-1,2,4-triyltriamin-dihydrochlorid (*Henseke, Winter*, B. **89** [1956] 956, 963). Aus D-(1*R*)-1-[6(oder 7)-Nitro-chinoxalin-2-yl]-erythrit (E III/IV **23** 3399) mit Hilfe von Zink und wss.-äthanol. HCl (*He., Wi.*, l. c. S. 964).

Gelbe Kristalle (aus wss. A.); F: 206° [Zers.]. $[\alpha]_D^{18}$: −180° [Py.; c = 1].

Amino-Derivate der Tetrahydroxy-Verbindungen $C_nH_{2n-22}N_2O_4$

6-[3-Diäthylamino-propyl]-2,3,10,11-tetramethoxy-7-methyl-dibenzo[*c,f*][2,7]naphthyridin, Diäthyl-[3-(2,3,10,11-tetramethoxy-7-methyl-dibenzo[*c,f*][2,7]naphthyridin-6-yl)-propyl]-amin $C_{28}H_{35}N_3O_4$, Formel XII (in der Literatur auch als Methyl-[γ-diäthylamino-propyl]-diveratrocopyrin bezeichnet).

B. Beim Erhitzen von 2,2′-Diamino-4,5,4′,5′-tetramethoxy-benzophenon (E II **14** 190) mit 7-Diäthylamino-heptan-2,4-dion in Essigsäure (*Dewar*, Soc. **1944** 615, 617).

Kristalle (aus E.+PAe.); F: 148−149°.

Dihydrochlorid $C_{28}H_{35}N_3O_4 \cdot 2HCl$. Hygroskopische gelbe Kristalle (aus A.) mit 1 Mol H_2O.

Oxalat $C_{28}H_{35}N_3O_4 \cdot 2C_2H_2O_4$. Hygroskopische orangefarbene Kristalle (aus A.) mit 3 Mol H_2O; F: 125° [Zers.]. [*Jooss*]

F. Oxoamine

Amino-Derivate der Monooxo-Verbindungen $C_nH_{2n}N_2O$

(±)-Phenylessigsäure-[1-nitroso-3-oxo-pyrazolidin-4-ylamid] $C_{11}H_{12}N_4O_3$, Formel I.
B. Beim Behandeln von 2-[2-Phenyl-acetylamino]-acrylsäure-hydrazid mit wss. HCl und $NaNO_2$ (*Brenner, Rüfenacht,* Helv. **36** [1953] 1832, 1840).
Kristalle (aus wss. $NaHCO_3$ + wss. HCl); F: 127–128° [Zers.; Sintern ab 125°].
Benzylamin-Salz $C_{11}H_{12}N_4O_3 \cdot C_7H_9N$. Kristalle (aus Me. oder wss. A.), die ab 152° unter Zersetzung schmelzen [Sintern ab 148°].

(±)-[2-Oxo-hexahydro-pyrimidin-4-yl]-harnstoff $C_5H_{10}N_4O_2$, Formel II (R = H).
B. Aus Acrylaldehyd und Harnstoff in wss.-äthanol. HCl (*Paquin,* Kunstst. **37** [1947] 165, 171).
Kristalle (aus A.).

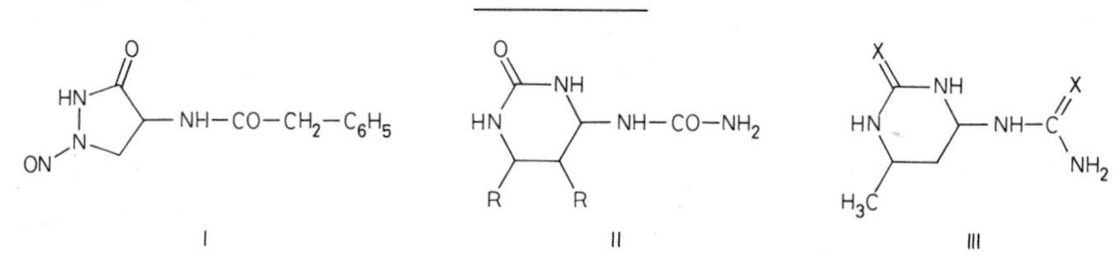

***Opt.-inakt. [6-Methyl-2-oxo-hexahydro-pyrimidin-4-yl]-harnstoff** $C_6H_{12}N_4O_2$, Formel III (X = O).
B. Aus *trans*(?)-Crotonaldehyd und Harnstoff in wss.-äthanol. HCl (*Paquin,* Kunstst. **37** [1947] 165, 171; s. a. *I.G. Farbenind.,* D.R.P. 733496 [1938]; D.R.P. Org. Chem. **6** 1508).
Kristalle; F: 250–252° (*I.G. Farbenind.*); Zers. bei 250° [aus A.] (*Pa.*).

***Opt.-inakt. [6-Methyl-2-thioxo-hexahydro-pyrimidin-4-yl]-thioharnstoff** $C_6H_{12}N_4S_2$, Formel III (X = S).
B. Aus *trans*(?)-Crotonaldehyd und Thioharnstoff (*Paquin,* Kunstst. **37** [1947] 165, 171).
Kristalle (aus H_2O); Zers. bei 175°.

(±)-4-Benzoylamino-5,5-dimethyl-pyrazolidin-3-on, (±)-*N*-[3,3-Dimethyl-5-oxo-pyrazolidin-4-yl]-benzamid $C_{12}H_{15}N_3O_2$, Formel IV.
B. Aus 2-Benzoylamino-3-methyl-crotonsäure-hydrazid (E III **9** 1196) und $N_2H_4 \cdot H_2O$ in Äthanol (*Cornforth,* Chem. Penicillin 1949 S. 688, 788).
Kristalle (aus A.) mit 1 Mol Äthanol, F: 106–108°; die lösungsmittelfreie Verbindung schmilzt bei 139–140°.

***Opt.-inakt. [5,6-Dimethyl-2-oxo-hexahydro-pyrimidin-4(?)-yl]-harnstoff** $C_7H_{14}N_4O_2$, vermutlich Formel II (R = CH_3).
Zur Konstitution vgl. *Paquin,* Kunstst. **37** [1947] 165, 168.
B. Aus Tiglinaldehyd (E IV **1** 3464) und Harnstoff in wss.-äthanol. HCl (*I.G. Farbenind.,* D.R.P. 733496 [1938]; D.R.P. Org. Chem. **6** 1508).
F: 245° (*I.G. Farbenind.*).

(±)-1-[1,3-Diphenyl-imidazolidin-2-yl]-2-phthalimido-butan-1-on, (±)-*N*-[1-(1,3-Diphenyl-imid=azolidin-2-carbonyl)-propyl]-phthalimid $C_{27}H_{25}N_3O_3$, Formel V.
B. Aus (±)-2-Oxo-3-phthalimido-valeraldehyd und *N,N'*-Diphenyl-äthylendiamin in Essig=

säure enthaltendem Methanol (*Balenović et al.*, Croat. chem. Acta **28** [1956] 231, 235).
Gelbe Kristalle (aus A.); F: 135,5–137° [unkorr.].

Amino-Derivate der Monooxo-Verbindungen $C_nH_{2n-2}N_2O$

Amino-Derivate der Oxo-Verbindungen $C_3H_4N_2O$

4-Benzoylamino-1,2-dihydro-pyrazol-3-on, *N*-[3-Oxo-2,3-dihydro-1*H*-pyrazol-4-yl]-benzamid $C_{10}H_9N_3O_2$, Formel VI (R = R″ = H, R′ = CO-C_6H_5) und Taut.

B. Aus 2-Benzoylamino-3-methoxy-acrylsäure-äthylester (vermutlich aus Phenylpenaldinsäure-äthylester [E III **9** 1198] und Diazomethan hergestellt) und $N_2H_4 \cdot H_2O$ in Äthanol (*Cornforth*, Chem. Penicillin 1949 S. 688, 757, 828). Beim Erwärmen von 3,3-Diäthoxy-2-benzoylamino-propionsäure-hydrazid mit wss. HCl (*Brown*, Chem. Penicillin 1949 S. 473, 516) oder wss.-äthanol. HCl (*Bachmann, Cronyn*, Chem. Penicillin 1949 S. 849, 873). Beim Behandeln von 4-Äthoxymethylen-2-phenyl-4*H*-oxazol-5-on (F: 96°) mit $N_2H_4 \cdot H_2O$ in Äthanol und Erhitzen des Reaktionsprodukts in Anisol (*Co.*, l. c. S. 828).

Kristalle (aus H_2O) mit 0,5 Mol H_2O, F: 205–206°; Kristalle (aus Dioxan) mit 0,5 Mol Dioxan, F: 192–194° (*Co.*, l. c. S. 828).

Hydrochlorid $C_{10}H_9N_3O_2 \cdot HCl$. Kristalle; F: 228–230° [Zers.] (*Co.*, l. c. S. 828).

Acetyl-Derivat $C_{12}H_{11}N_3O_3$. Kristalle (aus A.); F: 158–160° (*Co.*, l. c. S. 828).

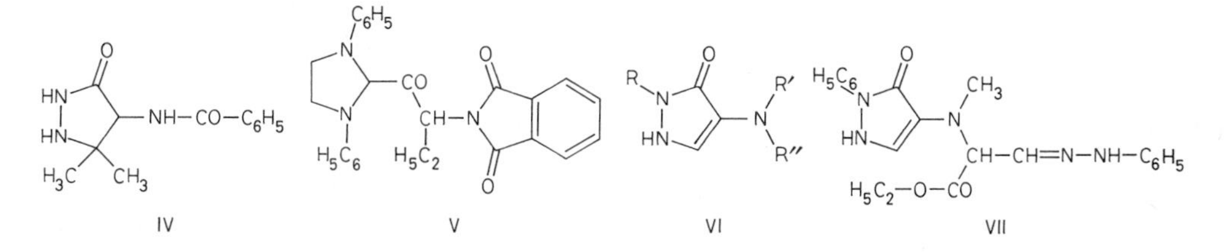

4-Benzoylamino-2-phenyl-1,2-dihydro-pyrazol-3-on, *N*-[3-Oxo-2-phenyl-2,3-dihydro-1*H*-pyrazol-4-yl]-benzamid $C_{16}H_{13}N_3O_2$, Formel VI (R = C_6H_5, R′ = CO-C_6H_5, R″ = H) und Taut.

B. Aus Phenylpenaldinsäure-äthylester (E III **9** 1198) oder 4-Äthoxymethylen-2-phenyl-4*H*-oxazol-5-on (F: 96°) und Phenylhydrazin (*Cornforth*, Chem. Penicillin 1949 S. 688, 757, 829).

Kristalle (aus E. + Bzl. + PAe.); F: 198–199°.

***N*-Methyl-*N*-[3-oxo-2,3-dihydro-1*H*-pyrazol-4-yl]-benzamid** $C_{11}H_{11}N_3O_2$, Formel VI (R = H, R′ = CO-C_6H_5, R″ = CH_3) und Taut.

B. Beim Erwärmen von *N*-Methyl-phenylpenaldinsäure-äthylester (E III **9** 1201) oder 2-[Äthoxycarbonyl-(benzoyl-methyl-amino)-methyl]-5,5-dimethyl-thiazolidin-4-carbonsäure mit $N_2H_4 \cdot H_2O$ in Äthanol (*Cook, Heilbron*, Chem. Penicillin 1949 S. 921, 956).

Kristalle (aus H_2O); F: 238–240°.

Phenylessigsäure-[3-oxo-2,3-dihydro-1*H*-pyrazol-4-ylamid] $C_{11}H_{11}N_3O_2$, Formel VI (R = R″ = H, R′ = CO-CH_2-C_6H_5) und Taut.

B. Aus Benzylpenaldinsäure-äthylester (E III **9** 2231) oder den beiden 2-[2-Phenyl-acetylamino]-3-piperidino-acrylsäure-äthylestern (E III/IV **20** 1127) und N_2H_4 (*Baltazzi*, C. r. **240** [1955] 1711). Aus 2-[Methoxycarbonyl-(2-phenyl-acetylamino)-methyl]-5,5-dimethyl-thiazolidin-4-carbonsäure oder 2-[Äthoxycarbonyl-(2-phenyl-acetylamino)-methyl]-5,5-dimethyl-thiazolidin-4-carbonsäure und N_2H_4 (*Mozingo, Folkers*, Chem. Penicillin 1949 S. 535, 548, 587, 592). Aus 2-[Carbazoyl-(2-phenyl-acetylamino)-methyl]-5,5-dimethyl-thiazolidin-4-carbonsäure-methylester mit Hilfe von $HgCl_2$ (*Mo., Fo.*, l. c. S. 632).

Kristalle (aus Me. bzw. aus wss. Me.); F: 222–223° (*Ba.*; *Mo., Fo.*). UV-Absorption (A.) bei 210–280 nm: *Mo., Fo.*, l. c. S. 587, 632.

Diacetyl-Derivat $C_{15}H_{15}N_3O_4$. Kristalle (aus A.); F: 166,5° (*Ba.*).

Phenylessigsäure-[3-oxo-2-phenyl-2,3-dihydro-1*H*-pyrazol-4-ylamid] $C_{17}H_{15}N_3O_2$, Formel VI ($R = C_6H_5$, $R' = CO\text{-}CH_2\text{-}C_6H_5$, $R'' = H$) und Taut.

B. Beim Erwärmen von Benzylpenaldinsäure-äthylester (E III **9** 2231) mit Phenylhydrazin in Äthanol und Erwärmen des Reaktionsprodukts auf 100° (*Brown,* Chem. Penicillin 1949 S. 473, 506; s. a. *Peck, Folkers,* Chem. Penicillin 1949 S. 52, 71).

Kristalle (aus Me.); F: 173—175° (*Peck, Fo.*), 173,5—174,5° [korr.] (*Br.*).

2-[Methyl-(3-oxo-2-phenyl-2,3-dihydro-1*H*-pyrazol-4-yl)-amino]-3-phenylhydrazono-propionsäure-äthylester $C_{21}H_{23}N_5O_3$, Formel VII und Taut.

B. Aus 3,3'-Dioxo-2,2'-methylimino-di-propionsäure-diäthylester und Phenylhydrazin (*Visconti et al.,* Helv. **35** [1952] 451, 456).

Gelbe Kristalle (aus Me.); F: 224°.

5-Amino-1,2-dihydro-pyrazol-3-on $C_3H_5N_3O$, Formel VIII ($R = R' = H$) und Taut.

Nach semiempirischen Berechnungen liegt in Lösung 5-Amino-2,4-dihydro-pyrazol-3-on (Formel IX [$R = H$]) vor (*Deschamps et al.,* Tetrahedron **27** [1971] 5779, 5788).

B. Aus Cyanessigsäure-hydrazid mit Hilfe von wss. NaOH (*Hepner, Fajersztejn,* Bl. [5] **4** [1937] 854, 856), methanol. Natriummethylat (*Graham et al.,* Am. Soc. **71** [1949] 983, 987), äthanol. Natriumäthylat oder äthanol. KOH (*Ishimaru,* J. pharm. Soc. Japan **77** [1957] 796; C. A. **1957** 17892). Beim Erwärmen von 3-Äthoxy-3-amino-acrylsäure-äthylester (E III **2** 1626) mit $N_2H_4 \cdot H_2O$ in Äthanol (*Gr. et al.*).

Kristalle; F: 214—215° [Zers.; aus H_2O] (*Gr. et al.*), 213—214° [Zers.; aus wss. A.] (*Is.*). λ_{max} (H_2O): 230 nm (*Is.*). Scheinbarer Dissoziationsexponent pK'_a (H_2O [umgerechnet aus Eg.]; potentiometrisch ermittelt): 2,9 (*Veibel, Brøndum,* Acta chim. hung. **18** [1959] 493, 494).

Umsetzung mit Pentan-2,4-dion zu 4,6-Dimethyl-1,2-dihydro-pyrazolo[3,4-*b*]pyridin-3-on und 5,7-Dimethyl-1*H*-pyrazolo[1,5-*a*]pyrimidin-2-on: *Schmidt et al.,* Ang. Ch. **70** [1958] 344; s. a. *Papini et al.,* G. **84** [1954] 769, 778; *Taylor, Barton,* Am. Soc. **81** [1959] 2448. Die beim Erwärmen mit Acetanhydrid (Überschuss) erhaltenen Verbindungen vom F: 202—203° (Hauptprodukt) und F: 131—132° (vgl. *He., Fa.,* l. c. S. 856, 857) sind als 5-Acetoxy-1-acetyl-3-acetylamino-1*H*-pyrazol bzw. 3-Acetoxy-1-acetyl-5-acetylamino-1*H*-pyrazol zu formulieren (*Gr. et al.,* l. c. S. 985, 986). Über die Reaktion mit Acetanhydrid unter Zusatz von wss. NaOH s. S. 3521 im Artikel 5-Acetylamino-1,2-dihydro-pyrazol-3-on. Bildung von 1-Benzoyl-3-benzoylamino-5-benzoyloxy-1*H*-pyrazol beim Erwärmen mit Benzoylchlorid [ca. 3 Mol] und Pyridin: *Gr. et al.* In der beim Behandeln mit Benzoylchlorid [3 Mol] und wss. NaOH [3 Mol] erhaltenen Verbindung (s. *He., Fa.*) hat 1-Benzoyl-5-benzoylamino-3-benzoyloxy-1*H*-pyrazol vorgelegen (*Gr. et al.*). Über die Reaktion mit Acetessigsäure-äthylester unter verschiedenen Bedingungen s. *Imbach et al.,* Bl. **1970** 1929, 1930, 1931; vgl. *Ta., Ba.,* l. c. S. 2451.

5-Amino-2-methyl-1,2-dihydro-pyrazol-3-on $C_4H_7N_3O$, Formel VIII ($R = H$, $R' = CH_3$) und Taut.

In DMSO-d_6 und in Dioxan liegt nach Ausweis der ^{1}H-NMR- bzw. IR-Absorption ausschliesslich 5-Amino-2-methyl-2,4-dihydro-pyrazol-3-on (Formel IX [$R = CH_3$]) vor (*C. Dittli,* Diss. [Montpellier 1970] S. 72, 73; *Elguero et al.,* Adv. heterocycl. Chem. Spl. 1 [1976] 469).

B. s. im folgenden Artikel.

Kristalle (aus A.); F: 197—198° [korr.] (*Taylor, Barton,* Am. Soc. **81** [1959] 2448, 2451), 192—194° [geschlossene Kapillare] bzw. 190° [bei sehr langsamem Erhitzen] (*Graham et al.,* Am. Soc. **71** [1949] 983, 986). ^{1}H-NMR-Absorption (DMSO-d_6) und IR-Banden (Dioxan; 3340—1350 cm^{-1}): *Di.*

5-Amino-1-methyl-1,2-dihydro-pyrazol-3-on $C_4H_7N_3O$, Formel VIII ($R = CH_3$, $R' = H$) und Taut.

In DMSO-d_6 und in Dioxan liegt nach Ausweis der ^{1}H-NMR- bzw. IR-Absorption ausschliesslich 5-Amino-1-methyl-1*H*-pyrazol-3-ol (Formel X) vor (*Elguero et al.,* Adv. heterocycl. Chem. Spl. 1 [1976] 469, 470; s. a. *C. Dittli,* Diss. [Montpellier 1970] S. 74, 75).

B. Neben der vorangehenden Verbindung aus 3-Äthoxy-3-amino-acrylsäure-äthylester (E III **2**

1626) oder Cyanessigsäure-äthylester und Methylhydrazin (*Graham et al.*, Am. Soc. **71** [1949] 983, 986; *Taylor, Barton,* Am. Soc. **81** [1959] 2448, 2451).

Kristalle (aus A.); F: 180–182° [korr.] (*Ta., Ba.;* s. a. *Gr. et al.*). ^{1}H-NMR-Absorption (DMSO-d_6): *El. et al.; Di.* IR-Banden (Dioxan; 3400–1500 cm^{-1}): *El. et al.*

5-Amino-2-hexyl-1,2-dihydro-pyrazol-3-on $C_9H_{17}N_3O$, Formel VIII (R = H, R′ = $[CH_2]_5$-CH_3) und Taut.

B. Aus 3-Äthoxy-3-amino-acrylsäure-äthylester (E III **2** 1626) und Hexylhydrazin (*Eastman Kodak Co.*, U.S.P. 2865751 [1956]).

F: 59–62°.

5-Amino-2-dodecyl-1,2-dihydro-pyrazol-3-on $C_{15}H_{29}N_3O$, Formel VIII (R = H, R′ = $[CH_2]_{11}$-CH_3) und Taut.

B. Aus 3-Äthoxy-3-amino-acrylsäure-äthylester (E III **2** 1626) und Dodecylhydrazin (*Eastman Kodak Co.*, U.S.P. 2865751 [1956]).

Kristalle (aus A.); F: 77,5–78,5°.

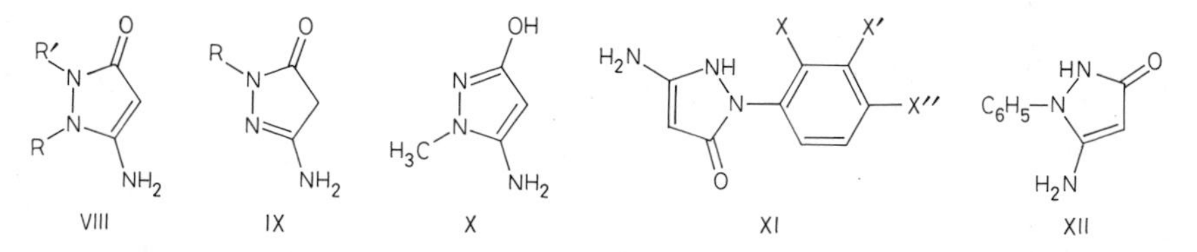

5-Amino-2-phenyl-1,2-dihydro-pyrazol-3-on $C_9H_9N_3O$, Formel XI (X = X′ = X″ = H) und Taut.

Diese Konstitution kommt der früher (H **24** 242) als 5-Amino-1-phenyl-1,2-dihydro-pyrazol-3-on oder Tautomeres („1-Phenyl-3-oxo-5-imino-pyrazolidin") beschriebenen Verbindung zu (*Weissberger, Porter,* Am. Soc. **64** [1942] 2133, 2134).

In den Kristallen sowie in Lösungen in DMSO und in $CHCl_3$ liegt nach Ausweis der ^{1}H-NMR- und IR-Absorption 5-Amino-2-phenyl-2,4-dihydro-pyrazol-3-on (Formel IX [R = C_6H_5]) vor (*Newman, Pauwels,* Tetrahedron **26** [1970] 1571).

B. Aus 3-Äthoxy-3-amino-acrylsäure-äthylester (E III **2** 1626) und Phenylhydrazin (*Weissberger et al.*, Am. Soc. **66** [1944] 1851, 1853; *Itano,* J. pharm. Soc. Japan **71** [1951] 540; C. A. **1952** 4532). Aus 3-Amino-3-phenylhydrazono-propionsäure-äthylester (*We. et al.*) oder aus [5-Oxo-1-phenyl-2,5-dihydro-1*H*-pyrazol-3-yl]-carbamidsäure-äthylester (*We., Po.*, l. c. S. 2135) mit Hilfe von Alkali.

Kristalle; F: 218–220° [aus A. + Dioxan] (*We., Po.*), 219° [aus A.] (*It.*). ^{1}H-NMR-Absorption (DMSO-d_6 sowie $CDCl_3$): *Ne., Pa.*, l. c. S. 1572. IR-Spektrum (fest; 3600–1490 cm^{-1}) und IR-Banden (DMSO sowie $CHCl_3$; 3400–1490 cm^{-1}): *Ne., Pa.*, l. c. S. 1574, 1575. UV-Spektrum (A.; 220–310 nm): *Gagnon et al.*, Canad. J. Res. [B] **27** [1949] 190, 191. Scheinbarer Dissoziationsexponent pK'_a (H_2O [umgerechnet aus Eg.]; potentiometrisch ermittelt): 1,2 (*Veibel, Brøndum,* Acta chim. hung. **18** [1959] 493, 494).

Kondensation mit Aldehyden: *Gagnon et al.*, Canad. J. Chem. **37** [1959] 110, 115. Beim Erwärmen mit Acetylchlorid [1,4 Mol] in Dioxan auf 40° ist 5-Acetylamino-2-phenyl-1,2-dihydro-pyrazol-3-on, beim Erhitzen mit Acetanhydrid (Überschuss) auf Siedetemperatur ist 5-Acetoxy-3-acetylamino-1-phenyl-1*H*-pyrazol erhalten worden (*We., Po.*, l. c. S. 2135, 2136).

5-Amino-2-[2-chlor-phenyl]-1,2-dihydro-pyrazol-3-on $C_9H_8ClN_3O$, Formel XI (X = Cl, X′ = X″ = H) und Taut.

B. Aus 3-Äthoxy-3-amino-acrylsäure-äthylester (E III **2** 1626) und [2-Chlor-phenyl]-hydrazin (*Gen. Aniline & Film Corp.*, U.S.P. 2829975 [1956]).

F: 164–164,5°.

5-Amino-2-[3-chlor-phenyl]-1,2-dihydro-pyrazol-3-on $C_9H_8ClN_3O$, Formel XI (X = X″ = H, X′ = Cl) und Taut.

B. Aus Cyanessigsäure-äthylester und [3-Chlor-phenyl]-hydrazin (*Weissberger, Porter,* Am.

Soc. **66** [1944] 1849; *Kunimine,* J. Soc. Phot. Sci. Technol. Japan **14** [1951] 37, 39; C. A. **1053** 3155).

Kristalle; F: 205–206° [aus Me.] (*We., Po.*), 202° [aus A.] (*Ku.*).

5-Amino-2-[4-brom-phenyl]-1,2-dihydro-pyrazol-3-on $C_9H_8BrN_3O$, Formel XI (X = X′ = H, X″ = Br) und Taut.

B. Aus Cyanessigsäure-äthylester und [4-Brom-phenyl]-hydrazin (*Kunimine,* J. Soc. Phot. Sci. Technol. Japan **14** [1951] 37, 40; C. A. **1953** 3155).

Kristalle; F: 167,5–168,5° (*Gen. Aniline & Film Corp.,* U.S.P. 2829975 [1956]), 164–165° (*Ku.*).

5-Amino-2-[4-nitro-phenyl]-1,2-dihydro-pyrazol-3-on $C_9H_8N_4O_3$, Formel XI (X = X′ = H, X″ = NO_2) und Taut.

B. Aus 3-Äthoxy-3-amino-acrylsäure-äthylester (E III **2** 1626) und [4-Nitro-phenyl]-hydrazin (*Weissberger et al.,* Am. Soc. **66** [1944] 1851, 1854).

Orangefarben; F: 248–250° [Zers.].

5-Amino-1-phenyl-1,2-dihydro-pyrazol-3-on $C_9H_9N_3O$, Formel XII und Taut. (z. B. 5-Amino-1-phenyl-1*H*-pyrazol-3-ol).

Die früher (H **24** 242) unter dieser Konstitution (bzw. als tautomeres „1-Phenyl-3-oxo-5-imino-pyrazolidin") beschriebene Verbindung (F: 219°) ist als 5-Amino-2-phenyl-2,4-dihydro-pyrazol-3-on (S. 3517) zu formulieren (*Weissberger, Porter,* Am. Soc. **64** [1942] 2133, 2134).

B. Aus Cyanessigsäure-[*N*′-phenyl-hydrazid] mit Hilfe von Natriummethylat (*Weissberger, Porter,* Am. Soc. **65** [1943] 52).

Dimorph; Kristalle (aus H_2O); F: 160,5–161,5° und F: 142–143° (*We., Po.,* Am. Soc. **65** 53).

Bildung von 5-Acetoxy-1-acetyl-3-acetylimino-2-phenyl-2,3-dihydro-1*H*-pyrazol (?; S. 7) beim Erhitzen mit Acetanhydrid (Überschuss) und Pyridin: *Weissberger, Porter,* Am. Soc. **65** [1943] 2180, 2182. Beim Erwärmen mit Benzoylchlorid [1,2 bzw. 2 Mol] und Pyridin in Dioxan sind 5-Benzoyloxy-2-phenyl-2*H*-pyrazol-3-ylamin (Hauptprodukt) und 5-Benzoylamino-3-benzoyloxy-1-phenyl-1*H*-pyrazol bzw. nur die zuletzt genannte Verbindung erhalten worden (*We., Po.,* Am. Soc. **65** 2182, 2183).

5-Anilino-1,2-dihydro-pyrazol-3-on $C_9H_9N_3O$, Formel XIII (R = R′ = H) und Taut (E II **24** 124).

B. Aus der Natrium-Verbindung des Acetessigsäure-äthylesters bei aufeinanderfolgender Umsetzung mit Phenylisothiocyanat und mit $N_2H_4 \cdot H_2O$ (*Weissberger, Porter,* Am. Soc. **65** [1943] 732).

Kristalle (aus A.); F: 268–270° [Zers.] (*We., Po.,* l. c. S. 732).

Beim Erhitzen (6 min bzw. 30 min) mit Acetanhydrid (jeweils im Überschuss) auf 100° sind 2-Acetyl-5-anilino-1,2-dihydro-pyrazol-3-on bzw. 5-Acetoxy-1-acetyl-3-anilino-1*H*-pyrazol, beim Erhitzen (2 h) mit Acetanhydrid (Überschuss) auf Siedetemperatur ist dagegen 3-Acetoxy-1-acetyl-5-anilino-1*H*-pyrazol erhalten worden (*Weissberger, Porter,* Am. Soc. **65** [1943] 1495, 1498, 1501). Bildung von 3-Anilino-1-benzoyl-5-benzoyloxy-1*H*-pyrazol beim Erwärmen mit Benzoylchlorid [1 Mol] in Dioxan: *We., Po.,* l. c. S. 1499, 1502. Beim Behandeln mit Benzoylchlorid [2 Mol] und H_2O [1 Mol] in Pyridin unterhalb 45° ist 3-Anilino-5-benzoyloxy-1(2)*H*-pyrazol, beim Erhitzen mit Benzoylchlorid [2 Mol] in Pyridin auf 100° und anschliessend mit H_2O ist dagegen 5-Anilino-2-benzoyl-1,2-dihydro-pyrazol-3-on erhalten worden (*We., Po.,* l. c. S. 1501). Bildung von 3-Anilino-5-benzoyloxy-1(2)*H*-pyrazol und 3-Anilino-1-benzoyl-5-benzoyloxy-1*H*-pyrazol beim Erhitzen mit Benzoesäure-anhydrid [1 Mol] in Pyridin: *We., Po.,* l. c. S. 1501.

5-Amino-1-methyl-2-phenyl-1,2-dihydro-pyrazol-3-on $C_{10}H_{11}N_3O$, Formel XIV (R = CH_3, R′ = H).

B. Aus 2-Methyl-5-oxo-1-phenyl-2,5-dihydro-1*H*-pyrazol-3-carbonsäure-amid mit Hilfe von

NaOCl (*Stenzl et al.*, Helv. **33** [1950] 1183, 1189). Beim Erhitzen von [2-Methyl-5-oxo-1-phenyl-2,5-dihydro-1*H*-pyrazol-3-yl]-carbamidsäure-äthylester mit wss. NaOH (*Geigy A.G.*, D.R.P. 747473 [1941]; D.R.P. Org. Chem. **3** 35). Bei der Hydrierung von [4-Brom-2-methyl-5-oxo-1-phenyl-2,5-dihydro-1*H*-pyrazol-3-yl]-carbamidsäure-benzylester an Palladium und Platin in wss.-äthanol. NaOH (*Ito*, J. pharm. Soc. Japan **76** [1956] 820; C. A. **1957** 1148).

Kristalle; F: 230–231° [aus A.] (*Ito*), 229,5° [aus wss. A.] (*Geigy A.G.*), 224,5° [aus A.] (*St. et al.*).

5-Methylamino-2-phenyl-1,2-dihydro-pyrazol-3-on $C_{10}H_{11}N_3O$, Formel XIV (R = H, R′ = CH_3) und Taut.

B. Beim Erhitzen von 5-Amino-2-phenyl-1,2-dihydro-pyrazol-3-on mit Methylamin in Essigsäure (*ICI*, U.S.P. 2803544 [1954]).

Kristalle (aus Toluol); F: 162–163°.

5-Anilino-2-methyl-1,2-dihydro-pyrazol-3-on $C_{10}H_{11}N_3O$, Formel XIII (R = H, R′ = CH_3) und Taut.

B. Neben geringen Mengen der folgenden Verbindung bei aufeinanderfolgender Umsetzung der Natrium-Verbindung des Acetessigsäure-äthylesters mit Phenylisothiocyanat und mit Methylhydrazin (*Weissberger, Porter*, Am. Soc. **65** [1943] 732). Aus 5-Amino-2-methyl-1,2-dihydro-pyrazol-3-on und Anilin (*Graham et al.*, Am. Soc. **76** [1954] 3993).

Kristalle (aus A.); F: 220–222° (*We., Po.*).

5-Anilino-1-methyl-1,2-dihydro-pyrazol-3-on $C_{10}H_{11}N_3O$, Formel XIII (R = CH_3, R′ = H) und Taut.

B. s. im vorangehenden Artikel.

Kristalle (aus A.); F: 208–209° (*Weissberger, Porter*, Am. Soc. **65** [1943] 732).

1-Äthyl-5-amino-2-phenyl-1,2-dihydro-pyrazol-3-on $C_{11}H_{13}N_3O$, Formel XIV (R = C_2H_5, R′ = H).

B. Aus [2-Äthyl-5-oxo-1-phenyl-2,5-dihydro-1*H*-pyrazol-3-yl]-carbamidsäure-äthylester (oder -isopropylester) mit Hilfe von wss. NaOH (*Geigy A.G.*, D.R.P. 747473 [1941]; D.R.P. Org. Chem. **3** 35).

F: 226°.

5-Äthylamino-2-phenyl-1,2-dihydro-pyrazol-3-on $C_{11}H_{13}N_3O$, Formel XIV (R = H, R′ = C_2H_5) und Taut.

B. In geringer Menge neben anderen Verbindungen beim Erhitzen von 5-Amino-2-phenyl-1,2-dihydro-pyrazol-3-on mit Äthylamin auf 140° (*Graham et al.*, Am. Soc. **76** [1954] 3993).

Kristalle (aus Me.); F: 153–155°.

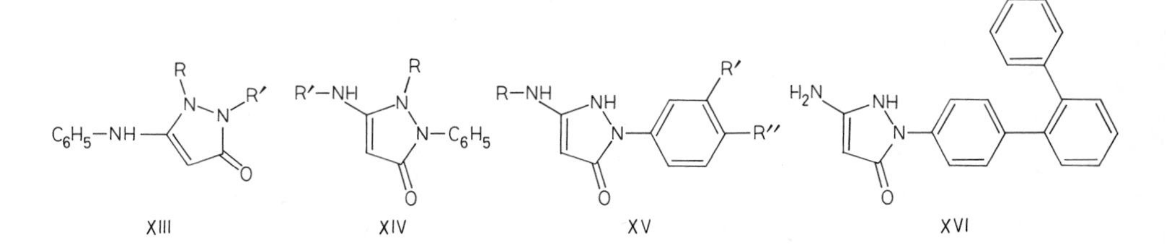

5-Butylamino-2-phenyl-1,2-dihydro-pyrazol-3-on $C_{13}H_{17}N_3O$, Formel XIV (R = H, R′ = $[CH_2]_3$-CH_3) und Taut.

B. Aus 5-Amino-2-phenyl-1,2-dihydro-pyrazol-3-on und Butylamin (*ICI*, U.S.P. 2803544 [1954]).

Kristalle; F: 120°.

5-Octadecylamino-2-phenyl-1,2-dihydro-pyrazol-3-on $C_{27}H_{45}N_3O$, Formel XIV (R = H, R' = $[CH_2]_{17}$-CH_3) und Taut.

B. Analog der vorangehenden Verbindung (*ICI,* U.S.P. 2803544 [1954]).

Kristalle (aus PAe.); F: 84–85°.

5-Cyclohexylamino-2-phenyl-1,2-dihydro-pyrazol-3-on $C_{15}H_{19}N_3O$, Formel XIV (R = H, R' = C_6H_{11}) und Taut.

B. Analog den vorangehenden Verbindungen (*ICI,* U.S.P. 2803544 [1954]).

Kristalle (aus Me.); F: 161–162°.

5-Anilino-2-phenyl-1,2-dihydro-pyrazol-3-on $C_{15}H_{13}N_3O$, Formel XIV (R = H, R' = C_6H_5) und Taut.

B. Analog den vorangehenden Verbindungen (*Weissberger, Porter,* Am. Soc. **64** [1942] 2133, 2136).

Kristalle (aus A.); F: 219–221°.

5-Anilino-1-phenyl-1,2-dihydro-pyrazol-3-on $C_{15}H_{13}N_3O$, Formel XIII (R = C_6H_5, R' = H) und Taut.

B. Aus der Natrium-Verbindung des Acetessigsäure-äthylesters bei aufeinanderfolgender Um= setzung mit Phenylisothiocyanat und mit Phenylhydrazin (*Weissberger, Porter,* Am. Soc. **65** [1943] 732). Aus 5-Amino-1-phenyl-1,2-dihydro-pyrazol-3-on und Anilin (*We., Po.*).

Kristalle (aus wss. A.); F: 168–169°.

5-Amino-2-*m*-tolyl-1,2-dihydro-pyrazol-3-on $C_{10}H_{11}N_3O$, Formel XV (R = R'' = H, R' = CH_3) und Taut.

B. Aus Cyanessigsäure-äthylester und *m*-Tolylhydrazin (*Weissberger, Porter,* Am. Soc. **66** [1944] 1849).

Kristalle (aus Me.); F: 182–183°.

5-Amino-2-*p*-tolyl-1,2-dihydro-pyrazol-3-on $C_{10}H_{11}N_3O$, Formel XV (R = R' = H, R'' = CH_3) und Taut.

B. Aus *p*-Tolylhydrazin und Cyanessigsäure-äthylester (*Kunimine,* J. Soc. Phot. Sci. Technol. Japan **14** [1951] 37, 41; C. A. **1953** 3155).

Kristalle (aus A.); F: 179°.

2-Phenyl-5-*p*-toluidino-1,2-dihydro-pyrazol-3-on $C_{16}H_{15}N_3O$, Formel XV (R = C_6H_4-CH_3, R' = R'' = H) und Taut.

B. Aus 5-Amino-2-phenyl-1,2-dihydro-pyrazol-3-on und *p*-Toluidin (*Graham et al.,* Am. Soc. **76** [1954] 3993).

Gelbe Kristalle (aus A.); F: >400°.

5-Benzylamino-2-phenyl-1,2-dihydro-pyrazol-3-on $C_{16}H_{15}N_3O$, Formel XV (R = CH_2-C_6H_5, R' = R'' = H) und Taut.

B. Analog der vorangehenden Verbindung (*ICI,* U.S.P. 2803544 [1954]).

Kristalle (aus Me.); F: 130–132°.

5-Benzylamino-2-[4-nitro-phenyl]-1,2-dihydro-pyrazol-3-on $C_{16}H_{14}N_4O_3$, Formel XV (R = CH_2-C_6H_5, R' = H, R'' = NO_2) und Taut.

B. Analog den vorangehenden Verbindungen (*ICI,* U.S.P. 2803544 [1954]).

Orangefarbene Kristalle (aus Dioxan); F: 197–198°.

5-Amino-2-*o*-terphenyl-4-yl-1,2-dihydro-pyrazol-3-on $C_{21}H_{17}N_3O$, Formel XVI und Taut.

B. Aus 3-Äthoxy-3-amino-acrylsäure-äthylester (E III **2** 1626) und *o*-Terphenyl-4-yl-hydrazin (*Allen et al.,* J. org. Chem. **14** [1949] 169, 171).

Kristalle (aus A.); F: 223–225°.

5-Amino-2-[2-hydroxy-äthyl]-1,2-dihydro-pyrazol-3-on $C_5H_9N_3O_2$, Formel I und Taut.

B. Aus 3-Äthoxy-3-amino-acrylsäure-äthylester (E III **2** 1626) und 2-Hydrazino-äthanol (*Eastman Kodak Co.*, U.S.P. 2865748 [1956]).

Kristalle (aus A.); F: 160–162°.

5-[2-Hydroxy-äthylamino]-2-phenyl-1,2-dihydro-pyrazol-3-on $C_{11}H_{13}N_3O_2$, Formel II (R = H) und Taut.

B. Beim Erhitzen der folgenden Verbindung mit wss. NaOH (*ICI*, U.S.P. 2803544 [1954]).

Kristalle; F: 148–150°.

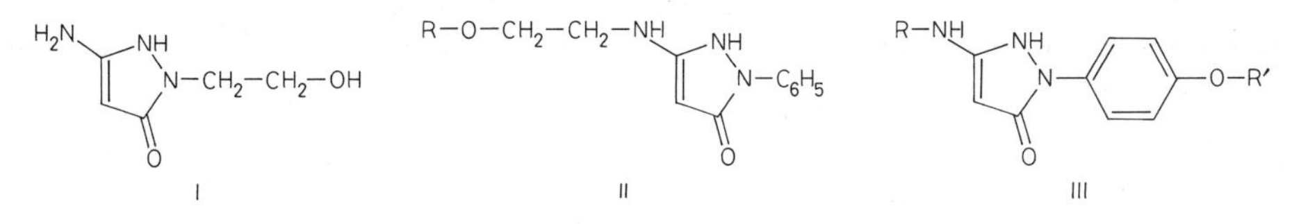

5-[2-Acetoxy-äthylamino]-2-phenyl-1,2-dihydro-pyrazol-3-on $C_{13}H_{15}N_3O_3$, Formel II (R = $CO\text{-}CH_3$) und Taut.

B. Beim Erhitzen von 5-Amino-2-phenyl-1,2-dihydro-pyrazol-3-on mit 2-Amino-äthanol und Essigsäure (*ICI*, U.S.P. 2803544 [1954]).

Kristalle (aus Me.); F: 144–145°.

5-Amino-2-[4-methoxy-phenyl]-1,2-dihydro-pyrazol-3-on $C_{10}H_{11}N_3O_2$, Formel III (R = H, R′ = CH_3) und Taut.

B. Aus Cyanessigsäure-äthylester und [4-Methoxy-phenyl]-hydrazin (*Weissberger, Porter,* Am. Soc. **66** [1944] 1849).

Kristalle (aus Me.+Dioxan); F: 188–190° [Zers.].

2-[4-(4-Chlor-phenoxy)-phenyl]-5-octadecylamino-1,2-dihydro-pyrazol-3-on $C_{33}H_{48}ClN_3O_2$, Formel III (R = $[CH_2]_{17}\text{-}CH_3$, R′ = $C_6H_4\text{-}Cl$) und Taut.

B. Aus 5-Amino-2-[4-(4-chlor-phenoxy)-phenyl]-1,2-dihydro-pyrazol-3-on und Octadecylamin (*ICI*, U.S.P. 2803544 [1954]).

Kristalle; F: 78–79°.

5-Acetylamino-1,2-dihydro-pyrazol-3-on, *N*-[5-Oxo-2,5-dihydro-1*H*-pyrazol-3-yl]-acetamid $C_5H_7N_3O_2$, Formel IV (R = R′ = H) und Taut.

B. Aus 5-Acetoxy-1-acetyl-3-acetylamino-1*H*-pyrazol oder aus 3-Acetoxy-1-acetyl-5-acetyl=amino-1*H*-pyrazol mit Hilfe von wss. NaOH (*Graham et al.*, Am. Soc. **71** [1949] 983, 988).

Kristalle (aus Me.); F: 227–228° [Zers.] (*Gr. et al.*).

Ein ebenfalls unter dieser Konstitution beschriebenes, möglicherweise aber als 5-Acetoxy-1(2)*H*-pyrazol-3-ylamin ($C_5H_7N_3O_2$) zu formulierendes Präparat (Kristalle [aus A.]; F: 164–165° [Zers.]) ist beim Behandeln von 5-Amino-1,2-dihydro-pyrazol-3-on (S. 3516) mit wss. NaOH und Acetanhydrid [1,5 Mol] bei 0° erhalten worden (*Ishimaru*, J. pharm. Soc. Japan **77** [1957] 796; C. A. **1957** 17892).

2-Acetyl-5-anilino-1,2-dihydro-pyrazol-3-on $C_{11}H_{11}N_3O_2$, Formel V und Taut.

B. Aus 5-Anilino-1,2-dihydro-pyrazol-3-on und Acetanhydrid (*Weissberger, Porter,* Am. Soc. **65** [1943] 1495, 1501). Beim Erwärmen von 5-Acetoxy-1-acetyl-3-anilino-1*H*-pyrazol mit Piperi=din in Äthanol (*We., Po.*).

Kristalle (aus Eg.); F: 207–209° [Zers.].

Beim Erhitzen (30 min) mit Acetanhydrid auf 100° ist 5-Acetoxy-1-acetyl-3-anilino-1*H*-pyrazol erhalten worden.

1-Acetyl-5-anilino-1,2-dihydro-pyrazol-3-on $C_{11}H_{11}N_3O_2$, Formel VI und Taut.

B. Beim Erwärmen von 3-Acetoxy-1-acetyl-5-anilino-1*H*-pyrazol mit Piperidin in Äthanol (*Weissberger, Porter,* Am. Soc. **65** [1943] 1495, 1501).

Kristalle (aus A.); F: 203 – 205° [Zers.].

5-Acetylamino-2-phenyl-1,2-dihydro-pyrazol-3-on, *N*-[5-Oxo-1-phenyl-2,5-dihydro-1*H*-pyrazol-3-yl]-acetamid $C_{11}H_{11}N_3O_2$, Formel IV (R = H, R′ = C_6H_5) und Taut.

Nach Ausweis der ^{1}H-NMR-Absorption liegt in DMSO-d_6 ein Gleichgewicht mit 5-Acetyl=amino-2-phenyl-2,4-dihydro-pyrazol-3-on vor; Temperaturabhängigkeit dieses Gleich=gewichts bei 30 – 100°: *Bouchet et al.*, Bl. **1974** 291.

B. Aus 5-Amino-2-phenyl-1,2-dihydro-pyrazol-3-on und Acetylchlorid in Dioxan (*Weissber=ger, Porter*, Am. Soc. **64** [1942] 2133, 2135). Aus 5-Acetoxy-3-acetylamino-1-phenyl-1*H*-pyrazol mit Hilfe von wss. NaOH (*Itano*, J. pharm. Soc. Japan **71** [1951] 540; C. A. **1952** 4532).

Kristalle (aus A.); F: 220° (*Bo. et al.*), 218 – 220° (*We., Po.*), 213° (*It.*). ^{1}H-NMR-Absorption (DMSO-d_6): *Bo. et al.*

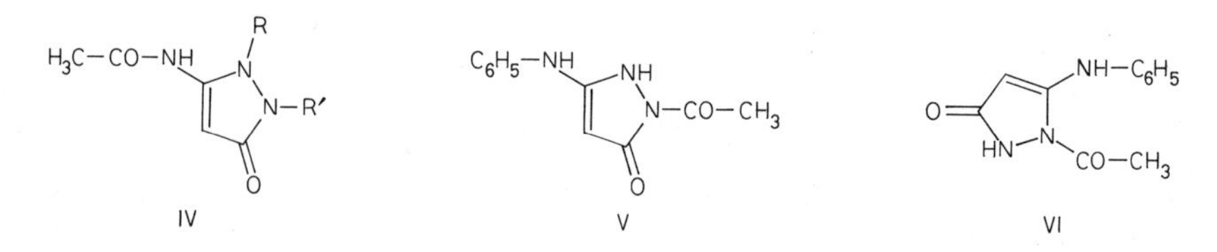

5-Acetylamino-2-[3-chlor-phenyl]-1,2-dihydro-pyrazol-3-on, *N*-[1-(3-Chlor-phenyl)-5-oxo-2,5-di=hydro-1*H*-pyrazol-3-yl]-acetamid $C_{11}H_{10}ClN_3O_2$, Formel IV (R = H, R′ = C_6H_4-Cl) und Taut.

B. Aus 5-Amino-2-[3-chlor-phenyl]-1,2-dihydro-pyrazol-3-on beim Erhitzen mit Acetanhydrid und Behandeln des Reaktionsprodukts mit wss. NaOH (*Kunimine*, J. Soc. Phot. Sci. Technol. Japan **14** [1951] 37, 39; C. A. **1953** 3155).

Kristalle (aus A.); F: 247°.

5-Acetylamino-2-[4-brom-phenyl]-1,2-dihydro-pyrazol-3-on, *N*-[1-(4-Brom-phenyl)-5-oxo-2,5-dihydro-1*H*-pyrazol-3-yl]-acetamid $C_{11}H_{10}BrN_3O_2$, Formel IV (R = H, R′ = C_6H_4-Br) und Taut.

B. Analog der vorangehenden Verbindung (*Kunimine*, J. Soc. Phot. Sci. Technol. Japan **14** [1951] 37, 40; C. A. **1953** 3155).

Kristalle (aus A.); F: 257°.

5-Acetylamino-1-phenyl-1,2-dihydro-pyrazol-3-on, *N*-[5-Oxo-2-phenyl-2,5-dihydro-1*H*-pyrazol-3-yl]-acetamid $C_{11}H_{11}N_3O_2$, Formel IV (R = C_6H_5, R′ = H) und Taut.

B. Aus 5-Acetoxy-1-acetyl-3-acetylimino-2-phenyl-2,3-dihydro-1*H*-pyrazol (?; S. 7) mit Hilfe von wss. NaOH (*Weissberger, Porter*, Am. Soc. **65** [1943] 2180, 2182).

Kristalle (aus A.); F: 233 – 234°.

5-Acetylamino-1-methyl-2-phenyl-1,2-dihydro-pyrazol-3-on, *N*-[2-Methyl-5-oxo-1-phenyl-2,5-dihydro-1*H*-pyrazol-3-yl]-acetamid $C_{12}H_{13}N_3O_2$, Formel IV (R = CH_3, R′ = C_6H_5).

B. Aus 5-Amino-1-methyl-2-phenyl-1,2-dihydro-pyrazol-3-on und Acetylchlorid (*Stenzl et al.*, Helv. **33** [1950] 1183, 1190).

Kristalle (aus A.); F: 257°.

5-Acetylamino-2-*p*-tolyl-1,2-dihydro-pyrazol-3-on, *N*-[5-Oxo-1-*p*-tolyl-2,5-dihydro-1*H*-pyrazol-3-yl]-acetamid $C_{12}H_{13}N_3O_2$, Formel IV (R = H, R′ = C_6H_4-CH_3) und Taut.

B. Analog 5-Acetylamino-2-[3-chlor-phenyl]-1,2-dihydro-pyrazol-3-on [s. o.] (*Kunimine*, J. Soc. Phot. Sci. Technol. Japan **14** [1951] 37, 41; C. A. **1953** 3155).

Kristalle (aus Me.); F: 223°.

2-Acetyl-5-acetylamino-1,2-dihydro-pyrazol-3-on, *N*-[1-Acetyl-5-oxo-2,5-dihydro-1*H*-pyrazol-3-yl]-acetamid $C_7H_9N_3O_3$, Formel IV (R = H, R′ = CO-CH_3) und Taut.

B. Aus 5-Acetoxy-1-acetyl-3-acetylamino-1*H*-pyrazol mit Hilfe von Piperidin (*Graham et al.*,

Am. Soc. **71** [1949] 983, 988).

Kristalle (aus Dioxan); F: 195–196°.

5-Lauroylamino-2-phenyl-1,2-dihydro-pyrazol-3-on, *N*-[5-Oxo-1-phenyl-2,5-dihydro-1*H*-pyrazol-3-yl]-lauramid $C_{21}H_{31}N_3O_2$, Formel VII (R = C_6H_5, n = 10) und Taut.

B. Aus 5-Amino-2-phenyl-1,2-dihydro-pyrazol-3-on und Lauroylchlorid (*Kunimine*, J. Soc. Phot. Sci. Technol. Japan **14** [1951] 37, 38; C. A. **1953** 3155).

Kristalle (aus Me.); F: 167° (*Ku.*).

Die folgenden Verbindungen sind in analoger Weise hergestellt worden:

2-[3-Chlor-phenyl]-5-lauroylamino-1,2-dihydro-pyrazol-3-on, *N*-[1-(3-Chlor-phenyl)-5-oxo-2,5-dihydro-1*H*-pyrazol-3-yl]-lauramid $C_{21}H_{30}ClN_3O_2$, Formel VII (R = C_6H_4-Cl, n = 10) und Taut. Kristalle (aus A.); F: 165–169° (*Ku.*, l. c. S. 39).

5-Lauroylamino-2-[4-nitro-phenyl]-1,2-dihydro-pyrazol-3-on, *N*-[1-(4-Nitro-phenyl)-5-oxo-2,5-dihydro-1*H*-pyrazol-3-yl]-lauramid $C_{21}H_{30}N_4O_4$, Formel VII (R = C_6H_4-NO_2, n = 10) und Taut. Kristalle (aus A.); F: 186–188° (*Eastman Kodak Co.*, U.S.P. 2710871 [1951]).

2-[2-Hydroxy-äthyl]-5-lauroylamino-1,2-dihydro-pyrazol-3-on, *N*-[1-(2-Hydroxy-äthyl)-5-oxo-2,5-dihydro-1*H*-pyrazol-3-yl]-lauramid $C_{17}H_{31}N_3O_3$, Formel VII (R = CH_2-CH_2-OH, n = 10) und Taut. Kristalle (aus A.); F: 112–115° (*Eastman Kodak Co.*, U.S.P. 2865748 [1956]).

5-Palmitoylamino-2-phenyl-1,2-dihydro-pyrazol-3-on, *N*-[5-Oxo-1-phenyl-2,5-dihydro-1*H*-pyrazol-3-yl]-palmitamid $C_{25}H_{39}N_3O_2$, Formel VII (R = C_6H_5, n = 14) und Taut. Kristalle; F: 165–166° (*Eastman Kodak Co.*, U.S.P. 2865747 [1955]), 162–162,5° [aus Eg.] (*Ku.*).

2-[3-Chlor-phenyl]-5-palmitoylamino-1,2-dihydro-pyrazol-3-on, *N*-[1-(3-Chlor-phenyl)-5-oxo-2,5-dihydro-1*H*-pyrazol-3-yl]-palmitamid $C_{25}H_{38}ClN_3O_2$, Formel VII (R = C_6H_4-Cl, n = 14) und Taut. Kristalle (aus Eg.); F: 162–164° (*Ku.*).

2-[4-Brom-phenyl]-5-palmitoylamino-1,2-dihydro-pyrazol-3-on, *N*-[1-(4-Brom-phenyl)-5-oxo-2,5-dihydro-1*H*-pyrazol-3-yl]-palmitamid $C_{25}H_{38}BrN_3O_2$, Formel VII (R = C_6H_4-Br, n = 14) und Taut. Kristalle (aus Eg. oder Py.); F: 200–204° (*Ku.*).

5-Palmitoylamino-2-*p*-tolyl-1,2-dihydro-pyrazol-3-on, *N*-[5-Oxo-1-*p*-tolyl-2,5-dihydro-1*H*-pyrazol-3-yl]-palmitamid $C_{26}H_{41}N_3O_2$, Formel VII (R = C_6H_4-CH_3, n = 14) und Taut. Kristalle (aus Eg.); F: 180° (*Ku.*).

2-[2-Hydroxy-äthyl]-5-tetracosanoylamino-1,2-dihydro-pyrazol-3-on, *N*-[1-(2-Hydroxy-äthyl)-5-oxo-2,5-dihydro-1*H*-pyrazol-3-yl]-tetracosanamid $C_{29}H_{55}N_3O_3$, Formel VII (R = CH_2-CH_2-OH, n = 22) und Taut. Kristalle (aus Toluol); F: 167–169° (*Eastman Kodak Co.*, U.S.P. 2865748).

5-Benzoylamino-1,2-dihydro-pyrazol-3-on, *N*-[5-Oxo-2,5-dihydro-1*H*-pyrazol-3-yl]-benzamid $C_{10}H_9N_3O_2$, Formel VIII (R = R′ = H) und Taut.

B. Aus 1-Benzoyl-3-benzoylamino-5-benzoyloxy-1*H*-pyrazol mit Hilfe von wss.-äthanol. NaOH (*Graham et al.*, Am. Soc. **71** [1949] 983, 988).

Kristalle (aus Me.); F: 205–206°.

5-Benzoylamino-2-methyl-1,2-dihydro-pyrazol-3-on, *N*-[1-Methyl-5-oxo-2,5-dihydro-1*H*-pyrazol-3-yl]-benzamid $C_{11}H_{11}N_3O_2$, Formel VIII (R = H, R′ = CH_3) und Taut.

B. Aus 3-Benzoylamino-5-benzoyloxy-1-methyl-1*H*-pyrazol mit Hilfe von wss.-äthanol. NaOH (*Graham et al.*, Am. Soc. **71** [1949] 983, 987).

Kristalle (aus A.); F: 215° [Zers.].

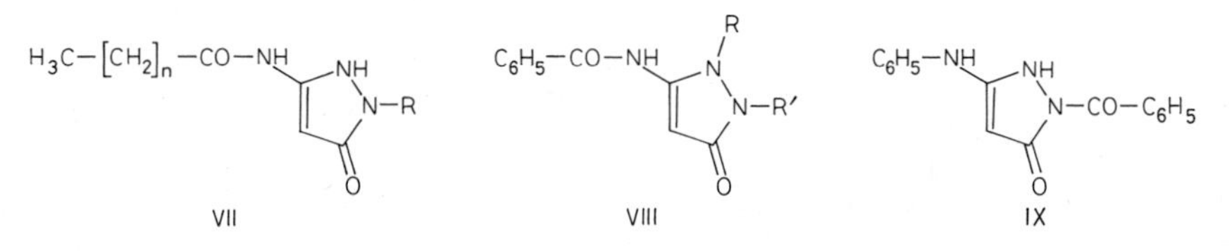

5-Benzoylamino-1-methyl-1,2-dihydro-pyrazol-3-on, *N*-[2-Methyl-5-oxo-2,5-dihydro-1*H*-pyrazol-3-yl]-benzamid $C_{11}H_{11}N_3O_2$, Formel VIII (R = CH_3, R′ = H) und Taut.

B. Aus 5-Benzoylamino-3-benzoyloxy-1-methyl-1*H*-pyrazol mit Hilfe von wss.-äthanol. NaOH (*Graham et al.*, Am. Soc. **71** [1949] 983, 987).

Kristalle (aus A.); F: 243–249°.

5-Anilino-2-benzoyl-1,2-dihydro-pyrazol-3-on $C_{16}H_{13}N_3O_2$, Formel IX und Taut.

B. Beim Erhitzen von 5-Anilino-1,2-dihydro-pyrazol-3-on mit Benzoylchlorid in Pyridin und anschliessend mit H_2O (*Weissberger, Porter*, Am. Soc. **65** [1943] 1495, 1501).

Kristalle (aus Eg.); F: 198–200° [Zers.].

5-Benzoylamino-2-phenyl-1,2-dihydro-pyrazol-3-on, *N*-[5-Oxo-1-phenyl-2,5-dihydro-1*H*-pyrazol-3-yl]-benzamid $C_{16}H_{13}N_3O_2$, Formel VIII (R = H, R′ = C_6H_5) und Taut.

Nach Ausweis der ^{1}H-NMR-Absorption liegt in DMSO-d_6 ein Gleichgewicht mit 5-Benz=oylamino-2-phenyl-2,4-dihydro-pyrazol-3-on vor (*Bouchet et al.*, Bl. **1974** 291).

B. Aus 5-Amino-2-phenyl-1,2-dihydro-pyrazol-3-on und Benzoylchlorid in Dioxan (*Weissber=ger, Porter*, Am. Soc. **64** [1942] 2133, 2135) oder in Pyridin (*Kunimine*, J. Soc. Phot. Sci. Technol. Japan **14** [1951] 37, 38, 43; C. A. **1953** 3155).

Kristalle; F: 226–227° [aus A.] (*Bo. et al.*), 220–221° [aus Dioxan] (*We., Po.*), 219–220° [aus Me.] (*Ku.*). ^{1}H-NMR-Absorption (DMSO-d_6): *Bo. et al.*

5-Benzoylamino-2-[3-chlor-phenyl]-1,2-dihydro-pyrazol-3-on, *N*-[1-(3-Chlor-phenyl)-5-oxo-2,5-dihydro-1*H*-pyrazol-3-yl]-benzamid $C_{16}H_{12}ClN_3O_2$, Formel VIII (R = H, R′ = C_6H_4-Cl) und Taut.

B. Aus 5-Amino-2-[3-chlor-phenyl]-1,2-dihydro-pyrazol-3-on und Benzoylchlorid in Pyridin (*Kunimine*, J. Soc. Phot. Sci. Technol. Japan **14** [1951] 37, 40; C. A. **1953** 3155).

Kristalle (aus A.); F: 117°.

5-Benzoylamino-2-[4-brom-phenyl]-1,2-dihydro-pyrazol-3-on, *N*-[1-(4-Brom-phenyl)-5-oxo-2,5-di=hydro-1*H*-pyrazol-3-yl]-benzamid $C_{16}H_{12}BrN_3O_2$, Formel VIII (R = H, R′ = C_6H_4-Br) und Taut.

B. Analog der vorangehenden Verbindung (*Kunimine*, J. Soc. Phot. Sci. Technol. Japan **14** [1951] 37, 40; C. A. **1953** 3155).

Kristalle (aus A.); F: 244°.

5-Benzoylamino-2-[2,4,6-tribrom-phenyl]-1,2-dihydro-pyrazol-3-on, *N*-[5-Oxo-1-(2,4,6-tribrom-phenyl)-2,5-dihydro-1*H*-pyrazol-3-yl]-benzamid $C_{16}H_{10}Br_3N_3O_2$, Formel VIII (R = H, R′ = $C_6H_2Br_3$) und Taut.

B. Beim Erhitzen von 5-Amino-2-[2,4,6-tribrom-phenyl]-1,2-dihydro-pyrazol-3-on (aus [2,4,6-Tribrom-phenyl]-hydrazin und Malonomonimidsäure-diäthylester hergestellt) mit Benzoylchlo=rid in Pyridin und anschliessenden Behandeln mit äthanol. KOH (*Eastman Kodak Co.*, U.S.P. 2600788 [1949]).

F: 274–276°.

2-Nitro-benzoesäure-[5-oxo-1-phenyl-2,5-dihydro-1*H*-pyrazol-3-ylamid] $C_{16}H_{12}N_4O_4$, Formel X (X = NO_2, X′ = H) und Taut.

B. Aus 5-Amino-2-phenyl-1,2-dihydro-pyrazol-3-on und 2-Nitro-benzoylchlorid in Pyridin (*Kunimine*, J. Soc. Phot. Sci. Technol. Japan **14** [1951] 37, 38; C. A. **1953** 3155).

Hellgelbe Kristalle (aus wss. A.); F: 212°.

3-Nitro-benzoesäure-[5-oxo-1-phenyl-2,5-dihydro-1*H*-pyrazol-3-ylamid] $C_{16}H_{12}N_4O_4$, Formel XI (R = C_6H_5) und Taut.

B. Analog der vorangehenden Verbindung (*Kunimine*, J. Soc. Phot. Sci. Technol. Japan **14** [1951] 37, 38; C. A. **1953** 3155; *Barr et al.*, Am. Soc. **73** [1951] 4131).

Hellgelbe Kristalle; F: 220° [aus A.] (*Ku.*), 215–220° (*Barr et al.*).

2-[3-Chlor-phenyl]-5-[3-nitro-benzoylamino]-1,2-dihydro-pyrazol-3-on, 3-Nitro-benzoesäure-[1-(3-chlor-phenyl)-5-oxo-2,5-dihydro-1*H*-pyrazol-3-ylamid] $C_{16}H_{11}ClN_4O_4$, Formel XI ($R = C_6H_4$-Cl) und Taut.

B. Analog den vorangehenden Verbindungen (*Kunimine,* J. Soc. Phot. Sci. Technol. Japan **14** [1951] 37, 40; C. A. **1953** 3155).

Hellgelbe Kristalle (aus A.); F: 188°.

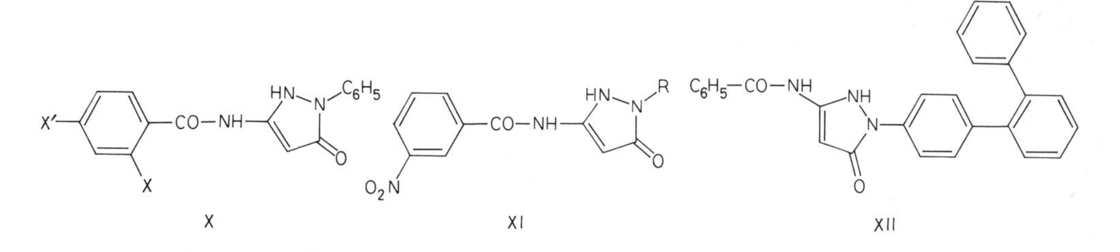

2-[4-Brom-phenyl]-5-[3-nitro-benzoylamino]-1,2-dihydro-pyrazol-3-on, 3-Nitro-benzoesäure-[1-(4-brom-phenyl)-5-oxo-2,5-dihydro-1*H*-pyrazol-3-ylamid] $C_{16}H_{11}BrN_4O_4$, Formel XI ($R = C_6H_4$-Br) und Taut.

B. Analog den vorangehenden Verbindungen (*Kunimine,* J. Soc. Phot. Sci. Technol. Japan **14** [1951] 37, 41; C. A. **1953** 3155).

Hellgelbe Kristalle (aus A.); F: 224°.

4-Nitro-benzoesäure-[5-oxo-1-phenyl-2,5-dihydro-1*H*-pyrazol-3-ylamid] $C_{16}H_{12}N_4O_4$, Formel X ($X = H$, $X' = NO_2$) und Taut.

B. Analog den vorangehenden Verbindungen (*Kunimine,* J. Soc. Phot. Sci. Technol. Japan **14** [1951] 37, 38; C. A. **1953** 3155).

Kristalle (aus Eg.); F: >300°.

5-Benzoylamino-1-phenyl-1,2-dihydro-pyrazol-3-on, *N*-[5-Oxo-2-phenyl-2,5-dihydro-1*H*-pyrazol-3-yl]-benzamid $C_{16}H_{13}N_3O_2$, Formel VIII ($R = C_6H_5$, $R' = H$) und Taut.

B. Beim Behandeln von 5-Benzoylamino-3-benzoyloxy-1-phenyl-1*H*-pyrazol mit wss.-äthanol. NaOH (*Weissberger, Porter,* Am. Soc. **65** [1943] 2180, 2182).

Kristalle (aus Eg.); F: 237–238°.

5-Benzoylamino-1-methyl-2-phenyl-1,2-dihydro-pyrazol-3-on, *N*-[2-Methyl-5-oxo-1-phenyl-2,5-dihydro-1*H*-pyrazol-3-yl]-benzamid $C_{17}H_{15}N_3O_2$, Formel VIII ($R = CH_3$, $R' = C_6H_5$).

B. Aus 5-Amino-1-methyl-2-phenyl-1,2-dihydro-pyrazol-3-on und Benzoylchlorid (*Stenzl et al.,* Helv. **33** [1950] 1183, 1191).

Kristalle (aus A.); F: 233°.

5-Benzoylamino-2-*o*-terphenyl-4-yl-1,2-dihydro-pyrazol-3-on, *N*-[5-Oxo-1-*o*-terphenyl-4-yl-2,5-dihydro-1*H*-pyrazol-3-yl]-benzamid $C_{28}H_{21}N_3O_2$, Formel XII und Taut.

B. Aus 5-Amino-2-*o*-terphenyl-4-yl-1,2-dihydro-pyrazol-3-on und Benzoylchlorid (*Allen et al.,* J. org. Chem. **14** [1949] 169, 171).

Kristalle (aus Eg.); F: 234–235°.

5-Benzoylamino-2-[2-benzoyloxy-äthyl]-1,2-dihydro-pyrazol-3-on, *N*-[1-(2-Benzoyloxy-äthyl)-5-oxo-2,5-dihydro-1*H*-pyrazol-3-yl]-benzamid $C_{19}H_{17}N_3O_4$, Formel XIII und Taut.

B. Aus 5-Amino-2-[2-hydroxy-äthyl]-1,2-dihydro-pyrazol-3-on und Benzoylchlorid (*Eastman Kodak Co.,* U.S.P. 2865748 [1956]).

Kristalle (aus A.); F: 204–205°.

2-Benzoyl-5-benzoylamino-1,2-dihydro-pyrazol-3-on, *N*-[1-Benzoyl-5-oxo-2,5-dihydro-1*H*-pyrazol-3-yl]-benzamid $C_{17}H_{13}N_3O_3$, Formel VIII (R = H, R′ = CO-C_6H_5) und Taut.

B. Beim Erhitzen von 1-Benzoyl-3-benzoylamino-5-benzoyloxy-1*H*-pyrazol mit Piperidin in Isopropylalkohol (*Graham et al.*, Am. Soc. **71** [1949] 983, 988).

Kristalle (aus A.); F: 171 – 172°.

1-Benzoyl-5-benzoylamino-1,2-dihydro-pyrazol-3-on, *N*-[2-Benzoyl-5-oxo-2,5-dihydro-1*H*-pyrazol-3-yl]-benzamid $C_{17}H_{13}N_3O_3$, Formel VIII (R = CO-C_6H_5, R′ = H) und Taut.

B. Beim Erhitzen von 1-Benzoyl-5-benzoylamino-3-benzoyloxy-1*H*-pyrazol mit Piperidin in Dioxan (*Graham et al.*, Am. Soc. **71** [1949] 983, 988).

Kristalle (aus Propan-1-ol); F: 175 – 176°.

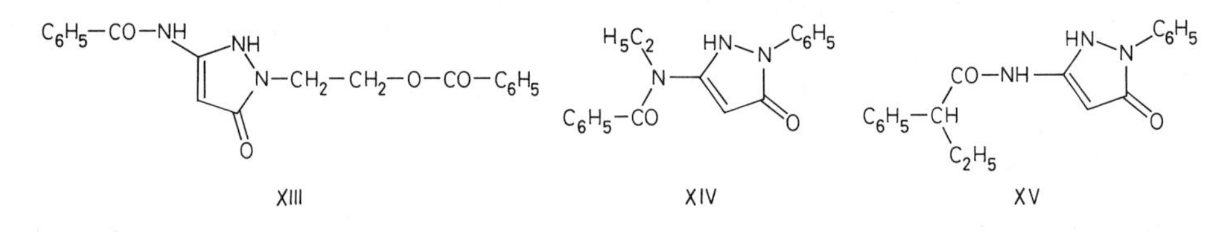

***N*-Äthyl-*N*-[5-oxo-1-phenyl-2,5-dihydro-1*H*-pyrazol-3-yl]-benzamid** $C_{18}H_{17}N_3O_2$, Formel XIV und Taut.

B. Aus 5-Äthylamino-2-phenyl-1,2-dihydro-pyrazol-3-on und Benzoylchlorid (*Graham et al.*, Am. Soc. **76** [1954] 3993).

Kristalle (aus PAe.); F: 111 – 113°.

(±)-2-Phenyl-buttersäure-[5-oxo-1-phenyl-2,5-dihydro-1*H*-pyrazol-3-ylamid] $C_{19}H_{19}N_3O_2$, Formel XV und Taut.

B. Aus 5-Amino-2-phenyl-1,2-dihydro-pyrazol-3-on und (±)-2-Phenyl-butyrylchlorid (*Vittum et al.*, Am. Soc. **72** [1950] 1533, 1535).

Kristalle (aus Bzl.); F: 170 – 171° [unkorr.].

2-[4-(4-*tert*-Butyl-phenoxy)-phenyl]-5-[*o*-terphenyl-4-carbonylamino]-1,2-dihydro-pyrazol-3-on, *N*-{1-[4-(4-*tert*-Butyl-phenoxy)-phenyl]-5-oxo-2,5-dihydro-1*H*-pyrazol-3-yl}-*o*-terphenyl-4-carbamid $C_{38}H_{33}N_3O_3$, Formel I und Taut.

B. Beim Erhitzen von 5-Amino-2-[4-(4-*tert*-butyl-phenoxy)-phenyl]-1,2-dihydro-pyrazol-3-on mit *o*-Terphenyl-4-carbonylchlorid in Xylol und Behandeln des Reaktionsprodukts mit äthanol. KOH (*Eastman Kodak Co.*, U.S.P. 2550661 [1947]).

Kristalle (aus Eg.); F: 180 – 181°.

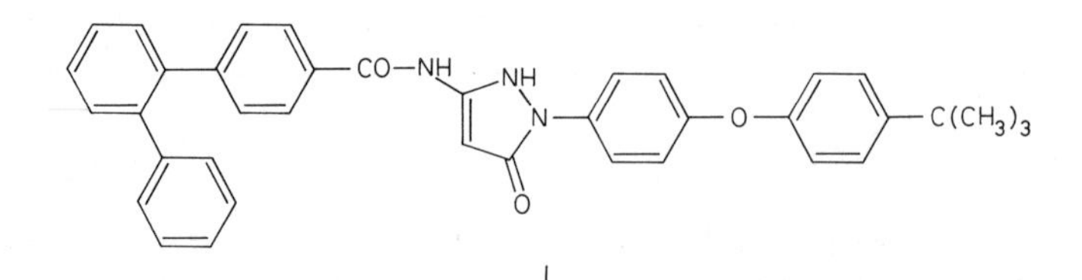

***N,N′*-Bis-[5-oxo-1-phenyl-2,5-dihydro-1*H*-pyrazol-3-yl]-adipamid** $C_{24}H_{24}N_6O_4$, Formel II (n = 4) und Taut.

B. Aus 5-Amino-2-phenyl-1,2-dihydro-pyrazol-3-on und Adipoylchlorid (*Gen. Aniline & Film Corp.*, U.S.P. 2671021 [1950]).

F: 281 – 284°.

***N,N′*-Bis-[5-oxo-1-phenyl-2,5-dihydro-1*H*-pyrazol-3-yl]-decandiamid** $C_{28}H_{32}N_6O_4$, Formel II (n = 8) und Taut.

B. Analog der vorangehenden Verbindung (*Gen. Aniline & Film Corp.*, U.S.P. 2671021 [1950]).

F: 251–253°.

[1,2-Dimethyl-5-oxo-2,5-dihydro-1*H*-pyrazol-3-yl]-carbamidsäure-methylester $C_7H_{11}N_3O_3$, Formel III (R = R′ = CH_3, X = O-CH_3).

B. Beim Erwärmen von 1,2-Dimethyl-5-oxo-2,5-dihydro-1*H*-pyrazol-3-carbonylazid mit Methanol (*Geigy A.G.*, D.R.P. 747473 [1941]; D.R.P. Org. Chem. **3** 35).

F: 200°.

[5-Oxo-1-phenyl-2,5-dihydro-1*H*-pyrazol-3-yl]-carbamidsäure-äthylester $C_{12}H_{13}N_3O_3$, Formel III (R = H, R′ = C_6H_5, X = O-C_2H_5) und Taut.

B. Beim Erwärmen von 5-Oxo-1-phenyl-2,5-dihydro-1*H*-pyrazol-3-carbonylazid mit Äthanol (*Weissberger, Porter*, Am. Soc. **64** [1942] 2133, 2135). Aus 5-Amino-2-phenyl-1,2-dihydro-pyrazol-3-on und Chlorokohlensäure-äthylester (*We., Po.*).

Kristalle (aus A.); F: 198–199°.

***N*-[5-Oxo-1-phenyl-2,5-dihydro-1*H*-pyrazol-3-yl]-*N′*-phenyl-harnstoff** $C_{16}H_{14}N_4O_2$, Formel III (R = H, R′ = C_6H_5, X = NH-C_6H_5) und Taut.

B. Aus 5-Amino-2-phenyl-1,2-dihydro-pyrazol-3-on und Phenylisocyanat (*Weissberger, Porter*, Am. Soc. **64** [1942] 2133, 2136).

Kristalle; F: 235–236°.

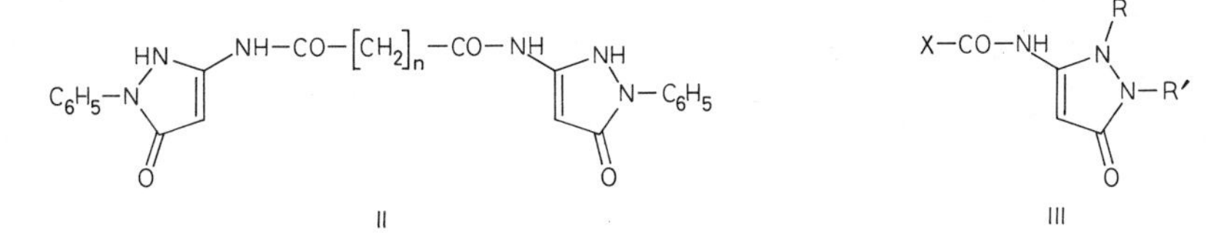

***N,N′*-Bis-[5-oxo-1-phenyl-2,5-dihydro-1*H*-pyrazol-3-yl]-harnstoff** $C_{19}H_{16}N_6O_3$, Formel IV und Taut.

B. Aus 5-Amino-2-phenyl-1,2-dihydro-pyrazol-3-on und $COCl_2$ (*Gen. Aniline & Film Corp.*, U.S.P. 2671021 [1950]).

Kristalle (aus Py.); Zers. ab 260°.

[5-Oxo-1-phenyl-2,5-dihydro-1*H*-pyrazol-3-yl]-thioharnstoff $C_{10}H_{10}N_4OS$, Formel V (R = H) und Taut.

B. Beim Erhitzen von 5-Amino-2-phenyl-1,2-dihydro-pyrazol-3-on mit wss. HCl und Kaliumthiocyanat (*Ghosh*, J. Indian chem. Soc. **27** [1950] 455).

Hellgelbe Kristalle (aus A.); Zers. bei 198–199°.

***N*-[5-Oxo-1-phenyl-2,5-dihydro-1*H*-pyrazol-3-yl]-*N′*-phenyl-thioharnstoff** $C_{16}H_{14}N_4OS$, Formel V (R = C_6H_5) und Taut.

B. Aus 5-Amino-2-phenyl-1,2-dihydro-pyrazol-3-on und Phenylisothiocyanat (*Gevaert Photo-Prod. N.V.*, U.S.P. 2672417 [1950]).

F: 227°.

[2-Methyl-5-oxo-1-phenyl-2,5-dihydro-1*H*-pyrazol-3-yl]-carbamidsäure-äthylester $C_{13}H_{15}N_3O_3$, Formel III (R = CH_3, R′ = C_6H_5, X = O-C_2H_5).

B. Aus 2-Methyl-5-oxo-1-phenyl-2,5-dihydro-1*H*-pyrazol-3-carbonylazid und Äthanol (*Geigy A.G.*, D.R.P. 747473 [1941]; D.R.P. Org. Chem. **3** 35).

Kristalle; F: 222°.

[2-Methyl-5-oxo-1-phenyl-2,5-dihydro-1*H*-pyrazol-3-yl]-carbamidsäure-butylester $C_{15}H_{19}N_3O_3$, Formel III (R = CH_3, R′ = C_6H_5, X = O-$[CH_2]_3$-CH_3).

B. Analog der vorangehenden Verbindung (*Geigy A.G.*, D.R.P. 747473 [1941]; D.R.P. Org. Chem. **3** 35).

Kristalle (aus wss. Eg. oder Butan-1-ol); F: 194°.

[2-Methyl-5-oxo-1-phenyl-2,5-dihydro-1*H*-pyrazol-3-yl]-carbamidsäure-[2-hydroxy-äthylester] $C_{13}H_{15}N_3O_4$, Formel III (R = CH_3, R' = C_6H_5, X = O-CH_2-CH_2-OH).
B. Analog den vorangehenden Verbindungen (*Geigy A.G.*, D.R.P. 747473 [1941]; D.R.P. Org. Chem. **3** 35).
Kristalle (aus wss. A.); F: 212°.

[2-Äthyl-5-oxo-1-phenyl-2,5-dihydro-1*H*-pyrazol-3-yl]-carbamidsäure-äthylester $C_{14}H_{17}N_3O_3$, Formel III (R = C_2H_5, R' = C_6H_5, X = O-C_2H_5).
B. Analog den vorangehenden Verbindungen (*Geigy A.G.*, D.R.P. 747473 [1941]; D.R.P. Org. Chem. **3** 35).
Kristalle; F: 213°.

[2-Äthyl-5-oxo-1-phenyl-2,5-dihydro-1*H*-pyrazol-3-yl]-carbamidsäure-isopropylester $C_{15}H_{19}N_3O_3$, Formel III (R = C_2H_5, R' = C_6H_5, X = O-CH(CH_3)$_2$).
B. Analog den vorangehenden Verbindungen (*Geigy A.G.*, D.R.P. 747473 [1941]; D.R.P. Org. Chem. **3** 35).
F: 211°.

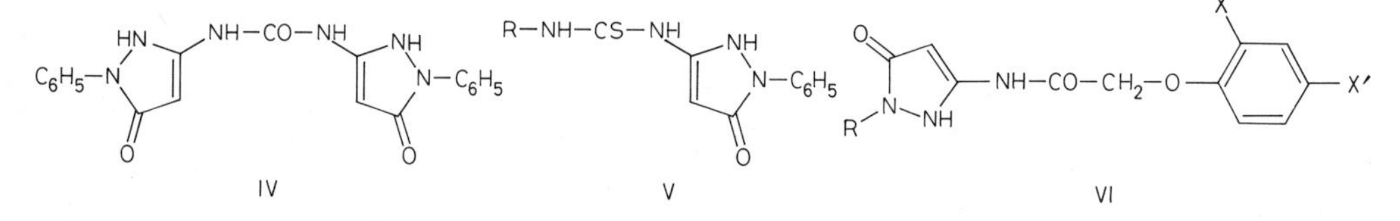

[4-Nitro-phenoxy]-essigsäure-[1-methyl-5-oxo-2,5-dihydro-1*H*-pyrazol-3-ylamid] $C_{12}H_{12}N_4O_5$, Formel VI (R = CH_3, X = H, X' = NO_2) und Taut.
B. Aus 5-Amino-2-methyl-1,2-dihydro-pyrazol-3-on und [4-Nitro-phenoxy]-acetylchlorid (*Eastman Kodak Co.*, U.S.P. 2865751 [1956]).
F: 213–215°.

[4-Amino-phenoxy]-essigsäure-[1-methyl-5-oxo-2,5-dihydro-1*H*-pyrazol-3-ylamid] $C_{12}H_{14}N_4O_3$, Formel VI (R = CH_3, X = H, X' = NH_2) und Taut.
B. Bei der Hydrierung der vorangehenden Verbindung an Nickel in wss. Äthanol (*Eastman Kodak Co.*, U.S.P. 2865751 [1956]).
Kristalle; F: 100–102°.

{4-[2-(2,4-Di-*tert*-pentyl-phenoxy)-acetylamino]-phenoxy}-essigsäure-[1-methyl-5-oxo-2,5-dihydro-1*H*-pyrazol-3-ylamid] $C_{30}H_{40}N_4O_5$, Formel VII (R = CH_3, R' = H, n = 1) und Taut.
B. Aus der vorangehenden Verbindung und [2,4-Di-*tert*-pentyl-phenoxy]-acetylchlorid (*Eastman Kodak Co.*, U.S.P. 2865751 [1956]).
Kristalle (aus A.); F: 221–223°.

(±)-{4-[2-(2,4-Di-*tert*-pentyl-phenoxy)-butyrylamino]-phenoxy}-essigsäure-[1-methyl-5-oxo-2,5-dihydro-1*H*-pyrazol-3-ylamid] $C_{32}H_{44}N_4O_5$, Formel VII (R = CH_3, R' = C_2H_5, n = 1) und Taut.
B. Analog der vorangehenden Verbindung (*Eastman Kodak Co.*, U.S.P. 2865751 [1956]).
Kristalle (aus PAe.); F: 78–80°.

[2,4-Dipentyl-phenoxy]-essigsäure-[1-hexyl-5-oxo-2,5-dihydro-1*H*-pyrazol-3-ylamid] $C_{27}H_{43}N_3O_3$, Formel VI (R = [CH_2]$_5$-CH_3, X = X' = [CH_2]$_4$-CH_3) und Taut.
B. Aus 5-Amino-2-hexyl-1,2-dihydro-pyrazol-3-on und [2,4-Dipentyl-phenoxy]-acetylchlorid (*Eastman Kodak Co.*, U.S.P. 2865751 [1956]).

Kristalle (aus Me.); F: 75–76,5°.

{4-[2-(2,4-Di-*tert*-pentyl-phenoxy)-acetylamino]-phenoxy}-essigsäure-[1-hexyl-5-oxo-2,5-dihydro-1*H*-pyrazol-3-ylamid] $C_{35}H_{50}N_4O_5$, Formel VII (R = $[CH_2]_5$-CH_3, R′ = H, n = 1) und Taut.

B. Aus 5-Amino-2-hexyl-1,2-dihydro-pyrazol-3-on über mehrere Zwischenstufen (*Eastman Kodak Co.*, U.S.P. 2865751 [1956]).

F: 166–167°.

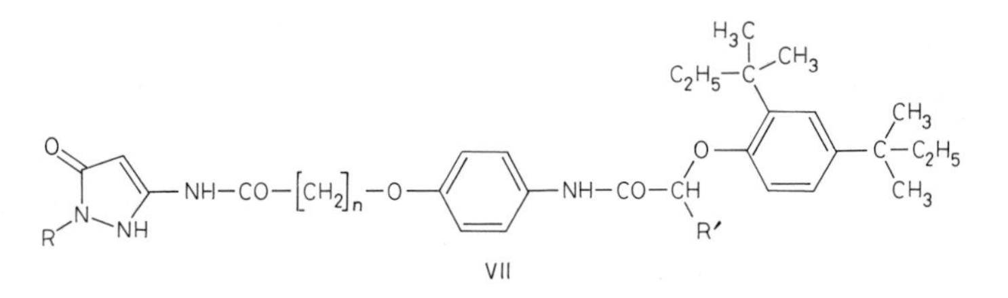

[2,4-Di-pentyl-phenoxy]-essigsäure-[1-dodecyl-5-oxo-2,5-dihydro-1*H*-pyrazol-3-ylamid] $C_{33}H_{55}N_3O_3$, Formel VI (R = $[CH_2]_{11}$-CH_3, X = X′ = $[CH_2]_4$-CH_3) und Taut.

B. Aus 5-Amino-2-dodecyl-1,2-dihydro-pyrazol-3-on und [2,4-Dipentyl-phenoxy]-acetylchlorid (*Eastman Kodak Co.*, U.S.P. 2865751 [1956]).

F: 59–61°.

Die folgenden Verbindungen sind in analoger Weise hergestellt worden:

[2,4-Di-*tert*-pentyl-phenoxy]-essigsäure-[1-dodecyl-5-oxo-2,5-dihydro-1*H*-pyrazol-3-ylamid] $C_{33}H_{55}N_3O_3$, Formel VI (R = $[CH_2]_{11}$-CH_3, X = X′ = $C(CH_3)_2$-C_2H_5) und Taut. Kristalle (aus Bzl.); F: 78–80° (*Eastman Kodak Co.*, U.S.P. 2865751).

[2,4-Di-*tert*-pentyl-phenoxy]-essigsäure-[5-oxo-1-phenyl-2,5-dihydro-1*H*-pyrazol-3-ylamid] $C_{27}H_{35}N_3O_3$, Formel VI (R = C_6H_5, X = X′ = $C(CH_3)_2$-C_2H_5) und Taut. F: 204–206° (*Eastman Kodak Co.*, U.S.P. 2694703 [1952]).

[2,4-Di-*tert*-pentyl-phenoxy]-essigsäure-[1-(4-nitro-phenyl)-5-oxo-2,5-dihydro-1*H*-pyrazol-3-ylamid] $C_{27}H_{34}N_4O_5$, Formel VI (R = C_6H_4-NO_2, X = X′ = $C(CH_3)_2$-C_2H_5) und Taut. Kristalle (aus Eg.); F: 195–197° (*Eastman Kodak Co.*, U.S.P. 2710871 [1951]).

[2,4-Dipentyl-phenoxy]-essigsäure-[1-(2-hydroxy-äthyl)-5-oxo-2,5-dihydro-1*H*-pyrazol-3-ylamid] $C_{23}H_{35}N_3O_4$, Formel VI (R = CH_2-CH_2-OH, X = X′ = $[CH_2]_4$-CH_3) und Taut. F: 143–144° (*Eastman Kodak Co.*, U.S.P. 2865748 [1956]).

[2,4-Di-*tert*-pentyl-phenoxy]-essigsäure-[1-(2-hydroxy-äthyl)-5-oxo-2,5-dihydro-1*H*-pyrazol-3-ylamid] $C_{23}H_{35}N_3O_4$, Formel VI (R = CH_2-CH_2-OH, X = X′ = $C(CH_3)_2$-C_2H_5) und Taut. Kristalle (aus Toluol); F: 105–106° (*Eastman Kodak Co.*, U.S.P. 2865748).

[4-Palmitoylamino-phenoxy]-essigsäure-[1-(2-hydroxy-äthyl)-5-oxo-2,5-dihydro-1*H*-pyrazol-3-ylamid] $C_{29}H_{46}N_4O_5$, Formel VI (R = CH_2-CH_2-OH, X = H, X′ = NH-CO-$[CH_2]_{14}$-CH_3) und Taut.

B. Aus 5-Amino-2-[2-hydroxy-äthyl]-1,2-dihydro-pyrazol-3-on über mehrere Zwischenstufen (*Eastman Kodak Co.*, U.S.P. 2865748 [1956]).

Kristalle (aus DMF + Acetonitril); F: 182–184°.

(4-{3-[2-(2,4-Di-*tert*-pentyl-phenoxy)-acetylamino]-benzoylamino}-phenoxy)-essigsäure-[1-(2-hydroxy-äthyl)-5-oxo-2,5-dihydro-1*H*-pyrazol-3-ylamid] $C_{38}H_{47}N_5O_7$, Formel VIII und Taut.

B. Analog der vorangehenden Verbindung (*Eastman Kodak Co.*, U.S.P. 2865748 [1956]).

Kristalle (aus A.); F: 156–163°.

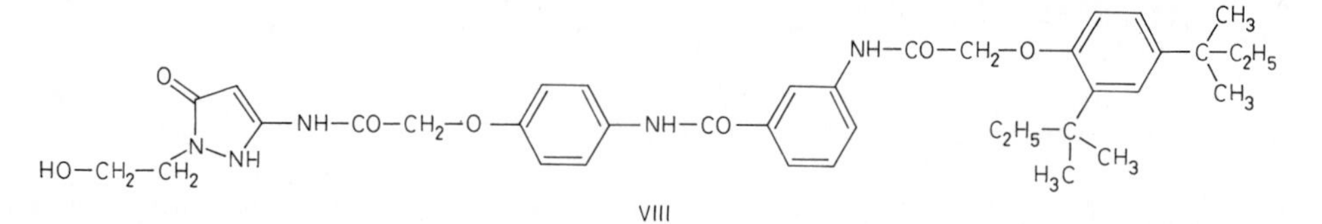

VIII

(±)-[4-Nitro-phenoxy]-essigsäure-[1-(2-hydroxy-propyl)-5-oxo-2,5-dihydro-1*H*-pyrazol-3-ylamid] $C_{14}H_{16}N_4O_6$, Formel VI (R = CH_2-CH(OH)-CH_3, X = H, X′ = NO_2) und Taut.

B. Beim Behandeln von (±)-5-Amino-2-[2-hydroxy-propyl]-1,2-dihydro-pyrazol-3-on (aus Malonomonoimidsäure-diäthylester und (±)-1-Hydrazino-propan-2-ol hergestellt) mit [4-Nitro-phenoxy]-acetylchlorid in Acetonitril (*Eastman Kodak Co.*, U.S.P. 2865748 [1956]).

Kristalle (aus Butan-1-ol); F: 255–256°.

(±)-[4-Nitro-phenoxy]-essigsäure-[1-(β-hydroxy-phenäthyl)-5-oxo-2,5-dihydro-1*H*-pyrazol-3-ylamid] $C_{19}H_{18}N_4O_6$, Formel VI (R = CH_2-CH(OH)-C_6H_5, X = H, X′ = NO_2) und Taut.

B. Analog der vorangehenden Verbindung (*Eastman Kodak Co.*, U.S.P. 2865748 [1956]).

Kristalle (aus Butan-1-ol); F: 199–202°.

3-[2,4-Di-*tert*-pentyl-phenoxy]-propionsäure-[5-oxo-1-(2,4,6-trichlor-phenyl)-2,5-dihydro-1*H*-pyrazol-3-ylamid] $C_{28}H_{34}Cl_3N_3O_3$, Formel IX (X = Cl) und Taut.

B. Analog den vorangehenden Verbindungen (*Eastman Kodak Co.*, U.S.P. 2600788 [1949]).

F: 220–222°.

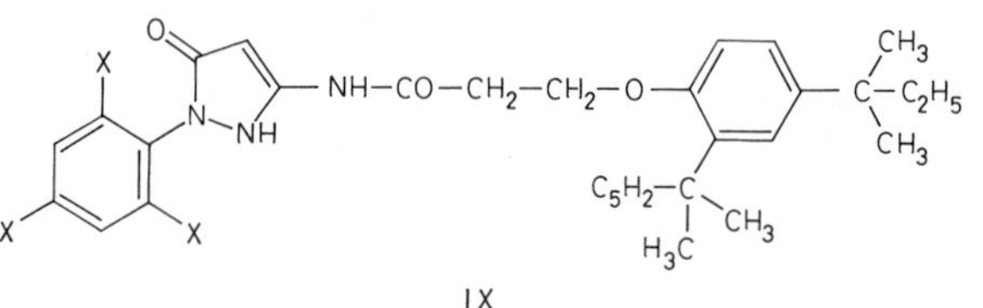

IX

3-[2,4-Di-*tert*-pentyl-phenoxy]-propionsäure-[5-oxo-1-(2,4,6-tribrom-phenyl)-2,5-dihydro-1*H*-pyrazol-3-ylamid] $C_{28}H_{34}Br_3N_3O_3$, Formel IX (X = Br) und Taut.

B. Analog den vorangehenden Verbindungen (*Eastman Kodak Co.*, U.S.P. 2600788 [1949]).

F: 225–227°.

4-[4-Nitro-phenoxy]-buttersäure-[1-methyl-5-oxo-2,5-dihydro-1*H*-pyrazol-3-ylamid] $C_{14}H_{16}N_4O_5$, Formel X (X = NO_2) und Taut.

B. Analog den vorangehenden Verbindungen (*Eastman Kodak Co.*, U.S.P. 2865751 [1956]).

Kristalle (aus A.); F: 198–203°.

4-[4-Amino-phenoxy]-buttersäure-[1-methyl-5-oxo-2,5-dihydro-1*H*-pyrazol-3-ylamid] $C_{14}H_{18}N_4O_3$, Formel X (X = NH_2) und Taut.

B. Aus der vorangehenden Verbindung bei der Hydrierung an Raney-Nickel in Äthanol (*Eastman Kodak Co.*, U.S.P. 2865751 [1956]).

Kristalle (aus H_2O); F: 140–142°.

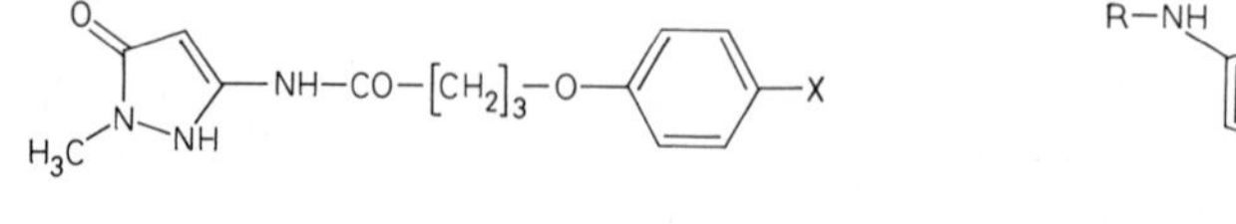

X

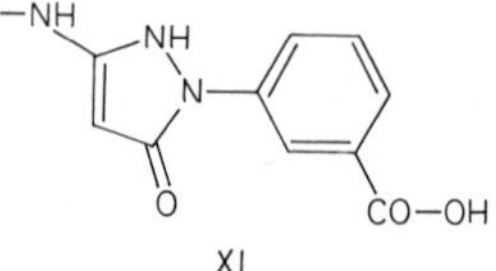

XI

4-{4-[2-(2,4-Di-*tert*-pentyl-phenoxy)-acetylamino]-phenoxy}-buttersäure-[1-methyl-5-oxo-2,5-dihydro-1*H*-pyrazol-3-ylamid] $C_{32}H_{44}N_4O_5$, Formel VII (R = CH_3, R′ = H, n = 3) und Taut.

B. Aus der vorangehenden Verbindung und [2,4-Di-*tert*-pentyl-phenoxy]-acetylchlorid (*East*=

man Kodak Co., U.S.P. 2865751 [1956]).
Kristalle (aus Bzl.); F: 135–137°.

3-[3-Amino-5-oxo-2,5-dihydro-pyrazol-1-yl]-benzoesäure $C_{10}H_9N_3O_3$, Formel XI (R = H) und Taut.
B. Aus 3-[2-Äthoxycarbonyl-1-amino-äthylidenhydrazino]-benzoesäure mit Hilfe von wss. NaOH (*Kunimine, Itano,* J. pharm. Soc. Japan **74** [1954] 726; C. A. **1955** 11627).
Kristalle; F: 273° [Zers.].

3-[5-Oxo-3-palmitoylamino-2,5-dihydro-pyrazol-1-yl]-benzoesäure $C_{26}H_{39}N_3O_4$, Formel XI (R = CO-$[CH_2]_{14}$-CH_3) und Taut.
B. Aus der vorangehenden Verbindung (*Kunimine, Itano,* J. pharm. Soc. Japan **74** [1954] 726; C. A. **1955** 11627).
Kristalle (aus Eg. oder Bzl.+A.); F: 232° [Zers.].

3-[4-*tert*-Pentyl-phenoxy]-benzoesäure-[1-(2,5-dichlor-phenyl)-5-oxo-2,5-dihydro-1*H*-pyrazol-3-ylamid] $C_{27}H_{25}Cl_2N_3O_3$, Formel XII (R = $C_6H_3Cl_2$, X = O-C_6H_4-$C(CH_3)_2$-C_2H_5, X′ = H) und Taut.
B. Aus 5-Amino-2-[2,5-dichlor-phenyl]-1,2-dihydro-pyrazol-3-on (aus [2,5-Dichlor-phenyl]-hydrazin und Malonomonoimidsäure-diäthylester hergestellt) und 3-[4-*tert*-Pentyl-phenoxy]-benzoylchlorid (*Eastman Kodak Co.*, U.S.P. 2600788 [1949]).
F: 110–112°.

3-[4-*tert*-Pentyl-phenoxy]-benzoesäure-[5-oxo-1-(2,4,6-tribrom-phenyl)-2,5-dihydro-1*H*-pyrazol-3-ylamid] $C_{27}H_{24}Br_3N_3O_3$, Formel XII (R = $C_6H_2Br_3$, X = O-C_6H_4-$C(CH_3)_2$-C_2H_5, X′ = H) und Taut.
B. Analog der vorangehenden Verbindung (*Eastman Kodak Co.*, U.S.P. 2600788 [1949]).
F: 270–272°.

4-[3-Amino-5-oxo-2,5-dihydro-pyrazol-1-yl]-benzoesäure $C_{10}H_9N_3O_3$, Formel XIII (R = H) und Taut.
B. Aus 4-[2-Äthoxycarbonyl-1-amino-äthylidenhydrazino]-benzoesäure (aus 4-Hydrazino-benzoesäure und Malonomonoimidsäure-diäthylester hergestellt) mit Hilfe von wss. KOH (*Kunimine, Itano,* J. pharm. Soc. Japan **74** [1954] 726; C. A. **1955** 11627).
Hellgelbe Kristalle; F: >300°.

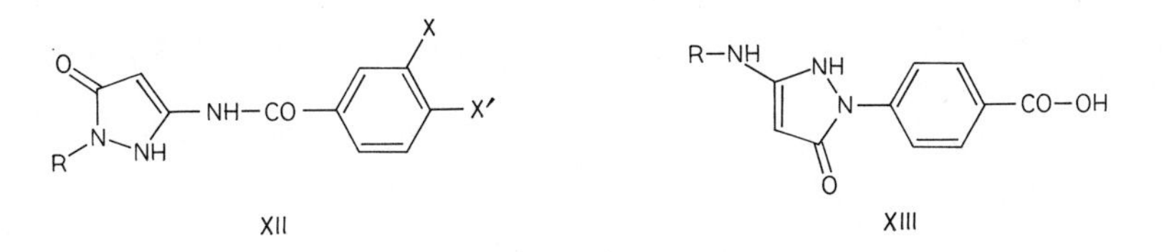

XII XIII

4-[3-Amino-5-oxo-2,5-dihydro-pyrazol-1-yl]-benzonitril $C_{10}H_8N_4O$, Formel XIV (R = H) und Taut.
B. Beim Erwärmen von 3-Amino-3-[4-cyan-phenylhydrazono]-propionsäure-äthylester (E III **15** 845) mit äthanol. Natriumäthylat (*Weissberger et al.*, Am. Soc. **66** [1944] 1851, 1854).
Braune Kristalle; F: 226–227° [Zers.].

4-[5-Oxo-3-palmitoylamino-2,5-dihydro-pyrazol-1-yl]-benzoesäure $C_{26}H_{39}N_3O_4$, Formel XIII (R = CO-$[CH_2]_{14}$-CH_3) und Taut.
B. Aus 4-[3-Amino-5-oxo-2,5-dihydro-pyrazol-1-yl]-benzoesäure (*Kunimine, Itano,* J. pharm. Soc. Japan **74** [1954] 726; C. A. **1955** 11627).
Kristalle (aus Eg.); F: 298° [Zers.].

4-[3-Benzoylamino-5-oxo-2,5-dihydro-pyrazol-1-yl]-benzonitril, *N*-[1-(4-Cyan-phenyl)-5-oxo-2,5-dihydro-1*H*-pyrazol-3-yl]-benzamid $C_{17}H_{12}N_4O_2$, Formel XIV (R = CO-C_6H_5) und Taut.

B. Aus *N*-[5-Benzoyloxy-1-(4-cyan-phenyl)-1*H*-pyrazol-3-yl]-benzamid mit Hilfe von äthanol. KOH (*Eastman Kodak Co.*, U.S.P. 2511231 [1949]).

Kristalle (aus Dioxan); F: 256–257°.

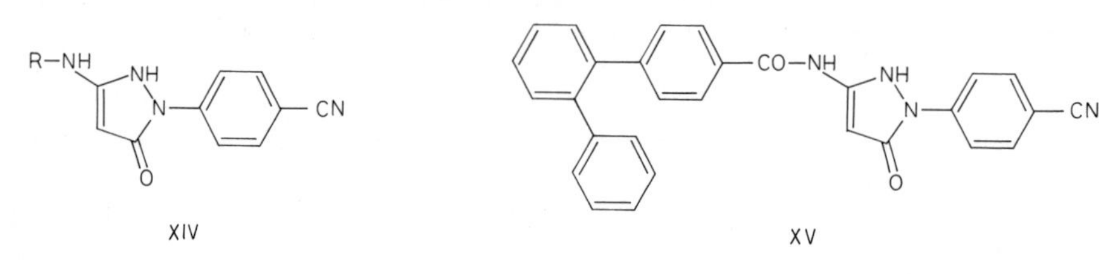

3-Nitro-benzoesäure-[1-(4-cyan-phenyl)-5-oxo-2,5-dihydro-1*H*-pyrazol-3-ylamid] $C_{17}H_{11}N_5O_4$, Formel XIV (R = CO-C_6H_4-NO_2) und Taut.

B. Aus 4-[3-Amino-5-oxo-2,5-dihydro-pyrazol-1-yl]-benzonitril bei der Umsetzung mit 3-Nitro-benzoylchlorid und anschliessenden Hydrolyse mit wss.-äthanol. KOH (*Eastman Kodak Co.*, U.S.P. 2511231 [1949]).

F: 254–255°.

***N*-[1-(4-Cyan-phenyl)-5-oxo-2,5-dihydro-1*H*-pyrazol-3-yl]-*o*-terphenyl-4-carbamid** $C_{29}H_{20}N_4O_2$, Formel XV und Taut.

B. Analog der vorangehenden Verbindung (*Eastman Kodak Co.*, U.S.P. 2550661 [1947]).

Kristalle (aus A.); F: 255–257°.

3-Nitro-4-octadecyloxy-benzoesäure-[5-oxo-1-phenyl-2,5-dihydro-1*H*-pyrazol-3-ylamid] $C_{34}H_{48}N_4O_5$, Formel XII (R = C_6H_5, X = NO_2, X' = O-$[CH_2]_{17}$-CH_3) und Taut.

B. Aus 5-Amino-2-phenyl-1,2-dihydro-pyrazol-3-on und 3-Nitro-4-octadecyloxy-benzoylchlorid (*Eastman Kodak Co.*, U.S.P. 2694635 [1951]).

F: 155–160° [nach Erweichen bei 135°].

5-[3-Amino-5-oxo-2,5-dihydro-pyrazol-1-yl]-isophthalsäure $C_{11}H_9N_3O_5$, Formel I und Taut.

B. Aus 5-[2-Äthoxycarbonyl-1-amino-äthylidenhydrazino]-isophthalsäure (aus 5-Hydrazino-isophthalsäure und Malonomonoimidsäure-diäthylester hergestellt) mit Hilfe von wss. KOH (*Kunimine, Itano,* J. pharm. Soc. Japan **74** [1954] 726; C. A. **1955** 11627).

Kristalle; F: >300°.

4-[3-Amino-5-oxo-2,5-dihydro-pyrazol-1-yl]-benzolsulfonsäure $C_9H_9N_3O_4S$, Formel II (R = H, X = OH) und Taut.

B. Analog der vorangehenden Verbindung (*Kunimine, Itano,* J. pharm. Soc. Japan **74** [1954] 726; C. A. **1955** 11627).

Kristalle (aus H_2O); F: >300°.

4-[3-Amino-5-oxo-2,5-dihydro-pyrazol-1-yl]-benzolsulfonsäure-amid $C_9H_{10}N_4O_3S$, Formel II (R = H, X = NH_2) und Taut.

B. Aus 4-Hydrazino-benzolsulfonsäure-amid beim Erwärmen mit Cyanessigsäure-äthylester (*Weissberger, Porter,* Am. Soc. **66** [1944] 1849) oder Malonomonoimidsäure-diäthylester (*Itano,* J. pharm. Soc. Japan **75** [1955] 441, 443; C. A. **1955** 2552) und äthanol. Natriumäthylat. Aus 3-Amino-3-[4-sulfamoyl-phenylhydrazono]-propionsäure-äthylester (E III **15** 870) mit Hilfe von äthanol. Natriumäthylat (*Weissberger et al.,* Am. Soc. **66** [1944] 1851, 1854).

Kristalle; F: 258–260° [Zers.; aus A.] (*It.*), 258–260° [aus wss. Me.] (*We., Po.*).

4-[3-Octadecylamino-5-oxo-2,5-dihydro-pyrazol-1-yl]-benzolsulfonsäure $C_{27}H_{45}N_3O_4S$, Formel II (R = $[CH_2]_{17}$-CH_3, X = OH) und Taut.

B. Aus 5-Octadecylamino-2-phenyl-1,2-dihydro-pyrazol-3-on und wss. H_2SO_4 (*ICI,*

U.S.P. 2803544 [1954]).
Kristalle (aus Me. + E.); F: 224 – 226°.

4-[5-Oxo-3-palmitoylamino-2,5-dihydro-pyrazol-1-yl]-benzolsulfonsäure $C_{25}H_{39}N_3O_5S$, Formel II (R = CO-$[CH_2]_{14}$-CH_3, X = OH) und Taut.
B. Aus *N*-[5-Oxo-1-phenyl-2,5-dihydro-1*H*-pyrazol-3-yl]-palmitamid und H_2SO_4 [8% SO_3 enthaltend] (*Kunimine,* J. Soc. Phot. Sci. Technol. Japan **14** [1951] 37, 41; C. A. **1953** 3155).
F: 225° [Zers.].

4-[5-Oxo-3-palmitoylamino-2,5-dihydro-pyrazol-1-yl]-benzolsulfonsäure-amid, *N*-[5-Oxo-1-(4-sulfamoyl-phenyl)-2,5-dihydro-1*H*-pyrazol-3-yl]-palmitamid $C_{25}H_{40}N_4O_4S$, Formel II (R = CO-$[CH_2]_{14}$-CH_3, X = NH_2) und Taut.
B. Aus 4-[3-Amino-5-oxo-2,5-dihydro-pyrazol-1-yl]-benzolsulfonsäure-amid und Palmitoyl≈chlorid in Pyridin (*Itano,* J. pharm. Soc. Japan **75** [1955] 441, 444; C. A. **1956** 2552).
Kristalle (aus Eg.); F: 199 – 201° [Zers.].

4-[3-Benzoylamino-5-oxo-2,5-dihydro-pyrazol-1-yl]-benzolsulfonsäure $C_{16}H_{13}N_3O_5S$, Formel II (R = CO-C_6H_5, X = OH) und Taut.
B. Analog der vorangehenden Verbindung (*Kunimine, Itano,* J. pharm. Soc. Japan **74** [1954] 726; C. A. **1955** 11627).
Kristalle; F: 220 – 221°.

4-[3-Benzoylamino-5-oxo-2,5-dihydro-pyrazol-1-yl]-benzolsulfonsäure-amid, *N*-[5-Oxo-1-(4-sulfamoyl-phenyl)-2,5-dihydro-1*H*-pyrazol-3-yl]-benzamid $C_{16}H_{14}N_4O_4S$, Formel II (R = CO-C_6H_5, X = NH_2) und Taut.
B. Analog den vorangehenden Verbindungen (*Itano,* J. pharm. Soc. Japan **75** [1955] 441, 444; C. A. **1955** 2552).
Kristalle (aus Eg.); F: 194 – 195°.

5-[3-Amino-5-oxo-2,5-dihydro-pyrazol-1-yl]-2-phenoxy-benzolsulfonsäure $C_{15}H_{13}N_3O_5S$, Formel III (R = H) und Taut.
B. Aus 5-[2-Äthoxycarbonyl-1-amino-äthylidenhydrazino]-2-phenoxy-benzolsulfonsäure (aus 5-Hydrazino-2-phenoxy-benzolsulfonsäure und Malonomonoimidsäure-diäthylester hergestellt) mit Hilfe von wss. NaOH oder äthanol. Natriumäthylat (*Kunimine, Itano,* J. pharm. Soc. Japan **74** [1954] 726; C. A. **1955** 11627).
Hellgelbe Kristalle; F: > 300°.

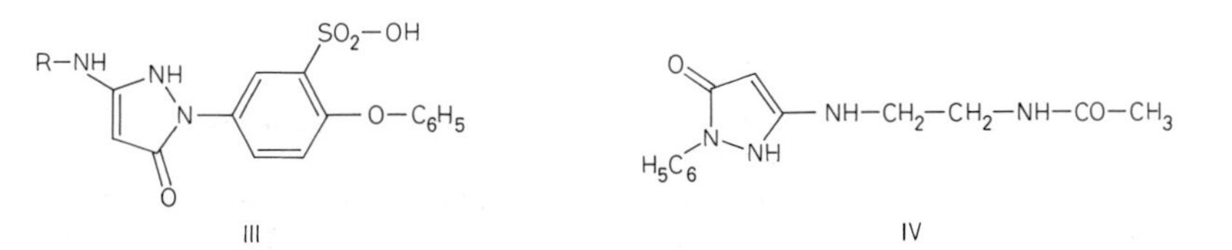

5-[5-Oxo-3-palmitoylamino-2,5-dihydro-pyrazol-1-yl]-2-phenoxy-benzolsulfonsäure $C_{31}H_{43}N_3O_6S$, Formel III (R = CO-$[CH_2]_{14}$-CH_3) und Taut.
B. Aus der vorangehenden Verbindung (*Kunimine, Itano,* J. pharm. Soc. Japan **74** [1954] 726; C. A. **1955** 11627).
Kristalle (aus A.); F: 249° [Zers.].

5-[2-Acetylamino-äthylamino]-2-phenyl-1,2-dihydro-pyrazol-3-on, *N*-[2-(5-Oxo-1-phenyl-2,5-dihydro-1*H*-pyrazol-3-ylamino)-äthyl]-acetamid $C_{13}H_{16}N_4O_2$, Formel IV und Taut.

B. Aus 5-Amino-2-phenyl-1,2-dihydro-pyrazol-3-on, Äthylendiamin und Essigsäure (*ICI*, U.S.P. 2803544 [1954]).

Kristalle (aus wss. A.); F: 175–176°.

5-Amino-2-[4-amino-phenyl]-1,2-dihydro-pyrazol-3-on $C_9H_{10}N_4O$, Formel V (R = R' = H) und Taut.

B. Bei der Hydrierung von 5-Amino-2-[4-nitro-phenyl]-1,2-dihydro-pyrazol-3-on an Raney-Nickel in H_2O (*Eastman Kodak Co.*, U.S.P. 2710871 [1951]).

F: 213–220° [Zers.].

2-[4-Amino-phenyl]-5-benzylamino-1,2-dihydro-pyrazol-3-on $C_{16}H_{16}N_4O$, Formel V (R = CH_2-C_6H_5, R' = H) und Taut.

B. Aus 5-Benzylamino-2-[4-nitro-phenyl]-1,2-dihydro-pyrazol-3-on mit Hilfe von Zink und wss. Essigsäure (*ICI*, U.S.P. 2803544 [1954]).

Kristalle; F: 168–169°.

2-[4-Amino-phenyl]-5-lauroylamino-1,2-dihydro-pyrazol-3-on, *N*-[1-(4-Amino-phenyl)-5-oxo-2,5-dihydro-1*H*-pyrazol-3-yl]-lauramid $C_{21}H_{32}N_4O_2$, Formel V (R = CO-$[CH_2]_{10}$-CH_3, R' = H) und Taut.

B. Bei der Hydrierung von *N*-[1-(4-Nitro-phenyl)-5-oxo-2,5-dihydro-1*H*-pyrazol-3-yl]-laur⸗amid an Raney-Nickel in Äthanol (*Eastman Kodak Co.*, U.S.P. 2710871 [1951]).

F: 150–153°.

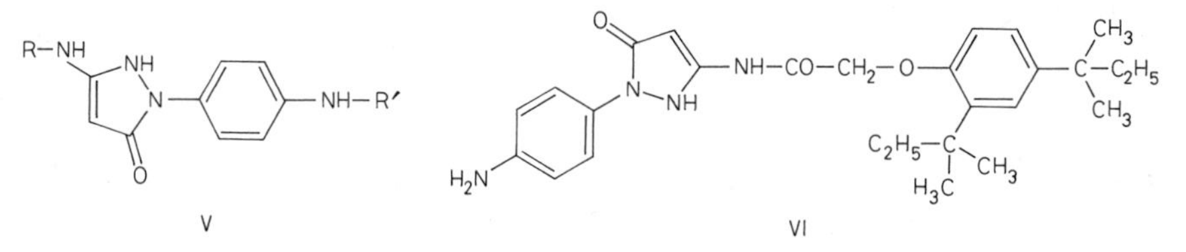

2-[4-Amino-phenyl]-5-stearoylamino-1,2-dihydro-pyrazol-3-on, *N*-[1-(4-Amino-phenyl)-5-oxo-2,5-dihydro-1*H*-pyrazol-3-yl]-stearamid $C_{27}H_{44}N_4O_2$, Formel V (R = CO-$[CH_2]_{16}$-CH_3, R' = H) und Taut.

B. Aus 5-Amino-2-[4-nitro-phenyl]-1,2-dihydro-pyrazol-3-on beim Behandeln mit Stearoyl⸗chlorid und Pyridin und Hydrieren des Reaktionsprodukts an Raney-Nickel in Äthanol (*East⸗man Kodak Co.*, U.S.P. 2710871 [1951]).

F: 148–151°.

2-[4-(5-Oxo-3-stearoylamino-2,5-dihydro-pyrazol-1-yl)-phenylcarbamoyl]-benzolsulfonsäure $C_{34}H_{48}N_4O_6S$, Formel V (R = CO-$[CH_2]_{16}$-CH_3, R' = CO-C_6H_4-SO_2-OH) und Taut.

B. Aus der vorangehenden Verbindung und 2-Sulfo-benzoesäure-anhydrid (*Eastman Kodak Co.*, U.S.P. 2710871 [1951]).

F: 130–135°.

[2,4-Di-*tert*-pentyl-phenoxy]-essigsäure-[1-(4-amino-phenyl)-5-oxo-2,5-dihydro-1*H*-pyrazol-3-ylamid] $C_{27}H_{36}N_4O_3$, Formel VI und Taut.

B. Bei der Hydrierung von [2,4-Di-*tert*-pentyl-phenoxy]-essigsäure-[1-(4-nitro-phenyl)-5-oxo-2,5-dihydro-1*H*-pyrazol-3-ylamid] an Raney-Nickel in Benzol (*Eastman Kodak Co.*, U.S.P. 2710871 [1951]).

F: 198–200°.

5-[3-(4-*tert*-Pentyl-phenoxy)-benzoylamino]-2-{4-[3-(4-*tert*-pentyl-phenoxy)-benzoylamino]-phenyl}-1,2-dihydro-pyrazol-3-on $C_{45}H_{46}N_4O_5$, Formel VII und Taut.

B. Aus 5-Amino-2-[4-amino-phenyl]-1,2-dihydro-pyrazol-3-on und 3-[4-*tert*-Pentyl-phenoxy]-

benzoylchlorid in Pyridin (*Eastman Kodak Co.*, U.S.P. 2710802 [1953]).
F: 117–120°.

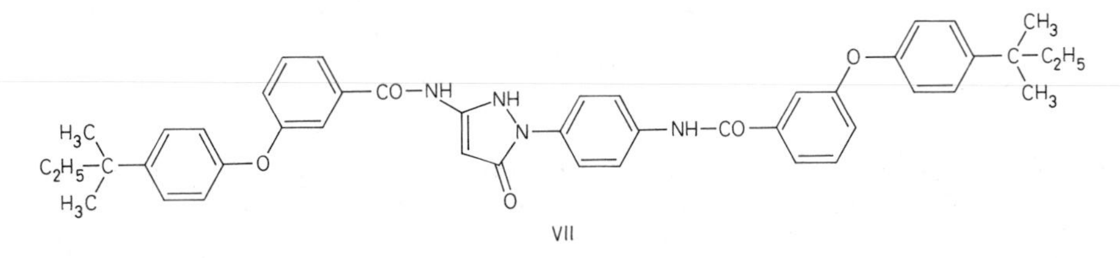

3-[2-(2,4-Dipentyl-phenoxy)-acetylamino]-benzoesäure-[1-dodecyl-5-oxo-2,5-dihydro-1*H*-pyrazol-3-ylamid] $C_{40}H_{60}N_4O_4$, Formel VIII und Taut.

B. Aus 5-Amino-2-dodecyl-1,2-dihydro-pyrazol-3-on und 3-[2-(2,4-Dipentyl-phenoxy)-acetyl= amino]-benzoylchlorid (*Eastman Kodak Co.*, U.S.P. 2865751 [1956]).

F: 116,5–118°.

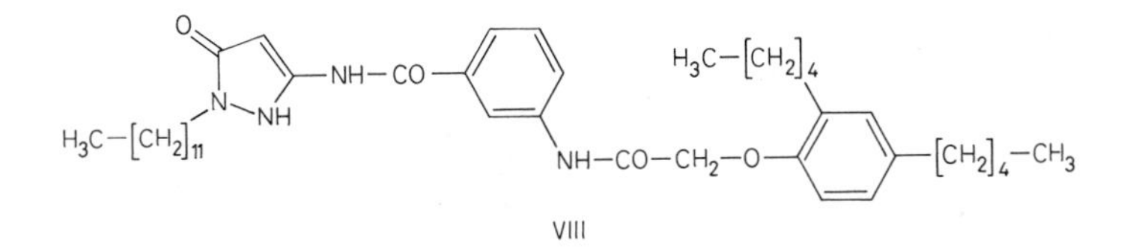

3-Amino-benzoesäure-[5-oxo-1-phenyl-2,5-dihydro-1*H*-pyrazol-3-ylamid] $C_{16}H_{14}N_4O_2$, Formel IX und Taut.

B. Aus 3-Nitro-benzoesäure-[5-oxo-1-phenyl-2,5-dihydro-1*H*-pyrazol-3-ylamid] mit Hilfe von Eisen-Pulver und Essigsäure (*Barr et al.*, Am. Soc. **73** [1951] 4131).

Braune Kristalle; F: 220–222°.

3-[2-(2,4-Di-*tert*-pentyl-phenoxy)-acetylamino]-benzoesäure-[1-(2,4-dichlor-phenyl)-5-oxo-2,5-dihydro-1*H*-pyrazol-3-ylamid] $C_{34}H_{38}Cl_2N_4O_4$, Formel X (X = Cl, X′ = H, n = 1) und Taut.

B. Aus 5-Amino-2-[2,4-dichlor-phenyl]-1,2-dihydro-pyrazol-3-on (aus [2,4-Dichlor-phenyl]-hydrazin und Malonomonoimidsäure-diäthylester hergestellt) über mehrere Stufen (*Eastman Kodak Co.*, U.S.P. 2600788 [1949]).

F: 133–135°.

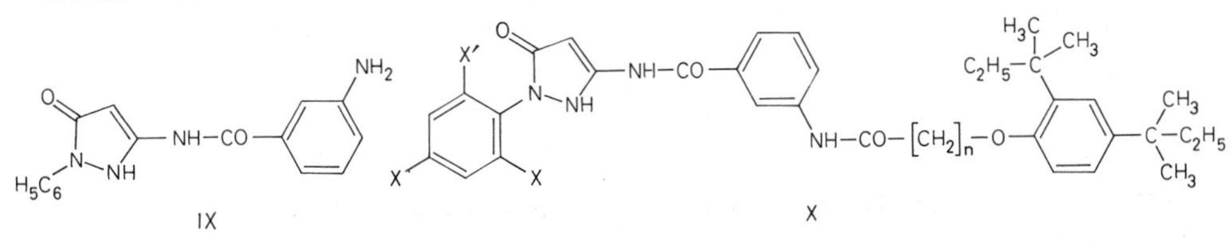

3-[2-(2,4-Di-*tert*-pentyl-phenoxy)-acetylamino]-benzoesäure-[5-oxo-1-(2,4,6-trichlor-phenyl)-2,5-dihydro-1*H*-pyrazol-3-ylamid] $C_{34}H_{37}Cl_3N_4O_4$, Formel X (X = X′ = Cl, n = 1) und Taut.

B. Analog der vorangehenden Verbindung (*Eastman Kodak Co.*, U.S.P. 2618641 [1951]).

Kristalle; F: 138–139°.

(±)-5-(1-{3-[5-Oxo-1-(2,4,6-trichlor-phenyl)-2,5-dihydro-1*H*-pyrazol-3-ylcarbamoyl]-phenyl= carbamoyl}-propoxy)-isophthalsäure-dimethylester $C_{30}H_{25}Cl_3N_4O_8$, Formel XI und Taut.

B. Analog den vorangehenden Verbindungen (*Eastman Kodak Co.*, U.S.P. 2721798 [1953]).

Kristalle (aus Acetonitril); F: 187–189°.

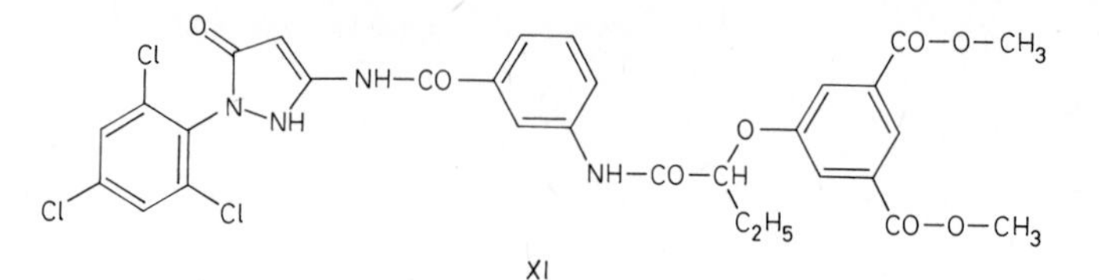

XI

3-[4-(2,4-Di-*tert*-pentyl-phenoxy)-butyrylamino]-benzoesäure-[5-oxo-1-phenyl-2,5-dihydro-1*H*-pyrazol-3-ylamid] $C_{36}H_{44}N_4O_4$, Formel X (X = X' = H, n = 3) und Taut.

B. Analog den vorangehenden Verbindungen (*Eastman Kodak Co.*, U.S.P. 2706685 [1952]).

Kristalle (aus A.); F: 218–220°.

3-[2-(2,4-Di-*tert*-pentyl-phenoxy)-5-nitro-benzoylamino]-benzoesäure-[5-oxo-1-phenyl-2,5-dihydro-1*H*-pyrazol-3-ylamid] $C_{39}H_{41}N_5O_6$, Formel XII und Taut.

B. Analog den vorangehenden Verbindungen (*Eastman Kodak Co.*, U.S.P. 2710803 [1953]).

F: 153–158°.

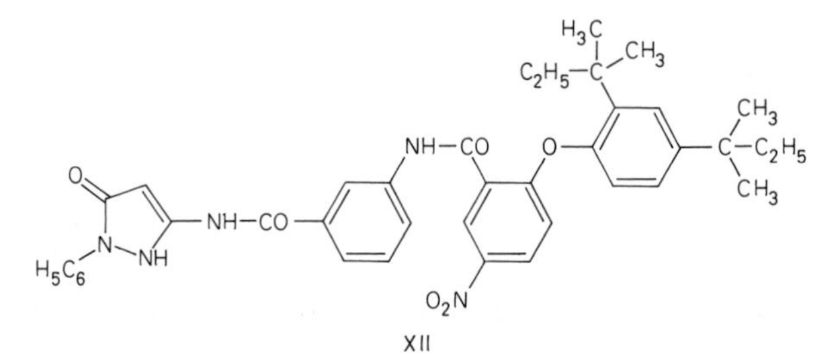

XII

3-[2,4-Bis-methoxycarbonylmethoxy-benzoylamino]-benzoesäure-[5-oxo-1-(2,4,6-trichlor-phenyl)-2,5-dihydro-1*H*-pyrazol-3-ylamid] $C_{29}H_{23}Cl_3N_4O_9$, Formel XIII (R = CH_2-CO-OCH_3) und Taut.

B. Analog den vorangehenden Verbindungen (*Eastman Kodak Co.*, U.S.P. 2772161 [1954]).

Kristalle (aus Acetonitril); F: 210–213°.

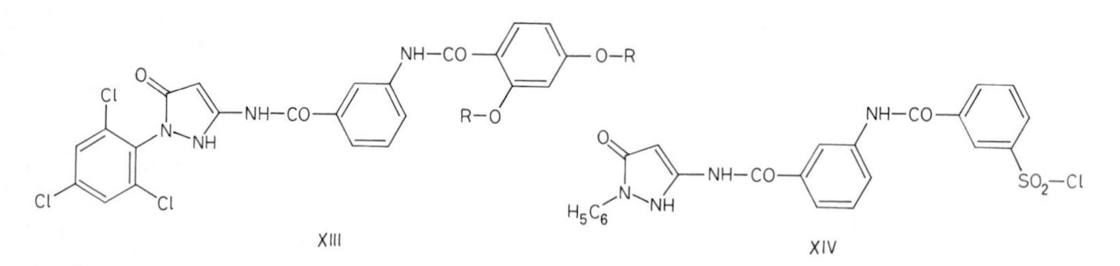

XIII XIV

3-[3-(5-Oxo-1-phenyl-2,5-dihydro-1*H*-pyrazol-3-ylcarbamoyl)-phenylcarbamoyl]-benzol=sulfonylchlorid $C_{23}H_{17}ClN_4O_5S$, Formel XIV und Taut.

B. Analog den vorangehenden Verbindungen (*Barr et al.*, Am. Soc. **73** [1951] 4131).

Kristalle mit 1 Mol Essigsäure; F: 188–190°.

5-({4-[2,4-Di-*tert*-pentyl-phenoxy]-3-[3-(5-oxo-1-phenyl-2,5-dihydro-1*H*-pyrazol-3-ylcarbamoyl)-phenylcarbamoyl]-anilinooxalyl}-amino)-isophthalsäure-dimethylester $C_{51}H_{52}N_6O_{10}$, Formel XV (X = CO-NH) und Taut.

B. Aus 3-[5-Amino-2-(2,4-di-*tert*-pentyl-phenoxy)-benzoylamino]-benzoesäure-[5-oxo-1-phen=yl-2,5-dihydro-1*H*-pyrazol-3-ylamid] und 5-Chloroxalylamino-isophthalsäure-dimethylester (*Eastman Kodak Co.*, U.S.P. 2710802 [1953]).

Kristalle (aus Acetonitril); F: 205°.

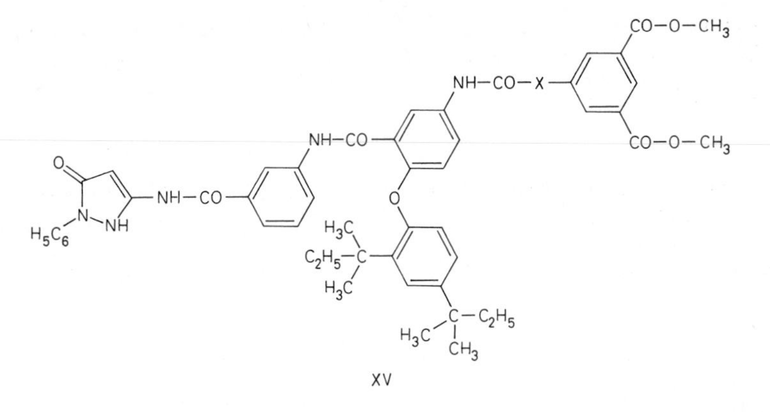

5-({4-[2,4-Di-*tert*-pentyl-phenoxy]-3-[3-(5-oxo-1-phenyl-2,5-dihydro-1*H*-pyrazol-3-ylcarbamoyl)-phenylcarbamoyl]-phenylcarbamoyl}-methoxy)-isophthalsäure-dimethylester $C_{51}H_{53}N_5O_{10}$, Formel XV ($X = CH_2$-O) und Taut.

B. Analog der vorangehenden Verbindung (*Eastman Kodak Co.*, U.S.P. 2721798 [1953]).

Kristalle (aus Acetonitril + Propan-1-ol); F: 149–150°.

3-Amino-benzoesäure-[1-(4-cyan-phenyl)-5-oxo-2,5-dihydro-1*H*-pyrazol-3-ylamid] $C_{17}H_{13}N_5O_2$, Formel I und Taut.

B. Beim Erwärmen von 3-Nitro-benzoesäure-[1-(4-cyan-phenyl)-5-oxo-2,5-dihydro-1*H*-pyr= azol-3-ylamid] mit Eisen-Pulver und wss. Essigsäure (*Eastman Kodak Co.*, U.S.P. 2511231 [1949]).

F: 245–247°.

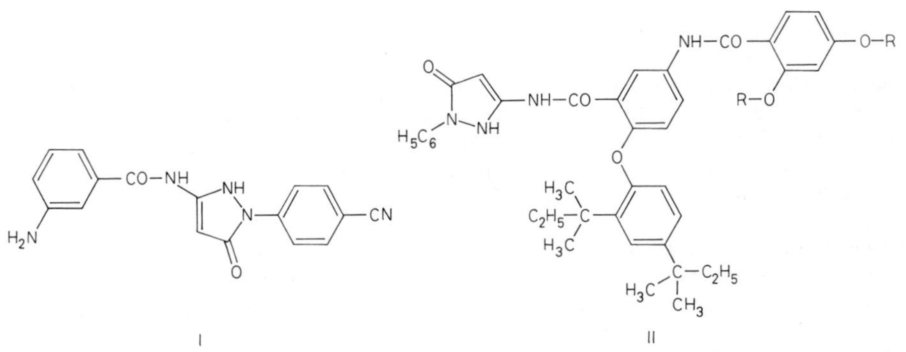

5-[2,4-Bis-methoxycarbonylmethoxy-benzoylamino]-2-[2,4-di-*tert*-pentyl-phenoxy]-benzoesäure-[5-oxo-1-phenyl-2,5-dihydro-1*H*-pyrazol-3-ylamid] $C_{45}H_{50}N_4O_{10}$, Formel II ($R = CH_2$-CO-O-CH_3) und Taut.

B. Aus 5-Amino-2-[2,4-di-*tert*-pentyl-phenoxy]-benzoesäure-[5-oxo-1-phenyl-2,5-dihydro-1*H*-pyrazol-3-ylamid] und 2,4-Bis-methoxycarbonylmethoxy-benzoylchlorid (*Eastman Kodak Co.*, U.S.P. 2772161 [1954]).

Kristalle (aus Bzl.); F: 186–188°.

3-Amino-4-octadecyloxy-benzoesäure-[5-oxo-1-phenyl-2,5-dihydro-1*H*-pyrazol-3-ylamid] $C_{34}H_{50}N_4O_3$, Formel III (R = H) und Taut.

B. Beim Behandeln von 3-Nitro-4-octadecyloxy-benzoesäure-[5-oxo-1-phenyl-2,5-dihydro-1*H*-pyrazol-3-ylamid] mit Eisen-Pulver in wss. Essigsäure (*Eastman Kodak Co.*, U.S.P. 2694635 [1951]).

Kristalle (aus wss. Eg.); F: 138–142°.

2-[2-Octadecyloxy-5-(5-oxo-1-phenyl-2,5-dihydro-1*H*-pyrazol-3-ylcarbamoyl)-phenylcarbamoyl]-benzolsulfonsäure $C_{41}H_{54}N_4O_7S$, Formel III (R = $CO\text{-}C_6H_4\text{-}SO_2\text{-}OH$) und Taut.

B. Aus der vorangehenden Verbindung und 2-Sulfo-benzoesäure-anhydrid (*Eastman Kodak Co.*, U.S.P. 2694635 [1951]).

F: 210–212°.

3-[2-Octadecyloxy-5-(5-oxo-1-phenyl-2,5-dihydro-1*H*-pyrazol-3-ylcarbamoyl)-phenylcarbamoyl]-benzolsulfonylchlorid $C_{41}H_{53}ClN_4O_6S$, Formel III (R = $CO\text{-}C_6H_4\text{-}SO_2\text{-}Cl$) und Taut.

B. Aus 3-Amino-4-octadecyloxy-benzoesäure-[5-oxo-1-phenyl-2,5-dihydro-1*H*-pyrazol-3-ylamid] und 3-Chlorsulfonyl-benzoylchlorid (*Eastman Kodak Co.*, U.S.P. 2694635 [1951]).

F: 152–155°.

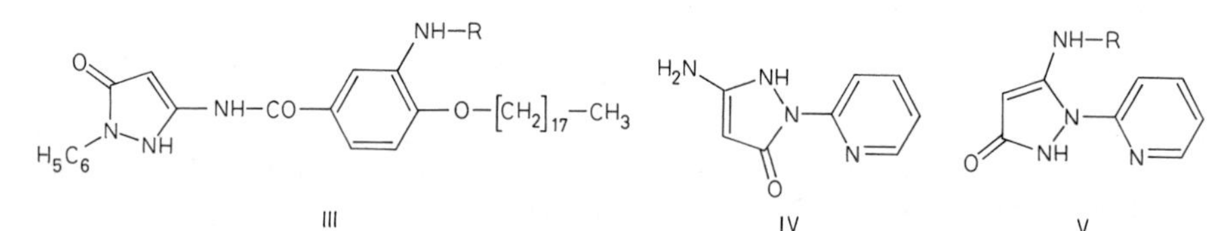

III IV V

5-[2-Octadecyloxy-5-(5-oxo-1-phenyl-2,5-dihydro-1*H*-pyrazol-3-ylcarbamoyl)-phenylcarbamoyl]-benzol-1,3-disulfonylchlorid $C_{41}H_{52}Cl_2N_4O_8S_2$, Formel III (R = $CO\text{-}C_6H_3(SO_2\text{-}Cl)_2$) und Taut.

B. Analog der vorangehenden Verbindung (*Eastman Kodak Co.*, U.S.P. 2694635 [1951]).

F: 148–150°.

5-Amino-2-[2]pyridyl-1,2-dihydro-pyrazol-3-on $C_8H_8N_4O$, Formel IV und Taut.

B. In geringer Menge beim Erwärmen von 2-Hydrazino-pyridin mit Malonomonoimidsäure-diäthylester und methanol. Natriummethylat (*Weissberger et al.*, Am. Soc. **66** [1944] 1851, 1854).

Gelbliche Kristalle (aus A.); F: 277–279°.

5-Amino-1-[2]pyridyl-1,2-dihydro-pyrazol-3-on $C_8H_8N_4O$, Formel V (R = H) und Taut.

B. Beim Erwärmen von 2-Hydrazino-pyridin mit Cyanessigsäure-äthylester und äthanol. Natriumäthylat (*Weissberger, Porter*, Am. Soc. **66** [1944] 1849). Aus Cyanessigsäure-[*N'*-[2]pyridyl-hydrazid] mit Hilfe von methanol. Natriummethylat (*We., Po.*).

Kristalle (aus wss. Me.); F: 189–190°.

5-Anilino-1-[2]pyridyl-1,2-dihydro-pyrazol-3-on $C_{14}H_{12}N_4O$, Formel V (R = C_6H_5) und Taut.

B. Bei der Umsetzung der Natrium-Verbindung des Acetessigsäure-äthylesters mit Phenylisothiocyanat und anschliessend mit 2-Hydrazino-pyridin (*Weissberger et al.*, Am. Soc. **66** [1944] 1851, 1855).

Kristalle (aus A.); F: 201–202°.

5-Amino-2-[3]pyridyl-1,2-dihydro-pyrazol-3-on $C_8H_8N_4O$, Formel VI und Taut.

B. Aus 3-Hydrazino-pyridin und Cyanessigsäure-äthylester (*Weissberger, Porter*, Am. Soc. **66** [1944] 1849) oder Malonomonoimidsäure-diäthylester (*Weissberger et al.*, Am. Soc. **66** [1944] 1851, 1854).

Kristalle (aus H_2O); F: 216–218° [Zers.] (*We., Po.*).

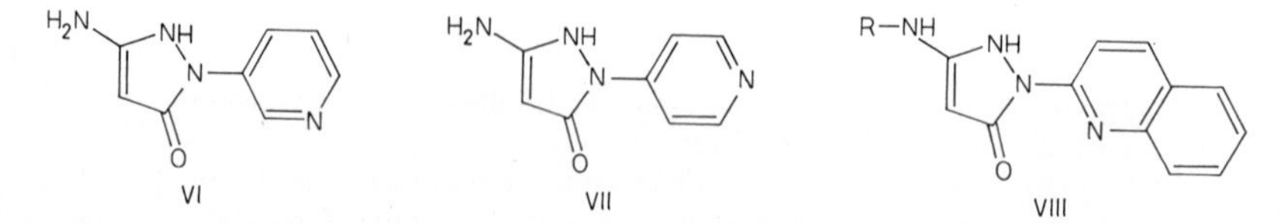

VI VII VIII

5-Amino-2-[4]pyridyl-1,2-dihydro-pyrazol-3-on $C_8H_8N_4O$, Formel VII und Taut.

B. Aus 4-Hydrazino-pyridin und Cyanessigsäure-äthylester (*Weissberger, Porter*, Am. Soc.

66 [1944] 1849) oder Malonomonoimidsäure-diäthylester (*Weissberger et al.*, Am. Soc. **66** [1944] 1851, 1854).

Kristalle (aus A. + Dioxan); F: 239 – 241° [Zers.] (*We.*, *Po.*).

5-Amino-2-[2]chinolyl-1,2-dihydro-pyrazol-3-on $C_{12}H_{10}N_4O$, Formel VIII (R = H) und Taut.

B. Beim Erwärmen von 3-[*N'*-[2]Chinolyl-hydrazino]-3-imino-propionsäure-äthylester mit äthanol. Natriumäthylat (*Weissberger et al.*, Am. Soc. **66** [1944] 1851, 1854).

Kristalle (aus Butan-1-ol); F: 196 – 197°.

5-Amino-1-[2]chinolyl-1,2-dihydro-pyrazol-3-on $C_{12}H_{10}N_4O$, Formel IX und Taut.

B. Aus 2-Hydrazino-chinolin und Cyanessigsäure-äthylester oder aus Cyanessigsäure-[*N'*-[2]chinolyl-hydrazid] mit Hilfe von äthanol. Natriumäthylat (*Weissberger, Porter*, Am. Soc. **66** [1944] 1849).

Kristalle (aus Dioxan); F: 218 – 219° [Zers.].

5-Benzoylamino-2-[2]chinolyl-1,2-dihydro-pyrazol-3-on, *N*-[1-[2]Chinolyl-5-oxo-2,5-dihydro-1*H*-pyrazol-3-yl]-benzamid $C_{19}H_{14}N_4O_2$, Formel VIII (R = CO-C_6H_5) und Taut.

B. Aus 2-[3-Benzoylamino-5-benzoyloxy-pyrazol-1-yl]-chinolin mit Hilfe von Piperidin (*Weissberger et al.*, Am. Soc. **66** [1944] 1851, 1854).

Gelbliche Kristalle (aus Eg. oder A. + Py. + H_2O); F: 187 – 188°.

Bis-[5-oxo-1-phenyl-2,5-dihydro-1*H*-pyrazol-3-yl]-amin, 2,2'-Diphenyl-1,2,1',2'-tetrahydro-5,5'-imino-bis-pyrazol-3-on $C_{18}H_{15}N_5O_2$, Formel X (R = X = H) und Taut.

B. Aus 5-Amino-2-phenyl-1,2-dihydro-pyrazol-3-on und NH_3 (*Graham et al.*, Am. Soc. **76** [1954] 3993).

F: 290 – 300°.

Bis-{1-[4-(4-*tert*-butyl-phenoxy)-phenyl]-5-oxo-2,5-dihydro-1*H*-pyrazol-3-yl}-amin, 2,2'-Bis-[4-(4-*tert*-butyl-phenoxy)-phenyl]-1,2,1',2'-tetrahydro-5,5'-imino-bis-pyrazol-3-on $C_{38}H_{39}N_5O_4$, Formel X (R = H, X = O-C_6H_4-C(CH_3)$_3$) und Taut.

B. Beim Erhitzen von 5-Amino-2-[4-(4-*tert*-butyl-phenoxy)-phenyl]-1,2-dihydro-pyrazol-3-on in Butylamin (*Graham et al.*, Am. Soc. **76** [1954] 3993).

Kristalle (aus Butan-1-ol); F: 260 – 265°.

Äthyl-bis-[5-oxo-1-phenyl-2,5-dihydro-1*H*-pyrazol-3-yl]-amin, 2,2'-Diphenyl-1,2,1',2'-tetrahydro-5,5'-äthylimino-bis-pyrazol-3-on $C_{20}H_{19}N_5O_2$, Formel X (R = C_2H_5, X = H) und Taut.

B. Aus 5-Amino-2-phenyl-1,2-dihydro-pyrazol-3-on und Äthylamin bei 140° (*Graham et al.*, Am. Soc. **76** [1954] 3993).

F: 265 – 267°.

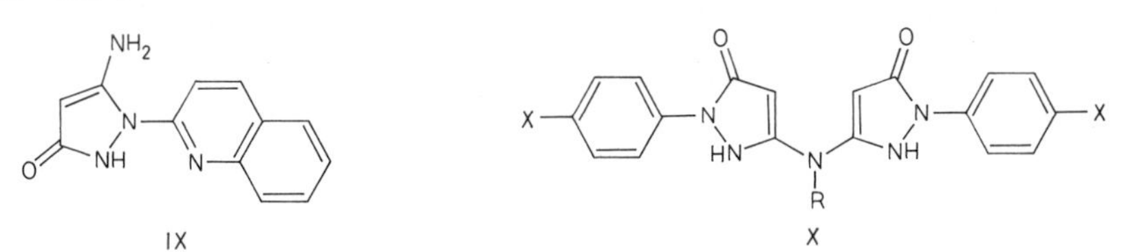

Butyl-bis-[5-oxo-1-phenyl-2,5-dihydro-1*H*-pyrazol-3-yl]-amin, 2,2'-Diphenyl-1,2,1',2'-tetrahydro-5,5'-butylimino-bis-pyrazol-3-on $C_{22}H_{23}N_5O_2$, Formel X (R = [CH_2]$_3$-CH_3, X = H) und Taut.

B. Analog der vorangehenden Verbindung (*Graham et al.*, Am. Soc. **76** [1954] 3993).

Kristalle (aus A.); F: 233 – 237°.

Bis-[5-oxo-1-phenyl-2,5-dihydro-1*H*-pyrazol-3-yl]-pentyl-amin, 2,2'-Diphenyl-1,2,1',2'-tetrahydro-5,5'-pentylimino-bis-pyrazol-3-on $C_{23}H_{25}N_5O_2$, Formel X (R = [CH_2]$_4$-CH_3, X = H) und Taut.

B. Analog den vorangehenden Verbindungen (*Graham et al.*, Am. Soc. **76** [1954] 3993).

Kristalle (aus Butan-1-ol); F: 227–230°.

Benzyl-bis-[5-oxo-1-phenyl-2,5-dihydro-1*H*-pyrazol-3-yl]-amin, 2,2′-Diphenyl-1,2,1′,2′-tetrahydro-5,5′-benzylimino-bis-pyrazol-3-on $C_{25}H_{21}N_5O_2$, Formel X (R = CH_2-C_6H_5, X = H) und Taut.

B. Analog den vorangehenden Verbindungen (*Graham et al.*, Am. Soc. **76** [1954] 3993).

Kristalle (aus Butan-1-ol); F: 245–247°.

3-[4-*tert*-Butyl-phenoxy]-benzoesäure-[bis-(5-oxo-1-phenyl-2,5-dihydro-1*H*-pyrazol-3-yl)-amid] $C_{35}H_{31}N_5O_4$, Formel X (R = CO-C_6H_4-O-C_6H_4-C(CH_3)$_3$, X = H) und Taut.

B. Aus Bis-[5-oxo-1-phenyl-2,5-dihydro-1*H*-pyrazol-3-yl]-amin und 3-[4-*tert*-Butyl-phenoxy]-benzoylchlorid in Pyridin (*Eastman Kodak Co.*, U.S.P. 2691659 [1952]).

F: 230–232°.

5-Benzolsulfonylamino-2-phenyl-1,2-dihydro-pyrazol-3-on, *N*-[5-Oxo-1-phenyl-2,5-dihydro-1*H*-pyrazol-3-yl]-benzolsulfonamid $C_{15}H_{13}N_3O_3S$, Formel XI (X = X′ = H) und Taut.

B. Aus 5-Amino-2-phenyl-1,2-dihydro-pyrazol-3-on und Benzolsulfonylchlorid (*Kunimine*, J. Soc. Phot. Sci. Technol. Japan **17** [1955] 121, 122; C. A. **1956** 15297).

Kristalle (aus A. oder Eg.); F: 234–235°.

Die folgenden Verbindungen sind in analoger Weise hergestellt worden:

4-Chlor-benzolsulfonsäure-[5-oxo-1-phenyl-2,5-dihydro-1*H*-pyrazol-3-yl-amid] $C_{15}H_{12}ClN_3O_3S$, Formel XI (X = H, X′ = Cl) und Taut. Kristalle (aus A.); F: 224–225° (*Ku.*, l. c. S. 123).

3-Nitro-benzolsulfonsäure-[5-oxo-1-phenyl-2,5-dihydro-1*H*-pyrazol-3-yl-amid] $C_{15}H_{12}N_4O_5S$, Formel XI (X = NO_2, X′ = H) und Taut. Kristalle (aus Eg.); F: 254°.

N-[5-Oxo-1-phenyl-2,5-dihydro-1*H*-pyrazol-3-yl]-toluol-4-sulfonamid $C_{16}H_{15}N_3O_3S$, Formel XI (X = H, X′ = CH_3) und Taut. Kristalle (aus Me.); F: 213°.

N-[5-Oxo-1-phenyl-2,5-dihydro-1*H*-pyrazol-3-yl]-biphenyl-4-sulfonamid $C_{21}H_{17}N_3O_3S$, Formel XI (X = H, X′ = C_6H_5) und Taut. Kristalle (aus Eg.); F: 286–287°.

4-Methoxy-benzolsulfonsäure-[5-oxo-1-phenyl-2,5-dihydro-1*H*-pyrazol-3-ylamid] $C_{16}H_{15}N_3O_4S$, Formel XI (X = H, X′ = O-CH_3) und Taut. Kristalle (aus A.); F: 194°.

N-Acetyl-sulfanilsäure-[5-oxo-1-phenyl-2,5-dihydro-1*H*-pyrazol-3-ylamid], Essigsäure-[4-(5-oxo-1-phenyl-2,5-dihydro-1*H*-pyrazol-3-ylsulfamoyl)-anilid] $C_{17}H_{16}N_4O_4S$, Formel XI (X = H, X′ = NH-CO-CH_3) und Taut. Kristalle (aus Eg.); F: 267°.

N-Benzolsulfonyl-sulfanilsäure-[5-oxo-1-phenyl-2,5-dihydro-1*H*-pyrazol-3-ylamid] $C_{21}H_{18}N_4O_5S_2$, Formel XI (X = H, X′ = NH-SO_2-C_6H_5) und Taut. Kristalle (aus Eg.); F: 234–235°.

Chinolin-8-sulfonsäure-[5-oxo-1-phenyl-2,5-dihydro-1*H*-pyrazol-3-ylamid] $C_{18}H_{14}N_4O_3S$, Formel XII und Taut. Kristalle (aus Eg.); F: 238°.

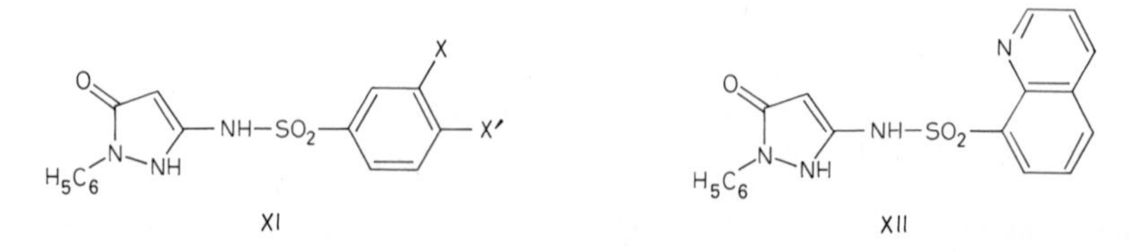

[4-Brom-2-methyl-5-oxo-1-phenyl-2,5-dihydro-1*H*-pyrazol-3-yl]-carbamidsäure-methylester $C_{12}H_{12}BrN_3O_3$, Formel XIII (R = CH_3).

B. Beim Erwärmen von 4-Brom-2-methyl-5-oxo-1-phenyl-2,5-dihydro-1*H*-pyrazol-3-carbonyl-azid mit Methanol (*Geigy A.G.*, D.R.P. 747473 [1941]; D.R.P. Org. Chem. **3** 35).

F: 104°.

[4-Brom-2-methyl-5-oxo-1-phenyl-2,5-dihydro-1*H*-pyrazol-3-yl]-carbamidsäure-benzylester $C_{18}H_{16}BrN_3O_3$, Formel XIII (R = CH_2-C_6H_5).

B. Analog der vorangehenden Verbindung (*Ito,* J. pharm. Soc. Japan **76** [1956] 820; C. A. **1957** 1148).

Kristalle (aus A.); F: 163–164°.

5-Amino-1-methyl-4-nitroso-1,2-dihydro-pyrazol-3-on $C_4H_6N_4O_2$, Formel XIV (R = H) und Taut.

B. Beim Erwärmen von Cyan-hydroxyimino-essigsäure-äthylester mit Methylhydrazin in Äth⸗anol (*Taylor et al.,* Am. Soc. **80** [1958] 421, 424).

Rotbraune Kristalle (aus H_2O+Eg.); F: 184–186° [unkorr.].

5-Amino-1-methyl-4-nitroso-2-phenyl-1,2-dihydro-pyrazol-3-on $C_{10}H_{10}N_4O_2$, Formel XIV (R = C_6H_5).

B. Beim Behandeln von 5-Amino-1-methyl-2-phenyl-1,2-dihydro-pyrazol-3-on mit wss. HCl und $NaNO_2$ (*Stenzl et al.,* Helv. **33** [1950] 1183, 1189).

Rote Kristalle; F: 237° [Zers.].

Hydrat $C_{10}H_{10}N_4O_2 \cdot H_2O$. Gelbe Kristalle.

4,5-Diamino-1,2-dihydro-pyrazol-3-on $C_3H_6N_4O$, Formel XV (R = R′ = R″ = H) und Taut.

B. Aus 5-Amino-2*H*-pyrazol-3,4-dion-4-oxim mit Hilfe von $Na_2S_2O_4$ (*Hepner, Fajersztejn,* Bl. [5] **4** [1937] 854, 858). Aus 4,5-Bis-formylamino-1,2-dihydro-pyrazol-3-on mit Hilfe von wss. H_2SO_4 (*Taylor et al.,* Am. Soc. **80** [1958] 421, 424).

Bei Luftzutritt wenig beständig (*He., Fa.*). Über Reaktionen mit Kaliumcyanat und wss. Essigsäure sowie mit Phenylisothiocyanat s. *He., Fa.,* l. c. S. 860, 861.

Hydrochlorid $C_3H_6N_4O \cdot HCl$. Kristalle [aus wss.-äthanol. HCl] (*He., Fa.*).

Sulfat $C_3H_6N_4O \cdot 0{,}75\ H_2SO_4$. Hellgelbe Kristalle [aus wss. A.] (*He., Fa.;* s. a. *Ta. et al.*).

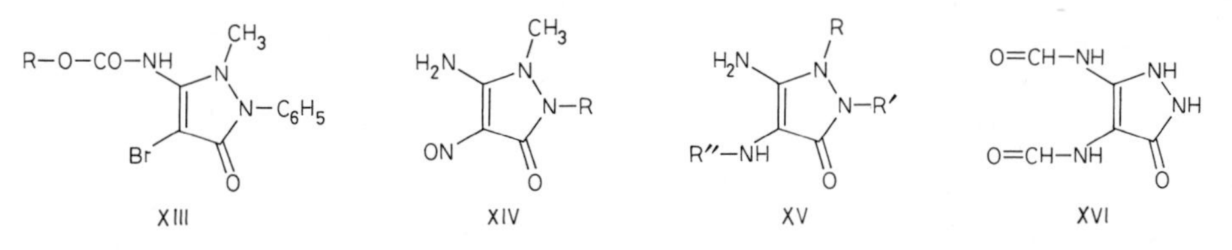

4,5-Diamino-1-methyl-1,2-dihydro-pyrazol-3-on $C_4H_8N_4O$, Formel XV (R = CH_3, R′ = R″ = H) und Taut.

B. Beim Hydrieren von 5-Amino-1-methyl-4-nitroso-1,2-dihydro-pyrazol-3-on oder von 5-Amino-1-methyl-4-phenylazo-1,2-dihydro-pyrazol-3-on an Palladium/Kohle in wss. Ameisen⸗säure und Behandeln des erhaltenen 4(oder 5)-Amino-5(oder 4)-formylamino-1-methyl-1,2-dihydro-pyrazol-3-ons ($C_5H_8N_4O_2$; Kristalle [aus wss. A.], F: 210° [unkorr.]) mit wss.-äthanol. H_2SO_4 (*Taylor et al.,* Am. Soc. **80** [1958] 421, 424).

Sulfat $C_4H_8N_4O \cdot H_2SO_4$. Kristalle (aus wss. H_2SO_4); F: >300°.

4,5-Diamino-2-phenyl-1,2-dihydro-pyrazol-3-on $C_9H_{10}N_4O$, Formel XV (R = R″ = H, R′ = C_6H_5) und Taut.

B. Beim Hydrieren von 5-Amino-2-phenyl-2*H*-pyrazol-3,4-dion-4-phenylhydrazon an Palla⸗dium/Kohle in wss. Ameisensäure und Behandeln des erhaltenen 4(oder 5)-Amino-5(oder 4)-formylamino-2-phenyl-1,2-dihydro-pyrazol-3-ons ($C_{10}H_{10}N_4O_2$; Kristalle [aus wss. A.], F: 235° [unkorr.; Zers.]) mit wss.-äthanol. H_2SO_4 (*Taylor et al.,* Am. Soc. **80** [1958] 421, 425).

Sulfat. Orangefarbene Kristalle. Wenig beständig.

4,5-Diamino-1-phenyl-1,2-dihydro-pyrazol-3-on $C_9H_{10}N_4O$, Formel XV (R = C_6H_5, R′ = R″ = H) und Taut.

B. Aus 5-Amino-1-phenyl-1,2-dihydro-pyrazol-3-on bei der Umsetzung mit $NaNO_2$ und wss.

Essigsäure und anschliessenden Reduktion mit wss. HI und PH_4I (*Akamatsu*, J. Biochem. Tokyo **37** [1950] 65, 68). Beim Hydrieren von 5-Amino-4-phenylazo-1-phenyl-1,2-dihydro-pyrazol-3-on an Palladium/Kohle in wss. Ameisensäure und Behandeln des erhaltenen 4(oder5)-Amino-5(oder4)-formylamino-1-phenyl-1,2-dihydro-pyrazol-3-ons ($C_{10}H_{10}N_4O_2$; Kristalle [aus wss. A.], F: 223–225° [unkorr.; Zers.]) mit wss.-äthanol. H_2SO_4 (*Taylor et al.*, Am. Soc. **80** [1958] 421, 425).

Orangerote Kristalle; wenig beständig (*Ak.*).

Dihydrochlorid $C_9H_{10}N_4O \cdot 2HCl$. Kristalle (aus wss. HCl); F: 185° (*Ak.*, l. c. S. 69).

Sulfat $C_9H_{10}N_4O \cdot H_2SO_4$. Kristalle [aus wss.-äthanol. H_2SO_4] (*Ta. et al.*).

4,5-Diamino-1-methyl-2-phenyl-1,2-dihydro-pyrazol-3-on $C_{10}H_{12}N_4O$, Formel XV (R = CH_3, R′ = C_6H_5, R″ = H).

B. Aus 5-Amino-1-methyl-4-nitroso-2-phenyl-1,2-dihydro-pyrazol-3-on bei der Hydrierung an Raney-Nickel in Äthanol (*Stenzl et al.*, Helv. **33** [1950] 1183, 1191).

Kristalle (aus A.); F: 176–178° [Zers.]. Wenig beständig.

Hydrochlorid $C_{10}H_{12}N_4O \cdot HCl$. Kristalle (aus Acn.) mit 1 Mol Aceton; F: 177–178°.

4,5-Bis-formylamino-1,2-dihydro-pyrazol-3-on $C_5H_6N_4O_3$, Formel XVI und Taut.

B. Bei der Hydrierung von 5-Amino-2*H*-pyrazol-3,4-dion-4-oxim oder von 5-Amino-2*H*-pyrazol-3,4-dion-4-phenylhydrazon an Palladium/Kohle in Ameisensäure (*Taylor et al.*, Am. Soc. **80** [1958] 421, 424).

Kristalle (aus H_2O); F: 212–213° [unkorr.].

4-Acetylamino-5-amino-1,2-dihydro-pyrazol-3-on, *N*-[5-Amino-3-oxo-2,3-dihydro-1*H*-pyrazol-4-yl]-acetamid $C_5H_8N_4O_2$, Formel XV (R = R′ = H, R″ = CO-CH_3) und Taut.

B. Aus Acetylamino-cyan-essigsäure-äthylester und $N_2H_4 \cdot H_2O$ in Äthanol (*Ishimaru*, J. pharm. Soc. Japan **77** [1957] 800, 802; C. A. **1957** 17893).

Kristalle (aus wss. A.); F: 253–254° [Zers.].

***N*-[5(?)-Amino-1-methyl-3-oxo-2-phenyl-2,3-dihydro-1*H*-pyrazol-4(?)-yl]-acetamid** $C_{12}H_{14}N_4O_2$, vermutlich Formel XV (R = CH_3, R′ = C_6H_5, R″ = CO-CH_3).

B. Aus 4,5-Diamino-1-methyl-2-phenyl-1,2-dihydro-pyrazol-3-on mit Hilfe von Acetanhydrid und Natriumacetat (*Stenzl et al.*, Helv. **33** [1950] 1183, 1192).

Kristalle (aus Acn.); F: 212–213°. [*J. Schmidt*]

2-Amino-1,5-dihydro-imidazol-4-on $C_3H_5N_3O$, Formel I (R = H) auf S. 3545 und Taut. (2-Imino-imidazolidin-4-on); **Glycocyamidin** (H **24** 244; E I **24** 287; E II **24** 127).

Bezüglich der Tautomerie vgl. Kreatinin (s. u.).

B. Aus Glycin-äthylester und Guanidin in Äthanol (*McKay et al.*, Canad. J. Chem. **32** [1954] 1012, 1013; vgl. E I **24** 287; E II **24** 127). Beim Erhitzen von Glycocyamin (E IV **4** 2414) mit konz. wss. HCl (*King*, Soc. **1930** 2374, 2376; *Bengelsdorf*, Am. Soc. **75** [1953] 3138; vgl. E I **24** 287).

Feststoff, der unterhalb 300° nicht schmilzt (*McKay et al.*). Scheinbarer Dissoziationsexponent pK'_a (H_2O; potentiometrisch ermittelt) bei 25°: 4,80 (*Failey, Brand*, J. biol. Chem. **102** [1933] 767, 770).

Zeitlicher Verlauf der Reaktion des Hydrochlorids mit wss. HNO_2 (Stickstoff-Bildung): *Greenwald, Levy*, J. org. Chem. **13** [1948] 554, 555.

Hydrochlorid $C_3H_5N_3O \cdot HCl$ (H **24** 244; E I **24** 287; E II **24** 127). Kristalle (aus A.); F: 213–214,5° [korr.; Zers.] (*Be.*).

Nitrat $C_3H_5N_3O \cdot HNO_3$. Kristalle (aus A.); F: 145° [unkorr.; Zers.] (*McKay et al.*, l. c. S. 1015).

Picrat $C_3H_5N_3O \cdot C_6H_3N_3O_7$ (H **24** 244; E I **24** 287; E II **24** 127). Kristalle; F: 218–219° (*Julia, Joseph*, C. r. **243** [1956] 961, 963), 214,5–215,5° [unkorr.; aus H_2O] (*McKay et al.*, l. c. S. 1014), 212,5–213° [korr.; Zers.; aus H_2O] (*Be.*).

2-Amino-1-methyl-1,5-dihydro-imidazol-4-on $C_4H_7N_3O$, Formel I (R = CH_3) auf S. 3545 und Taut.; **Kreatinin** (H **24** 245; E I **24** 288; E II **24** 128).

Im festen Zustand liegt nach Ausweis der Kristallstruktur-Analyse (*du Pré, Mendel,* Acta cryst. **8** [1955] 311) und der IR-Absorption (*Schmelz et al.,* Spektrochim. Acta **34** A [1978] 221) überwiegend 2-Imino-1-methyl-imidazolidin-4-on, in Lösungen in DMSO-d_6 nach Ausweis der ^{13}C-NMR-Absorption (*Smith et al.,* Am. Soc. **101** [1979] 191, 193, 194) dagegen 2-Amino-1-methyl-1,5-dihydro-imidazol-4-on vor. Nach Ausweis der ^{1}H-NMR-Absorption (*Kenyon, Rowley,* Am. Soc. **93** [1971] 5552, 5554) und der UV-Spektren (*Berlet, Völkl,* Z. klin. Chem. klin. Biochem. **13** [1975] 53, 55, 56, 58; s. a. *Wollenberger,* Acta chem. scand. **7** [1953] 445; *Matsumoto, Rapoport,* J. org. Chem. **33** [1968] 552, 555) liegt in wss. Lösungen vom pH 7–10 wahrscheinlich überwiegend 2-Amino-1-methyl-1,5-dihydro-imidazol-4-on vor.

Zusammenfassende Darstellung: *Lempert,* Chem. Reviews **59** [1959] 667.

B. Beim Erhitzen von Kreatin (E IV **4** 2426) mit konz. wss. HCl (*Edgar, Hinegardner,* Org. Synth. Coll. Vol. I [1941] 172; *King,* Soc. **1930** 2374, 2377; vgl. H **24** 246). Beim Erwärmen von Phosphokreatin (E IV **4** 2426) mit wss. HCl oder wss. Picrinsäure (*Lundquist,* Nature **159** [1947] 98).

Herstellung von 2-Amino-1-[^{14}C]methyl-1,5-dihydro-imidazol-4-on: *Mackenzie, du Vigneaud,* Org. Synth. Isotopes **1958** 692; von 2-Amino-1-methyl-1,5-dihydro-[1-^{15}N]imidazol-4-on: *Bloch, Schoenheimer,* Org. Synth. Isotopes **1958** 1800.

Atomabstände und Bindungswinkel (Röntgen-Diagramm): *du Pré, Mendel,* Acta cryst. **8** [1955] 311.

Kristalle; F: 305° [Zers.] (*King,* Soc. **1930** 2374, 2377; *Sommereyns,* Mikroch. Acta **1953** 332, 334). Monoklin; Kristallstruktur-Analyse (Röntgen-Diagramm): *du Pré, Mendel,* Acta cryst. **8** [1955] 311. Dichte der Kristalle: 1,38 (*du Pré, Me.*). Calorimetrisch ermittelte Wärmekapazität C_p bei 86,8 K (0,124 cal·grad^{-1}·g^{-1}) bis 296,5 K (0,292 cal·grad^{-1}·g^{-1}): *Huffman, Borsook,* Am. Soc. **54** [1932] 4297, 4299. Verbrennungsenthalpie bei 25°: *Huffman et al.,* Am. Soc. **58** [1936] 1728, 1733. Entropie bei 90–298,1 K und Gibbs-Energie bei 298,1 K: *Hu., Bo.,* l. c. S. 4299, 4300. ^{1}H-NMR-Absorption (D_2O): *Kenyon, Rowley,* Am. Soc. **93** [1971] 5552, 5554. ^{13}C-NMR-Absorption von Kreatinin und von Kreatinin-hydrochlorid (DMSO-d_6): *Smith et al.,* Am. Soc. **101** [1979] 191, 193. IR-Spektrum (Film; 2000–1000 cm^{-1}): *Klotz, Gruen,* J. phys. Chem. **52** [1948] 961, 965. IR-Spektrum des Hydrochlorids (Hexachlor-buta-1,3-dien sowie Nujol; 3400–2600 cm^{-1} und 1900–650 cm^{-1}): *Mold et al.,* Am. Soc. **77** [1955] 178. Raman-Banden (H_2O; 2950–300 cm^{-1}): *Sannié, Poremski,* C. r. **212** [1941] 786. UV-Spektrum (wss. Lösungen vom pH 0,9–12,9; 185–270 nm): *Berlet, Völkl,* Z. klin. Chem. klin. Biochem. **13** [1975] 53, 55, 56; s. a. *Wollenberger,* Acta chem. scand. **7** [1953] 445; *Mold et al.; Matsumoto, Rapoport,* J. org. Chem. **33** [1968] 552, 555. Scheinbare Dissoziationsexponenten pK'_{a1} und pK'_{a2} (H_2O; spektrophotometrisch ermittelt) bei 22°: 5,02 bzw. ca. 13,4 (*Wo.*). Wahrer Dissoziationsexponent pK_{a1} (H_2O) bei 15° (4,95) bis 40° (4,65) [potentiometrisch und spektrophotometrisch ermittelt]: *Grzybowski, Datta,* Soc. **1964** 187, 194; bei 37°: 4,75 [potentiometrisch ermittelt] (*Yoshimura et al.,* J. Biochem. Tokyo **46** [1959] 169, 175). Scheinbarer Dissoziationsexponent pK'_{a1} (H_2O; potentiometrisch ermittelt) bei 21°: 4,80 (*Mecke,* Z. ges. exp. Med. **92** [1934] 688, 689); bei 25°: 4,84 (*Failey, Brand,* J. biol. Chem. **102** [1933] 767, 769). Volumenänderung bei der Protonierung und Dissoziation in wss. Lösung: *Weber,* Bio. Z. **218** [1930] 1, 9. Adiabatische Kompressibilität von wss. Lösungen (aus der Schallgeschwindigkeit ermittelt) bei 30°: *Miyahara,* Bl. chem. Soc. Japan **26** [1953] 390, 392.

Bildung von wenig Nitrat beim Behandeln mit wss. $KMnO_4$: *Sjollema,* Pr. Akad. Amsterdam **34** [1931] 468; vgl. H **24** 246. Zeitlicher Verlauf der Reaktion von Kreatinin, von Kreatinin-hydrochlorid und von Kreatinin-picrat mit wss. HNO_2 (Stickstoff-Bildung): *Greenwald, Levy,* J. org. Chem. **13** [1948] 554, 555; vgl. E II **24** 129, 130. Die bei der Umsetzung mit CH_3I bei 100° erhaltene Verbindung (s. H **24** 246, 247) ist als 2-Imino-1,3-dimethyl-imidazolidin-4-on-hydrojodid zu formulieren (*Kenyon, Rowley,* Am. Soc. **93** [1971] 5552, 5554). Beim Erwärmen mit Dimethylsulfat ist entgegen den Angaben von *Cornthwaite* (Am. Soc. **59** [1937] 1616) kein Salz des 1-Methyl-2-methylamino-1,5-dihydro-imidazol-4-ons (E III/IV **24** 1035), sondern ein Gemisch des Hydrogensulfats und Methylsulfats des 2-Imino-1,3-dimethyl-imidazolidin-4-ons erhalten worden (*Zeile, Meyer,* Z. physiol. Chem. **252** [1938] 101, 107, 114). Entsprechend sind die bei der Umsetzung mit Äthyljodid (s. H **24** 246, 247) oder Diäthylsulfat (s. *Co.*)

erhaltenen Verbindungen wahrscheinlich als Hydrojodid bzw. Äthylsulfat des 3-Äthyl-2-imino-1-methyl-imidazolidin-4-ons (E III/IV **24** 1035) zu formulieren (*Lempert,* Chem. Reviews **59** [1959] 667, 695). Geschwindigkeitskonstante und Mechanismus der Reaktion mit Natriumpicrat und NaOH in H_2O (vgl. H **24** 247; E II **24** 130) bei 25°: *Vasiliades,* Clin. Chem. **22** [1976] 1664, 1665, 1668; s. a. *Butler,* J.C.S. Perkin II **1975** 853, 854; bei 35°: *Bu.* Beim Erwärmen mit Acetanhydrid auf 60–65° sind Acetylkreatinin (Hauptprodukt; S. 3546) und Diacetylkreatin (E III **4** 1153), beim Erhitzen mit Acetanhydrid (Überschuss) auf 100° sind Diacetylkreatinin (S. 3546) und Triacetylkreatinin (S. 8) erhalten worden (*Ing,* Soc. **1932** 2047, 2053, 2054). Bildung von 1-Methyl-4-[*N'*-(4-nitro-phenyl)-hydrazino]-1*H*-imidazol-2-ylamin ($C_{10}H_{12}N_6O_2$(?); F: 206–208° [aus wss. Eg.]) bzw. von 4-[*N'*-(2,4-Dinitro-phenyl)-hydrazino]-1-methyl-1*H*-imidazol-2-ylamin ($C_{10}H_{11}N_7O_4$(?); gelbe Kristalle [aus wss. Eg.], F: 182°) beim Erwärmen des Zink-Komplexes (s. u.) mit [4-Nitro-phenyl]-hydrazin bzw. mit [2,4-Dinitro-phenyl]-hydrazin in wss. Essigsäure: *Noyons,* Chem. Weekb. **42** [1946] 18.

Stabilitätskonstante der Komplexe mit Calcium(2+) und mit Strontium(2+) in wss. Lösung vom pH 7,2–7,3 bei 25°: *Schubert,* Am. Soc. **76** [1954] 3442.

Äthylsulfat $C_4H_7N_3O \cdot C_2H_6O_4S$. Kristalle (aus A.); F: 146° (*Cornthwaite,* Am. Soc. **59** [1937] 1616).

Diphenylphosphat $C_4H_7N_3O \cdot C_{12}H_{11}O_4P$. Kristalle (aus A.); F: 158–159° (*Ing,* Soc. **1932** 2047, 2054).

Über Alkali-Verbindungen der Zusammensetzung $NaC_4H_6N_3O \cdot 2H_2O$ (hygroskopische Kristalle, die sich beim Erhitzen bei ca. 140° gelb, dann braun und bei ca. 190° schwarz färben sowie unter vermindertem Druck bei 120° ca. 2 Mol H_2O abgeben), $KC_4H_6N_3O \cdot 3H_2O$ (Kristalle, F: 89°, die unter vermindertem Druck bei 150° ca. 2,5 Mol H_2O abgeben) und $RbC_4H_6N_3O \cdot 3H_2O$ (Kristalle) s. *Bolliger,* J. Pr. Soc. N.S. Wales **71** [1937/38] 40–43.

Über einen Kupfer(I)-Komplex der Zusammensetzung $C_4H_7N_3O \cdot CuOH$ (Löslichkeit in H_2O und in wss. Na_2CO_3 [7,5–30%ig]) s. *Samson,* Am. Soc. **61** [1939] 2389, 2390.

Zink-Komplex $2C_4H_7N_3O \cdot ZnCl_2$ (H **24** 247). Kristalle [aus Eg. bzw. aus wss. Eg.] (*Peabody,* Am. Soc. **68** [1946] 1131; *Edgar, Hinegardner,* Org. Synth. Coll. Vol. I [1941] 172, 173).

Reineckat $C_4H_7N_3O \cdot H[Cr(CNS)_4(NH_3)_2]$ (E II **24** 131). Kristalle (aus wss. A.); Zers. bei 188–190° [unkorr.] (*Aycock et al.,* Am. Soc. **73** [1951] 1351). Löslichkeit (g/100 ml Lösung) bei ca. 20° in H_2O: 0,10; in Methanol: 2; in Äthanol: 0,43 (*Coupechoux,* J. Pharm. Chim. [8] **30** [1939] 118, 122, 124). – In wss. oder äthanol. Lösungen oberhalb von 60° nicht beständig (*Ay. et al.*).

Picrate. a) $C_4H_7N_3O \cdot C_6H_3N_3O_7$ (H **24** 248; E II **24** 130). Gelbe Kristalle (aus H_2O); F: 220–221° [Zers.] (*King,* Soc. **1930** 2374, 2376), 220° (*Edgar, Hinegardner,* Org. Synth. Coll. Vol. I [1941] 172, 173). In 100 ml H_2O lösen sich bei 16° 0,175 g (*Mohr,* Z. physiol. Chem. **255** [1938] 190, 191). – b) $C_4H_7N_3O \cdot C_6H_3N_3O_7 \cdot H_2O$ (E II **24** 130). Rote Kristalle; F: 206° [nach Orangefärbung bei 130° und Gelbfärbung bei 140°] (*Bolliger,* J. Pr. Soc. N.S. Wales **70** [1936] 357, 359).

Verbindungen mit Picrinsäure und Natriumhydroxid. a) In der E II **24** 131 beschriebenen Verbindung der Zusammensetzung $2C_4H_7N_3O \cdot C_6H_3N_3O_7 \cdot 3NaOH \cdot 3H_2O$ hat ein Gemisch der Trinatrium-Salze der drei diastereomeren (3*r*,5*c*)-Bis-[2-amino-3-methyl-5-oxo-4,5-dihydro-3*H*-imidazol-4-yl]-2,4,6-trinitro-cyclohexanon-hexahydrate (Syst.-Nr. 4179) vorgelegen (*Kohashi et al.,* Chem. pharm. Bl. **25** [1977] 2127, 2129, **26** [1978] 2914, 2918). – b) $C_4H_7N_3O \cdot C_6H_3N_3O_7 \cdot 2NaOH$ (E II **24** 131). Über die Konstitution dieses Komplexes s. *Vasiliades,* Clin. Chem. **22** [1976] 1664, 1670; s. dagegen *Butler,* J.C.S. Perkin II **1975** 853. Rote Kristalle mit 2 Mol H_2O, die beim Erhitzen auf 120° unter vermindertem Druck 2 Mol H_2O abgeben (*Bolliger,* J. Pr. Soc. N.S. Wales **71** [1937/38] 60, 61); die wasserfreie Verbindung (rote Kristalle) färbt sich beim Erhitzen dunkel und explodiert bei 145° (*Bolliger,* J. Pr. Soc. N.S. Wales **70** [1936] 357, 358, 359). ^{13}C-NMR-Spektrum (DMSO-d_6+D_2O): *Va.,* l. c. S. 1668, 1670. λ_{max} (wss. NaOH): 480 nm (*Va.,* l. c. S. 1665) bzw. 483 nm (*Bu.*). – Über die stöchiometrische Zusammensetzung weiterer, aus Kreatinin, Picrinsäure und NaOH erhaltener Präparate s. *Bo.,* J. Pr. Soc. N.S. Wales **71** 62–64.

Picrolonat. Gelbe Kristalle (aus H_2O oder A.); Zers. bei 300° (*Techner,* Ber. Sächs. Akad. **82** [1930] 219, 222).

Verbindung mit 2-Nitro-indan-1,3-dion $C_4H_7N_3O \cdot C_9H_5NO_4$. Kristalle (*Müller,* Z.

physiol. Chem. **269** [1941] 31). Löslichkeit in H_2O bei 20,5°: *Mü.*

3,5-Dinitro-benzoat $C_4H_7N_3O \cdot C_7H_4N_2O_6$. Kristalle (aus H_2O oder wss. A.); Zers. bei 230–240° [abhängig von der Geschwindigkeit des Erhitzens]; in wss. $NaHCO_3$ und in wss. NaOH unter Rotfärbung (Bildung des folgenden Komplexes) löslich (*Langley, Evans,* J. biol. Chem. **115** [1936] 333, 339, 340).

Komplex mit Natrium-[3,5-dinitro-benzoat] und Natriumhydroxid. Rot; Absorptionsspektrum (400–700 nm) sowie Stabilität in wss. Lösung in Abhängigkeit vom Molverhältnis und pH-Wert: *Carr,* Anal. Chem. **25** [1953] 1859, 1860; vgl. E II **24** 130. – Über die stöchiometrische Zusammensetzung von festen Präparaten s. *Bolliger,* J. Pr. Soc. N.S. Wales **71** [1937/38] 223–226.

Phthalat $2C_4H_7N_3O \cdot C_8H_6O_2$ (H **24** 248). Kristalle; F: 223° [Zers.] (*Ing,* Soc. **1932** 2198).

Salz der Dibenzofuran-2-sulfonsäure $C_4H_7N_3O \cdot C_{12}H_8O_4S$. Kristalle; F: 264° [Zers.] (*Wendland, Smith,* Pr. N. Dakota Acad. **3** [1949] 31). In 100 ml H_2O lösen sich bei 0° 0,85 g.

Salz der 7-Nitro-dibenzofuran-2-sulfonsäure $C_4H_7N_3O \cdot C_{12}H_7NO_6S$. F: 258° (*Wendland et al.,* Am. Soc. **75** [1953] 3606).

Salz der Sozojodolsäure [E III **11** 514] $C_4H_7N_3O \cdot C_6H_4I_2O_4S$. Zers. bei 229–231° (*Ackermann,* Z. physiol. Chem. **225** [1934] 46). Löslichkeit in H_2O bei 16°: *Ack.*

Flavianat (8-Hydroxy-5,7-dinitro-naphthalin-2-sulfonat) $C_4H_7N_3O \cdot C_{10}H_6N_2O_8S$ (E II **24** 131). Kristalle (aus H_2O oder A.); F: 246° (*Langley, Albrecht,* J. biol. Chem. **108** [1935] 729, 736). Kristalloptik: *La., Al.* Löslichkeit in H_2O, in Äthanol und in Butan-1-ol bei 3° und 30°: *Langley, Noonan,* Am. Soc. **64** [1942] 2507.

Salz der Rufiansäure [E III **11** 653] $C_4H_7N_3O \cdot C_{14}H_8O_7S$. Braune Kristalle (aus H_2O); Zers. bei 290–300° (*Zimmermann,* Z. physiol. Chem. **188** [1930] 180, 184). Löslichkeit in H_2O: *Zi.*

Salz der Anthrarufin-2,6-disulfonsäure [E III **11** 654] $2C_4H_7N_3O \cdot C_{14}H_8O_{10}S_2$. Orangerote Kristalle (aus H_2O); F: 333° [Zers.] (*Zimmermann,* Z. physiol. Chem. **192** [1930] 124, 129). Löslichkeit in H_2O: *Zi.*

Verbindung mit Dipicrylamin $C_4H_7N_3O \cdot C_{12}H_5N_7O_{12}$. Rote Kristalle (aus H_2O); Zers. bei 165–167° (*Ackermann, Mauer,* Z. physiol. Chem. **279** [1943] 114).

Verbindung mit 2-[2-Amino-äthyl]-indol-5-ol und Schwefelsäure ($C_4H_7N_3O \cdot C_{10}H_{12}N_2O \cdot H_2SO_4$) s. E III/IV **22** 5662.

Verbindung mit 4-Hydroxy-tryptamin und Schwefelsäure ($C_4H_7N_3O \cdot C_{10}H_{12}N_2O \cdot H_2SO_4$) s. E III/IV **22** 5663.

Verbindung mit 5-Hydroxy-tryptamin und Schwefelsäure ($C_4H_7N_3O \cdot C_{10}H_{12}N_2O \cdot H_2SO_4$) s. E III/IV **22** 5668.

Verbindung mit 3-[2-Methylamino-äthyl]-indol-5-ol und Schwefelsäure ($C_4H_7N_3O \cdot C_{11}H_{14}N_2O \cdot H_2SO_4$) s. E III/IV **22** 5670.

Verbindung mit Bufotenin und Schwefelsäure ($C_4H_7N_3O \cdot C_{12}H_{16}N_2O \cdot H_2SO_4$) s. E III/IV **22** 5672.

Verbindung mit 6-Hydroxy-tryptamin und Schwefelsäure ($C_4H_7N_3O \cdot C_{10}H_{12}N_2O \cdot H_2SO_4$) s. E III/IV **22** 5681.

Tetraphenylboranat. F: 143–143,5° (*Crane,* Anal. Chem. **28** [1956] 1794, 1795).

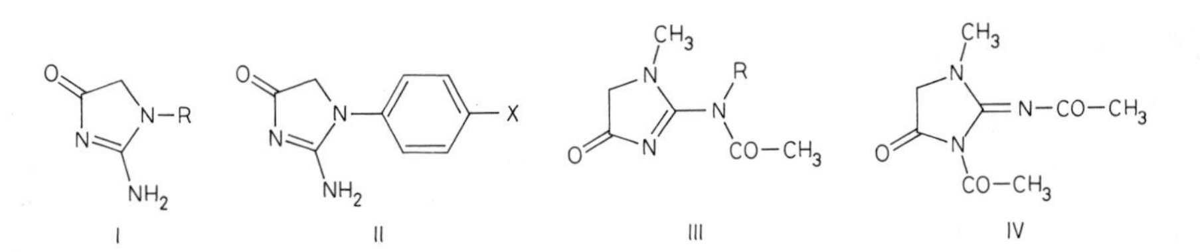

1-Äthyl-2-amino-1,5-dihydro-imidazol-4-on $C_5H_9N_3O$, Formel I (R = C_2H_5) und Taut.; **Negmidin** (H **24** 249; dort auch als 1-Äthyl-glykocyamidin bezeichnet).

B. Aus *N*-Äthyl-glycin-äthylester und Guanidin in Äthanol (*Tuppy,* M. **84** [1953] 342, 347). Aus Negmin (E IV **4** 2427) mit Hilfe von konz. wss. HCl (*Armstrong,* J. org. Chem. **21** [1956]

503) oder von wss. Trichloressigsäure (*Tuppy, Dus,* M. **89** [1958] 318, 320).
Kristalle (aus H_2O); F: ca. 275° [Zers. unter Dunkelfärbung ab 250°] (*Tu.*), 270–275° [korr.; Zers.; nach Sublimation ab 195°] (*Ar.*).

2-Amino-1-octyl-1,5-dihydro-imidazol-4-on $C_{11}H_{21}N_3O$, Formel I (R = $[CH_2]_7$-CH_3) und Taut.
B. Beim Erwärmen der Natrium-Verbindung des Octylcarbamonitrils mit Chloressigsäure-amid in Aceton (*Hoegberg, Adams,* Am. Soc. **73** [1951] 2942).
Kristalle (aus A.); F: 239–244° [unkorr.; Zers.].

2-Amino-1-phenyl-1,5-dihydro-imidazol-4-on $C_9H_9N_3O$, Formel II (X = H) und Taut. (E I **24** 291; dort auch als 1-Phenyl-glykocyamidin bezeichnet).
B. Aus der Natrium-Verbindung des Phenylcarbamonitrils und Chloressigsäure-amid in Äthylacetat (*Hoegberg, Adams,* Am. Soc. **73** [1951] 2942).
Kristalle (aus A.); F: 239–243° [unkorr.; Zers.].

2-Amino-1-[4-chlor-phenyl]-1,5-dihydro-imidazol-4-on $C_9H_8ClN_3O$, Formel II (X = Cl) und Taut.
B. Aus der Natrium-Verbindung des [4-Chlor-phenyl]-carbamonitrils und Chloressigsäure-amid in H_2O (*Hoegberg, Adams,* Am. Soc. **73** [1951] 2942).
Dunkelgelbe Kristalle (aus Acn.); F: 275–278° [unkorr.; Zers.].

2-Acetylamino-1-methyl-1,5-dihydro-imidazol-4-on, *N*-[1-Methyl-4-oxo-4,5-dihydro-1*H*-imidazol-2-yl]-acetamid $C_6H_9N_3O_2$, Formel III (R = H) und Taut.; Acetylkreatinin.
Bestätigung der Konstitutionszuordnung: *Greenwald, Levy,* J. org. Chem. **13** [1948] 554, 556.
B. Als Hauptprodukt neben Diacetylkreatin (E III **4** 1153) beim Erwärmen von Kreatinin (S. 3543) mit Acetanhydrid auf 60–65° (*Ing,* Soc. **1932** 2047, 2049, 2053).
Kristalle (aus A. oder E.); F: 124–125° (*Ing*). Scheinbare Dissoziationsexponenten pK'_{a1} und pK'_{a2} (H_2O; potentiometrisch ermittelt) bei 25°: 3,51 bzw. 8,35 (*Ing,* l. c. S. 2049).
Hydrochlorid $C_6H_9N_3O_2 \cdot HCl$. Kristalle (aus A.); F: 185–186° [Zers.] (*Ing,* l. c. S. 2053).
Picrat $C_6H_9N_3O_2 \cdot C_6H_3N_3O_7$. Kristalle (aus H_2O); F: 170–172° [Zers.] (*Ing*).

2-Diacetylamino-1-methyl-1,5-dihydro-imidazol-4-on, *N*-[1-Methyl-4-oxo-4,5-dihydro-1*H*-imidazol-2-yl]-diacetamid $C_8H_{11}N_3O_3$, Formel III (R = CO-CH_3), oder **3-Acetyl-2-acetyl-imino-1-methyl-imidazolidin-4-on, *N*-[3-Acetyl-1-methyl-4-oxo-imidazolidin-2-yliden]-acetamid** $C_8H_{11}N_3O_3$, Formel IV; Diacetylkreatinin.
Bezüglich der Konstitution s. a. *Lempert,* Chem. Reviews **59** [1959] 667, 701.
B. Neben Triacetylkreatinin (S. 8) beim Erhitzen von Kreatinin (S. 3543) mit Acetanhydrid auf 100° (*Ing,* Soc. **1932** 2047, 2049, 2053).
Kristalle (aus E.); F: 164–165° (*Ing*). Scheinbare Dissoziationsexponenten pK'_{a1} und pK'_{a2} (H_2O; potentiometrisch ermittelt) bei 25°: ca. 1,9 bzw. ca. 9,5 (*Ing,* l. c. S. 2050).
Picrat $C_8H_{11}N_3O_3 \cdot C_6H_3N_3O_7$. Kristalle (aus A.); F: 139–140° (*Ing*).

2-Benzoylamino-1-methyl-1,5-dihydro-imidazol-4-on, *N*-[1-Methyl-4-oxo-4,5-dihydro-1*H*-imidazol-2-yl]-benzamid $C_{11}H_{11}N_3O_2$, Formel V (X = H) und Taut.; Benzoylkreatinin (H **24** 248; E II **24** 131; dort auch als N^2(?)-Benzoyl-kreatinin bezeichnet).
Bestätigung der H **24** 248 und E II **24** 131 mit Vorbehalt getroffenen Konstitutionszuordnung in bezug auf die Position der Benzoyl-Gruppe: *Greenwald, Levy,* J. org. Chem. **13** [1948] 554, 556.
B. Neben Tribenzoylkreatinin (E II **25** 3) beim Behandeln von Kreatinin (S. 3543) mit Benzoylchlorid und Pyridin (*Ing,* Soc. **1932** 2047, 2054).
Kristalle (aus A.); F: 193–194° (*Ing*). Scheinbarer Dissoziationsexponent pK'_a (H_2O; potentiometrisch ermittelt) bei 25°: 8,79 (*Ing,* l. c. S. 2049).
Kalium-Salz $KC_{11}H_{10}N_3O_2$. Kristalle [aus A.] (*Ing,* l. c. S. 2054).

N-[1-Methyl-4-oxo-4,5-dihydro-1*H*-imidazol-2-yl]-N′-*p*-tolyl-harnstoff $C_{12}H_{14}N_4O_2$, Formel VI und Taut. (*N*-[1-Methyl-4-oxo-imidazolidin-2-yliden]-*N′*-*p*-tolyl-harnstoff).

Konstitution: *McNeil Labor. Inc.*, U.S.P. 3983135 [1975], 4025517 [1976].

B. Aus Kreatinin (S. 3543) und *p*-Tolylisocyanat in DMF (*McNeil Labor. Inc.; s. a. Henry, Dehn,* Am. Soc. **71** [1949] 2297, 2300).

Kristalle; F: 198–200° [Zers.; aus DMF+H_2O] (*McNeil Labor. Inc.*), 197–198° [korr.] (*He., Dehn*).

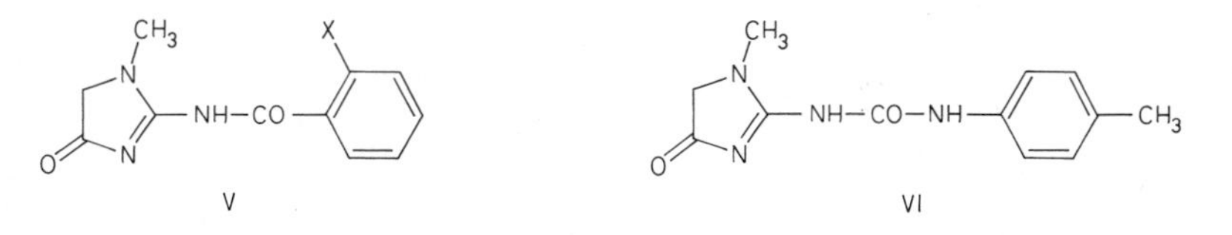

[2-Amino-4-oxo-4,5-dihydro-imidazol-1-yl]-essigsäure $C_5H_7N_3O_3$, Formel VII (X = OH) und Taut. ([2-Imino-4-oxo-imidazolidin-1-yl]-essigsäure).

Hydrochlorid $C_5H_7N_3O_3 \cdot HCl$. *B.* Aus dem Amid (s. u.) mit Hilfe von methanol. HCl (*Schütte,* Z. physiol. Chem. **279** [1943] 52, 58). – Kristalle (aus Me. oder wss. Me.); Zers. bei 240° [korr.].

[2-Amino-4-oxo-4,5-dihydro-imidazol-1-yl]-essigsäure-methylester $C_6H_9N_3O_3$, Formel VII (X = O-CH_3) und Taut.

B. Aus Imino-di-essigsäure-dimethylester und Carbamonitril in Äther (*Schütte,* Z. physiol. Chem. **279** [1943] 52, 57).

Kristalle (aus A.); F: 222–223° [korr.; Zers.].

Picrat. Kristalle (aus H_2O); F: 208° [korr.].

[2-Amino-4-oxo-4,5-dihydro-imidazol-1-yl]-essigsäure-amid $C_5H_8N_4O_2$, Formel VII (X = NH_2) und Taut.

B. Aus Cyanimino-di-essigsäure-dimethylester und methanol. NH_3 (*Schütte,* Z. physiol. Chem. **279** [1943] 52, 58).

Kristalle (aus H_2O); Zers. bei ca. 245°.

Picrat $C_5H_8N_4O_2 \cdot C_6H_3N_3O_7$. Kristalle (aus H_2O); F: 217–219° [korr.; Zers.].

1-Methyl-2-salicyloylamino-1,5-dihydro-imidazol-4-on, N-[1-Methyl-4-oxo-4,5-dihydro-1*H*-imidazol-2-yl]-salicylamid $C_{11}H_{11}N_3O_3$, Formel V (X = OH) und Taut.

B. Beim Erhitzen von Kreatinin (S. 3543) mit 2-Acetoxy-benzoylchlorid und Pyridin in $CHCl_3$ und anschliessenden Behandeln mit H_2O (*Sandoz,* U.S.P. 2401522 [1943]).

Kristalle (aus H_2O) mit 1 Mol H_2O; F: 203° [korr.].

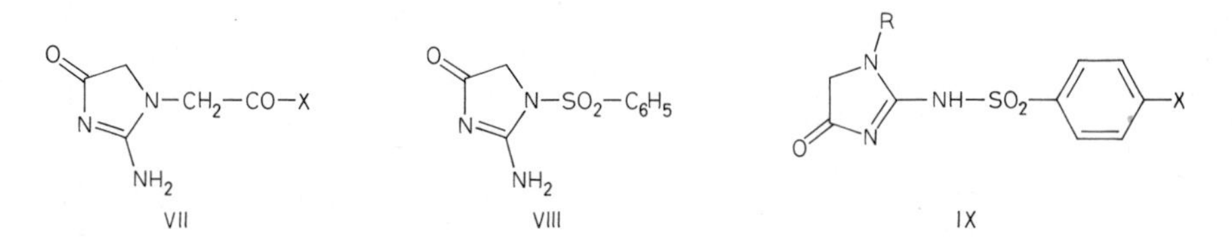

2-Amino-1-benzolsulfonyl-1,5-dihydro-imidazol-4-on $C_9H_9N_3O_3S$, Formel VIII und Taut.

B. Neben Benzolsulfonylguanidin beim Erwärmen von Guanidin-hydrochlorid mit wss. Glyoxal und anschliessenden Behandeln mit Benzolsulfonylchlorid und wss. NaOH (*Bengelsdorf,* Am. Soc. **75** [1953] 3138). Aus Glycocyamidin (S. 3542) und Benzolsulfonylchlorid mit Hilfe von wss. NaOH (*Be.*).

Kristalle (aus A.); F: 224–225° [korr.; Zers.].

Picrat $C_9H_9N_3O_3S \cdot C_6H_3N_3O_7$. Kristalle (aus A.); F: 185–186,5° [korr.; Zers.].

2-Sulfanilylamino-1,5-dihydro-imidazol-4-on, Sulfanilsäure-[4-oxo-4,5-dihydro-1*H*-imidazol-2-ylamid] $C_9H_{10}N_4O_3S$, Formel IX (R = H, X = NH_2) und Taut.

B. Aus der folgenden Verbindung mit Hilfe von methanol. KOH (*Cilag*, Schweiz. P. 234888 [1942]).

Kristalle; F: 278° [Zers.].

***N*-Acetyl-sulfanilsäure-[4-oxo-4,5-dihydro-1*H*-imidazol-2-ylamid], Essigsäure-[4-(4-oxo-4,5-dihydro-1*H*-imidazol-2-ylsulfamoyl)-anilid]** $C_{11}H_{12}N_4O_4S$, Formel IX (R = H, X = NH-CO-CH_3) und Taut.

B. Aus Glycocyamidin (S. 3542) und *N*-Acetyl-sulfanilylchlorid mit Hilfe von Pyridin (*Cilag*, Schweiz. P. 234888 [1942]).

Kristalle (aus A.); F: 251 – 252° [Zers.].

4-Nitro-benzolsulfonsäure-[1-methyl-4-oxo-4,5-dihydro-1*H*-imidazol-2-ylamid] $C_{10}H_{10}N_4O_5S$, Formel IX (R = CH_3, X = NO_2) und Taut.

B. Aus Kreatinin (S. 3543) und 4-Nitro-benzolsulfonylchlorid (*F.R. Ruskin*, U.S.P. 2407686 [1943]).

Kristalle (aus Me.); F: 210°.

***N*-Acetyl-sulfanilsäure-[1-methyl-4-oxo-4,5-dihydro-1*H*-imidazol-2-ylamid], Essigsäure-[4-(1-methyl-4-oxo-4,5-dihydro-1*H*-imidazol-2-ylsulfamoyl)-anilid]** $C_{12}H_{14}N_4O_4S$, Formel IX (R = CH_3, X = NH-CO-CH_3) und Taut.

B. Aus Kreatinin (S. 3543) und *N*-Acetyl-sulfanilylchlorid mit Hilfe von Pyridin (*F.R. Ruskin*, U.S.P. 2407686 [1943]).

F: 240° [aus A.].

[1-Methyl-4-oxo-4,5-dihydro-1*H*-imidazol-2-yl]-amidophosphorsäure $C_4H_8N_3O_4P$, Formel X (X = OH) und Taut. (in der Literatur als Kreatinin-(N^2)-phosphorsäure bezeichnet).

B. Aus dem Dichlorid (s. u.) mit Hilfe von wss. NaOH (*Zeile, Meyer*, Z. physiol. Chem. **252** [1938] 101, 110).

Scheinbare Dissoziationsexponenten pK'_{a1} und pK'_{a2} (H_2O; potentiometrisch ermittelt): 3,43 bzw. 7,38 (*Ze., Me.*, l. c. S. 103, 104).

Dinatrium-Salz $Na_2C_4H_6N_3O_4P$. Kristalle (aus wss. A.) mit 1 Mol H_2O (*Ze., Me.*).

Calcium-Salz $CaC_4H_6N_3O_4P$. Kristalle (aus wss. A.) mit 1 Mol H_2O (*Ze., Me.*).

Barium-Salz $BaC_4H_6N_3O_4P$. Kristalle [aus wss. A.] (*Ze., Me.*). Kristalloptik: *Ernst*, zit. bei *Ze., Me.*, l. c. S. 103 Anm. 1.

[1-Methyl-4-oxo-4,5-dihydro-1*H*-imidazol-2-yl]-amidophosphorsäure-diphenylester $C_{16}H_{16}N_3O_4P$, Formel X (X = O-C_6H_5) und Taut.

B. Aus Kreatinin (S. 3543) und Chlorophosphorsäure-diphenylester in Pyridin (*Zeile, Meyer*, Z. physiol. Chem. **252** [1938] 101, 112) oder in Aceton (*Ing*, Soc. **1932** 2047, 2054; s. dagegen *Ze., Me.*). Aus der folgenden Verbindung und Phenol mit Hilfe von wss. NaOH (*Ze., Me.*).

Kristalle; F: 127 – 128° [aus A.] (*Ing*), 126° [aus wss. A.] (*Ze., Me.*).

Überführung in [1,3-Dimethyl-4-oxo-imidazolidin-2-yliden]-amidophosphorsäure-diphenylester (E III/IV **24** 1035) durch Behandeln mit Dimethylsulfat und wss. KOH: *Ze., Me.*

[1-Methyl-4-oxo-4,5-dihydro-1*H*-imidazol-2-yl]-amidophosphorsäure-dichlorid $C_4H_6Cl_2N_3O_2P$, Formel X (X = Cl) und Taut.

B. Aus Kreatin (E IV **4** 2426) und $POCl_3$ (*Zeile, Meyer*, Z. physiol. Chem. **252** [1938] 101, 109). Aus Kreatinin (S. 3543) und $POCl_3$ (*Ze., Me.*, l. c. S. 102).

Kristalle (aus Ae.); F: 128 – 131°.

Phosphorsäure-dianilid-[1-methyl-4-oxo-4,5-dihydro-1*H*-imidazol-2-ylamid] $C_{16}H_{18}N_5O_2P$, Formel X (X = NH-C_6H_5) und Taut.

B. Aus der vorangehenden Verbindung und Anilin (*Zeile, Meyer*, Z. physiol. Chem. **252** [1938] 101, 111).

Kristalle (aus A.); F: 224–226° [Zers.].

***N*-[2-Amino-5-oxo-4,5-dihydro-3*H*-imidazol-4-yl]-oxalamid** $C_5H_7N_5O_3$, Formel XI (R = CO-CO-NH_2).

Die Identität der von *Wieland, Purrmann* (A. **544** [1940] 163, 166, 167, 177; s. a. *Wieland, Kotzschmar,* A. **530** [1937] 152, 156, 157) unter dieser Konstitution beschriebenen Verbindung ist ungewiss (vgl. dazu *Poje, Ročić,* Tetrahedron Letters **1979** 4781; *Poje et al.,* J. org. Chem. **45** [1980] 65). Entsprechendes gilt für die von *Wieland, Purrmann* daraus hergestellten, als 2,5-Diamino-1,5-dihydro-imidazol-4-on ($C_3H_6N_4O$, Formel XI [R = H]), als *N*-[2-Amino-5-oxo-4,5-dihydro-3*H*-imidazol-4-yl]-oxalamidsäure ($C_5H_6N_4O_4$, Formel XI [R = CO-CO-OH]) und als [2-Amino-5-oxo-4,5-dihydro-3*H*-imidazol-4-yl]-harnstoff ($C_4H_7N_5O_2$, Formel XI [R = CO-NH_2]) formulierten Präparate.

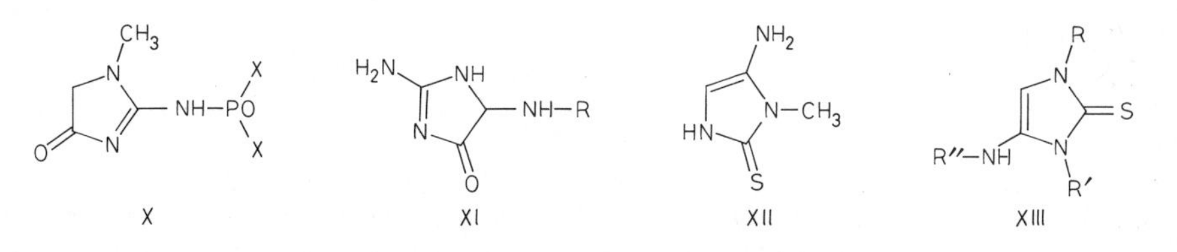

5-Amino-1-methyl-1,3-dihydro-imidazol-2-thion $C_4H_7N_3S$, Formel XII.

B. Aus N^2-Methyl-thiazol-2,5-diyldiamin mit Hilfe von wss. Na_2CO_3 (*Cook et al.,* Soc. **1948** 2028).

Kristalle (aus Me.); F: 151° [Zers.]. λ_{max} (A.): 267 nm. An der Luft nicht beständig.

Hydrochlorid $C_4H_7N_3S \cdot HCl$. Kristalle (aus A. + Ae.); F: 222° [Zers.].

4-Benzoylamino-1,3-dihydro-imidazol-2-thion, *N*-[2-Thioxo-2,3-dihydro-1*H*-imidazol-4-yl]-benzamid $C_{10}H_9N_3OS$, Formel XIII (R = R′ = H, R″ = CO-C_6H_5).

B. Aus *N*-[5-Amino-thiazol-2-yl]-benzamid mit Hilfe von wss. Na_2CO_3 (*Cook et al.,* Soc. **1948** 1262, 1263, 1266).

Kristalle (aus A.); F: ca. 260° [Zers. ab 240°]. λ_{max} (A.): 228 nm, 267 nm und 305 nm.

Beim Erhitzen mit Acetanhydrid ist ein als *N*-[2-Acetylmercapto-1(3)*H*-imidazol-4-yl]-benzamid angesehenes Acetyl-Derivat $C_{12}H_{11}N_3O_2S$ (Kristalle [aus A.]; F: 204°) erhalten worden (*Cook et al.,* l. c. S. 1266).

1-Acetyl-4(oder 5)-benzoylamino-1,3-dihydro-imidazol-2-thion, *N*-[1 (oder 3)-Acetyl-2-thioxo-2,3-dihydro-1*H*-imidazol-4-yl]-benzamid $C_{12}H_{11}N_3O_2S$, Formel XIII (R = CO-CH_3, R′ = H, R″ = CO-C_6H_5 oder R = H, R′ = CO-CH_3, R″ = CO-C_6H_5).

B. Als Hauptprodukt neben 3-Acetyl-5-acetylamino-2-benzoylimino-2,3-dihydro-thiazol (?; F: 185°) beim Erhitzen von *N*-[5-Amino-thiazol-2-yl]-benzamid mit Acetanhydrid (*Cook et al.,* Soc. **1948** 1262, 1263, 1265). Aus 3-Acetyl-5-acetylamino-2-benzoylimino-2,3-dihydro-thiazol (?; F: 185°) beim Erwärmen mit wss. Na_2CO_3 oder mit Raney-Nickel in Äthanol (*Cook et al.*).

Wasserhaltige Kristalle (aus Me.), F: 249–250°; die wasserfreie Verbindung schmilzt bei 251°. λ_{max}: 229 nm und 315 nm [A.] bzw. 225 nm und 347 nm [wss. KOH (0,1 n)].

Beim Erwärmen mit Acetanhydrid ist ein Acetyl-Derivat $C_{14}H_{13}N_3O_3S$ (Kristalle [aus Acetanhydrid], F: 199°; λ_{max}: 315 nm [$CHCl_3$] bzw. 227 nm und 347 nm [wss. KOH (0,1 n)]), das bereits beim Erwärmen mit Pyridin die Ausgangsverbindung zurückbildet, erhalten worden.

[2-Thioxo-2,3-dihydro-1*H*-imidazol-4-yl]-carbamidsäure-äthylester $C_6H_9N_3O_2S$, Formel XIII (R = R′ = H, R″ = CO-O-C_2H_5).

B. Aus [5-Amino-thiazol-2-yl]-carbamidsäure-äthylester mit Hilfe von wss. Na_2CO_3 (*Capp et al.,* Soc. **1948** 1340, 1342).

Kristalle (aus E.); F: 173°. λ_{max} (A.): 269 nm.

Beim Erwärmen mit Acetanhydrid und wenig konz. H_2SO_4 ist ein vermutlich als [2-Acetylmercapto-1(3)*H*-imidazol-4-yl]-carbamidsäure-äthylester zu formulierendes Acetyl-Derivat $C_8H_{11}N_3O_3S$ (gelbe Kristalle [aus $CHCl_3$+PAe.], F: 169°; λ_{max} [$CHCl_3$]: 256 nm, 315 nm und 326 nm; gegen H_2O nicht beständig) erhalten worden.

***N*-Methyl-*N'*-[3-methyl-2-thioxo-2,3-dihydro-1*H*-imidazol-4-yl]-harnstoff** $C_6H_{10}N_4OS$, Formel XIII (R = H, R' = CH_3, R'' = CO-NH-CH_3).

B. Beim Erwärmen von 5-Amino-1-methyl-1,3-dihydro-imidazol-2-thion mit Methylisocyanat in Pyridin (*Cook et al.*, Soc. **1948** 2028).

Kristalle (aus E. + Me.); F: 212°.

[5-Amino-2-oxo-2,3-dihydro-1*H*-imidazol-4-yl]-harnstoff $C_4H_7N_5O_2$, Formel XIV (R = H) und Taut.

Die Identität der H **25** 476 unter dieser Konstitution beschriebenen, als [5-Imino-2-oxo-imidazolidin-4-yl]-harnstoff („5-Ureido-hydantoin-imid-(4)") formulierten Verbindung ist ungewiss (vgl. *Poje, Ročić*, Tetrahedron Letters **1979** 4781; *Poje et al.*, J. org. Chem. **45** [1980] 65).

Das beim Behandeln mit $KMnO_4$ und wss. KOH erhaltene Kalium-Salz (s. H **25** 476) ist nicht als Salz der [2,5-Dioxo-imidazolidin-4-yliden]-carbamidsäure („Allantoxansäure"), sondern der 4,6-Dioxo-1,4,5,6-tetrahydro-[1,3,5]triazin-2-carbonsäure zu formulieren (*Brandenberger, Brandenberger*, Helv. **37** [1954] 2207 – 2220; *Flament et al.*, Helv. **42** [1959] 485 – 489; *Pike*, Org. magnet. Resonance **8** [1976] 224).

[5-Anilino-2-oxo-2,3-dihydro-1*H*-imidazol-4-yl]-harnstoff $C_{10}H_{11}N_5O_2$, Formel XIV (R = C_6H_5) und Taut.

Diese Konstitution kommt der von *Frèrejacque* (C. r. **193** [1931] 860, 862) als 3a-Anilino-tetrahydro-imidazo[4,5-*d*]imidazol-2,5-dion („Isoallantoinanilid") beschriebenen Verbindung zu (*Stahl*, Biochemistry **8** [1969] 733).

Nach Ausweis der ^{1}H-NMR-Absorption liegt in DMSO-d_6 [5-Anilino-2-oxo-3,4-dihydro-2*H*-imidazol-4-yl]-harnstoff oder [2-Oxo-5-phenylimino-imidazolidin-4-yl]-harnstoff vor (*St.*).

B. Beim Behandeln von Harnsäure mit Anilin und wss. KOH unter Zutritt von Luft und Zusatz von $KMnO_4$ (*Fr.*, l. c. S. 861).

Kristalle (aus H_2O); Zers. bei ca. 290° (*Fr.*). ^{1}H-NMR-Absorption (DMSO-d_6) und ^{1}H-^{1}H-Spin-Spin-Kopplungskonstanten: *St.* λ_{max}: ca. 246 nm [wss. Lösung vom pH 1] bzw. 271 nm [wss. Lösung vom pH 7 – 10] (*St.*).

Hydrolyse zu *N*-[2,5-Dioxo-imidazolidin-4-yl]-harnstoff und Anilin in wss. Mineralsäuren: *Fr.*

[2-Oxo-5-*m*-toluidino-2,3-dihydro-1*H*-imidazol-4-yl]-harnstoff $C_{11}H_{13}N_5O_2$, Formel XIV (R = C_6H_4-CH_3) und Taut.

Diese Konstitution kommt wahrscheinlich der von *Frèrejacque* (C. r. **193** [1931] 860, 861) als 3a-*m*-Toluidino-tetrahydro-imidazo[4,5-*d*]imidazol-2,5-dion formulierten Verbindung zu (vgl. die vorangehende Verbindung).

B. Analog der vorangehenden Verbindung (*Fr.*).

Kristalle (aus H_2O); Zers. bei ca. 290°.

[2-Oxo-5-*p*-toluidino-2,3-dihydro-1*H*-imidazol-4-yl]-harnstoff $C_{11}H_{13}N_5O_2$, Formel XIV (R = C_6H_4-CH_3) und Taut.

Diese Konstitution kommt wahrscheinlich der von *Frèrejacque* (C. r. **193** [1931] 860, 861) als 3a-*p*-Toluidino-tetrahydro-imidazo[4,5-*d*]imidazol-2,5-dion formulierten Verbindung zu (vgl. die vorangehenden Verbindungen).

B. Analog den vorangehenden Verbindungen (*Fr.*).

Kristalle (aus H_2O); Zers. bei ca. 290°.

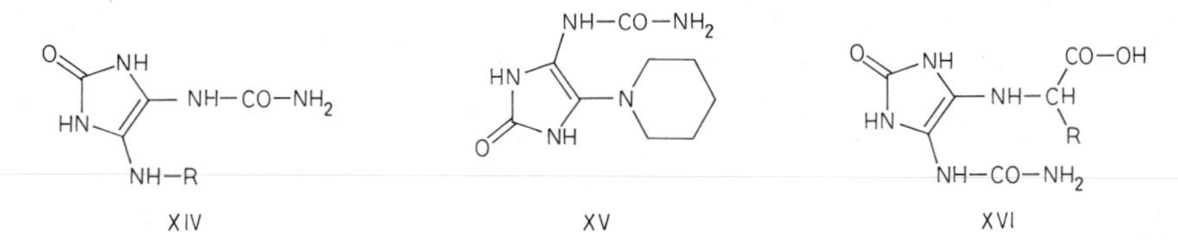

[2-Oxo-5-piperidino-2,3-dihydro-1*H*-imidazol-4-yl]-harnstoff $C_9H_{15}N_5O_2$, Formel XV und Taut.

Diese Konstitution kommt wahrscheinlich der von *Frèrejacque* (C. r. **193** [1931] 860, 862) als 3a-Piperidino-tetrahydro-imidazo[4,5-*d*]imidazol-2,5-dion formulierten Verbindung zu (vgl. die vorangehenden Verbindungen).

B. Analog den vorangehenden Verbindungen (*Fr.*).

Kristalle; Zers. bei ca. 280°.

Perchlorat $C_9H_{15}N_5O_2 \cdot HClO_4$. Kristalle; Zers. bei 270°.

Hexachloroplatinat(IV) $2C_9H_{15}N_5O_2 \cdot H_2PtCl_6$. Kristalle; Zers. bei 280°.

Picrat $C_9H_{15}N_5O_2 \cdot C_6H_3N_3O_7$. Kristalle; Zers. bei 240°.

***N*-[2-Oxo-5-ureido-2,3-dihydro-1*H*-imidazol-4-yl]-glycin** $C_6H_9N_5O_4$, Formel XVI (R = H) und Taut.

Diese Konstitution kommt wahrscheinlich der von *Frèrejacque* (C. r. **197** [1933] 1337) als *N*-[2,5-Dioxo-hexahydro-imidazo[4,5-*d*]imidazol-3a-yl]-glycin formulierten Verbindung zu (vgl. die vorangehenden Verbindungen).

B. Analog den vorangehenden Verbindungen (*Fr.*).

Kalium-Salze a) $KC_6H_8N_5O_4$. Kristalle (aus wss. A.) mit 1 Mol H_2O. – b) $KC_6H_8N_5O_4 \cdot C_6H_9N_5O_4$. Kristalle mit 1 Mol H_2O.

Kupfer(II)-Salze. a) $Cu(C_6H_8N_5O_4)_2 \cdot CuCl_2$. Blaue Kristalle mit 3 Mol H_2O. – b) $Cu(C_6H_8N_5O_4)_2 \cdot 2CuSO_4$. Blaue Kristalle mit 11 Mol H_2O.

***N*-[2-Oxo-5-ureido-2,3-dihydro-1*H*-imidazol-4-yl]-DL(?)-alanin** $C_7H_{11}N_5O_4$, vermutlich Formel XVI (R = CH_3) und Taut.

Diese Konstitution kommt wahrscheinlich der von *Frèrejacque* (C. r. **197** [1933] 1337) als *N*-[2,5-Dioxo-hexahydro-imidazo[4,5-*d*]imidazol-3a-yl]-alanin formulierten Verbindung zu (vgl. die vorangehenden Verbindungen).

B. Aus DL(?)-Alanin analog den vorangehenden Verbindungen (*Fr.*).

Kalium-Salz $KC_7H_{10}N_5O_4$. Kristalle mit 3 Mol H_2O. [*Gundlach*]

Amino-Derivate der Oxo-Verbindungen $C_4H_6N_2O$

[6-Oxo-1,4,5,6-tetrahydro-pyridazin-3-yl]-carbamidsäure-äthylester $C_7H_{11}N_3O_3$, Formel I.

B. Beim Erwärmen von 6-Oxo-1,4,5,6-tetrahydro-pyridazin-3-carbonylazid mit Äthanol (*Gault et al.*, Bl. **1954** 916).

Kristalle (aus PAe.); F: 146–147°.

4-Amino-5,6-dihydro-1*H*-pyrimidin-2-on $C_4H_7N_3O$, Formel II und Taut.; Dihydrocytosin.

Nach Ausweis der UV-Absorption liegt in wss. Lösung [pH 8] überwiegend 4-Amino-5,6-dihydro-1*H*-pyrimidin-2-on, in aprotischen Lösungsmitteln dagegen vermutlich überwiegend 4-Imino-tetrahydro-pyrimidin-2-on vor (*Brown, Hewlins*, Soc. [C] **1968** 2050, 2052; s. a. *Elguero et al.*, Adv. heterocycl. Chem. Spl. 1 [1976] 160).

B. Beim Behandeln von [2-Cyan-äthyl]-harnstoff (aus Nitroharnstoff und β-Alanin-nitril hergestellt) mit $NaNH_2$ in flüssigem NH_3 (*Br., He.*, l. c. S. 2054). Beim Hydrieren von Cytosin (S. 3654) an einem Rhodium-Katalysator in H_2O (*Green, Cohen*, J. biol. Chem. **228** [1957] 601, 603).

Kristalle (aus Me.); F: 205°; λ_{max} (wss. Lösung vom pH 8): 239 nm (*Br., He.*).

Geschwindigkeit der hydrolytischen Desaminierung zu Dihydrouracil (E III/IV **24** 1064) in wss. Lösung vom pH 7 bei 37°: *Gr., Co.,* l. c. S. 605, 606; über den Mechanismus dieser Reaktion s. *Br., He.,* l. c. S. 2052.

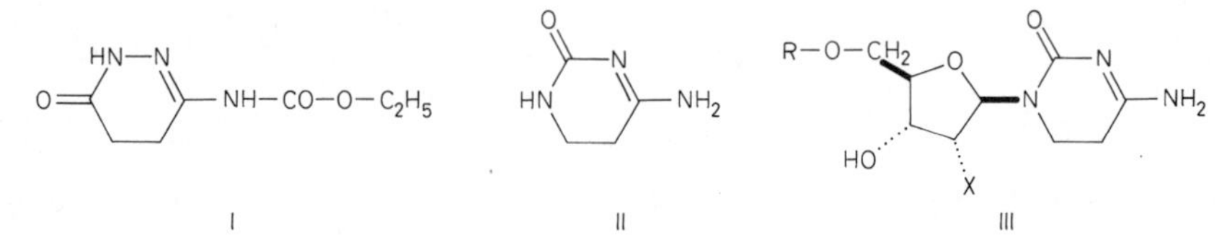

4-Amino-1-[β-D-*erythro*-2-desoxy-pentofuranosyl]-5,6-dihydro-1*H*-pyrimidin-2-on, Dihydro-2′-desoxy-cytidin $C_9H_{15}N_3O_4$, Formel III (R = X = H).

B. Aus 2′-Desoxy-cytidin (S. 3662) bei der Hydrierung an einem Rhodium/Al_2O_3-Katalysator in H_2O (*Green, Cohen,* J. biol. Chem. **228** [1957] 601, 603) sowie bei der Reduktion mit Natrium-Amalgam und H_2O (*Laland et al.,* Acta chem. scand. **11** [1957] 1081).

Kristalle [aus Me.+Ae.] (*Gr., Co.*).

Geschwindigkeit der hydrolytischen Desaminierung zu Dihydro-2′-desoxy-uridin (E III/IV **24** 1066) in wss. Lösung vom pH 7 bei 37°: *Gr., Co.,* l. c. S. 605, 606.

4-Amino-1-β-D-ribofuranosyl-5,6-dihydro-1*H*-pyrimidin-2-on, Dihydrocytidin $C_9H_{15}N_3O_5$, Formel III (R = H, X = OH).

B. Aus Cytidin (S. 3667) bei der Hydrierung an einem Rhodium/Al_2O_3-Katalysator in H_2O bei 5° (*Green, Cohen,* J. biol. Chem. **228** [1957] 601, 603) sowie bei der Reduktion mit Natrium-Amalgam und H_2O (*Laland et al.,* Acta chem. scand. **11** [1957] 1081).

Feststoff (*Gr., Co.*).

Geschwindigkeit der hydrolytischen Desaminierung zu Dihydrouridin (E III/IV **24** 1066) in wss. Lösung vom pH 7 bei 37°: *Gr., Co.,* l. c. S. 605, 606.

4-Amino-1-[*O*^{5}-phosphono-β-D-ribofuranosyl]-5,6-dihydro-1*H*-pyrimidin-2-on, Dihydro-[5′]cytidylsäure $C_9H_{16}N_3O_8P$, Formel III (R = $PO(OH)_2$, X = OH).

Isolierung aus Rattenleber-Präparaten: *Grossman, Visser,* J. biol. Chem. **216** [1955] 775, 779.

B. Bei der elektrochemischen Reduktion von [5′]Cytidylsäure [S. 3673] (*Gr., Vi.,* l. c. S. 779 Anm. 4).

4-Amino-5-methyl-1,2-dihydro-pyrazol-3-on $C_4H_7N_3O$, Formel IV (R = R′ = H) und Taut.

B. Beim Erhitzen von 4-Acetylamino-5-methyl-1,2-dihydro-pyrazol-3-on mit wss. HCl (*Ishimaru,* J. pharm. Soc. Japan **77** [1957] 800; C. A. **1957** 17893). Aus 5-Methyl-2*H*-pyrazol-3,4-dion-4-oxim oder aus 5-Methyl-4-nitro-1,2-dihydro-pyrazol-3-on beim Behandeln mit $SnCl_2$ in konz. wss. HCl (*Freri,* G. **66** [1936] 23, 24, 28).

Lösungen der freien Base sind nicht beständig; an der Luft sowie beim Behandeln mit wss. H_2O_2 erfolgt Oxidation zu [5-Methyl-3-oxo-2,3-dihydro-1*H*-pyrazol-4-yl]-[3-methyl-5-oxo-1,5-dihydro-pyrazol-4-yliden]-amin (*Fr.,* l. c. S. 24, 29).

Hydrochlorid $C_4H_7N_3O \cdot HCl$. Kristalle; F: 225° [aus H_2O] (*Fr.*), 215–216° [unkorr.; Zers.; aus wss. A.] (*Ish.*). UV-Spektrum (H_2O; 215–300 nm): *Ish.*

4-Dimethylamino-1,5-dimethyl-1,2-dihydro-pyrazol-3-on $C_7H_{13}N_3O$, Formel IV (R = CH_3, R′ = H) und Taut.

B. Aus 1,5-Dimethyl-4-nitro-1,2-dihydro-pyrazol-3-on und Formaldehyd bei der Hydrierung an Raney-Nickel in Methanol und Äthanol (*Krohs,* B. **88** [1955] 866, 872).

F: 190°.

Beim Erhitzen des Natrium-Salzes mit 2-Brom-pyridin in Xylol auf 200° ist [1,5-Dimethyl-3-[2]pyridyloxy-1*H*-pyrazol-4-yl]-dimethyl-amin, mit Benzylchlorid in Xylol auf 180° sind 2-Benzyl-4-dimethylamino-1,5-dimethyl-1,2-dihydro-pyrazol-3-on und [3-Benzyloxy-1,5-dimethyl-1*H*-pyrazol-4-yl]-dimethyl-amin erhalten worden.

4-Dimethylamino-1,5-dimethyl-2-octyl-1,2-dihydro-pyrazol-3-on $C_{15}H_{29}N_3O$, Formel IV (R = CH_3, R′ = $[CH_2]_7$-CH_3).

B. Neben [1,5-Dimethyl-3-octyloxy-1*H*-pyrazol-4-yl]-dimethyl-amin beim Erhitzen von 4-Di=

methylamino-1,5-dimethyl-1,2-dihydro-pyrazol-3-on mit $NaNH_2$ in Xylol und anschliessend mit Octylbromid auf 200° (*Krohs*, B. **88** [1955] 866, 868, 874).

Kp_2: 164–168°.

4-Amino-2-cyclopentyl-1,5-dimethyl-1,2-dihydro-pyrazol-3-on $C_{10}H_{17}N_3O$, Formel V (R = H).

B. Aus 2-Cyclopentyl-1,5-dimethyl-1,2-dihydro-pyrazol-3-on bei der Nitrosierung und anschliessenden Reduktion (*I.G. Farbenind.*, D.R.P. 611003 [1933]; Frdl. **21** 612).

F: 63° [aus E.+Cyclohexan]. Kp_4: 178–182°.

2-Cyclopentyl-4-dimethylamino-1,5-dimethyl-1,2-dihydro-pyrazol-3-on $C_{12}H_{21}N_3O$, Formel V ($R = CH_3$).

B. Beim Methylieren der vorangehenden Verbindung (*I.G. Farbenind.*, D.R.P. 611003 [1933]; Frdl. **21** 612).

Kp_3: 160°.

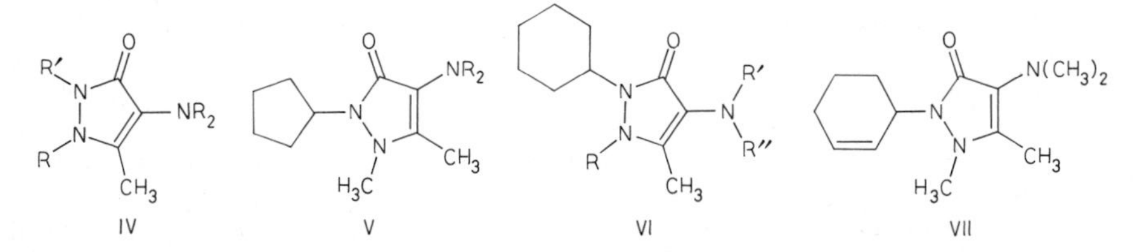

4-Amino-2-cyclohexyl-1,5-dimethyl-1,2-dihydro-pyrazol-3-on $C_{11}H_{19}N_3O$, Formel VI ($R = CH_3$, R′ = R″ = H).

B. Aus 2-Cyclohexyl-1,5-dimethyl-1,2-dihydro-pyrazol-3-on bei der Nitrosierung und anschliessenden Reduktion (*I.G. Farbenind.*, D.R.P. 611003 [1933]; Frdl. **21** 612).

F: 104° [aus E.].

2-Cyclohexyl-1,5-dimethyl-4-methylamino-1,2-dihydro-pyrazol-3-on $C_{12}H_{21}N_3O$, Formel VI ($R = R' = CH_3$, R″ = H).

B. Aus der vorangehenden Verbindung bei der aufeinanderfolgenden Umsetzung mit Benzaldehyd und mit Dimethylsulfat und anschliessenden hydrolytischen(?) Abspaltung von Benzaldehyd (*I.G. Farbenind.*, D.R.P. 611003 [1933]; Frdl. **21** 612; Schweiz. P. 183326 [1934]).

F: 102° [aus Cyclohexan+PAe.].

2-Cyclohexyl-4-dimethylamino-1,5-dimethyl-1,2-dihydro-pyrazol-3-on $C_{13}H_{23}N_3O$, Formel VI ($R = R' = R'' = CH_3$).

B. Beim Methylieren von 4-Amino-2-cyclohexyl-1,5-dimethyl-1,2-dihydro-pyrazol-3-on (*I.G. Farbenind.*, D.R.P. 611003 [1933]; Frdl. **21** 612).

F: 77° [aus Cyclohexan oder PAe.].

4-Amino-1,2-dicyclohexyl-5-methyl-1,2-dihydro-pyrazol-3-on $C_{16}H_{27}N_3O$, Formel VI ($R = C_6H_{11}$, R′ = R″ = H).

B. Aus 1,2-Dicyclohexyl-5-methyl-1,2-dihydro-pyrazol-3-on bei der Nitrosierung und anschliessenden Reduktion (*I.G. Farbenind.*, D.R.P. 611003 [1933]; Frdl. **21** 612).

Hydrochlorid. F: 205° [aus äthanol. HCl].

1,2-Dicyclohexyl-4-dimethylamino-5-methyl-1,2-dihydro-pyrazol-3-on $C_{18}H_{31}N_3O$, Formel VI ($R = C_6H_{11}$, $R' = R'' = CH_3$).

B. Aus der vorangehenden Verbindung mit Hilfe von Formaldehyd und Ameisensäure (*I.G. Farbenind.*, D.R.P. 611003 [1933]; Frdl. **21** 612).

F: 83° [aus PAe.].

Hydrochlorid. F: 206° [aus äthanol. HCl].

(±)-2-Cyclohex-2-enyl-4-dimethylamino-1,5-dimethyl-1,2-dihydro-pyrazol-3-on $C_{13}H_{21}N_3O$, Formel VII.

B. Beim Erhitzen von 4-Dimethylamino-1,5-dimethyl-1,2-dihydro-pyrazol-3-on mit $NaNH_2$

in Xylol und mit (±)-3-Brom-cyclohexen auf 170° (*Krohs*, B. **88** [1955] 866, 868, 874).
Kp_2: 154–160°.
Hydrochlorid $C_{13}H_{21}N_3O \cdot HCl$. Kristalle (aus Acn.); F: 166°.

4-Amino-5-methyl-2-phenyl-1,2-dihydro-pyrazol-3-on $C_{10}H_{11}N_3O$, Formel VIII (R = X = H) und Taut. (H **24** 270; E I **24** 299; E II **24** 151).

Beim Erwärmen mit Pentan-2,4-dion in Essigsäure unter Wasserstoff ist 1-[3,5-Dimethyl-1-phenyl-1,4-dihydro-pyrrolo[3,2-*c*]pyrazol-6-yl]-äthanon erhalten worden (*Ghosh, Das-Gupta*, J. Indian chem. Soc. **16** [1939] 63, 65).

4-Amino-1,5-dimethyl-2-phenyl-1,2-dihydro-pyrazol-3-on, 4-Amino-antipyrin $C_{11}H_{13}N_3O$, Formel VIII (R = CH_3, X = H) (H **24** 273; E I **24** 300; E II **24** 151).

Nach Ausweis der IR-Spektren liegt im festen Zustand die freie Base als 4-Amino-1,5-dimethyl-2-phenyl-1,2-dihydro-pyrazol-3-on, die protonierte Verbindung dagegen als chelatisiertes 4-Amino-3-hydroxy-1,5-dimethyl-2-phenyl-pyrazolium-Kation vor (*Dick et al.*, Rev. roum. Chim. **12** [1967] 607, 612, 614).

B. Aus 4-Nitroso-antipyrin (E III/IV **24** 104) mit Hilfe von wss. NH_3 und H_2S (*Eisenstaedt*, J. org. Chem. **3** [1938] 153, 159; vgl. E II **24** 151) sowie mit Hilfe von NaHS oder/und Na_2S in wss. Lösung (*Metz Labor.*, U.S.P. 1877166 [1931]). Aus sog. Antipyrin-nitrit (E III **15** 259) mit Hilfe von $SnCl_2$ und wss. HCl (*Bockmühl*, Med. Ch. I.G. **3** [1936] 294, 298).

Kristalle (aus Bzl.); F: 109–109,5° (*Eisenstaedt*, J. org. Chem. **3** [1938] 153, 159). Mittlere Wärmekapazität C_p bei 0–99,6°: 70,42 cal·grad^{-1}·mol^{-1} (*Satoh, Sogabe*, Scient. Pap. Inst. phys. chem. Res. **38** [1941] 231, 234). IR-Spektrum (Nujol oder Hexachlor-buta-1,3-dien; 3700–400 cm^{-1}): *Dick et al.*, Rev. roum. Chim. **12** [1967] 607, 609–612. UV-Spektrum der Base in Hexan (210–320 nm) und in Äthanol (210–360 nm): *Waljaschko, Blisnjukow*, Ž. obšč. Chim. **10** [1940] 1343, 1353, 1360; C. A. **1941** 3633; des Hydrochlorids in wss. HCl (220–290 nm): *Brodie, Axelrod*, J. Pharmacol. exp. Therap. **99** [1950] 171, 172; in äthanol. HCl (210–310 nm): *Wa., Bl.* Löslichkeit [g·l^{-1}] in Hexan bei 26°: 0,65; in Cyclohexan bei 27°: 1,32 (*Stenger et al.*, Anal. Chem. **25** [1953] 974, 976). Verteilung zwischen wss. Lösungen vom pH 3–7 und $CHCl_3$: *Br., Ax.*, l. c. S. 176. Phasendiagramm (fest/flüssig) des Systems mit Phthalsäure-anhydrid (Verbindung 1:1): *Glusman*, Ž. fiz. Chim. **32** [1958] 388, 390; C. A. **1958** 16856.

Beim Erwärmen mit $COCl_2$ [0,8 Mol] in Benzol (vgl. E I **24** 300) ist *N,N'*-Bis-[1,5-dimethyl-3-oxo-2-phenyl-2,3-dihydro-1*H*-pyrazol-4-yl]-harnstoff, beim Erwärmen mit $CSCl_2$ [1 Mol] in $CHCl_3$ ist 4-Isothiocyanato-1,5-dimethyl-2-phenyl-1,2-dihydro-pyrazol-3-on erhalten worden (*Takahashi, Kanematsu*, J. pharm. Soc. Japan **79** [1959] 172, 175; C. A. **1959** 13138). Bildung von Antipyrylrot B-3 (S. 3594) beim Behandeln mit *m*-Phenylendiamin-dihydrochlorid und $FeCl_3$ in H_2O: *Eisenstaedt*, J. org. Chem. **3** [1938] 153, 156, 160. Beim Erhitzen mit Phenylhydrazin auf 180–190° sind 5-Methyl-2-phenyl-2*H*-pyrazol-3,4-dion-4-(*Z*)-phenylhydrazon (E III/IV **24** 1247) und 5,5'-Dimethyl-2,2'-diphenyl-1,2,1',2'-tetrahydro-[4,4']bipyrazolyl-3,3'-dion erhalten worden (*Passerini, Ridi*, G. **65** [1935] 930; s. a. *Passerini, Ridi*, G. **64** [1934] 931). Beim Behandeln mit 5-Methyl-2-phenyl-1,2-dihydro-pyrazol-3-on und $K_3[Fe(CN)_6]$ in wss. NaOH und wss. Na_2CO_3 (*Emerson, Beegle*, J. org. Chem. **8** [1943] 429, 431) sowie beim Behandeln mit 5-Methyl-2-phenyl-2*H*-pyrazol-3,4-dion in Essigsäure (*Pechtold*, Arzneimittel-Forsch. **14** [1964] 474) oder in siedendem Äthanol (*Em., Be.*, l. c. S. 432) ist *N*-Methyl-rubazonsäure (S. 3602) erhalten worden.

Hydrogensulfat $C_{11}H_{13}N_3O \cdot H_2SO_4$ (H **24** 274). Kristalle (aus A.); F: 215–216° [Zers.]; λ_{max} (H_2O): 258 nm (*Naito, Takayasu*, Bl. Kyoto Coll. Pharm. Nr. 5 [1957] 30, 31, 32; C. A. **1958** 2340).

Mangan(II)-Komplexsalz $[Mn(C_{11}H_{13}N_3O)_2(H_2O)_4]Br_2$. Kristalle, die sich bei 105° unter Abgabe von H_2O partiell zersetzen (*Souchay*, Bl. [5] **7** [1940] 835, 867).

Kobalt(II)-Komplexsalze. a) $C_{11}H_{13}N_3O \cdot CoCl_2$. Blaugraue Kristalle; F: ca. 216° [vorgeheizter App.] (*So.*, l. c. S. 858). – b) $2C_{11}H_{13}N_3O \cdot Co(ClO_3)_2$. Verpuffung bei 166° (*Souchay*, Bl. [5] **7** [1940] 809, 826). – c) $4C_{11}H_{13}N_3O \cdot Co(ClO_4)_2 \cdot 4H_2O$. Rötliches Pulver, das bis 90° unter Rosafärbung das H_2O abgibt und oberhalb 125° unter Rotfärbung viscos wird (*So.*, l. c. S. 833). – d) $4C_{11}H_{13}N_3O \cdot CoBr_2$. Rötliche Kristalle; F: 189° [blaue Schmelze]

(*So.*, l. c. S. 858). – e) $[Co(C_{11}H_{13}N_3O)_2(H_2O)_2]Br_2$. Rötliches Pulver, das oberhalb 65° das H_2O abgibt; die wasserfreie Verbindung $2C_{11}H_{13}N_3O \cdot CoBr_2$ (blaugraues Pulver) schmilzt bei 166° zu einer dunkelblauen Flüssigkeit, die zu einem grünlichgrauem Feststoff erstarrt, und bildet an der Luft das Dihydrat zurück (*So.*, l. c. S. 859). – f) $C_{11}H_{13}N_3O \cdot CoBr_2 \cdot 6H_2O$. Rosa Pulver, das oberhalb 55° das H_2O abgibt; die wasserfreie Verbindung $[Co(C_{11}H_{13}N_3O)_2]CoBr_4$ (blaues Pulver) bildet an der Luft das Hexahydrat zurück (*So.*, l. c. S. 859). – g) $2C_{11}H_{13}N_3O \cdot CoI_2 \cdot H_2O$. Rötliches Pulver, das bei ca. 120° das H_2O abgibt und bei 236° [Zers.] schmilzt (*So.*, l. c. S. 860). – h) $[Co(C_{11}H_{13}N_3O)_2(H_2O)_2](NO_3)_2$. Rötliche Kristalle, die bei 100° unter Rosafärbung das H_2O abgeben und bei ca. 136° unter Violettfärbung viscos werden (*So.*, l. c. S. 822). – i) $[Co(CNS)_2(C_{11}H_{13}N_3O)_2]$. Konstitution: *Dick et al.*, Rev. roum. Chim. **12** [1967] 617, 622, 624. Violettrosa Pulver; F: 247° (*So.*, l. c. S. 860). IR-Banden (Nujol oder Hexachlor-buta-1,3-dien; 3350–450 cm^{-1}): *Dick et al.*

Nickel(II)-Komplexsalze. a) $4C_{11}H_{13}N_3O \cdot Ni(ClO_4)_2 \cdot 4H_2O$. Hellgrüne Kristalle, die beim Erwärmen H_2O abgeben; F: 178° [Zers.] (*So.*, l. c. S. 833). – b) $4C_{11}H_{13}N_3O \cdot NiBr_2$. Hellgrüne Kristalle; F: 251° [Zers.] (*So.*, l. c. S. 862).

Verbindung mit 5-Äthyl-5-phenyl-barbitursäure $C_{11}H_{13}N_3O \cdot C_{12}H_{12}N_2O_3$. Kristalle (aus H_2O oder Bzl.); F: 154° (*I.G. Farbenind.*, D.R.P. 536274 [1922]; Frdl. **18** 2890).

Chloracetat $C_{11}H_{13}N_3O \cdot C_2H_3ClO_2$. F: 158–160° (*Glusman*, Trudy chim. Fak. Charkovsk. Univ. **14** [1956] 197, 207; C. A. **1960** 4348).

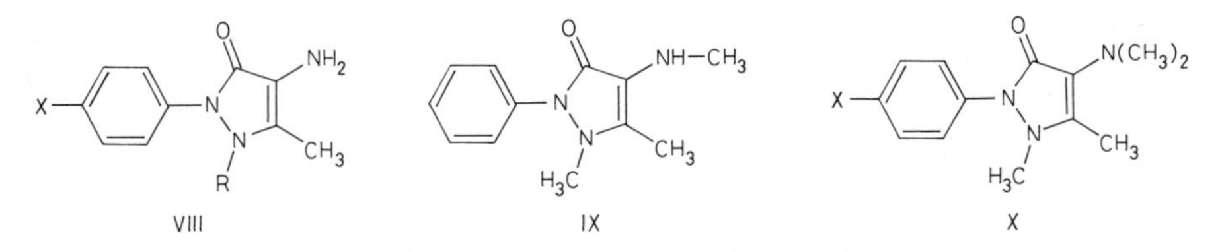

4-Amino-2-[4-brom-phenyl]-1,5-dimethyl-1,2-dihydro-pyrazol-3-on $C_{11}H_{12}BrN_3O$, Formel VIII ($R = CH_3$, $X = Br$).

B. Beim Erwärmen von 4-Benzylidenamino-2-[4-brom-phenyl]-1,5-dimethyl-1,2-dihydro-pyrazol-3-on mit wss. HCl (*Nakatomi, Nishikawa*, Ann. Rep. Fac. Pharm. Kanazawa Univ. **7** [1957] 28; C. A. **1958** 6325).

Kristalle (aus Bzl.); F: 133°.

1,5-Dimethyl-4-methylamino-2-phenyl-1,2-dihydro-pyrazol-3-on, 4-Methylamino-antipyrin $C_{12}H_{15}N_3O$, Formel IX (E I **24** 300; E II **24** 419).

Nach Ausweis der IR-Spektren liegt im festen Zustand die freie Base als 1,5-Dimethyl-4-methylamino-2-phenyl-1,2-dihydro-pyrazol-3-on, die protonierte Verbindung dagegen als chelatisiertes 3-Hydroxy-1,5-dimethyl-4-methylamino-2-phenyl-pyrazolium-Kation vor (*Dick et al.*, Rev. roum. Chim. **12** [1967] 607, 612, 614).

B. Bei der katalytischen Hydrierung von 4-Amino-antipyrin (s. o.) unter Zusatz von Paraformaldehyd (*Skita et al.*, B. **75** [1942] 1696, 1698). Beim Erhitzen von *N*-[1,5-Dimethyl-3-oxo-2-phenyl-2,3-dihydro-1*H*-pyrazol-4-yl]-*N*-methyl-phthalamidsäure mit wss. H_2SO_4 (*Teva Chem. Mfg. Co.*, U.S.P. 2506654 [1945]).

Kristalle (aus Ae.+PAe.); F: 63° (*Sk. et al.*). IR-Banden (Nujol oder Hexachlor-buta-1,3-dien; 3350–550 cm^{-1}): *Dick et al.*, l. c. S. 610–612.

Picrat $C_{12}H_{15}N_3O \cdot C_6H_3N_3O_7$. Kristalle (aus Me.); F: 159° (*Sk. et al.*).

4-Dimethylamino-1,5-dimethyl-2-phenyl-1,2-dihydro-pyrazol-3-on, Pyramidon, Aminophenazon [1]), 4-Dimethylamino-antipyrin $C_{13}H_{17}N_3O$, Formel X (X = H) (H 452; E I 672; E II 364).

Bildungsweisen.

Aus 4-Nitroso-antipyrin (E III/IV **24** 104) beim Behandeln mit Zink-Pulver, wenig $CuSO_4$

---

[1]) Dieser von der WHO festgelegte Trivialname wird in der Literatur auch für 4-Amino-1,5-dimethyl-2-phenyl-1,2-dihydro-pyrazol-3-on (S. 3554) verwendet.

und wss. H_2SO_4 und mit wss. Formaldehyd (*I.G. Farbenind.*, D.R.P. 499823 [1923]; Frdl. **17** 2297; vgl. E II 364) sowie beim Erwärmen mit Zink-Pulver und Hydrogensulfit in H_2O und anschliessend mit wss. Formaldehyd und Ameisensäure (*Reuter*, D.R.P. 617360 [1927]; Frdl. **21** 616). Aus 4-Nitro-antipyrin (H **24** 55) und wss. Formaldehyd beim Hydrieren an Nickel-Katalysatoren oder an Palladium in Äthanol (*I.G. Farbenind.*, D.R.P. 500521 [1929]; Frdl. **17** 2298). Aus 4-Amino-antipyrin beim Erwärmen mit wss. Formaldehyd und SO_2 (*Schering-Kahlbaum A.G.*, D.R.P. 638533 [1934]; Frdl. **23** 470) oder mit wss. Formaldehyd, Na_2SO_3 und wss. HCl (*Takahashi et al.*, J. pharm. Soc. Japan **76** [1956] 1180, 1185; C. A. **1957** 3569). Aus 4-Methylamino-antipyrin (s. o.) beim Erwärmen mit wss. Formaldehyd, Na_2SO_3 und wss. HCl (*Ta. et al.*) oder mit Paraformaldehyd und konz. wss. HCl (*Takahashi, Kanematsu*, Chem. pharm. Bl. **6** [1958] 98, 100). Beim Erwärmen von [1,5-Dimethyl-3-oxo-2-phenyl-2,3-dihydro-1*H*-pyrazol-4-yl]-amidoschwefelsäure (E II **24** 153) mit wss. Formaldehyd und SO_2 (*Schering-Kahlbaum A.G.*).

Physikalische Eigenschaften.

Dipolmoment (ε; Bzl.) bei 25°: 5,2 D (*Brown et al.*, Soc. **1949** 2812, 2816).

Dimorph; trikline Kristalle [aus Lösungen] sowie (vermutlich) orthorhombische Kristalle [nach Sublimation] (*Kofler, Fischer*, Ar. **270** [1932] 441, 447, 448); F: 108° [Sublimation ab 80° bzw. ab 92°] (*Kofler, Doser*, Ar. **280** [1942] 116, 120; *Kofler, Dernbach*, Ar. **269** [1931] 104, 110), 106–108° [Sublimation ab 60°] (*Eder, Haas*, Mikroch. Emich-Festschr. [1930] 43, 68). Über die Kristallstruktur der triklinen Modifikation s. *Hertel*, Z. physik. Chem. Bodenstein-Festband [1931] 267, 272. Dichte der triklinen Kristalle: 1,187 (*He.*). Kristalloptik der ortho-rhombischen Modifikation: *Mayrhofer*, Pharm. Monatsh. **12** [1931] 125, 126; s. a. *Keenan*, J. Assoc. agric. Chemists **27** [1944] 153, 156. Brechungsindex der Schmelze bei 117–120° und 138–140°: *L.* u. *A. Kofler*, Thermo-Mikro-Methoden, 3. Aufl. [Weinheim 1954] S. 444.

IR-Spektrum (KBr bzw. Nujol; 2–15 μ): *Krohs*, B. **88** [1955] 866, 869; *Takahashi et al.*, J. pharm. Soc. Japan **76** [1956] 1180, 1183; C. A. **1957** 3569. IR-Banden (Nujol oder Hexachlor-buta-1,3-dien; 3,2–18,2 μ): *Dick et al.*, Rev. roum. Chim. **12** [1967] 605, 610–612. Raman-Banden der Kristalle (3170–500 cm^{-1}): *Reitz*, Z. physik. Chem. [B] **46** [1940] 181, 189, 190; s. a. *Canals, Peyrot*, C. r. **206** [1938] 1180; *Bonino, Manzoni Ansidei*, Mem. Accad. Bologna [9] **1** [1933/34] 3, 6. UV-Spektrum in Hexan (210–340 nm): *Waljaschko, Blisnjukow*, Ž. obšč. Chim. **10** [1940] 1343, 1355–1357, 1360–1362; C. A. **1941** 3633; in Äthanol (210–380 nm bzw. 220–320 nm bzw. 230–310 nm): *Wa., Bl.; Roche, Wright*, Arch. ind. Hyg. **8** [1953] 507, 510; *Brown et al.*, Soc. **1949** 2812, 2814; in H_2O (270–310 nm): *Paul, Rieder*, Ar. **279** [1941] 1, 21; in wss. HCl (220–290 nm): *Brodie, Axelrod*, J. Pharmacol. exp. Therap. **99** [1950] 171, 172; in wss. NaOH (220–310 nm): *Ro., Wr.;* in äthanol. HCl und in äthanol. Natriumäthylat (210–340 nm): *Wa., Bl.*

Magnetische Susceptibilität: $-149{,}0 \cdot 10^{-6}$ $cm^3 \cdot mol^{-1}$ (*Pacault*, A. ch. [12] **1** [1946] 527, 569).

Scheinbare Dissoziationsexponenten pK'_{b1} und pK'_{b2} (H_2O; aus dem Oberflächenpotential ermittelt) bei 18–20°: 9,3 bzw. 12,5 (*Zapiór*, Bl. Acad. polon. [A] **1947** 142, 143, 144). Dielektri-sches Inkrement in H_2O bei 25°: *Devoto*, R.A.L. [6] **21** [1935] 819.

Physikalische Eigenschaften von Pyramidon enthaltenden Mehrstoffsystemen.

Löslichkeit in H_2O bei 16,5°: 5,58 g/100 ml (*Erlenmeyer, Willi*, Helv. **18** [1935] 740, 741). Löslichkeit in $CHCl_3$, in Benzol, in Äthanol und in Äther bei 25°: *Charonnat, Delaby*, Bl. Sci. pharmacol. **37** [1930] 7, 19; in Benzol bei 20–60°, in Toluol bei 20–50° und in Petroläther bei 20–60°: *Nikolaew*, Chim. farm. Promyšl. **1934** Nr. 6, S. 20; C. **1935** II 721; in CCl_4, in Benzol und in Petroläther bei Raumtemperatur: *Warren*, J. Assoc. agric. Chemists **16** [1933] 571, 572; in einem Gemisch von 1-Methyl-piperidin-2-on und H_2O [19:1]: *Hoffmann-La Roche*, Schweiz. P. 165652 [1932].

Löslichkeitsdiagramm des binären Systems mit H_2O bei 70–190°: *Kaplan, Rabinowitsch*, Ž. prikl. Chim. **21** [1948] 1162, 1166, 1167; C. A. **1952** 7860; *Krupatkin*, Ž. obšč. Chim. **26** [1956] 1050, 1052–1054; engl. Ausg. S. 1197–1200; s. a. *Krupatkin, Todorow*, Chimija chim. Technol. (IVUZ) **1** [1958] Nr. 3, S. 15, 18, 19; C. A. **1959** 1880. Löslichkeitsdiagramm der ternären Systeme mit H_2O und Chloralhydrat bei 5–100° (Bildung von Verbindungen [1:2 bis 1:1] aus Pyramidon und Chloralhydrat): *Shurawlew*, Ž. obšč. Chim. **29** [1959] 3178; engl. Ausg. S. 3144; mit H_2O und Salicylsäure bei 50–140° (Bildung von Verbindungen [1:1 und 1:3] aus Pyramidon und Salicylsäure): *Kr.*, Ž. obšč. Chim. **26** 1050; mit H_2O und Diäthylamin bei 50–170° (Bildung der Verbindung [1:3] aus Pyramidon und Diäthylamin): *Krupatkin, Todorow,* Ž. obšč. Chim. **27** [1957] 2916; engl. Ausg. S. 2948; mit Petroläther [Kp: 120–140°] und Salicylsäure bei 100–160° (Bildung der Verbindung [1:3] aus Pyramidon und Salicylsäure): *Krupatkin,* Ž. obšč. Chim. **29** [1959] 2490, 2493; engl. Ausg. S. 2452, 2454.

Verteilung zwischen H_2O und Äther bei 20°: *Collander,* Acta chem. scand. **3** [1949] 717, 726; zwischen H_2O und Octadec-9*c*-en-1-ol (Oleinalkohol) bei 21°: *Meyer, Hemmi,* Bio. Z. **277** [1935] 39, 64; zwischen wss. HCl [0,5 n] und $CHCl_3$ bei 20°: *Brunzell, Hellberg,* Ann. pharm. franç. **12** [1954] 296, 301; zwischen wss. Lösungen vom pH 3–13 und 1,2-Dichlor-äthan: *Brodie, Axelrod,* J. Pharmacol. exp. Therap. **99** [1950] 171, 176.

Phasendiagramm (fest/flüssig) der binären Systeme mit H_2O: *Kaplan, Rabinowitsch,* Ž. prikl. Chim. **21** [1948] 1162, 1163, 1165; C. A. **1952** 7860; s. a. *Krupatkin,* Ž. obšč. Chim. **26** [1956] 1050, 1052–1054; engl. Ausg. S. 1197–1200; mit Petroläther [Kp: 120–140°]: *Krupatkin,* Ž. obšč. Chim. **29** [1959] 2490, 2491; engl. Ausg. S. 2452, 2453; mit 2,2-Bis-äthansulfonyl-propan: *Kofler,* M. **80** [1949] 441, 442; mit Bernsteinsäure-anhydrid, mit Maleinsäure-anhydrid (Verbindung 1:1; F: 123,5°) und mit Phthalsäure-anhydrid: *Kojima,* Sci. Rep. Tokyo Bunrika Daigaku [A] **3** [1935/40] 71, 76, 80; mit (±)-3-Äthyl-3-phenyl-piperidin-2,6-dion (Verbindung 3:1) und mit dessen Monohydrat (Verbindungen 3:1 und 1:1): *Casini et al.,* Ric. scient. **29** [1959] 761, 764, 765, 768, 770; mit 5,5-Diäthyl-barbitursäure [Veronal] (Verbindung 2:1; F: 100°): *Nobili,* Boll. chim. farm. **72** [1933] 361, 364; s. a. *Oliverio, Trucco,* Boll. Accad. Gioenia Catania [3] **9** [1938] 11; mit 5-Äthyl-5-butyl-barbitursäure (Verbindung 1:1; F: 110–111°): *Charpentier,* Bl. Sci. pharmacol. **41** [1934] 328; mit 5,5-Diallyl-barbitursäure (Verbindung 1:1): *Sekiguchi et al.,* Chem. pharm. Bl. **11** [1963] 1108, 1118; s. a. *Pfeiffer, Ochiai,* J. pr. [2] **136** [1933] 129; mit 5-Äthyl-5-phenyl-barbitursäure [Luminal] (Verbindung 1:1): *Brandstätter-Kuh=nert, Martinek,* Mikroch. Acta **1958** 803, 807, 808; mit (1*R*)-*cis*-Camphersäure (Verbindung 1:1; F: 84–91,5°): *Ponte,* Boll. chim. farm. **76** [1937] 677; mit Benzoesäure-anhydrid (Verbin=dung 1:1; F: 60,0°): *Koj.,* l. c. S. 84; mit *N,N'*-Dipropionyl-harnstoff: *Ochiai, Kuroyanagi,* J. pr. [2] **159** [1941] 1, 7; mit Butyrylharnstoff: *Ochiai, Kuroyanagi,* J. pharm. Soc. Japan **58** [1938] 851, 853; dtsch. Ref. S. 263, 265; C. A. **1939** 2107; mit Salicylsäure (Verbindung 1:3, F: 94° [Zers.] und Verbindung 1:1, F: 97°): *Kr.,* Ž. obšč. Chim. **26** 1052, 1053; mit 2-Acetoxy-benzoesäure (Aspirin): *No.,* l. c. S. 367; mit Diäthylamin: *Krupatkin, Todorow,* Ž. obšč. Chim. **27** [1957] 2916, 2917; engl. Ausg. S. 2948, 2949; mit Acetanilid: *No.,* l. c. S. 362; mit Phenylharnstoff: *Och., Ku.,* J. pharm. Soc. Japan **58** 855; dtsch. Ref. S. 266; mit Phenacetin: *Ol., Tr.,* l. c. S. 12; mit Sulfanilamid: *Kuroyanagi, Kawai,* J. pharm. Soc. Japan **60** [1940] 481, 485; engl. Ref. S. 183; C. A. **1941** 7945; mit Acetyl-sulfanilyl-amin: *Kuroyanagi,* J. pharm. Soc. Japan **61** [1941] 443, 445, 449; dtsch. Ref. S. 143; C. A. **1950** 9368; mit *N*-Sulfanilyl-sulfanilsäure-dimethylamid, mit Sulfanilsäure-[2]pyridylamid (Verbindung 1:1) und mit Sulf=anilsäure-[6-methyl-[2]pyridylamid]: *Ku., Ka.,* l. c. S. 482, 483, 486, 487; mit 4-Isopropyl-1,5-dimethyl-2-phenyl-1,2-dihydro-pyrazol-3-on: *Erlenmeyer, Willi,* Helv. **18** [1935] 740; mit Sulf=anilsäure-thiazol-2-ylamid (Verbindung 1:1): *Ku.,* l. c. S. 444, 446.

Eutektikum mit Phenacetin, mit Antipyrin, mit Veronal und mit Coffein: *Glusman, Rubzowa,* Ž. anal. Chim. **11** [1956] 640, 642; engl. Ausg. S. 683, 685. Phasendiagramm (fest/flüssig) des ternären Systems mit Phenacetin und Veronal: *Oliverio, Trucco,* Boll. Accad. Gioenia Catania [3] **9** [1938] 11, 13.

Oberflächenspannung einer wss. Lösung [0,1 m] bei 25,9°: *Giacalone, Di Maggio,* G. **69** [1939] 122, 128; von wss. Lösungen [0,01 m und 0,02 m] vom pH 1–10 bei 25°: *Zapiór,* Bl. Acad. polon. [A] **1947** 142, 145. Oberflächenpotential von wss. Lösungen [0,01 m und 0,02 m] vom pH 1–10 bei 18–20°: *Za.,* l. c. S. 144, 145. Assoziation mit Chloralhydrat in Naphthalin: *Shurawlew et al.,* Chimija chim. Technol. (IVUZ) **2** [1959] 891; C. A. **1960** 10482; mit Phenol, mit Thymol und mit [1]Naphthol in CCl_4: *Oi et al.,* Pharm. Bl. **5** [1957] 141; mit Brenzcatechin, mit Resorcin und mit Hydrochinon in Toluol: *Cagnoli,* Farmaco Ed. prat. **13** [1958] 525, 534; mit Veronal in H_2O: *Ca.,* l. c. S. 528, 529.

Chemisches Verhalten.

Beim Erwärmen mit KIO_3 und wss. H_2SO_4 sind 1,2-Bis-[4-hydroxy-2-methyl-5-oxo-1-phenyl-2,5-dihydro-pyrazol-3-yl]-äthan (Syst.-Nr. 4171), Dimethylamin und wenig 4-Hydroxy-antipyrin (E III/IV **24** 1081) erhalten worden (*Awe, Buerhop,* Ar. **292** [1959] 749, 750, 753, 756). Bildung von sog. Pyramidon-nitrit (E III **15** 258) beim Behandeln mit wss. HNO_2: *Bockmühl,* Med.

Ch. I.G. **3** [1936] 294, 300, 301; vgl. H **25** 452; E II **25** 364.

Salze und Additionsverbindungen.

a) *Salze und Additionsverbindungen mit anorganischen Verbindungen.*

Nach Ausweis der IR-Absorption liegt Pyramidon in protonierter Form als chelatisiertes 4-Dimethylamino-3-hydroxy-1,5-dimethyl-2-phenyl-pyrazolium-Kation vor (*Dick et al.*, Rev. roum. Chim. **12** [1967] 607, 614, 617).

Salz des 4-Methyl-6,7-bis-sulfooxy-cumarins [E III/IV **18** 1376] $2C_{13}H_{17}N_3O \cdot C_{10}H_8O_{10}S_2$. Hygroskopische Kristalle; F: 78–85° [Zers.; geschlossene Kapillare] (*Cavallini et al.*, Farmaco Ed. scient. **10** [1955] 699, 701). UV-Spektrum (wss. HCl [0,01 n]; 220–340 nm): *Ca. et al.*, l. c. S. 702.

Verbindung mit Ammonium-thiocyanat $C_{13}H_{17}N_3O \cdot [NH_4]CNS$. Kristalle [aus H_2O] (*Kaufmann*, Ar. **278** [1940] 449, 455).

Salz der (±)-Tribrenzcatechinato-arsen(V)-säure [E III **6** 4198] $C_{13}H_{17}N_3O \cdot H[As(C_6H_4O_2)_3(H_2O)]$. Kristalle (aus A.); F: 138° (*Chalezkiĭ, Gerschenzwit*, Ž. obšč. Chim. **17** [1947] 2066, 2072; C. A. **1948** 4966).

Verbindung mit Antimon(III)-chlorid $C_{13}H_{17}N_3O \cdot 2SbCl_3$. Feststoff (*Wachsmuth*, J. Pharm. Chim. [9] **1** [1940] 383, 391; *Lapière*, Anal. chim. Acta **1** [1947] 371).

Tetrajodobismutat(III) $C_{13}H_{17}N_3O \cdot HBiI_4 \cdot 6H_2O$. Orangerot (*Dick, Maurer*, Rev. roum. Chim. **10** [1965] 633, 636, 637; s. a. *Buděšinský*, Collect. **21** [1956] 146, 149; *Dolique*, Bl. Sci. pharmacol. **39** [1932] 418, 424, 491, 492). Dichte der Kristalle: 2,726 (*Do.*, l. c. S. 492). Absorptionsspektrum (Acn.; 360–560 nm): *Dick, Ma.* – Thermogravimetrische Analyse: *Dick, Ma.*

Dodecamolybdosilicat $3C_{13}H_{17}N_3O \cdot H_4[SiMo_{12}O_{40}]$. Thermogravimetrische Analyse eines wasserhaltigen Präparats (Stabilitätsbereich des Dihydrats: ca. 80–100°): *Dupuis*, Mikroch. **35** [1950] 449, 454, 455; *Dupuis, Duval*, Anal. chim. Acta **4** [1950] 50, 52; *Duval*, Mikroch. **36/37** [1951] 425, 458, 460.

Dodecawolframosilicat $3C_{13}H_{17}N_3O \cdot H_4[SiW_{12}O_{40}]$ (vgl. E I 672). Feststoff (*Souchay*, A. ch. [12] **2** [1947] 223, 225, 226).

Tris-[4-dimethylamino-1,5-dimethyl-2-phenyl-1,2-dihydro-pyrazol-3-on]-aluminium-[hexakis-thiocyanato-chromat(III)] $[Al(C_{13}H_{17}N_3O)_3][Cr(CNS)_6]$. Hellviolette Kristalle; Zers. bei 50–60° (*Guljaewa*, Ž. obšč. Chim. **20** [1950] 1412; engl. Ausg. S. 1469). In 100 ml H_2O lösen sich bei 15° 0,07 g.

Tetrabromothallat(III) $C_{13}H_{17}N_3O \cdot HTlBr_4$. Gelbliche Kristalle (aus Acn.); F: 185° [Zers.] (*Bušew, Tipzowa*, Ž. anal. Chim. **14** [1959] 28, 29; engl. Ausg. S. 27, 28).

Verbindung mit Magnesium-thiocyanat $2C_{13}H_{17}N_3O \cdot Mg(CNS)_2$. Hygroskopische Kristalle [aus $CHCl_3$] (*Kaufmann*, Ar. **278** [1940] 449, 456).

Verbindungen mit dem Magnesium-Salz der 2-Phenyl-chinolin-4-carbonsäure. a) $4C_{13}H_{17}N_3O \cdot Mg(C_{16}H_{10}NO_2)_2$. E: 65° (*Adler, Adler*, D.R.P. 541035 [1927], 547175 [1930]; Frdl. **17** 2425, **18** 2750; U.S.P. 1954909 [1930]). – b) $2C_{13}H_{17}N_3O \cdot Mg(C_{16}H_{10}NO_2)_2$. E: 90° (*Ad., Ad.*).

Calcium-Komplexsalze. a) Verbindung mit Calciumbromid $2C_{13}H_{17}N_3O \cdot CaBr_2$. Kristalle (aus Acn.) mit 4 Mol H_2O; F: 110–117° (*Kaufmann*, Ar. **278** [1940] 449, 454). – b) Verbindung mit Calciumjodid $2C_{13}H_{17}N_3O \cdot CaI_2$. Kristalle (aus H_2O) mit 4 Mol H_2O; F: 123–130° (*Ka.*). – c) Verbindungen mit dem Calcium-Salz der 2-Phenyl-chinolin-4-carbonsäure. α) $4C_{13}H_{17}N_3O \cdot Ca(C_{16}H_{10}NO_2)_2$. E: 70° (*Adler, Adler*, D.R.P. 541035 [1927], 547175 [1930]; Frdl. **17** 2425, **18** 2750; U.S.P. 1954909 [1930]). – β) $2C_{13}H_{17}N_3O \cdot Ca(C_{16}H_{10}NO_2)_2$. E: 80° (*Ad., Ad.*). – d) Verbindung mit Calcium-thiocyanat $[Ca(CNS)(C_{13}H_{17}N_3O)_2(H_2O)_3]CNS$. Kristalle (aus H_2O); F: 115° [nach Sintern bei 105°] (*Ka.*, l. c. S. 453, 455). Elektrische Leitfähigkeit in H_2O: *Ka.*, l. c. S. 451. – e) Verbindung mit Calciumsalicylat $2C_{13}H_{17}N_3O \cdot Ca(C_7H_5O_3)_2$. Kristalle [aus H_2O] (*Knoll A.G.*, D.R.P. 733301 [1938]; D.R.P. Org. Chem. **3** 43; *Bilhuber Inc.*, U.S.P. 2323193 [1940]).

Strontium-Komplexsalze. a) Verbindung mit Strontiumjodid $2C_{13}H_{17}N_3O \cdot SrI_2$. Hygroskopischer Feststoff (*Kaufmann*, Ar. **278** [1940] 449, 454). – b) Verbindungen mit dem Strontium-Salz der 2-Phenyl-chinolin-4-carbonsäure. α) $4C_{13}H_{17}N_3O \cdot Sr(C_{16}H_{10}NO_2)_2$. E: 80° (*Adler, Adler*, D.R.P. 541035 [1927], 547175 [1930];

Frdl. **17** 2425, **18** 2750; U.S.P. 1954909 [1930]). – *β*) $2C_{13}H_{17}N_3O \cdot Sr(C_{16}H_{10}NO_2)_2$. E: 85° (*Ad.*, *Ad.*). – c) Verbindung mit Strontium-thiocyanat $3C_{13}H_{17}N_3O \cdot Sr(CNS)_2 \cdot 2H_2O$. F: 104–108° (*Ka.*, l. c. S. 455). – d) Verbindung mit dem Strontium-Salz der 2-Hydroxy-5-sulfo-benzoesäure $2C_{13}H_{17}N_3O \cdot SrC_7H_4O_6S$. F: 115° (*R. & O. Weil*, D.R.P. 556143 [1931]; Frdl. **19** 1188).

Verbindungen mit dem Lithium-Salz der 2-Phenyl-chinolin-4-carbonsäure. a) $2C_{13}H_{17}N_3O \cdot LiC_{16}H_{10}NO_2$. E: 70° (*Adler, Adler*, D.R.P. 541035 [1927], 547175 [1930]; Frdl. **17** 2425, **18** 2750; U.S.P. 1954909 [1930]). – b) $C_{13}H_{17}N_3O \cdot LiC_{16}H_{10}NO_2$. E: 90° (*Ad.*, *Ad.*).

Natrium-Komplexsalze. a) Verbindung mit Natrium-thiocyanat $2C_{13}H_{17}N_3O \cdot NaCNS \cdot H_2O$. Kristalle [aus E.] (*Kaufmann*, Ar. **278** [1940] 449, 455). – b) Verbindungen mit dem Natrium-Salz der 2-Phenyl-chinolin-4-carbonsäure. *α*) $2C_{13}H_{17}N_3O \cdot NaC_{16}H_{10}NO_2$. E: 75° (*Adler, Adler*, D.R.P. 541035 [1927], 547175 [1930]; Frdl. **17** 2425, **18** 2750; U.S.P. 1954909 [1930]). – *β*) $C_{13}H_{17}N_3O \cdot NaC_{16}H_{10}NO_2$. E: 80° (*Ad.*, *Ad.*). – c) Verbindung mit dem Di(?)-natrium-Salz der 2-Hydroxy-5-sulfo-benzoesäure $2C_{13}H_{17}N_3O \cdot Na_2C_7H_4O_6S$(?). F: 120° (*R. & O. Weil*, D.R.P. 556143 [1931]; Frdl. **19** 1188).

Kupfer(I)-Komplexsalze. a) $C_{13}H_{17}N_3O \cdot HCuBr_2$. Kristalle; F: 162° (*Souchay*, Bl. [5] **7** [1940] 875, 883). – b) $C_{13}H_{17}N_3O \cdot H[Cu(CNS)_2]$. F: 186° (*Souchay*, Bl. [5] **7** [1940] 797, 804, 805).

Kupfer(II)-Komplexsalze. a) $C_{13}H_{17}N_3O \cdot HCuCl_3$. Braune Kristalle; F: 147° (*Souchay*, Bl. [5] **7** [1940] 875, 879). – b) $C_{13}H_{17}N_3O \cdot H_2CuCl_4$. Orangefarbene Kristalle mit 3 Mol H_2O; F: 127° [vorgeheizter App.] (*So.*, l. c. S. 878). – c) $[Cu(C_{13}H_{17}N_3O)_2](ClO_3)_2$. Unbeständiges dunkelgrünes Pulver, das sich oberhalb 165° explosionsartig zersetzt (*Souchay*, Bl. [5] **7** [1940] 809, 827). – d) $[Cu(C_{13}H_{17}N_3O)_2](ClO_4)_2$. Dunkelgrünes Pulver; F: ca. 249° [unter Schwarzfärbung] (*So.*, l. c. S. 833). – e) $[Cu(C_{13}H_{17}N_3O)_2](CuBr_2)_2$. Grüne Kristalle, die sich ab 70° braun färben (*So.*, l. c. S. 882). – f) Tetrabromocuprat(II) $C_{13}H_{17}N_3O \cdot H_2CuBr_4$. Schwarzviolette Kristalle; F: 133° [unscharf] (*So.*, l. c. S. 883). – g) $[Cu(C_{13}H_{17}N_3O)_2](NO_3)_2$. Hellgrüne Kristalle; F: 131° [vorgeheizter App.; schwarze Schmelze] bzw. Zers. zu CuO oberhalb 115° [bei langsamem Erhitzen] (*So.*, l. c. S. 823, 824).

Zink-Komplexsalze. a) Verbindung mit Zinkchlorid $[Zn(C_{13}H_{17}N_3O)Cl_2]$. Konstitution: *Dick, Maurer*, Rev. roum. Chim. **10** [1965] 633, 635. Kristalle (*Wachsmuth*, J. Pharm. Chim. [9] **1** [1940] 383, 391); F: 216° (*Kumow*, Ž. obšč. Chim. **19** [1949] 1236, 1238, 1243; engl. Ausg. S. 1231, 1233, 1237). Elektrische Leitfähigkeit in H_2O bei 15°: *Ku.* Löslichkeit [g/100 ml] bei 15° in H_2O: 1,49; in Äthanol: 0,29; in Äther: 0,042 (*Ku.*). – b) Trichlorozincat $C_{13}H_{17}N_3O \cdot HZnCl_3$. Kristalle; Zers. >250° (*Souchay*, Bl. [5] **7** [1940] 835, 873). – c) Verbindung mit Zinkbromid $[Zn(C_{13}H_{17}N_3O)Br_2]$. Konstitution: *Dick, Ma.* Kristalle (aus H_2O); F: 235° [partielle Zers.] (*Ku.*, l. c. S. 1242, 1244). Elektrische Leitfähigkeit in H_2O bei 15°: *Ku.* Löslichkeit [g/100 ml] bei 15° in H_2O: 1,24; in Äthanol: 0,382; in Äther: 0,122 (*Ku.*). Über ein ebenfalls unter dieser Konstitution beschriebenes Präparat (Kristalle; F: 268° [Zers.]) s. *So.*, l. c. S. 873. – d) Tribromozincat $C_{13}H_{17}N_3O \cdot HZnBr_3$. Kristalle; Zers. >250° (*So.*, l. c. S. 874). – e) Verbindung mit Zinkjodid $[Zn(C_{13}H_{17}N_3O)I_2]$. Konstitution: *Dick, Ma.* Kristalle (aus H_2O); F: 240° [partielle Zers.; nach Dunkelfärbung bei 235°] (*Ku.*, l. c. S. 1246, 1247). Elektrische Leitfähigkeit in H_2O bei 15°: *Ku.* Löslichkeit [g/100 ml] bei 15° in H_2O: 3,75; in Äthanol: 0,462; in Äther: 0,116 (*Ku.*). Über ein ebenfalls unter dieser Konstitution beschriebenes Präparat (F: 300° [Zers.]) s. *So.*, l. c. S. 873. – f) Tetrajodozincat $2C_{13}H_{17}N_3O \cdot H_2ZnI_4$. Wenig beständige Kristalle; F: ca. 197° (*So.*, l. c. S. 874). – g) Verbindung mit Zinknitrat $2C_{13}H_{17}N_3O \cdot Zn(NO_3)_2$. Kristalle; F: ca. 117° (*Souchay*, Bl. [5] **7** [1940] 809, 823). – h) Verbindung mit Zink-thiocyanat $[Zn(CNS)_2(C_{13}H_{17}N_3O)_2]$. Konstitution: *Dick et al.*, Rev. roum. Chim. **12** [1967] 617, 622, 624. Kristalle; F: 137° (*Souchay*, Bl. [5] **7** [1940] 797, 798), 130° [aus H_2O] (*Ku.*, l. c. S. 1237, 1239). IR-Banden (Nujol oder Hexachlor-buta-1,3-dien; 2100–450 cm^{-1}): *Dick et al.*, l. c. S. 622–624. Elektrische Leitfähigkeit in H_2O bei 15°: *Ku.* Löslichkeit [g/100 ml] bei 15° in H_2O: 0,19; in Äthanol: 0,13; in Äther: 0,1 (*Ku.*). – i) Tetrakis-thiocyanato-zincat $2C_{13}H_{17}N_3O \cdot H_2[Zn(CNS)_4]$. Konstitution: *Dick et al.*, Rev. roum. Chim. **12** [1967] 607, 614. Kristalle [aus H_2O] (*Bitowt*, Ž. anal. Chim. **4** [1949] 173; C. A. **1950** 2886); F: 192° (*So.*, l. c. S. 798, 799). IR-Banden (Nujol oder Hexachlor-buta-1,3-dien; 2700–450 cm^{-1}): *Di. et al.*,

l. c. S. 614, 615. In 100 ml H_2O lösen sich bei 15° 2 g (*Bi.*) bzw. 0,86 g (*Sa.*, l. c. S. 799). – j) Verbindung mit Zinksalicylat $C_{13}H_{17}N_3O \cdot Zn(C_7H_5O_3)_2$. Kristalle; F: 85° (*Tronow, Charitonowa*, Trudy Inst. Chim. Akad. Kirgizsk. S.S.R. Nr. 6 [1955] 157, 172; C. A. **1960** 24086).

Cadmium-Komplexsalze. a) $2C_{13}H_{17}N_3O \cdot CdCl_2$. Kristalle (aus H_2O); F: 171° [unter Umwandlung in den unter b) beschriebenen Komplex] (*Souchay*, Bl. [5] **7** [1940] 835, 868; vgl. *Kumow*, Ž. obšč. Chim. **19** [1949] 1236, 1242, 1243; engl. Ausg. S. 1231, 1233, 1237). Elektrische Leitfähigkeit in H_2O bei 15°: *Ku.* Löslichkeit [g/100 ml] bei 15° in H_2O: 1,2; in Äthanol: 0,192; in Äther: 0,01 (*Ku.*). – b) $[Cd(C_{13}H_{17}N_3O)Cl_2]$. Konstitution: *Dick, Maurer*, Rev. roum. Chim. **10** [1965] 633, 635. Kristalle; F: 274° [Zers.] (*So.*, l. c. S. 868). – c) $2C_{13}H_{17}N_3O \cdot CdBr_2$. Kristalle; F: 186° [Zers.] (*So.*, l. c. S. 869), 175° [aus H_2O] (*Ku.*, l. c. S. 1242, 1244). Elektrische Leitfähigkeit in H_2O bei 15°: *Ku.* Löslichkeit [g/100 ml] bei 15° in H_2O: 0,27; in Äthanol: 0,204; in Äther: 0,05 (*Ku.*). – d) $[Cd(C_{13}H_{17}N_3O)Br_2]$. Konstitution: *Dick, Ma.* F: 263° (*So.*, l. c. S. 869). – e) Tetrabromocadmat $2C_{13}H_{17}N_3O \cdot H_2CdBr_4$. Kristalle (aus H_2O); F: 204° (*So.*, l. c. S. 869). – f) $[Cd(C_{13}H_{17}N_3O)_2I_2]$. Konstitution: *Dick et al.*, Rev. roum. Chim. **12** [1967] 617, 622, 625. F: 177° (*Souchay*, Bl. [5] **7** [1940] 797, 801). IR-Banden (Nujol oder Hexachlor-buta-1,3-dien; 1650–400 cm^{-1}): *Dick et al.*, l. c. S. 622, 623. Beim längeren Erhitzen auf 170° erfolgt Umwandlung in den unter g) beschriebenen Komplex (*So.*, l. c. S. 801). – g) $[Cd(C_{13}H_{17}N_3O)I_2]$. Konstitution: *Dick et al.*, l. c. S. 625, 626. Kristalle; F: 248° (*Buděšinský*, Pharmazie **10** [1955] 597), 228° [Zers.; aus H_2O] (*Ku.*, l. c. S. 1246, 1247), 225° [Zers.] (*Duquénois*, J. Pharm. Chim. [8] **26** [1937] 353, 355). IR-Banden (Nujol oder Hexachlor-buta-1,3-dien; 1650–350 cm^{-1}): *Dick et al.*, l. c. S. 626, 627. Elektrische Leitfähigkeit in H_2O bei 15°: *Ku.* Löslichkeit [g/100 ml] bei 15° in H_2O: 0,14; in Äthanol: 0,23; in Äther: 0,046 (*Ku.*). – h) Tetrajodocadmat $2C_{13}H_{17}N_3O \cdot H_2CdI_4$. Kristalle; F: 216° (*So.*, l. c. S. 802), 210° [Zers.; aus A.] *Gušew*, Ž. anal. Chim. **1** [1942] 114, 117; C. A. **1947** 347). IR-Banden (Nujol oder Hexachlor-buta-1,3-dien; 2700–600 cm^{-1}): *Dick et al.*, Rev. roum. Chim. **12** [1967] 607, 614, 615. In 100 ml H_2O lösen sich bei 15° 0,13 g (*Gu.*; s. a. *So.*, l. c. S. 802). – i) $2C_{17}H_{13}N_3O \cdot Cd(NO_3)_2$. F: 179° (*Souchay*, Bl. [5] **7** [1940] 809, 823). – j) $[Cd(CNS)_2(C_{13}H_{17}N_3O)_2]$. Konstitution: *Dick et al.*, l. c. S. 622, 624. Kristalle (aus H_2O); F: 204° [Zers.; nach Rotfärbung bei 198°] (*Ku.*, l. c. S. 1237, 1239; s. a. *So.*, l. c. S. 869). IR-Banden (Nujol oder Hexachlor-buta-1,3-dien; 2100–350 cm^{-1}): *Dick et al.* Elektrische Leitfähigkeit in H_2O bei 15°: *Ku.* Löslichkeit [g/100 ml] bei 15° in H_2O: 0,12; in Äthanol: 0,074; in Äther 0,027 (*Ku.*). – k) $[Cd(CNS)_2(C_{13}H_{17}N_3O)]$. Konstitution: *Dick, Ma.; Dick et al.*, l. c. S. 625, 626. F: 237° (*So.*, l. c. S. 869), 208° (*Bu.*). IR-Banden (Nujol oder Hexachlor-buta-1,3-dien; 1650–350 cm^{-1}): *Dick et al.*, l. c. S. 626, 627. – l) Verbindung mit Cadmiumsalicylat $2C_{13}H_{17}N_3O \cdot Cd(C_7H_5O_3)_2$. Kristalle; F: 74° (*Tronow, Charitonowa*, Trudy Inst. Chim. Akad. Kirgizsk. S.S.R. Nr. 6 [1955] 157, 179; C. A. **1960** 24086).

Quecksilber(II)-Komplexsalze. a) $[Hg(C_{13}H_{17}N_3O)Cl_2]$ (H 453). Konstitution: *Dick, Maurer*, Rev. roum. Chim. **10** [1965] 633, 635. Kristalle; F: 184° [Zers.] (*Wachsmuth*, J. Pharm. Chim. [9] **1** [1940] 383, 390), 165° [nach Rotfärbung bei 145°; aus A.] (*Kumow*, Ž. obšč. Chim. **19** [1949] 1236, 1242, 1243; engl. Ausg. S. 1231, 1234, 1237). Löslichkeit [g/100 ml] bei 15° in H_2O: 0,05; in Äthanol: 0,1; in Äther: 0,06 (*Ku.*; s. a. *Wa.*). – b) $C_{13}H_{17}N_3O \cdot H_2HgCl_4$. Kristalle mit 1 Mol H_2O; F: ca. 118° [Zers.] (*Douris*, C. r. **218** [1944] 514). – c) $[Hg(C_{13}H_{17}N_3O)Br_2]$. Konstitution: *Dick, Ma.* Feststoff, der sich beim Erhitzen zersetzt (*Ku.*, l. c. S. 1242, 1244). Löslichkeit [g/100 ml] bei 15° in H_2O: 0,04; in Äthanol: 0,4; in Äther: 0,01 (*Ku.*). – d) $[Hg(C_{13}H_{17}N_3O)I_2]$. Konstitution: *Dick, Ma.; Dick et al.*, Rev. roum. Chim. **12** [1967] 617, 625, 626. Hellgelbe Kristalle (aus A.), die sich beim Erhitzen zersetzen (*Ku.*, l. c. S. 1246, 1247). IR-Banden (Nujol oder Hexachlor-buta-1,3-dien; 1650–800 cm^{-1}): *Dick et al.*, l. c. S. 626, 627. In 100 ml Äthanol lösen sich bei 15° 0,48 g (*Ku.*). – e) $C_{13}H_{17}N_3O \cdot H_2HgI_4$. Kristalle (aus A.); Zers. >200° (*Gušew*, Ž. anal. Chim. **1** [1946] 114, 118; C. A. **1947** 347; s. a. *Dick, Ma.*, l. c. S. 638). IR-Banden (Nujol oder Hexachlor-buta-1,3-dien; 2700–600 cm^{-1}): *Dick et al.*, Rev. roum. Chim. **12** [1967] 607, 614, 615). – f) $[Hg(CN)_2(C_{13}H_{17}N_3O)]$. Bezüglich der Konstitution vgl. *Dick, Ma.; Dick et al.*, l. c. S. 626. Kristalle (aus H_2O); F: 173° (*Do.*). Löslichkeit in H_2O: *Do*.

Lanthan(III)-Komplexsalz $[La(C_{13}H_{17}N_3O)_3]_2[Hg(CNS)_4]_3$. Grüner Feststoff (*Šerebrennikow et al.*, Trudy Tomsk. Univ. **145** [1954] 161; C. A. **1960** 17141).

Praseodym(III)-Komplexsalz $[Pr(C_{13}H_{17}N_3O)]_2$ $[Hg(CNS)_4]_3$. Grüner Feststoff (*Šere*=

brennikow et al., Trudy Tomsk. Univ. **145** [1954] 161; C. A. **1960** 17141).

Neodym(III)-Komplexsalz $[Nd(C_{13}H_{17}N_3O)]_2[Hg(CNS)_4]_3$. Violetter Feststoff (*Šerebrennikow et al.*, Trudy Tomsk. Univ. **145** [1954] 161; C. A. **1960** 17141).

Uranyl(VI)-Komplexsalz $[UO_2(C_{13}H_{17}N_3O)_2](NO_3)_2$. Rote Kristalle (*Răşcanu*, Ann. scient. Univ. Jassy **16** [1930] 32, 55).

Chrom(III)-Komplexsalze. a) $3C_{13}H_{17}N_3O \cdot H_3[Cr(CNS)_6]$. Hellviolette Kristalle; Zers. bei 50–60° (*Guljaewa*, Ž. obšč. Chim. **20** [1950] 1412; engl. Ausg. S. 1469). In 100 ml H_2O lösen sich bei 15° 0,07 g. – b) $[Cr(C_{13}H_{17}N_3O)_3][Cr(CNS)_6]$. Grauviolette Kristalle; Zers. bei 50–60°. In 100 ml H_2O lösen sich bei 15° 0,08 g.

Mangan(II)-Komplexsalze. a) $2C_{13}H_{17}N_3O \cdot MnCl_2$. Kristalle; F: 166° (*Souchay*, Bl. [5] **7** [1940] 835, 865). – b) $2C_{13}H_{17}N_3O \cdot MnBr_2$. Hellrosa Pulver; F: 192° [nach Braunfärbung bei 187°] (*So.*, l. c. S. 866). – c) $[Mn(C_{13}H_{17}N_3O)_2(H_2O)_2]I_2$. F: >115° [unter Braunfärbung]; an der Luft und am Licht wenig beständig (*So.*, l. c. S. 866). – d) $[Mn(CNS)_2(C_{13}H_{17}N_3O)_2]$. Bezüglich der Konstitution vgl. *Dick et al.*, Rev. roum. Chim. **12** [1967] 617, 624. Kristalle; F: 199° (*So.*, l. c. S. 866), 176° (*Kumow*, Ž. obšč. Chim. **19** [1949] 1236, 1238, 1240; engl. Ausg. S. 1231, 1233, 1235). Elektrische Leitfähigkeit in H_2O bei 15°: *Ku.* Löslichkeit [g/100 ml] bei 15° in H_2O: 0,14; in Äthanol: 0,11; in Äther: 0,038 (*Ku.*).

Verbindung mit Eisen(II)-thiocyanat $[Fe(CNS)_2(C_{13}H_{17}N_3O)_2]$. Bezüglich der Konstitution vgl. *Dick et al.*, Rev. roum. Chim. **12** [1967] 617, 624. Kristalle; F: 202° [nach Dunkelfärbung bei 185°; braune Schmelze] (*Kumow*, Ž. obšč. Chim. **19** [1949] 1236, 1237, 1239; engl. Ausg. S. 1231, 1232, 1234). Elektrische Leitfähigkeit in H_2O bei 15° : *Ku.* Löslichkeit [g/100 ml] bei 15° in H_2O: 0,43; in Äthanol: 0,346; in Äther: 0,02. An der Luft nicht beständig.

Eisen(III)-Komplexsalze. a) $C_{13}H_{17}N_3O \cdot FeCl_3$ (E II 365). Zers. bei 132–134° (*Kitamura*, J. pharm. Soc. Japan **58** [1938] 447, 455; dtsch. Ref. S. 86, 92; C. A. **1938** 6648). – b) $[Fe(C_{13}H_{17}N_3O)_3][Cr(CNS)_6]$. Braune Kristalle; Zers. bei 50–60° (*Guljaewa*, Ž. obšč. Chim. **20** [1950] 1412; engl. Ausg. S. 1469). In 100 ml H_2O lösen sich bei 15°: 0,108 g (*Gu.*). – c) $3C_{13}H_{17}N_3O \cdot 2Fe(CNS)_3 \cdot 7H_2O$; vermutlich $[Fe(C_{13}H_{17}N_3O)_3][Fe(CNS)_6] \cdot 7H_2O$. Purpurroter Feststoff (*Dubský et al.*, Spisy přírodov. Mas. Univ. Nr. 223 [1936] 7, 8; C. **1936** II 951). Absorptionsspektrum ($CHCl_3$; 310–680 nm): *Babko, Tananaĭko*, Ukr. chim. Ž. **24** [1958] 499, 503; C. A. **1959** 8910.

Kobalt(II)-Komplexsalze. a) $2C_{13}H_{17}N_3O \cdot CoCl_2$. Blaue Kristalle; F: 271° (*Souchay*, Bl. [5] **7** [1940] 835, 852). – b) Tetrachlorocobaltat(II) $C_{13}H_{17}N_3O \cdot H_2CoCl_4$. Blaue Kristalle mit 3 Mol H_2O (*So.*, l. c. S. 851). – c) $2C_{13}H_{17}N_3O \cdot Co(ClO_3)_2$. Hellrosa Kristalle, die unterhalb 153° unter Zersetzung schmelzen (*Souchay*, Bl. [5] **7** [1940] 809, 825, 826). – d) $2C_{13}H_{17}N_3O \cdot Co(ClO_4)_2$. Rosa Kristalle; F: 204° [nach Violettfärbung bei 160°] (*So.*, l. c. S. 833). – e) $2C_{13}H_{17}N_3O \cdot CoBr_2$. Blauviolette Kristalle; F: 182° (*So.*, l. c. S. 853), die sich an feuchter Luft in ein rosa Tetrahydrat, in Gegenwart von Pyridin-Dämpfen in eine rötliche Verbindung $2C_{13}H_{17}N_3O \cdot 4C_5H_5N \cdot CoBr_2$ (*So.*, l. c. S. 855) und in siedendem Toluol in den unter f) beschriebenen Komplex (*So.*, l. c. S. 854) umwandeln. – f) $C_{13}H_{17}N_3O \cdot CoBr_2$. Blaugrau; F: 250° (*So.*, l. c. S. 854). – g) $2C_{13}H_{17}N_3O \cdot CoI_2$. Rosa Kristalle; F: 147–148° [Zers.] (*Wachsmuth*, J. Pharm. Chim. [9] **1** [1940] 383, 392); über ein Monohydrat (rotviolette Kristalle) s. *Kumow*, Ž. obšč. Chim. **19** [1949] 1236, 1246; engl. Ausg. S. 1231, 1240; über ein Dihydrat $[Co(C_{13}H_{17}N_3O)_2(H_2O)_2]I_2$ (rosa Pulver; F: >114° [nach Abspaltung von H_2O; blaue Schmelze]) s. *So.*, l. c. S. 855. – h) $2C_{13}H_{17}N_3O \cdot Co(NO_3)_2$. Hellrosa Kristalle; F: 112° (*So.*, l. c. S. 820). – i) $[Co(CNS)_2(C_{13}H_{17}N_3O)_2]$. Konstitution: *Dick et al.*, Rev. roum. Chim. **12** [1967] 617, 624. Violettrosa bzw. violette Kristalle; F: 220° [aus A.] (*So.*, l. c. S. 856); Zers. ab 160° (*Ku.*, l. c. S. 1238, 1240). IR-Banden (Nujol oder Hexachlor-buta-1,3-dien; 2100–400 cm^{-1}): *Dick et al.*, l. c. S. 622–624. Absorptionsspektrum ($CHCl_3$; 300–700 nm): *Babko, Tananaĭko*, Ukr. chim. Ž. **24** [1958] 499, 503; C. A. **1959** 8910. Elektrische Leitfähigkeit in H_2O bei 15°: *Ku.* Löslichkeit [g/100 ml] bei 15° in H_2O: 0,146; in Äthanol: 0,104; in Äther: 0,05 (*Ku.*). Beim Erhitzen in Toluol ist ein Komplex (blaues Pulver) der Zusammensetzung $7C_{13}H_{17}N_3O \cdot 4Co(CNS)_2$ erhalten worden (*So.*, l. c. S. 857). – j) Tetrakis-thiocyanatocobaltat(II) $2C_{13}H_{17}N_3O \cdot H_2[Co(CNS)_4]$. Konstitution: *Dick et al.*, Rev. roum. Chim. **12** [1967] 607, 615. Blaue Kristalle [aus A.] (*Guŝew*, Ž. anal. Chim. **1** [1946] 114, 118; C. A. **1947** 347; s. a. *So.*, l. c. S. 856), 200° (*So.*, l. c. S. 856). IR-Banden (Nujol oder Hexachlor-buta-

1,3-dien; 2700–450 cm^{-1}): *Dick et al.*, l. c. S. 614, 615.

Nickel(II)-Komplexsalze. a) $2C_{13}H_{17}N_3O \cdot Ni(ClO_3)_2$. Hellgrüne Kristalle (aus H_2O), die beim Erhitzen detonieren (*Souchay*, Bl. [5] **7** [1940] 809, 826). – b) $2C_{13}H_{17}N_3O \cdot Ni(ClO_4)_2$. Hellgrüne Kistalle; F: 201–202° [unter Verfärbung] (*So.*, l. c. S. 832). – c) $2C_{13}H_{17}N_3O \cdot NiBr_2$. Hellgrüne Kristalle mit 4 Mol H_2O; die wasserfreie gelbe Verbindung schmilzt bei 248° [Zers.] (*Souchay*, Bl. [5] **7** [1940] 835, 861). – d) $2C_{13}H_{17}N_3O \cdot NiI_2$. Über ein Monohydrat (grünliche Kristalle) s. *Kumow*, Ž. obšč. Chim. **19** [1949] 1236, 1246; engl. Ausg. S. 1231, 1239; über ein Dihydrat ($[Ni(C_{13}H_{17}N_3O)_2(H_2O)_2]I_2$; hellgrüne Kristalle), das sich bei 110° in die wasserfreie Verbindung (rot) umwandelt, s. *So.*, l. c. S. 761, 862. – e) $[Ni(C_{13}H_{17}N_3O)_2](NO_3)_2$. Hellgrüne Kristalle; F: 147° (*So.*, l. c. S. 822). – f) $[Ni(CNS)_2(C_{13}H_{17}N_3O)_2]$. Konstitution: *Dick et al.*, Rev. roum. Chim. **12** [1967] 617, 624. Hellgrüne Kristalle; F: 273° [Zers.] (*So.*, l. c. S. 862); Zers. bei 210° (*Ku.*, l. c. S. 1238, 1240). IR-Banden (Nujol oder Hexachlorbuta-1,3-dien; 2100–400 cm^{-1}): *Dick et al.*, l. c. S. 622–624. Elektrische Leitfähigkeit in H_2O bei 15°: *Ku.* Löslichkeit [g/100 ml] bei 15° in H_2O: 0,065; in Äthanol: 0,122 (*Ku.*).

b) *Salze und Additionsverbindungen mit organischen Verbindungen.*

Picrat. Kristalle; F: 181° (*Mitsuno*, Pharm. Bl. **3** [1955] 60), 168–170° (*Oliverio, Trucco*, Atti Accad. Gioenia Catania [6] **4** [1939] Mem. VIII, S. 1, 14).

Verbindung mit Phloroglucin $C_{13}H_{17}N_3O \cdot C_6H_6O_3$. F: 164–166° (*Verkade, van Leeuwen*, R. **70** [1951] 142, 143).

Verbindung mit 3,3-Diäthyl-1*H*-pyridin-2,4-dion $C_{13}H_{17}N_3O \cdot C_9H_{13}NO_2$. Kristalle (aus PAe.); F: 69–70° (*Hoffmann-La Roche*, D.R.P. 639712 [1936]; Frdl. **23** 476; U.S.P. 2090068 [1936]).

Verbindung mit (±)-5-Äthyl-5-phenyl-imidazolidin-2,4-dion $C_{13}H_{17}N_3O \cdot C_{11}H_{12}N_2O_2$. F: 147° (*Ruhkopf*, B. **73** [1940] 1066, 1068).

Verbindung mit 5,5-Diäthyl-barbitursäure (Veronal) $C_{13}H_{17}N_3O \cdot C_8H_{12}N_2O_3$ (E II 366). Kristalle; F: 116–117° [bei raschem Erhitzen] (*Kofler, Fischer*, Ar. **270** [1932] 441, 444), 115–117° (*Chem. Fabr. Sandoz*, U.S.P. 1810846 [1928]). Über die Kristallstruktur s. *Hertel*, Z. physik. Chem. Bodenstein-Festband [1931] 267; s. dazu *Ko., Fi.*, l. c. S. 442. Dichte der Kristalle: 1,181 (*He.*, l. c. S. 269). IR-Spektrum (Nujol sowie KBr; 2–15 μ): *Röpke, Neudert*, Z. anal. Chem. **170** [1959] 78, 91.

Verbindung mit 5,5-Dipropyl-barbitursäure $C_{13}H_{17}N_3O \cdot C_{10}H_{16}N_2O_3$. Kristalle; F: 91–92° (*Hoffmann-La Roche*, U.S.P. 1805294 [1927]), 87° (*Hoffmann-La Roche*, D.R.P. 562514 [1924]; Frdl. **19** 1187).

Verbindung mit 5-Allyl-5-propyl-barbitursäure $C_{13}H_{17}N_3O \cdot C_{10}H_{14}N_2O_3$. Kristalle; F: 85–88° [nach Sintern bei 83°] (*Hoffmann-La Roche*, D.R.P. 562514 [1924]; Frdl. **19** 1187), 56–58°(?) (*Chem. Fabr. Sandoz*, Schweiz. P. 135404 [1928]).

Verbindung mit 5-Allyl-5-isopropyl-barbitursäure $C_{13}H_{17}N_3O \cdot C_{10}H_{14}N_2O_3$ (E II 366). Kristalle; F: 97° (*Chem. Fabr. Sandoz*, U.S.P. 1810846 [1928]).

Verbindung mit 5-Allyl-5-butyl-barbitursäure $C_{13}H_{17}N_3O \cdot C_{11}H_{16}N_2O_3$. Kristalle; F: 91° (*Chem. Fabr. Sandoz*, U.S.P. 1810846 [1928]).

Verbindung mit (±)-5-[2-Brom-allyl]-5-*sec*-butyl-barbitursäure $C_{13}H_{17}N_3O \cdot C_{11}H_{15}BrN_2O_3$ (E II 366). Kristalle; F: 204–206° [nach Gelbfärbung] (*Riedel-de Haën*, D.R.P. 547984 [1930]; Frdl. **18** 2891).

Verbindung mit 5-Allyl-5-isobutyl-barbitursäure $C_{13}H_{17}N_3O \cdot C_{11}H_{16}N_2O_3$. Kristalle; F: 87–89° [nach Sintern] (*Chem. Fabr. Sandoz*, U.S.P. 1810846 [1928]).

Verbindung mit 5,5-Diallyl-barbitursäure $C_{13}H_{17}N_3O \cdot C_{10}H_{12}N_2O_3$ (E II 366). Kristalle; F: 99,5–100,2° [klare Schmelze bei 130,5°] (*Sekiguchi et al.*, Chem. pharm. Bl. **11** [1963] 1108, 1118), 96° [klare Schmelze bei 139°] (*Hoffmann-La Roche*, D.R.P. 562514 [1924]; Frdl. **19** 1187), 92,5° [klare Schmelze bei 131°] (*Pfeiffer, Ochiai*, J. pr. [2] **136** [1933] 129).

Verbindung mit 5-Äthyl-5-cyclohex-1-enyl-barbitursäure $C_{13}H_{17}N_3O \cdot C_{12}H_{16}N_2O_3$. Kristalle; F: 134° (*Chem. Fabr. Sandoz*, Schweiz. P. 135160 [1928]).

Verbindung mit 5-Äthyl-5-phenyl-barbitursäure [Luminal] $C_{13}H_{17}N_3O \cdot C_{12}H_{12}N_2O_3$ (E II 366). Kristalle; F: 132–134° (*Chem. Fabr. Sandoz*, U.S.P. 1810846 [1928]).

Verbindung mit 5-Allyl-5-phenyl-barbitursäure $C_{13}H_{17}N_3O \cdot C_{13}H_{12}N_2O_3$. F: 110–113° (*Hefti*, U.S.P. 1757906 [1928]).

Salz der L-Ascorbinsäure $C_{13}H_{17}N_3O \cdot C_6H_8O_6$. F: 89–90° [nach Erweichen bei 82°]

(*Runti,* Farmaco Ed. scient. **10** [1955] 424, 427). 100 ml einer bei 23° gesättigten wss. Lösung enthalten 29,17 g (*Ru.*, l. c. S. 428).

Maleat $C_{13}H_{17}N_3O \cdot C_4H_4O_4$. Kristalle (aus Bzl.); F: 123–124° (*La Parola,* G. **67** [1937] 645).

Pyramidon-(−?)-ephedrin-Salz der (1*R*?)-*cis*-Camphersäure [vgl. E III **9** 3876] $C_{13}H_{17}N_3O \cdot C_{10}H_{15}NO \cdot C_{10}H_{16}O_4$. Kristalle (aus A.); F: 85°; $[\alpha]_D^{20}$: −3,4° [A.; c = 2,5] (*Luxema S.A., Egema S.A.R.L.,* D.B.P. 833812 [1949]; D.R.B.P. Org. Chem. 1950–1951 **6** 1772; s. a. *Ledrut,* U.S.P. 2491741 [1947]).

Thiocyanat $C_{13}H_{17}N_3O \cdot HCNS$. Kristalle (aus Me.); F: 163° (*Koch,* D.R.P. 535047 [1929]; Frdl. **18** 3063).

2-Carbamoylmethoxy-benzoat $C_{13}H_{17}N_3O \cdot C_9H_9NO_4$. F: 156–158° (*C.F. Böhringer & Söhne,* D.B.P. 939929 [1953]).

2,5-Dihydroxy-benzoat $C_{13}H_{17}N_3O \cdot C_7H_6O_4$. Kristalle (aus H_2O); F: 122,5° (*Hoffmann-La Roche,* D.B.P. 804211 [1949]; D.R.B.P. Org. Chem. 1950–1951 **3** 52; U.S.P. 2541651 [1949]).

Verbindung mit Bis-[4-chlor-benzolsulfonyl]-amin. Kristalle (aus Acn.+Ae.); F: 167–168° [unkorr.] (*Runge et al.,* Pharmazie **12** [1957] 8, 10).

(1*S*)-3*endo*-Brom-2-oxo-bornan-10-sulfonat $C_{13}H_{17}N_3O \cdot C_{10}H_{15}BrO_4S$. Kristalle; F: 150–152° (*Federigi, Ortensi,* Boll. chim. farm. **77** [1938] 397, 400). $[\alpha]_D^{18}$: +46,79° [H_2O; c = 2].

1,5-Dimethyl-3-oxo-2-phenyl-2,3-dihydro-1*H*-pyrazol-4-sulfonat $C_{13}H_{17}N_3O \cdot C_{11}H_{12}N_2O_4S$. F: 187° [aus A.+Ae.] (*Kaufmann, Steinhoff,* Ar. **278** [1940] 437, 440).

[4-[2]Pyridylsulfamoyl-anilino]-methansulfonat. Kristalle; F: 130° [Zers.] (*Wander A.G.,* Schweiz. P. 235946 [1942]).

Verbindung mit 4-Amino-benzoesäure-äthylester $C_{13}H_{17}N_3O \cdot C_9H_{11}NO_2$. Kristalle (aus A., Ae. oder Bzl.); F: 95–96° (*Reuter, Reuter,* D.R.P. 569616 [1928]; Frdl. **18** 3064; U.S.P. 1881317 [1930]).

Verbindung mit 4-Amino-benzoesäure-isobutylester $C_{13}H_{17}N_3O \cdot C_{11}H_{15}NO_2$. Kristalle (aus A. oder Ae.); F: 73° (*Reuter, Reuter,* D.R.P. 571038 [1929]; Frdl. **18** 3065; U.S.P. 1881317 [1930]).

Verbindung mit Acetyl-sulfanilyl-amin $C_{13}H_{17}N_3O \cdot C_8H_{10}N_2O_3S$. Kristalle; F: 109° (*Schering Corp.,* U.S.P. 2345385 [1941]; *Schering A.G.,* D.B.P. 850891 [1938]).

2-[4-Brom-phenyl]-4-dimethylamino-1,5-dimethyl-1,2-dihydro-pyrazol-3-on $C_{13}H_{16}BrN_3O$, Formel X (X = Br) auf S. 3555.

B. Beim Erwärmen von 4-Amino-2-[4-brom-phenyl]-1,5-dimethyl-1,2-dihydro-pyrazol-3-on mit Dimethylsulfat und CaO in Methanol (*Nakatomi, Nishikawa,* Ann. Rep. Fac. Pharm. Kanazawa Univ. **7** [1957] 28, 29; C. A. **1958** 6325).

Kristalle (aus A.); F: 145°.

4-Äthylamino-1,5-dimethyl-2-phenyl-1,2-dihydro-pyrazol-3-on, 4-Äthylamino-antipyrin $C_{13}H_{17}N_3O$, Formel XI (R = C_2H_5, R′ = H).

B. Aus 4-Nitroso-antipyrin (E III/IV **24** 104), 4-Nitro-antipyrin (H **24** 55) oder 4-Amino-antipyrin (S. 3554) und Acetaldehyd beim Hydrieren an Platin/$BaSO_4$ (*Skita et al.,* B. **75** [1942] 1696, 1699; *Skita, Stühmer,* D.B.P. 930328 [1950]). Beim Erwärmen von 4-Formylamino-antipyrin (S. 3575) mit Diäthylsulfat in $CHCl_3$ unter Zusatz von wss. $Ca(OH)_2$ und Erwärmen des Reaktionsprodukts mit wss. HCl (*Takahashi et al.,* J. pharm. Soc. Japan **76** [1956] 1180, 1183; C. A. **1957** 3569). Beim Erhitzen von *N*-Äthyl-*N*-[1,5-dimethyl-3-oxo-2-phenyl-2,3-dihydro-1*H*-pyrazol-4-yl]-acetamid mit wss. HCl (*Satoda et al.,* Japan J. Pharm. Chem. **28** [1956] 642, 645; C. A. **1957** 16438).

Kristalle; F: 61–63° (*Sk. et al.*), 58–59° (*Sa. et al.*).

Hydrochlorid. Kristalle (aus A.+Ae.); F: 204–205° (*Sa. et al.*).

Picrat $C_{13}H_{17}N_3O \cdot C_6H_3N_3O_7$. Gelbe Kristalle; F: 171–172° [aus Me.] (*Sa. et al.*), 169–171° (*Sk. et al.*).

4-Diäthylamino-1,5-dimethyl-2-phenyl-1,2-dihydro-pyrazol-3-on, 4-Diäthylamino-antipyrin $C_{15}H_{21}N_3O$, Formel XI (R = R′ = C_2H_5) (H 454; E II 367).

Verbindung mit 5-Allyl-5-isobutyl-barbitursäure $C_{15}H_{21}N_3O \cdot C_{11}H_{16}N_2O_3$. Kristalle; F: 70–72° (*Chem. Fabr. Sandoz,* U.S.P. 1810846 [1928]).

1,5-Dimethyl-2-phenyl-4-propylamino-1,2-dihydro-pyrazol-3-on, 4-Propylamino-antipyrin $C_{14}H_{19}N_3O$, Formel XI (R = CH_2-C_2H_5, R′ = H).

B. Aus 4-Nitroso-antipyrin (E III/IV **24** 104) und Propionaldehyd bei der Hydrierung in Gegenwart von Piperidin-acetat an Nickel in Äther (*Skita, Stühmer,* D.B.P. 930328 [1950]). Aus 4-Amino-antipyrin (S. 3554) und Propionaldehyd bei der Hydrierung an Platin/$BaSO_4$ in Äther (*Skita et al.,* B. **75** [1942] 1696, 1698) oder an einem Kobalt-Kieselgur-Katalysator in wss. Äthanol (*Sk. et al.*; *Skita, Stühmer,* D.B.P. 932677 [1937]).

Kristalle (aus PAe.+Ae.); F: 82° (*Sk. et al.*).

Picrat $C_{14}H_{19}N_3O \cdot C_6H_3N_3O_7$. Kristalle; F: 174° [aus A.] (*Sk., St.,* D.B.P. 932677), 173° (*Sk. et al.*).

4-Dipropylamino-1,5-dimethyl-2-phenyl-1,2-dihydro-pyrazol-3-on, 4-Dipropylamino-antipyrin $C_{17}H_{25}N_3O$, Formel XI (R = R′ = CH_2-C_2H_5).

B. Aus 4-Amino-antipyrin (S. 3554) und Propionaldehyd bei der Hydrierung an einem Nickel-Katalysator in Äthanol (*Skita, Stühmer,* D.B.P. 932677 [1937]).

Kristalle (aus Ae.+PAe.).

Picrat. F: 185°.

4-Isopropylamino-1,5-dimethyl-2-phenyl-1,2-dihydro-pyrazol-3-on, 4-Isopropylamino-antipyrin $C_{14}H_{19}N_3O$, Formel XI (R = $CH(CH_3)_2$, R′ = H).

B. Aus 4-Amino-antipyrin (S. 3554) und Isopropylbromid (*Winthrop Chem. Co.,* U.S.P. 2193788 [1938]). Aus 4-Nitroso-antipyrin (E III/IV **24** 104) und Aceton bei der Hydrierung an Platin/$BaSO_4$ (*Skita et al.,* B. **75** [1942] 1696, 1701; *Skita, Stühmer,* D.R.P. 752483 [1942]; D.R.P. Org. Chem. **3** 34; D.B.P. 930328 [1950]) oder an einem Nickel-Katalysator (*Sk., St.,* D.R.P. 742483). Aus 4-Amino-antipyrin und Aceton bei der Hydrierung an Platin/$BaSO_4$ (*Sk. et al.*) oder an einem Nickel-Katalysator (*Sk. et al.; Skita, Stühmer,* D.B.P. 932677 [1937]).

Kristalle; F: 80–81° (*Sk., St.,* D.R.P. 752483), 80° (*Sk. et al.; Winthrop; Sk., St.,* D.B.P. 930328).

Picrat $C_{14}H_{19}N_3O \cdot C_6H_3N_3O_7$. F: 185° (*Sk., St.,* D.B.P. 932677), 180° (*Sk. et al.*).

4-[Isopropyl-propyl-amino]-1,5-dimethyl-2-phenyl-1,2-dihydro-pyrazol-3-on $C_{17}H_{25}N_3O$, Formel XI (R = $CH(CH_3)_2$, R′ = CH_2-C_2H_5).

B. Aus der vorangehenden Verbindung und Propionaldehyd beim Hydrieren an einem Nickel-Katalysator in Äthanol oder in Gegenwart von Piperidin-acetat oder wss. HCl an Platin/$BaSO_4$ in Isopropylalkohol (*Skita, Stühmer,* D.B.P. 932677 [1937]).

Kristalle (aus A.); F: 86°.

Picrat. Kristalle (aus A.); F: 165°.

4-Diisopropylamino-1,5-dimethyl-2-phenyl-1,2-dihydro-pyrazol-3-on, 4-Diisopropylamino-antipyrin $C_{17}H_{25}N_3O$, Formel XI (R = R′ = $CH(CH_3)_2$).

B. Aus 4-Amino-antipyrin (S. 3554) und Aceton bei der katalytischen Hydrierung (*Ley,* zit. bei *Skita et al.,* B. **66** [1933] 1400, 1405). Aus 4-Isopropylamino-antipyrin (s. o.) und Aceton bei der Hydrierung an Platin/$BaSO_4$ in Äthanol in Gegenwart von $ZnCl_2$, HCl oder Essigsäure (*Skita, Stühmer,* D.B.P. 932677 [1937]).

Kristalle; F: 112° [aus wss. Acn.] (*Sk., St.*), 110–111° (*Skita et al.,* B. **75** [1942] 1696, 1701).

Picrat $C_{17}H_{25}N_3O \cdot C_6H_3N_3O_7$. F: 180–181° (*Sk. et al.,* B. **75** 1701), 154° (*Sk., St.*).

4-Butylamino-1,5-dimethyl-2-phenyl-1,2-dihydro-pyrazol-3-on, 4-Butylamino-antipyrin $C_{15}H_{21}N_3O$, Formel XI (R = $[CH_2]_3$-CH_3, R′ = H).

B. Aus 4-Amino-antipyrin (S. 3554) und Butyraldehyd bei der Hydrierung an einem Kobalt-Katalysator in Äthanol (*Skita, Stühmer,* D.B.P. 932677 [1937]).

Picrat. Kristalle (aus A.); F: 188–189°.

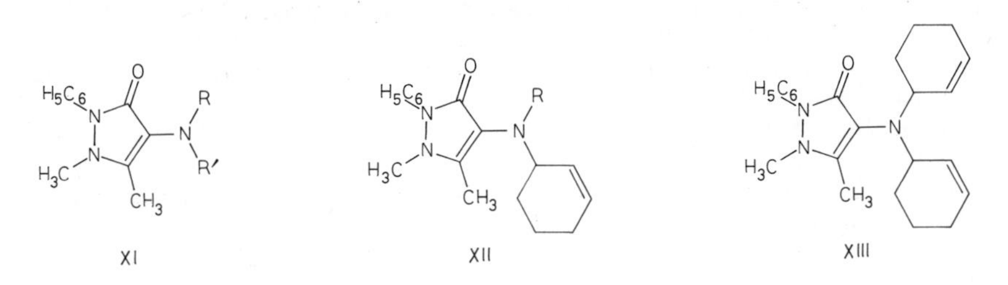

(±)-4-*sec*-Butylamino-1,5-dimethyl-2-phenyl-1,2-dihydro-pyrazol-3-on, (±)-4-*sec*-Butylamino-antipyrin $C_{15}H_{21}N_3O$, Formel XI (R = $CH(CH_3)$-C_2H_5, R′ = H).

B. Beim Erwärmen von 4-Amino-antipyrin (S. 3554) mit (±)-2-Brom-butan in Äthanol (*Winthrop Chem. Co.,* U.S.P. 2193788 [1938]). Aus 4-Nitroso-antipyrin (E III/IV **24** 104) und Butanon bei der Hydrierung an Platin/$BaSO_4$ in Äthanol (*Skita et al.,* B. **75** [1942] 1696, 1701) oder in wss. Essigsäure (*Skita, Stühmer,* D.B.P. 930328 [1950]). Aus 4-Amino-antipyrin und Butanon bei der Hydrierung an Platin/$BaSO_4$ (*Sk. et al.*).

Kristalle; F: 80–81° [aus PAe.] (*Sk. et al.*), 78° (*Winthrop; Sk., St.*).

Picrat $C_{15}H_{21}N_3O \cdot C_6H_3N_3O_7$. F: 161–162° (*Sk. et al.*).

4-Isobutylamino-1,5-dimethyl-2-phenyl-1,2-dihydro-pyrazol-3-on, 4-Isobutylamino-antipyrin $C_{15}H_{21}N_3O$, Formel XI (R = CH_2-$CH(CH_3)_2$, R′ = H).

B. Aus 4-Nitroso-antipyrin (E III/IV **24** 104), 4-Nitro-antipyrin (H **24** 55) oder 4-Amino-antipyrin (S. 3554) und Isobutyraldehyd beim Hydrieren an Platin/$BaSO_4$ (*Skita et al.,* B. **75** [1942] 1696, 1699; s. a. *Winthrop Chem. Co.,* U.S.P. 2193788 [1938]).

F: 71° (*Winthrop*), 67–69° (*Sk. et al.*).

Picrat $C_{15}H_{21}N_3O \cdot C_6H_3N_3O_7$. F: 160–161° (*Sk. et al.*).

Die folgenden Verbindungen sind in analoger Weise hergestellt worden:

4-[1-Äthyl-propylamino]-1,5-dimethyl-2-phenyl-1,2-dihydro-pyrazol-3-on $C_{16}H_{23}N_3O$, Formel XI (R = $CH(C_2H_5)_2$, R′ = H). F: 61° (*Sk. et al.,* l. c. S. 1702). – Picrat $C_{16}H_{23}N_3O \cdot C_6H_3N_3O_7$. F: 171,5° (*Sk. et al.*).

4-Isopentylamino-1,5-dimethyl-2-phenyl-1,2-dihydro-pyrazol-3-on, 4-Isopentylamino-antipyrin $C_{16}H_{23}N_3O$, Formel XI (R = CH_2-CH_2-$CH(CH_3)_2$, R′ = H). F: 53,5–54° (*Sk. et al.,* l. c. S. 1699). – Picrat $C_{16}H_{23}N_3O \cdot C_6H_3N_3O_7$. F: 170,5–171,5° (*Sk. et al.*).

4-Heptylamino-1,5-dimethyl-2-phenyl-1,2-dihydro-pyrazol-3-on, 4-Heptylamino-antipyrin $C_{18}H_{27}N_3O$, Formel XI (R = $[CH_2]_6$-CH_3, R′ = H). F: 44–45° (*Sk. et al.,* l. c. S. 1700). – Picrat $C_{18}H_{27}N_3O \cdot C_6H_3N_3O_7$. F: 149,5–150° (*Sk. et al.*).

(±)-1,5-Dimethyl-4-[1-methyl-heptylamino]-2-phenyl-1,2-dihydro-pyrazol-3-on $C_{19}H_{29}N_3O$, Formel XI (R = $CH(CH_3)$-$[CH_2]_5$-CH_3, R′ = H). F: 37–38° (*Sk. et al.,* l. c. S. 1702). – Picrat $C_{19}H_{29}N_3O \cdot C_6H_3N_3O_7$. F: 167° (*Sk. et al.*).

4-Diallylamino-1,5-dimethyl-2-phenyl-1,2-dihydro-pyrazol-3-on, 4-Diallylamino-antipyrin $C_{17}H_{21}N_3O$, Formel XI (R = R′ = CH_2-CH=CH_2) (E I 672).

Verbindung mit 5-Allyl-5-isobutyl-barbitursäure $C_{17}H_{21}N_3O \cdot C_{11}H_{16}N_2O_3$. Kristalle; F: 70–71° (*Chem. Fabr. Sandoz,* U.S.P. 1810846 [1928]).

4-Cyclohexylamino-1,5-dimethyl-2-phenyl-1,2-dihydro-pyrazol-3-on, 4-Cyclohexylamino-antipyrin $C_{17}H_{23}N_3O$, Formel XI (R = C_6H_{11}, R′ = H).

B. Aus 4-Nitroso-antipyrin (E III/IV **24** 104), 4-Nitro-antipyrin (H **24** 55) oder 4-Amino-antipyrin (S. 3554) und Cyclohexanon bei der Hydrierung an Platin/$BaSO_4$ (*Skita et al.*, B. **75** [1942] 1696, 1702).

F: 159–159,5°.

Picrat $C_{17}H_{23}N_3O \cdot C_6H_3N_3O_7$. Zers. bei 183–184°.

(±)-4-Cyclohex-2(?)-enylamino-1,5-dimethyl-2-phenyl-1,2-dihydro-pyrazol-3-on, (±)-4-Cyclo=hex-2(?)-enylamino-antipyrin $C_{17}H_{21}N_3O$, vermutlich Formel XII (R = H).

B. Aus 4-Amino-antipyrin (S. 3554) und (±)-3(?)-Brom-cyclohexen in Benzol (*I.G. Farbenind.*, D.R.P. 611003 [1933]; Frdl. **21** 612).

Kristalle (aus A.); F: 93°.

(±)-4-[Cyclohex-2(?)-enyl-methyl-amino]-1,5-dimethyl-2-phenyl-1,2-dihydro-pyrazol-3-on $C_{18}H_{23}N_3O$, vermutlich Formel XII (R = CH_3).

B. Analog der vorangehenden Verbindung (*I.G. Farbenind.*, D.R.P. 611003 [1933]; Frdl. **21** 612).

Kristalle (aus wss. A.); F: 84–86°.

***Opt.-inakt. 4-Bis-cyclohex-2(?)-enylamino-1,5-dimethyl-2-phenyl-1,2-dihydro-pyrazol-3-on,** 4-Bis-cyclohex-2(?)-enylamino-antipyrin $C_{23}H_{29}N_3O$, vermutlich Formel XIII.

B. Aus (±)-4-Cyclohex-2(?)-enylamino-antipyrin (s. o.) und (±)-3(?)-Brom-cyclohexen in Ben=zol (*I.G. Farbenind.*, D.R.P. 611003 [1933]; Frdl. **21** 612).

Kristalle (aus wss. A.); F: 94–95°.

4-Amino-5-methyl-1,2-diphenyl-1,2-dihydro-pyrazol-3-on $C_{16}H_{15}N_3O$, Formel XIV (R = C_6H_5, R' = H).

B. Beim Behandeln von 5-Methyl-1,2-diphenyl-1,2-dihydro-pyrazol-3-on in wss. HCl mit $NaNO_2$ und Erwärmen des Reaktionsprodukts mit $SnCl_2$ und wss. HCl (*Heymons, Rohland*, B. **66** [1933] 1654, 1658).

Kristalle (aus A.); F: 165°.

4-[2,4-Dinitro-anilino]-1,5-dimethyl-2-phenyl-1,2-dihydro-pyrazol-3-on $C_{17}H_{15}N_5O_5$, Formel XIV (R = CH_3, R' = $C_6H_3(NO_2)_2$).

B. Beim Erwärmen von 4-Amino-antipyrin (S. 3554) mit 1-Chlor-2,4-dinitro-benzol und Na_2CO_3 (*Eisenstaedt*, J. org. Chem. **3** [1938] 153, 161).

Orangefarbene Kristalle (aus Chlorbenzol); F: 213,1–213,9°.

2-Benzyl-4-dimethylamino-1,5-dimethyl-1,2-dihydro-pyrazol-3-on $C_{14}H_{19}N_3O$, Formel XV (R = CH_3, n = 1).

B. Aus 2-Benzyl-1,5-dimethyl-1,2-dihydro-pyrazol-3-on (E I **24** 206) über dessen 4-Nitroso-Derivat (*Krohs*, B. **88** [1955] 866, 868, 873). Neben [3-Benzyloxy-1,5-dimethyl-1*H*-pyrazol-4-yl]-dimethyl-amin beim Erhitzen von 4-Dimethylamino-1,5-dimethyl-1,2-dihydro-pyrazol-3-on mit Natriumamid in Xylol und anschliessend mit Benzylchlorid (*Kr.*, l. c. S. 868, 873).

Kristalle (aus E. oder Cyclohexan); F: 74°. IR-Spektrum (KBr; 2–15 μ): *Kr.*, l. c. S. 869.

Hydrochlorid $C_{14}H_{19}N_3O \cdot HCl$. Kristalle (aus A.); F: 197°.

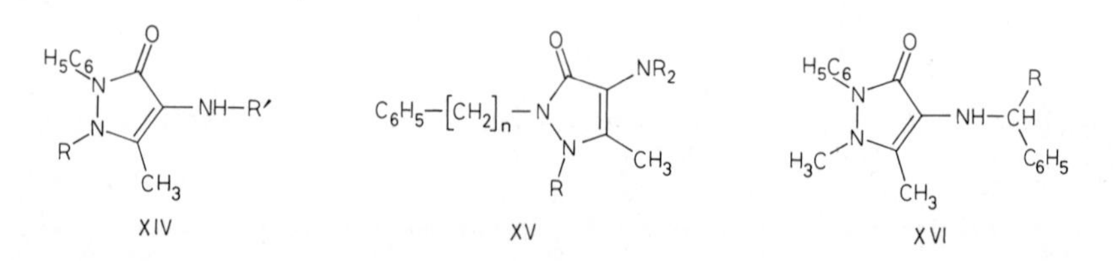

4-Benzylamino-1,5-dimethyl-2-phenyl-1,2-dihydro-pyrazol-3-on, 4-Benzylamino-antipyrin $C_{18}H_{19}N_3O$, Formel XVI (R = H) (E II **24** 151).

B. Aus 4-Nitro-antipyrin (H **24** 55) und Benzaldehyd bei der Hydrierung an Platin/$BaSO_4$

in Äthanol (*Skita et al.*, B. **75** [1942] 1696, 1699) oder in wss.-äthanol. Essigsäure (*Skita, Stühmer*, D.B.P. 930328 [1950]). Aus 4-Amino-antipyrin (S. 3554) und Benzaldehyd bei der Hydrierung an Platin/$BaSO_4$ (*Sk. et al.*) oder an einem Nickel-Katalysator (*Skita, Stühmer*, D.B.P. 932677 [1937]), jeweils in Äthanol, sowie beim Behandeln mit Benzylchlorid und Na_2CO_3 in Benzol (*Naito et al.*, J. pharm. Soc. Japan **72** [1952] 346; C. A. **1953** 6408). Aus 4-Benzyliden-amino-antipyrin (S. 3571) beim Hydrieren an Nickel in Methanol (*Berger et al.*, Lucrările Conf. naţion. Farm. 1958 S. 48; C. A. **1959** 10227) oder in wss.-methanol. NaOH (*Na. et al.; Takahashi et al.*, J. pharm. Soc. Japan **79** [1959] 167, 169; C. A. **1959** 13137) sowie an Palladium/Kohle in methanol. NaOH (*Na. et al.*).

Kristalle; F: 78° [aus Ae.] (*Ta. et al.*), 73–74,5° [aus Ae.+PAe.] (*Na. et al.*), 72–73° [aus A. oder Acn.] (*Sk. et al.*).

Hydrochlorid. Kristalle (aus A.); F: 187–189° (*Bodendorf, Raaf*, Arzneimittel-Forsch. **5** [1955] 695, 696).

Picrat $C_{18}H_{19}N_3O \cdot C_6H_3N_3O_7$. Gelbe Kristalle; F: 186° (*Sk., St.*, D.B.P. 930328), 185–186° (*Sk. et al.*), 178–179° [aus Me.] (*Na. et al.*).

(±)-1,5-Dimethyl-2-phenyl-4-[1-phenyl-äthylamino]-1,2-dihydro-pyrazol-3-on $C_{19}H_{21}N_3O$, Formel XVI (R = CH_3).

B. Aus 4-Nitroso-antipyrin (E III/IV **24** 104), 4-Nitro-antipyrin (H **24** 55) oder 4-Amino-antipyrin (S. 3554) und Acetophenon beim Hydrieren an Platin/$BaSO_4$ in Äthanol (*Skita et al.*, B. **75** [1942] 1696, 1702).

F: 95,2–95,6°.

Picrat $C_{19}H_{21}N_3O \cdot C_6H_3N_3O_7$. F: 163,4–164,5°.

4-Amino-5-methyl-2-phenäthyl-1,2-dihydro-pyrazol-3-on $C_{12}H_{15}N_3O$, Formel XV (R = H, n = 2).

B. Aus 4-Benzylidenamino-5-methyl-2-phenäthyl-1,2-dihydro-pyrazol-3-on mit Hilfe von wss. HCl (*Votoček, Valentin*, Collect. **5** [1933] 84, 89).

Unbeständig; an der Luft erfolgt Oxidation zu [5-Methyl-3-oxo-2-phenäthyl-2,3-dihydro-1*H*-pyrazol-4-yl]-[3-methyl-5-oxo-1-phenäthyl-1,5-dihydro-pyrazol-4-yliden]-amin (S. 3603).

Dihydrochlorid $C_{12}H_{15}N_3O \cdot 2HCl$. Kristalle.

1,5-Dimethyl-4-phenäthylamino-2-phenyl-1,2-dihydro-pyrazol-3-on, 4-Phenäthylamino-antipyrin $C_{19}H_{21}N_3O$, Formel I (R = H, n = 2).

B. Aus 4-Nitroso-antipyrin (E III/IV **24** 104), 4-Nitro-antipyrin (H **24** 55) oder 4-Amino-antipyrin (S. 3554) und Phenylacetaldehyd bei der Hydrierung an Platin/$BaSO_4$ in Äthanol (*Skita et al.*, B. **75** [1942] 1696, 1700).

F: 84–85°.

Picrat $C_{19}H_{21}N_3O \cdot C_6H_3N_3O_7$. F: 172–173°.

4-[Isobutyl-phenäthyl-amino]-1,5-dimethyl-2-phenyl-1,2-dihydro-pyrazol-3-on $C_{23}H_{29}N_3O$, Formel I (R = CH_2-$CH(CH_3)_2$, n = 2).

B. Aus der vorangehenden Verbindung und Isobutyraldehyd beim Hydrieren an Platin/$BaSO_4$ in wss. HCl (*Skita, Stühmer*, D.B.P. 932677 [1937]).

Kristalle (aus PAe.); F: 54–55°.

Picrat. Kristalle (aus A.); F: 153–154°.

1,5-Dimethyl-2-phenyl-4-[3-phenyl-propylamino]-1,2-dihydro-pyrazol-3-on $C_{20}H_{23}N_3O$, Formel I (R = H, n = 3).

B. Aus 4-Nitroso-antipyrin (E III/IV **24** 104) oder 4-Nitro-antipyrin (H **24** 55) und *trans*-Zimtaldehyd beim Hydrieren an Platin/$BaSO_4$ in Äthanol (*Skita et al.*, B. **75** [1942] 1696, 1700). Aus 4-Amino-antipyrin (S. 3554) und *trans*-Zimtaldehyd bei der Hydrierung an Platin/$BaSO_4$ in Äthanol (*Sk. et al.*) oder an einem Kobalt-Katalysator in wss. Äthanol (*Skita, Stühmer*, D.B.P. 932677 [1937]).

Picrat $C_{20}H_{23}N_3O \cdot C_6H_3N_3O_7$. Kristalle (aus A.); F: 176° (*Sk., St.; s. a. Sk. et al.*).

L_g(?)-Hydrogentartrat $C_{20}H_{23}N_3O \cdot C_4H_6O_6$. F: 145° (*Sk. et al.*).

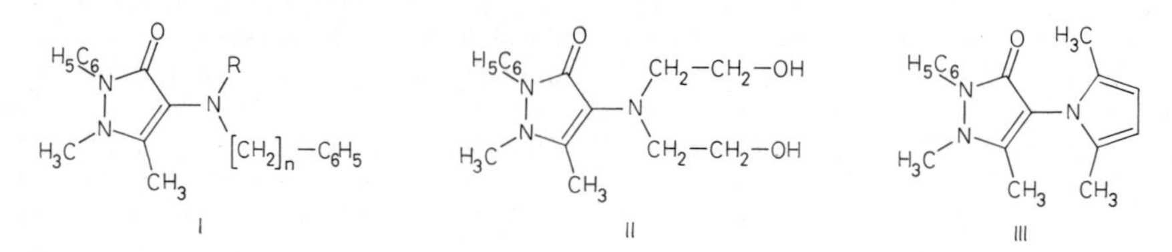

4-[Bis-(2-hydroxy-äthyl)-amino]-1,5-dimethyl-2-phenyl-1,2-dihydro-pyrazol-3-on $C_{15}H_{21}N_3O_3$, Formel II.

B. Aus 4-Amino-antipyrin (S. 3554) und Äthylenoxid (*Winthrop Chem. Co.*, U.S.P. 2076714 [1935]).

Kristalle (aus CCl_4 + 1,2-Dichlor-äthan); F: 85 – 87° [unkorr.].

Hydrochlorid $C_{15}H_{21}N_3O_3 \cdot HCl$. Kristalle; F: 162 – 164°.

4-[2,5-Dimethyl-pyrrol-1-yl]-1,5-dimethyl-2-phenyl-1,2-dihydro-pyrazol-3-on $C_{17}H_{19}N_3O$, Formel III.

B. Beim Erwärmen von 4-Amino-antipyrin (S. 3554) mit Hexan-2,5-dion und wenig Essigsäure in Äthanol (*Buu-Hoi*, Soc. **1949** 2882, 2886). Beim Erhitzen von 1-[1,5-Dimethyl-3-oxo-2-phenyl-2,3-dihydro-1*H*-pyrazol-4-yl]-2,5-dimethyl-pyrrol-3,4-dicarbonsäure auf 260° (*Fischer, Reinecke*, Z. physiol. Chem. **258** [1939] 243, 254).

Kristalle; F: 178° [aus wss. A.] (*Fi., Re.*), 177° [aus Me.] (*Buu-Hoi*).

2-[4-Äthoxy-phenyl]-4-amino-1,5-dimethyl-1,2-dihydro-pyrazol-3-on $C_{13}H_{17}N_3O_2$, Formel IV (R = H, R′ = C_2H_5).

B. Beim Erwärmen von 2-[4-Äthoxy-phenyl]-4-benzylidenamino-1,5-dimethyl-1,2-dihydro-pyrazol-3-on mit wss. HCl (*Nakatomi, Nishikawa*, Ann. Rep. Fac. Pharm. Kanazawa Univ. **7** [1957] 28, 30; C. A. **1958** 6325).

Kristalle (aus Bzl.); F: 132 – 133°.

4-Amino-1,5-dimethyl-2-[4-propoxy-phenyl]-1,2-dihydro-pyrazol-3-on $C_{14}H_{19}N_3O_2$, Formel IV (R = H, R′ = CH_2-C_2H_5).

B. Beim Behandeln von 4-Benzylidenamino-1,5-dimethyl-2-[4-propoxy-phenyl]-1,2-dihydro-pyrazol-3-on mit wss. HCl und Äther (*Profft et al.*, J. pr. [4] **1** [1954] 110, 122).

Hellgelbe Kristalle (aus Bzl.); F: 99 – 100°.

4-Amino-2-[4-isopropoxy-phenyl]-1,5-dimethyl-1,2-dihydro-pyrazol-3-on $C_{14}H_{19}N_3O_2$, Formel IV (R = H, R′ = $CH(CH_3)_2$).

B. Aus 2-[4-Isopropoxy-phenyl]-1,5-dimethyl-1,2-dihydro-pyrazol-3-on bei der Nitrosierung mit $NaNO_2$ und wss. H_2SO_4 und anschliessenden Reduktion mit $Na_2S_2O_4$ (*Farbw. Hoechst*, D.B.P. 897406 [1951]).

F: 105 – 107°.

2-[4-Äthoxy-phenyl]-4-dimethylamino-1,5-dimethyl-1,2-dihydro-pyrazol-3-on $C_{15}H_{21}N_3O_2$, Formel IV (R = CH_3, R′ = C_2H_5).

B. Beim Behandeln von 2-[4-Äthoxy-phenyl]-4-amino-1,5-dimethyl-1,2-dihydro-pyrazol-3-on mit Dimethylsulfat und CaO in Methanol (*Nakatomi, Nishikawa*, Ann. Rep. Fac. Pharm. Kanazawa Univ. **7** [1957] 28, 30; C. A. **1958** 6325).

Kristalle (aus H_2O); F: 97°.

4-Dimethylamino-1,5-dimethyl-2-[4-propoxy-phenyl]-1,2-dihydro-pyrazol-3-on $C_{16}H_{23}N_3O_2$, Formel IV (R = CH_3, R′ = CH_2-C_2H_5).

B. Beim Erhitzen von 4-Amino-1,5-dimethyl-2-[4-propoxy-phenyl]-1,2-dihydro-pyrazol-3-on mit CH_3I und methanol. KOH (*Profft et al.*, J. pr. [4] **1** [1954] 110, 122).

Kristalle (aus Hexan); F: 82 – 83°.

4-Dimethylamino-2-[4-isopropoxy-phenyl]-1,5-dimethyl-1,2-dihydro-pyrazol-3-on $C_{16}H_{23}N_3O_2$, Formel IV (R = CH_3, R′ = $CH(CH_3)_2$).

B. Aus 4-Amino-2-[4-isopropoxy-phenyl]-1,5-dimethyl-1,2-dihydro-pyrazol-3-on mit Hilfe von Formaldehyd und Ameisensäure (*Farbw. Hoechst,* D.B.P. 897406 [1951]).

F: 71 – 73°.

1,5-Dimethyl-2-phenyl-4-salicylamino-1,2-dihydro-pyrazol-3-on, 4-Salicylamino-antipyrin $C_{18}H_{19}N_3O_2$, Formel V (X = OH, X′ = H).

B. Aus 4-Nitroso-antipyrin (E III/IV **24** 104), 4-Nitro-antipyrin (E II **24** 27) oder 4-Amino-antipyrin (S. 3554) und Salicylaldehyd beim Hydrieren an Platin/$BaSO_4$ in Äthanol (*Skita et al.,* B. **75** [1942] 1696, 1700).

F: 196 – 197°.

Picrat $C_{18}H_{19}N_3O_2 \cdot C_6H_3N_3O_7$. F: 153°.

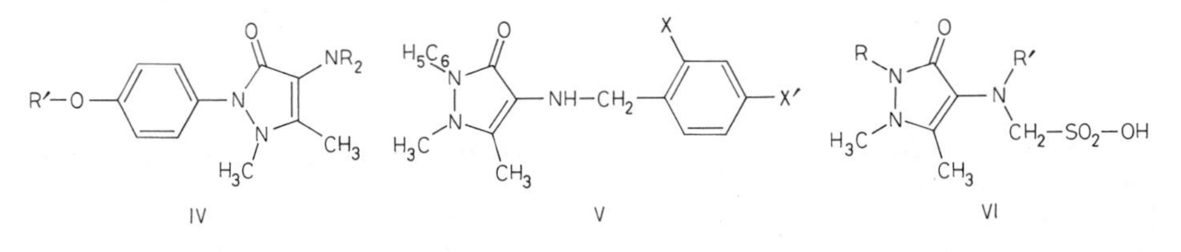

4-[4-Methoxy-benzylamino]-1,5-dimethyl-2-phenyl-1,2-dihydro-pyrazol-3-on $C_{19}H_{21}N_3O_2$, Formel V (X = H, X′ = O-CH_3).

B. Beim Hydrieren von 4-[4-Methoxy-benzylidenamino]-1,5-dimethyl-2-phenyl-1,2-dihydro-pyrazol-3-on in wss.-äthanol. NaOH an Palladium/Kohle (*Takahashi et al.,* J. pharm. Soc. Japan **79** [1959] 167, 171; C. A. **1959** 13137).

Kristalle (aus Ae.); F: 94°.

[2-Cyclohexyl-1,5-dimethyl-3-oxo-2,3-dihydro-1*H*-pyrazol-4-ylamino]-methansulfonsäure $C_{12}H_{21}N_3O_4S$, Formel VI (R = C_6H_{11}, R′ = H).

B. Beim Behandeln von 4-Amino-2-cyclohexyl-1,5-dimethyl-1,2-dihydro-pyrazol-3-on in Äthanol mit wss. Formaldehyd und SO_2 (*Winthrop Chem. Co.,* U.S.P. 2128512 [1935]).

Kristalle.

[(2-Cyclohexyl-1,5-dimethyl-3-oxo-2,3-dihydro-1*H*-pyrazol-4-yl)-methyl-amino]-methansulfonsäure $C_{13}H_{23}N_3O_4S$, Formel VI (R = C_6H_{11}, R′ = CH_3).

B. Analog der vorangehenden Verbindung (*I.G. Farbenind.,* D.R.P. 617237 [1934]; Frdl. **22** 551; *Winthrop Chem. Co.,* U.S.P. 2128512 [1935]).

Zers. bei 153 – 154° (*I.G. Farbenind.,* D.R.P. 617237; *Winthrop,* U.S.P. 2128512).

Chinin-Salz. Kristalle; F: 151 – 153° (*I.G. Farbenind.,* D.R.P. 644647 [1934]; Frdl. **22** 553; *Winthrop Chem. Co.,* U.S.P. 2078440 [1935]).

[(1,5-Dimethyl-3-oxo-2-phenyl-2,3-dihydro-1*H*-pyrazol-4-yl)-methyl-amino]-methansulfonsäure $C_{13}H_{17}N_3O_4S$, Formel VI (R = C_6H_5, R′ = CH_3) (E II 369).

B. Aus 4-Methylamino-antipyrin (S. 3555) analog den vorangehenden Verbindungen (*I.G. Farbenind.,* D.R.P. 617237 [1934]; Frdl. **22** 551; *Winthrop Chem. Co.,* U.S.P. 2128512 [1935]; vgl. E II 369).

Kristalle; F: 131 – 132° (*I.G. Farbenind.,* D.R.P. 617237; *Winthrop,* U.S.P. 2128512).

Natrium-Salz $NaC_{13}H_{16}N_3O_4S$; Natrium-noramidopyrinmethansulfonat, Novalgin, Sulpyrin (E II 369). Kristalle (aus wss. A.); F: 223 – 224° [Zers.] (*Naito, Takayasu,* Bl. Kyoto Coll. Pharm. Nr. 5 [1957] 30, 31; C. A. **1958** 2340). λ_{max} (H_2O): 230 nm (*Na., Ta.,* l. c. S. 32). – Beim Erwärmen mit verdünnter wss. HCl sind 4-Methylamino-antipyrin und Bis-[(1,5-dimethyl-3-oxo-2-phenyl-2,3-dihydro-1*H*-pyrazol-4-yl)-methyl-amino]-methan, beim Erwärmen mit konz. wss. HCl sind 4-Methylamino-antipyrin und Pyramidon (S. 3555) erhalten worden (*Takahashi et al.,* J. pharm. Soc. Japan **76** [1956] 1180, 1185; C. A. **1957**

3569; s. a. *Wagner,* Ar. **289** [1956] 121, 124).

3,6-Diamino-10-methyl-acridinium-Salz. Kristalle; F: 229° [Zers.] (*I.G. Farbenind.,* D.R.P. 644647 [1934]; Frdl. **22** 553; *Winthrop Chem. Co.,* U.S.P. 2078440 [1935]).

Chinin-Salz. Kristalle; F: 163–165° (*I.G. Farbenind.,* D.R.P. 644647; *Winthrop,* U.S.P. 2078440).

Bis-[(1,5-dimethyl-3-oxo-2-phenyl-2,3-dihydro-1*H*-pyrazol-4-yl)-methyl-amino]-methan $C_{25}H_{30}N_6O_2$, Formel VII (E II 369; dort als *N,N'*-Methylen-bis-[4-methylamino-antipyrin] bezeichnet).

Kristalle (aus Bzl.); F: 175° (*Takahashi et al.,* J. pharm. Soc. Japan **76** [1956] 1180, 1185; C. A. **1957** 3569; *Takahashi, Kanematsu,* Chem. Pharm. Bl. **6** [1958] 98, 100), 171–175° (*Wagner,* Ar. **289** [1956] 121, 124). UV-Spektrum (210–300 nm): *Ta. et al.,* l. c. S. 1183.

Beim Erwärmen mit $SnCl_2$ und konz. wss. HCl (*Wa.*) oder mit Paraformaldehyd und konz. wss. HCl (*Ta., Ka.*) ist Pyramidon (S. 3555), beim Erhitzen mit Paraformaldehyd und KCN in Essigsäure ist *N*-[1,5-Dimethyl-3-oxo-2-phenyl-2,3-dihydro-1*H*-pyrazol-4-yl]-*N*-methyl-glycinnitril erhalten worden (*Ta., Ka.*).

Picrat. F: 171–173° (*Wa.*).

[(1,5-Dimethyl-3-oxo-2-phenyl-2,3-dihydro-1*H*-pyrazol-4-yl)-isopropyl-amino]-methansulfinsäure $C_{15}H_{21}N_3O_3S$, Formel VIII.

Natrium-Salz. *B.* Aus 4-Isopropylamino-antipyrin (S. 3564) und dem Natrium-Salz der Hydroxymethansulfinsäure in H_2O (*Winthrop Chem. Co.,* U.S.P. 2193788 [1938]). – Kristalle (aus wss. A.).

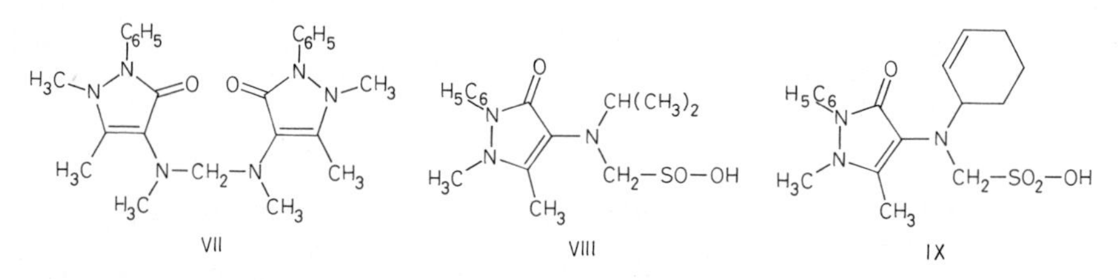

[(1,5-Dimethyl-3-oxo-2-phenyl-2,3-dihydro-1*H*-pyrazol-4-yl)-isopropyl-amino]-methansulfonsäure $C_{15}H_{21}N_3O_4S$, Formel VI (R = C_6H_5, R' = $CH(CH_3)_2$).

B. Aus 4-Isopropylamino-antipyrin (S. 3564) und dem Natrium-Salz der Hydroxymethansulfonsäure (*Winthrop Chem. Co.,* U.S.P. 2193788 [1938]). Aus [1,5-Dimethyl-3-oxo-2-phenyl-2,3-dihydro-1*H*-pyrazol-4-ylamino]-methansulfonsäure und Diisopropylsulfat (*Winthrop*).

Natrium-Salz. Wasserhaltige Kristalle (aus wss. A.), die ab 74° im Kristallwasser schmelzen.

Calcium-Salz. F: 150° [Zers.].

(±)-[*sec*-Butyl-(1,5-dimethyl-3-oxo-2-phenyl-2,3-dihydro-1*H*-pyrazol-4-yl)-amino]-methansulfonsäure $C_{16}H_{23}N_3O_4S$, Formel VI (R = C_6H_5, R' = $CH(CH_3)$-C_2H_5).

B. Aus (±)-4-*sec*-Butylamino-antipyrin (S. 3565) und Hydroxymethansulfonsäure (*Winthrop Chem. Co.,* U.S.P. 2193788 [1938]).

Natrium-Salz. Kristalle (aus Acn.+A.); F: 166° [Zers.].

[(1,5-Dimethyl-3-oxo-2-phenyl-2,3-dihydro-1*H*-pyrazol-4-yl)-isobutyl-amino]-methansulfonsäure $C_{16}H_{23}N_3O_4S$, Formel VI (R = C_6H_5, R' = CH_2-$CH(CH_3)_2$).

Natrium-Salz, Dibupyron. *B.* Aus 4-Isobutylamino-antipyrin (S. 3565) und dem Natrium-Salz der Hydroxymethansulfonsäure (*Winthrop Chem. Co.,* U.S.P. 2193788 [1938]). – Kristalle (aus E.); F: 170°. Wasserhaltige Kristalle (aus wasserhaltigem E.); F: 70–75°.

(±)-[Cyclohex-2(?)-enyl-(1,5-dimethyl-3-oxo-2-phenyl-2,3-dihydro-1*H*-pyrazol-4-yl)-amino]-methansulfonsäure $C_{18}H_{23}N_3O_4S$, vermutlich Formel IX.

Chinin-Salz. Kristalle; F: 173–175° (*I.G. Farbenind.,* D.R.P. 644647 [1934]; Frdl. **22**

553; *Winthrop Chem. Co.*, U.S.P. 2078440 [1935]).

[Benzyl-(1,5-dimethyl-3-oxo-2-phenyl-2,3-dihydro-1*H*-pyrazol-4-yl)-amino]-methansulfonsäure $C_{19}H_{21}N_3O_4S$, Formel VI (R = C_6H_5, R′ = CH_2-C_6H_5).

B. Beim Behandeln von 4-Benzylamino-antipyrin (S. 3566) in Äthanol mit wss. Formaldehyd und SO_2 (*I.G. Farbenind.*, D.R.P. 617237 [1934]; Frdl. **22** 551; *Winthrop Chem. Co.*, U.S.P. 2128512 [1935]).

Kristalle; Zers. bei 133°.

[α-(1,5-Dimethyl-3-oxo-2-phenyl-2,3-dihydro-1*H*-pyrazol-4-ylamino)-isopropyl]-phosphinsäure $C_{14}H_{20}N_3O_3P$, Formel X.

Diese Konstitution wird für die nachstehend beschriebene Verbindung in Betracht gezogen (*Schmidt*, B. **81** [1948] 477, 480).

B. Aus 4-Amino-antipyrin (S. 3554), Aceton und H_3PO_2 (*Farbenfabr. Bayer*, D.B.P. 870701 [1942]; s. a. *Sch.*).

Kristalle (aus A.); F: ca. 185° [Zers.] (*Farbenfabr. Bayer;* s. a. *Sch.*).

***5-Methyl-4-[4-nitro-benzylidenamino]-1,2-dihydro-pyrazol-3-on** $C_{11}H_{10}N_4O_3$, Formel XI (R = H, X = NO_2) und Taut.

B. Aus 4-Amino-5-methyl-1,2-dihydro-pyrazol-3-on und 4-Nitro-benzaldehyd (*Freri*, G. **66** [1936] 23, 29).

Orangefarbene Kristalle; F: 257° [Zers.].

***4-Benzylidenamino-1,5-dimethyl-2-phenyl-1,2-dihydro-pyrazol-3-on,** 4-Benzylidenamino-antipyrin $C_{18}H_{17}N_3O$, Formel XII (X = X′ = X″ = H) (H 455; E II 369).

B. Aus 4-Amino-antipyrin (S. 3554) und Benzaldehyd [vgl. H 455] (*Naito, Takayasu*, Bl. Kyoto Coll. Pharm. Nr. 5 [1957] 30, 31; C. A. **1958** 2340; *Manns, Pfeifer*, Mikroch. Acta **1958** 630, 634).

Hellgelbe Kristalle (aus A.); F: 176° (*Na., Ta.*), 174° (*Ma., Pf.*). λ_{max} (wss. A.): 250 nm (*Na., Ta.*, l. c. S. 32).

Picrat $C_{18}H_{17}N_3O \cdot C_6H_3N_3O_7$. Orangefarbene Kristalle; F: 160° (*Râşcanu*, Ann. scient. Univ. Jassy **25** [1939] 395, 422).

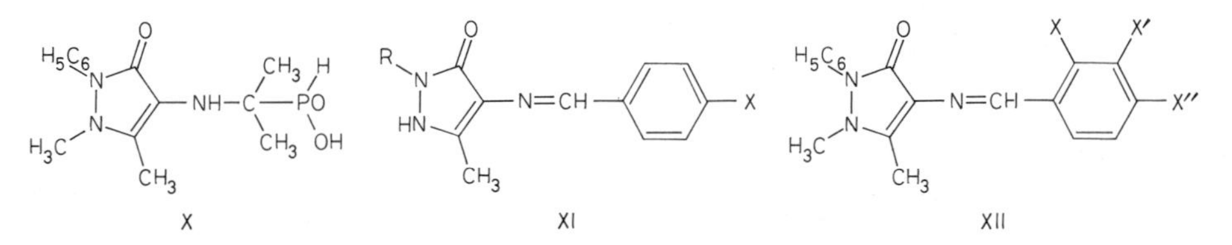

***4-Benzylidenamino-2-[4-brom-phenyl]-1,5-dimethyl-1,2-dihydro-pyrazol-3-on** $C_{18}H_{16}BrN_3O$, Formel XIII (X = Br).

B. Beim Behandeln von 2-[4-Brom-phenyl]-1,5-dimethyl-4-nitroso-1,2-dihydro-pyrazol-3-on (aus 2-[4-Brom-phenyl]-1,5-dimethyl-1,2-dihydro-pyrazol-3-on hergestellt) mit Zink-Pulver und wss.-äthanol. Essigsäure und anschliessend mit Benzaldehyd (*Nakatomi, Nishikawa*, Ann. Rep. Fac. Pharm. Kanazawa Univ. **7** [1957] 28; C. A. **1958** 6325).

Kristalle (aus A.); F: 170°.

***1,5-Dimethyl-4-[2-nitro-benzylidenamino]-2-phenyl-1,2-dihydro-pyrazol-3-on** $C_{18}H_{16}N_4O_3$, Formel XII (X = NO_2, X′ = X″ = H).

B. Aus 4-Amino-antipyrin (S. 3554) und 2-Nitro-benzaldehyd (*Manns, Pfeifer*, Mikroch. Acta **1958** 630, 634).

Kristalle (aus A.); F: 212°.

***1,5-Dimethyl-4-[3-nitro-benzylidenamino]-2-phenyl-1,2-dihydro-pyrazol-3-on** $C_{18}H_{16}N_4O_3$, Formel XII (X = X″ = H, X′ = NO_2) (H 455).

B. Analog der vorangehenden Verbindung (*Manns, Pfeifer*, Mikroch. Acta **1958** 630, 634).

Kristalle (aus A.); F: 216°.

***1,5-Dimethyl-4-[4-nitro-benzylidenamino]-2-phenyl-1,2-dihydro-pyrazol-3-on** $C_{18}H_{16}N_4O_3$, Formel XII (X = X′ = H, X″ = NO_2).

B. Analog den vorangehenden Verbindungen (*Manns, Pfeifer,* Mikroch. Acta **1958** 630, 634).

Kristalle (aus A.); F: 252°.

***4-Benzylidenamino-5-methyl-2-phenäthyl-1,2-dihydro-pyrazol-3-on** $C_{19}H_{19}N_3O$, Formel XI (R = CH_2-CH_2-C_6H_5, X = H) und Taut.

B. Neben [5-Methyl-3-oxo-2-phenäthyl-2,3-dihydro-pyrazol-4-yl]-[3-methyl-5-oxo-1-phenäthyl-1,5-dihydro-pyrazol-4-yliden]-amin beim Behandeln von 5-Methyl-2-phenäthyl-2*H*-pyrazol-3,4-dion-4-oxim mit Zink-Pulver und wss.-äthanol. Essigsäure und anschliessend mit Benzaldehyd (*Votoček, Valentin,* Collect. **5** [1933] 84, 85, 88).

Hellgelbe Kristalle; F: 166—168°.

***2-[4-Äthoxy-phenyl]-4-benzylidenamino-1,5-dimethyl-1,2-dihydro-pyrazol-3-on** $C_{20}H_{21}N_3O_2$, Formel XIII (X = O-C_2H_5).

B. Beim Behandeln von 2-[4-Äthoxy-phenyl]-1,5-dimethyl-4-nitroso-1,2-dihydro-pyrazol-3-on (aus 2-[4-Äthoxy-phenyl]-1,5-dimethyl-1,2-dihydro-pyrazol-3-on hergestellt) mit Zink-Pulver und wss.-äthanol. Essigsäure und anschliessend mit Benzaldehyd (*Nakatomi, Nishikawa,* Ann. Rep. Fac. Pharm. Kanazawa Univ. **7** [1957] 28, 30; C. A. **1958** 6325).

Kristalle (aus A.); Zers. bei 192°.

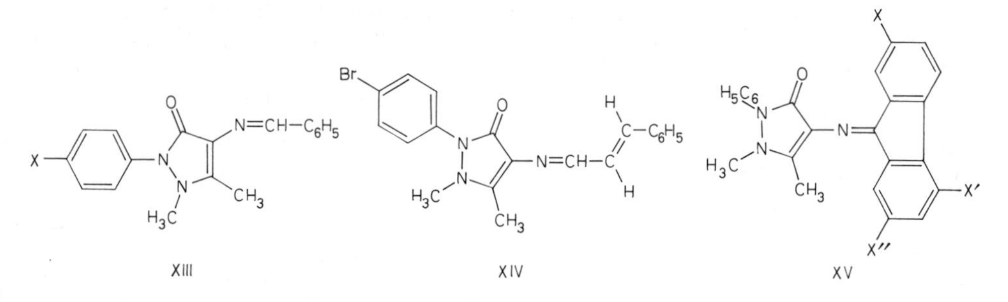

***4-Benzylidenamino-1,5-dimethyl-2-[4-propoxy-phenyl]-1,2-dihydro-pyrazol-3-on** $C_{21}H_{23}N_3O_2$, Formel XIII (X = O-CH_2-C_2H_5).

B. Beim Behandeln von 1,5-Dimethyl-4-nitroso-2-[4-propoxy-phenyl]-1,2-dihydro-pyrazol-3-on mit Zink-Pulver und wss.-äthanol. Essigsäure und anschliessend mit Benzaldehyd (*Profft et al.,* J. pr. [4] **1** [1954] 110, 122).

Gelbe Kristalle (aus A.); F: 139°.

***2-[4-Brom-phenyl]-4-*trans*-cinnamylidenamino-1,5-dimethyl-1,2-dihydro-pyrazol-3-on** $C_{20}H_{18}BrN_3O$, Formel XIV.

B. Aus 4-Amino-2-[4-brom-phenyl]-1,5-dimethyl-1,2-dihydro-pyrazol-3-on und *trans*-Zimtaldehyd (*Oohashi, Matsumura,* Ann. Rep. Fac. Pharm. Kanazawa Univ. **9** [1959] 15, 16; C. A. **1960** 4544).

Kristalle (aus A.); F: 181°.

4-Fluoren-9-ylidenamino-1,5-dimethyl-2-phenyl-1,2-dihydro-pyrazol-3-on, 4-Fluoren-9-ylidenamino-antipyrin $C_{24}H_{19}N_3O$, Formel XV (X = X′ = X″ = H).

B. Aus 4-Amino-antipyrin (S. 3554) und Fluoren-9-on (*Calderón, Cerrato,* An. Asoc. quim. arg. **37** [1949] 152, 157).

Orangefarbene Kristalle (aus A.); F: 222—223°.

***1,5-Dimethyl-4-[2-nitro-fluoren-9-ylidenamino]-2-phenyl-1,2-dihydro-pyrazol-3-on** $C_{24}H_{18}N_4O_3$, Formel XV (X = NO_2, X' = X'' = H).

B. Beim Erwärmen von 4-Nitroso-antipyrin (E III/IV **24** 104) mit 2-Nitro-fluoren und wenig KCN in Äthanol (*Calderón, Pérez,* An. Asoc. quim. arg. **28** [1940] 5, 25).

Dunkelrote Kristalle (aus Bzl.); F: 153° (*Ca., Pe.,* l. c. S. 26).

***4-[2,5-Dinitro-fluoren-9-ylidenamino]-1,5-dimethyl-2-phenyl-1,2-dihydro-pyrazol-3-on** $C_{24}H_{17}N_5O_5$, Formel XV (X = X' = NO_2, X'' = H).

B. Analog der vorangehenden Verbindung (*Calderón, Pérez,* An. Asoc. quim. arg. **28** [1940] 5, 28).

Rote Kristalle (aus Acn.); F: 280,5°.

4-[2,7-Dinitro-fluoren-9-ylidenamino]-1,5-dimethyl-2-phenyl-1,2-dihydro-pyrazol-3-on $C_{24}H_{17}N_5O_5$, Formel XV (X = X'' = NO_2, X' = H).

B. Analog den vorangehenden Verbindungen (*Calderón, Pérez,* An. Asoc. quim. arg. **28** [1940] 5, 30).

Rote Kristalle (aus A.); F: 280°.

1,5-Dimethyl-4-[4-oxo-cyclohexa-2,5-dienylidenamino]-2-phenyl-1,2-dihydro-pyrazol-3-on $C_{17}H_{15}N_3O_2$, Formel I (X = O) und Mesomeres (4-[4-Hydroxy-phenylimino]-1,5-dimethyl-3-oxo-2-phenyl-3,4-dihydro-2*H*-pyrazolium-betain).

B. Aus 4-Amino-antipyrin (S. 3554) und Phenol beim Behandeln mit Luft in Gegenwart von $CuCl_2$ oder $CuSO_4$ in wss. NH_3 (*Eisenstaedt [Emerson],* U.S.P. 2194201 [1938]).

Rote Kristalle.

1,5-Dimethyl-2-phenyl-4-[4-phenylimino-cyclohexa-2,5-dienylidenamino]-1,2-dihydro-pyrazol-3-on $C_{23}H_{20}N_4O$, Formel I (X = N-C_6H_5).

Hydrochlorid $C_{23}H_{20}N_4O \cdot HCl$; 4-[4-Anilino-phenylimino]-1,5-dimethyl-3-oxo-2-phenyl-3,4-dihydro-2*H*-pyrazolium-chlorid $[C_{23}H_{21}N_4O]Cl$, und Mesomeres; Antipyrylblau A-93. *B.* Beim Behandeln von 4-Nitroso-antipyrin (E III/IV **24** 104) mit Di⸗phenylamin, Essigsäure und konz. wss. HCl und anschliessend mit Acetanhydrid (*Eisenstaedt [Emerson],* U.S.P. 2194201 [1938]). Aus 4-Amino-antipyrin (S. 3554) und Diphenylamin beim Behandeln mit Essigsäure, $K_2Cr_2O_7$ und wss. H_2SO_4 und anschliessend mit NaCl (*Eisenstaedt,* J. org. Chem. **3** [1938] 153, 158, 163) sowie beim Behandeln mit $FeCl_3$ und wss. HCl (*Ei. [Em.],* U.S.P. 2194201). – Blauer Feststoff.

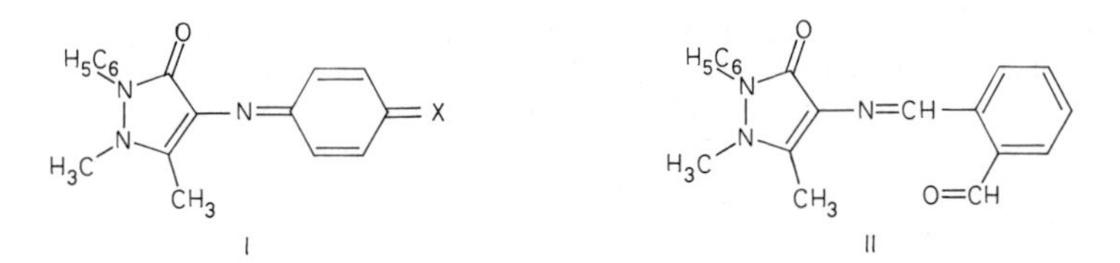

***2-[(1,5-Dimethyl-3-oxo-2-phenyl-2,3-dihydro-1*H*-pyrazol-4-ylimino)-methyl]-benzaldehyd, Phthalaldehyd-mono-[1,5-dimethyl-3-oxo-2-phenyl-2,3-dihydro-1*H*-pyrazol-4-ylimin]** $C_{19}H_{17}N_3O_2$, Formel II.

B. Aus 4-Amino-antipyrin (S. 3554) und Phthalaldehyd (*Manns, Pfeifer,* Mikroch. Acta **1958** 630, 634).

Kristalle (aus A.); F: 171°.

***4-[(1,5-Dimethyl-3-oxo-2-phenyl-2,3-dihydro-1*H*-pyrazol-4-ylimino)-methyl]-benzaldehyd-thiosemicarbazon, Terephthalaldehyd-[1,5-dimethyl-3-oxo-2-phenyl-2,3-dihydro-1*H*-pyrazol-4-ylimin]-thiosemicarbazon** $C_{20}H_{20}N_6OS$, Formel III.

B. Aus 4-Amino-antipyrin (S. 3554) und Terephthalaldehyd-mono-thiosemicarbazon in Meth⸗anol und wenig Essigsäure (*Schenley Ind.,* U.S.P. 2664425 [1952]).

Gelb; F: 251°.

***1,5-Dimethyl-2-phenyl-4-salicylidenamino-1,2-dihydro-pyrazol-3-on,** 4-Salicylidenamino-antipyrin $C_{18}H_{17}N_3O_2$, Formel IV (R = X = H) (H 456).

B. Aus 4-Amino-antipyrin-hydrogensulfat (S. 3554) und Salicylaldehyd mit Hilfe von wss. NaOH (*Naito, Takayasu,* Bl. Kyoto Coll. Pharm. Nr. 5 [1957] 30, 31; C. A. **1958** 2340).

Gelbe Kristalle (aus A.); F: 198° (*Na., Ta.; Manns, Pfeifer,* Mikroch. Acta **1958** 630, 636). λ_{max} (wss. A.): 255 nm (*Na., Ta.,* l. c. S. 32).

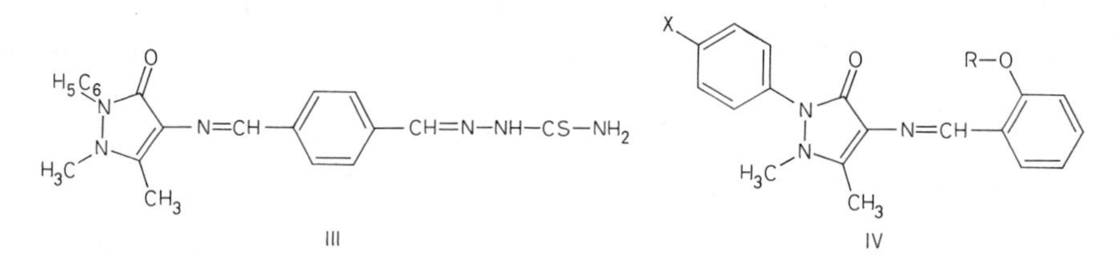

***2-[4-Brom-phenyl]-1,5-dimethyl-4-salicylidenamino-1,2-dihydro-pyrazol-3-on** $C_{18}H_{16}BrN_3O_2$, Formel IV (R = H, X = Br).

B. Aus 4-Amino-2-[4-brom-phenyl]-1,5-dimethyl-1,2-dihydro-pyrazol-3-on und Salicylaldehyd (*Oohashi, Matsumura,* Ann. Rep. Fac. Pharm. Kanazawa Univ. **9** [1959] 15, 16; C. A. **1960** 4544).

Gelbe Kristalle (aus A.); F: 197° (*Oo., Ma.*).

Die folgenden Verbindungen sind in analoger Weise hergestellt worden:

*4-{2-[2-(2-Chlor-äthoxy)-äthoxy]-benzylidenamino}-1,5-dimethyl-2-phenyl-1,2-dihydro-pyrazol-3-on $C_{22}H_{24}ClN_3O_3$, Formel IV (R = CH_2-CH_2-O-CH_2-CH_2Cl, X = H). Gelbe Kristalle; F: 129,5–131° (*Dow Chem. Co.,* U.S.P. 2568579 [1949], 2568580 [1951]).

*4-[4-Methoxy-benzylidenamino]-5-methyl-1,2-dihydro-pyrazol-3-on $C_{12}H_{13}N_3O_2$, Formel V (R = R′ = H, R″ = CH_3) und Taut. Kristalle; F: 202–203° (*Freri,* G. **66** [1936] 23, 29).

*4-[4-Hydroxy-benzylidenamino]-1,5-dimethyl-2-phenyl-1,2-dihydro-pyrazol-3-on $C_{18}H_{17}N_3O_2$, Formel V (R = CH_3, R′ = C_6H_5, R″ = H). Kristalle (aus A.); F: 227° (*Manns, Pfeifer,* Mikroch. Acta **1958** 630, 634).

*2-[4-Brom-phenyl]-4-[4-hydroxy-benzylidenamino]-1,5-dimethyl-1,2-dihydro-pyrazol-3-on $C_{18}H_{16}BrN_3O_2$, Formel V (R = CH_3, R′ = C_6H_4-Br, R″ = H). Gelbe Kristalle (aus A.); F: 240° (*Oo., Ma.*).

*4-{4-[2-(2-Chlor-äthoxy)-äthoxy]-benzylidenamino}-1,5-dimethyl-2-phenyl-1,2-dihydro-pyrazol-3-on $C_{22}H_{24}ClN_3O_3$, Formel V (R = CH_3, R′ = C_6H_5, R″ = CH_2-CH_2-O-CH_2-CH_2Cl). Hellgelbe Kristalle; F: 110–111° (*Dow*).

*1,5-Dimethyl-2-phenyl-4-vanillylidenamino-1,2-dihydro-pyrazol-3-on, 4-Vanillylidenamino-antipyrin $C_{19}H_{19}N_3O_3$, Formel VI (R = H) (E I 673). Kristalle (aus A.); F: 217° [Zers.] (*Ma., Pf.*).

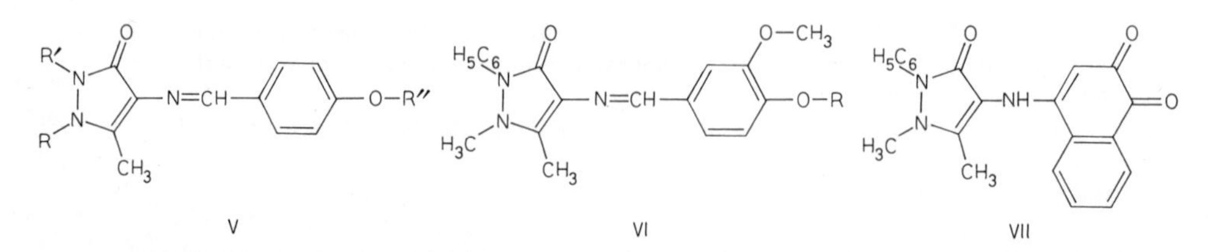

4-[4-Benzoyloxy-3-methoxy-benzylidenamino]-1,5-dimethyl-2-phenyl-1,2-dihydro-pyrazol-3-on $C_{26}H_{23}N_3O_4$, Formel VI (R = CO-C_6H_5).

B. Aus dem vorangehenden 4-Vanillylidenamino-antipyrin beim Behandeln mit Benzoylchlo= rid und wss. NaOH (*Amal, Ergenc,* Rev. Fac. Sci. Istanbul [C] **23** [1958] 38, 41).

Kristalle (aus E.); F: 195–197°.

4-[3,4-Dioxo-3,4-dihydro-[1]naphthylamino]-1,5-dimethyl-2-phenyl-1,2-dihydro-pyrazol-3-on, 4-[1,5-Dimethyl-3-oxo-2-phenyl-2,3-dihydro-1*H*-pyrazol-4-ylamino]-[1,2]naphthochinon $C_{21}H_{17}N_3O_3$, Formel VII und Taut.

B. Aus 4-Amino-antipyrin (S. 3554) und 3,4-Dioxo-3,4-dihydro-naphthalin-1-sulfonsäure in H_2O (*Rubzow*, Ž. obšč. Chim. **16** [1946] 221, 232; C. A. **1947** 430).

Orangefarbene Kristalle; F: 227° [Zers.].

Natrium-Salz $NaC_{21}H_{16}N_3O_3$. Orangerote Kristalle (aus A. + Ae.); Zers. bei ca. 220°.

4-Formylamino-1,5-dimethyl-2-phenyl-1,2-dihydro-pyrazol-3-on, *N*-[1,5-Dimethyl-3-oxo-2-phenyl-2,3-dihydro-1*H*-pyrazol-4-yl]-formamid, 4-Formylamino-antipyrin $C_{12}H_{13}N_3O_2$, Formel VIII (X = O, X' = H) (H **24** 274).

Kristalle (aus A.); F: 185° (*Naito, Takayasu*, Bl. Kyoto Coll. Pharm. Nr. 5 [1957] 30, 31; C. A. **1958** 2340). λ_{max} (H_2O): 257 nm (*Na., Ta.*, l. c. S. 32).

2-[4-Brom-phenyl]-4-formylamino-1,5-dimethyl-1,2-dihydro-pyrazol-3-on, *N*-[2-(4-Brom-phenyl)-1,5-dimethyl-3-oxo-2,3-dihydro-1*H*-pyrazol-4-yl]-formamid $C_{12}H_{12}BrN_3O_2$, Formel VIII (X = O, X' = Br).

B. Aus 4-Amino-2-[4-brom-phenyl]-1,5-dimethyl-1,2-dihydro-pyrazol-3-on und Ameisensäure (*Oohashi, Matsumara*, Ann. Rep. Fac. Pharm. Kanazawa Univ. **9** [1959] 15; C. A. **1960** 4544).

Kristalle (aus A.); F: 146°.

1,5-Dimethyl-2-phenyl-4-thioformylamino-1,2-dihydro-pyrazol-3-on, *N*-[1,5-Dimethyl-3-oxo-2-phenyl-2,3-dihydro-1*H*-pyrazol-4-yl]-thioformamid, 4-Thioformylamino-antipyrin $C_{12}H_{13}N_3OS$, Formel VIII (X = S, X' = H).

B. Aus 4-Amino-antipyrin (S. 3554) und Kalium-thioformiat in H_2O (*Hoffmann-La Roche*, U.S.P. 2220243 [1937]; D.R.P. 675881 [1937]; Frdl. **25** 447).

Hellgelbe Kristalle; F: 175°.

4-Acetylamino-5-methyl-1,2-dihydro-pyrazol-3-on, *N*-[5-Methyl-3-oxo-2,3-dihydro-1*H*-pyrazol-4-yl]-acetamid $C_6H_9N_3O_2$, Formel IX (R = R' = X = H) und Taut.

B. Aus 2-Acetylamino-acetessigsäure-äthylester und wss. $N_2H_4 \cdot H_2O$ in Äthanol (*Ishimaru*, J. pharm. Soc. Japan **77** [1957] 800; C. A. **1957** 17893)

Kristalle (aus Me.) mit 1 Mol H_2O; F: 203 – 204° [unkorr.; Zers.]. UV-Spektrum (H_2O; 215 – 280 nm): *Is.*

4-Acetylamino-2-[2,4-dinitro-phenyl]-5-methyl-1,2-dihydro-pyrazol-3-on, *N*-[2-(2,4-Dinitro-phenyl)-5-methyl-3-oxo-2,3-dihydro-1*H*-pyrazol-4-yl]-acetamid $C_{12}H_{11}N_5O_6$, Formel IX (R = X = H, R' = $C_6H_3(NO_2)_2$) und Taut.

B. Aus 2-Acetylamino-acetessigsäure-äthylester und [2,4-Dinitro-phenyl]-hydrazin (*Albertson et al.*, Am. Soc. **70** [1948] 1150, 1151).

Gelbe Kristalle (aus A.); F: 199 – 200° [unkorr.].

4-Acetylamino-1,5-dimethyl-2-phenyl-1,2-dihydro-pyrazol-3-on, *N*-[1,5-Dimethyl-3-oxo-2-phenyl-2,3-dihydro-1*H*-pyrazol-4-yl]-acetamid, 4-Acetylamino-antipyrin $C_{13}H_{15}N_3O_2$, Formel IX (R = CH_3, R' = C_6H_5, X = H) (H **24** 274; E II **24** 152).

B. Beim Behandeln von 4-Amino-antipyrin (S. 3554) mit Acetanhydrid in Essigsäure (*Naito, Takayasu*, Bl. Kyoto Coll. Pharm. Nr. 5 [1957] 30, 31; C. A. **1958** 2340) oder mit Acetylchlorid und Pyridin (*Zorn, Schmidt*, Pharmazie **12** [1957] 396, 398).

Kristalle; F: 197 – 198° [aus Bzl.] (*Na., Ta.*), 197° [aus E.] (*Zorn, Sch.*). UV-Spektrum (wss. HCl [0,1 n]; 220 – 290 nm): *Brodie, Axelrod*, J. Pharmacol. exp. Therap. **99** [1950] 171, 172. λ_{max} (H_2O): 260 nm (*Na., Ta.*, l. c. S. 32). Verteilung zwischen wss. Lösungen vom pH 1 sowie pH 8 und $CHCl_3$ bzw. Benzol bzw. PAe.: *Br., Ax.*, l. c. S. 176.

4-Acetylamino-2-[4-brom-phenyl]-1,5-dimethyl-1,2-dihydro-pyrazol-3-on, *N*-[2-(4-Brom-phenyl)-1,5-dimethyl-3-oxo-2,3-dihydro-1*H*-pyrazol-4-yl]-acetamid $C_{13}H_{14}BrN_3O_2$, Formel IX (R = CH_3, R' = C_6H_4-Br, X = H).

B. Aus 4-Amino-2-[4-brom-phenyl]-1,5-dimethyl-1,2-dihydro-pyrazol-3-on und Acetanhydrid

(*Miura et al.*, Ann. Rep. Fac. Pharm. Kanazawa Univ. **8** [1958] 23; C. A. **1959** 4564).
Kristalle (aus H_2O); F: 148°.

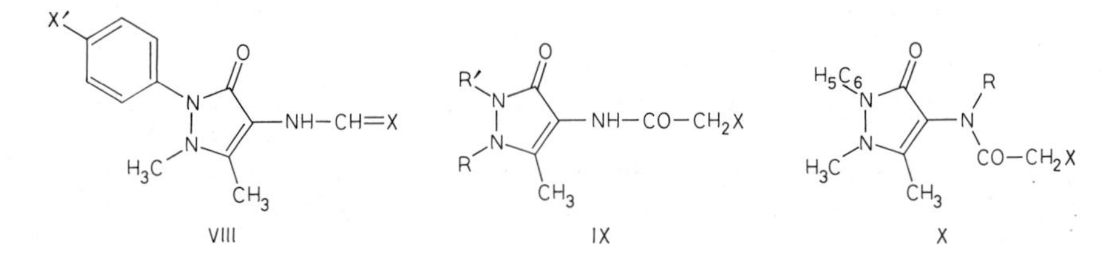

Chloressigsäure-[1,5-dimethyl-3-oxo-2-phenyl-2,3-dihydro-1*H*-pyrazol-4-ylamid] $C_{13}H_{14}ClN_3O_2$, Formel IX (R = CH_3, R' = C_6H_5, X = Cl) (E II **24** 152).

B. Aus 4-Amino-antipyrin (S. 3554) und Chloracetylchlorid in Benzol (*Zorn, Schmidt*, Pharmazie **12** [1957] 396, 399) oder unter Zusatz von K_2CO_3 in $CHCl_3$ (*Takahashi, Senda*, J. pharm. Soc. Japan. **72** [1952] 614; C. A. **1953** 6406).

Kristalle; F: 198° [aus Me.] (*Ta., Se.*), 187° [aus A.] (*Zorn, Sch.*).

Bromessigsäure-[1,5-dimethyl-3-oxo-2-phenyl-2,3-dihydro-1*H*-pyrazol-4-ylamid] $C_{13}H_{14}BrN_3O_2$, Formel IX (R = CH_3, R' = C_6H_5, X = Br).

B. Beim Behandeln von 4-Amino-antipyrin (S. 3554) mit Bromacetylchlorid in Benzol (*Zorn, Schmidt*, Pharmazie **12** [1957] 396, 399) oder mit Bromacetylbromid und K_2CO_3 in $CHCl_3$ (*Satoda et al.*, Japan J. Pharm. Chem. **28** [1956] 642, 645; C. A. **1957** 16438).

Kristalle (aus A.); F: 198° (*Zorn, Sch.*). Kristalle (aus Me.) mit 1 Mol H_2O; F: 198° (*Sa. et al.*).

Chloressigsäure-[5-methyl-3-oxo-1,2-diphenyl-2,3-dihydro-1*H*-pyrazol-4-ylamid] $C_{18}H_{16}ClN_3O_2$, Formel IX (R = R' = C_6H_5, X = Cl).

B. Aus 4-Amino-5-methyl-1,2-diphenyl-1,2-dihydro-pyrazol-3-on und Chloracetylchlorid unter Zusatz von K_2CO_3 in $CHCl_3$ (*Takahashi et al.*, J. pharm. Soc. Japan **76** [1956] 568; C. A. **1957** 375).

Kristalle (aus Ae.); F: 181°.

Chloressigsäure-[(1,5-dimethyl-3-oxo-2-phenyl-2,3-dihydro-1*H*-pyrazol-4-yl)-methyl-amid] $C_{14}H_{16}ClN_3O_2$, Formel X (R = CH_3, X = Cl).

B. Aus 4-Methylamino-antipyrin (S. 3555) analog der vorangehenden Verbindung (*Takahashi et al.*, J. pharm. Soc. Japan **76** [1956] 568; C. A. **1957** 375).

Kristalle (aus Ae.); F: 116°. Kristalle (aus wasserhaltigem Ae.) mit 1 Mol H_2O; F: 71°.

***N*-Äthyl-*N*-[1,5-dimethyl-3-oxo-2-phenyl-2,3-dihydro-1*H*-pyrazol-4-yl]-acetamid** $C_{15}H_{19}N_3O_2$, Formel X (R = C_2H_5, X = H).

B. Aus 4-Äthylamino-antipyrin (S. 3563) und Acetanhydrid unter Zusatz von Natriumacetat (*Satoda et al.*, Japan J. Pharm. Chem. **28** [1956] 642, 645; C. A. **1957** 16438).

Kristalle (aus Hexan + Bzl.); F: 117–118°.

Chloressigsäure-[benzyl-(1,5-dimethyl-3-oxo-2-phenyl-2,3-dihydro-1*H*-pyrazol-4-yl)-amid] $C_{20}H_{20}ClN_3O_2$, Formel X (R = CH_2-C_6H_5, X = Cl).

B. Aus 4-Benzylamino-antipyrin (S. 3566) und Chloracetylchlorid unter Zusatz von K_2CO_3 in $CHCl_3$ (*Takahashi et al.*, J. pharm. Soc. Japan **79** [1959] 167, 170, 171; C. A. **1959** 13137).

Kristalle (aus Ae.); F: 138°.

(±)-2-Chlor-propionsäure-[1,5-dimethyl-3-oxo-2-phenyl-2,3-dihydro-1*H*-pyrazol-4-ylamid] $C_{14}H_{16}ClN_3O_2$, Formel XI (R = CH_3, X = H, X' = Cl).

B. Aus 4-Amino-antipyrin (S. 3554) beim Erwärmen mit (±)-2-Chlor-propionylchlorid und K_2CO_3 in $CHCl_3$ sowie beim Erhitzen mit (±)-2-Chlor-propionsäure und P_2O_5 (*Takahashi*

et al., J. pharm. Soc. Japan **75** [1955] 1431, 1432; C. A. **1956** 10086).
Kristalle (aus Me.); F: 218–219°.

(±)-2-Brom-propionsäure-[1,5-dimethyl-3-oxo-2-phenyl-2,3-dihydro-1*H*-pyrazol-4-ylamid] $C_{14}H_{16}BrN_3O_2$, Formel XI (R = CH_3, X = H, X′ = Br).

B. Aus 4-Amino-antipyrin (S. 3554) beim Behandeln mit (±)-2-Brom-propionylbromid und K_2CO_3 in $CHCl_3$ (*Takahashi, Senda*, J. pharm. Soc. Japan **72** [1952] 614; C. A. **1953** 6406), beim Erwärmen mit opt.-inakt. 2-Brom-propionsäure-anhydrid (*Takahashi et al.*, J. pharm. Soc. Japan **75** [1955] 1431, 1432; C. A. **1956** 10086) sowie beim Erhitzen mit (±)-2-Brom-propionsäure (bzw. deren Methyl- oder Äthylester) und P_2O_5 (*Ta. et al.*).
Kristalle (aus Me.); Zers. bei 206° (*Ta. et al.*; s. a. *Ta., Se.*).

(±)-2-Brom-propionsäure-[2-(4-brom-phenyl)-1,5-dimethyl-3-oxo-2,3-dihydro-1*H*-pyrazol-4-yl=amid] $C_{14}H_{15}Br_2N_3O_2$, Formel XI (R = CH_3, X = X′ = Br).

B. Beim Behandeln von 4-Amino-2-[4-brom-phenyl]-1,5-dimethyl-1,2-dihydro-pyrazol-3-on mit (±)-2-Brom-propionylbromid und K_2CO_3 in $CHCl_3$ (*Nakatomi, Nishikawa*, Ann. Rep. Fac. Pharm. Kanazawa Univ. **7** [1957] 28, 30; C. A. **1958** 6325).
Kristalle (aus Me.); F: 198°.

(±)-2-Brom-propionsäure-[5-methyl-3-oxo-1,2-diphenyl-2,3-dihydro-1*H*-pyrazol-4-ylamid] $C_{19}H_{18}BrN_3O_2$, Formel XI (R = C_6H_5, X = H, X′ = Br).

B. Analog der vorangehenden Verbindung (*Takahashi et al.*, J. pharm. Soc. Japan **76** [1956] 568; C. A. **1957** 375).
Kristalle (aus Ae.); F: 196°.

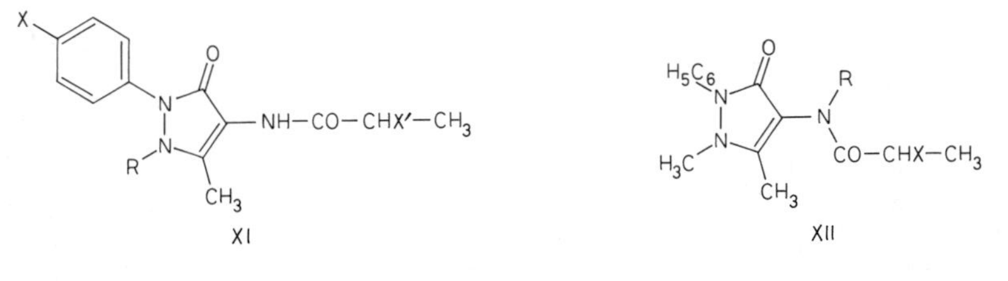

(±)-2-Chlor-propionsäure-[(1,5-dimethyl-3-oxo-2-phenyl-2,3-dihydro-1*H*-pyrazol-4-yl)-methyl-amid] $C_{15}H_{18}ClN_3O_2$, Formel XII (R = CH_3, X = Cl).

B. Analog den vorangehenden Verbindungen (*Takahashi et al.*, J. pharm. Soc. Japan **75** [1955] 1431, 1433; C. A. **1956** 10086).
Kristalle (aus Ae.); F: 139°.

(±)-2-Brom-propionsäure-[(1,5-dimethyl-3-oxo-2-phenyl-2,3-dihydro-1*H*-pyrazol-4-yl)-methyl-amid] $C_{15}H_{18}BrN_3O_2$, Formel XII (R = CH_3, X = Br).

B. Aus 4-Methylamino-antipyrin (S. 3555) beim Erhitzen mit (±)-2-Brom-propionsäure und P_2O_5 (*Takahashi et al.*, J. pharm. Soc. Japan **76** [1956] 1180, 1183; C. A. **1957** 3569) sowie beim Erwärmen mit (±)-2-Brom-propionylbromid und K_2CO_3 in $CHCl_3$ oder mit opt.-inakt. 2-Brom-propionsäure-anhydrid in Benzol (*Takahashi et al.*, J. pharm. Soc. Japan **75** [1955] 1431; C. A. **1956** 10086).
Kristalle (aus Bzl.+Ae.); F: 134° (*Ta. et al.*, J. pharm. Soc. Japan **76** 1183).

(±)-2-Brom-propionsäure-[äthyl-(1,5-dimethyl-3-oxo-2-phenyl-2,3-dihydro-1*H*-pyrazol-4-yl)-amid] $C_{16}H_{20}BrN_3O_2$, Formel XII (R = C_2H_5, X = Br).

B. Aus 4-Äthylamino-antipyrin (S. 3563) beim Erwärmen mit (±)-2-Brom-propionylbromid in $CHCl_3$ (*Takahashi et al.*, J. pharm. Soc. Japan **76** [1956] 1180, 1183; C. A. **1957** 3569; s. a. *Satoda et al.*, Japan J. Pharm. Chem. **28** [1956] 642, 645; C. A. **1957** 16438) oder mit (±)-2-Brom-propionsäure und P_2O_5 (*Ta. et al.*).
Kristalle (aus E.); F: 140° (*Ta. et al.*). Kristalle (aus Bzl.) mit 1 Mol H_2O; F: 139° (*Sa. et al.*).

(±)-2-Brom-propionsäure-[benzyl-(1,5-dimethyl-3-oxo-2-phenyl-2,3-dihydro-1*H*-pyrazol-4-yl)-amid] $C_{21}H_{22}BrN_3O_2$, Formel XII (R = CH_2-C_6H_5, X = Br).

B. Aus 4-Benzylamino-antipyrin (S. 3566) und (±)-2-Brom-propionylbromid unter Zusatz von K_2CO_3 in $CHCl_3$ (*Takahashi et al.*, J. pharm. Soc. Japan **79** [1959] 167, 170, 171; C. A. **1959** 13137).

Kristalle (aus Ae.); F: 129–130°.

(±)-2-Brom-buttersäure-[1,5-dimethyl-3-oxo-2-phenyl-2,3-dihydro-1*H*-pyrazol-4-ylamid] $C_{15}H_{18}BrN_3O_2$, Formel XIII (R = H, X = Br, n = 1).

B. Analog der vorangehenden Verbindung (*Takahashi, Senda*, J. pharm. Soc. Japan **72** [1952] 614; C. A. **1953** 6406).

Kristalle (aus Me.); F: 208°.

(±)-2-Brom-buttersäure-[(1,5-dimethyl-3-oxo-2-phenyl-2,3-dihydro-1*H*-pyrazol-4-yl)-methyl-amid] $C_{16}H_{20}BrN_3O_2$, Formel XIII (R = CH_3, X = Br, n = 1).

B. Analog den vorangehenden Verbindungen (*Takahashi et al.*, J. pharm. Soc. Japan **76** [1956] 568; C. A. **1957** 375).

Kristalle (aus Ae.); F: 109–110°.

(±)-2-Brom-buttersäure-[äthyl-(1,5-dimethyl-3-oxo-2-phenyl-2,3-dihydro-1*H*-pyrazol-4-yl)-amid] $C_{17}H_{22}BrN_3O_2$, Formel XIII (R = C_2H_5, X = Br, n = 1).

B. Analog den vorangehenden Verbindungen (*Satoda et al.*, Japan J. Pharm. Chem. **28** [1956] 642, 646; C. A. **1957** 16438).

Kristalle (aus Bzl.) mit 1 Mol H_2O, F: 90–92°; die wasserfreie Verbindung schmilzt bei 108°.

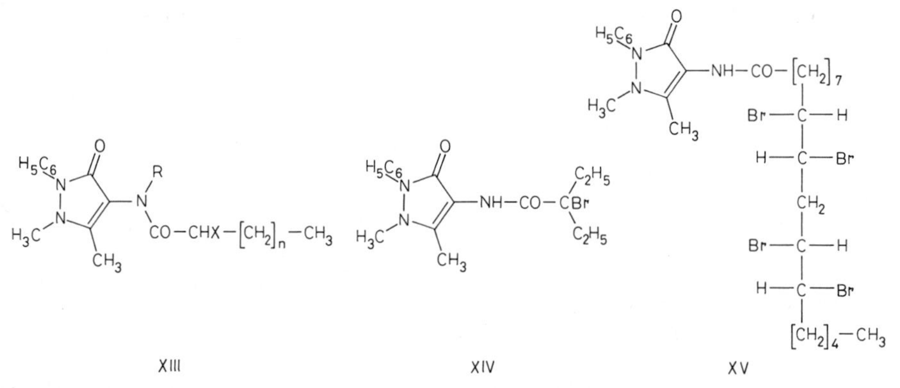

(±)-2-Brom-valeriansäure-[1,5-dimethyl-3-oxo-2-phenyl-2,3-dihydro-1*H*-pyrazol-4-ylamid] $C_{16}H_{20}BrN_3O_2$, Formel XIII (R = H, X = Br, n = 2).

B. Analog den vorangehenden Verbindungen (*Takahashi, Senda*, J. pharm. Soc. Japan **72** [1952] 614; C. A. **1953** 6406).

Kristalle (aus Me.); F: 185°.

2-Äthyl-2-brom-buttersäure-[1,5-dimethyl-3-oxo-2-phenyl-2,3-dihydro-1*H*-pyrazol-4-ylamid] $C_{17}H_{22}BrN_3O_2$, Formel XIV.

B. Aus 4-Amino-antipyrin (S. 3554) und 2-Äthyl-2-brom-butyrylchlorid in Benzol (*Reuter*, D.R.P. 580696 [1928]; Frdl. **19** 1190; U.S.P. 1906200 [1931]).

Kristalle (aus A. oder Bzl.); F: 130°.

1,5-Dimethyl-2-phenyl-4-stearoylamino-1,2-dihydro-pyrazol-3-on, *N*-[1,5-Dimethyl-3-oxo-2-phenyl-2,3-dihydro-1*H*-pyrazol-4-yl]-stearamid, 4-Stearoylamino-antipyrin $C_{29}H_{47}N_3O_2$, Formel XIII (R = X = H, n = 15).

Kristalle; F: 144° (*Asano, Asai*, J. pharm. Soc. Japan **78** [1958] 450, 453; C. A. **1958** 18428).

(±)-9r_F,10t_F,12r'_F,13t'_F-Tetrabrom-octadecansäure-[1,5-dimethyl-3-oxo-2-phenyl-2,3-dihydro-1*H*-pyrazol-4-ylamid] $C_{29}H_{43}Br_4N_3O_2$, Formel XV (oder Stereoisomeres) + Spiegelbild.

B. Beim Behandeln von 4-Amino-antipyrin (S. 3554) mit (±)-9r_F,10t_F,12r'_F,13t'_F-Tetrabrom-octadecanoylchlorid vom F: 62° (E IV **2** 1248) und Pyridin in Benzol (*Kaufmann, Stamm,* Fette Seifen **60** [1958] 85, 93).

Kristalle (aus Acn.); F: 136–137°.

4-Linoloylamino-1,5-dimethyl-2-phenyl-1,2-dihydro-pyrazol-3-on, *N*-[1,5-Dimethyl-3-oxo-2-phenyl-2,3-dihydro-1*H*-pyrazol-4-yl]-linolamid, 4-Linoloylamino-antipyrin $C_{29}H_{43}N_3O_2$, Formel I.

B. Aus der vorangehenden Verbindung beim Erwärmen mit Zink und Äthanol unter CO_2 (*Kaufmann, Stamm,* Fette Seifen **60** [1958] 85, 93).

Kristalle (aus wss. A.); F: 108–111°.

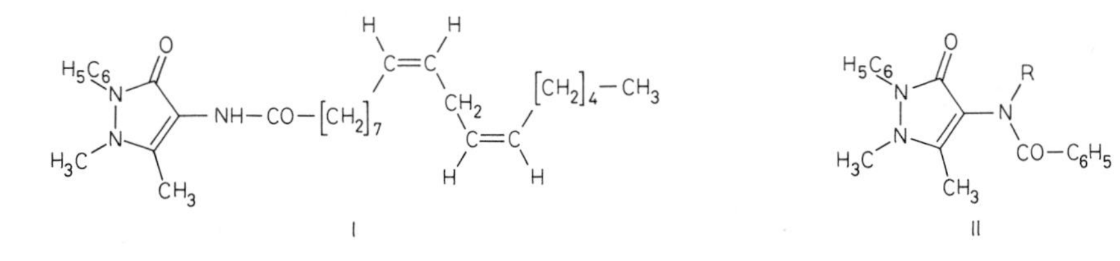

4-Benzoylamino-1,5-dimethyl-2-phenyl-1,2-dihydro-pyrazol-3-on, *N*-[1,5-Dimethyl-3-oxo-2-phenyl-2,3-dihydro-1*H*-pyrazol-4-yl]-benzamid, 4-Benzoylamino-antipyrin $C_{18}H_{17}N_3O_2$, Formel II (R = H).

B. Aus 4-Amino-antipyrin (S. 3554) und Benzoylchlorid unter Zusatz von Pyridin in Benzol (*Zorn, Schmidt,* Pharmazie **12** [1957] 396, 399).

Kristalle (aus A.); F: 183°.

***N*-Benzyl-*N*-[1,5-dimethyl-3-oxo-2-phenyl-2,3-dihydro-1*H*-pyrazol-4-yl]-benzamid** $C_{25}H_{23}N_3O_2$, Formel II (R = CH_2-C_6H_5).

B. Beim Erwärmen von 4-Benzylamino-antipyrin (S. 3566) mit Benzoylchlorid und K_2CO_3 in $CHCl_3$ (*Takahashi et al.,* J. pharm. Soc. Japan **79** [1959] 167, 170, 171; C. A. **1959** 13137).

Kristalle (aus Ae.); F: 148°.

Phenylessigsäure-[1,5-dimethyl-3-oxo-2-phenyl-2,3-dihydro-1*H*-pyrazol-4-ylamid] $C_{19}H_{19}N_3O_2$, Formel III (R = X = X' = H).

B. Aus 4-Amino-antipyrin (S. 3554) und Phenylacetylchlorid in Benzol (*Berger et al.,* Lucrǎrile Conf. naţion. Farm. 1958 S. 66; C. A. **1959** 6213) oder unter Zusatz von K_2CO_3 in $CHCl_3$ (*Takahashi et al.,* J. pharm. Soc. Japan **79** [1959] 167, 170, 171; C. A. **1959** 13137).

Kristalle; F: 183–184° [aus Ae.] (*Ta. et al.*), 181° [aus wss. A.] (*Be. et al.*).

(±)-Chlor-phenyl-essigsäure-[1,5-dimethyl-3-oxo-2-phenyl-2,3-dihydro-1*H*-pyrazol-4-ylamid] $C_{19}H_{18}ClN_3O_2$, Formel III (R = X' = H, X = Cl).

B. Beim Erwärmen von 4-Amino-antipyrin (S. 3554) mit (±)-Chlor-phenyl-acetylchlorid und K_2CO_3 in $CHCl_3$ (*Takahashi et al.,* J. pharm. Soc. Japan **79** [1959] 167, 170, 171; C. A. **1959** 13137).

Kristalle (aus Ae.); F: 194°.

(±)-Brom-phenyl-essigsäure-[1,5-dimethyl-3-oxo-2-phenyl-2,3-dihydro-1*H*-pyrazol-4-ylamid] $C_{19}H_{18}BrN_3O_2$, Formel III (R = X' = H, X = Br).

B. Analog der vorangehenden Verbindung (*Takahashi et al.,* J. pharm. Soc. Japan **79** [1959] 167, 170, 171; C. A. **1959** 13137).

Kristalle (aus Ae.); F: 195–196°.

Kristalle (aus wss. A.); F: 180–181°.

[1,5-Dimethyl-3-oxo-2-phenyl-2,3-dihydro-1*H*-pyrazol-4-yl]-harnstoff $C_{12}H_{14}N_4O_2$, Formel IX (X = NH_2) (H **24** 274; E II **24** 152; dort auch als Antipyrylharnstoff bezeichnet).

B. Aus 4-Amino-antipyrin (S. 3554) und Kaliumcyanat in wss. Essigsäure (*Takahashi et al.*, J. pharm. Soc. Japan **76** [1956] 568; C. A. **1957** 375; vgl. H **24** 274).

Kristalle (aus A.); F: 246–247° (*Ta. et al.*). In 100 ml H_2O lösen sich bei 20° 0,74 g (*Tam= chyna, Bulík,* Chem. Zvesti **12** [1958] 209, 210; C. A. **1958** 16339).

***N*-[1,5-Dimethyl-3-oxo-2-phenyl-2,3-dihydro-1*H*-pyrazol-4-yl]-*N'*-methyl-harnstoff** $C_{13}H_{16}N_4O_2$, Formel IX (X = NH-CH_3).

B. Beim Erhitzen von 4-Amino-antipyrin (S. 3554) und Methylharnstoff (*Tamchyna, Bulík,* Chem. Zvesti **12** [1958] 209, 210; C. A. **1958** 16339).

Kristalle (aus A.); F: 205° [unkorr.].

***N*-Äthyl-*N'*-[1,5-dimethyl-3-oxo-2-phenyl-2,3-dihydro-1*H*-pyrazol-4-yl]-harnstoff** $C_{14}H_{18}N_4O_2$, Formel IX (X = NH-C_2H_5).

B. Analog der vorangehenden Verbindung (*Tamchyna, Bulík,* Chem. Zvesti **12** [1958] 209, 211; C. A. **1958** 16339).

Kristalle (aus A.); F: 240° [unkorr.]. In 100 ml H_2O lösen sich bei 20° 0,41 g.

***N*-Butyl-*N'*-[1,5-dimethyl-3-oxo-2-phenyl-2,3-dihydro-1*H*-pyrazol-4-yl]-harnstoff** $C_{16}H_{22}N_4O_2$, Formel IX (X = NH-$[CH_2]_3$-CH_3).

B. Analog den vorangehenden Verbindungen (*Tamchyna, Bulík,* Chem. Zvesti **12** [1958] 209, 211; C. A. **1958** 16339).

Kristalle (aus A.); F: 238° [unkorr.]. In 100 ml H_2O lösen sich bei 20° 0,71 g.

***N*-[1,5-Dimethyl-3-oxo-2-phenyl-2,3-dihydro-1*H*-pyrazol-4-yl]-*N'*-phenyl-harnstoff** $C_{18}H_{18}N_4O_2$, Formel IX (X = NH-C_6H_5).

B. Aus 4-Amino-antipyrin (S. 3554) beim Erhitzen mit Phenylharnstoff (*Tamchyna, Bulík,* Chem. Zvesti **12** [1958] 209, 211; C. A. **1958** 16339) sowie beim Erwärmen mit Phenylisocyanat in $CHCl_3$ (*Takahashi, Kanematsu,* J. pharm. Soc. Japan **79** [1959] 172, 177; C. A. **1959** 13138).

Kristalle (aus A.); F: 240° (*Ta., Ka.*), 235° [unkorr.] (*Ta., Bu.*). In 100 ml H_2O lösen sich bei 20° 0,16 g (*Ta., Bu.*).

***N*-Chloracetyl-*N'*-[1,5-dimethyl-3-oxo-2-phenyl-2,3-dihydro-1*H*-pyrazol-4-yl]-harnstoff** $C_{14}H_{15}ClN_4O_3$, Formel IX (X = NH-CO-CH_2Cl).

B. Aus [1,5-Dimethyl-3-oxo-2-phenyl-2,3-dihydro-1*H*-pyrazol-4-yl]-harnstoff und Chlor= acetylchlorid (*Takahashi et al.*, J. pharm. Soc. Japan **76** [1956] 568; C. A. **1957** 375).

Kristalle (aus A.); F: 198–199°.

(±)-*N*-[2-Brom-propionyl]-*N'*-[1,5-dimethyl-3-oxo-2-phenyl-2,3-dihydro-1*H*-pyrazol-4-yl]-harnstoff $C_{15}H_{17}BrN_4O_3$, Formel IX (X = NH-CO-CHBr-CH_3).

B. Aus [1,5-Dimethyl-3-oxo-2-phenyl-2,3-dihydro-1*H*-pyrazol-4-yl]-harnstoff und (±)-2-Brom-propionylbromid (*Takahashi et al.*, J. pharm. Soc. Japan **76** [1956] 568; C. A. **1957** 375).

Kristalle (aus A.); F: 207–208°.

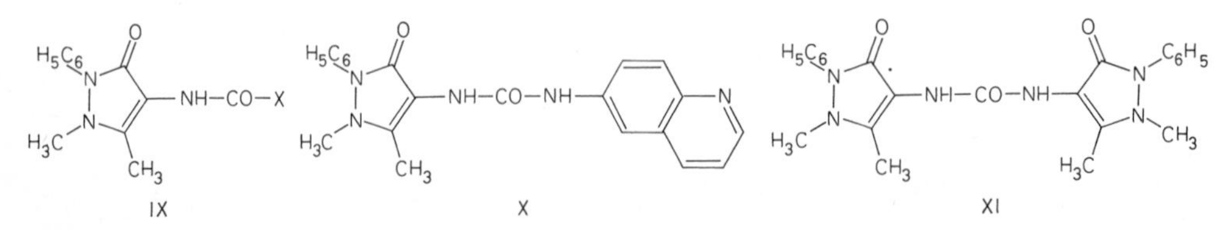

(±)-*N*-[2-Brom-butyryl]-*N'*-[1,5-dimethyl-3-oxo-2-phenyl-2,3-dihydro-1*H*-pyrazol-4-yl]-harnstoff $C_{16}H_{19}BrN_4O_3$, Formel IX (X = NH-CO-CHBr-C_2H_5).

B. Analog der vorangehenden Verbindung (*Takahashi et al.*, J. pharm. Soc. Japan **76** [1956]

568; C. A. **1957** 375).
Kristalle (aus A.); F: 205°.

(±)-*N*-[α-Brom-isovaleryl]-*N'*-[1,5-dimethyl-3-oxo-2-phenyl-2,3-dihydro-1*H*-pyrazol-4-yl]-harnstoff $C_{17}H_{21}BrN_4O_3$, Formel IX (X = NH-CO-CHBr-CH(CH_3)$_2$).
B. Analog den vorangehenden Verbindungen (*Takahashi et al.,* J. pharm. Soc. Japan **76** [1956] 568; C. A. **1957** 375).
Kristalle (aus A.); F: 213°.

***N*-[1,5-Dimethyl-3-oxo-2-phenyl-2,3-dihydro-1*H*-pyrazol-4-yl]-*N'*-phenylacetyl-harnstoff** $C_{20}H_{20}N_4O_3$, Formel IX (X = NH-CO-CH_2-C_6H_5).
B. Aus [1,5-Dimethyl-3-oxo-2-phenyl-2,3-dihydro-1*H*-pyrazol-4-yl]-harnstoff und Phenylacetylchlorid (*Takahashi et al.,* J. pharm. Soc. Japan **79** [1959] 167, 171; C. A. **1959** 13137).
Kristalle (aus A.); F: 184°.

***N*-[*N*,*N*-Dimethyl-glycyl]-*N'*-[1,5-dimethyl-3-oxo-2-phenyl-2,3-dihydro-1*H*-pyrazol-4-yl]-harnstoff** $C_{16}H_{21}N_5O_3$, Formel IX (X = NH-CO-CH_2-N(CH_3)$_2$).
B. Aus *N*-Chloracetyl-*N'*-[1,5-dimethyl-3-oxo-2-phenyl-2,3-dihydro-1*H*-pyrazol-4-yl]-harnstoff und Dimethylamin in Benzol (*Takahashi et al.,* J. pharm. Soc. Japan **76** [1956] 568; C. A. **1957** 375).
Kristalle (aus Ae. oder Ae.+A.); F: 178–179°.

***N*-[*N*,*N*-Dimethyl-DL-alanyl]-*N'*-[1,5-dimethyl-3-oxo-2-phenyl-2,3-dihydro-1*H*-pyrazol-4-yl]-harnstoff** $C_{17}H_{23}N_5O_3$, Formel IX (X = NH-CO-CH(CH_3)-N(CH_3)$_2$).
B. Aus (±)-*N*-[2-Brom-propionyl]-*N'*-[1,5-dimethyl-3-oxo-2-phenyl-2,3-dihydro-1*H*-pyrazol-4-yl]-harnstoff und Dimethylamin in Benzol (*Takahashi et al.,* J. pharm. Soc. Japan **76** [1956] 568; C. A. **1957** 375).
Kristalle (aus Ae. oder Ae.+A.); F: 165°.

***N*-[*N*,*N*-Diäthyl-DL-alanyl]-*N'*-[1,5-dimethyl-3-oxo-2-phenyl-2,3-dihydro-1*H*-pyrazol-4-yl]-harnstoff** $C_{19}H_{27}N_5O_3$, Formel IX (X = NH-CO-CH(CH_3)-N(C_2H_5)$_2$).
B. Analog der vorangehenden Verbindung (*Takahashi et al.,* J. pharm. Soc. Japan **76** [1956] 568; C. A. **1957** 375).
Kristalle (aus Ae. oder Ae.+A.); F: 105°.

(±)-*N*-[2-Dimethylamino-butyryl]-*N'*-[1,5-dimethyl-3-oxo-2-phenyl-2,3-dihydro-1*H*-pyrazol-4-yl]-harnstoff $C_{18}H_{25}N_5O_3$, Formel IX (X = NH-CO-CH(C_2H_5)-N(CH_3)$_2$).
B. Analog den vorangehenden Verbindungen (*Takahashi et al.,* J. pharm. Soc. Japan **76** [1956] 568; C. A. **1957** 375).
Kristalle (aus Ae. oder Ae.+A.); F: 164–165°.

***N*-[1,5-Dimethyl-3-oxo-2-phenyl-2,3-dihydro-1*H*-pyrazol-4-yl]-*N'*-[*N*,*N*-dimethyl-DL-valyl]-harnstoff** $C_{19}H_{27}N_5O_3$, Formel IX (X = NH-CO-CH(CH(CH_3)$_2$)-N(CH_3)$_2$).
B. Analog den vorangehenden Verbindungen (*Takahashi et al.,* J. pharm. Soc. Japan **76** [1956] 568; C. A. **1957** 375).
Kristalle (aus Ae. oder Ae.+A.); F: 190–191° [Zers.].

***N*-[6]Chinolyl-*N'*-[1,5-dimethyl-3-oxo-2-phenyl-2,3-dihydro-1*H*-pyrazol-4-yl]-harnstoff** $C_{21}H_{19}N_5O_2$, Formel X.
B. Aus Chinolin-6-carbonylazid und 4-Amino-antipyrin (S. 3554) in Benzol (*I.G. Farbenind.,* D.R.P. 583207 [1931]; Frdl. **20** 710).
F: 242–243°.
Bis-methomethylsulfat. F: 217° [Zers.].

***N*,*N'*-Bis-[1,5-dimethyl-3-oxo-2-phenyl-2,3-dihydro-1*H*-pyrazol-4-yl]-harnstoff** $C_{23}H_{24}N_6O_3$, Formel XI (E I **24** 301; dort als *N*.*N'*-Di-antipyryl-harnstoff bezeichnet).
B. Aus 4-Amino-antipyrin (S. 3554) und $COCl_2$ in Benzol (*Takahashi, Kanematsu,* J. pharm.

und $N_2H_4 \cdot H_2O$ (*Farbw. Hoechst*, D.B.P. 871756 [1951]).

F: 192–193°.

Benzyliden-Derivat. F: 219–220°.

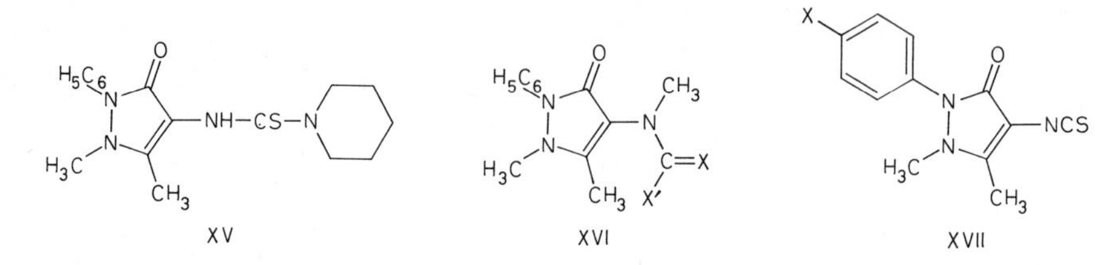

[1,5-Dimethyl-3-oxo-2-phenyl-2,3-dihydro-1*H*-pyrazol-4-yl]-methyl-carbamoylchlorid $C_{13}H_{14}ClN_3O_2$, Formel XVI (X = O, X′ = Cl).

B. Aus 4-Methylamino-antipyrin (S. 3555) und $COCl_2$ in Benzol (*Takahashi, Kanematsu*, J. pharm. Soc. Japan **79** [1959] 172, 175; C. A. **1959** 13138).

Kristalle (aus Bzl. + Ae.); F: 140°.

***N*-[1,5-Dimethyl-3-oxo-2-phenyl-2,3-dihydro-1*H*-pyrazol-4-yl]-*N*,*N′*,*N′*-trimethyl-harnstoff** $C_{15}H_{20}N_4O_2$, Formel XVI (X = O, X′ = $N(CH_3)_2$).

B. Aus der vorangehenden Verbindung und Dimethylamin in Benzol (*Takahashi, Kanematsu*, J. pharm. Soc. Japan **79** [1959] 172, 176, 177; C. A. **1959** 13138).

Kristalle (aus Bzl.); F: 180°.

***N*,*N*-Diäthyl-*N′*-[1,5-dimethyl-3-oxo-2-phenyl-2,3-dihydro-1*H*-pyrazol-4-yl]-*N′*-methyl-harnstoff** $C_{17}H_{24}N_4O_2$, Formel XVI (X = O, X′ = $N(C_2H_5)_2$).

B. Analog der vorangehenden Verbindung (*Takahashi, Kanematsu*, J. pharm. Soc. Japan **79** [1959] 172, 176, 177; C. A. **1959** 13138).

Kristalle (aus Bzl.); F: 70°.

***N*-[1,5-Dimethyl-3-oxo-2-phenyl-2,3-dihydro-1*H*-pyrazol-4-yl]-*N*-methyl-*N′*-phenyl-harnstoff** $C_{19}H_{20}N_4O_2$, Formel XVI (X = O, X′ = NH-C_6H_5).

B. Aus 4-Methylamino-antipyrin (S. 3555) und Phenylisocyanat in $CHCl_3$ (*Takahashi, Kanematsu*, J. pharm. Soc. Japan **79** [1959] 172, 177; C. A. **1959** 13138).

Kristalle (aus A. + Ae.); F: 184–185°.

***N*-[1,5-Dimethyl-3-oxo-2-phenyl-2,3-dihydro-1*H*-pyrazol-4-yl]-*N*-methyl-*N′*-phenyl-thioharnstoff** $C_{19}H_{20}N_4OS$, Formel XVI (X = S, X′ = NH-C_6H_5).

B. Analog der vorangehenden Verbindung (*Takahashi, Kanematsu*, J. pharm. Soc. Japan **79** [1959] 172, 177; C. A. **1959** 13138).

Kristalle (aus A.); F: 208°.

4-Isothiocyanato-1,5-dimethyl-2-phenyl-1,2-dihydro-pyrazol-3-on, 4-Isothiocyanato-antipyrin $C_{12}H_{11}N_3OS$, Formel XVII (X = H).

B. Aus 4-Amino-antipyrin (S. 3554) beim Behandeln mit NH_3 und CS_2 in Benzol oder Äthanol und Behandeln des Reaktionsprodukts mit $COCl_2$ in Benzol (*Farbw. Hoechst*, D.B.P. 951721 [1952]) sowie beim Erwärmen mit $CSCl_2$ in $CHCl_3$ (*Takahashi, Kanematsu*, J. pharm. Soc. Japan **79** [1959] 172, 175; C. A. **1959** 13138).

Kristalle (aus Bzl.); F: 146–146,5° (*Ta., Ka.*).

2-[4-Isopropoxy-phenyl]-4-isothiocyanato-1,5-dimethyl-1,2-dihydro-pyrazol-3-on $C_{15}H_{17}N_3O_2S$, Formel XVII (X = O-$CH(CH_3)_2$).

B. Beim Behandeln von 4-Amino-2-[4-isopropoxy-phenyl]-1,5-dimethyl-1,2-dihydro-pyrazol-3-on in Benzol mit NH_3 und CS_2 und Behandeln des Reaktionsprodukts mit $COCl_2$ in Benzol

(*Farbw. Hoechst*, D.B.P. 951721 [1952]).
Kristalle (aus E.); F: 145–146°.

N-[1,5-Dimethyl-3-oxo-2-phenyl-2,3-dihydro-1H-pyrazol-4-yl]-glycin-amid $C_{13}H_{16}N_4O_2$, Formel I (R = R′ = H) (H **24** 276; dort auch als *N*-Antipyryl-glycin-amid bezeichnet).

B. Beim Erwärmen von 4-Amino-antipyrin (S. 3554) mit Paraformaldehyd, wss. HCl und wss. KCN (*Takahashi et al.*, J. pharm. Soc. Japan **76** [1956] 1180, 1184; C. A. **1957** 3569).

Kristalle (aus A.); F: 195°.

Verbindung mit Pyridin $C_{13}H_{16}N_4O_2 \cdot C_5H_5N$. Hellgelbe Kristalle (aus A.); F: 184°.

N-[1,5-Dimethyl-3-oxo-2-phenyl-2,3-dihydro-1H-pyrazol-4-yl]-glycin-anilid $C_{19}H_{20}N_4O_2$, Formel I (R = H, R′ = C_6H_5).

B. Aus 4-Amino-antipyrin (S. 3554) und Chloressigsäure-anilid in $CHCl_3$ (*Takahashi et al.*, J. pharm. Soc. Japan **76** [1956] 1180, 1185; C. A. **1957** 3569).

Kristalle; F: 222°.

(±)-N-[1,5-Dimethyl-3-oxo-2-phenyl-2,3-dihydro-1H-pyrazol-4-yl]-glycin-[2-brom-butyrylamid] $C_{17}H_{21}BrN_4O_3$, Formel I (R = H, R′ = CO-CHBr-C_2H_5).

B. Aus *N*-[1,5-Dimethyl-3-oxo-2-phenyl-2,3-dihydro-1*H*-pyrazol-4-yl]-glycin-amid und (±)-2-Brom-butyrylbromid unter Zusatz von K_2CO_3 in $CHCl_3$ (*Takahashi et al.*, J. pharm. Soc. Japan **76** [1956] 1180, 1184; C. A. **1957** 3569).

Kristalle (aus Bzl.); F: 141°.

(±)-N-[1,5-Dimethyl-3-oxo-2-phenyl-2,3-dihydro-1H-pyrazol-4-yl]-glycin-[2-dimethylamino-butyrylamid] $C_{19}H_{27}N_5O_3$, Formel I (R = H, R′ = CO-CH(C_2H_5)-N(CH_3)$_2$).

B. Aus der vorangehenden Verbindung und Dimethylamin in Benzol (*Takahashi et al.*, J. pharm. Soc. Japan **76** [1956] 1180, 1184; C. A. **1957** 3569).

Kristalle (aus E.+Ae.); F: 163°.

N-[1,5-Dimethyl-3-oxo-2-phenyl-2,3-dihydro-1H-pyrazol-4-yl]-N-methyl-glycin-amid $C_{14}H_{18}N_4O_2$, Formel I (R = CH_3, R′ = H) (H 457).

B. Aus 4-Methylamino-antipyrin (S. 3555) und Chloressigsäure-amid in Äthanol (*Takahashi et al.*, J. pharm. Soc. Japan **76** [1956] 1180, 1184; C. A. **1957** 3569).

Kristalle (aus Bzl.); F: 158–159°.

N-[1,5-Dimethyl-3-oxo-2-phenyl-2,3-dihydro-1H-pyrazol-4-yl]-N-methyl-glycin-nitril $C_{14}H_{16}N_4O$, Formel II (H 457).

B. Beim Erwärmen von 4-Methylamino-antipyrin (S. 3555) mit Paraformaldehyd und KCN in wss. Essigsäure (*Takahashi, Kanematsu,* Chem. pharm. Bl. **6** [1958] 98, 100).

Kristalle (aus Ae.); F: 82,5–84° (*Morita,* J. pharm. Soc. Japan **82** [1962] 50, 53; C. A. **57** [1962] 16587), 75–76° (*Ta., Ka.*).

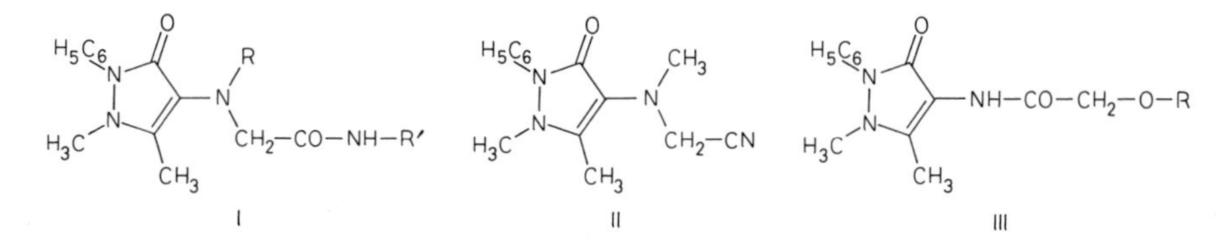

4-Glykoloylamino-1,5-dimethyl-2-phenyl-1,2-dihydro-pyrazol-3-on, N-[1,5-Dimethyl-3-oxo-2-phenyl-2,3-dihydro-1H-pyrazol-4-yl]-glykolamid, 4-Glykoloylamino-antipyrin $C_{13}H_{15}N_3O_3$, Formel III (R = H).

B. Aus 4-Amino-antipyrin (S. 3554) und Glykolsäure (*Zorn, Schmidt,* Pharmazie **12** [1957] 396, 399).

Kristalle (aus Acn.+E.); F: 122–123°.

2-Acetoxy-benzoesäure-[1,5-dimethyl-3-oxo-2-phenyl-2,3-dihydro-1*H*-pyrazol-4-ylamid] $C_{20}H_{19}N_3O_4$, Formel VIII (R = $CO\text{-}CH_3$, X = H).

B. Beim Erhitzen von 4-Salicyloylamino-antipyrin (S. 3589) mit Acetanhydrid und Natrium= acetat (*Zorn, Schmidt,* Pharmazie **12** [1957] 396, 399). Beim Erwärmen von 4-Amino-antipyrin (S. 3554) und 2-Acetoxy-benzoylchlorid in Benzol (*Berger et al.*, Lucrările Conf. naţion. Farm. 1958 S. 48; C. A. **1959** 10227).

Kristalle (aus A.); F: 211–212° (*Zorn, Sch.*), 209° (*Be. et al.*).

3,5-Dibrom-2-hydroxy-benzoesäure-[1,5-dimethyl-3-oxo-2-phenyl-2,3-dihydro-1*H*-pyrazol-4-yl= amid] $C_{18}H_{15}Br_2N_3O_3$, Formel IX (R = H, X = Br).

B. Aus 4-Amino-antipyrin (S. 3554) und 3,5-Dibrom-2-hydroxy-benzoylchlorid in $CHCl_3$ (*Sandoz,* U.S.P. 2502528 [1946]).

Kristalle (aus Eg.); F: 252° [korr.].

***N*-Benzyl-*N*-[1,5-dimethyl-3-oxo-2-phenyl-2,3-dihydro-1*H*-pyrazol-4-yl]-salicylamid** $C_{25}H_{23}N_3O_3$, Formel IX (R = $CH_2\text{-}C_6H_5$, X = H).

B. Beim Erwärmen von 4-Benzylamino-antipyrin (S. 3566) und Salicyloylchlorid in Benzol (*Berger et al.*, Lucrările Conf. naţion. Farm. 1958 S. 48; C. A. **1959** 10227).

Kristalle (aus A.); F: 255° [Zers.].

[(1,5-Dimethyl-3-oxo-2-phenyl-2,3-dihydro-1*H*-pyrazol-4-yl)-salicyloyl-amino]-methansulfonsäure $C_{19}H_{19}N_3O_6S$, Formel IX (R = $CH_2\text{-}SO_2\text{-}OH$, X = H).

Natrium-Salz. *B.* Aus dem Natrium-Salz der [1,5-Dimethyl-3-oxo-2-phenyl-2,3-dihydro-1*H*-pyrazol-4-ylamino]-methansulfonsäure und Salicyloylchlorid in Pyridin (*Berger et al.*, Lucrările Conf. naţion. Farm. 1958 S. 48; C. A. **1959** 10227).

(±)-3-[4-Hydroxy-3,5-dijod-phenyl]-2-phenyl-propionsäure-[1,5-dimethyl-3-oxo-2-phenyl-2,3-di= hydro-1*H*-pyrazol-4-ylamid] $C_{26}H_{23}I_2N_3O_3$, Formel X.

B. Aus 4-Amino-antipyrin (S. 3554) und (±)-3-[4-Hydroxy-3,5-dijod-phenyl]-2-phenyl-pro= pionylchlorid in Pyridin und Benzol (*Asano, Asai,* J. pharm. Soc. Japan **78** [1958] 450, 453; C. A. **1958** 18428).

Kristalle (aus Bzl.); F: 173–174°.

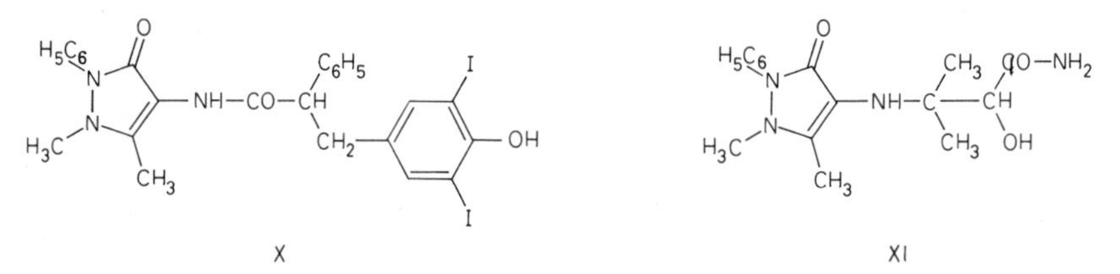

(±)-*β*-[1,5-Dimethyl-3-oxo-2-phenyl-2,3-dihydro-1*H*-pyrazol-4-ylamino]-*α*-hydroxy-isovalerian= säure-amid $C_{16}H_{22}N_4O_3$, Formel XI.

Diese Konstitution kommt vermutlich der nachstehend beschriebenen, von *v. Schickh* (B. **69** [1936] 967, 972) unter Vorbehalt als α-[1,5-Dimethyl-3-oxo-2-phenyl-2,3-dihydro-1*H*-pyrazol-4-ylamino]-β-hydroxy-isovaleriansäure-amid formulierten Verbindung $C_{16}H_{22}N_4O_3$ zu (vgl. hierzu *Martynow,* Sbornik Statei obšč. Chim. **1953** 378; C. A. **1955** 997).

B. Beim Erhitzen von 4-Amino-antipyrin (S. 3554) und (±)-α,β-Epoxy-isovaleriansäure-amid (E III/IV **18** 3834) auf 120° (*v. Sch.*).

Kristalle (aus Bzl.+PAe.); F: 151° (*v. Sch.*).

1-[1,5-Dimethyl-3-oxo-2-phenyl-2,3-dihydro-1*H*-pyrazol-4-yl]-4,6-dimethyl-2-oxo-1,2-dihydro-pyridin-3-carbonitril $C_{19}H_{18}N_4O_2$, Formel XII.

B. Beim Erwärmen von Cyanessigsäure-[1,5-dimethyl-3-oxo-2-phenyl-2,3-dihydro-1*H*-pyr= azol-4-ylamid] und Pentan-2,4-dion mit Diäthylamin in Methanol (*Ried, Schleimer,* A. **626** [1959] 106, 110).

Kristalle (aus A.); F: 244,5–246,5° [unkorr.].

1-[1,5-Dimethyl-3-oxo-2-phenyl-2,3-dihydro-1*H*-pyrazol-4-yl]-2,5-dimethyl-pyrrol-3,4-di=carbonsäure $C_{19}H_{19}N_3O_5$, Formel XIII (R = H).

B. Aus dem folgenden Diäthylester beim Erhitzen mit äthanol. KOH (*Fischer, Reinecke,* Z. physiol. Chem. **258** [1939] 243, 253).

Kristalle (aus wss. Eg.); F: 256° [Zers.].

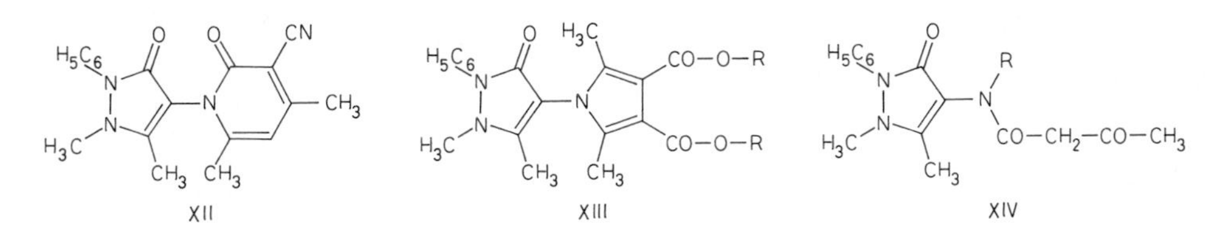

1-[1,5-Dimethyl-3-oxo-2-phenyl-2,3-dihydro-1*H*-pyrazol-4-yl]-2,5-dimethyl-pyrrol-3,4-di=carbonsäure-diäthylester $C_{23}H_{27}N_3O_5$, Formel XIII (R = C_2H_5).

B. Beim Erwärmen von 4-Amino-antipyrin (S. 3554) und opt.-inakt. 2,3-Diacetyl-bernstein=säure-diäthylester in Essigsäure (*Fischer, Reinecke,* Z. physiol. Chem. **258** [1939] 243, 253).

Kristalle (aus A.); F: 145°.

4-Acetoacetylamino-1,5-dimethyl-2-phenyl-1,2-dihydro-pyrazol-3-on, *N*-[1,5-Dimethyl-3-oxo-2-phenyl-2,3-dihydro-1*H*-pyrazol-4-yl]-acetoacetamid, 4-Acetoacetylamino-antipyrin $C_{15}H_{17}N_3O_3$, Formel XIV (R = H) und Taut.

B. Aus 4-Amino-antipyrin (S. 3554) und Diketen (E III/IV **17** 4297) in H_2O (*Farbw. Hoechst,* D.B.P. 963517 [1955]).

Kristalle (aus A. + E.); F: 179°.

***N*-[1,5-Dimethyl-3-oxo-2-phenyl-2,3-dihydro-1*H*-pyrazol-4-yl]-*N*-methyl-acetoacetamid** $C_{16}H_{19}N_3O_3$, Formel XIV (R = CH_3) und Taut.

B. Analog der vorangehenden Verbindung (*Farbw. Hoechst,* D.B.P. 963517 [1955]).

Kristalle (aus E.); F: 102–103°.

4-[2-Diäthylamino-äthylamino]-1,5-dimethyl-2-phenyl-1,2-dihydro-pyrazol-3-on $C_{17}H_{26}N_4O$, Formel I (R = C_2H_5, R′ = H).

B. Neben der folgenden Verbindung beim Erwärmen von 4-Amino-antipyrin (S. 3554) und Diäthyl-[2-brom-äthyl]-amin-hydrobromid mit K_2CO_3 in Äthanol (*Kratzl, Berger,* M. **89** [1958] 160, 162).

$Kp_{0,005}$: 105–110°.

Dihydrochlorid $C_{17}H_{26}N_4O \cdot 2HCl$. F: 83° [aus Ae. + A.].

***N,N′*-Bis-[1,5-dimethyl-3-oxo-2-phenyl-2,3-dihydro-1*H*-pyrazol-4-yl]-äthylendiamin, 1,5,1′,5′-Tetramethyl-2,2′-diphenyl-1,2,1′,2′-tetrahydro-4,4′-äthandiyldiamino-bis-pyrazol-3-on** $C_{24}H_{28}N_6O_2$, Formel II (H **24** 276; dort auch als *N.N′*-Diantipyryl-äthylendiamin bezeichnet).

B. Neben 1,5,1′,5′-Tetramethyl-2,2′-diphenyl-1,2,1′,2′-tetrahydro-4,4′-piperazin-1,4-diyl-bis-pyrazol-3-on beim Erwärmen von 4-Amino-antipyrin (S. 3554) und 1,2-Dibrom-äthan mit K_2CO_3 in Äthanol (*Kratzl, Berger,* M. **89** [1958] 160, 164; vgl. H **24** 276). Eine weitere Bildungs=weise s. im vorangehenden Artikel.

Kristalle; F: 171–172° [aus H_2O] (*Kr., Be.;* s. dagegen H **24** 276).

Hydrochlorid. F: 201–202° [aus A.].

Phosphat. F: 161–163° [aus Ae. + A.].

Dipicrat $C_{24}H_{28}N_6O_2 \cdot 2C_6H_3N_3O_7$ (H **24** 276). F: 183–184° [aus A.].

Oxalat. F: 148–150° [aus E.].

4-[Benzyl-(2-dimethylamino-äthyl)-amino]-1,5-dimethyl-2-phenyl-1,2-dihydro-pyrazol-3-on $C_{22}H_{28}N_4O$, Formel I (R = CH_3, R′ = CH_2-C_6H_5).

B. Aus 4-Benzylamino-antipyrin (S. 3566) und [2-Chlor-äthyl]-dimethyl-amin-hydrochlorid

4-[2-Amino-4-imino-cyclohexa-2,5-dienylidenamino]-1,5-dimethyl-2-phenyl-1,2-dihydro-pyrazol-3-on $C_{17}H_{17}N_5O$, Formel IX.

Hydrochlorid $C_{17}H_{17}N_5O \cdot HCl$; 4-[2,4-Diamino-phenylimino]-1,5-dimethyl-3-oxo-2-phenyl-3,4-dihydro-2*H*-pyrazolium-chlorid $[C_{17}H_{18}N_5O]Cl$ und Mesomere; Antipyrylrot B-3. *B.* Aus 4-Amino-antipyrin (S. 3554) und *m*-Phenylendiamin-dihydrochlorid mit Hilfe von $FeCl_3$ in H_2O (*Eisenstaedt*, J. org. Chem. **3** [1938] 153, 160). Aus 4-[2,4-Diamino-anilino]-1,5-dimethyl-2-phenyl-1,2-dihydro-pyrazol-3-on-hydrochlorid mit Hilfe von $FeCl_3$ in H_2O (*Ei.*, l. c. S. 162). – Dunkelrote Kristalle. Absorptionsspektrum (wss. Lösung vom pH 6,7; 400–700 nm): *Ei.*, l. c. S. 163.

***N*-Methyl-glycin-[1,5-dimethyl-3-oxo-2-phenyl-2,3-dihydro-1*H*-pyrazol-4-ylamid], Sarkosin-[1,5-dimethyl-3-oxo-2-phenyl-2,3-dihydro-1*H*-pyrazol-4-ylamid],** 4-Sarkosylamino-antipyrin $C_{14}H_{18}N_4O_2$, Formel X (R = R′ = CH_3, R″ = H).

B. Aus Bromessigsäure-[1,5-dimethyl-3-oxo-2-phenyl-2,3-dihydro-1*H*-pyrazol-4-ylamid] und wss. Methylamin bei 100° (*Satoda et al.*, Japan. J. Pharm. Chem. **28** [1956] 642, 646; C. A. **1957** 16438).

Kristalle (aus Bzl.); F: 138,5°.

***N,N*-Dimethyl-glycin-[1,5-dimethyl-3-oxo-2-phenyl-2,3-dihydro-1*H*-pyrazol-4-ylamid]** $C_{15}H_{20}N_4O_2$, Formel X (R = R′ = R″ = CH_3).

B. Aus Chloressigsäure-[1,5-dimethyl-3-oxo-2-phenyl-2,3-dihydro-1*H*-pyrazol-4-ylamid] und Dimethylamin in Benzol bei 100° (*Takahashi, Senda*, J. pharm. Soc. Japan **72** [1952] 614; C. A. **1953** 6406).

Kristalle (aus Bzl.); F: 151°.

***N,N*-Diäthyl-glycin-[1,5-dimethyl-3-oxo-2-phenyl-2,3-dihydro-1*H*-pyrazol-4-ylamid]** $C_{17}H_{24}N_4O_2$, Formel X (R = CH_3, R′ = R″ = C_2H_5).

B. Analog der vorangehenden Verbindung (*Takahashi, Senda*, J. pharm. Soc. Japan **72** [1952] 614; C. A. **1953** 6406).

Kristalle (aus Bzl.); F: 111°.

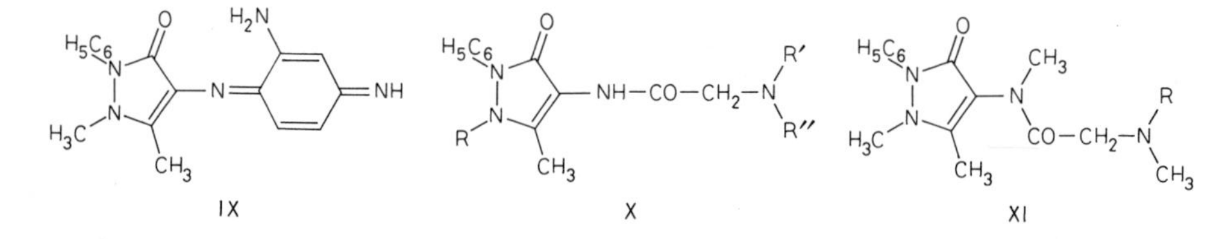

***N,N*-Diallyl-glycin-[1,5-dimethyl-3-oxo-2-phenyl-2,3-dihydro-1*H*-pyrazol-4-ylamid]** $C_{19}H_{24}N_4O_2$, Formel X (R = CH_3, R′ = R″ = CH_2-CH=CH_2).

B. Analog den vorangehenden Verbindungen (*Takahashi et al.*, J. pharm. Soc. Japan **79** [1959] 167, 170; C. A. **1959** 13137).

Kristalle (aus Bzl. oder Ae.) mit 1 Mol H_2O; F: 66°.

(4-{[(1,5-Dimethyl-3-oxo-2-phenyl-2,3-dihydro-1*H*-pyrazol-4-ylcarbamoyl)-methyl]-amino}-phenyl)-arsonsäure $C_{19}H_{21}AsN_4O_5$, Formel X (R = CH_3, R′ = C_6H_4-AsO(OH)$_2$, R″ = H).

B. Beim Erhitzen von Chloressigsäure-[1,5-dimethyl-3-oxo-2-phenyl-2,3-dihydro-1*H*-pyrazol-4-ylamid] mit [4-Amino-phenyl]-arsonsäure in wss. NaOH (*Raiziss, Clemence*, Am. Soc. **52** [1930] 2019, 2022).

Kristalle; F: 270° [Zers.].

***N*-Methyl-glycin-[(1,5-dimethyl-3-oxo-2-phenyl-2,3-dihydro-1*H*-pyrazol-4-yl)-methyl-amid], Sarkosin-[(1,5-dimethyl-3-oxo-2-phenyl-2,3-dihydro-1*H*-pyrazol-4-yl)-methyl-amid]** $C_{15}H_{20}N_4O_2$, Formel XI (R = H).

B. Aus Chloressigsäure-[(1,5-dimethyl-3-oxo-2-phenyl-2,3-dihydro-1*H*-pyrazol-4-yl)-methyl-amid] und Methylamin in Benzol bei 100° (*Satoda et al.*, Japan. J. Pharm. Chem. **28** [1956] 642, 647; C. A. **1957** 16438).

Kristalle (aus PAe.); F: 84–85°.

***N,N*-Dimethyl-glycin-[(1,5-dimethyl-3-oxo-2-phenyl-2,3-dihydro-1*H*-pyrazol-4-yl)-methyl-amid]** $C_{16}H_{22}N_4O_2$, Formel XI (R = CH_3).

B. Analog der vorangehenden Verbindung (*Takahashi et al.*, J. pharm. Soc. Japan **76** [1956] 568; C. A. **1957** 375).

Kristalle (aus Ae. oder Ae. + A.); F: 92–92,5°.

***N,N*-Dimethyl-glycin-[5-methyl-3-oxo-1,2-diphenyl-pyrazol-4-ylamid]** $C_{20}H_{22}N_4O_2$, Formel X (R = C_6H_5, R′ = R″ = CH_3).

B. Analog den vorangehenden Verbindungen (*Takahashi et al.*, J. pharm. Soc. Japan **76** [1956] 568; C. A. **1957** 375).

Kristalle (aus Ae. oder Ae. + A.); F: 67°.

***N*-Methyl-DL-alanin-[1,5-dimethyl-3-oxo-2-phenyl-2,3-dihydro-1*H*-pyrazol-4-ylamid]** $C_{15}H_{20}N_4O_2$, Formel XII (R = CH_3, R′ = H).

B. Analog den vorangehenden Verbindungen (*Takahashi et al.*, J. pharm. Soc. Japan **75** [1955] 1431, 1433; C. A. **1956** 10086).

Kristalle (aus E. + Me.); F: 175°.

***N,N*-Dimethyl-DL-alanin-[1,5-dimethyl-3-oxo-2-phenyl-2,3-dihydro-1*H*-pyrazol-4-ylamid]**, Aminopropylon $C_{16}H_{22}N_4O_2$, Formel XII (R = R′ = CH_3).

B. Aus 4-Amino-antipyrin (S. 3554) beim Erhitzen mit (±)-2-Brom-propionsäure, Dimethyl=amin und P_2O_5 sowie beim Erhitzen mit *N,N*-Dimethyl-DL-alanin-methylester (oder -äthylester) und P_2O_5 (*Takahashi et al.*, J. pharm. Soc. Japan **75** [1955] 1431, 1433; C. A. **1956** 10086). Aus (±)-2-Chlor-propionsäure-[1,5-dimethyl-3-oxo-2-phenyl-2,3-dihydro-1*H*-pyrazol-4-ylamid] (*Ta. et al.*) oder (±)-2-Brom-propionsäure-[1,5-dimethyl-3-oxo-2-phenyl-2,3-dihydro-1*H*-pyr=azol-4-ylamid] (*Takahashi, Senda*, J. pharm. Soc. Japan **72** [1952] 614; C. A. **1953** 6406) beim Erhitzen mit Dimethylamin in Benzol.

Kristalle; F: 183° (*Naito, Takayasu*, Bl. Kyoto Coll. Pharm. Nr. 5 [1957] 30, 31; C. A. **1958** 2340), 181° [aus Bzl.] (*Ta. et al.*). λ_{max} (H_2O): 260 nm (*Na., Ta.*, l. c. S. 32).

Salicylat $C_{16}H_{22}N_4O_2 \cdot C_7H_6O_3$. Kristalle (aus A. + Ae.); F: 111°; λ_{max} (H_2O): 230 nm (*Na., Ta.*).

***N,N*-Dimethyl-DL-alanin-[2-(4-brom-phenyl)-1,5-dimethyl-3-oxo-2,3-dihydro-1*H*-pyrazol-4-yl=amid]** $C_{16}H_{21}BrN_4O_2$, Formel XIII (R = CH_3, X = Br).

B. Aus (±)-2-Brom-propionsäure-[2-(4-brom-phenyl)-1,5-dimethyl-3-oxo-2,3-dihydro-1*H*-pyrazol-4-ylamid] und Dimethylamin (*Nakatomi, Nishikawa*, Ann. Rep. Fac. Pharm. Kanazawa Univ. **7** [1957] 28, 30; C. A. **1958** 6325).

Kristalle (aus Bzl.); F: 187° (*Na., Ni.*).

Die folgenden Verbindungen sind in analoger Weise hergestellt worden:

N-Äthyl-DL-alanin-[1,5-dimethyl-3-oxo-2-phenyl-2,3-dihydro-1*H*-pyrazol-4-ylamid] $C_{16}H_{22}N_4O_2$, Formel XII (R = C_2H_5, R′ = H). Kristalle (aus Bzl.); F: 151° (*Satoda et al.*, Japan. J. Pharm. Chem. **28** [1956] 642, 646; C. A. **1957** 16438).

N,N-Diäthyl-DL-alanin-[1,5-dimethyl-3-oxo-2-phenyl-2,3-dihydro-1*H*-pyr=azol-4-ylamid] $C_{18}H_{26}N_4O_2$, Formel XII (R = R′ = C_2H_5). Kristalle (aus Bzl.); F: 79–80° (*Takahashi, Senda*, J. pharm. Soc. Japan **72** [1952] 614; C. A. **1953** 6406).

N-Allyl-DL-alanin-[1,5-dimethyl-3-oxo-2-phenyl-2,3-dihydro-1*H*-pyrazol-4-ylamid] $C_{17}H_{22}N_4O_2$, Formel XII (R = CH_2-CH=CH_2, R′ = H). Kristalle (aus Bzl.); F: 131,5° (*Sa. et al.*).

N,N-Diallyl-DL-alanin-[1,5-dimethyl-3-oxo-2-phenyl-2,3-dihydro-1*H*-pyrazol-4-ylamid] $C_{20}H_{26}N_4O_2$, Formel XII (R = R′ = CH_2-CH=CH_2). Kristalle (aus Bzl. oder Ae.) mit 1 Mol H_2O; F: 83° (*Takahashi et al.*, J. pharm. Soc. Japan **79** [1959] 167, 170;

hydro-1*H*-pyrazol-4-ylamid] $C_{23}H_{28}N_4O_2$, Formel I (R = C_2H_5, R′ = H). Kristalle (aus Bzl. oder Ae.); F: 139° (*Ta. et al.*, J. pharm. Soc. Japan **79** 170, 171).

(±)-Dimethylamino-phenyl-essigsäure-[(1,5-dimethyl-3-oxo-2-phenyl-2,3-dihydro-1*H*-pyrazol-4-yl)-methyl-amid] $C_{22}H_{26}N_4O_2$, Formel I (R = R′ = CH_3). Kristalle (aus Bzl. oder Ae.); F: 155° (*Ta. et al.*, J. pharm. Soc. Japan **79** 170, 171).

***N,N′*-Bis-[4′-(4-amino-3-methyl-5-oxo-2,5-dihydro-pyrazol-1-yl)-2,2′-disulfo-*trans*-stilben-4-yl]-fumaramid** $C_{40}H_{36}N_8O_{16}S_4$, Formel II.

B. Bei der reduktiven Spaltung von Resofixgelb GL (Syst.-Nr. 3784) mit $Na_2S_2O_4$ (*Mužik, Allan,* Collect. **22** [1957] 558, 561).

Feststoff mit 9 Mol H_2O.

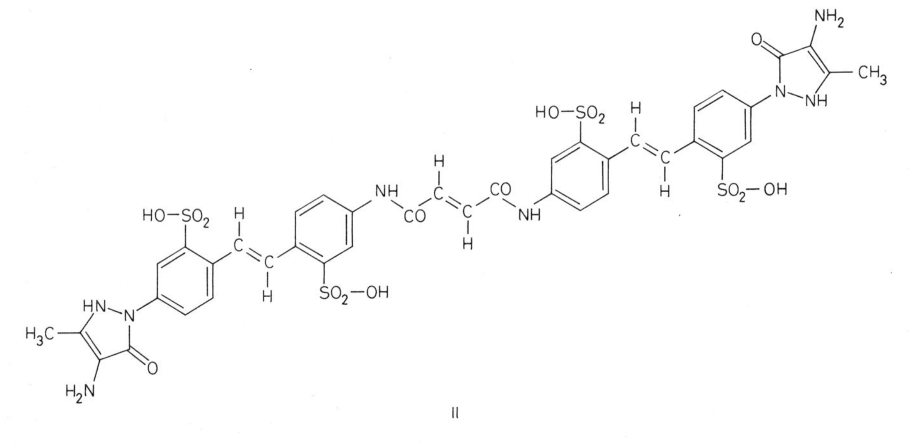

II

***4-[4-Arsono-3-hydroxy-benzylidenamino]-2-[4-arsono-phenyl]-1,5-dimethyl-1,2-dihydro-pyrazol-3-on** $C_{18}H_{19}As_2N_3O_8$, Formel III.

B. Aus [4-(4-Amino-2,3-dimethyl-5-oxo-2,5-dihydro-pyrazol-1-yl)-phenyl]-arsonsäure ($C_{11}H_{14}AsN_3O_4$; durch Reduktion von [4-(2,3-Dimethyl-4-nitroso-5-oxo-2,5-dihydro-pyrazol-1-yl)-phenyl]-arsonsäure [E II **24** 25] hergestellt) und [4-Formyl-2-hydroxy-phenyl]-arsonsäure (*I.G. Farbenind.*, D.R.P. 520525 [1928]; Frdl. **17** 2387; *Winthrop Chem. Co.*, U.S.P. 1841457 [1929]).

Hellgelbes Pulver, das unterhalb 300° nicht schmilzt.

***4-Furfurylidenamino-1,5-dimethyl-2-phenyl-1,2-dihydro-pyrazol-3-on,** 4-Furfuryliden-amino-antipyrin $C_{16}H_{15}N_3O_2$, Formel IV (X = X′ = H).

B. Aus 4-Amino-antipyrin (S. 3554) und Furfural in Benzol (*Ridi*, G. **71** [1941] 462, 466) oder in Äthanol (*Manns, Pfeifer,* Mikroch. Acta **1958** 630, 634; *Oohashi, Matsumura,* Ann. Rep. Fac. Pharm. Kanazawa Univ. **9** [1959] 15, 16; C. A. **1960** 4544).

Kristalle (aus A.); F: 210° (*Ma., Pf.*), 209° (*Oo., Ma.*).

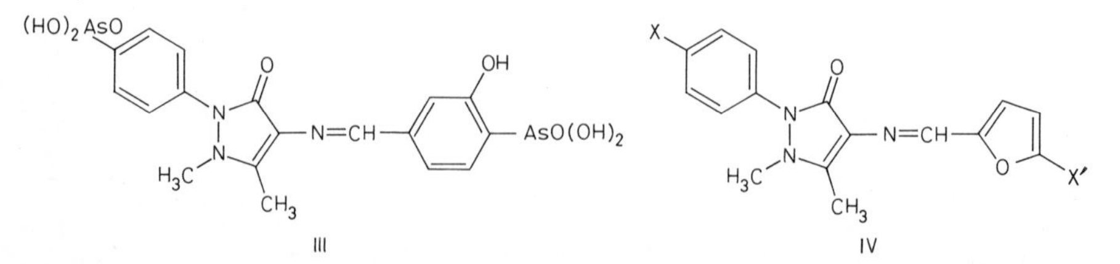

***1,5-Dimethyl-4-[5-nitro-furfurylidenamino]-2-phenyl-1,2-dihydro-pyrazol-3-on** $C_{16}H_{14}N_4O_4$, Formel IV (X = H, X′ = NO_2).

B. Aus 4-Amino-antipyrin (S. 3554) und 5-Nitro-furfural in Äthanol (*Oohashi, Matsumura,* Ann. Rep. Fac. Pharm. Kanazawa Univ. **9** [1959] 15, 17; C. A. **1960** 4544).

Rote Kristalle (aus Bzl.); F: 225°.

***2-[4-Brom-phenyl]-1,5-dimethyl-4-[5-nitro-furfurylidenamino]-1,2-dihydro-pyrazol-3-on** $C_{16}H_{13}BrN_4O_4$, Formel IV (X = Br, X' = NO_2).

B. Analog der vorangehenden Verbindung (*Oohashi, Matsumura,* Ann. Rep. Fac. Pharm. Kanazawa Univ. **9** [1959] 15, 16; C. A. **1960** 4544).

Rote Kristalle (aus Bzl.); F: 222°.

1,5-Dimethyl-4-[1-(2-oxo-tetrahydro-[3]furyl)-äthylidenamino]-2-phenyl-1,2-dihydro-pyrazol-3-on $C_{17}H_{19}N_3O_3$, Formel V und Taut.

B. Beim Erhitzen von 4-Amino-antipyrin (S. 3554) und 3-Acetyl-dihydro-furan-2-on auf 150° (*Winthrop Chem. Co.,* U.S.P. 2187847 [1936]).

Kristalle (aus A.); F: 187°.

1,5-Dimethyl-2-phenyl-4-piperonylamino-1,2-dihydro-pyrazol-3-on, 4-Piperonylamino-antipyrin $C_{19}H_{19}N_3O_3$, Formel VI (R = H).

B. Beim Hydrieren von 4-Piperonylidenamino-antipyrin (s. u.) in wenig H_2O enthaltender äthanol. NaOH an Palladium/Kohle (*Takahashi et al.,* J. pharm. Soc. Japan **79** [1959] 167, 171; C. A. **1959** 13137).

Kristalle (aus Bzl. + Ae.); F: 90°.

Chloressigsäure-[(1,5-dimethyl-3-oxo-2-phenyl-2,3-dihydro-1*H*-pyrazol-4-yl)-piperonyl-amid] $C_{21}H_{20}ClN_3O_4$, Formel VI (R = CO-CH_2Cl).

B. Aus der vorangehenden Verbindung beim Erwärmen mit Chloracetylchlorid und K_2CO_3 in $CHCl_3$ (*Takahashi et al.,* J. pharm. Soc. Japan **79** [1959] 167, 170, 171; C. A. **1959** 13137).

Kristalle (aus Ae.); F: 152°.

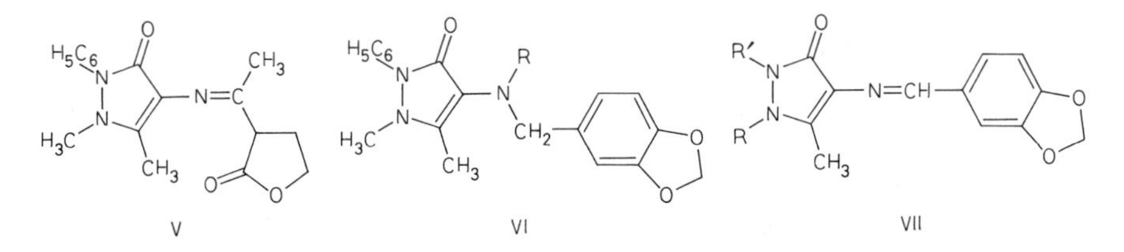

(±)-2-Brom-propionsäure-[(1,5-dimethyl-3-oxo-2-phenyl-2,3-dihydro-1*H*-pyrazol-4-yl)-piperonyl-amid] $C_{22}H_{22}BrN_3O_4$, Formel VI (R = CO-CHBr-CH_3).

B. Analog der vorangehenden Verbindung (*Takahashi et al.,* J. pharm. Soc. Japan **79** [1959] 167, 170, 171; C. A. **1959** 13137).

Kristalle (aus Ae.); F: 138°.

***N,N*-Diäthyl-DL-alanin-[(1,5-dimethyl-3-oxo-2-phenyl-2,3-dihydro-1*H*-pyrazol-4-yl)-piperonyl-amid]** $C_{26}H_{32}N_4O_4$, Formel VI (R = CO-CH(CH_3)-N(C_2H_5)$_2$).

B. Aus der vorangehenden Verbindung und Diäthylamin in Benzol (*Takahashi et al.,* J. pharm. Soc. Japan **79** [1959] 167, 170, 171; C. A. **1959** 13137).

Kristalle (aus Bzl. oder Ae.); F: 110–111°.

***5-Methyl-4-piperonylidenamino-1,2-dihydro-pyrazol-3-on** $C_{12}H_{11}N_3O_3$, Formel VII (R = R' = H) und Taut.

B. Aus 4-Amino-5-methyl-1,2-dihydro-pyrazol-3-on und Piperonal (*Freri,* G. **66** [1936] 23, 29).

Orangegelbe Kristalle; F: 245°.

***1,5-Dimethyl-2-phenyl-4-piperonylidenamino-1,2-dihydro-pyrazol-3-on,** 4-Piperonyliden-amino-antipyrin $C_{19}H_{17}N_3O_3$, Formel VII (R = CH_3, R' = C_6H_5) (E I **25** 674).

B. Aus 4-Amino-antipyrin (S. 3554) und Piperonal in Äthanol (*Erdös, Sürü,* J. Pharm.

2-Phenyl-chinolin-4-carbonsäure-[1,5-dimethyl-3-oxo-2-phenyl-2,3-dihydro-1*H*-pyrazol-4-ylamid] $C_{27}H_{22}N_4O_2$, Formel I (X = H) (E II **24** 153; dort als 2-Phenyl-cinchoninsäure-antipyrylamid bezeichnet).

B. Aus 4-Amino-antipyrin (S. 3554) und 2-Phenyl-chinolin-4-carbonylchlorid in Benzol (*Zorn, Schmidt,* Pharmazie **12** [1957] 396, 399; *Berger et al.,* Lucrările Conf. naţion. Farm. 1958 S. 48; C. A. **1959** 10227).

Hellgelbe Kristalle; F: 244–245° [aus Butylalkohol+Isobutylalkohol] (*Zorn, Sch.*), 244° [aus A.] (*Be. et al.*).

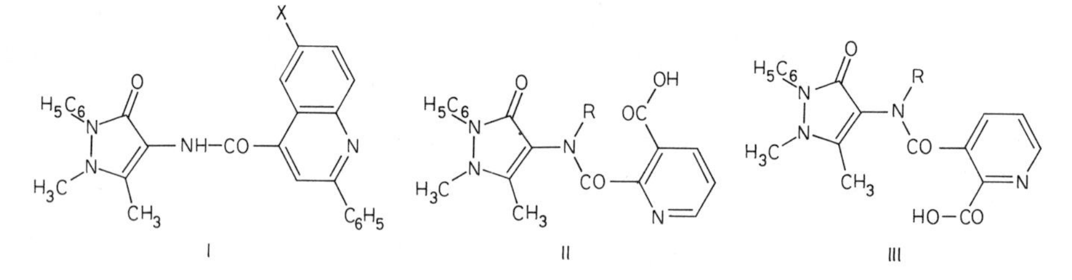

2-[1,5-Dimethyl-3-oxo-2-phenyl-2,3-dihydro-1*H*-pyrazol-4-ylcarbamoyl]-nicotinsäure $C_{18}H_{16}N_4O_4$, Formel II (R = H), oder **3-[1,5-Dimethyl-3-oxo-2-phenyl-2,3-dihydro-1*H*-pyrazol-4-ylcarbamoyl]-pyridin-2-carbonsäure** $C_{18}H_{16}N_4O_4$, Formel III (R = H); **Pyridin-2,3-dicarbonsäure-mono-[1,5-dimethyl-3-oxo-2-phenyl-2,3-dihydro-1*H*-pyrazol-4-ylamid].**

B. Aus 4-Amino-antipyrin (S. 3554) und Pyridin-2,3-dicarbonsäure-anhydrid in Aceton (*Teva Chem. Mfg. Co.,* U.S.P. 2506654 [1945]).

Kristalle; F: 144–146°.

Überführung in Pyridin-2,3-dicarbonsäure-mono-[(1,5-dimethyl-3-oxo-2-phenyl-2,3-dihydro-1*H*-pyrazol-4-yl)-methyl-amid] $C_{19}H_{18}N_4O_4$ (Formel II [R = CH_3] oder III [R = CH_3]; F: 124–125°) beim Behandeln in wss. NaOH mit Dimethylsulfat: *Teva Chem. Mfg. Co.*

6-Methoxy-2-phenyl-chinolin-4-carbonsäure-[1,5-dimethyl-3-oxo-2-phenyl-2,3-dihydro-1*H*-pyrazol-4-ylamid] $C_{28}H_{24}N_4O_3$, Formel I (X = O-CH_3).

B. Aus 4-Amino-antipyrin (S. 3554) und 6-Methoxy-2-phenyl-chinolin-4-carbonylchlorid in Benzol (*John,* J. pr. [2] **130** [1931] 293, 303; *Zorn, Schmidt,* Pharmazie **12** [1957] 396, 400).

Gelbe Kristalle (aus $CHCl_3$); F: 280° [Zers.] (*John;* s. a. *Zorn, Sch.*).

Picrat. Gelbe Kristalle (aus A.); F: 126° (*John*).

[5-Methyl-3-oxo-2,3-dihydro-1*H*-pyrazol-4-yl]-[3-methyl-5-oxo-1,5-dihydro-pyrazol-4-yliden]-amin $C_8H_9N_5O_2$, Formel IV (R = R′ = H) und Taut. (H **25** 458; s. a. E I **24** 315 im Artikel 5-Oxo-4-phenylhydrazono-3-methyl-pyrazolin).

B. Beim Behandeln von 4-Amino-5-methyl-1,2-dihydro-pyrazol-3-on mit wss. H_2O_2 (*Freri,* G. **66** [1936] 23, 29).

Rote Kristalle; F: 282–283° [Zers.] bzw. 240° [Zers.; geschlossene Kapillare].

***[1,5-Dimethyl-3-oxo-2-phenyl-2,3-dihydro-1*H*-pyrazol-4-yl]-[3-methyl-5-oxo-1-phenyl-1,5-dihydro-pyrazol-4-yliden]-amin,** *N*-Methyl-rubazonsäure $C_{21}H_{19}N_5O_2$, Formel IV (R = C_6H_5, R′ = CH_3).

Das früher (H **25** 459) unter dieser Konstitution beschriebene Präparat ist nicht einheitlich gewesen (*Emerson, Beegle,* J. org. Chem. **8** [1943] 429, 430; s. a. *Pechtold,* Arzneimittel-Forsch. **14** [1964] 474).

B. Aus 4-Amino-antipyrin (S. 3554) beim Behandeln mit 5-Methyl-2-phenyl-1,2-dihydro-pyrazol-3-on, $K_3[Fe(CN)_6]$, wss. NaOH und wss. Na_2CO_3 (*Em., Be.,* l. c. S. 431) sowie beim Behandeln mit 5-Methyl-2-phenyl-2*H*-pyrazol-3,4-dion in Essigsäure (*Pe.*) oder in siedendem Äthanol (*Em., Be.,* l. c. S. 432).

Rote Kristalle; F: 178° [nach Chromatographie an Kieselgel] (*Pe.*), 175–176° [aus Me.] (*Em., Be.*).

[5-Methyl-3-oxo-2-phenäthyl-2,3-dihydro-1*H*-pyrazol-4-yl]-[3-methyl-5-oxo-1-phenäthyl-1,5-dihydro-pyrazol-4-yliden]-amin $C_{24}H_{25}N_5O_2$, Formel IV (R = CH_2-CH_2-C_6H_5, R′ = H) und Taut.

B. Aus 4-Amino-5-methyl-2-phenäthyl-1,2-dihydro-pyrazol-3-on mit Hilfe von Luft (*Votoček, Valentin,* Collect. **5** [1933] 84, 85, 90).

Rote Kristalle (aus wss. A.); F: 95–96°.

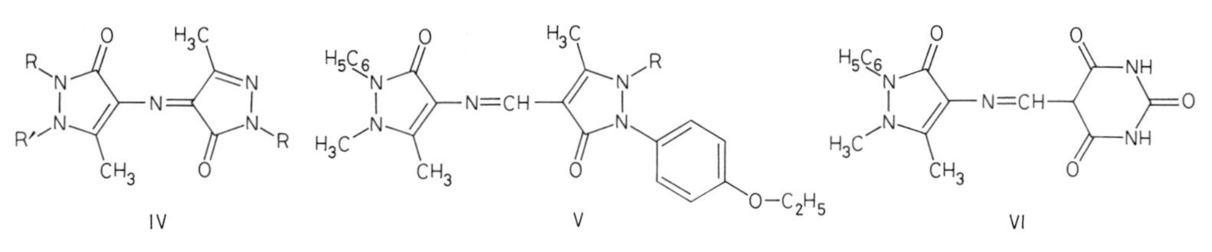

***2-[4-Äthoxy-phenyl]-4-[(1,5-dimethyl-3-oxo-2-phenyl-2,3-dihydro-1*H*-pyrazol-4-ylimino)-methyl]-5-methyl-1,2-dihydro-pyrazol-3-on, 2-[4-Äthoxy-phenyl]-5-methyl-3-oxo-2,3-dihydro-1*H*-pyrazol-4-carbaldehyd-[1,5-dimethyl-3-oxo-2-phenyl-2,3-dihydro-1*H*-pyrazol-4-ylimin]** $C_{24}H_{25}N_5O_3$, Formel V (R = H).

B. Aus 4-Amino-antipyrin (S. 3554) und 2-[4-Äthoxy-phenyl]-5-methyl-3-oxo-2,3-dihydro-1*H*-pyrazol-4-carbaldehyd (*Ridi,* G. **77** [1947] 3, 9).

Gelbe Kristalle (aus A.); F: 196°.

***2-[4-Äthoxy-phenyl]-4-[(1,5-dimethyl-3-oxo-2-phenyl-2,3-dihydro-1*H*-pyrazol-4-ylimino)-methyl]-1,5-dimethyl-1,2-dihydro-pyrazol-3-on, 2-[4-Äthoxy-phenyl]-1,5-dimethyl-3-oxo-2,3-dihydro-1*H*-pyrazol-4-carbaldehyd-[1,5-dimethyl-3-oxo-2-phenyl-2,3-dihydro-1*H*-pyrazol-4-ylimin]** $C_{25}H_{27}N_5O_3$, Formel V (R = CH_3).

B. Analog der vorangehenden Verbindung (*Ridi,* G. **77** [1947] 3, 7).

Kristalle (aus Bzl.); F: 220°.

5-[(1,5-Dimethyl-3-oxo-2-phenyl-2,3-dihydro-1*H*-pyrazol-4-ylimino)-methyl]-barbitursäure $C_{16}H_{15}N_5O_4$, Formel VI und Taut.

B. Aus dem Kalium-Salz der 5-Formyl-barbitursäure (E III/IV **24** 2164) und 4-Amino-anti= pyrin (S. 3554) in Essigsäure (*Ridi, Papini,* G. **76** [1946] 376, 382).

Hellgelbe Kristalle (aus Eg.); F: 287–290°.

Bis-[5-methyl-3-oxo-2,3-dihydro-1*H*-pyrazol-4-yl]-amin, 5,5′-Dimethyl-1,2,1′,2′-tetrahydro-4,4′-imino-bis-pyrazol-3-on $C_8H_{11}N_5O_2$, Formel VII und Taut.

B. Beim Behandeln von [5-Methyl-3-oxo-2,3-dihydro-1*H*-pyrazol-4-yl]-[3-methyl-5-oxo-1,5-dihydro-pyrazol-4-yliden]-amin mit $SnCl_2$ in wss. HCl (*Freri,* G. **66** [1936] 23, 30).

Hydrochlorid $C_8H_{11}N_5O_2 \cdot HCl$. Kristalle (aus wss. HCl); F: 247° [Zers.].

1,5-Dimethyl-3-oxo-2-phenyl-2,3-dihydro-1*H*-pyrazol-4-carbonsäure-[1,5-dimethyl-3-oxo-2-phenyl-2,3-dihydro-1*H*-pyrazol-4-ylamid] $C_{23}H_{23}N_5O_3$, Formel VIII.

B. Aus 4-Amino-antipyrin (S. 3554) und 1,5-Dimethyl-3-oxo-2-phenyl-2,3-dihydro-1*H*-pyr= azol-4-carbonylchlorid in Benzol (*Kaufmann, Huang,* B. **75** [1942] 1214, 1233).

Kristalle (aus wss. A.); F: 246,5°.

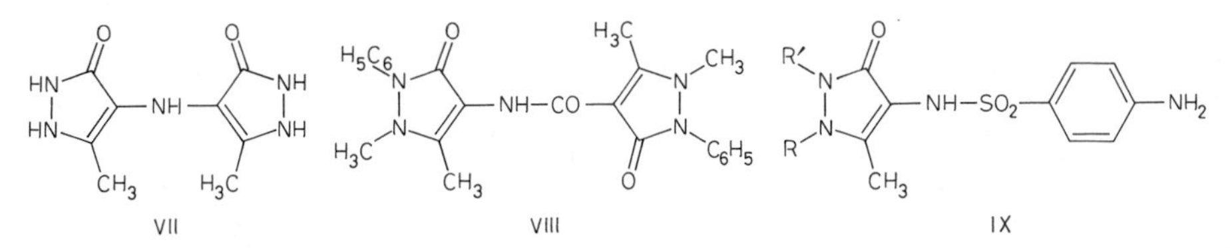

5-Methyl-1-phenyl-4-sulfanilylamino-1,2-dihydro-pyrazol-3-on, Sulfanilsäure-[5-methyl-3-oxo-1-phenyl-2,3-dihydro-1*H*-pyrazol-4-ylamid] $C_{16}H_{16}N_4O_3S$, Formel IX (R = C_6H_5, R′ = H).

B. Beim Behandeln von 4-Amino-5-methyl-1-phenyl-1,2-dihydro-pyrazol-3-on mit *N*-Acetyl-

116° (*To. et al.*, D.B.P. 903817), 102–104° [unkorr.] (*To. et al.*, U.S.P. 2662894).

[1,5-Dimethyl-3-oxo-2-phenyl-2,3-dihydro-1*H*-pyrazol-4-yl]-amidophosphorsäure-diisopropylester $C_{17}H_{26}N_3O_4P$, Formel XIII (R = R′ = O-CH(CH_3)$_2$). Kristalle; F: 156° [unkorr.] (*To. et al.*, U.S.P. 2662894).

[1,5-Dimethyl-3-oxo-2-phenyl-2,3-dihydro-1*H*-pyrazol-4-yl]-amidophosphorsäure-dibutylester $C_{19}H_{30}N_3O_4P$, Formel XIII (R = R′ = O-[CH_2]$_3$-CH_3). Kristalle; F: 111–112° (*To. et al.*, D.B.P. 903817), 105–107° [unkorr.] (*To. et al.*, U.S.P. 2662894).

[1,5-Dimethyl-3-oxo-2-phenyl-2,3-dihydro-1*H*-pyrazol-4-yl]-amidophosphorsäure-diisobutylester $C_{19}H_{30}N_3O_4P$, Formel XIII (R = R′ = O-CH_2-CH(CH_3)$_2$). Kristalle; F: 113–116° [unkorr.] (*To. et al.*, U.S.P. 2662894).

[1,5-Dimethyl-3-oxo-2-phenyl-2,3-dihydro-1*H*-pyrazol-4-yl]-amidophosphorsäure-diisopentylester $C_{21}H_{34}N_3O_4P$, Formel XIII (R = R′ = O-CH_2-CH_2-CH(CH_3)$_2$). Kristalle; F: 89–91° (*To. et al.*, D.B.P. 903817), 86–87° [unkorr.] (*To. et al.*, U.S.P. 2662894).

[1,5-Dimethyl-3-oxo-2-phenyl-2,3-dihydro-1*H*-pyrazol-4-yl]-amidophosphorsäure-diphenylester $C_{23}H_{22}N_3O_4P$, Formel XIII (R = R′ = O-C_6H_5). Kristalle (aus E.); F: 176° (*Soc. Usines Chim. Rhône-Poulenc*, U.S.P. 2744912 [1955]).

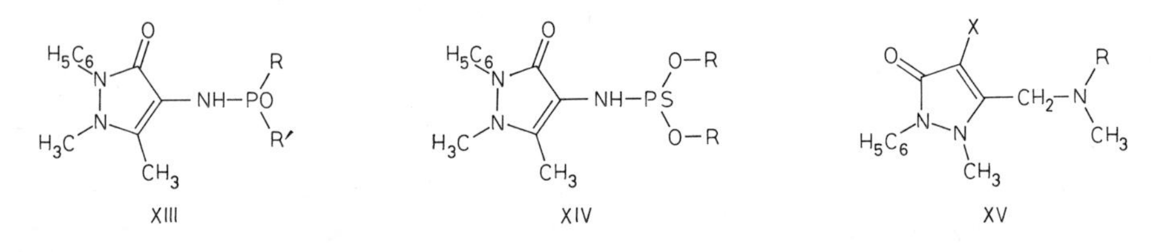

(±)-*N*′-[1,5-Dimethyl-3-oxo-2-phenyl-2,3-dihydro-1*H*-pyrazol-4-yl]-*N*,*N*-dimethyl-diamidophosphorsäure-äthylester $C_{15}H_{23}N_4O_3P$, Formel XIII (R = N(CH_3)$_2$, R′ = O-C_2H_5).

B. Aus 4-Amino-antipyrin (S. 3554) und (±)-Dimethyl-amidophosphorsäure-äthylester-chlorid mit Hilfe von Triäthylamin und Zink-Pulver in Benzol (*Farbenfabr. Bayer*, D.B.P. 1003216 [1952]; *Schenley Ind.*, U.S.P. 2844510 [1956]).

Kristalle (aus E.); F: 132°.

Phosphorsäure-bis-dimethylamid-[1,5-dimethyl-3-oxo-2-phenyl-2,3-dihydro-1*H*-pyrazol-4-ylamid], *N*″-[1,5-Dimethyl-3-oxo-2-phenyl-2,3-dihydro-1*H*-pyrazol-4-yl]-*N*,*N*,*N*′,*N*′-tetramethyl-phosphamid $C_{15}H_{24}N_5O_2P$, Formel XIII (R = R′ = N(CH_3)$_2$).

B. Aus 4-Amino-antipyrin (S. 3554) und Tetramethyl-diamidophosphorylchlorid mit Hilfe von Triäthylamin und Zink-Pulver in Toluol (*Farbenfabr. Bayer*, D.B.P. 1003216 [1952]; *Schenley Ind.*, U.S.P. 2844510 [1956]).

Kristalle (aus Toluol); F: 173°.

[1,5-Dimethyl-3-oxo-2-phenyl-2,3-dihydro-1*H*-pyrazol-4-yl]-amidothiophosphorsäure-*O*,*O*′-diäthylester $C_{15}H_{22}N_3O_3PS$, Formel XIV (R = C_2H_5).

B. Aus 4-Amino-antipyrin (S. 3554) und *O*,*O*′-Diäthyl-chlorothiophosphat (*Farbenfabr. Bayer*, D.B.P. 962611 [1952]).

Kristalle (aus Me.); F: 148°.

[1,5-Dimethyl-3-oxo-2-phenyl-2,3-dihydro-1*H*-pyrazol-4-yl]-amidothiophosphorsäure-*O*,*O*′-diisopentylester $C_{21}H_{34}N_3O_3PS$, Formel XIV (R = CH_2-CH_2-CH(CH_3)$_2$).

B. Analog der vorangehenden Verbindung (*Farbenfabr. Bayer*, D.B.P. 962611 [1952]).

Kristalle (aus PAe.+Ae.); F: 115°.

[1,5-Dimethyl-3-oxo-2-phenyl-2,3-dihydro-1*H*-pyrazol-4-yl]-amidothiophosphorsäure-*O*,*O*′-diallylester $C_{17}H_{22}N_3O_3PS$, Formel XIV (R = CH_2-CH=CH_2).

B. Analog den vorangehenden Verbindungen (*Farbenfabr. Bayer*, D.B.P. 962611 [1952]).

Kristalle (aus E.+PAe.); F: 139°.

1-Methyl-5-methylaminomethyl-2-phenyl-1,2-dihydro-pyrazol-3-on $C_{12}H_{15}N_3O$, Formel XV (R = X = H).

B. Beim Hydrieren von 4-Brom-1-methyl-5-methylaminomethyl-2-phenyl-1,2-dihydro-pyrazol-3-on an Raney-Nickel in methanol. KOH (*Ito,* J. pharm. Soc. Japan **76** [1956] 820; C. A. **1957** 1148).

Kristalle (aus PAe.); F: 70–71°.

5-Dimethylaminomethyl-1-methyl-2-phenyl-1,2-dihydro-pyrazol-3-on $C_{13}H_{17}N_3O$, Formel XV (R = CH_3, X = H).

B. Beim Hydrieren von 4-Brom-5-dimethylaminomethyl-1-methyl-2-phenyl-1,2-dihydro-pyrazol-3-on an Platin in methanol. KOH (*Ito,* J. pharm. Soc. Japan **76** [1956] 820; C. A. **1957** 1148).

Kristalle (aus PAe.); F: 83–84°.

4-Brom-1-methyl-5-methylaminomethyl-2-phenyl-1,2-dihydro-pyrazol-3-on $C_{12}H_{14}BrN_3O$, Formel XV (R = H, X = Br).

B. Aus 4-Brom-5-brommethyl-1-methyl-2-phenyl-1,2-dihydro-pyrazol-3-on und Methylamin (*Ito,* J. pharm. Soc. Japan **76** [1956] 820; C. A. **1957** 1148).

Kristalle (aus Bzl. + Ae.); F: 84° [Zers.].

Dipicrat $C_{12}H_{14}BrN_3O \cdot 2C_6H_3N_3O_7$. Gelbe Kristalle (aus Acn.); F: 224° [Zers.].

4-Brom-5-dimethylaminomethyl-1-methyl-2-phenyl-1,2-dihydro-pyrazol-3-on $C_{13}H_{16}BrN_3O$, Formel XV (R = CH_3, X = Br).

B. Analog der vorangehenden Verbindung (*Ito,* J. pharm. Soc. Japan **76** [1956] 820; C. A. **1957** 1148).

Kristalle (aus Me.); F: 143°.

5-Amino-4-methyl-1,2-dihydro-pyrazol-3-on $C_4H_7N_3O$, Formel I (R = H) und Taut.

B. Beim Behandeln von 2-Cyan-propionsäure-äthylester mit $N_2H_4 \cdot H_2O$ (*Gagnon et al.,* Canad. J. Res. [B] **27** [1949] 190, 193).

Kristalle (aus A.); F: 242–243° [unkorr.]. UV-Spektrum (A. sowie wss.-äthanol. HCl; 220–370 nm): *Ga. et al.,* l. c. S. 193, 195.

5-Amino-2,4-dimethyl-1,2-dihydro-pyrazol-3-on $C_5H_9N_3O$, Formel II (R = CH_3, R′ = H) und Taut.

B. Beim Erwärmen von [1,4-Dimethyl-5-oxo-2,5-dihydro-1*H*-pyrazol-3-yl]-carbamidsäure-äthylester mit wss. NaOH (*Gagnon et al.,* Canad. J. Chem. **30** [1952] 904, 912).

F: 140–141° [aus A.]. UV-Spektrum (A. sowie wss.-äthanol. HCl; 220–320 nm): *Ga. et al.,* l. c. S. 906, 907.

5-Amino-1,4-dimethyl-1,2-dihydro-pyrazol-3-on $C_5H_9N_3O$, Formel I (R = CH_3) und Taut.

B. Beim Behandeln von 2-Cyan-propionsäure-äthylester mit Methylhydrazin (*Gagnon et al.,* Canad. J. Chem. **30** [1952] 904, 914).

F: 223–224° [nach Sublimation bei 200°/1 Torr]. UV-Spektrum (A. sowie wss.-äthanol. HCl; 220–320 nm): *Ga. et al.,* l. c. S. 906, 908.

5-Amino-4-methyl-2-phenyl-1,2-dihydro-pyrazol-3-on $C_{10}H_{11}N_3O$, Formel II (R = C_6H_5, R′ = H) und Taut.

B. Beim Erhitzen von [4-Methyl-5-oxo-1-phenyl-2,5-dihydro-1*H*-pyrazol-3-yl]-carbamidsäure-äthylester mit wss. HCl (*Gagnon et al.,* Canad. J. Chem. **30** [1952] 904, 913).

Kristalle (aus wss. A.); F: 137–138°. UV-Spektrum (A. sowie wss.-äthanol. HCl; 220–320 nm): *Ga. et al.,* l. c. S. 906, 907.

5-Amino-4-methyl-1-phenyl-1,2-dihydro-pyrazol-3-on $C_{10}H_{11}N_3O$, Formel I (R = C_6H_5) und Taut.

B. Beim Erhitzen von 2-Cyan-propionsäure-äthylester mit Phenylhydrazin in äthanol. Natriumäthylat auf 160° (*Gagnon et al.,* Canad. J. Res. [B] **27** [1949] 190, 193, 194).

Natriumacetat und wss. Essigsäure (*Müller et al.*, M. **89** [1958] 23, 30).
F: 82—84° [aus Bzl.+PAe.].
Benzyliden-Derivat $C_{20}H_{21}N_3O$; 1,5-Diäthyl-4-benzylidenamino-2-phenyl-1,2-dihydro-pyrazol-3-on. Kristalle (aus A.); F: 162° [korr.].

1,5-Diäthyl-4-diäthylamino-2-phenyl-1,2-dihydro-pyrazol-3-on $C_{17}H_{25}N_3O$, Formel IX ($R = C_2H_5$).
B. Aus der vorangehenden Verbindung und Äthyljodid mit Hilfe von Natriumacetat in Äthanol (*Müller et al.*, M. **89** [1958] 23, 31).
Kristalle (aus PAe.); F: 71—72°.
Hydrochlorid $C_{17}H_{25}N_3O \cdot HCl$. Kristalle (aus Acn.+A.); F: 184—185° [korr.; Zers.].

5-[2-Amino-äthyl]-1-methyl-2-phenyl-1,2-dihydro-pyrazol-3-on $C_{12}H_{15}N_3O$, Formel X ($R = R' = X = H$).
B. Aus [2-(2-Methyl-5-oxo-1-phenyl-2,5-dihydro-1*H*-pyrazol-3-yl)-äthyl]-carbamidsäure-benzylester mit Hilfe von wss. HCl in Essigsäure (*Sugasawa, Yoneda,* Pharm. Bl. **4** [1956] 360, 362). Bei der Hydrierung von [2-(4-Brom-2-methyl-5-oxo-1-phenyl-2,5-dihydro-1*H*-pyrazol-3-yl)-äthyl]-carbamidsäure-benzylester an Palladium/Kohle in Dioxan unter Zusatz von wss. KOH (*Ito,* J. pharm. Soc. Japan **79** [1959] 709; C. A. **1959** 21896).
Beim Erhitzen des Dihydrochlorids mit Formaldehyd und wss. HCl ist 1-Methyl-2-phenyl-1,2,4,5,6,7-hexahydro-pyrazolo[4,3-*c*]pyridin-3-on erhalten worden (*Su., Yo.,* l. c. S. 363).
Dihydrochlorid $C_{12}H_{15}N_3O \cdot 2HCl$. Kristalle (aus A.); F: 245—246° [Zers.] (*Su., Yo.*), 245° [Zers.] (*Ito*).
Picrat $C_{12}H_{15}N_3O \cdot C_6H_3N_3O_7$. Gelbe Kristalle; F: 216—217,5° [Zers.; aus Me.] (*Su., Yo.*), 215° [Zers.; aus A.] (*Ito*).

5-[2-Dimethylamino-äthyl]-1-methyl-2-phenyl-1,2-dihydro-pyrazol-3-on $C_{14}H_{19}N_3O$, Formel X ($R = R' = CH_3$, $X = H$).
B. Aus der vorangehenden Verbindung bei der Umsetzung mit wss. Formaldehyd und Essigsäure und anschliessenden Hydrierung an Raney-Nickel (*Ito,* J. pharm. Soc. Japan **79** [1959] 709; C. A. **1959** 21896).
Kristalle (aus PAe.); F: 73°.

5-[2-Benzoylamino-äthyl]-1-methyl-2-phenyl-1,2-dihydro-pyrazol-3-on, *N*-[2-(2-Methyl-5-oxo-1-phenyl-2,5-dihydro-1*H*-pyrazol-3-yl)-äthyl]-benzamid $C_{19}H_{19}N_3O_2$, Formel X ($R = CO\text{-}C_6H_5$, $R' = X = H$).
B. Aus 5-[2-Amino-äthyl]-1-methyl-2-phenyl-1,2-dihydro-pyrazol-3-on und Benzoylchlorid (*Sugasawa, Yoneda,* Pharm. Bl. **4** [1956] 360, 362).
Kristalle (aus wss. A.); F: 190—191°.
Beim Erwärmen mit $POCl_3$ in Benzol ist 1-Methyl-2,4-diphenyl-1,2,6,7-tetrahydro-pyrazolo[4,3-*c*]pyridin-3-on erhalten worden.

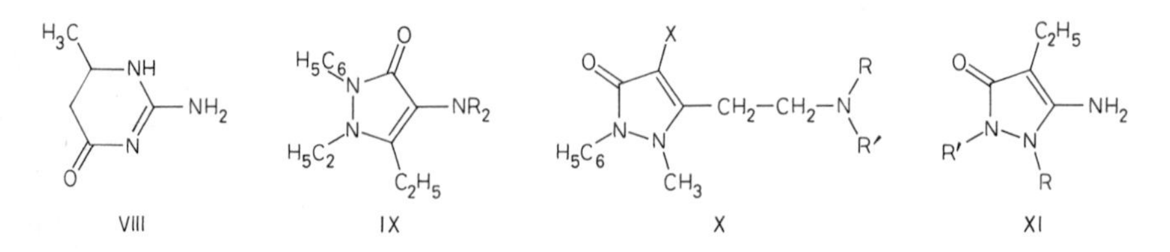

3,4-Dimethoxy-benzoesäure-[2-(2-methyl-5-oxo-1-phenyl-2,5-dihydro-1*H*-pyrazol-3-yl)-äthylamid] $C_{21}H_{23}N_3O_4$, Formel X ($R = CO\text{-}C_6H_3(O\text{-}CH_3)_2$, $R' = X = H$).
B. Analog der vorangehenden Verbindung (*Sugawawa, Yoneda,* Pharm. Bl. **4** [1956] 360, 362).
Kristalle (aus E.); F: 181—182°. UV-Spektrum (A.; 220—300 nm): *Su., Yo.,* l. c. S. 361.

[3,4-Dimethoxy-phenyl]-essigsäure-[2-(2-methyl-5-oxo-1-phenyl-2,5-dihydro-1*H*-pyrazol-3-yl)-äthylamid] $C_{22}H_{25}N_3O_4$, Formel X (R = CO-CH_2-C_6H_3(O-CH_3)$_2$, R′ = X = H).

B. Analog den vorangehenden Verbindungen (*Sugasawa, Yoneda,* Pharm. Bl. **4** [1956] 360, 362).

Kristalle (aus E.); F: 153–154,5°.

[2-(2-Methyl-5-oxo-1-phenyl-2,5-dihydro-1*H*-pyrazol-3-yl)-äthyl]-carbamidsäure-benzylester $C_{20}H_{21}N_3O_3$, Formel X (R = CO-O-CH_2-C_6H_5, R′ = X = H).

B. Aus 3-[2-Methyl-5-oxo-1-phenyl-2,5-dihydro-1*H*-pyrazol-3-yl]-propionsäure-hydrazid bei aufeinanderfolgender Umsetzung mit HNO_2 und mit Benzylalkohol (*Sugasawa, Yoneda,* Pharm. Bl. **4** [1956] 360, 362).

Kristalle (aus Bzl.); F: 99–100°.

5-[2-Amino-äthyl]-4-brom-1-methyl-2-phenyl-1,2-dihydro-pyrazol-3-on $C_{12}H_{14}BrN_3O$, Formel X (R = R′ = H, X = Br).

B. Aus 3-[4-Brom-2-methyl-5-oxo-1-phenyl-2,5-dihydro-1*H*-pyrazol-3-yl]-propionsäure und HN_3 (*Ito,* J. pharm. Soc. Japan **79** [1959] 709; C. A. **1959** 21895).

Picrat $C_{12}H_{14}BrN_3O \cdot C_6H_3N_3O_7$. Gelbe Kristalle (aus Benzylalkohol + A. + H_2O); F: 229° [Zers.].

[2-(4-Brom-2-methyl-5-oxo-1-phenyl-2,5-dihydro-1*H*-pyrazol-3-yl)-äthyl]-carbamidsäure-benzylester $C_{20}H_{20}BrN_3O_3$, Formel X (R = CO-O-CH_2-C_6H_5, X = Br).

B. Aus 3-[4-Brom-2-methyl-5-oxo-1-phenyl-2,5-dihydro-1*H*-pyrazol-3-yl]-propionylazid und Benzylalkohol (*Ito,* J. pharm. Soc. Japan **79** [1959] 709; C. A. **1959** 21895).

Kristalle (aus Bzl.); F: 63° [Zers.].

4-Äthyl-5-amino-1,2-dihydro-pyrazol-3-on $C_5H_9N_3O$, Formel XI (R = R′ = H) und Taut.

B. Aus 2-Cyan-buttersäure-hydrazid mit Hilfe von wss. NaOH (*Gagnon et al.,* Canad. J. Res. [B] **27** [1949] 190, 193).

Kristalle (aus A.); F: 247–248° [unkorr.]. UV-Spektrum (A. sowie wss.-äthanol. HCl; 220–320 nm): *Ga. et al.,* l. c. S. 193, 195.

4-Äthyl-5-amino-2-phenyl-1,2-dihydro-pyrazol-3-on $C_{11}H_{13}N_3O$, Formel XI (R = H, R′ = C_6H_5) und Taut.

B. Aus [4-Äthyl-5-oxo-1-phenyl-2,5-dihydro-1*H*-pyrazol-3-yl]-carbamidsäure-äthylester mit Hilfe von wss. NaOH (*Gagnon et al.,* Canad. J. Chem. **30** [1952] 904, 913, 914).

Kristalle (aus wss. A.); F: 145–146°. UV-Spektrum (A. sowie wss.-äthanol. HCl; 220–320 nm): *Ga. et al.,* l. c. S. 906, 907.

4-Äthyl-5-amino-1-phenyl-1,2-dihydro-pyrazol-3-on $C_{11}H_{13}N_3O$, Formel XI (R = C_6H_5, R′ = H) und Taut.

B. Aus 2-Cyan-buttersäure-äthylester und Phenylhydrazin mit Hilfe von äthanol. Natrium-äthylat (*Gagnon et al.,* Canad. J. Res. [B] **27** [1949] 190, 193, 194).

Kristalle (aus A.); F: 213–214° [unkorr.]. UV-Spektrum (A. sowie wss.-äthanol. HCl; 220–320 nm): *Ga. et al.,* l. c. S. 193, 195.

4-Äthyl-5-amino-1-methyl-2-phenyl-1,2-dihydro-pyrazol-3-on $C_{12}H_{15}N_3O$, Formel XI (R = CH_3, R′ = C_6H_5).

B. Aus dem entsprechenden Carbamidsäure-methylester (s. u.) mit Hilfe von wss. NaOH (*Geigy A.G.,* D.R.P. 747473 [1941]; D.R.P. Org. Chem. **3** 35, 37).

F: 157–158°.

[4-Äthyl-5-oxo-1-phenyl-2,5-dihydro-1*H*-pyrazol-3-yl]-carbamidsäure-äthylester $C_{14}H_{17}N_3O_3$, Formel XII (R = H, R′ = C_2H_5) und Taut.

B. Aus 4-Äthyl-5-oxo-1-phenyl-2,5-dihydro-1*H*-pyrazol-3-carbonylazid und Äthanol (*Gagnon et al.,* Canad. J. Chem. **30** [1952] 904, 913).

F: 202–203° [nach Sublimation bei 200°/2 Torr].

[4-Äthyl-2-methyl-5-oxo-1-phenyl-2,5-dihydro-1*H*-pyrazol-3-yl]-carbamidsäure-methylester $C_{14}H_{17}N_3O_3$, Formel XII (R = R' = CH_3).

B. Aus 4-Äthyl-2-methyl-5-oxo-1-phenyl-2,5-dihydro-1*H*-pyrazol-3-carbonsäure-hydrazid über das Azid (*Geigy A.G.*, D.R.P. 747473 [1941]; D.R.P. Org. Chem. **3** 35, 37).

F: 144°.

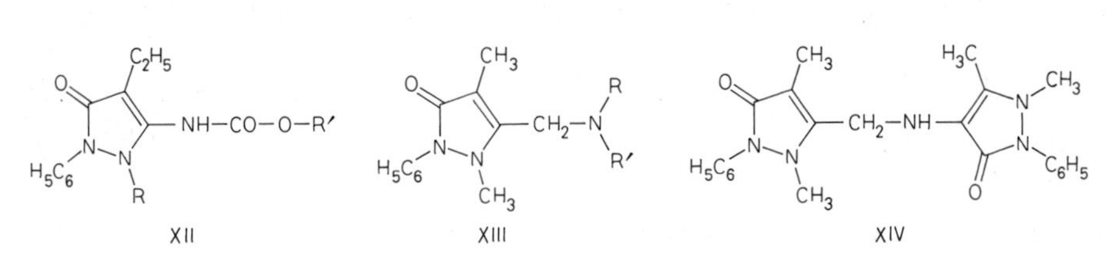

5-Äthylaminomethyl-1,4-dimethyl-2-phenyl-1,2-dihydro-pyrazol-3-on $C_{14}H_{19}N_3O$, Formel XIII (R = C_2H_5, R' = H).

B. Aus 5-Brommethyl-1,4-dimethyl-2-phenyl-1,2-dihydro-pyrazol-3-on und Äthylamin (*Ito*, J. pharm. Soc. Japan **77** [1957] 707; C. A. **1957** 17894).

Picrat $C_{14}H_{19}N_3O \cdot C_6H_3N_3O_7$. Gelbe Kristalle (aus Acn. + A.); F: 222° [Zers.].

Die folgenden Verbindungen sind in analoger Weise hergestellt worden:

5-Diäthylaminomethyl-1,4-dimethyl-2-phenyl-1,2-dihydro-pyrazol-3-on $C_{16}H_{23}N_3O$, Formel XIII (R = R' = C_2H_5). Kristalle (aus Ae. + PAe.); F: 82°.

5-Anilinomethyl-1,4-dimethyl-2-phenyl-1,2-dihydro-pyrazol-3-on $C_{18}H_{19}N_3O$, Formel XIII (R = C_6H_5, R' = H). Kristalle (aus A.); F: 184°.

1,4-Dimethyl-2-phenyl-5-*o*-toluidinomethyl-1,2-dihydro-pyrazol-3-on $C_{19}H_{21}N_3O$, Formel XIII (R = C_6H_4-CH_3, R' = H). Kristalle (aus A.); F: 199°.

1,4-Dimethyl-2-phenyl-5-*p*-toluidinomethyl-1,2-dihydro-pyrazol-3-on $C_{19}H_{21}N_3O$, Formel XIII (R = C_6H_4-CH_3, R' = H). Kristalle (aus A.); F: 172°.

1,4-Dimethyl-5-*o*-phenetidinomethyl-2-phenyl-1,2-dihydro-pyrazol-3-on $C_{20}H_{23}N_3O_2$, Formel XIII (R = C_6H_4-O-C_2H_5, R' = H). Kristalle (aus A.); F: 192°.

1,4-Dimethyl-5-*p*-phenetidinomethyl-2-phenyl-1,2-dihydro-pyrazol-3-on $C_{20}H_{23}N_3O_2$, Formel XIII (R = C_6H_4-O-C_2H_5, R' = H). Kristalle (aus A.); F: 155°.

[2,4-Dimethyl-5-oxo-1-phenyl-2,5-dihydro-1*H*-pyrazol-3-ylmethyl]-[1,5-dimethyl-3-oxo-2-phenyl-2,3-dihydro-1*H*-pyrazol-4-yl]-amin, 1,5,1',4'-Tetramethyl-2,2'-diphenyl-1,2,1',2'-tetrahydro-4,5'-azaäthandiyl-bis-pyrazol-3-on $C_{23}H_{25}N_5O_2$, Formel XIV. Gelbliche Kristalle (aus A.); F: 204° [Zers.].

4-Aminomethyl-1,5-dimethyl-2-phenyl-1,2-dihydro-pyrazol-3-on, 4-Aminomethyl-antipyrin $C_{12}H_{15}N_3O$, Formel XV (R = R' = H).

B. Aus 4-[Hydroxyimino-methyl]-1,5-dimethyl-2-phenyl-1,2-dihydro-pyrazol-3-on oder aus 4-[1-Hydroxyimino-äthyl]-1-methyl-2-phenyl-1,2-dihydro-pyrazol-3-on mit Hilfe von Aluminium-Amalgam (*Ledrut et al.*, Bl. **1952** 185, 188). Aus 1,5-Dimethyl-3-oxo-2-phenyl-2,3-dihydro-1*H*-pyrazol-4-carbonsäure-amid mit Hilfe von $LiAlH_4$ in THF (*Takahashi, Kanematsu*, Chem. pharm. Bl. **6** [1958] 374, 377).

Beim Erhitzen mit wss. Formaldehyd ist Bis-[1,5-dimethyl-3-oxo-2-phenyl-2,3-dihydro-1*H*-pyrazol-4-yl]-methan erhalten worden (*Le. et al.*).

Hydrochlorid. Kristalle (aus E. + A.); F: 178 – 180° (*Le. et al.*).

Picrolonat $C_{12}H_{15}N_3O \cdot C_{10}H_8N_4O_5$. Kristalle (aus A.); F: 208° (*Le. et al.*).

4-Dimethylaminomethyl-5-methyl-2-phenyl-1,2-dihydro-pyrazol-3-on $C_{13}H_{17}N_3O$, Formel XVI (R = CH_3) und Taut.

B. Aus 5-Methyl-2-phenyl-1,2-dihydro-pyrazol-3-on, Formaldehyd und Dimethylamin mit Hilfe von wss.-äthanol. HCl (*Pathak, Ghosh*, J. Indian chem. Soc. **26** [1949] 371).

Kristalle (aus A.); F: 221 – 222°.

Hydrochlorid. F: 253–254°.

1,5-Dimethyl-4-methylaminomethyl-2-phenyl-1,2-dihydro-pyrazol-3-on, 4-Methylamino=methyl-antipyrin $C_{13}H_{17}N_3O$, Formel XV (R = CH_3, R′ = H).

B. Aus 1,5-Dimethyl-3-oxo-2-phenyl-2,3-dihydro-1*H*-pyrazol-4-carbaldehyd bei der Umset=zung mit Methylamin und anschliessenden Hydrierung an Palladium/Kohle (*Bodendorf et al.*, A. **563** [1949] 1, 7).

Hydrojodid $C_{13}H_{17}N_3O \cdot HI$. F: 179° [aus A.].

Hydrogensulfat $C_{13}H_{17}N_3O \cdot H_2SO_4$. F: 163° [aus A. + E.].

Nitrat $C_{13}H_{17}N_3O \cdot HNO_3$. Kristalle (aus A. + E.); F: 168°.

***N*-[1,5-Dimethyl-3-oxo-2-phenyl-2,3-dihydro-1*H*-pyrazol-4-ylmethyl]-*N*-methyl-harnstoff** $C_{14}H_{18}N_4O_2$, Formel XV (R = CH_3, R′ = CO-NH_2).

B. Aus der vorangehenden Verbindung und Kaliumcyanat (*Bodendorf et al.*, A. **563** [1947] 1, 8).

Kristalle (aus E.); F: 167°.

4-Dimethylaminomethyl-1,5-dimethyl-2-phenyl-1,2-dihydro-pyrazol-3-on, 4-Dimethylamino=methyl-antipyrin $C_{14}H_{19}N_3O$, Formel XV (R = R′ = CH_3) (E I 677).

B. Aus Antipyrin (E III/IV **24** 75), Paraformaldehyd und Dimethylamin-hydrochlorid in Iso=amylalkohol (*Takahashi et al.*, J. pharm. Soc. Japan **79** [1959] 1163, 1165; C. A. **1960** 4543). Aus 4-Aminomethyl-antipyrin (s. o.) und Formaldehyd mit Hilfe von Ameisensäure (*Takahashi, Kanematsu*, Chem. pharm. Bl. **6** [1958] 374, 377).

Kristalle (aus Ae.); F: 94° (*Ta., Ka.*), 93–94° (*Ta. et al.*).

Beim Erhitzen mit Formylamino-malonsäure-dimethylester in Xylol und Erhitzen des Reak=tionsprodukts mit konz. wss. HCl ist 2-Amino-3-[1,5-dimethyl-3-oxo-2-phenyl-2,3-dihydro-1*H*-pyrazol-4-yl]-propionsäure erhalten worden (*Hellmann, Schumacher*, B. **89** [1956] 95, 101, 106).

[1,5-Dimethyl-3-oxo-2-phenyl-2,3-dihydro-1*H*-pyrazol-4-ylmethyl]-trimethyl-ammonium $[C_{15}H_{22}N_3O]^+$, Formel XVII.

Jodid $[C_{15}H_{22}N_3O]I$. *B.* Aus der vorangehenden Verbindung und CH_3I in Äthylacetat (*Bodendorf et al.*, A. **563** [1949] 1, 8), in $CHCl_3$ (*Poppelsdorf, Holt*, Soc. **1954** 1124, 1127) oder in Äthanol (*Takahashi et al.*, J. pharm. Soc. Japan **79** [1959] 1163, 1165, 1166; C. A. **1960** 4543). – Kristalle; F: 228–229° [aus A. oder Me.] (*Ta. et al.*), 218° (*Po., Holt*), 204° [aus A.] (*Bo. et al.*). – Umsetzung mit Nucleophilen (z.B. mit Nitro-malonsäure-diäthylester-anion unter Bildung von [1,5-Dimethyl-3-oxo-2-phenyl-2,3-dihydro-1*H*-pyrazol-4-ylmethyl]-nitro-malonsäure-diäthylester): *Hellmann, Schumacher*, B. **89** [1956] 95; s. a. *Ta. et al.*

4-Äthylaminomethyl-1,5-dimethyl-2-phenyl-1,2-dihydro-pyrazol-3-on, 4-Äthylaminomethyl-antipyrin $C_{14}H_{19}N_3O$, Formel XV (R = C_2H_5, R′ = H).

B. Aus 1,5-Dimethyl-3-oxo-2-phenyl-2,3-dihydro-1*H*-pyrazol-4-carbaldehyd bei der Umset=zung mit Äthylamin und anschliessenden Hydrierung an Palladium/Kohle (*Bodendorf et al.*, A. **563** [1949] 1, 7).

***N*-Äthyl-*N*-[1,5-dimethyl-3-oxo-2-phenyl-2,3-dihydro-1*H*-pyrazol-4-ylmethyl]-harnstoff** $C_{15}H_{20}N_4O_2$, Formel XV (R = C_2H_5, R′ = CO-NH_2).

B. Aus der vorangehenden Verbindung und Kaliumcyanat (*Bodendorf et al.*, A. **563** [1947] 1, 7).

Kristalle (aus E.); F: 165°.

4-Diäthylaminomethyl-5-methyl-2-phenyl-1,2-dihydro-pyrazol-3-on $C_{15}H_{21}N_3O$, Formel XVI (R = C_2H_5) und Taut.

B. Aus 5-Methyl-2-phenyl-1,2-dihydro-pyrazol-3-on, Formaldehyd und Diäthylamin mit Hilfe von wss.-äthanol. HCl (*Pathak, Ghosh*, J. Indian chem. Soc. **26** [1949] 371).

Kristalle (aus A.); F: 221–222°.

Hydrochlorid. F: 255–256°.

Methojodid $[C_{16}H_{24}N_3O]I$. F: 270–271°.

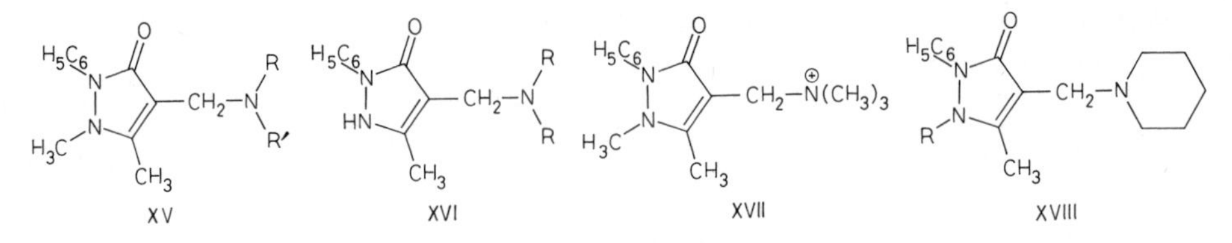

4-Diäthylaminomethyl-1,5-dimethyl-2-phenyl-1,2-dihydro-pyrazol-3-on, 4-Diäthylamino-methyl-antipyrin $C_{16}H_{23}N_3O$, Formel XV (R = R' = C_2H_5) (E I 677).

B. Aus Antipyrin (E III/IV **24** 75), Paraformaldehyd und Diäthylamin-hydrochlorid in Isoamylalkohol (*Takahashi et al.*, J. pharm. Soc. Japan **79** [1959] 1163, 1165; C. A. **1960** 4543).

Kristalle (aus Ae.); F: 78–80° (*Ta. et al.*).

Picrat $C_{16}H_{23}N_3O \cdot C_6H_3N_3O_7$. F: 143–145° (*Hellmann, Schumacher*, B. **89** [1956] 95, 103).

Verbindung mit Nitroessigsäure-äthylester $C_{16}H_{23}N_3O \cdot C_4H_7NO_4$. Konstitution: *He., Sch.*, l. c. S. 97; *Dornow, Müller*, B. **89** [1956] 1023, 1025. – Kristalle; F: 84–85° [aus A. oder A.+Ae.] (*He., Sch.*, l. c. S. 102, 103), 84° [aus A.+Ae.] (*Dornow, Thies*, A. **581** [1953] 219, 223).

Methojodid $[C_{17}H_{26}N_3O]I$; Diäthyl-[1,5-dimethyl-3-oxo-2-phenyl-2,3-dihydro-1*H*-pyrazol-4-ylmethyl]-methyl-ammonium-jodid. Kristalle (aus Me. oder A.); F: 160–167° (*Ta. et al.*, l. c. S. 1165, 1166).

4-Cyclohexylaminomethyl-1,5-dimethyl-2-phenyl-1,2-dihydro-pyrazol-3-on, 4-Cyclohexyl-aminomethyl-antipyrin $C_{18}H_{25}N_3O$, Formel XV (R = C_6H_{11}, R' = H).

B. Bei der Hydrierung von 4-[Cyclohexylimino-methyl]-1,5-dimethyl-2-phenyl-1,2-dihydro-pyrazol-3-on an Palladium/Kohle in Äthanol (*Bodendorf et al.*, A. **563** [1949] 1, 7; s. a. *Bodendorf, Raaf*, Arzneimittel-Forsch. **5** [1955] 695, 697).

Kristalle (aus PAe.); F: 100° (*Bo., Raaf*). Lösungsmittelhaltige Kristalle [aus Bzl.] (*Bo., Raaf*); F: 88° (*Bo. et al.*).

Hydrochlorid $C_{18}H_{25}N_3O \cdot HCl$. Kristalle (aus Acn.); F: 158–160° (*Bo., Raaf*).

4-[(Cyclohexyl-methyl-amino)-methyl]-1,5-dimethyl-2-phenyl-1,2-dihydro-pyrazol-3-on $C_{19}H_{27}N_3O$, Formel XV (R = C_6H_{11}, R' = CH_3).

Hydrojodid $C_{19}H_{27}N_3O \cdot HI$. Diese Konstitution kommt vermutlich der von *Bodendorf, Raaf* (Arzneimittel-Forsch. **5** [1955] 695, 697) als „Jodmethylat" der vorangehenden Verbindung zu. – *B.* Aus der vorangehenden Verbindung und CH_3I in Äthylacetat (*Bo., Raaf*). – Kristalle (aus Isopropylalkohol); F: 192–193°.

4-Anilinomethyl-1,5-dimethyl-2-phenyl-1,2-dihydro-pyrazol-3-on, 4-Anilinomethyl-antipyrin $C_{18}H_{19}N_3O$, Formel XV (R = C_6H_5, R' = H).

B. Aus Antipyrin (E III/IV **24** 75), Formaldehyd und Anilin in wss. HCl (*Thesing et al.*, B. **88** [1955] 1978, 1984, 1985). Bei der Hydrierung von 1,5-Dimethyl-2-phenyl-4-[phenylimino-methyl]-1,2-dihydro-pyrazol-3-on an Raney-Nickel in Methanol (*Bodendorf, Raaf*, A. **592** [1955] 26, 32; Arzneimittel-Forsch. **5** [1955] 695, 697).

Kristalle; F: 143° [aus Me.] (*Bo., Raaf*), 140–141° [unkorr.; aus Me.] (*Th. et al.*).

Säurekatalysierte Umlagerung zu 4-[4-Amino-benzyl]-1,5-dimethyl-2-phenyl-1,2-dihydro-pyrazol-3-on: *Bo., Raaf*, A. **592** 27, 32; *Th. et al.*, l. c. S. 1985.

Acetyl-Derivat $C_{20}H_{21}N_3O_2$; *N*-[1,5-Dimethyl-3-oxo-2-phenyl-2,3-dihydro-1*H*-pyrazol-4-ylmethyl]-acetanilid. Kristalle; F: 128–130° [aus E.+PAe.] (*Bo., Raaf*, A. **592** 32), 127–128° [unkorr.] (*Th. et al.*, l. c. S. 1985).

1,5-Dimethyl-4-[*N*-methyl-anilinomethyl]-2-phenyl-1,2-dihydro-pyrazol-3-on $C_{19}H_{21}N_3O$, Formel XV (R = C_6H_5, R' = CH_3).

Die früher (E I **25** 678) unter dieser Konstitution beschriebene Verbindung ist als 1,5-Dimethyl-4-[4-methylamino-benzyl]-2-phenyl-1,2-dihydro-pyrazol-3-on zu formulieren (*Bodendorf, Raaf,* A. **592** [1955] 26, 28).

B. Aus Antipyrin (E III/IV **24** 75), Paraformaldehyd und *N*-Methyl-anilin (*Bo., Raaf,* l. c. S. 35, 36; s. a. *Thesing et al.,* B. **88** [1955] 1978, 1981, 1985).

Kristalle (aus E.+PAe.); F: 99–102° (*Bo., Raaf*).

1,5-Dimethyl-2-phenyl-4-*p*-toluidinomethyl-1,2-dihydro-pyrazol-3-on, 4-*p*-Toluidinomethyl-antipyrin $C_{19}H_{21}N_3O$, Formel XV (R = C_6H_4-CH_3, R′ = H).

B. Aus 1,5-Dimethyl-3-oxo-2-phenyl-2,3-dihydro-1*H*-pyrazol-4-carbaldehyd bei der Umsetzung mit *p*-Toluidin und anschliessenden Hydrierung an Raney-Nickel (*Bodendorf, Raaf,* A. **592** [1955] 26, 35).

Kristalle (aus Me.); F: 140–141°.

Beim Behandeln mit wss.-methanol. HCl ist 4-[2-Amino-5-methyl-benzyl]-1,5-dimethyl-2-phenyl-1,2-dihydro-pyrazol-3-on erhalten worden.

4-Dibenzylaminomethyl-1,5-dimethyl-2-phenyl-1,2-dihydro-pyrazol-3-on, 4-Dibenzylaminomethyl-antipyrin $C_{26}H_{27}N_3O$, Formel XV (R = R′ = CH_2-C_6H_5).

B. Aus Antipyrin (E III/IV **24** 75), Dibenzylamin und Formaldehyd (*Lieberman, Wagner,* J. org. Chem. **14** [1949] 1001, 1006, 1008).

Kristalle (aus A.); F: 131–132° [korr.].

5-Methyl-2-phenyl-4-piperidinomethyl-1,2-dihydro-pyrazol-3-on $C_{16}H_{21}N_3O$, Formel XVIII (R = H) und Taut.

B. Aus 5-Methyl-2-phenyl-1,2-dihydro-pyrazol-3-on, Piperidin und Formaldehyd mit Hilfe von wss.-äthanol. HCl (*Pathak, Ghosh,* J. Indian chem. Soc. **26** [1949] 371).

Kristalle (aus A.); F: 224–225°.

Hydrochlorid $C_{16}H_{21}N_3O \cdot HCl$. F: 251–252°.

Methojodid $[C_{17}H_{24}N_3O]I$. F: 279–280°.

1,5-Dimethyl-2-phenyl-4-piperidinomethyl-1,2-dihydro-pyrazol-3-on, 4-Piperidinomethyl-antipyrin $C_{17}H_{23}N_3O$, Formel XVIII (R = CH_3) (E I 678).

B. Aus Antipyrin (E III/IV **24** 75), Paraformaldehyd und Piperidin-hydrochlorid in Isoamylalkohol (*Takahashi et al.,* J. pharm. Soc. Japan **79** [1959] 1163, 1165; C. A. **1960** 4543).

Kristalle (aus Ae.); F: 99° (*Ta. et al.*).

Verbindung mit Nitroessigsäure-äthylester $C_{17}H_{23}N_3O \cdot C_4H_7NO_4$. Konstitution: *Dornow, Müller,* B. **89** [1956] 1023, 1025. – Kristalle (aus Ae.); F: 89° (*Dornow, Thies,* A. **581** [1953] 219, 223).

Methojodid $[C_{18}H_{26}N_3O]I$; 1-[1,5-Dimethyl-3-oxo-2-phenyl-2,3-dihydro-1*H*-pyrazol-4-ylmethyl]-1-methyl-piperidinium-jodid. Kristalle (aus A. oder Me.); F: 189–191° (*Ta. et al.,* l. c. S. 1165, 1166).

4-[Benzoylamino-methyl]-1,5-dimethyl-2-phenyl-1,2-dihydro-pyrazol-3-on, *N*-[1,5-Dimethyl-3-oxo-2-phenyl-2,3-dihydro-1*H*-pyrazol-4-ylmethyl]-benzamid $C_{19}H_{19}N_3O_2$, Formel XV (R = CO-C_6H_5, R′ = H).

B. Aus Antipyrin (E III/IV **24** 75) und *N*-Hydroxymethyl-benzamid mit Hilfe von konz. H_2SO_4 (*Monti,* G. **60** [1930] 39, 42).

Kristalle (aus Bzl.) mit 1 Mol H_2O; F: 128–130°; die rosafarbene wasserfreie Verbindung schmilzt bei 140°.

***N*,*N*′-Bis-[1,5-dimethyl-3-oxo-2-phenyl-2,3-dihydro-1*H*-pyrazol-4-ylmethyl]-*N*,*N*′-dimethyl-äthylendiamin, 1,5,1′,5′-Tetramethyl-2,2′-diphenyl-1,2,1′,2′-tetrahydro-4,4′-[2,5-dimethyl-2,5-diaza-hexandiyl]-bis-pyrazol-3-on** $C_{28}H_{36}N_6O_2$, Formel I (R = CH_3, n = 2).

B. Aus *N*,*N*′-Dimethyl-äthylendiamin, Paraformaldehyd und 1,5-Dimethyl-2-phenyl-1,2-dihydro-pyrazol-3-on (*Ried, Wesselborg,* A. **611** [1958] 71, 79, 81).

Kristalle (aus E.); F: 167–168°.

Dihydrochlorid. F: 160°.

Dipicrat $C_{28}H_{36}N_6O_2 \cdot 2C_6H_3N_3O_7$. Gelbe Kristalle (aus wss. Me.); F: 181°.

N,N'-Diäthyl-N,N'-bis-[1,5-dimethyl-3-oxo-2-phenyl-2,3-dihydro-1H-pyrazol-4-ylmethyl]-äthylendiamin, 1,5,1',5'-Tetramethyl-2,2'-diphenyl-1,2,1',2'-tetrahydro-4,4'-[2,5-diäthyl-2,5-diaza-hexandiyl]-bis-pyrazol-3-on $C_{30}H_{40}N_6O_2$, Formel I ($R = C_2H_5$, $n = 2$).

B. Analog der vorangehenden Verbindung (*Ried, Wesselborg,* A. **611** [1958] 71, 79, 81).

Gelbliche Kristalle (aus Acn., E. oder wss. Me.); F: 152,5°.

Dihydrochlorid. Kristalle (aus Me.); F: 254–255°.

Dipicrat. Gelbe Kristalle (aus wss. Me.); F: 164°.

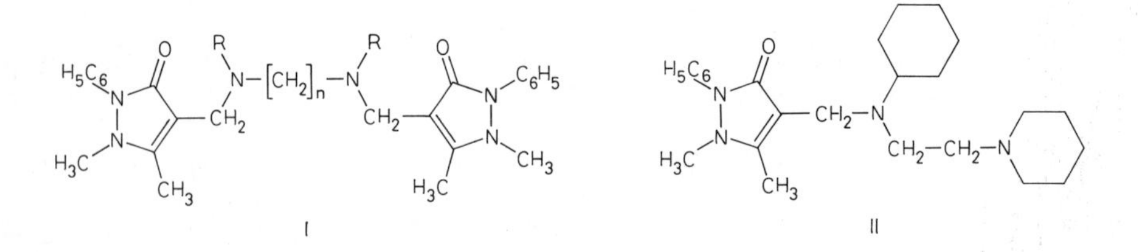

4-{[Cyclohexyl-(2-piperidino-äthyl)-amino]-methyl}-1,5-dimethyl-2-phenyl-1,2-dihydro-pyrazol-3-on $C_{25}H_{38}N_4O$, Formel II.

B. Aus 4-Cyclohexylaminomethyl-1,5-dimethyl-2-phenyl-1,2-dihydro-pyrazol-3-on und 1-[2-Chlor-äthyl]-piperidin in Methanol (*Bodendorf, Raaf,* Arzneimittel-Forsch. **5** [1955] 695, 697).

Monohydrochlorid $C_{25}H_{38}N_4O \cdot HCl$. Kristalle (aus Me. + Acn. + E.); F: 185–187° [Zers.] (*Bo., Raaf,* l. c. S. 698).

Dihydrochlorid $C_{25}H_{38}N_4O \cdot 2HCl$. Kristalle (aus Me. + Acn. + E.); F: 230° [Zers.; nach Erweichen bei 210°].

Dinitrat. Kristalle ohne scharfen Schmelzpunkt.

Mono-methojodid $[C_{26}H_{41}N_4O]I$. Kristalle (aus Isopropylalkohol); F: 175–177° [Zers.].

1,5-Dimethyl-4-[4-methyl-piperazinomethyl]-2-phenyl-1,2-dihydro-pyrazol-3-on $C_{17}H_{24}N_4O$, Formel III.

B. Aus Antipyrin (E III/IV **24** 75), 1-Methyl-piperazin und Formaldehyd (*Hellmann, Opitz,* B. **90** [1957] 8, 13).

Kristalle (aus PAe.); F: 110,5°.

N,N'-Bis-[1,5-dimethyl-3-oxo-2-phenyl-2,3-dihydro-1H-pyrazol-4-ylmethyl]-N,N'-dimethyl-hexandiyldiamin, 1,5,1',5'-Tetramethyl-2,2'-diphenyl-1,2,1',2'-tetrahydro-4,4'-[2,9-dimethyl-2,9-diaza-decandiyl]-bis-pyrazol-3-on $C_{32}H_{44}N_6O_2$, Formel I ($R = CH_3$, $n = 6$).

B. Analog der vorangehenden Verbindung (*Ried, Wesselborg,* A. **611** [1958] 71, 82).

Kristalle (aus A.); F: 141–142°.

N,N'-Diäthyl-N,N'-bis-[1,5-dimethyl-3-oxo-2-phenyl-2,3-dihydro-1H-pyrazol-4-ylmethyl]-hexandiyldiamin, 1,5,1',5'-Tetramethyl-2,2'-diphenyl-1,2,1',2'-tetrahydro-4,4'-[2,9-diäthyl-2,9-diaza-decandiyl]-bis-pyrazol-3-on $C_{34}H_{48}N_6O_2$, Formel I ($R = C_2H_5$, $n = 6$).

B. Analog den vorangehenden Verbindungen (*Ried, Wesselborg,* A. **611** [1958] 71, 82).

Kristalle (aus E. + Acn.); F: 129–130°.

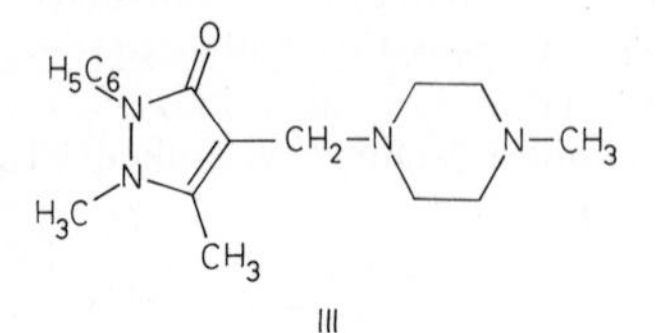

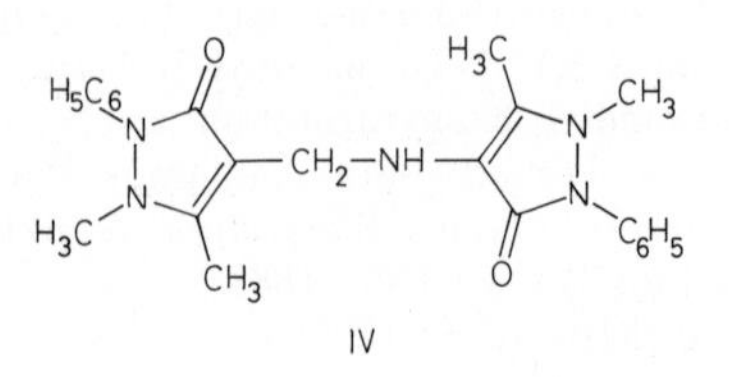

[1,5-Dimethyl-3-oxo-2-phenyl-2,3-dihydro-1*H*-pyrazol-4-yl]-[1,5-dimethyl-3-oxo-2-phenyl-2,3-dihydro-1*H*-pyrazol-4-ylmethyl]-amin, 1,5,1′,5′-Tetramethyl-2,2′-diphenyl-1,2,1′,2′-tetrahydro-4,4′-azaäthandiyl-bis-pyrazol-3-on $C_{23}H_{25}N_5O_2$, Formel IV.

B. Aus 4-Amino-1,5-dimethyl-2-phenyl-1,2-dihydro-pyrazol-3-on bei der Umsetzung mit 1,5-Dimethyl-3-oxo-2-phenyl-2,3-dihydro-1*H*-pyrazol-4-carbaldehyd und anschliessenden Hydrierung an Raney-Nickel (*Bodendorf, Raaf,* Arzneimittel-Forsch. **5** [1955] 695, 697).

Kristalle (aus Isopropylalkohol); F: 151—154°.

Tris-[1,5-dimethyl-3-oxo-2-phenyl-2,3-dihydro-1*H*-pyrazol-4-ylmethyl]-amin $C_{36}H_{39}N_7O_3$, Formel V (E I **24** 197; dort als Verbindung $C_{36}H_{39}N_7O_3$ in Artikel Antipyrin beschrieben).

Konstitution: *Passerini, Checchi,* G. **89** [1959] 1645.

Kristalle (aus A.); F: 257—259° (*Pa., Ch.,* l. c. S. 1650).

Hydrojodid $C_{36}H_{39}N_7O_3 \cdot HI$. Kristalle (aus A.); F: 168—170° (*Pa., Ch.,* l. c. S. 1649).

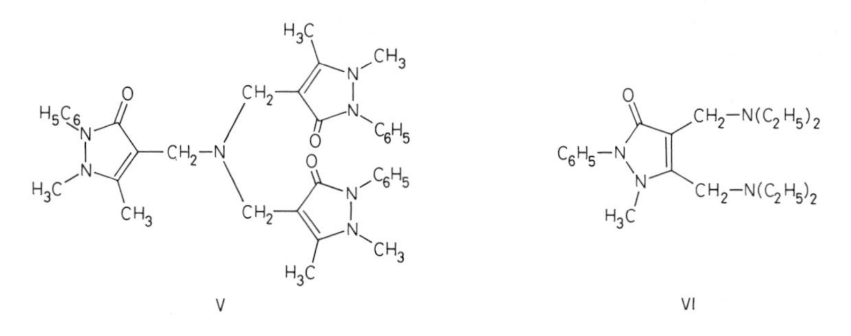

V VI

4,5-Bis-diäthylaminomethyl-1-methyl-2-phenyl-1,2-dihydro-pyrazol-3-on $C_{20}H_{32}N_4O$, Formel VI.

B. Aus 4,5-Bis-brommethyl-1-methyl-2-phenyl-1,2-dihydro-pyrazol-3-on und Diäthylamin (*Ito,* J. pharm. Soc. Japan **77** [1957] 707, 709; C. A. **1957** 17894).

Hexachloroplatinat(IV) $2C_{20}H_{32}N_4O \cdot H_2PtCl_6$. Braune Kristalle (aus wss. Acn.); F: 219—220° (*Ito,* l. c. S. 708).

5-Amino-4,4-dimethyl-2,4-dihydro-pyrazol-3-on $C_5H_9N_3O$, Formel VII und Taut.

B. Aus 2-Cyan-2-methyl-propionsäure-äthylester und $N_2H_4 \cdot H_2O$ mit Hilfe von äthanol. Natriumäthylat (*Gagnon et al.,* Canad. J. Chem. **29** [1951] 843, 844, 846).

F: 249—251° [unkorr.] (*Ga. et al.*). UV-Spektrum (A. sowie wss.-äthanol. HCl; 210—310 nm): *Ga. et al.* Scheinbarer Dissoziationsexponent pK'_a (H_2O [umgerechnet aus Eg.]; potentiometrisch ermittelt): 2,1 (*Veibel, Brøndum,* Acta chim. hung. **18** [1959] 493, 494).

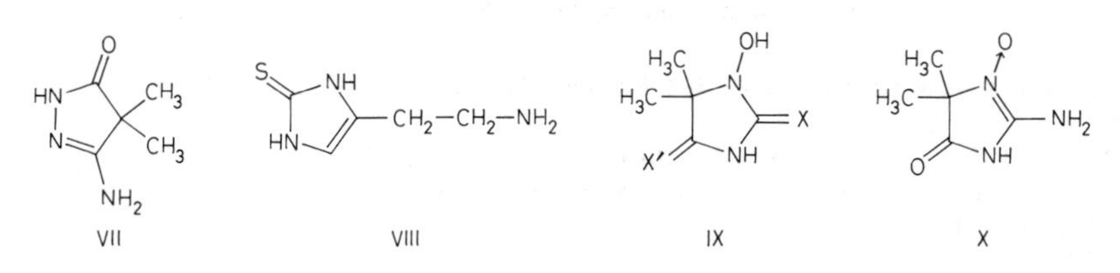

VII VIII IX X

4-[2-Amino-äthyl]-1,3-dihydro-imidazol-2-thion $C_5H_9N_3S$, Formel VIII (in der Literatur als 2-Mercapto-histamin bezeichnet).

B. Aus 1,4-Diamino-butan-2-on-dihydrochlorid und Natrium-thiocyanat (*Pyman,* Soc. **1930** 98, 99, 100) oder Kalium-thiocyanat (*Fraser, Raphael,* Soc. **1952** 226). Bei der Reduktion von 2,4-Diamino-buttersäure-äthylester-dihydrochlorid mit Natrium-Amalgam und anschliessenden Umsetzung mit Ammonium-thiocyanat (*Akabori, Numano,* Bl. chem. Soc. Japan **11** [1936] 214, 217).

Beim Erhitzen des Hydrochlorids mit wss. $FeCl_3$ ist Histamin erhalten worden (*Py.; Fr., Ra.*).

Hydrochlorid $C_5H_9N_3S \cdot HCl$. Kristalle; F: 248–249° [korr.; aus H_2O] (*Py.*), 245,5–247° [aus wss. Eg.] (*Ak., Nu.*), 244–245° [aus H_2O] (*Fr., Ra.*).

Picrat. Gelbe Kristalle; F: 225° [korr.; Zers.] (*Py.*), 220–222° (*Ak., Nu.*).

2-Amino-1-hydroxy-5,5-dimethyl-1,5-dihydro-imidazol-4-on $C_5H_9N_3O_2$ und Taut. **1-Hydroxy-2-imino-5,5-dimethyl-imidazolidin-4-on,** Formel IX (X = NH, X′ = O), und **2-Amino-5,5-dimethyl-3,5-dihydro-imidazol-4-on-1-oxid,** Formel X.

Diese Konstitution kommt der früher (H **24** 290) als 1-Hydroxy-4-imino-5,5-dimethyl-imidazolidin-2-on [Formel IX (X = O, X′ = NH)] beschriebenen Verbindung zu (*Aurich, Trösken,* Tetrahedron **30** [1974] 2519).

2-Amino-4-imino-5,5-dimethyl-4,5-dihydro-imidazol-1-ol $C_5H_{10}N_4O$, Formel XI, und Taut. [z. B. 2,4-Diimino-5,5-dimethyl-imidazolidin-1-ol, Formel IX (X = X′ = NH)]; **Porphyrexin,** Leukoporphyrexid (H **24** 290).

B. Aus 2-Methyl-2-nitroso-propionamidin-hydrochlorid-hydrat und wss. KCN (*Kuhn, Franke,* B. **68** [1935] 1528, 1536; *Lillevik et al.,* J. org. Chem. **7** [1942] 164, 167).

Kristalle; F: 250° [korr.; Zers.; aus A.] (*Kuhn, Fr.*), 249–250° (*Li. et al.*). UV-Spektrum (205–370 nm): *Kuhn, Fr.,* l. c. S. 1532, 1533. Redoxpotential in wss. Lösung vom pH 3,5–11,1 bei 18–19°: *Kuhn, Fr.,* l. c. S. 1530, 1532; s. a. *Kolthoff,* Ind. eng. Chem. Anal. **8** [1936] 237.

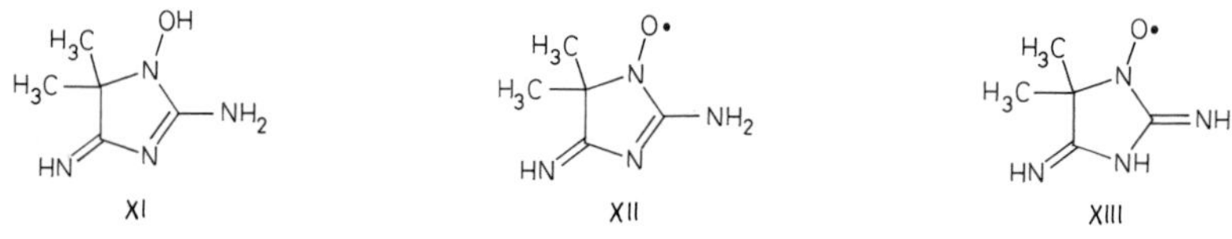

2-Amino-4-imino-5,5-dimethyl-4,5-dihydro-imidazol-1-yloxyl $C_5H_9N_4O$, Formel XII, und **2,4-Diimino-5,5-dimethyl-imidazolidin-1-yloxyl** $C_5H_9N_4O$, Formel XIII; **Porphyrexid** (H **24** 291).

Nach Ausweis des EPR-Spektrums liegt in Dioxan überwiegend, in DMSO fast ausschliesslich das Diimino-Tautomere vor (*Aurich, Trösken,* Tetrahedron **30** [1974] 2515).

Rote Kristalle; Zers. ab 165° [vorgeheizter App.] bzw. F: 162° [korr.; Zers.; Erhitzen ab 15–20°] (*Kuhn, Franke,* B. **68** [1935] 1528, 1536). EPR-Spektrum und Kopplungskonstanten in Dioxan: *Au., Tr.* EPR-Spektrum in Methanol bei –50° und bei +20° sowie in DMSO bei +20°: *Hausser,* Z. Naturf. **14a** [1959] 425, 429. g-Faktor und Halbwertsbreite der EPR-Absorption der Kristalle: *Holden et al.,* J. chem. Physics **19** [1951] 1319. Absorptionsspektrum (360–660 nm): *Kuhn, Fr.,* l. c. S. 1532, 1533. Magnetische Susceptibilität bei 90 K, 195 K und 294 K: *Müller-Rodloff,* A. **521** [1936] 81, 82, 88; s. a. *Kuhn et al.,* Naturwiss. **22** [1934] 808. Redoxpotential in wss. Lösungen vom pH 3,5–11,1 bei 18–19°: *Kuhn, Fr.,* l. c. S. 1530, 1532; s. a. *Kolthoff,* Ind. eng. Chem. Anal. **8** [1936] 237.

4-Amino-5,5-dimethyl-1,5-dihydro-imidazol-2-on-hydrazon $C_5H_{11}N_5$, Formel I (R = H, X = N-NH$_2$) und Taut.

B. Aus 5,5-Dimethyl-2-methylmercapto-5*H*-imidazol-4-ylamin oder aus 4-Amino-5,5-di⸗methyl-1,5-dihydro-imidazol-2-thion und $N_2H_4 \cdot H_2O$ (*Vystrčil, Škávová,* Čsl. Farm. **1** [1952] 36, 39, 41; C. A. **1954** 8778).

F: 282°.

***Bis-[4-amino-1-hydroxy-5,5-dimethyl-1,5-dihydro-imidazol-2-yliden]-hydrazin, 4-Amino-1-hydroxy-5,5-dimethyl-1,5-dihydro-imidazol-2-on-azin** $C_{10}H_{18}N_8O_2$, Formel II und Taut; Leukoporphyrindin (H **24** 292; dort als Bis-[3-oxy-5-imino-4.4-dimethyl-imidazolidyliden-(2)]-hydrazin bezeichnet).

B. Aus Porphyrexin (s. o.) und $N_2H_4 \cdot H_2O$ in H_2O (*Kuhn, Franke,* B. **68** [1935] 1528, 1536; *Lillevik et al.,* J. org. Chem. **7** [1942] 164, 167).

Gelbe Kristalle; F: 277° (*Li. et al.*), 277° [korr.; Zers.] (*Kuhn, Fr.*). UV-Spektrum (210–390 nm): *Kuhn, Fr.,* l. c. S. 1532, 1533. Magnetische Susceptibilität bei 291 K: $-138 \cdot 10^{-6}$

$cm^3 \cdot mol^{-1}$ (*Müller, Müller-Rodloff*, A. **521** [1936] 81, 88). Redoxpotential in wss. Lösungen vom pH 3,5–11,1 bei 18–19°: *Kuhn, Fr.*, l. c. S. 1530, 1532; s. a. *Kolthoff*, Ind. eng. Chem. Anal. **8** [1936] 237.

Bei Raumtemperatur am Licht nicht beständig (*Li. et al.*, l. c. S. 166). Das bei der Oxidation mit $K_3[FeFe(CN)_6]$ (H **24** 292) erhaltene Prophyridin ist als 5,5,5′,5′-Tetramethyl-1,1′-dioxy-5*H*,5′*H*-2,2′-azo-bis-imidazol-4-ylamin (Syst.-Nr. 3784) zu formulieren und enthält als Beimengung ein Monoradikal (*Forrester et al.*, Soc. [B] **1968** 1311, 1314).

4-Amino-5,5-dimethyl-1,5-dihydro-imidazol-2-thion $C_5H_9N_3S$, Formel I (R = H, X = S) und Taut.

B. Aus 5,5-Dimethyl-imidazolidin-2,4-dithion und wss. NH_3 (*Carrington*, Soc. **1947** 684; *Hazard et al.*, Bl. **1949** 228, 234).

Kristalle; F: ca. 335° [Zers.] (*Ha. et al.*, Bl. **1949** 234), 325° (*Hazard et al.*, C. r. **226** [1948] 1850), 300–302° [Zers.; aus H_2O] (*Ca.*).

Beim Behandeln mit CH_3I und wss. NaOH ist 5,5-Dimethyl-2-methylmercapto-5*H*-imidazol-4-ylamin erhalten worden (*Ha. et al.*, Bl. **1949** 234).

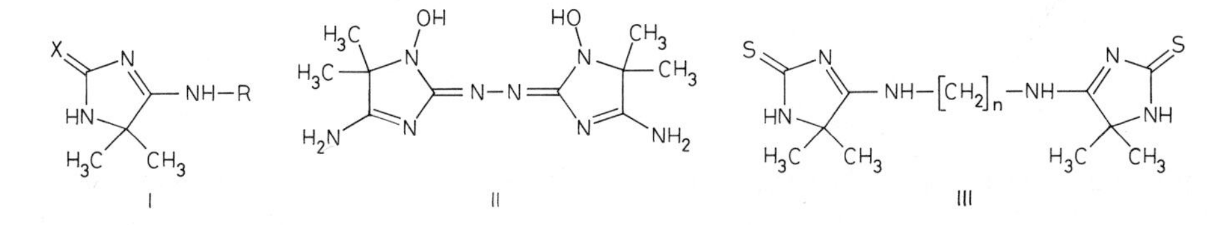

4-[(2-Hydroxy-äthyl)-amino]-5,5-dimethyl-1,5-dihydro-imidazol-2-thion $C_7H_{13}N_3OS$, Formel I (R = CH_2-CH_2-OH, X = S) und Taut.

B. Aus 5,5-Dimethyl-imidazolidin-2,4-dithion und wss. 2-Amino-äthanol (*Carrington*, Soc. **1947** 684).

Kristalle (aus A.); F: 223–224°.

***N,N′*-Bis-[5,5-dimethyl-2-thioxo-2,5-dihydro-1*H*-imidazol-4-yl]-äthylendiamin, 5,5,5′,5′-Tetramethyl-1,5,1′,5′-tetrahydro-4,4′-äthandiyldiamino-bis-imidazol-2-thion** $C_{12}H_{20}N_6S_2$, Formel III (n = 2) und Taut.

B. Aus 5,5-Dimethyl-imidazolidin-2,4-dithion und Äthylendiamin in H_2O (*Cheymol et al.*, Ann. pharm. franç. **14** [1956] 562, 563).

F: 335° [aus A.].

Die folgenden Verbindungen sind in analoger Weise hergestellt worden:

N,N′-Bis-[5,5-dimethyl-2-thioxo-2,5-dihydro-1*H*-imidazol-4-yl]-propandiyldiamin, 5,5,5′,5′-Tetramethyl-1,5,1′,5′-tetrahydro-4,4′-propandiyldiamino-bis-imidazol-2-thion $C_{13}H_{22}N_6S_2$, Formel III (n = 3) und Taut. F: 355° [aus A.].

N,N′-Bis-[5,5-dimethyl-2-thioxo-2,5-dihydro-1*H*-imidazol-4-yl]-pentandiyldiamin, 5,5,5′,5′-Tetramethyl-1,5,1′,5′-tetrahydro-4,4′-pentandiyldiamino-bis-imidazol-2-thion $C_{15}H_{26}N_6S_2$, Formel III (n = 5) und Taut. F: 308° [aus A.].

N,N′-Bis-[5,5-dimethyl-2-thioxo-2,5-dihydro-1*H*-imidazol-4-yl]-hexandiyldiamin, 5,5,5′,5′-Tetramethyl-1,5,1′,5′-tetrahydro-4,4′-hexandiyldiamino-bis-imidazol-2-thion $C_{16}H_{28}N_6S_2$, Formel III (n = 6) und Taut. F: 294° [aus A.].

N,N′-Bis-[5,5-dimethyl-2-thioxo-2,5-dihydro-1*H*-imidazol-4-yl]-decandiyldiamin, 5,5,5′,5′-Tetramethyl-1,5,1′,5′-tetrahydro-4,4′-decandiyldiamino-bis-imidazol-2-thion $C_{20}H_{36}N_6S_2$, Formel III (n = 10) und Taut. F: 277° [aus A.].

4-Dimethylaminomethyl-5-methyl-1,3-dihydro-imidazol-2-thion $C_7H_{13}N_3S$, Formel IV.

B. Aus 4-Methyl-1,3-dihydro-imidazol-2-thion, Dimethylamin und Formaldehyd mit Hilfe von wss. Essigsäure (*Heath et al.*, Soc. **1951** 2217, 2219).

Kristalle; Zers. bei 280°. λ_{max} (A.): 266 nm.

Acetat $C_7H_{13}N_3S \cdot C_2H_4O_2$. Kristalle (aus A.); F: 148°.

Amino-Derivate der Oxo-Verbindungen $C_6H_{10}N_2O$

[4,6-Dimethyl-2-oxo-1,2,3,4-tetrahydro-pyrimidin-4-yl]-harnstoff $C_7H_{12}N_4O_2$, Formel V (R = CO-NH_2, X = O).

Die früher (H **25** 461; E I **25** 679) und von *Chi, Ling* (Scientia sinica **6** [1957] 247, 253, 254) unter dieser Konstitution beschriebene Verbindung ist als 1:1-Additionsverbindung von 4,6-Dimethyl-1*H*-pyrimidin-2-on mit Harnstoff zu formulieren (*Birtwell,* Soc. **1953** 1725).

[4,6-Dimethyl-2-thioxo-1,2,3,4-tetrahydro-pyrimidin-4-yl]-thioharnstoff $C_7H_{12}N_4S_2$, Formel V (R = CS-NH_2, X = S).

Die früher (E I **25** 679) unter dieser Konstitution beschriebene Verbindung ist als 1:1-Additionsverbindung von 4,6-Dimethyl-1*H*-pyrimidin-2-thion mit Thioharnstoff zu formulieren (*Boarland, McOmie,* Soc. **1952** 3722, 3725, 3726).

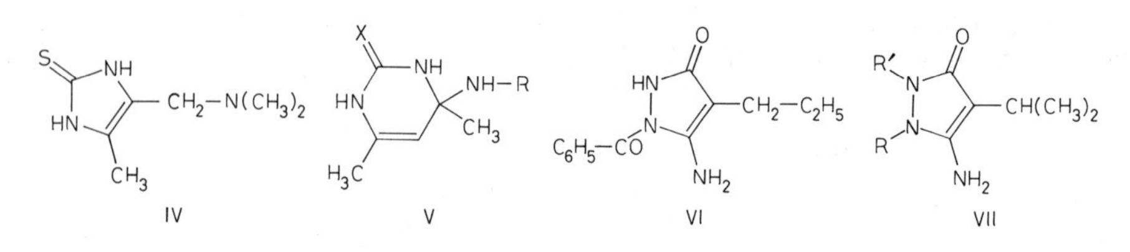

5-Amino-1-benzoyl-4-propyl-1,2-dihydro-pyrazol-3-on $C_{13}H_{15}N_3O_2$, Formel VI und Taut.

B. Aus 2-Cyan-valeriansäure-äthylester und Benzoesäure-hydrazid mit Hilfe von äthanol. Natriumäthylat (*Gagnon et al.,* Canad. J. Chem. **30** [1952] 52, 58, 59).

Kristalle (aus A.); F: 234–236° [unkorr.]. λ_{max}: 230 nm [A. sowie wss.-äthanol. HCl] bzw. 224 nm und 320 nm [äthanol. NaOH].

5-Amino-4-isopropyl-1,2-dihydro-pyrazol-3-on $C_6H_{11}N_3O$, Formel VII (R = R′ = H) und Taut.

Scheinbarer Dissoziationsexponent pK'_a (H_2O [umgerechnet aus Eg.]; potentiometrisch ermittelt): 2,8 (*Veibel, Brøndum,* Acta chim. hung. **18** [1959] 493, 494).

5-Amino-4-isopropyl-1-methyl-2-phenyl-1,2-dihydro-pyrazol-3-on $C_{13}H_{17}N_3O$, Formel VII (R = CH_3, R′ = C_6H_5).

B. Aus [4-Isopropyl-2-methyl-5-oxo-1-phenyl-2,5-dihydro-1*H*-pyrazol-3-yl]-carbamidsäure-alkylestern mit Hilfe von wss. NaOH sowie aus 4-Isopropyl-2-methyl-5-oxo-1-phenyl-2,5-dihydro-1*H*-pyrazol-3-carbonylazid und H_2O beim Erwärmen in Toluol (*Geigy A.G.,* D.R.P. 747473 [1941]; D.R.P. Org. Chem. **3** 35, 37, 38). Aus 4-Isopropyl-2-methyl-5-oxo-1-phenyl-2,5-dihydro-1*H*-pyrazol-3-carbonsäure-amid mit Hilfe von wss. NaClO (*Stenzl et al.,* Helv. **33** [1950] 1183, 1193).

Kristalle (aus A. bzw. wss. A.); F: 204° (*St. et al.; Geigy A.G.*).

1-Äthyl-5-amino-4-isopropyl-2-phenyl-1,2-dihydro-pyrazol-3-on $C_{14}H_{19}N_3O$, Formel VII (R = C_2H_5, R′ = C_6H_5).

B. Aus 2-Äthyl-4-isopropyl-5-oxo-1-phenyl-2,5-dihydro-1*H*-pyrazol-3-carbonsäure-amid mit Hilfe von wss. NaClO (*Geigy A.G.,* Schweiz. P. 239884 [1941]). Aus dem entsprechenden Hydrazid über das Azid (*Geigy A.G.,* Schweiz. P. 235513 [1941]).

Kristalle (aus A.); F: 230° (*Geigy A.G.,* Schweiz. P. 235513).

5-Amino-4-isopropyl-1-methyl-2-*p*-tolyl-1,2-dihydro-pyrazol-3-on $C_{14}H_{19}N_3O$, Formel VII (R = CH_3, R′ = C_6H_4-CH_3).

B. Aus [4-Isopropyl-2-methyl-5-oxo-1-*p*-tolyl-2,5-dihydro-1*H*-pyrazol-3-yl]-carbamidsäure-methylester mit Hilfe von wss. Alkalilauge oder wss. Mineralsäure (*Geigy A.G.,* D.R.P. 747473 [1941]; D.R.P. Org. Chem. **3** 35, 38).

F: 205°.

5-Diacetylamino-4-isopropyl-1-methyl-2-phenyl-1,2-dihydro-pyrazol-3-on, *N*-[4-Isopropyl-2-methyl-5-oxo-1-phenyl-2,5-dihydro-1*H*-pyrazol-3-yl]-diacetamid $C_{17}H_{21}N_3O_3$, Formel VIII (R = R′ = CO-CH_3, R″ = H).

B. Aus 5-Amino-4-isopropyl-1-methyl-2-phenyl-1,2-dihydro-pyrazol-3-on beim Behandeln mit Acetanhydrid unter Zusatz von H_2SO_4 oder mit Acetylchlorid und Pyridin in Benzol (*Stenzl et al.*, Helv. **33** [1950] 1183, 1193).

Kristalle (aus A.); F: 146–147°.

Bei partieller Hydrolyse mit wss. NaOH ist *N*-[4-Isopropyl-2-methyl-5-oxo-1-phenyl-2,5-dihydro-1*H*-pyrazol-3-yl]-acetamid ($C_{15}H_{19}N_3O_2$, Formel VIII [R = CO-CH_3, R′ = R″ = H]) erhalten worden.

[4-Isopropyl-2-methyl-5-oxo-1-phenyl-2,5-dihydro-1*H*-pyrazol-3-yl]-carbamidsäure-methylester $C_{15}H_{19}N_3O_3$, Formel VIII (R = CO-O-CH_3, R′ = R″ = H).

B. Beim Erwärmen von 4-Isopropyl-2-methyl-5-oxo-1-phenyl-2,5-dihydro-1*H*-pyrazol-3-car≠bonsäure-azid mit Methanol (*Geigy A.G.*, D.R.P. 747473 [1941]; D.R.P. Org. Chem. **3** 35, 37).

Kristalle (aus A.+Ae.); F: 126°.

Die folgenden Ester der [4-*Isopropyl*-2-*methyl*-5-*oxo*-1-*phenyl*-2,5-*dihydro*-1H-*pyr≠azol*-3-*yl*]-*carbamidsäure sind in analoger Weise hergestellt worden:*

Äthylester $C_{16}H_{21}N_3O_3$. F: 141–142°.

[2-Chlor-äthylester] $C_{16}H_{20}ClN_3O_3$. F: 135°.

Isopropylester $C_{17}H_{23}N_3O_3$. F: 139–140°.

Allylester $C_{17}H_{21}N_3O_3$. F: 102°.

[2-Hydroxy-äthylester] $C_{16}H_{21}N_3O_4$. F: 136°.

***N,N′*-Bis-[4-isopropyl-2-methyl-5-oxo-1-phenyl-2,5-dihydro-1*H*-pyrazol-3-yl]-harnstoff** $C_{27}H_{32}N_6O_3$, Formel IX.

B. Neben 5-Amino-4-isopropyl-1-methyl-2-phenyl-1,2-dihydro-pyrazol-3-on beim Erhitzen von 4-Isopropyl-2-methyl-5-oxo-1-phenyl-2,5-dihydro-1*H*-pyrazol-3-carbonylazid mit H_2O in Toluol (*Geigy A.G.*, D.R.P. 747473 [1941]; D.R.P. Org. Chem. **3** 35, 38).

F: 165° [aus A.].

[4-Isopropyl-2-methyl-5-oxo-1-*p*-tolyl-2,5-dihydro-1*H*-pyrazol-3-yl]-carbamidsäure-methylester $C_{16}H_{21}N_3O_3$, Formel VIII (R = CO-O-CH_3, R′ = H, R″ = CH_3).

B. Aus 4-Isopropyl-2-methyl-5-oxo-1-*p*-tolyl-2,5-dihydro-1*H*-pyrazol-3-carbonylazid und Methanol (*Geigy A.G.*, D.R.P. 747473 [1941]; D.R.P. Org. Chem. **3** 35, 38).

F: 191,5°.

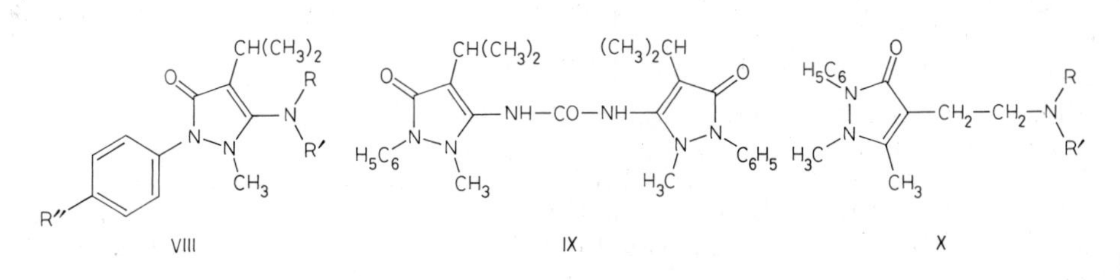

4-[2-Amino-äthyl]-1,5-dimethyl-2-phenyl-1,2-dihydro-pyrazol-3-on $C_{13}H_{17}N_3O$, Formel X (R = R′ = H).

B. Aus 4-[2-Chlor-äthyl]-1,5-dimethyl-2-phenyl-1,2-dihydro-pyrazol-3-on und NH_3 in Äthanol (*Knoll A.G.*, D.B.P. 955146 [1956]). Aus 3-[1,5-Dimethyl-3-oxo-2-phenyl-2,3-dihydro-1*H*-pyr≠azol-4-yl]-propionsäure über das Chlorid und das Azid (*Takahashi et al.*, J. pharm. Soc. Japan **79** [1959] 1163, 1166; C. A. **1960** 4543).

Hydrochlorid. Kristalle (aus Acn. bzw. aus E.); F: >280° (*Knoll A.G.; Ta. et al.*).

Phosphat. Kristalle; F: 263–264° [aus A.] (*Knoll A.G.*), 263° (*Ta. et al.*).

1,5-Dimethyl-4-[2-methylamino-äthyl]-2-phenyl-1,2-dihydro-pyrazol-3-on $C_{14}H_{19}N_3O$, Formel X (R = CH_3, R′ = H).

B. Aus 4-[2-Chlor-äthyl]-1,5-dimethyl-2-phenyl-1,2-dihydro-pyrazol-3-on und Methylamin in Äthanol (*Knoll A.G.*, D.B.P. 955146 [1956]).

Phosphat. Kristalle (aus A.); F: 151–152°.

4-[2-Diäthylamino-äthyl]-5-methyl-2-phenyl-1,2-dihydro-pyrazol-3-on $C_{16}H_{23}N_3O$, Formel XI und Taut.

B. Aus 5-Methyl-2-phenyl-1,2-dihydro-pyrazol-3-on und Diäthyl-[2-chlor-äthyl]-amin-hydrochlorid mit Hilfe von Triäthylamin in Äthylacetat (*Giuliano, Stein*, Farmaco Ed. scient. **11** [1956] 3, 8).

Hydrochlorid. F: 145–146°.

Picrat $C_{16}H_{23}N_3O \cdot C_6H_3N_3O_7$. Kristalle (aus A.); F: 115,5°.

4-[2-Diäthylamino-äthyl]-1,5-dimethyl-2-phenyl-1,2-dihydro-pyrazol-3-on $C_{17}H_{25}N_3O$, Formel X (R = R′ = C_2H_5).

B. Aus *N*-Methyl-*N′*-phenyl-hydrazin und 2-[2-Diäthylamino-äthyl]-acetessigsäure-äthylester (*Büchi et al.*, Helv. **38** [1955] 670, 677). Aus 4-[2-Chlor-äthyl]-1,5-dimethyl-2-phenyl-1,2-dihydro-pyrazol-3-on und Diäthylamin (*Knoll A.G.*, D.B.P. 955146 [1956]).

F: 53–54° (*Knoll A.G.*). $Kp_{0,2}$: 165–171° (*Bü. et al.*).

Dihydrochlorid $C_{17}H_{25}N_3O \cdot 2HCl$. Kristalle [aus A. + Ae.] (*Bü. et al.*).

Triäthyl-[2-(1,5-dimethyl-3-oxo-2-phenyl-2,3-dihydro-1*H*-pyrazol-4-yl)-äthyl]-ammonium $[C_{19}H_{30}N_3O]^+$, Formel XII.

Chlorid $[C_{19}H_{30}N_3O]Cl$. *B.* Aus 4-[2-Chlor-äthyl]-1,5-dimethyl-2-phenyl-1,2-dihydro-pyrazol-3-on und Triäthylamin (*Knoll A.G.*, D.B.P. 955146 [1956]). – Kristalle (aus E. + A.); F: 65–67°.

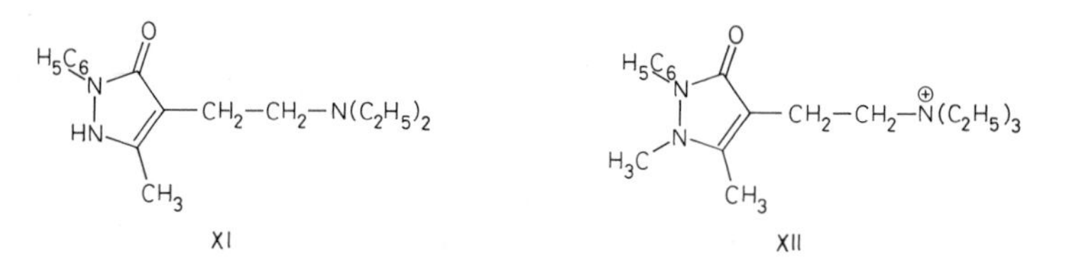

4-[2-Isopropylamino-äthyl]-1,5-dimethyl-2-phenyl-1,2-dihydro-pyrazol-3-on $C_{16}H_{23}N_3O$, Formel X (R = $CH(CH_3)_2$, R′ = H).

B. Aus 4-[2-Chlor-äthyl]-1,5-dimethyl-2-phenyl-1,2-dihydro-pyrazol-3-on und Isopropylamin (*Knoll A.G.*, D.B.P. 955146 [1956]).

Kristalle (aus Dibutyläther oder PAe.); F: 48–50°.

Die folgenden Verbindungen sind in analoger Weise hergestellt worden:

4-[2-Dibutylamino-äthyl]-1,5-dimethyl-2-phenyl-1,2-dihydro-pyrazol-3-on $C_{21}H_{33}N_3O$, Formel X (R = R′ = $[CH_2]_3$-CH_3). Dihydrochlorid. F: 163–165°.

4-[2-Isopentylamino-äthyl]-1,5-dimethyl-2-phenyl-1,2-dihydro-pyrazol-3-on $C_{18}H_{27}N_3O$, Formel X (R = CH_2-CH_2-$CH(CH_3)_2$, R′ = H). Phosphat. Kristalle (aus A.); F: 125–127°.

4-[2-Diallylamino-äthyl]-1,5-dimethyl-2-phenyl-1,2-dihydro-pyrazol-3-on $C_{19}H_{25}N_3O$, Formel X (R = R′ = CH_2-CH=CH_2). Dihydrochlorid. F: 157–159°.

4-[2-Cyclohexylamino-äthyl]-1,5-dimethyl-2-phenyl-1,2-dihydro-pyrazol-3-on $C_{19}H_{27}N_3O$, Formel X (R = C_6H_{11}, R′ = H). Kristalle (aus Dibutyläther); F: 76–78°.

4-[2-(Cyclohexyl-methyl-amino)-äthyl]-1,5-dimethyl-2-phenyl-1,2-dihydro-pyrazol-3-on $C_{20}H_{29}N_3O$, Formel X (R = C_6H_{11}, R′ = CH_3). Dihydrochlorid. F: 222–223°.

4-[2-(Cyclohexyl-propyl-amino)-äthyl]-1,5-dimethyl-2-phenyl-1,2-dihydro-pyrazol-3-on $C_{22}H_{33}N_3O$, Formel X (R = C_6H_{11}, R' = CH_2-C_2H_5). Dihydrochlorid. F: 202–204°.

4-[2-Benzylamino-äthyl]-1,5-dimethyl-2-phenyl-1,2-dihydro-pyrazol-3-on $C_{20}H_{23}N_3O$, Formel X (R = CH_2-C_6H_5, R' = H). Monohydrochlorid. F: 74–76°. – Dihydrochlorid. F: 181–182°.

4-[2-(Benzyl-methyl-amino)-äthyl]-1,5-dimethyl-2-phenyl-1,2-dihydro-pyrazol-3-on $C_{21}H_{25}N_3O$, Formel X (R = CH_2-C_6H_5, R' = CH_3). Dihydrochlorid. F: 124–125°.

1,5-Dimethyl-4-[2-phenäthylamino-äthyl]-2-phenyl-1,2-dihydro-pyrazol-3-on $C_{21}H_{25}N_3O$, Formel X (R = CH_2-CH_2-C_6H_5, R' = H). Dihydrochlorid. F: 127–129°.

1,5-Dimethyl-4-{2-[methyl-(3-phenyl-propyl)-amino]-äthyl}-2-phenyl-1,2-dihydro-pyrazol-3-on $C_{23}H_{29}N_3O$, Formel X (R = $[CH_2]_3$-C_6H_5, R' = CH_3). Dihydrochlorid. F: 153–155°.

4-{2-[Benzyl-(2-hydroxy-äthyl)-amino]-äthyl}-1,5-dimethyl-2-phenyl-1,2-dihydro-pyrazol-3-on $C_{22}H_{27}N_3O_2$, Formel X (R = CH_2-CH_2-OH, R' = CH_2-C_6H_5). Dihydrochlorid. F: 164–165°.

4-{2-[Bis-(2-hydroxy-äthyl)-amino]-äthyl}-1,5-dimethyl-2-phenyl-1,2-dihydro-pyrazol-3-on $C_{17}H_{25}N_3O_3$, Formel X (R = R' = CH_2-CH_2-OH). Dihydrochlorid. F: 142–144°.

1,5-Dimethyl-2-phenyl-4-[2-pyrrolidino-äthyl]-1,2-dihydro-pyrazol-3-on $C_{17}H_{23}N_3O$, Formel XIII (n = 4). F: 74–76°.

1,5-Dimethyl-2-phenyl-4-[2-piperidino-äthyl]-1,2-dihydro-pyrazol-3-on $C_{18}H_{25}N_3O$, Formel XIII (n = 5). Hydrobromid. F: 70–72°.

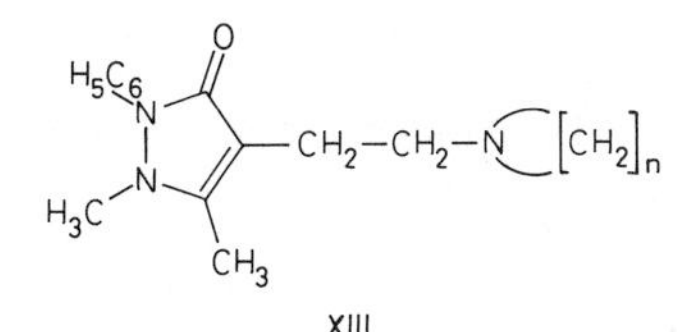

XIII

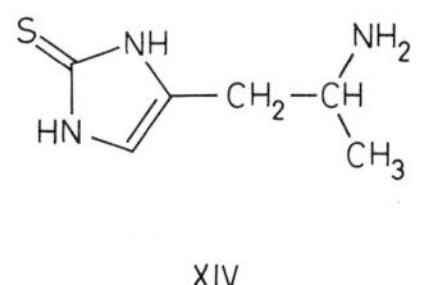

XIV

(±)-4-[2-Amino-propyl]-1,3-dihydro-imidazol-2-thion $C_6H_{11}N_3S$, Formel XIV.

Hydrochlorid $C_6H_{11}N_3S \cdot HCl$. *B.* Aus (±)-1,4-Diamino-pentan-2-on-dihydrochlorid und Kalium-thiocyanat in H_2O (*Alles et al.*, J. org. Chem. **22** [1957] 221).

[3-(2-Thioxo-2,3-dihydro-1*H*-imidazol-4-yl)-propyl]-guanidin $C_7H_{13}N_5S$, Formel I und Taut.

B. Aus Arginin-äthylester-hydrochlorid und Kalium-thiocyanat mit Hilfe von Natrium-Amalgam in wss. HCl (*Bullerwell, Lawson*, Soc. **1951** 3030; s. a. *Akabori, Kaneko*, Bl. chem. Soc. Japan **11** [1936] 208, 210).

Feststoff mit 1 Mol H_2O; F: 158° (*Bu., La.*).

Hydrochlorid $C_7H_{13}N_5S \cdot HCl$. Kristalle (aus H_2O); F: 245° (*Bu., La.*).

(±)-2-Amino-5-isopropyl-1,5-dihydro-imidazol-4-on $C_6H_{11}N_3O$, Formel II und Taut.

B. Aus *N*-Carbamimidoyl-DL-valin mit Hilfe von wss. HCl (*Tuppy*, M. **84** [1953] 342, 346, 347).

Wasserhaltige Kristalle (aus H_2O); Zers. ab 240° [klare Schmelze bei 260°; nach Trocknen bei 150°].

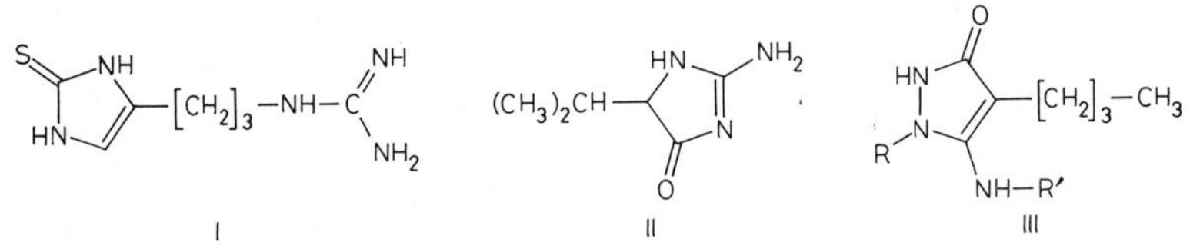

I II III

Amino-Derivate der Oxo-Verbindungen $C_7H_{12}N_2O$

5-Amino-4-butyl-1,2-dihydro-pyrazol-3-on $C_7H_{13}N_3O$, Formel III (R = R′ = H) und Taut.

B. Aus 2-Cyan-hexansäure-hydrazid beim Erhitzen mit wss. NaOH oder beim mehrwöchigen Aufbewahren bei Raumtemperatur (*Gagnon et al.*, Canad. J. Res. [B] **25** [1947] 28, 32, 34).

Kristalle (aus E. oder aus E.+Ae.); F: 128–130° [unkorr.]. UV-Spektrum (Me.; 220–320 nm): *Ga. et al.*, l. c. S. 34, 35.

5-Amino-1-benzoyl-4-butyl-1,2-dihydro-pyrazol-3-on $C_{14}H_{17}N_3O_2$, Formel III (R = CO-C_6H_5, R′ = H) und Taut.

B. Aus 2-Cyan-hexansäure-äthylester und Benzoesäure-hydrazid mit Hilfe von äthanol. Na⸗triumäthylat (*Gagnon et al.*, Canad. J. Chem. **30** [1952] 52, 58, 59).

Kristalle (aus A.); F: 232–233° [unkorr.]. λ_{max}: 230 nm [A. sowie wss.-äthanol. HCl] bzw. 224 nm und 320 nm [äthanol. NaOH].

5-Amino-4-butyl-3-oxo-2,3-dihydro-pyrazol-1-carbonsäure-anilid $C_{14}H_{18}N_4O_2$, Formel III (R = CO-NH-C_6H_5, R′ = H) und Taut.

B. Aus 2-Cyan-hexansäure-äthylester und 4-Phenyl-semicarbazid mit Hilfe von äthanol. Na⸗triumäthylat (*Gagnon et al.*, Canad. J. Chem. **31** [1953] 673, 677, 683).

Kristalle (aus A.); F: 117–118° [unkorr.]. λ_{max}: 238 nm [A.] bzw. 242 nm [wss.-äthanol. HCl].

[4-Butyl-5-oxo-2,5-dihydro-1*H*-pyrazol-3-yl]-guanidin $C_8H_{15}N_5O$, Formel III (R = H, R′ = C(NH_2)=NH) und Taut.

B. Aus 5-Amino-4-butyl-1,2-dihydro-pyrazol-3-on und Cyanguanidin (*Gagnon et al.*, Canad. J. Chem. **37** [1959] 110, 117).

Kristalle (aus wss. A.); F: 239–241° [unkorr.]. IR-Banden (3400–650 cm^{-1}): *Ga. et al.*, l. c. S. 114.

(±)-5-Amino-4-*sec*-butyl-1,2-dihydro-pyrazol-3-on $C_7H_{13}N_3O$, Formel IV (R = R′ = R″ = H) und Taut.

B. Aus opt.-inakt. 2-Cyan-3-methyl-valeriansäure-hydrazid beim mehrwöchigen Aufbewahren oder beim Erhitzen mit wss. NaOH (*Gagnon et al.*, Canad. J. Res. [B] **25** [1947] 28, 30, 32).

Kristalle (aus E. oder Ae.+E.); F: 145–146° [unkorr.]. UV-Spektrum (Me.; 220–320 nm): *Ga. et al.*, l. c. S. 34, 35.

(±)-5-Amino-4-*sec*-butyl-1-methyl-2-phenyl-1,2-dihydro-pyrazol-3-on $C_{14}H_{19}N_3O$, Formel IV (R = CH_3, R′ = C_6H_5, R″ = H).

B. Aus dem folgenden Ester mit Hilfe von wss. NaOH (*Geigy A.G.*, D.R.P. 747473 [1941]; D.R.P. Org. Chem. **3** 35, 38).

Kristalle (aus wss. A.); F: 204°.

(±)-[4-*sec*-Butyl-2-methyl-5-oxo-1-phenyl-2,5-dihydro-1*H*-pyrazol-3-yl]-carbamidsäure-methylester $C_{16}H_{21}N_3O_3$, Formel IV (R = CH_3, R′ = C_6H_5, R″ = CO-O-CH_3).

B. Aus (±)-4-*sec*-Butyl-2-methyl-5-oxo-1-phenyl-2,5-dihydro-1*H*-pyrazol-3-carbonylazid und Methanol (*Geigy A.G.*, D.R.P. 747473 [1941]; D.R.P. Org. Chem. **3** 35, 37).

F: 109°.

(±)-1,5-Dimethyl-4-[1-methylamino-propyl]-2-phenyl-1,2-dihydro-pyrazol-3-on $C_{15}H_{21}N_3O$, Formel V.

B. Aus 1,5-Dimethyl-2-phenyl-4-propionyl-1,2-dihydro-pyrazol-3-on und Methylamin bei der Hydrierung an Raney-Nickel in wss. Äthanol (*Bodendorf, Ziegler*, Ar. **288** [1955] 500, 510).

Kristalle (aus PAe.); F: 105°.

4,4-Diäthyl-5-amino-2,4-dihydro-pyrazol-3-on $C_7H_{13}N_3O$, Formel VI (R = R′ = H) und Taut.

B. Aus 2-Äthyl-2-cyan-buttersäure-äthylester und $N_2H_4 \cdot H_2O$ (*Gagnon et al.*, Canad. J. Chem.

29 [1951] 843, 844; *Druey, Schmidt*, Helv. **37** [1954] 1828, 1834, 1836).

Kristalle; F: 208–209° [unkorr.; aus H_2O] (*Dr.*, *Sch.*), 208–209° [unkorr.] (*Ga. et al.*). Kp_{710}: 335° (*Dr.*, *Sch.*, l. c. S. 1833). λ_{max}: 271 nm [A.] bzw. 263 nm [wss.-äthanol. HCl] (*Ga. et al.*).

Gegen wss. HCl [1 n] und wss. NaOH [1 n] bei Siedetemperatur [jeweils 1 h] beständig (*Dr.*, *Sch.*, l. c. S. 1829). Beim Behandeln mit Acetylchlorid und Pyridin bei 0–5° ist 5-Acetoxy-4,4-diäthyl-4*H*-pyrazol-3-ylamin, beim Erhitzen mit Acetanhydrid ist 3-Acetoxy-5-acetylamino-4,4-diäthyl-4*H*-pyrazol erhalten worden (*Dr.*, *Sch.*, l. c. S. 1837).

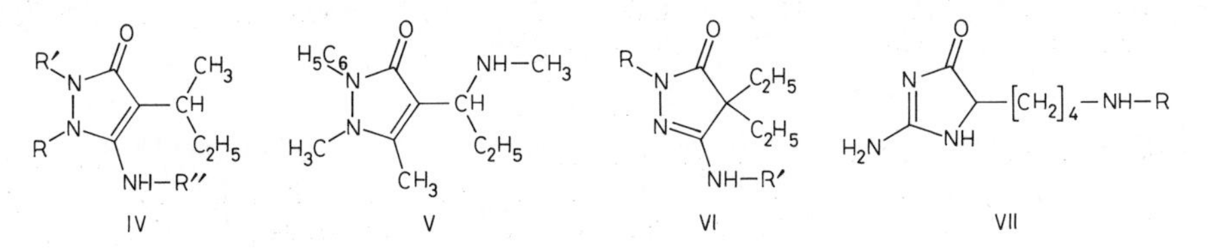

4,4-Diäthyl-5-amino-2-methyl-2,4-dihydro-pyrazol-3-on $C_8H_{15}N_3O$, Formel VI (R = CH_3, R′ = H) und Taut.

B. Aus 2-Äthyl-2-cyan-buttersäure-äthylester und Methylhydrazin mit Hilfe von äthanol. Natriumäthylat sowie aus 4,4-Diäthyl-5-amino-2,4-dihydro-pyrazol-3-on und Dimethylsulfat mit Hilfe von methanol. KOH (*Druey, Schmidt*, Helv. **37** [1954] 1828, 1834, 1836, 1838).

Kristalle (aus E.); F: 190–191° [unkorr.]. Kp_{710}: 300°.

Acetyl-Derivat $C_{10}H_{17}N_3O_2$; 5-Acetylamino-4,4-diäthyl-2-methyl-2,4-dihydro-pyrazol-3-on, *N*-[4,4-Diäthyl-1-methyl-5-oxo-4,5-dihydro-1*H*-pyrazol-3-yl]-acetamid. Kristalle (aus A.); F: 206–207° [unkorr.] (*Dr.*, *Sch.*, l. c. S. 1837).

Benzoyl-Derivat $C_{15}H_{19}N_3O_2$; 4,4-Diäthyl-5-benzoylamino-2-methyl-2,4-dihydro-pyrazol-3-on, *N*-[4,4-Diäthyl-1-methyl-5-oxo-4,5-dihydro-1*H*-pyrazol-3-yl]-benzamid. Kristalle (aus wss. A.); F: 178–179° [unkorr.] (*Dr.*, *Sch.*, l. c. S. 1837).

5-Acetylamino-4,4-diäthyl-2,4-dihydro-pyrazol-3-on, *N*-[4,4-Diäthyl-5-oxo-4,5-dihydro-1*H*-pyrazol-3-yl]-acetamid $C_9H_{15}N_3O_2$, Formel VI (R = H, R′ = CO-CH_3) und Taut.

B. Aus 3-Acetoxy-5-acetylamino-4,4-diäthyl-4*H*-pyrazol mit Hilfe von wss. NaOH (*Druey, Schmidt*, Helv. **37** [1954] 1828, 1837).

Kristalle (aus Acn.); F: 219–221° [unkorr.].

(±)-2-Amino-5-[4-(2,4-dinitro-anilino)-butyl]-1,5-dihydro-imidazol-4-on $C_{13}H_{16}N_6O_5$, Formel VII (R = $C_6H_3(NO_2)_2$) und Taut.

B. Aus (±)-2-Amino-5-[4-amino-butyl]-1,5-dihydro-imidazol-4-on-dihydrochlorid (E I **25** 695) und 1-Fluor-2,4-dinitro-benzol mit Hilfe von wss. $NaHCO_3$ (*Micheel, Habendorff*, B. **90** [1957] 1590, 1594, 1595).

Hydrochlorid $C_{13}H_{16}N_6O_5 \cdot HCl$. Kristalle (aus wss. HCl); F: 110–113°.

(±)-[4-(2-Amino-5-oxo-4,5-dihydro-1*H*-imidazol-4-yl)-butyl]-guanidin $C_8H_{16}N_6O$, Formel VII (R = $C(NH_2)$=NH) und Taut.

B. Aus DL-Lysin-hydrochlorid und *S*-Äthyl-thiouronium-bromid (*Micheel, Heesing*, A. **604** [1957] 34, 39). Aus DL-Lysin-hydrochlorid und Cyanamid sowie aus (±)-2-Amino-5-[4-amino-butyl]-1,5-dihydro-imidazol-4-on-dihydrochlorid (E I **25** 695) und *S*-Methyl-thiouronium-sulfat (*Odo, Ichikawa*, J. chem. Soc. Japan Pure Chem. Sect. **76** [1955] 228; C. A. **1957** 17761).

Dihydrochlorid $C_8H_{16}N_6O \cdot 2HCl$. Kristalle; F: 174–175° [Zers.; aus Me.+Ae.] (*Mi.*, *He.*); Zers. bei 163° (*Odo, Ich.*). Hygroskopisch (*Odo, Ich.*).

Sulfat $C_8H_{16}N_6O \cdot H_2SO_4$. Kristalle (aus A.); Zers. bei 168–170° (*Odo, Ich.*); lösungsmittelhaltige Kristalle (aus H_2O), die bei 98–100° unter Abgabe von H_2O teilweise schmelzen (*Odo, Ich.*).

Dinitrat. Hygroskopische Kristalle; Zers. bei 167° (*Odo, Ich.*).

Dipicrat. Gelbgrünliche Kristalle; F: 229–231° [Zers.; aus H_2O] (*Mi.*, *He.*); Zers. bei 224° (*Odo, Ich.*).

Diflavianat (8-Hydroxy-5,7-dinitro-naphthalin-2-sulfonat) $C_8H_{16}N_6O \cdot 2C_{10}H_6N_2O_8S$. Zers. bei 267° (*Odo, Ich.*). In 100 ml H_2O lösen sich bei 15° 0,0324 g (*Odo, Ich.*).

4-[4-Amino-butyl]-1,3-dihydro-imidazol-2-thion $C_7H_{13}N_3S$, Formel VIII.

B. Aus Lysin-äthylester-dihydrochlorid und Kalium-thiocyanat mit Hilfe von Natrium-Amalgam (*Bullerwell, Lawson,* Soc. **1951** 3030; s. a. *Akabori, Kaneko,* Bl. chem. Soc. Japan **11** [1936] 208, 212).

Kristalle (aus H_2O); F: 220,5–221,5° [unter Rotfärbung] (*Ak., Ka.*), 123° (*Bu., La.*).

Hydrochlorid $C_7H_{13}N_3S \cdot HCl$. Kristalle; F: 214° [aus H_2O] (*Bu., La.*), 212–214° [unter Rotfärbung und Aufschäumen; aus wss. Butan-1-ol] (*Ak., Ka.*).

Picrat. F: 154–155° [Zers.] (*Ak., Ka.*).

***Opt.-inakt. 2-Amino-5-*sec*-butyl-1,5-dihydro-imidazol-4-on** $C_7H_{13}N_3O$, Formel IX und Taut.

B. Beim Behandeln von DL-Isoleucin mit *S*-Methyl-thiouronium-sulfat und konz. wss. NH_3 und Erhitzen des Reaktionsprodukts mit konz. wss. HCl (*Tuppy,* M. **84** [1953] 342, 347).

Kristalle (aus H_2O); F: 225–237°.

Amino-Derivate der Oxo-Verbindungen $C_8H_{14}N_2O$

5-Amino-1-methyl-4-pentyl-1,2-dihydro-pyrazol-3-on $C_9H_{17}N_3O$, Formel X (R = CH_3) und Taut.

B. Aus 2-Cyan-heptansäure-äthylester und Methylhydrazin mit Hilfe von äthanol. Natriumäthylat (*Gagnon et al.,* Canad. J. Chem. **30** [1952] 904, 906, 914).

Kristalle (aus wss. A.); F: 85–86°. λ_{max} (A. sowie wss.-äthanol. HCl): 284 nm.

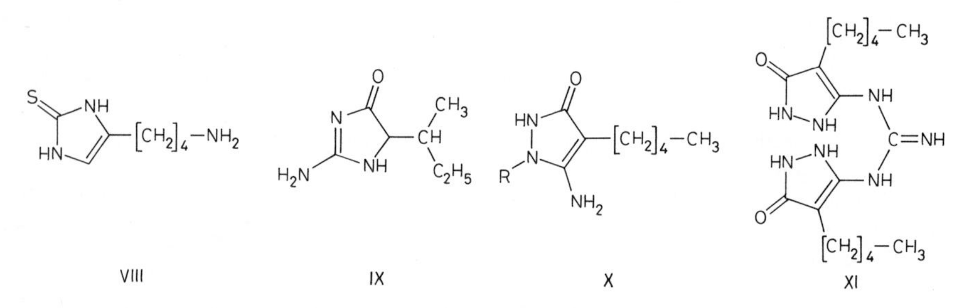

5-Amino-1-benzoyl-4-pentyl-1,2-dihydro-pyrazol-3-on $C_{15}H_{19}N_3O_2$, Formel X (R = CO-C_6H_5) und Taut.

B. Analog der vorangehenden Verbindung (*Gagnon et al.,* Canad. J. Chem. **30** [1952] 52, 58, 59).

Kristalle (aus A.); F: 233–234° [unkorr.]. λ_{max}: 230 nm [A. sowie wss.-äthanol. HCl] bzw. 224 nm und 320 nm [äthanol. NaOH].

5-Amino-3-oxo-4-pentyl-2,3-dihydro-pyrazol-1-carbonsäure-anilid $C_{15}H_{20}N_4O_2$, Formel X (R = CO-NH-C_6H_5) und Taut.

B. Aus 2-Cyan-heptansäure-äthylester und 4-Phenyl-semicarbazid mit Hilfe von äthanol. Natriumäthylat (*Gagnon et al.,* Canad. J. Chem. **31** [1953] 673, 677, 683).

Kristalle (aus A.); F: 115–116° [unkorr.]. λ_{max}: 248 nm [A.] bzw. 238 nm [wss.-äthanol. HCl].

***N,N'*-Bis-[5-oxo-4-pentyl-2,5-dihydro-1*H*-pyrazol-3-yl]-guanidin** $C_{17}H_{29}N_7O_2$, Formel XI und Taut.

B. Aus 5-Amino-4-pentyl-1,2-dihydro-pyrazol-3-on und Cyanguanidin (*Gagnon et al.,* Canad. J. Chem. **37** [1959] 110, 116, 117).

Kristalle (aus wss. A.); F: 197–199° [unkorr.]. IR-Banden (3300–650 cm^{-1}): *Ga. et al.,* l. c. S. 114.

(±)-5-Amino-4-butyl-4-methyl-2,4-dihydro-pyrazol-3-on $C_8H_{15}N_3O$, Formel XII (R = H) und Taut.

B. Aus (±)-2-Cyan-2-methyl-hexansäure-äthylester und $N_2H_4 \cdot H_2O$ (*Druey, Schmidt,* Helv. **37** [1954] 1828, 1833, 1834).

Kristalle (aus H_2O); F: 196° [unkorr.].

(±)-5-Amino-4-butyl-2,4-dimethyl-2,4-dihydro-pyrazol-3-on $C_9H_{17}N_3O$, Formel XII (R = CH_3) und Taut.

B. Aus der vorangehenden Verbindung und Dimethylsulfat mit Hilfe von methanol. KOH (*Druey, Schmidt,* Helv. **37** [1954] 1828, 1834, 1836).

F: 140–141° [unkorr.].

Amino-Derivate der Oxo-Verbindungen $C_9H_{16}N_2O$

5-Amino-4-hexyl-1,2-dihydro-pyrazol-3-on $C_9H_{17}N_3O$, Formel I (R = H) und Taut.

B. Aus 2-Cyan-octansäure-hydrazid mit Hilfe von wss. NaOH (*Gagnon et al.,* Canad. J. Chem. **29** [1951] 843, 844).

F: 133–135° [unkorr.]. UV-Spektrum (A. sowie wss.-äthanol. HCl; 220–320 nm): *Ga. et al.,* l. c. S. 844, 845.

5-Amino-4-hexyl-1-methyl-1,2-dihydro-pyrazol-3-on $C_{10}H_{19}N_3O$, Formel I (R = CH_3) und Taut.

B. Aus 2-Cyan-octansäure-äthylester und Methylhydrazin mit Hilfe von äthanol. Natrium= äthylat (*Gagnon et al.,* Canad. J. Chem. **30** [1952] 904, 906, 914).

Kristalle (aus wss. A.); F: 101–103°. λ_{max}: 285 nm [A.] bzw. 280 nm [wss.-äthanol. HCl].

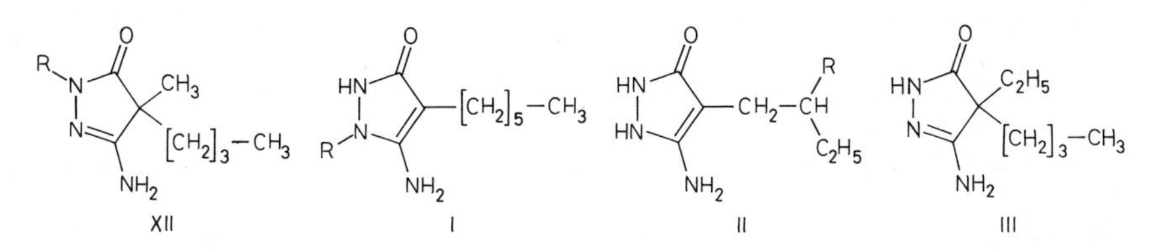

5-Amino-1-benzoyl-4-hexyl-1,2-dihydro-pyrazol-3-on $C_{16}H_{21}N_3O_2$, Formel I (R = CO-C_6H_5) und Taut.

B. Analog der vorangehenden Verbindung (*Gagnon et al.,* Canad. J. Chem. **30** [1952] 52, 58, 59).

Kristalle (aus A.); F: 235–237° [unkorr.]. λ_{max}: 230 nm [A. sowie wss.-äthanol. HCl] bzw. 224 nm und 320 nm [äthanol. NaOH].

5-Amino-4-hexyl-3-oxo-2,3-dihydro-pyrazol-1-carbonsäure-anilid $C_{16}H_{22}N_4O_2$, Formel I (R = CO-NH-C_6H_5) und Taut.

B. Analog den vorangehenden Verbindungen (*Gagnon et al.,* Canad. J. Chem. **31** [1953] 673, 677, 683).

Kristalle (aus A.); F: 113–114° [unkorr.]. λ_{max}: 242 nm [A.] bzw. 237 nm [wss.-äthanol. HCl].

4-[2-Äthyl-butyl]-5-amino-1,2-dihydro-pyrazol-3-on $C_9H_{17}N_3O$, Formel II (R = C_2H_5) und Taut.

B. Aus 4-Äthyl-2-cyan-hexansäure-hydrazid mit Hilfe von wss. NaOH (*Gagnon et al.,* Canad. J. Chem. **29** [1951] 843, 844).

F: 190–196° [unkorr.]. λ_{max}: 288 nm [A.] bzw. 282 nm [wss.-äthanol. HCl].

(±)-4-Äthyl-5-amino-4-butyl-2,4-dihydro-pyrazol-3-on $C_9H_{17}N_3O$, Formel III und Taut.

B. Aus (±)-2-Äthyl-2-cyan-hexansäure-äthylester und $N_2H_4 \cdot H_2O$ (*Druey, Schmidt,* Helv.

37 [1954] 1828, 1833, 1834).
F: 192–193° [unkorr.].

5-Amino-4,4-dipropyl-2,4-dihydro-pyrazol-3-on $C_9H_{17}N_3O$, Formel IV (n = 2) und Taut.
B. Aus 2-Cyan-2-propyl-valeriansäure-äthylester und $N_2H_4 \cdot H_2O$ (*Gagnon et al.*, Canad. J. Chem. **29** [1951] 843, 844).
F: 236–239° [unkorr.]. λ_{max}: 271 nm [A.] bzw. 264 nm [wss.-äthanol. HCl].

Amino-Derivate der Oxo-Verbindungen $C_{10}H_{18}N_2O$

(±)-2-Amino-6-hexyl-5,6-dihydro-1*H*-pyrimidin-4-on $C_{10}H_{19}N_3O$, Formel V und Taut.
B. Aus (±)-3-Guanidino-nonansäure mit Hilfe von wss. HCl (*Rodionow, Urbanskaja*, Ž. obšč. Chim. **18** [1948] 2023, 2030; C. A. **1949** 3793).
Kristalle (aus A.); F: 254–255° [unkorr.].
Hydrochlorid $C_{10}H_{19}N_3O \cdot HCl$. Kristalle (aus A.); F: 142–143° [unkorr.].
Picrat $C_{10}H_{19}N_3O \cdot C_6H_3N_3O_7$. F: 172–174° [unkorr.; aus A. + H_2O].

5-Amino-4-heptyl-1,2-dihydro-pyrazol-3-on $C_{10}H_{19}N_3O$, Formel VI (R = H, n = 6) und Taut.
B. Aus 2-Cyan-nonansäure-hydrazid mit Hilfe von wss. NaOH (*Gagnon et al.*, Canad. J. Chem. **29** [1951] 843, 844).
F: 136–138° [unkorr.]. λ_{max}: 287 nm [A.] bzw. 281 nm [wss.-äthanol. HCl].

5-Amino-4-heptyl-1-methyl-1,2-dihydro-pyrazol-3-on $C_{11}H_{21}N_3O$, Formel VI (R = CH_3, n = 6) und Taut.
B. Aus 2-Cyan-nonansäure-äthylester und Methylhydrazin mit Hilfe von äthanol. Natrium≈äthylat (*Gagnon et al.*, Canad. J. Chem. **30** [1952] 904, 906, 914).
Kristalle (aus wss. A.); F: 79–80°. λ_{max}: 284 nm [A.] bzw. 276 nm [wss.-äthanol. HCl].

5-Amino-1-benzoyl-4-heptyl-1,2-dihydro-pyrazol-3-on $C_{17}H_{23}N_3O_2$, Formel VI (R = CO-C_6H_5, n = 6) und Taut.
B. Analog der vorangehenden Verbindung (*Gagnon et al.*, Canad. J. Chem. **30** [1952] 52, 58, 59).
Kristalle (aus A.); F: 234–235° [unkorr.]. λ_{max}: 230 nm [A. sowie wss.-äthanol. HCl] bzw. 224 nm und 320 nm [äthanol. NaOH].

5-Amino-4-heptyl-3-oxo-2,3-dihydro-pyrazol-1-carbonsäure-anilid $C_{17}H_{24}N_4O_2$, Formel VI (R = CO-NH-C_6H_5, n = 6) und Taut.
B. Analog den vorangehenden Verbindungen (*Gagnon et al.*, Canad. J. Chem. **31** [1953] 673, 677, 683).
Kristalle (aus A.); F: 110–111° [unkorr.]. UV-Spektrum (A. sowie wss.-äthanol. HCl; 220–270 nm): *Ga. et al.*, l. c. S. 677, 680.

Amino-Derivate der Oxo-Verbindungen $C_{11}H_{20}N_2O$

5-Amino-1-methyl-4-octyl-1,2-dihydro-pyrazol-3-on $C_{12}H_{23}N_3O$, Formel VI (R = CH_3, n = 7) und Taut.
B. Aus 2-Cyan-decansäure-äthylester und Methylhydrazin mit Hilfe von äthanol. Natrium≈äthylat (*Gagnon et al.*, Canad. J. Chem. **30** [1952] 904, 906, 914).
Kristalle (aus wss. A.); F: 86–87°. λ_{max} (A. sowie wss.-äthanol. HCl): 285 nm.

5-Amino-1-benzoyl-4-octyl-1,2-dihydro-pyrazol-3-on $C_{18}H_{25}N_3O_2$, Formel VI (R = CO-C_6H_5, n = 7) und Taut.
B. Analog der vorangehenden Verbindung (*Gagnon et al.*, Canad. J. Chem. **30** [1952] 52, 58, 59).
Kristalle (aus A.); F: 236–238° [unkorr.]. λ_{max}: 230 nm [A. sowie wss.-äthanol. HCl] bzw. 224 nm und 320 nm [äthanol. NaOH].

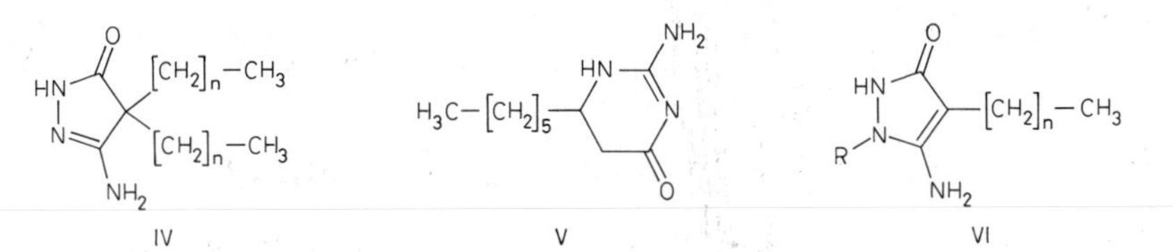

5-Amino-4-octyl-3-oxo-2,3-dihydro-pyrazol-1-carbonsäure-anilid $C_{18}H_{26}N_4O_2$, Formel VI ($R = CO\text{-}NH\text{-}C_6H_5$, $n = 7$) und Taut.

B. Analog den vorangehenden Verbindungen (*Gagnon et al.*, Canad. J. Chem. **31** [1953] 673, 677, 683).

Kristalle (aus A.); F: 264–265° [unkorr.]. UV-Spektrum (A. sowie wss.-äthanol. HCl; 220–320 nm): *Ga. et al.*, l. c. S. 677, 680.

(±)-4-[2-Äthyl-hexyl]-5-amino-1,2-dihydro-pyrazol-3-on $C_{11}H_{21}N_3O$, Formel II ($R = [CH_2]_3\text{-}CH_3$) und Taut.

B. Aus opt.-inakt. 4-Äthyl-2-cyan-octansäure-hydrazid mit Hilfe von wss. NaOH (*Gagnon et al.*, Canad. J. Chem. **29** [1951] 843, 844).

F: 131–132° [unkorr.]. λ_{max}: 289 nm [A.] bzw. 282 nm [wss.-äthanol. HCl].

5-Amino-4,4-dibutyl-2,4-dihydro-pyrazol-3-on $C_{11}H_{21}N_3O$, Formel IV ($n = 3$) und Taut.

B. Aus 2-Butyl-2-cyan-hexansäure-äthylester und $N_2H_4 \cdot H_2O$ mit Hilfe von äthanol. Natriumäthylat (*Gagnon et al.*, Canad. J. Chem. **29** [1951] 843, 844).

F: 223–225° [unkorr.]. λ_{max}: 271 nm [A.] bzw. 263 nm [wss.-äthanol. HCl].

Amino-Derivate der Oxo-Verbindungen $C_{12}H_{22}N_2O$

5-Amino-4-nonyl-1,2-dihydro-pyrazol-3-on $C_{12}H_{23}N_3O$, Formel VI ($R = H$, $n = 8$) und Taut.

B. Aus 2-Cyan-undecansäure-hydrazid mit Hilfe von wss. NaOH (*Gagnon et al.*, Canad. J. Chem. **29** [1951] 182, 185, 186).

F: 222–223° [unkorr.]. λ_{max}: 284 nm [A.] bzw. 277 nm [wss.-äthanol. HCl].

5-Amino-4-nonyl-1-phenyl-1,2-dihydro-pyrazol-3-on $C_{18}H_{27}N_3O$, Formel VI ($R = C_6H_5$, $n = 8$) und Taut.

B. Aus 2-Cyan-undecansäure-äthylester und Phenylhydrazin mit Hilfe von äthanol. Natriumäthylat (*Gagnon et al.*, Canad. J. Chem. **29** [1951] 182, 185, 186).

F: 167–168° [unkorr.]. λ_{max} (A.): 268 nm.

Amino-Derivate der Oxo-Verbindungen $C_{13}H_{24}N_2O$

5-Amino-4-decyl-1,2-dihydro-pyrazol-3-on $C_{13}H_{25}N_3O$, Formel VI ($R = H$, $n = 9$) und Taut.

B. Aus 2-Cyan-dodecansäure-hydrazid mit Hilfe von wss. NaOH (*Gagnon et al.*, Canad. J. Chem. **29** [1951] 843, 844).

F: 234–235° [unkorr.]. λ_{max}: 284 nm [A.] bzw. 277 nm [wss.-äthanol. HCl].

5-Amino-4,4-dipentyl-2,4-dihydro-pyrazol-3-on $C_{13}H_{25}N_3O$, Formel IV ($n = 4$) und Taut.

B. Aus 2-Cyan-2-pentyl-heptansäure-äthylester und $N_2H_4 \cdot H_2O$ mit Hilfe von äthanol. Natriumäthylat (*Gagnon et al.*, Canad. J. Chem. **29** [1951] 843, 844).

F: 200–201° [unkorr.]. λ_{max}: 271 nm [A.] bzw. 263 nm [wss.-äthanol. HCl].

Amino-Derivate der Oxo-Verbindungen $C_{15}H_{28}N_2O$

5-Amino-4-dodecyl-1,2-dihydro-pyrazol-3-on $C_{15}H_{29}N_3O$, Formel VI ($R = H$, $n = 11$) und Taut.

B. Aus 2-Cyan-tetradecansäure-hydrazid mit Hilfe von wss. NaOH (*Gagnon et al.*, Canad.

J. Chem. **29** [1951] 328, 329).

Kristalle (aus wss. A.); F: 152–154° [unkorr.]. UV-Spektrum (A., wss.-äthanol. HCl sowie wss.-äthanol. NaOH; 220–320 nm): *Ga. et al.*, l. c. S. 329, 330.

Amino-Derivate der Oxo-Verbindungen $C_{19}H_{36}N_2O$

5-Amino-4-hexadecyl-1,2-dihydro-pyrazol-3-on $C_{19}H_{37}N_3O$, Formel VI (R = H, n = 15) und Taut.

B. Analog der vorangehenden Verbindung (*Gagnon et al.*, Canad. J. Chem. **29** [1951] 182, 185, 186).

F: 200–202° [unkorr.]. λ_{max}: 283 nm [A.] bzw. 276 nm [wss.-äthanol. HCl]. [*Jooss*]

Amino-Derivate der Monooxo-Verbindungen $C_nH_{2n-4}N_2O$

Amino-Derivate der Oxo-Verbindungen $C_3H_2N_2O$

4,5-Dianilino-imidazol-2-on $C_{15}H_{12}N_4O$, Formel VII und Taut.

B. Aus *N,N''*-Diphenyl-oxalamidin und Chlorokohlensäure-äthylester in Pyridin (*Todd, Whittaker*, Soc. **1946** 628, 633). Aus *N,N'*-Diphenyl-oxalimidoylchlorid und Harnstoff in Äthanol (*Lehmstedt, Rolker*, B. **76** [1943] 879, 889). Beim Behandeln von N^4,N^5,$N^{4'}$-Triphenyl-5'-phenylimino-1*H*,5'*H*-[2,2']biimidazolyl-4,5,4'-triyltriamin (Syst.-Nr. 4118) mit CrO_3 in Pyridin (*Le., Ro.*).

Gelbliche Kristalle; F: 284° [Zers.; aus 2-Äthoxy-äthanol] (*Todd, Wh.*); Zers. bei 273–275° [aus Anisol] (*Le., Ro.*).

Hydrochlorid. Kristalle; Zers. bei 255° [auf 240° vorgeheiztes Bad] (*Le., Ro.*).

Amino-Derivate der Oxo-Verbindungen $C_4H_4N_2O$

6-Amino-2-phenyl-2*H*-pyridazin-3-on $C_{10}H_9N_3O$, Formel VIII (R = C_6H_5, R' = R'' = H).

B. Beim Erhitzen von 6-Brom-2-phenyl-2*H*-pyridazin-3-on mit wss. NH_3 und Kupfer-Pulver auf 160° (*Druey, Schmidt*, Helv. **37** [1954] 510, 514, 521).

Kristalle (aus Bzl.); F: 153–154° [unkorr.] (*Dr. et al.*).

Hydrochlorid. F: 170–171° (*CIBA*, D.B.P. 953800 [1953]; U.S.P. 2798869 [1953]).

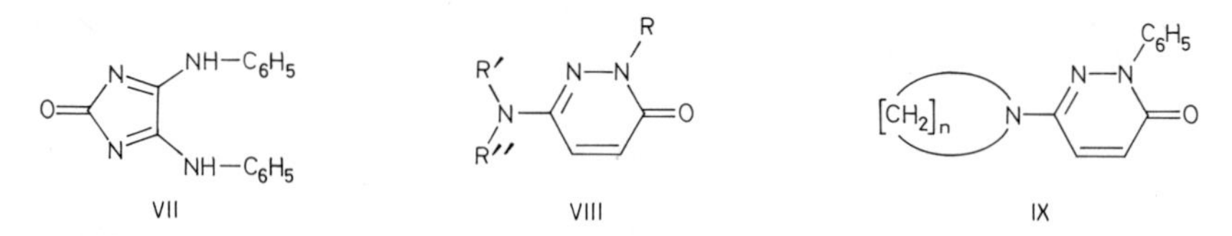

6-Methylamino-2-phenyl-2*H*-pyridazin-3-on $C_{11}H_{11}N_3O$, Formel VIII (R = C_6H_5, R' = CH_3, R'' = H).

B. Aus 6-Chlor-2-phenyl-2*H*-pyridazin-3-on und Methylamin in Äthanol (*Druey et al.*, Helv. **37** [1954] 510, 515, 521).

F: 145–147° [unkorr.] (*Dr. et al.*).

Die folgenden Verbindungen sind in analoger Weise hergestellt worden:

6-Dimethylamino-2-phenyl-2*H*-pyridazin-3-on $C_{12}H_{13}N_3O$, Formel VIII (R = C_6H_5, R' = R'' = CH_3). Kristalle (aus Bzl.+PAe.); F: 130–132° [unkorr.] (*Dr. et al.*, l. c. S. 515, 521). λ_{max} (A.): 230 nm und 368 nm (*Eichenberger et al.*, Helv. **37** [1954] 1298, 1302).

2-[4-Chlor-phenyl]-6-dimethylamino-2*H*-pyridazin-3-on $C_{12}H_{12}ClN_3O$, Formel VIII (R = C_6H_4-Cl, R' = R'' = CH_3). Kristalle (aus Bzl.); F: 174–176° (*CIBA*, D.B.P. 953800 [1953]; U.S.P. 2798869 [1953]).

6-Dimethylamino-2-[4-nitro-phenyl]-2*H*-pyridazin-3-on $C_{12}H_{12}N_4O_3$, Formel VIII (R = C_6H_4-NO_2, R′ = R″ = CH_3). Kristalle (aus Eg.+H_2O); F: 210–212° (*CIBA*).

6-Diäthylamino-2-phenyl-2*H*-pyridazin-3-on $C_{14}H_{17}N_3O$, Formel VIII (R = C_6H_5, R′ = R″ = C_2H_5). F: 71–73° (*Dr. et al.*).

6-Butylamino-2-phenyl-2*H*-pyridazin-3-on $C_{14}H_{17}N_3O$, Formel VIII (R = C_6H_5, R′ = $[CH_2]_3$-CH_3, R″ = H). F: 126–128° [unkorr.] (*Dr. et al.*).

6-Dimethylamino-2-*p*-tolyl-2*H*-pyridazin-3-on $C_{13}H_{15}N_3O$, Formel VIII (R = C_6H_4-CH_3, R′ = R″ = CH_3). Kristalle (aus Bzl.+Cyclohexan); F: 131–132° (*CIBA*).

6-Dimethylamino-2-[1]naphthyl-2*H*-pyridazin-3-on $C_{16}H_{15}N_3O$, Formel VIII (R = $C_{10}H_7$, R′ = R″ = CH_3). Kristalle (aus A.+H_2O); F: 192–194° (*CIBA*).

6-Dimethylamino-2-[2]naphthyl-2*H*-pyridazin-3-on $C_{16}H_{15}N_3O$, Formel VIII (R = $C_{10}H_7$, R′ = R″ = CH_3). Kristalle (aus A.+H_2O); F: 102–104° (*CIBA*).

2-Phenyl-6-pyrrolidino-2*H*-pyridazin-3-on $C_{14}H_{15}N_3O$, Formel IX (n = 4). F: 161–163° [unkorr.] (*Dr. et al.*).

2-Phenyl-6-piperidino-2*H*-pyridazin-3-on $C_{15}H_{17}N_3O$, Formel IX (n = 5). F: 111–113° [unkorr.] (*Dr. et al.*). λ_{max} (A.): 232 nm und 360 nm (*Ei. et al.*).

2-[4-Amino-phenyl]-6-dimethylamino-2*H*-pyridazin-3-on $C_{12}H_{14}N_4O$, Formel VIII (R = C_6H_4-NH_2, R′ = R″ = CH_3).

B. Bei der Hydrierung von 6-Dimethylamino-2-[4-nitro-phenyl]-2*H*-pyridazin-3-on an Raney-Nickel in Äthanol (*CIBA*, D.B.P. 953800 [1953]; U.S.P. 2798869 [1953]).

Gelbliche Kristalle (aus H_2O); F: 170–172°.

Hydrochlorid. Kristalle; F: 252–255° [Zers.].

6-Dimethylamino-2-[4-dimethylamino-phenyl]-2*H*-pyridazin-3-on $C_{14}H_{18}N_4O$, Formel VIII (R = C_6H_4-$N(CH_3)_2$, R′ = R″ = CH_3).

B. Aus der vorangehenden Verbindung und CH_3I mit Hilfe von äthanol. NaOH (*CIBA*, D.B.P. 953800 [1953]; U.S.P. 2798869 [1953]).

Gelbe Kristalle (aus wss. A.); F: 150–152°.

6-Amino-2*H*-pyridazin-3-thion $C_4H_5N_3S$, Formel X und Taut. (6-Amino-pyridazin-3-thiol).

B. Beim Erhitzen von 6-Chlor-pyridazin-3-ylamin oder 6-[Toluol-4-sulfonyl]-pyridazin-3-yl=amin mit NaHS in Äthanol auf 150° (*Morren*, Belg. P. 579291 [1959]).

Gelbe Kristalle; F: ca. 250° [Zers.].

5-Amino-2*H*-pyridazin-3-on $C_4H_5N_3O$, Formel XI (R = R′ = X = H) und Taut.

B. Bei der Hydrierung von 5-Amino-4-chlor-2*H*-pyridazin-3-on (*Kuraishi*, Chem. pharm. Bl. **6** [1958] 331) oder von 5-Amino-6-chlor-2*H*-pyridazin-3-on (*Kuraishi*, Chem. pharm. Bl. **6** [1958] 641, 643) an Palladium/Kohle in wss. NaOH.

Kristalle (aus H_2O); F: 286–287° [unkorr.].

5-Dimethylamino-2-phenyl-2*H*-pyridazin-3-on $C_{12}H_{13}N_3O$, Formel XI (R = CH_3, R′ = C_6H_5, X = H).

B. Beim Erwärmen von 5-Chlor-2-phenyl-2*H*-pyridazin-3-on mit äthanol. Dimethylamin auf 80° (*Meier et al.*, Helv. **37** [1954] 523, 529, 532). Bei der Hydrierung von 6-Chlor-5-dimethyl=amino-2*H*-pyridazin-3-on an Palladium/Kohle in Äthanol oder von 4-Brom-5-dimethylamino-2*H*-pyridazin-3-on an Raney-Nickel in methanol. Natriummethylat (*Me. et al.*).

Kristalle (aus Acn.+PAe.); F: 102–103° [unkorr.] (*Me. et al.*). $Kp_{0,08}$: 178° (*Me. et al.*). λ_{max} (A.): 240 nm und 302 nm (*Eichenberger et al.*, Helv. **37** [1954] 1298, 1302).

Picrat. Kristalle (aus Me.); F: 191–191,5° [unkorr.] (*Me. et al.*).

2-Phenyl-5-piperidino-2*H*-pyridazin-3-on $C_{15}H_{17}N_3O$, Formel XII (X = X′ = H).

B. Bei der Hydrierung von 4-Brom-2-phenyl-5-piperidino-2*H*-pyridazin-3-on an Raney-Nickel in Dioxan und äthanol. KOH (*Meier et al.*, Helv. **37** [1954] 523, 529, 533).

F: 131–132° [unkorr.] (*Me. et al.*). λ_{max} (A.): 244 nm und 305 nm (*Eichenberger et al.*, Helv.

37 [1954] 1298, 1302).

5-Amino-6-chlor-2*H*-pyridazin-3-on $C_4H_4ClN_3O$, Formel XI (R = R′ = H, X = Cl) und Taut.

B. Aus 5,6-Dichlor-2*H*-pyridazin-3-on und äthanol. NH_3 [150°] (*Kuraishi,* Chem. pharm. Bl. **6** [1958] 641, 643).

Kristalle (aus H_2O); F: 278–280° [unkorr.].

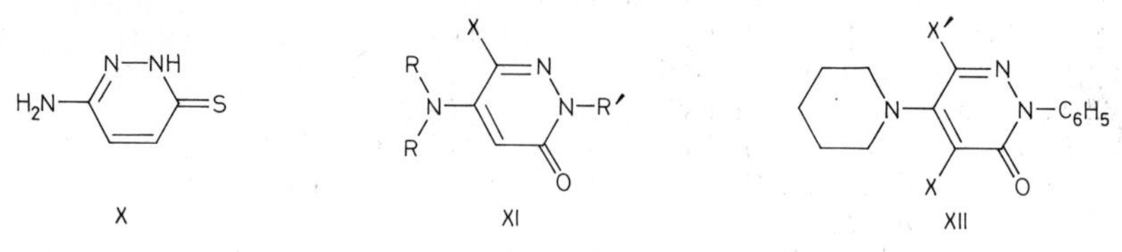

5-Amino-6-chlor-2-phenyl-2*H*-pyridazin-3-on $C_{10}H_8ClN_3O$, Formel XI (R = H, R′ = C_6H_5, X = Cl).

B. Aus 5,6-Dichlor-2-phenyl-2*H*-pyridazin-3-on und wss. NH_3 [160°] (*Meier et al.,* Helv. **37** [1954] 523, 528, 531).

Kristalle (aus A.); F: 236–238° [unkorr.; Zers.].

6-Chlor-5-dimethylamino-2-phenyl-2*H*-pyridazin-3-on $C_{12}H_{12}ClN_3O$, Formel XI (R = CH_3, R′ = C_6H_5, X = Cl).

B. Aus 5,6-Dichlor-2-phenyl-2*H*-pyridazin-3-on und äthanol. Dimethylamin (*Meier et al.,* Helv. **37** [1954] 523, 528, 531).

Kristalle (aus A.); F: 127–128° [unkorr.].

6-Chlor-2-phenyl-5-piperidino-2*H*-pyridazin-3-on $C_{15}H_{16}ClN_3O$, Formel XII (X = H, X′ = Cl).

B. Aus 5,6-Dichlor-2-phenyl-2*H*-pyridazin-3-on und Piperidin in Äthanol (*Meier et al.,* Helv. **37** [1954] 523, 528, 531).

F: 118,5–119,5° [unkorr.] (*Me. et al.*). λ_{max} (A.): 238 nm und 315 nm (*Eichenberger et al.,* Helv. **37** [1954] 1298, 1303).

5-Amino-4-chlor-2*H*-pyridazin-3-on $C_4H_4ClN_3O$, Formel XIII und Taut.

B. Beim Erhitzen von 4,5-Dichlor-2*H*-pyridazin-3-on (*Kuraishi,* Chem. pharm. Bl. **6** [1958] 331; *Castle, Seese,* J. org. Chem. **23** [1958] 1534, 1537) oder von 5-Brom-4-chlor-2*H*-pyridazin-3-on (*Kuraishi,* Chem. pharm. Bl. **6** [1958] 641, 644) mit äthanol. NH_3.

Kristalle; F: 350–354° [unkorr.; aus A.] (*Ca., Se.;* s. a. *Ku.,* l. c. S. 333, 644). UV-Spektrum (A.; 210–320 nm): *Ku.,* l. c. S. 643. λ_{max}: 284–286 nm [H_2O] bzw. 280 nm [wss. NaOH (1 n)] (*Ca., Se.,* l. c. S. 1536).

Acetyl-Derivat $C_6H_6ClN_3O_2$; 5-Acetylamino-4-chlor-2*H*-pyridazin-3-on, *N*-[5-Chlor-6-oxo-1,6-dihydro-pyridazin-4-yl]-acetamid. Kristalle (aus Me.); F: 277–279° [unkorr.] (*Ku.,* l. c. S. 333).

Benzoyl-Derivat $C_{11}H_8ClN_3O_2$; 5-Benzoylamino-4-chlor-2*H*-pyridazin-3-on, *N*-[5-Chlor-6-oxo-1,6-dihydro-pyridazin-4-yl]-benzamid. Kristalle (aus A.); F: 244° [unkorr.] (*Ku.,* l. c. S. 333).

6-Brom-5-dimethylamino-2-phenyl-2*H*-pyridazin-3-on $C_{12}H_{12}BrN_3O$, Formel XIV.

B. Aus 5,6-Dibrom-2-phenyl-2*H*-pyridazin-3-on und Dimethylamin in Äthanol (*Meier et al.,* Helv. **37** [1954] 523, 528, 531).

Kristalle (aus A.); F: 124,5–125,5° [unkorr.] (*Me. et al.*). λ_{max} (A.): 240 nm und 313 nm (*Eichenberger et al.,* Helv. **37** [1954] 1298, 1303).

4-Brom-5-methylamino-2-phenyl-2*H*-pyridazin-3-on $C_{11}H_{10}BrN_3O$, Formel XV (R = CH_3, R′ = H).

B. Aus 4,5-Dibrom-2-phenyl-2*H*-pyridazin-3-on und Methylamin in Äthanol [110°] (*Sonn,*

A. **518** [1935] 290, 296).
Kristalle (aus wss. A.); F: 158–159° [nach Sintern].

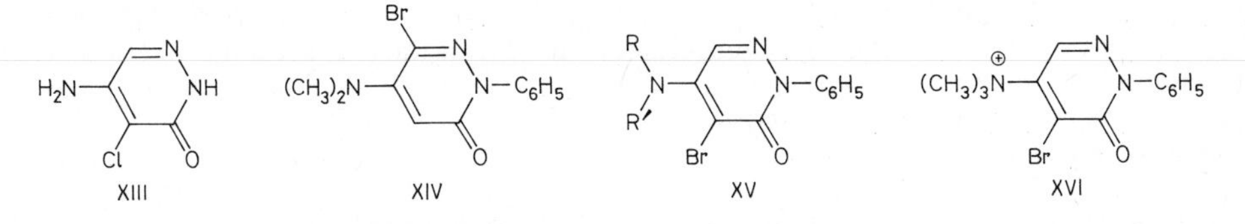

4-Brom-5-dimethylamino-2-phenyl-2*H*-pyridazin-3-on $C_{12}H_{12}BrN_3O$, Formel XV (R = R′ = CH_3).
B. Analog der vorangehenden Verbindung (*Sonn,* A. **518** [1935] 290, 297).
Kristalle (aus A.); F: 116° (*Sonn*). λ_{max} (A.): 248 nm und 320 nm (*Eichenberger et al.*, Helv. **37** [1954] 1298, 1303).

[5-Brom-6-oxo-1-phenyl-1,6-dihydro-pyridazin-4-yl]-trimethyl-ammonium $[C_{13}H_{15}BrN_3O]^+$, Formel XVI.
Bromid $[C_{13}H_{15}BrN_3O]Br$. *B.* Aus 4,5-Dibrom-2-phenyl-2*H*-pyridazin-3-on und Trimethylamin in Äthanol [100°] (*Sonn,* A. **518** [1935] 290, 297). – Kristalle (aus A.).

4-Brom-5-diäthylamino-2-phenyl-2*H*-pyridazin-3-on $C_{14}H_{16}BrN_3O$, Formel XV (R = R′ = C_2H_5).
B. Analog den vorangehenden Verbindungen (*Sonn,* A. **518** [1935] 290, 296).
Kristalle (aus A.); F: 92–93°.

5-Benzylamino-4-brom-2-phenyl-2*H*-pyridazin-3-on $C_{17}H_{14}BrN_3O$, Formel XV (R = CH_2-C_6H_5, R′ = H).
B. Aus 4,5-Dibrom-2-phenyl-2*H*-pyridazin-3-on und Benzylamin (*Sonn,* A. **518** [1935] 290, 296).
Kristalle (aus A.); F: 203°.

4-Brom-2-phenyl-5-piperidino-2*H*-pyridazin-3-on $C_{15}H_{16}BrN_3O$, Formel XII (X = Br, X′ = H).
B. Aus 4,5-Dibrom-2-phenyl-2*H*-pyridazin-3-on und Piperidin in Äthanol (*Meier et al.*, Helv. **37** [1954] 523, 532).
F: 133–134° [unkorr.] (*Me. et al.*). λ_{max} (A.): 250 nm und 323 nm (*Eichenberger et al.*, Helv. **37** [1954] 1298, 1303).

4-Amino-2*H*-pyridazin-3-on $C_4H_5N_3O$, Formel I (R = R′ = R″ = H) und Taut.
B. Beim Erhitzen von *N*-[3-Oxo-2,3-dihydro-pyridazin-4-yl]-acetamid mit wss. HCl (*Kuraishi,* Chem. pharm. Bl. **6** [1958] 331). Bei der Hydrierung von 4-Amino-6-chlor-2*H*-pyridazin-3-on an Palladium/Kohle in wss. NaOH (*Ku.*).
Kristalle (aus H_2O); F: 228–229° [unkorr.].

4-Dimethylamino-2-phenyl-2*H*-pyridazin-3-on $C_{12}H_{13}N_3O$, Formel I (R = C_6H_5, R′ = R″ = CH_3).
B. Bei der Hydrierung von 6-Chlor-4-dimethylamino-2-phenyl-2*H*-pyridazin-3-on an Palladium/Kohle in Äthanol (*Druey et al.*, Helv. **37** [1954] 510, 514, 522).
Kristalle (aus Diisopropyläther); F: 52–54° (*Dr. et al.*). $Kp_{0,08}$: 148–149° (*Dr. et al.*). λ_{max} (A.): 238 nm und 322 nm (*Eichenberger et al.*, Helv. **37** [1954] 1298, 1302).

4-Acetylamino-2*H*-pyridazin-3-on, *N*-[3-Oxo-2,3-dihydro-pyridazin-4-yl]-acetamid $C_6H_7N_3O_2$, Formel I (R = R″ = H, R′ = CO-CH_3) und Taut.
B. Bei der Hydrierung von *N*-[6-Chlor-3-oxo-2,3-dihydro-pyridazin-4-yl]-acetamid an Palla=

dium/Kohle in wss. NaOH (*Kuraishi,* Chem. pharm. Bl. **6** [1958] 331).
Kristalle (aus H_2O); F: 272° [unkorr.].

4-Amino-6-chlor-2*H*-pyridazin-3-on $C_4H_4ClN_3O$, Formel II (R = R′ = R″ = H) und Taut.
B. Beim Erhitzen von *N*-[6-Chlor-3-oxo-2,3-dihydro-pyridazin-4-yl]-acetamid mit wss. HCl (*Kuraishi,* Chem. pharm. Bl. **6** [1958] 331). Aus 6-Chlor-3-oxo-2,3-dihydro-pyridazin-4-carbon=säure-amid mit Hilfe von NaBrO (*Ku.*).
Kristalle (aus H_2O); F: 285° [unkorr.].

4-Amino-6-chlor-2-phenyl-2*H*-pyridazin-3-on $C_{10}H_8ClN_3O$, Formel II (R = C_6H_5, R′ = R″ = H).
B. Aus 4,6-Dichlor-2-phenyl-2*H*-pyridazin-3-on und äthanol. NH_3 [160°] (*Druey et al.*, Helv. **37** [1954] 510, 515, 522).
F: 179–180° [unkorr.].

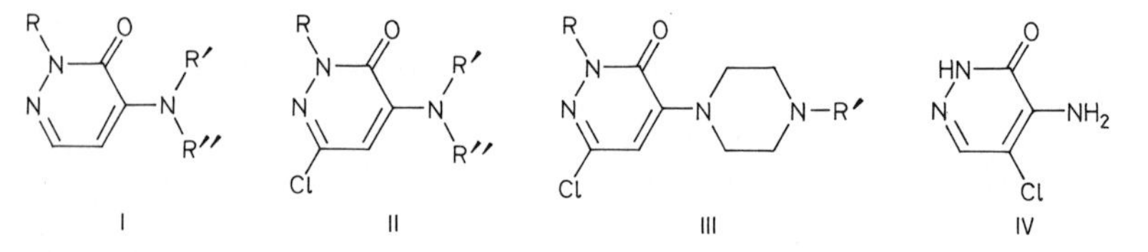

6-Chlor-4-dimethylamino-2-phenyl-2*H*-pyridazin-3-on $C_{12}H_{12}ClN_3O$, Formel II (R = C_6H_5, R′ = R″ = CH_3).
B. Aus 4,6-Dichlor-2-phenyl-2*H*-pyridazin-3-on und Dimethylamin in Äthanol (*Druey et al.*, Helv. **37** [1954] 510, 515, 521).
Gelbe Kristalle (aus Me.); F: 87,5–88,5°.

4-Acetylamino-6-chlor-2*H*-pyridazin-3-on, *N*-[6-Chlor-3-oxo-2,3-dihydro-pyridazin-4-yl]-acetamid $C_6H_6ClN_3O_2$, Formel II (R = R″ = H, R′ = CO-CH_3) und Taut.
B. Beim Erhitzen von 3,6-Dichlor-pyridazin-4-ylamin mit Acetanhydrid (*Kuraishi,* Chem. pharm. Bl. **6** [1958] 331).
Kristalle (aus A.); F: 255–256° [unkorr.].

6-Chlor-2-phenyl-4-piperazino-2*H*-pyridazin-3-on $C_{14}H_{15}ClN_4O$, Formel III (R = C_6H_5, R′ = H).
B. Aus 4,6-Dichlor-2-phenyl-2*H*-pyridazin-3-on und Piperazin in Äthanol (*CIBA,* U.S.P. 2857384 [1956]).
Hydrochlorid. Kristalle (aus A.); F: 253–255°.

6-Chlor-2-[4-chlor-phenyl]-4-piperazino-2*H*-pyridazin-3-on $C_{14}H_{14}Cl_2N_4O$, Formel III (R = C_6H_4-Cl, R′ = H).
B. Analog der vorangehenden Verbindung (*CIBA,* U.S.P. 2857384 [1956]).
Hydrochlorid. Kristalle; F: 281–283°.

6-Chlor-4-[4-methyl-piperazino]-2-phenyl-2*H*-pyridazin-3-on $C_{15}H_{17}ClN_4O$, Formel III (R = C_6H_5, R′ = CH_3).
B. Beim Erwärmen von 6-Chlor-2-phenyl-4-piperazino-2*H*-pyridazin-3-on in Dioxan mit wss. Formaldehyd und wss. Ameisensäure (*CIBA,* U.S.P. 2857384 [1956]).
Kristalle (aus Acn.); F: 97–99°.
Hydrochlorid. F: 170° [Zers.].

4-[4-Benzyl-piperazino]-6-chlor-2-phenyl-pyridazin-3-on $C_{21}H_{21}ClN_4O$, Formel III (R = C_6H_5, R′ = CH_2-C_6H_5).
B. Aus 4,6-Dichlor-2-phenyl-2*H*-piperazin-3-on und 1-Benzyl-piperazin in Äthanol (*CIBA,*

U.S.P. 2857384 [1956]).
Gelbliche Kristalle (aus A.); F: 139,5 – 140,5°.

4-Amino-5-chlor-2*H*-pyridazin-3-on $C_4H_4ClN_3O$, Formel IV und Taut.
B. Neben 5-Amino-4-chlor-2*H*-pyridazin-3-on beim Erhitzen von 4,5-Dichlor-2*H*-pyridazin-3-on mit äthanol. NH_3 (*Castle, Seese,* J. org. Chem. **23** [1958] 1534, 1536, 1537).
Kristalle (aus A.); F: 292 – 294° [unkorr.]. λ_{max}: 286 – 292 nm [H_2O] bzw. 290 nm [wss. NaOH (1 n)].

5,6-Diamino-2-phenyl-2*H*-pyridazin-3-on $C_{10}H_{10}N_4O$, Formel V (R = H).
B. Beim Erhitzen von 5,6-Dichlor-2-phenyl-2*H*-pyridazin-3-on mit wss. NH_3 und wenig Kupfer-Pulver auf 150 – 165° (*Meier et al.*, Helv. **37** [1954] 523, 529, 531).
Kristalle (aus wss. A.); F: 263 – 266° [unkorr.; Zers.].

5,6-Bis-dimethylamino-2-phenyl-2*H*-pyridazin-3-on $C_{14}H_{18}N_4O$, Formel V (R = CH_3).
B. Aus 5,6-Dichlor-2-phenyl-2*H*-pyridazin-3-on mit äthanol. Dimethylamin [200°] (*Meier et al.*, Helv. **37** [1954] 523, 529, 531).
Kristalle; F: 132 – 134° [unkorr.].
Hydrochlorid. Kristalle (aus wss. HCl); F: 205,5° [unkorr.].

2-Phenyl-5,6-dipiperidino-2*H*-pyridazin-3-on $C_{20}H_{26}N_4O$, Formel VI.
B. Aus 5,6-Dichlor-2-phenyl-2*H*-pyridazin-3-on und Piperidin [200°] (*Meier et al.*, Helv. **37** [1954] 523, 529, 531).
Kristalle (aus A.); F: 170 – 171° [unkorr.].

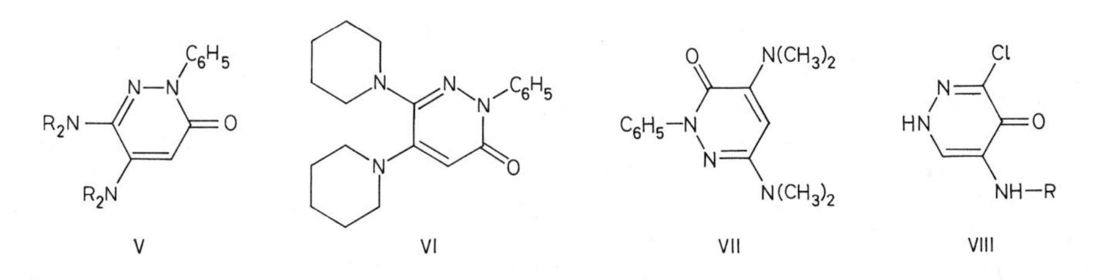

4,6-Bis-dimethylamino-2-phenyl-2*H*-pyridazin-3-on $C_{14}H_{18}N_4O$, Formel VII.
B. Aus 4,6-Dichlor-2-phenyl-2*H*-pyridazin-3-on und äthanol. Dimethylamin [170°] (*Druey et al.*, Helv. **37** [1954] 510, 515, 522).
Kristalle (aus PAe.); F: 91,5 – 92°.

5-Amino-3-chlor-1*H*-pyridazin-4-on $C_4H_4ClN_3O$, Formel VIII (R = H) und Taut.
B. Beim Erhitzen der folgenden Verbindung mit wss. HCl (*Kuraishi,* Chem. pharm. Bl. **6** [1958] 641, 643, 644).
Kristalle (aus H_2O); F: 259° [unkorr.; Zers.]. UV-Spektrum (A.; 210 – 350 nm): *Ku.*

5-Acetylamino-3-chlor-1*H*-pyridazin-4-on, *N*-[6-Chlor-5-oxo-2,5-dihydro-pyridazin-4-yl]-acetamid $C_6H_6ClN_3O_2$, Formel VIII (R = CO-CH_3) und Taut.
B. Aus 3,4-Dichlor-pyridazin-5-ylamin und Acetanhydrid (*Kuraishi,* Chem. pharm. Bl. **6** [1958] 641, 644).
Kristalle (aus A.); F: 258° [unkorr.; Zers.].

2-Amino-1-[3,4-dihydroxy-5-hydroxymethyl-tetrahydro-[2]furyl]-1*H*-pyrimidin-4-on $C_9H_{13}N_3O_5$.

a) **2-Amino-1-β-D-ribofuranosyl-1*H*-pyrimidin-4-on, Isocytidin,** Formel IX.
B. Beim Behandeln von $O^{2'}$,$O^{3'}$-Isopropyliden-isocytidin (s. u.) mit Ameisensäure (*Brown et al.*, Soc. **1957** 868, 871).

Hygroskopischer Feststoff.

b) **2-Amino-1β-D-arabinofuranosyl-1*H*-pyrimidin-4-on,** Formel X.

B. Neben (3a*S*)-3*c*-Hydroxy-2*t*-hydroxymethyl-(3a*r*,9a*c*)-2,3,3a,9a-tetrahydro-furo[2′,3′:4,5]oxazolo[3,2-*a*]pyrimidin-6-on („O^2,2′-Cyclo-uridin") beim Behandeln von $O^{5'}$-Acetyl-$O^{2'}$-[toluol-4-sulfonyl]-uridin mit methanol. NH_3 (*Brown et al.*, Soc. **1958** 3028, 3032).

Kristalle (aus wss. A.); F: 235–236°. λ_{max}: 257 nm [H_2O], 219 nm und 258 nm [wss. HCl (0,1 n)] bzw. 228 nm und 260 nm [wss. NaOH (0,1 n)].

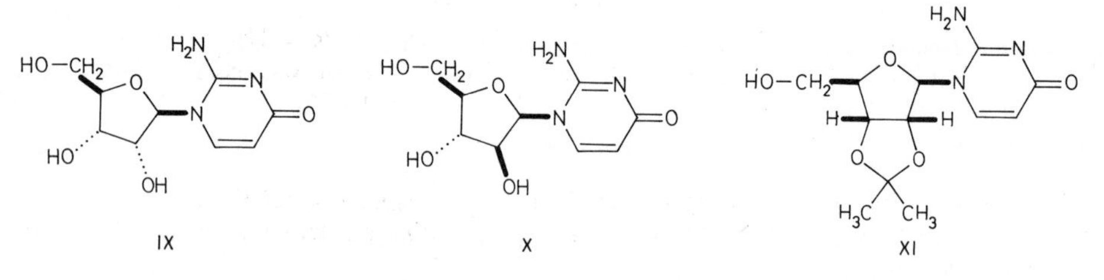

2-Amino-1-[O^2,O^3-isopropyliden-β-D-ribofuranosyl]-1*H*-pyrimidin-4-on, $O^{2'}$,$O^{3'}$-Isopropyliden-isocytidin $C_{12}H_{17}N_3O_5$, Formel XI.

B. Beim Behandeln von $O^{2'}$,$O^{3'}$-Isopropyliden-2,5′-anhydro-uridin („$O^{2'}$,$O^{3'}$-Isopropyliden-O^2,5′-cyclo-uridin") mit methanol. NH_3 (*Brown et al.*, Soc. **1957** 868, 871).

Kristalle (aus A.); F: 206–207° (*Br. et al.*, l. c. S. 871). UV-Spektrum (H_2O, wss. HCl [0,1 n] sowie wss. NaOH [0,1 n]; 200–280 nm): *Br. et al.*, l. c. S. 869.

2-Amino-3*H*-pyrimidin-4-on $C_4H_5N_3O$, Formel XII (R = R′ = H) und Taut.; **Isocytosin** (H **24** 313; E II **24** 169).

In den Kristallen liegt nach Ausweis des Röntgen-Diagramms ein Gemisch [1:1] aus 2-Amino-1*H*-pyrimidin-4-on und 2-Amino-3*H*-pyrimidin-4-on vor (*Sharma, McConnell*, Acta cryst. **19** [1965] 797). Nach Ausweis des ^{1}H-NMR-Spektrums liegt in DMSO-d_6 ein Gemisch [31:69] aus 2-Amino-1*H*-pyrimidin-4-on und 2-Amino-3*H*-pyrimidin-4-on vor (*Stolarski et al.*, Z. Naturf. **32c** [1977] 894, 896, 898); nach Ausweis des UV-Spektrums beträgt der Anteil des 3*H*-Tautomeren an diesem Gemisch in wss. Lösung vom pH 6 52% (*Hélène, Douzou*, C. r. **259** [1964] 4387; s. a. *St. et al.*), in wss. Dioxan [50%ig] 75% (*St. et al.*) und in Äther (*Hé., Do.*, l. c. S. 4387) sowie in Dioxan (*St. et al.*) 100%. Gleichgewichtskonstante des Tautomerensystems in H_2O bei 23–55°: *Hélène, Douzou*, C. r. **259** [1964] 4853.

B. Aus 3-Oxo-propionsäure-äthylester und Guanidin (*Am. Cyanamid Co.*, U.S.P. 2362070 [1941], 2417318 [1945]). Aus Äpfelsäure und Guanidin mit Hilfe von H_2SO_4 [SO_3 enthaltend] (*Roblin et al.*, Am. Soc. **62** [1940] 2002, 2004; *Caldwell, Kime*, Am. Soc. **62** [1940] 2365; *Am. Cyanamid Co.*, U.S.P. 2250332 [1941]; *Sugino et al.*, J. chem. Soc. Japan Ind. Chem. Sect. **53** [1950] 219, 220; C. A. **1953** 5946). Aus 2-Äthoxy-3*H*-pyrimidin-4-on und äthanol. NH_3 [120°] (*Hilbert et al.*, Am. Soc. **57** [1935] 552). Beim Erwärmen von 4-Chlor-pyrimidin-2-ylamin mit wss. HCl (*Hilbert*, Am. Soc. **56** [1934] 190, 194). Aus 2-Amino-6-thioxo-5,6-dihydro-3*H*-pyrimidin-4-on mit Hilfe von Raney-Nickel (*Isbecque et al.*, Helv. **42** [1959] 1317, 1322).

Atomabstände und Bindungswinkel (Röntgen-Diagramm): *Sh., McC.*

Kristalle (aus H_2O); F: 276–278° [Zers.] (*Is. et al.*), 275–276° [korr.; Zers.] (*Hi. et al.*). Monoklin; Kristallstruktur-Analyse (Röntgen-Diagramm): *Sh., McC.* Dichte der Kristalle: 1,403 (*Sh., McC.*). Kristalloptik: *Hi. et al.* ^{1}H-NMR-Absorption und ^{1}H-^{1}H-Spin-Spin-Kopplungskonstante (DMSO-d_6): *St. et al.* IR-Spektrum (KBr; 2,5–14,5 μ): *Stimson, O'Donnell*, Am. Soc. **74** [1952] 1805. UV-Spektrum eines Films (240–330 nm) bei 77 K und 298 K: *Sinsheimer et al.*, J. biol. Chem. **187** [1950] 313, 316, 320; in KBr (220–320 nm): *St., O'Do.*; in einem Isopentan-Äther-Äthanol-Gemisch (5:5:2) bei 77 K und 298 K: *Si. et al.*; in Äthanol und in einem Äthanol-Äther-Gemisch [1:9] (200–320 nm): *Hé., Do.*, l. c. S. 4388; in H_2O (230–330 nm) bei 28–55°: *Hé., Do.*, l. c. S. 4854; in H_2O, wss. HCl [0,1 n] und wss. NaOH [0,1 n] (200–320 nm bzw. 230–300 nm): *Hé., Do.*, l. c. S. 4388, 4389; *Stimson, Reuter*, Am. Soc. **67** [1945] 2191; in wss. Lösungen vom pH 4–9 (210–300 nm): *Stimson*, Am. Soc. **71** [1949] 1470, 1471, 1472.

2-Dimethylamino-3*H*-pyrimidin-4-on $C_6H_9N_3O$, Formel XII (R = R' = CH_3) und Taut.

B. Aus Äpfelsäure und *N,N*-Dimethyl-guanidin mit Hilfe von H_2SO_4 [20% SO_3 enthaltend] (*Overberger, Kogon,* Am. Soc. **76** [1954] 1065, 1067; *Saunders,* Soc. **1956** 3232).

Kristalle; F: 175,5–176,5° [korr.; aus H_2O] (*Ov., Ko.*), 173–175° [aus Acn.] (*Sa.*).

Picrat $C_6H_9N_3O \cdot C_6H_3N_3O_7$. Gelbe Kristalle (aus A.); F: 220,5–222,5° [korr.] (*Ov., Ko.*).

2-[4-Chlor-anilino]-3*H*-pyrimidin-4-on $C_{10}H_8ClN_3O$, Formel XII (R = C_6H_4-Cl, R' = H) und Taut.

B. Aus 2-Methylmercapto-3*H*-pyrimidin-4-on und 4-Chlor-anilin in 2-Äthoxy-äthanol (*Curd et al.,* Soc. **1946** 378, 381).

Kristalle (aus Eg.); F: 242–244°.

2-Benzylamino-3*H*-pyrimidin-4-on $C_{11}H_{11}N_3O$, Formel XII (R = CH_2-C_6H_5, R' = H) und Taut.

B. Analog der vorangehenden Verbindung (*Matsukawa, Sirakawa,* J. pharm. Soc. Japan **71** [1951] 943; C. A. **1952** 8122). Aus Benzylguanidin und der Natrium-Verbindung der 3-Oxo-propionsäure (*Naito et al.,* J. pharm. Soc. Japan **72** [1952] 348; C. A. **1953** 6408).

Kristalle (aus A.); F: 223–224° (*Ma., Si.*). Kristalle (aus Me.) mit 1 Mol H_2O; F: 221–222° (*Na. et al.*).

2-[4-Methoxy-benzylamino]-3*H*-pyrimidin-4-on $C_{12}H_{13}N_3O_2$, Formel XII (R = CH_2-C_6H_4-O-CH_3, R' = H) und Taut.

B. Aus 2-Methylmercapto-3*H*-pyrimidin-4-on und 4-Methoxy-benzylamin [160°] (*Matsukawa, Sirakawa,* J. pharm. Soc. Japan **71** [1951] 943; C. A. **1952** 8122).

Hydrochlorid $C_{12}H_{13}N_3O_2 \cdot HCl$. Kristalle (aus wss. HCl); F: 225–226°.

2-Acetylamino-3*H*-pyrimidin-4-on, *N*-[6-Oxo-1,6-dihydro-pyrimidin-2-yl]-acetamid $C_6H_7N_3O_2$, Formel XII (R = CO-CH_3, R' = H) und Taut. (H **24** 314).

Kristalle (aus Me.); F: 249–250° (*Phillips, Mentha,* Am. Soc. **76** [1954] 6200).

[6-Oxo-1,6-dihydro-pyrimidin-2-yl]-carbamonitril $C_5H_4N_4O$, Formel XII (R = CN, R' = H) und Taut.

B. Aus Cyanguanidin und der Natrium-Verbindung des 3-Oxo-propionsäure-äthylesters (*Am. Cyanamid Co.,* U.S.P. 2417318 [1945]).

F: >310° (*ICI,* U.S.P. 2422890 [1945]).

***N*-[4-Chlor-phenyl]-*N'*-[6-oxo-1,6-dihydro-pyrimidin-2-yl]-guanidin** $C_{11}H_{10}ClN_5O$, Formel XII (R = C(=NH)-NH-C_6H_4-Cl, R' = H) und Taut.

B. Aus der vorangehenden Verbindung und 4-Chlor-anilin (*ICI,* U.S.P. 2422890 [1945]).

F: 258–259°.

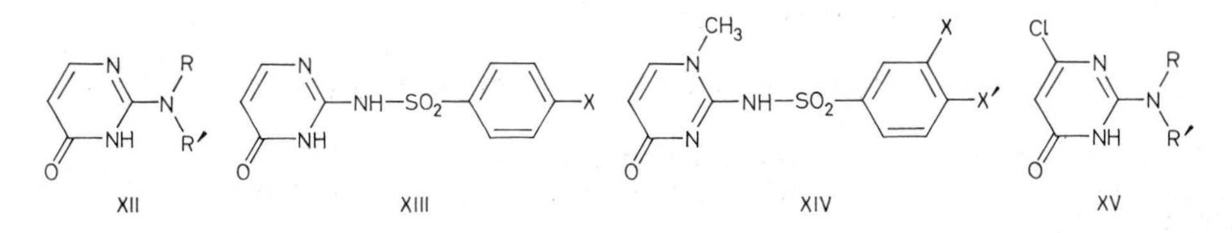

***N*-[6-Oxo-1,6-dihydro-pyrimidin-2-yl]-sulfanilsäure-amid** $C_{10}H_{10}N_4O_3S$, Formel XII (R = C_6H_4-SO_2-NH_2, R' = H) und Taut.

B. Beim Erhitzen von 2-Methylmercapto-3*H*-pyrimidin-4-on mit Sulfanilamid in Phenol auf 170° (*Leitch et al.,* Canad. J. Res. [B] **25** [1947] 14, 17).

F: 288–290° [unkorr.].

2-[3-Dibutylamino-propylamino]-3*H*-pyrimidin-4-on $C_{15}H_{28}N_4O$, Formel XII ($R = [CH_2]_3$-$N([CH_2]_3$-$CH_3)_2$, $R' = H$) und Taut.

B. Aus 2-Methylmercapto-3*H*-pyrimidin-4-on und *N,N*-Dibutyl-propandiyldiamin [170°] (*Curd et al.*, Soc. **1946** 720, 726).

Dipicrat $C_{15}H_{28}N_4O \cdot 2C_6H_3N_3O_7$. Kristalle (aus 2-Äthoxy-äthanol); F: 198–199°.

2-Benzolsulfonylamino-3*H*-pyrimidin-4-on, *N*-[6-Oxo-1,6-dihydro-pyrimidin-2-yl]-benzolsulfonamid $C_{10}H_9N_3O_3S$, Formel XIII (X = H) und Taut.

B. Beim Erhitzen von 2-Methylmercapto-3*H*-pyrimidin-4-on mit Benzolsulfonamid und wss. NaOH auf 200° (*Ward, Blenkinsop & Co.*, U.S.P. 2471772 [1945]).

Kristalle (aus A.).

4-Hydroxy-benzolsulfonsäure-[6-oxo-1,6-dihydro-pyrimidin-2-ylamid] $C_{10}H_9N_3O_4S$, Formel XIII (X = OH) und Taut.

B. Aus 2-Methylmercapto-3*H*-pyrimidin-4-on und 4-Hydroxy-benzolsulfonsäure-amid [220–230°] (*Matsukawa et al.*, J. pharm. Soc. Japan **70** [1950] 638; C. A. **1951** 7043).

Kristalle (aus A.); F: 264–266°.

2-Sulfanilylamino-3*H*-pyrimidin-4-on, Sulfanilsäure-[6-oxo-1,6-dihydro-pyrimidin-2-ylamid] $C_{10}H_{10}N_4O_3S$, Formel XIII ($X = NH_2$) und Taut.

B. Aus Sulfanilylguanidin und 3-Oxo-propionsäure (*Cilag*, Schweiz. P. 226118 [1942]), 3-Oxo-propionsäure-äthylester (*Ganapathi et al.*, Pr. Indian Acad. [A] **16** [1942] 115, 120) oder 3-[2-Methyl-piperidino]-acrylsäure-äthylester (*Ohta, Kawasaki*, J. pharm. Soc. Japan **71** [1951] 1309, 1312; C. A. **1952** 8094). Aus 2-Methylmercapto-3*H*-pyrimidin-4-on und dem Natrium-Salz des Sulfanilamids (*Ward, Blenkinsop & Co.*, U.S.P. 2471772 [1945]). Beim Erwärmen von Sulfanilsäure-[4-methoxy-pyrimidin-2-ylamid] mit konz. wss. HCl (*Leitch et al.*, Canad. J. Res. [B] **25** [1947] 14, 16). Aus der folgenden Verbindung mit Hilfe von wss.-methanol. HCl (*Ward, Blenkinsop & Co.*), wss. HCl (*Le. et al.*) oder wss. NaOH (*Le. et al.; Matsukawa, Yoshida*, J. pharm. Soc. Japan **69** [1949] 27, 28, 31; C. A. **1950** 3453).

Kristalle; F: 276° [aus wss. A.] (*Ma., Yo.*), 274–276° (*Ward, Blenkinsop & Co.*), 269–270° [unkorr.; aus H_2O] (*Le. et al.*), 268–269° [aus H_2O] (*Ga. et al.*).

***N*-Acetyl-sulfanilsäure-[6-oxo-1,6-dihydro-pyrimidin-2-ylamid], Essigsäure-[4-(6-oxo-1,6-dihydro-pyrimidin-2-ylsulfamoyl)-anilid]** $C_{12}H_{12}N_4O_4S$, Formel XIII ($X = NH$-CO-CH_3) und Taut.

B. Aus [*N*-Acetyl-sulfanilyl]-guanidin und 3-Oxo-propionsäure (*Cilag*, Schweiz. P. 233766 [1942]), 3-Oxo-propionsäure-äthylester (*Leitch et al.*, Canad. J. Res. [B] **25** [1947] 14, 16; *Matsukawa, Ban*, J. pharm. Soc. Japan **70** [1950] 148, 150; C. A. **1950** 5886) oder 3-[2-Methyl-piperidino]-acrylsäure-äthylester (*Ohta, Kawasaki*, J. pharm. Soc. Japan **71** [1951] 1309, 1312; C. A. **1952** 8094). Aus *N*-Acetyl-sulfanilsäure-amid und 2-Methylmercapto-3*H*-pyrimidin-4-on (*Ward, Blenkinsop & Co.*, U.S.P. 2471772 [1945]; *Le. et al.*) oder 2-Äthylmercapto-3*H*-pyrimidin-4-on (*Matsukawa, Yoshida*, J. pharm. Soc. Japan **69** [1949] 27, 28, 30; C. A. **1950** 3453).

Kristalle; F: 275–280° [aus wss. A.] (*Ward, Blenkinsop & Co.*), 265° [aus wss. A.] (*Ma., Ban*), 263–264° [unkorr.; aus H_2O] (*Le. et al.*).

4-Chlor-benzolsulfonsäure-[1-methyl-4-oxo-1,4-dihydro-pyrimidin-2-ylamid] $C_{11}H_{10}ClN_3O_3S$, Formel XIV (X = H, X' = Cl).

B. Beim Erwärmen von 4-Chlor-benzolsulfonsäure-[4-methoxy-1-methyl-1*H*-pyrimidin-2-ylidenamid] (S. 3355) mit wss.-äthanol. KOH (*Shepherd, English*, J. org. Chem. **12** [1947] 446, 450, 452, 453).

Kristalle (aus Eg.); F: 164–165° [korr.].

3-Nitro-benzolsulfonsäure-[1-methyl-4-oxo-1,4-dihydro-pyrimidin-2-ylamid] $C_{11}H_{10}N_4O_5S$, Formel XIV ($X = NO_2$, X' = H).

B. Analog der vorangehenden Verbindung (*Shepherd, English*, J. org. Chem. **12** [1947] 446, 450, 453).

F: 207–208° [korr.].

2-Amino-6-chlor-3*H*-pyrimidin-4-on $C_4H_4ClN_3O$, Formel XV (R = R′ = H) und Taut.

B. Beim Erhitzen von 4,6-Dichlor-pyrimidin-2-ylamin mit wss. NaOH (*Forrest et al.*, Soc. **1951** 3, 6). Beim Erwärmen von 4-Chlor-6-methoxy-pyrimidin-2-ylamin mit konz. wss. HCl (*Boon, Leigh*, Soc. **1951** 1497, 1499).

Kristalle; F: 261° [aus Me.] (*Boon, Le.*), 261° (*Fo. et al.*). IR-Spektrum (Paraffin oder Perfluor⸗kerosin; 3550–2750 cm^{-1} und 1850–500 cm^{-1}): *Short, Thompson*, Soc. **1952** 168, 173, 176, 178. λ_{max}: 286 nm [wss. Lösung vom pH 1] bzw. 275 nm [wss. Lösung vom pH 11] (*Elion, Hitchings*, Am. Soc. **74** [1952] 3877, 3880).

6-Chlor-2-methylamino-3*H*-pyrimidin-4-on $C_5H_6ClN_3O$, Formel XV (R = CH_3, R′ = H) und Taut.

B. Beim Erwärmen von [4-Chlor-6-methoxy-pyrimidin-2-yl]-methyl-amin mit konz. wss. HCl (*Boon*, Soc. **1957** 2146, 2150).

F: 265° [Zers.].

6-Chlor-2-dimethylamino-3*H*-pyrimidin-4-on $C_6H_8ClN_3O$, Formel XV (R = R′ = CH_3) und Taut.

B. Analog der vorangehenden Verbindung (*Boon*, Soc. **1957** 2146, 2150).

F: 217°.

2-Amino-5-nitro-3*H*-pyrimidin-4-on $C_4H_4N_4O_3$, Formel I (R = H, X = O) und Taut. (H **24** 321).

B. Beim Erhitzen von 2-Äthoxy-5-nitro-3*H*-pyrimidin-4-on mit äthanol. NH_3 (*Brown*, Soc. **1959** 3647).

Kristalle (aus H_2O). λ_{max}: 232 nm, 254 nm und 338 nm [wss. Lösung vom pH 4,5] bzw. 245 nm und 353 nm [wss. Lösung vom pH 9,5]. Scheinbarer Dissoziationsexponent pK'_a (H_2O; potentiometrisch ermittelt): 6,70.

2-Dimethylamino-5-nitro-3*H*-pyrimidin-4-on $C_6H_8N_4O_3$, Formel I (R = CH_3, X = O) und Taut.

B. Aus 2-Dimethylamino-3*H*-pyrimidin-4-on mit Hilfe von HNO_3 und H_2SO_4 (*Saunders*, Soc. **1956** 3232).

Gelb; F: 304–311°.

2-Amino-5-nitro-3*H*-pyrimidin-4-thion $C_4H_4N_4O_2S$, Formel I (R = H, X = S) und Taut.

B. Neben 4-Äthoxy-5-nitro-pyrimidin-2-ylamin beim Behandeln von 2-Amino-5-nitro-pyrimi⸗din-4-ylthiocyanat mit äthanol. Natriumäthylat (*Naito, Inoue*, Chem. pharm. Bl. **6** [1958] 338, 341).

Gelbe Kristalle (aus A.), die sich beim Erhitzen zersetzen.

5-Amino-3*H*-pyrimidin-4-on $C_4H_5N_3O$, Formel II (R = H) und Taut.

B. Beim Erhitzen von 2-Äthylmercapto-5-amino-3*H*-pyrimidin-4-on mit Raney-Nickel in H_2O (*Boarland, McOmie*, Soc. **1952** 4942, 4945).

Kristalle (aus A.); F: 211–212° [unkorr.]. UV-Spektrum (wss. HCl [1 n] sowie wss. NaOH [0,1 n]; 210–340 nm): *Bo., McO.*, l. c. S. 4943, 4944.

5-Benzoylamino-3*H*-pyrimidin-4-on, *N*-[6-Oxo-1,6-dihydro-pyrimidin-5-yl]-benzamid $C_{11}H_9N_3O_2$, Formel II (R = CO-C_6H_5) und Taut.

B. Beim Behandeln der Natrium-Verbindung des 2-Benzoylamino-3-oxo-propionsäure-äthyl⸗esters (E III **9** 1198) mit Formamidin-hydrochlorid in Äthanol (*Falco et al.*, Am. Soc. **74** [1952] 4897, 4899). Beim Erhitzen von *N*-[2-Methylmercapto-6-oxo-1,6-dihydro-pyrimidin-5-yl]-benz⸗amid mit Raney-Nickel in wss. Dioxan (*Boarland, McOmie*, Soc. **1952** 4942, 4944).

Kristalle; F: 249–250° [Zers.; aus A.] (*Fa. et al.*), 245–246° [unkorr.; aus wss. A.] (*Bo., McO.*).

5-Amino-3*H*-pyrimidin-4-thion $C_4H_5N_3S$, Formel III (X = X′ = H) und Taut.

B. Beim Erhitzen von 5-Amino-3*H*-pyrimidin-4-on mit P_2S_5 in Xylol (*Inoue,* Chem. Pharm. Bl. **6** [1958] 349, 351). Beim Erhitzen von 5-Amino-6-chlor-3*H*-pyrimidin-4-thion mit Zink-Pulver in wss. NH_3 (*In.*). Beim Erwärmen von 4-Chlor-pyrimidin-5-ylamin mit KHS in H_2O (*In.*).

Gelbe Kristalle (aus A.); F: 207° [unkorr.; Zers.].

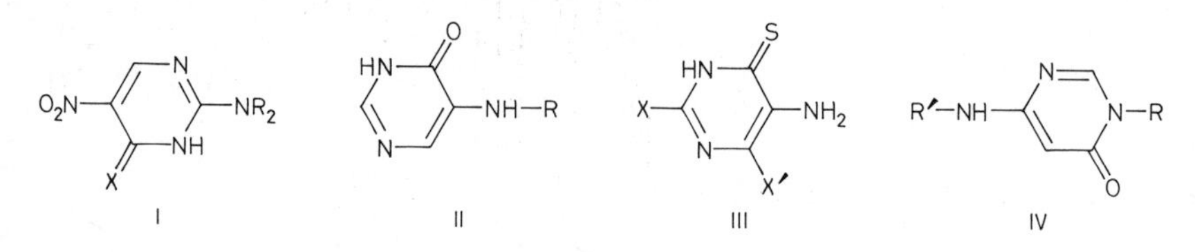

5-Amino-2-chlor-3*H*-pyrimidin-4-thion $C_4H_4ClN_3S$, Formel III (X = Cl, X′ = H) und Taut.

B. Beim Erwärmen von 2,4-Dichlor-pyrimidin-5-ylamin in Äthanol mit KHS in H_2O (*Inoue,* Chem. pharm. Bl. **6** [1958] 343, 345).

Gelbe Kristalle (aus A.), die unterhalb 300° nicht schmelzen.

5-Amino-6-chlor-3*H*-pyrimidin-4-thion $C_4H_4ClN_3S$, Formel III (X = H, X′ = Cl) und Taut.

B. Aus 4,6-Dichlor-pyrimidin-5-ylamin und KHS in Äthanol (*Inoue,* Chem. pharm. Bl. **6** [1958] 349, 351).

Gelbe Kristalle (aus A.), die unterhalb 300° nicht schmelzen (*In.*). Gelbes Pulver; Zers. bei 190–220° (*Marchal et al.,* Bl. Soc. chim. Belg. **69** [1960] 177, 189).

6-Amino-3*H*-pyrimidin-4-on $C_4H_5N_3O$, Formel IV (R = R′ = H) und Taut.

Nach Ausweis des UV-Spektrums liegt in wss. Lösung vermutlich 6-Amino-3*H*-pyrimidin-4-on vor (*Brown, Teitei,* Austral. J. Chem. **18** [1965] 559, 561, 562; s. a. *Pfleiderer, Liedek,* A. **612** [1958] 163, 164).

B. Aus Carbamimidoylessigsäure-amid und Äthylformiat (*Ishidate, Yuki,* Pharm. Bl. **5** [1957] 240, 243). Beim Erhitzen von 6-Amino-2-thioxo-2,3-dihydro-1*H*-pyrimidin-4-on in wss. NH_3 mit Raney-Nickel (*Brown,* J. Soc. chem. Ind. **69** [1950] 353, 355; *Mizuno et al.,* J. pharm. Soc. Japan **77** [1957] 686; C. A. **1957** 16494; *Pf., Li.,* l. c. S. 169; s. a. *Cavalieri, Bendich,* Am. Soc. **72** [1950] 2587, 2593).

Kristalle; F: 271–272° [aus H_2O] bzw. Zers. ab 265° [bei langsamem Erhitzen] (*Pf., Li.,* l. c. S. 169); F: 264° [Zers.; aus wss. A.] (*Mi. et al.*), 263–264° [Zers.; aus H_2O] (*Br.*). IR-Spektrum, auch der deuterierten Verbindung (3350–2750 cm^{-1} und 1850–650 cm^{-1} bzw. 1800–650 cm^{-1}) in Paraffin oder Perfluorkerosin: *Short, Thompson,* Soc. **1952** 168, 173, 176. UV-Spektrum (Me.; 210–300 nm): *Pf., Li.,* l. c. S. 165, 166. λ_{max} (wss. Lösung vom pH 6,5): 257 nm (*Ca., Be.,* l. c. S. 2591). Polarographisches Halbstufenpotential (wss. Lösungen vom pH 1,2–6,8): *Cavalieri, Lowy,* Arch. Biochem. **35** [1952] 83, 85.

6-Amino-1-methyl-1*H*-pyrimidin-4-on $C_5H_7N_3O$, Formel V (R = H).

B. Beim Erhitzen von 6-Amino-1-methyl-2-thioxo-2,3-dihydro-1*H*-pyrimidin-4-on in H_2O mit Raney-Nickel (*Pfleiderer, Liedek,* A. **612** [1958] 163, 171).

Kristalle (aus H_2O) mit 1 Mol H_2O; F: 252°. λ_{max} (Me.): 221 nm und 258 nm.

6-Amino-3-methyl-3*H*-pyrimidin-4-on $C_5H_7N_3O$, Formel IV (R = CH_3, R′ = H).

B. Beim Erwärmen von 6-Amino-3*H*-pyrimidin-4-on in wss. NaOH mit Dimethylsulfat (*Pflei=derer, Liedek,* A. **612** [1958] 163, 169). Beim Erhitzen von 6-Amino-3-methyl-2-methylmercapto-3*H*-pyrimidin-4-on in H_2O mit Raney-Nickel (*Pf., Li.*).

Kristalle (aus H_2O); F: 184–185°. λ_{max} (Me.): 218 nm und 258 nm.

6-Methylamino-3*H*-pyrimidin-4-on $C_5H_7N_3O$, Formel IV (R = H, R′ = CH_3) und Taut.

B. Beim Erhitzen von [6-Methoxy-pyrimidin-4-yl]-methyl-amin mit konz. wss. HCl (*Brown,* J. appl. Chem. **5** [1955] 358, 362).

Kristalle (aus H_2O) mit 1 Mol H_2O; die wasserfreie Verbindung schmilzt bei 250–256°.

6-Acetylamino-3*H*-pyrimidin-4-on, *N*-[6-Oxo-1,6-dihydro-pyrimidin-4-yl]-acetamid $C_6H_7N_3O_2$, Formel IV (R = H, R′ = CO-CH_3) und Taut.

B. Aus 6-Amino-3*H*-pyrimidin-4-on und Acetanhydrid (*Pfleiderer, Liedek,* A. **612** [1958] 163, 169).

Kristalle (aus H_2O); F: 288–289°. UV-Spektrum (Me.; 210–310 nm): *Pf., Li.,* l. c. S. 165, 166.

6-Acetylamino-1-methyl-1*H*-pyrimidin-4-on, *N*-[3-Methyl-6-oxo-3,6-dihydro-pyrimidin-4-yl]-acetamid $C_7H_9N_3O_2$, Formel V (R = CO-CH_3).

B. Aus 6-Amino-1-methyl-1*H*-pyrimidin-4-on mit Acetanhydrid (*Pfleiderer, Liedek,* A. **612** [1958] 163, 171).

Kristalle (aus A.); F: 171–172°. λ_{max} (Me.): 229 nm und 279 nm.

6-Acetylamino-3-methyl-3*H*-pyrimidin-4-on, *N*-[1-Methyl-6-oxo-1,6-dihydro-pyrimidin-4-yl]-acetamid $C_7H_9N_3O_2$, Formel IV (R = CH_3, R′ = CO-CH_3).

B. Beim Erwärmen von *N*-[6-Oxo-1,6-dihydro-pyrimidin-4-yl]-acetamid mit Dimethylsulfat in wss. NaOH (*Pfleiderer, Liedek,* A. **612** [1958] 163, 170). Aus 6-Amino-3-methyl-3*H*-pyrimidin-4-on und Acetanhydrid (*Pf., Li.*). Beim Erhitzen von *N*-[1-Methyl-2-methylmercapto-6-oxo-1,6-dihydro-pyrimidin-4-yl]-acetamid mit Raney-Nickel in H_2O (*Pf., Li.*).

Kristalle (aus H_2O); F: 303–304°. UV-Spektrum (Me.; 210–300 nm): *Pf., Li.,* l. c. S. 165, 166.

6-Amino-5-nitro-3*H*-pyrimidin-4-on $C_4H_4N_4O_3$, Formel VI (R = R′ = H) und Taut.

B. Aus 6-Amino-3*H*-pyrimidin-4-on mit Hilfe von KNO_3 und H_2SO_4 (*Mizuno et al.,* J. pharm. Soc. Japan **77** [1957] 686; C. A. **1957** 16494; vgl. *Ishidate, Yuki,* Pharm. Bl. **5** [1957] 240, 243).

Kristalle (aus H_2O); F: >350° (*Ish., Yuki*). Kristalle [aus wss. NH_3] (*Mi. et al.*).

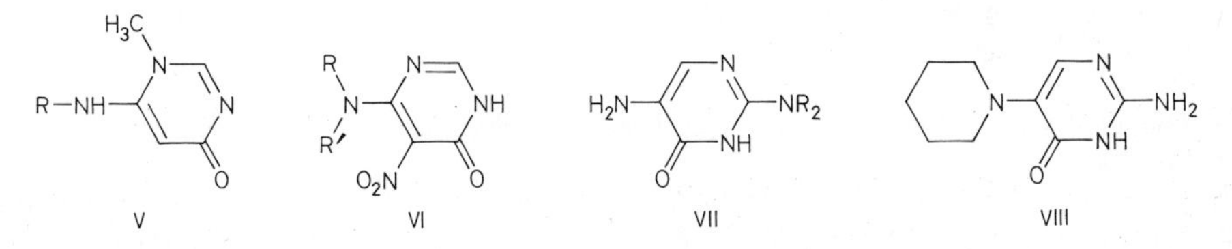

6-Methylamino-5-nitro-3*H*-pyrimidin-4-on $C_5H_6N_4O_3$, Formel VI (R = CH_3, R′ = H) und Taut.

B. Aus 6-Methylamino-3*H*-pyrimidin-4-on mit Hilfe von HNO_3 und H_2SO_4 (*Brown,* J. appl. Chem. **5** [1955] 358, 362).

Kristalle (aus H_2O); F: 298° [Zers.].

6-Dimethylamino-5-nitro-3*H*-pyrimidin-4-on $C_6H_8N_4O_3$, Formel VI (R = R′ = CH_3) und Taut.

B. Beim Behandeln von 4,6-Dichlor-5-nitro-pyrimidin in Äther mit Dimethylamin in Methanol (*Pfleiderer,* B. **92** [1959] 3190, 3195).

Gelbliche Kristalle (aus A.); F: 216–217°.

***N*-[5-Nitro-6-oxo-1,6-dihydro-pyrimidin-4-yl]-glycin-äthylester** $C_8H_{10}N_4O_5$, Formel VI (R = CH_2-CO-O-C_2H_5, R′ = H) und Taut.

B. Beim Erwärmen von *N*-[6-Chlor-5-nitro-pyrimidin-4-yl]-glycin-äthylester in wss. Lösung [pH 5] (*Boon et al.,* Soc. **1951** 96, 100).

F: 214° [Zers.].

2,5-Diamino-3*H*-pyrimidin-4-on $C_4H_6N_4O$, Formel VII (R = H) und Taut. (H **24** 464).

λ_{max}: 255 nm [wss. Lösung vom pH 1] bzw. 242 nm und 295 nm [wss. Lösung vom pH 11]

(*Falco et al.*, Am. Soc. **74** [1952] 4897, 4901).

5-Amino-2-dimethylamino-3*H*-pyrimidin-4-on $C_6H_{10}N_4O$, Formel VII (R = CH_3) und Taut.
B. Bei der Hydrierung von 2-Dimethylamino-5-nitro-3*H*-pyrimidin-4-on an Raney-Nickel in Äthanol (*Saunders*, Soc. **1956** 3232).
Dihydrochlorid $C_6H_{10}N_4O \cdot 2HCl$. Feststoff mit 1 Mol H_2O; F: >310°.

2-Amino-5-piperidino-3*H*-pyrimidin-4-on $C_9H_{14}N_4O$, Formel VIII und Taut.
B. Aus 2-Amino-5-brom-3*H*-pyrimidin-4-on und Piperidin (*Phillips*, Am. Soc. **75** [1953] 4092).
Kristalle; F: 278–280°.
Dihydrochlorid $C_9H_{14}N_4O \cdot 2HCl$. Kristalle (aus Me.+E.); F: 269–270° [Zers.].

2,5-Diamino-3*H*-pyrimidin-4-thion $C_4H_6N_4S$, Formel IX (R = R′ = H) und Taut.
B. Beim Behandeln von 2-Amino-5-nitro-3*H*-pyrimidin-4-thion mit $Na_2S_2O_4$ in wss. NaOH (*Naito, Inoue*, Chem. pharm. Bl. **6** [1958] 338, 341). Beim Erwärmen von [2-Amino-6-thioxo-1,6-dihydro-pyrimidin-5-yl]-harnstoff mit wss. NaOH (*Na., In.*).
Gelbe Kristalle (aus H_2O); F: 235° [unkorr.; Zers.].

5-Amino-2-anilino-3*H*-pyrimidin-4-thion $C_{10}H_{10}N_4S$, Formel IX (R = C_6H_5, R′ = H) und Taut.
B. Aus [5-Nitro-4-thiocyanato-pyrimidin-2-yl]-phenyl-amin über 2-Anilino-5-nitro-3*H*-pyrimidin-4-thion (*Naito, Inoue*, Chem. pharm. Bl. **6** [1958] 338, 341). Beim Erwärmen von N^5-Phenyl-thiazolo[5,4-*d*]pyrimidin-2,5-diyldiamin mit wss. NaOH (*Na., In.*).
Gelbe Kristalle (aus A.); F: 218° [unkorr.; Zers.].

[2-Amino-6-thioxo-1,6-dihydro-pyrimidin-5-yl]-harnstoff $C_5H_7N_5OS$, Formel IX (R = H, R′ = CO-NH_2) und Taut.
B. Beim Erwärmen von Thiazolo[5,4-*d*]pyrimidin-2,5-diyldiamin mit wss. NaOH (*Naito, Inoue*, Chem. pharm. Bl. **6** [1958] 338, 342).
Gelbe Kristalle (aus H_2O); Zers. bei ca. 270°.

2,6-Diamino-3*H*-pyrimidin-4-on $C_4H_6N_4O$, Formel X und Taut. (H **24** 469; E I **24** 411; E II **24** 269).
Kristalle (aus H_2O); F: 286–288° [Zers.] (*Wilson*, Soc. **1948** 1157, 1160). IR-Spektrum (Paraffin oder Perfluorkerosin; 3550–2750 cm^{-1} und 1800–500 cm^{-1}): *Short, Thompson*, Soc. **1952** 168, 174, 177, 179. IR-Banden (KBr; 3300–1100 cm^{-1}): *Ulbricht, Price*, J. org. Chem. **22** [1957] 235, 237. UV-Spektrum (wss. Lösungen vom pH 2 und pH 6; 220–280 nm): *Cavalieri, Bendich*, Am. Soc. **72** [1950] 2587, 2588, 2592. Scheinbare Dissoziationsexponenten pK'_{a1} (protonierte Verbindung) und pK'_{a2} (H_2O; potentiometrisch ermittelt): 4,2 bzw. 10,2 (*Hirata et al.*, Res. Rep. Nagoya ind. Sci. Res. Inst. Nr. 9 [1956] 80; C. A. **1957** 8516). Verteilung zwischen Butan-1-ol und wss. Lösung vom pH 6,5: *Ca., Be.*, l. c. S. 2592.
Silber-Verbindung. Löslichkeitsprodukt (wss. Na_2CO_3): *Sakaguchi, Kikuchi*, J. Soc. Phot. Sci. Technol. Japan **13** [1951] 126, 130; C. A. **1952** 7446.

2,6-Diamino-1-methyl-1*H*-pyrimidin-4-on $C_5H_8N_4O$, Formel XI (E II **24** 270).
Diese Konstitution kommt der nachstehend beschriebenen, von *Roth et al.* (Am. Soc. **73** [1951] 2864, 2867, 2868) sowie von *Yamada et al.* (Ann. Rep. Tanabe pharm. Res. **2** [1957] Nr. 1, S. 13, 17; C. A. **1958** 1177) unter Vorbehalt als 2,6-Diamino-3-methyl-3*H*-pyrimidin-4-on formulierten Verbindung zu (*Boon, Bratt*, Soc. **1957** 2159; *Curran, Angier*, Am. Soc. **80** [1958] 6095).
B. Neben 6-Amino-2-methylamino-3*H*-pyrimidin-4-on bei der Umsetzung von Methylguanidin mit Cyanessigsäure-äthylester (*Roth et al.*) oder mit Cyanessigsäure-methylester (*Ya. et al.*).
Kristalle (aus H_2O) mit 1,5 Mol H_2O; F: 275–277° [Zers.] (*Ya. et al.*). Kristalle (aus wss. A.); F: 265–272° [abhängig von der Geschwindigkeit des Erhitzens] (*Roth et al.*).
Sulfat $2C_5H_8N_4O \cdot H_2SO_4$. Feststoff mit 2 Mol H_2O (*Roth et al.*).

6-Amino-2-methylamino-3*H*-pyrimidin-4-on $C_5H_8N_4O$, Formel XII (R = CH_3, R′ = R″ = H) und Taut.

B. s. o. im Artikel 2,6-Diamino-1-methyl-1*H*-pyrimidin-4-on.

Kristalle mit 1 Mol H_2O; F: 228–230° [aus wss. A.] (*Yamada et al.*, Ann. Rep. Tanabe pharm. Res. **2** [1957] Nr. 1, S. 13, 17; C. A. **1958** 1177), 227–229° [aus H_2O] (*Roth et al.*, Am. Soc. **73** [1951] 2864, 2867).

2-Amino-6-methylamino-3*H*-pyrimidin-4-on $C_5H_8N_4O$, Formel XII (R = R′ = H, R″ = CH_3) und Taut.

B. Aus 2-Amino-6-chlor-3*H*-pyrimidin-4-on und Methylamin in Äthanol bei 120° (*Fidler, Wood,* Soc. **1957** 4157, 4160).

Bräunliche Kristalle (aus A.); F: 255–257°.

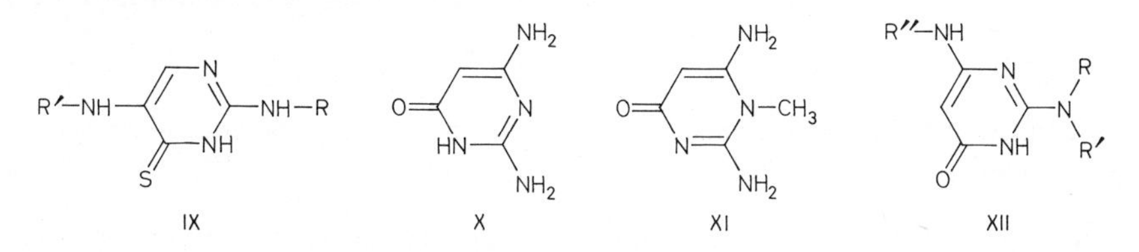

6-Amino-2-dimethylamino-3*H*-pyrimidin-4-on $C_6H_{10}N_4O$, Formel XII (R = R′ = CH_3, R″ = H) und Taut.

B. Beim Erwärmen von *N,N*-Dimethyl-guanidin mit Cyanessigsäure-äthylester und äthanol. Natriumäthylat (*Andrews et al.*, Soc. **1949** 2490, 2494) oder mit Cyanessigsäure-methylester und methanol. Natriummethylat (*Roth et al.*, Am. Soc. **73** [1951] 2864, 2866; *Yamada et al.*, Ann. Rep. Tanabe pharm. Res. **2** [1957] Nr. 1, S. 13, 16; C. A. **1958** 1177).

Kristalle; F: 289–293° [aus H_2O] (*An. et al.*), 290,5–292,5° [aus H_2O] (*Roth et al.*), 285° [Zers.; aus wss. A.] (*Ya. et al.*).

6-Äthylamino-2-amino-3*H*-pyrimidin-4-on $C_6H_{10}N_4O$, Formel XII (R = R′ = H, R″ = C_2H_5) und Taut.

B. Aus 2-Amino-6-chlor-3*H*-pyrimidin-4-on und wss. Äthylamin [120°] (*Forrest et al.*, Soc. **1951** 3, 6). Beim Erwärmen von N^4-Äthyl-6-methoxy-pyrimidin-2,4-diyldiamin mit äthanol. HCl (*Fo. et al.*).

Kristalle (aus A.); F: 229–230°.

6-Amino-2-benzylamino-3*H*-pyrimidin-4-on(?) $C_{11}H_{12}N_4O$, vermutlich Formel XII (R = CH_2-C_6H_5, R′ = R″ = H) und Taut.

B. Aus Benzylguanidin und Cyanessigsäure-äthylester (*Andrews et al.*, Soc. **1949** 2490, 2493).

Kristalle (aus A.); F: 202–204°.

6-Amino-2-dibenzylamino-3*H*-pyrimidin-4-on $C_{18}H_{18}N_4O$, Formel XII (R = R′ = CH_2-C_6H_5, R″ = H) und Taut.

B. Aus *N,N*-Dibenzyl-guanidin und Cyanessigsäure-äthylester (*Andrews et al.*, Soc. **1949** 2490, 2494).

Kristalle (aus H_2O); F: 221–222°.

2-Amino-6-[2-hydroxy-äthylamino]-3*H*-pyrimidin-4-on $C_6H_{10}N_4O_2$, Formel XII (R = R′ = H, R″ = CH_2-CH_2-OH) und Taut.

B. Aus 2-Amino-6-chlor-3*H*-pyrimidin-4-on und 2-Amino-äthanol (*Elion, Hitchings,* Am. Soc. **75** [1953] 4311, 4313).

λ_{max} (wss. Lösung vom pH 1 sowie pH 11): 268 nm.

Hydrochlorid $C_6H_{10}N_4O_2 \cdot HCl$. F: 203°.

3-[2-Amino-6-oxo-1,6-dihydro-pyrimidin-4-ylamino]-2-nitro-acrylaldehyd $C_7H_7N_5O_4$, Formel XII (R = R′ = H, R″ = CH=C(NO_2)-CHO) und Taut.

Die von *Ulbricht, Price* (J. org. Chem. **22** [1957] 235, 238) unter dieser Konstitution beschrie=

bene Verbindung ist als 2-Amino-6-nitro-3*H*-pyrido[2,3-*d*]pyrimidin-4-on zu formulieren (*Bernetti et al.*, J. org. Chem. **27** [1962] 2863).

2,6-Bis-acetylamino-3*H*-pyrimidin-4-on $C_8H_{10}N_4O_3$, Formel XII (R = R″ = CO-CH_3, R′ = H) und Taut.

B. Aus 2,6-Diamino-3*H*-pyrimidin-4-on und Acetanhydrid (*Phillips, Mentha,* Am. Soc. **76** [1954] 6200).

Kristalle (aus konz. wss. HCl + H_2O); F: > 340° (*Ph., Me.*). Kristalle [aus Eg.] (*Ulbricht, Price,* J. org. Chem. **21** [1956] 567, 571).

6-Amino-2-[1*H*-benzimidazol-2-ylamino]-3*H*-pyrimidin-4-on(?) $C_{11}H_{10}N_6O$, vermutlich Formel XIII und Taut.

B. Aus [1*H*-Benzimidazol-2-yl]-guanidin und Cyanessigsäure-äthylester in äthanol. Natriumäthylat (*Ridi, Checchi,* Ann. Chimica **44** [1954] 28, 35).

Kristalle, die sich beim Erhitzen dunkel färben.

6-Amino-2-sulfanilylamino-3*H*-pyrimidin-4-on, Sulfanilsäure-[4-amino-6-oxo-1,6-dihydro-pyrimidin-2-ylamid] $C_{10}H_{11}N_5O_3S$, Formel XII (R = SO_2-C_6H_4-NH_2, R′ = R″ = H) und Taut.

B. Beim Behandeln der folgenden Verbindung mit äthanol. HCl (*Fahrenbach et al.,* Am. Soc. **76** [1954] 4006, 4007).

Kristalle; F: 266 – 268°.

***N*-Acetyl-sulfanilsäure-[4-amino-6-oxo-1,6-dihydro-pyrimidin-2-ylamid], Essigsäure-[4-(4-amino-6-oxo-1,6-dihydro-pyrimidin-2-ylsulfamoyl)-anilid]** $C_{12}H_{13}N_5O_4S$, Formel XII (R = SO_2-C_6H_4-NH-CO-CH_3, R′ = R″ = H) und Taut.

B. Beim Erwärmen von [*N*-Acetyl-sulfanilyl]-guanidin mit Cyanessigsäure-äthylester und Natriummethylat in Äthylenglykol (*Fahrenbach et al.,* Am. Soc. **76** [1954] 4006, 4007).

Kristalle; F: 302,5 – 304°.

2,6-Diamino-5-chlor-3*H*-pyrimidin-4-on $C_4H_5ClN_4O$, Formel XIV (X = Cl) und Taut.

B. Aus 2,6-Diamino-3*H*-pyrimidin-4-on und Chlor in H_2O (*Childress, McKee,* Am. Soc. **72** [1950] 4271).

Kristalle (aus H_2O); Zers. bei 305°.

Picrat $C_4H_5ClN_4O \cdot C_6H_3N_3O_7$. Zers. > 250°.

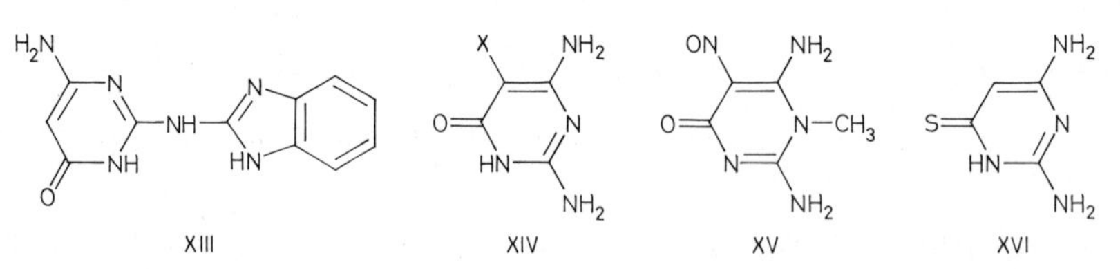

2,6-Diamino-5-brom-3*H*-pyrimidin-4-on $C_4H_5BrN_4O$, Formel XIV (X = Br) und Taut.

B. Aus 2,6-Diamino-3*H*-pyrimidin-4-on und Brom (*Bendich, Clements,* Biochim. biophys. Acta **12** [1953] 462, 474; *Ulbricht, Price,* J. org. Chem. **21** [1956] 567, 571).

Kristalle; F: 255° [unkorr.; Zers.; aus H_2O] (*Ul., Pr.*), 244° [Zers.] (*Horiuchi,* Chem. Pharm. Bl. **7** [1959] 393), 243 – 244° [korr.; Zers.] (*Be., Cl.*). Monoklin; Dimensionen der Elementarzelle (Röntgen-Diagramm): *Clews, Cochran,* Acta cryst. **2** [1949] 46, 47. UV-Spektrum (wss. HCl [0,1 n], wss. Lösung vom pH 6,8 sowie wss. NaOH [0,1 n]; 220 – 310 nm): *Be., Cl.,* l. c. S. 469, 470.

2,6-Diamino-5-jod-3*H*-pyrimidin-4-on $C_4H_5IN_4O$, Formel XIV (X = I) und Taut.

B. Aus 2,6-Diamino-3*H*-pyrimidin-4-on und Jod (*Bendich, Clements*, Biochim. biophys. Acta **12** [1953] 462, 475).

Kristalle; Zers. bei 233 – 236° [korr.]. λ_{max}: 272 nm [wss. HCl (0,1 n)], 239 nm und 275 nm [wss. Lösung vom pH 6,8] bzw. 240 nm und 267 nm [wss. NaOH (0,1 n)] (*Be., Cl.,* l. c. S. 470).

2,6-Diamino-1-methyl-5-nitroso-1*H*-pyrimidin-4-on $C_5H_7N_5O_2$, Formel XV.

B. Aus 2,6-Diamino-1-methyl-1*H*-pyrimidin-4-on (S. 3642) und HNO_2 (*Roth et al.*, Am. Soc. **73** [1951] 2864, 2868; *Yamada et al.*, Ann. Rep. Tanabe pharm. Res. **2** [1957] Nr. 1, S. 13, 18; C. A. **1958** 1177).

Bläulichroter Feststoff mit 1 Mol H_2O (*Roth et al.*). λ_{max} (A.): 228 nm und 324 nm (*Ya. et al.*). Hellrote Kristalle (aus H_2O); F: >320° (*Ro.*, *Pf.*).

2,6-Diamino-3*H*-pyrimidin-4-thion $C_4H_6N_4S$, Formel XVI und Taut.

B. Aus 6-Chlor-pyrimidin-2,4-diyldiamin und KHS in H_2O [150°] (*Elion et al.*, Am. Soc. **78** [1956] 2858, 2862).

Kristalle (aus H_2O); F: 309–310°. λ_{max}: 242 nm und 322 nm [wss. Lösung vom pH 1] bzw. 297 nm [wss. Lösung vom pH 11].

5,6-Diamino-3*H*-pyrimidin-4-on $C_4H_6N_4O$, Formel I (R = R′ = R″ = H) und Taut.

B. Aus 6-Amino-2-thioxo-2,3-dihydro-pyrimidin-4,5-dion-5-oxim (*Landauer, Rydon*, Soc. **1953** 3721) oder aus 5,6-Diamino-2-thioxo-2,3-dihydro-1*H*-pyrimidin-4-on (*Roblin et al.*, Am. Soc. **67** [1945] 290, 292; *Albert et al.*, Soc. **1951** 474, 482; *Elion et al.*, Am. Soc. **74** [1952] 411, 413) mit Hilfe von Raney-Nickel. Aus 6-Amino-5-nitro-3*H*-pyrimidin-4-on mit Hilfe von $Na_2S_2O_4$ (*Mizuno et al.*, J. pharm. Soc. Japan **77** [1957] 686; C. A. **1957** 16494).

Kristalle (aus H_2O); F: 239° [unkorr.] (*Al. et al.*). λ_{max} (wss. Lösungen): 257 nm [pH –0,75], 258 nm [pH 2,45], 278 nm und 372 nm [pH 6,7], 272 nm und 370 nm [pH 12] (*Mason*, Soc. **1954** 2071, 2074), 257 nm [pH 2,3] bzw. 279 nm [pH 6,3] (*Cavalieri et al.*, Am. Soc. **70** [1948] 3875, 3878). Scheinbare Dissoziationsexponenten pK'_{a1}, pK'_{a2} und pK'_{a3} (diprotonierte Verbindung; H_2O; potentiometrisch ermittelt): 1,34 bzw. 3,57 bzw. 9,86 (*Ma.*). Verteilung zwischen Butan-1-ol und wss. Lösung vom pH 6,5: *Ca. et al.*

Reaktion mit Äthoxy-hydroxy-essigsäure-äthylester in H_2O bei Raumtemperatur bzw. in wss. Essigsäure oder in wss. $NaHCO_3$ bei Siedetemperatur unter Bildung von [4-Amino-6-oxo-1,6-dihydro-pyrimidin-5-ylimino]-essigsäure-äthylester bzw. von 3,5-Dihydro-pteridin-4,6-dion: *Pfleiderer*, B. **92** [1959] 3190.

Hydrochlorid $C_4H_6N_4O \cdot HCl$. Kristalle (aus wss. A.); F: 251–252° [korr.; Zers.] (*Ro. et al.*).

Sulfat $2C_4H_6N_4O \cdot H_2SO_4$. Kristalle [aus H_2O] (*El. et al.*); F: 268° (*La.*, *Ry.*).

Kupfer(II)-Komplexsalz $[Cu(C_4H_6N_4O)_2]SO_4$. Grüne Kristalle mit 1 Mol H_2O (*Weiß, Hein*, Z. physiol. Chem. **317** [1959] 95, 96, 103).

Kobalt(II)-Komplexsalz $[Co(C_4H_6N_4O)_3]SO_4$. Rosafarbene Kristalle mit 3 Mol H_2O (*We.*, *Hein*, l. c. S. 99, 105).

Nickel(II)-Komplexsalze. a) $[Ni(C_4H_6N_4O)_3]SO_4$. Grüne Kristalle mit 3 Mol H_2O (*We.*, *Hein*, l. c. S. 97, 104). – b) $[Ni(C_4H_6N_4O)_2(H_2O)_2]SO_4$. Gelbes Pulver mit 0,5 Mol H_2O (*We.*, *Hein*, l. c. S. 97, 104).

5,6-Diamino-3-methyl-3*H*-pyrimidin-4-on $C_5H_8N_4O$, Formel I (R = CH_3, R′ = R″ = H) und Taut.

B. Beim Erhitzen von 5,6-Diamino-3-methyl-2-methylmercapto-3*H*-pyrimidin-4-on mit Raney-Nickel in H_2O (*Pfleiderer*, B. **92** [1959] 3190, 3196).

Kristalle; F: 195° [nach Sublimation im Vakuum].

5-Amino-6-methylamino-3*H*-pyrimidin-4-on $C_5H_8N_4O$, Formel I (R = R″ = H, R′ = CH_3) und Taut.

B. Bei der Hydrierung von 6-Methylamino-5-nitro-3*H*-pyrimidin-4-on an Raney-Nickel in Methanol (*Brown*, J. appl. Chem. **5** [1955] 358, 362).

Kristalle (aus A.); F: 210–215° [Zers.].

5-Amino-6-dimethylamino-3*H*-pyrimidin-4-on $C_6H_{10}N_4O$, Formel I (R = H, R′ = R″ = CH_3) und Taut.

B. Bei der Hydrierung von 6-Dimethylamino-5-nitro-3*H*-pyrimidin-4-on an Raney-Nickel

in Äthanol (*Pfleiderer*, B. **92** [1959] 3190, 3195).
Bräunliche Kristalle (aus A. + Ae.); F: 162–163°.

6-Amino-5-formylamino-3*H*-pyrimidin-4-on, *N*-[4-Amino-6-oxo-1,6-dihydro-pyrimidin-5-yl]-formamid $C_5H_6N_4O_2$, Formel II (R = CHO) und Taut.
B. Aus 5,6-Diamino-3*H*-pyrimidin-4-on und Ameisensäure (*Cavalieri, Bendich,* Am. Soc. **72** [1950] 2587, 2593).
Kristalle (aus H_2O). UV-Spektrum (wss. Lösungen vom pH 2 und pH 6; 220–290 nm): *Ca., Be.*, l. c. S. 2589, 2592. Verteilung zwischen Butan-1-ol und wss. Lösung vom pH 2,4: *Ca., Be.*, l. c. S. 2592.

5-Acetylamino-6-amino-3*H*-pyrimidin-4-on, *N*-[4-Amino-6-oxo-1,6-dihydro-pyrimidin-5-yl]-acetamid $C_6H_8N_4O_2$, Formel II (R = CO-CH_3) und Taut.
Diese Konstitution kommt der nachstehend beschriebenen, von *Koppel, Robins* (J. org. Chem. **23** [1958] 1457, 1458) sowie von *Craveri, Zoni* (Chimica **34** [1958] 267, 268) als 8-Methyl-1,7-dihydro-purin-6-on formulierten Verbindung zu (*Smith et al.*, J.C.S. Perkin I **1973** 1855).
B. Beim Erhitzen von 5,6-Diamino-3*H*-pyrimidin-4-on mit Acetanhydrid (*Ko., Ro.*) mit Essigsäure (*Cr., Zoni*) oder mit Natriumacetat, Acetanhydrid und Essigsäure (*Elion et al.*, Am. Soc. **81** [1959] 1898, 1901).
Kristalle; F: >300° [aus H_2O] (*Ko., Ro.; Sm. et al.*, l. c. S. 1857), 288–289° [unkorr.; Zers.; aus wss. Eg.] (*Cr., Zoni*). Kristalle (aus H_2O) mit 0,5 Mol H_2O (*El. et al.*). ^{1}H-NMR-Absorption (DMSO-d_6): *Sm. et al.* UV-Spektrum (wss. Lösungen vom pH 1 und pH 11; 220–290 nm): *Cr., Zoni,* l. c. S. 270. λ_{max}: 260 nm [wss. Lösung vom pH 1] bzw. 257 nm [wss. Lösung vom pH 11] (*Ko., Ro.; Sm. et al.*). Löslichkeit in H_2O bei Siedetemperatur: *Ko., Ro.*

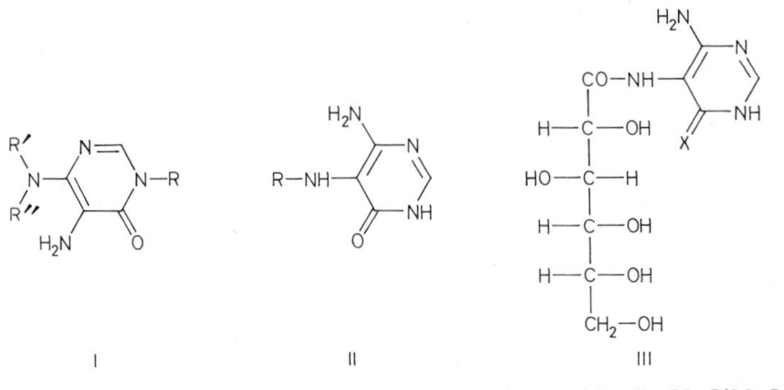

4-Chlor-benzoesäure-[4-amino-6-oxo-1,6-dihydro-pyrimidin-5-ylamid] $C_{11}H_9ClN_4O_2$, Formel II (R = CO-C_6H_4-Cl) und Taut.
B. Aus 5,6-Diamino-3*H*-pyrimidin-4-on (*Falco et al.*, Am. Soc. **74** [1952] 4897, 4899).
F: 345–350° [Zers.].

3-Nitro-benzoesäure-[4-amino-6-oxo-1,6-dihydro-pyrimidin-5-ylamid] $C_{11}H_9N_5O_4$, Formel II (R = CO-C_6H_4-NO_2) und Taut.
B. Aus 5,6-Diamino-3*H*-pyrimidin-4-on (*Falco et al.*, Am. Soc. **74** [1952] 4897, 4899).
F: 305° [Zers.].

[4-Amino-6-oxo-1,6-dihydro-pyrimidin-5-yl]-oxalamidsäure $C_6H_6N_4O_4$, Formel II (R = CO-CO-OH) und Taut.
B. Aus 5,6-Diamino-3*H*-pyrimidin-4-on und Oxalsäure [150°] (*Ishidate, Yuki,* Pharm. Bl. **5** [1957] 240, 243).
F: >350°.

Cyanessigsäure-[4-amino-6-oxo-1,6-dihydro-pyrimidin-5-ylamid] $C_7H_7N_5O_2$, Formel II (R = CO-CH_2-CN) und Taut.
B. Aus 5,6-Diamino-3*H*-pyrimidin-4-on und Cyanessigsäure-amid [190–200°] (*Ishidate, Yuki,*

Pharm. Bl. **5** [1957] 240, 242).

Kristalle (aus H_2O) mit 0,5 Mol H_2O; F: 308° [Zers.].

***N*-[4-Amino-6-oxo-1,6-dihydro-pyrimidin-5-yl]-succinamidsäure** $C_8H_{10}N_4O_4$, Formel II (R = $CO\text{-}CH_2\text{-}CH_2\text{-}CO\text{-}OH$) und Taut.

B. Aus 5,6-Diamino-3*H*-pyrimidin-4-on und Bernsteinsäure [210–220°] (*Ishidate, Yuki,* Pharm. Bl. **5** [1957] 240, 243).

Kristalle; F: 268° [Zers.].

***N*-[4-Amino-6-oxo-1,6-dihydro-pyrimidin-5-yl]-*N'*-methyl-thioharnstoff** $C_6H_9N_5OS$, Formel II (R = $CS\text{-}NH\text{-}CH_3$) und Taut.

B. Aus 5,6-Diamino-3*H*-pyrimidin-4-on und Methylisothiocyanat in H_2O (*Ishidate, Yuki,* Pharm. Bl. **5** [1957] 240, 243).

Kristalle (aus H_2O), die sich bei 270–280° dunkel färben und unterhalb 350° nicht schmelzen.

6-Amino-5-glykoloylamino-3*H*-pyrimidin-4-on, *N*-[4-Amino-6-oxo-1,6-dihydro-pyrimidin-5-yl]-glykolamid $C_6H_8N_4O_3$, Formel II (R = $CO\text{-}CH_2\text{-}OH$) und Taut.

B. Aus 5,6-Diamino-3*H*-pyrimidin-4-on und Glykolsäure [170°] (*Ishidate, Yuki,* Pharm. Bl. **5** [1957] 240, 243).

Kristalle (aus H_2O); F: 290–305° [Zers.].

6-Amino-5-D-gluconoylamino-3*H*-pyrimidin-4-on, *N*-[4-Amino-6-oxo-1,6-dihydro-pyrimidin-5-yl]-D-gluconamid $C_{10}H_{16}N_4O_7$, Formel III (X = O) und Taut.

B. Aus 5,6-Diamino-3*H*-pyrimidin-4-on und D-Gluconsäure in H_2O (*Ishidate, Yuki,* Pharm. Bl. **5** [1957] 240, 243).

Kristalle (aus H_2O) mit 1 Mol H_2O; F: 221° [Zers.].

***[4-Amino-6-oxo-1,6-dihydro-pyrimidin-5-ylimino]-essigsäure-äthylester** $C_8H_{10}N_4O_3$, Formel IV (R = R' = H) und Taut.

B. Beim Behandeln von 5,6-Diamino-3*H*-pyrimidin-4-on mit Äthoxy-hydroxy-essigsäure-äthylester in H_2O (*Pfleiderer,* B. **92** [1959] 3190, 3195).

Gelbliche Kristalle (aus Me.) mit 1 Mol H_2O; F: 196° [nach Sintern].

Beim Erwärmen mit wss. Essigsäure ist 3,5-Dihydro-pteridin-4,6-dion, beim Erwärmen mit wss. $NaHCO_3$ oder mit methanol. Natriummethylat ist 3*H*,8*H*-Pteridin-4,7-dion erhalten worden.

***[4-Amino-1-methyl-6-oxo-1,6-dihydro-pyrimidin-5-ylimino]-essigsäure-äthylester** $C_9H_{12}N_4O_3$, Formel IV (R = H, R' = CH_3).

B. Analog der vorangehenden Verbindung (*Pfleiderer,* B. **92** [1959] 3190, 3196).

Gelbliche Kristalle (aus A.+PAe.); F: 179° [Wiedererstarren der Schmelze ab 185°].

***[4-Dimethylamino-6-oxo-1,6-dihydro-pyrimidin-5-ylimino]-essigsäure-äthylester** $C_{10}H_{14}N_4O_3$, Formel IV (R = CH_3, R' = H) und Taut.

B. Analog den vorangehenden Verbindungen (*Pfleiderer,* B. **92** [1959] 3190, 3195).

Kristalle (aus A.); F: 202–203°.

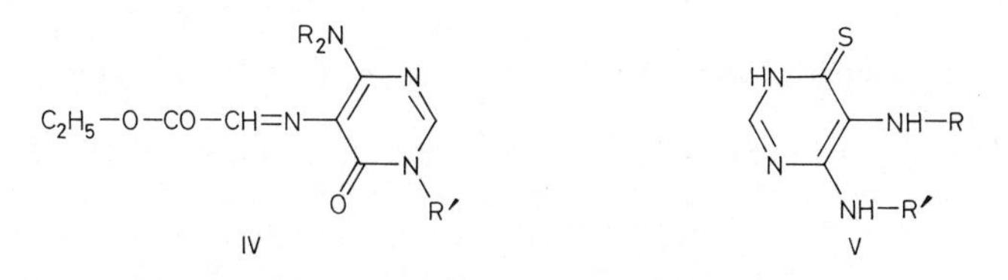

5,6-Diamino-3*H*-pyrimidin-4-thion $C_4H_6N_4S$, Formel V (R = R' = H) und Taut.

Nach Ausweis der IR- und UV-Absorption liegt die Verbindung in fester Form sowie in neutraler wss. Lösung als 5,6-Diamino-3*H*-pyrimidin-4-thion, in saurer wss. Lösung als

[4-Amino-6-mercapto-pyrimidin-5-yl]-ammonium und in alkal. wss. Lösung als 5,6-Diamino-pyrimidin-4-ylthiolat vor (*Chinoporos et al.*, Chimika Chronika **32** [1967] 35).

B. Beim Erhitzen von 6-Chlor-5-nitro-pyrimidin-4-ylamin mit H_2S und wss. NaOH (*Albert et al.*, Soc. **1954** 3832, 3838; vgl. *Elion, Hitchings*, Am. Soc. **76** [1954] 4027).

Kristalle [aus H_2O] (*Al. et al.; El., Hi.*); F: 257° [Zers.] (*Al. et al.*). IR-Spektrum (Nujol oder KBr; 2,5–4,5 μ und 8–10 μ) von Base, Hydrochlorid und Natrium-Salz: *Ch. et al.* UV-Spektrum (wss. Lösungen vom pH 0, pH 6,48 und pH 11; 210–400 nm): *Ch. et al.* λ_{max}: 240 nm und 305 nm [wss. Lösung vom pH 1] bzw. 240 nm und 309 nm [wss. Lösung vom pH 11] (*El., Hi.*). Scheinbare Dissoziationsexponenten pK'_{a1} (protonierte Verbindung) und pK'_{a2} (H_2O; potentiometrisch bzw. spektrophotometrisch ermittelt): 2,27 bzw. 2,17 und 9,36 bzw. 9,33 (*Ch. et al.*).

Hydrochlorid $C_4H_6N_4S \cdot HCl$. Gelbliche Kristalle; F: 280° [Zers.] (*Ch. et al.*).

Natrium-Salz $NaC_4H_5N_4S$. Bräunlich; F: >350° (*Ch. et al.*).

5-Amino-6-methylamino-3*H*-pyrimidin-4-thion $C_5H_8N_4S$, Formel V (R = H, R′ = CH_3) und Taut.

B. Beim Erwärmen von [6-Chlor-5-nitro-pyrimidin-4-yl]-methyl-amin mit H_2S und wss. KOH (*Robins, Lin*, Am. Soc. **79** [1957] 490, 493) oder mit H_2S und wss. NaOH (*Brown*, J. appl. Chem. **7** [1957] 109, 111).

Kristalle [aus H_2O] (*Br.; Ro., Lin*); F: 265–270° [Zers.] (*Br.*).

6-Amino-5-formylamino-3*H*-pyrimidin-4-thion, *N*-[4-Amino-6-thioxo-1,6-dihydro-pyrimidin-5-yl]-formamid $C_5H_6N_4OS$, Formel V (R = CHO, R′ = H) und Taut.

B. Aus 5,6-Diamino-3*H*-pyrimidin-4-thion und wss. Ameisensäure (*Elion et al.*, Am. Soc. **78** [1956] 2858, 2861). Aus *N*-[4-Amino-6-benzylmercapto-pyrimidin-5-yl]-formamid mit Hilfe von Natrium und flüssigem NH_3 (*El. et al.*).

Kristalle (aus H_2O); F: 255° [Zers.]. λ_{max}: 240 nm und 306 nm [wss. Lösung vom pH 1] bzw. 245 nm und 292 nm [wss. Lösung vom pH 11].

***N*-[4-Amino-6-thioxo-1,6-dihydro-pyrimidin-5-yl]-succinamidsäure** $C_8H_{10}N_4O_3S$, Formel V (R = CO-CH_2-CH_2-CO-OH, R′ = H) und Taut.

B. Aus 5,6-Diamino-3*H*-pyrimidin-4-thion und Bernsteinsäure [210–220°] (*Ishidate, Yuki*, Pharm. Bl. **5** [1957] 244).

Kristalle (aus H_2O); Zers. ab ca. 245°.

6-Amino-5-glykoloylamino-3*H*-pyrimidin-4-thion, *N*-[4-Amino-6-thioxo-1,6-dihydro-pyrimidin-5-yl]-glykolamid $C_6H_8N_4O_2S$, Formel V (R = CO-CH_2-OH, R′ = H) und Taut.

B. Aus 5,6-Diamino-3*H*-pyrimidin-4-thion und Glykolsäure (*Ishidate, Yuki*, Pharm. Bl. **5** [1957] 244).

Kristalle (aus H_2O); F: 262° [Zers.].

6-Amino-5-D-gluconoylamino-3*H*-pyrimidin-4-thion, *N*-[4-Amino-6-thioxo-1,6-dihydro-pyrimidin-5-yl]-D-gluconamid $C_{10}H_{16}N_4O_6S$, Formel III (X = S) und Taut.

B. Aus 5,6-Diamino-3*H*-pyrimidin-4-thion und D-Gluconsäure (*Ishidate, Yuki*, Pharm. Bl. **5** [1957] 244).

Kristalle (aus wss. A.) mit 1 Mol H_2O; F: 170–200° [Zers.]. [*H.-H. Müller*]

2,5,6-Triamino-3*H*-pyrimidin-4-on $C_4H_7N_5O$, Formel VI (R = R′ = H) und Taut. (H 481; E I 696; E II 384).

B. Aus 2,6-Diamino-pyrimidin-4,5-dion-5-oxim mit Hilfe von $Na_2S_2O_4$ (*Landauer, Rydon*, Soc. **1953** 3721; *Albert, Wood*, J. appl. Chem. **3** [1953] 521), von Zink-Pulver und wss. NH_3 (*Am. Cyanamid Co.*, U.S.P. 2473802 [1946]) oder von Eisen-Pulver und wss. HCl (*Korte, Barkemeyer*, B. **89** [1956] 2400, 2402) sowie bei der Hydrierung an Palladium, an Platin oder an Nickel in wss. NaOH (*Merck & Co. Inc.*, U.S.P. 2447523 [1946]). Beim Erwärmen von *N*-[2,4-Diamino-6-oxo-1,6-dihydro-pyrimidin-5-yl]-formamid mit methanol. HCl (*Pfleiderer*, B. **90** [1957] 2272, 2274).

Herstellung von 2,5,6-Triamino-3*H*-[2-^{14}*C*]pyrimidin-4-on: *Crompton, Woodruff,* Nucleonics **7** [1950] Nr. 4, S. 44, 49, 50; *Weygand et al.*, B. **85** [1952] 463; *Bennett*, Am. Soc. **74** [1952] 2432; von 2,5,6-Triamino-3*H*-[5-^{14}*C*]pyrimidin-4-on: *Ko., Ba.*, B. **89** 2402; von 2,5,6-Triamino-3*H*-[6-^{14}*C*]pyrimidin-4-on: *Cr., Wo.; Bennett,* Am. Soc. **74** [1952] 2420; *Korte, Barkemeyer,* B. **90** [1957] 392, 394.

F: >340°; beim Trocknen über P_2O_5 erfolgt Violettfärbung (*Pf.*). UV-Spektrum (220–340 nm) in wss. Lösungen vom pH 1 und pH 11: *Hitchings, Elion,* Am. Soc. **71** [1949] 467, 470; vom pH 2 und pH 6: *Cavalieri et al.*, Am. Soc. **70** [1948] 3875, 3876, 3878; vom pH 7,8: *Bendich, Clements,* Biochim. biophys. Acta **12** [1953] 462, 467. Verteilung zwischen Butan-1-ol und wss. Lösung vom pH 2: *Ca. et al.*, l. c. S. 3878.

Dihydrochlorid $C_4H_7N_5O \cdot 2HCl$. Kristalle [aus H_2O+wss. HCl] (*King, Spensley,* Soc. **1952** 2144, 2147); F: >340° (*Pf.*), >300° [nach Dunkelfärbung bei 260°] (*King, Sp.*).

Kobalt(II)-Komplexsalz $[Co(C_4H_7N_5O)_2(H_2O)_2]SO_4$. Rötliche Kristalle mit 2 Mol H_2O (*Weiß, Hein,* Z. physiol. Chem. **317** [1959] 95, 99, 106). UV-Spektrum (wss. Lösung vom pH 1,95; 220–310 nm): *Weiß, Hein,* l. c. S. 100.

Nickel(II)-Komplexsalz $[Ni(C_4H_7N_5O)_2(H_2O)_2]SO_4$. Braune Kristalle mit 2,5 Mol H_2O (*Weiß, Hein,* l. c. S. 98, 105).

2,5,6-Triamino-1-methyl-1*H*-pyrimidin-4-on $C_5H_9N_5O$, Formel VII.

B. Aus 2,6-Diamino-1-methyl-5-nitroso-1*H*-pyrimidin-4-on (S. 3645) mit Hilfe von $Na_2S_2O_4$ (*Roth et al.*, Am. Soc. **73** [1951] 2864, 2868).

Sulfat $C_5H_9N_5O \cdot H_2SO_4$. Kristalle (aus wss. H_2SO_4).

2,5,6-Triamino-3-methyl-3*H*-pyrimidin-4-on $C_5H_9N_5O$, Formel VI (R = CH_3, R′ = H).

B. Beim Behandeln von *N*-[2,4-Diamino-1-methyl-6-oxo-1,6-dihydro-pyrimidin-5-yl]-formamid mit konz. wss. HCl (*Curran, Angier,* Am. Soc. **80** [1958] 6095, 6096).

Hydrochlorid $C_5H_9N_5O \cdot HCl$. Kristalle (aus H_2O+A.); F: >300° [Zers.].

5,6-Diamino-2-methylamino-3*H*-pyrimidin-4-on $C_5H_9N_5O$, Formel VIII (R = H) und Taut.

B. Aus 6-Amino-2-methylamino-pyrimidin-4,5-dion-5-oxim mit Hilfe von $Na_2S_2O_4$ (*Roth et al.*, Am. Soc. **73** [1951] 2864, 2867).

Sulfat $2C_5H_9N_5O \cdot H_2SO_4 \cdot H_2O$.

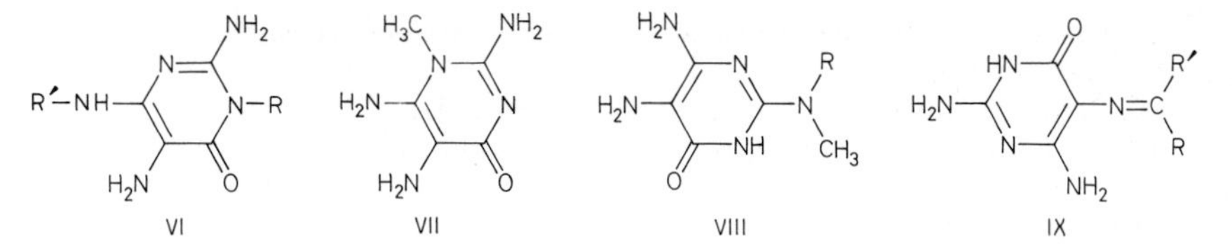

2,5-Diamino-6-methylamino-3*H*-pyrimidin-4-on $C_5H_9N_5O$, Formel VI (R = H, R′ = CH_3) und Taut.

B. Aus 2-Amino-6-methylamino-pyrimidin-4,5-dion-5-oxim mit Hilfe von $Na_2S_2O_4$ (*Fidler, Wood,* Soc. **1957** 4157, 4160).

Kristalle; F: 204–210° [Zers.]. Wenig beständig.

5,6-Diamino-2-dimethylamino-3*H*-pyrimidin-4-on $C_6H_{11}N_5O$, Formel VIII (R = CH_3) und Taut.

Sulfit $2C_6H_{11}N_5O \cdot H_2SO_3$. *B.* Beim Erwärmen von 6-Amino-2-dimethylamino-pyrimidin-4,5-dion-5-oxim mit verd. wss. NaOH und $Na_2S_2O_4$ (*Roth et al.*, Am. Soc. **73** [1951] 2864, 2866). – Kristalle (aus H_2O) mit 1 Mol H_2O.

6-Äthylamino-2,5-diamino-3*H*-pyrimidin-4-on $C_6H_{11}N_5O$, Formel VI (R = H, R′ = C_2H_5) und Taut.

B. Aus 6-Äthylamino-2-amino-pyrimidin-4,5-dion-5-oxim mit Hilfe von $Na_2S_2O_4$ (*Forrest et al.*, Am. Soc. **1951** 3, 6).

Gelbe Kristalle; F: 236–237°. Wenig beständig.

***2,6-Diamino-5-[2-nitro-äthylidenamino]-3*H*-pyrimidin-4-on(?)** $C_6H_8N_6O_3$, vermutlich Formel IX (R = CH_2-NO_2, R' = H) und Taut.

Bezüglich der Konstitution vgl. *Dick et al.*, Soc. **1956** 2131, 2133.

B. Aus 2,5,6-Triamino-3*H*-pyrimidin-4-on und Nitroacetaldehyd-oxim (*King, Spensley*, Soc. **1952** 2144, 2147).

Orangebrauner Feststoff mit 1 Mol H_2O; F: >300°.

***2,6-Diamino-5-benzylidenamino-3*H*-pyrimidin-4-on** $C_{11}H_{11}N_5O$, Formel IX (R = C_6H_5, R' = H) und Taut. (H 495).

λ_{max} (H_2O): 236 nm und 285 nm (*Wilson*, Soc. **1948** 1157, 1160).

***2,6-Diamino-5-[2-nitro-1-phenyl-äthylidenamino]-3*H*-pyrimidin-4-on** $C_{12}H_{12}N_6O_3$, Formel IX (R = C_6H_5, R' = CH_2-NO_2) und Taut.

Konstitution: *Dick et al.*, Soc. **1956** 2131, 2133, 2136.

B. Aus 2,5,6-Triamino-3*H*-pyrimidin-4-on und 2-Nitro-1-phenyl-äthanon (*King, Spensley*, Soc. **1952** 2144, 2148; *Dick et al.*).

Orangefarbene Kristalle (aus wss. A.); F: >300° (*King, Sp.; Dick et al.*).

***6-Amino-2-dimethylamino-5-phenacylidenamino-3*H*-pyrimidin-4-on** $C_{14}H_{15}N_5O_2$, Formel X und Taut.

B. Aus 5,6-Diamino-2-dimethylamino-3*H*-pyrimidin-4-on und Phenylglyoxal (*Boon*, Soc. **1957** 2146, 2154).

Kristalle (aus A.); F: 267° [Zers.].

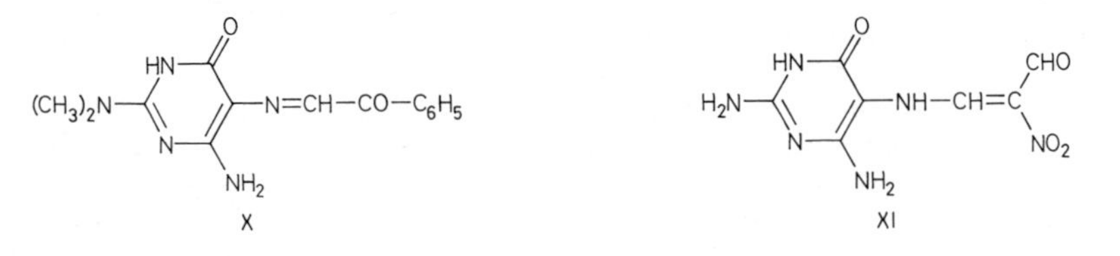

3-[2,4-Diamino-6-oxo-1,6-dihydro-pyrimidin-5-ylamino]-2-nitro-acrylaldehyd(?) $C_7H_8N_6O_4$, vermutlich Formel XI und Taut.

Bezüglich der Konstitution vgl. *Dick et al.*, Soc. **1956** 2131, 2133.

B. Aus 2,5,6-Triamino-3*H*-pyrimidin-4-on und Nitromalonaldehyd (*King, Spensley*, Soc. **1952** 2144, 2150).

Orangegelb; F: 360° (*King, Sp.*).

2,6-Diamino-5-formylamino-3*H*-pyrimidin-4-on, *N*-[2,4-Diamino-6-oxo-1,6-dihydro-pyrimidin-5-yl]-formamid $C_5H_7N_5O_2$, Formel XII (R = H) und Taut. (E I 696).

B. Aus 2,6-Diamino-3*H*-pyrimidin-4-on-sulfat bei aufeinanderfolgender Umsetzung mit $NaNO_2$, mit Ameisensäure und mit $Na_2S_2O_4$ (*Pfleiderer*, B. **90** [1957] 2272, 2274).

Kristalle (aus H_2O); F: >340° (*Pf.*). UV-Spektrum (220–300 nm) in wss. Lösungen vom pH 1 und pH 11: *Hitchings, Elion*, Am. Soc. **71** [1949] 467, 470; vom pH 2 und pH 6: *Cavalieri, Bendich*, Am. Soc. **72** [1950] 2587, 2589, 2592. Verteilung zwischen Butan-1-ol und wss. Lösung vom pH 2,4: *Ca., Be.*, l. c. S. 2592.

5-Acetylamino-2,6-diamino-3*H*-pyrimidin-4-on, *N*-[2,4-Diamino-6-oxo-1,6-dihydro-pyrimidin-5-yl]-acetamid $C_6H_9N_5O_2$, Formel XII (R = CH_3) und Taut. (E II 387).

B. Aus Acetylamino-cyan-essigsäure-äthylester und Guanidin (*Wilson*, Soc. **1948** 1157, 1159; *Acker, Castle*, J. org. Chem. **23** [1958] 2010). Beim Behandeln von 2,5,6-Triamino-3*H*-pyrimidin-4-on-hydrogensulfit mit Acetanhydrid und Natriumacetat (*Wi.*).

Hellgelbe Kristalle (aus H_2O); F: 343–344° [Zers.] (*Wi.*). UV-Spektrum (wss. HCl [0,1 n] sowie wss. NaOH [0,1 n]; 220–290 nm): *Wi.*, l. c. S. 1158.

Picrat $C_6H_9N_5O_2 \cdot C_6H_3N_3O_7$. Gelbe Kristalle (aus H_2O); F: 254–255° [Zers.] (*Wi.*, l. c. S. 1160).

Chloressigsäure-[2,4-diamino-6-oxo-1,6-dihydro-pyrimidin-5-ylamid] $C_6H_8ClN_5O_2$, Formel XII (R = CH_2Cl) und Taut.

B. Aus 2,5,6-Triamino-3*H*-pyrimidin-4-on und Chloracetylchlorid (*Hitchings, Elion,* Am. Soc. **71** [1949] 467, 471; *Ulbricht, Price,* J. org. Chem. **21** [1956] 567, 571).

Kristalle (aus H_2O) mit 1 Mol H_2O (*Hi., El.; Ul., Pr.*). UV-Spektrum (wss. Lösungen vom pH 1 und pH 11; 230–310 nm): *Hi., El.*, l. c. S. 470.

Dichloressigsäure-[2,4-diamino-6-oxo-1,6-dihydro-pyrimidin-5-ylamid] $C_6H_7Cl_2N_5O_2$, Formel XII (R = $CHCl_2$) und Taut.

B. Aus 2,5,6-Triamino-3*H*-pyrimidin-4-on und Dichloressigsäure (*Purrmann,* A. **546** [1941] 98, 101).

Kristalle (aus A.); Zers. bei ca. 225°.

Chloressigsäure-[4-äthylamino-2-amino-6-oxo-1,6-dihydro-pyrimidin-5-ylamid] $C_8H_{12}ClN_5O_2$, Formel XIII und Taut.

B. Aus 6-Äthylamino-2,5-diamino-3*H*-pyrimidin-4-on und Chloracetylchlorid (*Forrest et al.*, Soc. **1951** 3, 6).

Kristalle (aus H_2O oder Me.); F: 213–214°.

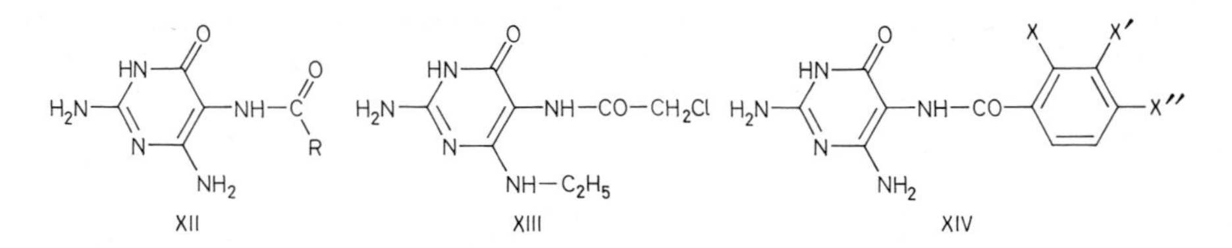

2,6-Diamino-5-benzoylamino-3*H*-pyrimidin-4-on, *N*-[2,4-Diamino-6-oxo-1,6-dihydro-pyrimidin-5-yl]-benzamid $C_{11}H_{11}N_5O_2$, Formel XIV (X = X′ = X″ = H) und Taut.

B. Aus 2,5,6-Triamino-3*H*-pyrimidin-4-on und Benzoylchlorid in wss. NaOH (*Wilson,* Soc. **1948** 1157, 1160; *Elion et al.*, Am. Soc. **73** [1951] 5235, 5236, 5238).

Kristalle; F: 318–319° [aus wss. Eg.] (*Wi.*), 293–298° [Zers.] (*El. et al.*). λ_{max}: 235 nm und 265 nm [wss. Lösung vom pH 1] bzw. 235 und 263 nm [wss. Lösung vom pH 11] (*El. et al.*).

Die folgenden Verbindungen sind in analoger Weise hergestellt worden:

2-Chlor-benzoesäure-[2,4-diamino-6-oxo-1,6-dihydro-pyrimidin-5-ylamid] $C_{11}H_{10}ClN_5O_2$, Formel XIV (X = Cl, X′ = X″ = H) und Taut. F: >350° [Zers.]; λ_{max}: 265 nm [wss. Lösung vom pH 1] bzw. 255 nm [wss. Lösung vom pH 11] (*El. et al.*).

3-Chlor-benzoesäure-[2,4-diamino-6-oxo-1,6-dihydro-pyrimidin-5-ylamid] $C_{11}H_{10}ClN_5O_2$, Formel XIV (X = X″ = H, X′ = Cl) und Taut. F: 290–295° [Zers.]; λ_{max}: 265 nm [wss. Lösung vom pH 1] bzw. 235 nm und 265 nm [wss. Lösung vom pH 11] (*El. et al.*).

4-Chlor-benzoesäure-[2,4-diamino-6-oxo-1,6-dihydro-pyrimidin-5-ylamid] $C_{11}H_{10}ClN_5O_2$, Formel XIV (X = X′ = H, X″ = Cl) und Taut. F: 345–348° [Zers.]; λ_{max}: 250 nm [wss. Lösung vom pH 1] bzw. 240 nm [wss. Lösung vom pH 11] (*El. et al.*).

2,4-Dichlor-benzoesäure-[2,4-diamino-6-oxo-1,6-dihydro-pyrimidin-5-yl-amid] $C_{11}H_9Cl_2N_5O_2$, Formel XIV (X = X″ = Cl, X′ = H) und Taut. F: 315° [Zers.]; λ_{max}: 265 nm [wss. Lösung vom pH 1] bzw. 262 nm [wss. Lösung vom pH 11] (*El. et al.*).

2-Brom-benzoesäure-[2,4-diamino-6-oxo-1,6-dihydro-pyrimidin-5-ylamid] $C_{11}H_{10}BrN_5O_2$, Formel XIV (X = Br, X′ = X″ = H) und Taut. F: 298–300° [Zers.]; λ_{max} (wss. Lösungen vom pH 1 und pH 11): 265 nm (*El. et al.*).

4-Brom-benzoesäure-[2,4-diamino-6-oxo-1,6-dihydro-pyrimidin-5-ylamid] $C_{11}H_{10}BrN_5O_2$, Formel XIV (X = X′ = H, X″ = Br) und Taut. F: 340–345° [Zers.]; λ_{max}:

250 nm [wss. Lösung vom pH 1] bzw. 245 nm [wss. Lösung vom pH 11] (*El. et al.*).

4-Nitro-benzoesäure-[2,4-diamino-6-oxo-1,6-dihydro-pyrimidin-5-ylamid] $C_{11}H_{10}N_6O_4$, Formel XIV (X = X′ = H, X″ = NO_2) und Taut. F: 330–332° [Zers.]; λ_{max} (wss. Lösungen vom pH 1 und pH 11): 270 nm (*El. et al.*).

N-[2,4-Diamino-6-oxo-1,6-dihydro-pyrimidin-5-yl]-*o*-toluamid $C_{12}H_{13}N_5O_2$, Formel XIV (X = CH_3, X′ = X″ = H) und Taut. F: >350°; λ_{max} (wss. Lösungen vom pH 1 und pH 11): 265 nm (*El. et al.*).

[2,4-Diamino-6-oxo-1,6-dihydro-pyrimidin-5-yl]-oxalamidsäure $C_6H_7N_5O_4$, Formel XII (R = CO-OH) und Taut.

B. Aus 2,5,6-Triamino-3*H*-pyrimidin-4-on und Oxalsäure (*Wilson,* Soc. **1948** 1157, 1160).

UV-Spektrum (wss. NaOH [0,1 n]; 230–300 nm): *Wi.,* l. c. S. 1158.

Natrium-Salz $NaC_6H_6N_5O_4$.

***N*-[2,4-Diamino-6-oxo-1,6-dihydro-pyrimidin-5-yl]-terephthalamidsäure-methylester** $C_{13}H_{13}N_5O_4$, Formel XIV (X = X′ = H, X″ = CO-O-CH_3) und Taut.

B. Aus 2,5,6-Triamino-3*H*-pyrimidin-4-on und Terephthalsäure-chlorid-methylester (*Elion et al.,* Am. Soc. **73** [1951] 5235, 5236, 5238).

F: >350°. λ_{max}: 250 nm [wss. Lösung vom pH 1] bzw. 245 nm [wss. Lösung vom pH 11].

***N*-[2,4-Diamino-6-oxo-1,6-dihydro-pyrimidin-5-yl]-DL-lactamid** $C_7H_{11}N_5O_3$, Formel XV und Taut.

B. Aus 2,5,6-Triamino-3*H*-pyrimidin-4-on und DL-Milchsäure (*Wilson,* Soc. **1948** 1157, 1160).

Hellgelbe Kristalle (aus H_2O); F: 299–301° [Zers.]. λ_{max}: 265 nm [wss. HCl (0,1 n)] bzw. 260 nm [wss. NaOH (0,1 n)].

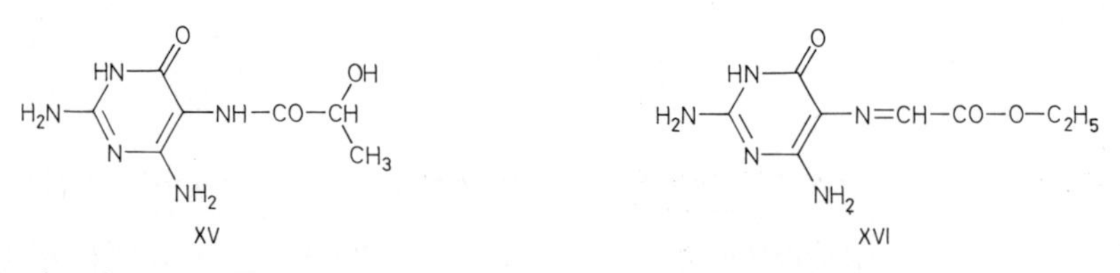

***[2,4-Diamino-6-oxo-1,6-dihydro-pyrimidin-5-ylimino]-essigsäure-äthylester** $C_8H_{11}N_5O_3$, Formel XVI und Taut.

B. Aus 2,5,6-Triamino-3*H*-pyrimidin-4-on und Äthoxy-hydroxy-essigsäure-äthylester (*Purrmann,* A. **548** [1941] 284, 289; *Pfleiderer,* B. **90** [1957] 2588, 2602).

Gelbliche Kristalle (*Pu.*).

***[2,4-Diamino-6-oxo-1,6-dihydro-pyrimidin-5-ylimino]-essigsäure-[2,4-diamino-6-oxo-1,6-dihydro-pyrimidin-5-ylamid]** $C_{10}H_{12}N_{10}O_3$, Formel I und Taut.

B. Aus 2,5,6-Triamino-3*H*-pyrimidin-4-on und Chloralhydrat in Gegenwart von Natriumacetat und $Na_2S_2O_4$ in H_2O (*Fidler, Wood,* Soc. **1956** 3311, 3314; vgl. *Purrmann,* A. **548** [1941] 284, 285).

Natrium-Salz $NaC_{10}H_{11}N_{10}O_3$. Gelbe Kristalle [aus wss. NaOH] (*Fi., Wood*). λ_{max} (wss. Lösung vom pH 13): 230 nm, 258 nm und 410 nm (*Fi., Wood,* l. c. S. 3313).

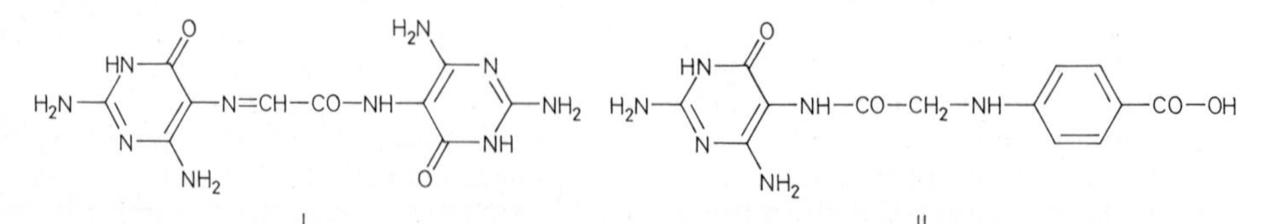

4-{[(2,4-Diamino-6-oxo-1,6-dihydro-pyrimidin-5-ylcarbamoyl)-methyl]-amino}-benzoesäure $C_{13}H_{14}N_6O_4$, Formel II und Taut.

B. Aus Chloressigsäure-[2,4-diamino-6-oxo-1,6-dihydro-pyrimidin-5-ylamid] und 4-Amino-benzoesäure (*Caldwell, Cheng,* Am. Soc. **77** [1955] 6631).

Brauner Feststoff mit 0,5 Mol H_2O; unterhalb 360° nicht schmelzend [Entfärbung bei ca. 260°].

5-[2,4-Diamino-6-oxo-1,6-dihydro-pyrimidin-5-ylimino]-barbitursäure $C_8H_7N_7O_4$, Formel III und Taut.

B. Aus 2,5,6-Triamino-3*H*-pyrimidin-4-on und Alloxan (*Taylor et al.,* Am. Soc. **76** [1954] 1874).

Purpurfarbene Kristalle, die oberhalb 300° orangefarben werden.

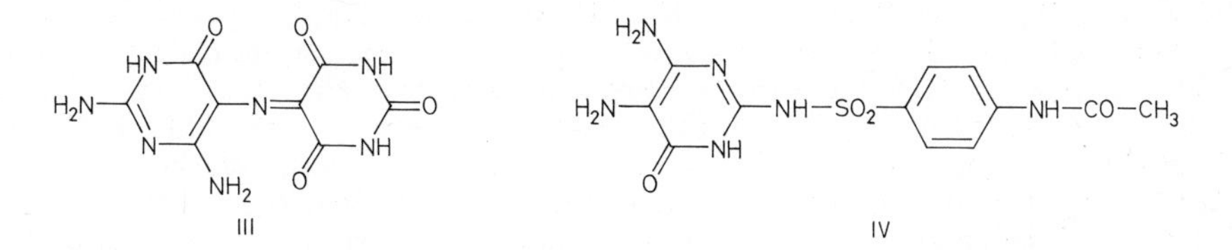

***N*-Acetyl-sulfanilsäure-[4,5-diamino-6-oxo-1,6-dihydro-pyrimidin-2-ylamid], Essigsäure-[4-(4,5-diamino-6-oxo-1,6-dihydro-pyrimidin-2-ylsulfamoyl)-anilid]** $C_{12}H_{14}N_6O_4S$, Formel IV und Taut.

B. Aus *N*-Acetyl-sulfanilsäure-[6-amino-5-hydroxyimino-4-oxo-4,5-dihydro-pyrimidin-2-yl= amid] mit Hilfe von $Na_2S_2O_4$ (*Fahrenbach et al.,* Am. Soc. **76** [1954] 4006, 4007).

Sulfat $2C_{12}H_{14}N_6O_4S \cdot H_2SO_4$. Kristalle mit 2 Mol H_2O; F: >230° [Zers.; nach Dunkel= färbung bei 210°].

2,6-Diamino-5-sulfanilylamino-3*H*-pyrimidin-4-on, Sulfanilsäure-[2,4-diamino-6-oxo-1,6-dihydro-pyrimidin-5-ylamid] $C_{10}H_{12}N_6O_3S$, Formel V (R = H) und Taut.

B. Aus dem folgenden Acetyl-Derivat mit Hilfe von wss. NaOH (*Wilson,* Soc. **1948** 1157, 1161).

Hellbraune Kristalle (aus H_2O). λ_{max} (wss. NaOH [0,1 n]): 259 nm.

***N*-Acetyl-sulfanilsäure-[2,4-diamino-6-oxo-1,6-dihydro-pyrimidin-5-ylamid], Essigsäure-[4-(2,4-diamino-6-oxo-1,6-dihydro-pyrimidin-5-ylsulfamoyl)-anilid]** $C_{12}H_{14}N_6O_4S$, Formel V (R = CO-CH_3) und Taut.

B. Aus 2,5,6-Triamino-3*H*-pyrimidin-4-on und *N*-Acetyl-sulfanilylchlorid (*Wilson,* Soc. **1948** 1157, 1161).

Hellgelbe Kristalle (aus H_2O); Zers. bei 280°.

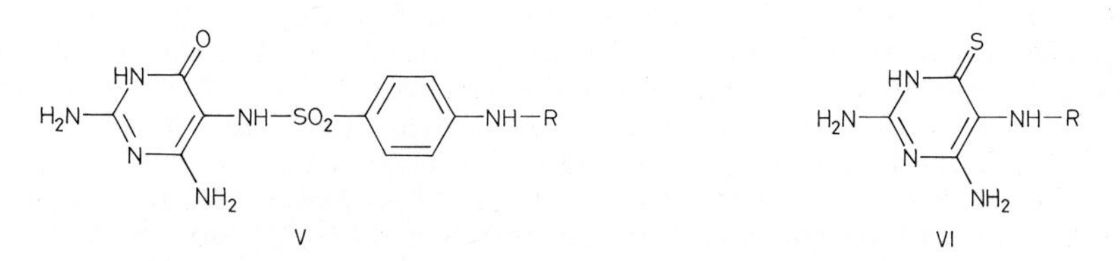

2,5,6-Triamino-3*H*-pyrimidin-4-thion $C_4H_7N_5S$, Formel VI (R = H) und Taut.

B. Beim Erwärmen von 2,6-Diamino-5-[4-chlor-phenylazo]-3*H*-pyrimidin-4-thion mit Zink-Pulver und wss.-methanol. HCl (*Elion et al.,* Am. Soc. **78** [1956] 2858, 2862).

λ_{max}: 310 nm [wss. Lösung vom pH 1] bzw. 340 nm und 320 nm [wss. Lösung vom pH 11].

Dihydrochlorid $C_4H_7N_5S \cdot 2HCl$. Kristalle (aus Me.+Ae.).

2,6-Diamino-5-formylamino-3*H*-pyrimidin-4-thion, *N*-[2,4-Diamino-6-thioxo-1,6-dihydro-pyrimidin-5-yl]-formamid $C_5H_7N_5OS$, Formel VI (R = CHO) und Taut.

B. Aus der vorangehenden Verbindung und Ameisensäure (*Elion et al.,* Am. Soc. **78** [1956] 2858, 2862).

Zers. bei ca. 275° [nach Dunkelfärbung ab 260°]. λ_{max}: 315 nm [wss. Lösung vom pH 1] bzw. 240 nm und 300 nm [wss. Lösung vom pH 11]. [*J. Schmidt*]

4-Amino-1*H*-pyrimidin-2-on $C_4H_5N_3O$, Formel VII (R = R' = H) und Taut.; **Cytosin** (H **24** 314; E I **24** 312; E II **24** 169).

Zusammenfassende Darstellungen: *Hoppe-Seyler/Thierfelder,* Handbuch der Physiologisch- und Pathologisch-Chemischen Analyse, 10. Aufl., Bd. 3 [Berlin 1955] S. 1226; *Brown,* Chem. heterocycl. Compounds **16** [1962] 346, **16** Spl. 1 [1970] 264.

In den Kristallen liegt nach Ausweis der Kristallstruktur-Analyse (*Barker, Marsh,* Acta cryst. **17** [1964] 1581; *Jeffrey, Kinoshita,* Acta cryst. **16** [1963] 20) ausschliesslich und in Lösungen in H_2O und DMSO nach Ausweis des ^{1}H-NMR-Spektrums, des UV-Spektrums sowie der Dissoziationskonstanten überwiegend 4-Amino-1*H*-pyrimidin-2-on bzw. im Falle der Protonierung das 4-Amino-2-oxo-1(3),2-dihydro-pyrimidinium-Kation vor (*Katritzky, Waring,* Soc. **1963** 3046; Chem. and Ind. **1962** 695; *Brown, Lyall,* Austral. J. Chem. **15** [1962] 851). Tautomeren-Gleichgewicht mit 6-Amino-1*H*-pyrimidin-2-on in H_2O: *Ka., Wa.,* Soc. **1963** 3047.

Isolierung aus den Hydrolysaten der Hefe-Nucleinsäuren: *Hunter, Hlynka,* Biochem. J. **31** [1937] 486; der Nucleinsäuren von Allium Cepa: *Beloserškiĭ,* Doklady Akad. S.S.S.R. **25** [1939] 749; C. A. **1940** II 1451.

B. Aus 3-Äthoxy-acrylonitril und Harnstoff mit Hilfe von Natriumbutylat (*Tarsio, Nicholl,* J. org. Chem. **22** [1957] 192). Beim Erwärmen von 3,3-Diäthoxy-propionitril mit Harnstoff und Natriumbutylat in Butan-1-ol und Erhitzen des Reaktionsprodukts mit wss. H_2SO_4 (*Bendich et al.,* J. biol. Chem. **177** [1949] 565, 567). Beim Erhitzen von 2-Chlor-pyrimidin-4-ylamin (*Hilbert,* Am. Soc. **56** [1934] 190, 194) oder 2-Methoxy-pyrimidin-4-ylamin (*Hilbert, Johnson,* Am. Soc. **52** [1930] 1152, 1157; *Karlinškaja, Chromow-Borišow,* Ž. obšč. Chim. **27** [1957] 2113; engl. Ausg. S. 2170) mit konz. wss. HCl. Beim Erhitzen von 4-Äthoxy-1*H*-pyrimidin-2-on mit NH_3 in Äthanol auf 120° (*Hilbert et al.,* Am. Soc. **57** [1935] 552). Aus 2-Äthylmercapto-pyrimidin-4-ylamin mit Hilfe von wss.-äthanol. H_2O_2 (*Chi, Chen,* Scientia sinica **6** [1957] 111, 119). Aus Thiocytosin mit Hilfe von wss. Chloressigsäure und wss. HCl (*Brown,* J. Soc. chem. Ind. **69** [1950] 353, 354). Aus [4-Amino-pyrimidin-2-ylmercapto]-essigsäure beim Erhitzen mit wss. HCl (*Hitchings et al.,* J. biol. Chem. **177** [1949] 357, 358).

Herstellung von [x-*T*]Cytosin: *Eidinoff et al.,* J. biol. Chem. **199** [1952] 511; von 4-Amino-1*H*-[2-^{14}*C*]pyrimidin-2-on: *Codington et al.,* Am. Soc. **80** [1958] 5164; von 4-Amino-1*H*-[$^{15}N_2$]pyrimidin-2-on: *Bendich et al.,* Org. Synth. Isotopes **1958** 1807.

Atomabstände und Bindungswinkel (Röntgen-Diagramm) des wasserfreien Cytosins: *Barker, Marsh,* Acta cryst. **17** [1964] 1581, 1586; des Monohydrats: *Jeffrey, Kinoshita,* Acta cryst. **16** [1963] 20, 25.

Wasserfreie Kristalle [aus Me.] (*Barker, Marsh,* Acta cryst. **17** [1964] 1581). Kristalle (aus H_2O) mit 1 Mol H_2O; F: 320–325° [Zers.; nach H_2O-Abgabe bei 65–75°] (*Rose,* Anal. Chem. **27** [1955] 158), 308° [Zers.] (*Hilbert et al.,* Am. Soc. **57** [1935] 552). Wasserfreies Cytosin ist orthorhombisch; Kristallstruktur-Analyse (Röntgen-Diagramm): *Ba., Ma.* Das Monohydrat ist monoklin; Kristallstruktur-Analyse (Röntgen-Diagramm): *Jeffrey, Kinoshita,* Acta cryst. **16** [1963] 20; s. a. *Rose.* Dichte der wasserfreien Kristalle: 1,562 (*Ba., Ma.*); der Kristalle des Monohydrats: 1,476 (*Rose*), 1,478 (*Je., Ki.*). Kristalloptik des Monohydrats: *Hi. et al.;* s. a. *Rose.* IR-Spektrum eines festen Films (2–15 μ): *Blout, Fields,* Am. Soc. **72** [1950] 479, 480; in KBr (2,5–14,5 μ): *Stimson, O'Donnell,* Am. Soc. **74** [1952] 1805, 1807; in Paraffin oder Perfluorkerosin (2,8–3,7 μ und 5,5–15,4 μ): *Short, Thompson,* Soc. **1952** 168, 173, 177; in geschmolzenem $SbCl_3$ (1,5–11,5 μ): *Lacher et al.,* J. phys. Chem. **59** [1955] 615, 617, 619, 622. IR-Spektrum der deuterierten Verbindung (Paraffin oder Perfluorkerosin; 5,5–14,3 μ): *Sh., Th.,* l. c. S. 173. UV-Spektrum eines Films bei 21 K, 77 K und 298 K (230–300 nm): *Sinsheimer et al.,* J. biol. Chem. **187** [1950] 313, 316, 319; in einem Gemisch von Äther, Isopentan und Äthanol [5:5:2] bei 77 K und 298 K (230–300 nm): *Si. et al.;* in KBr (230–300 nm): *St., O'Do.,* l. c. S. 1806; in H_2O (230–290 nm): *Heyroth, Loofbourow,* Am. Soc. **56** [1934] 1728, 1730; in H_2O, wss. HCl und wss. NaOH (220–300 nm): *Stimson, Reuter,* Am. Soc. **67** [1945] 2191; *Ploeser, Loring,* J. biol. Chem. **178** [1949] 431, 433; in wss. HCl und wss. NaOH (220–300 nm): *Wierzchowski, Shugar,* Biochim. biophys. Acta **25** [1957] 355, 358; in wss. Lösungen vom pH 1–14 (205–300 nm): *Shugar, Fox,* Biochim. biophys. Acta **9** [1952]

199, 202; s. a. *Stimson,* Am. Soc. **71** [1949] 1470, 1471, 1473.

Magnetische Susceptibilität: $-0{,}503 \cdot 10^{-6}$ $cm^3 \cdot g^{-1}$ (*Woernley,* J. biol. Chem. **207** [1954] 717, 719). Scheinbare Dissoziationsexponenten pK'_{a1} (protonierte Verbindung) und pK'_{a2} (H_2O; spek≈trophotometrisch ermittelt): 4,45 und 12,2 (*Shugar, Fox,* Biochim. biophys. Acta **9** [1952] 199, 202, 203) bzw. 4,6 und 12,16 (*Cohn,* in *E. Chargaff, J.N. Davidson,* The Nucleic Acids, Bd. 1 [New York 1955] S. 217). Polarographische Strom-Spannungs-Kurve (wss. Lösung vom pH 5): *Hamer et al.,* Arch. Biochem. **47** [1953] 272, 277. Verteilung zwischen Butan-1-ol und wss. Lösung vom pH 6,5: *Tinker, Brown,* J. biol. Chem. **173** [1948] 585, 586.

Über eine reversible Umwandlung bei der Einwirkung von UV-Strahlen auf wss. Lösungen s. *Wierzchowski, Shugar,* Biochim. biophys. Acta **25** [1957] 355, 358, 361. Über den UV-spektroskopischen Nachweis von Umwandlungen nach der Einwirkung von UV-Strahlen auf wss. Lösungen unter verschiedenen Bedingungen s. *Christensen, Giese,* Arch. Biochem. **51** [1954] 208, 211, 213; *Beukers et al.,* R. **77** [1958] 729, 731; nach der Einwirkung von γ-Strahlen s. *Ryšina,* Trudy 1. Sovešč. radiac. Chim. otd. chim. 1957 S. 193, 196; C. A. **1959** 12017. UV-spektroskopischer Nachweis von Umwandlungen nach der Einwirkung von Ozon auf die wss. Lösung: *Ch., Gi.* Beim Behandeln mit wss. H_2O_2 und konz. wss. HCl ist 5,5-Dichlor-6-hydroxy-dihydro-pyrimidin-2,4-dion erhalten worden (*Johnson,* Am. Soc. **65** [1943] 1218).

Ammonium-Salz $[NH_4]C_4H_4N_3O$. Kristalle [aus wss. NH_3] (*Bendich et al.,* J. biol. Chem. **177** [1949] 565, 568).

Picrat (vgl. H **24** 314). Zers bei 333° (*Hitchings et al.,* J. biol. Chem. **177** [1949] 357, 358).

4-Amino-1-methyl-1*H*-pyrimidin-2-on $C_5H_7N_3O$, Formel VII (R = CH_3, R′ = H) (H **24** 317).

B. Beim Erhitzen von 1-Methyl-4-thioxo-3,4-dihydro-1*H*-pyrimidin-2-on mit äthanol. NH_3 (*Fox et al.,* Am. Soc. **81** [1959] 178, 187). Beim Erhitzen von 4-Methoxy-1-methyl-1*H*-pyrimidin-2-on mit methanol. NH_3 (*Flynn et al.,* Am. Soc. **75** [1953] 5867, 5871; *Kenner et al.,* Soc. **1955** 855, 857). Beim Erwärmen von 4-Amino-2-methoxy-1-methyl-pyrimidinium-jodid mit konz. wss. HCl (*Hilbert,* Am. Soc. **56** [1934] 190, 193).

Kristalle; F: 303° [korr.; Zers.; aus A.] (*Hi.,* l. c. S. 192), 300–302° [Zers.; aus H_2O] (*Fl. et al.*), 300° [korr.; aus Me.] (*Ke. et al.*). Triklin; Kristallstruktur-Analyse (Röntgen-Diagramm): *Mathews, Rich,* Nature **201** [1964] 179. Dichte der Kristalle: 1,450 (*Ma., Rich*). UV-Spektrum (wss. Lösungen vom pH 1–14; 205–310 nm): *Fox, Shugar,* Biochim. biophys. Acta **9** [1952] 369, 371, 374. λ_{max}: 275–276 nm [A.] bzw. 213 nm und 282 nm [wss. HCl (0,1 n)] (*Ke. et al.*). Scheinbarer Dissoziationsexponent pK'_a (protonierte Verbindung; H_2O): 4,5 [potentiometrisch ermittelt] (*Fl. et al.,* l. c. S. 5869) bzw. 4,55 [spektrophotometrisch ermittelt] (*Fox, Sh.,* l. c. S. 378).

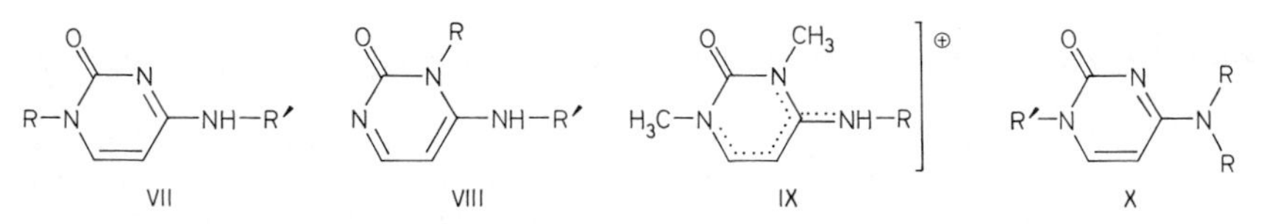

6-Amino-1-methyl-1*H*-pyrimidin-2-on $C_5H_7N_3O$, Formel VIII (R = CH_3, R′ = H).

In den Kristallen und in wss. Lösung liegt nach Ausweis der Kristallstruktur-Analyse (*Sri≈krishnan et al.,* Acta cryst. [B] **34** [1978] 1730) bzw. des UV-Spektrums und der Dissoziationsex≈ponenten (*Ueda, Fox,* Am. Soc. **85** [1963] 4024) das Oxo-amin vor.

B. Beim Behandeln von Cytidin-sulfat (S. 3669) mit Dimethylsulfat und wss. NaOH und Erhitzen des Reaktionsprodukts mit wss. H_2SO_4 (*Bredereck et al.,* B. **81** [1948] 307, 313). Beim Erhitzen von 6-Amino-1-methyl-2-oxo-1,2-dihydro-pyrimidin-5-carbonsäure (*Whitehead, Traverso,* Am. Soc. **77** [1955] 5867, 5872).

Atomabstände und Bindungswinkel des Hemihydrats (Röntgen-Diagramm): *Sr. et al.*

Kristalle (aus H_2O); F: 260–265° [Zers.] (*Wh., Tr.*). Orthorhombische Kristalle (aus wss. Me.) mit 0,5 Mol H_2O; Kristallstruktur-Analyse (Röntgen-Diagramm): *Sr. et al.* UV-Spektrum (wss. Lösungen vom pH 1 und pH 9,45 sowie wss. NaOH [3 n]; 215–330 nm): *Ueda, Fox,* l. c. S. 4026. Scheinbare Dissoziationsexponenten pK'_{a1} (protonierte Verbindung) und pK'_{a2} (H_2O; spektrophotometrisch ermittelt): 7,38 bzw. 13–14 (*Ueda, Fox*).

Picrat $C_5H_7N_3O \cdot C_6H_3N_3O_7$. Kristalle (aus H_2O); F: 228° (*Br. et al.*).

4-Methylamino-1*H*-pyrimidin-2-on $C_5H_7N_3O$, Formel VII (R = H, R′ = CH_3) und Taut. (E I **24** 313; E II **24** 170).

B. Beim Erwärmen von 2-Äthylmercapto-4-methylamino-pyrimidin mit wss.-äthanol. H_2O_2 (*Chi, Chen,* Scientia sinica **6** [1957] 111, 120). Aus Cytosin und Diazomethan (*Case, Hill,* Am. Soc. **52** [1930] 1536, 1540). Beim Erhitzen von 4-Methylamino-1*H*-pyrimidin-2-thion mit wss. Chloressigsäure und anschliessend mit wss. HCl (*Brown,* J. appl. Chem. **5** [1955] 358, 361).

Kristalle (aus H_2O); F: 275–278° [Zers.] (*Br.,* J. appl. Chem. **5** 361). Scheinbarer Dissoziationsexponent pK'_a (protonierte Verbindung; H_2O; potentiometrisch ermittelt) bei 20°: 4,55 (*Brown,* J. appl. Chem. **9** [1959] 203, 206).

Picrat $C_5H_7N_3O \cdot C_6H_3N_3O_7$ (E II **24** 170). Kristalle (aus H_2O); F: 224–226° (*Br.,* J. appl. Chem. **5** 361).

4-Amino-1,3-dimethyl-2-oxo-1(3),2-dihydro-pyrimidinium $[C_6H_{10}N_3O]^+$, Formel IX (R = H).

Scheinbarer Dissoziationsexponent pK'_a (H_2O?): 9, 29 (*Kenner et al.,* Soc. **1955** 855, 858).

Betain $C_6H_9N_3O$; 4-Imino-1,3-dimethyl-3,4-dihydro-1*H*-pyrimidin-2-on, 1,3-Dimethyl-cytosin. *B.* Aus 4-Amino-1-methyl-1*H*-pyrimidin-2-on und Diazomethan (*Ke. et al.*). Aus dem Jodid (s. u.) mit Hilfe von wss. NaOH (*Hilbert,* Am. Soc. **56** [1934] 190, 194). – Kristalle; F: 147,5° [korr.; nach Sublimation] (*Hi.*), 145° [korr.; nach Sublimation bei 80°/0,2 Torr] (*Ke. et al.*). λ_{max}: 223 nm und 273 nm [A.] bzw. 281 nm [wss. HCl (0,1 n)] (*Ke. et al.*).

Jodid $[C_6H_{10}N_3O]I$. Kristalle; F: 265–266° [korr.; Zers.; rote Schmelze] (*Hi.,* l. c. S. 194).

1-Methyl-4-methylamino-1*H*-pyrimidin-2-on $C_6H_9N_3O$, Formel VII (R = R′ = CH_3).

B. Beim Erhitzen von 4-Methoxy-1-methyl-1*H*-pyrimidin-2-on mit wss. Methylamin (*Kenner et al.,* Soc. **1955** 855, 857).

Kristalle (aus E.); F: 179° [korr.]. λ_{max}: 275 nm [A.] bzw. 218 nm und 285–286 nm [wss. HCl (0,1 n)]. Scheinbarer Dissoziationsexponent pK'_a (protonierte Verbindung; H_2O?): 4,47.

1-Methyl-6-methylamino-1*H*-pyrimidin-2-on $C_6H_9N_3O$, Formel VIII (R = R′ = CH_3).

B. Beim Behandeln von Cytidin-nitrat (S. 3667) mit Dimethylsulfat und wss. NaOH und Erhitzen des Reaktionsprodukts mit wss. H_2SO_4 (*Bredereck et al.,* B. **73** [1940] 1058, 1065). Beim Erhitzen von methylierter Thymonucleinsäure mit wss. H_2SO_4 (*Br. et al.,* l. c. S. 1063).

Picrat $C_6H_9N_3O \cdot C_6H_3N_3O_7$. Gelbe Kristalle (aus H_2O); F: 222°.

1,3-Dimethyl-4-methylamino-2-oxo-1(3),2-dihydro-pyrimidinium $[C_7H_{12}N_3O]^+$, Formel IX (R = CH_3).

Betain $C_7H_{11}N_3O$; 1,3-Dimethyl-4-methylimino-3,4-dihydro-1*H*-pyrimidin-2-on. *B.* Aus 1-Methyl-4-methylamino-1*H*-pyrimidin-2-on und CH_3I (*Kenner et al.,* Soc. **1955** 855, 858). – Kristalle; F: 79° [nach Sublimation bei 45°/0,5 Torr]. λ_{max}: 222 nm und 285–286 nm [A.] bzw. 212 nm und 287 nm [wss. HCl (0,1 n)].

4-Dimethylamino-1*H*-pyrimidin-2-on $C_6H_9N_3O$, Formel X (R = CH_3, R′ = H) und Taut.

B. Beim Erwärmen von 4-Dimethylamino-1*H*-pyrimidin-2-thion mit wss. Chloressigsäure und Erwärmen des Reaktionsgemisches mit wss. HCl (*Kissman, Weiss,* Am. Soc. **80** [1958] 2575, 2580).

Kristalle (aus A. + Isopropylalkohol); F: 248–249° [korr.; nach Sublimation im Vakuum]. λ_{max}: 282 nm [Me.], 281 nm [wss. HCl (0,1 n)] bzw. 284 nm [wss. NaOH (0,1 n)].

Quecksilber(II)-Salze. a) $Hg(C_6H_8N_3O_2)$. – b) $Hg(C_6H_8N_3O)Cl$.

4-Dimethylamino-1-methyl-1*H*-pyrimidin-2-on $C_7H_{11}N_3O$, Formel X (R = R′ = CH_3).

B. Beim Erhitzen von 4-Methoxy-1-methyl-1*H*-pyrimidin-2-on mit wss. Dimethylamin (*Kenner et al.,* Soc. **1955** 855, 858).

Kristalle (aus E.); F: 179° [korr.]. λ_{max}: 282 nm [A.] bzw. 221 nm und 290 nm [wss. HCl (0,1)]. Scheinbarer Dissoziationsexponent pK'_a (protonierte Verbindung; H_2O?): 4,20.

4-Äthylamino-1*H*-pyrimidin-2-on $C_6H_9N_3O$, Formel VII (R = H, R′ = C_2H_5) und Taut. (E I **24** 313).

B. Beim Erhitzen von 4-Äthylamino-1*H*-pyrimidin-2-thion mit wss. Chloressigsäure und anschliessend mit wss. HCl (*Brown,* J. appl. Chem. **9** [1959] 203, 207).

Kristalle (aus A.); F: 214° [Zers.] (*Br.*, l. c. S. 207). Scheinbarer Dissoziationsexponent pK'_a (protonierte Verbindung; H_2O; potentiometrisch ermittelt) bei 20°: 4,58 (*Br.*, l. c. S. 206).

4-Diäthylamino-1*H*-pyrimidin-2-on $C_8H_{13}N_3O$, Formel X (R = C_2H_5, R′ = H) und Taut.

B. Beim Erwärmen von 2-Äthylmercapto-4-diäthylamino-pyrimidin mit wss.-äthanol. H_2O_2 (*Chi, Chen,* Scientia sinica **6** [1957] 111, 120).

Kristalle (aus A.); F: 280–281°.

4-Butylamino-1*H*-pyrimidin-2-on $C_8H_{13}N_3O$, Formel VII (R = H, R′ = $[CH_2]_3$-CH_3) und Taut.

B. Beim Erhitzen von 4-Butylamino-1*H*-pyrimidin-2-thion mit wss. Chloressigsäure und anschliessend mit wss. HCl (*Brown,* J. appl. Chem. **9** [1959] 203, 207).

Kristalle (aus H_2O); F: 170–171° (*Br.*, l. c. S. 207). Scheinbarer Dissoziationsexponent pK'_a (protonierte Verbindung; H_2O; potentiometrisch ermittelt) bei 20°: 4,69 (*Br.*, l. c. S. 206).

6-Amino-1-heptyl-1*H*-pyrimidin-2-on $C_{11}H_{19}N_3O$, Formel VIII (R = $[CH_2]_6$-CH_3, R′ = H).

B. Beim Erhitzen von 6-Amino-1-heptyl-2-oxo-1,2-dihydro-pyrimidin-5-carbonsäure (*Whitehead, Traverso,* Am. Soc. **77** [1955] 5867, 5872).

Kristalle (aus A.); F: 169°.

4-Tetradecylamino-1*H*-pyrimidin-2-on $C_{18}H_{33}N_3O$, Formel VII (R = H, R′ = $[CH_2]_{13}$-CH_3) und Taut.

B. Beim Erhitzen von [4-Tetradecylamino-pyrimidin-2-ylmercapto]-essigsäure mit konz. wss. HCl (*Hitchings, Russell,* Soc. **1949** 2454).

Kristalle (aus A.); F: 178–180°.

4-Anilino-1*H*-pyrimidin-2-on $C_{10}H_9N_3O$, Formel VII (R = H, R′ = C_6H_5) und Taut. (H **24** 315).

B. Beim Erhitzen von [4-Anilino-pyrimidin-2-ylmercapto]-essigsäure mit konz. wss. HCl (*Russell et al.,* Am. Soc. **71** [1949] 2279, 2281).

Kristalle (aus A.); F: 272–274° [Zers.].

4-Benzylamino-1*H*-pyrimidin-2-on $C_{11}H_{11}N_3O$, Formel VII (R = H, R′ = CH_2-C_6H_5) und Taut.

B. Beim Erhitzen von [4-Benzylamino-pyrimidin-2-ylmercapto]-essigsäure mit konz. wss. HCl (*Hitchings, Russell,* Soc. **1949** 2454; s. a. *Fidler, Wood,* Soc. **1957** 3980, 3983).

Kristalle; F: 224° [aus H_2O] (*Hi., Ru.*), 213–217° [Zers.; aus A.] (*Fi., Wood*).

(*R*)-[4-Amino-2-oxo-2*H*-pyrimidin-1-yl]-[(*R*)-β-hydroxy-β′-oxo-isopropoxy]-acetaldehyd, (2*R*,4*R*)-2-[4-Amino-2-oxo-2*H*-pyrimidin-1-yl]-4-hydroxymethyl-3-oxa-glutaraldehyd $C_9H_{11}N_3O_5$, Formel XI und cycl. Taut.

Picrat $C_9H_{11}N_3O_5 \cdot C_6H_3N_3O_7$. *B.* Aus Cytidin-picrat (S. 3669) oder 4-Amino-1-β-D-glucopyranosyl-1*H*-pyrimidin-2-on-picrat mit Hilfe von wss. $NaIO_4$ (*Davoll et al.,* Soc. **1946** 833, 838). – Gelbe Kristalle (aus H_2O); Zers. bei 212–214° [bei schnellem Erhitzen]. $[\alpha]_D^{18}$: +57,5° [Py.; c = 1,1].

4-Acetylamino-1*H*-pyrimidin-2-on, *N*-[2-Oxo-1,2-dihydro-pyrimidin-4-yl]-acetamid $C_6H_7N_3O_2$, Formel XII (R = R′ = H, R″ = CH_3) und Taut. (H **24** 315).

B. Aus Cytosin und Acetanhydrid mit Hilfe von Pyridin (*Brown et al.,* Soc. **1956** 2384, 2386). Herstellung von 4-Acetylamino-1*H*-[2-^{14}C]pyrimidin-2-on: *Codington et al.,* Am. Soc. **80** [1958] 5164.

Kristalle; F: 326–328° [Zers.] (*Co. et al.*). λ_{max} (A.): 215 nm, 244–245 nm und 293 nm (*Br. et al.*).

Quecksilber(II)-Salz $HgC_6H_5N_3O_2$: *Fox et al.*, Am. Soc. **79** [1957] 5060, 5062.

4-Acetylamino-1-methyl-1*H*-pyrimidin-2-on, *N*-[1-Methyl-2-oxo-1,2-dihydro-pyrimidin-4-yl]-acetamid $C_7H_9N_3O_2$, Formel XII (R = R″ = CH_3, R′ = H).

B. Aus 4-Amino-1-methyl-1*H*-pyrimidin-2-on und Acetanhydrid mit Hilfe von Pyridin (*Kenner et al.*, Soc. **1955** 855, 858).

Kristalle (aus A.); F: 268° [korr.] (*Ke. et al.*). UV-Spektrum (A.; 210–310 nm bzw. 240–310 nm): *Ke. et al.*, l. c. S. 856, 858; *Schabarowa et al.*, Ž. obšč. Chim. **27** [1957] 3028, 3030; engl. Ausg. S. 3058, 3059. λ_{max} (wss. HCl [0,1 n]): 214 nm und 311 nm (*Ke. et al.*).

4-Acetylamino-1,3-dimethyl-2-oxo-1(3),2-dihydro-pyrimidinium $[C_8H_{12}N_3O_2]^+$, Formel IX (R = CO-CH_3).

Betain $C_8H_{11}N_3O_2$; 4-Acetylimino-1,3-dimethyl-3,4-dihydro-1*H*-pyrimidin-2-on. *B.* Aus 4-Acetylamino-1-methyl-1*H*-pyrimidin-2-on (*Kenner et al.*, Soc. **1955** 855, 858) oder 4-Acetylamino-1*H*-pyrimidin-2-on (*Brown et al.*, Soc. **1956** 2384, 2386) und Diazomethan. Aus 1,3-Dimethyl-cytosin (S. 3656) und Acetanhydrid mit Hilfe von Pyridin (*Br. et al.*). – Kristalle; F: 156–157° [aus A.] (*Br. et al.*), 156° [korr.; nach Sublimation bei 90°/0,2 Torr] (*Ke. et al.*). UV-Spektrum (A.; 210–310 nm bzw. 240–320 nm): *Ke. et al.; Schabarowa et al.* Ž. obšč. Chim. **27** [1957] 3028, 3030; engl. Ausg. S. 3058, 3059. λ_{max} (wss. HCl [0,1 n]): 214 nm, 242 nm und 315 nm (*Ke. et al.*).

***N*-Methyl-*N*-[1-methyl-2-oxo-1,2-dihydro-pyrimidin-4-yl]-acetamid** $C_8H_{11}N_3O_2$, Formel XII (R = R′ = R″ = CH_3).

B. Aus 1-Methyl-4-methylamino-1*H*-pyrimidin-2-on und Acetanhydrid mit Hilfe von Pyridin (*Kenner et al.*, Soc. **1955** 855, 858).

Kristalle (aus A.); F: 196° [korr.]. UV-Spektrum (A.; 210–310 nm): *Ke. et al.*, l. c. S. 856, 858.

4-Benzoylamino-1*H*-pyrimidin-2-on, *N*-[2-Oxo-1,2-dihydro-pyrimidin-4-yl]-benzamid $C_{11}H_9N_3O_2$, Formel XIII (R = X = X′ = H) und Taut.

B. Aus Cytosin und Benzoylchlorid mit Hilfe von Pyridin (*Brown et al.*, Soc. **1956** 2384, 2386).

Kristalle (aus Py. oder wss. Eg.), die unterhalb 350° nicht schmelzen [Dunkelfärbung bei 320°]. λ_{max} (A.): 258 nm und 299–300 nm.

4-Nitro-benzoesäure-[2-oxo-1,2-dihydro-pyrimidin-4-ylamid] $C_{11}H_8N_4O_4$, Formel XIII (R = X = H, X′ = NO_2) und Taut.

B. Aus Cytosin und 4-Nitro-benzoylchlorid mit Hilfe von Pyridin (*Sensi et al.*, Antibiotics Chemotherapy **7** [1957] 645, 651).

F: 300°.

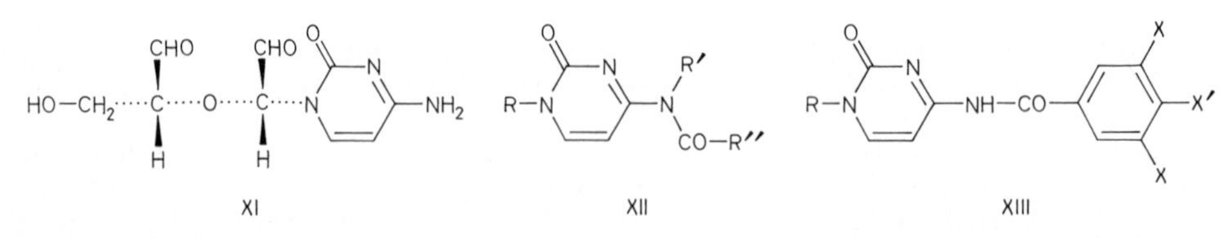

4-Benzoylamino-1-methyl-1*H*-pyrimidin-2-on, *N*-[1-Methyl-2-oxo-1,2-dihydro-pyrimidin-4-yl]-benzamid $C_{12}H_{11}N_3O_2$, Formel XIII (R = CH_3, X = X′ = H).

B. Aus 4-Amino-1-methyl-1*H*-pyrimidin-2-on und Benzoylchlorid mit Hilfe von Pyridin (*Flynn et al.*, Am. Soc. **75** [1953] 5867, 5871; *Kenner et al.*, Soc. **1955** 855, 859).

Kristalle (aus A.); F: 222° [korr.] (*Ke. et al.*), 221–222° (*Fl. et al.*). λ_{max} (A.): 259 nm und 304–305 nm (*Ke. et al.*). Scheinbarer Dissoziationsexponent pK'_a (H_2O; potentiometrisch ermittelt): 10,6 (*Fl. et al.*, l. c. S. 5869).

4-Brom-benzoesäure-[1-methyl-2-oxo-1,2-dihydro-pyrimidin-4-ylamid] $C_{12}H_{10}BrN_3O_2$, Formel XIII (R = CH_3, X = H, X′ = Br).

B. Aus 4-Amino-1-methyl-1*H*-pyrimidin-2-on und 4-Brom-benzoylchlorid mit Hilfe von Pyri= din (*Brown et al.*, Soc. **1956** 2384, 2387).

Kristalle (aus A.); F: 251–252°.

4-Nitro-benzoesäure-[1-methyl-2-oxo-1,2-dihydro-pyrimidin-4-ylamid] $C_{12}H_{10}N_4O_4$, Formel XIII (R = CH_3, X = H, X′ = NO_2).

B. Aus 4-Amino-1-methyl-1*H*-pyrimidin-2-on und 4-Nitro-benzoylchlorid mit Hilfe von Pyri= din (*Brown et al.*, Soc. **1956** 2384, 2387).

Hellgelbe Kristalle (aus A.+E.); F: 272–274°.

4-Benzoylamino-1,3-dimethyl-2-oxo-1(3),2-dihydro-pyrimidinium $[C_{13}H_{14}N_3O_2]^+$, Formel IX (R = CO-C_6H_5) auf S. 3655.

Betain $C_{13}H_{13}N_3O_2$; 4-Benzoylimino-1,3-dimethyl-3,4-dihydro-1*H*-pyrimidin-2-on. *B.* Aus 4-Benzoylamino-1-methyl-1*H*-pyrimidin-2-on und Diazomethan (*Kenner et al.*, Soc. **1955** 855, 859). Aus 1,3-Dimethyl-cytosin (S. 3656) und Benzoylchlorid mit Hilfe von Pyridin (*Brown et al.*, Soc. **1956** 2384, 2387). – Kristalle (aus A.); F: 156° [korr.] (*Ke. et al.*), 155–156° (*Br. et al.*). λ_{max} (A.): 245 nm und 318 nm (*Ke. et al.*).

***N*-Methyl-*N*-[1-methyl-2-oxo-1,2-dihydro-pyrimidin-4-yl]-benzamid** $C_{13}H_{13}N_3O_2$, Formel XII (R = R′ = CH_3, R″ = C_6H_5).

B. Aus 1-Methyl-4-methylamino-1*H*-pyrimidin-2-on und Benzoylchlorid mit Hilfe von Pyridin (*Kenner et al.*, Soc. **1955** 855, 859).

Kristalle (aus A.); F: 145° [korr.]. λ_{max} (A.): 265 nm und 305 nm.

3,4,5-Trimethoxy-benzoesäure-[2-oxo-1,2-dihydro-pyrimidin-4-ylamid] $C_{14}H_{15}N_3O_5$, Formel XIII (R = H, X = X′ = O-CH_3) und Taut.

B. Aus Cytosin und 3,4,5-Trimethoxy-benzoylchlorid mit Hilfe von Pyridin (*Brown et al.*, Soc. **1956** 2384, 2387).

Kristalle (aus Eg.); F: 296° [Zers.].

3,4,5-Trimethoxy-benzoesäure-[1-methyl-2-oxo-1,2-dihydro-pyrimidin-4-ylamid] $C_{15}H_{17}N_3O_5$, Formel XIII (R = CH_3, X = X′ = O-CH_3).

B. Aus 4-Amino-1-methyl-1*H*-pyrimidin-2-on und 3,4,5-Trimethoxy-benzoylchlorid mit Hilfe von Pyridin (*Brown et al.*, Soc. **1956** 2384, 2387).

Kristalle (aus A.); F: 221–223°.

4-Amino-benzoesäure-[2-oxo-1,2-dihydro-pyrimidin-4-ylamid] $C_{11}H_{10}N_4O_2$, Formel XIII (R = X = H, X′ = NH_2) und Taut.

B. Beim Behandeln von 4-Nitro-benzoesäure-[2-oxo-1,2-dihydro-pyrimidin-4-ylamid] mit wss. Na_2S (*Sensi et al.*, Antibiotics Chemotherapy **7** [1957] 645, 652).

F: 320°. IR-Spektrum (Nujol; 1,5–15 μ): *Se. et al.*, l. c. S. 651.

4-Pyruvoylamino-benzoesäure-[2-oxo-1,2-dihydro-pyrimidin-4-ylamid] $C_{14}H_{12}N_4O_4$, Formel XIII (R = X = H, X′ = NH-CO-CO-CH_3) und Taut.

B. Beim Behandeln von Cytimidin-hydrochlorid (s. u.) mit wss. $NaIO_4$ (*Flynn et al.*, Am. Soc. **75** [1953] 5867, 5870).

Kristalle; F: >300° [Zers.].

4-[(*R*)-α-Amino-β-hydroxy-isobutyrylamino]-benzoesäure-[2-oxo-1,2-dihydro-pyrimidin-4-ylamid], Cytimidin $C_{15}H_{17}N_5O_4$, Formel XIV und Taut.

B. Beim Erwärmen von Amicetin (S. 3661) mit wss. HCl (*Flynn et al.*, Am. Soc. **75** [1953] 5867, 5870; *Tatsuoka et al.*, J. pharm. Soc. Japan **75** [1955] 1206; C. A. **1956** 8695).

Kristalle (aus H_2O); Zers. bei 262–263° (*Fl. et al.*).

4-Amino-1-[O^4-(4-dimethylamino-4,6-didesoxy-α-D-glucopyranosyl)-β-D-*erythro*-2,3,6-tridesoxy-hexopyranosyl]-1*H*-pyrimidin-2-on, Cytosamin $C_{18}H_{30}N_4O_6$, Formel XV (R = H).

B. Aus Amicetin-B [S. 3661] (*Sensi et al.*, Antibiotics Chemotherapy **7** [1957] 645, 649) oder Amicetin [S. 3661] (*Flynn et al.*, Am. Soc. **75** [1953] 5867, 5870; *Tatsuoka et al.*, J. pharm. Soc. Japan **75** [1955] 1206; C. A. **1956** 8695) mit Hilfe von wss. NaOH.

Kristalle [aus wasserfreiem A.] (*Haskell*, Am. Soc. **80** [1958] 747, 750); F: 260° [Zers.] (*Fl. et al.*), 255–260° [Zers.] (*Se. et al.*), 252–255° [Zers.] (*Ha.*). Wasserhaltige Kristalle (aus H_2O); F: 160–165° (*Fl. et al.; Se. et al.*, l. c. S. 649; s. a. *Ha.*). $[\alpha]_D^{25}$: +107° [wss. HCl (0,1 n); c = 1] [wasserfreies Präparat] (*Ha.*, l. c. S. 750). IR-Spektrum (Nujol; 1,5–15 μ): *Se. et al.*, l. c. S. 648. UV-Spektrum (wss. HCl [0,1 n], H_2O sowie wss. NaOH [0,1 n]; 230–310 nm): *Se. et al.*, l. c. S. 650. λ_{max} (wss. HCl [0,1 n]): 212 nm und 277 nm (*Ha.*). Scheinbare Dissoziationsexponenten pK'_{a1} und pK'_{a2} (diprotonierte Verbindung; H_2O; potentiometrisch ermittelt): 3,9 bzw. 7,0 (*Fl. et al.*, l. c. S. 5869).

N,O-Diacetyl-Derivat $C_{22}H_{34}N_4O_8$. Kristalle (aus wss. A.); F: 149–153°; λ_{max} (wss. HCl [0,1 n]): 212 nm, 240 nm und 307 nm (*Ha.*, l. c. S. 750). Elektrolytische Dissoziation in wss. Äthanol: *Ha.*, l. c. S. 749.

N,O,O'-Triacetyl-Derivat $C_{24}H_{36}N_4O_9$; 4-Acetylamino-1-[O^4-(*O,O'*-diacetyl-4-dimethylamino-4,6-didesoxy-α-D-glucopyranosyl)-β-D-*erythro*-2,3,6-tridesoxy-hexopyranosyl]-1*H*-pyrimidin-2-on. Kristalle (aus wss. A.); F: 216–217°; λ_{max} (wss. HCl [0,1 n]): 239 nm und 307 nm (*Ha.*, l. c. S. 751). Elektrolytische Dissoziation in wss. Äthanol: *Ha.*

N,O-Dipropionyl-Derivat $C_{24}H_{38}N_4O_8$. Kristalle (aus wss. A.); F: 124–128°; λ_{max} (wss. HCl [0,1 n]): 238 nm und 307 nm (*Ha.*, l. c. S. 751). Elektrolytische Dissoziation in wss. Äthanol: *Ha.*

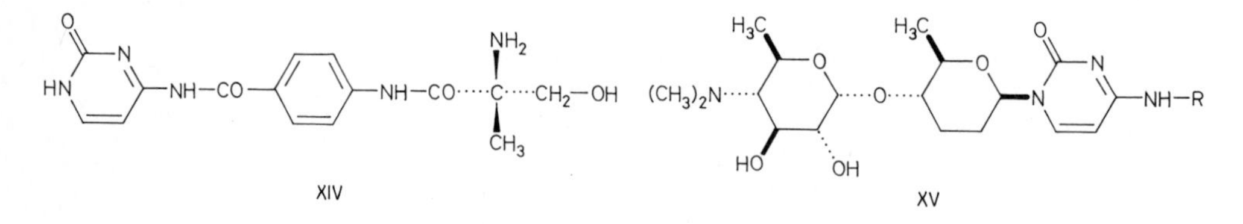

4-Benzoylamino-1-[O^4-(4-dimethylamino-4,6-didesoxy-α-D-glucopyranosyl)-β-D-*erythro*-2,3,6-tridesoxy-hexopyranosyl]-1*H*-pyrimidin-2-on $C_{25}H_{34}N_4O_7$, Formel XV (R = CO-C_6H_5).

B. Aus Cytosamin (s. o.) und Benzoylchlorid (*Haskell*, Am. Soc. **80** [1958] 747, 750).

Kristalle (aus wss. A.); F: 130–135°. λ_{max} (wss. HCl [0,1 n]): 258 nm und 312 nm. Elektrolytische Dissoziation in wss. Äthanol: *Ha.*, l. c. S. 749.

Die folgenden Verbindungen sind in analoger Weise hergestellt worden:

1-[O^4-(4-Dimethylamino-4,6-didesoxy-α-D-glucopyranosyl)-β-D-*erythro*-2,3,6-tridesoxy-hexopyranosyl]-4-[3-nitro-benzoylamino]-1*H*-pyrimidin-2-on $C_{25}H_{33}N_5O_9$, Formel XV (R = CO-C_6H_4-NO_2). Hellgelbe Kristalle (aus wss. A.); F: 128–130°. λ_{max} (wss. HCl [0,1 n]): 218 nm, 256 nm und 311 nm. Elektrolytische Dissoziation in wss. Äthanol: *Ha.*

1-[O^4-(4-Dimethylamino-4,6-didesoxy-α-D-glucopyranosyl)-β-D-*erythro*-2,3,6-tridesoxy-hexopyranosyl]-4-[4-nitro-benzoylamino]-1*H*-pyrimidin-2-on $C_{25}H_{33}N_5O_9$, Formel XV (R = CO-C_6H_4-NO_2). Hellgelbe Kristalle (aus A.); F: 147–149°. λ_{max} (wss. HCl [0,1 n]): 265 nm und 310 nm. Elektrolytische Dissoziation in wss. Äthanol: *Ha.*

1-[O^4-(4-Dimethylamino-4,6-didesoxy-α-D-glucopyranosyl)-β-D-*erythro*-2,3,6-tridesoxy-hexopyranosyl]-4-[3,5-dinitro-benzoylamino]-1*H*-pyrimidin-2-on $C_{25}H_{32}N_6O_{11}$, Formel XV (R = CO-$C_6H_3(NO_2)_2$). Gelbe Kristalle (aus A.); F: 140–143°. λ_{max} (wss. HCl [0,1 n]): 215 nm, 247 nm und 310 nm. Elektrolytische Dissoziation in wss. Äthanol: *Ha.*

4-[4-Amino-benzoylamino]-1-[O^4-(4-dimethylamino-4,6-didesoxy-α-D-glucopyranosyl)-β-D-*erythro*-2,3,6-tridesoxy-hexopyranosyl]-1*H*-pyrimidin-2-on, Plicacetin, Amicetin-B $C_{25}H_{35}N_5O_7$, Formel XV (R = CO-C_6H_4-NH_2).

Bezüglich der Konstitution und Konfiguration vgl. die Angaben bei Amicetin (s. u.).

Isolierung aus Kulturen von Streptomyces sp. 285: *Sensi et al.*, Antibiotics Chemotherapy **7** [1957] 645, 648; von Streptomyces plicatus: *Haskell et al.*, Am. Soc. **80** [1958] 743, 745.

B. Bei der Hydrierung von 1-[O^4-(4-Dimethylamino-4,6-didesoxy-α-D-glucopyranosyl)-β-D-*erythro*-2,3,6-tridesoxy-hexopyranosyl]-4-[4-nitro-benzoylamino]-1*H*-pyrimidin-2-on an Palladium/Kohle in wss. Äthanol unter Zusatz von wenig wss. HCl (*Haskell*, Am. Soc. **80** [1958] 747, 750).

Trimorph; Kristalle; F: 222–225° [aus wasserfreiem A.] bzw. F: 182–184° [aus H_2O oder wss. Me.] bzw. F: 160–163° [aus E.] (*Ha. et al.*, l. c. S. 746), 160–161° [aus E.] (*Se. et al.*). $[\alpha]_D^{26}$: +181° [Me.; c = 3] (*Ha. et al.*); $[\alpha]_D$: +122° [wss. HCl (0,1 n); c = 1] (*Se. et al.*). IR-Spektrum (Nujol; 2–15 μ): *Se. et al.; Ha. et al.*, l. c. S. 744. UV-Spektrum (wss. HCl [0,1 n], H_2O sowie wss. NaOH [0,1 n]; 220–400 nm bzw. 230–370 nm): *Ha. et al.; Se. et al.*, l. c. S. 647. Scheinbare Dissoziationsexponenten pK'_{a1} und pK'_{a2} und pK'_{a3} (diprotonierte Verbindung; H_2O; potentiometrisch ermittelt): 2,2 bzw. 7,0 bzw. 10,9 (*Ha. et al.*, l. c. S. 743).

4-[4-((*R*)-α-Amino-β-hydroxy-isobutyrylamino)-benzoylamino]-1-[O^4-(4-methylamino-4,6-didesoxy-α-D-glucopyranosyl)-β-D-*erythro*-2,3,6-tridesoxy-hexopyranosyl]-1*H*-pyrimidin-2-on, Bamicetin $C_{28}H_{40}N_6O_9$, Formel XVI (R = H).

Bezüglich der Konstitution und Konfiguration vgl. die Angaben bei Amicetin (s. u.); s. a. *Haskell*, Am. Soc. **80** [1958] 747.

Isolierung aus Kulturen von Streptomyces plicatus: *Haskell et al.*, Am. Soc. **80** [1958] 743, 746.

Kristalle (aus A.); F: 240–241° [Zers.]; $[\alpha]_D^{26}$: +123° [wss. HCl (0,1 n); c = 0,5] (*Ha. et al.*). IR-Spektrum (Nujol; 2–15 μ): *Ha. et al.*, l. c. S. 744. λ_{max} (wss. HCl [0,1 n]): 314 nm (*Ha. et al.*).

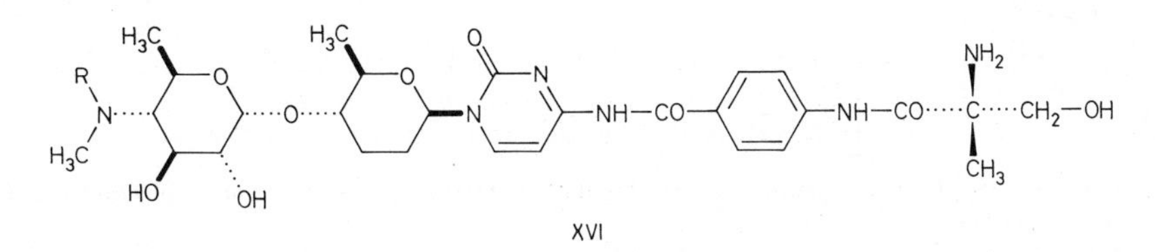

XVI

4-[4-((*R*)-α-Amino-β-hydroxy-isobutyrylamino)-benzoylamino]-1-[O^4-(4-dimethylamino-4,6-didesoxy-α-D-glucopyranosyl)-β-D-*erythro*-2,3,6-tridesoxy-hexopyranosyl]-1*H*-pyrimidin-2-on, Amicetin, Allomycin $C_{29}H_{42}N_6O_9$, Formel XVI (R = CH_3).

Konstitution und Konfiguration: *Stevens et al.*, J. org. Chem. **27** [1962] 2991; Am. Soc. **85** [1963] 1552, **86** [1964] 3592, 5695; *Hanessian, Haskell*, Tetrahedron Letters **1964** 2451; *Smith, Sundaralingam*, Acta cryst. [B] **37** [1981] 1095.

Isolierung aus Kulturen von Streptomyces fasiculatus: *McCormick, Hoehn*, Antibiotics Chemotherapy **3** [1953] 718; von Streptomyces plicatus: *Haskell et al.*, Am. Soc. **80** [1958] 743, 746; von Streptomyces sindenensis: *Tatsuoka et al.*, J. pharm. Soc. Japan **75** [1955] 1206; C. A. **1956** 8695; von Streptomyces vinaceus-drappus: *Hinman et al.*, Am. Soc. **75** [1953] 5864.

Atomabstände und Bindungswinkel (Röntgen-Diagramm): *Sm., Su.*

Kristalle (aus wss. Lösung vom pH 8–8,5 bei 60–70°); F: 252–253° [Zers.] (*Ha. et al.*), 244–245° (*Hi. et al.*), 237–239° [Zers.] (*Ta. et al.*). Orthorhombisch; Kristallstruktur-Analyse (Röntgen-Diagramm): *Sm., Su.* Dichte der Kristalle: 1,293 (*Sm., Su.*). $[\alpha]_D^{24}$: +116,5° [wss. HCl (0,1 n); c = 0,5] (*Hi. et al.*); $[\alpha]_D^{25}$: +98° [wss. HCl (0,05 n); c = 0,8] (*Flynn et al.*, Am. Soc. **75** [1953] 5867, 5870); $[\alpha]_D^{26}$: +116° [wss. HCl (0,1 n); c = 0,5] (*Ha. et al.*). IR-Spektrum (Nujol) von 2 μ bis 14,5 μ: *Ta. et al.; Ha. et al.*, l. c. S. 744; von 2,5 μ bis 15,5 μ: *Hi. et al.* UV-Spektrum (220–360 nm) in Äthanol: *Ta. et al.*; in wss. HCl [0,1 n], H_2O sowie wss. NaOH [0,1 n]: *Hi. et al.; Ta. et al.* Scheinbare Dissoziationsexponenten pK'_{a1}, pK'_{a2}, pK'_{a3}

und pK'_{a4} (triprotonierte Verbindung; H_2O): 1,1 [spektrophotometrisch ermittelt] bzw. 7,0 bzw. 7,0 bzw. 10,4 [jeweils potentiometrisch ermittelt]; scheinbare Dissoziationsexponenten pK'_{a2}, pK'_{a3} und pK'_{a4} (wss. DMF [66%ig]; potentiometrisch ermittelt): 7,0 bzw. 7,0 bzw. 11,1 (*Fl. et al.*).

Beim Erwärmen mit wss. HCl sind Amicetamin (E III/IV **18** 7487), Cytosin [S. 3654] und Cytimidin [S. 3659] (*Ha. et al.*, l. c. S. 749), beim Behandeln mit wss. NaOH ist Cytosamin [S. 3660] (*Ta. et al.*) erhalten worden.

Dihydrochlorid $C_{29}H_{42}N_6O_9 \cdot 2HCl$. Kristalle; F: 195° [Zers.; aus wss. HCl+Acn.] (*Ta. et al.*), 190–192° [aus wss.-methanol. HCl+Acn.] (*Fl. et al.*).

Citrat $C_{29}H_{42}N_6O_9 \cdot C_6H_8O_7$. F: 175° [Zers.; aus H_2O+Acn.] (*Ta. et al.*).

Bis-[4-(4-dimethylamino-phenylazo)-benzolsulfonat] $C_{29}H_{42}N_6O_9 \cdot 2C_{14}H_{15}N_3O_3S$. Kristalle (aus wss. Me.); F: 200–210° [Zers.] (*Fl. et al.*).

Tri-*O*-benzoyl-Derivat $C_{50}H_{54}N_6O_{12}$. Kristalle (aus A.+Me.); F: 177–179°; λ_{max} (A.+Me.); F: 227,5 nm und 305 nm (*Hi. et al.*).

4-Amino-1-[5-fluor-5-desoxy-β-D-ribofuranosyl]-1*H*-pyrimidin-2-on, 5′-Fluor-5′-desoxy-cytidin $C_9H_{12}FN_3O_4$, Formel I.

B. Beim Erhitzen von Di-*O*-acetyl-5-fluor-5-desoxy-ξ-D-ribofuranosylchlorid (E III/IV **17** 2007) mit dem Quecksilber(II)-Salz des 4-Äthoxy-1*H*-pyrimidin-2-ons in Xylol und weiteren Erhitzen des Reaktionsprodukts mit methanol. NH_3 (*Kissman, Weiss,* Am. Soc. **80** [1958] 5559, 5563).

Kristalle (aus A.); F: 205–207° [korr.; geringes Sintern >200°]. $[\alpha]_D^{25}$: +51,8° [Me.; c = 1]. λ_{max}: 271 nm [Me.], 280 nm [wss.-methanol. HCl] bzw. 272 nm [wss.-methanol. NaOH].

4-Amino-1-[4-hydroxy-5-hydroxymethyl-tetrahydro-[2]furyl]-1*H*-pyrimidin-2-on $C_9H_{13}N_3O_4$.

a) **4-Amino-1-[α-D-*erythro*-2-desoxy-pentofuranosyl]-1*H*-pyrimidin-2-on,** α-Desoxy-cytidin, Formel II.

Konfiguration: *Fox et al.*, Am. Soc. **83** [1961] 4066.

B. Aus 4-Acetylamino-1-[*O*,*O*′-bis-(4-chlor-benzoyl)-α-D-*erythro*-2-desoxy-pentofuranosyl]-1*H*-pyrimidin-2-on mit Hilfe von äthanol. NH_3 (*Fox et al.*, l. c. S. 4069; s. a. *Hoffer et al.*, Am. Soc. **81** [1959] 4112).

Kristalle (aus A.); F: 192–193° [unkorr.]; $[\alpha]_D^{25}$: −44° [wss. NaOH (1 n); c = 0,7] (*Fox et al.*; s. a. *Ho. et al.*). IR-Spektrum (2,5–15 μ): *Fox et al.*, l. c. S. 4067.

Picrat $C_9H_{13}N_3O_4 \cdot C_6H_3N_3O_7$. Gelbe Kristalle (aus A.); F: 173–175° [Zers.] (*Fox et al.*).

b) **4-Amino-1-[β-D-*erythro*-2-desoxy-pentofuranosyl]-1*H*-pyrimidin-2-on, 2′-Desoxy-cytidin,** αCyt, Formel III (R = R′ = H).

Konstitution: *Brown, Lythgoe,* Soc. **1950** 1990; *Manson, Lampen,* J. biol. Chem. **191** [1951] 87, 91. Konfiguration: *Andersen et al.*, Soc. **1954** 1882, 1884; s. a. *Spencer,* Acta cryst. **12** [1959] 66, 70.

In den Kristallen sowie in Lösungen in D_2O und DMSO liegt nach Ausweis des ^{1}H-NMR-Spektrums (DMSO) und der IR-Absorption (Nujol sowie D_2O) entgegen den Angaben von *Gatlin, Davis* (Am. Soc. **84** [1962] 4464) das Oxo-amin von (*Miles,* Am. Soc. **85** [1963] 1007; *Ulbricht,* Tetrahedron Letters **1963** 1027).

B. Aus N^4-Acetyl-$O^{3'}$,$O^{5'}$-bis-[4-chlor-benzoyl]-2′-desoxy-cytidin mit Hilfe von äthanol. NH_3 (*Fox et al.*, Am. Soc. **83** [1961] 4066, 4069; s. a. *Hoffer et al.*, Am. Soc. **81** [1959] 4112). Neben anderen Verbindungen beim Erwärmen von Desoxyribonucleinsäure aus Heringssperma mit $Pb(OH)_2$ in H_2O (*Weygand et al.*, Z. Naturf. **6b** [1951] 130, 133) sowie aus Desoxyribonucleinsäuren aus Weizenkeimen (*Dekker, Elmore,* Soc. **1951** 2864, 2867) oder aus Heringssperma (*Andersen et al.*, Soc. **1952** 2721, 2724) mit Hilfe von Desoxyribonuclease-I und alkalischer Phosphatase.

Kristalle; F: 213–215° [korr.; aus Me.+Ae.] (*Schindler,* Helv. **32** [1949] 979, 984), 212° [aus Me.+Ae.] (*Weygand et al.*, Z. Naturf. **6b** [1951] 130, 133), 207–209° [unkorr.; aus A.] (*MacNutt,* Biochem. J. **50** [1952] 384, 385), 199–200° [unkorr.; aus Me.+Ae.] (*Fox et al.*, Am. Soc. **83** [1961] 4066, 4069). $[\alpha]_D^{23}$: +57,6° [H_2O; c = 2] (*MacN.*); $[\alpha]_D^{19}$: +82,4° [wss. NaOH (1 n); c = 1,3] (*Sch.*); $[\alpha]_D^{25}$: +78° [wss. NaOH (1 n); c = 0,4] (*Fox et al.*, Am. Soc. **83** 4069). ORD (wss. Lösungen vom pH 2–10; 600–320 nm) bei 23°: *Levedahl, James,* Biochim.

biophys. Acta **26** [1957] 89, 90. ^{1}H-NMR-Spektrum (DMSO): *Miles,* Am. Soc. **85** [1963] 1007; bei dem von *Gatlin, Davis* (Am. Soc. **84** [1962] 4464, 4465) angegebenen ^{1}H-NMR-Spektrum (DMSO) dieser Verbindung hat das Spektrum des Hydrochlorids vorgelegen (*Mi.*, Am. Soc. **85** 1007; *Ulbricht,* Tetrahedron Letters **1963** 1027). IR-Spektrum (2,5–15 μ): *Fox et al.*, Am. Soc. **83** 4067. IR-Spektrum (D_2O; 5,5–6,5 μ): *Miles,* Biochim. biophys. Acta **27** [1958] 46, 48; Am. Soc. **85** 1007. IR-Banden (H_2O [pH 3,5 und pH 7] sowie D_2O [pD 3]; 1700–750 cm^{-1}): *Sinsheimer et al.*, Biochim. biophys. Acta **18** [1955] 13, 17. UV-Spektrum in wss. Lösungen vom pH 1–14 (210–310 nm): *Fox, Shugar,* Biochim. biophys. Acta **9** [1952] 369, 373; vom pH 1, pH 7 und pH 12 (220–310 nm): *MacN.*, l. c. S. 386; vom pH 7 (225–305 nm): *Manson, Lampen,* J. biol. Chem. **191** [1951] 87, 89; in wss. NaOH [0,01 n–1 n] (230–280 nm): *Fox et al.*, Am. Soc. **75** [1953] 4315. Scheinbarer Dissoziationsexponent pK_a' (H_2O; spektrophotometrisch ermittelt): 4,3 (*Fox* , *Sh.*, l. c. S. 378), 4,25 (*Fox et al.*, Am. Soc. **75** 4316).

Über eine reversible Umwandlung bei der Einwirkung von UV-Strahlen auf wss. Lösungen s. *Wierzchowski, Shugar,* Biochim. biophys. Acta **25** [1957] 355, 358. Geschwindigkeitskonstante der Hydrolyse in wss. H_2SO_4 [0,2 m] bei 100°: *Shapiro, Chargaff,* Biochim. biophys. Acta **26** [1957] 596, 605.

Hydrochlorid $C_9H_{13}N_3O_4 \cdot HCl$. Atomabstände und Bindungswinkel (Röntgen-Diagramm): *Subramanian, Hunt,* Acta cryst. [B] **26** [1970] 303, 308. – Kristalle; F: 174° [Zers.; nach Braunfärbung bei 168°; aus H_2O+A.] (*Walker, Butler,* Canad. J. Chem. **34** [1956] 1168, 1171), 169–173° [Zers.] (*Roush, Betz,* J. biol. Chem. **233** [1958] 261), 161–164° [unkorr.; Zers.; aus methanol. HCl] (*Andersen et al.*, Soc. **1952** 2721, 2724). Monoklin; Kristallstruktur-Analyse (Röntgen-Diagramm): *Su., Hunt;* s. a. *Furberg et al.*, Acta chem. scand. **10** [1956] 135. Dichte der Kristalle: 1,548 (*Su., Hunt*). $[\alpha]_D^{24}$: +54,3° [H_2O; c = 6,4] (*Wa., Bu.*). ^{1}H-NMR-Spektrum (DMSO): *Miles,* Am. Soc. **85** [1963] 1007; *Gatlin, Davis,* Am. Soc. **84** [1962] 4464, 4465; s. a. *Ulbricht,* Tetrahedron Letters **1963** 1027. IR-Spektrum in Nujol (2,5–15 μ): *Dekker, Elmore,* Soc. **1951** 2864, 2866; in D_2O (5,5–6,5 μ): *Miles,* Biochim. biophys. Acta **27** [1958] 46, 48; Am. Soc. **85** 1007.

Picrat $C_9H_{13}N_3O_4 \cdot C_6H_3N_3O_7$. Gelbe Kristalle; F: 208° [Zers.] (*De., El.*, l. c. S. 2868), 192–198° [unkorr.; Zers.; aus A.] (*Fox et al.*, Am. Soc. **83** [1961] 4066, 4069); Zers. bei 188–192° [unkorr.] (*MacNutt,* Biochem. J. **50** [1952] 384, 385). $[\alpha]_D^{25}$: +40° [H_2O; c = 0,5] (*Levene, London,* J. biol. Chem. **83** [1929] 793, 802).

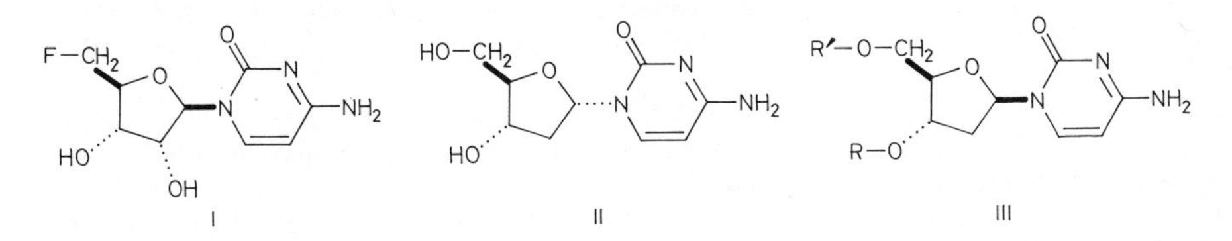

***O*$^{5'}$-Trityl-2'-desoxy-cytidin** $C_{28}H_{27}N_3O_4$, Formel III (R = H, R' = $C(C_6H_5)_3$).

B. Aus 2'-Desoxy-cytidin und Tritylchlorid mit Hilfe von Pyridin als Hauptprodukt neben einem Ditrityl-2'-desoxy-cytidin $C_{47}H_{41}N_3O_4$ [Kristalle (aus Acn.+A.) mit 1 Mol Äthanol; F: 172–173° (Zers.)] (*Michelson, Todd,* Soc. **1954** 34, 37).

Kristalle (aus Acn.+Me.); F: 239°.

Beim Behandeln mit Chlorophosphorsäure-dibenzylester und Pyridin und Erwärmen des Reaktionsprodukts mit wss. Essigsäure sind 2'-Desoxy-[3']cytidylsäure-monobenzylester und ein *N*-[Benzyloxy-hydroxy-phosphoryl]-cytosin $C_{11}H_{12}N_3O_4P$ (Kristalle [aus H_2O] mit 1 Mol H_2O; F: 187° [nach Sintern bei 180°]; λ_{max}: 287 nm) erhalten worden.

Picrat $C_{28}H_{27}N_3O_4 \cdot C_6H_3N_3O_7$. Kristalle (aus A.); F: 166–167° [Zers.].

***O*$^{3'}$-Acetyl-2'-desoxy-cytidin** $C_{11}H_{15}N_3O_5$, Formel III (R = CO-CH_3, R' = H).

B. Neben *N*^{4},*O*$^{3'}$-Diacetyl-2'-desoxy-cytidin beim Erwärmen von *N*^{4},*O*$^{3'}$-Diacetyl-*O*$^{5'}$-trityl-2'-desoxy-cytidin mit wss. Essigsäure (*Michelson, Todd,* Soc. **1954** 34, 38).

Picrat $C_{11}H_{15}N_3O_5 \cdot C_6H_3N_3O_7$. Kristalle (aus H_2O); F: 173° [Zers.].

***O*$^{5'}$-[Toluol-4-sulfonyl]-2′-desoxy-cytidin** $C_{16}H_{19}N_3O_6S$, Formel III (R = H, R′ = SO_2-C_6H_4-CH_3).

B. Beim Behandeln von *N*^{4},*O*$^{3'}$-Diacetyl-2′-desoxy-cytidin mit Toluol-4-sulfonylchlorid und Pyridin und weiteren Behandeln des Reaktionsprodukts mit methanol. NH_3 (*Andersen et al.*, Soc. **1954** 1882, 1886).

Kristalle (aus H_2O); F: 120°.

***O*$^{3'}$-Phosphono-2′-desoxy-cytidin, 2′-Desoxy-[3′]cytidylsäure,** 2′-Desoxy-cytidin-3′-mono=phosphat, 2′-Desoxy-cytidin-3′-dihydrogenphosphat $C_9H_{14}N_3O_7P$, Formel III (R = $PO(OH)_2$, R′ = H).

B. Bei der Hydrierung der folgenden Verbindung an Palladium und Palladium/Kohle in wss. Äthanol (*Michelson, Todd,* Soc. **1954** 34, 39).

Kristalle (aus wss. A.); F: 196–197° [Zers.]. $[\alpha]_D^{17}$: +57,0° [H_2O; c = 1,4]. IR-Spektrum (1800–700 cm^{-1}): *Mi., Todd,* l. c. S. 36.

***O*$^{3'}$-[Benzyloxy-hydroxy-phosphoryl]-2′-desoxy-cytidin, 2′-Desoxy-[3′]cytidylsäure-mono=benzylester** $C_{16}H_{20}N_3O_7P$, Formel III (R = PO(OH)-O-CH_2-C_6H_5, R′ = H).

B. Neben einem *N*-[Benzyloxy-hydroxy-phosphoryl]-cytosin (S. 3663) beim Behandeln von *O*$^{5'}$-Trityl-2′-desoxy-cytidin mit Chlorophosphorsäure-dibenzylester und Pyridin und Erwärmen des Reaktionsprodukts mit wss. Essigsäure (*Michelson, Todd,* Soc. **1954** 34, 38).

Wasserhaltige Kristalle (aus H_2O), F: 100–101°; die wasserfreie Verbindung schmilzt bei 150–151°.

***O*$^{5'}$-Phosphono-2′-desoxy-cytidin, 2′-Desoxy-[5′]cytidylsäure,** 2′-Desoxy-cytidin-5′-mono=phosphat, 2′-Desoxy-cytidin-5′-dihydrogenphosphat, dCMP $C_9H_{14}N_3O_7P$, Formel III (R = H, R′ = $PO(OH)_2$).

B. Bei der Hydrierung der folgenden Verbindung an Palladium in wss. Äthanol (*Michelson, Todd,* Soc. **1954** 34, 38). Bei der Hydrolyse von Thymusnucleinsäuren mit Hilfe von methanol. HCl (*Thannhauser, Blanco,* Z. physiol. Chem. **161** [1926] 116, 120, 123), von wss. $HClO_4$ (*Potter et al.*, J. biol. Chem. **226** [1957] 381), von wss. Picrinsäure (*Thannhauser, Ottenstein,* Z. physiol. Chem. **114** [1921] 39, 47) oder eines Enzym-Präparates aus der Dünndarmschleimhaut des Kalbes unter Zusatz von Na_2HAsO_4 (*Klein,* Z. physiol. Chem. **218** [1933] 164, 169; *Klein, Thannhauser,* Z. physiol. Chem. **231** [1935] 96, 101; s. a. *Volkin et al.*, Am. Soc. **73** [1951] 1533).

Herstellung von 2′-Desoxy-[^{14}C][5′]cytidylsäure: *Downing, Schweigert,* J. biol. Chem. **220** [1956] 513; von 2′-Desoxy-[^{32}P][5′]cytidylsäure: *Tener,* Biochem. Prepar. **9** [1962] 5, 9; s. a. *Lehmann et al.*, J. biol. Chem. **233** [1958] 163.

Kristalle; F: 185–187° (*Vo. et al.*, l. c. S. 1536), 183–187° [Zers.; aus H_2O] (*Kl., Th.*, l. c. S. 102), 183–184° [Zers.; aus wss. A.] (*Mi., Todd*). Monoklin; Dimensionen der Elementarzelle (Röntgen-Diagramm): *Rollett,* Acta cryst. **7** [1954] 463. $[\alpha]_D^{17}$: +38,5° [H_2O; c = 1,2] (*Mi., Todd*); $[\alpha]_D^{21}$: +35° [H_2O; c = 0,2] (*Kl., Th.*). IR-Spektrum (1800–700 cm^{-1}): *Mi., Todd,* l. c. S. 36. IR-Spektrum in H_2O [pH 2,5–11] (1600–800 cm^{-1}) sowie in D_2O [pD 2,5–11,5] (1900–700 cm^{-1}): *Sinsheimer et al.*, Biochim. biophys. Acta **18** [1955] 13, 17, 20. UV-Spektrum in wss. Lösungen vom pH 2 und pH 7 (235–305 nm): *Shapiro, Chargaff,* Biochim. biophys. Acta **26** [1957] 596, 600, 602; vom pH 8,4 (210–300 nm): *Wierzchowski, Shugar,* Biochim. biophys. Acta **25** [1957] 355, 360; in wss. NaOH [0,01–1 n] (230–280 nm): *Fox et al.*, Am. Soc. **75** [1953] 4315. λ_{max}: 280 nm [wss. Lösung vom pH 2] bzw. 272 nm [wss. Lösung vom pH 13] (*Po. et al.*, l. c. S. 390). Scheinbarer Dissoziationsexponent pK_a' (H_2O; spektrophotome=trisch ermittelt): 4,44 (*Fox et al.*).

Geschwindigkeit der Hydrolyse in wss. HCl [1 n] bei 100°: *Carter,* Am. Soc. **73** [1951] 1537. Geschwindigkeitskonstante der Hydrolyse in wss. H_2SO_4 [0,2 m] bei 100°: *Sh., Ch.*, l. c. S. 605.

Brucin-Salz $2C_{23}H_{26}N_2O_4 \cdot C_9H_{14}N_3O_7P$. Kristalle (aus wss. A.); F: 215–216° (*Th., Ot.; Th., Bl.*, l. c. S. 123).

$O^{5'}$-[Benzyloxy-hydroxy-phosphoryl]-2′-desoxy-cytidin, 2′-Desoxy-[5′]cytidylsäure-mono-benzylester $C_{16}H_{20}N_3O_7P$, Formel III (R = H, R′ = PO(OH)-O-CH_2-C_6H_5).

B. Beim Behandeln von N^4,$O^{3'}$-Diacetyl-2′-desoxy-cytidin (S. 3666) mit Chlorophosphorsäure-dibenzylester in Pyridin und Erwärmen des Reaktionsprodukts mit 4-Methyl-morpholin in Benzol (*Michelson, Todd,* Soc. **1954** 34, 38).

Glasartig.

Phosphorsäure-[2′-desoxy-cytidin-5′-ylester]-thymidin-3′-ylester, [3′]Thymidylsäure-[2′-desoxy-cytidin-5′-ylester], 2-Desoxy-cytidylyl-(5′→3′)-thymidin $C_{19}H_{26}N_5O_{11}P$, Formel IV.

B. Beim Behandeln von $O^{5'}$-Trityl-thymidin mit N^4,$O^{3'}$-Diacetyl-2′-desoxy-[5′]cytidylsäure (λ_{max} [wss. Lösung vom pH 7]: 246 nm und 296 nm; aus 2′-Desoxy-[5′]cytidylsäure und Acetanhydrid mit Hilfe von Pyridin erhalten) und Dicyclohexylcarbodiimid in Pyridin (*Gilham, Khorana,* Am. Soc. **80** [1958] 6212, 6219, 6220).

λ_{max} (wss. Lösung vom pH 2): 273 nm.

Ammonium-Salz $NH_4C_{19}H_{25}N_5O_{11}P$.

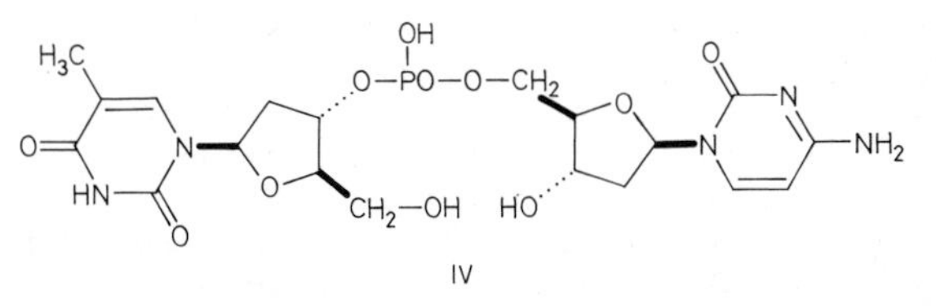

IV

$O^{5'}$-Trihydroxydiphosphoryl-2′-desoxy-cytidin, Diphosphorsäure-mono-2′-desoxy-cytidin-5′-ylester, 2′-Desoxy-cytidin-5′-diphosphat, 2′-Desoxy-cytidin-5′-trihydrogendiphosphat, dCDP $C_9H_{15}N_3O_{10}P_2$, Formel III (R = H, R′ = PO(OH)-O-PO$(OH)_2$).

B. Aus 2′-Desoxy-[5′]cytidylsäure und H_3PO_4 mit Hilfe von Pyridin und Dicyclohexylcarbodiimid neben $O^{5'}$-Tetrahydroxytriphosphoryl-2′-desoxy-cytidin (*Potter et al.,* J. biol. Chem. **226** [1957] 381, 384). Aus 2′-Desoxy-[5′]cytidylsäure und $O^{5'}$-Tetrahydroxytriphosphoryl-adenosin mit Hilfe von ATP:CMP-Phosphotransferase [aus Acetobacter vinelandii] (*Maley, Ochoa,* J. biol. Chem. **233** [1958] 1538, 1541).

Feststoff [aus wss. A.] (*Ma., Och.*). λ_{max}: 280 nm [wss. Lösung vom pH 2] bzw. 270 nm [wss. Lösung vom pH 13] (*Po. et al.,* l. c. S. 390).

$O^{5'}$-[2-(2-Amino-äthoxy)-1,2-dihydroxy-diphosphoryl]-2′-desoxy-cytidin, Diphosphorsäure-1-[2-amino-äthylester]-2-[2′-desoxy-cytidin-5′-ylester] $C_{11}H_{20}N_4O_{10}P_2$, Formel III (R = H, R′ = PO(OH)-O-PO(OH)-O-CH_2-CH_2-NH_2).

Isolierung aus Kalbsthymus: *Potter, Buettner-Janusch,* J. biol. Chem. **233** [1958] 462; aus dem Novikoff-Hepatom: *Schneider, Rotherham,* J. biol. Chem. **233** [1958] 948, 949.

B. Aus 2′-Desoxy-[5′]cytidylsäure und Phosphorsäure-mono-[2-amino-äthylester] mit Hilfe von Dicyclohexylcarbodiimid (*Kennedy et al.,* J. biol. Chem. **234** [1959] 1998).

λ_{max}: 278–279 nm [wss. Lösung vom pH 2], 270 nm [wss. Lösung vom pH 13] (*Po., Bu.-Ja.*), bzw. 280 nm [wss. HCl (0,01 n)] (*Sch., Ro.,* l. c. S. 950).

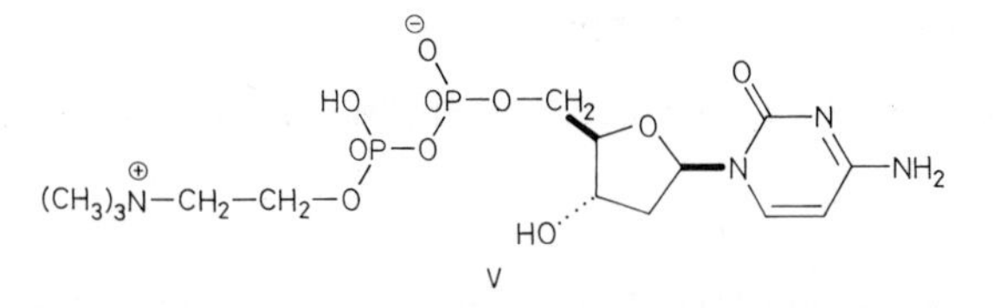

V

{2-[2-(2′-Desoxy-cytidin-5′-yloxy)-1,2-dihydroxy-diphosphoryloxy]-äthyl}-trimethyl-ammonium-betain, Diphosphorsäure-1-[2′-desoxy-cytidin-5′-ylester]-2-[2-trimethylammonio-äthylester]-betain $C_{14}H_{26}N_4O_{10}P_2$, Formel V.

Isolierung aus dem Novikoff-Hepatom: *Schneider, Rotherham,* J. biol. Chem. **233** [1958] 948, 949).

B. Aus 2′-Desoxy-[5′]cytidylsäure und Phosphorsäure-mono-[2-trimethylammonio-äthylester]-betain mit Hilfe von Dicyclohexylcarbodiimid (*Kennedy et al.,* J. biol. Chem. **234** [1959] 1998).

λ_{max} (wss. HCl [0,01 n]): 280 nm (*Sch., Ro.*, l. c. S. 950).

$O^{5'}$-Tetrahydroxytriphosphoryl-2'-desoxy-cytidin, Triphosphorsäure-1-[2'-desoxy-cytidin-5'-ylester], 2'-Desoxy-cytidin-5'-triphosphat, 2'-Desoxy-cytidin-5'-tetrahydrogentriphosphat, dCTP $C_9H_{16}N_3O_{13}P_3$, Formel III (R = H, R' = PO(OH)-O-PO(OH)-O-PO(OH)$_2$).

B. Aus 2'-Desoxy-[5']cytidylsäure und H_3PO_4 mit Hilfe von Pyridin und Dicyclohexylcarbodiimid (*Potter et al.*, J. biol. Chem. **226** [1957] 381, 384), auch unter Zusatz von Tributylamin (*Smith, Khorana*, Am. Soc. **80** [1958] 1141, 1144), neben $O^{5'}$-Trihydroxydiphosphoryl-2'-desoxy-cytidin. Aus 2'-Desoxy-[5']cytidylsäure und $O^{5'}$-Tetrahydroxytriphosphoryl-adenosin mit Hilfe von Enzym-Präparaten aus Escherichia coli (*Canellakis et al.*, Biochem. Prepar. **9** [1962] 120, 123).

λ_{max}: 279–280 nm [wss. Lösung vom pH 2] bzw. 270 nm [wss. Lösung vom pH 13] (*Po. et al.*, l. c. S. 390).

$O^{3'}$,$O^{5'}$-Diphosphono-2'-desoxy-cytidin, O^5-Phosphono-2'-desoxy-[3']cytidylsäure $C_9H_{15}N_3O_{10}P_2$, Formel III (R = R' = PO(OH)$_2$).

B. Beim Behandeln von 2'-Desoxy-cytidin mit Chlorophosphorsäure-dibenzylester in Pyridin und Hydrieren des Reaktionsprodukts an Palladium/Kohle in wss. Äthanol (*Dekker et al.*, Soc. **1953** 947, 951). Aus Desoxyribonucleinsäuren mit Hilfe von wss. H_2SO_4 (*Levene, Jacobs*, J. biol. Chem. **12** [1912] 411, 415, 419; *Levene*, J. biol. Chem. **48** [1921] 119, 122; *De. et al.*, l. c. S. 948; *Shapiro, Chargaff*, Biochim. biophys. Acta **26** [1957] 608, 610; s. a. *Shapiro, Chargaff*, Biochim. biophys. Acta **26** [1957] 596, 602), von methanol. HCl (*Thannhauser, Blanco*, Z. physiol. Chem. **161** [1926] 116, 120, 123) sowie von wss. Picrinsäure (*Thannhauser, Ottenstein*, Z. physiol. Chem. **114** [1921] 39, 45, 48).

UV-Spektrum (wss. Lösungen vom pH 2 sowie pH 7; 235–305 nm): *Sh., Ch.*, l. c. S. 600, 602. λ_{max}: 280 nm [wss. HCl (0,05 n)] bzw. 271–272 nm [wss. NaOH (0,05 n)] (*De. et al.*).

Geschwindigkeitskonstante der Hydrolyse in wss. H_2SO_4 [0,2 m] bei 100°: *Sh., Ch.*, l. c. S. 605.

Barium-Salz $Ba_2C_9H_{11}N_3O_{10}P_2$. $[\alpha]_D^{25}$: +31,45° [wss. HCl (1 n); c = 9,5] (*Le., Ja.*, l. c. S. 420). Über dieses Salz s. a. *Levene*, J. biol. Chem. **48** 125, **126** [1938] 63, 65.

Dibrucin-Salz $2C_{23}H_{26}N_2O_4 \cdot C_9H_{15}N_3O_{10}P_2$. Kristalle (aus wss. A.); F: 226–227° (*Th., Ot.*).

Tetrabrucin-Salz $4C_{23}H_{26}N_2O_4 \cdot C_9H_{15}N_3O_{10}P_2$. Kristalle (aus wss. A.) mit 23 Mol H_2O, F: 185° [nach Sintern bei 180°]; über $CaCl_2$ werden 15 Mol H_2O, bei 130°/10^{-5} Torr die restlichen 8 Mol H_2O abgegeben (*De. et al.*).

N^4,$O^{3'}$-Diacetyl-2'-desoxy-cytidin $C_{13}H_{17}N_3O_6$, Formel VI (R = CO-CH$_3$, R' = H).

B. Neben $O^{3'}$-Acetyl-2'-desoxy-cytidin beim Erwärmen der folgenden Verbindung mit wss. Essigsäure (*Michelson, Todd*, Soc. **1954** 34, 38).

Kristalle (aus H_2O); F: 171°. λ_{max} (wss. Ameisensäure [0,015 m]): 247 nm und 296 nm.

N^4,$O^{3'}$-Diacetyl-$O^{5'}$-trityl-2'-desoxy-cytidin $C_{32}H_{31}N_3O_6$, Formel VI (R = CO-CH$_3$, R' = C(C$_6$H$_5$)$_3$).

B. Aus $O^{5'}$-Trityl-2'-desoxy-cytidin und Acetanhydrid mit Hilfe von Pyridin (*Michelson, Todd*, Soc. **1954** 34, 37).

Kristalle (aus Me.); F: 196°.

4-Acetylamino-1-[4-(4-chlor-benzoyloxy)-5-(4-chlor-benzoyloxymethyl)-tetrahydro-[2]furyl]-1*H*-pyrimidin-2-on $C_{25}H_{21}Cl_2N_3O_7$.

a) **4-Acetylamino-1-[*O*,*O'*-bis-(4-chlor-benzoyl)-α-D-*erythro*-2-desoxy-pentofuranosyl]-1*H*-pyrimidin-2-on,** N^4-Acetyl-$O^{3'}$,$O^{5'}$-bis-[4-chlor-benzoyl]-α-desoxycytidin, Formel VII (R = CO-C$_6$H$_4$-Cl).

B. Neben dem unter b) beschriebenen Stereoisomeren beim Erhitzen von *O*,*O'*-Bis-[4-chlor-benzoyl]-α(?)-D-*erythro*-2-desoxy-pentofuranosylchlorid (E III/IV **17** 2008) mit dem Quecksilber(II)-Salz des 4-Acetylamino-1(3)*H*-pyrimidin-2-ons in Xylol (*Fox et al.*, Am. Soc. **83** [1961]

4066, 4068; s. a. *Hoffer et al.*, Am. Soc. **81** [1959] 4112).

Kristalle (aus A.); F: 204,5–205° [unkorr.]; $[\alpha]_D^{25}$: –66° [$CHCl_3$; c = 1] (*Fox et al.*; s. a. *Ho. et al.*). λ_{max} (A.): 242 nm, 283 nm und 299 nm (*Fox et al.*).

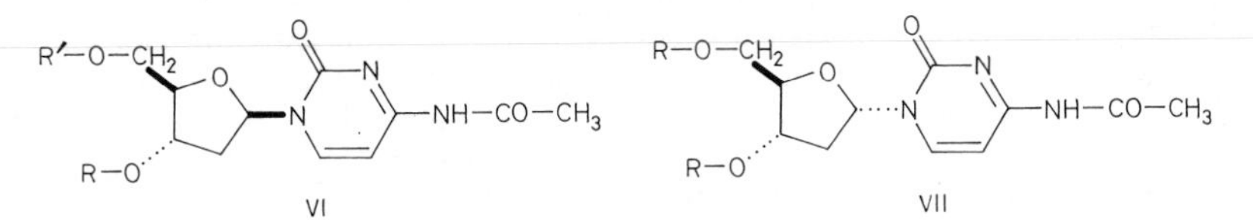

b) ***N*⁴-Acetyl-*O*³′,*O*⁵′-bis-[4-chlor-benzoyl]-2′-desoxy-cytidin,** Formel VI (R = R′ = CO-C_6H_4-Cl).

B. s. unter a).

Kristalle (aus A.); F: 128–130° [unkorr.]; $[\alpha]_D^{25}$: –19° [$CHCl_3$; c = 1] (*Fox et al.*, Am. Soc. **83** [1961] 4066, 4069; s. a. *Hoffer et al.*, Am. Soc. **81** [1959] 4112).

λ_{max} (A.): 242 nm, 283 nm und 299 nm (*Fox et al.*).

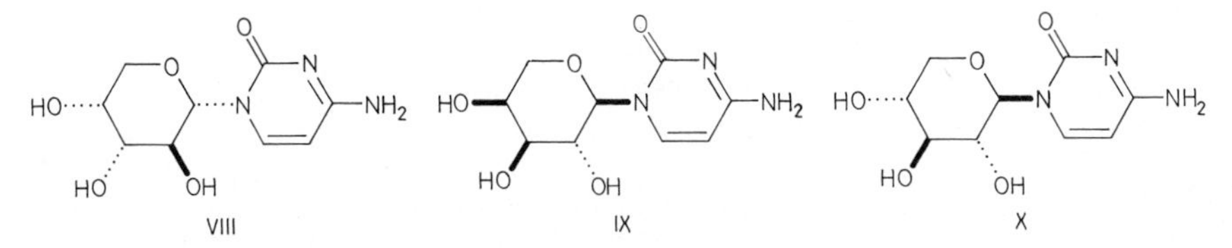

4-Amino-1-[3,4,5-trihydroxy-tetrahydro-pyran-2-yl]-1*H*-pyrimidin-2-on $C_9H_{13}N_3O_5$.

a) **4-Amino-1-α-D-arabinopyranosyl-1*H*-pyrimidin-2-on,** Formel VIII.

B. Beim Erwärmen von 4-Äthoxy-1-[tri-*O*-acetyl-α-D-arabinopyranosyl]-1*H*-pyrimidin-2-on (aus 2,4-Diäthoxy-pyrimidin und Tri-*O*-acetyl-β-D-arabinopyranosylchlorid hergestellt) mit äthanol. NH_3 (*Fox, Goodman*, Am. Soc. **73** [1951] 3256).

Kristalle (aus A.); F: 265–267° [unkorr.; Zers.]; $[\alpha]_D^{26}$: –101° [H_2O] (*Fox, Go.*). UV-Spektrum (wss. Lösungen vom pH 1–14; 210–310 nm): *Fox, Shugar*, Biochim. biophys. Acta **9** [1952] 369, 375, 376. Scheinbarer Dissoziationsexponent pK'_a (protonierte Verbindung; H_2O; spektrophotometrisch ermittelt): 3,85 (*Fox, Sh.*, l. c. S. 378).

Nitrat $C_9H_{13}N_3O_5 \cdot HNO_3$. F: 223–225° [unkorr.; Zers.] (*Fox, Go.*).

b) **4-Amino-1-α-L-arabinopyranosyl-1*H*-pyrimidin-2-on,** Formel IX.

B. Beim Erwärmen von 4-Äthoxy-1-[tri-*O*-acetyl-α-L-arabinopyranosyl]-1*H*-pyrimidin-2-on mit äthanol. NH_3 (*Fox, Goodman*, Am. Soc. **73** [1951] 3256).

Kristalle (aus A.); F: 265–267° [unkorr.; Zers.]. $[\alpha]_D^{26}$: +100° [H_2O].

c) **4-Amino-1-β-D-xylopyranosyl-1*H*-pyrimidin-2-on,** Formel X.

B. Beim Erwärmen von 4-Äthoxy-1-[tri-*O*-acetyl-β-D-xylopyranosyl]-1*H*-pyrimidin-2-on mit äthanol. NH_3 (*Fox, Goodman*, Am. Soc. **73** [1951] 3256).

Kristalle (aus A.); F: 251–252° [unkorr.; Zers.]; $[\alpha]_D^{26}$: +24° [H_2O] (*Fox, Go.*). UV-Spektrum (wss. Lösungen vom pH 1–14; 210–310 nm): *Fox, Shugar*, Biochim. biophys. Acta **9** [1952] 369, 375, 376. Scheinbarer Dissoziationsexponent pK'_a (protonierte Verbindung; H_2O; spektrophotometrisch ermittelt): 3,85 (*Fox, Sh.*, l. c. S. 378).

Hydrochlorid $C_9H_{13}N_3O_5 \cdot HCl$. F: 225–230° [unkorr.; Zers.]; $[\alpha]_D^{26}$: +21° [H_2O] (*Fox, Go.*).

Nitrat $C_9H_{13}N_3O_5 \cdot HNO_3$. F: 223–227° [unkorr.; Zers.] (*Fox, Go.*).

4-Amino-1-[3,4-dihydroxy-5-hydroxymethyl-tetrahydro-[2]furyl]-1*H*-pyrimidin-2-on $C_9H_{13}N_3O_5$.

a) **4-Amino-1-β-D-ribofuranosyl-1*H*-pyrimidin-2-on, Cytidin**[1]), Cyd, Formel XI (R = H) (H **31** 24).

Bezüglich der Tautomerie s. die Angaben bei 2′-Desoxy-cytidin (S. 3662).

[1]) Bei von Cytidin abgeleiteten Namen gilt die in Formel XI angegebene Stellungsbezeichnung.

B. Beim Erhitzen von Tri-*O*-benzoyl-ξ-D-ribofuranosylchlorid (E III/IV **17** 2294) mit der Quecksilber(II)-Verbindung $Hg(C_6H_7N_2O_2)Cl$ des 4-Äthoxy-1*H*-pyrimidin-2-ons in Benzol und Xylol und Erwärmen des erhaltenen 4-Äthoxy-1-[tri-*O*-benzoyl-*β*-D-ribofuranosyl]-1*H*-pyrimidin-2-ons $C_{32}H_{28}N_2O_9$ (F: 96–106°) mit äthanol. NH_3 (*Fox et al.*, Am. Soc. **79** [1957] 5060, 5064). Beim Erwärmen von Tri-*O*-acetyl-ξ-D-ribofuranosylbromid (aus Tetra-*O*-acetyl-*β*-D-ribofuranose und flüssigem HBr hergestellt) mit 2,4-Diäthoxy-pyrimidin und Erwärmen des Reaktionsprodukts mit methanol. NH_3 (*Howard et al.*, Soc. **1947** 1052). Aus Cytidylsäure (vermutlich Gemisch von [3′]Cytidylsäure mit [2′]Cytidylsäure [vgl. S. 3671]) mit Hilfe von wss. Pyridin (*Gulland, Smith*, Soc. **1948** 1527, 1529) oder von $Ce(NO_3)_3$ (*Bamann et al.*, Bio. Z. **326** [1954] 89, 92, 94; *Bamann, Trapmann*, Bio. Z. **326** [1954] 237, 239). Aus N^4-Acetyl-$O^{2'}$,$O^{3'}$,$O^{5'}$-tribenzoyl-cytidin (*Fox et al.*, l. c. S. 5063) oder $O^{2'}$,$O^{3'}$,$O^{5'}$-Tribenzoyl-4-thio-uridin (*Fox et al.*, Am. Soc. **81** [1959] 178, 185) mit Hilfe von äthanol. NH_3. Aus Hefe-Nucleinsäuren mit Hilfe von wss. H_2SO_4 (*Loring, Ploeser*, J. biol. Chem. **178** [1949] 439, 447), von wss. $Pb(OH)_2$ (*Dimroth et al.*, A. **566** [1950] 206, 209), von wss. Pyridin (*Bredereck et al.*, B. **74** [1941] 694, 697; *Elmore*, Soc. **1950** 2084; *Mizuno et al.*, J. pharm. Soc. Japan **77** [1957] 683, 685; C. A. **1957** 14851) oder von Enzym-Präparaten (*Bredereck*, B. **71** [1938] 408, 410; *Br. et al.*, l. c. S. 696; *Takeda Pharm. Ind.*, D.A.S. 1130785 [1959]).

Herstellung von [2-^{14}C]Cytidin: *Wright et al.*, Am. Soc. **73** [1951] 1898; von [4-^{14}C]Cytidin: *Murray, Williams*, Org. Synth. Isotopes **1958** 1039; von [x-*T*]Cytidin: *Eidinoff et al.*, J. biol. Chem. **199** [1952] 511, 512; von [2-^{14}C,x-*T*]Cytidin: *Codington et al.*, Am. Soc. **80** [1958] 5164.

Konformation der *β*-D-Ribofuranosyl-Gruppe: *Jardetzky*, Am. Soc. **82** [1960] 229. Atomabstände und Bindungswinkel (Röntgen-Diagramm): *Furberg et al.*, Acta cryst. **18** [1965] 313, 317; s. a. *Furberg*, Acta cryst. **3** [1950] 325, 329; Acta chem. scand. **4** [1950] 751, 753.

Kristalle; F: 212–215° (*Elmore*, Soc. **1950** 2084), 211–214° [aus wss. A.] (*Gulland, Smith*, Soc. **1948** 1527, 1530). Orthorhombisch; Kristallstruktur-Analyse (Röntgen-Diagramm): *Furberg et al.*, Acta cryst. **18** [1965] 313; s. a. *Furberg et al.*, Acta cryst. **3** [1950] 325; Acta chem. scand. **4** [1950] 751. Dichte der Kristalle: 1,532 (*Fu.*, Acta cryst. **3** 325; Acta chem. scand. **4** 752). Kristalloptik: *Biles et al.*, J. Am. pharm. Assoc. **42** [1953] 53, 54. $[\alpha]_D^{16}$: +34,2° [H_2O; c = 2] (*El.*); $[\alpha]_D^{17}$: +29,7° [H_2O; c = 9] (*Gu., Sm.*); $[\alpha]_D^{25}$: +31° [H_2O; c = 0,7] (*Fox et al.*, Am. Soc. **79** [1957] 5060, 5063). IR-Spektrum in Nujol (2–15 µ): *Miles*, Biochim. biophys. Acta **22** [1956] 247, 251; in D_2O (5–8 µ): *Mi.*, Biochim. biophys. Acta **22** 249, 250; s. a. *Miles*, Biochim. biophys. Acta **27** [1958] 46, 48. UV-Spektrum in wss. Lösungen vom pH 1–14 (210–310 nm): *Fox, Shugar*, Biochim. biophys. Acta **9** [1952] 369, 372, 374; s. a. *Ploeser, Loring*, J. biol. Chem. **178** [1949] 431, 435; in wss. NaOH [0,01–1 n] (230–280 nm): *Fox et al.*, Am. Soc. **75** [1953] 4315. λ_{max}: 280 nm [wss. Lösung vom pH 2] bzw. 271 nm [wss. Lösungen vom pH 7 sowie pH 11] (*Bock et al.*, Arch. Biochem. **62** [1956] 253, 258). Magnetische Susceptibilität: $-0{,}509 \cdot 10^{-6}$ $cm^3 \cdot g^{-1}$ (*Woernley*, J. biol. Chem. **207** [1954] 717, 719). Scheinbare Dissoziationsexponenten pK'_{a1} (protonierte Verbindung) und pK'_{a2} (H_2O; potentiometrisch ermittelt) bei 25°: 4,22 bzw. 12,3 (*Levene, Simms*, J. biol. Chem. **65** [1925] 519, 528; s. a. *Levene et al.*, J. biol. Chem. **70** [1926] 229, 232). Scheinbarer Dissoziationsexponent pK'_{a1} (protonierte Verbindung; H_2O; spektrophotometrisch ermittelt): 4,11 (*Fox et al.*, Am. Soc. **75** 4315; s. a. *Fox, Sh.*, l. c. S. 378). Scheinbarer Dissoziationsexponent pK'_{a2} (H_2O; spektrophotometrisch ermittelt): ca. 13 (*Cohn*, in *E. Chargaff, J.N. Davidson*, The Nucleic Acids, Bd. 1 [New York 1955] S. 217).

Verteilung zwischen Butan-1-ol und wss. Lösung vom pH 6,5: *Tinker, Brown*, J. biol. Chem. **173** [1948] 585, 587; zwischen Butan-1-ol und wss. Lösung vom pH 7,1: *Bacher, Allen*, J. biol. Chem. **188** [1951] 59, 60; *Bacher*, Am. Soc. **73** [1951] 1023, 1024.

Über eine reversible Umwandlung bei der Einwirkung von UV-Strahlen auf wss. Lösungen s. *Wierzchowski, Shugar*, Biochim. biophys. Acta **25** [1957] 355, 358, 361; *Wang*, Nature **184** [1959] 184; s. a. *Christensen, Giese*, Arch. Biochem. **51** [1954] 208, 211. Beim Erhitzen mit H_3PO_4 [85%ig] und P_2O_5 ist ein Gemisch von $O^{3'}$,$O^{5'}$-Diphosphono-cytidin und $O^{2'}$,$O^{5'}$-Diphosphono-cytidin erhalten worden (*Hall, Khorana*, Am. Soc. **77** [1955] 1871, 1874). Zeitlicher Verlauf der Hydrolyse in wss. HCl [12%ig] bei 100°: *Kobayashi*, J. Biochem. Tokyo **15** [1932] 261, 272; der Überführung in Uridin mit Hilfe von wss. H_2SO_4 [0,4 n] bei 100°: *Loring, Ploeser*, J. biol. Chem. **178** [1949] 439, 443, 445. Überführung in 3,N^4,$O^{2'}$,$O^{3'}$,$O^{5'}$-Pentabenzoyl-cytidin $C_{44}H_{33}N_3O_{10}$ (3-Benzoyl-4-benzoylamino-1-[3,4-dibenzoyloxy-5-

benzoyloxymethyl-tetrahydro-[2]furyl]-2-oxo-1(3),2-dihydro-pyrimidinium-betain, 3-Benzoyl-4-benzoylimino-1-[3,4-dibenzoyloxy-5-benzoyloxymethyl-tetrahydro-[2]furyl]-3,4-dihydro-1*H*-pyrimidin-2-on; Kristalle [aus Me.], F: 148–150° [nach Sintern bei 100°]; λ_{max} [A.]: 232 nm und 307 nm) beim Erhitzen mit Benzoylchlorid und Pyridin: *Brown et al.*, Soc. **1956** 2384, 2386.

Sulfat $2C_9H_{13}N_3O_5 \cdot H_2SO_4$ (H **31** 25). Kristalle (aus H_2O+A.); F: 230–233° (*Gulland, Smith*, Soc. **1948** 1527, 1530). $[\alpha]_D^{16}$: +35° [wss. H_2SO_4 (1%ig); c = 0,4] (*Howard et al.*, Soc. **1947** 1052, 1054); $[\alpha]_D^{17}$: +37,5° [wss. H_2SO_4 (1%ig); c = 1,5] (*Elmore*, Soc. **1950** 2084); $[\alpha]_D^{21}$: +37° [wss. H_2SO_4 (1%ig); c = 1,5] (*Harris, Thomas*, Soc. **1948** 1936, 1939). UV-Spektrum (H_2O; 220–300 nm): *Loring et al.*, J. biol. Chem. **196** [1952] 807, 814.

Dodecawolframophosphat $2C_9H_{12}N_3O_5 \cdot H_3PO_4 \cdot 12WO_3$. Kristalle (aus wss. HCl) mit 18 Mol H_2O; in 100 ml wss. HCl [1 n] lösen sich bei 0° 8 mg (*Loring et al.*, J. biol. Chem. **176** [1948] 1123, 1126).

Picrat $C_9H_{13}N_3O_5 \cdot C_6H_3N_3O_7$ (H **31** 25). Gelbe Kristalle (aus A.); F: 195° (*Bielschowsky, Klemperer*, Z. physiol. Chem. **211** [1932] 69, 73). Kristalle mit 1 Mol H_2O; F: 183° [Zers.] (*Davoll et al.*, Soc. **1946** 833, 837; s. a. *Bi.*, *Kl.*).

b) **4-Amino-1-β-D-arabinofuranosyl-1*H*-pyrimidin-2-on,** Cytarabin, Formel XII.

B. Aus [(3a*S*)-2*t*-Hydroxymethyl-6-imino-(3a*r*,9a*c*)-2,3,3a,9a-tetrahydro-6*H*-furo[2′,3′:4,5]oxazolo[3,2-*a*]pyrimidin-3*c*-ol (2,2′-Anhydro-cytidin, „O^2,2′-Cyclo-cytidin"; Syst.-Nr. 4653) bei der Hydrolyse in wss. Lösung [pH 10] (*Walwick et al.*, Pr. chem. Soc. **1959** 84).

Kristalle (aus wss. A.); F: 212–213,5°. $[\alpha]_D^{23}$: +158° [H_2O; c = 0,5]. λ_{max}: 212 nm und 279 nm [wss. Lösung vom pH 2] bzw. 272 nm [wss. Lösung vom pH 12]. Scheinbarer Dissoziationsexponent pK_a' (protonierte Verbindung; H_2O): 4,1.

c) **4-Amino-1-β-D-xylofuranosyl-1*H*-pyrimidin-2-on,** Formel XIII.

B. Beim Erwärmen von 4-Acetylamino-1-[tri-*O*-benzoyl-β-D-xylofuranosyl]-1*H*-pyrimidin-2-on mit methanol. NH_3 (*Fox et al.*, Am. Soc. **79** [1957] 5060, 5063).

Kristalle (aus A.); F: 237–238° [unkorr.]. $[\alpha]_D^{25}$: +48° [H_2O; c = 0,7]. λ_{max}: 212,5 nm und 280 nm [wss. Lösung vom pH 1] bzw. 271 nm [wss. Lösung vom pH 7].

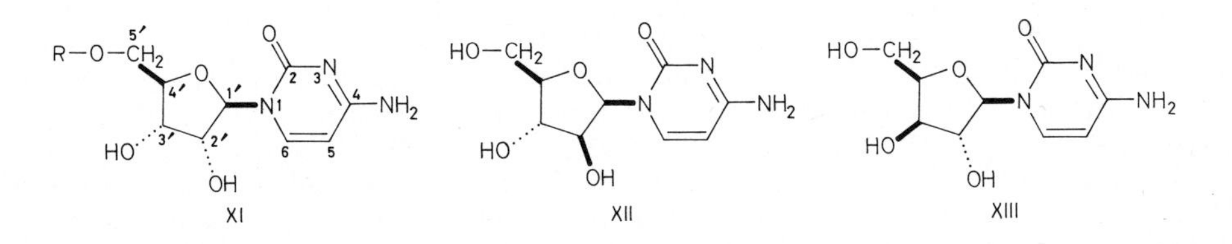

***O*⁵′-Trityl-cytidin** $C_{28}H_{27}N_3O_5$, Formel XI (R = $C(C_6H_5)_3$).

B. Aus Cytidin (*Bredereck*, Z. physiol. Chem. **223** [1934] 61, 63) oder Cytidin-nitrat (*Bredereck et al.*, B. **73** [1940] 269, 273) und Tritylchlorid mit Hilfe von Pyridin.

Kristalle (aus A.) mit 1 Mol Äthanol, F: 255–257° [korr.]; die äthanolfreie Verbindung ist hygroskopisch; $[\alpha]_D^{18}$: −0,7° [Py.; p = 2,6] (*Br.*).

***O*³′-Phosphono-cytidin, [3′]Cytidylsäure,** Cytidin-3′-monophosphat, Cytidin-3′-dihydrogenphosphat, Cytidylsäure-b $C_9H_{14}N_3O_8P$, Formel XIV (R = H) (vgl. H **31** 25).

Zusammenfassende Darstellung: *F. G. Fischer, H. Dörfel*, in *Hoppe-Seyler/Thierfelder*, Handbuch der Physiologisch- und Pathologisch-Chemischen Analyse, 10. Aufl., Bd. 4 [Berlin 1960] S. 1249.

In der bei der alkalischen und sauren Hydrolyse von Hefenucleinsäuren erhaltenen sog. Cytidylsäure, der in der älteren Literatur (vgl. H **31** 25; „Cytosin-[*d*-ribofuranosid-3(?)-phosphat]-(3)", „h-Cytidylsäure", „h-Cytosylsäure") diese Konstitution zugeschrieben wurde, hat ein Gemisch von [3′]Cytidylsäure mit [2′]Cytidylsäure vorgelegen (*Cohn*, Am. Soc. **72** [1950] 2811; vgl. hierzu *Loring et al.*, Am. Soc. **72** [1950] 2811; J. biol. Chem. **196** [1952] 807, 821).

Position der Phosphono-Gruppe: *Fox et al.*, Am. Soc. **75** [1953] 4315; *Cavalieri*, Am. Soc.

75 [1953] 5268; *Michelson, Todd,* Soc. **1954** 34; *Baron, Brown,* Soc. **1955** 2855.

B. Aus Hefenucleinsäuren mit Hilfe von wss. H_2SO_4 (*Loring, Luthy,* Am. Soc. **73** [1951] 4215, 4216), von wss. NaOH (*Cohn, Khym,* Biochem. Prepar. **5** [1957] 40, 42, 46; *Loring et al.,* J. biol. Chem. **196** [1952] 807) oder von wss. KOH (*Cohn, Khym*). Herstellung von [^{15}N][3′]Cytidylsäure: *Reichard,* Acta chem. scand. **7** [1953] 862, 863; s. a. *Roll, Weliky,* J. biol. Chem. **213** [1955] 509, 512; von $O^{3'}$-[^{18}O]Phosphono-cytidin: *Lipkin et al.,* Am. Soc. **76** [1954] 2871.

Atomabstände und Bindungswinkel (Röntgen-Diagramm): *Sundaralingam, Jensen,* J. mol. Biol. **13** [1965] 914, 918, 919, 923, 924; *Alver, Furberg,* Acta chem. scand. **13** [1959] 910, 917, 918.

Kristalle (aus wss. A.); F: 233–234° [Zers.; auf 220° vorgeheizter App.] (*Loring, Luthy,* Am. Soc. **73** [1951] 4215); Zers. bei 232–233° [geschlossene Kapillare; auf 230° vorgeheizter App.] (*Harris et al.,* Soc. **1953** 489, 493). Über Dimorphie s. *Ha. et al.* Orthorhombisch; Kristallstruktur-Analyse (Röntgen-Diagramm): *Sundaralingam, Jensen,* J. mol. Biol. **13** [1965] 914; *Alver, Furberg,* Acta chem. scand. **13** [1959] 910. Dichte der Kristalle; 1,66 (*Al., Fu.*). Kristalloptik: *Lo., Lu.* $[\alpha]_D^{20}$: +49,4° bzw. +47,2° [H_2O; c = 1] (*Lo., Lu.; Ha. et al.*); $[\alpha]_D$: +29° [wss. Lösung vom pH 0; c = 1], +50° [wss. Lösung vom pH 3,2; c = 0,5], +37° [wss. Lösung vom pH 5,2; c = 1], +46° [wss. Lösungen vom pH 9 sowie pH 11; c = 1] bzw. +17° [wss. Lösung vom pH 14; c = 1] (*Loring et al.,* J. biol. Chem. **196** [1952] 807, 813). IR-Spektrum (Paraffinöl sowie fluorierte Kohlenwasserstoffe; 3600–2600 cm^{-1} und 1800–650 cm^{-1}): *Ha. et al.,* l. c. S. 490. UV-Spektrum in wss. Lösungen vom pH 1,5–6,3 sowie in wss. NaOH [0,01 n und 1 n] (230–290 nm): *Fox et al.,* Am. Soc. **75** [1953] 4315; in wss. Lösungen vom pH 1–12 (230–300 nm): *Cohn,* zit. bei *G.H. Beaven et al.,* in *E. Chargaff, J.N. Davidson,* The Nucleic Acids, Bd. 1 [New York 1955] S. 493, 496; in wss. HCl (220–300 nm): *Lo. et al.,* l. c. S. 814. λ_{max}: 212,5 nm und 279,5 nm [wss. HCl (0,01 n)], 271 nm [wss. Lösung vom pH 7], 270,5 nm [wss. NaOH (0,01 n)] (*Ha. et al.,* l. c. S. 492) bzw. 279 nm [wss. HCl (0,01 n)] (*Merrifield, Woolley,* J. biol. Chem. **197** [1952] 521, 526). Scheinbare Dissoziationsexponenten pK'_{a1} und pK'_{a2} (H_2O; potentiometrisch ermittelt) bei 24,5°: 4,31 bzw. 6,04 (*Cavalieri,* Am. Soc. **75** [1953] 5268; s. a. *Lo. et al.,* l. c. S. 815). Scheinbarer Dissoziationsexponent pK'_{a1} (spektrophotometrisch ermittelt): 4,16 (*Fox et al.*).

Änderung der UV-Absorption von wss. Lösungen bei der Einwirkung von UV-Licht: *Christensen, Giese,* Arch. Biochem. **51** [1954] 208, 211; *Wierzchowski, Shugar,* Biochim. biophys. Acta **25** [1957] 355, 358; *Sinsheimer,* Radiat. Res. **6** [1957] 121, 122; von Ozon: *Ch., Gi.* Photolyse bei der Einwirkung von Röntgen-Strahlen auf wss. Lösungen: *Scholes, Weiss,* Biochem. J. **56** [1954] 65, 70; *Daniels et al.,* Soc. **1956** 3771; s. a. *Weiss,* in *J.N. Davidson, W.E. Cohn,* Progress in Nucleic Acid Research and Molecular Biology, Bd. 3 [New York 1964] S. 103, 122. Bei kurzem Erhitzen mit wss. H_2SO_4 [1 n] erfolgt partielle Isomerisierung zu [2′]Cytidylsäure (*Loring et al.,* J. biol. Chem. **196** [1952] 807, 815). Bei der elektrochemischen Reduktion an einer Quecksilber-Kathode in wss. NH_3 unter Zusatz von $HClO_4$ (*Visser et al.,* Arch. Biochem. **70** [1957] 217, 218) sowie bei der Hydrierung an Rhodium/Al_2O_3 in wss. Lösung [pH 2–6] (*Cohn, Doherty,* Am. Soc. **78** [1956] 2863, 2864) ist Dihydro-[3′]cytidylsäure erhalten worden. Verhalten beim Behandeln mit Natrium-Amalgam und H_2O: *Haavaldsen et al.,* Biochim. biophys. Acta **33** [1959] 201. Zeitlicher Verlauf der Dephosphorylierung in wss. H_2SO_4 [0,1 n] und wss. NaOH [0,1 n] bei 100°: *Gulland, Smith,* Soc. **1948** 1527, 1532. Dephosphorylierung in wss. Lösungen [pH 4,2 und 8,1] bei 100°, auch unter Zusatz von $Pb(NO_3)_2$: *Dimroth et al.,* A. **620** [1959] 94, 100. Beim Behandeln mit wss. NaOH [1 n] bei 37° ist [3′]Uridylsäure (*Brown et al.,* Soc. **1952** 2715, 2720; s. a. *Lo. et al.*), beim Erhitzen mit wss. $Ba(OH)_2$ ist Uridin erhalten worden (*Br. et al.*). Zeitlicher Verlauf der Dephosphorylierung in wss. Lösung vom pH 8,6 unter Zusatz von $Ce(NO_3)_3$ und $La(NO_3)_3$: *Bamann, Trapmann,* Bio. Z. **326** [1955] 237. Beim Erhitzen mit wss. Pyridin [50%ig] ist Cytidin erhalten worden (*Gu., Sm.,* l. c. S. 1529). Überführung in [3′]Uridylsäure beim Behandeln mit $NaNO_2$ in wss. Essigsäure: *Loring, Luthy,* Am. Soc. **73** [1951] 4215, 4218; s. a. *Bredereck,* Z. physiol. Chem. **224** [1934] 79, 82; *Falconer et al.,* Soc. **1939** 907, 913.

Strontium-Komplex. Stabilitätskonstante (wss. Lösung vom pH 7,2–7,3) bei 25°: *Schubert,* Am. Soc. **76** [1954] 3442.

Blei(II)-Salz $PbC_9H_{12}N_3O_8P$. Löslichkeit bei 20° in H_2O: 0,18%; in wss. Natriumacetat

[20%ig]: 0,17% (*Hagenguth,* Z. physiol. Chem. **239** [1936] 127, 132).

Dibrucin-Salz $2C_{23}H_{26}N_2O_4 \cdot C_9H_{14}N_3O_8P$ (vgl. H **31** 25). Kristalle (aus H_2O) mit 7 Mol H_2O (*Ha.*, l. c. S. 133), F: 185–186° (*Ha.*), 180–182° (*Loring, Luthy,* Am. Soc. **73** [1951] 4215, 4217); das wasserfreie Salz schmilzt bei 189–190° (*Ha.*).

Cytidylsäure (Präparate von fraglicher Einheitlichkeit, vermutlich Gemische von [3′]Cytidylsäure mit [2′]Cytidylsäure). *B.* Aus *O*$^{5'}$-Trityl-cytidin und Chlorophosphorsäure-diphenylester mit Hilfe von Pyridin und wss. NaOH (*Bredereck et al.*, B. **73** [1940] 269, 273). Aus Hefenucleinsäuren mit Hilfe von wss. H_2SO_4 (*Hagenguth,* Z. physiol. Chem. **239** [1936] 127, 129; *Bredereck, Richter,* B. **71** [1938] 718; *Barker et al.*, Soc. **1949** 904, 906; *Cohn, Carter,* Am. Soc. **72** [1950] 2606), von wss. NaOH (*Ba. et al.*, l. c. S. 907) oder von wss. $Ba(OH)_2$ (*Loring et al.*, J. biol. Chem. **174** [1948] 729, 731). Bezüglich der Trennung von „Uridylsäure" und anderen Nucleotiden s. die Angaben bei „Uridylsäure" (E III/IV **24** 1208). Herstellung von „[^{14}C]Cytidylsäure": *Sowden et al.*, J. biol. Chem. **206** [1954] 547, 549; *Turba, Schuster,* Bio. Z. **325** [1954] 537, 538, 545. – Kristalle (aus wss. A.); F: 233° [unkorr.] (*Ha.*), 230° (*Br., Ri.*). $[\alpha]_D^{20}$: +49,1° [H_2O] (*Br., Ri.*). IR-Spektrum (Pulver; 2–15 μ): *Blout, Fields,* J. biol. Chem. **178** [1949] 335, 337. UV-Spektrum in wss. HCl [0,01 n], in wss. Lösung vom pH 7 sowie in wss. NaOH [0,01 n] (220–300 nm): *Ploeser, Loring,* J. biol. Chem. **178** [1949] 431, 435; in wss. HCl [0,01 n] (220–300 nm): *Kerr et al.*, J. biol. Chem. **181** [1949] 761, 764; in wss. Lösung vom pH 7,1 (240–290 nm): *Magasanik et al.*, J. biol. Chem. **186** [1950] 37, 40. Verteilung zwischen Butan-1-ol und wss. Lösung vom pH 6,5: *Tinker, Brown,* J. biol. Chem. **173** [1948] 585, 587; zwischen Lösungen von Hexadecylamin in Butan-1-ol sowie von Octadecylamin in Pentan-1-ol, Hexan-1-ol und Octan-1-ol und wss. Lösungen vom pH 7–7,5: *Plaut et al.*, J. biol. Chem. **184** [1950] 243, 244, 246. – Beim Erhitzen mit wss. HCl [20%ig] auf 175° sind Uracil und Cytosin erhalten worden (*Vischer, Chargaff,* J. biol. Chem. **176** [1948] 715, 723). Zeitlicher Verlauf der Dephosphorylierung in wss. HCl bei 100°: *Kobayashi,* J. Biochem. Tokyo **15** [1932] 268, 271; *Loring, Ploeser,* J. biol. Chem. **178** [1949] 439, 441; *Bacher, Allen,* J. biol. Chem. **182** [1950] 701, 707. Beim Erhitzen mit Ameisensäure [90%ig und 99%ig] auf 175° ist Cytosin erhalten worden (*Vi., Ch.*).

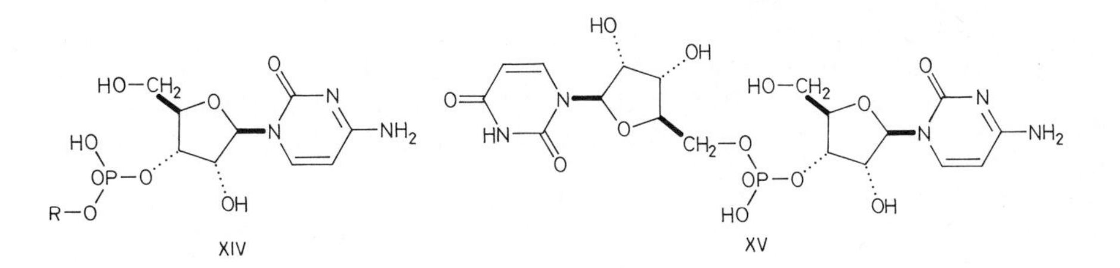

***O*$^{3'}$-[Benzyloxy-hydroxy-phosphoryl]-cytidin, [3′]Cytidylsäure-monobenzylester** $C_{16}H_{20}N_3O_8P$, Formel XIV (R = CH_2-C_6H_5).

B. Neben anderen Verbindungen beim Behandeln eines Gemisches von [3′]Cytidylsäure und [2′]Cytidylsäure mit Diazo-phenyl-methan in DMF und Methanol (*Brown, Todd,* Soc. **1953** 2040, 2046).

Kristalle (aus H_2O); F: 203° [Zers. ab 170°].

Phosphorsäure-cytidin-3′-ylester-uridin-5′-ylester, [5′]Uridylsäure-cytidin-3′-ylester, Cytidylyl-(3′→5′)-uridin $C_{18}H_{24}N_5O_{13}P$, Formel XV.

B. Neben anderen Nucleotiden beim Erhitzen von Hefe-Ribonucleinsäure mit $Bi(OH)_3$ in wss. Lösung vom pH 4 (*Dimroth, Witzel,* A. **620** [1959] 109, 118).

λ_{max}: 269,5 nm [wss. HCl (0,1 n)] bzw. 265,5 nm [wss. NaOH (0,1 n)] (*Di., Wi.*, l. c. S. 110).

***O*$^{2'}$-Phosphono-cytidin, [2′]Cytidylsäure,** Cytidin-2′-monophosphat, Cytidin-2′-dihydrogenphosphat, Cytidylsäure-a $C_9H_{14}N_3O_8P$, Formel I (R = H).

Zusammenfassende Darstellung: *F. G. Fischer, H. Dörfel,* in *Hoppe-Seyler/Thierfelder,* Handbuch der Physiologisch- und Pathologisch-Chemischen Analyse, 10. Aufl., Bd. 4 [Berlin 1960] S. 1249.

Bezüglich der Konstitution s. die Angaben bei [3′]Cytidylsäure (S. 3669).

B. Beim Erhitzen von [3′]Cytidylsäure mit wss. HCl [0,1 n] (*Brown et al.*, Soc. **1952** 2715, 2720). Über die Bildung bei der Hydrolyse von Hefenucleinsäure s. die Angaben im Artikel [3′]Cytidylsäure.

Kristalle; F: 238–240° [Zers.; auf 230° vorgeheizter App.; aus H_2O] (*Loring, Luthy*, Am. Soc. **73** [1951] 4215), 235–236° [Zers.; geschlossene Kapillare; auf 230° vorgeheizter App.; aus wss. A.] (*Harris et al.*, Soc. **1953** 489, 493). Über Dimorphie s. *Ha. et al.* Kristalloptik: *Lo., Lu.* $[\alpha]_D^{20}$: +20,7° bzw. +19,8° [H_2O; c = 1] (*Lo., Lu.; Ha. et al.*); $[\alpha]_D$: +32° [wss. Lösung vom pH 0; c = 1], +18° [wss. Lösung vom pH 3,2; c = 0,5], +2° [wss. Lösung vom pH 5,2; c = 1], −8° [wss. Lösungen vom pH 9 sowie pH 11; c = 1] bzw. −2° [wss. Lösung vom pH 14; c = 1] (*Loring et al.*, J. biol. Chem. **196** [1952] 807, 813). IR-Spektrum (Paraffinöl sowie fluorierte Kohlenwasserstoffe; 3600–2600 cm^{-1} und 1800–650 cm^{-1}): *Ha. et al.*, l. c. S. 490. IR-Banden (H_2O [pH 5,6–11] sowie D_2O [pD 5,5–10,8]; 1650–750 cm^{-1}): *Sinsheimer et al.*, Biochim. biophys. Acta **18** [1955] 13, 17. UV-Spektrum in wss. Lösungen vom pH 1,5–6,2 sowie in wss. NaOH [0,01–1 n] (230–290 nm): *Fox et al.*, Am. Soc. **75** [1953] 4315; in wss. Lösungen vom pH 1–12 (230–300 nm): *Cohn*, zit. bei *G.H. Beaven et al.*, in *E. Chargaff, J.N. Davidson*, The Nucleic Acids, Bd. 1 [New York 1955] S. 493, 496; in wss. HCl (220–300 nm): *Lo. et al.*, l. c. S. 814. λ_{max}: 211,5 nm und 278 nm [wss. HCl (0,01 n)] bzw. 270 nm [wss. Lösung vom pH 7 sowie wss. NaOH (0,01 n)] (*Ha. et al.*, l. c. S. 492). Scheinbare Dissoziationsexponenten pK'_{a1} und pK'_{a2} (H_2O; potentiometrisch ermittelt) bei 24,5°: 4,44 bzw. 6,19 (*Cavalieri*, Am. Soc. **75** [1953] 5268; s. a. *Lo. et al.*, l. c. S. 815). Scheinbarer Dissoziationsexponent pK'_{a1} (H_2O; spektrophotometrisch ermittelt): 4,30 (*Fox et al.*).

Änderung der UV-Absorption von wss. Lösungen bei der Einwirkung von UV-Licht: *Sinsheimer*, Radiat. Res. **6** [1957] 121, 123. Bei kurzem Erhitzen mit wss. H_2SO_4 [1 n] erfolgt partielle Isomerisierung zu [3′]Cytidylsäure (*Lo. et al.*, l. c. S. 815). Bei der elektrochemischen Reduktion an einer Quecksilber-Kathode in wss. NH_3 unter Zusatz von $HClO_4$ ist Dihydro-[2′]cytidylsäure erhalten worden (*Visser et al.*, Arch. Biochem. **70** [1957] 217, 218). Zeitlicher Verlauf der Dephosphorylierung in wss. Lösung vom pH 8,6 unter Zusatz von $Ce(NO_3)_3$ und $La(NO_3)_3$: *Bamann, Trapmann*, Bio. Z. **326** [1955] 237.

Ammonium-Salz $[NH_4]C_9H_{13}N_3O_8P$. Kristalle (aus H_2O+A.) mit 1 Mol H_2O; F: ca. 195° [Zers.; auf 185–190° vorgeheizter App.]; $[\alpha]_D$: −7,1° [H_2O?] (*Lo. et al.*, l. c. S. 812).

Cyclohexylamin-Salz $C_6H_{13}N \cdot C_9H_{14}N_3O_8P$. Kristalle (aus wss. A.) mit 1 Mol H_2O; Zers. bei 204–205° [auf 200° vorgeheizter App.] (*Lo. et al.*, l. c. S. 812).

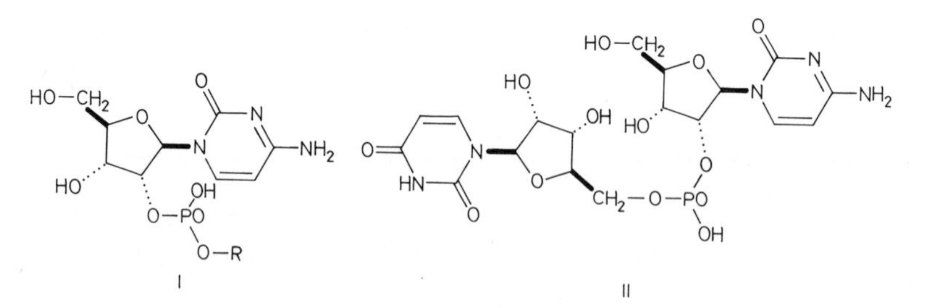

***O*$^{2'}$-[Benzyloxy-hydroxy-phosphoryl]-cytidin, [2′]Cytidylsäure-monobenzylester** $C_{16}H_{20}N_3O_8P$, Formel I (R = CH_2-C_6H_5).

B. Neben anderen Verbindungen beim Behandeln eines Gemisches von [3′]Cytidylsäure und [2′]Cytidylsäure mit Diazo-phenyl-methan in DMF und Methanol (*Brown, Todd*, Soc. **1953** 2040, 2046).

Wasserhaltige Kristalle (aus wss. A.); F: 174° [nach Sintern bei 168°].

Phosphorsäure-cytidin-2′-ylester-uridin-5′-ylester, [5′]Uridylsäure-cytidin-2′-ylester, Cytidylyl-(2′→5′)-uridin $C_{18}H_{24}N_5O_{13}P$, Formel II.

B. Neben Cytidylyl-(3′→5′)-uridin beim Behandeln von *N*^{4},*O*$^{5'}$-Diacetyl-*O*$^{2'}$,*O*$^{3'}$-hydroxy=

phosphoryl-cytidin (Tributylamin-Salz) mit $O^{2'}$,$O^{3'}$-Diacetyl-uridin und Chlorophosphorsäure-diphenylester in Dioxan und Tributylamin und Behandeln des Reaktionsprodukts mit wss. NH_3 (*Michelson,* Soc. **1959** 3655, 3660, 3666).

λ_{max}: 270 nm [wss. HCl (0,01 n)] bzw. 265 nm [wss. NaOH (0,01 n)] (*Mi.,* l. c. S. 3661).

$O^{2'}$,$O^{3'}$-Hydroxyphosphoryl-cytidin, Phosphorsäure-cytidin-2',3'-diylester, Cytidin-2',3'-monophosphat $C_9H_{12}N_3O_7P$, Formel III.

B. Aus [3']Cytidylsäure oder [2']Cytidylsäure beim Behandeln mit Trifluoressigsäure-anhydrid und Behandeln des Reaktionsprodukts mit äthanol. NH_3 (*Brown et al.,* Soc. **1952** 2708, 2711), beim Behandeln des Ammonium-Salzes mit Dicyclohexylcarbodiimid in Methanol (*Shugar, Wierzchowski,* Bl. Acad. polon. Ser. biol. **6** [1958] 283, 285) oder beim Behandeln der wss. Lösung mit Tributylamin und Chlorokohlensäure-äthylester (*Michelson,* Soc. **1959** 3655, 3663, 3664). Aus Hefe-Ribonucleinsäure beim Erwärmen mit $BaCO_3$ in H_2O (*Markham, Smith,* Biochem. J. **52** [1952] 552, 553) oder mit Formamid und Kalium-*tert*-butylat in *tert*-Butylalkohol (*Lipkin, Talbert,* Chem. and Ind. **1955** 143).

Konformation des Ribofuranose-Rings in den Kristallen: *Reddy, Saenger,* Acta cryst. [B] **34** [1978] 1520, 1522; in D_2O: *Jardetzky,* Am. Soc. **84** [1962] 62, 63. Atomabstände und Bindungswinkel (Röntgen-Diagramm): *Re., Sa.*

Orthorhombische Kristalle (aus H_2O + Acn.); Kristallstruktur-Analyse (Röntgen-Diagramm): *Re., Sa.* Dichte der Kristalle: 1,616 (*Re., Sa.*). ^{1}H-NMR-Spektrum (D_2O) und ^{1}H-^{1}H-Spin-Spin-Kopplungskonstante: *Ja.* UV-Spektrum (wss. Lösung vom pH 7,3; 220–300 nm): *Ma., Sm.,* l. c. S. 555.

Überführung in Oligonucleotide mit Hilfe von Chlorophosphorsäure-diphenylester: *Mi.*; von Ribonuclease-I: *Heppel et al.,* Biochem. J. **60** [1955] 8, 11.

Ammonium-Salz $[NH_4]C_9H_{11}N_3O_7P$. Hygroskopisches Pulver [aus Me. + Ae.] (*Br. et al.,* l. c. S. 2712).

Barium-Salz $Ba(C_9H_{11}N_3O_7P)_2$. Pulver (aus H_2O + Me.); λ_{max} (H_2O): 232 nm und 268 nm (*Br. et al.*).

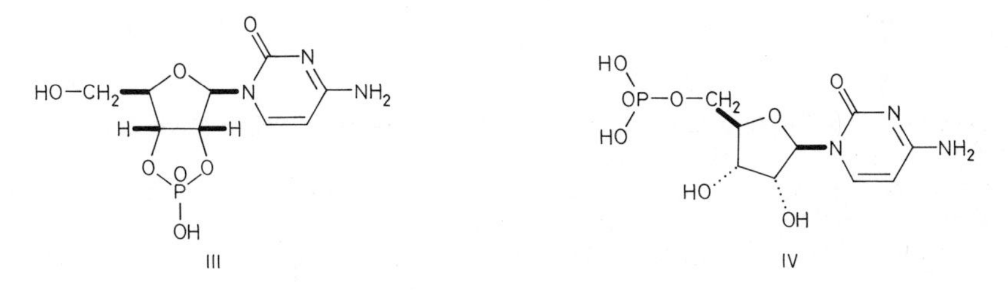

$O^{5'}$-Phosphono-cytidin, [5']Cytidylsäure, Cytidin-5'-monophosphat, Cytidin-5'-dihydrogenphosphat, CMP $C_9H_{14}N_3O_8P$, Formel IV.

Diese Konstitution kommt der von *Gulland, Smith* (Soc. **1948** 1527, 1531) und *Michelson, Todd* (Soc. **1949** 2476, 2486) als [2']Cytidylsäure formulierten Verbindung zu (*Brown et al.,* Soc. **1950** 3299, 3300).

B. Aus $O^{2'}$,$O^{3'}$-Isopropyliden-cytidin oder $O^{2'}$,$O^{3'}$-[(*R*)-Benzyliden]-cytidin (S. 3688) beim Erwärmen mit P_2O_5 in konz. wss. H_3PO_4 und anschliessend mit H_2O (*Canad. Patents and Devel.,* U.S.P. 2815342 [1955]; *Michelson,* Soc. **1958** 1957, 1960; *Baddiley et al.,* Soc. **1958** 3107, 3109) oder bei der Behandlung mit Chlorophosphorsäure-dibenzylester in Pyridin, Hydrierung des Reaktionsprodukts an Palladium in wss. Äthanol und anschliessenden Hydrolyse mit wss. H_2SO_4 (*Mi., Todd,* Soc. **1949** 2485, 2486). Aus $O^{2'}$,$O^{3'}$-[(*R*)-Benzyliden]-cytidin beim Behandeln mit $POCl_3$ in Pyridin und Erhitzen des Reaktionsprodukts mit wss. H_2SO_4 (*Gu., Sm.*). Aus Hefe-Ribonucleinsäure mit Hilfe verschiedener Enzym-Systeme (*Takeda Pharm. Ind.,* D.B.P. 1130785 [1959]). Herstellung von [^{32}P][5']Cytidylsäure: *Weiss et al.,* J. biol. Chem. **231** [1958] 53, 54.

Über die Trennung von anderen $O^{5'}$-Phosphono-nucleosiden s. die Angaben bei [5']Uridylsäure (E III/IV **24** 1211).

Kristalle (aus wss. A.); F: 240–242° [Zers.; auf 230° vorgeheizter App.] (*Gu., Sm.*), 235°

[Zers.] (*Mi., Todd,* Soc. **1949** 2486). $[\alpha]_D^{14}$: +27,1° [H_2O; c = 0,5] (*Mi., Todd,* Soc. **1949** 2486); $[\alpha]_D^{18}$: +21,4° [H_2O; c = 1] (*Gu., Sm.*). IR-Spektrum (Paraffinöl sowie fluorierte Kohlenwasserstoffe; 3600–2600 cm^{-1} und 1800–650 cm^{-1}): *Harris et al.,* Soc. **1953** 489, 490; s. a. *Michelson, Todd,* Soc. **1954** 34, 36. IR-Spektrum des Natrium-Salzes (D_2O; 5–8 μ): *Miles,* Biochim. biophys. Acta **22** [1956] 247, 249, 250. UV-Spektrum (wss. Lösungen vom pH 1–12; 230–300 nm): *Cohn,* zit. bei *G. H. Beaven et al.,* in *E. Chargaff, J. N. Davidson,* The Nucleic Acids, Bd. 1 [New York 1955] S. 493, 496. λ_{max}: 280 nm [wss. Lösung vom pH 2] bzw. 271 nm [wss. Lösungen vom pH 7 sowie pH 11] (*Bock et al.,* Arch. Biochem. **62** [1956] 253, 258; s. a. *Schmitz et al.,* J. biol. Chem. **209** [1954] 41, 48). Scheinbare Dissoziationsexponenten pK'_{a1} und pK'_{a2} (H_2O; potentiometrisch ermittelt) bei 25°: 4,5 bzw. 6,3 (*Bock et al.,* l. c. S. 263).

Geschwindigkeit der Hydrolyse in wss. H_2SO_4 [0,1 n] bei 100°: *Mi., Todd,* Soc. **1949** 2480; *Gu., Sm.,* l. c. S. 1532; in wss. NaOH [0,1 n] bei 100°: *Gu., Sm.* Geschwindigkeit der Dephosphorylierung in wss. Lösung vom pH 8,6 unter Zusatz von $Ce(NO_3)_3$ bei 37°: *Bamann, Trapmann,* Bio. Z. **326** [1955] 237. Beim Behandeln mit H_3PO_4, Dicyclohexylcarbodiimid und Tributylamin in wss. Pyridin sind CDP (S. 3675) und CTP (S. 3676) erhalten worden (*Smith, Khorana,* Am. Soc. **80** [1958] 1141, 1144).

Barium-Salz $BaC_9H_{12}N_3O_8P$. Kristalle (aus H_2O) mit 4 Mol H_2O; $[\alpha]_D^{26}$: +5,5° [H_2O; c = 1,4] (*Gu., Sm.,* l. c. S. 1531). $[\alpha]_D^{16}$: +11,4° [H_2O; c = 0,3] [wasserfreies Salz] (*Mi., Todd,* Soc. **1949** 2486).

Zink-Salz $ZnC_9H_{12}N_3O_8P$: *Weitzel, Spehr,* Z. physiol. Chem. **313** [1958] 212, 225.

Dibrucin-Salz $2C_{23}H_{26}N_2O_4 \cdot C_9H_{14}N_3O_8P$. Kristalle (aus H_2O) mit 12 Mol H_2O; Zers. bei 215° [nach Erweichen bei ca. 185°] (*Mi., Todd,* Soc. **1949** 2486).

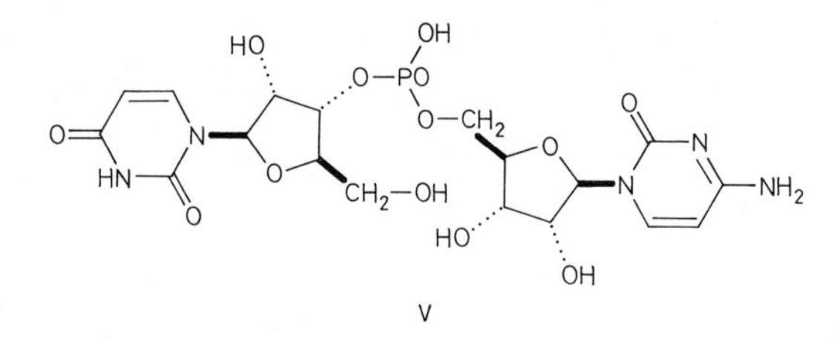

V

Phosphorsäure-cytidin-5′-ylester-uridin-3′-ylester, [3′]Uridylsäure-cytidin-5′-ylester, Cytidylyl-(5′→3′)-uridin $C_{18}H_{24}N_5O_{13}P$, Formel V.

B. Neben anderen Nucleotiden beim Erhitzen von Hefe-Ribonucleinsäure mit $Bi(OH)_3$ in wss. Lösung vom pH 4 (*Dimroth, Witzel,* A. **620** [1959] 109, 118).

λ_{max}: 269 nm [wss. HCl (0,1 n)] bzw. 265,3 nm [wss. NaOH (0,1 n)] (*Di., Wi.,* l. c. S. 110).

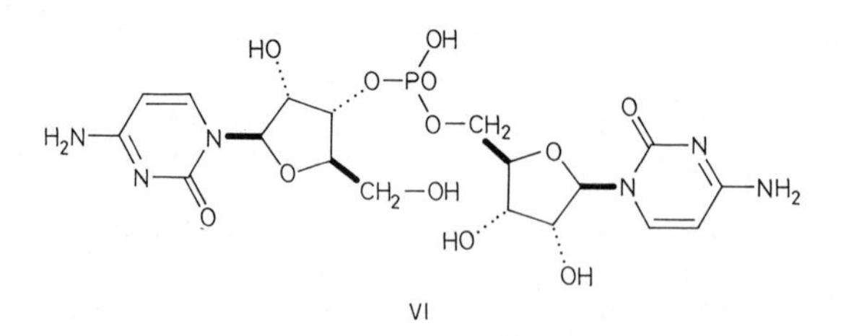

VI

Phosphorsäure-cytidin-3′-ylester-cytidin-5′-ylester, $O^{3'}$,$O^{5'''}$-Hydroxyphosphoryl-di-cytidin, [3′]Cytidylsäure-cytidin-5′-ylester, Cytidylyl-(3′→5′)-cytidin $C_{18}H_{25}N_6O_{12}P$, Formel VI.

B. Neben anderen Nucleotiden beim Erhitzen von Hefe-Ribonucleinsäure mit $Bi(OH)_3$ in wss. Lösung vom pH 4 (*Dimroth, Witzel,* A. **620** [1959] 109, 110, 118). Aus Cytidin und $O^{2'}$,$O^{3'}$-Hydroxyphosphoryl-cytidin mit Hilfe von Ribonuclease-I (*Heppel et al.,* Biochem. J. **60** [1955] 8, 10).

λ_{max}: 279,5 nm [wss. HCl (0,1 n)] bzw. 270,5 nm [wss. NaOH (0,1 n)] (*Di., Wi.*).

Verbindung mit Ameisensäure $C_{18}H_{25}N_6O_{12}P \cdot CH_2O_2$. Glasartig; Sintern bei 200° (*Di., Wi.*).

Phosphorsäure-cytidin-2′-ylester-cytidin-5′-ylester, *O*$^{2'}$,*O*$^{5'''}$-Hydroxyphosphoryl-di-cytidin, [2′]Cytidylsäure-cytidin-5′-ylester, Cytidylyl-(2′→5′)-cytidin $C_{18}H_{25}N_6O_{12}P$, Formel VII.

B. Beim Erwärmen der vorangehenden Verbindung mit wss. HCl [0,3 n] (*Witzel*, A. **620** [1959] 122, 124).

λ_{max}: 278 nm [wss. HCl (0,01 n)] bzw. 270 nm [wss. NaOH (0,01 n)] (*Michelson*, Soc. **1959** 3655, 3661).

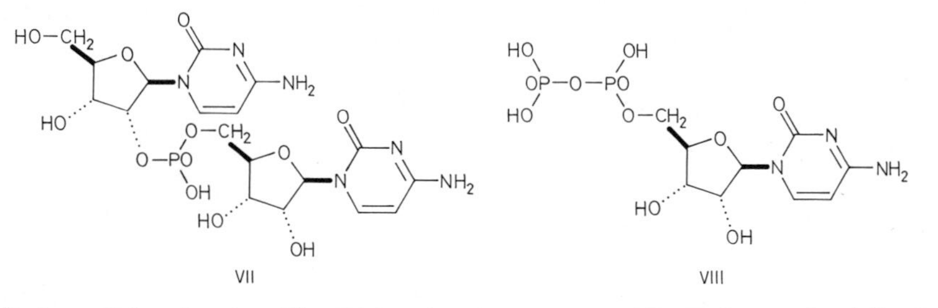

***O*$^{5'}$-Trihydroxydiphosphoryl-cytidin, Diphosphorsäure-mono-cytidin-5′-ylester,** Cytidin-5′-diphosphat, Cytidin-5′-trihydrogendiphosphat, CDP $C_9H_{15}N_3O_{11}P_2$, Formel VIII.

B. Neben CTP (S. 3676) beim Behandeln von [5′]Cytidylsäure mit konz. wss. H_3PO_4, Dicyclohexylcarbodiimid und Tributylamin in Pyridin (*Smith, Khorana*, Am. Soc. **80** [1958] 1141, 1144). Beim Erhitzen von [5′]Cytidylsäure mit Phosphorsäure-monobenzylester und Dimethylcyanamid in wss. Pyridin und Hydrieren des Reaktionsprodukts an Palladium und Palladium/Kohle in wss. Äthanol unter Zusatz von wenig Essigsäure (*Kenner et al.*, Soc. **1958** 546, 551).

Glasartiger Feststoff mit 2 Mol H_2O (*Ke. et al.*). λ_{max}: 280 nm [wss. Lösung vom pH 2] bzw. 271 nm [wss. Lösungen vom pH 7 sowie pH 11] (*Bock et al.*, Arch. Biochem. **62** [1956] 253, 258). Scheinbare Dissoziationsexponenten pK'_{a1} und pK'_{a2} (H_2O; potentiometrisch ermittelt) bei 25°: 4,6 bzw. 6,4 (*Bock et al.*, l. c. S. 263).

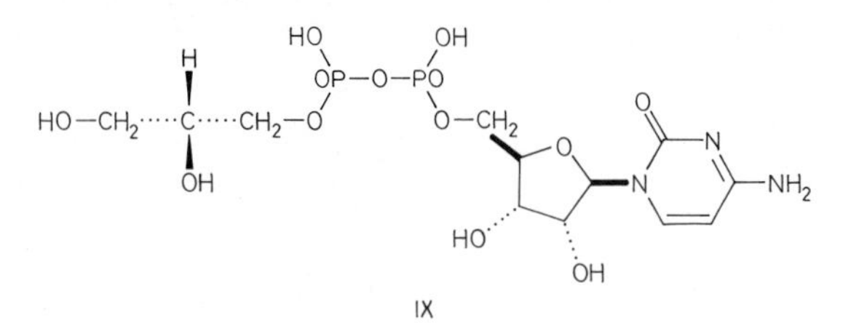

Diphosphorsäure-1-cytidin-5′-ylester-2-[(*R*)-2,3-dihydroxy-propylester] $C_{12}H_{21}N_3O_{13}P_2$, Formel IX.

B. Beim Behandeln von [5′]Cytidylsäure mit Phosphorsäure-mono-[(*R*)-2,2-dimethyl-[1,3]dioxolan-4-ylmethylester] und Dicyclohexylcarbodiimid in wss. Pyridin und anschliessend mit wss. H_2SO_4 (*Baddiley et al.*, Soc. **1958** 3107, 3109).

Lithium-Salz $Li_2C_{12}H_{19}N_3O_{13}P_2$. Feststoff mit 2 Mol H_2O.

Diphosphorsäure-1-cytidin-5′-ylester-2-L-ribit-1-ylester $C_{14}H_{25}N_3O_{15}P_2$, Formel X.

Isolierung aus Kulturen von Lactobacillus arabinosus: *Baddiley et al.*, Biochem. J. **64** [1956] 599, 600.

B. Beim Behandeln der folgenden Verbindung mit $NaBH_4$ in wss. Lösung vom pH 8,5 (*Baddiley et al.*, Soc. **1959** 2192, 2196).

Ammonium-Salz $[NH_4]_2C_{14}H_{23}N_3O_{15}P_2$. Hellbrauner, hygroskopischer Feststoff mit 9 Mol H_2O (*Ba. et al.*, Soc. **1959** 2196).

Diphosphorsäure-1-cytidin-5′-ylester-2-D-ribose-5-ylester $C_{14}H_{23}N_3O_{15}P_2$, Formel XI und cycl. Taut. (Diphosphorsäure-1-cytidin-5′-ylester-2-ξ-D-ribofuranose-5-ylester).

B. Neben Diphosphorsäure-1,2-di-cytidin-5′-ylester $C_{18}H_{26}N_6O_{15}P_2$ aus [5′]Cytidylsäure und O^5-Phosphono-D-ribose mit Hilfe von Dicyclohexylcarbodiimid und Tributylamin in wss. Pyridin (*Baddiley et al.*, Soc. **1959** 2192, 2195).

Lithium-Salz $Li_2C_{14}H_{21}N_3O_{15}P_2$.

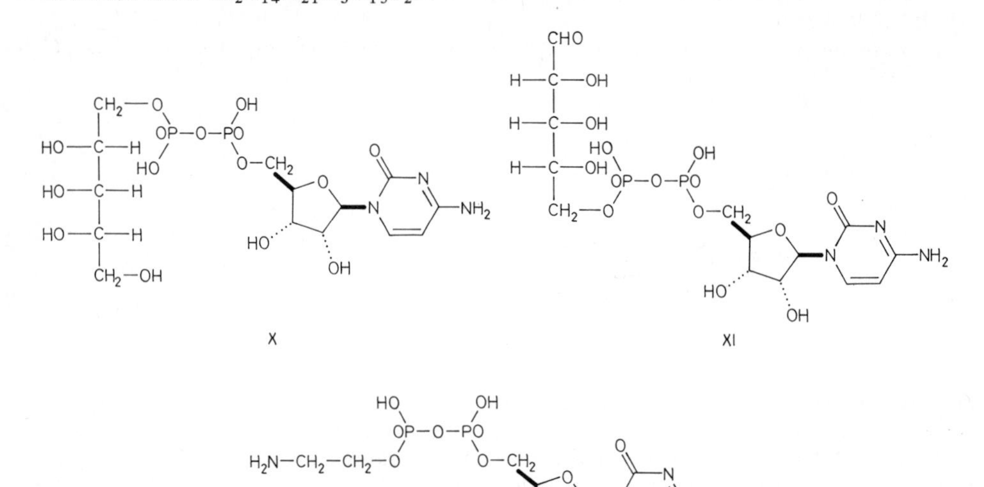

X XI

XII

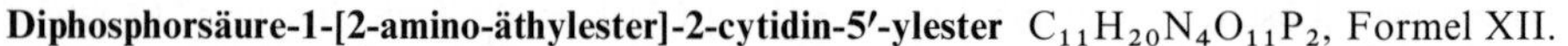

Diphosphorsäure-1-[2-amino-äthylester]-2-cytidin-5′-ylester $C_{11}H_{20}N_4O_{11}P_2$, Formel XII.

Isolierung aus Kalbsthymus: *Potter, Buettner-Janusch*, J. biol. Chem. **233** [1958] 462.

B. Aus [5′]Cytidylsäure und Phosphorsäure-mono-[2-amino-äthylester] mit Hilfe von Dicyclohexylcarbodiimid in wss. Pyridin (*Kennedy*, J. biol. Chem. **222** [1956] 185, 191).

λ_{max}: 278 – 279 nm [wss. Lösung vom pH 2] bzw. 270 nm [wss. Lösung vom pH 13] (*Po., Bu.-Ja.*).

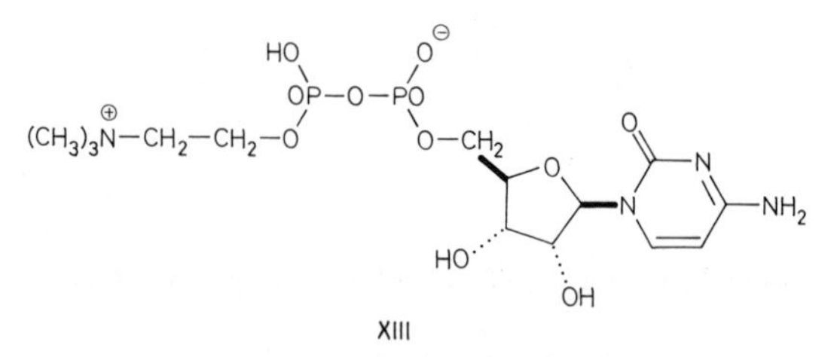

XIII

[2-(2-Cytidin-5′-yloxy-1,2-dihydroxy-diphosphoryloxy)-äthyl]-trimethyl-ammonium-betain, Diphosphorsäure-1-cytidin-5′-ylester-2-[2-trimethylammonio-äthylester]-betain $C_{14}H_{26}N_4O_{11}P_2$, Formel XIII.

B. Aus [5′]Cytidylsäure und *O*-Phosphono-cholin (E IV **4** 1460) mit Hilfe von Dicyclohexylcarbodiimid in wss. Pyridin (*Kennedy*, J. biol. Chem. **222** [1956] 185, 186, 188).

Herstellung von Diphosphorsäure-1-cytidin-5′-ylester-2-[2-trimethylammonio-[$^{14}C_2$]äthylester]-betain: *Ke.*; von [^{32}P]Diphosphorsäure-1-cytidin-5′-ylester-2-[2-trimethylammonio-äthylester]-betain: *Weiss et al.*, J. biol. Chem. **231** [1958] 53, 55.

Hygroskopischer Feststoff mit 3 Mol H_2O (*Ke.*). Über die UV-Absorption s. *Ke.*

***O*$^{5'}$-Tetrahydroxytriphosphoryl-cytidin, Triphosphorsäure-1-cytidin-5′-ylester,** Cytidin-5′-triphosphat, Cytidin-5′-tetrahydrogentriphosphat, CTP $C_9H_{16}N_3O_{14}P_3$, Formel I.

Zusammenfassende Darstellung: *F. G. Fischer, H. Dörfel*, in *Hoppe-Seyler/Thierfelder*, Handbuch der Physiologisch- und Pathologisch-Chemischen Analyse, 10. Aufl., Bd. 4 [Berlin 1960] S. 1147, 1208, 1231.

B. Neben CDP (S. 3675) beim Behandeln von [5′]Cytidylsäure mit konz. wss. H_3PO_4, Dicyclohexylcarbodiimid und Tributylamin in Pyridin (*Smith, Khorana,* Am. Soc. **80** [1958] 1141, 1144). Neben anderen Nucleotiden beim Erhitzen von Ribonucleinsäure in wss. Lösung vom pH 8 – 8,5 mit MgO auf 140 – 145° und Behandeln des erhaltenen Nucleosid-Gemisches in wss. Lösung vom pH ca. 7 in Gegenwart von Hefe und Glucose mit NaH_2PO_4 und Na_2HPO_4 (*Pabst Brewing Co.,* U.S.P. 2844514 [1953]).

UV-Spektrum in wss. Lösungen vom pH 1, pH 6,5 und pH 11 (210 – 310 nm): *Hakim,* Enzymol. **19** [1958] 96, 101; vom pH 2, pH 7 und pH 11 (215 – 310 nm): *Bock et al.,* Arch. Biochem. **62** [1956] 253, 258, 261. Scheinbare Dissoziationsexponenten pK'_{a1} und pK'_{a2} (H_2O; potentiometrisch ermittelt) bei 25°: 4,8 bzw. 6,6 (*Bock et al.,* l. c. S. 263).

Geschwindigkeitskonstante der Hydrolyse in wss. Lösung vom pH 8,5 bei 100°: *Blum, Felauer,* Arch. Biochem. **81** [1959] 285, 293.

Stabilitätskonstante der Komplexe mit Magnesium(2+), Calcium(2+), Mangan(2+) und Kobalt(2+) in wss. Lösung vom pH 8,2 bei 23°: *Walaas,* Acta chem. scand. **12** [1958] 528, 532.

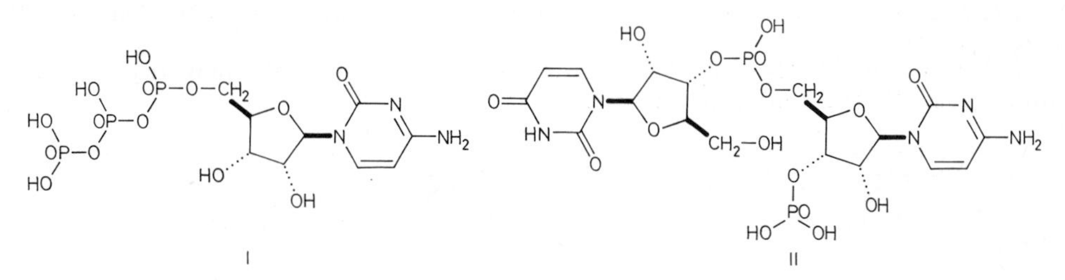

I II

O**⁵′-[3′]Uridylyl-[3′]cytidylsäure, Uridylyl-(3′→5′)-[3′]cytidylsäure,** [3′]Uridylsäure-[*O*³-phosphono-cytidin-5′-ylester] $C_{18}H_{25}N_5O_{16}P_2$, Formel II.

B. Neben anderen Dinucleotiden beim Behandeln von Hefe-Ribonucleinsäure mit wss. HCl (*Merrifield, Woolley,* J. biol. Chem. **197** [1952] 521, 523).

Kristalle [aus A.] (*Me., Wo.,* l. c. S. 528). λ_{max} (wss. HCl [0,01 n]): 269 nm (*Me., Wo.,* l. c. S. 526).

O**⁵′-[3′]Cytidylyl-[3′]cytidylsäure, Cytidylyl-(3′→5′)-[3′]cytidylsäure** $C_{18}H_{26}N_6O_{15}P_2$, Formel III (R = H, R′ = $PO(OH)_2$).

In dem nachstehend beschriebenen Präparat hat möglicherweise ein Gemisch mit *O*⁵′-[2′]Cytidylyl-[3′]cytidylsäure vorgelegen.

B. Neben anderen Dinucleotiden beim Behandeln von Hefe-Ribonucleinsäure mit wss. HCl (*Merrifield, Woolley,* J. biol. Chem. **197** [1952] 521, 523, 526). Aus Polycytidylsäure mit Hilfe von Ribonuclease-I (*Lane, Butler,* Canad. J. Biochem. Physiol. **37** [1959] 1329, 1341).

λ_{max}: 279 nm [wss. HCl (0,01 n)] (*Me., Wo.*), 278 nm [wss. HCl (0,01 n)] bzw. 270 nm [wss. NaOH (0,1 n)] (*Michelson,* Soc. **1959** 3655, 3657).

Geschwindigkeitskonstante der Hydrolyse in wss. KOH [0,86 m] bei 26°: *Lane, Bu.,* l. c. S. 1347.

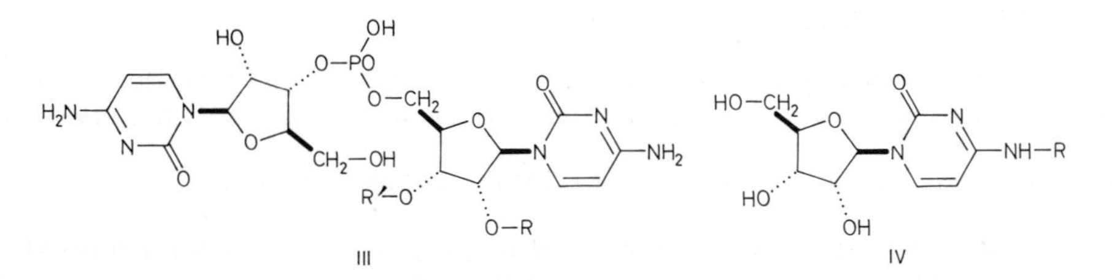

III IV

O**⁵′-[3′]Cytidylyl-[2′]cytidylsäure, Cytidylyl-(3′→5′)-[2′]cytidylsäure** $C_{18}H_{26}N_6O_{15}P_2$, Formel III (R = $PO(OH)_2$, R′ = H).

In dem nachstehend beschriebenen Präparat hat möglicherweise ein Gemisch mit *O*⁵′-[2′]Cytidylyl-[2′]cytidylsäure vorgelegen.

B. Neben anderen Dinucleotiden beim Behandeln von Hefe-Ribonucleinsäure mit wss. HCl (*Merrifield, Woolley,* J. biol. Chem. **197** [1952] 521, 523, 526). Aus Polycytidylsäure mit Hilfe von Ribonuclease-I (*Lane, Butler,* Canad. J. Biochem. Physiol. **37** [1959] 1329, 1341).

λ_{max}: 279 nm [wss. HCl (0,01 n)] (*Me., Wo.*), 278 nm [wss. HCl (0,01 n)] bzw. 270 nm [wss. NaOH (0,1 n)] (*Michelson,* Soc. **1959** 3655, 3657).

Geschwindigkeitskonstante der Hydrolyse in wss. KOH [0,86 m] bei 26°: *Lane, Bu.,* l. c. S. 1347.

***N*⁴-Methyl-cytidin** $C_{10}H_{15}N_3O_5$, Formel IV (R = CH_3).

B. Aus *O*2′,*O*3′,*O*5′-Tribenzoyl-4-thio-uridin und Methylamin (*Fox et al.,* Am. Soc. **81** [1959] 178, 186).

Kristalle (aus A.); F: 202–203° [unkorr.]. λ_{max} (wss. Lösung vom pH 7): 237 nm und 271 nm.

***N*⁴-Phenäthyl-cytidin** $C_{17}H_{21}N_3O_5$, Formel IV (R = CH_2-CH_2-C_6H_5).

B. Aus *O*2′,*O*3′,*O*5′-Tribenzoyl-4-thio-uridin und Phenäthylamin (*Fox et al.,* Am. Soc. **81** [1959] 178, 186).

Hydrochlorid $C_{17}H_{21}N_3O_5 \cdot HCl$. Kristalle (aus A.); F: 205–206° [unkorr.]. λ_{max} (wss. Lösung vom pH 7): 241 nm und 272,5 nm.

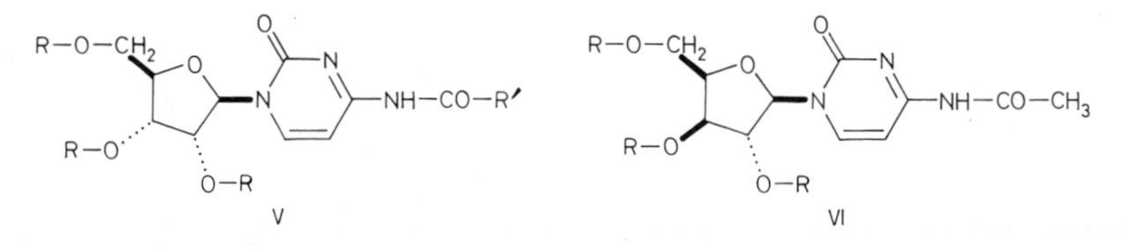

4-Acetylamino-1-[3,4-bis-benzoyloxy-5-benzoyloxymethyl-tetrahydro-[2]furyl]-1*H*-pyrimidin-2-on $C_{32}H_{27}N_3O_9$.

a) ***N*⁴-Acetyl-*O*2′,*O*3′,*O*5′-tribenzoyl-cytidin,** Formel V (R = CO-C_6H_5, R′ = CH_3).

B. Aus dem Quecksilber(II)-Salz $HgC_6H_5N_3O_2$ des 4-Acetylamino-1(3)*H*-pyrimidin-2-ons und Tri-*O*-benzoyl-ξ-D-ribofuranosylchlorid [E III/IV **17** 2294] (*Fox et al.,* Am. Soc. **79** [1957] 5060, 5063).

Kristalle (aus A.); F: 191–192° [korr.]. $[\alpha]_D^{25}$: −58°; $[\alpha]_{546}^{25}$: −67° [jeweils $CHCl_3$]. λ_{max} (A.): 230 nm und 282 nm.

b) **4-Acetylamino-1-[tri-*O*-benzoyl-β-D-xylofuranosyl]-1*H*-pyrimidin-2-on,** Formel VI (R = CO-C_6H_5).

B. Beim Erhitzen des Quecksilber(II)-Salzes $HgC_6H_5N_3O_2$ des 4-Acetylamino-1(3)*H*-pyrimidin-2-ons mit Tri-*O*-benzoyl-ξ-D-xylofuranosylchlorid (aus *O*¹-Acetyl-*O*²,*O*³,*O*⁵-tribenzoyl-α-D-xylofuranose und HCl hergestellt) in Benzol und Xylol oder mit Tri-*O*-benzoyl-ξ-D-xylofuranosylbromid (aus Tetra-*O*-benzoyl-α-D-xylofuranose und HBr hergestellt) in Benzol und Toluol (*Fox et al.,* Am. Soc. **79** [1957] 5060, 5063).

Kristalle (aus E.+A.) mit 1 Mol H_2O; F: 172–173° [korr.]. $[\alpha]_D^{25}$: +70°; $[\alpha]_{546}^{25}$: +88° [jeweils $CHCl_3$; c = 1,5]. λ_{max} (A.): 234 nm und 283 nm.

***N*⁴,*O*2′,*O*3′,*O*5′-Tetrabenzoyl-cytidin** $C_{37}H_{29}N_3O_9$, Formel V (R = CO-C_6H_5, R′ = C_6H_5).

B. Aus Cytidin und Benzoylchlorid mit Hilfe von Pyridin (*Brown et al.,* Soc. **1956** 2384, 2386).

Kristalle (aus E.); F: 202–203,5°. λ_{max} (A.): 231 nm, 263 nm und 302 nm.

***N*⁴-[*N*²,*N*⁶-Bis-benzyloxycarbonyl-L(?)-lysyl]-cytidin** $C_{31}H_{37}N_5O_{10}$, vermutlich Formel VII (R = $[CH_2]_3$-NH-CO-O-CH_2-C_6H_5, Z = CO-O-CH_2-C_6H_5).

B. Aus *N*²,*N*⁶-Bis-benzyloxycarbonyl-L(?)-lysin und Cytidin mit Hilfe von Dicyclohexylcarbodiimid (*Schabarowa et al.,* Ž. obšč. Chim. **29** [1959] 2917, 2918, 2921; engl. Ausg. S. 2878, 2879, 2881).

Feststoff (aus $CHCl_3$ + PAe.) mit 2 Mol H_2O; F: 75–77° [Zers.]. λ_{max} (A.): 250 nm und 300 nm.

Relative Geschwindigkeit der Hydrolyse der N^4-Acyl-Bindung in H_2O, wss. HCl [0,1 n] und wss. NaOH [0,1 n] bei 100°: *Sch. et al.*, l. c. S. 2920.

Die folgenden Verbindungen sind in analoger Weise hergestellt worden:

N^4-[*N*-Benzyloxycarbonyl-L(?)-phenylalanyl]-cytidin $C_{26}H_{28}N_4O_8$, vermutlich Formel VII (R = C_6H_5, Z = CO-O-CH_2-C_6H_5). Feststoff (aus $CHCl_3$ + PAe.) mit 2 Mol H_2O; F: 114–118° [Zers.]. λ_{max} (A.): 250 nm und 300 nm. – Relative Geschwindigkeit der Hydrolyse der N^4-Acyl-Bindung in H_2O, wss. HCl [0,1 n] und wss. NaOH [0,1 n] bei 100°: *Sch. et al.*

N^4-[*N*-(*N*-Benzyloxycarbonyl-L(?)-valyl)-L(?)-phenylalanyl]-cytidin, N^4-[*N*-Benzyloxycarbonyl-L(?)-valyl→L(?)-phenylalanyl]-cytidin $C_{31}H_{37}N_5O_9$, vermutlich Formel VIII (Z = CO-O-CH_2-C_6H_5). Feststoff (aus $CHCl_3$ + PAe.) mit 2 Mol H_2O; F: 91–93° [Zers.]. λ_{max} (A.): 250 nm und 300 nm. – Relative Geschwindigkeit der Hydrolyse der N^4-Acyl-Bindung in H_2O, wss. HCl [0,1 n] und wss. NaOH [0,1 n] bei 100°: *Sch. et al.*

N^4-[*N*-Benzyloxycarbonyl-L(?)-valyl→L(?)-phenylalanyl→L(?)-phenylalanyl]-cytidin $C_{40}H_{46}N_6O_{10}$, vermutlich Formel IX (Z = CO-O-CH_2-C_6H_5). Feststoff (aus $CHCl_3$ + PAe.) mit 2 Mol H_2O; F: 115–117° [Zers.]. λ_{max} (A.): 250 nm und 300 nm. – Relative Geschwindigkeit der Hydrolyse der N^4-Acyl-Bindung in H_2O, wss. HCl [0,1 n] und wss. NaOH [0,1 n] bei 100°: *Sch. et al.* Hydrolyse mit Chymotrypsin in wss. Äthanol vom pH 7,9 bei 37°: *Sch. et al.*

N^4-[*N*-Benzyloxycarbonyl-L(?)-valyl→L(?)-phenylalanyl→L(?)-phenylalanyl]-Formel X (Z = CO-O-CH_2-C_6H_5). Feststoff (aus $CHCl_3$ + PAe.) mit 2 Mol H_2O; F: 92–94° [Zers.]. λ_{max} (A.): 250 nm und 300 nm. – Relative Geschwindigkeit der Hydrolyse der N^4-Acyl-Bindung in H_2O, wss. HCl [0,1 n] und wss. NaOH [0,1 n] bei 100°: *Sch. et al.*

N^4-[*S*-Benzyl-*N*-(*N*-benzyloxycarbonyl-L(?)-phenylalanyl)-L(?)-cysteinyl]-cytidin, N^4-[*N*-Benzyloxycarbonyl-L(?)-phenylalanyl→*S*-benzyl-L(?)-cysteinyl]-cytidin $C_{36}H_{39}N_5O_9S$, vermutlich Formel XI (Z = CO-O-CH_2-C_6H_5). Feststoff (aus $CHCl_3$ + PAe.) mit 2 Mol H_2O; F: 88–90° [Zers.]. λ_{max} (A.): 250 nm und 300 nm. – Relative Geschwindigkeit der Hydrolyse der N^4-Acyl-Bindung in H_2O, wss. HCl [0,1 n] und wss. NaOH [0,1 n] bei 100°: *Sch. et al.*

N^4-[*N*,*O*-Bis-benzyloxycarbonyl-L(?)-tyrosyl]-cytidin $C_{34}H_{34}N_4O_{11}$, vermutlich Formel XII (Z = CO-O-CH_2-C_6H_5). Feststoff (aus $CHCl_3$ + PAe.) mit 2 Mol H_2O; F: 82–85° [Zers.]. λ_{max} (A.): 250 nm und 300 nm. – Relative Geschwindigkeit der Hydrolyse der N^4-Acyl-Bindung in H_2O, wss. HCl [0,1 n] und wss. NaOH [0,1 n] bei 100°: *Sch. et al.*

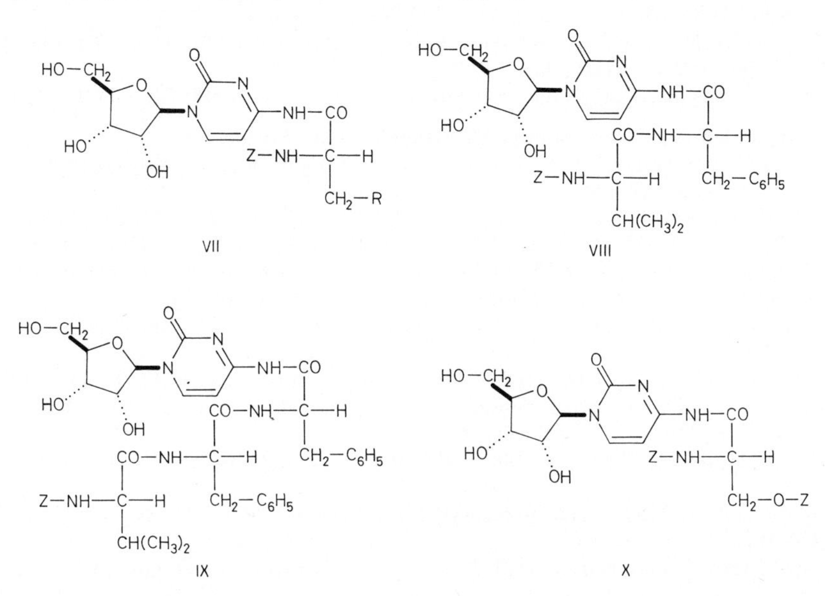

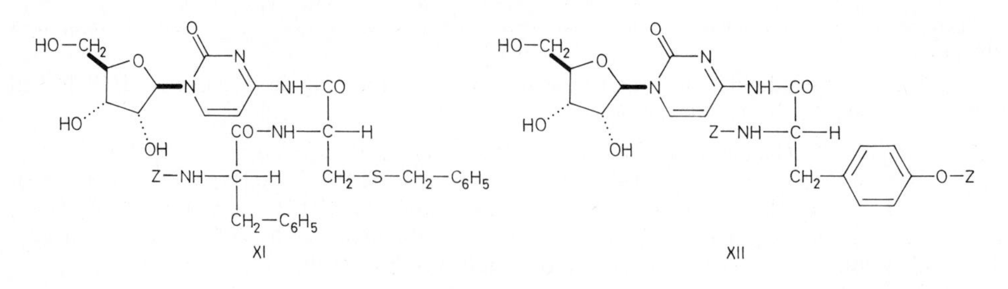

4-Amino-1-α-L-rhamnopyranosyl-1*H*-pyrimidin-2-on $C_{10}H_{15}N_3O_5$, Formel XIII.

B. Beim Erhitzen des Quecksilber(II)-Salzes $HgC_6H_5N_3O_2$ des 4-Acetylamino-1*H*-pyrimidin-2-ons mit Tri-*O*-benzoyl-α-L-rhamnopyranosylbromid in Xylol und Erwärmen des Reaktionsprodukts mit methanol. Natriummethylat (*Baker, Hewson,* J. org. Chem. **22** [1957] 959, 965).

Glasartiger Feststoff mit ca. 0,5 Mol Äthanol. IR-Banden (KBr; 3400 – 1000 cm^{-1}): *Ba., He.* λ_{max}: 275 nm [wss. Lösung vom pH 1] bzw. 268 nm [wss. Lösung vom pH 14].

4-Amino-1-[3,4,5-trihydroxy-6-hydroxymethyl-tetrahydro-pyran-2-yl]-1*H*-pyrimidin-2-on $C_{10}H_{15}N_3O_6$.

a) **4-Amino-1-β-D-glucopyranosyl-1*H*-pyrimidin-2-on,** Formel XIV (R = R′ = R″ = H).

B. Beim Erwärmen von 4-Äthoxy-1-[tetra-*O*-acetyl-β-D-glucopyranosyl]-1*H*-pyrimidin-2-on mit äthanol. NH_3 (*Hilbert, Jansen,* Am. Soc. **58** [1936] 60; *Fox, Goodman,* Am. Soc. **73** [1951] 3256; *Schabarowa et al.,* Ž. obšč. Chim. **27** [1957] 2891, 2894; engl. Ausg. S. 2928, 2930).

Kristalle (aus wasserfreiem A.) mit 0,33 Mol Äthanol, F: 197 – 199° [Zers.; nach Sintern bei 192°]; die lösungsmittelfreie Verbindung ist hygroskopisch; $[\alpha]_D^{21}$: +25,6° [H_2O; c = 2] [lösungsmittelfreies Präparat] (*Hi., Ja.*). UV-Spektrum in wss. Lösungen vom pH 1 – 14 (210 – 310 nm): *Fox, Shugar,* Biochim. biophys. Acta **9** [1952] 369, 375, 376; in wss. HCl [1 n] (210 – 300 nm): *Wierzchowski, Shugar,* Biochim. biophys. Acta **25** [1957] 355, 359. Scheinbarer Dissoziationsexponent pK'_a (H_2O; spektrophotometrisch ermittelt): 3,85 (*Fox, Sh.,* l. c. S. 378).

Änderung der UV-Absorption bei der Einwirkung von UV-Licht auf eine Lösung in wss. HCl [1 n]: *Wi., Sh.*

Hydrochlorid $C_{10}H_{15}N_3O_6 \cdot HCl$. Kristalle; F: 200 – 201° [unkorr.; Zers.] (*Fox, Go.*), 199° (*Sch. et al.*). Monoklin; Kristalloptik: *Biles et al.,* J. Am. pharm. Assoc. **42** [1953] 53, 54. $[\alpha]_D^{26}$: +20° [H_2O] (*Fox, Go.*). λ_{max} (A.): 275 nm (*Sch. et al.*).

Nitrat $C_{10}H_{15}N_3O_6 \cdot HNO_3$. Kristalle (aus wss. A.) mit 1 Mol H_2O; F: 143° [Zers.]; $[\alpha]_D^{23}$: +21,3° [H_2O; c = 2] (*Hi., Ja.*).

Picrat $C_{10}H_{15}N_3O_6 \cdot C_6H_3N_3O_7$. Kristalle (aus A.); F: 216 – 218° [Zers.] (*Hi., Ja.*).

b) **4-Amino-1-β-D-galactopyranosyl-1*H*-pyrimidin-2-on,** Formel XV.

B. Beim Erwärmen von 4-Äthoxy-1-[tetra-*O*-acetyl-β-D-galactopyranosyl]-1*H*-pyrimidin-2-on mit äthanol. NH_3 (*Fox, Goodman,* Am. Soc. **73** [1951] 3256).

UV-Spektrum in wss. Lösungen vom pH 1 – 14 (210 – 310 nm): *Fox, Shugar,* Biochim. biophys. Acta **9** [1952] 369, 375, 376; in H_2O und in wss. NaOH [1 n] (210 – 300 nm): *Wierzchowski, Shugar,* Biochim. biophys. Acta **25** [1957] 355, 359, 360. Scheinbarer Dissoziationsexponent pK'_a (H_2O; spektrophotometrisch ermittelt): 3,85 (*Fox, Sh.,* l. c. S. 378).

Änderung der UV-Absorption bei der Einwirkung von UV-Licht auf Lösungen in H_2O und wss. NaOH: *Wi., Sh.*

Hydrochlorid $C_{10}H_{15}N_3O_6 \cdot HCl$. Kristalle (aus A.) mit 1 Mol H_2O; F: 115 – 120° [unkorr.; Zers.] (*Fox, Go.*). Orthorhombisch; Kristalloptik: *Biles et al.,* J. Am. pharm. Assoc. **42** [1953] 53, 54. $[\alpha]_D^{26}$: +48° [H_2O] (*Fox, Go.*).

Nitrat $C_{10}H_{15}N_3O_6 \cdot HNO_3$. F: 140 – 141° [unkorr.; Zers.]; $[\alpha]_D^{26}$: +49° [H_2O] (*Fox, Go.*).

4-Amino-1-[tetra-*O*-acetyl-β-D-glucopyranosyl]-1*H*-pyrimidin-2-on $C_{18}H_{23}N_3O_{10}$, Formel XIV (R = CO-CH_3, R′ = R″ = H).

Hydrochlorid $C_{18}H_{23}N_3O_{10} \cdot HCl$. *B.* Beim Erwärmen von 4-Acetylamino-1-[tetra-*O*-ace=

tyl-β-D-glucopyranosyl]-1*H*-pyrimidin-2-on mit äthanol. HCl (*Schabarowa et al.*, Ž. obšč. Chim. **27** [1957] 2891, 2894; engl. Ausg. S. 2928, 2930). – Feststoff mit 2 Mol H_2O, F: 202°; beim Erhitzen auf 140° im Vakuum über P_2O_5 wird 1 Mol H_2O abgegeben. λ_{max} (A.): 275 nm.

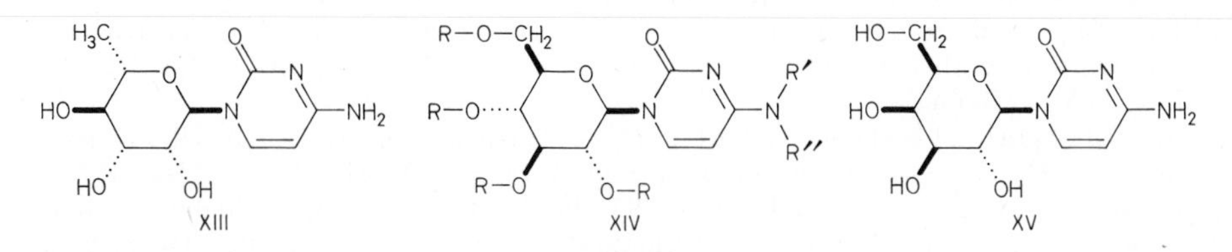

4-Dimethylamino-1-β-D-glucopyranosyl-1*H*-pyrimidin-2-on $C_{12}H_{19}N_3O_6$, Formel XIV (R = H, R′ = R″ = CH_3).

B. Aus 4-Äthoxy-1-[tetra-*O*-acetyl-β-D-glucopyranosyl]-1*H*-pyrimidin-2-on und Dimethyl⸗amin (*Miles*, Am. Soc. **79** [1957] 2565, 2568).

Kristalle (aus E. + Ae.); F: 170 – 180° und (nach Wiedererstarren) F: 271 – 273° [korr.] (*Mi.*, Am. Soc. **79** 2568). $[\alpha]_D^{24}$: +12,5° [H_2O] (*Miles*, Biochim. biophys. Acta **27** [1958] 46). IR-Spektrum (D_2O; 5,5 – 6,5 μ): *Mi.*, Biochim. biophys. Acta **27** 48; s. a. *Miles*, Biochim. biophys. Acta **35** [1959] 274. λ_{max} (wss. HCl [0,1 n]): 276 nm und 283 nm (*Mi.*, Biochim. biophys. Acta **27** 46).

Perchlorat. F: 220 – 222° (*Mi.*, Biochim. biophys. Acta **27** 47). IR-Spektrum (D_2O; 5,5 – 6,5 μ): *Mi.*, Biochim. biophys. Acta **27** 47, 48.

4-Dimethylamino-1-[tetra-*O*-acetyl-β-D-glucopyranosyl]-1*H*-pyrimidin-2-on $C_{20}H_{27}N_3O_{10}$, Formel XIV (R = CO-CH_3, R′ = R″ = CH_3).

B. Aus der vorangehenden Verbindung und Acetanhydrid mit Hilfe von Pyridin (*Miles*, Am. Soc. **79** [1957] 2565, 2568).

F: 281 – 282° [korr.].

4-Acetylamino-1-[tetra-*O*-acetyl-β-D-glucopyranosyl]-1*H*-pyrimidin-2-on $C_{20}H_{25}N_3O_{11}$, Formel XIV (R = R′ = CO-CH_3, R″ = H).

B. Aus dem Quecksilber(II)-Salz $HgC_6H_5N_3O_2$ des 4-Acetylamino-1*H*-pyrimidin-2-ons und Tetra-*O*-acetyl-α-D-glucopyranosylbromid (*Fox et al.*, Am. Soc. **79** [1957] 5060, 5062). Aus 4-Amino-1-β-D-glucopyranosyl-1*H*-pyrimidin-2-on und Acetanhydrid mit Hilfe von Pyridin (*Hilbert, Jansen*, Am. Soc. **58** [1936] 60; *Schabarowa et al.*, Ž. obšč. Chim. **27** [1957] 2891, 2894; engl. Ausg. S. 2928, 2930).

Kristalle (aus A.); F: 225° (*Hi., Ja.; Sch. et al.*) bzw. F: 150° und (nach Wiedererstarren) F: 217 – 218° [unkorr.] (*Fox et al.*). $[\alpha]_D^{23}$: +38,1° [$CHCl_3$; c = 2] (*Hi., Ja.*). λ_{max} (A.): 250 nm und 300 – 302 nm (*Sch. et al.*).

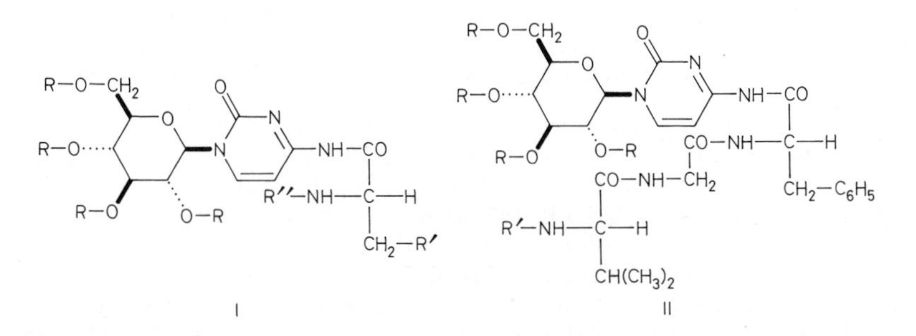

4-Glycylamino-1-[tetra-*O*-acetyl-β-D-glucopyranosyl]-1*H*-pyrimidin-2-on $C_{20}H_{26}N_4O_{11}$, Formel XIV (R = CO-CH_3, R′ = CO-CH_2-NH_2, R″ = H).

B. Bei der Hydrierung von 4-[(*N*-Benzyloxycarbonyl-glycyl)-amino]-1-[tetra-*O*-acetyl-β-D-glu⸗

copyranosyl]-1*H*-pyrimidin-2-on an Palladium in Dioxan (*Schabarowa et al.*, Ž. obšč. Chim. **29** [1959] 539, 541, 543; engl. Ausg. S. 537, 538, 540).

F: 86–88° [Zers.]. λ_{max} (A.): 250 nm.

Die folgenden Verbindungen sind in analoger Weise hergestellt worden:

4-L(?)-Leucylamino-1-[tetra-*O*-acetyl-*β*-D-glucopyranosyl]-1*H*-pyrimidin-2-on $C_{24}H_{34}N_4O_{11}$, vermutlich Formel I (R = CO-CH_3, R′ = CH$(CH_3)_2$, R″ = H). F: 90–94° [Zers.]. λ_{max} (A.): 250 nm.

4-[L(?)-Phenylalanyl-amino]-1-[tetra-*O*-acetyl-*β*-D-glucopyranosyl]-1*H*-pyrimidin-2-on $C_{27}H_{32}N_4O_{11}$, vermutlich Formel I (R = CO-CH_3, R′ = C_6H_5, R″ = H). Kristalle (aus Dioxan) mit 1 Mol H_2O; F: 92–94° [Zers.]. λ_{max} (A.): 250 nm. – Relative Geschwindigkeit der Hydrolyse der Amid-Bindung in H_2O und wss. NaOH [0,01 n] bei 100° sowie in wss. HCl [0,1 n] und wss. NaOH [0,1 n] bei 20°: *Sch. et al.*

1-[Tetra-*O*-acetyl-*β*-D-glucopyranosyl]-4-[L(?)-valyl→glycyl→L(?)-phenylalanyl-amino]-1*H*-pyrimidin-2-on $C_{34}H_{44}N_6O_{13}$, vermutlich Formel II (R = CO-CH_3, R′ = H). F: 94–97° [Zers.]. λ_{max} (A.): 250 nm.

1-[Tetra-*O*-acetyl-*β*-D-glucopyranosyl]-4-[L(?)-valyl→L(?)-leucyl→L(?)-phenylalanyl-amino]-1*H*-pyrimidin-2-on $C_{38}H_{52}N_6O_{13}$, vermutlich Formel III (R = CO-CH_3, R′ = CH$(CH_3)_2$, R″ = H). F: 98–100° [Zers.]. λ_{max} (A.): 250 nm.

1-[Tetra-*O*-acetyl-*β*-D-glucopyranosyl]-4-[L(?)-valyl→L(?)-phenylalanyl→L(?)-phenylalanyl-amino]-1*H*-pyrimidin-2-on $C_{41}H_{50}N_6O_{13}$, vermutlich Formel III (R = CO-CH_3, R′ = C_6H_5, R″ = H). F: 106–108° [Zers.]. λ_{max} (A.): 250 nm.

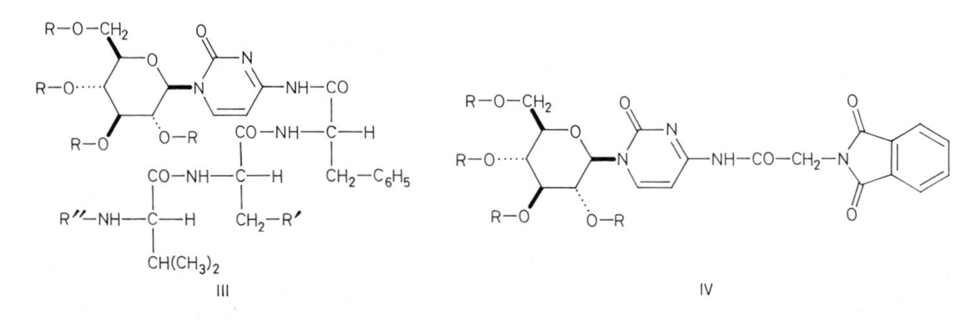

4-[(*N*,*N*-Phthaloyl-glycyl)-amino]-1-[tetra-*O*-acetyl-*β*-D-glucopyranosyl]-1*H*-pyrimidin-2-on $C_{28}H_{28}N_4O_{13}$, Formel IV (R = CO-CH_3).

B. Aus *N*,*N*-Phthaloyl-glycin beim aufeinanderfolgenden Behandeln mit Chlorokohlensäure-äthylester und Tributylamin in $CHCl_3$ sowie mit 4-Amino-1-[tetra-*O*-acetyl-*β*-D-glucopyranosyl]-1*H*-pyrimidin-2-on in Dioxan (*Schabarowa et al.*, Ž. obšč. Chim. **27** [1957] 2891, 2894; engl. Ausg. S. 2928, 2931).

Feststoff (aus Bzl. + PAe.); Zers. bei 152–154° (*Sch. et al.*, Ž. obšč. Chim. **27** 2894). UV-Spektrum (A.; 230–320 nm): *Schabarowa et al.*, Ž. obšč. Chim. **27** [1957] 3028, 3032; engl. Ausg. S. 3058, 3060. λ_{max} (A.): 240 nm und 298 nm (*Sch. et al.*, Ž. obšč. Chim. **27** 2894).

Die folgenden Verbindungen sind in analoger Weise hergestellt worden:

4-[(*N*,*N*-Phthaloyl-glycyl)-amino]-1-[tetrakis-*O*-(*N*,*N*-phthaloyl-glycyl)-*β*-D-glucopyranosyl]-1*H*-pyrimidin-2-on $C_{60}H_{40}N_8O_{21}$, Formel V. F: 239–240° (*Schabarowa, Prokof'ew*, Doklady Akad. S.S.S.R. **109** [1956] 340, 342; C. A. **1957** 1973). UV-Spektrum (A.; 230–320 nm): *Sch. et al.*, Ž. obšč. Chim. **27** 3032. λ_{max} (A.): 297 nm (*Sch., Pr.*).

4-[*N*-Benzyloxycarbonyl-L(?)-phenylalanyl→glycyl→glycylamino]-1-[tetra-*O*-acetyl-*β*-D-glucopyranosyl]-1*H*-pyrimidin-2-on $C_{39}H_{44}N_6O_{15}$, vermutlich Formel VI (R = CO-CH_3, Z = CO-O-CH_2-C_6H_5). Feststoff (aus A. + Ae.); Zers. bei 139–140°; λ_{max} (A.): 250 nm und 300 nm (*Sch. et al.*, Ž. obšč. Chim. **27** 2896). UV-Spektrum (A.; 240–310 nm): *Sch. et al.*, Ž. obšč. Chim. **27** 3031.

4-{[*N*-(*N*-Benzyloxycarbonyl-L(?)-valyl)-glycyl]-amino}-1-[tetra-*O*-acetyl-*β*-D-glucopyranosyl]-1*H*-pyrimidin-2-on, 4-[*N*-Benzyloxycarbonyl-L(?)-valyl→glycylamino]-1-[tetra-*O*-acetyl-*β*-D-glucopyranosyl]-1*H*-pyrimidin-2-on $C_{33}H_{41}N_5O_{14}$, vermutlich Formel VII (R = CO-CH_3, Z = CO-O-CH_2-C_6H_5). Feststoff (aus $CHCl_3$ + PAe.); Zers. bei 120–123°; λ_{max} (A.): 250 nm und 300 nm (*Sch. et al.*, Ž. obšč. Chim. **27** 2895). UV-Spektrum (A.; 240–310 nm): *Sch. et al.*, Ž. obšč. Chim. **27** 3031.

4-[(*N*-Benzyloxycarbonyl-L(?)-valyl)-amino]-1-[tetra-*O*-acetyl-*β*-D-glucopyranosyl]-1*H*-pyrimidin-2-on $C_{31}H_{38}N_4O_{13}$, vermutlich Formel VIII (R = CO-CH_3, Z = CO-O-CH_2-C_6H_5). Zers. bei 92°; λ_{max} (A.): 250 nm und 300 nm (*Sch. et al.*, Ž. obšč. Chim. **27** 2895). UV-Spektrum (A.; 240–310 nm): *Sch. et al.*, Ž. obšč. Chim. **27** 3030.

4-{[*N*-(*N*-Benzyloxycarbonyl-L(?)-valyl)-L(?)-leucyl]-amino}-1-[tetra-*O*-acetyl-*β*-D-glucopyranosyl]-1*H*-pyrimidin-2-on, 4-[*N*-Benzyloxycarbonyl-L(?)-valyl→L(?)-leucylamino]-1-[tetra-*O*-acetyl-*β*-D-glucopyranosyl]-1*H*-pyrimidin-2-on $C_{37}H_{49}N_5O_{14}$, vermutlich Formel IX (R = CO-CH_3, R′ = CH$(CH_3)_2$, Z = CO-O-CH_2-C_6H_5). Zers. bei 112°; λ_{max} (A.): 250 nm und 300 nm (*Sch. et al.*, Ž. obšč. Chim. **27** 2896). UV-Spektrum (A.; 250–310 nm): *Sch. et al.*, Ž. obšč. Chim. **27** 3031.

4-{[*N*-(*N*-Benzyloxycarbonyl-L(?)-valyl)-L(?)-phenylalanyl]-amino}-1-[tetra-*O*-acetyl-*β*-D-glucopyranosyl]-1*H*-pyrimidin-2-on, 4-[*N*-Benzyloxycarbonyl-L(?)-valyl→L(?)-phenylalanyl-amino]-1-[tetra-*O*-acetyl-*β*-D-glucopyranosyl]-1*H*-pyrimidin-2-on $C_{40}H_{47}N_5O_{14}$, vermutlich Formel IX (R = CO-CH_3, R′ = C_6H_5, Z = CO-O-CH_2-C_6H_5). Feststoff (aus $CHCl_3$ + PAe.); Zers. bei 128–130°; λ_{max} (A.): 250 nm und 300 nm (*Sch. et al.*, Ž. obšč. Chim. **27** 2896). UV-Spektrum (A.; 240–310 nm): *Sch. et al.*, Ž. obšč. Chim. **27** 3031. – Relative Geschwindigkeit der Hydrolyse der N^4-Acyl-Bindung in wss. HCl [0,1 n] und wss. NaOH [0,1 n] bei 100°: *Schabarowa et al.*, Ž. obšč. Chim. **29** [1959] 2917, 2920; engl. Ausg. S. 2878, 2880.

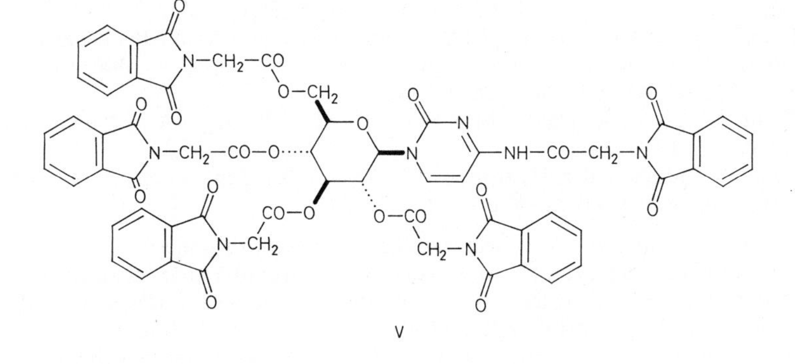

V

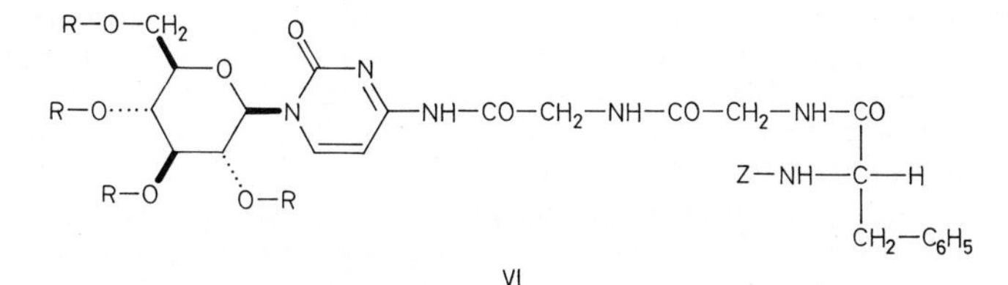

VI

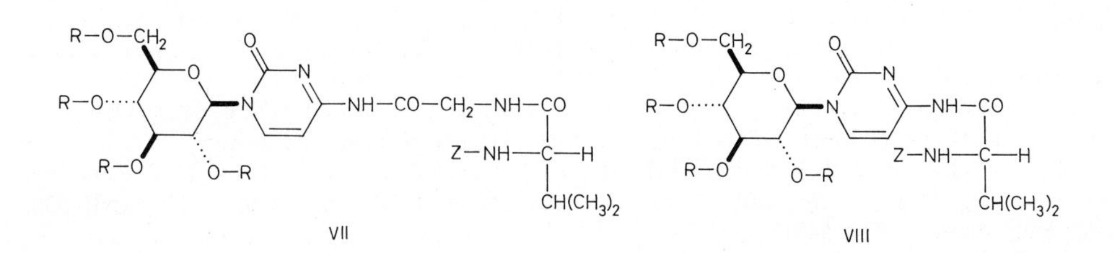

VII VIII

4-[(*N*-Benzyloxycarbonyl-glycyl)-amino]-1-[tetra-*O*-acetyl-*β*-D-glucopyranosyl]-1*H*-pyrimidin-2-on $C_{28}H_{32}N_4O_{13}$, Formel X (R = $CO\text{-}CH_3$, Z = $CO\text{-}O\text{-}CH_2\text{-}C_6H_5$).

B. Aus *N*-Benzyloxycarbonyl-glycin beim aufeinanderfolgenden Behandeln mit Chlorokohlensäure-äthylester und Tributylamin in $CHCl_3$ sowie mit 4-Amino-1-[tetra-*O*-acetyl-*β*-D-glucopyranosyl]-1*H*-pyrimidin-2-on in Dioxan (*Schabarowa et al.*, Ž. obšč. Chim. **27** [1957] 2891, 2895; engl. Ausg. S. 2928, 2931). Aus *N*-Benzyloxycarbonyl-glycin und 4-Amino-1-[tetra-*O*-acetyl-*β*-D-glucopyranosyl]-1*H*-pyrimidin-2-on mit Hilfe von Dicyclohexylcarbodiimid (*Schabarowa et al.*, Ž. obšč. Chim. **29** [1959] 539, 542; engl. Ausg. S. 537, 539).

Feststoff (aus $CHCl_3$+PAe.); Zers. bei 119–121° (*Sch. et al.*, Ž. obšč. Chim. **27** 2895, **29** 542). UV-Spektrum (A.; 245–310 nm): *Schabarowa et al.*, Ž. obšč. Chim. **27** [1957] 3028, 3030; engl. Ausg. S. 3058, 3060. λ_{max} (A.): 250 nm und 300 nm (*Sch. et al.*, Ž. obšč. Chim. **27** 2895).

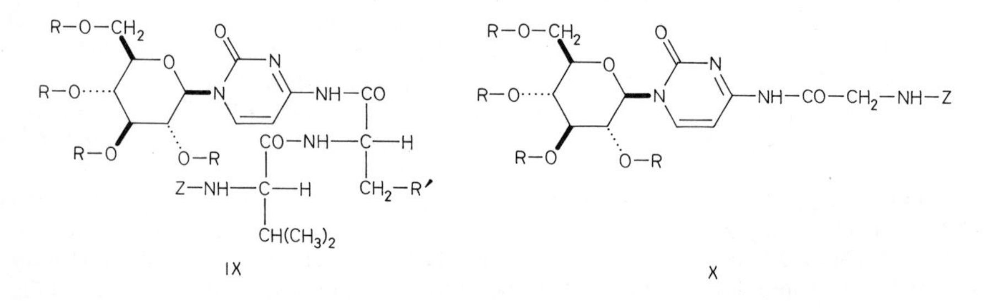

4-[(N^2,N^6-Bis-benzyloxycarbonyl-L(?)-lysyl)-amino]-1-*β*-D-glucopyranosyl-1*H*-pyrimidin-2-on $C_{32}H_{39}N_5O_{11}$, vermutlich Formel XI (Z = $CO\text{-}O\text{-}CH_2\text{-}C_6H_5$).

B. Aus 4-Amino-1-*β*-D-glucopyranosyl-1*H*-pyrimidin-2-on und N^2,N^6-Bis-benzyloxycarbonyl-L(?)-lysin mit Hilfe von Dicyclohexylcarbodiimid (*Schabarowa et al.*, Ž. obšč. Chim. **29** [1959] 2917, 2919, 2921; engl. Ausg. S. 2878, 2880, 2881).

Feststoff (aus $CHCl_3$+PAe.) mit 2 Mol H_2O; F: 81–83°; λ_{max} (A.): 250 nm und 300 nm (*Sch. et al.*, l. c. S. 2919).

Relative Geschwindigkeit der Hydrolyse der N^4-Acyl-Bindung in H_2O, wss. HCl [0,1 n] und wss. NaOH [0,1 n] bei 100°: *Sch. et al.*, l. c. S. 2920.

Die folgenden Verbindungen sind in analoger Weise hergestellt worden:

4-[(*N*-Benzyloxycarbonyl-L(?)-phenylalanyl)-amino]-1-*β*-D-glucopyranosyl-1*H*-pyrimidin-2-on $C_{27}H_{30}N_4O_9$, vermutlich Formel I (R = H, R′ = C_6H_5, R″ = $CO\text{-}O\text{-}CH_2\text{-}C_6H_5$). Feststoff mit 2 Mol H_2O; F: 89–92° [Zers.]; λ_{max} (A.): 250 nm und 300 nm (*Sch. et al.*, l. c. S. 2919). – Relative Geschwindigkeit der Hydrolyse der N^4-Acyl-Bindung in H_2O, wss. HCl [0,1 n] und wss. NaOH [0,1 n] bei 100°: *Sch. et al.*, l. c. S. 2920.

4-[(*N*,*O*-Bis-benzyloxycarbonyl-L(?)-seryl)-amino]-1-*β*-D-glucopyranosyl-1*H*-pyrimidin-2-on $C_{29}H_{32}N_4O_{12}$, vermutlich Formel XII (Z = $CO\text{-}O\text{-}CH_2\text{-}C_6H_5$). Feststoff mit 2 Mol H_2O; F: 82–84° [Zers.]; λ_{max} (A.): 250 nm und 300 nm (*Sch. et al.*, l. c. S. 2919). – Relative Geschwindigkeit der Hydrolyse der N^4-Acyl-Bindung in H_2O, wss. HCl [0,1 n] und wss. NaOH [0,1 n] bei 100°: *Sch. et al.*, l. c. S. 2920.

4-{[*S*-Benzyl-*N*-(*N*-benzyloxycarbonyl-L(?)-phenylalanyl)-L(?)-cysteinyl]-amino}-1-*β*-D-glucopyranosyl-1*H*-pyrimidin-2-on, 4-[*N*-Benzyloxycarbonyl-L(?)-phenylalanyl→*S*-benzyl-L(?)-cysteinylamino]-1-*β*-D-glucopyranosyl-1*H*-pyrimidin-2-on $C_{37}H_{41}N_5O_{10}S$, vermutlich Formel XIII (R = H, Z = $CO\text{-}O\text{-}CH_2\text{-}C_6H_5$). Feststoff mit 2 Mol H_2O; F: 105–108° [Zers.]; λ_{max} (A.): 250 nm und 300 nm (*Sch. et al.*, l. c. S. 2919). – Relative Geschwindigkeit der Hydrolyse der N^4-Acyl-Bindung in H_2O, wss. HCl [0,1 n] und wss. NaOH [0,1 n] bei 100°: *Sch. et al.*, l. c. S. 2920.

4-{[*S*-Benzyl-*N*-(*N*-benzyloxycarbonyl-L(?)-phenylalanyl)-L(?)-cysteinyl]-amino}-1-[tetra-*O*-acetyl-*β*-D-glucopyranosyl]-1*H*-pyrimidin-2-on $C_{45}H_{49}N_5O_{14}S$, vermutlich Formel XIII (R = $CO\text{-}CH_3$, Z = $CO\text{-}O\text{-}CH_2\text{-}C_6H_5$). Zers. bei 80–81°; λ_{max} (A.): 250 nm und 300 nm (*Schabarowa et al.*, Ž. obšč. Chim. **29** [1959] 539, 542; engl. Ausg. S. 537, 540).

4-[(*N,O*-Bis-benzyloxycarbonyl-L(?)-tyrosyl)-amino]-1-*β*-D-glucopyranosyl-1*H*-pyrimidin-2-on $C_{35}H_{36}N_4O_{12}$, vermutlich Formel XIV (R = H, Z = CO-O-CH_2-C_6H_5). Feststoff mit 2 Mol H_2O; F: 74–76° [Zers.]; λ_{max} (A.): 250 nm und 300 nm (*Sch. et al.*, l. c. S. 2919). – Relative Geschwindigkeit der Hydrolyse der N^4-Acyl-Bindung in H_2O, wss. HCl [0,1 n] und wss. NaOH [0,1 n] bei 100°: *Sch. et al.*, l. c. S. 2920.

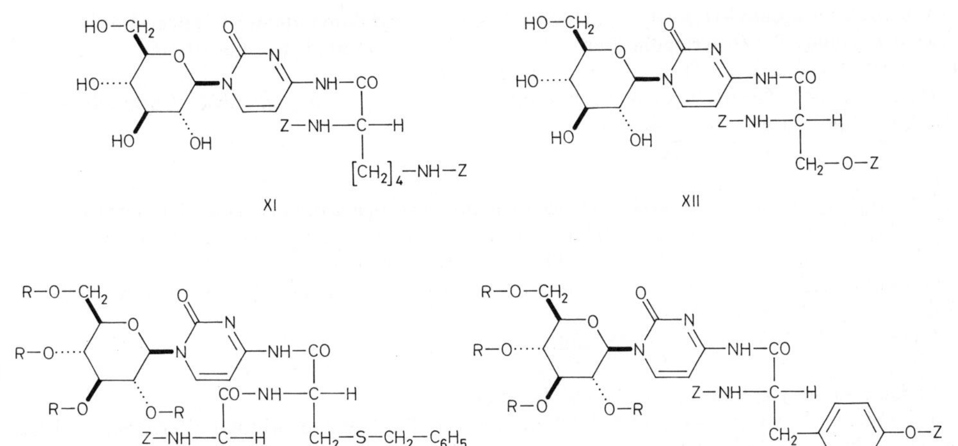

4-[(*N*-Benzyloxycarbonyl-L(?)-leucyl)-amino]-1-[tetra-*O*-acetyl-*β*-D-glucopyranosyl]-1*H*-pyrimidin-2-on $C_{32}H_{40}N_4O_{13}$, vermutlich Formel I (R = CO-CH_3, R' = $CH(CH_3)_2$, R'' = CO-O-CH_2-C_6H_5) auf S. 3681.

B. Aus *N*-Benzyloxycarbonyl-L(?)-leucin bei der aufeinanderfolgenden Umsetzung mit Chlorophosphorsäure-dibenzylester und 4-Amino-1-[tetra-*O*-acetyl-*β*-D-glucopyranosyl]-1*H*-pyrimidin-2-on (*Prokof'ew, Bogdanow*, Chimija chim. Technol. (NDVŠ) **1959** 134, 136; C. A. **1959** 17142). Aus *N*-Benzyloxycarbonyl-L(?)-leucin und 4-Amino-1-[tetra-*O*-acetyl-*β*-D-glucopyranosyl]-1*H*-pyrimidin-2-on mit Hilfe von Dicyclohexylcarbodiimid (*Schabarow et al.*, Ž. obšč. Chim. **29** [1959] 539, 542; engl. Ausg. S. 537, 539).

Zers. bei 140° (*Sch. et al.*); F: 129–132° [Zers.] (*Pr., Bo.*). λ_{max} (A.): 250 nm und 302 nm (*Pr., Bo.*).

4-[(*N*-Benzyloxycarbonyl-L(?)-phenylalanyl)-amino]-1-[tetra-*O*-acetyl-*β*-D-glucopyranosyl]-1*H*-pyrimidin-2-on $C_{35}H_{38}N_4O_{13}$, vermutlich Formel I (R = CO-CH_3, R' = C_6H_5, R'' = CO-O-CH_2-C_6H_5) auf S. 3681.

B. Aus *N*-Benzyloxycarbonyl-L(?)-phenylalanin beim aufeinanderfolgenden Behandeln mit Chlorokohlensäure-äthylester und Tributylamin in $CHCl_3$ sowie mit 4-Amino-1-[tetra-*O*-acetyl-*β*-D-glucopyranosyl]-1*H*-pyrimidin-2-on in Dioxan (*Schabarowa et al.*, Ž. obšč. Chim. **27** [1957] 2891, 2895; engl. Ausg. S. 2928, 2931). Aus *N*-Benzyloxycarbonyl-L(?)-phenylalanin und 4-Amino-1-[tetra-*O*-acetyl-*β*-D-glucopyranosyl]-1*H*-pyrimidin-2-on mit Hilfe von Dicyclohexylcarbodiimid (*Schabarowa et al.*, Ž. obšč. Chim. **29** [1959] 539, 542; engl. Ausg. S. 537, 539).

Zers. bei 143–145° (*Sch. et al.*, Ž. obšč. Chim. **27** 2895, **29** 542). UV-Spektrum (A.; 240–310 nm): *Schabarowa et al.*, Ž. obšč. Chim. **27** [1957] 3028, 3030; engl. Ausg. S. 3058, 3060. λ_{max} (A.): 250 nm und 300 nm (*Sch. et al.*, Ž. obšč. Chim. **27** 2895).

Relative Geschwindigkeit der Hydrolyse der N^4-Acyl-Bindung in wss. HCl [0,1 n] und wss. NaOH [0,1 n] bei 100°: *Schabarowa et al.*, Ž. obšč. Chim. **29** [1959] 2917, 2920; engl. Ausg. S. 2878, 2880; s. a. *Sch. et al.*, Ž. obšč. Chim. **29** 541.

4-[*N*-Benzyloxycarbonyl-L(?)-valyl→glycyl→L(?)-phenylalanyl-amino]-1-[tetra-*O*-acetyl-*β*-D-glucopyranosyl]-1*H*-pyrimidin-2-on $C_{42}H_{50}N_6O_{15}$, vermutlich Formel II (R = CO-CH_3, R′ = CO-O-$CH_2C_6H_5$) auf S. 3681.

B. Aus 4-L(?)-Phenylalanylamino-1-[tetra-*O*-acetyl-*β*-D-glucopyranosyl]-1*H*-pyrimidin-2-on und *N*-[*N*-Benzyloxycarbonyl-L(?)-valyl]-glycin mit Hilfe von Dicyclohexylcarbodiimid (*Schabarowa et al.,* Ž. obšč. Chim. **29** [1959] 539, 542; engl. Ausg. S. 537, 540).

Zers. bei 104–106°. λ_{max} (A.): 250 nm.

4-[*N*-Benzyloxycarbonyl-L(?)-valyl→L(?)-leucyl→L(?)-phenylalanyl-amino]-1-[tetra-*O*-acetyl-*β*-D-glucopyranosyl]-1*H*-pyrimidin-2-on $C_{46}H_{58}N_6O_{15}$, vermutlich Formel III (R = CO-CH_3, R′ = CH(CH_3)$_2$, R″ = CO-O-CH_2-C_6H_5) auf S. 3682.

B. Analog der vorangehenden Verbindung (*Schabarowa et al.,* Ž. obšč. Chim. **29** [1959] 539, 543; engl. Ausg. S. 537, 540).

Zers. bei 108–110°. λ_{max} (A.): 250 nm.

4-[*N*-Benzyloxycarbonyl-L(?)-valyl→L(?)-phenylalanyl→L(?)-phenylalanyl-amino]-1-[tetra-*O*-acetyl-*β*-D-glucopyranosyl]-1*H*-pyrimidin-2-on $C_{49}H_{56}N_6O_{15}$, vermutlich Formel III (R = CO-CH_3, R′ = C_6H_5, R″ = CO-O-CH_2-C_6H_5) auf S. 3682.

B. Analog den vorangehenden Verbindungen (*Schabarowa et al.,* Ž. obšč. Chim. **29** [1959] 539, 543; engl. Ausg. S. 537, 540).

Zers. bei 103–105°. λ_{max} (A.): 250 nm.

5′-Amino-5′-desoxy-cytidin $C_9H_{14}N_4O_4$, Formel I.

B. Beim Erwärmen der folgenden Verbindung mit Butylamin in Methanol (*Kissman, Weiss,* Am. Soc. **80** [1958] 2575, 2583).

F: ca. 145° [korr.].

Picrat $C_9H_{14}N_4O_4 \cdot C_6H_3N_3O_7 \cdot H_2O$. Kristalle (aus Me. + A.) mit 1 Mol H_2O; F: 218–220° [unkorr.; Zers.]. $[\alpha]_D^{25}$: +21,5° [2-Methoxy-äthanol; c = 1].

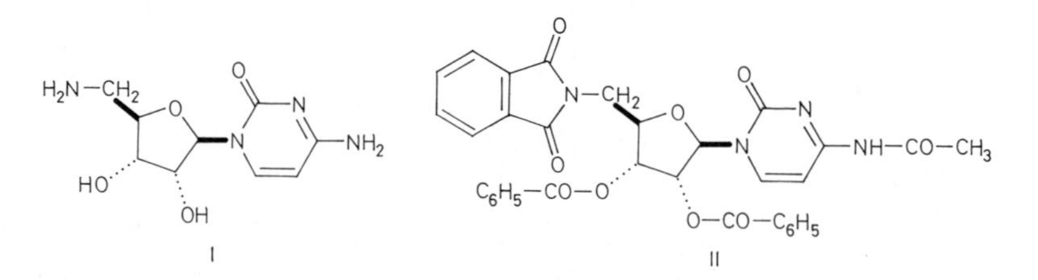

N^4-Acetyl-$O^{2'}$,$O^{3'}$-dibenzoyl-5′-phthalimido-5′-desoxy-cytidin $C_{33}H_{26}N_4O_9$, Formel II.

B. Aus *O,O′*-Dibenzoyl-5-phthalimido-5-desoxy-*ξ*-D-ribofuranosylchlorid (E III/IV **21** 5363) und dem Quecksilber(II)-Salz $HgC_6H_5N_3O_2$ des 4-Acetylamino-1*H*-pyrimidin-2-ons (*Kissman, Weiss,* Am. Soc. **80** [1958] 2575, 2582).

Kristalle (aus Acn.) mit 1 Mol Aceton; F: 146–148° [korr.]. $[\alpha]_D^{25}$: +37,8° [$CHCl_3$; c = 1]. λ_{max}: 298 nm [Me.], 283 nm [wss.-methanol. HCl] bzw. 272 nm [wss.-methanol. NaOH].

3′-Amino-3′-desoxy-cytidin $C_9H_{14}N_4O_4$, Formel III (R = R′ = H).

B. Beim Erwärmen von N^4-Acetyl-$O^{2'}O^{5'}$-dibenzoyl-3′-phthalimido-3′-desoxy-cytidin mit Butylamin in Methanol (*Kissman, Weiss,* Am. Soc. **80** [1958] 2575, 2581). Beim Erwärmen von 4-Äthoxy-1-[*O,O′*-dibenzoyl-3-phthalimido-3-desoxy-*β*-D-ribofuranosyl]-1*H*-pyrimidin-2-on mit methanol. NH_3 (*Ki., We.*).

Kristalle (aus Me.); F: 221–223° [korr.; geringe Zers.]. $[\alpha]_D^{25}$: +91,7° [H_2O; c = 0,4]. λ_{max}: 270 nm [H_2O], 277 nm [wss. HCl (0,1 n)] bzw. 272 nm [wss. NaOH (0,1 n)].

3′-Amino-N^4,N^4-dimethyl-3′-desoxy-cytidin $C_{11}H_{18}N_4O_4$, Formel III (R = R′ = CH_3).

B. Beim Erwärmen von 4-Äthoxy-1-[*O,O′*-dibenzoyl-3-phthalimido-3-desoxy-*β*-D-ribofuranosyl]-1*H*-pyrimidin-2-on mit Dimethylamin in Methanol und Erwärmen des Reaktionsprodukts mit Butylamin in Methanol (*Kissman, Weiss,* Am. Soc. **80** [1958] 2575, 2581).

Kristalle (aus Me.+A.); F: 223–225° [korr.]. $[\alpha]_D^{25}$: +13,2° [A.; c = 2,2]. λ_{max}: 277 nm [H_2O], 284 nm [wss. HCl (0,1 n)] bzw. 279 nm [wss. NaOH (0,1 n)].

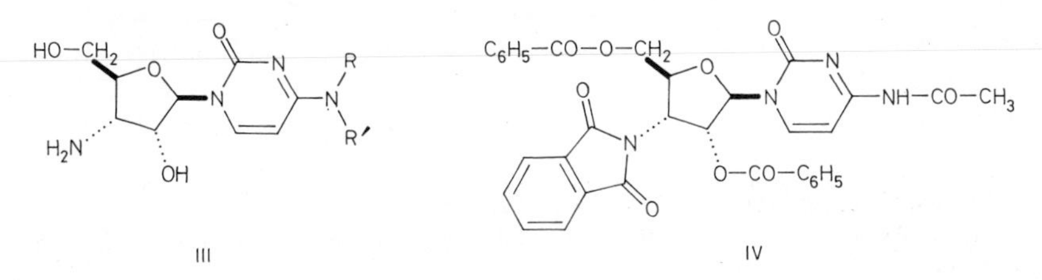

3′-Amino-N^4-butyl-3′-desoxy-cytidin $C_{13}H_{22}N_4O_4$, Formel III (R = $[CH_2]_3$-CH_3, R′ = H).

B. Beim Erwärmen von 4-Äthoxy-1-[*O,O′*-dibenzoyl-3-phthalimido-3-desoxy-*β*-D-ribofuran≈osyl]-1*H*-pyrimidin-2-on mit Butylamin in Methanol (*Kissman, Weiss,* Am. Soc. **80** [1958] 2575, 2581).

F: 95–98°. $[\alpha]_D^{25}$: +65° [H_2O; c = 1]. λ_{max}: 271 nm [H_2O], 279 nm [wss. HCl (0,1 n)] bzw. 273 nm [wss. NaOH (0,1 n)].

N^4-Acetyl-$O^{2'}$,$O^{5'}$-dibenzoyl-3′-phthalimido-3′-desoxy-cytidin $C_{33}H_{26}N_4O_9$, Formel IV.

B. Neben *N*-[(3*R*)-4-Benzoyloxy-2*t*-benzoyloxymethyl-2,3-dihydro-[3*r*]furyl]-phthalimid beim Erhitzen von *O,O′*-Dibenzoyl-3-phthalimido-3-desoxy-*β*-D-ribofuranosylchlorid mit dem Quecksilber(II)-Salz $HgC_6H_5N_3O_2$ des 4-Acetylamino-1*H*-pyrimidin-2-ons in Xylol (*Kissman, Weiss,* Am. Soc. **80** [1958] 2575, 2579; *Goldmann, Marsico,* J. med. Chem. **6** [1963] 413, 415, 420).

Kristalle (aus CH_2Cl_2+Ae.); F: 245–246° [korr.]; $[\alpha]_D^{25}$: –20,3° [$CHCl_3$; c = 1,1]; λ_{max}: 298 nm [Me.], 305 nm [wss.-methanol. HCl] bzw. 272 nm [wss.-methanol. NaOH] (*Ki., We.*).

(2*S*)-3*t*-[(Ξ)-3-Amino-5-(*N*-methyl-guanidino)-valerylamino]-6*c*-[4-amino-2-oxo-2*H*-pyrimidin-1-yl]-3,6-dihydro-2*H*-pyran-2*r*-carbonsäure, Blasticidin-S $C_{17}H_{26}N_8O_5$, Formel V.

Konstitution: *Otake et al.,* Tetrahedron Letters **1965** 1411. Konfiguration: *Yonehara, Otake,* Tetrahedron Letters **1966** 3785.

Isolierung aus Kulturen von Streptomyces griseochromogenes: *Takeuchi et al.,* J. Antibiotics Japan [A] **11** [1958] 1.

Kristalle (aus H_2O); F: 235–236° [Zers.]; $[\alpha]_D^{11}$: +108,4° [H_2O; c = 1] (*Ta. et al.,* l. c. S. 3). IR-Spektrum (2–15 μ): *Ta. et al.,* l. c. S. 4. UV-Spektrum (wss. HCl [0,1 n] sowie wss. NaOH [0,1 n]; 220–350 nm): *Ta. et al.,* l. c. S. 3, 4.

Hydrochlorid. Zers. bei 224–225° (*Ta. et al.*).

Picrat $C_{17}H_{26}N_8O_5 \cdot C_6H_3N_3O_7$. Zers bei 200–202° (*Ta. et al.*).

Helianthat (4-[4-Dimethylamino-phenylazo]-benzolsulfonat). Zers. bei 224–225° (*Ta. et al.*).

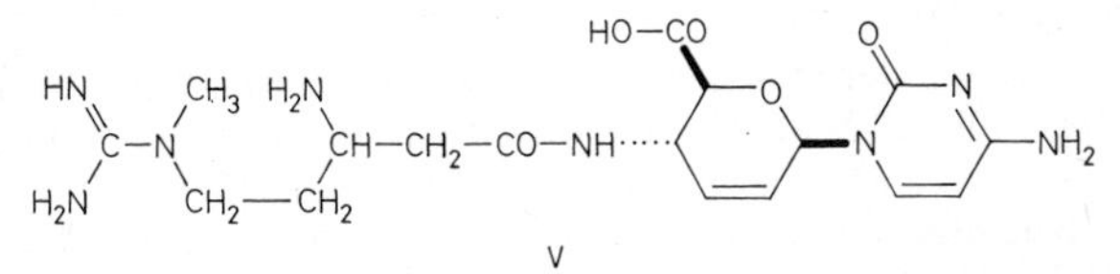

$O^{2'}$,$O^{3'}$-Isopropyliden-cytidin $C_{12}H_{17}N_3O_5$, Formel VI.

B. Beim Erwärmen von Cytidin mit Aceton und $ZnCl_2$ (*Michelson, Todd,* Soc. **1949** 2476, 2485).

Hygroskopischer Feststoff (aus Acn.+A.) mit 0,5 Mol H_2O (*Mi., Todd*).

Beim Behandeln mit Toluol-4-sulfonylchlorid in Pyridin und Erwärmen des Reaktionspro≈dukts in Aceton auf 100° ist $O^{2'}$,$O^{3'}$-Isopropyliden-2,5′-anhydro-cytidin-[toluol-4-sulfonat] („$O^{2'}$,$O^{3'}$-Isopropyliden-2,$O^{5'}$-cyclo-cytidin-[toluol-4-sulfonat]“) erhalten worden (*Clark et al.,* Soc. **1951** 2952, 2957).

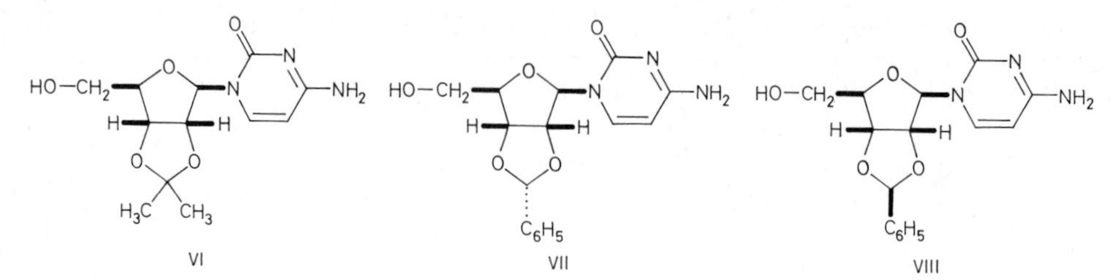

$O^{2'}$,$O^{3'}$-[(*R*)-Benzyliden]-cytidin $C_{16}H_{17}N_3O_5$, Formel VII.

Konstitution: *Brown et al.*, Soc. **1950** 3299, 3301. Konfiguration: *Baggett et al.*, Chem. and Ind. **1965** 136.

B. Aus Cytidin und Benzaldehyd mit Hilfe von HCl bei 0° (*Bag. et al.*).

F: 194–195°; $[\alpha]_D$: –92,7° [DMF] (*Bag. et al.*).

Präparate (Kristalle aus H_2O) vom F: 194–196° (*Baddiley et al.*, Soc. **1958** 3107, 3109) bzw. vom F: 193–195° (*Gulland, Smith*, Soc. **1948** 1527, 1530), die aus Cytidin und Benzaldehyd mit Hilfe von HCl bei einer nicht angegebenenTemperatur erhalten wurden, waren möglicherweise Gemische mit $O^{2'}$,$O^{3'}$-[(*S*)-Benzyliden]-cytidin [Formel VIII] (*Bag. et al.*). Entsprechendes gilt für das von *Brown et al.* (Soc. **1956** 2384, 2386) beschriebene N^4,$O^{5'}$-Diacetyl-$O^{2'}$,$O^{3'}$-[(*Ξ*)-benzyliden]-cytidin $C_{20}H_{21}N_3O_7$ (Kristalle [aus A.]; F: 119–120°; λ_{max} [A.]: 250 nm und 300 nm) und N^4,$O^{5'}$-Dibenzoyl-$O^{2'}$,$O^{3'}$-[(*Ξ*)-benzyliden]-cytidin $C_{30}H_{25}N_3O_7$ (Kristalle [aus A.]; F: 211–212°; λ_{max} [A.]: 231 nm, 262 nm und 302 nm) sowie für das von *Gulland, Smith* beschriebene $O^{2'}$,$O^{3'}$-[(*Ξ*)-Benzyliden]-N^4,$O^{5'}$-bis-diphenoxyphosphoryl-cytidin $C_{40}H_{35}N_3O_{11}P_2$ (hellbrauner Feststoff [aus A.+H_2O]).

4-[4-Nitro-benzolsulfonylamino]-1*H*-pyrimidin-2-on, 4-Nitro-benzolsulfonsäure-[2-oxo-1,2-dihydro-pyrimidin-4-ylamid] $C_{10}H_8N_4O_5S$, Formel IX (R = H, X = NO_2) und Taut.

Diese Konstitution kommt der von *Backer, Grevenstuk* (R. **64** [1945] 115, 121; *Am. Cyanamid Co.*, U.S.P. 2430439 [1940])als 2-Methoxy-4-[4-nitro-benzolsulfonylamino]-pyrimidin $C_{11}H_{10}N_4O_5S$ beschriebenen Verbindung zu (*Klötzer, Schantl*, M. **94** [1963] 1178).

B. Aus 2-Methoxy-pyrimidin-4-ylamin und 4-Nitro-benzolsulfonylchlorid mit Hilfe von Pyridin (*Ba., Gr.; Am. Cyanamid Co.*).

Kristalle (aus A.); Zers. bei ca. 194° (*Ba., Gr.*).

1-Methyl-4-[toluol-4-sulfonylamino]-1*H*-pyrimidin-2-on, *N*-[1-Methyl-2-oxo-1,2-dihydro-pyrimidin-4-yl]-toluol-4-sulfonamid $C_{12}H_{13}N_3O_3S$, Formel IX (R = X = CH_3).

B. Aus 4-Amino-1-methyl-1*H*-pyrimidin-2-on und Toluol-4-sulfonylchlorid mit Hilfe von Pyridin (*Brown et al.*, Soc. **1956** 2384, 2387).

Gelbe Kristalle (aus E. oder Eg.); F: 236–237°.

4-Sulfanilylamino-1*H*-pyrimidin-2-on, Sulfanilsäure-[2-oxo-1,2-dihydro-pyrimidin-4-ylamid] $C_{10}H_{10}N_4O_3S$, Formel IX (R = H, X = NH_2) und Taut.

Diese Konstitution kommt der von *Backer, Grevenstuk* (R. **64** [1945] 115, 121; *Am. Cyanamid Co.*, U.S.P. 2430439 [1940]) als 2-Methoxy-4-sulfanilylamino-pyrimidin $C_{11}H_{12}N_4O_3S$ beschriebenen Verbindung zu (*Klötzer, Schantl*, M. **94** [1963] 1178).

B. Aus 4-[4-Nitro-benzolsulfonylamino]-1*H*-pyrimidin-2-on (s. o.) mit Hilfe von Eisen-Pulver und wss.-äthanol. HCl (*Ba., Gr.; Am. Cyanamid Co.*).

Kristalle (aus wss. A.); F: 262–265° [Zers.] (*Ba., Gr.*).

4-Amino-5-fluor-1*H*-pyrimidin-2-on, Flucytosin $C_4H_4FN_3O$, Formel X (R = H, X = F) und Taut.

Zusammenfassende Darstellung: *Waysek, Johnson*, in *K. Florey*, Analytical Profiles of Drug Substances, Bd. 5 [New York 1976] S. 115.

B. Aus 2-Äthylmercapto-5-fluor-pyrimidin-4-ylamin mit Hilfe von wss. HBr (*Heidelberger, Duschinsky*, U.S.P. 2802005 [1956]; *Duschinsky et al.*, Am. Soc. **79** [1957] 4559).

F: 295–297° [Zers.]; λ_{max} (wss. HCl [0,1 n]): 285 nm (*Du. et al.*).

Quecksilber(II)-Salz $HgC_4H_2FN_3O$. *B.* Aus 4-Amino-5-fluor-1*H*-pyrimidin-2-on und Quecksilber(II)-acetat (*Hoffer et al.*, Am. Soc. **81** [1959] 4112).

4-Amino-5-chlor-1-[β-D-*erythro*-2-desoxy-pentofuranosyl]-1*H*-pyrimidin-2-on, 5-Chlor-2′-desoxy-cytidin $C_9H_{12}ClN_3O_4$, Formel XI (X = Cl).

B. Aus 2′-Desoxy-cytidin (S. 3662) und Chlor in Essigsäure und Pyridin unter Bestrahlung mit UV-Licht (*Frisch, Visser*, Am. Soc. **81** [1959] 1756).

Kristalle (aus A. + E.); F: 184–186°. λ_{max} (wss. Lösung vom pH 2): 295 nm.

4-Amino-5-chlor-1-β-D-ribofuranosyl-1*H*-pyrimidin-2-on, 5-Chlor-cytidin $C_9H_{12}ClN_3O_5$, Formel XII (R = H, X = Cl).

B. Beim Behandeln der folgenden Verbindung mit methanol. NH_3 (*Fukuhara, Visser*, Am. Soc. **77** [1955] 2393).

Kristalle (aus A.); F: 202–202,5° [unkorr.]. λ_{max} (wss. Lösung vom pH 7): 287 nm.

Picrat. F: 173–174° [unkorr.].

$O^{2'}$,$O^{3'}$,$O^{5'}$-Triacetyl-5-chlor-cytidin $C_{15}H_{18}ClN_3O_8$, Formel XII (R = CO-CH_3, X = Cl).

B. Beim Behandeln von Cytidin mit Essigsäure und Pyridin und anschliessend mit Chlor in CCl_4 unter Bestrahlung mit UV-Licht (*Fukuhara, Visser*, Am. Soc. **77** [1955] 2393).

Kristalle (aus H_2O); F: 157,2–158° [unkorr.].

***N,N*-Diäthyl-*N′*-[6-chlor-2-oxo-1,2-dihydro-pyrimidin-4-yl]-propandiyldiamin** $C_{11}H_{19}ClN_4O$, Formel XIII und Taut.

B. Beim Erwärmen von *N,N*-Diäthyl-*N′*-[2,6-dichlor-pyrimidin-4-yl]-propandiyldiamin mit konz. wss. HCl (*King, King*, Soc. **1947** 726, 731).

Dihydrochlorid $C_{11}H_{19}ClN_4O \cdot 2\,HCl$. Kristalle (aus A.); F: 253° [Zers.].

Picrat $C_{11}H_{19}ClN_4O \cdot C_6H_3N_3O_7$. Gelbe Kristalle (aus H_2O); F: 209° [Zers.].

4-Amino-5-brom-1*H*-pyrimidin-2-on $C_4H_4BrN_3O$, Formel X (R = H, X = Br) und Taut. (H **24** 319).

B. Aus 5-Brom-2-methoxy-pyrimidin-4-ylamin mit Hilfe von konz. wss. HCl (*Hilbert, Jansen*, Am. Soc. **56** [1934] 134, 138). Neben 4-Amino-5,5-dibrom-6-hydroxy-5,6-dihydro-1*H*-pyrimidin-2-on aus Cytosin und Brom in H_2O (*Hi., Ja.*).

Kristalle (aus wss. A.); Zers. bei 245–255° [abhängig von der Geschwindigkeit des Erhitzens].

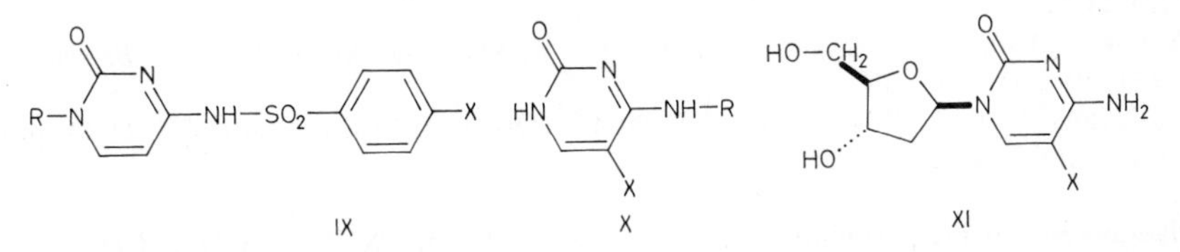

4-Amino-5-brom-1-[β-D-*erythro*-2-desoxy-pentofuranosyl]-1*H*-pyrimidin-2-on, 5-Brom-2′-desoxy-cytidin $C_9H_{12}BrN_3O_4$, Formel XI (X = Br).

B. Aus 2′-Desoxy-cytidin (S. 3662) und Brom in Essigsäure und Pyridin unter Bestrahlung mit UV-Licht (*Frisch, Visser*, Am. Soc. **81** [1959] 1756).

Kristalle (aus Me. + E.); F: 175–179°. λ_{max} (wss. Lösung vom pH 2): 300 nm.

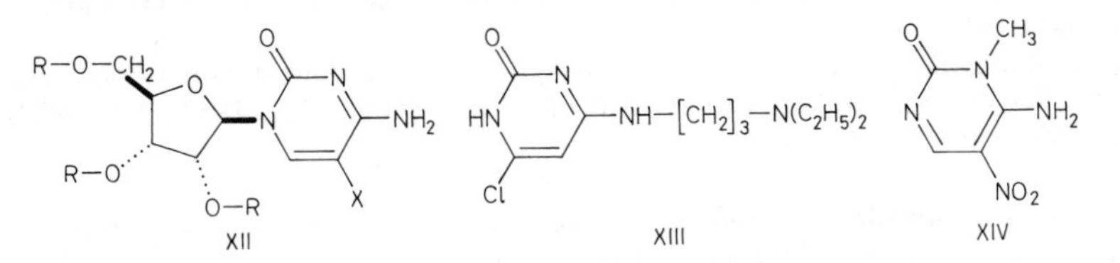

4-Amino-5-brom-1-β-D-ribofuranosyl-1*H*-pyrimidin-2-on, 5-Brom-cytidin $C_9H_{12}BrN_3O_5$, Formel XII (R = H, X = Br).

B. Beim Behandeln der folgenden Verbindung mit methanol. NH_3 (*Fukuhara, Visser*, Am.

Soc. **77** [1955] 2393).
F: 182–183° [unkorr.]. λ_{max} (wss. Lösung vom pH 7): 289 nm.
Picrat. F: 190,5–191,5° [unkorr.].

***O*$^{2'}$,*O*$^{3'}$,*O*$^{5'}$-Triacetyl-5-brom-cytidin** $C_{15}H_{18}BrN_3O_8$, Formel XII (R = CO-CH_3, X = Br).
B. Beim Behandeln von Cytidin mit Essigsäure und Pyridin und anschliessend mit Brom in CCl_4 unter Bestrahlung mit UV-Licht (*Fukuhara, Visser,* Am. Soc. **77** [1955] 2393).
Kristalle (aus H_2O); F: 162–163° [unkorr.].

4-Amino-5-nitro-1*H*-pyrimidin-2-on $C_4H_4N_4O_3$, Formel X (R = H, X = NO_2) und Taut. (H **24** 321; E I **24** 313).
B. Aus 2-Äthoxy-5-nitro-3*H*-pyrimidin-4-on und äthanol. NH_3 (*Brown,* Soc. **1959** 3647).
Kristalle (aus H_2O); λ_{max}: 251 nm und 317 nm [wss. Lösung vom pH 5] bzw. 214 nm, 253 nm und 353 nm [wss. Lösung vom pH 9,5] (*Br.,* Soc. **1959** 3647). Scheinbarer Dissoziationsexponent pK_a' (H_2O; potentiometrisch ermittelt) bei 20°: 7,39 (*Brown,* J. appl. Chem. **9** [1959] 203, 206; s. a. *Br.,* Soc. **1959** 3647).

6-Amino-1-methyl-5-nitro-1*H*-pyrimidin-2-on $C_5H_6N_4O_3$, Formel XIV.
B. Beim Erwärmen von *N*-[2-Cyan-2-nitro-vinyl]-*N'*-methyl-harnstoff (E IV **4** 209) mit äthanol. Natriumäthylat (*Brown,* J. appl. Chem. **9** [1959] 203, 206).
Kristalle (aus H_2O); Zers. >235°. Scheinbarer Dissoziationsexponent pK_a' (H_2O; potentiometrisch ermittelt) bei 20°: 10,57.

4-Methylamino-5-nitro-1*H*-pyrimidin-2-on $C_5H_6N_4O_3$, Formel X (R = CH_3, X = NO_2) und Taut.
B. Aus 4-Methylamino-1*H*-pyrimidin-2-on, wss. HNO_3 und konz. H_2SO_4 (*Brown,* J. appl. Chem. **5** [1955] 358, 363). Aus 2-Methoxy-4-methylamino-5-nitro-pyrimidin mit Hilfe von konz. wss. HCl (*Brown,* J. appl. Chem. **7** [1957] 109, 111).
Kristalle (aus H_2O); F: 313–315° [Zers.] (*Br.,* J. appl. Chem. **7** 111). Scheinbarer Dissoziationsexponent pK_a' (H_2O; potentiometrisch ermittelt) bei 20°: 7,76 (*Brown,* J. appl. Chem. **9** [1959] 203, 206).

4-Äthylamino-5-nitro-1*H*-pyrimidin-2-on $C_6H_8N_4O_3$, Formel X (R = C_2H_5, X = NO_2) und Taut. (E I **24** 314).
B. Aus 4-Äthylamino-1*H*-pyrimidin-2-on, wss. HNO_3 und konz. H_2SO_4 (*Brown,* J. appl. Chem. **9** [1959] 203, 206, 207).
Kristalle (aus H_2O); F: 273° [Zers.]. Scheinbarer Dissoziationsexponent pK_a' (H_2O; potentiometrisch ermittelt) bei 20°: 7,74.

4-Butylamino-5-nitro-1*H*-pyrimidin-2-on $C_8H_{12}N_4O_3$, Formel X (R = $[CH_2]_3$-CH_3, X = NO_2) und Taut.
B. Analog der vorangehenden Verbindung (*Brown,* J. appl. Chem. **9** [1959] 203, 206, 208).
Kristalle (aus H_2O); F: 205°. Scheinbarer Dissoziationsexponent pK_a' (H_2O; potentiometrisch ermittelt) bei 20°: 7,80.

4-Benzylamino-5-nitro-1*H*-pyrimidin-2-on $C_{11}H_{10}N_4O_3$, Formel X (R = CH_2-C_6H_5, X = NO_2) und Taut.
B. Beim Behandeln von 2,4-Dichlor-5-nitro-pyrimidin mit Benzylamin in wss. Aceton und Erhitzen des Reaktionsprodukts mit wss. NaOH (*Fidler, Wood,* Soc. **1957** 3980, 3983).
Hellgelbe Kristalle (aus A.); F: 225–228°.

***N*-[5-Nitro-2-oxo-1,2-dihydro-pyrimidin-4-yl]-glycin-äthylester** $C_8H_{10}N_4O_5$, Formel X (R = CH_2-CO-O-C_2H_5, X = NO_2) und Taut.
B. Beim Erhitzen von *N*-[2-Chlor-5-nitro-pyrimidin-4-yl]-glycin-äthylester mit Natriumacetat in wss. Essigsäure (*Boon et al.,* Soc. **1951** 96, 100).
Kristalle (aus H_2O); F: 230–232° [Zers.; nach Sintern bei 225°].

Beim Hydrieren an Raney-Nickel in Methanol ist 1,5,7,8-Tetrahydro-pteridin-2,6-dion erhalten worden.

4-Amino-1*H*-pyrimidin-2-thion, Thiocytosin $C_4H_5N_3S$, Formel I (R = R′ = H) und Taut.

B. Aus Thioharnstoff und 3,3-Diäthoxy-propionitril mit Hilfe von Natriumbutylat (*Cavalieri, Bendich,* Am. Soc. **72** [1950] 2587, 2593). Aus 1*H*-Pyrimidin-2,4-dithion und wss. NH_3 bei 100° (*Russell et al.,* Am. Soc. **71** [1949] 2279, 2281; *Hitchings et al.,* J. biol. Chem. **177** [1949] 357, 358; *Brown,* J. Soc. chem. Ind. **69** [1950] 353).

Atomabstände und Bindungswinkel (Röntgen-Diagramm): *Furberg, Jensen,* Acta cryst. [B] **26** [1970] 1260, 1265.

Kristalle; F: 285–290° [Zers.; aus H_2O] (*Hi. et al.*), 278° [Zers.] (*Ru. et al.*). Monoklin; Kristallstruktur-Analyse (Röntgen-Diagramm): *Fu., Je.* Dichte der Kristalle: 1,570 (*Fu., Je.*). IR-Spektrum in Paraffin oder Perfluorkerosin (3500–2800 cm^{-1} und 1800–700 cm^{-1}): *Short, Thompson,* Soc. **1952** 168, 174, 177; in geschmolzenem $SbCl_3$ (600–800 cm^{-1}): *Lacher et al.,* J. phys. Chem. **59** [1955] 615, 619, 620, 625. UV-Spektrum (Ae.+Isopentan+A. [5:5:2]; 230–330 nm) bei 77 K und 298 K: *Sinsheimer et al.,* J. biol. Chem. **187** [1950] 313, 317, 321. Scheinbare Dissoziationsexponenten pK'_{a1} und pK'_{a2} (H_2O; potentiometrisch ermittelt) bei 20°: 3,32 bzw. 10,63 (*Brown,* J. appl. Chem. **9** [1959] 203, 206; s.a. *Zuman, Kuik,* Collect. **24** [1959] 3861, 3875).

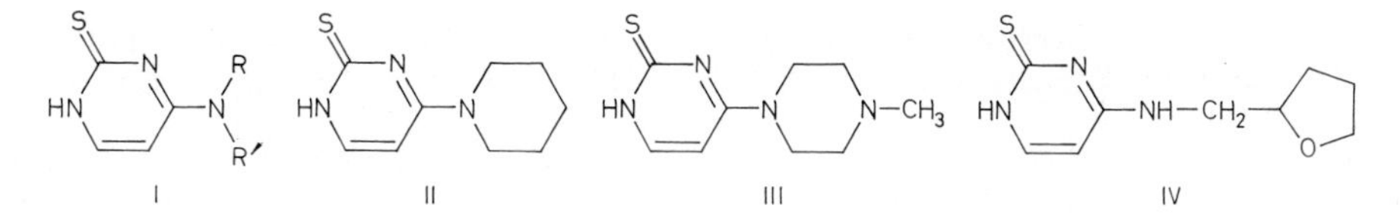

4-Methylamino-1*H*-pyrimidin-2-thion $C_5H_7N_3S$, Formel I (R = CH_3, R′ = H) und Taut.

B. Aus 1*H*-Pyrimidin-2,4-dithion und Methylamin (*Russell et al.,* Am. Soc. **71** [1949] 2279, 2280).

Kristalle (aus H_2O); F: 236–237° (*Ru. et al.*). Scheinbare Dissoziationsexponenten pK'_{a1} und pK'_{a2} (H_2O; potentiometrisch ermittelt) bei 20°: 3,09 bzw. 11,10 (*Brown,* J. appl. Chem. **9** [1959] 203, 206).

Die folgenden Verbindungen sind in analoger Weise hergestellt worden:

4-Dimethylamino-1*H*-pyrimidin-2-thion $C_6H_9N_3S$, Formel I (R = R′ = CH_3) und Taut. Kristalle; F: 280–283° [Zers.] (*Ru. et al.*), 265–270° [korr.; aus H_2O] (*Kissman, Weiss,* Am. Soc. **80** [1958] 2575, 2580).

4-Äthylamino-1*H*-pyrimidin-2-thion $C_6H_9N_3S$, Formel I (R = C_2H_5, R′ = H). Kristalle (aus H_2O); F: 226° [Zers.] (*Br.,* l. c. S. 207). Scheinbare Dissoziationsexponenten pK'_{a1} und pK'_{a2} (H_2O; potentiometrisch ermittelt) bei 20°: 3,10 bzw. 11,13 (*Br.,* l. c. S. 206).

4-[Methyl-propyl-amino]-1*H*-pyrimidin-2-thion $C_8H_{13}N_3S$, Formel I (R = CH_2-C_2H_5, R′ = CH_3) und Taut. Kristalle; F: 194–195° (*Ru. et al.*).

4-Butylamino-1*H*-pyrimidin-2-thion $C_8H_{13}N_3S$, Formel I (R = $[CH_2]_3$-CH_3, R′ = H) und Taut. Kristalle (aus H_2O); F: 220–223° [Zers.] (*Br.,* l. c. S. 207). Scheinbare Dissoziationsexponenten pK'_{a1} und pK'_{a2} (H_2O; potentiometrisch ermittelt) bei 20°: ca 3,2 bzw. 11,13 (*Br.,* l. c. S. 206).

4-Pentylamino-1*H*-pyrimidin-2-thion $C_9H_{15}N_3S$, Formel I (R = $[CH_2]_4$-CH_3, R′ = H) und Taut. Kristalle (aus A.); F: 218° (*Ru. et al.*; *Wellcome Found.,* D.B.P. 831994 [1949]; D.R.B.P. Org. Chem. 1950–1951 **3** 1548, 1550; *Burroughs Wellcome & Co.,* U.S.P. 2671087 [1951]).

4-Tetradecylamino-1*H*-pyrimidin-2-thion $C_{18}H_{33}N_3S$, Formel I (R = $[CH_2]_{13}$-CH_3, R′ = H) und Taut. Kristalle (aus A.); F: 148–149° (*Ru. et al.*; *Wellcome Found.*; *Burroughs Wellcome & Co.,* U.S.P. 2671087).

4-Anilino-1*H*-pyrimidin-2-thion $C_{10}H_9N_3S$, Formel I (R = C_6H_5, R′ = H) und Taut. Kristalle; F: 285° [Zers.] (*Ru. et al.*).

4-[4-Chlor-anilino]-1*H*-pyrimidin-2-thion $C_{10}H_8ClN_3S$, Formel I (R = C_6H_4-Cl, R′ = H) und Taut. Kristalle; F: 299° [Zers.] (*Ru. et al.*).

4-[*N*-Methyl-anilino]-1*H*-pyrimidin-2-thion $C_{11}H_{11}N_3S$, Formel I ($R = C_6H_5$, $R' = CH_3$) und Taut. Kristalle; F: 250–253° (*Ru. et al.*).

4-Benzylamino-1*H*-pyrimidin-2-thion $C_{11}H_{11}N_3S$, Formel I ($R = CH_2\text{-}C_6H_5$, $R' = H$) und Taut. Kristalle; F: 249–253° [Zers.; aus A.] (*Fidler, Wood*, Soc. **1957** 3980, 3983), 248–249° (*Ru. et al.*).

4-Benzhydrylamino-1*H*-pyrimidin-2-thion $C_{17}H_{15}N_3S$, Formel I ($R = CH(C_6H_5)_2$, $R' = H$) und Taut. Kristalle; F: 250–260° [Zers.] (*Ru. et al.*).

4-[2-Hydroxy-äthylamino]-1*H*-pyrimidin-2-thion $C_6H_9N_3OS$, Formel I ($R = CH_2\text{-}CH_2\text{-}OH$, $R' = H$) und Taut. Kristalle; F: 226–228° (*Ru. et al.*).

4-Piperidino-1*H*-pyrimidin-2-thion $C_9H_{13}N_3S$, Formel II und Taut. Kristalle (aus H_2O); F: 227–228° (*Ru. et al.*; *Wellcome Found.*; *Burroughs, Wellcome & Co.*, U.S.P. 2676965 [1951]).

4-*p*-Anisidino-1*H*-pyrimidin-2-thion $C_{11}H_{11}N_3OS$, Formel I ($R = C_6H_4\text{-}O\text{-}CH_3$, $R' = H$) und Taut. Kristalle; F: 264–265° (*Wellcome Found.*), 264,5° (*Ru. et al.*).

4-[2-Diäthylamino-äthylamino]-1*H*-pyrimidin-2-thion $C_{10}H_{18}N_4S$, Formel I ($R = CH_2\text{-}CH_2\text{-}N(C_2H_5)_2$, $R' = H$) und Taut. Kristalle (aus A.); F: 114–115° (*Ru. et al.*; *Wellcome Found.*; *Burroughs Wellcome & Co.*, U.S.P. 2671087).

4-[4-Methyl-piperazino]-1*H*-pyrimidin-2-thion $C_9H_{14}N_4S$, Formel III und Taut. Kristalle (aus A.); F: 257° (*Ru. et al.*; *Wellcome Found.*; *Bourroughs Wellcome & Co.*, U.S.P. 2676965).

(±)-4-Tetrahydrofurfurylamino-1*H*-pyrimidin-2-thion $C_9H_{13}N_3OS$, Formel IV ($X = O$) und Taut. Kristalle (aus A.); F: 230–231° (*Du Pont de Nemours & Co.*, U.S.P. 2844578 [1955]).

4-Furfurylamino-1*H*-pyrimidin-2-thion $C_9H_9N_3OS$, Formel V ($X = O$) und Taut. Kristalle (aus A.); F: 242–244° (*Du Pont*).

4-[[2]Thienylmethyl-amino]-1*H*-pyrimidin-2-thion $C_9H_9N_3S_2$, Formel V ($X = S$) und Taut. Kristalle (aus A.); F: 229–231° (*Du Pont*).

4,5-Diamino-1*H*-pyrimidin-2-on $C_4H_6N_4O$, Formel VI ($R = R' = H$) und Taut. (H **24** 465; E I **24** 409).

B. Bei der Hydrierung von 4-Amino-5-nitro-1*H*-pyrimidin-2-on an Raney-Nickel in Methanol (*Brown*, J. appl. Chem. **7** [1957] 109, 112). Beim Erhitzen von 1,7-Dihydro-purin-2-on mit wss. H_2SO_4 (*Albert, Brown*, Soc. **1954** 2060, 2068).

Gelbliche Kristalle; F: ca. 265° [Zers.] (*Stetten, Fox*, J. biol. Chem. **161** [1945] 333, 348). UV-Spektrum (saure wss. Lösung; 240–310 nm): *St., Fox*, l. c. S. 338. λ_{max}: 305 nm [wss. Lösung vom pH 2,3], 292 nm [wss. Lösung vom pH 6,98] bzw. 226 nm und 303 nm [wss. Lösung vom pH 13] (*Mason*, Soc. **1954** 2071, 2074). Scheinbare Dissoziationsexponenten pK'_{a1} und pK'_{a2} (H_2O; potentiometrisch ermittelt) bei 20°: 4,37 bzw. 11,45 (*Ma.*).

Beim Behandeln mit wss. Glyoxal ist 1*H*-Pteridin-2-on erhalten worden (*Albert*, Biochem. J. **65** [1957] 124, 125; *Albert et al.*, Soc. **1951** 474, 484).

Sulfat $4\,C_4H_6N_4O \cdot H_2SO_4$. Kristalle [aus H_2O] (*Al., Br.*).

4,5-Diamino-1-methyl-1*H*-pyrimidin-2-on $C_5H_8N_4O$, Formel VI ($R = CH_3$, $R' = H$) (E I **24** 410).

B. Bei der Hydrierung von 4-Amino-1-methyl-5-nitro-1*H*-pyrimidin-2-on an Raney-Nickel in Methanol (*Brown*, J. appl. Chem. **5** [1955] 358, 362).

Gelbe Kristalle (aus H_2O); Zers. >220°.

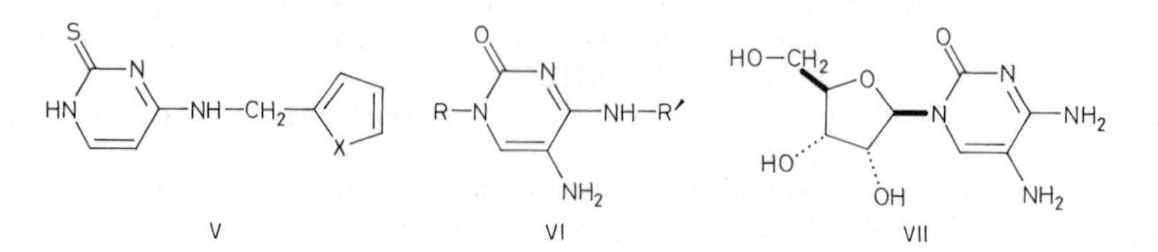

5-Amino-4-methylamino-1*H*-pyrimidin-2-on $C_5H_8N_4O$, Formel VI (R = H, R′ = CH_3) und Taut. (E I **24** 409).

B. Bei der Hydrierung von 4-Methylamino-5-nitro-1*H*-pyrimidin-2-on an Raney-Nickel (*Brown,* J. appl. Chem. **5** [1955] 358, 361).

Hellgelbe Kristalle (aus A.); F: ca. 217° [Zers.] (*Br.*). λ_{max} (H_2O): 222 nm und 294 nm (*Fidler, Wood,* Soc. **1956** 3311, 3313).

Picrat $C_5H_8N_4O \cdot C_6H_3N_3O_7$. Gelbe Kristalle (aus A.); F: 225–227° [nach Dunkelfärbung] (*Br.*, l. c. S. 364).

5-Amino-1-methyl-4-methylamino-1*H*-pyrimidin-2-on $C_6H_{10}N_4O$, Formel VI (R = R′ = CH_3) (E I **24** 410).

B. Bei der Hydrierung von 1-Methyl-4-methylamino-5-nitro-1*H*-pyrimidin-2-on an Raney-Nickel in Methanol (*Brown,* J. appl. Chem. **5** [1955] 358, 362).

Kristalle (aus Py.); F: 180°.

Picrat $C_6H_{10}N_4O \cdot C_6H_3N_3O_7$. Gelbe Kristalle (aus H_2O); F: 210° [Zers.].

5-Amino-4-benzylamino-1*H*-pyrimidin-2-on $C_{11}H_{12}N_4O$, Formel VI (R = H, R′ = CH_2-C_6H_5) und Taut.

B. Bei der Hydrierung von 4-Benzylamino-5-nitro-1*H*-pyrimidin-2-on an Raney-Nickel in Äthanol (*Fidler, Wood,* Soc. **1957** 3980, 3983).

Gelbe Kristalle (aus wss. A.); F: 218–223° [Zers.].

4,5-Diamino-1-β-D-ribofuranosyl-1*H*-pyrimidin-2-on, 5-Amino-cytidin $C_9H_{14}N_4O_5$, Formel VII.

B. Beim Erwärmen [5 d] von 5-Brom-cytidin mit flüssigem NH_3 (*Fukuhara, Visser,* Am. Soc. **77** [1955] 2393, 2395).

λ_{max} (wss. Lösung vom pH 4,3): 304 nm.

Sulfat $C_9H_{14}N_4O_5 \cdot H_2SO_4$. Kristalle (aus wss. H_2SO_4 + A.); F: 211–212° [unkorr.; Zers.].

Picrat $C_9H_{14}N_4O_5 \cdot C_6H_3N_3O_7$. F: 180–182,5° [unkorr.].

4,5-Diamino-1*H*-pyrimidin-2-thion $C_4H_6N_4S$, Formel VIII (R = H) und Taut.

B. Beim Erwärmen von 2-Chlor-5-nitro-pyrimidin-4-ylamin mit wss. KHS (*Elion, Hitchings,* Am. Soc. **69** [1947] 2553) oder mit wss. NaHS (*Brown,* J. appl. Chem. **2** [1952] 239).

Kristalle (aus H_2O); Zers. bei 250° [nach Dunkelfärbung bei 230°] (*El., Hi.*). λ_{max}: 231 nm und 293 nm [wss. Lösung vom pH 1], 271 nm [wss. Lösung vom pH 6,5], 221 nm, 269 nm und 316 nm [wss. Lösung vom pH 12,4] (*Mason,* Soc. **1954** 2071, 2074). Scheinbare Dissoziationsexponenten pK'_{a1} und pK'_{a2} (H_2O; potentiometrisch ermittelt): 2,96 bzw. 10,39 (*Ma.*).

Beim Behandeln mit $NaNO_2$ und Essigsäure ist [1,2,3]Triazolo[4,5-*d*]pyrimidin-5-thion (*Dille, Christensen,* Am. Soc. **76** [1954] 5087; *Dille et al.,* J. org. Chem. **20** [1955] 171, 177), beim Erwärmen mit wss. Glyoxal ist 1*H*-Pteridin-2-thion (*El., Hi.*), beim Erhitzen mit Ameisensäure ist 1,7-Dihydro-purin-2-thion (*Albert, Brown,* Soc. **1954** 2060, 2068) erhalten worden.

5-Amino-4-methylamino-1*H*-pyrimidin-2-thion $C_5H_8N_4S$, Formel VIII (R = CH_3) und Taut.

B. Neben 5-Amino-6-methylamino-1*H*-pyrimidin-2,4-dithion beim Erwärmen von 2-Chlor-4-methylamino-5-nitro-pyrimidin mit wss. NaHS (*Brown,* J. appl. Chem. **7** [1957] 109, 111).

Kristalle (aus H_2O); F: 255° [Zers.].

4,6-Diamino-1*H*-pyrimidin-2-on $C_4H_6N_4O$, Formel IX (X = O, X′ = H) und Taut. (H **24** 470).

B. Aus Malonamidin beim Erwärmen mit Diäthylcarbonat oder beim Behandeln mit Chlorokohlensäure-äthylester in Äther (*Howard et al.,* Soc. **1944** 476). Aus 4,6-Diamino-1*H*-pyrimidin-2-thion beim aufeinanderfolgenden Erhitzen mit wss. Chloressigsäure und wss. H_2SO_4 (*Bendich et al.,* Am. Soc. **70** [1948] 3109, 3112).

Kristalle (aus H_2O), die unterhalb 360° nicht schmelzen (*Ho. et al.*). IR-Spektrum in Nujol (3500–2500 cm^{-1} und 1700–750 cm^{-1}): *Brownlie,* Soc. **1950** 3062, 3064, 3068; in Paraffin oder Perfluorkerosin (3500–2800 cm^{-1} und 1800–500 cm^{-1}): *Short, Thompson,* Soc. **1952** 168, 174, 177, 179. UV-Spektrum in wss. Lösungen vom pH 2 und pH 6 (220–290 nm): *Cavalieri, Bendich,* Am. Soc. **72** [1950] 2587, 2588, 2592; vom pH 2,7, pH 7,2 und pH 11 (240–

290 nm): *Stimson,* Am. Soc. **71** [1949] 1470, 1471, 1472. λ_{max} (H_2O): 270 nm (*Fukuhara, Visser,* Am. Soc. **77** [1955] 2393). Verteilung zwischen Butan-1-ol und wss. Lösung vom pH 6,5: *Ca., Be.,* l. c. S. 2592.

Hydrochlorid $C_4H_6N_4O \cdot HCl$. Kristalle [aus H_2O bzw. aus wss. HCl] (*Ho. et al.; Be. et al.*).

Sulfat $2\,C_4H_6N_4O \cdot H_2SO_4$. Kristalle [aus wss. H_2SO_4] (*Be. et al.*).

4,6-Diamino-5-chlor-1*H*-pyrimidin-2-on $C_4H_5ClN_4O$, Formel IX (X = O, X' = Cl) und Taut.

B. Beim Erhitzen von 2,5-Dichlor-pyrimidin-4,6-diyldiamin mit wss. HCl (*Childress, McKee,* Am. Soc. **72** [1950] 4271).

Unterhalb 360° nicht schmelzend.

Picrat $C_4H_5ClN_4O \cdot C_6H_3N_3O_7$. F: 325° [Zers.; bei schnellem Erhitzen].

4,6-Diamino-1*H*-pyrimidin-2-thion $C_4H_6N_4S$, Formel IX (X = S, X' = H) und Taut. (H **24** 476).

B. Aus Thioharnstoff und Malononitril mit Hilfe von Natriumäthylat (*Bendich et al.,* Am. Soc. **70** [1948] 3109, 3111; s.a. *Oba et al.,* J. Soc. Phot. Sci. Technol. Japan **13** [1951] 95, 99; C. A. **1952** 3885; vgl. H **24** 476).

Kristalle [aus H_2O] (*Be. et al.*); F: 300° (*Oba et al.*). IR-Spektrum (Nujol; 3600–3200 cm^{-1} und 1700–750 cm^{-1}): *Brownlie,* Soc. **1950** 3062, 3064, 3068. UV-Spektrum (wss. Lösungen vom pH 5,4, pH 7,4 und pH 9; 220–320 nm): *Stimson,* Am. Soc. **71** [1949] 1470, 1471, 1472.

Kupfer(I)-Komplexsalz. $[Cu_3(C_4H_6N_4S)_2Cl_2]Cl \cdot 2HCl$. Dunkelgelbe Kristalle (*Weiss, Venner,* Z. physiol. Chem. **317** [1959] 82, 90, 93).

Picrat. F: 242° [Zers.] (*Hoffer,* Festschr. E. Barell [Basel 1946] S. 428, 432).

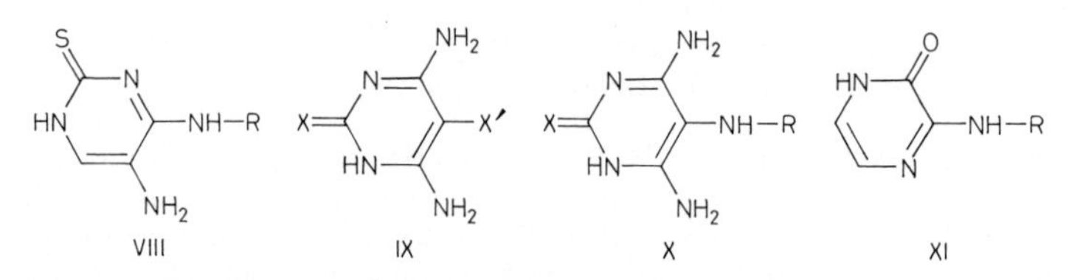

4,5,6-Triamino-1*H*-pyrimidin-2-on $C_4H_7N_5O$, Formel X (R = H, X = O) und Taut.

B. Aus 4,6-Diamino-pyrimidin-2,5-dion-5-oxim beim Behandeln mit $Na_2S_2O_4$ in wss. NaOH (*Wieland, Liebig,* A. **555** [1944] 146, 150) oder in H_2O (*Bendich et al.,* Am. Soc. **70** [1948] 3109, 3113). Aus der folgenden Verbindung beim Erwärmen mit methanol. HCl (*Pfleiderer,* B. **90** [1957] 2272, 2274).

Kristalle (aus H_2O); F: >340° (*Pf.*). UV-Spektrum in wss. Lösungen vom pH 2 und pH 6 (220–310 nm): *Cavalieri et al.,* Am. Soc. **70** [1948] 3875, 3876, 3878; vom pH 2 und pH 10 (245–320 nm): *Stimson,* Am. Soc. **71** [1949] 1470, 1471, 1472. λ_{max} (wss. Lösung vom pH 6,5): 282,5 nm (*Be. et al.*). Verteilung zwischen Butan-1-ol und wss. Lösung vom pH 6,5: *Be. et al.; Ca. et al.,* l. c. S. 3878.

Luftempfindlich (*Wi., Li.*).

Sulfat $C_4H_7N_5O \cdot H_2SO_4$. Kristalle (aus wss. H_2SO_4) mit 1 Mol H_2O (*Wi., Li.;* s.a. *Be. et al.*).

4,6-Diamino-5-formylamino-1*H*-pyrimidin-2-on, *N*-[4,6-Diamino-2-oxo-1,2-dihydro-pyrimidin-5-yl]-formamid $C_5H_7N_5O_2$, Formel X (R = CHO, X = O) und Taut.

B. Aus der vorangehenden Verbindung und Ameisensäure (*Cavalieri, Bendich,* Am. Soc. **72** [1950] 2587, 2593). Aus 4,6-Diamino-1*H*-pyrimidin-2-on-sulfat bei der aufeinanderfolgenden Einwirkung von $NaNO_2$, Formamid und Ameisensäure sowie von $Na_2S_2O_4$ (*Pfleiderer,* B. **90** [1957] 2272, 2274).

Kristalle (aus H_2O); F: >340° (*Pf.*). UV-Spektrum (wss. Lösungen vom pH 2 und pH 6; 220–290 nm): *Ca., Be.,* l. c. S. 2589, 2592. Verteilung zwischen Butan-1-ol und wss. Lösung vom pH 2,4: *Ca., Be.,* l. c. S. 2592.

Sulfat $2\,C_5H_7N_5O_2 \cdot H_2SO_4$. Feststoff mit 1 Mol H_2O (*Ca., Be.*).

4,5,6-Triamino-1*H*-pyrimidin-2-thion $C_4H_7N_5S$, Formel X (R = H, X = S) und Taut. (H 486).

B. Aus 4,6-Diamino-5-hydroxyimino-5*H*-pyrimidin-2-thion mit Hilfe von Na_2S (*Hoffer*, Festschr. E. Barell [Basel 1946] S. 428, 432) oder von $Na_2S_2O_4$ (*Bendich et al.*, Am. Soc. **70** [1948] 3109, 3111).

Sulfat $C_4H_7N_5S \cdot H_2SO_4$ (vgl. H 486). Kristalle (aus wss. H_2SO_4); λ_{max} (H_2O): 245 nm und 295 nm (*Be. et al.*).

Kupfer(I)-Komplexsalz 2 [Cu($C_4H_7N_5S$)Cl]·3 HCl. Gelbe Kristalle (aus wss. HCl) mit 1 Mol H_2O (*Weiss, Hein*, Z. physiol. Chem. **317** [1959] 95, 96, 103).

Nickel(II)-Komplexsalze. a) $Ni(C_4H_7N_5S)_3SO_4$. Grüne Kristalle mit 2 Mol H_2O (*Weiss, Hein*, l. c. S. 97, 104). – b) $[Ni(C_4H_7N_5S)_2(H_2O)_2]SO_4$. Gelb; magnetische Susceptibilität: $+6{,}1 \cdot 10^{-6}$ $cm^3 \cdot g^{-1}$ (*Weiss, Hein*, l. c. S. 98, 104).

Picrat. F: 246° (*De Clercq, Truhaut*, C. r. **243** [1956] 2172).

4,6-Diamino-5-formylamino-1*H*-pyrimidin-2-thion, *N*-[4,6-Diamino-2-thioxo-1,2-dihydro-pyrimidin-5-yl]-formamid $C_5H_7N_5OS$, Formel X (R = CHO, X = S) und Taut.

B. Beim Erhitzen von 4,5,6-Triamino-1*H*-pyrimidin-2-on-sulfat mit Ameisensäure und Natriumformiat (*Bendich et al.*, Am. Soc. **70** [1948] 3109, 3111).

Kristalle (aus H_2O) mit 1 Mol H_2O. λ_{max} (wss. Lösung vom pH 6,5): 245 nm, 266 nm und 295 nm. Verteilung zwischen Butan-1-ol und wss. Lösung vom pH 6,5: *Be. et al.*

Cyanessigsäure-[4,6-diamino-2-thioxo-1,2-dihydro-pyrimidin-5-ylamid] $C_7H_8N_6OS$, Formel X (R = CO-CH_2-CN, X = S) und Taut.

B. Aus 4,5,6-Triamino-1*H*-pyrimidin-2-thion und Cyanessigsäure (*Ishidate, Yuki*, Pharm. Bl. **5** [1957] 240, 243).

Hellgelbe Kristalle (aus wss. A.); F: 250–300° [Zers.].

3-Amino-1*H*-pyrazin-2-on $C_4H_5N_3O$, Formel XI (R = H).

B. Beim Erwärmen von 3-Oxo-3,4-dihydro-pyrazin-2-carbonsäure-amid mit Brom und wss. KOH bzw. NaOH (*McDonald, Ellingson*, Am. Soc. **69** [1947] 1034, 1035; *Muehlmann, Day*, Am. Soc. **78** [1956] 242).

Kristalle (aus H_2O); F: 300–301° [Zers.] (*Mu., Day*), 292–298° [Zers.] (*McD., El.*).

3-Acetylamino-1*H*-pyrazin-2-on, *N*-[3-Oxo-3,4-dihydro-pyrazin-2-yl]-acetamid $C_6H_7N_3O_2$, Formel XI (R = CO-CH_3).

B. Beim Erwärmen von 3-Amino-1*H*-pyrazin-2-on mit Acetanhydrid und Essigsäure (*Martin, Tarasiejska*, Bl. Soc. chim. Belg. **66** [1957] 136, 149).

Kristalle (aus A.); F: 224–225° [unkorr.; Zers.].

Picrat. Gelb; F: 165–168° [unkorr.; Zers.].

3-Amino-6-brom-1*H*-pyrazin-2-thion $C_4H_4BrN_3S$, Formel XII.

B. Beim Erwärmen von 3,5-Dibrom-pyrazin-2-ylamin mit methanol. KHS (*Palamidessi, Bernardi*, G. **91** [1961] 1438, 1444).

Gelbe Kristalle; F: 190–192° [unkorr.].

4-[4-Diäthylamino-anilino]-5-methyl-pyrazol-3-on $C_{14}H_{18}N_4O$, Formel XIII (R = H) und Taut.

B. Beim Behandeln von 5-Methyl-1,2-dihydro-pyrazol-3-on mit *N,N*-Diäthyl-*p*-phenylendiamin und AgCl in wss. Na_2CO_3 (*Gerbaux*, Bl. Soc. chim. Belg. **58** [1949] 498, 515, 517).

Kristalle (aus $CHCl_3$); F: 202–204° [unkorr.] (*Ge.*, l. c. S. 517). λ_{max}: 443 nm und 508 nm [Acn.], 440 nm und 525 nm [A.] bzw. 440 nm und 541 nm [wss. Acn.] (*Ge.*, l. c. S. 501).

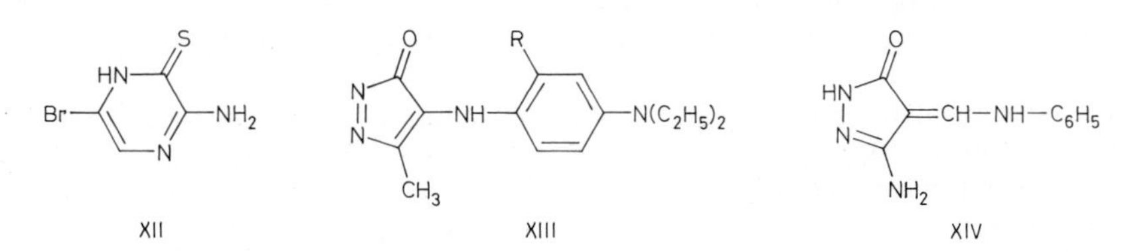

4-[4-Diäthylamino-2-methyl-anilino]-5-methyl-pyrazol-3-on $C_{15}H_{20}N_4O$, Formel XIII ($R = CH_3$) und Taut.

B. Analog der vorangehenden Verbindung (*Brown et al.*, Am. Soc. **73** [1951] 919, 926).

Rote Kristalle (aus Bzl.); F: 195–196° (*Br. et al.*, l. c. S. 921). Absorptionsspektrum (Me.; 400–700 nm; λ_{max}: 441 nm und 539 nm): *Br. et al.*, l. c. S. 922, 925. λ_{max}: 443 nm und 504 nm [Cyclohexan] bzw. 445 nm und 517 nm [Butylacetat] (*Br. et al.*, l. c. S. 922).

5-Amino-4-anilinomethylen-2,4-dihydro-pyrazol-3-on $C_{10}H_{10}N_4O$, Formel XIV und Taut.

B. Aus 5-Amino-1,2-dihydro-pyrazol-3-on und *N,N'*-Diphenyl-formamidin (*Papini*, G. **83** [1953] 861, 866).

Gelbe Kristalle (aus wss. A.) mit 1 Mol H_2O. [*Möhle*]

Amino-Derivate der Oxo-Verbindungen $C_5H_6N_2O$

5-Amino-2,6-dimethyl-2*H*-pyridazin-3-on $C_6H_9N_3O$, Formel I ($R = CH_3$, $R' = H$).

Diese Konstitution kommt auch der von *Schering Kahlbaum A.G.* (D.R.P. 579391 [1932]; Frdl. **20** 764) als 4-Amino-2,6-dimethyl-2*H*-pyridazin-3-on formulierten Verbindung zu (*Nakagome et al.*, Chem. pharm. Bl. **14** [1966] 1082, 1084, 1089; s. a. *Homer et al.*, Soc. **1948** 2191, 2193).

B. Aus 5-Chlor-2,6-dimethyl-2*H*-pyridazin-3-on (E III/IV **24** 185) und wss. NH_3 bei 140–150° (*Na. et al.*; s. a. *Schering-Kahlbaum A.G.*; *Homer et al.*, Soc. **1948** 2195, 2196).

Kristalle; F: 168–169° [unkorr.; aus Acn.] (*Na. et al.*), 166–167° (*Schering-Kahlbaum A.G.*), 163° [aus Acn.] (*Ho. et al.*, l. c. S. 2196). λ_{max} (A.): 278 nm (*Overend et al.*, Soc. **1950** 3500, 3502).

Hydrochlorid $C_6H_9N_3O \cdot HCl$. Kristalle; F: 266–267° [unkorr.; Zers.] (*Na. et al.*), ca. 245° [Zers.; aus äthanol. HCl] (*Ho. et al.*, l. c. S. 2197).

Picrat $C_6H_9N_3O \cdot C_6H_3N_3O_7$. Gelbe Kristalle; F: 163–164° [unkorr.; aus A.] (*Na. et al.*), 130° [aus H_2O] (*Ho. et al.*, l. c. S. 2197).

5-Dimethylamino-2,6-dimethyl-2*H*-pyridazin-3-on $C_8H_{13}N_3O$, Formel II.

Bezüglich der Konstitution vgl. *Homer et al.*, Soc. **1948** 2191, 2193.

B. Aus 5-Chlor-2,6-dimethyl-2*H*-pyridazin-3-on (E III/IV **24** 185) und Dimethylamin bei 100° (*Schering-Kahlbaum A.G.*, D.R.P. 579391 [1932]; Frdl. **20** 764).

Hydrochlorid. Kristalle (aus Acn.); F: 138° [Zers.] (*Schering-Kahlbaum A.G.*).

2-Äthyl-5-anilino-6-methyl-2*H*-pyridazin-3-on $C_{13}H_{15}N_3O$, Formel I ($R = C_2H_5$, $R' = C_6H_5$).

Diese Konstitution kommt wahrscheinlich der nachstehend beschriebenen Verbindung zu, da die Ausgangsverbindung in Analogie zu 5-Chlor-2,6-dimethyl-2*H*-pyridazin-3-on (E III/IV **24** 185) hergestellt worden ist.

B. Aus 2-Äthyl-5-chlor-6-methyl-2*H*-pyridazin-3-on ($C_7H_9ClN_2O$; F: 53–54°; aus 2-Äthyl-6-methyl-2*H*-pyridazin-3-on und Chlor hergestellt) und Anilin (*Schering-Kahlbaum A.G.*, D.R.P. 579391 [1932]; Frdl. **20** 764).

F: 178°.

5-Acetylamino-2,6-dimethyl-2*H*-pyridazin-3-on, *N*-[1,3-Dimethyl-6-oxo-1,6-dihydro-pyridazin-4-yl]-acetamid $C_8H_{11}N_3O_2$, Formel I ($R = CH_3$, $R' = CO\text{-}CH_3$).

B. Beim Erhitzen von 5-Amino-2,6-dimethyl-2*H*-pyridazin-3-on mit Acetanhydrid (*Nakagome et al.*, Chem. pharm. Bl. **14** [1966] 1082, 1089) oder mit Acetanhydrid und Natriumacetat (*Homer et al.*, Soc. **1948** 2195, 2197).

Kristalle; F: 232–233° [unkorr.] (*Na. et al.*), 227° [aus H_2O] (*Ho. et al.*).

2,6-Dimethyl-5-sulfanilylamino-2*H*-pyridazin-3-on, Sulfanilsäure-[1,3-dimethyl-6-oxo-1,6-dihydro-pyridazin-4-ylamid] $C_{12}H_{14}N_4O_3S$, Formel I ($R = CH_3$, $R' = SO_2\text{-}C_6H_4\text{-}NH_2$).

B. Aus dem folgenden Acetyl-Derivat beim Erhitzen mit wss. NaOH (*Homer et al.*, Soc. **1948** 2195, 2197).

Gelbe Kristalle (aus wss. A.) mit 1 Mol H_2O; F: 113–123°; die wasserfreie Verbindung schmilzt bei 207°.

Hydrochlorid $C_{12}H_{14}N_4O_3S \cdot HCl$. Hellgelbe Kristalle (aus methanol. HCl) mit 1 Mol H_2O; F: 180° [Zers.].

***N*-Acetyl-sulfanilsäure-[1,3-dimethyl-6-oxo-1,6-dihydro-pyridazin-4-ylamid], Essigsäure-[4-(1,3-dimethyl-6-oxo-1,6-dihydro-pyridazin-4-ylsulfamoyl)-anilid]** $C_{14}H_{16}N_4O_4S$, Formel I (R = CH_3, R′ = SO_2-C_6H_4-NH-CO-CH_3).

B. Aus 5-Amino-2,6-dimethyl-2*H*-pyridazin-3-on und *N*-Acetyl-sulfanilylchlorid in Pyridin (*Homer et al.*, Soc. **1948** 2195, 2197).

Kristalle (aus A.+Eg.); F: 263°.

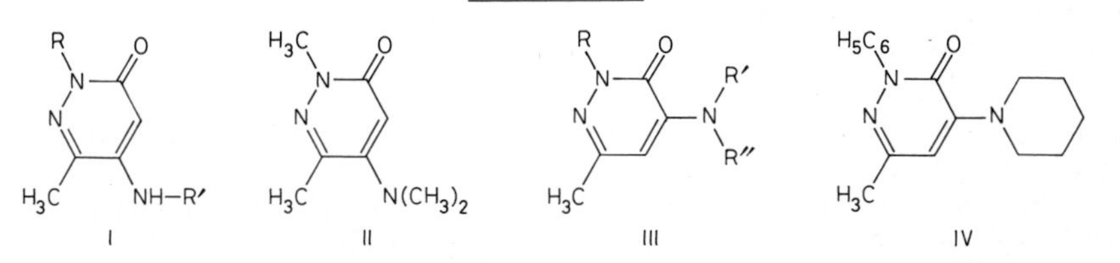

4-Amino-6-methyl-2-phenyl-2*H*-pyridazin-3-on $C_{11}H_{11}N_3O$, Formel III (R = C_6H_5, R′ = R″ = H).

B. Aus 4-Chlor-6-methyl-2-phenyl-2*H*-pyridazin-3-on und methanol. NH_3 (*Overend, Wiggins*, Soc. **1947** 549, 552).

Kristalle (aus Acn.+H_2O); F: 169° (*Ov., Wi.*). λ_{max} (A.): 302 nm (*Overend et al.*, Soc. **1950** 3505, 3506).

Hydrochlorid $C_{11}H_{11}N_3O \cdot HCl$. Kristalle (aus A.+Ae.); F: 176° [Zers.] (*Ov., Wi.*).

4-Amino-6-methyl-2-[4-nitro-phenyl]-2*H*-pyridazin-3-on $C_{11}H_{10}N_4O_3$, Formel III (R = C_6H_4-NO_2, R′ = R″ = H).

B. Aus 4-Chlor-6-methyl-2-[4-nitro-phenyl]-2*H*-pyridazin-3-on und methanol. NH_3 (*Overend, Wiggins*, Soc. **1947** 549, 553). Aus 4-Amino-6-methyl-2-phenyl-2*H*-pyridazin-3-on und HNO_3 (*Ov., Wi.*).

Gelbe Kristalle (aus A.); F: 196° (*Ov., Wi.*). λ_{max} (A.): 325 nm (*Overend et al.*, Soc. **1950** 3505, 3506).

6-Methyl-4-methylamino-2-phenyl-2*H*-pyridazin-3-on $C_{12}H_{13}N_3O$, Formel III (R = C_6H_5, R′ = CH_3, R″ = H).

B. Beim Erhitzen von 4-Chlor-6-methyl-2-phenyl-2*H*-pyridazin-3-on mit Methylamin in Äthanol (*Gregory, Wiggins*, Soc. **1949** 2546, 2548).

Kristalle (aus A.); F: 148–149°.

4-Dimethylamino-6-methyl-2-phenyl-2*H*-pyridazin-3-on $C_{13}H_{15}N_3O$, Formel III (R = C_6H_5, R′ = R″ = CH_3).

B. Analog der vorangehenden Verbindung (*Gregory, Wiggins*, Soc. **1949** 2546, 2548).

Kristalle (aus PAe.+Me.); F: 61° (*Gr., Wi.*). λ_{max} (A.): 239 nm und 319 nm (*Eichenberger et al.*, Helv. **37** [1954] 1298, 1302).

4-Diäthylamino-6-methyl-2-phenyl-2*H*-pyridazin-3-on $C_{15}H_{19}N_3O$, Formel III (R = C_6H_5, R′ = R″ = C_2H_5).

B. Analog den vorangehenden Verbindungen (*Gregory, Wiggins*, Soc. **1949** 2546, 2548).

$Kp_{0,01}$: 196–198°. n_D^{21}: 1,6053.

Picrat $C_{15}H_{19}N_3O \cdot C_6H_3N_3O_7$. Kristalle (aus wss. A.); F: 107–108°.

4-Amino-6-methyl-2-*m*-tolyl-2*H*-pyridazin-3-on $C_{12}H_{13}N_3O$, Formel III (R = C_6H_4-CH_3, R′ = R″ = H).

B. Aus 4-Chlor-6-methyl-2-*m*-tolyl-2*H*-pyridazin-3-on und methanol. NH_3 (*Gregory, Wiggins*,

Soc. **1949** 2546, 2548).
Kristalle (aus Acn.); F: 153°.

6-Methyl-2-phenyl-4-piperidino-2*H*-pyridazin-3-on $C_{16}H_{19}N_3O$, Formel IV.
B. Beim Erhitzen von 4-Chlor-6-methyl-2-phenyl-2*H*-pyridazin-3-on mit Piperidin in Methanol auf 208° (*Gregory, Wiggins,* Soc. **1949** 2546, 2549).
Kristalle (aus wss. A.); F: 80°.

4-Amino-2-[4-methoxy-phenyl]-6-methyl-2*H*-pyridazin-3-on $C_{12}H_{13}N_3O_2$, Formel III (R = C_6H_4-O-CH_3, R′ = R″ = H).
B. Beim Erhitzen von 4-Chlor-2-[4-methoxy-phenyl]-6-methyl-2*H*-pyridazin-3-on mit methanol. NH_3 (*Stevens et al.,* Am. Soc. **77** [1955] 42).
F: 161–162° [unkorr.].

2-[4-Äthoxy-phenyl]-4-amino-6-methyl-2*H*-pyridazin-3-on $C_{13}H_{15}N_3O_2$, Formel III (R = C_6H_4-O-C_2H_5, R′ = R″ = H).
B. Beim Erhitzen von 2-[4-Äthoxy-phenyl]-4-chlor-6-methyl-2*H*-pyridazin-3-on mit methanol. NH_3 und Cu_2O auf 200° (*Stevens et al.,* Am. Soc. **77** [1955] 42).
Kristalle (aus Bzl.); F: 156–157° [unkorr.].

4-Acetylamino-6-methyl-2-phenyl-2*H*-pyridazin-3-on, *N*-[6-Methyl-3-oxo-2-phenyl-2,3-dihydro-pyridazin-4-yl]-acetamid $C_{13}H_{13}N_3O_2$, Formel III (R = C_6H_5, R′ = CO-CH_3, R″ = H).
B. Aus 4-Amino-6-methyl-2-phenyl-2*H*-pyridazin-3-on beim Erhitzen mit Acetanhydrid und Natriumacetat (*Overend, Wiggins,* Soc. **1947** 549, 552).
Kristalle (aus A.+$CHCl_3$); F: 265° (*Ov., Wi.*). λ_{max} ($CHCl_3$): 309 nm (*Overend et al.,* Soc. **1950** 3505, 3506).

4-Acetylamino-6-methyl-2-[4-nitro-phenyl]-2*H*-pyridazin-3-on, *N*-[6-Methyl-2-(4-nitro-phenyl)-3-oxo-2,3-dihydro-pyridazin-4-yl]-acetamid $C_{13}H_{12}N_4O_4$, Formel III (R = C_6H_4-NO_2, R′ = CO-CH_3, R″ = H).
B. Analog der vorangehenden Verbindung (*Overend, Wiggins,* Soc. **1947** 549, 553).
Kristalle (aus wss. A.); F: 190–191° (*Ov., Wi.*). λ_{max} (A.): 324 nm (*Overend et al.,* Soc. **1950** 3505, 3506).

4-Acetylamino-6-methyl-2-*m*-tolyl-2*H*-pyridazin-3-on, *N*-[6-Methyl-3-oxo-2-*m*-tolyl-2,3-dihydro-pyridazin-4-yl]-acetamid $C_{14}H_{15}N_3O_2$, Formel III (R = C_6H_4-CH_3, R′ = CO-CH_3, R″ = H).
B. Analog den vorangehenden Verbindungen (*Gregory, Wiggins,* Soc. **1949** 2546, 2548).
Kristalle (aus A.); F: 237°.

4-Amino-6-methyl-2-[2]pyridyl-2*H*-pyridazin-3-on $C_{10}H_{10}N_4O$, Formel V (R = R′ = H).
B. Beim Erhitzen von 4-Chlor-6-methyl-2-[2]pyridyl-2*H*-pyridazin-3-on mit methanol. NH_3 (*Gregory, Wiggins,* Soc. **1949** 2546, 2549).
Kristalle (aus A.); F: 172°.

4-Dimethylamino-6-methyl-2-[2]pyridyl-2*H*-pyridazin-3-on $C_{12}H_{14}N_4O$, Formel V (R = R′ = CH_3).
B. Analog der vorangehenden Verbindung (*Gregory, Wiggins,* Soc. **1949** 2546, 2549).
Kristalle (aus PAe.+Me.); F: 94°.

4-Acetylamino-6-methyl-2-[2]pyridyl-2*H*-pyridazin-3-on, *N*-[6-Methyl-3-oxo-2-[2]pyridyl-2,3-dihydro-pyridazin-4-yl]-acetamid $C_{12}H_{12}N_4O_2$, Formel V (R = CO-CH_3, R′ = H).
B. Aus 4-Amino-6-methyl-2-[2]pyridyl-2*H*-pyridazin-3-on beim Erhitzen mit Acetanhydrid und Natriumacetat (*Gregory, Wiggins,* Soc. **1949** 2546, 2549).
Kristalle (aus A.); F: 216°.

4-Nitro-benzolsulfonsäure-[6-methyl-3-oxo-2-phenyl-2,3-dihydro-pyridazin-4-ylamid] $C_{17}H_{14}N_4O_5S$, Formel VI (R = C_6H_5, X = NO_2).

B. Aus 4-Amino-6-methyl-2-phenyl-2*H*-pyridazin-3-on und 4-Nitro-benzolsulfonylchlorid in Pyridin (*Overend, Wiggins,* Soc. **1947** 549, 552).

Kristalle (aus wss. A.); F: 87°.

6-Methyl-2-phenyl-4-sulfanilylamino-2*H*-pyridazin-3-on, Sulfanilsäure-[6-methyl-3-oxo-2-phenyl-2,3-dihydro-pyridazin-4-ylamid] $C_{17}H_{16}N_4O_3S$, Formel VI (R = C_6H_5, X = NH_2).

B. Beim Erhitzen des folgenden Acetyl-Derivats mit wss. NaOH oder mit wss. HCl (*Overend, Wiggins,* Soc. **1947** 549, 552). Aus der vorangehenden Verbindung bei der Hydrierung an Raney-Nickel in Methanol (*Ov., Wi.*).

Kristalle (aus A.); F: 178°.

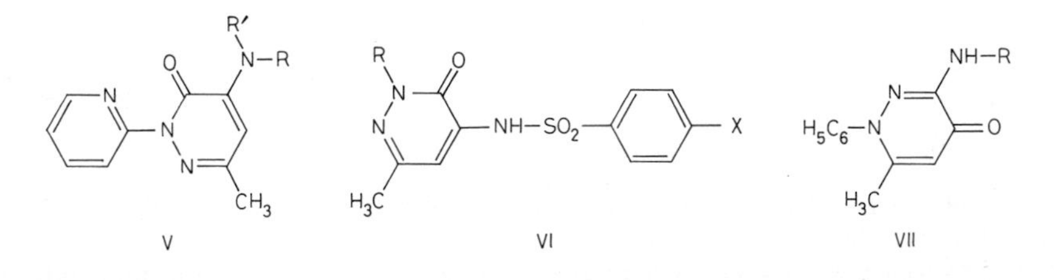

***N*-Acetyl-sulfanilsäure-[6-methyl-3-oxo-2-phenyl-2,3-dihydro-pyridazin-4-ylamid], Essigsäure-[4-(6-methyl-3-oxo-2-phenyl-2,3-dihydro-pyridazin-4-ylsulfamoyl)-anilid]** $C_{19}H_{18}N_4O_4S$, Formel VI (R = C_6H_5, X = NH-CO-CH_3).

B. Aus 4-Amino-6-methyl-2-phenyl-2*H*-pyridazin-3-on und *N*-Acetyl-sulfanilylchlorid in Pyri⸗din (*Overend, Wiggins,* Soc. **1947** 549, 552).

Kristalle (aus wss. Eg.); F: 254°.

6-Methyl-2-[4-nitro-phenyl]-4-sulfanilylamino-2*H*-pyridazin-3-on, Sulfanilsäure-[6-methyl-2-(4-nitro-phenyl)-3-oxo-2,3-dihydro-pyridazin-4-ylamid] $C_{17}H_{15}N_5O_5S$, Formel VI (R = C_6H_4-NO_2, X = NH_2).

B. Beim Erhitzen der folgenden Verbindung mit wss. NaOH (*Overend, Wiggins,* Soc. **1947** 549, 553).

Gelbe Kristalle (aus wss. A.); F: 190°. 100 ml wss. Lösung enthalten bei 15° 0,8 mg.

***N*-Acetyl-sulfanilsäure-[6-methyl-2-(4-nitro-phenyl)-3-oxo-2,3-dihydro-pyridazin-4-ylamid]** $C_{19}H_{17}N_5O_6S$, Formel VI (R = C_6H_4-NO_2, X = NH-CO-CH_3).

B. Beim Erwärmen von 4-Amino-6-methyl-2-[4-nitro-phenyl]-2*H*-pyridazin-3-on mit *N*-Acet⸗yl-sulfanilylchlorid in Pyridin (*Overend, Wiggins,* Soc. **1947** 549, 553).

Gelbe Kristalle (aus wss. Eg.); F: 238°.

3-Amino-6-methyl-1-phenyl-1*H*-pyridazin-4-on $C_{11}H_{11}N_3O$, Formel VII (R = H).

B. Aus 6-Methyl-4-oxo-1-phenyl-1,4-dihydro-pyridazin-3-carbonsäure-amid mit Hilfe von wss. NaBrO (*Staehelin et al.,* Helv. **39** [1956] 1741, 1752).

Kristalle (aus A.); F: 218,5–220° [unkorr.].

[6-Methyl-4-oxo-1-phenyl-1,4-dihydro-pyridazin-3-yl]-carbamidsäure-äthylester $C_{14}H_{15}N_3O_3$, Formel VII (R = CO-O-C_2H_5).

B. Aus 6-Methyl-4-oxo-1-phenyl-1,4-dihydro-pyridazin-3-carbonsäure-hydrazid beim Behan⸗deln mit wss. $NaNO_2$ und verd. wss. HCl und Erwärmen des erhaltenen Azids mit Äthanol (*Staehelin et al.,* Helv. **39** [1956] 1741, 1752).

Kristalle (aus A.); F: 167–169° [unkorr.].

6-Dimethylamino-5-methyl-2-phenyl-2*H*-pyridazin-3-on $C_{13}H_{15}N_3O$, Formel VIII.

B. Aus 6-Chlor-5-methyl-2-phenyl-2*H*-pyridazin-3-on und Dimethylamin in Äthanol bei 190–

195° (*Druey et al.*, Helv. **37** [1954] 510, 523).
Kristalle (aus Hexan); F: 91–92°.

4-Methyl-6-sulfanilylamino-2*H*-pyridazin-3-on, Sulfanilsäure-[5-methyl-6-oxo-1,6-dihydro-pyridazin-3-ylamid] $C_{11}H_{12}N_4O_3S$, Formel IX und Taut.

B. Aus Sulfanilsäure-[6-chlor-5-methyl-pyridazin-3-ylamid] beim Erhitzen mit methanol. Na≠triummethylat und Erwärmen des Reaktionsgemisches mit wss. Essigsäure (*Shiho et al.*, Chem. pharm. Bl. **6** [1958] 721).

Kristalle; F: 242°.

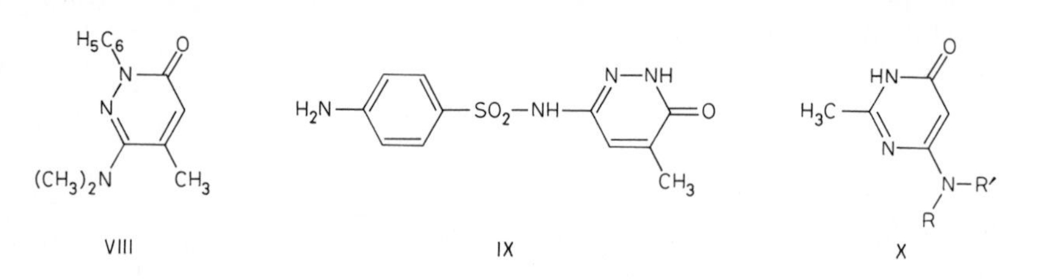

6-Amino-2-methyl-3*H*-pyrimidin-4-on $C_5H_7N_3O$, Formel X (R = R' = H) und Taut. (H **24** 341; E II **24** 182).

B. Beim Erwärmen von Cyanessigsäure-äthylester und Acetamidin-hydrochlorid mit meth≠anol. Natriummethylat (*Maggiolo et al.*, Am. Soc. **73** [1951] 106). Aus Malonomonoimidsäure-diäthylester-hydrochlorid und Acetamidin-hydrochlorid mit Hilfe von äthanol. Natriumäthylat (*Földi et al.*, B. **75** [1942] 755, 758). Aus 6-Chlor-2-methyl-3*H*-pyrimidin-4-on und wss. NH_3 bei 170–180° (*Henze et al.*, J. org. Chem. **17** [1952] 1320, 1323, 1324).

Kristalle (aus wss. A.); F: 301° [korr.; Zers.] (*He. et al.*). IR-Spektrum in Nujol (3600–2500 cm^{-1} und 1800–700 cm^{-1}): *Brownlie*, Soc. **1950** 3062, 3064, 3069; in Paraffin oder Per≠fluorkerosin (3500–2800 cm^{-1} und 1800–500 cm^{-1}): *Short, Thompson*, Soc. **1952** 168, 173, 177, 178; s. a. *Hirano et al.*, J. pharm. Soc. Japan **76** [1956] 239, 242, 244; C. A. **1956** 13044. IR-Spektrum (Paraffin oder Perfluorkerosin; 1800–700 cm^{-1}) eines deuterierten Präparats: *Sh., Th.*, l. c. S. 173. UV-Spektrum (A. sowie wss. Lösungen vom pH 0,3 und pH 6,3; 220–300 nm): *Hirano, Yonemoto*, J. pharm. Soc. Japan **76** [1956] 234, 236; C. A. **1956** 13042. Scheinbarer Dissoziationsexponent pK'_a (H_2O): 1,7 (*Hi., Yo.*, l. c. S. 235).

Reaktionen mit Formaldehyd: *Ohta*, J. pharm. Soc. Japan **67** [1947] 175; C. A. **1951** 9545; mit Formaldehyd und sekundären Aminen: *Hirano, Yonemoto*, J. pharm. Soc. Japan **76** [1956] 230, 234; C. A. **1956** 13042; *Hi. et al.*

6-Amino-2,3-dimethyl-3*H*-pyrimidin-4-on $C_6H_9N_3O$, Formel XI.

B. Aus 6-Amino-2-methyl-3*H*-pyrimidin-4-on und CH_3I beim Erwärmen mit äthanol. Na≠triumäthylat (*Hirano, Yonemoto*, J. pharm. Soc. Japan **76** [1956] 234, 238; C. A. **1956** 13042).

Kristalle (aus A.); F: 242° (*Hi., Yo.*). IR-Spektrum (perfluorierte Kohlenwasserstoffe; 3600–2000 cm^{-1}) sowie IR-Banden (Nujol; 3600–700 cm^{-1}): *Hirano et al.*, J. pharm. Soc. Japan **76** [1956] 239, 242, 244; C. A. **1956** 13044. UV-Spektrum (210–300 nm): *Hi., Yo.*, l. c. S. 237.

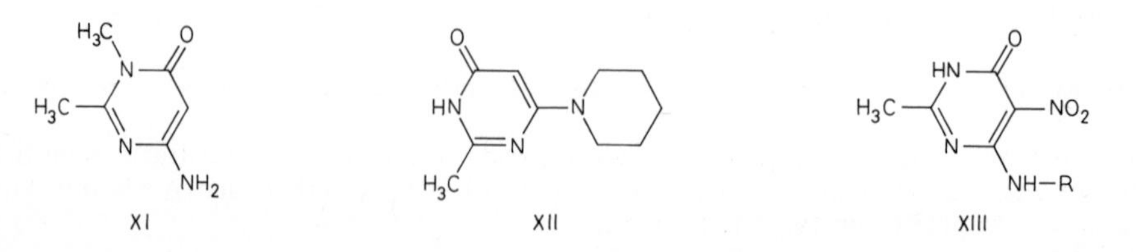

2-Methyl-6-methylamino-3*H*-pyrimidin-4-on $C_6H_9N_3O$, Formel X (R = CH_3, R' = H) und Taut.

B. Aus 6-Chlor-2-methyl-3*H*-pyrimidin-4-on und Methylamin in Äthanol bei 120° (*Hirano,*

Yonemoto, J. pharm. Soc. Japan **76** [1956] 234, 238; C. A. **1956** 13042).
Kristalle (aus wss. A.); F: 282° [Zers.].

6-Anilino-2-methyl-3*H*-pyrimidin-4-on $C_{11}H_{11}N_3O$, Formel X (R = C_6H_5, R′ = H) und Taut.

B. Aus 6-Chlor-2-methyl-3*H*-pyrimidin-4-on und Anilin (*Basford et al.,* Soc. **1946** 713, 719).
Kristalle (aus 2-Äthoxy-äthanol); F: 276° (*Ba. et al.,* Soc. **1946** 719).

Die folgenden Verbindungen sind in analoger Weise hergestellt worden:

6-[4-Chlor-anilino]-2-methyl-3*H*-pyrimidin-4-on $C_{11}H_{10}ClN_3O$, Formel X (R = C_6H_4Cl, R′ = H) und Taut. Kristalle (aus 2-Äthoxy-äthanol); F: 296–297° (*Ba. et al.,* Soc. **1946** 719).

2-Methyl-6-[*N*-methyl-anilino]-3*H*-pyrimidin-4-on $C_{12}H_{13}N_3O$, Formel X (R = CH_3, R′ = C_6H_5) und Taut. Kristalle (aus 2-Äthoxy-äthanol); F: 263° (*Ba. et al.,* Soc. **1946** 720).

2-Methyl-6-piperidino-3*H*-pyrimidin-4-on $C_{10}H_{15}N_3O$, Formel XII und Taut. Kristalle (aus A.); F: 228° (*Hirano, Yonemoto,* J. pharm. Soc. Japan **76** [1956] 234, 238; C. A. **1956** 13042). IR-Spektrum (Nujol; 3600–700 cm^{-1}): *Hirano et al.,* J. pharm. Soc. Japan **76** [1956] 239, 242, 244; C. A. **1956** 13044. UV-Spektrum (220–300 nm): *Hi., Yo.,* l. c. S. 237.

6-*p*-Anisidino-2-methyl-3*H*-pyrimidin-4-on $C_{12}H_{13}N_3O_2$, Formel X (R = C_6H_4-O-CH_3, R′ = H) und Taut. Kristalle (aus 2-Äthoxy-äthanol); F: 266–268° (*Ba. et al.,* Soc. **1946** 718).

6-[2-Diäthylamino-äthylamino]-2-methyl-3*H*-pyrimidin-4-on $C_{11}H_{20}N_4O$, Formel X (R = CH_2-CH_2-N(C_2H_5)$_2$, R′ = H) und Taut. Hydrochlorid $C_{11}H_{20}N_4O \cdot HCl$. Kristalle (aus A.+E.) mit 1 Mol H_2O; F: 193–195° (*Basford et al.,* Soc. **1947** 1354, 1356).

6-[3-Diäthylamino-propylamino]-2-methyl-3*H*-pyrimidin-4-on $C_{12}H_{22}N_4O$, Formel X (R = [CH_2]$_3$-N(C_2H_5)$_2$, R′ = H) und Taut. Hydrochlorid $C_{12}H_{22}N_4O \cdot HCl$. Kristalle (aus A.+E.) mit 1,5 Mol H_2O [nach Trocknen bei Raumtemperatur an der Luft], F: 87–89°, die sich beim Trocknen bei 100° in das Hemihydrat vom F: 186–188° umwandeln (*Ba. et al.,* Soc. **1947** 1356).

6-Acetonylamino-2-methyl-5-nitro-3*H*-pyrimidin-4-on $C_8H_{10}N_4O_4$, Formel XIII (R = CH_2-CO-CH_3) und Taut.

B. Aus [6-Chlor-2-methyl-5-nitro-pyrimidin-4-ylamino]-aceton an feuchter Luft (*Boon, Jones,* Soc. **1951** 591, 594).
Kristalle (aus DMF); F: 238°.

***N*-[2-Methyl-5-nitro-6-oxo-1,6-dihydro-pyrimidin-4-yl]-glycin-methylester** $C_8H_{10}N_4O_5$, Formel XIII (R = CH_2-CO-O-CH_3) und Taut.

B. Analog der vorangehenden Verbindung (*Boon et al.,* Soc. **1951** 96, 100).
F: 230° [Zers.].

5-Benzoylamino-2-methyl-3*H*-pyrimidin-4-on, *N*-[2-Methyl-6-oxo-1,6-dihydro-pyrimidin-5-yl]-benzamid $C_{12}H_{11}N_3O_2$, Formel XIV (R = CO-C_6H_5, X = H) und Taut.

B. Aus der Natrium-Verbindung des Phenylpenaldinsäure-äthylesters (E III **9** 1198) und Acetamidin in H_2O (*Falco et al.,* Am. Soc. **74** [1952] 4897, 4899). Aus *N*-[5-Oxo-2-phenyl-4,5-dihydro-oxazol-4-ylidenmethyl]-acetamidin beim Erwärmen mit äthanol. Natriumäthylat (*Cornforth,* Chem. Penicillin 1949 S. 688, 829). Beim Erhitzen von 4-Äthoxymethylen-2-phenyl-4*H*-oxazol-5-on mit Acetamidin-hydrochlorid und Kaliumacetat (*Co.*).
Kristalle; F: 296° [Zers.; aus H_2O] (*Co.*), 294–295° [Zers.; aus A.] (*Fa. et al.*).

[2-Methyl-6-oxo-1,6-dihydro-pyrimidin-5-yl]-carbamidsäure-äthylester $C_8H_{11}N_3O_3$, Formel XIV (R = CO-O-C_2H_5, X = H) und Taut.

B. Aus der Natrium-Verbindung des 2-Äthoxycarbonylamino-3-oxo-propionsäure-äthylesters (E III **4** 1689) und Acetamidin in wss. NaOH (*Huber, Hölscher,* B. **71** [1938] 87, 96).
Kristalle (aus H_2O); F: 260–261° [Zers.].

Hydrochlorid. Kristalle (aus A.+Ae.), die unterhalb 300° nicht schmelzen.
Picrat $C_8H_{11}N_3O_3 \cdot C_6H_3N_3O_7$. Kristalle (aus H_2O) mit 1 Mol H_2O; F: 180–182°.

5-Amino-6-chlor-2-methyl-3*H*-pyrimidin-4-on $C_5H_6ClN_3O$, Formel XIV (R = H, X = Cl) und Taut.

B. Aus 4,6-Dichlor-2-methyl-pyrimidin-5-ylamin beim Erhitzen mit wss. HCl (*Rose, Brown*, Soc. **1956** 1953, 1955). Aus [5-Amino-4,6-dichlor-pyrimidin-2-yl]-malonsäure-diäthylester beim Erhitzen mit wss. HCl (*Rose, Br.*).

Hellgelbe Kristalle (aus H_2O); F: 231–233°.

5,6-Diamino-2-methyl-3*H*-pyrimidin-4-on $C_5H_8N_4O$, Formel XV (X = O) und Taut. (E II 372).

B. Aus 6-Amino-2-methyl-pyrimidin-4,5-dion-5-phenylhydrazon mit Hilfe von wss. $Na_2S_2O_4$ (*Craveri, Zoni*, Chimica **33** [1957] 473, 475). Aus Cyan-hydroxyimino-essigsäure-äthylester und Acetamidin-hydrochlorid beim Behandeln mit äthanol. Natriumäthylat und Erwärmen des Reaktionsprodukts mit Raney-Nickel in H_2O (*Landauer, Rydon*, Soc. **1953** 3721). Aus 6-Amino-2-methyl-3*H*-pyrimidin-4-on beim Behandeln mit $NaNO_2$ und wss. H_2SO_4 und Erwärmen des Reaktionsprodukts mit wss. $Na_2S_2O_4$ (*Robins et al.*, Am. Soc. **75** [1953] 263, 265).

Kristalle (aus H_2O); F: 255° [Zers.] (*Cr., Zoni*). λ_{max} (wss. NaOH [0,1 n]): 273 nm (*Gal*, Am. Soc. **72** [1950] 5315). Relative Intensität der Fluorescenz in wss. Lösungen vom pH 1–10: *Polonovski et al.*, Bl. **1946** 80, 82, 85.

Sulfate. a) $2C_5H_8N_4O \cdot H_2SO_4$. Kristalle [aus H_2O] (*Ro. et al.*). – b) $C_5H_8N_4O \cdot H_2SO_4$. Kristalle (aus wss. H_2SO_4); F: 265° (*La., Ry.*).

6-Amino-2-methyl-5-thioformylamino-3*H*-pyrimidin-4-on, *N*-[4-Amino-2-methyl-6-oxo-1,6-dihydro-pyrimidin-5-yl]-thioformamid $C_6H_8N_4OS$, Formel XVI (R = CHS) und Taut.

B. Beim Behandeln der vorangehenden Verbindung mit Natrium-dithioformiat in H_2O (*Baddiley et al.*, Soc. **1943** 383, 384).

Kristalle (aus H_2O); Zers. ab 260°.

5-Acetylamino-6-amino-2-methyl-3*H*-pyrimidin-4-on, *N*-[4-Amino-2-methyl-6-oxo-1,6-dihydro-pyrimidin-5-yl]-acetamid $C_7H_{10}N_4O_2$, Formel XVI (R = CO-CH_3) und Taut.

Diese Konstitution kommt auch der von *Craveri, Zoni* (Chimica **33** [1957] 473, 476) und von *Prasad et al.* (Am. Soc. **81** [1959] 193, 196) als 2,8-Dimethyl-1,7-dihydro-purin-6-on-monohydrat ($C_7H_8N_4O \cdot H_2O$) beschriebenen Verbindung zu (vgl. das analog hergestellte 5-Acetylamino-6-amino-3*H*-pyrimidin-4-on [S. 3646]).

B. Beim Erwärmen von Acetylamino-cyan-essigsäure-äthylester und Acetamidin mit Natriummethylat in Äthanol (*Acker, Castle*, J. org. Chem. **23** [1958] 2010). Beim Erhitzen von 5,6-Diamino-2-methyl-3*H*-pyrimidin-4-on mit Essigsäure (*Cr., Zoni*) oder mit Acetanhydrid (*Pr. et al.*).

Kristalle [aus H_2O bzw. aus wss. Eg. bzw. aus Me.] (*Acker, Ca.; Cr., Zoni; Pr. et al.*); F: 335° [unkorr.; nach Sublimation bei 220–225°/0,1 Torr] (*Cr., Zoni;* s. a. *Pr. et al.*). λ_{max} (wss. Lösung vom pH 0,65): 260 nm (*Cr., Zoni*, l. c. S. 474).

Beim Erwärmen mit $POCl_3$ auf 55° ist 2,8-Dimethyl-1,7-dihydro-purin-6-on (*Acker, Ca.*), beim Erhitzen mit $POCl_3$ (*Pr. et al.*) oder mit $POCl_3$ und *N,N*-Diäthyl-anilin (*Cr., Zoni*, l. c. S. 477) auf Siedetemperatur ist 6-Chlor-2,8-dimethyl-7*H*-purin erhalten worden. Überführung in 2-Methyl-1,7-dihydro-purin-6-on durch Erhitzen mit Formamid: *Acker, Ca.*

6-Amino-2-methyl-5-propionylamino-3*H*-pyrimidin-4-on, *N*-[4-Amino-2-methyl-6-oxo-1,6-dihydro-pyrimidin-5-yl]-propionamid $C_8H_{12}N_4O_2$, Formel XVI (R = CO-C_2H_5) und Taut.

Diese Konstitution kommt vermutlich der von *Craveri, Zoni* (Chimica **33** [1957] 473, 477) als 8-Äthyl-2-methyl-1,7-dihydro-purin-6-on-monohydrat ($C_8H_{10}N_4O \cdot H_2O$) beschriebenen Verbindung zu (vgl. das analog hergestellte 5-Acetylamino-6-amino-3*H*-pyrimidin-4-on [S. 3646]).

B. Beim Erhitzen von 5,6-Diamino-2-methyl-3*H*-pyrimidin-4-on mit Propionsäure (*Cr., Zoni*).

Kristalle (aus wss. Eg.); F: 336° [unkorr.; nach Sublimation unter vermindertem Druck]. λ_{max} (wss. Lösung vom pH 0,65): 260 nm (*Cr., Zoni*, l. c. S. 474).

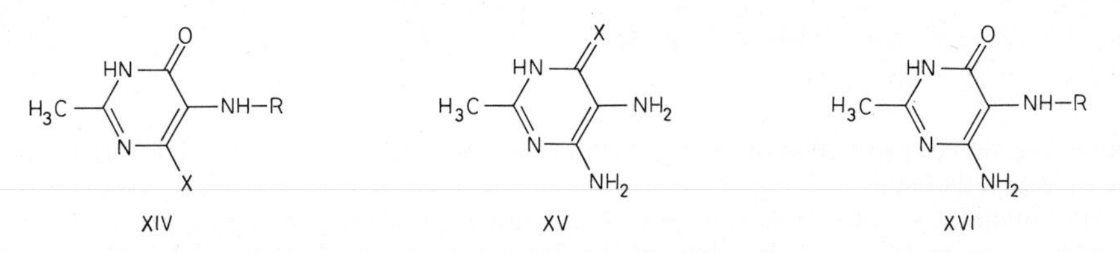

6-Amino-5-butyrylamino-2-methyl-3*H*-pyrimidin-4-on, *N*-[4-Amino-2-methyl-6-oxo-1,6-dihydro-pyrimidin-5-yl]-butyramid $C_9H_{14}N_4O_2$, Formel XVI (R = $CO\text{-}CH_2\text{-}C_2H_5$) und Taut.

Diese Konstitution kommt vermutlich der von *Craveri, Zoni* (Chimica **33** [1957] 473, 477) als 2-Methyl-8-propyl-1,7-dihydro-purin-6-on-monohydrat ($C_9H_{12}N_4O \cdot H_2O$) beschriebenen Verbindung zu (vgl. das analog hergestellte 5-Acetylamino-6-amino-3*H*-pyrimidin-4-on [S. 3646]).

B. Analog der vorangehenden Verbindung (*Cr., Zoni*).

Kristalle (aus wss. Eg.); F: 326,5° [unkorr.; nach Sublimation unter vermindertem Druck]. λ_{max} (wss. Lösung vom pH 0,65): 260 nm (*Cr., Zoni,* l. c. S. 474).

6-Amino-5-isobutyrylamino-2-methyl-3*H*-pyrimidin-4-on, *N*-[4-Amino-2-methyl-6-oxo-1,6-dihydro-pyrimidin-5-yl]-isobutyramid $C_9H_{14}N_4O_2$, Formel XVI (R = $CO\text{-}CH(CH_3)_2$) und Taut.

Diese Konstitution kommt vermutlich der von *Craveri, Zoni* (Chimica **33** [1957] 473, 477) als 8-Isopropyl-2-methyl-1,7-dihydro-purin-6-on-monohydrat ($C_9H_{12}N_4O \cdot H_2O$) beschriebenen Verbindung zu (vgl. das analog hergestellte 5-Acetylamino-6-amino-3*H*-pyrimidin-4-on [S. 3646]).

B. Analog den vorangehenden Verbindungen (*Cr., Zoni*).

Kristalle (aus wss. Eg.); F: 334° [unkorr.; nach Sublimation bei 220–225°/0,1 Torr]. λ_{max} (wss. Lösung vom pH 0,65): 260 nm (*Cr., Zoni,* l. c. S. 474).

***N*-[4-Amino-2-methyl-6-oxo-1,6-dihydro-pyrimidin-5-yl]-*N'*-phenyl-harnstoff** $C_{12}H_{13}N_5O_2$, Formel XVI (R = $CO\text{-}NH\text{-}C_6H_5$) und Taut.

B. Beim Erhitzen von 5,6-Diamino-2-methyl-3*H*-pyrimidin-4-on mit Phenylisocyanat in Toluol (*King, King,* Soc. **1947** 943, 946).

Kristalle (aus H_2O); F: >305°.

***N*-[4-Amino-2-methyl-6-oxo-1,6-dihydro-pyrimidin-5-yl]-*N'*-phenyl-guanidin** $C_{12}H_{14}N_6O$, Formel XVI (R = $C(=NH)\text{-}NH\text{-}C_6H_5$) und Taut.

B. Beim Erwärmen von 5,6-Diamino-2-methyl-3*H*-pyrimidin-4-on mit Phenylcarbamonitril in Äthanol (*King, King,* Soc. **1947** 943, 946).

Hydrochlorid $C_{12}H_{14}N_6O \cdot HCl$. Kristalle (aus verd. wss. HCl) mit 1 Mol H_2O, F: 295° [Zers.], die beim Trocknen bei 100° das Hemihydrat bilden.

Picrat $C_{12}H_{14}N_6O \cdot C_6H_3N_3O_7$. Kristalle mit 1 Mol H_2O; F: 270° [Zers.].

***N*-[4-Amino-2-methyl-6-oxo-1,6-dihydro-pyrimidin-5-yl]-*N'*-[4-chlor-phenyl]-guanidin** $C_{12}H_{13}ClN_6O$, Formel XVI (R = $C(=NH)\text{-}NH\text{-}C_6H_4Cl$) und Taut.

B. Analog der vorangehenden Verbindung (*King, King,* Soc. **1947** 943, 947).

Dihydrochlorid $C_{12}H_{13}ClN_6O \cdot 2HCl$. Kristalle; F: 302° [Zers.].

Picrat $C_{12}H_{13}ClN_6O \cdot C_6H_3N_3O_7$. Kristalle (aus A.) mit 1 Mol H_2O; F: 268° [Zers.].

***N*-[4-Amino-2-methyl-6-oxo-1,6-dihydro-pyrimidin-5-yl]-*N'*-phenyl-thioharnstoff** $C_{12}H_{13}N_5OS$, Formel XVI (R = $CS\text{-}NH\text{-}C_6H_5$) und Taut.

B. Beim Erhitzen von 5,6-Diamino-2-methyl-3*H*-pyrimidin-4-on mit dem Ammonium-Salz der Phenyldithiocarbamidsäure in wss. NaOH (*King, King,* Soc. **1947** 943, 945).

Kristalle (aus H_2O); F: >310°.

5,6-Diamino-2-methyl-3*H*-pyrimidin-4-thion $C_5H_8N_4S$, Formel XV (X = S) und Taut.

B. Beim Erhitzen von 6-Chlor-2-methyl-5-nitro-pyrimidin-4-ylamin mit NaHS und wss.

NaOH (*Albert et al.*, Soc. **1954** 3832, 3836).
Gelbe Kristalle (aus H_2O).

2-Amino-6-methyl-3*H*-pyrimidin-4-on $C_5H_7N_3O$, Formel I (R = R′ = R″ = H) und Taut. (H **24** 343; E II **24** 182).

B. Aus Guanidin-sulfat und Acetessigsäure-äthylester mit Hilfe von H_2SO_4 [20% SO_3 enthaltend] (*Am. Cyanamid Co.*, U.S.P. 2309739 [1940]). Aus Guanidin-carbonat und Acetessigsäure-äthylester (*Braker et al.*, Am. Soc. **69** [1947] 3072, 3073, 3076; vgl. H **24** 343). Beim Erwärmen von Guanidin-carbonat mit Diacetessigsäure-äthylester bzw. mit 3-Acetoxy-crotonsäure-äthylester in Äthanol (*Tsuda, Ogawa*, J. pharm. Soc. Japan **70** [1950] 73, 75; C. A. **1950** 5323). Beim Erhitzen von 4-Chlor-6-methyl-pyrimidin-2-ylamin in Ameisensäure (*Matsukawa, Sirakawa*, J. pharm. Soc. Japan **72** [1952] 913; C. A. **1953** 6425). In mässiger Ausbeute aus Guanidin-hydrochlorid und Diketen in wss. NaOH (*Lacey*, Soc. **1954** 839, 843).

IR-Spektrum (Paraffin oder Perfluorkerosin; 3500–2800 cm^{-1} und 1800–500 cm^{-1}): *Short, Thompson*, Soc. **1952** 168, 173, 176, 178. IR-Spektrum eines deuterierten Präparats (Paraffin oder Perfluorkerosin; 1800–700 cm^{-1}): *Sh., Th.*, l. c. S. 173. Magnetische Susceptibilität: $-64{,}9 \cdot 10^{-6}$ $cm^3 \cdot mol^{-1}$ (*Pacault*, A. ch. [12] **1** [1946] 527, 558).

Überführung in 2-Amino-4-methyl-6-oxo-1,6-dihydro-pyrimidin-5-carbaldehyd: *Hull*, Soc. **1957** 4845, 4849; in 4-Chlor-6-methyl-5-nitro-pyrimidin-2-ylamin: *Boon et al.*, Soc. **1951** 96, 99.

Sulfat (vgl. H **24** 344). F: 271° [Zers.] (*Sugino et al.*, J. chem. Soc. Japan Ind. Chem. Sect. **53** [1950] 219, 221; C. A. **1953** 5946).

Picrat. Kristalle; F: 254° [Zers.] (*Ts., Og.*).

2-Amino-3,6-dimethyl-3*H*-pyrimidin-4-on $C_6H_9N_3O$, Formel I (R = CH_3, R′ = R″ = H) (H **24** 346).

B. Aus 2-Amino-6-methyl-3*H*-pyrimidin-4-on und Dimethylsulfat in wss. NaOH (*Ganapathi et al.*, Pr. Indian Acad. [A] **16** [1942] 115, 123).

Beim Erhitzen mit Chloressigsäure-anhydrid ist 5,8-Dimethyl-8*H*-imidazo[1,2-*a*]pyrimidin-2,7-dion erhalten worden (*Antonowitsch, Prokof'ew*, Vestnik Moskovsk. Univ. **10** [1955] Nr. 3, S. 57, 60; C. A. **1955** 10972).

2-Amino-1,6-dimethyl-1*H*-pyrimidin-4-on $C_6H_9N_3O$, Formel II (R = CH_3).

B. Bei der Hydrolyse von 2-Amino-4-chlor-1,6-dimethyl-pyrimidinium-jodid in wss. Lösung vom pH 4–6 (*Ainley et al.*, Soc. **1953** 59, 66).

Hydrojodid. Kristalle (aus H_2O); F: 284–285°.

2-Dimethylamino-6-methyl-3*H*-pyrimidin-4-on $C_7H_{11}N_3O$, Formel I (R = H, R′ = R″ = CH_3) und Taut.

B. Beim Erwärmen von *N,N*-Dimethyl-guanidin mit Acetessigsäure-äthylester in methanol. Natriummethylat (*Overberger, Kogon*, Am. Soc. **76** [1954] 1879, 1881; vgl. *Polonovski, Pesson*, Bl. **1948** 688, 692). Beim Erhitzen von 2-Äthylmercapto-6-methyl-3*H*-pyrimidin-4-on mit Dimethylamin in Äthanol auf 100° (*Russell et al.*, Am. Soc. **71** [1949] 474, 477).

Kristalle; F: 178° [aus A.] (*Po., Pe.*), 175–176° [korr.; aus Isopropylalkohol] (*Ov., Ko.*). IR-Spektrum (Paraffin oder Perfluorkerosin; 3300–2800 cm^{-1} und 1800–500 cm^{-1}): *Short, Thompson*, Soc. **1952** 168, 173, 176, 178. IR-Spektrum eines deuterierten Präparats (Paraffin oder Perfluorkerosin; 1800–700 cm^{-1}): *Sh., Th.*, l. c. S. 173.

Picrat $C_7H_{11}N_3O \cdot C_6H_3N_3O_7$. Kristalle (aus A.); F: 207–208° [korr.] (*Ov., Ko.*).

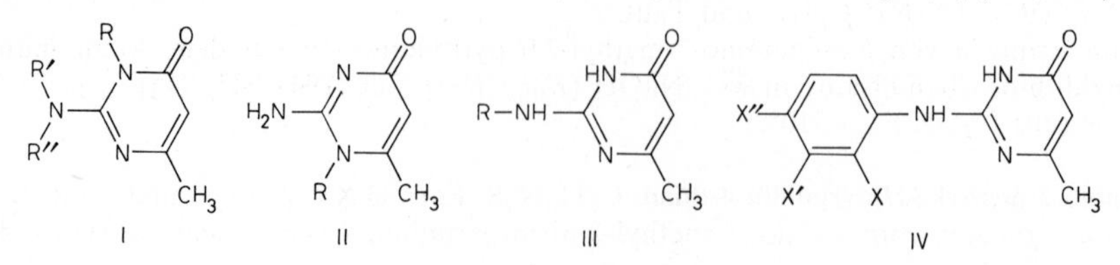

3-Äthyl-2-amino-6-methyl-3*H*-pyrimidin-4-on $C_7H_{11}N_3O$, Formel I (R = C_2H_5, R′ = R″ = H).

IR-Spektrum (Paraffin oder Perfluorkerosin; 3500–2800 cm^{-1} und 1800–400 cm^{-1}): *Short, Thompson,* Soc. **1952** 168, 174, 177, 179.

1-Äthyl-2-amino-6-methyl-1*H*-pyrimidin-4-on $C_7H_{11}N_3O$, Formel II (R = C_2H_5).

IR-Spektrum (Paraffin oder Perfluorkerosin; 3500–2800 cm^{-1} und 1800–700 cm^{-1}): *Short, Thompson,* Soc. **1952** 168, 174, 177.

2-Isopropylamino-6-methyl-3*H*-pyrimidin-4-on $C_8H_{13}N_3O$, Formel III (R = $CH(CH_3)_2$) und Taut.

B. Aus Isopropylguanidin-sulfat und Acetessigsäure-äthylester beim Erwärmen mit methanol. Natriummethylat (*ICI,* D.B.P. 839640 [1949]; D.R.B.P. Org. Chem. 1950–1951 **6** 2439, 2442; U.S.P. 2585906 [1949]).

Kristalle (aus H_2O); F: 136–138° [Zers.].

2-Butylamino-6-methyl-3*H*-pyrimidin-4-on $C_9H_{15}N_3O$, Formel III (R = $[CH_2]_3$-CH_3) und Taut.

B. Analog der vorangehenden Verbindung (*ICI,* D.B.P. 839640 [1949]; D.R.B.P. Org. Chem. 1950–1951 **6** 2439, 2443; U.S.P. 2585906 [1949]).

Picrat. Kristalle (aus A.); F: 204°.

2-Anilino-6-methyl-3*H*-pyrimidin-4-on $C_{11}H_{11}N_3O$, Formel IV (X = X′ = X″ = H) und Taut.

B. Aus 6-Methyl-2-methylmercapto-3*H*-pyrimidin-4-on und Anilin bei 190° (*Matsukawa, Si⸗rakawa,* J. pharm. Soc. Japan **71** [1951] 933; C. A. **1952** 4548; s. a. *Curd, Rose,* Soc. **1946** 343, 351). Aus 6-Methyl-2-nitroamino-3*H*-pyrimidin-4-on und Anilin bei 145° (*Sirakawa,* J. pharm. Soc. Japan **79** [1959] 1477, 1479, 1481; C. A. **1960** 11038).

Kristalle; F: 244–246° [aus 2-Äthoxy-äthanol] (*Curd, Rose*), 243–244° [unkorr.; aus wss. A.] (*Si.*).

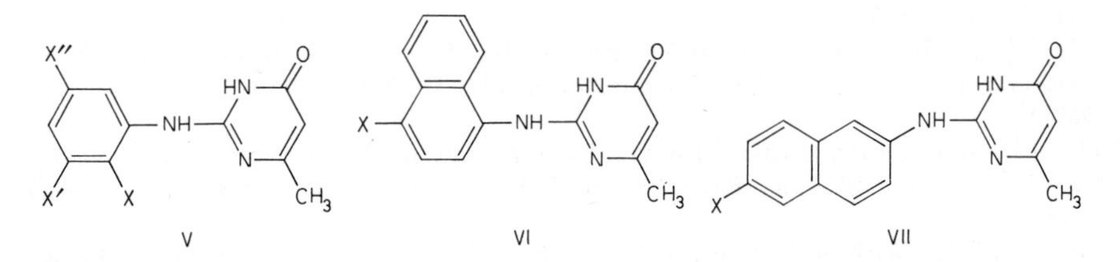

2-[2-Chlor-anilino]-6-methyl-3*H*-pyrimidin-4-on $C_{11}H_{10}ClN_3O$, Formel IV (X = Cl, X′ = X″ = H) und Taut.

B. Beim Erhitzen von 6-Methyl-2-methylmercapto-3*H*-pyrimidin-4-on mit 2-Chlor-anilin (*Curd, Rose,* Soc. **1946** 343, 349).

Kristalle (aus 2-Äthoxy-äthanol); F: 244–246°.

Die folgenden Verbindungen sind in analoger Weise hergestellt worden:

2-[3-Chlor-anilino]-6-methyl-3*H*-pyrimidin-4-on $C_{11}H_{10}ClN_3O$, Formel IV (X = X″ = H, X′ = Cl) und Taut. Kristalle (aus 2-Äthoxy-äthanol); F: 227–229° (*Curd, Rose*).

2-[4-Chlor-anilino]-6-methyl-3*H*-pyrimidin-4-on $C_{11}H_{10}ClN_3O$, Formel IV (X = X′ = H, X″ = Cl) und Taut. Kristalle (aus 2-Äthoxy-äthanol); F: 294° (*Curd, Rose*).

2-[2,4-Dichlor-anilino]-6-methyl-3*H*-pyrimidin-4-on $C_{11}H_9Cl_2N_3O$, Formel IV (X = X″ = Cl, X′ = H) und Taut. Kristalle (aus 2-Äthoxy-äthanol); F: 278–280° (*Curd et al.,* Soc. **1946** 351, 354, 355).

2-[2,5-Dichlor-anilino]-6-methyl-3*H*-pyrimidin-4-on $C_{11}H_9Cl_2N_3O$, Formel V

(X = X'' = Cl, X' = H) und Taut. Kristalle (aus 2-Äthoxy-äthanol); F: 250–252° (*Curd et al.*, l. c. S. 355).

2-[3,4-Dichlor-anilino]-6-methyl-3*H*-pyrimidin-4-on $C_{11}H_9Cl_2N_3O$, Formel IV (X = H, X' = X'' = Cl) und Taut. Kristalle (aus 2-Äthoxy-äthanol); F: 250–252° (*Curd et al.*, l. c. S. 355).

2-[4-Brom-anilino]-6-methyl-3*H*-pyrimidin-4-on $C_{11}H_{10}BrN_3O$, Formel IV (X = X' = H, X'' = Br) und Taut. Kristalle (aus 2-Äthoxy-äthanol); F: 284–286° (*Curd et al.*, l. c. S. 355).

2-[3,5-Dibrom-anilino]-6-methyl-3*H*-pyrimidin-4-on $C_{11}H_9Br_2N_3O$, Formel V (X = H, X' = X'' = Br) und Taut. Kristalle; F: 325° (*ICI*, U.S.P. 2433439 [1944]).

6-Methyl-2-[4-nitro-anilino]-3*H*-pyrimidin-4-on $C_{11}H_{10}N_4O_3$, Formel IV (X = X' = H, X'' = NO_2) und Taut. Kristalle (aus DMF oder Nitrobenzol); F: >320° (*Curd et al.*, l. c. S. 355).

6-Methyl-2-*o*-toluidino-3*H*-pyrimidin-4-on $C_{12}H_{13}N_3O$, Formel IV (X = CH_3, X' = X'' = H) und Taut. Kristalle (aus 2-Äthoxy-äthanol); F: 204° (*Curd et al.*, l. c. S. 355).

2-[4-Chlor-2-methyl-anilino]-6-methyl-3*H*-pyrimidin-4-on $C_{12}H_{12}ClN_3O$, Formel IV (X = CH_3, X' = H, X'' = Cl) und Taut. Kristalle (aus 2-Äthoxy-äthanol); F: 252–254° (*Curd et al.*, l. c. S. 355).

6-Methyl-2-*m*-toluidino-3*H*-pyrimidin-4-on $C_{12}H_{13}N_3O$, Formel IV (X = X'' = H, X' = CH_3) und Taut. Kristalle (aus A.); F: 214° (*Curd et al.*, l. c. S. 355).

6-Methyl-2-*p*-toluidino-3*H*-pyrimidin-4-on $C_{12}H_{13}N_3O$, Formel IV (X = X' = H, X'' = CH_3). Kristalle (aus 2-Äthoxy-äthanol); F: 230° (*Curd et al.*, l. c. S. 355).

2-[3-Chlor-4-methyl-anilino]-6-methyl-3*H*-pyrimidin-4-on $C_{12}H_{12}ClN_3O$, Formel IV (X = H, X' = Cl, X'' = CH_3) und Taut. Kristalle (aus 2-Äthoxy-äthanol); F: 252–254° (*Curd et al.*, l. c. S. 355).

2-[3,4-Dimethyl-anilino]-6-methyl-3*H*-pyrimidin-4-on $C_{13}H_{15}N_3O$, Formel IV (X = H, X' = X'' = CH_3) und Taut. Kristalle (aus 2-Äthoxy-äthanol); F: 238–239° (*Curd et al.*, l. c. S. 355).

2-[3,5-Dimethyl-anilino]-6-methyl-3*H*-pyrimidin-4-on $C_{13}H_{15}N_3O$, Formel V (X = H, X' = X'' = CH_3) und Taut. F: 268° (*ICI*).

2-[4-Butyl-anilino]-6-methyl-3*H*-pyrimidin-4-on $C_{15}H_{19}N_3O$, Formel IV (X = X' = H, X'' = $[CH_2]_3$-CH_3) und Taut. Kristalle (aus 2-Äthoxy-äthanol); F: 195–196° (*Curd et al.*, l. c. S. 355).

6-Methyl-2-[1]naphthylamino-3*H*-pyrimidin-4-on $C_{15}H_{13}N_3O$, Formel VI (X = H) und Taut. Kristalle (aus 2-Äthoxy-äthanol); F: 256–257° (*Curd et al.*, Soc. **1946** 366, 369).

2-[4-Chlor-[1]naphthylamino]-6-methyl-3*H*-pyrimidin-4-on $C_{15}H_{12}ClN_3O$, Formel VI (X = Cl) und Taut. Kristalle (aus 2-Äthoxy-äthanol); F: 298–301° (*Curd et al.*, l. c. S. 369).

6-Methyl-2-[2]naphthylamino-3*H*-pyrimidin-4-on $C_{15}H_{13}N_3O$, Formel VII (X = H) und Taut. Kristalle (aus 2-Äthoxy-äthanol); F: 244–245° (*Curd et al.*, l. c. S. 369).

2-[6-Brom-[2]naphthylamino]-6-methyl-3*H*-pyrimidin-4-on $C_{15}H_{12}BrN_3O$, Formel VII (X = Br) und Taut. Kristalle (aus 2-Äthoxy-äthanol); F: 286–289° (*Curd et al.*, l. c. S. 369).

2-Biphenyl-4-ylamino-6-methyl-3*H*-pyrimidin-4-on $C_{17}H_{15}N_3O$, Formel IV (X = X' = H, X'' = C_6H_5) und Taut. Kristalle (aus DMF oder Nitrobenzol); F: 258–259° (*Curd et al.*, l. c. S. 355).

2-[3-(2-Diäthylamino-äthoxy)-propylamino]-6-methyl-3*H*-pyrimidin-4-on $C_{14}H_{26}N_4O_2$, Formel VIII (R = $[CH_2]_3$-O-CH_2-CH_2-N(C_2H_5)$_2$) und Taut. Dipicrat $C_{14}H_{26}N_4O_2 \cdot 2C_6H_3N_3O_7$. Kristalle (aus 2-Äthoxy-äthanol); F: 161–163° (*Curd et al.*, Soc. **1946** 720, 724).

2-*o*-Anisidino-6-methyl-3*H*-pyrimidin-4-on $C_{12}H_{13}N_3O_2$, Formel IX (X = O-CH_3, X' = H) und Taut. Kristalle (aus 2-Äthoxy-äthanol); F: 245–246° (*Curd, Rose*).

6-Methyl-2-*p*-phenetidino-3*H*-pyrimidin-4-on $C_{13}H_{15}N_3O_2$, Formel IX (X = H, X' = O-C_2H_5) und Taut. Kristalle (aus A.); F: 187–189° (*Curd et al.*, l. c. S. 355).

6-Methyl-2-[4-methylmercapto-anilino]-3*H*-pyrimidin-4-on $C_{12}H_{13}N_3OS$, For=

mel IX (X = H, X' = S-CH_3) und Taut. Kristalle (aus 2-Äthoxy-äthanol); F: 210–212° (*Curd et al.*, l. c. S. 355).

2-[2-Methoxy-benzylamino]-6-methyl-3*H*-pyrimidin-4-on $C_{13}H_{15}N_3O_2$, Formel X (X = O-CH_3, X' = H) und Taut. Kristalle (aus wss. A.); F: 177–178° (*Matsukawa, Sirakawa*, J. pharm. Soc. Japan **71** [1951] 943, **72** [1952] 486, 488; C. A. **1952** 8122, **1953** 2183).

2-[4-Methoxy-benzylamino]-6-methyl-3*H*-pyrimidin-4-on $C_{13}H_{15}N_3O_2$, Formel X (X = H, X' = O-CH_3) und Taut. Hydrochlorid $C_{13}H_{15}N_3O_2 \cdot HCl$. Kristalle (aus A.); F: 216–218° (*Ma., Si.*).

2-[6-Methoxy-[2]naphthylamino]-6-methyl-3*H*-pyrimidin-4-on $C_{16}H_{15}N_3O_2$, Formel VII (X = O-CH_3) und Taut. Kristalle (aus 2-Äthoxy-äthanol); F: 238–239° (*Curd et al.*, l. c. S. 370).

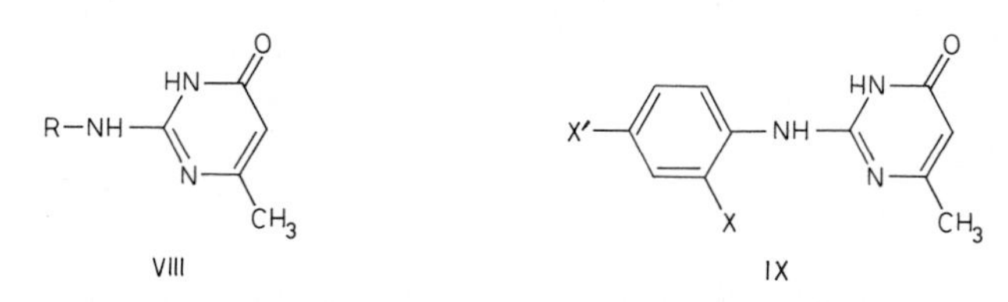

2-Anilino-6-methyl-3-phenyl-3*H*-pyrimidin-4-on $C_{17}H_{15}N_3O$, Formel XI.

B. Beim Erhitzen von 2-Amino-2-anilino-6-methyl-3-phenyl-2,3-dihydro-[1,3]oxazin-4-on mit verd. wss. HCl (*Lacey*, Soc. **1954** 839, 843).

Kristalle; F: 113–114° [korr.].

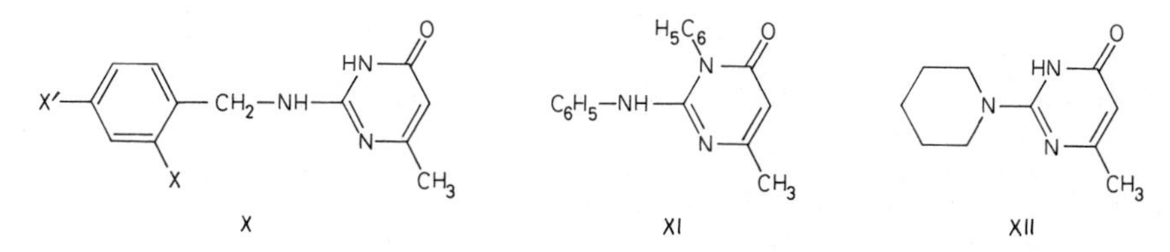

2-Benzylamino-6-methyl-3*H*-pyrimidin-4-on $C_{12}H_{13}N_3O$, Formel X (X = X' = H) und Taut.

B. Aus 6-Methyl-2-methylmercapto-3*H*-pyrimidin-4-on (*Matsukawa, Sirakawa*, J. pharm. Soc. Japan **71** [1951] 943; C. A. **1952** 8122) oder aus 6-Methyl-2-thioxo-2,3-dihydro-1*H*-pyrimidin-4-on (*Matsukawa, Sirakawa*, J. pharm. Soc. Japan **72** [1952] 486, 487; C. A. **1953** 2183) beim Erhitzen mit Benzylamin. Aus Benzylguanidin-hydrobromid (*Matsukawa, Sirakawa*, J. pharm. Soc. Japan **71** [1951] 1210; C. A. **1952** 8122) oder aus Benzylguanidin-sulfat (*Naito et al.*, J. pharm. Soc. Japan **72** [1952] 348; C. A. **1953** 6408) beim Erwärmen mit Acetessigsäure-äthylester und äthanol. Natriumäthylat oder methanol. Natriummethylat. Beim Erhitzen von 6-Methyl-2-nitroamino-3*H*-pyrimidin-4-on mit Benzylamin (*Sirakawa*, J. pharm. Soc. Japan **79** [1959] 1477, 1479, 1481; C. A. **1960** 11038).

Kristalle; F: 144,5–145,5° [unkorr.; aus wss. A.] (*Si.*), 139–141° [aus Me.] (*Na.*), 131–133° [aus PAe.] (*Ma., Si.*, J. pharm. Soc. Japan **72** 488).

2-[2-Hydroxy-äthylamino]-6-methyl-3*H*-pyrimidin-4-on $C_7H_{11}N_3O_2$, Formel VIII (R = CH_2-CH_2-OH) und Taut.

B. Aus [2-Hydroxy-äthyl]-guanidin-carbonat und Acetessigsäure-äthylester in Äthanol (*Kawai*, Scient. Pap. Inst. phys. chem. Res. **16** [1931] 24, 26).

Kristalle (aus H_2O); F: 204–205°.

Hydrochlorid. Kristalle (aus A.); F: 165–166°.

Picrat. Kristalle (aus H_2O); F: 198–199°.

6-Methyl-2-piperidino-3*H*-pyrimidin-4-on $C_{10}H_{15}N_3O$, Formel XII und Taut.

B. Beim Erhitzen von 2-Äthylmercapto-6-methyl-3*H*-pyrimidin-4-on (*Hull et al.*, Soc. **1946** 357, 361) oder von 6-Methyl-2-nitroamino-3*H*-pyrimidin-4-on (*Sirakawa*, J. pharm. Soc. Japan

79 [1959] 1477, 1479, 1481; C. A. **1960** 11038) mit Piperidin.
Kristalle; F: 185–186° [unkorr.; aus wss. A.] (*Si.*), 185° [aus Me.+E.] (*Hull et al.*).

2-*p*-Anisidino-6-methyl-3*H*-pyrimidin-4-on $C_{12}H_{13}N_3O_2$, Formel IX (X = H, X' = O-CH$_3$) und Taut.

B. Beim Erhitzen von 6-Methyl-2-methylmercapto-3*H*-pyrimidin-4-on mit *p*-Anisidin (*Curd, Rose,* Soc. **1946** 343, 349). Aus [4-Methoxy-phenyl]-guanidin-sulfat und Acetessigsäure-äthylester beim Erwärmen mit methanol. Natriummethylat (*Curd, Rose*).

Kristalle (aus 2-Äthoxy-äthanol); F: 213–214°.

2-[4-Hydroxy-benzylamino]-6-methyl-3*H*-pyrimidin-4-on $C_{12}H_{13}N_3O_2$, Formel X (X = H, X' = OH) und Taut.

B. Aus [4-Hydroxy-benzyl]-guanidin-hydrochlorid und Acetessigsäure-äthylester beim Erwärmen mit äthanol. Natriumäthylat (*Matsukawa, Sirakawa,* J. pharm. Soc. Japan **71** [1951] 1210; C. A. **1952** 8122).

Kristalle (aus wss. A.); F: 235–236°.

Beim Erhitzen mit Acetanhydrid ist ein Diacetyl-Derivat $C_{16}H_{17}N_3O_4$ (Kristalle [aus A.]; F: 144,5–148,5°) erhalten worden.

2-Acetylamino-6-methyl-3*H*-pyrimidin-4-on, *N*-[4-Methyl-6-oxo-1,6-dihydro-pyrimidin-2-yl]-acetamid $C_7H_9N_3O_2$, Formel I (R = CH$_3$, R' = H) und Taut.

B. Aus 2-Amino-6-methyl-3*H*-pyrimidin-4-on (*Prokof'ew et al.,* Uč. Zap. Moskovsk. Univ. Nr. 151 [1951] 349, 359; *Matsukawa, Sirakawa,* J. pharm. Soc. Japan **72** [1952] 913; C. A. **1953** 6425) sowie aus 4-Chlor-6-methyl-pyrimidin-2-ylamin (*Ma., Si.*) beim Erhitzen mit Acetanhydrid.

Kristalle; F: 218–219° [aus A.] (*Ma., Si.*), 216–218° [aus Me.] (*Pr. et al.*).

Chloressigsäure-[4-methyl-6-oxo-1,6-dihydro-pyrimidin-2-ylamid] $C_7H_8ClN_3O_2$, Formel I (R = CH$_2$Cl, R' = H) und Taut.

B. Aus 2-Amino-6-methyl-3*H*-pyrimidin-4-on und Chloracetylchlorid (*Prokof'ew et al.,* Uč. Zap. Moskovsk. Univ. Nr. 151 [1951] 349, 360).

Kristalle (aus Me.); F: 170–171° [rasches Erhitzen].

2-Acetylamino-3,6-dimethyl-3*H*-pyrimidin-4-on, *N*-[1,4-Dimethyl-6-oxo-1,6-dihydro-pyrimidin-2-yl]-acetamid $C_8H_{11}N_3O_2$, Formel I (R = R' = CH$_3$).

B. Aus 2-Amino-3,6-dimethyl-3*H*-pyrimidin-4-on beim Erhitzen mit Acetanhydrid in Dioxan (*Antonowitsch, Prokof'ew,* Vestnik Moskovsk. Univ. **10** [1955] Nr. 3, S. 57, 59; C. A. **1955** 10972).

Kristalle (aus Me.); F: 130–132°.

(±)-2-Brom-propionsäure-[4-methyl-6-oxo-1,6-dihydro-pyrimidin-2-ylamid] $C_8H_{10}BrN_3O_2$, Formel I (R = CHBr-CH$_3$, R' = H) und Taut.

B. Beim Erwärmen von 2-Amino-6-methyl-3*H*-pyrimidin-4-on mit opt.-inakt. 2-Brom-propionsäure-anhydrid in CHCl$_3$ (*Prokof'ew et al.,* Doklady Akad. S.S.S.R. **87** [1952] 783, 784; C. A. **1954** 169).

Kristalle (aus H_2O oder Me.); F: 170°.

[4-Methyl-6-oxo-1,6-dihydro-pyrimidin-2-yl]-harnstoff $C_6H_8N_4O_2$, Formel I (R = NH$_2$, R' = H) und Taut. (H **24** 344).

B. Aus Cyanguanidin und Acetessigsäure-äthylester bei 100° (*Ridi et al.,* Ann. Chimica **44** [1954] 769, 782).

Kristalle (aus Eg.); F: 260° [nach Erweichen bei 235°].

***N*-[4-Methyl-6-oxo-1,6-dihydro-pyrimidin-2-yl]-*N'*-phenyl-harnstoff** $C_{12}H_{12}N_4O_2$, Formel I (R = NH-C$_6$H$_5$, R' = H) und Taut.

Konstitution: *Urbański et al.,* J. med. Chem. **10** [1967] 521, 523.

B. Aus Phenylcarbamoyl-guanidin und Acetessigsäure-äthylester beim Erhitzen auf 140° (*Ridi,*

Checchi, Ann. Chimica **44** [1954] 28, 37) oder beim Behandeln mit wss.-äthanol. NaOH (*Ur. et al.*, l. c. S. 522, 524).
Kristalle; F: 275–276° (*Ur. et al.*), 272–273° [aus Eg.] (*Ridi, Ch.*).

***N*-[4-Chlor-phenyl]-*N'*-[4-methyl-6-oxo-1,6-dihydro-pyrimidin-2-yl]-harnstoff** $C_{12}H_{11}ClN_4O_2$, Formel I (R = NH-C_6H_4Cl, R' = H) und Taut.
B. Beim Erhitzen von 2-Amino-6-methyl-3*H*-pyrimidin-4-on mit 4-Chlor-phenylisocyanat in Xylol (*Ashworth et al.*, Soc. **1948** 581, 583). Aus [4-Methyl-6-oxo-1,6-dihydro-pyrimidin-2-yl]-harnstoff und 4-Chlor-anilin beim Erhitzen in 1,2-Dichlor-benzol (*Ash. et al.*). Aus der folgenden Verbindung und 4-Chlor-anilin-hydrochlorid bei 170° (*Ash. et al.*, l. c. S. 576).
Kristalle (aus Nitrobenzol); F: 294°.

***O*-Äthyl-*N*-[4-methyl-6-oxo-1,6-dihydro-pyrimidin-2-yl]-isoharnstoff** $C_8H_{12}N_4O_2$, Formel II (X = O-C_2H_5) und Taut.
B. Aus [4-Methyl-6-oxo-1,6-dihydro-pyrimidin-2-yl]-carbamonitril und äthanol. HCl (*Ashworth et al.*, Soc. **1948** 581, 585).
Kristalle (aus A.); F: 212–213°.

[4-Methyl-6-oxo-1,6-dihydro-pyrimidin-2-yl]-guanidin $C_6H_9N_5O$, Formel II (X = NH_2) und Taut.
B. Aus [4-Methyl-6-oxo-1,6-dihydro-pyrimidin-2-yl]-carbamonitril beim Erhitzen mit wss. NH_3 und NH_4Cl in 2-Äthoxy-äthanol (*Crowther et al.*, Soc. **1948** 586, 592). Aus Biguanid-sulfat und Acetessigsäure-äthylester mit Hilfe von wss.-äthanol. NaOH (*Curd et al.*, Soc. **1948** 594, 596).
Kristalle; F: 303° [Zers.] (*Cr. et al.*).

***N*-[4-Methyl-6-oxo-1,6-dihydro-pyrimidin-2-yl]-*N'*-phenyl-guanidin** $C_{12}H_{13}N_5O$, Formel III (X = H) und Taut.
B. Aus 1-Phenyl-biguanid und Acetessigsäure-äthylester beim Erhitzen auf 140° (*Ridi et al.*, Ann. Chimica **44** [1954] 769, 777) oder beim Behandeln mit wss.-äthanol. NaOH (*Curd, Rose*, Soc. **1946** 362, 365). Aus [4-Methyl-6-oxo-1,6-dihydro-pyrimidin-2-yl]-carbamonitril und Anilin-hydrochlorid beim Erhitzen in wss. 2-Äthoxy-äthanol (*ICI*, U.S.P. 2422890 [1945]).
Kristalle; F: 255–258° [aus Dioxan + A.] (*Ridi et al.*), 248–250° [aus Nitrobenzol] (*ICI*).

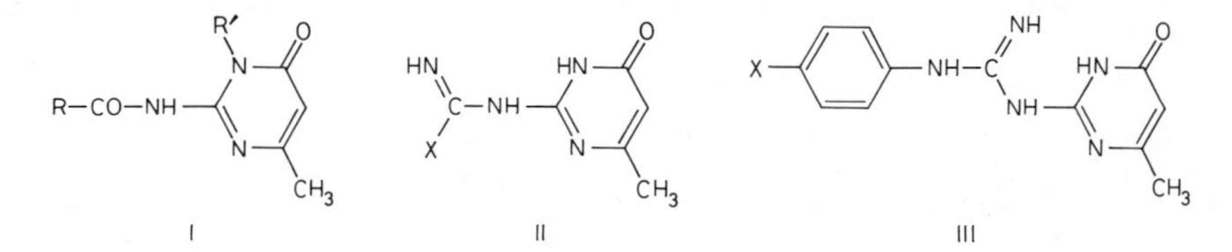

***N*-[4-Fluor-phenyl]-*N'*-[4-methyl-6-oxo-1,6-dihydro-pyrimidin-2-yl]-guanidin** $C_{12}H_{12}FN_5O$, Formel III (X = F) und Taut.
B. Beim Erhitzen von [4-Methyl-6-oxo-1,6-dihydro-pyrimidin-2-yl]-carbamonitril mit 4-Fluor-anilin-hydrochlorid in wss. 2-Äthoxy-äthanol (*Curd, Rose*, Soc. **1946** 362, 365). Aus 1-[4-Fluor-phenyl]-biguanid-hydrochlorid und Acetessigsäure-äthylester in wss.-äthanol. NaOH (*ICI*, U.S.P. 2422888 [1944]).
Kristalle (aus Nitrobenzol); F: 258–260° (*Curd, Rose*).

Die folgenden Verbindungen sind in analoger Weise hergestellt worden:
N-[3-Chlor-phenyl]-*N'*-[4-methyl-6-oxo-1,6-dihydro-pyrimidin-2-yl]-guanidin $C_{12}H_{12}ClN_5O$, Formel II (X = NH-C_6H_4Cl) und Taut. Kristalle (aus Nitrobenzol); F: 239° (*Curd, Rose; ICI*, U.S.P. 2422890 [1945]).
N-[3,5-Dichlor-phenyl]-*N'*-[4-methyl-6-oxo-1,6-dihydro-pyrimidin-2-yl]-guanidin $C_{12}H_{11}Cl_2N_5O$, Formel II (X = NH-$C_6H_3Cl_2$) und Taut. Kristalle (aus 1,2-Dichlor-benzol); F: 270–272° (*Cliffe et al.*, Soc. **1948** 574, 579; *ICI*, U.S.P. 2422890).

N-[4-Jod-phenyl]-*N'*-[4-methyl-6-oxo-1,6-dihydro-pyrimidin-2-yl]-guanidin $C_{12}H_{12}IN_5O$, Formel III (X = I) und Taut. Hellgelbe Kristalle (aus Nitrobenzol); F: 275–280° (*Curd, Rose; ICI,* U.S.P. 2422890).

N-[4-Methyl-6-oxo-1,6-dihydro-pyrimidin-2-yl]-*N'*-[4-nitro-phenyl]-guanidin $C_{12}H_{12}N_6O_3$, Formel III (X = NO_2) und Taut. Gelbe Kristalle (aus Nitrobenzol); F: 279–281° (*Curd, Rose*). Scheinbarer Dissoziationsexponent pK'_a (H_2O; spektrophotometrisch ermittelt) bei 25°: 9,4 (*Gage,* Soc. **1949** 469, 470).

N-Biphenyl-4-yl-*N'*-[4-methyl-6-oxo-1,6-dihydro-pyrimidin-2-yl]-guanidin $C_{18}H_{17}N_5O$, Formel III (X = C_6H_5) und Taut. Kristalle (aus Bzl.) mit 0,5 Mol Benzol; F: 261° (*Cl. et al.; ICI,* U.S.P. 2422888).

N-[4-Methylmercapto-phenyl]-*N'*-[4-methyl-6-oxo-1,6-dihydro-pyrimidin-2-yl]-guanidin $C_{13}H_{15}N_5OS$, Formel III (X = S-CH_3) und Taut. Kristalle (aus 1,2-Dichlorbenzol); F: 250–252° (*Cl. et al.; ICI,* U.S.P. 2422890).

N-[4-Cyan-phenyl]-*N'*-[4-methyl-6-oxo-1,6-dihydro-pyrimidin-2-yl]-guanidin $C_{13}H_{12}N_6O$, Formel III (X = CN) und Taut. Kristalle (aus Nitrobenzol); F: 278° (*Curd, Rose; ICI,* U.S.P. 2422890).

N-[6]Chinolyl-*N'*-[4-methyl-6-oxo-1,6-dihydro-pyrimidin-2-yl]-guanidin $C_{15}H_{14}N_6O$, Formel IV und Taut. Kristalle (aus Nitrobenzol); F: 278° (*Gulland, Macey,* Soc. **1949** 1257). – Dihydrochlorid $C_{15}H_{14}N_6O \cdot 2HCl$. Kristalle; F: 242° (*Gu., Ma.*).

N-[6-Methoxy-[8]chinolyl]-*N'*-[4-methyl-6-oxo-1,6-dihydro-pyrimidin-2-yl]-guanidin $C_{16}H_{16}N_6O_2$, Formel V und Taut. Kristalle (aus Py.); F: 257–258° (*Sen et al.,* J. scient. ind. Res. India **11** B [1952] 324).

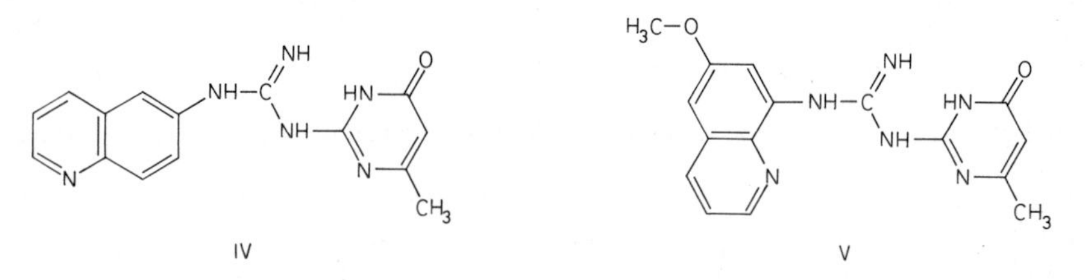

IV V

N-[2-Chlor-phenyl]-N'-[4-methyl-6-oxo-1,6-dihydro-pyrimidin-2-yl]-guanidin $C_{12}H_{12}ClN_5O$, Formel II (X = NH-C_6H_4Cl) und Taut.

B. Aus 1-[2-Chlor-phenyl]-biguanid-hydrochlorid und Acetessigsäure-äthylester (*Curd, Rose,* Soc. **1946** 362, 365).

Kristalle (aus Nitrobenzol); F: 252–254°.

Die folgenden Verbindungen sind in analoger Weise hergestellt worden:

N-[4-Brom-phenyl]-*N'*-[4-methyl-6-oxo-1,6-dihydro-pyrimidin-2-yl]-guanidin $C_{12}H_{12}BrN_5O$, Formel III (X = Br) und Taut. Kristalle (aus Nitrobenzol); F: 252–254° (*Curd, Rose*).

N-[4-Methyl-6-oxo-1,6-dihydro-pyrimidin-2-yl]-*N'*-[1]naphthyl-guanidin $C_{16}H_{15}N_5O$, Formel VI und Taut. F: 260° [Zers.; aus Dioxan + A.] (*Ridi et al.,* Ann. Chimica **44** [1954] 769, 777).

N-[4-Äthoxy-phenyl]-*N'*-[4-methyl-6-oxo-1,6-dihydro-pyrimidin-2-yl]-guanidin $C_{14}H_{17}N_5O_2$, Formel III (X = O-C_2H_5) und Taut. F: 260° [Zers.; aus Dioxan + A.] (*Ridi et al.*).

N-[4-Chlor-phenyl]-N'-[4-methyl-6-oxo-1,6-dihydro-pyrimidin-2-yl]-guanidin $C_{12}H_{12}ClN_5O$, Formel III (X = Cl) und Taut.

B. Beim Erhitzen von [4-Methyl-6-oxo-1,6-dihydro-pyrimidin-2-yl]-carbamonitril mit 4-Chloranilin in 2-Äthoxy-äthanol und wss. HCl (*Curd, Rose,* Soc. **1946** 362, 364). Aus 1-[4-Chlorphenyl]-biguanid-hydrochlorid und Acetessigsäure-äthylester in wss.-äthanol. NaOH (*Curd, Rose*). Aus *O*-Äthyl-*N*-[4-methyl-6-oxo-1,6-dihydro-pyrimidin-2-yl]-isoharnstoff und 4-Chloranilin bei 170° (*Ashworth et al.,* Soc. **1948** 581, 586). Aus 6-Methyl-2-methylmercapto-3*H*-pyrimidin-4-on und [4-Chlor-phenyl]-guanidin bei 160–170° (*Crowther et al.,* Soc. **1948** 586,

592). Aus [4-Methyl-6-oxo-1,6-dihydro-pyrimidin-2-yl]-guanidin und 4-Chlor-anilin-hydro=chlorid beim Erhitzen in H_2O (*Cr. et al.*).

Kristalle (aus Nitrobenzol); F: 288–289° (*Curd, Rose*). Scheinbarer Dissoziationsexponent pK'_a (H_2O; spektrophotometrisch ermittelt) bei 25°: 10,0 (*Gage*, Soc. **1949** 469, 470).

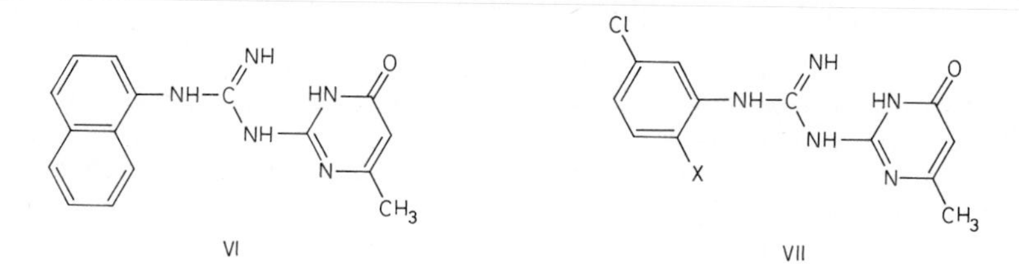

N-[2,5-Dichlor-phenyl]-N′-[4-methyl-6-oxo-1,6-dihydro-pyrimidin-2-yl]-guanidin $C_{12}H_{11}Cl_2N_5O$, Formel VII (X = Cl) und Taut.

B. Beim Erhitzen von [4-Methyl-6-oxo-1,6-dihydro-pyrimidin-2-yl]-carbamonitril mit 2,5-Dichlor-anilin in 2-Äthoxy-äthanol und wss. HCl (*Cliffe et al.*, Soc. **1948** 574, 579).

F: 263–266°.

Die folgenden Verbindungen sind in analoger Weise hergestellt worden:

N-[5-Chlor-2-methoxy-phenyl]-*N′*-[4-methyl-6-oxo-1,6-dihydro-pyrimidin-2-yl]-guanidin $C_{13}H_{14}ClN_5O_2$, Formel VII (X = O-CH_3) und Taut. F: 249–250°.

N-[4-Methyl-6-oxo-1,6-dihydro-pyrimidin-2-yl]-*N′*-[4-sulfamoyl-phenyl]-guanidin $C_{12}H_{14}N_6O_3S$, Formel III (X = SO_2-NH_2) und Taut. F: 266–269S.

N-[4-Dimethylsulfamoyl-phenyl]-*N′*-[4-methyl-6-oxo-1,6-dihydro-pyrimidin-2-yl]-guanidin $C_{14}H_{18}N_6O_3S$, Formel III (X = SO_2-N(CH_3)$_2$) und Taut. Kristalle (aus Nitrobenzol); F: 259–261°.

N-[4-Dimethylamino-phenyl]-*N′*-[4-methyl-6-oxo-1,6-dihydro-pyrimidin-2-yl]-guanidin $C_{14}H_{18}N_6O$, Formel III (X = N(CH_3)$_2$) und Taut. Kristalle (aus 1,2-Dichlor-benzol); F: 257–258°.

N-[4-Methoxy-phenyl]-N′-[4-methyl-6-oxo-1,6-dihydro-pyrimidin-2-yl]-guanidin $C_{13}H_{15}N_5O_2$, Formel III (X = O-CH_3) und Taut.

B. Aus 1-[4-Methoxy-phenyl]-biguanid-hydrochlorid und Acetessigsäure-äthylester in wss.-äthanol. NaOH (*Curd, Rose*, Soc. **1946** 362, 366). Aus 6-Methyl-2-methylmercapto-3*H*-pyrimidin-4-on und [4-Methoxy-phenyl]-guanidin bei 160–170° (*Crowther et al.*, Soc. **1948** 586, 592).

Kristalle (aus 2-Äthoxy-äthanol); F: 253° (*Curd, Rose*).

N-[1-(4-Chlor-phenyl)-4-methyl-6-oxo-1,6-dihydro-pyrimidin-2-yl]-N′-isopropyl-guanidin $C_{15}H_{18}ClN_5O$, Formel VIII (R = C(=NH)-NH-CH(CH_3)$_2$).

B. Aus 3-[4-Chlor-phenyl]-6-methyl-2-methylmercapto-3*H*-pyrimidin-4-on und Isopropylguanidin bei 120° (*Fraser, Kermack*, Soc. **1951** 2682, 2686).

Kristalle (aus A.); F: 299–300° [Zers.].

[2-Amino-4-methyl-6-oxo-6*H*-pyrimidin-1-yl]-essigsäure $C_7H_9N_3O_3$, Formel IX (R = H).

B. Neben 7-Methyl-1*H*-imidazo[1,2-*a*]pyrimidin-2,5-dion beim Erwärmen von *N*-Carbamimidoyl-glycin mit Acetessigsäure-äthylester und methanol. Natriummethylat (*Prokof'ew et al.*, Doklady Akad. S.S.S.R. **87** [1952] 783; C. A. **1954** 169).

Kristalle (aus H_2O); F: 240–241° [vorgeheizter App.].

(±)-2-[2-Amino-4-methyl-6-oxo-6*H*-pyrimidin-1-yl]-propionsäure $C_8H_{11}N_3O_3$, Formel IX (R = CH_3).

B. Analog der vorangehenden Verbindung (*Prokof'ew et al.*, Doklady Akad. S.S.S.R. **87** [1952] 783; C. A. **1954** 169).

Kristalle (aus H_2O); F: 227°.

N-[4-Methyl-6-oxo-1,6-dihydro-pyrimidin-2-yl]-DL-alanin $C_8H_{11}N_3O_3$, Formel X (R = $CH(CH_3)$-CO-OH) und Taut.

B. Aus *N*-[4-Chlor-6-methyl-pyrimidin-2-yl]-DL-alanin mit Hilfe von wss. NaOH (*Prokof'ew, Rumjanzewa,* Doklady Akad. S.S.S.R. **75** [1950] 399, 401; C. A. **1951** 7125; *Prokof'ew et al.,* Uč. Zap. Moskovsk. Univ. Nr. 151 [1951] 349, 357).

Kristalle (aus H_2O); F: 276° [Zers.].

(±)-2-[4-Methyl-6-oxo-1,6-dihydro-pyrimidin-2-ylamino]-buttersäure $C_9H_{13}N_3O_3$, Formel X (R = $CH(C_2H_5)$-CO-OH) und Taut.

B. Aus 4-Chlor-6-methyl-pyrimidin-2-ylamin und (±)-2-Chlor-buttersäure (*Prokof'ew et al.,* Uč. Zap. Moskovsk. Univ. Nr. 151 [1951] 349, 358).

F: 274–275°.

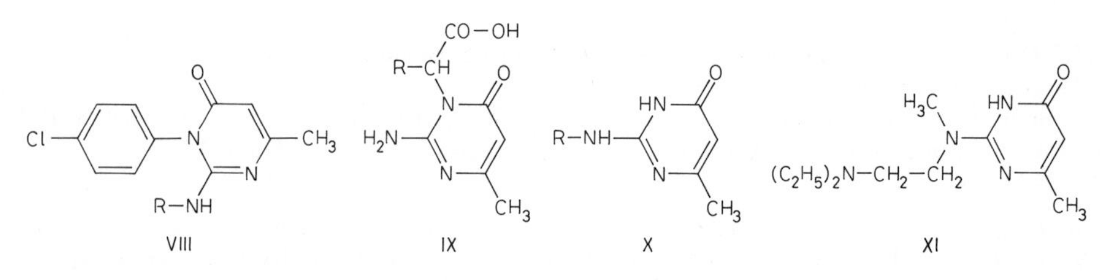

(±)-α-[2-Amino-4-methyl-6-oxo-6*H*-pyrimidin-1-yl]-isovaleriansäure $C_{10}H_{15}N_3O_3$, Formel IX (R = $CH(CH_3)_2$).

B. Beim Erwärmen von *N*-Carbamimidoyl-DL-valin mit Acetessigsäure-äthylester und äthanol. Natriumäthylat (*Prokof'ew et al.,* Doklady Akad. S.S.S.R. **87** [1952] 783; C. A. **1954** 169).

Kristalle (aus H_2O); F: 185°.

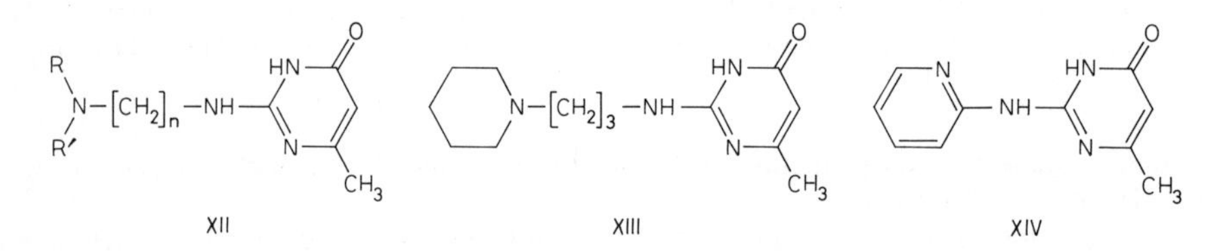

4-[4-Methyl-6-oxo-1,6-dihydro-pyrimidin-2-ylamino]-benzoesäure-methylester $C_{13}H_{13}N_3O_3$, Formel X (R = C_6H_4-CO-O-CH_3) und Taut.

B. Beim Erhitzen von 6-Methyl-2-methylmercapto-3*H*-pyrimidin-4-on mit 4-Amino-benzoe≈säure-methylester, auch in 2-Äthoxy-äthanol (*Curd et al.,* Soc. **1946** 351, 354).

Kristalle (aus DMF oder Nitrobenzol); F: 274–276° (*Curd et al.,* Soc. **1946** 355).

Die folgenden Verbindungen sind in analoger Weise hergestellt worden:

4-[4-Methyl-6-oxo-1,6-dihydro-pyrimidin-2-ylamino]-benzonitril $C_{12}H_{10}N_4O$, Formel X (R = C_6H_4-CN) und Taut. Kristalle (aus DMF oder Nitrobenzol); F: >320° (*Curd et al.,* Soc. **1946** 355).

2-[2-Amino-äthylamino]-6-methyl-3*H*-pyrimidin-4-on $C_7H_{12}N_4O$, Formel X (R = CH_2-CH_2-NH_2) und Taut. Kristalle (aus A.); F: 176–177° (*ICI,* U.S.P. 2443303 [1945]).

2-[2-Diäthylamino-äthylamino]-6-methyl-3*H*-pyrimidin-4-on $C_{11}H_{20}N_4O$, For≈mel X (R = CH_2-CH_2-$N(C_2H_5)_2$) und Taut. Dipicrat $C_{11}H_{20}N_4O \cdot 2C_6H_3N_3O_7$. Kristalle (aus 2-Äthoxy-äthanol); F: 178–180° (*Curd et al.,* Soc. **1946** 370, 373).

2-[2-Acetylamino-äthylamino]-6-methyl-3*H*-pyrimidin-4-on, *N*-[2-(4-Methyl-6-oxo-1,6-dihydro-pyrimidin-2-ylamino)-äthyl]-acetamid $C_9H_{14}N_4O_2$, Formel X (R = CH_2-CH_2-NH-CO-CH_3) und Taut. Kristalle (aus A.+Ae.); F: 144–146° [Zers.] (*ICI*).

3-[4-Chlor-phenyl]-2-[2-diäthylamino-äthylamino]-6-methyl-3*H*-pyrimidin-4-on $C_{17}H_{23}ClN_4O$, Formel VIII (R = CH_2-CH_2-$N(C_2H_5)_2$). Dihydrobromid $C_{17}H_{23}ClN_4O \cdot 2HBr$. F: 253° (*Fraser, Kermack,* Soc. **1951** 2682, 2686).

2-[(2-Diäthylamino-äthyl)-methyl-amino]-6-methyl-3*H*-pyrimidin-4-on

$C_{12}H_{22}N_4O$, Formel XI und Taut. Dipicrat $C_{12}H_{22}N_4O \cdot 2C_6H_3N_3O_7$. Kristalle (aus Me.); F: 167–169° (*Curd et al.*, Soc. **1946** 720, 724).

2-[3-Dimethylamino-propylamino]-6-methyl-3*H*-pyrimidin-4-on $C_{10}H_{18}N_4O$, Formel XII (R = R' = CH_3, n = 3) und Taut. Dipicrat $C_{10}H_{18}N_4O \cdot 2C_6H_3N_3O_7$. Kristalle (aus 2-Äthoxy-äthanol); F: 201–202° (*Curd et al.*, Soc. **1946** 375).

2-[3-Diäthylamino-propylamino]-6-methyl-3*H*-pyrimidin-4-on $C_{12}H_{22}N_4O$, Formel XII (R = R' = C_2H_5, n = 3) und Taut. Dipicrat $C_{12}H_{22}N_4O \cdot 2C_6H_3N_3O_7$. Kristalle (aus 2-Äthoxy-äthanol); F: 211–212° (*Curd et al.*, Soc. **1946** 374).

2-[3-Butylamino-propylamino]-6-methyl-3*H*-pyrimidin-4-on $C_{12}H_{22}N_4O$, Formel XII (R = $[CH_2]_3$-CH_3, R' = H, n = 3) und Taut. Dipicrat $C_{12}H_{22}N_4O \cdot 2C_6H_3N_3O_7$. Kristalle (aus A.); F: 200° (*Curd et al.*, Soc. **1946** 377). – Bis-[3,5-dinitro-benzoat] $C_{12}H_{22}N_4O \cdot 2C_7H_4N_2O_6$. F: 193–194° (*Curd et al.*, Soc. **1946** 377).

2-[3-Dibutylamino-propylamino]-6-methyl-3*H*-pyrimidin-4-on $C_{16}H_{30}N_4O$, Formel XII (R = R' = $[CH_2]_3$-CH_3, n = 3) und Taut. Dipicrat $C_{16}H_{30}N_4O \cdot 2C_6H_3N_3O_7$. Kristalle (aus Me.); F: 224–225° (*Curd et al.*, Soc. **1946** 375).

6-Methyl-2-[3-piperidino-propylamino]-3*H*-pyrimidin-4-on $C_{13}H_{22}N_4O$, Formel XIII und Taut. Kristalle (aus H_2O) mit 2 Mol H_2O; F: 81–82° (*Curd et al.*, Soc. **1946** 376). – Dipicrat $C_{13}H_{22}N_4O \cdot 2C_6H_3N_3O_7$. F: 218° (*Curd et al.*, Soc. **1946** 376).

2-{3-[(2-Diäthylamino-äthyl)-methyl-amino]-propylamino}-6-methyl-3*H*-pyrimidin-4-on $C_{15}H_{29}N_5O$, Formel XII (R = CH_3, R' = CH_2-CH_2-$N(C_2H_5)_2$, n = 3) und Taut. Dipicrat $C_{15}H_{29}N_5O \cdot 2C_6H_3N_3O_7$. Kristalle (aus 2-Äthoxy-äthanol); F: 205–207° [Zers.] (*Curd et al.*, Soc. **1946** 724).

2-[4-Diäthylamino-butylamino]-6-methyl-3*H*-pyrimidin-4-on $C_{13}H_{24}N_4O$, Formel XII (R = R' = C_2H_5, n = 4) und Taut. Dipicrat $C_{13}H_{24}N_4O \cdot 2C_6H_3N_3O_7$. Kristalle (aus 2-Äthoxy-äthanol); F: 209° (*Curd et al.*, Soc. **1946** 376).

(±)-2-[4-Diäthylamino-1-methyl-butylamino]-6-methyl-3*H*-pyrimidin-4-on $C_{14}H_{26}N_4O$, Formel X (R = $CH(CH_3)$-$[CH_2]_3$-$N(C_2H_5)_2$) und Taut. Dipicrat $C_{14}H_{26}N_4O \cdot 2C_6H_3N_3O_7$. Kristalle (aus A.+2-Äthoxy-äthanol); F: 170–172° (*Curd et al.*, Soc. **1946** 376).

2-[6-Amino-hexylamino]-6-methyl-3*H*-pyrimidin-4-on $C_{11}H_{20}N_4O$, Formel XII (R = R' = H, n = 6) und Taut. Kristalle (aus H_2O); F: 118–121° (*ICI*).

2-[4-Dimethylamino-anilino]-6-methyl-3*H*-pyrimidin-4-on $C_{13}H_{16}N_4O$, Formel X (R = C_6H_4-$N(CH_3)_2$) und Taut. Kristalle (aus 2-Äthoxy-äthanol); F: 240–242° (*Curd et al.*, Soc. **1946** 355).

6-Methyl-2-[2]pyridylamino-3*H*-pyrimidin-4-on $C_{10}H_{10}N_4O$, Formel XIV und Taut. Kristalle; F: 205–207° [aus H_2O] bzw. F: 172–173° [aus Me.+Bzl.] (*Curd et al.*, Soc. **1948** 594).

2-[5]Chinolylamino-6-methyl-3*H*-pyrimidin-4-on $C_{14}H_{12}N_4O$, Formel I und Taut. F: 286–290° [Rohprodukt] (*Curd et al.*, Soc. **1947** 1613, 1617).

2-[6]Chinolylamino-6-methyl-3*H*-pyrimidin-4-on $C_{14}H_{12}N_4O$, Formel II (R = X = H) und Taut. Kristalle (aus Butan-1-ol); F: 256–258° (*Curd et al.*, Soc. **1947** 1616).

2-[8]Chinolylamino-6-methyl-3*H*-pyrimidin-4-on $C_{14}H_{12}N_4O$, Formel III (X = H) und Taut. Kristalle (aus 2-Äthoxy-äthanol); F: 263–265° (*Curd et al.*, Soc. **1947** 1616).

6-Methyl-2-[2-methyl-[6]chinolylamino]-3*H*-pyrimidin-4-on $C_{15}H_{14}N_4O$, Formel II (R = CH_3, X = H) und Taut. Kristalle (aus 2-Äthoxy-äthanol); F: 284° (*Curd et al.*, Soc. **1947** 1616).

2-[6-Methoxy-[8]chinolylamino]-6-methyl-3*H*-pyrimidin-4-on $C_{15}H_{14}N_4O_2$, Formel III (X = O-CH_3) und Taut. Kristalle (aus 2-Äthoxy-äthanol); F: 245–246° (*Curd et al.*, Soc. **1947** 1617).

2-[8-Methoxy-[6]chinolylamino]-6-methyl-3*H*-pyrimidin-4-on $C_{15}H_{14}N_4O_2$, Formel II (R = H, X = O-CH_3) und Taut. Kristalle (aus A.); F: 231–235° (*Curd et al.*, Soc. **1947** 1617).

2-Glycylamino-6-methyl-3*H*-pyrimidin-4-on, Glycin-[4-methyl-6-oxo-1,6-dihydro-pyrimidin-2-ylamid] $C_7H_{10}N_4O_2$, Formel IV (R = H) und Taut.

B. Aus Chloressigsäure-[4-methyl-6-oxo-1,6-dihydro-pyrimidin-2-ylamid] und flüssigem NH_3

(*Prokof'ew et al.*, Uč. Zap. Moskovsk. Univ. Nr. 151 [1951] 349, 353, 361).
F: 287 – 289° [Zers.].

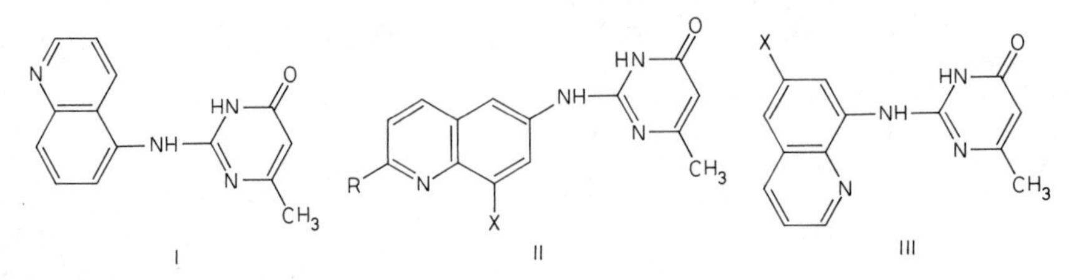

N-Chloracetyl-glycin-[4-methyl-6-oxo-1,6-dihydro-pyrimidin-2-ylamid] $C_9H_{11}ClN_4O_3$, Formel IV (R = CO-CH_2Cl) und Taut.

B. Beim Erwärmen der vorangehenden Verbindung mit Chloressigsäure-anhydrid in $CHCl_3$ (*Prokof'ew et al.*, Uč. Zap. Moskovsk. Univ. Nr. 151 [1951] 349, 362).

Kristalle (aus H_2O); F: 140 – 142°.

N-Glycyl-glycin-[4-methyl-6-oxo-1,6-dihydro-pyrimidin-2-ylamid], Glycyl→glycin-[4-methyl-6-oxo-1,6-dihydro-pyrimidin-2-ylamid] $C_9H_{13}N_5O_3$, Formel IV (R = CO-CH_2-NH_2) und Taut.

B. Aus der vorangehenden Verbindung und flüssigem NH_3 (*Prokof'ew et al.*, Uč. Zap. Moskovsk. Univ. Nr. 151 [1951] 349, 354, 362).

F: 238 – 240° [Zers.].

N-[N-Chloracetyl-glycyl]-glycin-[4-methyl-6-oxo-1,6-dihydro-pyrimidin-2-ylamid], N-Chloracetyl-glycyl→glycin-[4-methyl-6-oxo-1,6-dihydro-pyrimidin-2-ylamid] $C_{11}H_{14}ClN_5O_4$, Formel IV (R = CO-CH_2-NH-CO-CH_2Cl) und Taut.

B. Aus der vorangehenden Verbindung und Chloressigsäure-anhydrid in $CHCl_3$ (*Prokof'ew et al.*, Ž. obšč. Chim. **25** [1955] 397, 399; engl. Ausg. S. 375).

F: 156° [Rohprodukt].

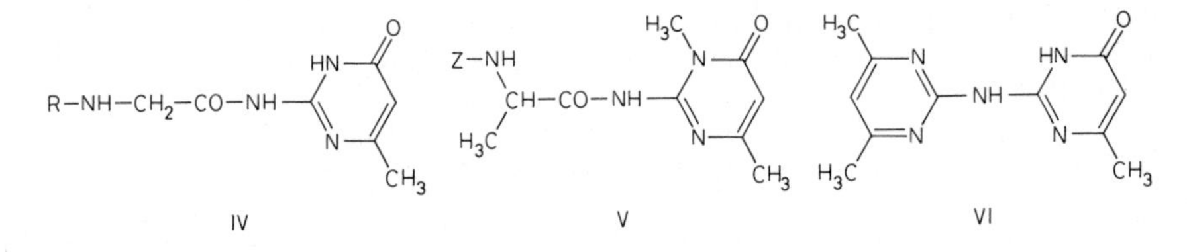

Glycyl→glycyl→glycin-[4-methyl-6-oxo-1,6-dihydro-pyrimidin-2-ylamid] $C_{11}H_{16}N_6O_4$, Formel IV (R = CO-CH_2-NH-CO-CH_2-NH_2) und Taut.

B. Aus der vorangehenden Verbindung und flüssigem NH_3 (*Prokof'ew et al.*, Ž. obšč. Chim. **25** [1955] 397, 399; engl. Ausg. S. 375).

F: 216 – 218° [Zers.] [Rohprodukt].

N-Benzyloxycarbonyl-DL-alanin-[1,4-dimethyl-6-oxo-1,6-dihydro-pyrimidin-2-ylamid] $C_{17}H_{20}N_4O_4$, Formel V (Z = CO-O-CH_2-C_6H_5).

B. Aus 2-Amino-3,6-dimethyl-3*H*-pyrimidin-4-on und *N*-Benzyloxycarbonyl-DL-alanin mit Hilfe von Dichlorophosphorigsäure-äthylester und Triäthylamin in Dioxan (*Prokof'ew, Bogdanow*, Chimija chim. Technol. (NDVŠ) **1959** 134; C. A. **1959** 17142).

F: 127 – 128°. λ_{max} (A.): 270 nm.

2-[4,6-Dimethyl-pyrimidin-2-ylamino]-6-methyl-3H-pyrimidin-4-on $C_{11}H_{13}N_5O$, Formel VI und Taut.

B. Beim Erhitzen von [4-Methyl-6-oxo-1,6-dihydro-pyrimidin-2-yl]-guanidin mit Pentan-2,4-dion in Essigsäure (*Curd et al.*, Soc. **1948** 594, 596).

Kristalle (aus Butan-1-ol); F: 266–267°.

Bis-[4-methyl-6-oxo-1,6-dihydro-pyrimidin-2-yl]-amin, 6,6′-Dimethyl-3*H*,3′*H*-2,2′-imino-bis-pyrimidin-4-on $C_{10}H_{11}N_5O_2$, Formel VII und Taut.

B. Beim Erwärmen von [4-Methyl-6-oxo-1,6-dihydro-pyrimidin-2-yl]-guanidin mit Acetessigsäure-äthylester und methanol. Natriummethylat (*Curd et al.*, Soc. **1948** 594).

Feststoff mit 1 Mol H_2O; F: >330° [Zers.].

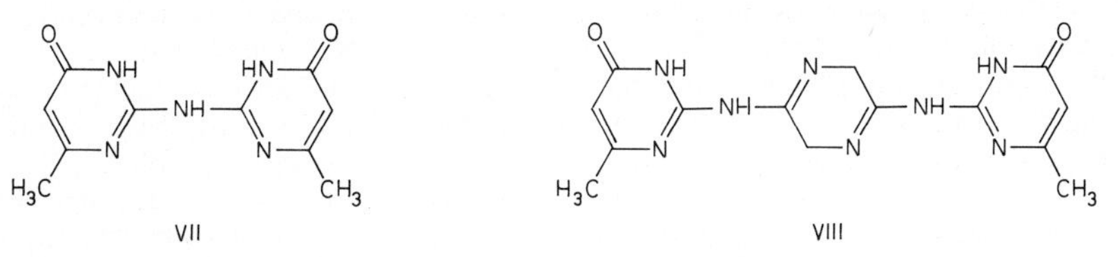

VII VIII

3,6-Bis-[4-methyl-6-oxo-1,6-dihydro-pyrimidin-2-ylamino]-2,5-dihydro-pyrazin, 6,6′-Dimethyl-3*H*,3′*H*-2,2′-[3,6-dihydro-pyrazin-2,5-diyldiamino]-bis-pyrimidin-4-on $C_{14}H_{16}N_8O_2$, Formel VIII und Taut.

B. Aus 2-Amino-6-methyl-3*H*-pyrimidin-4-on und 1,4-Diacetyl-piperazin-2,5-dion mit Hilfe von wss. NaOH (*Prokof'ew et al.*, Uč. Zap. Moskovsk. Univ. Nr. 151 [1951] 349, 363).

Kristalle (aus H_2O); F: 290°.

2-Benzolsulfonylamino-6-methyl-3*H*-pyrimidin-4-on, *N*-[4-Methyl-6-oxo-1,6-dihydro-pyrimidin-2-yl]-benzolsulfonamid $C_{11}H_{11}N_3O_3S$, Formel IX (R = X = H) und Taut.

B. Aus 6-Methyl-2-methylmercapto-3*H*-pyrimidin-4-on und Benzolsulfonamid bei 190° (*Matsukawa, Seki*, J. pharm. Soc. Japan **68** [1948] 296; C. A. **1951** 9498; s. a. *Ward, Blenkinsop & Co.*, U.S.P. 2471772 [1945]).

Kristalle (aus A.); F: 217° (*Ma., Seki*).

4-Nitro-benzolsulfonsäure-[4-methyl-6-oxo-1,6-dihydro-pyrimidin-2-ylamid] $C_{11}H_{10}N_4O_5S$, Formel IX (R = H, X = NO_2) und Taut.

B. Beim Erhitzen von [4-Nitro-benzolsulfonyl]-guanidin mit Acetessigsäure-äthylester (*Rose, Swain*, Soc. **1945** 689, 691). Aus 6-Methyl-2-methylmercapto-3*H*-pyrimidin-4-on und 4-Nitro-benzolsulfonsäure-amid bei 185° (*Matsukawa, Seki*, J. pharm. Soc. Japan **68** [1948] 296; C. A. **1951** 9498). Aus 4-Nitro-benzolsulfensäure-[4-methyl-6-oxo-1,6-dihydro-pyrimidin-2-ylamid] und $KMnO_4$ in Essigsäure (*Ohta, Sudo*, J. pharm. Soc. Japan **71** [1951] 511; C. A. **1952** 4549).

Hellgelbe Kristalle; F: 282° [Zers.; aus wss. Eg.] (*Ohta, Sudo*), 227° (*Ma., Seki*), 220–222° [aus Eg.] (*Rose, Sw.*).

Natrium-Salz $NaC_{11}H_9N_4O_5S$. Gelbe Kristalle (*Ohta, Sudo*).

6-Methyl-2-[toluol-2-sulfonylamino]-3*H*-pyrimidin-4-on, *N*-[4-Methyl-6-oxo-1,6-dihydro-pyrimidin-2-yl]-toluol-2-sulfonamid $C_{12}H_{13}N_3O_3S$, Formel IX (R = CH_3, X = H) und Taut.

B. Aus 6-Methyl-2-methylmercapto-3*H*-pyrimidin-4-on und Toluol-2-sulfonamid bei 190–200° (*Matsukawa, Seki*, J. pharm. Soc. Japan **68** [1948] 296; C. A. **1951** 9498).

Kristalle; F: 233°.

Die folgenden Verbindungen sind in analoger Weise hergestellt worden:

6-Methyl-2-[toluol-4-sulfonylamino]-3*H*-pyrimidin-4-on, *N*-[4-Methyl-6-oxo-1,6-dihydro-pyrimidin-2-yl]-toluol-4-sulfonamid $C_{12}H_{13}N_3O_3S$, Formel IX (R = H, X = CH_3) und Taut. Kristalle; F: 240° (*Ma., Seki*).

6-Methyl-2-[naphthalin-2-sulfonylamino]-3*H*-pyrimidin-4-on, *N*-[4-Methyl-6-oxo-1,6-dihydro-pyrimidin-2-yl]-naphthalin-2-sulfonamid $C_{15}H_{13}N_3O_3S$, Formel X und Taut. Kristalle; F: 225° (*Ma., Seki*).

4-Hydroxy-benzolsulfonsäure-[4-methyl-6-oxo-1,6-dihydro-pyrimidin-2-ylamid] $C_{11}H_{11}N_3O_4S$, Formel IX (R = H, X = OH) und Taut. Kristalle (aus H_2O); F: 284° (*Matsukawa et al.*, J. pharm. Soc. Japan **70** [1950] 638; C. A. **1951** 7043).

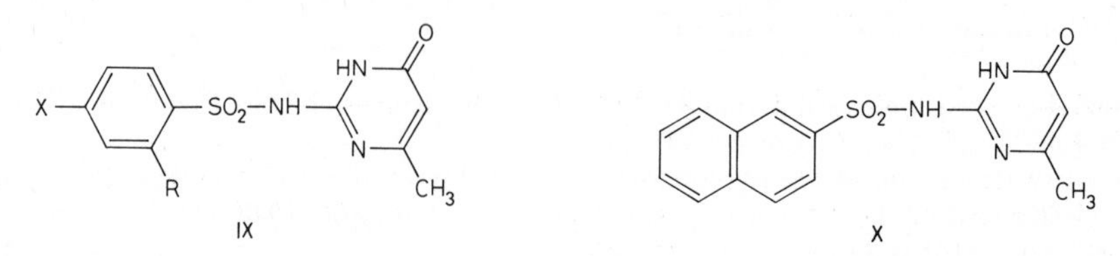

6-Methyl-2-sulfanilylamino-3*H*-pyrimidin-4-on, Sulfanilsäure-[4-methyl-6-oxo-1,6-dihydro-pyrimidin-2-ylamid] $C_{11}H_{12}N_4O_3S$, Formel IX (R = H, X = NH_2) und Taut.

B. Aus Sulfanilylguanidin beim Erwärmen mit Acetessigsäure-äthylester und äthanol. Natriumäthylat (*Ganapathi et al.*, Pr. Indian Acad. [A] **16** [1942] 115, 121), beim Erhitzen mit 3-Piperidino-*cis*-crotonsäure-äthylester [E III/IV **20** 1073] (*Ohta, Kawasaki*, J. pharm. Soc. Japan **71** [1951] 1309, 1312; C. A. **1952** 8094) sowie beim Behandeln mit Diketen und Erhitzen des Reaktionsprodukts mit wss. NaOH (*Nordmark Werke*, D.B.P. 960098 [1953]). Aus 6-Methyl-2-methylmercapto-3*H*-pyrimidin-4-on und dem Natrium-Salz des Sulfanilamids bei 180° (*Ward, Blenkinsop & Co.*, U.S.P. 2471772 [1945]). Beim Erhitzen von 4-Nitro-benzolsulfonsäure-[4-methyl-6-oxo-1,6-dihydro-pyrimidin-2-ylamid] mit Eisen-Pulver und wss. HCl (*Rose, Swain*, Soc. **1945** 689, 691). Aus *N*-Acetyl-sulfanilsäure-[4-äthoxy-6-methyl-pyrimidin-2-ylamid] mit Hilfe von wss. HCl (*Sprague et al.*, Am. Soc. **63** [1941] 3028).

Dipolmoment (ε; Py.) bei 25°: 10,5 D (*Mizutani*, Med. J. Osaka Univ. [japan. Ausg.] **8** [1956] 1325, 1329; C. A. **1957** 9762).

Kristalle; F: 253,5–254° [unkorr.; aus wss. A.] (*Sp. et al.*), 253–254° [aus wss. Eg. oder H_2O] (*Ga. et al.*).

***N*-Acetyl-sulfanilsäure-[4-methyl-6-oxo-1,6-dihydro-pyrimidin-2-ylamid], Essigsäure-[4-(4-methyl-6-oxo-1,6-dihydro-pyrimidin-2-ylsulfamoyl)-anilid]** $C_{13}H_{14}N_4O_4S$, Formel IX (R = H, X = NH-CO-CH_3) und Taut.

B. Aus [*N*-Acetyl-sulfanilyl]-guanidin und Acetessigsäure-äthylester beim Erwärmen mit H_2SO_4 [20–30% SO_3 enthaltend] (*Cilag*, Schweiz. P. 233768 [1944]), mit äthanol. Natriumäthylat (*Ganapathi et al.*, Pr. Indian Acad. [A] **16** [1942] 115, 121) oder mit KOH in Isobutylalkohol (*Matsukawa, Ban*, J. pharm. Soc. Japan **70** [1950] 148, 150; C. A. **1950** 5886). Aus [*N*-Acetyl-sulfanilyl]-guanidin und 3-Piperidino-*cis*-crotonsäure-äthylester (E III/IV **20** 1073) bei 130° (*Ohta, Kawasaki*, J. pharm. Soc. Japan **71** [1951] 1309, 1312; C. A. **1952** 8094). Aus 2-Äthylmercapto-6-methyl-3*H*-pyrimidin-4-on und *N*-Acetyl-sulfanilsäure-amid bei 220° (*Matsukawa, Yoshida*, J. pharm. Soc. Japan **69** [1949] 27, 30; C. A. **1950** 3453; vgl. *Ward, Blenkinsop & Co.*, U.S.P. 2471772 [1945]).

Dipolmoment (ε; Py.) bei 25°: 10,4 D (*Mizutani*, Med. J. Osaka Univ. [japan. Ausg.] **8** [1956] 1325, 1329; C. A. **1957** 9762).

Kristalle (aus 2-Äthoxy-äthanol); F: 271–273° (*Rose, Swain*, Soc. **1945** 689, 691). Kristalle (aus wss. A.) mit 1 Mol H_2O; F: 175° und (nach Wiedererstarren) F: 275° (*Ma., Ban*; vgl. *Ma., Yo.*).

4-Aminomethyl-benzolsulfonsäure-[4-methyl-6-oxo-1,6-dihydro-pyrimidin-2-ylamid] $C_{12}H_{14}N_4O_3S$, Formel IX (R = H, X = CH_2-NH_2) und Taut.

B. Aus der folgenden Verbindung beim Erhitzen mit wss. NaOH (*Matsukawa et al.*, J. pharm. Soc. Japan **71** [1951] 523; C. A. **1952** 454).

Kristalle mit 1 Mol H_2O; F: 267° [Zers.].

Hydrochlorid $C_{12}H_{14}N_4O_3S \cdot HCl$. Kristalle (aus A.); F: 265–266° [Zers.].

4-[Acetylamino-methyl]-benzolsulfonsäure-[4-methyl-6-oxo-1,6-dihydro-pyrimidin-2-ylamid] $C_{14}H_{16}N_4O_4S$, Formel IX (R = H, X = CH_2-NH-CO-CH_3) und Taut.

B. Aus 6-Methyl-2-methylmercapto-3*H*-pyrimidin-4-on und 4-[Acetylamino-methyl]-benzolsulfonsäure-amid bei 220–230° (*Matsukawa et al.*, J. pharm. Soc. Japan **71** [1951] 523; C. A. **1952** 454).

Kristalle (aus wss. A.); F: 264°.

***4-[2,6-Diamino-[3]pyridylazo]-benzolsulfonsäure-[4-methyl-6-oxo-1,6-dihydro-pyrimidin-2-yl-amid]** $C_{16}H_{16}N_8O_3S$, Formel XI und Taut.

B. Aus diazotiertem Sulfanilsäure-[4-methyl-6-oxo-1,6-dihydro-pyrimidin-2-ylamid] und Pyridin-2,6-diyldiamin (*Takahashi et al.*, J. pharm. Soc. Japan **68** [1948] 211; C. A. **1954** 4465).

Gelbrote Kristalle (aus Acn. + Me.); Zers. bei 260 – 262°.

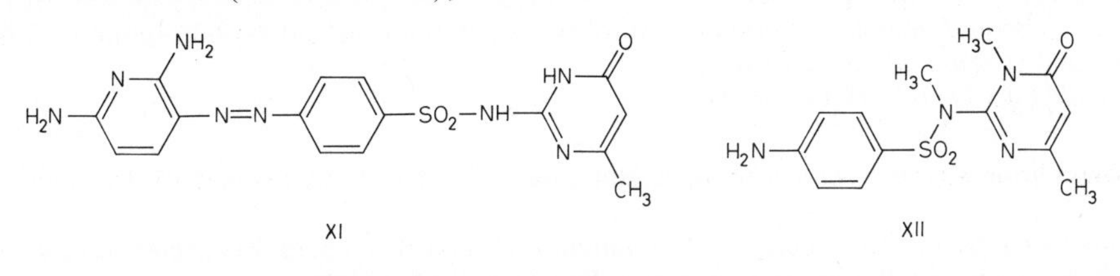

3,6-Dimethyl-2-[methyl-sulfanilyl-amino]-3*H*-pyrimidin-4-on, Sulfanilsäure-[(1,4-dimethyl-6-oxo-1,6-dihydro-pyrimidin-2-yl)-methyl-amid] $C_{13}H_{16}N_4O_3S$, Formel XII.

B. Beim Erwärmen von Sulfanilsäure-[4-methyl-6-oxo-1,6-dihydro-pyrimidin-2-ylamid] mit Dimethylsulfat, wss. NaOH und Aceton (*Ganapathi et al.*, Pr. Indian Acad. [A] **16** [1942] 115, 122).

Kristalle (aus H_2O); F: 160 – 165°.

[4-Methyl-6-oxo-1,6-dihydro-pyrimidin-2-yl]-amidophosphorsäure-diphenylester $C_{17}H_{16}N_3O_4P$, Formel XIII und Taut.

B. Aus Diphenoxyphosphoryl-guanidin und Acetessigsäure-äthylester beim Erwärmen mit äthanol. Natriumäthylat (*Schwatschkin, Prokof'ew,* Ž. obšč. Chim. **28** [1958] 1617, 1618; engl. Ausg. S. 1665, 1666).

Kristalle (aus Butan-1-ol); F: 182 – 183°. λ_{max} (A.): 268 nm.

2-Amino-5-fluor-6-methyl-3*H*-pyrimidin-4-on $C_5H_6FN_3O$, Formel XIV (X = F, X' = H) und Taut.

B. Aus Guanidin-carbonat und 2-Fluor-acetessigsäure-äthylester beim Erhitzen in wss. KOH (*Bergmann et al.*, Soc. **1959** 3278, 3284).

Bräunliches Pulver (aus DMF); Zers. > 300°. IR-Banden (KBr; 3380 – 650 cm^{-1}): *Be. et al.*, l. c. S. 3280. λ_{max} (A.): 220 nm und 292 nm.

2-Amino-6-fluormethyl-3*H*-pyrimidin-4-on $C_5H_6FN_3O$, Formel XIV (X = H, X' = F) und Taut.

B. Aus Guanidin-hydrochlorid und 4-Fluor-acetessigsäure-äthylester mit Hilfe von methanol. Natriummethylat (*Bergmann et al.*, Soc. **1959** 3278, 3284).

Kristalle (aus Eg.); F: 250 – 260° [Zers.].

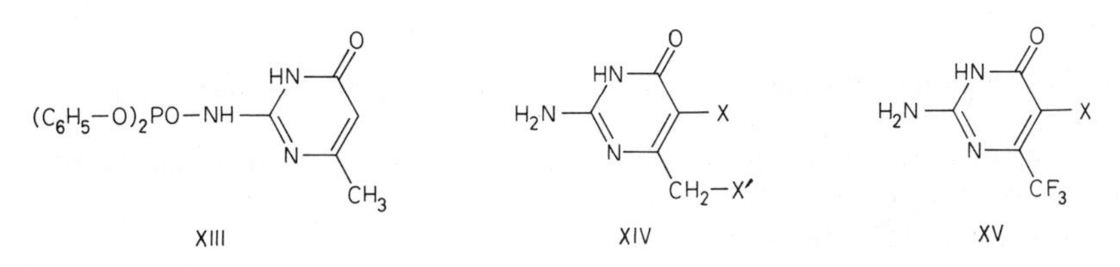

2-Amino-6-trifluormethyl-3*H*-pyrimidin-4-on $C_5H_4F_3N_3O$, Formel XV (X = H) und Taut.

B. Aus Guanidin-hydrochlorid und 4,4,4-Trifluor-acetessigsäure-äthylester beim Erhitzen mit Natriumbutylat in Butan-1-ol (*Giner-Sorolla, Bendich,* Am. Soc. **80** [1958] 5744, 5750).

Kristalle; F: 282° [unkorr.] (*Gi.-So., Be.*). IR-Banden (KBr; 3340 – 700 cm^{-1}): *Bergmann et al.*, Soc. **1959** 3278, 3280. λ_{max} (A.): 223 nm und 295 nm (*Be. et al.*).

2-Amino-5-brom-6-methyl-3*H*-pyrimidin-4-on $C_5H_6BrN_3O$, Formel XIV (X = Br, X' = H) und Taut. (H **24** 350).

B. Aus 2-Amino-6-methyl-3*H*-pyrimidin-4-on und Brom in Essigsäure (*Price et al.*, Am.

Soc. **68** [1946] 766, 768; *Hull et al.*, Soc. **1947** 41, 46).
Kristalle; F: 250° [Zers.; aus H_2O] (*Hull et al.*), 249–250° [aus Eg.] (*Pr. et al.*).

5-Brom-2-[4-chlor-anilino]-6-methyl-3*H*-pyrimidin-4-on $C_{11}H_9BrClN_3O$, Formel XVI ($R = C_6H_4Cl$, X = Br) und Taut.
B. Aus 5-Brom-6-methyl-2-methylmercapto-3*H*-pyrimidin-4-on und 4-Chlor-anilin in 2-Äth= oxy-äthanol (*Curd et al.*, Soc. **1946** 378, 382).
Kristalle (aus DMF + H_2O); F: 267–269° [Zers.].

2-Amino-5-brom-6-trifluormethyl-3*H*-pyrimidin-4-on $C_5H_3BrF_3N_3O$, Formel XV (X = Br) und Taut.
B. Aus 2-Amino-6-trifluormethyl-3*H*-pyrimidin-4-on und Brom beim Erwärmen in Essigsäure oder CCl_4 (*Giner-Sorolla, Bendich*, Am. Soc. **80** [1958] 5744, 5750).
Kristalle (aus H_2O); F: 303° [unkorr.; Zers.].

2-Amino-6-methyl-5-nitro-3*H*-pyrimidin-4-on $C_5H_6N_4O_3$, Formel XVI (R = H, X = NO_2) und Taut.
Diese Konstitution kommt der von *Shiho, Kanai* (J. chem. Soc. Japan Pure Chem. Sect. **73** [1952] 862; C. A. **1954** 2070) als 6-Methyl-2-nitroamino-3*H*-pyrimidin-4-on formulierten Verbindung zu (*Sirakawa*, J. pharm. Soc. Japan **73** [1953] 635, 636; C. A. **1954** 9363; *Shiho, Takahayashi*, J. chem. Soc. Japan Pure Chem. Sect. **76** [1955] 877, 879; C. A. **1957** 17930).
B. Aus 2-Amino-6-methyl-3*H*-pyrimidin-4-on beim Behandeln mit wss. HNO_3 und konz. H_2SO_4 unter Kühlung (*Si.*, l. c. S. 638; vgl. *Sh., Ka.*). Aus 6-Methyl-2-nitroamino-3*H*-pyrimidin-4-on mit Hilfe von konz. H_2SO_4 (*Si.*).
Gelbe Kristalle; F: > 350° [aus Acn.] (*Sh., Ka.*), > 300° [aus H_2O oder wss. Py.] (*Si.*).

2-Acetylamino-6-methyl-5-nitro-3*H*-pyrimidin-4-on, *N*-[4-Methyl-5-nitro-6-oxo-1,6-dihydro-pyrimidin-2-yl]-acetamid $C_7H_8N_4O_4$, Formel XVI (R = CO-CH_3, X = NO_2) und Taut.
B. Aus der vorangehenden Verbindung beim Erhitzen mit Acetanhydrid (*Sirakawa*, J. pharm. Soc. Japan **73** [1953] 643; C. A. **1954** 9364). Aus *N*-[4-Methyl-6-oxo-1,6-dihydro-pyrimidin-2-yl]-acetamid mit Hilfe von HNO_3 und konz. H_2SO_4 (*Si.*).
Hellgelbe Kristalle (aus H_2O); F: 254–255° [Zers.].

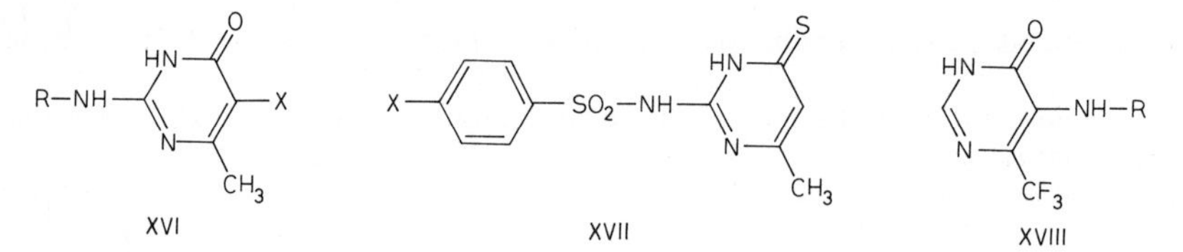

4-Nitro-benzolsulfonsäure-[4-methyl-6-thioxo-1,6-dihydro-pyrimidin-2-ylamid] $C_{11}H_{10}N_4O_4S_2$, Formel XVII (X = NO_2) und Taut.
B. Aus 4-Nitro-benzolsulfonsäure-[4-chlor-6-methyl-pyrimidin-2-ylamid] und NaHS in Äth= anol (*Mathieson Chem. Corp.*, U.S.P. 2652395 [1951]).
Gelbe Kristalle; F: 195–197°.

6-Methyl-2-sulfanilylamino-3*H*-pyrimidin-4-thion, Sulfanilsäure-[4-methyl-6-thioxo-1,6-dihydro-pyrimidin-2-ylamid] $C_{11}H_{12}N_4O_2S_2$, Formel XVII (X = NH_2) und Taut.
B. Aus der vorangehenden Verbindung mit Hilfe von wss. NH_3 und H_2S (*Mathieson Chem. Corp.*, U.S.P. 2652395 [1951]).
Gelbe Kristalle (aus wss. A.) mit 1 Mol H_2O; F: 205–210° [nach Aufschäumen bei 117–118°].

5-Amino-6-trifluormethyl-3*H*-pyrimidin-4-on $C_5H_4F_3N_3O$, Formel XVIII (R = H) und Taut.
B. Beim Erhitzen von 2-Thioxo-6-trifluormethyl-2,3-dihydro-pyrimidin-4,5-dion-5-phenyl=

hydrazon (Syst.-Nr. 3784) mit Raney-Nickel in verd. wss. NH_3 (*Giner-Sorolla, Bendich,* Am. Soc. **80** [1958] 5744, 5749).

Gelbe Kristalle (aus H_2O); F: 222° [unkorr.].

5-Formylamino-6-trifluormethyl-3*H*-pyrimidin-4-on, *N*-[6-Oxo-4-trifluormethyl-1,6-dihydro-pyrimidin-5-yl]-formamid $C_6H_4F_3N_3O_2$, Formel XVIII (R = CHO) und Taut.

B. Aus der vorangehenden Verbindung beim Erwärmen mit Ameisensäure und Acetanhydrid (*Giner-Sorolla, Bendich,* Am. Soc. **80** [1958] 5744, 5749).

Kristalle (aus A.); F: 195–196° [unkorr.].

2,5-Diamino-6-methyl-3*H*-pyrimidin-4-on $C_5H_8N_4O$, Formel I und Taut. (H **24** 479).

Diese Konstitution kommt der von *Shiho, Kanai* (J. chem. Soc. Japan Pure Chem. Sect. **73** [1952] 862; C. A. **1954** 2070) als 2-Hydrazino-6-methyl-3*H*-pyrimidin-4-on formulierten Verbindung zu (*Sirakawa,* J. pharm. Soc. Japan **73** [1953] 635, 636; C. A. **1954** 9363; *Shiho, Takahayashi,* J. chem. Soc. Japan Pure Chem. Sect. **76** [1955] 877, 879; C. A. **1957** 17930).

B. Aus 2-Amino-6-methyl-5-nitro-3*H*-pyrimidin-4-on (s. o.) bei der elektrochemischen Reduktion an einer Zinn-Kathode in wss. HCl (*Si.,* l. c. S. 638; *Sh., Ka.,* l. c. S. 863) sowie beim Erwärmen mit $SnCl_2$ in wss. HCl (*Sh., Ta.,* l. c. S. 880). Aus 2-Amino-5-brom-6-methyl-3*H*-pyrimidin-4-on und wss. NH_3 bei 150° (*Sh., Ta.,* l. c. S. 880; vgl. H **24** 479). Aus 2-Amino-6-methyl-pyrimidin-4,5-dion-5-phenylhydrazon beim Erwärmen mit Zink-Pulver und wss. Essigsäure (*Si.,* l. c. S. 638) sowie beim Hydrieren an Platin in wss. Äthanol (*Russell et al.,* Am. Soc. **71** [1949] 474, 476).

Kristalle (aus H_2O); F: 281–282° [Zers.] (*Si.*), 280–281° [Zers.] (*Sh., Ta.*), 280° (*Ru. et al.*).

Hydrochlorid $C_5H_8N_4O \cdot HCl$. Kristalle (aus wss. A.); F: 264° (*Si.,* l. c. S. 638).

Benzyliden-Derivat $C_{12}H_{12}N_4O$; *2-Amino-5-benzylidenamino-6-methyl-3*H*-pyrimidin-4-on, Formel II (X = X′ = X″ = H) und Taut. Hellgelbe Kristalle (aus A. + wenig Py.) mit 0,33 Mol H_2O; F: 250–251° (*Si.*).

4-Nitro-benzyliden-Derivat $C_{12}H_{11}N_5O_3$; *2-Amino-6-methyl-5-[4-nitro-benzylidenamino]-3*H*-pyrimidin-4-on, Formel II (X = X′ = H, X″ = NO_2) und Taut. Gelbe Kristalle (aus Acn.); Zers. >350° (*Sh., Ka.,* l. c. S. 864).

Salicyliden-Derivat $C_{12}H_{12}N_4O_2$; *2-Amino-6-methyl-5-salicylidenamino-3*H*-pyrimidin-4-on, Formel II (X = OH, X′ = X″ = H) und Taut. Hydrochlorid $C_{12}H_{12}N_4O_2 \cdot HCl$. Kristalle (aus Me.); Zers. bei 263° (*Sh., Ka.*).

4-Hydroxy-benzyliden-Derivat $C_{12}H_{12}N_4O_2$; *2-Amino-5-[4-hydroxy-benzylidenamino]-6-methyl-3*H*-pyrimidin-4-on, Formel II (X = X′ = H, X″ = OH) und Taut. Kristalle (aus Me.); Zers. bei 267° (*Sh., Ka.,* l. c. S. 863).

Vanillyliden-Derivat $C_{13}H_{14}N_4O_3$; *2-Amino-6-methyl-5-vanillylidenamino-3*H*-pyrimidin-4-on, Formel II (X = H, X′ = O-CH_3, X″ = OH) und Taut. Hydrochlorid $C_{13}H_{14}N_4O_3 \cdot HCl$. Gelbe Kristalle (aus Me.); Zers. bei 243° (*Sh., Ka.,* l. c. S. 864).

5-Nitro-furfuryliden-Derivat $C_{10}H_9N_5O_4$; *2-Amino-6-methyl-5-[5-nitro-furfurylidenamino]-3*H*-pyrimidin-4-on, Formel III und Taut. Kristalle (aus Acn.); Zers. bei 332° (*Sh., Ka.,* l. c. S. 864).

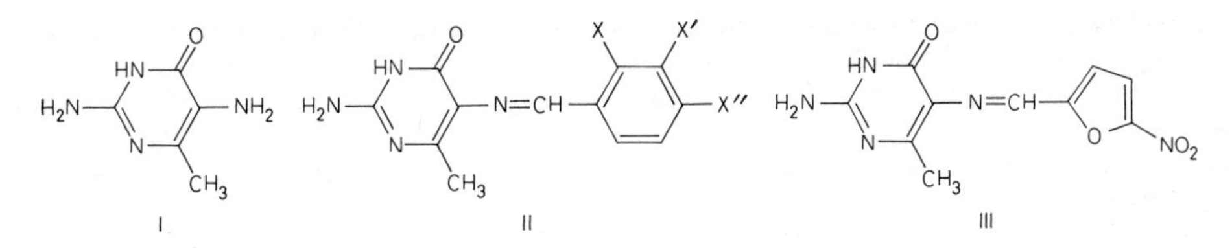

5-Amino-6-methyl-2-methylamino-3*H*-pyrimidin-4-on $C_6H_{10}N_4O$, Formel IV (R = CH_3, R′ = H) und Taut.

B. Aus 6-Methyl-2-methylamino-pyrimidin-4,5-dion-5-[4-chlor-phenylhydrazon] beim Hydrieren an Platin in Äthanol (*Russell et al.,* Am. Soc. **71** [1949] 474, 477).

Kristalle (aus A.); F: 208–210°.

Benzoyl-Derivat $C_{13}H_{14}N_4O_2$; 5-Benzoylamino-6-methyl-2-methylamino-3*H*-

pyrimidin-4-on, *N*-[4-Methyl-2-methylamino-6-oxo-1,6-dihydro-pyrimidin-5-yl]-benzamid. Kristalle (aus H_2O) mit 1 Mol H_2O; F: 289–290° [Zers.].

5-Amino-2-dimethylamino-6-methyl-3*H*-pyrimidin-4-on $C_7H_{12}N_4O$, Formel V (R = H) und Taut.

B. Analog der vorangehenden Verbindung (*Russell et al.*, Am. Soc. **71** [1949] 474, 477).

Kristalle (aus A. + Ae.); F: 204–205° (*Ru. et al.*).

Acetyl-Derivat $C_9H_{14}N_4O_2$; 5-Acetylamino-2-dimethylamino-6-methyl-3*H*-pyrimidin-4-on, *N*-[2-Dimethylamino-4-methyl-6-oxo-1,6-dihydro-pyrimidin-5-yl]-acetamid. Kristalle (aus A.); F: 225–227° (*Falco et al.*, Am. Soc. **74** [1952] 4897, 4899).

2-Acetylamino-5-amino-6-methyl-3*H*-pyrimidin-4-on, *N*-[5-Amino-4-methyl-6-oxo-1,6-dihydro-pyrimidin-2-yl]-acetamid $C_7H_{10}N_4O_2$, Formel IV (R = CO-CH_3, R′ = H) und Taut.

B. Aus *N*-[4-Methyl-5-nitro-6-oxo-1,6-dihydro-pyrimidin-2-yl]-acetamid beim Hydrieren an Palladium/Kohle (*Sirakawa*, J. pharm. Soc. Japan **73** [1953] 643; C. A. **1954** 9364).

Gelbe Kristalle (aus H_2O); F: 246°.

Chloressigsäure-[2-amino-4-methyl-6-oxo-1,6-dihydro-pyrimidin-5-ylamid] $C_7H_9ClN_4O_2$, Formel IV (R = H, R′ = CO-CH_2Cl) und Taut.

B. Beim Erhitzen von 2,5-Diamino-6-methyl-3*H*-pyrimidin-4-on mit Chloressigsäure (*Russell et al.*, Am. Soc. **71** [1949] 474, 476).

Kristalle (aus wss. A.); F: 285–290° [Zers.].

Die folgenden Verbindungen sind in analoger Weise hergestellt worden:

Chloressigsäure-[4-methyl-2-methylamino-6-oxo-1,6-dihydro-pyrimidin-5-ylamid] $C_8H_{11}ClN_4O_2$, Formel IV (R = CH_3, R′ = CO-CH_2Cl) und Taut. Kristalle (aus H_2O); F: 227–228° [Zers.] (*Ru. et al.*, l. c. S. 477).

Chloressigsäure-[2-dimethylamino-4-methyl-6-oxo-1,6-dihydro-pyrimidin-5-ylamid] $C_9H_{13}ClN_4O_2$, Formel V (R = CO-CH_2Cl) und Taut. Kristalle (aus H_2O); F: 258° (*Ru. et al.*, l. c. S. 477). – Über Reaktionen mit $POCl_3$ s. *Falco et al.*, Am. Soc. **74** [1952] 4897, 4901.

(±)-2-Brom-propionsäure-[2-amino-4-methyl-6-oxo-1,6-dihydro-pyrimidin-5-ylamid] $C_8H_{11}BrN_4O_2$, Formel IV (R = H, R′ = CO-CHBr-CH_3) und Taut. Kristalle (aus wss. A.); Zers. bei ca. 300° (*Ru. et al.*, l. c. S. 476).

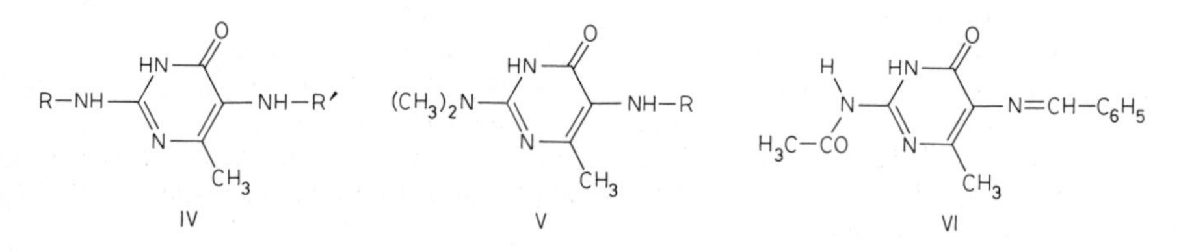

***2-Acetylamino-5-benzylidenamino-6-methyl-3*H*-pyrimidin-4-on, *N*-[5-Benzylidenamino-4-methyl-6-oxo-1,6-dihydro-pyrimidin-2-yl]-acetamid** $C_{14}H_{14}N_4O_2$, Formel VI und Taut.

B. Aus *N*-[5-Amino-4-methyl-6-oxo-1,6-dihydro-pyrimidin-2-yl]-acetamid und Benzaldehyd in wss. Äthanol sowie aus 2-Amino-5-benzylidenamino-6-methyl-3*H*-pyrimidin-4-on beim Erhitzen mit Acetanhydrid und Pyridin (*Sirakawa*, J. pharm. Soc. Japan **73** [1953] 643; C. A. **1954** 9364).

Kristalle (aus Py.); F: 266–268°.

2-Amino-5-benzoylamino-6-methyl-3*H*-pyrimidin-4-on, *N*-[2-Amino-4-methyl-6-oxo-1,6-dihydro-pyrimidin-5-yl]-benzamid $C_{12}H_{12}N_4O_2$, Formel IV (R = H, R′ = CO-C_6H_5) und Taut.

B. Aus 2,5-Diamino-6-methyl-3*H*-pyrimidin-4-on und Benzoylchlorid in wss. NaOH (*Sirakawa*, J. pharm. Soc. Japan **73** [1953] 643; C. A. **1954** 9364).

Kristalle (aus wss. A.); F: 267–268°.

4-Nitro-benzoesäure-[2-amino-4-methyl-6-oxo-1,6-dihydro-pyrimidin-5-ylamid] $C_{12}H_{11}N_5O_4$, Formel IV (R = H, R' = CO-C_6H_4-NO_2) und Taut.

B. Aus 2,5-Diamino-6-methyl-3*H*-pyrimidin-4-on (S. 3719) und 4-Nitro-benzoylchlorid (*Shiho, Kanai,* J. chem. Soc. Japan Pure Chem. Sect. **73** [1952] 862, 864; C. A. **1954** 2070).

Gelbe Kristalle (aus Me.); Zers. >350°.

2-Acetylamino-5-benzoylamino-6-methyl-3*H*-pyrimidin-4-on, *N*-[2-Acetylamino-4-methyl-6-oxo-1,6-dihydro-pyrimidin-5-yl]-benzamid $C_{14}H_{14}N_4O_3$, Formel IV (R = CO-CH_3, R' = CO-C_6H_5) und Taut.

B. Aus *N*-[5-Amino-4-methyl-6-oxo-1,6-dihydro-pyrimidin-2-yl]-acetamid und Benzoylchlorid in Pyridin sowie aus *N*-[2-Amino-4-methyl-6-oxo-1,6-dihydro-pyrimidin-5-yl]-benzamid beim Erhitzen mit Acetanhydrid (*Sirakawa,* J. pharm. Soc. Japan **73** [1953] 643; C. A. **1954** 9364).

Kristalle (aus wss. A.); F: 278–279°.

Beim Erwärmen mit wss. NaOH auf 70–75° ist *N*-[2-Amino-4-methyl-6-oxo-1,6-dihydro-pyrimidin-5-yl]-benzamid erhalten worden.

[2-Amino-4-methyl-6-oxo-1,6-dihydro-pyrimidin-5-yl]-thioharnstoff $C_6H_9N_5OS$, Formel IV (R = H, R' = CS-NH_2) und Taut.

B. Aus dem Hydrochlorid des 2,5-Diamino-6-methyl-3*H*-pyrimidin-4-ons (S. 3719) und Kalium-thiocyanat in H_2O bei 70–80° (*Shiho, Kanai,* J. chem. Soc. Japan Pure Chem. Sect. **73** [1952] 862, 863; C. A. **1954** 2070).

Kristalle (aus H_2O); Zers. bei 265°.

2-Amino-6-methyl-5-sulfanilylamino-3*H*-pyrimidin-4-on, Sulfanilsäure-[2-amino-4-methyl-6-oxo-1,6-dihydro-pyrimidin-5-ylamid] $C_{11}H_{13}N_5O_3S$, Formel IV (R = H, R' = SO_2-C_6H_4-NH_2) und Taut.

B. Aus 2,5-Diamino-6-methyl-3*H*-pyrimidin-4-on (S. 3719) beim Erwärmen mit *N*-Acetyl-sulfanilylchlorid und $NaHCO_3$ in Äthanol und anschliessenden Hydrolysieren mit wss. HCl (*Shiho, Kanai,* J. chem. Soc. Japan Pure Chem. Sect. **73** [1952] 862, 864; C. A. **1954** 2070).

Kristalle (aus Me.); Zers. bei 264°.

2,5-Diamino-6-methyl-3*H*-pyrimidin-4-thion $C_5H_8N_4S$, Formel VII und Taut.

B. Beim Erwärmen von 4-Chlor-6-methyl-5-nitro-pyrimidin-2-ylamin mit $Na_2S \cdot 9H_2O$ (*Rose,* Soc. **1952** 3448, 3461).

Atomabstände und Bindungswinkel (Röntgen-Diagramm): *Maslen et al.,* Acta cryst. **11** [1958] 115, 119.

Kristalle (aus H_2O + 2-Äthoxy-äthanol); F: 310° [Zers.] (*Rose*). Monoklin; Kristallstruktur-Analyse (Röntgen-Diagramm): *Ma. et al.*

4-Amino-6-methyl-1*H*-pyrimidin-2-on $C_5H_7N_3O$, Formel VIII (R = R' = H) und Taut. (H **24** 345).

B. Beim Erhitzen von [4-Amino-6-methyl-pyrimidin-2-ylmercapto]-essigsäure mit konz. wss. HCl (*Burroughs Wellcome & Co.,* U.S.P. 2621182 [1948]) sowie von 2-Chlor-6-methyl-pyrimidin-4-ylamin mit Essigsäure (*Yanai, Kuraishi,* J. chem. Soc. Japan Pure Chem. Sect. **80** [1959] 1181; C. A. **1961** 4515).

Kristalle (aus H_2O); F: >310° (*Ya., Ku.*).

4-Amino-1,6-dimethyl-1*H*-pyrimidin-2-on $C_6H_9N_3O$, Formel VIII (R = CH_3, R' = H).

B. Beim Erhitzen von 4-Amino-2-chlor-1,6-dimethyl-pyrimidinium-jodid mit wss. NaOH (*Curd, Richardson,* Soc. **1955** 1850). Aus 4-Amino-1,6-dimethyl-2-methylmercapto-pyrimidinium-jodid beim Behandeln mit wss. NaOH oder beim Erhitzen mit konz. wss. HCl (*Curd, Ri.*).

Kristalle (aus H_2O); F: 340–342° [Zers.].

4-[4-Chlor-anilino]-6-methyl-1*H*-pyrimidin-2-on $C_{11}H_{10}ClN_3O$, Formel IX (X = H, X' = Cl) und Taut.

B. Aus 4-Methyl-6-methylmercapto-1*H*-pyrimidin-2-on und 4-Chlor-anilin bei 160–170°

(*Curd et al.*, Soc. **1946** 370, 373). Beim Erhitzen von [4-Chlor-phenyl]-[6-methyl-2-methylmercapto-pyrimidin-4-yl]-amin (*Curd et al.*, Soc. **1946** 373) oder [5-Brom-6-methyl-2-methylmercapto-pyrimidin-4-yl]-[4-chlor-phenyl]-amin (*Curd et al.*, Soc. **1946** 720, 728) mit wss. HBr.
Kristalle (aus 2-Äthoxy-äthanol); F: >330° (*Curd et al.*, l. c. S. 373).

4-Anilino-1,6-dimethyl-1*H*-pyrimidin-2-on $C_{12}H_{13}N_3O$, Formel VIII (R = CH_3, R′ = C_6H_5).
B. Beim Erhitzen von 4-Anilino-1,6-dimethyl-2-methylmercapto-pyrimidinium-jodid oder von 2-Amino-4-anilino-1,6-dimethyl-pyrimidinium-jodid mit wss. HCl (*Ainley et al.*, Soc. **1953** 59, 63, 64).
Kristalle (aus wss. A.); F: 298–299°.

***N*-[4-Chlor-phenyl]-*N′*-[6-methyl-2-oxo-1,2-dihydro-pyrimidin-4-yl]-guanidin** $C_{12}H_{12}ClN_5O$, Formel VIII (R = H, R′ = C(=NH)-NH-C_6H_4Cl) und Taut.
B. Beim Erhitzen von 4-Methyl-6-methylmercapto-1*H*-pyrimidin-2-on mit [4-Chlor-phenyl]-guanidin in 1,2-Dichlor-benzol (*Crowther et al.*, Soc. **1948** 586, 590).
F: >300° [Rohprodukt].
Hydrochlorid $C_{12}H_{12}ClN_5O \cdot HCl$. Kristalle (aus wss. HCl) mit 1 Mol H_2O; F: 198° [Zers.].

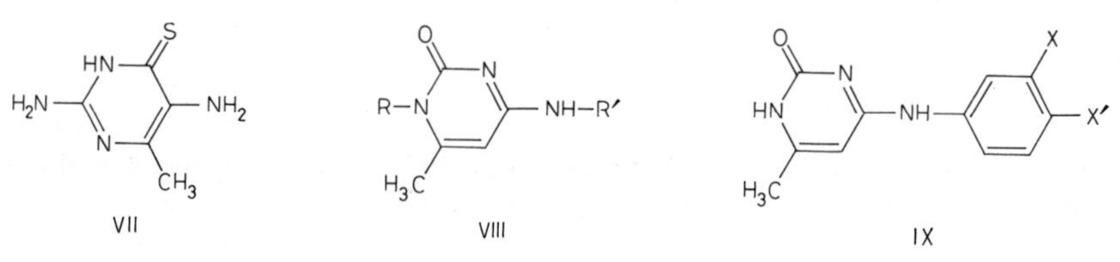

***N*-[6-Methyl-2-oxo-1,2-dihydro-pyrimidin-4-yl]-glycin** $C_7H_9N_3O_3$, Formel VIII (R = H, R′ = CH_2-CO-OH) und Taut.
B. Aus 2-Chlor-6-methyl-pyrimidin-4-ylamin und Chloressigsäure (*Prokof'ew, Rumjanzewa*, Doklady Akad. S.S.S.R. **75** [1950] 399, 402; C. A. **1951** 7125; *Prokof'ew et al.*, Uč. Zap. Moskovsk. Univ. Nr. 151 [1951] 349, 356).
Kristalle (aus wss. A.); F: 255–260° [Zers.; auf 220° vorgeheizter App.].

4-[2-Diäthylamino-äthylamino]-6-methyl-1*H*-pyrimidin-2-on $C_{11}H_{20}N_4O$, Formel VIII (R = H, R′ = CH_2-CH_2-N(C_2H_5)$_2$) und Taut.
B. Aus 4-Methyl-6-methylmercapto-1*H*-pyrimidin-2-on und *N,N*-Diäthyl-äthylendiamin bei 160° (*Curd et al.*, Soc. **1947** 783, 786). Aus *N,N*-Diäthyl-*N′*-[6-methyl-2-methylmercapto-pyrimidin-4-yl]-äthylendiamin beim Erhitzen mit wss. HCl (*Curd et al.*).
Kristalle (aus $CHCl_3$+E.) mit 0,5 Mol H_2O; F: 230–232°. Kristalle (aus A.+E.) mit 2 Mol H_2O; F: 230–232° [Zers.].
Dihydrochlorid $C_{11}H_{20}N_4O \cdot 2HCl$. Kristalle (aus A.) mit 1 Mol H_2O; F: 258–260° [Zers.].
Dipicrat $C_{11}H_{20}N_4O \cdot 2C_6H_3N_3O_7$. Kristalle (aus 2-Äthoxy-äthanol); F: 223–224°.

4-[3-Diäthylamino-propylamino]-6-methyl-1*H*-pyrimidin-2-on $C_{12}H_{22}N_4O$, Formel VIII (R = H, R′ = [CH_2]$_3$-N(C_2H_5)$_2$) und Taut.
B. Analog der vorangehenden Verbindung (*Curd et al.*, Soc. **1947** 783, 787).
Kristalle (aus $CHCl_3$+E.); F: 183–184°.
Dihydrochlorid $C_{12}H_{22}N_4O \cdot 2HCl$. Kristalle (aus A.); F: 264–266°.

(±)-4-[4-Diäthylamino-1-methyl-butylamino]-6-methyl-1*H*-pyrimidin-2-on $C_{14}H_{26}N_4O$, Formel VIII (R = H, R′ = CH(CH_3)-[CH_2]$_3$-N(C_2H_5)$_2$).
B. Analog den vorangehenden Verbindungen (*Curd et al.*, Soc. **1947** 783, 787).
Hygroskopische Kristalle (aus E.) mit 0,5 Mol H_2O; F: 134–140° [nach Trocknen bei 60–65°].

Dipicrat $C_{14}H_{26}N_4O \cdot 2C_6H_3N_3O_7$. Gelbe Kristalle (aus A. + 2-Äthoxy-äthanol); F: 179–180°.

[3-(6-Methyl-2-oxo-1,2-dihydro-pyrimidin-4-ylamino)-phenyl]-arsonsäure $C_{11}H_{12}AsN_3O_4$, Formel IX (X = $AsO(OH)_2$, X′ = H) und Taut.

B. Aus [3-(2-Äthylmercapto-6-methyl-pyrimidin-4-ylamino)-phenyl]-arsonsäure beim Erwärmen mit wss. H_2O_2 und $NaHCO_3$ in H_2O (*Andres, Hamilton,* Am. Soc. **67** [1945] 946).

Bräunliche Kristalle; F: >250°.

[4-(6-Methyl-2-oxo-1,2-dihydro-pyrimidin-4-ylamino)-phenyl]-arsonsäure $C_{11}H_{12}AsN_3O_4$, Formel IX (X = H, X′ = $AsO(OH)_2$) und Taut.

B. Analog der vorangehenden Verbindung (*Andres, Hamilton,* Am. Soc. **67** [1945] 946).

Bräunliche Kristalle; F: >250°.

6-[1,6-Dimethyl-2-oxo-1,2-dihydro-pyrimidin-4-ylamino]-1,2-dimethyl-1*H*-chinolin-4-on $C_{17}H_{18}N_4O_2$, Formel X.

B. Beim Erhitzen von 4-Amino-6-[2-amino-1,6-dimethyl-pyrimidinium-4-ylamino]-1,2-dimethyl-chinolinium-dijodid oder 2-Amino-4-[1,2-dimethyl-4-oxo-1,4-dihydro-[6]chinolylamino]-1,6-dimethyl-pyrimidinium-jodid mit wss. NaOH (*Ainley et al.,* Soc. **1953** 59, 69).

Kristalle (aus wss. A.) mit 1,5 Mol H_2O; F: >380°. λ_{max} (wss. HCl [1%ig]): 298 nm.

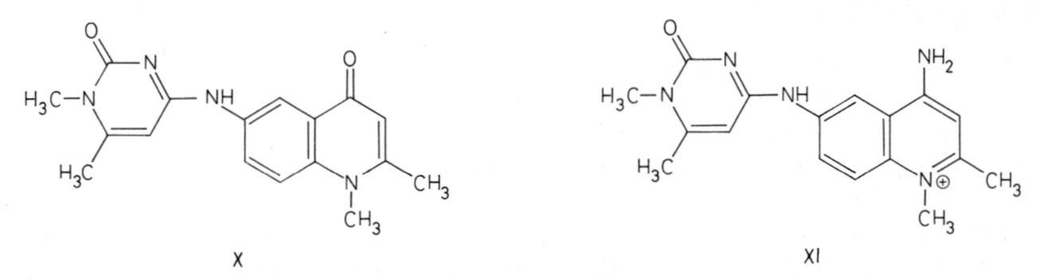

4-Amino-6-[1,6-dimethyl-2-oxo-1,2-dihydro-pyrimidin-4-ylamino]-1,2-dimethyl-chinolinium $[C_{17}H_{20}N_5O]^+$, Formel XI.

Jodid $[C_{17}H_{20}N_5O]I$. *B.* Aus 4-Amino-6-[2-amino-1,6-dimethyl-pyrimidinium-4-ylamino]-1,2-dimethyl-chinolinium-dijodid beim Erhitzen mit verd. wss. NaOH (*Ainley et al.,* Soc. **1953** 59, 69). – Kristalle (aus wss. A.) mit 2 Mol H_2O; F: 305° [Zers.; nach Sintern bei 200°]. λ_{max} (wss. HCl [1%ig]): 302 nm.

4-Amino-6-methyl-5-nitro-1*H*-pyrimidin-2-on $C_5H_6N_4O_3$, Formel XII (R = H) und Taut. (H **24** 351).

B. Aus 2-Chlor-6-methyl-5-nitro-pyrimidin-4-ylamin beim Erhitzen mit wss. Essigsäure und Natriumacetat (*Robins et al.,* Am. Soc. **75** [1953] 263, 265).

F: 280–285° [Zers.].

4-Acetonylamino-6-methyl-5-nitro-1*H*-pyrimidin-2-on $C_8H_{10}N_4O_4$, Formel XII (R = CH_2-CO-CH_3) und Taut.

B. Aus [2-Chlor-6-methyl-5-nitro-pyrimidin-4-ylamino]-aceton beim Erhitzen mit Essigsäure (*Lister, Ramage,* Soc. **1953** 2234, 2237).

Kristalle (aus H_2O); F: 245° [Zers.].

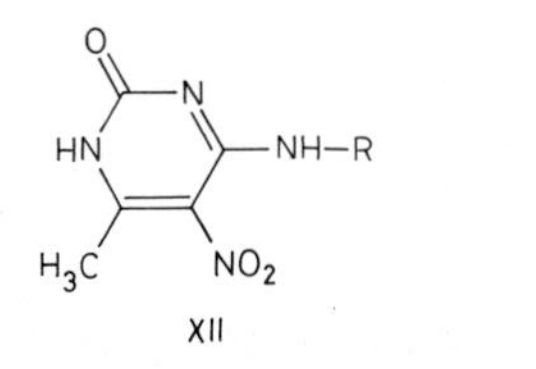

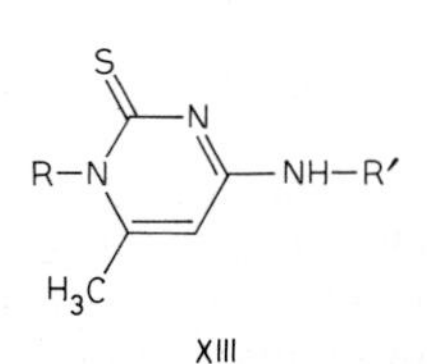

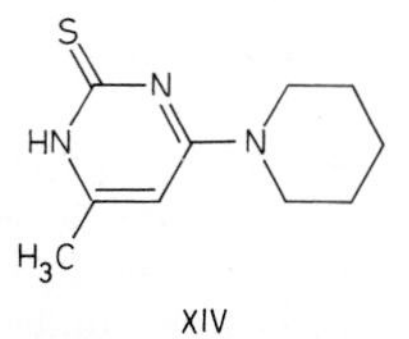

N-[6-Methyl-5-nitro-2-oxo-1,2-dihydro-pyrimidin-4-yl]-glycin-methylester $C_8H_{10}N_4O_5$, Formel XII (R = CH_2-CO-O-CH_3) und Taut.

B. Aus *N*-[2-Chlor-6-methyl-5-nitro-pyrimidin-4-yl]-glycin-methylester beim Erhitzen mit wss. Essigsäure und Natriumacetat (*Boon et al.*, Soc. **1951** 96, 100).

F: >240°.

4-Amino-6-methyl-1*H*-pyrimidin-2-thion $C_5H_7N_3S$, Formel XIII (R = R' = H) und Taut. (H **24** 352).

B. Aus 6-Methyl-1*H*-pyrimidin-2,4-dithion und konz. wss. NH_3 bei 100° (*Russell et al.*, Am. Soc. **71** [1949] 2279). Beim Erwärmen von Thioharnstoff mit 3-Amino-crotononitril (E IV **4** 2842) in äthanol. Natriumäthylat (*Polonovski et al.*, Bl. **1948** 392, 393).

4-Amino-1,6-dimethyl-1*H*-pyrimidin-2-thion $C_6H_9N_3S$, Formel XIII (R = CH_3, R' = H).

B. Aus 4-Amino-1,6-dimethyl-2-methylmercapto-pyrimidinium-jodid mit Hilfe von äthanol. NaHS (*Curd, Richardson*, Soc. **1955** 1853, 1857).

Kristalle (aus H_2O); F: 322° [Zers.].

4-Methyl-6-pentylamino-1*H*-pyrimidin-2-thion $C_{10}H_{17}N_3S$, Formel XIII (R = H, R' = $[CH_2]_4$-CH_3) und Taut.

B. Beim Erhitzen von 6-Methyl-1*H*-pyrimidin-2,4-dithion mit Pentylamin (*Russell et al.*, Am. Soc. **71** [1949] 2279).

Kristalle; F: 221° [Zers.].

Die folgenden Verbindungen sind in analoger Weise hergestellt worden:

4-Anilino-6-methyl-1*H*-pyrimidin-2-thion $C_{11}H_{11}N_3S$, Formel XIII (R = H, R' = C_6H_5) und Taut. Kristalle; F: 230° [Zers.] (*Ru. et al.*).

4-Methyl-6-piperidino-1*H*-pyrimidin-2-thion $C_{10}H_{15}N_3S$, Formel XIV und Taut. Kristalle; F: 203–205° (*Ru. et al.*).

4-Furfurylamino-6-methyl-1*H*-pyrimidin-2-thion $C_{10}H_{11}N_3OS$, Formel I und Taut. Kristalle (aus DMF); F: 220° [Zers.] (*Du Pont de Nemours & Co.*, U.S.P. 2844578 [1955]).

4-Methyl-6-[3-methyl-[2]thienylmethylamino]-1*H*-pyrimidin-2-thion $C_{11}H_{13}N_3S_2$, Formel II (R = CH_3, R' = H) und Taut. Kristalle (aus E.+DMF); F: >240° [Zers.] (*Du Pont*).

4-Methyl-6-[5-methyl-[2]thienylmethylamino]-1*H*-pyrimidin-2-thion $C_{11}H_{13}N_3S_2$, Formel II (R = H, R' = CH_3) und Taut. Kristalle (aus E.+DMF); F: 240° [Zers.] (*Du Pont*).

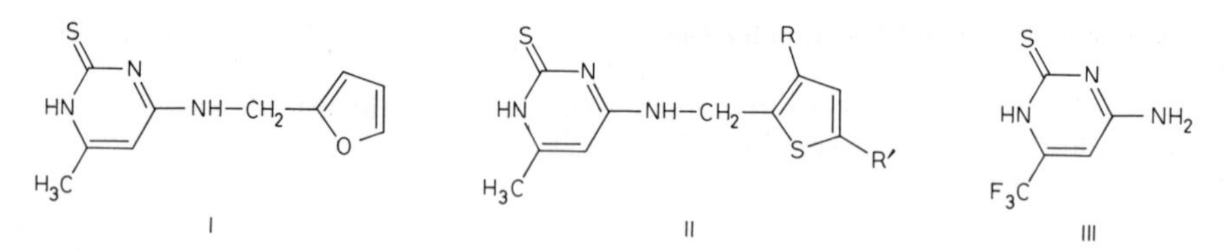

4-Amino-6-trifluormethyl-1*H*-pyrimidin-2-thion $C_5H_4F_3N_3S$, Formel III und Taut.

B. Aus 2-Thioxo-6-trifluormethyl-2,3-dihydro-1*H*-pyrimidin-4-on bei der Umsetzung mit $POCl_3$ in *N,N*-Diäthyl-anilin und anschliessend mit äthanol. NH_3 (*Giner-Sorolla, Bendich*, Am. Soc. **80** [1958] 5744, 5750).

Kristalle (aus H_2O); F: 203–205° [unkorr.].

4-Amino-6-methyl-5-nitro-1*H*-pyrimidin-2-thion $C_5H_6N_4O_2S$, Formel IV (R = R' = H) und Taut.

B. Aus *S*-[4-Amino-6-methyl-5-nitro-pyrimidin-2-yl]-thiouronium-chlorid beim Erhitzen mit wss. KOH (*Polonovski, Schmitt*, Bl. **1950** 616, 619).

Gelbe Kristalle (aus H_2O); Zers. bei 240–250° (*Po., Sch.*).

Über ein ebenfalls unter dieser Konstitution beschriebenes Präparat (Kristalle [aus wss.

A.] mit 1,5 Mol H_2O; F: 220–221° [unkorr.; Zers.]) s. *Prasad et al.*, Am. Soc. **81** [1959] 193, 195.

4-Dimethylamino-6-methyl-5-nitro-1*H*-pyrimidin-2-thion $C_7H_{10}N_4O_2S$, Formel IV (R = R′ = CH_3) und Taut.

B. Aus [2-Chlor-6-methyl-5-nitro-pyrimidin-4-yl]-dimethyl-amin beim Erwärmen mit $Na_2S \cdot 9H_2O$ in Methanol und Essigsäure (*Rose*, Soc. **1952** 3448, 3461).

Gelbe Kristalle (aus Eg.); F: 224°.

4-[Benzyl-methyl-amino]-6-methyl-5-nitro-1*H*-pyrimidin-2-thion $C_{13}H_{14}N_4O_2S$, Formel IV (R = CH_3, R′ = CH_2-C_6H_5) und Taut.

B. Analog der vorangehenden Verbindung (*Rose*, Soc. **1954** 4116, 4126).

Gelbe Kristalle (aus Eg.); F: 198°.

4,5-Diamino-6-methyl-1*H*-pyrimidin-2-on $C_5H_8N_4O$, Formel V (R = R′ = H) und Taut. (H **24** 479; E I **24** 414).

B. Aus 4-Amino-6-methyl-5-nitro-1*H*-pyrimidin-2-on bei der Hydrierung an Raney-Nickel in Methanol (*Robins et al.*, Am. Soc. **75** [1953] 263, 265; vgl. H **24** 479; E I **24** 414).

Kristalle (aus Me.); F: 280° [Zers.] (*Ro. et al.*). λ_{max} (wss. HCl [0,1 n]): 214 nm und 293 nm (*Lister, Ramage*, Soc. **1953** 2234, 2236).

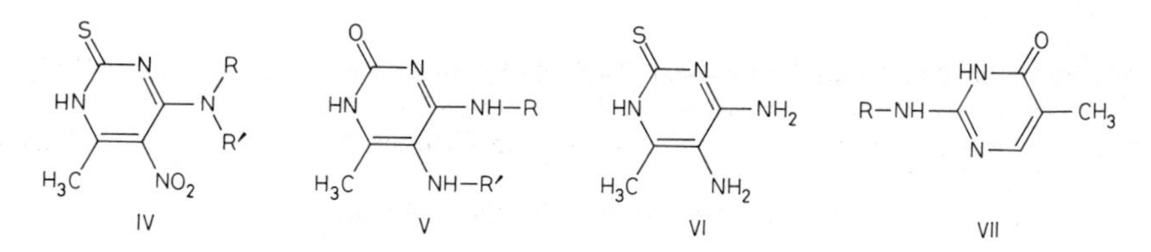

4-Methyl-6-methylamino-5-thioformylamino-1*H*-pyrimidin-2-on, *N*-[6-Methyl-4-methylamino-2-oxo-1,2-dihydro-pyrimidin-5-yl]-thioformamid $C_7H_{10}N_4OS$, Formel V (R = CH_3, R′ = CHS) und Taut.

B. Aus 5-Amino-6-methyl-4-methylamino-1*H*-pyrimidin-2-on und Natrium-dithioformiat in H_2O (*Baddiley et al.*, Soc. **1943** 383, 385).

Kristalle (aus H_2O), die unterhalb von 300° nicht schmelzen.

4,5-Diamino-6-methyl-1*H*-pyrimidin-2-thion $C_5H_8N_4S$, Formel VI und Taut.

B. Aus 2-Chlor-6-methyl-5-nitro-pyrimidin-4-ylamin beim Erwärmen mit wss. NaHS (*Albert et al.*, Soc. **1954** 3832, 3836).

Gelbe Kristalle (aus H_2O).

2-Amino-5-methyl-3*H*-pyrimidin-4-on $C_5H_7N_3O$, Formel VII (R = H) und Taut. (H **24** 354).

B. Aus Guanidin-hydrochlorid beim Behandeln mit 2-Hydroxy-3-methyl-bernsteinsäure (E IV **3** 1151) und H_2SO_4 [15% SO_3 enthaltend] (*Scherp*, Am. Soc. **68** [1946] 912) oder mit der Natrium-Verbindung des 2-Methyl-3-oxo-propionsäure-äthylesters in Äthanol (*Hull et al.*, Soc. **1947** 41, 45; vgl. H **24** 354).

Kristalle (aus H_2O); F: 290–291° [unkorr.; Zers.] (*Sch.*), 277–279° (*Hull et al.*).

Löslichkeitsprodukt der Silber-Verbindung (wss. Na_2CO_3): *Kikuchi, Sakaguchi*, J. Soc. Phot. Sci. Technol. Japan **13** [1951] 126, 131; C. A. **1952** 7446.

2-Anilino-5-methyl-3*H*-pyrimidin-4-on $C_{11}H_{11}N_3O$, Formel VII (R = C_6H_5) und Taut.

B. Aus 2-Äthylmercapto-5-methyl-3*H*-pyrimidin-4-on beim Erhitzen mit Anilin (*Sprague, Johnson*, Am. Soc. **58** [1936] 423, 426). Aus [4-Äthoxy-5-methyl-pyrimidin-2-yl]-phenyl-amin beim Erhitzen mit konz. wss. HCl (*Sp., Jo.*).

Kristalle (aus A.); F: 254–255°.

2-[4-Chlor-anilino]-5-methyl-3*H*-pyrimidin-4-on $C_{11}H_{10}ClN_3O$, Formel VII (R = C_6H_4Cl) und Taut.

B. Aus 5-Methyl-2-methylmercapto-3*H*-pyrimidin-4-on und 4-Chlor-anilin in 2-Äthoxy-äth⸗anol (*Curd et al.*, Soc. **1946** 378, 382).

Kristalle (aus Eg.); F: 266–267°.

6-Amino-5-methyl-3*H*-pyrimidin-4-on $C_5H_7N_3O$, Formel VIII (R = R′ = H) und Taut.

B. Beim Erhitzen von 6-Amino-5-methyl-2-thioxo-2,3-dihydro-1*H*-pyrimidin-4-on mit Raney-Nickel in H_2O (*Pfleiderer, Liedek*, A. **612** [1958] 163, 170).

Kristalle (aus H_2O); F: 243°. λ_{max} (Me.): 214 nm und 262 nm (*Pf., Li.*, l. c. S. 166).

6-Amino-3,5-dimethyl-3*H*-pyrimidin-4-on $C_6H_9N_3O$, Formel VIII (R = CH_3, R′ = H).

B. Aus der vorangehenden Verbindung und Dimethylsulfat in wss. NaOH (*Pfleiderer, Liedek*, A. **612** [1958] 163, 170). Aus 6-Amino-3,5-dimethyl-2-methylmercapto-3*H*-pyrimidin-4-on beim Erhitzen mit Raney-Nickel in H_2O (*Pf., Li.*).

Kristalle (aus Xylol); F: 190–191°. λ_{max} (Me.): 215 nm und 264 nm (*Pf., Li.*, l. c. S. 166).

6-Amino-1,5-dimethyl-1*H*-pyrimidin-4-on $C_6H_9N_3O$, Formel IX (R = H).

B. Beim Erhitzen von 6-Amino-1,5-dimethyl-2-thioxo-2,3-dihydro-1*H*-pyrimidin-4-on mit Ra⸗ney-Nickel in H_2O (*Pfleiderer, Liedek*, A. **612** [1958] 163, 172).

Kristalle (aus wss. A.); F: 277–278°. UV-Spektrum (Me.; 220–300 nm): *Pf., Li.*, l. c. S. 167, 168.

6-Acetylamino-5-methyl-3*H*-pyrimidin-4-on, *N*-[5-Methyl-6-oxo-1,6-dihydro-pyrimidin-4-yl]-acetamid $C_7H_9N_3O_2$, Formel VIII (R = H, R′ = CO-CH_3) und Taut.

B. Aus 6-Amino-5-methyl-3*H*-pyrimidin-4-on beim Erhitzen mit Acetanhydrid (*Pfleiderer, Liedek*, A. **612** [1958] 163, 170).

Kristalle (aus H_2O); F: 303°. UV-Spektrum (Me.; 205–300 nm): *Pf., Li.*, l. c. S. 165, 166.

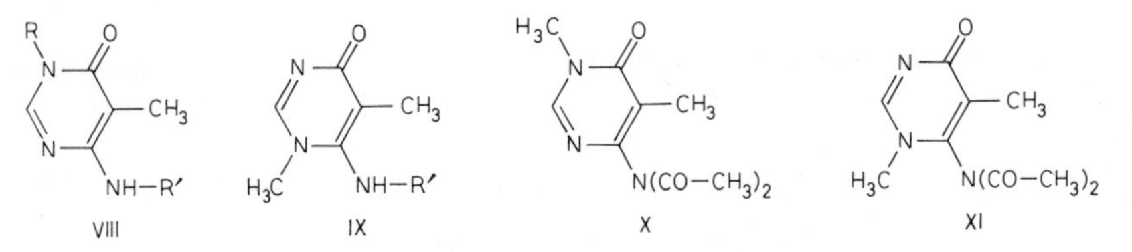

6-Acetylamino-3,5-dimethyl-3*H*-pyrimidin-4-on, *N*-[1,5-Dimethyl-6-oxo-1,6-dihydro-pyrimidin-4-yl]-acetamid $C_8H_{11}N_3O_2$, Formel VIII (R = CH_3, R′ = CO-CH_3).

B. Aus der vorangehenden Verbindung und Dimethylsulfat in wss. NaOH (*Pfleiderer, Liedek*, A. **612** [1958] 163, 171). Aus 6-Amino-3,5-dimethyl-3*H*-pyrimidin-4-on beim Erhitzen mit Acet⸗anhydrid (*Pf., Li.*). Aus 6-Diacetylamino-3,5-dimethyl-2-methylmercapto-3*H*-pyrimidin-4-on beim Erhitzen mit Raney-Nickel in H_2O (*Pf., Li.*).

Kristalle (aus Xylol); F: 189–190°. UV-Spektrum (Me.; 205–300 nm): *Pf., Li.*, l. c. S. 165, 166.

6-Acetylamino-1,5-dimethyl-1*H*-pyrimidin-4-on, *N*-[3,5-Dimethyl-6-oxo-3,6-dihydro-pyrimidin-4-yl]-acetamid $C_8H_{11}N_3O_2$, Formel IX (R = CO-CH_3).

B. Neben 6-Diacetylamino-1,5-dimethyl-1*H*-pyrimidin-4-on (s. u.) beim Erhitzen von 6-Amino-1,5-dimethyl-1*H*-pyrimidin-4-on mit Acetanhydrid (*Pfleiderer, Liedek*, A. **612** [1958] 163, 172).

Kristalle (aus Butan-1-ol); F: 273–274°. UV-Spektrum (Me.; 220–300 nm): *Pf., Li.*, l. c. S. 167, 168.

6-Diacetylamino-3,5-dimethyl-3*H*-pyrimidin-4-on, *N*-[1,5-Dimethyl-6-oxo-1,6-dihydro-pyrimidin-4-yl]-diacetamid $C_{10}H_{13}N_3O_3$, Formel X.

B. Beim Erhitzen von 6-Amino-3,5-dimethyl-3*H*-pyrimidin-4-on mit Acetanhydrid und Pyri⸗din (*Pfleiderer, Liedek*, A. **612** [1958] 163, 171).

Kristalle (aus PAe. + A.); F: 80°. λ_{max} (Me.): 274 nm (*Pf., Li.*, l. c. S. 166).

6-Diacetylamino-1,5-dimethyl-1*H*-pyrimidin-4-on, *N*-[3,5-Dimethyl-6-oxo-3,6-dihydro-pyrimidin-4-yl]-diacetamid $C_{10}H_{13}N_3O_3$, Formel XI.

B. s. o. im Artikel *N*-[3,5-Dimethyl-6-oxo-3,6-dihydro-pyrimidin-4-yl]-acetamid.

Kristalle (aus E.); F: 197–198° (*Pfleiderer, Liedek*, A. **612** [1958] 163, 172). UV-Spektrum (Me.; 210–290 nm): *Pf., Li.*, l. c. S. 167, 168.

4-Amino-5-methyl-1*H*-pyrimidin-2-on $C_5H_7N_3O$, Formel XII (R = R′ = H) und Taut. (H **24** 355; E II **24** 183; dort auch als 5-Methyl-cytosin bezeichnet).

B. Aus 4-Amino-5-methyl-1*H*-pyrimidin-2-thion beim Erhitzen mit wss. Chloressigsäure und anschliessend mit konz. wss. HCl (*Hitchings et al.*, J. biol. Chem. **177** [1949] 357, 359).

UV-Spektrum in einem Äther-Isopentan-Äthanol-Gemisch [5:5:2] (240–300 nm) bei 77 K und 298 K: *Sinsheimer et al.*, J. biol. Chem. **187** [1950] 313, 317, 320; in wss. HCl [0,1 n], wss. Lösung vom pH 7 und wss. NaOH [0,1 n] (205–320 nm): *Wyatt*, Biochem. J. **48** [1951] 581. UV-Spektrum in wss. Lösungen vom pH 1–14 (205–310 nm): *Shugar, Fox*, Biochim. biophys. Acta **9** [1952] 199, 204, 206; vom pH 1 und pH 11 (230–310 nm): *Hi. et al.*, l. c. S. 360; vom pH 2 und pH 9 (230–310 nm): *Cohn*, Am. Soc. **73** [1951] 1539. Scheinbare Dissoziationsexponenten pK'_{a1} und pK'_{a2} (H_2O; spektrophotometrisch ermittelt): 4,6 bzw. 12,4 (*Sh., Fox*, l. c. S. 203, 204). Scheinbarer Dissoziationsexponent pK'_{a1} (H_2O; spektrophotometrisch ermittelt): 4,8 (*Cohn*, in *E. Chargaff, J.N. Davidson*, The Nucleic Acids [New York 1955] Bd. 1, S. 217).

Hydrochlorid $C_5H_7N_3O \cdot HCl$ (H **24** 355). Kristalle (aus wss. HCl + Acn.); F: 299–301° [Zers.; nach Sintern bei 280°] (*Hi. et al.*).

4-Amino-1,5-dimethyl-1*H*-pyrimidin-2-on $C_6H_9N_3O$, Formel XII (R = CH_3, R′ = H) (H **24** 355; dort auch als 3.5-Dimethyl-cytosin bezeichnet).

B. Aus 4-Äthoxy-1,5-dimethyl-1*H*-pyrimidin-2-on und äthanol. NH_3 bei 150° (*Fox et al.*, Am. Soc. **81** [1959] 178, 187).

F: 308–309° [unkorr.; aus A.]. λ_{max}: 291 nm [wss. HCl (1 n)] bzw. 280 nm [wss. Lösung vom pH 7]. Scheinbarer Dissoziationsexponent pK'_a (H_2O; spektrophotometrisch ermittelt): 4,76.

5-Methyl-4-methylamino-1*H*-pyrimidin-2-on $C_6H_9N_3O$, Formel XII (R = H, R′ = CH_3) und Taut.

B. Neben [2-Äthansulfonyl-5-methyl-pyrimidin-4-yl]-methyl-amin beim Erhitzen von [2-Äthylmercapto-5-methyl-pyrimidin-4-yl]-methyl-amin mit wss. H_2O_2 und wenig Äthanol (*Tschi [Chi], Tschên' [Chen]*, Ž. obšč. Chim. **28** [1958] 1483, 1490; engl. Ausg. S. 1533, 1539; Scientia sinica **6** [1957] 477, 489).

F: 235° [aus wss. A.].

4-Diäthylamino-5-methyl-1*H*-pyrimidin-2-on $C_9H_{15}N_3O$, Formel XIII und Taut.

B. Analog der vorangehenden Verbindung (*Tschi [Chi], Tschên' [Chen]*, Ž. obšč. Chim. **28** [1958] 1483, 1490; engl. Ausg. S. 1533, 1539; Scientia sinica **6** [1957] 477, 489, 490).

Kristalle (aus wss. A.); F: 232°.

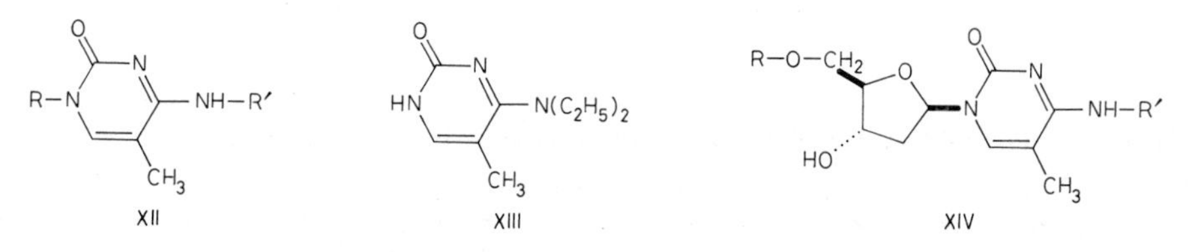

4-Amino-1-[β-D-*erythro*-2-desoxy-pentofuranosyl]-5-methyl-1*H*-pyrimidin-2-on, 5-Methyl-2′-desoxy-cytidin $C_{10}H_{15}N_3O_4$, Formel XIV (R = R′ = H).

Konfiguration: *Andersen et al.*, Soc. **1954** 1882, 1884.

B. Beim Erhitzen von $O^{3'}$,$O^{5'}$-Dibenzoyl-4-thio-thymidin mit äthanol. NH_3 (*Fox et al.*, Am. Soc. **81** [1959] 178, 184; *Wempen et al.*, Biochem. Prepar. **10** [1963] 98, 100). Aus 5-Methyl-2'-desoxy-[5']cytidylsäure mit Hilfe von alkalischer Phosphatase (*Cohen, Barner*, J. biol. Chem. **226** [1957] 631, 632). Bei der Hydrolyse von Desoxyribonucleinsäuren aus Weizenkeimen mit Hilfe von Desoxyribonuclease-I und alkalischer Phosphatase (*Dekker, Elmore*, Soc. **1951** 2864, 2866).

Kristalle (aus A.); F: 211–212° [korr.; nach Sintern bei 209°] (*We. et al.*, l. c. S. 101). $[\alpha]_D^{22}$: +43° [H_2O; c = 1,4], +50° [wss. HCl (0,1 n); c = 1,6] (*We. et al.*); $[\alpha]_D^{23}$: +62° [wss. NaOH (1 n); c = 1] (*Fox et al.*, l. c. S. 184). UV-Spektrum in wss. Lösungen vom pH 1–14 (210–310 nm): *Fox et al.*, l. c. S. 181; vom pH 1–13 (230–300 nm): *Co., Ba.*, l. c. S. 633; in wss. HCl [0,01 n] und wss. NaOH [0,01 n] (200–320 nm): *De., El.*, l. c. S. 2865. λ_{max}: 212 nm und 286,5 nm [wss. Lösungen vom pH 1–2] bzw. 213 nm und 277 nm [wss. Lösungen vom pH 7–12] (*We. et al.*, l. c. S. 102). Scheinbarer Dissoziationsexponent pK'_a (H_2O; spektrophotometrisch ermittelt): 4,40 (*Fox et al.*, l. c. S. 183).

Hydrochlorid $C_{10}H_{15}N_3O_4 \cdot HCl$. Kristalle mit 0,5 Mol H_2O, F: 156° (*De., El.*, l. c. S. 2867); Kristalle, F: 154–155° [unkorr.; Zers.; aus A.] (*Fox et al.*, l. c. S. 184). $[\alpha]_D^{14}$: +65° [wss. NaOH (1 n); c = 0,5] (*De., El.*, l. c. S. 2867); $[\alpha]_D^{23}$: +54° [wss. NaOH (1 n); c = 1] (*Fox et al.*). IR-Spektrum (Nujol; 3–15 μ): *De., El.*, l. c. S. 2866.

Picrat $C_{10}H_{15}N_3O_4 \cdot C_6H_3N_3O_7$. Kristalle (aus A.); F: 175–178° [Zers.] (*De., El.*, l. c. S. 2867) bzw. Dunkelfärbung ab 170° (*Fox et al.*, l. c. S. 184).

5-Methyl-$O^{5'}$-phosphono-2'-desoxy-cytidin, 5-Methyl-2'-desoxy-[5']cytidylsäure $C_{10}H_{16}N_3O_7P$, Formel XIV (R = $PO(OH)_2$, R' = H).

B. Bei der Hydrolyse von Thymus-Desoxyribonucleinsäure mit Hilfe von Desoxyribonuclease-I und alkalischer Phosphatase (*Cohn*, Am. Soc. **73** [1951] 1539).

UV-Spektrum (wss. Lösungen vom pH 1–2,5 und pH 6–13; 230–320 nm): *Cohn*.

5,N^4-Dimethyl-2'-desoxy-cytidin $C_{11}H_{17}N_3O_4$, Formel XIV (R = H, R' = CH_3).

B. Beim Erhitzen von $O^{3'}$,$O^{5'}$-Dibenzoyl-4-thio-thymidin mit Methylamin in Äthanol (*Fox et al.*, Am. Soc. **81** [1959] 178, 186).

Kristalle (aus Me.); F: 225–227° [unkorr.]. $[\alpha]_D^{25}$: +28° [H_2O; c = 1,2]. λ_{max}: 218 nm und 286,5 nm [wss. Lösung vom pH 1] bzw. 275 nm [wss. Lösungen vom pH 7–12]. Scheinbarer Dissoziationsexponent pK'_a (H_2O; spektrophotometrisch ermittelt): 4,04.

5-Methyl-N^4-phenäthyl-2'-desoxy-cytidin $C_{18}H_{23}N_3O_4$, Formel XIV (R = H, R' = CH_2-CH_2-C_6H_5).

B. Analog der vorangehenden Verbindung (*Fox et al.*, Am. Soc. **81** [1959] 178, 186).

F: 183–185° [unkorr.]. λ_{max}: 289,5 nm [wss. Lösung vom pH 1] bzw. 277,5 nm [wss. Lösungen vom pH 7–12]. Scheinbarer Dissoziationsexponent pK'_a (H_2O; spektrophotometrisch ermittelt): 3,83.

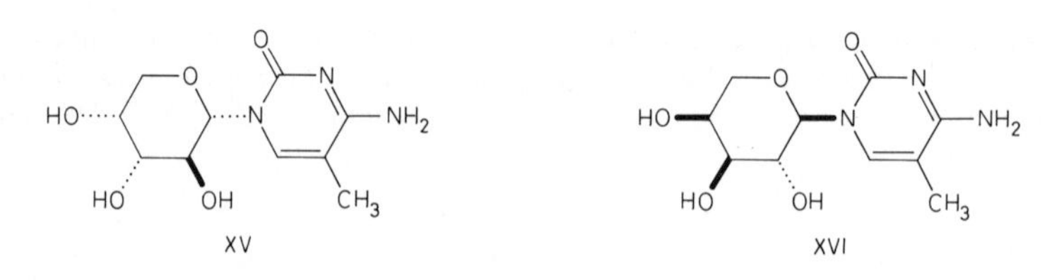

4-Amino-5-methyl-1-[3,4,5-trihydroxy-tetrahydro-pyran-2-yl]-1*H*-pyrimidin-2-on $C_{10}H_{15}N_3O_5$.

a) **4-Amino-1-α-D-arabinopyranosyl-5-methyl-1*H*-pyrimidin-2-on,** Formel XV.

B. Beim Erwärmen von 4-Äthoxy-5-methyl-1-[tri-*O*-acetyl-α-D-arabinopyranosyl]-1*H*-pyrimidin-2-on mit äthanol. NH_3 (*Fox, Goodman*, Am. Soc. **73** [1951] 3256).

Kristalle (aus A.); F: 290–291° [unkorr.; Zers.]; $[\alpha]_D^{26}$: −79° [H_2O] (*Fox, Go.*). UV-Spektrum (wss. Lösungen vom pH 1–14; 210–310 nm): *Fox, Shugar*, Biochim. biophys. Acta **9** [1952] 369, 377. Scheinbarer Dissoziationsexponent pK'_a (H_2O; spektrophotometrisch ermittelt): 4,1

(*Fox, Sh.*, l. c. S. 378).

Nitrat $C_{10}H_{15}N_3O_5 \cdot HNO_3$. F: 206–210° [unkorr.; Zers.] (*Fox, Go.*).

b) **4-Amino-1-α-L-arabinopyranosyl-5-methyl-1*H*-pyrimidin-2-on,** Formel XVI.

B. Analog der vorangehenden Verbindung (*Fox, Goodman*, Am. Soc. **73** [1951] 3256).

Kristalle (aus A.); F: 290–291° [unkorr.; Zers.]. $[\alpha]_D^{26}$: +78° [H_2O].

c) **4-Amino-5-methyl-1-β-D-xylopyranosyl-1*H*-pyrimidin-2-on,** Formel I.

B. Analog den vorangehenden Verbindungen (*Fox, Goodman*, Am. Soc. **73** [1951] 3256).

Kristalle (aus A.); F: 254–256° [unkorr.; Zers.]; $[\alpha]_D^{26}$: +14° [H_2O] (*Fox, Go.*). UV-Spektrum (wss. Lösungen vom pH 1–14; 210–310 nm): *Fox, Shugar*, Biochim. biophys. Acta **9** [1952] 369, 377. Scheinbarer Dissoziationsexponent pK'_a (H_2O; spektrophotometrisch ermittelt): 4,1 (*Fox, Sh.*, l. c. S. 378).

Hydrochlorid $C_{10}H_{15}N_3O_5 \cdot HCl$. Kristalle; F: 246–247° [unkorr.; Zers.] (*Fox, Go.*).

Nitrat $C_{10}H_{15}N_3O_5 \cdot HNO_3$. F: 231–232° [unkorr.; Zers.] (*Fox, Go.*).

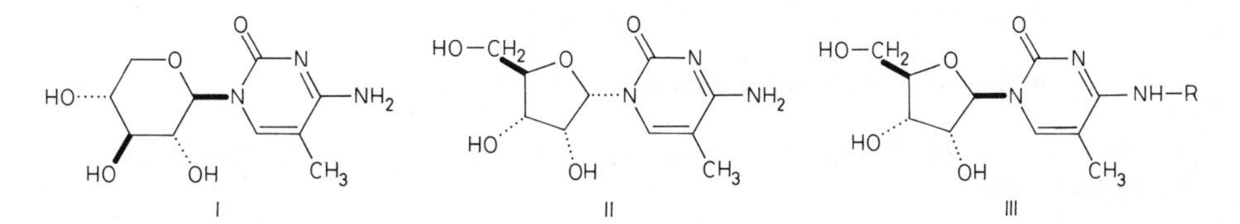

4-Amino-1-[3,4-dihydroxy-5-hydroxymethyl-tetrahydro-[2]furyl]-5-methyl-1*H*-pyrimidin-2-on $C_{10}H_{15}N_3O_5$.

a) **4-Amino-5-methyl-1-α-D-ribofuranosyl-1*H*-pyrimidin-2-on,** Formel II.

Konfiguration: *Farkaš et al.*, J. org. Chem. **29** [1964] 1469.

B. Beim Erwärmen einer Lösung von Tri-*O*-acetyl-D-ribofuranosylbromid (aus Tetra-*O*-acetyl-β-D-ribofuranose und HBr) in Benzol mit 2,4-Diäthoxy-5-methyl-pyrimidin und Erwärmen [5 d] des Reaktionsprodukts mit methanol. NH_3 (*Roberts, Visser*, Am. Soc. **74** [1952] 668).

Kristalle (aus A.); F: 238–240° (*Ro., Vi.*). $[\alpha]_D^{23}$: –78° [H_2O; c = 0,05] (*Fa. et al.*). λ_{max} (wss. Lösung vom pH 7): 278 nm (*Ro., Vi.*).

b) **4-Amino-5-methyl-1-β-D-ribofuranosyl-1*H*-pyrimidin-2-on, 5-Methyl-cytidin,** Formel III (R = H).

B. Beim Erwärmen von $O^{2'}$,$O^{3'}$,$O^{5'}$-Tribenzoyl-5-methyl-4-thio-uridin mit äthanol. NH_3 (*Fox et al.*, Am. Soc. **81** [1959] 178, 185).

Kristalle (aus wss. A.); F: 210–211° [unkorr.; Zers.] (*Fox et al.*, l. c. S. 185). $[\alpha]_D^{23}$: +14° [H_2O; c = 3,2] (*Farkaš et al.*, J. org. Chem. **29** [1964] 1469), –3° [wss. NaOH (1 n); c = 2,5] (*Fox et al.*, l. c. S. 185). UV-Spektrum (wss. Lösungen vom pH 0–14; 220–310 nm): *Fox et al.*, l. c. S. 182. Scheinbarer Dissoziationsexponent pK'_a (H_2O; spektrophotometrisch ermittelt): 4,28 (*Fox et al.*, l. c. S. 183).

c) **4-Amino-5-methyl-1-β-D-xylofuranosyl-1*H*-pyrimidin-2-on,** Formel IV.

B. Analog der vorangehenden Verbindung (*Fox et al.*, Am. Soc. **81** [1959] 178, 185).

Hygroskopisch; F: 205–207° [unkorr.; Zers.]. λ_{max}: 287 nm [wss. HCl (1 n)] bzw. 277,5 nm [wss. Lösungen vom pH 7–12].

Hydrochlorid $C_{10}H_{15}N_3O_5 \cdot HCl$. Kristalle (aus wss. A.); F: 207–208° [unkorr.; Zers.]. $[\alpha]_D^{23}$: –2,5° [wss. NaOH (1 n); c = 1].

5,*N*⁴-Dimethyl-cytidin $C_{11}H_{17}N_3O_5$, Formel III (R = CH_3).

B. Beim Erhitzen von $O^{2'}$,$O^{3'}$,$O^{5'}$-Tribenzoyl-5-methyl-4-thio-uridin mit Methylamin in Äthanol (*Fox et al.*, Am. Soc. **81** [1959] 178, 186).

Kristalle (aus A.); F: 190–191° [unkorr.]. λ_{max} (wss. Lösung vom pH 7,4): 275 nm.

4-Amino-1-β-D-glucopyranosyl-5-methyl-1*H*-pyrimidin-2-on $C_{11}H_{17}N_3O_6$, Formel V.

B. Beim Erhitzen von 5-Methyl-1-[tetra-*O*-acetyl-β-D-glucopyranosyl]-1*H*-pyrimidin-2,4-dion mit P_2S_5 in wss. Pyridin und Erhitzen des Reaktionsprodukts mit äthanol. NH_3 (*Fox et al.*, Am. Soc. **81** [1959] 178, 185).

Kristalle (aus wss. A.); F: 279–280° [unkorr.; Zers.]. $[\alpha]_D^{23}$: –4° [wss. NaOH (1 n); c = 2,4].

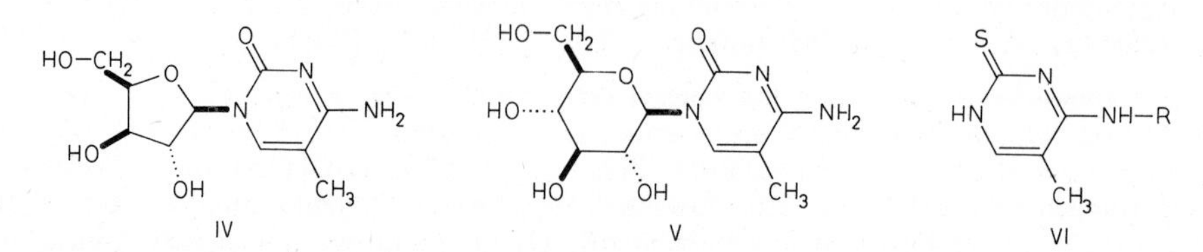

4-Amino-5-methyl-1*H*-pyrimidin-2-thion $C_5H_7N_3S$, Formel VI (R = H) und Taut.

B. Aus 5-Methyl-1*H*-pyrimidin-2,4-dithion und konz. wss. NH_3 bei 100° (*Hitchings et al.*, J. biol. Chem. **177** [1949] 357, 359; s. a. *Russell et al.*, Am. Soc. **71** [1949] 2279).

Kristalle (aus H_2O); F: 273–274° [Zers.] (*Hi. et al.*).

5-Methyl-4-pentylamino-1*H*-pyrimidin-2-thion $C_{10}H_{17}N_3S$, Formel VI (R = $[CH_2]_4$-CH_3) und Taut.

B. Analog der vorangehenden Verbindung (*Russell et al.*, Am. Soc. **71** [1949] 2279).

Kristalle; F: 198°.

4-Anilino-5-methyl-1*H*-pyrimidin-2-thion $C_{11}H_{11}N_3S$, Formel VI (R = C_6H_5) und Taut.

B. Analog den vorangehenden Verbindungen (*Russell et al.*, Am. Soc. **71** [1949] 2279).

Kristalle; F: 232–234°.

4,6-Diamino-5-methyl-1*H*-pyrimidin-2-thion $C_5H_8N_4S$, Formel VII.

B. Aus Thioharnstoff und Methylmalononitril beim Erwärmen mit äthanol. Natriumäthylat (*Bielig*, D.B.P. 859168 [1949]).

Kristalle (aus H_2O); F: 318–320° [Zers.].

4-Amino-5-aminomethyl-1*H*-pyrimidin-2-on $C_5H_8N_4O$, Formel VIII (R = H) und Taut.

B. Aus 4-Amino-2-methoxy-pyrimidin-5-carbonitril mit Hilfe von $LiAlH_4$ in THF (*Cilag*, U.S.P. 2698326 [1953]). Aus 4-Amino-2-oxo-1,2-dihydro-pyrimidin-5-carbonitril bei der Hydrierung an Raney-Nickel in methanol. NH_3 (*Chatterji, Anand*, J. scient. ind. Res. India **18** B [1959] 272, 275).

Dihydrochlorid. Zers. bei 264–267° (*Cilag*). F: 264° [Zers.; aus wss. HCl+Acn.] (*Ch., An.*).

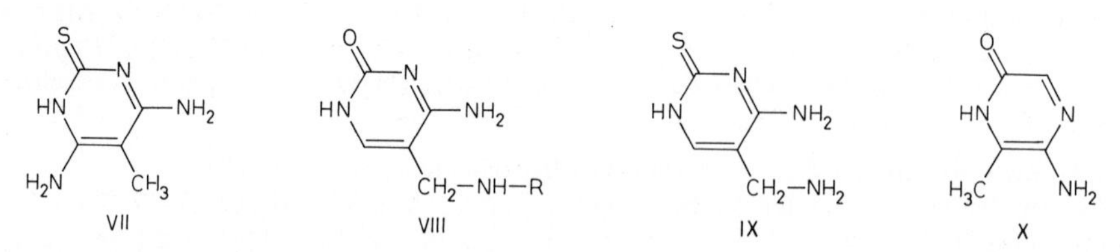

4-Amino-5-[thioformylamino-methyl]-1*H*-pyrimidin-2-on, *N*-[4-Amino-2-oxo-1,2-dihydro-pyrimidin-5-ylmethyl]-thioformamid $C_6H_8N_4OS$, Formel VIII (R = CHS) und Taut.

B. Aus 4-Amino-5-aminomethyl-1*H*-pyrimidin-2-on und Natrium-dithioformiat in H_2O (*Chatterji, Anand*, J. scient. ind. Res. India **18** B [1959] 272, 275).

F: 220° [Zers.].

[4-Amino-2-oxo-1,2-dihydro-pyrimidin-5-ylmethyl]-dithiocarbamidsäure $C_6H_8N_4OS_2$, Formel VIII (R = CS-SH) und Taut.

B. Aus 4-Amino-5-aminomethyl-1*H*-pyrimidin-2-on und CS_2 (*Chatterji, Anand*, J. scient. ind. Res. India **18** B [1959] 272, 278).

F: 165° [Zers.].

4-Amino-5-aminomethyl-1*H*-pyrimidin-2-thion $C_5H_8N_4S$, Formel IX und Taut.

B. Aus 4-Amino-2-thioxo-1,2-dihydro-pyrimidin-5-carbonitril mit Hilfe von $LiAlH_4$ in THF (*Cilag*, U.S.P. 2698326 [1953]).

F: 220° [Zers.].

5-Amino-6-methyl-1*H*-pyrazin-2-on $C_5H_7N_3O$, Formel X und Taut.

B. Aus dem Dinatrium-Salz der 4-[3-Methyl-5-oxo-5*H*-pyrazin-2-ylidenhydrazino]-benzolsulfonsäure (E III/IV **24** 1379) beim Erwärmen mit $SnCl_2$ und wss. HCl (*Sharefkin*, J. org. Chem. **24** [1959] 345, 348).

Natrium-Salz $NaC_5H_6N_3O$. Hellgelbe Kristalle (aus Me.), die unterhalb 300° nicht schmelzen. λ_{max}: 253 nm.

3-Amino-6-methyl-1*H*-pyrazin-2-on $C_5H_7N_3O$, Formel XI und Taut.

B. Aus 5-Methyl-3-oxo-3,4-dihydro-pyrazin-2-carbonsäure-amid mit Hilfe von Brom und wss. NaOH (*Muehlmann, Day*, Am. Soc. **78** [1956] 242).

Kristalle (aus H_2O); F: 335–337° [Zers.].

***4-Äthyliden-5-amino-2-phenyl-2,4-dihydro-pyrazol-3-on** $C_{11}H_{11}N_3O$, Formel XII.

B. Beim Erwärmen von 5-Amino-2-phenyl-1,2-dihydro-pyrazol-3-on mit Acetaldehyd und wenig Piperidin in Äthanol (*Gagnon et al.*, Canad. J. Chem. **37** [1959] 110, 113, 115).

Kristalle (aus A.); F: 225–226° [unkorr.]. IR-Banden (3300–650 cm^{-1}): *Ga. et al.*,, l. c. S. 114.

4-Aminomethylen-5-methyl-2-phenyl-2,4-dihydro-pyrazol-3-on $C_{11}H_{11}N_3O$, Formel XIII und Taut. (z. B. 4-Iminomethyl-5-methyl-2-phenyl-1,2-dihydro-pyrazol-3-on).

Diese Konstitution kommt der von *Perroncito* (Atti X. Congr. int. Chim. Rom 1938, Bd. 3, S. 267, 271, 274) als Formamid-Addukt $C_{21}H_{17}N_5 \cdot CH_3NO$ des 3,5-Dimethyl-1,7-diphenyl-1,7-dihydro-dipyrazolo[3,4-*b*; 4′,3′-*e*]pyridins formulierten Verbindung zu (*Ridi, Checchi*, G. **83** [1953] 36, 37).

Bezüglich der Tautomerie und Chelatisierung in Lösungen in DMSO und in $CDCl_3$ s. *Kurkowškaja et al.*, Ž. org. Chim. **10** [1974] 2210, 2215; engl. Ausg. S. 2221, 2226; *Maquestiau et al.*, Bl. Soc. chim. Belg. **84** [1975] 741, 743; s. a. *Elguero et al.*, Adv. heterocycl. Chem. Spl. 1 [1976] 336.

B. Beim Erhitzen von 5-Methyl-2-phenyl-1,2-dihydro-pyrazol-3-on (*Pe.*) oder 5-Methyl-3-oxo-2-phenyl-2,3-dihydro-1*H*-pyrazol-4-carbaldehyd (*Ridi, Ch.*, l. c. S. 41, 42) mit Formamid auf 200°.

Kristalle (aus Bzl.); F: 156° (*Ku. et al.*, l. c. S. 2211), 155° (*Pe.; Ridi, Ch.*, l. c. S. 40). ^{1}H-NMR-Absorption in DMSO: *Ku. et al.*, l. c. S. 2215; in $CDCl_3$ (bei −10°): *Ma. et al.*, l. c. S. 742. ^{1}H-^{1}H-Spin-Spin-Kopplungskonstanten: *Ku. et al.* λ_{max}: 278 nm und 352 nm (*Ku. et al.*, l. c. S. 2213).

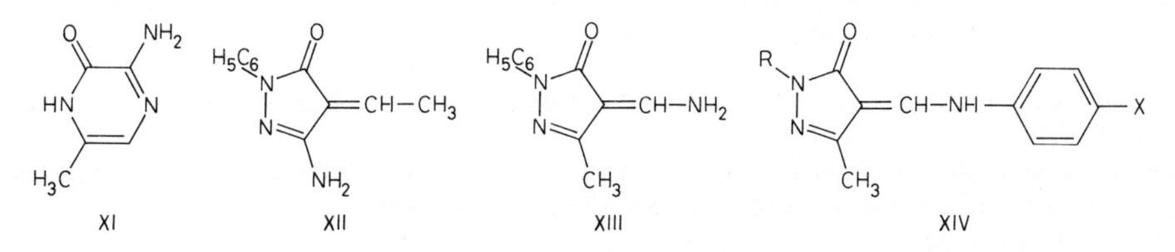

4-Anilinomethylen-5-methyl-2-phenyl-2,4-dihydro-pyrazol-3-on $C_{17}H_{15}N_3O$, Formel XIV ($R = C_6H_5$, X = H) und Taut. (z. B. 5-Methyl-2-phenyl-4-[phenylimino-methyl]-1,2-dihydro-pyrazol-3-on) (H **24** 357; E I **24** 331).

Bezüglich der Tautomerie und Chelatisierung in Lösungen in $CDCl_3$ und in DMSO s. *Kurkowškaja et al.*, Ž. org. Chim. **9** [1973] 821, 825; engl. Ausg. S. 846, 849; Ž. org. Chim. **10** [1974] 2210, 2215; engl. Ausg. S. 2221, 2226; s. a. *Maquestiau et al.*, Bl. Soc. chim. Belg. **84**

[1975] 741, 743.

B. Aus 5-Methyl-2-phenyl-1,2-dihydro-pyrazol-3-on beim Erwärmen mit *N*-Phenyl-formimidsäure-äthylester (*Eastman Kodak Co.*, U.S.P. 2515878 [1946]), mit *N,N'*-Diphenyl-formamidin und Anilin (*Ogata et al.*, Rep. scient. Res. Inst. Tokyo **28** [1952] 259, 260; C. A. **1953** 5284; vgl. H **24** 357) oder mit Phenylisocyanid in Benzol (*Passerini, Casini,* G. **67** [1937] 332, 334). Aus 4-Aminomethylen-5-methyl-2-phenyl-2,4-dihydro-pyrazol-3-on und Anilin (*Ridi, Checchi,* G. **83** [1953] 36, 42).

Gelbe Kristalle; F: 153–155° [aus Bzl.] (*Pa., Ca.*), 153–154° [aus A.] (*Og. et al.*). ^{1}H-NMR-Spektrum (DMSO): *Ku. et al.*, Ž. org. Chim. **10** 2216. Temperaturabhängigkeit der chemischen Verschiebung der ^{1}H-NMR-Absorption (–50° bis +60°), der [1]H-[1]H- und [1]H-^{15}N-Spin-Spin-Kopplungskonstante (jeweils –10° bis +60°) in $CDCl_3$; *Ku. et al.*, Ž. obšč. Chim. **9** 824; s. a. *Ma. et al.*, l. c. S. 742.

Bildung von 5-Methyl-3-oxo-2-phenyl-2,3-dihydro-1*H*-pyrazol-4-carbaldehyd beim Erhitzen mit wss. KOH: *Pa., Ca.,* l. c. S. 335. Beim Erwärmen mit 5-Methyl-2-phenyl-1,2-dihydro-pyrazol-3-on in Benzol ist [5-Methyl-3-oxo-2-phenyl-2,3-dihydro-1*H*-pyrazol-4-yl]-[3-methyl-5-oxo-1-phenyl-1,5-dihydro-pyrazol-4-yliden]-methan erhalten worden (*Losco,* G. **67** [1937] 553, 557).

Methojodid s. 1,5-Dimethyl-2-phenyl-4-[phenylimino-methyl]-1,2-dihydro-pyrazol-3-on-hydrojodid (E III/IV **24** 1319).

5-Methyl-4-*p*-phenetidinomethylen-2-phenyl-2,4-dihydro-pyrazol-3-on $C_{19}H_{19}N_3O_2$, Formel XIV (R = C_6H_5, X = O-C_2H_5) und Taut. (z. B. 4-[(4-Äthoxy-phenylimino)-methyl]-5-methyl-2-phenyl-1,2-dihydro-pyrazol-3-on) (H **24** 357).

B. Beim Erwärmen von 5-Methyl-2-phenyl-1,2-dihydro-pyrazol-3-on mit *N,N'*-Bis-[4-äthoxy-phenyl]-formamidin in Äthanol (*Passerini, Losco,* G. **69** [1939] 658, 660).

Gelbe Kristalle (aus A.); F: 144–146° (*Pa., Lo.;* vgl. H **24** 357).

Methojodid s. 4-[(4-Äthoxy-phenylimino)-methyl]-1,5-dimethyl-2-phenyl-1,2-dihydro-pyrazol-3-on-hydrojodid (E III/IV **24** 1319).

2-[4-Äthoxy-phenyl]-4-anilinomethylen-5-methyl-2,4-dihydro-pyrazol-3-on $C_{19}H_{19}N_3O_2$, Formel XIV (R = C_6H_4-O-C_2H_5, X = H) und Taut. (z. B. 2-[4-Äthoxy-phenyl]-5-methyl-4-[phenylimino-methyl]-1,2-dihydro-pyrazol-3-on).

B. Analog der vorangehenden Verbindung (*Ridi,* G. **77** [1947] 3, 5).

Gelbe Kristalle (aus A.); F: 161°.

Methojodid s. 2-[4-Äthoxy-phenyl]-1,5-dimethyl-4-[phenylimino-methyl]-1,2-dihydro-pyrazol-3-on-hydrojodid (E III/IV **24** 1320).

2-[4-Äthoxy-phenyl]-5-methyl-4-*p*-phenetidinomethylen-2,4-dihydro-pyrazol-3-on $C_{21}H_{23}N_3O_3$, Formel XIV (R = C_6H_4-O-C_2H_5, X = O-C_2H_5) und Taut. (z. B. 2-[4-Äthoxy-phenyl]-4-[(4-äthoxy-phenylimino)-methyl]-5-methyl-1,2-dihydro-pyrazol-3-on).

B. Analog den vorangehenden Verbindungen (*Ridi,* G. **77** [1947] 3, 5).

Gelbe Kristalle (aus A.); F: 132°.

Methojodid s. 2-[4-Äthoxy-phenyl]-4-[(4-äthoxy-phenylimino)-methyl]-1,5-dimethyl-1,2-dihydro-pyrazol-3-on-hydrojodid (E III/IV **24** 1320).

4-[2-Amino-anilinomethylen]-5-methyl-2-phenyl-2,4-dihydro-pyrazol-3-on $C_{17}H_{16}N_4O$, Formel XV (R = C_6H_5) und Taut.

B. Aus 5-Methyl-3-oxo-2-phenyl-2,3-dihydro-1*H*-pyrazol-4-carbaldehyd und *o*-Phenylendiamin in Benzol (*Ridi, Checchi,* Ann. Chimica **43** [1953] 816, 825).

Gelbe Kristalle (aus A.).

***N,N'*-Bis-[3-methyl-5-oxo-1-phenyl-1,5-dihydro-pyrazol-4-ylidenmethyl]-*o*-phenylendiamin** $C_{28}H_{24}N_6O_2$, Formel XVI und Taut.

B. Aus der vorangehenden Verbindung und 5-Methyl-3-oxo-2-phenyl-2,3-dihydro-1*H*-pyrazol-4-carbaldehyd in Dioxan (*Ridi, Checchi,* Ann. Chimica **43** [1953] 816, 825).

F: 260° [aus Dioxan].

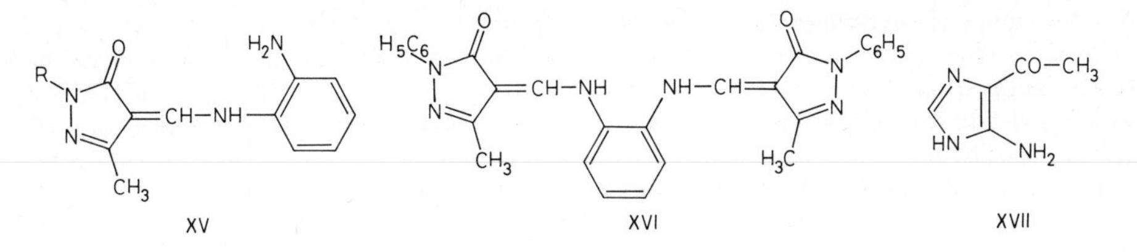

2-[4-Äthoxy-phenyl]-4-[2-amino-anilinomethylen]-5-methyl-2,4-dihydro-pyrazol-3-on $C_{19}H_{20}N_4O_2$, Formel XV (R = C_6H_4-O-C_2H_5) und Taut.

B. Aus 2-[4-Äthoxy-phenyl]-5-methyl-3-oxo-2,3-dihydro-1*H*-pyrazol-4-carbaldehyd und *o*-Phenylendiamin in Benzol (*Ridi, Checchi,* Ann. Chimica **43** [1953] 816, 825).

F: 195° [aus A.].

***5-Methyl-2-phenyl-4-[4-phenylazo-anilinomethylen]-2,4-dihydro-pyrazol-3-on** $C_{23}H_{19}N_5O$, Formel XIV (R = C_6H_5, X = N=N-C_6H_5) und Taut.

B. Aus 5-Methyl-2-phenyl-1,2-dihydro-pyrazol-3-on und 4-Phenylazo-phenylisocyanid (E II **16** 154) beim Erwärmen in Benzol (*Losco,* G. **67** [1937] 553, 555).

Orangegelbe Kristalle (aus A.); F: 203–204°.

1-[5-Amino-1(3)*H*-imidazol-4-yl]-äthanon $C_5H_7N_3O$, Formel XVII und Taut.

B. Aus 6-Methyl-7(9)*H*-purin-1-oxid beim Erhitzen in wss. HCl (*Stevens et al.,* J. org. Chem. **27** [1962] 567, 570, 571).

Hydrochlorid $C_5H_7N_3O \cdot HCl$. Kristalle (aus A.); F: 235–237° [Zers.]. λ_{max}: 243 nm und 292 nm [wss. Lösung vom pH 2], 235 nm und 303 nm [wss. Lösung vom pH 4,6] bzw. 247 nm und 312 nm [wss. Lösung vom pH 12].

Oxim $C_5H_8N_4O$. F: 236–238°. λ_{max}: 272 nm [wss. Lösung vom pH 2], 274 nm [wss. Lösung vom pH 3,8], 281 nm [wss. Lösung vom pH 7] bzw. 284 nm [wss. Lösung vom pH 12].

[*Möhle/Schomann*]

Amino-Derivate der Oxo-Verbindungen $C_6H_8N_2O$

6-Äthyl-4-dimethylamino-2-phenyl-2*H*-pyridazin-3-on $C_{14}H_{17}N_3O$, Formel I.

B. Aus 6-Äthyl-4-chlor-2-phenyl-2*H*-pyridazin-3-on und Dimethylamin in Methanol (*BASF,* D.B.P. 959095 [1957]; U.S.P. 2824873 [1956]).

Kristalle (aus wss. A. oder Cyclohexan); F: 52–53°.

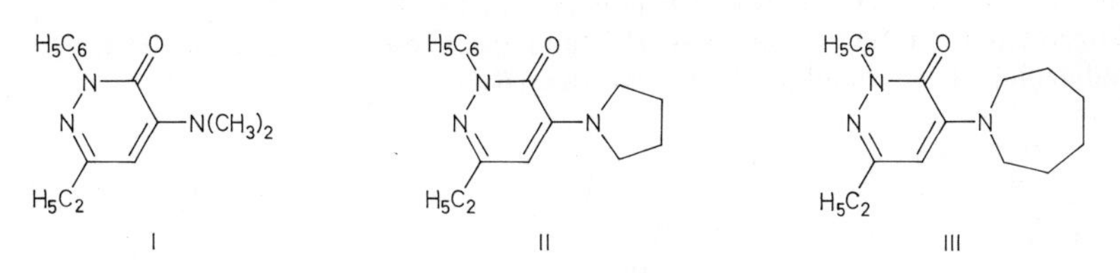

6-Äthyl-2-phenyl-4-pyrrolidino-2*H*-pyridazin-3-on $C_{16}H_{19}N_3O$, Formel II.

B. Aus 6-Äthyl-4-chlor-2-phenyl-2*H*-pyridazin-3-on und Pyrrolidin in Toluol (*BASF,* D.B.P. 959095 [1957]; U.S.P. 2824873 [1956]).

Kristalle; F: 58–59° [nach Destillation bei 215–220°/4 Torr].

6-Äthyl-4-hexahydroazepin-1-yl-2-phenyl-2*H*-pyridazin-3-on $C_{18}H_{23}N_3O$, Formel III.

B. Aus 6-Äthyl-4-chlor-2-phenyl-2*H*-pyridazin-3-on und Hexahydro-azepin in Toluol (*BASF,* D.B.P. 959095 [1957]; U.S.P. 2824873 [1956]).

Kp_1: 204–206°.

2-Äthyl-6-amino-3*H*-pyrimidin-4-on $C_6H_9N_3O$, Formel IV und Taut.
B. Aus Cyanessigsäure-äthylester und Propionamidin-hydrochlorid mit Hilfe von methanol. Natriummethylat (*Craveri, Zoni,* Boll. scient. Fac. Chim. ind. Univ. Bologna **16** [1958] 138). Aus 2-Äthyl-6-brom-3*H*-pyrimidin-4-on und konz. wss. NH_3 (*Henze, McPherson,* J. org. Chem. **18** [1953] 653, 656).
Kristalle (aus H_2O); F: 245° [korr.; Zers.] (*He., McP.*).

6-Äthyl-2-amino-3*H*-pyrimidin-4-on $C_6H_9N_3O$, Formel V (R = X = X' = H) und Taut.
B. Aus 3-Oxo-valeriansäure-äthylester und Guanidin-carbonat in Äthanol (*Todd et al.,* Soc. **1936** 1557; *Caldwell, Ziegler,* Am. Soc. **58** [1936] 287).
Kristalle (aus H_2O); F: 247–248° (*Todd et al.*).

6-Äthyl-2-methylamino-3*H*-pyrimidin-4-on $C_7H_{11}N_3O$, Formel V (R = CH_3, X = X' = H) und Taut.
B. Aus 6-Äthyl-2-methylmercapto-3*H*-pyrimidin-4-on und wss. Methylamin bei 140° (*ICI,* D.B.P. 839640 [1949]; D.R.B.P. Org. Chem. 1950–1951 **6** 2439; U.S.P. 2585906 [1949]).
Kristalle; F: 162–163°.

6-Äthyl-2-amino-5-fluor-3*H*-pyrimidin-4-on $C_6H_8FN_3O$, Formel V (R = X = H, X' = F) und Taut.
B. Aus 2-Fluor-3-oxo-valeriansäure-äthylester und Guanidin-hydrochlorid mit Hilfe von Na⸗triummethylat in Methanol (*Bergmann et al.,* Soc. **1959** 3278, 3285).
Kristalle (nach Sublimation bei 220°/1 Torr).

2-Amino-5-fluor-6-pentafluoräthyl-3*H*-pyrimidin-4-on $C_6H_3F_6N_3O$, Formel V (R = H, X = X' = F) und Taut.
B. Aus 2,4,4,5,5,5-Hexafluor-3-oxo-valeriansäure-äthylester und Guanidin-hydrochlorid mit Hilfe von Natriummethylat in Methanol (*Bergmann et al.,* Soc. **1959** 3278, 3285).
F: 265–268° [nach Sublimation im Vakuum].

5-Amino-2,6-dimethyl-3*H*-pyrimidin-4-on $C_6H_9N_3O$, Formel VI (R = H) und Taut.
B. Aus 2,6-Dimethyl-5-nitro-3*H*-pyrimidin-4-on bei der Hydrierung an Palladium/Kohle in Methanol (*Rose,* Soc. **1954** 4116, 4124). Aus 2,6-Dimethyl-5-phenylazo-3*H*-pyrimidin-4-on bei der Hydrierung an Palladium/$BaSO_4$ in Äthanol (*Forrest et al.,* Soc. **1951** 3, 5) oder an Platin/Kohle in Methanol (*Baltzly,* Am. Soc. **74** [1952] 4586, 4587) sowie beim Behandeln mit $Na_2S_2O_4$ und wss. NaOH (*Andersag, Westphal,* B. **70** [1937] 2035, 2045).
Kristalle; F: 200° [aus A.] (*Rose*), 194° [aus Acn.] (*An., We.*).
Beim Diazotieren mit $NaNO_2$ und wss. HCl und anschliessenden Erwärmen ist 5,7-Dimethyl-[1,2,3]oxadiazolo[5,4-*d*]pyrimidin erhalten worden (*Rose*).

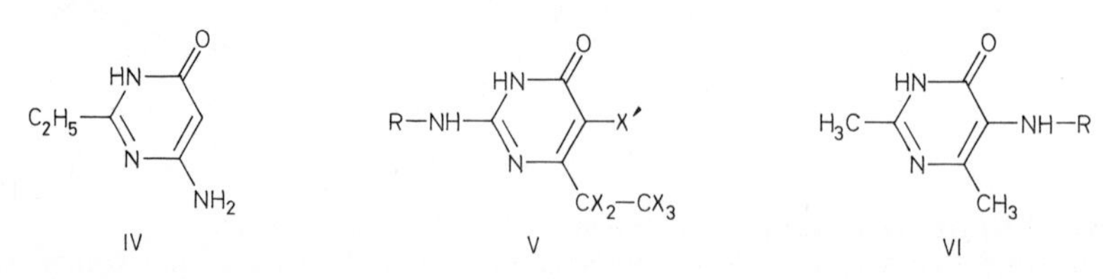

5-Formylamino-2,6-dimethyl-3*H*-pyrimidin-4-on, *N*-[2,4-Dimethyl-6-oxo-1,6-dihydro-pyrimidin-5-yl]-formamid $C_7H_9N_3O_2$, Formel VI (R = CHO) und Taut.
B. Aus 5-Amino-2,6-dimethyl-3*H*-pyrimidin-4-on und Ameisensäure (*Hull et al.,* Soc. **1947** 41, 50; *Falco et al.,* Am. Soc. **74** [1952] 4897, 4899).
Kristalle (aus A.); F: 245–248° (*Fa. et al.*), 238–239° [Zers.] (*Hull et al.*).
Beim Erhitzen mit $POCl_3$ ist 5,7-Dimethyl-oxazolo[5,4-*d*]pyrimidin erhalten worden (*Fa. et al.*).

5-Acetylamino-2,6-dimethyl-3*H*-pyrimidin-4-on, *N*-[2,4-Dimethyl-6-oxo-1,6-dihydro-pyrimidin-5-yl]-acetamid $C_8H_{11}N_3O_2$, Formel VI (R = CO-CH_3) und Taut.

B. Aus 5-Amino-2,6-dimethyl-3*H*-pyrimidin-4-on und Acetanhydrid (*Hull et al.*, Soc. **1947** 41, 50).

Kristalle (aus A.); F: 275° [Zers.] (*Hull et al.*). IR-Spektrum (Nujol; 3600–2500 cm^{-1} und 1800–700 cm^{-1}): *Brownlie*, Soc. **1950** 3062, 3064, 3070.

Beim Erhitzen mit Natriumäthylat auf 300° ist 2,6-Dimethyl-3,5-dihydro-pyrrolo[3,2-*d*]pyr⸗imidin-4-on erhalten worden (*Tanaka et al.*, J. pharm. Soc. Japan **75** [1955] 770).

Chloressigsäure-[2,4-dimethyl-6-oxo-1,6-dihydro-pyrimidin-5-ylamid] $C_8H_{10}ClN_3O_2$, Formel VI (R = CO-CH_2Cl) und Taut.

B. Aus 5-Amino-2,6-dimethyl-3*H*-pyrimidin-4-on und Chloracetylchlorid in Aceton unter Zusatz von K_2CO_3 (*Forrest et al.*, Soc. **1951** 3, 5).

Kristalle (aus A.); F: 216–217°.

5-Benzoylamino-2,6-dimethyl-3*H*-pyrimidin-4-on, *N*-[2,4-Dimethyl-6-oxo-1,6-dihydro-pyrimidin-5-yl]-benzamid $C_{13}H_{13}N_3O_2$, Formel VI (R = CO-C_6H_5) und Taut.

B. Aus 5-Amino-2,6-dimethyl-3*H*-pyrimidin-4-on und Benzoylchlorid in wss. NaOH (*Falco et al.*, Am. Soc. **74** [1952] 4897, 4899).

F: 282°.

4-Chlor-benzoesäure-[2,4-dimethyl-6-oxo-1,6-dihydro-pyrimidin-5-ylamid] $C_{13}H_{12}ClN_3O_2$, Formel VI (R = CO-C_6H_4-Cl) und Taut.

B. Analog der vorangehenden Verbindung (*Falco et al.*, Am. Soc. **74** [1952] 4897, 4899).

F: 310–315° [Zers.].

4-Nitro-benzoesäure-[2,4-dimethyl-6-oxo-1,6-dihydro-pyrimidin-5-ylamid] $C_{13}H_{12}N_4O_4$, Formel VI (R = CO-C_6H_4-NO_2) und Taut.

B. Analog den vorangehenden Verbindungen (*Falco et al.*, Am. Soc. **74** [1952] 4897, 4899).

F: 320° [Zers.].

2,6-Dimethyl-5-*p*-toluoylamino-3*H*-pyrimidin-4-on, *N*-[2,4-Dimethyl-6-oxo-1,6-dihydro-pyrimidin-5-yl]-*p*-toluamid $C_{14}H_{15}N_3O_2$, Formel VI (R = CO-C_6H_4-CH_3) und Taut.

B. Analog den vorangehenden Verbindungen (*Falco et al.*, Am. Soc. **74** [1952] 4897, 4899).

F: 278–279°.

2,6-Dimethyl-5-sulfanilylamino-3*H*-pyrimidin-4-on, Sulfanilsäure-[2,4-dimethyl-6-oxo-1,6-di⸗hydro-pyrimidin-5-ylamid] $C_{12}H_{14}N_4O_3S$, Formel VI (R = SO_2-C_6H_4-NH_2) und Taut.

B. Aus dem folgenden Acetyl-Derivat mit Hilfe von wss. NaOH (*Urban, Schnider*, Helv. **41** [1958] 1806, 1810, 1816).

Kristalle (aus Me. oder A.); F: 262–263° [unkorr.].

***N*-Acetyl-sulfanilsäure-[2,4-dimethyl-6-oxo-1,6-dihydro-pyrimidin-5-ylamid], Essigsäure-[4-(2,4-dimethyl-6-oxo-1,6-dihydro-pyrimidin-5-ylsulfamoyl)-anilid]** $C_{14}H_{16}N_4O_4S$, Formel VI (R = SO_2-C_6H_4-NH-CO-CH_3) und Taut.

B. Aus 5-Amino-2,6-dimethyl-3*H*-pyrimidin-4-on und *N*-Acetyl-sulfanilylchlorid in Pyridin (*Urban, Schnider*, Helv. **41** [1958] 1806, 1809, 1815).

Kristalle (aus Me. oder A.); F: 227–229° [unkorr.].

6-Amino-2,5-dimethyl-3*H*-pyrimidin-4-on $C_6H_9N_3O$, Formel VII (R = CH_3) und Taut.

B. Aus 2-Cyan-propionsäure-äthylester und Acetamidin mit Hilfe von Natriumäthylat in Äthanol (*Hirano, Yonemoto*, J. pharm. Soc. Japan **76** [1956] 230, 233; C. A. **1956** 13042). Aus 6-Chlor-2,5-dimethyl-3*H*-pyrimidin-4-on und konz. wss. NH_3 bei 180° (*Henze et al.*, J. org. Chem. **17** [1952] 1320, 1323, 1324). Aus 6-Amino-2-methyl-5-piperidinomethyl-3*H*-pyrimi⸗din-4-on bei der Hydrierung an Raney-Nickel in Methanol bei 150° (*Hi., Yo.*).

Kristalle; F: 283–283,5° [korr.; aus wss. A.] (*He. et al.*), 280° [Zers.; aus A.] (*Hi., Yo.*).

Picrat $C_6H_9N_3O \cdot C_6H_3N_3O_7$. F: 236° [Zers.] (*Hi., Yo.*).

6-[2-Diäthylamino-äthylamino]-2,5-dimethyl-3*H*-pyrimidin-4-on $C_{12}H_{22}N_4O$, Formel VII ($R = CH_2\text{-}CH_2\text{-}N(C_2H_5)_2$) und Taut.

B. Aus 6-Chlor-2,5-dimethyl-3*H*-pyrimidin-4-on und *N,N*-Diäthyl-äthylendiamin bei 160° (*Basford et al.*, Soc. **1947** 1354, 1358).

Dipicrat $C_{12}H_{22}N_4O \cdot 2C_6H_3N_3O_7$. Gelbe Kristalle (aus A.); F: 154°.

(±)-6-[4-Diäthylamino-1-methyl-butylamino]-2,5-dimethyl-3*H*-pyrimidin-4-on $C_{15}H_{28}N_4O$, Formel VII ($R = CH(CH_3)\text{-}[CH_2]_3\text{-}N(C_2H_5)_2$) und Taut.

B. Aus 6-Chlor-2,5-dimethyl-3*H*-pyrimidin-4-on und (±)-N^4,N^4-Diäthyl-1-methyl-butandiyl=diamin bei 160° (*Basford et al.*, Soc. **1947** 1354, 1358).

Dipicrat $C_{15}H_{28}N_4O \cdot 2C_6H_3N_3O_7$. Kristalle (aus A.); F: 163–164°.

5-Aminomethyl-2-methyl-3*H*-pyrimidin-4-on $C_6H_9N_3O$, Formel VIII (R = H) und Taut.

B. Aus 3-Äthoxy-2-aminomethyl-3-methoxy-propionsäure-äthylester und Acetamidin in Äth=anol (*Takamizawa et al.*, J. pharm. Soc. Japan **79** [1959] 664, 669; C. A. **1959** 21976). Aus 5-Aminomethyl-2-methyl-pyrimidin-4-ylamin mit Hilfe von wss. HCl (*Matsukawa, Yurugi*, J. pharm. Soc. Japan **71** [1951] 827; C. A. **1952** 8125). Aus 2-Methyl-6-oxo-1,6-dihydro-pyrimidin-5-carbonitril bei der elektrochemischen Reduktion an einer Palladium/Kathode in wss. HCl (*Matukawa*, J. pharm. Soc. **62** [1942] 417, 438; dtsch. Ref. S. 124). Aus [2-Methyl-6-oxo-1,6-dihydro-pyrimidin-5-ylmethyl]-carbamidsäure-äthylester mit Hilfe von wss. HCl (*Todd et al.*, Soc. **1936** 1601, 1603). Aus [2-Methyl-6-oxo-1,6-dihydro-pyrimidin-5-yl]-essigsäure-hydrazid mit Hilfe von $NaNO_2$ und wss. HCl (*Cerecedo, Pickel*, Am. Soc. **59** [1937] 1714). Aus [2-Methyl-6-oxo-1,6-dihydro-pyrimidin-5-yl]-essigsäure-amid mit Hilfe von NaClO in wss. NaOH (*S̄lobodin, Sigel*, Ž. obšč. Chim. **11** [1941] 1019, 1021; C. A. **1942** 6542).

Hydrochlorid $C_6H_9N_3O \cdot HCl$. Kristalle (aus A.); F: 283° [Zers.] (*Ta. et al.; Ma., Yu.; Ma.*), 280° (*S̄l., Si.*), 277° [Zers.] (*Ce., Pi.*).

Hydrobromid. F: 270° (*Todd et al.*).

Picrat-hydrochlorid $C_6H_9N_3O \cdot C_6H_3N_3O_7 \cdot HCl$. Kristalle (aus H_2O); F: 157–158° (*Ce., Pi.*).

Dipicrat $C_6H_9N_3O \cdot 2C_6H_3N_3O_7$. Kristalle (aus A. bzw. aus wss. A.); F: 203° [Zers.] (*Ma.; Ma., Yu.*).

2-[2-Methyl-6-oxo-1,6-dihydro-pyrimidin-5-ylmethylimino]-indan-1,3-dion $C_{15}H_{11}N_3O_3$, Formel IX und Taut.

B. Aus 5-Aminomethyl-2-methyl-3*H*-pyrimidin-4-on-hydrochlorid und Indan-1,2,3-trion in Methanol (*Yamagishi*, J. pharm. Soc. Japan **74** [1954] 27; C. A. **1955** 1733).

Gelbe Kristalle; F: ca. 250° [Zers.].

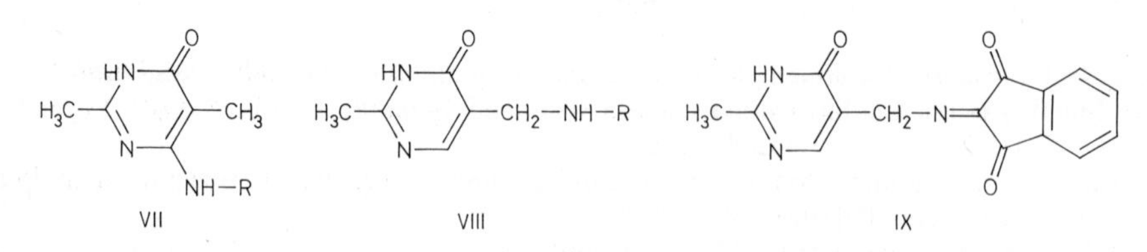

3-[2-Hydroxy-äthyl]-2-methyl-1-[2-methyl-6-oxo-1,6-dihydro-pyrimidin-5-ylmethyl]-pyridinium $[C_{14}H_{18}N_3O_2]^+$, Formel X und Taut.

Bromid $[C_{14}H_{18}N_3O_2]Br$. *B.* Aus 5-Brommethyl-2-methyl-3*H*-pyrimidin-4-on und 2-[2-Methyl-[3]pyridyl]-äthanol in Isopropylalkohol (*Cerecedo, Eich*, J. biol. Chem. **213** [1955] 893, 894). – Kristalle; F: 193–195° [Zers.] (*Ce., Eich*). – Hydrobromid $[C_{14}H_{18}N_3O_2]Br \cdot HBr$. *B.* Aus 1-[4-Amino-2-methyl-pyrimidin-5-ylmethyl]-3-[2-hydroxy-äthyl]-2-methyl-pyridinium-bromid-hydrobromid mit Hilfe von wss. HBr (*Dornow, Hargesheimer*, B. **88** [1955] 1478, 1481). – Kristalle (aus A.+Me.); F: 203–204° [Zers.] (*Do., Ha.*).

5-[Formylamino-methyl]-2-methyl-3*H*-pyrimidin-4-on, *N*-[2-Methyl-6-oxo-1,6-dihydro-pyrimidin-5-ylmethyl]-formamid $C_7H_9N_3O_2$, Formel VIII (R = CHO) und Taut.

B. Aus 5-Aminomethyl-2-methyl-3*H*-pyrimidin-4-on-hydrochlorid, Ameisensäure und Natriumformiat (*Matsukawa, Yurugi,* J. pharm. Soc. Japan **69** [1949] 508, 509; C. A. **1950** 4476).

Kristalle (aus A.); F: 213°.

2-Methyl-5-[thioformylamino-methyl]-3*H*-pyrimidin-4-on, *N*-[2-Methyl-6-oxo-1,6-dihydro-pyrimidin-5-ylmethyl]-thioformamid $C_7H_9N_3OS$, Formel VIII (R = CHS) und Taut.

B. Aus 5-Aminomethyl-2-methyl-3*H*-pyrimidin-4-on-hydrochlorid und dem Kalium-Salz der Dithioameisensäure in wss. K_2CO_3 (*Todd et al.,* Soc. **1936** 1601, 1603).

Kristalle (aus H_2O); F: 199–200°.

***N*-[2-Äthyldisulfanyl-4-hydroxy-1-methyl-but-1-enyl]-*N*-[2-methyl-6-oxo-1,6-dihydro-pyrimidin-5-ylmethyl]-formamid** $C_{14}H_{21}N_3O_3S_2$, Formel XI (n = 1) und Taut.

B. Aus 5-[2-Hydroxy-äthyl]-4-methyl-3-[2-methyl-6-oxo-1,6-dihydro-pyrimidin-5-ylmethyl]-thiazolium-chlorid und Äthanthiosulfinsäure-*S*-äthylester in wss. Lösung [pH 9] (*Yurugi, Fushimi,* J. pharm. Soc. Japan **77** [1957] 15, 18; C. A. **1957** 8760).

Kristalle (aus Bzl. + Ae.); F: 102–103°.

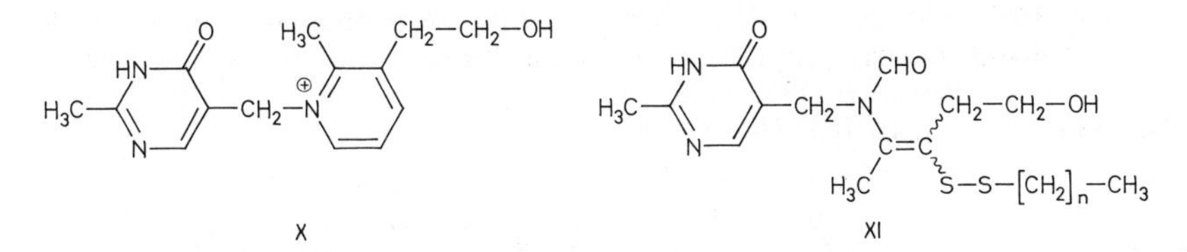

***N*-[4-Hydroxy-1-methyl-2-propyldisulfanyl-but-1-enyl]-*N*-[2-methyl-6-oxo-1,6-dihydro-pyrimidin-5-ylmethyl]-formamid** $C_{15}H_{23}N_3O_3S_2$, Formel XI (n = 2) und Taut.

B. Analog der vorangehenden Verbindung (*Yurugi, Fushimi,* J. pharm. Soc. Japan **77** [1957] 15, 18; C. A. **1957** 8760).

Kristalle (aus Bzl. + Ae.); F: 105°.

***N*-[2-Butyldisulfanyl-4-hydroxy-1-methyl-but-1-enyl]-*N*-[2-methyl-6-oxo-1,6-dihydro-pyrimidin-5-ylmethyl]-formamid** $C_{16}H_{25}N_3O_3S_2$, Formel XI (n = 3) und Taut.

B. Analog den vorangehenden Verbindungen (*Yurugi, Fushimi,* J. pharm. Soc. Japan **77** [1957] 15, 18; C. A. **1957** 8760).

Kristalle (aus Bzl. + Ae.); F: 105–106°.

***Bis-{2-[formyl-(2-methyl-6-oxo-1,6-dihydro-pyrimidin-5-ylmethyl)-amino]-1-[2-hydroxy-äthyl]-propenyl}-disulfid** $C_{24}H_{32}N_6O_6S_2$, Formel XII und Taut.

B. Aus 5-[2-Hydroxy-äthyl]-4-methyl-3-[2-methyl-6-oxo-1,6-dihydro-pyrimidin-5-ylmethyl]-thiazolium-chlorid-hydrochlorid mit Hilfe von wss. H_2O_2 in wss. NaOH (*Nesbitt, Sykes,* Soc. **1954** 4581, 4583).

Kristalle (aus Me.) mit 1 Mol Methanol; F: 201–202°.

5-[Acetylamino-methyl]-2-methyl-3*H*-pyrimidin-4-on, *N*-[2-Methyl-6-oxo-1,6-dihydro-pyrimidin-5-ylmethyl]-acetamid $C_8H_{11}N_3O_2$, Formel VIII (R = CO-CH_3) und Taut.

B. Aus 5-Aminomethyl-2-methyl-3*H*-pyrimidin-4-on-hydrochlorid und Acetanhydrid unter Zusatz von Natriumacetat (*Todd et al.,* Soc. **1936** 1601, 1603).

Kristalle (aus Dioxan); F: 219–220°.

5-[Benzoylamino-methyl]-2-methyl-3*H*-pyrimidin-4-on, *N*-[2-Methyl-6-oxo-1,6-dihydro-pyrimidin-5-ylmethyl]-benzamid $C_{13}H_{13}N_3O_2$, Formel VIII (R = CO-C_6H_5) und Taut.

B. Aus 3-Benzoylamino-2-formyl-propionsäure-äthylester und Acetamidin-hydrochlorid mit Hilfe von äthanol. Natriumäthylat (*I.G. Farbenind.,* D.R.P. 670095 [1936]; Frdl. **25** 435).

Kristalle; F: 223°.

[2-Methyl-6-oxo-1,6-dihydro-pyrimidin-5-ylmethyl]-carbamidsäure-äthylester $C_9H_{13}N_3O_3$, Formel VIII (R = CO-O-C_2H_5) und Taut.

B. Aus [2-Methyl-6-oxo-1,6-dihydro-pyrimidin-5-yl]-essigsäure-hydrazid und Äthanol mit Hilfe von HCl und Amylnitrit (*Todd et al.*, Soc. **1936** 1601, 1603).

Kristalle (aus E.); F: 173°.

Hydrochlorid. F: 209°.

[2-Methyl-6-oxo-1,6-dihydro-pyrimidin-5-ylmethyl]-thiocarbamidsäure-*O*-methylester $C_8H_{11}N_3O_2S$, Formel VIII (R = CS-O-CH_3) und Taut.

B. Aus [2-Methyl-6-oxo-1,6-dihydro-pyrimidin-5-ylmethyl]-dithiocarbamidsäure-[1-acetyl-3-hydroxy-propylester] (s. u.) und methanol. NaOH (*Iwatsu,* J. pharm. Soc. Japan **72** [1952] 362, 364; C. A. **1953** 2179).

Kristalle (aus wss. Me.); F: 187° [Zers.].

[2-Methyl-6-oxo-1,6-dihydro-pyrimidin-5-ylmethyl]-thiocarbamidsäure-*O*-äthylester $C_9H_{13}N_3O_2S$, Formel VIII (R = CS-O-C_2H_5) und Taut.

B. Aus 5-Aminomethyl-2-methyl-3*H*-pyrimidin-4-on-hydrochlorid und Dithiokohlensäure-*O,S*-diäthylester mit Hilfe von äthanol. Natriumäthylat (*Iwatsu,* J. pharm. Soc. Japan **72** [1952] 358, 361; C. A. **1953** 2179). Aus [2-Methyl-6-oxo-1,6-dihydro-pyrimidin-5-ylmethyl]-dithiocarbamidsäure-[1-acetyl-3-hydroxy-propylester] (s. u.) und äthanol. NaOH (*Iwatsu,* J. pharm. Soc. Japan **72** [1952] 362, 364; C. A. **1953** 2179).

Kristalle (aus wss. A.); F: 183° (*Iw.*, l. c. S. 364).

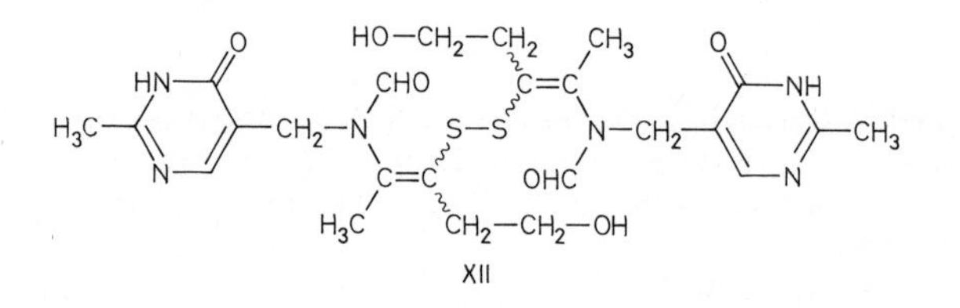

XII

(±)-[2-Methyl-6-oxo-1,6-dihydro-pyrimidin-5-ylmethyl]-thiocarbamidsäure-*S*-[3-acetoxy-1-acetyl-propylester] $C_{14}H_{19}N_3O_5S$, Formel XIII (R = CO-CH_3, X = O) und Taut.

B. Aus 5-Aminomethyl-2-methyl-3*H*-pyrimidin-4-on, COS und (±)-5-Acetoxy-3-chlor-pentan-2-on in wss. NaOH (*Sykes, Todd,* Soc. **1951** 534, 544).

F: 130° [Zers.] und (nach Wiedererstarren) F: ca. 175°.

[2-Methyl-6-oxo-1,6-dihydro-pyrimidin-5-ylmethyl]-dithiocarbamidsäure-äthylester $C_9H_{13}N_3OS_2$, Formel VIII (R = CS-S-C_2H_5) und Taut.

B. Aus 5-Aminomethyl-2-methyl-3*H*-pyrimidin-4-on-hydrochlorid bei der Umsetzung mit CS_2 in wss.-äthanol. KOH und wss. NH_3 und anschliessend mit Äthyljodid (*Iwatsu,* J. pharm. Soc. Japan **72** [1952] 362, 365; C. A. **1953** 2179).

Kristalle (aus wss. A.); F: 184°.

(±)-[2-Methyl-6-oxo-1,6-dihydro-pyrimidin-5-ylmethyl]-dithiocarbamidsäure-[1-acetyl-3-hydroxy-propylester] $C_{12}H_{17}N_3O_3S_2$, Formel XIII (R = H, X = S) und Taut.

Über die Formulierung der nachfolgend beschriebenen Verbindung als 4-Hydroxy-5-[2-hydroxy-äthyl]-4-methyl-3-[2-methyl-6-oxo-1,6-dihydro-pyrimidin-4-ylmethyl]-thiazolidin-2-thion $C_{12}H_{17}N_3O_3S_2$ s. *Yoshida, Ishizuka,* J. pharm. Soc. Japan **74** [1954] 331; C. A. **1955** 5437.

B. Aus 5-Aminomethyl-2-methyl-3*H*-pyrimidin-4-on-hydrochlorid, CS_2 und (±)-3-Chlor-5-hydroxy-pentan-2-on in wss. NH_3 (*Matsukawa, Iwatsu,* J. pharm. Soc. Japan **71** [1951] 720, 722; C. A. **1952** 8125).

Kristalle (aus wss. A.); F: 176° [Zers.] (*Ma., Iw.*). IR-Spektrum (Nujol; 2–16 μ): *Yoshida, Unoki,* J. pharm. Soc. Japan **73** [1953] 627, 630; C. A. **1954** 5866.

Beim Erhitzen auf 180° sowie beim Behandeln mit wss. HCl ist 5-[5-(2-Hydroxy-äthyl)-4-methyl-2-thioxo-thiazol-3-ylmethyl]-2-methyl-3*H*-pyrimidin-4-on erhalten worden (*Iwatsu,* J. pharm. Soc. Japan **72** [1952] 362, 364; C. A. **1953** 2179).

(±)-[2-Methyl-6-oxo-1,6-dihydro-pyrimidin-5-ylmethyl]-dithiocarbamidsäure-[3-acetoxy-1-acetyl-propylester] $C_{14}H_{19}N_3O_4S_2$, Formel XIII (R = CO-CH$_3$, X = S) und Taut.

Bezüglich der Formulierung als cyclisches Tautomeres s. die Angaben im vorangehenden Artikel.

B. Aus 5-Aminomethyl-2-methyl-3*H*-pyrimidin-4-on, CS_2 und (±)-5-Acetoxy-3-chlor-pentan-2-on mit Hilfe von wss. NaOH (*Sykes, Todd,* Soc. **1951** 534, 543) oder wss. NH_3 (*Iwatsu,* J. pharm. Soc. Japan **72** [1952] 358, 360; C. A. **1953** 2179).

Kristalle; F: 174° [Zers.; aus wss. A.] (*Sy., Todd*) 165° [Zers.; aus wss. A. oder wss. Me.] (*Iw.*).

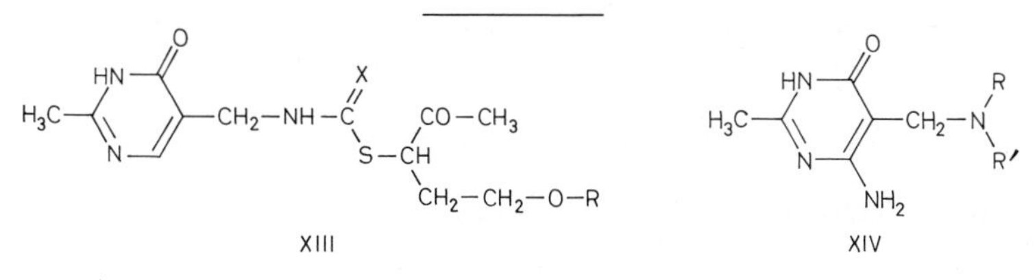

6-Amino-2-methyl-5-methylaminomethyl-3*H*-pyrimidin-4-on $C_7H_{12}N_4O$, Formel XIV (R = CH$_3$, R′ = H) und Taut.

Hydrochlorid $C_7H_{12}N_4O \cdot HCl$. *B.* Aus 6-Amino-2-methyl-3*H*-pyrimidin-4-on, wss. Formaldehyd und Methylamin-hydrochlorid in H_2O (*Hirano, Yonemoto,* J. pharm. Soc. Japan **76** [1956] 230, 232; C. A. **1956** 13042). – Kristalle (aus H_2O); F: 181° [Zers.].

6-Amino-5-dimethylaminomethyl-2-methyl-3*H*-pyrimidin-4-on $C_8H_{14}N_4O$, Formel XIV (R = R′ = CH$_3$) und Taut.

B. Aus 6-Amino-2-methyl-3*H*-pyrimidin-4-on, wss. Formaldehyd und Dimethylamin-hydrochlorid in wss. HCl (*Hirano, Yonemoto,* J. pharm. Soc. Japan **76** [1956] 230, 232; C. A. **1956** 13042).

F: > 300°.

Dihydrochlorid $C_8H_{14}N_4O \cdot 2HCl$. F: 286° [Zers.].

6-Amino-5-diäthylaminomethyl-2-methyl-3*H*-pyrimidin-4-on $C_{10}H_{18}N_4O$, Formel XIV (R = R′ = C$_2$H$_5$) und Taut.

B. Aus 6-Amino-2-methyl-3*H*-pyrimidin-4-on, wss. Formaldehyd und Diäthylamin in Essigsäure und Äthanol (*Hirano, Yonemoto,* J. pharm. Soc. Japan **76** [1956] 230, 232; C. A. **1956** 13042).

Dihydrochlorid $C_{10}H_{18}N_4O \cdot 2HCl$. F: 291° [Zers.].

6-Amino-2-methyl-5-piperidinomethyl-3*H*-pyrimidin-4-on $C_{11}H_{18}N_4O$, Formel XV (R = H) und Taut.

B. Aus 6-Amino-2-methyl-3*H*-pyrimidin-4-on, wss. Formaldehyd und Piperidin in Essigsäure (*Hirano, Yonemoto,* J. pharm. Soc. Japan **76** [1956] 230, 232; C. A. **1956** 13042) oder in wss. NaOH (*Hirano, Yonemoto,* J. pharm. Soc. Japan **76** [1956] 234, 238; C. A. **1956** 13043).

Kristalle (aus A.); F: 246° [Zers.] (*Hi., Yo.,* l. c. S. 232, 238). IR-Spektrum (Nujol; 3600–2000 cm^{-1}): *Hirano et al.,* J. pharm. Soc. Japan **76** [1956] 239, 242; C. A. **1956** 13044. UV-Spektrum (A. sowie wss. Lösungen vom pH 0,3 und pH 6,3; 210–310 nm): *Hi., Yo.,* l. c. S. 236.

Picrat $C_{11}H_{18}N_4O \cdot C_6H_3N_3O_7$. F: 224° [Zers.] (*Hi., Yo.,* l. c. S. 232).

2-Methyl-6-methylamino-5-piperidinomethyl-3*H*-pyrimidin-4-on $C_{12}H_{20}N_4O$, Formel XV (R = CH$_3$) und Taut.

B. Aus 2-Methyl-6-methylamino-3*H*-pyrimidin-4-on, wss. Formaldehyd und Piperidin in Äth=

anol (*Hirano, Yonemoto,* J. pharm. Soc. Japan **76** [1956] 234, 238; C. A. **1956** 13043).
Kristalle (aus wss. A.); F: 190°. UV-Spektrum (A.; 210–320 nm): *Hi., Yo.,* l. c. S. 237.

2-Methyl-5-piperidinomethyl-6-[piperidinomethyl-amino]-3*H*-pyrimidin-4-on $C_{17}H_{29}N_5O$, Formel XVI und Taut.

B. Aus 6-Amino-2-methyl-3*H*-pyrimidin-4-on, wss. Formaldehyd und Piperidin in wss. NaOH (*Hirano, Yonemoto,* J. pharm. Soc. Japan **76** [1956] 234, 238; C. A. **1956** 13043).

Kristalle (aus wss. A.); F: 196° (*Hi., Yo.*). IR-Spektrum ($CHCl_3$; 3600–2000 cm^{-1}): *Hirano et al.,* J. pharm. Soc. Japan **76** [1956] 239, 242; C. A. **1956** 13044. UV-Spektrum (A.; 210–310 nm): *Hi., Yo.,* l. c. S. 237.

2-Amino-5,6-dimethyl-3*H*-pyrimidin-4-on $C_6H_9N_3O$, Formel XVII (R = H) und Taut. (H **24** 359).

B. Aus 2-Methyl-acetessigsäure-äthylester und Guanidin-carbonat (*Braker et al.,* Am. Soc. **69** [1947] 3072, 3073, 3076) oder Guanidin-sulfat in H_2SO_4 [SO_3 enthaltend] (*Am. Cyanamid Co.,* U.S.P. 2309739 [1940]).

Kristalle [aus H_2O] (*Am. Cyanamid Co.*); F: 330° [unkorr.] (*Br. et al.*).

2-[4-Chlor-anilino]-5,6-dimethyl-3*H*-pyrimidin-4-on $C_{12}H_{12}ClN_3O$, Formel XVII (R = C_6H_4-Cl) und Taut.

B. Aus 2-Äthylmercapto-5,6-dimethyl-3*H*-pyrimidin-4-on und 4-Chlor-anilin bei 130–140° (*Curd et al.,* Soc. **1946** 378, 381).

Kristalle (aus wss. Eg.); F: 270–272°.

***N*-[4-Chlor-phenyl]-*N'*-[4,5-dimethyl-6-oxo-1,6-dihydro-pyrimidin-2-yl]-guanidin** $C_{13}H_{14}ClN_5O$, Formel XVII (R = C(=NH)-NH-C_6H_4-Cl) und Taut.

B. Aus 1-[4-Chlor-phenyl]-biguanid und 2-Methyl-acetessigsäure-äthylester in wss.-methanol. NaOH (*Cliffe et al.,* Soc. **1948** 574, 577). Aus [4,5-Dimethyl-6-oxo-1,6-dihydro-pyrimidin-2-yl]-carbamonitril (H **24** 360) und 4-Chlor-anilin in 2-Äthoxy-äthanol und wss. HCl (*Cl. et al.*).

Kristalle; F: 266° (*ICI,* U.S.P. 2422888 [1944]; U.S.P. 2422890 [1945]), 263° [Zers.] (*Cl. et al.*).

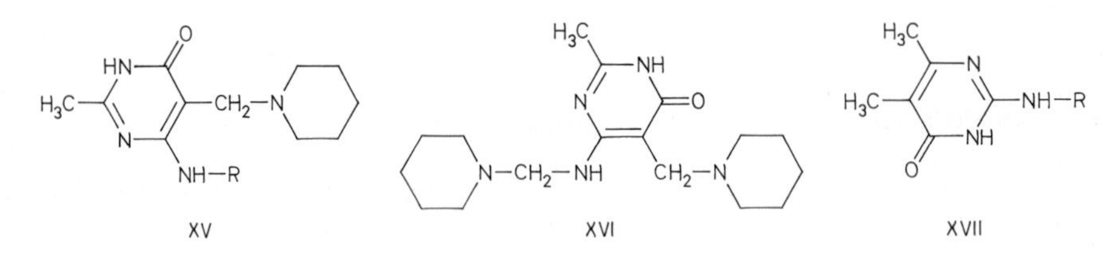

[2-Amino-4,5-dimethyl-6-oxo-6*H*-pyrimidin-1-yl]-essigsäure $C_8H_{11}N_3O_3$, Formel I.

Aufgrund der Bildungsweise sind ausser dieser Konstitution auch Formulierungen als [2-Amino-5,6-dimethyl-4-oxo-4*H*-pyrimidin-1-yl]-essigsäure oder als *N*-[4,5-Dimethyl-6-oxo-1,6-dihydro-pyrimidin-2-yl]-glycin in Betracht zu ziehen (vgl. [4,5-Dimethyl-6-oxo-1,6-dihydro-pyrimidin-2-yl]-carbamonitril [H **24** 360]).

B. Aus 2-Methyl-acetessigsäure-äthylester und *N*-Carbamimidoyl-glycin mit Hilfe von äthanol. Natriumäthylat (*Prokof'ew, Schwatschkin,* Ž. obšč. Chim. **25** [1955] 1218, 1219; engl. Ausg. S. 1165, 1166).

Kristalle (aus H_2O); F: 233°.

2-[2-Diäthylamino-äthylamino]-5,6-dimethyl-3*H*-pyrimidin-4-on $C_{12}H_{22}N_4O$, Formel XVII (R = CH_2-CH_2-N(C_2H_5)) und Taut.

B. Aus 5,6-Dimethyl-2-methylmercapto-3*H*-pyrimidin-4-on und *N,N*-Diäthyl-äthylendiamin bei 170° (*Hull et al.,* Soc. **1947** 41, 48; *ICI,* U.S.P. 2443303 [1945]).

Kristalle (aus PAe.); F: 86,5–88° (*Hull et al.*), 69–71° (*ICI*).

2-[3-Dimethylamino-propylamino]-5,6-dimethyl-3*H*-pyrimidin-4-on $C_{11}H_{20}N_4O$, Formel XVII (R = $[CH_2]_3$-$N(CH_3)_2$) und Taut.

B. Analog der vorangehenden Verbindung (*Hull et al.*, Soc. **1947** 41, 48).

Kristalle (aus PAe.) mit 1,5 Mol H_2O; F: 113,5 – 115°.

2-[3-Dibutylamino-propylamino]-5,6-dimethyl-3*H*-pyrimidin-4-on $C_{17}H_{32}N_4O$, Formel XVII (R = $[CH_2]_3$-$N([CH_2]_3$-$CH_3)_2$) und Taut.

B. Analog den vorangehenden Verbindungen (*Hull et al.*, Soc. **1947** 41, 48).

Gelbliches Öl; $Kp_{0,0002}$: 260 – 280° [Badtemperatur], das langsam erstarrt.

Dipicrat $C_{17}H_{32}N_4O \cdot 2C_6H_3N_3O_7$. Kristalle (aus A.); F: 199 – 202°.

4-Hydroxy-benzolsulfonsäure-[4,5-dimethyl-6-oxo-1,6-dihydro-pyrimidin-2-ylamid] $C_{12}H_{13}N_3O_4S$, Formel XVII (R = SO_2-C_6H_4-OH) und Taut.

B. Aus 2-Äthylmercapto-5,6-dimethyl-3*H*-pyrimidin-4-on und 4-Hydroxy-benzolsulfonsäure-amid (*Matsukawa et al.*, J. pharm. Soc. Japan **70** [1950] 638; C. A. **1951** 7043).

Kristalle (aus wss. A.); F: 245 – 246°.

5,6-Dimethyl-2-sulfanilylamino-3*H*-pyrimidin-4-on, Sulfanilsäure-[4,5-dimethyl-6-oxo-1,6-dihydro-pyrimidin-2-ylamid] $C_{12}H_{14}N_4O_3S$, Formel XVII (R = SO_2-C_6H_4-NH_2) und Taut.

B. Aus Sulfanilylguanidin und 2-Methyl-acetessigsäure-äthylester mit Hilfe von äthanol. Natriumäthylat (*Ganapathi et al.*, Pr. Indian Acad. [A] **16** [1942] 115, 121). Aus 5,6-Dimethyl-2-methylmercapto-3*H*-pyrimidin-4-on und Natrium-sulfanilylamid bei 200° (*Ward, Blenkinsop & Co.*, U.S.P. 2471772 [1945]). Aus der folgenden Verbindung mit Hilfe von wss. NaOH (*Matsukawa, Yoshida*, J. pharm. Soc. Japan **69** [1949] 27, 32; C. A. **1950** 3453).

Kristalle; F: 240° [aus wss. A.] (*Ma.*, *Yo.*), 238 – 239° [aus H_2O oder wss. Eg.] (*Ga. et al.*).

***N*-Acetyl-sulfanilsäure-[4,5-dimethyl-6-oxo-1,6-dihydro-pyrimidin-2-ylamid], Essigsäure-[4-(4,5-dimethyl-6-oxo-1,6-dihydro-pyrimidin-2-ylsulfamoyl)-anilid]** $C_{14}H_{16}N_4O_4S$, Formel XVII (R = SO_2-C_6H_4-NH-CO-CH_3) und Taut.

B. Aus [*N*-Acetyl-sulfanilyl]-guanidin und 2-Methyl-acetessigsäure-äthylester mit Hilfe von KOH in Isobutylalkohol (*Matsukawa, Ban*, J. pharm. Soc. Japan **70** [1950] 148, 150; C. A. **1950** 5886). Aus 2-Äthylmercapto-5,6-dimethyl-3*H*-pyrimidin-4-on und *N*-Acetyl-sulfanilsäure-amid bei 240° (*Matsukawa, Yoshida*, J. pharm. Soc. Japan **69** [1949] 27, 30; C. A. **1950** 3453).

Kristalle (aus wss. A.); F: 280° (*Ma.*, *Yo.*, l. c. S. 28, 30).

4-Aminomethyl-benzolsulfonsäure-[4,5-dimethyl-6-oxo-1,6-dihydro-pyrimidin-2-ylamid] $C_{13}H_{16}N_4O_3S$, Formel XVII (R = SO_2-C_6H_4-CH_2-NH_2) und Taut.

B. Aus der folgenden Verbindung mit Hilfe von wss. NaOH (*Matsukawa et al.*, J. pharm. Soc. Japan **71** [1951] 523; C. A. **1952** 454).

Kristalle mit 0,5 Mol H_2O; F: 273 – 274° [Zers.].

Hydrochlorid $C_{13}H_{16}N_4O_3S \cdot HCl$. Kristalle (aus wss. A.); F: 267 – 268° [Zers.].

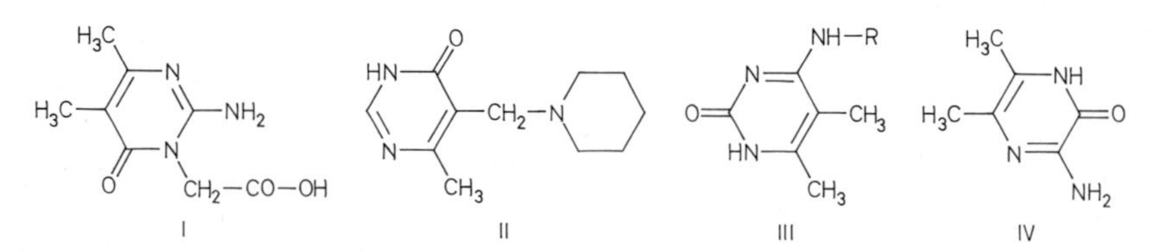

4-[Acetylamino-methyl]-benzolsulfonsäure-[4,5-dimethyl-6-oxo-1,6-dihydro-pyrimidin-2-ylamid], *N*-[4-(4,5-Dimethyl-6-oxo-1,6-dihydro-pyrimidin-2-ylsulfamoyl)-benzyl]-acetamid $C_{15}H_{18}N_4O_4S$, Formel XVII (R = SO_2-C_6H_4-CH_2-NH-CO-CH_3) und Taut.

B. Aus 2-Äthylmercapto-5,6-dimethyl-3*H*-pyrimidin-4-on und 4-[Acetylamino-methyl]-

benzolsulfonsäure-amid bei 240° (*Matsukawa et al.*, J. pharm. Soc. Japan **71** [1951] 523; C. A. **1952** 454).
Kristalle (aus A.); F: 250–251°.

6-Methyl-5-piperidinomethyl-3*H*-pyrimidin-4-on $C_{11}H_{17}N_3O$, Formel II und Taut.
B. Aus 6-Methyl-5-piperidinomethyl-2-thioxo-2,3-dihydro-1*H*-pyrimidin-4-on sowie aus 6-Methyl-2-methylmercapto-5-piperidinomethyl-3*H*-pyrimidin-4-on, jeweils mit Hilfe von Raney-Nickel in wss. NH_3 (*Snyder et al.*, Am. Soc. **76** [1954] 2441, 2443, 2444).
Kristalle (aus Acn.); F: 167–168° [korr.].

4-Amino-5,6-dimethyl-1*H*-pyrimidin-2-on $C_6H_9N_3O$, Formel III (R = H) und Taut.
B. Aus 4-Methoxy-5,6-dimethyl-1*H*-pyrimidin-2-on und äthanol. NH_3 [140–170°] (*Chi, Ling*, Scientia sinica **6** [1957] 643, 658). Aus 2-Äthylmercapto-5,6-dimethyl-pyrimidin-4-ylamin mit Hilfe von wss. HBr (*Chi, Kao*, Am. Soc. **58** [1936] 772). Aus 2-Äthansulfonyl-5,6-dimethyl-pyrimidin-4-ylamin mit Hilfe von wss. HCl (*Chi, Ling*).
Kristalle (aus H_2O); F: 334–335° (*Chi, Ling*).
Hydrobromid $C_6H_9N_3O \cdot HBr$. Kristalle (aus A.); F: 291° [Zers.; nach Sintern bei 278°] (*Chi, Kao*).

4-[4-Chlor-anilino]-5,6-dimethyl-1*H*-pyrimidin-2-on $C_{12}H_{12}ClN_3O$, Formel III (R = C_6H_4-Cl) und Taut.
B. Aus [2-Äthylmercapto-5,6-dimethyl-pyrimidin-4-yl]-[4-chlor-phenyl]-amin mit Hilfe von wss. HBr (*Curd et al.*, Soc. **1946** 720, 726).
Kristalle (aus A.+2-Äthoxy-äthanol); F: 305–310° [Zers.; nach Dunkelfärbung].

3-Amino-5,6-dimethyl-1*H*-pyrazin-2-on $C_6H_9N_3O$, Formel IV.
B. Aus 5,6-Dimethyl-3-oxo-3,4-dihydro-pyrazin-2-carbonsäure-amid mit Hilfe von Brom und wss. KOH (*Schipper, Day*, Am. Soc. **74** [1952] 350, 352).
F: 300–303°.

5-Amino-3,6-dimethyl-1*H*-pyrazin-2-on $C_6H_9N_3O$, Formel V.
B. Aus 3,6-Dimethyl-pyrazin-2,5-dion-monophenylhydrazon (Syst.-Nr. 3784) mit Hilfe von $Na_2S_2O_4$ und wss. NaOH (*Baxter et al.*, Soc. **1948** 1859, 1862).
Gelbe Kristalle (aus A.+Bzl.); F: 225–230° [Zers.].

***5-Amino-2-phenyl-4-propyliden-2,4-dihydro-pyrazol-3-on** $C_{12}H_{13}N_3O$, Formel VI.
B. Aus 5-Amino-2-phenyl-2,4-dihydro-pyrazol-3-on und Propionaldehyd in Äthanol unter Zusatz von Piperidin (*Gagnon et al.*, Canad. J. Chem. **37** [1959] 110, 113, 115).
Kristalle (aus A.); F: 184–186° [unkorr.]. IR-Banden (3400–650 cm^{-1}): *Ga. et al.*, l. c. S. 114.
Beim Erwärmen mit Äthanol und Natrium ist ein als 2,2'-Diphenyl-4,4'-dipropyliden-2,4,2',4'-tetrahydro-5,5'-imino-bis-pyrazol-3-on ($C_{24}H_{23}N_5O_2$) angesehenes Präparat (rote Kristalle [aus Me.]; F: 215–217° [unkorr.]; IR-Banden [3300–650 cm^{-1}]) erhalten worden (*Ga. et al.*, l. c. S. 114, 116).

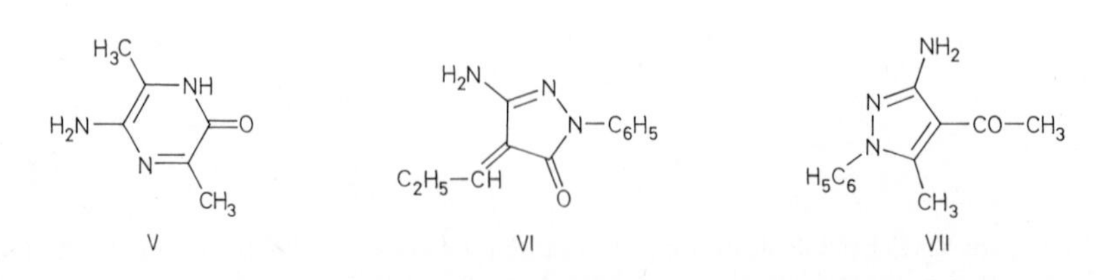

1-[3-Amino-5-methyl-1-phenyl-1*H*-pyrazol-4-yl]-äthanon $C_{12}H_{13}N_3O$, Formel VII.
B. Aus 1-[5-Methyl-1-phenyl-3-phenylazo-1*H*-pyrazol-4-yl]-äthanon bei der Hydrierung an

Raney-Nickel in wss.-methanol. NaOH (*Fusco, Romani,* G. **78** [1948] 332, 340).

Kristalle (aus Me.); F: 195–196°.

[4-Nitro-phenylhydrazon] $C_{18}H_{18}N_6O_2$. Orangerote Kristalle (aus Eg.); F: 256° [Zers.].

2-Diäthylamino-1-[3-methyl-1(2)*H*-pyrazol-4-yl]-äthanon $C_{10}H_{17}N_3O$, Formel VIII und Taut.

B. Aus 2-Brom-1-[3-methyl-1(2)*H*-pyrazol-4-yl]-äthanon und Diäthylamin in Äthanol (*Pa⸗nizzi, Benati,* G. **76** [1946] 66, 76).

Kristalle (aus Bzl. + PAe.); F: 120–122°.

Hydrochlorid $C_{10}H_{17}N_3O \cdot HCl$. Kristalle (aus A. + Ae.); F: 160–180°.

(*Z*?)-4-[1-Amino-äthyliden]-5-methyl-2,4-dihydro-pyrazol-3-on [1]) $C_6H_9N_3O$, vermutlich Formel IX (R = R′ = H) und Taut. (z. B. 4-[1-Imino-äthyl]-5-methyl-1,2-dihydro-pyrazol-3-on).

B. Aus 5-Methyl-1,2-dihydro-pyrazol-3-on und Acetamidin-hydrochlorid bei 220° (*Ridi, Pa⸗pini,* G. **78** [1948] 3, 7).

Kristalle; F: > 280°.

(*Z*)-4-[1-Amino-äthyliden]-5-methyl-2-phenyl-2,4-dihydro-pyrazol-3-on $C_{12}H_{13}N_3O$, Formel IX (R = C_6H_5, R′ = H) und Taut.

Nach Ausweis der ^{1}H-NMR-Absorption liegt in $CDCl_3$ chelatisiertes (*Z*)-4-[1-Amino-äthyl⸗iden]-5-methyl-2-phenyl-2,4-dihydro-pyrazol-3-on vor (*Maquestiau,* Bl. Soc. chim. Belg. **84** [1975] 741, 744).

B. Aus 5-Methyl-2-phenyl-1,2-dihydro-pyrazol-3-on beim Erhitzen mit Acetamid auf 220° (*Ridi, Papini,* G. **77** [1947] 99, 102) oder mit Acetamidin-hydrochlorid auf 200° (*Ridi, Papini,* G. **78** [1948] 3, 6).

Kristalle; F: 173,5–174° [aus A. + PAe.] (*Ma. et al.,* l. c. S. 745), 172° [aus H_2O] (*Ridi, Pa.*). ^{1}H-NMR-Absorption ($CDCl_3$): *Ma. et al.,* l. c. S. 742.

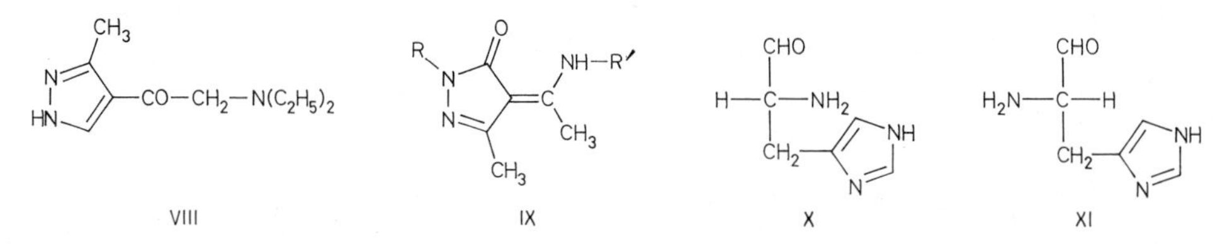

VIII IX X XI

(*Z*)-4-[1-Anilino-äthyliden]-5-methyl-2-phenyl-2,4-dihydro-pyrazol-3-on $C_{18}H_{17}N_3O$, Formel IX (R = R′ = C_6H_5) und Taut.

Nach Ausweis der ^{1}H-NMR-Absorption liegt in $CDCl_3$ chelatisiertes (*Z*)-4-[1-Anilino-äthyl⸗iden]-5-methyl-2-phenyl-2,4-dihydro-pyrazol-3-on vor (*Maquestiau,* Bl. Soc. chim. Belg. **84** [1975] 741, 744).

B. Aus 5-Methyl-2-phenyl-1,2-dihydro-pyrazol-3-on beim Erhitzen mit Acetanilid auf 220° (*Ridi, Papini,* G. **77** [1947] 99, 103) oder mit *N,N′*-Diphenyl-acetamidin auf 160° (*Mansberg, Shaw,* Soc. **1953** 3467, 3468).

Gelbe Kristalle; F: 184–185° [aus A.] (*Ma., Shaw*), 183° [aus Bzl.] (*Ridi, Pa.*). ^{1}H-NMR-Absorption ($CDCl_3$): *Ma. et al.,* l. c. S. 742.

(*Z*?)-2-[4-Äthoxy-phenyl]-4-[1-amino-äthyliden]-5-methyl-2,4-dihydro-pyrazol-3-on [1]) $C_{14}H_{17}N_3O_2$, vermutlich Formel IX (R = C_6H_4-O-C_2H_5, R′ = H) und Taut.

B. Aus 2-[4-Äthoxy-phenyl]-5-methyl-1,2-dihydro-pyrazol-3-on beim Erhitzen mit Acetamid auf 220° (*Ridi, Papini,* G. **78** [1948] 3, 6) oder mit Acetamidin-hydrochlorid auf 200° (*Ridi, Pa.,* l. c. S. 7).

Kristalle (aus A.); F: 235°.

---

[1]) Bezüglich der Tautomerie und Konfiguration vgl. *Maquestiau et al.,* Bl. Soc. chim. Belg. **84** [1975] 741.

(*Z*?)-5-Methyl-4-[1-*p*-phenetidino-äthyliden]-2-phenyl-2,4-dihydro-pyrazol-3-on [1]) $C_{20}H_{21}N_3O_2$, vermutlich Formel IX (R = C_6H_5, R' = C_6H_4-O-C_2H_5) und Taut.

B. Aus 5-Methyl-2-phenyl-1,2-dihydro-pyrazol-3-on und Essigsäure-*p*-phenetidid bei 220° (*Ridi, Papini,* G. **78** [1948] 3, 6).

Kristalle (aus A.); F: 187°.

2-Amino-3-[1(3)*H*-imidazol-4-yl]-propionaldehyd $C_6H_9N_3O$.

a) **(*R*)-2-Amino-3-[1(3)*H*-imidazol-4-yl]-propionaldehyd,** Formel X und Taut.; **D-Histidinal.**
Dihydrochlorid $C_6H_9N_3O \cdot 2HCl$. *B.* Aus D-Histidin-hydrochlorid-hydrat mit Hilfe von Natrium-Amalgam und wss. HCl (*Adams,* J. biol. Chem. **217** [1955] 317, 319). – Kristalle. $[\alpha]_D^{18}$: +15,3° [H_2O; c = 0,7].

b) **(*S*)-2-Amino-3-[1(3)*H*-imidazol-4-yl]-propionaldehyd,** Formel XI und Taut.; **L-Histidinal.**
Dihydrochlorid $C_6H_9N_3O \cdot 2HCl$. *B.* Aus L-Histidin-methylester-dihydrochlorid mit Hilfe von Natrium-Amalgam und wss. HCl (*Adams,* J. biol. Chem. **217** [1955] 317, 318). – Kristalle (aus Me.+Ae.) mit 1 Mol Methanol; F: 120° [Zers. ab ca. 100°]. $[\alpha]_D^{18}$: –13,2°; $[\alpha]_{546,1}^{18}$: +5,9° [jeweils H_2O; c = 0,6].

(Ξ)-2-Amino-3-[1(3)*H*-imidazol-4-yl]-propionaldehyd-diäthylacetal, (Ξ)-1-Diäthoxymethyl-2-[1(3)*H*-imidazol-4-yl]-äthylamin $C_{10}H_{19}N_3O_2$, Formel XII und Taut.

B. Aus Histidinal (konfigurativ nicht näher bezeichnet) und Äthanol mit Hilfe von HCl (*Adams,* J. biol. Chem. **217** [1955] 317, 320).

$Kp_{0,2}$: 110°.

Hexachloroplatinat(IV) $2C_{10}H_{19}N_3O_2 \cdot H_2PtCl_6$. Kristalle (aus wss. A.); F: 180° [Zers.] (*Ad.,* l. c. S. 321).

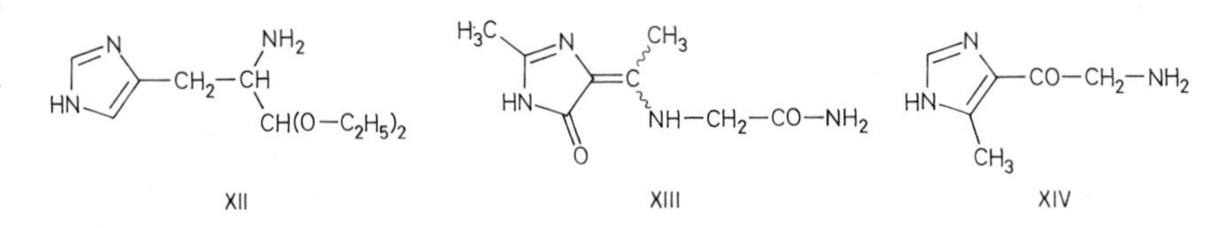

***N*-[1-(2-Methyl-5-oxo-1,5-dihydro-imidazol-4-yliden)-äthyl]-glycin-amid** $C_8H_{12}N_4O_2$, Formel XIII und Taut. (z. B. *N*-[1-(2-Methyl-5-oxo-4,5-dihydro-1*H*-imidazol-4-yl)-äthyliden]-glycin-amid).

B. Aus *N*-[1-Äthoxy-äthyliden]-glycin-äthylester (E IV **4** 2403) und äthanol. NH_3 (*Kjær,* Acta chem. scand. **7** [1953] 1024, 1028).

Kristalle (aus wss. A.) mit 2 Mol H_2O; F: 240–242° [unkorr.; Zers.].

4-Glycyl-5-methyl-1(3)*H*-imidazol, 2-Amino-1-[5-methyl-1(3)*H*-imidazol-4-yl]-äthanon $C_6H_9N_3O$, Formel XIV und Taut.

B. Beim Behandeln von 2-Brom-1-[5-methyl-1(3)*H*-imidazol-4-yl]-äthanon mit Hexamethylentetramin und anschliessend mit wss.-äthanol. HBr (*Tamamushi,* J. pharm. Soc. Japan **60** [1940] 189; dtsch. Ref. S. 96; C. A. **1940** 5446).

Dihydrochlorid $C_6H_9N_3O \cdot 2HCl$. Kristalle (aus A.); F: 335° [Zers.].

Dipicrat $C_6H_9N_3O \cdot 2C_6H_3N_3O_7$. Gelbe Kristalle (aus H_2O); F: 178° [Zers.].

4-Amino-5-cyclopropyl-1-methyl-2-phenyl-1,2-dihydro-pyrazol-3-on $C_{13}H_{15}N_3O$, Formel I (R = H).

B. Aus 5-Cyclopropyl-1-methyl-4-nitroso-2-phenyl-1,2-dihydro-pyrazol-3-on mit Hilfe von $NaHSO_3$ und wss. NaOH (*Geigy A.G.,* U.S.P. 2731473 [1945]).

Kristalle (aus Bzl.+PAe.); F: 125°.

---

[1]) Siehe S. 3743 Anm.

5-Cyclopropyl-4-dimethylamino-1-methyl-2-phenyl-1,2-dihydro-pyrazol-3-on $C_{15}H_{19}N_3O$, Formel I (R = CH_3).

B. Beim Erhitzen der vorangehenden Verbindung mit Formaldehyd und Ameisensäure in H_2O (*Geigy A.G.*, U.S.P. 2731473 [1954]).

Kristalle (aus PAe.); F: 94°.

Amino-Derivate der Oxo-Verbindungen $C_7H_{10}N_2O$

6-Amino-2-propyl-3*H*-pyrimidin-4-on $C_7H_{11}N_3O$, Formel II und Taut.

B. Aus Cyanessigsäure-äthylester und Butyramidin-hydrochlorid mit Hilfe von Natriummethylat in Methanol (*Craveri, Zoni*, Boll. scient. Fac. Chim. ind. Univ. Bologna **16** [1958] 138). Aus 6-Chlor-2-propyl-3*H*-pyrimidin-4-on und konz. wss. NH_3 [180—190°] (*Henze, Winthrop*, Am. Soc. **79** [1957] 2230).

Kristalle; F: 293—295° [Zers.; aus wss. A.] (*He., Wi.*), 290° [aus H_2O] (*Cr., Zoni*).

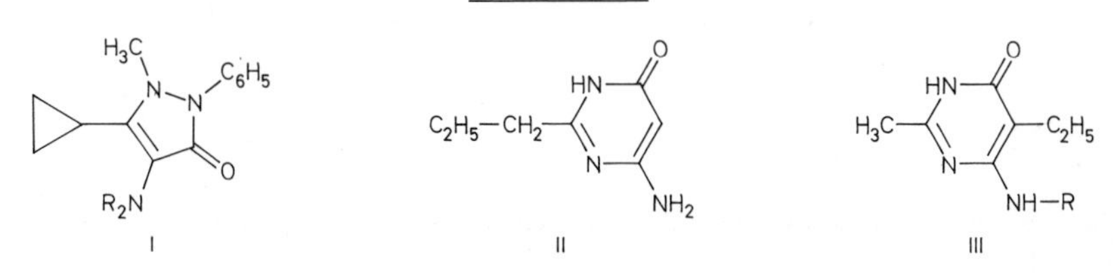

5-Äthyl-6-amino-2-methyl-3*H*-pyrimidin-4-on $C_7H_{11}N_3O$, Formel III (R = H) und Taut.

B. Aus 5-Äthyl-6-chlor-2-methyl-3*H*-pyrimidin-4-on und konz. wss. NH_3 bei 180° (*Henze et al.*, J. org. Chem. **17** [1952] 1320, 1323, 1324).

Kristalle (aus wss. A.); F: 272,4—273,4° [korr.].

Picrat $C_7H_{11}N_3O \cdot C_6H_3N_3O_7$. F: 227,5° [korr.].

5-Äthyl-6-[4-chlor-anilino]-2-methyl-3*H*-pyrimidin-4-on $C_{13}H_{14}ClN_3O$, Formel III (R = C_6H_4-Cl) und Taut.

B. Aus 5-Äthyl-6-chlor-2-methyl-3*H*-pyrimidin-4-on und 4-Chlor-anilin in wss. HCl (*Basford et al.*, Soc. **1947** 1354, 1360).

Kristalle (aus 2-Äthoxy-äthanol); F: 275°.

5-Äthyl-6-*p*-anisidino-2-methyl-3*H*-pyrimidin-4-on $C_{14}H_{17}N_3O_2$, Formel III (R = C_6H_4-O-CH_3) und Taut.

B. Analog der vorangehenden Verbindung (*Basford et al.*, Soc. **1947** 1354, 1361).

Kristalle (aus A.); F: 199—200°.

5-Äthyl-6-[3-diäthylamino-propylamino]-2-methyl-3*H*-pyrimidin-4-on $C_{14}H_{26}N_4O$, Formel III (R = $[CH_2]_3$-$N(C_2H_5)_2$) und Taut.

B. Analog den vorangehenden Verbindungen (*Basford et al.*, Soc. **1947** 1354, 1360).

Dipicrat $C_{14}H_{26}N_4O \cdot 2C_6H_3N_3O_7$. Gelbe Kristalle (aus 2-Äthoxy-äthanol + A.); F: 188°.

6-Amino-2-methyl-5-[2-phthalimido-äthyl]-3*H*-pyrimidin-4-on, *N*-[2-(4-Amino-2-methyl-6-oxo-1,6-dihydro-pyrimidin-5-yl)-äthyl]-phthalimid $C_{15}H_{14}N_4O_3$, Formel IV und Taut.

B. Aus *N*-[2-Brom-äthyl]-phthalimid bei der aufeinanderfolgenden Umsetzung mit Cyanessigsäure-äthylester und Acetamidin-hydrochlorid unter Zusatz von äthanol. Natriumäthylat (*I. G. Farbenind.*, D.R.P. 671787 [1936]; Frdl. **25** 443).

Kristalle; F: 317°.

5-Äthyl-2-amino-6-methyl-3*H*-pyrimidin-4-on $C_7H_{11}N_3O$, Formel V (R = H) (H **24** 363; E I **24** 338) und Taut.

B. Aus 2-Äthyl-acetessigsäure-äthylester und Guanidin-carbonat bei 160° (*Sprague et al.*, Am. Soc. **63** [1941] 3028).

Kristalle; F: 288—289° [unkorr.].

5-Äthyl-2-[4-chlor-anilino]-6-methyl-3*H*-pyrimidin-4-on $C_{13}H_{14}ClN_3O$, Formel V ($R = C_6H_4$-Cl) und Taut.

B. Aus 5-Äthyl-6-methyl-2-methylmercapto-3*H*-pyrimidin-4-on und 4-Chlor-anilin bei 140° (*Curd et al.*, Soc. **1946** 378, 382).

Kristalle (aus 2-Äthoxy-äthanol); F: 246–247°.

***N*-[5-Äthyl-4-methyl-6-oxo-1,6-dihydro-pyrimidin-2-yl]-*N'*-[4-chlor-phenyl]-guanidin** $C_{14}H_{16}ClN_5O$, Formel V (R = C(=NH)-NH-C_6H_4-Cl) und Taut.

B. Aus Cyanguanidin bei der aufeinanderfolgenden Umsetzung mit 2-Äthyl-acetessigsäure-äthylester in Methanol und mit 4-Chlor-anilin-hydrochlorid in wss. 2-Äthoxy-äthanol (*ICI*, U.S.P. 2422890 [1945]). Aus 1-[4-Chlor-phenyl]-biguanid-hydrochlorid und 2-Äthyl-acetessigsäure-äthylester in wss.-äthanol. NaOH (*ICI*, U.S.P. 2422888 [1944]).

F: 261°.

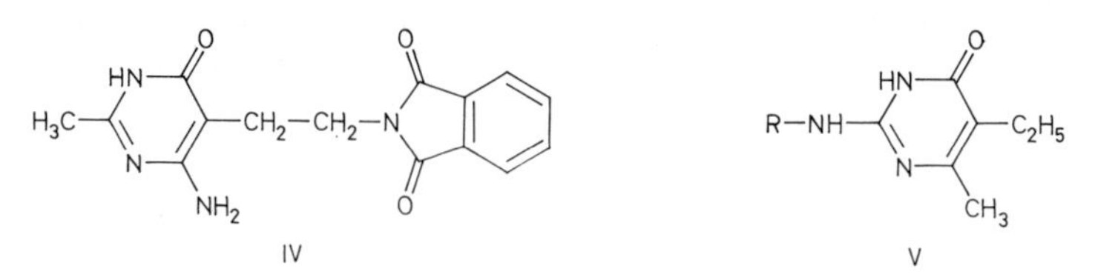

[5-Äthyl-2-amino-4-methyl-6-oxo-6*H*-pyrimidin-1-yl]-essigsäure $C_9H_{13}N_3O_3$, Formel VI (R = H).

Aufgrund der Bildungsweise sind ausser dieser Konstitution auch Formulierungen als [5-Äthyl-2-amino-6-methyl-4-oxo-4*H*-pyrimidin-1-yl]-essigsäure oder als *N*-[5-Äthyl-4-methyl-6-oxo-1,6-dihydro-pyrimidin-2-yl]-glycin in Betracht zu ziehen (vgl. [4,5-Dimethyl-6-oxo-1,6-dihydro-pyrimidin-2-yl]-carbamonitril [H **24** 360]).

B. Aus 2-Äthyl-acetessigsäure-äthylester und *N*-Carbamimidoyl-glycin mit Hilfe von äthanol. Natriumäthylat (*Prokof'ew, Schwatschkin*, Ž. obšč. Chim. **25** [1955] 1218, 1220; engl. Ausg. S. 1165, 1166).

Kristalle (aus H_2O); F: 245°.

(±)-2-[5-Äthyl-2-amino-4-methyl-6-oxo-6*H*-pyrimidin-1-yl]-propionsäure $C_{10}H_{15}N_3O_3$, Formel VI ($R = CH_3$).

Aufgrund der Bildungsweise sind ausser dieser Konstitution auch Formulierungen als (±)-2-[5-Äthyl-2-amino-6-methyl-4-oxo-4*H*-pyrimidin-1-yl]-propionsäure oder als *N*-[5-Äthyl-4-methyl-6-oxo-1,6-dihydro-pyrimidin-2-yl]-DL-alanin in Betracht zu ziehen (vgl. [4,5-Dimethyl-6-oxo-1,6-dihydro-pyrimidin-2-yl]-carbamonitril [H **24** 360]).

B. Analog der vorangehenden Verbindung (*Prokof'ew, Schwatschkin*, Ž. obšč. Chim. **25** [1955] 1218, 1220; engl. Ausg. S. 1165, 1166).

Kristalle (aus H_2O); F: 215°.

5-Äthyl-2-[3-diäthylamino-propylamino]-6-methyl-3*H*-pyrimidin-4-on $C_{14}H_{26}N_4O$, Formel V ($R = [CH_2]_3$-$N(C_2H_5)_2$) und Taut.

B. Aus 5-Äthyl-6-methyl-2-methylmercapto-3*H*-pyrimidin-4-on und *N*,*N*-Diäthyl-propandiyldiamin bei 160° (*Curd et al.*, Soc. **1946** 720, 728).

Dipicrat $C_{14}H_{26}N_4O \cdot 2C_6H_3N_3O_7$. Gelbe Kristalle (aus A.); F: 191–192°.

5-Äthyl-2-[3-dibutylamino-propylamino]-6-methyl-3*H*-pyrimidin-4-on $C_{18}H_{34}N_4O$, Formel V ($R = [CH_3]_3$-$N([CH_2]_3$-$CH_3)_2$) und Taut.

B. Analog der vorangehenden Verbindung (*Curd et al.*, Soc. **1946** 720, 728).

Monopicrat $C_{18}H_{34}N_4O \cdot C_6H_3N_3O_7$. Gelbe Kristalle (aus Me.); F: 182–183°.

Dipicrat $C_{18}H_{34}N_4O \cdot 2C_6H_3N_3O_7$. Gelbe Kristalle (aus A.); F: 166–167°.

4-Hydroxy-benzolsulfonsäure-[5-äthyl-4-methyl-6-oxo-1,6-dihydro-pyrimidin-2-ylamid] $C_{13}H_{15}N_3O_4S$, Formel V ($R = SO_2$-C_6H_4-OH) und Taut.

B. Aus 5-Äthyl-6-methyl-2-methylmercapto-3*H*-pyrimidin-4-on und 4-Hydroxy-benzolsulfon=

säure-amid bei 190–200° (*Matsukawa et al.*, J. pharm. Soc. Japan **70** [1950] 638; C. A. **1951** 7043).

Kristalle (aus wss. Acn.); F: 225–226°.

5-Äthyl-6-methyl-2-sulfanilylamino-3*H*-pyrimidin-4-on, Sulfanilsäure-[5-äthyl-4-methyl-6-oxo-1,6-dihydro-pyrimidin-2-ylamid] $C_{13}H_{16}N_4O_3S$, Formel V (R = SO_2-C_6H_4-NH_2) und Taut.

B. Aus Sulfanilylguanidin und 2-Äthyl-acetessigsäure-äthylester mit Hilfe von äthanol. Na≈ triumäthylat (*Ganapathi et al.*, Pr. Indian Acad. [A] **16** [1942] 115, 121). Aus der folgenden Verbindung mit Hilfe von wss. NaOH (*Matsukawa, Yoshida*, J. pharm. Soc. Japan **69** [1949] 27, 32; C. A. **1950** 3453).

Kristalle; F: 208–209° [aus H_2O oder wss. Eg.] (*Ga. et al.*), 208° [aus wss. A.] (*Ma., Yo.*).

***N*-Acetyl-sulfanilsäure-[5-äthyl-4-methyl-6-oxo-1,6-dihydro-pyrimidin-2-ylamid], Essigsäure-[4-(5-äthyl-4-methyl-6-oxo-1,6-dihydro-pyrimidin-2-ylsulfamoyl)-anilid]** $C_{15}H_{18}N_4O_4S$, Formel V (R = SO_2-C_6H_4-NH-CO-CH_3) und Taut.

B. Aus 5-Äthyl-6-methyl-2-methylmercapto-3*H*-pyrimidin-4-on und *N*-Acetyl-sulfanilsäure-amid bei 210° (*Matsukawa, Yoshida*, J. pharm. Soc. Japan **69** [1949] 27, 30; C. A. **1950** 3453).

Kristalle (aus wss. A.); F: 260° (*Ma., Yo.*, l. c. S. 28, 30).

4-Aminomethyl-benzolsulfonsäure-[5-äthyl-4-methyl-6-oxo-1,6-dihydro-pyrimidin-2-ylamid] $C_{14}H_{18}N_4O_3S$, Formel V (R = SO_2-C_6H_4-CH_2-NH_2) und Taut.

B. Aus dem folgenden Acetyl-Derivat mit Hilfe von wss. NaOH (*Matsukawa et al.*, J. pharm. Soc. Japan **71** [1951] 523; C. A. **1952** 454).

Kristalle mit 0,5 Mol H_2O; F: 278° [Zers.].

Hydrochlorid $C_{14}H_{18}N_4O_3S \cdot HCl$. Kristalle (aus wss. A.); F: 262–263° [Zers.].

4-[Acetylamino-methyl]-benzolsulfonsäure-[5-äthyl-4-methyl-6-oxo-1,6-dihydro-pyrimidin-2-ylamid], *N*-[4-(5-Äthyl-4-methyl-6-oxo-1,6-dihydro-pyrimidin-2-ylsulfamoyl)-benzyl]-acetamid $C_{16}H_{20}N_4O_4S$, Formel V (R = SO_2-C_6H_4-CH_2-NH-CO-CH_3) und Taut.

B. Aus 5-Äthyl-6-methyl-2-methylmercapto-3*H*-pyrimidin-4-on und 4-[Acetylamino-methyl]-benzolsulfonsäure-amid bei 230° (*Matsukawa et al.*, J. pharm. Soc. Japan **71** [1951] 523; C. A. **1952** 454).

Kristalle (aus A.); F: 239–240°.

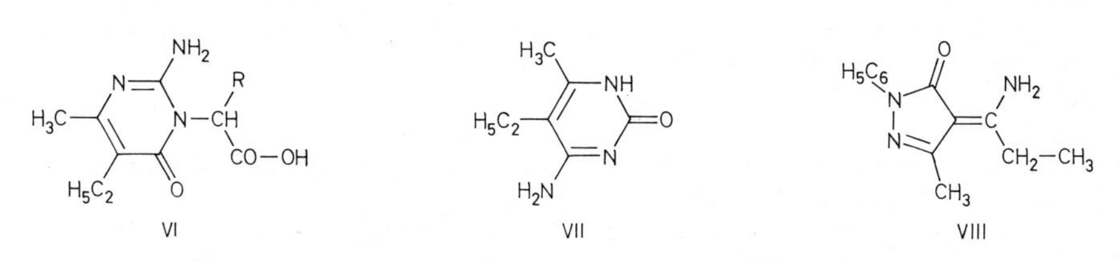

5-Äthyl-4-amino-6-methyl-1*H*-pyrimidin-2-on $C_7H_{11}N_3O$, Formel VII und Taut.

B. Aus 2-Äthansulfonyl-5-äthyl-6-methyl-pyrimidin-4-ylamin mit Hilfe von wss. HCl (*Chi, Ling*, Scientia sinica **6** [1957] 633, 640). Aus 5-Äthyl-4-methoxy-6-methyl-1*H*-pyrimidin-2-on und äthanol. NH_3 bei 140° (*Chi, Ling*).

Kristalle (aus H_2O); F: 296–298°.

(*Z*?)-4-[1-Amino-propyliden]-5-methyl-2-phenyl-2,4-dihydro-pyrazol-3-on $C_{13}H_{15}N_3O$, vermutlich Formel VIII und Taut. (z. B. 4-[1-Imino-propyl]-5-methyl-2-phenyl-1,2-dihydro-pyrazol-3-on).

Bezüglich der Tautomerie und Konfiguration vgl. *Maquestiau et al.*, Bl. Soc. chim. Belg. **84** [1975] 741.

B. Aus 5-Methyl-2-phenyl-1,2-dihydro-pyrazol-3-on und Propionamid [200–220°] (*Ridi, Pa≈ pini*, G. **78** [1948] 3, 4).

Kristalle (aus A. + wss. NH_3); F: 178° (*Ridi, Pa.*).

4-[2-Hydroxy-äthylamino]-1,3-diaza-spiro[4.4]non-3-en-2-thion $C_9H_{15}N_3OS$, Formel IX und Taut.

B. Aus 1,3-Diaza-spiro[4.4]nonan-2,4-dithion und 2-Amino-äthanol in H_2O (*Carrington et al.*, Soc. **1953** 3105, 3111).

F: 232°.

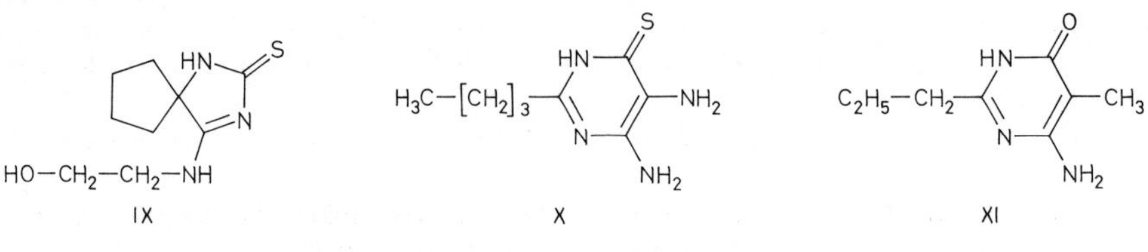

Amino-Derivate der Oxo-Verbindungen $C_8H_{12}N_2O$

5,6-Diamino-2-butyl-3*H*-pyrimidin-4-thion $C_8H_{14}N_4S$, Formel X und Taut.

B. Aus 2-Butyl-6-chlor-5-nitro-pyrimidin-4-ylamin und wss. NaSH (*Brown*, Soc. **1956** 2312).

Kristalle (aus H_2O); F: 186–187°.

6-Amino-5-methyl-2-propyl-3*H*-pyrimidin-4-on $C_8H_{13}N_3O$, Formel XI und Taut.

B. Aus 6-Chlor-5-methyl-2-propyl-3*H*-pyrimidin-4-on und konz. wss. NH_3 [180–190°] (*Henze, Winthrop*, Am. Soc. **79** [1957] 2230).

Kristalle (aus wss. A.); F: 209–210°.

***N*-[4-Chlor-phenyl]-*N'*-[4-methyl-6-oxo-5-propyl-1,6-dihydro-pyrimidin-2-yl]-guanidin** $C_{15}H_{18}ClN_5O$, Formel XII (R = $C(=NH)$-NH-C_6H_4-Cl) und Taut.

B. Aus 1-[4-Chlor-phenyl]-biguanid und 2-Propyl-acetessigsäure-äthylester in wss.-methanol. NaOH (*Cliffe et al.*, Soc. **1948** 574, 578). Aus der folgenden Verbindung und 4-Chlor-anilin in 2-Äthoxy-äthanol und wss. HCl (*Cl. et al.*).

F: 242° [aus Me.].

2-Cyanamino-6-methyl-5-propyl-3*H*-pyrimidin-4-on, [4-Methyl-6-oxo-5-propyl-1,6-dihydro-pyrimidin-2-yl]-carbamonitril $C_9H_{12}N_4O$, Formel XII (R = CN) und Taut.

B. Aus Cyanguanidin und 2-Propyl-acetessigsäure-äthylester mit Hilfe von äthanol. Natrium≈äthylat (*Cliffe et al.*, Soc. **1948** 574, 578).

F: 233–234° [aus H_2O].

4-Hydroxy-benzolsulfonsäure-[4-methyl-6-oxo-5-propyl-1,6-dihydro-pyrimidin-2-ylamid] $C_{14}H_{17}N_3O_4S$, Formel XII (R = SO_2-C_6H_4-OH) und Taut.

B. Aus 6-Methyl-2-methylmercapto-5-propyl-3*H*-pyrimidin-4-on und 4-Hydroxy-benzol≈sulfonsäure-amid [220–230°] (*Matsukawa et al.*, J. pharm. Soc. Japan **70** [1950] 638; C. A. **1951** 7043).

Kristalle (aus wss. A.); F: 202–203°.

6-Methyl-5-propyl-2-sulfanilylamino-3*H*-pyrimidin-4-on, Sulfanilsäure-[4-methyl-6-oxo-5-propyl-1,6-dihydro-pyrimidin-2-ylamid] $C_{14}H_{18}N_4O_3S$, Formel XII (R = SO_2-C_6H_4-NH_2) und Taut.

B. Aus der folgenden Verbindung mit Hilfe von wss. NaOH (*Matsukawa, Yoshida*, J. pharm. Soc. Japan **69** [1949] 27, 32; C. A. **1950** 3453).

Kristalle (aus wss. A.); F: 145° (*Ma., Yo.*, l. c. S. 28, 32).

***N*-Acetyl-sulfanilsäure-[4-methyl-6-oxo-5-propyl-1,6-dihydro-pyrimidin-2-ylamid], Essigsäure-[4-(4-methyl-6-oxo-5-propyl-1,6-dihydro-pyrimidin-2-ylsulfamoyl)-anilid]** $C_{16}H_{20}N_4O_4S$, Formel XII (R = SO_2-C_6H_4-NH-CO-CH_3) und Taut.

B. Aus 6-Methyl-2-methylmercapto-5-propyl-3*H*-pyrimidin-4-on und *N*-Acetyl-sulfanilsäure-

amid bei 210° (*Matsukawa, Yoshida,* J. pharm. Soc. Japan **69** [1949] 27, 31; C. A. **1950** 3453).
Kristalle (aus wss. A.); F: 222° (*Ma., Yo.,* l. c. S. 28, 31).

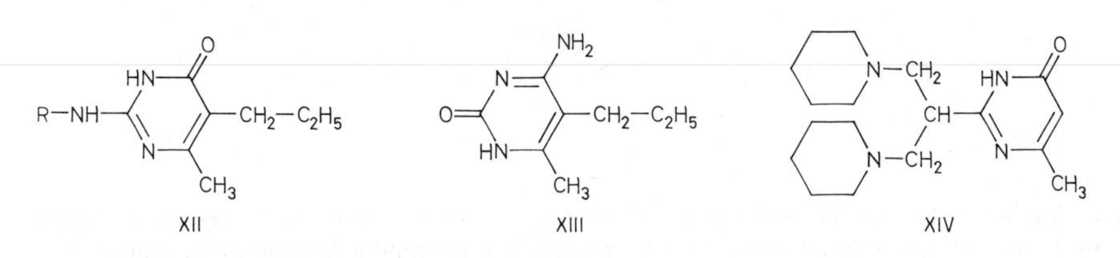

4-Amino-6-methyl-5-propyl-1*H*-pyrimidin-2-on $C_8H_{13}N_3O$, Formel XIII und Taut.
B. Aus 4-Methoxy-6-methyl-5-propyl-1*H*-pyrimidin-2-on und äthanol. NH_3 bei 180–190° (*Chi, Ling,* Acta chim. sinica **22** [1956] 3, 11; Scientia sinica **5** [1956] 205, 217). Aus 2-Äthylmercapto-6-methyl-5-propyl-pyrimidin-4-ylamin mit Hilfe von konz. wss. HBr (*Chi, Chang,* Am. Soc. **60** [1938] 1721, 1722).
Kristalle (aus H_2O); F: 318–319° (*Chi, Ling*), 317–318° [Zers.] (*Chi, Ch.*).
Hydrochlorid $C_8H_{13}N_3O \cdot HCl$. Kristalle; F: 235° (*Chi, Ch.*).
Hydrobromid $C_8H_{13}N_3O \cdot HBr$. Kristalle; F: 253–254° (*Chi, Ch.*).

2-[β,β'-Dipiperidino-isopropyl]-6-methyl-3*H*-pyrimidin-4-on $C_{18}H_{30}N_4O$, Formel XIV und Taut.
B. Aus 2,6-Dimethyl-3*H*-pyrimidin-4-on, Piperidin und Paraformaldehyd in Äthanol, Benzol und Essigsäure (*Snyder, Foster,* Am. Soc. **76** [1954] 118, 121).
Kristalle (aus A. oder Acn.); F: 172–174° [korr.].
Beim Behandeln mit CH_3I in Äthanol ist eine als 2-[4-Methyl-6-oxo-1,6-dihydro-pyrimidin-2-yl]-4-azonia-spiro[3,5]nonan-jodid formulierte Verbindung (F: 210–211,5°) erhalten worden.

4-Hydroxy-benzolsulfonsäure-[5-isopropyl-4-methyl-6-oxo-1,6-dihydro-pyrimidin-2-ylamid] $C_{14}H_{17}N_3O_4S$, Formel I (X = SO_2-C_6H_4-OH) und Taut.
B. Aus 2-Äthylmercapto-5-isopropyl-6-methyl-3*H*-pyrimidin-4-on und 4-Hydroxy-benzolsulfonsäure-amid [230–240°] (*Matsukawa et al.,* J. pharm. Soc. Japan **70** [1950] 638; C. A. **1951** 7043).
Kristalle (aus wss. A.); F: 218–220°.

5-Isopropyl-6-methyl-2-sulfanilylamino-3*H*-pyrimidin-4-on, Sulfanilsäure-[5-isopropyl-4-methyl-6-oxo-1,6-dihydro-pyrimidin-2-ylamid] $C_{14}H_{18}N_4O_3S$, Formel I (X = SO_2-C_6H_4-NH_2) und Taut.
B. Aus der folgenden Verbindung mit Hilfe von wss. NaOH (*Matsukawa, Yoshida,* J. pharm. Soc. Japan **69** [1949] 27, 32; C. A. **1950** 3453).
Kristalle (aus wss. A.); F: 196° (*Ma., Yo.,* l. c. S. 28, 32).

***N*-Acetyl-sulfanilsäure-[5-isopropyl-4-methyl-6-oxo-1,6-dihydro-pyrimidin-2-ylamid], Essigsäure-[4-(5-isopropyl-4-methyl-6-oxo-1,6-dihydro-pyrimidin-2-ylsulfamoyl)-anilid]** $C_{16}H_{20}N_4O_4S$, Formel I (X = SO_2-C_6H_4-NH-CO-CH_3) und Taut.
B. Aus 5-Isopropyl-6-methyl-2-methylmercapto-3*H*-pyrimidin-4-on und *N*-Acetyl-sulfanilsäure-amid bei 220° (*Matsukawa, Yoshida,* J. pharm. Soc. Japan **69** [1949] 27, 31; C. A. **1950** 3453).
Kristalle (aus wss. A.); F: 265° (*Ma., Yo.,* l. c. S. 28, 31).

4-Aminomethyl-benzolsulfonsäure-[5-isopropyl-4-methyl-6-oxo-1,6-dihydro-pyrimidin-2-ylamid] $C_{15}H_{20}N_4O_3S$, Formel I (X = SO_2-C_6H_4-CH_2-NH_2) und Taut.
B. Aus der folgenden Verbindung mit Hilfe von wss. NaOH (*Matsukawa et al.,* J. pharm. Soc. Japan **71** [1951] 523; C. A. **1952** 454).
Kristalle; F: 254° [Zers.].
Hydrochlorid $C_{15}H_{20}N_4O_3S \cdot HCl$. Kristalle (aus wss. A.) mit 0,5 Mol H_2O; F: 230–233°

[Zers.; nach Sintern ab ca. 220°].

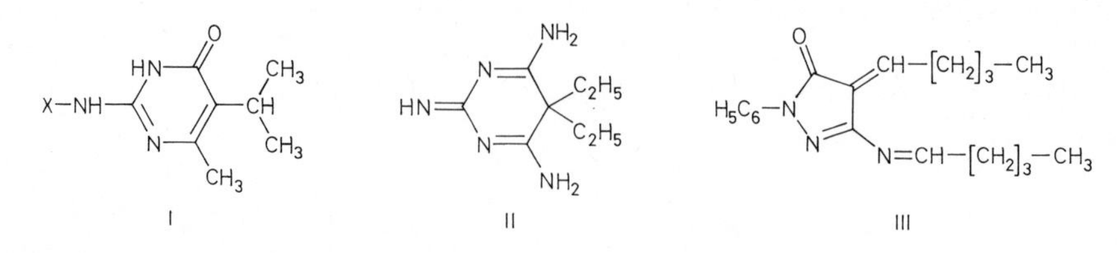

4-[Acetylamino-methyl]-benzolsulfonsäure-[5-isopropyl-4-methyl-6-oxo-1,6-dihydro-pyrimidin-2-ylamid], *N*-[4-(5-Isopropyl-4-methyl-6-oxo-1,6-dihydro-pyrimidin-2-ylsulfamoyl)-benzyl]-acetamid $C_{17}H_{22}N_4O_4S$, Formel I (X = SO_2-C_6H_4-CH_2-NH-CO-CH_3) und Taut.

B. Aus 2-Äthylmercapto-5-isopropyl-6-methyl-3*H*-pyrimidin-4-on und 4-[Acetylamino-methyl]-benzolsulfonsäure-amid [220–230°] (*Matsukawa et al.*, J. pharm. Soc. Japan **71** [1951] 523; C. A. **1952** 454).

Kristalle (aus wss. A.); F: 227–228°.

5,5-Diäthyl-2-imino-2,5-dihydro-pyrimidin-4,6-diyldiamin, 5,5-Diäthyl-4,6-diamino-5*H*-pyrimidin-2-on-imin $C_8H_{15}N_5$, Formel II und Taut. (H **24** 489; dort als 2.4.6-Triimino-5.5-diäthyl-hexahydropyrimidin bezeichnet).

Hydrochlorid $C_8H_{15}N_5 \cdot HCl$. *B.* Aus 5,5-Diäthyl-2,2,4,6-tetrachlor-2,5-dihydro-pyrimidin und NH_3 in Äthanol (*Dox*, Am. Soc. **53** [1931] 1559, 1565). – Äthanolhaltige Kristalle; Zers. bei 100°.

***4-Pentyliden-5-pentylidenamino-2-phenyl-2,4-dihydro-pyrazol-3-on** $C_{19}H_{25}N_3O$, Formel III.

B. Aus 5-Amino-2-phenyl-1,2-dihydro-pyrazol-3-on und Valeraldehyd in Äthanol unter Zusatz von Piperidin (*Gagnon et al.*, Canad. J. Chem. **37** [1959] 110, 113, 115).

Kristalle (aus Me. oder Bzl.); F: 165–170° [unkorr.]. IR-Banden (1700–650 cm^{-1}): *Ga. et al.*, l. c. S. 114.

(*Z*?)-4-[1-Amino-butyliden]-5-methyl-2-phenyl-2,4-dihydro-pyrazol-3-on $C_{14}H_{17}N_3O$, vermutlich Formel IV und Taut. (z. B. 4-[1-Imino-butyl]-5-methyl-2-phenyl-1,2-dihydro-pyrazol-3-on).

Bezüglich der Tautomerie und Konfiguration vgl. *Maquestiau et al.*, Bl. Soc. chim. Belg. **84** [1975] 741.

B. Aus 5-Methyl-2-phenyl-1,2-dihydro-pyrazol-3-on und Butyramid [200–210°] (*Ridi, Papini*, G. **78** [1948] 3, 5).

Kristalle (aus H_2O); F: 137° (*Ridi, Pa.*).

2-[2-Hydroxy-äthylamino]-1,3-diaza-spiro[4.5]dec-2-en-4-on $C_{10}H_{17}N_3O_2$, Formel V (X = O) und Taut.

B. Aus 2-Thioxo-1,3-diaza-spiro[4.5]decan-4-on (*Carrington*, Soc. **1947** 684) sowie aus 2-Methylmercapto-1,3-diaza-spiro[4.5]dec-2-en-4-on (*Carrington, Waring*, Soc. **1950** 354, 366), jeweils beim Erhitzen mit 2-Amino-äthanol.

Kristalle (aus A.); F: 243° (*Ca.*).

2-[2-Hydroxy-äthylamino]-1,3-diaza-spiro[4.5]dec-2-en-4-thion $C_{10}H_{17}N_3OS$, Formel V (X = S) und Taut.

B. Aus 2-Methylmercapto-1,3-diaza-spiro[4.5]dec-2-en-4-thion und 2-Amino-äthanol (*Carrington, Waring*, Soc. **1950** 354, 366).

Kristalle (aus Me.); F: 193–194°.

4-[2-Hydroxy-äthylamino]-1,3-diaza-spiro[4.5]dec-3-en-2-on $C_{10}H_{17}N_3O_2$, Formel VI (R = CH_2-CH_2-OH, R′ = H, X = O).

B. Aus 4-Thioxo-1,3-diaza-spiro[4.5]decan-2-on (*Carrington*, Soc. **1947** 684) sowie aus 4-Methylmercapto-1,3-diaza-spiro[4.5]dec-3-en-2-on (*Carrington, Waring*, Soc. **1950** 354, 366), jeweils beim Erhitzen mit 2-Amino-äthanol.

Kristalle (aus Me.); F: 255° [Zers.] (*Ca.*).

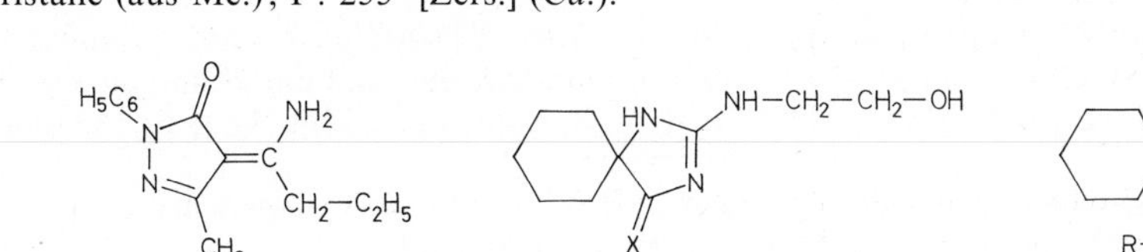

4-Amino-1,3-diaza-spiro[4.5]dec-3-en-2-thion $C_8H_{13}N_3S$, Formel VI (R = R′ = H, X = S) und Taut.

B. Aus 1,3-Diaza-spiro[4.5]decan-2,4-dithion und wss. NH_3 (*Hazard et al.*, Bl. **1949** 228, 235).

F: 293°.

4-[2-Hydroxy-äthylamino]-1,3-diaza-spiro[4.5]dec-3-en-2-thion $C_{10}H_{17}N_3OS$, Formel VI (R = CH_2-CH_2-OH, R′ = H, X = S).

B. Aus 1,3-Diaza-spiro[4.5]decan-2,4-dithion (*Carrington*, Soc. **1947** 684) sowie aus 4-Methyl=mercapto-1,3-diaza-spiro[4.5]dec-3-en-2-thion (*Carrington, Waring*, Soc. **1950** 354, 366), jeweils beim Erhitzen mit 2-Amino-äthanol.

Kristalle (aus A.); F: 245° (*Ca.*).

4-[2-Hydroxy-äthylamino]-1-methyl-1,3-diaza-spiro[4.5]dec-3-en-2-thion $C_{11}H_{19}N_3OS$, Formel VI (R = CH_2-CH_2-OH, R′ = CH_3, X = S).

B. Aus 1-Methyl-4-methylmercapto-1,3-diaza-spiro[4.5]dec-3-en-2-thion und 2-Amino-äthan=ol (*Carrington, Waring*, Soc. **1950** 354, 366). Aus 1-Methyl-1,3-diaza-spiro[4.5]decan-2,4-dithion und 2-Amino-äthanol in H_2O (*Ca., Wa.*).

Kristalle (aus Me.+Ae.) mit 2 Mol H_2O; F: 174–175° [nach Sintern bei 158–159°].

Amino-Derivate der Oxo-Verbindungen $C_9H_{14}N_2O$

4-Anilino-6-pentyl-1*H*-pyrimidin-2-thion $C_{15}H_{19}N_3S$, Formel VII (R = C_6H_5, R′ = $[CH_2]_4$-CH_3, R″ = H).

B. Aus 6-Pentyl-1*H*-pyrimidin-2,4-dithion und Anilin (*Burroughs Wellcome & Co.*, U.S.P. 2671087 [1951]).

Kristalle; F: 227–228°.

4-Methylamino-5-pentyl-1*H*-pyrimidin-2-thion $C_{10}H_{17}N_3S$, Formel VII (R = CH_3, R′ = H, R″ = $[CH_2]_4$-CH_3).

B. Aus 5-Pentyl-1*H*-pyrimidin-2,4-dithion und Methylamin in H_2O (*Burroughs Wellcome & Co.*, U.S.P. 2671087 [1951]).

Kristalle; F: 198°.

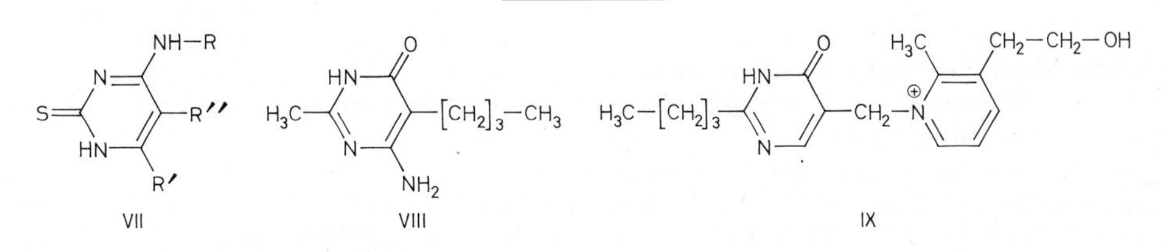

6-Amino-5-butyl-2-methyl-3*H*-pyrimidin-4-on $C_9H_{15}N_3O$, Formel VIII und Taut.

B. Aus 5-Butyl-6-chlor-2-methyl-3*H*-pyrimidin-4-on und konz. wss. NH_3 bei 170–180° (*Henze et al.*, J. org. Chem. **17** [1952] 1320, 1323, 1324).

Kristalle (aus wss. A.); F: 261,5–262,5° [korr.].

1-[2-Butyl-6-oxo-1,6-dihydro-pyrimidin-5-ylmethyl]-3-[2-hydroxy-äthyl]-2-methyl-pyridinium $[C_{17}H_{24}N_3O_2]^+$, Formel IX und Taut.

Bromid-hydrobromid $[C_{17}H_{24}N_3O_2]Br \cdot HBr$. *B.* Aus 1-[4-Amino-2-butyl-pyrimidin-5-yl=methyl]-3-[2-hydroxy-äthyl]-2-methyl-pyridinium-bromid-hydrobromid mit Hilfe von wss. HBr (*Dornow, Hargesheimer*, B. **88** [1955] 1478, 1484). – Kristalle mit 1 Mol H_2O; F: 183–184°.

***N*-[5-Butyl-4-methyl-6-oxo-1,6-dihydro-pyrimidin-2-yl]-*N'*-[4-chlor-phenyl]-guanidin** $C_{16}H_{20}ClN_5O$, Formel X (R = C(=NH)-NH-C_6H_4-Cl) und Taut.

B. Aus 1-[4-Chlor-phenyl]-biguanid-hydrochlorid und 2-Butyl-acetessigsäure-äthylester in wss.-äthanol. NaOH (*ICI*, U.S.P. 2422888 [1944]).

F: 226°.

4-Hydroxy-benzolsulfonsäure-[5-butyl-4-methyl-6-oxo-1,6-dihydro-pyrimidin-2-ylamid] $C_{15}H_{19}N_3O_4S$, Formel X (R = SO_2-C_6H_4-OH) und Taut.

B. Aus 5-Butyl-6-methyl-2-methylmercapto-3*H*-pyrimidin-4-on und 4-Hydroxy-benzolsulfon=säure-amid [220–230°] (*Matsukawa et al.*, J. pharm. Soc. Japan **70** [1950] 638; C. A. **1951** 7043).

Kristalle (aus wss. A.); F: 217°.

5-Butyl-6-methyl-2-sulfanilylamino-3*H*-pyrimidin-4-on, Sulfanilsäure-[5-butyl-4-methyl-6-oxo-1,6-dihydro-pyrimidin-2-ylamid] $C_{15}H_{20}N_4O_3S$, Formel X (R = SO_2-C_6H_4-NH_2) und Taut.

B. Aus Sulfanilylguanidin und 2-Butyl-acetessigsäure-äthylester mit Hilfe von äthanol. Na=triumäthylat (*Ganapathi et al.*, Pr. Indian Acad. [A] **16** [1942] 115, 121). Aus dem folgenden Acetyl-Derivat mit Hilfe von wss. NaOH (*Matsukawa, Yoshida*, J. pharm. Soc. Japan **69** [1949] 27, 32; C. A. **1950** 3453).

Kristalle (aus wss. A.) mit 1 Mol H_2O; F: 110° [unter H_2O-Abgabe] und (nach Wiedererstar=ren) F: 130° (*Ma., Yo.*, l. c. S. 28). Kristalle (aus H_2O oder wss. Eg.); F: 121–122° (*Ga. et al.*).

***N*-Acetyl-sulfanilsäure-[5-butyl-4-methyl-6-oxo-1,6-dihydro-pyrimidin-2-ylamid], Essigsäure-[4-(5-butyl-4-methyl-6-oxo-1,6-dihydro-pyrimidin-2-ylsulfamoyl)-anilid]** $C_{17}H_{22}N_4O_4S$, Formel X (R = SO_2-C_6H_4-NH-CO-CH_3) und Taut.

B. Aus 5-Butyl-6-methyl-2-methylmercapto-3*H*-pyrimidin-4-on und *N*-Acetyl-sulfanilsäure-amid [210–220°] (*Matsukawa, Yoshida*, J. pharm. Soc. Japan **69** [1949] 27, 31; C. A. **1950** 3453).

Kristalle (aus wss. A.); F: 213° (*Ma., Yo.*, l. c. S. 28, 31).

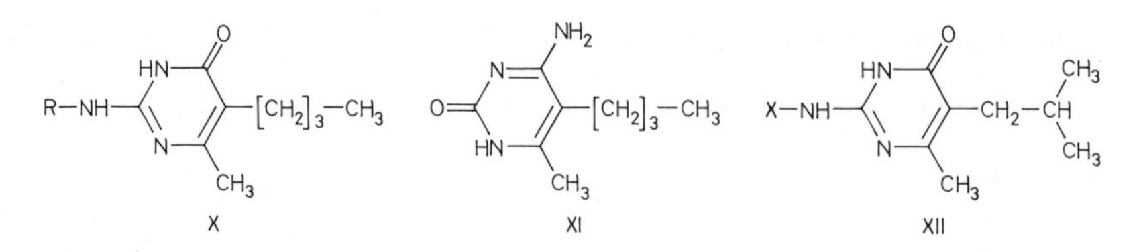

4-Amino-5-butyl-6-methyl-1*H*-pyrimidin-2-on $C_9H_{15}N_3O$, Formel XI.

B. Aus 2-Äthylmercapto-5-butyl-6-methyl-pyrimidin-4-ylamin mit Hilfe von konz. wss. HBr (*Chi*, Am. Soc. **58** [1936] 1150).

Kristalle (aus wss. A.); F: 299–300° [Zers.].

Hydrochlorid $C_9H_{15}N_3O \cdot HCl$. Kristalle (aus H_2O); F: 235°.

Hydrobromid $C_9H_{15}N_3O \cdot HBr$. Kristalle (aus H_2O); F: 222° [Zers.].

5-Isobutyl-6-methyl-2-sulfanilylamino-3*H*-pyrimidin-4-on, Sulfanilsäure-[5-isobutyl-4-methyl-6-oxo-1,6-dihydro-pyrimidin-2-ylamid] $C_{15}H_{20}N_4O_3S$, Formel XII (X = SO_2-C_6H_4-NH_2) und Taut.

B. Aus der folgenden Verbindung mit Hilfe von wss. NaOH (*Matsukawa, Yoshida*, J. pharm.

Soc. Japan **69** [1949] 27, 32; C. A. **1950** 3453).

Kristalle (aus wss. A.); F: 192° (*Ma.*, *Yo.*, l. c. S. 28, 32).

***N*-Acetyl-sulfanilsäure-[5-isobutyl-4-methyl-6-oxo-1,6-dihydro-pyrimidin-2-ylamid], Essigsäure-[4-(5-isobutyl-4-methyl-6-oxo-1,6-dihydro-pyrimidin-2-ylsulfamoyl)-anilid]** $C_{17}H_{22}N_4O_4S$, Formel XII (X = SO_2-C_6H_4-NH-CO-CH_3) und Taut.

B. Aus 5-Isobutyl-6-methyl-2-methylmercapto-3*H*-pyrimidin-4-on und *N*-Acetyl-sulfanil⸗säure-amid bei 220° (*Matsukawa, Yoshida*, J. pharm. Soc. Japan **69** [1949] 27, 31; C. A. **1950** 3453).

Kristalle (aus wss. A.); F: 240° (*Ma.*, *Yo.*, l. c. S. 28, 31).

2-[β,β'-Dipiperidino-isopropyl]-6-[2-piperidino-äthyl]-3*H*-pyrimidin-4-on(?) $C_{24}H_{41}N_5O$, vermutlich Formel XIII und Taut.

B. Neben 2-[β,β'-Dipiperidino-isopropyl]-6-methyl-3*H*-pyrimidin-4-on (Hauptprodukt) beim Erwärmen von 2,6-Dimethyl-3*H*-pyrimidin-4-on mit Piperidin und Paraformaldehyd in Äthanol, Benzol und Essigsäure (*Snyder, Foster*, Am. Soc. **76** [1954] 118, 121).

Kristalle (aus A.); F: 147–148° [korr.].

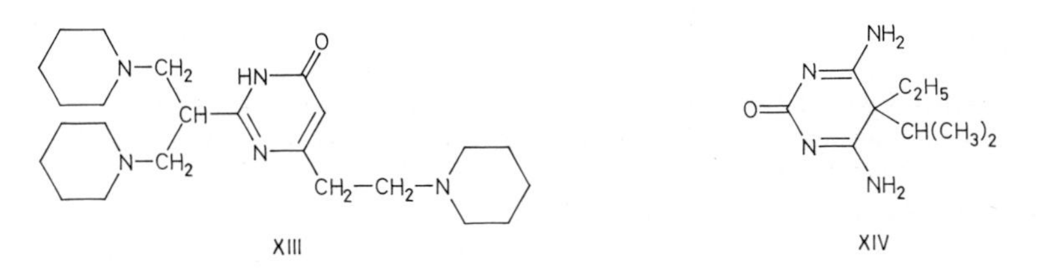

5-Äthyl-4,6-diamino-5-isopropyl-5*H*-pyrimidin-2-on $C_9H_{16}N_4O$, Formel XIV.

B. Aus Äthyl-isopropyl-malononitril und Harnstoff mit Hilfe von Natriumäthylat in Äthanol (*Doerge, Wilson*, J. Am. pharm. Assoc. **40** [1951] 468).

F: 265–268° [unkorr.; Zers.].

5-Amino-4-cyclohexyl-1,2-dihydro-pyrazol-3-on $C_9H_{15}N_3O$, Formel XV und Taut.

B. Aus Cyan-cyclohexyl-essigsäure über das Hydrazid (*Gagnon et al.*, Canad. J. Chem. **29** [1951] 843, 844).

Kristalle; F: 239–241° [unkorr.]. λ_{max}: 287 nm [A.] bzw. 282 nm [wss.-äthanol. HCl].

4-[2-Hydroxy-äthylamino]-8*t*-methyl-(5*rN*¹)-1,3-diaza-spiro[4.5]dec-3-en-2-thion $C_{11}H_{19}N_3OS$, Formel XVI und Taut.

B. Aus 8*t*-Methyl-(5*rN*¹)-1,3-diaza-spiro[4.5]decan-2,4-dithion (E III/IV **24** 1360) und 2-Amino-äthanol (*Carrington*, Soc. **1947** 684).

F: 234°.

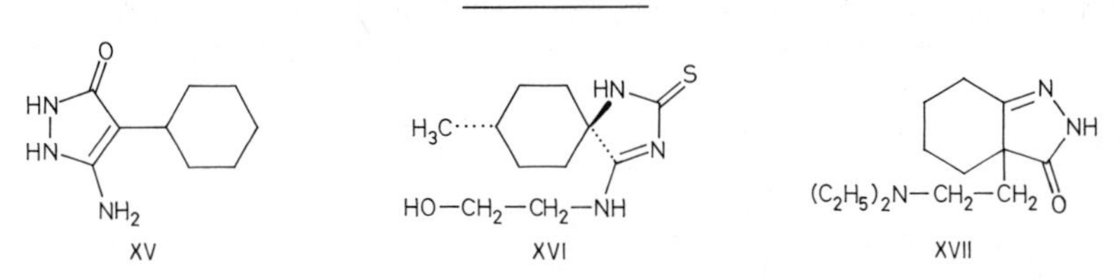

(±)-3a-[2-Diäthylamino-äthyl]-2,3a,4,5,6,7-hexahydro-indazol-3-on $C_{13}H_{23}N_3O$, Formel XVII.

B. Aus (±)-1-[2-Diäthylamino-äthyl]-2-oxo-cyclohexancarbonsäure-äthylester und $N_2H_4 \cdot H_2O$ (*deStevens et al.*, Am. Soc. **81** [1959] 6292, 6294).

Hydrobromid $C_{13}H_{23}N_3O \cdot HBr$. Kristalle (aus A.+E.); F: 184–185° [unkorr.]. IR-Ban⸗den (Nujol; 3200–1600 cm^{-1}): *deSt. et al.*

Amino-Derivate der Oxo-Verbindungen $C_{10}H_{16}N_2O$

2-Amino-6-hexyl-3*H*-pyrimidin-4-on $C_{10}H_{17}N_3O$, Formel I und Taut.

B. Aus 3-Oxo-nonansäure-propylester und Guanidin-carbonat in Äthanol (*Sprague et al.*, Am. Soc. **63** [1941] 3028).

Kristalle (aus wss. A.); F: 199° [unkorr.].

6-Amino-2-methyl-5-pentyl-3*H*-pyrimidin-4-on $C_{10}H_{17}N_3O$, Formel II (n = 4) und Taut.

B. Aus 6-Chlor-2-methyl-5-pentyl-3*H*-pyrimidin-4-on und konz. wss. NH_3 (*Henze et al.*, J. org. Chem. **17** [1952] 1320, 1323, 1324).

Kristalle (aus wss. A.); F: 250–251° [korr.].

Picrat $C_{10}H_{17}N_3O \cdot C_6H_3N_3O_7$. F: 199,2–201,2° [korr.].

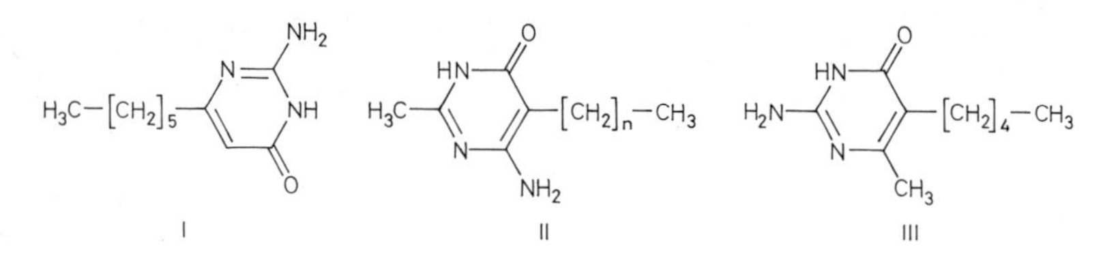

2-Amino-6-methyl-5-pentyl-3*H*-pyrimidin-4-on $C_{10}H_{17}N_3O$, Formel III und Taut.

B. Aus 2-Pentyl-acetessigsäure-äthylester und Guanidin-carbonat bei 140–160° (*Sprague et al.*, Am. Soc. **63** [1941] 3028).

Kristalle (aus wss. A.); F: 249–250° [unkorr.].

5-Isopentyl-6-methyl-2-sulfanilylamino-3*H*-pyrimidin-4-on, Sulfanilsäure-[5-isopentyl-4-methyl-6-oxo-1,6-dihydro-pyrimidin-2-ylamid] $C_{16}H_{22}N_4O_3S$, Formel IV (X = SO_2-C_6H_4-NH_2) und Taut.

B. Aus Sulfanilylguanidin und 2-Isopentyl-acetessigsäure-äthylester mit Hilfe von äthanol. Natriumäthylat (*Ganapathi et al.*, Pr. Indian Acad. [A] **16** [1942] 115, 121). Aus der folgenden Verbindung mit Hilfe von wss. NaOH (*Matsukawa, Yoshida*, J. pharm. Soc. Japan **69** [1949] 27, 32; C. A. **1950** 3453).

Kristalle; F: 190–193° [aus H_2O oder wss. Eg.] (*Ga. et al.*), 190° [aus wss. A.] (*Ma., Yo.*, l. c. S. 28, 32).

***N*-Acetyl-sulfanilsäure-[5-isopentyl-4-methyl-6-oxo-1,6-dihydro-pyrimidin-2-ylamid], Essigsäure-[4-(5-isopentyl-4-methyl-6-oxo-1,6-dihydro-pyrimidin-2-ylsulfamoyl)-anilid]** $C_{18}H_{24}N_4O_4S$, Formel IV (X = SO_2-C_6H_4-NH-CO-CH_3) und Taut.

B. Aus [*N*-Acetyl-sulfanilyl]-guanidin und 2-Isopentyl-acetessigsäure-äthylester mit Hilfe von äthanol. Natriumäthylat (*Ganapathi et al.*, Pr. Indian Acad. [A] **16** [1942] 115, 121). Aus 5-Isopentyl-6-methyl-2-methylmercapto-3*H*-pyrimidin-4-on und *N*-Acetyl-sulfanilsäure-amid [220°] (*Matsukawa, Yoshida*, J. pharm. Soc. Japan **69** [1949] 27, 31; C. A. **1950** 3453).

Kristalle; F: 233° [aus wss. A.] (*Ma., Yo.*, l. c. S. 28, 31), 228–229° (*Ga. et al.*).

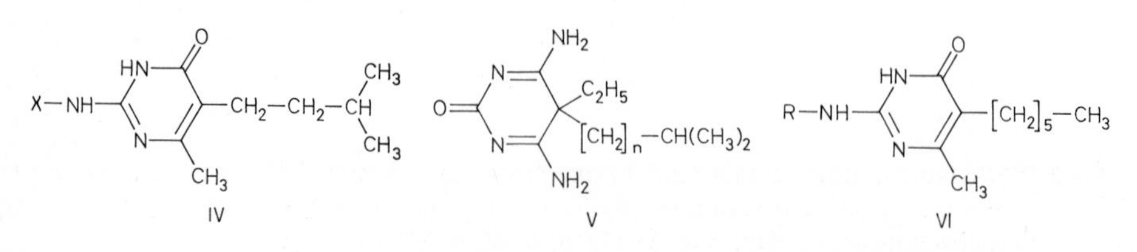

5-Äthyl-4,6-diamino-5-isobutyl-5*H*-pyrimidin-2-on $C_{10}H_{18}N_4O$, Formel V (n = 1).

B. Aus Äthyl-isobutyl-malononitril und Harnstoff mit Hilfe von äthanol. Natriumäthylat

(*Doerge, Wilson,* J. Am. pharm. Assoc. **40** [1951] 468).
F: 270–273° [unkorr.; Zers.].

Amino-Derivate der Oxo-Verbindungen $C_{11}H_{18}N_2O$

6-Amino-5-hexyl-2-methyl-3*H*-pyrimidin-4-on $C_{11}H_{19}N_3O$, Formel II (n = 5) und Taut.
B. Aus 6-Chlor-5-hexyl-2-methyl-3*H*-pyrimidin-4-on und konz. wss. NH_3 (*Henze et al.,* J. org. Chem. **17** [1952] 1320, 1323, 1324).
Kristalle (aus wss. A.); F: 240,4–241,4° [korr.].

5-Hexyl-6-methyl-2-sulfanilylamino-3*H*-pyrimidin-4-on, Sulfanilsäure-[5-hexyl-4-methyl-6-oxo-1,6-dihydro-pyrimidin-2-ylamid] $C_{17}H_{24}N_4O_3S$, Formel VI (R = SO_2-C_6H_4-NH_2) und Taut.
B. Aus Sulfanilylguanidin und 2-Hexyl-acetessigsäure-äthylester mit Hilfe von äthanol. Na=triumäthylat (*Ganapathi et al.,* Pr. Indian Acad. [A] **16** [1942] 115, 121).
Kristalle (aus H_2O oder wss. Eg.); F: 108–110°.

5-Äthyl-4,6-diamino-5-isopentyl-5*H*-pyrimidin-2-on $C_{11}H_{20}N_4O$, Formel V (n = 2).
B. Aus Äthyl-isopentyl-malononitril und Harnstoff mit Hilfe von Natriumäthylat in Äthanol (*Doerge, Wilson,* J. Am. pharm. Assoc. **40** [1951] 468).
F: 260–263° [unkorr.; Zers.].

***5-[4-Diäthylamino-1-methyl-butyliden]-2-propyl-3,5-dihydro-imidazol-4-on** $C_{15}H_{27}N_3O$, Formel VII und Taut.
B. Aus Butyrimidsäure-äthylester, Glycin-äthylester und 5-Diäthylamino-pentan-2-on (*Lehr et al.,* Am. Soc. **75** [1953] 3640, 3644, 3645).
Dihydrochlorid $C_{15}H_{27}N_3O \cdot 2HCl$. Kristalle; F: 207–208° [korr.].

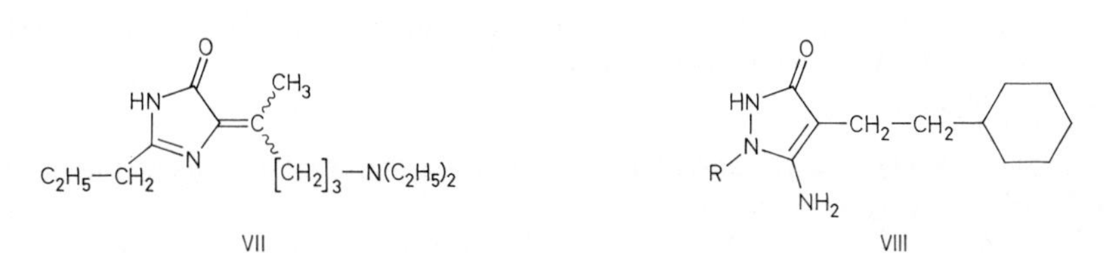

5-Amino-4-[2-cyclohexyl-äthyl]-1,2-dihydro-pyrazol-3-on $C_{11}H_{19}N_3O$, Formel VIII (R = H) und Taut.
B. Aus Cyan-[2-cyclohexyl-äthyl]-essigsäure-hydrazid mit Hilfe von wss. NaOH (*Gagnon et al.,* Canad. J. Chem. **29** [1951] 182, 185, 186).
Kristalle; F: 203–205° [unkorr.]. λ_{max}: 284 nm [A.] bzw. 277 nm [wss.-äthanol. HCl].

5-Amino-4-[2-cyclohexyl-äthyl]-1-phenyl-1,2-dihydro-pyrazol-3-on $C_{17}H_{23}N_3O$, Formel VIII (R = C_6H_5).
B. Aus Cyan-[2-cyclohexyl-äthyl]-essigsäure-äthylester und Phenylhydrazin mit Hilfe von Na=triumäthylat (*Gagnon et al.,* Canad. J. Chem. **29** [1951] 182, 185, 186).
Kristalle; F: 154–155° [unkorr.]. λ_{max} (A.): 250 nm.

Amino-Derivate der Oxo-Verbindungen $C_{13}H_{22}N_2O$

6-Amino-5-hexyl-2-propyl-3*H*-pyrimidin-4-on $C_{13}H_{23}N_3O$, Formel IX und Taut.
B. Aus 6-Chlor-5-hexyl-2-propyl-3*H*-pyrimidin-4-on und konz. wss. NH_3 (*Henze, Winthrop,* Am. Soc. **79** [1957] 2230).
Kristalle (aus wss. A.); F: 199–200°.

Amino-Derivate der Monooxo-Verbindungen $C_nH_{2n-6}N_2O$

Amino-Derivate der Oxo-Verbindungen $C_5H_4N_2O$

2-Amino-pyrimidin-4-carbaldehyd-diäthylacetal, 4-Diäthoxymethyl-pyrimidin-2-ylamin $C_9H_{15}N_3O_2$, Formel X (X = X' = H).

B. Aus 2-Amino-6-chlor-pyrimidin-4-carbaldehyd-diäthylacetal bei der Hydrierung an Palladium/Kohle in methanol. NH_3 (*Braker et al.*, Am. Soc. **69** [1947] 3072, 3077).

Kristalle; F: 136° [aus H_2O] (*Squibb & Sons*, U.S.P. 2484606 [1944]), 134–135° [unkorr.; aus Me.] (*Br. et al.*).

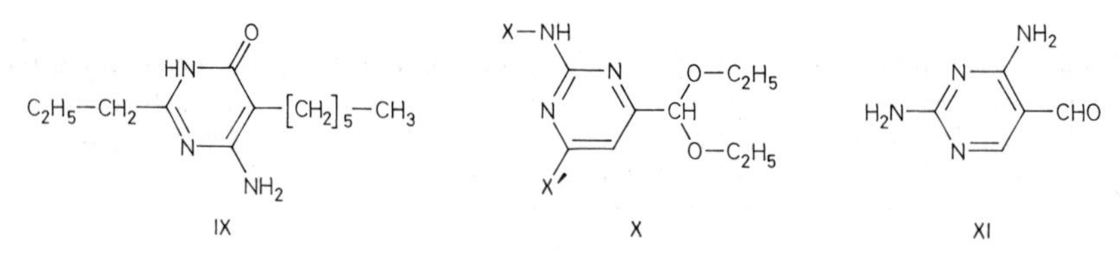

2-Sulfanilylamino-pyrimidin-4-carbaldehyd-diäthylacetal, Sulfanilsäure-[4-diäthoxymethyl-pyrimidin-2-ylamid] $C_{15}H_{20}N_4O_4S$, Formel X (X = SO_2-C_6H_4-NH_2, X' = H).

B. Aus 2-Amino-pyrimidin-4-carbaldehyd-diäthylacetal bei der Umsetzung mit 4-Nitro-benzolsulfonylchlorid in Pyridin und anschliessenden Reduktion mit Eisen-Pulver in wss. Essigsäure oder Hydrierung an Palladium/Kohle in Äthanol (*Squibb & Sons*, U.S.P. 2484606 [1944]). Aus der folgenden Verbindung mit Hilfe von wss. NaOH (*Braker et al.*, Am. Soc. **69** [1947] 3072, 3076, 3078).

Kristalle (aus A.); F: 200–201° [unkorr.; Zers.] (*Squibb & Sons*; s. a. *Br. et al.*).

***N*-Acetyl-sulfanilsäure-[4-diäthoxymethyl-pyrimidin-2-ylamid], Essigsäure-[4-(4-diäthoxymethyl-pyrimidin-2-ylsulfamoyl)-anilid]** $C_{17}H_{22}N_4O_5S$, Formel X (X = SO_2-C_6H_4-NH-CO-CH_3, X' = H).

B. Aus 2-Amino-pyrimidin-4-carbaldehyd-diäthylacetal und *N*-Acetyl-sulfanilylchlorid in Pyridin (*Braker et al.*, Am. Soc. **69** [1947] 3072, 3076, 3077).

F: 192° [unkorr.].

2-Amino-6-chlor-pyrimidin-4-carbaldehyd-diäthylacetal, 6-Chlor-4-diäthoxymethyl-pyrimidin-2-ylamin $C_9H_{14}ClN_3O_2$, Formel X (X = H, X' = Cl).

B. Aus 2-Amino-6-diäthoxymethyl-3*H*-pyrimidin-4-on und $POCl_3$ (*Braker et al.*, Am. Soc. **69** [1947] 3072, 3077).

Kristalle (aus Ae. + Hexan); F: 100–101° [unkorr.].

2,4-Diamino-pyrimidin-5-carbaldehyd $C_5H_6N_4O$, Formel XI.

Diese Konstitution kommt der von *Huber* (Am. Soc. **65** [1943] 2222, 2225) als [2,4-Diamino-pyrimidin-5-yl]-methanol ($C_5H_8N_4O$) angesehenen Verbindung zu (*Tieckelmann et al.*, J. org. Chem. **25** [1960] 1257).

B. Aus der folgenden Verbindung mit Hilfe von wss. NaOH (*Hu.*).

Kristalle (aus H_2O); F: 265° [unkorr.; Zers.] (*Hu.*), 263–264° [unkorr.; Zers.] (*Ti. et al.*). λ_{max}: 279 nm [wss. Lösung vom pH 1] bzw. 264 nm und 300 nm [wss. Lösung vom pH 6,2] (*Ti. et al.*).

Hydrochlorid $C_5H_6N_4O \cdot HCl$. Kristalle (aus wss. A.); F: 327° [unkorr.; Zers.] (*Hu.*).

Picrat. Kristalle (aus H_2O); F: 244–246° [unkorr.; Zers.] (*Hu.*).

[2,4-Diamino-pyrimidin-5-ylmethyl]-[2,4-diamino-pyrimidin-5-ylmethylen]-amin, 2,4-Diamino-pyrimidin-5-carbaldehyd-[2,4-diamino-pyrimidin-5-ylmethylimin] $C_{10}H_{13}N_9$, Formel XII.

Diese Konstitution kommt vermutlich der von *Huber* (Am. Soc. **65** [1943] 2222, 2225) als Bis-[2,4-diamino-pyrimidin-5-ylmethyl]-amin beschriebenen Verbindung zu (*Tieckelmann et al.*, J. org. Chem. **25** [1960] 1257).

B. Aus 2,4-Diamino-pyrimidin-5-carbonitril bei der Hydrierung an Palladium/ZrO_2 in wss.

HCl sowie (neben 5-Aminomethyl-pyrimidin-2,4-diyldiamin) bei der Hydrierung an Raney-Nickel in methanol. NH_3 (*Hu.*; s. a. *Ti. et al.*).

Tetrahydrochlorid $C_{10}H_{13}N_9 \cdot 4HCl$. Kristalle (aus wss. A.); F: 357° [unkorr.; Zers.] (*Hu.*).

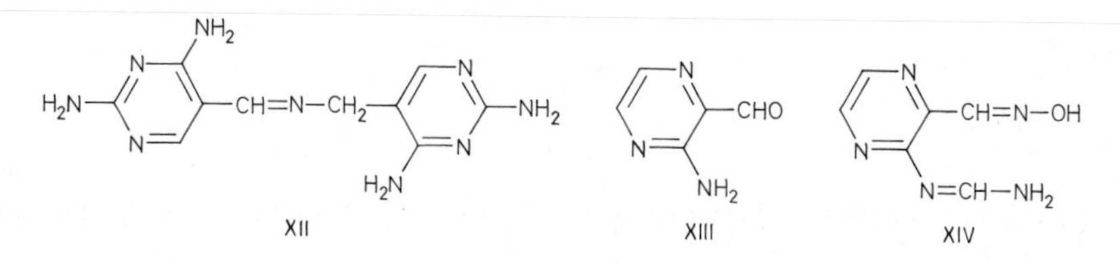

3-Amino-pyrazin-2-carbaldehyd $C_5H_5N_3O$, Formel XIII.

B. Aus Pteridin mit Hilfe von wss. H_2SO_4 (*Albert et al.*, Soc. **1956** 2066, 2070).

Hellgelbe Kristalle (aus Bzl.); F: 119–120°.

Oxim $C_5H_6N_4O$. Kristalle (aus H_2O); F: 201–202°.

***N*-[3-(Hydroxyimino-methyl)-pyrazin-2-yl]-formamidin** $C_6H_7N_5O$, Formel XIV und Taut.

B. Beim Behandeln von Pteridin mit wss. Na_2CO_3 und anschliessend mit $NH_2OH \cdot HCl$ (*Albert et al.*, Soc. **1956** 2066, 2070).

Kristalle; Zers. bei 165°. λ_{max} (wss. Eg. [0,01 n]): 303 nm.

Überführung in 3-Amino-pyrazin-2-carbaldehyd-oxim durch Erhitzen mit wss. Essigsäure [1 n]: *Al. et al.*

Amino-Derivate der Oxo-Verbindungen $C_6H_6N_2O$

4-Amino-2-methyl-pyrimidin-5-carbaldehyd $C_6H_7N_3O$, Formel XV (X = O).

B. Aus 4-Amino-2-methyl-pyrimidin-5-carbonitril bei der Hydrierung an Palladium/Kohle in wss. HCl (*Gerecs et al.*, Magyar kém. Folyóirat **61** [1955] 112; C. A. **1956** 7809; vgl. *Miyatake, Tsunoo*, J. pharm. Soc. Japan **72** [1952] 630; C. A. **1953** 2177) sowie bei der Hydrierung an Raney-Nickel in methanol. NH_3 und anschliessenden Erhitzen mit wss. Essigsäure (*Delépine*, Bl. [5] **5** [1938] 1539). Beim Erhitzen von 4-Amino-2-methyl-pyrimidin-5-carbonsäure-[*N'*-benzolsulfonyl-hydrazid] mit Na_2CO_3 in Äthylenglykol (*Price et al.*, Am. Soc. **62** [1940] 2818). Aus [4-Amino-2-methyl-pyrimidin-5-ylmethyl]-[4-amino-2-methyl-pyrimidin-5-ylmethylen]-amin mit Hilfe von methanol. HCl (*Mi., Ts.*).

Kristalle (aus H_2O bzw. aus A.); F: 195–196° (*Ge. et al.*; *Pr. et al.*). IR-Spektrum in Nujol (3500–2500 cm^{-1} und 1700–650 cm^{-1}) und in $CHCl_3$ (3600–3100 cm^{-1} und 1700–1550 cm^{-1}): *Narisada et al.*, Ann. Rep. Shionogi Res. Labor. Nr. 8 [1958] 915–918; C. **1963** 19172.

Hydrochlorid $C_6H_7N_3O \cdot HCl$. Kristalle mit 1 Mol H_2O; F: 280–281° [Zers.] (*De.*, l. c. S. 1541).

Verbindung mit Silbernitrat $2C_6H_7N_3O \cdot AgNO_3$. Kristalle (*De.*, l. c. S. 1545).

Hexachloroplatinat(IV) $2C_6H_7N_3O \cdot H_2PtCl_6$. Gelbe Kristalle mit 2 Mol H_2O (*De.*, l. c. S. 1542).

Picrat $C_6H_7N_3O \cdot C_6H_3N_3O_7$. Kristalle; F: 220° (*De.*, l. c. S. 1542).

Schwefligsäure-Addukt $C_6H_9N_3O_4S$; (±)-[4-Amino-2-methyl-pyrimidin-5-yl]-hydroxy-methansulfonsäure. Kristalle; Zers. ab 60° (*De.*, l. c. S. 1546).

Hydrazon $C_6H_9N_5$. Hellgelbe Kristalle; F: 296–297° [Zers.] (*De.*, l. c. S. 1545), 275° [Zers.] (*Miyatake*, J. pharm. Soc. Japan **72** [1952] 1162; C. A. **1953** 6885).

Phenylhydrazon $C_{12}H_{13}N_5$. Kristalle (aus Me.) mit 1 Mol H_2O; F: 215° (*De.*, l. c. S. 1546). Kristalle (aus A.); F: 213–214° (*Mi., Ts.*).

Isonicotinoylhydrazon $C_{12}H_{12}N_6O$; Isonicotinsäure-[4-amino-2-methyl-pyr= imidin-5-ylmethylenhydrazid]. Kristalle (aus A.); F: 250° (*Miyatake et al.*, J. pharm. Soc. Japan **75** [1955] 1066, 1068; C. A. **1956** 5616).

Semicarbazon $C_7H_{10}N_6O$. Kristalle (aus A.); F: 335–336° [Zers.; vorgeheizter App.] (*De.*, l. c. S. 1545).

Thiosemicarbazon $C_7H_{10}N_6S$. Kristalle; F: 270° [aus Eg.] (*Toldy et al.*, Acta chim. hung. **4** [1954] 303, Tab. II nach 304), 260° [Zers.] (*Cavallini et al.*, Farmaco **7** [1952] 138, 139).

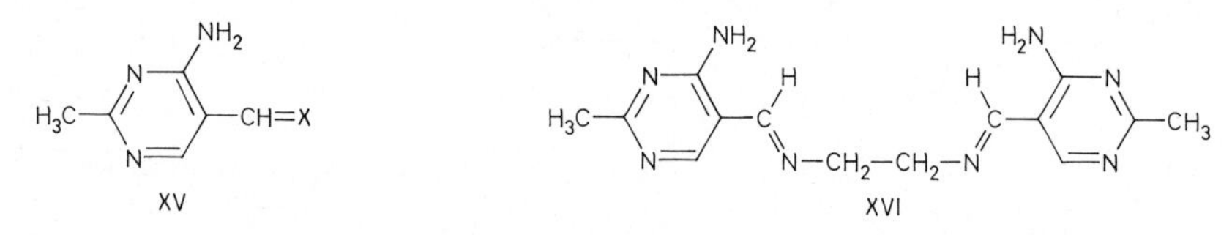

4-Amino-2-methyl-pyrimidin-5-carbaldehyd-imin, 5-Iminomethyl-2-methyl-pyrimidin-4-ylamin $C_6H_8N_4$, Formel XV (X = NH).

Kupfer(II)-Komplex $Cu(C_6H_7N_4)_2$. *B.* Analog dem Nickel(II)-Komplex [s. u.] (*Delépine*, Bl. [5] **5** [1938] 1539, 1544). – Blaugrüne Kristalle (aus wss. A.) mit 6 Mol H_2O.

Kobalt(II)-Komplex $Co(C_6H_7N_4)_2$. *B.* Analog dem Nickel(II)-Komplex [s. u.] (*De.*). – Rote Kristalle mit 7 Mol H_2O.

Nickel(II)-Komplex $Ni(C_6H_7N_4)_2$. *B.* Aus 4-Amino-2-methyl-pyrimidin-5-carbaldehyd, wss. NH_3 und $NiCl_2$ oder $NiSO_4$ (*De.*, l. c. S. 1543). – Orangerote Kristalle (aus wss. A.) mit 7 Mol H_2O.

***4-Amino-2-methyl-pyrimidin-5-carbaldehyd-*p*-tolylimin, 2-Methyl-5-[*p*-tolylimino-methyl]-pyrimidin-4-ylamin** $C_{13}H_{14}N_4$, Formel XV (X = N-C_6H_4-CH_3).

B. Aus 4-Amino-2-methyl-pyrimidin-5-carbaldehyd und *p*-Toluidin in wss. Äthanol (*Price et al.*, Am. Soc. **62** [1940] 2818).

Kristalle (aus wss. A.); F: 196–197°.

(*E*?,*E*?)-*N*,*N'*-Bis-[4-amino-2-methyl-pyrimidin-5-ylmethylen]-äthylendiamin $C_{14}H_{18}N_8$, vermutlich Formel XVI.

B. Aus 4-Amino-2-methyl-pyrimidin-5-carbaldehyd und Äthylendiamin-hydrat in Methanol (*Delépine*, Bl. [5] **11** [1944] 312, 315).

Kristalle; F: 280–281° [vorgeheizter App.].

Nickel(II)-Komplex $NiC_{14}H_{16}N_8$. *B.* Aus 4-Amino-2-methyl-pyrimidin-5-carbaldehyd, Äthylendiamin und $NiCl_2$ in wss. Äthanol (*De.*). Orangerote Kristalle mit 7 Mol H_2O, die bei 150° 4 Mol H_2O abgeben (*De.*); der wasserfreie Komplex sublimiert unzersetzt im Hochvakuum unterhalb 250° (*De.*, l. c. S. 313). – Sesquihydrochlorid $2NiC_{14}H_{16}N_8 \cdot 3HCl$. Orangefarbene Kristalle mit 7 Mol H_2O, die bei 100° 5 Mol H_2O abgeben (*De.*, l. c. S. 314, 316). – Dihydrochlorid $NiC_{14}H_{16}N_8 \cdot 2HCl$. Orangefarbene Kristalle mit 3 Mol H_2O (*De.*, l. c. S. 316). – Sulfat $NiC_{14}H_{16}N_8 \cdot H_2SO_4$. Hellorangefarbene Kristalle mit 6 Mol H_2O (*De.*, l. c. S. 316). – Dinitrat $NiC_{14}H_{16}N_8 \cdot 2HNO_3$. Orangefarbene Kristalle; Zers. bei 120° (*De.*, l. c. S. 316). – Hexachloroplatinat $NiC_{14}H_{16}N_8 \cdot H_2PtCl_6$. Orangefarbene Kristalle mit 3 Mol H_2O (*De.*, l. c. S. 317). – Über ein basisches Acetat der Zusammensetzung $2NiC_{14}H_{16}N_8 \cdot C_2H_4O_2 \cdot 10H_2O$ (orangefarbene Kristalle, die bei 150° das gesamte Kristallwasser und etwas Essigsäure abgeben) s. *De.*, l. c. S. 316.

1,2-Bis-[4-amino-2-methyl-pyrimidin-5-ylmethylenamino]-propan, *N*,*N'*-Bis-[4-amino-2-methyl-pyrimidin-5-ylmethylen]-1-methyl-äthandiyldiamin $C_{15}H_{20}N_8$.

a) **(*R*,*E*?,*E*?)-*N*,*N'*-Bis-[4-amino-2-methyl-pyrimidin-5-ylmethylen]-1-methyl-äthandiyldiamin,** vermutlich Formel XVII.

B. Aus 4-Amino-2-methyl-pyrimidin-5-carbaldehyd und (*R*)-1,2-Diamino-propan (E IV **4** 1255) oder dessen Bis-L_g-hydrogentartrat (*Delépine*, Bl. [5] **11** [1944] 312, 317).

F: 259°. $[\alpha]_D$: −315° [Me.; c = 0,003], −280° [Me. + $CHCl_3$ (1:1); c = 2].

Kupfer(II)-Komplex-sulfat $CuC_{15}H_{18}N_8 \cdot H_2SO_4$. Dunkelrote Kristalle mit 4 Mol H_2O (*De.*, l. c. S. 320).

Nickel(II)-Komplex $NiC_{15}H_{18}N_8$. Orangerote Kristalle (aus wss. A.) mit 5 Mol H_2O (*De.*, l. c. S. 317); der wasserfreie Komplex sublimiert im Hochvakuum unterhalb 250° ohne

Änderung seines optischen Drehungsvermögens (*De.*, l. c. S. 313). $[\alpha]_D$: +879° [wasserfreies Py.], +727° [wss. Py. (50%ig)], +661° [wss. Py. (25%ig)], +830° [$CHCl_3$; c = 0,3] (*De.*, l. c. S. 319); $[\alpha]_D$: +800° [wasserfreies A.; c = 0,6], +666° [wss. A. (50%ig); c = 0,3], +433° [wss. A. (25%ig); c = 0,15] (*De.*, l. c. S. 318). ORD (A.; 620–496 nm): *Mathieu*, zit. bei *De.*, l. c. S. 319. – Monohydrochlorid $NiC_{15}H_{18}N_8 \cdot HCl$. Orangerote Kristalle mit 2 Mol H_2O, die bei 100° das gesamte Kristallwasser und etwas HCl abgeben (*De.*, l. c. S. 318). – Dihydrochlorid $NiC_{15}H_{18}N_8 \cdot 2HCl$. $[\alpha]_D$: +390° [A.+wss. HCl (1 n) [1:1]; c = 0,3] (*De.*, l. c. S. 318). – Sulfat $NiC_{15}H_{18}N_8 \cdot H_2SO_4$. Orangefarbene Kristalle mit 6 Mol H_2O (*De.*, l. c. S. 318); $[\alpha]_D$: +330° [wss. A. (50%ig)] (*De.*, l. c. S. 319). – Acetat $NiC_{15}H_{18}N_8 \cdot 2C_2H_4O_2$. Orangerote Kristalle mit 6(?) Mol H_2O, die das H_2O und die Essigsäure bei 100° abgeben (*De.*, l. c. S. 318).

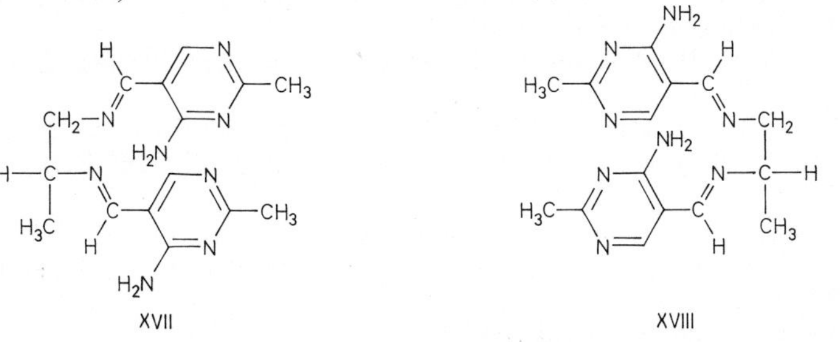

b) **(*S*,*E*?,*E*?)-*N*,*N'*-Bis-[4-amino-2-methyl-pyrimidin-5-ylmethylen]-1-methyl-äthandiyl-diamin,** vermutlich Formel XVIII.

B. Analog dem unter a) beschriebenen Enantiomeren (*Delépine*, Bl. [5] **11** [1944] 312, 317).

F: 259°. $[\alpha]_D$: +315° [Me.; c = 0,003], +280° [Me.+$CHCl_3$ (1:1); c = 2].

Bezüglich der Daten des Nickel(II)-Komplexes $NiC_{15}H_{18}N_8$ vgl. die Angaben bei dem unter a) beschriebenen Enantiomeren.

c) **(±)(*E*?,*E*?)-*N*,*N'*-Bis-[4-amino-2-methyl-pyrimidin-5-ylmethylen]-1-methyl-äthandiyl-diamin,** vermutlich Formel XVII+XVIII.

F: 249–250° (*Delépine*, Bl. [5] **11** [1944] 312, 317).

(*E*?,*E*?)-*N*,*N'*-Bis-[4-amino-2-methyl-pyrimidin-5-ylmethylen]-*o*-phenylendiamin $C_{18}H_{18}N_8$, vermutlich Formel I.

B. Aus 4-Amino-2-methyl-pyrimidin-5-carbaldehyd und *o*-Phenylendiamin in Äthanol (*Delépine*, Bl. [5] **11** [1944] 312, 319).

Gelbliche Kristalle; F: ca. 180° [unter Sublimation].

Nickel(II)-Komplex $NiC_{18}H_{16}N_8$. Orangerote Kristalle (aus wss. A.) mit 7 Mol H_2O. – Hydrochlorid $NiC_{18}H_{16}N_8 \cdot HCl$. Bräunlich rote Kristalle mit 4 Mol H_2O. – Sulfat $2NiC_{18}H_{16}N_8 \cdot H_2SO_4$. Orangerote Kristalle mit 16 Mol H_2O, die bei 105° 14 Mol H_2O abgeben.

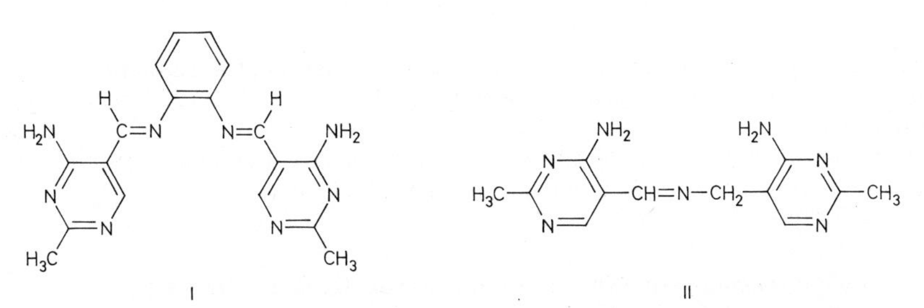

[4-Amino-2-methyl-pyrimidin-5-ylmethyl]-[4-amino-2-methyl-pyrimidin-5-ylmethylen]-amin, 4-Amino-2-methyl-pyrimidin-5-carbaldehyd-[4-amino-2-methyl-pyrimidin-5-ylmethylimin] $C_{12}H_{15}N_7$, Formel II.

B. Neben *N*-[4-Amino-2-methyl-pyrimidin-5-ylmethyl]-formamid bei der Hydrierung von

4-Amino-2-methyl-pyrimidin-5-carbonitril an einem Nickel-Katalysator bei 150° unter Zusatz von Äthylformiat oder von Formamid in Äthanol (*Sekiya,* J. pharm. Soc. Japan **70** [1950] 524, 526, 527; C. A. **1951** 5640).

Kristalle (aus H_2O); F: 238°.

4-Chlor-6-methyl-2-piperidino-pyrimidin-5-carbaldehyd $C_{11}H_{14}ClN_3O$, Formel III.

B. Aus 4-Methyl-2-piperidino-6-oxo-1,6-dihydro-pyrimidin-5-carbaldehyd und $POCl_3$ (*Hull,* Soc. **1957** 4845, 4856).

Kristalle (aus wss. A.); F: 91–92°.

Beim Behandeln mit $N_2H_4 \cdot H_2O$ in Äthanol ist 4-Methyl-6-piperidino-1*H*-pyrazolo[3,4-*d*]pyr= imidin, beim Erwärmen mit Thioharnstoff in wss. Äthanol ist 5-Methyl-7-piperidino-pyr= imido[5,4-*e*][1,3]thiazin-2-on erhalten worden.

2,4-Dinitro-phenylhydrazon $C_{17}H_{18}ClN_7O_4$, Rote Kristalle (aus 2-Äthoxy-äthanol); F: 259–260° [Zers.].

Azin $C_{22}H_{28}Cl_2N_8$; Bis-[4-chlor-6-methyl-2-piperidino-pyrimidin-5-ylmeth= ylen]-hydrazin. Hellgelbe Kristalle (aus 2-Äthoxy-äthanol); F: 256° [Zers.].

4-Methyl-2,6-dipiperidino-pyrimidin-5-carbaldehyd $C_{16}H_{24}N_4O$, Formel IV.

B. Aus 4-Chlor-6-methyl-2-piperidino-pyrimidin-5-carbaldehyd und Piperidin in Äthanol (*Hull,* Soc. **1957** 4845, 4857).

Hellgelbe Kristalle (aus wss. A.); F: 117°.

2-Amino-6-methyl-pyrimidin-4-carbaldehyd-dimethylacetal, 4-Dimethoxymethyl-6-methyl-pyrimidin-2-ylamin $C_8H_{13}N_3O_2$, Formel V (R = CH_3, X = H).

B. Aus 1,1-Dimethoxy-pentan-2,4-dion und Guanidin-carbonat (*Braker et al.,* Am. Soc. **69** [1947] 3072, 3075).

F: 74–75°.

2-Amino-6-methyl-pyrimidin-4-carbaldehyd-diäthylacetal, 4-Diäthoxymethyl-6-methyl-pyrimidin-2-ylamin $C_{10}H_{17}N_3O_2$, Formel V (R = C_2H_5, X = H).

B. Analog der vorangehenden Verbindung (*Braker et al.,* Am. Soc. **69** [1947] 3072, 3077).

Kristalle (aus Hexan); F: 87,5–88,5°.

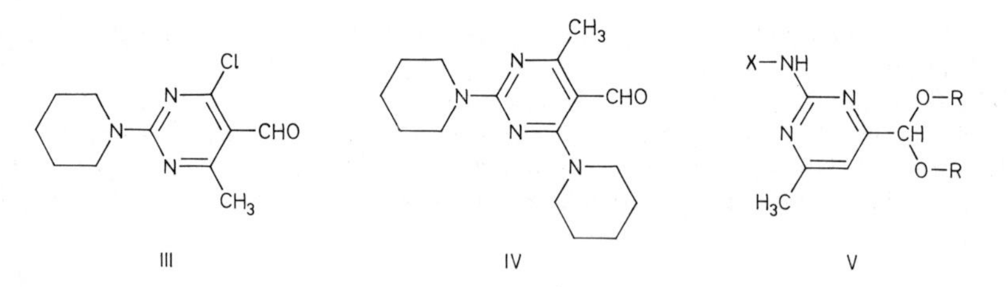

6-Methyl-2-sulfanilylamino-pyrimidin-4-carbaldehyd-dimethylacetal, Sulfanilsäure-[4-dimethoxymethyl-6-methyl-pyrimidin-2-ylamid] $C_{14}H_{18}N_4O_4S$, Formel V (R = CH_3, X = SO_2-C_6H_4-NH_2).

B. Aus *N*-Acetyl-sulfanilsäure-[4-dimethoxymethyl-6-methyl-pyrimidin-2-ylamid] mit Hilfe von wss. NaOH (*Braker et al.,* Am. Soc. **69** [1947] 3072, 3076).

F: 172–173° [unkorr.].

6-Methyl-2-sulfanilylamino-pyrimidin-4-carbaldehyd-diäthylacetal, Sulfanilsäure-[4-diäthoxymethyl-6-methyl-pyrimidin-2-ylamid] $C_{16}H_{22}N_4O_4S$, Formel V (R = C_2H_5, X = SO_2-C_6H_4-NH_2).

B. Analog der vorangehenden Verbindung (*Braker et al.,* Am. Soc. **69** [1947] 3072, 3076).

Kristalle [aus Eg.] (*Squibb & Sons,* U.S.P. 2484606 [1944]); F: 146–147° [unkorr.] (*Br. et al.*).

***N*-Acetyl-sulfanilsäure-[4-dimethoxymethyl-6-methyl-pyrimidin-2-ylamid], Essigsäure-[4-(4-dimethoxymethyl-6-methyl-pyrimidin-2-ylsulfamoyl)-anilid]** $C_{16}H_{20}N_4O_5S$, Formel V (R = CH_3, X = SO_2-C_6H_4-NH-CO-CH_3).

B. Aus 2-Amino-6-methyl-pyrimidin-4-carbaldehyd-dimethylacetal und *N*-Acetyl-sulfanilyl≈chlorid in Pyridin (*Braker et al.*, Am. Soc. **69** [1947] 3072, 3076).

F: 200–201° [unkorr.].

***N*-Acetyl-sulfanilsäure-[4-diäthoxymethyl-6-methyl-pyrimidin-2-ylamid], Essigsäure-[4-(4-diäthoxymethyl-6-methyl-pyrimidin-2-ylsulfamoyl)-anilid]** $C_{18}H_{24}N_4O_5S$, Formel V (R = C_2H_5, X = SO_2-C_6H_4-NH-CO-CH_3).

B. Analog der vorangehenden Verbindung (*Braker et al.*, Am. Soc. **69** [1947] 3072, 3076).

Kristalle [aus A.] (*Squibb & Sons*, U.S.P. 2484606 [1944]); F: 187–189° [unkorr.] (*Br. et al.*).

***2-Amino-6-methyl-5-nitro-pyrimidin-4-carbaldehyd-[4-chlor-phenylhydrazon]** $C_{12}H_{11}ClN_6O_2$, Formel VI (X = NO_2).

B. Aus [2-Amino-6-methyl-5-nitro-pyrimidin-4-yl]-[4-chlor-phenylazo]-malonsäure-diäthyl≈ester (F: 173°) mit Hilfe von wss.-äthanol. NaOH (*Rose*, Soc. **1954** 4116, 4122).

Gelbe Kristalle (aus H_2O+DMF); F: 246° [Zers.].

***2,5-Diamino-6-methyl-pyrimidin-4-carbaldehyd-[4-chlor-phenylhydrazon]** $C_{12}H_{13}ClN_6$, Formel VI (X = NH_2).

B. Aus der vorangehenden Verbindung bei der Hydrierung an Raney-Nickel in DMF (*Rose*, Soc. **1954** 4116, 4123).

Kristalle (aus Butan-1-ol); F: 228°.

***N*-[3-Acetyl-pyrazin-2-yl]-formamidin** $C_7H_8N_4O$, Formel VII und Taut.

Die von *Albert et al.* (Soc. **1956** 2066, 2070) unter dieser Konstitution beschriebene Verbindung ist als 4-[6-Hydroxy-4-methyl-5,6,7,8-tetrahydro-pteridin-7-ylmethyl]-5,6,7,8-tetrahydro-pteri≈din-6,7-diol zu formulieren (*Albert, Yamamoto*, Soc. [C] **1968** 1181).

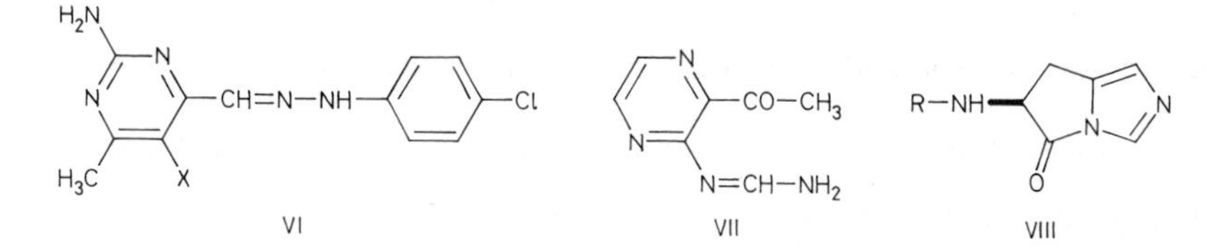

[(*S*)-5-Oxo-6,7-dihydro-5*H*-pyrrolo[1,2-*c*]imidazol-6-yl]-carbamidsäure-[4-nitro-benzylester] $C_{14}H_{12}N_4O_5$, Formel VIII (R = CO-O-CH_2-C_6H_4-NO_2).

B. Aus N^{α}-[4-Nitro-benzyloxycarbonyl]-L-histidin in Dioxan mit Hilfe von Diisopropylcarbo≈diimid (*Sheehan et al.*, Am. Soc. **81** [1959] 6086).

Kristalle (aus THF+Hexan); F: 186–187°. α_D^{25}: –14,9° [THF; c = 1,4].

Amino-Derivate der Oxo-Verbindungen $C_7H_8N_2O$

2-Äthyl-4-amino-pyrimidin-5-carbaldehyd $C_7H_9N_3O$, Formel IX (X = O).

B. Aus 2-Äthyl-4-amino-pyrimidin-5-carbonitril bei der Hydrierung an Raney-Nickel in wss.-äthanol. NH_3 unter Zusatz von $NiCl_2$ und anschliessenden Erhitzen mit wss. Essigsäure (*Delé≈pine, Jensen*, Bl. [5] **6** [1939] 1663, 1666, 1667).

Kristalle; F: 164°.

2,4-Dinitro-phenylhydrazon $C_{13}H_{13}N_7O_4$. Orangefarbene Kristalle; F: 290°.

2-Äthyl-4-amino-pyrimidin-5-carbaldehyd-imin, 2-Äthyl-5-iminomethyl-pyrimidin-4-ylamin $C_7H_{10}N_4$, Formel IX (X = NH).

Nickel(II)-Komplex $Ni(C_7H_9N_4)_2$. *B.* Aus 2-Äthyl-4-amino-pyrimidin-5-carbonitril und

$NiCl_2$ bei der Hydrierung an Raney-Nickel in wss.-äthanol. NH_3 (*Delépine, Jensen,* Bl. [5] **6** [1939] 1663, 1667). Aus 2-Äthyl-4-amino-pyrimidin-5-carbaldehyd, Raney-Nickel und wss.-äthanol. NH_3 (*De., Je.*). – Orangerote Kristalle (aus wss. A.) mit 4 Mol H_2O.

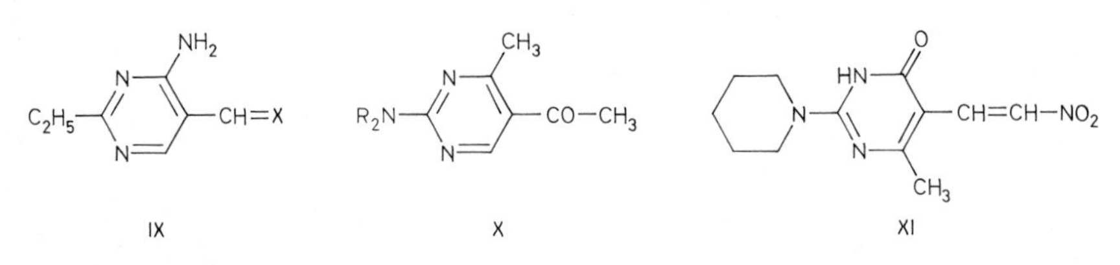

1-[2-Amino-4-methyl-pyrimidin-5-yl]-äthanon $C_7H_9N_3O$, Formel X (R = H).

B. Aus 3-Äthoxymethylen-pentan-2,4-dion und Guanidin-hydrochlorid mit Hilfe von äthanol. Natriumäthylat (*Graham et al.,* Am. Soc. **67** [1945] 1294).

Kristalle (aus wss. A.); F: 227° [unkorr.; geschlossene Kapillare; Sublimation >150°].

Picrat. Kristalle (aus A.); F: 195°.

Acetyl-Derivat $C_9H_{11}N_3O_2$; 5-Acetyl-2-acetylamino-4-methyl-pyrimidin, *N*-[5-Acetyl-4-methyl-pyrimidin-2-yl]-acetamid. F: 152–153°.

1-[2-Dimethylamino-4-methyl-pyrimidin-5-yl]-äthanon $C_9H_{13}N_3O$, Formel X (R = CH_3).

B. Aus 3-Äthoxymethylen-pentan-2,4-dion und *N,N*-Dimethyl-guanidin-sulfat mit Hilfe von äthanol. Natriumäthylat (*Hull,* Soc. **1958** 3742).

Kristalle (aus H_2O); F: 56–57°.

Semicarbazon $C_{10}H_{16}N_6O$. Kristalle (aus A.); F: 226–227°.

***6-Methyl-5-[2-nitro-vinyl]-2-piperidino-3*H*-pyrimidin-4-on** $C_{12}H_{16}N_4O_3$, Formel XI und Taut.

B. Aus 4-Methyl-6-oxo-2-piperidino-1,6-dihydro-pyrimidin-5-carbaldehyd und Nitromethan in 2-Äthoxy-äthanol und Piperidin (*Hull,* Soc. **1957** 4845, 4854).

Orangegelbe Kristalle (aus 2-Äthoxy-äthanol); F: 282° [Zers.].

***5-Methyl-2-phenyl-4-[3-piperidino-allyliden]-2,4-dihydro-pyrazol-3-on** $C_{18}H_{21}N_3O$, Formel XII.

B. Aus der folgenden Verbindung und Piperidin in Äthanol (*Eastman Kodak Co.,* U.S.P. 2186608 [1937], 2216441 [1937]).

Orangefarbene Kristalle (aus Me.); F: 187–189°.

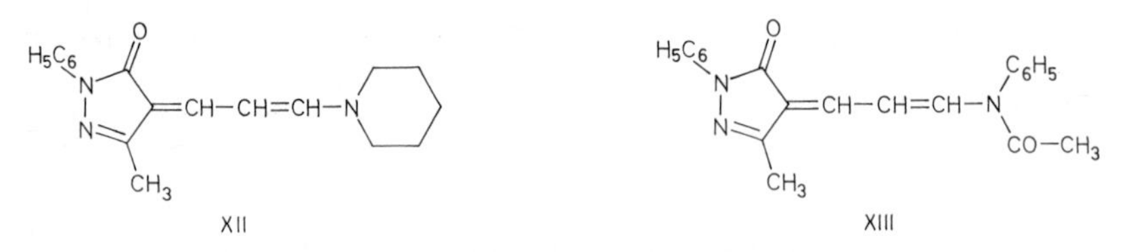

***4-[3-(*N*-Acetyl-anilino)-allyliden]-5-methyl-2-phenyl-2,4-dihydro-pyrazol-3-on, *N*-[3-(3-Methyl-5-oxo-1-phenyl-1,5-dihydro-pyrazol-4-yliden)-propenyl]-acetanilid** $C_{21}H_{19}N_3O_2$, Formel XIII.

B. Aus 5-Methyl-2-phenyl-1,2-dihydro-pyrazol-3-on, 3-Anilino-acrylaldehyd-phenylimin-hydrochlorid (E III **12** 334) und Acetanhydrid unter Zusatz von Triäthylamin (*Eastman Kodak Co.,* U.S.P. 2165339 [1936], 2186608 [1937], 2216441 [1937]).

Orangefarbene Kristalle (aus Me.); F: 212–214° [Zers.].

2-Amino-3,5,6,7-tetrahydro-cyclopentapyrimidin-4-on $C_7H_9N_3O$, Formel XIV (R = H, X = O) und Taut.

B. Aus 2-Oxo-cyclopentancarbonsäure-äthylester bei der Umsetzung mit Guanidin-carbonat in Äthanol (*Braker et al.,* Am. Soc. **69** [1947] 3072, 3073; *Biglino,* Farmaco Ed. scient. **12**

[1957] 72, 75; *Ross et al.*, Am. Soc. **81** [1959] 3108, 3110) oder mit Guanidin-hydrochlorid und äthanol. Natriumäthylat (*Hull et al.*, Soc. **1946** 357, 362).

Kristalle; F: 352–353° [Zers.; aus H_2O] (*Bi.*), 346° [unkorr.] (*Br. et al.*). λ_{max}: 230 nm und 267 nm [wss. Lösung vom pH 1], 229 nm und 287 nm [wss. Lösung vom pH 7] bzw. 232 nm und 277 nm [wss. Lösung vom pH 13] (*Ross et al.*, l. c. S. 3111).

2-[4-Chlor-anilino]-3,5,6,7-tetrahydro-cyclopentapyrimidin-4-on $C_{13}H_{12}ClN_3O$, Formel XIV (R = C_6H_4-Cl, X = O) und Taut.

B. Aus 2-Methylmercapto-3,5,6,7-tetrahydro-cyclopentapyrimidin-4-on und 4-Chlor-anilin [130–140°] (*Curd et al.*, Soc. **1946** 378, 382).

Kristalle (aus 2-Äthoxy-äthanol); F: 244–246° [nach Dunkelfärbung].

2-Cyanamino-3,5,6,7-tetrahydro-cyclopentapyrimidin-4-on(?), [4-Oxo-4,5,6,7-tetrahydro-3*H*-cyclopentapyrimidin-2-yl]-carbamonitril(?) $C_8H_8N_4O$, vermutlich Formel XIV (R = CN, X = O) und Taut.

B. Aus 2-Oxo-cyclopentancarbonsäure-äthylester und Cyanguanidin in methanol. Natrium= methylat (*Cliffe et al.*, Soc. **1948** 574, 578).

Zers. bei 274° [nach Sintern und Dunkelfärbung bei 240°].

***N*-[4-Chlor-phenyl]-*N'*-[4-oxo-4,5,6,7-tetrahydro-3*H*-cyclopentapyrimidin-2-yl]-guanidin(?)** $C_{14}H_{14}ClN_5O$, vermutlich Formel XIV (R = C(=NH)-NH-C_6H_4-Cl, X = O) und Taut.

B. Aus der vorangehenden Verbindung und 4-Chlor-anilin in 2-Äthoxy-äthanol und wss. HCl (*Cliffe et al.*, Soc. **1948** 573, 579).

Kristalle (aus 2-Äthoxy-äthanol); F: 257–258°.

2-Amino-3,5,6,7-tetrahydro-cyclopentapyrimidin-4-thion $C_7H_9N_3S$, Formel XIV (R = H, X = S) und Taut.

B. Beim Erwärmen von 4-Chlor-6,7-dihydro-5*H*-cyclopentapyrimidin-2-ylamin mit Thioharn= stoff in Äthanol (*Ross et al.*, Am. Soc. **81** [1959] 3108, 3112).

F: 270–273° [unkorr.; Zers.]. λ_{max}: 252 nm und 337 nm [wss. Lösung vom pH 1], 242 nm und 344 nm [wss. Lösung vom pH 7] bzw. 237 nm und 312 nm [wss. Lösung vom pH 13] (*Ross et al.*, l. c. S. 3111).

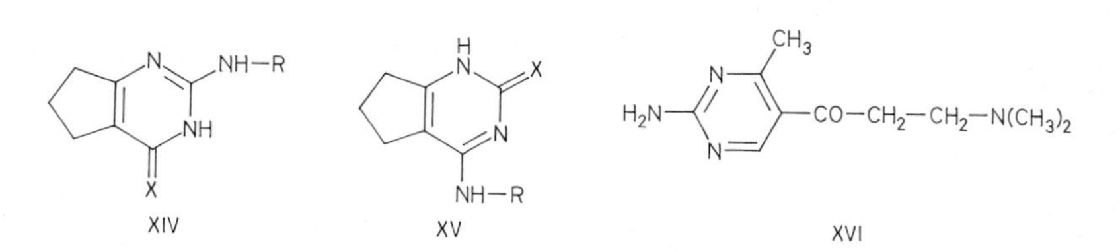

4-Amino-1,5,6,7-tetrahydro-cyclopentapyrimidin-2-on $C_7H_9N_3O$, Formel XV (R = H, X = O) und Taut.

B. Aus 2-Amino-cyclopent-1-encarbonitril und Harnstoff [200–205°] (*deStevens et al.*, Arch. Biochem. **83** [1959] 141, 148).

Gelb; F: 288–290° [unkorr.].

4-Amino-1,5,6,7-tetrahydro-cyclopentapyrimidin-2-thion $C_7H_9N_3S$, Formel XV (R = H, X = S) und Taut.

B. Aus 2-Amino-cyclopent-1-encarbonitril und Thioharnstoff [190–200°] (*deStevens et al.*, Arch. Biochem. **83** [1959] 141, 149).

F: 300–303° [unkorr.; Zers.].

4-Methylamino-1,5,6,7-tetrahydro-cyclopentapyrimidin-2-thion(?) $C_8H_{11}N_3S$, vermutlich Formel XV (R = CH_3, X = S).

Hydrojodid $C_8H_{11}N_3S \cdot HI$. *B.* Aus 4-Amino-1,5,6,7-tetrahydro-cyclopentapyrimidin-2-

thion und CH_3I in Methanol (*deStevens et al.*, Arch. Biochem. **83** [1959] 141, 149). – Kristalle (aus A.); F: 283–285° [unkorr.].

Amino-Derivate der Oxo-Verbindungen $C_8H_{10}N_2O$

1-[2-Amino-4-methyl-pyrimidin-5-yl]-3-dimethylamino-propan-1-on $C_{10}H_{16}N_4O$, Formel XVI.

B. Aus 1-[2-Amino-4-methyl-pyrimidin-5-yl]-äthanon, Paraformaldehyd und Dimethylamin-hydrochlorid in Äthanol (*Graham et al.*, Am. Soc. **67** [1945] 1294).

Hydrochlorid $C_{10}H_{16}N_4O \cdot HCl$. Kristalle (aus A.); F: 208–210°.

Picrat. Kristalle (aus A.); F: 170–172°.

5-Allyl-2-amino-6-methyl-3*H*-pyrimidin-4-on $C_8H_{11}N_3O$, Formel I und Taut.

B. Aus 2-Acetyl-pent-4-ensäure-äthylester und Guanidin-sulfat in wss.-äthanol. NaOH (*Hach*, Chem. Listy **45** [1951] 459; C. A. **1952** 7573).

Kristalle (aus wss. A.); F: 266–267°.

4-Diäthylamino-1-pyrazinyl-butan-1-on $C_{12}H_{19}N_3O$, Formel II.

B. Aus Pyrazincarbonsäure-äthylester bei der Umsetzung mit 4-Diäthylamino-buttersäure-äthylester unter Zusatz von Natriumäthylat in Dioxan und anschliessenden Hydrolyse und Decarboxylierung mit wss. H_2SO_4 (*Bloom et al.*, Am. Soc. **67** [1945] 2206).

$Kp_{0,75}$: 115–117°.

Oxim $C_{12}H_{20}N_4O$. F: 89–90°.

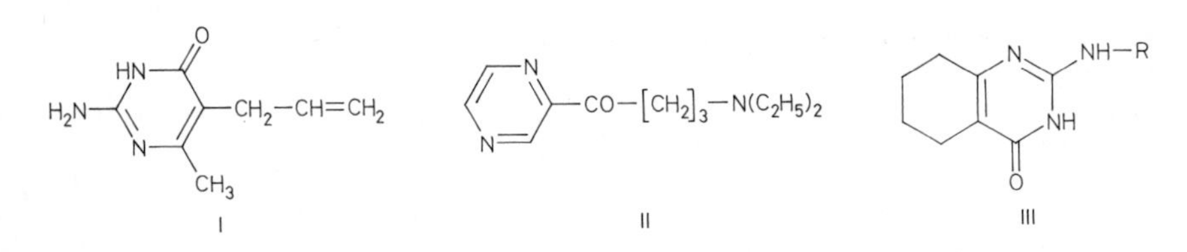

2-[4-Chlor-anilino]-5,6,7,8-tetrahydro-3*H*-chinazolin-4-on $C_{14}H_{14}ClN_3O$, Formel III ($R = C_6H_4$-Cl) und Taut.

B. Aus 2-Methylmercapto-5,6,7,8-tetrahydro-3*H*-chinazolin-4-on und 4-Chlor-anilin [130–140°] (*Curd et al.*, Soc. **1946** 378, 382).

Kristalle (aus 2-Äthoxy-äthanol); F: 284–287° [nach Dunkelfärbung].

2-Cyanamino-5,6,7,8-tetrahydro-3*H*-chinazolin-4-on(?), [4-Oxo-3,4,5,6,7,8-hexahydro-chinazolin-2-yl]-carbamonitril(?) $C_9H_{10}N_4O$, vermutlich Formel III (R = CN) und Taut.

B. Aus 2-Oxo-cyclohexancarbonsäure-äthylester und Cyanguanidin mit Hilfe von methanol. Natriummethylat (*Cliffe et al.*, Soc. **1948** 574, 579).

Kristalle (aus 2-Äthoxy-äthanol); F: 278° [Zers.].

***N*-[4-Chlor-phenyl]-*N'*-[4-oxo-3,4,5,6,7,8-hexahydro-chinazolin-2-yl]-guanidin(?)** $C_{15}H_{16}ClN_5O$, vermutlich Formel III ($R = C(=NH)$-NH-C_6H_4-Cl) und Taut.

B. Aus der vorangehenden Verbindung und 4-Chlor-anilin in 2-Äthoxy-äthanol und wss. HCl (*Cliffe et al.*, Soc. **1948** 574, 579).

Kristalle (aus 2-Äthoxy-äthanol); F: 260–261°.

2-Sulfanilylamino-5,6,7,8-tetrahydro-3*H*-chinazolin-4-on, Sulfanilsäure-[4-oxo-3,4,5,6,7,8-hexahydro-chinazolin-2-ylamid] $C_{14}H_{16}N_4O_3S$, Formel III ($R = SO_2$-C_6H_4-NH_2) und Taut.

B. Aus 2-Oxo-cyclohexancarbonsäure-äthylester und Sulfanilylguanidin mit Hilfe von äthanol. Natriumäthylat (*Upjohn Co.*, U.S.P. 2425326 [1944]).

F: 257–257,5°.

(±)-2,6-Diamino-5,6,7,8-tetrahydro-3*H*-chinazolin-4-on $C_8H_{12}N_4O$, Formel IV (R = H) und Taut.

B. Aus 2-Amino-4-oxo-3,4,5,6,7,8-tetrahydro-chinazolin-6-carbonsäure-hydrazid über das Azid (*Koehler et al.*, Am. Soc. **80** [1958] 5779, 5785).

Dihydrochlorid $C_8H_{12}N_4O \cdot 2HCl$. Kristalle (aus Me. + Ae.); F: 272–273°. IR-Banden (KBr; 3,2–6,7 μ): *Ko. et al.*

Dipicrat $C_8H_{12}N_4O \cdot 2C_6H_3N_3O_7$. Kristalle (aus H_2O); Zers. bei 285°. IR-Banden (KBr; 3,1–7,6 μ): *Ko. et al.*

(±)-3,4-Dichlor-benzoesäure-[2-amino-4-oxo-3,4,5,6,7,8-hexahydro-chinazolin-6-ylamid] $C_{15}H_{14}Cl_2N_4O_2$, Formel IV (R = CO-$C_6H_3Cl_2$) und Taut.

B. Aus dem vorangehenden Dihydrochlorid und 3,4-Dichlor-benzoylchlorid in wss. $NaHCO_3$ (*Koehler et al.*, Am. Soc. **80** [1958] 5779, 5785).

Kristalle (aus DMF + H_2O) mit 0,5 Mol H_2O; F: >300°. IR-Banden (KBr; 3–12 μ): *Ko. et al.*

(±)-4-Fluor-benzolsulfonsäure-[2-amino-4-oxo-3,4,5,6,7,8-hexahydro-chinazolin-6-ylamid] $C_{14}H_{15}FN_4O_3S$, Formel IV (R = SO_2-C_6H_4-F) und Taut.

B. Aus (±)-2,6-Diamino-5,6,7,8-tetrahydro-3*H*-chinazolin-4-on-dihydrochlorid und 4-Fluor-benzolsulfonylchlorid in wss. $NaHCO_3$ (*Koehler et al.*, Am. Soc. **80** [1958] 5779, 5785).

Kristalle (aus DMF + H_2O); F: >300°. IR-Banden (KBr; 3–12 μ): *Ko. et al.*

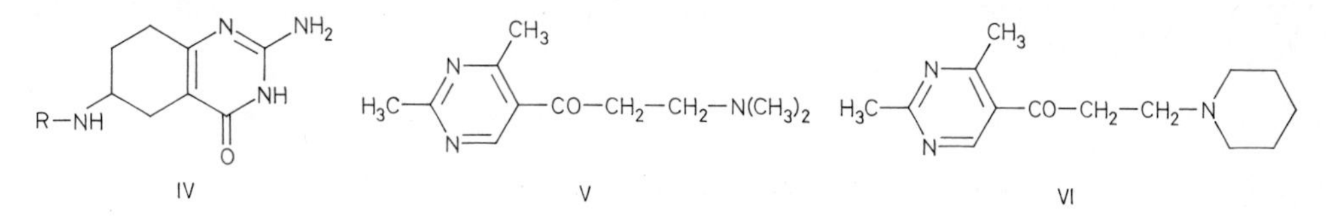

Amino-Derivate der Oxo-Verbindungen $C_9H_{12}N_2O$

3-Dimethylamino-1-[2,4-dimethyl-pyrimidin-5-yl]-propan-1-on $C_{11}H_{17}N_3O$, Formel V.

B. Aus 1-[2,4-Dimethyl-pyrimidin-5-yl]-äthanon, Paraformaldehyd und Dimethylamin-hydrochlorid in Äthanol (*Graham et al.*, Am. Soc. **67** [1945] 1294).

Hydrochlorid $C_{11}H_{17}N_3O \cdot HCl$. Kristalle (aus A.); F: 148°.

Picrat. Kristalle (aus A.); F: 148°.

1-[2,4-Dimethyl-pyrimidin-5-yl]-3-piperidino-propan-1-on $C_{14}H_{21}N_3O$, Formel VI.

Hydrochlorid $C_{14}H_{21}N_3O \cdot HCl$. *B.* Aus 1-[2,4-Dimethyl-pyrimidin-5-yl]-äthanon, Paraformaldehyd und Piperidin-hydrochlorid in äthanol. HCl (*Denton et al.*, Am. Soc. **71** [1949] 2048). – Kristalle; F: 148,0–148,8° [korr.].

4,4-Diallyl-5-amino-2,4-dihydro-pyrazol-3-on $C_9H_{13}N_3O$, Formel VII.

B. Aus 2-Allyl-2-cyan-pent-4-ensäure-äthylester und $N_2H_4 \cdot H_2O$ bei 130° (*Druey, Schmidt*, Helv. **37** [1954] 1828, 1833, 1834).

F: 175° [unkorr.].

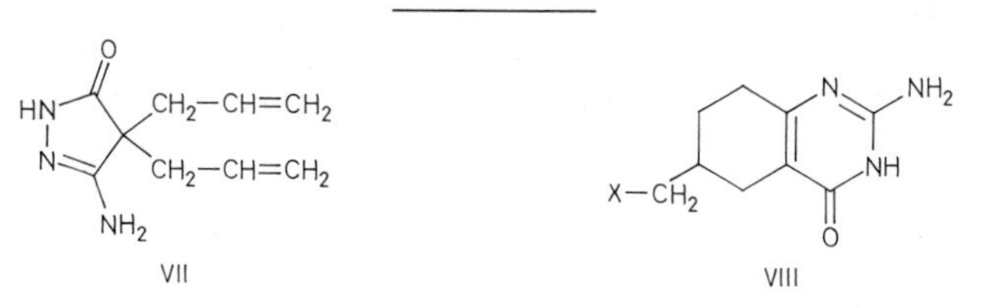

(±)-2-Amino-6-chlormethyl-5,6,7,8-tetrahydro-3*H*-chinazolin-4-on $C_9H_{12}ClN_3O$, Formel VIII (X = Cl) und Taut.

B. Aus (±)-2-Amino-6-hydroxymethyl-5,6,7,8-tetrahydro-3*H*-chinazolin-4-on und $SOCl_2$ in

Pyridin (*Koehler et al.*, Am. Soc. **80** [1958] 5779, 5783).
Kristalle (aus 2-Methoxy-äthanol); F: 287–288,5° [unkorr.]. IR-Banden (KBr; 2,9–6,7 μ): *Ko. et al.*

(±)-2-Amino-6-[4-chlor-anilinomethyl]-5,6,7,8-tetrahydro-3*H*-chinazolin-4-on $C_{15}H_{17}ClN_4O$, Formel VIII (X = NH-C_6H_4-Cl) und Taut.

B. Aus (±)-2-Amino-6-chlormethyl-5,6,7,8-tetrahydro-3*H*-chinazolin-4-on und 4-Chlor-anilin in 2-Butoxy-äthanol in Gegenwart von NaI (*Koehler et al.*, Am. Soc. **80** [1958] 5779, 5783).

Kristalle (aus wss. 2-Methoxy-äthanol); F: 229–231° [unkorr.]. IR-Banden (KBr; 3,2–12,3 μ): *Ko. et al.*

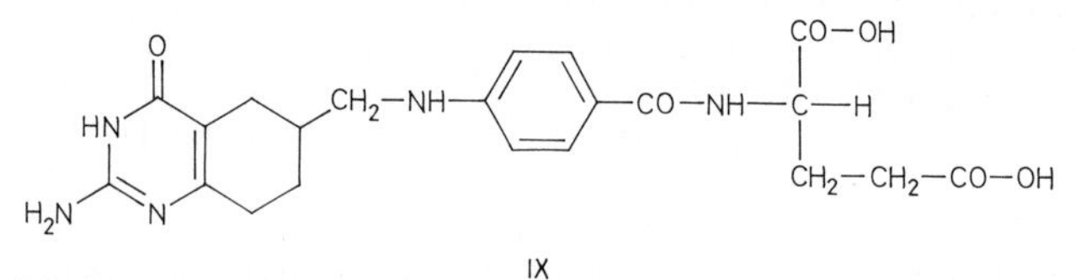

IX

***N*-{4-[((Ξ)-2-Amino-4-oxo-3,4,5,6,7,8-hexahydro-chinazolin-6-ylmethyl)-amino]-benzoyl}-L-glutaminsäure** $C_{21}H_{25}N_5O_6$, Formel IX und Taut.

B. Aus (±)-2-Amino-6-chlormethyl-5,6,7,8-tetrahydro-3*H*-chinazolin-4-on und *N*-[4-Amino-benzoyl]-L-glutaminsäure in 2-Butoxy-äthanol in Gegenwart von NaI (*Koehler et al.*, Am. Soc. **80** [1958] 5779, 5783).

F: 199–202° [unkorr.]. IR-Banden (KBr; 2,9–12 μ): *Ko. et al.* λ_{max}: 268 nm [wss. Lösung vom pH 1], 276 nm [wss. Lösung vom pH 7] bzw. 279 nm [wss. Lösung vom pH 14].

Amino-Derivate der Oxo-Verbindungen $C_{10}H_{14}N_2O$

(±)-3-[4-Amino-5,6-dimethyl-pyrimidin-2-yl]-butan-2-on $C_{10}H_{15}N_3O$, Formel X (X = O).

B. Aus 2-Methyl-3-oxo-butyrimidsäure-methylester, wss. NH_3 und NH_4Cl bei 30° (*Taniguchi*, J. pharm. Soc. Japan **78** [1958] 329, 332; C. A. **1958** 14593). Aus 2-Methyl-acetoacetamidin beim Erhitzen auf 160° oder beim Erhitzen in H_2O (*Ta.*).

Kristalle (aus Me.); F: 177–178° [unkorr.]. IR-Banden (Nujol; 3350–1560 cm^{-1}): *Ta.*, l. c. S. 331. λ_{max}: 238,5 nm und 273 nm [Me.] bzw. 260,3 nm [wss.-methanol. HCl].

Picrat $C_{10}H_{15}N_3O \cdot C_6H_3N_3O_7$. Gelbe Kristalle; F: 145–146° [unkorr.] (*Ta.*, l. c. S. 332).

Hydrazon $C_{10}H_{17}N_5$. Kristalle (aus wss. Me.) mit 1 Mol H_2O; F: 157–159° [unkorr.; Zers.] (*Ta.*, l. c. S. 333).

Oxim-hydrochlorid $C_{10}H_{16}N_4O \cdot HCl$. Kristalle; F: 258–259° [unkorr.; Zers.] (*Ta.*, l. c. S. 332).

Semicarbazon $C_{11}H_{18}N_6O$. Kristalle; F: 225–226° [unkorr.; Zers.] (*Ta.*, l. c. S. 332).

(±)-3-[4-Amino-5,6-dimethyl-pyrimidin-2-yl]-butan-2-on-imin, (±)-2-[2-Imino-1-methyl-propyl]-5,6-dimethyl-pyrimidin-4-ylamin $C_{10}H_{16}N_4$, Formel X (X = NH).

B. Beim Erwärmen von 2-Methyl-3-oxo-butyrimidsäure-methylester oder 2-Methyl-aceto≠acetamidin mit wss. NH_3 und NH_4Cl auf 60° (*Taniguchi*, J. pharm. Soc. Japan **78** [1958] 329, 332; C. A. **1958** 14593).

Kristalle (aus Me.); F: 201–202° [unkorr.]. IR-Banden (Nujol; 3350–1560 cm^{-1}): *Ta.*, l. c. S. 331. λ_{max}: 234,7 nm und 270,6 nm [Me.] bzw. 260,5 nm [wss.-methanol. HCl].

Picrat $C_{10}H_{16}N_4O \cdot C_6H_3N_3O_7$. Gelbe Kristalle; F: 168–169° [unkorr.] (*Ta.*, l. c. S. 332).

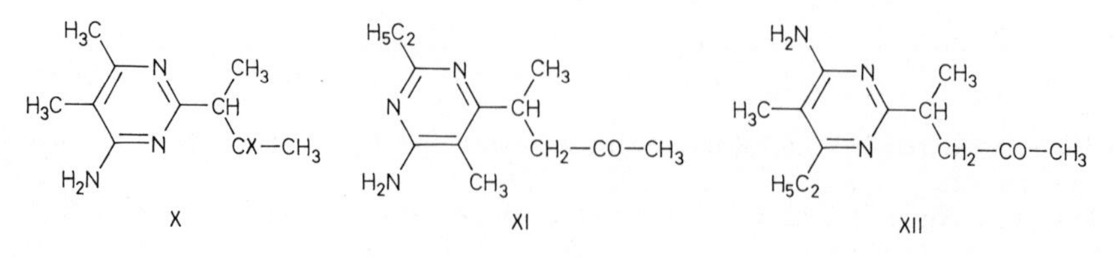

X XI XII

Amino-Derivate der Oxo-Verbindungen $C_{12}H_{18}N_2O$

(±)-4-[2-Äthyl-6-amino-5-methyl-pyrimidin-4-yl]-pentan-2-on $C_{12}H_{19}N_3O$, Formel XI, oder **(±)-4-[4-Äthyl-6-amino-5-methyl-pyrimidin-2-yl]-pentan-2-on** $C_{12}H_{19}N_3O$, Formel XII.

B. Aus 6(oder 2)-Äthyl-2(oder 6)-[1-brom-äthyl]-5-methyl-pyrimidin-4-ylamin (s. E III/IV **25** 2239 im Artikel 2,6-Diäthyl-5-brommethyl-pyrimidin-4-ylamin) bei der Umsetzung mit Natrium-acetessigsäure-äthylester in Äthanol und anschliessenden Hydrolyse und Decarboxylierung mit wss. HCl (*Ochiai et al.*, J. pharm. Soc. Japan **57** [1937] 1047; dtsch. Ref. S. 305; C. A. **1938** 3397).

Kristalle (aus PAe.); F: 94°.

Hydrochlorid $C_{12}H_{19}N_3O \cdot HCl$. Kristalle; Zers. bei 223°.

Semicarbazon $C_{13}H_{22}N_6O$. Kristalle; F: 179°. [*Walentowski*]

Amino-Derivate der Monooxo-Verbindungen $C_nH_{2n-8}N_2O$

Amino-Derivate der Oxo-Verbindungen $C_7H_6N_2O$

4-Amino-1,2-dihydro-indazol-3-on $C_7H_7N_3O$, Formel XIII und Taut.

Dihydrochlorid $C_7H_7N_3O \cdot 2HCl$. *B.* Aus 4-Nitro-1,2-dihydro-indazol-3-on mit Hilfe von $SnCl_2$ und konz. wss. HCl (*Pfannstiel, Janecke,* B. **75** [1942] 1096, 1106). – Kristalle (aus wss. HCl); F: 245° [Zers.].

5-Amino-1,2-dihydro-indazol-3-on $C_7H_7N_3O$, Formel XIV (R = H) und Taut.

Dihydrochlorid $C_7H_7N_3O \cdot 2HCl$ (E II 373). *B.* Aus 5-Nitro-1,2-dihydro-indazol-3-on mit Hilfe von $SnCl_2$ und konz. wss. HCl (*Pfannstiel, Janecke,* B. **75** [1942] 1096, 1107). – Kristalle (aus wss. HCl) mit 2 Mol H_2O; F: 290° [Zers.].

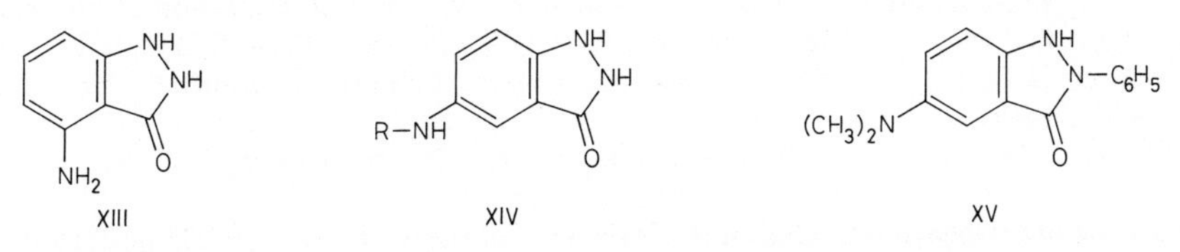

5-Dimethylamino-2-phenyl-1,2-dihydro-indazol-3-on $C_{15}H_{15}N_3O$, Formel XV.

B. Neben geringeren Mengen 6-Dimethylamino-3-phenyl-1*H*-chinazolin-2,4-dion beim Erhitzen von *N,N*-Dimethyl-4-phenylazo-anilin in Gegenwart von Octacarbonyldikobalt in Benzol mit CO bei 230°/150 at (*Murahashi, Horiie,* Am. Soc. **78** [1956] 4816; *Horiie,* J. chem. Soc. Japan Pure Chem. Sect. **80** [1959] 1038, 1039; C. A. **1961** 5510).

F: 217°.

5-Stearoylamino-1,2-dihydro-indazol-3-on, *N*-[3-Oxo-2,3-dihydro-1*H*-indazol-5-yl]-stearamid $C_{25}H_{41}N_3O_2$, Formel XIV (R = CO-$[CH_2]_{16}$-CH_3) und Taut.

B. Aus 5-Amino-1,2-dihydro-indazol-3-on-dihydrochlorid und Stearoylchlorid mit Hilfe von Pyridin (*Gevaert Photo-Prod. N.V.*, U.S.P. 2673801 [1949]).

F: 218–220°.

6-Amino-1,2-dihydro-indazol-3-on $C_7H_7N_3O$, Formel I und Taut.

B. Aus 6-Nitro-1,2-dihydro-indazol-3-on bei der Hydrierung an Raney-Nickel (*Davies,* Soc. **1955** 2412, 2417, 2418) oder bei der Reduktion mit Hilfe von $SnCl_2$ und konz. wss. HCl (*Pfannstiel, Janecke,* B. **75** [1942] 1096, 1107).

Kristalle (aus A.); F: 285° (*Da.*).

Dihydrochlorid $C_7H_7N_3O \cdot 2HCl$. Kristalle (aus wss. HCl); F: 287° [Zers.] (*Pf., Ja.*).

6-Phthalimido-1,2-dihydro-indazol-3-on, *N*-[3-Oxo-2,3-dihydro-1*H*-indazol-6-yl]-phthalimid $C_{15}H_9N_3O_3$, Formel II und Taut.

B. Aus 6-Amino-1,2-dihydro-indazol-3-on-dihydrochlorid und Phthalsäure-anhydrid mit Hilfe von Pyridin (*Gevaert Photo-Prod. N.V.*, U.S.P. 2673801 [1949]).

F: 304–305°.

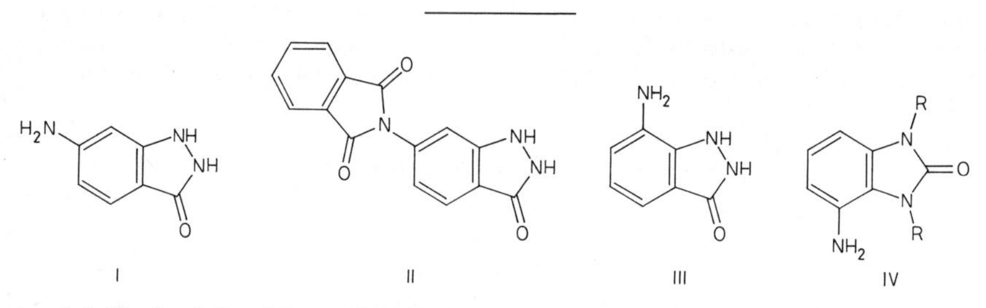

7-Amino-1,2-dihydro-indazol-3-on $C_7H_7N_3O$, Formel III und Taut.

Dihydrochlorid $C_7H_7N_3O \cdot 2HCl$. *B.* Aus 7-Nitro-1,2-dihydro-indazol-3-on mit Hilfe von $SnCl_2$ und konz. wss. HCl (*Pfannstiel, Janecke*, B. **75** [1942] 1096, 1107). – Kristalle (aus wss. HCl); F: 260° [Zers.; nach Verfärbung bei 230°] (*Pf., Ja.*).

4-Amino-1,3-dihydro-benzimidazol-2-on $C_7H_7N_3O$, Formel IV (R = H) und Taut.

B. Aus 4-Nitro-1,3-dihydro-benzimidazol-2-on mit Hilfe von Zinn und konz. wss. HCl (*Ėfroš, El'zow*, Ž. obšč. Chim. **28** [1958] 441, 445; engl. Ausg. S. 433, 436).

Scheinbarer Dissoziationsexponent pK_b' (H_2O; potentiometrisch ermittelt) bei 18°: 10,76 (*Ėf., El.*, l. c. S. 442).

Hydrochlorid $C_7H_7N_3O \cdot HCl$. Kristalle.

Picrat. F: 241° [Zers.].

4-Amino-1,3-dimethyl-1,3-dihydro-benzimidazol-2-on $C_9H_{11}N_3O$, Formel IV ($R = CH_3$).

B. Aus 1,3-Dimethyl-4-nitro-1,3-dihydro-benzimidazol-2-on mit Hilfe von Zinn und konz. wss. HCl (*Ėfroš, El'zow*, Ž. obšč. Chim. **28** [1958] 441, 445; engl. Ausg. S. 433, 436).

Scheinbarer Dissoziationsexponent pK_b' (H_2O; potentiometrisch ermittelt) bei 18°: 10,94 (*Ėf., El.*, l. c. S. 442).

Hydrochlorid $C_9H_{11}N_3O \cdot HCl$. Kristalle (aus H_2O) mit 1 Mol H_2O.

5-Amino-1,3-dihydro-benzimidazol-2-on $C_7H_7N_3O$, Formel V (R = R′ = H) und Taut. (H 463).

B. Bei der Hydrierung von 5-Nitro-1,3-dihydro-benzimidazol-2-on an Palladium/Kohle in Äthanol (*Clark, Pessolano*, Am. Soc. **80** [1958] 1657, 1658).

Scheinbarer Dissoziationsexponent pK_b' (H_2O; potentiometrisch ermittelt) bei 18°: 9,00 (*Ėfroš, El'zow*, Ž. obšč. Chim. **28** [1958] 441, 442; engl. Ausg. S. 433).

Hydrochlorid $C_7H_7N_3O \cdot HCl$ (vgl. H 463). Kristalle (aus A.+Ae.); F: >340° (*Cl., Pe.*).

Triacetyl-Derivat $C_{13}H_{13}N_3O_4$; 1,3-Diacetyl-5-acetylamino-1,3-dihydro-benzimidazol-2-on, *N*-[1,3-Diacetyl-2-oxo-2,3-dihydro-1*H*-benzimidazol-5-yl]-acetamid. Kristalle (aus wss. Eg.); F: 260–261° (*Cl., Pe.*, l. c. S. 1659, 1660).

5-Amino-1-methyl-1,3-dihydro-benzimidazol-2-on $C_8H_9N_3O$, Formel V ($R = CH_3$, R′ = H) und Taut.

Hydrochlorid $C_8H_9N_3O \cdot HCl$ (E II 373). *B.* Aus 3-Acetyl-1-methyl-5-nitro-1,3-dihydro-benzimidazol-2-on mit Hilfe von Eisen-Pulver und konz. wss. HCl (*van Romburgh, Huyser*, R. **49** [1930] 165, 171). – Kristalle (aus äthanol. HCl) mit 1 Mol H_2O; F: 320–330° [Zers.].

6-Amino-1-methyl-1,3-dihydro-benzimidazol-2-on $C_8H_9N_3O$, Formel V (R = H, $R' = CH_3$) und Taut.

Hydrochlorid $C_8H_9N_3O \cdot HCl$. *B.* Aus 1-Acetyl-3-methyl-5-nitro-1,3-dihydro-benzimidazol-2-on mit Hilfe von Eisen-Pulver und konz. wss. HCl (*van Romburgh, Huyser*, R. **49**

[1930] 165, 168). – Kristalle (aus äthanol. HCl) mit 1 Mol H_2O; F: 348° [Zers.].

5-Amino-1,3-dimethyl-1,3-dihydro-benzimidazol-2-on $C_9H_{11}N_3O$, Formel V (R = R' = CH_3).

B. Aus 1,3-Dimethyl-5-nitro-1,3-dihydro-benzimidazol-2-on bei der Hydrierung an Palladium/Kohle in Äthanol (*Clark, Pessolano,* Am. Soc. **80** [1958] 1657, 1660) oder bei der Reduktion mit Hilfe von Zinn und konz. wss. HCl (*Ėfroš, El'zow,* Ž. obšč. Chim. **28** [1958] 441, 445; engl. Ausg. S. 433, 436).

Scheinbarer Dissoziationsexponent pK'_b (H_2O; potentiometrisch ermittelt) bei 18°: 9,11 (*Ėf., El.,* l. c. S. 442).

Hydrochlorid $C_9H_{11}N_3O \cdot HCl$. Kristalle (aus Me. + Ae.) mit 0,5 Mol H_2O; F: 310° (*Cl., Pe.*). Kristalle (aus äthanol. HCl) mit 1 Mol H_2O (*Ėf., El.*).

[2-Oxo-2,3-dihydro-1*H*-benzimidazol-5-yl]-harnstoff $C_8H_8N_4O_2$, Formel VI (R = H) und Taut.

B. Aus 5-Amino-1,3-dihydro-benzimidazol-2-on und Kaliumcyanat (*Clark, Pessolano,* Am. Soc. **80** [1958] 1657, 1659).

Kristalle; F: 345°.

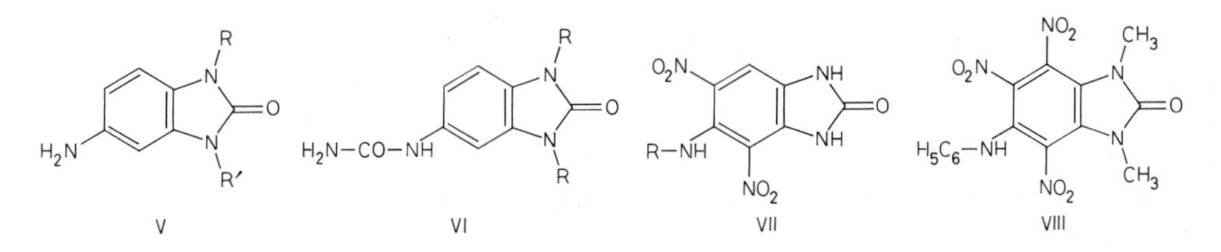

[1,3-Dimethyl-2-oxo-2,3-dihydro-1*H*-benzimidazol-5-yl]-harnstoff $C_{10}H_{12}N_4O_2$, Formel VI (R = CH_3).

B. Aus der vorangehenden Verbindung und CH_3I mit Hilfe von KOH in Aceton (*Clark, Pessolano,* Am. Soc. **80** [1958] 1657, 1660).

Kristalle (aus wss. Eg.); F: 350°.

5-Isopropylamino-4,6-dinitro-1,3-dihydro-benzimidazol-2-on $C_{10}H_{11}N_5O_5$, Formel VII (R = $CH(CH_3)_2$) und Taut.

Bezüglich der Konstitution vgl. das analog hergestellte 5-Anilino-4,6-dinitro-1,3-dihydro-benzimidazol-2-on (s. u.).

B. Aus 4,5,6-Trinitro-1,3-dihydro-benzimidazol-2-on und Isopropylamin (*James, Turner,* Soc. **1950** 1515, 1518).

Rot; F: 242° [unkorr.].

5-Anilino-4,6-dinitro-1,3-dihydro-benzimidazol-2-on $C_{13}H_9N_5O_5$, Formel VII (R = C_6H_5) und Taut.

B. Aus 4,5,6-Trinitro-1,3-benzimidazol-2-on und Anilin (*Ėfroš, El'zow,* Ž. obšč. Chim. **27** [1957] 127, 132; engl. Ausg. S. 143, 148).

Rote Kristalle (aus E.); F: 284°.

5-[4-Chlor-anilino]-4,6-dinitro-1,3-dihydro-benzimidazol-2-on $C_{13}H_8ClN_5O_5$, Formel VII (R = C_6H_4Cl) und Taut.

B. Aus 4,5,6-Trinitro-1,3-dihydro-benzimidazol-2-on und 4-Chlor-anilin (*Ėfroš, El'zow,* Ž. obšč. Chim. **27** [1957] 127, 132; engl. Ausg. S. 143, 148; *James, Turner,* Soc. **1950** 1515, 1518).

Dunkelrote Kristalle (aus A.); F: 309° [Zers.] (*Ėf., El.*; s. a. *Ja., Tu.*).

5-Anilino-1,3-dimethyl-4,6,7-trinitro-1,3-dihydro-benzimidazol-2-on $C_{15}H_{12}N_6O_7$, Formel VIII.

B. Aus 1,3-Dimethyl-4,5,6,7-tetranitro-1,3-dihydro-benzimidazol-2-on und Anilin (*Ėfroš, El'zow,* Ž. obšč. Chim. **27** [1957] 127, 135; engl. Ausg. S. 143, 150).

Rote Kristalle (aus $CHCl_3$ + Eg.); F: 175–176°.

5-Amino-1,3-dihydro-benzimidazol-2-thion $C_7H_7N_3S$, Formel IX.

B. Aus 5-Nitro-1,3-dihydro-benzimidazol-2-thion bei der Hydrierung an Raney-Nickel in Äthanol (*James, Turner,* Soc. **1950** 1515, 1517; *Nakajima et al.,* J. pharm. Soc. Japan **78** [1958] 1378, 1380; C. A. **1959** 8124) oder beim Erwärmen mit Eisen und äthanol. HCl (*Hu et al.,* Acta pharm. sinica **7** [1959] 222, 223; C. A. **1960** 11004).

Kristalle (aus H_2O); F: 238–240° [unkorr.] (*Na. et al.*).

Hydrochlorid $C_7H_7N_3S \cdot HCl$. Kristalle; F: 280° (*Hu et al.*), 220° [aus H_2O] (*Ja., Tu.*).

Acetyl-Derivat $C_9H_9N_3OS$; 5-Acetylamino-1,3-dihydro-benzimidazol-2-thion, *N*-[2-Thioxo-2,3-dihydro-1*H*-benzimidazol-5-yl]-acetamid. F: 300–307° (*Hu et al.,* l. c. S. 225).

4,6-Dianilino-5,7-dinitro-1,3-dihydro-benzimidazol-2-on $C_{19}H_{14}N_6O_5$, Formel X (R = H).

B. Aus 4,5,6,7-Tetranitro-1,3-dihydro-benzimidazol-2-on und Anilin (*Ėfroš, El'zow,* Ž. obšč. Chim. **27** [1957] 127, 133; engl. Ausg. S. 143, 148).

Rote Kristalle (aus Eg.); F: 287° [Zers.].

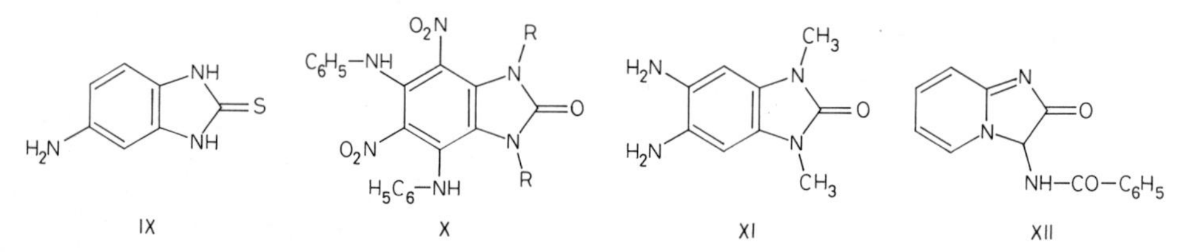

4,6-Dianilino-1,3-dimethyl-5,7-dinitro-1,3-dihydro-benzimidazol-2-on $C_{21}H_{18}N_6O_5$, Formel X ($R = CH_3$).

B. Aus 1,3-Dimethyl-4,5,6,7-tetranitro-1,3-dihydro-benzimidazol-2-on oder aus 5-Anilino-1,3-dimethyl-4,6,7-trinitro-1,3-dihydro-benzimidazol-2-on und Anilin (*Ėfroš, El'zow,* Ž. obšč. Chim. **27** [1957] 127, 135; engl. Ausg. S. 143, 150).

Kristalle (aus E. + Bzl.); F: 251°.

5,6-Diamino-1,3-dimethyl-1,3-dihydro-benzimidazol-2-on $C_9H_{12}N_4O$, Formel XI.

B. Aus 1,3-Dimethyl-5,6-dinitro-1,3-dihydro-benzimidazol-2-on mit Hilfe von Zinn und konz. wss. HCl (*Ėfroš, El'zow,* Ž. obšč. Chim. **28** [1958] 441, 446; engl. Ausg. S. 433, 437).

F: >320°.

3-Benzoylamino-imidazo[1,2-*a*]pyridin-2-on, *N*-[2-Oxo-2,3-dihydro-imidazo[1,2-*a*]pyridin-3-yl]-benzamid $C_{14}H_{11}N_3O_2$, Formel XII und Taut.

B. Beim Behandeln von 4-Brom-2-phenyl-4*H*-oxazol-5-on mit Methanol oder Benzylalkohol in 1,2-Dichlor-äthan und anschliessend mit [2]Pyridylamin (*Chemiakine et al.,* Bl. **1959** 530, 533).

Hygroskopische Kristalle (aus A.); F: 170°.

Bildung von 3-Benzoylamino-2-benzoyloxy-imidazo[1,2-*a*]pyridin beim Behandeln mit Benz= oylchlorid und Pyridin: *Ch. et al.*

(±)-3-Amino-1,3-dihydro-pyrrolo[2,3-*b*]pyridin-2-on $C_7H_7N_3O$, Formel XIII.

B. Aus 1*H*-Pyrrolo[2,3-*b*]pyridin-2,3-dion-3-oxim mit Hilfe von Zinn und wss. HCl oder wss. HBr (*Kägi,* Helv. **24** [1941] 141 E, 147 E).

Dihydrochlorid $C_7H_7N_3O \cdot 2HCl$. F: 201° [Zers.] (*Kägi,* l. c. S. 143 E). – Nicht sehr beständig. Bildung des Monohydrochlorids beim Erhitzen mit H_2O: *Kägi.*

Dihydrobromid $C_7H_7N_3O \cdot 2HBr$. F: 197° [Zers.].

Amino-Derivate der Oxo-Verbindungen $C_8H_8N_2O$

(±)-3-Phenyl-4-phthalimido-3,4-dihydro-1*H*-chinazolin-2-thion, (±)-*N*-[3-Phenyl-2-thioxo-1,2,3,4-tetrahydro-chinazolin-4-yl]-phthalimid $C_{22}H_{15}N_3O_2S$, Formel XIV.

B. Aus (±)-4-Äthoxy-3-phenyl-3,4-dihydro-1*H*-chinazolin-2-thion und Phthalimid in Xylol

(*Stoicescu Crivetz,* Ann. scient. Univ. Jassy **29** [1943] 140, 161).
F: 285–290°.

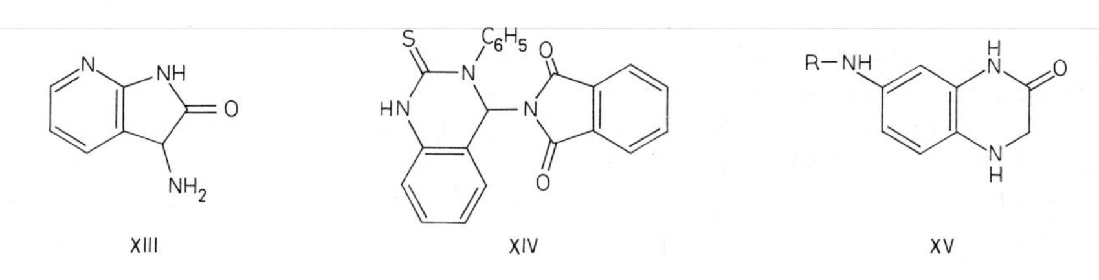

7-Amino-3,4-dihydro-1*H*-chinoxalin-2-on $C_8H_9N_3O$, Formel XV (R = H) (E I 681).

B. Aus *N*-[2,4-Dinitro-phenyl]-glycin mit Hilfe von Zinn und konz. wss. HCl (*Atkinson et al.,* Soc. **1956** 26, 28; vgl. E I 681).

Gelbe Kristalle (aus H_2O) mit 2 Mol H_2O; die wasserfreie Verbindung schmilzt bei 288° [Zers.] (vgl. E I 681).

Diacetyl-Derivat $C_{12}H_{13}N_3O_3$. Bräunlichgelbe Kristalle (aus Formamid); F: 294–295° [Zers.].

4-Äthyl-7-amino-3,4-dihydro-1*H*-chinoxalin-2-on $C_{10}H_{13}N_3O$, Formel I.

Die Identität des von *van Romburgh, Deys* (Pr. Akad. Amsterdam **34** [1931] 1004) unter dieser Konstitution beschriebenen Präparats (Hydrochlorid: Kristalle, F: >250°) ist ungewiss (vgl. *Grantham, Meth-Cohn,* Soc. [C] **1969** 70).

7-Sulfanilylamino-3,4-dihydro-1*H*-chinoxalin-2-on, Sulfanilsäure-[3-oxo-1,2,3,4-tetrahydro-chinoxalin-6-ylamid] $C_{14}H_{14}N_4O_3S$, Formel XV (R = SO_2-C_6H_4-NH_2).

B. Beim Behandeln von 7-Amino-3,4-dihydro-1*H*-chinoxalin-2-on mit *N*-Acetyl-sulfanilylchlorid in Pyridin und Erwärmen des Reaktionsprodukts mit wss. NaOH (*Raiziss et al.,* Am. Soc. **63** [1941] 2739).

Kristalle; F: 188°.

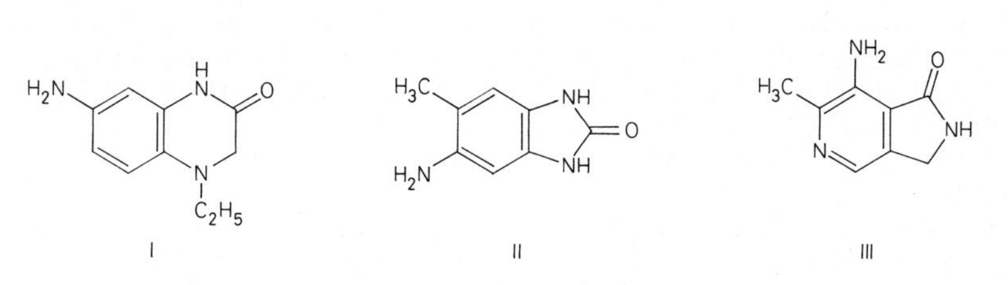

5-Amino-6-methyl-1,3-dihydro-benzimidazol-2-on $C_8H_9N_3O$, Formel II und Taut.

B. Aus 5-Methyl-6-nitro-1,3-dihydro-benzimidazol-2-on mit Hilfe von Zinn und konz. wss. HCl (*Ėfroš, El'zow,* Ž. obšč. Chim. **28** [1958] 941, 944; engl. Ausg. S. 916, 918).

Hydrochlorid $C_8H_9N_3O \cdot HCl$. Kristalle mit 1 Mol H_2O.

Picrat. Zers. bei 260°.

7-Amino-6-methyl-2,3-dihydro-pyrrolo[3,4-*c*]pyridin-1-on $C_8H_9N_3O$, Formel III.

B. Aus 3-Amino-5-cyan-2-methyl-isonicotinsäure-äthylester bei der Hydrierung an Palladium/Kohle in Essigsäure und wss. HCl (*Matsukawa, Shirakawa,* J. pharm. Soc. Japan **71** [1951] 1498; C. A. **1952** 8113) oder als Hauptprodukt neben 3-Amino-5-aminomethyl-2-methyl-isonicotinsäure-äthylester an Raney-Nickel in Äthanol (*Velluz, Amiard,* Bl. **1947** 136, 138).

Wasserhaltige Kristalle [aus H_2O] (*Ve., Am.*); die wasserfreie Verbindung schmilzt bei 260° (*Ve., Am.*), bei 254° (*Ma., Sh.*).

Hydrochlorid $C_8H_9N_3O \cdot HCl$. F: ca. 290° [Zers.] (*Ve., Am.*).

Amino-Derivate der Oxo-Verbindungen $C_9H_{10}N_2O$

4-[5-Anilino-penta-2,4-dienyliden]-5-methyl-2-phenyl-2,4-dihydro-pyrazol-3-on $C_{21}H_{19}N_3O$, Formel IV (X = H) und Taut. (5-Methyl-2-phenyl-4-[5-phenylimino-penta-1,3-dienyl]-1,2-dihydro-pyrazol-3-on).

B. Aus 5-Methyl-2-phenyl-1,2-dihydro-pyrazol-3-on und 5-Anilino-penta-2,4-dienal-phenyl-imin-hydrochlorid in Äthanol in Gegenwart von Triäthylamin (*Gevaert Photo-Prod. N.V.*, U.S.P. 2621125 [1947]) oder von Natriumacetat (*Ogata et al.*, Rep. scient. Res. Inst. Tokyo **28** [1952] 259, 261; C. A. **1953** 5284).

Kristalle (aus A.); F: 185–187° (*Gevaert Photo-Prod. N.V.*), 182° (*Og. et al.*). λ_{max}: 590 nm (*Og. et al.*).

4-[5-(2,4-Dinitro-anilino)-penta-2,4-dienyliden]-5-methyl-2-phenyl-2,4-dihydro-pyrazol-3-on $C_{21}H_{17}N_5O_5$, Formel IV (X = NO_2) und Taut. (4-[5-(2,4-Dinitro-phenylimino)-penta-1,3-dienyl]-5-methyl-2-phenyl-1,2-dihydro-pyrazol-3-on).

B. Beim Erhitzen von 5-Methyl-2-phenyl-1,2-dihydro-pyrazol-3-on mit 5-[2,4-Dinitro-anilino]-penta-2,4-dienal (2,4-Dinitro-phenylhydrazon; Zers. bei 202°) in Pyridin (*Pfeiffer, Enders*, B. **84** [1951] 313, 315, 318).

Braunviolette Kristalle (aus Py.); F: 247–248° [Zers.].

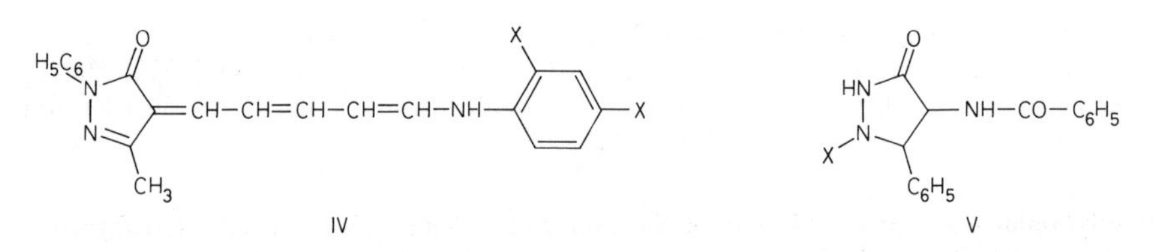

***Opt.-inakt. 4-Benzoylamino-5-phenyl-pyrazolidin-3-on, *N*-[3-Oxo-5-phenyl-pyrazolidin-4-yl]-benzamid** $C_{16}H_{15}N_3O_2$, Formel V (X = H).

Diese Konstitution kommt auch der von *Vanghelovici, Stefanescu* (Bulet. [2] **3** [1941/42] 159, 168) als α-Benzoylamino-zimtsäure-hydrazid (E III **10** 3014) beschriebenen Verbindung zu (*Stodola*, J. org. Chem. **13** [1948] 757, 760; *Cornforth*, Chem. Penicillin 1949 S. 688, 736).

B. Beim Erwärmen von α-Benzoylamino-zimtsäure-methylester (E III **10** 3006) mit $N_2H_4 \cdot H_2O$ in Äthanol (*Va., St.*, l. c. S. 169). Aus α-Benzoylamino-zimtsäure-hydrazid (E III **10** 3014) und $N_2H_4 \cdot H_2O$ (*Co.*, l. c. S. 788). Aus 4-Benzyliden-2-phenyl-4*H*-oxazol-5-on (F: 166–167°) und $N_2H_4 \cdot H_2O$ (*Va., St.; St.*, l. c. S. 761; *Co.*).

Kristalle (aus A.); F: 229° (*Va., St.*), 228–229° (*Co.*), 225–227° [unkorr.] (*St.*). UV-Spektrum (215–300 nm): *St.*, l. c. S. 759.

Beim Behandeln mit $NaNO_2$ in einem Gemisch von Essigsäure und konz. wss. HCl ist eine Verbindung $C_9H_{10}N_2O_3$ (Kristalle; F: 92–93° [Zers.]) erhalten worden (*Co.*).

Acetyl-Derivat $C_{18}H_{17}N_3O_3$. Kristalle; Zers. bei 172° (*Va., St.*, l. c. S. 170).

***Opt.-inakt. 4-Benzoylamino-1-nitroso-5-phenyl-pyrazolidin-3-on, *N*-[1-Nitroso-3-oxo-5-phenyl-pyrazolidin-4-yl]-benzamid** $C_{16}H_{14}N_4O_3$, Formel V (X = NO).

B. Aus der vorangehenden Verbindung mit Hilfe von $NaNO_2$ und wss. HCl (*Stodola*, J. org. Chem. **13** [1948] 757, 761).

F: 107–110° [unkorr.; Zers.].

Barium-Salz $Ba(C_{16}H_{13}N_4O_3)_2 \cdot 2H_2O$.

***Opt.-inakt. 4-Benzoylamino-5-[3-nitro-phenyl]-pyrazolidin-3-on, *N*-[3-(3-Nitro-phenyl)-5-oxo-pyrazolidin-4-yl]-benzamid** $C_{16}H_{14}N_4O_4$, Formel VI (X = NO_2, X' = H).

Diese Konstitution kommt der von *Vanghelovici, Stefanescu* (Bulet. [2] **3** [1941/42] 159, 177) als α-Benzoylamino-3-nitro-zimtsäure-hydrazid (E III **10** 3019) beschriebenen Verbindung zu (vgl. die entsprechenden Angaben im Artikel *N*-[3-Oxo-5-phenyl-pyrazolidin-4-yl]-benzamid [s. o.]).

B. Aus 4-[3-Nitro-benzyliden]-2-phenyl-4*H*-oxazol-5-on (F: 174°) und $N_2H_4 \cdot H_2O$ in Äthanol (*Va.*, *St.*).

Kristalle (aus A.); F: 210°.

Acetyl-Derivat $C_{18}H_{16}N_4O_5$. F: 242°.

***Opt.-inakt. 4-Benzoylamino-5-[4-nitro-phenyl]-pyrazolidin-3-on, *N*-[3-(4-Nitro-phenyl)-5-oxo-pyrazolidin-4-yl]-benzamid** $C_{16}H_{14}N_4O_4$, Formel VI (X = H, X′ = NO_2).

Diese Konstitution kommt der von *Vanghelovici, Stefanescu* (Bulet. [2] **3** [1941/42] 159, 180) als α-Benzoylamino-4-nitro-zimtsäure-hydrazid (E III **10** 3021) beschriebenen Verbindung zu (vgl. die entsprechenden Angaben im Artikel *N*-[3-Oxo-5-phenyl-pyrazolidin-4-yl]-benzamid [s. o.]).

B. Aus α-Benzoylamino-4-nitro-zimtsäure-methylester (E III **10** 3020) und $N_2H_4 \cdot H_2O$ in Äth= anol (*Va.*, *St.*).

Kristalle (aus A.); F: 259°.

Acetyl-Derivat $C_{18}H_{16}N_4O_5$. F: 205°.

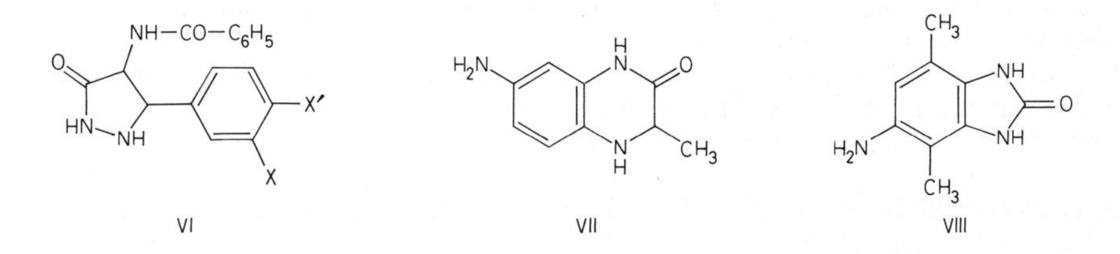

(±)-7-Amino-3-methyl-3,4-dihydro-1*H*-chinoxalin-2-on $C_9H_{11}N_3O$, Formel VII.

Dihydrochlorid. *B.* Aus *N*-[2,4-Dinitro-phenyl]-DL-alanin mit Hilfe von Zinn und wss. HCl (*Jutisz, Ritschard,* Biochim. biophys. Acta **17** [1955] 548, 549). – Kristalle; F: >300°.

5-Amino-4,7-dimethyl-1,3-dihydro-benzimidazol-2-on $C_9H_{11}N_3O$, Formel VIII und Taut.

B. Aus 4,7-Dimethyl-5-nitro-1,3-dihydro-benzimidazol-2-on mit Hilfe von Zinn und konz. wss. HCl (*Ėfroš, El'zow,* Ž. obšč. Chim. **28** [1958] 941, 944; engl. Ausg. S. 916, 918).

Hydrochlorid $C_9H_{11}N_3O \cdot HCl$. Kristalle (aus H_2O) mit 1 Mol H_2O.

Amino-Derivate der Oxo-Verbindungen $C_{10}H_{12}N_2O$

2-[2-Anilino-vinyl]-1,3-dimethyl-4-oxo-3,4,5,6,7,8-hexahydro-chinazolinium $[C_{18}H_{22}N_3O]^+$, Formel IX, und Mesomere.

Betain $C_{18}H_{21}N_3O$; 1,3-Dimethyl-2-[2-phenylimino-äthyliden]-2,3,5,6,7,8-hexa= hydro-1*H*-chinazolin-4-on. *B.* Aus dem Jodid (s. u.) mit Hilfe von NaOH in wss. Aceton (*Farbw. Hoechst,* U.S.P. 2861989 [1956]). – Kristalle (aus E.+Cyclohexan); F: 97–98°.

Jodid $[C_{18}H_{22}N_3O]I$. *B.* Aus 1,2,3-Trimethyl-4-oxo-3,4,5,6,7,8-hexahydro-chinazolinium-jo= did und *N,N′*-Diphenyl-formamidin (*Farbw. Hoechst*). – Kristalle (aus Me.); F: 215–216°.

Amino-Derivate der Oxo-Verbindungen $C_{11}H_{14}N_2O$

(±)-2,6-Diamino-5-cyclohex-1-enyl-5-methyl-5*H*-pyrimidin-4-on $C_{11}H_{16}N_4O$, Formel X (R = CH_3).

B. Aus (±)-2-Cyan-2-cyclohex-1-enyl-propionsäure-äthylester und Guanidin-nitrat mit Hilfe von methanol. Natriummethylat (*Dvornik et al.,* Arh. Kemiju **26** [1954] 15, 17).

F: 245–253° [Zers.].

(±)-7-Amino-3-isopropyl-3,4-dihydro-1*H*-chinoxalin-2-on $C_{11}H_{15}N_3O$, Formel XI.

Dihydrochlorid. *B.* Aus *N*-[2,4-Dinitro-phenyl]-DL-valin mit Hilfe von Zinn und wss. HCl (*Jutisz, Ritschard,* Biochim. biophys. Acta **17** [1955] 548, 549). – Kristalle; F: >300°.

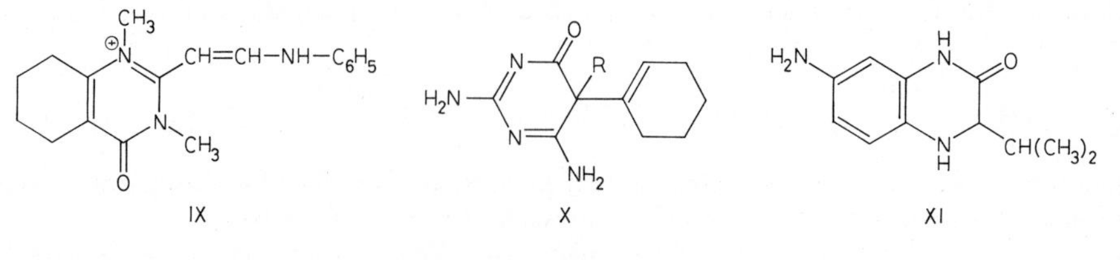

Amino-Derivate der Oxo-Verbindungen $C_{12}H_{16}N_2O$

(±)-5-Äthyl-2,6-diamino-5-cyclohex-1-enyl-5*H*-pyrimidin-4-on $C_{12}H_{18}N_4O$, Formel X ($R = C_2H_5$).

B. Aus (±)-2-Cyan-2-cyclohex-1-enyl-buttersäure-methylester bzw. -äthylester und Guanidin (*Eckstein,* Przem. chem. **32** [1953] 390, 392; C. A. **1955** 11668; *Dvornik et al.,* Arh. Kemiju **26** [1954] 15, 17).

Kristalle; F: 248–253° [Zers.] (*Dv. et al.*), 238–240° (*Eck.*).

(5*S*)-2-Amino-8,9,9-trimethyl-5,6,7,8-tetrahydro-3*H*-5,8-methano-chinazolin-4-on $C_{12}H_{17}N_3O$, Formel XII (X = O, X' = H) und Taut.

B. Aus (1*S*)-4,7,7-Trimethyl-norborn-2-en-2-carbonylchlorid (E II **9** 67) und Guanidin (*Mayer,* Ann. scient. Univ. Jassy **23** [1937] 279, 280).

Kristalle (aus A.) mit 1 Mol Äthanol; F: 321°.

[(5*S*)-8,9,9-Trimethyl-4-oxo-3,4,5,6,7,8-hexahydro-5,8-methano-chinazolin-2-yl]-carbamonitril $C_{13}H_{16}N_4O$, Formel XII (X = O, X' = CN) und Taut.

B. Aus (1*S*)-4,7,7-Trimethyl-norborn-2-en-2-carbonsäure-äthylester (E II **9** 66) und Cyan⸗guanidin mit Hilfe von äthanol. Natriumäthylat (*Mayer,* Ann. scient. Univ. Jassy **23** [1937] 279, 281).

Kristalle; F: 280°.

(5*S*)-2-Amino-8,9,9-trimethyl-5,6,7,8-tetrahydro-3*H*-5,8-methano-chinazolin-4-thion $C_{12}H_{17}N_3S$, Formel XII (X = S, X' = H) und Taut.

B. Aus (5*S*)-4-Chlor-8,9,9-trimethyl-5,6,7,8-tetrahydro-5,8-methano-chinazolin-2-ylamin mit Hilfe von äthanol. Na_2S (*Mayer,* Ann. scient. Univ. Jassy **23** [1937] 279, 280).

Gelbe Kristalle; F: 254–255°.

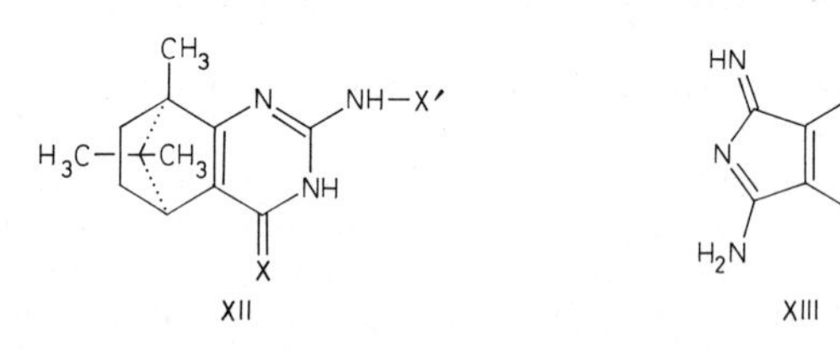

Amino-Derivate der Monooxo-Verbindungen $C_nH_{2n-10}N_2O$

Amino-Derivate der Oxo-Verbindungen $C_7H_4N_2O$

7-Amino-pyrrolo[3,4-*b*]pyridin-5-on-imin, 7-Imino-7*H*-pyrrolo[3,4-*b*]pyridin-5-ylamin $C_7H_6N_4$, Formel XIII und Taut.

B. Aus Pyridin-2,3-dicarbonsäure-nitrat, $[NH_4]NO_3$ und Harnstoff mit Hilfe von $[NH_4]_2MoO_4$ (*Farbenfabr. Bayer,* U.S.P. 2739155 [1952]).

Kristalle; F: 205–207° [Zers.] (*Farbenfabr. Bayer,* U.S.P. 2739155).

Beim Behandeln mit Toluol-4-sulfonsäure-hydrazid in Methanol ist eine vermutlich als 5-Imino-6-[toluol-4-sulfonyl]-5,6-dihydro-pyrido[2,3-*d*]pyridazin-8-ylamin oder als 8-Imino-7-[toluol-4-sulfonyl]-7,8-dihydro-pyrido[2,3-*d*]pyridazin-5-ylamin zu formulierende Verbindung $C_{14}H_{13}N_5O_2S$ [Kristalle; F: 130° (Zers.)] erhalten worden; analog entsteht mit Isonicotinsäure-hydrazid eine vermutlich als 5-Imino-6-isonicotinoyl-5,6-dihydro-pyrido[2,3-*d*]pyridazin-8-ylamin oder als 8-Imino-7-isonicotinoyl-7,8-dihydro-pyrido[2,3-*d*]pyridazin-5-ylamin zu formulierende Verbindung $C_{13}H_{10}N_6O$ [Kristalle; F: 300° (Zers.)] (*Farbenfabr. Bayer,* D.B.P. 941845 [1953]).

Amino-Derivate der Oxo-Verbindungen $C_8H_6N_2O$

3-Anilino-1*H*-cinnolin-4-on $C_{14}H_{11}N_3O$, Formel I und Taut.

Diese Konstitution kommt wahrscheinlich der E III **14** 139 (Zeile 10 v. o.) beschriebenen Verbindung $C_{14}H_{11}N_3O$ zu (*Schofield, Simpson,* Soc. **1945** 520).

B. Aus diazotiertem 1-[2-Amino-phenyl]-2-anilino-äthanon mit Hilfe von wss. KOH (*de Diesbach, Klement,* Helv. **24** [1941] 158, 171).

Braune Kristalle (aus Amylalkohol); F: 283° (*de Di., Kl.*).

6-Amino-1*H*-cinnolin-4-on $C_8H_7N_3O$, Formel II (R = H) und Taut.

B. Aus 6-Nitro-1*H*-cinnolin-4-on mit Hilfe von Eisen-Pulver und wss. Essigsäure (*Leonard, Boyd,* J. org. Chem. **11** [1946] 419, 424; s. a. *Schofield, Simpson,* Soc. **1945** 512, 518).

Gelbe Kristalle (aus A.); F: 275–276° [korr.] (*Le., Boyd*).

Beim Erhitzen mit Acetanhydrid ist 4-Acetoxy-6-acetylamino-cinnolin (S. 3426) erhalten worden (*Sch., Si.*).

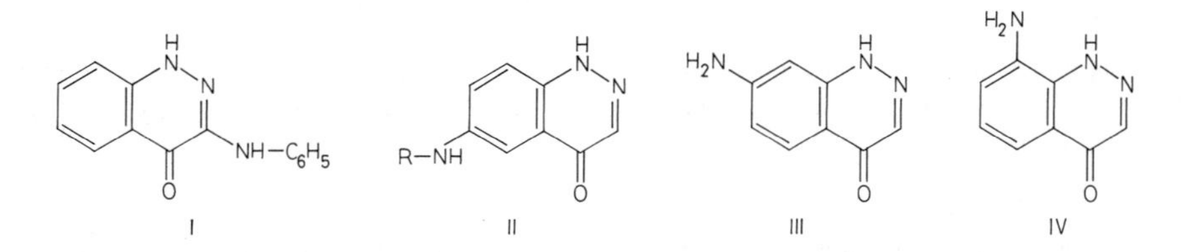

6-Acetylamino-1*H*-cinnolin-4-on, *N*-[4-Oxo-1,4-dihydro-cinnolin-6-yl]-acetamid $C_{10}H_9N_3O_2$, Formel II (R = $CO\text{-}CH_3$) und Taut.

B. Beim Aufbewahren [3 Monate] von diazotiertem Essigsäure-[3-acetyl-4-amino-anilid] in Essigsäure und wenig konz. H_2SO_4 (*Leonard, Boyd,* J. org. Chem. **11** [1946] 419, 424).

Kristalle (aus A.); F: 264° [korr.].

7-Amino-1*H*-cinnolin-4-on $C_8H_7N_3O$, Formel III und Taut.

B. Aus 7-Nitro-1*H*-cinnolin-4-on mit Hilfe von Eisen-Pulver und wss. Essigsäure (*Schofield, Theobald,* Soc. **1949** 2404, 2406).

Bräunliche Kristalle (aus wss. A.); F: 276–277° [unkorr.].

8-Amino-1*H*-cinnolin-4-on $C_8H_7N_3O$, Formel IV und Taut.

B. Analog der vorangehenden Verbindung (*Schofield, Theobald,* Soc. **1949** 2404, 2406).

Gelbe Kristalle (aus wss. Eg.); F: 290–291° [unkorr.].

2-Amino-3*H*-chinazolin-4-on $C_8H_7N_3O$, Formel V (R = R′ = H) und Taut. (H **24** 374; dort als 4-Oxo-2-imino-tetrahydrochinazolin bezeichnet).

B. Neben 1*H*-Chinazolin-2,4-dion beim längeren Behandeln von Isatin mit äthanol. NH_3 im Sonnenlicht (*Capuano, Giammanco,* G. **86** [1956] 126, 131).

Kristalle; F: >360° [aus A.] (*Ca., Gi.*), 315–316° (*Manolov,* Doklady Bolgarsk. Akad. **18** [1965] 243, 245), 315° [Zers.; aus H_2O oder A.] (*Grout, Partridge,* Soc. **1960** 3540, 3544), 310° [vorgeheizter App.] bzw. 298° [bei langsamem Erhitzen] (*Grammaticakis,* C. r. **247** [1958] 2013, 2014). UV-Spektrum (A.; 220–340 nm): *Gr.*

2-Anilino-3*H*-chinazolin-4-on $C_{14}H_{11}N_3O$, Formel VI (R = X = H) und Taut. (H **24** 374).

B. Beim Behandeln von *S*-Methyl-*N*-phenyl-isothioharnstoff mit Anthranilsäure und Erhitzen des Reaktionsprodukts (*Lange, Sheibley*, Am. Soc. **54** [1932] 1994, 1997). Aus 2-Chlor-3*H*-chinazolin-4-on und Anilin (*La., Sh.*). Aus den Hydrochloriden des [4-Äthoxy(oder 4-Methoxy)-chinazolin-2-yl]-phenyl-amins mit Hilfe von wss.-äthanol. HCl unter Zusatz von wenig Anilin (*La., Sh.*). Aus 2-Methylmercapto-3*H*-chinazolin-4-on und Anilin (*Deck, Dains*, Am. Soc. **55** [1933] 4986, 4988).

Kristalle (aus wss. A.); F: 261° [korr.] (*La., Sh.*). F: 256° (*Deck, Da.*).

Die Identität eines von *Ukai et al.* (J. pharm. Soc. Japan **57** [1937] 33, 886; dtsch. Ref. S. 7, 243) mit Vorbehalt ebenfalls unter dieser Konstitution beschriebenen Präparats (F: 228°; Absorptionsspektrum [A.; 280–470 nm]; aus 2-Thioxo-2,3-dihydro-benz[*e*][1,3]oxazin-4-on und Anilin hergestellt) ist ungewiss.

2-[4-Chlor-anilino]-3*H*-chinazolin-4-on $C_{14}H_{10}ClN_3O$, Formel VI (R = H, X = Cl) und Taut.

B. Beim Erwärmen von 2-Chlor-3*H*-chinazolin-4-on mit 4-Chlor-anilin und wss. HCl in Aceton (*Curd et al.*, Soc. **1947** 775, 778).

Kristalle (aus 2-Äthoxy-äthanol); F: 280–282°.

Hydrochlorid $C_{14}H_{10}ClN_3O \cdot HCl$. Kristalle (aus 2-Äthoxy-äthanol + wss. HCl); F: 277°.

2-Anilino-3-phenyl-3*H*-chinazolin-4-on $C_{20}H_{15}N_3O$, Formel V (R = R′ = C_6H_5) (H **24** 377).

B. Aus *S*-Methyl-*N,N′*-diphenyl-isothioharnstoff beim Erhitzen mit Anthranilsäure in Xylol oder mit Anthranilsäure-methylester in Nitrobenzol (*Deck, Dains*, Am. Soc. **55** [1933] 4986, 4988, 4990).

F: 163°.

2-*o*-Toluidino-3-*o*-tolyl-3*H*-chinazolin-4-on $C_{22}H_{19}N_3O$, Formel V (R = R′ = C_6H_4-CH_3).

B. Beim Erhitzen von Anthranilsäure mit *S*-Methyl-*N,N′*-di-*o*-tolyl-isothioharnstoff (*Deck, Dains*, Am. Soc. **55** [1933] 4986, 4988, 4990).

F: 157–159°.

2-*p*-Toluidino-3-*p*-tolyl-3*H*-chinazolin-4-on $C_{22}H_{19}N_3O$, Formel V (R = R′ = C_6H_4-CH_3).

B. Analog der vorangehenden Verbindung (*Deck, Dains*, Am. Soc. **55** [1933] 4986, 4988, 4990).

F: 149°.

2-*p*-Anisidino-3*H*-chinazolin-4-on $C_{15}H_{13}N_3O_2$, Formel VI (R = H, X = O-CH_3) und Taut.

B. Aus 2-Chlor-3*H*-chinazolin-4-on und *p*-Anisidin (*Curd et al.*, Soc. **1947** 775, 780).

Kristalle (aus 2-Äthoxy-äthanol); F: 262–263°.

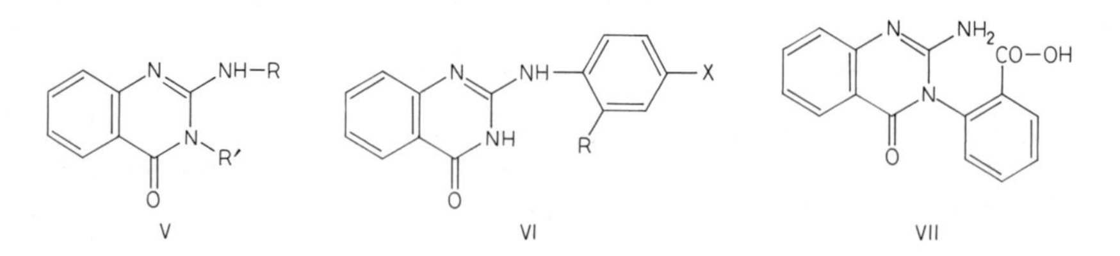

[4-Oxo-3,4-dihydro-chinazolin-2-yl]-carbamidsäure-äthylester $C_{11}H_{11}N_3O_3$, Formel V (R = CO-O-C_2H_5, R′ = H) und Taut.

B. Aus *N*-[*N,N′*-Bis-äthoxycarbonyl-carbamimidoyl]-anthranilsäure mit Hilfe von wss. KOH (*Murray, Dains*, Am. Soc. **56** [1934] 144).

Kristalle (aus wss. A.); F: 163°.

[4-Oxo-3,4-dihydro-chinazolin-2-yl]-carbamonitril $C_9H_6N_4O$, Formel V (R = CN, R′ = H) und Taut.

B. Aus der folgenden Verbindung mit Hilfe von $NaNO_2$ und wss. HCl (*Skowrońska-Serafinowa, Urbański*, Roczniki Chem. **26** [1952] 51, 55; C. A. **1953** 7507).

Kristalle (aus Py.); F: 306 – 307°.

[4-Oxo-3,4-dihydro-chinazolin-2-yl]-guanidin $C_9H_9N_5O$, Formel V (R = C(=NH)-NH₂, R′ = H) und Taut.

Diese Konstitution kommt der früher (E I **24** 343) als 2-Amino-4-oxo-4*H*-chinazolin-3-carbamidin („4-Oxo-2-imino-tetrahydrochinazolin-carbonsäure-(3)-amidin") $C_9H_9N_5O$ beschriebenen Verbindung zu (*Grout, Partridge,* Soc. **1960** 3540, 3544).

B. Aus Anthranilsäure und Cyanguanidin (*Takahashi, Niino,* J. pharm. Soc. Japan **63** [1943] 249, 252; C. A. **1951** 5120; *Skowrońska-Serafinowa, Urbański,* Roczniki Chem. **26** [1952] 51, 54; C. A. **1953** 7507).

Kristalle (aus wss. NaOH); F: 316 – 317° (*Sk.-Se., Ur.*).

Hydrochlorid $C_9H_9N_5O \cdot HCl$. Kristalle (aus Eg.); F: 284,5 – 285° (*Ta., Ni.*).

Sulfat $2C_9H_9N_5O \cdot H_2SO_4$. Kristalle; F: 304 – 306° (*Sk.-Se., Ur.*).

***N*-[4-Oxo-3,4-dihydro-chinazolin-2-yl]-*N′*-phenyl-guanidin** $C_{15}H_{13}N_5O$, Formel V (R = C(=NH)-NH-C_6H_5, R′ = H) und Taut.

B. Aus [4-Oxo-3,4-dihydro-chinazolin-2-yl]-carbamonitril und Anilin (*Skowrońska-Serafinowa, Urbański,* Roczniki Chem. **26** [1952] 51, 56; C. A. **1953** 7507).

Kristalle; F: 243°.

2-[2-Amino-4-oxo-4*H*-chinazolin-3-yl]-benzoesäure $C_{15}H_{11}N_3O_3$, Formel VII.

Hydrochlorid $C_{15}H_{11}N_3O_3 \cdot HCl$. *B.* Aus *N*-[4-Äthoxy-chinazolin-2-yl]-anthranilsäure-methylester mit Hilfe von wss. HCl (*Butler, Partridge,* Soc. **1959** 1512, 1516). Beim Erhitzen von 6*H*-Chinazolino[3,2-*a*]chinazolin-5,12-dion mit wss. NaOH und anschliessenden Behandeln mit wss. HCl (*Bu., Pa.*).

Kristalle (aus wss. HCl); F: 236 – 238°.

Methylester $C_{16}H_{13}N_3O_3$. Kristalle (aus A.); F: 224 – 225°. λ_{max} (A.): 218 nm, 290 nm, 330 nm und 382 nm (*Bu., Pa.,* l. c. S. 1513).

***N*-[4-Oxo-3,4-dihydro-chinazolin-2-yl]-anthranilsäure** $C_{15}H_{11}N_3O_3$, Formel VI (R = CO-OH, X = H) und Taut.

Hydrochlorid. *B.* Aus 2-Chlor-3*H*-chinazolin-4-on und Anthranilsäure in Äthanol (*Butler, Partridge,* Soc. **1959** 1512, 1517). – F: > 360°. – Wenig beständig; beim Erhitzen in H_2O bildet sich 6*H*-Chinazolino[3,2-*a*]chinazolin-5,12-dion.

***N*-[4-Oxo-3,4-dihydro-chinazolin-2-yl]-anthranilsäure-methylester** $C_{16}H_{13}N_3O_3$, Formel VI (R = CO-O-CH_3, X = H) und Taut.

B. Aus 2-Chlor-3*H*-chinazolin-4-on und Anthranilsäure-methylester in Äthanol (*Butler, Partridge,* Soc. **1959** 1512, 1516).

Kristalle (aus A.); F: 290 – 296° [nach Sintern und Gelbfärbung bei 200°]. λ_{max} (A.): 281 nm, 288 nm und 326 nm (*Bu., Pa.,* l. c. S. 1513).

2-[2-Diäthylamino-äthylamino]-3*H*-chinazolin-4-on $C_{14}H_{20}N_4O$, Formel VIII (R = CH_2-CH_2-N(C_2H_5)₂) und Taut.

B. Aus 2-Chlor-3*H*-chinazolin-4-on und *N,N*-Diäthyl-äthylendiamin (*Curd et al.,* Soc. **1948** 1766, 1769; *CIBA,* D.B.P. 831249 [1951]; D.R.B.P. Org. Chem. 1950 – 1951 **3** 1190, 1195; U.S.P. 2623878 [1949]).

Kristalle (aus Bzl. + PAe.) mit 1 Mol H_2O; F: 96 – 98° (*Curd et al.*).

Hydrochlorid. Kristalle (aus A.); F: 201 – 203° (*CIBA*).

2-[3-Diäthylamino-propylamino]-3*H*-chinazolin-4-on $C_{15}H_{22}N_4O$, Formel VIII (R = [CH_2]₃-N(C_2H_5)₂) und Taut.

B. Analog der vorangehenden Verbindung (*Curd et al.,* Soc. **1948** 1766, 1770).

Kristalle (aus PAe.) mit 1 Mol H_2O; F: 96 – 97°.

2-[3-Dibutylamino-propylamino]-3*H*-chinazolin-4-on $C_{19}H_{30}N_4O$, Formel VIII (R = $[CH_2]_3$-N($[CH_2]_3$-CH_3)$_2$) und Taut.

B. Analog den vorangehenden Verbindungen (*Curd et al.*, Soc. **1948** 1766, 1770).

Hellgelbe Kristalle (aus wss. Me.) mit 0,5 Mol H_2O; F: 103–104°.

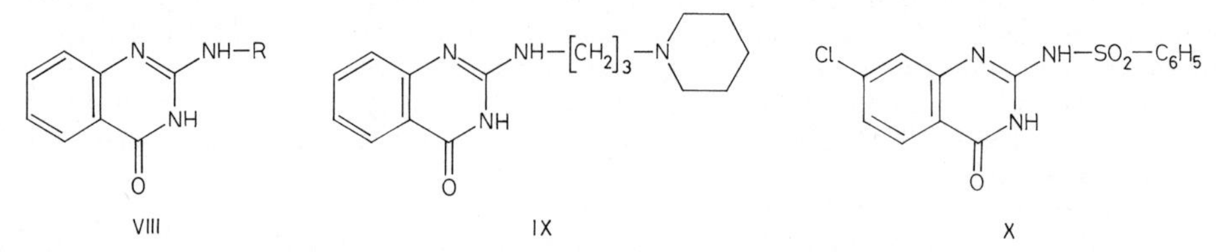

2-[3-Piperidino-propylamino]-3*H*-chinazolin-4-on $C_{16}H_{22}N_4O$, Formel IX und Taut.

B. Analog den vorangehenden Verbindungen (*Curd et al.*, Soc. **1948** 1766, 1770).

Kristalle (aus Bzl. + PAe.) mit 0,5 Mol H_2O; F: 117–119°.

(±)-2-[4-Diäthylamino-1-methyl-butylamino]-3*H*-chinazolin-4-on $C_{17}H_{26}N_4O$, Formel VIII (R = CH(CH_3)-$[CH_2]_3$-N(C_2H_5)$_2$) und Taut.

B. Beim Erhitzen von 2-Chlor-4-methoxy-chinazolin mit (±)-N^4,N^4-Diäthyl-1-methyl-butan=diyldiamin und anschliessenden Erwärmen mit konz. wss. HCl (*Bunnett*, Am. Soc. **68** [1946] 1327).

Kristalle (nach Sublimation bei 100–150° im Hochvakuum); F: 90° und (nach Wiedererstar=ren) F: 177,5–181°.

2-Benzolsulfonylamino-7-chlor-3*H*-chinazolin-4-on, *N*-[7-Chlor-4-oxo-3,4-dihydro-chinazolin-2-yl]-benzolsulfonamid $C_{14}H_{10}ClN_3O_3S$, Formel X und Taut.

B. Aus 2-Amino-4-chlor-benzoesäure-äthylester und Benzolsulfonylguanidin (*Price, Reitsema*, J. org. Chem. **12** [1947] 269, 273).

Kristalle (aus A.); F: 284,5–286°.

5-Amino-3*H*-chinazolin-4-on $C_8H_7N_3O$, Formel XI und Taut. (H 464).

B. Aus 5-Nitro-3*H*-chinazolin-4-on bei der Hydrierung an Palladium/Kohle in 2-Methoxy-äthanol (*Baker et al.*, J. org. Chem. **17** [1952] 164, 169) oder bei der Reduktion mit Hilfe von $SnCl_2$ und konz. wss. HCl (*Wu, Hamilton*, Am. Soc. **74** [1952] 1863; vgl. H 464).

Kristalle; F: 236° [aus H_2O] (*Wu, Ha.*), 225–227° (*Ba. et al.*).

Acetyl-Derivat $C_{10}H_9N_3O_2$; 5-Acetylamino-3*H*-chinazolin-4-on, *N*-[4-Oxo-3,4-dihydro-chinazolin-5-yl]-acetamid (H 464). Kristalle (aus H_2O); F: 286–287° (*Ba. et al.*).

***Opt.-inakt. 5-Amino-3-[3-(3-methoxy-[2]piperidyl)-2-oxo-propyl]-3*H*-chinazolin-4-on** $C_{17}H_{22}N_4O_3$, Formel XII (R = CH_3, R′ = H).

B. Beim Behandeln von *N*-[4-Oxo-3,4-dihydro-chinazolin-5-yl]-acetamid mit opt.-inakt. 2-[3-Brom-2-oxo-propyl]-3-methoxy-piperidin-1-carbonsäure-äthylester und Natriummethylat in Methanol und Erhitzen des Reaktionsprodukts mit konz. wss. HCl (*Baker et al.*, J. org. Chem. **17** [1952] 164, 174).

Dihydrochlorid $C_{17}H_{22}N_4O_3 \cdot 2HCl$. F: 115–120°.

***Opt.-inakt. 5-Acetylamino-3-[3-(3-hydroxy-[2]piperidyl)-2-oxo-propyl]-3*H*-chinazolin-4-on, *N*-{3-[3-(3-Hydroxy-[2]piperidyl)-2-oxo-propyl]-4-oxo-3,4-dihydro-chinazolin-5-yl}-acetamid** $C_{18}H_{22}N_4O_4$, Formel XII (R = H, R′ = CO-CH_3).

B. Beim Erhitzen der vorangehenden Verbindung mit wss. HBr und Erhitzen des Reaktions=produkts in H_2O mit Acetanhydrid (*Baker et al.*, J. org. Chem. **17** [1952] 164, 175).

Dihydrochlorid $C_{18}H_{22}N_4O_4 \cdot 2HCl$. Feststoff mit 1 Mol H_2O; F: > 275° [Zers.].

6-Amino-3*H*-chinazolin-4-on $C_8H_7N_3O$, Formel XIII (R = R′ = H) und Taut. (E I 681).

B. Bei der Hydrierung von 6-Nitro-3*H*-chinazolin-4-on an Platin in Methanol oder methanol.

HCl (*Tsuda et al.*, J. pharm. Soc. Japan **62** [1942] 69, 75; dtsch. Ref. S. 26; C. A. **1951** 1580) sowie an Palladium/Kohle in 2-Methoxy-äthanol (*Baker et al.*, J. org. Chem. **17** [1952] 141, 144).

Kristalle (aus Me.), die unterhalb 300° nicht schmelzen (*Ts. et al.*; vgl. E I 681).

Hydrochlorid. Zers. bei 283° (*Ts. et al.*).

Acetyl-Derivat $C_{10}H_9N_3O_2$; 6-Acetylamino-3*H*-chinazolin-4-on, *N*-[4-Oxo-3,4-dihydro-chinazolin-6-yl]-acetamid (E I 682). F: 324–326° [Zers.] (*Ba. et al.*).

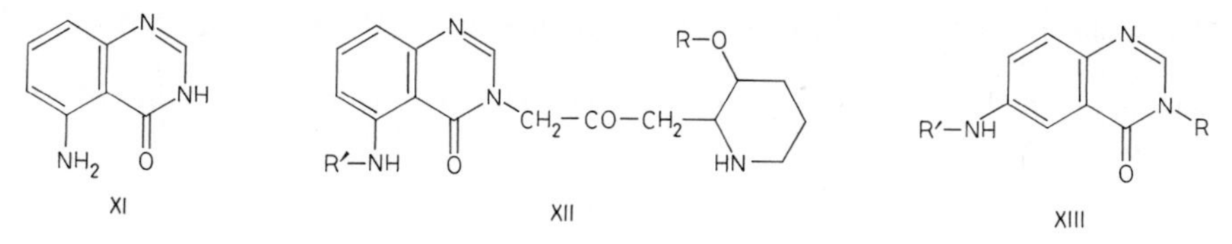

XI XII XIII

6-Amino-3-methyl-3*H*-chinazolin-4-on $C_9H_9N_3O$, Formel XIII (R = CH_3, R′ = H) (E I 682).

B. Aus 3-Methyl-6-nitro-3*H*-chinazolin-4-on mit Hilfe von $SnCl_2$ und konz. wss. HCl (*Tsuda et al.*, J. pharm. Soc. Japan **62** [1942] 69, 76; dtsch. Ref. S. 26; C. A. **1951** 1580; vgl. E I 682).

Kristalle (aus H_2O); F: 210°.

Acetyl-Derivat $C_{11}H_{11}N_3O_2$; 6-Acetylamino-3-methyl-3*H*-chinazolin-4-on, *N*-[3-Methyl-4-oxo-3,4-dihydro-chinazolin-6-yl]-acetamid (E I 682). F: 269°.

Hydrochlorid. Unterhalb 320° nicht schmelzend.

6-[2-Diäthylamino-äthylamino]-3-methyl-3*H*-chinazolin-4-on $C_{15}H_{22}N_4O$, Formel XIII (R = CH_3, R′ = CH_2-CH_2-$N(C_2H_5)_2$).

B. Aus 6-Amino-3-methyl-3*H*-chinazolin-4-on und Diäthyl-[2-chlor-äthyl]-amin-hydrochlorid (*Tsuda et al.*, J. pharm. Soc. Japan **62** [1942] 69, 76; dtsch. Ref. S. 26; C. A. **1951** 1580).

$Kp_{0,1}$: 200–220° [Badtemperatur].

Dipicrat $C_{15}H_{22}N_4O \cdot 2C_6H_3N_3O_7$. Orangegelbe Kristalle (aus Acn.); Zers. bei 120°.

***Opt.-inakt. 6-Amino-3-[3-(3-hydroxy-[2]piperidyl)-2-oxo-propyl]-3*H*-chinazolin-4-on** $C_{16}H_{20}N_4O_3$, Formel XIV (R = X′ = H, X = NH_2).

B. Aus der folgenden Verbindung mit Hilfe von wss. HBr (*Baker et al.*, J. org. Chem. **17** [1952] 141, 147).

Trihydrochlorid $C_{16}H_{20}N_4O_3 \cdot 3HCl$. Kristalle mit 4 Mol H_2O; F: 90° [Zers.].

***Opt.-inakt. 6-Amino-3-[3-(3-methoxy-[2]piperidyl)-2-oxo-propyl]-3*H*-chinazolin-4-on** $C_{17}H_{22}N_4O_3$, Formel XIV (R = CH_3, X = NH_2, X′ = H).

B. Beim Behandeln von *N*-[4-Oxo-3,4-dihydro-chinazolin-6-yl]-acetamid mit opt.-inakt. 2-[3-Brom-2-oxo-propyl]-3-methoxy-piperidin-1-carbonsäure-äthylester und Natriummethylat in Methanol und Erwärmen des Reaktionsprodukts mit wss. HCl (*Baker et al.*, J. org. Chem. **17** [1952] 141, 145, 146).

Trihydrochlorid $C_{17}H_{22}N_4O_3 \cdot 3HCl$. Kristalle mit 0,5 Mol H_2O; F: 118–120° [Zers.].

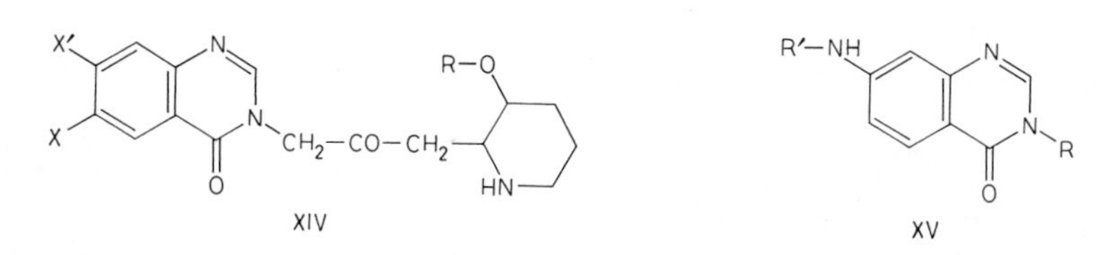

XIV XV

7-Amino-3*H*-chinazolin-4-on $C_8H_7N_3O$, Formel XV (R = R′ = H) und Taut.

B. Aus 7-Nitro-3*H*-chinazolin-4-on bei der Hydrierung an Palladium/Kohle in 2-Methoxy-äthanol (*Baker et al.*, J. org. Chem. **17** [1952] 141, 145) oder bei der Reduktion mit Hilfe von $SnCl_2$ und konz. wss. HCl (*Wu, Hamilton*, Am. Soc. **74** [1952] 1863).

Kristalle; F: 315° [aus H_2O] (*Wu, Ha.*), 306° [Zers.; aus Me. + 2-Methoxy-äthanol] (*Ba. et al.*).

Acetyl-Derivat $C_{10}H_9N_3O_2$; 7-Acetylamino-3*H*-chinazolin-4-on, *N*-[4-Oxo-3,4-dihydro-chinazolin-7-yl]-acetamid. Kristalle (aus H_2O); F: 302–303° (*Ba. et al.*).

7-Amino-3-methyl-3*H*-chinazolin-4-on $C_9H_9N_3O$, Formel XV (R = CH_3, R′ = H).
B. Bei der Hydrierung von 3-Methyl-7-nitro-3*H*-chinazolin-4-on an Raney-Nickel in Methanol (*Tsuda et al.*, J. pharm. Soc. Japan **62** [1942] 69, 76; dtsch. Ref. S. 26; C.A. **1951** 1580).
Kristalle (aus Me.); F: 220°.

7-[2-Diäthylamino-äthylamino]-3-methyl-3*H*-chinazolin-4-on $C_{15}H_{22}N_4O$, Formel XV (R = CH_3, R′ = CH_2-CH_2-N(C_2H_5)$_2$).
B. Aus 7-Amino-3-methyl-3*H*-chinazolin-4-on und Diäthyl-[2-chlor-äthyl]-amin-hydrochlorid (*Tsuda et al.*, J. pharm. Soc. Japan **62** [1942] 69, 77; dtsch. Ref. S. 26; C.A. **1951** 1580).
$Kp_{0,1}$: 210–230° [Badtemperatur].
Dipicrat $C_{15}H_{22}N_4O \cdot 2C_6H_3N_3O_7$. F: 206°.

***Opt.-inakt. 7-Amino-3-[3-(3-hydroxy-[2]piperidyl)-2-oxo-propyl]-3*H*-chinazolin-4-on** $C_{16}H_{20}N_4O_3$, Formel XIV (R = X = H, X′ = NH_2).
B. Beim Erhitzen der folgenden Verbindung mit wss. HBr (*Baker et al.*, J. org. Chem. **17** [1952] 141, 147).
Dihydrochlorid $C_{16}H_{20}N_4O_3 \cdot 2HCl$. Kristalle mit 1,5 Mol H_2O; F: 85° [Zers.].

***Opt.-inakt. 7-Amino-3-[3-(3-methoxy-[2]piperidyl)-2-oxo-propyl]-3*H*-chinazolin-4-on** $C_{17}H_{22}N_4O_3$, Formel XIV (R = CH_3, X = H, X′ = NH_2).
B. Beim Behandeln von *N*-[4-Oxo-3,4-dihydro-chinazolin-7-yl]-acetamid mit opt.-inakt. 2-[3-Brom-2-oxo-propyl]-3-methoxy-piperidin-1-carbonsäure-äthylester und Natriummethylat in Methanol und Erwärmen des Reaktionsprodukts mit wss. HCl (*Baker et al.*, J. org. Chem. **17** [1952] 141, 146).
Dihydrochlorid $C_{17}H_{22}N_4O_3 \cdot 2HCl$. Kristalle mit 0,5 Mol H_2O; F: 85° [Zers.].

8-Amino-3*H*-chinazolin-4-on $C_8H_7N_3O$, Formel I (R = H) und Taut.
B. Aus 8-Nitro-3*H*-chinazolin-4-on bei der Hydrierung an Raney-Nickel in Methanol (*Tsuda et al.*, J. pharm. Soc. Japan **62** [1942] 69, 76; dtsch. Ref. S. 26; C.A. **1951** 1580) oder bei der Reduktion mit Hilfe von wss. Na_2S (*Elderfield et al.*, J. org. Chem. **12** [1947] 405, 414).
Kristalle; F: 260–261° [korr.; nach Sintern bei 235–237°; aus H_2O] (*El. et al.*), 258° [aus Me.] (*Ts. et al.*).
Hydrochlorid. F: 240° (*Ts. et al.*).

8-Amino-3-methyl-3*H*-chinazolin-4-on $C_9H_9N_3O$, Formel II (R = X = H).
B. Bei der Hydrierung von 3-Methyl-8-nitro-3*H*-chinazolin-4-on an Raney-Nickel in Methanol (*Tsuda et al.*, J. pharm. Soc. Japan **62** [1942] 69, 76; dtsch. Ref. S. 26; C.A. **1951** 1580).
Kristalle (aus Me.); F: 160°.
Hydrochlorid. Kristalle (aus H_2O); Zers. bei 257°.

8-[2-Diäthylamino-äthylamino]-3-methyl-3*H*-chinazolin-4-on $C_{15}H_{22}N_4O$, Formel II (R = CH_2-CH_2-N(C_2H_5)$_2$, X = H).
B. Aus 8-Amino-3-methyl-3*H*-chinazolin-4-on und Diäthyl-[2-chlor-äthyl]-amin-hydrochlorid (*Tsuda et al.*, J. pharm. Soc. Japan **62** [1942] 69, 77; dtsch. Ref. S. 26; C.A. **1951** 1580).
$Kp_{0,1}$: 200–210° [Badtemperatur].
Picrat $C_{15}H_{22}N_4O \cdot C_6H_3N_3O_7$. Orangefarbene Kristalle (aus Acn. + Me.); F: 94° [Zers.].

8-[Toluol-4-sulfonylamino]-3*H*-chinazolin-4-on, *N*-[4-Oxo-3,4-dihydro-chinazolin-8-yl]-toluol-4-sulfonamid $C_{15}H_{13}N_3O_3S$, Formel I (R = SO_2-C_6H_4-CH_3) und Taut.
B. Aus 8-Amino-3*H*-chinazolin-4-on und Toluol-4-sulfonylchlorid mit Hilfe von Pyridin (*Elderfield et al.*, J. org. Chem. **12** [1947] 405, 414).
Kristalle (aus A. + Py.); F: 268–269° [korr.].

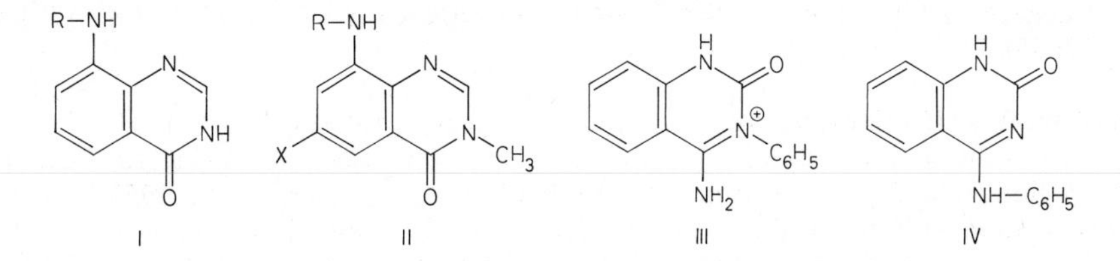

8-Amino-6-chlor-3-methyl-3*H*-chinazolin-4-on $C_9H_8ClN_3O$, Formel II (R = H, X = Cl).

B. Bei der Hydrierung von 6-Chlor-3-methyl-8-nitro-3*H*-chinazolin-4-on an Raney-Nickel in Methanol (*Tsuda et al.*, J. pharm. Soc. Japan **62** [1942] 69, 76; dtsch. Ref. S. 26; C.A. **1951** 1580).

Hellgelbe Kristalle (aus Me.); F: 170°.

Hydrochlorid. F: 165°.

6-Chlor-8-[2-diäthylamino-äthylamino]-3-methyl-3*H*-chinazolin-4-on $C_{15}H_{21}ClN_4O$, Formel II (R = CH_2-CH_2-$N(C_2H_5)_2$, X = Cl).

B. Aus 8-Amino-6-chlor-3-methyl-3*H*-chinazolin-4-on und Diäthyl-[2-chlor-äthyl]-amin-hydrochlorid (*Tsuda et al.*, J. pharm. Soc. Japan **62** [1942] 69, 76; dtsch. Ref. S. 26; C.A. **1951** 1580).

$Kp_{0,1}$: 220 – 240° [Badtemperatur].

Picrat $C_{15}H_{21}ClN_4O \cdot C_6H_3N_3O_7$. Orangegelbe Kristalle (aus Acn.); F: 184 – 187°.

4-Amino-2-oxo-3-phenyl-1,2-dihydro-chinazolinium $[C_{14}H_{12}N_3O]^+$, Formel III.

Betain $C_{14}H_{11}N_3O$; 4-Imino-3-phenyl-3,4-dihydro-1*H*-chinazolin-2-on. *B.* Beim Behandeln von *N*-[2-Cyan-phenyl]-*N'*-phenyl-harnstoff mit wss. NH_3 oder mit wss. NaOH (*Sykes*, Soc. **1955** 2390, 2392). – Kristalle (aus wss. A.); F: 224°.

Chlorid $[C_{14}H_{12}N_3O]Cl$. F: 250° [Zers.].

4-Anilino-1*H*-chinazolin-2-on $C_{14}H_{11}N_3O$, Formel IV und Taut.

B. Aus N^2,N^4-Diphenyl-chinazolin-2,4-diyldiamin-hydrochlorid mit Hilfe von äthanol. KOH (*Dymek et al.*, Ann. Univ. Lublin [AA] **9** [1954] 35, 40; C. A. **1957** 5095).

Kristalle (aus A.); F: 252 – 254°.

Hydrochlorid $C_{14}H_{11}N_3O \cdot HCl$. Kristalle; F: 256 – 257°.

Picrat $C_{14}H_{11}N_3O \cdot C_6H_3N_3O_7$. Kristalle (aus A.); F: 262°.

4-Amino-1*H*-chinazolin-2-thion $C_8H_7N_3S$, Formel V (X = H) und Taut.

B. Aus 1*H*-Chinazolin-2,4-dithion und wss. NH_3 (*Russell et al.*, Am. Soc. **71** [1949] 2279, 2280).

F: 290 – 293° [Zers.].

4-Amino-6-chlor-1*H*-chinazolin-2-thion $C_8H_6ClN_3S$, Formel V (X = Cl) und Taut.

B. Aus 6-Chlor-2-thioxo-2,3-dihydro-1*H*-chinazolin-4-on und konz. wss. NH_3 (*Falco et al.*, Am. Soc. **73** [1951] 4466).

Kristalle (aus H_2O); F: 300 – 305° [Zers.].

3-Amino-1*H*-chinoxalin-2-on $C_8H_7N_3O$, Formel VI (R = R' = H) und Taut. (H **24** 381; dort als 3-Oxo-2-imino-tetrahydrochinoxalin bezeichnet).

B. Aus Chinoxalin-2,3-diyldiamin mit Hilfe von wss. HCl (*Stevens et al.*, Am. Soc. **68** [1946] 1035, 1037; vgl. H **24** 381).

Pulver, das unterhalb 350° nicht schmilzt (*St. et al.*). UV-Spektrum (wss. Lösung vom pH 6,48; 220 – 355 nm): *St. et al.*, l. c. S. 1036.

Beim Behandeln mit Dimethylsulfat und wss. NaOH (*St. et al.*, l. c. S. 1038) ist nur 3-Amino-1-methyl-1*H*-chinoxalin-2-on (s. u.), beim Behandeln mit Diazomethan in Äther sind daneben noch geringere Mengen 3-Methoxy-chinoxalin-2-ylamin erhalten worden (*Cheeseman*, Soc. **1955** 1804, 1805, 1809). Beim Erwärmen mit Benzoylchlorid [1,3 Mol] und Pyridin ist *N*-[3-Oxo-3,4-dihydro-chinoxalin-2-yl]-benzamid, beim Erhitzen mit Benzoylchlorid (Überschuss) ohne Basen=

zusatz ist dagegen 2-Phenyl-oxazolo[4,5-*b*]chinoxalin erhalten worden (*Shiho, Tagami,* Pharm. Bl. **5** [1957] 45).

3-Amino-1-methyl-1*H*-chinoxalin-2-on $C_9H_9N_3O$, Formel VI (R = CH_3, R′ = H).

Diese Konstitution kommt der von *Stevens et al.* (Am. Soc. **68** [1946] 1035, 1038) als 3-Methoxy-chinoxalin-2-ylamin formulierten Verbindung zu (*Cheeseman,* Soc. **1955** 1804, 1805).

B. Aus 3-Amino-1*H*-chinoxalin-2-on und Dimethylsulfat mit Hilfe von wss. NaOH (*St. et al.; Ch.,* l. c. S. 1809). Beim Erhitzen von 1-Methyl-3-phenoxy-1*H*-chinoxalin-2-on mit Ammoniumacetat auf 215° (*Ch.,* l. c. S. 1808).

Kristalle; F: 274–275° [aus H_2O] (*Ch.*), 264–270° [korr.; aus Nitromethan oder Py.] (*St. et al.*).

3-Methylamino-1*H*-chinoxalin-2-on $C_9H_9N_3O$, Formel VI (R = H, R′ = CH_3) und Taut.

B. Aus 1,4-Dihydro-chinoxalin-2,3-dion und Methylamin in H_2O mit Hilfe von $ZnCl_2$ (*I. G. Farbenind.,* D.R.P. 670355 [1936]; Frdl. **25** 737).

Kristalle (aus A.).

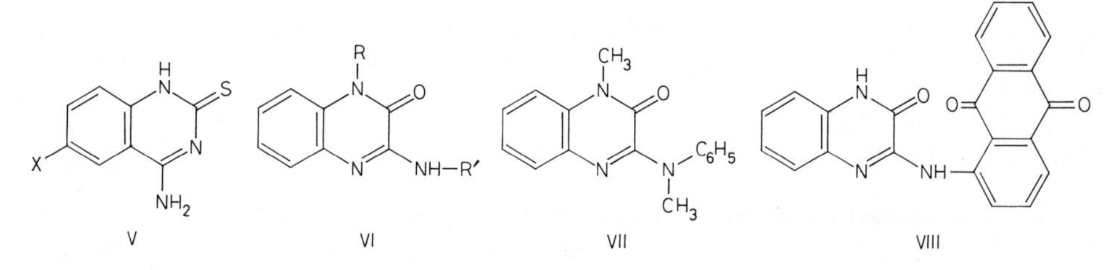

1-Methyl-3-methylamino-1*H*-chinoxalin-2-on $C_{10}H_{11}N_3O$, Formel VI (R = R′ = CH_3).

B. Aus 3-Chlor-1-methyl-1*H*-chinoxalin-2-on und Methylamin in wss. Methanol (*Clark-Lewis,* Soc. **1957** 422, 427).

Kristalle (aus Me.); F: 158°.

Acetyl-Derivat $C_{12}H_{13}N_3O_2$. Kristalle (aus Me.); F: 205°.

1-Methyl-3-[*N*-methyl-anilino]-1*H*-chinoxalin-2-on $C_{16}H_{15}N_3O$, Formel VII.

Die früher (E II **25** 373) unter dieser Konstitution („1-Methyl-3-methylanilino-chinoxalon-(2)") beschriebene Verbindung ist als 1-Methyl-3-[2-methylamino-phenyl]-1*H*-chinoxalin-2-on zu formulieren (*Clark-Lewis,* Soc. **1957** 439; *Clark-Lewis, Katekar,* Soc. **1959** 2825).

B. Aus 3-Chlor-1-methyl-1*H*-chinoxalin-2-on und *N*-Methyl-anilin in Methanol (*Cl.-Le.,* l. c. S. 440).

Gelbe Kristalle (aus Me.); F: 145–146° (*Cl.-Le.*).

1-[3-Oxo-3,4-dihydro-chinoxalin-2-ylamino]-anthrachinon $C_{22}H_{13}N_3O_3$, Formel VIII und Taut.

B. Aus 1,4-Dihydro-chinoxalin-2,3-dion und 1-Amino-anthrachinon mit Hilfe von $POCl_3$ in Nitrobenzol (*I. G. Farbenind.,* D.R.P. 651750 [1936]; Frdl. **24** 878; *Gen. Aniline Works,* U.S.P. 2123251 [1937]).

Orangefarbene Kristalle (aus Nitrobenzol).

3-Acetylamino-1*H*-chinoxalin-2-on, *N*-[3-Oxo-3,4-dihydro-chinoxalin-2-yl]-acetamid $C_{10}H_9N_3O_2$, Formel VI (R = H, R′ = CO-CH_3) und Taut.

B. Beim Erwärmen von 3-Amino-1*H*-chinoxalin-2-on mit Acetylchlorid und Pyridin (*Shiho, Tagami,* Pharm. Bl. **5** [1957] 45).

Kristalle; F: >350°.

Die folgenden Verbindungen sind in analoger Weise hergestellt worden:

3-Benzoylamino-1*H*-chinoxalin-2-on, *N*-[3-Oxo-3,4-dihydro-chinoxalin-2-yl]-benzamid $C_{15}H_{11}N_3O_2$, Formel IX (R = CO-C_6H_5) und Taut. Kristalle (aus A.); F: 255°. UV-Spektrum (A.; 230–330 nm): *Sh., Ta.*

2-Chlor-benzoesäure-[3-oxo-3,4-dihydro-chinoxalin-2-ylamid] $C_{15}H_{10}ClN_3O_2$,

Formel IX (R = CO-C_6H_4Cl) und Taut. Kristalle; F: 230°. UV-Spektrum (A.; 230–330 nm): *Sh., Ta.*

4-Chlor-benzoesäure-[3-oxo-3,4-dihydro-chinoxalin-2-ylamid] $C_{15}H_{10}ClN_3O_2$, Formel IX (R = CO-C_6H_4Cl) und Taut. Kristalle; F: 281°.

3-Nitro-benzoesäure-[3-oxo-3,4-dihydro-chinoxalin-2-ylamid] $C_{15}H_{10}N_4O_4$, Formel IX (R = CO-C_6H_4-NO_2) und Taut. Hellgelbe Kristalle; F: 272°.

4-Nitro-benzoesäure-[3-oxo-3,4-dihydro-chinoxalin-2-ylamid] $C_{15}H_{10}N_4O_4$, Formel IX (R = CO-C_6H_4-NO_2) und Taut. Hellgelbe Kristalle; F: 288°.

3-[2-Diäthylamino-äthylamino]-1*H*-chinoxalin-2-on $C_{14}H_{20}N_4O$, Formel IX (R = CH_2-CH_2-$N(C_2H_5)_2$) und Taut.

B. Aus *N,N*-Diäthyl-*N'*-[3-chlor-chinoxalin-2-yl]-äthylendiamin mit Hilfe von wss. HCl (*Crowther et al.*, Soc. **1949** 1260, 1271).

Kristalle (aus wss. A.) mit 1 Mol H_2O; F: 76–77°.

3-[3-Piperidino-propylamino]-1*H*-chinoxalin-2-on $C_{16}H_{22}N_4O$, Formel X (X = H) und Taut.

B. Als Hauptprodukt neben [3-Chlor-chinoxalin-2-yl]-[3-piperidino-propyl]-amin beim Erwärmen von 2,3-Dichlor-chinoxalin mit 3-Piperidino-propylamin in Äthanol (*Crowther et al.*, Soc. **1949** 1260, 1271).

Kristalle (aus Me.); F: 179–180°.

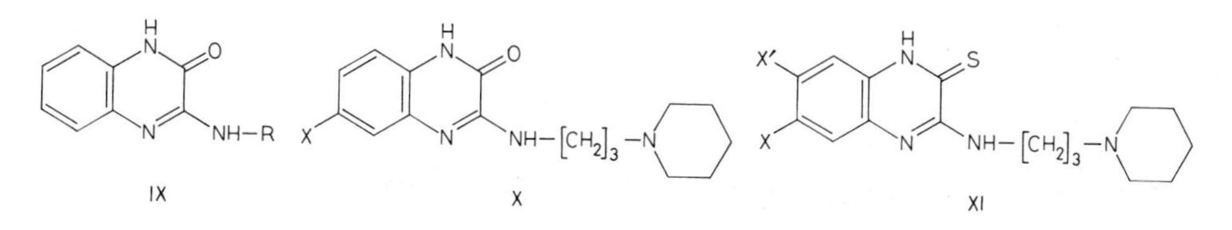

4-Nitro-benzolsulfonsäure-[3-oxo-3,4-dihydro-chinoxalin-2-ylamid] $C_{14}H_{10}N_4O_5S$, Formel IX (R = SO_2-C_6H_4-NO_2) und Taut.

B. Aus 3-Amino-1*H*-chinoxalin-2-on und 4-Nitro-benzolsulfonylchlorid mit Hilfe von Pyridin (*Stevens et al.*, Am. Soc. **68** [1946] 1035, 1037).

Gelbe Kristalle (aus A.); F: 310° [unkorr.; Zers.].

3-Sulfanilylamino-1*H*-chinoxalin-2-on, Sulfanilsäure-[3-oxo-3,4-dihydro-chinoxalin-2-ylamid] $C_{14}H_{12}N_4O_3S$, Formel IX (R = SO_2-C_6H_4-NH_2) und Taut.

B. Als Hauptprodukt neben 1,4-Dihydro-chinoxalin-2,3-dion beim Erwärmen von Sulfanilsäure-[3-methoxy-chinoxalin-2-ylamid] mit wss. NaOH (*Buděšinský et al.*, Collect. **37** [1972] 887, 889, 894). Aus 4-Nitro-benzolsulfonsäure-[3-oxo-3,4-dihydro-chinoxalin-2-ylamid] mit Hilfe von Eisen-Pulver und wss.-äthanol. HCl (*Stevens et al.*, Am. Soc. **68** [1946] 1035, 1038).

Kristalle; F: 277,5–278,5° (*Bu. et al.*), 275–278° [unkorr.] (*St. et al.*), 271–273° [Zers.; aus Butan-1-ol] (*Scudi, Silber*, J. biol. Chem. **156** [1944] 343, 345). UV-Spektrum (wss. Lösung vom pH 6,34; 230–400 nm): *St. et al.*

6-Chlor-3-[3-piperidino-propylamino]-1*H*-chinoxalin-2-on $C_{16}H_{21}ClN_4O$, Formel X (X = Cl) und Taut.

B. Aus [3,7-Dichlor-chinoxalin-2-yl]-[3-piperidino-propyl]-amin mit Hilfe von wss. HCl (*Crowther et al.*, Soc. **1949** 1260, 1267).

Kristalle (aus A.); F: 193°.

6-Chlor-3-[3-piperidino-propylamino]-1*H*-chinoxalin-2-thion $C_{16}H_{21}ClN_4S$, Formel XI (X = Cl, X' = H) und Taut.

B. Aus [3,7-Dichlor-chinoxalin-2-yl]-[3-piperidino-propyl]-amin und NaHS in Äthanol (*Crowther et al.*, Soc. **1949** 1260, 1266).

Gelbe Kristalle (aus Bzl. + PAe.); F: 139°.

7-Chlor-3-[3-piperidino-propylamino]-1*H*-chinoxalin-2-thion $C_{16}H_{21}ClN_4S$, Formel XI (X = H, X' = Cl) und Taut.

B. Analog der vorangehenden Verbindung (*Crowther et al.*, Soc. **1949** 1260, 1266).

Gelbe Kristalle (aus A.); F: 171°.

7-Amino-1*H*-chinoxalin-2-on $C_8H_7N_3O$, Formel XII.

B. Aus 7-Amino-3,4-dihydro-1*H*-chinoxalin-2-on mit Hilfe von verd. wss. H_2O_2 (*Atkinson et al.*, Soc. **1956** 26, 28). Aus 7-Nitro-1*H*-chinoxalin-2-on bei der Hydrierung an Raney-Nickel in Methanol (*Asano*, J. pharm. Soc. Japan **79** [1959] 658; C. A. **1959** 21979) oder bei der Reduktion mit Hilfe von $SnCl_2$ und Acetanhydrid in Essigsäure (*At. et al.*, l. c. S. 29).

Kristalle (aus Nitrobenzol); F: 360° (*At. et al.*).

Acetyl-Derivat $C_{10}H_9N_3O_2$; 7-Acetylamino-1*H*-chinoxalin-2-on, *N*-[3-Oxo-3,4-dihydro-chinoxalin-6-yl]-acetamid. Hellgelbe Kristalle (aus Nitrobenzol); F: 348 – 350° (*At. et al.*).

2-Amino-pyrido[1,2-*a*]pyrimidin-4-on $C_8H_7N_3O$, Formel XIII (R = X = H).

B. Aus 2-Chlor-pyrido[1,2-*a*]pyrimidin-4-on und äthanol. NH_3 (*Oakes, Rydon*, Soc. **1958** 209).

F: 257° [nach Sublimation bei 160°/10^{-4} Torr].

Picrat $C_8H_7N_3O \cdot C_6H_3N_3O_7$. Kristalle (aus A.); F: 222°.

2-Amino-3-chlor-pyrido[1,2-*a*]pyrimidin-4-on $C_8H_6ClN_3O$, Formel XIII (R = H, X = Cl).

B. Aus 2,3-Dichlor-pyrido[1,2-*a*]pyrimidin-4-on und äthanol. NH_3 (*Oakes, Rydon*, Soc. **1958** 209).

Kristalle (aus A.); F: 254°.

2-Anilino-3-chlor-pyrido[1,2-*a*]pyrimidin-4-on $C_{14}H_{10}ClN_3O$, Formel XIII (R = C_6H_5, X = Cl).

B. Aus 2,3-Dichlor-pyrido[1,2-*a*]pyrimidin-4-on und Anilin in wss. Essigsäure (*Oakes, Rydon*, Soc. **1958** 209).

Kristalle (aus A. oder wss. Dioxan); F: 195°.

3-Benzoylamino-pyrido[1,2-*a*]pyrimidin-4-on, *N*-[4-Oxo-4*H*-pyrido[1,2-*a*]pyrimidin-3-yl]-benzamid $C_{15}H_{11}N_3O_2$, Formel XIV.

B. Aus 2-Phenyl-4-[[2]pyridylamino-methylen]-4*H*-oxazol-5-on (F: 175°) mit Hilfe von äthanol. Natriumäthylat (*Cornforth*, Chem. Penicillin 1949 S. 688, 829).

Kristalle (aus A.); F: 168°.

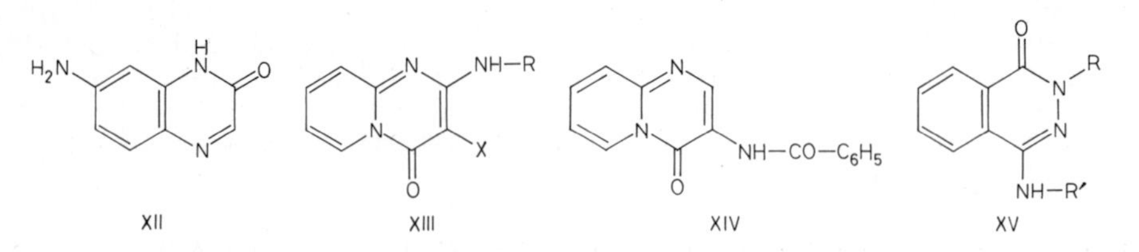

4-Amino-2*H*-phthalazin-1-on $C_8H_7N_3O$, Formel XV (R = R' = H) und Taut.

B. Aus 2-Cyan-benzoesäure-äthylester und $N_2H_4 \cdot H_2O$ in Äthanol (*Martius Filho, Gonçalves da Costa*, An. Esc. super. Quim. Univ. Recife **1** [1959] 41, 51). Beim Erhitzen von 4-Chlor-2*H*-phthalazin-1-on mit $[NH_4]_2CO_3$ und wss. NH_3 (*Stephenson*, Soc. **1944** 678). Aus [4-Oxo-3,4-dihydro-phthalazin-1-yl]-carbamidsäure-äthylester mit Hilfe von konz. wss. HCl (*Darapsky, Heinrichs*, J. pr. [2] **146** [1936] 307, 313).

Kristalle; F: 271 – 272° [korr.; aus H_2O] (*St.*), 260 – 262° [aus H_2O] (*Ma. Fi., Go. da Co.*), 257 – 258° (*Da., He.*).

Hydrochlorid $C_8H_7N_3O \cdot HCl$. Kristalle; F: 240°; beim Umkristallisieren aus heissem H_2O entsteht die Base (*Da., He.*).

Perchlorat $C_8H_7N_3O\cdot HClO_4$. Wenig beständige Kristalle; F: 209° (*Da., He.*).

Dibenzoyl-Derivat $C_{22}H_{15}N_3O_3$. Kristalle (aus A. + Trichloräthylen); F: 252–253° [unkorr.; Zers.] (*St.*).

4-Amino-2-methyl-2*H*-phthalazin-1-on $C_9H_9N_3O$, Formel XV (R = CH_3, R′ = H).

B. Aus 4-Chlor-2-methyl-2*H*-phthalazin-1-on und wss. NH_3 mit Hilfe von Bronze-Pulver (*Satoda et al.*, J. pharm. Soc. Japan **77** [1957] 703, 706; C. A. **1957** 17927).

Kristalle (aus H_2O); F: 158–160°.

4-[2-Hydroxy-äthylamino]-2*H*-phthalazin-1-on $C_{10}H_{11}N_3O_2$, Formel XV (R = H, R′ = CH_2-CH_2-OH) und Taut.

B. Aus *N*-[2-Pyrrol-1-yl-äthyl]-phthalimid und $N_2H_4\cdot H_2O$ in Äthanol (*Klamerth*, B. **84** [1951] 254, 256).

Hellviolette Kristalle (aus Me.); F: 250–252°.

Hydrochlorid $C_{10}H_{11}N_3O_2\cdot HCl$. Kristalle (aus H_2O); F: 190–200°.

(±)-4-[2-Hydroxy-3-phenoxy-propylamino]-2*H*-phthalazin-1-on $C_{17}H_{17}N_3O_3$, Formel XV (R = H, R′ = CH_2-CH(OH)-CH_2-O-C_6H_5) und Taut.

B. Aus (±)-*N*-[2-Hydroxy-3-phenoxy-propyl]-phthalimid und N_2H_4 in wss. Methanol (*Roth*, Ar. **292** [1959] 194, 199).

Kristalle; F: 177°.

[4-Oxo-3,4-dihydro-phthalazin-1-yl]-carbamidsäure-äthylester $C_{11}H_{11}N_3O_3$, Formel XV (R = H, R′ = CO-O-C_2H_5) und Taut.

B. Aus 4-Oxo-3,4-dihydro-phthalazin-1-carbonylazid und Äthanol (*Darapsky, Heinrichs*, J. pr. [2] **146** [1936] 307, 313).

Kristalle (aus A.); F: 207°.

[3-Methyl-4-oxo-3,4-dihydro-phthalazin-1-yl]-carbamidsäure-äthylester $C_{12}H_{13}N_3O_3$, Formel XV (R = CH_3, R′ = CO-O-C_2H_5).

B. Beim Behandeln des Hydrochlorids des 3-Methyl-4-oxo-3,4-dihydro-phthalazin-1-carbonsäure-hydrazids mit $NaNO_2$ in wss. HCl und Erwärmen des Reaktionsprodukts mit Äthanol (*Satoda et al.*, J. pharm. Soc. Japan **77** [1957] 703, 706; C. A. **1957** 17927).

Kristalle (aus A.); F: 158°.

2-Methyl-4-sulfanilylamino-2*H*-phthalazin-1-on, Sulfanilsäure-[3-methyl-4-oxo-3,4-dihydro-phthalazin-1-ylamid] $C_{15}H_{14}N_4O_3S$, Formel XV (R = CH_3, R′ = SO_2-C_6H_4-NH_2).

B. Aus der folgenden Verbindung mit Hilfe von wss. Alkalilauge (*Satoda et al.*, J. pharm. Soc. Japan **77** [1957] 703, 706; C. A. **1957** 17927).

Kristalle (aus wss. A.); F: 220°.

***N*-Acetyl-sulfanilsäure-[3-methyl-4-oxo-3,4-dihydro-phthalazin-1-ylamid], Essigsäure-[4-(3-methyl-4-oxo-3,4-dihydro-phthalazin-1-ylsulfamoyl)-anilid]** $C_{17}H_{16}N_4O_4S$, Formel XV (R = CH_3, R′ = SO_2-C_6H_4-NH-CO-CH_3).

B. Aus 4-Amino-2-methyl-2*H*-phthalazin-1-on und *N*-Acetyl-sulfanilylchlorid mit Hilfe von Pyridin (*Satoda et al.*, J. pharm. Soc. Japan **77** [1957] 703, 706; C. A. **1957** 17927).

Kristalle (aus A.); F: 256°.

4-Benzylamino-2*H*-phthalazin-1-thion $C_{15}H_{13}N_3S$, Formel I (R = CH_2-C_6H_5).

B. Aus 2,3-Dihydro-phthalazin-1,4-dithion und Benzylamin (*Fujii, Sato*, Ann. Rep. Tanabe pharm. Res. **1** [1956] Nr. 1, S. 1, 3; C. A. **1957** 6650).

Gelbe Kristalle (aus A.); F: 205°.

4-[4-Methoxy-benzylamino]-2*H*-phthalazin-1-thion $C_{16}H_{15}N_3OS$, Formel I (R = CH_2-C_6H_4-O-CH_3) und Taut.

B. Aus 2,3-Dihydro-phthalazin-1,4-dithion und 4-Methoxy-benzylamin (*Fujii, Sato*, Ann.

Rep. Tanabe pharm. Res. **1** [1956] Nr. 1, S. 1, 3; C. A. **1957** 6650).
Gelbe Kristalle; F: 205°.

2-Amino-1*H*-[1,5]naphthyridin-4-on $C_8H_7N_3O$, Formel II und Taut.
B. Aus 2,4-Dichlor-[1,5]naphthyridin und wss. NH_3 mit Hilfe von $CuSO_4$ (*Oakes, Rydon,* Soc. **1958** 204, 208).
Hellgelbe Kristalle; F: 320°.

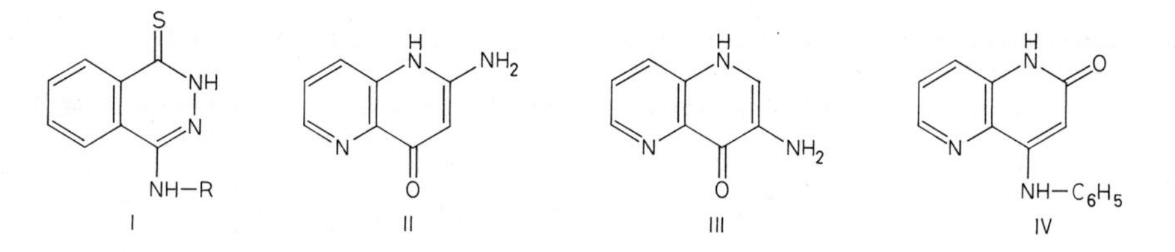

3-Amino-1*H*-[1,5]naphthyridin-4-on $C_8H_7N_3O$, Formel III und Taut.
B. Bei der Hydrierung von 3-Nitro-1*H*-[1,5]naphthyridin-4-on an Raney-Nickel in wss.-äthanol. NaOH (*Süs, Möller,* A. **593** [1955] 91, 119).
Gelbe Kristalle; Zers. ab 268°.

4-Anilino-1*H*-[1,5]naphthyridin-2-on $C_{14}H_{11}N_3O$, Formel IV und Taut.
B. Beim Erhitzen von 1*H*-[1,5]Naphthyridin-2,4-dion mit Anilin und Anilin-hydrochlorid (*Oakes, Rydon,* Soc. **1958** 204, 208).
Kristalle (aus A.); F: 251°.

3-Amino-1*H*-[1,6]naphthyridin-4-on $C_8H_7N_3O$, Formel V und Taut.
B. Bei der Hydrierung von 3-Nitro-1*H*-[1,6]naphthyridin-4-on an Raney-Nickel in wss. NH_3 bei 50°/80 at (*Möller, Süs,* A. **612** [1958] 153, 155).
Dihydrochlorid $C_8H_7N_3O \cdot 2HCl$. Hellgelbe Kristalle (aus wss. HCl).

3-Amino-1*H*-[1,7]naphthyridin-4-on $C_8H_7N_3O$, Formel VI und Taut.
B. Bei der Hydrierung von 3-Nitro-1*H*-[1,7]naphthyridin-4-on an Raney-Nickel in wss. NaOH (*Süs, Möller,* A. **599** [1956] 233, 235).
Dihydrochlorid $C_8H_7N_3O \cdot 2HCl$. Kristalle (aus Me. + konz. wss. HCl).

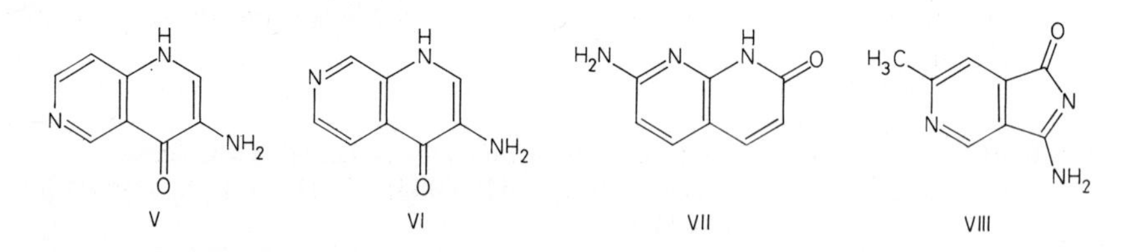

7-Amino-1*H*-[1,8]naphthyridin-2-on $C_8H_7N_3O$, Formel VII und Taut.
Diese Konstitution kommt der von *Adams et al.* (Am. Soc. **68** [1946] 1317) als 7-Amino-1*H*-[1,8]naphthyridin-4-on formulierten Verbindung zu (*Carboni et al.,* G. **95** [1965] 1492, 1493, 1495).
B. Aus 3-Äthoxy-2-[6-amino-[2]pyridylcarbamoyl]-acrylsäure-äthylester (F: 114–115°) mit Hilfe von konz. H_2SO_4 (*Ca. et al.,* l. c. S. 1499; s. a. *Ad. et al.*). Aus 7-Amino-2-oxo-1,2-dihydro-[1,8]naphthyridin-3-carbonsäure-äthylester beim Erhitzen mit wss. H_2SO_4 (*Ca. et al.,* l. c. S. 1499).
F: >360° (*Ca. et al.;* s. a. *Ad. et al.*).
Acetyl-Derivat $C_{10}H_9N_3O_2$; 7-Acetylamino-1*H*-[1,8]naphthyridin-2-on, *N*-[7-Oxo-7,8-dihydro-[1,8]naphthyridin-2-yl]-acetamid. Kristalle (aus DMF); F: >320°

(*Ca. et al.*, l. c. S. 1500; s. a. *Ad. et al.*).

3-Amino-6-methyl-pyrrolo[3,4-*c*]pyridin-1-on $C_8H_7N_3O$, Formel VIII.

B. Aus 5-Cyan-2-methyl-isonicotinsäure-äthylester und wss. NH_3 (*McLean, Spring,* Soc. **1949** 2582, 2585).

Kristalle (aus Dioxan); Zers. bei 225–260°.

Amino-Derivate der Oxo-Verbindungen $C_9H_8N_2O$

1,2-Dimethyl-4-methylamino-5-phenyl-1,2-dihydro-pyrazol-3-on $C_{12}H_{15}N_3O$, Formel IX (R = CH_3, R′ = H)

B. Beim Erhitzen von 4-Benzylidenamino-1,2-dimethyl-5-phenyl-1,2-dihydro-pyrazol-3-on mit Dimethylsulfat und anschliessenden Behandeln mit H_2O (*Farbw. Hoechst,* D.B.P. 927992 [1952]).

F: 130°.

4-Isopropylamino-1,2-dimethyl-5-phenyl-1,2-dihydro-pyrazol-3-on $C_{14}H_{19}N_3O$, Formel IX (R = $CH(CH_3)_2$, R′ = H).

B. Aus 4-Amino-1,2-dimethyl-5-phenyl-1,2-dihydro-pyrazol-3-on und Isopropylbromid (*Farbw. Hoechst,* D.B.P. 927992 [1952]).

F: 91°.

4-Isobutylamino-1,2-dimethyl-5-phenyl-1,2-dihydro-pyrazol-3-on $C_{15}H_{21}N_3O$, Formel IX (R = CH_2-$CH(CH_3)_2$, R′ = H).

B. Beim Behandeln von 4-Amino-1,2-dimethyl-5-phenyl-1,2-dihydro-pyrazol-3-on mit Isobutyraldehyd und anschliessenden katalytischen Hydrieren (*Farbw. Hoechst,* D.B.P. 927992 [1952]).

F: 75°.

4-Benzylamino-1,2-dimethyl-5-phenyl-1,2-dihydro-pyrazol-3-on $C_{18}H_{19}N_3O$, Formel IX (R = CH_2-C_6H_5, R′ = H).

B. Durch katalytische Hydrierung von 4-Benzylidenamino-1,2-dimethyl-5-phenyl-1,2-dihydro-pyrazol-3-on (*Farbw. Hoechst,* D.B.P. 927992 [1952]).

F: 90°.

[1,2-Dimethyl-3-oxo-5-phenyl-2,3-dihydro-1*H*-pyrazol-4-ylamino]-methansulfonsäure $C_{12}H_{15}N_3O_4S$, Formel IX (R = CH_2-SO_2-OH, R′ = H).

Natrium-Salz. *B.* Aus 4-Amino-1,2-dimethyl-5-phenyl-1,2-dihydro-pyrazol-3-on, wss. Formaldehyd und wss. $NaHSO_3$ (*Farbw. Hoechst,* D.B.P. 927992 [1952]). – Kristalle (aus wss. A.); F: 194–196°.

[(1,2-Dimethyl-3-oxo-5-phenyl-2,3-dihydro-1*H*-pyrazol-4-yl)-methyl-amino]-methansulfinsäure $C_{13}H_{17}N_3O_3S$, Formel IX (R = CH_3, R′ = CH_2-SO-OH).

Natrium-Salz. *B.* Aus 1,2-Dimethyl-4-methylamino-5-phenyl-1,2-dihydro-pyrazol-3-on und dem Natrium-Salz der Hydroxymethansulfinsäure in H_2O (*Farbw. Hoechst,* D.B.P. 927992 [1952]). – F: 221° [Zers.].

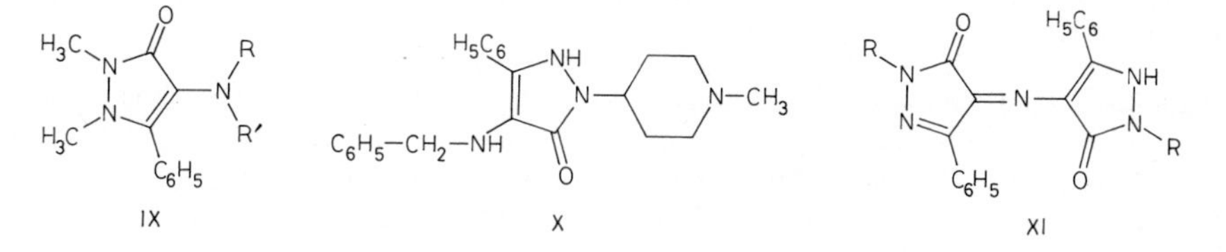

[(1,2-Dimethyl-3-oxo-5-phenyl-2,3-dihydro-1*H*-pyrazol-4-yl)-methyl-amino]-methansulfonsäure $C_{13}H_{17}N_3O_4S$, Formel IX (R = CH_3, R′ = CH_2-SO_2-OH).

Natrium-Salz. *B.* Aus 1,2-Dimethyl-4-methylamino-5-phenyl-1,2-dihydro-pyrazol-3-on, wss. Formaldehyd und wss. $NaHSO_3$ (*Farbw. Hoechst,* D.B.P. 927992 [1952]). – Kristalle (aus wss. A.); F: 98°.

Calcium-Salz. Zers. bei 304°.

[(1,2-Dimethyl-3-oxo-5-phenyl-2,3-dihydro-1*H*-pyrazol-4-yl)-isopropyl-amino]-methansulfonsäure $C_{15}H_{21}N_3O_4S$, Formel IX (R = $CH(CH_3)_2$, R' = CH_2-SO_2-OH).

Natrium-Salz. *B.* Aus 4-Isopropylamino-1,2-dimethyl-5-phenyl-1,2-dihydro-pyrazol-3-on, wss. Formaldehyd und wss. $NaHSO_3$ (*Farbw. Hoechst,* D.B.P. 927992 [1952]). Aus dem Natrium-Salz der [1,2-Dimethyl-3-oxo-5-phenyl-2,3-dihydro-1*H*-pyrazol-4-ylamino]-methansulfonsäure und Diisopropylsulfat mit Hilfe von Na_2CO_3 in H_2O (*Farbw. Hoechst*). – Kristalle (aus wss. A.); F: 159°.

[(1,2-Dimethyl-3-oxo-5-phenyl-2,3-dihydro-1*H*-pyrazol-4-yl)-isobutyl-amino]-methansulfonsäure $C_{16}H_{23}N_3O_4S$, Formel IX (R = CH_2-$CH(CH_3)_2$, R' = CH_2-SO_2-OH).

Natrium-Salz. *B.* Aus 4-Isobutylamino-1,2-dimethyl-5-phenyl-1,2-dihydro-pyrazol-3-on, wss. Formaldehyd und wss. $NaHSO_3$ (*Farbw. Hoechst,* D.B.P. 927992 [1952]). – Kristalle (aus wss. A.); F: 231°.

[Benzyl-(1,2-dimethyl-3-oxo-5-phenyl-2,3-dihydro-1*H*-pyrazol-4-yl)-amino]-methansulfonsäure $C_{19}H_{21}N_3O_4S$, Formel IX (R = CH_2-C_6H_5, R' = CH_2-SO_2-OH).

Natrium-Salz. *B.* Aus 4-Benzylamino-1,2-dimethyl-5-phenyl-1,2-dihydro-pyrazol-3-on, $NaHSO_3$ und wss. Formaldehyd (*Farbw. Hoechst,* D.B.P. 927992 [1952]). – F: 205°.

4-Benzylamino-2-[1-methyl-[4]piperidyl]-5-phenyl-1,2-dihydro-pyrazol-3-on $C_{22}H_{26}N_4O$, Formel X und Taut.

B. Aus 2-[1-Methyl-[4]piperidyl]-5-phenyl-2*H*-pyrazol-3,4-dion-4-oxim-hydrochlorid und Benzaldehyd bei der Hydrierung an Platin/$BaSO_4$ in Äthanol und Essigsäure (*Ebnöther et al.,* Helv. **42** [1959] 1201, 1209, 1214).

Hydrochlorid $C_{22}H_{26}N_4O \cdot HCl$. Kristalle (aus Me.+Ae.); F: 239–241° [Zers.].

[3-Oxo-2,5-diphenyl-2,3-dihydro-1*H*-pyrazol-4-yl]-[5-oxo-1,3-diphenyl-1,5-dihydro-pyrazol-4-yliden]-amin $C_{30}H_{21}N_5O_2$, Formel XI (R = C_6H_5) und Taut. (H 467; dort als 4-[5-Oxo-1.3-diphenyl-pyrazolinyliden-(4)-amino]-1.3-diphenyl-pyrazolon-(5) bezeichnet).

Diese Konstitution kommt auch der H **26** 178 (Zeile 17 v. u.) beschriebenen Verbindung $C_{24}H_{18}N_4O_2$ (F: 248°) zu (*Moureu et al.,* Bl. **1956** 1780).

B. Neben anderen Verbindungen beim Erhitzen von α-Brom-*trans*-zimtsäure-äthylester mit Phenylhydrazin (*Mo. et al.,* l. c. S. 1784). Bei der Hydrierung von 2,5-Diphenyl-2,4-dihydro-pyrazol-3,4-dion-4-oxim an Raney-Nickel in Äthanol und anschliessenden Behandlung mit Luft (*Mo. et al.,* l. c. S. 1785). Neben anderen Verbindungen beim Erhitzen von 5-Phenyl-[1,2]dithiol-3-on mit Phenylhydrazin unter Luftzutritt (*Böttcher, Bauer,* A. **568** [1950] 232, 236).

Rote Kristalle; F: 252° [aus Bzl. oder Py.] (*Bö., Ba.*), 251° [korr.; aus Bzl.+A.] (*Mo. et al.*).

[3-Oxo-2-phenäthyl-5-phenyl-2,3-dihydro-1*H*-pyrazol-4-yl]-[5-oxo-1-phenäthyl-3-phenyl-1,5-dihydro-pyrazol-4-yliden]-amin $C_{34}H_{29}N_5O_2$, Formel XI (R = CH_2-CH_2-C_6H_5) und Taut.

B. Aus 2-Phenäthyl-5-phenyl-2,4-dihydro-pyrazol-3,4-dion-4-oxim mit Hilfe von Zink-Pulver und Essigsäure (*Votoček, Wichterle,* Collect. **7** [1935] 388, 390).

Dunkelrote Kristalle (aus A.); F: 165°.

5-[4-Amino-phenyl]-1,2-dihydro-pyrazol-3-on $C_9H_9N_3O$, Formel XII (R = R' = H) und Taut.

B. Aus 3-[4-Amino-phenyl]-3-oxo-propionsäure-äthylester und $N_2H_4 \cdot H_2O$ in Äthanol (*Belżecki, Urbański,* Roczniki Chem. **32** [1958] 779, 782, 785; C. A. **1959** 10187).

Kristalle (aus wss. A.); F: 235–236° [Zers.].

5-[4-Dimethylamino-phenyl]-2-[2,4-dinitro-phenyl]-1,2-dihydro-pyrazol-3-on $C_{17}H_{15}N_5O_5$, Formel XIII und Taut.

B. Aus 3-[4-Dimethylamino-phenyl]-3-oxo-propionsäure-äthylester und [2,4-Dinitro-phenyl]-

hydrazin in wss.-äthanol. HCl (*Broadbent, Chu,* Am. Soc. **75** [1953] 226).
Orangerote Kristalle (aus Me.); F: 243–244°.

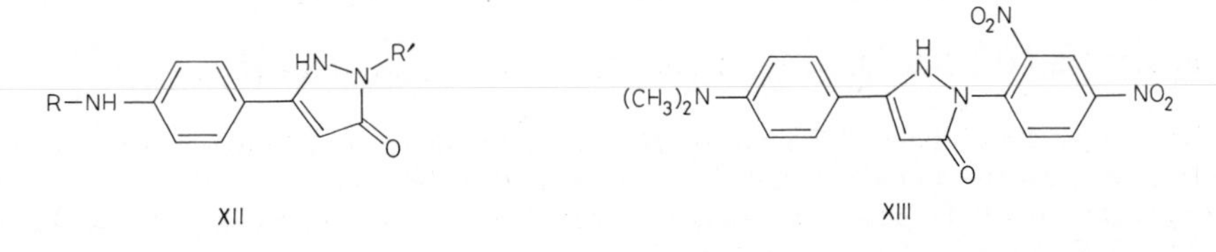

5-[4-Acetylamino-phenyl]-1,2-dihydro-pyrazol-3-on, Essigsäure-[4-(5-oxo-2,5-dihydro-1*H*-pyrazol-3-yl)-anilid] $C_{11}H_{11}N_3O_2$, Formel XII (R = CO-CH_3, R′ = H) und Taut.
B. Analog der vorangehenden Verbindung (*Bełżecki, Urbański,* Roczniki Chem. **32** [1958] 779, 782, 785; C. A. **1959** 10187).
Kristalle (aus wss. A.); F: 261–263° [Zers.].

3-[4-Amino-phenyl]-5-oxo-2,5-dihydro-pyrazol-1-thiocarbonsäure-amid $C_{10}H_{10}N_4OS$, Formel XII (R = H, R′ = CS-NH_2) und Taut.
B. Aus 3-[4-Amino-phenyl]-3-oxo-propionsäure-äthylester und Thiosemicarbazid (*Bełżecki, Urbański,* Roczniki Chem. **32** [1958] 779, 781, 785; C. A. **1959** 10187).
Kristalle (aus A.); F: 224–226° [Zers.].

3-[4-Acetylamino-phenyl]-5-oxo-2,5-dihydro-pyrazol-1-thiocarbonsäure-amid $C_{12}H_{12}N_4O_2S$, Formel XII (R = CO-CH_3, R′ = CS-NH_2) und Taut.
B. Analog der vorangehenden Verbindung (*Bełżecki, Urbański,* Roczniki Chem. **32** [1958] 779, 781, 785; C. A. **1959** 10187).
Kristalle (aus A.); F: 259–261° [Zers.].

3-[5-Oxo-3-(4-palmitoylamino-phenyl)-2,5-dihydro-pyrazol-1-yl]-benzoesäure $C_{32}H_{43}N_3O_4$, Formel XIV (R = CO-OH, R′ = H) und Taut.
B. Bei der Umsetzung von 3-Hydrazino-benzoesäure-hydrochlorid mit 3-[4-Nitro-phenyl]-3-oxo-propionsäure-äthylester in Pyridin, Reduktion des Reaktionsprodukts mit wss.-äthanol. $SnCl_2$ und Umsetzung der erhaltenen 3-[3-(4-Amino-phenyl)-5-oxo-2,5-dihydro-pyrazol-1-yl]-benzoesäure mit Palmitoylchlorid in Pyridin (*Itano,* J. pharm. Soc. Japan **71** [1951] 1456; C. A. **1952** 7096).
Kristalle (aus Eg.) mit 1,5 Mol H_2O; F: 256–257°.

4-[5-Oxo-3-(4-palmitoylamino-phenyl)-2,5-dihydro-pyrazol-1-yl]-benzoesäure $C_{32}H_{43}N_3O_4$, Formel XIV (R = H, R′ = CO-OH) und Taut.
B. Analog der vorangehenden Verbindung (*Itano,* J. pharm. Soc. Japan **71** [1951] 1456; C. A. **1952** 7096).
Kristalle (aus Eg.) mit 0,5 Mol H_2O; F: 256–257°.

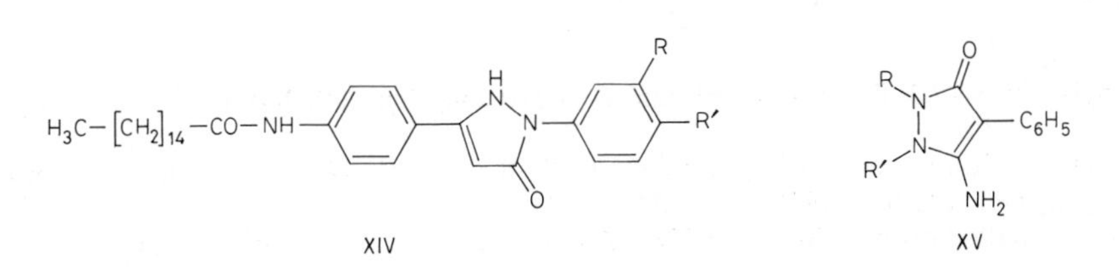

5-Amino-4-phenyl-1,2-dihydro-pyrazol-3-on $C_9H_9N_3O$, Formel XV (R = R′ = H) und Taut.
B. Aus Cyan-phenyl-essigsäure-äthylester und $N_2H_4 \cdot H_2O$ mit Hilfe von äthanol. Natrium=äthylat (*Gagnon et al.,* Canad. J. Res. [B] **27** [1949] 190, 192, 193). Aus Cyan-phenyl-essigsäure-hydrazid beim Erhitzen auf 110° oder beim Erhitzen in H_2O (*Metze, Kazmirowski,* B. **91**

[1958] 1798; s. a. *Ga. et al.*).

Kristalle; F: 246–247° [unkorr.] (*Ga. et al.*), 244° [aus H_2O] (*Me., Ka.*). UV-Spektrum (A. sowie wss.-äthanol. HCl; 220–305 nm): *Ga. et al.*, l. c. S. 193, 200.

5-Amino-2,4-diphenyl-1,2-dihydro-pyrazol-3-on $C_{15}H_{13}N_3O$, Formel XV (R = C_6H_5, R′ = H) und Taut.

B. Aus [5-Oxo-1,4-diphenyl-2,5-dihydro-1*H*-pyrazol-3-yl]-carbamidsäure-äthylester mit Hilfe von wss. NaOH (*Gagnon et al.*, Canad. J. Chem. **31** [1953] 673, 683).

Kristalle (aus Bzl.); F: 153–156° [unkorr.; Zers.]. UV-Spektrum (A. sowie wss.-äthanol. HCl; 200–320 nm): *Ga. et al.*, l. c. S. 676, 679.

5-Amino-1,4-diphenyl-1,2-dihydro-pyrazol-3-on $C_{15}H_{13}N_3O$, Formel XV (R = H, R′ = C_6H_5) und Taut.

B. Beim Erhitzen von Cyan-phenyl-essigsäure-[*N*′-phenyl-hydrazid] in Essigsäure (*Gagnon et al.*, Canad. J. Chem. **31** [1953] 673, 683).

Kristalle (aus A.); F: 234–236° [unkorr.]. λ_{max}: 280 nm [A.] bzw. 250 nm [wss.-äthanol. HCl] (*Ga. et al.*, l. c. S. 676).

5-Amino-1-methyl-2,4-diphenyl-1,2-dihydro-pyrazol-3-on $C_{16}H_{15}N_3O$, Formel XV (R = C_6H_5, R′ = CH_3).

B. Aus [2-Methyl-5-oxo-1,4-diphenyl-2,5-dihydro-1*H*-pyrazol-3-yl]-carbamidsäure-methylester mit Hilfe von wss. NaOH (*Geigy A.G.*, D.R.P. 747473 [1941]; D.R.P. Org. Chem. **3** 35, 38).

Kristalle (aus A.); F: 241°.

[5-Oxo-1,4-diphenyl-2,5-dihydro-1*H*-pyrazol-3-yl]-carbamidsäure-äthylester $C_{18}H_{17}N_3O_3$, Formel I (R = C_2H_5, R′ = H) und Taut.

B. Aus 5-Oxo-1,4-diphenyl-2,5-dihydro-1*H*-pyrazol-3-carbonylazid und Äthanol (*Gagnon et al.*, Canad. J. Chem. **31** [1953] 673, 682).

Kristalle; F: 193–194° [unkorr.]. Bei 180°/1 Torr sublimierbar. λ_{max}: 252 nm und 305 nm [A.] bzw. 251 nm und 298 nm [wss.-äthanol. HCl] (*Ga. et al.*, l. c. S. 676).

[2-Methyl-5-oxo-1,4-diphenyl-2,5-dihydro-1*H*-pyrazol-3-yl]-carbamidsäure-methylester $C_{18}H_{17}N_3O_3$, Formel I (R = R′ = CH_3).

B. Aus 2-Methyl-5-oxo-1,4-diphenyl-2,5-dihydro-1*H*-pyrazol-3-carbonylazid und Methanol (*Geigy A.G.*, D.R.P. 747473 [1941]; D.R.P. Org. Chem. **3** 35, 38).

F: 174–175° [aus A.].

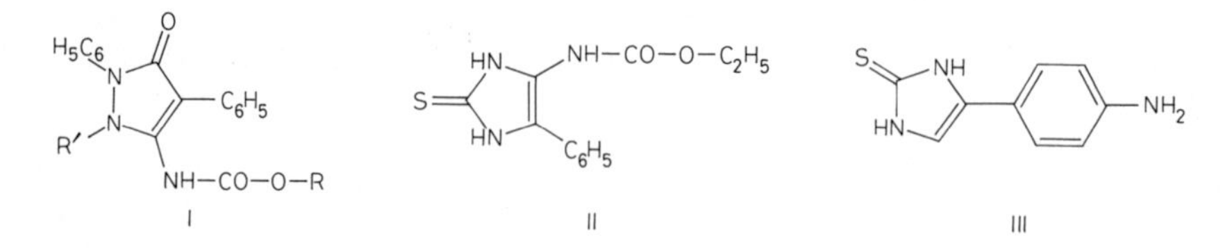

[5-Phenyl-2-thioxo-2,3-dihydro-1*H*-imidazol-4-yl]-carbamidsäure-äthylester $C_{12}H_{13}N_3O_2S$, Formel II und Taut.

B. Beim Erhitzen von 4-[Cyan-phenyl-methyl]-3-thio-allophansäure-äthylester mit wss. Na_2CO_3 (*Capp et al.*, Soc. **1948** 1340, 1343).

Gelbe Kristalle (aus wss. Me.); F: 228° [Zers.]. λ_{max} (A.): 269 nm und 296 nm.

4-[4-Amino-phenyl]-1,3-dihydro-imidazol-2-thion $C_9H_9N_3S$, Formel III und Taut.

B. Aus 4-[4-Nitro-phenyl]-1,3-dihydro-imidazol-2-thion in wss.-äthanol. NH_3 mit Hilfe von H_2S (*Kotschergin, Schtschukina*, Ž. obšč. Chim. **25** [1955] 2182, 2185; engl. Ausg. S. 2145, 2147).

Bräunliche Kristalle (aus A.); F: 237–239° [nach Verfärbung bei 220°].

Hydrochlorid $C_9H_9N_3S \cdot HCl$. Bräunliche Kristalle; Zers. bei 260–270° [nach Verfärbung bei 240°].

5-Amino-2-methyl-3*H*-chinazolin-4-on $C_9H_9N_3O$, Formel IV und Taut.

B. Bei der Hydrierung von 2-Methyl-5-nitro-3*H*-chinazolin-4-on in Äthanol an Palladium/Kohle (*Tomisek, Christensen*, Am. Soc. **67** [1945] 2112, 2114).

Die Verbindung sublimiert und zersetzt sich in einem grossen Temperaturbereich ohne zu schmelzen.

Acetyl-Derivat $C_{11}H_{11}N_3O_2$; 5-Acetylamino-2-methyl-3*H*-chinazolin-4-on, *N*-[2-Methyl-4-oxo-3,4-dihydro-chinazolin-5-yl]-acetamid. Kristalle (aus A.), die unterhalb 300° nicht schmelzen [Sublimation bei ca. 180°].

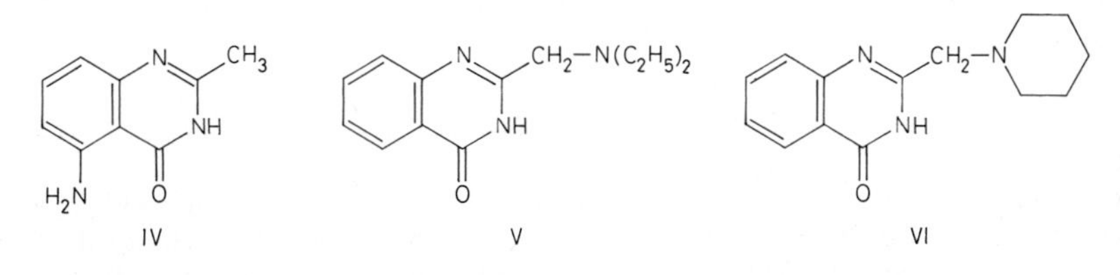

2-Diäthylaminomethyl-3*H*-chinazolin-4-on $C_{13}H_{17}N_3O$, Formel V und Taut.

B. Beim Erwärmen von *N*-[*N*,*N*-Diäthyl-glycyl]-anthranilsäure-amid in Äthanol mit wenig wss. KOH (*Ahmed et al.*, J. Indian chem. Soc. **15** [1938] 152, 157).

Kristalle (aus Bzl. + PAe.); F: 85°.

2-Piperidinomethyl-3*H*-chinazolin-4-on $C_{14}H_{17}N_3O$, Formel VI und Taut.

B. Analog der vorangehenden Verbindung (*Ahmed et al.*, J. Indian chem. Soc. **15** [1938] 152, 156).

Kristalle (aus Bzl. + PAe.); F: 170°.

***N*-[4-Oxo-3-phenyl-3,4-dihydro-chinazolin-2-ylmethyl]-benzamid** $C_{22}H_{17}N_3O_2$, Formel VII ($R = C_6H_5$).

B. Aus *N*-[4-Oxo-4*H*-benz[*d*][1,3]oxazin-2-ylmethyl]-benzamid und Anilin mit Hilfe von Kupfer-Pulver (*Ghosh*, J. Indian chem. Soc. **14** [1937] 411, 412).

Kristalle (aus A.); F: 205°.

***N*-[4-Oxo-3-*m*-tolyl-3,4-dihydro-chinazolin-2-ylmethyl]-benzamid** $C_{23}H_{19}N_3O_2$, Formel VII ($R = C_6H_4\text{-}CH_3$).

B. Analog der vorangehenden Verbindung (*Ghosh*, J. Indian chem. Soc. **14** [1937] 411, 413).

Kristalle (aus A.); F: 177–178°.

***N*-[4-Oxo-3-*p*-tolyl-3,4-dihydro-chinazolin-2-ylmethyl]-benzamid** $C_{23}H_{19}N_3O_2$, Formel VII ($R = C_6H_4\text{-}CH_3$).

B. Analog den vorangehenden Verbindungen (*Ghosh*, J. Indian chem. Soc. **14** [1937] 411, 412).

Kristalle (aus A.); F: 195–196°.

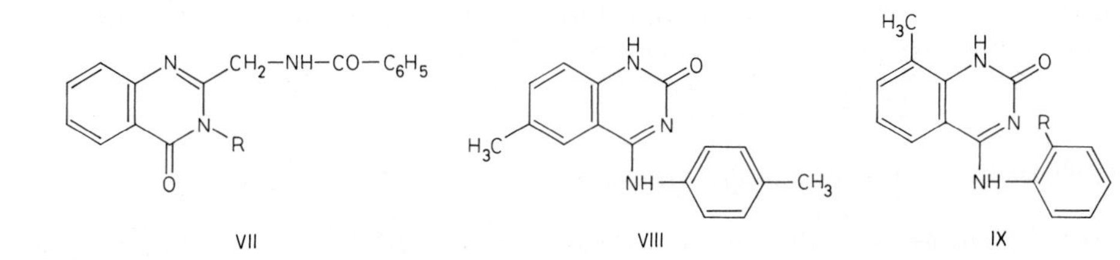

6-Methyl-4-*p*-toluidino-1*H*-chinazolin-2-on $C_{16}H_{15}N_3O$, Formel VIII und Taut.

B. Aus 6-Methyl-N^2,N^4-di-*p*-tolyl-chinazolin-2,4-diyldiamin mit Hilfe von äthanol. KOH (*Dymek*, Ann. Univ. Lublin [AA] **9** [1954] 45, 49; C. A. **1957** 5087).

Kristalle (aus A.); F: 302°.

Picrat $C_{16}H_{15}N_3O \cdot C_6H_3N_3O_7$. Kristalle (aus Eg.); F: 270° [Zers.].

4-Anilino-8-methyl-1*H*-chinazolin-2-on $C_{15}H_{13}N_3O$, Formel IX (R = H) und Taut.

B. Aus 8-Methyl-N^4-phenyl-N^2-*o*-tolyl-chinazolin-2,4-diyldiamin-hydrochlorid mit Hilfe von äthanol. KOH (*Dymek et al.*, Ann. Univ. Lublin [AA] **8** [1953] 65, 69; C. A. **1957** 6646).

Kristalle (aus A.); F: 249–252°.

8-Methyl-4-*o*-toluidino-1*H*-chinazolin-2-on $C_{16}H_{15}N_3O$, Formel IX (R = CH_3) und Taut.

B. Analog der vorangehenden Verbindung (*Dymek et al.*, Ann. Univ. Lublin [AA] **8** [1953] 65, 67; C. A. **1957** 6646).

Kristalle (aus A.); F: 243°.

1-[3-Oxo-3,4-dihydro-chinoxalin-2-ylmethyl]-pyridinium $[C_{14}H_{12}N_3O]^+$, Formel X (X = H) und Taut.

Bromid $[C_{14}H_{12}N_3O]Br$. *B.* Aus Brombrenztraubensäure, Pyridin und *o*-Phenylendiamin in Butan-1-ol (*Green, Delaby*, Bl. **1955** 704, 705). Aus 3-Brommethyl-1*H*-chinoxalin-2-on und Pyridin (*Leese, Rydon*, Soc. **1955** 303, 308). – Kristalle (aus A.); F: 255° (*Gr., De.*), 244–245° (*Le., Ry.*).

Jodid $[C_{14}H_{12}N_3O]I$. F: 220° (*Gr., De.*). λ_{max}: 227,5 nm und 345 nm [wss. HCl] bzw. 232,5 nm und 360 nm [wss. NaOH] (*Gr., De.*, l. c. S. 706).

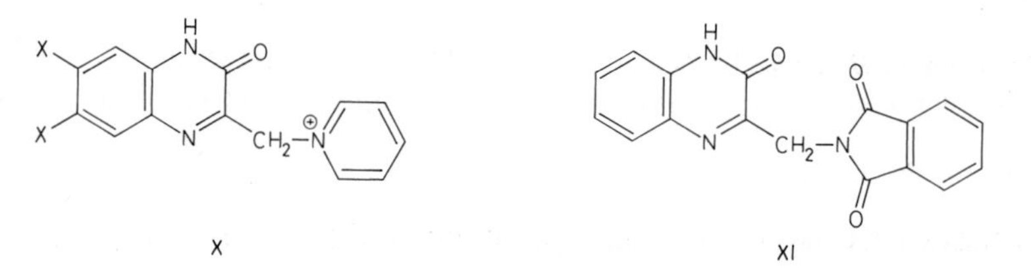

3-Phthalimidomethyl-1*H*-chinoxalin-2-on, *N*-[3-Oxo-3,4-dihydro-chinoxalin-2-ylmethyl]-phthalimid $C_{17}H_{11}N_3O_3$, Formel XI und Taut.

B. Beim Erhitzen von 2-[4-Dimethylamino-phenylimino]-3-oxo-4-phthalimido-butyronitril mit konz. wss. HCl in Essigsäure und anschliessenden Erhitzen mit *o*-Phenylendiamin unter Zusatz von Kaliumacetat (*Borkovec et al.*, Chem. Listy **49** [1955] 1405; C. A. **1956** 5681, **1957** 9630).

Kristalle (aus A.+Bzl.); F: 315° [unkorr.].

4-[(3-Oxo-3,4-dihydro-chinoxalin-2-ylmethyl)-amino]-benzoesäure $C_{16}H_{13}N_3O_3$, Formel XII und Taut.

B. Aus 3-Brommethyl-1*H*-chinoxalin-2-on und 4-Amino-benzoesäure-äthylester mit Hilfe von $CaCO_3$ in Äthanol (*Leese, Rydon*, Soc. **1955** 303, 309).

Hellbraun; Zers. bei 200°. λ_{max} (wss. NaOH): 227 nm, 236 nm, 328 nm, 348 nm und 358 nm.

1-[6,7-Dichlor-3-oxo-3,4-dihydro-chinoxalin-2-ylmethyl]-pyridinium $[C_{14}H_{10}Cl_2N_3O]^+$, Formel X (X = Cl) und Taut.

Bromid $[C_{14}H_{10}Cl_2N_3O]Br$. *B.* Aus Brombrenztraubensäure, Pyridin und 4,5-Dichlor-*o*-phenylendiamin in Butan-1-ol (*Green, Delaby*, Bl. **1955** 704, 706). – F: 235°.

Jodid $[C_{14}H_{10}Cl_2N_3O]I$. F: 228°. λ_{max}: 230–235 nm und 350–352,5 nm [wss. HCl] bzw. 247,5 nm und 365–370 nm [wss. NaOH].

3-[2-Diäthylamino-äthylamino]-6-methyl-1*H*-chinoxalin-2-on $C_{15}H_{22}N_4O$, Formel XIII und Taut.

B. Aus *N*,*N*-Diäthyl-*N'*-[3-chlor-7-methyl-chinoxalin-2-yl]-äthylendiamin mit Hilfe von wss.

HCl (*Curd et al.*, Soc. **1949** 1271, 1276).

Kristalle (aus PAe.); F: 103–104°.

Dipicrat $C_{15}H_{22}N_4O \cdot 2C_6H_3N_3O_7$. Gelbe Kristalle (aus 2-Äthoxy-äthanol) mit 1 Mol 2-Äthoxy-äthanol; F: 106–107°.

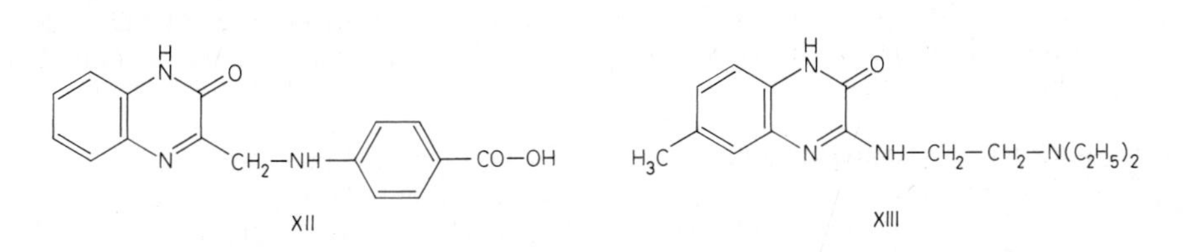

4-Aminomethyl-2*H*-phthalazin-1-on $C_9H_9N_3O$, Formel XIV (R = H) und Taut.

B. Aus 4-Nitromethyl-2*H*-phthalazin-1-on mit Hilfe von wss. HI und rotem Phosphor (*Mazkanowa, Wanag,* Ž. obšč. Chim. **28** [1958] 2798, 2799; engl. Ausg. S. 2822).

Hydrochlorid $C_9H_9N_3O \cdot HCl$. Kristalle (aus A.); F: 308°.

Hydrojodid $C_9H_9N_3O \cdot HI$. Kristalle (aus A. + Ae.); F: 266–267° [Zers.].

Verbindung mit 2-Nitro-indan-1,3-dion $C_9H_9N_3O \cdot C_9H_5NO_4$. Gelbe Kristalle; F: 233–235° [Zers.].

Diacetyl-Derivat $C_{13}H_{13}N_3O_3$; 2-Acetyl-4-[acetylamino-methyl]-2*H*-phthalazin-1-on, *N*-[3-Acetyl-4-oxo-3,4-dihydro-phthalazin-1-ylmethyl]-acetamid. Kristalle (aus wss. Me.); F: 226–227°.

Benzoyl-Derivat $C_{16}H_{13}N_3O_2$; 4-[Benzoylamino-methyl]-2*H*-phthalazin-1-on, *N*-[4-Oxo-3,4-dihydro-phthalazin-1-ylmethyl]-benzamid. Kristalle (aus A.); F: 257–258°.

4-Phthalimidomethyl-2*H*-phthalazin-1-on, *N*-[4-Oxo-3,4-dihydro-phthalazin-1-ylmethyl]-phthalimid $C_{17}H_{11}N_3O_3$, Formel XV und Taut.

B. Aus 4-Aminomethyl-2*H*-phthalazin-1-on-hydrojodid und Phthalsäure-anhydrid mit Hilfe von Natriumacetat in Essigsäure (*Mazkanowa, Wanag,* Ž. obšč. Chim. **28** [1958] 2798, 2800; engl. Ausg. S. 2822).

Kristalle (aus Eg.); F: 353°.

Acetyl-Derivat $C_{19}H_{13}N_3O_4$; *N*-[3-Acetyl-4-oxo-3,4-dihydro-phthalazin-1-ylmethyl]-phthalimid. Kristalle; F: 207°.

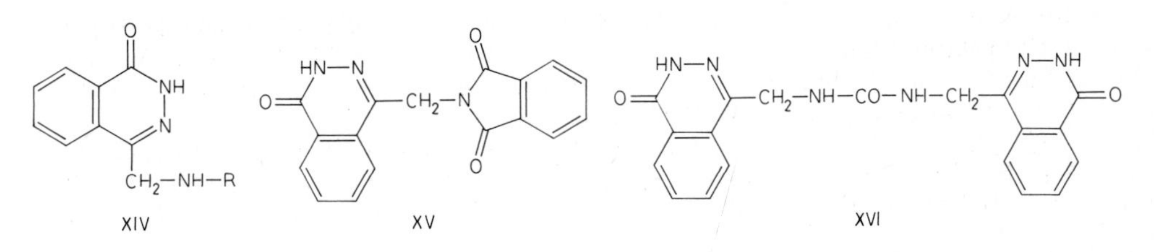

***N*-[4-Oxo-3,4-dihydro-phthalazin-1-ylmethyl]-*N'*-phenyl-harnstoff** $C_{16}H_{14}N_4O_2$, Formel XIV (R = CO-NH-C_6H_5) und Taut.

B. Beim Erhitzen von 4-Aminomethyl-2*H*-phthalazin-1-on-hydrochlorid mit Phenylharnstoff in H_2O (*Mazkanowa, Wanag,* Ž. obšč. Chim. **28** [1958] 2798, 2800; engl. Ausg. S. 2822).

F: 300–301°.

***N,N'*-Bis-[4-oxo-3,4-dihydro-phthalazin-1-ylmethyl]-harnstoff** $C_{19}H_{16}N_6O_3$, Formel XVI und Taut.

B. Beim Erhitzen von 4-Aminomethyl-2*H*-phthalazin-1-on-hydrochlorid mit Harnstoff in H_2O (*Mazkanowa, Wanag,* Ž. obšč. Chim. **28** [1958] 2798, 2800; engl. Ausg. S. 2822).

Kristalle (aus H_2O); F: 320–325° [unter partieller Sublimation] [nicht rein erhalten].

3-Acetyl-6-amino-1-phenyl-1*H*-indazol, 1-[6-Amino-1-phenyl-1*H*-indazol-3-yl]-äthanon $C_{15}H_{13}N_3O$, Formel I.

B. Bei der Hydrierung von 1-[6-Nitro-1-phenyl-1*H*-indazol-3-yl]-äthanon an Palladium/Kohle in Methanol (*Borsche, Bütschli,* A. **522** [1936] 285, 293).

Gelbliche Kristalle (aus Me.); F: 226–228°.

Benzoyl-Derivat $C_{22}H_{17}N_3O_2$; 3-Acetyl-6-benzoylamino-1-phenyl-1*H*-indazol, *N*-[3-Acetyl-1-phenyl-1*H*-indazol-6-yl]-benzamid. Bräunliche Kristalle (aus Bzl.+PAe.); F: 192°.

6-Amino-4-methyl-1*H*-[1,5]naphthyridin-2-on $C_9H_9N_3O$, Formel II und Taut.

B. Beim Erhitzen von *N*-[5-Amino-[2]pyridyl]-acetamid mit Acetessigsäure-äthylester und Erhitzen des erhaltenen 5-Acetoacetylamino-2-acetylamino-pyridins $C_{11}H_{13}N_3O_3$ (Kristalle [aus A.]; F: 170°) mit konz. H_2SO_4 (*Miyagi,* J. pharm. Soc. Japan **62** [1942] 257, 263; dtsch. Ref. S. 66; C. A. **1951** 2950).

Gelbe Kristalle (aus E.); Zers. bei 265–266°.

Acetyl-Derivat $C_{11}H_{11}N_3O_2$; 6-Acetylamino-4-methyl-1*H*-[1,5]naphthyridin-2-on, *N*-[8-Methyl-6-oxo-5,6-dihydro-[1,5]naphthyridin-2-yl]-acetamid. Kristalle (aus A.); F: 284°.

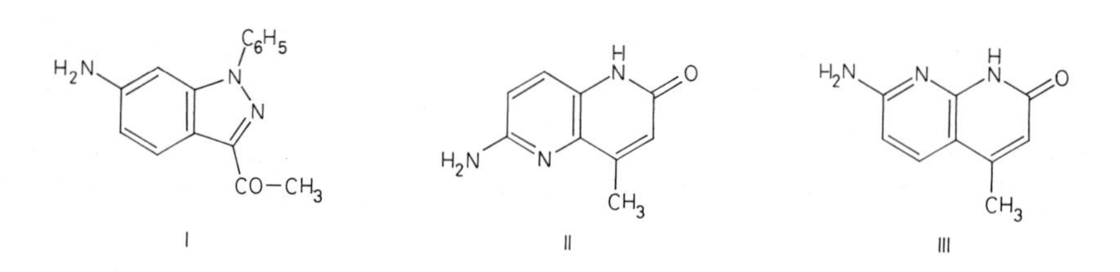

7-Amino-4-methyl-1*H*-[1,8]naphthyridin-2-on $C_9H_9N_3O$, Formel III und Taut. (E II 354).

Diese Konstitution kommt der von *Hauser, Weiss* (J. org. Chem. **14** [1949] 453, 457) als 7-Amino-2-methyl-1*H*-[1,8]naphthyridin-4-on formulierten Verbindung zu (*Carboni et al.,* Ann. Chimica **54** [1964] 677, 678, 679; *Brown,* J. org. Chem. **30** [1965] 1607, 1609).

B. Aus Pyridin-2,6-diyldiamin beim Erwärmen mit Acetessigsäure-äthylester in Äthanol oder ohne Lösungsmittel (*Mangini, Colonna,* G. **72** [1942] 183, 189; s. a. *Ha., We.; Ca. et al.,* l. c. S. 682; *Br.;* vgl. E II 354) oder beim Erhitzen mit 3-Amino-crotonsäure-äthylester (*Petrow et al.,* Soc. **1947** 1407, 1409).

Kristalle; F: >360° [aus Chinolin] (*Ha., We.*), >360° (*Pe. et al.*), >350° [aus DMF] (*Ca. et al.*). IR-Spektrum (KBr; 2–15 µ): *Schurz et al.,* M. **90** [1959] 29, 34. IR-Banden (Vaselinöl; 3–14,5 µ): *Ca. et al.* UV-Spektrum (H_2O, wss. HCl [0,05 n] sowie wss. NaOH [0,05 n]; 50000–25000 cm^{-1}): *Skoda, Bayzer,* M. **89** [1958] 5, 12.

Acetyl-Derivat $C_{11}H_{11}N_3O_2$; 7-Acetylamino-4-methyl-1*H*-[1,8]naphthyridin-2-on, *N*-[5-Methyl-7-oxo-7,8-dihydro-[1,8]naphthyridin-2-yl]-acetamid. Kristalle (aus Eg.), F: >310° (*Pe. et al.*); Kristalle (aus Bzl.), unterhalb 285° nicht schmelzend (*Ma., Co.*).

Amino-Derivate der Oxo-Verbindungen $C_{10}H_{10}N_2O$

(±)-2-Amino-6-phenyl-5,6-dihydro-3*H*-pyrimidin-4-on $C_{10}H_{11}N_3O$, Formel IV (R = X = H) und Taut. (H **24** 388).

B. Aus Guanidin und *trans*(?)-Zimtsäure-methylester in Äthanol (*Philips, Mentha,* Am. Soc. **76** [1954] 574; *Searle & Co.,* U.S.P. 2748120 [1954]). Aus (±)-3-Guanidino-3-phenyl-propionsäure mit Hilfe von wss. HCl (*Rodionow, Urbanškaja,* Ž. obšč. Chim. **18** [1948] 2023, 2028; C. A. **1949** 3793).

Kristalle; F: ca. 267° [Zers.; aus Me.] (*Searle & Co.*), 266–267° [unkorr.; aus Me.] (*Ph., Me.*), 251–252° [unkorr.; aus A.] (*Ro., Ur.*). λ_{max} (A.): 238,5 nm (*Ph., Me.*).

Hydrochlorid $C_{10}H_{11}N_3O \cdot HCl$. Kristalle (aus Me.+Ae. bzw. aus A.); F: 214–215° (*Ph., Me.; Ro., Ur.*).

Picrat $C_{10}H_{11}N_3O \cdot C_6H_3N_3O_7$. Orangefarbene Kristalle (aus H_2O); F: 221–222° [unkorr.] (*Ro., Ur.*).

(±)-*N*-[6-Oxo-4-phenyl-1,4,5,6-tetrahydro-pyrimidin-2-yl]-*N'*-phenyl-guanidin $C_{17}H_{17}N_5O$, Formel IV (R = C(=NH)-NH-C_6H_5, X = H) und Taut.

B. Als Hauptprodukt neben N^2-Phenyl-6-*trans*(?)-styryl-[1,3,5]triazin-2,4-diyldiamin (F: 186–187°) beim Erwärmen von 1-Phenyl-biguanid mit *trans*(?)-Zimtsäure-äthylester in Dioxan (*Šokolowškaja et al.*, Ž. obšč. Chim. **27** [1957] 765, 772; engl. Ausg. S. 839, 845).

Kristalle; F: 208–209°.

(±)-2-Amino-6-[3,4-dichlor-phenyl]-5,6-dihydro-3*H*-pyrimidin-4-on $C_{10}H_9Cl_2N_3O$, Formel IV (R = H, X = Cl) und Taut.

B. Aus Guanidin und *trans*(?)-3,4-Dichlor-zimtsäure-äthylester in Äthanol (*Searle & Co.*, U.S.P. 2748120 [1954]).

F: ca. 275° [Zers.].

5-Benzyl-4-dimethylamino-1-methyl-2-phenyl-1,2-dihydro-pyrazol-3-on $C_{19}H_{21}N_3O$, Formel V.

B. Aus 5-Benzyl-4-brom-1-methyl-2-phenyl-1,2-dihydro-pyrazol-3-on und Dimethylamin in Methanol (*Sonn, Litten*, B. **66** [1933] 1512, 1517).

Kristalle (aus wss. Me.); F: 111–113°.

Hydrochlorid $C_{19}H_{21}N_3O \cdot HCl$. Kristalle; F: 168–171° [nach Sintern bei 150°].

5-Amino-4-benzyl-1,2-dihydro-pyrazol-3-on $C_{10}H_{11}N_3O$, Formel VI (R = R' = H) und Taut.

B. Beim Erwärmen von 2-Cyan-3-phenyl-propionsäure-äthylester mit $N_2H_4 \cdot H_2O$ und äthanol. Natriumäthylat und Erhitzen des Reaktionsprodukts mit wss. HCl (*Gagnon et al.*, Canad. J. Res. [B] **27** [1949] 190, 192, 194).

Kristalle (aus H_2O); F: 203–204° [unkorr.]. UV-Spektrum (A. sowie wss.-äthanol. HCl; 220–350 nm): *Ga. et al.*, l. c. S. 193, 197.

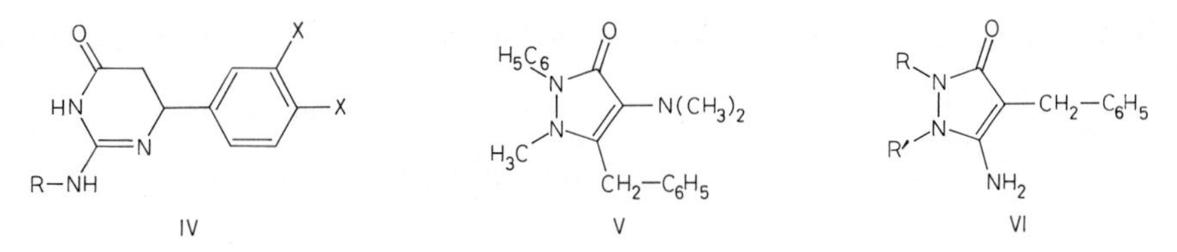

5-Amino-4-benzyl-2-phenyl-1,2-dihydro-pyrazol-3-on $C_{16}H_{15}N_3O$, Formel VI (R = C_6H_5, R' = H) und Taut.

B. Aus [4-Benzyl-5-oxo-1-phenyl-2,5-dihydro-1*H*-pyrazol-3-yl]-carbamidsäure-äthylester mit Hilfe von wss. NaOH (*Gagnon et al.*, Canad. J. Chem. **29** [1951] 182, 188).

Kristalle (aus A.); F: 206–207° [unkorr.] (*Ga. et al.*, Canad. J. Chem. **29** 188). UV-Spektrum (A.; 220–320 nm): *Ga. et al.*, Canad. J. Chem. **29** 189.

Benzoyl-Derivat $C_{23}H_{19}N_3O_2$; 5-Benzoylamino-4-benzyl-2-phenyl-1,2-dihydro-pyrazol-3-on, *N*-[4-Benzyl-5-oxo-1-phenyl-2,5-dihydro-1*H*-pyrazol-3-yl]-benzamid und Taut. Kristalle (aus A.); F: 225–227° [unkorr.] (*Ga. et al.*, Canad. J. Chem. **29** 188).

Ein als (±)-5-Amino-4-benzyliden-2-phenyl-3,4-dihydro-2*H*-pyrazol-3-ol angesehenes Präparat (Kristalle [aus Me.], F: 197–199° [unkorr.]), in dem nach Ausweis der IR-Absorption (3400–700 cm^{-1}) möglicherweise das tautomere 5-Amino-4-benzyl-2-phenyl-2,4-dihydro-pyrazol-3-on vorgelegen hat, ist beim Erwärmen von 5-Amino-4-benzyliden-2-phenyl-2,4-dihydro-pyrazol-3-on (S. 3808) mit Äthanol und Natrium erhalten worden (*Gagnon et al.*, Canad. J. Chem. **37** [1959] 110, 114, 116).

5-Amino-4-benzyl-1-phenyl-1,2-dihydro-pyrazol-3-on $C_{16}H_{15}N_3O$, Formel VI (R = H, R' = C_6H_5) und Taut.

B. Aus 2-Cyan-3-phenyl-propionsäure-äthylester und Phenylhydrazin mit Hilfe von äthanol.

Natriumäthylat (*Gagnon et al.*, Canad. J. Res. [B] **27** [1949] 190, 194).

Kristalle (aus A.); F: 160–161° [unkorr.] (*Ga. et al.*, Canad. J. Res. [B] **27** 193). UV-Spektrum (A. sowie wss.-äthanol. HCl; 220–320 nm): *Gagnon et al.*, Canad. J. Res. [B] **27** 193, 197; Canad. J. Chem. **29** [1951] 182, 189.

Benzoyl-Derivat $C_{23}H_{19}N_3O_2$; 5-Benzoylamino-4-benzyl-1-phenyl-1,2-dihydro-pyrazol-3-on, *N*-[4-Benzyl-5-oxo-2-phenyl-2,5-dihydro-1*H*-pyrazol-3-yl]-benzamid. Kristalle (aus A.); F: 197–198° [unkorr.] (*Ga. et al.*, Canad. J. Chem. **29** 189).

5-Amino-4-benzyl-1-methyl-2-phenyl-1,2-dihydro-pyrazol-3-on $C_{17}H_{17}N_3O$, Formel VI ($R = C_6H_5$, $R' = CH_3$).

B. Aus [4-Benzyl-2-methyl-5-oxo-1-phenyl-2,5-dihydro-1*H*-pyrazol-3-yl]-carbamidsäure-methylester mit Hilfe von wss. NaOH (*Geigy A.G.*, D.R.P. 747473 [1941]; D.R.P. Org. Chem. **3** 35).

F: 137°.

5-Amino-1-benzoyl-4-benzyl-1,2-dihydro-pyrazol-3-on $C_{17}H_{15}N_3O_2$, Formel VI (R = H, $R' = CO\text{-}C_6H_5$) und Taut.

B. Aus 2-Cyan-3-phenyl-propionsäure-äthylester und Benzoesäure-hydrazid mit Hilfe von äthanol. Natriumäthylat (*Gagnon et al.*, Canad. J. Chem. **30** [1952] 52, 58, 59).

Kristalle (aus A.); F: 236–237° [unkorr.]. λ_{max}: 230 nm [A. sowie wss.-äthanol. HCl] bzw. 224 nm und 320 nm [wss.-äthanol. NaOH].

5-Amino-4-benzyl-3-oxo-2,3-dihydro-pyrazol-1-carbonsäure-anilid $C_{17}H_{16}N_4O_2$, Formel VI (R = H, $R' = CO\text{-}NH\text{-}C_6H_5$) und Taut.

B. Aus 2-Cyan-3-phenyl-propionsäure-äthylester und 4-Phenyl-semicarbazid mit Hilfe von äthanol. Natriumäthylat (*Gagnon et al.*, Canad. J. Chem. **31** [1953] 673, 677, 683).

Kristalle; F: 240–245° [unkorr.]. λ_{max}: 288 nm [A.] bzw. 279 nm [wss.-äthanol. HCl].

***N,N'*-Bis-[4-benzyl-5-oxo-2,5-dihydro-1*H*-pyrazol-3-yl]-guanidin** $C_{21}H_{21}N_7O_2$, Formel VII und Taut.

B. Aus 5-Amino-4-benzyl-1,2-dihydro-pyrazol-3-on und Cyanguanidin (*Gagnon et al.*, Canad. J. Chem. **37** [1959] 110, 116).

Kristalle (aus wss. A.); F: 258–261° [unkorr.]. IR-Banden (3350–650 cm^{-1}): *Ga. et al.*, l. c. S. 114.

[4-Benzyl-5-oxo-1-phenyl-2,5-dihydro-1*H*-pyrazol-3-yl]-carbamidsäure-äthylester $C_{19}H_{19}N_3O_3$, Formel VIII ($R = C_6H_5$) und Taut.

B. Aus 4-Benzyl-5-oxo-1-phenyl-2,5-dihydro-1*H*-pyrazol-3-carbonylazid und Äthanol (*Gagnon et al.*, Canad. J. Chem. **29** [1951] 182, 188).

Kristalle (aus A.); F: 178–179° [unkorr.].

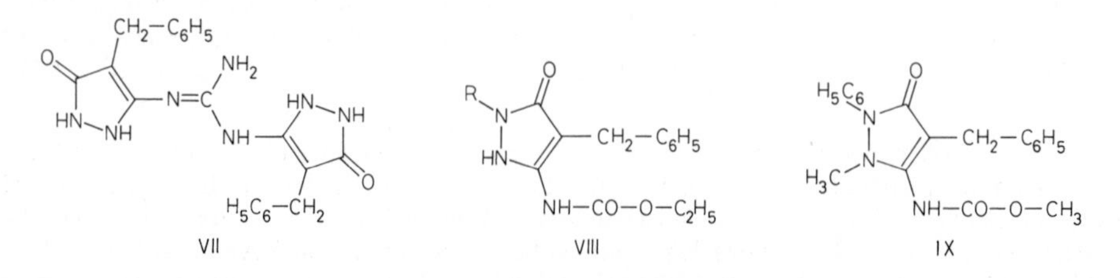

[4-Benzyl-2-methyl-5-oxo-1-phenyl-2,5-dihydro-1*H*-pyrazol-3-yl]-carbamidsäure-methylester $C_{19}H_{19}N_3O_3$, Formel IX.

B. Aus 4-Benzyl-2-methyl-5-oxo-1-phenyl-2,5-dihydro-1*H*-pyrazol-3-carbonylazid und Methanol (*Geigy A.G.*, D.R.P. 747473 [1941]; D.R.P. Org. Chem. **3** 35).

F: 158–159° [aus A.].

[1-Benzoyl-4-benzyl-5-oxo-2,5-dihydro-1*H*-pyrazol-3-yl]-carbamidsäure-äthylester $C_{20}H_{19}N_3O_4$, Formel VIII (R = CO-C_6H_5) und Taut.

B. Aus 1-Benzoyl-4-benzyl-5-oxo-2,5-dihydro-1*H*-pyrazol-3-carbonylazid und Äthanol in Xylol (*Gagnon et al.*, Canad. J. Chem. **30** [1952] 52, 61).

Kristalle; F: 160–162°.

5-Amino-4-[2-chlor-benzyl]-1,2-dihydro-pyrazol-3-on $C_{10}H_{10}ClN_3O$, Formel X und Taut.

B. Aus 3-[2-Chlor-phenyl]-2-cyan-propionsäure-hydrazid mit Hilfe von wss. NaOH (*Gagnon et al.*, Canad. J. Chem. **29** [1951] 328, 329).

Kristalle (aus A.); F: 170° [unkorr.]. λ_{max}: 245 nm [A.] bzw. 236 nm [wss.-äthanol. HCl].

(±)-2-Amino-5-benzyl-1,5-dihydro-imidazol-4-on $C_{10}H_{11}N_3O$, Formel XI und Taut.

B. Aus Guanidin-carbonat und Phenylalanin (*Gagnon et al.*, Canad. J. Chem. **36** [1958] 1436, 1438, 1439). Aus *N*-Carbamimidoyl-phenylalanin mit Hilfe von konz. wss. HCl (*Tuppy*, M. **84** [1953] 342, 347).

Kristalle (aus H_2O); Zers. bei 240° (*Tu.*); F: 234–235° (*Ga. et al.*).

Nitrat $C_{10}H_{11}N_3O \cdot HNO_3$. Kristalle (aus H_2O); F: 134–135° (*Ga. et al.*).

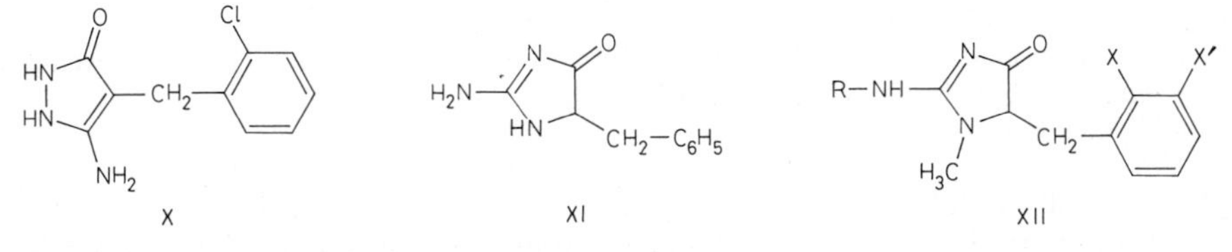

(±)-2-Amino-5-benzyl-1-methyl-1,5-dihydro-imidazol-4-on $C_{11}H_{13}N_3O$, Formel XII (R = X = X′ = H) und Taut.; 5-Benzyl-kreatinin.

B. Aus 2-Amino-5-benzyliden-1-methyl-1,5-dihydro-imidazol-4-on mit Hilfe von Natrium-Amalgam und wss. NaOH (*Fukuyama*, J. Biochem. Tokyo **33** [1941] 71, 75). Aus dem Acetyl-Derivat (s. u.) mit Hilfe von wss. HCl (*Deulofeu, Mendivelzua*, B. **68** [1935] 783, 785).

Kristalle; F: 282° (*De., Me.*), 282° [partielle Zers.] (*Fu.*).

(±)-2-Acetylamino-5-benzyl-1-methyl-1,5-dihydro-imidazol-4-on, (±)-*N*-[5-Benzyl-1-methyl-4-oxo-4,5-dihydro-1*H*-imidazol-2-yl]-acetamid $C_{13}H_{15}N_3O_2$, Formel XII (R = CO-CH_3, X = X′ = H) und Taut.

B. Aus *N*-[5-Benzyliden-1-methyl-4-oxo-4,5-dihydro-1*H*-imidazol-2-yl]-acetamid mit Hilfe von Natrium-Amalgam und H_2O (*Deulofeu, Mendivelzua*, B. **68** [1935] 783, 785).

Kristalle (aus H_2O); F: 135°.

(±)-2-Acetylamino-5-[2-chlor-benzyl]-1-methyl-1,5-dihydro-imidazol-4-on, (±)-*N*-[5-(2-Chlor-benzyl)-1-methyl-4-oxo-4,5-dihydro-1*H*-imidazol-2-yl]-acetamid $C_{13}H_{14}ClN_3O_2$, Formel XII (R = CO-CH_3, X = Cl, X′ = H) und Taut.

B. Aus *N*-[5-(2-Chlor-benzyliden)-1-methyl-4-oxo-4,5-dihydro-1*H*-imidazol-2-yl]-acetamid mit Hilfe von Natrium-Amalgam und H_2O (*Cattaneo et al.*, B. **72** [1939] 1461, 1468).

Kristalle; F: 148°.

(±)-2-Acetylamino-5-[3-chlor-benzyl]-1-methyl-1,5-dihydro-imidazol-4-on, (±)-*N*-[5-(3-Chlor-benzyl)-1-methyl-4-oxo-4,5-dihydro-1*H*-imidazol-2-yl]-acetamid $C_{13}H_{14}ClN_3O_2$, Formel XII (R = CO-CH_3, X = H, X′ = Cl) und Taut.

B. Aus *N*-[5-(3-Chlor-benzyliden)-1-methyl-4-oxo-4,5-dihydro-1*H*-imidazol-2-yl]-acetamid mit Hilfe von Natrium-Amalgam und H_2O (*Cattaneo et al.*, B. **72** [1939] 1461, 1469).

Kristalle; F: 160°.

(±)-4-[2-Hydroxy-äthylamino]-5-methyl-5-phenyl-1,5-dihydro-imidazol-2-thion $C_{12}H_{15}N_3OS$, Formel XIII (R = H) und Taut.

B. Aus (±)-5-Methyl-5-phenyl-imidazolidin-2,4-dithion und 2-Amino-äthanol in H_2O (*Carrington et al.*, Soc. **1953** 3105, 3110).

Kristalle; F: 201–202°.

(±)-4-[2-Hydroxy-äthylamino]-1,5-dimethyl-5-phenyl-1,5-dihydro-imidazol-2-thion $C_{13}H_{17}N_3OS$, Formel XIII (R = CH_3) und Taut.

B. Aus (±)-1,5-Dimethyl-5-phenyl-imidazolidin-2,4-dithion und 2-Amino-äthanol in H_2O (*Carrington et al.*, Soc. **1953** 3105, 3110).

Kristalle (aus Me.); F: 222–223°.

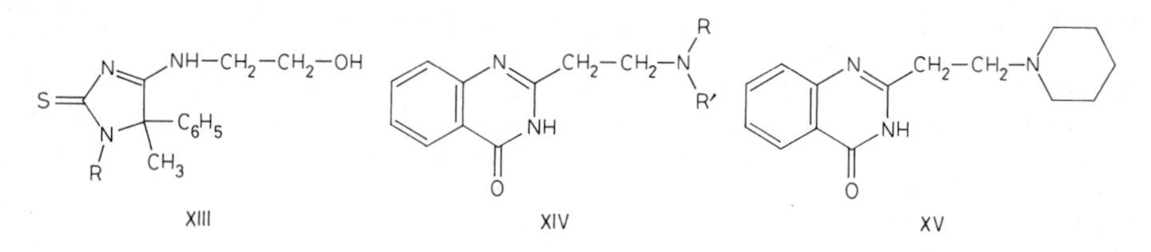

2-[2-Diäthylamino-äthyl]-3*H*-chinazolin-4-on $C_{14}H_{19}N_3O$, Formel XIV (R = R′ = C_2H_5) und Taut.

B. Aus *N*-[*N*,*N*-Diäthyl-β-alanyl]-anthranilsäure-amid in Äthanol mit Hilfe von wenig wss. KOH (*Ahmed et al.*, J. Indian chem. Soc. **15** [1938] 152, 157).

Kristalle (aus Bzl.+PAe.); F: 122°.

2-[2-Piperidino-äthyl]-3*H*-chinazolin-4-on $C_{15}H_{19}N_3O$, Formel XV und Taut.

B. Aus *N*-[3-Piperidino-propionyl]-anthranilsäure-amid in Äthanol mit Hilfe von wenig wss. KOH (*Ahmed et al.*, J. Indian chem. Soc. **15** [1938] 152, 157).

Kristalle (aus Bzl.+PAe.); F: 148°.

2-[2-Sulfanilylamino-äthyl]-3*H*-chinazolin-4-on, Sulfanilsäure-[2-(4-oxo-3,4-dihydro-chinazolin-2-yl)-äthylamid] $C_{16}H_{16}N_4O_3S$, Formel XIV (R = SO_2-C_6H_4-NH_2, R′ = H) und Taut.

B. Aus 2-Methyl-3*H*-chinazolin-4-on, Sulfanilamid und Paraformaldehyd (*Monti, Felici,* G. **70** [1940] 375, 379).

Gelblich; Zers. bei 230–240° [nach Sintern bei 215–220°].

(±)-3-[1-Phthalimido-äthyl]-1*H*-chinoxalin-2-on, (±)-*N*-[1-(3-Oxo-3,4-dihydro-chinoxalin-2-yl)-äthyl]-phthalimid $C_{18}H_{13}N_3O_3$, Formel I und Taut.

B. Beim Erhitzen von (±)-2-[4-Dimethylamino-phenylimino]-3-oxo-4-phthalimido-valeronitril mit konz. wss. HCl und Essigsäure und anschliessend mit *o*-Phenylendiamin und Kaliumacetat (*Borkovec et al.*, Chem. Listy **49** [1955] 1405; C. A. **1956** 5681, **1957** 9630).

Kristalle (aus A.); F: 307–308° [unkorr.].

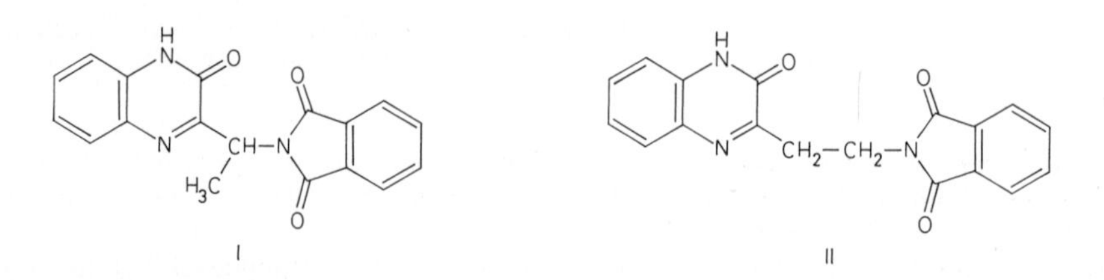

3-[2-Phthalimido-äthyl]-1*H*-chinoxalin-2-on, *N*-[2-(3-Oxo-3,4-dihydro-chinoxalin-2-yl)-äthyl]-phthalimid $C_{18}H_{13}N_3O_3$, Formel II und Taut.

B. Analog der vorangehenden Verbindung (*Borkovec et al.*, Chem Listy **49** [1955] 1405; C. A. **1956** 5681, **1957** 9630). Aus 2-Oxo-4-phthalimido-buttersäure und *o*-Phenylendiamin (*Michalský*, J. pr. [4] **8** [1959] 186, 197).

Kristalle; F: 286–288° [unkorr.; aus A.] (*Bo. et al.*), 286–288° (*Mi.*).

2-Methyl-5-sarkosyl-1(3)*H*-benzimidazol, 2-Methylamino-1-[2-methyl-1(3)*H*-benzimidazol-5-yl]-äthanon $C_{11}H_{13}N_3O$, Formel III (R = CH_3, R' = H) und Taut.

Dihydrochlorid $C_{11}H_{13}N_3O \cdot 2HCl$. *B.* Als Hauptprodukt neben 2-Methylamino-1-[2-methyl-1(3)*H*-benzimidazol-5-yl]-äthanol-dihydrochlorid bei der Hydrierung des Dihydrochlorids(?) der folgenden Verbindung an Palladium/Kohle in H_2O (*Vaughan, Blodinger,* Am. Soc. **77** [1955] 5757, 5760). – Kristalle (aus A.); Zers. >275° [nach Dunkelfärbung >240°].

2-[Benzyl-methyl-amino]-1-[2-methyl-1(3)*H*-benzimidazol-5-yl]-äthanon $C_{18}H_{19}N_3O$, Formel III (R = CH_3, R' = CH_2-C_6H_5) und Taut.

B. Aus 2-Brom-1-[2-methyl-1(3)*H*-benzimidazol-5-yl]-äthanon und Benzyl-methyl-amin in Äthanol (*Vaughan, Blodinger,* Am. Soc. **77** [1955] 5757, 5760).

Di(?)hydrochlorid. Kristalle (aus A.+Ae.); F: 238–240° [korr.; Zers.].

Amino-Derivate der Oxo-Verbindungen $C_{11}H_{12}N_2O$

(±)-5-Amino-4-[1-phenyl-äthyl]-1,2-dihydro-pyrazol-3-on $C_{11}H_{13}N_3O$, Formel IV und Taut.

B. Aus opt.-inakt. 2-Cyan-3-phenyl-buttersäure-hydrazid mit Hilfe von wss. NaOH (*Boivin et al.,* Canad. J. Chem. **30** [1952] 994, 999).

Kristalle (aus A.); F: 80–81°. UV-Spektrum (A. sowie wss.-äthanol. HCl; 200–340 nm): *Bo. et al.,* l. c. S. 1000.

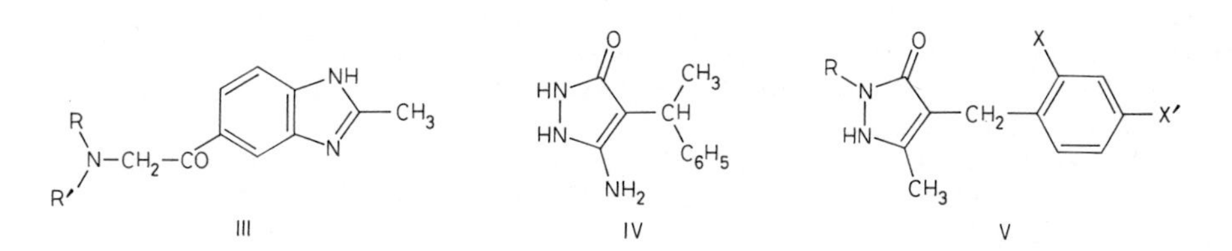

4-[2-Amino-benzyl]-5-methyl-2-phenyl-1,2-dihydro-pyrazol-3-on $C_{17}H_{17}N_3O$, Formel V (R = C_6H_5, X = NH_2, X' = H) und Taut.

Diese Konstitution kommt der von *Narang et al.* (J. Indian chem. Soc. **11** [1934] 427, 429) und von *Coutts, Edwards* (Canad. J. Chem. **44** [1966] 2009) als 3-Methyl-1-phenyl-1,3a,4,9a-tetrahydro-pyrazolo[3,4-*b*]chinolin-9-ol formulierten Verbindung zu (*Coutts, El-Hawari,* Canad. J. Chem. **53** [1975] 3637).

Nach Ausweis der IR-Absorption liegt im festen Zustand 4-[2-Amino-benzyl]-5-methyl-2-phenyl-1,2-dihydro-pyrazol-3-on, in Lösungen in $CHCl_3$ 4-[2-Amino-benzyl]-5-methyl-2-phenyl-2,4-dihydro-pyrazol-3-on vor (*Co., El.-Ha.,* l. c. S. 3642).

B. Als Hauptprodukt beim Behandeln von 5-Methyl-4-[2-nitro-benzyliden]-2-phenyl-2,4-dihydro-pyrazol-3-on mit $NaBH_4$ und Palladium/Kohle in H_2O (*Co., El.-Ha.*), beim Behandeln mit Zink-Pulver und Essigsäure oder wss.-äthanol. HCl sowie beim Behandeln mit Aluminium-Amalgam und feuchtem Äther (*Na. et al.*).

Kristalle; F: 153–154° [unkorr.] (*Co., El.-Ha.*), 142° [aus Bzl.+PAe.] (*Na. et al.*). ^{1}H-NMR-Absorption ($CDCl_3$ sowie DMSO-d_6): *Co., El.-Ha.* IR-Banden (Nujol, $CHCl_3$ sowie DMSO-d_6; 3500–1600 cm^{-1}): *Co., El.-Ha.*

Hydrochlorid $C_{17}H_{17}N_3O \cdot HCl$. Kristalle; F: 254–256° [unkorr.] (*Co., El.-Ha.*), 252° [aus wss.-methanol. HCl] (*Na. et al.*).

4-[4-Amino-benzyl]-5-methyl-2-phenyl-1,2-dihydro-pyrazol-3-on $C_{17}H_{17}N_3O$, Formel V (R = C_6H_5, X = H, X' = NH_2) und Taut.

B. Beim Hydrieren von 5-Methyl-4-[4-nitro-benzyliden]-2-phenyl-2,4-dihydro-pyrazol-3-on an Palladium/Kohle in Äthanol (*Bodendorf, Raaf,* A. **592** [1955] 26, 34).

Hydrochlorid $C_{17}H_{17}N_3O \cdot HCl$. Kristalle (aus A.); F: 221–223° [Zers.].

Acetyl-Derivat $C_{19}H_{19}N_3O_2$; 4-[4-Acetylamino-benzyl]-5-methyl-2-phenyl-1,2-dihydro-pyrazol-3-on, Essigsäure-[4-(5-methyl-3-oxo-2-phenyl-2,3-dihydro-1*H*-

pyrazol-4-ylmethyl)-anilid]. Kristalle (aus Me.) mit 1 Mol Methanol; F: 185–187°.

4-[4-Amino-benzyl]-1,5-dimethyl-2-phenyl-1,2-dihydro-pyrazol-3-on $C_{18}H_{19}N_3O$, Formel VI ($R = C_6H_5$, $X = NH_2$).

B. Aus Antipyrin (E III/IV **24** 75) beim Behandeln mit wss. Formaldehyd, Anilin und wss. HCl oder beim Behandeln mit 4-Amino-benzylalkohol und wss. HCl (*Bodendorf, Raaf,* A. **592** [1955] 26, 34, 35). Bei der Hydrierung von 1,5-Dimethyl-4-[4-nitro-benzyl]-2-phenyl-1,2-dihydro-pyrazol-3-on an Raney-Nickel in Isopropylalkohol (*Bo., Raaf,* l. c. S. 33). Aus 4-Anilinomethyl-1,5-dimethyl-2-phenyl-1,2-dihydro-pyrazol-3-on mit Hilfe von wss. HCl (*Bo., Raaf,* l. c. S. 32).

Rosafarbene Kristalle (aus wss. A. oder Isopropylalkohol) mit 0,5 Mol H_2O; F: 140–145° [Zers.].

Hydrochlorid $C_{18}H_{19}N_3O \cdot HCl$. Kristalle; F: 242–243° [Zers.].

1,5-Dimethyl-4-[4-methylamino-benzyl]-2-phenyl-1,2-dihydro-pyrazol-3-on $C_{19}H_{21}N_3O$, Formel VI ($R = C_6H_5$, $X = NH\text{-}CH_3$).

Diese Konstitution kommt der früher (E I 678) als 1,5-Dimethyl-4-[*N*-methyl-anilinomethyl]-2-phenyl-1,2-dihydro-pyrazol-3-on („1-Phenyl-2.3-dimethyl-4-methylanilinomethyl-pyrazolon-(5)") beschriebenen Verbindung zu (*Bodendorf, Raaf,* A. **592** [1955] 26, 28).

B. Aus 1,5-Dimethyl-4-[*N*-methyl-anilinomethyl]-2-phenyl-1,2-dihydro-pyrazol-3-on mit Hilfe von wss. HCl (*Bo., Raaf,* l. c. S. 36).

Kristalle (aus A.); F: 140°.

Acetyl-Derivat $C_{21}H_{23}N_3O_2$; 4-[4-(Acetyl-methyl-amino)-benzyl]-1,5-dimethyl-2-phenyl-1,2-dihydro-pyrazol-3-on, Essigsäure-[4-(1,5-dimethyl-3-oxo-2-phenyl-2,3-dihydro-1*H*-pyrazol-4-ylmethyl)-*N*-methyl-anilid]. Kristalle (aus E.); F: 114–117° (*Bo., Raaf,* l. c. S. 36).

Nitroso-Derivat $C_{19}H_{20}N_4O_2$; 1,5-Dimethyl-4-[4-(methyl-nitroso-amino)-benzyl]-2-phenyl-1,2-dihydro-pyrazol-3-on. Hellgelbe Kristalle (aus Me.); F: 149–151° (*Bo., Raaf,* l. c. S. 36).

4-[4-Dimethylamino-benzyl]-1,5-dimethyl-2-phenyl-1,2-dihydro-pyrazol-3-on $C_{20}H_{23}N_3O$, Formel VI ($R = C_6H_5$, $X = N(CH_3)_2$).

B. Aus Antipyrin (E III/IV **24** 75), *N,N*-Dimethyl-anilin und wss. Formaldehyd oder Hexamethylentetramin in wss. HCl (*Hoffmann-La Roche,* D.R.P. 496647 [1928]; Frdl. **17** 2299; s. a. *Bodendorf, Raaf,* A. **592** [1955] 26, 37; *Thesing et al.,* B. **88** [1955] 1978, 1986). Aus 4-[4-Amino-benzyl]-1,5-dimethyl-2-phenyl-1,2-dihydro-pyrazol-3-on und CH_3I in Aceton (*Bo., Raaf*).

Kristalle (aus wss. A. bzw. aus A.); F: 152° (*Hoffmann-La Roche; Bo., Raaf*).

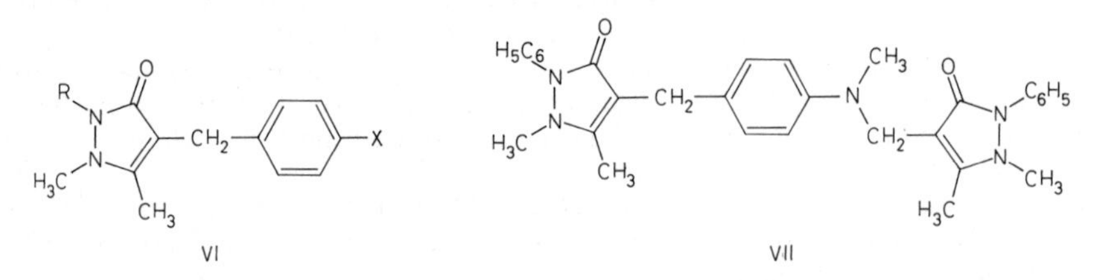

4-[4-Diäthylamino-benzyl]-1,5-dimethyl-2-phenyl-1,2-dihydro-pyrazol-3-on $C_{22}H_{27}N_3O$, Formel VI ($R = C_6H_5$, $X = N(C_2H_5)_2$).

B. Analog der vorangehenden Verbindung (*Hoffmann-La Roche,* D.R.P. 496647 [1928]; Frdl. **17** 2299).

Kristalle (aus Isopropylalkohol); F: 110–112°.

4-[4-Acetylamino-benzyl]-1,5-dimethyl-2-phenyl-1,2-dihydro-pyrazol-3-on, Essigsäure-[4-(1,5-dimethyl-3-oxo-2-phenyl-2,3-dihydro-1*H*-pyrazol-4-ylmethyl)-anilid] $C_{20}H_{21}N_3O_2$, Formel VI ($R = C_6H_5$, $X = NH\text{-}CO\text{-}CH_3$).

B. Aus 4-[4-Amino-benzyl]-1,5-dimethyl-2-phenyl-1,2-dihydro-pyrazol-3-on und Acet=

anhydrid sowie aus 4-[4-Acetylamino-benzyl]-5-methyl-2-phenyl-1,2-dihydro-pyrazol-3-on und Dimethylsulfat mit Hilfe von wss. NaOH (*Bodendorf, Raaf,* A. **592** [1955] 32, 34).

Kristalle (aus A.); F: 222–225°.

4-[4-Dimethylamino-benzyl]-1,5-dimethyl-2-*p*-tolyl-1,2-dihydro-pyrazol-3-on $C_{21}H_{25}N_3O$, Formel VI (R = C_6H_4-CH_3, X = $N(CH_3)_2$).

B. Analog 4-[4-Dimethylamino-benzyl]-1,5-dimethyl-2-phenyl-1,2-dihydro-pyrazol-3-on [s. o.] (*Hoffmann-La Roche,* D.R.P. 496647 [1928]; Frdl. **17** 2299).

Kristalle (aus wss. A.); F: 158–159°.

4,*N*-Bis-[1,5-dimethyl-3-oxo-2-phenyl-2,3-dihydro-1*H*-pyrazol-4-ylmethyl]-*N*-methyl-anilin $C_{31}H_{33}N_5O_2$, Formel VII.

B. Aus Antipyrin (E III/IV **24** 75), *N*-Methyl-anilin und Paraformaldehyd (*Thesing et al.,* B. **88** [1955] 1978, 1985). Aus 1,5-Dimethyl-4-[*N*-methyl-anilinomethyl]-2-phenyl-1,2-dihydro-pyrazol-3-on, Antipyrin und wss. Formaldehyd (*Th. et al.*).

Kristalle (aus A.); F: 163° [unkorr.].

(±)-4-[α-Anilino-benzyl]-1,5-dimethyl-2-phenyl-1,2-dihydro-pyrazol-3-on $C_{24}H_{23}N_3O$, Formel VIII (R = C_6H_5).

B. Aus Antipyrin (E III/IV **24** 75) und Benzylidenanilin in Äthanol (*Passerini, Ragni,* G. **66** [1936] 684, 686).

Kristalle (aus A.); F: 185–187°.

(±)-1,5-Dimethyl-2-phenyl-4-[α-*p*-toluidino-benzyl]-1,2-dihydro-pyrazol-3-on $C_{25}H_{25}N_3O$, Formel VIII (R = C_6H_4-CH_3).

B. Analog der vorangehenden Verbindung (*Passerini, Ragni,* G. **66** [1936] 684, 687).

Kristalle (aus A.); F: 184–186°.

Bildung von Benzaldehyd, *p*-Toluidin und Bis-[1,5-dimethyl-3-oxo-2-phenyl-2,3-dihydro-1*H*-pyrazol-4-yl]-phenyl-methan beim Erhitzen mit wss. HCl: *Pa., Ra.*

(±)-5-Methyl-2-phenyl-4-[α-piperidino-benzyl]-1,2-dihydro-pyrazol-3-on $C_{22}H_{25}N_3O$, Formel IX (X = X′ = H) und Taut.

B. Aus 4-[(*Z*)-Benzyliden]-5-methyl-2-phenyl-2,4-dihydro-pyrazol-3-on (E III/IV **24** 559) und Piperidin in Benzol (*Mustafa et al.,* Am. Soc. **81** [1959] 6007, 6008, 6009).

Kristalle (aus A.); F: 209° [unkorr.].

(±)-4-[2-Chlor-α-piperidino-benzyl]-5-methyl-2-phenyl-1,2-dihydro-pyrazol-3-on $C_{22}H_{24}ClN_3O$, Formel IX (X = Cl, X′ = H) und Taut.

B. Analog der vorangehenden Verbindung (*Mustafa et al.,* Am. Soc. **81** [1959] 6007, 6008, 6009).

Kristalle (aus A.); F: 199° [unkorr.].

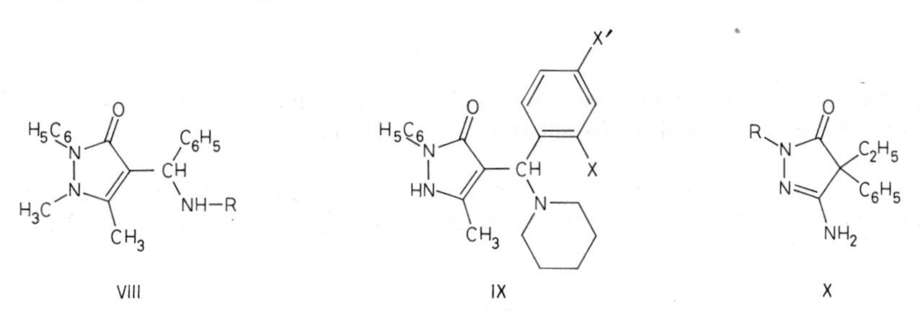

(±)-5-Methyl-4-[4-nitro-α-piperidino-benzyl]-2-phenyl-1,2-dihydro-pyrazol-3-on $C_{22}H_{24}N_4O_3$, Formel IX (X = H, X′ = NO_2) und Taut.

B. Analog den vorangehenden Verbindungen (*Mustafa et al.,* Am. Soc. **81** [1959] 6007, 6008,

6009).
Kristalle (aus A.); F: 208° [unkorr.].

(±)-4-Äthyl-5-amino-4-phenyl-2,4-dihydro-pyrazol-3-on $C_{11}H_{13}N_3O$, Formel X (R = H) und Taut.

B. Aus (±)-2-Cyan-2-phenyl-buttersäure-äthylester und $N_2H_4 \cdot H_2O$ (*Druey, Schmidt,* Helv. **37** [1954] 1828, 1833, 1834).

Kristalle; F: 215–217° [unkorr.].

(±)-4-Äthyl-5-amino-2-methyl-4-phenyl-2,4-dihydro-pyrazol-3-on $C_{12}H_{15}N_3O$, Formel X (R = CH_3) und Taut.

B. Aus der vorangehenden Verbindung und Dimethylsulfat mit Hilfe von methanol. KOH (*Druey, Schmidt,* Helv. **37** [1954] 1828, 1834, 1836).

Kristalle (aus E.); F: 141–142° [unkorr.].

N-Methyl-Derivat $C_{13}H_{17}N_3O$; (±)-4-Äthyl-5-imino-1,2-dimethyl-4-phenyl-pyrazolidin-3-on, Formel XI. $Kp_{0,1}$: 155–160°. – Hydrochlorid $C_{13}H_{17}N_3O \cdot HCl$; (±)-4-Äthyl-5-amino-1,2-dimethyl-3-oxo-4-phenyl-3,4-dihydro-2*H*-pyrazolium-chlorid. F: 224–226° [unkorr.].

(±)-2,4-Diäthyl-5-amino-4-phenyl-2,4-dihydro-pyrazol-3-on $C_{13}H_{17}N_3O$, Formel X (R = C_2H_5) und Taut.

B. Analog der vorangehenden Verbindung (*Druey, Schmidt,* Helv. **37** [1954] 1828, 1834, 1836).

Kristalle (aus E.); F: 138–139° [unkorr.].

(±)-4-Äthyl-5-amino-4-phenyl-2-propyl-2,4-dihydro-pyrazol-3-on $C_{14}H_{19}N_3O$, Formel X (R = $CH\text{-}C_2H_5$) und Taut.

B. Analog den vorangehenden Verbindungen (*Druey, Schmidt,* Helv. **37** [1954] 1828, 1834, 1836).

Kristalle (aus E.); F: 105–106° [unkorr.].

(±)-2-Amino-1-methyl-5-[4-methyl-benzyl]-1,5-dihydro-imidazol-4-on $C_{12}H_{15}N_3O$, Formel XII (R = H) und Taut.

B. Aus der folgenden Verbindung mit Hilfe von wss. HCl (*Cattaneo et al.,* B. **72** [1939] 1461, 1469).

Kristalle; F: 280–282°.

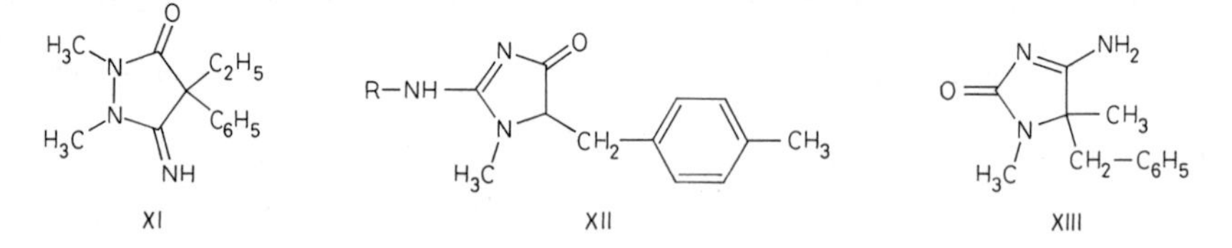

(±)-2-Acetylamino-1-methyl-5-[4-methyl-benzyl]-1,5-dihydro-imidazol-4-on, *N*-[1-Methyl-5-(4-methyl-benzyl)-4-oxo-4,5-dihydro-1*H*-imidazol-2-yl]-acetamid $C_{14}H_{17}N_3O_2$, Formel XII (R = CO-CH_3) und Taut.

B. Aus der Acetyl-Verbindung des 2-Amino-1-methyl-5-[4-methyl-benzyliden]-1,5-dihydro-imidazol-4-ons mit Hilfe von Natrium-Amalgam und H_2O (*Cattaneo et al.,* B. **72** [1939] 1461, 1469).

Kristalle; F: 175°.

(±)-4-Amino-5-benzyl-1,5-dimethyl-1,5-dihydro-imidazol-2-on $C_{12}H_{15}N_3O$, Formel XIII und Taut.

B. Beim Erhitzen von (±)-*N*-[1-Cyan-1-methyl-2-phenyl-äthyl]-*N*-methyl-harnstoff in H_2O

(*Herbst, Johnson,* Am. Soc. **52** [1930] 3676, 3679).
Kristalle; F: 267 – 268° [korr.; Zers.].
Hydrochlorid $C_{12}H_{15}N_3O \cdot HCl$. Kristalle; F: 218 – 223° [korr.; Zers.].
Picrat $C_{12}H_{15}N_3O \cdot C_6H_3N_3O_7$. Gelbe Kristalle (aus wss. A.); F: 226 – 227° [korr.; Zers.].

(±)-5-Äthyl-4-[2-hydroxy-äthylamino]-5-phenyl-1,5-dihydro-imidazol-2-thion $C_{13}H_{17}N_3OS$, Formel XIV und Taut.
B. Aus (±)-5-Äthyl-5-phenyl-imidazolidin-2,4-dithion und 2-Amino-äthanol (*Carrington et al.,* Soc. **1953** 3105, 3111).
Kristalle (aus H_2O); F: 184 – 185°.

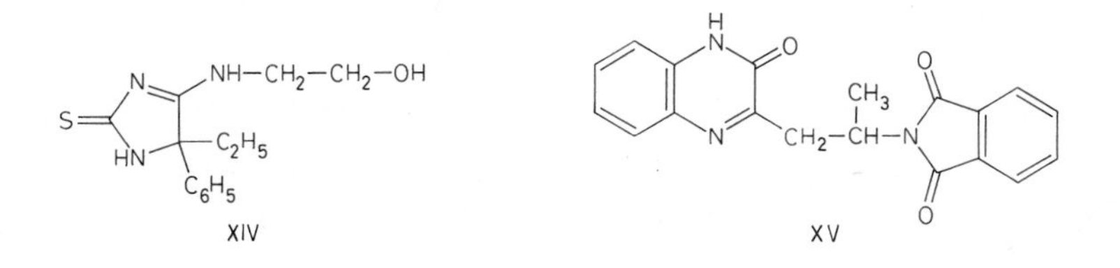

(±)-3-[2-Phthalimido-propyl]-1*H*-chinoxalin-2-on, (±)-*N*-[2-(3-Oxo-3,4-dihydro-chinoxalin-2-yl)-propyl]-phthalimid $C_{19}H_{15}N_3O_3$, Formel XV und Taut.
B. Beim Erhitzen von (±)-2-[4-Dimethylamino-phenylimino]-3-oxo-5-phthalimido-hexannitril mit konz. wss. HCl und Essigsäure und anschliessend mit *o*-Phenylendiamin und Kaliumacetat (*Borkovec et al.,* Chem. Listy **49** [1955] 1405; C. A. **1956** 5681, **1957** 9630).
Kristalle (aus A.); F: 225 – 226° [unkorr.].

3-[3-Phthalimido-propyl]-1*H*-chinoxalin-2-on, *N*-[3-(3-Oxo-3,4-dihydro-chinoxalin-2-yl)-propyl]-phthalimid $C_{19}H_{15}N_3O_3$, Formel I und Taut.
B. Beim Erhitzen von 2-[4-Dimethylamino-phenylimino]-3-oxo-6-phthalimido-hexannitril mit konz. wss. HCl und Essigsäure und anschliessend mit *o*-Phenylendiamin und Kaliumacetat (*Borkovec et al.,* Chem. Listy **49** [1955] 1405; C. A. **1956** 5681, **1957** 9630).
Kristalle (aus A.); F: 235 – 236° [unkorr.].

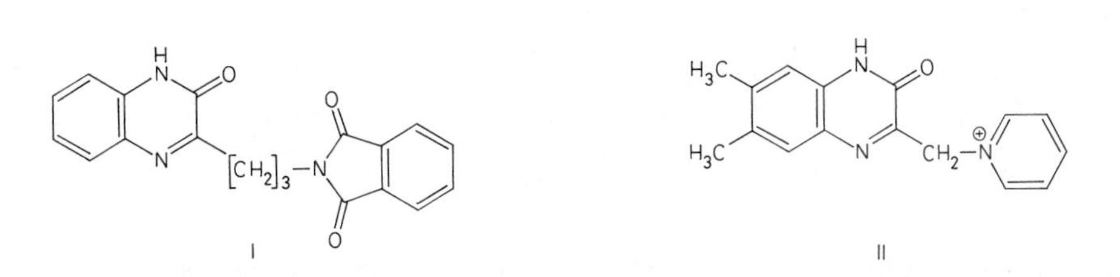

1-[6,7-Dimethyl-3-oxo-3,4-dihydro-chinoxalin-2-ylmethyl]-pyridinium $[C_{16}H_{16}N_3O]^+$, Formel II und Taut.
Bromid $[C_{16}H_{16}N_3O]Br$. *B.* Aus Brombrenztraubensäure, Pyridin und 4,5-Dimethyl-*o*-phenylendiamin in Butan-1-ol (*Green, Delaby,* Bl. **1955** 704, 706). – Kristalle; F: 273°.
Jodid $[C_{16}H_{16}N_3O]I$. Kristalle; F: 262°. λ_{max}: 227,5 – 230 nm und 355 – 360 nm [wss. HCl] bzw. 235 nm und 367,5 – 370 nm [wss. NaOH].

Amino-Derivate der Oxo-Verbindungen $C_{12}H_{14}N_2O$

***Opt.-inakt. 6-Äthyl-2-amino-5-[3-chlor-phenyl]-5,6-dihydro-3*H*-pyrimidin-4-on** $C_{12}H_{14}ClN_3O$, Formel III (X = Cl, X′ = H) und Taut.
B. Aus [3-Chlor-phenyl]-acetonitril, Propionaldehyd und Guanidin in Äthanol (*Hitchings*

et al., Soc. **1956** 1019, 1026).
Kristalle (aus wss. A.); F: 229–230°.

***Opt.-inakt. 6-Äthyl-2-amino-5-[4-chlor-phenyl]-5,6-dihydro-3*H*-pyrimidin-4-on** $C_{12}H_{14}ClN_3O$, Formel III (X = H, X′ = Cl) und Taut.
B. Analog der vorangehenden Verbindung (*Hitchings et al.*, Soc. **1956** 1019, 1026).
Kristalle (aus A.); F: 275°.

***Opt.-inakt. 6-Äthyl-2-amino-5-[3,4-dichlor-phenyl]-5,6-dihydro-3*H*-pyrimidin-4-on** $C_{12}H_{13}Cl_2N_3O$, Formel III (X = X′ = Cl) und Taut.
B. Analog den vorangehenden Verbindungen (*Hitchings et al.*, Soc. **1956** 1019, 1026).
Kristalle (aus wss. A.); F: 242°.

(±)-2-Amino-5-[4-chlor-phenyl]-6,6-dimethyl-5,6-dihydro-3*H*-pyrimidin-4-on $C_{12}H_{14}ClN_3O$, Formel IV (R = CH_3) und Taut.
B. Aus 5-[4-Chlor-phenyl]-6,6-dimethyl-5,6-dihydro-pyrimidin-2,4-diyldiamin mit Hilfe von konz. wss. HCl und wss. Essigsäure (*Hitchings et al.*, Soc. **1956** 1019, 1025).
Kristalle (aus H_2O) mit 2 Mol H_2O; F: 245–247° [Zers.].

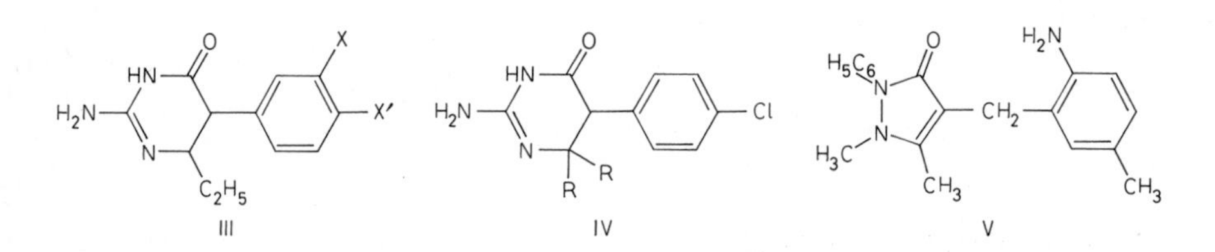

4-[2-Amino-5-methyl-benzyl]-1,5-dimethyl-2-phenyl-1,2-dihydro-pyrazol-3-on $C_{19}H_{21}N_3O$, Formel V.
B. Aus 1,5-Dimethyl-2-phenyl-4-*p*-toluidinomethyl-1,2-dihydro-pyrazol-3-on mit Hilfe von methanol. HCl (*Bodendorf, Raaf*, A. **592** [1955] 26, 35).
Lösungsmittelhaltige Kristalle (aus Isopropylalkohol); F: 138–145° [nach Trocknen bei 100° im Hochvakuum].
Hydrochlorid $C_{19}H_{21}N_3O \cdot HCl$. Kristalle (aus E.+A.); F: 234°.
Acetyl-Derivat $C_{21}H_{23}N_3O_2$; 4-[2-Acetylamino-5-methyl-benzyl]-1,5-dimethyl-2-phenyl-1,2-dihydro-pyrazol-3-on, Essigsäure-[2-(1,5-dimethyl-3-oxo-2-phenyl-2,3-dihydro-1*H*-pyrazol-4-ylmethyl)-4-methyl-anilid]. Lösungsmittelhaltige Kristalle (aus Acn.); F: 171° [nach Trocknen bei 140° im Hochvakuum].

(±)-5-Methyl-4-[4-methyl-α-piperidino-benzyl]-2-phenyl-1,2-dihydro-pyrazol-3-on $C_{23}H_{27}N_3O$, Formel VI und Taut.
B. Aus 5-Methyl-4-[(*Z*)-4-methyl-benzyliden]-2-phenyl-2,4-dihydro-pyrazol-3-on (E III/IV **24** 573) und Piperidin in Benzol (*Mustafa et al.*, Am. Soc. **81** [1959] 6007, 6008, 6009).
Kristalle (aus A.); F: 204° [unkorr.].

Amino-Derivate der Oxo-Verbindungen $C_{14}H_{18}N_2O$

(±)-6,6-Diäthyl-2-amino-5-[4-chlor-phenyl]-5,6-dihydro-3*H*-pyrimidin-4-on $C_{14}H_{18}ClN_3O$, Formel IV (R = C_2H_5) und Taut.
B. Aus (±)-6,6-Diäthyl-5-[4-chlor-phenyl]-5,6-dihydro-pyrimidin-2,4-diyldiamin mit Hilfe von konz. wss. HCl und wss. Essigsäure (*Hitchings et al.*, Soc. **1956** 1019, 1025).
Kristalle (aus H_2O); F: 246–248° [Zers.].

Amino-Derivate der Monooxo-Verbindungen $C_nH_{2n-12}N_2O$

Amino-Derivate der Oxo-Verbindungen $C_{10}H_8N_2O$

6-Amino-2-phenyl-3*H*-pyrimidin-4-on $C_{10}H_9N_3O$, Formel VII (R = X = H) und Taut. (H **24** 396).

B. Aus Benzamidin-hydrochlorid und Cyanessigsäure-äthylester mit Hilfe von Natriummethylat (*Andrisano, Maioli,* G. **83** [1953] 264, 267; s. a. *Kenner et al.*, Soc. **1943** 388; vgl. H **24** 396).

Kristalle; F: 252° [aus H_2O] (*An., Ma.*), 252° (*Ke. et al.*).

6-Anilino-2-phenyl-3*H*-pyrimidin-4-on $C_{16}H_{13}N_3O$, Formel VII (R = C_6H_5, X = H) und Taut.

B. Aus 6-Chlor-2-phenyl-3*H*-pyrimidin-4-on (aus 4,6-Dichlor-2-phenyl-pyrimidin mit Hilfe von wss. HCl und Butan-1-ol hergestellt) und Anilin mit Hilfe von konz. wss. HCl (*Carrington et al.*, Soc. **1955** 1858, 1861).

Kristalle (aus A.); F: 209°.

5,6-Diamino-2-phenyl-3*H*-pyrimidin-4-on $C_{10}H_{10}N_4O$, Formel VII (R = H, X = NH_2) und Taut. (H **24** 495).

B. Aus 6-Amino-2-phenyl-pyrimidin-4,5-dion-5-phenylhydrazon mit Hilfe von wss. $Na_2S_2O_4$ (*Andrisano, Maioli,* G. **83** [1953] 264, 267).

Kristalle (aus H_2O); F: 228°.

2-[4-Chlor-anilino]-6-phenyl-3*H*-pyrimidin-4-on $C_{16}H_{12}ClN_3O$, Formel VIII (R = C_6H_4-Cl) und Taut.

B. Aus 2-Methylmercapto-6-phenyl-3*H*-pyrimidin-4-on und 4-Chlor-anilin (*Curd et al.*, Soc. **1946** 378, 381).

Kristalle (aus 2-Äthoxy-äthanol); F: 312–313°.

***N*-[6-Oxo-4-phenyl-1,6-dihydro-pyrimidin-2-yl]-*N'*-phenyl-guanidin** $C_{17}H_{15}N_5O$, Formel VIII (R = C(=NH)-NH-C_6H_5) und Taut.

B. Aus 1-Phenyl-biguanid und 3-Oxo-3-phenyl-propionsäure-äthylester (*Ridi et al.*, Ann. Chimica **44** [1954] 769, 777).

F: 250°.

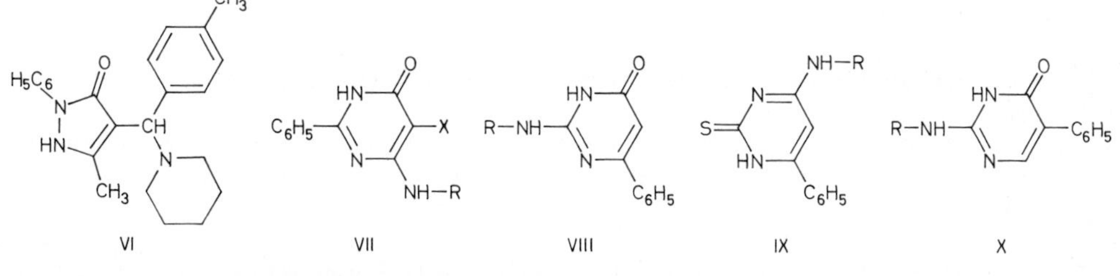

***N*-[4-Chlor-phenyl]-*N'*-[6-oxo-4-phenyl-1,6-dihydro-pyrimidin-2-yl]-guanidin** $C_{17}H_{14}ClN_5O$, Formel VIII (R = C(=NH)-NH-C_6H_4-Cl) und Taut.

B. Analog der vorangehenden Verbindung (*Cliffe et al.*, Soc. **1948** 574, 578).

Kristalle (aus Nitrobenzol); F: 254°.

***N*-[4-Äthoxy-phenyl]-*N'*-[6-oxo-4-phenyl-1,6-dihydro-pyrimidin-2-yl]-guanidin** $C_{19}H_{19}N_5O_2$, Formel VIII (R = C(=NH)-NH-C_6H_4-O-C_2H_5) und Taut.

B. Analog den vorangehenden Verbindungen (*Ridi et al.*, Ann. Chimica **44** [1954] 769, 777).

F: 245°.

6-Phenyl-2-sulfanilylamino-3*H*-pyrimidin-4-on, Sulfanilsäure-[6-oxo-4-phenyl-1,6-dihydro-pyrimidin-2-ylamid] $C_{16}H_{14}N_4O_3S$, Formel VIII (R = SO_2-C_6H_4-NH_2) und Taut.

B. Beim Erhitzen von *N*-Acetyl-sulfanilsäure-amid mit 2-Methylmercapto-6-phenyl-3*H*-pyr=

imidin-4-on in Tetralin und Erhitzen des Reaktionsprodukts mit wss. NaOH (*Matsukawa, Yoshida*, J. pharm. Soc. Japan **69** [1949] 27, 28, 33; C. A. **1950** 3453). Aus 2-Äthylmercapto-6-phenyl-3*H*-pyrimidin-4-on und dem Natrium-Salz des Sulfanilamids in Phenol (*Ward, Blenkinsop & Co.*, U.S.P. 2471772 [1945]).

Kristalle (aus A.), F: 223° (*Ma., Yo.*); Kristalle [aus wss. Acn.] (*Ward, Blenkinsop & Co.*).

4-Pentylamino-6-phenyl-1*H*-pyrimidin-2-thion $C_{15}H_{19}N_3S$, Formel IX (R = $[CH_2]_4$-CH_3) und Taut.

B. Aus 6-Phenyl-1*H*-pyrimidin-2,4-dithion und Pentylamin (*Russell et al.*, Am. Soc. **71** [1949] 2279, 2280, 2281).

Kristalle; F: 227–228°.

4-*p*-Anisidino-6-phenyl-1*H*-pyrimidin-2-thion $C_{17}H_{15}N_3OS$, Formel IX (R = C_6H_4-O-CH_3) und Taut.

B. Aus 6-Phenyl-1*H*-pyrimidin-2,4-dithion und *p*-Anisidin (*Burroughs Wellcome & Co.*, U.S.P. 2671087 [1951]).

F: 264–265°.

2-Amino-5-phenyl-3*H*-pyrimidin-4-on $C_{10}H_9N_3O$, Formel X (R = H) und Taut.

B. Beim Behandeln von Phenylessigsäure-äthylester mit Natrium und Äthylformiat in Äther und anschliessenden Erwärmen mit Guanidin in Äthanol (*Russell, Hitchings*, Am. Soc. **73** [1951] 3763, 3765, 3766).

Kristalle; F: 244–247° [aus A.] (*Wellcome Found.*, D.B.P. 889151 [1951]; *Burroughs Wellcome & Co.*, U.S.P. 2624731 [1953]), 244–245° [unkorr.] (*Ru., Hi.*).

2-[4-Chlor-anilino]-5-phenyl-3*H*-pyrimidin-4-on $C_{16}H_{12}ClN_3O$, Formel X (R = C_6H_4-Cl) und Taut.

B. Aus 2-Äthylmercapto-5-phenyl-3*H*-pyrimidin-4-on und 4-Chlor-anilin (*Curd et al.*, Soc. **1946** 378, 384).

F: 328–330°.

2-*p*-Anisidino-5-phenyl-3*H*-pyrimidin-4-on $C_{17}H_{15}N_3O_2$, Formel X (R = C_6H_4-O-CH_3).

B. Aus 2-Äthylmercapto-5-phenyl-3*H*-pyrimidin-4-on und *p*-Anisidin in 2-Äthoxy-äthanol (*Curd et al.*, Soc. **1946** 378, 384).

Kristalle (aus Eg.); F: 271–272°.

***N*-[4-Chlor-phenyl]-*N'*-[6-oxo-5-phenyl-1,6-dihydro-pyrimidin-2-yl]-guanidin** $C_{17}H_{14}ClN_5O$, Formel X (R = C(=NH)-NH-C_6H_4-Cl) und Taut.

B. Aus [6-Oxo-5-phenyl-1,6-dihydro-pyrimidin-2-yl]-carbamonitril (aus Cyanguanidin und 3-Oxo-2-phenyl-propionsäure-ester hergestellt) und 4-Chlor-anilin (*ICI*, U.S.P. 2422890 [1945]).

F: 245–246°.

2-Amino-5-[3-chlor-phenyl]-3*H*-pyrimidin-4-on $C_{10}H_8ClN_3O$, Formel XI (X = Cl, X' = H) und Taut.

B. Analog 2-Amino-5-phenyl-3*H*-pyrimidin-4-on [s. o.] (*Russell, Hitchings*, Am. Soc. **73** [1951] 3763, 3765, 3766).

Kristalle; F: 255–258° [aus wss. A.] (*Wellcome Found.*, D.B.P. 889151 [1951]; *Burroughs Wellcome & Co.*, U.S.P. 2624731 [1953]), 255–258° [unkorr.] (*Ru., Hi.*).

2-Amino-5-[4-chlor-phenyl]-3*H*-pyrimidin-4-on $C_{10}H_8ClN_3O$, Formel XI (X = H, X' = Cl) und Taut.

B. Analog 2-Amino-5-phenyl-3*H*-pyrimidin-4-on [s. o.] (*Russell, Hitchings*, Am. Soc. **73** [1951] 3763, 3765, 3766). Aus 2-Amino-5-[4-chlor-phenyl]-5,6-dihydro-1*H*-pyrimidin-4-on mit Hilfe von Schwefel (*Hitchings et al.*, Soc. **1956** 1019, 1027).

Kristalle; F: 323° [Zers.; nach Erweichen bei 287°; aus wss. A.] (*Wellcome Found.*,

D.B.P. 889151 [1951]; *Burroughs Wellcome* & *Co.*, U.S.P. 2624731 [1953]), 323° [unkorr.; Zers.] (*Ru.*, *Hi.*).

2-Amino-5-[3,4-dichlor-phenyl]-3*H*-pyrimidin-4-on $C_{10}H_7Cl_2N_3O$, Formel XI (X = X′ = Cl) und Taut.

B. Analog 2-Amino-5-phenyl-3*H*-pyrimidin-4-on [s. o.] (*Russell, Hitchings*, Am. Soc. **73** [1951] 3763, 3765, 3766).

F: 330° [unkorr.; Zers.].

2-Amino-5-[4-brom-phenyl]-3*H*-pyrimidin-4-on $C_{10}H_8BrN_3O$, Formel XI (X = H, X′ = Br) und Taut.

B. Analog 2-Amino-5-phenyl-3*H*-pyrimidin-4-on [s. o.] (*Russell, Hitchings*, Am. Soc. **73** [1951] 3763, 3765, 3766).

Kristalle; F: 313° [Zers.; aus A.] (*Wellcome Found.*, D.B.P. 889151 [1951]; *Burroughs Well≈ come* & *Co.*, U.S.P. 2624731 [1953]), 313° [unkorr.; Zers.] (*Ru.*, *Hi.*).

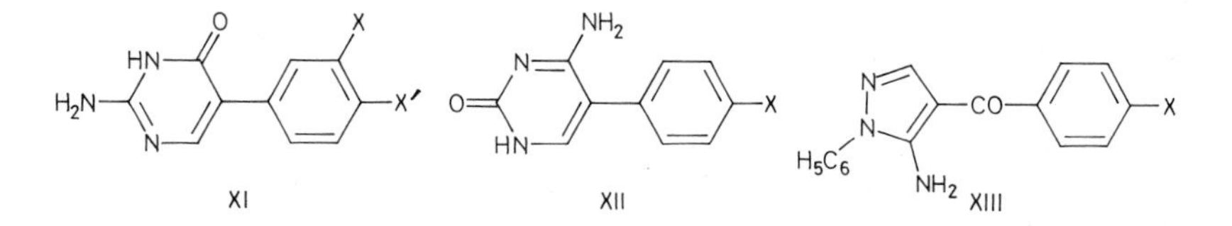

4-Amino-5-phenyl-1*H*-pyrimidin-2-on $C_{10}H_9N_3O$, Formel XII (X = H) und Taut. (in der Literatur als 5-Phenyl-cytosin bezeichnet).

B. Aus 2-Äthylmercapto-5-phenyl-pyrimidin-4-ylamin mit Hilfe von wss. HBr [48%ig] (*Chi, Tien*, Am. Soc. **55** [1933] 4185).

Kristalle (aus H_2O oder A.), die unterhalb 310° nicht schmelzen.

Hydrochlorid $C_{10}H_9N_3O \cdot HCl$. Kristalle (aus H_2O); F: 277–278° [nach Sintern bei 270°].

Hydrobromid $C_{10}H_9N_3O \cdot HBr$. Kristalle (aus H_2O); F: 280–281° [Zers.; nach Sintern bei 270°].

4-Amino-5-[4-chlor-phenyl]-1*H*-pyrimidin-2-on $C_{10}H_8ClN_3O$, Formel XII (X = Cl) und Taut.

B. Aus 3-Amino-2-[4-chlor-phenyl]-acrylonitril (E III **10** 3025) und Harnstoff (*Hansell*, Chem. and Ind. **1959** 884).

F: 380° [Zers.].

5-Amino-4-benzoyl-1-phenyl-1*H*-pyrazol, [5-Amino-1-phenyl-1*H*-pyrazol-4-yl]-phenyl-keton $C_{16}H_{13}N_3O$, Formel XIII (X = H).

Diese Konstitution kommt der von *Grothaus, Dains* (Am. Soc. **58** [1936] 1334) als 1,5-Diphenyl-1*H*-pyrazol-4-carbonitril ($C_{16}H_{11}N_3$) formulierten Verbindung zu (*Nishiwaki et al.*, J.C.S. Perkin I **1974** 1871).

B. Aus 3-Anilino-2-benzoyl-acrylonitril (E III **12** 1017) und Phenylhydrazin in Äthanol (*Gr., Da.*; *Ni. et al.*, l. c. S. 1873).

Kristalle; F: 182° (*Gr., Da.*), 181–182° [aus A.] (*Ni. et al.*).

[5-Amino-1-phenyl-1*H*-pyrazol-4-yl]-[4-brom-phenyl]-keton $C_{16}H_{12}BrN_3O$, Formel XIII (X = Br).

Diese Konstitution kommt der von *Grothaus, Dains* (Am. Soc. **58** [1936] 1334) als 5-[4-Brom-phenyl]-1-phenyl-1*H*-pyrazol-4-carbonitril ($C_{16}H_{10}BrN_3$) formulierten Verbindung zu (vgl. die analog hergestellte vorangehende Verbindung).

B. Aus 3-Anilino-2-[4-brom-benzoyl]-acrylonitril (E III **12** 1017) und Phenylhydrazin in Äth≈ anol (*Gr., Da.*).

F: 212°.

***5-Amino-4-benzyliden-2,4-dihydro-pyrazol-3-on** $C_{10}H_9N_3O$, Formel XIV (R = H).

B. Aus Cyanessigsäure-hydrazid und Benzaldehyd (*Papini*, G. **83** [1953] 861, 866). Aus 5-Amino-1,2-dihydro-pyrazol-3-on und Benzaldehyd in wss. Äthanol (*Hepner, Fajersztejn*, Bl. [5] **4** [1937] 854, 858).

Gelbe Kristalle (aus A.); F: 244° (*Pa.*). Kristalle (aus A.) mit 2 Mol H_2O; F: 244° (*He., Fa.*).

***5-Amino-4-benzyliden-2-phenyl-2,4-dihydro-pyrazol-3-on** $C_{16}H_{13}N_3O$, Formel XIV (R = C_6H_5).

B. Aus 5-Amino-2-phenyl-1,2-dihydro-pyrazol-3-on und Benzaldehyd in Benzol (*Gagnon et al.*, Canad. J. Chem. **37** [1959] 110, 115).

Kristalle (aus Me.); F: 231–233° [unkorr.]. IR-Banden (3400–700 cm^{-1}): *Ga. et al.*, l. c. S. 114.

Bildung eines als 5-Amino-4-benzyliden-2-phenyl-3,4-dihydro-2*H*-pyrazol-3-ol angesehenen, möglicherweise aber als 5-Amino-4-benzyl-2-phenyl-2,4-dihydro-pyrazol-3-on (S. 3795) zu formulierenden Präparats (F: 197–199°) beim Erwärmen mit Äthanol und Natrium: *Ga. et al.*, l. c. S. 116.

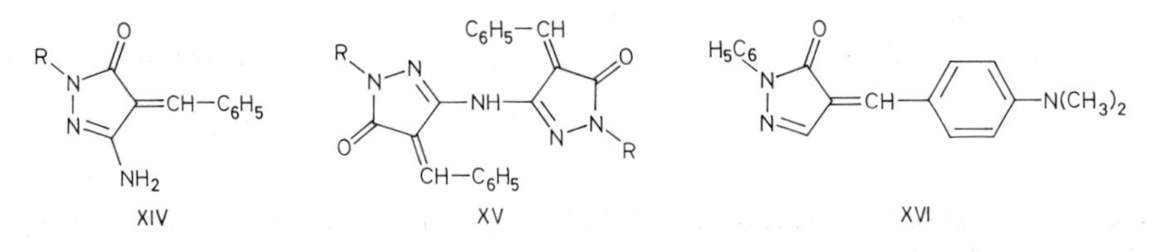

***Bis-[4-benzyliden-5-oxo-4,5-dihydro-1*H*-pyrazol-3-yl]-amin, 4,4′-Dibenzyliden-2,4,2′,4′-tetrahydro-5,5′-imino-bis-pyrazol-3-on** $C_{20}H_{15}N_5O_2$, Formel XV (R = H) und Taut.

B. Aus 5-Amino-1,2-dihydro-pyrazol-3-on und Benzaldehyd mit Hilfe von Piperidin in Äthanol (*Gagnon et al.*, Canad. J. Chem. **37** [1959] 110, 115).

Kristalle (aus A.); F: 252–253° [unkorr.]. IR-Banden (3300–650 cm^{-1}): *Ga. et al.*, l. c. S. 114.

***Bis-[4-benzyliden-5-oxo-1-phenyl-4,5-dihydro-1*H*-pyrazol-3-yl]-amin, 4,4′-Dibenzyliden-2,2′-diphenyl-2,4,2′,4′-tetrahydro-5,5′-imino-bis-pyrazol-3-on** $C_{32}H_{23}N_5O_2$, Formel XV (R = C_6H_5) und Taut.

B. Aus 5-Amino-2-phenyl-1,2-dihydro-pyrazol-3-on und Benzaldehyd mit Hilfe von Piperidin in Äthanol (*Gagnon et al.*, Canad. J. Chem. **37** [1959] 110, 113, 115).

Kristalle (aus Dioxan); F: 242–244° [unkorr.]. IR-Banden (3150–650 cm^{-1}): *Ga. et al.*, l. c. S. 114.

***4-[4-Dimethylamino-benzyliden]-2-phenyl-2,4-dihydro-pyrazol-3-on** $C_{18}H_{17}N_3O$, Formel XVI.

Rote Kristalle; λ_{max} (A.): 480 nm (*Brooker et al.*, Am. Soc. **73** [1951] 5332, 5336, 5342).

***4-(4-{4-[Bis-(2-cyan-äthyl)-amino]-benzyliden}-3-octadecylamino-5-oxo-4,5-dihydro-pyrazol-1-yl)-benzolsulfonsäure** $C_{40}H_{56}N_6O_4S$, Formel I (R = R′ = CH_2-CH_2-CN).

B. Aus 4-[3-Octadecylamino-5-oxo-2,5-dihydro-pyrazol-1-yl]-benzolsulfonsäure und 4-[Bis-(2-cyan-äthyl)-amino]-benzaldehyd in Essigsäure (*ICI*, U.S.P. 2803544 [1954]).

Orangefarbene Kristalle; F: 218–221°.

***4-(4-{4-[Methyl-(2-sulfo-äthyl)-amino]-benzyliden}-3-octadecylamino-5-oxo-4,5-dihydro-pyrazol-1-yl)-benzolsulfonsäure** $C_{37}H_{56}N_4O_7S_2$, Formel I (R = CH_3, R′ = CH_2-CH_2-SO_2-OH).

Mononatrium-Salz. *B.* Aus 4-[3-Octadecylamino-5-oxo-2,5-dihydro-pyrazol-1-yl]-benzolsulfonsäure und dem Natrium-Salz der 2-[4-Formyl-*N*-methyl-anilino]-äthansulfonsäure in Essigsäure und Äthanol (*ICI*, U.S.P. 2803544 [1954]). – F: 266–268°.

4-Aminomethylen-5-phenyl-2,4-dihydro-pyrazol-3-on $C_{10}H_9N_3O$, Formel II (R = R′ = H) und Taut. (z.B. 4-Iminomethyl-5-phenyl-1,2-dihydro-pyrazol-3-on).

Bezüglich der Tautomerie und Chelatisierung vgl. *Kurkowškaja et al.*, Ž. org. Chim. **9** [1973] 821, 825; engl. Ausg. S. 846, 849; *Maquestiau et al.*, Bl. Soc. chim. Belg. **84** [1975] 741.

B. Aus 5-Phenyl-1,2-dihydro-pyrazol-3-on und Formamid (*Ridi*, G. **82** [1952] 746, 750, 753). Aus 3-Oxo-5-phenyl-2,3-dihydro-1*H*-pyrazol-4-carbaldehyd und Formamid (*Ridi, Checchi*, G. **83** [1953] 36, 41).

Kristalle (aus A. oder Eg. bzw. aus H_2O); F: 283° [Zers.] (*Ridi; Ridi, Ch.*).

4-Aminomethylen-2-methyl-5-phenyl-2,4-dihydro-pyrazol-3-on $C_{11}H_{11}N_3O$, Formel II (R = CH_3, R′ = H) und Taut.

B. Aus 2-Methyl-5-phenyl-1,2-dihydro-pyrazol-3-on und Formamid (*Ridi, Checchi*, G. **83** [1953] 36, 42). Aus 2-Methyl-3-oxo-5-phenyl-2,3-dihydro-1*H*-pyrazol-4-carbaldehyd und Formamid (*Ridi, Ch.*, l. c. S. 42).

Kristalle (aus E.); F: 210°.

4-Aminomethylen-2,5-diphenyl-2,4-dihydro-pyrazol-3-on $C_{16}H_{13}N_3O$, Formel II (R = C_6H_5, R′ = H) und Taut.

Diese Konstitution kommt der von *Perroncito* (Atti X. Congr. int. Chim. Rom 1938, Bd. 3, S. 267, 272, 275) als Formamid-Addukt des 1,3,5,7-Tetraphenyl-1,7-dihydro-dipyrazolo[3,4-*b*;4′,3′-*e*]pyridins beschriebenen Verbindung zu (*Ridi, Checchi*, G. **83** [1953] 36, 38).

B. Aus 2,5-Diphenyl-1,2-dihydro-pyrazol-3-on und Formamid (*Pe.; Ridi, Ch.*, l. c. S. 37). Aus 3-Oxo-2,5-diphenyl-2,3-dihydro-1*H*-pyrazol-4-carbaldehyd und Formamid (*Ridi, Ch.*, l. c. S. 42).

Kristalle (aus Bzl.); F: 175° (*Pe.; Ridi, Ch.*, l. c. S. 40).

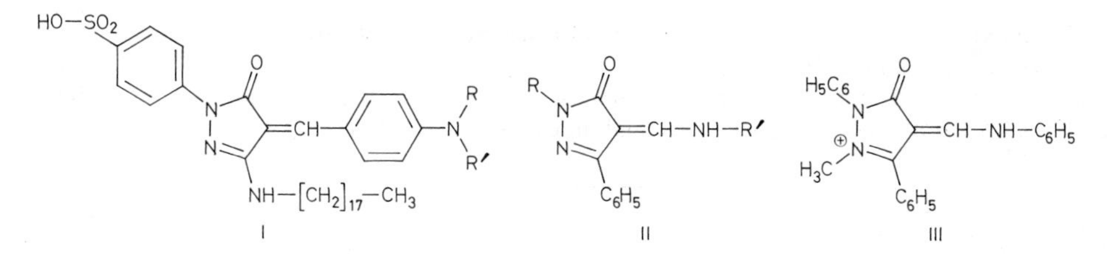

4-Anilinomethylen-5-phenyl-2,4-dihydro-pyrazol-3-on $C_{16}H_{13}N_3O$, Formel II (R = H, R′ = C_6H_5) und Taut.

B. Aus 5-Phenyl-1,2-dihydro-pyrazol-3-on beim Erhitzen mit Formanilid, mit Anilin und Orthoameisensäure-triäthylester oder mit *N,N′*-Diphenyl-formamidin (*Ridi*, G. **82** [1952] 746, 751). Aus 3-Oxo-5-phenyl-2,3-dihydro-1*H*-pyrazol-4-carbaldehyd und Anilin in Äthanol oder Essigsäure (*Ridi*, l. c. S. 753).

Gelbe Kristalle (aus Dioxan); F: 263°.

4-Anilinomethylen-2-methyl-5-phenyl-2,4-dihydro-pyrazol-3-on $C_{17}H_{15}N_3O$, Formel II (R = CH_3, R′ = C_6H_5) und Taut.

B. Aus Anilin und 2-Methyl-3-oxo-5-phenyl-2,3-dihydro-1*H*-pyrazol-4-carbaldehyd oder aus 4-Aminomethylen-2-methyl-5-phenyl-2,4-dihydro-pyrazol-3-on und Anilin (*Ridi, Checchi*, G. **83** [1953] 36, 43).

Kristalle (aus A.); F: 110°.

4-[4-Brom-anilinomethylen]-2,5-diphenyl-2,4-dihydro-pyrazol-3-on $C_{22}H_{16}BrN_3O$, Formel II (R = C_6H_5, R′ = C_6H_4-Br) und Taut.

B. Aus 2,5-Diphenyl-1,2-dihydro-pyrazol-3-on und *N,N′*-Bis-[4-brom-phenyl]-formamidin (*Grothaus, Dains*, Am. Soc. **58** [1936] 1334).

F: 184°.

4-Anilinomethylen-1-methyl-3-oxo-2,5-diphenyl-3,4-dihydro-2*H*-pyrazolium $[C_{23}H_{20}N_3O]^+$, Formel III und Mesomeres.

Jodid $[C_{23}H_{20}N_3O]I$; 1-Methyl-2,5-diphenyl-4-[phenylimino-methyl]-1,2-dihydro-pyrazol-3-on-hydrojodid $C_{23}H_{19}N_3O \cdot HI$ (vgl. E III/IV **24** 1525). *B.* Aus 4-Anilinomethylen-2,5-diphenyl-2,4-dihydro-pyrazol-3-on (H **24** 399; E II **24** 212) und CH_3I in Methanol (*Ridi,* Ann. Chimica applic. **30** [1940] 495, 497). – Gelbe Kristalle (aus H_2O); F: 200–201° [Zers.].

4-*p*-Phenetidinomethylen-5-phenyl-2,4-dihydro-pyrazol-3-on $C_{18}H_{17}N_3O_2$, Formel II (R = H, R′ = C_6H_4-O-C_2H_5) und Taut.

B. Aus 5-Phenyl-1,2-dihydro-pyrazol-3-on und Ameisensäure-*p*-phenetidid (*Ridi,* G. **82** [1952] 746, 751). Aus 3-Oxo-5-phenyl-2,3-dihydro-1*H*-pyrazol-4-carbaldehyd und *p*-Phenetidin in Äthanol oder Essigsäure (*Ridi,* l. c. S. 753).

Gelbe Kristalle (aus wss. Eg.); F: 240°.

4-*p*-Phenetidinomethylen-2,5-diphenyl-2,4-dihydro-pyrazol-3-on $C_{24}H_{21}N_3O_2$, Formel II (R = C_6H_5, R′ = C_6H_4-O-C_2H_5) und Taut.

B. Aus 2,5-Diphenyl-1,2-dihydro-pyrazol-3-on und *N,N′*-Bis-[4-äthoxy-phenyl]-formamidin in Äthanol (*Ridi,* G. **71** [1941] 106, 108).

Gelbe Kristalle (aus A.); F: 124–125°.

4-[2-Amino-anilinomethylen]-2,5-diphenyl-2,4-dihydro-pyrazol-3-on $C_{22}H_{18}N_4O$, Formel II (R = C_6H_5, R′ = C_6H_4-NH_2) und Taut.

B. Aus 3-Oxo-2,5-diphenyl-2,3-dihydro-1*H*-pyrazol-4-carbaldehyd und *o*-Phenylendiamin in Benzol (*Ridi, Checchi,* Ann. Chimica **43** [1953] 816, 825).

Gelbe Kristalle (aus A.); F: 215°.

***N,N′*-Bis-[5-oxo-1,3-diphenyl-1,5-dihydro-pyrazol-4-ylidenmethyl]-*o*-phenylendiamin** $C_{38}H_{28}N_6O_2$, Formel IV und Taut.

B. Aus der vorangehenden Verbindung und 3-Oxo-2,5-diphenyl-2,3-dihydro-1*H*-pyrazol-4-carbaldehyd in Dioxan (*Ridi, Checchi,* Ann. Chimica **43** [1953] 816, 825).

Gelb; F: 225°.

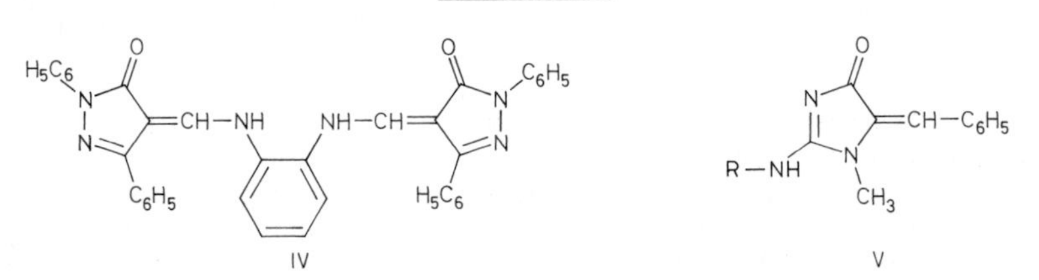

2-Amino-5-benzyliden-1-methyl-1,5-dihydro-imidazol-4-on $C_{11}H_{11}N_3O$, formel V (R = H) und Taut. (5-Benzyliden-2-imino-1-methyl-imidazolidin-4-on) (E II **24** 212; dort auch als 5-Benzyliden-kreatinin bezeichnet).

Bezüglich der Tautomerie vgl. Kreatinin (S. 3543).

Kristalle (aus A.); F: 247° [nach Sintern] (*Ing,* Soc. **1932** 2047, 2053).

Acetyl-Derivat $C_{13}H_{13}N_3O_2$; 2-Acetylamino-5-benzyliden-1-methyl-1,5-dihydro-imidazol-4-on, *N*-[5-Benzyliden-1-methyl-4-oxo-4,5-dihydro-1*H*-imidazol-2-yl]-acetamid (H **24** 399; E II **24** 212). Gelbe Kristalle (aus A. oder Toluol); F: 210–211° (*Ing,* l. c. S. 2052). Absorptionsspektrum (A.; 250–410 nm): *Stuckey,* Soc. **1949** 207, 209. – Kalium-Salz $KC_{13}H_{12}N_3O_2$. Hellgelbe Kristalle [aus Acn.] (*Ing*).

***5-Benzyliden-1-methyl-2-methylamino-1,5-dihydro-imidazol-4-on** $C_{12}H_{13}N_3O$, Formel V (R = CH_3) und Taut. (E II **24** 212; dort auch als N^2-Methyl-5-benzyliden-kreatinin bezeichnet).

B. Aus 2-Imino-1,3-dimethyl-imidazolidin-4-on (E III/IV **24** 1034) beim Erwärmen mit wss.

Na_2CO_3 und Erhitzen des Reaktionsprodukts mit Benzaldehyd auf 150° (*Cornthwaite,* Am. Soc. **59** [1937] 1616). Aus 2-Amino-5-benzyliden-1-methyl-1,5-dihydro-imidazol-4-on und Dimethylsulfat (*Co.*).

Kristalle (aus H_2O); F: 126°.

***N,N'*-Bis-[5-benzyliden-1-methyl-4-oxo-4,5-dihydro-1*H*-imidazol-2-yl]-benzylidendiamin, 5,5'-Dibenzyliden-1,1'-dimethyl-1,5,1',5'-tetrahydro-2,2'-benzylidendiamino-bis-imidazol-4-on** $C_{29}H_{26}N_6O_2$, Formel VI (X = X' = X'' = H) und Taut.

B. Beim Erhitzen von Kreatinin (S. 3543) mit Benzaldehyd auf 190° (*Cattaneo et al.,* B. **72** [1939] 1461, 1470).

Gelbe Kristalle; F: 292° und F: 281–282° (*Ca. et al.*).

Die folgenden Verbindungen sind in analoger Weise hergestellt worden:

*2-Chlor-*N,N'*-bis-[5-(2-chlor-benzyliden)-1-methyl-4-oxo-4,5-dihydro-1*H*-imidazol-2-yl]-benzylidendiamin $C_{29}H_{23}Cl_3N_6O_2$, Formel VI (X = Cl, X' = X'' = H) und Taut. Gelbe Kristalle; F: 274–275° (*Ca. et al.*), 270° [unkorr.; aus Eg.] (*Cornthwaite et al.,* Am. Soc. **58** [1936] 628).

*3-Chlor-*N,N'*-bis-[5-(3-chlor-benzyliden)-1-methyl-4-oxo-4,5-dihydro-1*H*-imidazol-2-yl]-benzylidendiamin $C_{29}H_{23}Cl_3N_6O_2$, Formel VI (X = X'' = H, X' = Cl) und Taut. Gelbe Kristalle; F: 300° (*Ca. et al.,* l. c. S. 1469).

*4-Chlor-*N,N'*-bis-[5-(4-chlor-benzyliden)-1-methyl-4-oxo-4,5-dihydro-1*H*-imidazol-2-yl]-benzylidendiamin $C_{29}H_{23}Cl_3N_6O_2$, Formel VI (X = X' = H, X'' = Cl) und Taut. Orangegelbe Kristalle (aus Eg. oder Nitrobenzol); F: 315–316° [unkorr.] (*Deulofeu, Fondovila,* Soc. **1946** 1108).

*3-Brom-*N,N'*-bis-[5-(3-brom-benzyliden)-1-methyl-4-oxo-4,5-dihydro-1*H*-imidazol-2-yl]-benzylidendiamin $C_{29}H_{23}Br_3N_6O_2$, Formel VI (X = X'' = H, X' = Br) und Taut. Kristalle (aus Nitrobenzol); F: 296–298° [unkorr.] (*De., Fo.*).

*3-Jod-*N,N'*-bis-[5-(3-jod-benzyliden)-1-methyl-4-oxo-4,5-dihydro-1*H*-imidazol-2-yl]-benzylidendiamin $C_{29}H_{23}I_3N_6O_2$, Formel VI (X = X'' = H, X' = I) und Taut. Gelbe Kristalle (aus Nitrobenzol); F: 317–319° [unkorr.] (*De., Fo.*).

**N,N'*-Bis-[1-methyl-5-(3-nitro-benzyliden)-4-oxo-4,5-dihydro-1*H*-imidazol-2-yl]-3-nitro-benzylidendiamin $C_{29}H_{23}N_9O_8$, Formel VI (X = X'' = H, X' = NO_2) und Taut. Gelbe Kristalle (aus Nitrobenzol); F: 342–344° [unkorr.] (*De., Fo.*).

**N,N'*-Bis-[1-methyl-5-(4-nitro-benzyliden)-4-oxo-4,5-dihydro-1*H*-imidazol-2-yl]-4-nitro-benzylidendiamin $C_{29}H_{23}N_9O_8$, Formel VI (X = X' = H, X'' = NO_2) und Taut. Rote Kristalle (aus Nitrobenzol); F: 338–340° [unkorr.] (*De., Fo.*).

***2-Amino-5-[2-chlor-benzyliden]-1-methyl-1,5-dihydro-imidazol-4-on** $C_{11}H_{10}ClN_3O$, Formel VII (X = Cl, X' = X'' = H) und Taut.

B. Beim Erhitzen von Kreatinin (S. 3543) mit 2-Chlor-benzaldehyd auf 140° (*Cattaneo et al.,* B. **72** [1939] 1461, 1468; s. a. *Cornthwaite et al.,* Am. Soc. **58** [1936] 628).

Hellgelbe Kristalle; F: 250–251° (*Ca. et al.*), 242° [unkorr.; Zers.; geschlossene Kapillare] (*Co. et al.*).

Hydrochlorid. F: 241° [unkorr.] (*Co. et al.*).

Picrat. F: 260° [unkorr.] (*Co. et al.*).

Acetyl-Derivat $C_{13}H_{12}ClN_3O_2$; 2-Acetylamino-5-[2-chlor-benzyliden]-1-methyl-1,5-dihydro-imidazol-4-on, *N*-[5-(2-Chlor-benzyliden)-1-methyl-4-oxo-4,5-dihydro-1*H*-imidazol-2-yl]-acetamid und Taut. *B.* Aus Kreatinin, 2-Chlor-benzaldehyd und Acetanhydrid (*Ca. et al.,* l. c. S. 1468). Bei der Acetylierung von 2-Amino-5-[2-chlor-benzyliden]-1-methyl-1,5-dihydro-imidazol-4-on (*Ca. et al.*). – Gelbe Kristalle; F: 198° (*Ca. et al.*).

***2-Amino-5-[3-chlor-benzyliden]-1-methyl-1,5-dihydro-imidazol-4-on** $C_{11}H_{10}ClN_3O$, Formel VII (X = X'' = H, X' = Cl) und Taut.

B. Aus dem Acetyl-Derivat (s. u.) mit Hilfe von wss. HCl (*Cattaneo et al.,* B. **72** [1939] 1461, 1469).

Kristalle; F: 265°.

Acetyl-Derivat $C_{13}H_{12}ClN_3O_2$; 2-Acetylamino-5-[3-chlor-benzyliden]-1-methyl-1,5-dihydro-imidazol-4-on, *N*-[5-(3-Chlor-benzyliden)-1-methyl-4-oxo-4,5-dihydro-1*H*-imidazol-2-yl]-acetamid und Taut. *B.* Aus Kreatinin (S. 3543), 3-Chlorbenzaldehyd und Acetanhydrid (*Ca. et al.*). – Gelbe Kristalle (aus Eg.); F: 178°.

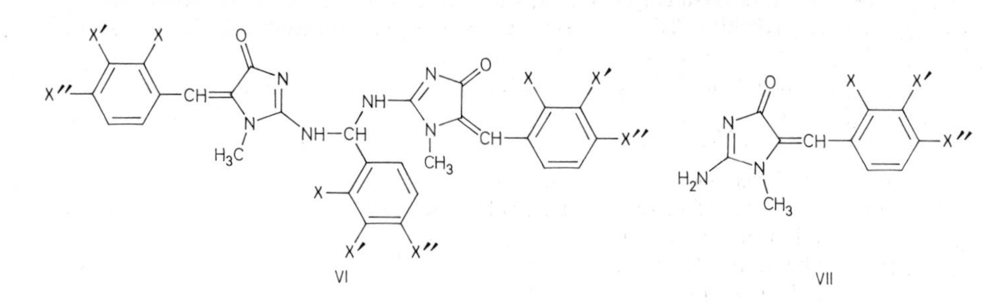

***2-Amino-5-[4-chlor-benzyliden]-1-methyl-1,5-dihydro-imidazol-4-on** $C_{11}H_{10}ClN_3O$, Formel VII (X = X' = H, X'' = Cl) und Taut.

B. Beim Erhitzen von Kreatinin (S. 3543) mit 4-Chlor-benzaldehyd auf 140° (*Deulofeu, Fondovila,* Soc. **1946** 1108). Beim Erhitzen des Acetyl-Derivats (s. u.) mit wss. HCl (*De., Fo.*).

Gelbe Kristalle (aus A.); F: 262–263° [unkorr.].

Acetyl-Derivat $C_{13}H_{12}ClN_3O_2$; 2-Acetylamino-5-[4-chlor-benzyliden]-1-methyl-1,5-dihydro-imidazol-4-on, *N*-[5-(4-Chlor-benzyliden)-1-methyl-4-oxo-4,5-dihydro-1*H*-imidazol-2-yl]-acetamid und Taut. *B.* Beim Erhitzen von Kreatinin mit 4-Chlor-benzaldehyd, Acetanhydrid und Natriumacetat (*De., Fo.*). – Gelbe Kristalle (aus A.); F: 199–201° [unkorr.].

***2-Amino-5-[3-brom-benzyliden]-1-methyl-1,5-dihydro-imidazol-4-on** $C_{11}H_{10}BrN_3O$, Formel VII (X = X'' = H, X' = Br) und Taut.

B. Analog der vorangehenden Verbindung (*Deulofeu, Fondovila,* Soc. **1946** 1108).

Kristalle (aus A.); F: 249–250° [unkorr.].

Acetyl-Derivat $C_{13}H_{12}BrN_3O_2$; 2-Acetylamino-5-[3-brom-benzyliden]-1-methyl-1,5-dihydro-imidazol-4-on, *N*-[5-(3-Brom-benzyliden)-1-methyl-4-oxo-4,5-dihydro-1*H*-imidazol-2-yl]-acetamid und Taut. Gelbe Kristalle (aus A.); F: 160–161° [unkorr.].

***2-Amino-5-[3-jod-benzyliden]-1-methyl-1,5-dihydro-imidazol-4-on** $C_{11}H_{10}IN_3O$, Formel VII (X = X'' = H, X' = I).

B. Analog den vorangehenden Verbindungen (*Deulofeu, Fondovila,* Soc. **1946** 1108, 1110).

Kristalle (aus A.); F: 241–243° [unkorr.].

Acetyl-Derivat $C_{13}H_{12}IN_3O_2$; 2-Acetylamino-5-[3-jod-benzyliden]-1-methyl-1,5-dihydro-imidazol-4-on, *N*-[5-(3-Jod-benzyliden)-1-methyl-4-oxo-4,5-dihydro-1*H*-imidazol-2-yl]-acetamid und Taut. Gelbe Kristalle (aus A.); F: 192° [unkorr.].

***2-Amino-1-methyl-5-[2-nitro-benzyliden]-1,5-dihydro-imidazol-4-on** $C_{11}H_{10}N_4O_3$, Formel VII (X = NO_2, X' = X'' = H) und Taut.

B. Aus dem Acetyl-Derivat (s. u.) mit Hilfe von wss. HCl (*Deulofeu, Fondovila,* Soc. **1946** 1108).

Gelbe Kristalle (aus A. oder Eg.); F: 250–252° [unkorr.].

Acetyl-Derivat $C_{13}H_{12}N_4O_4$; 2-Acetylamino-1-methyl-5-[2-nitro-benzyliden]-1,5-dihydro-imidazol-4-on, *N*-[1-Methyl-5-(2-nitro-benzyliden)-4-oxo-4,5-dihydro-1*H*-imidazol-2-yl]-acetamid und Taut. *B.* Beim Erhitzen von Kreatinin (S. 3543) mit 2-Nitro-benzaldehyd, Acetanhydrid und Natriumacetat (*De., Fo.*). – Gelbe Kristalle (aus A. oder Eg.); F: 228–230° [unkorr.].

***2-Amino-1-methyl-5-[3-nitro-benzyliden]-1,5-dihydro-imidazol-4-on** $C_{11}H_{10}N_4O_3$, Formel VII (X = X'' = H, X' = NO_2) und Taut. (E II **24** 215).

B. Analog der vorangehenden Verbindung (*Deulofeu, Fondovila,* Soc. **1946** 1108).

Gelbe Kristalle (aus Eg.); F: 315° [nach Dunkelfärbung ab 285°].

Acetyl-Derivat $C_{13}H_{12}N_4O_4$; 2-Acetylamino-1-methyl-5-[3-nitro-benzyliden]-1,5-dihydro-imidazol-4-on, *N*-[1-Methyl-5-(3-nitro-benzyliden)-4-oxo-4,5-dihydro-1*H*-imidazol-2-yl]-acetamid und Taut. Gelbe Kristalle (aus Nitrobenzol); F: 263–264° [unkorr.].

***2-Amino-1-methyl-5-[4-nitro-benzyliden]-1,5-dihydro-imidazol-4-on** $C_{11}H_{10}N_4O_3$, Formel VII (X = X' = H, X'' = NO_2) und Taut.

B. Als Hauptprodukt neben *N,N'*-Bis-[1-methyl-5-(4-nitro-benzyliden)-4-oxo-4,5-dihydro-1*H*-imidazol-2-yl]-4-nitro-benzylidendiamin beim Erhitzen von Kreatinin (S. 3543) mit 4-Nitro-benzaldehyd auf 140° (*Deulofeu, Fondovila,* Soc. **1946** 1108). Aus dem Acetyl-Derivat (s. u.) mit Hilfe von wss. HCl (*De., Fo.*).

Gelbe Kristalle (aus Eg.); F: 284° [unkorr.].

Acetyl-Derivat $C_{13}H_{12}N_4O_4$; 2-Acetylamino-1-methyl-5-[4-nitro-benzyliden]-1,5-dihydro-imidazol-4-on, *N*-[1-Methyl-5-(4-nitro-benzyliden)-4-oxo-4,5-dihydro-1*H*-imidazol-2-yl]-acetamid und Taut. *B.* Beim Erhitzen von Kreatinin mit 4-Nitro-benzaldehyd, Acetanhydrid und Natriumacetat (*De., Fo.*). – Gelbe Kristalle (aus Eg.); F: 243–244° [unkorr.].

***5-[4-Dimethylamino-benzyliden]-3-phenyl-3,5-dihydro-imidazol-4-on** $C_{18}H_{17}N_3O$, Formel VIII.

B. Aus 3-Phenyl-3,5-dihydro-imidazol-4-on und 4-Dimethylamino-benzaldehyd mit Hilfe von Piperidin und Acetanhydrid in Pyridin (*Brunken, Bach,* B. **89** [1956] 1363, 1372).

Kristalle (aus A. + Py.); F: 283–284°.

Amino-Derivate der Oxo-Verbindungen $C_{11}H_{10}N_2O$

2-Amino-5-benzyl-3*H*-pyrimidin-4-on $C_{11}H_{11}N_3O$, Formel IX (R = X = X' = H) und Taut.

B. Aus 2-Formyl-3-phenyl-propionsäure-äthylester und Guanidin-hydrochlorid (*Goldberg,* Bl. **1951** 895, 898; *Wellcome Found.,* D.B.P. 864556 [1950]; *Burroughs Wellcome & Co.,* U.S.P. 2624732 [1952]).

Kristalle; F: 240° (*Go.*), 235–239° (*Wellcome Found.; Burroughs*).

Hydrochlorid $C_{11}H_{11}N_3O \cdot HCl$. F: 205–215° (*Go.*).

[5-Benzyl-6-oxo-1,6-dihydro-pyrimidin-2-yl]-carbamonitril $C_{12}H_{10}N_4O$, Formel IX (R = CN, X = X' = H) und Taut.

B. Aus 2-Formyl-3-phenyl-propionsäure-äthylester und Cyanguanidin (*Goldberg,* Bl. **1951** 895, 898).

Natrium-Salz $NaC_{12}H_9N_4O$. F: 234°.

5-Benzyl-2-sulfanilylamino-3*H*-pyrimidin-4-on, Sulfanilsäure-[5-benzyl-6-oxo-1,6-dihydro-pyrimidin-2-ylamid] $C_{17}H_{16}N_4O_3S$, Formel IX (SO_2-C_6H_4-NH_2, X = X' = H) und Taut.

B. Aus 2-Formyl-3-phenyl-propionsäure-äthylester und Sulfanilylguanidin (*Goldberg,* Bl. **1951** 895, 898).

F: 260°.

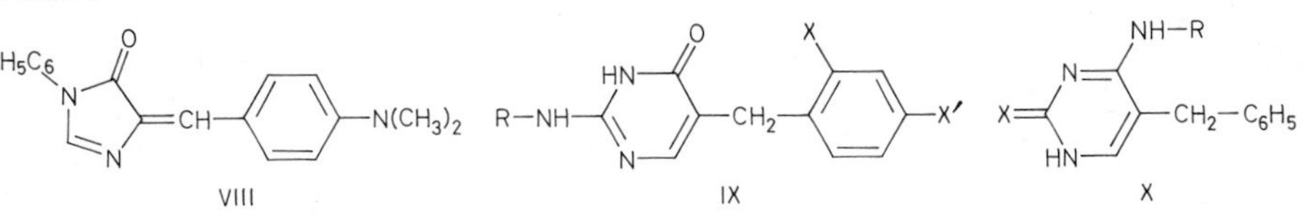

2-Amino-5-[2-chlor-benzyl]-3*H*-pyrimidin-4-on $C_{11}H_{10}ClN_3O$, Formel IX (R = X' = H, X = Cl) und Taut.

B. Beim Behandeln von 3-[2-Chlor-phenyl]-propionsäure-äthylester mit Äthylformiat und

Natrium in Äther und Erwärmen des Reaktionsprodukts mit Guanidin in Äthanol (*Falco et al.*, Am. Soc. **73** [1951] 3758, 3760, 3761).
F: 253–258° [unkorr.; Zers.].

2-Amino-5-[4-chlor-benzyl]-3*H*-pyrimidin-4-on $C_{11}H_{10}ClN_3O$, Formel IX (R = X = H, X′ = Cl) und Taut.
B. Analog der vorangehenden Verbindung (*Falco et al.*, Am. Soc. **73** [1951] 3758, 3760, 3761).
F: 280–283° [unkorr.; Zers.]. λ_{max}: 262 nm [wss. Lösung vom pH 1] bzw. 280 nm [wss. Lösung vom pH 11] (*Fa. et al.*, l. c. S. 3762).

2-Amino-5-[4-dimethylamino-benzyl]-3*H*-pyrimidin-4-on $C_{13}H_{16}N_4O$, Formel IX (R = X = H, X′ = $N(CH_3)_2$) und Taut.
B. Analog den vorangehenden Verbindungen (*Falco et al.*, Am. Soc. **73** [1951] 3758, 3760, 3761).
F: 263–266° [unkorr.; Zers.].

4-Amino-5-benzyl-1*H*-pyrimidin-2-on $C_{11}H_{11}N_3O$, Formel X (R = H, X = O) und Taut.
B. Aus 5-Benzyl-2-chlor-pyrimidin-4-ylamin mit Hilfe von wss. H_2SO_4 (*Goldberg*, Bl. **1951** 895, 896).
F: 315° [Zers.].

5-Benzyl-4-methylamino-1*H*-pyrimidin-2-thion $C_{12}H_{13}N_3S$, Formel X (R = CH_3, X = S) und Taut.
B. Aus 5-Benzyl-1*H*-pyrimidin-2,4-dithion und wss. Methylamin (*Russell et al.*, Am. Soc. **71** [1949] 2279, 2280, 2281).
Kristalle; F: 247–248° [Zers.].

6-Amino-2-*p*-tolyl-3*H*-pyrimidin-4-on $C_{11}H_{11}N_3O$, Formel XI (X = H) und Taut.
B. Aus *p*-Toluamidin-hydrochlorid und Cyanessigsäure-äthylester mit Hilfe von methanol. Natriummethylat (*Andrisano, Maioli*, G. **83** [1953] 269, 271).
Kristalle (aus Me.); F: 260°.

5,6-Diamino-2-*p*-tolyl-3*H*-pyrimidin-4-on $C_{11}H_{12}N_4O$, Formel XI (X = NH_2) und Taut.
B. Aus 6-Amino-2-*p*-tolyl-pyrimidin-4,5-dion-5-phenylhydrazon mit Hilfe von $Na_2S_2O_4$ in H_2O (*Andrisano, Maioli*, G. **83** [1953] 269, 272).
Kristalle (aus H_2O); F: 220°.

4-Amino-5-[4-chlor-phenyl]-6-methyl-1*H*-pyrimidin-2-thion $C_{11}H_{10}ClN_3S$, Formel XII und Taut.
B. Aus 2-[4-Chlor-phenyl]-3-methoxy-crotononitril (aus 2-[4-Chlor-phenyl]-acetoacetonitril und Diazomethan hergestellt) und Thioharnstoff mit Hilfe von Natriummethylat in Äthanol (*Baker et al.*, J. org. Chem. **18** [1953] 133, 135).
Kristalle (aus 2-Methoxy-äthanol); F: 334° [Zers.].

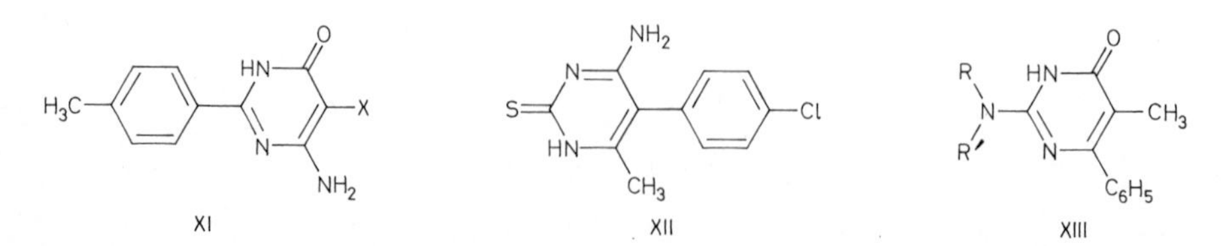

2-Amino-5-methyl-6-phenyl-3*H*-pyrimidin-4-on $C_{11}H_{11}N_3O$, Formel XIII (R = R′ = H) und Taut.
B. Aus 2-Methyl-3-oxo-3-phenyl-propionsäure-äthylester und Guanidin-carbonat in Äthanol

(*Burroughs Wellcome & Co.*, U.S.P. 2688019 [1951]; *Searle & Co.*, U.S.P. 2723977 [1953]).

Kristalle; F: 287–288° (*Searle & Co.*, U.S.P. 2723977), 287° [aus wss. A.] (*Burroughs*).

Hydrochlorid. F: ca. 225–227° (*Searle & Co.*, U.S.P. 2740785 [1954]).

Acetyl-Derivat $C_{13}H_{13}N_3O_2$; 2-Acetylamino-5-methyl-6-phenyl-3*H*-pyrimidin-4-on, *N*-[5-Methyl-6-oxo-4-phenyl-1,6-dihydro-pyrimidin-2-yl]-acetamid. F: ca. 289–290° (*Searle & Co.*, U.S.P. 2740785).

2-Dimethylamino-5-methyl-6-phenyl-3*H*-pyrimidin-4-on $C_{13}H_{15}N_3O$, Formel XIII (R = R′ = CH_3) und Taut.

B. Aus 2-Äthylmercapto-5-methyl-6-phenyl-3*H*-pyrimidin-4-on und Dimethylamin in Äthanol (*Searle & Co.*, U.S.P. 2740785 [1954]).

Kristalle (aus 2-Äthoxy-äthanol); F: ca. 258–259°.

2-[4-Chlor-anilino]-5-methyl-6-phenyl-3*H*-pyrimidin-4-on $C_{17}H_{14}ClN_3O$, Formel XIII (R = C_6H_4-Cl, R′ = H) und Taut.

B. Aus 2-Äthylmercapto-5-methyl-6-phenyl-3*H*-pyrimidin-4-on und 4-Chlor-anilin in 2-Äthoxy-äthanol (*Searle & Co.*, U.S.P. 2740785 [1954]).

Kristalle (aus A.); F: ca. 265–266,5° [nach Sintern bei ca. 260°].

2-Amino-6-[4-chlor-phenyl]-5-methyl-3*H*-pyrimidin-4-on $C_{11}H_{10}ClN_3O$, Formel I (X = O, X′ = Cl) und Taut.

B. Aus 3-[4-Chlor-phenyl]-2-methyl-3-oxo-propionsäure-äthylester und Guanidin-carbonat in Äthanol (*Burroughs Wellcome & Co.*, U.S.P. 2688019 [1951]).

Kristalle (aus wss. A.); F: 331–333°.

2-Amino-5-methyl-6-[4-nitro-phenyl]-3*H*-pyrimidin-4-on $C_{11}H_{10}N_4O_3$, Formel I (X = O, X′ = NO_2) und Taut.

B. Aus 2-Amino-5-methyl-6-phenyl-3*H*-pyrimidin-4-on mit Hilfe von KNO_3 und H_2SO_4 (*Searle & Co.*, U.S.P. 2748121 [1954]).

Gelbe Kristalle; F: ca. 297–298° [Zers.].

2-Amino-5-methyl-6-phenyl-3*H*-pyrimidin-4-thion $C_{11}H_{11}N_3S$, Formel I (X = S, X′ = H) und Taut.

B. Aus 4-Chlor-5-methyl-6-phenyl-pyrimidin-2-ylamin und äthanol. NaHS (*Searle & Co.*, U.S.P. 2740785 [1954]).

Hellgelb; F: ca. 270–274° [Zers.].

Acetyl-Derivat $C_{13}H_{13}N_3OS$; 2-Acetylamino-5-methyl-6-phenyl-3*H*-pyrimidin-4-thion, *N*-[5-Methyl-4-phenyl-6-thioxo-1,6-dihydro-pyrimidin-2-yl]-acetamid. Gelbe Kristalle; F: ca. 241–242°.

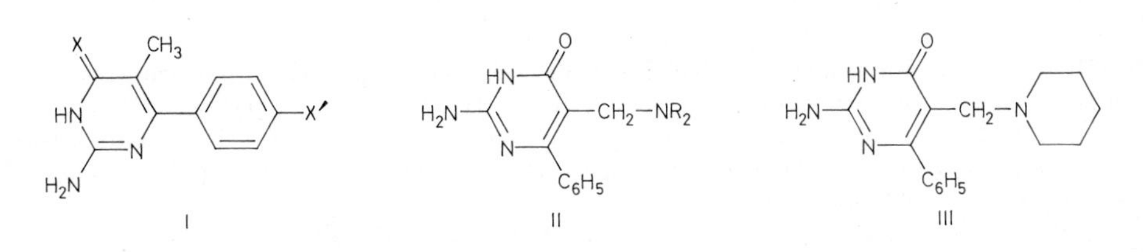

2-Amino-5-dimethylaminomethyl-6-phenyl-3*H*-pyrimidin-4-on $C_{13}H_{16}N_4O$, Formel II (R = CH_3) und Taut.

B. Aus 2-Amino-6-phenyl-3*H*-pyrimidin-4-on, Dimethylamin-hydrochlorid und Paraformaldehyd mit Hilfe von äthanol. HCl (*Searle & Co.*, U.S.P. 2776283 [1954]).

Monohydrochlorid $C_{13}H_{16}N_4O \cdot HCl$. F: ca. 267–277°.

Dihydrochlorid $C_{13}H_{16}N_4O \cdot 2HCl$. Kristalle; F: ca. 280–283° [Zers.].

2-Amino-5-diäthylaminomethyl-6-phenyl-3*H*-pyrimidin-4-on $C_{15}H_{20}N_4O$, Formel II ($R = C_2H_5$) und Taut.

B. Analog der vorangehenden Verbindung (*Searle & Co.*, U.S.P. 2776283 [1954]).

Hydrochlorid. F: ca. 255° [Zers.; nach Sintern bei ca. 247°].

2-Amino-6-phenyl-5-piperidinomethyl-3*H*-pyrimidin-4-on $C_{16}H_{20}N_4O$, Formel III und Taut.

B. Analog den vorangehenden Verbindungen (*Searle & Co.*, U.S.P. 2776283 [1954]).

Hydrochlorid. F: ca. 256–258° [Zers.; nach Sintern bei ca. 243°].

2-Amino-6-[4-amino-phenyl]-5-methyl-3*H*-pyrimidin-4-on $C_{11}H_{12}N_4O$, Formel I ($X = O$, $X' = NH_2$) und Taut.

B. Bei der Hydrierung von 2-Amino-5-methyl-6-[4-nitro-phenyl]-3*H*-pyrimidin-4-on an Platin in wss.-äthanol. HCl (*Searle & Co.*, U.S.P. 2748121 [1954]).

Gelbe Kristalle (aus A.); F: ca. 275–276° [Zers.].

Dihydrochlorid $C_{11}H_{12}N_4O \cdot 2HCl$. F: ca. 302–305° [Zers.].

***4-Phenäthyliden-5-phenäthylidenamino-2,4-dihydro-pyrazol-3-on** $C_{19}H_{17}N_3O$, Formel IV.

B. Aus 5-Amino-1,2-dihydro-pyrazol-3-on und Phenylacetaldehyd mit Hilfe von Piperidin in Äthanol (*Gagnon et al.*, Canad. J. Chem. **37** [1959] 110, 115).

Kristalle (aus Me.); F: 264–266° [unkorr.]. IR-Banden (1600–700 cm^{-1}): *Ga. et al.*, l. c. S. 114.

4-[(*Z*?)-3-Dimethylamino-benzyliden]-5-methyl-2-phenyl-2,4-dihydro-pyrazol-3-on [1]) $C_{19}H_{19}N_3O$, vermutlich Formel V.

B. Aus 5-Methyl-2-phenyl-1,2-dihydro-pyrazol-3-on und 3-Dimethylamino-benzaldehyd mit Hilfe von Piperidin (*Cocker, Turner*, Soc. **1940** 57).

Rote Kristalle (aus PAe.); F: 117°.

4-[(*Z*)-4-Dimethylamino-benzyliden]-5-methyl-2-phenyl-2,4-dihydro-pyrazol-3-on $C_{19}H_{19}N_3O$, Formel VI ($R = R' = CH_3$).

Konfiguration: *Desimoni et al.*, G. **102** [1972] 491, 493, 496, 505.

B. Aus 5-Methyl-2-phenyl-1,2-dihydro-pyrazol-3-on und 4-Dimethylamino-benzaldehyd beim Erhitzen auf 180° (*De. et al.*, l. c. S. 503) sowie beim Erwärmen mit wss.-äthanol. NaOH (*Dmowska, Weil*, Roczniki Chem. **18** [1938] 170, 171; C. A. **1939** 592) oder mit Piperidin und Essigsäure in Äthanol (*Du Pont de Nemours & Co.*, U.S.P. 2803640 [1954]; s. a. *Ilford Ltd.*, U.S.P. 2213986 [1939]).

Konformation in $CDCl_3$: *De. et al.*, l. c. S. 498.

Rote Kristalle; F: 199–200° [unkorr.; aus A.] (*De. et al.*, l. c. S. 505), 197–198° (*Du Pont*), 196° [aus Eg.] (*Dm., Weil*). ^{1}H-NMR-Absorption ($CDCl_3$): *De. et al.*, l. c. S. 497. Absorptions⸗spektrum (220–550 nm): *Poraĭ-Koschiz, Dinaburg*, Ž. obšč. Chim. **24** [1954] 1221, 1223; engl. Ausg. S. 1209, 1210. λ_{max}: 467 nm [Me.] (*Brooker et al.*, Am. Soc. **73** [1951] 5332, 5336, 5342) bzw. 460 nm [A.] (*Du Pont*).

4-{(*Z*?)-4-[(2-Chlor-äthyl)-methyl-amino]-benzyliden}-5-methyl-2-phenyl-2,4-dihydro-pyrazol-3-on [1]) $C_{20}H_{20}ClN_3O$, vermutlich Formel VI ($R = CH_3$, $R' = CH_2$-CH_2Cl).

B. Aus 5-Methyl-2-phenyl-1,2-dihydro-pyrazol-3-on und 4-[(2-Chlor-äthyl)-methyl-amino]-benzaldehyd mit Hilfe von Piperidin in Äthanol (*Gen. Aniline Works*, U.S.P. 2179895 [1935]; *Anker, Cook*, Soc. **1944** 489, 490).

Rote Kristalle; F: 154° [aus Eg.] (*An., Cook*), 154° (*Gen. Aniline*).

4-[(*Z*?)-4-Diäthylamino-benzyliden]-5-methyl-2-phenyl-2,4-dihydro-pyrazol-3-on [1]) $C_{21}H_{23}N_3O$, vermutlich Formel VI ($R = R' = C_2H_5$).

B. Aus 5-Methyl-2-phenyl-1,2-dihydro-pyrazol-3-on und 4-Diäthylamino-benzaldehyd in Es⸗

---

[1]) Bezüglich der Konfiguration vgl. 4-[(*Z*)-4-Dimethylamino-benzyliden]-5-methyl-2-phenyl-2,4-dihydro-pyrazol-3-on (S. 3816).

sigsäure (*Eastman Kodak Co.*, U.S.P. 2089729 [1934]; *I.G. Farbenind.*, D.R.P. 515782 [1927]; Frdl. **17** 2296).

Rote Kristalle [aus Me.] (*Eastman Kodak Co.*).

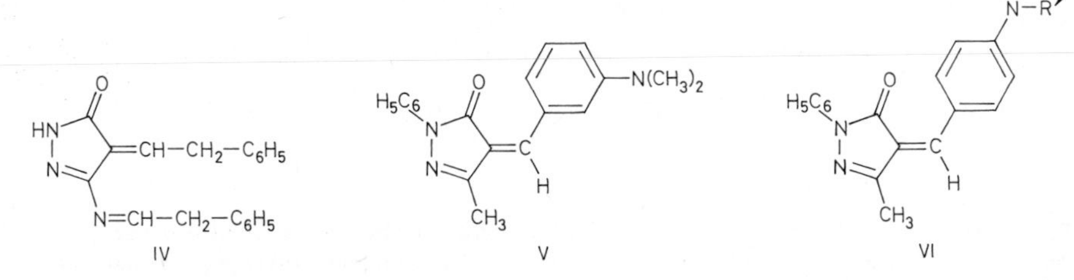

4-{(*Z*?)-4-[Äthyl-(2-chlor-äthyl)-amino]-benzyliden}-5-methyl-2-phenyl-2,4-dihydro-pyrazol-3-on [1]) $C_{21}H_{22}ClN_3O$, vermutlich Formel VI (R = C_2H_5, R′ = CH_2-CH_2Cl).

B. Aus 5-Methyl-2-phenyl-1,2-dihydro-pyrazol-3-on und 4-[Äthyl-(2-chlor-äthyl)-amino]-benzaldehyd mit Hilfe von Piperidin in Äthanol (*Anker, Cook*, Soc. **1944** 489, 490).

Rote Kristalle (aus Eg.); F: 117°.

4-{(*Z*?)-4-[Bis-(2-chlor-äthyl)-amino]-benzyliden}-5-methyl-2-phenyl-2,4-dihydro-pyrazol-3-on [1]) $C_{21}H_{21}Cl_2N_3O$, vermutlich Formel VI (R = R′ = CH_2-CH_2Cl).

B. Aus 5-Methyl-2-phenyl-1,2-dihydro-pyrazol-3-on und 4-[Bis-(2-chlor-äthyl)-amino]-benz= aldehyd mit Hilfe von Piperidin in Äthanol (*Anker, Cook*, Soc. **1944** 489, 490).

Rote Kristalle (aus Eg.); F: 167°.

5-Methyl-4-[(*Z*?)-4-(*N*-methyl-anilino)-benzyliden]-2-phenyl-2,4-dihydro-pyrazol-3-on [1]) $C_{24}H_{21}N_3O$, vermutlich Formel VI (R = CH_3, R′ = C_6H_5).

B. Aus 5-Methyl-2-phenyl-1,2-dihydro-pyrazol-3-on und 4-[*N*-Methyl-anilino]-benzaldehyd in Äthanol (*Gen. Aniline & Film Corp.*, U.S.P. 2280253 [1939]).

Orangefarbene Kristalle; F: 193−194°.

2-[2-Chlor-phenyl]-5-methyl-4-[(*Z*?)-4-(*N*-methyl-anilino)-benzyliden]-2,4-dihydro-pyrazol-3-on [1]) $C_{24}H_{20}ClN_3O$, vermutlich Formel VII (R = C_6H_4-Cl, R′ = C_6H_5).

B. Analog der vorangehenden Verbindung (*Gen. Aniline & Film Corp.*, U.S.P. 2280253 [1939]).

Rote Kristalle; F: 152−153°.

4-[(*Z*?)-4-Dimethylamino-benzyliden]-5-methyl-2-*o*-tolyl-2,4-dihydro-pyrazol-3-on [1]) $C_{20}H_{21}N_3O$, vermutlich Formel VII (R = C_6H_4-CH_3, R′ = CH_3).

B. Aus 5-Methyl-2-*o*-tolyl-1,2-dihydro-pyrazol-3-on und 4-Dimethylamino-benzaldehyd mit Hilfe von wss.-äthanol. KOH (*Janicka et al.*, Roczniki Chem. **18** [1938] 158, 159; C. A. **1939** 592).

Rote Kristalle (aus A.); F: 140°.

4-[(*Z*?)-4-Dimethylamino-benzyliden]-5-methyl-2-*p*-tolyl-2,4-dihydro-pyrazol-3-on [1]) $C_{20}H_{21}N_3O$, vermutlich Formel VII (R = C_6H_4-CH_3, R′ = CH_3).

B. Aus 5-Methyl-2-*p*-tolyl-1,2-dihydro-pyrazol-3-on und 4-Dimethylamino-benzaldehyd mit Hilfe von Acetanhydrid (*Janicka et al.*, Roczniki Chem. **18** [1938] 158, 159; C. A. **1939** 592).

Rote Kristalle (aus Bzl.); F: 180°.

***N*-Methyl-*N*-[4-((*Z*?)-3-methyl-5-oxo-1-phenyl-1,5-dihydro-pyrazol-4-ylidenmethyl)-phenyl]-*β*-alanin-nitril** [1]) $C_{21}H_{20}N_4O$, vermutlich Formel VI (R = CH_3, R′ = CH_2-CH_2-CN).

B. Aus 5-Methyl-2-phenyl-1,2-dihydro-pyrazol-3-on und *N*-[4-Formyl-phenyl]-*N*-methyl-*β*-alanin-nitril mit Hilfe von wenig Piperidin und Essigsäure in Äthanol (*McKusick et al.*, Am. Soc. **80** [1958] 2806, 2812, 2813).

Kristalle (aus Butylalkohol); F: 151−152°. λ_{max} (Acn.): 425 nm.

[1]) Siehe S. 3816 Anm.

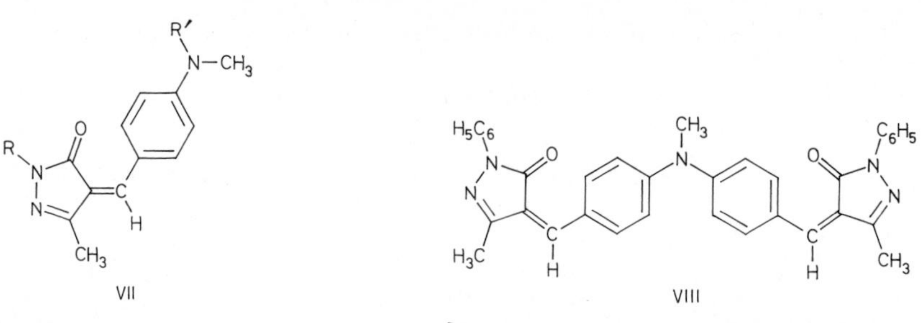

4-{(Z?)-4-[Bis-(2-cyan-äthyl)-amino]-benzyliden}-5-methyl-2-phenyl-2,4-dihydro-pyrazol-3-on, 3,3′-[4-((Z?)-3-Methyl-5-oxo-1-phenyl-1,5-dihydro-pyrazol-4-ylidenmethyl)-phenylimino]-di-propionitril [1]) $C_{23}H_{21}N_5O$, vermutlich Formel VI (R = R′ = CH_2-CH_2-CN).

B. Analog der vorangehenden Verbindung (*McKusick et al.*, Am. Soc. **80** [1958] 2806, 2812, 2813).

Kristalle (aus Butylalkohol); F: 177–178°. λ_{max} (Acn.): 416 nm.

Methyl-bis-[4-((Z?)-3-methyl-5-oxo-1-phenyl-1,5-dihydro-pyrazol-4-ylidenmethyl)-phenyl]-amin [1]) $C_{35}H_{29}N_5O_2$, vermutlich Formel VIII.

B. Aus 5-Methyl-2-phenyl-1,2-dihydro-pyrazol-3-on und 4,4′-Methylimino-di-benzaldehyd mit Hilfe von Piperidin in Isopropylalkohol (*Gen. Aniline & Film Corp.*, U.S.P. 2766233 [1953]).

F: 139–143°.

4-[(Z?)-α-Amino-benzyliden]-5-methyl-2,4-dihydro-pyrazol-3-on [2]) $C_{11}H_{11}N_3O$, vermutlich Formel IX (R = R′ = H) und Taut. (z. B. 4-[α-Imino-benzyl]-5-methyl-1,2-dihydro-pyrazol-3-on).

B. Aus 5-Methyl-1,2-dihydro-pyrazol-3-on und Benzamidin-hydrochlorid bei 220° (*Ridi, Papini*, G. **78** [1948] 3, 8).

Kristalle (aus A.); F: >300°.

4-[(Z?)-α-Amino-benzyliden]-5-methyl-2-phenyl-2,4-dihydro-pyrazol-3-on [2]) $C_{17}H_{15}N_3O$, vermutlich Formel IX (R = C_6H_5, R′ = H) und Taut.

B. Beim Erhitzen von 5-Methyl-2-phenyl-1,2-dihydro-pyrazol-3-on mit Benzamid oder Benzamidin-hydrochlorid (*Ridi, Papini*, G. **78** [1948] 3, 6, 7).

Kristalle (aus A. oder Bzl.); F: 175°.

4-[(Z?)-α-Anilino-benzyliden]-5-methyl-2-phenyl-2,4-dihydro-pyrazol-3-on [2]) $C_{23}H_{19}N_3O$, vermutlich Formel IX (R = R′ = C_6H_5) und Taut.

B. Aus 5-Methyl-2-phenyl-1,2-dihydro-pyrazol-3-on und *N,N′*-Diphenyl-benzamidin (*Mansberg, Shaw*, Soc. **1953** 3467, 3469).

Gelbe Kristalle (aus A.); F: 161–162°.

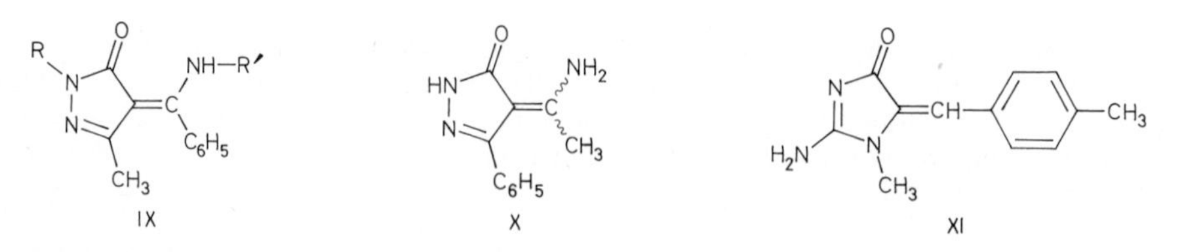

2-[4-Äthoxy-phenyl]-4-[(Z?)-α-amino-benzyliden]-5-methyl-2,4-dihydro-pyrazol-3-on [2]) $C_{19}H_{19}N_3O_2$, vermutlich Formel IX (R = C_6H_4-O-C_2H_5, R′ = H) und Taut.

B. Aus 2-[4-Äthoxy-phenyl]-5-methyl-1,2-dihydro-pyrazol-3-on und Benzamidin-hydrochlorid

---

[1]) Siehe S. 3816 Anm.

[2]) Bezüglich der Tautomerie und Konfiguration (Chelatisierung) vgl. *Maquestiau et al.*, Bl. Soc. chim. Belg. **84** [1975] 741; *Elguero et al.*, Adv. heterocycl. Chem. Spl. **1** [1976] 336.

bei 220° (*Ridi, Papini,* G. **78** [1948] 3, 8).
Gelbe Kristalle (aus A.); F: 177°.

4-[1-Amino-äthyliden]-5-phenyl-2,4-dihydro-pyrazol-3-on $C_{11}H_{11}N_3O$, Formel X und Taut.
B. Beim Erhitzen von 5-Phenyl-1,2-dihydro-pyrazol-3-on mit Acetamid (*Ridi,* G. **82** [1952] 746, 754, 755).
Kristalle (aus Eg.); F: >300°.

***2-Amino-1-methyl-5-[4-methyl-benzyliden]-1,5-dihydro-imidazol-4-on** $C_{12}H_{13}N_3O$, Formel XI und Taut.
B. Aus Kreatinin (S. 3543) und 4-Methyl-benzaldehyd (*Cornthwaite et al.,* Am. Soc. **58** [1936] 628; *Cattaneo et al.,* B. **72** [1939] 1461, 1469).
Gelbe Kristalle; F: 285° [unkorr.; Zers.; aus A.] (*Co. et al.*), 270–271° (*Ca. et al.*).
Hydrochlorid. F: 256° [unkorr.; Zers.] (*Co. et al.*).
Picrat. F: 256° [unkorr.; Zers.] (*Co. et al.*).

***4-Methyl-*N,N'*-bis-[1-methyl-5-(4-methyl-benzyliden)-4-oxo-4,5-dihydro-1*H*-imidazol-2-yl]-benzylidendiamin, 1,1'-Dimethyl-5,5'-bis-[4-methyl-benzyliden]-1,5,1',5'-tetrahydro-2,2'-[4-methyl-benzylidendiamino]-bis-imidazol-4-on** $C_{32}H_{32}N_6O_2$, Formel I und Taut.
B. Aus Kreatinin (S. 3543) und 4-Methyl-benzaldehyd (*Cornthwaite et al.,* Am. Soc. **58** [1936] 628; *Cattaneo et al.,* B. **72** [1939] 1461, 1469).
Gelbe Kristalle; F: 309° [aus Eg.] (*Co. et al.*), 309° (*Ca. et al.*).

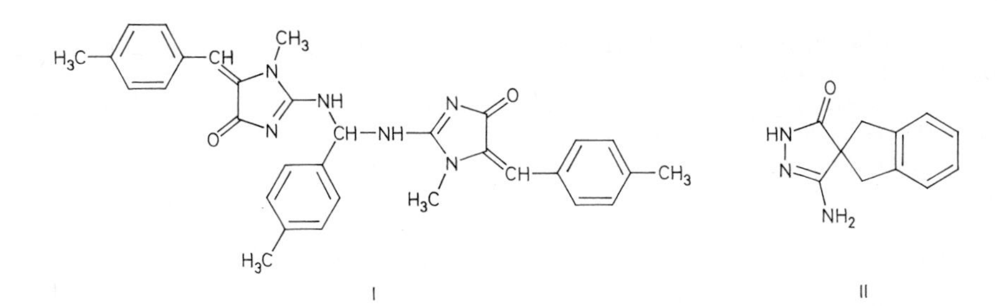

I II

5'-Amino-2'*H*-spiro[indan-2,4'-pyrazol]-3'-on $C_{11}H_{11}N_3O$, Formel II.
B. Aus 2-Cyan-indan-2-carbonsäure-äthylester und $N_2H_4 \cdot H_2O$ mit Hilfe von äthanol. Na= triumäthylat (*Gagnon et al.,* Canad. J. Res. [B] **27** [1949] 190, 193, 194).
Kristalle (aus H_2O); F: 238–239° [unkorr.]. UV-Spektrum (A. sowie wss.-äthanol. HCl; 220–320 nm): *Ga. et al.,* l. c. S. 193, 196.

6-Amino-2,3,4,9-tetrahydro-*β*-carbolin-1-on $C_{11}H_{11}N_3O$, Formel III.
B. Bei der Hydrierung von 6-Nitro-2,3,4,9-tetrahydro-*β*-carbolin-1-on an Palladium/Kohle in Essigsäure (*Abramovitch,* Soc. **1956** 4593, 4598).
Kristalle (aus wss. A.); F: 281–282° [Zers.; nach Sintern bei 270°]. IR-Banden (Nujol; 3450–700 cm^{-1}): *Ab.*

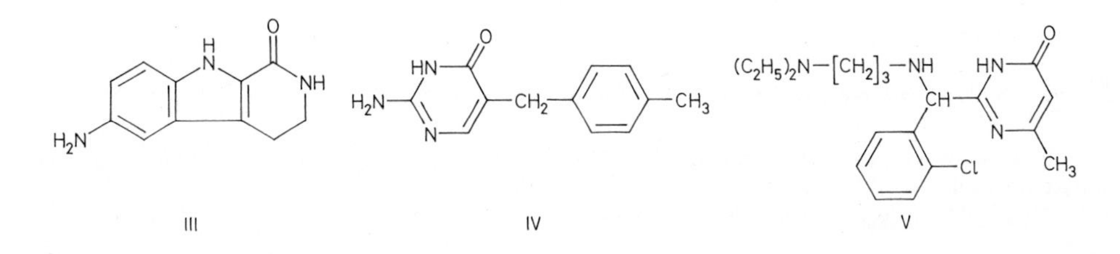

III IV V

Amino-Derivate der Oxo-Verbindungen $C_{12}H_{12}N_2O$

2-Amino-5-[4-methyl-benzyl]-3*H*-pyrimidin-4-on $C_{12}H_{13}N_3O$, Formel IV und Taut.

B. Beim Behandeln von 3-*p*-Tolyl-propionsäure-äthylester mit Äthylformiat und Natrium in Äther und Behandeln des Reaktionsprodukts mit Guanidin in Äthanol (*Falco et al.*, Am. Soc. **73** [1951] 3758, 3760, 3761).

F: 248–249° [unkorr.; Zers.].

(±)-2-[2-Chlor-α-(3-diäthylamino-propylamino)-benzyl]-6-methyl-3*H*-pyrimidin-4-on $C_{19}H_{27}ClN_4O$, Formel V und Taut.

B. Aus (±)-2-[2,α-Dichlor-benzyl]-6-methyl-3*H*-pyrimidin-4-on und *N*,*N*-Diäthyl-propandiyl≠diamin in Äthanol (*King et al.*, Soc. **1946** 5, 9).

Dipicrolonat $C_{19}H_{27}ClN_4O \cdot 2C_{10}H_8N_4O_5$. Hellgelbe Kristalle (aus A.+Ae.); F: 197° [Zers.].

2-Amino-5-benzyl-6-methyl-3*H*-pyrimidin-4-on $C_{12}H_{13}N_3O$, Formel VI (X = X′ = X″ = H) und Taut.

B. Aus 2-Benzyl-acetessigsäure-äthylester und Guanidin in Äthanol (*Hull et al.*, Soc. **1946** 357, 361).

Kristalle (aus H_2O); F: 277,5–278,5°.

5-Benzyl-2-[4-chlor-anilino]-6-methyl-3*H*-pyrimidin-4-on $C_{18}H_{16}ClN_3O$, Formel VII und Taut.

B. Aus 2-Äthylmercapto-5-benzyl-6-methyl-3*H*-pyrimidin-4-on und 4-Chlor-anilin (*Curd et al.*, Soc. **1946** 378, 382).

Kristalle (aus 2-Äthoxy-äthanol); F: 258–260°.

2-Amino-5-[2-chlor-benzyl]-6-methyl-3*H*-pyrimidin-4-on $C_{12}H_{12}ClN_3O$, Formel VI (X = Cl, X′ = X″ = H) und Taut.

B. Aus 2-[2-Chlor-benzyl]-acetessigsäure-äthylester und Guanidin in Äthanol (*Falco et al.*, Am. Soc. **73** [1951] 3758, 3760, 3761).

F: 307–308° [unkorr.; Zers.].

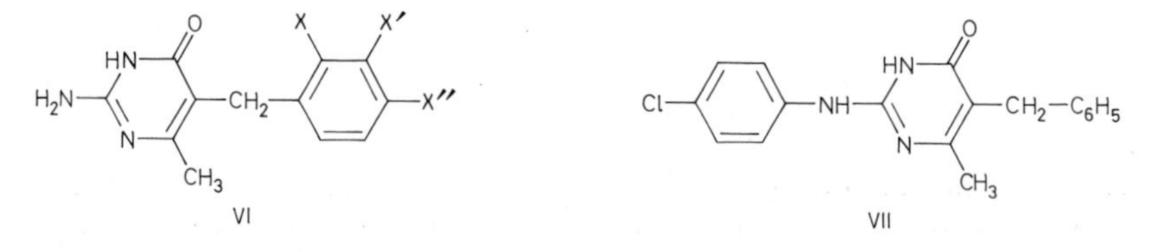

2-Amino-5-[4-chlor-benzyl]-6-methyl-3*H*-pyrimidin-4-on $C_{12}H_{12}ClN_3O$, Formel VI (X = X′ = H, X″ = Cl) und Taut.

B. Analog der vorangehenden Verbindung (*Falco et al.*, Am. Soc. **73** [1951] 3758, 3760, 3761).

F: 330–333° [unkorr.; Zers.]. λ_{max}: 265 nm [wss. Lösung vom pH 1] bzw. 280 nm [wss. Lösung vom pH 11] (*Fa. et al.*, l. c. S. 3762).

2-Amino-5-[2,4-dichlor-benzyl]-6-methyl-3*H*-pyrimidin-4-on $C_{12}H_{11}Cl_2N_3O$, Formel VI (X = X″ = Cl, X′ = H) und Taut.

B. Analog den vorangehenden Verbindungen (*Falco et al.*, Am. Soc. **73** [1951] 3758, 3760, 3761).

F: 330–333° [unkorr.; Zers.].

2-Amino-5-[3,4-dichlor-benzyl]-6-methyl-3*H*-pyrimidin-4-on $C_{12}H_{11}Cl_2N_3O$, Formel VI (X = H, X′ = X″ = Cl) und Taut.

B. Aus Acetessigsäure-äthylester bei aufeinanderfolgender Umsetzung mit 3,4-Dichlor-benzyl≠halogenid und Guanidin (*Falco et al.*, Am. Soc. **73** [1951] 3758, 3760, 3761).

F: 290–292° [unkorr.; Zers.].

2-Amino-5-[4-brom-benzyl]-6-methyl-3*H*-pyrimidin-4-on $C_{12}H_{12}BrN_3O$, Formel VI (X = X′ = H, X″ = Br) und Taut.

B. Aus Acetessigsäure-äthylester bei aufeinanderfolgender Umsetzung mit 4-Brom-benzylbromid und mit Guanidin (*Falco et al.*, Am. Soc. **73** [1951] 3758, 3760, 3761).

F: 332–334° [unkorr.; Zers.].

2-Amino-6-methyl-5-[4-nitro-benzyl]-3*H*-pyrimidin-4-on $C_{12}H_{12}N_4O_3$, Formel VI (X = X′ = H, X″ = NO_2) und Taut.

B. Aus Acetessigsäure-äthylester bei aufeinanderfolgender Umsetzung mit 4-Nitro-benzylhalogenid und mit Guanidin (*Falco et al.*, Am. Soc. **73** [1951] 3758, 3760, 3761).

Feststoff mit 0,5 Mol H_2O; F: 305–310° [unkorr.; Zers.].

6-Äthyl-2-amino-5-[4-chlor-phenyl]-3*H*-pyrimidin-4-on $C_{12}H_{12}ClN_3O$, Formel VIII (X = H, X′ = Cl) und Taut.

B. Aus 2-[4-Chlor-phenyl]-3-oxo-valeriansäure-äthylester und Guanidin-sulfat mit Hilfe von H_2SO_4 [20% SO_3 enthaltend] (*Soc. Usines Chim. Rhône-Poulenc*, U.S.P. 2680740 [1952]). Beim Erhitzen von 6-Äthyl-2-amino-5-[4-chlor-phenyl]-5,6-dihydro-1*H*-pyrimidin-4-on mit Schwefel (*Hitchings et al.*, Soc. **1956** 1019, 1027). Aus 6-Äthyl-5-[4-chlor-phenyl]-pyrimidin-2,4-diyldiamin mit Hilfe von wss. HCl (*Hi. et al.*).

Kristalle; F: 284° (*Hi. et al.*), 250° [aus A.] (*Rhône-Poulenc*).

Acetyl-Derivat $C_{14}H_{14}ClN_3O_2$; 2-Acetylamino-6-äthyl-5-[4-chlor-phenyl]-3*H*-pyrimidin-4-on, *N*-[4-Äthyl-5-(4-chlor-phenyl)-6-oxo-1,6-dihydro-pyrimidin-2-yl]-acetamid und Taut. Kristalle; F: 264° [aus A.] (*Rhône-Poulenc*), 263–264° [aus wss. A.] (*Hi. et al.*).

6-Äthyl-2-amino-5-[3,4-dichlor-phenyl]-3*H*-pyrimidin-4-on $C_{12}H_{11}Cl_2N_3O$, Formel VIII (X = X′ = Cl) und Taut.

B. Aus 2-[3,4-Dichlor-phenyl]-3-oxo-valeriansäure-äthylester und Guanidin-carbonat mit Hilfe von H_2SO_4 [20% SO_3 enthaltend] (*Soc. Usines Chim. Rhône-Poulenc*, D.B.P. 954250 [1954]). Aus 6-Äthyl-2-amino-5-[3,4-dichlor-phenyl]-5,6-dihydro-1*H*-pyrimidin-4-on mit Hilfe von Schwefel (*Hitchings et al.*, Soc. **1956** 1019, 1027).

Kristalle (aus Me.); F: ca. 180–190° und (nach Wiedererstarren) F: ca. 230–240° (*Rhône-Poulenc*).

Acetyl-Derivat $C_{14}H_{13}Cl_2N_3O_2$; 2-Acetylamino-6-äthyl-5-[3,4-dichlor-phenyl]-3*H*-pyrimidin-4-on, *N*-[4-Äthyl-5-(3,4-dichlor-phenyl)-6-oxo-1,6-dihydro-pyrimidin-2-yl]-acetamid. F: 261° (*Hi. et al.*), 250° (*Rhône-Poulenc*).

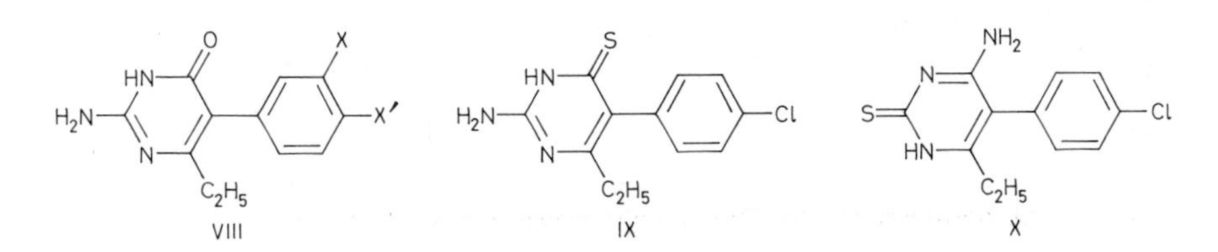

6-Äthyl-2-amino-5-[4-chlor-phenyl]-3*H*-pyrimidin-4-thion $C_{12}H_{12}ClN_3S$, Formel IX und Taut.

B. Aus 6-Äthyl-2-amino-5-[4-chlor-phenyl]-5,6-dihydro-1*H*-pyrimidin-4-on oder 6-Äthyl-2-amino-5-[4-chlor-phenyl]-3*H*-pyrimidin-4-on mit Hilfe von P_2S_5 in Tetralin (*Hitchings et al.*, Soc. **1956** 1019, 1027).

Hellgelbe Kristalle (aus Bzl.); F: 231°.

6-Äthyl-4-amino-5-[4-chlor-phenyl]-1*H*-pyrimidin-2-thion $C_{12}H_{12}ClN_3S$, Formel X und Taut.

B. Aus 2-[4-Chlor-phenyl]-3-methoxy-pent-2-ennitril (aus 2-[4-Chlor-phenyl]-3-oxo-valeronitril und Diazomethan hergestellt) und Thioharnstoff mit Hilfe von Natriummethylat und Äthanol (*Baker et al.*, J. org. Chem. **18** [1953] 133, 135). Aus 6-Äthyl-5-[4-chlor-phenyl]-1*H*-pyrimidin-2,4-dithion und konz. wss. NH_3 (*Hitchings et al.*, Soc. **1956** 1019, 1027).

Kristalle; F: 330° [Zers.; aus 2-Methoxy-äthanol] (*Ba. et al.*), 326° [Zers.; Dunkelfärbung bei 230–240°; aus 2-Äthoxy-äthanol] (*Hi. et al.*).

5-Amino-4-*trans*(?)-cinnamyl-1,2-dihydro-pyrazol-3-on $C_{12}H_{13}N_3O$, vermutlich Formel XI und Taut.

B. Aus 2-Cyan-5*t*(?)-phenyl-pent-4-ensäure-hydrazid (F: 94–95°) mit Hilfe von wss. Alkalilauge (*Gagnon et al.*, Canad. J. Chem. **29** [1951] 182, 185, 186).

F: 198–200° [unkorr.].

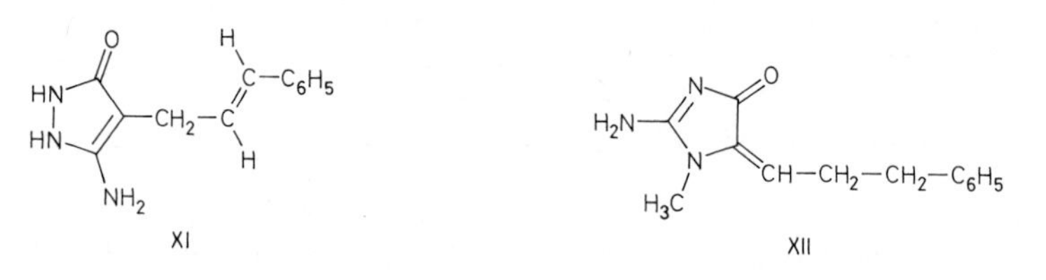

***2-Amino-1-methyl-5-[3-phenyl-propyliden]-1,5-dihydro-imidazol-4-on** $C_{13}H_{15}N_3O$, Formel XII.

B. Aus Kreatinin (S. 3543) und 3-Phenyl-propionaldehyd (*Cornthwaite et al.*, Am. Soc. **58** [1936] 628).

Gelbe Kristalle (aus A.); F: 225–230° [unkorr.].

Picrat. F: 221° [unkorr.].

***5-Benzyliden-3-cyclohexyl-2-[2-dimethylamino-äthyl]-3,5-dihydro-imidazol-4-on** $C_{20}H_{27}N_3O$, Formel I.

Hydrochlorid $C_{20}H_{27}N_3O\cdot HCl$. *B.* Aus 5-Benzyliden-3-cyclohexyl-2-methyl-3,5-dihydro-imidazol-4-on (E III/IV **24** 561), wss. Formaldehyd und Dimethylamin-hydrochlorid in wss. Dioxan (*Pfleger, Markert*, B. **90** [1957] 1494, 1499). – Gelbliche Kristalle (aus Isopropylalkohol + Ae.); F: 177,5° [Zers.].

4-Anilino-3-[1*H*-benzimidazol-2-yl]-pent-3-en-2-on $C_{18}H_{17}N_3O$, Formel II.

B. Beim Erhitzen von 3-[1*H*-Benzimidazol-2-yl]-pentan-2,4-dion mit Anilin auf 150° (*Ghosh*, J. Indian chem. Soc. **15** [1938] 89, 93).

Kristalle (aus Eg.); F: 315–316° [Zers. unter Rotfärbung].

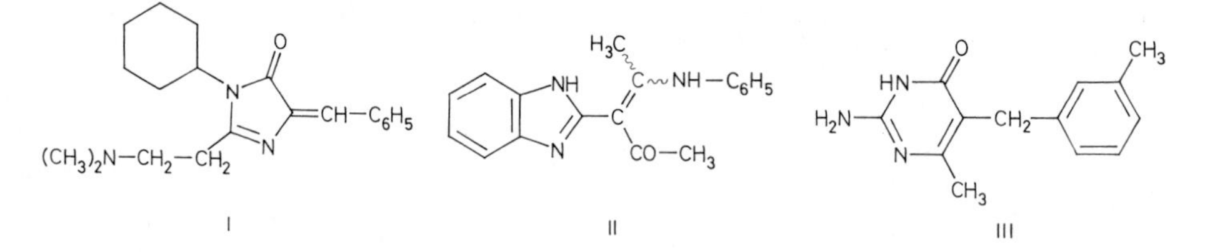

Amino-Derivate der Oxo-Verbindungen $C_{13}H_{14}N_2O$

2-Amino-6-methyl-5-[3-methyl-benzyl]-3*H*-pyrimidin-4-on $C_{13}H_{15}N_3O$, Formel III und Taut.

B. Aus 2-[3-Methyl-benzyl]-acetessigsäure-äthylester und Guanidin in Äthanol (*Falco et al.*, Am. Soc. **73** [1951] 3758, 3760, 3761).

F: 233–234° [unkorr.; Zers.].

2-Amino-5-[2(oder 3)-brom-4-methyl-benzyl]-6-methyl-3*H*-pyrimidin-4-on $C_{13}H_{14}BrN_3O$, Formel IV (X = Br, X′ = H oder X = H, X′ = Br) und Taut.

B. Aus 2-[2(oder 3)-Brom-4-methyl-benzyl]-acetessigsäure-äthylester (aus 2(oder 3)-Brom-1-brommethyl-4-methyl-benzol [Kp_{15}: 190–196°] und Acetessigsäure-äthylester hergestellt) und Guanidin in Äthanol (*Falco et al.*, Am. Soc. **73** [1951] 3758, 3760, 3761).

F: 242–244° [unkorr.; Zers.].

2-Amino-6-[2,5-dimethyl-phenyl]-5-methyl-3*H*-pyrimidin-4-on $C_{13}H_{15}N_3O$, Formel V (R = H) und Taut.

B. Aus 3-[2,5-Dimethyl-phenyl]-2-methyl-3-oxo-propionsäure-äthylester und Guanidin in Äthanol (*Searle & Co.*, U.S.P. 2723977 [1953]).

Kristalle; F: >280°.

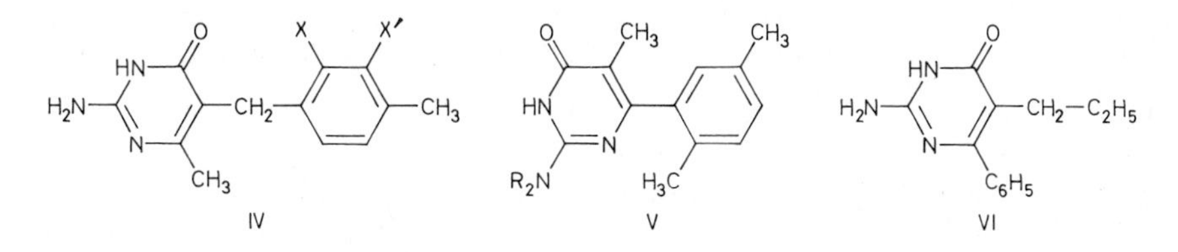

2-Diäthylamino-6-[2,5-dimethyl-phenyl]-5-methyl-3*H*-pyrimidin-4-on $C_{17}H_{23}N_3O$, Formel V ($R = C_2H_5$) und Taut.

B. Aus 2-Äthylmercapto-6-[2,5-dimethyl-phenyl]-5-methyl-3*H*-pyrimidin-4-on und Diäthylamin in Äthanol (*Searle & Co.*, U.S.P. 2740785 [1954]).

Kristalle (aus 2-Äthoxy-äthanol).

2-Amino-6-phenyl-5-propyl-3*H*-pyrimidin-4-on $C_{13}H_{15}N_3O$, Formel VI und Taut.

B. Aus 2-Benzoyl-valeriansäure-äthylester und Guanidin-carbonat in Äthanol (*Burroughs Wellcome & Co.*, U.S.P. 2688019 [1951]).

Kristalle (aus A.); F: 311–313° [Zers.].

1-[4-(2-Dimethylamino-äthyl)-2-methyl-chinazolin-6-yl]-äthanon $C_{15}H_{19}N_3O$, Formel VII ($R = CO\text{-}CH_3$, $R' = R'' = H$), oder **3-Dimethylamino-1-[2,4-dimethyl-chinazolin-6-yl]-propan-1-on** $C_{15}H_{19}N_3O$, Formel VIII ($R = CO\text{-}CH_2\text{-}CH_2\text{-}N(CH_3)_2$, $R' = R'' = H$).

Hydrochlorid $C_{15}H_{19}N_3O \cdot HCl$. *B.* Aus 1-[2,4-Dimethyl-chinazolin-6-yl]-äthanon, Formaldehyd und Dimethylamin-hydrochlorid in wss. Äthanol (*Siegle, Christensen*, Am. Soc. **73** [1951] 5777). – Hellgelbe Kristalle; F: 149° [Zers.].

1-[4-(2-Dimethylamino-äthyl)-2-methyl-chinazolin-7-yl]-äthanon $C_{15}H_{19}N_3O$, Formel VII ($R = R'' = H$, $R' = CO\text{-}CH_3$), oder **3-Dimethylamino-1-[2,4-dimethyl-chinazolin-7-yl]-propan-1-on** $C_{15}H_{19}N_3O$, Formel VIII ($R = R'' = H$, $R' = CO\text{-}CH_2\text{-}CH_2\text{-}N(CH_3)_2$).

Bezüglich der Konstitution vgl. *Siegle, Christensen*, Am. Soc. **73** [1951] 5777.

B. Aus 1-[2,4-Dimethyl-chinazolin-7-yl]-äthanon analog der vorangehenden Verbindung (*Christensen et al.*, Am. Soc. **67** [1945] 2001).

Monohydrochlorid $C_{15}H_{19}N_3O \cdot HCl$. F: 145–147° [aus A.] (*Ch. et al.*).

Dihydrochlorid $C_{15}H_{19}N_3O \cdot 2HCl$. Kristalle; F: 170–173° (*Ch. et al.*).

Monopicrat $C_{15}H_{19}N_3O \cdot C_6H_3N_3O_7$. Kristalle (aus A.); F: 162° (*Ch. et al.*).

Dipicrat. F: 98–99° (*Ch. et al.*).

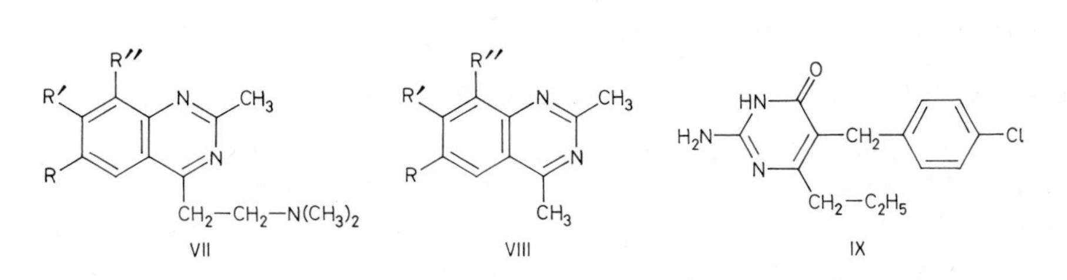

1-[4-(2-Dimethylamino-äthyl)-2-methyl-chinazolin-8-yl]-äthanon $C_{15}H_{19}N_3O$, Formel VII ($R = R' = H$, $R'' = CO\text{-}CH_3$), oder **3-Dimethylamino-1-[2,4-dimethyl-chinazolin-8-yl]-propan-1-on** $C_{15}H_{19}N_3O$, Formel VIII ($R = R' = H$, $R'' = CO\text{-}CH_2\text{-}CH_2\text{-}N(CH_3)_2$).

Bezüglich der Konstitution vgl. *Siegle, Christensen*, Am. Soc. **73** [1951] 5777.

Hydrochlorid $C_{15}H_{19}N_3O \cdot HCl$. *B.* Aus 1-[2,4-Dimethyl-chinazolin-8-yl]-äthanon analog den vorangehenden Verbindungen (*Isensee, Christensen*, Am. Soc. **70** [1948] 4061). – Kristalle (aus Isopropylalkohol); F: 131–132° (*Is., Ch.*).

Amino-Derivate der Oxo-Verbindungen $C_{14}H_{16}N_2O$

2-Amino-5-[4-chlor-benzyl]-6-propyl-3*H*-pyrimidin-4-on $C_{14}H_{16}ClN_3O$, Formel IX und Taut.
B. Aus 2-[4-Chlor-benzyl]-3-oxo-hexansäure-äthylester und Guanidin in Äthanol (*Falco et al.*, Am. Soc. **73** [1951] 3758, 3760, 3761).
F: 286–287° [unkorr.; Zers.].

2-Amino-5-butyl-6-phenyl-3*H*-pyrimidin-4-on $C_{14}H_{17}N_3O$, Formel X und Taut.
B. Aus 2-Benzoyl-hexansäure-äthylester und Guanidin-carbonat in Äthanol (*Searle & Co.*, U.S.P. 2740785 [1954]).
F: ca. 300–302° [Zers.].
Propionyl-Derivat $C_{17}H_{21}N_3O_2$; 5-Butyl-6-phenyl-2-propionylamino-3*H*-pyr= imidin-4-on, *N*-[5-Butyl-6-oxo-6-phenyl-1,6-dihydro-pyrimidin-2-yl]-propion= amid und Taut. Kristalle.

2-Amino-5-isobutyl-6-phenyl-3*H*-pyrimidin-4-on $C_{14}H_{17}N_3O$, Formel XI und Taut.
B. Aus 2-Benzoyl-4-methyl-valeriansäure-äthylester und Guanidin-carbonat in Äthanol (*Searle & Co.*, U.S.P. 2723977 [1953]).
Kristalle.

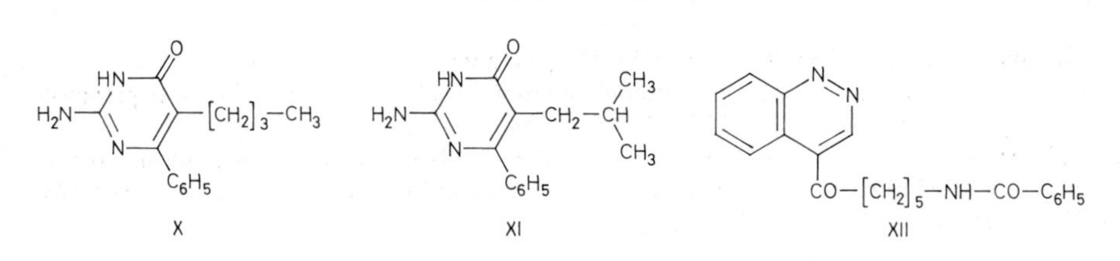

6-Benzoylamino-1-cinnolin-4-yl-hexan-1-on, *N*-[6-Cinnolin-4-yl-6-oxo-hexyl]-benzamid $C_{21}H_{21}N_3O_2$, Formel XII.
B. Beim Erwärmen von 6-Benzoylamino-hexansäure-äthylester mit Cinnolin-4-carbonsäure-äthylester und $NaNH_2$ in Benzol und Erhitzen des Reaktionsprodukts mit wss. HCl (*Jacobs et al.*, Am. Soc. **68** [1946] 1310, 1311, 1312).
Kristalle (aus Me.); F: 115,5–116,5° [korr.].

(±)-7-Amino-10-[4-chlor-phenyl]-6,8-diaza-spiro[4.5]dec-7-en-9-on $C_{14}H_{16}ClN_3O$, Formel XIII (X = H) und Taut.
B. Aus 10-[4-Chlor-phenyl]-6,8-diaza-spiro[4.5]deca-6,8-dien-7,9-diyldiamin mit Hilfe von wss. HCl und wss. Essigsäure (*Hitchings et al.*, Soc. **1956** 1019, 1021, 1025).
Kristalle (aus wss. Me.) mit 1 Mol H_2O; F: 286° [Zers.].

(±)-7-Amino-10-[3,4-dichlor-phenyl]-6,8-diaza-spiro[4.5]dec-7-en-9-on $C_{14}H_{15}Cl_2N_3O$, Formel XIII (X = Cl) und Taut.
B. Aus 10-[3,4-Dichlor-phenyl]-6,8-diaza-spiro[4.5]deca-6,8-dien-7,9-diyldiamin mit Hilfe von konz. wss. HCl und wss. Essigsäure (*Hitchings et al.*, Soc. **1956** 1019, 1025).
Hydrochlorid $C_{14}H_{15}Cl_2N_3O \cdot HCl$. Kristalle (aus wss. HCl); F: 225–227° [Zers.].

Amino-Derivate der Oxo-Verbindungen $C_{15}H_{18}N_2O$

(±)-2-Amino-5-phenyl-1,3-diaza-spiro[5.5]undec-2-en-4-on $C_{15}H_{19}N_3O$, Formel XIV (X = X′ = H) und Taut.
B. Aus 5-Phenyl-1,3-diaza-spiro[5.5]undeca-1,3-dien-2,4-diyldiamin mit Hilfe von wss. HCl

und wss. Essigsäure (*Hitchings et al.*, Soc. **1956** 1019, 1025).
Kristalle (aus wss. Me.) mit 1 Mol H_2O; F: 307° [Zers.].

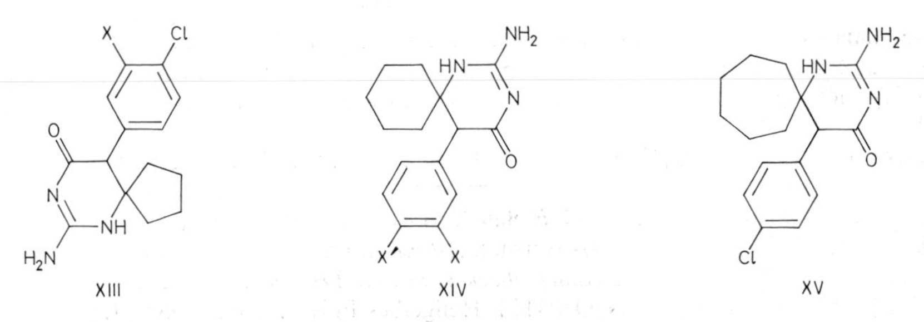

(±)-2-Amino-5-[4-chlor-phenyl]-1,3-diaza-spiro[5.5]undec-2-en-4-on $C_{15}H_{18}ClN_3O$, Formel XIV (X = H, X' = Cl) und Taut.

B. Aus 5-[4-Chlor-phenyl]-1,3-diaza-spiro[5.5]undeca-1,3-dien-2,4-diyldiamin mit Hilfe von wss. HCl und wss. Essigsäure (*Hitchings et al.*, Soc. **1956** 1019, 1025).

Kristalle (aus Me.) mit 1 Mol Methanol; F: 307° [Zers.].

(±)-2-Amino-5-[3,4-dichlor-phenyl]-1,3-diaza-spiro[5.5]undec-2-en-4-on $C_{15}H_{17}Cl_2N_3O$, Formel XIV (X = X' = Cl) und Taut.

B. Aus 5-[3,4-Dichlor-phenyl]-1,3-diaza-spiro[5.5]undeca-1,3-dien-2,4-diyldiamin mit Hilfe von wss. HCl und wss. Essigsäure (*Hitchings et al.*, Soc. **1956** 1019, 1025).

Kristalle (aus Me.) mit 1 Mol Methanol; F: 316–317°.

Amino-Derivate der Oxo-Verbindungen $C_{16}H_{20}N_2O$

(±)-2-Amino-5-[4-chlor-phenyl]-1,3-diaza-spiro[5.6]dodec-2-en-4-on $C_{16}H_{20}ClN_3O$, Formel XV und Taut.

B. Aus 5-[4-Chlor-phenyl]-1,3-diaza-spiro[5.6]dodeca-1,3-dien-2,4-diyldiamin mit Hilfe von konz. wss. HCl und wss. Essigsäure (*Hitchings et al.*, Soc. **1956** 1019, 1025).

Kristalle (aus Me.) mit 1 Mol Methanol; F: 301–302° [Zers.]. [*Gundlach*]

Amino-Derivate der Monooxo-Verbindungen $C_nH_{2n-14}N_2O$

2,6-Diamino-5-[4-chlor-phenyl]-pyrimidin-4-carbaldehyd-dimethylacetal, 5-[4-Chlor-phenyl]-6-dimethoxymethyl-pyrimidin-2,4-diyldiamin $C_{13}H_{15}ClN_4O_2$, Formel I.

B. Bei aufeinanderfolgender Umsetzung von 2-[4-Chlor-phenyl]-4,4-dimethoxy-acetoaceto= nitril mit Diazomethan und mit Guanidin (*Rogers et al.*, J. org. Chem. **22** [1957] 1492).

Kristalle (aus A.); F: 264–267°.

Bis-[6-dimethylamino-[3]pyridyl]-keton $C_{15}H_{18}N_4O$, Formel II (X = O) (E II **25** 375).

Dipicrat $C_{15}H_{18}N_4O \cdot 2C_6H_3N_3O_7$. Gelbe Kristalle (aus Acn.); F: 184–185° (*Beresowškiĭ*, Ž. obšč. Chim. **20** [1950] 1187, 1189; engl. Ausg. S. 1231).

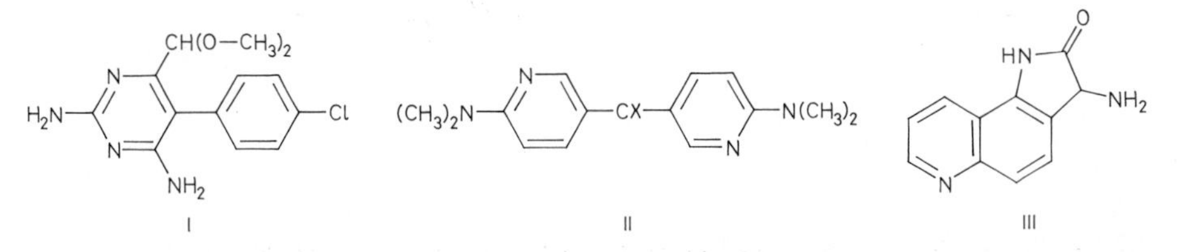

Bis-[6-dimethylamino-[3]pyridyl]-thioketon $C_{15}H_{18}N_4S$, Formel II (X = S) (E II **25** 375).

B. Aus Bis-[6-dimethylamino-[3]pyridyl]-methan beim Erhitzen mit Schwefel in 1,2,4-Tri= methyl-benzol (*Kahn, Petrow*, Soc. **1945** 858, 861) oder auf 180°/10–15 Torr (*Beresowškiĭ*,

Ž. obšč. Chim. **20** [1950] 1187, 1189; engl. Ausg. S. 1231).

Kristalle (aus A.); F: 167–167,5° (*Be.*).

(±)-3-Amino-1,3-dihydro-pyrrolo[2,3-*f*]chinolin-2-on $C_{11}H_9N_3O$, Formel III.

B. Aus 1*H*-Pyrrolo[2,3-*f*]chinolin-2,3-dion bei der Umsetzung mit NH_2OH und anschliessen= den Hydrierung an Palladium/Kohle in Essigsäure (*Langenbeck et al.*, A. **499** [1932] 201, 210).

Dihydrochlorid $C_{11}H_9N_3O \cdot 2HCl$. Hellgelber Feststoff. Wenig beständig.

(±)-3-Amino-1,3-dihydro-pyrrolo[3,2-*h*]chinolin-2-on $C_{11}H_9N_3O$, Formel IV.

B. Bei der Hydrierung von 1*H*-Pyrrolo[3,2-*h*]chinolin-2,3-dion-3-oxim (E III/IV **24** 1728) an Palladium/Kohle in Essigsäure (*Langenbeck et al.*, A. **499** [1932] 201, 211).

Dihydrochlorid $C_{11}H_9N_3O \cdot 2HCl$. Hellgelbes Pulver. Wenig beständig.

[2-Benzyl-1-oxo-2,9-dihydro-1*H*-β-carbolin-6-yl]-carbamidsäure-äthylester $C_{21}H_{19}N_3O_3$, Formel V.

B. Aus 5-Äthoxycarbonylamino-indol-2-carbonsäure-[benzyl-(2,2-diäthoxy-äthyl)-amid] mit Hilfe von konz. H_2SO_4 in Äther (*Lindwall, Mantell*, J. org. Chem. **18** [1953] 345, 351, 356).

Kristalle (aus Dioxan+H_2O); F: 253° [korr.]. UV-Spektrum (A.; 240–370 nm): *Li., Ma.*, l. c. S. 349.

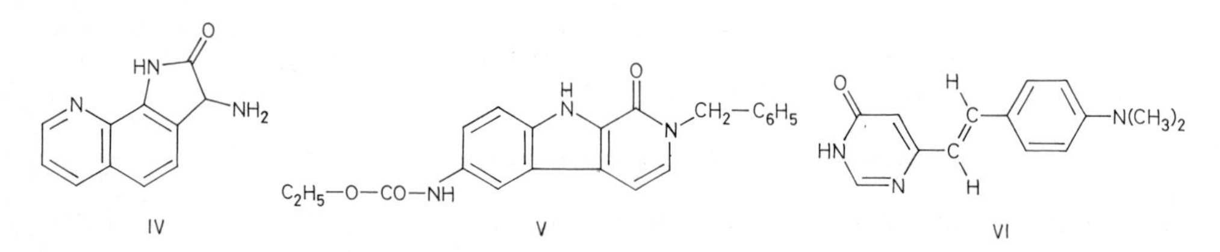

6-[4-Dimethylamino-*trans*(?)-styryl]-3*H*-pyrimidin-4-on $C_{14}H_{15}N_3O$, vermutlich Formel VI und Taut.

B. Beim Erhitzen von 6-Methyl-3*H*-pyrimidin-4-on mit 4-Dimethylamino-benzaldehyd und Anilin (*Brown, Ross*, Soc. **1948** 1715).

Gelbe Kristalle (aus Eg.+Me.); F: 295–297°.

2-Amino-5-[(Ξ)-*trans*(?)-cinnamyliden]-1-methyl-1,5-dihydro-imidazol-4-on $C_{13}H_{13}N_3O$, vermutlich Formel VII.

B. Aus Kreatinin (S. 3543) und *trans*(?)-Zimtaldehyd (*Cornthwaite, Jordan*, Am. Soc. **56** [1934] 2733; *Cattaneo et al.*, B. **72** [1939] 1461, 1466).

Orangefarbene Kristalle (aus A.); F: 280° [Zers.] (*Co., Jo.; Ca. et al.*).

Picrat. F: 261° [Zers.] (*Co., Jo.*).

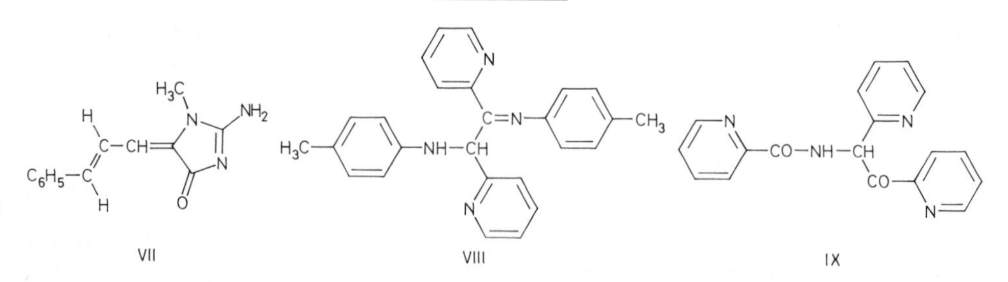

***N*-[1,2-Di-[2]pyridyl-2-*p*-tolylimino-äthyl]-*p*-toluidin** $C_{26}H_{24}N_4$, Formel VIII und Taut. (1,2-Di-[2]pyridyl-1,2-di-*p*-toluidino-äthen, 1,2-Di-[2]pyridyl-*N*,*N'*-di-*p*-tolyl-äthendiyldiamin).

B. Aus 1,2-Di-[2]pyridyl-äthanon und *p*-Toluidin (*Heyns, Stumme*, B. **89** [1956] 2833, 2841).

Bei der Hydrierung von 1,2-Di-[2]pyridyl-1,2-bis-*p*-tolylimino-äthan an Palladium/Kohle in Äth≈anol (*He., St.*).

Orangefarbene Kristalle; F: 268° [geschlossene Kapillare].

(±)-Pyridin-2-carbonsäure-[2-oxo-1,2-di-[2]pyridyl-äthylamid] $C_{18}H_{14}N_4O_2$, Formel IX.

B. Beim Behandeln von Di-[2]pyridyl-äthandion mit äthanol. NH_3 [2d] (*Klosa*, J. pr. [4] **9** [1959] 289).

Gelbe Kristalle (aus A.); F: 198°.

Oxim $C_{18}H_{15}N_5O_2$; (±)-Pyridin-2-carbonsäure-[2-hydroxyimino-1,2-di-[2]pyri≈dyl-äthylamid]. Kristalle (aus A.); F: 206–208° [Zers.].

6-Methyl-5-[4-nitro-*trans*(?)-styryl]-2-piperidino-3*H*-pyrimidin-4-on $C_{18}H_{20}N_4O_3$, vermutlich Formel X und Taut.

B. Beim Erhitzen von 4-Methyl-6-oxo-2-piperidino-1,6-dihydro-pyrimidin-5-carbaldehyd mit [4-Nitro-phenyl]-essigsäure und Piperidin (*Hull*, Soc. **1957** 4845, 4856).

Rote Kristalle (aus 2-Äthoxy-äthanol); F: 310°.

5-Allyl-2-amino-6-phenyl-3*H*-pyrimidin-4-on $C_{13}H_{13}N_3O$, Formel XI und Taut.

B. Aus 2-Benzoyl-pent-4-ensäure-äthylester und Guanidin (*Searle & Co.*, U.S.P. 2723978 [1954]).

F: 302–304° [Zers.].

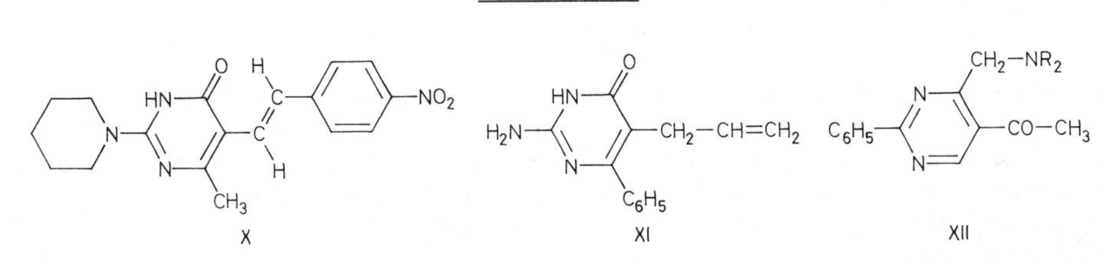

5-Acetyl-4-dimethylaminomethyl-2-phenyl-pyrimidin, 1-[4-Dimethylaminomethyl-2-phenyl-pyrimidin-5-yl]-äthanon $C_{15}H_{17}N_3O$, Formel XII (R = CH_3).

B. Aus 1-[4-Brommethyl-2-phenyl-pyrimidin-5-yl]-äthanon und Dimethylamin (*Clarke et al.*, Am. Soc. **70** [1948] 1088).

Hydrochlorid $C_{15}H_{17}N_3O \cdot HCl$. Kristalle (aus A.); F: 236° [Zers.].

5-Acetyl-4-diäthylaminomethyl-2-phenyl-pyrimidin, 1-[4-Diäthylaminomethyl-2-phenyl-pyrimidin-5-yl]-äthanon $C_{17}H_{21}N_3O$, Formel XII (R = C_2H_5).

B. Analog der vorangehenden Verbindung (*Clarke et al.*, Am. Soc. **70** [1948] 1088).

Hydrochlorid $C_{17}H_{21}N_3O \cdot HCl$. Kristalle (aus A.); F: 215–220° [Zers.].

1-[6-Chlor-5-methyl-2-phenyl-pyrimidin-4-yl]-2-diäthylamino-äthanon $C_{17}H_{20}ClN_3O$, Formel XIII (R = C_2H_5).

B. Aus 2-Brom-1-[6-chlor-5-methyl-2-phenyl-pyrimidin-4-yl]-äthanon und Diäthylamin (*Clarke, Christensen*, Am. Soc. **70** [1948] 1818).

Hydrochlorid $C_{17}H_{20}ClN_3O \cdot HCl$. Kristalle (aus Isopropylalkohol); F: 170–178° [rote Schmelze].

1-[6-Chlor-5-methyl-2-phenyl-pyrimidin-4-yl]-2-dipropylamino-äthanon $C_{19}H_{24}ClN_3O$, Formel XIII (R = CH_2-C_2H_5).

B. Analog der vorangehenden Verbindung (*Clarke, Christensen*, Am. Soc. **70** [1948] 1818).

Hydrochlorid $C_{19}H_{24}ClN_3O \cdot HCl$. Kristalle (aus Isopropylalkohol); F: 170–178° [rote Schmelze].

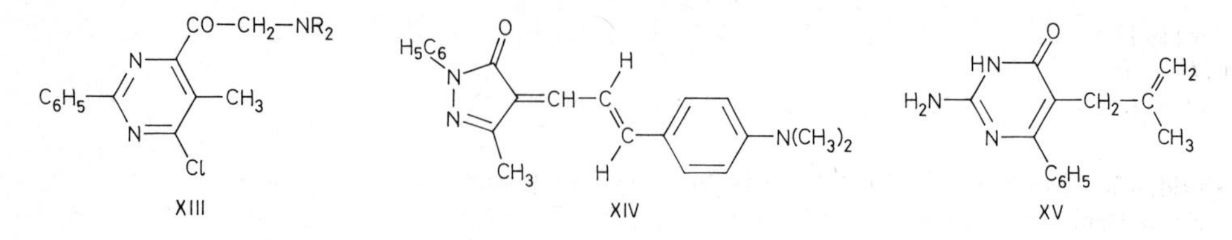

4-[(Ξ)-4-Dimethylamino-*trans*(?)-cinnamyliden]-5-methyl-2-phenyl-2,4-dihydro-pyrazol-3-on $C_{21}H_{21}N_3O$, vermutlich Formel XIV.

B. Aus 5-Methyl-2-phenyl-1,2-dihydro-pyrazol-3-on und 4-Dimethylamino-*trans*(?)-zimtalde= hyd (*McKusick et al.*, Am. Soc. **80** [1958] 2806, 2812).

Kristalle (aus Toluol); F: 161–162°. λ_{max} (Acn.): 483 nm.

2-Amino-5-methallyl-6-phenyl-3*H*-pyrimidin-4-on $C_{14}H_{15}N_3O$, Formel XV und Taut.

B. Aus 2-Benzoyl-4-methyl-pent-4-ensäure-äthylester und Guanidin (*Searle & Co.*, U.S.P. 2723978 [1954]).

F: 287–288°.

2,4-Dimethyl-5-phenacyl-6-piperidino-pyrimidin, 2-[2,4-Dimethyl-6-piperidino-pyrimidin-5-yl]-1-phenyl-äthanon $C_{19}H_{23}N_3O$, Formel I.

B. Aus 2-[2-Chlor-4,6-dimethyl-pyrimidin-5-yl]-1-phenyl-äthanon und Piperidin (*Roth, Smith*, Am. Soc. **71** [1949] 616, 618).

Kristalle (aus PAe.); F: 87–89°.

Hydrochlorid. Kristalle (aus A.+Ae.); F: 200–201° [korr.].

3-Dimethylamino-1-[4-methyl-2-phenyl-pyrimidin-5-yl]-propan-1-on $C_{16}H_{19}N_3O$, Formel II (R = CH_3).

B. Aus 1-[4-Methyl-2-phenyl-pyrimidin-5-yl]-äthanon, Dimethylamin-hydrochlorid und Para= formaldehyd in Äthanol (*Graham et al.*, Am. Soc. **67** [1945] 1294).

Hydrochlorid $C_{16}H_{19}N_3O \cdot HCl$. Kristalle (aus A.); F: 188°.

Picrat. Kristalle (aus A.); F: 144–146°.

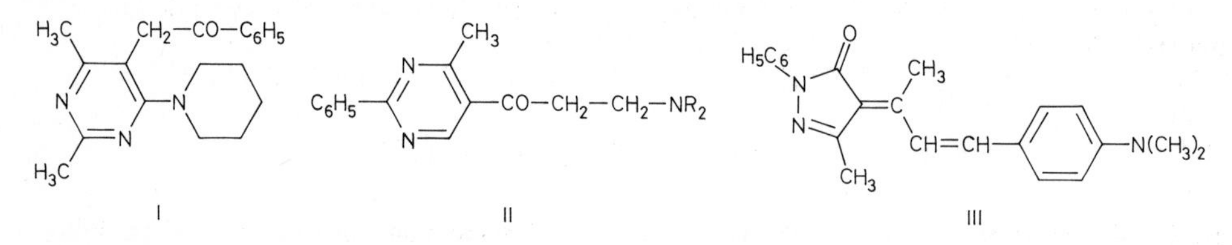

3-Diäthylamino-1-[4-methyl-2-phenyl-pyrimidin-5-yl]-propan-1-on $C_{18}H_{23}N_3O$, Formel II (R = C_2H_5).

B. Analog der vorangehenden Verbindung (*Graham et al.*, Am. Soc. **67** [1945] 1294).

Hydrochlorid $C_{18}H_{23}N_3O \cdot HCl$. Kristalle (aus A.); F: 125°.

Picrat. Kristalle (aus A.); F: 135–137°.

***4-[3-(4-Dimethylamino-phenyl)-1-methyl-allyliden]-5-methyl-2-phenyl-2,4-dihydro-pyrazol-3-on** $C_{22}H_{23}N_3O$, Formel III.

B. Aus 4-Isopropyliden-5-methyl-2-phenyl-2,4-dihydro-pyrazol-3-on und 4-Dimethylamino-benzaldehyd (*Poraĭ-Koschiz, Dinaburg*, Ž. obšč. Chim. **24** [1954] 1221, 1223; engl. Ausg. S. 1209, 1210).

Violettrote Kristalle (aus Bzl.+PAe.); F: 178°. Absorptionsspektrum (220–600 nm): *Po.-Ko., Di.*

(±)-6-Methyl-pyridin-2-carbonsäure-[1,2-bis-(6-methyl-[2]pyridyl)-2-oxo-äthylamid] $C_{21}H_{20}N_4O_2$, Formel IV.

B. Beim Behandeln von Bis-[6-methyl-[2]pyridyl]-äthandion mit äthanol. NH_3 (*Klosa*, J. pr.

[4] **9** [1959] 289).
F: 189–191°.

(±)-6-Dimethylamino-4-phenyl-4-pyrimidin-2-yl-hexan-3-on $C_{18}H_{23}N_3O$, Formel V.
B. Aus (±)-Phenyl-pyrimidin-2-yl-essigsäure-äthylester bei aufeinanderfolgender Umsetzung mit [2-Chlor-äthyl]-dimethyl-amin und mit Äthylmagnesiumbromid (*Farbw. Hoechst,* U.S.P. 2731462 [1952]).
Gelbes Öl; $Kp_{0,5}$: 155–160°.

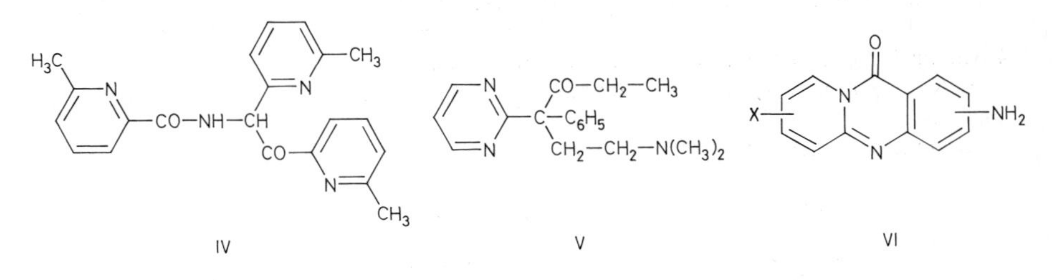

Amino-Derivate der Monooxo-Verbindungen $C_nH_{2n-16}N_2O$

Amino-Derivate der Oxo-Verbindungen $C_{12}H_8N_2O$

x-Amino-pyrido[2,1-*b*]chinazolin-11-on $C_{12}H_9N_3O$, Formel VI (X = H).
B. Beim Erwärmen von x-Nitro-pyrido[2,1-*b*]chinazolin-11-on (E III/IV **24** 624) mit $SnCl_2$ und konz. wss. HCl (*Räth,* A. **486** [1931] 284, 290).
Gelbe Kristalle (aus H_2O); F: 267°.
Hydrochlorid $C_{12}H_9N_3O \cdot HCl$. Orangerot; unterhalb 300° nicht schmelzend.

x,x-Diamino-pyrido[2,1-*b*]chinazolin-11-on $C_{12}H_{10}N_4O$, Formel VI (X = NH_2).
B. Aus x,x-Dinitro-pyrido[2,1-*b*]chinazolin-11-on (E III/IV **24** 624) mit Hilfe von $SnCl_2$ (*Räth,* A. **486** [1931] 284, 290).
Kristalle (aus H_2O); F: 297°.
Dihydrochlorid $C_{12}H_{10}N_4O \cdot 2HCl$. Kristalle mit 1 Mol H_2O; Zers. bei 299–300°.

1-[2]Naphthylamino-4*H*-benzo[*f*]chinazolin-3-on $C_{22}H_{15}N_3O$, Formel VII (X = O) und Taut.
B. Beim Erhitzen von 8-[2]Naphthylamino-benzo[*f*]benzo[5,6]chinazolino[3,4-*a*]chinazolin-17-on-[2]naphthylimin (Syst.-Nr. 3987) mit wss.-äthanol. KOH auf 160° (*Dziewoński et al.,* Bl. Acad. polon. [A] **1936** 493, 499).
Kristalle (aus Nitrobenzol); F: 301,5–302°.
Hydrochlorid $C_{22}H_{15}N_3O \cdot HCl$. Kristalle; F: 258–285°.
Acetat $C_{22}H_{15}N_3O \cdot C_2H_4O_2$. Kristalle (aus Eg.).

1-[2]Naphthylamino-4*H*-benzo[*f*]chinazolin-3-thion $C_{22}H_{15}N_3S$, Formel VII (X = S) und Taut.
B. Beim Erhitzen von [2]Naphthylamin mit Thioharnstoff oder von [2]Naphthyl-thioharnstoff auf 240° (*Dziewoński et al.,* Bl. Acad. polon. [A] **1936** 493, 497).
Gelbe Kristalle (aus Cumol); F: 318°.

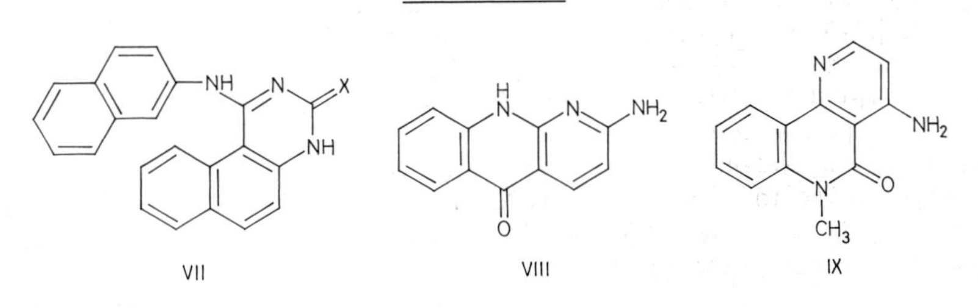

2-Amino-10*H*-benzo[*b*][1,8]naphthyridin-5-on $C_{12}H_9N_3O$, Formel VIII.

B. Beim Behandeln von *N*-[6-Amino-[2]pyridyl]-anthranilsäure mit konz. H_2SO_4 (*Kabatschnik*, Ž. obšč. Chim. **9** [1939] 1734, 1737; C. **1940** I 1991).

Gelbe Kristalle (aus Eg.); F: 362–363° [korr.].

4-Amino-6-methyl-6*H*-benzo[*h*][1,6]naphthyridin-5-on $C_{13}H_{11}N_3O$, Formel IX.

B. Beim Erhitzen von 4-Amino-6-methyl-5-phenyl-benzo[*h*][1,6]naphthyridinium-jodid mit $K_3[Fe(CN)_6]$ in wss. NaOH (*Davis*, Soc. **1958** 828, 835).

Kristalle (aus Bzl.+PAe.); F: 178–179° [nach Sublimation bei 180°/0,05 Torr].

4-Anilino-7*H*-[1,7]phenanthrolin-10-on $C_{18}H_{13}N_3O$, Formel X (R = C_6H_5) und Taut.

B. Aus 4-Chlor-7*H*-[1,7]phenanthrolin-10-on und Anilin (*Cutler, Surrey*, Am. Soc. **77** [1955] 2441, 2443).

Kristalle (aus A.); F: 221–222° [unkorr.].

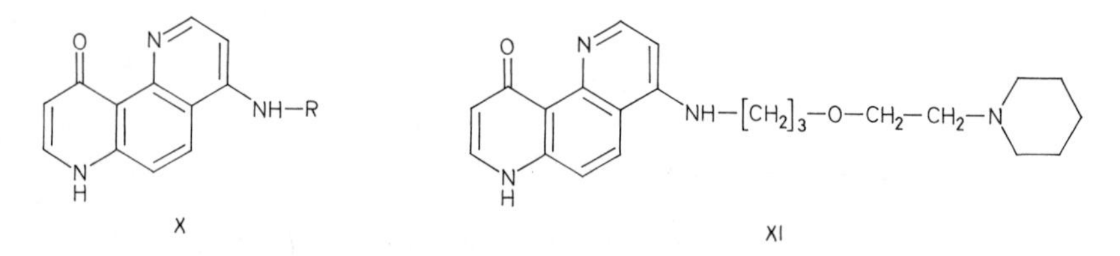

4-[3-(2-Dimethylamino-äthoxy)-propylamino]-7*H*-[1,7]phenanthrolin-10-on $C_{19}H_{24}N_4O_2$, Formel X (R = $[CH_3]_3$-O-CH_2-CH_2-N$(CH_3)_2$) und Taut.

B. Beim Erwärmen von 4-Chlor-7*H*-[1,7]phenanthrolin-10-on mit 3-[2-Dimethylamino-äth⸗oxy]-propylamin, Phenol und äthanol. HCl in Isopropylalkohol (*Surrey et al.*, Am. Soc. **76** [1954] 4920, 4922, 4923).

Kristalle (aus Acetonitril); F: 128–130° [unkorr.] (*Su. et al.*).

Die folgenden Verbindungen sind in analoger Weise hergestellt worden:

4-[3-(2-Diäthylamino-äthoxy)-propylamino]-7*H*-[1,7]phenanthrolin-10-on $C_{21}H_{28}N_4O_2$, Formel X (R = $[CH_3]_3$-O-CH_2-CH_2-N$(C_2H_5)_2$) und Taut. Kristalle (aus Bzl.+PAe.); F: 95–96° (*Su. et al.*).

4-[3-(2-Dibutylamino-äthoxy)-propylamino]-7*H*-[1,7]phenanthrolin-10-on $C_{25}H_{36}N_4O_2$, Formel X (R = $[CH_2]_3$-O-CH_2-CH_2-N($[CH_2]_3$-$CH_3)_2$) und Taut. Kristalle (aus Acetonitril); F: 102–103° [unkorr.] (*Su. et al.*).

4-{3-[2-(Benzyl-methyl-amino)-äthoxy]-propylamino}-7*H*-[1,7]phenanthrolin-10-on $C_{25}H_{28}N_4O_2$, Formel X (R = $[CH_2]_3$-O-CH_2-CH_2-N(CH_3)-CH_2-C_6H_5) und Taut. Kristalle (aus Acetonitril); F: 113–115° [unkorr.] (*Su. et al.*).

4-(3-{2-[(2-Chlor-benzyl)-methyl-amino]-äthoxy}-propylamino)-7*H*-[1,7]phen⸗anthrolin-10-on $C_{25}H_{27}ClN_4O_2$, Formel X (R = $[CH_2]_3$-O-CH_2-CH_2-N(CH_3)-CH_2-C_6H_4-Cl) und Taut. Kristalle (aus Acetonitril); F: 89–90° (*Su. et al.*).

4-{3-[2-(Äthyl-benzyl-amino)-äthoxy]-propylamino}-7*H*-[1,7]phenanthrolin-10-on $C_{26}H_{30}N_4O_2$, Formel X (R = $[CH_2]_3$-O-CH_2-CH_2-N(C_2H_5)-CH_2-C_6H_5) und Taut. Kristalle (aus Acetonitril); F: 104–105° [unkorr.] (*Su. et al.*).

4-[3-(2-Piperidino-äthoxy)-propylamino]-7*H*-[1,7]phenanthrolin-10-on $C_{22}H_{28}N_4O_2$, Formel XI und Taut. Kristalle (aus Acn.); F: 143–144° [unkorr.] (*Su. et al.*).

4-(3-{2-[(2-Methoxy-benzyl)-methyl-amino]-äthoxy}-propylamino)-7*H*-[1,7]phenanthrolin-10-on $C_{26}H_{30}N_4O_3$, Formel X (R = $[CH_2]_3$-O-CH_2-CH_2-N(CH_3)-CH_2-C_6H_4-O-CH_3) und Taut. Kristalle (aus E.); F: 105–106° [unkorr.] (*Su. et al.*).

4-(3-{2-[Äthyl-(2-methoxy-benzyl)-amino]-äthoxy}-propylamino)-7*H*-[1,7]phenanthrolin-10-on $C_{27}H_{32}N_4O_3$, Formel X (R = $[CH_2]_3$-O-CH_2-CH_2-N(C_2H_5)-CH_2-C_6H_4-O-CH_3) und Taut. Kristalle (aus Acetonitril); F: 127–129° [unkorr.] (*Su. et al.*).

4-(3-{2-[(2,3-Dimethoxy-benzyl)-methyl-amino]-äthoxy}-propylamino)-7*H*-[1,7]phenanthrolin-10-on $C_{27}H_{32}N_4O_4$, Formel X ($R = [CH_2]_3$-O-CH_2-CH_2-N(CH_3)-CH_2-C_6H_3(O-CH_3)$_2$) und Taut. Kristalle (aus Acetonitril); F: 108–110° [unkorr.] (*Su. et al.*).

4-(3-{2-[Äthyl-(2,3-dimethoxy-benzyl)-amino]-äthoxy}-propylamino)-7*H*-[1,7]phenanthrolin-10-on $C_{28}H_{34}N_4O_4$, Formel X ($R = [CH_2]_3$-O-CH_2-CH_2-N(C_2H_5)-CH_2-C_6H_3(O-CH_3)$_2$) und Taut. Kristalle (aus E.); F: 86–89° [unkorr.] (*Su. et al.*).

4-[3-(3-Diäthylamino-propoxy)-propylamino]-7*H*-[1,7]phenanthrolin-10-on $C_{22}H_{30}N_4O_2$, Formel X ($R = [CH_3]_3$-O-$[CH_2]_3$-N(C_2H_5)$_2$) und Taut. Kristalle (aus Aceto-nitril); F: 107–109° [unkorr.] (*Su. et al.*).

4-[2-Diäthylamino-äthylamino]-7*H*-[1,7]phenanthrolin-10-on $C_{18}H_{22}N_4O$, Formel X ($R = CH_2$-CH_2-N(C_2H_5)$_2$) und Taut. Kristalle (aus Acn.); F: 130–132° [unkorr.] (*Su. et al.*).

4-[2-(2-Hydroxy-äthylamino)-äthylamino]-7*H*-[1,7]phenanthrolin-10-on $C_{16}H_{18}N_4O_2$, Formel X ($R = CH_2$-CH_2-NH-CH_2-CH_2-OH) und Taut. Hellgelbe Kristalle (aus A.); F: 183,2–184° [korr.] (*Surrey, Cutler,* Am. Soc. **76** [1954] 1109, 1113). – Dihydro-chlorid $C_{16}H_{18}N_4O_2 \cdot 2HCl$. F: >320° (*Su., Cu.*).

4-[2-Piperidino-äthylamino]-7*H*-[1,7]phenanthrolin-10-on $C_{19}H_{22}N_4O$, Formel XII und Taut. Kristalle (aus Acetonitril); F: 168,5–170,4° [korr.] (*Sterling Drug Inc.,* U.S.P. 2778833 [1954]).

4-[3-Diäthylamino-propylamino]-7*H*-[1,7]phenanthrolin-10-on $C_{19}H_{24}N_4O$, Formel X ($R = [CH_2]_3$-N(C_2H_5)$_2$) und Taut. Kristalle (aus PAe.); F: 116–117° [unkorr.] (*Su. et al.*).

4-{3-[Äthyl-(2-hydroxy-äthyl)-amino]-propylamino}-7*H*-[1,7]phenanthrolin-10-on $C_{19}H_{24}N_4O_2$, Formel X ($R = [CH_2]_3$-N(C_2H_5)-CH_2-CH_2-OH) und Taut. Kristalle (aus Bzl.); F: 109–111° [unkorr.] (*Su. et al.*).

4-[4-Diäthylamino-butylamino]-7*H*-[1,7]phenanthrolin-10-on $C_{20}H_{26}N_4O$, Formel X ($R = [CH_2]_4$-N(C_2H_5)$_2$) und Taut. Kristalle (aus Acetonitril); F: 100–102° [unkorr.] (*Su. et al.*).

4-[4-Dibutylamino-butylamino]-7*H*-[1,7]phenanthrolin-10-on $C_{24}H_{34}N_4O$, Formel X ($R = [CH_2]_4$-N($[CH_2]_3$-CH_3)$_2$) und Taut. Kristalle (aus Acetonitril); F: 86–89° (*Su. et al.*).

4-[5-Diäthylamino-pentylamino]-7*H*-[1,7]phenanthrolin-10-on $C_{21}H_{28}N_4O$, Formel X ($R = [CH_2]_5$-N(C_2H_5)$_2$) und Taut. Kristalle (aus 1,2-Dichlor-äthan); F: 117–118° [unkorr.] (*Su. et al.*).

4-[5-(Benzyl-methyl-amino)-pentylamino]-7*H*-[1,7]phenanthrolin-10-on $C_{25}H_{28}N_4O$, Formel X ($R = [CH_2]_5$-N(CH_3)-CH_2-C_6H_5) und Taut. Kristalle (aus Acetonitril); F: 153–154° [unkorr.] (*Su. et al.*).

4-[6-Diäthylamino-hexylamino]-7*H*-[1,7]phenanthrolin-10-on $C_{22}H_{30}N_4O$, Formel X ($R = [CH_2]_6$-N(C_2H_5)$_2$) und Taut. Kristalle (aus Acn.); F: 118–120° [unkorr.] (*Su. et al.*).

(±)-4-[3-Diäthylamino-2-hydroxy-propylamino]-7*H*-[1,7]phenanthrolin-10-on $C_{19}H_{24}N_4O_2$, Formel X ($R = CH_2$-CH(OH)-CH_2-N(C_2H_5)$_2$) und Taut. Vermutlich dimorph; Kristalle; F: 185–187° [unkorr.] und F: 162–163° [unkorr.] (*Su., Cu.*). – Dihydrochlorid $C_{19}H_{24}N_4O_2 \cdot 2HCl$. F: 285–287° [unkorr.; Zers.] (*Su., Cu.*).

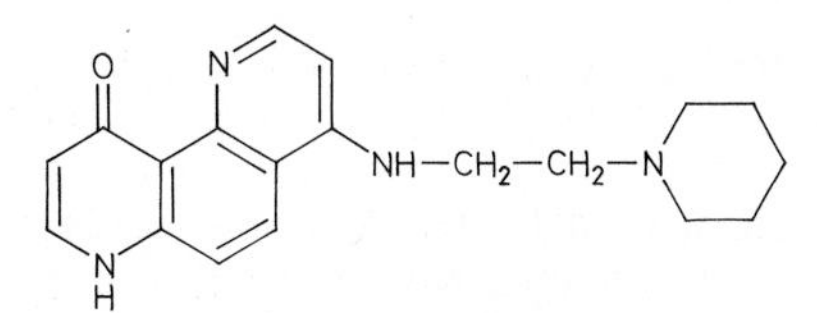

XII

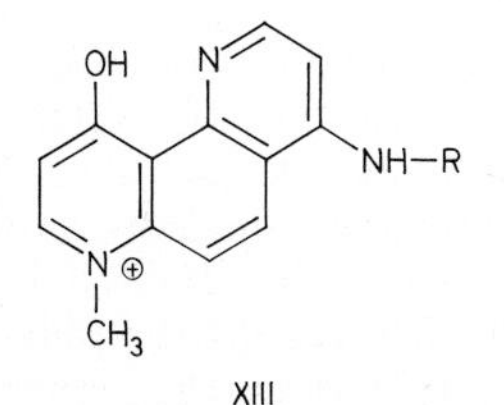

XIII

Trimethyl-{2-[3-(7-methyl-10-oxo-7,10-dihydro-[1,7]phenanthrolin-4-ylamino)-propoxy]-äthyl}-ammonium $[C_{21}H_{29}N_4O_2]^+$.

Jodid-hydrojodid $[C_{21}H_{29}N_4O_2]I \cdot HI$; 10-Hydroxy-7-methyl-4-[3-(2-trimethyl-ammonio-äthoxy)-propylamino]-[1,7]phenanthrolinium $[C_{21}H_{30}N_4O_2]^{2+}$, Formel XIII (R = $[CH_2]_3$-O-CH_2-CH_2-N$(CH_3)_3]^+$). Dijodid $[C_{21}H_{30}N_4O_2]I_2$. *B.* Beim Erhitzen von 4-[3-(2-Dimethylamino-äthoxy)-propylamino]-7*H*-[1,7]phenanthrolin-10-on mit CH_3I in Acetonitril (*Surrey et al.*, Am. Soc. **76** [1954] 4920, 4923). – Kristalle; F: 263–266° [unkorr.].

Die folgenden Verbindungen sind in analoger Weise hergestellt worden:

4-{3-[2-(Diäthyl-methyl-ammonio)-äthoxy]-propylamino}-10-hydroxy-7-methyl-[1,7]phenanthrolinium $[C_{23}H_{34}N_4O_2]^{2+}$, Formel XIII (R = $[CH_2]_3$-O-CH_2-CH_2-N$(CH_3)(C_2H_5)_2]^+$). Dibromid $[C_{23}H_{34}N_4O_2]Br_2$. F: 249–253° [unkorr.].

4-{3-[2-(Benzyl-dimethyl-ammonio)-äthoxy]-propylamino}-10-hydroxy-7-methyl-[1,7]phenanthrolinium $[C_{27}H_{34}N_4O_2]^{2+}$, Formel XIII (R = $[CH_2]_3$-O-CH_2-CH_2-N$(CH_3)_2$-CH_2-$C_6H_5]^+$). Dijodid $[C_{27}H_{34}N_4O_2]I_2$. Kristalle (aus Me.); F: 200–202° [unkorr.].

(±)-4-{3-[2-(Äthyl-benzyl-methyl-ammonio)-äthoxy]-propylamino}-10-hydroxy-7-methyl-[1,7]phenanthrolinium $[C_{28}H_{36}N_4O_2]^{2+}$, Formel XIII (R = $[CH_2]_3$-O-CH_2-CH_2-N$(C_2H_5)(CH_3)$-CH_2-$C_6H_5]^+$). Dijodid $[C_{28}H_{36}N_4O_2]I_2$. F: 218–223° [unkorr.].

10-Hydroxy-7-methyl-4-{3-[2-(1-methyl-piperidinium-1-yl)-äthoxy]-propylamino}-[1,7]phenanthrolinium $[C_{24}H_{34}N_4O_2]^{2+}$, Formel XIV. Dijodid $[C_{24}H_{34}N_4O_2]I_2$. F: 195–198° [unkorr.].

10-Hydroxy-4-(3-{2-[(2-methoxy-benzyl)-dimethyl-ammonio]-äthoxy}-propylamino)-7-methyl-[1,7]phenanthrolinium $[C_{28}H_{36}N_4O_3]^{2+}$, Formel XIII (R = $[CH_2]_3$-O-CH_2-CH_2-N$(CH_3)_2$-CH_2-C_6H_4-O-$CH_3]^+$). Dijodid $[C_{28}H_{36}N_4O_3]I_2$. Kristalle (aus A.); F: 168–171° [unkorr.].

4-(3-{2-[(2,3-Dimethoxy-benzyl)-dimethyl-ammonio]-äthoxy}-propylamino)-10-hydroxy-7-methyl-[1,7]phenanthrolinium $[C_{29}H_{38}N_4O_4]^{2+}$, Formel XIII (R = $[CH_2]_3$-O-CH_2-CH_2-N$(CH_3)_2$-CH_2-$C_6H_3(O$-$CH_3)_2]^+$). Dijodid $[C_{29}H_{38}N_4O_4]I_2$. F: 177–178° [unkorr.].

4-{3-[3-(Diäthyl-methyl-ammonio)-propoxy]-propylamino}-10-hydroxy-7-methyl-[1,7]phenanthrolinium $[C_{24}H_{36}N_4O_2]^{2+}$, Formel XIII (R = $[CH_2]_3$-O-$[CH_2]_3$-N$(CH_3)(C_2H_5)_2]^+$). Dibromid $[C_{24}H_{36}N_4O_2]Br_2$. F: 236–238° [unkorr.].

7-Äthyl-10-hydroxy-4-[3-(3-triäthylammonio-propoxy)-propylamino]-[1,7]phenanthrolinium $[C_{26}H_{40}N_4O_2]^{2+}$, Formel XV. Dijodid $[C_{26}H_{40}N_4O_2]I_2$. F: 202–205° [unkorr.].

4-[2-(Diäthyl-methyl-ammonio)-äthylamino]-10-hydroxy-7-methyl-[1,7]phenanthrolinium $[C_{20}H_{28}N_4O]^{2+}$, Formel XIII (R = CH_2-CH_2-N$(C_2H_5)_2$-$CH_3]^+$). Dibromid $[C_{20}H_{28}N_4O]Br_2$. F: 218–222° [unkorr.].

4-[3-(Diäthyl-methyl-ammonio)-propylamino]-10-hydroxy-7-methyl-[1,7]phenanthrolinium $[C_{21}H_{30}N_4O]^{2+}$, Formel XIII (R = $[CH_2]_3$-N$(C_2H_5)_2$-$CH_3]^+$). Dibromid $[C_{21}H_{30}N_4O]Br_2$. F: 259–263° [unkorr.].

(±)-4-(3-{[Äthyl-(2-hydroxy-äthyl)-methyl]-ammonio}-propylamino)-10-hydroxy-7-methyl-[1,7]phenanthrolinium $[C_{21}H_{30}N_4O_2]^{2+}$, Formel XIII (R = $[CH_2]_3$-N$(CH_3)(C_2H_5)$-CH_2-CH_2-OH$]^+$). Dijodid $[C_{21}H_{30}N_4O_2]I_2$. F: 258–260° [unkorr.].

4-[4-(Diäthyl-methyl-ammonio)-butylamino]-10-hydroxy-7-methyl-[1,7]phenanthrolinium $[C_{22}H_{32}N_4O]^{2+}$, Formel XIII (R = $[CH_2]_4$-N$(C_2H_5)_2$-$CH_3]^+$). Dibromid $[C_{22}H_{32}N_4O]Br_2$. F: 242–245° [unkorr.].

4-[4-(Dibutyl-methyl-ammonio)-butylamino]-10-hydroxy-7-methyl-[1,7]phenanthrolinium $[C_{26}H_{40}N_4O]^{2+}$, Formel XIII (R = $[CH_2]_4$-N$([CH_2]_3$-$CH_3)_2$-$CH_3]^+$). Dijodid $[C_{26}H_{40}N_4O]I_2$. F: 204–206° [unkorr.].

4-[5-(Diäthyl-methyl-ammonio)-pentylamino]-10-hydroxy-7-methyl-[1,7]phenanthrolinium $[C_{23}H_{34}N_4O]^{2+}$, Formel XIII (R = $[CH_2]_5$-N$(C_2H_5)_2$-$CH_3]^+$). Dibromid $[C_{23}H_{34}N_4O]Br_2$. F: 276–277° [unkorr.].

4-[5-(Benzyl-dimethyl-ammonio)-pentylamino]-10-hydroxy-7-methyl-[1,7]phenanthrolinium $[C_{27}H_{34}N_4O]^{2+}$, Formel XIII (R = $[CH_2]_5$-N$(CH_3)_2$-CH_2-$C_6H_5]^+$). Dijodid $[C_{27}H_{34}N_4O]I_2$. F: 228–230° [unkorr.].

4-[6-(Diäthyl-methyl-ammonio)-hexylamino]-10-hydroxy-7-methyl-[1,7]phen=anthrolinium $[C_{24}H_{36}N_4O]^{2+}$, Formel XIII (R = $[CH_2]_6$-N$(C_2H_5)_2$-$CH_3]^+$). Dibromid $[C_{24}H_{36}N_4O]Br_2$. F: 268–270° [unkorr.].

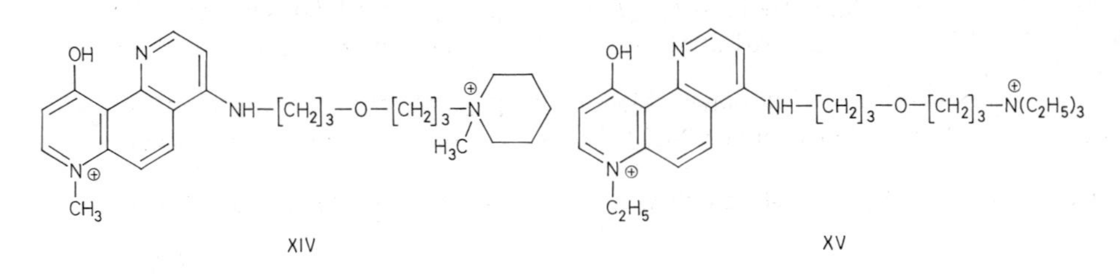

6-Amino-4-methyl-4*H*-[4,7]phenanthrolin-3-on $C_{13}H_{11}N_3O$, Formel I (X = NH_2, X' = H).

B. Beim Behandeln von 6-Acetylamino-4-methyl-[4,7]phenanthrolinium-jodid mit $K_3[Fe(CN)_6]$ in wss. NaOH (*Sykes*, Soc. **1953** 3543, 3547). Beim Erhitzen [3d] von 6-Chlor(oder 6-Brom)-4-methyl-4*H*-phenanthrolin-3-on mit Phenol, wss. NH_3 und wenig Kupfer(II)-acetat auf 180° (*Sy.*).

Gelbe Kristalle (aus Chlorbenzol); F: 296° [Zers.].

5-Amino-4-methyl-4*H*-[4,7]phenanthrolin-3-on $C_{13}H_{11}N_3O$, Formel I (X = H, X' = NH_2).

Die Position der Amino-Gruppe der H **25** 470 mit Vorbehalt unter dieser Konstitution be=schriebenen Verbindung („1-Methyl-10(?)-amino-1.8-phenanthrolon-(2)“) ist ungewiss (*Sykes*, Soc. **1953** 3543, 3545, 3547).

B. Beim Erhitzen [3d] von 5-Chlor-4-methyl-4*H*-[4,7]phenanthrolin-3-on mit Phenol, wss. NH_3 und wenig Kupfer(II)-acetat auf 180° (*Sy.*).

Gelbe Kristalle (aus Chlorbenzol); F: 257° [Zers.].

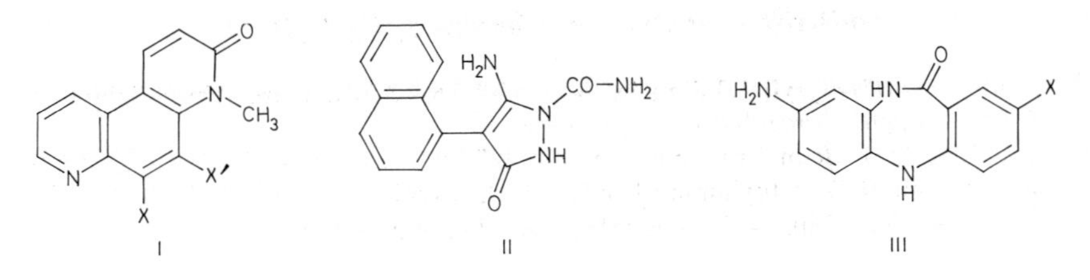

Amino-Derivate der Oxo-Verbindungen $C_{13}H_{10}N_2O$

5-Amino-4-[1]naphthyl-3-oxo-2,3-dihydro-pyrazol-1-carbonsäure-amid $C_{14}H_{12}N_4O_2$, Formel II und Taut.

B. Aus (±)-Cyan-[1]naphthyl-essigsäure-äthylester und Semicarbazid-hydrochlorid (*Gagnon et al.*, Canad. J. Chem. **29** [1951] 182, 186).

Kristalle; F: 273–275° [unkorr.]. UV-Spektrum (A. sowie wss.-äthanol. HCl; 220–300 nm): *Ga. et al.*, l. c. S. 186, 190.

8-Amino-5,10-dihydro-dibenzo[*b,e*][1,4]diazepin-11-on $C_{13}H_{11}N_3O$, Formel III (X = H).

Für die nachstehend beschriebene, ursprünglich (s. H **22** 525) als 2,4-Diamino-acridin-9-on angesehene Verbindung (F: 222–223°) wird auch eine Formulierung als 1-[2,4-Diamino-phenyl]-1*H*-benzazet-2-on in Betracht gezogen (*Albert, Linnell*, Soc. **1938** 22, 23, 24).

B. Beim Erwärmen der $SnCl_4$-Verbindung der *N*-[2,4-Diamino-phenyl]-anthranilsäure mit

Zinn und äthanol. HCl (*Al.*, *Li.*).
Diacetyl-Derivat $C_{17}H_{15}N_3O_3$. F: 307° [korr.].

8-Amino-2-chlor-5,10-dihydro-dibenzo[*b*,*e*][1,4]diazepin-11-on $C_{13}H_{10}ClN_3O$, Formel III (X = Cl).

Zur Konstitution der ursprünglich (s. H **22** 525) als 2,4-Diamino-7-chlor-acridin-9-on angesehenen Verbindung (F: ca. 230°) s. die Angaben im vorangehenden Artikel.

(±)-2-Piperidino-2-[2]pyridyl-indolin-3-on $C_{18}H_{19}N_3O$, Formel IV.

Diese Konstitution kommt der von *Ruggli, Cuenin* (Helv. **27** [1944] 649, 655, 662) als 1-Piperidino-2-[2]pyridyl-indol-3-ol formulierten Verbindung zu (*Patterson, Wibberley,* Soc. **1965** 1706).

B. Beim Erwärmen von 2-[2]Pyridyl-indol-3-ol (E III/IV **23** 2791), von (±)-2-Hydroxy-2-[2]pyridyl-indolin-3-on (S. 175) oder von 2-[2]Pyridyl-indol-3-on-1-oxid mit Piperidin in Äthanol (*Ru.*, *Cu.*).

Gelbe Kristalle (aus A.); F: 184–185° (*Ru.*, *Cu.*), 180–181° (*Pa.*, *Wi.*, l. c. S. 1709).

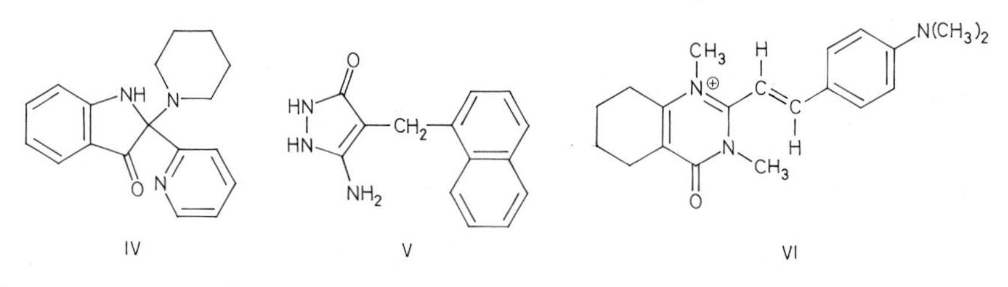

Amino-Derivate der Oxo-Verbindungen $C_{14}H_{12}N_2O$

5-Amino-4-[1]naphthylmethyl-1,2-dihydro-pyrazol-3-on $C_{14}H_{13}N_3O$, Formel V und Taut.

B. Aus 2-Cyan-3-[1]naphthyl-propionsäure-hydrazid mit Hilfe von wss. Alkali (*Gagnon et al.*, Canad. J. Chem. **29** [1951] 843, 844).

Kristalle; Zers. beim Erhitzen. UV-Spektrum (A.; 220–320 nm): *Ga. et al.*, l. c. S. 845. λ_{max} (A. sowie wss.-äthanol. HCl): 224 nm, 273 nm, 283 nm und 295 nm.

Amino-Derivate der Oxo-Verbindungen $C_{16}H_{16}N_2O$

2-[4-Dimethylamino-*trans*(?)-styryl]-1,3-dimethyl-4-oxo-3,4,5,6,7,8-hexahydro-chinazolinium $[C_{20}H_{26}N_3O]^+$, vermutlich Formel VI und Mesomere.

Jodid $[C_{20}H_{26}N_3O]I$. *B.* Beim Erwärmen von 1,2,3-Trimethyl-4-oxo-3,4,5,6,7,8-hexahydro-chinazolinium-jodid mit 4-Dimethylamino-benzaldehyd, Pyridin und Acetanhydrid (*Farbw. Hoechst,* U.S.P. 2861989 [1956]). – Orangefarbene Kristalle (aus Me.); F: 183–184°.

Amino-Derivate der Monooxo-Verbindungen $C_nH_{2n-18}N_2O$

Amino-Derivate der Oxo-Verbindungen $C_{14}H_{10}N_2O$

2-[2-Amino-phenyl]-3*H*-chinazolin-4-on $C_{14}H_{11}N_3O$, Formel VII und Taut. (H 471).

B. Beim Erhitzen von 3*H*-Chinazolin-4-on mit $POCl_3$ und anschliessend mit H_2O oder von 4-Chlor-chinazolin mit wenig H_2O (*Stephen, Stephen,* Soc. **1956** 4178). Aus *N*-Anthraniloyl-anthranilsäure-amid mit Hilfe von äthanol. KOH (*Butler, Partridge,* Soc. **1959** 2396, 2400). Aus 2-[2-Nitro-phenyl]-3*H*-chinazolin-4-on mit Hilfe von $SnCl_2$ in wss. HCl (*Bu.*, *Pa.*). Aus [3,4']Bichinazolinyl-4-on mit Hilfe von wss. HCl (*St.*, *St.*).

Kristalle (aus A.); F: 241° (*St.*, *St.*), 238° (*Jacini,* G. **73** [1943] 306, 311), 236–238° (*Bu.*, *Pa.*).

Hydrochlorid $C_{14}H_{11}N_3O \cdot HCl$. Kristalle (aus wss. HCl) mit 1 Mol H_2O; F: 278–280° (*Bu.*, *Pa.*).

Picrat. F: 250° (*Ja.*).

Acetyl-Derivat $C_{16}H_{13}N_3O_2$; 2-[2-Acetylamino-phenyl]-3*H*-chinazolin-4-on, Essigsäure-[2-(4-oxo-3,4-dihydro-chinazolin-2-yl)-anilid] (H 471). Kristalle; F: 276,5–278° [Zers.] (*Butler et al.*, Soc. **1960** 4970, 4973), 177°[1]) [aus wss. Dioxan] (*St.*, *St.*).

Propionyl-Derivat $C_{17}H_{15}N_3O_2$; 2-[2-Propionylamino-phenyl]-3*H*-chinazolin-4-on, Propionsäure-[2-(4-oxo-3,4-dihydro-chinazolin-2-yl)-anilid]. Kristalle; F: 247–248° [aus A.] (*Bu. et al.*, l. c. S. 4974), 156°[1]) [aus Dioxan] (*St.*, *St.*). λ_{max} (A.): 234 nm und 294 nm (*Bu. et al.*).

2-Nitro-benzoyl-Derivat $C_{21}H_{14}N_4O_4$; 2-[2-(2-Nitro-benzoylamino)-phenyl]-3*H*-chinazolin-4-on, 2-Nitro-benzoesäure-[2-(4-oxo-3,4-dihydro-chinazolin-2-yl)-anilid]. Gelbe Kristalle (aus 2-Methoxy-äthanol); F: 272,5–273° (*Bu.*, *Pa.*).

3-[2-Amino-phenyl]-1*H*-chinoxalin-2-on $C_{14}H_{11}N_3O$, Formel VIII (R = R′ = R″ = H) und Taut. (H 471).

Absorptionsspektrum (A.; 230–440 nm): *Bednarczyk, Marchlewski*, Bio. Z. **300** [1938] 46, 53.

3-[2-Amino-phenyl]-1-methyl-1*H*-chinoxalin-2-on $C_{15}H_{13}N_3O$, Formel VIII (R = CH_3, R′ = R″ = H).

B. Beim Erwärmen von Essigsäure-[2-(4-methyl-3-oxo-3,4-dihydro-chinoxalin-2-yl)-anilid] mit wss.-äthanol. HCl (*Clark-Lewis*, Soc. **1957** 439, 441).

Gelbe Kristalle (aus A.); F: 185–186°.

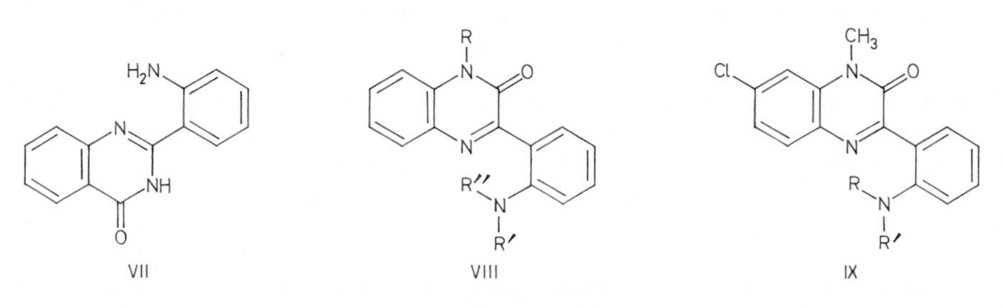

1-Methyl-3-[2-methylamino-phenyl]-1*H*-chinoxalin-2-on $C_{16}H_{15}N_3O$, Formel VIII (R = R′ = CH_3, R″ = H).

Diese Konstitution kommt auch der früher (s. E II **25** 373) als 1-Methyl-3-[*N*-methyl-anilino]-1*H*-chinoxalin-2-on formulierten Verbindung zu (*Clark-Lewis*, Soc. **1957** 439, 442; *Clark-Lewis, Katekar*, Soc. **1959** 2825, 2829).

B. Beim Erhitzen von Toluol-4-sulfonsäure-[*N*-methyl-2-(4-methyl-3-oxo-3,4-dihydro-chinoxalin-2-yl)-anilid] mit H_2SO_4 und Essigsäure (*Cl.-Le.*).

Orangefarbene Kristalle (aus Me.); F: 135° (*Cl.-Le.*). λ_{max}: (A.): 296 nm, 350 nm, 366 nm und 440 nm (*Cl.-Le.*, *Ka.*).

Nitroso-Derivat $C_{16}H_{14}N_4O_2$; 1-Methyl-3-[2-(methyl-nitroso-amino)-phenyl]-1*H*-chinoxalin-2-on. Kristalle (aus Me.); F: 199° [Zers.] (*Cl.-Le.*).

3-[2-Acetylamino-phenyl]-1-methyl-1*H*-chinoxalin-2-on, Essigsäure-[2-(4-methyl-3-oxo-3,4-dihydro-chinoxalin-2-yl)-anilid] $C_{17}H_{15}N_3O_2$, Formel VIII (R = CH_3, R′ = CO-CH_3, R″ = H).

B. Aus Essigsäure-[2-(3-oxo-3,4-dihydro-chinoxalin-2-yl)-anilid] und Dimethylsulfat (*Clark-Lewis*, Soc. **1957** 439, 441).

Kristalle (aus A.); F: 202–204°.

---

[1]) Bei den von *Stephen, Stephen* angegebenen Schmelzpunkten liegt möglicherweise eine Verwechslung mit denen der entsprechenden cyclisierten Verbindungen (6-Alkyl-chinazolino[4,3-*b*]chinazolin-8-one; Syst.-Nr. 3882) vor.

1-Methyl-3-[2-(toluol-4-sulfonylamino)-phenyl]-1*H*-chinoxalin-2-on, Toluol-4-sulfonsäure-[2-(4-methyl-3-oxo-3,4-dihydro-chinoxalin-2-yl)-anilid] $C_{22}H_{19}N_3O_3S$, Formel VIII (R = CH_3, R′ = SO_2-C_6H_4-CH_3, R″ = H).

B. Aus 3-[2-Amino-phenyl]-1-methyl-1*H*-chinoxalin-2-on und Toluol-4-sulfonylchlorid in Pyridin (*Clark-Lewis*, Soc. **1957** 439, 441).

Kristalle (aus A.); F: 148°.

Toluol-4-sulfonsäure-[*N*-methyl-2-(4-methyl-3-oxo-3,4-dihydro-chinoxalin-2-yl)-anilid] $C_{23}H_{21}N_3O_3S$, Formel VIII (R = R′ = CH_3, R″ = SO_2-C_6H_4-CH_3).

B. Aus der vorangehenden Verbindung und CH_3I (*Clark-Lewis*, Soc. **1957** 439, 441).

Kristalle (aus Me.); F: 195°.

3-[2-Amino-phenyl]-7-chlor-1-methyl-1*H*-chinoxalin-2-on $C_{15}H_{12}ClN_3O$, Formel IX (R = R′ = H).

B. Beim Erwärmen von Essigsäure-[2-(6-chlor-4-methyl-3-oxo-3,4-dihydro-chinoxalin-2-yl)-anilid] mit wss.-äthanol. HCl (*Clark-Lewis, Katekar*, Soc. **1959** 2825, 2829).

Gelbe Kristalle (aus Me.); F: 147–148°.

7-Chlor-1-methyl-3-[2-methylamino-phenyl]-1*H*-chinoxalin-2-on $C_{16}H_{14}ClN_3O$, Formel IX (R = CH_3, R′ = H).

B. Beim Erhitzen von Toluol-4-sulfonsäure-[2-(6-chlor-4-methyl-3-oxo-3,4-dihydro-chinoxalin-2-yl)-*N*-methyl-anilid] mit H_2SO_4 und Essigsäure (*Clark-Lewis, Katekar*, Soc. **1959** 2825, 2829).

Orangefarbene Kristalle (aus A.); F: 190–191°. λ_{max} (A.): 309 nm, 352 nm, 368 nm, 428 nm und 443 nm (*Cl.-Le., Ka.*, l. c. S. 2828).

3-[2-Acetylamino-phenyl]-7-chlor-1-methyl-1*H*-chinoxalin-2-on, Essigsäure-[2-(6-chlor-4-methyl-3-oxo-3,4-dihydro-chinoxalin-2-yl)-anilid] $C_{17}H_{14}ClN_3O_2$, Formel IX (R = CO-CH_3, R′ = H).

B. Beim Erhitzen von 4-Chlor-N^2-methyl-*o*-phenylendiamin mit 1-Acetyl-indolin-2,3-dion in Äthanol (*Clark-Lewis, Katekar*, Soc. **1959** 2825, 2829).

Gelbe Kristalle (aus A.); F: 264–265°.

7-Chlor-1-methyl-3-[2-(toluol-4-sulfonylamino)-phenyl]-1*H*-chinoxalin-2-on, Toluol-4-sulfonsäure-[2-(6-chlor-4-methyl-3-oxo-3,4-dihydro-chinoxalin-2-yl)-anilid] $C_{22}H_{18}ClN_3O_3S$, Formel IX (R = SO_2-C_6H_4-CH_3, R′ = H).

B. Aus 3-[2-Amino-phenyl]-7-chlor-1-methyl-1*H*-chinoxalin-2-on und Toluol-4-sulfonylchlorid in Pyridin (*Clark-Lewis, Katekar*, Soc. **1959** 2825, 2829).

Kristalle (aus A.); F: 245–246°.

Toluol-4-sulfonsäure-[2-(6-chlor-4-methyl-3-oxo-3,4-dihydro-chinoxalin-2-yl)-*N*-methyl-anilid] $C_{23}H_{20}ClN_3O_3S$, Formel IX (R = CH_3, R′ = SO_2-C_6H_4-CH_3).

B. Aus der vorangehenden Verbindung und CH_3I (*Clark-Lewis, Katekar*, Soc. **1959** 2825, 2829).

Kristalle (aus A.); F: 202–203°.

3-[2-Amino-phenyl]-6-chlor-1-methyl-1*H*-chinoxalin-2-on $C_{15}H_{12}ClN_3O$, Formel X (R = R′ = H).

B. Aus Essigsäure-[2-(7-chlor-4-methyl-3-oxo-3,4-dihydro-chinoxalin-2-yl)-anilid] mit wss.-äthanol. HCl (*Clark-Lewis, Katekar*, Soc. **1959** 2825, 2829).

Gelbe Kristalle; F: 195–196°.

6-Chlor-1-methyl-3-[2-methylamino-phenyl]-1*H*-chinoxalin-2-on $C_{16}H_{14}ClN_3O$, Formel X (R = CH_3, R′ = H).

B. Beim Erhitzen von Toluol-4-sulfonsäure-[2-(7-chlor-4-methyl-3-oxo-3,4-dihydro-chinoxalin-2-yl)-*N*-methyl-anilid] mit H_2SO_4 in Essigsäure (*Clark-Lewis, Katekar*, Soc. **1959** 2825, 2829).

Orangefarbene Kristalle; F: 165°.

3-[2-Acetylamino-phenyl]-6-chlor-1-methyl-1*H*-chinoxalin-2-on, Essigsäure-[2-(7-chlor-4-methyl-3-oxo-3,4-dihydro-chinoxalin-2-yl)-anilid] $C_{17}H_{14}ClN_3O_2$, Formel X (R = CO-CH_3, R′ = H).

B. Aus 4-Chlor-N^1-methyl-*o*-phenylendiamin und 1-Acetyl-indolin-2,3-dion in Äthanol (*Clark-Lewis, Katekar,* Soc. **1959** 2825, 2829).

F: 243–244°.

6-Chlor-1-methyl-3-[2-(toluol-4-sulfonylamino)-phenyl]-1*H*-chinoxalin-2-on, Toluol-4-sulfonsäure-[2-(7-chlor-4-methyl-3-oxo-3,4-dihydro-chinoxalin-2-yl)-anilid] $C_{22}H_{18}ClN_3O_3S$, Formel X (R = SO_2-C_6H_4-CH_3, R′ = H).

B. Aus 3-[2-Amino-phenyl]-6-chlor-1-methyl-1*H*-chinoxalin-2-on und Toluol-4-sulfonyl≈chlorid (*Clark-Lewis, Katekar,* Soc. **1959** 2825, 2829).

Gelbe Kristalle (aus A.); F: 230°.

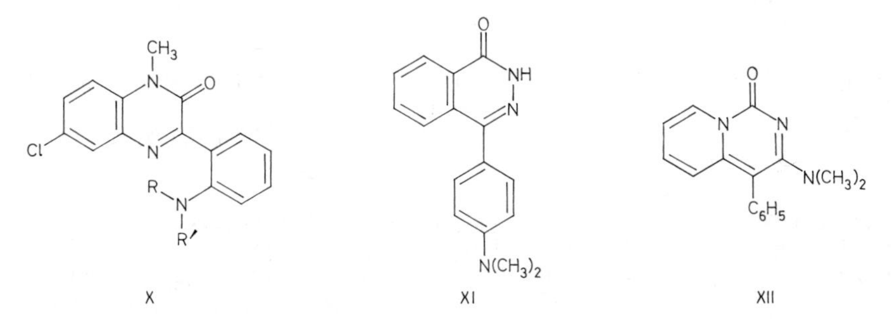

Toluol-4-sulfonsäure-[2-(7-chlor-4-methyl-3-oxo-3,4-dihydro-chinoxalin-2-yl)-*N*-methyl-anilid] $C_{23}H_{20}ClN_3O_3S$, Formel X (R = CH_3, R′ = SO_2-C_6H_4-CH_3).

B. Aus der vorangehenden Verbindung und CH_3I (*Clark-Lewis, Katekar,* Soc. **1959** 2825, 2829).

Kristalle; F: 215–216°.

4-[4-Dimethylamino-phenyl]-2*H*-phthalazin-1-on $C_{16}H_{15}N_3O$, Formel XI und Taut.

B. Aus 2-[4-Dimethylamino-benzoyl]-benzoesäure und $N_2H_4 \cdot H_2O$ in Äthanol (*Druey, Rin≈gier,* Helv. **34** [1951] 195, 204).

F: 283–285°.

3-Dimethylamino-4-phenyl-pyrido[1,2-*c*]pyrimidin-1-on $C_{16}H_{15}N_3O$, Formel XII.

B. Aus 3-Chlor-4-phenyl-pyrido[1,2-*c*]pyrimidin-1-on und Dimethylamin (*Hunger, Hoffmann,* Helv. **40** [1957] 1319, 1328).

Gelbe Kristalle (aus Me.+Ae.); F: 207–208° [unkorr.]. IR-Banden (CH_2Cl_2; 3,3–7,5 μ): *Hu., Ho.* λ_{max} (A.): 250 nm, 328 nm und 385 nm.

Hydrochlorid. F: 206–210° [unkorr.].

4-Phenyl-3-piperidino-pyrido[1,2-*c*]pyrimidin-1-on $C_{19}H_{19}N_3O$, Formel XIII.

B. Aus 3-Chlor-4-phenyl-pyrido[1,2-*c*]pyrimidin-1-on und Piperidin (*Hunger, Hoffmann,* Helv. **40** [1957] 1319, 1328).

Gelbe Kristalle (aus Me.+Ae.); F: 177–178° [unkorr.]. IR-Banden (Nujol; 5,9–7,9 μ): *Hu., Ho.* λ_{max}: 330 nm und 388 nm [A.] bzw. 223 nm, 323 nm und 412 nm [wss. HCl (0,1 n)].

Hydrochlorid. F: 164–167° [unkorr.; Zers.].

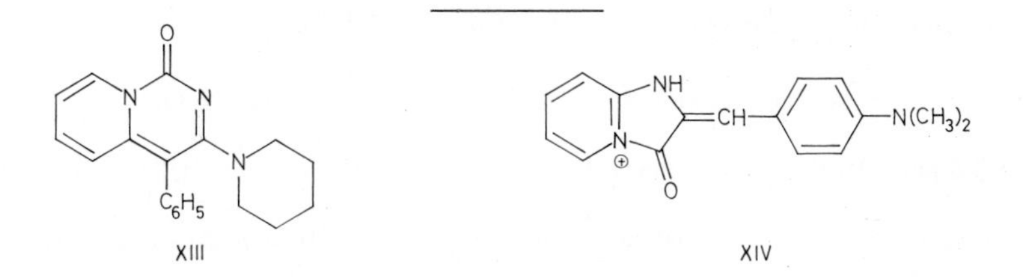

***2-[4-Dimethylamino-benzyliden]-3-oxo-2,3-dihydro-1*H*-imidazo[1,2-*a*]pyridinium** $[C_{16}H_{16}N_3O]^+$, Formel XIV.

Betain $C_{16}H_{15}N_3O$; 2-[4-Dimethylamino-benzyliden]-2*H*-imidazo[1,2-*a*]pyridin-3-on. *B.* Beim Erwärmen von *N*-[2]Pyridyl-glycin-hydrochlorid mit 4-Dimethylamino-benzaldehyd und Triäthylamin in Pyridin (*Knott*, Soc. **1956** 1360, 1362, 1364). – Purpurfarbene Kristalle (aus A.); F: 199°. λ_{max}: 520 nm und 562 nm [A.], 520 nm und 560 nm [Py.] bzw. 532 nm und 565 nm [wss. Py.].

***3-[4-Dimethylamino-benzyliden]-2-oxo-2,3-dihydro-1*H*-imidazo[1,2-*a*]pyridinium** $[C_{16}H_{16}N_3O]^+$, Formel I (R = R' = CH_3, X = H) und Taut.

Bromid $[C_{16}H_{16}N_3O]Br$. *B.* Aus 2-Oxo-2,3-dihydro-1*H*-imidazo[1,2-*a*]pyridinium-bromid und 4-Dimethylamino-benzaldehyd (*Van Dormael*, Bl. Soc. chim. Belg. **58** [1949] 167, 178). – Kristalle (aus A.); F: 264–265°. λ_{max} (A.): 514 nm.

***3-[4-Diäthylamino-benzyliden]-2-oxo-2,3-dihydro-1*H*-imidazo[1,2-*a*]pyridinium** $[C_{18}H_{20}N_3O]^+$, Formel I (R = R' = C_2H_5, X = H) und Taut.

Bromid $[C_{18}H_{20}N_3O]Br$. *B.* Analog der vorangehenden Verbindung (*Gevaert Co. America*, U.S.P. 2481953 [1944]). – F: 230° [Zers.]. λ_{max} (H_2O): 590 nm.

***6-Brom-3-[4-dimethylamino-benzyliden]-2-oxo-2,3-dihydro-1*H*-imidazo[1,2-*a*]pyridinium** $[C_{16}H_{15}BrN_3O]^+$, Formel I (R = R' = CH_3, X = Br) und Taut.

Bromid $[C_{16}H_{15}BrN_3O]Br$. *B.* Analog den vorangehenden Verbindungen (*Takahashi, Satake*, J. pharm. Soc. Japan **75** [1955] 20, 23; C. A. **1956** 1004). – Grüne Kristalle (aus A.); F: 258° [Zers.].

***3-[4-Dimethylamino-benzyliden]-6-jod-2-oxo-2,3-dihydro-1*H*-imidazo[1,2-*a*]pyridinium** $[C_{16}H_{15}IN_3O]^+$, Formel I (R = R' = CH_3, X = I) und Taut.

Bromid $[C_{16}H_{15}IN_3O]Br$. *B.* Analog den vorangehenden Verbindungen (*Takahashi, Satake*, J. pharm. Soc. Japan **75** [1955] 20, 23; C. A. **1956** 1004). – Hellgrüne Kristalle (aus A.); F: 292° [Zers.].

***3-[4-Acetylamino-benzyliden]-6-jod-2-oxo-2,3-dihydro-1*H*-imidazo[1,2-*a*]pyridinium** $[C_{16}H_{13}IN_3O_2]^+$, Formel I (R = CO-CH_3, R' = H, X = I) und Taut.

Bromid $[C_{16}H_{13}IN_3O_2]Br$. *B.* Analog den vorangehenden Verbindungen (*Takahashi, Satake*, J. pharm. Soc. Japan **75** [1955] 20, 23; C. A. **1956** 1004). – Rotbraune Kristalle (aus A.); F: 175° [Zers.].

7-Amino-4-phenyl-1*H*-[1,8]naphthyridin-2-on $C_{14}H_{11}N_3O$, Formel II und Taut.

B. Aus Pyridin-2,6-diyldiamin und 3-Oxo-3-phenyl-propionsäure-äthylester beim Erhitzen auf 180° (*Mangini, Colonna*, G. **72** [1942] 183, 186) oder beim Behandeln mit konz. H_2SO_4 (*Mangini, Colonna*, G. **73** [1943] 330, 334). Aus 3-Oxo-3-phenyl-propionsäure-[6-amino-[2]pyridylamid] beim Behandeln mit konz. H_2SO_4 (*Ma., Co.*, G. **72** 188).

Kristalle (aus Nitrobenzol), die unterhalb 345° nicht schmelzen (*Ma., Co.*, G. **72** 187).

Hydrochlorid $C_{14}H_{11}N_3O \cdot HCl$. Kristalle; F: >350° (*Ma., Co.*, G. **72** 187).

Picrat $C_{14}H_{11}N_3O \cdot C_6H_3N_3O_7$. Gelbe Kristalle; Zers. bei 245–254° (*Ma., Co.*, G. **72** 187).

Acetyl-Derivat $C_{16}H_{13}N_3O_2$; 7-Acetylamino-4-phenyl-1*H*-[1,8]naphthyridin-2-on, *N*-[7-Oxo-5-phenyl-7,8-dihydro-[1,8]naphthyridin-2-yl]-acetamid. Kristalle (aus Eg.), die unterhalb 345° nicht schmelzen (*Ma., Co.*, G. **72** 187).

Amino-Derivate der Oxo-Verbindungen $C_{15}H_{12}N_2O$

2-Amino-5,5-diphenyl-1,5-dihydro-imidazol-4-on $C_{15}H_{13}N_3O$, Formel III (R = R' = H) und Taut.

B. Aus Benzil und Guanidin (*Deliwala, Rajagopalan*, Pr. Indian Acad. [A] **31** [1950] 107,

114; *Hoffmann,* Bl. **1950** 659). Beim Behandeln von 5,5-Diphenyl-2-thioxo-imidazolidin-4-on mit NH_3 und Jod in Äthanol (*Chabrier et al.,* C. r. **237** [1953] 1531).

Kristalle; F: 348° (*Ch. et al.*), 305° [aus A.] (*De., Ra.*).

Hydrochlorid $C_{15}H_{13}N_3O \cdot HCl$. Kristalle; F: 220° (*Ho.*).

Acetyl-Derivat $C_{17}H_{15}N_3O_2$; 2-Acetylamino-5,5-diphenyl-1,5-dihydro-imid= azol-4-on, *N*-[4-Oxo-5,5-diphenyl-4,5-dihydro-1*H*-imidazol-2-yl]-acetamid. Kristalle (aus A.); F: 275° (*Ho.*).

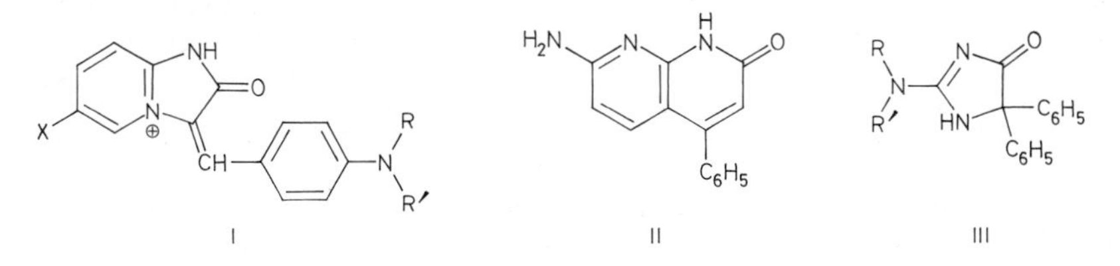

2-Amino-3-methyl-5,5-diphenyl-3,5-dihydro-imidazol-4-on $C_{16}H_{15}N_3O$, Formel IV (R = CH_3, R′ = H) und Taut.

B. Aus der vorangehenden Verbindung und CH_3I in Methanol [100°] (*Lempert, Breuer,* B. **92** [1959] 1710). Beim Erhitzen von 3-Methyl-2-methylmercapto-5,5-diphenyl-3,5-dihydro-imidazol-4-on mit NH_4I und NH_3 in Äthanol auf 110° (*Le., Br.*).

Kristalle (aus Me.+DMF); F: 238–239° [unkorr.].

2-Methylamino-5,5-diphenyl-1,5-dihydro-imidazol-4-on $C_{16}H_{15}N_3O$, Formel III (R = CH_3, R′ = H) und Taut.

B. Aus 2-Methylmercapto-5,5-diphenyl-1,5-dihydro-imidazol-4-on und Methylamin in Äthan= ol (*Lempert, Breuer,* B. **92** [1959] 1710).

Kristalle (aus DMF); F: 322–324° [unkorr.].

3-Methyl-2-methylamino-5,5-diphenyl-3,5-dihydro-imidazol-4-on $C_{17}H_{17}N_3O$, Formel IV (R = R′ = CH_3) und Taut.

B. Aus 3-Methyl-2-methylmercapto-5,5-diphenyl-3,5-dihydro-imidazol-4-on und Methylamin (*Lempert, Breuer,* B. **92** [1959] 1710).

Kristalle (aus Bzl. oder Me.); F: 215–216° [unkorr.].

2-Dimethylamino-5,5-diphenyl-1,5-dihydro-imidazol-4-on $C_{17}H_{17}N_3O$, Formel III (R = R′ = CH_3) und Taut.

B. Aus 2-Methylmercapto-5,5-diphenyl-1,5-dihydro-imidazol-4-on und Dimethylamin (*Cain, Naegele,* Am. Soc. **76** [1954] 3214).

Kristalle (aus Me.); F: 356–357°.

Die folgenden Verbindungen sind in analoger Weise hergestellt worden:

2-Diäthylamino-5,5-diphenyl-1,5-dihydro-imidazol-4-on $C_{19}H_{21}N_3O$, Formel III (R = R′ = C_2H_5) und Taut. Kristalle (aus Me.); F: 277–278°.

2-[*N*-Methyl-anilino]-5,5-diphenyl-1,5-dihydro-imidazol-4-on $C_{22}H_{19}N_3O$, For= mel III (R = CH_3, R′ = C_6H_5) und Taut. Kristalle (aus wss. Acn.); F: 306–307°.

2-Diphenylamino-5,5-diphenyl-1,5-dihydro-imidazol-4-on $C_{27}H_{21}N_3O$, Formel III (R = R′ = C_6H_5) und Taut. Kristalle (aus wss. Acn.); F: 295–296°.

2-Dibenzylamino-5,5-diphenyl-1,5-dihydro-imidazol-4-on $C_{29}H_{25}N_3O$, Formel III (R = R′ = CH_2-C_6H_5) und Taut. Kristalle (aus Acn.); F: 233–235°.

2-[Äthyl-(2-hydroxy-äthyl)-amino]-5,5-diphenyl-1,5-dihydro-imidazol-4-on $C_{19}H_{21}N_3O_2$, Formel III (R = C_2H_5, R′ = CH_2-CH_2-OH) und Taut. Kristalle (aus Me.); F: 251–252°.

2-Anilino-5,5-diphenyl-1,5-dihydro-imidazol-4-on $C_{21}H_{17}N_3O$, Formel III (R = C_6H_5, R′ = H) und Taut.

B. Aus 5,5-Diphenyl-2-thioxo-imidazolidin-4-on und Anilin (*Vystrčil, Škávová,* Čsl. Farm.

1 [1952] 36, 41, 42; C. A. **1954** 8778).
Kristalle (aus A.); F: 325°.

2-Amino-3-benzyl-5,5-diphenyl-3,5-dihydro-imidazol-4-on $C_{22}H_{19}N_3O$, Formel IV ($R = CH_2$-C_6H_5, $R' = H$) und Taut.

B. Aus Benzil und Benzylguanidin (*Lempert, Lempert-Sréter,* Experientia **15** [1959] 412). Aus 2-Amino-5,5-diphenyl-1,5-dihydro-imidazol-4-on und Benzylchlorid (*Lempert et al.*, B. **92** [1959] 235, 237). Beim Erhitzen von 3-Benzyl-2-methylmercapto-5,5-diphenyl-3,5-dihydro-imidazol-4-on oder von 3-Benzyl-2-benzylmercapto-5,5-diphenyl-3,5-dihydro-imidazol-4-on mit NH_4I und NH_3 in Äthanol auf 110° (*Le. et al.*, l. c. S. 239).

Kristalle (aus Bzl.); F: 167–168° [unkorr.] (*Le. et al.*).

Acetat $C_{22}H_{19}N_3O \cdot C_2H_4O_2$. Kristalle (aus Bzl.); F: 171–173° [unkorr.] (*Le. et al.*).

2-Benzylamino-5,5-diphenyl-1,5-dihydro-imidazol-4-on $C_{22}H_{19}N_3O$, Formel III ($R = CH_2$-C_6H_5, $R' = H$) und Taut.

B. Beim Erwärmen von Benzil mit Benzylguanidin und äthanol. KOH (*Lempert, Lempert-Sréter,* Experientia **15** [1959] 412). Aus 2-Methylmercapto-5,5-diphenyl-1,5-dihydro-imidazol-4-on und Benzylamin (*Lempert et al.*, B. **92** [1959] 235, 238). Beim Behandeln von 5,5-Diphenyl-2-thioxo-imidazolidin-4-on mit Benzylamin und Jod (*Chabrier et al.*, C. r. **237** [1953] 1531; *Le. et al.*, l. c. S. 236, 238).

Kristalle (aus A.); F: 240–241° [unkorr.] (*Le. et al.*).

2-[2-Hydroxy-äthylamino]-5,5-diphenyl-1,5-dihydro-imidazol-4-on $C_{17}H_{17}N_3O_2$, Formel III ($R = CH_2$-CH_2-OH, $R' = H$ und Taut.

B. Beim Erhitzen von 5,5-Diphenyl-2-thioxo-imidazolidin-4-on oder von 2-Methylmercapto-5,5-diphenyl-1,5-dihydro-imidazol-4-on mit wss. 2-Amino-äthanol (*Carrington, Waring,* Soc. **1950** 354, 365).

Kristalle (aus DMF); F: 298°.

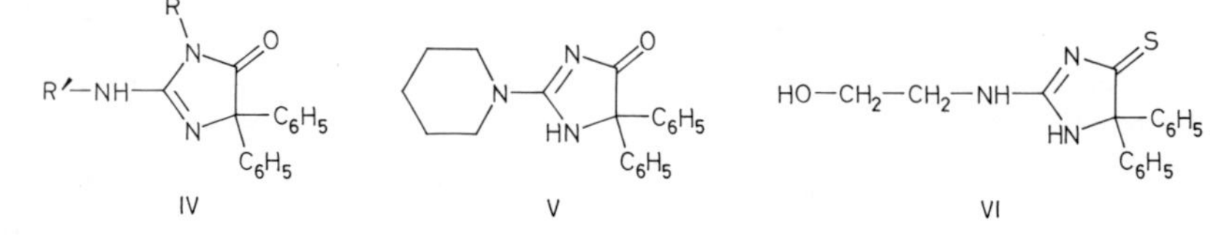

5,5-Diphenyl-2-piperidino-1,5-dihydro-imidazol-4-on $C_{20}H_{21}N_3O$, Formel V und Taut.

B. Aus 5,5-Diphenyl-2-thioxo-imidazolidin-4-on und Piperidin in Gegenwart von Jod (*Chabrier et al.*, C. r. **237** [1953] 1531).

F: 311°.

2-Amino-3-[2-diäthylamino-äthyl]-5,5-diphenyl-3,5-dihydro-imidazol-4-on $C_{21}H_{26}N_4O$, Formel IV ($R = CH_2$-CH_2-$N(C_2H_5)_2$, $R' = H$) und Taut.

B. Beim Erhitzen von 3-[2-Diäthylamino-äthyl]-2-methylmercapto-5,5-diphenyl-3,5-dihydro-imidazol-4-on mit äthanol. NH_3 und Ammoniumacetat auf 100–110° (*Lempert et al.*, Magyar kém. Folyóirat **65** [1959] 110, 113; C. A. **1960** 16445).

Kristalle; F: 161–162°.

2-Amino-3-[3-diäthylamino-propyl]-5,5-diphenyl-3,5-dihydro-imidazol-4-on $C_{22}H_{28}N_4O$, Formel IV [$R = [CH_2]_3$-$N(C_2H_5)_2$, $R' = H$) und Taut.

B. Analog der vorangehenden Verbindung (*Lempert et al.*, Magyar kém. Folyóirat **65** [1959] 110, 113; C. A. **1960** 16445).

Kristalle (aus Ae.); F: 154–156°.

2-[2-Hydroxy-äthylamino]-5,5-diphenyl-1,5-dihydro-imidazol-4-thion $C_{17}H_{17}N_3OS$, Formel VI und Taut.

B. Aus 2-Methylmercapto-5,5-diphenyl-1,5-dihydro-imidazol-4-thion und 2-Amino-äthanol

(*Carrington, Waring,* Soc. **1950** 354, 365).
Kristalle (aus wss. A.); F: 239°.

4-[2-Hydroxy-äthylamino]-5,5-diphenyl-1,5-dihydro-imidazol-2-on $C_{17}H_{17}N_3O_2$, Formel VII (X = O) und Taut.

B. Aus 4-Methylmercapto-5,5-diphenyl-1,5-dihydro-imidazol-2-on und 2-Amino-äthanol (*Carrington, Waring,* Soc. **1950** 354, 365).

Kristalle (aus A.); F: 249°.

4-[2-Hydroxy-äthylamino]-5,5-diphenyl-1,5-dihydro-imidazol-2-thion $C_{17}H_{17}N_3OS$, Formel VII (X = S) und Taut.

B. Aus 5,5-Diphenyl-imidazolidin-2,4-dithion oder aus 4-Methylmercapto-5,5-diphenyl-1,5-dihydro-imidazol-2-thion und 2-Amino-äthanol (*Carrington, Waring,* Soc. **1950** 354, 365).

Kristalle (aus A.) mit 0,5 Mol H_2O; F: 218°.

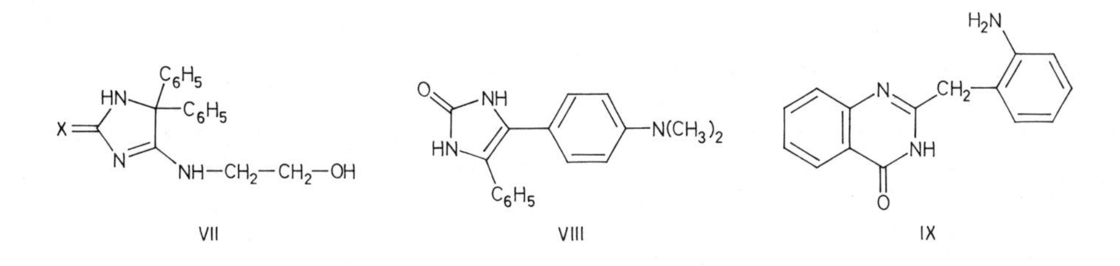

4-[4-Dimethylamino-phenyl]-5-phenyl-1,3-dihydro-imidazol-2-on $C_{17}H_{17}N_3O$, Formel VIII und Taut.

B. Aus 4-Dimethylamino-benzoin und Harnstoff (*Yoshida et al.,* J. chem. Soc. Japan Ind. Chem. Sect. **54** [1951] 685, 686; C. A. **1954** 2690).

Gelbe Kristalle (aus A.); F: 238–238,5°.

2-[2-Amino-benzyl]-3*H*-chinazolin-4-on $C_{15}H_{13}N_3O$, Formel IX und Taut.

B. Beim Erwärmen von 2-[2-Nitro-benzyl]-3*H*-chinazolin-4-on mit $FeSO_4$ und wss. NaOH (*Tomisek, Christensen,* Am. Soc. **70** [1948] 1701).

Kristalle (aus wss. Dioxan), die ab ca. 250° unter Zersetzung schmelzen.

Acetyl-Derivat $C_{17}H_{15}N_3O_2$; 2-[2-Acetylamino-benzyl]-3*H*-chinazolin-4-on, Essigsäure-[2-(4-oxo-3,4-dihydro-chinazolin-2-ylmethyl)-anilid]. Kristalle (aus wss. Eg.); F: 258°.

Amino-Derivate der Oxo-Verbindungen $C_{16}H_{14}N_2O$

***Opt.-inakt. 2-Amino-5,6-diphenyl-5,6-dihydro-3*H*-pyrimidin-4-on** $C_{16}H_{15}N_3O$, Formel X und Taut.

B. Aus 2,3*c*-Diphenyl-acrylonitril und Guanidin in Äthanol (*Hitchings et al.,* Soc. **1956** 1019, 1026).

Kristalle (aus wss. A.); F: 285–286°.

Amino-Derivate der Oxo-Verbindungen $C_{17}H_{16}N_2O$

4-[4,4'-Bis-dimethylamino-benzhydryl]-5-methyl-2-phenyl-1,2-dihydro-pyrazol-3-on $C_{27}H_{30}N_4O$, Formel XI (R = H) und Taut.

B. Aus 4,4'-Bis-dimethylamino-benzhydrol und 5-Methyl-2-phenyl-1,2-dihydro-pyrazol-3-on in Essigsäure (*Kehlstadt,* Helv. **27** [1944] 685, 701; s. a. *Ginsburg, Teruschkin,* Ž. obšč. Chim. **23** [1953] 1049, 1054; engl. Ausg. S. 1103, 1106).

Kristalle (aus A.); F: 185–195° [Zers.] (*Ke.*), 193–194° (*Gi., Te.*).

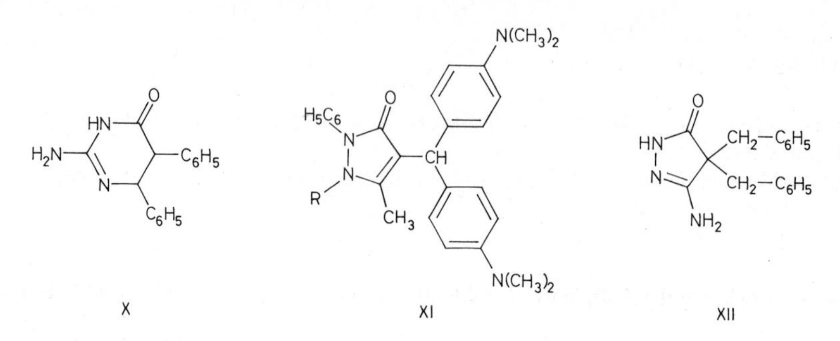

4-[4,4'-Bis-dimethylamino-benzhydryl]-1,5-dimethyl-2-phenyl-1,2-dihydro-pyrazol-3-on $C_{28}H_{32}N_4O$, Formel XI (R = CH_3).

B. Analog der vorangehenden Verbindung (*Hellmann, Opitz,* A. **604** [1957] 214, 220).

Kristalle (aus A.); F: 163°.

5-Amino-4,4-dibenzyl-2,4-dihydro-pyrazol-3-on $C_{17}H_{17}N_3O$, Formel XII und Taut.

B. Beim Erwärmen von 2-Benzyl-2-cyan-3-phenyl-propionsäure-äthylester mit $N_2H_4 \cdot H_2O$ und äthanol. Natriumäthylat (*Gagnon et al.,* Canad. J. Res. [B] **27** [1949] 190, 193, 194).

Kristalle (aus H_2O); F: 242–243° [unkorr.]. UV-Spektrum (A. sowie wss.-äthanol. HCl; 220–320 nm): *Ga. et al.,* l. c. S. 193, 196.

Amino-Derivate der Oxo-Verbindungen $C_{18}H_{18}N_2O$

4-[3-Amino-4-*tert*-butyl-phenyl]-2*H*-phthalazin-1-on $C_{18}H_{19}N_3O$, Formel XIII und Taut.

B. Aus 2-[3-Amino-4-*tert*-butyl-benzoyl]-benzoesäure und N_2H_4 (*Bradley, Nursten,* Soc. **1951** 2170, 2175).

Kristalle (aus Toluol); F: 278–280°.

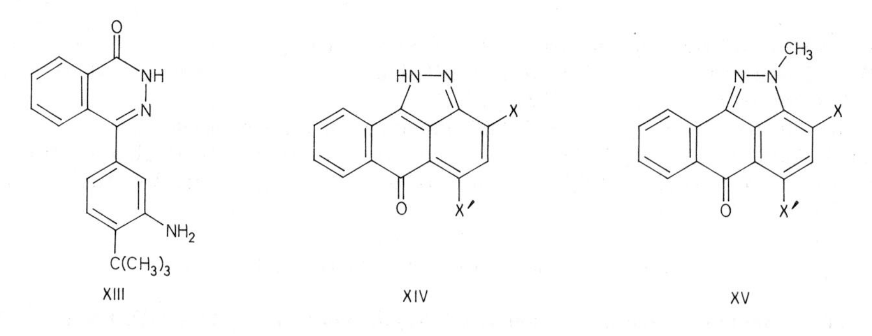

Amino-Derivate der Monooxo-Verbindungen $C_nH_{2n-20}N_2O$

Amino-Derivate der Oxo-Verbindungen $C_{14}H_8N_2O$

3-Amino-1(2)*H*-dibenz[*cd,g*]indazol-6-on $C_{14}H_9N_3O$, Formel XIV (X = NH_2, X' = H) und Taut.

B. Aus 2-Amino-1-chlor-anthrachinon und $N_2H_4 \cdot H_2O$ in Pyridin (*Bradley, Shah,* Soc. **1959** 1902, 1907).

Braune Kristalle mit grüner Fluorescenz (aus Nitrobenzol).

3-Anilino-1(2)*H*-dibenz[*cd,g*]indazol-6-on $C_{20}H_{13}N_3O$, Formel XIV (X = NH-C_6H_5, X' = H) und Taut.

B. Aus 3-Brom-1(2)*H*-dibenz[*cd,g*]indazol-6-on und Natriumanilid in Anilin (*Bradley, Geddes,*

Soc. **1952** 1636, 1640).

Gelblichbraune Kristalle (aus Acn.); F: 357°.

3-Anilino-2-methyl-2*H*-dibenz[*cd,g*]indazol-6-on $C_{21}H_{15}N_3O$, Formel XV (X = NH-C_6H_5, X' = H).

B. Neben 2,2'-Dimethyl-2*H*,2'*H*-[3,3']bi[dibenz[*cd,g*]indazolyl]-6,6'-dion beim Erhitzen von 2-Methyl-2*H*-dibenz[*cd,g*]indazol-6-on mit Natriumanilid in Anilin (*Bradley, Geddes,* Soc. **1952** 1636, 1641; *Bradley, Bruce,* Soc. **1954** 1894, 1896).

Orangefarbene Kristalle (nach Sublimation); F: 186° (*Br., Br.*).

3-Piperidino-1(2)*H*-dibenz[*cd,g*]indazol-6-on $C_{19}H_{17}N_3O$, Formel I (R = H) und Taut.

B. Aus 3-Brom-1(2)*H*-dibenz[*cd,g*]indazol-6-on und Piperidin (*Bradley, Geddes,* Soc. **1952** 1630, 1635).

Kristalle (aus Chlorbenzol); F: 251–252°.

1-Methyl-3-piperidino-1*H*-dibenz[*cd,g*]indazol-6-on $C_{20}H_{19}N_3O$, Formel I (R = CH_3).

B. Aus 3-Brom-1-methyl-1*H*-dibenz[*cd,g*]indazol-6-on und Piperidin (*Bradley, Bruce,* Soc. **1954** 1894, 1901).

Kristalle (aus Chlorbenzol); F: 228°.

2-Methyl-3-piperidino-2*H*-dibenz[*cd,g*]indazol-6-on $C_{20}H_{19}N_3O$, Formel II.

B. Aus 3-Brom-2-methyl-2*H*-dibenz[*cd,g*]indazol-6-on und Piperidin (*Bradley, Bruce,* Soc. **1954** 1894, 1899).

Kristalle (aus Acn.); F: 240°.

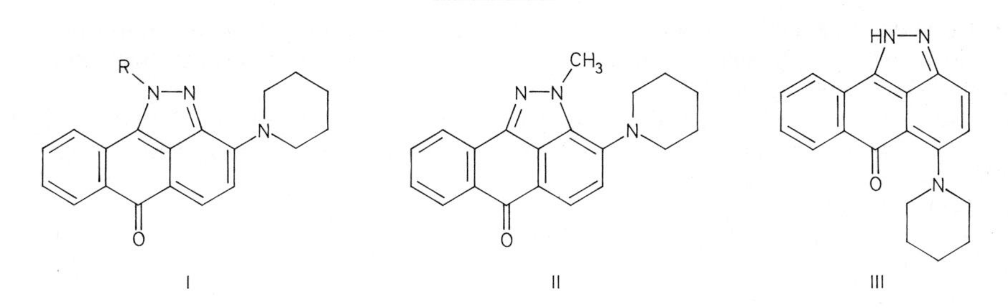

5-Amino-2-methyl-2*H*-dibenz[*cd,g*]indazol-6-on $C_{15}H_{11}N_3O$, Formel XV (X = H, X' = NH_2).

B. Aus 1-Amino-4-chlor-anthrachinon und Methylhydrazin (*CIBA,* D.R.P. 709690 [1936]; D.R.P. Org. Chem. **1**, Tl. 2, S. 295; U.S.P. 2136133 [1937]).

Gelbe Kristalle; F: 236–237° (*CIBA,* D.R.P. 709690).

Acetyl-Derivat $C_{17}H_{13}N_3O_2$; 5-Acetylamino-2-methyl-2*H*-dibenz[*cd,g*]indazol-6-on, *N*-[2-Methyl-6-oxo-2,6-dihydro-dibenz[*cd,g*]indazol-5-yl]-acetamid. Gelbe Kristalle; F: 254–256° (*CIBA,* D.R.P. 709690; U.S.P. 2136133).

5-Anilino-1(2)*H*-dibenz[*cd,g*]indazol-6-on $C_{20}H_{13}N_3O$, Formel XIV (X = H, X' = NH-C_6H_5) und Taut.

B. Aus 5-Chlor-1(2)*H*-dibenz[*cd,g*]indazol-6-on und Anilin (*Bradley, Geddes,* Soc. **1952** 1630, 1634).

Orangefarbene Kristalle (aus Chlorbenzol); F: 282–283°.

5-Anilino-2-methyl-2*H*-dibenz[*cd,g*]indazol-6-on $C_{21}H_{15}N_3O$, Formel XV (X = H, X' = NH-C_6H_5).

B. Aus 5-Brom(oder 5-Chlor)-2-methyl-2*H*-dibenz[*cd,g*]indazol-6-on und Natriumanilid (*Bradley, Bruce,* Soc. **1954** 1894, 1900).

Orangebraun; F: 210°.

5-Piperidino-1(2)*H*-dibenz[*cd,g*]indazol-6-on $C_{19}H_{17}N_3O$, Formel III und Taut.

B. Aus 5-Chlor-1(2)*H*-dibenz[*cd,g*]indazol-6-on und Piperidin (*Bradley, Geddes,* Soc. **1952** 1630, 1634).

Gelbe Kristalle (aus Chlorbenzol); F: 264°.

2-Methyl-5-piperidino-2*H*-dibenz[*cd,g*]indazol-6-on $C_{20}H_{19}N_3O$, Formel IV.

B. Aus 5-Brom(oder 5-Chlor)-2-methyl-2*H*-dibenz[*cd,g*]indazol-6-on und Piperidin (*Bradley, Bruce,* Soc. **1954** 1894, 1899, 1900).

Kristalle (aus Chlorbenzol); F: 207–208°.

5-Benzoylamino-1(2)*H*-dibenz[*cd,g*]indazol-6-on, *N*-[6-Oxo-1(2),6-dihydro-dibenz[*cd,g*]indazol-5-yl]-benzamid $C_{21}H_{13}N_3O_2$, Formel XIV (X = H, X' = NH-CO-C_6H_5) auf S. 3842 und Taut.

B. Beim Erhitzen von *N*-[4-Chlor-9,10-dioxo-9,10-dihydro-[1]anthryl]-benzamid mit N_2H_4 in Pyridin (*Akiyoshi, Tsuge,* J. chem. Soc. Japan Ind. Chem. Sect. **57** [1954] 297; C. A. **1955** 4298).

Orangebraune Kristalle (aus Nitrobenzol); F: >315°.

5-Benzoylamino-2-methyl-2*H*-dibenz[*cd,g*]indazol-6-on, *N*-[2-Methyl-6-oxo-2,6-dihydro-dibenz[*cd,g*]indazol-5-yl]-benzamid $C_{22}H_{15}N_3O_2$, Formel XV (X = H, X' = NH-CO-C_6H_5) auf S. 3842.

B. Aus *N*-[4-Chlor-9,10-dioxo-9,10-dihydro-[1]anthryl]-benzamid und Methylhydrazin (*CIBA,* D.R.P. 709690 [1936]; D.R.P. Org. Chem. **1**, Tl. 2, S. 295; U.S.P. 2136133 [1937]).

Gelbgrüne Kristalle (aus Py.); F: 299–301°.

1-Benzoylamino-5-[2-methyl-6-oxo-2,6-dihydro-dibenz[*cd,g*]indazol-5-ylamino]-anthrachinon, *N*-[5-(2-Methyl-6-oxo-2,6-dihydro-dibenz[*cd,g*]indazol-5-ylamino)-9,10-dioxo-9,10-dihydro-[1]anthryl]-benzamid $C_{36}H_{22}N_4O_4$, Formel V (R = CO-C_6H_5).

B. Aus 5-Amino-2-methyl-2*H*-dibenz[*cd,g*]indazol-6-on und *N*-[5-Chlor-9,10-dioxo-9,10-dihydro-[1]anthryl]-benzamid (*CIBA,* D.B.P. 844778 [1949]; D.R.B.P. Org. Chem. 1950–1951 **1** 665).

F: 345–346°.

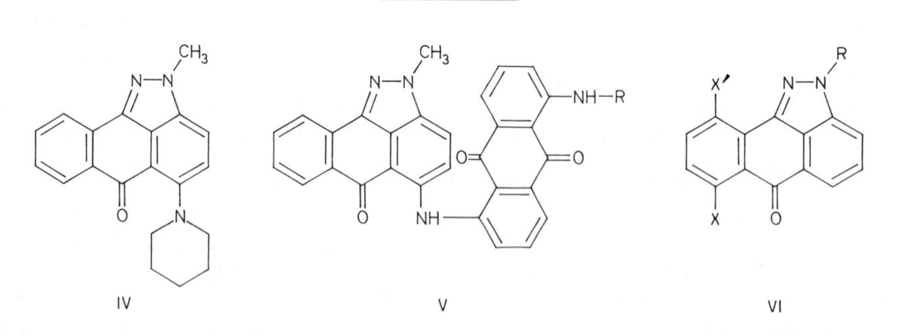

7-Amino-2-methyl-2*H*-dibenz[*cd,g*]indazol-6-on $C_{15}H_{11}N_3O$, Formel VI (R = CH_3, X = NH_2, X' = H).

B. Aus 1-Amino-5-chlor-anthrachinon und Methylhydrazin (*CIBA,* D.R.P. 709690 [1936]; D.R.P. Org. Chem. **1**, Tl. 2, S. 295; U.S.P. 2136133 [1937]).

Orangefarbene Kristalle; F: 234–235°.

7-Anilino-2-methyl-2*H*-dibenz[*cd,g*]indazol-6-on $C_{21}H_{15}N_3O$, Formel VI (R = CH_3, X = NH-C_6H_5, X' = H).

B. Aus 7-Chlor-2-methyl-2*H*-dibenz[*cd,g*]indazol-6-on und Anilin (*Bradley, Bruce,* Soc. **1954** 1894, 1900).

Rote Kristalle (aus Bzl.); F: 174–176°.

7-Amino-2-benzyl-2*H*-dibenz[*cd,g*]indazol-6-on $C_{21}H_{15}N_3O$, Formel VI (R = CH_2-C_6H_5, X = NH_2, X' = H).

B. Aus 1-Amino-5-chlor-anthrachinon und Benzylhydrazin (*CIBA,* D.R.P. 709690 [1936]; D.R.P. Org. Chem. **1**, Tl. 2, S. 295).

Orangefarbene Kristalle (aus Butan-1-ol); F: 215–216°.

7-Piperidino-1(2)*H*-dibenz[*cd,g*]indazol-6-on $C_{19}H_{17}N_3O$, Formel VII und Taut.

B. Aus 7-Chlor-1(2)*H*-dibenz[*cd,g*]indazol-6-on und Piperidin (*Bradley, Geddes,* Soc. **1952** 1630, 1635).

Gelbe Kristalle (aus Chlorbenzol); F: 218–219°.

2-Methyl-7-piperidino-2*H*-dibenz[*cd,g*]indazol-6-on $C_{20}H_{19}N_3O$, Formel VIII.

B. Aus 7-Chlor-2-methyl-2*H*-dibenz[*cd,g*]indazol-6-on und Piperidin (*Bradley, Bruce,* Soc. **1954** 1894, 1900).

Orangefarbene Kristalle; F: 210°.

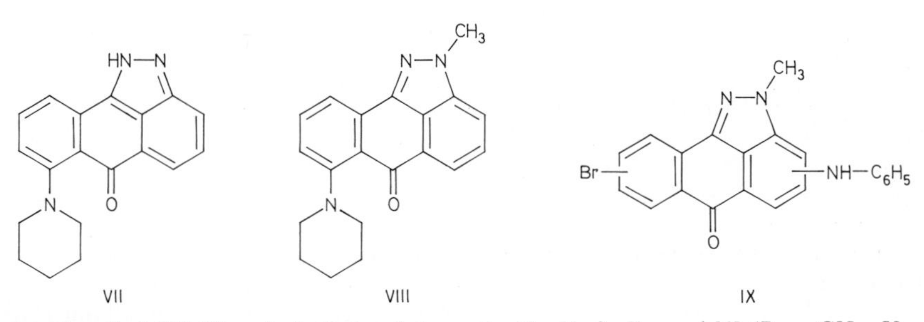

VII VIII IX

10-Amino-2-methyl-2*H*-dibenz[*cd,g*]indazol-6-on $C_{15}H_{11}N_3O$, Formel VI (R = CH_3, X = H, X' = NH_2).

B. Aus 1-Amino-8-chlor-anthrachinon und Methylhydrazin (*CIBA,* D.R.P. 709690 [1936]; D.R.P. Org. Chem. **1**, Tl. 2, S. 295; U.S.P. 2136133 [1937]).

Kristalle; F: 230°.

x-Anilino-x-brom-2-methyl-2*H*-dibenz[*cd,g*]indazol-6-on $C_{21}H_{14}BrN_3O$, Formel IX.

B. Aus x,x-Dibrom-2-methyl-2*H*-dibenz[*cd,g*]indazol-6-on (F: 289°; s. E III/IV **24** 713 im Artikel 2-Methyl-2*H*-dibenz[*cd,g*]indazol-6-on) und Anilin (*Bradley, Bruce,* Soc. **1954** 1894, 1901).

F: 226°.

x-Brom-2-methyl-x-piperidino-2*H*-dibenz[*cd,g*]indazol-6-on $C_{20}H_{18}BrN_3O$, Formel X.

B. Analog der vorangehenden Verbindung (*Bradley, Bruce,* Soc. **1954** 1894, 1901).

Orangefarbene Kristalle (aus Chlorbenzol); F: 228°.

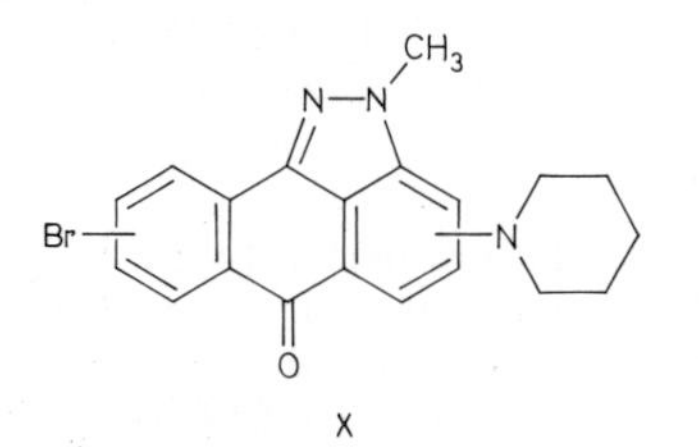

X

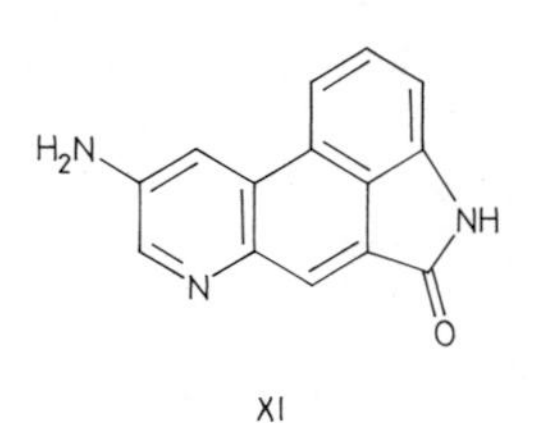

XI

9-Amino-4*H*-indolo[4,3-*fg*]chinolin-5-on $C_{14}H_9N_3O$, Formel XI.

B. Aus 9-Nitro-4*H*-indolo[4,3-*fg*]chinolin-5-on beim Erhitzen mit wss. NaOH und $FeSO_4$

und Behandeln der Reaktionslösung mit wss. Essigsäure (*Uhle, Jacobs,* J. org. Chem. **10** [1945] 76, 85).

Kristalle (aus wss. A.); F: 345–347° [Zers.].

Amino-Derivate der Oxo-Verbindungen $C_{16}H_{12}N_2O$

4-Benzoylamino-5,6-diphenyl-2*H*-pyridazin-3-on, *N*-[3-Oxo-5,6-diphenyl-2,3-dihydro-pyridazin-4-yl]-benzamid $C_{23}H_{17}N_3O_2$, Formel XII und Taut.

B. Aus Benzil-monohydrazon, Hippursäure-äthylester und äthanol. Natriumäthylat (*Schmidt, Druey,* Helv. **37** [1954] 134, 138, 139).

Kristalle; F: 232–233°.

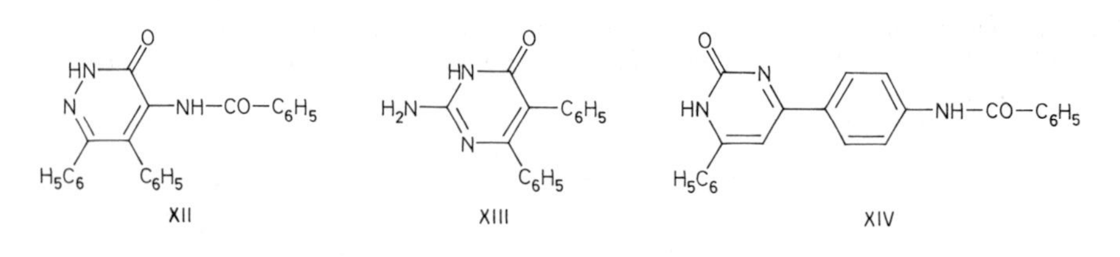

2-Amino-5,6-diphenyl-3*H*-pyrimidin-4-on $C_{16}H_{13}N_3O$, Formel XIII und Taut.

B. Beim Erhitzen von 2-Amino-5,6-diphenyl-5,6-dihydro-3*H*-pyrimidin-4-on mit Schwefel (*Hitchings et al.,* Soc. **1956** 1019, 1027).

Kristalle (aus A.); F: 319°.

4-[4-Benzoylamino-phenyl]-6-phenyl-1*H*-pyrimidin-2-on, Benzoesäure-[4-(2-oxo-6-phenyl-1,2-dihydro-pyrimidin-4-yl)-anilid] $C_{23}H_{17}N_3O_2$, Formel XIV und Taut.

B. Beim Erwärmen [8d] von Benzoesäure-[4-(3-oxo-3-phenyl-propionyl)-anilid] mit Harnstoff in äthanol. HCl (*Hauser, Eby,* J. org. Chem. **22** [1957] 909, 911).

Hydrochlorid $C_{23}H_{17}N_3O_2 \cdot HCl$. Kristalle (aus Me.); F: 297–299°.

3-Amino-5,6-diphenyl-1*H*-pyrazin-2-on $C_{16}H_{13}N_3O$, Formel I und Taut.

B. Beim Erwärmen von 3-Nitro-5,6-diphenyl-1*H*-pyrazin-2-on mit $N_2H_4 \cdot H_2O$ und Raney-Nickel in Methanol (*Karmas, Spoerri,* Am. Soc. **75** [1953] 5517). Beim Erwärmen von 3-Oxo-5,6-diphenyl-3,4-dihydro-pyrazin-2-carbonsäure-amid mit wss.-alkal. KBrO (*Ka., Sp.*).

Kristalle (aus Butan-1-ol); F: 309–311°. λ_{max}: 331–332 nm.

5-[(*Z*?)-4-Dimethylamino-benzyliden]-2-phenyl-3,5-dihydro-imidazol-4-on $C_{18}H_{17}N_3O$, vermutlich Formel II (R = CH_3, X = H) und Taut.

Diese Konstitution kommt der von *Ekeley, Elliott* (Am. Soc. **58** [1936] 163, 164) als 4-[4-Dimethylamino-phenyl]-2-phenyl-pyrimidin-5-ol formulierten Verbindung zu (s. diesbezüglich *Williams et al.,* Am. Soc. **67** [1945] 1157; *Imbach et al.,* Bl. **1971** 1052).

B. Beim Behandeln von opt.-inakt. 2-Phenyl-4,5-dihydro-1*H*-imidazol-4,5-diol (E III/IV **23** 3127) mit 4-Dimethylamino-benzaldehyd und wss.-äthanol. KOH (*Ek., El.*).

Rotbraune Kristalle (aus E.); F: 277–278° (*Ek., El.*). Absorptionsspektrum (Dioxan; 250–600 nm): *Ekeley, Ronzio,* Am. Soc. **59** [1937] 1118, 1120.

5-[(*Z*?)-4-Dimethylamino-benzyliden]-3-hydroxy-2-phenyl-3,5-dihydro-imidazol-4-on $C_{18}H_{17}N_3O_2$, vermutlich Formel II (R = CH_3, X = OH) und Taut. (5-[(*Z*?)-4-Dimethyl-amino-benzyliden]-2-phenyl-1,5-dihydro-imidazol-4-on-3-oxid).

Bezüglich der Konfiguration vgl. *Maquestiau et al.,* Bl. Soc. chim. Belg. **83** [1974] 259.

B. Beim Behandeln von α-Benzoylamino-4-dimethylamino-cinnamohydroxamsäure mit methanol. HCl (*Kotschetkow et al.,* Ž. obšč. Chim. **29** [1959] 635, 639, 640; engl. Ausg. S. 630, 634).

Kristalle (aus A.); F: 215–216° (*Ko. et al.*).

Hydrochlorid $C_{18}H_{17}N_3O_2 \cdot HCl$. Kristalle (aus A.+$CHCl_3$); F: 218–220° (*Ko. et al.*). UV-Spektrum (220–320 nm): *Ko. et al.*, l. c. S. 638.

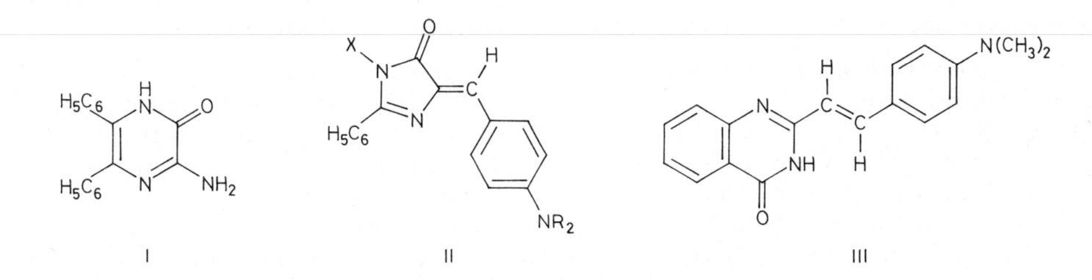

5-[(*Z*?)-4-Diäthylamino-benzyliden]-3-hydroxy-2-phenyl-3,5-dihydro-imidazol-4-on $C_{20}H_{21}N_3O_2$, vermutlich Formel II (R = C_2H_5, X = OH) und Taut. (5-[(*Z*?)-4-Diäthyl=amino-benzyliden]-2-phenyl-1,5-dihydro-imidazol-4-on-3-oxid).

B. Analog der vorangehenden Verbindung (*Kotschetkow et al.*, Ž. obšč. Chim. **29** [1959] 635, 639, 640; engl. Ausg. S. 630, 634).

F: 175–178°.

2-[4-Dimethylamino-*trans*(?)-styryl]-3*H*-chinazolin-4-on $C_{18}H_{17}N_3O$, vermutlich Formel III und Taut.

B. Beim Erhitzen von 2-Methyl-3*H*-chinazolin-4-on mit 4-Dimethylamino-benzaldehyd (*Monti, Simonetti*, G. **71** [1941] 651).

Gelbe Kristalle (aus Isoamylalkohol); F: 300–302°.

Picrat. Rote Kristalle; F: 214–215° [Zers.].

1,3-Diäthyl-2-[4-dimethylamino-*trans*(?)-styryl]-4-oxo-3,4-dihydro-chinazolinium $[C_{22}H_{26}N_3O]^+$, vermutlich Formel IV (R = R′ = C_2H_5, R″ = CH_3) und Mesomere.

Jodid $[C_{22}H_{26}N_3O]I$. *B.* Beim Erhitzen von 1,3-Diäthyl-2-methyl-4-oxo-3,4-dihydro-chin=azolinium-jodid mit 4-Dimethylamino-benzaldehyd und Acetanhydrid (*Dhatt, Bami*, Curr. Sci. **28** [1959] 367). – Orangerote Kristalle (aus A.); F: 212°.

2-{4-[(2-Chlor-äthyl)-methyl-amino]-*trans*(?)-styryl}-1-methyl-4-oxo-3,4-dihydro-chinazolinium $[C_{20}H_{21}ClN_3O]^+$, vermutlich Formel IV (R = CH_3, R′ = H, R″ = CH_2-CH_2Cl) und Mesomere.

Jodid $[C_{20}H_{21}ClN_3O]I$. *B.* Analog der vorangehenden Verbindung (*Anker, Cook*, Soc. **1944** 489, 491). – Rote Kristalle (aus Ameisensäure); F: 220° [Zers.].

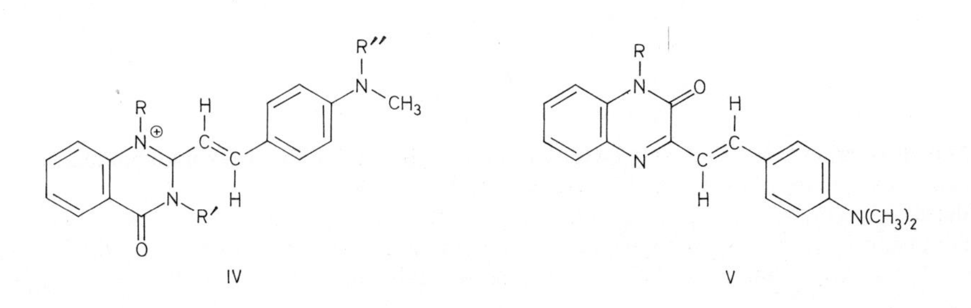

3-[4-Dimethylamino-*trans*(?)-styryl]-1-methyl-1*H*-chinoxalin-2-on $C_{19}H_{19}N_3O$, vermutlich Formel V (R = CH_3).

B. Beim Erhitzen von 1,3-Dimethyl-1*H*-chinoxalin-2-on mit 4-Dimethylamino-benzaldehyd und Acetanhydrid (*Cook, Perry*, Soc. **1943** 394, 396).

Rote Kristalle (aus A.); F: 186°.

2-[4-Dimethylamino-*trans*(?)-styryl]-1-methyl-3-oxo-3,4-dihydro-chinoxalinium $[C_{19}H_{20}N_3O]^+$, vermutlich Formel VI (R = H, R′ = R″ = CH_3).

Jodid $[C_{19}H_{20}N_3O]I$. *B.* Bei aufeinanderfolgender Umsetzung von 3-Methyl-1*H*-chinoxalin-2-on mit Dimethylsulfat, 4-Dimethylamino-benzaldehyd und KI (*Cook, Perry,* Soc. **1943** 394, 396). – Kristalle (aus wss. A.); F: 225–227°; λ_{max} (A.): 607 nm (*Cook, Pe.*).

Die folgenden Verbindungen sind in analoger Weise hergestellt worden:

2-[4-Dimethylamino-*trans*(?)-styryl]-1,4-dimethyl-3-oxo-3,4-dihydro-chinoxa≠linium $[C_{20}H_{22}N_3O]^+$, vermutlich Formel VI (R = R′ = R″ = CH_3). Methylsulfat $[C_{20}H_{22}N_3O]CH_3O_4S$. Grüne Kristalle (aus Me.); λ_{max} (A.): 627 nm und 635 nm (*Cook, Pe.*).

2-{4-[(2-Chlor-äthyl)-methyl-amino]-*trans*(?)-styryl}-1-methyl-3-oxo-3,4-di≠hydro-chinoxalinium $[C_{20}H_{21}ClN_3O]^+$, vermutlich Formel VI (R = H, R′ = CH_3, R″ = CH_2-CH_2Cl). Jodid $[C_{20}H_{21}ClN_3O]I$. Grüne Kristalle (aus wss. Ameisensäure); F: 214° [Zers.]; λ_{max} (A.): 590 nm (*Anker, Cook,* Soc. **1944** 489, 491).

2-{4-[(2-Chlor-äthyl)-methyl-amino]-*trans*(?)-styryl}-1,4-dimethyl-3-oxo-3,4-dihydro-chinoxalinium $[C_{21}H_{23}ClN_3O]^+$, vermutlich Formel VI (R = R′ = CH_3, R′ = CH_2-CH_2Cl). Jodid $[C_{21}H_{23}ClN_3O]I$. Kristalle (aus A.); F: 161°; λ_{max} (A.): 617 nm (*An., Cook,* l. c. S. 492).

2-{4-[Bis-(2-chlor-äthyl)-amino]-*trans*(?)-styryl}-1-methyl-3-oxo-3,4-dihydro-chinoxalinium $[C_{21}H_{22}Cl_2N_3O]^+$, vermutlich Formel VI (R = H, R′ = R″ = CH_2-CH_2Cl). Methylsulfat $[C_{21}H_{22}Cl_2N_3O]CH_3O_4S$. Blaue Kristalle (aus A.); F: 198°; λ_{max} (A.): 600 nm (*An., Cook*). – Methomethylsulfat(?) $[C_{22}H_{25}Cl_2N_3O](CH_3O_4S)_2$; 2-{4-[Bis-(2-chlor-äthyl)-methyl-ammonio]-*trans*(?)-styryl}-1-methyl-3-oxo-3,4-dihydro-chinoxa≠linium-bis-methylsulfat. Blaue Kristalle (aus A.); F: 146° (*An., Cook*).

2-{4-[Bis-(2-chlor-äthyl)-amino]-*trans*(?)-styryl}-1,4-dimethyl-3-oxo-3,4-di≠hydro-chinoxalinium $[C_{22}H_{24}Cl_2N_3O]^+$, vermutlich Formel VI (R = CH_3, R′ = R″ = CH_2-CH_2Cl). Chlorid $[C_{22}H_{24}Cl_2N_3O]Cl$. Kristalle (aus A.); F: 192° [Zers.]; λ_{max} (A.): 575 nm (*An., Cook*).

3-[4-Dimethylamino-*trans*(?)-styryl]-1-phenyl-1*H*-chinoxalin-2-on $C_{24}H_{21}N_3O$, vermutlich Formel V (R = C_6H_5).

B. Beim Erhitzen von 3-Methyl-1-phenyl-1*H*-chinoxalin-2-on mit 4-Dimethylamino-benzal≠dehyd und Acetanhydrid (*Cook, Perry,* Soc. **1943** 394, 397).

Rote Kristalle (aus A.); F: 210°.

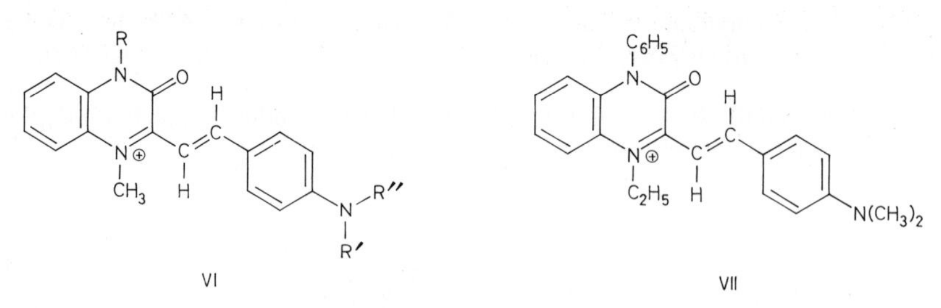

2-[4-Dimethylamino-*trans*(?)-styryl]-1-methyl-3-oxo-4-phenyl-3,4-dihydro-chinoxalinium $[C_{25}H_{24}N_3O]^+$, vermutlich Formel VI (R = C_6H_5, R′ = R″ = CH_3).

Chlorid $[C_{25}H_{24}N_3O]Cl$. *B.* Bei aufeinanderfolgender Umsetzung von 3-Methyl-1-phenyl-1*H*-chinoxalin-2-on mit Dimethylsulfat, 4-Dimethylamino-benzaldehyd und Natriumchlorid (*Cook, Perry,* Soc. **1943** 394, 397). – Grüne Kristalle (aus A.); F: 198–199°; λ_{max} (A.): 637 nm.

Die folgenden Verbindungen sind in analoger Weise hergestellt worden:

1-Äthyl-2-[4-dimethylamino-*trans*(?)-styryl]-3-oxo-4-phenyl-3,4-dihydro-chinoxalinium $[C_{26}H_{26}N_3O]^+$, vermutlich Formel VII. Chlorid $[C_{26}H_{26}N_3O]Cl$. Kristalle (aus A.); F: 281°; λ_{max} (A.): 650 nm (*Cook, Pe.*).

2-{4-[(2-Chlor-äthyl)-methyl-amino]-*trans*(?)-styryl}-1-methyl-3-oxo-4-

phenyl-3,4-dihydro-chinoxalinium $[C_{26}H_{25}ClN_3O]^+$, vermutlich Formel VI (R = C_6H_5, R′ = CH_3, R″ = CH_2-CH_2Cl). Methylsulfat $[C_{26}H_{25}ClN_3O]CH_3O_4S$. Kristalle (aus A.); F: 189° [Zers.]; λ_{max} (A.): 620 nm (*Anker, Cook*, Soc. **1944** 489, 491).

2-{4-[Bis-(2-chlor-äthyl)-amino]-*trans*(?)-styryl}-1-methyl-3-oxo-4-phenyl-3,4-dihydro-chinoxalinium $[C_{27}H_{26}Cl_2N_3O]^+$, vermutlich Formel VI (R = C_6H_5, R′ = R″ = CH_2-CH_2Cl). Methylsulfat $[C_{27}H_{26}Cl_2N_3O]CH_3O_4S$. Kristalle (aus A.); F: 170° [Zers.]; λ_{max} (A.): 600 nm (*An., Cook*).

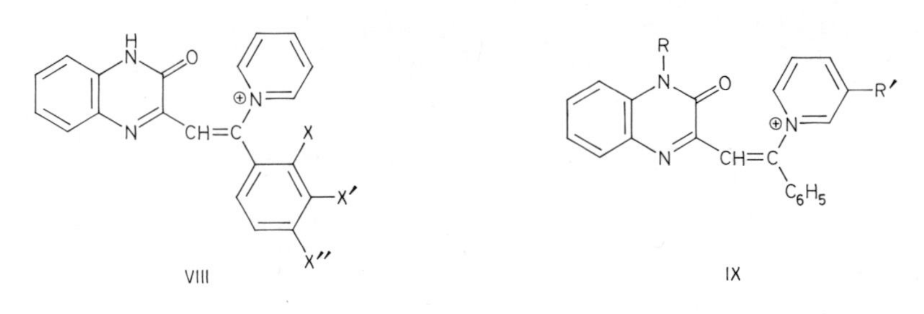

VIII IX

***1-[2-(3-Oxo-3,4-dihydro-chinoxalin-2-yl)-1-phenyl-vinyl]-pyridinium** $[C_{21}H_{16}N_3O]^+$, Formel VIII (X = X′ = X″ = H) und Taut.

Perchlorat $[C_{21}H_{16}N_3O]ClO_4$. Gelbe Kristalle (*Bodforss*, A. **609** [1957] 103, 119).

Bromid $[C_{21}H_{16}N_3O]Br$. *B.* Aus opt.-inakt. 3-[α,β-Dibrom-phenäthyl]-1*H*-chinoxalin-2-on (E III/IV **24** 695) und Pyridin (*Bo.*, l. c. S. 119). – Orangegelbe Kristalle (aus H_2O) mit 1 Mol H_2O; F: 265°. Absorptionspektrum (H_2O; 320–490 nm): *Bo.*, l. c. S. 110.

Tribromid $[C_{21}H_{16}N_3O]Br \cdot Br_2$. Kristalle [aus H_2O] (*Bo.*, l. c. S. 120). Absorptionsspektrum (H_2O; 320–490 nm): *Bo.*, l. c. S. 110.

Die folgenden Verbindungen sind in analoger Weise hergestellt worden:

*1-[1-(2-Chlor-phenyl)-2-(3-oxo-3,4-dihydro-chinoxalin-2-yl)-vinyl]-pyridinium $[C_{21}H_{15}ClN_3O]^+$, Formel VIII (X = Cl, X′ = X″ = H) und Taut. Perchlorat $[C_{21}H_{15}ClN_3O]ClO_4$. Zers. bei 254° (*Bo.*, l. c. S. 122). – Bromid $[C_{21}H_{15}ClN_3O]Br$. Gelbe Kristalle.

*1-[1-(3-Nitro-phenyl)-2-(3-oxo-3,4-dihydro-chinoxalin-2-yl)-vinyl]-pyridinium $[C_{21}H_{15}N_4O_3]^+$, Formel VIII (X = X″ = H, X′ = NO_2) und Taut. Bromid $[C_{21}H_{15}N_4O_3]Br$. Gelbe Kristalle; Zers. bei 290° (*Bo.*, l. c. S. 120).

*1-[1-(4-Nitro-phenyl)-2-(3-oxo-3,4-dihydro-chinoxalin-2-yl)-vinyl]-pyridinium $[C_{21}H_{15}N_4O_3]^+$, Formel VIII (X = X′ = H, X″ = NO_2) und Taut. Perchlorat $[C_{21}H_{15}N_4O_3]ClO_4$. Orangegelb; Zers. bei 300° (*Bo.*, l. c. S. 121).

*1-[2-(3-Oxo-4-phenyl-3,4-dihydro-chinoxalin-2-yl)-1-phenyl-vinyl]-pyridinium $[C_{27}H_{20}N_3O]^+$, Formel IX (R = C_6H_5, R′ = H) und Taut. Perchlorat $[C_{27}H_{20}N_3O]ClO_4$. Gelbe Kristalle [aus Eg.] (*Bo.*, l. c. S. 121).

*3-Methyl-1-[2-(3-oxo-3,4-dihydro-chinoxalin-2-yl)-1-phenyl-vinyl]-pyridinium $[C_{22}H_{18}N_3O]^+$, Formel IX (R = H, R′ = CH_3) und Taut. Perchlorat $[C_{22}H_{18}N_3O]ClO_4$. Gelbe Kristalle; F: 255° (*Bo.*, l. c. S. 121).

*2-[2-(3-Oxo-3,4-dihydro-chinoxalin-2-yl)-1-phenyl-vinyl]-isochinolinium $[C_{25}H_{18}N_3O]^+$, Formel X und Taut. Perchlorat $[C_{25}H_{18}N_3O]ClO_4$. Gelbe Kristalle mit 2 Mol H_2O (*Bo.*, l. c. S. 121). Bromid $[C_{25}H_{18}N_3O]Br$. Gelbe Kristalle (aus H_2O) mit 3 Mol H_2O; F: 270°.

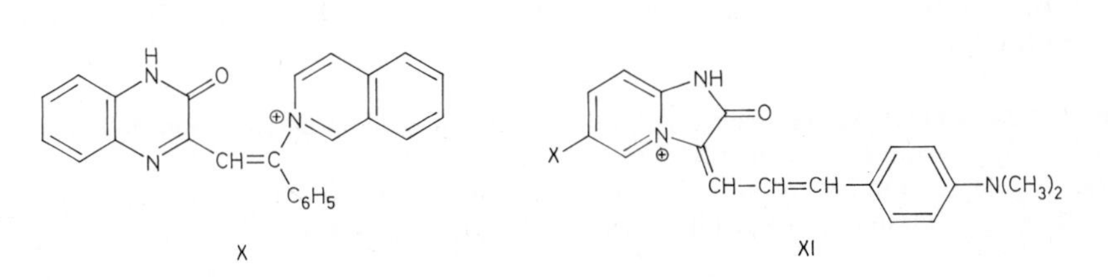

X XI

***3-[4-Dimethylamino-cinnamyliden]-2-oxo-2,3-dihydro-1*H*-imidazo[1,2-*a*]pyridinium** $[C_{18}H_{18}N_3O]^+$, Formel XI (X = H) und Taut.

Bromid $[C_{18}H_{18}N_3O]Br$. *B.* Aus 2-Oxo-2,3-dihydro-1*H*-imidazo[1,2-*a*]pyridinium-bromid und 4-Dimethylamino-zimtaldehyd (*Takahashi, Satake,* J. pharm. Soc. Japan **75** [1955] 20, 23; C. A. **1956** 1004). – Hellgrüne Kristalle (aus A.); F: 226° [Zers.].

***6-Brom-3-[4-dimethylamino-cinnamyliden]-2-oxo-2,3-dihydro-1*H*-imidazo[1,2-*a*]pyridinium** $[C_{18}H_{17}BrN_3O]^+$, Formel XI (X = Br) und Taut.

Bromid $[C_{18}H_{17}BrN_3O]Br$. *B.* Analog der vorangehenden Verbindung (*Takahashi, Satake,* J. pharm. Soc. Japan **75** [1955] 20; C. A. **1956** 1004). – Hellgrüne Kristalle (aus A.); F: 238° [Zers.].

***3-[4-Dimethylamino-cinnamyliden]-6-jod-2-oxo-2,3-dihydro-1*H*-imidazo[1,2-*a*]pyridinium** $[C_{18}H_{17}IN_3O]^+$, Formel XI (X = I) und Taut.

Bromid $[C_{18}H_{17}IN_3O]Br$. *B.* Analog den vorangehenden Verbindungen (*Takahashi, Satake,* J. pharm. Soc. Japan **75** [1955] 20; C. A. **1956** 1004). – Purpurrote Kristalle (aus A.); F: 186° [Zers.].

Amino-Derivate der Oxo-Verbindungen $C_{17}H_{14}N_2O$

2-Amino-5-benzyl-6-phenyl-3*H*-pyrimidin-4-on $C_{17}H_{15}N_3O$, Formel XII und Taut.

B. Aus 2-Benzyl-3-oxo-3-phenyl-propionsäure-äthylester und Guanidin (*Falco et al.,* Am. Soc. **73** [1951] 3758, 3760, 3761).

F: 334° [unkorr.; Zers.].

4-[4,4'-Bis-dimethylamino-benzhydryliden]-5-methyl-2-phenyl-2,4-dihydro-pyrazol-3-on $C_{27}H_{28}N_4O$, Formel XIII.

B. Aus 5-Methyl-2-phenyl-1,2-dihydro-pyrazol-3-on und 4,4'-Bis-dimethylamino-benzophenon-imin in Xylol (*Okšengendler, Kiprianow,* Ukr. chim. Ž. **16** [1950] 383, 387, 392; C. A. **1954** 1683).

Rotbraune Kristalle (aus A.); F: 265°. λ_{max}: 485 nm.

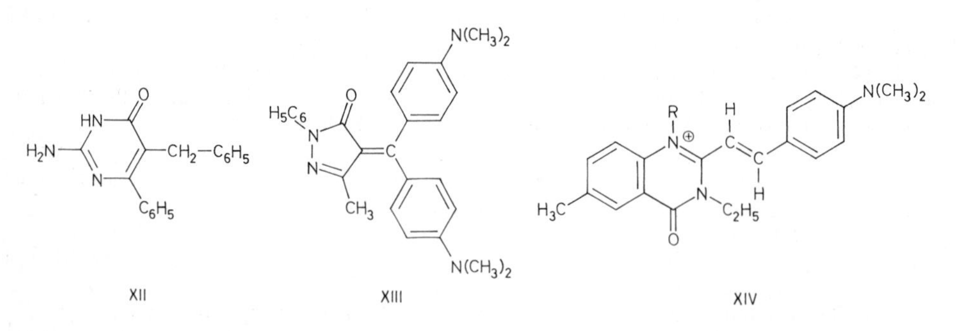

3-Äthyl-2-[4-dimethylamino-*trans*(?)-styryl]-1,6-dimethyl-4-oxo-3,4-dihydro-chinazolinium $[C_{22}H_{26}N_3O]^+$, vermutlich Formel XIV (R = CH_3).

Jodid $[C_{22}H_{26}N_3O]I$. *B.* Aus 3-Äthyl-1,2,6-trimethyl-4-oxo-3,4-dihydro-chinazolinium-jodid und 4-Dimethylamino-benzaldehyd (*Dhatt, Bami,* Curr. Sci. **28** [1959] 367). – Purpurrote Kristalle (aus A.); F: 258–260°.

1,3-Diäthyl-2-[4-dimethylamino-*trans*(?)-styryl]-6-methyl-4-oxo-3,4-dihydro-chinazolinium $[C_{23}H_{28}N_3O]^+$, vermutlich Formel XIV (R = C_2H_5).

Jodid $[C_{23}H_{28}N_3O]I$. *B.* Analog der vorangehenden Verbindung (*Dhatt, Bami,* Curr. Sci. **28** [1959] 367). – Orangerote Kristalle (aus A.); F: 218°. λ_{max} (H_2O): 225 nm.

***1-{2-[6(oder 7)-Methyl-3-oxo-3,4-dihydro-chinoxalin-2-yl]-1-phenyl-vinyl}-pyridinium** $[C_{22}H_{18}N_3O]^+$, Formel XV (R = CH_3, R' = H oder R = H, R' = CH_3) und Taut.

Bromid $[C_{22}H_{18}N_3O]Br$. *B.* Aus 3-[(α*RS*,β*SR*?)-α,β-Dibrom-phenäthyl]-6(oder 7)-methyl-1*H*-chinoxalin-2-on (E III/IV **24** 700) und Pyridin (*Bodforss*, A. **609** [1957] 103, 121). – Gelbe Kristalle (aus H_2O); F: 295°.

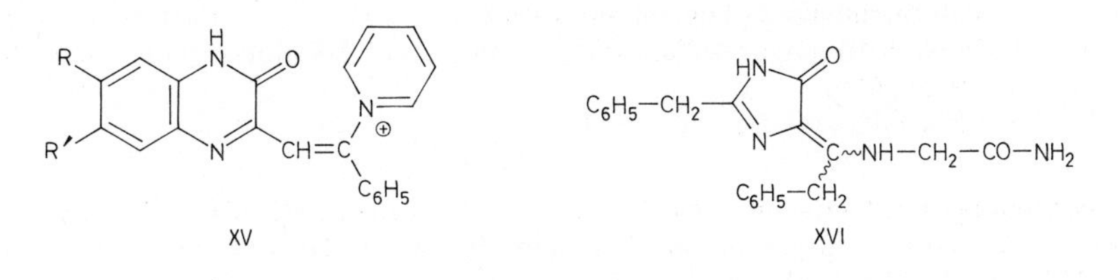

Amino-Derivate der Oxo-Verbindungen $C_{18}H_{16}N_2O$

***N-[1-(2-Benzyl-5-oxo-1,5-dihydro-imidazol-4-yliden)-2-phenyl-äthyl]-glycin-amid** $C_{20}H_{20}N_4O_2$, Formel XVI und Taut.

Diese Konstitution kommt auch der früher (E I **24** 258) mit Vorbehalt als 2-Benzyl-3,5-dihydro-imidazol-4-on beschriebenen Verbindung vom F: 222° zu (*Kjær*, Acta chem. scand. **7** [1953] 1017, 1020).

B. Beim Behandeln von 2-Benzyl-3,5-dihydro-imidazol-4-on mit wss.-äthanol. NaOH oder mit Triäthylamin in Äthanol (*Kjær*, Acta chem. scand. **7** [1953] 1024, 1028).

Kristalle (aus wss. Py.) mit 1 Mol H_2O; F: 216–220° [unkorr.; Zers.] (*Kjær*, l. c. S. 1022). UV-Spektrum (A. sowie wss.-äthanol. NaOH; 210–380 nm): *Kjær*, l. c. S. 1019.

[*J. Schmidt*]

Amino-Derivate der Monooxo-Verbindungen $C_nH_{2n-22}N_2O$

Amino-Derivate der Oxo-Verbindungen $C_{15}H_8N_2O$

2-Amino-benzo[*e*]perimidin-7-on $C_{15}H_9N_3O$, Formel I (X = X' = H).

B. Beim Erhitzen von 1-Amino-anthrachinon mit Cyanamid-dihydrochlorid und HCl in Nitrobenzol oder *m*-Kresol (*Battegay, Silbermann*, C. r. **194** [1932] 380). Beim Erhitzen von 2-Chlor-benzo[*e*]perimidin-7-on mit wss. NH_3 und Kupfer-Pulver auf 160° (*I.G. Farbenind.*, D.R.P. 650056 [1931]; Frdl. **24** 932).

Orangefarbene bzw. gelbbraune Kristalle; F: 295–296° (*I.G. Farbenind.*), 290–295° [aus Nitrobenzol] (*Ba., Si.*).

Hydrochlorid. Gelbe Kristalle mit 3 Mol H_2O; F: 275–280° [Zers.] (*Ba., Si.*).

Benzoyl-Derivat $C_{22}H_{13}N_3O_2$; 2-Benzoylamino-benzo[*e*]perimidin-7-on, *N*-[7-Oxo-7*H*-benzo[*e*]perimidin-2-yl]-benzamid. Gelbe Kristalle (aus Toluol), die ab 135° schmelzen; klare Schmelze bei 205–209° (*Ba., Si.*).

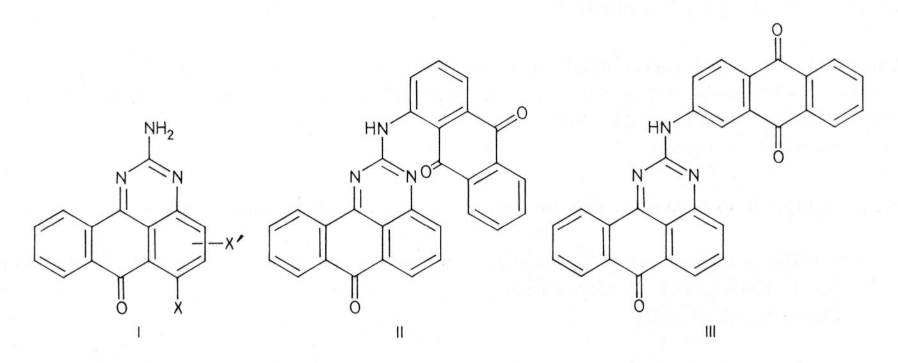

1-[7-Oxo-7*H*-benzo[*e*]perimidin-2-ylamino]-anthrachinon $C_{29}H_{15}N_3O_3$, Formel II.
B. Aus der vorangehenden Verbindung und 1-Chlor-anthrachinon (*Battegay, Riesz,* C. r. **200** [1935] 2019).
Orangefarben.

2-[7-Oxo-7*H*-benzo[*e*]perimidin-2-ylamino]-anthrachinon $C_{29}H_{15}N_3O_3$, Formel III.
B. Aus [9,10-Dioxo-9,10-dihydro-[2]anthryl]-guanidin und 1-Chlor-anthrachinon (*Battegay, Riesz,* C. r. **200** [1935] 2019).
Orangefarbene Kristalle (aus Eg.); F: ca. 340°.

2-Amino-x-brom-benzo[*e*]perimidin-7-on $C_{15}H_8BrN_3O$, Formel I (X = H, X′ = Br).
B. Aus 2-Amino-benzo[*e*]perimidin-7-on und Brom in Nitrobenzol (*I.G. Farbenind.,* D.R.P. 639378 [1934]; Frdl. **23** 1068).
Gelbrote Kristalle; F: 280–281°.

2-Amino-6-nitro-benzo[*e*]perimidin-7-on $C_{15}H_8N_4O_3$, Formel I (X = NO_2, X′ = H).
B. Aus 1-Amino-4-nitro-anthrachinon und Cyanamid (*Calco Chem. Co.,* U.S.P. 2112724 [1932]).
Rotbraunes Pulver (aus Nitrobenzol); Zers. bei 283°.

4-Octylamino-benzo[*e*]perimidin-7-on $C_{23}H_{25}N_3O$, Formel IV (R = $[CH_2]_7$-CH_3, X = H).
B. Aus 4-Hydroxy-benzo[*e*]perimidin-7-on und Octylamin in Äthanol [150°] (*I.G. Farbenind.,* D.R.P. 646244 [1935]; Frdl. **24** 847).
Gelbrote Kristalle (aus Chlorbenzol); F: 118°.

4-Dodecylamino-benzo[*e*]perimidin-7-on $C_{27}H_{33}N_3O$, Formel IV (R = $[CH_2]_{11}$-CH_3, X = H).
B. Analog der vorangehenden Verbindung (*I.G. Farbenind.,* D.R.P. 646244 [1935]; Frdl. **24** 847).
Gelbrote Kristalle; F: 100–105°.

4-Tetradecylamino-benzo[*e*]perimidin-7-on $C_{29}H_{37}N_3O$, Formel IV (R = $[CH_2]_{13}$-CH_3, X = H).
B. Beim Erhitzen von 4-Hydroxy-benzo[*e*]perimidin-7-on (*I.G. Farbenind.,* D.R.P. 646244 [1935]; Frdl. **24** 847) oder von 4-Methoxy-benzo[*e*]perimidin-7-on (*I.G. Farbenind.,* D.R.P. 683317 [1936]; D.R.P. Org. Chem. **1**, Tl. 2, S. 765) mit Tetradecylamin in Nitrobenzol.
Gelbrote Kristalle; F: 110–113°.

5-[7-Oxo-7*H*-benzo[*e*]perimidin-4-ylamino]-naphtho[2,3-*f*]chinolin-7,12-dion $C_{32}H_{16}N_4O_3$, Formel V.
B. Aus 5-Brom-naphtho[2,3-*f*]chinolin-7,12-dion und 4-Amino-benzo[*e*]perimidin-7-on (*I.G. Farbenind.,* D.R.P. 748722 [1939]; D.R.P. Org. Chem. **1**, Tl. 2, S. 333).
Dunkle Kristalle (aus Nitrobenzol).

4-Amino-x-brom-benzo[*e*]perimidin-7-on $C_{15}H_8BrN_3O$, Formel IV (R = H, X = Br).
B. Aus 4-Amino-benzo[*e*]perimidin-7-on und Brom in wss. H_2SO_4 (*I.G. Farbenind.,* D.R.P. 638837 [1934]; Frdl. **23** 1065).
Gelbrote Kristalle (aus Trichlorbenzol); F: 280–281°.

x-Brom-4-butylamino-benzo[*e*]perimidin-7-on $C_{19}H_{16}BrN_3O$, Formel IV (R = $[CH_2]_3$-CH_3, X = Br).
B. Aus 4-Butylamino-benzo[*e*]perimidin-7-on und Brom in wss. H_2SO_4 (*I.G. Farbenind.,* D.R.P. 683317 [1936]; D.R.P. Org. Chem. **1**, Tl. 2, S. 765).
Gelbrote Kristalle; F: 110°.

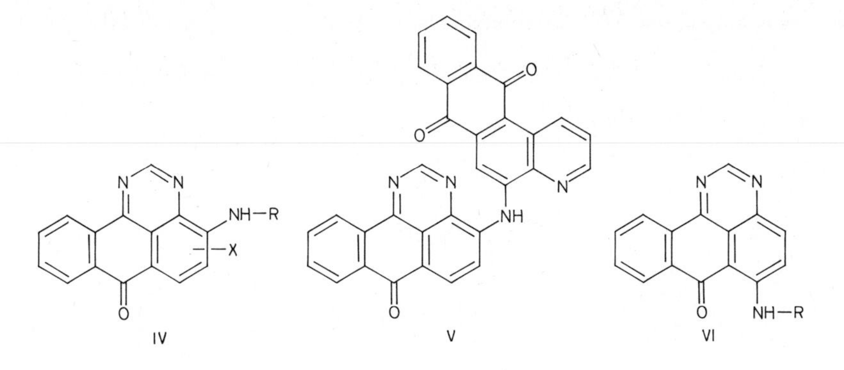

6-Amino-benzo[*e*]perimidin-7-on $C_{15}H_9N_3O$, Formel VI (R = H) (E I 690; dort als 6-Amino-4.5(CO)-benzoylen-chinazolin bezeichnet).

B. Aus 6-Hydroxy-benzo[*e*]perimidin-7-on und wss. NH_3 [160–180°] (*I.G. Farbenind.*, D.R.P. 642001 [1933]; Frdl. **23** 1063). Beim Erhitzen von 1-Amino-4-nitro-anthrachinon mit Formamid, Ammoniumvanadat und Phenol auf 180° (*I.G. Farbenind.*, D.R.P. 590747 [1932]; Frdl. **20** 1351; *Gen. Aniline Works*, U.S.P. 2040861 [1933]). Beim Erhitzen von 1,4-Diamino-anthrachinon mit wss. Formaldehyd, wss. NH_3 und Natrium-[3-nitro-benzolsulfonat] (*I.G. Farbenind.*, D.R.P. 711775 [1938]; D.R.P. Org. Chem. **1**, Tl. 2, S. 280; *Gen. Aniline & Film Corp.*, U.S.P. 2212928 [1939]; *Sunthankar, Venkataraman*, Pr. Indian Acad. [A] **32** [1950] 240, 248) oder mit Formamid, Ammoniumvanadat und Nitrobenzol (*I.G. Farbenind.*, D.R.P. 597341 [1932]; Frdl. **21** 1045; *Gen. Aniline Works*, U.S.P. 2040858 [1932]).

Gelbe Kristalle; F: 278–280° (*I.G. Farbenind.*, D.R.P. 590747; *Gen. Aniline Works*, U.S.P. 2040861), 277–278° [aus Nitrobenzol] (*Su., Ve.*), 275° (*Jones et al.*, Brit. J. Pharmacol. Chemotherapy **7** [1952] 486, 487).

Methochlorid $[C_{16}H_{12}N_3O]Cl$. Feststoff mit 1 Mol H_2O; F: 242° (*Jo. et al.*, l. c. S. 490).

6-Anilino-benzo[*e*]perimidin-7-on $C_{21}H_{13}N_3O$, Formel VI (R = C_6H_5).

Metho-[toluol-4-sulfonat] $[C_{22}H_{16}N_3O]C_7H_7O_3S$. F: 261° (*Jones et al.*, Brit. J. Pharmacol. Chemotherapy **7** [1952] 486, 490).

6-[4-Chlor-anilino]-benzo[*e*]perimidin-7-on $C_{21}H_{12}ClN_3O$, Formel VI (R = C_6H_4-Cl).

F: 266° (*Jones et al.*, Brit. J. Pharmacol. Chemotherapy **7** [1952] 486, 488).

6-[2-Hydroxy-äthylamino]-benzo[*e*]perimidin-7-on $C_{17}H_{13}N_3O_2$, Formel VI (R = CH_2-CH_2-OH).

F: 232° (*Jones et al.*, Brit. J. Pharmacol. Chemotherapy **7** [1952] 486, 488).

6-Acetylamino-benzo[*e*]perimidin-7-on, *N*-[7-Oxo-7*H*-benzo[*e*]perimidin-6-yl]-acetamid $C_{17}H_{11}N_3O_2$, Formel VI (R = CO-CH_3).

F: 262° (*Jones et al.*, Brit. J. Pharmacol. Chemotherapy **7** [1952] 486, 490).

6-Benzoylamino-benzo[*e*]perimidin-7-on, *N*-[7-Oxo-7*H*-benzo[*e*]perimidin-6-yl]-benzamid $C_{22}H_{13}N_3O_2$, Formel VII (X = X′ = X″ = H).

B. Aus 1-Amino-4-benzoylamino-anthrachinon beim Erhitzen mit Hexamethylentetramin, NH_3 und Nitrobenzol (*I.G. Farbenind.*, D.R.P. 711775 [1938]; D.R.P. Org. Chem. **1**, Tl. 2, S. 280), mit Formamid (*I.G. Farbenind.*, D.R.P. 633207 [1931]; Frdl. **21** 1143) oder mit HCN, HCl, Kupferchlorid und Phenol (*I.G. Farbenind.*, D.R.P. 595903 [1932]; Frdl. **20** 1357). Beim Erhitzen von 6-Amino-benzo[*e*]perimidin-7-on mit Benzamid, HCl und Nitrobenzol (*I.G. Farbenind.*, D.R.P. 633207).

Grüngelbe Kristalle (aus Nitrobenzol); F: 268° (*I.G. Farbenind.*, D.R.P. 633207). F: 258° (*Jones et al.*, Brit. J. Pharmacol. Chemotherapy **7** [1952] 486, 490).

4-Fluor-benzoesäure-[7-oxo-7*H*-benzo[*e*]perimidin-6-ylamid] $C_{22}H_{12}FN_3O_2$, Formel VII (X = X′ = H, X″ = F).

B. Aus 6-Amino-benzo[*e*]perimidin-7-on (*I.G. Farbenind.*, D.R.P. 633207 [1931]; Frdl. **21** 1143).

Gelbe Kristalle; F: 317–318°.

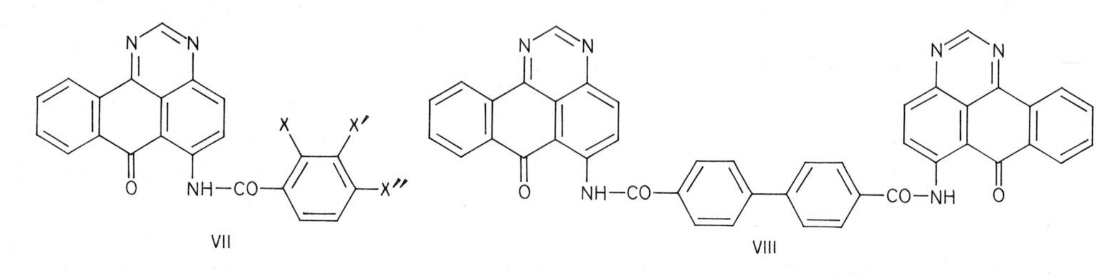

4-Chlor-benzoesäure-[7-oxo-7*H*-benzo[*e*]perimidin-6-ylamid] $C_{22}H_{12}ClN_3O_2$, Formel VII (X = X′ = H, X″ = Cl).

B. Aus 6-Amino-benzo[*e*]perimidin-7-on und 4-Chlor-benzoylchlorid (*I.G. Farbenind.*, D.R.P. 633207 [1931]; Frdl. **21** 1143; *Sunthankar, Venkataraman*, Pr. Indian Acad. [A] **32** [1950] 240, 248).

Gelbe Kristalle; F: 317–319° (*I.G. Farbenind.*), 317° [aus Nitrobenzol] (*Su., Ve.*). Absorptionsspektrum (2-Äthoxy-äthanol; 240–490 nm): *Su., Ve.*, l. c. S. 244.

Die folgenden Verbindungen sind in analoger Weise hergestellt worden:

4-Nitro-benzoesäure-[7-oxo-7*H*-benzo[*e*]perimidin-6-ylamid] $C_{22}H_{12}N_4O_4$, Formel VII (X = X′ = H, X″ = NO_2). Gelbe Kristalle; F: 312–313° (*I.G. Farbenind.*, D.R.P. 633207).

6-*o*-Toluoylamino-benzo[*e*]perimidin-7-on, *N*-[7-Oxo-7*H*-benzo[*e*]perimidin-6-yl]-*o*-toluamid $C_{23}H_{15}N_3O_2$, Formel VII (X = CH_3, X′ = X″ = H). Gelbe Kristalle; F: 287–288° (*I.G. Farbenind.*, D.R.P. 633207).

4-Trifluormethyl-benzoesäure-[7-oxo-7*H*-benzo[*e*]perimidin-6-ylamid] $C_{23}H_{12}F_3N_3O_2$, Formel VII (X = X′ = H, X″ = CF_3). Gelbe Kristalle; F: ca. 220° (*I.G. Farbenind.*, D.R.P. 665598 [1936]; Frdl. **25** 765; *Gen. Aniline Works*, U.S.P. 2143717 [1937]).

4-Methyl-3-nitro-benzoesäure-[7-oxo-7*H*-benzo[*e*]perimidin-6-ylamid] $C_{23}H_{14}N_4O_4$, Formel VII (X = H, X′ = NO_2, X″ = CH_3). Gelbe Kristalle; F: 300–301° (*I.G. Farbenind.*, D.R.P. 633207).

N-[7-Oxo-7*H*-benzo[*e*]perimidin-6-yl]-biphenyl-4-carbamid $C_{28}H_{17}N_3O_2$, Formel VII (X = X′ = H, X″ = C_6H_5). F: 288–289° (*I.G. Farbenind.*, D.R.P. 633207).

4-Cyan-benzoesäure-[7-oxo-7*H*-benzo[*e*]perimidin-6-ylamid] $C_{23}H_{12}N_4O_2$, Formel VII (X = X′ = H, X″ = CN). F: 317–318° (*I.G. Farbenind.*, D.R.P. 633207).

N,N′-Bis-[7-oxo-7*H*-benzo[*e*]perimidin-6-yl]-biphenyl-1,4-dicarbamid $C_{44}H_{24}N_6O_4$, Formel VIII. Gelbe Kristalle; F: >360° (*I.G. Farbenind.*, D.R.P. 633207).

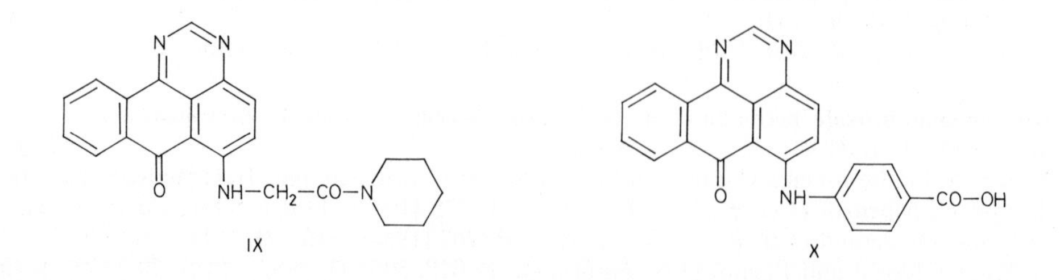

***N*-[7-Oxo-7*H*-benzo[*e*]perimidin-6-yl]-glycin** $C_{17}H_{11}N_3O_3$, Formel VI (R = CH_2-CO-OH). F: 287° [Zers.] (*Jones et al.*, Brit. J. Pharmacol. Chemotherapy **7** [1952] 486, 489).

Äthylester $C_{19}H_{15}N_3O_3$. F: 182°.

Diäthylamid $C_{21}H_{20}N_4O_2$. F: 203–204°.
3-Diäthylamino-propylamid $C_{24}H_{27}N_5O_2$. Feststoff mit 0,5 Mol H_2O; F: 189°.
Piperidid $C_{22}H_{20}N_4O_2$; 1-[*N*-(7-Oxo-7*H*-benzo[*e*]perimidin-6-yl)-glycyl]-piperidin, Formel IX. F: 233–235°.

3-Methoxy-benzoesäure-[7-oxo-7*H*-benzo[*e*]perimidin-6-ylamid] $C_{23}H_{15}N_3O_3$, Formel VII (X = X'' = H, X' = O-CH_3).
B. Aus 6-Amino-benzo[*e*]perimidin-7-on und 3-Methoxy-benzoylchlorid (*I.G. Farbenind.*, D.R.P. 633207 [1931]; Frdl. **21** 1143).
Kristalle (aus Trichlorbenzol); F: 290–291°.

4-[7-Oxo-7*H*-benzo[*e*]perimidin-6-ylamino]-benzoesäure $C_{22}H_{13}N_3O_3$, Formel X.
F: 356–358° (*Jones et al.*, Brit. J. Pharmacol. Chemotherapy **7** [1952] 486, 489).

4,4'-Bis-[7-oxo-7*H*-benzo[*e*]perimidin-6-ylcarbamoyl]-benzophenon, 4,4'-Carbonyl-di-benzoesäure-bis-[7-oxo-7*H*-benzo[*e*]perimidin-6-ylamid] $C_{45}H_{24}N_6O_5$, Formel XI.
B. Aus 6-Amino-benzo[*e*]perimidin-7-on und 4,4'-Carbonyl-dibenzoylchlorid (*I.G. Farbenind.*, D.R.P. 633207 [1931]; Frdl. **21** 1143).
Gelbe Kristalle; F: 345–347°.

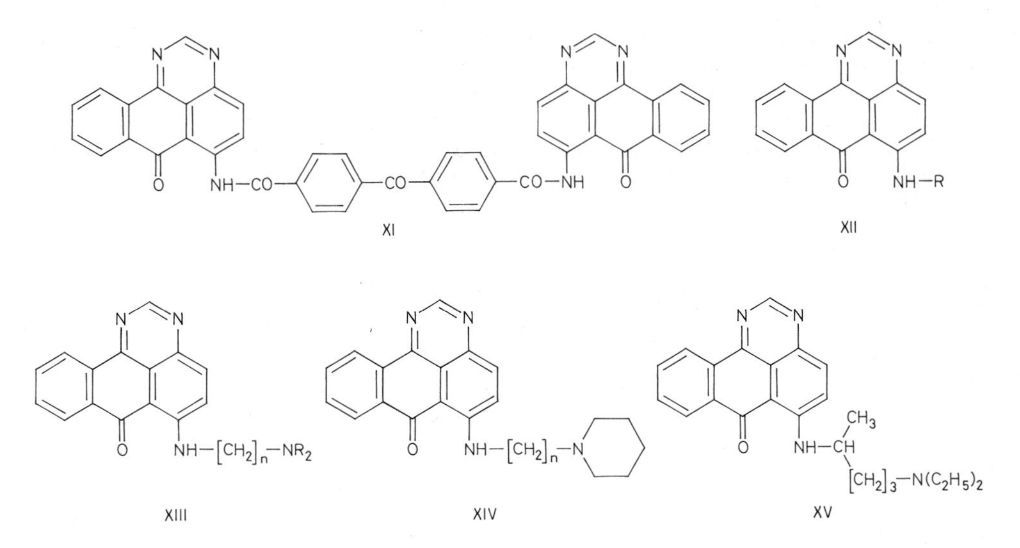

2-[7-Oxo-7*H*-benzo[*e*]perimidin-6-ylamino]-äthansulfonsäure, *N*-[7-Oxo-7*H*-benzo[*e*]perimidin-6-yl]-taurin $C_{17}H_{13}N_3O_4S$, Formel XII (R = CH_2-CH_2-SO_2-OH).
F: 294° (*Jones et al.*, Brit. J. Pharmacol. Chemotherapy **7** [1952] 486, 488).

Die folgenden Verbindungen sind in analoger Weise hergestellt worden:
N-[7-Oxo-7*H*-benzo[*e*]perimidin-6-yl]-sulfanilsäure-amid $C_{21}H_{14}N_4O_3S$, Formel XII (R = C_6H_4-SO_2-NH_2). F: 326°.
4-[(7-Oxo-7*H*-benzo[*e*]perimidin-6-ylamino)-methyl]-benzolsulfonsäure-amid $C_{22}H_{16}N_4O_3S$, Formel XII (R = CH_2-C_6H_4-SO_2-NH_2). F: 264°.
6-[2-Diäthylamino-äthylamino]-benzo[*e*]perimidin-7-on $C_{21}H_{22}N_4O$, Formel XIII (R = C_2H_5, n = 2). F: 98°.
6-[3-Diäthylamino-propylamino]-benzo[*e*]perimidin-7-on $C_{22}H_{24}N_4O$, Formel XIII (R = C_2H_5, n = 3). Dihydrobromid $C_{22}H_{24}N_4O \cdot 2HBr$. F: 220°.
6-[3-Piperidino-propylamino]-benzo[*e*]perimidin-7-on $C_{23}H_{24}N_4O$, Formel XIV (n = 3). F: 113°. – Methojodid $[C_{24}H_{27}N_4O]I$. F: 262°.

6-[4-Diäthylamino-butylamino]-benzo[*e*]perimidin-7-on $C_{23}H_{26}N_4O$, Formel XIII (R = C_2H_5, n = 4). Dihydrochlorid $C_{23}H_{26}N_4O \cdot 2HCl$. Feststoff mit 1 Mol H_2O; F: 178°.

6-[4-Dibutylamino-butylamino]-benzo[*e*]perimidin-7-on $C_{27}H_{34}N_4O$, Formel XIII (R = $[CH_2]_3$-CH_3, n = 4). F: 84°.

6-[5-Diäthylamino-pentylamino]-benzo[*e*]perimidin-7-on $C_{24}H_{28}N_4O$, Formel XIII (R = C_2H_5, n = 5). Feststoff mit 1 Mol H_2O; F: 93°.

(±)-6-[4-Diäthylamino-1-methyl-butylamino]-benzo[*e*]perimidin-7-on $C_{24}H_{28}N_4O$, Formel XV. Hygroskopisch. – Picrat $C_{24}H_{28}N_4O \cdot C_6H_3N_3O_7$.

6-[6-Diäthylamino-hexylamino]-benzo[*e*]perimidin-7-on $C_{25}H_{30}N_4O$, Formel XIII (R = C_2H_5, n = 6). Dihydrochlorid. Hygroskopisch. – Dipicrat $C_{25}H_{30}N_4O \cdot 2C_6H_3N_3O_7$.

6-[6-Piperidino-hexylamino]-benzo[*e*]perimidin-7-on $C_{26}H_{30}N_4O$, Formel XIV (n = 6). F: 116–117°.

N,N'-Bis-[7-oxo-7*H*-benzo[*e*]perimidin-6-yl]-hexandiyldiamin, 6,6'-Hexandiyl=diamino-bis-benzo[*e*]perimidin-7-on $C_{36}H_{28}N_6O_2$, Formel I. Feststoff mit 0,5 Mol H_2O; F: 273°.

*6-[3-Diäthylamino-allylamino]-benzo[*e*]perimidin-7-on $C_{22}H_{22}N_4O$, Formel II. F: 245°.

6-[3-Amino-anilino]-benzo[*e*]perimidin-7-on $C_{21}H_{14}N_4O$, Formel III. Feststoff mit 0,5 Mol H_2O; F: 232°.

6-[4-Amino-anilino]-benzo[*e*]perimidin-7-on $C_{21}H_{14}N_4O$, Formel IV (R = R' = H). Feststoff mit 0,5 Mol H_2O; F: 286°.

6-[4-Diäthylamino-anilino]-benzo[*e*]perimidin-7-on $C_{25}H_{22}N_4O$, Formel IV (R = R' = C_2H_5). F: 192°.

6-[4-Acetylamino-anilino]-benzo[*e*]perimidin-7-on, Essigsäure-[4-(7-oxo-7*H*-benzo[*e*]perimidin-6-ylamino)-anilid] $C_{23}H_{16}N_4O_2$, Formel IV (R = CO-CH_3, R' = H). F: 276°.

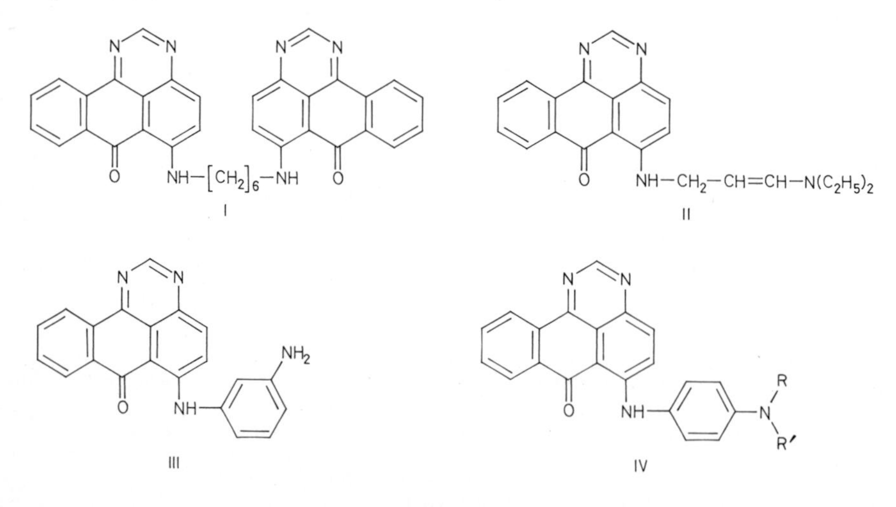

1-Benzoylamino-4-[3(oder 8)-(7-oxo-7*H*-benzo[*e*]perimidin-6-ylamino)-fluoranthen-8(oder 3)-yl=amino]-anthrachinon, *N*-{9,10-Dioxo-4-[3(oder 8)-(7-oxo-7*H*-benzo[*e*]perimidin-6-ylamino)-fluoranthen-8(oder 3)-ylamino]-9,10-dihydro-[1]anthryl}-benzamid $C_{52}H_{29}N_5O_4$, Formel V oder VI.

B. Aus 1-Benzoylamino-4-[3(oder 8)-brom-fluoranthen-8(oder 3)-ylamino]-anthrachinon (E III **14** 453) und 6-Amino-benzo[*e*]perimidin-7-on (*CIBA*, D.R.P. 748788 [1938]; D.R.P. Org. Chem. **1**, Tl. 2, S. 636; U.S.P. 2253789 [1938]).

Schwarze Kristalle; F: 380°.

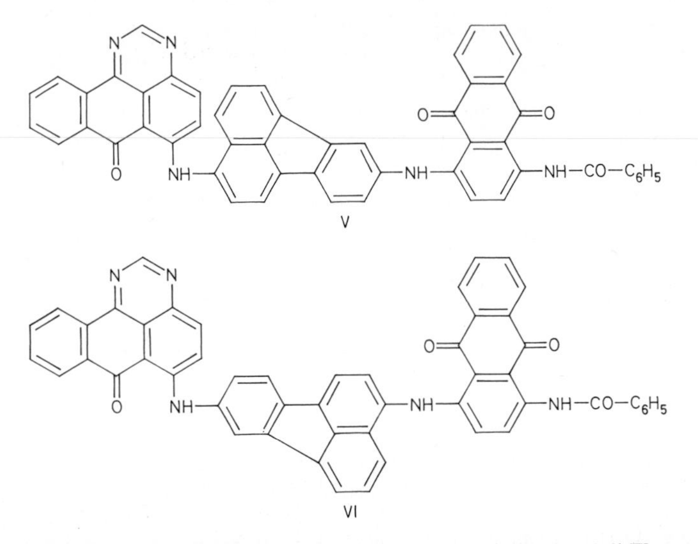

***N,N'*-Bis-[7-oxo-7*H*-benzo[*e*]perimidin-6-yl]-fluoranthen-3,8-diyldiamin, 6,6'-Fluoranthen-3,8-diyldiamino-bis-benzo[*e*]perimidin-7-on** $C_{46}H_{24}N_6O_2$, Formel VII.

B. Aus 6-Amino-benzo[*e*]perimidin-7-on und 3,8-Dibrom-fluoranthen [E III **5** 2278] (*CIBA*, D.R.P. 748788 [1938]; D.R.P. Org. Chem. **1**, Tl. 2, S. 636; U.S.P. 2253789 [1938]).

Rotbraunes Pulver; F: 390° [Zers.].

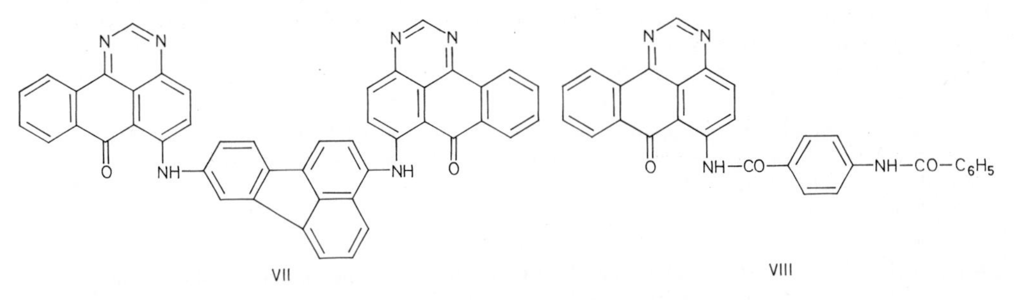

4-Benzoylamino-benzoesäure-[7-oxo-7*H*-benzo[*e*]perimidin-6-ylamid] $C_{29}H_{18}N_4O_3$, Formel VIII.

B. Aus 4-Nitro-benzoesäure-[7-oxo-7*H*-benzo[*e*]perimidin-6-ylamid] über 4-Amino-benzoe⸗säure-[7-oxo-7*H*-benzo[*e*]perimidin-6-ylamid] (*I. G. Farbenind.*, D.R.P. 633207 [1931]; Frdl. **21** 1143).

Gelbe Kristalle; F: 353–354°.

6-Benzoylamino-2-chlor-benzo[*e*]perimidin-7-on, *N*-[2-Chlor-7-oxo-7*H*-benzo[*e*]perimidin-6-yl]-benzamid $C_{22}H_{12}ClN_3O_2$, Formel IX (R = CO-C_6H_5, X = Cl, X' = H).

B. Beim Erhitzen von *N*-[2,7-Dioxo-2,7-dihydro-3*H*-benzo[*e*]perimidin-6-yl]-benzamid mit PCl_5 in Nitrobenzol (*I. G. Farbenind.*, D.R.P. 650056 [1931]; Frdl. **24** 932).

Gelbe Kristalle; F: 305°.

4-Chlor-benzoesäure-[2-chlor-7-oxo-7*H*-benzo[*e*]perimidin-6-ylamid] $C_{22}H_{11}Cl_2N_3O_2$, Formel IX (R = CO-C_6H_4-Cl, X = Cl, X' = H).

B. Aus der vorangehenden Verbindung über 6-Amino-2-chlor-benzo[*e*]perimidin-7-on (*I. G. Farbenind.*, D.R.P. 633207 [1931]; Frdl. **21** 1143). Aus 4-Chlor-benzoesäure-[2,7-dioxo-2,7-di⸗hydro-3*H*-benzo[*e*]perimidin-6-ylamid] mit Hilfe von PCl_5 (*I. G. Farbenind.*, D.R.P. 650056 [1931]; Frdl. **24** 932).

Gelbe Kristalle; F: >330°.

6-Amino-4-brom-benzo[*e*]perimidin-7-on $C_{15}H_8BrN_3O$, Formel IX (R = X = H, X′ = Br).

B. Aus 6-Amino-benzo[*e*]perimidin-7-on und Brom (*I.G. Farbenind.*, D.R.P. 638837 [1934]; Frdl. **23** 1065).

Gelbe Kristalle (aus Trichlorbenzol); F: 280°.

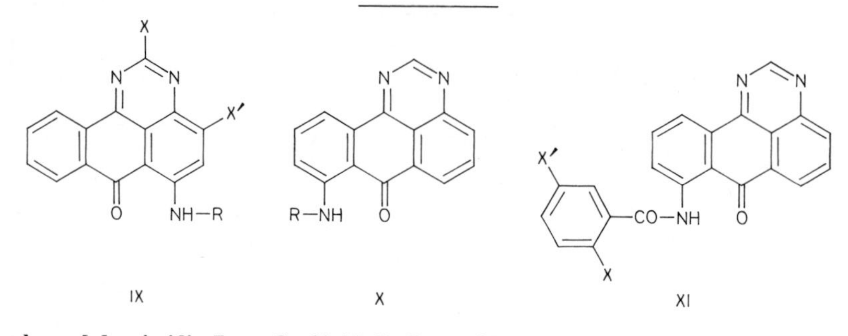

8-Amino-benzo[*e*]perimidin-7-on $C_{15}H_9N_3O$, Formel X (R = H).

B. Aus 1,5-Diamino-anthrachinon und Formamid (*I.G. Farbenind.*, D.R.P. 573556 [1931]; Frdl. **19** 2021; *Gen. Aniline Works*, U.S.P. 2040858 [1932]; *Sunthankar, Venkataraman*, Pr. Indian Acad. [A] **32** [1950] 240, 247). Aus *N*-[7-Oxo-7*H*-benzo[*e*]perimidin-8-yl]-benzamid mit Hilfe von wss. H_2SO_4 (*I.G. Farbenind.*, D.R.P. 573556; *Gen. Aniline Works*, U.S.P. 2040858; *Wittenberger*, Melliand Textilber. **30** [1949] 159).

Rote Kristalle; F: 257—258° [aus Nitrobenzol] (*Su., Ve.*), 256—257° (*I.G. Farbenind.*, D.R.P. 573556; *Gen. Aniline Works*, U.S.P. 2040858), 249—251° [aus Nitrobenzol] (*Wi.*).

Beim Behandeln mit wss. NaOH und $Na_2S_2O_4$ und anschliessend mit wss. Formaldehyd ist 8-Amino-4(?),9(?)-dimethyl-benzo[*e*]perimidin-7-on $C_{17}H_{13}N_3O$ (rote Kristalle; F: 256—257°) erhalten worden (*Gen. Aniline Works*, U.S.P. 2115445 [1934]; s. a. *I.G. Farbenind.*, D.R.P. 620345 [1933]; Frdl. **22** 1120).

8-Octadecylamino-benzo[*e*]perimidin-7-on $C_{33}H_{45}N_3O$, Formel X (R = $[CH_2]_{17}$-CH_3).

B. Aus 8-Chlor-benzo[*e*]perimidin-7-on und Octadecylamin in Nitrobenzol (*I.G. Farbenind.*, D.R.P. 692707 [1931]; Frdl. **24** 919).

Violette Kristalle (aus Chlorbenzol + A.); F: 110—120°.

8-Benzoylamino-benzo[*e*]perimidin-7-on, *N*-[7-Oxo-7*H*-benzo[*e*]perimidin-8-yl]-benzamid $C_{22}H_{13}N_3O_2$, Formel XI (X = X′ = H).

B. Beim Erhitzen von 1-Amino-5-benzoylamino-anthrachinon mit wss. Formaldehyd, wss. NH_3 und Natrium-[3-nitro-benzolsulfonat] (*I.G. Farbenind.*, D.R.P. 711775 [1938]; D.R.P. Org. Chem. **1**, Tl. 2, S. 280; *Gen. Aniline & Film Corp.*, U.S.P. 2212928 [1939]) oder mit Formamid, Ammoniumvanadat und Nitrobenzol (*Wittenberger*, Melliand Textilber. **30** [1949] 159; vgl. *I.G. Farbenind.*, D.R.P. 633207 [1931]; Frdl. **21** 1143).

Gelbliche Kristalle [aus Nitrobenzol + wenig Benzoylchlorid] (*I.G. Farbenind.*, D.R.P. 633207).

2-Chlor-benzoesäure-[7-oxo-7*H*-benzo[*e*]perimidin-8-ylamid] $C_{22}H_{12}ClN_3O_2$, Formel XI (X = Cl, X′ = H).

F: 260° (*I.G. Farbenind.*, D.R.P. 633207 [1931]; Frdl. **21** 1143).

3-Chlor-benzoesäure-[7-oxo-7*H*-benzo[*e*]perimidin-8-ylamid] $C_{22}H_{12}ClN_3O_2$, Formel XI (X = H, X′ = Cl).

F: 306° (*I.G. Farbenind.*, D.R.P. 633207 [1931]; Frdl. **21** 1143).

4-Chlor-benzoesäure-[7-oxo-7*H*-benzo[*e*]perimidin-8-ylamid] $C_{22}H_{12}ClN_3O_2$, Formel XII (X = X′ = H, X″ = Cl).

B. Aus 8-Amino-benzo[*e*]perimidin-7-on und 4-Chlor-benzoylchlorid in Nitrobenzol (*I.G.

Farbenind., D.R.P. 633207 [1931]; Frdl. **21** 1143).
Gelbe Kristalle; F: 306–307°.

2,4-Dichlor-benzoesäure-[7-oxo-7*H*-benzo[*e*]perimidin-8-ylamid] $C_{22}H_{11}Cl_2N_3O_2$, Formel XII (X = X'' = Cl, X' = H).
F: 324° (*I.G. Farbenind.*, D.R.P. 633207 [1931]; Frdl. **21** 1143).

2,5-Dichlor-benzoesäure-[7-oxo-7*H*-benzo[*e*]perimidin-8-ylamid] $C_{22}H_{11}Cl_2N_3O_2$, Formel XI (X = X' = Cl).
B. Aus 8-Amino-benzo[*e*]perimidin-7-on und 2,5-Dichlor-benzoylchlorid (*Sunthankar, Venkataraman*, Pr. Indian Acad. [A] **32** [1950] 240, 247).
Gelbe Kristalle (aus Nitrobenzol); F: 287–288° (*Su., Ve.*, l. c. S. 247). F: 287° (*I.G. Farbenind.*, D.R.P. 633207 [1931]; Frdl. **21** 1143). Absorptionsspektrum (2-Äthoxy-äthanol; 250–510 nm): *Su., Ve.*, l. c. S. 244.

3,4-Dichlor-benzoesäure-[7-oxo-7*H*-benzo[*e*]perimidin-8-ylamid] $C_{22}H_{11}Cl_2N_3O_2$, Formel XII (X = H, X' = X'' = Cl).
F: 321° (*I.G. Farbenind.*, D.R.P. 633207 [1931]; Frdl. **21** 1143).

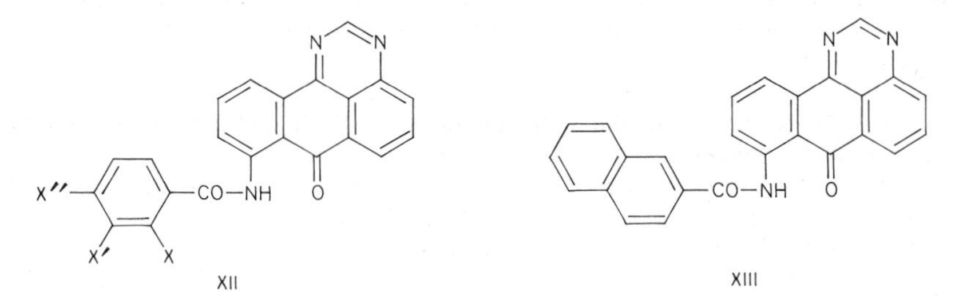

XII XIII

4-Brom-benzoesäure-[7-oxo-7*H*-benzo[*e*]perimidin-8-ylamid] $C_{22}H_{12}BrN_3O_2$, Formel XII (X = X' = H, X'' = Br).
B. Aus 8-Amino-benzo[*e*]perimidin-7-on und 4-Brom-benzoylchlorid in Nitrobenzol (*I.G. Farbenind.*, D.R.P. 633207 [1931]; Frdl. **21** 1143).
Gelbe Kristalle (aus Trichlorbenzol).

4-Jod-benzoesäure-[7-oxo-7*H*-benzo[*e*]perimidin-8-ylamid] $C_{22}H_{12}IN_3O_2$, Formel XII (X = X' = H, X'' = I).
F: 302° (*I.G. Farbenind.*, D.R.P. 633207 [1931]; Frdl. **21** 1143).

8-*p*-Toluoylamino-benzo[*e*]perimidin-7-on, *N*-[7-Oxo-7*H*-benzo[*e*]perimidin-8-yl]-*p*-toluamid $C_{23}H_{15}N_3O_2$, Formel XII (X = X' = H, X'' = CH_3).
F: 301° (*I.G. Farbenind.*, D.R.P. 633207 [1931]; Frdl. **21** 1143).

8-[2]Naphthoylamino-benzo[*e*]perimidin-7-on, *N*-[7-Oxo-7*H*-benzo[*e*]perimidin-8-yl]-[2]naphthamid $C_{26}H_{15}N_3O_2$, Formel XIII.
F: 271° (*I.G. Farbenind.*, D.R.P. 633207 [1931]; Frdl. **21** 1143).

4'-Brom-biphenyl-4-carbonsäure-[7-oxo-7*H*-benzo[*e*]perimidin-8-ylamid] $C_{28}H_{16}BrN_3O_2$, Formel XII (X = X' = H, X'' = C_6H_4-Br).
B. Aus 8-Amino-benzo[*e*]perimidin-7-on und 4'-Brom-biphenyl-4-carbonylchlorid in 1,2-Dichlor-benzol (*I.G. Farbenind.*, D.R.P. 633207 [1931]; Frdl. **21** 1143).
F: 308–310°.

***N,N'*-Bis-[7-oxo-7*H*-benzo[*e*]perimidin-8-yl]-isophthalamid** $C_{38}H_{20}N_6O_4$, Formel XIV.
B. Analog der vorangehenden Verbindung (*I.G. Farbenind.*, D.R.P. 633207 [1931]; Frdl. **21** 1143).

Gelbe Kristalle; F: >360°.

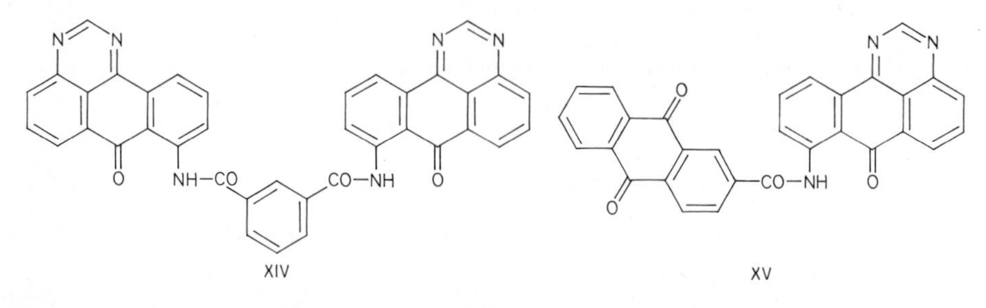

4-Cyan-benzoesäure-[7-oxo-7*H*-benzo[*e*]perimidin-8-ylamid] $C_{23}H_{12}N_4O_2$, Formel XII (X = X′ = H, X″ = CN).

F: 305° (*I. G. Farbenind.*, D.R.P. 633207 [1931]; Frdl. **21** 1143).

9,10-Dioxo-9,10-dihydro-anthracen-2-carbonsäure-[7-oxo-7*H*-benzo[*e*]perimidin-8-ylamid] $C_{30}H_{15}N_3O_4$, Formel XV.

B. Aus 8-Amino-benzo[*e*]perimidin-7-on und 9,10-Dioxo-9,10-dihydro-anthracen-2-carbonylchlorid in Nitrobenzol (*I. G. Farbenind.*, D.R.P. 633207 [1931]; Frdl. **21** 1143).

Gelbe Kristalle; F: >360°.

***N,N′*-Bis-[7-oxo-7*H*-benzo[*e*]perimidin-8-yl]-naphthalin-2,6-diyldiamin, 8,8′-Naphthalin-2,6-diyldiamino-bis-benzo[*e*]perimidin-7-on** $C_{40}H_{22}N_6O_2$, Formel XVI.

B. Aus 8-Amino-benzo[*e*]perimidin-7-on und 2,6-Dibrom-naphthalin (*CIBA*, D.R.P. 748918 [1938]; D.R.P. Org. Chem. **1**, Tl. 2, S. 275; U.S.P. 2301286 [1938]).

Schwarzblaue Kristalle; die unterhalb 460° nicht schmelzen.

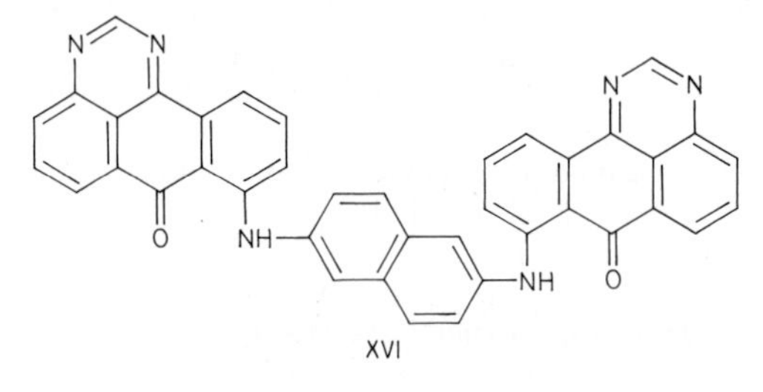

1-Benzoylamino-4-[3(oder 8)-(7-oxo-7*H*-benzo[*e*]perimidin-8-ylamino)-fluoranthen-8(oder 3)-ylamino]-anthrachinon, *N*-{9,10-Dioxo-4-[3(oder 8)-(7-oxo-7*H*-benzo[*e*]perimidin-8-ylamino)-fluoranthen-8(oder 3)-ylamino]-9,10-dihydro-[1]anthryl}-benzamid $C_{52}H_{29}N_5O_4$, Formel I oder II.

B. Aus 1-Benzoylamino-4-[3(oder 8)-brom-fluoranthen-8(oder 3)-ylamino]-anthrachinon (E III **14** 453) und 8-Amino-benzo[*e*]perimidin-7-on (*CIBA*, D.R.P. 748788 [1938]; D.R.P. Org. Chem. **1**, Tl. 2, S. 636; U.S.P. 2253789 [1938]).

Schwarze Kristalle; F: 405–415°.

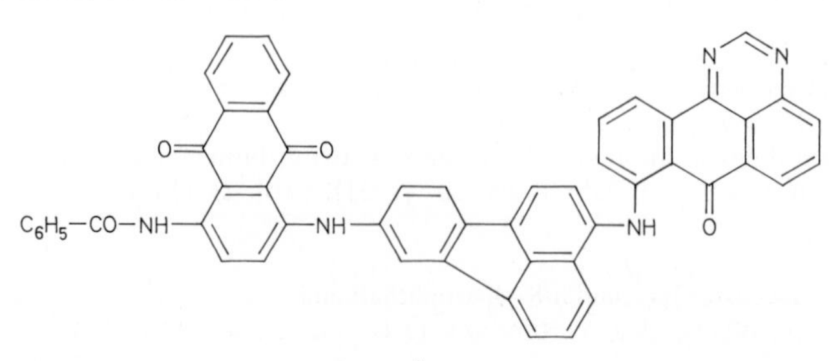

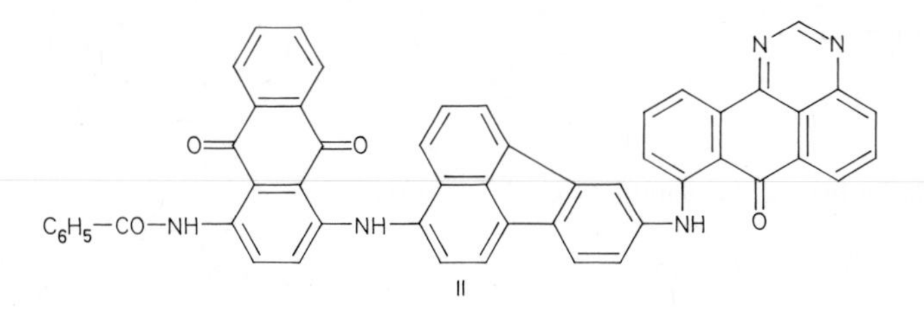

***N,N'*-Bis-[7-oxo-7*H*-benzo[*e*]perimidin-8-yl]-fluoranthen-3,8-diyldiamin, 8,8'-Fluoranthen-3,8-diyldiamino-bis-benzo[*e*]perimidin-7-on** $C_{46}H_{24}N_6O_2$, Formel III.

B. Aus 8-Amino-benzo[*e*]perimidin-7-on und 3,8-Dibrom-fluoranthen [E III **5** 2278] (*CIBA,* D.R.P. 748788 [1938]; D.R.P. Org. Chem. **1**, Tl. 2, S. 636; U.S.P. 2253789 [1938]).

Schwarzblaue Kristalle; F: >450°.

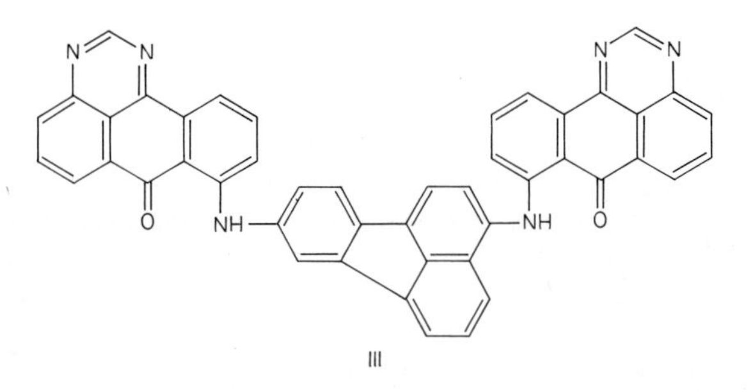

***N,N'*-Bis-[7-oxo-7*H*-benzo[*e*]perimidin-8-yl]-chrysen-6,12-diyldiamin, 8,8'-Chrysen-6,12-diyldiamino-bis-benzo[*e*]perimidin-7-on** $C_{48}H_{26}N_6O_2$, Formel IV.

B. Aus 8-Amino-benzo[*e*]perimidin-7-on und 6,12-Dibrom-chrysen (*CIBA,* U.S.P. 2272011 [1938]).

Olivbraune Kristalle; F: >460°.

8-Benzoylamino-2-chlor-benzo[*e*]perimidin-7-on, *N*-[2-Chlor-7-oxo-7*H*-benzo[*e*]perimidin-8-yl]-benzamid $C_{22}H_{12}ClN_3O_2$, Formel V (R = CO-C_6H_5, X = Cl, X' = H).

B. Aus 1-Amino-5-benzoylamino-anthrachinon über 8-Benzoylamino-3*H*-benzo[*e*]perimidin-2,7-dion (*I.G. Farbenind.,* D.R.P. 650056 [1931]; Frdl. **24** 932).

Gelbe Kristalle; F: ca. 321°.

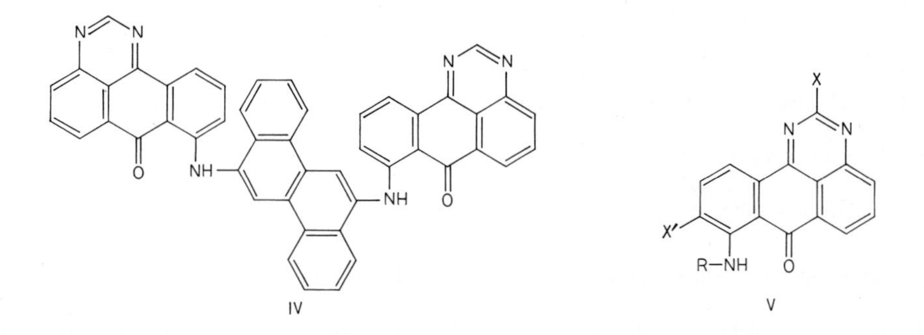

8-Amino-x,x-dichlor-benzo[*e*]perimidin-7-on $C_{15}H_7Cl_2N_3O$, Formel VI.

B. Aus 8-Amino-benzo[*e*]perimidin-7-on mit Hilfe von Chlor (*I.G. Farbenind.,* D.R.P. 638837 [1934]; Frdl. **23** 1065; D.R.P. 639378 [1934]; Frdl. **23** 1068) oder von SO_2Cl_2 (*I.G. Farbenind.,*

D.R.P. 639378).

Violette Kristalle; F: 256° (*I.G. Farbenind.*, D.R.P. 639378). Rote Kristalle [aus Trichlorbenzol] (*I.G. Farbenind.*, D.R.P. 638837).

8-Amino-9(?)-brom-benzo[*e*]perimidin-7-on $C_{15}H_8BrN_3O$, vermutlich Formel V (R = X = H, X′ = Br).

B. Aus 8-Amino-benzo[*e*]perimidin-7-on und Brom (*I.G. Farbenind.*, D.R.P. 638837 [1934]; Frdl. **23** 1065).

Rote Kristalle (aus Trichlorbenzol oder Eg.); F: 238–240°.

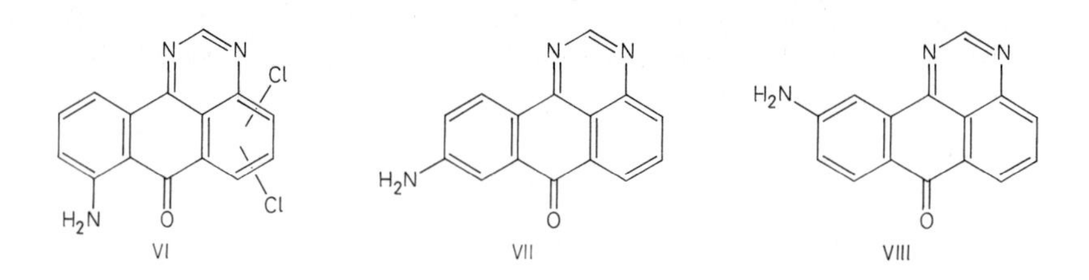

9-Amino-benzo[*e*]perimidin-7-on $C_{15}H_9N_3O$, Formel VII.

B. Aus 1,6-Diamino-anthrachinon und Formamid (*I.G. Farbenind.*, D.R.P. 633207 [1931]; Frdl. **21** 1143).

Braune Kristalle; F: 305°.

10-Amino-benzo[*e*]perimidin-7-on $C_{15}H_9N_3O$, Formel VIII.

B. Aus 1,7-Diamino-anthrachinon und Formamid (*I.G. Farbenind.*, D.R.P. 573556 [1931]; Frdl. **19** 2021; *Gen. Aniline Works*, U.S.P. 2040858 [1932]).

Braune Kristalle (aus Trichlorbenzol); F: 278–281°.

11-Amino-benzo[*e*]perimidin-7-on $C_{15}H_9N_3O$, Formel IX (R = X = X′ = H).

B. Aus 11-Chlor-benzo[*e*]perimidin-7-on und Toluol-4-sulfonamid (*I.G. Farbenind.*, D.R.P. 590747 [1932]; Frdl. **20** 1351; *Gen. Aniline Works*, U.S.P. 2040861 [1933]).

F: 276°.

11(?)-Hexadecylamino-benzo[*e*]perimidin-7-on $C_{31}H_{41}N_3O$, vermutlich Formel IX (R = $[CH_2]_{15}$-CH_3, X = X′ = H).

B. Beim Erhitzen von 11(?)-Nitro-benzo[*e*]perimidin-7-on (aus Benzo[*e*]perimidin-7-on, HNO_3 und H_2SO_4 erhalten) mit Hexadecylamin in Nitrobenzol auf 250–290° (*I.G. Farbenind.*, D.R.P. 692707 [1931]; Frdl. **24** 919).

Rotviolette Kristalle; F: 105–110°.

8-Chlor-11(?)-nonylamino-benzo[*e*]perimidin-7-on $C_{24}H_{26}ClN_3O$, vermutlich Formel IX (R = $[CH_2]_8$-CH_3, X = H, X′ = Cl).

B. Analog der vorangehenden Verbindung (*I.G. Farbenind.*, D.R.P. 683317 [1936]; D.R.P. Org. Chem. **1**, Tl. 2, S. 765).

Rotviolette Kristalle; F: 95°.

11-Amino-x,x-dichlor-benzo[*e*]perimidin-7-on $C_{15}H_7Cl_2N_3O$, Formel IX (R = X′ = H, X = Cl).

B. Aus 11-Amino-benzo[*e*]perimidin mit Hilfe von Chlor (*I.G. Farbenind.*, D.R.P. 638837 [1934]; Frdl. **23** 1065) oder von SO_2Cl_2 (*I.G. Farbenind.*, D.R.P. 639378 [1934]; Frdl. **23** 1068).

Rote Kristalle (aus Trichlorbenzol); F: 318° (*I.G. Farbenind.*, D.R.P. 638837), 315–318° (*I.G. Farbenind.*, D.R.P. 639378).

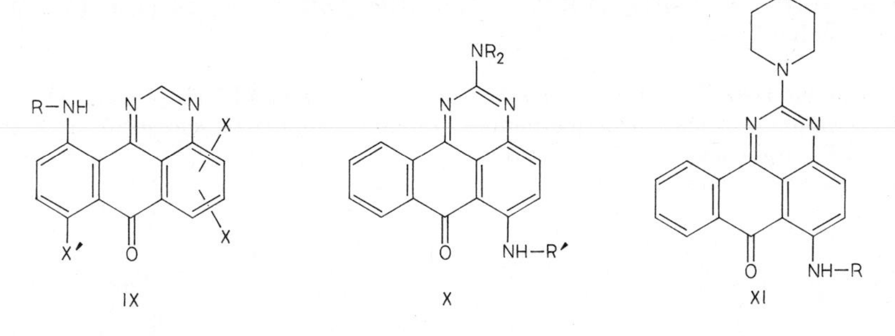

2,6-Diamino-benzo[*e*]perimidin-7-on $C_{15}H_{10}N_4O$, Formel X (R = R' = H).
F: 336° (*Jones et al.*, Brit. J. Pharmacol. Chemotherapy **7** [1952] 486, 488).

6-Amino-2-dimethylamino-benzo[*e*]perimidin-7-on $C_{17}H_{14}N_4O$, Formel X (R = CH_3, R' = H).
F: 271° (*Jones et al.*, Brit. J. Pharmacol. Chemotherapy **7** [1952] 486, 488).

6-Amino-2-piperidino-benzo[*e*]perimidin-7-on $C_{20}H_{18}N_4O$, Formel XI (R = H).
F: 245° (*Jones et al.*, Brit. J. Pharmacol. Chemotherapy **7** [1952] 486, 488).

2-Amino-6-benzoylamino-benzo[*e*]perimidin-7-on, *N*-[2-Amino-7-oxo-7*H*-benzo[*e*]perimidin-6-yl]-benzamid $C_{22}H_{14}N_4O_2$, Formel X (R = H, R' = CO-C_6H_5).
B. Aus 1-Amino-4-benzoylamino-anthrachinon und Carbamonitril (*Battegay,* IX. Congr. int. Quim. Madrid **1934** Bd. 4, S. 337, 347).
Schwarze Kristalle [aus Xylol] (*Ba.*); F: 298° (*Jones et al.*, Brit. J. Pharmacol. Chemotherapy **7** [1952] 486, 490), 295° (*Ba.*).
Monobenzoyl-Derivat $C_{29}H_{18}N_4O_3$; 2,6-Bis-benzoylamino-benzo[*e*]perimidin-7-on. Gelbe Kristalle (*Ba.*).
Dibenzoyl-Derivat $C_{36}H_{22}N_4O_4$. Gelbe Kristalle [aus PAe.] (*Ba.*).

6-Benzoylamino-2-piperidino-benzo[*e*]perimidin-7-on, *N*-[7-Oxo-2-piperidino-7*H*-benzo[*e*]perimidin-6-yl]-benzamid $C_{27}H_{22}N_4O_2$, Formel XI (R = CO-C_6H_5).
F: 258° (*Jones et al.*, Brit. J. Pharmacol. Chemotherapy **7** [1952] 486, 490).

2-Amino-8-benzoylamino-benzo[*e*]perimidin-7-on, *N*-[2-Amino-7-oxo-7*H*-benzo[*e*]perimidin-6-yl]-benzamid $C_{22}H_{14}N_4O_2$, Formel XII.
B. Aus 1-Amino-5-benzoylamino-anthrachinon und Carbamonitril (*I.G. Farbenind.*, D.R.P. 633564 [1932]; Frdl. **21** 1154).
Orangefarbene Kristalle (aus Trichlorbenzol); F: 326–327°.

4,6-Diamino-benzo[*e*]perimidin-7-on $C_{15}H_{10}N_4O$, Formel XIII (R = R' = H).
F: 283° (*Jones et al.*, Brit. J. Pharmacol. Chemotherapy **7** [1952] 486, 488).

6-Amino-4-diäthylamino-benzo[*e*]perimidin-7-on $C_{19}H_{18}N_4O$, Formel XIII (R = R' = C_2H_5).
F: 230° (*Jones et al.*, Brit. J. Pharmacol. Chemotherapy **7** [1952] 486, 488).

6-Amino-4-dodecylamino-benzo[*e*]perimidin-7-on $C_{27}H_{34}N_4O$, Formel XIII (R = $[CH_2]_{11}$-CH_3, R' = H).
B. Aus 6-Amino-4-brom-benzo[*e*]perimidin-7-on und Dodecylamin in Amylalkohol (*I.G. Farbenind.*, D.R.P. 683317 [1936]; D.R.P. Org. Chem. **1**, Tl. 2, S. 765).
Grüngelbe Kristalle; F: 123–125°.

6-Amino-4-hexadecylamino-benzo[*e*]perimidin-7-on $C_{31}H_{42}N_4O$, Formel XIII (R = $[CH_2]_{15}$-CH_3, R' = H).
B. Aus 6-Amino-4-brom-benzo[*e*]perimidin-7-on über 6-Amino-4-methoxy-benzo[*e*]=

perimidin-7-on (*I. G. Farbenind.*, D.R.P. 683317 [1936]; D.R.P. Org. Chem. **1**, Tl. 2, S. 765).
Gelbe Kristalle; F: ca. 116°.

6-Amino-4-anilino-benzo[*e*]perimidin-7-on $C_{21}H_{14}N_4O$, Formel XIII (R = C_6H_5, R′ = H).
B. Aus 6-Amino-4-brom-benzo[*e*]perimidin-7-on und Anilin (*I. G. Farbenind.*, D.R.P. 732970 [1940]; D.R.P. Org. Chem. **1**, Tl. 2, S. 801).
Orangefarbene Kristalle; F: 266°.

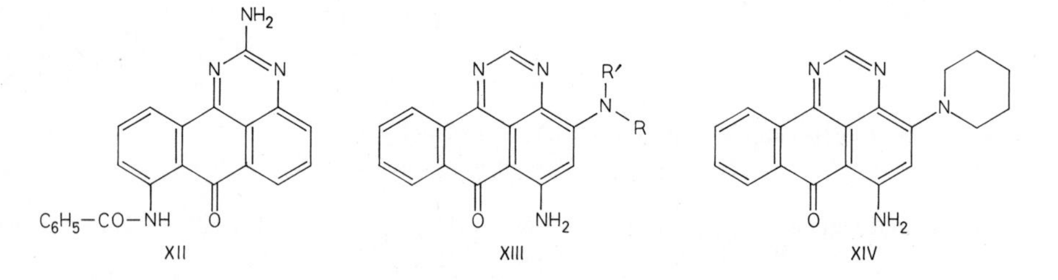

6-Amino-4-*p*-toluidino-benzo[*e*]perimidin-7-on $C_{22}H_{16}N_4O$, Formel XIII (R = C_6H_4-CH_3, R′ = H).
B. Analog der vorangehenden Verbindung (*I. G. Farbenind.*, D.R.P. 732970 [1940]; D.R.P. Org. Chem. **1**, Tl. 2, S. 801).
Gelbrote Kristalle (aus Nitrobenzol oder Trichlorbenzol); F: 292°.

6-Amino-4-[2]naphthylamino-benzo[*e*]perimidin-7-on $C_{25}H_{16}N_4O$, Formel XIII (R = $C_{10}H_7$, R′ = H).
B. Analog den vorangehenden Verbindungen (*I. G. Farbenind.*, D.R.P. 732970 [1940]; D.R.P. Org. Chem. **1**, Tl. 2, S. 801).
Orangefarbene Kristalle; F: 276 – 278°.

6-Amino-4-biphenyl-4-ylamino-benzo[*e*]perimidin-7-on $C_{27}H_{18}N_4O$, Formel XIII (R = C_6H_4-C_6H_5, R′ = H).
B. Analog den vorangehenden Verbindungen (*I. G. Farbenind.*, D.R.P. 732970 [1940]; D.R.P. Org. Chem **1**, Tl. 2, S. 801).
F: 283°.

6-Amino-4-piperidino-benzo[*e*]perimidin-7-on $C_{20}H_{18}N_4O$, Formel XIV.
F: 228° (*Jones et al.*, Brit. J. Pharmacol. Chemotherapy **7** [1952] 486, 488).

6-Amino-4-*p*-anisidino-benzo[*e*]perimidin-7-on $C_{22}H_{16}N_4O_2$, Formel XIII (R = C_6H_4-O-CH_3, R′ = H).
B. Aus 6-Amino-4-brom-benzo[*e*]perimidin-7-on und *p*-Anisidin (*I. G. Farbenind.*, D.R.P. 732970 [1940]; D.R.P. Org. Chem. **1**, Tl. 2, S. 801).
Orangefarbene Kristalle; F: 290°.

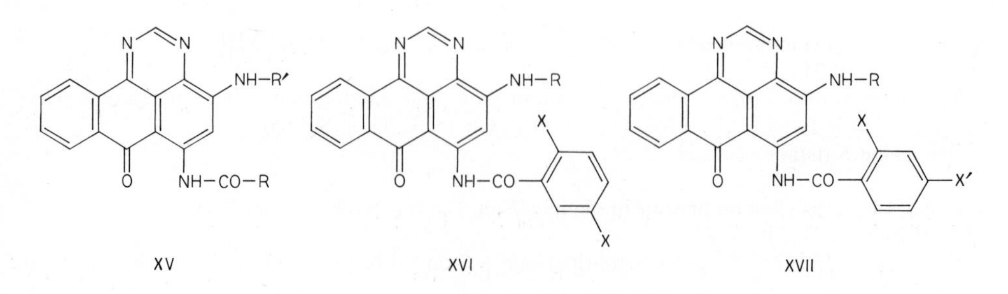

6-Acetylamino-4-anilino-benzo[*e*]perimidin-7-on, *N*-[4-Anilino-7-oxo-7*H*-benzo[*e*]perimidin-6-yl]-acetamid $C_{23}H_{16}N_4O_2$, Formel XV (R = CH_3, R' = C_6H_5).

B. Aus 6-Amino-4-anilino-benzo[*e*]perimidin-7-on beim Erhitzen mit Acetanhydrid und Na= triumacetat (*I.G. Farbenind.*, D.R.P. 732970 [1940]; D.R.P. Org. Chem. **1**, Tl. 2, S. 801).

Rote Kristalle; F: 215–216° (*I.G. Farbenind.*, D.R.P. 732970).

Die folgenden Verbindungen sind in analoger Weise hergestellt worden:

6-Acetylamino-4-*p*-toluidino-benzo[*e*]perimidin-7-on, *N*-[7-Oxo-4-*p*-tolui= dino-7*H*-benzo[*e*]perimidin-6-yl]-acetamid $C_{24}H_{18}N_4O_2$, Formel XV (R = CH_3, R' = C_6H_4-CH_3). Rot; F: 216° (*I.G. Farbenind.*, D.R.P. 732970).

6-Acetylamino-4-*p*-anisidino-benzo[*e*]perimidin-7-on, *N*-[4-*p*-Anisidino-7-oxo-7*H*-benzo[*e*]perimidin-6-yl]-acetamid $C_{24}H_{18}N_4O_3$, Formel XV (R = CH_3, R' = C_6H_4-O-CH_3). Rote Kristalle; F: 230° (*I.G. Farbenind.*, D.R.P. 732970).

6-Butyrylamino-4-*m*-toluidino-benzo[*e*]perimidin-7-on, *N*-[7-Oxo-4-*m*-tolui= dino-7*H*-benzo[*e*]perimidin-6-yl]-butyramid $C_{26}H_{22}N_4O_2$, Formel XV (R = CH_2-C_2H_5, R' = C_6H_4-CH_3). Rote Kristalle; F: 165° (*I.G. Farbenind.*, D.R.P. 732970).

4-Dodecylamino-6-stearoylamino-benzo[*e*]perimidin-7-on, *N*-[4-Dodecyl= amino-7-oxo-7*H*-benzo[*e*]perimidin-6-yl]-stearamid $C_{45}H_{68}N_4O_2$, Formel XV (R = $[CH_2]_{16}$-CH_3, R' = $[CH_2]_{11}$-CH_3). Orangefarbene Kristalle; F: 75–90° (*I.G. Farbenind.*, D.R.P. 683317 [1936]; D.R.P. Org. Chem. 1, Tl. 2, S. 765).

6-Cyclohexancarbonylamino-4-*o*-toluidino-benzo[*e*]perimidin-7-on, *N*-[7-Oxo-4-*o*-toluidino-7*H*-benzo[*e*]perimidin-6-yl]-cyclohexancarbamid $C_{29}H_{26}N_4O_2$, Formel XV (R = C_6H_{11}, R' = C_6H_4-CH_3). Rote Kristalle; F: 247° (*I.G. Farbenind.*, D.R.P. 732970).

4-Anilino-6-benzoylamino-benzo[*e*]perimidin-7-on, *N*-[4-Anilino-7-oxo-7*H*-benzo[*e*]perimidin-6-yl]-benzamid $C_{28}H_{18}N_4O_2$, Formel XVI, (R = C_6H_5, X = H). Rot; F: 256° (*I.G. Farbenind.*, D.R.P. 732970).

2,5-Dichlor-benzoesäure-[4-anilino-7-oxo-7*H*-benzo[*e*]perimidin-6-ylamid] $C_{28}H_{16}Cl_2N_4O_2$, Formel XVI (R = C_6H_5, X = Cl). Rote Kristalle; F: 300° (*I.G. Farbenind.*, D.R.P. 732970).

6-Benzoylamino-4-*o*-toluidino-benzo[*e*]perimidin-7-on, *N*-[7-Oxo-4-*o*-tolui= dino-7*H*-benzo[*e*]perimidin-6-yl]-benzamid $C_{29}H_{20}N_4O_2$, Formel XVI (R = C_6H_4-CH_3, X = H). Rote Kristalle (aus Trichlorbenzol); F: 260–261° (*I.G. Farbenind.*, D.R.P. 732970).

6-Benzoylamino-4-*p*-toluidino-benzo[*e*]perimidin-7-on, *N*-[7-Oxo-4-*p*-tolui= dino-7*H*-benzo[*e*]perimidin-6-yl]-benzamid $C_{29}H_{20}N_4O_2$, Formel XVI (R = C_6H_4-CH_3, X = H). Rot; F: 270° (*I.G. Farbenind.*, D.R.P. 732970).

2,5-Dichlor-benzoesäure-[7-oxo-4-*p*-toluidino-7*H*-benzo[*e*]perimidin-6-yl= amid] $C_{29}H_{18}Cl_2N_4O_2$, Formel XVI (R = C_6H_4-CH_3, X = Cl). Rot; F: 280° (*I.G. Farbenind.*, D.R.P. 732970).

6-Benzoylamino-4-[1]naphthylamino-benzo[*e*]perimidin-7-on, *N*-[[1]Naphthyl= amino-7-oxo-7*H*-benzo[*e*]perimidin-6-yl]-benzamid $C_{32}H_{20}N_4O_2$, Formel XVI (R = $C_{10}H_7$, X = H). Rot; F: 324–325° (*I.G. Farbenind.*, D.R.P. 732970).

2,4-Dichlor-benzoesäure-[4-[2]naphthylamino-7-oxo-7*H*-benzo[*e*]perimidin-6-ylamid] $C_{32}H_{18}Cl_2N_4O_2$, Formel XVII (R = $C_{10}H_7$, X = X' = Cl). Blaurot; F: 295–296° (*I.G. Farbenind.*, D.R.P. 732970).

2,5-Dichlor-benzoesäure-[4-[2]naphthylamino-7-oxo-7*H*-benzo[*e*]perimidin-6-ylamid] $C_{32}H_{18}Cl_2N_4O_2$, Formel XVI (R = $C_{10}H_7$, X = Cl). Rote Kristalle (aus Trichlor= benzol); F: 289° (*I.G. Farbenind.*, D.R.P. 732970).

6-Benzoylamino-4-biphenyl-4-ylamino-benzo[*e*]perimidin-7-on, *N*-[4-Biphen= yl-4-ylamino-7-oxo-7*H*-benzo[*e*]perimidin-6-yl]-benzamid $C_{34}H_{22}N_4O_2$, For= mel XVI (R = C_6H_4-C_6H_5, X = H). Rote Kristalle; F: 283° (*I.G. Farbenind.*, D.R.P. 732970).

4-*p*-Toluidino-6-*p*-toluoylamino-benzo[*e*]perimidin-7-on, *N*-[7-Oxo-4-*p*-tolui= dino-7*H*-benzo[*e*]perimidin-6-yl]-*p*-toluamid $C_{30}H_{22}N_4O_2$, Formel XVII (R = C_6H_4-CH_3, X = H, X' = CH_3). Rote Kristalle; F: 272° (*I.G. Farbenind.*, D.R.P. 732970).

6-[2]Naphthoylamino-4-*p*-toluidino-benzo[*e*]perimidin-7-on, *N*-[7-Oxo-4-*p*-toluidino-7*H*-benzo[*e*]perimidin-6-yl]-[2]naphthamid $C_{33}H_{22}N_4O_2$, Formel I. Rot; F: 270° (*I.G. Farbenind.*, D.R.P. 732970).

N,N'-Bis-[4-anilino-7-oxo-7*H*-benzo[*e*]perimidin-6-yl]-terephthalamid $C_{50}H_{30}N_8O_4$, Formel II. Rote Kristalle; F: >360° (*I.G. Farbenind.*, D.R.P. 732970).

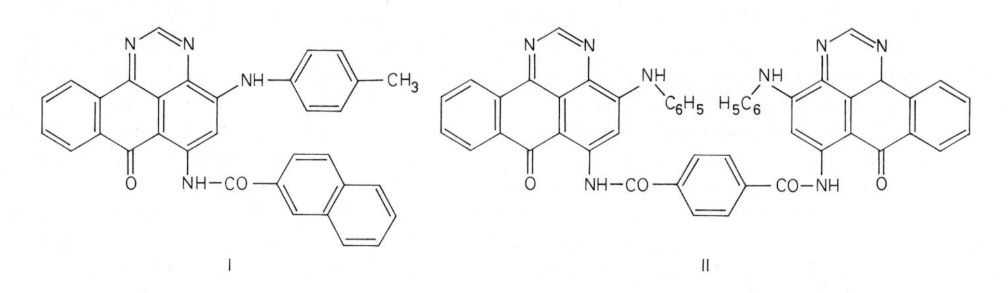

6-Amino-4-[3-piperidino-propylamino]-benzo[*e*]perimidin-7-on $C_{23}H_{25}N_5O$, Formel III.
Feststoff mit 1 Mol H_2O; F: 146° (*Jones et al.*, Brit. J. Pharmacol. Chemotherapy **7** [1952] 486, 488).

4-Anilino-6-nicotinoylamino-benzo[*e*]perimidin-7-on, Nicotinsäure-[4-anilino-7-oxo-7*H*-benzo[*e*]perimidin-6-ylamid] $C_{27}H_{17}N_5O_2$, Formel IV.
B. Aus 6-Amino-4-anilino-benzo[*e*]perimidin-7-on und Nicotinoylchlorid (*I.G. Farbenind.*, D.R.P. 732970 [1940]; D.R.P. Org. Chem. **1**, Tl. 2, S. 801).
Rote Kristalle; F: 286°.

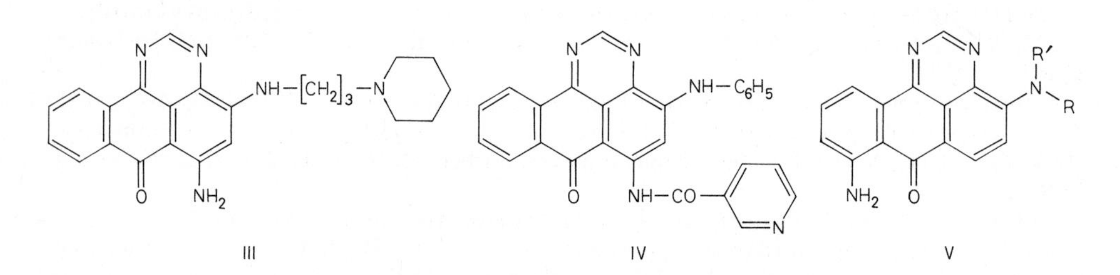

4(?),8-Diamino-benzo[*e*]perimidin-7-on $C_{15}H_{10}N_4O$, vermutlich Formel V (R = R' = H).
B. Beim Erhitzen von 8-Amino-7-oxo-7*H*-benzo[*e*]perimidin-4(?)-sulfonsäure (aus 1,5-Diamino-9,10-dioxo-9,10-dihydro-anthracen-2-sulfonsäure erhalten) mit wss. NH_3 auf 190–200° (*I.G. Farbenind.*, D.R.P. 639854 [1935]; Frdl. **23** 995; *Gen. Aniline Works*, U.S.P. 2123749 [1936]).
Kristalle (aus Trichlorbenzol); F: 295°.

Die folgenden Verbindungen sind in analoger Weise hergestellt worden:

8-Amino-4(?)-methylamino-benzo[*e*]perimidin-7-on $C_{16}H_{12}N_4O$, vermutlich Formel V (R = CH_3, R' = H). Braune Kristalle (aus Trichlorbenzol); F: 289°.

8-Amino-4(?)-dimethylamino-benzo[*e*]perimidin-7-on $C_{17}H_{14}N_4O$, vermutlich Formel V (R = R' = CH_3). Kristalle; F: 258–260°.

4(?)-Äthylamino-8-amino-benzo[*e*]perimidin-7-on $C_{17}H_{14}N_4O$, vermutlich Formel V (R = C_2H_5, R' = H). Braune Kristalle; F: 240°.

8-Amino-4(?)-butylamino-benzo[*e*]perimidin-7-on $C_{19}H_{18}N_4O$, vermutlich Formel V (R = $[CH_2]_3$-CH_3, R' = H). Braune Kristalle; F: 207–209°.

8-Amino-4(?)-anilino-benzo[*e*]perimidin-7-on $C_{21}H_{14}N_4O$, vermutlich Formel V (R = C_6H_5, R' = H). Violette Kristalle (aus Trichlorbenzol).

8-Amino-4(?)-benzylamino-benzo[*e*]perimidin-7-on $C_{22}H_{16}N_4O$, vermutlich Formel V (R = CH_2-C_6H_5, R′ = H). Rote Kristalle (aus Trichlorbenzol); F: 253°.

5(?),6-Diamino-benzo[*e*]perimidin-7-on $C_{15}H_{10}N_4O$, vermutlich Formel VI (R = H).

B. Aus 1,4-Diamino-9,10-dioxo-9,10-dihydro-anthracen-2-sulfonsäure über 6-Amino-benzo[*e*]perimidin-5(?)-sulfonsäure (*I. G. Farbenind.*, D.R.P. 639854 [1935]; Frdl. **23** 995; *Gen. Aniline Works*, U.S.P. 2123749 [1936]).

Gelbe Kristalle (aus Trichlorbenzol); F: 281 – 282°.

6-Amino-5(?)-methylamino-benzo[*e*]perimidin-7-on $C_{16}H_{12}N_4O$, vermutlich Formel VI (R = CH_3).

B. Analog der vorangehenden Verbindung (*I. G. Farbenind.*, D.R.P. 639854 [1935]; Frdl. **23** 995; *Gen. Aniline Works*, U.S.P. 2123749 [1936]).

Orangefarbene Kristalle; F: 291 – 292°.

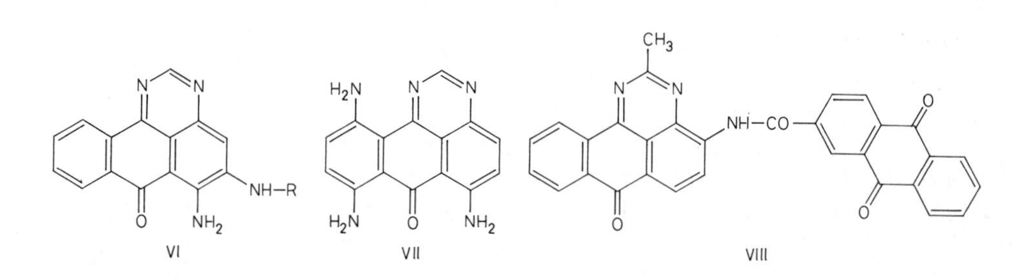

6,8,11-Triamino-benzo[*e*]perimidin-7-on $C_{15}H_{11}N_5O$, Formel VII.

B. Aus 1,4,5,8-Tetraamino-anthrachinon und Formamid (*I. G. Farbenind.*, D.R.P. 633207 [1931]; Frdl. **21** 1143).

Violettrote Kristalle; F: > 360°.

Amino-Derivate der Oxo-Verbindungen $C_{16}H_{10}N_2O$

9,10-Dioxo-9,10-dihydro-anthracen-2-carbonsäure-[2-methyl-7-oxo-7*H*-benzo[*e*]perimidin-4-yl-amid] $C_{31}H_{17}N_3O_4$, Formel VIII.

B. Aus 2-Methyl-anthra[1,2-*d*]oxazol-6,11-dion über 4-Amino-2-methyl-benzo[*e*]perimidin-7-on (*I. G. Farbenind.*, D.R.P. 633207 [1931]; Frdl. **21** 1143).

Gelbe Kristalle; F: > 360°.

6-Amino-2-methyl-benzo[*e*]perimidin-7-on $C_{16}H_{11}N_3O$, Formel IX (R = H).

B. Beim Erhitzen von 1-Acetylamino-4-chlor-anthrachinon mit NH_3 und Ammoniumvanadat in Phenol (*I. G. Farbenind.*, D.R.P. 595097 [1932]; Frdl. **20** 1354). Beim Erhitzen von 1,4-Diamino-anthrachinon mit Acetaldehyd, wss. NH_3 und Natrium-[3-nitro-benzolsulfonat] (*I. G. Farbenind.*, D.R.P. 711775 [1938]; D.R.P. Org. Chem. **1**, Tl. 2, S. 280; *Gen. Aniline & Film Corp.*, U.S.P. 2212928 [1939]).

Gelbe Kristalle; F: 271° (*I. G. Farbenind.*, D.R.P. 595097), 270° (*I. G. Farbenind.*, D.R.P. 633207 [1931]; Frdl. **21** 1143). F: 267° (*Jones et al.*, Brit. J. Pharmacol. Chemotherapy **7** [1952] 486, 488).

6-Benzoylamino-2-methyl-benzo[*e*]perimidin-7-on, *N*-[2-Methyl-7-oxo-7*H*-benzo[*e*]perimidin-6-yl]-benzamid $C_{23}H_{15}N_3O_2$, Formel IX (R = CO-C_6H_5).

B. Beim Erhitzen von 1-Amino-4-benzoylamino-anthrachinon mit Acetonitril, Kupferchlorid, HCl und Phenol auf 160° (*I. G. Farbenind.*, D.R.P. 595903 [1932]; Frdl. **20** 1357).

Gelbe Kristalle (aus Trichlorbenzol).

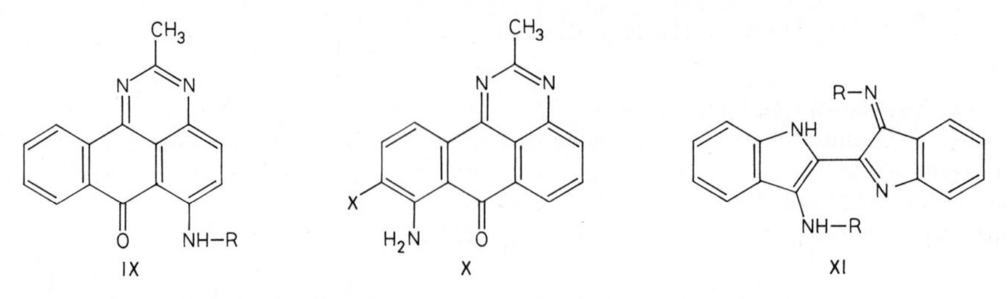

8-Amino-2-methyl-benzo[*e*]perimidin-7-on $C_{16}H_{11}N_3O$, Formel X (X = H).

B. Beim Erhitzen von 1-Acetylamino-5-amino-anthrachinon mit NH_3 und Phenol auf 150° (*I. G. Farbenind.*, D.R.P. 595097 [1932]; Frdl. **20** 1354).

Braunviolette Kristalle (aus Trichlorbenzol).

8-Amino-9(?)-brom-2-methyl-benzo[*e*]perimidin-7-on $C_{16}H_{10}BrN_3O$, vermutlich Formel X (X = Br).

B. Aus 8-Amino-2-methyl-benzo[*e*]perimidin-7-on und Brom (*I. G. Farbenind.*, D.R.P. 638837 [1934]; Frdl. **23** 1065).

Braune Kristalle (aus Trichlorbenzol); F: 264–265°.

3′-Imino-1*H*,3′*H*-[2,2′]biindolyl-3-ylamin $C_{16}H_{12}N_4$, Formel XI (R = H) und Taut. ((*E*)-3,3′-Diimino-1,3,1′,3′-tetrahydro-[2,2′]biindolyliden); *trans*-Indigo-diimin (E I **24** 375; E II **24** 239).

In den Kristallen und in Lösung in Tetrachloräthen liegt nach Ausweis des IR-Spektrums 3′-Imino-1*H*,3′*H*-[2,2′]biindolyl-3-ylamin vor (*Sieghold, Lüttke,* Ang. Ch. **87** [1975] 63).

NH-Valenzschwingungsbanden (KBr sowie Tetrachloräthen) der assoziierten und nicht-asso= ziierten Verbindung: *Si., Lu.*

3-Anilino-3′-phenylimino-1*H*,3′*H*-[2,2′]biindolyl, Phenyl-[3′-phenylimino-1*H*,3′*H*-[2,2′]biindolyl-3-yl]-amin $C_{28}H_{20}N_4$, Formel XI (R = C_6H_5) und Taut. ((*E*)-3,3′-Bis-phenylimino-1,3,1′,3′-tetrahydro-[2,2′]biindolyliden); *trans*-Indigo-bis-phenylimin (H **24** 424; E II **24** 240).

B. Aus Phenylisocyanid bei der Polymerisation unter Einwirkung von Licht (*Grundmann,* B. **91** [1958] 1380, 1385, 1386).

Blaue Kristalle (aus Nitrobenzol), F: 298° [korr.; Zers.]; dunkelblaue Kristalle (aus Py.) mit 1 Mol Pyridin (*Gr.*, l. c. S. 1381, 1386).

Das beim Erhitzen mit Mineralsäuren und Essigsäure erhaltene „isomere Chindolinderivat" $C_{28}H_{20}N_4$ (H **24** 425; E II **24** 240) ist als [10′,10′a-Dihydro-spiro[indolin-2,11′-indolo[3,2-*b*]chi= nolin]-3-yliden]-phenyl-amin (F: 285–287°) und die durch anschliessende Hydrolyse erhaltene Verbindung $C_{22}H_{15}N_3O$ (E II **24** 240) als 10′,10′a-Dihydro-spiro[indolin-2,11′-indolo[3,2-*b*]= chinolin]-3-on (F: 292–297°) zu formulieren (*Häring,* Chimia **15** [1961] 555).

(*E*?)-3′-Anilino-[1,1′]biisoindolyliden-3-on $C_{22}H_{15}N_3O$, vermutlich Formel XII (X = O) (in der Literatur als *β*-Isoindigo-mono-phenylimin bezeichnet).

B. Aus 3′-Brom-[1,1′]biisoindolyliden-3-on (E III/IV **24** 749) und Anilin in Benzol (*Drew, Kelly,* Soc. **1941** 630, 635).

Gelbliche Kristalle (aus Xylol); F: 279°. Braune Kristalle (aus A.) mit 1 Mol Äthanol; F: 280°.

1-[(*E*?)-3′-Oxo-2′,3′-dihydro-[1,1′]biisoindolyliden-3-yl]-pyridinium $[C_{21}H_{14}N_3O]^+$, vermutlich Formel XIII.

Bromid $[C_{21}H_{14}N_3O]Br$. *B.* Aus 3′-Brom-[1,1′]biisoindolyliden-3-on (E III/IV **24** 749) und Pyridin (*Drew, Kelly,* Soc. **1941** 630, 635). – Rote Kristalle (aus H_2O) mit 3 Mol H_2O; Zers. bei ca. 295° [nach Dunkelfärbung bei 285°].

(E?)-3′-Anilino-[1,1′]biisoindolyliden-3-thion $C_{22}H_{15}N_3S$, vermutlich Formel XII (X = S) (in der Literatur als Thio-β-isoindigo-mono-phenylimin bezeichnet).

B. Aus (E?)-[1,1′]Biisoindolyliden-3,3′-dithion (E III/IV **24** 1806) und Anilin (*Drew, Kelly,* Soc. **1941** 630, 635).

Rote Kristalle (aus A.); F: 265°.

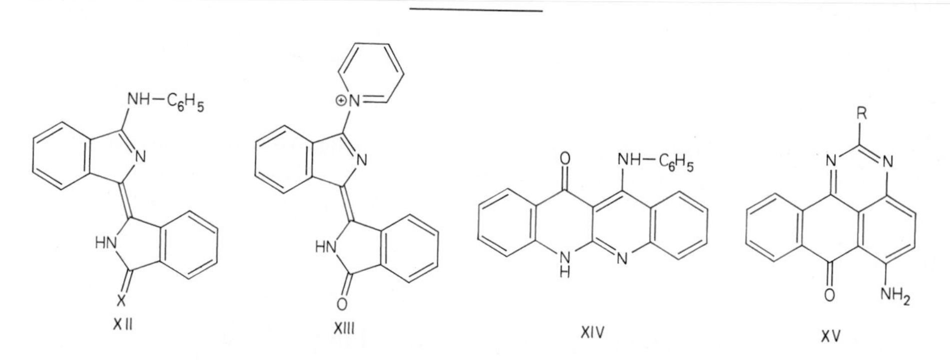

12-Anilino-6H-dibenzo[b,g][1,8]naphthyridin-11-on $C_{22}H_{15}N_3O$, Formel XIV und Taut.

B. Neben anderen Verbindungen beim Erhitzen von N,N'-Diphenyl-harnstoff mit Acetanilid auf 250–280° (*Dziewoński, Dymek,* Roczniki Chem. **20** [1946] 38, 41; Bl. Acad. polon. [A] **1939** 268, 276). Aus 12-Chlor-6H-dibenzo[b,g][1,8]naphthyridin-11-on und Anilin (*Dz., Dy.,* Roczniki Chem. **20** 44; Bl. Acad. polon. [A] **1939** 278).

Gelbe Kristalle (aus wss. Eg.); F: 323°.

Hydrochlorid $C_{22}H_{15}N_3O \cdot HCl$. Gelbe Kristalle; F: 315°.

Picrat $C_{22}H_{15}N_3O \cdot C_6H_3N_3O_7$. Gelbe Kristalle; F: 290° [Zers.].

Amino-Derivate der Oxo-Verbindungen $C_{17}H_{12}N_2O$

2-Äthyl-6-amino-benzo[e]perimidin-7-on $C_{17}H_{13}N_3O$, Formel XV (R = C_2H_5).

F: 237° (*Jones et al.,* Brit. J. Pharmacol. Chemotherapy **7** [1952] 486, 488).

Amino-Derivate der Oxo-Verbindungen $C_{18}H_{14}N_2O$

6-Amino-2-propyl-benzo[e]perimidin-7-on $C_{18}H_{15}N_3O$, Formel XV (R = CH_2-C_2H_5).

F: 223° (*Jones et al.,* Brit. J. Pharmacol. Chemotherapy **7** [1952] 486, 488).

Amino-Derivate der Oxo-Verbindungen $C_{19}H_{16}N_2O$

4-[(1Ξ)-3t(?)-(4-Dimethylamino-phenyl)-1-phenyl-allyliden]-5-methyl-2-phenyl-2,4-dihydro-pyrazol-3-on $C_{27}H_{25}N_3O$, vermutlich Formel I (R = CH_3, X = H).

B. Beim Erwärmen von 5-Methyl-2-phenyl-4-[1-phenyl-äthyliden]-2,4-dihydro-pyrazol-3-on (E I **24** 265) mit 4-Dimethylamino-benzaldehyd und wenig Piperidin in Methanol (*Poraĭ-Koschiz, Dinaburg,* Ž. obšč. Chim. **24** [1954] 1221, 1223; engl. Ausg. S. 1209, 1210).

Fast schwarze Kristalle (aus A.); F: 210–211°. Absorptionsspektrum (220–600 nm): *Po.-Ko., Di.*

4-[(1Ξ)-3t(?)-(4-Diäthylamino-phenyl)-1-phenyl-allyliden]-5-methyl-2-phenyl-2,4-dihydro-pyrazol-3-on $C_{29}H_{29}N_3O$, vermutlich Formel I (R = C_2H_5, X = H).

B. Analog der vorangehenden Verbindung (*Poraĭ-Koschiz, Dinaburg,* Ž. obšč. Chim. **24** [1954] 1221, 1224; engl. Ausg. S. 1209, 1211).

Grüne Kristalle (aus Acn.); F: 167–168°.

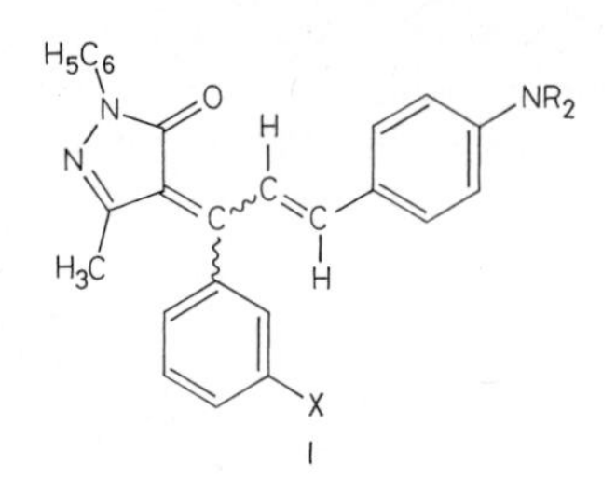

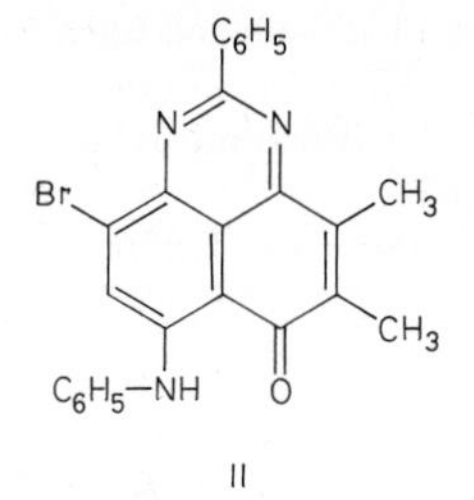

4-[(1Ξ)-3*t*(?)-(4-Dimethylamino-phenyl)-1-(3-nitro-phenyl)-allyliden]-5-methyl-2-phenyl-2,4-dihydro-pyrazol-3-on $C_{27}H_{24}N_4O_3$, vermutlich Formel I (R = CH_3, X = NO_2).

B. Analog den vorangehenden Verbindungen (*Poraĭ-Koschiz, Dinaburg,* Ž. obšč. Chim. **24** [1954] 1221, 1225; engl. Ausg. S. 1209, 1211).

Grüne Kristalle (aus wss. Acn.); F: 150–151°.

Amino-Derivate der Monooxo-Verbindungen $C_nH_{2n-24}N_2O$

7-Anilino-9-brom-4,5-dimethyl-2-phenyl-perimidin-6-on $C_{25}H_{18}BrN_3O$, Formel II.

B. Beim Erhitzen von 5-Amino-8-anilino-6-brom-2,3-dimethyl-[1,4]naphthochinon mit Benzaldehyd, NH_3 und Nitrobenzol (*Sartori,* Ann. Chimica **49** [1959] 2157, 2162).

Rote Kristalle (aus Bzl.); F: 256–258°.

4,6-Bis-[4-dimethylamino-*trans*(?)-styryl]-1*H*-pyrimidin-2-on $C_{24}H_{26}N_4O$, vermutlich Formel III und Taut.

B. Aus 4,6-Dimethyl-1*H*-pyrimidin-2-on und 4-Dimethylamino-benzaldehyd (*Brown, Kon,* Soc. **1948** 2147, 2150).

Rote Kristalle (aus Diäthylenglykol) mit 0,5 Mol H_2O; Zers. bei 316–318° [unkorr.].

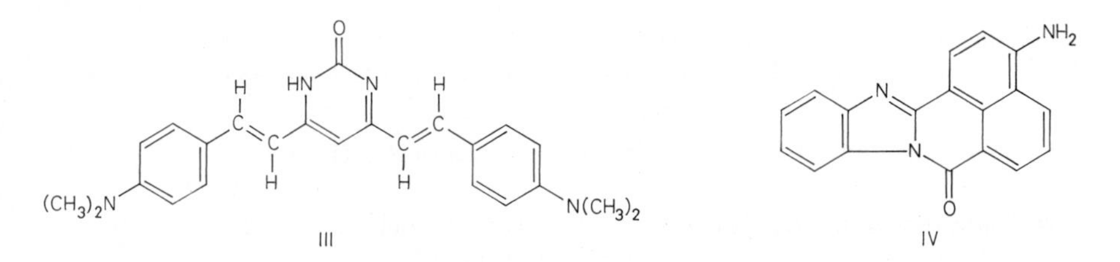

Amino-Derivate der Monooxo-Verbindungen $C_nH_{2n-26}N_2O$

3(?)-Amino-benzo[*de*]benz[4,5]imidazo[2,1-*a*]isochinolin-7-on $C_{18}H_{11}N_3O$, vermutlich Formel IV.

B. Aus 4-Nitro-naphthalin-1,8-dicarbonsäure-anhydrid und *o*-Phenylendiamin über 3(?)-Nitro-benzo[*de*]benz[4,5]imidazo[2,1-*a*]isochinolin-7-on [$C_{18}H_9N_3O_3$; gelbes Pulver, das bei 250–257° unter Dunkelfärbung sintert] (*Krasowizkiĭ et al.,* Ž. obšč. Chim. **28** [1958] 2485, 2488; engl. Ausg. S. 2520, 2523).

Rotviolettes Pulver, das unterhalb 300° nicht schmilzt.

1-[7-Oxo-7*H*-benzo[*de*]benz[4,5]imidazo[2,1-*a*]isochinolin-3-ylamino]-anthrachinon $C_{32}H_{17}N_3O_3$, Formel V.

B. Aus 3-Brom-benzo[*de*]benz[4,5]imidazo[2,1-*a*]isochinolin-7-on (E III/IV **24** 777) und 1-Amino-anthrachinon in Nitrobenzol (*I.G. Farbenind.,* D.R.P. 607341 [1932]; Frdl. **21** 1181; *Gen. Aniline Works,* U.S.P. 2069663 [1933]).

Rotbraune Kristalle; F: ca. 400°.

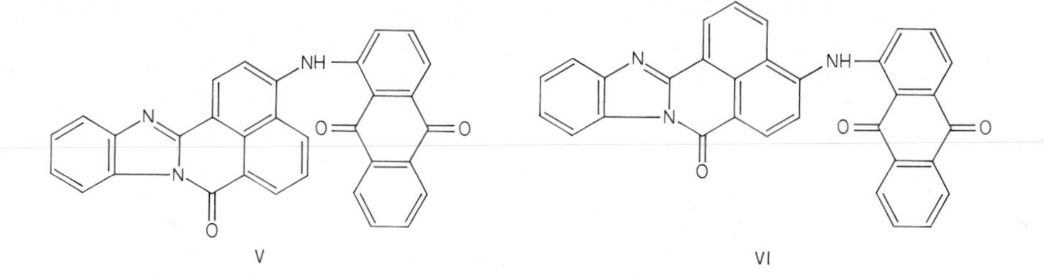

1-[7-Oxo-7*H*-benzo[*de*]benz[4,5]imidazo[2,1-*a*]isochinolin-4-ylamino]-anthrachinon $C_{32}H_{17}N_3O_3$, Formel VI.

B. Analog der vorangehenden Verbindung (*I.G. Farbenind.*, D.R.P. 607341 [1932]; Frdl. **21** 1181; *Gen. Aniline Works*, U.S.P. 2069663 [1933]).

Rotbraune Kristalle; F: ca. 380°.

10-Amino-benzo[*de*]benz[4,5]imidazo[2,1-*a*]isochinolin-7-on $C_{18}H_{11}N_3O$, Formel VII (X = H).

B. Neben der folgenden Verbindung beim Erwärmen von Naphthalin-1,8-dicarbonsäure-anhydrid mit 2,4-Dinitro-anilin und $Na_2S_2O_4$ in wss. Äthanol (*Krasowizkiĭ, Mazkewitsch*, Ž. obšč. Chim. **24** [1954] 2027, 2031; engl. Ausg. S. 1993, 1996).

Gelbbraun; F: 275°.

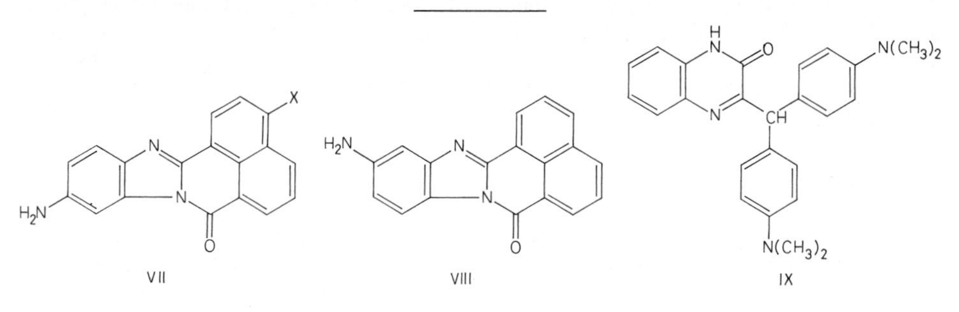

11-Amino-benzo[*de*]benz[4,5]imidazo[2,1-*a*]isochinolin-7-on $C_{18}H_{11}N_3O$, Formel VIII.

B. s. im vorangehenden Artikel.

Rot; F: 245–247° [auf 245° vorgeheiztes Bad] (*Krasowizkiĭ, Mazkewitsch*, Ž. obšč. Chim. **24** [1954] 2027, 2031; engl. Ausg. S. 1993, 1996).

3(?),10(?)-Diamino-benzo[*de*]benz[4,5]imidazo[2,1-*a*]isochinolin-7-on $C_{18}H_{12}N_4O$, vermutlich Formel VII (X = NH_2).

B. Aus 4-Nitro-naphthalin-1,8-dicarbonsäure-anhydrid und 4-Nitro-*o*-phenylendiamin über 3(?),10(?)-Dinitro-benzo[*de*]benz[4,5]imidazo[2,1-*a*]isochinolin-7-on [$C_{18}H_8N_4O_5$; gelbes Pulver (aus Py.+H_2O); F: 261°] (*Krasowizkiĭ et al.*, Ž. obšč. Chim. **28** [1958] 2485, 2488; engl. Ausg. S. 2520, 2523).

Braun; F: 360°.

Hydrochlorid. Rote Kristalle.

Dibenzoyl-Derivat $C_{32}H_{20}N_4O_3$; 3(?),10(?)-Bis-benzoylamino-benzo[*de*]benz[4,5]imidazo[2,1-*a*]isochinolin-7-on. Rot; F: 238–239°.

3-[4,4'-Bis-dimethylamino-benzhydryl]-1*H*-chinoxalin-2-on $C_{25}H_{26}N_4O$, Formel IX und Taut.

B. Aus 3-Oxo-3,4-dihydro-chinoxalin-2-carbaldehyd und *N,N*-Dimethyl-anilin in wss. Äthanol (*Ohle*, B. **76** [1943] 624, 631).

Hellgelbe Kristalle; F: 282–283° [Zers.; nach Sintern bei 270°].

4-[4-Dimethylamino-trityl]-5-methyl-2-phenyl-1,2-dihydro-pyrazol-3-on $C_{31}H_{29}N_3O$, Formel X (X = X′ = H) und Taut.

B. Aus 5-Methyl-2-phenyl-1,2-dihydro-pyrazol-3-on und 4-[α-Methoxy-benzhydryl]-*N*,*N*-dimethyl-anilin in Methanol (*Ginsburg, Teruschkin,* Ž. obšč. Chim. **23** [1953] 1049, 1053; engl. Ausg. S. 1103, 1105).

F: 179–180°.

Dissoziationsgrad und Geschwindigkeit der elektrolytischen Dissoziation (Bildung von 4-Dimethylamino-tritylium) in Nitrobenzol bei 21°: *Gi., Te.*

4-[4,4′-Bis-dimethylamino-trityl]-5-methyl-2-phenyl-1,2-dihydro-pyrazol-3-on $C_{33}H_{34}N_4O$, Formel X (X = $N(CH_3)_2$, X′ = H) und Taut.

B. Beim Erwärmen von 5-Methyl-2-phenyl-1,2-dihydro-pyrazol-3-on mit Bis-[4-dimethylamino-phenyl]-phenyl-methanol oder mit Bis-[4-dimethylamino-phenyl]-methoxy-phenyl-methan in Methanol (*Ginsburg, Teruschkin,* Ž. obšč. Chim. **23** [1953] 1049, 1052; engl. Ausg. S. 1103, 1104).

F: 162–165° [Zers.] (*Gi., Te.*). Absorptionsspektrum (Nitrobenzol; 590–660 nm): *Gi., Te.*

Dissoziationsgrad und Geschwindigkeit der Dissoziation (Bildung von *N*,*N*′-Bis-dimethylamino-tritylium) in Nitrobenzol bei 21°: *Gi., Te.* Elektrische Leitfähigkeit in Nitrobenzol bei 25° [nach 2 h, 24 h und 72 h]: *Ginsburg et al.,* Ž. obšč. Chim. **27** [1957] 993, 996; engl. Ausg. S. 1074, 1077.

5-Methyl-2-phenyl-4-[4,4′,4″-tris-dimethylamino-trityl]-1,2-dihydro-pyrazol-3-on $C_{35}H_{39}N_5O$, Formel X (X = X′ = $N(CH_3)_2$) und Taut.

B. Aus 5-Methyl-2-phenyl-1,2-dihydro-pyrazol-3-on und Methoxy-tris-[4-dimethylamino-phenyl]-methan in Benzol (*Ginsburg,* Ž. obšč. Chim. **23** [1953] 1890; engl. Ausg. S. 1999).

F: 154–156°.

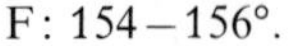

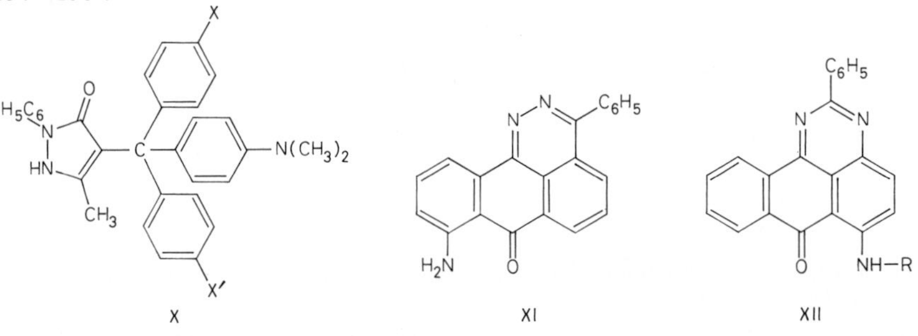

Amino-Derivate der Monooxo-Verbindungen $C_nH_{2n-30}N_2O$

8-Amino-3-phenyl-dibenzo[*de,h*]cinnolin-7-on $C_{21}H_{13}N_3O$, Formel XI.

B. Aus 1-Amino-5-benzoyl-anthrachinon und N_2H_4 in Chlorbenzol (*CIBA,* Schweiz. P. 194341 [1936]).

Rote Kristalle; F: 257–259°.

6-Amino-2-phenyl-benzo[*e*]perimidin-7-on $C_{21}H_{13}N_3O$, Formel XII (R = H).

B. Aus 1-Amino-4-benzoylamino-anthrachinon und *N*-Methyl-benzimidoylchlorid über 6-Benzoylamino-2-phenyl-benzo[*e*]perimidin-7-on in Nitrobenzol (*I. G. Farbenind.,* D.R.P. 566474 [1931]; Frdl. **19** 2024).

Gelbe Kristalle; F: 280–281° (*I.G. Farbenind.*). F: 278° (*Jones et al.,* Brit. J. Pharmacol. Chemotherapy **7** [1952] 486, 488).

6-Biphenyl-2-ylamino-2-phenyl-benzo[*e*]perimidin-7-on $C_{33}H_{21}N_3O$, Formel XII (R = C_6H_4-C_6H_5).

B. Aus 6-Chlor-2-phenyl-benzo[*e*]perimidin-7-on und Biphenyl-2-ylamin (*ICI,*

U.S.P. 2557328 [1948]).
Orangefarbene Kristalle; F: 250–252°.

6-Biphenyl-4-ylamino-2-phenyl-benzo[*e*]perimidin-7-on $C_{33}H_{21}N_3O$, Formel XII ($R = C_6H_4$-C_6H_5).
B. Analog der vorangehenden Verbindung (*ICI,* U.S.P. 2557328 [1948]).
Braune Kristalle; F: 270–271°.

6-[4-Phenoxy-anilino]-2-phenyl-benzo[*e*]perimidin-7-on $C_{33}H_{21}N_3O_2$, Formel XII ($R = C_6H_4$-O-C_6H_5).
B. Analog den vorangehenden Verbindungen (*ICI,* U.S.P. 2557328 [1948]).
Orangefarbene Kristalle; F: 214–215°.

8-Amino-2-phenyl-benzo[*e*]perimidin-7-on $C_{21}H_{13}N_3O$, Formel XIII.
B. Aus 1-Amino-5-benzoylamino-anthrachinon und NH_3 in Phenol in Gegenwart von Ammoniumvanadat bei 150° (*I.G. Farbenind.*, D.R.P. 595097 [1932]; Frdl. **20** 1354).
Kristalle; F: ca. 202°.

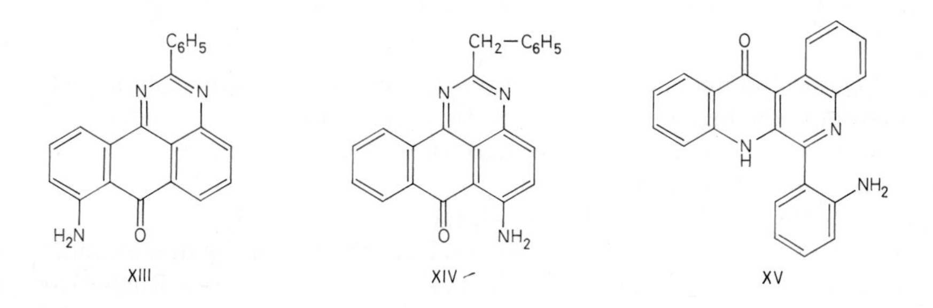

6-Amino-2-benzyl-benzo[*e*]perimidin-7-on $C_{22}H_{15}N_3O$, Formel XIV.
F: 221° (*Jones et al.*, Brit. J. Pharmacol. Chemotherapy **7** [1952] 486, 488).

6-[2-Amino-phenyl]-7*H*-dibenzo[*b,f*][1,7]naphthyridin-12-on $C_{22}H_{15}N_3O$, Formel XV und Taut.
B. Beim Erhitzen von 2-[2-Amino-phenyl]-3-anilino-chinolin-4-carbonsäure mit P_2O_5 und wenig Nitrobenzol (*de Diesbach, Klement,* Helv. **24** [1941] 158, 172).
Gelbe Kristalle (aus A.); F: 262°. [*H.-H. Müller*]

Sachregister

Das folgende Register enthält die Namen der in diesem Band abgehandelten Verbindungen im allgemeinen mit Ausnahme der Namen von Salzen, deren Kationen aus Metall-Ionen, Metallkomplex-Ionen oder protonierten Basen bestehen, und von Additionsverbindungen.

Die im Register aufgeführten Namen („Registernamen“) unterscheiden sich von den im Text verwendeten Namen im allgemeinen dadurch, dass Substitutionspräfixe und Hydrierungsgradpräfixe hinter den Stammnamen gesetzt („invertiert“) sind, und dass alle zur Konfigurationskennzeichnung dienenden genormten Präfixe und Symbole (s. „Stereochemische Bezeichnungsweisen“) weggelassen sind.

Der Registername enthält demnach die folgenden Bestandteile in der angegebenen Reihenfolge:

1. den Register-Stammnamen (in Fettdruck); dieser setzt sich, sofern nicht ein Radikofunktionalname (s.u.) vorliegt, zusammen aus
   a) dem Stammvervielfachungsaffix (z.B. Bi in [1,2′]Binaphthyl),
   b) stammabwandelnden Präfixen [1]),
   c) dem Namensstamm (z.B. Hex in Hexan; Pyrr in Pyrrol),
   d) Endungen (z.B. an, en, in zur Kennzeichnung des Sättigungszustandes von Kohlenstoff-Gerüsten; ol, in, olidin zur Kennzeichnung von Ringgrösse und Sättigungszustand bei Heterocyclen; ium, id zur Kennzeichnung der Ladung eines Ions),
   e) dem Funktionssuffix zur Kennzeichnung der Hauptfunktion (z.B. -säure, -carbonsäure, -on, -ol),
   f) Additionssuffixen (z.B. oxid in Äthylenoxid, Pyridin-1-oxid).

2. Substitutionspräfixe*), d.h. Präfixe, die den Ersatz von Wasserstoff-Atomen durch andere Atome oder Gruppen („Substituenten“) kennzeichnen (z.B. Äthyl-chlor in 2-Äthyl-1-chlor-naphthalin; Epoxy in 1,4-Epoxy-*p*-menthan).

3. Hydrierungsgradpräfixe (z.B. Hydro in 1,2,3,4-Tetrahydro-naphthalin; Dehydro in 4,4′-Didehydro-*β*,*β*′-carotin-3,3′-dion).

4. Funktionsabwandlungssuffixe (z.B. -oxim in Aceton-oxim; -methylester in Bernsteinsäure-dimethylester; -anhydrid in Benzoesäure-anhydrid).

---

[1]) Zu den stammabwandelnden Präfixen gehören:

Austauschpräfixe*) (z.B. Oxa in 3,9-Dioxa-undecan; Thio in Thioessigsäure),

Gerüstabwandlungspräfixe (z.B. Cyclo in 2,5-Cyclo-benzocyclohepten; Bicyclo in Bicyclo[2.2.2]octan; Spiro in Spiro[4.5]decan; Seco in 5,6-Seco-cholestan-5-on; Iso in Isopentan),

Brückenpräfixe*) (nur in Namen verwendet, deren Stamm ein Ringgerüst ohne Seitenkette bezeichnet; z.B. Methano in 1,4-Methano-naphthalin; Epoxido in 4,7-Epoxido-inden [zum Stammnamen gehörig im Gegensatz zu dem bedeutungsgleichen Substitutionspräfix Epoxy]),

Anellierungspräfixe (z.B. Benzo in Benzocyclohepten; Cyclopenta in Cyclopenta[*a*]phenanthren),

Erweiterungspräfixe (z.B. Homo in *D*-Homo-androst-5-en),

Subtraktionspräfixe (z.B. Nor in *A*-Nor-cholestan; Desoxy in 2-Desoxy-hexose).

Beispiele:

Dibrom-chlor-methan wird registriert als **Methan**, Dibrom-chlor-;
meso-1,6-Diphenyl-hex-3-in-2,5-diol wird registriert als **Hex-3-in-2,5-diol,** 1,6-Diphenyl-;
4a,8a-Dimethyl-octahydro-naphthalin-2-on-semicarbazon wird registriert als **Naphthalin-2-on,** 4a,8a-Dimethyl-octahydro-, semicarbazon;
5,6-Dihydroxy-hexahydro-4,7-ätheno-isobenzofuran-1,3-dion wird registriert als **4,7-Ätheno-isobenzofuran-1,3-dion,** 5,6-Dihydroxy-hexahydro-;
1-Methyl-chinolinium wird registriert als **Chinolinium,** 1-Methyl-.

Besondere Regelungen gelten für Radikofunktionalnamen, d.h. Namen, die aus einer oder mehreren Radikalbezeichnungen und der Bezeichnung einer Funktionsklasse (z.B. Äther) oder eines Ions (z.B. Chlorid) zusammengesetzt sind:

a) Bei Radikofunktionalnamen von Verbindungen deren (einzige) durch einen Funktionsklassen-Namen oder Ionen-Namen bezeichnete Funktionsgruppe mit nur einem (einwertigen) Radikal unmittelbar verknüpft ist, umfasst der Register-Stammname die Bezeichnung des Radikals und die Funktionsklassenbezeichnung (oder Ionenbezeichnung) in unveränderter Reihenfolge; ausgenommen von dieser Regelung sind jedoch Radikofunktionalnamen, die auf die Bezeichnung eines substituierbaren (d.h. Wasserstoff-Atome enthaltenden) Anions enden (s. unter c)). Präfixe, die eine Veränderung des Radikals ausdrücken, werden hinter den Stammnamen gesetzt[2]).

Beispiele:

Äthylbromid, Phenyllithium und Butylamin werden unverändert registriert;
4′-Brom-3-chlor-benzhydrylchlorid wird registriert als **Benzhydrylchlorid,** 4′-Brom-3-chlor-;
1-Methyl-butylamin wird registriert als **Butylamin,** 1-Methyl-.

b) Bei Radikofunktionalnamen von Verbindungen mit einem mehrwertigen Radikal, das unmittelbar mit den durch Funktionsklassen-Namen oder Ionen-Namen bezeichneten Funktionsgruppen verknüpft ist, umfasst der Register-Stammname die Bezeichnung dieses Radikals und die (gegebenenfalls mit einem Vervielfachungsaffix versehene) Funktionsklassenbezeichnung (oder Ionenbezeichnung), nicht aber weitere im Namen enthaltene Radikalbezeichnungen, auch wenn sie sich auf unmittelbar mit einer der Funktionsgruppen verknüpfte Radikale beziehen.

Beispiele:

Äthylendiamin und Äthylenchlorid werden unverändert registriert;
N,N-Diäthyl-äthylendiamin wird registriert als **Äthylendiamin,** *N,N*-Diäthyl-;
6-Methyl-1,2,3,4-tetrahydro-naphthalin-1,4-diyldiamin wird registriert als **Naphthalin-1,4-diyldiamin,** 6-Methyl-1,2,3,4-tetrahydro-.

c) Bei Radikofunktionalnamen, deren (einzige) Funktionsgruppe mit mehreren Radikalen unmittelbar verknüpft ist oder deren als Anion bezeichnete Funktionsgruppe Wasserstoff-Atome enthält, besteht der Register-Stammname nur aus der Funktionsklassenbezeichnung (oder Ionenbezeichnung); die Radikalbezeichnungen werden dahinter angeordnet.

Beispiele:

Benzyl-methyl-amin wird registriert als **Amin,** Benzyl-methyl-;
Äthyl-trimethyl-ammonium wird registriert als **Ammonium,** Äthyl-trimethyl-;

---

[2]) Namen mit Präfixen, die eine Veränderung des als Anion bezeichneten Molekülteils ausdrücken sollen (z.B. Methyl-chloracetat), werden im Handbuch nicht mehr verwendet.

Diphenyläther wird registriert als **Äther,** Diphenyl-;
[2-Äthyl-[1]naphthyl]-phenyl-keton-oxim wird registriert als **Keton,** [2-Äthyl-[1]naphthyl]-phenyl-, oxim.

Nach der sog. Konjunktiv-Nomenklatur gebildete Namen (z.B. Cyclohexan=methanol, 2,3-Naphthalindiessigsäure) werden im Handbuch nicht mehr verwendet.

Massgebend für die Anordnung von Verbindungsnamen sind in erster Linie die nicht kursiv gesetzten Buchstaben des Register-Stammnamens; in zweiter Linie werden die durch Kursivbuchstaben und/oder Ziffern repräsentierten Differenzie=rungsmarken des Register-Stammnamens berücksichtigt; erst danach entscheiden die nachgestellten Präfixe und zuletzt die Funktionsabwandlungssuffixe.

Beispiele:
***o*-Phenylendiamin,** 3-Brom- erscheint unter dem Buchstaben P nach ***m*-Phenylendiamin,** 2,4,6-Trinitro-;
Cyclopenta[*b*]naphthalin, 1-Brom-1*H*- erscheint nach **Cyclopenta[*a*]naphthalin,** 3-Methyl-1*H*-;
Aceton, 1,3-Dibrom-, hydrazon erscheint nach **Aceton**, Chlor-, oxim.

Mit Ausnahme von deuterierten Verbindungen werden isotopen-markierte Prä=parate im allgemeinen nicht ins Register aufgenommen. Sie werden im Artikel der nicht markierten Verbindung erwähnt, wenn der Originalliteratur hinreichend bedeutende Bildungsweisen zu entnehmen sind.

Von griechischen Zahlwörtern abgeleitete Namen oder Namensteile sind einheit=lich mit c (nicht mit k) geschrieben.

Die Buchstaben i und j werden unterschieden. Die Umlaute ä, ö und ü gelten hinsichtlich ihrer alphabetischen Einordnung als ae, oe bzw. ue.

---

*) Verzeichnis der in systematischen Namen verwendeten Substitutionspräfixe, Austausch=präfixe und Brückenpräfixe s. Gesamtregister, Sachregister für Band 5 S. V–XXXVI.

Subject Index

The following index contains the names of compounds dealt with in this volume, with the exception of salts whose cations are formed by metal ions, complex metal ions or protonated bases; addition compounds are likewise omitted.

The names used in the index (Index Names) are different from the systematic nomenclature used in the text only insofar as Substitution and Degree-of-Unsaturation Prefices are placed after the name (inverted), and all configurational prefices and symbols (see "Stereochemical Conventions") are omitted.

The Index Names are comprised of the following components in the order given:

1. the Index-Stem-Name (boldface type); this (insofar as a Radicofunctional name is not involved) is in turn made up of:
   a) the Parent-Multiplier (e.g. bi in [1,2′]Binaphthyl),
   b) Parent-Modifying Prefices [1],
   c) the Parent-Stem (e.g. Hex in Hexan, Pyrr in Pyrrol),
   d) endings (e.g. an, en, in defining the degree of unsaturation in the hydrocarbon entity; ol, in, olidin, referring to the ring size and degree of unsaturation of heterocycles; ium, id, indicating the charge of ions),
   e) the Functional-Suffix, indicating the main chemical function (e.g. -säure, -carbonsäure, -on, -ol),
   f) the Additive-Suffix (e.g. oxid in Äthylenoxid, Pyridin-1-oxid).

2. Substitutive Prefices*, i.e., prefices which denote the substitution of Hydrogen atoms with other atoms or groups (substituents) (e.g. äthyl and chlor in 2-Äthyl-1-chlor-naphthalin; epoxy in 1,4-Epoxy-*p*-menthan).

3. Hydrogenation-Prefices (e.g. hydro in 1,2,3,4-Tetrahydro-naphthalin; dehydro in 4,4′-Didehydro-β,β′-carotin-3,3′-dion).

4. Function-Modifying-Suffices (e.g. oxim in Aceton-oxim; methylester in Bernsteinsäure-dimethylester; anhydrid in Benzoesäure-anhydrid).

---

[1] Parent-Modifying Prefices include the following:

Replacement Prefices* (e.g. oxa in 3,9-Dioxa-undecan; thio in Thioessigsäure),

Skeleton Prefices (e.g. cyclo in 2,5-Cyclo-benzocyclohepten; bicyclo in Bicyclo[2.2.2]octan; spiro in Spiro[4.5]decan; seco in 5,6-Seco-cholestan-5-on; iso in Isopentan),

Bridge Prefices* (only used for names of which the Parent is a ring system without a side chain), e.g. methano in 1,4-Methano-naphthalin; epoxido in 4,7-Epoxido-inden (used here as part of the Stem-name in preference to the Substitutive Prefix epoxy),

Fusion Prefices (e.g. benzo in Benzocyclohepten, cyclopenta in Cyclopenta[*a*]phenanthren),

Incremental Prefices (e.g. homo in *D*-Homo-androst-5-en),

Subtractive Prefices (e.g. nor in *A*-Nor-cholestan; desoxy in 2-Desoxy-hexose).

Examples:

Dibrom-chlor-methan is indexed under **Methan,** Dibrom-chlor-;
meso-1,6-Diphenyl-hex-3-in-2,5-diol is indexed under **Hex-3-in-2,5-diol,** 1,6-Diphenyl-;
4a,8a-Dimethyl-octahydro-naphthalin-2-on-semicarbazon is indexed under **Naphthalin-2-on,** 4a,8a-Dimethyl-octahydro-, semicarbazon;
5,6-Dihydroxy-hexahydro-4,7-ätheno-isobenzofuran-1,3-dion is indexed under **4,7-Ätheno-isobenzofuran-1,3-dion,** 5,6-Dihydroxy-hexahydro-;
1-Methyl-chinolinium is indexed under **Chinolinium,** 1-Methyl-.

Special rules are used for Radicofunctional Names (i.e. names comprised of one or more Radical Names and the name of either a class of compounds (e.g. Äther) or an ion (e.g. chlorid)):

a) For Radicofunctional names of compounds whose single functional group is described by a class name or ion, and is immediately connected to a single univalent radical, the Index-Stem-Name comprises the radical name followed by the functional name (or ion) in unaltered order; the only exception to this rule is found when the Radicofunctional Name would end with a Hydrogencontaining (i.e. substitutable) anion, (see under c), below). Prefices which modify the radical part of the name are placed after the Stem-Name[2].

Examples:

Äthylbromid, Phenyllithium and Butylamin are indexed unchanged.
4′-Brom-3-chlor-benzhydrylchlorid is indexed under **Benzhydrylchlorid,** 4′-Brom-3-chlor-;
1-Methyl-butylamin is indexed under **Butylamin,** 1-Methyl-.

b) For Radicofunctional names of compounds with a multivalent radical attached directly to a functional group described by a class name (or ion), the Index-Stem-Name is comprised of the name of the radical and the functional group (modified by a multiplier when applicable), but not those of other radicals contained in the molecule, even when they are attached to the functional group in question.

Examples:

Äthylendiamin and Äthylenchlorid are indexed unchanged;
6-Methyl-1,2,3,4-tetrahydro-naphthalin-1,4-diyldiamin is indexed under **Naphthalin-1,4-diyldiamin,** 6-Methyl-1,2,3,4-tetrahydro-;
N,*N*-Diäthyl-äthylendiamin is indexed under **Äthylendiamin,** *N*,*N*-Diäthyl-.

c) In the case of Radicofunctional names whose single functional group is directly bound to several different radicals, or whose functional group is an anion containing exchangeable Hydrogen atoms, the Index-Stem-Name is comprised of the functional class name (or ion) alone; the names of the radicals are listed after the Stem-Name.

Examples:

Benzyl-methyl-amin is indexed under **Amin,** Benzyl-methyl-;
Äthyl-trimethyl-ammonium is indexed under **Ammonium,** Äthyl-trimethyl-;
Diphenyläther is indexed under **Äther,** Diphenyl-;
[2-Äthyl-[1]naphthyl]-phenyl-keton-oxim is indexed under **Keton,** [2-Äthyl-[1]naphthyl]-phenyl-, oxim.

[2] Names using prefices which imply an alteration of the anionic component (e.g. Methylchloracetat) are no longer used in the Handbook.

Conjunctive names (e.g. Cyclohexanmethanol; 2,3-Naphthalindiessigsäure) are no longer in use in the Handbook.

The alphabetical listings follow the non-italic letters of the Stem-Name; the italic letters and/or modifying numbers of the Stem-Name then take precedence over prefices. Function-Modifying Suffices have the lowest priority.

Examples:

***o*-Phenylendiamin,** 3-Brom- appears under the letter P, after ***m*-Phenylendiamin,** 2,4,6-Trinitro-;

Cyclopenta[*b*]naphthalin, 1-Brom-1*H*- appears after **Cyclopenta[*a*]naphthalin,** 3-Methyl-1*H*-;

Aceton, 1,3-Dibrom-, hydrazon appears after **Aceton,** Chlor-, oxim.

With the exception of deuterated compounds, isotopically labeled substances are generally not listed in the index. They may be found in the articles describing the corresponding non-labeled compounds provided the original literature contains sufficiently important information on their method of preparation.

Names or parts of names derived from Greek numerals are written throughout with c (not k). The letters i and j are treated separately and the modified vowels ä, ö, and ü are treated as ae, oe and ue respectively for the purposes of alphabetical ordering.

---

* For a list of the Substitutive, Replacement and Bridge Prefices, see: Gesamtregister, Subject Index for Volume 5 pages V–XXXVI.

A

Acetaldehyd
–, [4-Amino-2-oxo-2*H*-pyrimidin-1-yl]-[β-hydroxy-β′-oxo-isopropoxy]- 3657
Acetamid
–, *N*-[4-(4-Acetylamino-phenylmercapto)-6-methyl-pyrimidin-2-yl]- 3393
–, *N*-[5-(Acetylmercapto-methyl)-2-methyl-pyrimidin-4-yl]- 3405
–, *N*-[5-Acetyl-4-methyl-pyrimidin-2-yl]- 3762
–, *N*-[3-Acetyl-4-oxo-3,4-dihydro-phthalazin-1-ylmethyl]- 3793
–, *N*-[1-Acetyl-5-oxo-2,5-dihydro-1*H*-pyrazol-3-yl]- 3522
–, *N*-[7-Äthoxy-chinoxalin-5-yl]- 3441
–, *N*-[4-Äthyl-5-(4-chlor-phenyl)-6-oxo-1,6-dihydro-pyrimidin-2-yl]- 3821
–, *N*-[4-Äthyl-5-(3,4-dichlor-phenyl)-6-oxo-1,6-dihydro-pyrimidin-2-yl]- 3821
–, *N*-Äthyl-*N*-[1,5-dimethyl-3-oxo-2-phenyl-2,3-dihydro-1*H*-pyrazol-4-yl]- 3576
–, *N*-[2-Äthylmercapto-4-thiocyanato-pyrimidin-5-yl]- 3482
–, *N*-[4-(5-Äthyl-4-methyl-6-oxo-1,6-dihydro-pyrimidin-2-ylsulfamoyl)-benzyl]- 3747
–, *N*-[6-Amino-2-methylmercapto-pyrimidin-4-yl]- 3342
–, *N*-[4-Amino-2-methyl-6-oxo-1,6-dihydro-pyrimidin-5-yl]- 3702
–, *N*-[5-Amino-4-methyl-6-oxo-1,6-dihydro-pyrimidin-2-yl]- 3720
–, *N*-[5-Amino-1-methyl-3-oxo-2-phenyl-2,3-dihydro-1*H*-pyrazol-4-yl]- 3542
–, *N*-[5-Amino-3-oxo-2,3-dihydro-1*H*-pyrazol-4-yl]- 3542
–, *N*-[4-Amino-6-oxo-1,6-dihydro-pyrimidin-5-yl]- 3646
–, *N*-[4-(4-Amino-phenylmercapto)-6-methyl-pyrimidin-2-yl]- 3393
–, *N*-[10-Amino-1,2,3-trimethoxy-6,7-dihydro-5*H*-benzo[6,7]heptaleno[2,3-*d*]imidazol-7-yl]- 3511
–, *N*-[4-Anilino-7-oxo-7*H*-benzo[*e*]perimidin-6-yl]- 3865
–, *N*-[4-*p*-Anisidino-7-oxo-7*H*-benzo[*e*]perimidin-6-yl]- 3865
–, *N*-[5-Benzylidenamino-4-methyl-3-oxo-1,6-dihydro-pyrimidin-2-yl]- 3720
–, *N*-[5-Benzyliden-1-methyl-4-oxo-4,5-dihydro-1*H*-imidazol-2-yl]- 3810
–, *N*-[4-(Benzyl-methyl-amino)-6-methyl-2-methylmercapto-pyrimidin-5-yl]- 3384
–, *N*-[5-Benzyl-1-methyl-4-oxo-4,5-dihydro-1*H*-imidazol-2-yl]- 3797
–, *N*-[2,6-Bis-acetoxymethyl-5-hydroxy-pyrimidin-4-yl]- 3511
–, *N*-[2,4-Bis-acetylmercapto-pyrimidin-5-yl]- 3482
–, *N*-[5-(3-Brom-benzyliden)-1-methyl-4-oxo-4,5-dihydro-1*H*-imidazol-2-yl]- 3812
–, *N*-[2-(4-Brom-phenyl)-1,5-dimethyl-3-oxo-2,3-dihydro-1*H*-pyrazol-4-yl]- 3575
–, *N*-[1-(4-Brom-phenyl)-5-oxo-2,5-dihydro-1*H*-pyrazol-3-yl]- 3522
–, *N*-[5-(2-Chlor-benzyliden)-1-methyl-4-oxo-4,5-dihydro-1*H*-imidazol-2-yl]- 3811
–, *N*-[5-(3-Chlor-benzyliden)-1-methyl-4-oxo-4,5-dihydro-1*H*-imidazol-2-yl]- 3812
–, *N*-[5-(4-Chlor-benzyliden)-1-methyl-4-oxo-4,5-dihydro-1*H*-imidazol-2-yl]- 3812
–, *N*-[5-(2-Chlor-benzyl)-1-methyl-4-oxo-4,5-dihydro-1*H*-imidazol-2-yl]- 3797
–, *N*-[5-(3-Chlor-benzyl)-1-methyl-4-oxo-4,5-dihydro-1*H*-imidazol-2-yl]- 3797
–, *N*-[7-Chlor-3-methoxy-phenazin-1-yl]- 3463
–, *N*-[5-Chlor-6-oxo-1,6-dihydro-pyridazin-4-yl]- 3632
–, *N*-[6-Chlor-3-oxo-2,3-dihydro-pyridazin-4-yl]- 3634
–, *N*-[6-Chlor-5-oxo-2,5-dihydro-pyridazin-4-yl]- 3635
–, *N*-[4-Chlor-5-phenoxy-pyrimidin-2-yl]- 3364
–, *N*-[1-(3-Chlor-phenyl)-5-oxo-2,5-dihydro-1*H*-pyrazol-3-yl]- 3522
–, *N*-[1,3-Diacetyl-2-oxo-2,3-dihydro-1*H*-benzimidazol-5-yl]- 3768
–, *N*-[2,4-Diäthoxy-pyrimidin-5-yl]- 3481
–, *N*-[4,4-Diäthyl-1-methyl-5-oxo-4,5-dihydro-1*H*-pyrazol-3-yl]- 3625
–, *N*-[4,4-Diäthyl-5-oxo-4,5-dihydro-1*H*-pyrazol-3-yl]- 3625
–, *N*-[2,4-Diamino-6-oxo-1,6-dihydro-pyrimidin-5-yl]- 3650
–, *N*-[3,6-Dimethoxy-pyridazin-4-yl]- 3481
–, *N*-[6-Dimethylamino-2-methylmercapto-pyrimidin-4-yl]- 3342
–, *N*-[2-Dimethylamino-4-methyl-6-oxo-1,6-dihydro-pyrimidin-5-yl]- 3720
–, *N*-[1,3-Dimethyl-6-oxo-1,6-dihydro-pyridazin-4-yl]- 3696

β-Alanin
–, *N*-Methyl-*N*-[4-(3-methyl-5-oxo-1-phenyl-1,5-dihydro-pyrazol-4-ylidenmethyl)-phenyl]-,
 – nitril 3817
Allomycin 3661
Amicetin 3661
Amicetin-B 3661
Amidophosphorsäure
–, [1,5-Dimethyl-3-oxo-2-phenyl-2,3-dihydro-1*H*-pyrazol-4-yl]-,
 – diäthylester 3605
 – dibutylester 3606
 – diisobutylester 3606
 – diisopentylester 3606
 – diisopropylester 3606
 – dimethylester 3605
 – diphenylester 3606
 – dipropylester 3605
–, [1-Methyl-4-oxo-4,5-dihydro-1*H*-imidazol-2-yl]- 3548
 – dichlorid 3548
 – diphenylester 3548
–, [4-Methyl-6-oxo-1,6-dihydro-pyrimidin-2-yl]-,
 – diphenylester 3717
Amidothiophosphorsäure
–, [1,5-Dimethyl-3-oxo-2-phenyl-2,3-dihydro-1*H*-pyrazol-4-yl]-,
 – *O,O'*-diäthylester 3606
 – *O,O'*-diallylester 3606
 – *O,O'*-diisopentylester 3606
–, [(1,5-Dimethyl-3-oxo-2-phenyl-2,3-dihydro-1*H*-pyrazol-4-yl)-thiocarbamoyl]-,
 – *O,O'*-diäthylester 3585
Amin
hier nur sekundäre und tertiäre Monoamine; primäre Amine s. unter den entsprechenden Alkyl- bzw. Arylaminen
–, Acetyl-[6-methoxy-pyridazin-3-yl]-sulfanilyl- 3333
–, [2-Äthansulfonyl-5-methyl-pyrimidin-4-yl]-chlor- 3398
–, [2-Äthansulfonyl-6-methyl-pyrimidin-4-yl]-chlor- 3382
–, [2-Äthansulfonyl-5-methyl-pyrimidin-4-yl]-diäthyl- 3398
–, [2-Äthansulfonyl-5-methyl-pyrimidin-4-yl]-methyl- 3397
–, [4-Äthoxy-chinazolin-2-yl]-[4-chlor-phenyl]- 3428
–, [4-Äthoxy-chinazolin-2-yl]-phenyl- 3428
–, [3-Äthoxy-7-chlor-chinoxalin-2-yl]-[3-piperidino-propyl]- 3437
–, [3-Äthoxy-7-methoxy-chinoxalin-2-yl]-[3-piperidino-propyl]- 3499
–, {2-[5-(3-Äthoxy-4-methoxy-phenyl)-1-phenyl-4,5-dihydro-1*H*-pyrazol-3-yl]-äthyl}-diäthyl- 3497
–, {2-[5-(3-Äthoxy-4-methoxy-phenyl)-1-phenyl-4,5-dihydro-1*H*-pyrazol-3-yl]-äthyl}-dimethyl- 3497
–, {2-[5-(4-Äthoxy-3-methoxy-phenyl)-1-phenyl-4,5-dihydro-1*H*-pyrazol-3-yl]-äthyl}-dimethyl- 3497
–, {2-[5-(3-Äthoxy-4-methoxy-phenyl)-1-*p*-tolyl-4,5-dihydro-1*H*-pyrazol-3-yl]-äthyl}-dimethyl- 3497
–, {2-[5-(4-Äthoxy-3-methoxy-phenyl)-1-*p*-tolyl-4,5-dihydro-1*H*-pyrazol-3-yl]-äthyl}-dimethyl- 3497
–, [2-Äthoxy-6-methyl-5-nitro-pyrimidin-4-yl]-[2]pyridyl- 3377
–, [6-Äthoxy-5-methyl-6-phenyl-5,6,7,12-tetrahydro-dibenzo[*b,h*][1,6]naphthyridin-7-yl]-phenyl- 3476
–, [4-Äthoxy-6-methyl-pyrimidin-2-yl]-benzyl- 3388
–, [4-Äthoxy-6-methyl-pyrimidin-2-yl]-[4-chlor-phenyl]- 3388
–, [4-Äthoxy-5-methyl-pyrimidin-2-yl]-phenyl- 3399
–, [4-Äthoxy-5-nitro-pyrimidin-2-yl]-phenyl- 3358
–, [2-Äthoxy-5-nitro-pyrimidin-4-yl]-[2]pyridyl- 3335
–, [4-Äthoxy-[1,7]phenanthrolin-10-yl]-phenyl- 3466
–, [10-Äthoxy-[1,7]phenanthrolin-4-yl]-phenyl- 3466
–, [10-Äthoxy-6-phenyl-dibenzo[*b,f*][1,7]naphthyridin-12-yl]-[4-methoxy-phenyl]- 3478
–, [4-Äthoxy-phenyl]-[10-methoxy-6-phenyl-dibenzo[*b,f*][1,7]naphthyridin-12-yl]- 3478
–, Äthyl-bis-[5-oxo-1-phenyl-2,5-dihydro-1*H*-pyrazol-3-yl]- 3539
–, [2-Äthylmercapto-5,6-dimethyl-pyrimidin-4-yl]-[4-chlor-phenyl]- 3407
–, [2-Äthylmercapto-5-methyl-pyrimidin-4-yl]-methyl- 3397
–, [2-Äthylmercapto-pyrimidin-4-yl]-phenyl- 3336
–, [1-Äthyl-5-methoxy-1*H*-benzimidazol-2-yl]-[4-nitro-benzyliden]- 3420
–, Äthyl-[4-methyl-6-methylmercapto-pyrimidin-2-yl]- 3392
–, [4-Amino-2-methyl-pyrimidin-5-ylmethyl]-[4-amino-2-methyl-pyrimidin-5-ylmethylen]- 3759
–, Benzyl-[4-benzyloxy-6,7-dihydro-5*H*-cyclopentapyrimidin-2-yl]- 3416
–, Benzyl-bis-[5-oxo-1-phenyl-2,5-dihydro-1*H*-pyrazol-3-yl]- 3540
–, Benzyl-[7-chlor-2-methoxy-benzo[*b*][1,5]naphthyridin-10-yl]- 3464

Amin (Fortsetzung)
–, [5-Benzyl-2-(3-diäthylamino-propoxy)-pyrimidin-4-yl]-cyclohexyl- 3449
–, [5-Benzyl-2-(3-diäthylamino-propoxy)-pyrimidin-4-yl]-furfuryl- 3450
–, [2-Benzylmercapto-5-methyl-1(3)*H*-imidazol-4-ylmethyl]-dimethyl- 3328
–, [4-Benzylmercapto-6-methyl-pyrimidin-2-yl]-butyl- 3393
–, Benzyl-[8-methoxy-chinazolin-4-yl]- 3436
–, Benzyl-[4-methoxy-6-methyl-pyrimidin-2-yl]- 3388
–, Benzyl-[4-methoxy-pyrimidin-2-yl]- 3352
–, Benzyl-[6-methyl-2-methylmercapto-pyrimidin-4-yl]- 3380
–, Benzyl-methyl-[6-methyl-2-methylmercapto-5-nitro-pyrimidin-4-yl]- 3383
–, [2-Benzyloxy-6-chlor-pyrimidin-4-yl]-dimethyl- 3357
–, [4-Benzyloxy-6-chlor-pyrimidin-2-yl]-dimethyl- 3357
–, [6-Benzyloxy-2-chlor-pyrimidin-4-yl]-dimethyl- 3357
–, [4-Benzyloxy-6-chlor-pyrimidin-2-yl]-methyl- 3356
–, [3-Benzyloxy-1,5-dimethyl-1*H*-pyrazol-4-yl]-dimethyl- 3327
–, [2-(5-Benzyloxy-1(2)*H*-indazol-3-yl)-äthyl]-dimethyl- 3423
–, [2-(5-Benzyloxy-1(2)*H*-indazol-3-yl)-äthyl]-isopropyl- 3423
–, Bis-[*N*-acetyl-sulfanilyl]-[6-methoxy-2-methyl-pyrimidin-4-yl]- 3374
–, Bis-[4-benzyliden-5-oxo-4,5-dihydro-1*H*-pyrazol-3-yl]- 3808
–, Bis-[4-benzyliden-5-oxo-1-phenyl-4,5-dihydro-1*H*-pyrazol-3-yl]- 3808
–, [2,6-Bis-benzyloxy-pyrimidin-4-yl]-dimethyl- 3483
–, [4,6-Bis-benzyloxy-pyrimidin-2-yl]-dimethyl- 3483
–, [2,6-Bis-benzyloxy-pyrimidin-4-yl]-methyl- 3482
–, [4,6-Bis-benzyloxy-pyrimidin-2-yl]-methyl- 3486
–, Bis-{1-[4-(4-*tert*-butyl-phenoxy)-phenyl]-5-oxo-2,5-dihydro-1*H*-pyrazol-3-yl}- 3539
–, Bis-[2-chlor-äthyl]-[5,6-dimethoxy-1*H*-benzimidazol-2-ylmethyl]- 3496
–, Bis-[5-methyl-3-oxo-2,3-dihydro-1*H*-pyrazol-4-yl]- 3603
–, Bis-[4-methyl-6-oxo-1,6-dihydro-pyrimidin-2-yl]- 3715
–, Bis-[5-oxo-1-phenyl-2,5-dihydro-1*H*-pyrazol-3-yl]- 3539
–, Bis-[5-oxo-1-phenyl-2,5-dihydro-1*H*-pyrazol-3-yl]-pentyl- 3539
–, [5-Brom-2,6-dimethoxy-pyrimidin-4-yl]-methyl- 3483
–, [5-Brom-6-methyl-2-methylmercapto-pyrimidin-4-yl]-[4-chlor-phenyl]- 3383
–, Butyl-bis-[5-oxo-1-phenyl-2,5-dihydro-1*H*-pyrazol-3-yl]- 3539
–, Butyl-[8-methoxy-chinazolin-4-yl]- 3434
–, [7-Chlor-2-methoxy-benzo[*b*]≠[1,5]naphthyridin-10-yl]-[2-piperidino-äthyl]- 3465
–, [3-Chlor-6-methoxy-chinoxalin-2-yl]-[3-piperidino-propyl]- 3438
–, [3-Chlor-7-methoxy-chinoxalin-2-yl]-[3-piperidino-propyl]- 3440
–, [4-Chlor-6-methoxy-pyrimidin-2-yl]-dimethyl- 3357
–, [4-Chlor-6-methoxy-pyrimidin-2-yl]-methyl- 3356
–, [6-Chlor-2-methylmercapto-pyrimidin-4-yl]-methyl- 3337
–, [4-Chlor-5-phenoxy-pyrimidin-2-yl]-[4-chlor-phenyl]- 3364
–, [4-Chlor-phenyl]-[8-methoxy-chinazolin-4-yl]- 3436
–, [4-Chlor-phenyl]-[4-methylmercapto-chinazolin-2-yl]- 3430
–, [4-Chlor-phenyl]-[6-methyl-2-methylmercapto-pyrimidin-4-yl]- 3379
–, [4-Chlor-phenyl]-[4-methyl-6-phenoxy-pyrimidin-2-yl]- 3388
–, [4-Chlor-phenyl]-[4-phenoxy-chinazolin-2-yl]- 3428
–, [3-Cyclohex-2-enyloxy-1,5-dimethyl-1*H*-pyrazol-4-yl]-dimethyl- 3327
–, Diäthyl-[2-äthylmercapto-5-methyl-pyrimidin-4-yl]- 3397
–, [3-(2-Diäthylamino-äthoxy)-propyl]-[7-methoxy-chinazolin-4-yl]- 3433
–, Diäthyl-[3-(5-benzyl-4-piperidino-pyrimidin-2-yloxy)-propyl]- 3450
–, Diäthyl-[2-(6,7-dimethoxy-[1]isochinolyl)-indol-3-ylmethyl]- 3507
–, Diäthyl-{2-[5-(3,4-dimethoxy-phenyl)-1-phenyl-4,5-dihydro-1*H*-pyrazol-3-yl]-äthyl}- 3497
–, Diäthyl-[6′-methoxy-cinchonan-9-yl]- 3468
–, Diäthyl-{2-[5-(4-methoxy-phenyl)-1-phenyl-4,5-dihydro-1*H*-pyrazol-3-yl]-äthyl}- 3425
–, Diäthyl-[3-(5-phenoxy-1(3)*H*-benzimidazol-2-yl)-propyl]- 3424

Amin (Fortsetzung)
–, Diäthyl-[3-(2,3,10,11-tetramethoxy-7-methyl-dibenzo[*c,f*][2,7]naphthyridin-6-yl)-propyl]- 3513
–, [2,4-Diamino-pyrimidin-5-ylmethyl]-[2,4-diamino-pyrimidin-5-ylmethylen]- 3756
–, Dibutyl-[5,6-dimethoxy-1*H*-benzimidazol-2-ylmethyl]- 3496
–, Dibutyl-{2-[5-(4-methoxy-phenyl)-1-phenyl-4,5-dihydro-1*H*-pyrazol-3-yl]-äthyl}- 3425
–, [2,4-Dimethoxy-6-methyl-pyrimidin-5-yl]-[2-nitro-benzyliden]- 3489
–, [2,4-Dimethoxy-6-methyl-pyrimidin-5-yl]-[4-nitro-benzyliden]- 3489
–, [2,6-Dimethoxy-pyrimidin-4-yl]-methyl- 3482
–, Dimethyl-[5-methyl-2-methylmercapto-1(3)*H*-imidazol-4-ylmethyl]- 3328
–, Dimethyl-[6-methyl-2-methylmercapto-5-nitro-pyrimidin-4-yl]- 3383
–, [1,5-Dimethyl-3-octyloxy-1*H*-pyrazol-4-yl]-dimethyl- 3327
–, [1,5-Dimethyl-3-oxo-2-phenyl-2,3-dihydro-1*H*-pyrazol-4-yl]-[1,5-dimethyl-3-oxo-2-phenyl-2,3-dihydro-1*H*-pyrazol-4-ylmethyl]- 3617
–, [2,4-Dimethyl-5-oxo-1-phenyl-2,5-dihydro-1*H*-pyrazol-3-ylmethyl]-[1,5-dimethyl-3-oxo-2-phenyl-2,3-dihydro-1*H*-pyrazol-4-yl]- 3612
–, [1,5-Dimethyl-3-oxo-2-phenyl-2,3-dihydro-1*H*-pyrazol-4-yl]-[3-methyl-5-oxo-1-phenyl-1,5-dihydro-pyrazol-4-yliden]- 3602
–, [1,5-Dimethyl-3-[2]pyridyloxy-1*H*-pyrazol-4-yl]-dimethyl- 3328
–, [3-(4,6-Dimethyl-pyrimidin-2-yloxy)-1,5-dimethyl-1*H*-pyrazol-4-yl]-dimethyl- 3328
–, Dodecyl-[8-methoxy-chinazolin-4-yl]- 3436
–, Heptyl-[8-methoxy-chinazolin-4-yl]- 3435
–, Hexyl-[8-methoxy-chinazolin-4-yl]- 3435
–, Isobutyl-[4-(4-methoxy-phenyl)-phthalazin-1-yl]- 3469
–, Isopentyl-[8-methoxy-chinazolin-4-yl]- 3435
–, [4-Methoxy-benzyl]-[4-(4-methoxy-styryl)-pyrimidin-2-yl]- 3455
–, [8-Methoxy-chinazolin-4-yl]-[4-methoxy-phenyl]- 3436
–, [8-Methoxy-chinazolin-4-yl]-octyl- 3436
–, [8-Methoxy-chinazolin-4-yl]-pentyl- 3435
–, [2-Methoxy-chinazolin-4-yl]-phenyl- 3427
–, [4-Methoxy-chinazolin-2-yl]-phenyl- 3428
–, [6-Methoxy-chinazolin-4-yl]-[3-piperidino-propyl]- 3432
–, [7-Methoxy-chinazolin-4-yl]-[3-piperidino-propyl]- 3434
–, [7-Methoxy-chinoxalin-2-yl]-[3-piperidino-propyl]- 3439
–, [6′-Methoxy-cinchonan-9-yl]-dimethyl- 3468
–, [6-Methoxy-cinnolin-4-yl]-phenyl- 3427
–, [8-Methoxy-2,3-diphenyl-chinoxalin-5-yl]-dimethyl- 3475
–, [5-Methoxy-1-methyl-1*H*-benzimidazol-2-yl]-[2-nitro-benzyliden]- 3420
–, [8-Methoxy-2-methyl-5,6-dihydro-4*H*-imidazo[4,5,1-*ij*]chinolin-7-yl]-phenyl- 3445
–, [2-Methoxy-6-methyl-5-nitro-pyrimidin-4-yl]-[2]pyridyl- 3377
–, [4-Methoxy-5-nitro-pyrimidin-2-yl]-dimethyl- 3357
–, [2-Methoxy-5-nitro-pyrimidin-4-yl]-methyl- 3335
–, [6-Methoxy-5-nitro-pyrimidin-4-yl]-methyl- 3360
–, [2-Methoxy-5-nitro-pyrimidin-4-yl]-[3-methyl-[2]pyridyl]- 3335
–, [2-Methoxy-5-nitro-pyrimidin-4-yl]-[4-methyl-[2]pyridyl]- 3335
–, [4-Methoxy-5-nitro-pyrimidin-2-yl]-phenyl- 3358
–, [2-Methoxy-5-nitro-pyrimidin-4-yl]-[2]pyridyl- 3335
–, [6-(4-Methoxy-phenyl)-dibenzo[*b,f*][1,7]naphthyridin-12-yl]-phenyl- 3478
–, [8-Methoxy-6-phenyl-dibenzo[*b,f*][1,7]naphthyridin-12-yl]-phenyl- 3477
–, [10-Methoxy-6-phenyl-dibenzo[*b,f*][1,7]naphthyridin-12-yl]-phenyl- 3477
–, [10-Methoxy-6-phenyl-dibenzo[*b,f*][1,7]naphthyridin-12-yl]-*p*-tolyl- 3478
–, [4-Methoxy-phenyl]-[10-methoxy-6-phenyl-dibenzo[*b,f*][1,7]naphthyridin-12-yl]- 3478
–, {2-[5-(4-Methoxy-phenyl)-1-phenyl-4,5-dihydro-1*H*-pyrazol-3-yl]-äthyl}-dimethyl- 3424
–, {2-[5-(4-Methoxy-phenyl)-1-phenyl-4,5-dihydro-1*H*-pyrazol-3-yl]-äthyl}-dipropyl- 3425

Amin (Fortsetzung)
–, {2-[5-(4-Methoxy-phenyl)-1-*p*-tolyl-4,5-dihydro-1*H*-pyrazol-3-yl]-äthyl}-dimethyl- 3425
–, [6-Methoxy-pyrimidin-4-yl]-methyl- 3359
–, [4-Methoxy-pyrimidin-2-yl]-[3-piperidino-propyl]- 3353
–, Methyl-bis-[4-(3-methyl-5-oxo-1-phenyl-1,5-dihydro-pyrazol-4-ylidenmethyl)-phenyl]- 3818
–, [3′-Methylmercapto-[1,1′]biisoindolyliden-3-yl]-phenyl- 3474
–, [2-Methylmercapto-chinazolin-4-yl]-phenyl- 3427
–, Methyl-[4-methylmercapto-pyrimidin-2-yl]- 3358
–, [6-Methyl-2-methylmercapto-pyrimidin-4-yl]-phenyl- 3379
–, Methyl-[6-methyl-2-methylmercapto-pyrimidin-4-yl]- 3379
–, [5-Methyl-3-oxo-2,3-dihydro-1*H*-pyrazol-4-yl]-[3-methyl-5-oxo-1,5-dihydro-pyrazol-4-yliden]- 3602
–, [5-Methyl-3-oxo-2-phenäthyl-2,3-dihydro-1*H*-pyrazol-4-yl]-[3-methyl-5-oxo-1-phenäthyl-1,5-dihydro-pyrazol-4-yliden]- 3603
–, [5-Nitro-4-thiocyanato-pyrimidin-2-yl]-phenyl- 3359
–, [3-Oxo-2,5-diphenyl-2,3-dihydro-1*H*-pyrazol-4-yl]-[5-oxo-1,3-diphenyl-1,5-dihydro-pyrazol-4-yliden]- 3788
–, [3-Oxo-2-phenäthyl-5-phenyl-2,3-dihydro-1*H*-pyrazol-4-yl]-[5-oxo-1-phenäthyl-3-phenyl-1,5-dihydro-pyrazol-4-yliden]- 3788
–, Phenyl-[3′-phenylimino-1*H*,3′*H*-[2,2′]biindolyl-3-yl]- 3868
–, Tris-[1,5-dimethyl-3-oxo-2-phenyl-2,3-dihydro-1*H*-pyrazol-4-ylmethyl]- 3617
Aminophenazon 3555
Aminopropylon 3595
Ammonium
–, [5-Brom-6-oxo-1-phenyl-1,6-dihydro-pyridazin-4-yl]-trimethyl- 3633
–, [2-(2-Cytidin-5′-yloxy-1,2-dihydroxy-diphosphoryloxy)-äthyl]-trimethyl-,
– betain 3676
–, {2-[2-(2′-Desoxy-cytidin-5′-yloxy)-1,2-dihydroxy-diphosphoryloxy]-äthyl}-trimethyl-,
– betain 3665
–, Diäthyl-[2-(6,7-dimethoxy-[1]isochinolyl)-indol-3-ylmethyl]-methyl- 3507
–, Diäthyl-[1,5-dimethyl-3-oxo-2-phenyl-2,3-dihydro-1*H*-pyrazol-4-ylmethyl]-methyl- 3614
–, [2,6-Dimethoxy-pyrimidin-4-yl]-trimethyl- 3483
–, [1,5-Dimethyl-3-oxo-2-phenyl-2,3-dihydro-1*H*-pyrazol-4-ylmethyl]-trimethyl- 3613
–, [1-Hydroxymethyl-2-(1(3)*H*-imidazol-4-yl)-äthyl]-trimethyl- 3329
–, [2-(1-Hydroxy-1-[2]pyridyl-äthyl)-1-methyl-indol-3-ylmethyl]-trimethyl- 3468
–, [17-Hydroxy-yohimban-16-ylmethyl]-trimethyl- 3459
–, Triäthyl-[2-(1,5-dimethyl-3-oxo-2-phenyl-2,3-dihydro-1*H*-pyrazol-4-yl)-äthyl]- 3622
–, Trimethyl-{2-[3-(7-methyl-10-oxo-7,10-dihydro-[1,7]phenanthrolin-4-ylamino)-propoxy]-äthyl}- 3832
Anilin
–, 4-Äthoxy-2-[5-methyl-1(2)*H*-pyrazol-3-yl]- 3444
–, 4-[2-(2-Äthoxy-6-methyl-pyrimidin-4-yl)-vinyl]-*N*,*N*-dimethyl- 3455
–, 4-[4,5-Bis-(5-chlor-2-methoxy-phenyl)-1*H*-imidazol-2-yl]-*N*,*N*-dimethyl- 3509
–, 4,*N*-Bis-[1,5-dimethyl-3-oxo-2-phenyl-2,3-dihydro-1*H*-pyrazol-4-ylmethyl]-*N*-methyl- 3801
–, 4-[6,7-Dimethoxy-cinnolin-4-ylmethyl]- 3506
–, 4-[8,9-Dimethoxy-5,6-dihydro-imidazo[5,1-*a*]isochinolin-3-yl]- 3506
–, 4-[9,10-Dimethoxy-6,7-dihydro-2*H*-pyrimido[6,1-*a*]isochinolin-4-yl]- 3507
–, 4-[9,10-Dimethoxy-1,3,4,6,7,11b-hexahydro-2*H*-pyrimido[6,1-*a*]isochinolin-4-yl]- 3504
–, 4-Methoxy-2-[5-methyl-1(2)*H*-pyrazol-3-yl]- 3443
–, 4-[2-(3-Methyl-butan-1-sulfonyl)-1(3)*H*-imidazol-4-yl]- 3442
Anthracen-2-carbonsäure
–, 9,10-Dioxo-9,10-dihydro-,
– [2-methyl-7-oxo-7*H*-benzo[*e*]perimidin-4-ylamid] 3867
– [7-oxo-7*H*-benzo[*e*]perimidin-8-ylamid] 3860
Anthrachinon
–, 1-Benzoylamino-5-[2-methyl-6-oxo-2,6-dihydro-dibenz[*cd*,*g*]indazol-5-ylamino]- 3844
–, 1-Benzoylamino-4-[3-(7-oxo-7*H*-benzo[*e*]perimidin-6-ylamino)-fluoranthen-8-ylamino]- 3856
–, 1-Benzoylamino-4-[3-(7-oxo-7*H*-benzo[*e*]perimidin-8-ylamino)-fluoranthen-8-ylamino]- 3860

Benzamid (Fortsetzung)
–, *N*-[5-Hydroxy-benzo[*a*]phenazin-6-yl]- 3473
–, *N*-[9-Hydroxy-10,11-dihydro-cinchonan-6′-yl]- 3457
–, *N*-[1-Hydroxymethyl-2-(1(3)*H*-imidazol-4-yl)-äthyl]- 3330
–, *N*-[5-(4-Methoxy-3-nitro-phenyl)-pyridazin-4-yl]- 3445
–, *N*-[4-Methyl-2-methylamino-6-oxo-1,6-dihydro-pyrimidin-5-yl]- 3720
–, *N*-Methyl-*N*-[1-methyl-2-oxo-1,2-dihydro-pyrimidin-4-yl]- 3659
–, *N*-[2-Methyl-7-oxo-7*H*-benzo[*e*]perimidin-6-yl]- 3867
–, *N*-[2-Methyl-6-oxo-2,6-dihydro-dibenz[*cd,g*]indazol-5-yl]- 3844
–, *N*-[5-(2-Methyl-6-oxo-2,6-dihydro-dibenz[*cd,g*]indazol-5-ylamino)-9,10-dioxo-9,10-dihydro-[1]anthryl]- 3844
–, *N*-[1-Methyl-4-oxo-4,5-dihydro-1*H*-imidazol-2-yl]- 3546
–, *N*-[1-Methyl-5-oxo-2,5-dihydro-1*H*-pyrazol-3-yl]- 3523
–, *N*-[2-Methyl-5-oxo-2,5-dihydro-1*H*-pyrazol-3-yl]- 3524
–, *N*-Methyl-*N*-[3-oxo-2,3-dihydro-1*H*-pyrazol-4-yl]- 3515
–, *N*-[1-Methyl-2-oxo-1,2-dihydro-pyrimidin-4-yl]- 3658
–, *N*-[2-Methyl-6-oxo-1,6-dihydro-pyrimidin-5-yl]- 3701
–, *N*-[2-Methyl-6-oxo-1,6-dihydro-pyrimidin-5-ylmethyl]- 3737
–, *N*-[2-Methyl-5-oxo-1-phenyl-2,5-dihydro-1*H*-pyrazol-3-yl]- 3525
–, *N*-[2-(2-Methyl-5-oxo-1-phenyl-2,5-dihydro-1*H*-pyrazol-3-yl)-äthyl]- 3610
–, *N*-[[1]Naphthylamino-7-oxo-7*H*-benzo[*e*]perimidin-6-yl]- 3865
–, *N*-[3-(3-Nitro-phenyl)-5-oxo-5-pyrazolidin-4-yl]- 3772
–, *N*-[3-(4-Nitro-phenyl)-5-oxo-pyrazolidin-4-yl]- 3773
–, *N*-[1-Nitroso-3-oxo-5-phenyl-pyrazolidin-4-yl]- 3772
–, *N*-[7-Oxo-7*H*-benzo[*e*]perimidin-2-yl]- 3851
–, *N*-[7-Oxo-7*H*-benzo[*e*]perimidin-6-yl]- 3853
–, *N*-[7-Oxo-7*H*-benzo[*e*]perimidin-8-yl]- 3858
–, *N*-[3-Oxo-3,4-dihydro-chinoxalin-2-yl]- 3782
–, *N*-[6-Oxo-1(2),6-dihydro-dibenz[*cd,g*]indazol-5-yl]- 3844
–, *N*-[2-Oxo-2,3-dihydro-imidazo[1,2-*a*]pyridin-3-yl]- 3770
–, *N*-[4-Oxo-3,4-dihydro-phthalazin-1-ylmethyl]- 3793
–, *N*-[3-Oxo-2,3-dihydro-1*H*-pyrazol-4-yl]- 3515
–, *N*-[5-Oxo-2,5-dihydro-1*H*-pyrazol-3-yl]- 3523
–, *N*-[2-Oxo-1,2-dihydro-pyrimidin-4-yl]- 3658
–, *N*-[6-Oxo-1,6-dihydro-pyrimidin-5-yl]- 3639
–, *N*-[3-Oxo-5,6-diphenyl-2,3-dihydro-pyridazin-4-yl]- 3846
–, *N*-[4-Oxo-3-phenyl-3,4-dihydro-chinazolin-2-ylmethyl]- 3791
–, *N*-[3-Oxo-2-phenyl-2,3-dihydro-1*H*-pyrazol-4-yl]- 3515
–, *N*-[5-Oxo-1-phenyl-2,5-dihydro-1*H*-pyrazol-3-yl]- 3524
–, *N*-[5-Oxo-2-phenyl-2,5-dihydro-1*H*-pyrazol-3-yl]- 3525
–, *N*-[3-Oxo-5-phenyl-pyrazolidin-4-yl]- 3772
–, *N*-[7-Oxo-2-piperidino-7*H*-benzo[*e*]perimidin-6-yl]- 3863
–, *N*-[4-Oxo-4*H*-pyrido[1,2-*a*]pyrimidin-3-yl]- 3784
–, *N*-[5-Oxo-1-(4-sulfamoyl-phenyl)-2,5-dihydro-1*H*-pyrazol-3-yl]- 3533
–, *N*-[5-Oxo-1-*o*-terphenyl-4-yl-2,5-dihydro-1*H*-pyrazol-3-yl]- 3525
–, *N*-[7-Oxo-4-*o*-toluidino-7*H*-benzo[*e*]perimidin-6-yl]- 3865
–, *N*-[7-Oxo-4-*p*-toluidino-7*H*-benzo[*e*]perimidin-6-yl]- 3865
–, *N*-[4-Oxo-3-*m*-tolyl-3,4-dihydro-chinazolin-2-ylmethyl]- 3791
–, *N*-[4-Oxo-3-*p*-tolyl-3,4-dihydro-chinazolin-2-ylmethyl]- 3791
–, *N*-[5-Oxo-1-(2,4,6-tribrom-phenyl)-2,5-dihydro-1*H*-pyrazol-3-yl]- 3524
–, *N*-[2-Thioxo-2,3-dihydro-1*H*-imidazol-4-yl]- 3549

Benzimidazol
–, 5-Acetylamino-6-methoxy-1(3)*H*- 3421
–, 2-[3-Diäthylamino-propyl]-5-phenoxy-1(3)*H*- 3424
–, 2-Dibutylaminomethyl-5,6-dimethoxy-1*H*- 3496
–, 2-Methyl-5-sarkosyl-1(3)*H*- 3799

Benzimidazol-4-ol
–, 6-Amino-1(3)*H*- 3418
–, 6-Amino-2-methyl-1(3)*H*- 3422

Benzimidazol-5-ol
–, 7-Amino-1(3)*H*- 3421
–, 4-Amino-1,2-diphenyl-1*H*- 3467
–, 4-Amino-1-phenyl-1*H*- 3420

Benzimidazol-2-on
–, 4-Amino-1,3-dihydro- 3768

Benzoesäure (Fortsetzung)
–, 3-[2-(2,4-Di-*tert*-pentyl-phenoxy)-acetylamino]-,
– [1-(2,4-dichlor-phenyl)-5-oxo-2,5-dihydro-1*H*-pyrazol-3-ylamid] 3535
– [5-oxo-1-(2,4,6-trichlor-phenyl)-2,5-dihydro-1*H*-pyrazol-3-ylamid] 3535
–, 3-[4-(2,4-Di-*tert*-pentyl-phenoxy)-butyrylamino]-,
– [5-oxo-1-phenyl-2,5-dihydro-1*H*-pyrazol-3-ylamid] 3536
–, 3-[2-(2,4-Di-*tert*-pentyl-phenoxy)-5-nitro-benzoylamino]-,
– [5-oxo-1-phenyl-2,5-dihydro-1*H*-pyrazol-3-ylamid] 3536
–, 4-Fluor-,
– [7-oxo-7*H*-benzo[*e*]perimidin-6-ylamid] 3854
–, 6-Formyl-2,3-dimethoxy-,
– [4-(2-amino-6-methyl-pyrimidin-4-ylmercapto)-anilid] 3392
–, 4-Jod-,
– [7-oxo-7*H*-benzo[*e*]perimidin-8-ylamid] 3859
–, 2-Methoxy-,
– [1,5-dimethyl-3-oxo-2-phenyl-2,3-dihydro-1*H*-pyrazol-4-ylamid] 3589
–, 3-Methoxy-,
– [7-oxo-7*H*-benzo[*e*]perimidin-6-ylamid] 3855
–, 4-Methyl-3-nitro-,
– [7-oxo-7*H*-benzo[*e*]perimidin-6-ylamid] 3854
–, 4-[4-Methyl-6-oxo-1,6-dihydro-pyrimidin-2-ylamino]-,
– methylester 3712
–, 2-Nitro-,
– [2-(4-oxo-3,4-dihydro-chinazolin-2-yl)-anilid] 3835
– [5-oxo-1-phenyl-2,5-dihydro-1*H*-pyrazol-3-ylamid] 3524
–, 3-Nitro-,
– [4-amino-6-oxo-1,6-dihydro-pyrimidin-5-ylamid] 3646
– [1-(4-brom-phenyl)-5-oxo-2,5-dihydro-1*H*-pyrazol-3-ylamid] 3525
– [1-(3-chlor-phenyl)-5-oxo-2,5-dihydro-1*H*-pyrazol-3-ylamid] 3525
– [1-(4-cyan-phenyl)-5-oxo-2,5-dihydro-1*H*-pyrazol-3-ylamid] 3532
– [3-oxo-3,4-dihydro-chinoxalin-2-ylamid] 3783
– [5-oxo-1-phenyl-2,5-dihydro-1*H*-pyrazol-3-ylamid] 3524
–, 4-Nitro-,
– [2-amino-4-methyl-6-oxo-1,6-dihydro-pyrimidin-5-ylamid] 3721
– [2,4-diamino-6-oxo-1,6-dihydro-pyrimidin-5-ylamid] 3652
– [2,4-dimethyl-6-oxo-1,6-dihydro-pyrimidin-5-ylamid] 3735
– [9-hydroxy-10,11-dihydro-cinchonan-6′-ylamid] 3458
– [1-methyl-2-oxo-1,2-dihydro-pyrimidin-4-ylamid] 3659
– [7-oxo-7*H*-benzo[*e*]perimidin-6-ylamid] 3854
– [3-oxo-3,4-dihydro-chinoxalin-2-ylamid] 3783
– [2-oxo-1,2-dihydro-pyrimidin-4-ylamid] 3658
– [5-oxo-1-phenyl-2,5-dihydro-1*H*-pyrazol-3-ylamid] 3525
–, 3-Nitro-4-octadecyloxy-,
– [5-oxo-1-phenyl-2,5-dihydro-1*H*-pyrazol-3-ylamid] 3532
–, 4-[7-Oxo-7*H*-benzo[*e*]perimidin-6-ylamino]- 3855
–, 4-[(3-Oxo-3,4-dihydro-chinoxalin-2-ylmethyl)-amino]- 3792
–, 3-[5-Oxo-3-palmitoylamino-2,5-dihydro-pyrazol-1-yl]- 3531
–, 4-[5-Oxo-3-palmitoylamino-2,5-dihydro-pyrazol-1-yl]- 3531
–, 3-[5-Oxo-3-(4-palmitoylamino-phenyl)-2,5-dihydro-pyrazol-1-yl]- 3789
–, 4-[5-Oxo-3-(4-palmitoylamino-phenyl)-2,5-dihydro-pyrazol-1-yl]- 3789
–, 3-[4-*tert*-Pentyl-phenoxy]-,
– [1-(2,5-dichlor-phenyl)-5-oxo-2,5-dihydro-1*H*-pyrazol-3-ylamid] 3531
– [5-oxo-1-(2,4,6-tribrom-phenyl)-2,5-dihydro-1*H*-pyrazol-3-ylamid] 3531
–, 4-Pyruvoylamino-,
– [2-oxo-1,2-dihydro-pyrimidin-4-ylamid] 3659
–, 4-Trifluormethyl-,
– [7-oxo-7*H*-benzo[*e*]perimidin-6-ylamid] 3854
–, 3,4,5-Trimethoxy-,
– [1-methyl-2-oxo-1,2-dihydro-pyrimidin-4-ylamid] 3659
– [2-oxo-1,2-dihydro-pyrimidin-4-ylamid] 3659

Benzo[6,7]heptaleno[2,3-*d*]imidazol-7,10-diyldiamin
–, 1,2,3-Trimethoxy-6,7-dihydro-5*H*- 3511

Buttersäure
–, 2-Äthylamino-,
– [1,5-dimethyl-3-oxo-2-phenyl-2,3-dihydro-1*H*-pyrazol-4-ylamid] 3597
– [(1,5-dimethyl-3-oxo-2-phenyl-2,3-dihydro-1*H*-pyrazol-4-yl)-methylamid] 3597
–, 2-Äthyl-2-brom-,
– [1,5-dimethyl-3-oxo-2-phenyl-2,3-dihydro-1*H*-pyrazol-4-ylamid] 3578
–, 4-[4-Amino-phenoxy]-,
– [1-methyl-5-oxo-2,5-dihydro-1*H*-pyrazol-3-ylamid] 3530
–, 2-Brom-,
– [äthyl-(1,5-dimethyl-3-oxo-2-phenyl-2,3-dihydro-1*H*-pyrazol-4-yl)-amid] 3578
– [1,5-dimethyl-3-oxo-2-phenyl-2,3-dihydro-1*H*-pyrazol-4-ylamid] 3578
– [(1,5-dimethyl-3-oxo-2-phenyl-2,3-dihydro-1*H*-pyrazol-4-yl)-methylamid] 3578
–, 2-Diäthylamino-,
– [1,5-dimethyl-3-oxo-2-phenyl-2,3-dihydro-1*H*-pyrazol-4-ylamid] 3597
–, 2-Dimethylamino-,
– [1,5-dimethyl-3-oxo-2-phenyl-2,3-dihydro-1*H*-pyrazol-4-ylamid] 3597
– [(1,5-dimethyl-3-oxo-2-phenyl-2,3-dihydro-1*H*-pyrazol-4-yl)-methylamid] 3597
–, 2-[(1,5-Dimethyl-3-oxo-2-phenyl-2,3-dihydro-1*H*-pyrazol-4-yl)-amino]-,
– anilid 3589
–, 4-{4-[2-(2,4-Di-*tert*-pentyl-phenoxy)-acetylamino]-phenoxy}-,
– [1-methyl-5-oxo-2,5-dihydro-1*H*-pyrazol-3-ylamid] 3530
–, 3-Hydroxy-,
– [1,5-dimethyl-3-oxo-2-phenyl-2,3-dihydro-1*H*-pyrazol-4-ylamid] 3589
– [(1,5-dimethyl-3-oxo-2-phenyl-2,3-dihydro-1*H*-pyrazol-4-yl)-methylamid] 3589
–, 2-Methylamino-,
– [1,5-dimethyl-2-oxo-2-phenyl-2,3-dihydro-1*H*-pyrazol-4-ylamid] 3597
– [(1,5-dimethyl-3-oxo-2-phenyl-2,3-dihydro-1*H*-pyrazol-4-yl)-methylamid] 3597
–, 2-[4-Methyl-6-oxo-1,6-dihydro-pyrimidin-2-ylamino]- 3712
–, 4-[4-Nitro-phenoxy]-,
– [1-methyl-5-oxo-2,5-dihydro-1*H*-pyrazol-3-ylamid] 3530
–, 2-Phenyl-,
– [5-oxo-1-phenyl-2,5-dihydro-1*H*-pyrazol-3-ylamid] 3526

Butyramid
–, *N*-[4-Amino-2-methyl-6-oxo-1,6-dihydro-pyrimidin-5-yl]- 3703
–, *N*-[7-Oxo-4-*m*-toluidino-7*H*-benzo[*e*]perimidin-6-yl]- 3865

C

Carbamidsäure
–, [2-Acetylmercapto-1(3)*H*-imidazol-4-yl]-,
– äthylester 3550
–, {4-[Acetyl-(6-methoxy-pyridazin-3-yl)-sulfamoyl]-phenyl}-,
– benzylester 3333
–, [4-Äthyl-2-methyl-5-oxo-1-phenyl-2,5-dihydro-1*H*-pyrazol-3-yl]-,
– methylester 3612
–, [2-Äthyl-5-oxo-1-phenyl-2,5-dihydro-1*H*-pyrazol-3-yl]-,
– äthylester 3528
– isopropylester 3528
–, [4-Äthyl-5-oxo-1-phenyl-2,5-dihydro-1*H*-pyrazol-3-yl]-,
– äthylester 3611
–, [1-Benzoyl-4-benzyl-5-oxo-2,5-dihydro-1*H*-pyrazol-3-yl]-,
– äthylester 3797
–, [4-Benzyl-2-methyl-5-oxo-1-phenyl-2,5-dihydro-1*H*-pyrazol-3-yl]-,
– methylester 3796
–, [2-Benzyl-1-oxo-2,9-dihydro-1*H*-*β*-carbolin-6-yl]-,
– äthylester 3826
–, [4-Benzyl-5-oxo-1-phenyl-2,5-dihydro-1*H*-pyrazol-3-yl]-,
– äthylester 3796
–, [4-Brom-2-methyl-5-oxo-1-phenyl-2,5-dihydro-1*H*-pyrazol-3-yl]-,
– benzylester 3541
– methylester 3540
–, [2-(4-Brom-2-methyl-5-oxo-1-phenyl-2,5-dihydro-1*H*-pyrazol-3-yl)-äthyl]-,
– benzylester 3611
–, [4-*sec*-Butyl-2-methyl-5-oxo-1-phenyl-2,5-dihydro-1*H*-pyrazol-3-yl]-,
– methylester 3624
–, [1,2-Dimethyl-5-oxo-2,5-dihydro-1*H*-pyrazol-3-yl]-,
– methylester 3527

Carbamidsäure (Fortsetzung)
–, [1,4-Dimethyl-5-oxo-2,5-dihydro-1*H*-pyrazol-3-yl]-,
– äthylester 3608
–, [1,5-Dimethyl-3-oxo-2-phenyl-2,3-dihydro-1*H*-pyrazol-4-yl]-,
– äthylester 3581
– [2-methoxy-phenylester] 3581
– methylester 3581
–, [2,4-Dimethyl-5-oxo-1-phenyl-2,5-dihydro-1*H*-pyrazol-3-yl]-,
– isopropylester 3608
– methylester 3608
–, [3-Hydroxy-phenazin-2-yl]-,
– äthylester 3462
–, [4-Isopropyl-2-methyl-5-oxo-1-phenyl-2,5-dihydro-1*H*-pyrazol-3-yl]-,
– äthylester 3621
– allylester 3621
– [2-chlor-äthylester] 3621
– [2-hydroxy-äthylester] 3621
– isopropylester 3621
– methylester 3621
–, [4-Isopropyl-2-methyl-5-oxo-1-*p*-tolyl-2,5-dihydro-1*H*-pyrazol-3-yl]-,
– methylester 3621
–, [4-(6-Methoxy-pyridazin-3-ylsulfamoyl)-phenyl]-,
– benzylester 3332
–, [3-Methyl-4-oxo-3,4-dihydro-phthalazin-1-yl]-,
– äthylester 3785
–, [2-Methyl-6-oxo-1,6-dihydro-pyrimidin-5-yl]-,
– äthylester 3701
–, [2-Methyl-6-oxo-1,6-dihydro-pyrimidin-5-ylmethyl]-,
– äthylester 3738
–, [2-Methyl-5-oxo-1,4-diphenyl-2,5-dihydro-1*H*-pyrazol-3-yl]-,
– methylester 3790
–, [2-Methyl-5-oxo-1-phenyl-2,5-dihydro-1*H*-pyrazol-3-yl]-,
– äthylester 3527
– butylester 3527
– [2-hydroxy-äthylester] 3528
–, [4-Methyl-5-oxo-1-phenyl-2,5-dihydro-1*H*-pyrazol-3-yl]-,
– äthylester 3608
–, [2-(2-Methyl-5-oxo-1-phenyl-2,5-dihydro-1*H*-pyrazol-3-yl)-äthyl]-,
– benzylester 3611
–, [6-Methyl-4-oxo-1-phenyl-1,4-dihydro-pyridazin-3-yl]-,
– äthylester 3699
–, [5-Methyl-2-thioxo-2,3-dihydro-1*H*-imidazol-4-yl]-,
– äthylester 3609
–, [4-Oxo-3,4-dihydro-chinazolin-2-yl]-,
– äthylester 3776
–, [4-Oxo-3,4-dihydro-phthalazin-1-yl]-,
– äthylester 3785
–, [5-Oxo-6,7-dihydro-5*H*-pyrrolo[1,2-*c*]imidazol-6-yl]-,
– [4-nitro-benzylester] 3761
–, [5-Oxo-1,4-diphenyl-2,5-dihydro-1*H*-pyrazol-3-yl]-,
– äthylester 3790
–, [5-Oxo-1-phenyl-2,5-dihydro-1*H*-pyrazol-3-yl]-,
– äthylester 3527
–, [6-Oxo-1,4,5,6-tetrahydro-pyridazin-3-yl]-,
– äthylester 3551
–, [5-Phenyl-2-thioxo-2,3-dihydro-1*H*-imidazol-4-yl]-,
– äthylester 3790
–, [2-Thioxo-2,3-dihydro-1*H*-imidazol-4-yl]-,
– äthylester 3549

Carbamonitril
–, [5-Benzyl-6-oxo-1,6-dihydro-pyrimidin-2-yl]- 3813
–, [4-Methyl-6-oxo-5-propyl-1,6-dihydro-pyrimidin-2-yl]- 3748
–, [4-Oxo-3,4-dihydro-chinazolin-2-yl]- 3776
–, [6-Oxo-1,6-dihydro-pyrimidin-2-yl]- 3637
–, [4-Oxo-3,4,5,6,7,8-hexahydro-chinazolin-2-yl]- 3764
–, [4-Oxo-4,5,6,7-tetrahydro-3*H*-cyclopentapyrimidin-2-yl]- 3763
–, [8,9,9-Trimethyl-4-oxo-3,4,5,6,7,8-hexahydro-5,8-methano-chinazolin-2-yl]- 3774

Carbamoylchlorid
–, [1,5-Dimethyl-3-oxo-2-phenyl-2,3-dihydro-1*H*-pyrazol-4-yl]-methyl- 3586

β-Carbolin-1-on
–, 6-Amino-2,3,4,9-tetrahydro- 3819

β-Carbolin-8-ylamin
–, 7-Methoxy-1-methyl-9*H*- 3455
–, 7-Methoxy-1-methyl-4,9-dihydro-3*H*- 3453

CDP 3675

Chinazolin
–, 7-Acetylamino-6-methoxy- 3433
–, 4-Äthoxy-2-anilino- 3428
–, 2-Anilino-4-methoxy- 3428
–, 4-Anilino-2-methoxy- 3427
–, 4-Anilino-2-methylmercapto- 3427
–, 4-*p*-Anisidino-8-methoxy- 3436
–, 4-Benzylamino-8-methoxy- 3436
–, 4-Butylamino-8-methoxy- 3434
–, 4-Dodecylamino-8-methoxy- 3436

Chinoxalin-2-ylamin (Fortsetzung)
–, 6-Methoxy- 3438
–, 7-Methoxy- 3439
Chinoxalin-5-ylamin
–, 2,3-Dimethoxy- 3498
–, 6,7-Dimethoxy- 3499
–, 6-Methoxy- 3440
–, 7-Methoxy- 3440
–, 8-Methoxy- 3438
–, 6-Methoxy-2,3-dimethyl- 3444
–, 6-Methoxy-2,3-diphenyl- 3475
–, 7-Methoxy-2,3-diphenyl- 3476
–, 8-Methoxy-2,3-diphenyl- 3475
Chinoxalin-6-ylamin
–, 2,3-Bis-[4-hydroxy-phenyl]- 3508
–, 2,3-Bis-[4-methoxy-phenyl]- 3508
–, 2,3-Dimethoxy- 3498
–, 8-Methoxy- 3438
–, 8-Methoxy-2,3-dimethyl- 3444
–, 7-Methoxy-2,3-diphenyl- 3476
–, 3-Phenoxy- 3438
Chinuclidin
–, 2-[4]Chinolylmethyl-5-vinyl- s. *Cinchonan*
Chrysen-6,12-diyldiamin
–, *N*,*N*′-Bis-[7-oxo-7*H*-benzo⸗[*e*]perimidin-8-yl]- 3861
Cinchonan
Bezifferung s. **22** IV 6140 Anm.
–, 9-Benzoyloxy-6′-methoxy-2′-piperidino-10,11-dihydro- 3503
–, 9-Diäthylamino-6′-methoxy- 3468
–, 9-Dimethylamino-6′-methoxy- 3468
Cinchonandiium
–, 6′-Amino-9-hydroxy-1,1′-dimethyl-10,11-dihydro- 3456
Cinchonan-9-ol
–, 6′-Acetylamino-10,11-dihydro- 3457
–, 6′-Äthoxy-5′-isothiocyanato-10,11-dihydro- 3504
–, 6′-Amino-5′-brom-10,11-dihydro-3458
–, 6′-Amino-10,11-dihydro- 3456
–, 8′-Amino-10,11-dihydro- 3459
–, 5′-Amino-6′-methoxy- 3505
–, 5′-Amino-6′-methoxy-10,11-dihydro-3503
–, 6′-Benzoylamino-10,11-dihydro- 3457
–, 5′-Isothiocyanato-6′-methoxy-10,11-dihydro- 3503
–, 6′-Methoxy-2′-piperidino- 3505
–, 6′-Methoxy-2′-piperidino-10,11-dihydro- 3503
–, 6′-Methylamino-10,11-dihydro- 3457
–, 6′-Sulfanilylamino-10,11-dihydro-3458
Cinchonan-5′-ylamin
–, 6′-Methoxy-10,11-dihydro- 3456
Cinchon-3(10)-en-9-ol
–, 6′-Amino-10,11-dihydro- 3468
–, 6′-[2-Diäthylamino-äthylamino]-10,11-dihydro- 3468
–, 6′-[2-Hydroxy-äthylamino]-10,11-dihydro- 3468
Cinchonidin
–, 6′-Acetylamino-dihydro- 3457
–, 6′-[(*N*-Acetyl-sulfanilyl)-amino]-dihydro- 3458
–, 6′-[4-Amino-benzoylamino]-dihydro-3458
–, 6′-Amino-5′-brom-dihydro- 3458
–, 6′-Amino-dihydro- 3457
–, 6′-Benzoylamino-dihydro- 3457
–, 6′-Methylamino-dihydro- 3457
–, 6′-[4-Nitro-benzolsulfonylamino]-dihydro- 3458
–, 6′-[4-Nitro-benzoylamino]-dihydro-3458
–, 6′-Sulfanilylamino-dihydro-3458
Cinchonin
–, 6′-Amino-dihydro- 3456
–, 8′-Amino-dihydro- 3459
Cinnolin
–, 4-Acetoxy-6-acetylamino- 3426
–, 4-Acetoxy-7-acetylamino- 3426
–, 4-Acetoxy-8-acetylamino- 3427
–, 4-Anilino-6-methoxy- 3427
Cinnolin-4-on
–, 6-Acetylamino-1*H*- 3775
–, 6-Amino-1*H*- 3775
–, 7-Amino-1*H*- 3775
–, 8-Amino-1*H*- 3775
–, 3-Anilino-1*H*- 3775
Cinnolin-5-ylamin
–, 4-Phenoxy- 3426
Cinnolin-7-ylamin
–, 4-Phenoxy- 3426
Cinnolin-8-ylamin
–, 4-Phenoxy- 3427
CMP 3673
Corynan
Bezifferung s. **22** IV 4340 Anm. 1
Coryn-19-en-17-ol
–, 16-[17-Hydroxy-curan-1-ylmethyl]-3459
CTP 3676
Curan
Bezifferung s. **23** IV 1428 Anm.
Cycloheptimidazol-2-ylamin
–, 4-[4-Methoxy-phenyl]- 3469
–, 4-Methylmercapto- 3426
Cyclohexancarbamid
–, *N*-[7-Oxo-4-*o*-toluidino-7*H*-benzo⸗[*e*]perimidin-6-yl]- 3865

D

Disulfid (Fortsetzung)
–, Bis-[4-amino-2-methylmercapto-pyrimidin-5-ylmethyl]- 3494
–, Bis-[4-amino-2-methyl-pyrimidin-5-ylmethyl]- 3406
–, Bis-{2-[formyl-(2-methyl-6-oxo-1,6-dihydro-pyrimidin-5-ylmethyl)-amino]-1-[2-hydroxy-äthyl]-propenyl}- 3737
Dithiocarbamidsäure
–, [4-Amino-2-oxo-1,2-dihydro-pyrimidin-5-ylmethyl]- 3730
–, [9-Hydroxy-6′-methoxy-10,11-dihydro-cinchonan-5′-yl]- 3503
–, [2-Methyl-6-oxo-1,6-dihydro-pyrimidin-5-ylmethyl]-,
– [3-acetoxy-1-acetyl-propylester] 3739
– [1-acetyl-3-hydroxy-propylester] 3738
– äthylester 3738

E

Erythrit
–, 1-[6-Amino-chinoxalin-2-yl]- 3513
–, 1-[7-Amino-chinoxalin-2-yl]- 3513
–, 1-[2-Amino-1(3)*H*-imidazol-4-yl]- 3512
–, 1-[2-Amino-4*H*-imidazol-4-yl]- 3513
Essigsäure
– [1-acetyl-5-anilino-1*H*-pyrazol-3-ylester] 3322
– [2-acetyl-5-anilino-2*H*-pyrazol-3-ylester] 3323
– [4-(5-äthoxy-4-äthoxymethyl-pyrimidin-2-ylsulfamoyl)-anilid] 3491
– [4-(4-äthoxy-5-methoxy-6-methoxymethyl-pyrimidin-2-ylsulfamoyl)-anilid] 3510
– [4-(4-äthoxy-6-methoxymethyl-pyrimidin-2-ylsulfamoyl)-anilid] 3492
– [4-(4-äthoxymethyl-6-methyl-pyrimidin-2-ylsulfamoyl)-anilid] 3410
– [4-(2-äthoxy-6-methyl-pyrimidin-4-ylsulfamoyl)-anilid] 3377
– [4-(4-äthoxy-6-methyl-pyrimidin-2-ylsulfamoyl)-anilid] 3390
– [4-(4-äthoxy-pyrimidin-2-ylsulfamoyl)-anilid] 3355
– [4-(5-äthyl-4,6-dimethoxy-pyrimidin-2-ylsulfamoyl)-anilid] 3494
– [4-(2-äthylmercapto-6-methyl-pyrimidin-4-ylsulfamoyl)-anilid] 3383
– [4-(2-äthylmercapto-pyrimidin-4-ylsulfamoyl)-anilid] 3336
– [4-(4-äthylmercapto-pyrimidin-2-ylsulfamoyl)-anilid] 3359
– [4-(5-äthyl-4-methyl-6-oxo-1,6-dihydro-pyrimidin-2-ylsulfamoyl)-anilid] 3747
– [4-(5-amino-3-methyl-3*H*-pyrazol-4-sulfonyl)-anilid] 3326
– [4-(2-amino-6-methyl-pyrimidin-4-sulfonyl)-anilid] 3392
– [4-(4-amino-6-methyl-pyrimidin-2-sulfonyl)-anilid] 3378
– [4-(2-amino-6-methyl-pyrimidin-4-ylmercapto)-anilid] 3391
– [4-(4-amino-6-methyl-pyrimidin-2-ylmercapto)-anilid] 3378
– [4-(4-amino-6-oxo-1,6-dihydro-pyrimidin-2-ylsulfamoyl)-anilid] 3644
– [4-(2-amino-pyrimidin-4-sulfonyl)-anilid] 3358
– [4-(2-amino-pyrimidin-5-sulfonyl)-anilid] 3365
– [4-(2-amino-pyrimidin-5-ylmercapto)-anilid] 3365
– [4-(4,6-bis-äthylmercapto-pyrimidin-2-ylsulfamoyl)-anilid] 3489
– [4-(4,6-bis-methoxymethyl-pyrimidin-2-ylsulfamoyl)-anilid] 3495
– [4-(5-brom-4-methoxymethyl-6-methyl-pyrimidin-2-ylsulfamoyl)-anilid] 3411
– [4-(5-butyl-4-methyl-6-oxo-1,6-dihydro-pyrimidin-2-ylsulfamoyl)-anilid] 3752
– [2-(6-chlor-4-methyl-3-oxo-3,4-dihydro-chinoxalin-2-yl)-anilid] 3836
– [2-(7-chlor-4-methyl-3-oxo-3,4-dihydro-chinoxalin-2-yl)-anilid] 3837
– [4-(4-diäthoxymethyl-6-methyl-pyrimidin-2-ylsulfamoyl)-anilid] 3761
– [4-(4-diäthoxymethyl-pyrimidin-2-ylsulfamoyl)-anilid] 3756
– [4-(2,4-diäthoxy-pyrimidin-5-ylsulfamoyl)-anilid] 3482
– [4-(4,5-diäthoxy-pyrimidin-2-ylsulfamoyl)-anilid] 3485
– [4-(4,6-diäthoxy-pyrimidin-2-ylsulfamoyl)-anilid] 3487
– [4-(4-diäthylamino-6-methoxy-pyrimidin-2-ylsulfamoyl)-anilid] 3362
– [4,4-diäthyl-5-amino-4*H*-pyrazol-3-ylester] 3331
– [4-(2,4-diamino-6-methyl-pyrimidin-5-yloxy)-anilid] 3385
– [4-(2,4-diamino-6-oxo-1,6-dihydro-pyrimidin-5-ylsulfamoyl)-anilid] 3653
– [4-(4,5-diamino-6-oxo-1,6-dihydro-pyrimidin-2-ylsulfamoyl)-anilid] 3653

Essigsäure (Fortsetzung)

- [4-(6,7-dimethoxy-chinoxalin-5-ylsulfamoyl)-anilid] 3500
- [4-(4,5-dimethoxy-6-methoxymethyl-pyrimidin-2-ylsulfamoyl)-anilid] 3510
- [4-(4-dimethoxymethyl-6-methyl-pyrimidin-2-ylsulfamoyl)-anilid] 3761
- [4-(2,4-dimethoxy-6-methyl-pyrimidin-5-ylsulfamoyl)-anilid] 3490
- [4-(4,6-dimethoxy-2-methyl-pyrimidin-5-ylsulfamoyl)-anilid] 3489
- [4-(2,4-dimethoxy-pyrimidin-5-ylsulfamoyl)-anilid] 3482
- [4-(2,6-dimethoxy-pyrimidin-4-ylsulfamoyl)-anilid] 3483
- [4-(4,6-dimethoxy-pyrimidin-2-ylsulfamoyl)-anilid] 3487
- [4-(1,3-dimethyl-6-oxo-1,6-dihydro-pyridazin-4-ylsulfamoyl)-anilid] 3697
- [4-(2,4-dimethyl-6-oxo-1,6-dihydro-pyrimidin-5-ylsulfamoyl)-anilid] 3735
- [4-(4,5-dimethyl-6-oxo-1,6-dihydro-pyrimidin-2-ylsulfamoyl)-anilid] 3741
- {4-[(1,5-dimethyl-3-oxo-2-phenyl-2,3-dihydro-1*H*-pyrazol-4-ylamino)-methyl]-anilid} 3593
- [4-(1,5-dimethyl-3-oxo-2-phenyl-2,3-dihydro-1*H*-pyrazol-4-ylmethyl)-anilid] 3800
- [2-(1,5-dimethyl-3-oxo-2-phenyl-2,3-dihydro-1*H*-pyrazol-4-ylmethyl)-4-methyl-anilid] 3804
- [4-(1,5-dimethyl-3-oxo-2-phenyl-2,3-dihydro-1*H*-pyrazol-4-ylmethyl)-*N*-methyl-anilid] 3800
- [4-(1,5-dimethyl-3-oxo-2-phenyl-2,3-dihydro-1*H*-pyrazol-4-ylsulfamoyl)-anilid] 3604
- [3-(1,5-diphenyl-4,5-dihydro-1*H*-pyrazol-3-yl)-4-hydroxy-anilid] 3467
- [4-(9-hydroxy-10,11-dihydro-cinchonan-6′-ylsulfamoyl)-anilid] 3458
- [4-(5-isobutyl-4-methyl-6-oxo-1,6-dihydro-pyrimidin-2-ylsulfamoyl)-anilid] 3753
- [4-(5-isopentyl-4-methyl-6-oxo-1,6-dihydro-pyrimidin-2-ylsulfamoyl)-anilid] 3754
- [4-(5-isopropyl-4-methyl-6-oxo-1,6-dihydro-pyrimidin-2-ylsulfamoyl)-anilid] 3749
- [4-(6-methoxy-chinoxalin-2-ylsulfamoyl)-anilid] 3438
- [4-(7-methoxy-chinoxalin-2-ylsulfamoyl)-anilid] 3439
- [4-(4-methoxy-6,7-dihydro-5*H*-cyclopentapyrimidin-2-ylsulfamoyl)-anilid] 3416
- [4-(4-methoxy-2,6-dimethyl-pyrimidin-5-ylsulfamoyl)-anilid] 3401
- [4-(4-methoxy-5,6-dimethyl-pyrimidin-2-ylsulfamoyl)-anilid] 3408
- [4-(4-methoxy-6-methoxymethyl-pyrimidin-2-ylsulfamoyl)-anilid] 3491
- [4-(5-methoxy-4-methoxymethyl-pyrimidin-2-ylsulfamoyl)-anilid] 3490
- [4-(4-methoxymethyl-6-methyl-pyrimidin-2-ylsulfamoyl)-anilid] 3410
- [4-(4-methoxymethyl-pyrimidin-2-ylsulfamoyl)-anilid] 3396
- [4-(4-methoxy-2-methyl-pyrimidin-5-ylsulfamoyl)-anilid] 3373
- [4-(4-methoxy-6-methyl-pyrimidin-2-ylsulfamoyl)-anilid] 3390
- [4-(6-methoxy-2-methyl-pyrimidin-4-ylsulfamoyl)-anilid] 3374
- {4-[3-(2-methoxy-phenyl)-chinoxalin-2-yl]-anilid} 3476
- {4-[3-(4-methoxy-phenyl)-chinoxalin-2-yl]-anilid} 3476
- [4-(6-methoxy-pyridazin-3-ylsulfamoyl)-anilid] 3332
- [2-(4-methyl-3-oxo-3,4-dihydro-chinoxalin-2-yl)-anilid] 3835
- [4-(1-methyl-4-oxo-4,5-dihydro-1*H*-imidazol-2-ylsulfamoyl)-anilid] 3548
- [4-(3-methyl-4-oxo-3,4-dihydro-phthalazin-1-ylsulfamoyl)-anilid] 3785
- [4-(4-methyl-6-oxo-1,6-dihydro-pyrimidin-2-ylsulfamoyl)-anilid] 3716
- [4-(5-methyl-3-oxo-2-phenyl-2,3-dihydro-1*H*-pyrazol-4-ylmethyl)-anilid] 3799
- [4-(6-methyl-3-oxo-2-phenyl-2,3-dihydro-pyridazin-4-ylsulfamoyl)-anilid] 3699
- [4-(4-methyl-6-oxo-5-propyl-1,6-dihydro-pyrimidin-2-ylsulfamoyl)-anilid] 3748
- [4-(4-methyl-6-pentyloxy-pyrimidin-2-ylsulfamoyl)-anilid] 3390
- [4-(4-methyl-6-phenoxy-pyrimidin-2-ylsulfamoyl)-anilid] 3390
- [4-(4-methyl-6-phenylmercapto-pyrimidin-2-ylsulfamoyl)-anilid] 3395
- [4-(4-methyl-6-propoxy-pyrimidin-2-ylsulfamoyl)-anilid] 3390
- [4-(7-oxo-7*H*-benzo[*e*]perimidin-6-ylamino)-anilid] 3856
- [2-(4-oxo-3,4-dihydro-chinazolin-2-yl)-anilid] 3835
- [2-(4-oxo-3,4-dihydro-chinazolin-2-ylmethyl)-anilid] 3841

F

G

Glycin
–, *N*,*N*-Dimethyl-, (Fortsetzung)
– [(1,5-dimethyl-3-oxo-2-phenyl-2,3-dihydro-1*H*-pyrazol-4-yl)-methyl-amid] 3595
– [5-methyl-3-oxo-1,2-diphenyl-pyrazol-4-ylamid] 3595
–, *N*-[4,5-Dimethyl-6-oxo-1,6-dihydro-pyrimidin-2-yl]- 3740
–, *N*-[1,5-Dimethyl-3-oxo-2-phenyl-2,3-dihydro-1*H*-pyrazol-4-yl]-,
– amid 3587
– anilid 3587
– [2-brom-butyrylamid] 3587
– [2-dimethylamino-butyrylamid] 3587
–, *N*-[1,5-Dimethyl-3-oxo-2-phenyl-2,3-dihydro-1*H*-pyrazol-4-yl]-*N*-methyl-,
– amid 3587
– nitril 3587
–, *N*,*N*-Dipropyl-,
– [6-äthoxy-2-methyl-pyrimidin-4-ylamid] 3373
–, *N*-Glycyl-,
– [4-methyl-6-oxo-1,6-dihydro-pyrimidin-2-ylamid] 3714
–, Glycyl→glycyl→-,
– [4-methyl-6-oxo-1,6-dihydro-pyrimidin-2-ylamid] 3714
–, *N*-Methyl-,
– [6-äthoxy-2-methyl-pyrimidin-4-ylamid] 3373
– [1,5-dimethyl-3-oxo-2-phenyl-2,3-dihydro-1*H*-pyrazol-4-ylamid] 3594
– [(1,5-dimethyl-3-oxo-2-phenyl-2,3-dihydro-1*H*-pyrazol-4-yl)-methyl-amid] 3594
–, *N*-[2-Methyl-5-nitro-6-oxo-1,6-dihydro-pyrimidin-4-yl]-,
– methylester 3701
–, *N*-[6-Methyl-5-nitro-2-oxo-1,2-dihydro-pyrimidin-4-yl]-,
– methylester 3724
–, *N*-[1-(2-Methyl-5-oxo-4,5-dihydro-1*H*-imidazol-4-yl)-äthyliden]-,
– amid 3744
–, *N*-[1-(2-Methyl-5-oxo-1,5-dihydro-imidazol-4-yliden)-äthyl]-,
– amid 3744
–, *N*-[6-Methyl-2-oxo-1,2-dihydro-pyrimidin-4-yl]- 3722
–, *N*-[5-Nitro-2-oxo-1,2-dihydro-pyrimidin-4-yl]-,
– äthylester 3690
–, *N*-[5-Nitro-6-oxo-1,6-dihydro-pyrimidin-4-yl]-,
– äthylester 3641
–, *N*-[7-Oxo-7*H*-benzo[*e*]perimidin-6-yl]- 3854
– äthylester 3854
– diäthylamid 3855
– [3-diäthylamino-propylamid] 3855
–, *N*-[2-Oxo-5-ureido-2,3-dihydro-1*H*-imidazol-4-yl]- 3551
–, *N*-Propyl-,
– [6-äthoxy-2-methyl-pyrimidin-4-ylamid] 3373

Glycocyamidin 3542

Glykolamid
–, *N*-[4-Amino-6-oxo-1,6-dihydro-pyrimidin-5-yl]- 3647
–, *N*-[4-Amino-6-thioxo-1,6-dihydro-pyrimidin-5-yl]- 3648
–, *N*-[1,5-Dimethyl-3-oxo-2-phenyl-2,3-dihydro-1*H*-pyrazol-4-yl]- 3587

Glyoxal
– bis-[4-amino-2,6-dimethoxy-pyrimidin-5-ylimin] 3484

Guanidin
–, *N*-[4-Äthoxy-6-methyl-pyrimidin-2-yl]-*N'*-[4-chlor-phenyl]- 3388
–, *N*-[4-Äthoxy-phenyl]-*N'*-[4-methyl-6-oxo-1,6-dihydro-pyrimidin-2-yl]- 3710
–, *N*-[4-Äthoxy-phenyl]-*N'*-[6-oxo-4-phenyl-1,6-dihydro-pyrimidin-2-yl]- 3805
–, *N*-[5-Äthyl-4-methyl-6-oxo-1,6-dihydro-pyrimidin-2-yl]-*N'*-[4-chlor-phenyl]- 3746
–, *N*-[4-Amino-2-methyl-6-oxo-1,6-dihydro-pyrimidin-5-yl]-*N'*-[4-chlor-phenyl]- 3703
–, *N*-[4-Amino-2-methyl-6-oxo-1,6-dihydro-pyrimidin-5-yl]-*N'*-phenyl- 3703
–, [4-(2-Amino-5-oxo-4,5-dihydro-1*H*-imidazol-4-yl)-butyl]- 3625
–, *N*-Benzoyl-*N'*,*N''*-bis-[4-phenoxy-cinnolin-7-yl]- 3426
–, [2-Benzyloxy-6-chlor-pyrimidin-4-yl]- 3334
–, *N*-Biphenyl-4-yl-*N'*-[4-methyl-6-oxo-1,6-dihydro-pyrimidin-2-yl]- 3710
–, *N*,*N'*-Bis-[4-benzyl-5-oxo-2,5-dihydro-1*H*-pyrazol-3-yl]- 3796
–, [2,6-Bis-benzyloxy-pyrimidin-4-yl]- 3483
–, *N*,*N'*-Bis-[5-oxo-4-pentyl-2,5-dihydro-1*H*-pyrazol-3-yl]- 3626
–, *N*-[4-Brom-phenyl]-*N'*-[4-methyl-6-oxo-1,6-dihydro-pyrimidin-2-yl]- 3710
–, *N*-Butyl-*N'*-[5,6-dimethoxy-1*H*-benzimidazol-2-yl]- 3496
–, *N*-[5-Butyl-4-methyl-6-oxo-1,6-dihydro-pyrimidin-2-yl]-*N'*-[4-chlor-phenyl]- 3752

H

Harnstoff (Fortsetzung)
–, *N*-[4-Amino-2-methyl-6-oxo-1,6-dihydro-pyrimidin-5-yl]-*N'*-phenyl- 3703
–, [2-Amino-5-oxo-4,5-dihydro-3*H*-imidazol-4-yl]- 3549
–, [5-Amino-2-oxo-2,3-dihydro-1*H*-imidazol-4-yl]- 3550
–, [2-Amino-6-thioxo-1,6-dihydro-pyrimidin-5-yl]- 3642
–, [5-Anilino-2-oxo-2,3-dihydro-1*H*-imidazol-4-yl]- 3550
–, [5-Anilino-2-oxo-3,4-dihydro-2*H*-imidazol-4-yl]- 3550
–, *N*,*N'*-Bis-chitenyl- 3503
–, *N*,*N'*-Bis-[1,5-dimethyl-3-oxo-2-phenyl-2,3-dihydro-1*H*-pyrazol-4-yl]- 3583
–, *N*,*N'*-Bis-[9-hydroxy-6'-methoxy-10,11-dinor-cinchonan-3-yl]- 3503
–, *N*,*N'*-Bis-[4-isopropyl-2-methyl-5-oxo-1-phenyl-2,5-dihydro-1*H*-pyrazol-3-yl]- 3621
–, *N*,*N'*-Bis-[4-oxo-3,4-dihydro-phthalazin-1-ylmethyl]- 3793
–, *N*,*N'*-Bis-[5-oxo-1-phenyl-2,5-dihydro-1*H*-pyrazol-3-yl]- 3527
–, *N*-[2-Brom-butyryl]-*N'*-[1,5-dimethyl-3-oxo-2-phenyl-2,3-dihydro-1*H*-pyrazol-4-yl]- 3582
–, *N*-[α-Brom-isovaleryl]-*N'*-[1,5-dimethyl-3-oxo-2-phenyl-2,3-dihydro-1*H*-pyrazol-4-yl]- 3583
–, *N*-[2-Brom-propionyl]-*N'*-[1,5-dimethyl-3-oxo-2-phenyl-2,3-dihydro-1*H*-pyrazol-4-yl]- 3582
–, *N*-Butyl-*N'*-[1,5-dimethyl-3-oxo-2-phenyl-2,3-dihydro-1*H*-pyrazol-4-yl]- 3582
–, *N*-[6]Chinolyl-*N'*-[1,5-dimethyl-3-oxo-2-phenyl-2,3-dihydro-1*H*-pyrazol-4-yl]- 3583
–, *N*-Chloracetyl-*N'*-[1,5-dimethyl-3-oxo-2-phenyl-2,3-dihydro-1*H*-pyrazol-4-yl]- 3582
–, *N*-[4-Chlor-phenyl]-*N'*-[4-methyl-6-oxo-1,6-dihydro-pyrimidin-2-yl]- 3709
–, *N*-[*N*,*N*-Diäthyl-alanyl]-*N'*-[1,5-dimethyl-3-oxo-2-phenyl-2,3-dihydro-1*H*-pyrazol-4-yl]- 3583
–, *N*,*N*-Diäthyl-*N'*-[1,5-dimethyl-3-oxo-2-phenyl-2,3-dihydro-1*H*-pyrazol-4-yl]-*N'*-methyl- 3586
–, [(4,6-Diamino-pyrimidin-2-ylmercapto)-acetyl]- 3339
–, *N*-[*N*,*N*-Dimethyl-alanyl]-*N'*-[1,5-dimethyl-3-oxo-2-phenyl-2,3-dihydro-1*H*-pyrazol-4-yl]- 3583
–, *N*-[2-Dimethylamino-butyryl]-*N'*-[1,5-dimethyl-3-oxo-2-phenyl-2,3-dihydro-1*H*-pyrazol-4-yl]- 3583
–, *N*-[*N*,*N*-Dimethyl-glycyl]-*N'*-[1,5-dimethyl-3-oxo-2-phenyl-2,3-dihydro-1*H*-pyrazol-4-yl]- 3583
–, [1,3-Dimethyl-2-oxo-2,3-dihydro-1*H*-benzimidazol-5-yl]- 3769
–, [5,6-Dimethyl-2-oxo-hexahydro-pyrimidin-4-yl]- 3514
–, [1,5-Dimethyl-3-oxo-2-phenyl-2,3-dihydro-1*H*-pyrazol-4-yl]- 3582
–, *N*-[1,5-Dimethyl-3-oxo-2-phenyl-2,3-dihydro-1*H*-pyrazol-4-yl]-*N'*-[*N*,*N*-dimethyl-valyl]- 3583
–, *N*-[1,5-Dimethyl-3-oxo-2-phenyl-2,3-dihydro-1*H*-pyrazol-4-yl]-*N'*-methyl- 3582
–, *N*-[1,5-Dimethyl-3-oxo-2-phenyl-2,3-dihydro-1*H*-pyrazol-4-ylmethyl]-*N*-methyl- 3613
–, *N*-[1,5-Dimethyl-3-oxo-2-phenyl-2,3-dihydro-1*H*-pyrazol-4-yl]-*N*-methyl-*N'*-phenyl- 3586
–, *N*-[1,5-Dimethyl-3-oxo-2-phenyl-2,3-dihydro-1*H*-pyrazol-4-yl]-*N'*-phenyl- 3582
–, *N*-[1,5-Dimethyl-3-oxo-2-phenyl-2,3-dihydro-1*H*-pyrazol-4-yl]-*N'*-phenylacetyl- 3583
–, *N*-[1,5-Dimethyl-3-oxo-2-phenyl-2,3-dihydro-1*H*-pyrazol-4-yl]-*N*,*N'*,*N'*-trimethyl- 3586
–, [4,6-Dimethyl-2-oxo-1,2,3,4-tetrahydro-pyrimidin-4-yl]- 3620
–, [5-Imino-2-oxo-imidazolidin-4-yl]- 3550
–, *N*-[5-Isopropyl-2-(2-isopropyl-5-methyl-phenoxymethyl)-1(3)*H*-imidazol-4-yl]-*N'*-methyl- 3331
–, *N*-Methyl-*N'*-[3-methyl-2-thioxo-2,3-dihydro-1*H*-imidazol-4-yl]- 3550
–, *N*-[1-Methyl-4-oxo-4,5-dihydro-1*H*-imidazol-2-yl]-*N'*-*p*-tolyl- 3547
–, [4-Methyl-6-oxo-1,6-dihydro-pyrimidin-2-yl]- 3708
–, *N*-[4-Methyl-6-oxo-1,6-dihydro-pyrimidin-2-yl]-*N'*-phenyl- 3708
–, [6-Methyl-2-oxo-hexahydro-pyrimidin-4-yl]- 3514
–, *N*-[1-Methyl-4-oxo-imidazolidin-2-yliden]-*N'*-*p*-tolyl- 3547
–, [2-Oxo-2,3-dihydro-1*H*-benzimidazol-5-yl]- 3769
–, *N*-[4-Oxo-3,4-dihydro-phthalazin-1-ylmethyl]-*N'*-phenyl- 3793
–, [2-Oxo-hexahydro-pyrimidin-4-yl]- 3514

I

Imidazol-4-on (Fortsetzung)
—, 5-Benzyliden-3-cyclohexyl-2-[2-dimethylamino-äthyl]-3,5-dihydro- 3822
—, 5-Benzyliden-1-methyl-2-methylamino-1,5-dihydro- 3810
—, 2-Diacetylamino-1-methyl-1,5-dihydro- 3546
—, 5-[4-Diäthylamino-benzyliden]-3-hydroxy-2-phenyl-3,5-dihydro- 3847
—, 2-Diäthylamino-5,5-diphenyl-1,5-dihydro- 3839
—, 5-[4-Diäthylamino-1-methyl-butyliden]-2-propyl-3,5-dihydro- 3755
—, 2,5-Diamino-1,5-dihydro- 3549
—, 2-Dibenzylamino-5,5-diphenyl-1,5-dihydro- 3839
—, 5,5′-Dibenzyliden-1,1′-dimethyl-1,5,1′,5′-tetrahydro-2,2′-benzylidendiamino-bis- 3811
—, 5-[4-Dimethylamino-benzyliden]-3-hydroxy-2-phenyl-3,5-dihydro- 3846
—, 5-[4-Dimethylamino-benzyliden]-2-phenyl-3,5-dihydro- 3846
—, 5-[4-Dimethylamino-benzyliden]-3-phenyl-3,5-dihydro- 3813
—, 2-Dimethylamino-5,5-diphenyl-1,5-dihydro- 3839
—, 1,1′-Dimethyl-5,5′-bis-[4-methyl-benzyliden]-1,5,1′,5′-tetrahydro-2,2′-[4-methyl-benzylidendiamino]-bis- 3819
—, 2-Diphenylamino-5,5-diphenyl-1,5-dihydro- 3839
—, 5,5-Diphenyl-2-piperidino-1,5-dihydro- 3840
—, 2-[2-Hydroxy-äthylamino]-5,5-diphenyl-1,5-dihydro- 3840
—, 2-Methylamino-5,5-diphenyl-1,5-dihydro- 3839
—, 2-[*N*-Methyl-anilino]-5,5-diphenyl-1,5-dihydro- 3839
—, 3-Methyl-2-methylamino-5,5-diphenyl-3,5-dihydro- 3839
—, 1-Methyl-2-salicyloylamino-1,5-dihydro- 3547
—, 2-Sulfanilylamino-1,5-dihydro- 3548

Imidazol-4-on-1-oxid
—, 2-Amino-5,5-dimethyl-3,5-dihydro- 3618

Imidazol-4-on-3-oxid
—, 5-[4-Diäthylamino-benzyliden]-2-phenyl-1,5-dihydro- 3847
—, 5-[4-Dimethylamino-benzyliden]-2-phenyl-1,5-dihydro- 3846

Imidazol-2-thion
—, 1-Acetyl-4-benzoylamino-1,3-dihydro- 3549
—, 1-Acetyl-5-benzoylamino-1,3-dihydro- 3549
—, 5-Äthyl-4-[2-hydroxy-äthylamino]-5-phenyl-1,5-dihydro- 3803
—, 4-[2-Amino-äthyl]-1,3-dihydro- 3617
—, 4-[4-Amino-butyl]-1,3-dihydro- 3626
—, 4-Amino-5,5-dimethyl-1,5-dihydro- 3619
—, 5-Amino-1-methyl-1,3-dihydro- 3549
—, 4-[4-Amino-phenyl]-1,3-dihydro- 3790
—, 4-[2-Amino-propyl]-1,3-dihydro- 3623
—, 4-Benzoylamino-1,3-dihydro- 3549
—, 4-Diäthylaminomethyl-1,3-dihydro- 3609
—, 4-Dimethylaminomethyl-5-methyl-1,3-dihydro- 3619
—, 4-[(2-Hydroxy-äthyl)-amino]-5,5-dimethyl-1,5-dihydro- 3619
—, 4-[2-Hydroxy-äthylamino]-1,5-dimethyl-5-phenyl-1,5-dihydro- 3798
—, 4-[2-Hydroxy-äthylamino]-5,5-diphenyl-1,5-dihydro- 3841
—, 4-[2-Hydroxy-äthylamino]-5-methyl-5-phenyl-1,5-dihydro- 3797
—, 5,5,5′,5′-Tetramethyl-1,5,1′,5′-tetrahydro-4,4′-äthandiyldiamino-bis- 3619
—, 5,5,5′,5′-Tetramethyl-1,5,1′,5′-tetrahydro-4,4′-decandiyldiamino-bis- 3619
—, 5,5,5′,5′-Tetramethyl-1,5,1′,5′-tetrahydro-4,4′-hexandiyldiamino-bis- 3619
—, 5,5,5′,5′-Tetramethyl-1,5,1′,5′-tetrahydro-4,4′-pentandiyldiamino-bis- 3619
—, 5,5,5′,5′-Tetramethyl-1,5,1′,5′-tetrahydro-4,4′-propandiyldiamino-bis- 3619

Imidazol-4-thion
—, 2-[2-Hydroxy-äthylamino]-5,5-diphenyl-1,5-dihydro- 3840

Imidazol-2-ylamin
—, 4-[*N*′-(2,4-Dinitro-phenyl)-hydrazino]-1-methyl-1*H*- 3544
—, 1-Methyl-4-[*N*′-(4-nitro-phenyl)-hydrazino]-1*H*- 3544

Imidazol-4-ylamin
—, 5-[*N*-Acetyl-sulfanilyl]-1-methyl-1*H*- 3326
—, 5-Benzylmercapto-1-methyl-1*H*- 3326
—, 5-[Butan-1-sulfonyl]-1-methyl-1*H*- 3326
—, 2-[3,4-Dimethoxy-phenyl]-5-phenyl-1(3)*H*- 3505
—, 5,5-Dimethyl-2-methylmercapto-5*H*- 3328

Imidazol-4-ylamin (Fortsetzung)
—, 5-Isopropyl-2-[2-isopropyl-5-methyl-phenoxymethyl]-1(3)*H*- 3331
—, 2-[2-Isopropyl-5-methyl-phenoxymethyl]-1(3)*H*- 3328
—, 2-[2-Isopropyl-5-methyl-phenoxymethyl]-5-phenyl-1(3)*H*- 3444
—, 5-Methansulfonyl-1(3)*H*- 3326
—, 5-Methansulfonyl-1-methyl-1*H*- 3326
—, 1-Methyl-5-phenylmercapto-1*H*- 3326
—, 1-Methyl-5-phenylmethansulfonyl-1*H*- 3326
—, 2-Phenoxymethyl-5-phenyl-1(3)*H*- 3444
—, 5-Phenylmethansulfonyl-1(3)*H*- 3326
—, 5-Phenyl-2-[3,4,5-trimethoxy-benzyl]-1(3)*H*- 3511
—, 5-Phenyl-2-veratryl-1(3)*H*- 3506

Imidazol-1-yloxyl
—, 2-Amino-4-imino-5,5-dimethyl-4,5-dihydro- 3618

Imidazo[1,2-*a*]pyridin
—, 3-Benzoylamino-2-benzoyloxy- 3422

Imidazo[1,2-*a*]pyridinium
—, 3-[4-Acetylamino-benzyliden]-6-jod-2-oxo-2,3-dihydro-1*H*- 3838
—, 6-Brom-3-[4-dimethylamino-benzyliden]-2-oxo-2,3-dihydro-1*H*- 3838
—, 6-Brom-3-[4-dimethylamino-cinnamyliden]-2-oxo-2,3-dihydro-1*H*- 3850
—, 3-[4-Diäthylamino-benzyliden]-2-oxo-2,3-dihydro-1*H*- 3838
—, 3-[4-Dimethylamino-benzyliden]-6-jod-2-oxo-2,3-dihydro-1*H*- 3838
—, 2-[4-Dimethylamino-benzyliden]-3-oxo-2,3-dihydro-1*H*- 3838
— betain 3838
—, 3-[4-Dimethylamino-benzyliden]-2-oxo-2,3-dihydro-1*H*- 3838
—, 3-[4-Dimethylamino-cinnamyliden]-6-jod-2-oxo-2,3-dihydro-1*H*- 3850
—, 3-[4-Dimethylamino-cinnamyliden]-2-oxo-2,3-dihydro-1*H*- 3850

Imidazo[1,2-*a*]pyridin-2-on
—, 3-Benzoylamino- 3770

Imidazo[1,2-*a*]pyridin-3-on
—, 2-[4-Dimethylamino-benzyliden]-2*H*- 3838

Indan-1,3-dion
—, 2-[2-Methyl-6-oxo-1,6-dihydro-pyrimidin-5-ylmethylimino]- 3736

Indazol
—, 3-Acetyl-6-amino-1-phenyl-1*H*- 3794
—, 3-Acetyl-6-benzoylamino-1-phenyl-1*H*- 3794
—, 5-Benzyloxy-3-[2-dimethylamino-äthyl]-1(2)*H*- 3423
—, 5-Benzyloxy-3-[2-isopropylamino-äthyl]-1(2)*H*- 3423

Indazol-5-ol
—, 3-[2-Amino-äthyl]-1(2)*H*- 3422
—, 3-[2-Dimethylamino-äthyl]-1(2)*H*- 3423
—, 3-[2-Isopropylamino-äthyl]-1(2)*H*- 3423

Indazol-3-on
—, 4-Amino-1,2-dihydro- 3767
—, 5-Amino-1,2-dihydro- 3767
—, 6-Amino-1,2-dihydro- 3767
—, 7-Amino-1,2-dihydro- 3768
—, 3a-[2-Diäthylamino-äthyl]-2,3a,4,5,6,7-hexahydro- 3753
—, 5-Dimethylamino-2-phenyl-1,2-dihydro- 3767
—, 6-Phthalimido-1,2-dihydro- 3768
—, 5-Stearoylamino-1,2-dihydro- 3767

Indazol-5-ylamin
—, 6-Methoxy-1(2)*H*- 3417

Indazol-6-ylamin
—, 2-Methyl-5-thiocyanato-2*H*- 3417
—, 2-Methyl-7-thiocyanato-2*H*- 3417
—, 5-Methyl-7-thiocyanato-1(2)*H*- 3422
—, 5-Thiocyanato-1(2)*H*- 3417
—, 7-Thiocyanato-1(2)*H*- 3417

Indazol-7-ylthiocyanat
—, 6-Amino-5-methyl-1(2)*H*- 3422

Indigo
— bis-phenylimin 3868
— diimin 3868

Indolin-3-on
—, 2-Piperidino-2-[2]pyridyl- 3834

Indolo[4,3-*fg*]chinolin-5-on
—, 9-Amino-4*H*- 3845

Indolo[2,3-*a*]chinolizin
—, 2,3-Diäthyl-1,2,3,4,6,7,12,12b-octahydro- s. *Corynan*

Indol-3-ol
—, 1-Piperidino-2-[2]pyridyl- 3834

Indolo[2′,3′:3,4]pyrido[1,2-*b*]isochinolin
—, 1,2,3,4,4a,5,7,8,13,13b,14,14a-Dodecahydro- s. *Yohimban*

Isobutyramid
—, *N*-[4-Amino-2-methyl-6-oxo-1,6-dihydro-pyrimidin-5-yl]- 3703

Isochinolin
—, 1-[3-Diäthylaminomethyl-indol-2-yl]-6,7-dimethoxy- 3507

Isochinolin-1,3-dion
—, 4-[1,5-Dimethyl-3-oxo-2-phenyl-2,3-dihydro-1*H*-pyrazol-4-ylimino]-4*H*- 3601

K

L

N

O

P

Phosphorsäure (Fortsetzung)
— bis-dimethylamid-[1,5-dimethyl-3-oxo-2-phenyl-2,3-dihydro-1*H*-pyrazol-4-ylamid] 3606
— cytidin-2′,3′-diylester 3673
— cytidin-2′-ylester-cytidin-5′-ylester 3675
— cytidin-3′-ylester-cytidin-5′-ylester 3674
— cytidin-2′-ylester-uridin-5′-ylester 3672
— cytidin-3′-ylester-uridin-5′-ylester 3671
— cytidin-5′-ylester-uridin-3′-ylester 3674
— [2′-desoxy-cytidin-5′-ylester]-thymidin-3′-ylester 3665
— diäthylester-[2-amino-6-methyl-pyrimidin-4-ylester] 3387
— dianilid-[1-methyl-4-oxo-4,5-dihydro-1*H*-imidazol-2-ylamid] 3548

Phthalaldehyd
— mono-[1,5-dimethyl-3-oxo-2-phenyl-2,3-dihydro-1*H*-pyrazol-4-ylimin] 3573

Phthalamid
—, *N*,*N*′-Bis-[1,5-dimethyl-3-oxo-2-phenyl-2,3-dihydro-1*H*-pyrazol-4-yl]- 3581

Phthalamidsäure
—, *N*-[1,5-Dimethyl-3-oxo-2-phenyl-2,3-dihydro-1*H*-pyrazol-4-yl]- 3581
—, *N*-[1,5-Dimethyl-3-oxo-2-phenyl-2,3-dihydro-1*H*-pyrazol-4-yl]-*N*-methyl- 3581

Phthalazin
—, 1-Isobutylamino-4-[4-methoxy-phenyl]- 3469

Phthalazin-1,4-diyldiamin
—, 6-Äthoxy- 3442

Phthalazinium
—, 2-[2,6-Dichlor-4-nitro-phenyl]-1-[4-dimethylamino-styryl]-4-methoxy- 3473
—, 1-[4-Dimethylamino-styryl]-4-methoxy-2-[3-nitro-phenyl]- 3472
—, 1-[4-Dimethylamino-styryl]-4-methoxy-2-[4-nitro-phenyl]- 3472

Phthalazin-1-on
—, 2-Acetyl-4-[acetylamino-methyl]-2*H*- 3793
—, 4-Amino-2*H*- 3784
—, 4-[3-Amino-4-*tert*-butyl-phenyl]-2*H*- 3842
—, 4-Aminomethyl-2*H*- 3793
—, 4-Amino-2-methyl-2*H*- 3785
—, 4-[Benzoylamino-methyl]-2*H*- 3793
—, 4-[4-Dimethylamino-phenyl]-2*H*- 3837
—, 4-[2-Hydroxy-äthylamino]-2*H*- 3785
—, 4-[2-Hydroxy-3-phenoxy-propylamino]-2*H*- 3785
—, 2-Methyl-4-sulfanilylamino-2*H*- 3785
—, 4-Phthalimidomethyl-2*H*- 3793

Phthalazin-1-thion
—, 4-Benzylamino-2*H*- 3785
—, 4-[4-Methoxy-benzylamino]-2*H*- 3785

Phthalazin-5-ylamin
—, 1,4-Dimethoxy- 3500

Phthalimid
—, *N*-[3-Acetyl-4-oxo-3,4-dihydro-phthalazin-1-ylmethyl]- 3793
—, *N*-[2-(4-Amino-2-methyl-6-oxo-1,6-dihydro-pyrimidin-5-yl)-äthyl]- 3745
—, *N*-{2-[(4-Amino-2-methyl-pyrimidin-5-yl)-methansulfonyl]-äthyl}- 3406
—, *N*-[1-Chinoxalin-2-yl-2-(4-methoxy-phenyl)-äthyl]- 3470
—, *N*-[O^2,O^5-Dibenzoyl-1-(4-dimethylamino-pyrimidin-2-yloxy)-1,4-anhydro-ribit-3-yl]- 3334
—, *N*-[1,5-Dimethyl-3-oxo-2-phenyl-2,3-dihydro-1*H*-pyrazol-4-yl]- 3581
—, *N*-[1-(1,3-Diphenyl-imidazolidin-2-carbonyl)-propyl]- 3514
—, *N*-[1-(1,3-Diphenyl-imidazolidin-2-yl)-2-methoxy-äthyl]- 3321
—, *N*-[4-(4-Hydroxymethyl-pyrimidin-2-ylsulfamoyl)-benzyl]- 3396
—, *N*-[3-Hydroxy-phenazin-2-yl]- 3462
—, *N*-[5-Methyl-4-(4-nitro-phenylmercapto)-2-phenyl-2*H*-pyrazol-3-yl]- 3327
—, *N*-[1-(3-Oxo-3,4-dihydro-chinoxalin-2-yl)-äthyl]- 3798
—, *N*-[2-(3-Oxo-3,4-dihydro-chinoxalin-2-yl)-äthyl]- 3798
—, *N*-[3-Oxo-3,4-dihydro-chinoxalin-2-ylmethyl]- 3792
—, *N*-[2-(3-Oxo-3,4-dihydro-chinoxalin-2-yl)-propyl]- 3803
—, *N*-[3-(3-Oxo-3,4-dihydro-chinoxalin-2-yl)-propyl]- 3803
—, *N*-[3-Oxo-2,3-dihydro-1*H*-indazol-6-yl]- 3768
—, *N*-[4-Oxo-3,4-dihydro-phthalazin-1-ylmethyl]- 3793
—, *N*-[3-Phenyl-2-thioxo-1,2,3,4-tetrahydro-chinazolin-4-yl]- 3770

Piperazin
—, 1,4-Bis-[1,5-dimethyl-3-oxo-2-phenyl-2,3-dihydro-1*H*-pyrazol-4-yl]- 3592

Piperidin
—, 1-{2-[2-(3-Äthoxy-4-methoxy-phenyl)-1-phenyl-4,5-dihydro-1*H*-pyrazol-3-yl]-äthyl}- 3498

Pyrazol-3-on (Fortsetzung)
–, 4-[4-Acetylamino-benzylamino]-1,5-dimethyl-2-phenyl-1,2-dihydro- 3593
–, 4-[4-Acetylamino-benzyl]-1,5-dimethyl-2-phenyl-1,2-dihydro- 3800
–, 4-[4-Acetylamino-benzyl]-5-methyl-2-phenyl-1,2-dihydro- 3799
–, 5-Acetylamino-2-[4-brom-phenyl]-1,2-dihydro- 3522
–, 4-Acetylamino-2-[4-brom-phenyl]-1,5-dimethyl-1,2-dihydro- 3575
–, 5-Acetylamino-2-[3-chlor-phenyl]-1,2-dihydro- 3522
–, 5-Acetylamino-4,4-diäthyl-2,4-dihydro- 3625
–, 5-Acetylamino-4,4-diäthyl-2-methyl-2,4-dihydro- 3625
–, 5-Acetylamino-1,2-dihydro- 3521
–, 4-Acetylamino-1,5-dimethyl-2-phenyl-1,2-dihydro- 3575
–, 4-Acetylamino-2-[2,4-dinitro-phenyl]-5-methyl-1,2-dihydro- 3575
–, 4-[2-Acetylamino-5-methyl-benzyl]-1,5-dimethyl-2-phenyl-1,2-dihydro- 3804
–, 4-Acetylamino-5-methyl-1,2-dihydro-3575
–, 5-Acetylamino-1-methyl-2-phenyl-1,2-dihydro- 3522
–, 5-Acetylamino-1-phenyl-1,2-dihydro-3522
–, 5-Acetylamino-2-phenyl-1,2-dihydro-3522
–, 5-Acetylamino-2-phenyl-2,4-dihydro-3522
–, 5-[4-Acetylamino-phenyl]-1,2-dihydro-3789
–, 5-Acetylamino-2-*p*-tolyl-1,2-dihydro-3522
–, 4-[3-(*N*-Acetyl-anilino)-allyliden]-5-methyl-2-phenyl-2,4-dihydro- 3762
–, 1-Acetyl-5-anilino-1,2-dihydro- 3521
–, 2-Acetyl-5-anilino-1,2-dihydro- 3521
–, 4-[4-(Acetyl-methyl-amino)-benzyl]-1,5-dimethyl-2-phenyl-1,2-dihydro- 3800
–, 2-[4-Äthoxy-phenyl]-4-[(4-äthoxy-phenylimino)-methyl]-5-methyl-1,2-dihydro- 3732
–, 2-[4-Äthoxy-phenyl]-4-[1-amino-äthyliden]-5-methyl-2,4-dihydro- 3743
–, 2-[4-Äthoxy-phenyl]-4-[2-amino-anilinomethylen]-5-methyl-2,4-dihydro-3733
–, 2-[4-Äthoxy-phenyl]-4-[α-amino-benzyliden]-5-methyl-2,4-dihydro- 3818
–, 2-[4-Äthoxy-phenyl]-4-amino-1,5-dimethyl-1,2-dihydro- 3568
–, 2-[4-Äthoxy-phenyl]-4-anilinomethylen-5-methyl-2,4-dihydro- 3732
–, 2-[4-Äthoxy-phenyl]-4-benzylidenamino-1,5-dimethyl-1,2-dihydro-3572
–, 2-[4-Äthoxy-phenyl]-4-dimethylamino-1,5-dimethyl-1,2-dihydro- 3568
–, 2-[4-Äthoxy-phenyl]-4-[(1,5-dimethyl-3-oxo-2-phenyl-2,3-dihydro-1*H*-pyrazol-4-ylimino)-methyl]-1,5-dimethyl-1,2-dihydro- 3603
–, 2-[4-Äthoxy-phenyl]-4-[(1,5-dimethyl-3-oxo-2-phenyl-2,3-dihydro-1*H*-pyrazol-4-ylimino)-methyl]-5-methyl-1,2-dihydro-3603
–, 4-[(4-Äthoxy-phenylimino)-methyl]-5-methyl-2-phenyl-1,2-dihydro- 3732
–, 2-[4-Äthoxy-phenyl]-5-methyl-4-*p*-phenetidinomethylen-2,4-dihydro- 3732
–, 2-[4-Äthoxy-phenyl]-5-methyl-4-[phenylimino-methyl]-1,2-dihydro- 3732
–, 4-Äthyl-5-amino-4-butyl-2,4-dihydro-3627
–, 4-Äthyl-5-amino-1,2-dihydro- 3611
–, 4-Äthylamino-1,5-dimethyl-2-phenyl-1,2-dihydro- 3563
–, 1-Äthyl-5-amino-4-isopropyl-2-phenyl-1,2-dihydro- 3620
–, 4-Äthylaminomethyl-1,5-dimethyl-2-phenyl-1,2-dihydro- 3613
–, 5-Äthylaminomethyl-1,4-dimethyl-2-phenyl-1,2-dihydro- 3612
–, 4-Äthyl-5-amino-1-methyl-2-phenyl-1,2-dihydro- 3611
–, 4-Äthyl-5-amino-2-methyl-4-phenyl-2,4-dihydro- 3802
–, 1-Äthyl-5-amino-2-phenyl-1,2-dihydro- 3519
–, 4-Äthyl-5-amino-1-phenyl-1,2-dihydro- 3611
–, 4-Äthyl-5-amino-2-phenyl-1,2-dihydro- 3611
–, 4-Äthyl-5-amino-4-phenyl-2,4-dihydro- 3802
–, 5-Äthylamino-2-phenyl-1,2-dihydro-3519
–, 4-Äthyl-5-amino-4-phenyl-2-propyl-2,4-dihydro- 3802
–, 4-[2-Äthyl-butyl]-5-amino-1,2-dihydro-3627
–, 4-{4-[Äthyl-(2-chlor-äthyl)-amino]-benzyliden}-5-methyl-2-phenyl-2,4-dihydro- 3817
–, 4-[2-Äthyl-hexyl]-5-amino-1,2-dihydro-3629
–, 4-Äthyliden-5-amino-2-phenyl-2,4-dihydro- 3731
–, 1-Äthyl-5-methyl-2-phenyl-4-sulfanilylamino-1,2-dihydro- 3604
–, 4-[1-Äthyl-propylamino]-1,5-dimethyl-2-phenyl-1,2-dihydro- 3565

Pyrazol-3-on (Fortsetzung)
–, 4-Amino-1,5-dimethyl-2-phenyl-1,2-dihydro- 3554
–, 5-Amino-1,4-dimethyl-2-phenyl-1,2-dihydro- 3608
–, 4-Amino-1,5-dimethyl-2-[4-propoxy-phenyl]-1,2-dihydro- 3568
–, 5-Amino-4,4-dipentyl-2,4-dihydro- 3629
–, 5-Amino-1,4-diphenyl-1,2-dihydro- 3790
–, 5-Amino-2,4-diphenyl-1,2-dihydro- 3790
–, 5-Amino-4,4-dipropyl-2,4-dihydro- 3628
–, 5-Amino-2-dodecyl-1,2-dihydro- 3517
–, 5-Amino-4-dodecyl-1,2-dihydro- 3629
–, 4-Amino-5-formylamino-1-methyl-1,2-dihydro- 3541
–, 5-Amino-4-formylamino-1-methyl-1,2-dihydro- 3541
–, 4-Amino-5-formylamino-1-phenyl-1,2-dihydro- 3542
–, 4-Amino-5-formylamino-2-phenyl-1,2-dihydro- 3541
–, 5-Amino-4-formylamino-1-phenyl-1,2-dihydro- 3542
–, 5-Amino-4-formylamino-2-phenyl-1,2-dihydro- 3541
–, 5-Amino-4-heptyl-1,2-dihydro- 3628
–, 5-Amino-4-heptyl-1-methyl-1,2-dihydro- 3628
–, 5-Amino-4-hexadecyl-1,2-dihydro- 3630
–, 5-Amino-2-hexyl-1,2-dihydro- 3517
–, 5-Amino-4-hexyl-1,2-dihydro- 3627
–, 5-Amino-4-hexyl-1-methyl-1,2-dihydro- 3627
–, 5-Amino-2-[2-hydroxy-äthyl]-1,2-dihydro- 3521
–, 4-[2-Amino-4-imino-cyclohexa-2,5-dienylidenamino]-1,5-dimethyl-2-phenyl-1,2-dihydro- 3594
–, 4-Amino-2-[4-isopropoxy-phenyl]-1,5-dimethyl-1,2-dihydro- 3568
–, 5-Amino-4-isopropyl-1,2-dihydro- 3620
–, 5-Amino-4-isopropyl-1-methyl-2-phenyl-1,2-dihydro- 3620
–, 5-Amino-4-isopropyl-1-methyl-2-*p*-tolyl-1,2-dihydro- 3620
–, 5-Amino-2-[4-methoxy-phenyl]-1,2-dihydro- 3521
–, 4-[2-Amino-5-methyl-benzyl]-1,5-dimethyl-2-phenyl-1,2-dihydro- 3804
–, 4-Amino-5-methyl-1,2-dihydro- 3552
–, 5-Amino-1-methyl-1,2-dihydro- 3516
–, 5-Amino-2-methyl-1,2-dihydro- 3516
–, 5-Amino-2-methyl-2,4-dihydro- 3516
–, 5-Amino-4-methyl-1,2-dihydro- 3607
–, 4-Aminomethyl-1,5-dimethyl-2-phenyl-1,2-dihydro- 3612
–, 4-Amino-5-methyl-1,2-diphenyl-1,2-dihydro- 3566
–, 5-Amino-1-methyl-2,4-diphenyl-1,2-dihydro- 3790
–, 4-Aminomethylen-2,5-diphenyl-2,4-dihydro- 3809
–, 4-Aminomethylen-2-methyl-5-phenyl-2,4-dihydro- 3809
–, 4-Aminomethylen-5-methyl-2-phenyl-2,4-dihydro- 3731
–, 4-Aminomethylen-5-phenyl-2,4-dihydro- 3809
–, 5-Amino-1-methyl-4-nitroso-1,2-dihydro- 3541
–, 5-Amino-1-methyl-4-nitroso-2-phenyl-1,2-dihydro- 3541
–, 5-Amino-1-methyl-4-octyl-1,2-dihydro- 3628
–, 5-Amino-1-methyl-4-pentyl-1,2-dihydro- 3626
–, 4-Amino-5-methyl-2-phenäthyl-1,2-dihydro- 3567
–, 4-Amino-5-methyl-2-phenyl-1,2-dihydro- 3554
–, 5-Amino-1-methyl-2-phenyl-1,2-dihydro- 3518
–, 5-Amino-4-methyl-1-phenyl-1,2-dihydro- 3607
–, 5-Amino-4-methyl-2-phenyl-1,2-dihydro- 3607
–, 5-Amino-4-[1]naphthylmethyl-1,2-dihydro- 3834
–, 5-Amino-2-[4-nitro-phenyl]-1,2-dihydro- 3518
–, 5-Amino-4-nonyl-1,2-dihydro- 3629
–, 5-Amino-4-nonyl-1-phenyl-1,2-dihydro- 3629
–, 5-Amino-4-[1-phenyl-äthyl]-1,2-dihydro- 3799
–, 2-[4-Amino-phenyl]-5-benzylamino-1,2-dihydro- 3534
–, 5-Amino-1-phenyl-1,2-dihydro- 3518
–, 5-Amino-2-phenyl-1,2-dihydro- 3517
–, 5-Amino-2-phenyl-2,4-dihydro- 3517
–, 5-Amino-4-phenyl-1,2-dihydro- 3789
–, 5-[4-Amino-phenyl]-1,2-dihydro- 3788
–, 2-[4-Amino-phenyl]-5-lauroylamino-1,2-dihydro- 3534
–, 5-Amino-2-phenyl-4-propyliden-2,4-dihydro- 3742
–, 2-[4-Amino-phenyl]-5-stearoylamino-1,2-dihydro- 3534

Pyrazol-3-on (Fortsetzung)
–, 4-{2-[Benzyl-(2-hydroxy-äthyl)-amino]-äthyl}-1,5-dimethyl-2-phenyl-1,2-dihydro- 3623
–, 4-Benzylidenamino-2-[4-brom-phenyl]-1,5-dimethyl-1,2-dihydro- 3571
–, 4-Benzylidenamino-1,5-dimethyl-2-phenyl-1,2-dihydro- 3571
–, 4-Benzylidenamino-1,5-dimethyl-2-[4-propoxy-phenyl]-1,2-dihydro- 3572
–, 4-Benzylidenamino-5-methyl-2-phenäthyl-1,2-dihydro- 3572
–, 4-[2-(Benzyl-methyl-amino)-äthyl]-1,5-dimethyl-2-phenyl-1,2-dihydro- 3623
–, 4-[Benzyl-(2-piperidino-äthyl)-amino]-1,5-dimethyl-2-phenyl-1,2-dihydro- 3592
–, 2,2′-Bis-[4-(4-*tert*-butyl-phenoxy)-phenyl]-1,2,1′,2′-tetrahydro-5,5′-imino-bis- 3539
–, 4-{4-[Bis-(2-chlor-äthyl)-amino]-benzyliden}-5-methyl-2-phenyl-2,4-dihydro- 3817
–, 4-{4-[Bis-(2-cyan-äthyl)-amino]-benzyliden}-5-methyl-2-phenyl-2,4-dihydro- 3818
–, 4-Bis-cyclohex-2-enylamino-1,5-dimethyl-2-phenyl-1,2-dihydro- 3566
–, 4,5-Bis-diäthylaminomethyl-1-methyl-2-phenyl-1,2-dihydro- 3617
–, 4-[4,4′-Bis-dimethylamino-benzhydryl]-1,5-dimethyl-2-phenyl-1,2-dihydro- 3842
–, 4-[4,4′-Bis-dimethylamino-benzhydryliden]-5-methyl-2-phenyl-2,4-dihydro- 3850
–, 4-[4,4′-Bis-dimethylamino-benzhydryl]-5-methyl-2-phenyl-1,2-dihydro- 3841
–, 4-[4,4′-Bis-dimethylamino-trityl]-5-methyl-2-phenyl-1,2-dihydro- 3872
–, 4,5-Bis-formylamino-1,2-dihydro- 3542
–, 4-{2-[Bis-(2-hydroxy-äthyl)-amino]-äthyl}-1,5-dimethyl-2-phenyl-1,2-dihydro- 3623
–, 4-[Bis-(2-hydroxy-äthyl)-amino]-1,5-dimethyl-2-phenyl-1,2-dihydro- 3568
–, 4-[4-Brom-anilinomethylen]-2,5-diphenyl-2,4-dihydro- 3809
–, 4-Brom-5-dimethylaminomethyl-1-methyl-2-phenyl-1,2-dihydro- 3607
–, 4-Brom-1-methyl-5-methylaminomethyl-2-phenyl-1,2-dihydro- 3607
–, 2-[4-Brom-phenyl]-4-cinnamylidenamino-1,5-dimethyl-1,2-dihydro- 3572
–, 2-[4-Brom-phenyl]-4-dimethylamino-1,5-dimethyl-1,2-dihydro- 3563
–, 2-[4-Brom-phenyl]-1,5-dimethyl-4-[5-nitro-furfurylidenamino]-1,2-dihydro- 3599
–, 2-[4-Brom-phenyl]-1,5-dimethyl-4-salicylidenamino-1,2-dihydro- 3574
–, 2-[4-Brom-phenyl]-1,5-dimethyl-4-salicyloylamino-1,2-dihydro- 3589
–, 2-[4-Brom-phenyl]-4-formylamino-1,5-dimethyl-1,2-dihydro- 3575
–, 2-[4-Brom-phenyl]-4-[4-hydroxy-benzylidenamino]-1,5-dimethyl-1,2-dihydro- 3574
–, 2-[4-Brom-phenyl]-5-[3-nitro-benzoylamino]-1,2-dihydro- 3525
–, 2-[4-Brom-phenyl]-5-palmitoylamino-1,2-dihydro- 3523
–, 4-Butylamino-1,5-dimethyl-2-phenyl-1,2-dihydro- 3565
–, 4-*sec*-Butylamino-1,5-dimethyl-2-phenyl-1,2-dihydro- 3565
–, 5-Butylamino-2-phenyl-1,2-dihydro- 3519
–, 2-[4-(4-*tert*-Butyl-phenoxy)-phenyl]-5-[*o*-terphenyl-4-carbonylamino]-1,2-dihydro- 3526
–, 4-[2]Chinolylmethylenamino-1,5-dimethyl-2-phenyl-1,2-dihydro- 3601
–, 4-[4]Chinolylmethylenamino-1,5-dimethyl-2-phenyl-1,2-dihydro- 3601
–, 4-{2-[2-(2-Chlor-äthoxy)-äthoxy]-benzylidenamino}-1,5-dimethyl-2-phenyl-1,2-dihydro- 3574
–, 4-{4-[2-(2-Chlor-äthoxy)-äthoxy]-benzylidenamino}-1,5-dimethyl-2-phenyl-1,2-dihydro- 3574
–, 4-{4-[(2-Chlor-äthyl)-methyl-amino]-benzyliden}-5-methyl-2-phenyl-2,4-dihydro- 3816
–, 4-[2-Chlor-7-methoxy-acridin-9-ylamino]-1,5-dimethyl-2-phenyl-1,2-dihydro- 3600
–, 4-[6-Chlor-2-methoxy-acridin-9-ylamino]-1,5-dimethyl-2-phenyl-1,2-dihydro- 3600
–, 4-[6-Chlor-2-methyl-acridin-9-ylamino]-1,5-dimethyl-2-phenyl-1,2-dihydro- 3600
–, 2-[4-(4-Chlor-phenoxy)-phenyl]-5-octadecylamino-1,2-dihydro- 3521
–, 2-[3-Chlor-phenyl]-5-lauroylamino-1,2-dihydro- 3523
–, 2-[2-Chlor-phenyl]-5-methyl-4-[4-(*N*-methyl-anilino)-benzyliden]-2,4-dihydro- 3817
–, 2-[3-Chlor-phenyl]-5-[3-nitro-benzoylamino]-1,2-dihydro- 3525
–, 2-[3-Chlor-phenyl]-5-palmitoylamino-1,2-dihydro- 3523

Pyrazol-3-on (Fortsetzung)
–, 4-[2-Chlor-α-piperidino-benzyl]-5-methyl-2-phenyl-1,2-dihydro- 3801
–, 4-Cyclohex-2-enylamino-1,5-dimethyl-2-phenyl-1,2-dihydro- 3566
–, 2-Cyclohex-2-enyl-4-dimethylamino-1,5-dimethyl-1,2-dihydro- 3553
–, 4-[Cyclohex-2-enyl-methyl-amino]-1,5-dimethyl-2-phenyl-1,2-dihydro- 3566
–, 4-[2-Cyclohexylamino-äthyl]-1,5-dimethyl-2-phenyl-1,2-dihydro- 3622
–, 4-Cyclohexylamino-1,5-dimethyl-2-phenyl-1,2-dihydro- 3565
–, 4-Cyclohexylaminomethyl-1,5-dimethyl-2-phenyl-1,2-dihydro- 3614
–, 5-Cyclohexylamino-2-phenyl-1,2-dihydro- 3520
–, 2-Cyclohexyl-4-dimethylamino-1,5-dimethyl-1,2-dihydro- 3553
–, 2-Cyclohexyl-1,5-dimethyl-4-methylamino-1,2-dihydro- 3553
–, 4-[2-(Cyclohexyl-methyl-amino)-äthyl]-1,5-dimethyl-2-phenyl-1,2-dihydro- 3622
–, 4-[(Cyclohexyl-methyl-amino)-methyl]-1,5-dimethyl-2-phenyl-1,2-dihydro- 3614
–, 4-{[Cyclohexyl-(2-piperidino-äthyl)-amino]-methyl}-1,5-dimethyl-2-phenyl-1,2-dihydro- 3616
–, 4-[2-(Cyclohexyl-propyl-amino)-äthyl]-1,5-dimethyl-2-phenyl-1,2-dihydro- 3622
–, 2-Cyclopentyl-4-dimethylamino-1,5-dimethyl-1,2-dihydro- 3553
–, 5-Cyclopropyl-4-dimethylamino-1-methyl-2-phenyl-1,2-dihydro- 3745
–, 5-Diacetylamino-4-isopropyl-1-methyl-2-phenyl-1,2-dihydro- 3621
–, 4-[2-Diäthylamino-äthylamino]-1,5-dimethyl-2-phenyl-1,2-dihydro- 3591
–, 4-[2-Diäthylamino-äthyl]-1,5-dimethyl-2-phenyl-1,2-dihydro- 3622
–, 4-[2-Diäthylamino-äthyl]-5-methyl-2-phenyl-1,2-dihydro- 3622
–, 4-[4-Diäthylamino-anilino]-5-methyl- 3695
–, 4-[4-Diäthylamino-benzyl]-1,5-dimethyl-2-phenyl-1,2-dihydro- 3800
–, 4-[4-Diäthylamino-benzyliden]-5-methyl-2-phenyl-2,4-dihydro- 3816
–, 4,4-Diäthyl-5-amino-2,4-dihydro- 3624
–, 4-Diäthylamino-1,5-dimethyl-2-phenyl-1,2-dihydro- 3564
–, 4-[4-Diäthylamino-2-methyl-anilino]-5-methyl- 3696
–, 4,4-Diäthyl-5-amino-2-methyl-2,4-dihydro- 3625
–, 4-Diäthylaminomethyl-1,5-dimethyl-2-phenyl-1,2-dihydro- 3614
–, 5-Diäthylaminomethyl-1,4-dimethyl-2-phenyl-1,2-dihydro- 3612
–, 4-Diäthylaminomethyl-5-methyl-2-phenyl-1,2-dihydro- 3613
–, 4-[1-Diäthylaminomethyl-propylamino]-1,5-dimethyl-2-phenyl-1,2-dihydro- 3592
–, 1,5-Diäthyl-4-amino-2-phenyl-1,2-dihydro- 3609
–, 2,4-Diäthyl-5-amino-4-phenyl-2,4-dihydro- 3802
–, 4-[3-(4-Diäthylamino-phenyl)-1-phenyl-allyliden]-5-methyl-2-phenyl-2,4-dihydro- 3869
–, 4,4-Diäthyl-5-benzoylamino-2-methyl-2,4-dihydro- 3625
–, 1,5-Diäthyl-4-benzylidenamino-2-phenyl-1,2-dihydro- 3610
–, 1,5-Diäthyl-4-diäthylamino-2-phenyl-1,2-dihydro- 3610
–, 4-Diäthylsulfamoylamino-1,5-dimethyl-2-phenyl-1,2-dihydro- 3605
–, 4-[2-Diallylamino-äthyl]-1,5-dimethyl-2-phenyl-1,2-dihydro- 3622
–, 4,4-Diallyl-5-amino-2,4-dihydro- 3765
–, 4-Diallylamino-1,5-dimethyl-2-phenyl-1,2-dihydro- 3565
–, 4-[2,4-Diamino-anilino]-1,5-dimethyl-2-phenyl-1,2-dihydro- 3593
–, 4,5-Diamino-1,2-dihydro- 3541
–, 4,5-Diamino-1-methyl-1,2-dihydro- 3541
–, 4,5-Diamino-1-methyl-2-phenyl-1,2-dihydro- 3542
–, 4,5-Diamino-1-phenyl-1,2-dihydro- 3541
–, 4,5-Diamino-2-phenyl-1,2-dihydro- 3541
–, 4-Dibenzylaminomethyl-1,5-dimethyl-2-phenyl-1,2-dihydro- 3615
–, 4,4′-Dibenzyliden-2,2′-diphenyl-2,4,2′,4′-tetrahydro-5,5′-imino-bis- 3808
–, 4,4′-Dibenzyliden-2,4,2′,4′-tetrahydro-5,5′-imino-bis- 3808
–, 4-[2-Dibutylamino-äthyl]-1,5-dimethyl-2-phenyl-1,2-dihydro- 3622
–, 4-[2,6-Dichlor-acridin-9-ylamino]-1,5-dimethyl-2-phenyl-1,2-dihydro- 3600
–, 1,2-Dicyclohexyl-4-dimethylamino-5-methyl-1,2-dihydro- 3553
–, 4-Diisopropylamino-1,5-dimethyl-2-phenyl-1,2-dihydro- 3564
–, 5-[2-Dimethylamino-äthyl]-1-methyl-2-phenyl-1,2-dihydro- 3610
–, 4-[4-Dimethylamino-benzylamino]-1,5-dimethyl-2-phenyl-1,2-dihydro- 3593
–, 4-[4-Dimethylamino-benzyl]-1,5-dimethyl-2-phenyl-1,2-dihydro- 3800
–, 4-[4-Dimethylamino-benzyl]-1,5-dimethyl-2-*p*-tolyl-1,2-dihydro- 3801

Pyrazol-3-ylamin (Fortsetzung)
–, 2-[2,4-Dinitro-phenyl]-5-[4-methoxy-benzyl]-4-phenyl-2*H*- 3470
–, 5-[4-Methoxy-phenyl]-2-phenyl-2*H*- 3442
–, 5-Methyl-4-[4-nitro-phenylmercapto]-2-phenyl-2*H*- 3327

Pyridazin
–, 4-Acetylamino-3,6-dimethoxy- 3481
–, 5-[3-Acetylamino-4-methoxy-phenyl]-4-benzoylamino- 3446
–, 3-Äthoxy-4-methyl-6-sulfanilylamino- 3372
–, 3-Äthoxy-6-sulfanilylamino- 3332
–, 5-[3-Amino-4-methoxy-phenyl]-4-benzoylamino- 3446
–, 4-Benzoylamino-5-[4-methoxy-3-nitro-phenyl]- 3445
–, 3-Benzyloxy-4-methyl-6-sulfanilylamino- 3372
–, 3-Benzyloxy-6-sulfanilylamino- 3333
–, 3-Butoxy-4-methyl-6-sulfanilylamino- 3372
–, 3-*sec*-Butoxy-4-methyl-6-sulfanilylamino- 3372
–, 3-Hexyloxy-6-sulfanilylamino- 3332
–, 3-Isobutoxy-4-methyl-6-sulfanilylamino- 3372
–, 3-Isopropoxy-4-methyl-6-sulfanilylamino- 3372
–, 3-Isopropoxy-6-sulfanilylamino- 3332
–, 3-Methoxy-4-methyl-6-sulfanilylamino- 3372
–, 3-Methoxy-6-sulfanilylamino- 3332
–, 4-Methyl-3-propoxy-6-sulfanilylamino- 3372
–, 3-Phenäthyloxy-6-sulfanilylamino- 3333
–, 3-Phenoxy-6-sulfanilylamino- 3332
–, 3-Propoxy-6-sulfanilylamino- 3332

Pyridazin-3-on
–, 4-Acetylamino-2*H*- 3633
–, 4-Acetylamino-6-chlor-2*H*- 3634
–, 5-Acetylamino-4-chlor-2*H*- 3632
–, 5-Acetylamino-2,6-dimethyl-2*H*- 3696
–, 4-Acetylamino-6-methyl-2-[4-nitro-phenyl]-2*H*- 3698
–, 4-Acetylamino-6-methyl-2-phenyl-2*H*- 3698
–, 4-Acetylamino-6-methyl-2-[2]pyridyl-2*H*- 3698
–, 4-Acetylamino-6-methyl-2-*m*-tolyl-2*H*- 3698
–, 2-[4-Äthoxy-phenyl]-4-amino-6-methyl-2*H*- 3698
–, 2-Äthyl-5-anilino-6-methyl-2*H*- 3696
–, 2-Äthyl-5-chlor-6-methyl-2*H*- 3696
–, 6-Äthyl-4-dimethylamino-2-phenyl-1*H*- 3733
–, 6-Äthyl-4-hexahydroazepin-1-yl-2-phenyl-2*H*- 3733
–, 6-Äthyl-2-phenyl-4-pyrrolidino-2*H*- 3733
–, 4-Amino-2*H*- 3633
–, 5-Amino-2*H*- 3631
–, 4-Amino-5-chlor-2*H*- 3635
–, 4-Amino-6-chlor-2*H*- 3634
–, 5-Amino-4-chlor-2*H*- 3632
–, 5-Amino-6-chlor-2*H*- 3632
–, 4-Amino-6-chlor-2-phenyl-2*H*- 3634
–, 5-Amino-6-chlor-2-phenyl-2*H*- 3632
–, 4-Amino-2,6-dimethyl-2*H*- 3696
–, 5-Amino-2,6-dimethyl-2*H*- 3696
–, 4-Amino-2-[4-methoxy-phenyl]-6-methyl-2*H*- 3698
–, 4-Amino-6-methyl-2-[4-nitro-phenyl]-2*H*- 3697
–, 4-Amino-6-methyl-2-phenyl-2*H*- 3697
–, 4-Amino-6-methyl-2-[2]pyridyl-2*H*- 3698
–, 4-Amino-6-methyl-2-*m*-tolyl-2*H*- 3697
–, 6-Amino-2-phenyl-2*H*- 3630
–, 2-[4-Amino-phenyl]-6-dimethylamino-2*H*- 3631
–, 5-Benzoylamino-4-chlor-2*H*- 3632
–, 4-Benzoylamino-5,6-diphenyl-2*H*- 3846
–, 5-Benzylamino-4-brom-2-phenyl-2*H*- 3633
–, 4-[4-Benzyl-piperazino]-6-chlor-2-phenyl- 3634
–, 4,6-Bis-dimethylamino-2-phenyl-2*H*- 3635
–, 5,6-Bis-dimethylamino-2-phenyl-2*H*- 3635
–, 4-Brom-5-diäthylamino-2-phenyl-2*H*- 3633
–, 4-Brom-5-dimethylamino-2-phenyl-2*H*- 3633
–, 6-Brom-5-dimethylamino-2-phenyl-2*H*- 3632
–, 4-Brom-5-methylamino-2-phenyl-2*H*- 3632
–, 4-Brom-2-phenyl-5-piperidino-2*H*- 3633
–, 6-Butylamino-2-phenyl-2*H*- 3631
–, 6-Chlor-2-[4-chlor-phenyl]-4-piperazino-2*H*- 3634
–, 6-Chlor-4-dimethylamino-2-phenyl-2*H*- 3634
–, 6-Chlor-5-dimethylamino-2-phenyl-2*H*- 3632
–, 6-Chlor-4-[4-methyl-piperazino]-2-phenyl-2*H*- 3634

Pyrimidin-4-on (Fortsetzung)
–, 6-Amino-5-hexyl-2-propyl-3*H*- 3755
–, 2-Amino-6-[2-hydroxy-äthylamino]-3*H*- 3643
–, 2-Amino-5-[4-hydroxy-benzylidenamino]-6-methyl-3*H*- 3719
–, 2-Amino-5-isobutyl-6-phenyl-3*H*- 3824
–, 6-Amino-5-isobutyrylamino-2-methyl-3*H*- 3703
–, 2-Amino-1-[O^2,O^3-isopropyl-ribofuranosyl]-1*H*- 3636
–, 2-Amino-5-methallyl-6-phenyl-3*H*- 3828
–, 2-Amino-5-methyl-3*H*- 3725
–, 2-Amino-6-methyl-3*H*- 3704
–, 6-Amino-1-methyl-1*H*- 3640
–, 6-Amino-2-methyl-3*H*- 3700
–, 6-Amino-3-methyl-3*H*- 3640
–, 6-Amino-5-methyl-3*H*- 3726
–, 2-Amino-6-methylamino-3*H*- 3643
–, 5-Amino-6-methylamino-3*H*- 3645
–, 6-Amino-2-methylamino-3*H*- 3643
–, 2-Amino-5-[4-methyl-benzyl]-3*H*- 3820
–, 2-Amino-6-methyl-5,6-dihydro-1*H*- 3609
–, 5-Aminomethyl-2-methyl-3*H*- 3736
–, 5-Amino-6-methyl-2-methylamino-3*H*- 3719
–, 6-Amino-2-methyl-5-methylaminomethyl-3*H*- 3739
–, 2-Amino-6-methyl-5-[3-methyl-benzyl]-3*H*- 3822
–, 2-Amino-6-methyl-5-nitro-3*H*- 3718
–, 2-Amino-6-methyl-5-[4-nitro-benzyl]-3*H*- 3821
–, 2-Amino-6-methyl-5-[4-nitro-benzylidenamino]-3*H*- 3719
–, 2-Amino-6-methyl-5-[5-nitro-furfurylidenamino]-3*H*- 3719
–, 2-Amino-5-methyl-6-[4-nitro-phenyl]-3*H*- 3815
–, 2-Amino-6-methyl-5-pentyl-3*H*- 3754
–, 6-Amino-2-methyl-5-pentyl-3*H*- 3754
–, 2-Amino-5-methyl-6-phenyl-3*H*- 3814
–, 6-Amino-2-methyl-5-[2-phthalimido-äthyl]-3*H*- 3745
–, 6-Amino-2-methyl-5-piperidinomethyl-3*H*- 3739
–, 6-Amino-2-methyl-5-propionylamino-3*H*- 3702
–, 6-Amino-5-methyl-2-propyl-3*H*- 3748
–, 2-Amino-6-methyl-5-salicylidenamino-3*H*- 3719
–, 2-Amino-6-methyl-5-sulfanilylamino-3*H*- 3721
–, 6-Amino-2-methyl-5-thioformylamino-3*H*- 3702
–, 2-Amino-6-methyl-5-vanillylidenamino-3*H*- 3719
–, 2-Amino-5-nitro-3*H*- 3639
–, 6-Amino-5-nitro-3*H*- 3641
–, 2-Amino-5-phenyl-3*H*- 3806
–, 6-Amino-2-phenyl-3*H*- 3805
–, 2-Amino-6-phenyl-5,6-dihydro-3*H*- 3794
–, 2-Amino-6-phenyl-5-piperidinomethyl-3*H*- 3816
–, 2-Amino-6-phenyl-5-propyl-3*H*- 3823
–, 2-Amino-5-piperidino-3*H*- 3642
–, 6-Amino-2-propyl-3*H*- 3745
–, 2-Amino-1-ribofuranosyl-1*H*- 3635
–, 6-Amino-2-sulfanilylamino-3*H*- 3644
–, 6-Amino-2-*p*-tolyl-3*H*- 3814
–, 2-Amino-6-trifluormethyl-3*H*- 3717
–, 5-Amino-6-trifluormethyl-3*H*- 3718
–, 2-Anilino-5-methyl-3*H*- 3725
–, 2-Anilino-6-methyl-3*H*- 3705
–, 6-Anilino-2-methyl-3*H*- 3701
–, 2-Anilino-6-methyl-3-phenyl-3*H*- 3707
–, 6-Anilino-2-phenyl-3*H*- 3805
–, 2-*o*-Anisidino-6-methyl-3*H*- 3706
–, 2-*p*-Anisidino-6-methyl-3*H*- 3708
–, 6-*p*-Anisidino-2-methyl-3*H*- 3701
–, 2-*p*-Anisidino-5-phenyl-3*H*- 3806
–, 2-Benzolsulfonylamino-3*H*- 3638
–, 2-Benzolsulfonylamino-6-methyl-3*H*- 3715
–, 5-Benzoylamino-3*H*- 3639
–, 5-Benzoylamino-2,6-dimethyl-3*H*- 3735
–, 5-Benzoylamino-2-methyl-3*H*- 3701
–, 5-[Benzoylamino-methyl]-2-methyl-3*H*- 3737
–, 5-Benzoylamino-6-methyl-2-methylamino-3*H*- 3719
–, 2-Benzylamino-3*H*- 3637
–, 2-Benzylamino-6-methyl-3*H*- 3707
–, 5-Benzyl-2-[4-chlor-anilino]-6-methyl-3*H*- 3820
–, 5-Benzyl-2-sulfanilylamino-3*H*- 3813
–, 2-Biphenyl-4-ylamino-6-methyl-3*H*- 3706
–, 2,6-Bis-acetylamino-3*H*- 3644
–, 2-[4-Brom-anilino]-6-methyl-3*H*- 3706
–, 5-Brom-2-[4-chlor-anilino]-6-methyl-3*H*- 3718
–, 2-[6-Brom-[2]naphthylamino]-6-methyl-3*H*- 3706
–, 2-Butylamino-6-methyl-3*H*- 3705
–, 2-[3-Butylamino-propylamino]-6-methyl-3*H*- 3713
–, 2-[4-Butyl-anilino]-6-methyl-3*H*- 3706

Pyrimidin-4-on (Fortsetzung)
–, 5-Butyl-6-methyl-2-sulfanilylamino-3*H*- 3752
–, 5-Butyl-6-phenyl-2-propionylamino-3*H*- 3824
–, 2-[5]Chinolylamino-6-methyl-3*H*- 3713
–, 2-[6]Chinolylamino-6-methyl-3*H*- 3713
–, 2-[8]Chinolylamino-6-methyl-3*H*- 3713
–, 2-[4-Chlor-anilino]-3*H*- 3637
–, 2-[4-Chlor-anilino]-5,6-dimethyl-3*H*- 3740
–, 2-[2-Chlor-anilino]-6-methyl-3*H*- 3705
–, 2-[3-Chlor-anilino]-6-methyl-3*H*- 3705
–, 2-[4-Chlor-anilino]-5-methyl-3*H*- 3726
–, 2-[4-Chlor-anilino]-6-methyl-3*H*- 3705
–, 6-[4-Chlor-anilino]-2-methyl-3*H*- 3701
–, 2-[4-Chlor-anilino]-5-methyl-6-phenyl-3*H*- 3815
–, 2-[4-Chlor-anilino]-5-phenyl-3*H*- 3806
–, 2-[4-Chlor-anilino]-6-phenyl-3*H*- 3805
–, 2-[2-Chlor-α-(3-diäthylamino-propylamino)-benzyl]-6-methyl-3*H*- 3820
–, 6-Chlor-2-dimethylamino-3*H*- 3639
–, 6-Chlor-2-methylamino-3*H*- 3639
–, 2-[3-Chlor-4-methyl-anilino]-6-methyl-3*H*- 3706
–, 2-[4-Chlor-2-methyl-anilino]-6-methyl-3*H*- 3706
–, 2-[4-Chlor-[1]naphthylamino]-6-methyl-3*H*- 3706
–, 3-[4-Chlor-phenyl]-2-[2-diäthylamino-äthylamino]-6-methyl-3*H*- 3712
–, 2-Cyanamino-6-methyl-5-propyl-3*H*- 3748
–, 6-Diacetylamino-1,5-dimethyl-1*H*- 3727
–, 6-Diacetylamino-3,5-dimethyl-3*H*- 3726
–, 2-[3-(2-Diäthylamino-äthoxy)-propylamino]-6-methyl-3*H*- 3706
–, 2-[2-Diäthylamino-äthylamino]-5,6-dimethyl-3*H*- 3740
–, 6-[2-Diäthylamino-äthylamino]-2,5-dimethyl-3*H*- 3736
–, 2-[2-Diäthylamino-äthylamino]-6-methyl-3*H*- 3712
–, 6-[2-Diäthylamino-äthylamino]-2-methyl-3*H*- 3701
–, 2-[(2-Diäthylamino-äthyl)-methyl-amino]-6-methyl-3*H*- 3712
–, 2-{3-[(2-Diäthylamino-äthyl)-methyl-amino]-propylamino}-6-methyl-3*H*- 3713
–, 2-[4-Diäthylamino-butylamino]-6-methyl-3*H*- 3713
–, 6,6-Diäthyl-2-amino-5-[4-chlor-phenyl]-5,6-dihydro-3*H*- 3804
–, 2-Diäthylamino-6-[2,5-dimethyl-phenyl]-5-methyl-3*H*- 3823
–, 6-[4-Diäthylamino-1-methyl-butylamino]-2,5-dimethyl-3*H*- 3736
–, 2-[4-Diäthylamino-1-methyl-butylamino]-6-methyl-3*H*- 3713
–, 2-[3-Diäthylamino-propylamino]-6-methyl-3*H*- 3713
–, 6-[3-Diäthylamino-propylamino]-2-methyl-3*H*- 3701
–, 2,5-Diamino-3*H*- 3641
–, 2,6-Diamino-3*H*- 3642
–, 5,6-Diamino-3*H*- 3645
–, 2,6-Diamino-5-benzoylamino-3*H*- 3651
–, 2,6-Diamino-5-benzylidenamino-3*H*- 3650
–, 2,6-Diamino-5-brom-3*H*- 3644
–, 2,6-Diamino-5-chlor-3*H*- 3644
–, 2,6-Diamino-5-cyclohex-1-enyl-5-methyl-5*H*- 3773
–, 5,6-Diamino-2-dimethylamino-3*H*- 3649
–, 2,6-Diamino-5-formylamino-3*H*- 3650
–, 2,6-Diamino-5-jod-3*H*- 3644
–, 2,5-Diamino-6-methyl-3*H*- 3719
–, 2,6-Diamino-1-methyl-1*H*- 3642
–, 5,6-Diamino-2-methyl-3*H*- 3702
–, 5,6-Diamino-3-methyl-3*H*- 3645
–, 2,5-Diamino-6-methylamino-3*H*- 3649
–, 5,6-Diamino-2-methylamino-3*H*- 3649
–, 2,6-Diamino-1-methyl-5-nitroso-1*H*- 3645
–, 2,6-Diamino-5-[2-nitro-äthylidenamino]-3*H*- 3650
–, 2,6-Diamino-5-[2-nitro-1-phenyl-äthylidenamino]-3*H*- 3650
–, 5,6-Diamino-2-phenyl-3*H*- 3805
–, 2,5-Diamino-5-sulfanilylamino-3*H*- 3653
–, 5,6-Diamino-2-*p*-tolyl-3*H*- 3814
–, 2-[3,5-Dibrom-anilino]-6-methyl-3*H*- 3706
–, 2-[3-Dibutylamino-propylamino]-3*H*- 3638

Q

R

S

Sulfanilsäure

–, *N*-Acetyl-, (Fortsetzung)

– [4,6-bis-(2-methoxy-äthoxy)-pyrimidin-2-ylamid] 3488
– [4,6-bis-methoxymethyl-pyrimidin-2-ylamid] 3495
– [5-brom-4-methoxymethyl-6-methyl-pyrimidin-2-ylamid] 3411
– [5-butyl-4-methyl-6-oxo-1,6-dihydro-pyrimidin-2-ylamid] 3752
– [4-diäthoxymethyl-6-methyl-pyrimidin-2-ylamid] 3761
– [4-diäthoxymethyl-pyrimidin-2-ylamid] 3756
– [2,4-diäthoxy-pyrimidin-5-ylamid] 3482
– [4,5-diäthoxy-pyrimidin-2-ylamid] 3485
– [4,6-diäthoxy-pyrimidin-2-ylamid] 3487
– [4-diäthylamino-6-methoxy-pyrimidin-2-ylamid] 3362
– [2,4-diamino-6-oxo-1,6-dihydro-pyrimidin-5-ylamid] 3653
– [4,5-diamino-6-oxo-1,6-dihydro-pyrimidin-2-ylamid] 3653
– [6,7-dimethoxy-chinoxalin-5-ylamid] 3500
– [4,5-dimethoxy-6-methoxymethyl-pyrimidin-2-ylamid] 3510
– [4-dimethoxymethyl-6-methyl-pyrimidin-2-ylamid] 3761
– [2,4-dimethoxy-6-methyl-pyrimidin-5-ylamid] 3490
– [4,6-dimethoxy-2-methyl-pyrimidin-5-ylamid] 3489
– [2,4-dimethoxy-pyrimidin-5-ylamid] 3482
– [2,6-dimethoxy-pyrimidin-4-ylamid] 3483
– [4,6-dimethoxy-pyrimidin-2-ylamid] 3487
– [4-(2,2-dimethyl-[1,3]dioxolan-4-ylmethoxy)-pyrimidin-2-ylamid] 3355
– [1,3-dimethyl-6-oxo-1,6-dihydro-pyridazin-4-ylamid] 3697
– [2,4-dimethyl-6-oxo-1,6-dihydro-pyrimidin-5-ylamid] 3735
– [4,5-dimethyl-6-oxo-1,6-dihydro-pyrimidin-2-ylamid] 3741
– [1,5-dimethyl-3-oxo-2-phenyl-2,3-dihydro-1*H*-pyrazol-4-ylamid] 3604
– [5-(2-hydroxy-äthyl)-4-methyl-pyrimidin-2-ylamid] 3412
– [9-hydroxy-10,11-dihydro-cinchonan-6′-ylamid] 3458
– [5-isobutyl-4-methyl-6-oxo-1,6-dihydro-pyrimidin-2-ylamid] 3753
– [5-isopentyl-4-methyl-6-oxo-1,6-dihydro-pyrimidin-2-ylamid] 3754
– [5-isopropyl-4-methyl-6-oxo-1,6-dihydro-pyrimidin-2-ylamid] 3749
– [4-(2-methoxy-äthoxy)-5,6-dimethyl-pyrimidin-2-ylamid] 3408
– [4-(2-methoxy-äthoxy)-6-methyl-pyrimidin-2-ylamid] 3390
– [4-(2-methoxy-äthoxy)-pyrimidin-2-ylamid] 3355
– [6-methoxy-chinoxalin-2-ylamid] 3438
– [7-methoxy-chinoxalin-2-ylamid] 3439
– [4-methoxy-6,7-dihydro-5*H*-cyclopentapyrimidin-2-ylamid] 3416
– [4-methoxy-2,6-dimethyl-pyrimidin-5-ylamid] 3401
– [4-methoxy-5,6-dimethyl-pyrimidin-2-ylamid] 3408
– [4-methoxy-5-(2-methoxy-äthyl)-6-methyl-pyrimidin-2-ylamid] 3495
– [4-methoxy-6-methoxymethyl-pyrimidin-2-ylamid] 3491
– [5-methoxy-4-methoxymethyl-pyrimidin-2-ylamid] 3490
– [4-methoxymethyl-6-methyl-pyrimidin-2-ylamid] 3410
– [4-methoxymethyl-pyrimidin-2-ylamid] 3396
– [4-methoxy-2-methyl-pyrimidin-5-ylamid] 3373
– [4-methoxy-6-methyl-pyrimidin-2-ylamid] 3390
– [6-methoxy-2-methyl-pyrimidin-4-ylamid] 3374
– [6-methoxy-pyridazin-3-ylamid] 3332
– [6-methyl-2-(4-nitro-phenyl)-3-oxo-2,3-dihydro-pyridazin-4-ylamid] 3699
– [1-methyl-4-oxo-4,5-dihydro-1*H*-imidazol-2-ylamid] 3548
– [3-methyl-4-oxo-3,4-dihydro-phthalazin-1-ylamid] 3785
– [4-methyl-6-oxo-1,6-dihydro-pyrimidin-2-ylamid] 3716
– [6-methyl-3-oxo-2-phenyl-2,3-dihydro-pyridazin-4-ylamid] 3699
– [4-methyl-6-oxo-5-propyl-1,6-dihydro-pyrimidin-2-ylamid] 3748
– [4-methyl-6-pentyloxy-pyrimidin-2-ylamid] 3390
– [4-methyl-6-phenoxy-pyrimidin-2-ylamid] 3390
– [4-methyl-6-phenylmercapto-pyrimidin-2-ylamid] 3395

T

U

V

Valeraldehyd
–, 2,3,4,5-Tetrahydro-,
– [6-amino-2-methylmercapto-pyrimidin-4-ylimin] 3340
Valeriansäure
–, 2-Brom-,
– [1,5-dimethyl-3-oxo-2-phenyl-2,3-dihydro-1*H*-pyrazol-4-ylamid] 3578
Valin
–, *N*,*N*-Diäthyl-,
– [1,5-dimethyl-3-oxo-2-phenyl-2,3-dihydro-1*H*-pyrazol-4-ylamid] 3597
–, *N*,*N*-Dimethyl-,
– [1,5-dimethyl-3-oxo-2-phenyl-2,3-dihydro-1*H*-pyrazol-4-ylamid] 3597

X

Xylopyranosylamin
–, *N*-[6-Acetylamino-2-methylmercapto-pyrimidin-4-yl]- 3342
–, *N*-[6-Amino-5-formylamino-2-methylmercapto-pyrimidin-4-yl]- 3348
–, *N*-[6-Amino-2-methylmercapto-5-nitroso-pyrimidin-4-yl]- 3344
–, *N*-[6-Amino-2-methylmercapto-pyrimidin-4-yl]- 3341
–, *N*-[6-Amino-2-methylmercapto-5-thioformylamino-pyrimidin-4-yl]- 3348
–, Tri-*O*-acetyl-*N*-[6-acetylamino-2-methylmercapto-pyrimidin-4-yl]- 3343
–, Tri-*O*-acetyl-*N*-[6-amino-5-formylamino-2-methylmercapto-pyrimidin-4-yl]- 3348
–, Tri-*O*-acetyl-*N*-[6-amino-2-methylmercapto-5-nitroso-pyrimidin-4-yl]- 3345
–, Tri-*O*-acetyl-*N*-[6-amino-2-methylmercapto-5-thioformylamino-pyrimidin-4-yl]- 3348
Xylose
– [6-acetylamino-2-methylmercapto-pyrimidin-4-ylimin] 3342
– [6-amino-5-formylamino-2-methylmercapto-pyrimidin-4-ylimin] 3348
– [6-amino-2-methylmercapto-5-nitroso-pyrimidin-4-ylimin] 3344
– [6-amino-2-methylmercapto-pyrimidin-4-ylimin] 3341
– [6-amino-2-methylmercapto-5-thioformylamino-pyrimidin-4-ylimin] 3348
–, O^2,O^3,O^4-Triacetyl-,
– [6-acetylamino-2-methylmercapto-pyrimidin-4-ylimin] 3343
– [6-amino-5-formylamino-2-methylmercapto-pyrimidin-4-ylimin] 3348
– [6-amino-2-methylmercapto-5-nitroso-pyrimidin-4-ylimin] 3345
– [6-amino-2-methylmercapto-5-thioformylamino-pyrimidin-4-ylimin] 3348

Y

Yohimba-3,5-dienium
–, 16-Amino-17-hydroxy- 3471
–, 17-Hydroxy-16-piperidinomethyl- 3471
Yohimban
Bezifferung s. **22** IV 4327 Anm.
Yohimban-17-ol
–, 16-Amino- 3459
–, 16-Benzylaminomethyl- 3460
–, 16-Butylaminomethyl- 3459
–, 16-Cyclohexylaminomethyl- 3460
–, 16-[(4-Diäthylamino-1-methyl-butylamino)-methyl]- 3460
–, 16-Piperidinomethyl- 3460
Yohimbylamin 3459
–, Tetradehydro- 3471

Formelregister

Im Formelregister sind die Verbindungen entsprechend dem System von *Hill* (Am. Soc. **22** [1900] 478)

1. nach der Anzahl der C-Atome,
2. nach der Anzahl der H-Atome,
3. nach der Anzahl der übrigen Elemente

in alphabetischer Reihenfolge angeordnet. Isomere sind in Form des „Registernamens" (s. diesbezüglich die Erläuterungen zum Sachregister) in alphabetischer Reihenfolge aufgeführt. Verbindungen unbekannter Konstitution finden sich am Schluss der jeweiligen Isomeren-Reihe.

Von quartären Ammonium-Salzen, tertiären Sulfonium-Salzen u.s.w., sowie Organometall-Salzen wird nur das Kation aufgeführt.

Formula Index

Compounds are listed in the Formula Index using the system of *Hill* (Am. Soc. **22** [1900] 478), following:

1. the number of Carbon atoms,
2. the number of Hydrogen atoms,
3. the number of other elements,

in alphabetical order. Isomers are listed in the alphabetical order of their Index Names (see foreword to Subject Index), and isomers of undetermined structure are located at the end of the particular isomer listing.

For quarternary ammonium salts, tertiary sulfonium salts etc. and organometallic salts only the cations are listed.

C_3

$C_3H_5N_3O$

Imidazol-4-on, 2-Amino-1,5-dihydro- 3542

Pyrazol-3-on, 5-Amino-1,2-dihydro- 3516

$C_3H_6N_4O$

Imidazol-4-on, 2,5-Diamino-1,5-dihydro- 3549

Pyrazol-3-on, 4,5-Diamino-1,2-dihydro- 3541

C_4

$C_4H_4BrN_3O$

Pyrimidin-2-on, 4-Amino-5-brom-1*H*- 3689

$C_4H_4BrN_3S$

Pyrazin-2-thion, 3-Amino-6-brom-1*H*- 3695

$C_4H_4ClN_3O$

Pyridazin-3-on, 4-Amino-5-chlor-2*H*- 3635

—, 4-Amino-6-chlor-2*H*- 3634

—, 5-Amino-4-chlor-2*H*- 3632

—, 5-Amino-6-chlor-2*H*- 3632

Pyridazin-4-on, 5-Amino-3-chlor-1*H*- 3635

Pyrimidin-4-on, 2-Amino-6-chlor-3*H*- 3639

$C_4H_4ClN_3S$

Pyrimidin-4-thion, 5-Amino-2-chlor-3*H*- 3640

—, 5-Amino-6-chlor-3*H*- 3640

$C_4H_4FN_3O$

Pyrimidin-2-on, 4-Amino-5-fluor-1*H*- 3688

$C_4H_4N_4O_2S$

Pyrimidin-4-thion, 2-Amino-5-nitro-3*H*- 3639

$C_4H_4N_4O_3$
Pyrimidin-2-on, 4-Amino-5-nitro-1*H*- 3690
Pyrimidin-4-on, 2-Amino-5-nitro-3*H*- 3639
–, 6-Amino-5-nitro-3*H*- 3641
$C_4H_5BrN_4O$
Pyrimidin-4-on, 2,6-Diamino-5-brom-3*H*- 3644
$C_4H_5ClN_4O$
Pyrimidin-2-on, 4,6-Diamino-5-chlor-1*H*- 3694
Pyrimidin-4-on, 2,6-Diamino-5-chlor-3*H*- 3644
$C_4H_5IN_4O$
Pyrimidin-4-on, 2,6-Diamino-5-jod-3*H*- 3644
$C_4H_5N_3O$
Cytosin 3654
Pyrazin-2-on, 3-Amino-1*H*- 3695
Pyridazin-3-on, 4-Amino-2*H*- 3633
–, 5-Amino-2*H*- 3631
Pyrimidin-4-on, 2-Amino-1*H*- 3636
–, 2-Amino-3*H*- 3636
–, 5-Amino-3*H*- 3639
–, 6-Amino-3*H*- 3640
$C_4H_5N_3S$
Pyridazin-3-thion, 6-Amino-2*H*- 3631
Pyrimidin-2-thion, 4-Amino-1*H*- 3691
Pyrimidin-4-thion, 5-Amino-3*H*- 3640
$C_4H_6Cl_2N_3O_2P$
Amidophosphorsäure, [1-Methyl-4-oxo-4,5-dihydro-1*H*-imidazol-2-yl]-, dichlorid 3548
$C_4H_6N_4O$
Pyrimidin-5-ol, 2,4-Diamino- 3367
Pyrimidin-2-on, 4,5-Diamino-1*H*- 3692
–, 4,6-Diamino-1*H*- 3693
Pyrimidin-4-on, 2,5-Diamino-3*H*- 3641
–, 2,6-Diamino-3*H*- 3642
–, 5,6-Diamino-3*H*- 3645
$C_4H_6N_4O_2$
Pyrazol-3-on, 5-Amino-1-methyl-4-nitroso-1,2-dihydro- 3541
$C_4H_6N_4O_4S$
Schwefelsäure-mono-[2,4-diamino-pyrimidin-5-ylester] 3371
$C_4H_6N_4S$
Pyrimidin-2-thion, 4,5-Diamino-1*H*- 3693
–, 4,6-Diamino-1*H*- 3694
Pyrimidin-4-thion, 2,5-Diamino-3*H*- 3642
–, 2,6-Diamino-3*H*- 3645
–, 5,6-Diamino-3*H*- 3647
$C_4H_7N_3O$
Imidazol-4-on, 2-Amino-1-methyl-1,5-dihydro- 3543
–, 2-Amino-5-methyl-1,5-dihydro- 3608
Pyrazol-3-on, 4-Amino-5-methyl-1,2-dihydro- 3552
–, 5-Amino-1-methyl-1,2-dihydro- 3516
–, 5-Amino-2-methyl-1,2-dihydro- 3516
–, 5-Amino-4-methyl-1,2-dihydro- 3607
Pyrimidin-2-on, 4-Amino-5,6-dihydro-1*H*- 3551
$C_4H_7N_3O_2S$
Imidazol-4-ylamin, 5-Methansulfonyl-1(3)*H*- 3326
$C_4H_7N_3S$
Imidazol-2-thion, 5-Amino-1-methyl-1,3-dihydro- 3549
$C_4H_7N_5O$
Pyrimidin-2-on, 4,5,6-Triamino-1*H*- 3694
Pyrimidin-4-on, 2,5,6-Triamino-3*H*- 3648
$C_4H_7N_5O_2$
Harnstoff, [2-Amino-5-oxo-4,5-dihydro-3*H*-imidazol-4-yl]- 3549
–, [5-Amino-2-oxo-2,3-dihydro-1*H*-imidazol-4-yl]- 3550
–, [5-Imino-2-oxo-imidazolidin-4-yl]- 3550
$C_4H_7N_5S$
Pyrimidin-2-thion, 4,5,6-Triamino-1*H*- 3695
Pyrimidin-4-thion, 2,5,6-Triamino-3*H*- 3653
$C_4H_8N_3O_4P$
Amidophosphorsäure, [1-Methyl-4-oxo-4,5-dihydro-1*H*-imidazol-2-yl]- 3548
$C_4H_8N_4O$
Pyrazol-3-on, 4,5-Diamino-1-methyl-1,2-dihydro- 3541
$C_4H_9N_3O$
Pyrimidin-5-ol, 2-Amino-1,4,5,6-tetrahydro- 3321

C_5

$C_5H_3BrF_3N_3O$
Pyrimidin-4-on, 2-Amino-5-brom-6-trifluormethyl-3*H*- 3718
$C_5H_3ClN_4S$
Pyrimidin-5-ylamin, 2-Chlor-4-thiocyanato- 3359
$C_5H_3N_5O_2S$
Pyrimidin-2-ylamin, 5-Nitro-4-thiocyanato- 3359
$C_5H_4F_3N_3O$
Pyrimidin-4-on, 2-Amino-6-trifluormethyl-3*H*- 3717
–, 5-Amino-6-trifluormethyl-3*H*- 3718
$C_5H_4F_3N_3S$
Pyrimidin-2-thion, 4-Amino-6-trifluormethyl-1*H*- 3724

$C_5H_7N_5O_2$ (Fortsetzung)
Pyrimidin-2,4-diyldiamin, 6-Methoxy-5-nitroso- 3362
Pyrimidin-4-on, 2,6-Diamino-1-methyl-5-nitroso-1*H*- 3645
$C_5H_7N_5O_3$
Oxalamid, *N*-[2-Amino-5-oxo-4,5-dihydro-3*H*-imidazol-4-yl]- 3549
Pyrimidin-4,6-diyldiamin, 2-Methoxy-5-nitro- 3338
$C_5H_8N_4O$
Äthanon, 1-[5-Amino-1(3)*H*-imidazol-4-yl]-, oxim 3733
Methanol, [2,4-Diamino-pyrimidin-5-yl]- 3756
Pyrimidin-2,4-diyldiamin, 5-Methoxy- 3367
–, 6-Methoxy- 3360
Pyrimidin-4,5-diyldiamin, 2-Methoxy- 3338
Pyrimidin-5-ol, 2,4-Diamino-6-methyl- 3384
Pyrimidin-2-on, 4-Amino-5-aminomethyl-1*H*- 3730
–, 5-Amino-4-methylamino-1*H*- 3693
–, 4,5-Diamino-1-methyl-1*H*- 3692
–, 4,5-Diamino-6-methyl-1*H*- 3725
Pyrimidin-4-on, 2-Amino-6-methylamino-3*H*- 3643
–, 5-Amino-6-methylamino-3*H*- 3645
–, 6-Amino-2-methylamino-3*H*- 3643
–, 2,5-Diamino-6-methyl-3*H*- 3719
–, 2,6-Diamino-1-methyl-1*H*- 3642
–, 5,6-Diamino-2-methyl-3*H*- 3702
–, 5,6-Diamino-3-methyl-3*H*- 3645
$C_5H_8N_4O_2$
Acetamid, *N*-[5-Amino-3-oxo-2,3-dihydro-1*H*-pyrazol-4-yl]- 3542
Essigsäure, [2-Amino-4-oxo-4,5-dihydro-imidazol-1-yl]-, amid 3547
Pyrazol-3-on, 4-Amino-5-formylamino-1-methyl-1,2-dihydro- 3541
–, 5-Amino-4-formylamino-1-methyl-1,2-dihydro- 3541
$C_5H_8N_4O_2S$
Pyrimidin-4,6-diyldiamin, 2-Methansulfonyl- 3339
$C_5H_8N_4O_4S$
Schwefelsäure-mono-[2,4-diamino-6-methyl-pyrimidin-5-ylester] 3385
$C_5H_8N_4S$
Pyrimidin-4,5-diyldiamin, 2-Methylmercapto- 3338
–, 6-Methylmercapto- 3362
Pyrimidin-4,6-diyldiamin, 2-Methylmercapto- 3339
Pyrimidin-2-thion, 4-Amino-5-aminomethyl-1*H*- 3731
–, 5-Amino-4-methylamino-1*H*- 3693
–, 4,5-Diamino-6-methyl-1*H*- 3725
–, 4,6-Diamino-5-methyl-1*H*- 3730
Pyrimidin-4-thion, 5-Amino-6-methylamino-3*H*- 3648
–, 2,5-Diamino-6-methyl-3*H*- 3721
–, 5,6-Diamino-2-methyl-3*H*- 3703
$C_5H_9N_3O$
Imidazol-4-on, 1-Äthyl-2-amino-1,5-dihydro- 3545
Pyrazol-3-on, 4-Äthyl-5-amino-1,2-dihydro- 3611
–, 5-Amino-1,4-dimethyl-1,2-dihydro- 3607
–, 5-Amino-2,4-dimethyl-1,2-dihydro- 3607
–, 5-Amino-4,4-dimethyl-2,4-dihydro- 3617
Pyrimidin-4-on, 2-Amino-6-methyl-5,6-dihydro-1*H*- 3609
$C_5H_9N_3O_2$
Imidazolidin-2-on, 1-Hydroxy-4-imino-5,5-dimethyl- 3618
Imidazolidin-4-on, 1-Hydroxy-2-imino-5,5-dimethyl- 3618
Imidazol-4-on-1-oxid, 2-Amino-5,5-dimethyl-3,5-dihydro- 3618
Pyrazol-3-on, 5-Amino-2-[2-hydroxy-äthyl]-1,2-dihydro- 3521
$C_5H_9N_3O_2S$
Imidazol-4-ylamin, 5-Methansulfonyl-1-methyl-1*H*- 3326
$C_5H_9N_3S$
Imidazol-2-thion, 4-[2-Amino-äthyl]-1,3-dihydro- 3617
–, 4-Amino-5,5-dimethyl-1,5-dihydro- 3619
$C_5H_9N_4O$
Porphyrexid 3618
$C_5H_9N_5O$
Pyrimidin-4-on, 2,5-Diamino-6-methylamino-3*H*- 3649
–, 5,6-Diamino-2-methylamino-3*H*- 3649
–, 2,5,6-Triamino-1-methyl-1*H*- 3649
–, 2,5,6-Triamino-3-methyl-3*H*- 3649
Pyrimidin-2,4,5-triyltriamin, 6-Methoxy- 3363
$C_5H_9N_5S$
Pyrimidin-4,5,6-triyltriamin, 2-Methylmercapto- 3345
$C_5H_{10}N_4O$
Imidazol-1-ol, 2-Amino-4-imino-5,5-dimethyl-4,5-dihydro- 3618

$C_5H_{10}N_4O_2$
Harnstoff, [2-Oxo-hexahydro-pyrimidin-4-yl]- 3514
$C_5H_{11}N_5$
Imidazol-2-on, 4-Amino-5,5-dimethyl-1,5-dihydro-, hydrazon 3618

C_6

$C_6H_3F_6N_3O$
Pyrimidin-4-on, 2-Amino-5-fluor-6-pentafluoräthyl-3*H*- 3734
$C_6H_4F_3N_3O_2$
Formamid, *N*-[6-Oxo-4-trifluormethyl-1,6-dihydro-pyrimidin-5-yl]- 3719
$C_6H_6ClN_3O_2$
Acetamid, *N*-[5-Chlor-6-oxo-1,6-dihydro-pyridazin-4-yl]- 3632
–, *N*-[6-Chlor-3-oxo-2,3-dihydro-pyridazin-4-yl]- 3634
–, *N*-[6-Chlor-5-oxo-2,5-dihydro-pyridazin-4-yl]- 3635
$C_6H_6F_3N_3O$
Methanol, [4-Amino-2-trifluormethyl-pyrimidin-5-yl]- 3404
$C_6H_6N_4O_4$
Oxalamidsäure, [4-Amino-6-oxo-1,6-dihydro-pyrimidin-5-yl]- 3646
$C_6H_7Cl_2N_3O$
Pyrimidin-2-ylamin, 5-Äthoxy-4,6-dichlor-3364
$C_6H_7Cl_2N_5O_2$
Essigsäure, Dichlor-, [2,4-diamino-6-oxo-1,6-dihydro-pyrimidin-5-ylamid] 3651
$C_6H_7N_3O$
Pyrimidin-5-carbaldehyd, 4-Amino-2-methyl- 3757
$C_6H_7N_3O_2$
Acetamid, *N*-[3-Oxo-3,4-dihydro-pyrazin-2-yl]- 3695
–, *N*-[3-Oxo-2,3-dihydro-pyridazin-4-yl]- 3633
–, *N*-[2-Oxo-1,2-dihydro-pyrimidin-4-yl]- 3657
–, *N*-[6-Oxo-1,6-dihydro-pyrimidin-2-yl]- 3637
–, *N*-[6-Oxo-1,6-dihydro-pyrimidin-4-yl]- 3641
$C_6H_7N_3O_2S$
Essigsäure, [4-Amino-pyrimidin-2-ylmercapto]- 3335
$C_6H_7N_5O$
Formamidin, *N*-[3-(Hydroxyimino-methyl)-pyrazin-2-yl]- 3757
$C_6H_7N_5O_4$
Oxalamidsäure, [2,4-Diamino-6-oxo-1,6-dihydro-pyrimidin-5-yl]- 3652
$C_6H_8BrN_3O$
Pyrimidin-4-ylamin, 5-Brom-2-methoxy-6-methyl- 3377
$C_6H_8BrN_3OS$
Pyrimidin-4-ylamin, 5-Brom-6-methoxy-2-methylmercapto- 3484
$C_6H_8BrN_3S$
Pyrimidin-4-ylamin, 5-Brommethyl-2-methylmercapto- 3398
$C_6H_8ClN_3O$
Amin, [4-Chlor-6-methoxy-pyrimidin-2-yl]-methyl- 3356
Methanol, [4-Amino-2-chlor-6-methyl-pyrimidin-5-yl]- 3409
Pyrimidin-4-on, 6-Chlor-2-dimethylamino-3*H*- 3639
Pyrimidin-2-ylamin, 4-Äthoxy-6-chlor-3356
–, 5-Äthoxy-4-chlor- 3364
–, 4-Chlor-6-methoxymethyl- 3396
Pyrimidin-5-ylamin, 4-Chlor-6-methoxy-2-methyl- 3373
$C_6H_8ClN_3S$
Amin, [6-Chlor-2-methylmercapto-pyrimidin-4-yl]-methyl- 3337
Pyrimidin-4-ylamin, 5-Chlormethyl-2-methylmercapto- 3398
Pyrimidin-5-ylamin, 4-Äthylmercapto-2-chlor- 3359
–, 2-Chlor-4-methyl-6-methylmercapto- 3395
$C_6H_8ClN_5O_2$
Essigsäure, Chlor-, [2,4-diamino-6-oxo-1,6-dihydro-pyrimidin-5-ylamid] 3651
$C_6H_8FN_3O$
Pyrimidin-4-on, 6-Äthyl-2-amino-5-fluor-3*H*- 3734
$C_6H_8FN_3S$
Pyrimidin-4-ylamin, 2-Äthylmercapto-5-fluor- 3336
$C_6H_8N_4$
Pyrimidin-5-carbaldehyd, 4-Amino-2-methyl-, imin 3758
$C_6H_8N_4OS$
Formamid, *N*-[4-Amino-2-methylmercapto-pyrimidin-5-yl]- 3338
Thioformamid, *N*-[4-Amino-2-methyl-6-oxo-1,6-dihydro-pyrimidin-5-yl]-3702
–, *N*-[4-Amino-2-oxo-1,2-dihydro-pyrimidin-5-ylmethyl]- 3730
$C_6H_8N_4OS_2$
Dithiocarbamidsäure, [4-Amino-2-oxo-1,2-dihydro-pyrimidin-5-ylmethyl]-3730
$C_6H_8N_4O_2$
Acetamid, *N*-[4-Amino-6-oxo-1,6-dihydro-pyrimidin-5-yl]- 3646

$C_6H_8N_4O_2$ (Fortsetzung)
Harnstoff, [4-Methyl-6-oxo-1,6-dihydro-pyrimidin-2-yl]- 3708
$C_6H_8N_4O_2S$
Essigsäure, [4,6-Diamino-pyrimidin-2-ylmercapto]- 3339
Glykolamid, *N*-[4-Amino-6-thioxo-1,6-dihydro-pyrimidin-5-yl]- 3648
Pyrimidin-2-ylamin, 4-Methyl-6-methylmercapto-5-nitro- 3395
Pyrimidin-4-ylamin, 6-Methyl-2-methylmercapto-5-nitro- 3383
$C_6H_8N_4O_2S_2$
Pyrimidin-4-ylamin, 2,6-Bis-methylmercapto-5-nitro- 3484
$C_6H_8N_4O_3$
Amin, [2-Methoxy-5-nitro-pyrimidin-4-yl]-methyl- 3335
–, [6-Methoxy-5-nitro-pyrimidin-4-yl]-methyl- 3360
Glykolamid, *N*-[4-Amino-6-oxo-1,6-dihydro-pyrimidin-5-yl]- 3647
Pyrimidin-2-on, 4-Äthylamino-5-nitro-1*H*-3690
Pyrimidin-4-on, 2-Dimethylamino-5-nitro-3*H*- 3639
–, 6-Dimethylamino-5-nitro-3*H*-3641
Pyrimidin-2-ylamin, 4-Äthoxy-5-nitro-3357
–, 4-Methoxy-6-methyl-5-nitro- 3391
$C_6H_8N_4O_4$
Pyrimidin-4-ylamin, 2,6-Dimethoxy-5-nitro-3484
$C_6H_8N_6O_2S$
Isothioharnstoff, *S*-[4-Amino-6-methyl-5-nitro-pyrimidin-2-yl]- 3383
$C_6H_8N_6O_3$
Pyrimidin-4-on, 2,6-Diamino-5-[2-nitro-äthylidenamino]-3*H*- 3650
$C_6H_9N_3O$
Äthanon, 2-Amino-1-[5-methyl-1(3)*H*-imidazol-4-yl]- 3744
Amin, [6-Methoxy-pyrimidin-4-yl]-methyl-3359
Methanol, [4-Amino-2-methyl-pyrimidin-5-yl]- 3402
–, [4-Amino-6-methyl-pyrimidin-5-yl]-3409
Propionaldehyd, 2-Amino-3-[1(3)*H*-imidazol-4-yl]- 3744
Pyrazin-2-on, 3-Amino-5,6-dimethyl-1*H*-3742
–, 5-Amino-3,6-dimethyl-1*H*- 3742
Pyrazol-3-on, 4-[1-Amino-äthyliden]-5-methyl-2,4-dihydro- 3743
Pyridazin-3-on, 4-Amino-2,6-dimethyl-2*H*-3696
–, 5-Amino-2,6-dimethyl-2*H*- 3696
Pyrimidinium, 4-Amino-1,3-dimethyl-2-oxo-1(3),2-dihydro-, betain 3656
Pyrimidin-5-ol, 2-Amino-4,6-dimethyl-3409
Pyrimidin-2-on, 4-Äthylamino-1*H*- 3657
–, 4-Amino-1,5-dimethyl-1*H*- 3727
–, 4-Amino-1,6-dimethyl-1*H*- 3721
–, 4-Amino-5,6-dimethyl-1*H*- 3742
–, 4-Dimethylamino-1*H*- 3656
–, 1-Methyl-4-methylamino-1*H*-3656
–, 1-Methyl-6-methylamino-1*H*-3656
–, 5-Methyl-4-methylamino-1*H*-3727
Pyrimidin-4-on, 2-Äthyl-6-amino-3*H*-3734
–, 6-Äthyl-2-amino-3*H*- 3734
–, 2-Amino-1,6-dimethyl-1*H*- 3704
–, 2-Amino-3,6-dimethyl-3*H*- 3704
–, 2-Amino-5,6-dimethyl-3*H*- 3740
–, 5-Amino-2,6-dimethyl-3*H*- 3734
–, 6-Amino-1,5-dimethyl-1*H*- 3726
–, 6-Amino-2,3-dimethyl-3*H*- 3700
–, 6-Amino-2,5-dimethyl-3*H*- 3735
–, 6-Amino-3,5-dimethyl-3*H*- 3726
–, 5-Aminomethyl-2-methyl-3*H*-3736
–, 2-Dimethylamino-3*H*- 3637
–, 2-Methyl-6-methylamino-3*H*-3700
Pyrimidin-2-ylamin, 4-Äthoxy- 3351
–, 4-Methoxymethyl- 3396
–, 4-Methoxy-6-methyl- 3385
Pyrimidin-4-ylamin, 2-Äthoxy- 3351
–, 2-Methoxy-6-methyl- 3376
–, 6-Methoxy-2-methyl- 3373
Pyrimidin-5-ylamin, 4-Methoxy-2-methyl-3372
$C_6H_9N_3OS$
Methanol, [4-Amino-2-methylmercapto-pyrimidin-5-yl]- 3492
Pyrimidin-2-thion, 4-[2-Hydroxy-äthylamino]-1*H*- 3692
$C_6H_9N_3O_2$
Acetamid, *N*-[1-Methyl-4-oxo-4,5-dihydro-1*H*-imidazol-2-yl]- 3546
–, *N*-[5-Methyl-3-oxo-2,3-dihydro-1*H*-pyrazol-4-yl]- 3575
Pyridazin-4-ylamin, 3,6-Dimethoxy- 3480
Pyrimidin-2-ylamin, 4,6-Dimethoxy- 3485
Pyrimidin-4-ylamin, 2,6-Dimethoxy- 3482
Pyrimidin-5-ylamin, 2,4-Dimethoxy- 3481
$C_6H_9N_3O_2S$
Carbamidsäure, [2-Thioxo-2,3-dihydro-1*H*-imidazol-4-yl]-, äthylester 3549
$C_6H_9N_3O_3$
Essigsäure, [2-Amino-4-oxo-4,5-dihydro-imidazol-1-yl]-, methylester 3547

$C_6H_9N_3O_3$ (Fortsetzung)
Pyridazin-4-ylamin, 3,6-Dimethoxy-1-oxy- 3481
Pyrimidin-5-ol, 4-Amino-2,6-bis-hydroxymethyl- 3510
$C_6H_9N_3O_4S$
Methansulfonsäure, [4-Amino-2-methyl-pyrimidin-5-yl]-hydroxy- 3757
Pyrimidinium, 2-Amino-1,4-dimethyl-6-sulfooxy-, betain 3388
—, 2-Amino-1,6-dimethyl-4-sulfooxy-, betain 3388
$C_6H_9N_3S$
Amin, Methyl-[4-methylmercapto-pyrimidin-2-yl]- 3358
Methanthiol, [4-Amino-2-methyl-pyrimidin-5-yl]- 3404
Pyridazin-3-ylamin, 6-Äthylmercapto- 3333
Pyrimidin-2-thion, 4-Äthylamino-1*H*- 3691
—, 4-Amino-1,6-dimethyl-1*H*- 3724
—, 4-Dimethylamino-1*H*- 3691
Pyrimidin-2-ylamin, 4-Äthylmercapto- 3358
—, 4-Methyl-6-methylmercapto- 3391
Pyrimidin-4-ylamin, 5-Methyl-2-methylmercapto- 3396
—, 6-Methyl-2-methylmercapto- 3377
Pyrimidin-5-ylamin, 4-Methyl-2-methylmercapto- 3376
$C_6H_9N_3S_2$
Methanthiol, [4-Amino-2-methylmercapto-pyrimidin-5-yl]- 3493
$C_6H_9N_5$
Pyrimidin-5-carbaldehyd, 4-Amino-2-methyl-, hydrazon 3757
$C_6H_9N_5O$
Guanidin, [4-Methyl-6-oxo-1,6-dihydro-pyrimidin-2-yl]- 3709
$C_6H_9N_5OS$
Formamid, *N*-[4,6-Diamino-2-methylmercapto-pyrimidin-5-yl]- 3346
Pyrimidin-4,6-diyldiamin, N^4-Methyl-2-methylmercapto-5-nitroso- 3344
Thioharnstoff, [2-Amino-4-methyl-6-oxo-1,6-dihydro-pyrimidin-5-yl]- 3721
—, *N*-[4-Amino-6-oxo-1,6-dihydro-pyrimidin-5-yl]-*N'*-methyl- 3647
$C_6H_9N_5O_2$
Acetamid, *N*-[2,4-Diamino-6-oxo-1,6-dihydro-pyrimidin-5-yl]- 3650
Pyrimidin-2,4-diyldiamin, 6-Äthoxy-5-nitroso- 3362
$C_6H_9N_5O_2S$
Essigsäure, [4,5,6-Triamino-pyrimidin-2-ylmercapto]- 3345
$C_6H_9N_5O_3$
Essigsäure, [2,5,6-Triamino-pyrimidin-4-yloxy]- 3363
$C_6H_9N_5O_4$
Glycin, *N*-[2-Oxo-5-ureido-2,3-dihydro-1*H*-imidazol-4-yl]- 3551
$C_6H_9N_5S_2$
Thioformamid, *N*-[4,6-Diamino-2-methylmercapto-pyrimidin-5-yl]- 3346
$C_6H_9N_7S_2$
Isothioharnstoff, *S,S'*-[2-Amino-pyrimidin-4,6-diyl]-bis- 3488
$[C_6H_{10}N_3O]^+$
Pyrimidinium, 4-Amino-1,3-dimethyl-2-oxo-1(3),2-dihydro- 3656
—, 4-Amino-2-methoxy-1-methyl- 3334
$C_6H_{10}N_3O_4P$
Phosphorsäure-[4-amino-2-methyl-pyrimidin-5-ylmethylester] 3404
$[C_6H_{10}N_3S]^+$
Pyrimidinium, 4-Amino-1-methyl-2-methylmercapto- 3335
$C_6H_{10}N_4O$
Methanol, [4-Amino-5-aminomethyl-pyrimidin-2-yl]- 3402
Pyrimidin-2,4-diyldiamin, 5-Äthoxy- 3367
—, 6-Äthoxy- 3360
Pyrimidin-2,5-diyldiamin, 4-Äthoxy- 3360
—, 4-Methoxy-6-methyl- 3395
Pyrimidin-2-on, 5-Amino-1-methyl-4-methylamino-1*H*- 3693
Pyrimidin-4-on, 6-Äthylamino-2-amino-3*H*- 3643
—, 5-Amino-2-dimethylamino-1*H*- 3642
—, 5-Amino-6-dimethylamino-3*H*- 3645
—, 6-Amino-2-dimethylamino-3*H*- 3643
—, 5-Amino-6-methyl-2-methylamino-3*H*- 3719
$C_6H_{10}N_4OS$
Harnstoff, *N*-Methyl-*N'*-[3-methyl-2-thioxo-2,3-dihydro-1*H*-imidazol-4-yl]- 3550
$C_6H_{10}N_4O_2$
Pyrimidin-4,5-diyldiamin, 2,6-Dimethoxy- 3484
Pyrimidin-4-on, 2-Amino-6-[2-hydroxy-äthylamino]-3*H*- 3643
$C_6H_{10}N_4S$
Pyrimidin-2,5-diyldiamin, 4-Äthylmercapto- 3360
—, 4-Methyl-6-methylmercapto- 3396
Pyrimidin-4,5-diyldiamin, 6-Methyl-2-methylmercapto- 3384
—, N^4-Methyl-6-methylmercapto- 3363

C_7

$C_7H_{11}N_3O$ (Fortsetzung)
Pyrimidinium, 1,3-Dimethyl-4-methylamino-2-oxo-1(3),2-dihydro-, betain 3656
Pyrimidin-2-on, 5-Äthyl-4-amino-6-methyl-1*H*- 3747
–, 4-Dimethylamino-1-methyl-1*H*- 3656
Pyrimidin-4-on, 1-Äthyl-2-amino-6-methyl-1*H*- 3705
–, 3-Äthyl-2-amino-6-methyl-3*H*- 3705
–, 5-Äthyl-2-amino-6-methyl-3*H*- 3745
–, 5-Äthyl-6-amino-2-methyl-3*H*- 3745
–, 6-Äthyl-2-methylamino-3*H*- 3734
–, 6-Amino-2-propyl-3*H*- 3745
–, 2-Dimethylamino-6-methyl-3*H*- 3704
Pyrimidin-2-ylamin, 4-Äthoxy-6-methyl- 3386
–, 4-Methoxy-5,6-dimethyl- 3408
–, 4-Methoxymethyl-6-methyl- 3409
Pyrimidin-4-ylamin, 2-Äthoxy-6-methyl- 3376
–, 6-Äthoxy-2-methyl- 3373
–, 5-Methoxymethyl-2-methyl- 3403
Pyrimidin-5-ylamin, 4-Methoxy-2,6-dimethyl- 3401

$C_7H_{11}N_3OS$
Methanol, [2-Äthylmercapto-4-amino-pyrimidin-5-yl]- 3492
Pyrimidin-4-ylamin, 5-Methoxymethyl-2-methylmercapto- 3492

$C_7H_{11}N_3O_2$
Amin, [2,6-Dimethoxy-pyrimidin-4-yl]-methyl- 3482
Pyrimidin-4-on, 2-[2-Hydroxy-äthylamino]-6-methyl-3*H*- 3707
Pyrimidin-2-ylamin, 4-Äthoxy-6-methoxy- 3485
–, 4,6-Dimethoxy-5-methyl- 3492
–, 4-[2-Methoxy-äthoxy]- 3351
–, 4-Methoxy-6-methoxymethyl- 3491
–, 5-Methoxy-4-methoxymethyl- 3490
Pyrimidin-5-ylamin, 2,4-Dimethoxy-6-methyl- 3489
–, 4,6-Dimethoxy-2-methyl- 3489

$C_7H_{11}N_3O_2S$
Carbamidsäure, [5-Methyl-2-thioxo-2,3-dihydro-1*H*-imidazol-4-yl]-, äthylester 3609
Pyrimidin-4-ylamin, 2-Äthansulfonyl-5-methyl- 3397

$C_7H_{11}N_3O_3$
Carbamidsäure, [1,2-Dimethyl-5-oxo-2,5-dihydro-1*H*-pyrazol-3-yl]-, methylester 3527
–, [6-Oxo-1,4,5,6-tetrahydro-pyridazin-3-yl]-, äthylester 3551

$C_7H_{11}N_3S$
Amin, Methyl-[6-methyl-2-methylmercapto-pyrimidin-4-yl]- 3379
Pyrimidin-4-ylamin, 2-Äthylmercapto-5-methyl- 3396
–, 2-Äthylmercapto-6-methyl- 3378
–, 5,6-Dimethyl-2-methylmercapto- 3406
–, 2-Methyl-5-[methylmercapto-methyl]- 3405

$C_7H_{11}N_3S_2$
Pyrimidin-4-ylamin, 2-Methylmercapto-5-[methylmercapto-methyl]- 3494
Pyrimidin-5-ylamin, 6-Methyl-2,4-bis-methylmercapto- 3490

$C_7H_{11}N_5OS$
Harnstoff, [4-Äthylmercapto-2-amino-pyrimidin-5-yl]- 3360
Pyrimidin-4,6-diyldiamin, N^4,N^4-Dimethyl-2-methylmercapto-5-nitroso- 3344

$C_7H_{11}N_5O_3$
Essigsäure, [2,5,6-Triamino-pyrimidin-4-yloxy]-, methylester 3364
Lactamid, *N*-[2,4-Diamino-6-oxo-1,6-dihydro-pyrimidin-5-yl]- 3652

$C_7H_{11}N_5O_4$
Alanin, *N*-[2-Oxo-5-ureido-2,3-dihydro-1*H*-imidazol-4-yl]- 3551

$C_7H_{11}N_5S$
Isothioharnstoff, *S*-[4-Amino-2-methyl-pyrimidin-5-ylmethyl]- 3405

$C_7H_{11}N_5S_2$
Isothioharnstoff, *S*-[4-Amino-2-methylmercapto-pyrimidin-5-ylmethyl]- 3494
Thioformamid, *N*-[4-Amino-6-methylamino-2-methylmercapto-pyrimidin-5-yl]- 3346

$[C_7H_{12}N_3O]^+$
Pyrimidinium, 1,3-Dimethyl-4-methylamino-2-oxo-1(3),2-dihydro- 3656

$[C_7H_{12}N_3S]^+$
Pyrimidinium, 2-Amino-1,4-dimethyl-6-methylmercapto- 3392
–, 2-Amino-1,6-dimethyl-4-methylmercapto- 3392
–, 4-Amino-1,2-dimethyl-6-methylmercapto- 3375
–, 4-Amino-1,6-dimethyl-2-methylmercapto- 3379
–, 1-Methyl-2-methylamino-4-methylmercapto- 3358

$C_7H_{12}N_4O$
Äthanol, 1-[4-Amino-5-aminomethyl-pyrimidin-2-yl]- 3411
–, 2-[4-Amino-5-aminomethyl-pyrimidin-2-yl]- 3412
Pyrimidin-2,4-diyldiamin, 6-Äthoxy-N^4-methyl- 3361
–, N^4-Äthyl-6-methoxy- 3361
Pyrimidin-2,5-diyldiamin, 4-Methoxy-N^2,N^2-dimethyl- 3360
Pyrimidin-4,5-diyldiamin, 2-Äthoxy-6-methyl- 3383
Pyrimidin-4-on, 2-[2-Amino-äthylamino]-6-methyl-3*H*- 3712
–, 5-Amino-2-dimethylamino-6-methyl-3*H*- 3720
–, 6-Amino-2-methyl-5-methylaminomethyl-3*H*- 3739

$C_7H_{12}N_4O_2$
Harnstoff, [4,6-Dimethyl-2-oxo-1,2,3,4-tetrahydro-pyrimidin-4-yl]- 3620

$C_7H_{12}N_4S$
Pyrimidin-4,6-diyldiamin, N^4,N^4-Dimethyl-2-methylmercapto- 3340
–, N^4,N^6-Dimethyl-2-methylmercapto- 3340
Pyrimidin-4-ylamin, 2-Äthylmercapto-5-aminomethyl- 3399

$C_7H_{12}N_4S_2$
Thioharnstoff, [4,6-Dimethyl-2-thioxo-1,2,3,4-tetrahydro-pyrimidin-4-yl]- 3620

$C_7H_{13}N_3O$
Imidazol-4-on, 2-Amino-5-*sec*-butyl-1,5-dihydro- 3626
Propan-1-ol, 3-[1(3)*H*-Imidazol-4-yl]-2-methylamino- 3329
Pyrazol-3-on, 5-Amino-4-butyl-1,2-dihydro- 3624
–, 5-Amino-4-*sec*-butyl-1,2-dihydro- 3624
–, 4,4-Diäthyl-5-amino-2,4-dihydro- 3624
–, 4-Dimethylamino-1,5-dimethyl-1,2-dihydro- 3552

$C_7H_{13}N_3OS$
Imidazol-2-thion, 4-[(2-Hydroxy-äthyl)-amino]-5,5-dimethyl-1,5-dihydro- 3619

$C_7H_{13}N_3O_4$
Erythrit, 1-[2-Amino-1(3)*H*-imidazol-4-yl]- 3512
–, 1-[2-Amino-4*H*-imidazol-4-yl]- 3513

$C_7H_{13}N_3S$
Imidazol-2-thion, 4-[4-Amino-butyl]-1,3-dihydro- 3626
–, 4-Dimethylaminomethyl-5-methyl-1,3-dihydro- 3619

$C_7H_{13}N_5S$
Guanidin, [3-(2-Thioxo-2,3-dihydro-1*H*-imidazol-4-yl)-propyl]- 3623
Pyrimidin-4,5,6-triyltriamin, N^4,N^4-Dimethyl-2-methylmercapto- 3345

$C_7H_{14}N_4O_2$
Harnstoff, [5,6-Dimethyl-2-oxo-hexahydro-pyrimidin-4-yl]- 3514

$C_7H_{15}N_3O_5$
Guanidin, Glucopyranose-2-yl- 3512

C_8

$C_8H_6ClN_3O$
Pyrido[1,2-*a*]pyrimidin-4-on, 2-Amino-3-chlor- 3784

$C_8H_6ClN_3S$
Chinazolin-2-thion, 4-Amino-6-chlor-1*H*- 3781

$C_8H_6N_4S$
Indazol-6-ylamin, 5-Thiocyanato-1(2)*H*- 3417
–, 7-Thiocyanato-1(2)*H*- 3417

$C_8H_7N_3O$
Chinazolin-4-on, 2-Amino-3*H*- 3775
–, 5-Amino-3*H*- 3778
–, 6-Amino-3*H*- 3778
–, 7-Amino-3*H*- 3779
–, 8-Amino-3*H*- 3780
Chinoxalin-2-on, 3-Amino-1*H*- 3781
–, 7-Amino-1*H*- 3784
Cinnolin-4-on, 6-Amino-1*H*- 3775
–, 7-Amino-1*H*- 3775
–, 8-Amino-1*H*- 3775
[1,5]Naphthyridin-4-on, 2-Amino-1*H*- 3786
–, 3-Amino-1*H*- 3786
[1,6]Naphthyridin-4-on, 3-Amino-1*H*- 3786
[1,7]Naphthyridin-4-on, 3-Amino-1*H*- 3786
[1,8]Naphthyridin-2-on, 7-Amino-1*H*- 3786
[1,8]Naphthyridin-4-on, 7-Amino-1*H*- 3786
Phthalazin-1-on, 4-Amino-2*H*- 3784
Pyrido[1,2-*a*]pyrimidin-4-on, 2-Amino- 3784
Pyrrolo[3,4-*c*]pyridin-1-on, 3-Amino-6-methyl- 3787

$C_8H_7N_3S$
Chinazolin-2-thion, 4-Amino-1*H*- 3781

$C_8H_7N_7O_4$
Barbitursäure, 5-[2,4-Diamino-6-oxo-1,6-dihydro-pyrimidin-5-ylimino]- 3653

$C_8H_8ClN_3O$
Methanol, [4-Amino-6-chlor-1(3)*H*-benzimidazol-2-yl]- 3422

$C_8H_8N_4O$
Carbamonitril, [4-Oxo-4,5,6,7-tetrahydro-3*H*-cyclopentapyrimidin-2-yl]- 3763
Pyrazol-3-on, 5-Amino-1-[2]pyridyl-1,2-dihydro- 3538
–, 5-Amino-2-[2]pyridyl-1,2-dihydro- 3538
–, 5-Amino-2-[3]pyridyl-1,2-dihydro- 3538
–, 5-Amino-2-[4]pyridyl-1,2-dihydro- 3538

$C_8H_8N_4O_2$
Harnstoff, [2-Oxo-2,3-dihydro-1*H*-benzimidazol-5-yl]- 3769

$C_8H_9N_3O$
Benzimidazol-4-ol, 6-Amino-2-methyl-1(3)*H*- 3422
Benzimidazol-2-on, 5-Amino-1-methyl-1,3-dihydro- 3768
–, 5-Amino-6-methyl-1,3-dihydro- 3771
–, 6-Amino-1-methyl-1,3-dihydro- 3768
Benzimidazol-2-ylamin, 5-Methoxy-1(3)*H*- 3419
Benzimidazol-4-ylamin, 6-Methoxy-1(3)*H*- 3421
Benzimidazol-5-ylamin, 7-Methoxy-1(3)*H*- 3419
Chinoxalin-2-on, 7-Amino-3,4-dihydro-1*H*- 3771
Indazol-5-ylamin, 6-Methoxy-1(2)*H*- 3417
Pyrrolo[3,4-*c*]pyridin-1-on, 7-Amino-6-methyl-2,3-dihydro- 3771

$C_8H_9N_3S$
Benzimidazol-4-ylamin, 6-Methylmercapto-1(3)*H*- 3422
Benzimidazol-5-ylamin, 2-Methylmercapto-1(3)*H*- 3417
–, 7-Methylmercapto-1(3)*H*- 3419

$C_8H_9N_3S_2$
Pyrimidin-4-ylisothiocyanat, 2-Äthylmercapto-6-methyl- 3380

$C_8H_9N_5O_2$
Amin, [5-Methyl-3-oxo-2,3-dihydro-1*H*-pyrazol-4-yl]-[3-methyl-5-oxo-1,5-dihydro-pyrazol-4-yliden]- 3602

$C_8H_{10}BrN_3O_2$
Propionsäure, 2-Brom-, [4-methyl-6-oxo-1,6-dihydro-pyrimidin-2-ylamid] 3708

$C_8H_{10}ClN_3O_2$
Essigsäure, Chlor-, [2,4-dimethyl-6-oxo-1,6-dihydro-pyrimidin-5-ylamid] 3735

$C_8H_{10}Cl_3N_3OS$
Äthanol, 2,2,2-Trichlor-1-[4-methyl-6-methylmercapto-pyrimidin-2-ylamino]- 3393

$C_8H_{10}N_4O_3$
Essigsäure, [4-Amino-6-oxo-1,6-dihydro-pyrimidin-5-ylimino]-, äthylester 3647
Pyrimidin-4-on, 2,6-Bis-acetylamino-3*H*- 3644

$C_8H_{10}N_4O_3S$
Succinamidsäure, *N*-[4-Amino-6-thioxo-1,6-dihydro-pyrimidin-5-yl]- 3648

$C_8H_{10}N_4O_4$
Pyrimidin-2-on, 4-Acetonylamino-6-methyl-5-nitro-1*H*- 3723
Pyrimidin-4-on, 6-Acetonylamino-2-methyl-5-nitro-3*H*- 3701
Succinamidsäure, *N*-[4-Amino-6-oxo-1,6-dihydro-pyrimidin-5-yl]- 3647

$C_8H_{10}N_4O_5$
Glycin, *N*-[2-Methyl-5-nitro-6-oxo-1,6-dihydro-pyrimidin-4-yl]-, methylester 3701
–, *N*-[6-Methyl-5-nitro-2-oxo-1,2-dihydro-pyrimidin-4-yl]-, methylester 3724
–, *N*-[5-Nitro-2-oxo-1,2-dihydro-pyrimidin-4-yl]-, äthylester 3690
–, *N*-[5-Nitro-6-oxo-1,6-dihydro-pyrimidin-4-yl]-, äthylester 3641

$C_8H_{11}BrN_4O_2$
Propionsäure, 2-Brom-, [2-amino-4-methyl-6-oxo-1,6-dihydro-pyrimidin-5-ylamid] 3720

$C_8H_{11}ClN_2O$
Pyrimidin, 4-Äthoxymethyl-6-chlor-5-methyl- 3408

$C_8H_{11}ClN_4O_2$
Essigsäure, Chlor-, [4-methyl-2-methylamino-6-oxo-1,6-dihydro-pyrimidin-5-ylamid] 3720

$C_8H_{11}N_3O$
Cyclopentapyrimidin-2-ylamin, 4-Methoxy-6,7-dihydro-5*H*- 3415
Pyrimidin-4-on, 5-Allyl-2-amino-6-methyl-3*H*- 3764

$C_8H_{11}N_3OS$
Methanol, [2-Allylmercapto-4-amino-pyrimidin-5-yl]- 3493

$C_8H_{11}N_3OS_2$
Thioessigsäure-*S*-[4-amino-2-methylmercapto-pyrimidin-5-ylmethylester] 3494

$C_8H_{11}N_3O_2$
Acetamid, *N*-[1,3-Dimethyl-6-oxo-1,6-dihydro-pyridazin-4-yl]- 3696
–, *N*-[1,4-Dimethyl-6-oxo-1,6-dihydro-pyrimidin-2-yl]- 3708
–, *N*-[1,5-Dimethyl-6-oxo-1,6-dihydro-pyrimidin-4-yl]- 3726
–, *N*-[2,4-Dimethyl-6-oxo-1,6-dihydro-pyrimidin-5-yl]- 3735

$C_8H_{11}N_3O_2$ (Fortsetzung)
Acetamid, *N*-[3,5-Dimethyl-6-oxo-3,6-dihydro-pyrimidin-4-yl]- 3726
—, *N*-Methyl-*N*-[1-methyl-2-oxo-1,2-dihydro-pyrimidin-4-yl]- 3658
—, *N*-[2-Methyl-6-oxo-1,6-dihydro-pyrimidin-5-ylmethyl]- 3737
Pyrimidinium, 4-Acetylamino-1,3-dimethyl-2-oxo-1(3),2-dihydro-, betain 3658

$C_8H_{11}N_3O_2S$
Acetamid, *N*-[6-Methoxy-2-methylmercapto-pyrimidin-4-yl]- 3484
Essigsäure, [4-Amino-2-methyl-pyrimidin-5-ylmethylmercapto]- 3405
Thiocarbamidsäure, [2-Methyl-6-oxo-1,6-dihydro-pyrimidin-5-ylmethyl]-, *O*-methylester 3738

$C_8H_{11}N_3O_3$
Acetamid, *N*-[3-Acetyl-1-methyl-4-oxo-imidazolidin-2-yliden]- 3546
—, *N*-[3,6-Dimethoxy-pyridazin-4-yl]- 3481
Alanin, *N*-[4-Methyl-6-oxo-1,6-dihydro-pyrimidin-2-yl]- 3712
Carbamidsäure, [2-Methyl-6-oxo-1,6-dihydro-pyrimidin-5-yl]-, äthylester 3701
Diacetamid, *N*-[1-Methyl-4-oxo-4,5-dihydro-1*H*-imidazol-2-yl]- 3546
Essigsäure, [2-Amino-4,5-dimethyl-6-oxo-6*H*-pyrimidin-1-yl]- 3740
Glycin, *N*-[4,5-Dimethyl-6-oxo-1,6-dihydro-pyrimidin-2-yl]- 3740
Propionsäure, 2-[2-Amino-4-methyl-6-oxo-6*H*-pyrimidin-1-yl]- 3711

$C_8H_{11}N_3O_3S$
Carbamidsäure, [2-Acetylmercapto-1(3)*H*-imidazol-4-yl]-, äthylester 3550
Essigsäure, [4-(2-Hydroxy-äthylamino)-pyrimidin-2-ylmercapto]- 3336

$C_8H_{11}N_3S$
Cyclopentapyrimidin-2-thion, 4-Methylamino-1,5,6,7-tetrahydro- 3763
Cyclopentapyrimidin-2-ylamin, 4-Methylmercapto-6,7-dihydro-5*H*- 3416
Cyclopentapyrimidin-4-ylamin, 2-Methylmercapto-6,7-dihydro-5*H*- 3415

$C_8H_{11}N_5O_2$
Pyrazol-3-on, 5,5′-Dimethyl-1,2,1′,2′-tetrahydro-4,4′-imino-bis- 3603

$C_8H_{11}N_5O_3$
Essigsäure, [2,4-Diamino-6-oxo-1,6-dihydro-pyrimidin-5-ylimino]-, äthylester 3652

$C_8H_{12}ClN_3O$
Pyrimidin-2-ylamin, 4-Chlor-5-[2-methoxy-äthyl]-6-methyl- 3413

$C_8H_{12}ClN_5O_2$
Essigsäure, Chlor-, [4-äthylamino-2-amino-6-oxo-1,6-dihydro-pyrimidin-5-ylamid] 3651

$[C_8H_{12}N_3O_2]^+$
Pyrimidinium, 4-Acetylamino-1,3-dimethyl-2-oxo-1(3),2-dihydro- 3658

$C_8H_{12}N_4O$
Chinazolin-4-on, 2,6-Diamino-5,6,7,8-tetrahydro-3*H*- 3765

$C_8H_{12}N_4O_2$
Glycin, *N*-[1-(2-Methyl-5-oxo-1,5-dihydro-imidazol-4-yliden)-äthyl]-, amid 3744
Isoharnstoff, *O*-Äthyl-*N*-[4-methyl-6-oxo-1,6-dihydro-pyrimidin-2-yl]- 3709
Propionamid, *N*-[4-Amino-2-methyl-6-oxo-1,6-dihydro-pyrimidin-5-yl]- 3702

$C_8H_{12}N_4O_2S$
Amin, Dimethyl-[6-methyl-2-methylmercapto-5-nitro-pyrimidin-4-yl]- 3383

$C_8H_{12}N_4O_3$
Essigsäure, [2,6-Diamino-pyrimidin-4-yloxy]-, äthylester 3361
Pyrimidin-2-on, 4-Butylamino-5-nitro-1*H*- 3690

$C_8H_{12}N_4S_2$
Thioharnstoff, [2-Äthylmercapto-6-methyl-pyrimidin-4-yl]- 3380

$C_8H_{13}N_3O$
Äthanol, 2-[2-Dimethylamino-pyrimidin-4-yl]- 3400
Pyridazin-3-on, 5-Dimethylamino-2,6-dimethyl-2*H*- 3696
Pyrimidin-2-on, 4-Amino-6-methyl-5-propyl-1*H*- 3749
—, 4-Butylamino-1*H*- 3657
—, 4-Diäthylamino-1*H*- 3657
Pyrimidin-4-on, 6-Amino-5-methyl-2-propyl-3*H*- 3748
—, 2-Isopropylamino-6-methyl-3*H*- 3705
Pyrimidin-2-ylamin, 4-Äthoxymethyl-6-methyl- 3409
—, 4-Butoxy- 3351
—, 4-Methyl-6-propoxy- 3386
Pyrimidin-4-ylamin, 5-Äthoxymethyl-2-methyl- 3403
—, 6-Äthoxymethyl-2-methyl- 3401
—, 6-Äthoxymethyl-5-methyl- 3408
Pyrimidin-5-ylamin, 2-Butoxy- 3337

$C_8H_{13}N_3OS$
Methanol, [4-Amino-2-propylmercapto-pyrimidin-5-yl]- 3493
Pyrimidin-4-ylamin, 5-Äthoxymethyl-2-methylmercapto- 3493

$C_8H_{13}N_3O_2$
Pyrimidin-2-ylamin, 4-Äthoxy-6-methoxymethyl- 3491
—, 5-Äthyl-4,6-dimethoxy- 3494

$C_8H_{13}N_3O_2$ (Fortsetzung)
Pyrimidin-2-ylamin, 4,6-Bis-methoxymethyl- 3494
–, 4,5-Diäthoxy- 3484
–, 4,6-Diäthoxy- 3485
–, 4-Dimethoxymethyl-6-methyl- 3760
–, 4-[2-Methoxy-äthoxy]-6-methyl- 3386
Pyrimidin-5-ylamin, 2,4-Diäthoxy- 3481

$C_8H_{13}N_3O_2S$
Amin, [2-Äthansulfonyl-5-methyl-pyrimidin-4-yl]-methyl- 3397
Pyrimidin-4-ylamin, 2-Äthansulfonyl-5,6-dimethyl- 3407

$C_8H_{13}N_3O_3$
Carbamidsäure, [1,4-Dimethyl-5-oxo-2,5-dihydro-1*H*-pyrazol-3-yl]-, äthylester 3608
Pyrimidin-2-ylamin, 4,5-Dimethoxy-6-methoxymethyl- 3510

$C_8H_{13}N_3S$
Amin, [2-Äthylmercapto-5-methyl-pyrimidin-4-yl]-methyl- 3397
–, Äthyl-[4-methyl-6-methylmercapto-pyrimidin-2-yl]- 3392
1,3-Diaza-spiro[4.5]dec-3-en-2-thion, 4-Amino- 3751
Pyridazin-3-ylamin, 6-Butylmercapto- 3333
Pyrimidin-2-thion, 4-Butylamino-1*H*- 3691
–, 4-[Methyl-propyl-amino]-1*H*- 3691
Pyrimidin-4-ylamin, 2-Äthylmercapto-5,6-dimethyl- 3406

$C_8H_{13}N_3S_2$
Pyrimidin-2-ylamin, 4,6-Bis-äthylmercapto- 3488

$C_8H_{13}N_5OS$
Formamid, *N*-[4-Amino-6-dimethylamino-2-methylmercapto-pyrimidin-5-yl]- 3347

$C_8H_{13}N_5O_2$
Pyrimidin-2,4-diyldiamin, 6-Butoxy-5-nitroso- 3362

$C_8H_{13}N_5S$
Isothioharnstoff, *S*-[4-Amino-2,6-dimethyl-pyrimidin-5-ylmethyl]- 3413

$C_8H_{14}N_4O$
Pyrimidin-2,4-diyldiamin, 6-Äthoxy-N^4,N^4-dimethyl- 3361
–, 5-Butoxy- 3367
–, 6-Butoxy- 3361
Pyrimidin-4-on, 6-Amino-5-dimethylaminomethyl-2-methyl-3*H*- 3739
Pyrimidin-2-ylamin, 4-[2-Dimethylamino-äthoxy]- 3351

$C_8H_{14}N_4O_2S$
Pyrimidin-4-ylamin, 2-Methyl-5-taurylmethyl- 3405

$C_8H_{14}N_4S$
Pyrimidin-4,5-diyldiamin, 6,N^4,N^4-Trimethyl-2-methylmercapto- 3384
Pyrimidin-4-thion, 5,6-Diamino-2-butyl-3*H*- 3748

$C_8H_{15}N_3O$
Pyrazol-3-on, 5-Amino-4-butyl-4-methyl-2,4-dihydro- 3627
–, 4,4-Diäthyl-5-amino-2-methyl-2,4-dihydro- 3625

$C_8H_{15}N_3O_2S$
Imidazol-4-ylamin, 5-[Butan-1-sulfonyl]-1-methyl-1*H*- 3326

$C_8H_{15}N_3S$
Amin, Dimethyl-[5-methyl-2-methylmercapto-1(3)*H*-imidazol-4-ylmethyl]- 3328
Imidazol-2-thion, 4-Diäthylaminomethyl-1,3-dihydro- 3609

$[C_8H_{15}N_4S]^+$
Pyrimidinium, 1-Methyl-4,6-bis-methylamino-2-methylmercapto- 3340

$C_8H_{15}N_5$
Pyrimidin-2-on, 5,5-Diäthyl-4,6-diamino-5*H*-, imin 3750

$C_8H_{15}N_5O$
Guanidin, [4-Butyl-5-oxo-2,5-dihydro-1*H*-pyrazol-3-yl]- 3624

$C_8H_{15}N_5S$
Pyrimidin-4,5,6-triyltriamin, N^4,N^4,N^5-Trimethyl-2-methylmercapto- 3346

$C_8H_{16}N_6O$
Guanidin, [4-(2-Amino-5-oxo-4,5-dihydro-1*H*-imidazol-4-yl)-butyl]- 3625

C_9

$C_9H_6N_4O$
Carbamonitril, [4-Oxo-3,4-dihydro-chinazolin-2-yl]- 3776

$C_9H_8BrN_3O$
Pyrazol-3-on, 5-Amino-2-[4-brom-phenyl]-1,2-dihydro- 3518

$C_9H_8ClN_3O$
Chinazolin-4-on, 8-Amino-6-chlor-3-methyl-3*H*- 3781
Imidazol-4-on, 2-Amino-1-[4-chlor-phenyl]-1,5-dihydro- 3546
Pyrazol-3-on, 5-Amino-2-[2-chlor-phenyl]-1,2-dihydro- 3517
–, 5-Amino-2-[3-chlor-phenyl]-1,2-dihydro- 3517

$C_9H_8N_4O_3$
Pyrazol-3-on, 5-Amino-2-[4-nitro-phenyl]-1,2-dihydro- 3518

$C_9H_8N_4S$
Indazol-6-ylamin, 2-Methyl-5-thiocyanato-2*H*- 3417
–, 2-Methyl-7-thiocyanato-2*H*- 3417
–, 5-Methyl-7-thiocyanato-1(2)*H*- 3422

$C_9H_9N_3O$
Chinazolin-4-on, 5-Amino-2-methyl-3*H*- 3791
–, 6-Amino-3-methyl-3*H*- 3779
–, 7-Amino-3-methyl-3*H*- 3780
–, 8-Amino-3-methyl-3*H*- 3780
Chinazolin-4-ylamin, 2-Methoxy- 3427
Chinazolin-6-ylamin, 4-Methoxy- 3430
Chinazolin-7-ylamin, 4-Methoxy- 3430
–, 6-Methoxy- 3432
Chinazolin-8-ylamin, 4-Methoxy- 3431
–, 6-Methoxy- 3432
Chinoxalin-2-on, 3-Amino-1-methyl-1*H*- 3782
–, 3-Methylamino-1*H*- 3782
Chinoxalin-2-ylamin, 3-Methoxy- 3437
–, 6-Methoxy- 3438
–, 7-Methoxy- 3439
Chinoxalin-5-ylamin, 6-Methoxy- 3440
–, 7-Methoxy- 3440
–, 8-Methoxy- 3438
Chinoxalin-6-ylamin, 8-Methoxy- 3438
Imidazol-4-on, 2-Amino-1-phenyl-1,5-dihydro- 3546
[1,5]Naphthyridin-2-on, 6-Amino-4-methyl-1*H*- 3794
[1,8]Naphthyridin-2-on, 7-Amino-4-methyl-1*H*- 3794
[1,8]Naphthyridin-4-on, 7-Amino-2-methyl-1*H*- 3794
Phthalazin-1-on, 4-Amino-2-methyl-2*H*- 3785
–, 4-Aminomethyl-2*H*- 3793
Pyrazol-3-on, 5-Amino-1-phenyl-1,2-dihydro- 3518
–, 5-Amino-2-phenyl-1,2-dihydro- 3517
–, 5-Amino-4-phenyl-1,2-dihydro- 3789
–, 5-[4-Amino-phenyl]-1,2-dihydro- 3788
–, 5-Anilino-1,2-dihydro- 3518

$C_9H_9N_3OS$
Acetamid, *N*-[2-Thioxo-2,3-dihydro-1*H*-benzimidazol-5-yl]- 3770
Pyrimidin-2-thion, 4-Furfurylamino-1*H*- 3692

$C_9H_9N_3O_3S$
Imidazol-4-on, 2-Amino-1-benzolsulfonyl-1,5-dihydro- 3547

$C_9H_9N_3O_4S$
Benzolsulfonsäure, 4-[3-Amino-5-oxo-2,5-dihydro-pyrazol-1-yl]- 3532

$C_9H_9N_3S$
Chinazolin-4-ylamin, 2-Methylmercapto-3427
Cycloheptimidazol-2-ylamin, 4-Methylmercapto- 3426
Imidazol-2-thion, 4-[4-Amino-phenyl]-1,3-dihydro- 3790

$C_9H_9N_3S_2$
Pyrimidin-2-thion, 4-[[2]Thienylmethylamino]-1*H*- 3692

$C_9H_9N_5O$
Chinazolin-3-carbamidin, 2-Amino-4-oxo-4*H*- 3777
Guanidin, [4-Oxo-3,4-dihydro-chinazolin-2-yl]- 3777

$C_9H_{10}N_4O$
Carbamonitril, [4-Oxo-3,4,5,6,7,8-hexahydro-chinazolin-2-yl]- 3764
Pyrazol-3-on, 5-Amino-2-[4-amino-phenyl]-1,2-dihydro- 3534
–, 4,5-Diamino-1-phenyl-1,2-dihydro-3541
–, 4,5-Diamino-2-phenyl-1,2-dihydro-3541

$C_9H_{10}N_4OS_2$
Acetamid, *N*-[2-Äthylmercapto-4-thiocyanato-pyrimidin-5-yl]- 3482

$C_9H_{10}N_4O_3S$
Benzolsulfonsäure, 4-[3-Amino-5-oxo-2,5-dihydro-pyrazol-1-yl]-, amid 3532
Sulfanilsäure-[4-oxo-4,5-dihydro-1*H*-imidazol-2-ylamid] 3548

$C_9H_{11}ClN_4O_3$
Glycin, *N*-Chloracetyl-, [4-methyl-6-oxo-1,6-dihydro-pyrimidin-2-ylamid] 3714

$C_9H_{11}N_3O$
Benzimidazol-2-on, 4-Amino-1,3-dimethyl-1,3-dihydro- 3768
–, 5-Amino-1,3-dimethyl-1,3-dihydro-3769
–, 5-Amino-4,7-dimethyl-1,3-dihydro-3773
Benzimidazol-2-ylamin, 5-Äthoxy-1(3)*H*- 3419
–, 5-Methoxy-1-methyl-1*H*- 3419
Benzimidazol-4-ylamin, 6-Äthoxy-1(3)*H*- 3421
Benzimidazol-5-ylamin, 7-Methoxy-1-methyl-1*H*- 3419
–, 7-Methoxy-2-methyl-1(3)*H*- 3422
Chinoxalin-2-on, 7-Amino-3-methyl-3,4-dihydro-1*H*- 3773
Indazol-5-ol, 3-[2-Amino-äthyl]-1(2)*H*- 3422

$C_9H_{11}N_3O_2$
Acetamid, *N*-[5-Acetyl-4-methyl-pyrimidin-2-yl]- 3762
Benzimidazol-5-ylamin, 4,7-Dimethoxy-1(3)*H*- 3496

$C_9H_{11}N_3O_4$
Pyrazol, 3-Acetoxy-1-acetyl-5-acetylamino-1*H*- 3323
–, 5-Acetoxy-1-acetyl-3-acetylamino-1*H*- 3323
Pyrazolidin-3-on, 1,4,4-Triacetyl-5-imino- 3323
–, 2,4,4-Triacetyl-5-imino- 3323
$C_9H_{11}N_3O_5$
Acetaldehyd, [4-Amino-2-oxo-2*H*-pyrimidin-1-yl]-[β-hydroxy-β′-oxo-isopropoxy]- 3657
$C_9H_{11}N_3S_2$
Pyrimidin-4-ylisothiocyanat, 5-Äthyl-2-äthylmercapto- 3401
–, 2-Äthylmercapto-5,6-dimethyl- 3407
$C_9H_{11}N_5O$
Guanidin, [5-Methoxy-1(3)*H*-benzimidazol-2-yl]- 3420
$C_9H_{12}BrN_3O_4$
2′-Desoxy-cytidin, 5-Brom- 3689
$C_9H_{12}BrN_3O_5$
Cytidin, 5-Brom- 3689
$C_9H_{12}ClN_3O$
Chinazolin-4-on, 2-Amino-6-chlormethyl-5,6,7,8-tetrahydro-3*H*- 3765
$C_9H_{12}ClN_3O_2$
Essigsäure, Chlor-, [6-äthoxy-2-methyl-pyrimidin-4-ylamid] 3373
$C_9H_{12}ClN_3O_4$
2′-Desoxy-cytidin, 5-Chlor- 3689
$C_9H_{12}ClN_3O_5$
Cytidin, 5-Chlor- 3689
$C_9H_{12}FN_3O_4$
5′-Desoxy-cytidin, 5′-Fluor- 3662
$C_9H_{12}N_3O_7P$
Cytidin, $O^{2'}$,$O^{3'}$-Hydroxyphosphoryl- 3673
$C_9H_{12}N_4O$
Benzimidazol-2-on, 5,6-Diamino-1,3-dimethyl-1,3-dihydro- 3770
Carbamonitril, [4-Methyl-6-oxo-5-propyl-1,6-dihydro-pyrimidin-2-yl]- 3748
Pyrimidin, 2,4-Bis-aziridin-1-yl-6-methoxy- 3362
$C_9H_{12}N_4O_3$
Essigsäure, [4-Amino-1-methyl-6-oxo-1,6-dihydro-pyrimidin-5-ylimino]-, äthylester 3647
$C_9H_{13}ClN_4O_2$
Essigsäure, Chlor-, [2-dimethylamino-4-methyl-6-oxo-1,6-dihydro-pyrimidin-5-ylamid] 3720
$C_9H_{13}N_3O$
Äthanon, 1-[2-Dimethylamino-4-methyl-pyrimidin-5-yl]- 3762
Pyrazol-3-on, 4,4-Diallyl-5-amino-2,4-dihydro- 3765
$C_9H_{13}N_3OS$
Pyrimidin-2-thion, 4-Tetrahydrofurfuryl-amino-1*H*- 3692
$C_9H_{13}N_3OS_2$
Dithiocarbamidsäure, [2-Methyl-6-oxo-1,6-dihydro-pyrimidin-5-ylmethyl]-, äthylester 3738
Thiocarbamidsäure, [2-Äthylmercapto-6-methyl-pyrimidin-4-yl]-, *O*-methylester 3380
$C_9H_{13}N_3O_2S$
Thiocarbamidsäure, [2-Methyl-6-oxo-1,6-dihydro-pyrimidin-5-ylmethyl]-, *O*-äthylester 3738
$C_9H_{13}N_3O_3$
Buttersäure, 2-[4-Methyl-6-oxo-1,6-dihydro-pyrimidin-2-ylamino]- 3712
Carbamidsäure, [2-Methyl-6-oxo-1,6-dihydro-pyrimidin-5-ylmethyl]-, äthylester 3738
Essigsäure, [5-Äthyl-2-amino-4-methyl-6-oxo-6*H*-pyrimidin-1-yl]- 3746
–, [5-Äthyl-2-amino-6-methyl-4-oxo-4*H*-pyrimidin-1-yl]- 3746
Glycin, *N*-[5-Äthyl-4-methyl-6-oxo-1,6-dihydro-pyrimidin-2-yl]- 3746
$C_9H_{13}N_3O_4$
2′-Desoxy-cytidin 3662
Pyrimidin-2-on, 4-Amino-1-[*erythro*-2-desoxy-pentofuranosyl]-1*H*- 3662
$C_9H_{13}N_3O_5$
Cytidin 3667
Pyrimidin-2-on, 4-Amino-1-arabinofuranosyl-1*H*- 3669
–, 4-Amino-1-arabinopyranosyl-1*H*- 3667
–, 4-Amino-1-xylofuranosyl-1*H*- 3669
–, 4-Amino-1-xylopyranosyl-1*H*- 3667
Pyrimidin-4-on, 2-Amino-1-arabinofuranosyl-1*H*- 3636
–, 2-Amino-1-ribofuranosyl-1*H*- 3635
$C_9H_{13}N_3S$
Pyrimidin-2-thion, 4-Piperidino-1*H*- 3692
$C_9H_{13}N_5O_3$
Glycin, *N*-Glycyl-, [4-methyl-6-oxo-1,6-dihydro-pyrimidin-2-ylamid] 3714
$C_9H_{14}ClN_3O$
Pyrimidin-2-ylamin, 5-[2-Äthoxy-äthyl]-4-chlor-6-methyl- 3413
$C_9H_{14}ClN_3O_2$
Pyrimidin-2-ylamin, 5-Äthoxy-4-äthoxymethyl-6-chlor- 3491
–, 6-Chlor-4-diäthoxymethyl- 3756
$C_9H_{14}N_3O_7P$
2′-Desoxy-[3′]cytidylsäure 3664
2′-Desoxy-[5′]cytidylsäure 3664

$C_9H_{14}N_3O_8P$
[2′]Cytidylsäure 3671
[3′]Cytidylsäure 3669
[5′]Cytidylsäure 3673
$C_9H_{14}N_4O$
Methanol, [2,4-Diamino-5,6,7,8-tetrahydro-chinazolin-6-yl]- 3416
Pyrimidin-4-on, 2-Amino-5-piperidino-3*H*- 3642
$C_9H_{14}N_4OS$
Acetamid, *N*-[6-Dimethylamino-2-methylmercapto-pyrimidin-4-yl]- 3342
$C_9H_{14}N_4O_2$
Acetamid, *N*-[2-Dimethylamino-4-methyl-6-oxo-1,6-dihydro-pyrimidin-5-yl]- 3720
–, *N*-[2-(4-Methyl-6-oxo-1,6-dihydro-pyrimidin-2-ylamino)-äthyl]- 3712
Äthan, 1-Acetoxy-2-[2,4-diamino-6-methyl-pyrimidin-5-yl]- 3413
Butyramid, *N*-[4-Amino-2-methyl-6-oxo-1,6-dihydro-pyrimidin-5-yl]- 3703
Isobutyramid, *N*-[4-Amino-2-methyl-6-oxo-1,6-dihydro-pyrimidin-5-yl]- 3703
$C_9H_{14}N_4O_4$
3′-Desoxy-cytidin, 3′-Amino- 3686
5′-Desoxy-cytidin, 5′-Amino- 3686
$C_9H_{14}N_4O_5$
Cytidin, 5-Amino- 3693
$C_9H_{14}N_4S$
Pyrimidin-2-thion, 4-[4-Methyl-piperazino]-1*H*- 3692
$C_9H_{14}N_4S_2$
Thioharnstoff, [5-Äthyl-2-äthylmercapto-pyrimidin-4-yl]- 3400
–, [2-Äthylmercapto-5,6-dimethyl-pyrimidin-4-yl]- 3407
$C_9H_{15}N_3O$
Methanol, [4-Amino-2-butyl-pyrimidin-5-yl]- 3414
Propan-2-ol, 3-[4-Amino-2-methyl-pyrimidin-5-yl]-2-methyl- 3414
Pyrazol-3-on, 5-Amino-4-cyclohexyl-1,2-dihydro- 3753
Pyrimidin-2-on, 4-Amino-5-butyl-6-methyl-1*H*- 3752
–, 4-Diäthylamino-5-methyl-1*H*- 3727
Pyrimidin-4-on, 6-Amino-5-butyl-2-methyl-3*H*- 3751
–, 2-Butylamino-6-methyl-3*H*- 3705
Pyrimidin-2-ylamin, 5-[2-Äthoxy-äthyl]-4-methyl- 3412
Pyrimidin-4-ylamin, 5-Äthoxymethyl-2-äthyl- 3411
–, 2-Methyl-5-propoxymethyl- 3403
$C_9H_{15}N_3OS$
1,3-Diaza-spiro[4.4]non-3-en-2-thion, 4-[2-Hydroxy-äthylamino]- 3748
Pyrimidin-4-ylamin, 5-Isopropoxymethyl-2-methylmercapto- 3493
$C_9H_{15}N_3O_2$
Acetamid, *N*-[4,4-Diäthyl-5-oxo-4,5-dihydro-1*H*-pyrazol-3-yl]- 3625
Pyrazol-3-ylamin, 5-Acetoxy-4,4-diäthyl-4*H*- 3331
Pyrimidin-2-ylamin, 5-Äthoxy-4-äthoxymethyl- 3490
–, 4-Diäthoxymethyl- 3756
–, 4-[2-Methoxy-äthoxy]-5,6-dimethyl- 3408
–, 4-Methoxy-5-[2-methoxy-äthyl]-6-methyl- 3495
$C_9H_{15}N_3O_2S$
Pyrimidin-4-ylamin, 2-Äthansulfonyl-5-äthyl-6-methyl- 3412
$C_9H_{15}N_3O_3$
Pyrimidin-2-ylamin, 4-Äthoxy-5-methoxy-6-methoxymethyl- 3510
$C_9H_{15}N_3O_4$
Pyrimidin-2-on, 4-Amino-1-[*erythro*-2-desoxy-pentofuranosyl]-5,6-dihydro-1*H*- 3552
$C_9H_{15}N_3O_5$
Pyrimidin-2-on, 4-Amino-1-ribofuranosyl-5,6-dihydro-1*H*- 3552
$C_9H_{15}N_3O_{10}P_2$
2′-Desoxy-cytidin, $O^{3'}$,$O^{5'}$-Diphosphono- 3666
Diphosphorsäure-mono-2′-desoxy-cytidin-5′-ylester 3665
$C_9H_{15}N_3O_{11}P_2$
Diphosphorsäure-mono-cytidin-5′-ylester 3675
$C_9H_{15}N_3S$
Pyrimidin-2-thion, 4-Pentylamino-1*H*- 3691
Pyrimidin-4-ylamin, 2-Butylmercapto-5-methyl- 3397
$C_9H_{15}N_5OS$
Pyrimidin-4,6-diyldiamin, N^6-Äthyl-N^4,N^4-dimethyl-2-methylmercapto-5-nitroso- 3344
–, N^4,N^4-Diäthyl-2-methylmercapto-5-nitroso- 3344
$C_9H_{15}N_5O_2$
Harnstoff, [2-Oxo-5-piperidino-2,3-dihydro-1*H*-imidazol-4-yl]- 3551
$[C_9H_{16}N_3O_2]^+$
Ammonium, [2,6-Dimethoxy-pyrimidin-4-yl]-trimethyl- 3483
$C_9H_{16}N_3O_3PS$
Thiophosphorsäure-*O*,*O*′-diäthylester-*O*″-[2-amino-6-methyl-pyrimidin-4-ylester] 3388

$C_9H_{16}N_3O_4P$
Phosphorsäure-[2-amino-6-methyl-pyrimidin-4-ylester]-butylester 3387
– diäthylester-[2-amino-6-methyl-pyrimidin-4-ylester] 3387

$C_9H_{16}N_3O_8P$
Pyrimidin-2-on, 4-Amino-1-[O^5-phosphono-ribofuranosyl]-5,6-dihydro-1*H*- 3552

$C_9H_{16}N_3O_{13}P_3$
Triphosphorsäure-1-[2'-desoxy-cytidin-5'-ylester] 3666

$C_9H_{16}N_3O_{14}P_3$
Triphosphorsäure-1-cytidin-5'-ylester 3676

$[C_9H_{16}N_3S]^+$
Pyrimidinium, 2-Äthylamino-1,6-dimethyl-4-methylmercapto- 3393

$C_9H_{16}N_4O$
Pyrimidin-2,4-diyldiamin, N^4,N^4-Diäthyl-6-methoxy- 3361
Pyrimidin-2-on, 5-Äthyl-4,6-diamino-5-isopropyl-5*H*- 3753

$C_9H_{16}N_4S$
Pyrimidin-4,6-diyldiamin, N^6-Äthyl-N^4,N^4-dimethyl-2-methylmercapto- 3340
–, N^4,N^4-Diäthyl-2-methylmercapto- 3340

$C_9H_{17}N_3O$
Pyrazol-3-on, 4-Äthyl-5-amino-4-butyl-2,4-dihydro- 3627
–, 4-[2-Äthyl-butyl]-5-amino-1,2-dihydro- 3627
–, 5-Amino-4-butyl-2,4-dimethyl-2,4-dihydro- 3627
–, 5-Amino-4,4-dipropyl-2,4-dihydro- 3628
–, 5-Amino-2-hexyl-1,2-dihydro- 3517
–, 5-Amino-4-hexyl-1,2-dihydro- 3627
–, 5-Amino-1-methyl-4-pentyl-1,2-dihydro- 3626

$[C_9H_{18}N_3O]^+$
Ammonium, [1-Hydroxymethyl-2-(1(3)*H*-imidazol-4-yl)-äthyl]-trimethyl- 3329

C_{10}

$C_{10}H_7Cl_2N_3O$
Pyrimidin-4-on, 2-Amino-5-[3,4-dichlor-phenyl]-3*H*- 3807

$C_{10}H_7Cl_3N_4O$
Pyrimidin-2,4-diyldiamin, 5-[2,4,5-Trichlor-phenoxy]- 3368

$C_{10}H_8BrN_3O$
Pyrimidin-4-on, 2-Amino-5-[4-brom-phenyl]-3*H*- 3807

$C_{10}H_8Br_2N_4O$
Pyrimidin-2,4-diyldiamin, 5-[2,4-Dibrom-phenoxy]- 3368

$C_{10}H_8ClN_3O$
Pyridazin-3-on, 4-Amino-6-chlor-2-phenyl-2*H*- 3634
–, 5-Amino-6-chlor-2-phenyl-2*H*- 3632
Pyrimidin-2-on, 4-Amino-5-[4-chlor-phenyl]-1*H*- 3807
Pyrimidin-4-on, 2-Amino-5-[3-chlor-phenyl]-3*H*- 3806
–, 2-Amino-5-[4-chlor-phenyl]-3*H*- 3806
–, 2-[4-Chlor-anilino]-3*H*- 3637
Pyrimidin-2-ylamin, 4-Chlor-5-phenoxy- 3364

$C_{10}H_8ClN_3S$
Pyrimidin-2-thion, 4-[4-Chlor-anilino]-1*H*- 3691

$C_{10}H_8Cl_2N_4O$
Pyrimidin-2,4-diyldiamin, 5-[2,4-Dichlor-phenoxy]- 3368

$C_{10}H_8N_4O$
Benzonitril, 4-[3-Amino-5-oxo-2,5-dihydro-pyrazol-1-yl]- 3531

$C_{10}H_8N_4O_2S$
Pyrimidin-2-ylamin, 5-[4-Nitro-phenylmercapto]- 3365

$C_{10}H_8N_4O_3S$
Pyrimidin-2-ylamin, 5-[4-Nitro-benzolsulfinyl]- 3365

$C_{10}H_8N_4O_4S$
Pyrimidin-2-ylamin, 5-[4-Nitro-benzolsulfonyl]- 3365

$C_{10}H_8N_4O_5S$
Benzolsulfonsäure, 4-Nitro-, [2-oxo-1,2-dihydro-pyrimidin-4-ylamid] 3688

$C_{10}H_9BrN_4O$
Pyrimidin-2,4-diyldiamin, 5-[4-Brom-phenoxy]- 3368

$C_{10}H_9Br_3N_4O_3S$
Benzolsulfonsäure, 4-Amino-3,5-dibrom-, [5-brom-4-hydroxy-4,5-dihydro-pyrimidin-2-ylamid] 3326

$C_{10}H_9ClN_4O$
Pyrimidin-2,4-diyldiamin, 5-[2-Chlor-phenoxy]- 3367
–, 5-[3-Chlor-phenoxy]- 3367
–, 5-[4-Chlor-phenoxy]- 3368

$C_{10}H_9Cl_2N_3O$
Pyrimidin-4-on, 2-Amino-6-[3,4-dichlor-phenyl]-5,6-dihydro-3*H*- 3795

$C_{10}H_9N_3O$
Phenol, 4-[4-Amino-pyrimidin-5-yl]- 3449
Pyrazol-3-on, 5-Amino-4-benzyliden-2,4-dihydro- 3808
–, 4-Aminomethylen-5-phenyl-2,4-dihydro- 3809

$C_{10}H_9N_3O$ (Fortsetzung)
Pyridazin-3-on, 6-Amino-2-phenyl-2*H*- 3630
Pyrimidin-2-on, 4-Amino-5-phenyl-1*H*- 3807
–, 4-Anilino-1*H*- 3657
Pyrimidin-4-on, 2-Amino-5-phenyl-3*H*- 3806
–, 6-Amino-2-phenyl-3*H*- 3805

$C_{10}H_9N_3OS$
Benzamid, *N*-[2-Thioxo-2,3-dihydro-1*H*-imidazol-4-yl]- 3549

$C_{10}H_9N_3O_2$
Acetamid, *N*-[4-Oxo-3,4-dihydro-chinazolin-5-yl]- 3778
–, *N*-[4-Oxo-3,4-dihydro-chinazolin-6-yl]- 3779
–, *N*-[4-Oxo-3,4-dihydro-chinazolin-7-yl]- 3780
–, *N*-[3-Oxo-3,4-dihydro-chinoxalin-2-yl]- 3782
–, *N*-[3-Oxo-3,4-dihydro-chinoxalin-6-yl]- 3784
–, *N*-[4-Oxo-1,4-dihydro-cinnolin-6-yl]- 3775
–, *N*-[7-Oxo-7,8-dihydro-[1,8]naphthyridin-2-yl]- 3786
Benzamid, *N*-[3-Oxo-2,3-dihydro-1*H*-pyrazol-4-yl]- 3515
–, *N*-[5-Oxo-2,5-dihydro-1*H*-pyrazol-3-yl]- 3523

$C_{10}H_9N_3O_3$
Benzoesäure, 3-[3-Amino-5-oxo-2,5-dihydro-pyrazol-1-yl]- 3531
–, 4-[3-Amino-5-oxo-2,5-dihydro-pyrazol-1-yl]- 3531

$C_{10}H_9N_3O_3S$
Benzolsulfonamid, *N*-[6-Oxo-1,6-dihydro-pyrimidin-2-yl]- 3638

$C_{10}H_9N_3O_4S$
Benzolsulfonsäure, 4-Hydroxy-, [6-oxo-1,6-dihydro-pyrimidin-2-ylamid] 3638

$C_{10}H_9N_3S$
Pyridazin-3-ylamin, 6-Phenylmercapto- 3333
Pyrimidin-2-thion, 4-Anilino-1*H*- 3691
Pyrimidin-2-ylamin, 5-Phenylmercapto- 3364

$C_{10}H_9N_5O_3$
Amin, [2-Methoxy-5-nitro-pyrimidin-4-yl]-[2]pyridyl- 3335

$C_{10}H_9N_5O_4$
Pyrimidin-4-on, 2-Amino-6-methyl-5-[5-nitro-furfurylidenamino]-3*H*- 3719

$C_{10}H_{10}AsN_3O_3S$
Arsonsäure, [4-(2-Amino-pyrimidin-4-ylmercapto)-phenyl]- 3358

$C_{10}H_{10}AsN_3O_4$
Arsonsäure, [4-(2-Amino-pyrimidin-4-yloxy)-phenyl]- 3352

$C_{10}H_{10}ClN_3O$
Pyrazol-3-on, 5-Amino-4-[2-chlor-benzyl]-1,2-dihydro- 3797

$C_{10}H_{10}N_4O$
Pyrazol-3-on, 5-Amino-4-anilinomethylen-2,4-dihydro- 3696
Pyridazin-3-on, 4-Amino-6-methyl-2-[2]pyridyl-2*H*- 3698
–, 5,6-Diamino-2-phenyl-2*H*- 3635
Pyrimidin-2,4-diyldiamin, 5-Phenoxy- 3367
Pyrimidin-4-on, 5,6-Diamino-2-phenyl-3*H*- 3805
–, 6-Methyl-2-[2]pyridylamino-3*H*- 3713

$C_{10}H_{10}N_4OS$
Pyrazol-1-thiocarbonsäure, 3-[4-Amino-phenyl]-5-oxo-2,5-dihydro-, amid 3789
Thioharnstoff, [5-Oxo-1-phenyl-2,5-dihydro-1*H*-pyrazol-3-yl]- 3527

$C_{10}H_{10}N_4O_2$
Phenol, 4-[2,4-Diamino-pyrimidin-5-yloxy]- 3370
Pyrazol-3-on, 4-Amino-5-formylamino-1-phenyl-1,2-dihydro- 3542
–, 4-Amino-5-formylamino-2-phenyl-1,2-dihydro- 3541
–, 5-Amino-4-formylamino-1-phenyl-1,2-dihydro- 3542
–, 5-Amino-4-formylamino-2-phenyl-1,2-dihydro- 3541
–, 5-Amino-1-methyl-4-nitroso-2-phenyl-1,2-dihydro- 3541

$C_{10}H_{10}N_4O_2S$
Pyrimidin-2-ylamin, 5-Sulfanilyl- 3365

$C_{10}H_{10}N_4O_3S$
Sulfanilsäure-[2-oxo-1,2-dihydro-pyrimidin-4-ylamid] 3688
– [6-oxo-1,6-dihydro-pyrimidin-2-ylamid] 3638
Sulfanilsäure, *N*-[6-Oxo-1,6-dihydro-pyrimidin-2-yl]-, amid 3637

$C_{10}H_{10}N_4O_5S$
Benzolsulfonsäure, 4-Nitro-, [1-methyl-4-oxo-4,5-dihydro-1*H*-imidazol-2-ylamid] 3548

$C_{10}H_{10}N_4S$
Pyrimidin-4-thion, 5-Amino-2-anilino-3*H*- 3642
Pyrimidin-2-ylamin, 5-[4-Amino-phenylmercapto]- 3365

$C_{10}H_{11}Br_3N_4O_4S$
Benzolsulfonsäure, 4-Amino-3,5-dibrom-, [5-brom-4,6-dihydroxy-1,4,5,6-tetrahydro-pyrimidin-2-ylamid] 3479

$C_{10}H_{11}N_3O$
Chinazolin-4-ylamin, 2-Äthoxy- 3427
Chinoxalin-2-on, 1-Methyl-3-methylamino-1*H*- 3782
Imidazol-4-on, 2-Amino-5-benzyl-1,5-dihydro- 3797
[1,5]Naphthyridin-4-ylamin, 6-Methoxy-2-methyl- 3442
Pyrazol-3-on, 5-Amino-4-benzyl-1,2-dihydro- 3795
–, 4-Amino-5-methyl-2-phenyl-1,2-dihydro- 3554
–, 5-Amino-1-methyl-2-phenyl-1,2-dihydro- 3518
–, 5-Amino-4-methyl-1-phenyl-1,2-dihydro- 3607
–, 5-Amino-4-methyl-2-phenyl-1,2-dihydro- 3607
–, 5-Amino-2-*m*-tolyl-1,2-dihydro-3520
–, 5-Amino-2-*p*-tolyl-1,2-dihydro-3520
–, 5-Anilino-1-methyl-1,2-dihydro-3519
–, 5-Anilino-2-methyl-1,2-dihydro-3519
–, 5-Methylamino-2-phenyl-1,2-dihydro- 3519
Pyrimidin-4-on, 2-Amino-6-phenyl-5,6-dihydro-3*H*- 3794

$C_{10}H_{11}N_3OS$
Pyrimidin-2-thion, 4-Furfurylamino-6-methyl-1*H*- 3724

$C_{10}H_{11}N_3O_2$
Acetamid, *N*-[6-Methoxy-1(3)*H*-benzimidazol-5-yl]- 3421
Chinazolin-7-ylamin, 4,6-Dimethoxy- 3498
Chinazolin-8-ylamin, 4,6-Dimethoxy- 3498
Chinoxalin-5-ylamin, 2,3-Dimethoxy- 3498
–, 6,7-Dimethoxy- 3499
Chinoxalin-6-ylamin, 2,3-Dimethoxy- 3498
Phthalazin-1-on, 4-[2-Hydroxy-äthylamino]-2*H*- 3785
Phthalazin-5-ylamin, 1,4-Dimethoxy- 3500
Pyrazol-3-on, 5-Amino-2-[4-methoxy-phenyl]-1,2-dihydro- 3521

$C_{10}H_{11}N_3O_2S$
Imidazol-4-ylamin, 5-Phenylmethansulfonyl-1(3)*H*- 3326

$C_{10}H_{11}N_3O_3S$
Imidazol-4-on, 2-Amino-1-benzolsulfonyl-5-methyl-1,5-dihydro- 3608

$C_{10}H_{11}N_3O_3S_2$
Acetamid, *N*-[2,4-Bis-acetylmercapto-pyrimidin-5-yl]- 3482

$C_{10}H_{11}N_3S$
Imidazol-4-ylamin, 1-Methyl-5-phenylmercapto-1*H*- 3326

$C_{10}H_{11}N_5O_2$
Harnstoff, [5-Anilino-2-oxo-2,3-dihydro-1*H*-imidazol-4-yl]- 3550
Pyrimidin-4-on, 6,6′-Dimethyl-3*H*,3′*H*-2,2′-imino-bis- 3715

$C_{10}H_{11}N_5O_3S$
Sulfanilsäure-[4-amino-6-oxo-1,6-dihydro-pyrimidin-2-ylamid] 3644

$C_{10}H_{11}N_5O_5$
Benzimidazol-2-on, 5-Isopropylamino-4,6-dinitro-1,3-dihydro- 3769

$C_{10}H_{11}N_7O_4$
Imidazol-2-ylamin, 4-[*N*′-(2,4-Dinitro-phenyl)-hydrazino]-1-methyl-1*H*- 3544

$C_{10}H_{12}N_4O$
Phthalazin-1,4-diyldiamin, 6-Äthoxy- 3442
Pyrazol-3-on, 4,5-Diamino-1-methyl-2-phenyl-1,2-dihydro- 3542

$C_{10}H_{12}N_4O_2$
Chinoxalin-2,3-diyldiamin, 5,8-Dimethoxy-3499
Harnstoff, [1,3-Dimethyl-2-oxo-2,3-dihydro-1*H*-benzimidazol-5-yl]-3769

$C_{10}H_{12}N_4O_3S$
Sulfanilsäure-[4-hydroxy-4-methyl-4*H*-imidazol-2-ylamid] 3328

$C_{10}H_{12}N_6O_2$
Imidazol-2-ylamin, 1-Methyl-4-[*N*′-(4-nitro-phenyl)-hydrazino]-1*H*- 3544

$C_{10}H_{12}N_6O_2S$
Sulfon, Bis-[2-amino-6-methyl-pyrimidin-4-yl]- 3392

$C_{10}H_{12}N_6O_3S$
Sulfanilsäure-[2,4-diamino-6-oxo-1,6-dihydro-pyrimidin-5-ylamid] 3653

$C_{10}H_{12}N_6S$
Sulfid, Bis-[2-amino-6-methyl-pyrimidin-4-yl]- 3392

$C_{10}H_{12}N_{10}O_3$
Essigsäure, [2,4-Diamino-6-oxo-1,6-dihydro-pyrimidin-5-ylimino]-, [2,4-diamino-6-oxo-1,6-dihydro-pyrimidin-5-ylamid] 3652

$C_{10}H_{13}N_3O$
Benzimidazol-2-ylamin, 1-Äthyl-5-methoxy-1*H*- 3419
Chinoxalin-2-on, 4-Äthyl-7-amino-3,4-dihydro-1*H*- 3771

$C_{10}H_{13}N_3O_2S$
Acetamid, *N*-[5-(Acetylmercapto-methyl)-2-methyl-pyrimidin-4-yl]- 3405

$C_{10}H_{13}N_3O_3$
Diacetamid, *N*-[1,5-Dimethyl-6-oxo-1,6-dihydro-pyrimidin-4-yl]- 3726
–, *N*-[3,5-Dimethyl-6-oxo-3,6-dihydro-pyrimidin-4-yl]- 3727

$C_{10}H_{17}N_3O$ (Fortsetzung)
Pyrazol-3-on, 4-Amino-2-cyclopentyl-1,5-dimethyl-1,2-dihydro- 3553
Pyrimidin-4-on, 2-Amino-6-hexyl-3*H*- 3754
–, 2-Amino-6-methyl-5-pentyl-3*H*- 3754
–, 6-Amino-2-methyl-5-pentyl-3*H*- 3754
Pyrimidin-2-ylamin, 4-Methyl-6-pentyloxy- 3386
Pyrimidin-4-ylamin, 2-Äthyl-6-[1-methoxy-äthyl]-5-methyl- 3415
–, 6-Äthyl-2-[1-methoxy-äthyl]-5-methyl- 3415
–, 5-Butoxymethyl-2-methyl- 3403
–, 2,6-Diäthyl-5-methoxymethyl- 3415
Pyrimidin-5-ylamin, 2-Hexyloxy- 3337

$C_{10}H_{17}N_3OS$
1,3-Diaza-spiro[4.5]dec-2-en-4-thion, 2-[2-Hydroxy-äthylamino]- 3750
1,3-Diaza-spiro[4.5]dec-3-en-2-thion, 4-[2-Hydroxy-äthylamino]- 3751
Pyrimidin-4-ylamin, 2-Äthylmercapto-5-isopropoxymethyl- 3493

$C_{10}H_{17}N_3O_2$
Acetamid, *N*-[4,4-Diäthyl-1-methyl-5-oxo-4,5-dihydro-1*H*-pyrazol-3-yl]- 3625
1,3-Diaza-spiro[4.5]dec-2-en-4-on, 2-[2-Hydroxy-äthylamino]- 3750
1,3-Diaza-spiro[4.5]dec-3-en-2-on, 4-[2-Hydroxy-äthylamino]- 3750
Pyrimidin-2-ylamin, 5-[2-Äthoxy-äthyl]-4-methoxy-6-methyl- 3495
–, 4-Diäthoxymethyl-6-methyl- 3760
–, 4,6-Diisopropoxy- 3485
–, 4,6-Dipropoxy- 3485

$C_{10}H_{17}N_3O_2S$
Pyrimidin-4-ylamin, 2-Äthansulfonyl-6-methyl-5-propyl- 3413

$C_{10}H_{17}N_3O_3$
Pyrimidin-2-ylamin, 4,5,6-Triäthoxy- 3509

$C_{10}H_{17}N_3O_4$
Pyrimidin-2-ylamin, 4,6-Bis-[2-methoxy-äthoxy]- 3486

$C_{10}H_{17}N_3S$
Pyrimidin-2-thion, 4-Methylamino-5-pentyl-1*H*- 3751
–, 4-Methyl-6-pentylamino-1*H*- 3724
–, 5-Methyl-4-pentylamino-1*H*- 3730
Pyrimidin-4-ylamin, 2-Äthylmercapto-6-methyl-5-propyl- 3413

$C_{10}H_{17}N_5$
Butan-2-on, 3-[4-Amino-5,6-dimethyl-pyrimidin-2-yl]-, hydrazon 3766

$C_{10}H_{17}N_5OS$
Formamid, *N*-[4-Äthylamino-6-dimethylamino-2-methylmercapto-pyrimidin-5-yl]- 3347
–, *N*-[4-Amino-6-diäthylamino-2-methylmercapto-pyrimidin-5-yl]- 3347

$C_{10}H_{17}N_5O_5S$
Ribonamid, *N*-[4,6-Diamino-2-methylmercapto-pyrimidin-5-yl]- 3350

$C_{10}H_{17}N_5S$
Pyrimidin-4,5-diyldiamin, 2-Methylmercapto-6-piperidino- 3347

$C_{10}H_{18}N_4O$
Propan-1-ol, 1-[2-Amino-4-methyl-pyrimidin-5-yl]-3-dimethylamino- 3414
Pyrimidin-2,4-diyldiamin, 6-Butoxy-N^4,N^4-dimethyl- 3361
Pyrimidin-2-on, 5-Äthyl-4,6-diamino-5-isobutyl-5*H*- 3754
Pyrimidin-4-on, 6-Amino-5-diäthylaminomethyl-2-methyl-3*H*- 3739
–, 2-[3-Dimethylamino-propylamino]-6-methyl-3*H*- 3713

$C_{10}H_{18}N_4S$
Pyrimidin-2-thion, 4-[2-Diäthylamino-äthylamino]-1*H*- 3692

$C_{10}H_{18}N_8O_2$
Imidazol-1-ol, 4,4′-Diamino-5,5,5′,5′-tetramethyl-2,5,2′,5′-tetrahydro-2,2′-azino-bis- 3618

$C_{10}H_{19}N_3O$
Pyrazol-3-on, 5-Amino-4-heptyl-1,2-dihydro- 3628
–, 5-Amino-4-hexyl-1-methyl-1,2-dihydro- 3627
Pyrimidin-4-on, 2-Amino-6-hexyl-5,6-dihydro-1*H*- 3628

$C_{10}H_{19}N_3O_2$
Äthylamin, 1-Diäthoxymethyl-2-[1(3)*H*-imidazol-4-yl]- 3744

C_{11}

$C_{11}H_7N_5O_2S$
Amin, [5-Nitro-4-thiocyanato-pyrimidin-2-yl]-phenyl- 3359

$C_{11}H_8ClN_3O_2$
Benzamid, *N*-[5-Chlor-6-oxo-1,6-dihydro-pyridazin-4-yl]- 3632

$C_{11}H_8N_4O_4$
Benzoesäure, 4-Nitro-, [2-oxo-1,2-dihydro-pyrimidin-4-ylamid] 3658
$C_{11}H_9BrClN_3O$
Pyrimidin-4-on, 5-Brom-2-[4-chlor-anilino]-6-methyl-3*H*- 3718
$C_{11}H_9BrN_4O_5S$
Benzolsulfonsäure, 3-Nitro-, [5-brom-4-methoxy-pyrimidin-2-ylamid] 3357
$C_{11}H_9Br_2N_3O$
Pyrimidin-4-on, 2-[3,5-Dibrom-anilino]-6-methyl-3*H*- 3706
$C_{11}H_9ClN_4O_2$
Benzoesäure, 4-Chlor-, [4-amino-6-oxo-1,6-dihydro-pyrimidin-5-ylamid] 3646
$C_{11}H_9Cl_2N_3O$
Pyrimidin-4-on, 2-[2,4-Dichlor-anilino]-6-methyl-3*H*- 3705
–, 2-[2,5-Dichlor-anilino]-6-methyl-3*H*- 3705
–, 2-[3,4-Dichlor-anilino]-6-methyl-3*H*- 3706
$C_{11}H_9Cl_2N_5O_2$
Benzoesäure, 2,4-Dichlor-, [2,4-diamino-6-oxo-1,6-dihydro-pyrimidin-5-ylamid] 3651
$C_{11}H_9N_3O$
Pyrrolo[2,3-*f*]chinolin-2-on, 3-Amino-1,3-dihydro- 3826
Pyrrolo[3,2-*h*]chinolin-2-on, 3-Amino-1,3-dihydro- 3826
$C_{11}H_9N_3O_2$
Benzamid, *N*-[2-Oxo-1,2-dihydro-pyrimidin-4-yl]- 3658
–, *N*-[6-Oxo-1,6-dihydro-pyrimidin-5-yl]- 3639
$C_{11}H_9N_3O_5$
Isophthalsäure, 5-[3-Amino-5-oxo-2,5-dihydro-pyrazol-1-yl]- 3532
$C_{11}H_9N_5O_4$
Benzoesäure, 3-Nitro-, [4-amino-6-oxo-1,6-dihydro-pyrimidin-5-ylamid] 3646
$C_{11}H_{10}BrN_3O$
Imidazol-4-on, 2-Amino-5-[3-brom-benzyliden]-1-methyl-1,5-dihydro- 3812
Pyridazin-3-on, 4-Brom-5-methylamino-2-phenyl-2*H*- 3632
Pyrimidin-4-on, 2-[4-Brom-anilino]-6-methyl-3*H*- 3706
$C_{11}H_{10}BrN_3O_2$
Acetamid, *N*-[1-(4-Brom-phenyl)-5-oxo-2,5-dihydro-1*H*-pyrazol-3-yl]- 3522
$C_{11}H_{10}BrN_5O_2$
Benzoesäure, 2-Brom-, [2,4-diamino-6-oxo-1,6-dihydro-pyrimidin-5-ylamid] 3651
–, 4-Brom-, [2,4-diamino-6-oxo-1,6-dihydro-pyrimidin-5-ylamid] 3651
$C_{11}H_{10}ClN_3O$
Imidazol-4-on, 2-Amino-5-[2-chlor-benzyliden]-1-methyl-1,5-dihydro- 3811
–, 2-Amino-5-[3-chlor-benzyliden]-1-methyl-1,5-dihydro- 3811
–, 2-Amino-5-[4-chlor-benzyliden]-1-methyl-1,5-dihydro- 3812
Pyrimidin-2-on, 4-[4-Chlor-anilino]-6-methyl-1*H*- 3721
Pyrimidin-4-on, 2-Amino-5-[2-chlor-benzyl]-3*H*- 3813
–, 2-Amino-5-[4-chlor-benzyl]-3*H*- 3814
–, 2-Amino-6-[4-chlor-phenyl]-5-methyl-3*H*- 3815
–, 2-[2-Chlor-anilino]-6-methyl-3*H*- 3705
–, 2-[3-Chlor-anilino]-6-methyl-3*H*- 3705
–, 2-[4-Chlor-anilino]-5-methyl-3*H*- 3726
–, 2-[4-Chlor-anilino]-6-methyl-3*H*- 3705
–, 6-[4-Chlor-anilino]-2-methyl-3*H*- 3701
$C_{11}H_{10}ClN_3O_2$
Acetamid, *N*-[1-(3-Chlor-phenyl)-5-oxo-2,5-dihydro-1*H*-pyrazol-3-yl]- 3522
$C_{11}H_{10}ClN_3O_3S$
Benzolsulfonsäure, 4-Chlor-, [4-methoxy-pyrimidin-2-ylamid] 3353
–, 4-Chlor-, [1-methyl-4-oxo-1,4-dihydro-pyrimidin-2-ylamid] 3638
$C_{11}H_{10}ClN_3S$
Pyrimidin-2-thion, 4-Amino-5-[4-chlor-phenyl]-6-methyl-1*H*- 3814
Pyrimidin-4-ylamin, 2-Benzylmercapto-6-chlor- 3337
$C_{11}H_{10}ClN_5O$
Guanidin, *N*-[4-Chlor-phenyl]-*N'*-[6-oxo-1,6-dihydro-pyrimidin-2-yl]- 3637
$C_{11}H_{10}ClN_5O_2$
Benzoesäure, 2-Chlor-, [2,4-diamino-6-oxo-1,6-dihydro-pyrimidin-5-ylamid] 3651
–, 3-Chlor-, [2,4-diamino-6-oxo-1,6-dihydro-pyrimidin-5-ylamid] 3651
–, 4-Chlor-, [2,4-diamino-6-oxo-1,6-dihydro-pyrimidin-5-ylamid] 3651
$C_{11}H_{10}IN_3O$
Imidazol-4-on, 2-Amino-5-[3-jod-benzyliden]-1-methyl-1,5-dihydro- 3812
$C_{11}H_{10}N_4O_2$
Benzoesäure, 4-Amino-, [2-oxo-1,2-dihydro-pyrimidin-4-ylamid] 3659
$C_{11}H_{10}N_4O_2S$
Pyrimidin-2-ylamin, 4-Methyl-6-[4-nitro-phenylmercapto]- 3391
Pyrimidin-4-ylamin, 6-Methyl-2-[4-nitro-phenylmercapto]- 3378

$C_{11}H_{10}N_4O_3$
Amin, [4-Methoxy-5-nitro-pyrimidin-2-yl]-phenyl- 3358
Benzoesäure, 4-[2,4-Diamino-pyrimidin-5-yloxy]- 3371
Imidazol-4-on, 2-Amino-1-methyl-5-[2-nitro-benzyliden]-1,5-dihydro- 3812
–, 2-Amino-1-methyl-5-[3-nitro-benzyliden]-1,5-dihydro- 3813
–, 2-Amino-1-methyl-5-[4-nitro-benzyliden]-1,5-dihydro- 3813
Pyrazol-3-on, 5-Methyl-4-[4-nitro-benzylidenamino]-1,2-dihydro- 3571
Pyridazin-3-on, 4-Amino-6-methyl-2-[4-nitro-phenyl]-2*H*- 3697
Pyridazin-4-ylamin, 5-[4-Methoxy-3-nitro-phenyl]- 3445
Pyrimidin-2-on, 4-Benzylamino-5-nitro-1*H*- 3690
Pyrimidin-4-on, 2-Amino-5-methyl-6-[4-nitro-phenyl]-3*H*- 3815
–, 6-Methyl-2-[4-nitro-anilino]-3*H*- 3706

$C_{11}H_{10}N_4O_4S$
Pyrimidin-2-ylamin, 4-Methyl-6-[4-nitro-benzolsulfonyl]- 3391
Pyrimidin-4-ylamin, 6-Methyl-2-[4-nitro-benzolsulfonyl]- 3378

$C_{11}H_{10}N_4O_4S_2$
Benzolsulfonsäure, 4-Nitro-, [6-methylmercapto-pyridazin-3-ylamid] 3333
–, 4-Nitro-, [4-methyl-6-thioxo-1,6-dihydro-pyrimidin-2-ylamid] 3718

$C_{11}H_{10}N_4O_5S$
Benzolsulfonsäure, 3-Nitro-, [4-methoxy-pyrimidin-2-ylamid] 3354
–, 3-Nitro-, [1-methyl-4-oxo-1,4-dihydro-pyrimidin-2-ylamid] 3638
–, 4-Nitro-, [4-methoxy-pyrimidin-2-ylamid] 3354
–, 4-Nitro-, [4-methyl-6-oxo-1,6-dihydro-pyrimidin-2-ylamid] 3715
Pyrimidin, 2-Methoxy-4-[4-nitro-benzolsulfonylamino]- 3688

$C_{11}H_{10}N_6O$
Pyrimidin-4-on, 6-Amino-2-[1*H*-benzimidazol-2-ylamino]-3*H*- 3644

$C_{11}H_{10}N_6O_4$
Benzoesäure, 4-Nitro-, [2,4-diamino-6-oxo-1,6-dihydro-pyrimidin-5-ylamid] 3652

$C_{11}H_{11}BrN_4O_3S$
Benzolsulfonsäure, 3-Amino-, [5-brom-4-methoxy-pyrimidin-2-ylamid] 3357

$C_{11}H_{11}ClN_4O$
Pyrimidin-2,4-diyldiamin, 5-[4-Chlor-3-methyl-phenoxy]- 3368
–, 5-[3-Chlor-phenoxy]-6-methyl- 3384
–, 5-[4-Chlor-phenoxy]-6-methyl- 3384

$C_{11}H_{11}N_3O$
β-Carbolin-1-on, 6-Amino-2,3,4,9-tetrahydro- 3819
Imidazol-4-on, 2-Amino-5-benzyliden-1-methyl-1,5-dihydro- 3810
Methanol, [4-Amino-2-phenyl-pyrimidin-5-yl]- 3451
Pyrazol-3-on, 4-Äthyliden-5-amino-2-phenyl-2,4-dihydro- 3731
–, 4-[1-Amino-äthyliden]-5-phenyl-2,4-dihydro- 3819
–, 4-[α-Amino-benzyliden]-5-methyl-2,4-dihydro- 3818
–, 4-Aminomethylen-2-methyl-5-phenyl-2,4-dihydro- 3809
–, 4-Aminomethylen-5-methyl-2-phenyl-2,4-dihydro- 3731
Pyridazin-3-on, 4-Amino-6-methyl-2-phenyl-2*H*- 3697
–, 6-Methylamino-2-phenyl-2*H*- 3630
Pyridazin-4-on, 3-Amino-6-methyl-1-phenyl-1*H*- 3699
Pyrimidin-2-on, 4-Amino-5-benzyl-1*H*- 3814
–, 4-Benzylamino-1*H*- 3657
Pyrimidin-4-on, 2-Amino-5-benzyl-3*H*- 3813
–, 2-Amino-5-methyl-6-phenyl-3*H*- 3814
–, 6-Amino-2-*p*-tolyl-3*H*- 3814
–, 2-Anilino-5-methyl-3*H*- 3725
–, 2-Anilino-6-methyl-3*H*- 3705
–, 6-Anilino-2-methyl-3*H*- 3701
–, 2-Benzylamino-3*H*- 3637
Pyrimidin-2-ylamin, 4-[4-Methoxy-phenyl]- 3448
–, 4-Methyl-6-phenoxy- 3386
Pyrimidin-4-ylamin, 5-[2-Methoxy-phenyl]- 3448
–, 5-[4-Methoxy-phenyl]- 3449
Spiro[indan-2,4′-pyrazol]-3′-on, 5′-Amino-2′*H*- 3819

$C_{11}H_{11}N_3OS$
Pyrimidin-2-thion, 4-*p*-Anisidino-1*H*- 3692

$C_{11}H_{11}N_3O_2$
Acetamid, *N*-[6-Methoxy-chinazolin-7-yl]- 3433
–, *N*-[6-Methoxy-chinazolin-8-yl]- 3433
–, *N*-[7-Methoxy-chinoxalin-5-yl]- 3440
–, *N*-[8-Methoxy-chinoxalin-5-yl]- 3438
–, *N*-[2-Methyl-4-oxo-3,4-dihydro-chinazolin-5-yl]- 3791

$C_{11}H_{11}N_3O_2$ (Fortsetzung)
Acetamid, *N*-[3-Methyl-4-oxo-3,4-dihydro-chinazolin-6-yl]- 3779
–, *N*-[5-Methyl-7-oxo-7,8-dihydro-[1,8]naphthyridin-2-yl]- 3794
–, *N*-[8-Methyl-6-oxo-5,6-dihydro-[1,5]naphthyridin-2-yl]- 3794
–, *N*-[5-Oxo-1-phenyl-2,5-dihydro-1*H*-pyrazol-3-yl]- 3522
–, *N*-[5-Oxo-2-phenyl-2,5-dihydro-1*H*-pyrazol-3-yl]- 3522
Benzamid, *N*-[1-Methyl-4-oxo-4,5-dihydro-1*H*-imidazol-2-yl]- 3546
–, *N*-[1-Methyl-5-oxo-2,5-dihydro-1*H*-pyrazol-3-yl]- 3523
–, *N*-[2-Methyl-5-oxo-2,5-dihydro-1*H*-pyrazol-3-yl]- 3524
–, *N*-Methyl-*N*-[3-oxo-2,3-dihydro-1*H*-pyrazol-4-yl]- 3515
Essigsäure-[4-(5-oxo-2,5-dihydro-1*H*-pyrazol-3-yl)-anilid] 3789
Essigsäure, Phenyl-, [3-oxo-2,3-dihydro-1*H*-pyrazol-4-ylamid] 3515
Pyrazol-3-on, 1-Acetyl-5-anilino-1,2-dihydro- 3521
–, 2-Acetyl-5-anilino-1,2-dihydro- 3521

$C_{11}H_{11}N_3O_2S$
Pyridazin-3-ylamin, 6-[Toluol-4-sulfonyl]- 3333
Pyrimidin-2-ylamin, 4-[Toluol-4-sulfonyl]- 3358

$C_{11}H_{11}N_3O_3$
Carbamidsäure, [4-Oxo-3,4-dihydro-chinazolin-2-yl]-, äthylester 3776
–, [4-Oxo-3,4-dihydro-phthalazin-1-yl]-, äthylester 3785
Salicylamid, *N*-[1-Methyl-4-oxo-4,5-dihydro-1*H*-imidazol-2-yl]- 3547

$C_{11}H_{11}N_3O_3S$
Benzolsulfonamid, *N*-[4-Methyl-6-oxo-1,6-dihydro-pyrimidin-2-yl]- 3715

$C_{11}H_{11}N_3O_4S$
Benzolsulfonsäure, 4-Hydroxy-, [4-methoxy-pyrimidin-2-ylamid] 3354
–, 4-Hydroxy-, [4-methyl-6-oxo-1,6-dihydro-pyrimidin-2-ylamid] 3715

$C_{11}H_{11}N_3S$
Pyridazin-3-ylamin, 6-Benzylmercapto-3333
Pyrimidin-2-thion, 4-Anilino-5-methyl-1*H*- 3730
–, 4-Anilino-6-methyl-1*H*- 3724
–, 4-Benzylamino-1*H*- 3692
–, 4-[*N*-Methyl-anilino]-1*H*- 3692
Pyrimidin-4-thion, 2-Amino-5-methyl-6-phenyl-3*H*- 3815
Pyrimidin-2-ylamin, 4-Methyl-6-phenylmercapto- 3391

$C_{11}H_{11}N_5O$
Pyrimidin-4-on, 2,6-Diamino-5-benzylidenamino-3*H*- 3650

$C_{11}H_{11}N_5O_2$
Benzamid, *N*-[2,4-Diamino-6-oxo-1,6-dihydro-pyrimidin-5-yl]- 3651
Pyrimidin-2,4-diyldiamin, 6-Benzyloxy-5-nitroso- 3362
Pyrimidin-4,6-diyldiamin, 2-[4-Methoxy-phenyl]-5-nitroso- 3446

$C_{11}H_{11}N_5O_3$
Amin, [2-Äthoxy-5-nitro-pyrimidin-4-yl]-[2]pyridyl- 3335
–, [2-Methoxy-6-methyl-5-nitro-pyrimidin-4-yl]-[2]pyridyl- 3377
–, [2-Methoxy-5-nitro-pyrimidin-4-yl]-[3-methyl-[2]pyridyl]- 3335
–, [2-Methoxy-5-nitro-pyrimidin-4-yl]-[4-methyl-[2]pyridyl]- 3335
Pyrimidin-2,4-diyldiamin, 6-Methyl-5-[4-nitro-phenoxy]- 3384

$C_{11}H_{12}AsN_3O_4$
Arsonsäure, [3-(6-Methyl-2-oxo-1,2-dihydro-pyrimidin-4-ylamino)-phenyl]- 3723
–, [4-(6-Methyl-2-oxo-1,2-dihydro-pyrimidin-4-ylamino)-phenyl]- 3723

$C_{11}H_{12}BrN_3O$
Pyrazol-3-on, 4-Amino-2-[4-brom-phenyl]-1,5-dimethyl-1,2-dihydro- 3555

$C_{11}H_{12}N_3O_4P$
Cytosin, *N*-[Benzyloxy-hydroxy-phosphoryl]- 3663

$C_{11}H_{12}N_4O$
Pyrimidin-2,4-diyldiamin, 5-Benzyloxy-3368
–, 5-[4-Methoxy-phenyl]- 3449
–, 6-Methyl-5-phenoxy- 3384
–, 5-*p*-Tolyloxy- 3368
Pyrimidin-2-on, 5-Amino-4-benzylamino-1*H*- 3693
Pyrimidin-4-on, 2-Amino-6-[4-amino-phenyl]-5-methyl-3*H*- 3816
–, 6-Amino-2-benzylamino-3*H*- 3643
–, 5,6-Diamino-2-*p*-tolyl-3*H*- 3814

$C_{11}H_{12}N_4O_2$
Pyrimidin-2,4-diyldiamin, 5-[3-Methoxy-phenoxy]- 3370
–, 5-[4-Methoxy-phenoxy]- 3370

$C_{11}H_{12}N_4O_2S$
Pyrimidin-2-ylamin, 4-Methyl-6-sulfanilyl-3391
Pyrimidin-4-ylamin, 6-Methyl-2-sulfanilyl-3378

$C_{11}H_{12}N_4O_2S_2$
Sulfanilsäure-[4-methyl-6-thioxo-1,6-dihydro-pyrimidin-2-ylamid] 3718

$C_{11}H_{12}N_4O_3$
Essigsäure, Phenyl-, [1-nitroso-3-oxo-pyrazolidin-4-ylamid] 3514

$C_{11}H_{12}N_4O_3S$
Benzolsulfonsäure, 3-Amino-, [4-methoxy-pyrimidin-2-ylamid] 3354
–, 4-[2-Amino-6-methyl-pyrimidin-4-yloxy]-, amid 3386
Pyrimidin, 2-Methoxy-4-sulfanilylamino- 3688
Sulfanilsäure-[6-methoxy-pyridazin-3-ylamid] 3332
– [2-methoxy-pyrimidin-5-ylamid] 3338
– [4-methoxy-pyrimidin-2-ylamid] 3354
– [5-methyl-6-oxo-1,6-dihydro-pyridazin-3-ylamid] 3700
– [4-methyl-6-oxo-1,6-dihydro-pyrimidin-2-ylamid] 3716

$C_{11}H_{12}N_4O_4S$
Sulfanilsäure, *N*-Acetyl-, [4-oxo-4,5-dihydro-1*H*-imidazol-2-ylamid] 3548

$C_{11}H_{12}N_4S$
Pyrimidin-4,5-diyldiamin, 6-Benzylmercapto- 3362
Pyrimidin-2-ylamin, 4-[4-Amino-phenylmercapto]-6-methyl- 3391
Pyrimidin-4-ylamin, 2-[4-Amino-phenylmercapto]-6-methyl- 3378

$C_{11}H_{13}Br_3N_4O_4S$
Benzolsulfonsäure, 4-Amino-3,5-dibrom-, [5-brom-4,6-dihydroxy-4-methyl-1,4,5,6-tetrahydro-pyrimidin-2-ylamid] 3480

$C_{11}H_{13}N_3O$
Äthanon, 2-Methylamino-1-[2-methyl-1(3)*H*-benzimidazol-5-yl]- 3799
Anilin, 4-Methoxy-2-[5-methyl-1(2)*H*-pyrazol-3-yl]- 3443
Chinazolin-4-ylamin, 2-Propoxy- 3427
Chinoxalin-5-ylamin, 6-Methoxy-2,3-dimethyl- 3444
Chinoxalin-6-ylamin, 8-Methoxy-2,3-dimethyl- 3444
Imidazol-4-on, 2-Amino-5-benzyl-1-methyl-1,5-dihydro- 3797
Pyrazol-3-on, 1-Äthyl-5-amino-2-phenyl-1,2-dihydro- 3519
–, 4-Äthyl-5-amino-1-phenyl-1,2-dihydro- 3611
–, 4-Äthyl-5-amino-2-phenyl-1,2-dihydro- 3611
–, 4-Äthyl-5-amino-4-phenyl-2,4-dihydro- 3802
–, 5-Äthylamino-2-phenyl-1,2-dihydro- 3519
–, 4-Amino-1,5-dimethyl-2-phenyl-1,2-dihydro- 3554
–, 5-Amino-1,4-dimethyl-2-phenyl-1,2-dihydro- 3608
–, 5-Amino-4-[1-phenyl-äthyl]-1,2-dihydro- 3799

$C_{11}H_{13}N_3O_2$
Pyrazol-3-on, 5-[2-Hydroxy-äthylamino]-2-phenyl-1,2-dihydro- 3521

$C_{11}H_{13}N_3O_2S$
Imidazol-4-ylamin, 1-Methyl-5-phenylmethansulfonyl-1*H*- 3326

$C_{11}H_{13}N_3O_3$
Pyridin, 5-Acetoacetylamino-2-acetylamino- 3794

$C_{11}H_{13}N_3S$
Imidazol-4-ylamin, 5-Benzylmercapto-1-methyl-1*H*- 3326

$C_{11}H_{13}N_3S_2$
Pyrimidin-2-thion, 4-Methyl-6-[3-methyl-[2]thienylmethylamino]-1*H*- 3724
–, 4-Methyl-6-[5-methyl-[2]thienylmethylamino]-1*H*- 3724

$C_{11}H_{13}N_5O$
Pyrimidin-2,4-diyldiamin, 5-[4-Amino-phenoxy]-6-methyl- 3385
Pyrimidin-4-on, 2-[4,6-Dimethyl-pyrimidin-2-ylamino]-6-methyl-3*H*- 3714

$C_{11}H_{13}N_5O_2$
Harnstoff, [2-Oxo-5-*m*-toluidino-2,3-dihydro-1*H*-imidazol-4-yl]- 3550
–, [2-Oxo-5-*p*-toluidino-2,3-dihydro-1*H*-imidazol-4-yl]- 3550

$C_{11}H_{13}N_5O_3S$
Sulfanilsäure-[2-amino-4-methyl-6-oxo-1,6-dihydro-pyrimidin-5-ylamid] 3721

$C_{11}H_{14}AsN_3O_4$
Arsonsäure, [4-(4-Amino-2,3-dimethyl-5-oxo-2,5-dihydro-pyrazol-1-yl)-phenyl]- 3598

$C_{11}H_{14}BrN_3O_4S$
Toluol-4-sulfonamid, *N*-[5-Brom-4,6-dihydroxy-1,4,5,6-tetrahydro-pyrimidin-2-yl]- 3479

$C_{11}H_{14}ClN_3O$
Pyrimidin-5-carbaldehyd, 4-Chlor-6-methyl-2-piperidino- 3760

$C_{11}H_{14}ClN_5O_4$
Glycin, *N*-[*N*-Chloracetyl-glycyl]-, [4-methyl-6-oxo-1,6-dihydro-pyrimidin-2-ylamid] 3714

$C_{11}H_{14}N_4O_3S$
Sulfanilsäure-[4-hydroxy-4,5-dimethyl-4*H*-imidazol-2-ylamid] 3329

$C_{11}H_{15}N_3O$
Äthanol, 2-Methylamino-1-[2-methyl-1(3)*H*-benzimidazol-5-yl]- 3424
Chinoxalin-2-on, 7-Amino-3-isopropyl-3,4-dihydro-1*H*- 3773

$C_{11}H_{15}N_3O$ (Fortsetzung)
Indazol-5-ol, 3-[2-Dimethylamino-äthyl]-1(2)*H*- 3423
$C_{11}H_{15}N_3O_2S$
Essigsäure, [4-Piperidino-pyrimidin-2-ylmercapto]- 3336
$C_{11}H_{15}N_3O_5$
2′-Desoxy-cytidin, $O^{3'}$-Acetyl- 3663
$C_{11}H_{15}N_3S$
Benzimidazol-5-ylamin, 2-Butylmercapto-1(3)*H*- 3417
$C_{11}H_{16}N_4O$
Pyrimidin, 2,4-Bis-aziridin-1-yl-6-isopropoxy- 3362
Pyrimidin-4-on, 2,6-Diamino-5-cyclohex-1-enyl-5-methyl-5*H*- 3773
$C_{11}H_{16}N_4O_2S$
Essigsäure, [4-(4-Methyl-piperazino)-pyrimidin-2-ylmercapto]- 3336
$C_{11}H_{16}N_4S$
Benzimidazol-5-ylamin, 2-[2-Dimethylamino-äthylmercapto]-1(3)*H*- 3418
$C_{11}H_{16}N_6O_4$
Glycin, Glycyl→glycyl→-, [4-methyl-6-oxo-1,6-dihydro-pyrimidin-2-ylamid] 3714
$C_{11}H_{17}N_3O$
Propan-1-on, 3-Dimethylamino-1-[2,4-dimethyl-pyrimidin-5-yl]- 3765
Pyrimidin-4-on, 6-Methyl-5-piperidinomethyl-3*H*- 3742
$C_{11}H_{17}N_3OS_2$
Thiocarbamidsäure, [5-Äthyl-2-äthylmercapto-pyrimidin-4-yl]-, *O*-äthylester 3400
—, [2-Äthylmercapto-5,6-dimethyl-pyrimidin-4-yl]-, *O*-äthylester 3407
$C_{11}H_{17}N_3O_3$
Pyrazol, 3-Acetoxy-5-acetylamino-4,4-diäthyl-4*H*- 3331
$C_{11}H_{17}N_3O_4$
2′-Desoxy-cytidin, 5,N^4-Dimethyl- 3728
$C_{11}H_{17}N_3O_5$
Cytidin, 5,N^4-Dimethyl- 3729
$C_{11}H_{17}N_3O_6$
Glucopyranosid, [2-Amino-6-methyl-pyrimidin-4-yl]- 3387
Pyrimidin-2-on, 4-Amino-1-glucopyranosyl-5-methyl-1*H*- 3729
$C_{11}H_{17}N_3S$
Pyrimidin, 4-Methyl-2-methylmercapto-6-piperidino- 3380
$C_{11}H_{17}N_5OS$
Formamid, *N*-[4-Amino-2-methylmercapto-6-piperidino-pyrimidin-5-yl]- 3347
$C_{11}H_{17}N_5O_2S$
Hexansäure, 6-[5-Carbamimidoylmercapto-pyrimidin-2-ylamino]- 3366
$C_{11}H_{17}N_5O_4S_2$
Xylose-[6-amino-2-methylmercapto-5-thioformylamino-pyrimidin-4-ylimin] 3348
$C_{11}H_{17}N_5O_5S$
Xylose-[6-amino-5-formylamino-2-methylmercapto-pyrimidin-4-ylimin] 3348
$C_{11}H_{17}N_5O_6S$
Mannose-[6-amino-2-methylmercapto-5-nitroso-pyrimidin-4-ylimin] 3345
$C_{11}H_{18}N_4O$
Pyrimidin-4-on, 6-Amino-2-methyl-5-piperidinomethyl-3*H*- 3739
$C_{11}H_{18}N_4O_2$
Glycin, *N*-Äthyl-, [6-äthoxy-2-methyl-pyrimidin-4-ylamid] 3373
—, *N*,*N*-Dimethyl-, [6-äthoxy-2-methyl-pyrimidin-4-ylamid] 3373
$C_{11}H_{18}N_4O_4$
3′-Desoxy-cytidin, 3′-Amino-N^4,N^4-dimethyl- 3686
$C_{11}H_{18}N_4O_5S$
Galactose-[6-amino-2-methylmercapto-pyrimidin-4-ylimin] 3341
Glucose-[6-amino-2-methylmercapto-pyrimidin-4-ylimin] 3341
Mannose-[6-amino-2-methylmercapto-pyrimidin-4-ylimin] 3341
$C_{11}H_{18}N_6O$
Butan-2-on, 3-[4-Amino-5,6-dimethyl-pyrimidin-2-yl]-, semicarbazon 3766
$C_{11}H_{19}ClN_4O$
Propandiyldiamin, *N*,*N*-Diäthyl-*N*′-[6-chlor-2-oxo-1,2-dihydro-pyrimidin-4-yl]- 3689
$C_{11}H_{19}N_3O$
Propan-1-ol, 3-Dimethylamino-1-[2,4-dimethyl-pyrimidin-5-yl]- 3414
Pyrazol-3-on, 5-Amino-4-[2-cyclohexyl-äthyl]-1,2-dihydro- 3755
—, 4-Amino-2-cyclohexyl-1,5-dimethyl-1,2-dihydro- 3553
Pyrimidin-2-on, 6-Amino-1-heptyl-1*H*- 3657
Pyrimidin-4-on, 6-Amino-5-hexyl-2-methyl-3*H*- 3755
Pyrimidin-4-ylamin, 2-[1-Äthoxy-äthyl]-6-äthyl-5-methyl- 3415
—, 6-[1-Äthoxy-äthyl]-2-äthyl-5-methyl- 3415
—, 5-Äthoxymethyl-2-butyl- 3414
—, 5-Äthoxymethyl-2,6-diäthyl- 3415
—, 5-Isopentyloxymethyl-2-methyl- 3404
$C_{11}H_{19}N_3OS$
1,3-Diaza-spiro[4.5]dec-3-en-2-thion, 4-[2-Hydroxy-äthylamino]-1-methyl- 3751

$C_{11}H_{19}N_3OS$ (Fortsetzung)
1,3-Diaza-spiro[4.5]dec-3-en-2-thion, 4-[2-Hydroxy-äthylamino]-8-methyl- 3753

$C_{11}H_{19}N_3O_2S$
Amin, [2-Äthansulfonyl-5-methyl-pyrimidin-4-yl]-diäthyl- 3398

$C_{11}H_{19}N_3S$
Amin, Diäthyl-[2-äthylmercapto-5-methyl-pyrimidin-4-yl]- 3397
Pyrimidin-4-ylamin, 2-Äthylmercapto-5-butyl-6-methyl- 3414

$C_{11}H_{19}N_5O_6S$
Gluconamid, *N*-[4,6-Diamino-2-methylmercapto-pyrimidin-5-yl]- 3350

$[C_{11}H_{20}N_3S]^+$
Pyrimidinium, 4-Butylamino-1,6-dimethyl-2-methylmercapto- 3379

$C_{11}H_{20}N_4O$
Äthylendiamin, *N*,*N*-Diäthyl-*N'*-[4-methoxy-pyrimidin-2-yl]- 3353
Pyrimidin-2-on, 5-Äthyl-4,6-diamino-5-isopentyl-5*H*- 3755
–, 4-[2-Diäthylamino-äthylamino]-6-methyl-1*H*- 3722
Pyrimidin-4-on, 2-[6-Amino-hexylamino]-6-methyl-3*H*- 3713
–, 2-[2-Diäthylamino-äthylamino]-6-methyl-3*H*- 3712
–, 6-[2-Diäthylamino-äthylamino]-2-methyl-3*H*- 3701
–, 2-[3-Dimethylamino-propylamino]-5,6-dimethyl-3*H*- 3741
Pyrimidin-2-ylamin, 4-[2-Diäthylamino-äthoxy]-6-methyl- 3386
–, 4-[3-Diäthylamino-propoxy]- 3351

$C_{11}H_{20}N_4O_{10}P_2$
Diphosphorsäure-1-[2-amino-äthylester]-2-[2'-desoxy-cytidin-5'-ylester] 3665

$C_{11}H_{20}N_4O_{11}P_2$
Diphosphorsäure-1-[2-amino-äthylester]-2-cytidin-5'-ylester 3676

$C_{11}H_{21}N_3O$
Imidazol-4-on, 2-Amino-1-octyl-1,5-dihydro- 3546
Pyrazol-3-on, 4-[2-Äthyl-hexyl]-5-amino-1,2-dihydro- 3629
–, 5-Amino-4,4-dibutyl-2,4-dihydro- 3629
–, 5-Amino-4-heptyl-1-methyl-1,2-dihydro- 3628

$[C_{11}H_{23}N_3O]^{2+}$
Imidazolium, 4-[3-Hydroxy-2-trimethylammonio-propyl]-1,1-dimethyl- 3330
–, 4-[3-Hydroxy-2-trimethylammonio-propyl]-1,3-dimethyl- 3330

$C_{11}H_{25}N_3O$
Methanol, [5-Amino-1,3-diisopropyl-hexahydro-pyrimidin-5-yl]- 3321

C_{12}

$C_{12}H_9N_3O$
Benzo[*b*][1,8]naphthyridin-5-on, 2-Amino-10*H*- 3830
Phenazin-2-ol, 1-Amino- 3461
Pyrido[2,1-*b*]chinazolin-11-on, x-Amino- 3829

$C_{12}H_{10}BrN_3O_2$
Benzoesäure, 4-Brom-, [1-methyl-2-oxo-1,2-dihydro-pyrimidin-4-ylamid] 3659

$C_{12}H_{10}ClN_3O_2$
Acetamid, *N*-[4-Chlor-5-phenoxy-pyrimidin-2-yl]- 3364

$C_{12}H_{10}ClN_3O_3$
Benzoesäure, 2-Chlor-4-[2-methoxy-pyrimidin-5-ylamino]- 3337
–, 4-Chlor-2-[2-methoxy-pyrimidin-5-ylamino]- 3337

$C_{12}H_{10}N_4O$
Benzonitril, 4-[4-Methyl-6-oxo-1,6-dihydro-pyrimidin-2-ylamino]- 3712
Carbamonitril, [5-Benzyl-6-oxo-1,6-dihydro-pyrimidin-2-yl]- 3813
Pyrazol-3-on, 5-Amino-1-[2]chinolyl-1,2-dihydro- 3539
–, 5-Amino-2-[2]chinolyl-1,2-dihydro- 3539
Pyrido[2,1-*b*]chinazolin-11-on, x,x-Diamino- 3829

$C_{12}H_{10}N_4O_3S$
Acetamid, *N*-[5-(4-Nitro-phenylmercapto)-pyrimidin-2-yl]- 3365

$C_{12}H_{10}N_4O_4$
Benzoesäure, 4-Nitro-, [1-methyl-2-oxo-1,2-dihydro-pyrimidin-4-ylamid] 3659

$C_{12}H_{11}BrClN_3S$
Amin, [5-Brom-6-methyl-2-methylmercapto-pyrimidin-4-yl]-[4-chlor-phenyl]- 3383

$C_{12}H_{11}ClN_4O_2$
Harnstoff, *N*-[4-Chlor-phenyl]-*N'*-[4-methyl-6-oxo-1,6-dihydro-pyrimidin-2-yl]- 3709

$C_{12}H_{11}ClN_6O_2$
Pyrimidin-4-carbaldehyd, 2-Amino-6-methyl-5-nitro-, [4-chlor-phenylhydrazon] 3761

$C_{12}H_{11}Cl_2N_3O$
Pyrimidin-4-on, 6-Äthyl-2-amino-5-[3,4-dichlor-phenyl]-3*H*- 3821
–, 2-Amino-5-[2,4-dichlor-benzyl]-6-methyl-3*H*- 3820

$C_{12}H_{11}Cl_2N_3O$ (Fortsetzung)
Pyrimidin-4-on, 2-Amino-5-[3,4-dichlor-benzyl]-6-methyl-3*H*- 3820
$C_{12}H_{11}Cl_2N_5O$
Guanidin, *N*-[2,5-Dichlor-phenyl]-*N'*-[4-methyl-6-oxo-1,6-dihydro-pyrimidin-2-yl]- 3711
–, *N*-[3,5-Dichlor-phenyl]-*N'*-[4-methyl-6-oxo-1,6-dihydro-pyrimidin-2-yl]- 3709
$C_{12}H_{11}N_3OS$
Pyrazol-3-on, 4-Isothiocyanato-1,5-dimethyl-2-phenyl-1,2-dihydro- 3586
$C_{12}H_{11}N_3O_2$
Benzamid, *N*-[1-Methyl-2-oxo-1,2-dihydro-pyrimidin-4-yl]- 3658
–, *N*-[2-Methyl-6-oxo-1,6-dihydro-pyrimidin-5-yl]- 3701
$C_{12}H_{11}N_3O_2S$
Benzamid, *N*-[2-Acetylmercapto-1(3)*H*-imidazol-4-yl]- 3549
–, *N*-[1-Acetyl-2-thioxo-2,3-dihydro-1*H*-imidazol-4-yl]- 3549
–, *N*-[3-Acetyl-2-thioxo-2,3-dihydro-1*H*-imidazol-4-yl]- 3549
Essigsäure, [4-Anilino-pyrimidin-2-ylmercapto]- 3336
$C_{12}H_{11}N_3O_3$
Cinnolin, 4-Acetoxy-6-acetylamino- 3426
–, 4-Acetoxy-7-acetylamino- 3426
–, 4-Acetoxy-8-acetylamino- 3427
Pyrazol-3-on, 5-Methyl-4-piperonyl=idenamino-1,2-dihydro- 3599
Acetyl-Derivat $C_{12}H_{11}N_3O_3$ aus *N*-[3-Oxo-2,3-dihydro-1*H*-pyrazol-4-yl]-benzamid 3515
$C_{12}H_{11}N_5O_3$
Pyrimidin-4-on, 2-Amino-6-methyl-5-[4-nitro-benzylidenamino]-3*H*- 3719
$C_{12}H_{11}N_5O_4$
Benzoesäure, 4-Nitro-, [2-amino-4-methyl-6-oxo-1,6-dihydro-pyrimidin-5-ylamid] 3721
$C_{12}H_{11}N_5O_5$
Pyrimidin-4-ylamin, 5-[2,4-Dinitro-phenoxymethyl]-2-methyl- 3404
$C_{12}H_{11}N_5O_6$
Acetamid, *N*-[2-(2,4-Dinitro-phenyl)-5-methyl-3-oxo-2,3-dihydro-1*H*-pyrazol-4-yl]- 3575
$C_{12}H_{12}BrN_3O$
Pyridazin-3-on, 4-Brom-5-dimethylamino-2-phenyl-2*H*- 3633
–, 6-Brom-5-dimethylamino-2-phenyl-2*H*- 3632
Pyrimidin-4-on, 2-Amino-5-[4-brom-benzyl]-6-methyl-3*H*- 3821
$C_{12}H_{12}BrN_3O_2$
Formamid, *N*-[2-(4-Brom-phenyl)-1,5-dimethyl-3-oxo-2,3-dihydro-1*H*-pyrazol-4-yl]- 3575
$C_{12}H_{12}BrN_3O_3$
Carbamidsäure, [4-Brom-2-methyl-5-oxo-1-phenyl-2,5-dihydro-1*H*-pyrazol-3-yl]-, methylester 3540
$C_{12}H_{12}BrN_5O$
Guanidin, *N*-[4-Brom-phenyl]-*N'*-[4-methyl-6-oxo-1,6-dihydro-pyrimidin-2-yl]- 3710
$C_{12}H_{12}ClN_3O$
Amin, [4-Benzyloxy-6-chlor-pyrimidin-2-yl]-methyl- 3356
Pyridazin-3-on, 6-Chlor-4-dimethylamino-2-phenyl-2*H*- 3634
–, 6-Chlor-5-dimethylamino-2-phenyl-2*H*- 3632
–, 2-[4-Chlor-phenyl]-6-dimethyl=amino-2*H*- 3630
Pyrimidin-2-on, 4-[4-Chlor-anilino]-5,6-dimethyl-1*H*- 3742
Pyrimidin-4-on, 6-Äthyl-2-amino-5-[4-chlor-phenyl]-3*H*- 3821
–, 2-Amino-5-[2-chlor-benzyl]-6-methyl-3*H*- 3820
–, 2-Amino-5-[4-chlor-benzyl]-6-methyl-3*H*- 3820
–, 2-[4-Chlor-anilino]-5,6-dimethyl-3*H*- 3740
–, 2-[3-Chlor-4-methyl-anilino]-6-methyl-3*H*- 3706
–, 2-[4-Chlor-2-methyl-anilino]-6-methyl-3*H*- 3706
$C_{12}H_{12}ClN_3O_3S$
Benzolsulfonsäure, 4-Chlor-, [(4-methoxy-pyrimidin-2-yl)-methyl-amid] 3356
Pyrimidinium, 2-[4-Chlor-benzolsulfonyl=amino]-4-methoxy-1-methyl-, betain 3355
$C_{12}H_{12}ClN_3O_4S$
Benzolsulfonsäure, 4-Chlor-, [4,6-dimethoxy-pyrimidin-2-ylamid] 3486
$C_{12}H_{12}ClN_3S$
Amin, [4-Chlor-phenyl]-[6-methyl-2-methylmercapto-pyrimidin-4-yl]- 3379
Pyrimidin-2-thion, 6-Äthyl-4-amino-5-[4-chlor-phenyl]-1*H*- 3821
Pyrimidin-4-thion, 6-Äthyl-2-amino-5-[4-chlor-phenyl]-3*H*- 3821
$C_{12}H_{12}ClN_5O$
Guanidin, [2-Benzyloxy-6-chlor-pyrimidin-4-yl]- 3334
–, *N*-[2-Chlor-phenyl]-*N'*-[4-methyl-6-oxo-1,6-dihydro-pyrimidin-2-yl]- 3710

$C_{12}H_{12}ClN_5O$ (Fortsetzung)
Guanidin, *N*-[3-Chlor-phenyl]-*N'*-[4-methyl-6-oxo-1,6-dihydro-pyrimidin-2-yl]- 3709
–, *N*-[4-Chlor-phenyl]-*N'*-[4-methyl-6-oxo-1,6-dihydro-pyrimidin-2-yl]- 3710
–, *N*-[4-Chlor-phenyl]-*N'*-[6-methyl-2-oxo-1,2-dihydro-pyrimidin-4-yl]- 3722

$C_{12}H_{12}FN_5O$
Guanidin, *N*-[4-Fluor-phenyl]-*N'*-[4-methyl-6-oxo-1,6-dihydro-pyrimidin-2-yl]- 3709

$C_{12}H_{12}IN_5O$
Guanidin, *N*-[4-Jod-phenyl]-*N'*-[4-methyl-6-oxo-1,6-dihydro-pyrimidin-2-yl]- 3710

$C_{12}H_{12}N_4O$
Pyrimidin-4-on, 2-Amino-5-benzylidenamino-6-methyl-3*H*- 3719

$C_{12}H_{12}N_4OS$
Essigsäure-[4-(2-amino-pyrimidin-5-ylmercapto)-anilid] 3365
Formamid, *N*-[4-Amino-6-benzylmercapto-pyrimidin-5-yl]- 3363

$C_{12}H_{12}N_4O_2$
Acetamid, *N*-[6-Methyl-3-oxo-2-[2]pyridyl-2,3-dihydro-pyridazin-4-yl]- 3698
Benzamid, *N*-[2-Amino-4-methyl-6-oxo-1,6-dihydro-pyrimidin-5-yl]- 3720
Harnstoff, *N*-[4-Methyl-6-oxo-1,6-dihydro-pyrimidin-2-yl]-*N'*-phenyl- 3708
Pyrimidin-4-on, 2-Amino-5-[4-hydroxy-benzylidenamino]-6-methyl-3*H*- 3719
–, 2-Amino-6-methyl-5-salicylidenamino-3*H*- 3719

$C_{12}H_{12}N_4O_2S$
Pyrazol-1-thiocarbonsäure, 3-[4-Acetylamino-phenyl]-5-oxo-2,5-dihydro-, amid 3789
Pyrimidin-2-ylamin, 4-Benzylmercapto-6-methyl-5-nitro- 3395
–, 4,6-Dimethyl-5-[4-nitro-phenylmercapto]- 3409
Pyrimidin-4-ylamin, 2-Methyl-5-[(4-nitro-phenylmercapto)-methyl]- 3405

$C_{12}H_{12}N_4O_3$
Amin, [4-Äthoxy-5-nitro-pyrimidin-2-yl]-phenyl- 3358
Pyridazin-3-on, 6-Dimethylamino-2-[4-nitro-phenyl]-2*H*- 3631
Pyrimidin-4-on, 2-Amino-6-methyl-5-[4-nitro-benzyl]-3*H*- 3821

$C_{12}H_{12}N_4O_3S$
Essigsäure-[4-(2-amino-pyrimidin-4-sulfonyl)-anilid] 3358
– [4-(2-amino-pyrimidin-5-sulfonyl)-anilid] 3365

$C_{12}H_{12}N_4O_4S$
Pyrimidin-2-ylamin, 4,6-Dimethyl-5-[4-nitro-benzolsulfonyl]- 3409
Sulfanilsäure, *N*-Acetyl-, [6-oxo-1,6-dihydro-pyrimidin-2-ylamid] 3638

$C_{12}H_{12}N_4O_4S_2$
Benzolsulfonsäure, 4-Nitro-, [6-äthylmercapto-pyridazin-3-ylamid] 3334
–, 4-Nitro-, [4-methyl-2-methylmercapto-pyrimidin-5-ylamid] 3376
–, 4-Nitro-, [4-methyl-6-methylmercapto-pyrimidin-2-ylamid] 3394
–, 4-Nitro-, [6-methyl-2-methylmercapto-pyrimidin-4-ylamid] 3382

$C_{12}H_{12}N_4O_5$
Essigsäure, [4-Nitro-phenoxy]-, [1-methyl-5-oxo-2,5-dihydro-1*H*-pyrazol-3-ylamid] 3528

$C_{12}H_{12}N_4O_5S$
Benzolsulfonsäure, 3-Nitro-, [(4-methoxy-pyrimidin-2-yl)-methyl-amid] 3356
–, 4-Nitro-, [4-äthoxy-pyrimidin-2-ylamid] 3354
–, 4-Nitro-, [2-methoxy-4-methyl-pyrimidin-5-ylamid] 3375
–, 4-Nitro-, [2-methoxy-6-methyl-pyrimidin-4-ylamid] 3376
–, 4-Nitro-, [4-methoxy-6-methyl-pyrimidin-2-ylamid] 3389
Pyrimidinium, 4-Methoxy-1-methyl-2-[3-nitro-benzolsulfonylamino]-, betain 3356

$C_{12}H_{12}N_4O_6S$
Benzolsulfonsäure, 3-Nitro-, [4,6-dimethoxy-pyrimidin-2-ylamid] 3486

$C_{12}H_{12}N_6O$
Isonicotinsäure-[4-amino-2-methyl-pyrimidin-5-ylmethylenhydrazid] 3757

$C_{12}H_{12}N_6O_3$
Guanidin, *N*-[4-Methyl-6-oxo-1,6-dihydro-pyrimidin-2-yl]-*N'*-[4-nitro-phenyl]- 3710
Pyrimidin-4-on, 2,6-Diamino-5-[2-nitro-1-phenyl-äthylidenamino]-3*H*- 3650

$C_{12}H_{13}ClN_4O$
Pyrimidin-2,4-diyldiamin, 6-Äthyl-5-[4-chlor-phenoxy]- 3400
–, 5-[5-Chlor-2-methoxy-benzyl]- 3450
–, 5-[4-Chlor-phenoxy]-6,N^4-dimethyl- 3385
–, 5-[4-Chlor-phenyl]-6-methoxymethyl- 3451

$C_{12}H_{13}ClN_4O_2$
Pyrimidin-2,4-diyldiamin, 6-Chlor-5-[3,4-dimethoxy-phenyl]- 3501
$C_{12}H_{13}ClN_6$
Pyrimidin-4-carbaldehyd, 2,5-Diamino-6-methyl-, [4-chlor-phenylhydrazon] 3761
$C_{12}H_{13}ClN_6O$
Guanidin, *N*-[4-Amino-2-methyl-6-oxo-1,6-dihydro-pyrimidin-5-yl]-*N'*-[4-chlor-phenyl]- 3703
$C_{12}H_{13}Cl_2N_3O$
Pyrimidin-4-on, 6-Äthyl-2-amino-5-[3,4-dichlor-phenyl]-5,6-dihydro-3*H*- 3804
$C_{12}H_{13}N_3O$
Äthanol, 2-Amino-1,2-di-[2]pyridyl- 3452
Äthanon, 1-[3-Amino-5-methyl-1-phenyl-1*H*-pyrazol-4-yl]- 3742
Amin, Benzyl-[4-methoxy-pyrimidin-2-yl]- 3352
Imidazol-4-on, 2-Amino-1-methyl-5-[4-methyl-benzyliden]-1,5-dihydro- 3819
—, 5-Benzyliden-1-methyl-2-methylamino-1,5-dihydro- 3810
Pyrazol-3-on, 4-[1-Amino-äthyliden]-5-methyl-2-phenyl-2,4-dihydro- 3743
—, 5-Amino-4-cinnamyl-1,2-dihydro- 3822
—, 5-Amino-2-phenyl-4-propyliden-2,4-dihydro- 3742
Pyridazin-3-on, 4-Amino-6-methyl-2-*m*-tolyl-2*H*- 3697
—, 4-Dimethylamino-2-phenyl-2*H*- 3633
—, 5-Dimethylamino-2-phenyl-2*H*- 3631
—, 6-Dimethylamino-2-phenyl-2*H*- 3630
—, 6-Methyl-4-methylamino-2-phenyl-2*H*- 3697
Pyrimidin-2-on, 4-Anilino-1,6-dimethyl-1*H*- 3722
Pyrimidin-4-on, 2-Amino-5-benzyl-6-methyl-3*H*- 3820
—, 2-Amino-5-[4-methyl-benzyl]-3*H*- 3820
—, 2-Benzylamino-6-methyl-3*H*- 3707
—, 2-Methyl-6-[*N*-methyl-anilino]-3*H*- 3701
—, 6-Methyl-2-*m*-toluidino-3*H*- 3706
—, 6-Methyl-2-*o*-toluidino-3*H*- 3706
—, 6-Methyl-2-*p*-toluidino-3*H*- 3706
Pyrimidin-4-ylamin, 2-Methyl-5-phenoxymethyl- 3404
$C_{12}H_{13}N_3OS$
Pyrimidin-4-on, 6-Methyl-2-[4-methylmercapto-anilino]-3*H*- 3706
Thioformamid, *N*-[1,5-Dimethyl-3-oxo-2-phenyl-2,3-dihydro-1*H*-pyrazol-4-yl]- 3575
$C_{12}H_{13}N_3O_2$
Acetamid, *N*-[7-Äthoxy-chinoxalin-5-yl]- 3441
—, *N*-[2-Methyl-5-oxo-1-phenyl-2,5-dihydro-1*H*-pyrazol-3-yl]- 3522
—, *N*-[5-Oxo-1-*p*-tolyl-2,5-dihydro-1*H*-pyrazol-3-yl]- 3522
Formamid, *N*-[1,5-Dimethyl-3-oxo-2-phenyl-2,3-dihydro-1*H*-pyrazol-4-yl]- 3575
Pyrazol-3-on, 4-[4-Methoxy-benzylidenamino]-5-methyl-1,2-dihydro- 3574
Pyridazin-3-on, 4-Amino-2-[4-methoxy-phenyl]-6-methyl-2*H*- 3698
Pyrimidin-4-on, 2-*o*-Anisidino-6-methyl-3*H*- 3706
—, 2-*p*-Anisidino-6-methyl-3*H*- 3708
—, 6-*p*-Anisidino-2-methyl-3*H*- 3701
—, 2-[4-Hydroxy-benzylamino]-6-methyl-3*H*- 3708
—, 2-[4-Methoxy-benzylamino]-3*H*- 3637
Pyrimidin-4-ylamin, 5-[3,4-Dimethoxy-phenyl]- 3500
Acetyl-Derivat $C_{12}H_{13}N_3O_2$ aus 1-Methyl-3-methylamino-1*H*-chinoxalin-2-on 3782
$C_{12}H_{13}N_3O_2S$
Carbamidsäure, [5-Phenyl-2-thioxo-2,3-dihydro-1*H*-imidazol-4-yl]-, äthylester 3790
Pyrimidin-2-ylamin, 4-Methyl-6-[toluol-4-sulfonyl]- 3391
Pyrimidin-4-ylamin, 6-Methyl-2-[toluol-4-sulfonyl]- 3378
$C_{12}H_{13}N_3O_3$
Carbamidsäure, [3-Methyl-4-oxo-3,4-dihydro-phthalazin-1-yl]-, äthylester 3785
—, [5-Oxo-1-phenyl-2,5-dihydro-1*H*-pyrazol-3-yl]-, äthylester 3527
Diacetyl-Derivat $C_{12}H_{13}N_3O_3$ aus 7-Amino-3,4-dihydro-1*H*-chinoxalin-2-on 3771
$C_{12}H_{13}N_3O_3S$
Toluol-2-sulfonamid, *N*-[4-Methyl-6-oxo-1,6-dihydro-pyrimidin-2-yl]- 3715
Toluol-4-sulfonamid, *N*-[1-Methyl-2-oxo-1,2-dihydro-pyrimidin-4-yl]- 3688
—, *N*-[4-Methyl-6-oxo-1,6-dihydro-pyrimidin-2-yl]- 3715
$C_{12}H_{13}N_3O_4S$
Benzolsulfonsäure, 4-Hydroxy-, [4,5-dimethyl-6-oxo-1,6-dihydro-pyrimidin-2-ylamid] 3741

$C_{12}H_{13}N_3O_4S$ (Fortsetzung)
Benzolsulfonsäure, 4-Methoxy-, [4-methoxy-pyrimidin-2-ylamid] 3354
$C_{12}H_{13}N_3O_5S$
Benzolsulfonsäure, 4-Hydroxy-, [4,6-dimethoxy-pyrimidin-2-ylamid] 3486
$C_{12}H_{13}N_3S$
Amin, [2-Äthylmercapto-pyrimidin-4-yl]-phenyl- 3336
–, [6-Methyl-2-methylmercapto-pyrimidin-4-yl]-phenyl- 3379
Pyrimidin-2-thion, 5-Benzyl-4-methylamino-1*H*- 3814
Pyrimidin-4-ylamin, 2-Äthylmercapto-5-phenyl- 3448
–, 2-Benzylmercapto-6-methyl- 3378
$C_{12}H_{13}N_5$
Pyrimidin-5-carbaldehyd, 4-Amino-2-methyl-, phenylhydrazon 3757
$C_{12}H_{13}N_5O$
Guanidin, *N*-[4-Methyl-6-oxo-1,6-dihydro-pyrimidin-2-yl]-*N'*-phenyl- 3709
$C_{12}H_{13}N_5OS$
Pyrimidin-4,6-diyldiamin, N^4-Methyl-2-methylmercapto-5-nitroso-N^4-phenyl- 3344
Thioharnstoff, *N*-[4-Amino-2-methyl-6-oxo-1,6-dihydro-pyrimidin-5-yl]-*N'*-phenyl- 3703
$C_{12}H_{13}N_5O_2$
Harnstoff, *N*-[4-Amino-2-methyl-6-oxo-1,6-dihydro-pyrimidin-5-yl]-*N'*-phenyl- 3703
o-Toluamid, *N*-[2,4-Diamino-6-oxo-1,6-dihydro-pyrimidin-5-yl]- 3652
$C_{12}H_{13}N_5O_3$
Amin, [2-Äthoxy-6-methyl-5-nitro-pyrimidin-4-yl]-[2]pyridyl- 3377
$C_{12}H_{13}N_5O_4S$
Sulfanilsäure, *N*-Acetyl-, [4-amino-6-oxo-1,6-dihydro-pyrimidin-2-ylamid] 3644
$C_{12}H_{14}BrN_3O$
Pyrazol-3-on, 5-[2-Amino-äthyl]-4-brom-1-methyl-2-phenyl-1,2-dihydro- 3611
–, 4-Brom-1-methyl-5-methylaminomethyl-2-phenyl-1,2-dihydro- 3607
$C_{12}H_{14}ClN_3O$
Pyrimidin-4-on, 6-Äthyl-2-amino-5-[3-chlor-phenyl]-5,6-dihydro-3*H*- 3803
–, 6-Äthyl-2-amino-5-[4-chlor-phenyl]-5,6-dihydro-3*H*- 3804
–, 2-Amino-5-[4-chlor-phenyl]-6,6-dimethyl-5,6-dihydro-3*H*- 3804
$C_{12}H_{14}N_4O$
Pyridazin-3-on, 2-[4-Amino-phenyl]-6-dimethylamino-2*H*- 3631
–, 4-Dimethylamino-6-methyl-2-[2]pyridyl-2*H*- 3698
Pyrimidin-2,4-diyldiamin, 5-[3,4-Dimethyl-phenoxy]- 3368
–, 5-[4-Methoxy-benzyl]- 3450
$C_{12}H_{14}N_4O_2$
Acetamid, *N*-[5-Amino-1-methyl-3-oxo-2-phenyl-2,3-dihydro-1*H*-pyrazol-4-yl]- 3542
Harnstoff, [1,5-Dimethyl-3-oxo-2-phenyl-2,3-dihydro-1*H*-pyrazol-4-yl]- 3582
–, *N*-[1-Methyl-4-oxo-4,5-dihydro-1*H*-imidazol-2-yl]-*N'*-*p*-tolyl- 3547
Pyrimidin-2,4-diyldiamin, 5-[4-Methoxy-phenoxy]-6-methyl- 3385
$C_{12}H_{14}N_4O_2S_2$
Sulfanilsäure-[2-äthylmercapto-pyrimidin-4-ylamid] 3336
– [4-äthylmercapto-pyrimidin-2-ylamid] 3358
– [4-methyl-2-methylmercapto-pyrimidin-5-ylamid] 3376
– [4-methyl-6-methylmercapto-pyrimidin-2-ylamid] 3395
– [6-methyl-2-methylmercapto-pyrimidin-4-ylamid] 3382
$C_{12}H_{14}N_4O_3$
Essigsäure, [4-Amino-phenoxy]-, [1-methyl-5-oxo-2,5-dihydro-1*H*-pyrazol-3-ylamid] 3528
Pyrimidin-2,4-diyldiamin, 5-[2,6-Dimethoxy-phenoxy]- 3371
$C_{12}H_{14}N_4O_3S$
Benzolsulfonsäure, 3-Amino-, [(4-methoxy-pyrimidin-2-yl)-methyl-amid] 3356
–, 4-Aminomethyl-, [4-methyl-6-oxo-1,6-dihydro-pyrimidin-2-ylamid] 3716
Essigsäure-[4-(5-amino-3-methyl-3*H*-pyrazol-4-sulfonyl)-anilid] 3326
Sulfanilsäure-[6-äthoxy-pyridazin-3-ylamid] 3332
– [2-äthoxy-pyrimidin-4-ylamid] 3355
– [4-äthoxy-pyrimidin-2-ylamid] 3354
– [1,3-dimethyl-6-oxo-1,6-dihydro-pyridazin-4-ylamid] 3696
– [2,4-dimethyl-6-oxo-1,6-dihydro-pyrimidin-5-ylamid] 3735
– [4,5-dimethyl-6-oxo-1,6-dihydro-pyrimidin-2-ylamid] 3741
– [6-methoxy-4-methyl-pyridazin-3-ylamid] 3372
– [6-methoxy-5-methyl-pyridazin-3-ylamid] 3372
– [2-methoxy-4-methyl-pyrimidin-5-ylamid] 3375
– [2-methoxy-6-methyl-pyrimidin-4-ylamid] 3376

$C_{12}H_{14}N_4O_3S$ (Fortsetzung)
Sulfanilsäure-[4-methoxymethyl-pyrimidin-2-ylamid] 3396
– [4-methoxy-2-methyl-pyrimidin-5-ylamid] 3372
– [4-methoxy-6-methyl-pyrimidin-2-ylamid] 3389
– [6-methoxy-2-methyl-pyrimidin-4-ylamid] 3374

$C_{12}H_{14}N_4O_4S$
Benzolsulfonsäure, 3-Amino-, [4,6-dimethoxy-pyrimidin-2-ylamid] 3487
Sulfanilsäure-[2,4-dimethoxy-pyrimidin-5-ylamid] 3482
– [2,6-dimethoxy-pyrimidin-4-ylamid] 3483
– [4,6-dimethoxy-pyrimidin-2-ylamid] 3487
Sulfanilsäure, *N*-Acetyl-, [1-methyl-4-oxo-4,5-dihydro-1*H*-imidazol-2-ylamid] 3548

$C_{12}H_{14}N_4S$
Pyrimidin-2,5-diyldiamin, 4-Benzylmercapto-6-methyl- 3396
Pyrimidin-4,6-diyldiamin, N^4-Methyl-2-methylmercapto-N^4-phenyl- 3340
Pyrimidin-4-ylamin, 5-Aminomethyl-2-benzylmercapto- 3399

$C_{12}H_{14}N_6O$
Guanidin, *N*-[4-Amino-2-methyl-6-oxo-1,6-dihydro-pyrimidin-5-yl]-*N'*-phenyl- 3703

$C_{12}H_{14}N_6O_3S$
Guanidin, *N*-[4-Methyl-6-oxo-1,6-dihydro-pyrimidin-2-yl]-*N'*-[4-sulfamoyl-phenyl]- 3711

$C_{12}H_{14}N_6O_3S_2$
Sulfanilsäure, *N*-[(4,6-Diamino-pyrimidin-2-ylmercapto)-acetyl]-, amid 3339

$C_{12}H_{14}N_6O_4S$
Sulfanilsäure, *N*-Acetyl-, [2,4-diamino-6-oxo-1,6-dihydro-pyrimidin-5-ylamid] 3653
–, *N*-Acetyl-, [4,5-diamino-6-oxo-1,6-dihydro-pyrimidin-2-ylamid] 3653

$C_{12}H_{15}N_3O$
Anilin, 4-Äthoxy-2-[5-methyl-1(2)*H*-pyrazol-3-yl]- 3444
Chinazolin-8-ol, 4-Butylamino- 3434
Chinazolin-4-ylamin, 2-Butoxy- 3427
Imidazol-2-on, 4-Amino-5-benzyl-1,5-dimethyl-1,5-dihydro- 3802
Imidazol-4-on, 2-Amino-1-methyl-5-[4-methyl-benzyl]-1,5-dihydro- 3802
[1,5]Naphthyridin-4-ylamin, 6-Butoxy- 3441
Pyrazol-3-on, 4-Äthyl-5-amino-1-methyl-2-phenyl-1,2-dihydro- 3611
–, 4-Äthyl-5-amino-2-methyl-4-phenyl-2,4-dihydro- 3802
–, 5-[2-Amino-äthyl]-1-methyl-2-phenyl-1,2-dihydro- 3610
–, 4-Aminomethyl-1,5-dimethyl-2-phenyl-1,2-dihydro- 3612
–, 4-Amino-5-methyl-2-phenäthyl-1,2-dihydro- 3567
–, 1,2-Dimethyl-4-methylamino-5-phenyl-1,2-dihydro- 3787
–, 1,5-Dimethyl-4-methylamino-2-phenyl-1,2-dihydro- 3555
–, 1-Methyl-5-methylaminomethyl-2-phenyl-1,2-dihydro- 3607

$C_{12}H_{15}N_3OS$
Imidazol-2-thion, 4-[2-Hydroxy-äthylamino]-5-methyl-5-phenyl-1,5-dihydro- 3797

$C_{12}H_{15}N_3O_2$
Benzamid, *N*-[3,3-Dimethyl-5-oxo-pyrazolidin-4-yl]- 3514

$C_{12}H_{15}N_3O_4$
Erythrit, 1-[6-Amino-chinoxalin-2-yl]- 3513
–, 1-[7-Amino-chinoxalin-2-yl]- 3513

$C_{12}H_{15}N_3O_4S$
Methansulfonsäure, [1,2-Dimethyl-3-oxo-5-phenyl-2,3-dihydro-1*H*-pyrazol-4-ylamino]- 3787

$C_{12}H_{15}N_3O_6$
Acetamid, *N*-[2,6-Bis-acetoxymethyl-5-hydroxy-pyrimidin-4-yl]- 3511

$C_{12}H_{15}N_5O$
Pyrimidin-2,4,6-triyltriamin, 5-[4-Methoxy-benzyl]- 3450

$C_{12}H_{15}N_5OS$
Thiosemicarbazid, 4-[1,5-Dimethyl-3-oxo-2-phenyl-2,3-dihydro-1*H*-pyrazol-4-yl]- 3585

$C_{12}H_{15}N_7$
Amin, [4-Amino-2-methyl-pyrimidin-5-ylmethyl]-[4-amino-2-methyl-pyrimidin-5-ylmethylen]- 3759

$C_{12}H_{16}BrN_3O_4S$
Toluol-4-sulfonamid, *N*-[5-Brom-4,6-dihydroxy-4-methyl-1,4,5,6-tetrahydro-pyrimidin-2-yl]- 3480

$C_{12}H_{16}N_4O$
Amin, [1,5-Dimethyl-3-[2]pyridyloxy-1*H*-pyrazol-4-yl]-dimethyl- 3328

$C_{12}H_{16}N_4O_3$
Pyrimidin-4-on, 6-Methyl-5-[2-nitro-vinyl]-2-piperidino-3*H*- 3762

$C_{12}H_{16}N_4O_3S$
Sulfanilsäure-[4-äthyl-4-hydroxy-5-methyl-4*H*-imidazol-2-ylamid] 3330

$C_{12}H_{16}N_6O_2S$
Sulfon, Bis-[4-amino-2-methyl-pyrimidin-5-ylmethyl]- 3406

$C_{12}H_{16}N_6S$
Sulfid, Bis-[4-amino-2-methyl-pyrimidin-5-ylmethyl]- 3406
$C_{12}H_{16}N_6S_2$
Disulfid, Bis-[4-amino-2-methyl-pyrimidin-5-ylmethyl]- 3406
$C_{12}H_{16}N_6S_4$
Disulfid, Bis-[4-amino-2-methylmercapto-pyrimidin-5-ylmethyl]- 3494
$C_{12}H_{17}N_3O$
Indazol-5-ol, 3-[2-Isopropylamino-äthyl]-1(2)*H*- 3423
5,8-Methano-chinazolin-4-on, 2-Amino-8,9,9-trimethyl-5,6,7,8-tetrahydro-3*H*- 3774
Pyrimidin-5-ol, 2-Phenäthylamino-1,4,5,6-tetrahydro- 3321
$C_{12}H_{17}N_3O_3S_2$
Dithiocarbamidsäure, [2-Methyl-6-oxo-1,6-dihydro-pyrimidin-5-ylmethyl]-, [1-acetyl-3-hydroxy-propylester] 3738
Thiazolidin-2-thion, 4-Hydroxy-5-[2-hydroxy-äthyl]-4-methyl-3-[2-methyl-6-oxo-1,6-dihydro-pyrimidin-4-ylmethyl]- 3738
$C_{12}H_{17}N_3O_5$
Cytidin, $O^{2'}$,$O^{3'}$-Isopropyliden- 3687
Pyrimidin-4-on, 2-Amino-1-[O^2,O^3-isopropyl-ribofuranosyl]-1*H*- 3636
$C_{12}H_{17}N_3S$
5,8-Methano-chinazolin-4-thion, 2-Amino-8,9,9-trimethyl-5,6,7,8-tetrahydro-3*H*- 3774
$C_{12}H_{17}N_5O$
Guanidin, *N*-Isopropyl-*N'*-[5-methoxy-1(3)*H*-benzimidazol-2-yl]- 3420
$C_{12}H_{18}N_4O$
Pyrimidin-4-on, 5-Äthyl-2,6-diamino-5-cyclohex-1-enyl-5*H*- 3774
$C_{12}H_{18}N_4O_5S$
Xylopyranosylamin, *N*-[6-Acetylamino-2-methylmercapto-pyrimidin-4-yl]- 3342
$C_{12}H_{19}N_3O$
Butan-1-on, 4-Diäthylamino-1-pyrazinyl- 3764
Pentan-2-on, 4-[2-Äthyl-6-amino-5-methyl-pyrimidin-4-yl]- 3767
—, 4-[4-Äthyl-6-amino-5-methyl-pyrimidin-2-yl]- 3767
$C_{12}H_{19}N_3OS_2$
Thiocarbamidsäure, [2-Äthylmercapto-5,6-dimethyl-pyrimidin-4-yl]-, *O*-propylester 3407
$C_{12}H_{19}N_3O_6$
Pyrimidin-2-on, 4-Dimethylamino-1-glucopyranosyl-1*H*- 3681
$C_{12}H_{19}N_5O_5S_2$
Glucose-[6-amino-2-methylmercapto-5-thioformylamino-pyrimidin-4-ylimin] 3349
Mannose-[6-amino-2-methylmercapto-5-thioformylamino-pyrimidin-4-ylimin] 3349
$C_{12}H_{19}N_5O_6S$
Mannose-[6-amino-5-formylamino-2-methylmercapto-pyrimidin-4-ylimin] 3348
$C_{12}H_{20}N_4O$
Butan-1-on, 4-Diäthylamino-1-pyrazinyl-, oxim 3764
Pyrimidin-4-on, 2-Methyl-6-methylamino-5-piperidinomethyl-3*H*- 3739
Pyrimidin-4-ylamin, 6-Methoxy-2-methyl-5-piperidinomethyl- 3401
$C_{12}H_{20}N_4O_2$
Glycin, *N*-Propyl-, [6-äthoxy-2-methyl-pyrimidin-4-ylamid] 3373
$C_{12}H_{20}N_6S_2$
Imidazol-2-thion, 5,5,5',5'-Tetramethyl-1,5,1',5'-tetrahydro-4,4'-äthandiyldiamino-bis- 3619
$C_{12}H_{21}N_3O$
Pyrazol-3-on, 2-Cyclohexyl-1,5-dimethyl-4-methylamino-1,2-dihydro- 3553
—, 2-Cyclopentyl-4-dimethylamino-1,5-dimethyl-1,2-dihydro- 3553
$C_{12}H_{21}N_3O_2$
Pyrimidin-2-ylamin, 4,6-Dibutoxy- 3485
$C_{12}H_{21}N_3O_4$
Pyrimidin-2-ylamin, 4,6-Bis-[2-äthoxy-äthoxy]- 3486
$C_{12}H_{21}N_3O_4S$
Methansulfonsäure, [2-Cyclohexyl-1,5-dimethyl-3-oxo-2,3-dihydro-1*H*-pyrazol-4-ylamino]- 3569
$C_{12}H_{21}N_3O_{13}P_2$
Diphosphorsäure-1-cytidin-5'-ylester-2-[2,3-dihydroxy-propylester] 3675
$C_{12}H_{22}N_4O$
Propandiyldiamin, *N*,*N*-Diäthyl-*N'*-[4-methoxy-pyrimidin-2-yl]- 3353
Pyrimidin-2,4-diyldiamin, 5-Octyloxy- 3367
Pyrimidin-2-on, 4-[3-Diäthylamino-propylamino]-6-methyl-1*H*- 3722
Pyrimidin-4-on, 2-[3-Butylamino-propylamino]-6-methyl-3*H*- 3713
—, 2-[2-Diäthylamino-äthylamino]-5,6-dimethyl-3*H*- 3740
—, 6-[2-Diäthylamino-äthylamino]-2,5-dimethyl-3*H*- 3736
—, 2-[(2-Diäthylamino-äthyl)-methyl-amino]-6-methyl-3*H*- 3712
—, 2-[3-Diäthylamino-propylamino]-6-methyl-3*H*- 3713

$C_{12}H_{22}N_4O$ (Fortsetzung)
Pyrimidin-4-on, 6-[3-Diäthylamino-propylamino]-2-methyl-3*H*- 3701
$C_{12}H_{22}N_4S$
Äthylendiamin, *N*,*N*-Diäthyl-*N'*-[6-methyl-2-methylmercapto-pyrimidin-4-yl]- 3380
$C_{12}H_{23}N_3O$
Pyrazol-3-on, 5-Amino-1-methyl-4-octyl-1,2-dihydro- 3628
–, 5-Amino-4-nonyl-1,2-dihydro- 3629

C_{13}

$C_{13}H_8ClN_5O_5$
Benzimidazol-2-on, 5-[4-Chlor-anilino]-4,6-dinitro-1,3-dihydro- 3769
$C_{13}H_9N_5O_5$
Benzimidazol-2-on, 5-Anilino-4,6-dinitro-1,3-dihydro- 3769
$C_{13}H_{10}ClN_3O$
Benzo[*b*][1,5]naphthyridin-10-ylamin, 7-Chlor-2-methoxy- 3464
Benzo[*b*][1,7]naphthyridin-5-ylamin, x-Chlor-7-methoxy- 3466
Dibenzo[*b,e*][1,4]diazepin-11-on, 8-Amino-2-chlor-5,10-dihydro- 3834
Phenazin-1-ylamin, 7-Chlor-3-methoxy- 3463
$C_{13}H_{10}N_4O_3$
Benzo[*b*][1,5]naphthyridin-10-ylamin, 2-Methoxy-7-nitro- 3466
$C_{13}H_{10}N_6O$
Pyrido[2,3-*d*]pyridazin-5-ylamin, 8-Imino-7-isonicotinoyl-7,8-dihydro- 3775
Pyrido[2,3-*d*]pyridazin-8-ylamin, 5-Imino-6-isonicotinoyl-5,6-dihydro- 3775
$C_{13}H_{11}N_3O$
Benzimidazol-5-ol, 4-Amino-1-phenyl-1*H*- 3420
Benzo[*h*][1,6]naphthyridin-5-on, 4-Amino-6-methyl-6*H*- 3830
Benzo[*b*][1,5]naphthyridin-10-ylamin, 2-Methoxy- 3464
Dibenzo[*b,e*][1,4]diazepin-11-on, 8-Amino-5,10-dihydro- 3833
[4,7]Phenanthrolin-3-on, 5-Amino-4-methyl-4*H*- 3833
–, 6-Amino-4-methyl-4*H*- 3833
Phenazin-1-ol, 4-Amino-2-methyl- 3467
–, 4-Amino-3-methyl- 3467
Phenazin-1-ylamin, 2-Methoxy- 3461
–, 3-Methoxy- 3462
–, 4-Methoxy- 3460
Phenazin-2-ylamin, 6-Methoxy- 3460
–, 8-Methoxy- 3463
$C_{13}H_{11}N_3S_2$
Pyrimidin-4-ylisothiocyanat, 2-Äthyl-mercapto-5-phenyl- 3448
–, 2-Äthylmercapto-6-phenyl- 3448
$C_{13}H_{12}BrN_3O_2$
Acetamid, *N*-[5-(3-Brom-benzyliden)-1-methyl-4-oxo-4,5-dihydro-1*H*-imidazol-2-yl]- 3812
$C_{13}H_{12}ClN_3O$
Cyclopentapyrimidin-4-on, 2-[4-Chlor-anilino]-3,5,6,7-tetrahydro- 3763
Cyclopentapyrimidin-2-ylamin, 4-[4-Chlor-phenoxy]-6,7-dihydro-5*H*- 3415
Pyrimidin, 4-Aziridin-1-yl-6-chlor-2-[4-methoxy-phenyl]- 3446
$C_{13}H_{12}ClN_3O_2$
Acetamid, *N*-[5-(2-Chlor-benzyliden)-1-methyl-4-oxo-4,5-dihydro-1*H*-imidazol-2-yl]- 3811
–, *N*-[5-(3-Chlor-benzyliden)-1-methyl-4-oxo-4,5-dihydro-1*H*-imidazol-2-yl]- 3812
–, *N*-[5-(4-Chlor-benzyliden)-1-methyl-4-oxo-4,5-dihydro-1*H*-imidazol-2-yl]- 3812
Benzoesäure, 4-Chlor-, [2,4-dimethyl-6-oxo-1,6-dihydro-pyrimidin-5-ylamid] 3735
$C_{13}H_{12}ClN_3O_4$
Benzoesäure, 4-Chlor-2-[2,4-dimethoxy-pyrimidin-5-ylamino]- 3481
$C_{13}H_{12}ClN_3S$
Cyclopentapyrimidin-2-ylamin, 4-[4-Chlor-phenylmercapto]-6,7-dihydro-5*H*- 3416
$C_{13}H_{12}IN_3O_2$
Acetamid, *N*-[5-(3-Jod-benzyliden)-1-methyl-4-oxo-4,5-dihydro-1*H*-imidazol-2-yl]- 3812
$C_{13}H_{12}N_4O$
Benzo[*b*][1,5]naphthyridin-7,10-diyldiamin, 2-Methoxy- 3466
$C_{13}H_{12}N_4O_3S$
Acetamid, *N*-[4-Methyl-6-(4-nitro-phenylmercapto)-pyrimidin-2-yl]- 3393
$C_{13}H_{12}N_4O_4$
Acetamid, *N*-[1-Methyl-5-(2-nitro-benzyliden)-4-oxo-4,5-dihydro-1*H*-imidazol-2-yl]- 3812
–, *N*-[1-Methyl-5-(3-nitro-benzyliden)-4-oxo-4,5-dihydro-1*H*-imidazol-2-yl]- 3813
–, *N*-[1-Methyl-5-(4-nitro-benzyliden)-4-oxo-4,5-dihydro-1*H*-imidazol-2-yl]- 3813
–, *N*-[6-Methyl-2-(4-nitro-phenyl)-3-oxo-2,3-dihydro-pyridazin-4-yl]- 3698
Benzoesäure, 4-Nitro-, [2,4-dimethyl-6-oxo-1,6-dihydro-pyrimidin-5-ylamid] 3735

$C_{13}H_{12}N_4O_5S$
Acetamid, *N*-[4-Methyl-6-(4-nitro-benzolsulfonyl)-pyrimidin-2-yl]- 3393
$C_{13}H_{12}N_6O$
Guanidin, *N*-[4-Cyan-phenyl]-*N'*-[4-methyl-6-oxo-1,6-dihydro-pyrimidin-2-yl]- 3710
$C_{13}H_{13}ClN_4O_2$
Formamidin, *N*-[4-Chlor-phenyl]-*N'*-[4,6-dimethoxy-pyrimidin-2-yl]- 3486
$C_{13}H_{13}N_3O$
β-Carbolin-8-ylamin, 7-Methoxy-1-methyl-9*H*- 3455
Imidazol-4-on, 2-Amino-5-cinnamyliden-1-methyl-1,5-dihydro- 3826
Phenazin-1-ol, 4-Amino-2-methyl-5,10-dihydro- 3467
–, 4-Amino-3-methyl-5,10-dihydro- 3467
Pyrimidin-4-on, 5-Allyl-2-amino-6-phenyl-3*H*- 3827
Pyrimidin-2-ylamin, 4-[2-Methoxy-styryl]- 3455
–, 4-[4-Methoxy-styryl]- 3455
$C_{13}H_{13}N_3OS$
Acetamid, *N*-[5-Methyl-4-phenyl-6-thioxo-1,6-dihydro-pyrimidin-2-yl]- 3815
$C_{13}H_{13}N_3O_2$
Acetamid, *N*-[5-Benzyliden-1-methyl-4-oxo-4,5-dihydro-1*H*-imidazol-2-yl]- 3810
–, *N*-[6-Methyl-3-oxo-2-phenyl-2,3-dihydro-pyridazin-4-yl]- 3698
–, *N*-[5-Methyl-6-oxo-4-phenyl-1,6-dihydro-pyrimidin-2-yl]- 3815
Benzamid, *N*-[2,4-Dimethyl-6-oxo-1,6-dihydro-pyrimidin-5-yl]- 3735
–, *N*-Methyl-*N*-[1-methyl-2-oxo-1,2-dihydro-pyrimidin-4-yl]- 3659
–, *N*-[2-Methyl-6-oxo-1,6-dihydro-pyrimidin-5-ylmethyl]- 3737
Pyrimidinium, 4-Benzoylamino-1,3-dimethyl-2-oxo-1(3),2-dihydro-, betain 3659
$C_{13}H_{13}N_3O_2S$
Essigsäure, [4-Anilino-5-methyl-pyrimidin-2-ylmercapto]- 3398
–, [4-Anilino-6-methyl-pyrimidin-2-ylmercapto]- 3379
–, [4-Benzylamino-pyrimidin-2-ylmercapto]- 3336
$C_{13}H_{13}N_3O_3$
Acetamid, *N*-[3-Acetyl-4-oxo-3,4-dihydro-phthalazin-1-ylmethyl]- 3793
Benzoesäure, 4-[4-Methyl-6-oxo-1,6-dihydro-pyrimidin-2-ylamino]-, methylester 3712
Essigsäure-[1-acetyl-5-anilino-1*H*-pyrazol-3-ylester] 3322
– [2-acetyl-5-anilino-2*H*-pyrazol-3-ylester] 3323
Pyrazol, 5-Acetoxy-3-acetylamino-1-phenyl-1*H*- 3322
Pyrimidin-4-ylamin, 5-[4-Acetoxy-3-methoxy-phenyl]- 3500
$C_{13}H_{13}N_3O_3S$
Essigsäure, [4-*p*-Anisidino-pyrimidin-2-ylmercapto]- 3336
$C_{13}H_{13}N_3O_4$
Acetamid, *N*-[1,3-Diacetyl-2-oxo-2,3-dihydro-1*H*-benzimidazol-5-yl]- 3768
$C_{13}H_{13}N_5O_4$
Terephthalamidsäure, *N*-[2,4-Diamino-6-oxo-1,6-dihydro-pyrimidin-5-yl]-, methylester 3652
$C_{13}H_{13}N_7O_4$
Pyrimidin-5-carbaldehyd, 2-Äthyl-4-amino-, [2,4-dinitro-phenylhydrazon] 3761
$C_{13}H_{14}BrN_3O$
Pyrimidin-4-on, 2-Amino-5-[2-brom-4-methyl-benzyl]-6-methyl-3*H*- 3822
–, 2-Amino-5-[3-brom-4-methyl-benzyl]-6-methyl-3*H*- 3822
$C_{13}H_{14}BrN_3O_2$
Acetamid, *N*-[2-(4-Brom-phenyl)-1,5-dimethyl-3-oxo-2,3-dihydro-1*H*-pyrazol-4-yl]- 3575
Essigsäure, Brom-, [1,5-dimethyl-3-oxo-2-phenyl-2,3-dihydro-1*H*-pyrazol-4-ylamid] 3576
$C_{13}H_{14}ClN_3O$
Amin, [4-Äthoxy-6-methyl-pyrimidin-2-yl]-[4-chlor-phenyl]- 3388
–, [2-Benzyloxy-6-chlor-pyrimidin-4-yl]-dimethyl- 3357
–, [4-Benzyloxy-6-chlor-pyrimidin-2-yl]-dimethyl- 3357
–, [6-Benzyloxy-2-chlor-pyrimidin-4-yl]-dimethyl- 3357
Pyrimidin-4-on, 5-Äthyl-2-[4-chlor-anilino]-6-methyl-3*H*- 3746
–, 5-Äthyl-6-[4-chlor-anilino]-2-methyl-3*H*- 3745
$C_{13}H_{14}ClN_3O_2$
Acetamid, *N*-[5-(2-Chlor-benzyl)-1-methyl-4-oxo-4,5-dihydro-1*H*-imidazol-2-yl]- 3797
–, *N*-[5-(3-Chlor-benzyl)-1-methyl-4-oxo-4,5-dihydro-1*H*-imidazol-2-yl]- 3797
Carbamoylchlorid, [1,5-Dimethyl-3-oxo-2-phenyl-2,3-dihydro-1*H*-pyrazol-4-yl]-methyl- 3586
Essigsäure, Chlor-, [1,5-dimethyl-3-oxo-2-phenyl-2,3-dihydro-1*H*-pyrazol-4-ylamid] 3576

$C_{13}H_{14}ClN_3S$
Pyrimidin-2-ylamin, 4-Äthyl-5-[4-chlor-phenyl]-6-methylmercapto- 3452
Pyrimidin-4-ylamin, 6-Äthyl-5-[4-chlor-phenyl]-2-methylmercapto- 3452
$C_{13}H_{14}ClN_5O$
Guanidin, *N*-[4-Chlor-phenyl]-*N'*-[4,5-dimethyl-6-oxo-1,6-dihydro-pyrimidin-2-yl]- 3740
$C_{13}H_{14}ClN_5O_2$
Guanidin, *N*-[5-Chlor-2-methoxy-phenyl]-*N'*-[4-methyl-6-oxo-1,6-dihydro-pyrimidin-2-yl]- 3711
$C_{13}H_{14}ClN_5S$
Guanidin, *N*-[4-Chlor-phenyl]-*N'*-[4-methyl-6-methylmercapto-pyrimidin-2-yl]- 3393
$[C_{13}H_{14}N_3O_2]^+$
Pyrimidinium, 4-Benzoylamino-1,3-dimethyl-2-oxo-1(3),2-dihydro- 3659
$C_{13}H_{14}N_4$
Pyrimidin-4-ylamin, 2-Methyl-5-[*p*-tolylimino-methyl]- 3758
$C_{13}H_{14}N_4OS$
Acetamid, *N*-[4-(4-Amino-phenylmercapto)-6-methyl-pyrimidin-2-yl]- 3393
Essigsäure-[4-(2-amino-6-methyl-pyrimidin-4-ylmercapto)-anilid] 3391
— [4-(4-amino-6-methyl-pyrimidin-2-ylmercapto)-anilid] 3378
$C_{13}H_{14}N_4O_2$
Benzamid, *N*-[4-Methyl-2-methylamino-6-oxo-1,6-dihydro-pyrimidin-5-yl]- 3720
$C_{13}H_{14}N_4O_2S$
Pyrimidin-2-thion, 4-[Benzyl-methyl-amino]-6-methyl-5-nitro-1*H*- 3725
$C_{13}H_{14}N_4O_3$
Benzoesäure, 4-Amino-, [4,6-dimethoxy-pyrimidin-2-ylamid] 3486
—, 4-[2,4-Diamino-pyrimidin-5-yloxy]-, äthylester 3371
Pyrimidin-4-on, 2-Amino-6-methyl-5-vanillylidenamino-3*H*- 3719
$C_{13}H_{14}N_4O_3S$
Acetamid, *N*-[4-Methyl-6-sulfanilyl-pyrimidin-2-yl]- 3393
Essigsäure-[4-(2-amino-6-methyl-pyrimidin-4-sulfonyl)-anilid] 3392
— [4-(4-amino-6-methyl-pyrimidin-2-sulfonyl)-anilid] 3378
$C_{13}H_{14}N_4O_4S$
Amin, Acetyl-[6-methoxy-pyridazin-3-yl]-sulfanilyl- 3333
Sulfanilsäure, *N*-Acetyl-, [2-amino-6-methyl-pyrimidin-4-ylester] 3387
—, *N*-Acetyl-, [6-methoxy-pyridazin-3-ylamid] 3332
—, *N*-Acetyl-, [4-methyl-6-oxo-1,6-dihydro-pyrimidin-2-ylamid] 3716
$C_{13}H_{14}N_4O_5S$
Benzolsulfonsäure, 4-Nitro-, [4-methoxy-5,6-dimethyl-pyrimidin-2-ylamid] 3408
—, 4-Nitro-, [4-methoxymethyl-6-methyl-pyrimidin-2-ylamid] 3410
$C_{13}H_{14}N_4O_6S$
Benzolsulfonsäure, 4-Nitro-, [2,4-dimethoxy-6-methyl-pyrimidin-5-ylamid] 3489
$C_{13}H_{14}N_4S_2$
Thioharnstoff, [2-Äthylmercapto-5-phenyl-pyrimidin-4-yl]- 3448
—, [2-Äthylmercapto-6-phenyl-pyrimidin-4-yl]- 3447
$C_{13}H_{14}N_6O_4$
Benzoesäure, 4-{[(2,4-Diamino-6-oxo-1,6-dihydro-pyrimidin-5-ylcarbamoyl)-methyl]-amino}- 3652
$[C_{13}H_{15}BrN_3O]^+$
Ammonium, [5-Brom-6-oxo-1-phenyl-1,6-dihydro-pyridazin-4-yl]-trimethyl- 3633
$C_{13}H_{15}BrN_4O_2$
Pyrimidin-2,4-diyldiamin, 5-[3-Brom-4,5-dimethoxy-benzyl]- 3501
$C_{13}H_{15}BrN_4O_3S$
Sulfanilsäure-[5-brom-4-methoxymethyl-6-methyl-pyrimidin-2-ylamid] 3411
$C_{13}H_{15}ClN_4O$
Pyrimidin-2,4-diyldiamin, 5-[4-Chlor-phenoxy]-6-propyl- 3411
$C_{13}H_{15}ClN_4O_2$
Pyrimidin-2,4-diyldiamin, 5-[3-Chlor-4,5-dimethoxy-benzyl]- 3501
—, 5-[4-Chlor-phenyl]-6-dimethoxy-methyl- 3825
$C_{13}H_{15}N_3O$
Amin, [4-Äthoxy-5-methyl-pyrimidin-2-yl]-phenyl- 3399
—, Benzyl-[4-methoxy-6-methyl-pyrimidin-2-yl]- 3388
β-Carbolin-8-ylamin, 7-Methoxy-1-methyl-4,9-dihydro-3*H*- 3453
Chinazolin-8-ol, 4-Piperidino- 3436
Imidazol-4-on, 2-Amino-1-methyl-5-[3-phenyl-propyliden]-1,5-dihydro- 3822
Pyrazol-3-on, 4-Amino-5-cyclopropyl-1-methyl-2-phenyl-1,2-dihydro- 3744
—, 4-[1-Amino-propyliden]-5-methyl-2-phenyl-2,4-dihydro- 3747
Pyridazin-3-on, 2-Äthyl-5-anilino-6-methyl-2*H*- 3696
—, 4-Dimethylamino-6-methyl-2-phenyl-2*H*- 3697
—, 6-Dimethylamino-5-methyl-2-phenyl-2*H*- 3699

$C_{13}H_{15}N_3O$ (Fortsetzung)
Pyridazin-3-on, 6-Dimethylamino-2-*p*-tolyl-2*H*- 3631
Pyrimidin-4-on, 2-Amino-6-[2,5-dimethyl-phenyl]-5-methyl-3*H*- 3823
–, 2-Amino-6-methyl-5-[3-methyl-benzyl]-3*H*- 3822
–, 2-Amino-6-phenyl-5-propyl-3*H*- 3823
–, 2-Dimethylamino-5-methyl-6-phenyl-3*H*- 3815
–, 2-[3,4-Dimethyl-anilino]-6-methyl-3*H*- 3706
–, 2-[3,5-Dimethyl-anilino]-6-methyl-3*H*- 3706
Pyrimidin-2-ylamin, 4-[2-Methoxy-phenäthyl]- 3451
–, 4-[4-Methoxy-phenäthyl]- 3452
Pyrimidin-4-ylamin, 2-Äthoxy-5-benzyl-3449
–, 5-Benzyloxymethyl-2-methyl-3404

$C_{13}H_{15}N_3O_2$
Acetamid, *N*-[5-Benzyl-1-methyl-4-oxo-4,5-dihydro-1*H*-imidazol-2-yl]- 3797
–, *N*-[1,5-Dimethyl-3-oxo-2-phenyl-2,3-dihydro-1*H*-pyrazol-4-yl]- 3575
Benzamid, *N*-[1-Hydroxymethyl-2-(1(3)*H*-imidazol-4-yl)-äthyl]- 3330
Pyrazol-3-on, 5-Amino-1-benzoyl-4-propyl-1,2-dihydro- 3620
Pyridazin-3-on, 2-[4-Äthoxy-phenyl]-4-amino-6-methyl-2*H*- 3698
Pyrimidin-4-on, 2-[2-Methoxy-benzylamino]-6-methyl-3*H*- 3707
–, 2-[4-Methoxy-benzylamino]-6-methyl-3*H*- 3707
–, 6-Methyl-2-*p*-phenetidino-3*H*-3706

$C_{13}H_{15}N_3O_2S$
Thiocarbamidsäure, [1,5-Dimethyl-3-oxo-2-phenyl-2,3-dihydro-1*H*-pyrazol-4-yl]-, *O*-methylester 3584

$C_{13}H_{15}N_3O_3$
Carbamidsäure, [1,5-Dimethyl-3-oxo-2-phenyl-2,3-dihydro-1*H*-pyrazol-4-yl]-, methylester 3581
–, [2,4-Dimethyl-5-oxo-1-phenyl-2,5-dihydro-1*H*-pyrazol-3-yl]-, methylester 3608
–, [2-Methyl-5-oxo-1-phenyl-2,5-dihydro-1*H*-pyrazol-3-yl]-, äthylester 3527
–, [4-Methyl-5-oxo-1-phenyl-2,5-dihydro-1*H*-pyrazol-3-yl]-, äthylester 3608
Glykolamid, *N*-[1,5-Dimethyl-3-oxo-2-phenyl-2,3-dihydro-1*H*-pyrazol-4-yl]-3587
Pyrazol-3-on, 5-[2-Acetoxy-äthylamino]-2-phenyl-1,2-dihydro- 3521

$C_{13}H_{15}N_3O_3S$
Benzolsulfonamid, *N*-[4-Methoxymethyl-6-methyl-pyrimidin-2-yl]- 3410

$C_{13}H_{15}N_3O_4$
Carbamidsäure, [2-Methyl-5-oxo-1-phenyl-2,5-dihydro-1*H*-pyrazol-3-yl]-, [2-hydroxy-äthylester] 3528

$C_{13}H_{15}N_3O_4S$
Benzolsulfonsäure, 4-Hydroxy-, [5-äthyl-4-methyl-6-oxo-1,6-dihydro-pyrimidin-2-ylamid] 3746

$C_{13}H_{15}N_3S$
Amin, Benzyl-[6-methyl-2-methylmercapto-pyrimidin-4-yl]- 3380

$C_{13}H_{15}N_5OS$
Formamid, *N*-[4-Amino-6-(*N*-methyl-anilino)-2-methylmercapto-pyrimidin-5-yl]- 3347
Guanidin, *N*-[4-Methylmercapto-phenyl]-*N'*-[4-methyl-6-oxo-1,6-dihydro-pyrimidin-2-yl]- 3710

$C_{13}H_{15}N_5O_2$
Essigsäure-[4-(2,4-diamino-6-methyl-pyrimidin-5-yloxy)-anilid] 3385
Guanidin, *N*-[4-Methoxy-phenyl]-*N'*-[4-methyl-6-oxo-1,6-dihydro-pyrimidin-2-yl]- 3711

$C_{13}H_{15}N_5O_4$
Pyrimidin-2,4-diyldiamin, 5-[4,5-Dimethoxy-2-nitro-benzyl]- 3501

$C_{13}H_{16}AsN_3O_3S$
Arsonsäure, [3-(2-Äthylmercapto-6-methyl-pyrimidin-4-ylamino)-phenyl]- 3381
–, [4-(2-Äthylmercapto-6-methyl-pyrimidin-4-ylamino)-phenyl]- 3382

$C_{13}H_{16}AsN_3O_4S$
Arsonsäure, [3-(2-Äthylmercapto-6-methyl-pyrimidin-4-ylamino)-4-hydroxy-phenyl]- 3382
–, [4-(2-Äthylmercapto-6-methyl-pyrimidin-4-ylamino)-2-hydroxy-phenyl]- 3382

$C_{13}H_{16}BrN_3O$
Pyrazol-3-on, 4-Brom-5-dimethyl=aminomethyl-1-methyl-2-phenyl-1,2-dihydro- 3607
–, 2-[4-Brom-phenyl]-4-dimethyl=amino-1,5-dimethyl-1,2-dihydro- 3563

$[C_{13}H_{16}N_3S]^+$
Pyrimidinium, 4-Anilino-1,2-dimethyl-6-methylmercapto- 3375
–, 4-Anilino-1,6-dimethyl-2-methylmercapto- 3379
–, 6-Anilino-1,2-dimethyl-4-methylmercapto- 3375

$C_{13}H_{16}N_4O$
Carbamonitril, [8,9,9-Trimethyl-4-oxo-3,4,5,6,7,8-hexahydro-5,8-methano-chinazolin-2-yl]- 3774
Pyrimidin-2,4-diyldiamin, 5-[3,4-Dimethyl-phenoxy]-6-methyl- 3385
–, 5-[4-Methoxy-benzyl]-6-methyl- 3452
Pyrimidin-4-on, 2-Amino-5-[4-dimethyl-amino-benzyl]-3*H*- 3814
–, 2-Amino-5-dimethylaminomethyl-6-phenyl-3*H*- 3815
–, 2-[4-Dimethylamino-anilino]-6-methyl-3*H*- 3713

$C_{13}H_{16}N_4OS$
Thioharnstoff, *N*-[1,5-Dimethyl-3-oxo-2-phenyl-2,3-dihydro-1*H*-pyrazol-4-yl]-*N'*-methyl- 3584

$C_{13}H_{16}N_4O_2$
Acetamid, *N*-[2-(5-Oxo-1-phenyl-2,5-dihydro-1*H*-pyrazol-3-ylamino)-äthyl]- 3534
Glycin, *N*-[1,5-Dimethyl-3-oxo-2-phenyl-2,3-dihydro-1*H*-pyrazol-4-yl]-, amid 3587
Harnstoff, *N*-[1,5-Dimethyl-3-oxo-2-phenyl-2,3-dihydro-1*H*-pyrazol-4-yl]-*N'*-methyl- 3582
Phenol, 4-[2,4-Diamino-6-methyl-pyrimidin-5-ylmethyl]-2-methoxy- 3502
Pyrimidin-2,4-diyldiamin, 5-[2,3-Dimethoxy-benzyl]- 3501
–, 5-[3,4-Dimethoxy-phenyl]-6-methyl- 3502
–, 5-Veratryl- 3501

$C_{13}H_{16}N_4O_2S_2$
Sulfanilsäure-[2-äthylmercapto-6-methyl-pyrimidin-4-ylamid] 3383

$C_{13}H_{16}N_4O_3S$
Benzolsulfonsäure, 4-Aminomethyl-, [4,5-dimethyl-6-oxo-1,6-dihydro-pyrimidin-2-ylamid] 3741
Sulfanilsäure-[6-äthoxy-5-methyl-pyridazin-3-ylamid] 3372
– [2-äthoxy-6-methyl-pyrimidin-4-ylamid] 3377
– [4-äthoxy-6-methyl-pyrimidin-2-ylamid] 3390
– [6-äthoxy-2-methyl-pyrimidin-4-ylamid] 3374
– [2-äthyl-6-methoxy-pyrimidin-4-ylamid] 3400
– [5-äthyl-4-methyl-6-oxo-1,6-dihydro-pyrimidin-2-ylamid] 3747
– [(1,4-dimethyl-6-oxo-1,6-dihydro-pyrimidin-2-yl)-methyl-amid] 3717
– [5-(2-hydroxy-äthyl)-4-methyl-pyrimidin-2-ylamid] 3412
– [6-isopropoxy-pyridazin-3-ylamid] 3332
– [4-methoxy-2,6-dimethyl-pyrimidin-5-ylamid] 3401
– [4-methoxy-5,6-dimethyl-pyrimidin-2-ylamid] 3408
– [4-methoxymethyl-6-methyl-pyrimidin-2-ylamid] 3410
– [6-propoxy-pyridazin-3-ylamid] 3332

$C_{13}H_{16}N_4O_4S$
Sulfanilsäure-[4-äthoxy-6-methoxy-pyrimidin-2-ylamid] 3487
– [2,4-dimethoxy-6-methyl-pyrimidin-5-ylamid] 3490
– [4,6-dimethoxy-2-methyl-pyrimidin-5-ylamid] 3489
– [4,6-dimethoxy-5-methyl-pyrimidin-2-ylamid] 3492
– [4-(2-methoxy-äthoxy)-pyrimidin-2-ylamid] 3355
– [4-methoxy-6-methoxymethyl-pyrimidin-2-ylamid] 3491
– [5-methoxy-4-methoxymethyl-pyrimidin-2-ylamid] 3490

$C_{13}H_{16}N_4S$
Pyrimidin-4-ylamin, 5-Aminomethyl-2-benzylmercapto-6-methyl- 3407

$C_{13}H_{16}N_6O_5$
Imidazol-4-on, 2-Amino-5-[4-(2,4-dinitro-anilino)-butyl]-1,5-dihydro- 3625

$C_{13}H_{17}N_3O$
Amin, Butyl-[8-methoxy-chinazolin-4-yl]- 3434
Chinazolin-8-ol, 4-Isopentylamino- 3435
–, 4-Pentylamino- 3434
Chinazolin-4-on, 2-Diäthylaminomethyl-3*H*- 3791
[1,5]Naphthyridin-4-ylamin, 6-Butoxy-2-methyl- 3442
[1,8]Naphthyridin-2-ylamin, 7-Butoxy-5-methyl- 3443
Pyrazolidin-3-on, 4-Äthyl-5-imino-1,2-dimethyl-4-phenyl- 3802
Pyrazol-3-on, 4-Äthylamino-1,5-dimethyl-2-phenyl-1,2-dihydro- 3563
–, 4-[2-Amino-äthyl]-1,5-dimethyl-2-phenyl-1,2-dihydro- 3621
–, 5-Amino-4-isopropyl-1-methyl-2-phenyl-1,2-dihydro- 3620
–, 5-Butylamino-2-phenyl-1,2-dihydro- 3519
–, 1,5-Diäthyl-4-amino-2-phenyl-1,2-dihydro- 3609
–, 2,4-Diäthyl-5-amino-4-phenyl-2,4-dihydro- 3802
–, 4-Dimethylamino-1,5-dimethyl-2-phenyl-1,2-dihydro- 3555

$C_{13}H_{17}N_3O$ (Fortsetzung)
Pyrazol-3-on, 4-Dimethylaminomethyl-5-methyl-2-phenyl-1,2-dihydro- 3612
–, 5-Dimethylaminomethyl-1-methyl-2-phenyl-1,2-dihydro- 3607
–, 1,5-Dimethyl-4-methylaminomethyl-2-phenyl-1,2-dihydro- 3613

$C_{13}H_{17}N_3OS$
Imidazol-2-thion, 5-Äthyl-4-[2-hydroxy-äthylamino]-5-phenyl-1,5-dihydro- 3803
–, 4-[2-Hydroxy-äthylamino]-1,5-dimethyl-5-phenyl-1,5-dihydro- 3798

$C_{13}H_{17}N_3O_2$
Pyrazol-3-on, 2-[4-Äthoxy-phenyl]-4-amino-1,5-dimethyl-1,2-dihydro- 3568

$C_{13}H_{17}N_3O_3S$
Methansulfinsäure, [(1,2-Dimethyl-3-oxo-5-phenyl-2,3-dihydro-1*H*-pyrazol-4-yl)-methyl-amino]- 3787

$C_{13}H_{17}N_3O_4S$
Methansulfonsäure, [(1,2-Dimethyl-3-oxo-5-phenyl-2,3-dihydro-1*H*-pyrazol-4-yl)-methyl-amino]- 3787
–, [(1,5-Dimethyl-3-oxo-2-phenyl-2,3-dihydro-1*H*-pyrazol-4-yl)-methyl-amino]- 3569

$C_{13}H_{17}N_3O_6$
2′-Desoxy-cytidin, N^4,$O^{3'}$-Diacetyl- 3666

$C_{13}H_{18}N_3O_4P$
Amidophosphorsäure, [1,5-Dimethyl-3-oxo-2-phenyl-2,3-dihydro-1*H*-pyrazol-4-yl]-, dimethylester 3605

$C_{13}H_{18}N_4O_3S$
Sulfamid, *N′*-[1,5-Dimethyl-3-oxo-2-phenyl-2,3-dihydro-1*H*-pyrazol-4-yl]-*N*,*N*-dimethyl- 3605

$C_{13}H_{19}N_5O$
Amin, [3-(4,6-Dimethyl-pyrimidin-2-yloxy)-1,5-dimethyl-1*H*-pyrazol-4-yl]-dimethyl- 3328

$C_{13}H_{19}N_5O_2$
Guanidin, *N*-[5,6-Dimethoxy-1*H*-benzimidazol-2-yl]-*N′*-isopropyl- 3496

$C_{13}H_{20}N_4O_6S$
Mannose-[6-acetylamino-2-methylmercapto-pyrimidin-4-ylimin] 3343

$C_{13}H_{21}N_3O$
Amin, [3-Cyclohex-2-enyloxy-1,5-dimethyl-1*H*-pyrazol-4-yl]-dimethyl- 3327
Pyrazol-3-on, 2-Cyclohex-2-enyl-4-dimethylamino-1,5-dimethyl-1,2-dihydro- 3553

$C_{13}H_{22}N_4O$
Amin, [4-Methoxy-pyrimidin-2-yl]-[3-piperidino-propyl]- 3353
Pyrimidin-4-on, 6-Methyl-2-[3-piperidino-propylamino]-3*H*- 3713

$C_{13}H_{22}N_4O_2$
Glycin, *N*,*N*-Diäthyl-, [6-äthoxy-2-methyl-pyrimidin-4-ylamid] 3373

$C_{13}H_{22}N_4O_4$
3′-Desoxy-cytidin, 3′-Amino-N^4-butyl- 3687

$C_{13}H_{22}N_6O$
Pentan-2-on, 4-[2-Äthyl-6-amino-5-methyl-pyrimidin-4-yl]-, semicarbazon 3767
–, 4-[4-Äthyl-6-amino-5-methyl-pyrimidin-2-yl]-, semicarbazon 3767

$C_{13}H_{22}N_6S_2$
Imidazol-2-thion, 5,5,5′,5′-Tetramethyl-1,5,1′,5′-tetrahydro-4,4′-propandiyldiamino-bis- 3619

$C_{13}H_{23}N_3O$
Indazol-3-on, 3a-[2-Diäthylamino-äthyl]-2,3a,4,5,6,7-hexahydro- 3753
Pyrazol-3-on, 2-Cyclohexyl-4-dimethylamino-1,5-dimethyl-1,2-dihydro- 3553
Pyrimidin-4-on, 6-Amino-5-hexyl-2-propyl-3*H*- 3755

$C_{13}H_{23}N_3O_4S$
Methansulfonsäure, [(2-Cyclohexyl-1,5-dimethyl-3-oxo-2,3-dihydro-1*H*-pyrazol-4-yl)-methyl-amino]- 3569

$C_{13}H_{23}N_3S$
Pyrimidin-4-ylamin, 5-Methyl-2-octylmercapto- 3397

$C_{13}H_{24}N_3O_4P$
Phosphorsäure-[2-amino-6-methyl-pyrimidin-4-ylester]-dibutylester 3387
– [2-amino-6-methyl-pyrimidin-4-ylester]-diisobutylester 3387

$C_{13}H_{24}N_4O$
Pyrimidin-4-on, 2-[4-Diäthylamino-butylamino]-6-methyl-3*H*- 3713
Pyrimidin-2-ylamin, 4-[3-Dipropylamino-propoxy]- 3352

$C_{13}H_{24}N_4S$
Äthylendiamin, *N*,*N*-Diäthyl-*N′*-[4-äthylmercapto-6-methyl-pyrimidin-2-yl]- 3394
Propandiyldiamin, *N*,*N*-Diäthyl-*N′*-[6-methyl-2-methylmercapto-pyrimidin-4-yl]- 3381

$C_{13}H_{25}N_3O$
Pyrazol-3-on, 5-Amino-4-decyl-1,2-dihydro- 3629
–, 5-Amino-4,4-dipentyl-2,4-dihydro- 3629

$[C_{13}H_{25}N_3O_2]^{2+}$
Imidazolium, 4-[3-Acetoxy-2-trimethylammonio-propyl]-1,3-dimethyl- 3330

C_{14}

$C_{14}H_9N_3O$
Dibenz[*cd,g*]indazol-6-on, 3-Amino-1(2)*H*- 3842
Indolo[4,3-*fg*]chinolin-5-on, 9-Amino-4*H*- 3845
$C_{14}H_{10}ClN_3O$
Chinazolin-8-ol, 4-[4-Chlor-anilino]- 3436
Chinazolin-4-on, 2-[4-Chlor-anilino]-3*H*- 3776
Pyrido[1,2-*a*]pyrimidin-4-on, 2-Anilino-3-chlor- 3784
$C_{14}H_{10}ClN_3O_2$
Essigsäure, Chlor-, [3-hydroxy-phenazin-2-ylamid] 3462
$C_{14}H_{10}ClN_3O_3S$
Benzolsulfonamid, *N*-[7-Chlor-4-oxo-3,4-dihydro-chinazolin-2-yl]- 3778
$[C_{14}H_{10}Cl_2N_3O]^+$
Pyridinium, 1-[6,7-Dichlor-3-oxo-3,4-dihydro-chinoxalin-2-ylmethyl]- 3792
$C_{14}H_{10}Cl_2N_4O$
Pyrimidin-2,4-diyldiamin, 5-[2,4-Dichlor-[1]naphthyloxy]- 3369
$C_{14}H_{10}N_4O_5S$
Benzolsulfonsäure, 4-Nitro-, [3-oxo-3,4-dihydro-chinoxalin-2-ylamid] 3783
$C_{14}H_{11}BrN_4O$
Pyrimidin-2,4-diyldiamin, 5-[6-Brom-[2]naphthyloxy]- 3369
$C_{14}H_{11}N_3O$
Chinazolinium, 4-Amino-2-oxo-3-phenyl-1,2-dihydro-, betain 3781
Chinazolin-2-on, 4-Anilino-1*H*- 3781
Chinazolin-4-on, 2-[2-Amino-phenyl]-3*H*- 3834
–, 2-Anilino-3*H*- 3775
Chinoxalin-2-on, 3-[2-Amino-phenyl]-1*H*- 3835
Chinoxalin-6-ylamin, 3-Phenoxy- 3438
Cinnolin-4-on, 3-Anilino-1*H*- 3775
Cinnolin-5-ylamin, 4-Phenoxy- 3426
Cinnolin-7-ylamin, 4-Phenoxy- 3426
Cinnolin-8-ylamin, 4-Phenoxy- 3427
[1,5]Naphthyridin-2-on, 4-Anilino-1*H*- 3786
[1,8]Naphthyridin-2-on, 7-Amino-4-phenyl-1*H*- 3838
$C_{14}H_{11}N_3O_2$
Acetamid, *N*-[2-Hydroxy-phenazin-1-yl]- 3461
Benzamid, *N*-[2-Oxo-2,3-dihydro-imidazo[1,2-*a*]pyridin-3-yl]- 3770
$[C_{14}H_{12}N_3O]^+$
Chinazolinium, 4-Amino-2-oxo-3-phenyl-1,2-dihydro- 3781
Pyridinium, 1-[3-Oxo-3,4-dihydro-chinoxalin-2-ylmethyl]- 3792
$C_{14}H_{12}N_4O$
Pyrazol-3-on, 5-Anilino-1-[2]pyridyl-1,2-dihydro- 3538
Pyrimidin-2,4-diyldiamin, 5-[1]Naphthyloxy- 3369
–, 5-[2]Naphthyloxy- 3369
Pyrimidin-4-on, 2-[5]Chinolylamino-6-methyl-3*H*- 3713
–, 2-[6]Chinolylamino-6-methyl-3*H*- 3713
–, 2-[8]Chinolylamino-6-methyl-3*H*- 3713
$C_{14}H_{12}N_4O_2$
Pyrazol-1-carbonsäure, 5-Amino-4-[1]naphthyl-3-oxo-2,3-dihydro-, amid 3833
$C_{14}H_{12}N_4O_3S$
Sulfanilsäure-[3-oxo-3,4-dihydro-chinoxalin-2-ylamid] 3783
$C_{14}H_{12}N_4O_4$
Benzoesäure, 4-Pyruvoylamino-, [2-oxo-1,2-dihydro-pyrimidin-4-ylamid] 3659
$C_{14}H_{12}N_4O_5$
Carbamidsäure, [5-Oxo-6,7-dihydro-5*H*-pyrrolo[1,2-*c*]imidazol-6-yl]-, [4-nitro-benzylester] 3761
$C_{14}H_{13}Cl_2N_3O_2$
Acetamid, *N*-[4-Äthyl-5-(3,4-dichlor-phenyl)-6-oxo-1,6-dihydro-pyrimidin-2-yl]- 3821
$C_{14}H_{13}N_3O$
Pyrazol-3-on, 5-Amino-4-[1]naphthylmethyl-1,2-dihydro- 3834
$C_{14}H_{13}N_3O_3S$
Acetyl-Derivat $C_{14}H_{13}N_3O_3S$ aus *N*-[1-Acetyl-2-thioxo-2,3-dihydro-1*H*-imidazol-4-yl]-benzamid 3549
Acetyl-Derivat $C_{14}H_{13}N_3O_3S$ aus *N*-[3-Acetyl-2-thioxo-2,3-dihydro-1*H*-imidazol-4-yl]-benzamid 3549
$C_{14}H_{13}N_3S$
Benzimidazol-5-ylamin, 2-Benzylmercapto-1(3)*H*- 3418
$C_{14}H_{13}N_5O_2S$
Pyrido[2,3-*d*]pyridazin-5-ylamin, 8-Imino-7-[toluol-4-sulfonyl]-7,8-dihydro- 3774
Pyrido[2,3-*d*]pyridazin-8-ylamin, 5-Imino-6-[toluol-4-sulfonyl]-5,6-dihydro- 3774
$C_{14}H_{14}ClN_3O$
Chinazolin-4-on, 2-[4-Chlor-anilino]-5,6,7,8-tetrahydro-3*H*- 3764
Pyrimidin, 2-[4-Äthoxy-phenyl]-4-aziridin-1-yl-6-chlor- 3446

$C_{14}H_{14}ClN_3O_2$
Acetamid, *N*-[4-Äthyl-5-(4-chlor-phenyl)-6-oxo-1,6-dihydro-pyrimidin-2-yl]- 3821

$C_{14}H_{14}ClN_5O$
Guanidin, *N*-[4-Chlor-phenyl]-*N'*-[4-oxo-4,5,6,7-tetrahydro-3*H*-cyclopentapyrimidin-2-yl]- 3763

$C_{14}H_{14}Cl_2N_4O$
Pyridazin-3-on, 6-Chlor-2-[4-chlor-phenyl]-4-piperazino-2*H*- 3634

$C_{14}H_{14}N_4O_2$
Acetamid, *N*-[5-Benzylidenamino-4-methyl-3-oxo-1,6-dihydro-pyrimidin-2-yl]- 3720
Essigsäure, Cyan-, [1,5-dimethyl-3-oxo-2-phenyl-2,3-dihydro-1*H*-pyrazol-4-ylamid] 3580

$C_{14}H_{14}N_4O_3$
Benzamid, *N*-[2-Acetylamino-4-methyl-6-oxo-1,6-dihydro-pyrimidin-5-yl]- 3721

$C_{14}H_{14}N_4O_3S$
Sulfanilsäure-[3-oxo-1,2,3,4-tetrahydro-chinoxalin-6-ylamid] 3771

$C_{14}H_{14}N_4O_4$
Amin, [2,4-Dimethoxy-6-methyl-pyrimidin-5-yl]-[2-nitro-benzyliden]- 3489
–, [2,4-Dimethoxy-6-methyl-pyrimidin-5-yl]-[4-nitro-benzyliden]- 3489

$C_{14}H_{15}Br_2N_3O_2$
Propionsäure, 2-Brom-, [2-(4-brom-phenyl)-1,5-dimethyl-3-oxo-2,3-dihydro-1*H*-pyrazol-4-ylamid] 3577

$C_{14}H_{15}ClN_4O$
Pyridazin-3-on, 6-Chlor-2-phenyl-4-piperazino-2*H*- 3634

$C_{14}H_{15}ClN_4O_3$
Harnstoff, *N*-Chloracetyl-*N'*-[1,5-dimethyl-3-oxo-2-phenyl-2,3-dihydro-1*H*-pyrazol-4-yl]- 3582

$C_{14}H_{15}Cl_2N_3O$
6,8-Diaza-spiro[4.5]dec-7-en-9-on, 7-Amino-10-[3,4-dichlor-phenyl]- 3824

$C_{14}H_{15}FN_4O_3S$
Benzolsulfonsäure, 4-Fluor-, [2-amino-4-oxo-3,4,5,6,7,8-hexahydro-chinazolin-6-ylamid] 3765

$C_{14}H_{15}N_3O$
Cyclopentapyrimidin-2-ylamin, 4-Benzyloxy-6,7-dihydro-5*H*- 3415
Pyridazin-3-on, 2-Phenyl-6-pyrrolidino-2*H*- 3631
Pyrimidin-4-on, 2-Amino-5-methallyl-6-phenyl-3*H*- 3828
–, 6-[4-Dimethylamino-styryl]-3*H*- 3826

$C_{14}H_{15}N_3OS_2$
Thiocarbamidsäure, [2-Äthylmercapto-5-phenyl-pyrimidin-4-yl]-, *O*-methylester 3448
–, [2-Äthylmercapto-6-phenyl-pyrimidin-4-yl]-, *O*-methylester 3447

$C_{14}H_{15}N_3O_2$
Acetamid, *N*-[6-Methyl-3-oxo-2-*m*-tolyl-2,3-dihydro-pyridazin-4-yl]- 3698
p-Toluamid, *N*-[2,4-Dimethyl-6-oxo-1,6-dihydro-pyrimidin-5-yl]- 3735

$C_{14}H_{15}N_3O_3$
Carbamidsäure, [6-Methyl-4-oxo-1-phenyl-1,4-dihydro-pyridazin-3-yl]-, äthylester 3699

$C_{14}H_{15}N_3O_5$
Benzoesäure, 3,4,5-Trimethoxy-, [2-oxo-1,2-dihydro-pyrimidin-4-ylamid] 3659

$C_{14}H_{15}N_5O_2$
Pyrimidin-4-on, 6-Amino-2-dimethylamino-5-phenacylidenamino-3*H*- 3650

$C_{14}H_{16}BrN_3O$
Pyridazin-3-on, 4-Brom-5-diäthylamino-2-phenyl-2*H*- 3633

$C_{14}H_{16}BrN_3O_2$
Propionsäure, 2-Brom-, [1,5-dimethyl-3-oxo-2-phenyl-2,3-dihydro-1*H*-pyrazol-4-ylamid] 3577

$C_{14}H_{16}ClN_3O$
6,8-Diaza-spiro[4.5]dec-7-en-9-on, 7-Amino-10-[4-chlor-phenyl]- 3824
Pyrimidin-4-on, 2-Amino-5-[4-chlor-benzyl]-6-propyl-3*H*- 3824

$C_{14}H_{16}ClN_3O_2$
Essigsäure, Chlor-, [(1,5-dimethyl-3-oxo-2-phenyl-2,3-dihydro-1*H*-pyrazol-4-yl)-methyl-amid] 3576
Propionsäure, 2-Chlor-, [1,5-dimethyl-3-oxo-2-phenyl-2,3-dihydro-1*H*-pyrazol-4-ylamid] 3576

$C_{14}H_{16}ClN_3S$
Amin, [2-Äthylmercapto-5,6-dimethyl-pyrimidin-4-yl]-[4-chlor-phenyl]- 3407

$C_{14}H_{16}ClN_5O$
Guanidin, *N*-[4-Äthoxy-6-methyl-pyrimidin-2-yl]-*N'*-[4-chlor-phenyl]- 3388
–, *N*-[5-Äthyl-4-methyl-6-oxo-1,6-dihydro-pyrimidin-2-yl]-*N'*-[4-chlor-phenyl]- 3746

$C_{14}H_{16}N_4O$
Glycin, *N*-[1,5-Dimethyl-3-oxo-2-phenyl-2,3-dihydro-1*H*-pyrazol-4-yl]-*N*-methyl-, nitril 3587

$C_{14}H_{16}N_4O_2$
Propan-1-on, 1-[4-(2,4-Diamino-6-methyl-pyrimidin-5-yloxy)-phenyl]- 3385

$C_{14}H_{16}N_4O_2S$
Amin, Benzyl-methyl-[6-methyl-2-methylmercapto-5-nitro-pyrimidin-4-yl]- 3383
$C_{14}H_{16}N_4O_3S$
Sulfanilsäure-[4-methoxy-6,7-dihydro-5*H*-cyclopentapyrimidin-2-ylamid] 3416
— [4-oxo-3,4,5,6,7,8-hexahydro-chinazolin-2-ylamid] 3764
$C_{14}H_{16}N_4O_3S_2$
Sulfanilsäure, *N*-Acetyl-, [2-äthylmercapto-pyrimidin-4-ylamid] 3336
—, *N*-Acetyl-, [4-äthylmercapto-pyrimidin-2-ylamid] 3359
$C_{14}H_{16}N_4O_4S$
Benzolsulfonsäure, 4-[Acetylamino-methyl]-, [4-methyl-6-oxo-1,6-dihydro-pyrimidin-2-ylamid] 3716
Sulfanilsäure, *N*-Acetyl-, [4-äthoxy-pyrimidin-2-ylamid] 3355
—, *N*-Acetyl-, [1,3-dimethyl-6-oxo-1,6-dihydro-pyridazin-4-ylamid] 3697
—, *N*-Acetyl-, [2,4-dimethyl-6-oxo-1,6-dihydro-pyrimidin-5-ylamid] 3735
—, *N*-Acetyl-, [4,5-dimethyl-6-oxo-1,6-dihydro-pyrimidin-2-ylamid] 3741
—, *N*-Acetyl-, [4-methoxymethyl-pyrimidin-2-ylamid] 3396
—, *N*-Acetyl-, [4-methoxy-2-methyl-pyrimidin-5-ylamid] 3373
—, *N*-Acetyl-, [4-methoxy-6-methyl-pyrimidin-2-ylamid] 3390
—, *N*-Acetyl-, [6-methoxy-2-methyl-pyrimidin-4-ylamid] 3374
$C_{14}H_{16}N_4O_4S_2$
Benzolsulfonsäure, 4-Nitro-, [6-butylmercapto-pyridazin-3-ylamid] 3334
$C_{14}H_{16}N_4O_5$
Buttersäure, 4-[4-Nitro-phenoxy]-, [1-methyl-5-oxo-2,5-dihydro-1*H*-pyrazol-3-ylamid] 3530
$C_{14}H_{16}N_4O_5S$
Sulfanilsäure, *N*-Acetyl-, [2,4-dimethoxy-pyrimidin-5-ylamid] 3482
—, *N*-Acetyl-, [2,6-dimethoxy-pyrimidin-4-ylamid] 3483
—, *N*-Acetyl-, [4,6-dimethoxy-pyrimidin-2-ylamid] 3487
$C_{14}H_{16}N_4O_6$
Essigsäure, [4-Nitro-phenoxy]-, [1-(2-hydroxy-propyl)-5-oxo-2,5-dihydro-1*H*-pyrazol-3-ylamid] 3530
$C_{14}H_{16}N_4O_6S$
Benzolsulfonsäure, 4-Nitro-, [4,6-diäthoxy-pyrimidin-2-ylamid] 3487
$C_{14}H_{16}N_4S_2$
Thioharnstoff, *N*-[2-Äthylmercapto-6-methyl-pyrimidin-4-yl]-*N'*-phenyl- 3380
$C_{14}H_{16}N_6O_4S$
Hexansäure, 6-[5-(5-Nitro-pyrimidin-2-ylmercapto)-pyrimidin-2-ylamino]- 3366
$C_{14}H_{16}N_6O_6S$
Hexansäure, 6-[5-(5-Nitro-pyrimidin-2-sulfonyl)-pyrimidin-2-ylamino]- 3366
$C_{14}H_{16}N_8O_2$
Pyrimidin-4-on, 6,6'-Dimethyl-3*H*,3'*H*-2,2'-[3,6-dihydro-pyrazin-2,5-diyldiamino]-bis- 3715
$C_{14}H_{17}ClN_4O$
Pyrimidin-2,4-diyldiamin, 5-[4-*tert*-Butyl-2-chlor-phenoxy]- 3369
—, 5-[4-Chlor-2-isopropyl-5-methyl-phenoxy]- 3369
$C_{14}H_{17}N_3O$
Äthanol, 2-Amino-2-[4,6-dimethyl-pyrimidin-2-yl]-1-phenyl- 3453
Amin, [4-Äthoxy-6-methyl-pyrimidin-2-yl]-benzyl- 3388
Chinazolin, 8-Methoxy-4-piperidino- 3436
Chinazolin-4-on, 2-Piperidinomethyl-3*H*- 3791
Chinoxalin, 7-Methoxy-2-piperidino- 3439
Pyrazol-3-on, 4-[1-Amino-butyliden]-5-methyl-2-phenyl-2,4-dihydro- 3750
Pyridazin-3-on, 6-Äthyl-4-dimethylamino-2-phenyl-1*H*- 3733
—, 6-Butylamino-2-phenyl-2*H*- 3631
—, 6-Diäthylamino-2-phenyl-2*H*- 3631
Pyrimidin-4-on, 2-Amino-5-butyl-6-phenyl-3*H*- 3824
—, 2-Amino-5-isobutyl-6-phenyl-3*H*- 3824
$C_{14}H_{17}N_3O_2$
Acetamid, *N*-[1-Methyl-5-(4-methyl-benzyl)-4-oxo-4,5-dihydro-1*H*-imidazol-2-yl]- 3802
Pyrazol-3-on, 2-[4-Äthoxy-phenyl]-4-[1-amino-äthyliden]-5-methyl-2,4-dihydro- 3743
—, 5-Amino-1-benzoyl-4-butyl-1,2-dihydro- 3624
Pyrimidin-4-on, 5-Äthyl-6-*p*-anisidino-2-methyl-3*H*- 3745
$C_{14}H_{17}N_3O_2S$
Thiocarbamidsäure, [1,5-Dimethyl-3-oxo-2-phenyl-2,3-dihydro-1*H*-pyrazol-4-yl]-, *O*-äthylester 3584
$C_{14}H_{17}N_3O_3$
Carbamidsäure, [4-Äthyl-2-methyl-5-oxo-1-phenyl-2,5-dihydro-1*H*-pyrazol-3-yl]-, methylester 3612

$C_{14}H_{17}N_3O_3$ (Fortsetzung)
Carbamidsäure, [2-Äthyl-5-oxo-1-phenyl-2,5-dihydro-1*H*-pyrazol-3-yl]-, äthylester 3528
–, [4-Äthyl-5-oxo-1-phenyl-2,5-dihydro-1*H*-pyrazol-3-yl]-, äthylester 3611
–, [1,5-Dimethyl-3-oxo-2-phenyl-2,3-dihydro-1*H*-pyrazol-4-yl]-, äthylester 3581

$C_{14}H_{17}N_3O_4S$
Benzolsulfonsäure, 4-Hydroxy-, [5-isopropyl-4-methyl-6-oxo-1,6-dihydro-pyrimidin-2-ylamid] 3749
–, 4-Hydroxy-, [4-methyl-6-oxo-5-propyl-1,6-dihydro-pyrimidin-2-ylamid] 3748

$C_{14}H_{17}N_5O_2$
Guanidin, *N*-[4-Äthoxy-phenyl]-*N'*-[4-methyl-6-oxo-1,6-dihydro-pyrimidin-2-yl]- 3710

$C_{14}H_{18}ClN_3O$
Pyrimidin-4-on, 6,6-Diäthyl-2-amino-5-[4-chlor-phenyl]-5,6-dihydro-3*H*- 3804

$[C_{14}H_{18}N_3O_2]^+$
Pyridinium, 3-[2-Hydroxy-äthyl]-2-methyl-1-[2-methyl-6-oxo-1,6-dihydro-pyrimidin-5-ylmethyl]- 3736

$C_{14}H_{18}N_4O$
Pyrazol-3-on, 4-[4-Diäthylamino-anilino]-5-methyl- 3695
Pyridazin-3-on, 4,6-Bis-dimethylamino-2-phenyl-2*H*- 3635
–, 5,6-Bis-dimethylamino-2-phenyl-2*H*- 3635
–, 6-Dimethylamino-2-[4-dimethylamino-phenyl]-2*H*- 3631
Pyrimidin-2,4-diyldiamin, 5-[4-*tert*-Butyl-phenoxy]- 3369
–, 5-[2-Isopropyl-5-methyl-phenoxy]- 3369

$C_{14}H_{18}N_4OS$
Thioharnstoff, *N*-Äthyl-*N'*-[1,5-dimethyl-3-oxo-2-phenyl-2,3-dihydro-1*H*-pyrazol-4-yl]- 3584
–, *N'*-[1,5-Dimethyl-3-oxo-2-phenyl-2,3-dihydro-1*H*-pyrazol-4-yl]-*N*,*N*-dimethyl- 3584

$C_{14}H_{18}N_4O_2$
Glycin, *N*-[1,5-Dimethyl-3-oxo-2-phenyl-2,3-dihydro-1*H*-pyrazol-4-yl]-*N*-methyl-, amid 3587
–, *N*-Methyl-, [1,5-dimethyl-3-oxo-2-phenyl-2,3-dihydro-1*H*-pyrazol-4-ylamid] 3594
Harnstoff, *N*-Äthyl-*N'*-[1,5-dimethyl-3-oxo-2-phenyl-2,3-dihydro-1*H*-pyrazol-4-yl]- 3582
–, *N*-[1,5-Dimethyl-3-oxo-2-phenyl-2,3-dihydro-1*H*-pyrazol-4-ylmethyl]-*N*-methyl- 3613
Pyrazol-1-carbonsäure, 5-Amino-4-butyl-3-oxo-2,3-dihydro-, anilid 3624
Pyrimidin-2,4-diyldiamin, 5-[3-Äthoxy-4-methoxy-benzyl]- 3501
–, 6-Methyl-5-veratryl- 3502

$C_{14}H_{18}N_4O_2S_3$
Sulfanilsäure-[4,6-bis-äthylmercapto-pyrimidin-2-ylamid] 3488

$C_{14}H_{18}N_4O_3$
Buttersäure, 4-[4-Amino-phenoxy]-, [1-methyl-5-oxo-2,5-dihydro-1*H*-pyrazol-3-ylamid] 3530

$C_{14}H_{18}N_4O_3S$
Benzolsulfonsäure, 4-Aminomethyl-, [5-äthyl-4-methyl-6-oxo-1,6-dihydro-pyrimidin-2-ylamid] 3747
Sulfanilsäure-[4-äthoxymethyl-6-methyl-pyrimidin-2-ylamid] 3410
– [6-isopropoxy-5-methyl-pyridazin-3-ylamid] 3372
– [5-isopropyl-4-methyl-6-oxo-1,6-dihydro-pyrimidin-2-ylamid] 3749
– [4-methyl-6-oxo-5-propyl-1,6-dihydro-pyrimidin-2-ylamid] 3748
– [5-methyl-6-propoxy-pyridazin-3-ylamid] 3372
– [2-methyl-6-propoxy-pyrimidin-4-ylamid] 3374
– [4-methyl-6-propoxy-pyrimidin-2-ylamid] 3390

$C_{14}H_{18}N_4O_4S$
Sulfanilsäure-[4-äthoxy-6-methoxymethyl-pyrimidin-2-ylamid] 3491
– [5-äthyl-4,6-dimethoxy-pyrimidin-2-ylamid] 3494
– [4,6-bis-methoxymethyl-pyrimidin-2-ylamid] 3495
– [2,4-diäthoxy-pyrimidin-5-ylamid] 3482
– [4,5-diäthoxy-pyrimidin-2-ylamid] 3485
– [4,6-diäthoxy-pyrimidin-2-ylamid] 3487
– [4-dimethoxymethyl-6-methyl-pyrimidin-2-ylamid] 3760
– [4-(2-methoxy-äthoxy)-6-methyl-pyrimidin-2-ylamid] 3390

$C_{14}H_{18}N_4O_5S$
Sulfanilsäure-[4,5-dimethoxy-6-methoxymethyl-pyrimidin-2-ylamid] 3510

$C_{14}H_{18}N_4S$
Pyrimidin-4,5-diyldiamin, *N*[4]-Benzyl-6,*N*[4]-dimethyl-2-methylmercapto- 3384

$C_{14}H_{21}N_3O_3S_2$
Formamid, *N*-[2-Äthyldisulfanyl-4-hydroxy-1-methyl-but-1-enyl]-*N*-[2-methyl-6-oxo-1,6-dihydro-pyrimidin-5-ylmethyl]- 3737

$C_{14}H_{21}N_5O_2$
Guanidin, *N*-Butyl-*N'*-[5,6-dimethoxy-1*H*-benzimidazol-2-yl]- 3496

$C_{14}H_{22}N_4O_2$
Essigsäure, Piperidino-, [6-äthoxy-2-methyl-pyrimidin-4-ylamid] 3374

$C_{14}H_{23}N_3O_{15}P_2$
Diphosphorsäure-1-cytidin-5'-ylester-2-ribose-5-ylester 3676

$C_{14}H_{25}N_3O_{15}P_2$
Diphosphorsäure-1-cytidin-5'-ylester-2-ribit-1-ylester 3675

$C_{14}H_{26}N_4O$
Pyrimidin-2-on, 4-[4-Diäthylamino-1-methyl-butylamino]-6-methyl-1*H*- 3722
Pyrimidin-4-on, 5-Äthyl-2-[3-diäthylamino-propylamino]-6-methyl-3*H*- 3746
–, 5-Äthyl-6-[3-diäthylamino-propylamino]-2-methyl-3*H*- 3745
–, 2-[4-Diäthylamino-1-methyl-butylamino]-6-methyl-3*H*- 3713
Pyrimidin-2-ylamin, 4-[2-Dibutylamino-äthoxy]- 3351
–, 4-[2-Diisobutylamino-äthoxy]- 3351

$C_{14}H_{26}N_4O_2$
Pyrimidin-4-on, 2-[3-(2-Diäthylamino-äthoxy)-propylamino]-6-methyl-3*H*- 3706

$C_{14}H_{26}N_4O_{10}P_2$
Ammonium, {2-[2-(2'-Desoxy-cytidin-5'-yloxy)-1,2-dihydroxy-diphosphoryloxy]-äthyl}-trimethyl-, betain 3665

$C_{14}H_{26}N_4O_{11}P_2$
Ammonium, [2-(2-Cytidin-5'-yloxy-1,2-dihydroxy-diphosphoryloxy)-äthyl]-trimethyl-, betain 3676

C_{15}

$C_{15}H_7Cl_2N_3O$
Benzo[*e*]perimidin-7-on, 8-Amino-x,x-dichlor- 3861
–, 11-Amino-x,x-dichlor- 3862

$C_{15}H_8BrN_3O$
Benzo[*e*]perimidin-7-on, 2-Amino-x-brom- 3852
–, 4-Amino-x-brom- 3852
–, 6-Amino-4-brom- 3858
–, 8-Amino-9-brom- 3862

$C_{15}H_8N_4O_3$
Benzo[*e*]perimidin-7-on, 2-Amino-6-nitro- 3852

$C_{15}H_9N_3O$
Benzo[*e*]perimidin-7-on, 2-Amino- 3851
–, 6-Amino- 3853
–, 8-Amino- 3858
–, 9-Amino- 3862
–, 10-Amino- 3862
–, 11-Amino- 3862

$C_{15}H_9N_3O_3$
Phthalimid, *N*-[3-Oxo-2,3-dihydro-1*H*-indazol-6-yl]- 3768

$C_{15}H_{10}ClN_3O_2$
Benzoesäure, 2-Chlor-, [3-oxo-3,4-dihydro-chinoxalin-2-ylamid] 3782
–, 4-Chlor-, [3-oxo-3,4-dihydro-chinoxalin-2-ylamid] 3783

$C_{15}H_{10}N_4O$
Benzo[*e*]perimidin-7-on, 2,6-Diamino- 3863
–, 4,6-Diamino- 3863
–, 4,8-Diamino- 3866
–, 5,6-Diamino- 3867

$C_{15}H_{10}N_4O_4$
Benzoesäure, 3-Nitro-, [3-oxo-3,4-dihydro-chinoxalin-2-ylamid] 3783
–, 4-Nitro-, [3-oxo-3,4-dihydro-chinoxalin-2-ylamid] 3783

$C_{15}H_{11}N_3O$
Benzo[*e*]perimidin-7-ol, 6-Amino-1*H*- 3472
Dibenz[*cd,g*]indazol-6-on, 5-Amino-2-methyl-2*H*- 3843
–, 7-Amino-2-methyl-2*H*- 3844
–, 10-Amino-2-methyl-2*H*- 3845

$C_{15}H_{11}N_3O_2$
Benzamid, *N*-[3-Oxo-3,4-dihydro-chinoxalin-2-yl]- 3782
–, *N*-[4-Oxo-4*H*-pyrido[1,2-*a*]pyrimidin-3-yl]- 3784

$C_{15}H_{11}N_3O_3$
Anthranilsäure, *N*-[4-Oxo-3,4-dihydro-chinazolin-2-yl]- 3777
Benzoesäure, 2-[2-Amino-4-oxo-4*H*-chinazolin-3-yl]- 3777
Indan-1,3-dion, 2-[2-Methyl-6-oxo-1,6-dihydro-pyrimidin-5-ylmethylimino]- 3736

$C_{15}H_{11}N_5O$
Benzo[*e*]perimidin-7-on, 6,8,11-Triamino- 3867

$C_{15}H_{12}BrN_3O$
Pyrimidin-4-on, 2-[6-Brom-[2]naphthylamino]-6-methyl-3*H*- 3706

$C_{15}H_{12}ClN_3O$
Amin, [4-Chlor-phenyl]-[8-methoxy-chinazolin-4-yl]- 3436
Chinoxalin-2-on, 3-[2-Amino-phenyl]-6-chlor-1-methyl-1*H*- 3836

$C_{15}H_{14}N_4O_3S$ (Fortsetzung)
Sulfanilsäure-[3-methyl-4-oxo-3,4-dihydro-phthalazin-1-ylamid] 3785

$C_{15}H_{14}N_6O$
Guanidin, *N*-[6]Chinolyl-*N'*-[4-methyl-6-oxo-1,6-dihydro-pyrimidin-2-yl]- 3710

$C_{15}H_{14}N_6O_5$
Pyrimidin, 4,6-Bis-aziridin-1-yl-2-[4-methoxy-3-nitro-phenyl]-5-nitro- 3447

$C_{15}H_{15}N_3O$
Indazol-3-on, 5-Dimethylamino-2-phenyl-1,2-dihydro- 3767

$C_{15}H_{15}N_3O_3S$
Toluol-4-sulfonamid, *N*-[6-Methoxy-1(3)*H*-benzimidazol-4-yl]- 3421

$C_{15}H_{15}N_3O_4$
Diacetyl-Derivat $C_{15}H_{15}N_3O_4$ aus Phenyl-essigsäure-[3-oxo-2,3-dihydro-1*H*-pyrazol-4-ylamid] 3515

$C_{15}H_{16}BrN_3O$
Pyridazin-3-on, 4-Brom-2-phenyl-5-piperidino-2*H*- 3633

$C_{15}H_{16}ClN_3O$
Pyridazin-3-on, 6-Chlor-2-phenyl-5-piperidino-2*H*- 3632

$C_{15}H_{16}ClN_5O$
Guanidin, *N*-[4-Chlor-phenyl]-*N'*-[4-oxo-3,4,5,6,7,8-hexahydro-chinazolin-2-yl]- 3764

$C_{15}H_{16}N_4O_2S$
Acetamid, *N*-[4-(4-Acetylamino-phenylmercapto)-6-methyl-pyrimidin-2-yl]- 3393

$C_{15}H_{16}N_4O_6S$
Benzolsulfonsäure, 4-[5-Acetoxy-3-acetylamino-pyrazol-1-yl]-, acetylamid 3325

$C_{15}H_{17}BrN_4O_3$
Harnstoff, *N*-[2-Brom-propionyl]-*N'*-[1,5-dimethyl-3-oxo-2-phenyl-2,3-dihydro-1*H*-pyrazol-4-yl]- 3582

$C_{15}H_{17}BrN_4O_4S$
Sulfanilsäure, *N*-Acetyl-, [5-brom-4-methoxymethyl-6-methyl-pyrimidin-2-ylamid] 3411

$C_{15}H_{17}ClN_4O$
Chinazolin-4-on, 2-Amino-6-[4-chlor-anilinomethyl]-5,6,7,8-tetrahydro-3*H*- 3766
Pyridazin-3-on, 6-Chlor-4-[4-methyl-piperazino]-2-phenyl-2*H*- 3634

$C_{15}H_{17}Cl_2N_3O$
1,3-Diaza-spiro[5.5]undec-2-en-4-on, 2-Amino-5-[3,4-dichlor-phenyl]- 3825

$C_{15}H_{17}N_3O$
Äthanon, 1-[4-Dimethylaminomethyl-2-phenyl-pyrimidin-5-yl]- 3827
Pyridazin-3-on, 2-Phenyl-5-piperidino-2*H*- 3631
–, 2-Phenyl-6-piperidino-2*H*- 3631

$C_{15}H_{17}N_3OS_2$
Thiocarbamidsäure, [2-Äthylmercapto-5-phenyl-pyrimidin-4-yl]-, *O*-äthylester 3448
–, [2-Äthylmercapto-6-phenyl-pyrimidin-4-yl]-, *O*-äthylester 3447

$C_{15}H_{17}N_3O_2S$
Pyrazol-3-on, 2-[4-Isopropoxy-phenyl]-4-isothiocyanato-1,5-dimethyl-1,2-dihydro- 3586

$C_{15}H_{17}N_3O_3$
Acetoacetamid, *N*-[1,5-Dimethyl-3-oxo-2-phenyl-2,3-dihydro-1*H*-pyrazol-4-yl]- 3591

$C_{15}H_{17}N_3O_4$
Essigsäure, Acetoxy-, [1,5-dimethyl-3-oxo-2-phenyl-2,3-dihydro-1*H*-pyrazol-4-ylamid] 3588
Succinamidsäure, *N*-[1,5-Dimethyl-3-oxo-2-phenyl-2,3-dihydro-1*H*-pyrazol-4-yl]- 3580

$C_{15}H_{17}N_3O_5$
Benzoesäure, 3,4,5-Trimethoxy-, [1-methyl-2-oxo-1,2-dihydro-pyrimidin-4-ylamid] 3659

$C_{15}H_{17}N_5O_3S$
Benzoesäure, 4-[2-(4,6-Diamino-pyrimidin-2-ylmercapto)-acetylamino]-, äthylester 3339

$C_{15}H_{17}N_5O_4$
Benzoesäure, 4-[α-Amino-β-hydroxy-isobutyrylamino]-, [2-oxo-1,2-dihydro-pyrimidin-4-ylamid] 3659

$C_{15}H_{18}BrN_3O_2$
Buttersäure, 2-Brom-, [1,5-dimethyl-3-oxo-2-phenyl-2,3-dihydro-1*H*-pyrazol-4-ylamid] 3578
Propionsäure, 2-Brom-, [(1,5-dimethyl-3-oxo-2-phenyl-2,3-dihydro-1*H*-pyrazol-4-yl)-methyl-amid] 3577

$C_{15}H_{18}BrN_3O_8$
Cytidin, $O^{2'}$,$O^{3'}$,$O^{5'}$-Triacetyl-5-brom- 3690

$C_{15}H_{18}ClN_3O$
1,3-Diaza-spiro[5.5]undec-2-en-4-on, 2-Amino-5-[4-chlor-phenyl]- 3825

$C_{15}H_{18}ClN_3O_2$
Propionsäure, 2-Chlor-, [(1,5-dimethyl-3-oxo-2-phenyl-2,3-dihydro-1*H*-pyrazol-4-yl)-methyl-amid] 3577

$C_{15}H_{18}ClN_3O_8$
Cytidin, $O^{2'}$,$O^{3'}$,$O^{5'}$-Triacetyl-5-chlor- 3689

$C_{15}H_{18}ClN_5O$
Guanidin, *N*-[1-(4-Chlor-phenyl)-4-methyl-6-oxo-1,6-dihydro-pyrimidin-2-yl]-*N'*-isopropyl- 3711
–, *N*-[4-Chlor-phenyl]-*N'*-[4-methyl-6-oxo-5-propyl-1,6-dihydro-pyrimidin-2-yl]- 3748

$C_{15}H_{18}N_4O$
Keton, Bis-[6-dimethylamino-[3]pyridyl]- 3825

$C_{15}H_{18}N_4OS$
Thioharnstoff, *N*-Allyl-*N'*-[1,5-dimethyl-3-oxo-2-phenyl-2,3-dihydro-1*H*-pyrazol-4-yl]- 3585

$C_{15}H_{18}N_4O_3S_2$
Sulfanilsäure, *N*-Acetyl-, [2-äthylmercapto-6-methyl-pyrimidin-4-ylamid] 3383

$C_{15}H_{18}N_4O_4S$
Acetamid, *N*-[4-(4,5-Dimethyl-6-oxo-1,6-dihydro-pyrimidin-2-ylsulfamoyl)-benzyl]- 3741
Sulfanilsäure, *N*-Acetyl-, [2-äthoxy-6-methyl-pyrimidin-4-ylamid] 3377
–, *N*-Acetyl-, [4-äthoxy-6-methyl-pyrimidin-2-ylamid] 3390
–, *N*-Acetyl-, [5-äthyl-4-methyl-6-oxo-1,6-dihydro-pyrimidin-2-ylamid] 3747
–, *N*-Acetyl-, [5-(2-hydroxy-äthyl)-4-methyl-pyrimidin-2-ylamid] 3412
–, *N*-Acetyl-, [4-methoxy-2,6-dimethyl-pyrimidin-5-ylamid] 3401
–, *N*-Acetyl-, [4-methoxy-5,6-dimethyl-pyrimidin-2-ylamid] 3408
–, *N*-Acetyl-, [4-methoxymethyl-6-methyl-pyrimidin-2-ylamid] 3410

$C_{15}H_{18}N_4O_5S$
Sulfanilsäure, *N*-Acetyl-, [2,4-dimethoxy-6-methyl-pyrimidin-5-ylamid] 3490
–, *N*-Acetyl-, [4,6-dimethoxy-2-methyl-pyrimidin-5-ylamid] 3489
–, *N*-Acetyl-, [4-(2-methoxy-äthoxy)-pyrimidin-2-ylamid] 3355
–, *N*-Acetyl-, [4-methoxy-6-methoxymethyl-pyrimidin-2-ylamid] 3491
–, *N*-Acetyl-, [5-methoxy-4-methoxymethyl-pyrimidin-2-ylamid] 3490

$C_{15}H_{18}N_4S$
Thioketon, Bis-[6-dimethylamino-[3]pyridyl]- 3825

$C_{15}H_{18}N_4S_2$
Thioharnstoff, *N*-[5-Äthyl-2-äthylmercapto-pyrimidin-4-yl]-*N'*-phenyl- 3401
–, *N*-[2-Äthylmercapto-5,6-dimethyl-pyrimidin-4-yl]-*N'*-phenyl- 3407

$C_{15}H_{19}N_3O$
Äthanol, 1-[4-Dimethylaminomethyl-2-phenyl-pyrimidin-5-yl]- 3453
–, 2-Isopropylamino-1,2-di-[2]pyridyl- 3452
–, 2-Isopropylamino-2-[2]pyridyl-1-[3]pyridyl- 3452
Äthanon, 1-[4-(2-Dimethylamino-äthyl)-2-methyl-chinazolin-6-yl]- 3823
–, 1-[4-(2-Dimethylamino-äthyl)-2-methyl-chinazolin-7-yl]- 3823
–, 1-[4-(2-Dimethylamino-äthyl)-2-methyl-chinazolin-8-yl]- 3823
Chinazolin-4-on, 2-[2-Piperidino-äthyl]-3*H*- 3798
1,3-Diaza-spiro[5.5]undec-2-en-4-on, 2-Amino-5-phenyl- 3824
Propan-1-ol, 3-Dimethylamino-1,1-di-[2]pyridyl- 3453
Propan-1-on, 3-Dimethylamino-1-[2,4-dimethyl-chinazolin-6-yl]- 3823
–, 3-Dimethylamino-1-[2,4-dimethyl-chinazolin-7-yl]- 3823
–, 3-Dimethylamino-1-[2,4-dimethyl-chinazolin-8-yl]- 3823
Pyrazol-3-on, 5-Cyclohexylamino-2-phenyl-1,2-dihydro- 3520
–, 5-Cyclopropyl-4-dimethylamino-1-methyl-2-phenyl-1,2-dihydro- 3745
Pyridazin-3-on, 4-Diäthylamino-6-methyl-2-phenyl-2*H*- 3697
Pyrimidin-4-on, 2-[4-Butyl-anilino]-6-methyl-3*H*- 3706

$C_{15}H_{19}N_3O_2$
Acetamid, *N*-Äthyl-*N*-[1,5-dimethyl-3-oxo-2-phenyl-2,3-dihydro-1*H*-pyrazol-4-yl]- 3576
–, *N*-[4-Isopropyl-2-methyl-5-oxo-1-phenyl-2,5-dihydro-1*H*-pyrazol-3-yl]- 3621
Benzamid, *N*-[4,4-Diäthyl-1-methyl-5-oxo-4,5-dihydro-1*H*-pyrazol-3-yl]- 3625
Pyrazol-3-on, 5-Amino-1-benzoyl-4-pentyl-1,2-dihydro- 3626

$C_{15}H_{19}N_3O_2S$
Thiocarbamidsäure, [1,5-Dimethyl-3-oxo-2-phenyl-2,3-dihydro-1*H*-pyrazol-4-yl]-, *O*-propylester 3584

$C_{15}H_{19}N_3O_3$
Buttersäure, 3-Hydroxy-, [1,5-dimethyl-3-oxo-2-phenyl-2,3-dihydro-1*H*-pyrazol-4-ylamid] 3589
Carbamidsäure, [2-Äthyl-5-oxo-1-phenyl-2,5-dihydro-1*H*-pyrazol-3-yl]-, isopropylester 3528
–, [2,4-Dimethyl-5-oxo-1-phenyl-2,5-dihydro-1*H*-pyrazol-3-yl]-, isopropylester 3608

$C_{15}H_{21}N_3O$ (Fortsetzung)
Pyrazol-3-on, 4-Diäthylaminomethyl-5-methyl-2-phenyl-1,2-dihydro- 3613
—, 1,5-Dimethyl-4-[1-methylamino-propyl]-2-phenyl-1,2-dihydro- 3624
—, 4-Isobutylamino-1,2-dimethyl-5-phenyl-1,2-dihydro- 3787
—, 4-Isobutylamino-1,5-dimethyl-2-phenyl-1,2-dihydro- 3565
$C_{15}H_{21}N_3O_2$
Pyrazol-3-on, 2-[4-Äthoxy-phenyl]-4-dimethylamino-1,5-dimethyl-1,2-dihydro- 3568
$C_{15}H_{21}N_3O_3$
Pyrazol-3-on, 4-[Bis-(2-hydroxy-äthyl)-amino]-1,5-dimethyl-2-phenyl-1,2-dihydro- 3568
$C_{15}H_{21}N_3O_3S$
Methansulfinsäure, [(1,5-Dimethyl-3-oxo-2-phenyl-2,3-dihydro-1*H*-pyrazol-4-yl)-isopropyl-amino]- 3570
$C_{15}H_{21}N_3O_4S$
Methansulfonsäure, [(1,2-Dimethyl-3-oxo-5-phenyl-2,3-dihydro-1*H*-pyrazol-4-yl)-isopropyl-amino]- 3788
—, [(1,5-Dimethyl-3-oxo-2-phenyl-2,3-dihydro-1*H*-pyrazol-4-yl)-isopropyl-amino]- 3570
$[C_{15}H_{21}N_4OS]^+$
Pyridinium, 1-[2-Äthylmercapto-4-amino-pyrimidin-5-ylmethyl]-3-[2-hydroxy-äthyl]-2-methyl- 3399
$C_{15}H_{21}N_5O_2S_2$
Toluol-4-sulfonamid, *N*-[4-Amino-6-dimethylamino-2-methylmercapto-pyrimidin-5-yl]-*N*-methyl- 3350
$C_{15}H_{21}N_5O_3S$
Sulfanilsäure-[4-diäthylamino-6-methoxy-pyrimidin-2-ylamid] 3362
$[C_{15}H_{22}N_3O]^+$
Ammonium, [1,5-Dimethyl-3-oxo-2-phenyl-2,3-dihydro-1*H*-pyrazol-4-ylmethyl]-trimethyl- 3613
$C_{15}H_{22}N_3O_3PS$
Amidothiophosphorsäure, [1,5-Dimethyl-3-oxo-2-phenyl-2,3-dihydro-1*H*-pyrazol-4-yl]-, *O,O'*-diäthylester 3606
$C_{15}H_{22}N_3O_4P$
Amidophosphorsäure, [1,5-Dimethyl-3-oxo-2-phenyl-2,3-dihydro-1*H*-pyrazol-4-yl]-, diäthylester 3605
$C_{15}H_{22}N_4O$
Äthylendiamin, *N,N*-Diäthyl-*N'*-[4-methoxy-chinazolin-6-yl]- 3430
—, *N,N*-Diäthyl-*N'*-[4-methoxy-chinazolin-7-yl]- 3430
—, *N,N*-Diäthyl-*N'*-[4-methoxy-chinazolin-8-yl]- 3431
—, *N,N*-Diäthyl-*N'*-[6-methoxy-chinazolin-4-yl]- 3431
—, *N,N*-Diäthyl-*N'*-[7-methoxy-chinazolin-4-yl]- 3433
—, *N,N*-Diäthyl-*N'*-[7-methoxy-chinoxalin-5-yl]- 3441
Chinazolin-4-on, 6-[2-Diäthylamino-äthylamino]-3-methyl-3*H*- 3779
—, 7-[2-Diäthylamino-äthylamino]-3-methyl-3*H*- 3780
—, 8-[2-Diäthylamino-äthylamino]-3-methyl-3*H*- 3780
—, 2-[3-Diäthylamino-propylamino]-3*H*- 3777
Chinoxalin-2-on, 3-[2-Diäthylamino-äthylamino]-6-methyl-1*H*- 3792
[1,8]Naphthyridin-2-ylamin, 7-[2-Diäthylamino-äthoxy]-5-methyl- 3443
$C_{15}H_{22}N_4O_3S$
Sulfamid, *N,N*-Diäthyl-*N'*-[1,5-dimethyl-3-oxo-2-phenyl-2,3-dihydro-1*H*-pyrazol-4-yl]- 3605
$C_{15}H_{22}N_4S$
[1,8]Naphthyridin-2-ylamin, 7-[2-Diäthylamino-äthylmercapto]-5-methyl- 3443
$C_{15}H_{23}N_3O_3S_2$
Formamid, *N*-[4-Hydroxy-1-methyl-2-propyldisulfanyl-but-1-enyl]-*N*-[2-methyl-6-oxo-1,6-dihydro-pyrimidin-5-ylmethyl]- 3737
$C_{15}H_{23}N_4O_3P$
Diamidophosphorsäure, *N'*-[1,5-Dimethyl-3-oxo-2-phenyl-2,3-dihydro-1*H*-pyrazol-4-yl]-*N,N*-dimethyl-, äthylester 3606
$C_{15}H_{24}N_4O$
Propandiyldiamin, *N,N*-Diäthyl-*N'*-[6-methoxy-1(3)*H*-benzimidazol-5-yl]- 3421
$C_{15}H_{24}N_4O_2$
Glycin, *N*-Cyclohexyl-, [6-äthoxy-2-methyl-pyrimidin-4-ylamid] 3373
$C_{15}H_{24}N_5O_2P$
Phosphamid, *N''*-[1,5-Dimethyl-3-oxo-2-phenyl-2,3-dihydro-1*H*-pyrazol-4-yl]-*N,N,N',N'*-tetramethyl- 3606
$C_{15}H_{26}N_4O_2$
Glycin, *N,N*-Dipropyl-, [6-äthoxy-2-methyl-pyrimidin-4-ylamid] 3373
$C_{15}H_{26}N_6S_2$
Imidazol-2-thion, 5,5,5',5'-Tetramethyl-1,5,1',5'-tetrahydro-4,4'-pentandiyl=diamino-bis- 3619
$C_{15}H_{27}N_3O$
Imidazol-4-on, 5-[4-Diäthylamino-1-methyl-butyliden]-2-propyl-3,5-dihydro- 3755

$C_{15}H_{28}N_4O$
Äthylendiamin, *N,N*-Dibutyl-*N'*-[4-methoxy-pyrimidin-2-yl]- 3353
Pyrimidin-2,4-diyldiamin, 5-Undecyloxy- 3367
Pyrimidin-4-on, 6-[4-Diäthylamino-1-methyl-butylamino]-2,5-dimethyl-3*H*- 3736
–, 2-[3-Dibutylamino-propylamino]-3*H*- 3638
Pyrimidin-2-ylamin, 4-[2-Dibutylamino-äthoxy]-6-methyl- 3386
–, 4-[2-Diisobutylamino-äthoxy]-6-methyl- 3387

$C_{15}H_{28}N_4S$
Butandiyldiamin, N^4,N^4-Diäthyl-1-methyl-N^1-[6-methyl-2-methylmercapto-pyrimidin-4-yl]- 3381

$C_{15}H_{29}N_3O$
Amin, [1,5-Dimethyl-3-octyloxy-1*H*-pyrazol-4-yl]-dimethyl- 3327
Pyrazol-3-on, 5-Amino-2-dodecyl-1,2-dihydro- 3517
–, 5-Amino-4-dodecyl-1,2-dihydro- 3629
–, 4-Dimethylamino-1,5-dimethyl-2-octyl-1,2-dihydro- 3552

$C_{15}H_{29}N_5O$
Pyrimidin-4-on, 2-{3-[(2-Diäthylamino-äthyl)-methyl-amino]-propylamino}-6-methyl-3*H*- 3713

C_{16}

$C_{16}H_{10}BrN_3$
Pyrazol-4-carbonitril, 5-[4-Brom-phenyl]-1-phenyl-1*H*- 3807

$C_{16}H_{10}BrN_3O$
Benzo[*e*]perimidin-7-on, 8-Amino-9-brom-2-methyl- 3868

$C_{16}H_{10}Br_3N_3O_2$
Benzamid, *N*-[5-Oxo-1-(2,4,6-tribrom-phenyl)-2,5-dihydro-1*H*-pyrazol-3-yl]- 3524

$C_{16}H_{11}BrN_4O_4$
Benzoesäure, 3-Nitro-, [1-(4-brom-phenyl)-5-oxo-2,5-dihydro-1*H*-pyrazol-3-ylamid] 3525

$C_{16}H_{11}ClN_4O_4$
Benzoesäure, 3-Nitro-, [1-(3-chlor-phenyl)-5-oxo-2,5-dihydro-1*H*-pyrazol-3-ylamid] 3525

$C_{16}H_{11}Cl_2N_3O$
Amin, [4-Chlor-5-phenoxy-pyrimidin-2-yl]-[4-chlor-phenyl]- 3364

$C_{16}H_{11}N_3$
Pyrazol-4-carbonitril, 1,5-Diphenyl-1*H*- 3807

$C_{16}H_{11}N_3O$
Benzo[*e*]perimidin-7-on, 6-Amino-2-methyl- 3867
–, 8-Amino-2-methyl- 3868

$C_{16}H_{12}BrN_3O$
Keton, [5-Amino-1-phenyl-1*H*-pyrazol-4-yl]-[4-brom-phenyl]- 3807

$C_{16}H_{12}BrN_3O_2$
Benzamid, *N*-[1-(4-Brom-phenyl)-5-oxo-2,5-dihydro-1*H*-pyrazol-3-yl]- 3524

$C_{16}H_{12}ClN_3O$
Pyrimidin-4-on, 2-[4-Chlor-anilino]-5-phenyl-3*H*- 3806
–, 2-[4-Chlor-anilino]-6-phenyl-3*H*- 3805
Methochlorid $[C_{16}H_{12}N_3O]Cl$ aus 6-Amino-benzo[*e*]perimidin-7-on 3853

$C_{16}H_{12}ClN_3O_2$
Benzamid, *N*-[1-(3-Chlor-phenyl)-5-oxo-2,5-dihydro-1*H*-pyrazol-3-yl]- 3524

$C_{16}H_{12}N_4$
[2,2']Biindolyl-3-ylamin, 3'-Imino-1*H*,3'*H*- 3868

$C_{16}H_{12}N_4O$
Benzo[*e*]perimidin-7-on, 6-Amino-5-methylamino- 3867
–, 8-Amino-4-methylamino- 3866

$C_{16}H_{12}N_4O_4$
Benzoesäure, 2-Nitro-, [5-oxo-1-phenyl-2,5-dihydro-1*H*-pyrazol-3-ylamid] 3524
–, 3-Nitro-, [5-oxo-1-phenyl-2,5-dihydro-1*H*-pyrazol-3-ylamid] 3524
–, 4-Nitro-, [5-oxo-1-phenyl-2,5-dihydro-1*H*-pyrazol-3-ylamid] 3525

$C_{16}H_{12}N_4O_4S_2$
Benzolsulfonsäure, 4-Nitro-, [6-phenylmercapto-pyridazin-3-ylamid] 3334
–, 4-Nitro-, [5-phenylmercapto-pyrimidin-2-ylamid] 3366

$C_{16}H_{13}BrN_4O_4$
Pyrazol-3-on, 2-[4-Brom-phenyl]-1,5-dimethyl-4-[5-nitro-furfurylidenamino]-1,2-dihydro- 3599

$C_{16}H_{13}ClN_4O$
Pyrimidin-2,4-diyldiamin, 5-[5-Chlor-biphenyl-2-yloxy]- 3370
–, 5-[4-Chlor-phenoxy]-6-phenyl- 3448

$[C_{16}H_{13}IN_3O_2]^+$
Imidazo[1,2-*a*]pyridinium, 3-[4-Acetylamino-benzyliden]-6-jod-2-oxo-2,3-dihydro-1*H*- 3838

$C_{16}H_{13}N_3O$
Keton, [5-Amino-1-phenyl-1*H*-pyrazol-4-yl]-phenyl- 3807
Pyrazin-2-on, 3-Amino-5,6-diphenyl-1*H*- 3846

$C_{16}H_{13}N_3O$ (Fortsetzung)
Pyrazol-3-on, 5-Amino-4-benzyliden-2-phenyl-2,4-dihydro- 3808
–, 4-Aminomethylen-2,5-diphenyl-2,4-dihydro- 3809
–, 4-Anilinomethylen-5-phenyl-2,4-dihydro- 3809
Pyrimidin-4-on, 2-Amino-5,6-diphenyl-3*H*- 3846
–, 6-Anilino-2-phenyl-3*H*- 3805

$C_{16}H_{13}N_3O_2$
Acetamid, *N*-[7-Oxo-5-phenyl-7,8-dihydro-[1,8]naphthyridin-2-yl]- 3838
Benzamid, *N*-[4-Oxo-3,4-dihydro-phthalazin-1-ylmethyl]- 3793
–, *N*-[3-Oxo-2-phenyl-2,3-dihydro-1*H*-pyrazol-4-yl]- 3515
–, *N*-[5-Oxo-1-phenyl-2,5-dihydro-1*H*-pyrazol-3-yl]- 3524
–, *N*-[5-Oxo-2-phenyl-2,5-dihydro-1*H*-pyrazol-3-yl]- 3525
Benzoesäure-[5-amino-1-phenyl-1*H*-pyrazol-3-ylester] 3322
– [5-anilino-1(2)*H*-pyrazol-3-ylester] 3322
Essigsäure-[2-(4-oxo-3,4-dihydro-chinazolin-2-yl)-anilid] 3835
Pyrazol-3-on, 5-Anilino-2-benzoyl-1,2-dihydro- 3524
Pyrimidin-5-ylamin, 2,4-Diphenoxy- 3481

$C_{16}H_{13}N_3O_3$
Anthranilsäure, *N*-[4-Methoxy-chinazolin-2-yl]- 3428
–, *N*-[4-Oxo-3,4-dihydro-chinazolin-2-yl]-, methylester 3777
Benzoesäure, 2-[2-Amino-4-oxo-4*H*-chinazolin-3-yl]-, methylester 3777
–, 4-[(3-Oxo-3,4-dihydro-chinoxalin-2-ylmethyl)-amino]- 3792

$C_{16}H_{13}N_3O_5S$
Benzolsulfonsäure, 4-[3-Benzoylamino-5-oxo-2,5-dihydro-pyrazol-1-yl]- 3533

$C_{16}H_{14}ClN_3O$
Amin, [4-Äthoxy-chinazolin-2-yl]-[4-chlor-phenyl]- 3428
Chinoxalin-2-on, 6-Chlor-1-methyl-3-[2-methylamino-phenyl]-1*H*- 3836
–, 7-Chlor-1-methyl-3-[2-methylamino-phenyl]-1*H*- 3836

$C_{16}H_{14}N_4O$
Pyrimidin-2,4-diyldiamin, 5-Biphenyl-4-yloxy- 3370

$C_{16}H_{14}N_4OS$
Thioharnstoff, *N*-[5-Oxo-1-phenyl-2,5-dihydro-1*H*-pyrazol-3-yl]-*N'*-phenyl- 3527

$C_{16}H_{14}N_4O_2$
Benzoesäure, 3-Amino-, [5-oxo-1-phenyl-2,5-dihydro-1*H*-pyrazol-3-ylamid] 3535
Chinoxalin-2-on, 1-Methyl-3-[2-(methyl-nitroso-amino)-phenyl]-1*H*- 3835
Harnstoff, *N*-[4-Oxo-3,4-dihydro-phthalazin-1-ylmethyl]-*N'*-phenyl- 3793
–, *N*-[5-Oxo-1-phenyl-2,5-dihydro-1*H*-pyrazol-3-yl]-*N'*-phenyl- 3527

$C_{16}H_{14}N_4O_2S$
Pyrazol-3-ylamin, 5-Methyl-4-[4-nitro-phenylmercapto]-2-phenyl-2*H*- 3327

$C_{16}H_{14}N_4O_2S_2$
Sulfanilsäure-[5-phenylmercapto-pyrimidin-2-ylamid] 3366

$C_{16}H_{14}N_4O_3$
Amin, [5-Methoxy-1-methyl-1*H*-benzimidazol-2-yl]-[2-nitro-benzyliden]- 3420
Benzamid, *N*-[1-Nitroso-3-oxo-5-phenyl-pyrazolidin-4-yl]- 3772
Pyrazol-3-on, 5-Benzylamino-2-[4-nitro-phenyl]-1,2-dihydro- 3520

$C_{16}H_{14}N_4O_3S$
Sulfanilsäure-[6-oxo-4-phenyl-1,6-dihydro-pyrimidin-2-ylamid] 3805
– [6-phenoxy-pyridazin-3-ylamid] 3332

$C_{16}H_{14}N_4O_4$
Benzamid, *N*-[3-(3-Nitro-phenyl)-5-oxo-5-pyrazolidin-4-yl]- 3772
–, *N*-[3-(4-Nitro-phenyl)-5-oxo-pyrazolidin-4-yl]- 3773
Pyrazol-3-on, 1,5-Dimethyl-4-[5-nitro-furfurylidenamino]-2-phenyl-1,2-dihydro- 3598

$C_{16}H_{14}N_4O_4S$
Benzamid, *N*-[5-Oxo-1-(4-sulfamoyl-phenyl)-2,5-dihydro-1*H*-pyrazol-3-yl]- 3533

$[C_{16}H_{15}BrN_3O]^+$
Imidazo[1,2-*a*]pyridinium, 6-Brom-3-[4-dimethylamino-benzyliden]-2-oxo-2,3-dihydro-1*H*- 3838

$[C_{16}H_{15}IN_3O]^+$
Imidazo[1,2-*a*]pyridinium, 3-[4-Dimethylamino-benzyliden]-6-jod-2-oxo-2,3-dihydro-1*H*- 3838

$C_{16}H_{15}N_3O$
Amin, [4-Äthoxy-chinazolin-2-yl]-phenyl- 3428
–, Benzyl-[8-methoxy-chinazolin-4-yl]- 3436
Chinazolin-2-on, 6-Methyl-4-*p*-toluidino-1*H*- 3792
–, 8-Methyl-4-*o*-toluidino-1*H*- 3792
Chinoxalin-2-on, 1-Methyl-3-[2-methylamino-phenyl]-1*H*- 3835
–, 1-Methyl-3-[*N*-methyl-anilino]-1*H*- 3782
Imidazol-4-on, 2-Amino-3-methyl-5,5-diphenyl-3,5-dihydro- 3839

$C_{16}H_{15}N_3O$ (Fortsetzung)
Imidazol-4-on, 2-Methylamino-5,5-diphenyl-1,5-dihydro- 3839
Imidazol-4-ylamin, 2-Phenoxymethyl-5-phenyl-1(3)*H*- 3444
Imidazo[1,2-*a*]pyridinium, 2-[4-Dimethylamino-benzyliden]-3-oxo-2,3-dihydro-1*H*-, betain 3838
Phenol, 3-[4-Amino-5-phenyl-1(3)*H*-imidazol-2-ylmethyl]- 3470
–, 4-[4-Amino-5-phenyl-1(3)*H*-imidazol-2-ylmethyl]- 3470
Phthalazin-1-on, 4-[4-Dimethylamino-phenyl]-2*H*- 3837
Pyrazol-3-ol, 5-Amino-4-benzyliden-2-phenyl-3,4-dihydro-2*H*- 3795
Pyrazol-3-on, 5-Amino-4-benzyl-1-phenyl-1,2-dihydro- 3795
–, 5-Amino-4-benzyl-2-phenyl-1,2-dihydro- 3795
–, 4-Amino-5-methyl-1,2-diphenyl-1,2-dihydro- 3566
–, 5-Amino-1-methyl-2,4-diphenyl-1,2-dihydro- 3790
–, 5-Benzylamino-2-phenyl-1,2-dihydro- 3520
–, 2-Phenyl-5-*p*-toluidino-1,2-dihydro-3520
Pyrazol-3-ylamin, 5-[4-Methoxy-phenyl]-2-phenyl-2*H*- 3442
Pyridazin-3-on, 6-Dimethylamino-2-[1]naphthyl-2*H*- 3631
–, 6-Dimethylamino-2-[2]naphthyl-2*H*- 3631
Pyrido[1,2-*c*]pyrimidin-1-on, 3-Dimethylamino-4-phenyl- 3837
Pyrimidin-4-on, 2-Amino-5,6-diphenyl-5,6-dihydro-3*H*- 3841

$C_{16}H_{15}N_3OS$
Phthalazin-1-thion, 4-[4-Methoxy-benzylamino]-2*H*- 3785

$C_{16}H_{15}N_3O_2$
Amin, [8-Methoxy-chinazolin-4-yl]-[4-methoxy-phenyl]- 3436
Benzamid, *N*-[3-Oxo-5-phenyl-pyrazolidin-4-yl]- 3772
Pyrazol-3-on, 4-Furfurylidenamino-1,5-dimethyl-2-phenyl-1,2-dihydro-3598
Pyrimidin-4-on, 2-[6-Methoxy-[2]naphthylamino]-6-methyl-3*H*- 3707

$C_{16}H_{15}N_3O_3S$
Toluol-4-sulfonamid, *N*-[7-Methoxy-chinoxalin-5-yl]- 3441
–, *N*-[5-Oxo-1-phenyl-2,5-dihydro-1*H*-pyrazol-3-yl]- 3540

$C_{16}H_{15}N_3O_4S$
Benzolsulfonsäure, 4-Methoxy-, [5-oxo-1-phenyl-2,5-dihydro-1*H*-pyrazol-3-ylamid] 3540

$C_{16}H_{15}N_5O$
Guanidin, *N*-[4-Methyl-6-oxo-1,6-dihydro-pyrimidin-2-yl]-*N'*-[1]naphthyl- 3710

$C_{16}H_{15}N_5O_4$
Barbitursäure, 5-[(1,5-Dimethyl-3-oxo-2-phenyl-2,3-dihydro-1*H*-pyrazol-4-ylimino)-methyl]- 3603

$C_{16}H_{16}ClN_3O$
Benzo[*b*][1,5]naphthyridin-10-ylamin, 2-Butoxy-7-chlor- 3464

$[C_{16}H_{16}N_3O]^+$
Imidazo[1,2-*a*]pyridinium, 2-[4-Dimethylamino-benzyliden]-3-oxo-2,3-dihydro-1*H*- 3838
–, 3-[4-Dimethylamino-benzyliden]-2-oxo-2,3-dihydro-1*H*- 3838
Pyridinium, 1-[6,7-Dimethyl-3-oxo-3,4-dihydro-chinoxalin-2-ylmethyl]-3803

$C_{16}H_{16}N_3O_4P$
Amidophosphorsäure, [1-Methyl-4-oxo-4,5-dihydro-1*H*-imidazol-2-yl]-, diphenylester 3548

$C_{16}H_{16}N_4O$
Pyrazol-3-on, 2-[4-Amino-phenyl]-5-benzylamino-1,2-dihydro- 3534

$C_{16}H_{16}N_4O_3S$
Sulfanilsäure-[5-methyl-3-oxo-1-phenyl-2,3-dihydro-1*H*-pyrazol-4-ylamid] 3603
– [2-(4-oxo-3,4-dihydro-chinazolin-2-yl)-äthylamid] 3798

$C_{16}H_{16}N_4O_4S$
Phthalimid, *N*-{2-[(4-Amino-2-methyl-pyrimidin-5-yl)-methansulfonyl]-äthyl}-3406
Sulfanilsäure-[6,7-dimethoxy-chinoxalin-5-ylamid] 3500

$C_{16}H_{16}N_4S$
Pyrimidin-4-ylamin, 5-Aminomethyl-2-[1]naphthylmethylmercapto- 3399

$C_{16}H_{16}N_6O_2$
Guanidin, *N*-[6-Methoxy-[8]chinolyl]-*N'*-[4-methyl-6-oxo-1,6-dihydro-pyrimidin-2-yl]- 3710

$C_{16}H_{16}N_6O_5$
Pyrimidin, 2-[4-Äthoxy-3-nitro-phenyl]-4,6-bis-aziridin-1-yl-5-nitro- 3447

$C_{16}H_{16}N_8O_3S$
Benzolsulfonsäure, 4-[2,6-Diamino-[3]pyridylazo]-, [4-methyl-6-oxo-1,6-dihydro-pyrimidin-2-ylamid] 3717

$C_{16}H_{17}N_3O$
Äthylamin, 2-[5-Benzyloxy-1(2)*H*-indazol-3-yl]- 3423

$C_{16}H_{17}N_3O_2$
Benzo[*c*][2,7]naphthyridin-5-ylamin, 7,8-Dimethoxy-2,4-dimethyl- 3504
$C_{16}H_{17}N_3O_4$
Pyrimidin, 4-Acetoxy-2-[4-acetoxy-benzylamino]-6-methyl- 3388
Diacetyl-Derivat $C_{16}H_{17}N_3O_4$ aus 2-[4-Hydroxy-benzylamino]-6-methyl-3*H*-pyrimidin-4-on 3708
$C_{16}H_{17}N_3O_5$
Cytidin, $O^{2'}$,$O^{3'}$-Benzyliden- 3688
$C_{16}H_{17}N_7O_3S$
Benzolsulfonsäure, 4-[2-Amino-6-methyl-pyrimidin-4-yloxy]-, [2-amino-6-methyl-pyrimidin-4-ylamid] 3386
$C_{16}H_{18}N_4O_2$
[1,7]Phenanthrolin-10-on, 4-[2-(2-Hydroxy-äthylamino)-äthylamino]-7*H*- 3831
$C_{16}H_{18}N_4O_4S$
Sulfanilsäure, *N*-Acetyl-, [4-methoxy-6,7-dihydro-5*H*-cyclopentapyrimidin-2-ylamid] 3416
$C_{16}H_{18}N_5O_2P$
Phosphorsäure-dianilid-[1-methyl-4-oxo-4,5-dihydro-1*H*-imidazol-2-ylamid] 3548
$C_{16}H_{19}BrN_4O_3$
Harnstoff, *N*-[2-Brom-butyryl]-*N'*-[1,5-dimethyl-3-oxo-2-phenyl-2,3-dihydro-1*H*-pyrazol-4-yl]- 3582
$C_{16}H_{19}N_3O$
Propan-1-on, 3-Dimethylamino-1-[4-methyl-2-phenyl-pyrimidin-5-yl]- 3828
Pyridazin-3-on, 6-Äthyl-2-phenyl-4-pyrrolidino-2*H*- 3733
—, 6-Methyl-2-phenyl-4-piperidino-2*H*- 3698
$C_{16}H_{19}N_3OS_2$
Thiocarbamidsäure, [2-Äthylmercapto-6-phenyl-pyrimidin-4-yl]-, *O*-propylester 3447
$C_{16}H_{19}N_3O_3$
Acetoacetamid, *N*-[1,5-Dimethyl-3-oxo-2-phenyl-2,3-dihydro-1*H*-pyrazol-4-yl]-*N*-methyl- 3591
$C_{16}H_{19}N_3O_4$
Succinamidsäure, *N*-[1,5-Dimethyl-3-oxo-2-phenyl-2,3-dihydro-1*H*-pyrazol-4-yl]-, methylester 3580
$C_{16}H_{19}N_3O_6S$
2'-Desoxy-cytidin, $O^{5'}$-[Toluol-4-sulfonyl]- 3664
$C_{16}H_{19}N_5OS$
Pyrimidin-4-ylamin, 2-Benzylmercapto-5-nitroso-5-piperidino- 3344
$C_{16}H_{20}BrN_3O_2$
Buttersäure, 2-Brom-, [(1,5-dimethyl-3-oxo-2-phenyl-2,3-dihydro-1*H*-pyrazol-4-yl)-methyl-amid] 3578
Propionsäure, 2-Brom-, [äthyl-(1,5-dimethyl-3-oxo-2-phenyl-2,3-dihydro-1*H*-pyrazol-4-yl)-amid] 3577
Valeriansäure, 2-Brom-, [1,5-dimethyl-3-oxo-2-phenyl-2,3-dihydro-1*H*-pyrazol-4-ylamid] 3578
$C_{16}H_{20}ClN_3O$
1,3-Diaza-spiro[5.6]dodec-2-en-4-on, 2-Amino-5-[4-chlor-phenyl]- 3825
$C_{16}H_{20}ClN_3O_3$
Carbamidsäure, [4-Isopropyl-2-methyl-5-oxo-1-phenyl-2,5-dihydro-1*H*-pyrazol-3-yl]-, [2-chlor-äthylester] 3621
$C_{16}H_{20}ClN_5O$
Guanidin, *N*-[5-Butyl-4-methyl-6-oxo-1,6-dihydro-pyrimidin-2-yl]-*N'*-[4-chlor-phenyl]- 3752
$C_{16}H_{20}N_3O_7P$
2'-Desoxy-[3']cytidylsäure-monobenzylester 3664
2'-Desoxy-[5']cytidylsäure-monobenzylester 3665
$C_{16}H_{20}N_3O_8P$
[2']Cytidylsäure-monobenzylester 3672
[3']Cytidylsäure-monobenzylester 3671
$C_{16}H_{20}N_4O$
Pyrimidin-4-on, 2-Amino-6-phenyl-5-piperidinomethyl-3*H*- 3816
$C_{16}H_{20}N_4OS$
Acetamid, *N*-[4-(Benzyl-methyl-amino)-6-methyl-2-methylmercapto-pyrimidin-5-yl]- 3384
$C_{16}H_{20}N_4O_3$
Chinazolin-4-on, 6-Amino-3-[3-(3-hydroxy-[2]piperidyl)-2-oxo-propyl]-3*H*- 3779
—, 7-Amino-3-[3-(3-hydroxy-[2]piperidyl)-2-oxo-propyl]-3*H*- 3780
$C_{16}H_{20}N_4O_3S$
Toluol-4-sulfonsäure-[2,4-diamino-5,6,7,8-tetrahydro-chinazolin-6-ylmethylester] 3417
$C_{16}H_{20}N_4O_3S_3$
Sulfanilsäure, *N*-Acetyl-, [4,6-bis-äthylmercapto-pyrimidin-2-ylamid] 3489
$C_{16}H_{20}N_4O_4S$
Acetamid, *N*-[4-(5-Äthyl-4-methyl-6-oxo-1,6-dihydro-pyrimidin-2-ylsulfamoyl)-benzyl]- 3747
Sulfanilsäure, *N*-Acetyl-, [4-äthoxymethyl-6-methyl-pyrimidin-2-ylamid] 3410
—, *N*-Acetyl-, [5-isopropyl-4-methyl-6-oxo-1,6-dihydro-pyrimidin-2-ylamid] 3749

$C_{16}H_{20}N_4O_4S$ (Fortsetzung)
Sulfanilsäure, *N*-Acetyl-, [4-methyl-6-oxo-5-propyl-1,6-dihydro-pyrimidin-2-ylamid] 3748
–, *N*-Acetyl-, [4-methyl-6-propoxy-pyrimidin-2-ylamid] 3390

$C_{16}H_{20}N_4O_5S$
Sulfanilsäure-[4-(2,2-dimethyl-[1,3]dioxolan-4-ylmethoxy)-pyrimidin-2-ylamid] 3355
Sulfanilsäure, *N*-Acetyl-, [4-äthoxy-6-methoxymethyl-pyrimidin-2-ylamid] 3492
–, *N*-Acetyl-, [5-äthyl-4,6-dimethoxy-pyrimidin-2-ylamid] 3494
–, *N*-Acetyl-, [4,6-bis-methoxymethyl-pyrimidin-2-ylamid] 3495
–, *N*-Acetyl-, [2,4-diäthoxy-pyrimidin-5-ylamid] 3482
–, *N*-Acetyl-, [4,5-diäthoxy-pyrimidin-2-ylamid] 3485
–, *N*-Acetyl-, [4,6-diäthoxy-pyrimidin-2-ylamid] 3487
–, *N*-Acetyl-, [4-dimethoxymethyl-6-methyl-pyrimidin-2-ylamid] 3761
–, *N*-Acetyl-, [4-(2-methoxy-äthoxy)-6-methyl-pyrimidin-2-ylamid] 3390

$C_{16}H_{20}N_4O_6S$
Sulfanilsäure, *N*-Acetyl-, [4,5-dimethoxy-6-methoxymethyl-pyrimidin-2-ylamid] 3510

$C_{16}H_{20}N_4S$
Pyrimidin-4-ylamin, 2-Benzylmercapto-6-piperidino- 3340

$C_{16}H_{21}BrN_4O_2$
Alanin, *N,N*-Dimethyl-, [2-(4-brom-phenyl)-1,5-dimethyl-3-oxo-2,3-dihydro-1*H*-pyrazol-4-ylamid] 3595

$C_{16}H_{21}ClN_4O$
Chinoxalin-2-on, 6-Chlor-3-[3-piperidino-propylamino]-1*H*- 3783

$C_{16}H_{21}ClN_4S$
Chinoxalin-2-thion, 6-Chlor-3-[3-piperidino-propylamino]-1*H*- 3783
–, 7-Chlor-3-[3-piperidino-propylamino]-1*H*- 3783

$C_{16}H_{21}N_3O$
Propan-1-ol, 3-Dimethylamino-1-[4-methyl-2-phenyl-pyrimidin-5-yl]- 3454
Pyrazol-3-on, 5-Methyl-2-phenyl-4-piperidinomethyl-1,2-dihydro- 3615

$C_{16}H_{21}N_3O_2$
Pyrazol-3-on, 5-Amino-1-benzoyl-4-hexyl-1,2-dihydro- 3627

$C_{16}H_{21}N_3O_2S$
Thiocarbamidsäure, [1,5-Dimethyl-3-oxo-2-phenyl-2,3-dihydro-1*H*-pyrazol-4-yl]-, *O*-isobutylester 3584

$C_{16}H_{21}N_3O_3$
Buttersäure, 3-Hydroxy-, [(1,5-dimethyl-3-oxo-2-phenyl-2,3-dihydro-1*H*-pyrazol-4-yl)-methyl-amid] 3589
Carbamidsäure, [4-*sec*-Butyl-2-methyl-5-oxo-1-phenyl-2,5-dihydro-1*H*-pyrazol-3-yl]-, methylester 3624
–, [4-Isopropyl-2-methyl-5-oxo-1-phenyl-2,5-dihydro-1*H*-pyrazol-3-yl]-, äthylester 3621
–, [4-Isopropyl-2-methyl-5-oxo-1-*p*-tolyl-2,5-dihydro-1*H*-pyrazol-3-yl]-, methylester 3621

$C_{16}H_{21}N_3O_4$
Carbamidsäure, [4-Isopropyl-2-methyl-5-oxo-1-phenyl-2,5-dihydro-1*H*-pyrazol-3-yl]-, [2-hydroxy-äthylester] 3621

$C_{16}H_{21}N_3S$
Amin, [4-Benzylmercapto-6-methyl-pyrimidin-2-yl]-butyl- 3393

$C_{16}H_{21}N_5OS$
Pyrimidin-4,6-diyldiamin, N^4-Benzyl-N^4-butyl-2-methylmercapto-5-nitroso- 3344

$C_{16}H_{21}N_5O_3$
Harnstoff, *N*-[*N,N*-Dimethyl-glycyl]-*N'*-[1,5-dimethyl-3-oxo-2-phenyl-2,3-dihydro-1*H*-pyrazol-4-yl]- 3583

$C_{16}H_{21}N_5O_8S$
Xylose, O^2,O^3,O^4-Triacetyl-, [6-amino-2-methylmercapto-5-nitroso-pyrimidin-4-ylimin] 3345

$C_{16}H_{22}ClN_3O_2$
Chinoxalin-2-ylamin, 5,8-Dibutoxy-3-chlor- 3499

$C_{16}H_{22}N_4O$
Äthylendiamin, *N*-Benzyl-*N*-[4-methoxy-pyrimidin-2-yl]-*N'*,*N'*-dimethyl- 3353
Chinazolin-4-on, 2-[3-Piperidino-propylamino]-3*H*- 3778
Chinoxalin-2-on, 3-[3-Piperidino-propylamino]-1*H*- 3783
1,3-Diaza-spiro[5.5]undeca-1,3-dien-2,4-diyldiamin, 5-[4-Methoxy-phenyl]- 3454

$C_{16}H_{22}N_4OS$
Thioharnstoff, *N,N*-Diäthyl-*N'*-[1,5-dimethyl-3-oxo-2-phenyl-2,3-dihydro-1*H*-pyrazol-4-yl]- 3584

$C_{16}H_{22}N_4O_2$
Alanin, *N*-Äthyl-, [1,5-dimethyl-3-oxo-2-phenyl-2,3-dihydro-1*H*-pyrazol-4-ylamid] 3595
–, *N,N*-Dimethyl-, [1,5-dimethyl-3-oxo-2-phenyl-2,3-dihydro-1*H*-pyrazol-4-ylamid] 3595
–, *N*-Methyl-, [(1,5-dimethyl-3-oxo-2-phenyl-2,3-dihydro-1*H*-pyrazol-4-yl)-methyl-amid] 3596

$C_{16}H_{24}N_4O_2$
Äthylendiamin, *N*,*N*-Diäthyl-*N'*-[6,7-dimethoxy-chinoxalin-5-yl]- 3499
Chinoxalin-2,3-diyldiamin, 5,8-Dibutoxy- 3499
–, 6,7-Dibutoxy- 3500

$C_{16}H_{25}N_3O_3S_2$
Formamid, *N*-[2-Butyldisulfanyl-4-hydroxy-1-methyl-but-1-enyl]-*N*-[2-methyl-6-oxo-1,6-dihydro-pyrimidin-5-ylmethyl]- 3737

$C_{16}H_{27}N_3O$
Pyrazol-3-on, 4-Amino-1,2-dicyclohexyl-5-methyl-1,2-dihydro- 3553

$C_{16}H_{28}N_6S_2$
Imidazol-2-thion, 5,5,5',5'-Tetramethyl-1,5,1',5'-tetrahydro-4,4'-hexandiyl=diamino-bis- 3619

$C_{16}H_{30}N_4O$
Butandiyldiamin, *N*[4],*N*[4]-Diäthyl-*N*[1]-[4-methoxymethyl-6-methyl-pyrimidin-2-yl]-1-methyl- 3409
Pyrimidin-4-on, 2-[3-Dibutylamino-propylamino]-6-methyl-3*H*- 3713

C_{17}

$C_{17}H_{11}N_3O_2$
Acetamid, *N*-[7-Oxo-7*H*-benzo[*e*]perimidin-6-yl]- 3853

$C_{17}H_{11}N_3O_3$
Glycin, *N*-[7-Oxo-7*H*-benzo[*e*]perimidin-6-yl]- 3854
Phthalimid, *N*-[3-Oxo-3,4-dihydro-chinoxalin-2-ylmethyl]- 3792
–, *N*-[4-Oxo-3,4-dihydro-phthalazin-1-ylmethyl]- 3793

$C_{17}H_{11}N_5O_4$
Benzoesäure, 3-Nitro-, [1-(4-cyan-phenyl)-5-oxo-2,5-dihydro-1*H*-pyrazol-3-ylamid] 3532

$C_{17}H_{12}N_4O_2$
Benzamid, *N*-[1-(4-Cyan-phenyl)-5-oxo-2,5-dihydro-1*H*-pyrazol-3-yl]- 3532

$C_{17}H_{13}N_3O$
Benzo[*e*]perimidin-7-on, 2-Äthyl-6-amino- 3869
–, 8-Amino-4,9-dimethyl- 3858
Benzo[*b*][1,10]phenanthrolin-7-ylamin, 6-Methoxy- 3474

$C_{17}H_{13}N_3O_2$
Acetamid, *N*-[2-Methyl-6-oxo-2,6-dihydro-dibenz[*cd*,*g*]indazol-5-yl]- 3843
Benzo[*e*]perimidin-7-on, 6-[2-Hydroxy-äthylamino]- 3853

$C_{17}H_{13}N_3O_3$
Benzamid, *N*-[1-Benzoyl-5-oxo-2,5-dihydro-1*H*-pyrazol-3-yl]- 3526
–, *N*-[2-Benzoyl-5-oxo-2,5-dihydro-1*H*-pyrazol-3-yl]- 3526

$C_{17}H_{13}N_3O_4S$
Äthansulfonsäure, 2-[7-Oxo-7*H*-benzo=[*e*]perimidin-6-ylamino]- 3855

$C_{17}H_{13}N_5O_2$
Benzoesäure, 3-Amino-, [1-(4-cyan-phenyl)-5-oxo-2,5-dihydro-1*H*-pyrazol-3-ylamid] 3537

$C_{17}H_{14}BrN_3O$
Pyridazin-3-on, 5-Benzylamino-4-brom-2-phenyl-2*H*- 3633

$C_{17}H_{14}ClN_3O$
Amin, [4-Chlor-phenyl]-[4-methyl-6-phenoxy-pyrimidin-2-yl]- 3388
Pyrimidin-4-on, 2-[4-Chlor-anilino]-5-methyl-6-phenyl-3*H*- 3815

$C_{17}H_{14}ClN_3O_2$
Essigsäure-[2-(6-chlor-4-methyl-3-oxo-3,4-dihydro-chinoxalin-2-yl)-anilid] 3836
– [2-(7-chlor-4-methyl-3-oxo-3,4-dihydro-chinoxalin-2-yl)-anilid] 3837

$C_{17}H_{14}ClN_5O$
Guanidin, *N*-[4-Chlor-phenyl]-*N'*-[6-oxo-4-phenyl-1,6-dihydro-pyrimidin-2-yl]- 3805
–, *N*-[4-Chlor-phenyl]-*N'*-[6-oxo-5-phenyl-1,6-dihydro-pyrimidin-2-yl]- 3806

$C_{17}H_{14}N_4O$
Benzo[*e*]perimidin-7-on, 4-Äthylamino-8-amino- 3866
–, 6-Amino-2-dimethylamino- 3863
–, 8-Amino-4-dimethylamino- 3866

$C_{17}H_{14}N_4O_4S_2$
Benzolsulfonsäure, 4-Nitro-, [6-benzylmercapto-pyridazin-3-ylamid] 3334
–, 4-Nitro-, [4-methyl-6-phenyl=mercapto-pyrimidin-2-ylamid] 3395

$C_{17}H_{14}N_4O_5S$
Benzolsulfonsäure, 4-Nitro-, [6-methyl-3-oxo-2-phenyl-2,3-dihydro-pyridazin-4-ylamid] 3699

$C_{17}H_{15}N_3O$
Benzo[*e*]perimidin-7-ol, 6-Äthylamino-1*H*- 3472
Pyrazol-3-on, 4-[α-Amino-benzyliden]-5-methyl-2-phenyl-2,4-dihydro- 3818
–, 4-Anilinomethylen-2-methyl-5-phenyl-2,4-dihydro- 3809
–, 4-Anilinomethylen-5-methyl-2-phenyl-2,4-dihydro- 3731
Pyrimidin-4-on, 2-Amino-5-benzyl-6-phenyl-3*H*- 3850
–, 2-Anilino-6-methyl-3-phenyl-3*H*- 3707

$C_{17}H_{15}N_3O$ (Fortsetzung)
Pyrimidin-4-on, 2-Biphenyl-4-ylamino-6-methyl-3*H*- 3706
$C_{17}H_{15}N_3OS$
Pyrimidin-2-thion, 4-*p*-Anisidino-6-phenyl-1*H*- 3806
$C_{17}H_{15}N_3O_2$
Acetamid, *N*-[5-Methyl-7-phenoxy-[1,8]naphthyridin-2-yl]- 3443
–, *N*-[4-Oxo-5,5-diphenyl-4,5-dihydro-1*H*-imidazol-2-yl]- 3839
Benzamid, *N*-[2-Methyl-5-oxo-1-phenyl-2,5-dihydro-1*H*-pyrazol-3-yl]- 3525
Essigsäure-[2-(4-methyl-3-oxo-3,4-dihydro-chinoxalin-2-yl)-anilid] 3835
– [2-(4-oxo-3,4-dihydro-chinazolin-2-ylmethyl)-anilid] 3841
Essigsäure, Phenyl-, [3-oxo-2-phenyl-2,3-dihydro-1*H*-pyrazol-4-ylamid] 3516
Propionsäure-[2-(4-oxo-3,4-dihydro-chinazolin-2-yl)-anilid] 3835
Pyrazol-3-on, 5-Amino-1-benzoyl-4-benzyl-1,2-dihydro- 3796
–, 1,5-Dimethyl-4-[4-oxo-cyclohexa-2,5-dienylidenamino]-2-phenyl-1,2-dihydro- 3573
Pyrimidin-4-on, 2-*p*-Anisidino-5-phenyl-3*H*- 3806
$C_{17}H_{15}N_3O_3$
Anthranilsäure, *N*-[4-Äthoxy-chinazolin-2-yl]- 3429
–, *N*-[4-Methoxy-chinazolin-2-yl]-, methylester 3429
Diacetyl-Derivat $C_{17}H_{15}N_3O_3$ aus 8-Amino-5,10-dihydro-dibenzo[*b,e*][1,4]diazepin-11-on 3834
$C_{17}H_{15}N_3S$
Pyrimidin-2-thion, 4-Benzhydrylamino-1*H*- 3692
$C_{17}H_{15}N_5O$
Guanidin, *N*-[6-Oxo-4-phenyl-1,6-dihydro-pyrimidin-2-yl]-*N'*-phenyl- 3805
$C_{17}H_{15}N_5O_5$
Pyrazol-3-on, 5-[4-Dimethylamino-phenyl]-2-[2,4-dinitro-phenyl]-1,2-dihydro- 3788
–, 4-[2,4-Dinitro-anilino]-1,5-dimethyl-2-phenyl-1,2-dihydro- 3566
$C_{17}H_{15}N_5O_5S$
Sulfanilsäure-[6-methyl-2-(4-nitro-phenyl)-3-oxo-2,3-dihydro-pyridazin-4-ylamid] 3699
$C_{17}H_{16}N_3O_4P$
Amidophosphorsäure, [4-Methyl-6-oxo-1,6-dihydro-pyrimidin-2-yl]-, diphenylester 3717
$C_{17}H_{16}N_4O$
Pyrazol-3-on, 4-[2-Amino-anilinomethylen]-5-methyl-2-phenyl-2,4-dihydro- 3732
–, 1,5-Dimethyl-2-phenyl-4-[2]pyridylmethylenamino-1,2-dihydro- 3600
–, 1,5-Dimethyl-2-phenyl-4-[3]pyridylmethylenamino-1,2-dihydro- 3601
–, 1,5-Dimethyl-2-phenyl-4-[4]pyridylmethylenamino-1,2-dihydro- 3601
Pyrimidin-2,4-diyldiamin, 5-[4-Benzyl-phenoxy]- 3370
–, 5-Biphenyl-4-yloxy-6-methyl- 3385
$C_{17}H_{16}N_4O_2$
Nicotinsäure-[1,5-dimethyl-3-oxo-2-phenyl-2,3-dihydro-1*H*-pyrazol-4-ylamid] 3601
Pyrazol-1-carbonsäure, 5-Amino-4-benzyl-3-oxo-2,3-dihydro-, anilid 3796
Pyrimidin-2,4-diyldiamin, 5-[4-Benzyloxy-phenoxy]- 3371
$C_{17}H_{16}N_4O_2S_2$
Sulfanilsäure-[4-methyl-6-phenylmercapto-pyrimidin-2-ylamid] 3395
$C_{17}H_{16}N_4O_3$
Amin, [1-Äthyl-5-methoxy-1*H*-benzimidazol-2-yl]-[4-nitro-benzyliden]- 3420
$C_{17}H_{16}N_4O_3S$
Pyrimidin-2,4-diyldiamin, 5-[4-Benzolsulfonyl-phenoxy]-6-methyl- 3385
Sulfanilsäure-[5-benzyl-6-oxo-1,6-dihydro-pyrimidin-2-ylamid] 3813
– [6-benzyloxy-pyridazin-3-ylamid] 3333
– [5-(4-methoxy-phenyl)-pyrimidin-4-ylamid] 3449
– [6-methyl-3-oxo-2-phenyl-2,3-dihydro-pyridazin-4-ylamid] 3699
– [4-methyl-6-phenoxy-pyrimidin-2-ylamid] 3390
$C_{17}H_{16}N_4O_4S$
Sulfanilsäure, *N*-Acetyl-, [6-methoxy-chinoxalin-2-ylamid] 3438
–, *N*-Acetyl-, [7-methoxy-chinoxalin-2-ylamid] 3439
–, *N*-Acetyl-, [3-methyl-4-oxo-3,4-dihydro-phthalazin-1-ylamid] 3785
–, *N*-Acetyl-, [5-oxo-1-phenyl-2,5-dihydro-1*H*-pyrazol-3-ylamid] 3540
$C_{17}H_{17}N_3O$
Imidazol-2-on, 4-[4-Dimethylamino-phenyl]-5-phenyl-1,3-dihydro- 3841
Imidazol-4-on, 2-Dimethylamino-5,5-diphenyl-1,5-dihydro- 3839
–, 3-Methyl-2-methylamino-5,5-diphenyl-3,5-dihydro- 3839
Pyrazol-3-on, 4-[2-Amino-benzyl]-5-methyl-2-phenyl-1,2-dihydro- 3799

$C_{17}H_{17}N_3O$ (Fortsetzung)

Pyrazol-3-on, 4-[4-Amino-benzyl]-5-methyl-2-phenyl-1,2-dihydro- 3799

–, 5-Amino-4-benzyl-1-methyl-2-phenyl-1,2-dihydro- 3796

–, 5-Amino-4,4-dibenzyl-2,4-dihydro- 3842

$C_{17}H_{17}N_3OS$

Imidazol-2-thion, 4-[2-Hydroxy-äthylamino]-5,5-diphenyl-1,5-dihydro- 3841

Imidazol-4-thion, 2-[2-Hydroxy-äthylamino]-5,5-diphenyl-1,5-dihydro- 3840

$C_{17}H_{17}N_3O_2$

Anilin, 4-[6,7-Dimethoxy-cinnolin-4-ylmethyl]- 3506

Imidazol-2-on, 4-[2-Hydroxy-äthylamino]-5,5-diphenyl-1,5-dihydro- 3841

Imidazol-4-on, 2-[2-Hydroxy-äthylamino]-5,5-diphenyl-1,5-dihydro- 3840

Imidazol-4-ylamin, 2-[3,4-Dimethoxy-phenyl]-5-phenyl-1(3)*H*- 3505

$C_{17}H_{17}N_3O_3$

Phthalazin-1-on, 4-[2-Hydroxy-3-phenoxy-propylamino]-2*H*- 3785

$C_{17}H_{17}N_5O$

Guanidin, *N*-[6-Oxo-4-phenyl-1,4,5,6-tetrahydro-pyrimidin-2-yl]-*N'*-phenyl- 3795

Pyrazol-3-on, 4-[2-Amino-4-imino-cyclohexa-2,5-dienylidenamino]-1,5-dimethyl-2-phenyl-1,2-dihydro- 3594

$C_{17}H_{18}ClN_7O_4$

Pyrimidin-5-carbaldehyd, 4-Chlor-6-methyl-2-piperidino-, [2,4-dinitro-phenylhydrazon] 3760

$C_{17}H_{18}N_4O$

Pyrimidin-2,4-diyldiamin, 5-[2]Naphthyloxy-6-propyl- 3411

$C_{17}H_{18}N_4O_2$

Chinolin-4-on, 6-[1,6-Dimethyl-2-oxo-1,2-dihydro-pyrimidin-4-ylamino]-1,2-dimethyl-1*H*- 3723

$C_{17}H_{18}N_4O_3S$

Sulfanilsäure-[1,5-dimethyl-3-oxo-2-phenyl-2,3-dihydro-1*H*-pyrazol-4-ylamid] 3604

$C_{17}H_{19}ClN_4O_2$

Äthanol, 2-[2-(7-Chlor-2-methoxy-benzo[*b*][1,5]naphthyridin-10-ylamino)-äthylamino]- 3465

$C_{17}H_{19}N_3O$

Pyrazol-3-on, 4-[2,5-Dimethyl-pyrrol-1-yl]-1,5-dimethyl-2-phenyl-1,2-dihydro- 3568

$C_{17}H_{19}N_3O_3$

Pyrazol-3-on, 1,5-Dimethyl-4-[1-(2-oxo-tetrahydro-[3]furyl)-äthylidenamino]-2-phenyl-1,2-dihydro- 3599

$C_{17}H_{19}N_5O$

Pyrazol-3-on, 4-[2,4-Diamino-anilino]-1,5-dimethyl-2-phenyl-1,2-dihydro- 3593

$C_{17}H_{20}ClN_3O$

Äthanon, 1-[6-Chlor-5-methyl-2-phenyl-pyrimidin-4-yl]-2-diäthylamino- 3827

$C_{17}H_{20}N_4O_2$

Äthanol, 2-[2-(2-Methoxy-benzo[*b*][1,5]naphthyridin-10-ylamino)-äthylamino]- 3464

$C_{17}H_{20}N_4O_4$

Alanin, *N*-Benzyloxycarbonyl-, [1,4-dimethyl-6-oxo-1,6-dihydro-pyrimidin-2-ylamid] 3714

$[C_{17}H_{20}N_5O]^+$

Chinolinium, 4-Amino-6-[1,6-dimethyl-2-oxo-1,2-dihydro-pyrimidin-4-ylamino]-1,2-dimethyl- 3723

$C_{17}H_{21}BrN_4O_3$

Glycin, *N*-[1,5-Dimethyl-3-oxo-2-phenyl-2,3-dihydro-1*H*-pyrazol-4-yl]-, [2-brom-butyrylamid] 3587

Harnstoff, *N*-[α-Brom-isovaleryl]-*N'*-[1,5-dimethyl-3-oxo-2-phenyl-2,3-dihydro-1*H*-pyrazol-4-yl]- 3583

$C_{17}H_{21}N_3O$

Äthanon, 1-[4-Diäthylaminomethyl-2-phenyl-pyrimidin-5-yl]- 3827

Anilin, 4-[2-(2-Äthoxy-6-methyl-pyrimidin-4-yl)-vinyl]-*N*,*N*-dimethyl- 3455

Pyrazol-3-on, 4-Cyclohex-2-enylamino-1,5-dimethyl-2-phenyl-1,2-dihydro- 3566

–, 4-Diallylamino-1,5-dimethyl-2-phenyl-1,2-dihydro- 3565

$C_{17}H_{21}N_3OS_2$

Thiocarbamidsäure, [2-Äthylmercapto-6-phenyl-pyrimidin-4-yl]-, *O*-butylester 3447

$C_{17}H_{21}N_3O_2$

Propionamid, *N*-[5-Butyl-6-oxo-6-phenyl-1,6-dihydro-pyrimidin-2-yl]- 3824

$C_{17}H_{21}N_3O_3$

Carbamidsäure, [4-Isopropyl-2-methyl-5-oxo-1-phenyl-2,5-dihydro-1*H*-pyrazol-3-yl]-, allylester 3621

Diacetamid, *N*-[4-Isopropyl-2-methyl-5-oxo-1-phenyl-2,5-dihydro-1*H*-pyrazol-3-yl]- 3621

$C_{17}H_{21}N_3O_4$

Succinamidsäure, *N*-[1,5-Dimethyl-3-oxo-2-phenyl-2,3-dihydro-1*H*-pyrazol-4-yl]-, äthylester 3580

$C_{17}H_{21}N_3O_4$ (Fortsetzung)
Succinamidsäure, *N*-[1,5-Dimethyl-3-oxo-2-phenyl-2,3-dihydro-1*H*-pyrazol-4-yl]-*N*-methyl-, methylester 3581
$C_{17}H_{21}N_3O_5$
Cytidin, *N*[4]-Phenäthyl- 3678
$C_{17}H_{21}N_3O_6$
Glucopyranosid, [2-(*N*-Methyl-anilino)-pyrimidin-4-yl]- 3352
$C_{17}H_{21}N_5OS$
Formamid, *N*-[4-Amino-2-benzylmercapto-6-piperidino-pyrimidin-5-yl]- 3347
$C_{17}H_{22}BrN_3O_2$
Buttersäure, 2-Äthyl-2-brom-, [1,5-dimethyl-3-oxo-2-phenyl-2,3-dihydro-1*H*-pyrazol-4-ylamid] 3578
–, 2-Brom-, [äthyl-(1,5-dimethyl-3-oxo-2-phenyl-2,3-dihydro-1*H*-pyrazol-4-yl)-amid] 3578
$C_{17}H_{22}ClN_3O$
Äthanol, 1-[6-Chlor-5-methyl-2-phenyl-pyrimidin-4-yl]-2-diäthylamino- 3453
$C_{17}H_{22}N_3O_3PS$
Amidothiophosphorsäure, [1,5-Dimethyl-3-oxo-2-phenyl-2,3-dihydro-1*H*-pyrazol-4-yl]-, *O,O'*-diallylester 3606
$C_{17}H_{22}N_4OS$
Piperidin-1-thiocarbonsäure-[1,5-dimethyl-3-oxo-2-phenyl-2,3-dihydro-1*H*-pyrazol-4-ylamid] 3585
$C_{17}H_{22}N_4O_2$
Alanin, *N*-Allyl-, [1,5-dimethyl-3-oxo-2-phenyl-2,3-dihydro-1*H*-pyrazol-4-ylamid] 3595
$C_{17}H_{22}N_4O_3$
Chinazolin-4-on, 5-Amino-3-[3-(3-methoxy-[2]piperidyl)-2-oxo-propyl]-3*H*- 3778
–, 6-Amino-3-[3-(3-methoxy-[2]piperidyl)-2-oxo-propyl]-3*H*- 3779
–, 7-Amino-3-[3-(3-methoxy-[2]piperidyl)-2-oxo-propyl]-3*H*- 3780
$C_{17}H_{22}N_4O_4S$
Acetamid, *N*-[4-(5-Isopropyl-4-methyl-6-oxo-1,6-dihydro-pyrimidin-2-ylsulfamoyl)-benzyl]- 3750
Sulfanilsäure, *N*-Acetyl-, [5-(2-äthoxy-äthyl)-4-methyl-pyrimidin-2-ylamid] 3412
–, *N*-Acetyl-, [5-butyl-4-methyl-6-oxo-1,6-dihydro-pyrimidin-2-ylamid] 3752
–, *N*-Acetyl-, [5-isobutyl-4-methyl-6-oxo-1,6-dihydro-pyrimidin-2-ylamid] 3753
$C_{17}H_{22}N_4O_5S$
Sulfanilsäure, *N*-Acetyl-, [5-äthoxy-4-äthoxymethyl-pyrimidin-2-ylamid] 3491
–, *N*-Acetyl-, [4-diäthoxymethyl-pyrimidin-2-ylamid] 3756
–, *N*-Acetyl-, [4-(2-methoxy-äthoxy)-5,6-dimethyl-pyrimidin-2-ylamid] 3408
–, *N*-Acetyl-, [4-methoxy-5-(2-methoxy-äthyl)-6-methyl-pyrimidin-2-ylamid] 3495
$C_{17}H_{22}N_4O_6S$
Sulfanilsäure, *N*-Acetyl-, [4-äthoxy-5-methoxy-6-methoxymethyl-pyrimidin-2-ylamid] 3510
$C_{17}H_{23}ClN_4O$
Amin, [3-Chlor-6-methoxy-chinoxalin-2-yl]-[3-piperidino-propyl]- 3438
–, [3-Chlor-7-methoxy-chinoxalin-2-yl]-[3-piperidino-propyl]- 3440
Pyrimidin-4-on, 3-[4-Chlor-phenyl]-2-[2-diäthylamino-äthylamino]-6-methyl-3*H*- 3712
$C_{17}H_{23}ClN_4S$
Äthylendiamin, *N,N*-Diäthyl-*N'*-[2-(4-chlor-phenylmercapto)-6-methyl-pyrimidin-4-yl]- 3381
–, *N,N*-Diäthyl-*N'*-[4-(4-chlor-phenylmercapto)-6-methyl-pyrimidin-2-yl]- 3394
$C_{17}H_{23}N_3O$
Äthanol, 1-[4-Diäthylaminomethyl-2-phenyl-pyrimidin-5-yl]- 3453
Pyrazol-3-on, 5-Amino-4-[2-cyclohexyl-äthyl]-1-phenyl-1,2-dihydro- 3755
–, 4-Cyclohexylamino-1,5-dimethyl-2-phenyl-1,2-dihydro- 3565
–, 1,5-Dimethyl-2-phenyl-4-piperidinomethyl-1,2-dihydro- 3615
–, 1,5-Dimethyl-2-phenyl-4-[2-pyrrolidino-äthyl]-1,2-dihydro- 3623
Pyrimidin-4-on, 2-Diäthylamino-6-[2,5-dimethyl-phenyl]-5-methyl-3*H*- 3823
$C_{17}H_{23}N_3O_2$
Pyrazol-3-on, 5-Amino-1-benzoyl-4-heptyl-1,2-dihydro- 3628
$C_{17}H_{23}N_3O_2S$
Thiocarbamidsäure, [1,5-Dimethyl-3-oxo-2-phenyl-2,3-dihydro-1*H*-pyrazol-4-yl]-, *O*-isopentylester 3584
$C_{17}H_{23}N_3O_3$
Carbamidsäure, [4-Isopropyl-2-methyl-5-oxo-1-phenyl-2,5-dihydro-1*H*-pyrazol-3-yl]-, isopropylester 3621
$C_{17}H_{23}N_3O_5$
2,3-Diaza-norbornan-2,3-dicarbonsäure, 5-Anilino-6-hydroxy-, diäthylester 3321
$C_{17}H_{23}N_5OS$
Formamid, *N*-[4-Amino-6-(benzyl-butyl-amino)-2-methylmercapto-pyrimidin-5-yl]- 3347

$C_{17}H_{23}N_5O_3$
Harnstoff, *N*-[*N*,*N*-Dimethyl-alanyl]-*N'*-[1,5-dimethyl-3-oxo-2-phenyl-2,3-dihydro-1*H*-pyrazol-4-yl]- 3583

$C_{17}H_{23}N_5O_4S$
Sulfanilsäure, *N*-Acetyl-, [4-diäthylamino-6-methoxy-pyrimidin-2-ylamid] 3362

$C_{17}H_{23}N_5O_7S_2$
Xylose, O^2,O^3,O^4-Triacetyl-, [6-amino-2-methylmercapto-5-thioformylamino-pyrimidin-4-ylimin] 3348

$C_{17}H_{23}N_5O_8S$
Xylose, O^2,O^3,O^4-Triacetyl-, [6-amino-5-formylamino-2-methylmercapto-pyrimidin-4-ylimin] 3348

$C_{17}H_{24}IN_3O$
Methojodid [$C_{17}H_{24}N_3O$]I aus 5-Methyl-2-phenyl-4-piperidinomethyl-1,2-dihydro-pyrazol-3-on 3615

$[C_{17}H_{24}N_3O_2]^+$
Pyridinium, 1-[2-Butyl-6-oxo-1,6-dihydro-pyrimidin-5-ylmethyl]-3-[2-hydroxy-äthyl]-2-methyl- 3752

$[C_{17}H_{24}N_3S]^+$
Pyrimidinium, 4-Benzylmercapto-2-butylamino-1,6-dimethyl- 3393

$C_{17}H_{24}N_4O$
Äthylendiamin, *N*,*N*-Diäthyl-*N'*-[4-methyl-6-phenoxy-pyrimidin-2-yl]- 3389
Amin, [6-Methoxy-chinazolin-4-yl]-[3-piperidino-propyl]- 3432
—, [7-Methoxy-chinazolin-4-yl]-[3-piperidino-propyl]- 3434
—, [7-Methoxy-chinoxalin-2-yl]-[3-piperidino-propyl]- 3439
Pyrazol-3-on, 1,5-Dimethyl-4-[4-methyl-piperazinomethyl]-2-phenyl-1,2-dihydro-3616

$C_{17}H_{24}N_4O_2$
Alanin, *N*,*N*-Dimethyl-, [(1,5-dimethyl-3-oxo-2-phenyl-2,3-dihydro-1*H*-pyrazol-4-yl)-methyl-amid] 3596
—, *N*-Methyl-, [äthyl-(1,5-dimethyl-3-oxo-2-phenyl-2,3-dihydro-1*H*-pyrazol-4-yl)-amid] 3596
Buttersäure, 2-Äthylamino-, [1,5-dimethyl-3-oxo-2-phenyl-2,3-dihydro-1*H*-pyrazol-4-ylamid] 3597
—, 2-Dimethylamino-, [1,5-dimethyl-3-oxo-2-phenyl-2,3-dihydro-1*H*-pyrazol-4-ylamid] 3597
—, 2-Methylamino-, [(1,5-dimethyl-3-oxo-2-phenyl-2,3-dihydro-1*H*-pyrazol-4-yl)-methyl-amid] 3597
Glycin, *N*,*N*-Diäthyl-, [1,5-dimethyl-3-oxo-2-phenyl-2,3-dihydro-1*H*-pyrazol-4-ylamid] 3594
Harnstoff, *N*,*N*-Diäthyl-*N'*-[1,5-dimethyl-3-oxo-2-phenyl-2,3-dihydro-1*H*-pyrazol-4-yl]-*N'*-methyl- 3586
Pyrazol-1-carbonsäure, 5-Amino-4-heptyl-3-oxo-2,3-dihydro-, anilid 3628

$C_{17}H_{24}N_4O_3S$
Sulfanilsäure-[5-hexyl-4-methyl-6-oxo-1,6-dihydro-pyrimidin-2-ylamid] 3755

$C_{17}H_{25}N_3O$
Amin, [8-Methoxy-chinazolin-4-yl]-octyl-3436
Imidazol-4-ylamin, 5-Isopropyl-2-[2-isopropyl-5-methyl-phenoxymethyl]-1(3)*H*- 3331
Pyrazol-3-on, 4-[2-Diäthylamino-äthyl]-1,5-dimethyl-2-phenyl-1,2-dihydro-3622
—, 1,5-Diäthyl-4-diäthylamino-2-phenyl-1,2-dihydro- 3610
—, 4-Diisopropylamino-1,5-dimethyl-2-phenyl-1,2-dihydro- 3564
—, 4-Dipropylamino-1,5-dimethyl-2-phenyl-1,2-dihydro- 3564
—, 4-[Isopropyl-propyl-amino]-1,5-dimethyl-2-phenyl-1,2-dihydro-3564

$C_{17}H_{25}N_3O_3$
Pyrazol-3-on, 4-{2-[Bis-(2-hydroxy-äthyl)-amino]-äthyl}-1,5-dimethyl-2-phenyl-1,2-dihydro- 3623

$C_{17}H_{25}N_5O$
Pyrimidin-2,4-diyldiamin, N^4-[3-Diäthylamino-propyl]-5-phenoxy- 3371

$C_{17}H_{25}N_5O_3S$
Sulfanilsäure-[4-(2-diäthylamino-äthoxy)-6-methyl-pyrimidin-2-ylamid] 3390

$[C_{17}H_{26}N_3O]^+$
Ammonium, Diäthyl-[1,5-dimethyl-3-oxo-2-phenyl-2,3-dihydro-1*H*-pyrazol-4-ylmethyl]-methyl- 3614

$C_{17}H_{26}N_3O_4P$
Amidophosphorsäure, [1,5-Dimethyl-3-oxo-2-phenyl-2,3-dihydro-1*H*-pyrazol-4-yl]-, diisopropylester 3606
—, [1,5-Dimethyl-3-oxo-2-phenyl-2,3-dihydro-1*H*-pyrazol-4-yl]-, dipropylester 3605

$C_{17}H_{26}N_4O$
Chinazolin-8-ol, 4-[4-Diäthylamino-1-methyl-butylamino]- 3437
Chinazolin-4-on, 2-[4-Diäthylamino-1-methyl-butylamino]-3*H*- 3778
Propandiyldiamin, N^3,N^3-Diäthyl-N^1-[6-methoxy-chinazolin-4-yl]-1-methyl-3432
—, N^3,N^3-Diäthyl-N^1-[7-methoxy-chinazolin-4-yl]-1-methyl- 3434

$C_{17}H_{26}N_4O$ (Fortsetzung)
Pyrazol-3-on, 4-[2-Diäthylamino-äthylamino]-1,5-dimethyl-2-phenyl-1,2-dihydro- 3591
$C_{17}H_{26}N_8O_5$
Pyran-2-carbonsäure, 3-[3-Amino-5-(*N*-methyl-guanidino)-valerylamino]-6-[4-amino-2-oxo-2*H*-pyrimidin-1-yl]-3,6-dihydro-2*H*- 3687
$C_{17}H_{27}IN_4O$
Methojodid $[C_{17}H_{27}N_4O]I$ aus *N*,*N*-Diäthyl-*N'*-[7-methoxy-chinoxalin-2-yl]-propandiyldiamin 3439
$C_{17}H_{29}N_5O$
Pyrimidin-4-on, 2-Methyl-5-piperidinomethyl-6-[piperidinomethyl-amino]-3*H*- 3740
$C_{17}H_{29}N_7O_2$
Guanidin, *N*,*N'*-Bis-[5-oxo-4-pentyl-2,5-dihydro-1*H*-pyrazol-3-yl]- 3626
$C_{17}H_{31}N_3O_3$
Lauramid, *N*-[1-(2-Hydroxy-äthyl)-5-oxo-2,5-dihydro-1*H*-pyrazol-3-yl]- 3523
$C_{17}H_{32}N_4O$
Pyrimidin-4-on, 2-[3-Dibutylamino-propylamino]-5,6-dimethyl-3*H*- 3741

C_{18}

$C_{18}H_8N_4O_5$
Benzo[*de*]benz[4,5]imidazo[2,1-*a*]isochinolin-7-on, 3,10-Dinitro- 3871
$C_{18}H_9N_3O_3$
Benzo[*de*]benz[4,5]imidazo[2,1-*a*]isochinolin-7-on, 3-Nitro- 3870
$C_{18}H_{11}N_3O$
Benzo[*de*]benz[4,5]imidazo[2,1-*a*]isochinolin-7-on, 3-Amino- 3870
—, 10-Amino- 3871
—, 11-Amino- 3871
$C_{18}H_{12}ClN_3O$
Benzo[*b*][1,5]naphthyridin-10-ylamin, 7-Chlor-2-phenoxy- 3464
$C_{18}H_{12}N_4O$
Benzo[*de*]benz[4,5]imidazo[2,1-*a*]isochinolin-7-on, 3,10-Diamino- 3871
$C_{18}H_{13}N_3O$
[1,7]Phenanthrolin-10-on, 4-Anilino-7*H*- 3830
$C_{18}H_{13}N_3O_3$
Phthalimid, *N*-[1-(3-Oxo-3,4-dihydro-chinoxalin-2-yl)-äthyl]- 3798
—, *N*-[2-(3-Oxo-3,4-dihydro-chinoxalin-2-yl)-äthyl]- 3798
$C_{18}H_{14}N_4O_2$
Pyridin-2-carbonsäure-[2-oxo-1,2-di-[2]pyridyl-äthylamid] 3827
$C_{18}H_{14}N_4O_3S$
Chinolin-8-sulfonsäure-[5-oxo-1-phenyl-2,5-dihydro-1*H*-pyrazol-3-ylamid] 3540
$C_{18}H_{14}N_4O_4$
Benzamid, *N*-[5-(4-Methoxy-3-nitro-phenyl)-pyridazin-4-yl]- 3445
$C_{18}H_{15}Br_2N_3O_3$
Benzoesäure, 3,5-Dibrom-2-hydroxy-, [1,5-dimethyl-3-oxo-2-phenyl-2,3-dihydro-1*H*-pyrazol-4-ylamid] 3590
$C_{18}H_{15}N_3O$
Benzo[*e*]perimidin-7-on, 6-Amino-2-propyl- 3869
$C_{18}H_{15}N_3O_3$
Pyrazol, 3-Benzoylamino-5-benzoyloxy-1-methyl-1*H*- 3323
—, 5-Benzoylamino-3-benzoyloxy-1-methyl-1*H*- 3323
$C_{18}H_{15}N_5O_2$
Pyrazol-3-on, 2,2'-Diphenyl-1,2,1',2'-tetrahydro-5,5'-imino-bis- 3539
Pyridin-2-carbonsäure-[2-hydroxyimino-1,2-di-[2]pyridyl-äthylamid] 3827
$C_{18}H_{16}BrN_3O$
Pyrazol-3-on, 4-Benzylidenamino-2-[4-brom-phenyl]-1,5-dimethyl-1,2-dihydro- 3571
$C_{18}H_{16}BrN_3O_2$
Pyrazol-3-on, 2-[4-Brom-phenyl]-1,5-dimethyl-4-salicylidenamino-1,2-dihydro- 3574
—, 2-[4-Brom-phenyl]-4-[4-hydroxy-benzylidenamino]-1,5-dimethyl-1,2-dihydro- 3574
$C_{18}H_{16}BrN_3O_3$
Carbamidsäure, [4-Brom-2-methyl-5-oxo-1-phenyl-2,5-dihydro-1*H*-pyrazol-3-yl]-, benzylester 3541
Salicylamid, *N*-[2-(4-Brom-phenyl)-1,5-dimethyl-3-oxo-2-phenyl-2,3-dihydro-1*H*-pyrazol-4-yl]- 3589
$C_{18}H_{16}ClN_3O$
Pyrimidin-4-on, 5-Benzyl-2-[4-chlor-anilino]-6-methyl-3*H*- 3820
$C_{18}H_{16}ClN_3O_2$
Essigsäure, Chlor-, [5-methyl-3-oxo-1,2-diphenyl-2,3-dihydro-1*H*-pyrazol-4-ylamid] 3576
$C_{18}H_{16}ClN_5O$
Guanidin, *N*-[4-Chlor-phenyl]-*N'*-[4-methyl-6-phenoxy-pyrimidin-2-yl]- 3389
$C_{18}H_{16}N_4O_2$
Benzamid, *N*-[5-(3-Amino-4-methoxyphenyl)-pyridazin-4-yl]- 3446
Pyridin-2-carbaldehyd, 6-[(1,5-Dimethyl-3-oxo-2-phenyl-2,3-dihydro-1*H*-pyrazol-4-ylimino)-methyl]- 3601

$C_{18}H_{16}N_4O_3$
Pyrazol-3-on, 1,5-Dimethyl-4-[2-nitro-benzylidenamino]-2-phenyl-1,2-dihydro- 3571
—, 1,5-Dimethyl-4-[3-nitro-benzylidenamino]-2-phenyl-1,2-dihydro- 3571
—, 1,5-Dimethyl-4-[4-nitro-benzylidenamino]-2-phenyl-1,2-dihydro- 3572

$C_{18}H_{16}N_4O_3S$
Acetamid, *N*-[5-Methyl-4-(4-nitro-phenylmercapto)-2-phenyl-2*H*-pyrazol-3-yl]- 3327

$C_{18}H_{16}N_4O_4$
Pyridin-2,3-dicarbonsäure-mono-[1,5-dimethyl-3-oxo-2-phenyl-2,3-dihydro-1*H*-pyrazol-4-ylamid] 3602

$C_{18}H_{16}N_4O_5$
Acetyl-Derivat $C_{18}H_{16}N_4O_5$ aus *N*-[3-(3-Nitro-phenyl)-5-oxo-pyrazolidin-4-yl]-benzamid 3773
Acetyl-Derivat $C_{18}H_{16}N_4O_5$ aus *N*-[3-(4-Nitro-phenyl)-5-oxo-pyrazolidin-4-yl]-benzamid 3773

$[C_{18}H_{17}BrN_3O]^+$
Imidazo[1,2-*a*]pyridinium, 6-Brom-3-[4-dimethylamino-cinnamyliden]-2-oxo-2,3-dihydro-1*H*- 3850

$C_{18}H_{17}ClN_4O_2$
Pyrimidin-2,4-diyldiamin, 5-[4-(4-Chlor-benzyloxy)-phenoxy]-6-methyl- 3385

$[C_{18}H_{17}IN_3O]^+$
Imidazo[1,2-*a*]pyridinium, 3-[4-Dimethylamino-cinnamyliden]-6-jod-2-oxo-2,3-dihydro-1*H*- 3850

$C_{18}H_{17}N_3O$
Chinazolin-4-on, 2-[4-Dimethylamino-styryl]-3*H*- 3847
Imidazol-4-on, 5-[4-Dimethylamino-benzyliden]-2-phenyl-3,5-dihydro- 3846
—, 5-[4-Dimethylamino-benzyliden]-3-phenyl-3,5-dihydro- 3813
Pent-3-en-2-on, 4-Anilino-3-[1*H*-benzimidazol-2-yl]- 3822
Pyrazol-3-on, 4-[1-Anilino-äthyliden]-5-methyl-2-phenyl-2,4-dihydro- 3743
—, 4-Benzylidenamino-1,5-dimethyl-2-phenyl-1,2-dihydro- 3571
—, 4-[4-Dimethylamino-benzyliden]-2-phenyl-2,4-dihydro- 3808

$C_{18}H_{17}N_3O_2$
Benzamid, *N*-Äthyl-*N*-[5-oxo-1-phenyl-2,5-dihydro-1*H*-pyrazol-3-yl]- 3526
—, *N*-[1,5-Dimethyl-3-oxo-2-phenyl-2,3-dihydro-1*H*-pyrazol-4-yl]- 3579
Imidazol-4-on, 5-[4-Dimethylamino-benzyliden]-3-hydroxy-2-phenyl-3,5-dihydro- 3846
Pyrazol-3-on, 1,5-Dimethyl-2-phenyl-4-salicylidenamino-1,2-dihydro- 3574
—, 4-[4-Hydroxy-benzylidenamino]-1,5-dimethyl-2-phenyl-1,2-dihydro- 3574
—, 4-*p*-Phenetidinomethylen-5-phenyl-2,4-dihydro- 3810

$C_{18}H_{17}N_3O_3$
Anthranilsäure, *N*-[4-Äthoxy-chinazolin-2-yl]-, methylester 3429
—, *N*-[4-Äthoxy-chinazolin-2-yl]-*N*-methyl- 3430
Carbamidsäure, [2-Methyl-5-oxo-1,4-diphenyl-2,5-dihydro-1*H*-pyrazol-3-yl]-, methylester 3790
—, [5-Oxo-1,4-diphenyl-2,5-dihydro-1*H*-pyrazol-3-yl]-, äthylester 3790
Salicylamid, *N*-[1,5-Dimethyl-3-oxo-2-phenyl-2,3-dihydro-1*H*-pyrazol-4-yl]- 3589
Acetyl-Derivat $C_{18}H_{17}N_3O_3$ aus *N*-[3-Oxo-5-phenyl-pyrazolidin-4-yl]-benzamid 3772

$C_{18}H_{17}N_5O$
Guanidin, *N*-Biphenyl-4-yl-*N'*-[4-methyl-6-oxo-1,6-dihydro-pyrimidin-2-yl]- 3710

$C_{18}H_{17}N_5O_3S$
Thioharnstoff, *N*-[1,5-Dimethyl-3-oxo-2-phenyl-2,3-dihydro-1*H*-pyrazol-4-yl]-*N'*-[4-nitro-phenyl]- 3584

$[C_{18}H_{18}N_3O]^+$
Imidazo[1,2-*a*]pyridinium, 3-[4-Dimethylamino-cinnamyliden]-2-oxo-2,3-dihydro-1*H*- 3850

$C_{18}H_{18}N_4O$
Pyrazol-3-on, 1,5-Dimethyl-4-[(6-methyl-[2]pyridylmethylen)-amino]-2-phenyl-1,2-dihydro- 3601
Pyrimidin-4-on, 6-Amino-2-dibenzylamino-3*H*- 3643

$C_{18}H_{18}N_4OS$
Thioharnstoff, *N*-[1,5-Dimethyl-3-oxo-2-phenyl-2,3-dihydro-1*H*-pyrazol-4-yl]-*N'*-phenyl- 3585

$C_{18}H_{18}N_4O_2$
Harnstoff, *N*-[1,5-Dimethyl-3-oxo-2-phenyl-2,3-dihydro-1*H*-pyrazol-4-yl]-*N'*-phenyl- 3582

$C_{18}H_{18}N_4O_3S$
Sulfanilsäure-[6-benzyloxy-5-methyl-pyridazin-3-ylamid] 3372
— [6-phenäthyloxy-pyridazin-3-ylamid] 3333

$C_{18}H_{18}N_4O_5S$
Sulfanilsäure, *N*-Acetyl-, [6,7-dimethoxy-chinoxalin-5-ylamid] 3500

$C_{18}H_{18}N_6O_2$
Äthanon, 1-[3-Amino-5-methyl-1-phenyl-1*H*-pyrazol-4-yl]-, [4-nitro-phenylhydrazon] 3743

$C_{18}H_{18}N_8$
o-Phenylendiamin, *N,N'*-Bis-[4-amino-2-methyl-pyrimidin-5-ylmethylen]- 3759

$C_{18}H_{19}As_2N_3O_8$
Pyrazol-3-on, 4-[4-Arsono-3-hydroxy-benzylidenamino]-2-[4-arsono-phenyl]-1,5-dimethyl-1,2-dihydro- 3598

$C_{18}H_{19}N_3O$
Äthanon, 2-[Benzyl-methyl-amino]-1-[2-methyl-1(3)*H*-benzimidazol-5-yl]- 3799
Amin, [8-Methoxy-2-methyl-5,6-dihydro-4*H*-imidazo[4,5,1-*ij*]chinolin-7-yl]-phenyl- 3445
Indolin-3-on, 2-Piperidino-2-[2]pyridyl- 3834
Indol-3-ol, 1-Piperidino-2-[2]pyridyl- 3834
Phthalazin-1-on, 4-[3-Amino-4-*tert*-butyl-phenyl]-2*H*- 3842
Pyrazol-3-on, 4-[4-Amino-benzyl]-1,5-dimethyl-2-phenyl-1,2-dihydro- 3800
–, 4-Anilinomethyl-1,5-dimethyl-2-phenyl-1,2-dihydro- 3614
–, 5-Anilinomethyl-1,4-dimethyl-2-phenyl-1,2-dihydro- 3612
–, 4-Benzylamino-1,2-dimethyl-5-phenyl-1,2-dihydro- 3787
–, 4-Benzylamino-1,5-dimethyl-2-phenyl-1,2-dihydro- 3566

$C_{18}H_{19}N_3O_2$
Imidazol-4-ylamin, 5-Phenyl-2-veratryl-1(3)*H*- 3506
Pyrazol-3-on, 1,5-Dimethyl-2-phenyl-4-salicylamino-1,2-dihydro- 3569

$C_{18}H_{19}N_3O_3S$
Benzolsulfonamid, *N*-[1,5-Dimethyl-3-oxo-2-phenyl-2,3-dihydro-1*H*-pyrazol-4-yl]-*N*-methyl- 3605

$[C_{18}H_{20}N_3O]^+$
Imidazo[1,2-*a*]pyridinium, 3-[4-Diäthylamino-benzyliden]-2-oxo-2,3-dihydro-1*H*- 3838

$C_{18}H_{20}N_4O$
Pyrazol-3-on, 4-[4-Amino-benzylamino]-1,5-dimethyl-2-phenyl-1,2-dihydro- 3593

$C_{18}H_{20}N_4O_3$
Pyrimidin-4-on, 6-Methyl-5-[4-nitro-styryl]-2-piperidino-3*H*- 3827

$C_{18}H_{20}N_4O_3S$
Sulfanilsäure-[1-äthyl-5-methyl-3-oxo-2-phenyl-2,3-dihydro-1*H*-pyrazol-4-ylamid] 3604
– [(1,5-dimethyl-3-oxo-2-phenyl-2,3-dihydro-1*H*-pyrazol-4-yl)-methyl-amid] 3605

$C_{18}H_{20}N_4O_5S_2$
Methansulfinsäure, [4-(1,5-Dimethyl-3-oxo-2-phenyl-2,3-dihydro-1*H*-pyrazol-4-ylsulfamoyl)-anilino]- 3604

$C_{18}H_{20}N_6S_2$
Benzimidazol-5-ylamin, 1(3)*H*,1'(3')*H*-2,2'-Butandiyldimercapto-bis- 3418

$C_{18}H_{21}ClN_4O_2$
Propan-2-ol, 1-[2-(7-Chlor-2-methoxy-benzo[*b*][1,5]naphthyridin-10-ylamino)-äthylamino]- 3465

$C_{18}H_{21}ClN_4O_3$
Propan-1,2-diol, 3-[2-(7-Chlor-2-methoxy-benzo[*b*][1,5]naphthyridin-10-ylamino)-äthylamino]- 3465

$C_{18}H_{21}N_3O$
Amin, [2-(5-Benzyloxy-1(2)*H*-indazol-3-yl)-äthyl]-dimethyl- 3423
Chinazolinium, 2-[2-Anilino-vinyl]-1,3-dimethyl-4-oxo-3,4,5,6,7,8-hexahydro-, betain 3773
Pyrazol-3-on, 5-Methyl-2-phenyl-4-[3-piperidino-allyliden]-2,4-dihydro- 3762

$[C_{18}H_{22}N_3O]^+$
Chinazolinium, 2-[2-Anilino-vinyl]-1,3-dimethyl-4-oxo-3,4,5,6,7,8-hexahydro- 3773

$C_{18}H_{22}N_4O$
[1,7]Phenanthrolin-10-on, 4-[2-Diäthylamino-äthylamino]-7*H*- 3831

$C_{18}H_{22}N_4OS$
Thioharnstoff, *N,N*-Diallyl-*N'*-[1,5-dimethyl-3-oxo-2-phenyl-2,3-dihydro-1*H*-pyrazol-4-yl]- 3584

$C_{18}H_{22}N_4O_4$
Acetamid, *N*-{3-[3-(3-Hydroxy-[2]piperidyl)-2-oxo-propyl]-4-oxo-3,4-dihydro-chinazolin-5-yl}- 3778

$C_{18}H_{22}N_4O_6S$
Sulfanilsäure, *N*-Acetyl-, [4-(2,2-dimethyl-[1,3]dioxolan-4-ylmethoxy)-pyrimidin-2-ylamid] 3355

$C_{18}H_{23}N_3O$
Hexan-3-on, 6-Dimethylamino-4-phenyl-4-pyrimidin-2-yl- 3829
Propan-1-on, 3-Diäthylamino-1-[4-methyl-2-phenyl-pyrimidin-5-yl]- 3828
Pyrazol-3-on, 4-[Cyclohex-2-enyl-methyl-amino]-1,5-dimethyl-2-phenyl-1,2-dihydro- 3566
Pyridazin-3-on, 6-Äthyl-4-hexahydroazepin-1-yl-2-phenyl-2*H*- 3733

$C_{18}H_{23}N_3O_4$
2'-Desoxy-cytidin, 5-Methyl-N^4-phenäthyl- 3728

$C_{18}H_{23}N_3O_4S$
Methansulfonsäure, [Cyclohex-2-enyl-(1,5-dimethyl-3-oxo-2-phenyl-2,3-dihydro-1*H*-pyrazol-4-yl)-amino]- 3570
$C_{18}H_{23}N_3O_6$
Glucopyranosid, [5-Methyl-2-(*N*-methyl-anilino)-pyrimidin-4-yl]- 3399
$C_{18}H_{23}N_3O_{10}$
Glucopyranosid, [2-Amino-pyrimidin-4-yl]-[tetra-*O*-acetyl- 3352
Pyrimidin-2-on, 4-Amino-1-[tetra-*O*-acetyl-glucopyranosyl]-1*H*- 3680
$[C_{18}H_{23}N_5S]^{2+}$
Chinolinium, 4-Amino-6-[1,2-dimethyl-6-methylmercapto-pyrimidinium-4-ylamino]-1,2-dimethyl- 3375
–, 4-Amino-6-[1,6-dimethyl-2-methylmercapto-pyrimidinium-4-ylamino]-1,2-dimethyl- 3382
$C_{18}H_{24}N_4O_4S$
Sulfanilsäure, *N*-Acetyl-, [5-isopentyl-4-methyl-6-oxo-1,6-dihydro-pyrimidin-2-ylamid] 3754
–, *N*-Acetyl-, [4-methyl-6-pentyloxy-pyrimidin-2-ylamid] 3390
$C_{18}H_{24}N_4O_5S$
Sulfanilsäure, *N*-Acetyl-, [5-(2-äthoxy-äthyl)-4-methoxy-6-methyl-pyrimidin-2-ylamid] 3495
–, *N*-Acetyl-, [4-diäthoxymethyl-6-methyl-pyrimidin-2-ylamid] 3761
$C_{18}H_{24}N_4O_6S$
Benzolsulfonsäure, 4-Nitro-, [4,6-dibutoxy-pyrimidin-2-ylamid] 3488
Sulfanilsäure, *N*-Acetyl-, [4,5,6-triäthoxy-pyrimidin-2-ylamid] 3510
$C_{18}H_{24}N_4O_7S$
Sulfanilsäure, *N*-Acetyl-, [4,6-bis-(2-methoxy-äthoxy)-pyrimidin-2-ylamid] 3488
$C_{18}H_{24}N_4O_8S$
Xylopyranosylamin, Tri-*O*-acetyl-*N*-[6-acetylamino-2-methylmercapto-pyrimidin-4-yl]- 3343
$C_{18}H_{24}N_5O_{13}P$
[3']Uridylsäure-cytidin-5'-ylester 3674
[5']Uridylsäure-cytidin-2'-ylester 3672
– cytidin-3'-ylester 3671
$C_{18}H_{25}ClN_4O$
Amin, [3-Äthoxy-7-chlor-chinoxalin-2-yl]-[3-piperidino-propyl]- 3437
$C_{18}H_{25}ClN_4S$
Propandiyldiamin, *N,N*-Diäthyl-*N'*-[2-(4-chlor-phenylmercapto)-6-methyl-pyrimidin-4-yl]- 3381
–, *N,N*-Diäthyl-*N'*-[4-(4-chlor-phenylmercapto)-6-methyl-pyrimidin-2-yl]- 3394
–, *N,N*-Diäthyl-*N'*-[6-(4-chlor-phenylmercapto)-2-methyl-pyrimidin-4-yl]- 3375
$C_{18}H_{25}N_3O$
Propan-1-ol, 3-Diäthylamino-1-[4-methyl-2-phenyl-pyrimidin-5-yl]- 3454
Pyrazol-3-on, 4-Cyclohexylaminomethyl-1,5-dimethyl-2-phenyl-1,2-dihydro- 3614
–, 1,5-Dimethyl-2-phenyl-4-[2-piperidino-äthyl]-1,2-dihydro- 3623
$C_{18}H_{25}N_3O_2$
Pyrazol-3-on, 5-Amino-1-benzoyl-4-octyl-1,2-dihydro- 3628
$C_{18}H_{25}N_5O_3$
Harnstoff, *N*-[2-Dimethylamino-butyryl]-*N'*-[1,5-dimethyl-3-oxo-2-phenyl-2,3-dihydro-1*H*-pyrazol-4-yl]- 3583
$C_{18}H_{25}N_5O_{16}P_2$
[3']Cytidylsäure, $O^{5'}$-[3']Uridylyl- 3677
$C_{18}H_{25}N_6O_{12}P$
[2']Cytidylsäure-cytidin-5'-ylester 3675
[3']Cytidylsäure-cytidin-5'-ylester 3674
$[C_{18}H_{26}N_3O]^+$
Piperidinium, 1-[1,5-Dimethyl-3-oxo-2-phenyl-2,3-dihydro-1*H*-pyrazol-4-ylmethyl]-1-methyl- 3615
$C_{18}H_{26}N_4O$
Äthylendiamin, *N,N*-Diäthyl-*N'*-[2-(3-methoxy-phenyl)-6-methyl-pyrimidin-4-yl]- 3450
–, *N,N*-Diäthyl-*N'*-[2-(4-methoxy-phenyl)-6-methyl-pyrimidin-4-yl]- 3451
Pyrimidin-2,4-diyldiamin, 5-[4-(1,1,3,3-Tetramethyl-butyl)-phenoxy]- 3369
$C_{18}H_{26}N_4OS$
Äthylendiamin, *N,N*-Diäthyl-*N'*-[2-(4-methoxy-phenylmercapto)-6-methyl-pyrimidin-4-yl]- 3381
–, *N,N*-Diäthyl-*N'*-[4-(4-methoxy-phenylmercapto)-6-methyl-pyrimidin-2-yl]- 3394
$C_{18}H_{26}N_4O_2$
Äthylendiamin, *N,N*-Diäthyl-*N'*-[4-(4-methoxy-phenoxy)-6-methyl-pyrimidin-2-yl]- 3389
Alanin, *N*-Äthyl-, [äthyl-(1,5-dimethyl-3-oxo-2-phenyl-2,3-dihydro-1*H*-pyrazol-4-yl)-amid] 3597
–, *N,N*-Diäthyl-, [1,5-dimethyl-3-oxo-2-phenyl-2,3-dihydro-1*H*-pyrazol-4-ylamid] 3595
–, *N,N*-Dimethyl-, [äthyl-(1,5-dimethyl-3-oxo-2-phenyl-2,3-dihydro-1*H*-pyrazol-4-yl)-amid] 3596
Buttersäure, 2-Äthylamino-, [(1,5-dimethyl-3-oxo-2-phenyl-2,3-dihydro-1*H*-pyrazol-4-yl)-methyl-amid] 3597

$C_{18}H_{26}N_4O_2$ (Fortsetzung)
Buttersäure, 2-Dimethylamino-, [(1,5-dimethyl-3-oxo-2-phenyl-2,3-dihydro-1*H*-pyrazol-4-yl)-methylamid] 3597
Norvalin, *N*,*N*-Dimethyl-, [1,5-dimethyl-3-oxo-2-phenyl-2,3-dihydro-1*H*-pyrazol-4-ylamid] 3597
Pyrazol-1-carbonsäure, 5-Amino-4-octyl-3-oxo-2,3-dihydro-, anilid 3629
Valin, *N*,*N*-Dimethyl-, [1,5-dimethyl-3-oxo-2-phenyl-2,3-dihydro-1*H*-pyrazol-4-ylamid] 3597

$C_{18}H_{26}N_4O_4S$
Sulfanilsäure-[4,6-dibutoxy-pyrimidin-2-ylamid] 3488

$C_{18}H_{26}N_6O_{15}P_2$
[2′]Cytidylsäure, $O^{5'}$-[3′]Cytidylyl- 3677
[3′]Cytidylsäure, $O^{5'}$-[3′]Cytidylyl- 3677
Diphosphorsäure-1,2-di-cytidin-5′-ylester 3676

$C_{18}H_{27}N_3O$
Pyrazol-3-on, 5-Amino-4-nonyl-1-phenyl-1,2-dihydro- 3629
–, 4-Heptylamino-1,5-dimethyl-2-phenyl-1,2-dihydro- 3565
–, 4-[2-Isopentylamino-äthyl]-1,5-dimethyl-2-phenyl-1,2-dihydro- 3622

$C_{18}H_{28}N_4O$
Butandiyldiamin, N^4,N^4-Diäthyl-N^1-[6-methoxy-chinazolin-4-yl]-1-methyl- 3432
–, N^4,N^4-Diäthyl-N^1-[7-methoxy-chinazolin-4-yl]-1-methyl- 3434
–, N^4,N^4-Diäthyl-N^1-[8-methoxy-chinazolin-4-yl]-1-methyl- 3437

$C_{18}H_{28}N_4O_2$
Amin, [3-(2-Diäthylamino-äthoxy)-propyl]-[7-methoxy-chinazolin-4-yl]- 3433

$C_{18}H_{29}N_3O_2$
Amin, Dibutyl-[5,6-dimethoxy-1*H*-benzimidazol-2-ylmethyl]- 3496

$C_{18}H_{30}N_4O$
Pyrimidin-4-on, 2-[*β*,*β*′-Dipiperidino-isopropyl]-6-methyl-3*H*- 3749

$C_{18}H_{30}N_4O_6$
Pyrimidin-2-on, 4-Amino-1-[O^4-(4-dimethylamino-4,6-didesoxy-glucopyranosyl)-*erythro*-2,3,6-tridesoxy-hexopyranosyl]-1*H*- 3660

$C_{18}H_{31}N_3O$
Pyrazol-3-on, 1,2-Dicyclohexyl-4-dimethylamino-5-methyl-1,2-dihydro- 3553

$C_{18}H_{33}N_3O$
Pyrimidin-2-on, 4-Tetradecylamino-1*H*- 3657

$C_{18}H_{33}N_3S$
Pyrimidin-2-thion, 4-Tetradecylamino-1*H*- 3691

$C_{18}H_{34}N_4O$
Pyrimidin-4-on, 5-Äthyl-2-[3-dibutylamino-propylamino]-6-methyl-3*H*- 3746

$C_{18}H_{35}N_5O$
Propandiyldiamin, *N*,*N*-Diäthyl-*N*′-[6-(3-diäthylamino-propoxy)-pyridazin-3-yl]- 3332

C_{19}

$C_{19}H_{13}N_3O$
Phenazin-2-ol, 3-Benzylidenamino- 3462

$C_{19}H_{13}N_3O_4$
Phthalimid, *N*-[3-Acetyl-4-oxo-3,4-dihydro-phthalazin-1-ylmethyl]- 3793

$C_{19}H_{14}ClN_3O_3S$
Benzolsulfonamid, *N*-[7-Chlor-3-methoxy-phenazin-1-yl]- 3463

$C_{19}H_{14}N_4O_2$
Benzamid, *N*-[1-[2]Chinolyl-5-oxo-2,5-dihydro-1*H*-pyrazol-3-yl]- 3539

$C_{19}H_{14}N_6O_5$
Benzimidazol-2-on, 4,6-Dianilino-5,7-dinitro-1,3-dihydro- 3770

$C_{19}H_{15}N_3O$
Benzimidazol-5-ol, 4-Amino-1,2-diphenyl-1*H*- 3467

$C_{19}H_{15}N_3O_3$
Glycin, *N*-[7-Oxo-7*H*-benzo[*e*]perimidin-6-yl]-, äthylester 3854
[2]Naphthoesäure, 3-Hydroxy-, [6-methoxy-1(2)*H*-indazol-5-ylamid] 3417
Phthalimid, *N*-[1,5-Dimethyl-3-oxo-2-phenyl-2,3-dihydro-1*H*-pyrazol-4-yl]- 3581
–, *N*-[2-(3-Oxo-3,4-dihydro-chinoxalin-2-yl)-propyl]- 3803
–, *N*-[3-(3-Oxo-3,4-dihydro-chinoxalin-2-yl)-propyl]- 3803

$C_{19}H_{16}BrN_3O$
Benzo[*e*]perimidin-7-on, x-Brom-4-butylamino- 3852

$C_{19}H_{16}N_6O_3$
Harnstoff, *N*,*N*′-Bis-[4-oxo-3,4-dihydro-phthalazin-1-ylmethyl]- 3793
–, *N*,*N*′-Bis-[5-oxo-1-phenyl-2,5-dihydro-1*H*-pyrazol-3-yl]- 3527

$C_{19}H_{17}N_3O$
Benzo[*h*][1,6]naphthyridin-5-ol, 4-Amino-6-methyl-5-phenyl-5,6-dihydro- 3475
Dibenz[*cd*,*g*]indazol-6-on, 3-Piperidino-1(2)*H*- 3843
–, 5-Piperidino-1(2)*H*- 3844
–, 7-Piperidino-1(2)*H*- 3845

$C_{19}H_{17}N_3O$ (Fortsetzung)
Pyrazol-3-on, 4-Phenäthyliden-5-phenäthylidenamino-2,4-dihydro- 3816
$C_{19}H_{17}N_3O_2$
Benzaldehyd, 2-[(1,5-Dimethyl-3-oxo-2-phenyl-2,3-dihydro-1*H*-pyrazol-4-ylimino)-methyl]- 3573
$C_{19}H_{17}N_3O_3$
Pyrazol-3-on, 1,5-Dimethyl-2-phenyl-4-piperonylidenamino-1,2-dihydro- 3599
$C_{19}H_{17}N_3O_4$
Benzamid, *N*-[1-(2-Benzoyloxy-äthyl)-5-oxo-2,5-dihydro-1*H*-pyrazol-3-yl]- 3525
Phthalamidsäure, *N*-[1,5-Dimethyl-3-oxo-2-phenyl-2,3-dihydro-1*H*-pyrazol-4-yl]- 3581
$C_{19}H_{17}N_5O_6S$
Sulfanilsäure, *N*-Acetyl-, [6-methyl-2-(4-nitro-phenyl)-3-oxo-2,3-dihydro-pyridazin-4-ylamid] 3699
$C_{19}H_{18}BrN_3O_2$
Essigsäure, Brom-phenyl-, [1,5-dimethyl-3-oxo-2-phenyl-2,3-dihydro-1*H*-pyrazol-4-ylamid] 3579
Propionsäure, 2-Brom-, [5-methyl-3-oxo-1,2-diphenyl-2,3-dihydro-1*H*-pyrazol-4-ylamid] 3577
$C_{19}H_{18}ClN_3O_2$
Essigsäure, Chlor-phenyl-, [1,5-dimethyl-3-oxo-2-phenyl-2,3-dihydro-1*H*-pyrazol-4-ylamid] 3579
$C_{19}H_{18}N_4O$
Benzo[*e*]perimidin-7-on, 8-Amino-4-butylamino- 3866
–, 6-Amino-4-diäthylamino- 3863
Pyrimidin-2,4-diyldiamin, 5-[4-Indan-2-yl-phenoxy]- 3370
$C_{19}H_{18}N_4O_2$
Pyridin-3-carbonitril, 1-[1,5-Dimethyl-3-oxo-2-phenyl-2,3-dihydro-1*H*-pyrazol-4-yl]-4,6-dimethyl-2-oxo-1,2-dihydro- 3590
$C_{19}H_{18}N_4O_3S_2$
Sulfanilsäure, *N*-Acetyl-, [4-methyl-6-phenylmercapto-pyrimidin-2-ylamid] 3395
$C_{19}H_{18}N_4O_4$
Essigsäure, [4-Nitro-phenyl]-, [1,5-dimethyl-3-oxo-2-phenyl-2,3-dihydro-1*H*-pyrazol-4-ylamid] 3580
Pyridin-2,3-dicarbonsäure-mono-[(1,5-dimethyl-3-oxo-2-phenyl-2,3-dihydro-1*H*-pyrazol-4-yl)-methylamid] 3602
$C_{19}H_{18}N_4O_4S$
Sulfanilsäure, *N*-Acetyl-, [6-methyl-3-oxo-2-phenyl-2,3-dihydro-pyridazin-4-ylamid] 3699
–, *N*-Acetyl-, [4-methyl-6-phenoxy-pyrimidin-2-ylamid] 3390
$C_{19}H_{18}N_4O_5S$
Sulfanilsäure, *N*-Benzyloxycarbonyl-, [6-methoxy-pyridazin-3-ylamid] 3332
$C_{19}H_{18}N_4O_6$
Essigsäure, [4-Nitro-phenoxy]-, [1-(β-hydroxy-phenäthyl)-5-oxo-2,5-dihydro-1*H*-pyrazol-3-ylamid] 3530
$C_{19}H_{18}N_4O_7S_2$
Benzolsulfonsäure, 4-[5-Acetoxy-3-benzolsulfonylamino-pyrazol-1-yl]-, acetylamid 3325
$C_{19}H_{18}N_4S_2$
Thioharnstoff, *N*-[2-Äthylmercapto-5-phenyl-pyrimidin-4-yl]-*N'*-phenyl- 3448
–, *N*-[2-Äthylmercapto-6-phenyl-pyrimidin-4-yl]-*N'*-phenyl- 3447
$C_{19}H_{19}N_3O$
Chinoxalin-2-on, 3-[4-Dimethylamino-styryl]-1-methyl-1*H*- 3847
Pyrazol-3-on, 4-Benzylidenamino-5-methyl-2-phenäthyl-1,2-dihydro- 3572
–, 4-[3-Dimethylamino-benzyliden]-5-methyl-2-phenyl-2,4-dihydro- 3816
–, 4-[4-Dimethylamino-benzyliden]-5-methyl-2-phenyl-2,4-dihydro- 3816
Pyrido[1,2-*c*]pyrimidin-1-on, 4-Phenyl-3-piperidino- 3837
$C_{19}H_{19}N_3O_2$
Amin, [2,6-Bis-benzyloxy-pyrimidin-4-yl]-methyl- 3482
–, [4,6-Bis-benzyloxy-pyrimidin-2-yl]-methyl- 3486
Anilin, 4-[8,9-Dimethoxy-5,6-dihydro-imidazo[5,1-*a*]isochinolin-3-yl]- 3506
Benzamid, *N*-[1,5-Dimethyl-3-oxo-2-phenyl-2,3-dihydro-1*H*-pyrazol-4-ylmethyl]- 3615
–, *N*-[2-(2-Methyl-5-oxo-1-phenyl-2,5-dihydro-1*H*-pyrazol-3-yl)-äthyl]- 3610
Buttersäure, 2-Phenyl-, [5-oxo-1-phenyl-2,5-dihydro-1*H*-pyrazol-3-ylamid] 3526
Essigsäure-[4-(5-methyl-3-oxo-2-phenyl-2,3-dihydro-1*H*-pyrazol-4-ylmethyl)-anilid] 3799
Essigsäure, Phenyl-, [1,5-dimethyl-3-oxo-2-phenyl-2,3-dihydro-1*H*-pyrazol-4-ylamid] 3579
Pyrazol-3-on, 2-[4-Äthoxy-phenyl]-4-[α-amino-benzyliden]-5-methyl-2,4-dihydro- 3818

$C_{19}H_{19}N_3O_2$ (Fortsetzung)
Pyrazol-3-on, 2-[4-Äthoxy-phenyl]-4-anilinomethylen-5-methyl-2,4-dihydro- 3732
–, 5-Methyl-4-*p*-phenetidinomethylen-2-phenyl-2,4-dihydro- 3732

$C_{19}H_{19}N_3O_3$
Anthranilsäure, *N*-[4-Äthoxy-chinazolin-2-yl]-, äthylester 3429
–, *N*-[4-Isopropoxy-chinazolin-2-yl]-, methylester 3429
Benzoesäure, 2-Methoxy-, [1,5-dimethyl-3-oxo-2-phenyl-2,3-dihydro-1*H*-pyrazol-4-ylamid] 3589
Carbamidsäure, [4-Benzyl-2-methyl-5-oxo-1-phenyl-2,5-dihydro-1*H*-pyrazol-3-yl]-, methylester 3796
–, [4-Benzyl-5-oxo-1-phenyl-2,5-dihydro-1*H*-pyrazol-3-yl]-, äthylester 3796
Pyrazol-3-on, 1,5-Dimethyl-2-phenyl-4-piperonylamino-1,2-dihydro- 3599
–, 1,5-Dimethyl-2-phenyl-4-vanillylidenamino-1,2-dihydro- 3574

$C_{19}H_{19}N_3O_4$
Carbamidsäure, [1,5-Dimethyl-3-oxo-2-phenyl-2,3-dihydro-1*H*-pyrazol-4-yl]-, [2-methoxy-phenylester] 3581

$C_{19}H_{19}N_3O_5$
Pyrrol-3,4-dicarbonsäure, 1-[1,5-Dimethyl-3-oxo-2-phenyl-2,3-dihydro-1*H*-pyrazol-4-yl]-2,5-dimethyl- 3591

$C_{19}H_{19}N_3O_6S$
Methansulfonsäure, [(1,5-Dimethyl-3-oxo-2-phenyl-2,3-dihydro-1*H*-pyrazol-4-yl)-salicyloyl-amino]- 3590

$C_{19}H_{19}N_5O_2$
Guanidin, *N*-[4-Äthoxy-phenyl]-*N'*-[6-oxo-4-phenyl-1,6-dihydro-pyrimidin-2-yl]- 3805
–, [2,6-Bis-benzyloxy-pyrimidin-4-yl]- 3483

$[C_{19}H_{20}N_3O]^+$
Chinoxalinium, 2-[4-Dimethylamino-styryl]-1-methyl-3-oxo-3,4-dihydro- 3848

$C_{19}H_{20}N_4OS$
Thioharnstoff, *N*-[1,5-Dimethyl-3-oxo-2-phenyl-2,3-dihydro-1*H*-pyrazol-4-yl]-*N*-methyl-*N'*-phenyl- 3586
–, *N*-[1,5-Dimethyl-3-oxo-2-phenyl-2,3-dihydro-1*H*-pyrazol-4-yl]-*N'*-*m*-tolyl- 3585
–, *N*-[1,5-Dimethyl-3-oxo-2-phenyl-2,3-dihydro-1*H*-pyrazol-4-yl]-*N'*-*o*-tolyl- 3585
–, *N*-[1,5-Dimethyl-3-oxo-2-phenyl-2,3-dihydro-1*H*-pyrazol-4-yl]-*N'*-*p*-tolyl- 3585

$C_{19}H_{20}N_4O_2$
Glycin, *N*-[1,5-Dimethyl-3-oxo-2-phenyl-2,3-dihydro-1*H*-pyrazol-4-yl]-, anilid 3587
Harnstoff, *N*-[1,5-Dimethyl-3-oxo-2-phenyl-2,3-dihydro-1*H*-pyrazol-4-yl]-*N*-methyl-*N'*-phenyl- 3586
Pyrazol-3-on, 2-[4-Äthoxy-phenyl]-4-[2-amino-anilinomethylen]-5-methyl-2,4-dihydro- 3733
–, 1,5-Dimethyl-4-[4-(methyl-nitroso-amino)-benzyl]-2-phenyl-1,2-dihydro- 3800

$C_{19}H_{20}N_4O_2S$
Thioharnstoff, *N*-[1,5-Dimethyl-3-oxo-2-phenyl-2,3-dihydro-1*H*-pyrazol-4-yl]-*N'*-[2-methoxy-phenyl]- 3585
–, *N*-[1,5-Dimethyl-3-oxo-2-phenyl-2,3-dihydro-1*H*-pyrazol-4-yl]-*N'*-[4-methoxy-phenyl]- 3585

$C_{19}H_{20}N_4O_4S$
Sulfanilsäure, *N*-Acetyl-, [1,5-dimethyl-3-oxo-2-phenyl-2,3-dihydro-1*H*-pyrazol-4-ylamid] 3604

$C_{19}H_{21}AsN_4O_5$
Arsonsäure, (4-{[(1,5-Dimethyl-3-oxo-2-phenyl-2,3-dihydro-1*H*-pyrazol-4-ylcarbamoyl)-methyl]-amino}-phenyl)- 3594

$C_{19}H_{21}N_3O$
Amin, Isobutyl-[4-(4-methoxy-phenyl)-phthalazin-1-yl]- 3469
Imidazol-4-on, 2-Diäthylamino-5,5-diphenyl-1,5-dihydro- 3839
Pyrazol-3-on, 4-[2-Amino-5-methyl-benzyl]-1,5-dimethyl-2-phenyl-1,2-dihydro- 3804
–, 5-Benzyl-4-dimethylamino-1-methyl-2-phenyl-1,2-dihydro- 3795
–, 1,5-Dimethyl-4-[4-methylamino-benzyl]-2-phenyl-1,2-dihydro- 3800
–, 1,5-Dimethyl-4-[*N*-methyl-anilinomethyl]-2-phenyl-1,2-dihydro- 3614
–, 1,5-Dimethyl-4-phenäthylamino-2-phenyl-1,2-dihydro- 3567
–, 1,5-Dimethyl-2-phenyl-4-[1-phenyl-äthylamino]-1,2-dihydro- 3567
–, 1,4-Dimethyl-2-phenyl-5-*o*-toluidinomethyl-1,2-dihydro- 3612
–, 1,4-Dimethyl-2-phenyl-5-*p*-toluidinomethyl-1,2-dihydro- 3612
–, 1,5-Dimethyl-2-phenyl-4-*p*-toluidinomethyl-1,2-dihydro- 3615

$C_{19}H_{21}N_3O_2$
Imidazol-4-on, 2-[Äthyl-(2-hydroxy-äthyl)-amino]-5,5-diphenyl-1,5-dihydro- 3839

$C_{19}H_{21}N_3O_2$ (Fortsetzung)
Pyrazol-3-on, 4-[4-Methoxy-benzylamino]-1,5-dimethyl-2-phenyl-1,2-dihydro- 3569
$C_{19}H_{21}N_3O_3$
Imidazol-4-ylamin, 5-Phenyl-2-[3,4,5-trimethoxy-benzyl]-1(3)*H*- 3511
$C_{19}H_{21}N_3O_4S$
Methansulfonsäure, [Benzyl-(1,2-dimethyl-3-oxo-5-phenyl-2,3-dihydro-1*H*-pyrazol-4-yl)-amino]- 3788
–, [Benzyl-(1,5-dimethyl-3-oxo-2-phenyl-2,3-dihydro-1*H*-pyrazol-4-yl)-amino]- 3571
$C_{19}H_{21}N_5O_3$
Anthranilsäure, *N*-[4-(2-Amino-äthoxy)-chinazolin-2-yl]-, [2-hydroxy-äthylamid] 3430
$[C_{19}H_{22}N_3O]^+$
Yohimba-3,5-dienium, 16-Amino-17-hydroxy- 3471
$C_{19}H_{22}N_4O$
[1,7]Phenanthrolin-10-on, 4-[2-Piperidino-äthylamino]-7*H*- 3831
$C_{19}H_{23}ClN_4O_3$
Propan-1,2-diol, 3-[2-(7-Chlor-2-methoxy-benzo[*b*][1,5]naphthyridin-10-ylamino)-propylamino]- 3465
$C_{19}H_{23}N_3O$
Äthanol, 1-[3-Dimethylaminomethyl-1-methyl-indol-2-yl]-1-[2]pyridyl- 3467
–, 1-[3-Methyl-3*H*-naphth[1,2-*d*]imidazol-2-yl]-2-piperidino- 3456
Äthanon, 2-[2,4-Dimethyl-6-piperidino-pyrimidin-5-yl]-1-phenyl- 3828
Amin, [2-(5-Benzyloxy-1(2)*H*-indazol-3-yl)-äthyl]-isopropyl- 3423
Cinchon-3(10)-en-9-ol, 6′-Amino-10,11-dihydro- 3468
$C_{19}H_{24}BrN_3O$
Cinchonan-9-ol, 6′-Amino-5′-brom-10,11-dihydro- 3458
$C_{19}H_{24}ClN_3O$
Äthanon, 1-[6-Chlor-5-methyl-2-phenyl-pyrimidin-4-yl]-2-dipropylamino- 3827
$C_{19}H_{24}N_4O$
[1,7]Phenanthrolin-10-on, 4-[3-Diäthylamino-propylamino]-7*H*- 3831
$[C_{19}H_{24}N_4OS]^{2+}$
Chinolinium, 6-[1,6-Dimethyl-2-methylmercapto-pyrimidinium-4-ylamino]-4-methoxy-1,2-dimethyl- 3382
$C_{19}H_{24}N_4O_2$
Glycin, *N*,*N*-Diallyl-, [1,5-dimethyl-3-oxo-2-phenyl-2,3-dihydro-1*H*-pyrazol-4-ylamid] 3594
[1,7]Phenanthrolin-10-on, 4-{3-[Äthyl-(2-hydroxy-äthyl)-amino]-propylamino}-7*H*- 3831
–, 4-[3-Diäthylamino-2-hydroxy-propylamino]-7*H*- 3831
–, 4-[3-(2-Dimethylamino-äthoxy)-propylamino]-7*H*- 3830
$C_{19}H_{25}N_3O$
Cinchonan-9-ol, 6′-Amino-10,11-dihydro- 3456
–, 8′-Amino-10,11-dihydro- 3459
Methanol, [4-Dimethylamino-cyclohexyl]-di-[2]pyridyl- 3456
Pyrazol-3-on, 4-[2-Diallylamino-äthyl]-1,5-dimethyl-2-phenyl-1,2-dihydro- 3622
–, 4-Pentyliden-5-pentylidenamino-2-phenyl-2,4-dihydro- 3750
Yohimban-17-ol, 16-Amino- 3459
$C_{19}H_{25}N_3O_4$
Succinamidsäure, *N*-[1,5-Dimethyl-3-oxo-2-phenyl-2,3-dihydro-1*H*-pyrazol-4-yl]-, butylester 3580
$C_{19}H_{25}N_3O_{10}$
Glucopyranosid, [2-Amino-6-methyl-pyrimidin-4-yl]-[tetra-*O*-acetyl- 3387
$C_{19}H_{25}N_5O_{10}S$
Glucose, O^2,O^3,O^4,O^6-Tetraacetyl-, [6-amino-2-methylmercapto-5-nitroso-pyrimidin-4-ylimin] 3345
$C_{19}H_{26}ClN_3O$
Äthanol, 1-[6-Chlor-5-methyl-2-phenyl-pyrimidin-4-yl]-2-dipropylamino- 3453
$C_{19}H_{26}N_5O_{11}P$
[3′]Thymidylsäure-[2′-desoxy-cytidin-5′-ylester] 3665
$C_{19}H_{27}ClN_4O$
Pyrimidin-4-on, 2-[2-Chlor-α-(3-diäthylamino-propylamino)-benzyl]-6-methyl-3*H*- 3820
$C_{19}H_{27}N_3O$
Pyrazol-3-on, 4-[2-Cyclohexylamino-äthyl]-1,5-dimethyl-2-phenyl-1,2-dihydro- 3622
–, 4-[(Cyclohexyl-methyl-amino)-methyl]-1,5-dimethyl-2-phenyl-1,2-dihydro- 3614
$C_{19}H_{27}N_5O_3$
Glycin, *N*-[1,5-Dimethyl-3-oxo-2-phenyl-2,3-dihydro-1*H*-pyrazol-4-yl]-, [2-dimethylamino-butyrylamid] 3587
Harnstoff, *N*-[*N*,*N*-Diäthyl-alanyl]-*N*′-[1,5-dimethyl-3-oxo-2-phenyl-2,3-dihydro-1*H*-pyrazol-4-yl]- 3583
–, *N*-[1,5-Dimethyl-3-oxo-2-phenyl-2,3-dihydro-1*H*-pyrazol-4-yl]-*N*′-[*N*,*N*-dimethyl-valyl]- 3583

$C_{19}H_{27}N_5O_9S$
Glucose, O^2,O^3,O^4,O^6-Tetraacetyl-, [5,6-diamino-2-methylmercapto-pyrimidin-4-ylimin] 3346

$C_{19}H_{28}N_4OS$
Propandiyldiamin, *N,N*-Diäthyl-*N'*-[2-(4-methoxy-phenylmercapto)-6-methyl-pyrimidin-4-yl]- 3381
–, *N,N*-Diäthyl-*N'*-[4-(4-methoxy-phenylmercapto)-6-methyl-pyrimidin-2-yl]- 3394

$C_{19}H_{28}N_4O_2$
Alanin, *N,N*-Diäthyl-, [(1,5-dimethyl-3-oxo-2-phenyl-2,3-dihydro-1*H*-pyrazol-4-yl)-methyl-amid] 3596
Amin, [3-Äthoxy-7-methoxy-chinoxalin-2-yl]-[3-piperidino-propyl]- 3499
Buttersäure, 2-Diäthylamino-, [1,5-dimethyl-3-oxo-2-phenyl-2,3-dihydro-1*H*-pyrazol-4-ylamid] 3597
Harnstoff, *N*-[5-Isopropyl-2-(2-isopropyl-5-methyl-phenoxymethyl)-1(3)*H*-imidazol-4-yl]-*N'*-methyl- 3331
Propandiyldiamin, *N,N*-Diäthyl-*N'*-[4-(4-methoxy-phenoxy)-6-methyl-pyrimidin-2-yl]- 3389

$C_{19}H_{28}N_4O_2S$
Propandiyldiamin, *N,N*-Diäthyl-*N'*-[2-(4-methansulfonyl-phenyl)-6-methyl-pyrimidin-4-yl]- 3451

$C_{19}H_{29}N_3O$
Pyrazol-3-on, 1,5-Dimethyl-4-[1-methyl-heptylamino]-2-phenyl-1,2-dihydro- 3565

$[C_{19}H_{30}N_3O]^+$
Ammonium, Triäthyl-[2-(1,5-dimethyl-3-oxo-2-phenyl-2,3-dihydro-1*H*-pyrazol-4-yl)-äthyl]- 3622

$C_{19}H_{30}N_3O_2P$
Phosphinsäure, Dibutyl-, [1,5-dimethyl-3-oxo-2-phenyl-2,3-dihydro-1*H*-pyrazol-4-ylamid] 3605

$C_{19}H_{30}N_3O_4P$
Amidophosphorsäure, [1,5-Dimethyl-3-oxo-2-phenyl-2,3-dihydro-1*H*-pyrazol-4-yl]-, dibutylester 3606
–, [1,5-Dimethyl-3-oxo-2-phenyl-2,3-dihydro-1*H*-pyrazol-4-yl]-, diisobutylester 3606

$C_{19}H_{30}N_4O$
Butandiyldiamin, N^4,N^4-Diäthyl-N^1-[6-methoxy-2-methyl-[1,5]naphthyridin-4-yl]-1-methyl- 3442
Chinazolin-4-on, 2-[3-Dibutylamino-propylamino]-3*H*- 3778
Hexandiyldiamin, *N,N*-Diäthyl-*N'*-[6-methoxy-chinazolin-7-yl]- 3433
–, *N,N*-Diäthyl-*N'*-[6-methoxy-chinazolin-8-yl]- 3433
Pyrazol-3-on, 4-[1-Diäthylaminomethyl-propylamino]-1,5-dimethyl-2-phenyl-1,2-dihydro- 3592

$C_{19}H_{37}N_3O$
Pyrazol-3-on, 5-Amino-4-hexadecyl-1,2-dihydro- 3630

C_{20}

$C_{20}H_{11}N_3O_3$
Phthalimid, *N*-[3-Hydroxy-phenazin-2-yl]- 3462

$C_{20}H_{13}N_3O$
Dibenz[*cd,g*]indazol-6-on, 3-Anilino-1(2)*H*- 3842
–, 5-Anilino-1(2)*H*- 3843

$C_{20}H_{14}ClN_3O$
Amin, [4-Chlor-phenyl]-[4-phenoxy-chinazolin-2-yl]- 3428

$C_{20}H_{15}N_3O$
Chinazolin-4-on, 2-Anilino-3-phenyl-3*H*- 3776

$C_{20}H_{15}N_3O_2$
Chinoxalin-6-ylamin, 2,3-Bis-[4-hydroxy-phenyl]- 3508
Phenazin, 1-Amino-4-benzoyloxy-2-methyl- 3467
–, 1-Amino-4-benzoyloxy-3-methyl- 3467

$C_{20}H_{15}N_5O_2$
Pyrazol-3-on, 4,4'-Dibenzyliden-2,4,2',4'-tetrahydro-5,5'-imino-bis- 3808

$C_{20}H_{16}ClN_3O$
Amin, Benzyl-[7-chlor-2-methoxy-benzo[*b*][1,5]naphthyridin-10-yl]- 3464

$C_{20}H_{16}N_4O$
Pyrimidin-2,4-diyldiamin, 5-[2]Naphthyloxy-6-phenyl- 3448

$C_{20}H_{16}N_4O_2$
Chinoxalin, 2,3-Bis-[3-amino-4-hydroxy-phenyl]- 3508
–, 2,3-Bis-[5-amino-2-hydroxy-phenyl]- 3508

$C_{20}H_{16}N_4O_3$
Isochinolin-1,3-dion, 4-[1,5-Dimethyl-3-oxo-2-phenyl-2,3-dihydro-1*H*-pyrazol-4-ylimino]-4*H*- 3601

$C_{20}H_{16}N_4O_5S$
Benzolsulfonsäure, 4-Phthalimidomethyl-, [4-hydroxymethyl-pyrimidin-2-ylamid] 3396

$C_{20}H_{17}N_3O$
Amin, [4-Äthoxy-[1,7]phenanthrolin-10-yl]-phenyl- 3466
–, [10-Äthoxy-[1,7]phenanthrolin-4-yl]-phenyl- 3466

$C_{20}H_{17}N_3O_2$
Phenazin, 1-Amino-4-benzoyloxy-2-methyl-5,10-dihydro- 3467
–, 1-Amino-4-benzoyloxy-3-methyl-5,10-dihydro- 3467
$C_{20}H_{17}N_3O_3S$
Toluol-4-sulfonamid, *N*-[3-Methoxy-phenazin-1-yl]- 3463
$C_{20}H_{18}BrN_3O$
Dibenz[*cd,g*]indazol-6-on, x-Brom-2-methyl-x-piperidino-2*H*- 3845
Pyrazol-3-on, 2-[4-Brom-phenyl]-4-cinnamylidenamino-1,5-dimethyl-1,2-dihydro- 3572
$C_{20}H_{18}N_4O$
Benzo[*e*]perimidin-7-on, 6-Amino-2-piperidino- 3863
–, 6-Amino-4-piperidino- 3864
$C_{20}H_{18}N_4O_2$
[5,5′]Bichinolyl-8,8′-diyldiamin, 6,6′-Dimethoxy- 3507
$C_{20}H_{18}N_4O_3$
Benzamid, *N*-[5-(3-Acetylamino-4-methoxy-phenyl)-pyridazin-4-yl]- 3446
$C_{20}H_{19}N_3O$
Dibenz[*cd,g*]indazol-6-on, 1-Methyl-3-piperidino-1*H*- 3843
–, 2-Methyl-3-piperidino-2*H*- 3843
–, 2-Methyl-5-piperidino-2*H*- 3844
–, 2-Methyl-7-piperidino-2*H*- 3845
$C_{20}H_{19}N_3O_4$
Benzoesäure, 2-Acetoxy-, [1,5-dimethyl-3-oxo-2-phenyl-2,3-dihydro-1*H*-pyrazol-4-ylamid] 3590
Carbamidsäure, [1-Benzoyl-4-benzyl-5-oxo-2,5-dihydro-1*H*-pyrazol-3-yl]-, äthylester 3797
Essigsäure, Benzoyloxy-, [1,5-dimethyl-3-oxo-2-phenyl-2,3-dihydro-1*H*-pyrazol-4-ylamid] 3588
Phthalamidsäure, *N*-[1,5-Dimethyl-3-oxo-2-phenyl-2,3-dihydro-1*H*-pyrazol-4-yl]-*N*-methyl- 3581
$C_{20}H_{19}N_3O_5$
Essigsäure, Salicyloyloxy-, [1,5-dimethyl-3-oxo-2-phenyl-2,3-dihydro-1*H*-pyrazol-4-ylamid] 3588
$C_{20}H_{19}N_5O_2$
Pyrazol-3-on, 2,2′-Diphenyl-1,2,1′,2′-tetrahydro-5,5′-äthylimino-bis- 3539
$C_{20}H_{20}BrN_3O_2$
Essigsäure, Brom-phenyl-, [(1,5-dimethyl-3-oxo-2-phenyl-2,3-dihydro-1*H*-pyrazol-4-yl)-methyl-amid] 3580
$C_{20}H_{20}BrN_3O_3$
Carbamidsäure, [2-(4-Brom-2-methyl-5-oxo-1-phenyl-2,5-dihydro-1*H*-pyrazol-3-yl)-äthyl]-, benzylester 3611
$C_{20}H_{20}ClN_3O$
Pyrazol-3-on, 4-{4-[(2-Chlor-äthyl)-methyl-amino]-benzyliden}-5-methyl-2-phenyl-2,4-dihydro- 3816
$C_{20}H_{20}ClN_3O_2$
Essigsäure, Chlor-, [benzyl-(1,5-dimethyl-3-oxo-2-phenyl-2,3-dihydro-1*H*-pyrazol-4-yl)-amid] 3576
$C_{20}H_{20}N_4O_2$
Glycin, *N*-[1-(2-Benzyl-5-oxo-1,5-dihydro-imidazol-4-yliden)-2-phenyl-äthyl]-, amid 3851
Isoharnstoff, *O*-Benzyl-*N*-[2-benzyloxy-6-methyl-pyrimidin-4-yl]- 3376
$C_{20}H_{20}N_4O_3$
Harnstoff, *N*-[1,5-Dimethyl-3-oxo-2-phenyl-2,3-dihydro-1*H*-pyrazol-4-yl]-*N*′-phenylacetyl- 3583
$C_{20}H_{20}N_4O_4S$
Benzoesäure, 4-[*N*′-(1,5-Dimethyl-3-oxo-2-phenyl-2,3-dihydro-1*H*-pyrazol-4-yl)-thioureido]-2-hydroxy-, methylester 3585
$C_{20}H_{20}N_6OS$
Benzaldehyd, 4-[(1,5-Dimethyl-3-oxo-2-phenyl-2,3-dihydro-1*H*-pyrazol-4-ylimino)-methyl]-, thiosemicarbazon 3573
$[C_{20}H_{21}ClN_3O]^+$
Chinazolinium, 2-{4-[(2-Chlor-äthyl)-methyl-amino]-styryl}-1-methyl-4-oxo-3,4-dihydro- 3847
Chinoxalinium, 2-{4-[(2-Chlor-äthyl)-methyl-amino]-styryl}-1-methyl-3-oxo-3,4-dihydro- 3848
$C_{20}H_{21}N_3O$
Imidazol-4-on, 5,5-Diphenyl-2-piperidino-1,5-dihydro- 3840
Pyrazol-3-on, 1,5-Diäthyl-4-benzyl=idenamino-2-phenyl-1,2-dihydro- 3610
–, 4-[4-Dimethylamino-benzyliden]-5-methyl-2-*o*-tolyl-2,4-dihydro- 3817
–, 4-[4-Dimethylamino-benzyliden]-5-methyl-2-*p*-tolyl-2,4-dihydro- 3817
$C_{20}H_{21}N_3O_2$
Acetanilid, *N*-[1,5-Dimethyl-3-oxo-2-phenyl-2,3-dihydro-1*H*-pyrazol-4-ylmethyl]- 3614
Amin, [2,6-Bis-benzyloxy-pyrimidin-4-yl]-dimethyl- 3483
–, [4,6-Bis-benzyloxy-pyrimidin-2-yl]-dimethyl- 3483
Anilin, 4-[9,10-Dimethoxy-6,7-dihydro-2*H*-pyrimido[6,1-*a*]isochinolin-4-yl]- 3507
Essigsäure-[4-(1,5-dimethyl-3-oxo-2-phenyl-2,3-dihydro-1*H*-pyrazol-4-ylmethyl)-anilid] 3800

$C_{20}H_{21}N_3O_2$ (Fortsetzung)

Essigsäure, Phenyl-, [(1,5-dimethyl-3-oxo-2-phenyl-2,3-dihydro-1*H*-pyrazol-4-yl)-methyl-amid] 3580

Imidazol-2-on, 1-Acetyl-4-dibenzylaminomethyl-1,3-dihydro- 3609

–, 1-Acetyl-5-dibenzylaminomethyl-1,3-dihydro- 3609

Imidazol-4-on, 5-[4-Diäthylamino-benzyliden]-3-hydroxy-2-phenyl-3,5-dihydro- 3847

Pyrazol-3-on, 2-[4-Äthoxy-phenyl]-4-benzylidenamino-1,5-dimethyl-1,2-dihydro- 3572

–, 5-Methyl-4-[1-*p*-phenetidino-äthyliden]-2-phenyl-2,4-dihydro- 3744

$C_{20}H_{21}N_3O_3$

Carbamidsäure, [2-(2-Methyl-5-oxo-1-phenyl-2,5-dihydro-1*H*-pyrazol-3-yl)-äthyl]-, benzylester 3611

$C_{20}H_{21}N_3O_7$

Cytidin, N^4,$O^{5'}$-Diacetyl-$O^{2'}$,$O^{3'}$-benzyliden- 3688

$[C_{20}H_{22}N_3O]^+$

Chinoxalinium, 2-[4-Dimethylamino-styryl]-1,4-dimethyl-3-oxo-3,4-dihydro- 3848

$[C_{20}H_{22}N_3O_2]^+$

Pyrimido[6,1-*a*]isochinolinylium, 4-[4-Amino-phenyl]-9,10-dimethoxy-1,2,6,7-tetrahydro- 3507

$C_{20}H_{22}N_4O$

Pyrazol-3-on, 4-[4-Dimethylamino-benzylidenamino]-1,5-dimethyl-2-phenyl-1,2-dihydro- 3593

$C_{20}H_{22}N_4O_2$

Alanin, *N*-[1,5-Dimethyl-3-oxo-2-phenyl-2,3-dihydro-1*H*-pyrazol-4-yl]-, anilid 3588

Essigsäure-{4-[(1,5-dimethyl-3-oxo-2-phenyl-2,3-dihydro-1*H*-pyrazol-4-ylamino)-methyl]-anilid} 3593

Glycin, *N*,*N*-Dimethyl-, [5-methyl-3-oxo-1,2-diphenyl-pyrazol-4-ylamid] 3595

Pyrazin, 2,5-Bis-[4-amino-3-methoxy-phenyl]-3,6-dimethyl- 3506

$C_{20}H_{22}N_4O_2S$

Thioharnstoff, *N*-[2-Äthoxy-phenyl]-*N'*-[1,5-dimethyl-3-oxo-2-phenyl-2,3-dihydro-1*H*-pyrazol-4-yl]- 3585

–, *N*-[4-Äthoxy-phenyl]-*N'*-[1,5-dimethyl-3-oxo-2-phenyl-2,3-dihydro-1*H*-pyrazol-4-yl]- 3585

$C_{20}H_{22}N_4O_3$

Benzo[6,7]heptaleno[2,3-*d*]imidazol-7,10-diyldiamin, 1,2,3-Trimethoxy-6,7-dihydro-5*H*- 3511

$C_{20}H_{23}ClN_4O$

Amin, [7-Chlor-2-methoxy-benzo[*b*][1,5]naphthyridin-10-yl]-[2-piperidino-äthyl]- 3465

$C_{20}H_{23}ClN_4S$

Äthylendiamin, *N*,*N*-Diäthyl-*N'*-[2-(4-chlor-phenylmercapto)-chinazolin-4-yl]- 3428

–, *N*,*N*-Diäthyl-*N'*-[4-(4-chlor-phenylmercapto)-chinazolin-2-yl]- 3430

$C_{20}H_{23}N_3O$

Imidazol-4-ylamin, 2-[2-Isopropyl-5-methyl-phenoxymethyl]-5-phenyl-1(3)*H*- 3444

Pyrazol-3-on, 4-[2-Benzylamino-äthyl]-1,5-dimethyl-2-phenyl-1,2-dihydro- 3623

–, 4-[4-Dimethylamino-benzyl]-1,5-dimethyl-2-phenyl-1,2-dihydro- 3800

–, 1,5-Dimethyl-2-phenyl-4-[3-phenyl-propylamino]-1,2-dihydro- 3567

$C_{20}H_{23}N_3O_2$

Pyrazol-3-on, 1,4-Dimethyl-5-*o*-phenetidinomethyl-2-phenyl-1,2-dihydro- 3612

–, 1,4-Dimethyl-5-*p*-phenetidinomethyl-2-phenyl-1,2-dihydro- 3612

$C_{20}H_{23}N_5OS$

Thioharnstoff, *N*-[4-Dimethylamino-phenyl]-*N'*-[1,5-dimethyl-3-oxo-2-phenyl-2,3-dihydro-1*H*-pyrazol-4-yl]- 3585

$C_{20}H_{24}N_4O$

Pyrazol-3-on, 4-[4-Dimethylamino-benzylamino]-1,5-dimethyl-2-phenyl-1,2-dihydro- 3593

$C_{20}H_{24}N_6S_2$

Benzimidazol-5-ylamin, 1(3)*H*,1'(3')*H*-2,2'-Hexandiyldimercapto-bis- 3418

$C_{20}H_{25}ClN_4O$

Propandiyldiamin, *N*,*N*-Diäthyl-*N'*-[7-chlor-3-methoxy-phenazin-1-yl]- 3463

$C_{20}H_{25}N_3O$

Amin, Diäthyl-[3-(5-phenoxy-1(3)*H*-benzimidazol-2-yl)-propyl]- 3424

–, {2-[5-(4-Methoxy-phenyl)-1-phenyl-4,5-dihydro-1*H*-pyrazol-3-yl]-äthyl}-dimethyl- 3424

$C_{20}H_{25}N_3O_2$

Anilin, 4-[9,10-Dimethoxy-1,3,4,6,7,11b-hexahydro-2*H*-pyrimido[6,1-*a*]isochinolin-4-yl]- 3504

Cinchonan-9-ol, 5'-Amino-6'-methoxy- 3505

$C_{20}H_{25}N_3O_{11}$

Pyrimidin-2-on, 4-Acetylamino-1-[tetra-*O*-acetyl-glucopyranosyl]-1*H*- 3681

$[C_{20}H_{26}N_3O]^+$
Ammonium, [2-(1-Hydroxy-1-[2]pyridyl-äthyl)-1-methyl-indol-3-ylmethyl]-trimethyl- 3468
Chinazolinium, 2-[4-Dimethylamino-styryl]-1,3-dimethyl-4-oxo-3,4,5,6,7,8-hexahydro- 3834

$C_{20}H_{26}N_4O$
[1,7]Phenanthrolin-10-on, 4-[4-Diäthyl= amino-butylamino]-7*H*- 3831
Propandiyldiamin, *N*,*N*-Diäthyl-*N'*-[3-methoxy-phenazin-1-yl]- 3462
Pyridazin-3-on, 2-Phenyl-5,6-dipiperidino-2*H*- 3635

$C_{20}H_{26}N_4O_2$
Alanin, *N*,*N*-Diallyl-, [1,5-dimethyl-3-oxo-2-phenyl-2,3-dihydro-1*H*-pyrazol-4-ylamid] 3595

$C_{20}H_{26}N_4O_{11}$
Pyrimidin-2-on, 4-Glycylamino-1-[tetra-*O*-acetyl-glucopyranosyl]-1*H*- 3681

$C_{20}H_{27}N_3O$
Cinchonan-9-ol, 6'-Methylamino-10,11-dihydro- 3457
Cinchonan-5'-ylamin, 6'-Methoxy-10,11-dihydro- 3456
Imidazol-4-on, 5-Benzyliden-3-cyclohexyl-2-[2-dimethylamino-äthyl]-3,5-dihydro- 3822
Methanol, [2-Piperidino-[4]chinolyl]-[2]piperidyl- 3454

$C_{20}H_{27}N_3O_2$
Cinchonan-9-ol, 5'-Amino-6'-methoxy-10,11-dihydro- 3503

$C_{20}H_{27}N_3O_{10}$
Pyrimidin-2-on, 4-Dimethylamino-1-[tetra-*O*-acetyl-glucopyranosyl]-1*H*- 3681

$C_{20}H_{27}N_5O$
Phenazinium, 1,3-Diamino-5-[3-diäthylamino-propyl]-8-methoxy-, betain 3464

$C_{20}H_{27}N_5O_9S_2$
Galactose, O^2,O^3,O^4,O^6-Tetraacetyl-, [6-amino-2-methylmercapto-5-thioformylamino-pyrimidin-4-ylimin] 3349
Glucose, O^2,O^3,O^4,O^6-Tetraacetyl-, [6-amino-2-methylmercapto-5-thioformylamino-pyrimidin-4-ylimin] 3349

$C_{20}H_{28}BrN_3O$
Methobromid $[C_{20}H_{28}N_3O]Br$ aus [4-Dimethylamino-cyclohexyl]-di-[2]pyridyl-methanol 3456

$C_{20}H_{28}IN_3O$
Methojodid $[C_{20}H_{28}N_3O]I$ aus [4-Dimethylamino-cyclohexyl]-di-[2]pyridyl-methanol 3456

$[C_{20}H_{28}N_4O]^{2+}$
[1,7]Phenanthrolinium, 4-[2-(Diäthyl-methyl-ammonio)-äthylamino]-10-hydroxy-7-methyl- 3832

$[C_{20}H_{28}N_5O]^+$
Phenazinium, 1,3-Diamino-5-[3-diäthylamino-propyl]-8-methoxy- 3464

$C_{20}H_{29}ClN_4O$
Butandiyldiamin, N^4,N^4-Diäthyl-N^1-[2-(4-chlor-phenoxy)-6-methyl-pyrimidin-4-yl]-1-methyl- 3376
—, N^4,N^4-Diäthyl-N^1-[4-(4-chlor-phenoxy)-6-methyl-pyrimidin-2-yl]-1-methyl- 3389
—, N^4,N^4-Diäthyl-N^1-[2-(4-chlor-phenyl)-6-methoxy-pyrimidin-4-yl]-1-methyl- 3446

$C_{20}H_{29}ClN_4S$
Butandiyldiamin, N^4,N^4-Diäthyl-N^1-[2-(4-chlor-phenylmercapto)-6-methyl-pyrimidin-4-yl]-1-methyl- 3381
—, N^4,N^4-Diäthyl-N^1-[4-(4-chlor-phenylmercapto)-6-methyl-pyrimidin-2-yl]-1-methyl- 3394
—, N^4,N^4-Diäthyl-N^1-[6-(4-chlor-phenylmercapto)-2-methyl-pyrimidin-4-yl]-1-methyl- 3375

$C_{20}H_{29}N_3O$
Pyrazol-3-on, 4-[2-(Cyclohexyl-methyl-amino)-äthyl]-1,5-dimethyl-2-phenyl-1,2-dihydro- 3622

$C_{20}H_{29}N_7O$
Pyrimidin-2,4-diyldiamin, N^4-[3-Diäthyl= amino-propyl]-N^2-[5-methoxy-1(3)*H*-benzimidazol-2-yl]-6-methyl- 3420

$C_{20}H_{30}N_4O_2$
Norvalin, *N*,*N*-Diäthyl-, [1,5-dimethyl-3-oxo-2-phenyl-2,3-dihydro-1*H*-pyrazol-4-ylamid] 3597
Valin, *N*,*N*-Diäthyl-, [1,5-dimethyl-3-oxo-2-phenyl-2,3-dihydro-1*H*-pyrazol-4-ylamid] 3597

$C_{20}H_{31}N_3O$
Chinazolin-8-ol, 4-Dodecylamino- 3436

$C_{20}H_{32}N_4O$
Propandiyldiamin, *N*,*N*-Dibutyl-*N'*-[6-methoxy-chinazolin-4-yl]- 3432
—, *N*,*N*-Dibutyl-*N'*-[7-methoxy-chinazolin-4-yl]- 3434
Pyrazol-3-on, 4,5-Bis-diäthylaminomethyl-1-methyl-2-phenyl-1,2-dihydro- 3617

$C_{20}H_{35}N_3O_2S$
Essigsäure, [4-Tetradecylamino-pyrimidin-2-ylmercapto]- 3336

$C_{20}H_{36}N_6S_2$
Imidazol-2-thion, 5,5,5′,5′-Tetramethyl-1,5,1′,5′-tetrahydro-4,4′-decandiyl=diamino-bis- 3619
$C_{20}H_{41}N_3O$
[2,3′]Bipyridyl-6′-ol, 6,6,2′,2′,6′-Pentaäthyl-2-amino-dodecahydro- 3322

C_{21}

$C_{21}H_{12}ClN_3O$
Benzo[*e*]perimidin-7-on, 6-[4-Chlor-anilino]- 3853
$C_{21}H_{13}N_3O$
Benzo[*e*]perimidin-7-on, 6-Amino-2-phenyl- 3872
–, 8-Amino-2-phenyl- 3873
–, 6-Anilino- 3853
Dibenzo[*de,h*]cinnolin-7-on, 8-Amino-3-phenyl- 3872
$C_{21}H_{13}N_3O_2$
Benzamid, *N*-[6-Oxo-1(2),6-dihydro-dibenz[*cd,g*]indazol-5-yl]- 3844
$C_{21}H_{14}BrN_3O$
Dibenz[*cd,g*]indazol-6-on, x-Anilino-x-brom-2-methyl-2*H*- 3845
$[C_{21}H_{14}N_3O]^+$
Pyridinium, 1-[3′-Oxo-2′,3′-dihydro-[1,1′]biisoindolyliden-3-yl]- 3868
$C_{21}H_{14}N_4O$
Benzo[*e*]perimidin-7-on, 6-[3-Amino-anilino]- 3856
–, 6-[4-Amino-anilino]- 3856
–, 6-Amino-4-anilino- 3864
–, 8-Amino-4-anilino- 3866
$C_{21}H_{14}N_4O_3S$
Sulfanilsäure, *N*-[7-Oxo-7*H*-benzo=[*e*]perimidin-6-yl]-, amid 3855
$C_{21}H_{14}N_4O_4$
Benzoesäure, 2-Nitro-, [2-(4-oxo-3,4-dihydro-chinazolin-2-yl)-anilid] 3835
$[C_{21}H_{15}ClN_3O]^+$
Pyridinium, 1-[1-(2-Chlor-phenyl)-2-(3-oxo-3,4-dihydro-chinoxalin-2-yl)-vinyl]- 3849
$C_{21}H_{15}N_3O$
Dibenz[*cd,g*]indazol-6-on, 7-Amino-2-benzyl-2*H*- 3845
–, 3-Anilino-2-methyl-2*H*- 3843
–, 5-Anilino-2-methyl-2*H*- 3843
–, 7-Anilino-2-methyl-2*H*- 3844
$C_{21}H_{15}N_3O_2$
Benzo[*e*]perimidin-7-ol, 6-[4-Hydroxy-anilino]-1*H*- 3472
$C_{21}H_{15}N_3O_3$
Imidazo[1,2-*a*]pyridin, 3-Benzoylamino-2-benzoyloxy- 3422
$[C_{21}H_{15}N_4O_3]^+$
Pyridinium, 1-[1-(3-Nitro-phenyl)-2-(3-oxo-3,4-dihydro-chinoxalin-2-yl)-vinyl]- 3849
–, 1-[1-(4-Nitro-phenyl)-2-(3-oxo-3,4-dihydro-chinoxalin-2-yl)-vinyl]- 3849
$[C_{21}H_{16}N_3O]^+$
Pyridinium, 1-[2-(3-Oxo-3,4-dihydro-chinoxalin-2-yl)-1-phenyl-vinyl]- 3849
$C_{21}H_{17}N_3O$
Chinoxalin-5-ylamin, 6-Methoxy-2,3-diphenyl- 3475
–, 7-Methoxy-2,3-diphenyl- 3476
–, 8-Methoxy-2,3-diphenyl- 3475
Chinoxalin-6-ylamin, 7-Methoxy-2,3-diphenyl- 3476
Imidazol-4-on, 2-Anilino-5,5-diphenyl-1,5-dihydro- 3839
Pyrazol-3-on, 5-Amino-2-*o*-terphenyl-4-yl-1,2-dihydro- 3520
$C_{21}H_{17}N_3O_3$
[1,2]Naphthochinon, 4-[1,5-Dimethyl-3-oxo-2-phenyl-2,3-dihydro-1*H*-pyrazol-4-ylamino]- 3575
Diacetyl-Derivat $C_{21}H_{17}N_3O_3$ aus 6-Methoxy-benzo[*b*][1,10]phenanthrolin-7-ylamin 3474
$C_{21}H_{17}N_3O_3S$
Biphenyl-4-sulfonamid, *N*-[5-Oxo-1-phenyl-2,5-dihydro-1*H*-pyrazol-3-yl]- 3540
$C_{21}H_{17}N_5O_5$
Pyrazol-3-on, 4-[5-(2,4-Dinitro-anilino)-penta-2,4-dienyliden]-5-methyl-2-phenyl-2,4-dihydro- 3772
$C_{21}H_{18}N_4O$
Pyrazol-3-on, 4-[2]Chinolylmethylenamino-1,5-dimethyl-2-phenyl-1,2-dihydro- 3601
–, 4-[4]Chinolylmethylenamino-1,5-dimethyl-2-phenyl-1,2-dihydro- 3601
$C_{21}H_{18}N_4O_3$
Isochinolin-1,3-dion, 4-[1,5-Dimethyl-3-oxo-2-*p*-tolyl-2,3-dihydro-1*H*-pyrazol-4-ylimino]-4*H*- 3601
$C_{21}H_{18}N_4O_5S_2$
Sulfanilsäure, *N*-Benzolsulfonyl-, [5-oxo-1-phenyl-2,5-dihydro-1*H*-pyrazol-3-ylamid] 3540
$C_{21}H_{18}N_6O_5$
Benzimidazol-2-on, 4,6-Dianilino-1,3-dimethyl-5,7-dinitro-1,3-dihydro- 3770
$C_{21}H_{19}N_3O$
Pyrazol-3-on, 4-[5-Anilino-penta-2,4-dienyliden]-5-methyl-2-phenyl-2,4-dihydro- 3772

$C_{21}H_{19}N_3O_2$
Acetanilid, *N*-[3-(3-Methyl-5-oxo-1-phenyl-1,5-dihydro-pyrazol-4-yliden)-propenyl]- 3762
$C_{21}H_{19}N_3O_3$
Carbamidsäure, [2-Benzyl-1-oxo-2,9-dihydro-1*H*-β-carbolin-6-yl]-, äthylester 3826
$C_{21}H_{19}N_5O_2$
Amin, [1,5-Dimethyl-3-oxo-2-phenyl-2,3-dihydro-1*H*-pyrazol-4-yl]-[3-methyl-5-oxo-1-phenyl-1,5-dihydro-pyrazol-4-yliden]- 3602
Harnstoff, *N*-[6]Chinolyl-*N'*-[1,5-dimethyl-3-oxo-2-phenyl-2,3-dihydro-1*H*-pyrazol-4-yl]- 3583
$C_{21}H_{20}ClN_3O_4$
Essigsäure, Chlor-, [(1,5-dimethyl-3-oxo-2-phenyl-2,3-dihydro-1*H*-pyrazol-4-yl)-piperonyl-amid] 3599
$C_{21}H_{20}N_4O$
β-Alanin, *N*-Methyl-*N*-[4-(3-methyl-5-oxo-1-phenyl-1,5-dihydro-pyrazol-4-ylidenmethyl)-phenyl]-, nitril 3817
Pyrazol-3-on, 1,5-Dimethyl-4-[2-methyl-[4]chinolylamino]-2-phenyl-1,2-dihydro- 3600
$C_{21}H_{20}N_4O_2$
[8]Chinolylamin, 6,6'-Dimethoxy-5,5'-methandiyl-bis- 3507
Glycin, *N*-[7-Oxo-7*H*-benzo[*e*]perimidin-6-yl]-, diäthylamid 3855
Pyridin-2-carbonsäure, 6-Methyl-, [1,2-bis-(6-methyl-[2]pyridyl)-2-oxo-äthylamid] 3828
$C_{21}H_{20}N_4O_4S$
Benzoesäure, 6-Formyl-2,3-dimethoxy-, [4-(2-amino-6-methyl-pyrimidin-4-ylmercapto)-anilid] 3392
$C_{21}H_{20}N_4O_6S$
Sulfanilsäure, *N*-Benzyloxycarbonyl-, [acetyl-(6-methoxy-pyridazin-3-yl)-amid] 3333
$C_{21}H_{21}ClN_4O$
Pyridazin-3-on, 4-[4-Benzyl-piperazino]-6-chlor-2-phenyl- 3634
$C_{21}H_{21}Cl_2N_3O$
Pyrazol-3-on, 4-{4-[Bis-(2-chlor-äthyl)-amino]-benzyliden}-5-methyl-2-phenyl-2,4-dihydro- 3817
$C_{21}H_{21}N_3O$
Amin, Benzyl-[4-benzyloxy-6,7-dihydro-5*H*-cyclopentapyrimidin-2-yl]- 3416
Pyrazol-3-on, 4-[4-Dimethylamino-cinnamyliden]-5-methyl-2-phenyl-2,4-dihydro- 3828
$C_{21}H_{21}N_3O_2$
Amin, [4-Methoxy-benzyl]-[4-(4-methoxy-styryl)-pyrimidin-2-yl]- 3455
Benzamid, *N*-[6-Cinnolin-4-yl-6-oxo-hexyl]- 3824
$C_{21}H_{21}N_7O_2$
Guanidin, *N*,*N'*-Bis-[4-benzyl-5-oxo-2,5-dihydro-1*H*-pyrazol-3-yl]- 3796
$C_{21}H_{22}BrN_3O_2$
Propionsäure, 2-Brom-, [benzyl-(1,5-dimethyl-3-oxo-2-phenyl-2,3-dihydro-1*H*-pyrazol-4-yl)-amid] 3578
$C_{21}H_{22}ClN_3O$
Pyrazol-3-on, 4-{4-[Äthyl-(2-chlor-äthyl)-amino]-benzyliden}-5-methyl-2-phenyl-2,4-dihydro- 3817
$[C_{21}H_{22}Cl_2N_3O]^+$
Chinoxalinium, 2-{4-[Bis-(2-chlor-äthyl)-amino]-styryl}-1-methyl-3-oxo-3,4-dihydro- 3848
$C_{21}H_{22}N_4O$
Benzo[*e*]perimidin-7-on, 6-[2-Diäthylamino-äthylamino]- 3855
$[C_{21}H_{23}ClN_3O]^+$
Chinoxalinium, 2-{4-[(2-Chlor-äthyl)-methyl-amino]-styryl}-1,4-dimethyl-3-oxo-3,4-dihydro- 3848
$C_{21}H_{23}N_3O$
Pyrazol-3-on, 4-[4-Diäthylamino-benzyliden]-5-methyl-2-phenyl-2,4-dihydro- 3816
$C_{21}H_{23}N_3O_2$
Essigsäure-[2-(1,5-dimethyl-3-oxo-2-phenyl-2,3-dihydro-1*H*-pyrazol-4-ylmethyl)-4-methyl-anilid] 3804
— [4-(1,5-dimethyl-3-oxo-2-phenyl-2,3-dihydro-1*H*-pyrazol-4-ylmethyl)-*N*-methyl-anilid] 3800
Pyrazol-3-on, 4-Benzylidenamino-1,5-dimethyl-2-[4-propoxy-phenyl]-1,2-dihydro- 3572
$C_{21}H_{23}N_3O_3$
Pyrazol-3-on, 2-[4-Äthoxy-phenyl]-5-methyl-4-*p*-phenetidinomethylen-2,4-dihydro- 3732
$C_{21}H_{23}N_3O_4$
Benzoesäure, 3,4-Dimethoxy-, [2-(2-methyl-5-oxo-1-phenyl-2,5-dihydro-1*H*-pyrazol-3-yl)-äthylamid] 3610
$C_{21}H_{23}N_5O_3$
Propionsäure, 2-[Methyl-(3-oxo-2-phenyl-2,3-dihydro-1*H*-pyrazol-4-yl)-amino]-3-phenylhydrazono-, äthylester 3516
$C_{21}H_{24}N_4O$
Methanol, Bis-[6-dimethylamino-[3]pyridyl]-phenyl- 3473
$C_{21}H_{24}N_4O_2$
Alanin, *N*,*N*-Dimethyl-, [5-methyl-3-oxo-1,2-diphenyl-2,3-dihydro-1*H*-pyrazol-4-ylamid] 3596

$C_{21}H_{30}N_4O_4$
Lauramid, *N*-[1-(4-Nitro-phenyl)-5-oxo-2,5-dihydro-1*H*-pyrazol-3-yl]- 3523

$[C_{21}H_{31}N_3O]^{2+}$
Cinchonandiium, 6′-Amino-9-hydroxy-1,1′-dimethyl-10,11-dihydro- 3456

$C_{21}H_{31}N_3O_2$
Lauramid, *N*-[5-Oxo-1-phenyl-2,5-dihydro-1*H*-pyrazol-3-yl]- 3523

$C_{21}H_{32}N_4OS$
Butandiyldiamin, *N*⁴,*N*⁴-Diäthyl-*N*¹-[4-(4-methoxy-phenylmercapto)-6-methyl-pyrimidin-2-yl]-1-methyl- 3394

$C_{21}H_{32}N_4O_2$
Lauramid, *N*-[1-(4-Amino-phenyl)-5-oxo-2,5-dihydro-1*H*-pyrazol-3-yl]- 3534

$C_{21}H_{33}N_3O$
Amin, Dodecyl-[8-methoxy-chinazolin-4-yl]- 3436
Pyrazol-3-on, 4-[2-Dibutylamino-äthyl]-1,5-dimethyl-2-phenyl-1,2-dihydro- 3622

$C_{21}H_{34}N_3O_3PS$
Amidothiophosphorsäure, [1,5-Dimethyl-3-oxo-2-phenyl-2,3-dihydro-1*H*-pyrazol-4-yl]-, *O*,*O*′-diisopentylester 3606

$C_{21}H_{34}N_3O_4P$
Amidophosphorsäure, [1,5-Dimethyl-3-oxo-2-phenyl-2,3-dihydro-1*H*-pyrazol-4-yl]-, diisopentylester 3606

$C_{21}H_{34}N_4O$
Butandiyldiamin, *N*⁴,*N*⁴-Diäthyl-*N*¹-[6-butoxy-[1,5]naphthyridin-4-yl]-1-methyl- 3442

C_{22}

$C_{22}H_{11}Cl_2N_3O_2$
Benzoesäure, 4-Chlor-, [2-chlor-7-oxo-7*H*-benzo[*e*]perimidin-6-ylamid] 3857
–, 2,4-Dichlor-, [7-oxo-7*H*-benzo[*e*]perimidin-8-ylamid] 3859
–, 2,5-Dichlor-, [7-oxo-7*H*-benzo[*e*]perimidin-8-ylamid] 3859
–, 3,4-Dichlor-, [7-oxo-7*H*-benzo[*e*]perimidin-8-ylamid] 3859

$C_{22}H_{12}BrN_3O_2$
Benzoesäure, 4-Brom-, [7-oxo-7*H*-benzo[*e*]perimidin-8-ylamid] 3859

$C_{22}H_{12}ClN_3O_2$
Benzamid, *N*-[2-Chlor-7-oxo-7*H*-benzo[*e*]perimidin-6-yl]- 3857
–, *N*-[2-Chlor-7-oxo-7*H*-benzo[*e*]perimidin-8-yl]- 3861
Benzoesäure, 2-Chlor-, [7-oxo-7*H*-benzo[*e*]perimidin-8-ylamid] 3858
–, 3-Chlor-, [7-oxo-7*H*-benzo[*e*]perimidin-8-ylamid] 3858
–, 4-Chlor-, [7-oxo-7*H*-benzo[*e*]perimidin-6-ylamid] 3854
–, 4-Chlor-, [7-oxo-7*H*-benzo[*e*]perimidin-8-ylamid] 3858

$C_{22}H_{12}FN_3O_2$
Benzoesäure, 4-Fluor-, [7-oxo-7*H*-benzo[*e*]perimidin-6-ylamid] 3854

$C_{22}H_{12}IN_3O_2$
Benzoesäure, 4-Jod-, [7-oxo-7*H*-benzo[*e*]perimidin-8-ylamid] 3859

$C_{22}H_{12}N_4O_4$
Benzoesäure, 4-Nitro-, [7-oxo-7*H*-benzo[*e*]perimidin-6-ylamid] 3854

$C_{22}H_{13}N_3O_2$
Benzamid, *N*-[7-Oxo-7*H*-benzo[*e*]perimidin-2-yl]- 3851
–, *N*-[7-Oxo-7*H*-benzo[*e*]perimidin-6-yl]- 3853
–, *N*-[7-Oxo-7*H*-benzo[*e*]perimidin-8-yl]- 3858

$C_{22}H_{13}N_3O_3$
Anthrachinon, 1-[3-Oxo-3,4-dihydro-chinoxalin-2-ylamino]- 3782
Benzoesäure, 4-[7-Oxo-7*H*-benzo[*e*]perimidin-6-ylamino]- 3855

$C_{22}H_{14}N_4O_2$
Benzamid, *N*-[2-Amino-7-oxo-7*H*-benzo[*e*]perimidin-6-yl]- 3863

$C_{22}H_{15}N_3O$
Benzo[*f*]chinazolin-3-on, 1-[2]Naphthylamino-4*H*- 3829
Benzo[*e*]perimidin-7-on, 6-Amino-2-benzyl- 3873
[1,1′]Biisoindolyliden-3-on, 3′-Anilino- 3868
Dibenzo[*b*,*f*][1,7]naphthyridin-12-on, 6-[2-Amino-phenyl]-7*H*- 3873
Dibenzo[*b*,*g*][1,8]naphthyridin-11-on, 12-Anilino-6*H*- 3869

$C_{22}H_{15}N_3O_2$
Benzamid, *N*-[2-Methyl-6-oxo-2,6-dihydro-dibenz[*cd*,*g*]indazol-5-yl]- 3844

$C_{22}H_{15}N_3O_2S$
Phthalimid, *N*-[3-Phenyl-2-thioxo-1,2,3,4-tetrahydro-chinazolin-4-yl]- 3770

$C_{22}H_{15}N_3O_3$
Dibenzoyl-Derivat $C_{22}H_{15}N_3O_3$ aus 4-Amino-2*H*-phthalazin-1-on 3785

$C_{22}H_{15}N_3S$
Benzo[*f*]chinazolin-3-thion, 1-[2]Naphthylamino-4*H*- 3829
[1,1′]Biisoindolyliden-3-thion, 3′-Anilino- 3869

$C_{22}H_{16}BrN_3O$
Pyrazol-3-on, 4-[4-Brom-anilinomethylen]-2,5-diphenyl-2,4-dihydro- 3809

$C_{22}H_{16}N_4O$
Benzo[*e*]perimidin-7-on, 8-Amino-4-benzylamino- 3866
–, 6-Amino-4-*p*-toluidino- 3864
$C_{22}H_{16}N_4O_2$
Benzo[*e*]perimidin-7-on, 6-Amino-4-*p*-anisidino- 3864
$C_{22}H_{16}N_4O_3S$
Benzolsulfonsäure, 4-[(7-Oxo-7*H*-benzo[*e*]perimidin-6-ylamino)-methyl]-, amid 3855
$C_{22}H_{17}N_3O_2$
Benzamid, *N*-[3-Acetyl-1-phenyl-1*H*-indazol-6-yl]- 3794
–, *N*-[4-Oxo-3-phenyl-3,4-dihydro-chinazolin-2-ylmethyl]- 3791
$C_{22}H_{18}ClN_3O_3S$
Toluol-4-sulfonsäure-[2-(6-chlor-4-methyl-3-oxo-3,4-dihydro-chinoxalin-2-yl)-anilid] 3836
– [2-(7-chlor-4-methyl-3-oxo-3,4-dihydro-chinoxalin-2-yl)-anilid] 3837
$[C_{22}H_{18}N_3O]^+$
Pyridinium, 1-{2-[6-Methyl-3-oxo-3,4-dihydro-chinoxalin-2-yl]-1-phenyl-vinyl}- 3851
–, 1-{2-[7-Methyl-3-oxo-3,4-dihydro-chinoxalin-2-yl]-1-phenyl-vinyl}- 3851
–, 3-Methyl-1-[2-(3-oxo-3,4-dihydro-chinoxalin-2-yl)-1-phenyl-vinyl]- 3849
$C_{22}H_{18}N_4O$
Pyrazol-3-on, 4-[2-Amino-anilinomethylen]-2,5-diphenyl-2,4-dihydro- 3810
$C_{22}H_{19}N_3O$
Chinazolin-4-on, 2-*o*-Toluidino-3-*o*-tolyl-3*H*- 3776
–, 2-*p*-Toluidino-3-*p*-tolyl-3*H*- 3776
Imidazol-4-on, 2-Amino-3-benzyl-5,5-diphenyl-3,5-dihydro- 3840
–, 2-Benzylamino-5,5-diphenyl-1,5-dihydro- 3840
–, 2-[*N*-Methyl-anilino]-5,5-diphenyl-1,5-dihydro- 3839
$C_{22}H_{19}N_3O_2$
Chinoxalin-6-ylamin, 2,3-Bis-[4-methoxy-phenyl]- 3508
$C_{22}H_{19}N_3O_3S$
Toluol-4-sulfonsäure-[2-(4-methyl-3-oxo-3,4-dihydro-chinoxalin-2-yl)-anilid] 3836
$C_{22}H_{20}N_4O_2$
Piperidin, 1-[*N*-(7-Oxo-7*H*-benzo[*e*]perimidin-6-yl)-glycyl]- 3855
$C_{22}H_{21}N_3O$
Phenazinium, 3-Diäthylamino-7-hydroxy-5-phenyl-, betain 3464
$C_{22}H_{21}N_7O$
Guanidin, *N*-[1,5-Dimethyl-3-oxo-2-phenyl-2,3-dihydro-1*H*-pyrazol-4-yl]-*N′*,*N″*-di-[2]pyridyl- 3584
$C_{22}H_{22}BrN_3O_4$
Propionsäure, 2-Brom-, [(1,5-dimethyl-3-oxo-2-phenyl-2,3-dihydro-1*H*-pyrazol-4-yl)-piperonyl-amid] 3599
$C_{22}H_{22}N_4O$
Benzo[*e*]perimidin-7-on, 6-[3-Diäthylamino-allylamino]- 3856
$C_{22}H_{23}N_3O$
Pyrazol-3-on, 4-[3-(4-Dimethylamino-phenyl)-1-methyl-allyliden]-5-methyl-2-phenyl-2,4-dihydro- 3828
$C_{22}H_{23}N_5O_2$
Pyrazol-3-on, 2,2′-Diphenyl-1,2,1′,2′-tetrahydro-5,5′-butylimino-bis- 3539
$C_{22}H_{23}N_5O_4S$
Pyrazol-4-sulfonsäure, 1,5-Dimethyl-3-oxo-2-phenyl-2,3-dihydro-1*H*-, [1,5-dimethyl-3-oxo-2-phenyl-2,3-dihydro-1*H*-pyrazol-4-ylamid] 3604
$C_{22}H_{23}N_5O_7S_2$
Amin, Bis-[*N*-acetyl-sulfanilyl]-[6-methoxy-2-methyl-pyrimidin-4-yl]- 3374
$C_{22}H_{24}ClN_3O$
Pyrazol-3-on, 4-[2-Chlor-α-piperidino-benzyl]-5-methyl-2-phenyl-1,2-dihydro- 3801
$C_{22}H_{24}ClN_3O_3$
Pyrazol-3-on, 4-{2-[2-(2-Chlor-äthoxy)-äthoxy]-benzylidenamino}-1,5-dimethyl-2-phenyl-1,2-dihydro- 3574
–, 4-{4-[2-(2-Chlor-äthoxy)-äthoxy]-benzylidenamino}-1,5-dimethyl-2-phenyl-1,2-dihydro- 3574
$[C_{22}H_{24}Cl_2N_3O]^+$
Chinoxalinium, 2-{4-[Bis-(2-chlor-äthyl)-amino]-styryl}-1,4-dimethyl-3-oxo-3,4-dihydro- 3848
$C_{22}H_{24}N_4O$
Benzo[*e*]perimidin-7-ol, 6-[2-Piperidino-äthylamino]-1*H*- 3472
Benzo[*e*]perimidin-7-on, 6-[3-Diäthylamino-propylamino]- 3855
$C_{22}H_{24}N_4O_3$
Pyrazol-3-on, 5-Methyl-4-[4-nitro-α-piperidino-benzyl]-2-phenyl-1,2-dihydro- 3801
$C_{22}H_{24}N_4O_4$
Acetamid, *N*-[10-Amino-1,2,3-trimethoxy-6,7-dihydro-5*H*-benzo[6,7]heptaleno[2,3-*d*]imidazol-7-yl]- 3511
$C_{22}H_{24}N_6O_2S_2$
Butan, 1,4-Bis-[5-acetylamino-1(3)*H*-benzimidazol-2-ylmercapto]- 3418

$[C_{22}H_{25}Cl_2N_3O]^{2+}$
Chinoxalinium, 2-{4-[Bis-(2-chlor-äthyl)-methyl-ammonio]-styryl}-1-methyl-3-oxo-3,4-dihydro- 3848

$C_{22}H_{25}N_3O$
Pyrazol-3-on, 5-Methyl-2-phenyl-4-[α-piperidino-benzyl]-1,2-dihydro- 3801

$C_{22}H_{25}N_3O_4$
Essigsäure, [3,4-Dimethoxy-phenyl]-, [2-(2-methyl-5-oxo-1-phenyl-2,5-dihydro-1*H*-pyrazol-3-yl)-äthylamid] 3611

$C_{22}H_{26}ClN_5O$
Pyrimidin-2,4-diyldiamin, N^2-[4-Chlor-phenyl]-N^4-[2-diäthylamino-äthyl]-5-phenoxy- 3371

$[C_{22}H_{26}N_3O]^+$
Chinazolinium, 3-Äthyl-2-[4-dimethylamino-styryl]-1,6-dimethyl-4-oxo-3,4-dihydro- 3850
–, 1,3-Diäthyl-2-[4-dimethylamino-styryl]-4-oxo-3,4-dihydro- 3847

$C_{22}H_{26}N_4O$
Pyrazol-3-on, 4-Benzylamino-2-[1-methyl-[4]piperidyl]-5-phenyl-1,2-dihydro- 3788

$C_{22}H_{26}N_4O_2$
Essigsäure, Dimethylamino-phenyl-, [(1,5-dimethyl-3-oxo-2-phenyl-2,3-dihydro-1*H*-pyrazol-4-yl)-methylamid] 3598

$C_{22}H_{26}N_4O_3$
Alanin, *N*-[1,5-Dimethyl-3-oxo-2-phenyl-2,3-dihydro-1*H*-pyrazol-4-yl]-, *p*-phenetidid 3589

$C_{22}H_{27}N_3O$
Pyrazol-3-on, 4-[4-Diäthylamino-benzyl]-1,5-dimethyl-2-phenyl-1,2-dihydro- 3800

$C_{22}H_{27}N_3O_2$
Pyrazol-3-on, 4-{2-[Benzyl-(2-hydroxy-äthyl)-amino]-äthyl}-1,5-dimethyl-2-phenyl-1,2-dihydro- 3623

$C_{22}H_{27}N_3O_2S$
Cinchonan-9-ol, 6′-Äthoxy-5′-isothiocyanato-10,11-dihydro- 3504
[1,3]Oxazepino[6,5,4-*de*]chinolin-2-thion, 10-Äthoxy-4-[5-äthyl-chinuclidin-2-yl]-1*H*,4*H*- 3504

$C_{22}H_{28}ClN_5O_2$
Chinazolin-2,4-diyldiamin, N^2-[4-Chlor-phenyl]-N^4-[2-diäthylamino-äthyl]-6,7-dimethoxy- 3498

$C_{22}H_{28}Cl_2N_8$
Hydrazin, Bis-[4-chlor-6-methyl-2-piperidino-pyrimidin-5-ylmethylen]- 3760

$C_{22}H_{28}N_4O$
Imidazol-4-on, 2-Amino-3-[3-diäthylamino-propyl]-5,5-diphenyl-3,5-dihydro- 3840
Pyrazol-3-on, 4-[Benzyl-(2-dimethylamino-äthyl)-amino]-1,5-dimethyl-2-phenyl-1,2-dihydro- 3591

$C_{22}H_{28}N_4O_2$
[1,7]Phenanthrolin-10-on, 4-[3-(2-Piperidino-äthoxy)-propylamino]-7*H*- 3830

$C_{22}H_{28}N_4O_3S$
Toluol-4-sulfonamid, *N*-[2-Diäthylamino-äthyl]-*N*-[7-methoxy-chinoxalin-5-yl]- 3441

$C_{22}H_{28}N_4S$
Propandiyldiamin, *N*,*N*-Diäthyl-*N*′-[2-*p*-tolylmercapto-chinazolin-4-yl]- 3428

$C_{22}H_{29}ClN_4O$
Äthylendiamin, *N*,*N*-Diäthyl-*N*′-[2-butoxy-7-chlor-benzo[*b*][1,5]naphthyridin-10-yl]- 3465
Butandiyldiamin, N^4,N^4-Diäthyl-N^1-[7-chlor-2-methoxy-benzo[*b*][1,5]naphthyridin-10-yl]-1-methyl- 3465

$C_{22}H_{29}ClN_4S$
Butandiyldiamin, N^4,N^4-Diäthyl-N^1-[7-chlor-2-methylmercapto-benzo[*b*][1,5]naphthyridin-10-yl]-1-methyl- 3466

$C_{22}H_{29}N_3O$
Amin, Diäthyl-{2-[5-(4-methoxy-phenyl)-1-phenyl-4,5-dihydro-1*H*-pyrazol-3-yl]-äthyl}- 3425
–, [6′-Methoxy-cinchonan-9-yl]-dimethyl- 3468

$C_{22}H_{29}N_3O_2$
Amin, {2-[5-(3-Äthoxy-4-methoxy-phenyl)-1-phenyl-4,5-dihydro-1*H*-pyrazol-3-yl]-äthyl}-dimethyl- 3497
–, {2-[5-(4-Äthoxy-3-methoxy-phenyl)-1-phenyl-4,5-dihydro-1*H*-pyrazol-3-yl]-äthyl}-dimethyl- 3497

$C_{22}H_{30}IN_3O_2$
Methojodid $[C_{22}H_{30}N_3O_2]I$ aus *N*-[9-Hydroxy-10,11-dihydro-cinchonan-6′-yl]-acetamid 3457

$C_{22}H_{30}N_4O$
Butandiyldiamin, N^4,N^4-Diäthyl-N^1-[5-methoxy-[1,10]phenanthrolin-4-yl]-1-methyl- 3466
[1,7]Phenanthrolin-10-on, 4-[6-Diäthylamino-hexylamino]-7*H*- 3831

$C_{22}H_{30}N_4O_2$
[1,7]Phenanthrolin-10-on, 4-[3-(3-Diäthylamino-propoxy)-propylamino]-7*H*- 3831

$[C_{22}H_{32}N_4O]^{2+}$
[1,7]Phenanthrolinium, 4-[4-(Diäthyl-methyl-ammonio)-butylamino]-10-hydroxy-7-methyl- 3832

$C_{22}H_{33}ClN_4S$
Propandiyldiamin, *N*,*N*-Dibutyl-*N*′-[4-(4-chlor-phenylmercapto)-6-methyl-pyrimidin-2-yl]- 3394

$C_{22}H_{33}N_3O$
Pyrazol-3-on, 4-[2-(Cyclohexyl-propyl-amino)-äthyl]-1,5-dimethyl-2-phenyl-1,2-dihydro- 3622
$C_{22}H_{34}N_4O_8$
N,*O*-Diacetyl-Derivat $C_{22}H_{34}N_4O_8$ aus 4-Amino-1-[*O*[4]-(4-dimethylamino-4,6-didesoxy-glucopyranosyl)-*erythro*-2,3,6-tridesoxy-hexopyranosyl]-1*H*-pyrimidin-2-on 3660
$C_{22}H_{36}N_4O$
Butandiyldiamin, *N*[4],*N*[4]-Diäthyl-*N*[1]-[6-butoxy-2-methyl-[1,5]naphthyridin-4-yl]-1-methyl- 3443

C_{23}

$C_{23}H_{12}F_3N_3O_2$
Benzoesäure, 4-Trifluormethyl-, [7-oxo-7*H*-benzo[*e*]perimidin-6-ylamid] 3854
$C_{23}H_{12}N_4O_2$
Benzoesäure, 4-Cyan-, [7-oxo-7*H*-benzo[*e*]perimidin-6-ylamid] 3854
—, 4-Cyan-, [7-oxo-7*H*-benzo[*e*]perimidin-8-ylamid] 3860
$C_{23}H_{14}N_4O_4$
Benzoesäure, 4-Methyl-3-nitro-, [7-oxo-7*H*-benzo[*e*]perimidin-6-ylamid] 3854
$C_{23}H_{15}Cl_2N_3O_7S_2$
Benzoesäure, 3-Chlorsulfonyl-, [5-(3-chlorsulfonyl-benzoylamino)-2-phenyl-2*H*-pyrazol-3-ylester] 3325
$C_{23}H_{15}N_3O_2$
Benzamid, *N*-[5-Hydroxy-benzo[*a*]phenazin-6-yl]- 3473
—, *N*-[2-Methyl-7-oxo-7*H*-benzo[*e*]perimidin-6-yl]- 3867
o-Toluamid, *N*-[7-Oxo-7*H*-benzo[*e*]perimidin-6-yl]- 3854
p-Toluamid, *N*-[7-Oxo-7*H*-benzo[*e*]perimidin-8-yl]- 3859
$C_{23}H_{15}N_3O_3$
Benzoesäure, 3-Methoxy-, [7-oxo-7*H*-benzo[*e*]perimidin-6-ylamid] 3855
$C_{23}H_{16}ClN_3O_4$
Benzoesäure, 4-Chlor-2-[2,4-diphenoxy-pyrimidin-5-ylamino]- 3481
$C_{23}H_{16}N_4O_2$
Acetamid, *N*-[4-Anilino-7-oxo-7*H*-benzo[*e*]perimidin-6-yl]- 3865
Essigsäure-[4-(7-oxo-7*H*-benzo[*e*]perimidin-6-ylamino)-anilid] 3856
$C_{23}H_{17}ClN_4O_5S$
Benzolsulfonylchlorid, 3-[3-(5-Oxo-1-phenyl-2,5-dihydro-1*H*-pyrazol-3-ylcarbamoyl)-phenylcarbamoyl]- 3536
$C_{23}H_{17}N_3O$
Dibenzo[*b,f*][1,7]naphthyridin-12-ylamin, 6-[4-Methoxy-phenyl]- 3478
—, 10-Methoxy-6-phenyl- 3477
$C_{23}H_{17}N_3O_2$
Benzamid, *N*-[3-Oxo-5,6-diphenyl-2,3-dihydro-pyridazin-4-yl]- 3846
Benzoesäure-[4-(2-oxo-6-phenyl-1,2-dihydro-pyrimidin-4-yl)-anilid] 3846
$C_{23}H_{17}N_3O_3$
Benzoesäure-[5-anilino-2-benzoyl-2*H*-pyrazol-3-ylester] 3323
Pyrazol, 5-Benzoylamino-3-benzoyloxy-1-phenyl-1*H*- 3324
$C_{23}H_{17}N_3S$
Amin, [3′-Methylmercapto-[1,1′]biisoindolyliden-3-yl]-phenyl- 3474
$C_{23}H_{19}N_3O$
Pyrazol-3-on, 4-[α-Anilino-benzyliden]-5-methyl-2-phenyl-2,4-dihydro- 3818
$C_{23}H_{19}N_3O_2$
Acetamid, *N*-[8-Methoxy-2,3-diphenyl-chinoxalin-5-yl]- 3475
Benzamid, *N*-[4-Benzyl-5-oxo-1-phenyl-2,5-dihydro-1*H*-pyrazol-3-yl]- 3795
—, *N*-[4-Benzyl-5-oxo-2-phenyl-2,5-dihydro-1*H*-pyrazol-3-yl]- 3796
—, *N*-[4-Oxo-3-*m*-tolyl-3,4-dihydro-chinazolin-2-ylmethyl]- 3791
—, *N*-[4-Oxo-3-*p*-tolyl-3,4-dihydro-chinazolin-2-ylmethyl]- 3791
Essigsäure-{4-[3-(2-methoxy-phenyl)-chinoxalin-2-yl]-anilid} 3476
— {4-[3-(4-methoxy-phenyl)-chinoxalin-2-yl]-anilid} 3476
$C_{23}H_{19}N_5O$
Pyrazol-3-on, 5-Methyl-2-phenyl-4-[4-phenylazo-anilinomethylen]-2,4-dihydro- 3733
$C_{23}H_{19}N_5O_5$
Pyrazol-3-ylamin, 2-[2,4-Dinitro-phenyl]-5-[4-methoxy-benzyl]-4-phenyl-2*H*- 3470
$C_{23}H_{20}ClN_3O_3S$
Toluol-4-sulfonsäure-[2-(6-chlor-4-methyl-3-oxo-3,4-dihydro-chinoxalin-2-yl)-*N*-methyl-anilid] 3836
— [2-(7-chlor-4-methyl-3-oxo-3,4-dihydro-chinoxalin-2-yl)-*N*-methyl-anilid] 3837
$[C_{23}H_{20}N_3O]^+$
Pyrazolium, 4-Anilinomethylen-1-methyl-3-oxo-2,5-diphenyl-3,4-dihydro-2*H*- 3810
$C_{23}H_{20}N_4O$
Pyrazol-3-on, 1,5-Dimethyl-2-phenyl-4-[4-phenylimino-cyclohexa-2,5-dienylidenamino]-1,2-dihydro- 3573

$C_{23}H_{20}N_4O_4$
Methan, Bis-[5-acetylamino-8-hydroxy-[7]chinolyl]- 3508
—, Bis-[8-acetylamino-6-hydroxy-[5]chinolyl]- 3508

$C_{23}H_{21}N_3O$
Amin, [8-Methoxy-2,3-diphenyl-chinoxalin-5-yl]-dimethyl- 3475

$C_{23}H_{21}N_3O_2$
Essigsäure-[3-(1,5-diphenyl-4,5-dihydro-1*H*-pyrazol-3-yl)-4-hydroxy-anilid] 3467

$C_{23}H_{21}N_3O_3S$
Toluol-4-sulfonsäure-[*N*-methyl-2-(4-methyl-3-oxo-3,4-dihydro-chinoxalin-2-yl)-anilid] 3836

$C_{23}H_{21}N_5O$
Propionitril, 3,3′-[4-(3-Methyl-5-oxo-1-phenyl-1,5-dihydro-pyrazol-4-ylidenmethyl)-phenylimino]-di- 3818

$C_{23}H_{22}N_3O_2P$
Phosphinsäure, Diphenyl-, [1,5-dimethyl-3-oxo-2-phenyl-2,3-dihydro-1*H*-pyrazol-4-ylamid] 3605

$C_{23}H_{22}N_3O_4P$
Amidophosphorsäure, [1,5-Dimethyl-3-oxo-2-phenyl-2,3-dihydro-1*H*-pyrazol-4-yl]-, diphenylester 3606

$C_{23}H_{22}N_4O$
Pyrazol-3-on, 4-[4-Anilino-anilino]-1,5-dimethyl-2-phenyl-1,2-dihydro-3593

$C_{23}H_{22}N_4O_3$
Isochinolin-1,3-dion, 4-[1,5-Dimethyl-3-oxo-2-phenyl-2,3-dihydro-1*H*-pyrazol-4-ylimino]-2-propyl-4*H*- 3601

$C_{23}H_{23}N_5O_3$
Pyrazol-4-carbonsäure, 1,5-Dimethyl-3-oxo-2-phenyl-2,3-dihydro-1*H*-, [1,5-dimethyl-3-oxo-2-phenyl-2,3-dihydro-1*H*-pyrazol-4-ylamid] 3603

$C_{23}H_{24}N_4O$
Benzo[*e*]perimidin-7-on, 6-[3-Piperidino-propylamino]- 3855

$C_{23}H_{24}N_6O_3$
Harnstoff, *N*,*N*′-Bis-[1,5-dimethyl-3-oxo-2-phenyl-2,3-dihydro-1*H*-pyrazol-4-yl]-3583

$C_{23}H_{24}N_6O_{11}$
2,3-Diaza-norbornan-2,3-dicarbonsäure, 5-Anilino-6-picryloxy-, diäthylester 3322

$C_{23}H_{25}ClN_4O$
Äthylendiamin, *N*,*N*-Diäthyl-*N*′-[10-chlor-6-methoxy-benzo[*b*][1,10]phenanthrolin-7-yl]- 3474

$C_{23}H_{25}N_3O$
Benzo[*e*]perimidin-7-on, 4-Octylamino-3852

$C_{23}H_{25}N_5O$
Benzo[*e*]perimidin-7-on, 6-Amino-4-[3-piperidino-propylamino]- 3866

$C_{23}H_{25}N_5O_2$
Pyrazol-3-on, 2,2′-Diphenyl-1,2,1′,2′-tetrahydro-5,5′-pentylimino-bis- 3539
—, 1,5,1′,4′-Tetramethyl-2,2′-diphenyl-1,2,1′,2′-tetrahydro-4,5′-azaäthandiyl-bis- 3612
—, 1,5,1′,5′-Tetramethyl-2,2′-diphenyl-1,2,1′,2′-tetrahydro-4,4′-azaäthandiyl-bis- 3617

$C_{23}H_{26}N_4O$
Äthylendiamin, *N*,*N*-Diäthyl-*N*′-[6-methoxy-benzo[*b*][1,10]phenanthrolin-7-yl]- 3474
Benzo[*e*]perimidin-7-on, 6-[4-Diäthylamino-butylamino]- 3856
Methanol, [2,4-Bis-benzylamino-5,6,7,8-tetrahydro-chinazolin-6-yl]-3417

$C_{23}H_{27}N_3O$
Pyrazol-3-on, 5-Methyl-4-[4-methyl-α-piperidino-benzyl]-2-phenyl-1,2-dihydro- 3804

$C_{23}H_{27}N_3O_5$
Pyrrol-3,4-dicarbonsäure, 1-[1,5-Dimethyl-3-oxo-2-phenyl-2,3-dihydro-1*H*-pyrazol-4-yl]-2,5-dimethyl-, diäthylester 3591

$[C_{23}H_{28}N_3O]^+$
Chinazolinium, 1,3-Diäthyl-2-[4-dimethylamino-styryl]-6-methyl-4-oxo-3,4-dihydro- 3850

$C_{23}H_{28}N_4O_2$
Essigsäure, Diäthylamino-phenyl-, [1,5-dimethyl-3-oxo-2-phenyl-2,3-dihydro-1*H*-pyrazol-4-ylamid] 3597

$[C_{23}H_{28}N_5]^+$
Methylium, [4-Dimethylamino-phenyl]-bis-[6-dimethylamino-[3]pyridyl]- 3473

$C_{23}H_{29}N_3O$
Piperidin, 1-{2-[5-(4-Methoxy-phenyl)-1-phenyl-4,5-dihydro-1*H*-pyrazol-3-yl]-äthyl}- 3425
Pyrazol, 5-[2-Methoxy-phenyl]-1-phenyl-3-[2-piperidino-äthyl]-4,5-dihydro-1*H*-3424
Pyrazol-3-on, 4-Bis-cyclohex-2-enylamino-1,5-dimethyl-2-phenyl-1,2-dihydro-3566
—, 1,5-Dimethyl-4-{2-[methyl-(3-phenyl-propyl)-amino]-äthyl}-2-phenyl-1,2-dihydro- 3623
—, 4-[Isobutyl-phenäthyl-amino]-1,5-dimethyl-2-phenyl-1,2-dihydro-3567

$C_{24}H_{33}N_3O$
Amin, Diäthyl-[6′-methoxy-cinchonan-9-yl]- 3468
–, {2-[5-(4-Methoxy-phenyl)-1-phenyl-4,5-dihydro-1*H*-pyrazol-3-yl]-äthyl}-dipropyl- 3425
$C_{24}H_{33}N_3O_2$
Amin, {2-[5-(3-Äthoxy-4-methoxy-phenyl)-1-phenyl-4,5-dihydro-1*H*-pyrazol-3-yl]-äthyl}-diäthyl- 3497
$C_{24}H_{34}N_4O$
[1,7]Phenanthrolin-10-on, 4-[4-Dibutylamino-butylamino]-7*H*- 3831
$[C_{24}H_{34}N_4O_2]^{2+}$
[1,7]Phenanthrolinium, 10-Hydroxy-7-methyl-4-{3-[2-(1-methyl-piperidinium-1-yl)-äthoxy]-propylamino}- 3832
$C_{24}H_{34}N_4O_{11}$
Pyrimidin-2-on, 4-Leucylamino-1-[tetra-*O*-acetyl-glucopyranosyl]-1*H*- 3682
$C_{24}H_{35}N_3O$
Yohimban-17-ol, 16-Butylaminomethyl- 3459
$C_{24}H_{36}N_4O$
Amin, [5-Benzyl-2-(3-diäthylamino-propoxy)-pyrimidin-4-yl]-cyclohexyl- 3449
$[C_{24}H_{36}N_4O]^{2+}$
[1,7]Phenanthrolinium, 4-[6-(Diäthyl-methyl-ammonio)-hexylamino]-10-hydroxy-7-methyl- 3833
$[C_{24}H_{36}N_4O_2]^{2+}$
[1,7]Phenanthrolinium, 4-{3-[3-(Diäthyl-methyl-ammonio)-propoxy]-propylamino}-10-hydroxy-7-methyl- 3832
$C_{24}H_{36}N_4O_9$
Pyrimidin-2-on, 4-Acetylamino-1-[O^4-(*O,O′*-diacetyl-4-dimethylamino-4,6-didesoxy-glucopyranosyl)-*erythro*-2,3,6-tridesoxy-hexopyranosyl]-1*H*- 3660
$C_{24}H_{37}N_7O$
Pyrimidin-2,4-diyldiamin, N^4-[3-Dibutylamino-propyl]-N^2-[5-methoxy-1(3)*H*-benzimidazol-2-yl]-6-methyl- 3420
$C_{24}H_{38}N_4O_8$
N,O-Dipropionyl-Derivat $C_{24}H_{38}N_4O_8$ aus 4-Amino-1-[O^4-(4-dimethylamino-4,6-didesoxy-glucopyranosyl)-*erythro*-2,3,6-tridesoxy-hexopyranosyl]-1*H*-pyrimidin-2-on 3660
$C_{24}H_{41}N_5O$
Pyrimidin-4-on, 2-[*β,β′*-Dipiperidino-isopropyl]-6-[2-piperidino-äthyl]-3*H*- 3753

C_{25}

$C_{25}H_{16}N_4O$
Benzo[*e*]perimidin-7-on, 6-Amino-4-[2]naphthylamino- 3864
$C_{25}H_{18}BrN_3O$
Perimidin-6-on, 7-Anilino-9-brom-4,5-dimethyl-2-phenyl- 3870
$[C_{25}H_{18}N_3O]^+$
Isochinolinium, 2-[2-(3-Oxo-3,4-dihydro-chinoxalin-2-yl)-1-phenyl-vinyl]- 3849
$C_{25}H_{19}N_3O_3$
Phthalimid, *N*-[1-Chinoxalin-2-yl-2-(4-methoxy-phenyl)-äthyl]- 3470
$C_{25}H_{21}ClN_4O$
Pyrazol-3-on, 4-[6-Chlor-2-methyl-acridin-9-ylamino]-1,5-dimethyl-2-phenyl-1,2-dihydro- 3600
$C_{25}H_{21}ClN_4O_2$
Pyrazol-3-on, 4-[2-Chlor-7-methoxy-acridin-9-ylamino]-1,5-dimethyl-2-phenyl-1,2-dihydro- 3600
–, 4-[6-Chlor-2-methoxy-acridin-9-ylamino]-1,5-dimethyl-2-phenyl-1,2-dihydro- 3600
$C_{25}H_{21}Cl_2N_3O_7$
2′-Desoxy-cytidin, N^4-Acetyl-$O^{3'}$,$O^{5'}$-bis-[4-chlor-benzoyl]- 3667
Pyrimidin-2-on, 4-Acetylamino-1-[*O,O′*-bis-(4-chlor-benzoyl)-*erythro*-2-desoxy-pentofuranosyl]-1*H*- 3666
$[C_{25}H_{21}Cl_2N_4O_3]^+$
Phthalazinium, 2-[2,6-Dichlor-4-nitro-phenyl]-1-[4-dimethylamino-styryl]-4-methoxy- 3473
$C_{25}H_{21}N_5O_2$
Pyrazol-3-on, 2,2′-Diphenyl-1,2,1′,2′-tetrahydro-5,5′-benzylimino-bis- 3540
$C_{25}H_{21}N_5O_4$
Pyrazol-3-on, 4-[2-Methoxy-7-nitro-acridin-9-ylamino]-1,5-dimethyl-2-phenyl-1,2-dihydro- 3600
$C_{25}H_{22}N_4O$
Benzo[*e*]perimidin-7-on, 6-[4-Diäthylamino-anilino]- 3856
$C_{25}H_{23}Cl_2N_3O_2$
Anilin, 4-[4,5-Bis-(5-chlor-2-methoxy-phenyl)-1*H*-imidazol-2-yl]-*N,N*-dimethyl- 3509
$C_{25}H_{23}N_3O_2$
Benzamid, *N*-Benzyl-*N*-[1,5-dimethyl-3-oxo-2-phenyl-2,3-dihydro-1*H*-pyrazol-4-yl]- 3579
$C_{25}H_{23}N_3O_3$
Salicylamid, *N*-Benzyl-*N*-[1,5-dimethyl-3-oxo-2-phenyl-2,3-dihydro-1*H*-pyrazol-4-yl]- 3590

$C_{25}H_{35}N_3O$
Yohimban-17-ol, 16-Piperidinomethyl- 3460

$C_{25}H_{35}N_3O_2$
Cinchonan-9-ol, 6′-Methoxy-2′-piperidino-10,11-dihydro- 3503

$C_{25}H_{35}N_5O_7$
Pyrimidin-2-on, 4-[4-Amino-benzoylamino]-1-[*O*[4]-(4-dimethylamino-4,6-didesoxy-glucopyranosyl)-*erythro*-2,3,6-tridesoxy-hexopyranosyl]-1*H*- 3661

$C_{25}H_{36}N_4O$
Cinchon-3(10)-en-9-ol, 6′-[2-Diäthylamino-äthylamino]-10,11-dihydro- 3468

$C_{25}H_{36}N_4O_2$
[1,7]Phenanthrolin-10-on, 4-[3-(2-Dibutylamino-äthoxy)-propylamino]-7*H*- 3830

$C_{25}H_{38}BrN_3O_2$
Palmitamid, *N*-[1-(4-Brom-phenyl)-5-oxo-2,5-dihydro-1*H*-pyrazol-3-yl]- 3523

$C_{25}H_{38}ClN_3O_2$
Palmitamid, *N*-[1-(3-Chlor-phenyl)-5-oxo-2,5-dihydro-1*H*-pyrazol-3-yl]- 3523

$C_{25}H_{38}N_4O$
Pyrazol-3-on, 4-{[Cyclohexyl-(2-piperidino-äthyl)-amino]-methyl}-1,5-dimethyl-2-phenyl-1,2-dihydro- 3616

$C_{25}H_{39}N_3O_2$
Palmitamid, *N*-[5-Oxo-1-phenyl-2,5-dihydro-1*H*-pyrazol-3-yl]- 3523

$C_{25}H_{39}N_3O_5S$
Benzolsulfonsäure, 4-[5-Oxo-3-palmitoylamino-2,5-dihydro-pyrazol-1-yl]- 3533

$C_{25}H_{40}N_4O_4S$
Palmitamid, *N*-[5-Oxo-1-(4-sulfamoyl-phenyl)-2,5-dihydro-1*H*-pyrazol-3-yl]- 3533

$C_{25}H_{41}N_3O_2$
Stearamid, *N*-[3-Oxo-2,3-dihydro-1*H*-indazol-5-yl]- 3767

C_{26}

$C_{26}H_{15}N_3O_2$
[2]Naphthamid, *N*-[7-Oxo-7*H*-benzo[*e*]perimidin-8-yl]- 3859

$C_{26}H_{18}N_4O_3$
Chinolin, 2-[3-Benzoylamino-5-benzoyloxy-pyrazol-1-yl]- 3325

$C_{26}H_{19}N_3O_4$
Phenazin-2-on, 4-Acetoxy-3-anilino-1-hydroxy-10-phenyl-10*H*- 3511

$C_{26}H_{20}N_4O_3$
Isochinolin-1,3-dion, 4-[1,5-Dimethyl-3-oxo-2-phenyl-2,3-dihydro-1*H*-pyrazol-4-ylimino]-2-phenyl-4*H*- 3601

$C_{26}H_{21}N_3O_2$
Phenazin-2-ol, 5-Acetyl-3-anilino-10-phenyl-5,10-dihydro- 3455

$C_{26}H_{21}N_3O_3$
Dibenzoyl-Derivat $C_{26}H_{21}N_3O_3$ aus 2-Amino-1,2-di-[2]pyridyl-äthanol 3452

$C_{26}H_{22}N_4O$
Pyrazol-3-on, 1,5-Dimethyl-2-phenyl-4-[2-phenyl-[4]chinolylamino]-1,2-dihydro- 3600

$C_{26}H_{22}N_4O_2$
Butyramid, *N*-[7-Oxo-4-*m*-toluidino-7*H*-benzo[*e*]perimidin-6-yl]- 3865

$C_{26}H_{23}I_2N_3O_3$
Propionsäure, 3-[4-Hydroxy-3,5-dijod-phenyl]-2-phenyl-, [1,5-dimethyl-3-oxo-2-phenyl-2,3-dihydro-1*H*-pyrazol-4-ylamid] 3590

$C_{26}H_{23}N_3O_4$
Pyrazol-3-on, 4-[4-Benzoyloxy-3-methoxy-benzylidenamino]-1,5-dimethyl-2-phenyl-1,2-dihydro- 3574

$C_{26}H_{24}N_4$
p-Toluidin, *N*-[1,2-Di-[2]pyridyl-2-*p*-tolylimino-äthyl]- 3826

$[C_{26}H_{25}ClN_3O]^+$
Chinoxalinium, 2-{4-[(2-Chlor-äthyl)-methyl-amino]-styryl}-1-methyl-3-oxo-4-phenyl-3,4-dihydro- 3848

$C_{26}H_{25}N_3O_3$
Phthalimid, *N*-[1-(1,3-Diphenyl-imidazolidin-2-yl)-2-methoxy-äthyl]- 3321

$[C_{26}H_{26}N_3O]^+$
Chinoxalinium, 1-Äthyl-2-[4-dimethylamino-styryl]-3-oxo-4-phenyl-3,4-dihydro- 3848

$C_{26}H_{27}N_3O$
Pyrazol-3-on, 4-Dibenzylaminomethyl-1,5-dimethyl-2-phenyl-1,2-dihydro- 3615

$C_{26}H_{27}N_3O_2$
Benzoyl-Derivat $C_{26}H_{27}N_3O_2$ aus 6′-Amino-10,11-dihydro-cinchon-3(10)-en-9-ol 3468

$C_{26}H_{28}N_4O_4$
Benzoesäure, 4-Nitro-, [9-hydroxy-10,11-dihydro-cinchonan-6′-ylamid] 3458

$C_{26}H_{28}N_4O_8$
Cytidin, *N*[4]-[*N*-Benzyloxycarbonyl-phenylalanyl]- 3679

$C_{26}H_{28}N_6O_5$
Essigsäure, Oxydi-, bis-[1,5-dimethyl-3-oxo-2-phenyl-2,3-dihydro-1*H*-pyrazol-4-ylamid] 3588

$C_{26}H_{29}ClN_4O_3S$
Benzolsulfonamid, *N*-[7-Chlor-3-methoxy-phenazin-1-yl]-*N*-[3-diäthylamino-propyl]- 3463

$C_{26}H_{29}N_3O_2$
Benzamid, *N*-[9-Hydroxy-10,11-dihydro-cinchonan-6′-yl]- 3457
$C_{26}H_{30}N_4O$
Benzo[*e*]perimidin-7-on, 6-[6-Piperidino-hexylamino]- 3856
$C_{26}H_{30}N_4O_2$
Benzoesäure, 4-Amino-, [9-hydroxy-10,11-dihydro-cinchonan-6′-ylamid] 3458
[1,7]Phenanthrolin-10-on, 4-{3-[2-(Äthyl-benzyl-amino)-äthoxy]-propylamino}-7*H*- 3830
$C_{26}H_{30}N_4O_3$
[1,7]Phenanthrolin-10-on, 4-(3-{2-[(2-Methoxy-benzyl)-methyl-amino]-äthoxy}-propylamino)-7*H*- 3830
$C_{26}H_{30}N_6O_2$
Pyrazol-3-on, 1,5,1′,5′-Tetramethyl-2,2′-diphenyl-1,2,1′,2′-tetrahydro-4,4′-piperazin-1,4-diyl-bis- 3592
$C_{26}H_{31}ClN_4O$
Butandiyldiamin, N^4,N^4-Diäthyl-N^1-[10-chlor-6-methoxy-benzo[*b*][1,10]phenanthrolin-7-yl]-1-methyl- 3474
$C_{26}H_{31}N_3O_{10}$
Glucopyranosid, [5-Methyl-2-(*N*-methyl-anilino)-pyrimidin-4-yl]-[tetra-*O*-acetyl- 3399
$C_{26}H_{32}N_4O$
Butandiyldiamin, N^4,N^4-Diäthyl-N^1-[6-methoxy-benzo[*b*][1,10]phenanthrolin-7-yl]-1-methyl- 3474
–, N^4,N^4-Diäthyl-N^1-[2-methoxy-dibenzo[*b,h*][1,6]naphthyridin-7-yl]-1-methyl- 3474
$C_{26}H_{32}N_4O_4$
Alanin, *N,N*-Diäthyl-, [(1,5-dimethyl-3-oxo-2-phenyl-2,3-dihydro-1*H*-pyrazol-4-yl)-piperonyl-amid] 3599
$C_{26}H_{34}N_4O_2$
Propandiyldiamin, *N,N*-Diäthyl-*N′*-[2,6-bis-benzyloxy-5-methyl-pyrimidin-4-yl]- 3492
$C_{26}H_{35}N_3O$
Piperidin, 1-{2-[5-(2-Butoxy-phenyl)-1-phenyl-4,5-dihydro-1*H*-pyrazol-3-yl]-äthyl}- 3424
$C_{26}H_{35}N_3O_2$
Piperidin, 1-{2-[5-(3-Äthoxy-4-methoxy-phenyl)-1-*p*-tolyl-4,5-dihydro-1*H*-pyrazol-3-yl]-äthyl}- 3498
–, 1-{2-[5-(4-Äthoxy-3-methoxy-phenyl)-1-*p*-tolyl-4,5-dihydro-1*H*-pyrazol-3-yl]-äthyl}- 3498
$C_{26}H_{36}N_8O_{10}S_2$
1-Desoxy-galactit, Penta-*O*-acetyl-1,1-bis-[6-amino-2-methylmercapto-pyrimidin-4-ylamino]- 3341
$C_{26}H_{37}N_3O$
Amin, Dibutyl-{2-[5-(4-methoxy-phenyl)-1-phenyl-4,5-dihydro-1*H*-pyrazol-3-yl]-äthyl}- 3425
Yohimban-17-ol, 16-Cyclohexylaminomethyl- 3460
$C_{26}H_{39}N_3O_4$
Benzoesäure, 3-[5-Oxo-3-palmitoylamino-2,5-dihydro-pyrazol-1-yl]- 3531
–, 4-[5-Oxo-3-palmitoylamino-2,5-dihydro-pyrazol-1-yl]- 3531
$[C_{26}H_{40}N_4O]^{2+}$
[1,7]Phenanthrolinium, 4-[4-(Dibutyl-methyl-ammonio)-butylamino]-10-hydroxy-7-methyl- 3832
$[C_{26}H_{40}N_4O_2]^{2+}$
[1,7]Phenanthrolinium, 7-Äthyl-10-hydroxy-4-[3-(3-triäthylammonio-propoxy)-propylamino]- 3832
$C_{26}H_{41}IN_4O$
Mono-methojodid $[C_{26}H_{41}N_4O]I$ aus 4-{[Cyclohexyl-(2-piperidino-äthyl)-amino]-methyl}-1,5-dimethyl-2-phenyl-1,2-dihydro-pyrazol-3-on 3616
$C_{26}H_{41}N_3O_2$
Palmitamid, *N*-[5-Oxo-1-*p*-tolyl-2,5-dihydro-1*H*-pyrazol-3-yl]- 3523

C_{27}

$C_{27}H_{17}N_5O_2$
Nicotinsäure-[4-anilino-7-oxo-7*H*-benzo[*e*]perimidin-6-ylamid] 3866
$C_{27}H_{18}N_4O$
Benzo[*e*]perimidin-7-on, 6-Amino-4-biphenyl-4-ylamino- 3864
$C_{27}H_{19}N_3O$
Dibenzo[*a,c*]phenazin-2-ol, 11-Anilino-12-methyl- 3477
–, 12-Anilino-11-methyl- 3477
$[C_{27}H_{20}N_3O]^+$
Pyridinium, 1-[2-(3-Oxo-4-phenyl-3,4-dihydro-chinoxalin-2-yl)-1-phenyl-vinyl]- 3849
$C_{27}H_{21}N_3O$
Imidazol-4-on, 2-Diphenylamino-5,5-diphenyl-1,5-dihydro- 3839
$C_{27}H_{22}N_4O_2$
Benzamid, *N*-[7-Oxo-2-piperidino-7*H*-benzo[*e*]perimidin-6-yl]- 3863
Chinolin-4-carbonsäure, 2-Phenyl-, [1,5-dimethyl-3-oxo-2-phenyl-2,3-dihydro-1*H*-pyrazol-4-ylamid] 3602

$C_{27}H_{22}N_4O_3$
Isochinolin-1,3-dion, 4-[1,5-Dimethyl-3-oxo-2-phenyl-2,3-dihydro-1*H*-pyrazol-4-ylimino]-2-*p*-tolyl-4*H*- 3601

$C_{27}H_{24}Br_3N_3O_3$
Benzoesäure, 3-[4-*tert*-Pentyl-phenoxy]-, [5-oxo-1-(2,4,6-tribrom-phenyl)-2,5-dihydro-1*H*-pyrazol-3-ylamid] 3531

$C_{27}H_{24}N_4O_3$
Pyrazol-3-on, 4-[3-(4-Dimethylamino-phenyl)-1-(3-nitro-phenyl)-allyliden]-5-methyl-2-phenyl-2,4-dihydro- 3870

$C_{27}H_{25}Cl_2N_3O_3$
Benzoesäure, 3-[4-*tert*-Pentyl-phenoxy]-, [1-(2,5-dichlor-phenyl)-5-oxo-2,5-dihydro-1*H*-pyrazol-3-ylamid] 3531

$C_{27}H_{25}N_3O$
Pyrazol-3-on, 4-[3-(4-Dimethylamino-phenyl)-1-phenyl-allyliden]-5-methyl-2-phenyl-2,4-dihydro- 3869

$C_{27}H_{25}N_3O_3$
Phthalimid, *N*-[1-(1,3-Diphenyl-imidazolidin-2-carbonyl)-propyl]- 3514

$C_{27}H_{25}N_3O_4S$
Benzo[*a*]phenazinium, 9-Diäthylamino-5-hydroxy-7-[4-methyl-3-sulfo-phenyl]-, betain 3474

$[C_{27}H_{26}Cl_2N_3O]^+$
Chinoxalinium, 2-{4-[Bis-(2-chlor-äthyl)-amino]-styryl}-1-methyl-3-oxo-4-phenyl-3,4-dihydro- 3849

$C_{27}H_{28}N_4O$
Pyrazol-3-on, 4-[4,4'-Bis-dimethylamino-benzhydryliden]-5-methyl-2-phenyl-2,4-dihydro- 3850

$C_{27}H_{30}N_4O$
Pyrazol-3-on, 4-[4,4'-Bis-dimethylamino-benzhydryl]-5-methyl-2-phenyl-1,2-dihydro- 3841

$C_{27}H_{30}N_4O_9$
Pyrimidin-2-on, 4-[(*N*-Benzyloxycarbonyl-phenylalanyl)-amino]-1-glucopyranosyl-1*H*- 3684

$C_{27}H_{32}N_4O_3$
[1,7]Phenanthrolin-10-on, 4-(3-{2-[Äthyl-(2-methoxy-benzyl)-amino]-äthoxy}-propylamino)-7*H*- 3830

$C_{27}H_{32}N_4O_3S$
Toluol-4-sulfonamid, *N*-[3-Diäthylamino-propyl]-*N*-[3-methoxy-phenazin-1-yl]- 3463

$C_{27}H_{32}N_4O_4$
[1,7]Phenanthrolin-10-on, 4-(3-{2-[(2,3-Dimethoxy-benzyl)-methyl-amino]-äthoxy}-propylamino)-7*H*- 3831

$C_{27}H_{32}N_4O_4S$
Sulfanilsäure, *N*-Acetyl-, [9-hydroxy-10,11-dihydro-cinchonan-6'-ylamid] 3458

$C_{27}H_{32}N_4O_{11}$
Pyrimidin-2-on, 4-[Phenylalanyl-amino]-1-[tetra-*O*-acetyl-glucopyranosyl]-1*H*- 3682

$C_{27}H_{32}N_6O_3$
Harnstoff, *N*,*N'*-Bis-[4-isopropyl-2-methyl-5-oxo-1-phenyl-2,5-dihydro-1*H*-pyrazol-3-yl]- 3621

$C_{27}H_{33}N_3O$
Benzo[*e*]perimidin-7-on, 4-Dodecylamino- 3852
Yohimban-17-ol, 16-Benzylaminomethyl- 3460

$C_{27}H_{34}N_4O$
Benzo[*e*]perimidin-7-on, 6-Amino-4-dodecylamino- 3863
—, 6-[4-Dibutylamino-butylamino]- 3856

$[C_{27}H_{34}N_4O]^{2+}$
[1,7]Phenanthrolinium, 4-[5-(Benzyl-dimethyl-ammonio)-pentylamino]-10-hydroxy-7-methyl- 3833

$[C_{27}H_{34}N_4O_2]^{2+}$
[1,7]Phenanthrolinium, 4-{3-[2-(Benzyl-dimethyl-ammonio)-äthoxy]-propylamino}-10-hydroxy-7-methyl- 3832

$C_{27}H_{34}N_4O_5$
Essigsäure, [2,4-Di-*tert*-pentyl-phenoxy]-, [1-(4-nitro-phenyl)-5-oxo-2,5-dihydro-1*H*-pyrazol-3-ylamid] 3529

$C_{27}H_{35}N_3O_3$
Essigsäure, [2,4-Di-*tert*-pentyl-phenoxy]-, [5-oxo-1-phenyl-2,5-dihydro-1*H*-pyrazol-3-ylamid] 3529

$C_{27}H_{36}N_4O_3$
Essigsäure, [2,4-Di-*tert*-pentyl-phenoxy]-, [1-(4-amino-phenyl)-5-oxo-2,5-dihydro-1*H*-pyrazol-3-ylamid] 3534

$C_{27}H_{41}N_5O_3S$
Toluol-4-sulfonamid, *N*-[2-Diäthylamino-äthyl]-*N*-[1-(2-diäthylamino-äthyl)-6-methoxy-1*H*-benzimidazol-4-yl]- 3421
—, *N*-[2-Diäthylamino-äthyl]-*N*-[3-(2-diäthylamino-äthyl)-6-methoxy-3*H*-benzimidazol-4-yl]- 3421

$C_{27}H_{43}N_3O_3$
Essigsäure, [2,4-Dipentyl-phenoxy]-, [1-hexyl-5-oxo-2,5-dihydro-1*H*-pyrazol-3-ylamid] 3528

$C_{27}H_{44}N_4O_2$
Stearamid, *N*-[1-(4-Amino-phenyl)-5-oxo-2,5-dihydro-1*H*-pyrazol-3-yl]- 3534

$C_{27}H_{45}N_3O$
Pyrazol-3-on, 5-Octadecylamino-2-phenyl-1,2-dihydro- 3520

$C_{27}H_{45}N_3O_4S$
Benzolsulfonsäure, 4-[3-Octadecylamino-5-oxo-2,5-dihydro-pyrazol-1-yl]- 3532

$C_{27}H_{45}N_3O_7S_2$
Benzolsulfonsäure, 4-[3-Octadecylamino-5-sulfooxy-pyrazol-1-yl]- 3325

C_{28}

$C_{28}H_{16}BrN_3O_2$
Biphenyl-4-carbonsäure, 4′-Brom-, [7-oxo-7*H*-benzo[*e*]perimidin-8-ylamid] 3859

$C_{28}H_{16}Cl_2N_4O_2$
Benzoesäure, 2,5-Dichlor-, [4-anilino-7-oxo-7*H*-benzo[*e*]perimidin-6-ylamid] 3865

$C_{28}H_{17}N_3O_2$
Biphenyl-4-carbamid, *N*-[7-Oxo-7*H*-benzo[*e*]perimidin-6-yl]- 3854

$C_{28}H_{18}N_4O_2$
Benzamid, *N*-[4-Anilino-7-oxo-7*H*-benzo[*e*]perimidin-6-yl]- 3865

$C_{28}H_{20}N_4$
Amin, Phenyl-[3′-phenylimino-1*H*,3′*H*-[2,2′]biindolyl-3-yl]- 3868

$C_{28}H_{21}N_3O_2$
Benzamid, *N*-[5-Oxo-1-*o*-terphenyl-4-yl-2,5-dihydro-1*H*-pyrazol-3-yl]- 3525

$C_{28}H_{22}N_4O_2$
Pyrido[2,3,4,5-*lmn*]phenanthridin-2,7-diyldiamin, 5,10-Bis-[4-methoxy-phenyl]- 3509

$C_{28}H_{23}N_3O_3$
Phenazin, 2-Acetoxy-5-acetyl-3-anilino-10-phenyl-5,10-dihydro- 3455

$C_{28}H_{24}N_4O_3$
Chinolin-4-carbonsäure, 6-Methoxy-2-phenyl-, [1,5-dimethyl-3-oxo-2-phenyl-2,3-dihydro-1*H*-pyrazol-4-ylamid] 3602

$C_{28}H_{24}N_6O_2$
o-Phenylendiamin, *N*,*N*′-Bis-[3-methyl-5-oxo-1-phenyl-1,5-dihydro-pyrazol-4-ylidenmethyl]- 3732

$C_{28}H_{25}N_3O_2$
Chinoxalin, 6-[2,5-Dimethyl-pyrrol-1-yl]-2,3-bis-[4-methoxy-phenyl]- 3508

$[C_{28}H_{25}N_4O]^+$
Pyrido[2,3,4,5-*lmn*]phenanthridinium, 5,10-Bis-[4-amino-phenyl]-10-hydroxy-4,9-dimethyl-9,10-dihydro- 3478

$C_{28}H_{27}N_3O_4$
2′-Desoxy-cytidin, $O^{5'}$-Trityl- 3663

$C_{28}H_{27}N_3O_5$
Cytidin, $O^{5'}$-Trityl- 3669

$C_{28}H_{28}N_4O_{13}$
Pyrimidin-2-on, 4-[(*N*,*N*-Phthaloyl-glycyl)-amino]-1-[tetra-*O*-acetyl-glucopyranosyl]-1*H*- 3682

$C_{28}H_{30}N_4O_{11}$
Cytidin, N^4-[*N*,*O*-Bis-benzyloxycarbonyl-seryl]- 3679

$C_{28}H_{32}N_4O$
Pyrazol-3-on, 4-[4,4′-Bis-dimethylamino-benzhydryl]-1,5-dimethyl-2-phenyl-1,2-dihydro- 3842

$C_{28}H_{32}N_4O_{13}$
Pyrimidin-2-on, 4-[(*N*-Benzyloxycarbonyl-glycyl)-amino]-1-[tetra-*O*-acetyl-glucopyranosyl]-1*H*- 3684

$C_{28}H_{32}N_6O_4$
Decandiamid, *N*,*N*′-Bis-[5-oxo-1-phenyl-2,5-dihydro-1*H*-pyrazol-3-yl]- 3526

$C_{28}H_{34}Br_3N_3O_3$
Propionsäure, 3-[2,4-Di-*tert*-pentyl-phenoxy]-, [5-oxo-1-(2,4,6-tribrom-phenyl)-2,5-dihydro-1*H*-pyrazol-3-ylamid] 3530

$C_{28}H_{34}Cl_3N_3O_3$
Propionsäure, 3-[2,4-Di-*tert*-pentyl-phenoxy]-, [5-oxo-1-(2,4,6-trichlor-phenyl)-2,5-dihydro-1*H*-pyrazol-3-ylamid] 3530

$C_{28}H_{34}N_4O_4$
[1,7]Phenanthrolin-10-on, 4-(3-{2-[Äthyl-(2,3-dimethoxy-benzyl)-amino]-äthoxy}-propylamino)-7*H*- 3831

$C_{28}H_{35}N_3O_4$
Amin, Diäthyl-[3-(2,3,10,11-tetramethoxy-7-methyl-dibenzo[*c*,*f*][2,7]naphthyridin-6-yl)-propyl]- 3513

$[C_{28}H_{36}N_4O_2]^{2+}$
[1,7]Phenanthrolinium, 4-{3-[2-(Äthyl-benzyl-methyl-ammonio)-äthoxy]-propylamino}-10-hydroxy-7-methyl- 3832

$[C_{28}H_{36}N_4O_3]^{2+}$
[1,7]Phenanthrolinium, 10-Hydroxy-4-(3-{2-[(2-methoxy-benzyl)-dimethyl-ammonio]-äthoxy}-propylamino)-7-methyl- 3832

$C_{28}H_{36}N_6O_2$
Pyrazol-3-on, 1,5,1′,5′-Tetramethyl-2,2′-diphenyl-1,2,1′,2′-tetrahydro-4,4′-[2,5-dimethyl-2,5-diaza-hexandiyl]-bis- 3615

$[C_{28}H_{38}N_3]^+$
23-Nor-cona-5,18(22)-dieno[18,22-*b*]chinazolinium, 3-Amino-18,1′-dihydro- 3471

$C_{28}H_{39}N_3O$
23-Nor-cona-5,18(22)-dieno[18,22-*b*]chinazolin-4′-ol, 3-Amino-1′,4′-dihydro-18*H*- 3471

$C_{28}H_{40}N_6O_9$
Pyrimidin-2-on, 4-[4-(α-Amino-β-hydroxy-isobutyrylamino)-benzoylamino]-1-[*O*⁴-(4-methylamino-4,6-didesoxy-glucopyranosyl)-*erythro*-2,3,6-tridesoxy-hexopyranosyl]-1*H*- 3661

C_{29}

$C_{29}H_{15}N_3O_3$
Anthrachinon, 1-[7-Oxo-7*H*-benzo[*e*]perimidin-2-ylamino]- 3852
—, 2-[7-Oxo-7*H*-benzo[*e*]perimidin-2-ylamino]- 3852

$C_{29}H_{18}Cl_2N_4O_2$
Benzoesäure, 2,5-Dichlor-, [7-oxo-4-*p*-toluidino-7*H*-benzo[*e*]perimidin-6-ylamid] 3865

$C_{29}H_{18}N_4O_3$
Benzoesäure, 4-Benzoylamino-, [7-oxo-7*H*-benzo[*e*]perimidin-6-ylamid] 3857
Benzo[*e*]perimidin-7-on, 2,6-Bis-benzoylamino- 3863

$C_{29}H_{20}N_4O_2$
Benzamid, *N*-[7-Oxo-4-*o*-toluidino-7*H*-benzo[*e*]perimidin-6-yl]- 3865
—, *N*-[7-Oxo-4-*p*-toluidino-7*H*-benzo[*e*]perimidin-6-yl]- 3865
o-Terphenyl-4-carbamid, *N*-[1-(4-Cyan-phenyl)-5-oxo-2,5-dihydro-1*H*-pyrazol-3-yl]- 3532

$C_{29}H_{21}N_3O$
Amin, [6-(4-Methoxy-phenyl)-dibenzo[*b,f*][1,7]naphthyridin-12-yl]-phenyl- 3478
—, [8-Methoxy-6-phenyl-dibenzo[*b,f*][1,7]naphthyridin-12-yl]-phenyl- 3477
—, [10-Methoxy-6-phenyl-dibenzo[*b,f*][1,7]naphthyridin-12-yl]-phenyl- 3477

$C_{29}H_{23}Br_3N_6O_2$
Benzylidendiamin, 3-Brom-*N,N'*-bis-[5-(3-brom-benzyliden)-1-methyl-4-oxo-4,5-dihydro-1*H*-imidazol-2-yl]- 3811

$C_{29}H_{23}Cl_3N_4O_9$
Benzoesäure, 3-[2,4-Bis-methoxycarbonylmethoxy-benzoylamino]-, [5-oxo-1-(2,4,6-trichlor-phenyl)-2,5-dihydro-1*H*-pyrazol-3-ylamid] 3536

$C_{29}H_{23}Cl_3N_6O_2$
Benzylidendiamin, 2-Chlor-*N,N'*-bis-[5-(2-chlor-benzyliden)-1-methyl-4-oxo-4,5-dihydro-1*H*-imidazol-2-yl]- 3811
—, 3-Chlor-*N,N'*-bis-[5-(3-chlor-benzyliden)-1-methyl-4-oxo-4,5-dihydro-1*H*-imidazol-2-yl]- 3811
—, 4-Chlor-*N,N'*-bis-[5-(4-chlor-benzyliden)-1-methyl-4-oxo-4,5-dihydro-1*H*-imidazol-2-yl]- 3811

$C_{29}H_{23}I_3N_6O_2$
Benzylidendiamin, 3-Jod-*N,N'*-bis-[5-(3-jod-benzyliden)-1-methyl-4-oxo-4,5-dihydro-1*H*-imidazol-2-yl]- 3811

$C_{29}H_{23}N_3O_4S$
Metho-[toluol-4-sulfonat] $[C_{22}H_{16}N_3O]C_7H_7O_3S$ aus 6-Anilino-benzo[*e*]perimidin-7-on 3853

$C_{29}H_{23}N_9O_8$
Benzylidendiamin, *N,N'*-Bis-[1-methyl-5-(3-nitro-benzyliden)-4-oxo-4,5-dihydro-1*H*-imidazol-2-yl]-3-nitro- 3811
—, *N,N'*-Bis-[1-methyl-5-(4-nitro-benzyliden)-4-oxo-4,5-dihydro-1*H*-imidazol-2-yl]-4-nitro- 3811

$C_{29}H_{24}N_4O_4$
Chinolin-4-carbonsäure, 2-Phenyl-, [(1,5-dimethyl-3-oxo-2-phenyl-2,3-dihydro-1*H*-pyrazol-4-ylcarbamoyl)-methylester] 3588

$C_{29}H_{25}N_3O$
Imidazol-4-on, 2-Dibenzylamino-5,5-diphenyl-1,5-dihydro- 3839

$C_{29}H_{26}N_4O_2$
Cyclohexancarbamid, *N*-[7-Oxo-4-*o*-toluidino-7*H*-benzo[*e*]perimidin-6-yl]- 3865

$C_{29}H_{26}N_6O_2$
Benzylidendiamin, *N,N'*-Bis-[5-benzyliden-1-methyl-4-oxo-4,5-dihydro-1*H*-imidazol-2-yl]- 3811

$C_{29}H_{29}N_3O$
Pyrazol-3-on, 4-[3-(4-Diäthylamino-phenyl)-1-phenyl-allyliden]-5-methyl-2-phenyl-2,4-dihydro- 3869

$C_{29}H_{32}N_4O_{12}$
Pyrimidin-2-on, 4-[(*N,O*-Bis-benzyloxycarbonyl-seryl)-amino]-1-glucopyranosyl-1*H*- 3684

$C_{29}H_{37}N_3O$
Benzo[*e*]perimidin-7-on, 4-Tetradecylamino- 3852

$[C_{29}H_{38}N_4O_4]^{2+}$
[1,7]Phenanthrolinium, 4-(3-{2-[(2,3-Dimethoxy-benzyl)-dimethyl-ammonio]-äthoxy}-propylamino)-10-hydroxy-7-methyl- 3832

$C_{29}H_{42}N_6O_9$
Pyrimidin-2-on, 4-[4-(α-Amino-β-hydroxy-isobutyrylamino)-benzoylamino]-1-[*O*⁴-(4-dimethylamino-4,6-didesoxy-glucopyranosyl)-*erythro*-2,3,6-tridesoxy-hexopyranosyl]-1*H*- 3661

$C_{29}H_{43}Br_4N_3O_2$
Octadecansäure, 9,10,12,13-Tetrabrom-, [1,5-dimethyl-3-oxo-2-phenyl-2,3-dihydro-1*H*-pyrazol-4-ylamid] 3579

$C_{29}H_{43}N_3O_2$
Linolamid, *N*-[1,5-Dimethyl-3-oxo-2-phenyl-2,3-dihydro-1*H*-pyrazol-4-yl]- 3579

$C_{29}H_{46}N_4O$
Yohimban-17-ol, 16-[(4-Diäthylamino-1-methyl-butylamino)-methyl]- 3460

$C_{29}H_{46}N_4O_5$
Essigsäure, [4-Palmitoylamino-phenoxy]-, [1-(2-hydroxy-äthyl)-5-oxo-2,5-dihydro-1*H*-pyrazol-3-ylamid] 3529

$C_{29}H_{47}N_3O_2$
Stearamid, *N*-[1,5-Dimethyl-3-oxo-2-phenyl-2,3-dihydro-1*H*-pyrazol-4-yl]- 3578

$C_{29}H_{55}N_3O_3$
Tetracosanamid, *N*-[1-(2-Hydroxy-äthyl)-5-oxo-2,5-dihydro-1*H*-pyrazol-3-yl]- 3523

C_{30}

$C_{30}H_{15}N_3O_4$
Anthracen-2-carbonsäure, 9,10-Dioxo-9,10-dihydro-, [7-oxo-7*H*-benzo[*e*]perimidin-8-ylamid] 3860

$C_{30}H_{21}N_5O_2$
Amin, [3-Oxo-2,5-diphenyl-2,3-dihydro-1*H*-pyrazol-4-yl]-[5-oxo-1,3-diphenyl-1,5-dihydro-pyrazol-4-yliden]- 3788

$C_{30}H_{22}N_4O_2$
p-Toluamid, *N*-[7-Oxo-4-*p*-toluidino-7*H*-benzo[*e*]perimidin-6-yl]- 3865

$C_{30}H_{22}N_4O_3$
Isochinolin-1,3-dion, 4-[1,5-Dimethyl-3-oxo-2-phenyl-2,3-dihydro-1*H*-pyrazol-4-ylimino]-2-[1]naphthyl-4*H*- 3601
—, 4-[1,5-Dimethyl-3-oxo-2-phenyl-2,3-dihydro-1*H*-pyrazol-4-ylimino]-2-[2]naphthyl-4*H*- 3601

$C_{30}H_{23}N_3O$
Amin, [10-Methoxy-6-phenyl-dibenzo[*b,f*][1,7]naphthyridin-12-yl]-*p*-tolyl- 3478

$C_{30}H_{23}N_3O_2$
Amin, [4-Methoxy-phenyl]-[10-methoxy-6-phenyl-dibenzo[*b,f*][1,7]naphthyridin-12-yl]- 3478

$C_{30}H_{25}Cl_3N_4O_8$
Isophthalsäure, 5-(1-{3-[5-Oxo-1-(2,4,6-trichlor-phenyl)-2,5-dihydro-1*H*-pyrazol-3-ylcarbamoyl]-phenylcarbamoyl}-propoxy)-, dimethylester 3535

$C_{30}H_{25}N_3O_7$
Cytidin, N^4,$O^{5'}$-Dibenzoyl-$O^{2'}$,$O^{3'}$-benzyliden- 3688

$[C_{30}H_{28}N_4O_2]^{2+}$
Pyrido[2,3,4,5-*lmn*]phenanthridindiium, 2,7-Diamino-5,10-bis-[4-methoxy-phenyl]-4,9-dimethyl- 3509

$C_{30}H_{28}N_6O_4$
Phthalamid, *N,N'*-Bis-[1,5-dimethyl-3-oxo-2-phenyl-2,3-dihydro-1*H*-pyrazol-4-yl]- 3581

$C_{30}H_{39}N_3O_2$
Benzoyl-Derivat $C_{30}H_{39}N_3O_2$ aus [2-Dibutylamino-[4]chinolyl]-[2]piperidyl-methanol 3454

$C_{30}H_{40}N_4O_5$
Essigsäure, {4-[2-(2,4-Di-*tert*-pentyl-phenoxy)-acetylamino]-phenoxy}-, [1-methyl-5-oxo-2,5-dihydro-1*H*-pyrazol-3-ylamid] 3528

$C_{30}H_{40}N_6O_2$
Pyrazol-3-on, 1,5,1',5'-Tetramethyl-2,2'-diphenyl-1,2,1',2'-tetrahydro-4,4'-[2,5-diäthyl-2,5-diaza-hexandiyl]-bis- 3616

C_{31}

$C_{31}H_{17}N_3O_4$
Anthracen-2-carbonsäure, 9,10-Dioxo-9,10-dihydro-, [2-methyl-7-oxo-7*H*-benzo[*e*]perimidin-4-ylamid] 3867

$C_{31}H_{25}N_3O_2$
Amin, [10-Äthoxy-6-phenyl-dibenzo[*b,f*][1,7]naphthyridin-12-yl]-[4-methoxy-phenyl]- 3478
—, [4-Äthoxy-phenyl]-[10-methoxy-6-phenyl-dibenzo[*b,f*][1,7]naphthyridin-12-yl]- 3478

$C_{31}H_{29}N_3O$
Amin, [6-Äthoxy-5-methyl-6-phenyl-5,6,7,12-tetrahydro-dibenzo[*b,h*][1,6]naphthyridin-7-yl]-phenyl- 3476
Pyrazol-3-on, 4-[4-Dimethylamino-trityl]-5-methyl-2-phenyl-1,2-dihydro- 3872

$C_{31}H_{33}N_5O_2$
Anilin, 4,*N*-Bis-[1,5-dimethyl-3-oxo-2-phenyl-2,3-dihydro-1*H*-pyrazol-4-ylmethyl]-*N*-methyl- 3801

$C_{31}H_{37}N_5O_9$
Cytidin, N^4-[*N*-(*N*-Benzyloxycarbonyl-valyl)-phenylalanyl]- 3679

$C_{31}H_{37}N_5O_{10}$
Cytidin, N^4-[N^2,N^6-Bis-benzyloxycarbonyl-lysyl]- 3678

$C_{31}H_{38}N_4O_{13}$
Pyrimidin-2-on, 4-[(*N*-Benzyloxycarbonyl-valyl)-amino]-1-[tetra-*O*-acetyl-glucopyranosyl]-1*H*- 3683

$C_{31}H_{41}N_3O$
Benzo[*e*]perimidin-7-on, 11-Hexadecyl=amino- 3862
$C_{31}H_{42}N_4O$
Benzo[*e*]perimidin-7-on, 6-Amino-4-hexadecylamino- 3863
$C_{31}H_{43}N_3O_6S$
Benzolsulfonsäure, 5-[5-Oxo-3-palmitoylamino-2,5-dihydro-pyrazol-1-yl]-2-phenoxy- 3533

C_{32}

$C_{32}H_{16}N_4O_3$
Naphtho[2,3-*f*]chinolin-7,12-dion, 5-[7-Oxo-7*H*-benzo[*e*]perimidin-4-ylamino]- 3852
$C_{32}H_{17}N_3O_3$
Anthrachinon, 1-[7-Oxo-7*H*-benzo[*de*]benz=[4,5]imidazo[2,1-*a*]isochinolin-3-ylamino]- 3870
—, 1-[7-Oxo-7*H*-benzo[*de*]benz=[4,5]imidazo[2,1-*a*]isochinolin-4-ylamino]- 3871
$C_{32}H_{18}Cl_2N_4O_2$
Benzoesäure, 2,4-Dichlor-, [4-[2]naphthylamino-7-oxo-7*H*-benzo=[*e*]perimidin-6-ylamid] 3865
—, 2,5-Dichlor-, [4-[2]naphthylamino-7-oxo-7*H*-benzo[*e*]perimidin-6-ylamid] 3865
$C_{32}H_{20}N_4O_2$
Benzamid, *N*-[[1]Naphthylamino-7-oxo-7*H*-benzo[*e*]perimidin-6-yl]- 3865
$C_{32}H_{20}N_4O_3$
Benzo[*de*]benz[4,5]imidazo[2,1-*a*]isochinolin-7-on, 3,10-Bis-benzoylamino- 3871
$C_{32}H_{23}N_5O_2$
Pyrazol-3-on, 4,4′-Dibenzyliden-2,2′-diphenyl-2,4,2′,4′-tetrahydro-5,5′-imino-bis- 3808
$C_{32}H_{26}N_4O_4$
Pyrido[2,3,4,5-*lmn*]phenanthridin, 2,7-Bis-acetylamino-5,10-bis-[4-methoxy-phenyl]- 3509
$C_{32}H_{27}N_3O_9$
Cytidin, N^4-Acetyl-$O^{2'}$,$O^{3'}$,$O^{5'}$-tribenzoyl- 3678
Pyrimidin-2-on, 4-Acetylamino-1-[tri-*O*-benzoyl-xylofuranosyl]-1*H*- 3678
$C_{32}H_{28}N_2O_9$
Pyrimidin-2-on, 4-Äthoxy-1-[tri-*O*-benzoyl-ribofuranosyl]-1*H*- 3668
$C_{32}H_{31}N_3O_6$
2′-Desoxy-cytidin, N^4,$O^{3'}$-Diacetyl-$O^{5'}$-trityl- 3666
$C_{32}H_{32}N_6O_2$
Imidazol-4-on, 1,1′-Dimethyl-5,5′-bis-[4-methyl-benzyliden]-1,5,1′,5′-tetrahydro-2,2′-[4-methyl-benzyl=idendiamino]-bis- 3819
$C_{32}H_{39}N_3O_3$
Cinchonan, 9-Benzoyloxy-6′-methoxy-2′-piperidino-10,11-dihydro- 3503
$C_{32}H_{39}N_5O_{11}$
Pyrimidin-2-on, 4-[(N^2,N^6-Bis-benzyloxy=carbonyl-lysyl)-amino]-1-glucopyranosyl-1*H*- 3684
$C_{32}H_{40}N_4O_{13}$
Pyrimidin-2-on, 4-[(*N*-Benzyloxycarbonyl-leucyl)-amino]-1-[tetra-*O*-acetyl-glucopyranosyl]-1*H*- 3685
$C_{32}H_{43}N_3O_4$
Benzoesäure, 3-[5-Oxo-3-(4-palmitoyl=amino-phenyl)-2,5-dihydro-pyrazol-1-yl]- 3789
—, 4-[5-Oxo-3-(4-palmitoylamino-phenyl)-2,5-dihydro-pyrazol-1-yl]- 3789
$C_{32}H_{44}N_4O_5$
Buttersäure, 4-{4-[2-(2,4-Di-*tert*-pentyl-phenoxy)-acetylamino]-phenoxy}-, [1-methyl-5-oxo-2,5-dihydro-1*H*-pyrazol-3-ylamid] 3530
Essigsäure, {4-[2-(2,4-Di-*tert*-pentyl-phenoxy)-butyrylamino]-phenoxy}-, [1-methyl-5-oxo-2,5-dihydro-1*H*-pyrazol-3-ylamid] 3528
$C_{32}H_{44}N_6O_2$
Pyrazol-3-on, 1,5,1′,5′-Tetramethyl-2,2′-diphenyl-1,2,1′,2′-tetrahydro-4,4′-[2,9-dimethyl-2,9-diaza-decandiyl]-bis- 3616

C_{33}

$C_{33}H_{21}N_3O$
Benzo[*e*]perimidin-7-on, 6-Biphenyl-2-ylamino-2-phenyl- 3872
—, 6-Biphenyl-4-ylamino-2-phenyl- 3873
$C_{33}H_{21}N_3O_2$
Benzo[*e*]perimidin-7-on, 6-[4-Phenoxy-anilino]-2-phenyl- 3873
$C_{33}H_{22}N_4O_2$
[2]Naphthamid, *N*-[7-Oxo-4-*p*-toluidino-7*H*-benzo[*e*]perimidin-6-yl]- 3866
$C_{33}H_{26}N_4O_9$
3′-Desoxy-cytidin, N^4-Acetyl-$O^{2'}$,$O^{5'}$-dibenzoyl-3′-phthalimido- 3687
5′-Desoxy-cytidin, N^4-Acetyl-$O^{2'}$,$O^{3'}$-dibenzoyl-5′-phthalimido- 3686

C_{34}

C_{35}

C_{36}

$C_{36}H_{25}N_7O_3$
Guanidin, *N*-Benzoyl-*N'*,*N''*-bis-[4-phenoxy-cinnolin-7-yl]- 3426
$C_{36}H_{28}N_6O_2$
Benzo[*e*]perimidin-7-on, 6,6'-Hexandiyldiamino-bis- 3856
$C_{36}H_{33}N_3O$
Methanol, [4-Benzylamino-1,5-diphenyl-3-*p*-tolyl-4,5-dihydro-1*H*-pyrazol-4-yl]-phenyl- 3475
$C_{36}H_{39}N_5O_9S$
Cytidin, *N*[4]-[*S*-Benzyl-*N*-(*N*-benzyloxycarbonyl-phenylalanyl)-cysteinyl]- 3679
$C_{36}H_{39}N_7O_3$
Amin, Tris-[1,5-dimethyl-3-oxo-2-phenyl-2,3-dihydro-1*H*-pyrazol-4-ylmethyl]- 3617
$C_{36}H_{44}N_4O_4$
Benzoesäure, 3-[4-(2,4-Di-*tert*-pentyl-phenoxy)-butyrylamino]-, [5-oxo-1-phenyl-2,5-dihydro-1*H*-pyrazol-3-ylamid] 3536

C_{37}

$C_{37}H_{29}N_3O_9$
Cytidin, *N*[4],*O*[2'],*O*[3'],*O*[5']-Tetrabenzoyl- 3678
$C_{37}H_{41}N_5O_{10}S$
Pyrimidin-2-on, 4-{[*S*-Benzyl-*N*-(*N*-benzyloxycarbonyl-phenylalanyl)-cysteinyl]-amino}-1-glucopyranosyl-1*H*- 3684
$C_{37}H_{44}N_6O_5$
Harnstoff, *N*,*N'*-Bis-[9-hydroxy-6'-methoxy-10,11-dinor-cinchonan-3-yl]- 3503
$C_{37}H_{49}N_5O_{14}$
Pyrimidin-2-on, 4-{[*N*-(*N*-Benzyloxycarbonyl-valyl)-leucyl]-amino}-1-[tetra-*O*-acetyl-glucopyranosyl]-1*H*- 3683
$C_{37}H_{56}N_4O_7S_2$
Benzolsulfonsäure, 4-(4-{4-[Methyl-(2-sulfo-äthyl)-amino]-benzyliden}-3-octadecylamino-5-oxo-4,5-dihydro-pyrazol-1-yl)- 3808

C_{38}

$C_{38}H_{20}N_6O_4$
Isophthalamid, *N*,*N'*-Bis-[7-oxo-7*H*-benzo[*e*]perimidin-8-yl]- 3859
$C_{38}H_{28}N_6O_2$
o-Phenylendiamin, *N*,*N'*-Bis-[5-oxo-1,3-diphenyl-1,5-dihydro-pyrazol-4-ylidenmethyl]- 3810
$C_{38}H_{33}N_3O_3$
o-Terphenyl-4-carbamid, *N*-{1-[4-(4-*tert*-Butyl-phenoxy)-phenyl]-5-oxo-2,5-dihydro-1*H*-pyrazol-3-yl}- 3526
$C_{38}H_{39}N_5O_4$
Pyrazol-3-on, 2,2'-Bis-[4-(4-*tert*-butyl-phenoxy)-phenyl]-1,2,1',2'-tetrahydro-5,5'-imino-bis- 3539
$C_{38}H_{47}N_5O_7$
Essigsäure, (4-{3-[2-(2,4-Di-*tert*-pentyl-phenoxy)-acetylamino]-benzoylamino}-phenoxy)-, [1-(2-hydroxy-äthyl)-5-oxo-2,5-dihydro-1*H*-pyrazol-3-ylamid] 3529
$C_{38}H_{52}N_6O_{13}$
Pyrimidin-2-on, 1-[Tetra-*O*-acetyl-glucopyranosyl]-4-[valyl→leucyl→phenylalanyl-amino]-1*H*- 3682

C_{39}

$C_{39}H_{41}N_5O_6$
Benzoesäure, 3-[2-(2,4-Di-*tert*-pentyl-phenoxy)-5-nitro-benzoylamino]-, [5-oxo-1-phenyl-2,5-dihydro-1*H*-pyrazol-3-ylamid] 3536
$C_{39}H_{44}N_6O_{15}$
Pyrimidin-2-on, 4-[*N*-Benzyloxycarbonyl-phenylalanyl→glycyl→glycylamino]-1-[tetra-*O*-acetyl-glucopyranosyl]-1*H*- 3682
$C_{39}H_{47}N_3O_6$
Essigsäure, [2,4-Dipentyl-phenoxy]-, [5-phenylacetoxy-1-(2-phenylacetoxy-äthyl)-1*H*-pyrazol-3-ylamid] 3324
$C_{39}H_{47}N_3O_8$
Essigsäure, [2,4-Dipentyl-phenoxy]-, [5-phenoxyacetoxy-1-(2-phenoxyacetoxy-äthyl)-1*H*-pyrazol-3-ylamid] 3324
$C_{39}H_{50}N_4O_2$
Coryn-19-en-17-ol, 16-[17-Hydroxy-curan-1-ylmethyl]- 3459
$C_{39}H_{63}N_3O_6$
Essigsäure, [2,4-Dipentyl-phenoxy]-, [5-octanoyloxy-1-(2-octanoyloxy-äthyl)-1*H*-pyrazol-3-ylamid] 3324

C_{40}

$C_{40}H_{22}N_6O_2$
Benzo[*e*]perimidin-7-on, 8,8'-Naphthalin-2,6-diyldiamino-bis- 3860

$C_{40}H_{35}N_3O_{11}P_2$
Cytidin, $O^{2'}$,$O^{3'}$-Benzyliden-N^4,$O^{5'}$-bis-diphenoxyphosphoryl- 3688
$C_{40}H_{36}N_8O_{16}S_4$
Fumaramid, *N,N'*-Bis-[4'(4-amino-3-methyl-5-oxo-2,5-dihydro-pyrazol-1-yl)-2,2'-disulfo-stilben-4-yl]- 3598
$C_{40}H_{46}N_6O_{10}$
Cytidin, N^4-[*N*-Benzyloxycarbonyl-valyl→phenylalanyl→phenylalanyl]- 3679
$C_{40}H_{47}N_5O_{14}$
Pyrimidin-2-on, 4-{[*N*-(*N*-Benzyloxycarbonyl-valyl)-phenylalanyl]-amino}-1-[tetra-*O*-acetyl-glucopyranosyl]-1*H*- 3683
$C_{40}H_{56}N_6O_4S$
Benzolsulfonsäure, 4-(4-{4-[Bis-(2-cyan-äthyl)-amino]-benzyliden}-3-octadecylamino-5-oxo-4,5-dihydro-pyrazol-1-yl)- 3808
$C_{40}H_{60}N_4O_4$
Benzoesäure, 3-[2-(2,4-Dipentyl-phenoxy)-acetylamino]-, [1-dodecyl-5-oxo-2,5-dihydro-1*H*-pyrazol-3-ylamid] 3535

C_{41}

$C_{41}H_{50}N_6O_{13}$
Pyrimidin-2-on, 1-[Tetra-*O*-acetyl-glucopyranosyl]-4-[valyl→phenylalanyl→phenylalanyl-amino]-1*H*- 3682
$C_{41}H_{52}Cl_2N_4O_8S_2$
Benzol-1,3-disulfonylchlorid, 5-[2-Octadecyloxy-5-(5-oxo-1-phenyl-2,5-dihydro-1*H*-pyrazol-3-ylcarbamoyl)-phenylcarbamoyl]- 3538
$C_{41}H_{52}N_6O_4S$
Thioharnstoff, *N,N'*-Bis-[9-hydroxy-6'-methoxy-10,11-dihydro-cinchonan-5'-yl]- 3504
$C_{41}H_{53}ClN_4O_6S$
Benzolsulfonylchlorid, 3-[2-Octadecyloxy-5-(5-oxo-1-phenyl-2,5-dihydro-1*H*-pyrazol-3-ylcarbamoyl)-phenylcarbamoyl]- 3538
$C_{41}H_{54}N_4O_7S$
Benzolsulfonsäure, 2-[2-Octadecyloxy-5-(5-oxo-1-phenyl-2,5-dihydro-1*H*-pyrazol-3-ylcarbamoyl)-phenylcarbamoyl]- 3538

C_{42}

$C_{42}H_{50}N_6O_{15}$
Pyrimidin-2-on, 4-[*N*-Benzyloxycarbonyl-valyl→glycyl→phenylalanyl-amino]-1-[tetra-*O*-acetyl-glucopyranosyl]-1*H*- 3686

C_{43}

$C_{43}H_{45}N_5O_9$
Benzo[*a*]heptalen-9-on, 7-Acetylamino-10-[7-acetylamino-1,2,3-trimethoxy-6,7-dihydro-5*H*-benzo[6,7]heptaleno[2,3-*d*]imidazol-10-ylamino]-1,2,3-trimethoxy-6,7-dihydro-5*H*- 3512
Dibenzo[*a,c*]cyclohepten-3-carbonsäure, 5-Acetylamino-9,10,11-trimethoxy-6,7-dihydro-5*H*-, [7-acetylamino-1,2,3-trimethoxy-6,7-dihydro-5*H*-benzo[6,7]heptaleno[2,3-*d*]imidazol-10-ylamid] 3512

C_{44}

$C_{44}H_{24}N_6O_4$
Biphenyl-1,4-dicarbamid, *N,N'*-Bis-[7-oxo-7*H*-benzo[*e*]perimidin-6-yl]- 3854
$C_{44}H_{33}N_3O_{10}$
Cytidin, 3,N^4,$O^{2'}$,$O^{3'}$,$O^{5'}$-Pentabenzoyl- 3668

C_{45}

$C_{45}H_{24}N_6O_5$
Benzoesäure, 4,4'-Carbonyl-di-, bis-[7-oxo-7*H*-benzo[*e*]perimidin-6-ylamid] 3855
$C_{45}H_{46}N_4O_5$
Pyrazol-3-on, 5-[3-(4-*tert*-Pentyl-phenoxy)-benzoylamino]-2-{4-[3-(4-*tert*-pentyl-phenoxy)-benzoylamino]-phenyl}-1,2-dihydro- 3534
$C_{45}H_{49}N_5O_{14}S$
Pyrimidin-2-on, 4-{[*S*-Benzyl-*N*-(*N*-benzyloxycarbonyl-phenylalanyl)-cysteinyl]-amino}-1-[tetra-*O*-acetyl-glucopyranosyl]-1*H*- 3684
$C_{45}H_{50}N_4O_{10}$
Benzoesäure, 5-[2,4-Bis-methoxycarbonylmethoxy-benzoylamino]-2-[2,4-di-*tert*-pentyl-phenoxy]-, [5-oxo-1-phenyl-2,5-dihydro-1*H*-pyrazol-3-ylamid] 3537

$C_{45}H_{68}N_4O_2$
Stearamid, *N*-[4-Dodecylamino-7-oxo-7*H*-benzo[*e*]perimidin-6-yl]- 3865

C_{46}

$C_{46}H_{24}N_6O_2$
Benzo[*e*]perimidin-7-on, 6,6′-Fluoranthen-3,8-diyldiamino-bis- 3857
–, 8,8′-Fluoranthen-3,8-diyldiamino-bis- 3861
$C_{46}H_{58}N_6O_{15}$
Pyrimidin-2-on, 4-[*N*-Benzyloxycarbonyl-valyl→leucyl→phenylalanyl-amino]-1-[tetra-*O*-acetyl-glucopyranosyl]-1*H*- 3686

C_{47}

$C_{47}H_{41}N_3O_4$
2′-Desoxy-cytidin, Ditrityl- 3663

C_{48}

$C_{48}H_{26}N_6O_2$
Benzo[*e*]perimidin-7-on, 8,8′-Chrysen-6,12-diyldiamino-bis- 3861

C_{49}

$C_{49}H_{56}N_6O_{15}$
Pyrimidin-2-on, 4-[*N*-Benzyloxycarbonyl-valyl→phenylalanyl→phenylalanyl-amino]-1-[tetra-*O*-acetyl-glucopyranosyl]-1*H*- 3686

C_{50}

$C_{50}H_{30}N_8O_4$
Terephthalamid, *N*,*N*′-Bis-[4-anilino-7-oxo-7*H*-benzo[*e*]perimidin-6-yl]- 3866
$C_{50}H_{54}N_6O_{12}$
Tri-*O*-benzoyl-Derivat $C_{50}H_{54}N_6O_{12}$ aus 4-[4-(α-Amino-*β*-hydroxy-isobutyryl= amino)-benzoylamino]-1-[*O*[4]-(4-dimethylamino-4,6-didesoxy-glucopyranosyl)-*erythro*-2,3,6-tridesoxy-hexopyranosyl]-1*H*-pyrimidin-2-on 3662

C_{51}

$C_{51}H_{52}N_6O_{10}$
Isophthalsäure, 5-({4-[2,4-Di-*tert*-pentyl-phenoxy]-3-[3-(5-oxo-1-phenyl-2,5-dihydro-1*H*-pyrazol-3-ylcarbamoyl)-phenylcarbamoyl]-anilinooxalyl}-amino)-, dimethylester 3536
$C_{51}H_{53}N_5O_{10}$
Isophthalsäure, 5-({4-[2,4-Di-*tert*-pentyl-phenoxy]-3-[3-(5-oxo-1-phenyl-2,5-dihydro-1*H*-pyrazol-3-ylcarbamoyl)-phenylcarbamoyl]-phenylcarbamoyl}-methoxy)-, dimethylester 3537

C_{52}

$C_{52}H_{29}N_5O_4$
Benzamid, *N*-{9,10-Dioxo-4-[3-(7-oxo-7*H*-benzo[*e*]perimidin-6-ylamino)-fluoranthen-8-ylamino]-9,10-dihydro-[1]anthryl}- 3856
–, *N*-{9,10-Dioxo-4-[3-(7-oxo-7*H*-benzo[*e*]perimidin-8-ylamino)-fluoranthen-8-ylamino]-9,10-dihydro-[1]anthryl}- 3860
–, *N*-{9,10-Dioxo-4-[8-(7-oxo-7*H*-benzo[*e*]perimidin-6-ylamino)-fluoranthen-3-ylamino]-9,10-dihydro-[1]anthryl}- 3856
–, *N*-{9,10-Dioxo-4-[8-(7-oxo-7*H*-benzo[*e*]perimidin-8-ylamino)-fluoranthen-3-ylamino]-9,10-dihydro-[1]anthryl}- 3860
$C_{52}H_{36}N_4O_4S_2$
Phenazin, 5,10-Dibenzoyl-2,7-bis-benzoylamino-3,8-bis-phenylmercapto-5,10-dihydro- 3502
–, 5,10-Dibenzoyl-3,8-bis-benzoylamino-1,6-bis-phenylmercapto-5,10-dihydro- 3502
$C_{52}H_{36}N_4O_8S_2$
Phenazin, 1,6-Bis-benzolsulfonyl-5,10-dibenzoyl-3,8-bis-benzoylamino-5,10-dihydro- 3502
–, 2,7-Bis-benzolsulfonyl-5,10-dibenzoyl-3,8-bis-benzoylamino-5,10-dihydro- 3503

C_{56}

$C_{56}H_{44}N_4O_3$
Methan, [4-(4-Methoxy-benzylidenamino)-3,5-diphenyl-pyrrol-2-yl]-[4-(4-methoxy-benzylidenamino)-3,5-diphenyl-pyrrol-2-yliden]-[4-methoxy-phenyl]- 3479

C_{59}

$C_{59}H_{87}N_3O_8$
Pyrazol, 5-[(2,4-Di-*tert*-pentyl-phenoxy)-acetoxy]-1-{2-[(2,4-di-*tert*-pentyl-phenoxy)-acetoxy]-äthyl}-3-[2-(2,4-di-*tert*-pentyl-phenoxy)-acetylamino]-1*H*- 3324
–, 5-[(2,4-Dipentyl-phenoxy)-acetoxy]-1-{2-[(2,4-dipentyl-phenoxy)-acetoxy]-äthyl}-3-[2-(2,4-dipentyl-phenoxy)-acetylamino]-1*H*- 3324

C_{60}

$C_{60}H_{40}N_8O_{21}$
Pyrimidin-2-on, 4-[(*N*,*N*-Phthaloyl-glycyl)-amino]-1-[tetrakis-*O*-(*N*,*N*-phthaloyl-glycyl)-glucopyranosyl]-1*H*- 3682